國家重點出版物中長期規劃項目
國家古籍整理出版專項經費資助項目
二〇一一—二〇二〇年國家古籍整理出版規劃項目

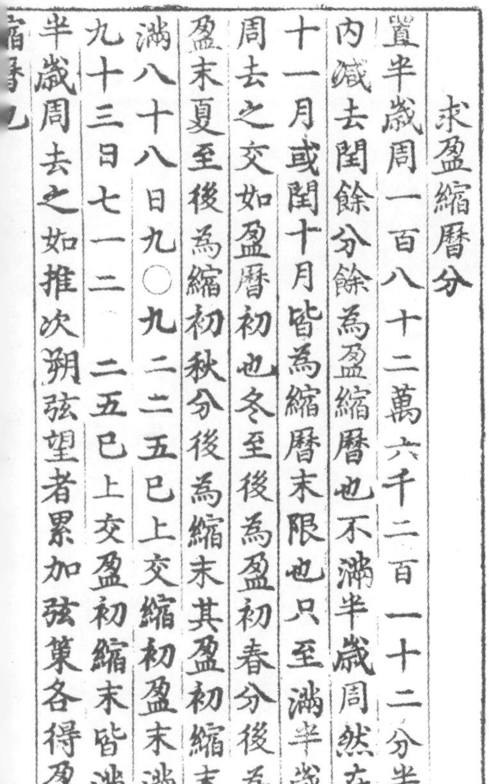
求盈縮曆分
置半歲周一百八十二萬六千二百一十二分半
內減去閏餘分餘為盈縮曆也不滿半歲周然在
十一月或閏十月皆為縮曆末限也只至滿半歲
周去之交如盈曆初也冬至後為盈初春分後為
盈末夏至後為縮初秋分後為縮末其盈初縮末
滿八十八日九〇九二二五已上交縮初盈末滿
九十三日七一二　二五已上交盈初縮末皆滿
半歲周去之如推次朔弦望者累加弦策各得盈
縮曆

[明]元統　劉信　周相等◇撰　李亮◇整理

MINGDATONGLIFA HUIBIAN

湖南科學技術出版社

中國科技典籍選刊 第四輯
叢書主編：孫顯斌

中國國家圖書館藏明抄本等

明大統曆法彙編【上】

中國科技典籍選刊

中國科學院自然科學史研究所組織整理

《中國科技典籍選刊》總序

我國有浩繁的科學技術文獻，整理這些文獻是科技史研究不可或缺的基礎工作。竺可楨、李儼、錢寶琮、劉仙洲、錢臨照等我國科技史事業開拓者就是從解讀和整理科技文獻開始的。二十世紀五十年代，科技史研究在我國開始建制化，相關文獻整理工作有了突破性進展，涌現出許多作品，如胡道静的力作《夢溪筆談校證》。

改革開放以來，科技文獻的整理再次受到學術界和出版界的重視，這方面的出版物呈現係列化趨勢。巴蜀書社出版《中華文化要籍導讀叢書》（簡稱《導讀叢書》），如聞人軍的《考工記導讀》、傅維康的《黄帝内經導讀》、繆啓愉的《齊民要術導讀》、胡道静的《夢溪筆談導讀》及潘吉星的《天工開物導讀》。上海古籍出版社與科技史專家合作，爲一些科技文獻作注釋并譯成白話文，刊出《中國古代科技名著譯注叢書》（簡稱《譯注叢書》），包括程貞一和聞人軍的《周髀算經譯注》、聞人軍的《考工記譯注》、郭書春的《九章算術譯注》、繆啓愉的《東魯王氏農書譯注》、陸敬嚴和錢學英的《新儀象法要譯注》、潘吉星的《天工開物譯注》、李迪的《康熙幾暇格物編譯注》等。

二十世紀九十年代，中國科學院自然科學史研究所組織上百位專家選擇并整理中國古代主要科技文獻，編成共約四千萬字的《中國科學技術典籍通彙》（簡稱《通彙》）。它共影印五百四十一種書，分爲綜合、數學、天文、物理、化學、地學、生物、農學、醫學、技術、索引等共十一卷（五十册），分别由林文照、郭書春、薄樹人、戴念祖、郭正誼、唐錫仁、苟翠華、范楚玉、余瀛鰲、華覺明等科技史專家主編。編者爲每種古文獻都撰寫了『提要』，概述文獻的作者、主要内容與版本等方面。自一九九三年起，《通彙》由河南教育出版社（今大象出版社）陸續出版，受到國内外中國科技史研究者的歡迎。近些年來，國家立項支持《中華大典》數學典、天文典、理化典、生物典、農業典等類書性質的係列科技文獻整理工作。類書體例容易割裂原著的語境，這對史學研究來説多少有些遺憾。

總的來看，我國學者的工作以校勘、注釋、白話翻譯爲主，也研究文獻的作者、版本和科技内容。例如，潘吉星將《天工開物校注及研究》分爲上篇（研究）和下篇（校注），其中上篇包括時代背景，作者事跡，書的内容、刊行、版本、歷史地位和國際影響等方面。

《導讀叢書》、《譯注叢書》和《通彙》等爲讀者提供了便于利用的經典文獻校注本和研究成果，也爲科技史知識的傳播做出了重要貢獻。不過，可能由于整理目標與出版成本等方面的限制，這些整理成果不同程度地留下了文獻版本方面的缺憾。《導讀叢書》、《譯注叢書》和其他校注本基本上不提供保持原著全貌的高清影印本，并且録文時將繁體字改爲簡體字，改變版式，還存在截圖、拼圖、換圖中漢字等現象。《通彙》的編者們儘量選用文獻的善本，但《通彙》的影印質量尚需提高。

歐美學者在整理和研究科技文獻方面起步早于我國。他們整理的經典文獻爲科技史的各種專題與綜合研究奠定了堅實的基礎。有些科技文獻整理工作被列爲國家工程。例如，萊布尼茲（G. W. Leibniz）的手稿與論著的整理工作于一九〇七年在普魯士科學院與法國科學院聯合支持下展開，文獻內容包括數學、自然科學、技術、醫學、人文與社會科學，萊布尼茲所用語言有拉丁語、法語和其他語種。該項目因第一次世界大戰而失去法國科學院的支持，但在普魯士科學院支持下繼續實施。第二次世界大戰後，項目得到東德政府和西德政府的資助。迄今，這個跨世紀工程已經完成了五十五卷文獻的整理和出版，預計到二〇五五年全部結束。

二十世紀八十年代以來，國際合作促進了中文科技文獻的整理與研究。我國科技史專家與國外同行發揮各自的優勢，合作整理與研究《九章算術》、《黄帝内經素問》等文獻，并嘗試了新的方法。郭書春分别與法國科研中心林力娜（Karine Chemla）、美國紐約市立大學道本周（Joseph W. Dauben）和徐義保合作，先後校注成中法對照本《九章算術》（*Les Neuf Chapters*，二〇〇四）和中英對照本《九章算術》（*Nine Chapters on the Art of Mathematics*，二〇一四）。中科院自然科學史研究所與馬普學會科學史研究所的學者合作校注《遠西奇器圖説録最》，在提供高清影印本的同時，還刊出了相關研究專著《傳播與會通》。

按照傳統的説法，誰占有資料，誰就有學問，我國許多圖書館和檔案館都重『收藏』輕『服務』。在全球化與信息化的時代，國際科技史學者們越來越重視建設文獻平臺，整理、研究、出版與共享寶貴的科技文獻資源。德國馬普學會（Max Planck Gesellschaft）的科技史專家們提出『開放獲取』經典科技文獻整理計劃，以『文獻研究＋原始文獻』的模式整理出版重要典籍。編者盡力選擇稀見的手稿和經典文獻的善本，向讀者提供展現原著面貌的複製本和帶有校注的印刷體轉録本，甚至還有與原著對應編排的英語譯文。同時，編者爲每種典籍撰寫導言或獨立的學術專著，包含原著的内容分析、作者生平、成書與境及參考文獻等。

任何文獻校注都有不足，甚至引起對某些内容解讀的争議。真正的史學研究者不會全盤輕信已有的校注本，而是要親自解讀原始文獻，希望看到完整的文獻原貌，并試圖發掘任何細節的學術價值。與國際同行的精品工作相比，我國的科技文獻整理與出版工作還可以精益求精，比如從所選版本截取局部圖文，甚至對所截取的内容加以『改善』，這種做法使文獻整理與研究的質量打了折扣。

實際上，科技文獻的整理和研究是一項難度較大的基礎工作，對整理者的學術功底要求較高。他們須在文字解讀方面下足够的功夫，并且準確地辨析文本的科學技術内涵，瞭解文獻形成的歷史與境。顯然，文獻整理與學術研究相互支撑，研究決定着整理的質量。隨着研究的深入，整理的質量自然不斷完善。整理跨文化的文獻，最好藉助國際合作的優勢。如果翻譯成英文，還須解决語言轉換的難題，找到合適的以英語爲母語的合作者。

在我國，科技文獻整理、研究與出版明顯滯後於其他歷史文獻，這與我國古代悠久燦爛的科技文明傳統不相稱。相對龐大的傳統科技遺産而言，已經系統整理的科技文獻不過是冰山一角。比如《通彙》中的絶大部分文獻尚無校勘與注釋的整理成果，以往的校注工作集中在幾十種文獻，并且没有配套影印高清晰的原著善本，有些整理工作存在重複或雷同的現象。近年來，國家新聞出版廣电總局加大支持古籍整理和出版的力度，鼓勵科技文獻的整理工作。學者和出版家應該通力合作，借鑒國際上的經驗，高質量地推進科技文獻的整理與出版工作。

鑒於學術研究與文化傳承的需要，中科院自然科學史研究所策劃整理中國古代的經典科技文獻，并與湖南科學技術出版社合作出版，向學界奉獻《中國科技典籍選刊》。非常榮幸這一工作得到圖書館界同仁的支持和肯定，他們的慷慨支持使我們倍受鼓舞。國家圖書館、上海圖書館、清華大學圖書館、北京大學圖書館、日本國立公文書館、早稻田大學圖書館、韓國首爾大學奎章閣圖書館等都對『選刊』工作給予了鼎力支持，尤其是國家圖書館陳紅彦主任、上海圖書館黄顯功主任、清華大學圖書館馮立昇先生和劉蔷女士以及北京大學圖書館李雲主任還慨允擔任本叢書學術委員會委員。我們有理由相信有科技史、古典文獻與圖書館學界的通力合作，《中國科技典籍選刊》一定能結出碩果。這項工作以科技史學術研究爲基礎，選擇存世善本進行高清影印和録文，加以標點、校勘和注釋，排版採用圖像與録文、校釋文字對照的方式，便于閱讀與研究。另外，在書前撰寫學術性導言，供研究者和讀者參考。受我們學識與客觀條件所限，《中國科技典籍選刊》還有諸多缺憾，甚至存在謬誤，敬請方家不吝賜教。

我們相信，隨着學術研究和文獻出版工作的不斷進步，一定會有更多高水平的科技文獻整理成果問世。

孫顯斌

于中關村中國科學院基礎園區

二〇一四年十一月二十八日

目録

導言

中國古代曆法是一种包含日月五星位置計算以及日月食預報等內容的數理天文學系統。中國歷史上曾出現過一百餘部曆法，其中僅官方正式頒布的曆法就達五六十種之多。在這些曆法中，使用年限最長的就是明代的官方曆法大統曆，自洪武十七年（一三八四年）一直至明末，運用長達兩百余年，同時它也是中國古代使用的最後一部傳統曆法。大統曆的主要內容雖然基於元代的授時曆，但在其基礎上進行了若干改進，在運算程式上亦有創新之處。

與大統曆相關的著作存有多種，按照時間劃分，可分為明代著作和清代著作兩類。其中，明代著作包括《大統曆法通軌》、《七政算內篇》、《大明大統曆法》、《黄鐘曆》、《聖壽萬年曆》、《折中曆法》、《古今律曆考》、《曆元》和《曆測》等；清代著作包括《曆學騈枝》、《大統曆志》、《授時曆故》、《大統曆法啟蒙》、《舊中法選要》、《新中法選要》以及不同版本《明史·曆志》中的大統曆〔一〕等。

若按著作的性質劃分，可分為官方著作和民間著作兩類。其中，官方著作又分為『欽天監本』和『修史重編本』。『欽天監本』有《大統曆法通軌》和《大明大統曆法》，為欽天監內部實際使用的版本；『修史重編本』有梅文鼎的《曆學騈枝》和《大統曆志》以及《明史·曆志》等，是為編修《明史》或為修史而準備的重新編輯本。大統曆的民間著作〔二〕則主要包括《閑中録》、《黄鐘曆》、《聖壽萬年曆》、《折中曆法》、《古今律曆考》、《曆元》和《曆測》、《大統曆法啟蒙》、《舊中法選要》、《新中法選要》、等。此外，大統曆還有朝鮮的衍生版本，如朝鮮李朝天文學家所編的《七政算內篇》。

據《明太祖實録》記載，明代頒佈大統曆的最早時間是在吳元年（一三六七年），具體負責大統曆推算及刊印工作的是劉基和高翼。

〔一〕《明史·曆志》大統曆有黄百家《明史》本、萬斯同《明史》本、王鴻緒《明史稿》本和張廷玉《明史》本等。此外，傅維鱗的《明書》等著作中也收有大統曆法。

〔二〕大統曆的民間著作主要由明末及清初民間學者完成，如朱載堉、朱仲福、邢雲路、魏文魁、黄宗羲、王錫闡、薛鳳祚等人皆有基於大統曆的相關著作。

〔一〕但學者們一般認為當時所頒佈的大統曆應該只是每年的大統曆書〔二〕，而大統曆法的正式編修則要稍晚一些。據史料記載，明代官方大統曆法推算所依據的書籍名為《大統曆法通軌》，該書由元統在郭伯玉等人的協助下完成，其頒佈和使用的時間應該在洪武十七年（一三八四年）之後。按《明史・曆志》記載：

（洪武）十七年（一三八四年）閏十月，漏刻博士元統言：『曆以《大統》為名，而積分猶踵《授時》之數，非所以重始敬正也。況《授時》以至元辛巳為曆元，至洪武甲子積一百四年，年遠數盈，漸差天度，合修改。七政運行不齊，其理深奧。聞有郭伯玉者，精明九數之理，宜征令推算，以成一代之制。』報可，擢統為監令。統乃取《授時曆》，去其歲實消長之說，析其條例，得四卷，以洪武十七年甲子為曆元，命曰《大統曆法通軌》。〔三〕

《明太祖實録》中對《大統曆法通軌》的編修過程也有類似的記載。〔四〕然而，《大統曆法通軌》這樣一部明代最早、最重要的大統曆法著作，卻因其存本稀少，而沒有受到當代研究者的足夠重視。

另據《明史・曆志》記載，『隆慶三年（一五六九），掌監事、順天府丞周相刊《大統曆法》，其‘曆原’歷敘古今諸曆異同』。而此書在國內也難覓蹤跡，僅日本國立公文書館藏有一原刻本。

近代以來的研究者一般都把《明史・曆志》中所收録的《大統曆經》作為大統曆的標準版本，據此開展研究。但是，《明史》的實質編修開始於一六七九年，而且《明史・曆志》并不是為了反映大統曆本身的內容，而是『宜詳《元史》缺載之事，以補其未備』。可以說《明史・曆志》『雖為大統而作，實以闡明授時之奥，補《元史》之缺略也』。這也導致了通行的明史本《大統曆》的內容和體例與明代欽天監官方使用的大統曆法著作存有較大的差異，部分算法和算表遭到後世篡改和重編，甚至《明史稿》本和《明史》本的內容亦有相互矛盾之處。

本次整理《明大統曆法彙編》以大統曆明代官方著作元統的《大統曆法通軌》和周相的《大明大統曆法》為主。其中《大統曆法通軌》

〔一〕《明太祖實錄》吳元年（一三六七年）十一月乙未二十三日條記載『冬至，文武百官朝賀如常儀，是日，太史院進戊申歲大統曆。……初，戊申曆成，將入梓，基與其屬高翼以所錄本進，上覽之謂基曰：「此眾人之為乎。」基曰：「是臣二人詳定。」上曰：「曆數者國之大事，帝王敬天勤民之本也，天象之行有遲速，古今曆法有疏密，苟不得其要，不能無差，春秋之時，鄭國為一辭命，必裨諶草創，世叔討論，子羽修飾，子產潤色，然後用之，故少有闕失，辭命尚如此，而況於造曆乎，卿等推步須各盡其心，必求至當。」基等頓首而退，乃複以所錄再加詳較，而後刊之。』另據《明史》記載『吳元年（一三六七年）十一月乙未冬至，太史院使劉基率其屬高翼上戊申《大統曆》。太祖諭曰：「古者季冬頒曆，太遲。今於冬至，亦未善，宜以十月朔。」着為令。』

〔二〕『大統曆書』或稱為『大統曆日』。

〔三〕（清）張廷玉：《明史》志第七，曆一。

〔四〕《明太祖實錄》洪武十七年（一三八四年）閏十月丙辰二十二日條。

又分《曆日通軌》、《太陽通軌》、《太陰通軌》、《交食通軌》、《五星通軌》、《四餘通軌》六部分，最初由洪武年間欽天監監正元統編輯，此後在明代又經過多次重修，其不同時期的版本則反應了大統曆在明代的流傳和演變過程。

本輯整理內容包括如下部分：

（1）韓國首爾大學奎章閣圖書館藏元統撰《大統曆法通軌》，明正統朝鮮銅活字本。

（2）中國國家圖書館藏元統撰《大統曆法通軌》（僅存《交食通軌》、《五星通軌》和《四餘通軌》），明抄本。

（3）中國國家圖書館藏元統撰《太陰通軌》，明成化抄本。

（4）中國科學院文獻情報中心藏劉信編輯《太陰通軌》，抄本。

（5）日本國立公文書館內閣文庫藏周相撰《大明大統曆法》，明隆慶刊本。

（6）中國國家圖書館藏楊瓚《閑中録》，明弘治抄本。

一、《大統曆法通軌》及其版本

韓國首爾大學奎章閣圖書館藏有一部《大統曆法通軌》（見圖一，簡稱『奎章閣本』），該書在十五世紀中期同一大批天文曆法著作從中國一起傳入，並在正統九年（一四四四年）使用銅活字重印，奎章閣本《大統曆法通軌》就是其中之一。[一] 該書共包括《曆日通軌》、《太陽通軌》、《太陰通軌》、《交食通軌》[二]、《五星通軌》和《四餘躔度通軌》各一卷。

另外，奎章閣本《大統曆法通軌》除了甲寅銅活字本外，在日本東北大學圖書館還藏有與其內容相同的抄本一套（見圖二）。

中國國家圖書館也藏有《大統曆法通軌》殘抄本兩套，第一套存《交食通軌》、《五星通軌》和《四餘通軌》[三]三種（見圖三，簡稱『國圖本甲種』）。各卷依次題有『欽天監正元統按經編輯』、『欽天監正元□按經編輯』和『欽天監正□□按經編輯』，可見其作者即为欽天監正元統。第二套則僅存《太陰通軌》一種兩卷，書寫于成化十三年（一四七七年）（見圖四，『國圖本乙種』）。

除了署名元統的《大統曆法通軌》，在中國科學院文獻情報中心还藏有署名『承德郎钦天监夏官正安成劉信編輯』的《太陰通軌》殘抄本一卷（見圖五）。劉信曾在正統十二年（一四四七年）負責考較測驗北京的北極出地度數和太陽出入時刻，對大統曆和回回曆法頗有

〔一〕石雲里，魏弢．元統《緯度太陽通徑》的發現——兼論貝琳《回回曆法》的原刻本．中國科技史雜誌．二〇〇九年第一期：三一—四五。

〔二〕《交食通軌》又分為《日食通軌》和《月食通軌》兩部分。

〔三〕奎章閣本中稱其為《四餘躔度通軌》。

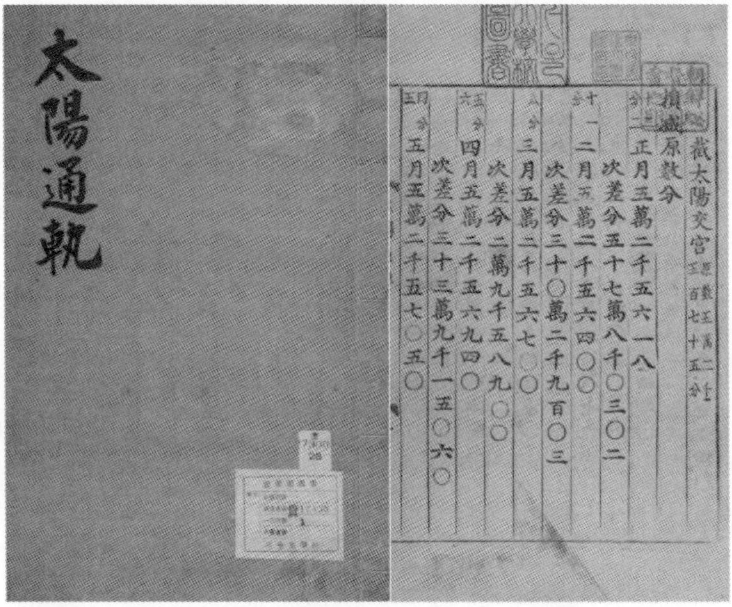

太陽通軌
截太陽交宮
原數五萬二千七百七十五分
損減原數分
正月五萬二千五六一八
次差分五十七萬八千〇三〇二
二月五萬二千五六四〇〇
次差分三十〇萬二千九百〇三
三月五萬二千五六七〇〇
次差分二萬九千五八九〇〇
四月五萬二千五六九四〇
次差分三十三萬九千一五〇六〇
五月五萬二千五七〇五〇

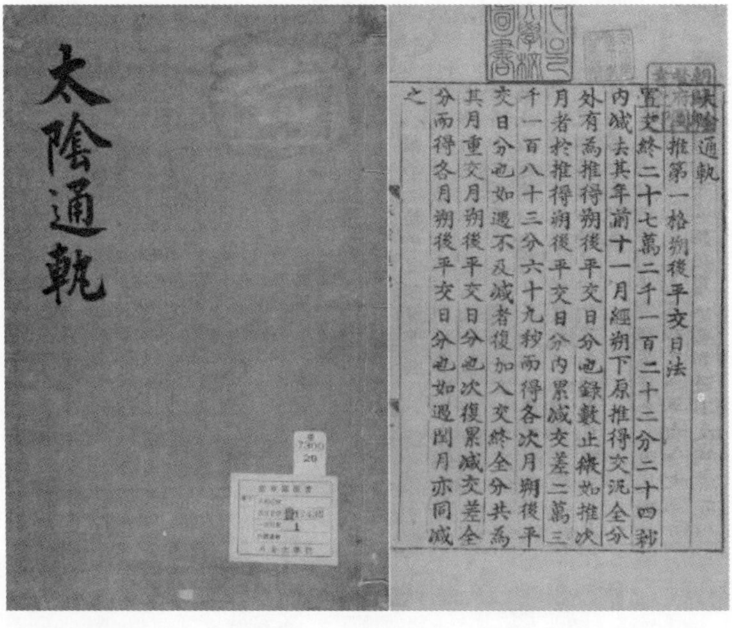

圖一　韓國首爾大學奎章閣圖書館藏《大統曆法通軌》

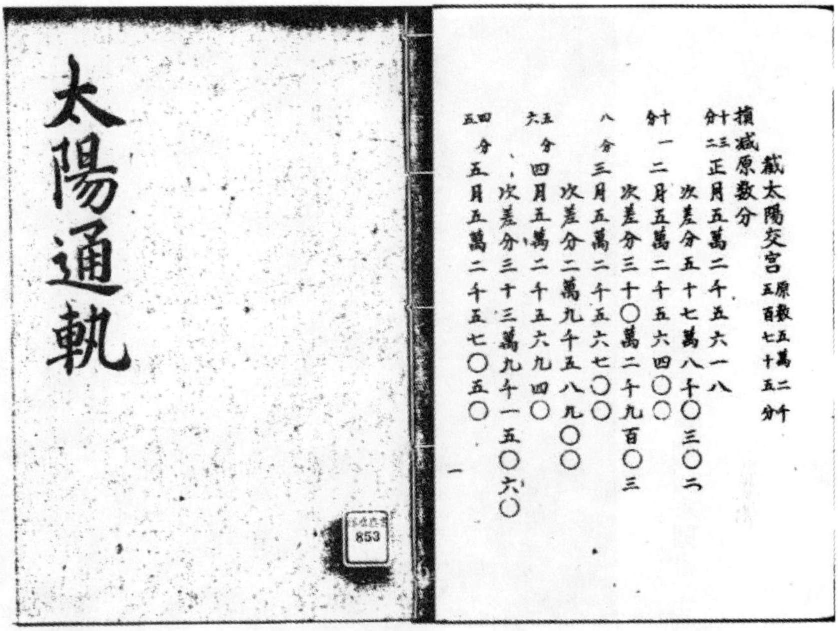

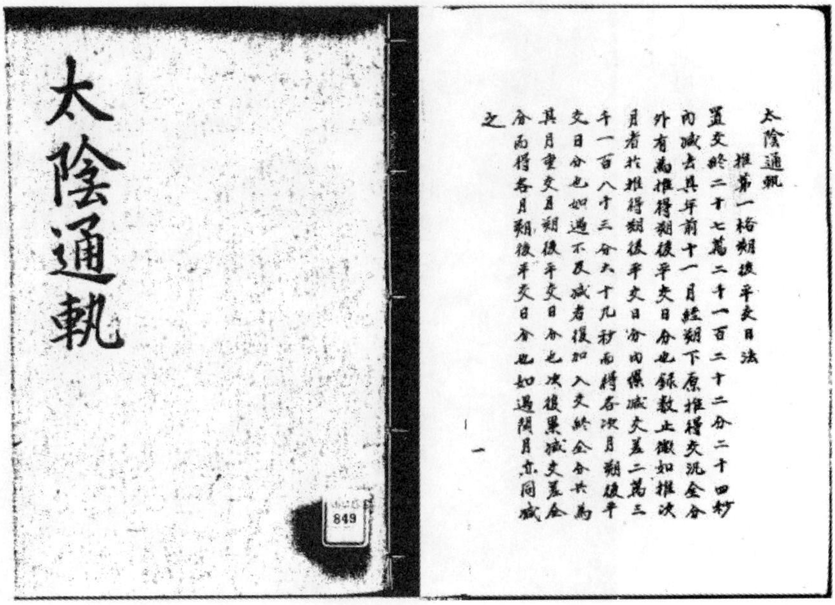

圖二　日本東北大學圖書館藏《大統曆法通軌》

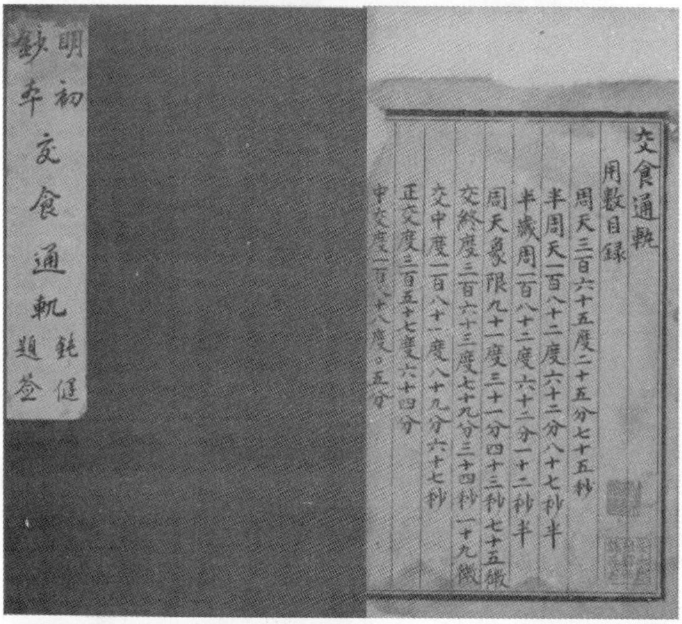
明初鈔本交食通軌　鈍健題簽

交食通軌
用數目録
周天三百六十五度二十五分七十五秒
半周天一百八十二度六十二分八十七秒半
半歲周一百八十二度六十二分一十二秒半
周天象限九十一度三十一分四十三秒七十五微
交終度三百六十三度七十九分三十四秒一十九微
交中度一百八十一度八十九分六十七秒
正交度三百五十七度六十四分
中交度一百○十八度○五分

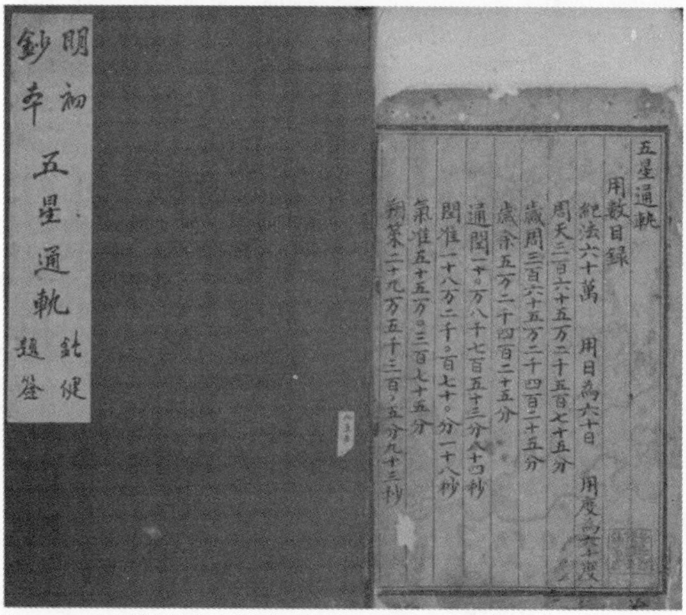
明初鈔本五星通軌　鈍健題簽

五星通軌
用數目録
紀法六十萬　用日爲六十日　用度爲六十度
周天三百六十五万二千五百七十五分
歲周三百六十五万二千四百二十五分
歲余五万二千四百二十五分
通閏一十○万八千七百五十三分八十四秒
閏准一十八万二千○百七十○分一十八秒
氣准五十五万○三百七十五分
朔策二十九万五千三百○五分九十三秒

圖三　中國國家圖書館藏《大統曆法通軌》甲種

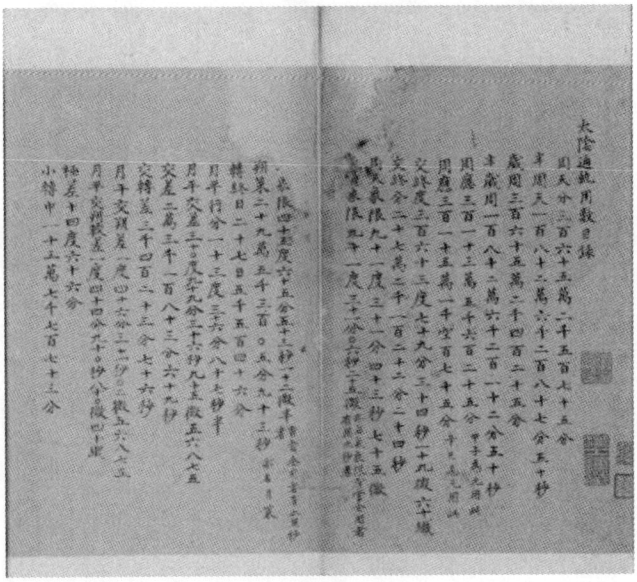

太陰通軌用數目錄
周天分三百六十五萬二千五百七十五分
半周天一百八十二萬六千二百八十七分五十秒
歲周三百六十五萬二千四百二十五分
半歲周一百八十二萬六千二百一十二分五十秒
周應三百一十三萬五千六百二十五分
閏應三百一十五萬一千〇百七十五分
交終度三百六十三度七十九分三十四秒一十九微六十纖
交終分二十七萬二千一百二十二分二十四秒
[illegible]象限九十一度三十一分四十三秒七十五微
[illegible]象限九十一度三十一分〇六秒二十五微
[illegible]限四十五度六十五分五十三秒一十二微半
朔策二十九萬五千三百〇五分九十三秒
轉終日二十七日五千五百四十六分
月平行分一十三度三十六分八十七秒半
月平交差二十〇度九十九分三十六秒九十五微五六八七五
交差二萬三千一百八十三分六十九秒
交轉差二千四百二十三分七十六秒
月平交朔差一度四十六分三十二秒〇三微五六八七五
月平交朔後差一度四十四分九十〇秒八分微四十
極差十四度六十六分
小轉中一十五萬七千七百七十三分

圖四　中國國家圖書館藏《大統曆法通軌》乙種

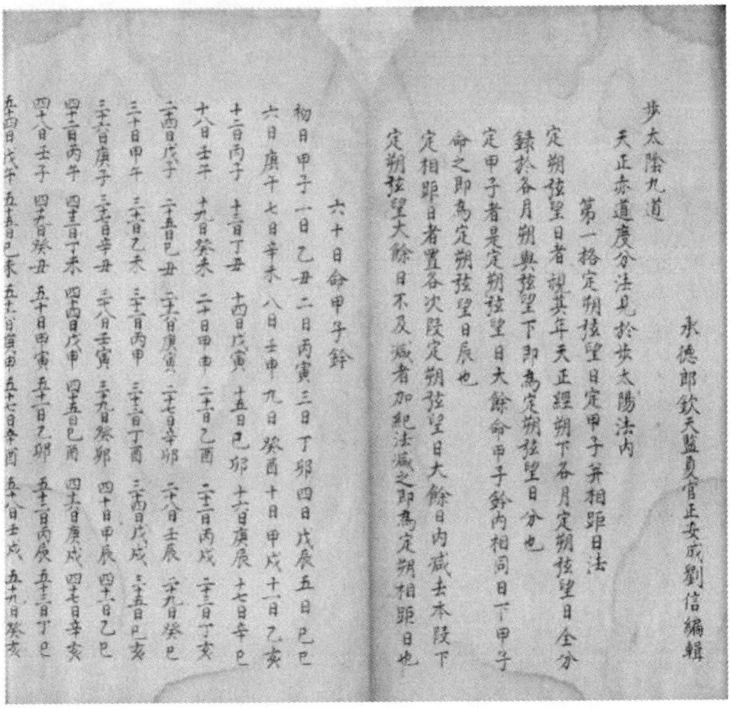

承德郎欽天監夏官正安成劉信編輯
步太陰九道
天正赤道度分法見於步太陽法內
第一格定朔弦望日定甲子并相距日法
定朔弦望日者視其年天正經朔下各月定朔弦望日全分
錄於各月朔與弦望下即為定朔弦望日分也
定甲子者是定朔弦望日大餘命甲子鈐內相同日下甲子
命之即為定朔弦望日辰也
定相距日者置各次段定朔弦望日大餘日內減去本段下
定朔弦望大餘日不及減者加紀法減之即為定朔相距日也

六十日命甲子鈐
初日甲子 一日乙丑 二日丙寅 三日丁卯 四日戊辰 五日己巳
六日庚午 七日辛未 八日壬申 九日癸酉 十日甲戌 十一日乙亥
十二日丙子 十三日丁丑 十四日戊寅 十五日己卯 十六日庚辰 十七日辛巳
十八日壬午 十九日癸未 二十日甲申 二十一日乙酉 二十二日丙戌 二十三日丁亥
二十四日戊子 二十五日己丑 二十六日庚寅 二十七日辛卯 二十八日壬辰 二十九日癸巳
三十日甲午 三十一日乙未 三十二日丙申 三十三日丁酉 三十四日戊戌 三十五日己亥
三十六日庚子 三十七日辛丑 三十八日壬寅 三十九日癸卯 四十日甲辰 四十一日乙巳
四十二日丙午 四十三日丁未 四十四日戊申 四十五日己酉 四十六日庚戌 四十七日辛亥
四十八日壬子 四十九日癸丑 五十日甲寅 五十一日乙卯 五十二日丙辰 五十三日丁巳
五十四日戊午 五十五日己未 五十六日庚申 五十七日辛酉 五十八日壬戌 五十九日癸亥

圖五　中國科學院文獻情報中心藏《太陰通軌》

研究，著有《西域曆法通徑》，正統十四年（一四四九年）死於土木堡之變。其祖父劉伯完為劉基的弟子，曾官至五官靈台郎。徐有貞在其『西域曆書序』中記載『予友劉中孚（劉信），知星曆，博極群術，而旁通西域之學。嘗以其曆法舛互，無一定之制，歲久寖難推步。為之譯定其文，著凡例，立成，數以起算約而精，簡而盡，易見而可恒用，秩然成一家。書將以傳之，為其學者，其用心亦勤矣。』〔一〕

《大統曆法通軌》各版本卷数和名称稍有不一致之处，这主要是由於統計時將部分卷合併所致。《明史·曆志》中記載『《大統曆法通軌》四卷』，另据日本內閣文庫藏本周相刊《大明大統曆法》序言『曆原』记載：

洪武初年，首命監正元統而釐正之。統上言：『一代之興，必有一代之曆，隨時修改以合天度』。其元《授時曆經》，玄奧而難明，曆官難於考步。遂作《大統曆法》四卷，分門列數，頗得精詳。步日躔曰《太陽通軌》、步月離曰《太陰通軌》、步交食曰《交食通軌》、步五星四餘曰《五星四餘通軌》，俾曆官便於推步，至今遵而用之。〔二〕

可見，周相提到的《大統曆法通軌》也是四卷，其中《五星通軌》和《四餘通軌》被合稱《五星四餘通軌》一卷，《日食通軌》和《月食通軌》則被合稱為《交食通軌》。

從編排結構來看，《大統曆法通軌》中的這幾部著作實際上是將傳統曆法中的各個部分分別以專題的形式介紹和討論。例如，《曆日通軌》主要討論一年的月份、日期、朔望、節氣、土王日、滅日和沒日等的計算，相當於《授時曆經》『步氣朔』部分；《太陽通軌》討論太陽運動的計算，相當於《授時歷經》『步日躔』部分；《太陰通軌》討論月亮運動的計算，相當於《授時曆經》『步月離』部分；《交食通軌》討論日食與月食的計算，相當於《授時曆經》的『步交會』部分。只不過為了不使讀者在使用時產生混淆，書中對日食和月食分開討論，編成《日食通軌》和《月食通軌》兩部分，而不是像之前的《授時曆經》，將二者放在一起討論；《五星通軌》討論五大行星運動的計算，相當於《授時曆經》的『步五星』部分。

從具體內容來看，《大統曆法通軌》與作為其基礎的《授時曆經》不太相同。如《授時曆經》對日月五星的計算主要以公式的應用為主（即招差法），而將採用查立成表進行計算的方法稱為『又術』。《大統曆法通軌》則主要依賴於根據公式事先編算的立成表，通過查表法進行計算，從而簡化了計算過程。

可以說《大統曆法通軌》是明代官方使用的曆算手冊，《明史·曆志》記有『《通軌》諸捷法，實為布算所須』〔三〕，據元統所言，該

〔一〕（明）徐有貞，《武功集》，『西域曆書序』，文淵閣四庫全書本。
〔二〕（明）周相，《大明大統曆法》，日本國立公文書館藏。
〔三〕（清）張廷玉，《明史》志第十一，曆五。
〔四〕元統，《五星通軌》，中國國家圖書館藏。

書由他『采諸正經，附以己意，輯為《通軌》』，用途則是『俾幼學之士，遵而行之。亦得以掉臂長往，而無趑趄之患焉爾。』〔四〕書中介紹了如何按規範使用算表和基本的算法進行推算，如其中的《太陰通軌》和《五星通軌》就分別設有『九道行款格律程式』和『五星入式程規』等（見圖六），所以初學者只需經過基本的訓練，不需要太多的理論基礎，就可以實現操作。《大統曆法通軌》不但對各項操作都有明確的規定，作者甚至把全書的計算過程都設計成表格，並留出空位，稱為『程式』，以輔助推算。使用者只需在算表和演算法的配合下，按照『程式』所示的步驟，按圖索驥，將每步計算的結果填入其中指定的位置，就可以逐步完成全套的計算。《通軌》的各卷內容，基本都是先給出『用數目録』〔一〕，其次列出『程式』，提供需要計算的各步驟名稱和順序，然後以『格』為單位介紹各步驟所依據的術文，並且附有所需的算表，即該書在內容上大致分為『用數』、『程式』、『術文』和『立成』四大部分。〔二〕

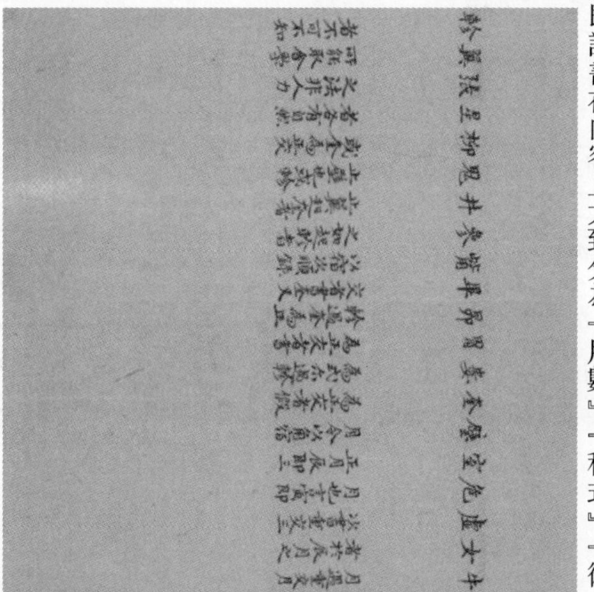

圖六　國圖本乙種《大陰通軌》『推太陰十二月各月道式』

〔一〕即羅列出已知的各種天文常量。
〔二〕李亮．從《細草》和『算式』看明清曆算的程式化．中國科技史雜誌，二〇一六年第四期：四二六—四四〇。

《大統曆法通軌》中的這些『程式』在實際運算中被嚴格遵循，該方法之後還被傳入日本，目前在日本還保存有大量基於大統曆推算的『程式』和『算草』等資料（見圖七、圖八）。

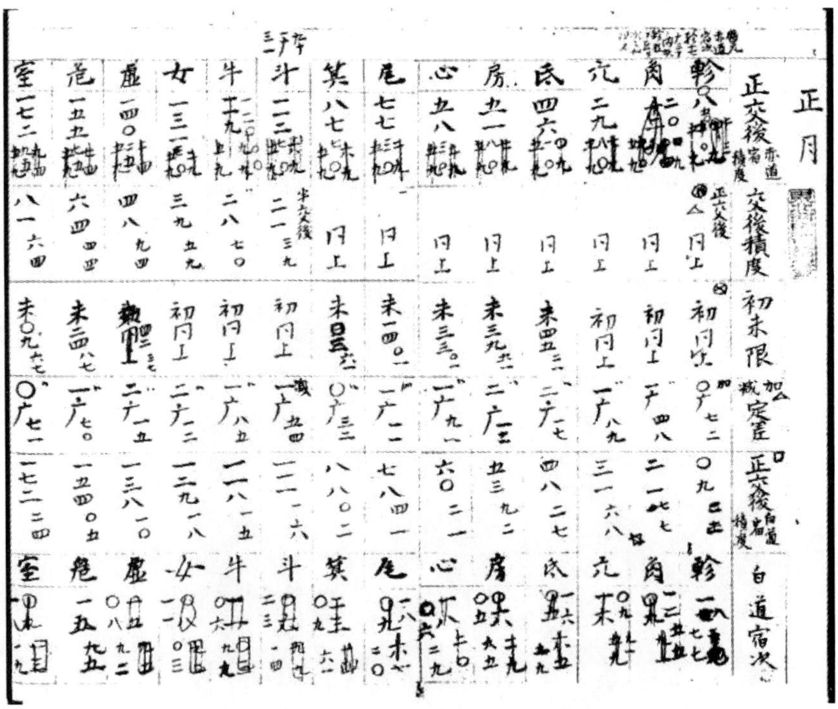

圖七　日本東北大學藏寬政八年（一七九六年）《月離算草》（其中採用《大陰通軌》的程式）

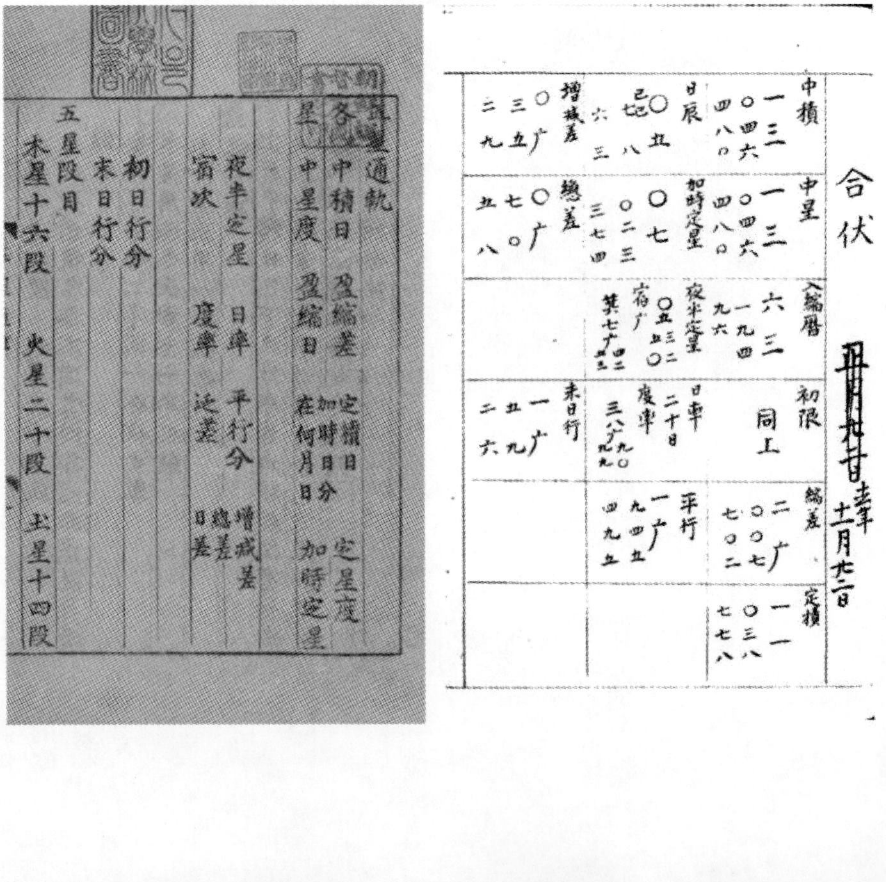

圖八　奎章閣本《五星通軌》『程式』（左）　日本東北大學藏寬政九年（一七九七年）《五星算草》（右）

此外，《大統曆法通軌》對計算過程中小數的位數和進位也做了明確要求。例如，《日食通軌》一開始便有『録各有食之朔日下等數，凡諸小餘皆止微，唯常度全收』〔一〕。又例如，國圖本《五星通軌》一開始便有五星入式程規，要求『凡推算者，五星者，依此式界劃填寫，各數名于本段之下』〔二〕，並要求『凡數加減皆止秒，微往已下不加減』〔三〕。這些都説明了《大統曆法通軌》中的天文計算更加標準化。

值得注意的是，《大統曆法通軌》的主要内容雖然來源於《授時曆經》，但在一些基本天文常數和算法上，《大統曆法通軌》則進行了一些調整。而這些調整對曆法精度的影響也是相當明顯的，特别是在交食的推算方面，具體見正文注釋部分。從現存版本來看，明朝代官員似乎也在不斷地對《大統曆法通軌》進行調整和補充。例如，奎章閣本《太陽通軌》中『推赤道法』和『求黄道日度法』下有兩個『假令』算例都是以『永樂二十一年甲辰』（一四二三年）為時間，這明顯不是元統原書中的内容，而是後人補充的。

另外，奎章閣本和國圖本甲種《五星通軌》相應術文也存在一定的差異，而這兩個版本中的五星推算過程與《授時曆經》和《明史·大統曆志》之間亦有不同。（見表一）。總體而言，在内容上國圖本敘述比較詳細，但略顯繁雜，奎章閣本則顯得比較簡明。《太陰通軌》也存在類似特點，國圖本乙種就比奎章閣本在細節上更具體，而劉信編輯本則比以上兩種更為簡練和直接。這些也都反映了元統之後，明朝曆法官員對《大統曆法通軌》内容的調整和完善。

〔一〕（明）元统：《日食通轨》，韩国奎章阁圖書館藏。
〔二〕（明）元統：《五星通軌》，中國國家圖書館藏。
〔三〕（明）元統：《五星通軌》，中國國家圖書館藏。

表一　五星計算步驟的差異

《授時曆經》	《明史·大統曆志》	《大統曆法通軌·五星通軌》（國圖本）	《大統曆法通軌·五星通軌》（奎章閣本）
推天正冬至後五星平合及諸段中積中星	推五星中積日中星度	推各年前十一月中積分法第一	求中積分法（辛巳為元）
推五星平合及諸段入曆	推五星盈縮曆	推各年前十一月閏餘分法第二	求閏餘分法
求盈縮差	推五星盈縮差	推各年前十一月天正冬至分法第三	求冬至分法
求平合諸段定積	推定積日	推各年前十一月天正冬至加時日躔赤道宿次度分法第四	求冬至赤道度法
求平合及諸段所在月日	推加時定日	推各年前十一月天正冬至加時黃道宿次度分法第五	求前合後合分法
求平合及諸段加時定星	推所入月日	推五星各各前合分後合後分並各各合伏下中積日分中星度分法第六	求盈縮曆分法
求諸段初日晨前夜半定星	推定星	推五星各各合伏巳後逐位段目下中積日分法第七	求中積日法
求諸段日率度率	推加時定星	推五星各各合伏巳後逐位段目下中星度分法第八	求中星度法
求諸段平行分	推加減定分	推五星各各合伏下盈縮曆分法第九	求諸段下盈縮曆法
求諸段增減差及日差	推夜半定星及宿次	推五星各各合伏巳後逐位段目下盈縮曆分法第十	求盈縮差法
求前後伏遲退段增減差	推日率度率	推五星各各合伏下並逐段目下盈縮差分法第十一	求五星合伏並諸段下定積日法
求每日晨前夜半星行宿次	推平行分	推五星各各合伏下並逐位段目下定積日分法第十二	求五星合伏並諸段下加時日分法
求五星平合見伏入盈縮曆	推泛差及增減總差日差	推五星各各合伏下並逐位段目下加時日分法第十三	求五星合伏並諸段下在何月日法
求五星平合見伏行差	推初日行分末日行分	推五星各各合伏下並逐位段目下在何月日法第十四	求五星定星度並加時定星度法
求五星定合定見定伏泛積	推無泛差諸段為增減差總差日差	推五星各各合伏下並逐位段目下定星度分及加時定星度分法第十五	求五星夜半定星及夜半宿次法
求五星定合定積定星	推五星每日細行	推五星各各合伏下並逐位段目下夜半定星度分及宿次度分法第十六	求五星諸段下日率法
求木火土三星定見伏定積日	推五星順逆交宮時刻	推五星各各合伏下並逐位段目下日率法第十七	求五星度率法
求金水二星定見伏定積日	推五星伏見	推五星各各合伏下並逐段目下度率法第十八	求五星各段下平行分法

續表

《授時曆經》	《明史・大統曆志》	《大統曆法通軌・五星通軌》（國圖本）	《大統曆法通軌・五星通軌》（奎章閣本）
		推五星各各合伏下並逐位段目下平行分法第十九	求五星各段下初日行分末日行分法
		推五星各各合伏下並逐位段目下有無泛差及增減差招差日差等法第二十	求五星無泛差增減總日等差及初末日行分法
		推五星各各段下初日行分及末日行分法第二十一	求金火不論法
		推五星各各段下元無泛差之增減差招差日差及初日行分與末日行分法第二十二	求五星各段目逐日細行法
		推五星各各段目逐日細行法二十三	求五星順逆交宮法
		推五星逆順交宮時刻法第二十四	求五星伏見
		較其五星細行前段宿次度分合其後段宿次度分之法第二十五	求五星捷法

《大統曆法通軌》的《交食通軌》後還附有《授時曆各年交食》一卷。由於此書在國圖本《交食通軌》中並不存在，所以並非《大統曆法通軌》的正式內容。但該書卷首寫有『授時曆各年交食，中朝書來』，所以可以肯定這些內容為朝鮮當初學習授時曆和大統曆而單獨從中國抄録回去的資料。該書雖然名為《授時曆各年交食》，但實際完全依據《大統曆法通軌》中記載的方法推算，並且該書完全採用『算例』的形式，介紹了如何使用大統曆進行交食推算的方法，並給出了十餘次交食的各步驟推算結果，為我們校驗大統曆的算法提供了難得的歷史文獻資料。

二、周相《大明大統曆法》

據《明史・曆志》記載，『隆慶三年（一五六九年），掌監事、順天府丞周相刊《大統曆法》，其曆原曆敘古今諸曆異同』[一]。另據《疇人傳》周相條記載『周相，官順天府丞，掌欽天監事。隆慶三年（一五六九年），刊《大統曆法》。其曆原曆敘古今諸術同異，其略

〔一〕（清）張廷玉《明史》志第七，曆一。

〔二〕（清）阮元等撰；馮立昇等校注《疇人傳合編校注》，中州古籍出版社，二〇一二年，頁二六九。

曰：粵自伏羲仰觀天象而陰陽著……』[二]。通過這些記載可知，周相在隆慶三年（一五六九年）還對大統曆進行了刊印。

日本國立公文書館藏有該書的原刻本，附于該館收藏的貝琳《回回曆法》原刻本之後，被單獨裝訂成一冊，封面題『大明大統曆法』（見圖九）。書首序文『曆原』的署名為：『隆慶三年七月□日，掌監事順天府丞周相、監副李堯臣、潘一中謹攷。』這三個人應該就是本書的作者。

《大明大統曆法》開篇的『曆原』一文簡要介紹了大統曆之沿革，接著從『步日躔』、『步月離』、『步交會』和『步五星四餘』幾個方

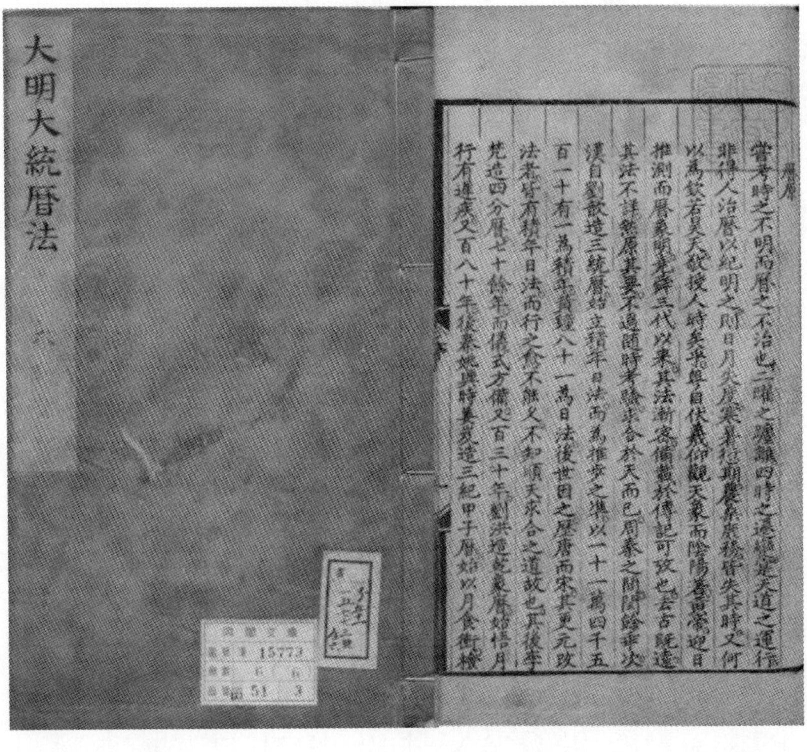

圖九　日本國立公文書館藏《大明大統曆法》

面對前代主要曆法進行介紹，重點對郭守敬的授時曆給予了評論。另外，通過比較發現，《疇人傳》中對周相及《大明大統曆法》的相關記載完全抄録自該書的『曆原』〔一〕，但為了節約篇幅，《疇人傳》僅抄録了『曆原』中的第一段和最後一段的部分内容。通過《疇人傳》對這些内容描述，也可以判斷周相刊印的《大明大統曆法》在阮元編寫《疇人傳》之時在嘉慶年間國内尚有存本。

『曆原』後還有一份『大明大統曆法：一引相傳姓氏』的名單，列出了自明朝建國之初到隆慶年間二百餘年中的六十九位欽天監官員的名字，以及他們的籍貫和官職等資訊。按書中『相傳姓氏』的這一說法，這些人應該是歷朝大統曆的傳人。或者說他們是在欽天監具體負責用《大統曆法》編算民用曆書和預報日月食等天象的人員，為人們考證欽天監的相關人員提供了許多線索，具有十分珍貴的史料價值。

《大明大統曆法》的正文内容實際只相當於元統《大統曆日通軌》部分，僅僅多出『推各月直宿』的算法。全書共分六卷：『步氣朔卷第一』、『步氣朔次氣卷第二』、『太陽冬至前後立成卷第三』、『太陽夏至前後立成卷第四』、『曆成卷第五』和『曆成卷第六』，這樣的分割方式，看上去是以篇幅進行分卷，而非根據主題。

三、杨瓚《閑中録》

杨瓚的《閑中録》藏于中國國家圖書館，為弘治抄本，僅有一卷（見圖十）。杨瓚的個人信息不詳，根據該書序言，其人大概出自山西武弁之家，因喜好曆算，學習永樂年間欽天監監正皇甫仲和曆法遺藁以及《元史·授時曆議》等書，後將其心得要領命名為《大統授時曆經》，又『復恐久失其真，仍將諸法之根源出處之巢穴録為一集，曰《閑中録》』〔二〕。

《閑中録》包括『步氣朔』、『步日躔』、『步月離』、『步交會』、『步五緯』『步中星』和『步四餘』等節，另外還有『細步弘治乙卯年交汎』等算例。全書言簡意賅，基本上涵蓋了大統曆的主要内容。尤其是該書給各項曆法術語增了注釋，以方面初學者理解，這在明代大統曆著作中是不多見的。

另外，過去的研究一般認為，由於明代禁止私習天文，自明代中期後中國傳統曆法經歷了長期的停滯狀態。直到萬曆年間，因民間學者朱載堉和邢雲路等人對授時曆和大統曆進行了系統的研究，才使得傳統曆法在明末得以短暫的發展和復興。《閑中録》的存在表明了，民間學者對大統曆学习和研究活動在萬曆之前就已存在，這為我們了解大統曆在明代民間的傳播提供了難得新材料。

〔一〕《疇人傳》『周相』條中『其略曰：……』之後『粤自伏羲仰觀天象而陰陽著……』等内容完全抄録自《大明大統曆法》中的『曆原』。

〔二〕楊瓚，《閑中録》，中國國家圖書館藏，明弘治抄本。

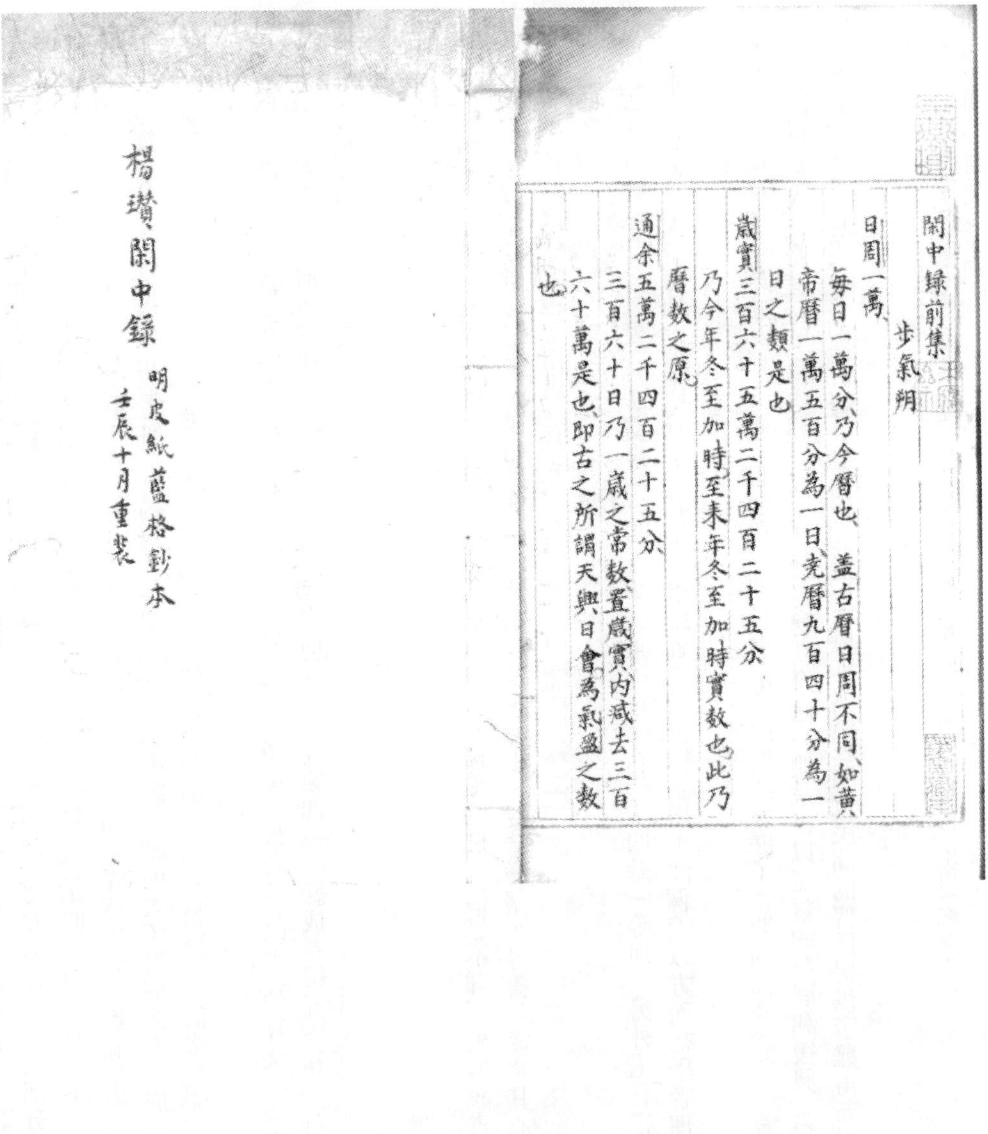

閑中録前集

步氣朔

日周一萬

每日一萬分、乃今曆也、蓋古曆日周不同、如黄帝曆一萬五百分為一日、堯曆九百四十分為一日之類是也

歲實三百六十五萬二千四百二十五分

乃今年冬至加時至来年冬至加時實数也、此乃曆数之原、

通余五萬二千四百二十五分

三百六十日乃一歲之常数、置歲實内减去三百六十萬是也、即古之所謂天與日會為氣盈之数也

楊瓚閑中録　明皮紙藍格鈔本　壬辰十月重装

圖十　中國國家圖書館藏《閑中録》

奎章閣本
《大統曆法通軌》校注

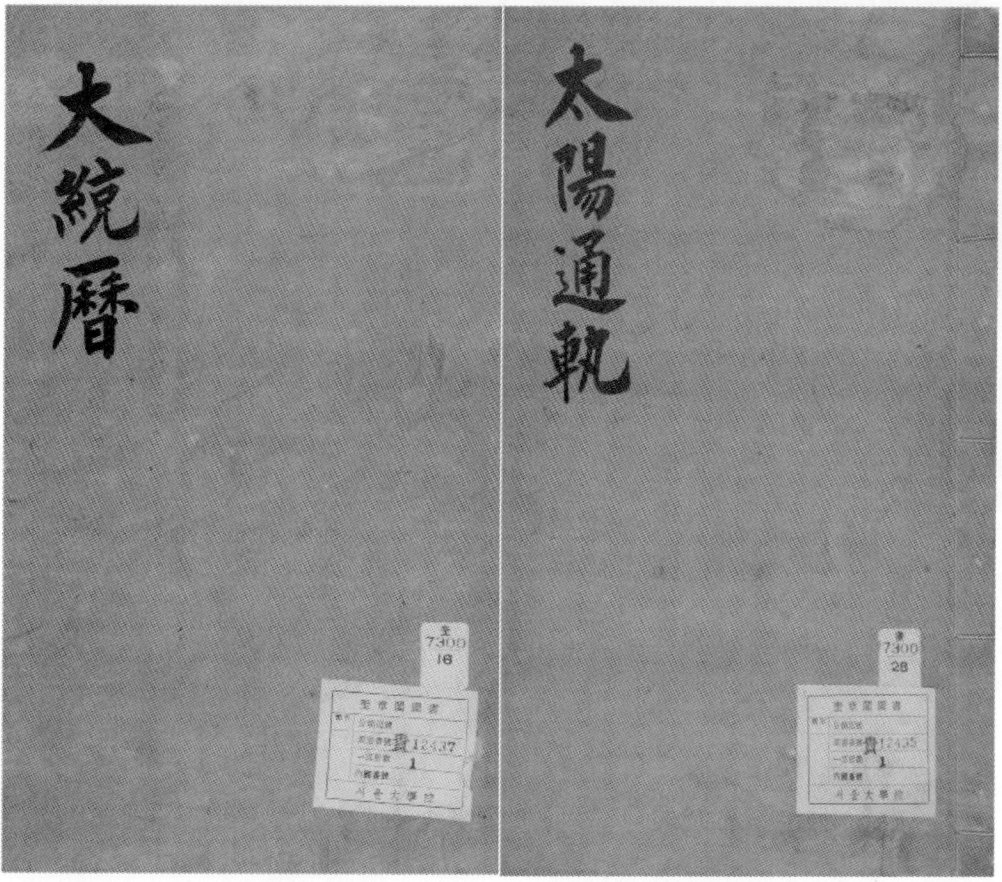

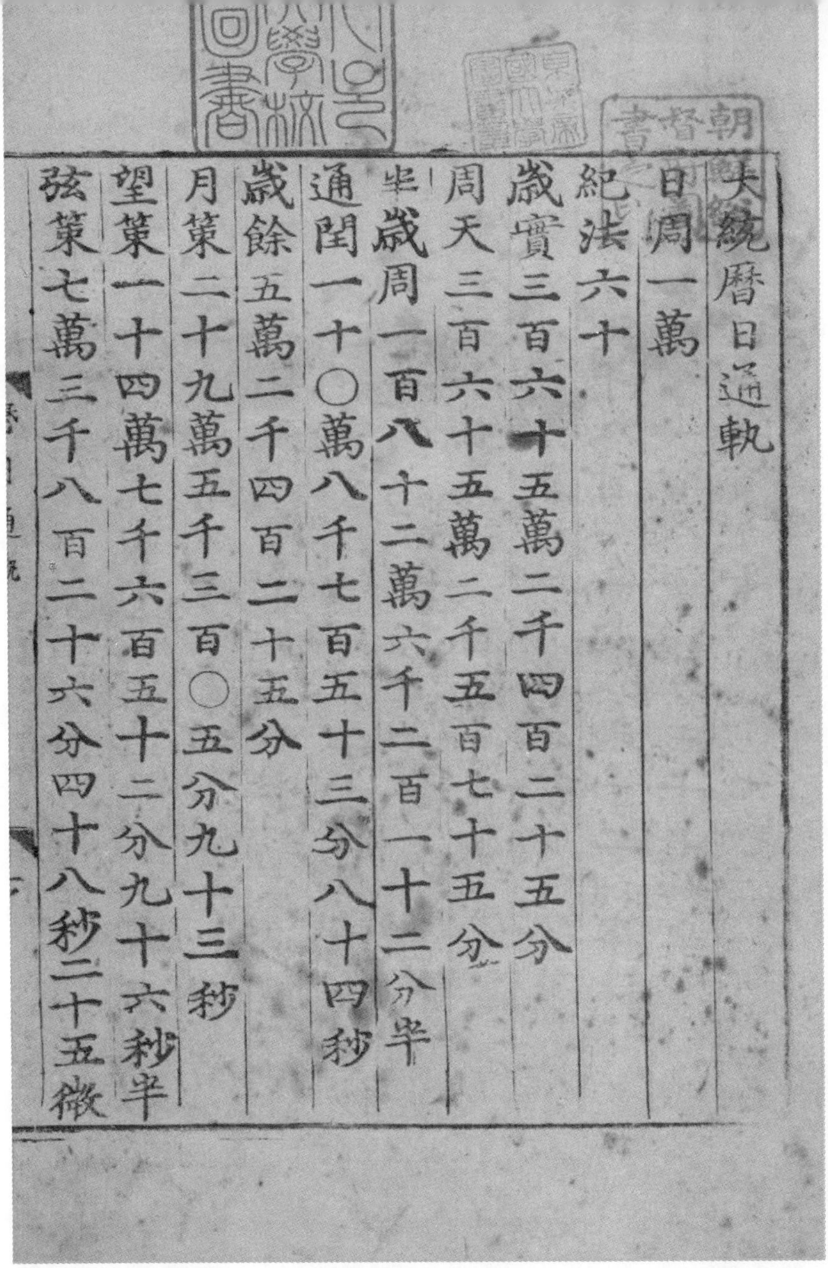
大統曆日通軌
日周一萬
紀法六十
歲實三百六十五萬二千四百二十五分
周天三百六十五萬二千五百七十五分
半歲周一百八十二萬六千二百一十二分半
通閏一十〇萬八千七百五十三分八十四秒
歲餘五萬二千四百二十五分
月策二十九萬五千三百〇五分九十三秒
望策一十四萬七千六百五十二分九十六秒半
弦策七萬三千八百二十六分四十八秒二十五微

《大統曆日通軌》

日周，一萬。[1]

紀法，六十。[2]

歲實，三百六十五萬二千四百二十五分。[3]

周天，三百六十五萬二千五百七十五分。[4]

半歲周，一百八十二萬六千二百一十二分半。[5]

通閏，一十〇萬八千七百五十三分八十四秒。[6]

歲餘，五萬二千四百二十五分。[7]

月策，二十九萬五千三百〇五分九十三秒。[8]

望策，一十四萬七千六百五十二分九十六秒半。[9]

弦策，七萬三千八百二十六分四十八秒二十五微。[10]

1 此為《大統曆日通軌》“用數目錄”，列出了曆日部分計算所需的各種天文常數。大統曆時刻使用百分制，一日為一百刻，一刻為一百分，一分為一百秒。大統曆度數也使用百分制，一度為一百分，一分為一百秒，一秒為一百微。一日百刻即為一萬分。

2 紀法為干支紀法。

3 歲實即回归年，為365.2425日，即三百六十五萬二千四百二十五分。

4 周天為365.2575度，即三百六十五萬二千五百七十五分。

5 半歲周為歲實的一半，為182.62125日，即一百八十二萬六千二百一十二分半。

6 通閏為歲實減去十二倍的朔實（朔實為29.530593日），為10.885284日，即一十〇萬八千七百五十三分八十四秒。

7 歲餘為歲實減去三百六十日，為5.2425日，即五萬二千四百二十五分。

8 月策又稱朔策或朔實，為29.530593日，即二十九萬五千三百〇五分九十三秒。

9 望策為月策的一半，為14.7652965日，即一十四萬七千六百五十二分九十六秒半。

10 弦策為望策的一半，為7.38264825日，即七萬三千八百二十六分四十八秒二十五微。

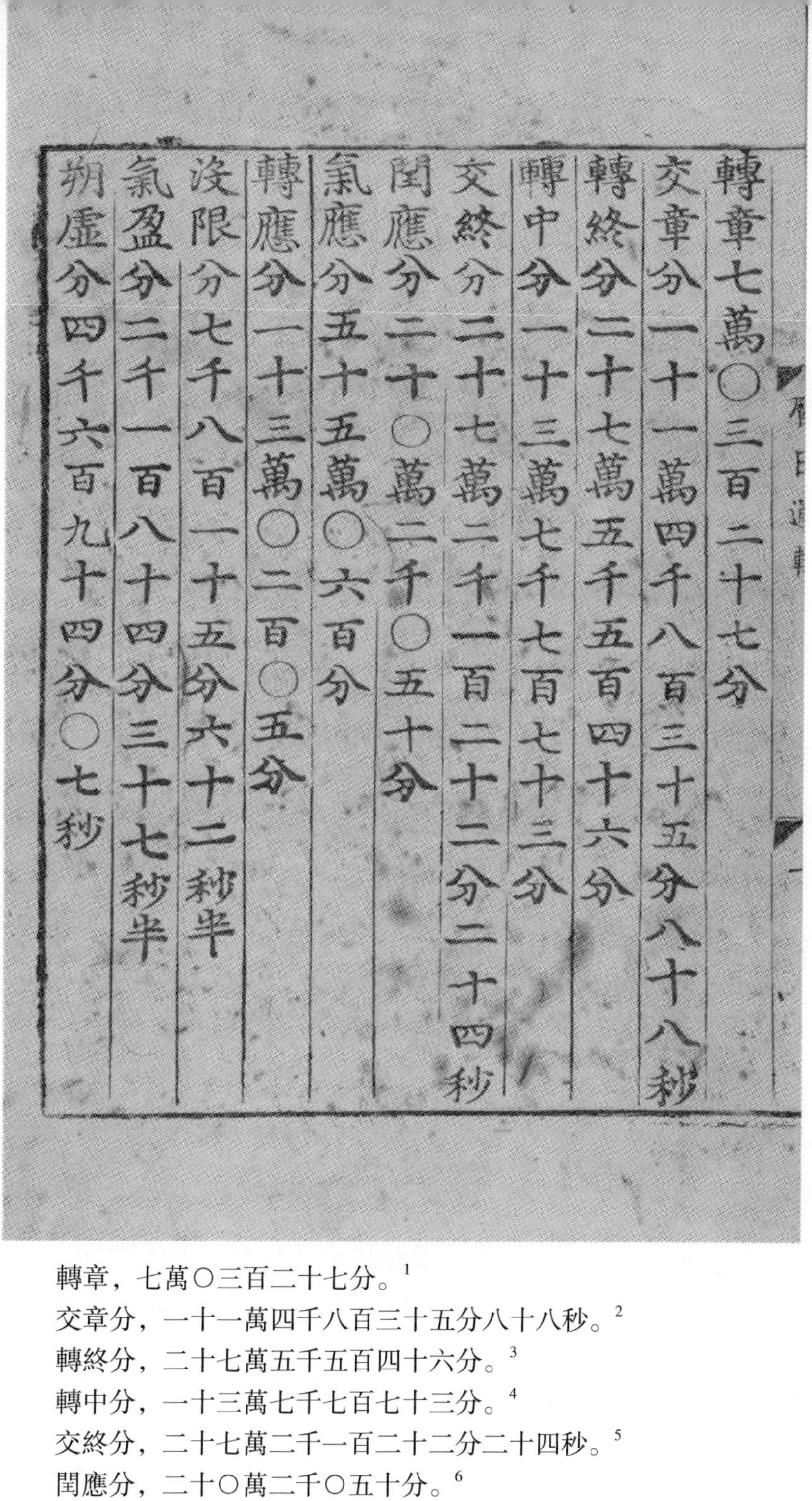

轉章七萬〇三百二十七分
交章分一十一萬四千八百三十五分八十八秒
轉終分二十七萬五千五百四十六分
轉中分一十三萬七千七百七十三分
交終分二十七萬二千一百二十二分二十四秒
閏應分二十〇萬二千〇五十分
氣應分五十五萬〇六百分
轉應分一十三萬〇二百〇五分
沒限分七千八百一十五分六十二秒半
氣盈分二千一百八十四分三十七秒半
朔虛分四千六百九十四分〇七秒

轉章，七萬〇三百二十七分。[1]

交章分，一十一萬四千八百三十五分八十八秒。[2]

轉終分，二十七萬五千五百四十六分。[3]

轉中分，一十三萬七千七百七十三分。[4]

交終分，二十七萬二千一百二十二分二十四秒。[5]

閏應分，二十〇萬二千〇五十分。[6]

氣應分，五十五萬〇六百分。[7]

轉應分，一十三萬〇二百〇五分。[8]

沒限分，七千八百一十五分六十二秒半。[9]

氣盈分，二千一百八十四分三十七秒半。[10]

朔虛分，四千六百九十四分〇七秒。[11]

1 轉章為歲實累減轉終，即 365.2425 mod 27.5546。

2 交章為歲實累減交終，即 365.2425 mod 27.212224。

3 轉終即近點月週期，指月球繞地球公轉，連續兩次經過近地點（或遠地點）的時間間隔，為 27.5546 日，即二十七萬五千五百四十六分。

4 轉中為轉終的一半，為 13.7773 日，即一十三萬七千七百七十三分。

5 交終即交点月週期，指月球繞地球運轉，連續兩次通過白道和黃道的同一交點所需的時間，為 27.212224 日，即二十七萬二千一百二十二分二十四秒。

6 閏應為曆元年（此處使用為至元辛巳歲，即至元十八年，公元 1281 年，下皆同）歲前冬至距天正月平朔的時刻，為 20.2050 日，即二十〇萬二千〇五十分。

7 氣應為曆元年歲前冬至子正夜半距甲子日子正夜半的時刻，為 55.0600 日，即五十五萬〇六百分。

8 轉應為曆元年歲前冬至距其前一月近地點的時刻，為 13.0205 日，即一十三萬〇二百〇五分。

9 沒限為日周減去氣盈分，為 7815.625 分，即七千八百一十五分六十二秒半。

10 氣盈為氣策減去十五日，為 0.2184375 日，即二千一百八十四分三十七秒半。

11 朔虛為三十日減去朔實，為 0.469407 日，即四千六百九十四分〇七秒。

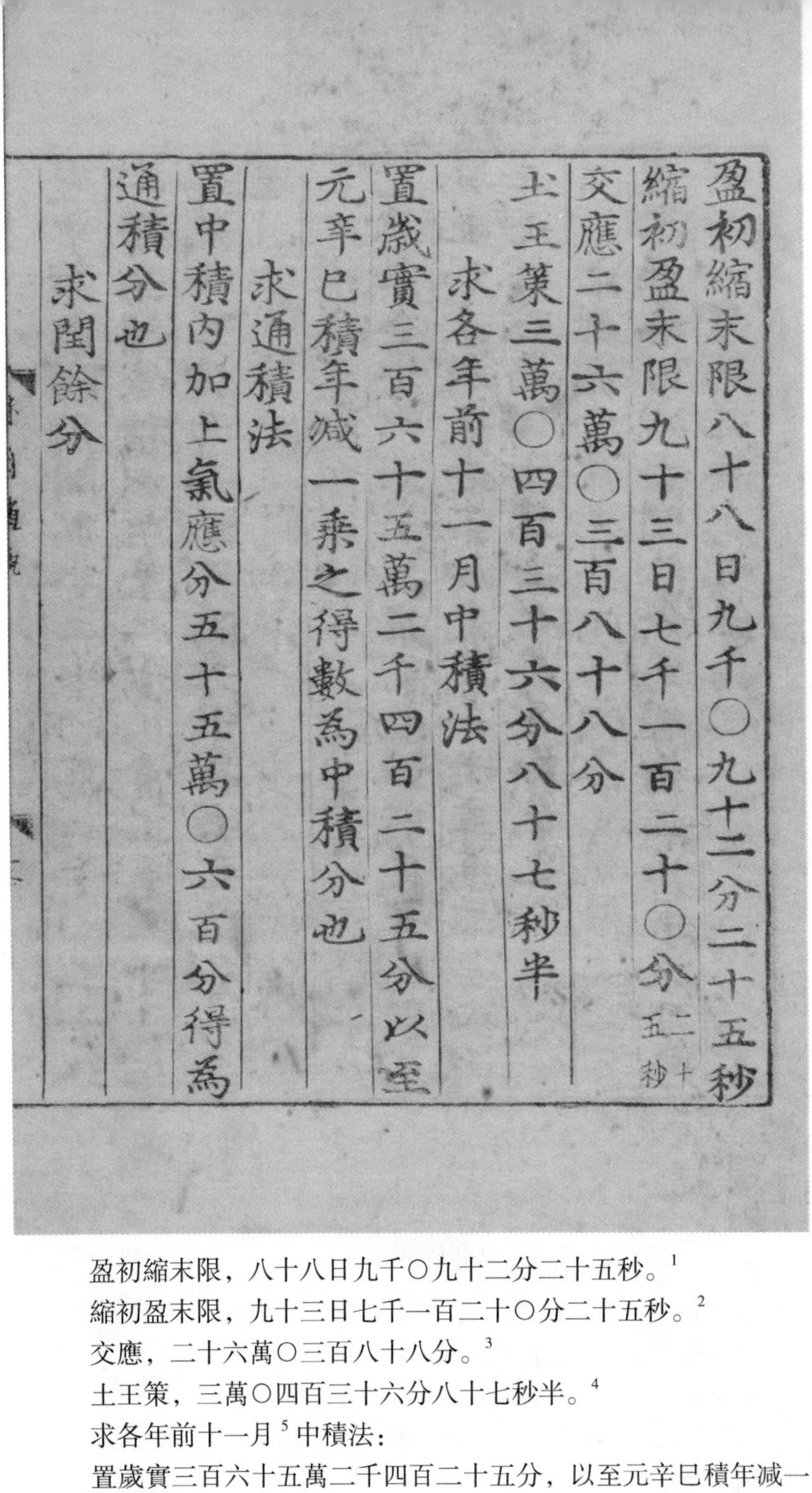
盈初縮末限八十八日九千〇九十二分二十五秒
縮初盈末限九十三日七千一百二十〇分二十五秒
交應二十六萬〇三百八十八分
土王策三萬〇四百三十六分八十七秒半
求各年前十一月中積法
置歲實三百六十五萬二千四百二十五分以至
元辛巳積年減一乘之得數為中積分也
求通積法
置中積內加上氣應分五十五萬〇六百分得為
通積分也
求閏餘分

盈初縮末限，八十八日九千〇九十二分二十五秒。[1]

縮初盈末限，九十三日七千一百二十〇分二十五秒。[2]

交應，二十六萬〇三百八十八分。[3]

土王策，三萬〇四百三十六分八十七秒半。[4]

求各年前十一月[5]中積法：

置歲實三百六十五萬二千四百二十五分，以至元辛巳積年減一乘之，得數為中積分也。[6]

求通積法：

置中積，內加上氣應分五十五萬〇六百分，得為通積分也。[7]

求閏餘分：

1 大統曆將冬至至春分的 88.909225 日稱為盈初限，秋分至冬至的 88.909225 日稱為縮末限，即八十八日九千〇九十二分二十五秒。

2 大統曆將春分至夏至的 93.712025 日稱為盈末限，夏至至秋分的 93.712025 日稱為縮初限，即九十三日七千一百二十〇分二十五秒。

3 交應為曆元年歲前冬至距其前一月降交點的時刻，為 26.0388 日，即二十六萬〇三百八十八分。

4 五行用事記載所用，將歲實以五行均分為五個 73.0485 日，每個為五行所王日數，春木、夏火、秋金、冬水各以四立之節為首用事日，土居四季，將 73.045 日再分四份得每季土王用事 18.262125 日，減去氣策為 3.0436875 日，即土王策。

5 年前十一月即年前天正月。

6 中積為所求年份相距曆元（此處采用至元辛巳）的年數與歲實的乘積（結果皆以分為單位，一日為一萬分，下同）。

7 中積分加氣應分為通積分。

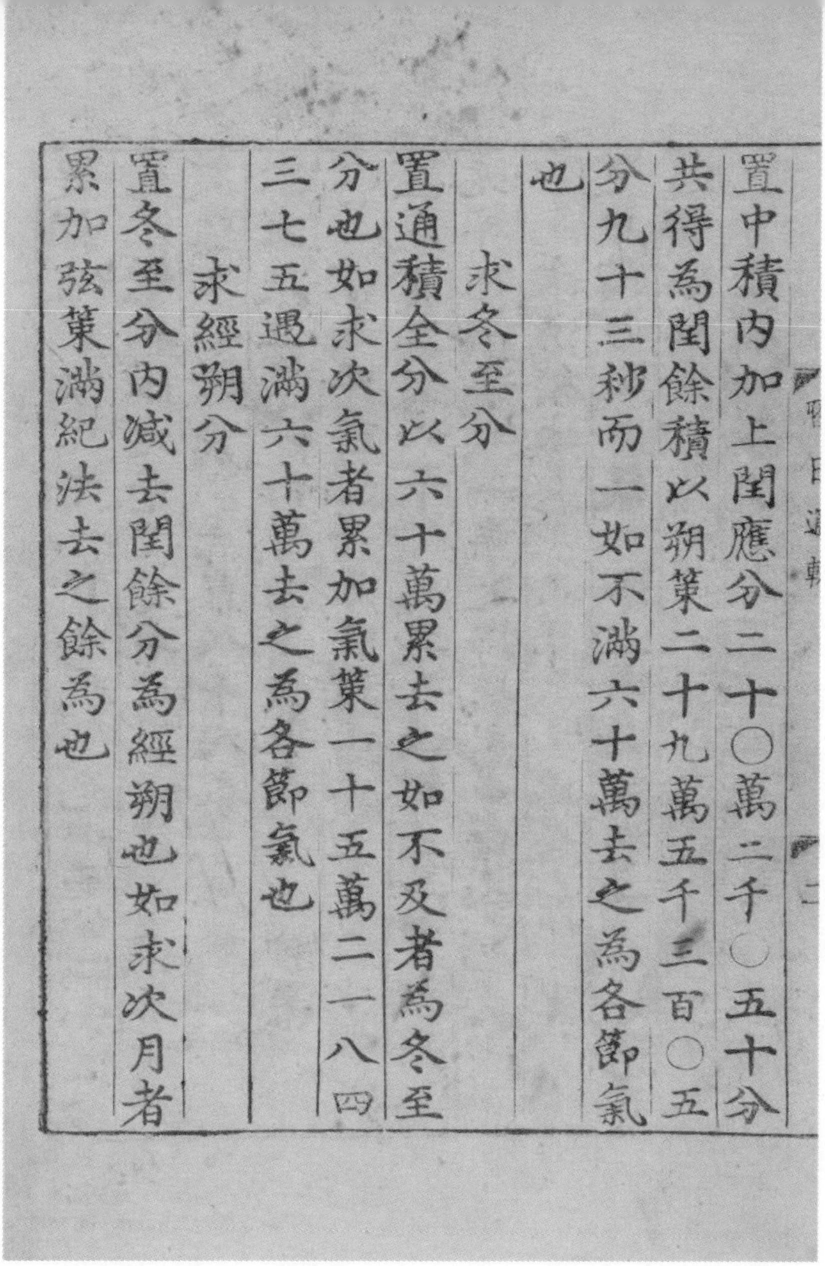
置中積內加上閏應分二十〇萬二千〇五十分共得為閏餘積以朔策二十九萬五千三百〇五分九十三秒而一如不滿六十萬去之為各節氣也

求冬至分

置通積全分以六十萬累去之如不及者為冬至分也如求次氣者累加氣策一十五萬二一八四三七五遇滿六十萬去之為各節氣也

求經朔分

置冬至分內減去閏餘分為經朔也如求次月者累加弦策滿紀法去之餘為也

置中積，內加上閏應分二十〇萬二千〇五十分，共得為閏餘積。以朔策二十九萬五千三百〇五分九十三秒而一，如不滿六十萬去之，為各節氣也。[1]

求冬至分：

置通積全分，以六十萬累去之，如不及者，為冬至分也。[3] 如求次氣者，累加氣策一十五萬二一八四三七五，遇滿六十萬去之，為各節氣也。[2]

求經朔分：

置冬至分，內減去閏餘分，為經朔也。[4] 如求次月者，累加弦策，滿紀法去之，餘為也。[5]

1 中積分加閏應分為閏餘積。閏餘積滿朔策去之後為閏餘分，即冬至平月齡，冬至距經朔的時間（以分為單位，下同）。文中“為各節氣也”有誤，疑為“為閏餘分也”。

2 通積用紀法六十去之（通積分用六十萬去之），餘數即從甲子日算起至冬至的時間。

3 冬至分累加氣策，滿紀法去之，為各氣的日數及分。

4 冬至分減閏餘為經朔分。

5 經朔分累加氣策，為各月經朔分。

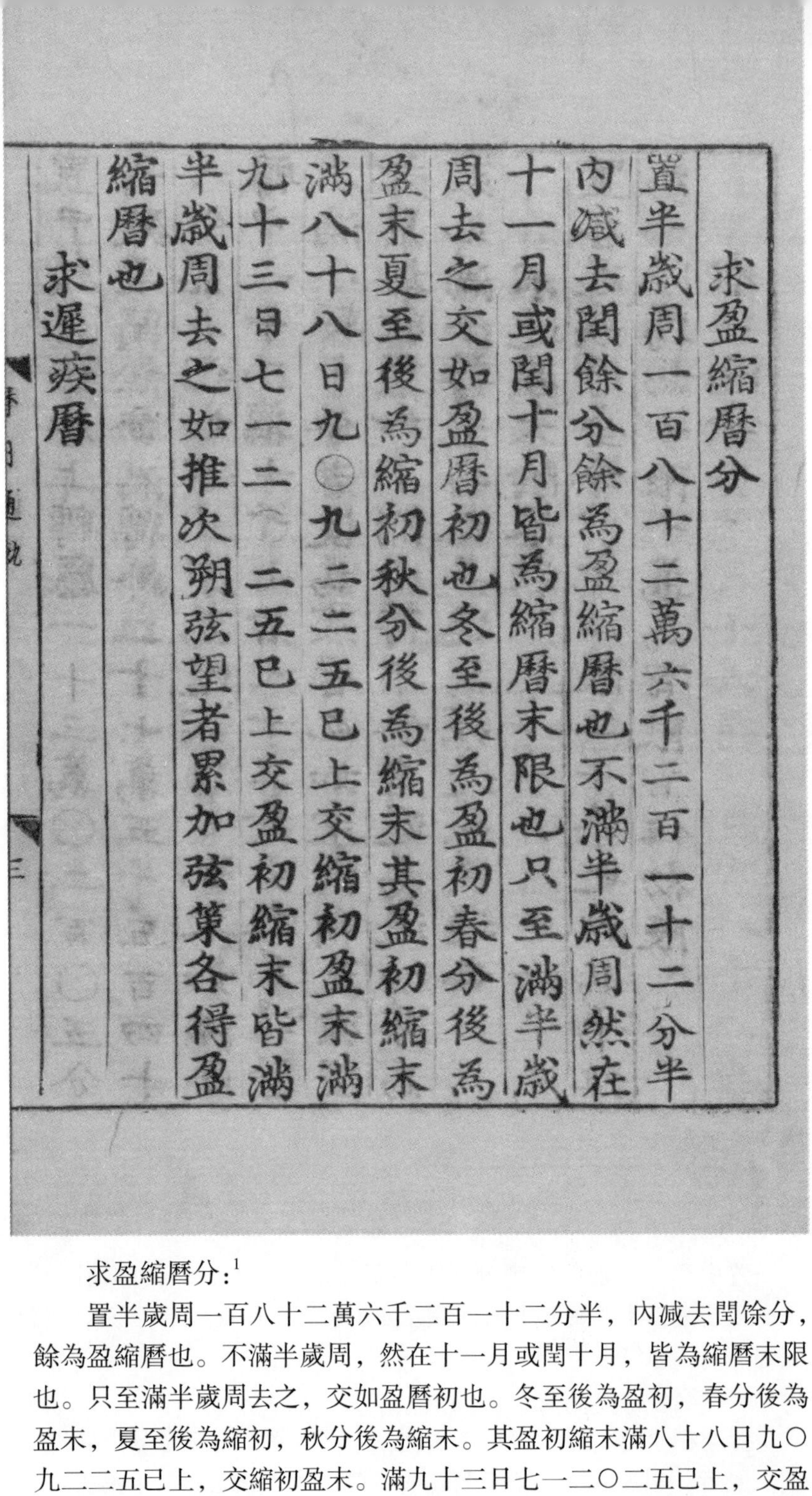

求盈縮曆分
置半歲周一百八十二萬六千二百一十二分半
內減去閏餘分餘為盈縮曆也不滿半歲周然在
十一月或閏十月皆為縮曆末限也只至滿半歲
周去之交如盈曆初也冬至後為盈初春分後為
盈末夏至後為縮初秋分後為縮末其盈初縮末
滿八十八日九〇九二二五已上交縮初盈末滿
九十三日七一二〇二五已上交盈初縮末皆滿
半歲周去之如推次朔弦望者累加弦策各得盈
縮曆也
求遲疾曆

求盈縮曆分:[1]

置半歲周一百八十二萬六千二百一十二分半，內減去閏餘分，餘為盈縮曆也。不滿半歲周，然在十一月或閏十月，皆為縮曆末限也。只至滿半歲周去之，交如盈曆初也。冬至後為盈初，春分後為盈末，夏至後為縮初，秋分後為縮末。其盈初縮末滿八十八日九〇九二二五已上，交縮初盈末。滿九十三日七一二〇二五已上，交盈初縮末。皆滿半歲周去之。如推次朔弦望者，累加弦策各得盈縮曆也。

求遲疾曆:[2]

1 冬至後為盈曆，夏至後為縮曆。大統曆將一個回歸年週期的太陽運動分為四部分，以冬至、春分、夏至、秋分為限，冬至至春分為盈初限、春分至夏至為盈末限、夏至至秋分為縮初限、秋分至冬至為縮末限。求盈縮曆分是為了下文查表計算盈縮差而準備，盈縮差即太陽運動的中心差改正值。

2 大統曆將一個近点月週期的月亮運動分為遲曆和疾曆兩部分。

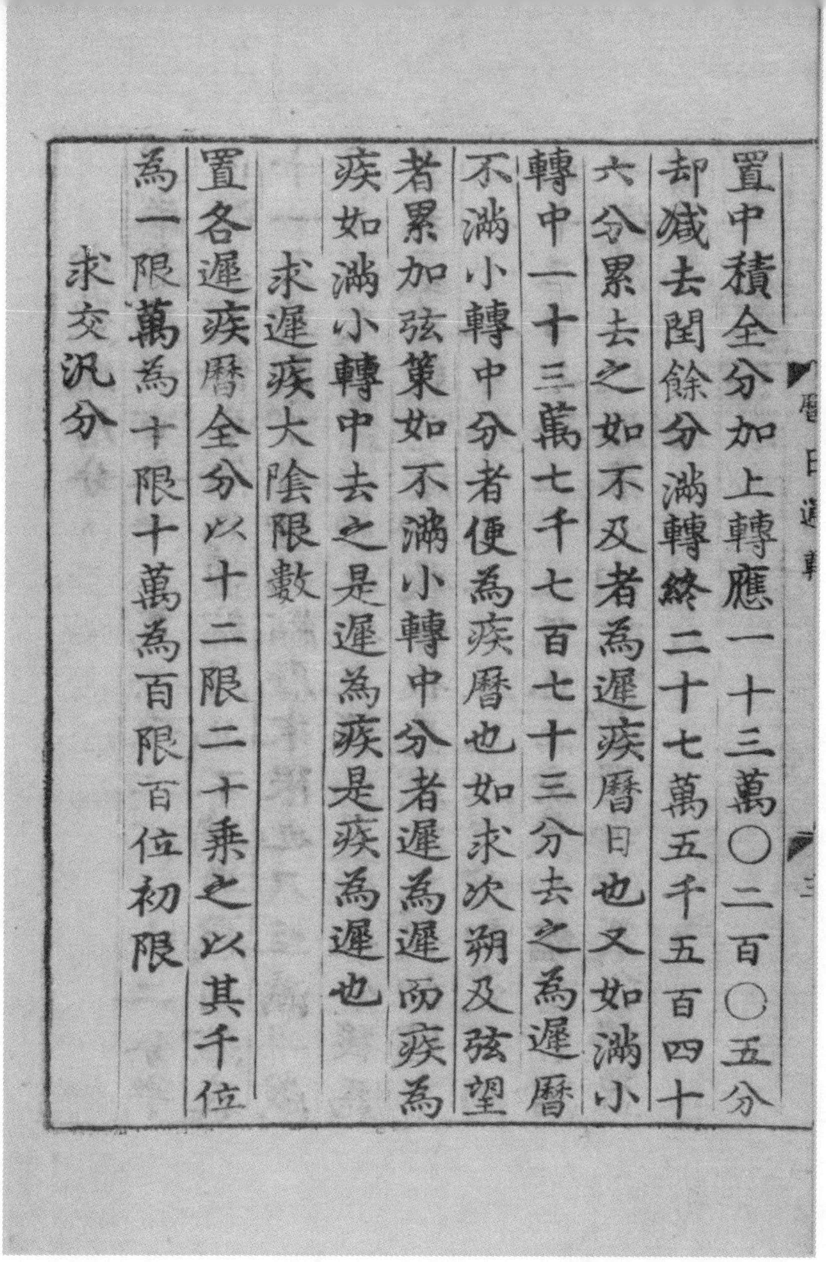
置中積全分加上轉應一十三萬〇二百〇五分
却減去閏餘分滿轉終二十七萬五千五百四十
六分累去之如不及者為遲疾曆日也又如滿小
轉中一十三萬七千七百七十三分去之為遲曆
不滿小轉中分者便為疾曆也如求次朔及弦望
者累加弦策如不滿小轉中分者遲為遲而疾為
疾如滿小轉中去之是遲為疾是疾為遲也
求遲疾大陰限數
置各遲疾曆全分以十二限二十乘之以其千位
為一限萬為十限十萬為百限百位初限
求交汎分

置中積全分，加上轉應一十三萬〇二百〇五分，却減去閏馀分，滿轉終二十七萬五千五百四十六分，累去之，如不及者，為遲疾曆也。[1] 又如滿小轉中一十三萬七千七百七十三分，去之，為遲曆。不滿小轉中分者，便為疾曆也。[2] 如求次朔及弦、望者，累加弦策。如不滿小轉中分者，遲為遲，而疾為疾。如滿小轉中，去之，是遲為疾，是疾為遲也。[3]

求疾遲大陰[4]限數：

置各遲疾曆全分，以十二限二十乘之，以其千位為一限，萬為十限，十萬為百限，百位初限。[5]

求交汎分：

1 中積分加轉應分，再減去閏馀分，滿轉終分去之後，為天正經朔入轉日分，入轉日分為距前一近點月的時間。

2 各經朔入轉日分在轉中分以上為遲曆，以下為疾曆。

3 如果求次朔或弦、望的入轉日分，累加弦策，滿轉終分去之。

4“大陰”當作“太陰”。

5 大統曆將月亮一天的運動分為十二個限。

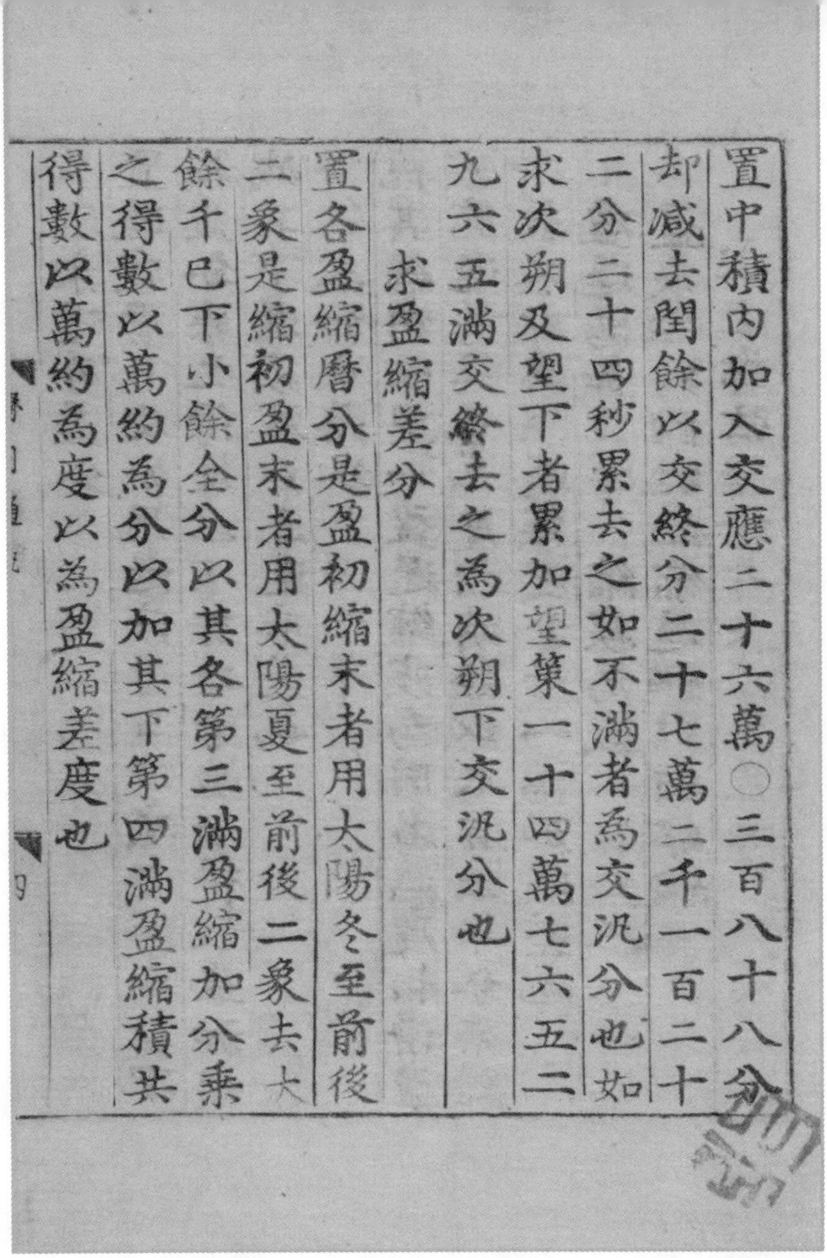
置中積內加入交應二十六萬〇三百八十八分
却減去閏餘以交終分二十七萬二千一百二十
二分二十四秒累去之如不滿者爲交汎分也如
求次朔及望下者累加望策一十四萬七六五二
九六五滿交終去之爲次朔下交汎分也
求盈縮差分
置各盈縮曆分是盈初縮末者用太陽冬至前後
二象是縮初盈末者用太陽夏至前後二象去大
餘千巳下小餘全分以其各第三滿盈縮加分乘
之得數以萬約爲分以加其下第四滿盈縮積共
得數以萬約爲度以爲盈縮差度也

置中積內加入交應二十六萬○三百八十八分，却減去閏餘，以交終分二十七萬二千一百二十二分二十四秒累去之，如不滿者，為交汎分也。[1] 如求次朔及望下者，累加望策一十四萬七千六五二九六五，滿交終去之，為次朔下交汎分也。[2]

求盈縮差分：[3]

置各盈縮曆分，是盈初縮末者，用太陽冬至前後二象；是縮初盈末者，用太陽夏至前後二象。去大餘，千已下小餘全分，以其各第三滿盈縮加分乘之，得數以萬約為分，以加其下第四滿盈縮積，共得數以萬約為度，以為盈縮差度也。[4]

1 中積分加交應分，減去閏馀分，滿交終分去之，為天正經朔交汎分，交汎分即經朔距正交點的時間。

2 次朔和次望的交汎分，為前月交汎分累加望策，滿交終分去之。

3 盈縮差為太陽實際行積度與平行積度之差。

4 以盈縮曆分作為引數查大陽冬至前後二象立成或太陽夏至前後二象立成的積日行，將盈縮曆分第三位及以下（千已下，即積日的餘數）部分乘以對應的盈縮加分，加上盈縮曆分第四位（萬及以上，即積日的整數）對應的盈縮積，得到盈縮差度，整個計算過程實際為查表進行一次差值計算。

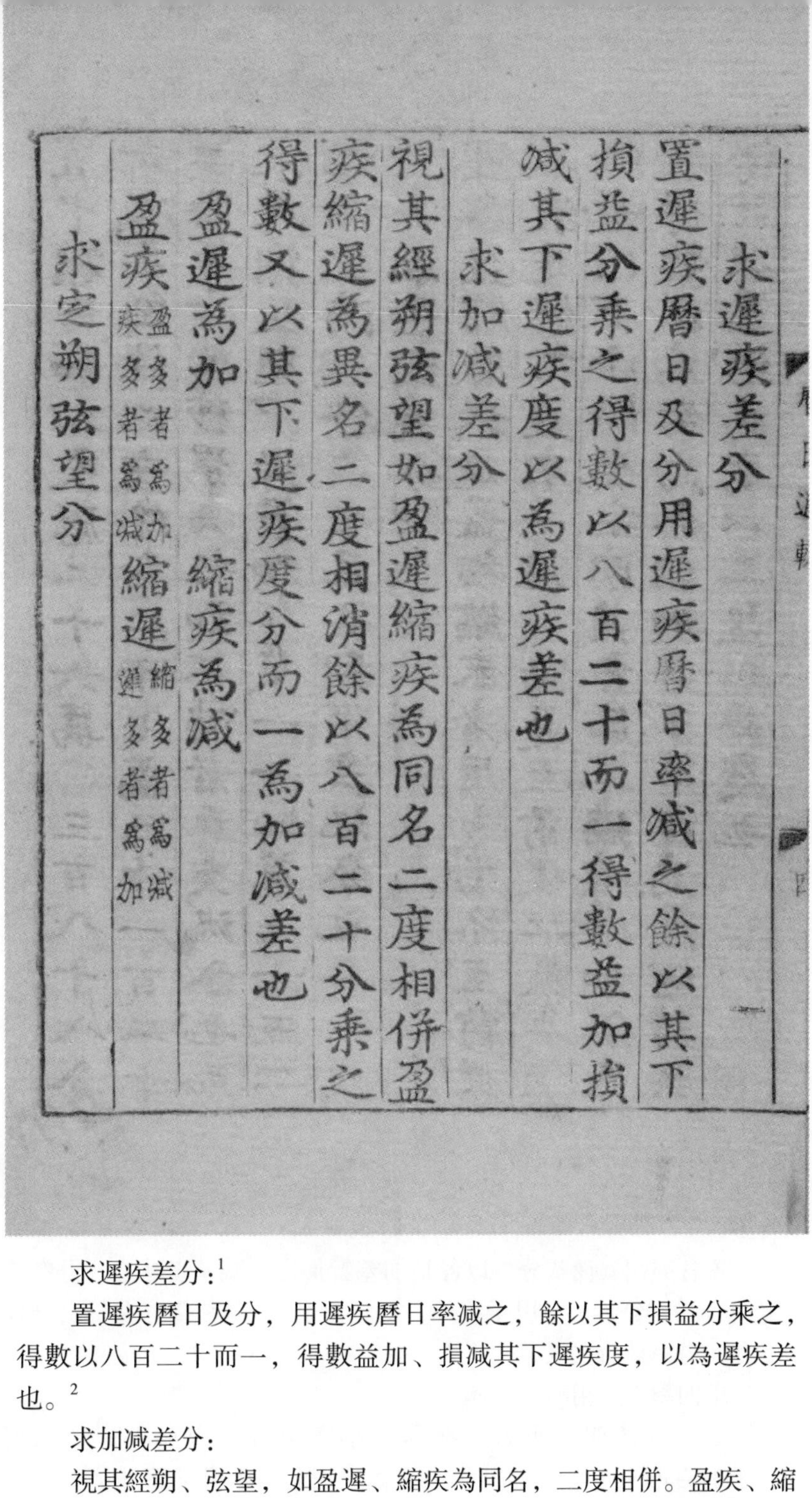

求遲疾差分
置遲疾曆日及分用遲疾曆日率減之餘以其下損益分乘之得數以八百二十而一得數益加損減其下遲疾度以為遲疾差也
求加減差分
視其經朔弦望如盈遲縮疾為同名二度相併盈疾縮遲為異名二度相消餘以八百二十分乘之得數又以其下遲疾度分而一為加減差也
盈遲為加 縮疾為減
盈疾盈多者為加疾多者為減 縮遲縮多者為減遲多者為加
求定朔弦望分

求遲疾差分：[1]

置遲疾曆日及分，用遲疾曆日率減之，餘以其下損益分乘之，得數以八百二十而一，得數益加、損減其下遲疾度，以為遲疾差也。[2]

求加減差分：

視其經朔、弦望，如盈遲、縮疾為同名，二度相併。盈疾、縮遲為異名，二度相消。餘以八百二十分乘之，得數又以其下遲疾度分而一，為加減差也。[3]

盈遲為加，縮疾為減。

盈疾，盈多者為加，疾多者為減。縮遲，縮多者為減，遲多者為加。

求定朔弦望分：

1 遲疾差為月亮實際行積度與平行積度之差。

2 遲疾差分與盈縮差分計算類似，為查太陰遲疾度立成，并進行一次差值計算。

3 所得盈縮差和遲疾差，同名相加，異名相減（盈遲、縮疾為同名，盈疾、縮遲為異名），以限法 820 乘之，以所入遲疾限下行度除之，為加減差。加減差為太陽和月亮運動修正的疊加。

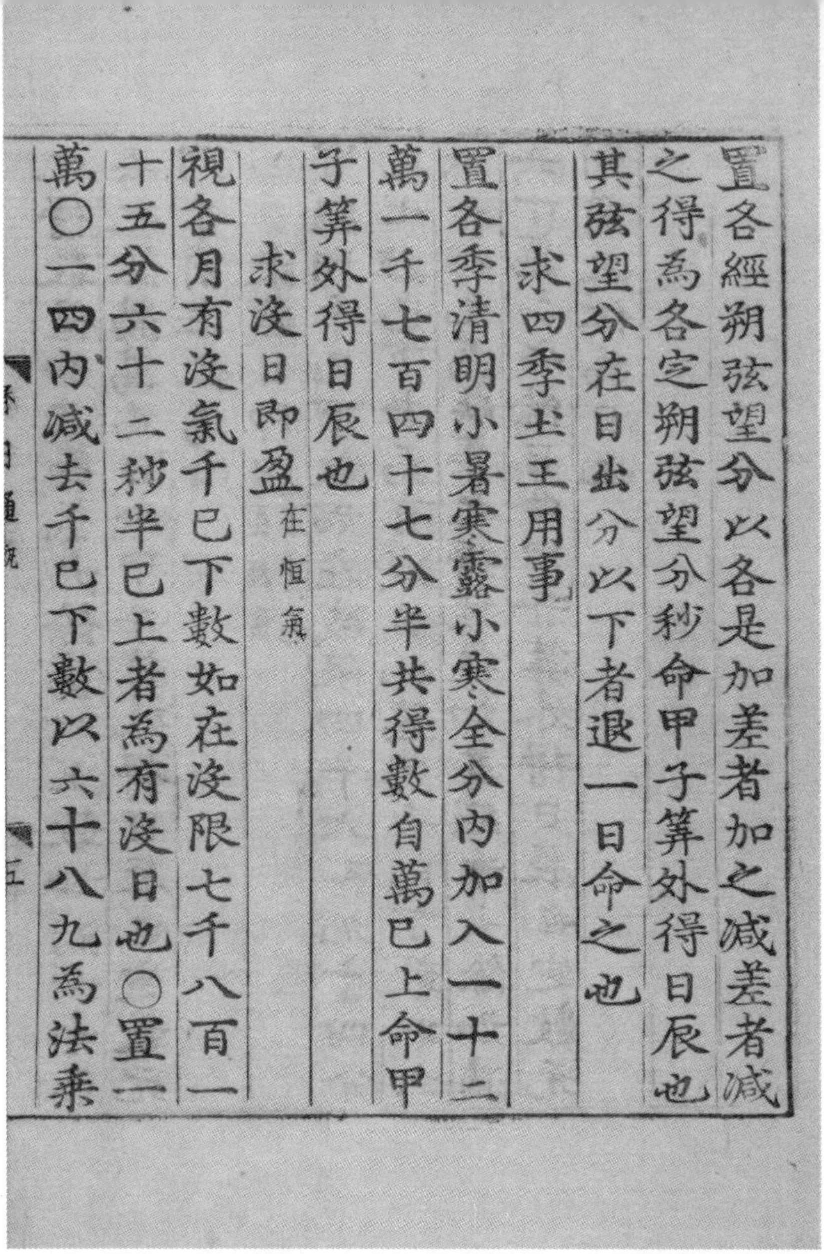
置各經朔弦望分以各是加差者加之減差者減
之得為各定朔弦望分秒命甲子筭外得日辰也
其弦望分在日出分以下者退一日命之也
求四季土王用事
置各季清明小暑寒露小寒全分內加入一十二
萬一千七百四十七分半共得數自萬已上命甲
子筭外得日辰也
求沒日即盈在恒氣
視各月有沒氣千已下數如在沒限七千八百一
十五分六十二秒半已上者為有沒日也○置一
萬○一四內減去千已下數以六十八九為法乘

置各經朔、弦望分，以各是加差者加之，減差者減之，得為各定朔、弦望分秒，命甲子筭外，得日辰也。[1] 其弦望分在日出分以下者，退一日命之也。

求四季土王用事：

置各季清明、小暑、寒露、小寒全分，內加入一十二萬一千七百四十七分半，共得數自萬巳[2]上，命甲子筭外，得日辰也。[3]

求沒日[4]，即盈，在恒氣[5]

視各月有沒氣，千已下數，如在沒限七千八百一十五分六十二秒半已上者，為有沒日也。〇置一萬〇一四，內減去千已下數，以六十八九[6]為法乘

1 經朔、弦望分加上或減去加減差分，即為定朔、弦望分秒。滿紀法去之，為甲子筭外日辰。

2“巳”作“已”，同“以”，下同。

3 氣策乘以二，減去每季土王用事 18.262125 日，得 12.174750 日。以該數加四季節氣（清明三月節，小暑六月節，寒露九月節，小寒十二月節），可得各季土始用事日。

4“沒日”和“滅日”是用於反應朔氣不是整數日的一種方法。大統曆一個回歸年有 365.2425 日，如每月定為 30 日，一歲為 360 日，餘下的 5.2425 日被稱為沒日。如果將沒日平均分配在 360 日中，約 69 日得一個沒日。沒日自平氣起算，滅日自經朔起算。

5 經朔時分小於滅限稱為有沒日。

6《大明大統曆法》“推盈日法”中，“六十八九”為“六十八分六十六秒”。

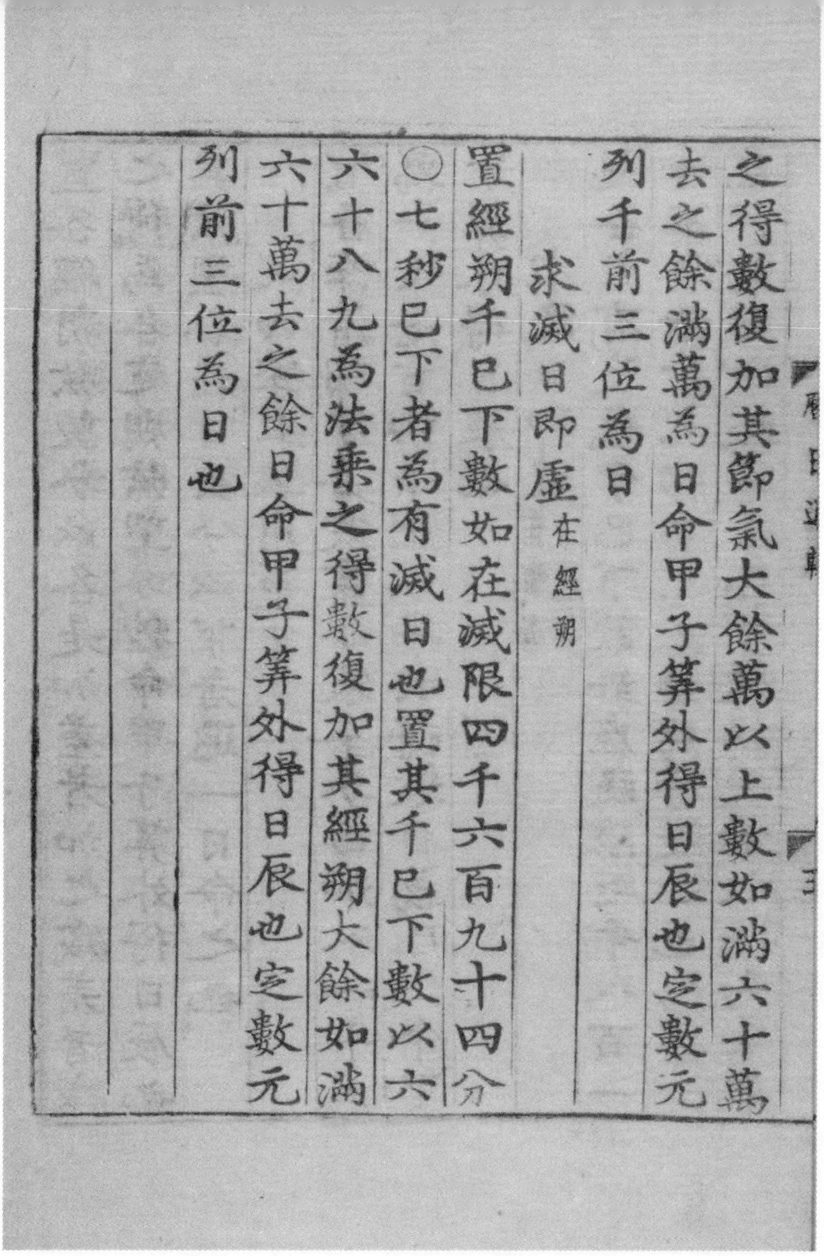
之得數復加其節氣大餘萬以上數如滿六十萬
去之餘滿萬為日命甲子筭外得日辰也定數元
列千前三位為日
求滅日即虛在經朔
置經朔千巳下數如在滅限四千六百九十四分
○七秒巳下者為有滅日也置其千巳下數以六
六十八九為法乘之得數復加其經朔大餘如滿
六十萬去之餘日命甲子筭外得日辰也定數元
列前三位為日也

之，得數復加其節氣大餘，萬以上數，如滿六十萬去之，餘滿萬為日，命甲子筭外，得日辰也。定數元列千前三位為日。

求滅日，即虛，在經朔[1]

置經朔，千已下數，如在滅限四千六百九十四分○七秒已下者，為有滅日也。置其千已下數，以六六十八九[2]為法乘之，得數復加其經朔大餘，如滿六十萬去之，餘日，命甲子筭外，得日辰也，定數元列前三位為日也。

1 恒氣時分大於滅限為有滅日。

2《大明大統曆法》“推虛日法”中，“六六十八九”為“六十三分九十一秒”。

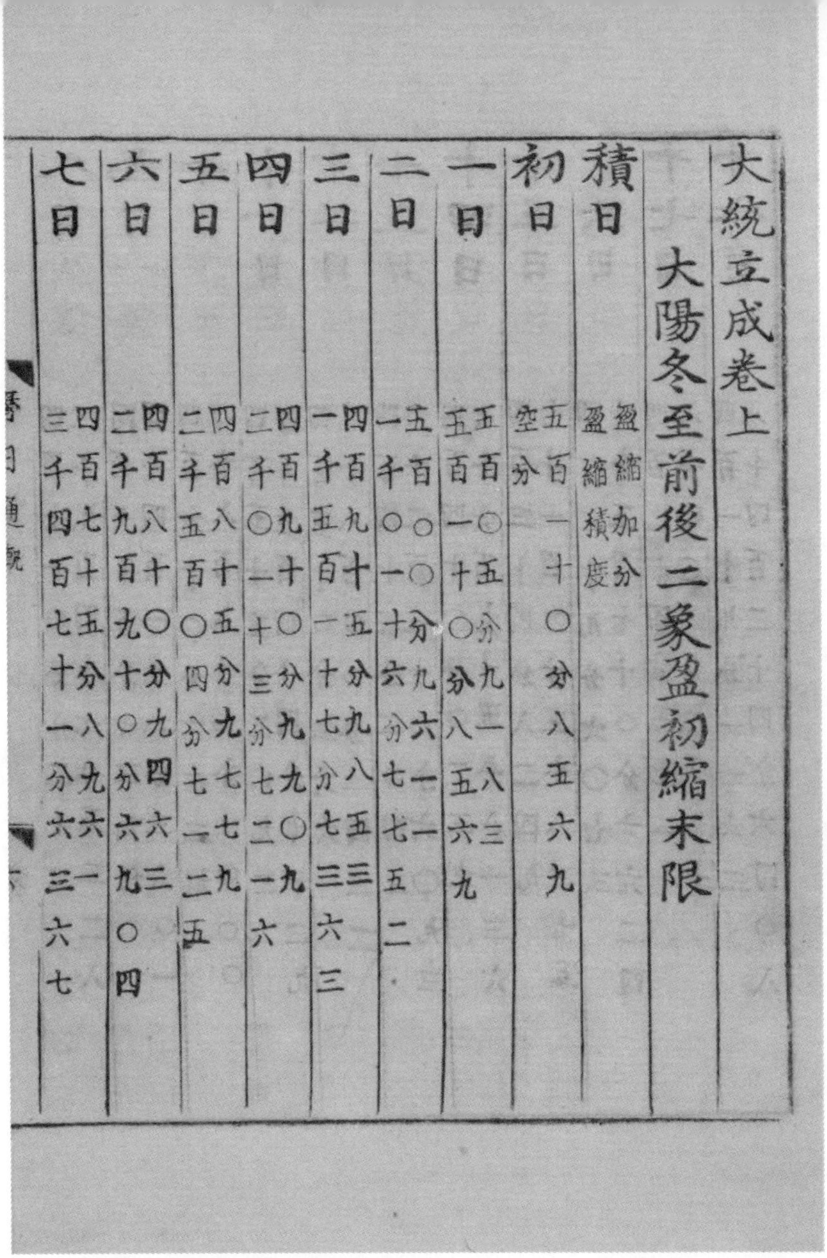
大統立成卷上

大陽冬至前後二象盈初縮末限

積日	盈縮加分	盈縮積度
初日	五百一十〇分八五六九	空分
一日	五百〇五分九一八三	五百一十〇分八五六九
二日	五百〇〇分九六一一	一千〇一十六分七七五二
三日	四百九十五分九八五三	一千五百一十七分七三六三
四日	四百九十〇分九九〇九	二千〇一十三分七二一六
五日	四百八十五分九七七九	二千五百〇四分七一二五
六日	四百八十〇分九四六三	二千九百九十〇六九〇四
七日	四百七十五分八九六一	三千四百七十一分六三六七

《大統立成[1]》卷上

大陽冬至前後二象，盈初縮末限[2]

積日	盈縮加分	盈縮積度[3]
初日	五百一十〇分八五六九	空分
一日	五百〇五分九一八三	五百一十〇分八五六九
二日	五百〇〇分九六一一	一千〇一十六分七七五二
三日	四百九十五分九八五三	一千五百一十七分七三六三
四日	四百九十〇分九九〇九	二千〇一十三分七二一六
五日	四百八十五分九七七九	二千五百〇四分七一二五
六日	四百八十〇分九四六三	二千九百九十〇六九〇四
七日	四百七十五分八九六一	三千四百七十一分六三六七

1 立成即算表的意思，一般指可用於快速計算的表格。

2 該表列出大陽冬至前後兩個象限，盈初和縮末限各日的盈縮加分和盈縮積度，其中盈縮積度為對應積日太陽平運動和實際運動累計的差值，盈縮加分為對應積日的太陽每日平運動（一日一度）與實際運動的差值。

3“盈縮積度”當作“盈縮積分”。

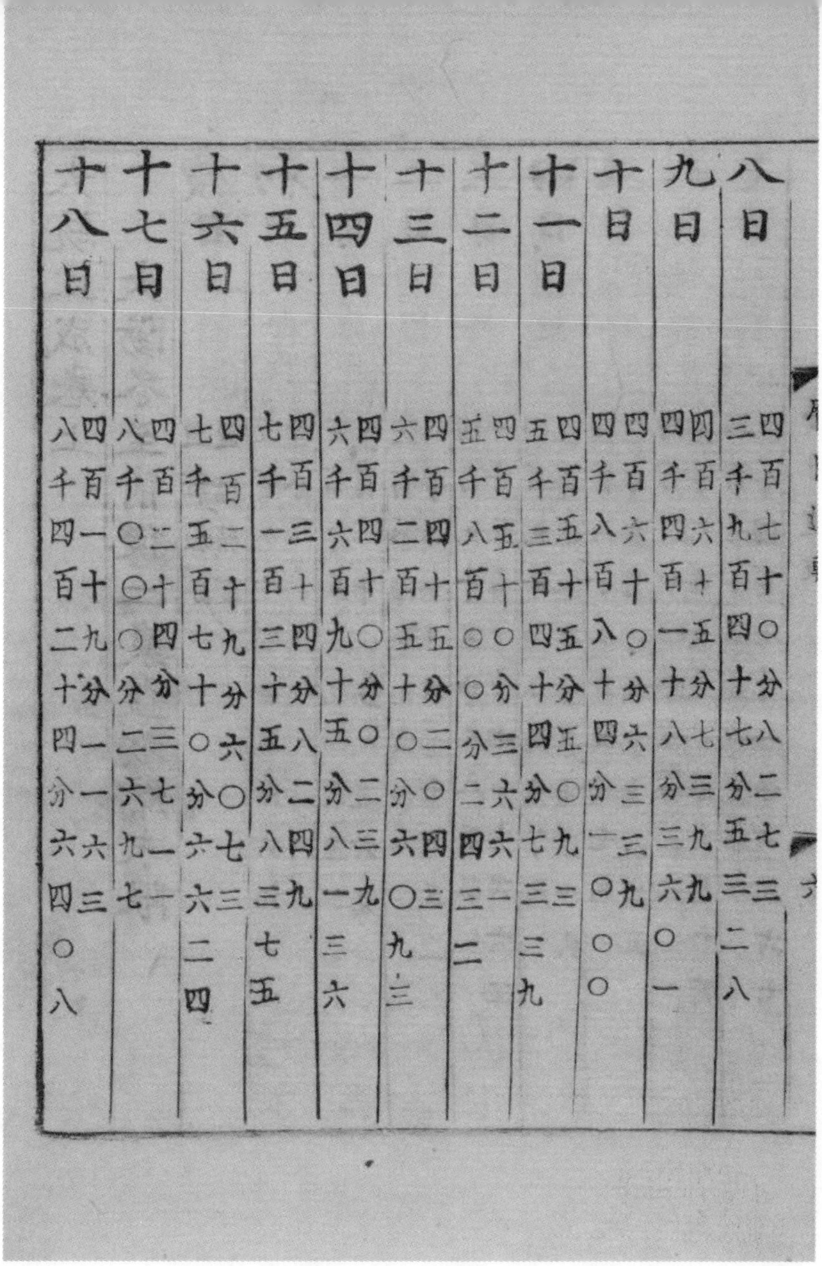

八日	四百七十〇分八二七三	三千九百四十七分五三二八
九日	四百六十五分七三九九	四千四百一十八分三六〇一
十日	四百六十〇分六三三九	四千八百八十四分一〇〇〇
十一日	四百五十五分五〇九三	五千三百四十四分七三三九
十二日	四百五十〇分三六六一	五千八百〇〇分二四三二
十三日	四百四十五分二〇四三	六千二百五十〇分六〇九三
十四日	四百四十〇分〇二三九	六千六百九十五分八一三六
十五日	四百三十四分八二四九	七千一百三十五分八三七五
十六日	四百二十九分六〇七三	七千五百七十〇分六六二四
十七日	四百二十四分三七一一	八千〇〇〇分二六九七
十八日	四百一十九分一一六三	八千四百二十四分六四〇八

十九日	四百一十三分八四二九	八千八百四十三分七五七一
二十日	四百〇八分五五〇九	九千二百五十七分六〇〇〇
二十一日	四百〇三分二四〇三	九千六百六十六分一五〇九
二十二日	三百九十七分九一一一	一萬〇〇六十九分三九一二
二十三日	三百九十二分五六三三	一萬〇四百六十七分三〇二三
二十四日	三百八十七分一九六九	一萬〇八百五十九分八六五六
二十五日	三百八十一分八一九	一萬一千二百四十七分〇六二五
二十六日	三百七十六分四〇八三	一萬一千六百二十八分八七四四
二十七日	三百七十〇分九八六一	一萬二千〇〇五分二八二七
二十八日	三百六十五分四五三	一萬二千三百七十六分二六八八
二十九日	三百六十〇分〇八五九	一萬二千七百四十一分八一四一

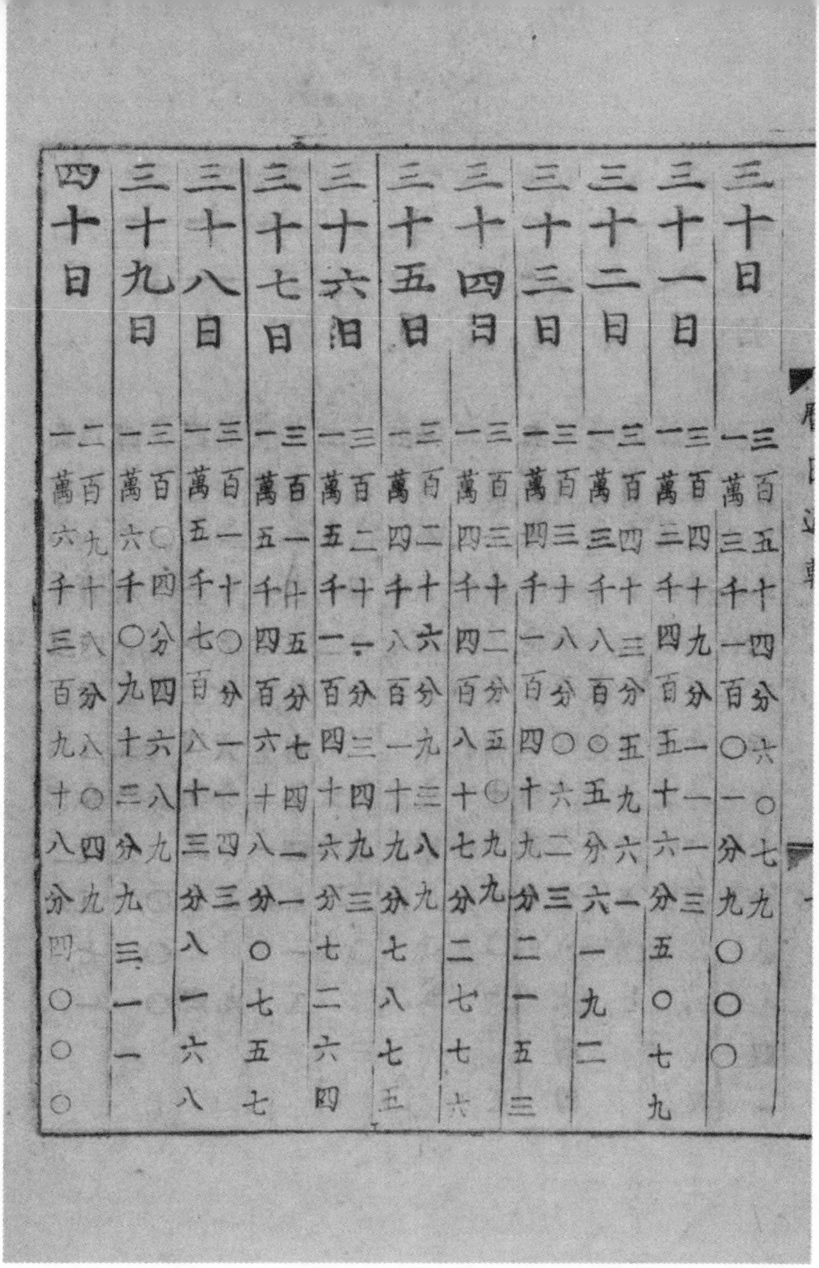

三十日	三百五十四分六〇七九	一萬三千一百〇一分九〇〇〇
三十一日	三百四十九分一一一三	一萬三千四百五十六分五〇七九
三十二日	三百四十三分五九六一	一萬三千八百〇五分六一九二
三十三日	三百三十八分〇六二三	一萬四千一百四十九分二一五三
三十四日	三百三十二分五〇九九	一萬四千四百八十七分二七七六
三十五日	三百二十六分九三八九	一萬四千八百一十九分七八七五
三十六日	三百二十一分三四九三	一萬五千一百四十六分七二六四
三十七日	三百一十五分七四一一	一萬五千四百六十八分〇七五七
三十八日	三百一十〇分一一四三	一萬五千七百八十三分八一六八
三十九日	三百〇四分六八九	一萬六千〇九十三分九三一一
四十日	二百九十八分八〇四九	一萬六千三百九十八分四〇〇〇

四十一日	二百九十三分一二二三	一萬六千六百九十七分二〇四九
四十二日	二百八十七分四二一一	一萬六千九百九十〇分三二七二
四十三日	二百八十一分七〇一三	一萬七千二百七十七分七四八三
四十四日	二百七十五分九六二九	一萬七千五百五十九分四四九六
四十五日	二百七十〇分二〇五九	一萬七千八百三十五分四一二五
四十六日	二百六十四分四三〇三	一萬八千一百〇五分六一八四
四十七日	二百五十八分六三六一	一萬八千三百七十〇分〇四八七
四十八日	二百五十二分八二三三	一萬八千六百二十八分六八四八
四十九日	二百四十六分九九一九	一萬八千八百八十一分五〇八一
五十日	二百四十一分一四一九	一萬九千一百二十八分五〇〇〇
五十一日	二百三十五分二七三三	一萬九千三百六十九分六四一九

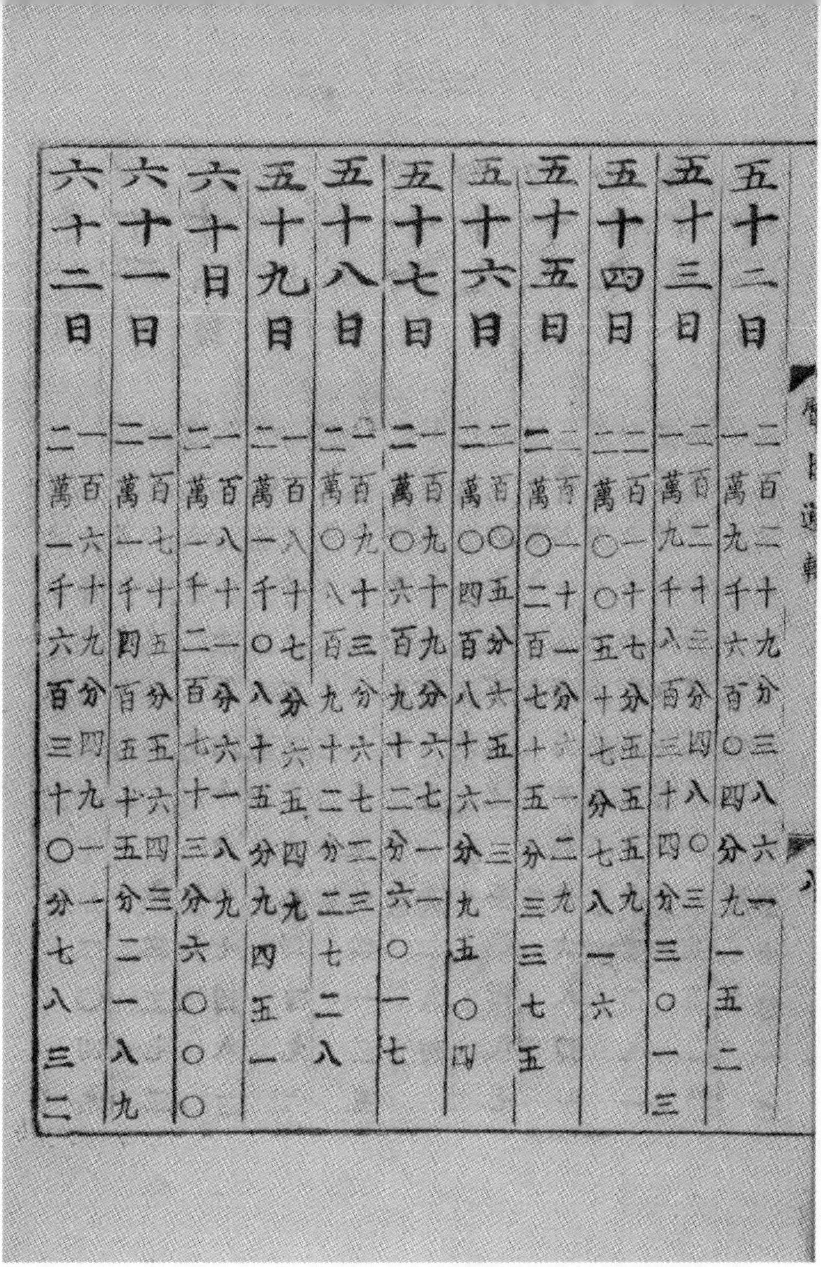

五十二日	二百二十九分三八六一	一萬九千六百〇四分九一五二
五十三日	二百二十三分四八〇三	一萬九千八百三十四分三〇一三
五十四日	二百一十七分五五五九	二萬〇〇五十七分七八一六
五十五日	二百一十一分六一二九	二萬〇二百七十五分三三七五
五十六日	二百〇五分六五一三	二萬〇四百八十六分九五〇四
五十七日	二百九十九分六七一一	二萬〇六百九十二分六〇一七
五十八日	一百九十三分六七二三	二萬〇八百九十二分二七二八
五十九日	一百八十七分六五四九	二萬一千〇八十五分九四五一
六十日	一百八十一分六一八九	二萬一千二百七十三分六〇〇〇
六十一日	一百七十五分五六四三	二萬一千四百五十五分二一八九
六十二日	一百六十九分四九一一	二萬一千六百三十〇分七八三二

六十三日	一百六十三分三九九三	二萬一千八百○○分二七四三
六十四日	一百五十七分二八八九	二萬一千九百六十三分六七三六
六十五日	一百五十一分一五九九	二萬二千一百二十○分九六二五
六十六日	一百四十五分○一二三	二萬二千二百七十二分一二二四
六十七日	一百三十八分八四六一	二萬二千四百一十七分一三四七
六十八日	一百三十二分六六一三	二萬二千五百五十五分九八○八
六十九日	一百二十六分四五七九	二萬二千六百八十八分六四二一
七十日	一百二十○分二三五九	二萬二千八百一十五分一○○○
七十一日	一百一十三分九九五三	二萬二千九百三十五分三三五九
七十二日	一百○七分七三六一	二萬三千○四十九分三三一二
七十三日	一百○一分四五八三	二萬三千一百五十七分○六七三

七十四日	九十五分一六一九	二萬三千二百五十八分五二五六
七十五日	八十八分八四六九	二萬三千三百五十三分六八七五
七十六日	八十二分五一三三	二萬三千四百四十二分五三四四
七十七日	七十六分一六一一	二萬三千五百二十五分〇四七七
七十八日	六十九分七九〇三	二萬三千六百〇一分二〇八八
七十九日	六十三分四〇〇九	二萬三千六百七十〇分九九九一
八十日	五十六分九九二九	二萬三千七百三十四分四〇〇〇
八十一日	五十〇分五六六三	二萬三千七百九十一分三九二九
八十二日	四十四分一二一一	二萬三千八百四十一分九五九二
八十三日	三十七分六五七三	二萬三千八百八十六分〇八〇三
八十四日	三十一分一七四九	二萬三千九百二十三分七三七六

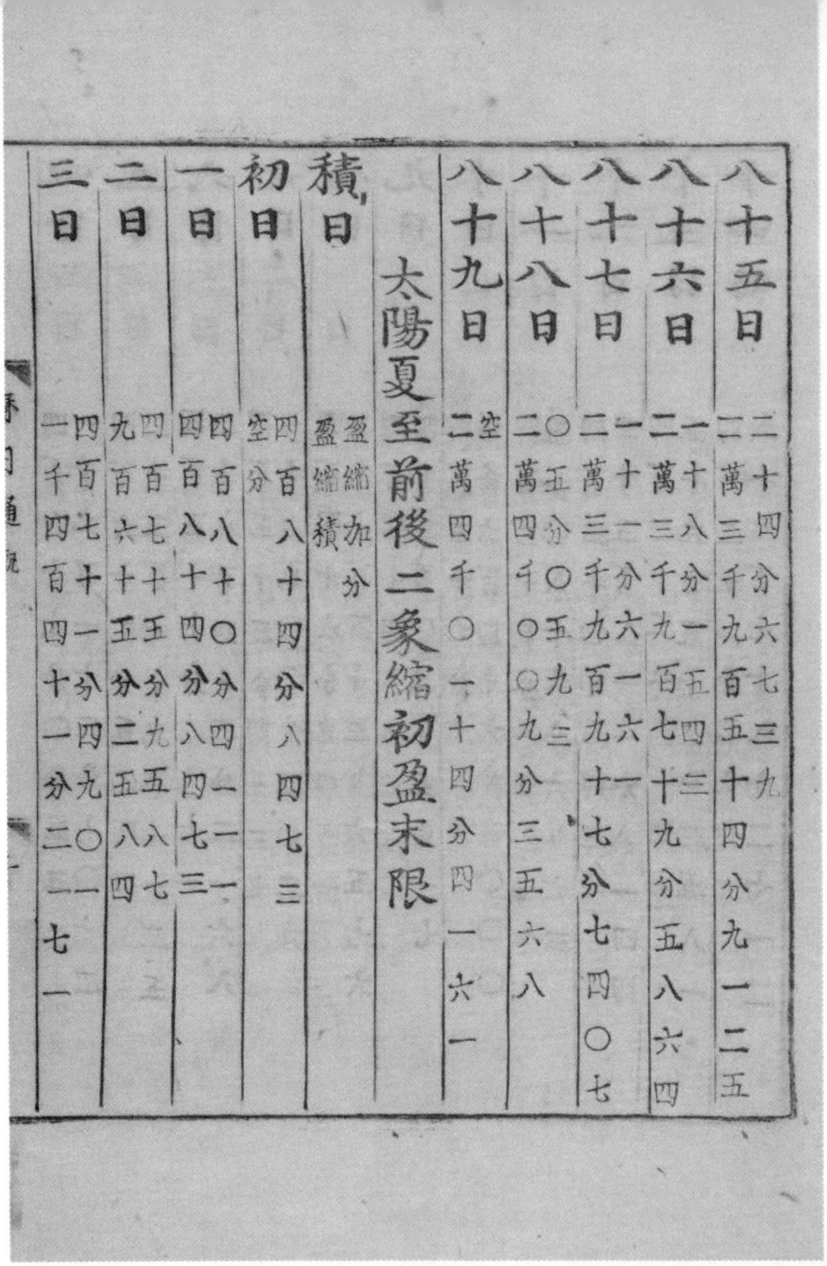

八十五日　二十四分六七三九　二萬三千九百五十四分九一二五
八十六日　一十八分一五四三　二萬三千九百七十九分五八六四
八十七日　一十一分六一六一　二萬三千九百九十七分七四〇七
八十八日　〇五分〇五九三　二萬四千〇〇九分三五六八
八十九日　空　二萬四千〇一十四分四一六一
太陽夏至前後二象縮初盈末限
積日　盈縮加分　盈縮積
初日　四百八十四分八四七三　空分
一日　四百八十〇分四一一一　四百八十四分八四七三
二日　四百七十五分九五八七　九百六十五分二五八四
三日　四百七十一分四九〇一　一千四百四十一分二一七一

八十五日	二十四分六七三九	二萬三千九百五十四分九一二五
八十六日	一十八分一五四三	二萬三千九百七十九分五八六四
八十七日	一十一分六一六一	二萬三千九百九十七分七四〇七
八十八日	〇五分〇五九三	二萬四千〇〇九分三五六八
八十九日	空	二萬四千〇一十四分四一六一

太陽夏至前後二象，縮初盈末限[1]

積日	盈縮加分	盈縮積
初日	四百八十四分八四七三	空分
一日	四百八十〇分四一一一	四百八十四分八四七三
二日	四百七十五分九五八七	九百六十五分二五八四
三日	四百七十一分四九〇一	一千四百四十一分二一七一

1 該表列出太陽夏至前後兩個象限，縮初盈末限各日的盈縮加分和盈縮積分，其中盈縮積度為對應積日太陽平運動和實際運動累計的差值，盈縮加分為對應積日的太陽每日平運動（一日一度）與實際運動的差值。

四日	四百六十七分〇〇五三	一千九百一十二分七〇七二
五日	四百六十二分五〇四三	二千三百七十九分七一二五
六日	四百五十七分九八七一	二千八百四十二分二一六八
七日	四百五十三分四五三七	三千三百〇〇分二〇三九
八日	四百四十八分九〇四一	三千七百五十三分六五七六
九日	四百四十四分三三八三	四千二百〇二分五六一七
十日	四百三十九分七五六三	四千六百四十六分九〇〇〇
十一日	四百三十五分一五八一	五千〇八十五分六五六三
十二日	四百三十〇分五四三七	五千五百二十一分八一四四
十三日	四百二十五分九一三一	五千九百五十二分三五八一
十四日	四百二十一分二六六三	六千三百七十八分二七一二

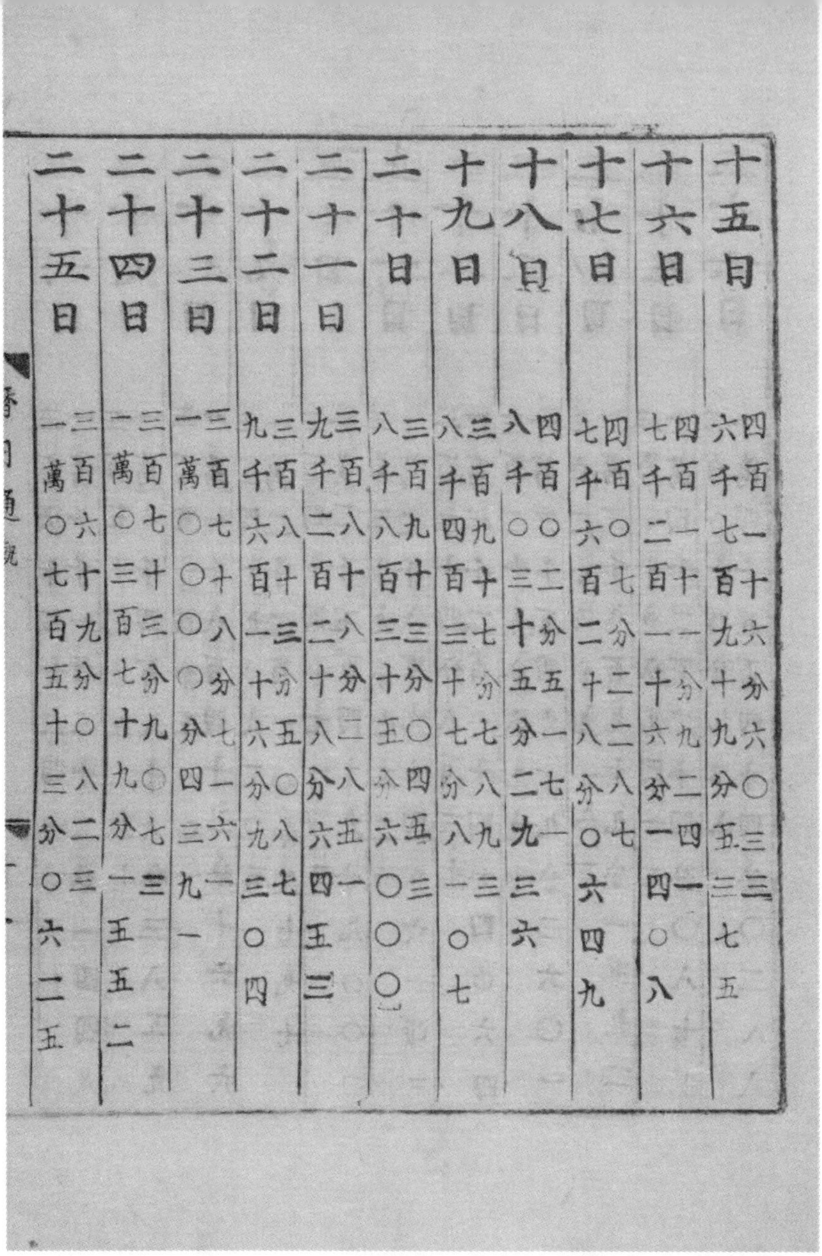

十五日	四百一十六分六○三三	六千七百九十九分五三七五
十六日	四百一十一分九二四一	七千二百一十六分一四○八
十七日	四百○七分二二八七	七千六百二十八分○六四九
十八日	四百○二分五一七一	八千○三十五分二九三六
十九日	三百九十七分七八九三	八千四百三十七分八一○七
二十日	三百九十三分○四五三	八千八百三十五分六○○○
二十一日	三百八十八分二八五一	九千二百二十八分六四五三
二十二日	三百八十三分五○八七	九千六百一十六分九三○四
二十三日	三百七十八分七一六一	一萬○○○○分四三九一
二十四日	三百七十三分九○七三	一萬○三百七十九分一五五二
二十五日	三百六十九分○八二三	一萬○七百五十三分○六二五

二十六日	三百六十四分二四一一	一萬一千一百二十二分一四四八
二十七日	三百五十九分三八三七	一萬一千四百八十六分三八五九
二十八日	三百五十四分五一〇一	一萬一千八百四十五分七六九六
二十九日	三百四十九分六二〇三	一萬二千二百〇〇分二七九七
三十日	三百四十四分七一四三	一萬二千五百四十九分九〇〇〇
三十一日	三百三十九分七九二一	一萬二千八百九十四分六一四三
三十二日	三百三十四分八五三七	一萬三千二百三十四分四〇六四
三十三日	三百二十九分八九九一	一萬三千五百六十九分二六〇一
三十四日	三百二十四分九二八三	一萬三千八百九十九分一五九二
三十五日	三百一十九分九四一三	一萬四千二百二十四分〇八七五
三十六日	三百一十四分九三八一	一萬四千五百四十四分〇二八八

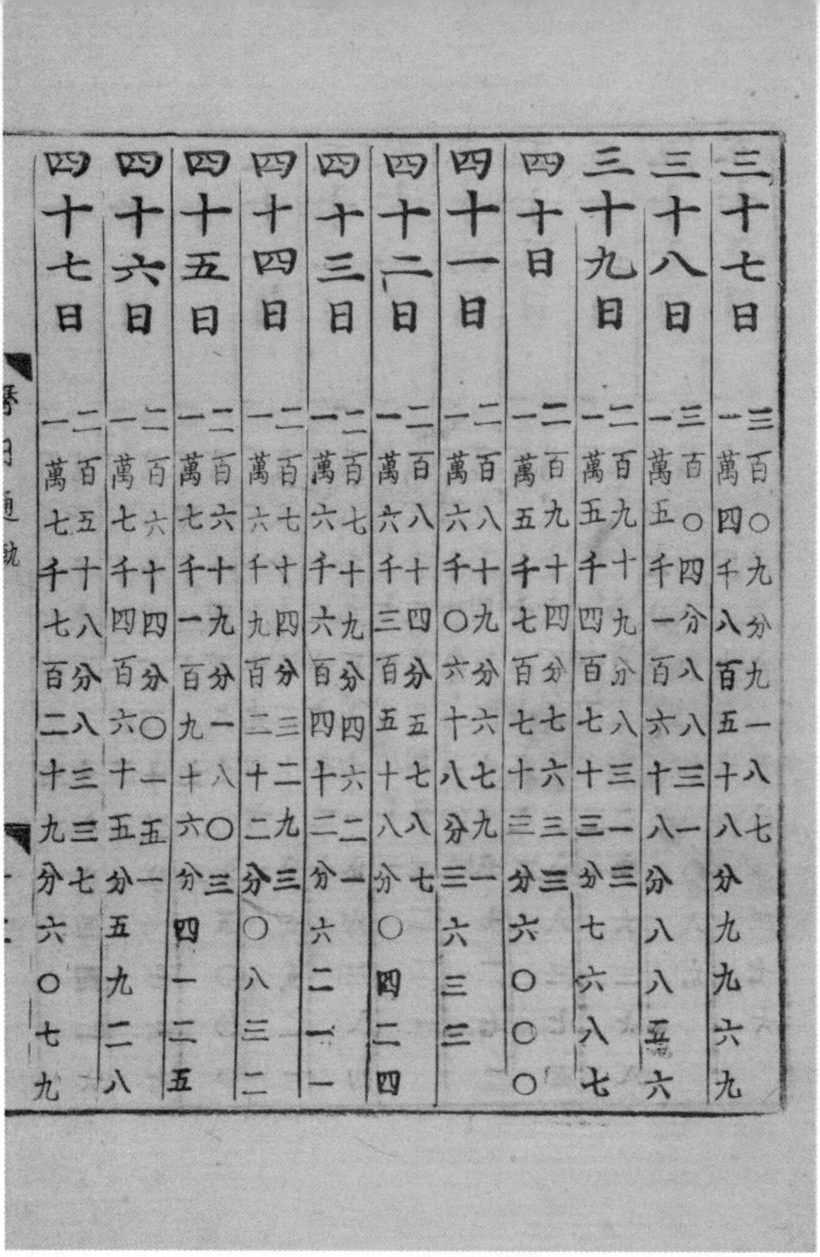

三十七日	三百〇九分九一八七	一萬四千八百五十八分九九六九
三十八日	三百〇四分八八三一	一萬五千一百六十八分八八五六
三十九日	二百九十九分八三一三	一萬五千四百七十三分七六八七
四十日	二百九十四分七六三三	一萬五千七百七十三分六〇〇〇
四十一日	二百九八九分六七九一	一萬六千〇六十八分三六三三
四十二日	二百八十四分五七八七	一萬六千三百五十八分〇四二四
四十三日	二百七十九分四六二一	一萬六千六百四十二分六二一一
四十四日	二百七十四分三二九三	一萬六千九百二十二分〇八三二
四十五日	二百六十九分一八〇三	一萬七千一百九十六分四一二五
四十六日	二百六十四分〇一五一	一萬七千四百六十五分五九二八
四十七日	二百五十八分八三三七	一萬七千七百二十九分六〇七九

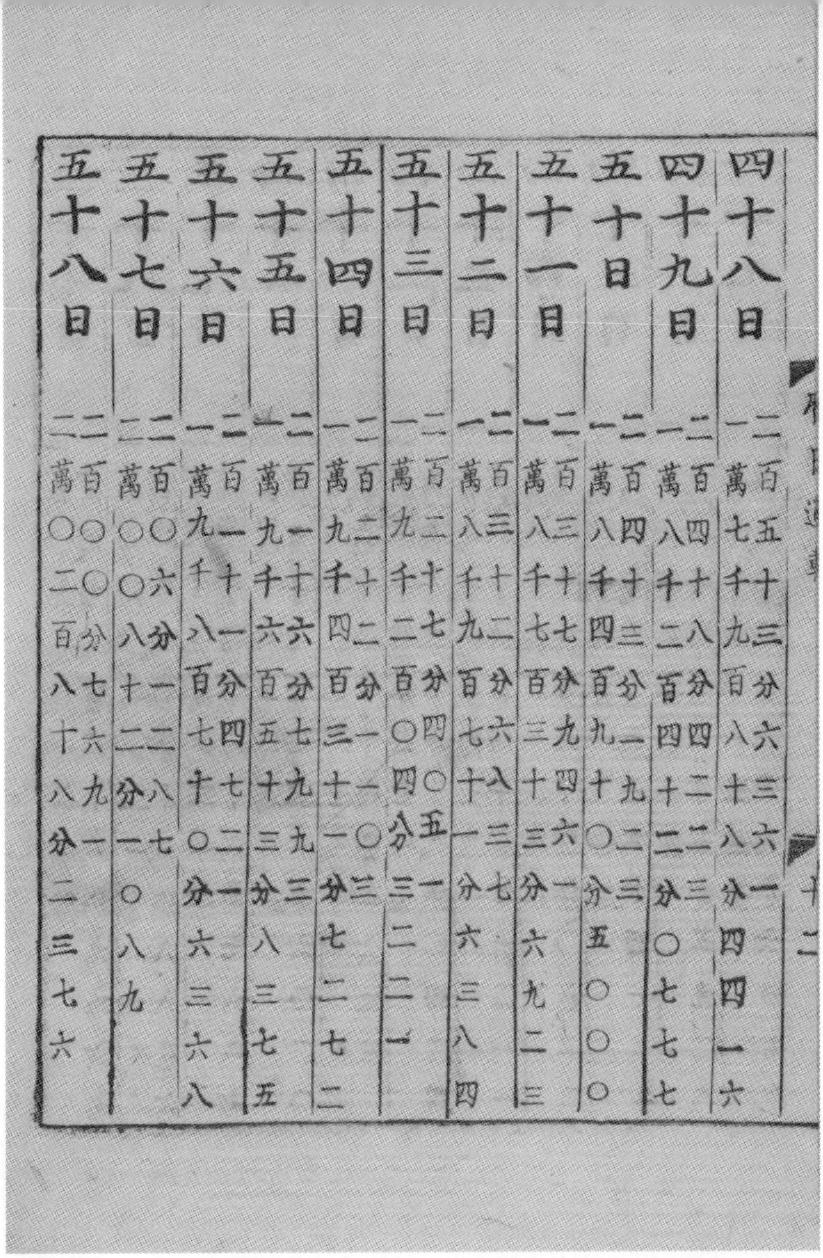

四十八日	二百五十三分六三六一	一萬七千九百八十八分四四一六
四十九日	二百四十八分四二二三	一萬八千二百四十二分○七七七
五十日	二百四十三分一九二三	一萬八千四百九十○分五○○○
五十一日	二百三十七分九四六一	一萬八千七百三十三分六九二三
五十二日	二百三十二分六八三七	一萬八千九百七十一分六三八四
五十三日	二百二十七分四○五一	一萬九千二百○四分三二二一
五十四日	二百二十二分一一○三	一萬九千四百三十一分七二七二
五十五日	二百一十六分七九九三	一萬九千六百五十三分八三七五
五十六日	二百一十一分四七二一	一萬九千八百七十○分六三六八
五十七日	二百○六分一二八七	二萬○○八十二分一○八九
五十八日	二百○○分七六九一	二萬○二百八十八分二三七六

五十九日	一百九十五分三九三三	二萬〇四百八十九分〇〇六七
六十日	一百九十〇分〇〇一三	二萬〇六百八十四分四〇〇〇
六十一日	一百八十四分五九三一	二萬〇八百七十四分四〇一三
六十二日	一百七十九分一六八七	二萬一千〇五十八分九九四四
六十三日	一百七十三分七二八一	二萬一千二百三十八分一六三一
六十四日	一百六十八分二七一三	二萬一千四百一十一分八九一二
六十五日	一百六十二分七九八三	二萬一千五百八十〇分一六二五
六十六日	一百五十七分三〇九一	二萬一千七百四十二分九六〇八
六十七日	一百五十一分八〇三七	二萬一千九百〇〇分二六九九
六十八日	一百四十六分二八二一	二萬二千〇五十二分〇七三六
六十九日	一百四十〇分七四四三	二萬二千一百九十八分三五五七

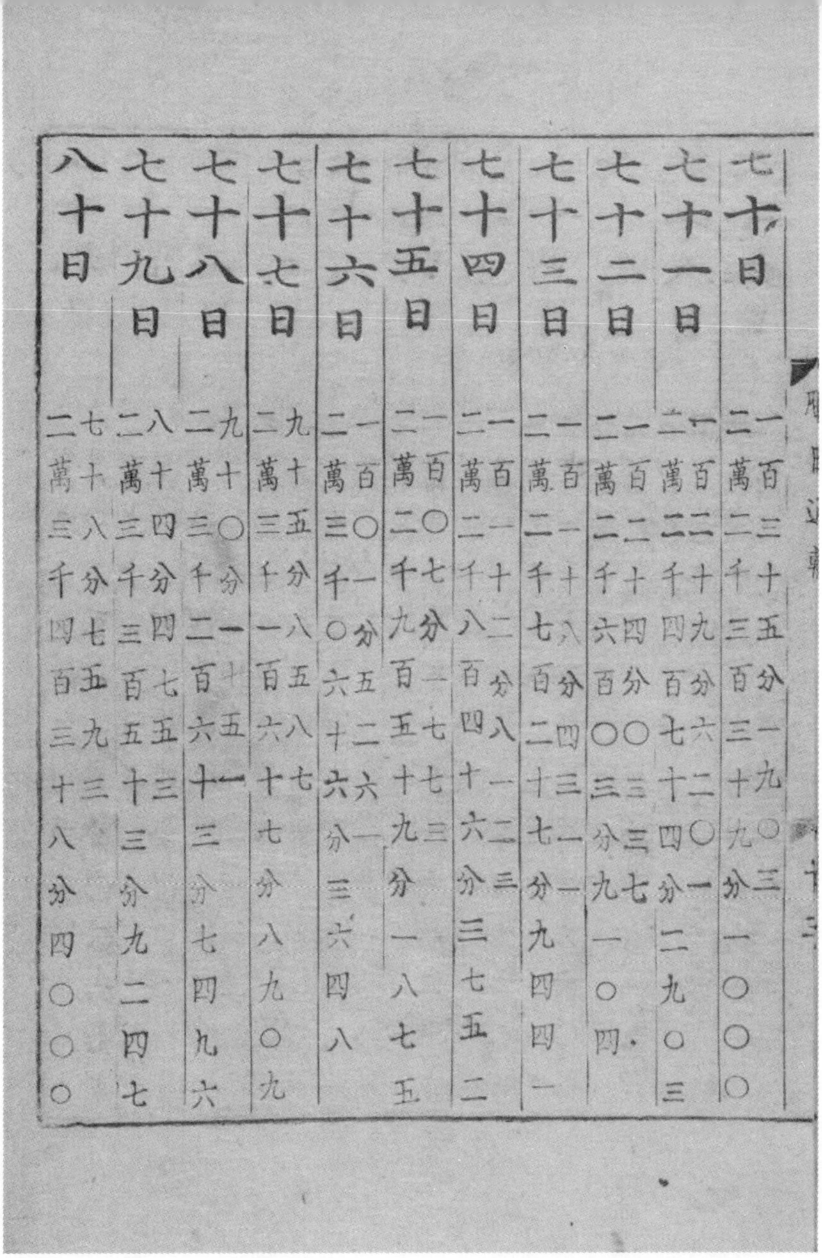

七十日	一百三十五分一九〇三	二萬二千三百三十九分一〇〇〇
七十一日	一百二十九分六二〇一	二萬二千四百七十四分二九〇三
七十二日	一百二十四分〇三三七	二萬二千六百〇三分九一〇四
七十三日	一百一十八分四三一一	二萬二千七百二十七分九四四一
七十四日	一百一十二分八一二三	二萬二千八百四十六分三七五二
七十五日	一百〇七分一七七三	二萬二千九百五十九分一八七五
七十六日	一百〇一分五二六一	二萬三千〇六十六分三六四八
七十七日	九十五分八五八七	二萬三千二百六十三分八九〇九
七十八日	九十〇分一七五一	二萬三千二百六十三分七四九六
七十九日	八十四分四七五三	二萬三千三百五十三分九二四七
八十日	七十八分七五九三	二萬三千四百三十八分四〇〇〇

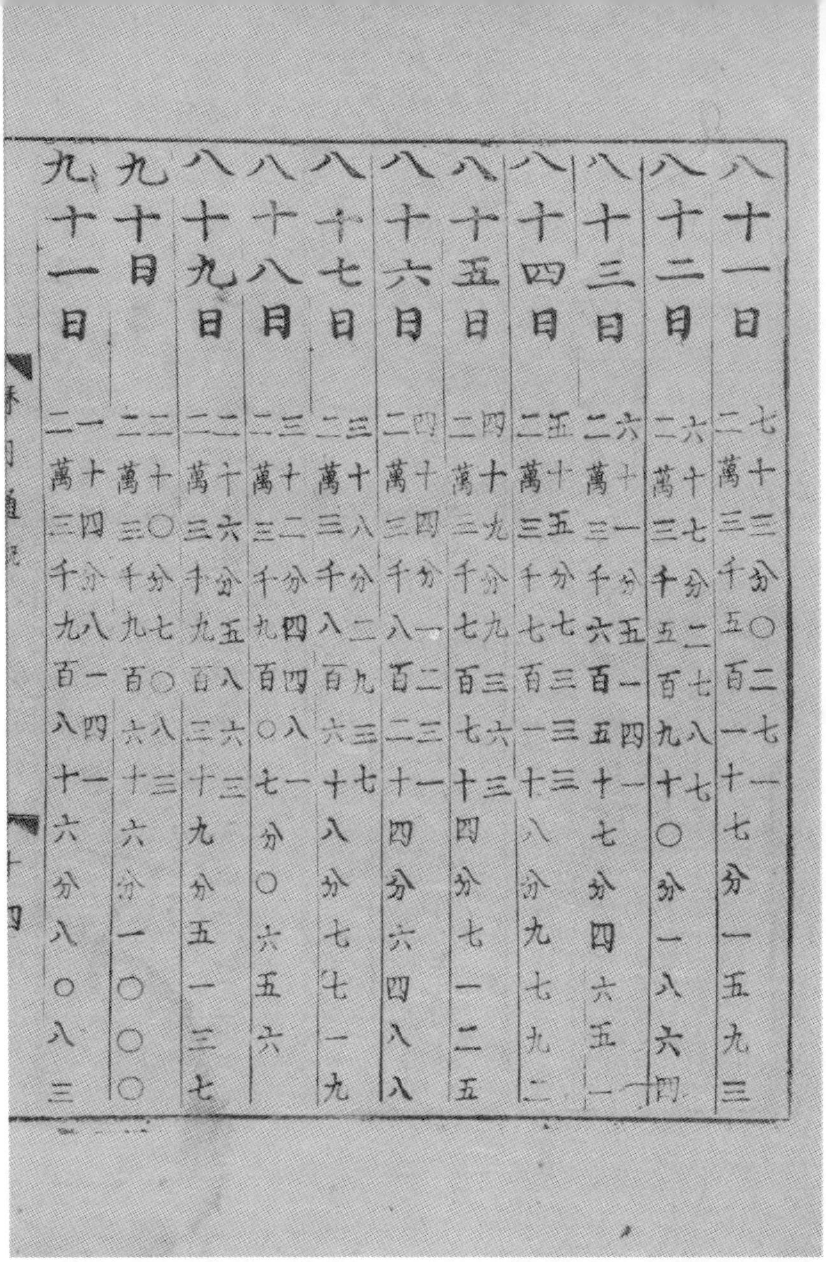

八十一日　七十三分〇二七一　二萬三千五百一十七分一五九三
八十二日　六十七分二七八七　二萬三千五百九十〇分一八六四
八十三日　六十一分五一四一　二萬三千六百五十七分四六五一
八十四日　五十五分七三三三　二萬三千七百一十八分九七九二
八十五日　四十九分九三六三　二萬三千七百七十四分七一二五
八十六日　四十四分一二三一　二萬三千八百二十四分六四八八
八十七日　三十八分二九三七　二萬三千八百六十八分七七一九
八十八日　三十二分四四八一　二萬三千九百〇七分〇六五六
八十九日　二十六分五八六三　二萬三千九百三十九分五一三七
九十日　二十〇分七〇八三　二萬三千九百六十六分一〇〇〇
九十一日　一十四分八一四一　二萬三千九百八十六分八〇八三

八十一日	七十三分〇二七一	二萬三千五百一十七分一五九三
八十二日	六十七分二七八七	二萬三千五百九十〇分一八六四
八十三日	六十一分五一四一	二萬三千六百五十七分四六五一
八十四日	五十五分七三三三	二萬三千七百一十八分九七九二
八十五日	四十九分九三六三	二萬三千七百七十四分七一二五
八十六日	四十四分一二三一	二萬三千八百二十四分六四八八
八十七日	三十八分二九三七	二萬三千八百六十八分七七一九
八十八日	三十二分四四八一	二萬三千九百〇七分〇六五六
八十九日	二十六分五八六三	二萬三千九百三十九分五一三七
九十日	二十〇分七〇八三	二萬三千九百六十六分一〇〇〇
九十一日	一十四分八一四一	二萬三千九百八十六分八〇八三

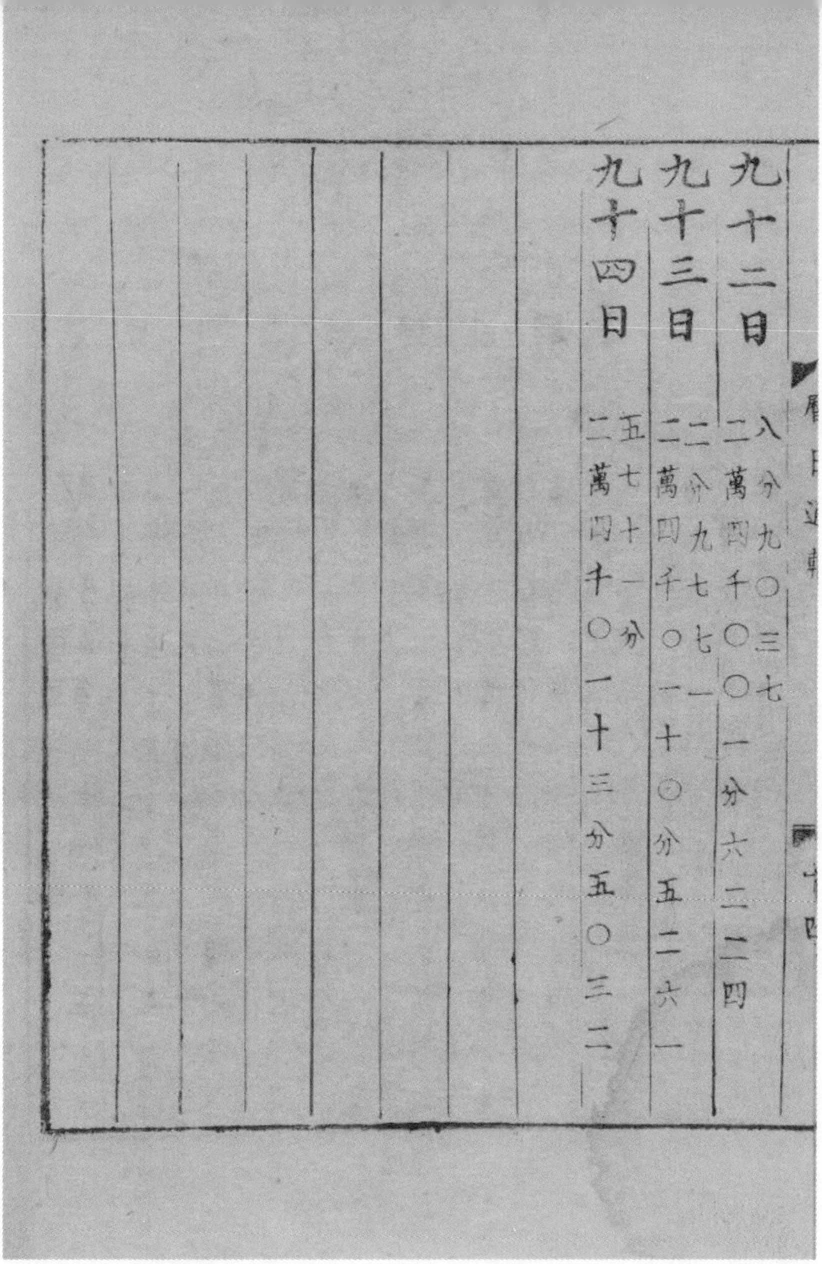

九十二日 八分九〇三七 二萬四千〇〇一分六二二四
九十三日 二分九七七一 二萬四千〇一十〇分五二六一
九十四日 五七十一分 二萬四千〇一十三分五〇三二

九十二日	八分九〇三七	二萬四千〇〇一分六二二四
九十三日	二分九七七一	二萬四千〇一十〇分五二六一
九十四日	五七十一分	二萬四千〇一十三分五〇三二

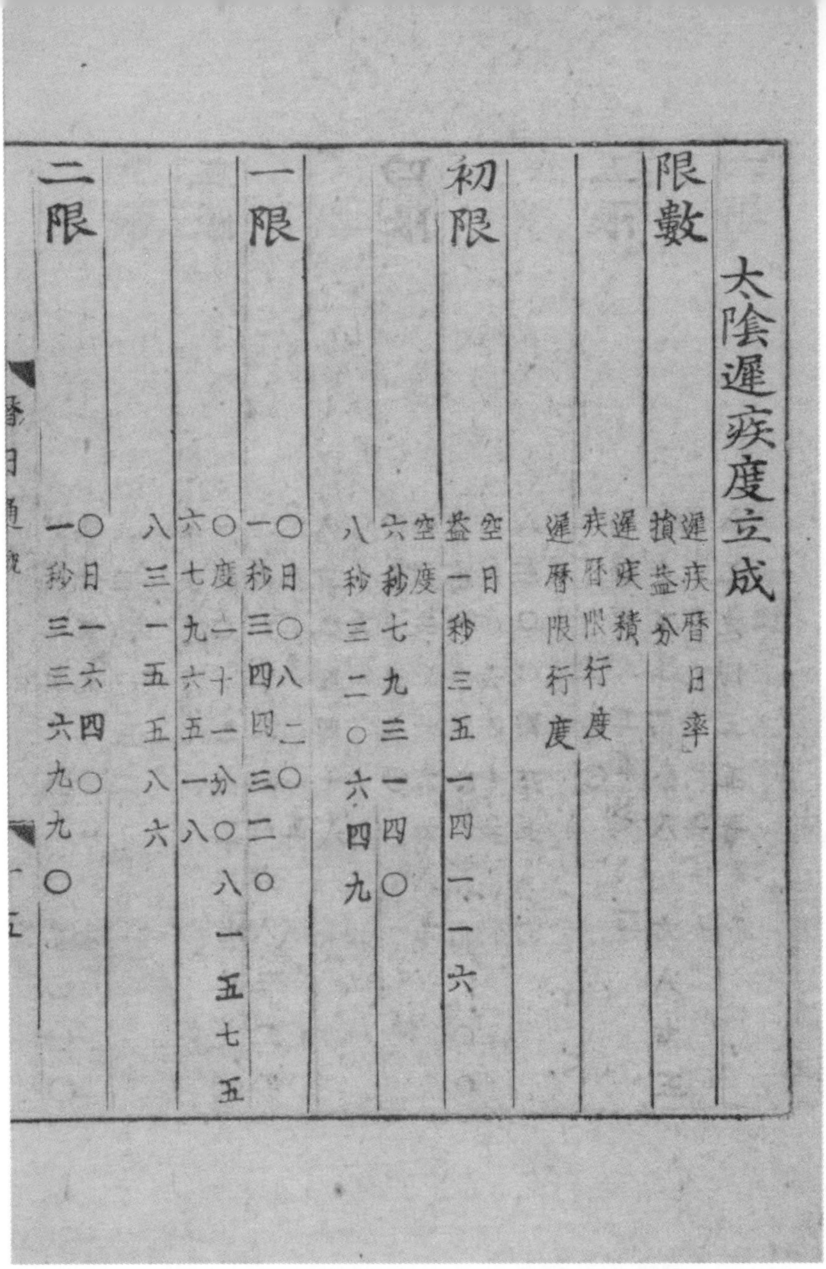

太陰遲疾度立成

限數	遲疾曆日率	損益分	遲疾積	疾曆限行度	遲曆限行度
初限	空日	益一秒三五一四一一六	空度	六秒七九三一四〇	八秒三二〇六四九
一限	〇日〇八二〇	一秒三四四三二〇	〇度一十一分〇八一五七五	六七九六五一八	八三一五五八六
二限	〇日一六四〇	一秒三三六九九〇			

太陰遲疾度立成[1]

限數[2]	遲疾曆日率[3]	損益分	遲疾積[4]	疾曆限行度[5]	遲曆限行度
初限	空日	益一秒三五一四一一六	空度	六秒七九三一四〇	八秒三二〇六四九
一限	〇日〇八二〇	一秒三四四三二〇	〇度一十一分〇八一五七五	六七九六五一八	八三一五五八六
二限	〇日一六四〇	一秒三三六九九〇	〇度二十二分一〇五〇〇〇	六七九九九〇〇	八三一〇五二七

1 該表用於推算月亮遲疾差度。

2 初限至八十三限，損益分為益分。自八十三限以上，損益分為損分。

3 遲疾曆日率分為820分的累加值，每限遞增820分。

4 月亮疾曆行度的累加。

5 疾曆限行度和遲曆限行度，为月亮分别在疾曆和遲曆每限的行度。

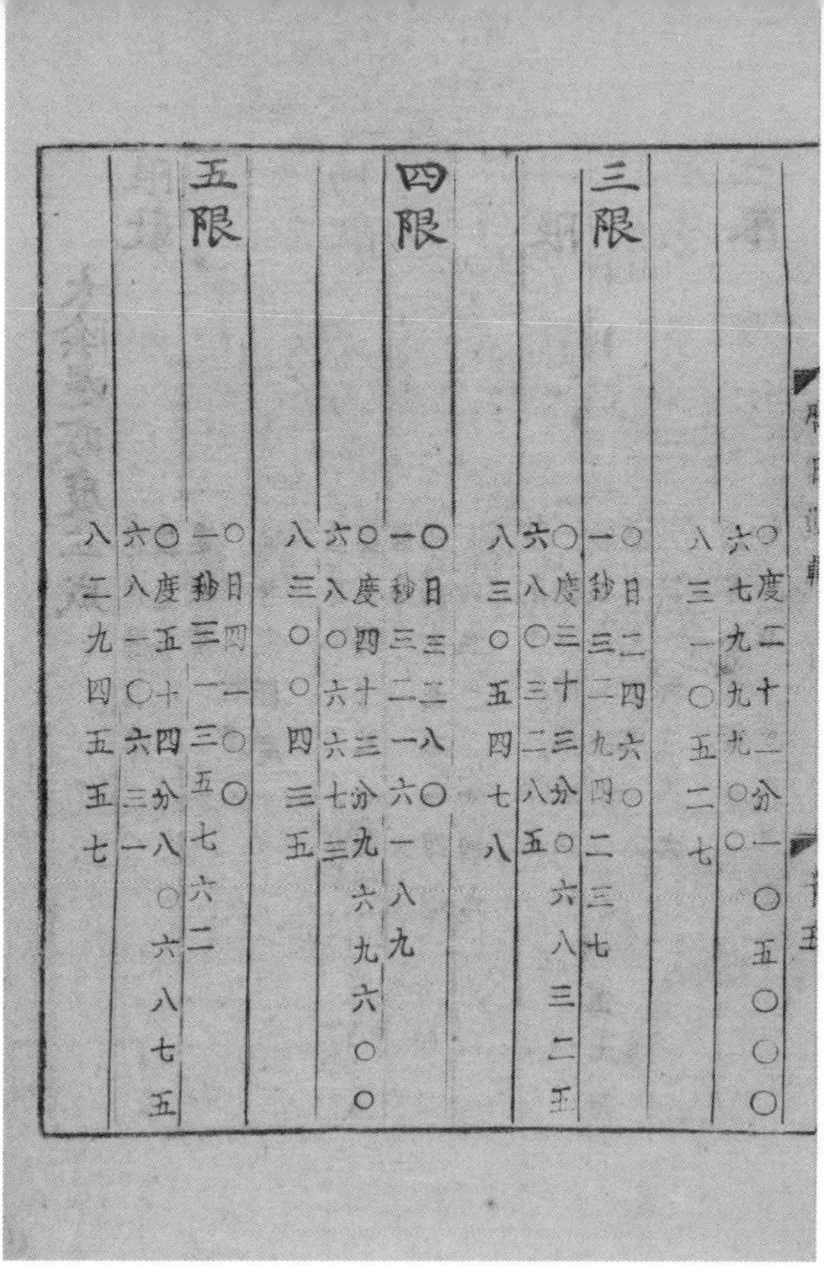

三限	〇日二四六〇	一秒三二九四二三七	〇度三十三分〇六八三二五	六八〇三二八五	八三〇五四七八
四限	〇日三二八〇	一秒三二一六一八九	〇度四十三分九六九六〇〇	六八〇六六七三	八三〇〇四三五
五限	〇日四一〇〇	一秒三一三五七六二	〇度五十四分八〇六八七五	六八一〇六三一	八二九四五五七

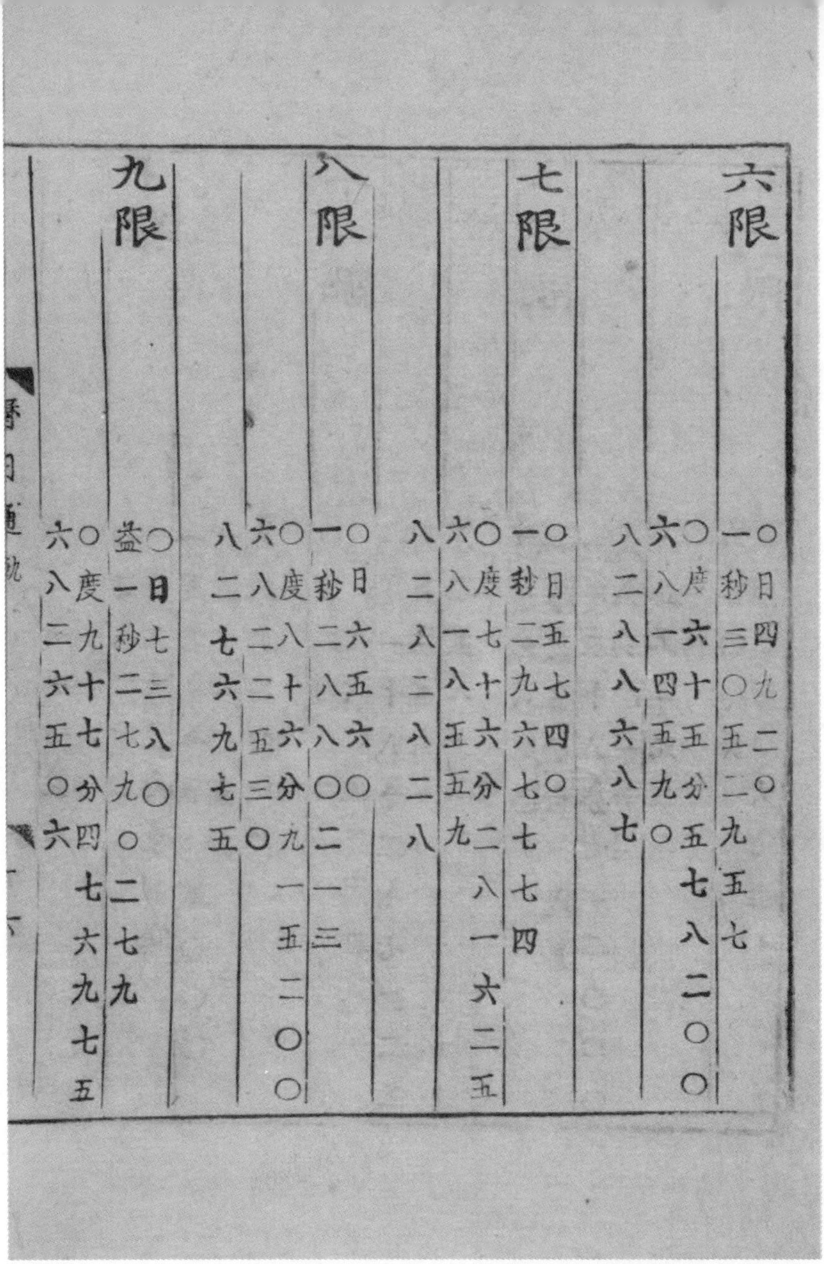

六限
○日四九二○
一秒三○五二九五七
○度六十五分五七八二○○
六八一四五九○
八二八八六八七
七限
○日五七四○
一秒二九六七七七四
○度七十六分二八一六二五
六八一八五五九
八二八二八二八
八限
○日六五六○
一秒二八八○二一三
○度八十六分九一五二○○
六八二二五三○
八二七六九七五
九限
○日七三八○
益一秒二七九○二七九
○度九十七分四七六九七五
六八二六五○六
八二七一一三一

六限	○日四九二○	一秒三○五二九五七	○度六十五分五七八二○○	六八一四五九○	八二八八六八七
七限	○日五七四○	一秒二九六七七七四	○度七十六分二八一六二五	六八一八五五九	八二八二八二八
八限	○日六五六○	一秒二八八○二一三	○度八十六分九一五二○○	六八二二五三○	八二七六九七五
九限	○日七三八○	益一秒二七九○二七九	○度九十七分四七六九七五	六八二六五○六	八二七一一三一

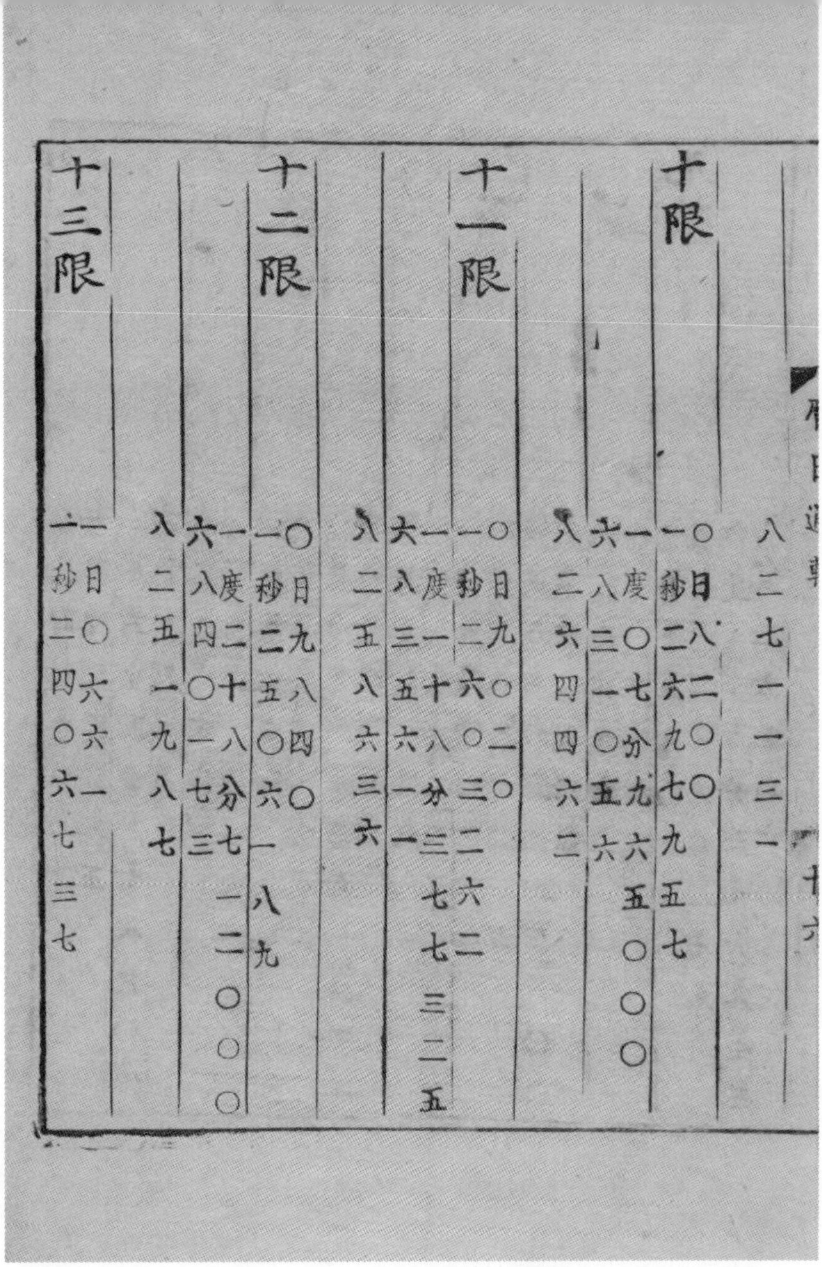

十限	○日八二○○	一秒二六九七九五七	一度○七分九六五○○○	六八三一○五六	八二六四四六二
十一限	○日九○二○	一秒二六○三二六二	一度一十八分三七七三二五	六八三五六一一	八二五八六三六
十二限	○日九八四○	一秒二五○六一八九	一度二十八分七一二○○○	六八四○一七三	八二五一九八七
十三限	一日○六六一	一秒二四○六七三七	一度三十八分九六七○七五	六八四四七四九	八二四四五二○

十四限	一日一四八一	一秒二三〇四九〇八	一度四十九分一四〇六〇〇	六八四九三一五	八二三七八九四
十五限	一日二三〇一	一秒二二〇〇七〇一	一度五十九分二三〇六二五	六八五四四六七	八二三一二七八
十六限	一日三一二一	一秒二〇九四一一五	一度六十九分二三五二〇〇	六八五九〇五四	八二二三八四九

十七限	一日三九四一	一秒一九八五一五二	一度七十九分一五二三七五	六八六四二二二	八二一六四三二
十八限	一日四七六一	一秒一八七三八一〇	一度八十八分九八〇二〇〇	六八六九三九七	八二〇九〇二九
十九限	一日五五八一	一秒一七六〇〇九一	一度九十八分七一六七二五	六八七五二五七	八二〇〇八二〇
二十限	一日六四〇一	一秒一六四三九九三	一度〇八分三六〇〇〇〇	六八八〇三四九	八一九三四四五

二十一限	一日七二二一	一秒一五二五五一八	二度一十七分九〇八〇七五	六八八六一二五	八一八五二六六
二十二限	一日八〇四一	一秒一四〇四六六四	二度二十七分三五九〇〇〇	六八九一九一四	八一七七一〇四
二十三限	一日八八六一	一秒一二八一四三二	二度三十六分七一〇八二五	六八九七七一三	八一六八九五七
二十四限	一日九六八一	一秒一一五五八二	二度四十五分九六一六〇〇	六九〇三五一九	八一六〇八二八

二十五限	二日〇五〇二	一秒一〇二七八三五	二度五十五分一〇九三七五	六九〇九九一六	八一五一九〇三
二十六限	二日一三二二	一秒〇八九七四六九	二度六十四分一五二二〇〇	六九一六三二九	八一四三八〇七
二十七限	二日二一四二	一秒〇七六四七二三	二度七十三分〇八八一二五	六九二二一六七	八一三四九二〇

二十八限	二日二九六二	一秒○六二九六○三	二度八十一分九一五二	六九二八六○一	八一二六○五二
二十九限	二日三七八二	一秒○四九二一○五	二度九十○分六三一四七五	六九三五六三三	八一一六四○一
三十限	二日四六○二	一秒○三五二二二五	二度九十九分二三五○○○	六九四二○九二	八一○七五七三
三十一限	二日五四二二	益一秒○二○九九六九	三度○七分七二三八二五	六九四九一五二	八○九七九六五

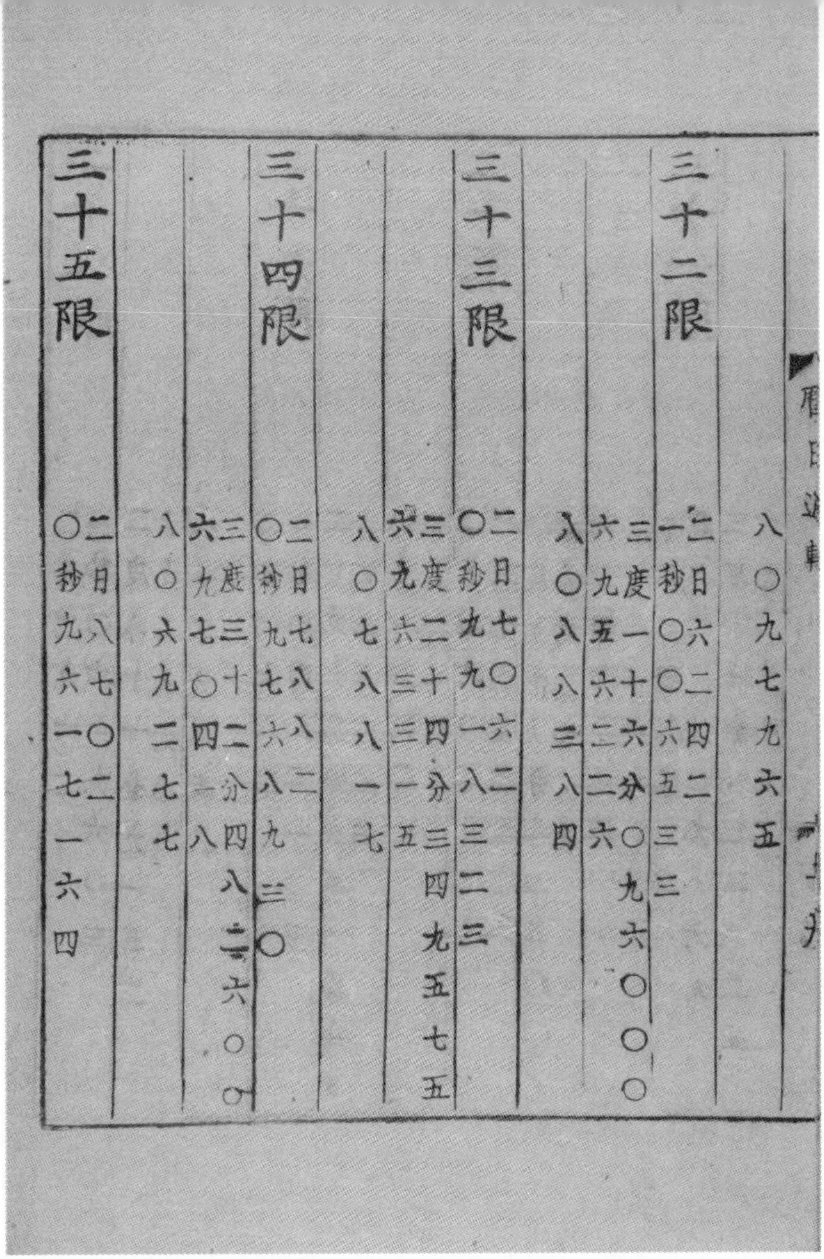

三十二限	二日六二四二	一秒〇〇六五三三	三度一十六分〇九六〇〇〇	九六五六二二六	八〇八八三八四
三十三限	二日七〇六二	〇秒九九一八三二三	三度二十四分三四九五七五	六九六三三一五	八〇七八八一七
三十四限	二日七八八二	〇秒九七六八九三〇	三度三十二分四八二六〇〇	六九七〇四一八	八〇六九二七七
三十五限	二日八七〇二	〇秒九六一七一六四	三度四十〇分四九三一二五	六九七七五三五	八〇五九七六〇

三十六限	二日九五二二	〇秒九四六三〇一八	三度四十八分三七九二〇〇	六九八五二六二	八〇四九四七四
三十七限	三日〇三四二	〇秒九三〇六四九三	三度五十六分一三八八七五	六九九三〇〇六	八〇三九二一五
三十八限	三日一一六三	〇秒九一四七五九一	三度六十三七七〇二二〇	七〇〇〇七六八	八〇二八九八二

三十九限	三日一九八三	〇秒八九八六三一〇	三度七十一分二七一二二五	七〇〇八五四七	八〇一八七七五
四十限	三日二八〇三	〇秒八八二二六五二	三度七十八分六四〇〇〇〇	七〇一六九四三	八〇〇八五九四
四十一限	三日三六二三	〇秒八六五六六一五	三度八十五分八七四五七五	七〇二四七五七	七九九七六五九
四十二限	三日四四四三	〇秒八四八八二〇一	三度九十二分九七三〇〇〇	七〇三三一九三	七九八六七五三

四十三限	三日五二六三	〇秒八三一七四〇八	三度九十九分九三三三二五	七〇四一六四八	七九七五八七七
四十四限	三日六〇八三	〇秒八一四四二三七	四度〇六分七五三六〇〇	七〇五〇一二四	七九六五〇三一
四十五限	三日六九〇三	〇秒七九六八六八九	四度一十三分四三一八七五	七〇五九二二八	七九五四二一四
四十六限	三日七七二三	〇秒七七九〇七六二	四度一十九分九六六二〇〇	七〇六七七四六	七九四二六五七

四十七限	三日八五四三	○秒七六一○四五九	四度二十六分三五四六二五	七○七六八九六	七九三一一三二
四十八限	三日九三六三	○秒四二七七七四	四度三十二分五九五二○○	七○八六○六九	七九一九六四四
四十九限	四日○一八三	○秒七二四二七一三	四度三十八分六八五九七五	七○九五二六六	七九○八一八六

五十限	四日一〇〇四	〇秒七〇五五二七四	四度四十四分六二五〇〇〇	七一〇五一〇四	七八九六七六四
五十一限	四日一八二四	〇秒六八六五四五七	四度五十〇分四一〇三二五	七一一四三五〇	七八八四六一五
五十二限	四日二六四四	〇秒六六七三二六二	四度五十六分〇四〇〇〇〇	七一二四二三九	七八七二五〇三
五十三限	四日三四六四	〇秒六四七八六八九	四度六十一分五一二〇七五	七一三四一五六	七八六〇四二九

五十四限	四日四二八四	〇秒六二八一七三七	四度六十六分八二四六〇〇	七一四四一〇一	七八四八三九二
五十五限	四日五一〇四	〇秒六〇八二四〇八	四度七十一分九七五六二五	七一五四〇七四	七八三六三九一
五十六限	四日五九二四	〇秒五八八〇七〇一	四度七十六分九六三二〇〇	七一六四七〇〇	七八二三六八〇
五十七限	四日六七四四	〇秒五六七六六一五	四度八十一分七八五三七五	七一七五三五八	七八一一七五五

五十八限	四日七五六四	〇秒五四七〇一五二	四度八十六分四四〇二〇〇	七一八六〇四八	七七九九一二五
五十九限	四日八三八四	〇秒五二六一三一〇	四度九十〇分九二五七二五	七一九六七七〇	七七八六五三四
六十限	四日九二〇四	〇秒五〇五〇〇九一	四度九十五分二四〇〇〇〇	七二〇七五二三	七七七三二四八

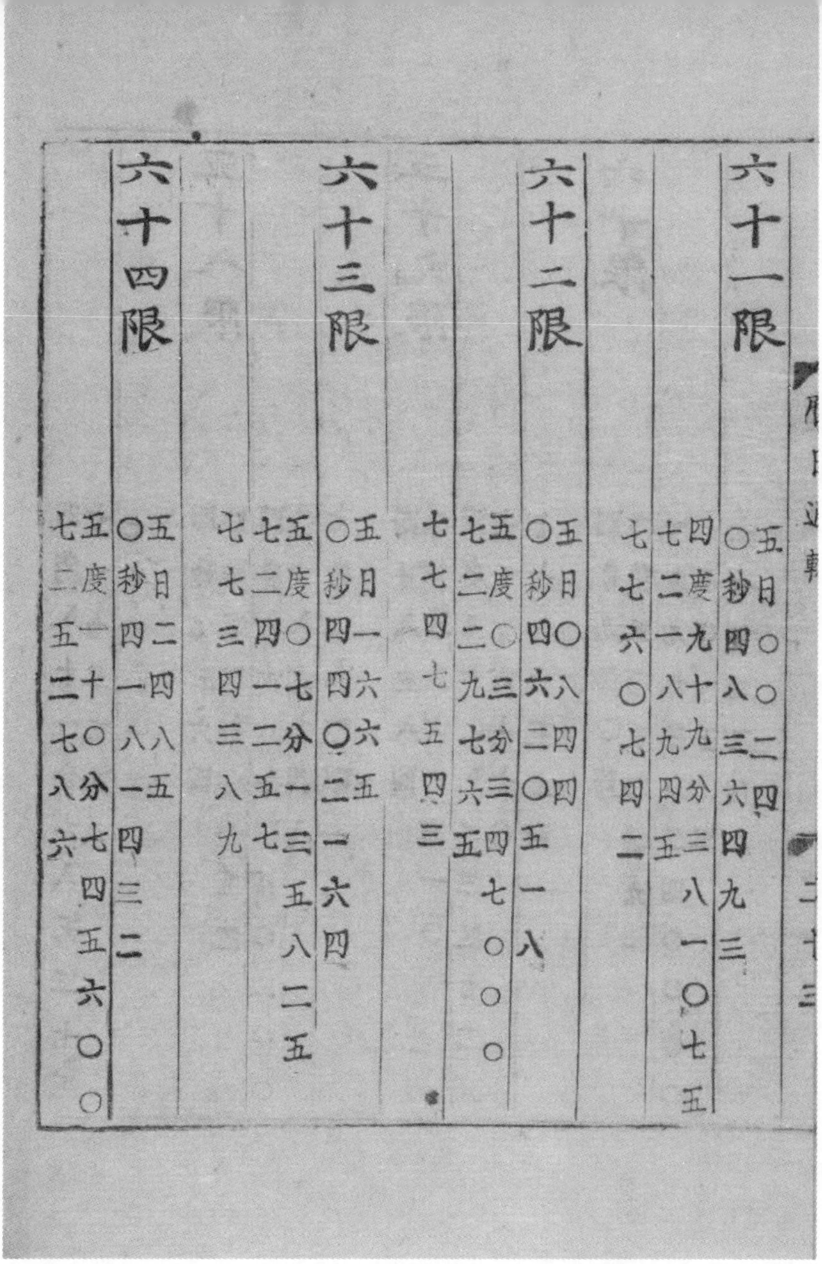

六十一限	五日〇〇二四	〇秒四八三六四九三	四度九十九分三八一〇七五	七二一八九四五	七七六〇七四二
六十二限	五日〇八四四	〇秒四六二〇五一八	五度〇三分三四七〇〇〇	七二二九七六五	七七四七五四三
六十三限	五日一六六五	〇秒四四〇二一六四	五度〇七分一三五八二五	七二四一二五七	七七三四三八九
六十四限	五日二四八五	〇秒四一八一四三二	五度一十〇分七四五六〇〇	七二五二七八六	七七二一二八〇

六十五限	五日三三〇五	〇秒三九五八三二三	五度一十四分一七四三七五	七二六四九九五	七七〇八二一五
六十六限	五日四一二五	〇秒三七三二八三五	五度一十七分四二〇二〇〇	七二七六五九九	七六九四四七三
六十七限	五日四九四五	〇秒三五〇四九六九	五度二十〇分四八一一二五	七二八八八八八	七六八一四九八
六十八限	五日五七六五	〇秒三二七四七二三	五度二十三分三五五二〇〇	七三〇一二一九	七六六七八五一

五度二十三分三五五二○○
七三○一二一九
七六六七八五一

六十九限
五日六五八五
○秒三○四二一○三
五度二十六分○四○四七五
七三一三五九二
七六五四二五一

七十限
五日七四○五
○秒二八○七一○四
五度二十八分五三五○○○
七三二六○○七
七六三九九八八

七十一限
五日八二二五
○秒二五六九七二五
五度三十○分八三六八二五
七三三八四六四
七六二六四八八

六十九限	五日六五八五	○秒三○四二一○三	五度二十六分○四○四七五	七三一三五九二	七六五四二五一
七十限	五日七四○五	○秒二八○七一○四	五度二十八分五三五○○○	七三二六○○七	七六三九九八八
七十一限	五日八二二五	○秒二五六九七二五	五度三十○分八三六八二五	七三三八四六四	七六二六四八八

七十二限	五日九〇四五	〇秒二三二九九六九	五度三十二分九四四〇〇〇	七三五一六二二	七六一二三二八
七十三限	五日九八六五	〇秒二〇八七八三五	五度三十四分八五四五七五	七三六四八二八	七五九八二二〇
七十四限	六日〇六八五	〇秒一八四三三二三	五度三十六分五六六六〇〇	七三七八〇八一	七五八四一六五
七十五限	六日一五〇六	益〇秒一五九六四三二	五度三十八分〇七八一二五	七三九一三八二	七五七〇一六二

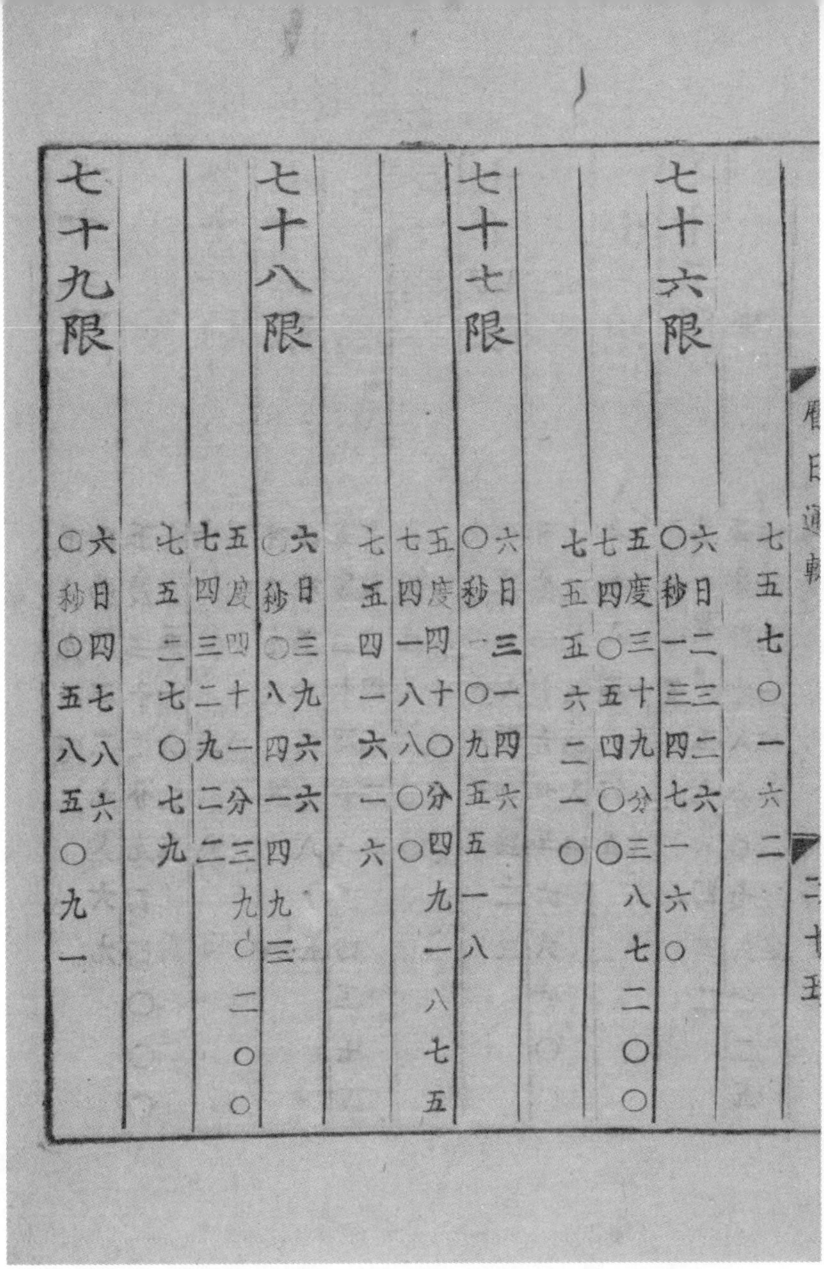

七十六限	六日二三二六	〇秒一三四七一六〇	五度三十九分三八七二〇〇	七四〇五四〇〇	七五五六二一〇
七十七限	六日三一四六	〇秒一〇九五五一八	五度四十〇分四九一八七五	七四一八八〇〇	七五四一六一六
七十八限	六日三九六六	〇秒〇八四一四九三	五度四十一分三九〇二〇〇	七四三二九二二	七五二七〇七九
七十九限	六日四七八六	〇秒〇五八五〇九一	五度四十二分〇八〇二二五	七四四七〇九八	七五一二五九七

五度四十二分〇八〇二二五
七四四七〇九八
七五一二五九七

八十限
六日五六〇六
〇秒〇三二六三一〇
五度四十二分五六〇〇〇〇
七四六一三二八
七四九八一七二

八十一限
六日六四二八
〇秒〇〇六五一五二
五度四十二分八二七五七五
七四七六二九四
七四八三一一七

八十二限
六日七二四六
〇秒〇〇四三四三四
五度四十二分八八一〇〇〇
七四七七六五八
七四八一七五一

八十限	六日五六〇六	〇秒〇三二六三一〇	五度四十二分五六〇〇〇〇	七四六一三二八	七四九八一七二
八十一限	六日六四二八	〇秒〇〇六五一五二	五度四十二分八二七五七五	七四七六二九四	七四八三一一七
八十二限	六日七二四六	〇秒〇〇四三四三四	五度四十二分八八一〇〇〇	七四七七六五八	七四八一七五一

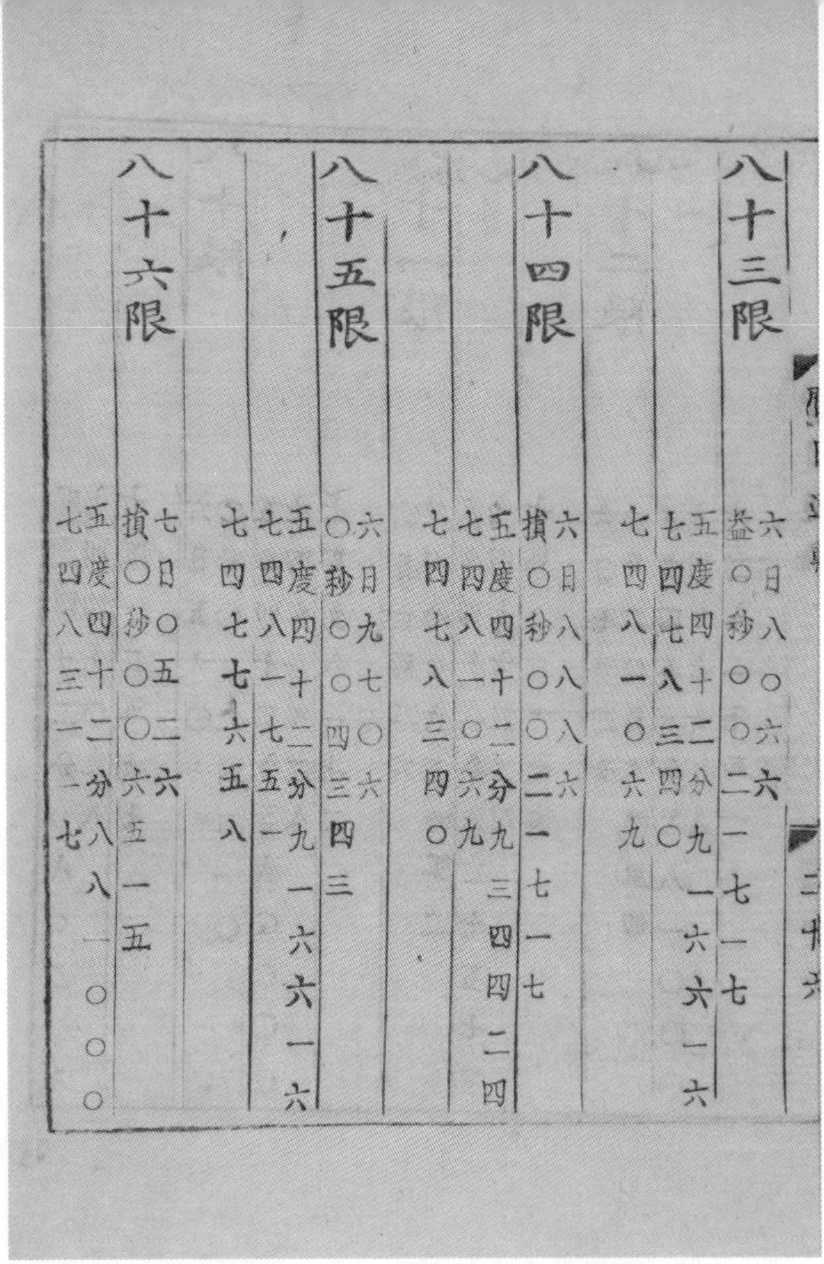

八十三限	六日八〇六六	益〇秒〇〇二一七一七	五度四十二分九一六六一六	七四七八三四〇	七四八一〇六九
八十四限	六日八八八六	損〇秒〇〇二一七一七	五度四十二分九三四四二四	七四八一〇六九	七四七八三四〇
八十五限	六日九七〇六	〇秒〇〇四三四三	五度四十二分九一六六一六	七四八一七五一	七四七七六五八
八十六限	七日〇五二六	損〇秒〇〇六五一五	五度四十二分八八一〇〇〇	七四八三一一七	七四七六二九四

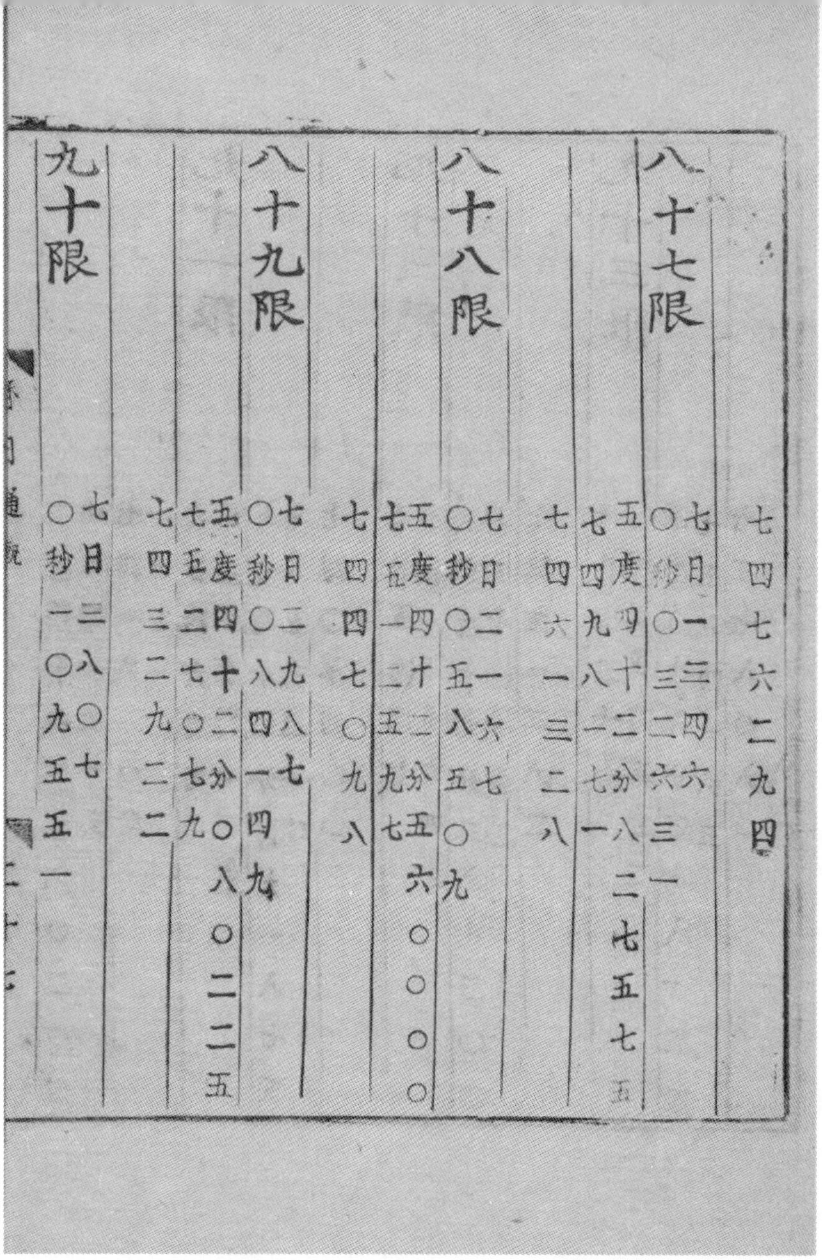

八十七限	七日一三四六	○秒○三二六三一	五度四十二分八二七五七五	七四九八一七一	七四六一三二八
八十八限	七日二一六七	○秒○五八五○九	五度四十二分五六○○○○	七五一二五九七	七四四七○九八
八十九限	七日二九八七	○秒○八四一四九	五度四十二分○八○二二五	七五二七○七九	七四三二九二二
九十限	七日三八○七	○秒一○九五五一	五度四十一分三九○二○○	七五四一六一六	七四一八八○○

九十一限	七日四六二七	〇秒一三四七一六	五度四十〇分四九一八七五	七五五六二一〇	七四〇五四〇〇
九十二限	七日五四四七	〇秒一五九六四三	五度三十九分三八七二〇〇	七五七〇一六二	七三九一三八二
九十三限	七日六二六七	〇秒一八四三三二	五度三十八分〇七八一二五	七五八四一六五	七三七八〇八一

九十四限	七日七〇八七	〇秒二〇八七八三	五度三十六分五六六六〇〇	七五九八二二〇	七三六四八二八
九十五限	七日七九〇七	〇秒二三二九九六	五度三十四分八五四五七五	七六一二三二八	七三五一六二二
九十六限	七日八七二七	〇秒二五六九七二	五度三十二分九四四〇〇〇	七六二六四八八	七三三八四六四
九十七限	七日九五四七	損〇秒二八〇七一〇	五度三十〇分八三六八二五	七六三九九八八	七三二六〇〇七

九十八限	八日〇三六七	〇秒三〇四二一〇	五度二十八分五三五〇〇〇	七六五四二五一	七三一三五九二
九十九限	八日一一八七	〇秒三二七四七二	五度二十六分〇四〇四七五	七六六七八五一	七三〇一二一九
一百限	八日二〇〇八	〇秒三五〇四九六	五度二十三分三五五二〇〇	七六八一四九八	七二八八八八八
一百一限	八日二八二八	〇秒三七三二八三	五度二十〇分四八一一二五	七六九四四七三	七二七六五九九

一百二限	八日三六四八	〇秒三九五八三二	五度一十七分四二〇二〇〇	七七〇八二一五	七二六四九九五
一百三限	八日四四六八	〇秒四一八一四三	五度一十四分一七四三七五	七七二一二八〇	七二五二七八六
一百四限	八日五二八八	〇秒四四〇二一六	五度一十〇分七四五六〇〇	七七三四三八九	七二四一二五七

一百五限	八日六一〇八	〇秒四六二〇五一	五度〇七分一三五八二五	七七四七五四三	七二二九七六五
一百六限	八日六九二八	〇秒四八三六四九	五度〇三分三四七〇〇〇	七七六〇七四二	七二一八九四五
一百七限	八日七七四八	〇秒五〇五〇〇九	四度九十九分三八一〇七五	七七七三二四八	七二〇七五二三
一百八限	八日八五六八	〇秒五二六一三一	四度九十五分二四〇〇〇〇	七七八六五三四	七一九六七七〇

一百九限	八日九三八八	○秒五四七○一五	四度九十○分九二五七二五	七七九九一二五	七一八六○四八
一百十限	九日○二○八	○秒五六七六六一	四度八十六分四四○二○○	七八一一七五五	七一七五三五八
一百十一限	九日一○二八	○秒五八八○七○	四度八十一分七八五三七五	七八二三六八○	七一六四七○○
一百十二限	九日一八四八	○秒六○八二四○	四度七十六分九六三二○○	七八三六三九一	七一五四○七四

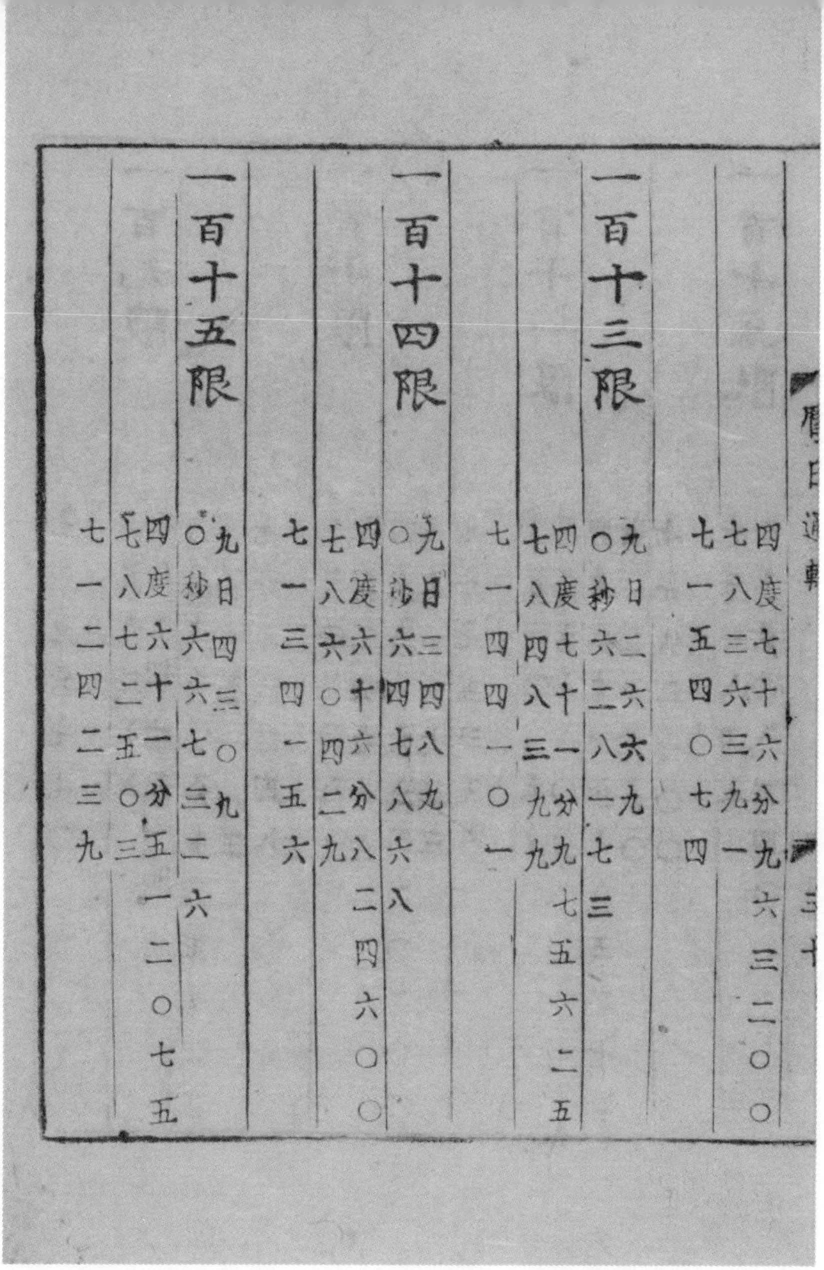

一百十三限	九日二六六九	〇秒六二八一七三	四度七十一分九七五六二五	七八四八三九九	七一四四一〇一
一百十四限	九日三四八九	〇秒六四七八六八	四度六十六分八二四六〇〇	七八六〇四二九	七一三四一五六
一百十五限	九日四三〇九	〇秒六六七三二六	四度六十一分五一二〇七五	七八七二五〇三	七一二四二三九

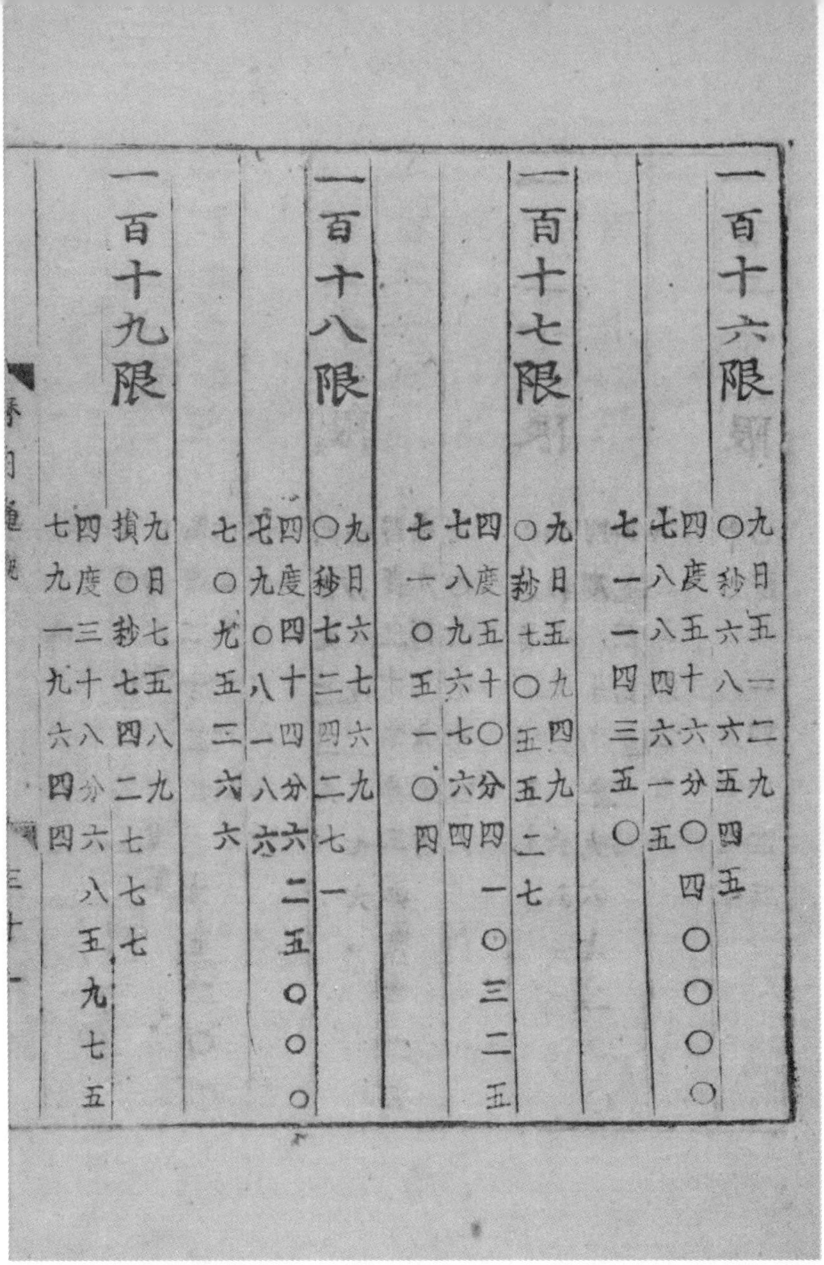

一百十六限	九日五一二九	○秒六八六五四五	四度五十六分○四○○○○	七八八四六一五	七一一四三五○
一百十七限	九日五九四九	○秒七○五五二七	四度五十○分四一○三二五	七八九六七六四	七一○五一○四
一百十八限	九日六七六九	○秒七二四二七一	四度四十四分六二五○○○	七九○八一八六	七○九五二六六
一百十九限	九日七五八九	損○秒七四二七七七	四度三十八分六八五九七五	七九一九六四四	七○八六○六九

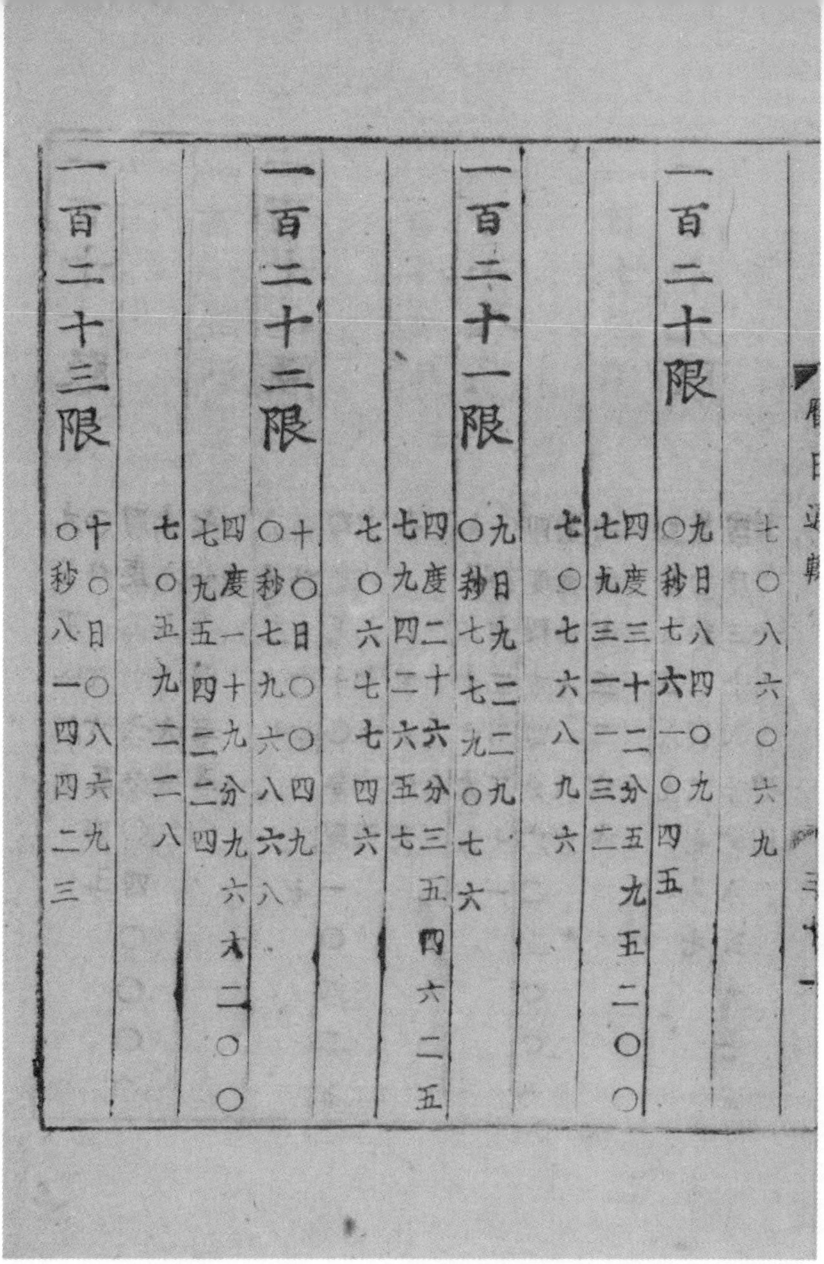

一百二十限	九日八四〇九	〇秒七六一〇四五	四度三十二分五九五二〇〇	七九三一一三二	七〇七六八九六
一百二十一限	九日九二二九	〇秒七七九〇七六	四度二十六分三五四六二五	七九四二六五七	七〇六七七四六
一百二十二限	十〇日〇〇四九	〇秒七九六八六八	四度一十九分九六六二〇〇	七九五四二二四	七〇五九二二八
一百二十三限	十〇日〇八六九	〇秒八一四四二三	四度一十三分四三一八七五	七九六五〇三一	七〇五〇一二四

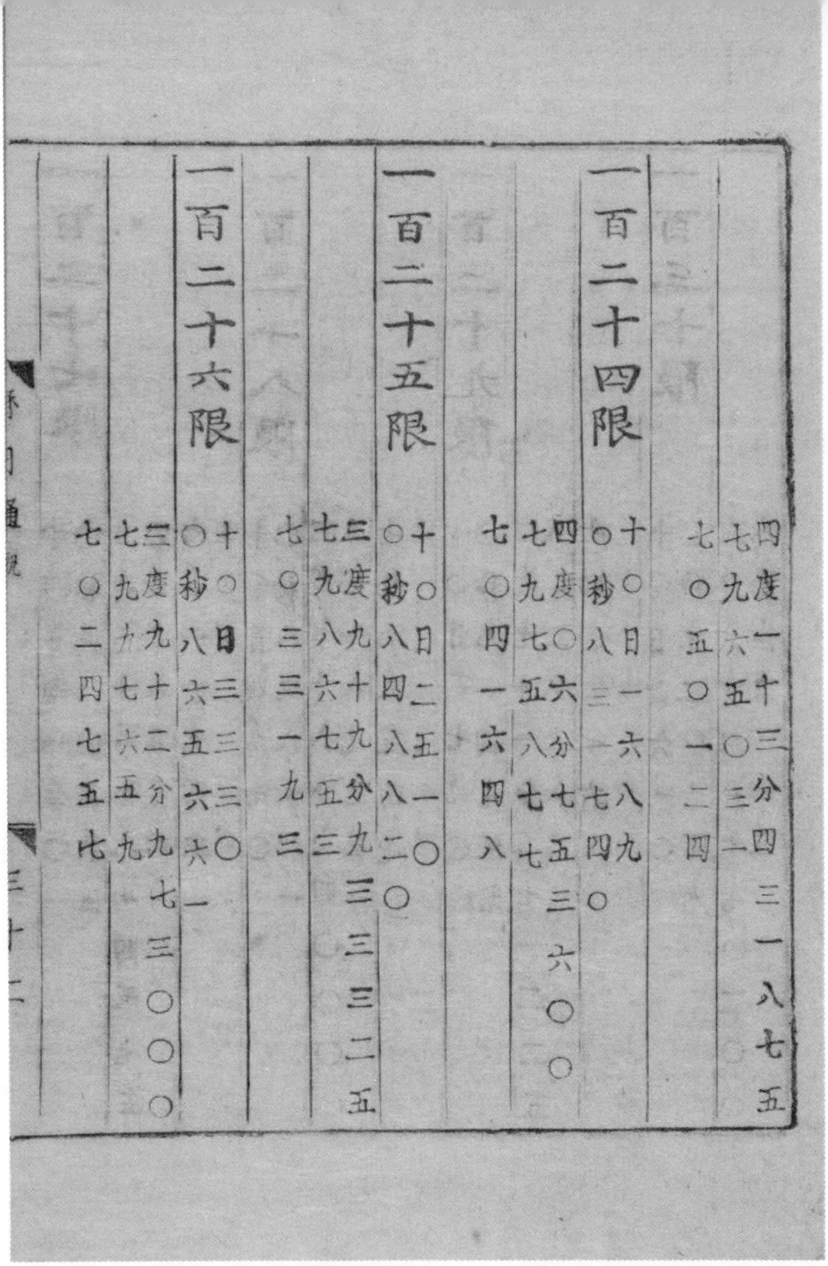
四度一十三分四三一八七五
七九六五〇三一
七〇五〇一二四
一百二十四限
十〇日一六八九
〇秒八三一七四〇
四度〇六分七五三六〇〇
七九七五八七七
七〇四一六四八
一百二十五限
十〇日二五一〇
〇秒八四八八二〇
三度九十九分九三三三二五
七九八六七五三
七〇三三一九三
一百二十六限
十〇日三三三〇
〇秒八六五六六一
三度九十二分九七三〇〇〇
七九九七六五九
七〇二四七五七

一百二十四限	十〇日一六八九	〇秒八三一七四〇	四度〇六分七五三六〇〇	七九七五八七七	七〇四一六四八
一百二十五限	十〇日二五一〇	〇秒八四八八二〇	三度九十九分九三三三二五	七九八六七五三	七〇三三一九三
一百二十六限	十〇日三三三〇	〇秒八六五六六一	三度九十二分九七三〇〇〇	七九九七六五九	七〇二四七五七

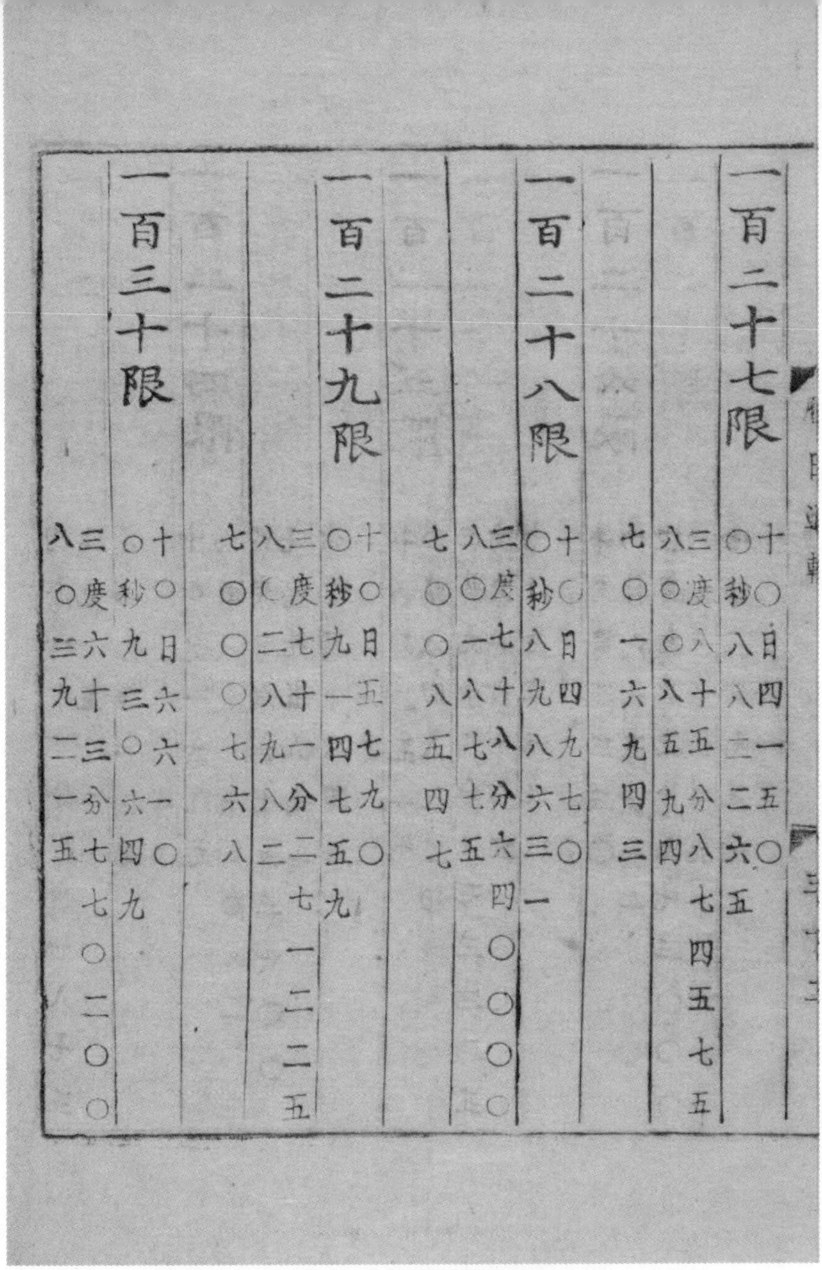

一百二十七限	十〇日四一五〇	〇秒八八二二六五	三度八十五分八七四五七五	八〇〇八五九四	七〇一六九四三
一百二十八限	十〇日四九七〇	〇秒八九八六三一	三度七十八分六四〇〇〇〇	八〇一八七七五	七〇〇八五四七
一百二十九限	十〇日五七九〇	〇秒九一四七五九	三度七十一分二七一二二五	八〇二八九八二	七〇〇〇七六八
一百三十限	十〇日六六一〇	〇秒九三〇六四九	三度六十三分七七〇二〇〇	八〇三九二一五	六九九三〇〇六

一百三十一限	十〇日七四三〇	〇秒九四六三〇一	三度五十六分一三八八七五	八〇四九四七四	六九八五二六二
一百三十二限	十〇日八二五〇	〇秒九六一七一六	三度四十八分三七九二〇〇	八〇五九七六〇	六九七七五三五
一百三十三限	十〇日九〇七〇	〇秒九七六八九三	三度四十〇分四九三一二五	八〇六九二七七	六九七〇四一八
一百三十四限	十〇分九八九〇	〇秒九九一八三二	三度三十二分四八二六〇〇	八〇七八八一七	六九六三三一五

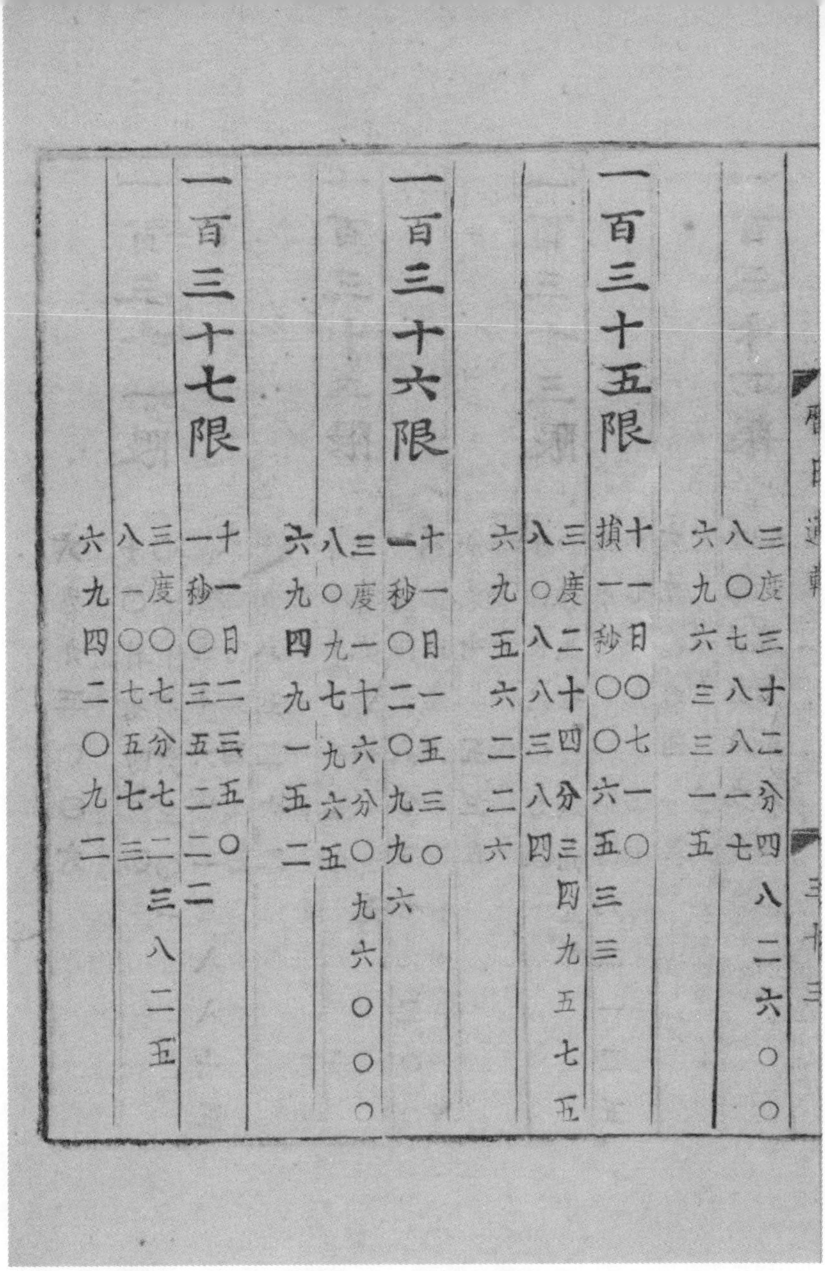

一百三十五限	十一日〇七一〇	損一秒〇〇六五三三	三度二十四分三四九五七五	八〇八八三八四	六五九六二二六
一百三十六限	十一日一五三〇	一秒〇二〇九九六	三度一十六分〇九六〇〇〇	八〇九七九六五	六九四九一五二
一百三十七限	十一日二三五〇	一秒〇三五二二二	三度〇七分七二三八二五	八一〇七五七三	六九四二〇九二

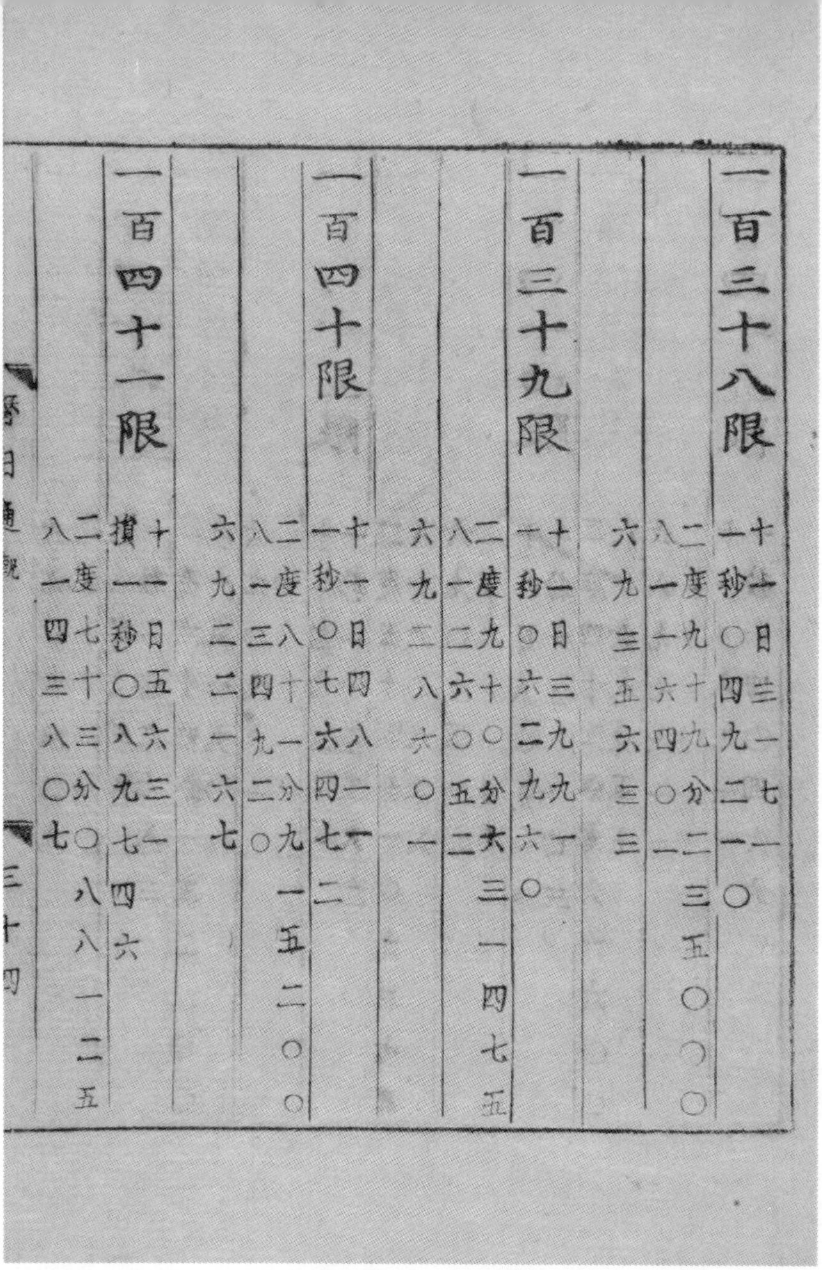

一百三十八限	十一日三一七一	一秒〇四九二一〇	二度九十九分二三五〇〇〇	八一一六四〇一	六九三五六三三
一百三十九限	十一日三九九一	一秒〇六二九六〇	二度九十〇分六三一四七五	八一二六〇五二	六九二八六〇一
一百四十限	十一日四八一一	一秒〇七六四七二	二度八十一分九一五二〇〇	八一三四九二〇	六九二二一六七
一百四十一限	十一日五六三一	損一秒〇八九七四六	二度七十三分〇八八一二五	八一四三八〇七	六九一六三二九

一百四十二限	十一日六四五一	一秒一〇二七八三	二度六十四分一五二二〇〇	八一五一九〇三	六九〇九九一六
一百四十三限	十一日七二七一	一秒一一五五八二	二度五十五分一〇九三七五	八一六〇八二八	六九〇三五一九
一百四十四限	十一日八〇九一	一秒一二八一四三	二度四十五分九六一六〇〇	八一六八九五七	六八九七七一三
一百四十五限	十一日八九一一	一秒一四〇四六六	二度三十六分七一〇八二五	八一七七一〇四	六八九一九一四

二三十六分七一〇八二五
八一七七一〇四
六八九一九一四

一百四十六限
十一日九七三一
一秒一五二五五一
二度二十七分三五九〇〇〇
八一八五二六六
六八八六一二六

一百四十七限
十二日〇五五一
一秒一六四三九九
二度一十七分九〇八〇七五
八一九三四四五
八六八〇三四五

一百四十八限
十二日一三七一
一秒一七六〇〇九
二度〇八分三六〇〇〇〇
八二〇〇八二〇
六八七五一五七

一百四十六限	十一日九七三一	一秒一五二五五一	二度二十七分三五九〇〇〇	八一八五二六六	六八八六一二六
一百四十七限	十二日〇五五一	一秒一六四三九九	二度一十七分九〇八〇七五	八一九三四四五	八六八〇三四五
一百四十八限	十二日一三七一	一秒一七六〇〇九	二度〇八分三六〇〇〇〇	八二〇〇八二〇	六八七五一五七

一百四十九限	十二日二一九一	一秒一八七三八一	一度九十八分七一六七二五	八二〇九〇二九	六八六九三九七
一百五十限	十二日三〇一二	一秒一九八五一五	一度八十八分九八〇二〇〇	八二一六四三二	六八六四二二二
一百五十一限	十二日三八三二	一秒二〇九四一一	一度七十九分一五二三七五	八二二三八四九	六八五九〇五四
一百五十二限	十二日四六五二	一秒二二〇〇七〇	一度六十九分二三五二〇〇	八二三一二七八	六八五四四六七

一百五十三限	十二日五四七二	一秒二三〇四九〇	一度五十九分二三〇六二五	八二三七八九四	六八四九三一五
一百五十四限	十二日六二九二	一秒二四〇六七三	一度四十九分一四〇六〇〇	八二四四五二〇	六八四四七四九
一百五十五限	十二日七一一二	一秒二五〇六一八	一度三十八分九六七〇七五	八二五一九八七	六八四〇一七三
一百五十六限	十二日七九三二	一秒二六〇三二六	一度二十八分七一二〇〇〇	八二五八六三六	六八三五六一一

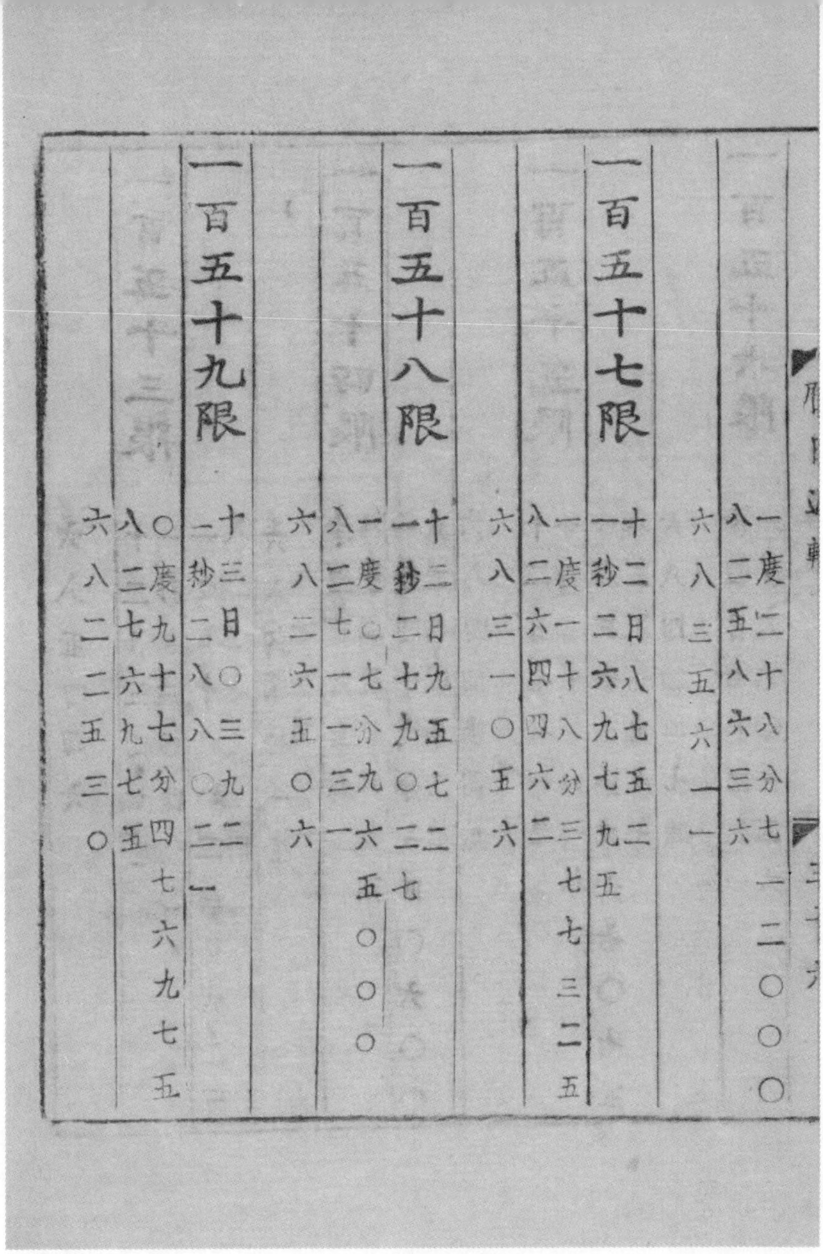

一百五十七限	十二日八七五二	一秒二六九七九五	一度一十八分三七七三二五	八二六四四六二	六八三一〇五六
一百五十八限	十二日九五七二	一秒二七九〇二七	一度〇七分九六五〇〇〇	八二七一一三一	六八二六五〇六
一百五十九限	十三日〇三九二	一秒二八八〇二一	〇度九十七分四七六九七五	八二七六九七五	六八二二五三〇

一百六十限
十三日一二一二
一秒二九六七七七
〇度八十六分九一五二〇〇
八二八二八二八
六八一八五五九

一百六十一限
十三日二〇三二
一秒三〇五二九五
〇度七十六分二八一六二五
八二八八六八七
六八一四五九〇

一百六十二限
十三日二八五二
一秒三一三五七六
〇度六十五分五七八二〇〇
八二九四五五七
六八一〇六三一

一百六十三限
十三日三六七三
一秒三二一六一八
〇度五十四分八〇六八七五
八三〇〇四三九

一百六十限	十三日一二一二	一秒二九六七七七	〇度八十六分九一五二〇〇	八二八二八二八	六八一八五五九
一百六十一限	十三日二〇三二	一秒三〇五二九五	〇度七十六分二八一六二五	八二八八六八七	六八一四五九〇
一百六十二限	十三日二八五二	一秒三一三五七六	〇度六十五分五七八二〇〇	八二九四五五七	六八一〇六三一
一百六十三限	十三日三六七三	一秒三二一六一八	〇度五十四分八〇六八七五	八三〇〇四三九	六八〇六六七三

一百六十四限	十三日四四九三	損一秒三二九四二三	〇度四十三分九六九六〇〇	八三〇五六七八	六八〇三二八五
一百六十五限	十三日五三一三	一秒三三六九九〇	〇度三十三分〇六八三二五	八三一〇五二七	六七九九九〇〇
一百六十六限	十三日六一三三	一秒三四四三二〇	〇度二十二分一〇五〇〇〇	八三一五五八六	六七九六五一八
一百六十七限	十三日六九五三	一秒三五一四一一	〇度一十一分〇八一五七五	八三二〇六四九	六七九三一四〇

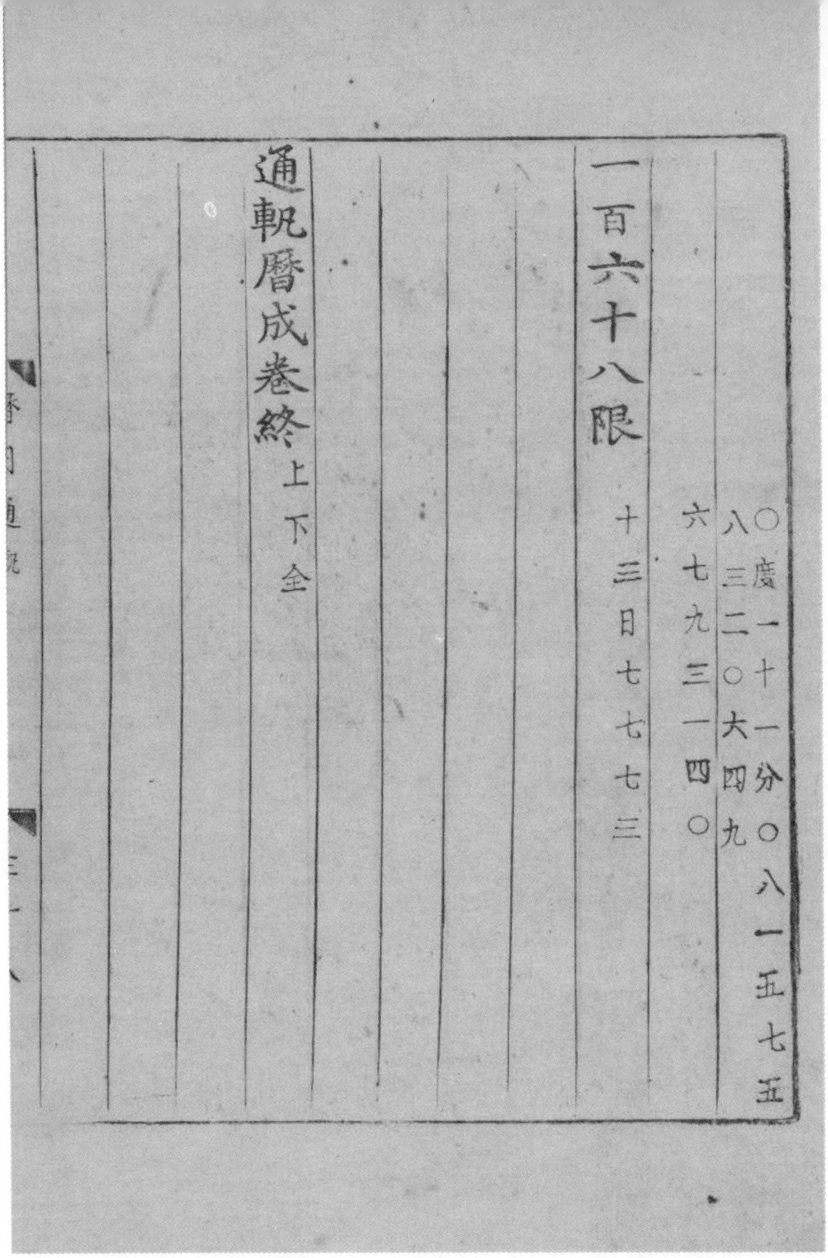
〇度一十一分〇八一五七五
八三二〇大四九
六七九三一四〇
一百六十八限
十三日七七七三
通軌曆成卷終上下全

一百六十八限	十三日七七七三				

《通軌·曆成》卷終上、下全

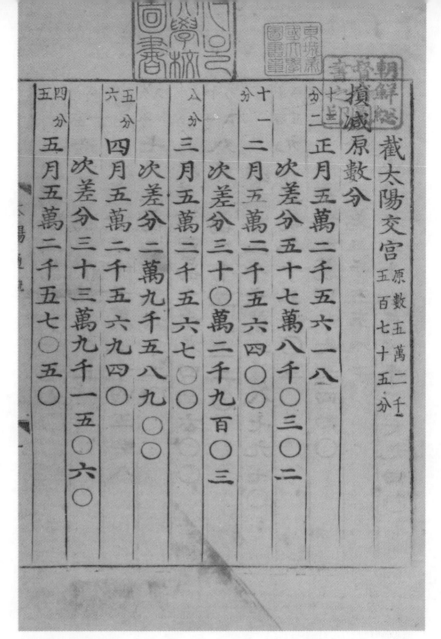

《太陽通軌》

截太陽交宮，原數五萬二千五百七十五分。

損減原數分

十三分二。正月，五萬二千五六一八。

次差分，五十七萬八千〇三〇二。

十一分。二月，五萬二千五六四〇〇。

次差分，三十〇萬二千九百〇三。

八分。三月，五萬二千五六七〇〇。

次差分，二萬九千五八九〇〇。

五分六。四月，五萬二千五六九四〇。

次差分，三十三萬九千一五〇六〇。

四分五。五月，五萬二千五七〇五〇。

次差分，三萬五千一九六〇〇。

六分八。六月，五萬二千五六八二〇。

次差分，三十三萬三千四五一八。

八分八。七月，五萬二千五六五二〇。

次差分，四萬七千九四二六〇〇。

十一分八。八月，五萬二千五六三二〇。

次差分，三十七萬六千八七九七〇。

十四分五。九月，五萬二千五六〇五〇。

次差分，九萬四千七七四四〇。

十六分八。十月，五萬二千五五八二。

次差分，三十八萬五千五七九四〇。

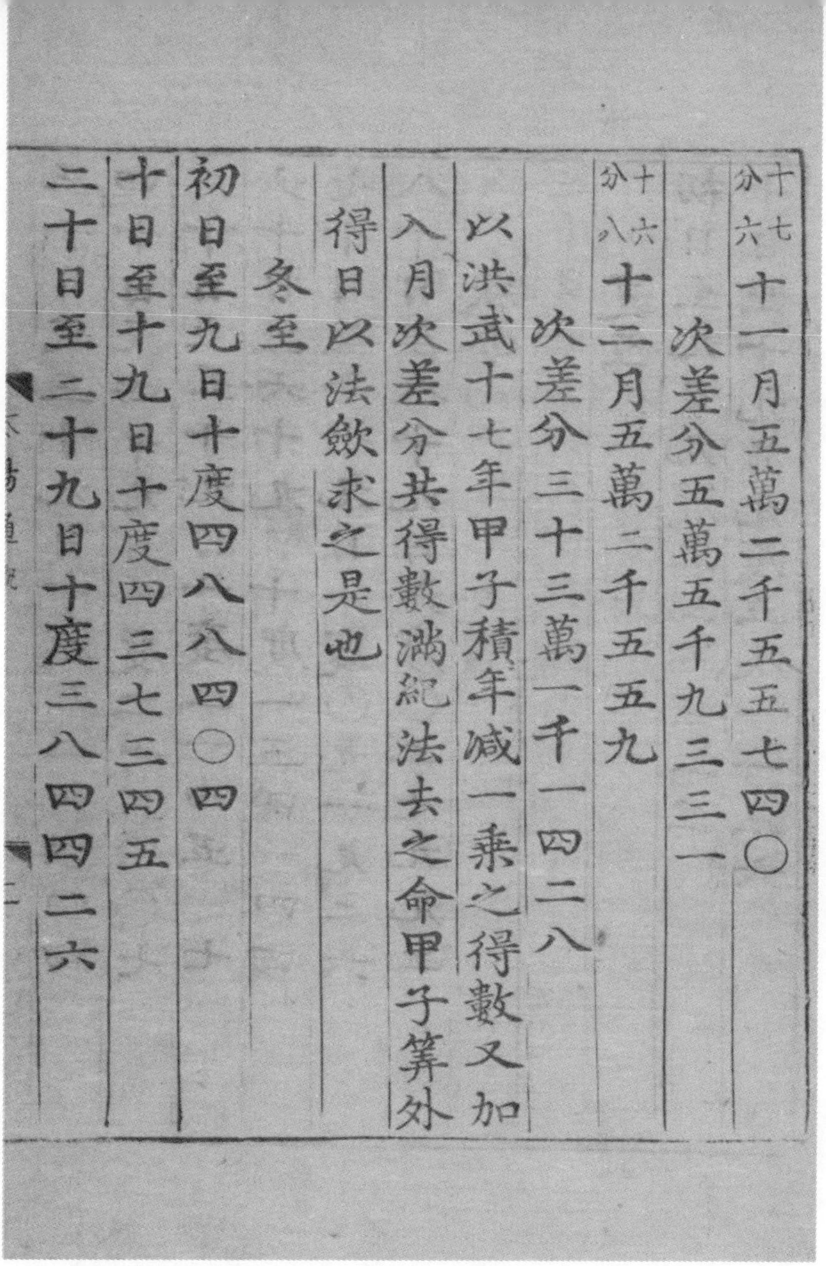

十七分六。十一月，五萬二千五五七四〇。

次差分，五萬五千九三三一。

十六分八。十二月，五萬二千五五九。

次差分，三十三萬一千一四二八。

以洪武十七年甲子積年減一乘之，得數又加入月次差分，共得數滿紀法去之，命甲子筭外，得日以法斂求之是也。

冬至[1]

初日至九日，十度四八八四〇四。

十日至十九日，十度四三七三四五。

二十日至二十九日，十度三八四四二六。

1 列出冬至和秋分之間縮末限每十日的太陽行度，冬至和春分之間盈初限與此同。

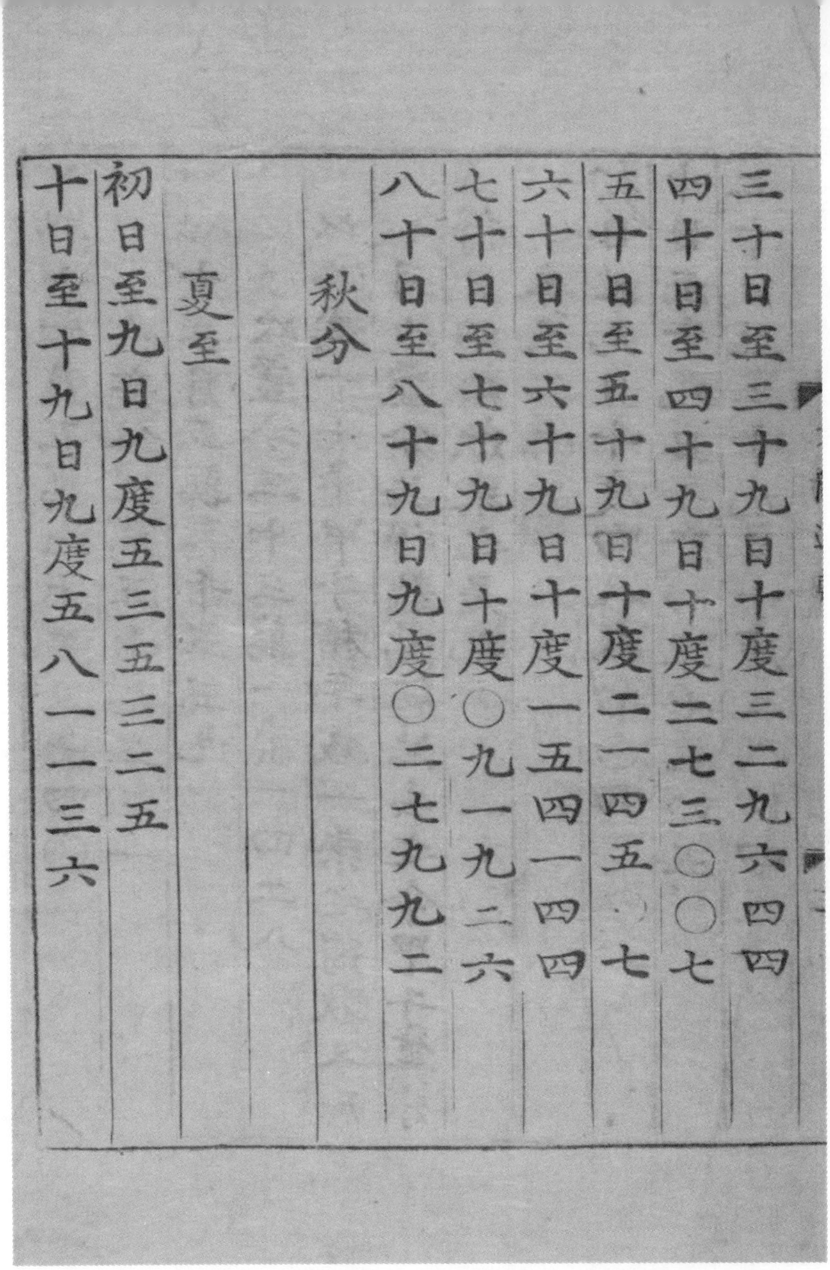
三十日至三十九日十度三二九六四四
四十日至四十九日十度二七三〇〇七
五十日至五十九日十度二一四五〇七
六十日至六十九日十度一五四一四四
七十日至七十九日十度〇九一九二六
八十日至八十九日九度〇二七九九二
秋分
夏至
初日至九日九度五三五三二五
十日至十九日九度五八一一三六

三十日至三十九日，十度三二九六四四。
四十日至四十九日，十度二七三〇〇七。
五十日至五十九日，十度二一四五〇七。
六十日至六十九日，十度一五四一四四。
七十日至七十九日，十度〇九一九二六。
八十日至八十九日，九度〇二七九九二。
秋分

夏至[1]
初日至九日，九度五三五三二五。
十日至十九日，九度五八一一三六。

1 列出夏至和春分之間盈末限每十日的太陽行度，夏至和秋分之間縮初限與此同。

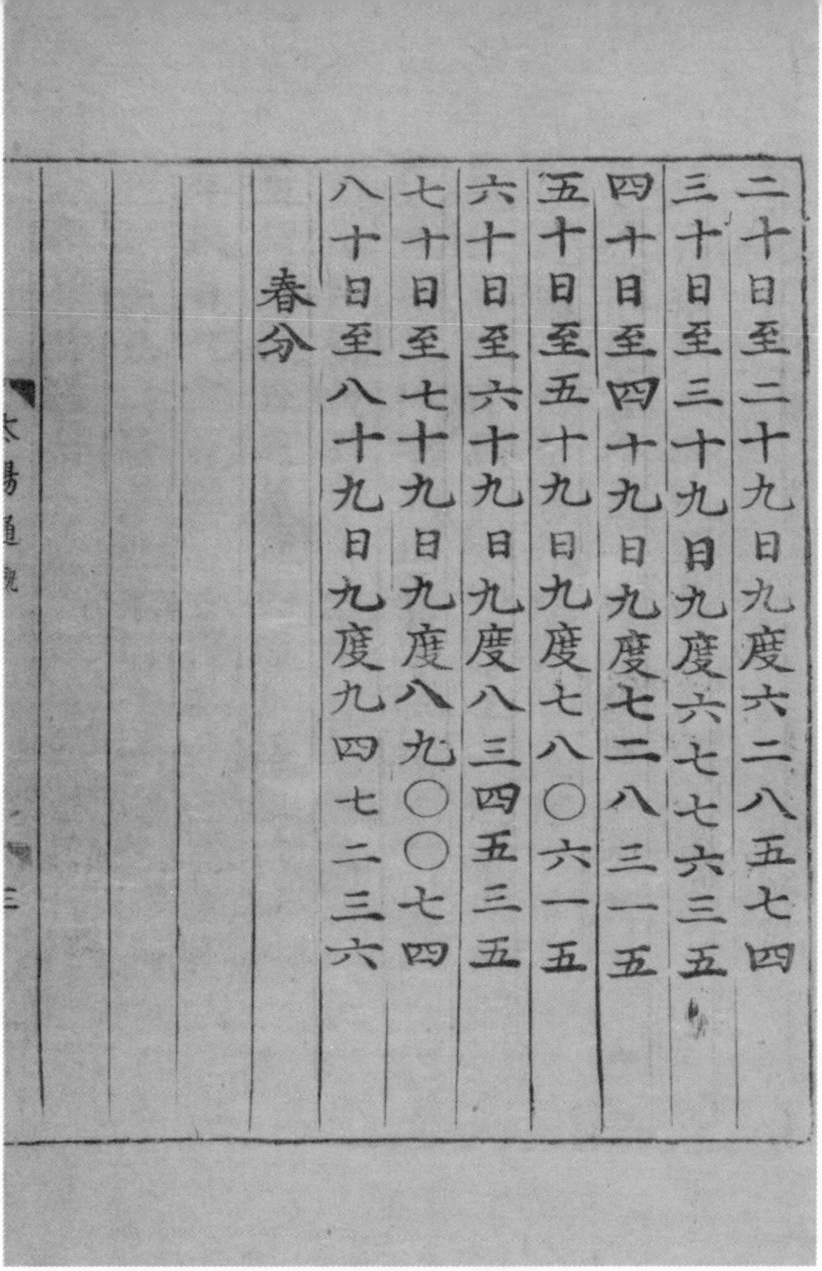
二十日至二十九日九度六二八五七四
三十日至三十九日九度六七七六三五
四十日至四十九日九度七二八三一五
五十日至五十九日九度七八〇六一五
六十日至六十九日九度八三四五三五
七十日至七十九日九度八九〇〇七四
八十日至八十九日九度九四七二三六
春分
太陽通軌　三

二十日至二十九日，九度六二八五七四。
三十日至三十九日，九度六七七六三五。
四十日至四十九日，九度七二八三一五。
五十日至五十九日，九度七八〇六一五。
六十日至六十九日，九度八三四五三五。
七十日至七十九日，九度八九〇〇七四。
八十日至八十九日，九度九四七二三六。
春分

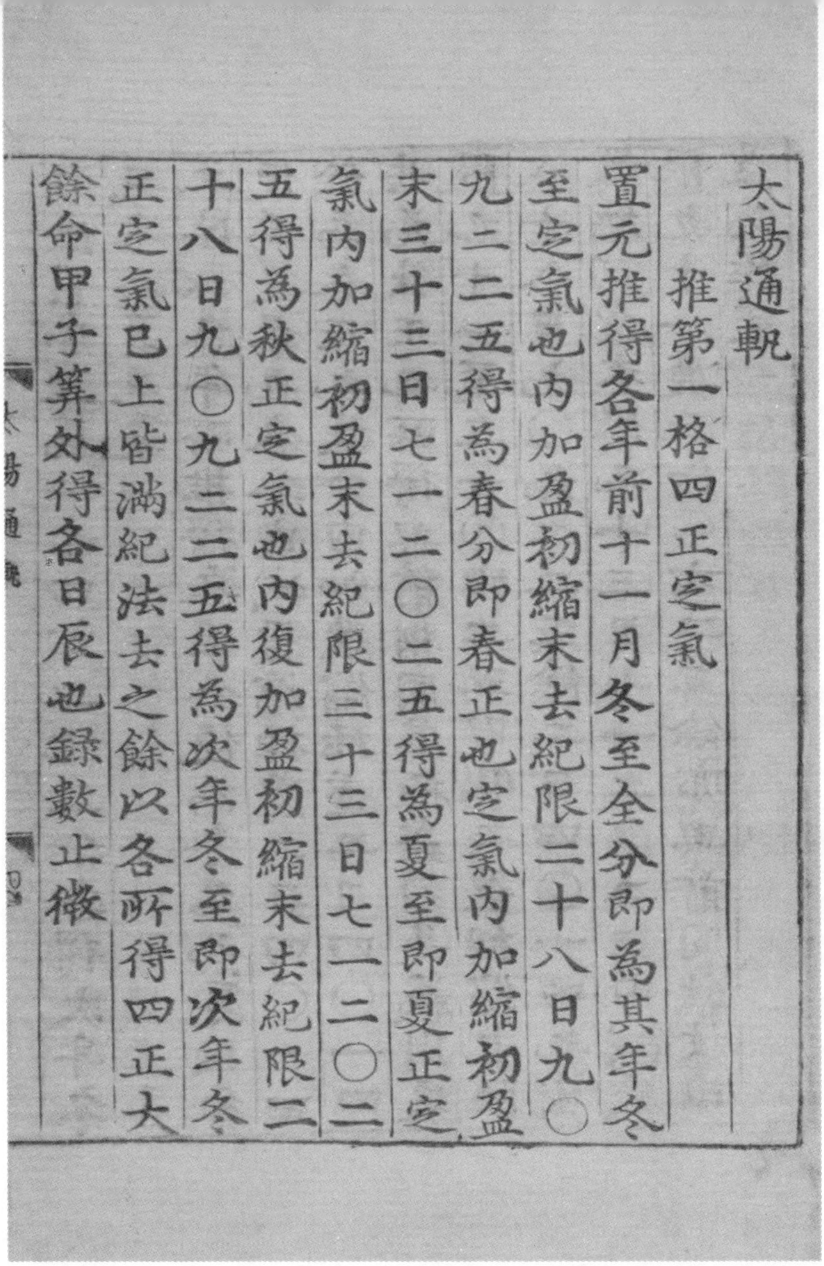
太陽通軌
推第一格四正定氣
置元推得各年前十一月冬至全分即為其年冬至定氣也內加盈初縮末去紀限二十八日九〇九二二五得為春分即春正也定氣內加縮初盈末三十三日七一二〇二五得為夏至即夏正定氣內加縮初盈末去紀限三十三日七一二〇二五得為秋正定氣也內復加盈初縮末去紀限二十八日九〇九二二五得為次年冬至即次年冬正定氣已上皆滿紀法去之餘以各所得四正大餘命甲子筭外得各日辰也録數止微

太陽通軌

推第一格四正定氣[1]

置元推得各年前十一月冬至全分，即為其年冬至定氣也。[2] 內加盈初縮末，去紀限二十八日九〇九二二五，得為春分，即春正也。[3] 定氣內加縮初盈末三十三日七一二〇二五，得為夏至，即夏正。[4] 定氣內加縮初盈末，去紀限三十三日七一二〇二五，得為秋正定氣也。[5] 內復加盈初縮末，去紀限二十八日九〇九二二五，得為次年冬至，即次年冬正定氣。[6] 已上皆滿紀法去之，餘以各所得四正大餘，命甲子筭外，得各日辰也，録數止微。[7]

1 求冬至、春分、夏至、秋分四正的定氣時刻。

2 歲前冬至日分即為冬至定氣。

3 春正定氣為天正冬至日分加盈初縮末限。

4 夏正定氣為春正日分加縮初盈末限。

5 秋正定氣為夏正日分加縮初盈末限

6 次年冬正定氣為秋正日分加盈初縮末限。

7 四正定氣超過紀法的需去紀法，使其值在六十以內。

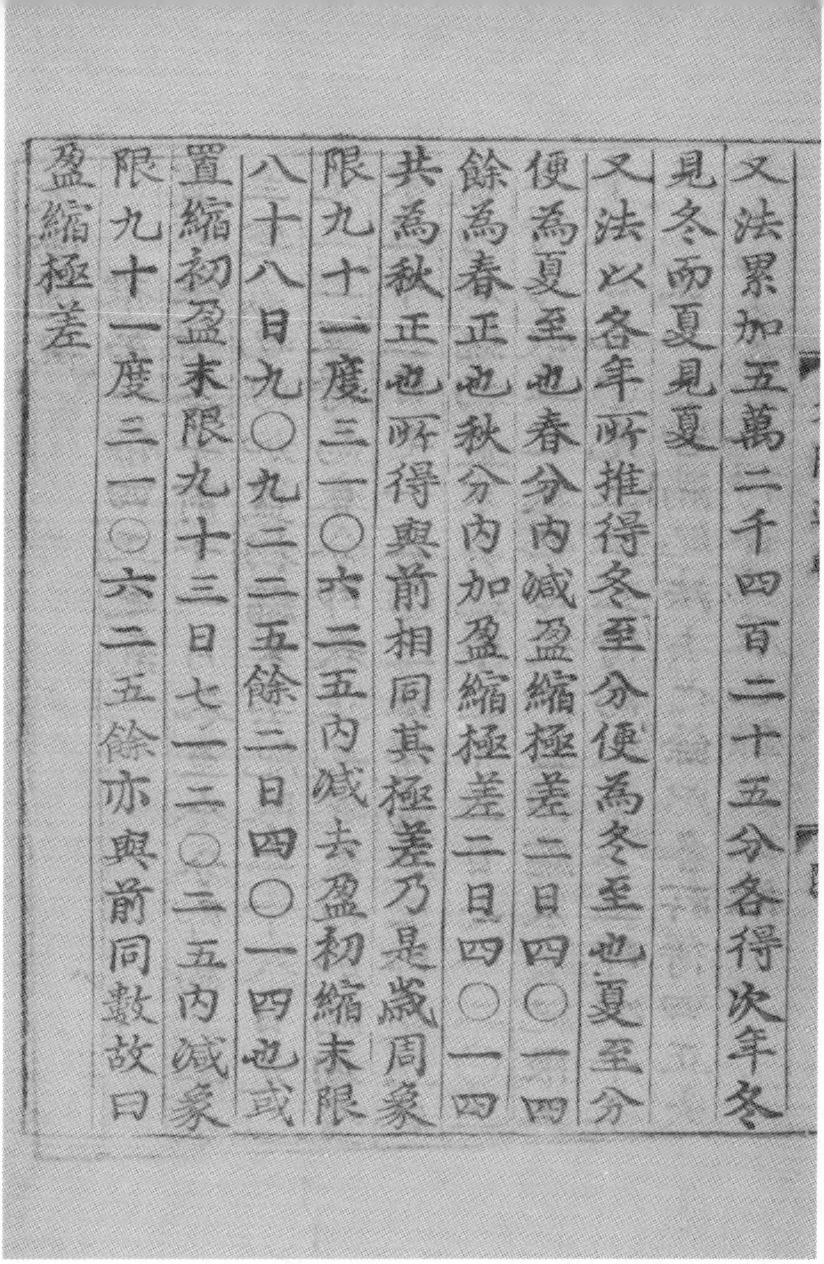
又法累加五萬二千四百二十五分各得次年冬
見冬而夏見夏
又法以各年所推得冬至分便為冬至也夏至分
便為夏至也春分內減盈縮極差二日四〇一四
餘為春正也秋分內加盈縮極差二日四〇一四
共為秋正也所得與前相同其極差乃是歲周象
限九十一度三一〇六二五內減去盈初縮末限
八十八日九〇九二二五餘二日四〇一四也或
置縮初盈末限九十三日七一二〇二五內減象
限九十一度三一〇六二五餘亦與前同數故曰
盈縮極差

又法，累加五萬二千四百二十五分，各得次年。冬見冬，而夏見夏。[1]

又法，以各年所推得冬至分便為冬至也，夏至分便為夏至也。春分內減盈縮極差二日四〇一四，餘為春正也。秋分內加盈縮極差二日四〇一四，共為秋正也，所得與前相同。其極差乃是歲周象限九十一度三一〇六二五內減去盈初縮末限八十八日九〇九二二五，餘二日四〇一四也，或置縮初盈末限九十三日七一二〇二五，內減象限九十一度三一〇六二五，餘亦與前同數，故曰盈縮極差。[2]

1“又法”通過累加5.2425日，可快速計算次年四正定氣。

2 極差，又稱盈縮極差，為周天象限91.310625與盈初縮末限或縮初盈末限之差。太陽平行一日一度，故周天象限可當作四正平氣，此處“又法”通過平氣與盈縮極差的修正，計算定氣。

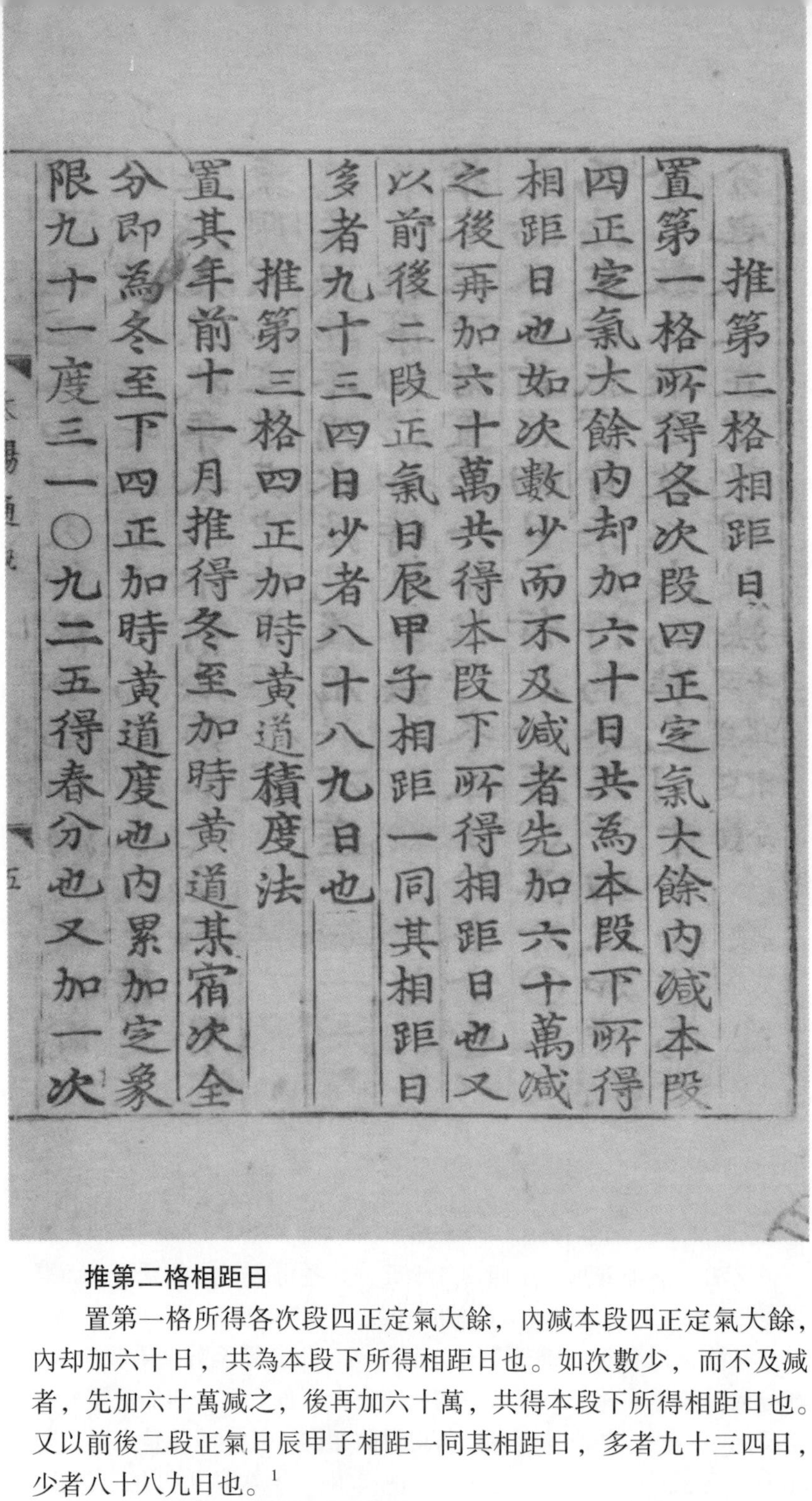
推第二格相距日
置第一格所得各次段四正定氣大餘內減本段
四正定氣大餘內却加六十日共為本段下所得
相距日也如次數少而不及減者先加六十萬減
之後再加六十萬共得本段下所得相距日也又
以前後二段正氣日辰甲子相距一同其相距日
多者九十三四日少者八十八九日也
推第三格四正加時黄道積度法
置其年前十一月推得冬至加時黄道某宿次全
分即為冬至下四正加時黄道度也內累加定象
限九十一度三一〇九二五得春分也又加一次

推第二格相距日

置第一格所得各次段四正定氣大餘，內減本段四正定氣大餘，內却加六十日，共為本段下所得相距日也。如次數少，而不及減者，先加六十萬減之，後再加六十萬，共得本段下所得相距日也。又以前後二段正氣日辰甲子相距一同其相距日，多者九十三四日，少者八十八九日也。[1]

推第三格四正加時黄道積度法

置其年前十一月推得冬至加時黄道某宿次全分，即為冬至下四正加時黄道度也。內累加定象限九十一度三一〇九二五，得春分也。又加一次，

1 求四正的相距日，次正定氣大餘減去前正定氣大餘，再加上六十日，即為四正定氣距後正定氣日相距的日數。

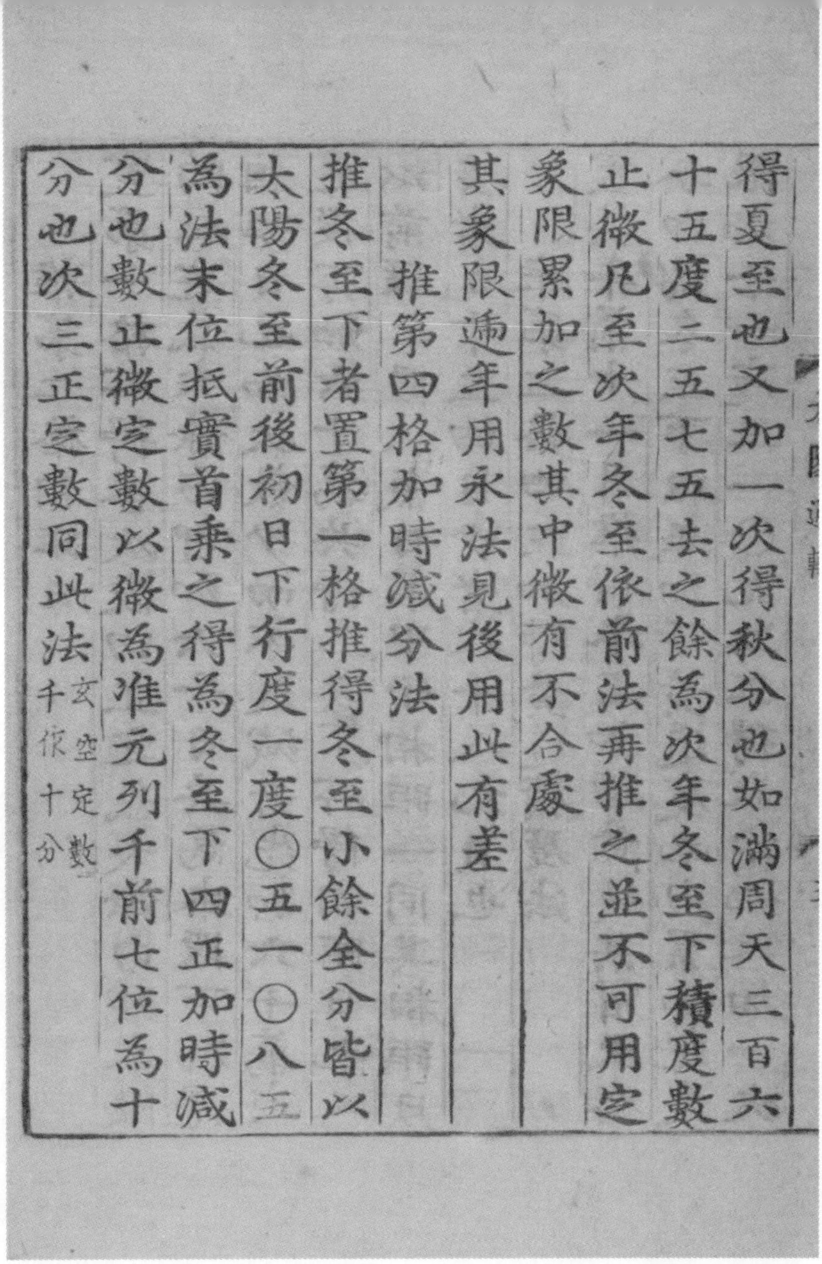

得夏至也又加一次得秋分也如滿周天三百六
十五度二五七五去之餘為次年冬至下積度數
止微凡至次年冬至依前法再推之並不可用定
象限累加之數其中微有不合處
其象限逓年用永法見後用此有差
推第四格加時減分法
推冬至下者置第一格推得冬至小餘全分皆以
太陽冬至前後初日下行度一度〇五一〇八五
為法末位抵實首乘之得為冬至下四正加時減
分也數止微定數以微為准元列千前七位為十
分也次三正定數同此法玄空定數千作十分

得夏至也。又加一次，得秋分也。如滿周天三百六十五度二五七五去之，餘為次年冬至下積度，數止微。凡至次年冬至，依前法再推之，並不可用定象限累加之數，其中微有不合處，其象限逓年用永法，見後，用此有差。[1]

推第四格加時減分法

推冬至下者，置第一格推得冬至小餘全分，皆以太陽冬至前後初日下行度一度〇五一〇八五為法，末位抵實首乘之，得為冬至下四正加時減分也，數止微。定數以微為准元，列千前七位為十分也，次三正定數同此法。玄空定數，千作十分。

1 求四正加時黃道積度，用冬至加時黃道積度累加四正定象限度數，依次得到春分、夏至、秋分和冬至黃道積度。

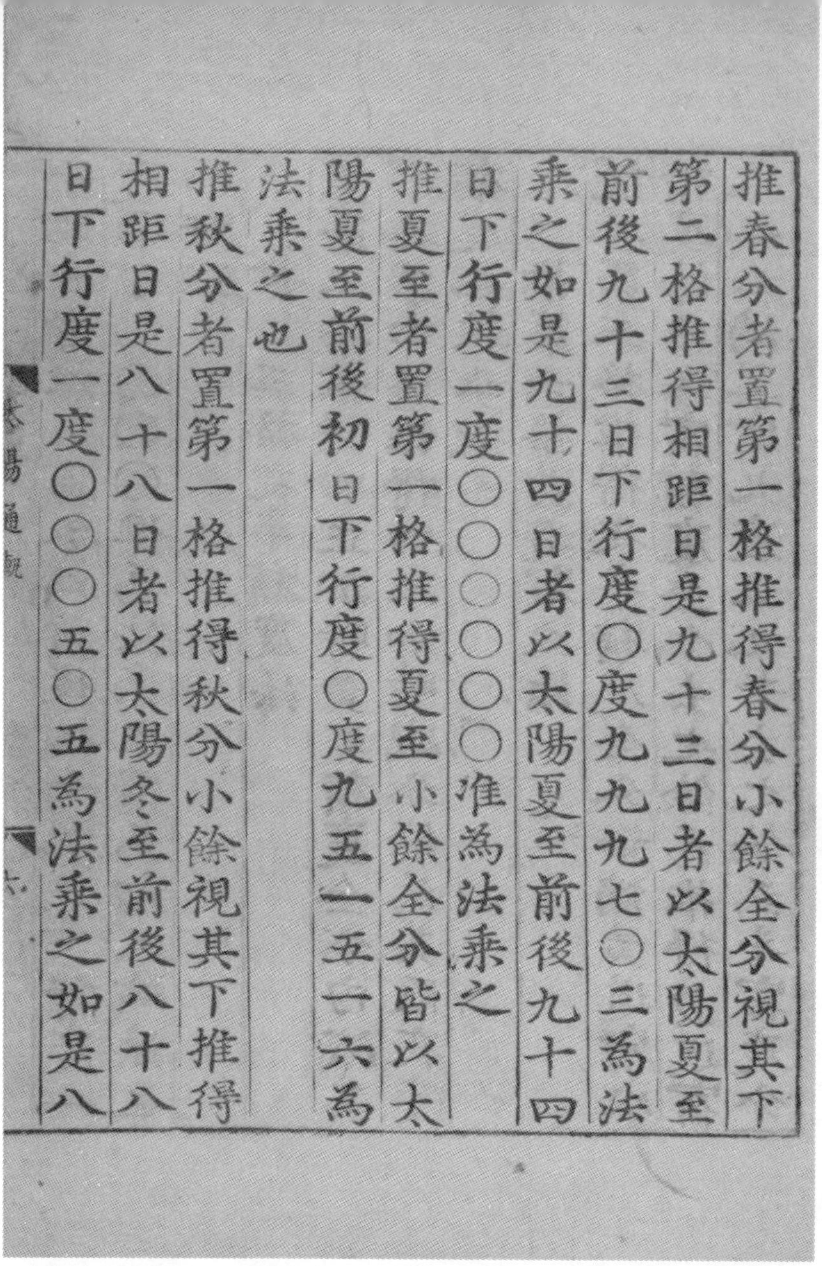
推春分者置第一格推得春分小餘全分視其下
第二格推得相距日是九十三日者以太陽夏至
前後九十三日下行度〇度九九九七〇三為法
乘之如是九十四日者以太陽夏至前後九十四
日下行度一度〇〇〇〇〇〇准為法乘之
推夏至者置第一格推得夏至小餘全分皆以太
陽夏至前後初日下行度〇度九五一五一六為
法乘之也
推秋分者置第一格推得秋分小餘視其下推得
相距日是八十八日者以太陽冬至前後八十八
日下行度一度〇〇〇五〇五為法乘之如是八

推春分者，置第一格推得春分小餘全分，視其下第二格推得相距日，是九十三日者，以太陽夏至前後九十三日下行度〇度九九九七〇三為法乘之。如是九十四日者，以太陽夏至前後九十四日下行度一度〇〇〇〇〇〇准為法乘之。

推夏至者，置第一格推得夏至小餘全分，皆以太陽夏至前後初日下行度〇度九五一五一六為法乘之也。

推秋分者，置第一格推得秋分小餘，視其下推得相距日，是八十八日者，以太陽冬至前後八十八日下行度一度〇〇〇五〇五為法乘之。如是八

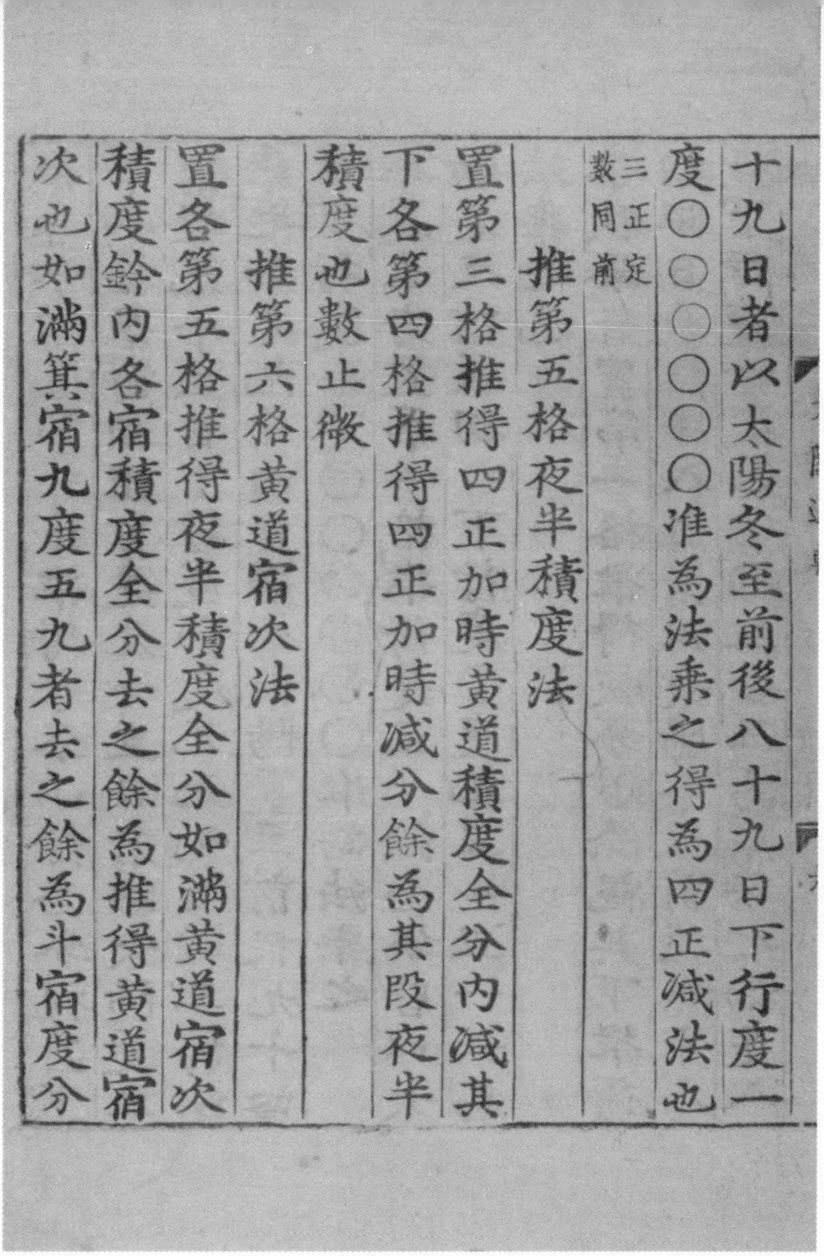

十九日者以太陽冬至前後八十九日下行度一
度〇〇〇〇〇〇准為法乘之得為四正減法也三正定數同前
推第五格夜半積度法
置第三格推得四正加時黃道積度全分內減其
下各第四格推得四正加時減分餘為其段夜半
積度也數止微
推第六格黃道宿次法
置各第五格推得夜半積度全分如滿黃道宿次
積度鈐內各宿積度全分去之餘為推得黃道宿
次也如滿箕宿九度五九者去之餘為斗宿度分

十九日者，以太陽冬至前後八十九日下行度一度〇〇〇〇〇〇准為法乘之，得為四正減法也。三正定數同前。[1]

推第五格夜半積度法

置第三格推得四正加時黃道積度全分，內減其下各第四格推得四正加時減分，餘為其段夜半積度也，數止微。[2]

推第六格黃道宿次法

置各第五格推得夜半積度全分，如滿黃道宿次積度鈐內各宿積度全分去之，餘為推得黃道宿次也。如滿箕宿九度五九者去之，餘為斗宿度分

1 四正加時減分 = 四正定氣小餘 × 其日行度，分別推算春分、夏至、秋分和冬至加時減分。其日行度為冬至，日行 1.051085 度。春分距夏至 93 日者，日行 0.999703 度；距 94 日者，日行 1 度。夏至日行 0.951516 度。秋分距冬至 88 日者，日行 1.000505 度；距 89 日者，日行1度。

2 四正夜半積度 = 四正加時黃道積度 − 四正加時減分。

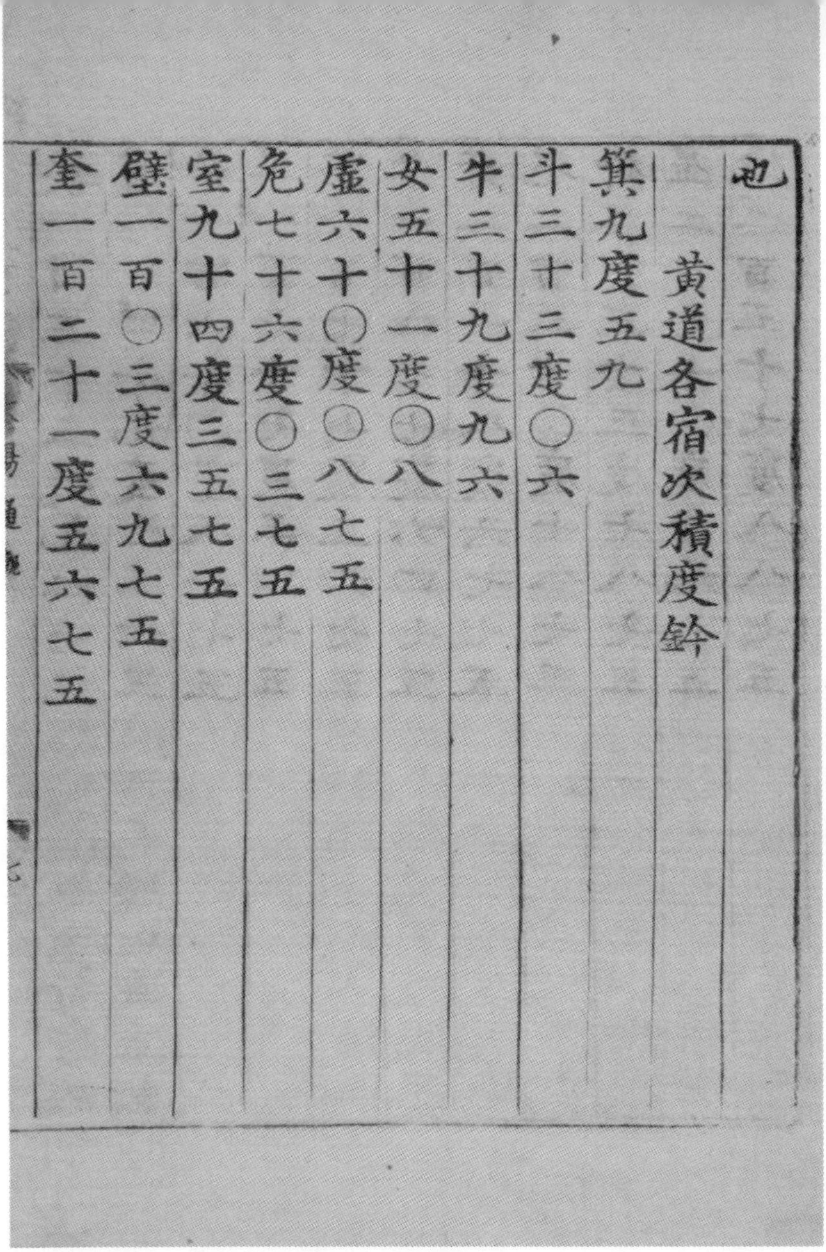
也
黃道各宿次積度鈐
箕九度五九
斗三十三度〇六
牛三十九度九六
女五十一度〇八
虛六十〇度〇八七五
危七十六度〇三七五
室九十四度三五七五
壁一百〇三度六九七五
奎一百二十一度五六七五

也。[1]

黃道各宿次積度鈐[2]

箕，九度五九。

斗，三十三度〇六。

牛，三十九度九六。

女，五十一度〇八。

虛，六十〇度〇八七五。

危，七十六度〇三七五。

室，九十四度三五七五。

壁，一百〇三度六九七五。

奎，一百二十一度五六七五。

1 以四正黃道夜半積度滿黃道宿度去之，得到四正夜半黃道宿度。

2 列出黃道二十八宿各宿次累加的度數。

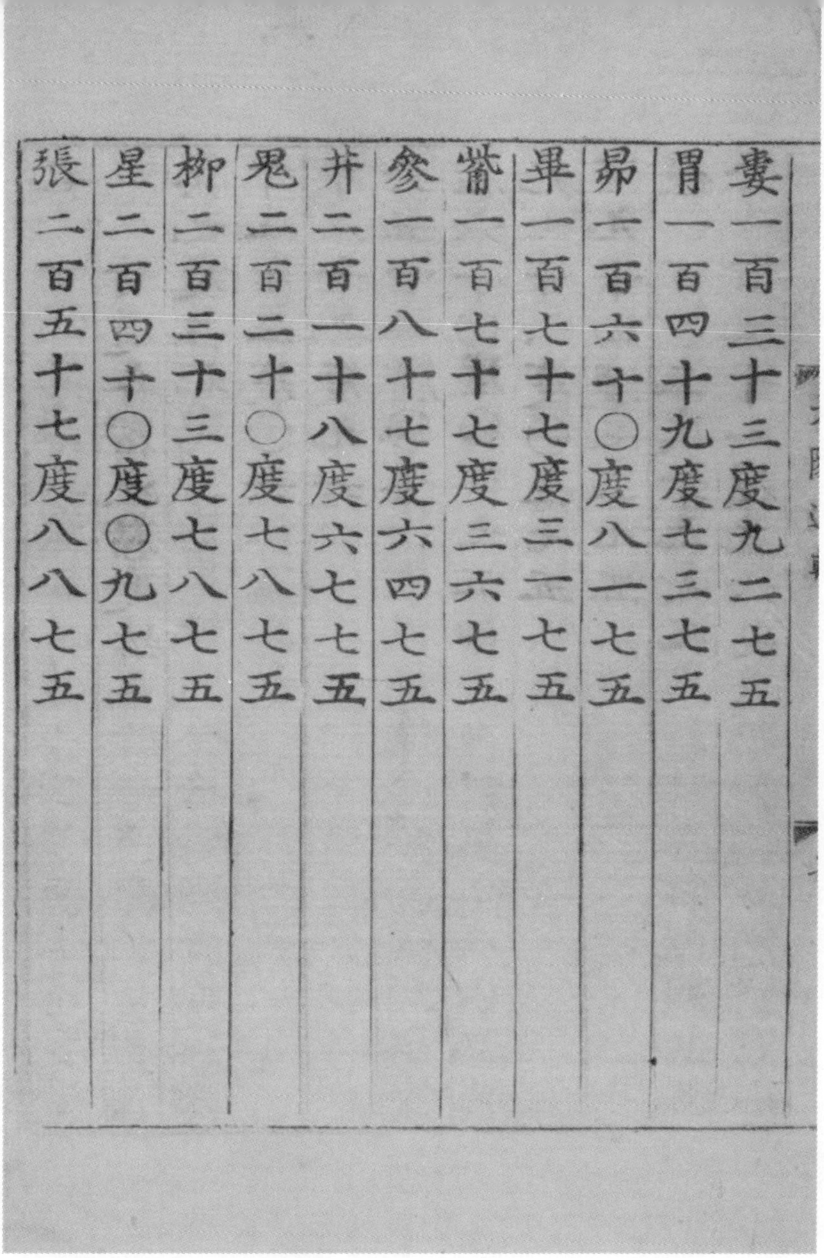
婁一百三十三度九二七五
胃一百四十九度七三七五
昴一百六十〇度八一七五
畢一百七十七度三一七五
觜一百七十七度三六七五
參一百八十七度六四七五
井二百一十八度六七七五
鬼二百二十〇度七八七五
柳二百三十三度七八七五
星二百四十〇度〇九七五
張二百五十七度八八七五

婁，一百三十三度九二七五。
胃，一百四十九度七三七五。
昴，一百六十〇度八一七五。
畢，一百七十七度三一七五。
觜，一百七十七度三六七五。
參，一百八十七度六四七五。
井，二百一十八度六七七五。
鬼，二百二十〇度七八七五。
柳，二百三十三度七八七五。
星，二百四十〇度〇九七五。
張，二百五十七度八八七五。

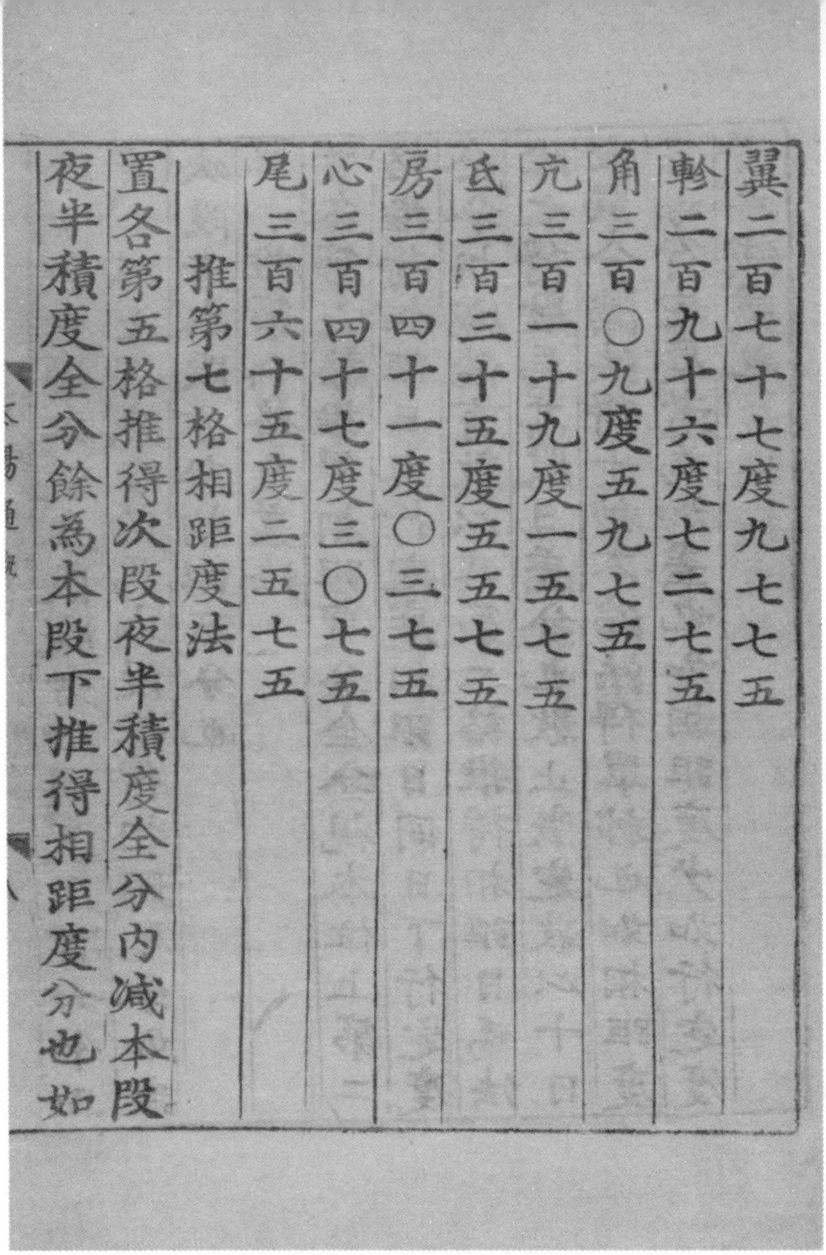
翼二百七十七度九七七五
軫二百九十六度七二七五
角三百〇九度五九七五
亢三百一十九度一五七五
氐三百三十五度五五七五
房三百四十一度〇三七五
心三百四十七度三〇七五
尾三百六十五度二五七五
推第七格相距度法
置各第五格推得次段夜半積度全分內減本段
夜半積度全分餘爲本段下推得相距度分也如

翼，二百七十七度九七七五。

軫，二百九十六度七二七五。

角，三百〇九度五九七五。

亢，三百一十九度一五七五。

氐，三百三十五度五五七五。

房，三百四十一度〇三七五。

心，三百四十七度三〇七五。

尾，三百六十五度二五七五。

推第七格相距度法

置各第五格推得次段夜半積度全分，内減本段夜半積度全分，餘為本段下推得相距度分也。如

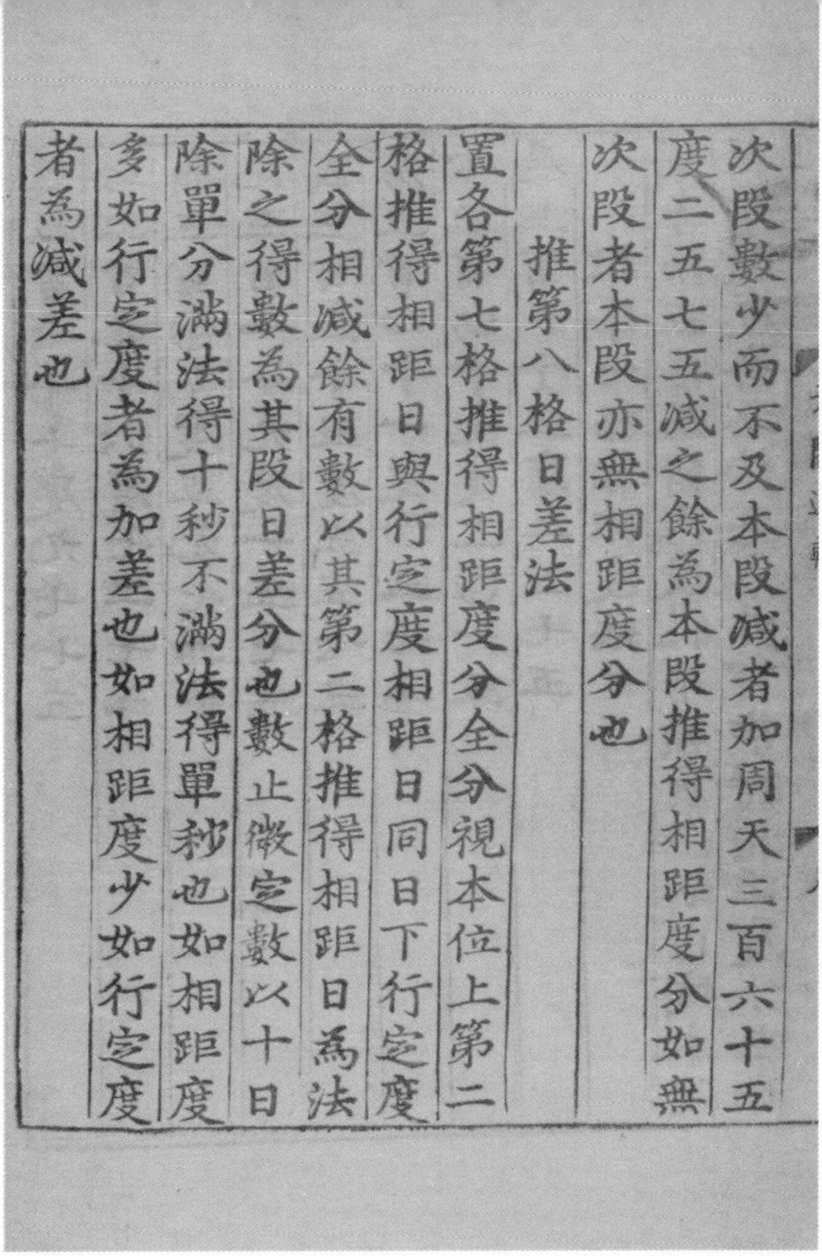

次段數少而不及本段減者加周天三百六十五
度二五七五減之餘為本段推得相距度分如無
次段者本段亦無相距度分也
推第八格日差法
置各第七格推得相距度分全分視本位上第二
格推得相距日與行定度相距日同日下行定度
全分相減餘有數以其第二格推得相距日為法
除之得數為其段日差分也數止微定數以十日
除單分滿法得十秒不滿法得單秒也如相距度
多如行定度者為加差也如相距度少如行定度
者為減差也

次段數少，而不及本段減者，加周天三百六十五度二五七五減之，餘為本段推得相距度分。如無次段者，本段亦無相距度分也。[1]

推第八格日差法

置各第七格推得相距度分全分，視本位上第二格推得相距日與行定度相距日同日下行定度全分相減，餘有數以其第二格推得相距日為法除之，得數為其段日差分也，數止微。定數以十日除單分，滿法得十秒，不滿法得單秒也。如相距度多如行定度者，為加差也，如相距度少如行定度者，為減差也。[2]

1 四正夜半相距度 = 次段夜半黃道積度 – 本段夜半黃道積度。

2 四正行度加減日差 =（相距度 – 累計相距日之行定度）/ 相距日。

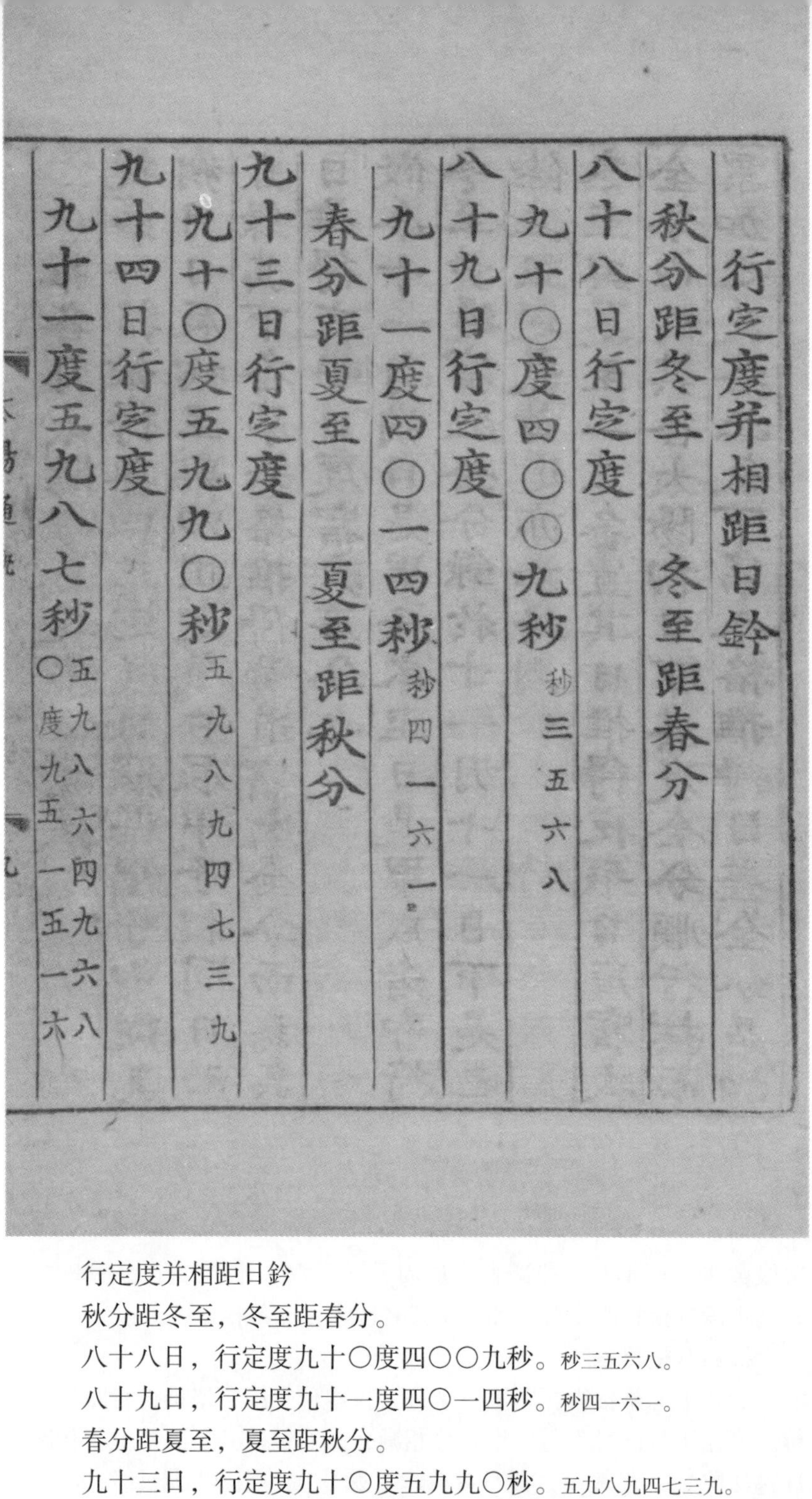

行定度并相距日鈐

秋分距冬至，冬至距春分。

八十八日，行定度九十〇度四〇〇九秒。秒三五六八。

八十九日，行定度九十一度四〇一四秒。秒四一六一。

春分距夏至，夏至距秋分。

九十三日，行定度九十〇度五九九〇秒。五九八九四七三九。

九十四日，行定度九十一度五九八七秒。五九八六四九六八，〇度九五一五一六。

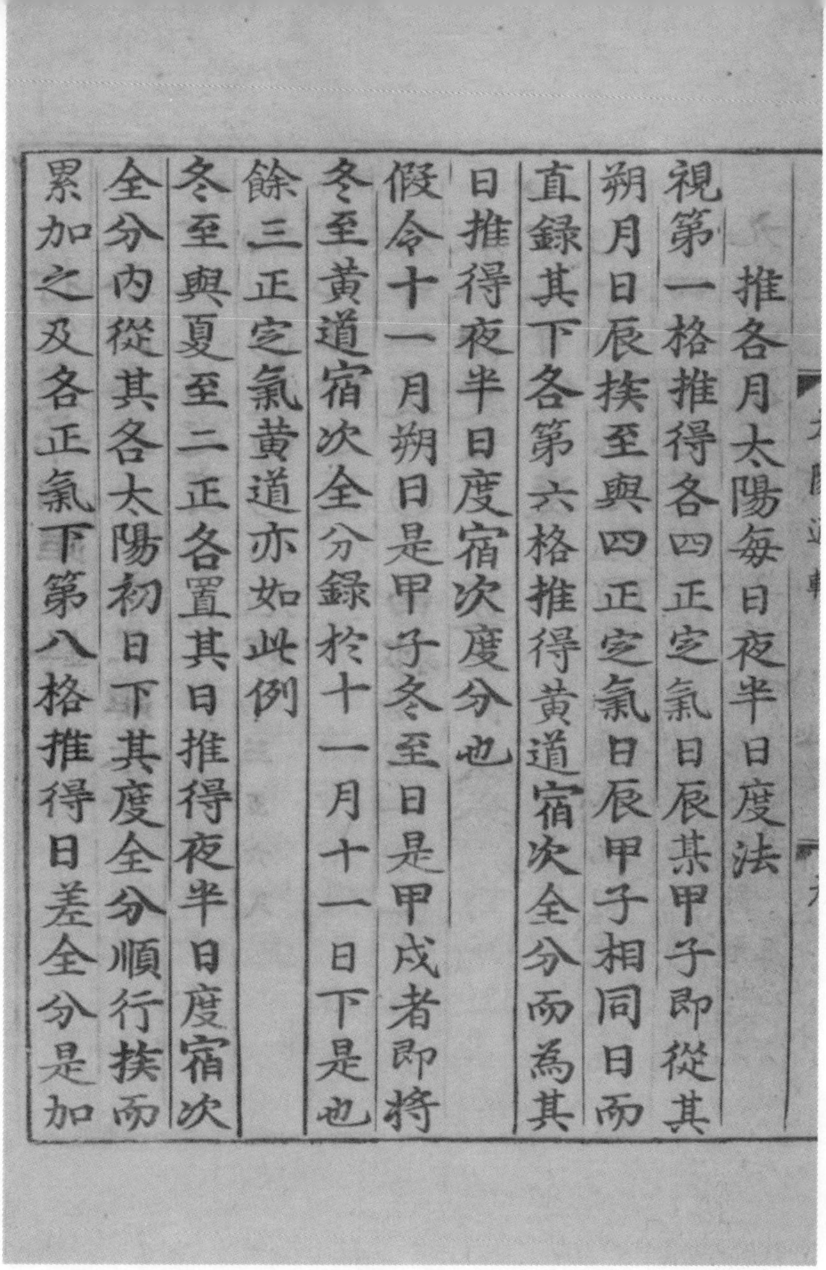
推各月太陽每日夜半日度法
視第一格推得各四正定氣日辰某甲子即從其
朔月日辰挨至與四正定氣日辰甲子相同日而
直録其下各第六格推得黄道宿次全分而為其
日推得夜半日度宿次度分也
假令十一月朔日是甲子冬至日是甲戌者即將
冬至黄道宿次全分録於十一月十一日下是也
餘三正定氣黄道亦如此例
冬至與夏至二正各置其日推得夜半日度宿次
全分内從其各太陽初日下其度全分順行挨而
累加之及各正氣下第八格推得日差全分是加

推各月太陽每日夜半日度法

視第一格推得各四正定氣日辰某甲子，即從其朔月日辰挨至與四正定氣日辰甲子相同日，而直録其下各第六格推得黄道宿次全分，而為其日推得夜半日度宿次度分也。[1]

假令十一月朔日是甲子冬至日，是甲戌者，即將冬至黄道宿次全分録於十一月十一日下是也。餘三正定氣黄道，亦如此例。

冬至與夏至二正，各置其日推得夜半日度宿次全分，內從其各太陽初日下其度全分，順行挨而累加之，及各正氣下第八格推得日差全分，是加

1 置四正夜半日度，以行定度每日加之，滿黄道宿度去之，得到每日子正夜半日度。

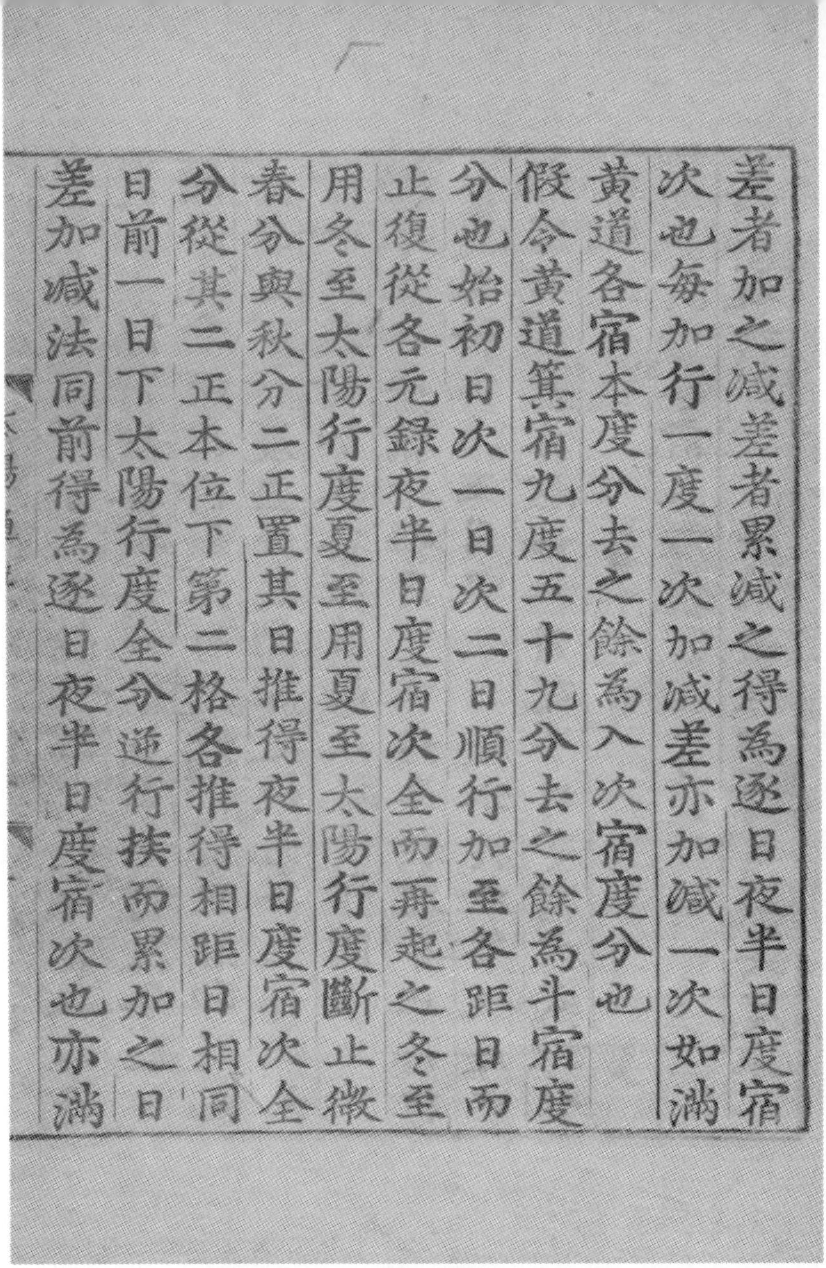
差者加之減差者累減之得為逐日夜半日度宿
次也每加行一度一次加減差亦加減一次如滿
黄道各宿本度分去之餘為入次宿度分也
假令黄道箕宿九度五十九分去之餘為斗宿度
分也始初日次一日次二日順行加至各距日而
止復從各元録夜半日度宿次全而再起之冬至
用冬至太陽行度夏至用夏至太陽行度斷止微
春分與秋分二正置其日推得夜半日度宿次全
分從其二正本位下第二格各推得相距日相同
日前一日下太陽行度全分逆行挨而累加之日
差加減法同前得為逐日夜半日度宿次也亦滿

差者加之，減差者累減之，得為逐日夜半日度宿次也。每加行一度一次，加減差亦加減一次。如滿黄道各宿本度分去之，餘為入次宿度分也。

假令黄道箕宿九度五十九分，去之餘為斗宿度分也。始初日，次一日，次二日，順行加至各距日而止。復從各元録夜半日度宿次，全而再起之。冬至用冬至太陽行度，夏至用夏至太陽行度，斷止微。

春分與秋分二正，置其日推得夜半日度宿次全分，從其二正本位下第二格，各推得相距日相同日前一日下太陽行度全分，逆行挨而累加之，日差加減法同前，得為逐日夜半日度宿次也。亦滿

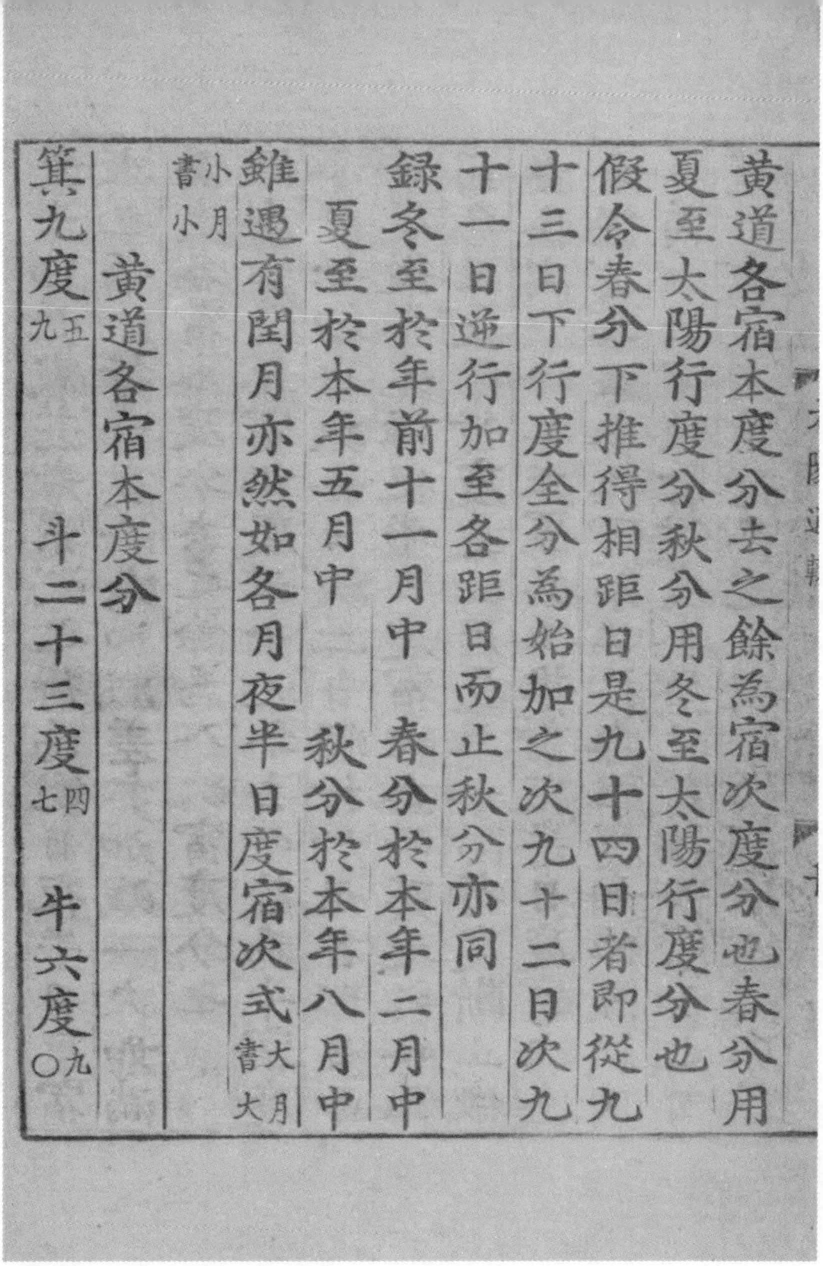
黃道各宿本度分去之餘為宿次度分也春分用夏至太陽行度分秋分用冬至太陽行度分也
假令春分下推得相距日是九十四日者即從九十三日下行度全分為始加之次九十二日次九十一日逆行加至各距日而止秋分亦同
録冬至於年前十一月中　春分於本年二月中　夏至於本年五月中　秋分於本年八月中
雖遇有閏月亦然如各月夜半日度宿次式大月書大小月書小
黃道各宿本度分
箕九度五九　斗二十三度四七　牛六度九〇

黃道各宿本度分去之，餘為宿次度分也。春分用夏至太陽行度分，秋分用冬至太陽行度分也。

假令春分下推得相距日是九十四日者，即從九十三日下行度全分為始加之，次九十二日，次九十一日，逆行加至各距日而止，秋分亦同。

録冬至於年前十一月中，春分于本年二月中，夏至于本年五月中，秋分于本年八月中。雖遇有閏月亦然，如各月夜半日度宿次式。大月書大，小月書小。

黃道各宿本度分 [1]

箕，九度五九。　斗，二十三度四七。　牛，六度九〇。

1 列出黃道二十八宿各宿次的度數。

女，十一度一二。　虛，九度〇〇七五。　危，十五度九五。

室，十八度三二。　壁，九度三四。　奎，十七度八七。

婁，十二度三六。　胃，十五度八一。　昴，十一度〇八。

畢，十六度五〇。　觜，初度〇五。　參，十〇度二八。

井，三十一度〇三。　鬼，二度一一。　柳，十三度〇〇。

星，六度三一。　張，十七度七九。　翼，二十度〇九。

軫，十八度七五。　角，十二度八七。　亢，九度五六。

氐，十六度四〇。　房，五度四八。　心，六度二七。

尾，十七度九五。

冬夏二至太陽行度[1]

冬至		夏至

1 列出冬至和夏至前後太陽每日的實際行度。

一度〇五一〇八五	初日	初度九五一五一六
一度〇五〇五九一	一日	初度九五一九五九
一度〇五〇〇九六	二日	初度九五二四〇五
一度〇四九五九八	三日	初度九五二八五一
一度〇四九〇九九	四日	初度九五三三〇〇
一度〇四八五九七	五日	初度九五三七五〇
一度〇四八〇九四	六日	初度九五四二〇二
一度〇四七五八九	七日	初度九五四六五五
一度〇四七〇八二	八日	初度九五五一一〇
一度〇四六五七三	九日	初度九五五五六七
一度〇四六〇六三	十日	初度九五六〇二五

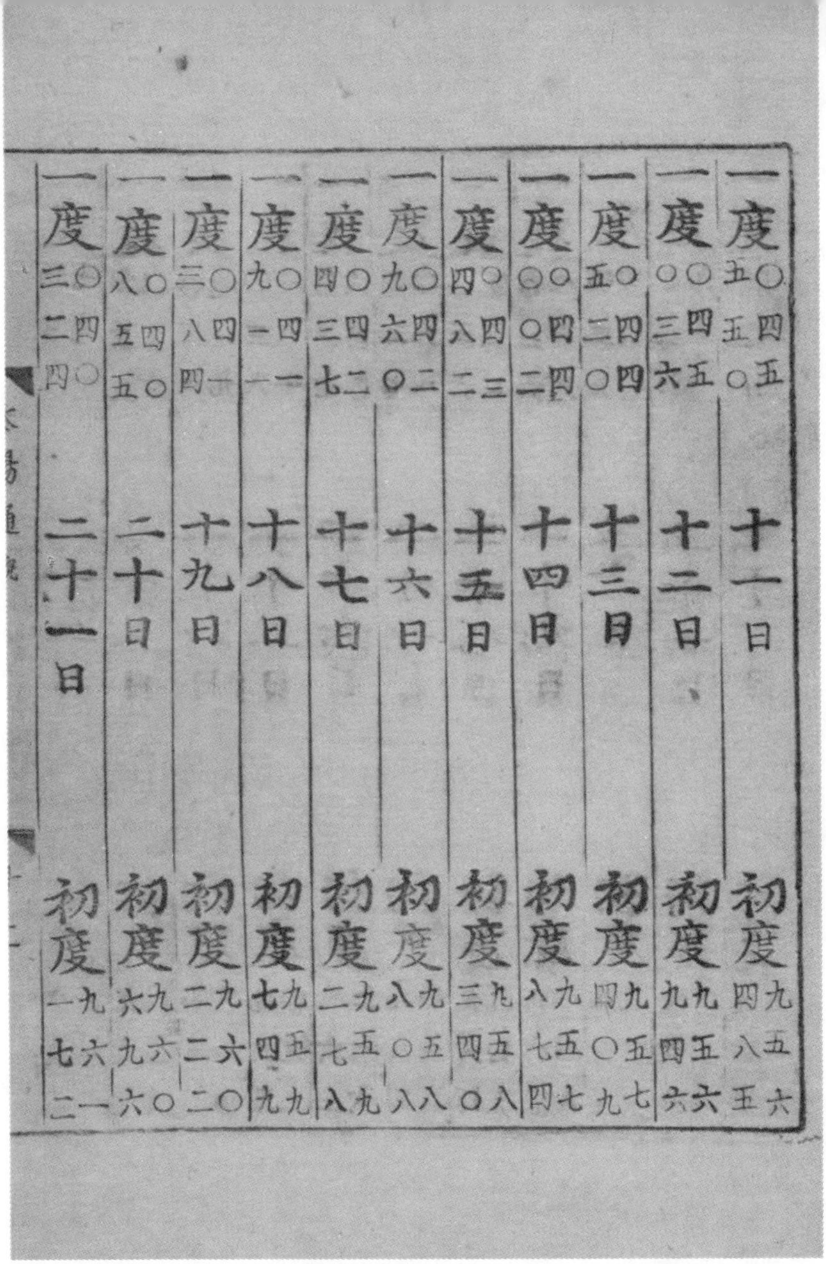
一度〇四五五五〇 十一日 初度九五六四八五
一度〇四五〇三六 十二日 初度九五六九四六
一度〇四四五二〇 十三日 初度九五七四〇九
一度〇四四〇〇二 十四日 初度九五七八七四
一度〇四三四八二 十五日 初度九五八三四〇
一度〇四二九六〇 十六日 初度九五八八〇八
一度〇四二四三七 十七日 初度九五九二七八
一度〇四一九一一 十八日 初度九五九七四九
一度〇四一三八四 十九日 初度九六〇二二二
一度〇四〇八五五 二十日 初度九六〇六九六
一度〇四〇三二四 二十一日 初度九六一一七二

一度〇四五五五〇	十一日	初度九五六四八五
一度〇四五〇三六	十二日	初度九五六九四六
一度〇四四五二〇	十三日	初度九五七四〇九
一度〇四四〇〇二	十四日	初度九五七八七四
一度〇四三四八二	十五日	初度九五八三四〇
一度〇四二九六〇	十六日	初度九五八八〇八
一度〇四二四三七	十七日	初度九五九二七八
一度〇四一九一一	十八日	初度九五九七四九
一度〇四一三八四	十九日	初度九六〇二二二
一度〇四〇八五五	二十日	初度九六〇六九六
一度〇四〇三二四	二十一日	初度九六一一七二

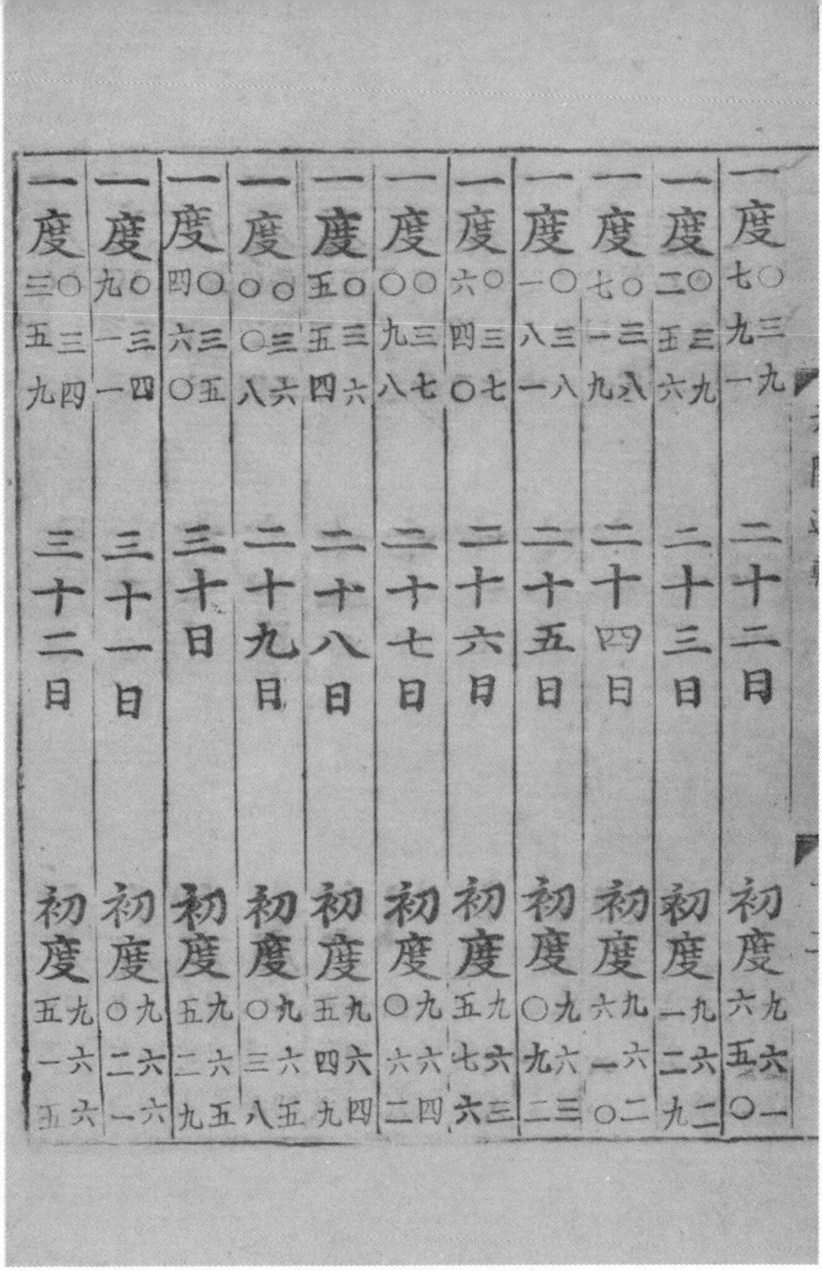

一度〇三九七九一	二十二日	初度九六一六五〇
一度〇三九二五六	二十三日	初度九六二一二九
一度〇三八七一九	二十四日	初度九六二六一〇
一度〇三八一八一	二十五日	初度九六三〇九二
一度〇三七六四〇	二十六日	初度九六三五六七
一度〇三七〇九八	二十七日	初度九六四〇六二
一度〇三六五五四	二十八日	初度九六四五四九
一度〇三六〇〇八	二十九日	初度九六五〇三八
一度〇三五四六〇	三十日	初度九六五五二九
一度〇三四九一一	三十一日	初度九六六〇二一
一度〇三四三五九	三十二日	初度九六六五一五

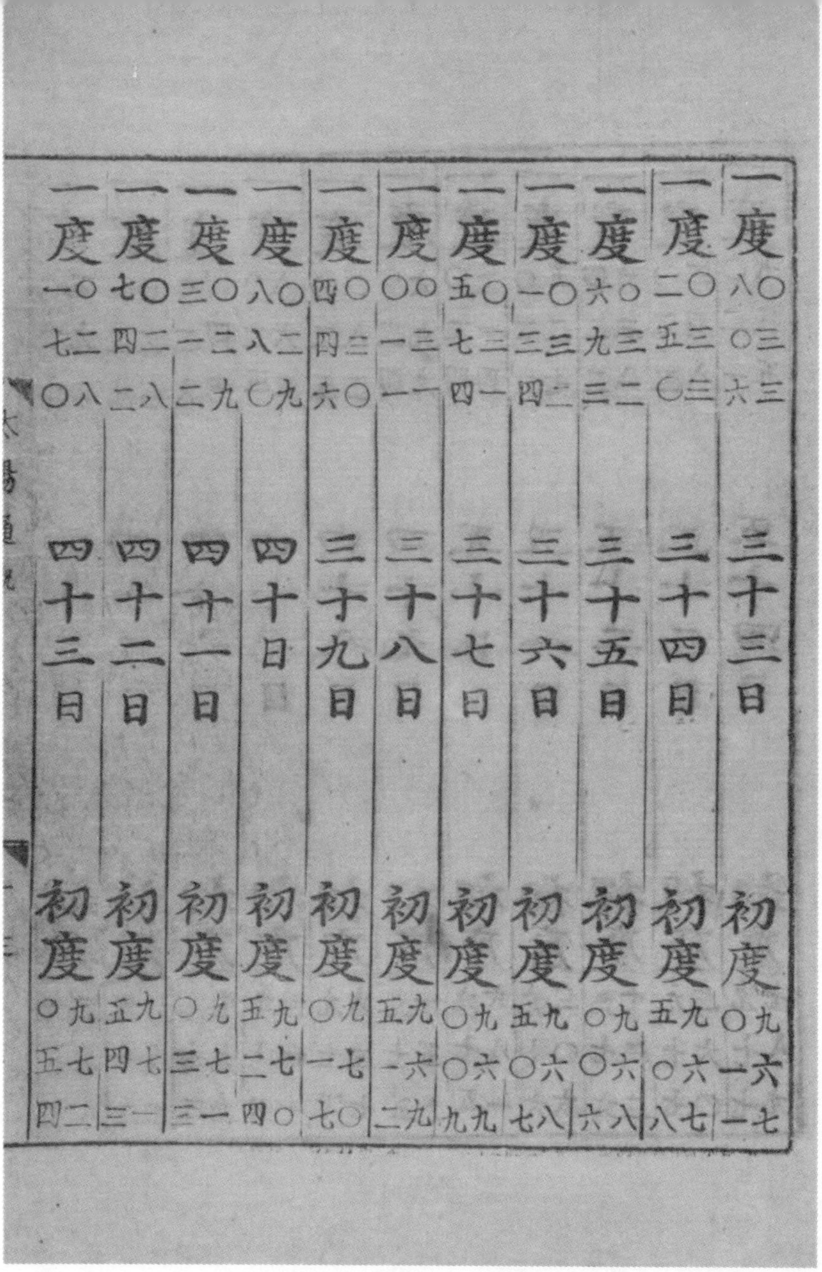

一度〇三三八〇六	三十三日	初度九六七〇一一
一度〇三三二五〇	三十四日	初度九六七五〇八
一度〇三二六九三	三十五日	初度九六八〇〇六
一度〇三二一三四	三十六日	初度九六八五〇七
一度〇三一五七四	三十七日	初度九六九〇〇九
一度〇三一〇一一	三十八日	初度九六九五一二
一度〇三〇四四六	三十九日	初度九七〇〇一七
一度〇二九八八〇	四十日	初度九七〇五二四
一度〇二九三一二	四十一日	初度九七一〇三三
一度〇二八七四二	四十二日	初度九七一五四三
一度〇二八一七〇	四十三日	初度九七二〇五四

一度〇二七五九六	四十四日	初度九七二五六八
一度〇二七〇二〇	四十五日	初度九七三〇八二
一度〇二六四四三	四十六日	初度九七三五九九
一度〇二五八六三	四十七日	初度九七四一一七
一度〇二五二八二	四十八日	初度九七四六三七
一度〇二四六九九	四十九日	初度九七五一五八
一度〇二四一一四	五十日	初度九七五六八一
一度〇二三五二七	五十一日	初度九七六二〇六
一度〇二二九三八	五十二日	初度九七六七三二
一度〇二二三四八	五十三日	初度九七七二六〇
一度〇二一七五五	五十四日	初度九七七七八九

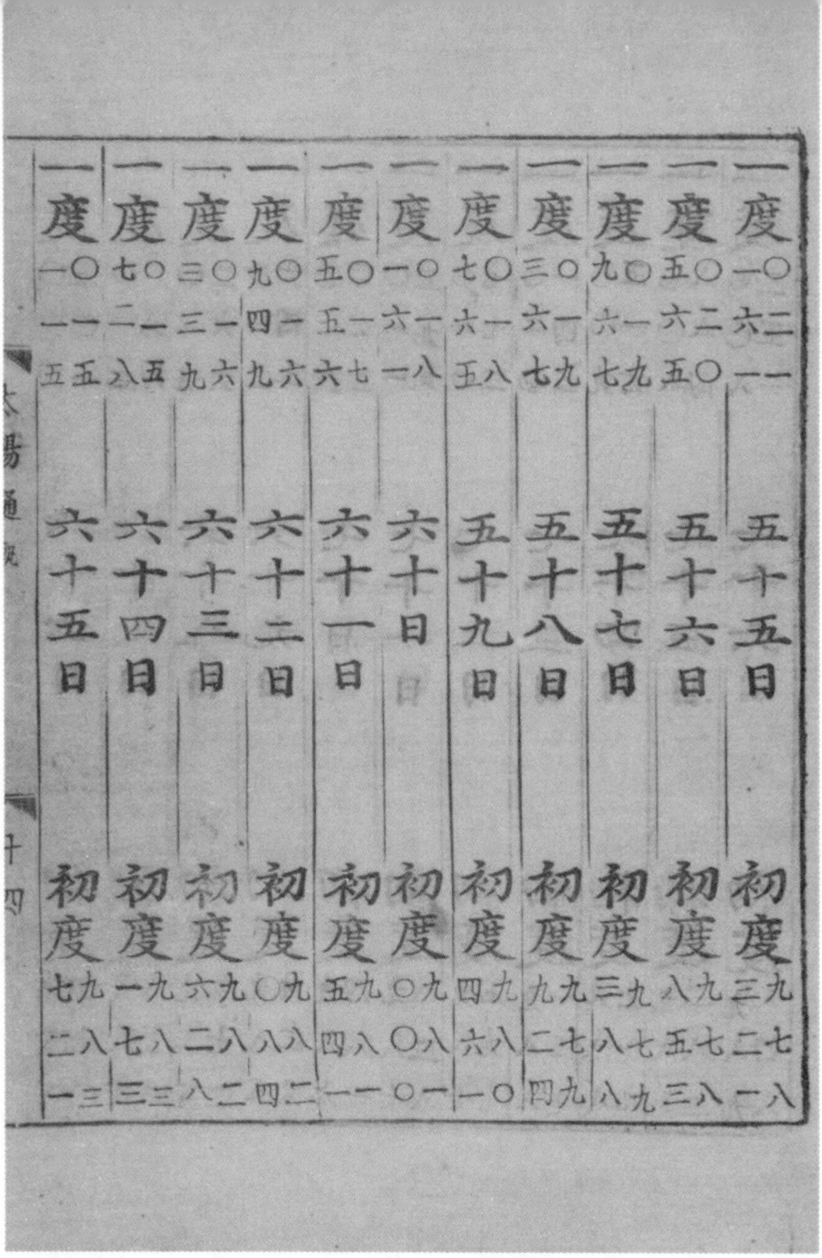

一度〇二一一六一	五十五日	初度九七八三二一
一度〇二〇五六五	五十六日	初度九七八八五三
一度〇一九九六七	五十七日	初度九七九三八八
一度〇一九三六七	五十八日	初度九七九九二四
一度〇一八七六五	五十九日	初度九八〇四六一
一度〇一八一六一	六十日	初度九八一〇〇〇
一度〇一七五五六	六十一日	初度九八一五四一
一度〇一六九四九	六十二日	初度九八二〇八四
一度〇一六三三九	六十三日	初度九八二六二八
一度〇一五七二八	六十四日	初度九八八一七三
一度〇一五一一五	六十五日	初度九八三七二一

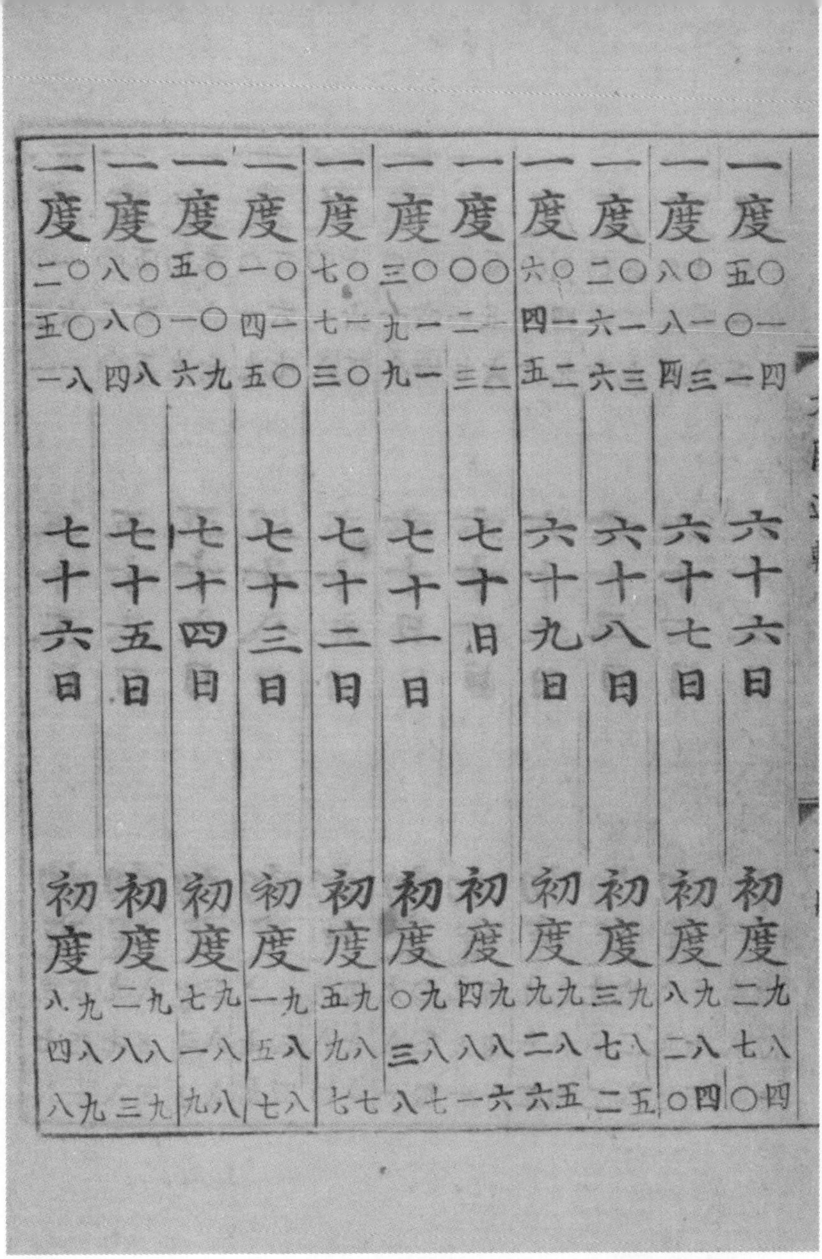

一度〇一四五〇一	六十六日	初度九八四二七〇
一度〇一三八八四	六十七日	初度九八四八二〇
一度〇一三二六六	六十八日	初度九八五三七二
一度〇一二六四五	六十九日	初度九八五九二六
一度〇一二〇二三	七十日	初度九八六四八一
一度〇一一三九九	七十一日	初度九八七〇三八
一度〇一〇七七三	七十二日	初度九八七五九七
一度〇一〇一四五	七十三日	初度九八八一五七
一度〇〇九五一六	七十四日	初度九八八七一九
一度〇〇八八八四	七十五日	初度九八九二八三
一度〇〇八二五一	七十六日	初度九八九八四八

一度〇〇七六一六	七十七日	初度九九〇四一五
一度〇〇六九七九	七十八日	初度九九〇九八三
一度〇〇六三四〇	七十九日	初度九九一五五三
一度〇〇五六九九	八十日	初度九九二一二五
一度〇〇五〇五六	八十一日	初度九九二六九八
一度〇〇四四一二	八十二日	初度九九三二七三
一度〇〇三七六五	八十三日	初度九九三八四九
一度〇〇三一一七	八十四日	初度九九四四二七
一度〇〇二四六七	八十五日	初度九九五〇〇七
一度〇〇一八一五	八十六日	初度九九五五八八
八十八日加一度〇〇一一六一	八十七日	初度九九六一七一

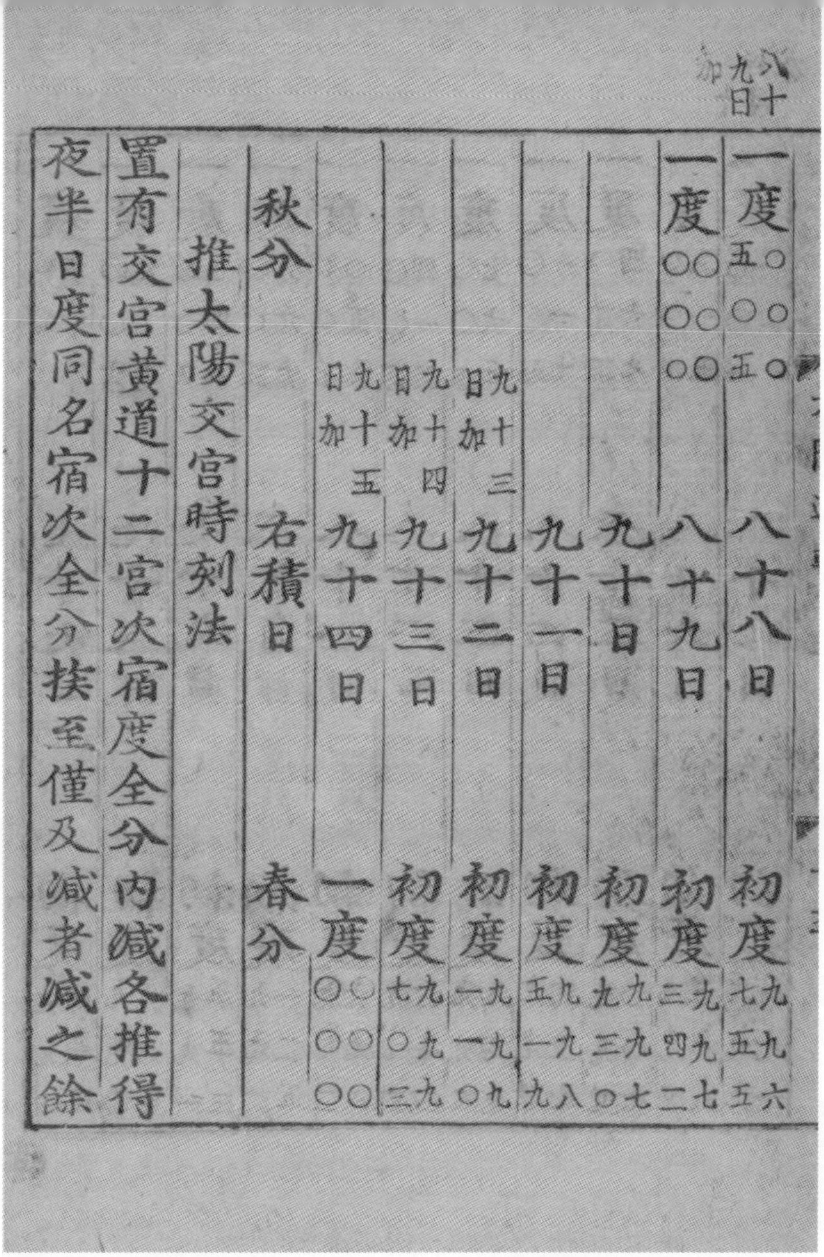

八十九日加一度〇〇〇五〇五	八十八日	初度九九六七五五
一度〇〇〇〇〇〇	八十九日	初度九九七三四二
	九十日	初度九九七九三〇
	九十一日	初度九九八五一九
	九十三日加 九十二日	初度九九九一一〇
	九十四日加 九十三日	初度九九九七〇三
	九十五日加 九十四日	一度〇〇〇〇〇〇
秋分	**右積日**	**春分**

推太陽交宮時刻法

置有交宮黄道十二宮次宿度全分，内減各推得夜半日度同名宿次全分，挨至僅及減者減之。餘

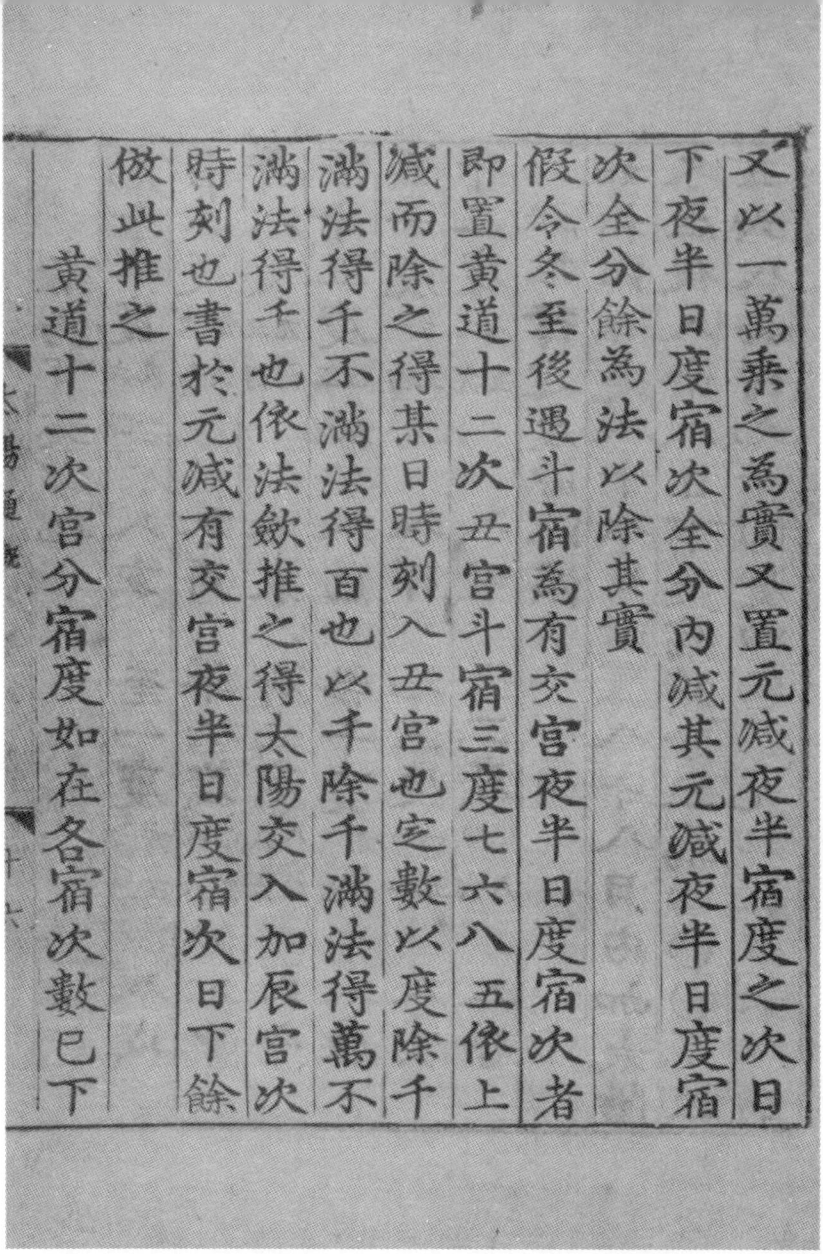
又以一萬乘之為實又置元減夜半宿度之次日下夜半日度宿次全分內減其元減夜半日度宿次全分餘為法以除其實
假令冬至後遇斗宿為有交宮夜半日度宿次者即置黃道十二次丑宮斗宿三度七六八五依上減而除之得其日時刻入丑宮也定數以度除千滿法得千不滿法得百也以千除千滿法得萬不滿法得千也依法歛推之得太陽交入加辰宮次時刻也書於元減有交宮夜半日度宿次日下餘倣此推之
黃道十二次宮分宿度如在各宿次數已下
太陽通軌 十六

又以一萬乘之為實，又置元減夜半宿度之次日下夜半日度宿次全分，內減其元減夜半日度宿次全分，餘為法，以除其實。[1]

假令冬至後遇斗宿為有交宮夜半日度宿次者，即置黃道十二次丑宮斗宿三度七六八五，依上減而除之，得某日時刻入丑宮也。定數以度除千，滿法得千，不滿法得百也，以千除千，滿法得萬，不滿法得千也。依法歛推之，得太陽交入加辰宮次時刻也，書於元減有交宮夜半日度宿次日下。餘倣此推之。

黃道十二次宮分宿度，如在各宿次數已下

1 根据每日子正夜半黃道日度和黃道十二次宿度判断何日為入次日。

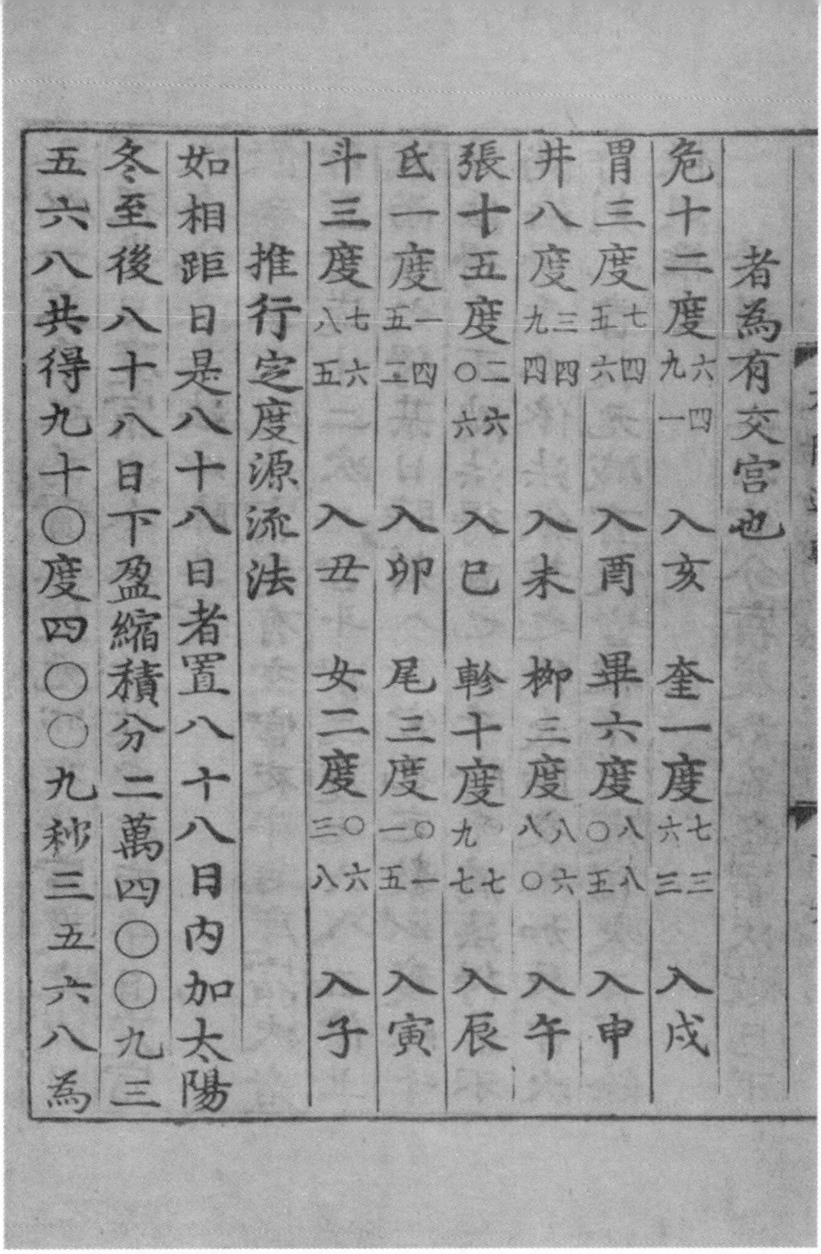

者，為有交宮也。

危，十二度六四九一	入亥	奎，一度七三六三	入戌
胃，三度七四五六	入酉	畢，六度八八〇五	入申
井，八度三四九四	入未	柳，三度八六八〇	入午
張，十五度二六〇六	入巳	軫，十度〇七九七	入辰
氐，一度一四五二	入卯	尾，三度〇一一五	入寅
斗，三度七六八五	入丑	女，二度〇六三八	入子

推行定度源流法

如相距日是八十八日者，置八十八日，内加太陽冬至後八十八日下盈縮積分二萬四〇〇九三五六八，共得九十〇度四〇〇九秒三五六八，為

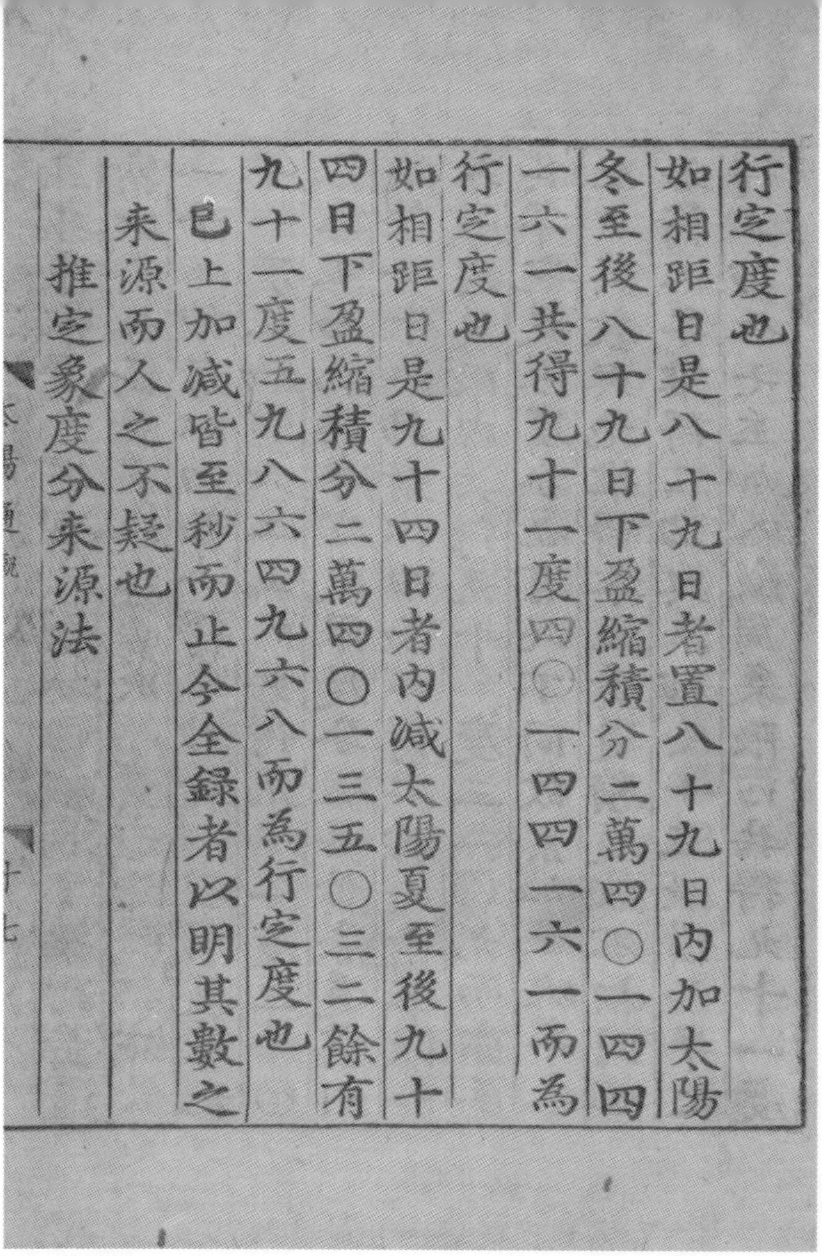
行定度也
如相距日是八十九日者置八十九日内加太陽
冬至後八十九日下盈縮積分二萬四〇一四四
一六一共得九十一度四〇一四四一六一而為
行定度也
如相距日是九十四日者内減太陽夏至後九十
四日下盈縮積分二萬四〇一三五〇三二餘有
九十一度五九八六四九六八而為行定度也
已上加減皆至秒而止今全録者以明其數之
来源而人之不疑也
推定象度分来源法
太陽通軌 十七

行定度也。

如相距日是八十九日者，置八十九日，内加太陽冬至後八十九日下盈縮積分二萬四〇一四四一六一，共得九十一度四〇一四四一六一，而為行定度也。

如相距日是九十四日者，内減太陽夏至後九十四日下盈縮積分二萬四〇一三五〇三二，餘有九十一度五九八六四九六八，而為行定度也。

已上加減皆至秒而止，今全録者，以明其數之來源，而人之不疑也。

推定象度分來源法

置各年推得赤道宿次全分內減本年推得黃道
宿次全分為黃赤道差與次年黃赤道差相減餘
一十二秒者以四而一得三秒加入歲周象限九
十一度三一〇六二五內共得九十一度三一〇
九二五而為其年定象限度分也若黃赤道差相
減餘一十一秒者以四而一得二秒七十五微加
入歲周象限內共得九十一度三一〇九而亦為
其年定象限度分也有此不同故累加至次年冬
至日其數與元推得冬至黃道積度故不相同也
若將二年推得三秒與二秒七十五微併而半之
得二秒八七五加入歲周象限內共得九十一度

置各年推得赤道宿次全分，內減本年推得黃道宿次全分，為黃赤道差。與次年黃赤道差相減，餘一十二秒者，以四而一，得三秒，加入歲周象限九十一度三一〇六二五內，共得九十一度三一〇九二五，而為其年定象限度分也。若黃赤道差相減餘一十一秒者，以四而一，得二秒七十五微，加入歲周象限內，共得九十一度三一〇九，而亦為其年定象限度分也。有此不同，故累加至次年冬至日，其數與元推得冬至黃道積度故不相同也。若將二年推得三秒與二秒七十五微併而半之，得二秒八七五，加入歲周象限內，共得九十一度

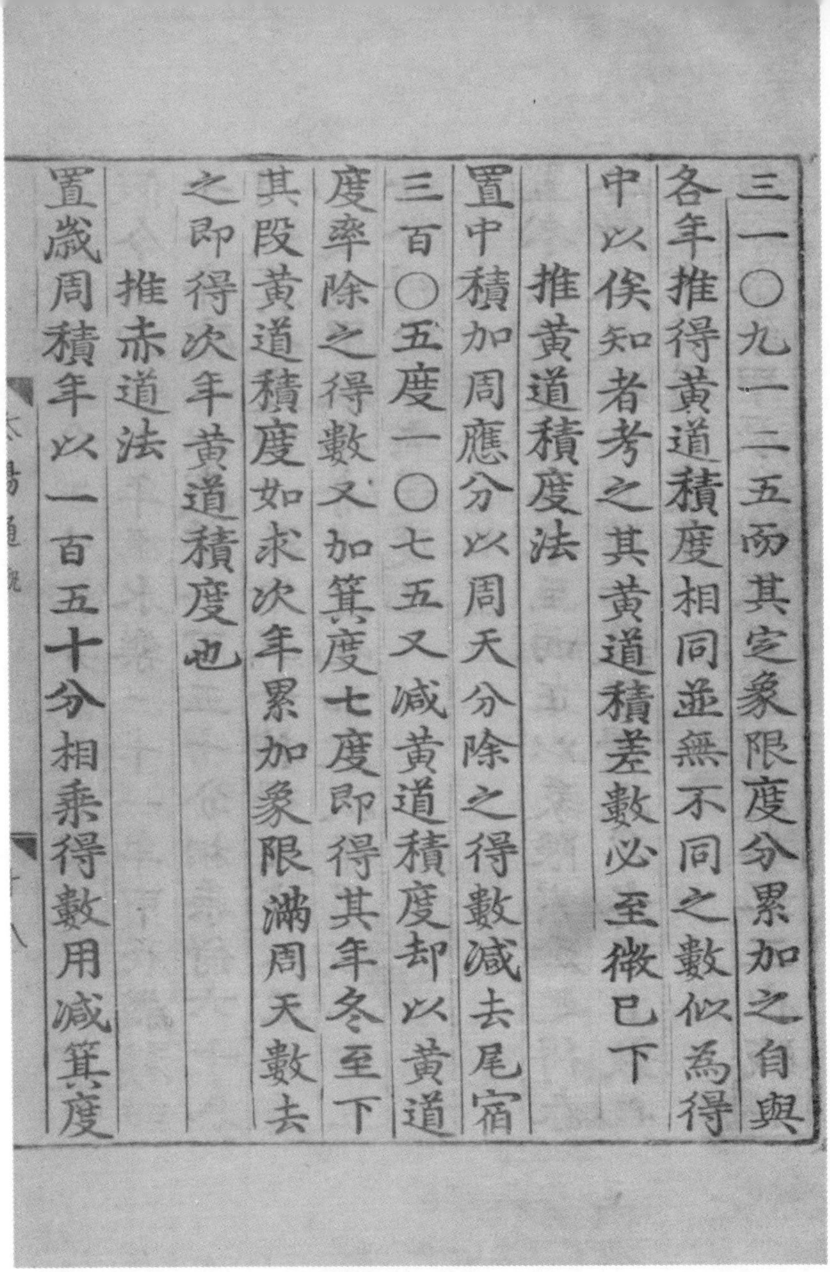

三一〇九一二五而其定象限度分累加之自與
各年推得黃道積度相同並無不同之數似為得
中以俟知者考之其黃道積差數必至微已下
推黃道積度法
置中積加周應分以周天分除之得數減去尾宿
三百〇五度一〇七五又減黃道積度却以黃道
度率除之得數又加箕度七度即得其年冬至下
其段黃道積度如求次年累加象限滿周天數去
之即得次年黃道積度也
推赤道法
置歲周積年以一百五十分相乘得數用減箕度

三一〇九一二五，而其定象限度分累加之，自與各年推得黃道積度相同，並無不同之數，似為得中。以俟知者考之，其黃道積差數必至微已下。

推黃道積度法

置中積加周應分，以周天分除之，得數減去尾宿三百〇五度一〇七五，又減黃道積度，却以黃道度率除之，得數又加箕度七度，即得其年冬至下其段黃道積度。如求次年，累加象限，滿周天數去之，即得次年黃道積度也。

推赤道法

置歲周積年，以一百五十分相乘，得數用減箕度

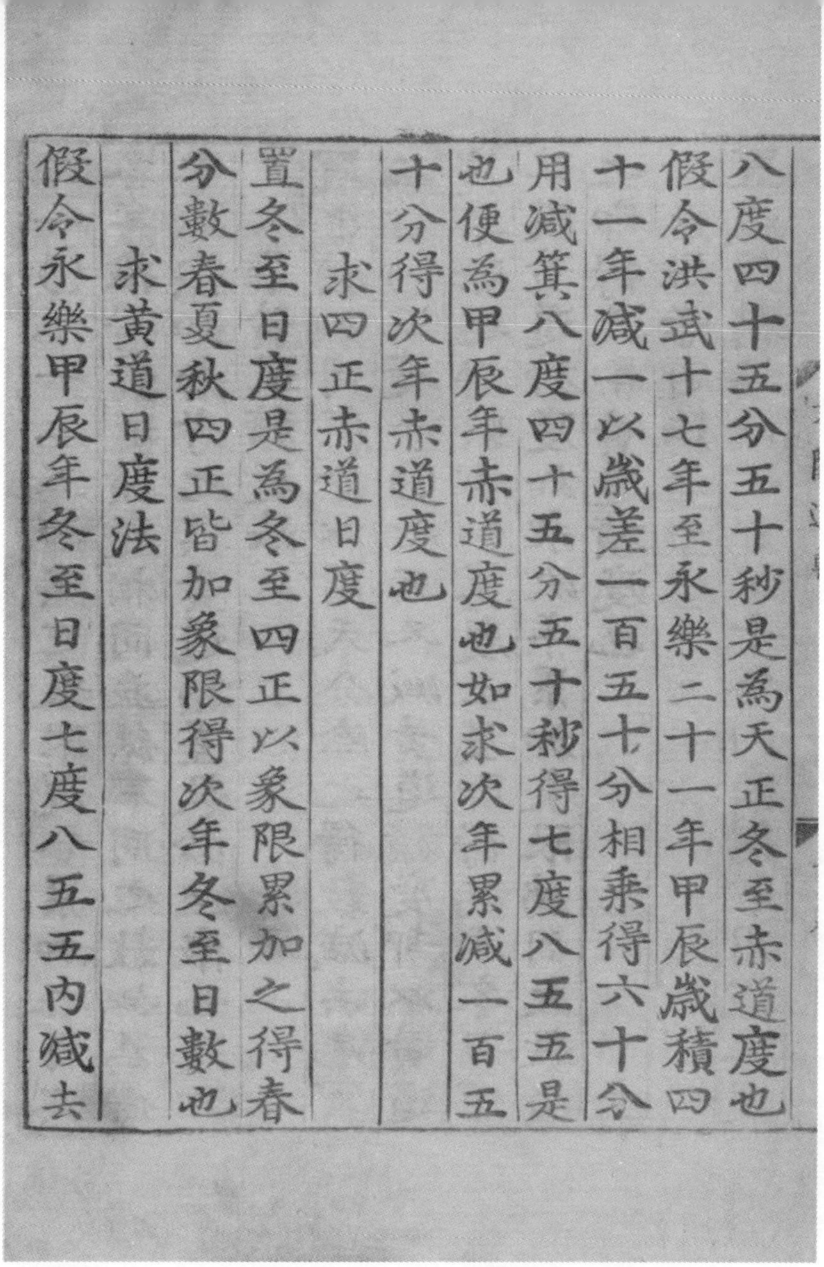
八度四十五分五十秒是為天正冬至赤道度也
假令洪武十七年至永樂二十一年甲辰歲積四
十一年減一以歲差一百五十分相乘得六十分
用減箕八度四十五分五十秒得七度八五五是
也便為甲辰年赤道度也如求次年累減一百五
十分得次年赤道度也
求四正赤道日度
置冬至日度是為冬至四正以象限累加之得春
分數春夏秋四正皆加象限得次年冬至日數也
求黃道日度法
假令永樂甲辰年冬至日度七度八五五內減去

八度四十五分五十秒，是為天正冬至赤道度也。

假令洪武十七年至永樂二十一年甲辰歲，積四十一年，減一，以歲差一百五十分相乘，得六十分，用減箕八度四十五分五十秒，得七度八五五是也，便為甲辰年赤道度也。如求次年，累減一百五十分，得次年赤道度也。

求四正赤道日度

置冬至日度，是為冬至四正，以象限累加之，得春分數，春夏秋四正皆加象限，得次年冬至日數也。

求黃道日度法

假令永樂甲辰年冬至日度七度八五五，內減去

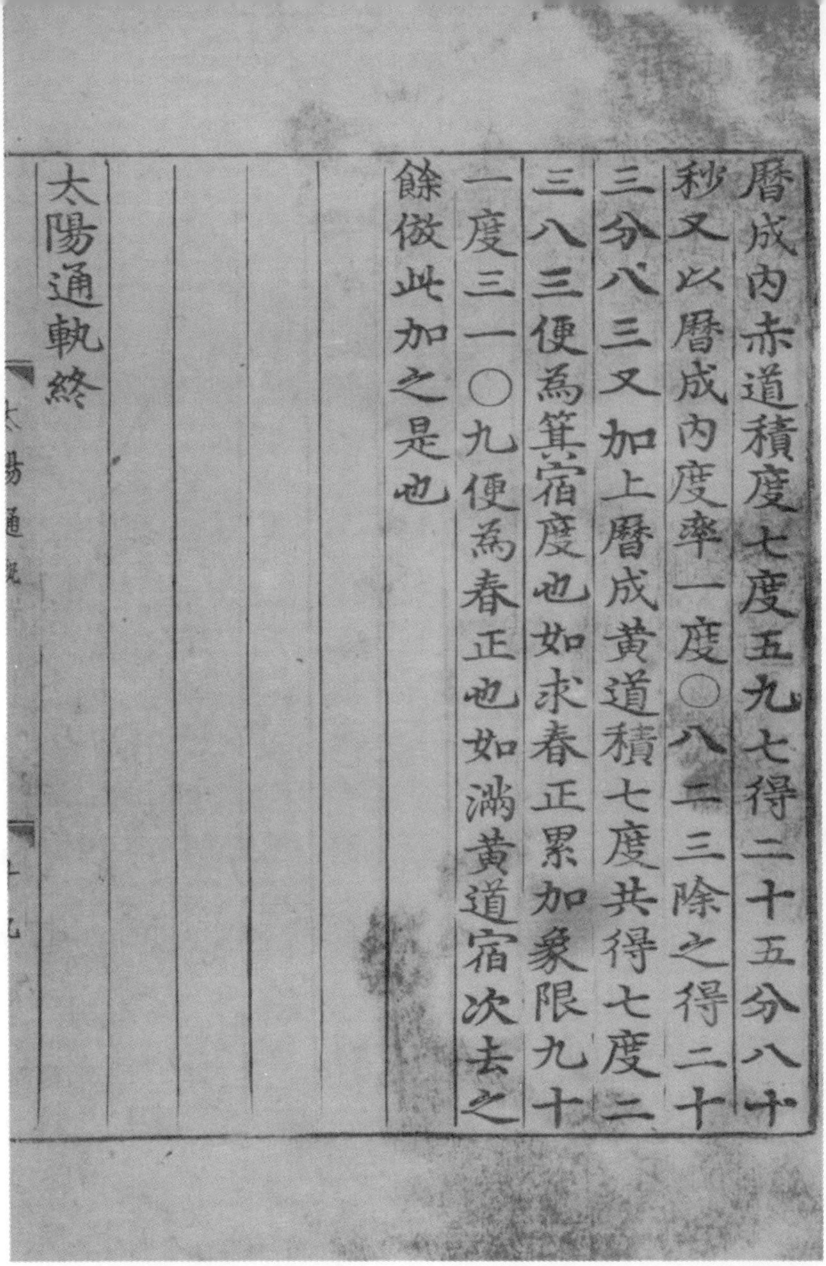
曆成內赤道積度七度五九七得二十五分八十
秒又以曆成內度率一度〇八二三除之得二十
三分八三又加上曆成黃道積七度共得七度二
三八三便爲箕宿度也如求春正累加象限九十
一度三一〇九便爲春正也如滿黃道宿次去之
餘倣此加之是也

太陽通軌終

曆成内赤道積度七度五九七，得二十五分八十秒，又以曆成内度率一度〇八二三除之，得二十三分八三，又加上曆成黃道積七度，共得七度二三八三，便為箕宿度也。如求春正，累加象限九十一度三一〇九，便為春正也。如滿黃道宿次，去之，餘倣此加之是也。

《太陽通軌》終

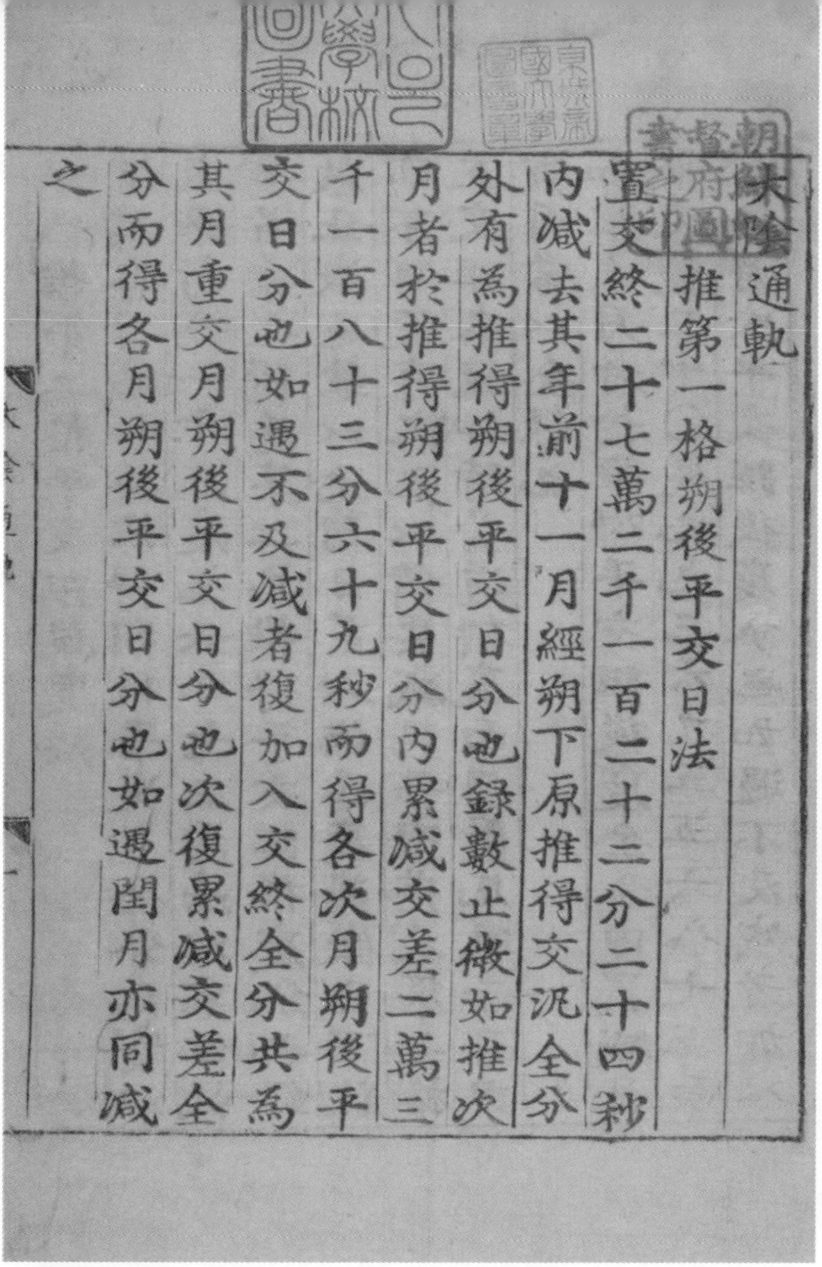
太陰通軌
推第一格朔後平交日法
置交終二十七萬二千一百二十二分二十四秒内減去其年前十一月經朔下原推得交汎全分外有為推得朔後平交日分也録數止微如推次月者於推得朔後平交日分内累減交差二萬三千一百八十三分六十九秒而得各次月朔後平交日分也如遇不及減者復加入交終全分共為其月重交月朔後平交日分也次復累減交差全分而得各月朔後平交日分也如遇閏月亦同減之

《太陰通軌》[1]

推第一格朔後平交日法

置交終二十七萬二千一百二十二分二十四秒，内減去其年前十一月經朔下原推得交汎全分，外有為推得朔後平交日分也，録數止微。

如推次月者，扵推得朔後平交日分内累減交差二萬三千一百八十三分六十九秒，而得各次月朔後平交日分也。如遇不及減者，復加入交終全分，共為其月重交月朔後平交日分也。次復累減交差全分，而得各月朔後平交日分也，如遇閏月亦同減之。[2]

1 此本《太陰通軌》正文分為六大部分，分別包括十格、六格、五格、十五格、第五格和六格。對應内容分別為“步太陰第一首面”、“步太陰第二首面”、“步太陰月道”、“步太陰九道”、“步太陰宮界”、“步太陰細行”，但這些標題皆缺失。此外，部分計算程式亦缺失。

2 朔後平交日 = 交终 − 天正經朔交汎。

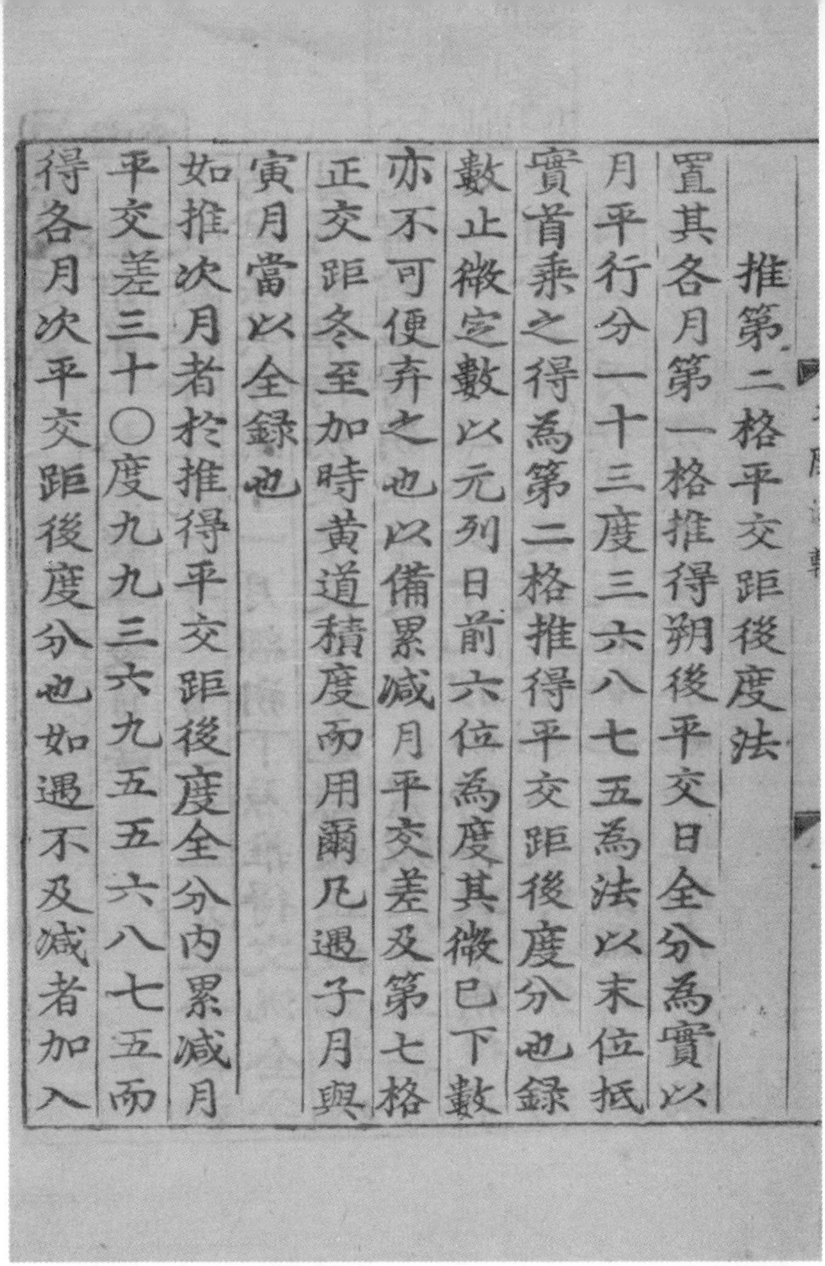
推第二格平交距後度法
置其各月第一格推得朔後平交日全分為實以
月平行分一十三度三六八七五為法以末位抵
實首乘之得為第二格推得平交距後度分也録
數止微定數以元列日前六位為度其微已下數
亦不可便弃之也以備累減月平交差及第七格
正交距冬至加時黄道積度而用爾凡遇子月與
寅月當以全録也
如推次月者於推得平交距後度全分内累減月
平交差三十〇度九九三六九五五六八七五而
得各月次平交距後度分也如遇不及減者加入

推第二格平交距後度法

置其各月第一格推得朔後平交日全分為實，以月平行分一十三度三六八七五為法，以末位抵實首乘之，得為第二格推得平交距後度分也，録數止微。定數以元列日前六位為度，其微已下數亦不可便弃之也，以備累減月平交差及第七格正交距冬至加時黄道積度而用爾。凡遇子月與寅月，當以全録也。[1]

如推次月者，於推得平交距後度全分内累減月平交差三十〇度九九三六九五五六八七五，而得各月次平交距後度分也。如遇不及減者，加入

1 平交距後度 = 朔後平交日 × 平行分 13.36875。

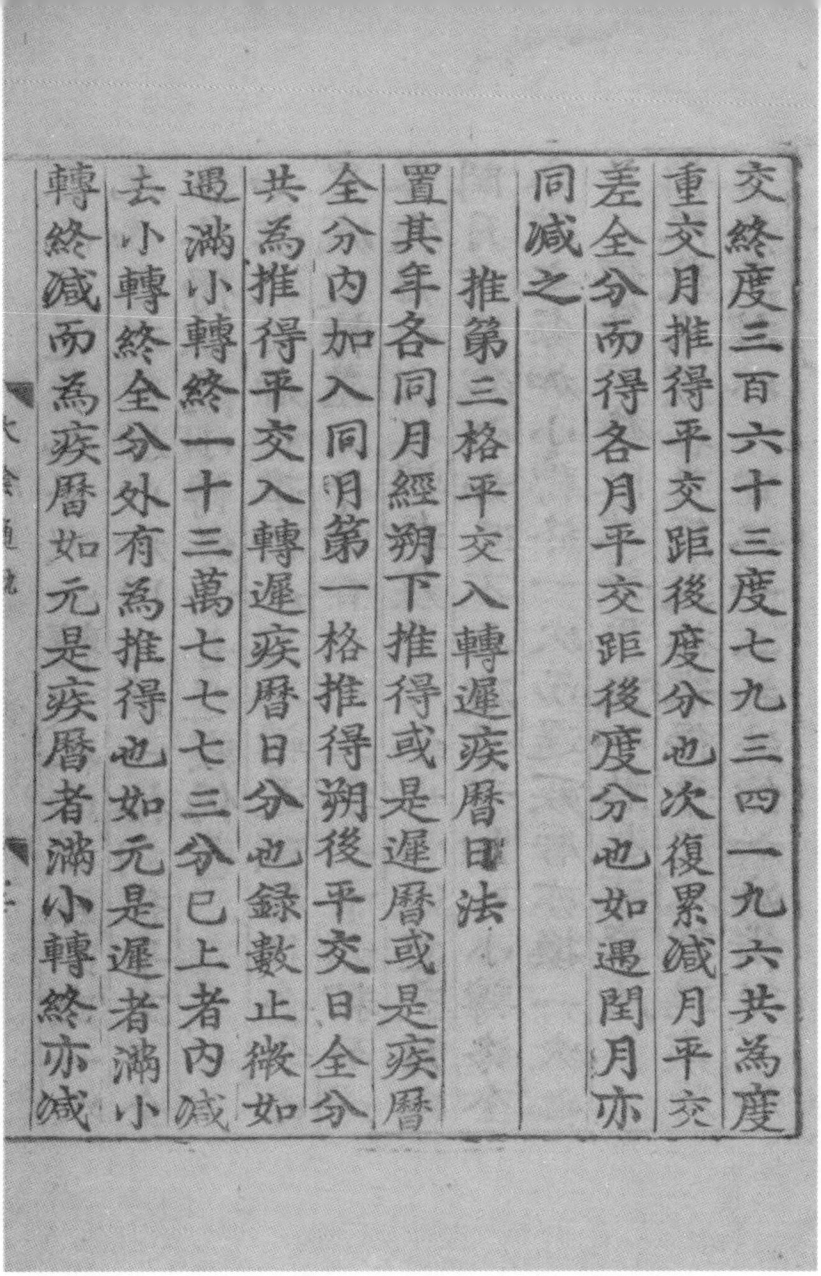
交終度三百六十三度七九三四一九六共為度
重交月推得平交距後度分也次復累減月平交
差全分而得各月平交距後度分也如遇閏月亦
同減之
推第三格平交入轉遲疾曆日法
置其年各同月經朔下推得或是遲曆或是疾曆
全分內加入同月第一格推得朔後平交日全分
共為推得平交入轉遲疾曆日分也録數止微如
遇滿小轉終一十三萬七七七三分已上者內減
去小轉終全分外有為推得也如元是遲者滿小
轉終減而為疾曆如元是疾曆者滿小轉終亦減

交終度三百六十三度七九三四一九六，共為度重交月推得平交距後度分也。次復累減月平交差全分，而得各月平交距後度分也。如遇閏月亦同減之。[1]

推第三格平交入轉遲疾曆日法

置其年各同月經朔下推得或是遲曆或是疾曆全分，內加入同月第一個推得朔後平交日全分，共為推得平交入轉遲疾曆日分也，録數止微。如遇滿小轉終一十三萬七七七三分已上者，內減去小轉終全分，外有為推得也。如元是遲者，滿小轉終減而為疾曆。如元是疾曆者，滿小轉終亦減

1 各次月平交距後度 = 平交距後度 - 累減月平交差（即 30.99369556875）。

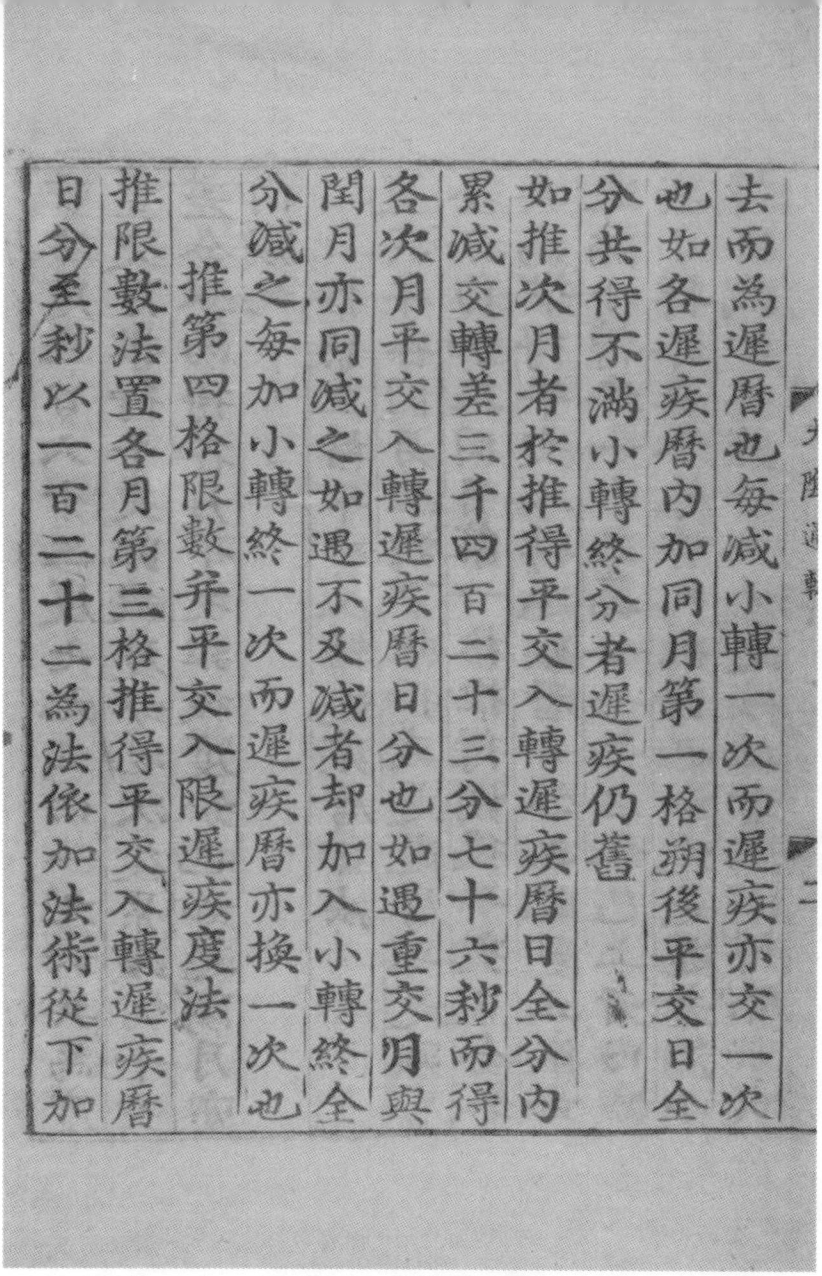
去而為遲曆也每減小轉一次而遲疾亦交一次
也如各遲疾曆内加同月第一格朔後平交日全
分共得不滿小轉終分者遲疾仍舊
如推次月者於推得平交入轉遲疾曆日全分内
累減交轉差三千四百二十三分七十六秒而得
各次月平交入轉遲疾曆日分也如遇重交月與
閏月亦同減之如遇不及減者却加入小轉終全
分減之每加小轉終一次而遲疾曆亦換一次也
推第四格限數并平交入限遲疾度法
推限數法置各月第三格推得平交入轉遲疾曆
日分至秒以一百二十二為法依加法術從下加

去而為遲曆也。每減小轉一次，而遲疾亦交一次也。如各遲疾曆内加同月第一格朔後平交日全分，共得不滿小轉終分者，遲疾仍舊。[1]

如推次月者，於推得平交入轉遲疾曆日全分内累減交轉差三千四百二十三分七十六秒，而得各次月平交入轉遲疾曆日分也。如遇重交月與閏月亦同減之。如遇不及減者，却加入小轉終全分減之，每加小轉終一次而遲疾曆亦換一次也。[2]

推第四格限數並平交入限遲疾度法

推限數法，置各月第三格推得平交入轉遲疾曆日分至秒，以一百二十二為法，依加法術，從下加

1 平交入轉遲疾曆 = 經朔遲疾曆 + 同月朔後平交日。

2 各次月平交入轉遲疾曆 = 平交入轉遲疾曆 − 累減交轉差（即 3423.76）。

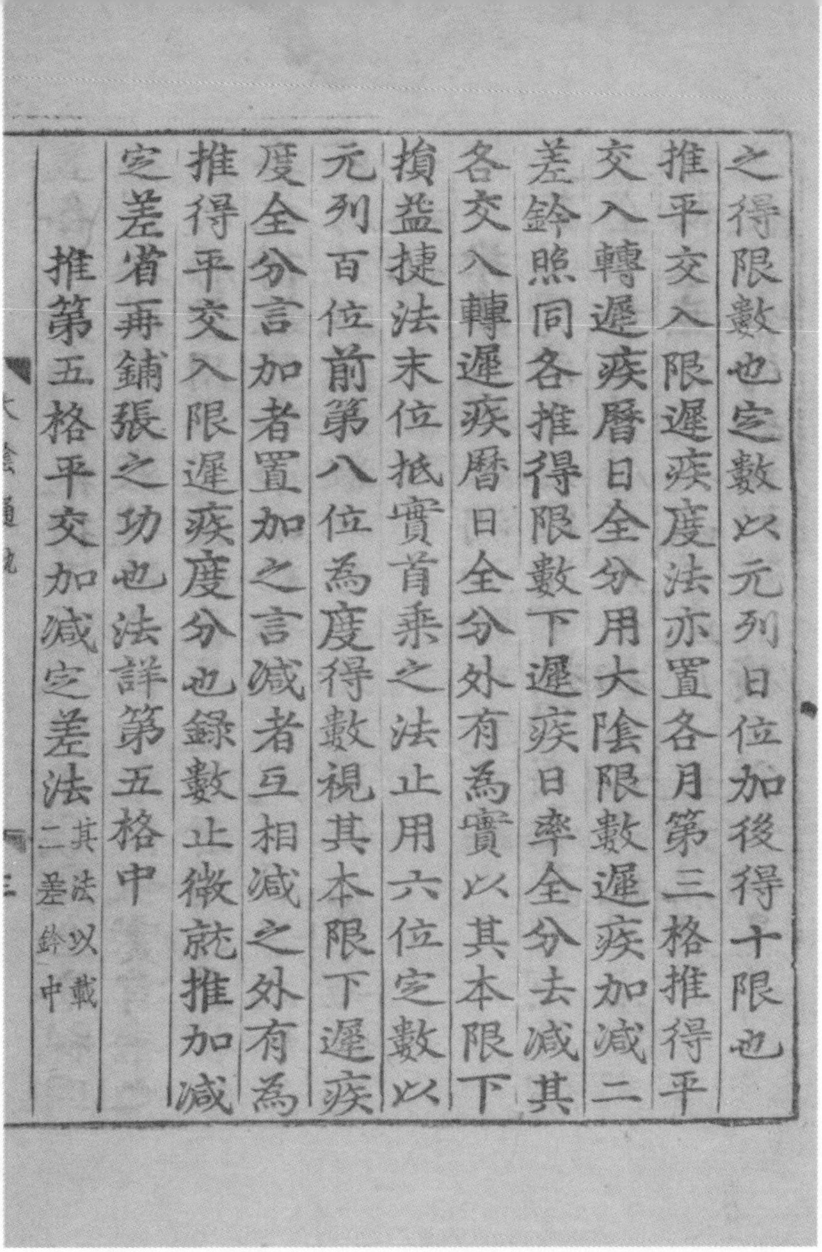
之得限數也定數以元列日位加後得十限也
推平交入限遲疾度法亦置各月第三格推得平
交入轉遲疾曆日全分用大陰限數遲疾加減二
差鈐照同各推得限數下遲疾日率全分去減其
各交入轉遲疾曆日全分外有為實以其本限下
損益捷法末位抵實首乘之法止用六位定數以
元列百位前第八位為度得數視其本限下遲疾
度全分言加者置加之言減者互相減之外有為
推得平交入限遲疾度分也録數止微就推加減
定差省再鋪張之功也法詳第五格中
推第五格平交加減定差法其法以載二差鈐中

之，得限數也。定數以元列日位加後，得十限也。[1]

推平交入限遲疾度法，亦置各月第三格推得平交入轉遲疾曆日全分，用大陰[2]限數遲疾加減二差鈐，照同各推得限數下遲疾日率全分，去減其各交入轉遲疾曆日全分，外有為實。以其本限下損益捷法，末位抵實首乘之，法止用六位定數，以元列百位前第八位為度，得數視其本限下遲疾度全分，言加者置加之，言減者互相減之，外有為推得平交入限遲疾度分也。録數止微。就推加減定差，省再鋪張之功也，法詳第五格中。[3]

推第五格平交加減定差法其法以載二差鈐中

1 限數 = 入轉遲疾曆日/122。
2“大陰”當作“太陰”。
3 查立成表求得平交限遲疾度。

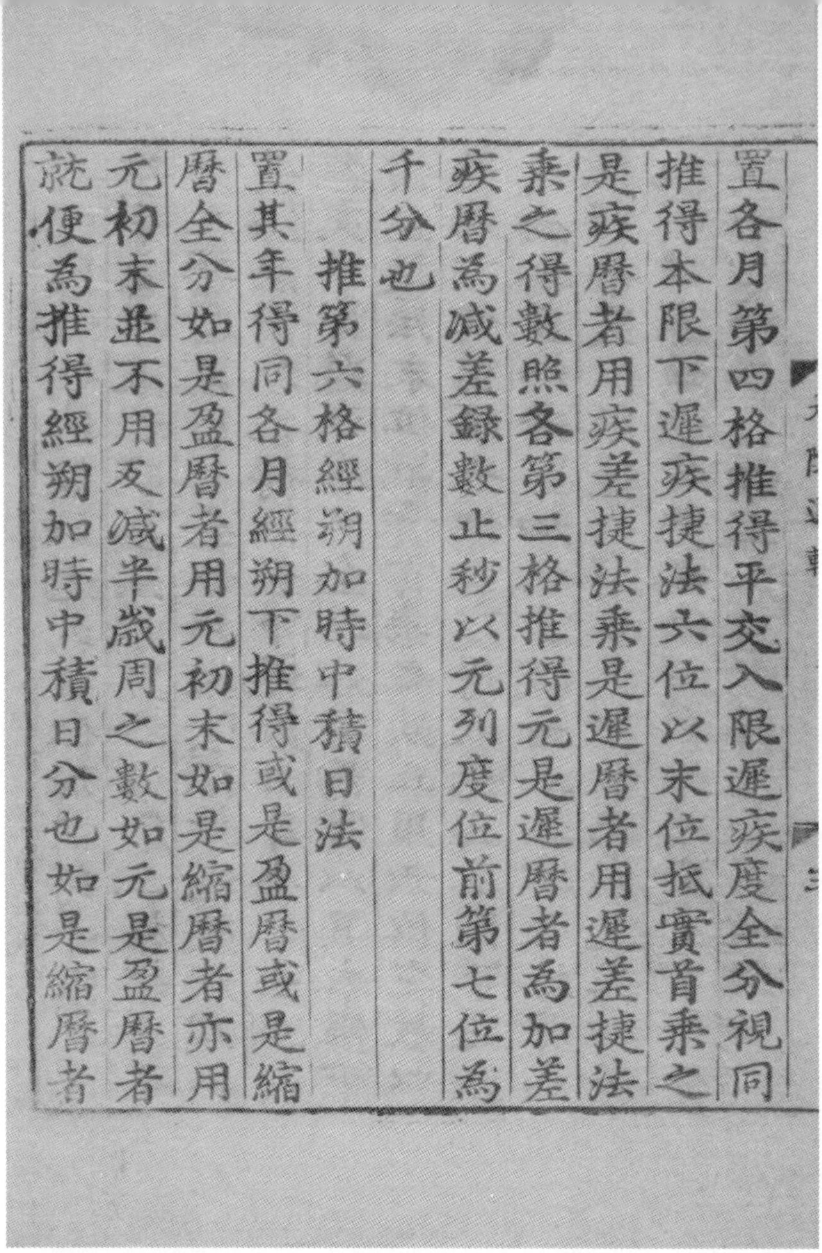
置各月第四格推得平交入限遲疾度全分視同
推得本限下遲疾捷法六位以末位抵實首乘之
是疾曆者用疾差捷法乘是遲曆者用遲差捷法
乘之得數照各第三格推得元是遲曆者為加差
疾曆為減差録數止秒以元列度位前第七位為
千分也
推第六格經朔加時中積日法
置其年得同各月經朔下推得或是盈曆或是縮
曆全分如是盈曆者用元初末如是縮曆者亦用
元初末並不用反減半歲周之數如元是盈曆者
就便為推得經朔加時中積日分也如是縮曆者

置各月第四格推得平交入限遲疾度全分，視同推得本限下遲疾捷法六位，以末位抵實首乘之，是疾曆者用疾差捷法乘，是遲曆者用遲差捷法乘之，得數照各第三格推得元是遲曆者為加差，疾曆為減差。録數止秒，以元列度位前第七位為千分也。[1]

推第六格經朔加時積日法

置其年得同各月經朔下推得或是盈曆或是縮曆全分，如是盈曆者用元初末，如是縮曆者亦用元初末，並不用反減半歲周之數。如元是盈曆者，就便為推得經朔加時中積日分也，如是縮曆者，

1 根据平交入限遲疾度查立成表求得平交加減定差。

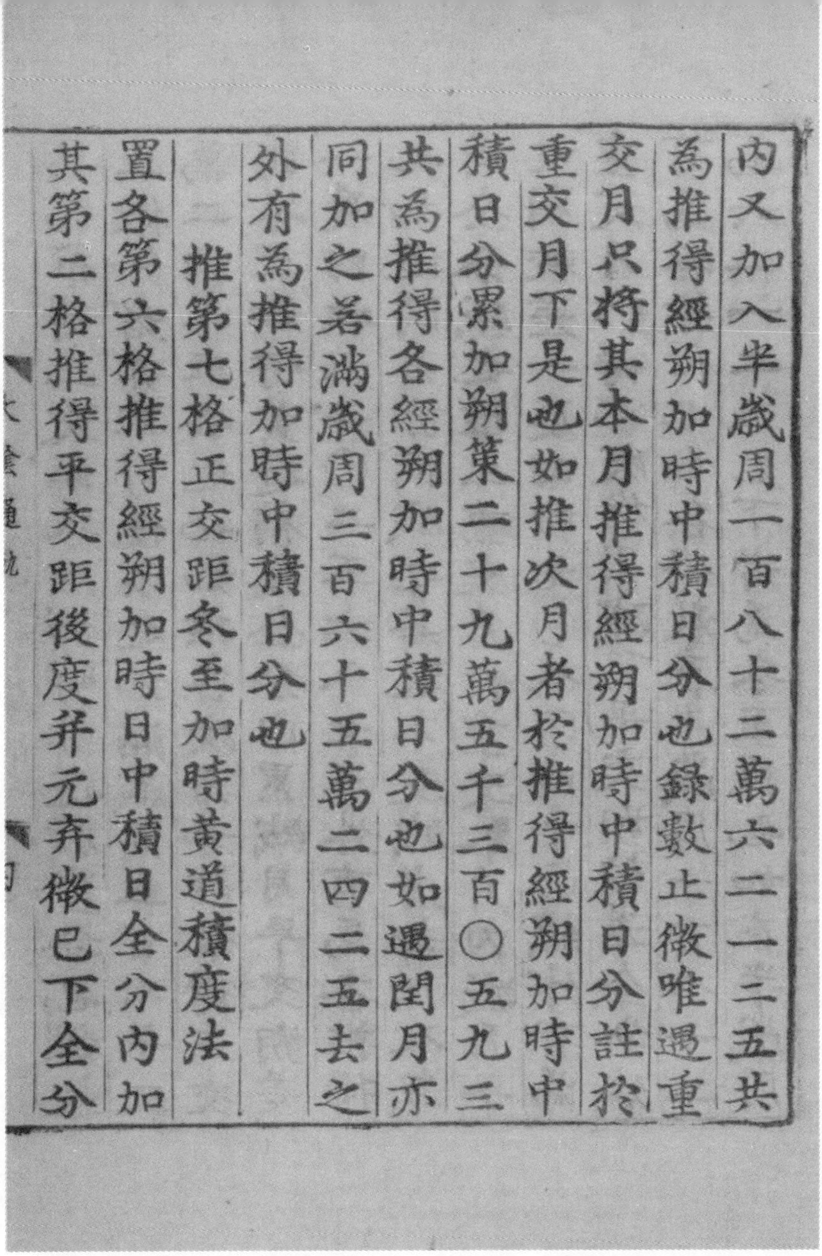

內又加入半歲周一百八十二萬六二一二五共
為推得經朔加時中積日分也錄數止微唯遇重
交月只將其本月推得經朔加時中積日分註於
重交月下是也如推次月者於推得經朔加時中
積日分累加朔策二十九萬五千三百〇五九三
共為推得各經朔加時中積日分也如遇閏月亦
同加之若滿歲周三百六十五萬二四二五去之
外有為推得加時中積日分也
推第七格正交距冬至加時黃道積度法
置各第六格推得經朔加時日中積日全分內加
其第二格推得平交距後度并元弃微已下全分

內又加入半歲周一百八十二萬六二一二五，共為推得經朔加時中積日分也，録數止微。唯遇重交月，只將其本月推得經朔加時中積日分註於重交月下是也。

如推次月者，於推得經朔加時中積日分累加朔策二十九萬五千三百〇五九三，共為推得各經朔加時中積日分也。如遇閏月亦同，加之，若滿歲周三百六十五萬二四二五去之，外有為推得加時中積日分也。[1]

推第七格正交距冬至加時黃道積度法

置各第六格推得經朔加時日中積日全分，內加其第二格推得平交距後度并元弃微已下全分，

1 由經朔下盈縮曆求得經朔加時中積。

共為推得正交距冬至加時黃道積度分也録數
止微餘者亦不可便去之如滿歲周三百六十五
萬二四二五去之也如推各次月者於推得正交
距冬至加時黃道積度全分內累減月平交朔差
一度四六三一〇二五六八七五外有為各推得
也如遇閏月亦同減之若遇不及減者却加入歲
周全分減之唯至重交月於重交本月內減月平
交朔較差一度四四九〇八〇四十〇纖外有為
重交月推得也次復累減月平交朔較差全分外
有為各推得也如各得數在半歲周一百八十二
萬六二一二五已下者為冬至後也如在半歲周

共為推得正交距冬至加時黃道積度分也，録數止微。餘者亦不可便去之，如滿歲周三百六十五萬二四二五去之也。

如推各次月者，於推得正交距冬至加時黃道積度全分，內累減月平交朔差一度四六三一〇二五六八七五，外有為各推得也。如遇閏月亦同減之，若遇不及減者，却加入歲周全分減之。唯至重交月，於重交本月內減月平交朔較差一度四四九〇八〇四十〇纖，外有為重交月推得也。次復累減月平交朔較差全分，外有為各推得也。如各得數在半歲周一百八十二萬六二一二五已下者，為冬至後也。如在半歲周

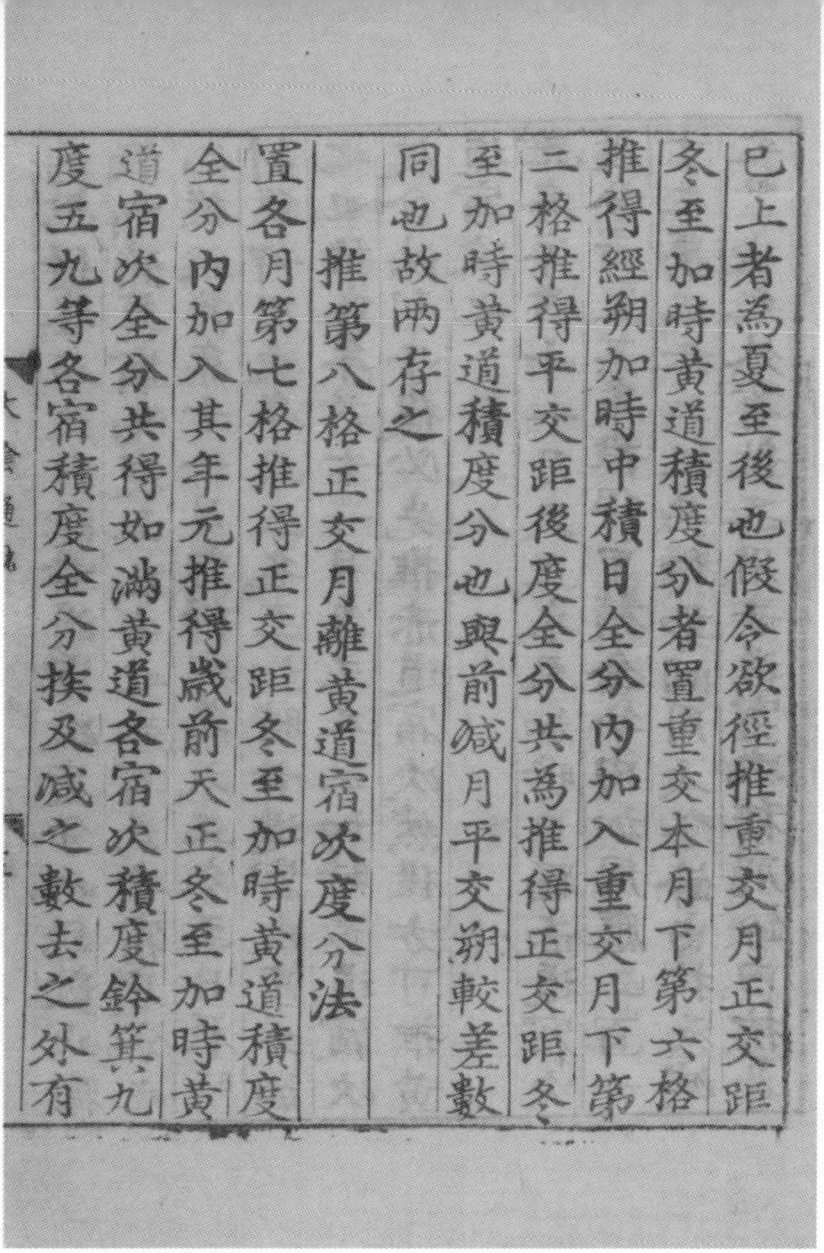

已上者，為夏至後也。

假令欲徑推重交月正交距冬至加時黄道積度分者，置重交本月下第六格推得經朔加時中積日全分，内加入重交月下第二格推得平交距後度全分，共為推得正交距冬至加時黄道積度分也，與前減月平交朔較差數同也，故兩存之。[1]

推第八格正交月離黄道宿次度分法

置各月第七格推得正交距冬至加時黄道積度全分，内加入其年元推得歲前天正冬至加時黄道宿次全分，共得如滿黄道各宿次積度鈐箕九度五九等各宿積度全分，挨及減之數去之，外有

1 正交距冬至加時黄道積度 = 經朔加時中積 + 平交距後度。

為推得各正交月離黃道宿次度分也，録數止微。[1]

假如滿箕宿九度五九去之，外有為斗宿度分也，已後至其年十一月內，得次年天正冬至日辰時刻，後却用次年天正冬至加時黃道宿次度分加之也。推各年前十一月天正冬至加時黃道宿次度分法列于後。必先推赤道宿次，然後方可推黃道宿次也。[2]

推各年前十一月天正冬至加時日躔赤道宿次度分者，置其年推得中積全分，內加周應三百一十三萬五六二五，共得如滿周天分鈐內，挨及減之數去之，外有數又用赤道宿次積度鈐內挨及

1 正交月離黃道宿次度 = 正交距冬至加時黃道積度 + 歲前天正冬至加時黃道宿次。

2 正交月離黃道宿次度 = 正交距冬至加時黃道積度 + 歲前天正冬至加時黃道宿次。

減角宿等度分去之，外有為推得赤道宿次度分也。假如滿赤道宿次積度鈐中尾宿三百○五度一○七五去之，外有為箕宿度分，是所推得也。

周天分鈐

三百六十五萬二五七五
七百三十○萬五一五○
一千○百九十五萬七七二五
一千四百六十一萬○三○○
一千八百二十六萬二八七五
二千一百九十一萬五四五○
二千五百五十六萬八○二五

二千九百二十二萬〇六〇〇
三千二百八十七萬三一七五
三千六百五十二萬五七五〇
四千〇一十七萬八三二五
四千三百八十三萬〇九〇〇
四千七百四十八萬三四七五
五千一百一十三萬六〇五〇
五千四百七十八萬八六二五
五千八百四十四萬一二〇〇
六千二百〇九萬三七七五
六千五百七十四萬六三五〇

二千九百二十二萬〇六〇〇
三千二百八十七萬三一七五
三千六百五十二萬五七五〇
四千〇一十七萬八三二五
四千三百八十三萬〇九〇〇
四千七百四十八萬三四七五
五千一百一十三萬六〇五〇
五千四百七十八萬八六二五
五千八百四十四萬一二〇〇
六千二百〇九萬三七七五
六千五百七十四萬六三五〇

六千九百三十九萬八九二五	
七千三百〇五萬一五〇〇	

前赤道宿次積度鈐。起自虛宿二度，至角宿所積等數云為止。用此九宿，故不及乎他宿也。

角	二百四十八度四〇七五
亢	二百五十七度六〇七五
氐	二百七十三度九〇七五
房	二百七十九度五〇七五
心	二百八十六度〇〇七五
尾	三百〇五度一〇七五
箕	三百一十五度五〇七五

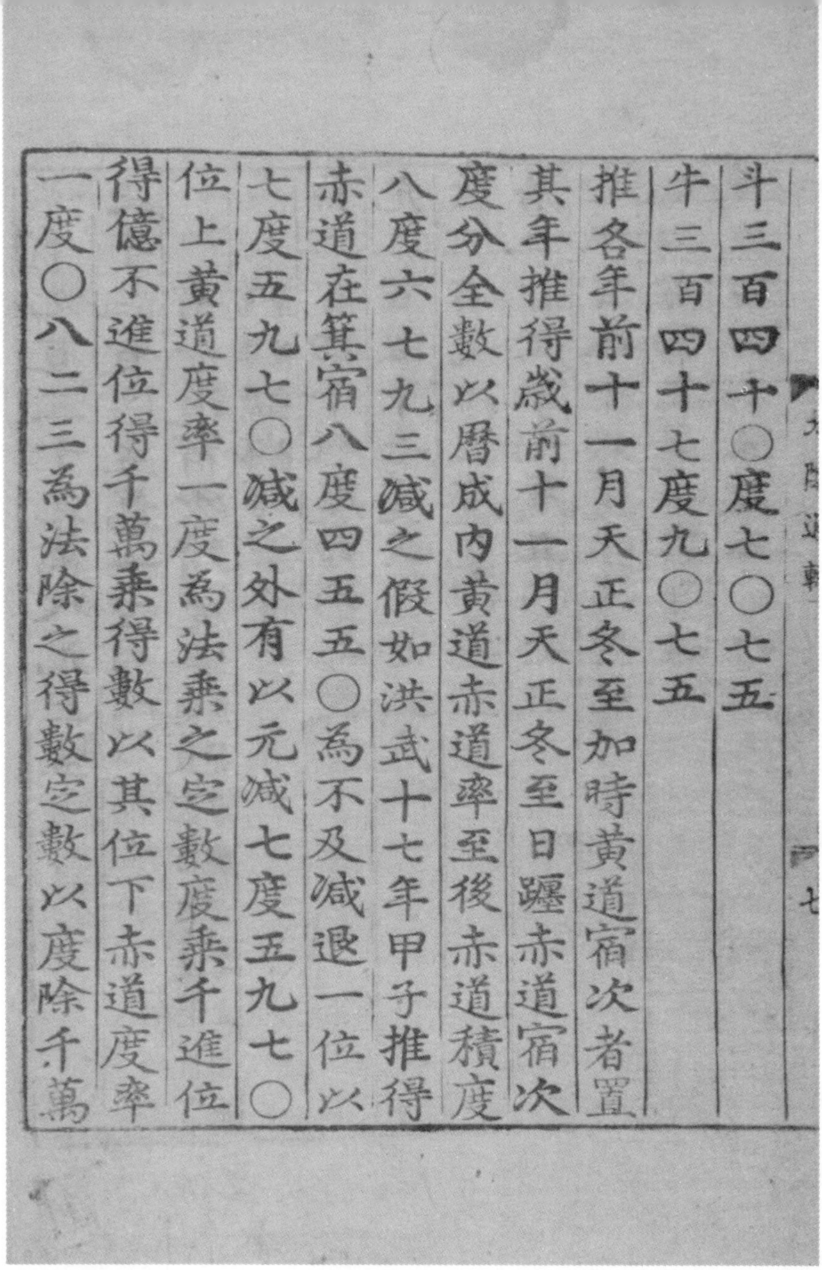

斗三百四十〇度七〇七五
牛三百四十七度九〇七五
推各年前十一月天正冬至加時黄道宿次者置其年推得歳前十一月天正冬至日躔赤道宿次度分全數以曆成内黄道赤道率至後赤道積度八度六七九三減之假如洪武十七年甲子推得赤道在箕宿八度四五五〇為不及減退一位以七度五九七〇減之外有以元減七度五九七〇位上黄道度率一度為法乘之定數度乘千進位得億不進位得千萬乘得數以其位下赤道度率一度〇八二三為法除之得數定數以度除千萬

斗	三百四十〇度七〇七五
牛	三百四十七度九〇七五

推各年前十一月天正冬至加時黄道宿次者，置其年推得歲前十一月天正冬至日躔赤道宿次度分全數，以曆成内黄道赤道率至後赤道積度八度六七九三減之。

假如洪武十七年甲子推得赤道在箕宿八度四五五〇，為不及減。退一位，以七度五九七〇減之，外有以元減七度五九七〇位上黄道度率一度為法乘之，定數度乘千進位，得億不進位，得千萬乘得數，以其位下赤道度率一度〇八二三為法除之，得數定數以度除千萬，

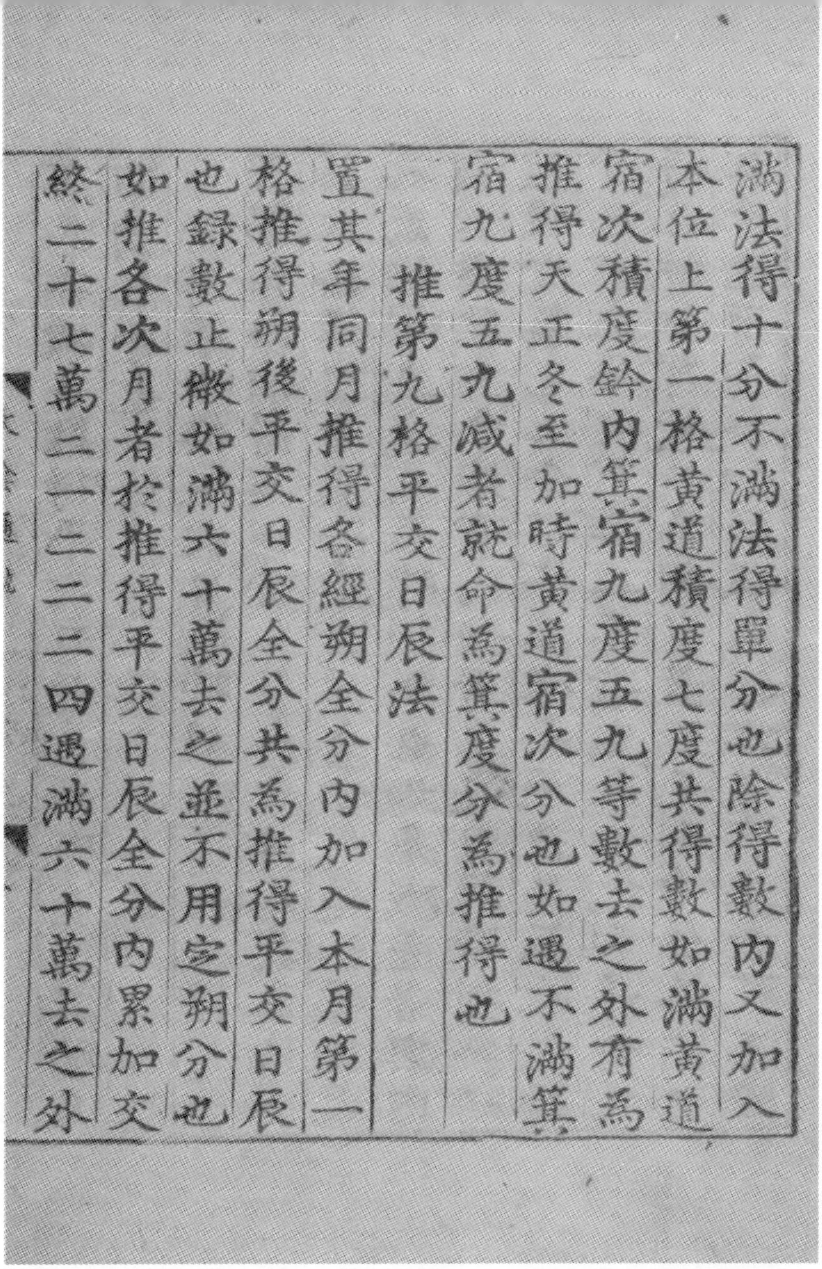

滿法得十分，不滿法得單分也。除得數内又加入本位上第一格黄道積度七度，共得數如滿黄道宿次積度鈐内箕宿九度五九等數去之，外有為推得天正冬至加時黄道宿次分也。如遇不滿箕宿九度五九減者，就命為箕度分，為推得也。

推第九格平交日辰法

置其年同月推得各經朔全分，内加入本月第一格推得朔後平交日辰全分，共為推得平交日辰也，録數止微。如滿六十萬去之，並不用定朔分也。

如推各次月者，於推得平交日辰全分内累加交終二十七萬二一二二二四，遇滿六十萬去之，外

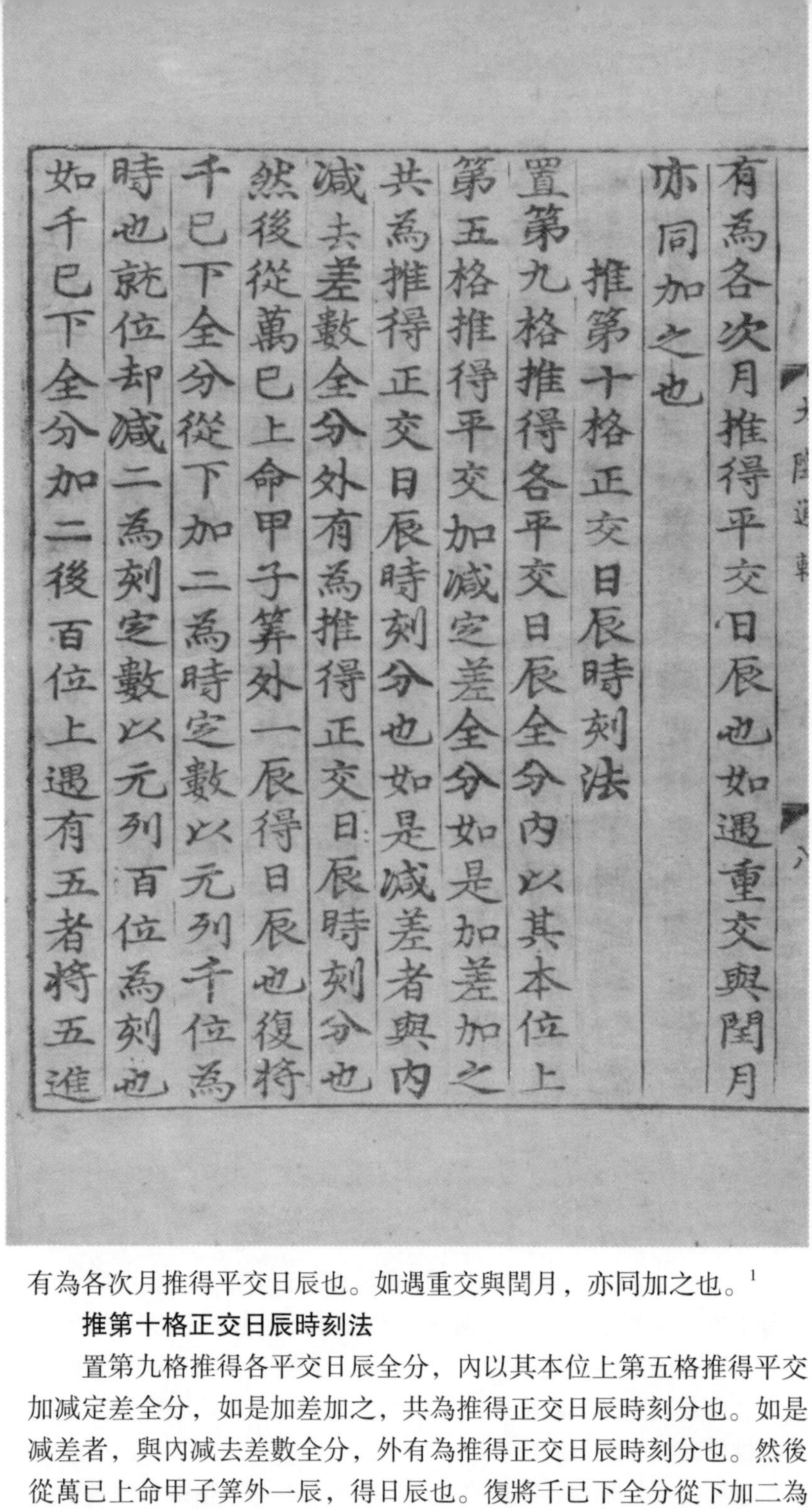

有為各次月推得平交日辰也如遇重交與閏月
亦同加之也
推第十格正交日辰時刻法
置第九格推得各平交日辰全分內以其本位上
第五格推得平交加減定差全分如是加差加之
共為推得正交日辰時刻分也如是減差者與內
減去差數全分外有為推得正交日辰時刻分也
然後從萬已上命甲子筭外一辰得日辰也復將
千已下全分從下加二為時定數以元列千位為
時也就位却減二為刻定數以元列百位為刻也
如千已下全分加二後百位上遇有五者將五進

有為各次月推得平交日辰也。如遇重交與閏月，亦同加之也。[1]

推第十格正交日辰時刻法

置第九格推得各平交日辰全分，內以其本位上第五格推得平交加減定差全分，如是加差加之，共為推得正交日辰時刻分也。如是減差者，與內減去差數全分，外有為推得正交日辰時刻分也。然後從萬已上命甲子筭外一辰，得日辰也。復將千已下全分從下加二為時定數，以元列千位為時也。就位却減二為刻定數，以元列百位為刻也。如千已下全分加二後百位上遇有五者，將五進

1 平交日辰 = 經朔全分 + 朔後平交日辰全分。

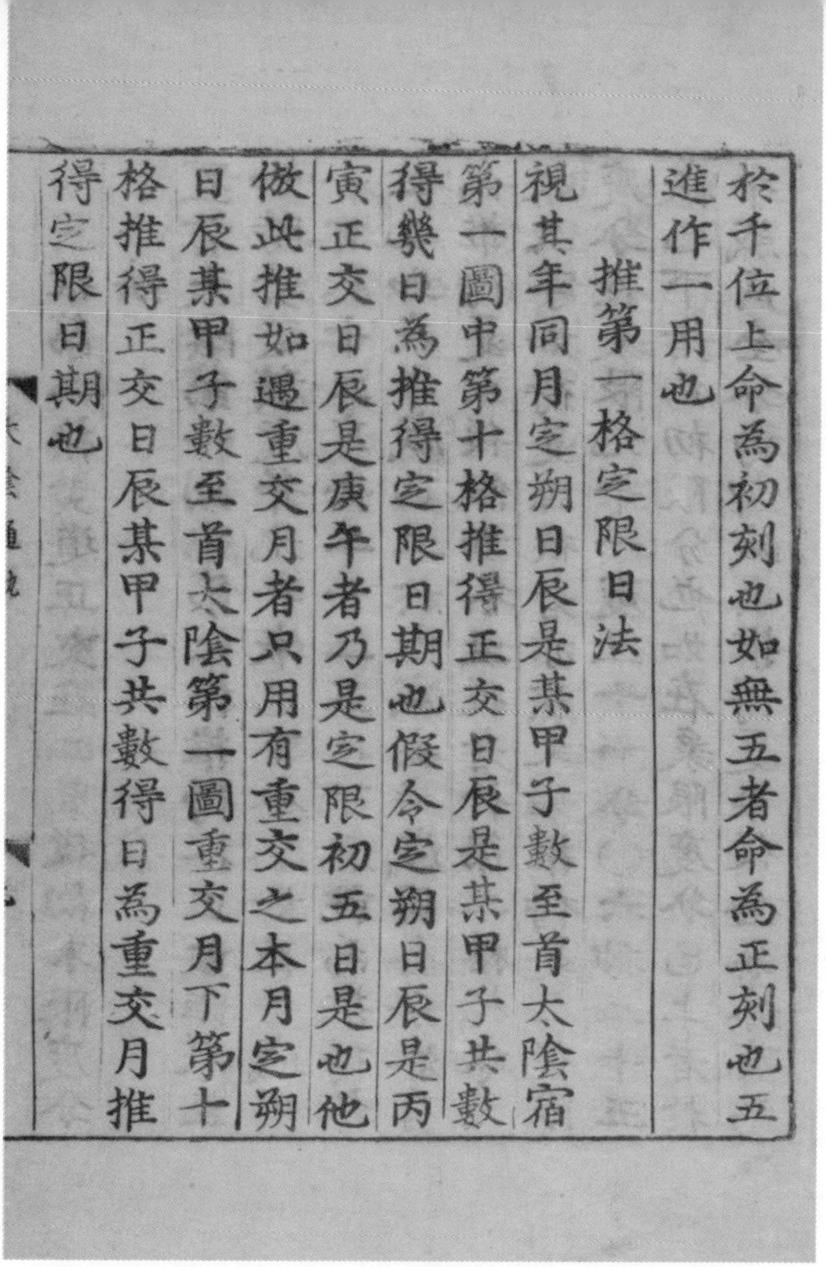
於千位上命為初刻也如無五者命為正刻也五
進作一用也
推第一格定限日法
視其年同月定朔日辰是某甲子數至首太陰宿
第一圖中第十格推得正交日辰是某甲子共數
得幾日為推得定限日期也假令定朔日辰是丙
寅正交日辰是庚午者乃是定限初五日是也他
倣此推如遇重交月者只用有重交之本月定朔
日辰某甲子數至首太陰第一圖重交月下第十
格推得正交日辰某甲子共數得日為重交月推
得定限日期也

於千位上，命為初刻也。如無五者，命為正刻也，五進作一用也。[1]

推第一格定限日法

視其年同月定朔日辰是某甲子數，至首太陰宿第一圖中第十格推得正交日辰是某甲子，共數得幾日，為推得定限日期也。[2]

假令定朔日辰是丙寅，正交日辰是庚午者，乃是定限初五日是也。他倣此推。如遇重交月者，只用有重交之本月定朔日辰某甲子數，至首太陰第一圖重交月下第十格推得正交日辰甲子，共數得日，為重交月推得定限日期也。

1 正交日辰 = 平交日辰全分 + 平交加減定差全分。

2 由定朔日辰和正交日辰，求得各定限日期。

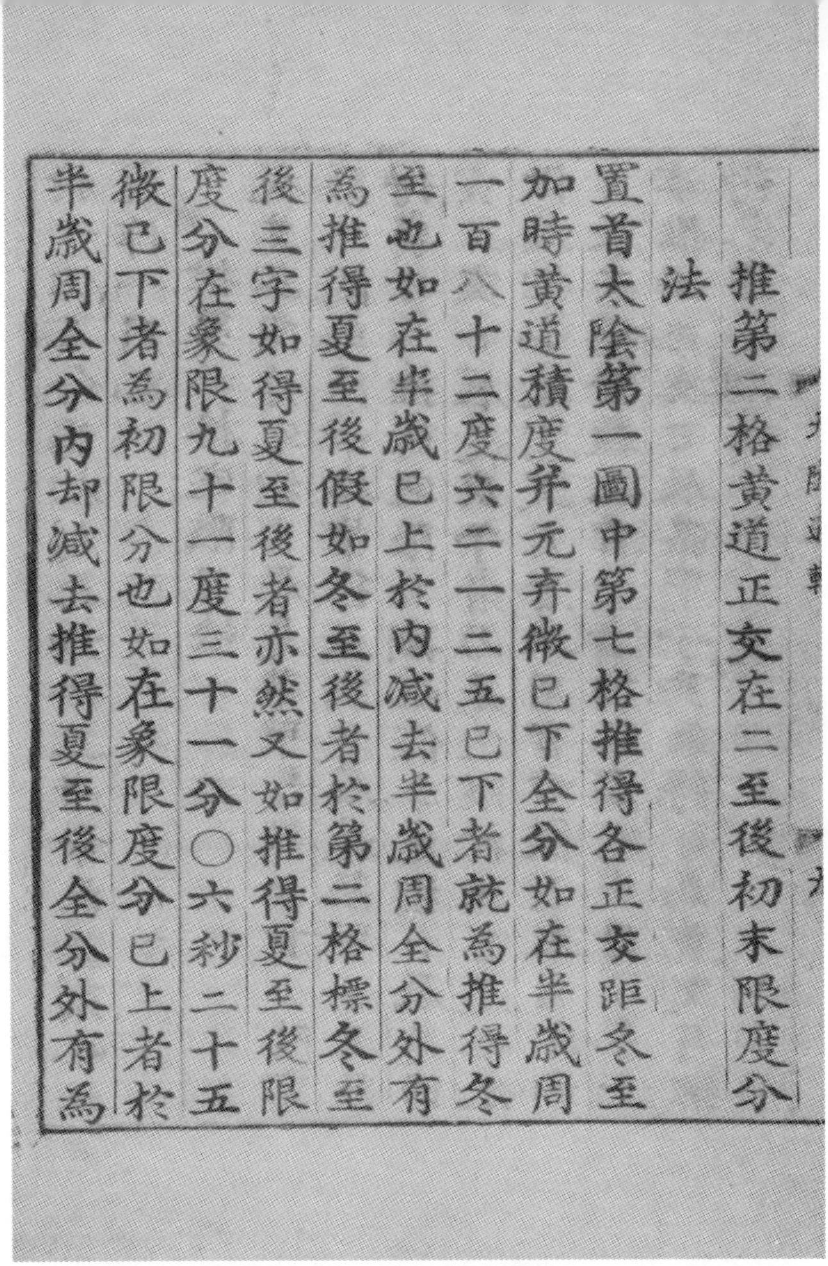
推第二格黃道正交在二至後初末限度分法
置首太陰第一圖中第七格推得各正交距冬至加時黃道積度并元弃微已下全分如在半歲周一百八十二度六二一二五已下者就為推得冬至也如在半歲已上於內減去半歲周全分外有為推得夏至後假如冬至後者於第二格標冬至後三字如得夏至後者亦然又如推得夏至後限度分在象限九十一度三十一分〇六秒二十五微已下者為初限分也如在象限度分已上者於半歲周全分內却減去推得夏至後全分外有為

推第二格黃道正交在二至後初末限度分法

置首太陰第一圖中第七格推得各正交距冬至加時黃道積度，并元弃微已下全分，如在半歲周一百八十二度六二一二五已下者，就為推得冬至也。如在半歲已上，於內減去半歲周全分，外有為推得夏至後。假如冬至後者，於第二格標“冬至後”三字。如得夏至後者，亦然。又如推得夏至後限度分在象限九十一度三十一分〇六秒二十五微已下者，為初限分也。如在象限度分已上者，於半歲周全分內却減去推得夏至後全分，外有為

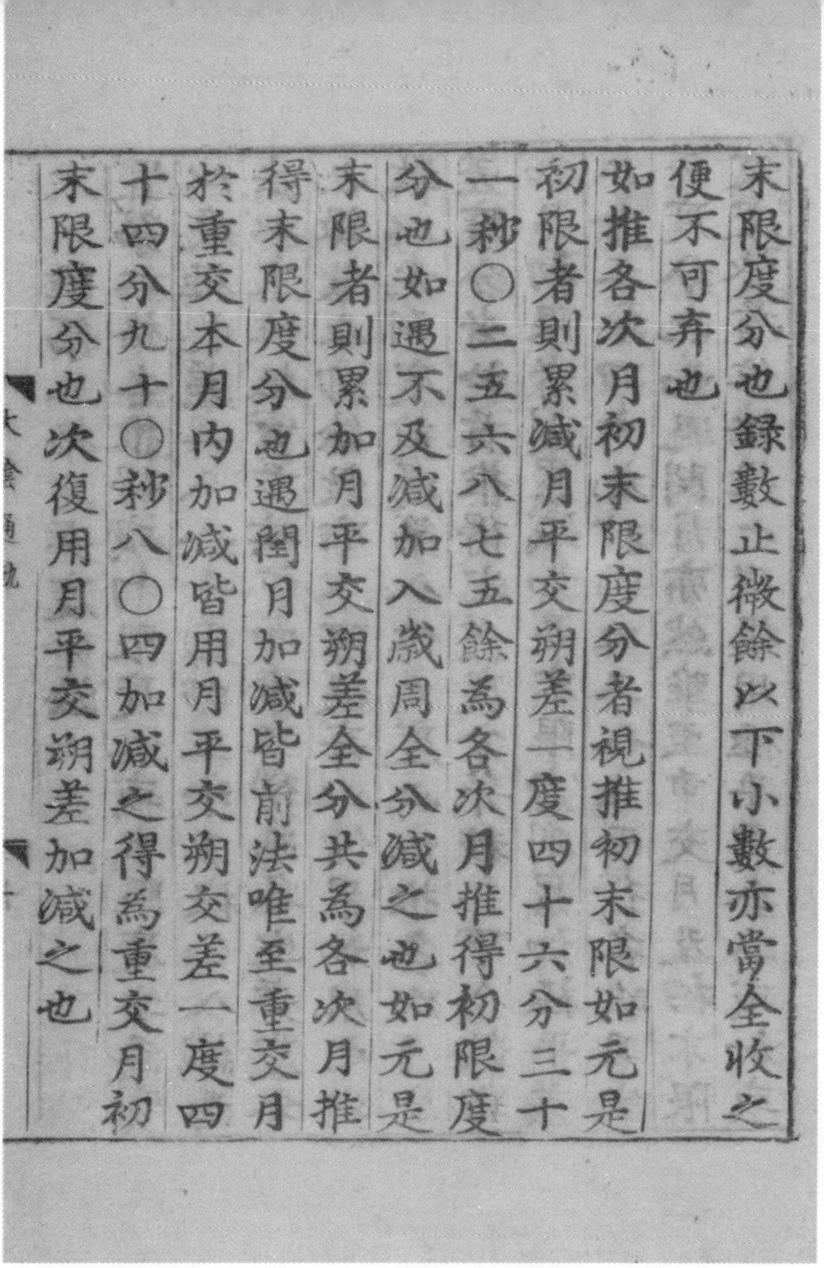
末限度分也録數止微餘以下小數亦當全收之
便不可弃也
如推各次月初末限度分者視推初末限如元是
初限者則累減月平交朔差一度四十六分三十
一秒〇二五六八七五餘為各次月推得初限度
分也如遇不及減加入歲周全分減之也如元是
末限者則累加月平交朔差全分共為各次月推
得末限度分也遇閏月加減皆前法唯至重交月
於重交本月内加減皆用月平交朔交差一度四
十四分九十〇秒八〇四加減之得為重交月初
末限度分也次復用月平交朔差加減之也

末限度分也。録數止微。餘以下小數亦當全收之，便不可弃也。[1]

如推各次月初末限度分者，視推初末限如元是初限者，則累減月平交朔差一度四十六分三十一秒〇二五六八七五，餘為各次月推得初限度分也。[2] 如遇不及減，加入歲周全分減之也。如元是末限者，則累加月平交朔差全分，共為各次月推得末限度分也。遇閏月，加減皆前法。唯至重交月，於重交本月內加減皆用月平交朔交差一度四十四分九十〇秒八〇四加減之，得為重交月初末限度分也，次復用月平交朔差加減之也。

1 根據正交距冬至加時黃道積度判斷初末限度。

2 累加或累減月平交朔差 1.46310256875 度得各次月值。

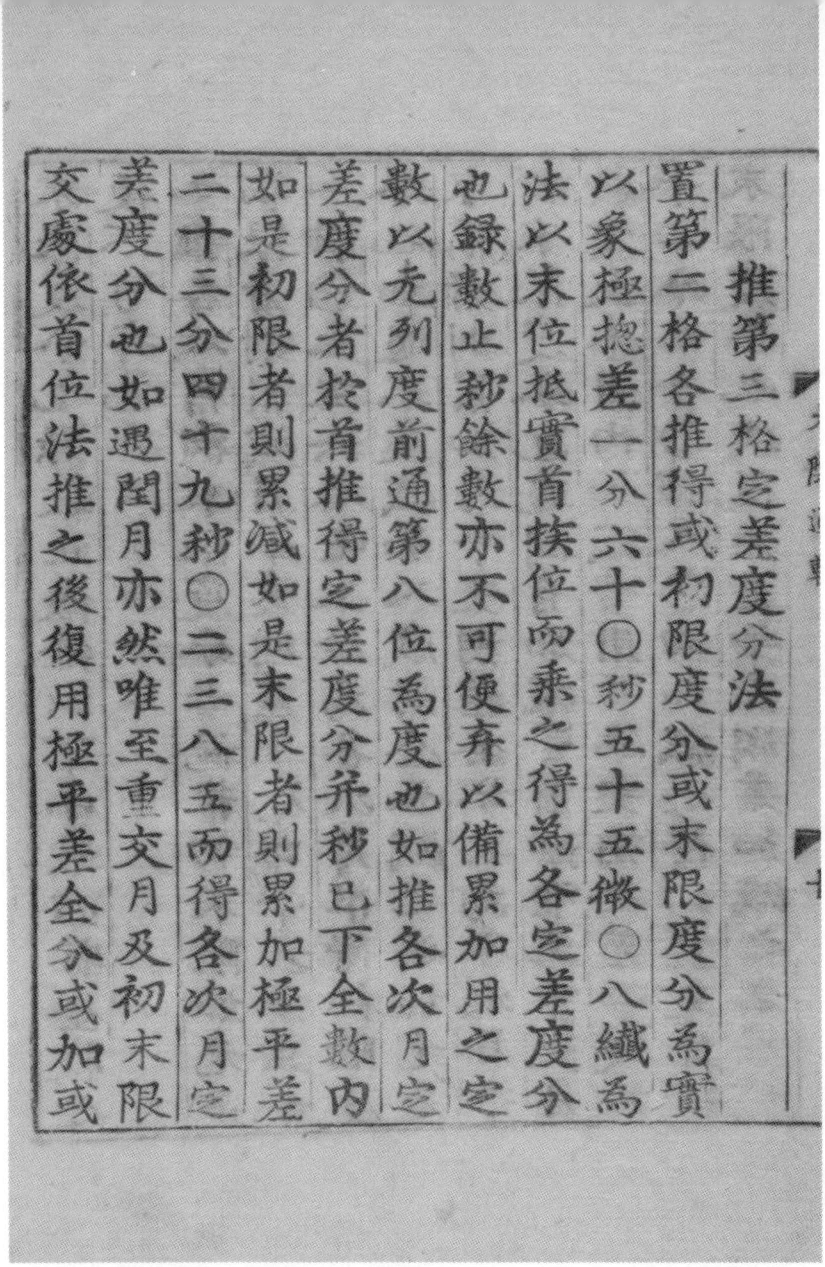

推第三格定差度分法

置第二格各推得或初限度分或末限度分為實以象極揔差一分六十〇秒五十五微〇八纖為法以末位抵實首挨位而乘之得為各定差度分也録數止秒餘數亦不可便弃以備累加用之定數以元列度前通第八位為度也如推各次月定差度分者於首推得定差度分并秒已下全數内如是初限者則累減如是末限者則累加極平差二十三分四十九秒〇二三八五而得各次月定差度分也如遇閏月亦然唯至重交月及初末限交處依首位法推之後復用極平差全分或加或

推第三格定差度分法

置第二格各推得或初限度分或末限度分為實，以象極揔差一分六十〇秒五十五微〇八纖為法，以末位抵實首挨位而乘之，得為各定差度分也。録數止秒。餘數亦不可便弃，以備累加用之。定數以元列度前通第八位為度也。[1]

如推各次月定差度分者，於首推得定差度分並秒已下全數內，如是初限者則累減，如是末限者則累加極平差二十三分四十九秒〇二三八五，而得各次月定差度分也。如遇閏月亦然。唯至重交月及初末限交處依首位法推之，後復用極平差全分或加或

1 定差度分 = 初末限度分 × 象極總差。

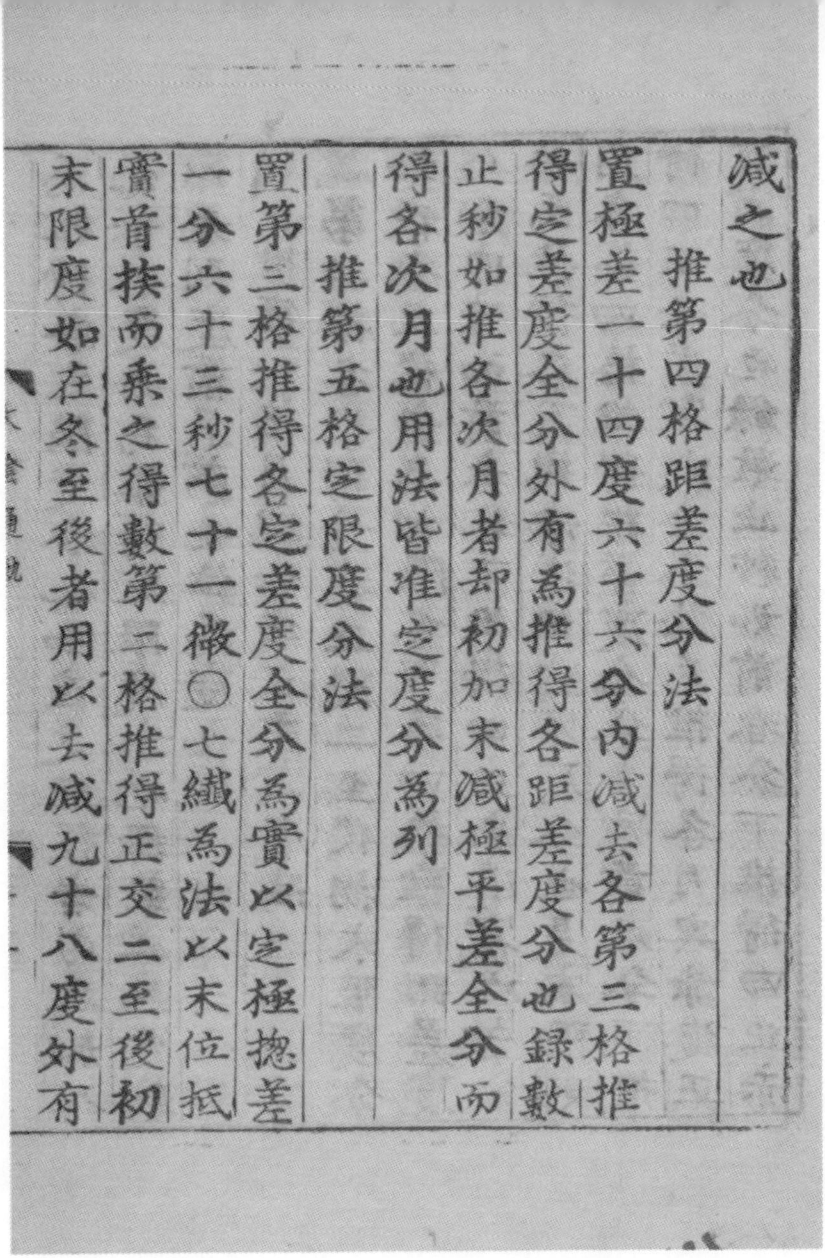
減之也
推第四格距差度分法
置極差一十四度六十六分內減去各第三格推
得定差度全分外有為推得各距差度分也録數
止秒如推各次月者却初加末減極平差全分而
得各次月也用法皆准定度分為列
推第五格定限度分法
置第三格推得各定差度全分為實以定極捴差
一分六十三秒七十一微〇七纖為法以末位抵
實首挨而乘之得數第二格推得正交二至後初
末限度如在冬至後者用以去減九十八度外有

減之也。[1]

推第四格距差度分法

置極差一十四度六十六分，內減去各第三格推得定差度全分，外有為推得各距差度分也。録數止秒。如推各次月者，却初加末減極平差全分，而得各次月也，用法皆准定度分為列。[2]

推第五格定限度分法

置第三格推得各定差度全分為實，以定極捴差一分六十三秒七十一微〇七纖為法，以末位抵實首，挨而乘之得數。第二格推得正交二至後初末限度如在冬至後者，用以去減九十八度，外有

1 累加或累減極平差 23.4902385 分得各次月定差度分。

2 累加或累減極平差得各次月距差度分。

為推得各定限度分也。如在夏至後者，内又加入九十八度，共為推得定限度分也。録數止秒。定數以元列度前通第七位為度也。[1]

推第六格月與赤道正交宿度法

視第二格各推得黄道正交二至後初末限度分，如在冬至後者是初限，各置第四格推得距差度全分，内皆加前春分下推得四正赤道宿次全分，共為推得各月與赤道正交宿度分也。是末限，則用各第四格推得距差度全分，去減前春分下推得四正赤道宿次全分，餘為推得各月與赤道正交宿度分也。録數止秒。

如前春分下推得四正赤

1 定限度分 = 定差度分 × 定極總差 ±98。

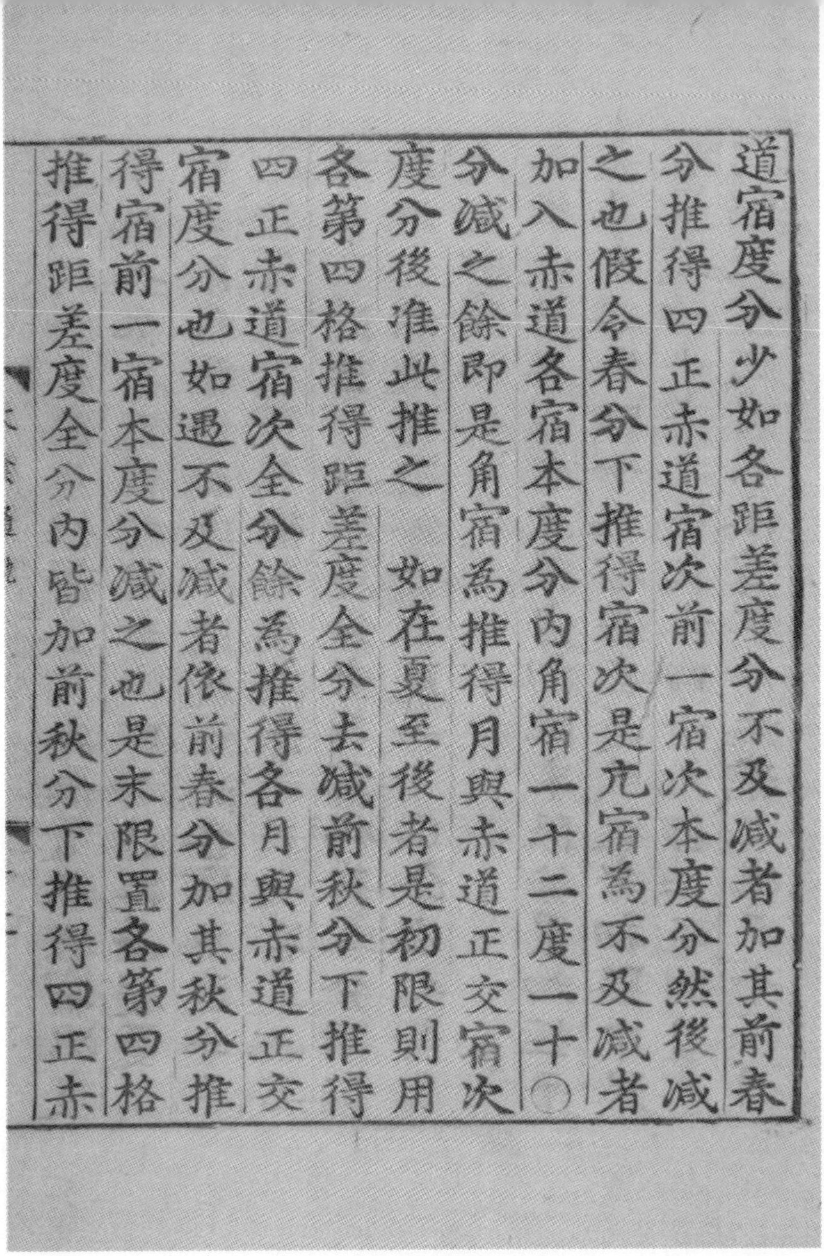
道宿度分少如各距差度分不及減者加其前春
分推得四正赤道宿次前一宿次本度分然後減
之也假令春分下推得宿次是亢宿為不及減者
加入赤道各宿本度分內角宿一十二度一十〇
分減之餘即是角宿為推得月與赤道正交宿次
度分後准此推之　如在夏至後者是初限則用
各第四格推得距差度全分去減前秋分下推得
四正赤道宿次全分餘為推得各月與赤道正交
宿度分也如遇不及減者依前春分加其秋分推
得宿前一宿本度分減之也是末限置各第四格
推得距差度全分內皆加前秋分下推得四正赤

道宿度分少，如各距差度分不及減者，加其前春分推得四正赤道宿次前一宿次本度分，然後減之也。假令春分下推得宿次是亢宿，為不及減者，加入赤道各宿本度分內角宿一十二度一十〇分減之，餘即是角宿，為推得月與赤道正交宿次度分。後准此推之。

如在夏至後者，是初限，則用各第四格推得距差度全分，去減前秋分下推得四正赤道宿次全分，餘為推得各月與赤道正交宿度分也。如遇不及減者，依前春分加其秋分推得宿前一宿本度分減之也。是末限，置各第四格推得距差度全分，內皆加前秋分下推得四正赤

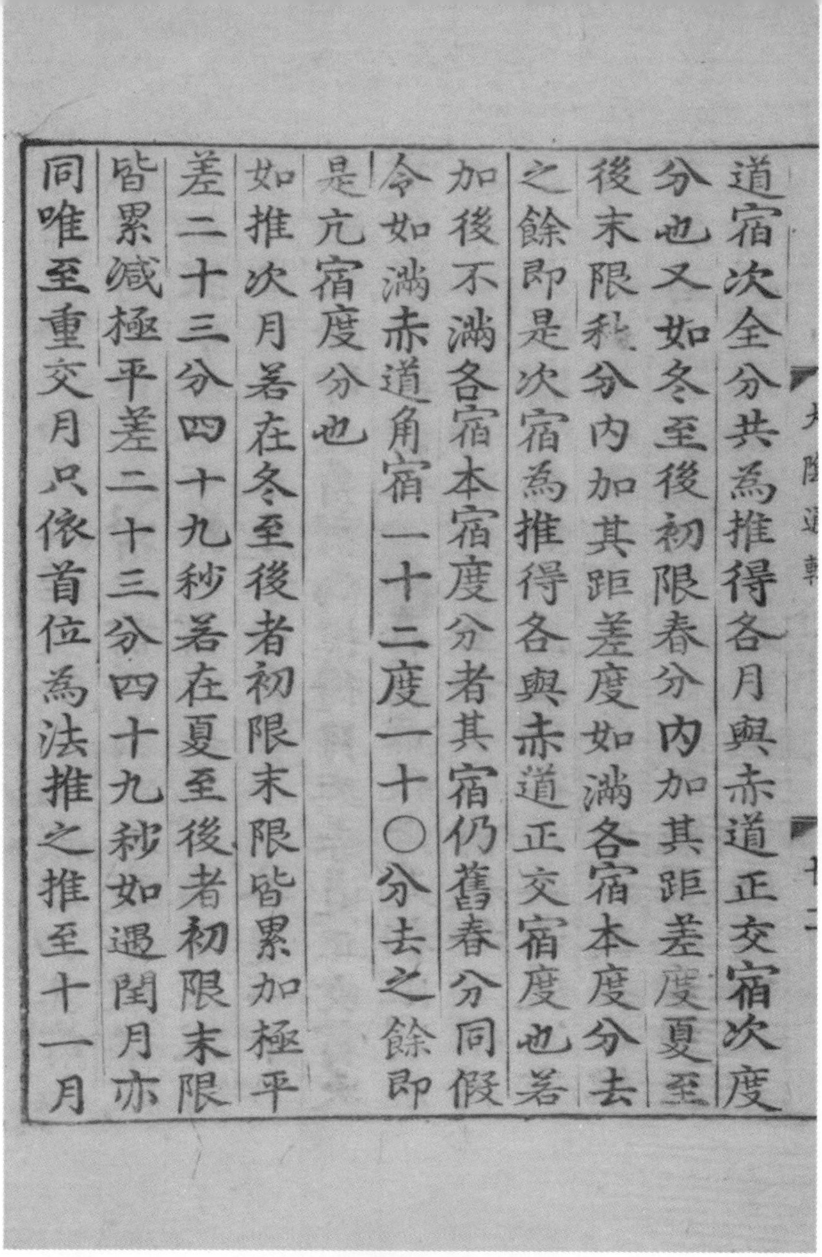

道宿次全分共為推得各月與赤道正交宿次度
分也又如冬至後初限春分內加其距差度夏至
後末限秋分內加其距差度如滿各宿本度分去
之餘即是次宿為推得各與赤道正交宿度也若
加後不滿各宿本宿度分者其宿仍舊春分同假
令如滿赤道角宿一十二度一十〇分去之餘即
是亢宿度分也
如推次月若在冬至後者初限末限皆累加極平
差二十三分四十九秒若在夏至後者初限末限
皆累減極平差二十三分四十九秒如遇閏月亦
同唯至重交月只依首位為法推之推至十一月

道宿次全分，共為推得各月與赤道正交宿次度分也。

又如冬至後初限春分內加其距差度，夏至後末限秋分內加其距差度，如滿各宿本度分去之，餘即是次宿，為推得各與赤道正交宿度也。若加後不滿各宿本宿度分者，其宿仍舊春分同。假令如滿赤道角宿一十二度一十〇分去之，餘即是亢宿度分也。

如推次月，若在冬至後者，初限末限皆累加極平差二十三分四十九秒。若在夏至後者，初限末限皆累減極平差二十三分四十九秒。如遇閏月，亦同。唯至重交月，只依首位為法推之。推至十一月

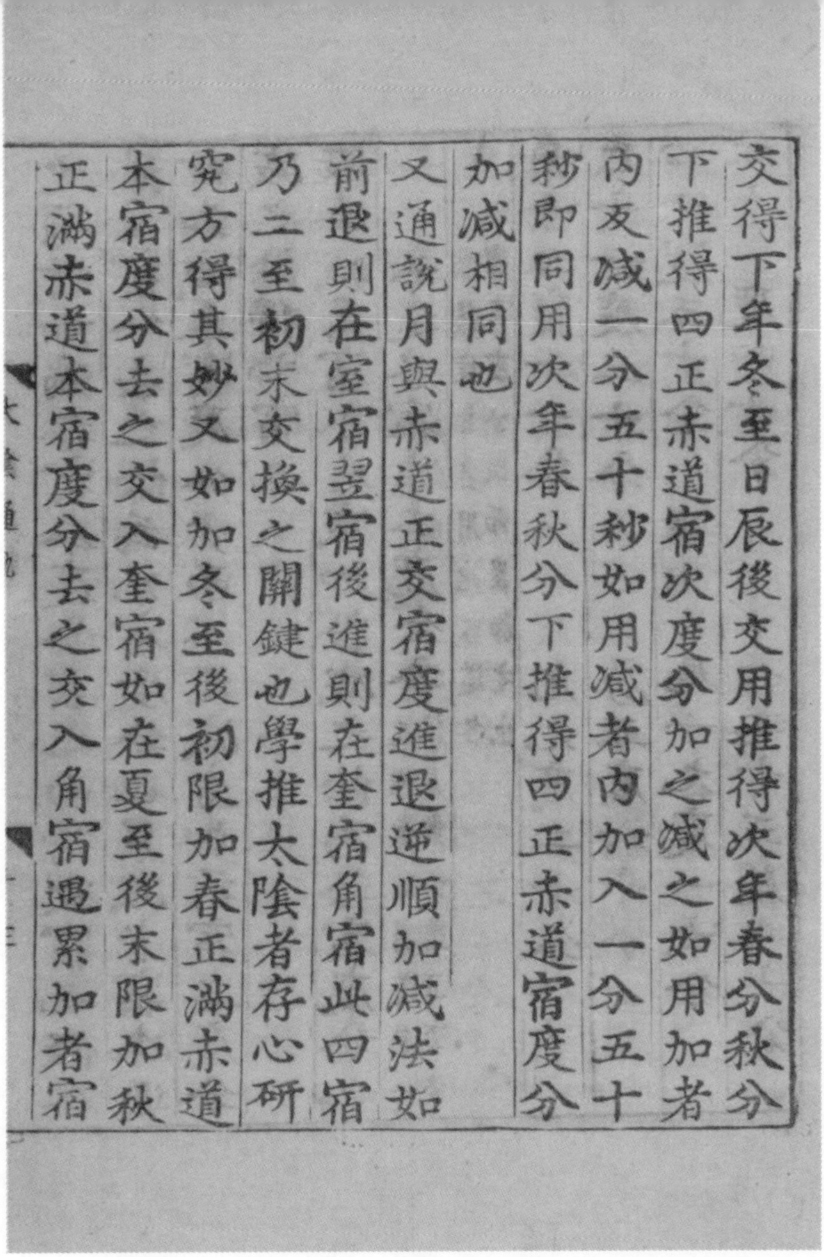
交得下年冬至日辰後交用推得次年春分秋分
下推得四正赤道宿次度分加之減之如用加者
內反減一分五十秒如用減者內加入一分五十
秒即同用次年春秋分下推得四正赤道宿度分
加減相同也
又通說月與赤道正交宿度進退逆順加減法如
前退則在室宿翌宿後進則在奎宿角宿此四宿
乃二至初末交換之關鍵也學推太陰者存心研
究方得其妙又如加冬至後初限加春正滿赤道
本宿度分去之交入奎宿如在夏至後末限加秋
正滿赤道本宿度分去之交入角宿遇累加者宿

交，得下年冬至日辰後交。用推得次年春分秋分下推得四正赤道宿次度分加之減之，如用加者內反減一分五十秒，如用減者內加入一分五十秒，即同用次年春秋分下推得四正赤道宿度分，加減相同也。

又通說月與赤道正交宿度進退逆順加減法。如前退，則在室宿、翌[1]宿。後進，則在奎宿、角宿。此四宿乃二至初末交換之關鍵也，學推太陰者存心研究方得其妙。

又如加冬至後初限，加春正，滿赤道本宿度分去之，交入奎宿。如在夏至後末限，加秋正，滿赤道本宿度分去之，交入角宿。遇累加者，宿

1“翌”當作“翼”。

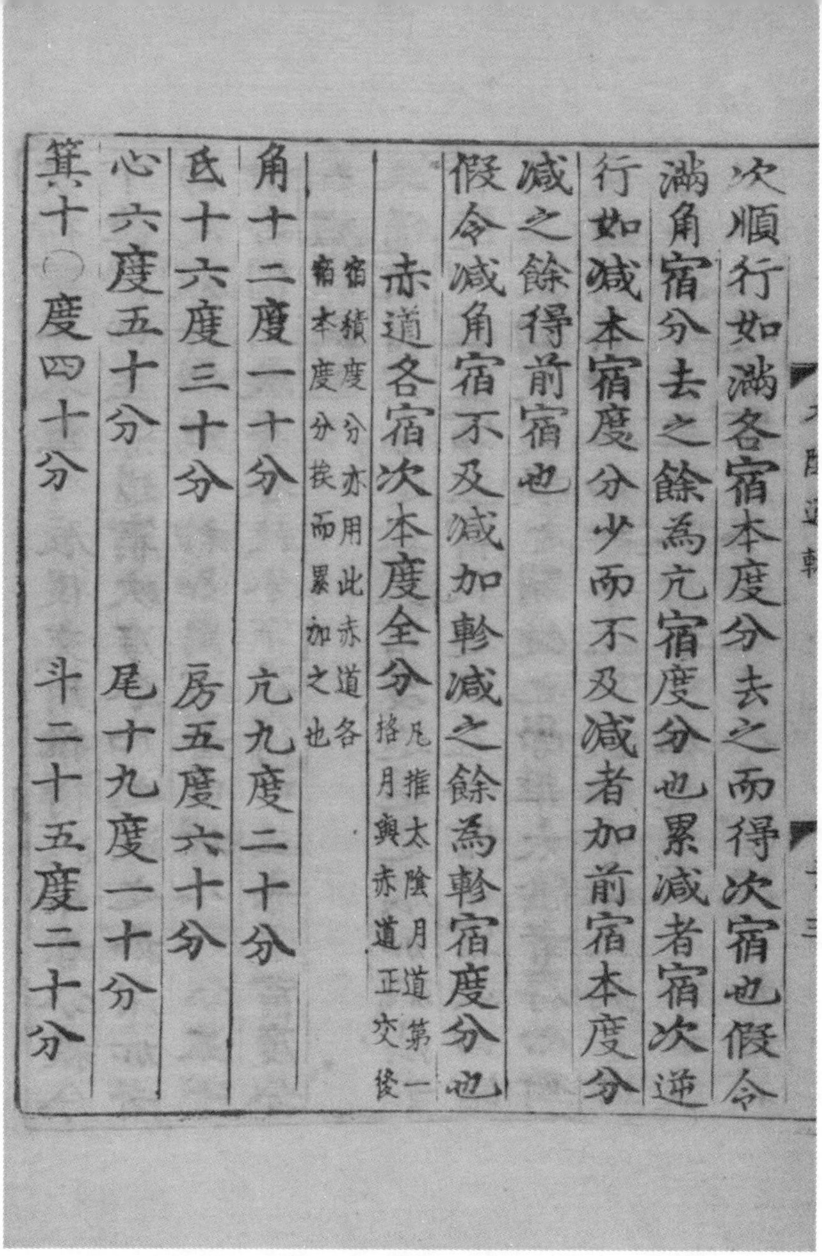
次順行如滿各宿本度分去之而得次宿也假令
滿角宿分去之餘為亢宿度分也累減者宿次逆
行如減本宿度分少而不及減者加前宿本度分
減之餘得前宿也
假令減角宿不及減加軫減之餘為軫宿度分也
赤道各宿次本度全分凡推太陰月道第一格月與赤道正交後宿積度分亦用此赤道各宿本度分挨而累加之也
角十二度一十分　亢九度二十分
氐十六度三十分　房五度六十分
心六度五十分　尾十九度一十分
箕十〇度四十分　斗二十五度二十分

次順行。如滿各宿本度分去之，而得次宿也。

假令滿角宿分去之，餘為亢宿度分也。累減者，宿次逆行。如減本宿度分少而不及減者，加前宿本度分減之，餘得前宿也。假令減角宿不及減，加軫減之，餘為軫宿度分也。

赤道各宿次本度全分凡推太陰月道第一格月與赤道正交後宿積度分，亦用此赤道各宿本度分挨而累加之也。

角	十二度一十分	亢	九度二十分
氐	十六度三十分	房	五度六十分
心	六度五十分	尾	十九度一十分
箕	十〇度四十分	斗	二十五度二十分

牛	七度二十分	女	十一度三十五分
虛	八度九十五分七十五秒	危	十五度四十分
室	十七度一十分	壁	八度六十分
奎	十六度六十分	婁	十一度八十分
胃	十五度六十分	昴	十一度三十分
畢	十七度四十分	觜	初度〇五分
參	十一度十分	井	三十三度三十分
鬼	二度二十分	柳	十三度三十分
星	六度三十分	張	十七度二十五分
翌[1]	十八度七十五分	軫	十七度三十分

推第一格月與赤道正交後宿次積度分法

1"翌"當作"翼"。

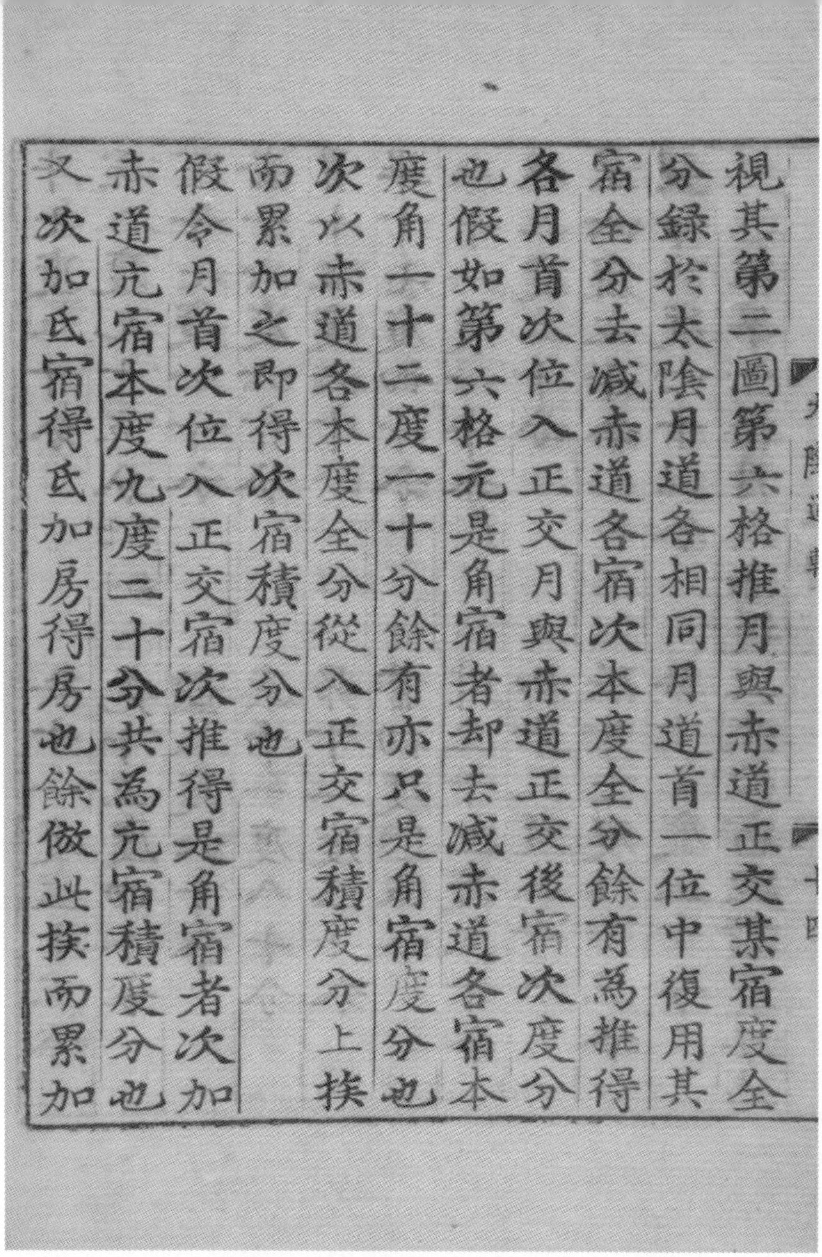
視其第二圖第六格推月與赤道正交某宿度全分録於太陰月道各相同月道首一位中復用其宿全分去減赤道各宿次本度全分餘有為推得各月首次位入正交月與赤道正交後宿次度分也假如第六格元是角宿者却去減赤道各宿本度角一十二度一十分餘有亦只是角宿度分也次以赤道各本度全分從入正交宿積度分上挨而累加之即得次宿積度分也
假令月首次位入正交宿次推得是角宿者次加赤道亢宿本度九度二十分共為亢宿積度分也又次加氐宿得氐加房得房也餘倣此挨而累加

視其第二圖第六格推月與赤道正交某宿度全分，録於太陰月道各相同月道首一位中，復用其宿全分去減赤道各宿次本度全分，餘有為推得各月首次位入正交月與赤道正交後宿次度分也。

假如第六格元是角宿者，却去減赤道各宿本度角一十二度一十分，餘有亦只是角宿度分也。次以赤道各本度全分，從入正交宿積度分上挨而累加之，即得次宿積度分也。

假令月首次位入正交宿次推得是角宿者，次加赤道亢宿本度九度二十分，共為亢宿積度分也。又次加氐宿得氐，加房得房也。餘倣此，挨而累加

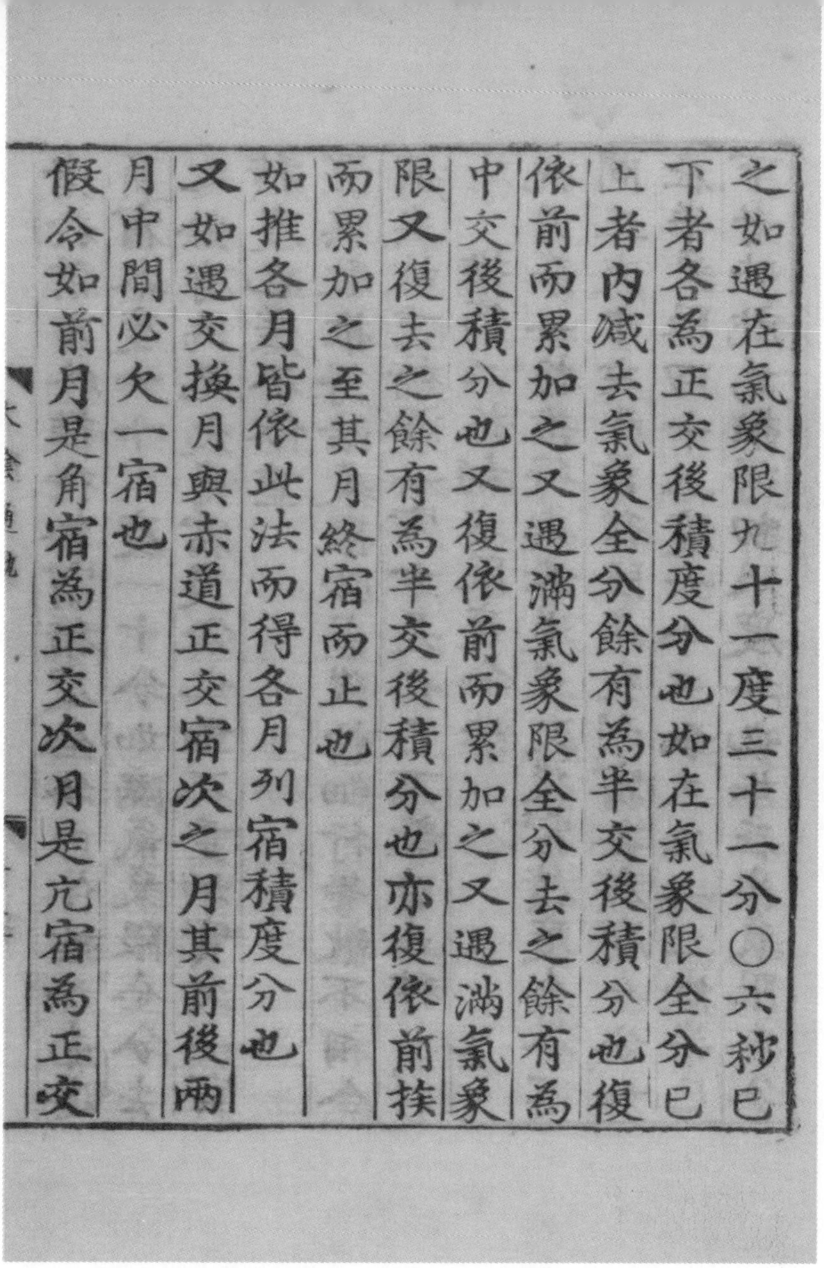
之如遇在氣象限九十一度三十一分〇六秒已
下者各為正交後積度分也如在氣象限全分已
上者內減去氣象全分餘有為半交後積分也復
依前而累加之又遇滿氣象限全分去之餘有為
中交後積分也又復依前而累加之又遇滿氣象
限又復去之餘有為半交後積分也亦復依前挨
而累加之至其月終宿而止也
如推各月皆依此法而得各月列宿積度分也
又如遇交換月與赤道正交宿次之月其前後兩
月中間必欠一宿也
假令如前月是角宿為正交次月是亢宿為正交

之。

如遇在氣象限九十一度三十一分〇六秒已下者，各為正交後積度分也。如在氣象限全分已上者，内減去氣象全分，餘有為半交後積分也。復依前而累加之，又遇滿氣象限全分去之，餘有為中交後積分也。又復依前而累加之，又遇滿氣象限又復去之，餘有為半交後積分也。亦復依前挨而累加之，至其月終宿而止也。如推各月，皆依此法而得各月列宿積度分也。

又如遇交換月與赤道正交宿次之月，其前後兩月中間必欠一宿也。

假令如前月是角宿為正交，次月是亢宿為正交

者於前月終推得軫宿積度全分內依挨加赤道
角宿本度一十二度一十分如滿氣象限全分去
之餘有為亢欠角宿度分也如不重加實欠一宿
積度也差不依重
置其數推得活象限必差後於細行等數不相合
同矣故重補添一宿方是也已下數皆止秒
推第二格初末限度分法
視月第一格推得與赤道正交後宿積度全分不
問正交中交及前後段半交列宿各積度全分如
在半象限四十五度六十五分五三一二微半已
下者皆就為推得初限度分也如在半象限全分

者，於前月終推得軫宿積度全分，內依挨加赤道角宿本度一十二度一十分，如滿氣象限全分去之，餘有為亢欠角宿度分也。如不重加實欠一宿積度也，差不依重。

置其數推得活象限必差，後於細行等數不相合同矣。故重補添一宿方是也。已下數皆止秒。

推第二格初末限度分法

視月第一格推得與赤道正交後宿積度全分，不問正交中交及前後段半交列宿各積度全分，如在半象限四十五度六十五分五三一二微半已下者，皆就為推得初限度分也。

如在半象限全分

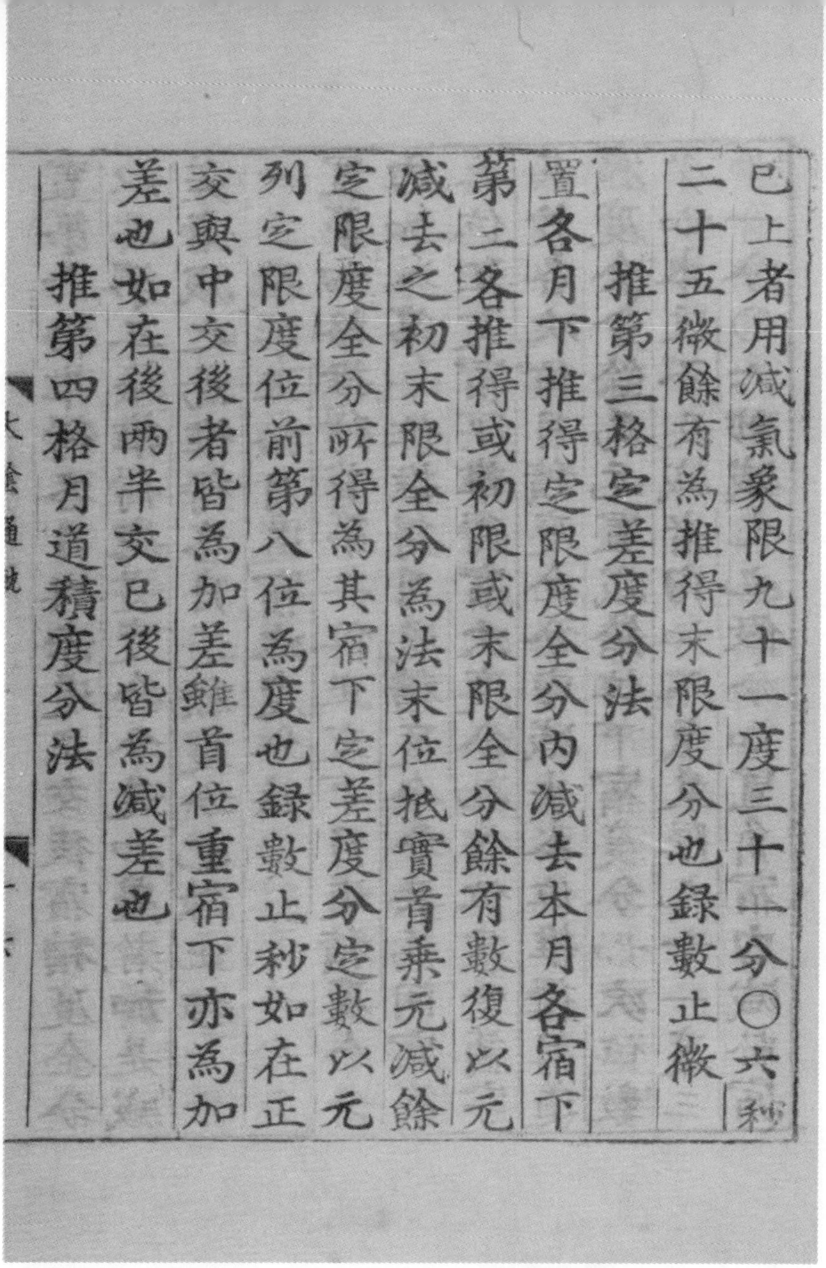
已上者用減氣象限九十一度三十一分〇六秒
二十五微餘有為推得末限度分也録數止微
推第三格定差度分法
置各月下推得定限度全分内減去本月各宿下
第二各推得或初限或末限全分餘有數復以元
減去之初末限全分為法末位抵實首乘元減餘
定限度全分所得為其宿下定差度分定數以元
列定限度位前第八位為度也録數止秒如在正
交與中交後者皆為加差雖首位重宿下亦為加
差也如在後兩半交已後皆為減差也
推第四格月道積度分法

已上者，用減氣象限九十一度三十一分〇六秒二十五微，餘有為推得末限度分也，録數止微。

推第三格定差度分法

置各月下推得定限度全分，内減去本月各宿下第二格推得或初限或末限全分，餘有數復以元減去至初末限全分為法，末位抵實首乘元減餘定限度全分，所得為其宿下定差度分，定數以元列定限度位前第八位為度也，録數止秒。

如在正交與中交後者，皆為加差，雖首位重宿下亦為加差也。如在後兩半交已後，皆為減差也。

推第四格月道積度分法

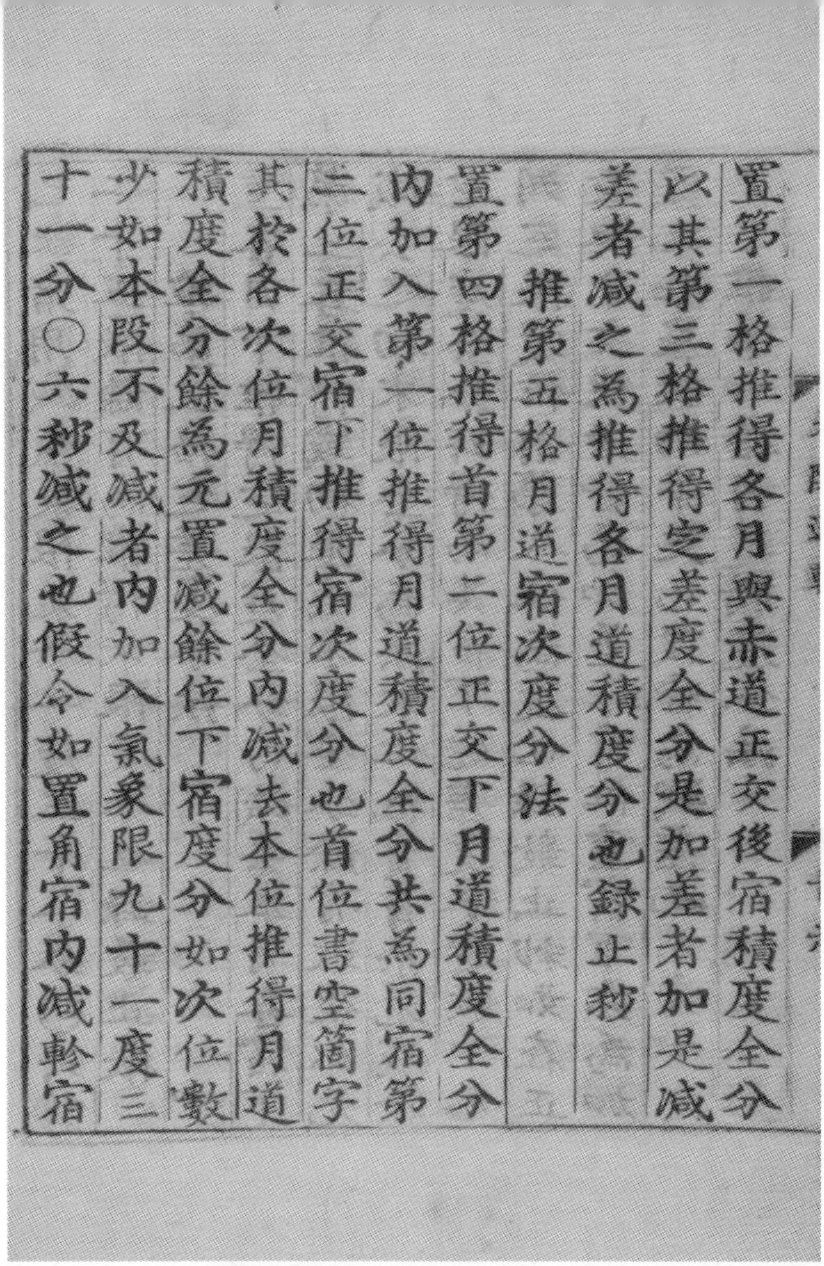

置第一格推得各月與赤道正交後宿積度全分
以其第三格推得定差度全分是加差者加是減
差者減之為推得各月道積度分也録止秒
推第五格月道宿次度分法
置第四格推得首第二位正交下月道積度全分
内加入第一位推得月道積度全分共為同宿第
二位正交宿下推得宿次度分也首位書空箇字
其於各次位月積度全分内減去本位推得月道
積度全分餘為元置減餘位下宿度分如次位數
少如本段不及減者内加入氣象限九十一度三
十一分〇六秒減之也假令如置角宿内減軫宿

置第一格推得各月與赤道正交後宿積度全分，以其第三格推得定差度全分是加差者加，是減差者減之，為推得各月道積度分也，録止秒。

推第五格月道宿次度分法

置第四格推得首第二位正交下月道積度全分，内加入第一位推得月道積度全分，共為同宿第二位正交宿下推得宿次度分也。首位書空箇字，其於各次位月積度全分内減去本位推得月道積度全分，餘為元，置減餘位下宿度分，如次位數少，如本段不及減者，内加入氣象限九十一度三十一分〇六秒減之也。假令如置角宿内減軫宿，

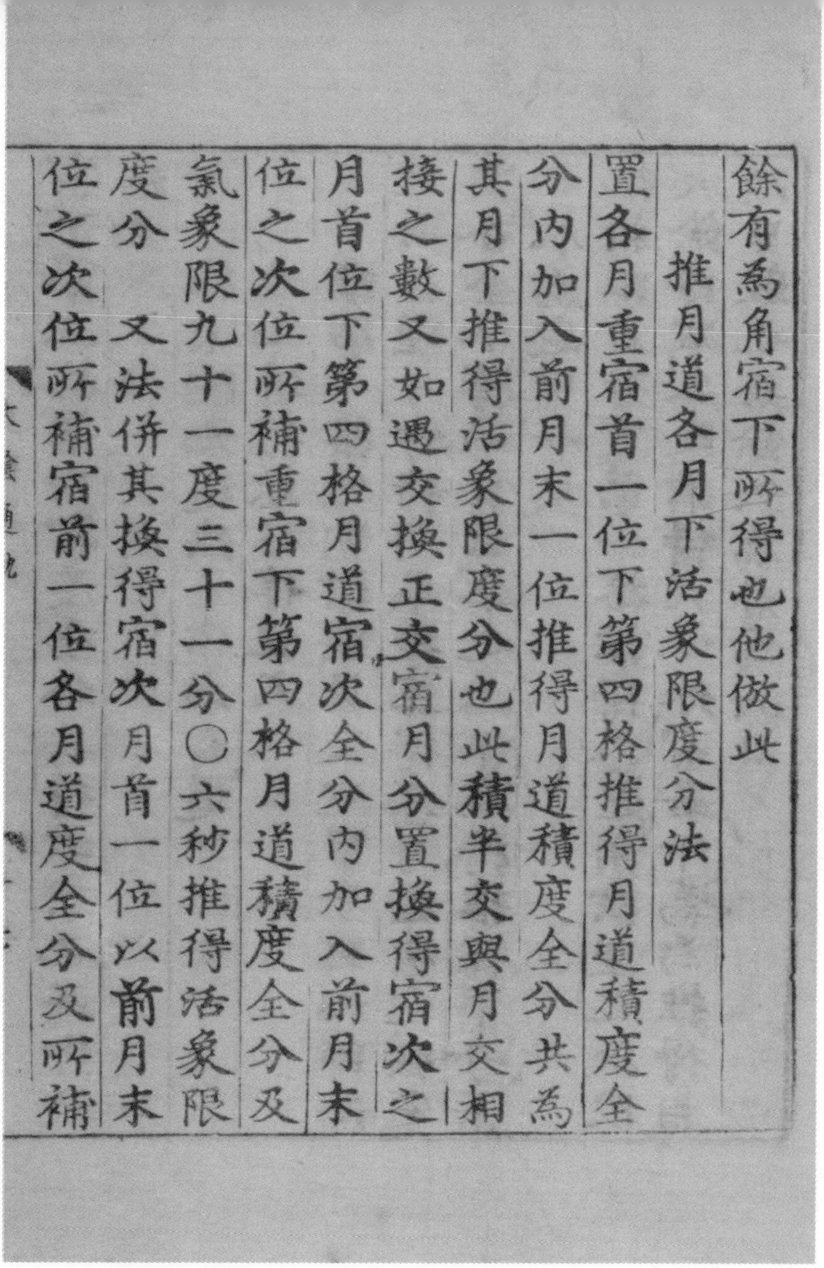

餘有爲角宿下所得也他倣此
推月道各月下活象限度分法
置各月重宿首一位下第四格推得月道積度全分内加入前月末一位推得月道積度全分共爲其月下推得活象限度分也此積半交與月交相接之數又如遇交換正交宿月分置換得宿次之月首位下第四格月道宿次全分内加入前月末位之次位所補重宿下第四格月道積度全分及氣象限九十一度三十一分〇六秒推得活象限度分　又法併其換得宿次月首一位以前月末位之次位所補宿前一位各月道度全分及所補

餘有為角宿下所得也，他倣此。

推月道各月下活象限度分法

置各月重宿首一位下第四格推得月道積度全分，內加入前月末一位推得月道積度全分，共為其月下推得活象限度分也，此積半交與月交相接之數。

又如遇交換正交宿月分，置換得宿次之月首位下第四格月道宿次全分，內加入前月末位之次位所補重宿下第四格月道積度全分，及氣象限九十一度三十一分〇六秒推得活象限度分。

又法，併其換得宿次月首一位，以前月末位之次位所補宿前一位各月道度全分及所補

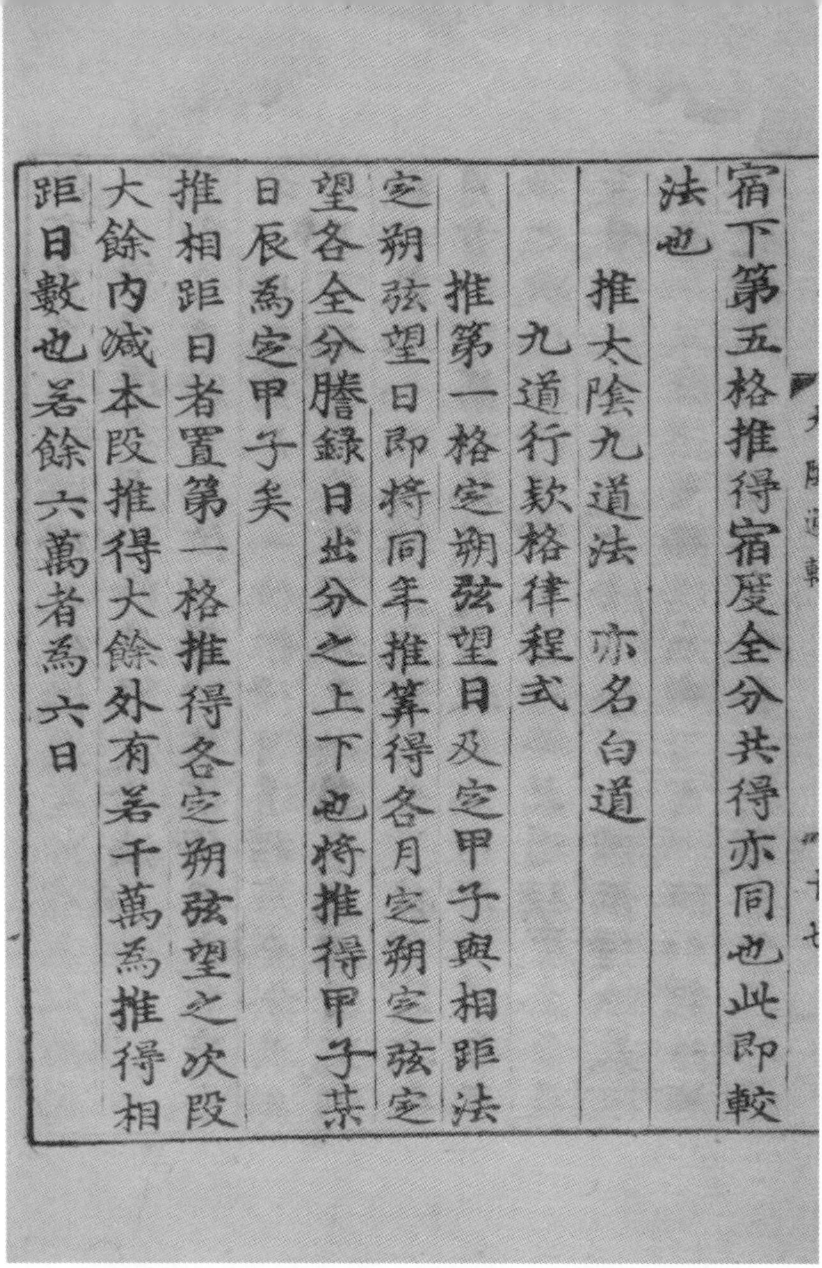
宿下第五格推得宿度全分共得亦同也此即較
法也
推太陰九道法　亦名白道
九道行款格律程式
推第一格定朔弦望日及定甲子與相距法
定朔弦望日即將同年推算得各月定朔定弦定
望各全分謄録日出分之上下也將推得甲子某
日辰為定甲子矣
推相距日者置第一格推得各定朔弦望之次段
大餘内減本段推得大餘外有若干萬為推得相
距日數也若餘六萬者為六日

宿下第五格推得宿度全分，共得亦同也。此即較法也。

推太陰九道法，亦名白道

九道行款格律程式

推第一格定朔弦望日及定甲子與相距法定朔弦望日，即將同年推算得各月定朔定弦定望各全分謄録日出分之上下也，將推得甲子某日辰為定甲子矣。

推相距日者，置第一格推得各定朔弦望之次段大餘，内減本段推得大餘，外有若干萬為推得相距日數也。若餘六萬者，為六日。

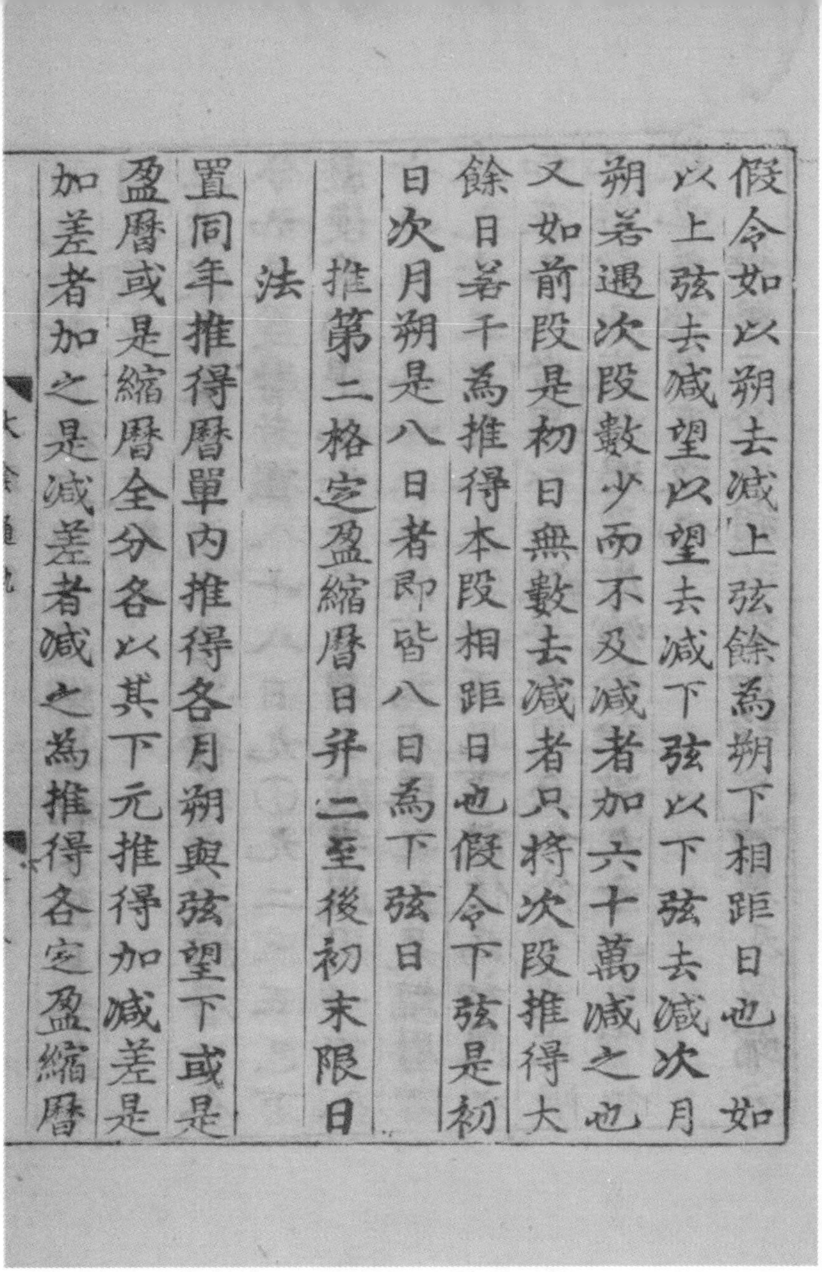
假令如以朔去减上弦餘為朔下相距日也如
以上弦去减望以望去减下弦以下弦去减次月
朔若遇次段數少而不及减者加六十萬减之也
又如前段是初日無數去减者只將次段推得大
餘日若干為推得本段相距日也假令下弦是初
日次月朔是八日者即皆八日為下弦日
推第二格定盈縮曆日并二至後初末限日
法
置同年推得曆單内推得各月朔與弦望下或是
盈曆或是縮曆全分各以其下元推得加减差是
加差者加之是减差者减之為推得各定盈縮曆

假令如以朔去減上弦，餘為朔下相距日也。

如以上弦去減望，以望去減下弦，以下弦去減次月朔，若遇次段數少而不及減者，加六十萬減之也。又如前段是初日無數去減者，只將次段推得大餘日若干為推得本段相距日也。假令下弦是初日，次月朔是八日者，即皆八日為下弦日。

推第二格定盈縮曆日并二至後初末限日法

置同年推得曆單内推得各月朔與弦望下或是盈曆或是縮曆全分，各以其下元推得加減差，是加差者加之，是減差者減之，為推得各定盈縮曆

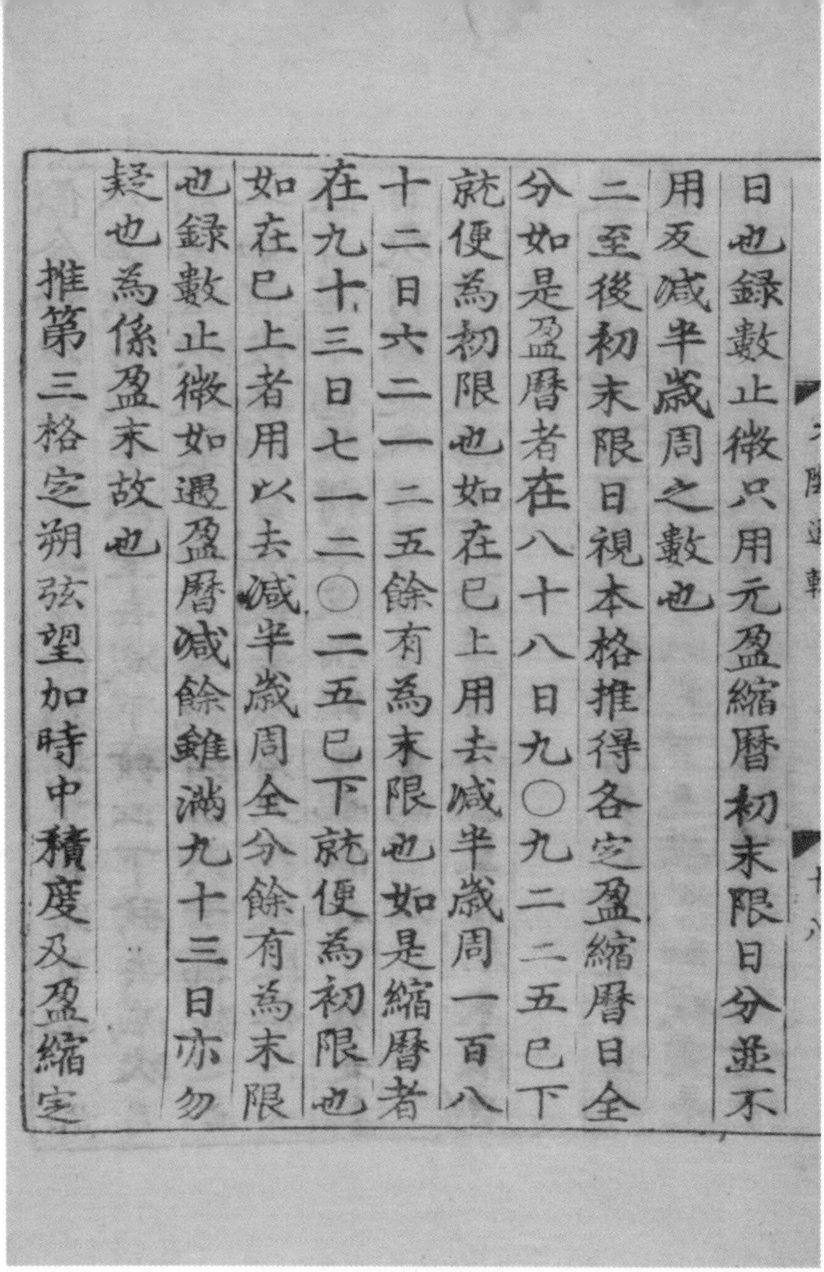
日也録數止微只用元盈縮曆初末限日分並不
用反減半歲周之數也
二至後初末限日視本格推得各定盈縮曆日全
分如是盈曆者在八十八日九〇九二二五已下
就便為初限也如在已上用去減半歲周一百八
十二日六二一二五餘有為末限也如是縮曆者
在九十三日七一二〇二五已下就便為初限也
如在已上者用以去減半歲周全分餘有為末限
也録數止微如遇盈曆減餘雖滿九十三日亦勿
疑也為係盈末故也
推第三格定朔弦望加時中積度及盈縮定

日也，録止微。只用元盈縮曆初末限日分，並不用反減半歲周之數也。

二至後初末限日，視本格推得各定盈縮曆日全分，如是盈曆者在八十八日九〇九二二五已下，就便為初限也。如在已上，用去減半歲周一百八十二日六二一二五，餘有為末限也。如是縮曆者，在九十三日七一二〇二五已下，就便為初限也。如在已上者，用以去減半歲周全分，餘有為末限也，録數止微。如遇盈曆減餘，雖滿九十三日，亦勿疑也，為係盈末故也。

推第三格定朔弦望加時中積度及盈縮定

差度法

置二格推得各定盈縮曆日全分如是盈曆者在
朔下者就便為之在上弦者又加入九十一度三
一四三七五在望下者又加入一百八十二度六
二八七五在下弦者又加入二百七十三度九四
三一二五共為各推得定朔弦望加時中積度分
也如是縮曆者在朔下者加入一百八十二度六
二一二五在上弦者加入二百七十三度九三五
六二五在望下者內減〇度〇〇七五在下弦者
加入九十一度三〇六八七五共為各所得定朔
弦望加時中積度分也盈縮皆數周天三百六十

差度法

置二格推得各定盈縮曆日全分，如是盈曆者，在朔下者就便為之，在上弦者又加入九十一度三一四三七五，在望下者又加入一百八十二度六二八七五，在下弦者又加入二百七十三度九四三一二五，共為各推得定朔弦望加時中積度分也。如是縮曆者，在朔下者加入一百八十二度六二一二五，在上弦者加入二百七十三度九三五六二五，在望下者內減〇度〇〇七五，在下弦者加入九十一度三〇六八七五，共為各所得定朔弦望加時中積度分也。盈縮皆數周天三百六十

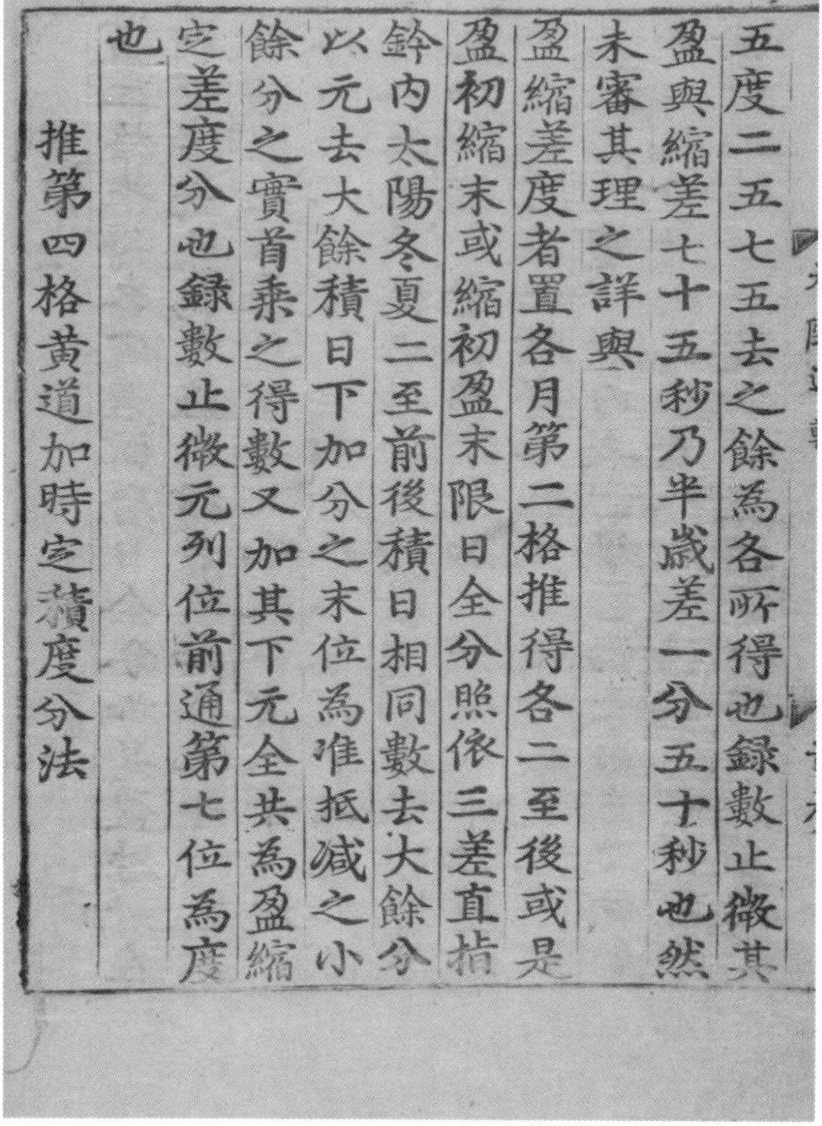
五度二五七五去之餘為各所得也録數止微其
盈與縮差七十五秒乃半歲差一分五十秒也然
未審其理之詳與
盈縮差度者置各月第二格推得各二至後或是
盈初縮末或縮初盈末限日全分照依三差直指
鈐內太陽冬夏二至前後積日相同數去大餘分
以元去大餘積日下加分之末位為准抵減之小
餘分之實首乘之得數又加其下元全共為盈縮
定差度分也録數止微元列位前通第七位為度
也
推第四格黃道加時定積度分法

五度二五七五去之，餘為各所得也，録數止微。其盈與縮差七十五秒乃半歲差一分五十秒也，然未審其理之詳與。

盈縮差度者，置各月第二格推得各二至後或是盈初縮末或縮初盈末限日全分，照依三差直指鈐內太陽冬夏二至前後積日相同數去大餘分，以元去大餘積日下加分之末位為准，抵減之小餘分之實首乘之，得數又加其下元，全共為盈縮定差度分也，録數止微，元列位前通第七位為度也。

推第四格黃道加時定積度分法

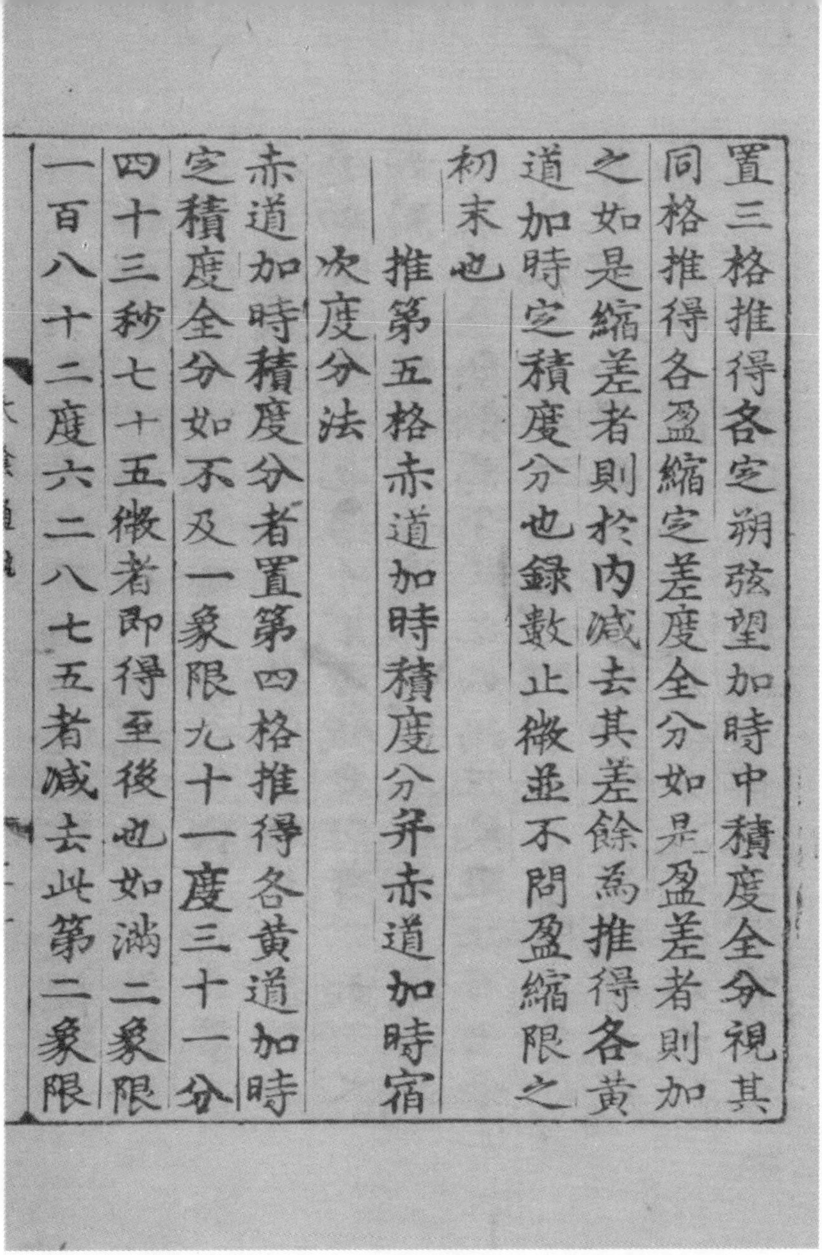
置三格推得各定朔弦望加時中積度全分視其
同格推得各盈縮定差度全分如是盈差者則加
之如是縮差者則扵内減去其差餘為推得各黄
道加時定積度分也録數止微並不問盈縮限之
初末也
推第五格赤道加時積度分并赤道加時宿
次度分法
赤道加時積度分者置第四格推得各黄道加時
定積度全分如不及一象限九十一度三十一分
四十三秒七十五微者即得至後也如滿二象限
一百八十二度六二八七五者減去此第二象限

置三格推得各定朔弦望加時中積度全分，視其同格推得各盈縮定差度全分，如是盈差者則加之，如是縮差者則扵內減去其差，餘為推得各黄道加時定積度分也，録數止微，並不問盈縮限之初末也。

推第五格赤道加時積度分并赤道加時宿次度分法

赤道加時積度分者，置第四格推得各黄道加時定積度全分，如不及一象限九十一度三十一分四十三秒七十五微者，即得至後也。如滿二象限一百八十二度六二八七五者，減去此第二象限

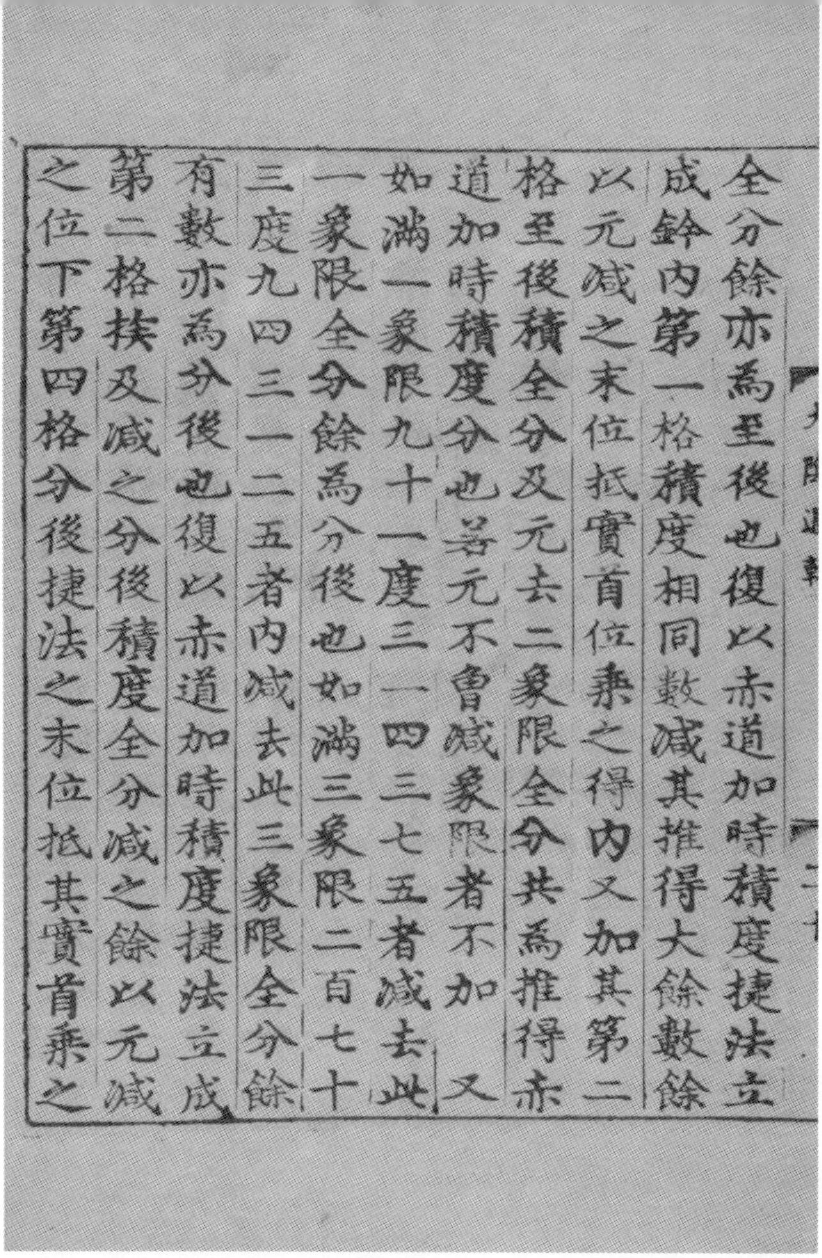
全分餘亦為至後也復以赤道加時積度捷法立
成鈐內第一格積度相同數減其推得大餘數餘
以元減之末位抵實首位乘之得內又加其第二
格至後積全分及元去二象限全分共為推得赤
道加時積度分也若元不曾減象限者不加　又
如滿一象限九十一度三一四三七五者減去此
一象限全分餘為分後也如滿三象限二百七十
三度九四三一二五者內減去此三象限全分餘
有數亦為分後也復以赤道加時積度捷法立成
第二格挨及減之分後積度全分減之餘以元減
之位下第四格分後捷法之末位抵其實首乘之

全分，餘亦為至後也。復以赤道加時積度捷法立成鈐內第一格積度相同數減其推得大餘數，餘以元減之末位，抵實首位乘之，得內又加其第二格至後積全分及元去二象限全分，共為推得赤道加時積度分也。若元不曾減象限者不加。

又如滿一象限九十一度三一四三七五者，減去此一象限全分，餘為分後也。

如滿三象限二百七十三度九四三一二五者，內減去此三象限全分，餘有數亦為分後也。復以赤道加時積度捷法立成第二格挨及減之分後積度全分減之，餘以元減之位下第四格分後捷法之末位，抵其實首乘之，

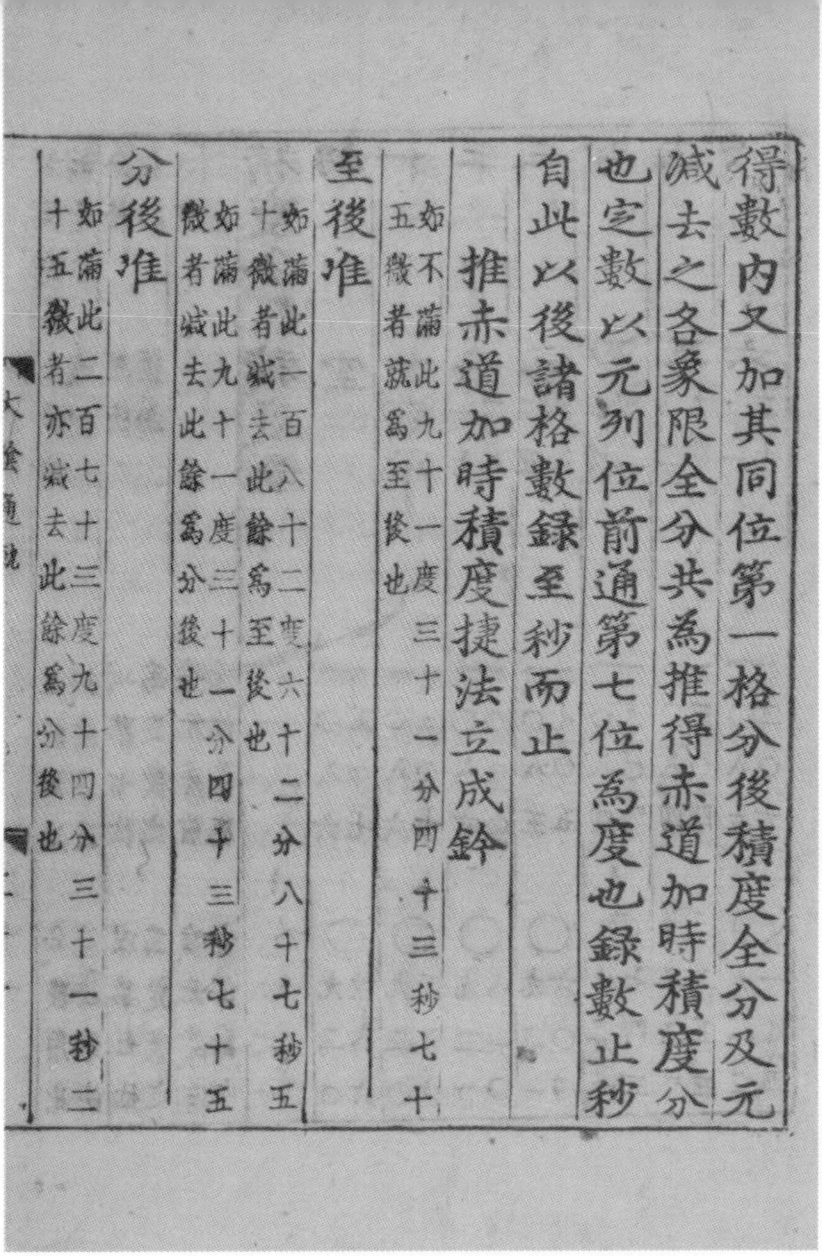

得數内又加其同位第一格分後積度全分及元減去之各象限全分，共為推得赤道加時積度分也。定數以元列位前通第七位為度也，録數止秒，自此以後諸格數録至秒而止。

推赤道加時積度捷法立成鈐

如不滿此九十一度三十一分四十三秒七十五微者，就為至後也。

至後准

如滿此一百八十二度六十二分八十七秒五十微者，減去此，餘為至後也。

如滿此九十一度三十一分四十三秒七十五微者，減去此，餘為分後也。

分後准

如滿此二百七十三度九十四分三十一秒二十五微者，亦減去此，餘為分後也。

至後先減此 分後復加	分後先減此 至後復加	至後用此捷法，乘法 以第七位為定數之 准元，萬前七位為度	分後用此捷法，乘法 以第七位為定數之 准元，萬前七位為度
積度分	**積度分**		
初	空	一〇八六五〇七	〇九二〇三八六
一	一〇八六五	一〇八六三〇七	〇九二〇五五六
二	二一七二八	一〇八六〇〇〇	〇九二〇八一〇
三	三二五八八	一〇八五七〇五	〇九二一六〇四
四	四三四四五	一〇八四九〇四	〇九二一七四三
五	五四二九四	一〇八四三〇四	〇九二二二五三
六	六五一三七	一〇八三三〇六	〇九二三一〇五

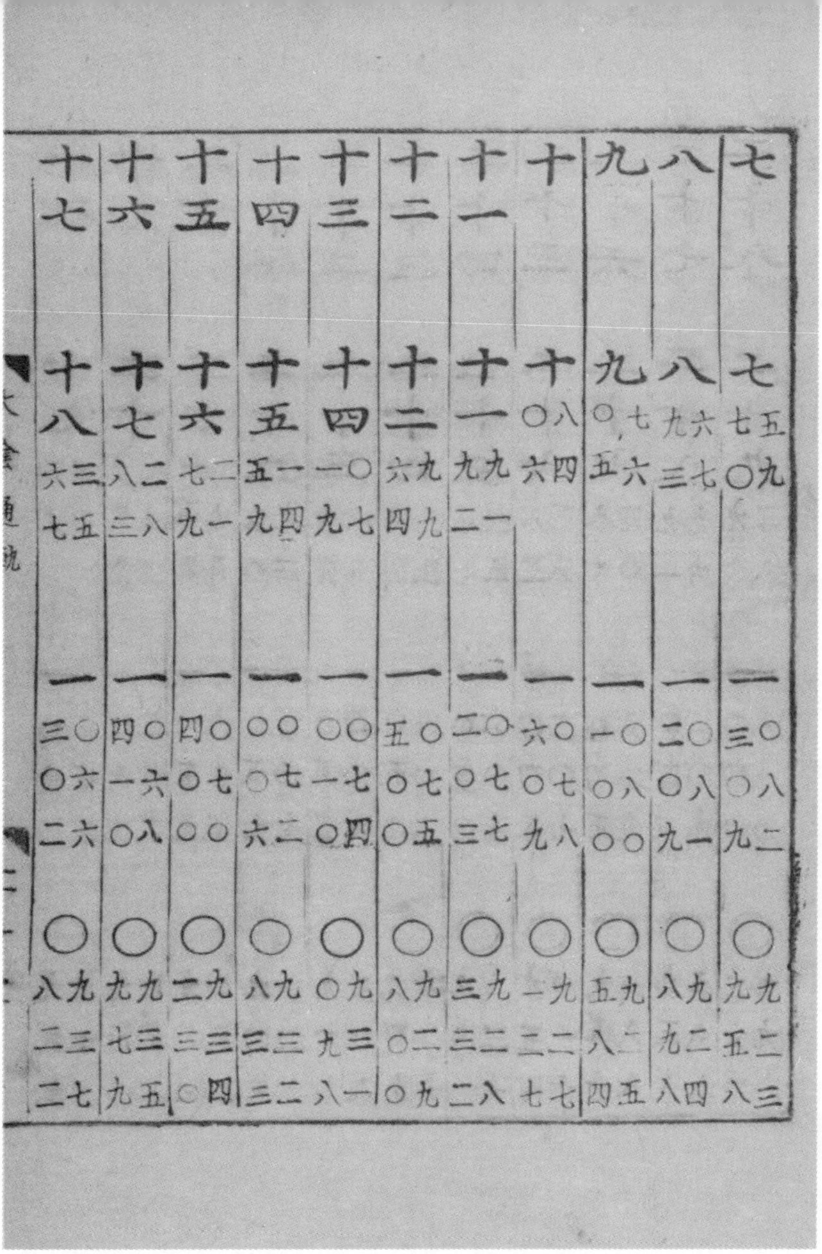

七	七五九七〇	一〇八二三〇九	〇九二三九五八
八	八六七九三	一〇八一二〇九	〇九二四八九八
九	九七六〇五	一〇八〇一〇〇	〇九二五五八四
十	十八四〇六	一〇七八六〇九	〇九二七一二七
十一	十一九一九二	一〇七七二〇三	〇九二八三三二
十二	十二九九六四	一〇七五五〇〇	〇九二九八〇〇
十三	十四〇七一九	一〇七四〇一〇	〇九三一〇九八
十四	十五一四五九	一〇七二〇〇六	〇九三二八三三
十五	十六二一七九	一〇七〇四〇〇	〇九三四二三〇
十六	十七二八八三	一〇六八四一〇	〇九三五九七九
十七	十八三五六七	一〇六六三〇二	〇九三七八二二

十八	十九四二三〇	一〇六四二〇三	〇九三九六七二
十九	二十〇四八七二	一〇六二二〇二	〇九四一四四二
二十	二十一五四九四	一〇五九九〇五	〇九四三四八五
二十一	二十二六〇九三	一〇五七五〇七	〇九四五六二
二十二	二十三六六六八	一〇五五四〇八	〇九四七五〇八
二十三	二十四七二二二	一〇五三〇〇八	〇九四九六六七
二十四	二十五七七二五	一〇五〇六〇七	〇九五一八三七
二十五	二十六八二五八	一〇四八二〇七	〇九五四〇一六
二十六	二十七八七四〇	一〇四五六〇九	〇九五六三八八
二十七	二十八九一九六	一〇四三二〇九	〇九五八五八八
二十八	二十九九六二八	一〇四〇八一〇	〇九六〇七九九

二十九	三十一〇〇三六	一〇三八二〇五	〇九六三二〇五
三十	三十二〇四一八	一〇三五五〇七	〇九六五七一七
三十一	三十三〇七七三	一〇三三二〇七	〇九六七八六六
三十二	三十四一一〇五	一〇三〇六〇九	〇九七〇三〇八
三十三	三十五一四一一	一〇二八〇〇二	〇九七二七六二
三十四	三十六一六九一	一〇二五四〇九	〇九七五二二九
三十五	三十七一九四五	一〇二二九〇二	〇九七七六一二
三十六	三十八二一七四	一〇二〇三〇四	〇九八〇一〇三
三十七	三十九二三七七	一〇一七七〇八	〇九八二六〇七
三十八	四十〇二五五四	一〇一五二〇七	〇九八五〇二七
三十九	四十一二七〇六	一〇一一六〇六	〇九八七五五六

四十〇	四十二二八三二	一〇一〇二〇三	〇九八九九〇二
四十一	四十三二九三四	一〇〇七五〇五	〇九九二五五五
四十二	四十四三〇〇九	一〇〇四九〇三	〇九九五一二三
四十三	四十五三〇五八	一〇〇二七〇七	〇九九七三〇七
四十四	四十六三〇八五	一〇〇〇〇〇〇	一〇〇〇〇〇〇
四十五	四十七三〇八五	〇九九七四〇六	一〇〇二六〇六
四十六	四十八三〇五九	〇九九五一〇四	一〇〇四九二四
四十七	四十九三〇一〇	〇九九二五〇六	一〇〇七五五六
四十八	五十〇二九三五	〇九九〇一〇八	一〇〇九九九八
四十九	五十一二八三六	〇九八七六〇五	一〇一二五五五
五十〇	五十二二七一二	〇九八五一〇五	一〇一五一二五

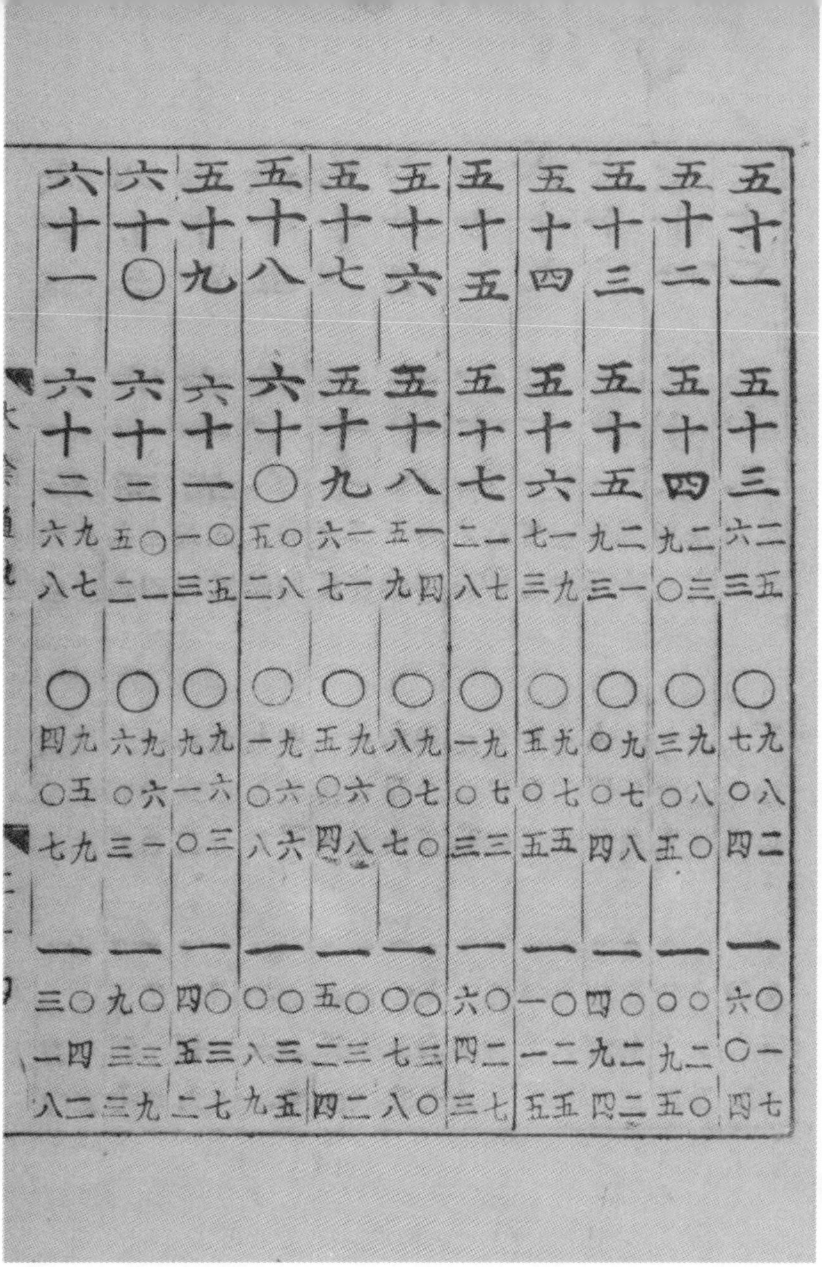

五十一	五十三二五六三	〇九八二七〇四	一〇一七六〇四
五十二	五十四二三九〇	〇九八〇三〇五	一〇二〇〇九五
五十三	五十五二一九三	〇九七八〇〇四	一〇二二四九四
五十四	五十六一九七三	〇九七五五〇五	一〇二五一一五
五十五	五十七一七二八	〇九七三一〇三	一〇二七六四三
五十六	五十八一四五九	〇九七〇八〇七	一〇三〇〇七八
五十七	五十九一一六七	〇九六八五〇四	一〇三二五二四
五十八	六十〇〇八五二	〇九六六一〇八	一〇三五〇八九
五十九	六十一〇五一三	〇九六三九一〇	一〇三七四五二
六十〇	六十二〇一五二	〇九六一六〇三	一〇三九九三三
六十一	六十二九七六八	〇九五九四〇七	一〇四二三一八

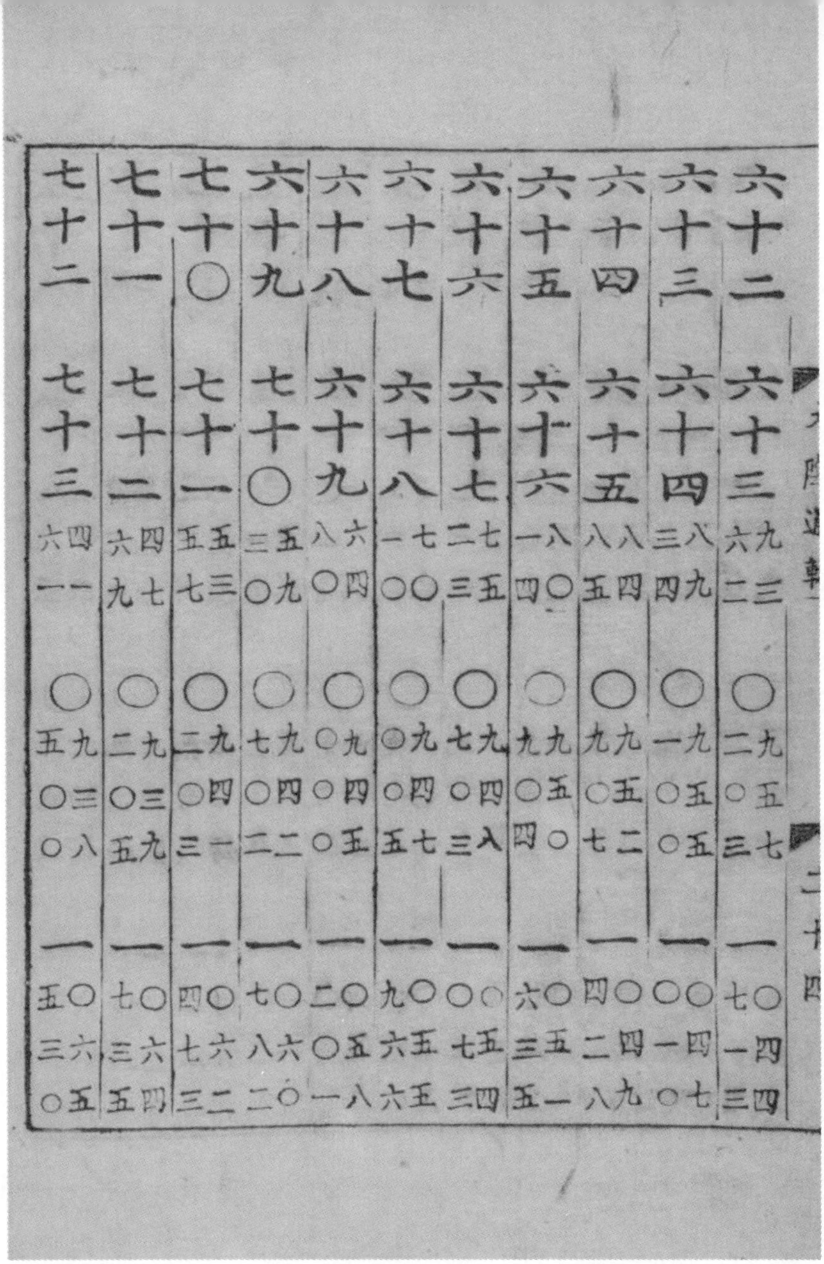

六十二	六十三九三六二	〇九五七二〇三	一〇四四七一三
六十三	六十四八九三四	〇九五五一〇〇	一〇四七〇一〇
六十四	六十五八四八五	〇九五二九〇七	一〇四九四二八
六十五	六十六八〇一四	〇九五〇九〇四	一〇五一六三五
六十六	六十七七五二三	〇九四八七〇三	一〇五四〇七三
六十七	六十八七〇一〇	〇九四七〇〇五	一〇五五九六六
六十八	六十九六四八〇	〇九四五〇〇〇	一〇五八二〇一
六十九	七十〇五九三〇	〇九四二七〇二	一〇六〇七八二
七十〇	七十一五三五七	〇九四一二〇三	一〇六二四七三
七十一	七十二四七六九	〇九三九二〇五	一〇六四七三五
七十二	七十三四一六一	〇九三八五〇〇	一〇六五五三〇

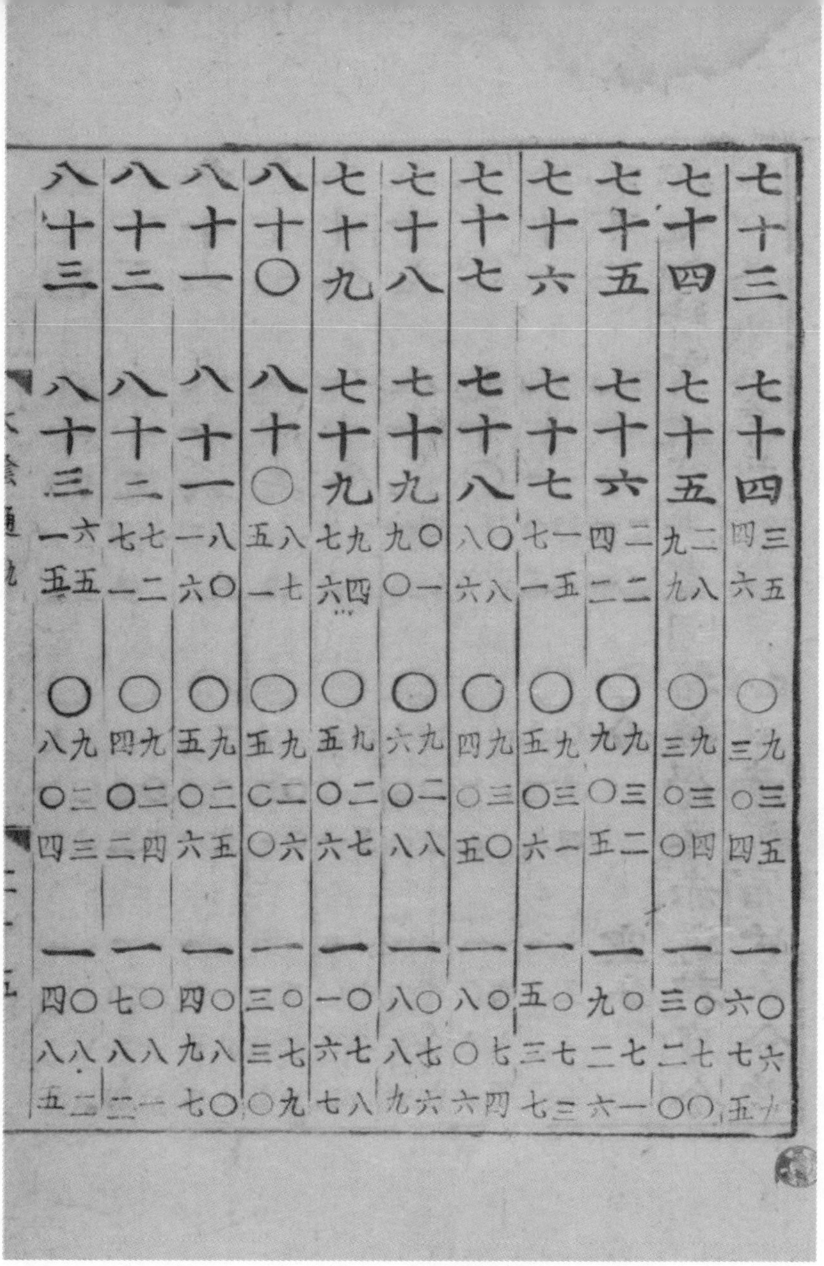

七十三	七十四三五四六	〇九三五三〇四	一〇六九六七五
七十四	七十五二八九九	〇九三四三〇〇	一〇七〇三二〇
七十五	七十六二二四二	〇九三二九〇五	一〇七一九二六
七十六	七十七一五七一	〇九三一五〇六	一〇七三五三七
七十七	七十八〇八八六	〇九三〇四〇五	一〇七四八〇六
七十八	七十九〇一九〇	〇九二八六〇八	一〇七六八八九
七十九	七十九九四七六	〇九二七五〇六	一〇七八一六七
八十〇	八十〇八七五一	〇九二六五〇〇	一〇七九三三〇
八十一	八十一八〇一六	〇九二五五〇六	一〇八〇四九七
八十二	八十二七二七一	〇九二四四〇二	一〇八一七八二
八十三	八十三六五一五	〇九二三八〇四	一〇八二四八五

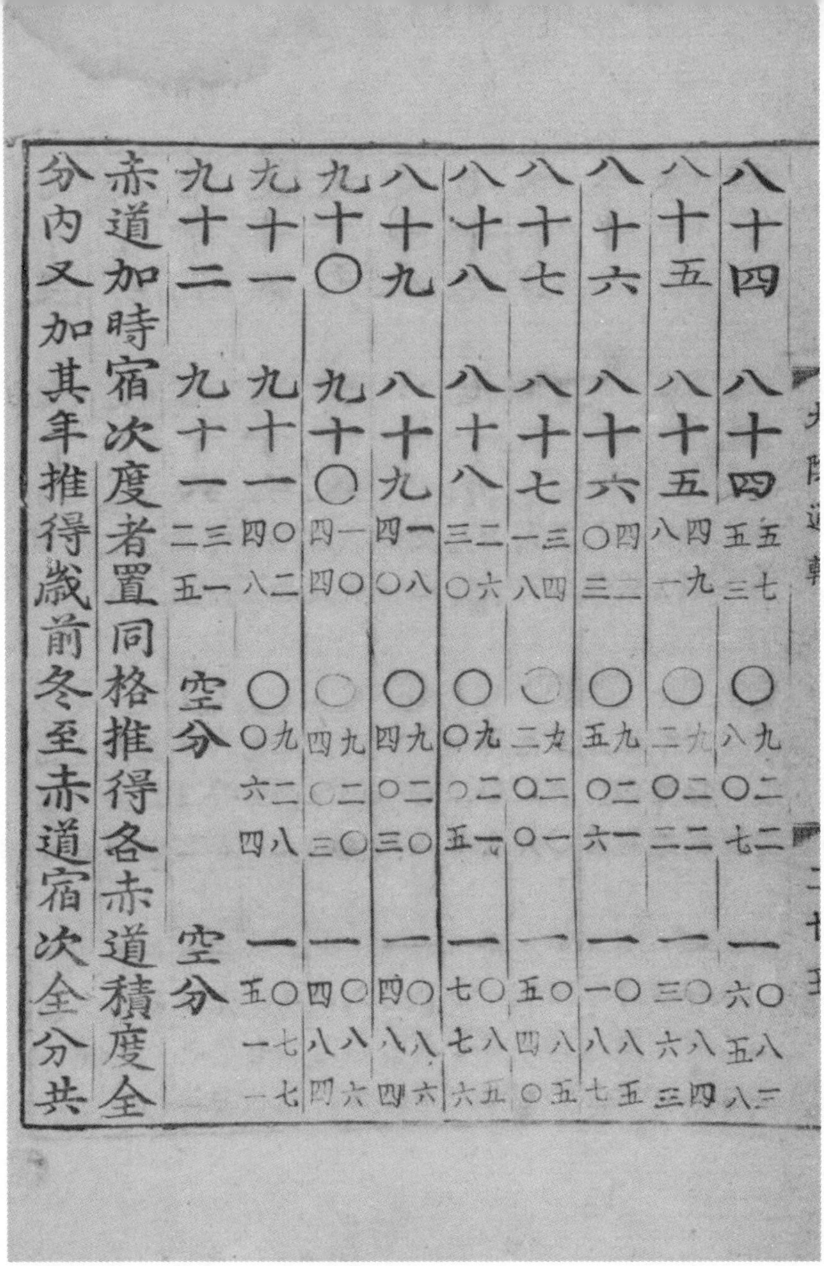

八十四	八十四五七五三	〇九二二八〇七	一〇八三六五八
八十五	八十五四九八一	〇九二二二〇二	一〇八四三六三
八十六	八十六四二〇三	〇九二一五〇六	一〇八五一八七
八十七	八十七三四一八	〇九二一二〇〇	一〇八五五四〇
八十八	八十八二六三〇	〇九二一〇〇五	一〇八五七七六
八十九	八十九一八四〇	〇九二〇四〇三	一〇八六四八四
九十〇	九十〇一〇四四	〇九二〇四〇三	一〇八六四八四
九十一	九十一〇二四八	〇九二八〇六四	一〇七七五一一
九十二	九十一三一二五	空分	空分

赤道加時宿次度者，置同格推得各赤道積度全分，內又加其年推得歲前冬至赤道宿次全分，共

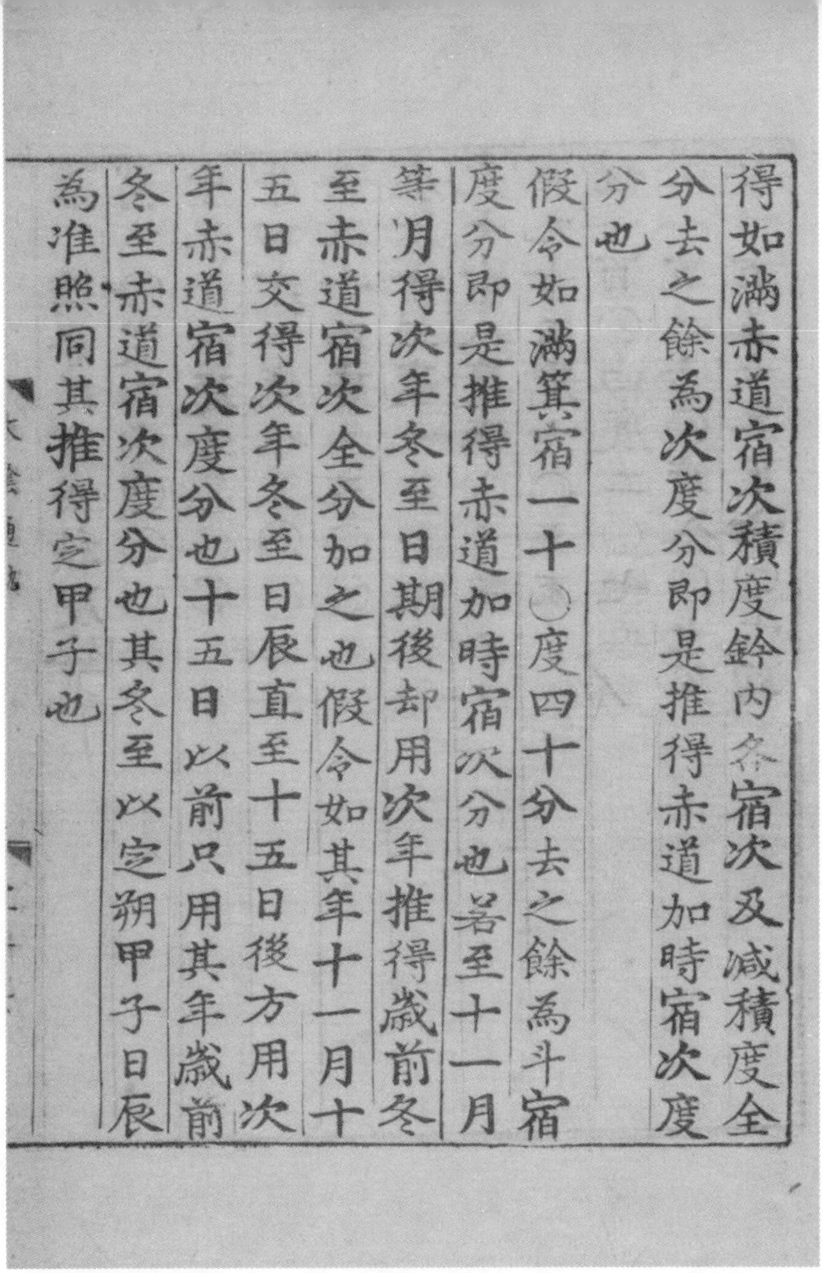

得如滿赤道宿次積度鈐内各宿次及减積度全分去之餘為次度分即是推得赤道加時宿次度分也
假令如滿箕宿一十〇度四十分去之餘為斗宿度分即是推得赤道加時宿次分也若至十一月等月得次年冬至日期後却用次年推得歲前冬至赤道宿次全分加之也假令如其年十一月十五日交得次年冬至日辰直至十五日後方用次年赤道宿次度分也十五日以前只用其年歲前冬至赤道宿次度分也其冬至以定朔甲子日辰為准照同其推得定甲子也

得如滿赤道宿次積度鈐內各宿次及減積度全分去之，餘為次度分，即是推得赤道加時宿次度分也。

假令如滿箕宿一十〇度四十分去之，餘為斗宿度分，即是推得赤道加時宿次分也。若至十一月等月得次年冬至日期後，却用次年推得歲前冬至赤道宿次全分加之也。

假令如其年十一月十五日交得次年冬至日辰，直至十五日後，方用次年赤道宿次度分也。十五日以前，只用其年歲前冬至赤道宿次度分也。其冬至以定朔甲子日辰為准，照同其推得定甲子也。

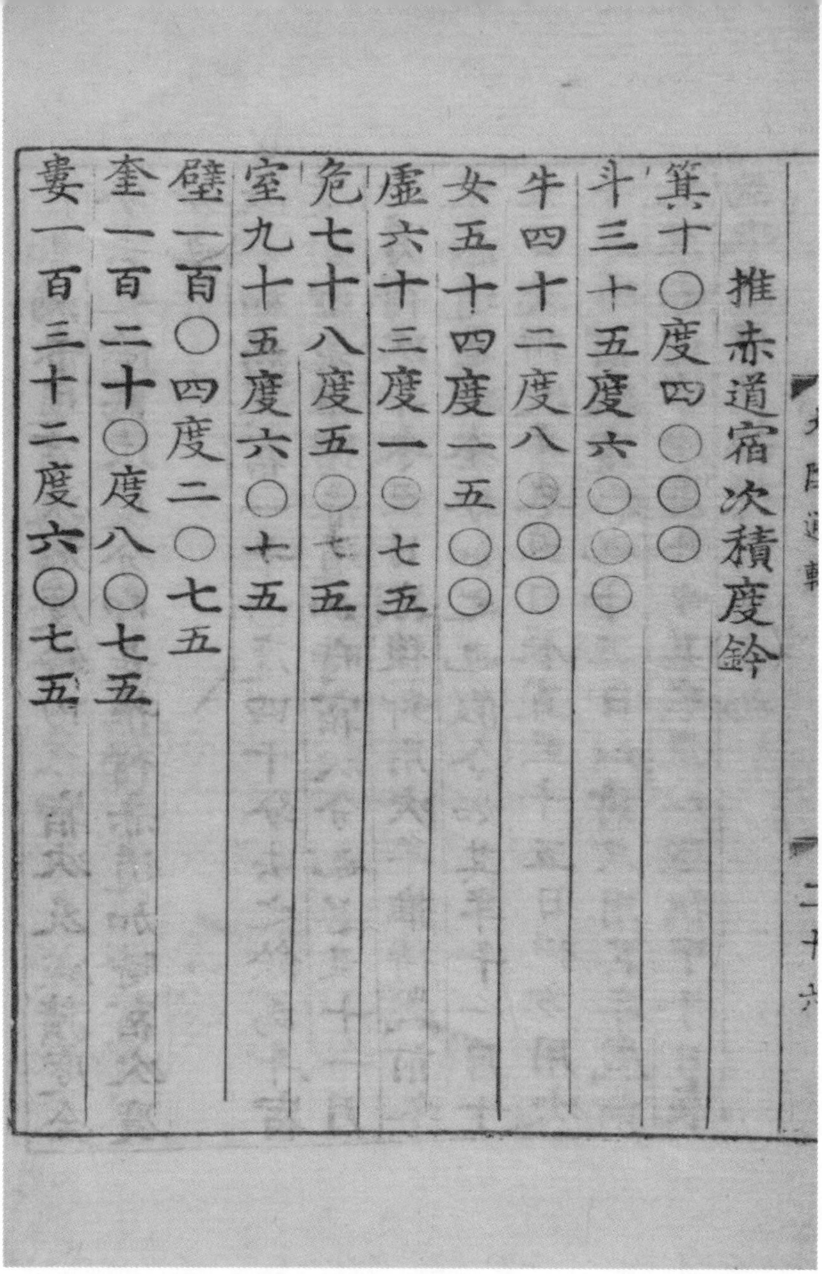
推赤道宿次積度鈐
箕十〇度四〇〇〇
斗三十五度六〇〇〇
牛四十二度八〇〇〇
女五十四度一五〇〇
虛六十三度一〇七五
危七十八度五〇七五
室九十五度六〇七五
壁一百〇四度二〇七五
奎一百二十〇度八〇七五
婁一百三十二度六〇七五

推赤道宿次積度鈐

箕	十〇度四〇〇〇
斗	三十五度六〇〇〇
牛	四十二度八〇〇〇
女	五十四度一五〇〇
虛	六十三度一〇七五
危	七十八度五〇七五
室	九十五度六〇七五
壁	一百〇四度二〇七五
奎	一百二十〇度八〇七五
婁	一百三十二度六〇七五

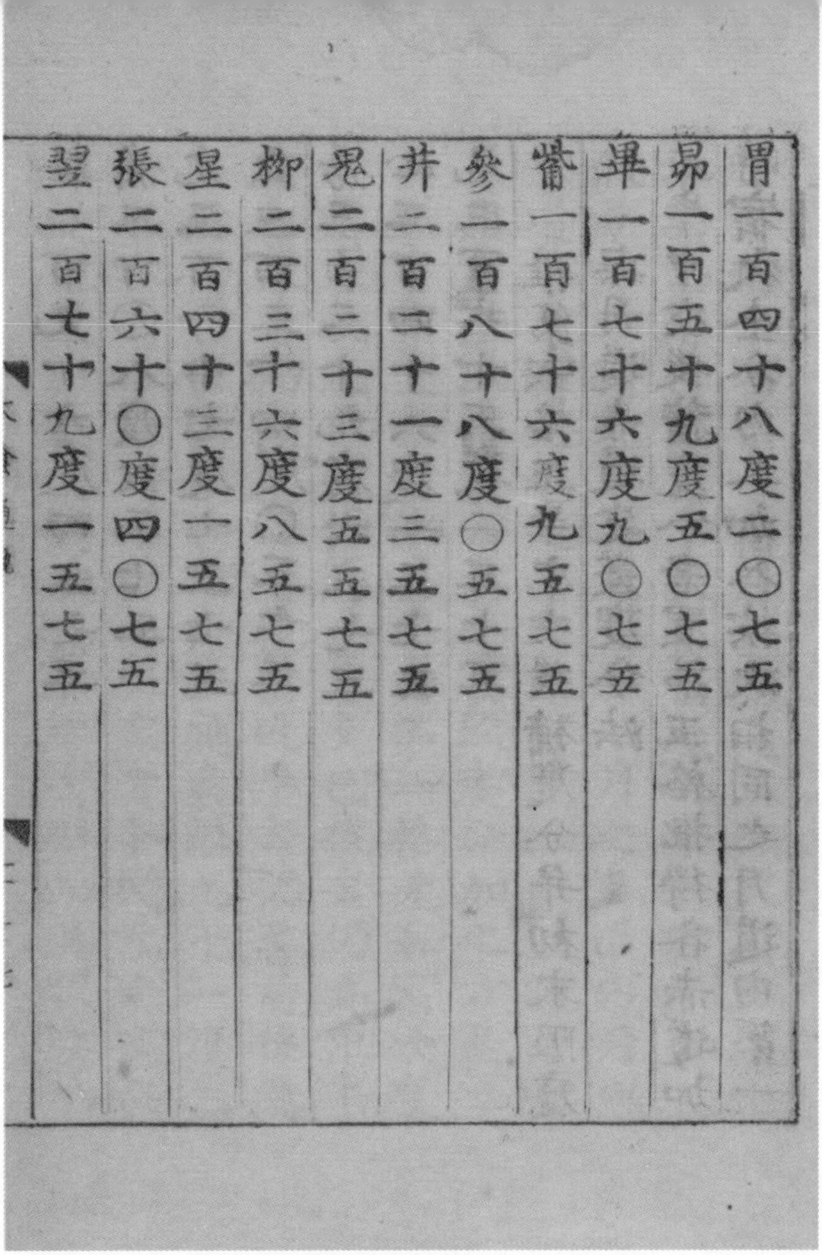

胃	一百四十八度二〇七五
昴	一百五十九度五〇七五
畢	一百七十六度九〇七五
觜	一百七十六度九五七五
參	一百八十八度〇五七五
井	二百二十一度三五七五
鬼	二百二十三度五五七五
柳	二百三十六度八五七五
星	二百四十三度一五七五
張	二百六十〇度四〇七五
翌[1]	二百七十九度一五七五

1“翌”當作“翼”。

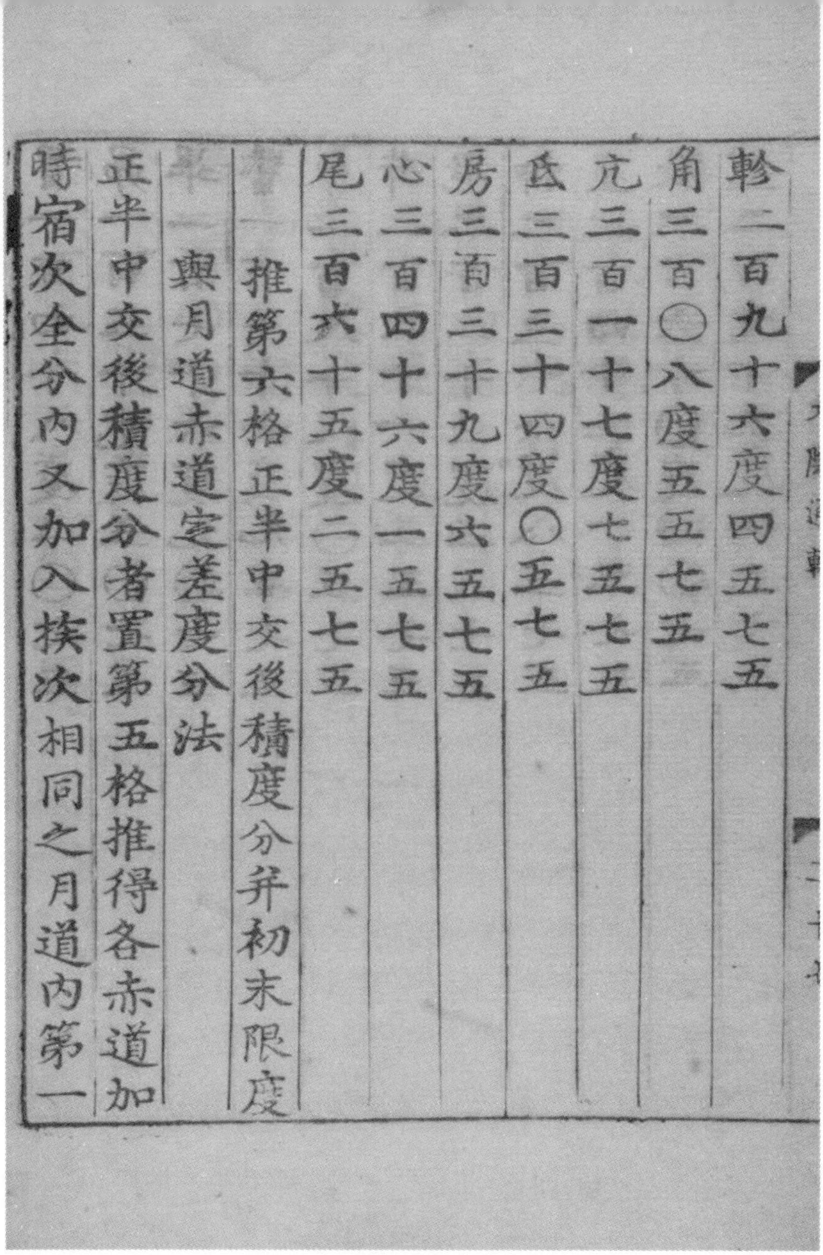
軫二百九十六度四五七五
角三百〇八度五五七五
亢三百一十七度七五七五
氐三百三十四度〇五七五
房三百三十九度六五七五
心三百四十六度一五七五
尾三百六十五度二五七五
推第六格正半中交後積度分并初末限度
與月道赤道定差度分法
正半中交後積度分者置第五格推得各赤道加
時宿次全分內又加入挨次相同之月道內第一

軫	二百九十六度四五七五
角	三百〇八度五五七五
亢	三百一十七度七五七五
氐	三百三十四度〇五七五
房	三百三十九度六五七五
心	三百四十六度一五七五
尾	三百六十五度二五七五

推第六格正半中交後積度分并初末限度與月道赤道定差度分法

正半中交後積度分者，置第五格推得各赤道加時宿次全分，內又加入挨次相同之月道內第一

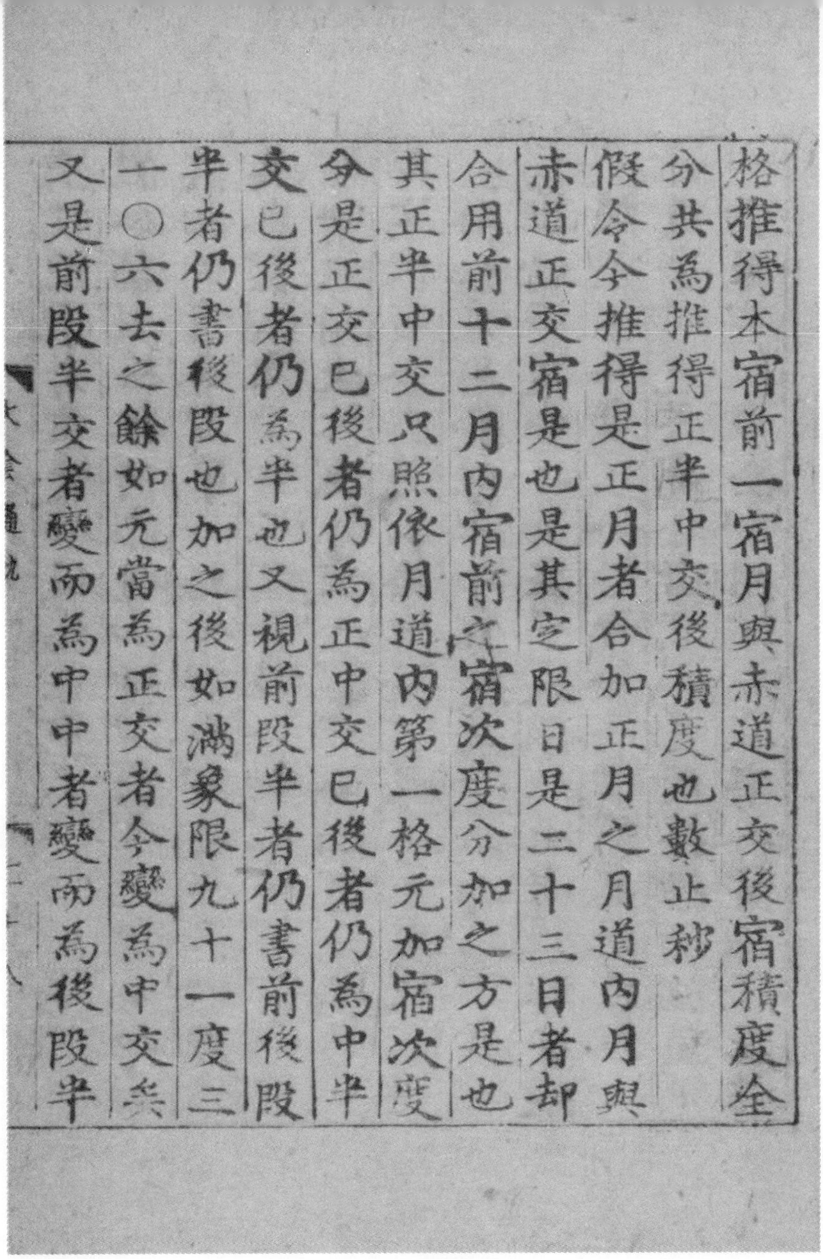
格推得本宿前一宿月與赤道正交後宿積度全
分共為推得正半中交後積度也數止秒
假令今推得是正月者合加正月之月道內月與
赤道正交宿是也是其定限日是二十三日者却
合用前十二月內宿前之宿次度分加之方是也
其正半中交只照依月道內第一格元加宿次度
分是正交已後者仍為正中交已後者仍為中半
交已後者仍為半也又視前段半者仍書前後段
半者仍書後段也加之後如滿象限九十一度三
一〇六去之餘如元當為正交者今變為中交矣
又是前段半交者變而為中中者變而為後段半

格推得本宿前一宿月與赤道正交後宿積度全分，共為推得正半中交後積度也，數止秒。

假令今推得是正月者，合加正月之月道內月與赤道正交宿是也。是其定限日是二十三日者，却合用前十二月內宿前之宿次度分加之，方是也。其正半中交，只照依月道內第一格元加宿次度分。是正交已後者，仍為正，中交已後者，仍為中，半交已後者，仍為半也。

又視前段半者，仍書前，後段半者，仍書後段也。加之後如滿象限九十一度三一〇六，去之，餘如元當爲正交者，今變為中交矣。又是前段半交者，變而為中，中者變而為後段，半

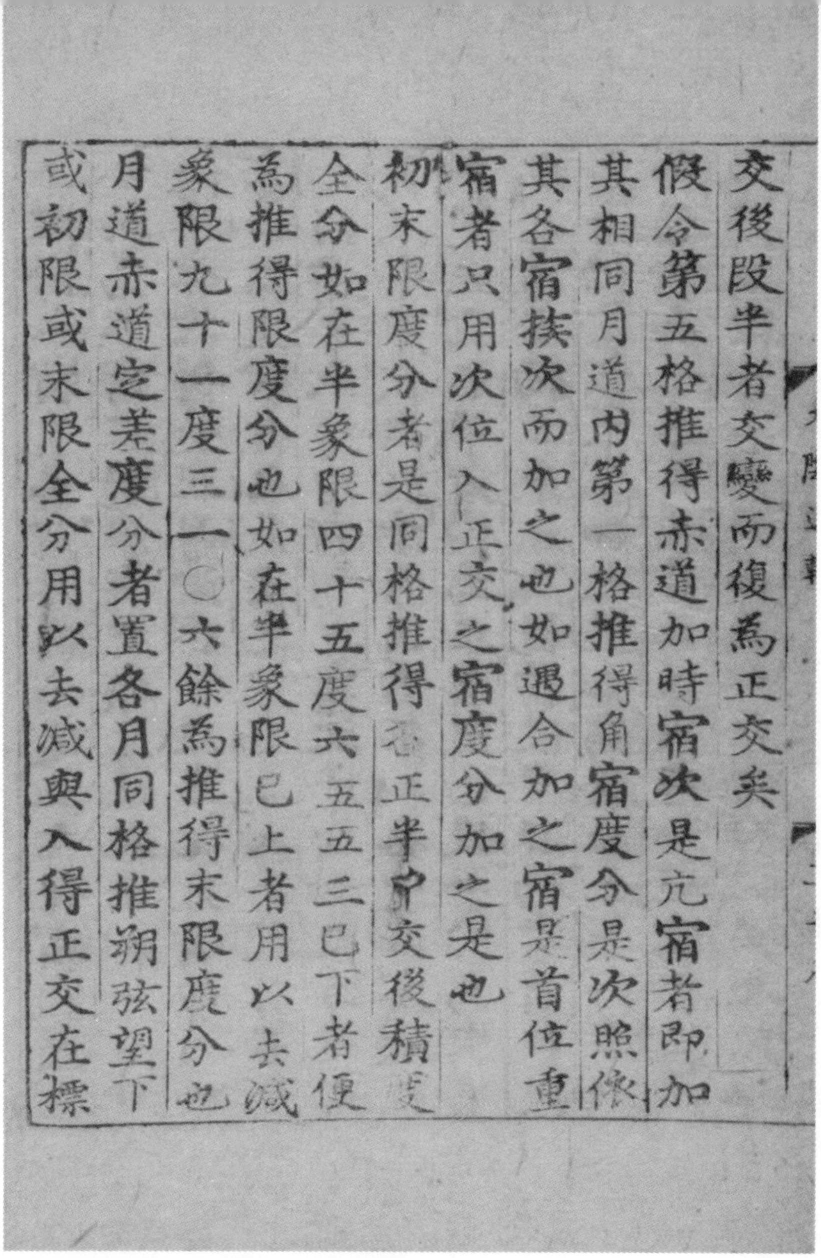

交後段半者，交變而復為正交矣。

假令第五格推得赤道加時宿次是亢宿者，即加其相同月道内第一格推得角宿度分，是次照依其各宿挨次而加之也。如遇合加之宿是首位重宿者，只用次位入正交之宿度分加之是也。

初末限度分者，是同格推得各正半中交後積度全分，如在半象限四十五度六五五三已下者，便為推得限度分也。如在半象限已上者，用以去減象限九十一度三一〇六，餘為推得末限度分也。

月道赤道定差度分者，置各月同格推朔弦望下或初限或末限全分，用以去減與入得正交在標

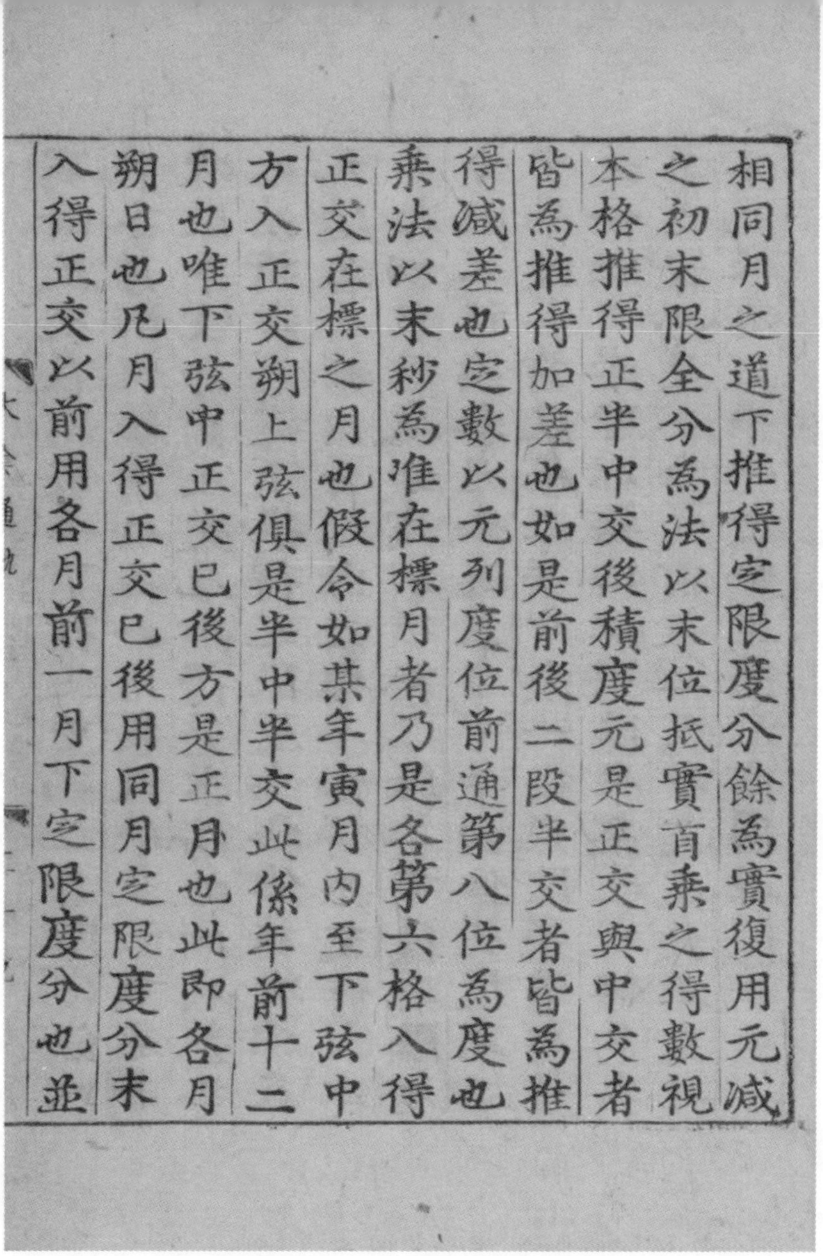

相同月之道下推得定限度分餘為實復用元減
之初末限全分為法以末位抵實首乘之得數視
本格推得正半中交後積度元是正交與中交者
皆為推得加差也如是前後二段半交者皆為推
得減差也定數以元列度位前通第八位為度也
乘法以末秒為准在標月者乃是各第六格入得
正交在標之月也假令如某年寅月內至下弦中
方入正交朔上弦俱是半中半交此係年前十二
月也唯下弦中正交已後方是正月也此即各月
朔日也凡月入得正交已後用同月定限度分末
入得正交以前用各月前一月下定限度分也並

相同月之道下推得定限度分，餘為實，復用元減之初末限全分為法，以末位抵實首乘之，得數視本格推得正半中交後積度元是正交與中交者，皆為推得加差也。如是前後二段半交者，皆為推得減差也。定數以元列度位前通第八位為度也，乘法以末秒為准，在標月者乃是各第六格入得正交在標之月也。

假令如某年寅月內至下弦中，方入正交，朔上弦俱是半中半交，此係年前十二月也。唯下弦中正交已後，方是正月也，此即各月朔日也。凡月入得正交已後，用同月定限度分，末入得正交以前，用各月前一月下定限度分也，並

不論正交在朔與上下弦及望也正月既定餘以
其各月挨次而用之又如用後段半交而重見者
次段半交即為正交也推得差亦為之加減差也
又法將各月道下推得定限度全分依挨次標在
九道各月相同月之內在標入如得正交位上以
其格初末限度分減而復乘之庶不差使定限度
分也又視其各月如遇正半中半四位後復見正
中半欠一前段半正半中欠一復後段半半中半
欠一正交者皆以挨四位後段半交之次位為各
月之交也並不論欠前後二段半交及欠正交之
分也又有正半半欠一中交者亦同此例

不論正交在朔與上下弦及望也。正月既定，餘以其各月挨次而用之。又如用後段半交而重見者，次段半交即為正交也，推得差亦為之加減差也。

又法，將各月道下推得定限度全分依挨次標在九道各月相同月之內，在標入如得正交位上，以其格初末限度分減而復乘之，庶不差使定限度分也。又視其各月，如遇正半中半四位後復見正中半欠一前段，半正半中欠一復後段半，半中半欠一正交者，皆以挨四位後段半交之次位為各月之交也，並不論欠前後二段半交及欠正交之分也。又有正半半欠一中交者，亦同此例。

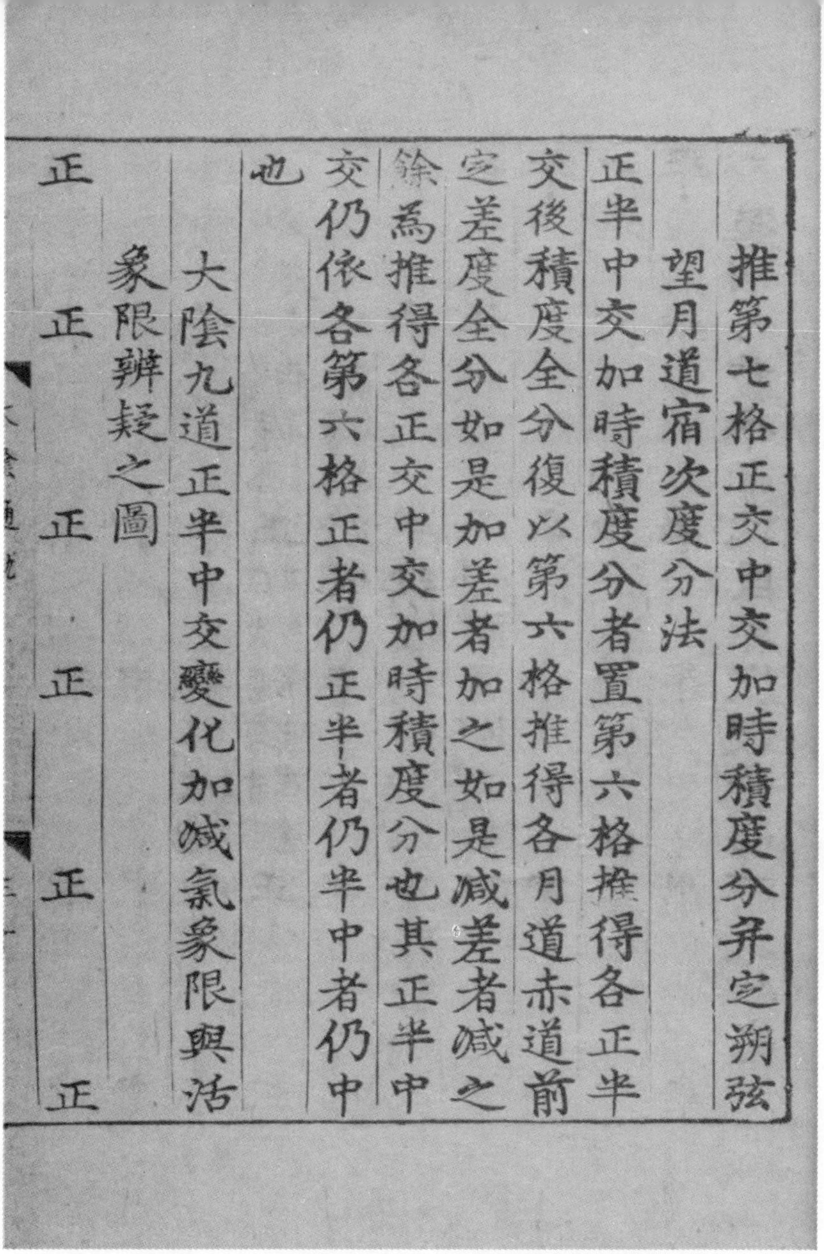

推第七格正交中交加時積度分并定朔弦望月道宿次度分法

正半中交加時積度分者，置第六格推得各正半交後積度全分，復以第六格推得各月道赤道前定差度全分，如是加差者加之，如是減差者減之，餘為推得各正交中交加時積度分也。其正半中交仍依各第六格正者仍正，半者仍半，中者仍中也。

大陰[1]九道正半中交變化加減氣象限與活象限辨疑之圖

正	正	正	正	正	正

1“大陰”當作“太陰”。

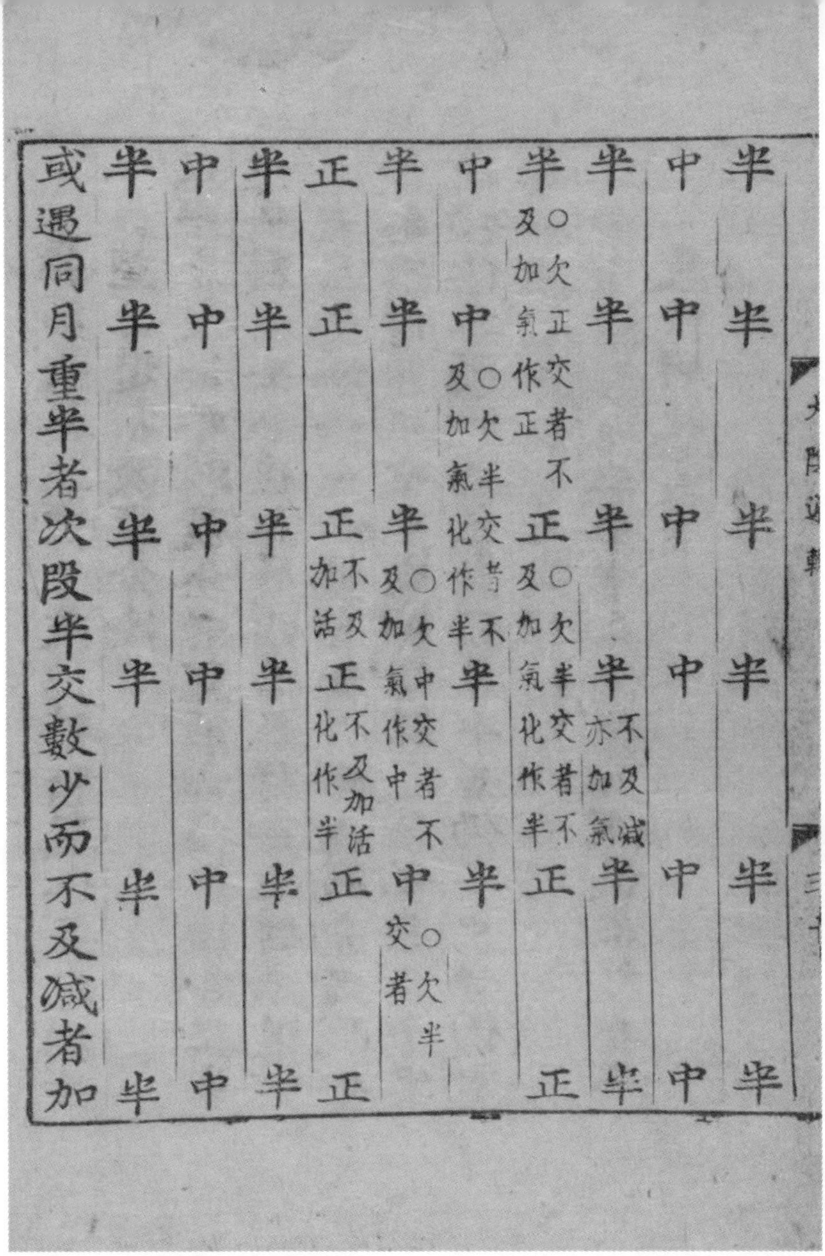

半	半	半	半	半	半
中	中	中	中	中	中
半	半	半	半不及減亦加氣	半	半
半○欠正交者，不及加氣作正。		正○欠半交者，不及加氣化作半。		正	正
中	中○欠半交者，不及加氣化作半。		半	半	
半	半	半○欠中交者，不及加氣作中。		中○欠半交者	
正	正	正不及加活。	正不及加活化作半。	正	正
半	半	半	半	半	半
中	中	中	中	中	中
半	半	半	半	半	半

或遇同月重半者，次段半交數少而不及減者，加

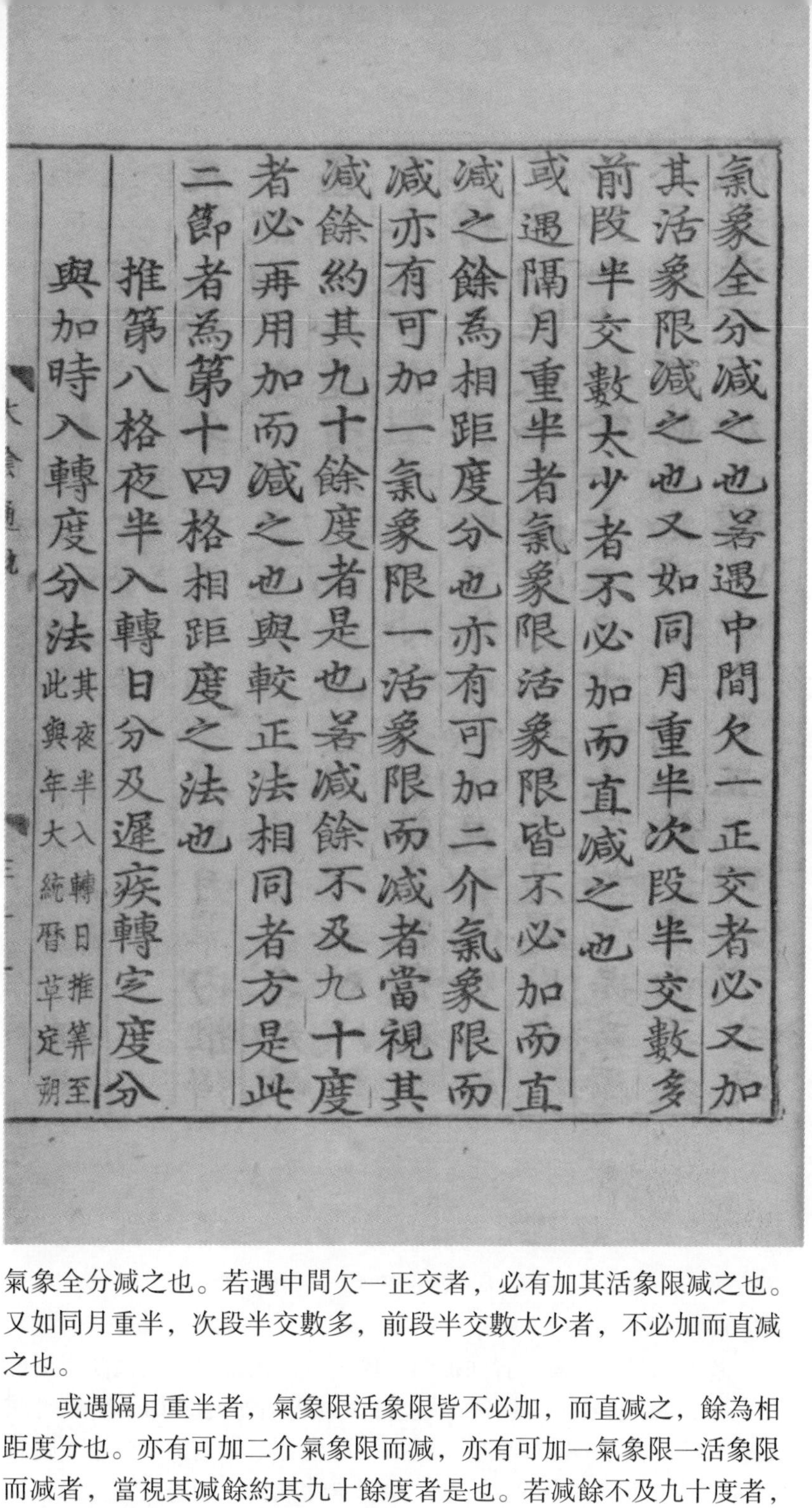
氣象全分減之也若遇中間欠一正交者必又加其活象限減之也又如同月重半次段半交數多前段半交數太少者不必加而直減之也
或遇隔月重半者氣象限活象限皆不必加而直減之餘為相距度分也亦有可加二介氣象限而減亦有可加一氣象限一活象限而減者當視其減餘約其九十餘度者是也若減餘不及九十度者必再用加而減之也與較正法相同者方是此二節者為第十四格相距度之法也
推第八格夜半入轉日分及遲疾轉定度分與加時入轉度分法其夜半入轉日推算至此與年大統曆草定朔

氣象全分減之也。若遇中間欠一正交者，必有加其活象限減之也。又如同月重半，次段半交數多，前段半交數太少者，不必加而直減之也。

或遇隔月重半者，氣象限活象限皆不必加，而直減之，餘為相距度分也。亦有可加二介氣象限而減，亦有可加一氣象限一活象限而減者，當視其減餘約其九十餘度者是也。若減餘不及九十度者，必再用加而減之也，與較正法相同者，方是。此二節者，為第十四格相距度之法也。

推第八格夜半入轉日分及遲疾轉定度分與加時入轉度分法其夜半入轉日推算至此，與年大統曆草定朔弦望小餘相減並無不同，自然減盡可見數之理妙，非知力可意度也。異途同歸，若合符節筭者，到此不覺其倦，但當月不自勝，欲罷不能。

夜半入轉日分者，置與標同年曆日月草內推得月經朔弦望下或是遲曆或疾曆全分，其各加減差如是加差者加之，如是減差者減之。又皆減其下各定朔弦望千已下小餘全分，餘為推得夜半入轉日分也。其日轉日分小餘止見秒，餘皆自然減盡。如遇減不盡者，必差也。又如元是遲曆者，又必加入小轉終一十三日七七七三。如元是疾曆，不用加小轉終也。如或遇定朔小餘分多而不及減者，遲疾再加入轉二十七日五五四六減之是也。

遲疾轉定度分，視其本格推得夜半入轉日大餘，對同遲疾轉定度立成内入轉日下轉定度全分，就録之，而為各推得遲疾轉定度分也。如遇入轉日多如定朔日一日者，細行時不用首一日。或六年遇一次，或十二年遇一次，後并晨昏轉度而得此各遲疾轉定度分，有相同者，有少秒者。

推遲疾轉定度立成鈐

入轉日	轉定度分
初日	十四度六七六四
一日	十四度五五七三

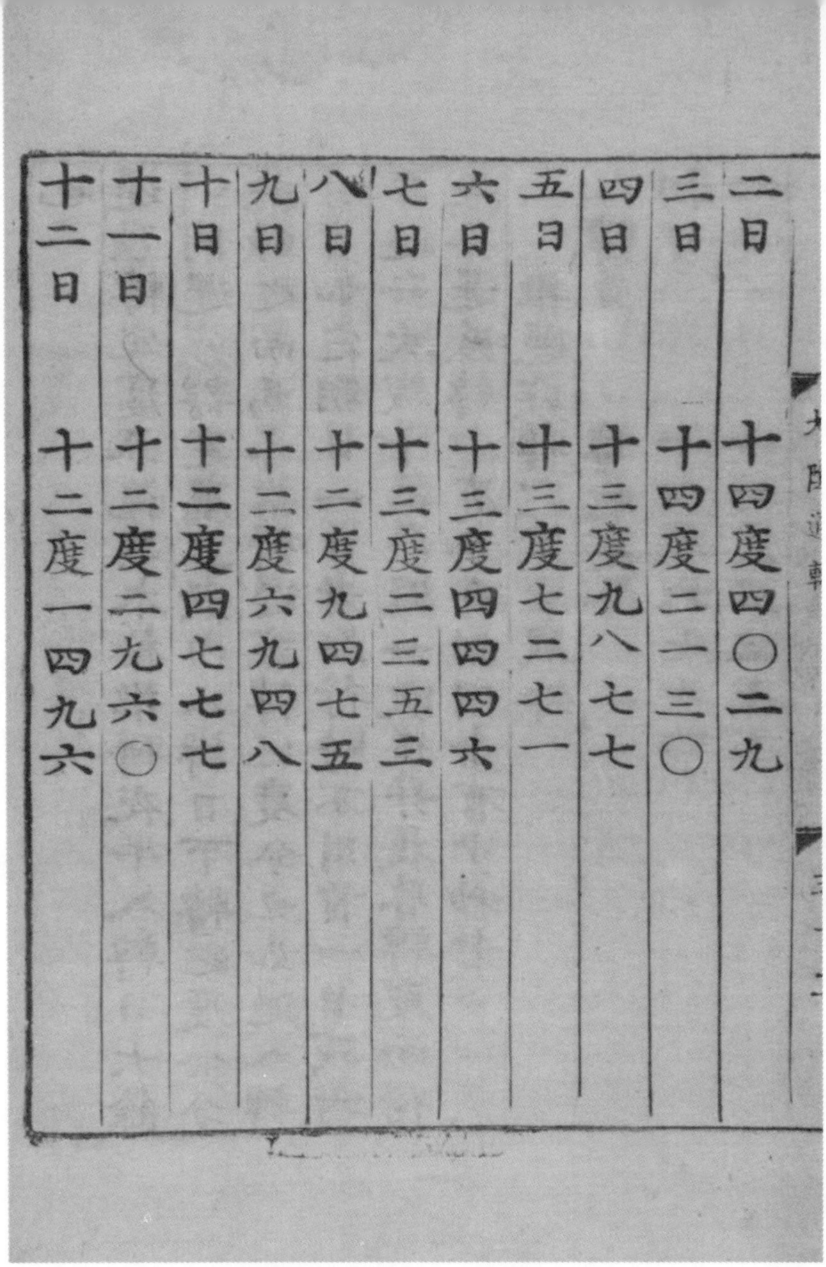
二日　十四度四〇二九
三日　十四度二一三〇
四日　十三度九八七七
五日　十三度七二七一
六日　十三度四四四六
七日　十三度二三五三
八日　十二度九四七五
九日　十二度六九四八
十日　十二度四七七七
十一日　十二度二九六〇
十二日　十二度一四九六

二日	十四度四〇二九
三日	十四度二一三〇
四日	十三度九八七七
五日	十三度七二七一
六日	十三度四四四六
七日	十三度二三五三
八日	十二度九四七五
九日	十二度六九四八
十日	十二度四七七七
十一日	十二度二九六〇
十二日	十二度一四九六

十三日	十二度〇四六二
十四日	十二度〇八五二
十五日	十二度二一二二
十六日	十二度三七五二
十七日	十二度五七三〇
十八日	十二度八〇六三
十九日	十三度〇七五三
二十日	十三度三三七七
二十一日	十三度五七一二
二十二日	十三度八五一一
二十三日	十四度〇九五五

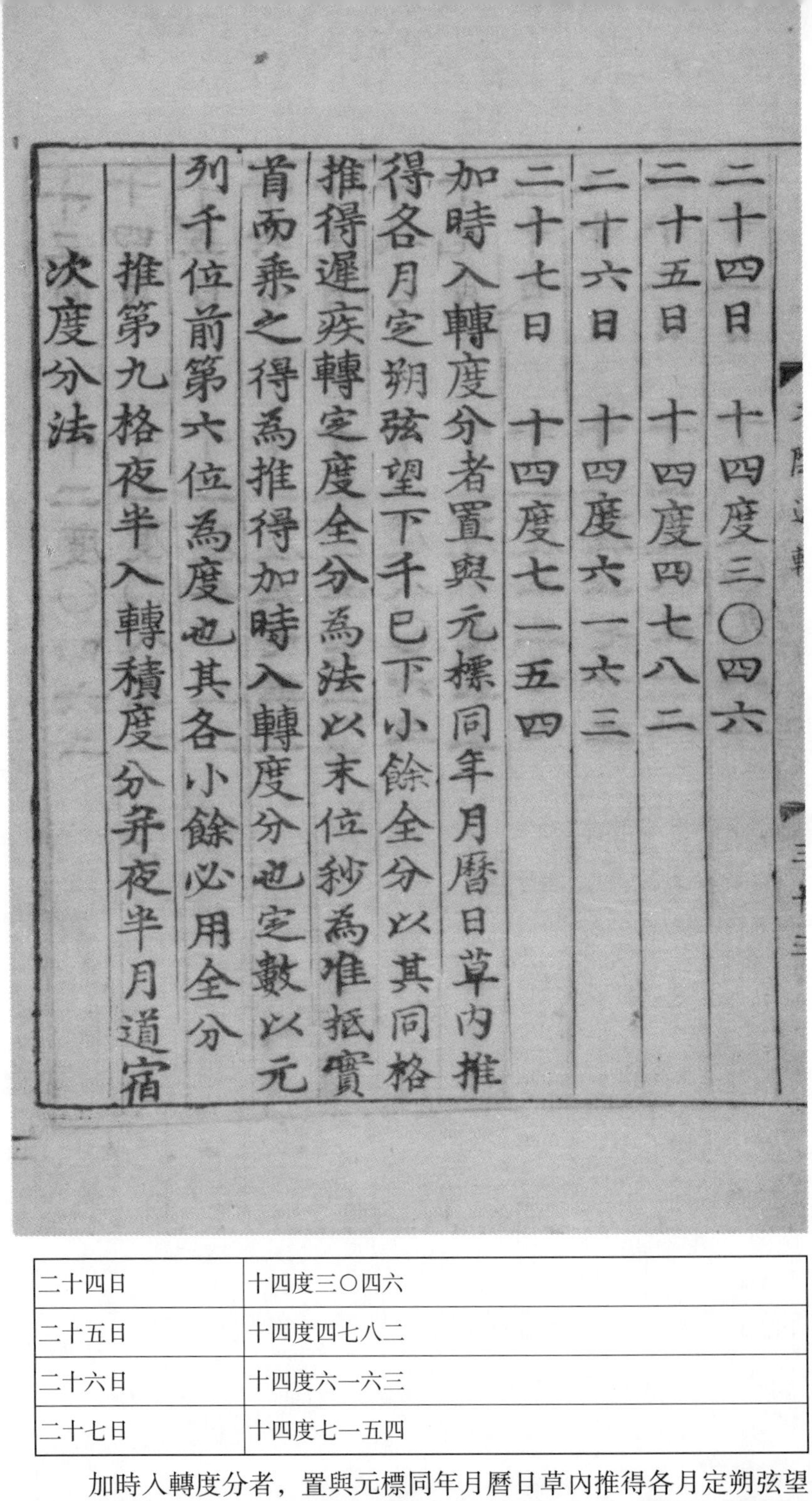
二十四日 十四度三〇四六
二十五日 十四度四七八二
二十六日 十四度六一六三
二十七日 十四度七一五四
加時入轉度分者置與元標同年月曆日草內推
得各月定朔弦望下千巳下小餘全分以其同格
推得遲疾轉定度全分為法以末位秒為准抵實
首而乘之得為推得加時入轉度分也定數以元
列千位前第六位為度也其各小餘必用全分
推第九格夜半入轉積度分并夜半月道宿
次度分法

二十四日	十四度三〇四六
二十五日	十四度四七八二
二十六日	十四度六一六三
二十七日	十四度七一五四

加時入轉度分者，置與元標同年月曆日草內推得各月定朔弦望下千巳下小餘全分，以其同格推得遲疾轉定度全分為法，以末位秒為准，抵實首而乘之，得為推得加時入轉度分也。定數以元列千位前第六位為度也，其各小餘必用全分。

推第九格夜半入轉積度分并夜半月道宿次度分法

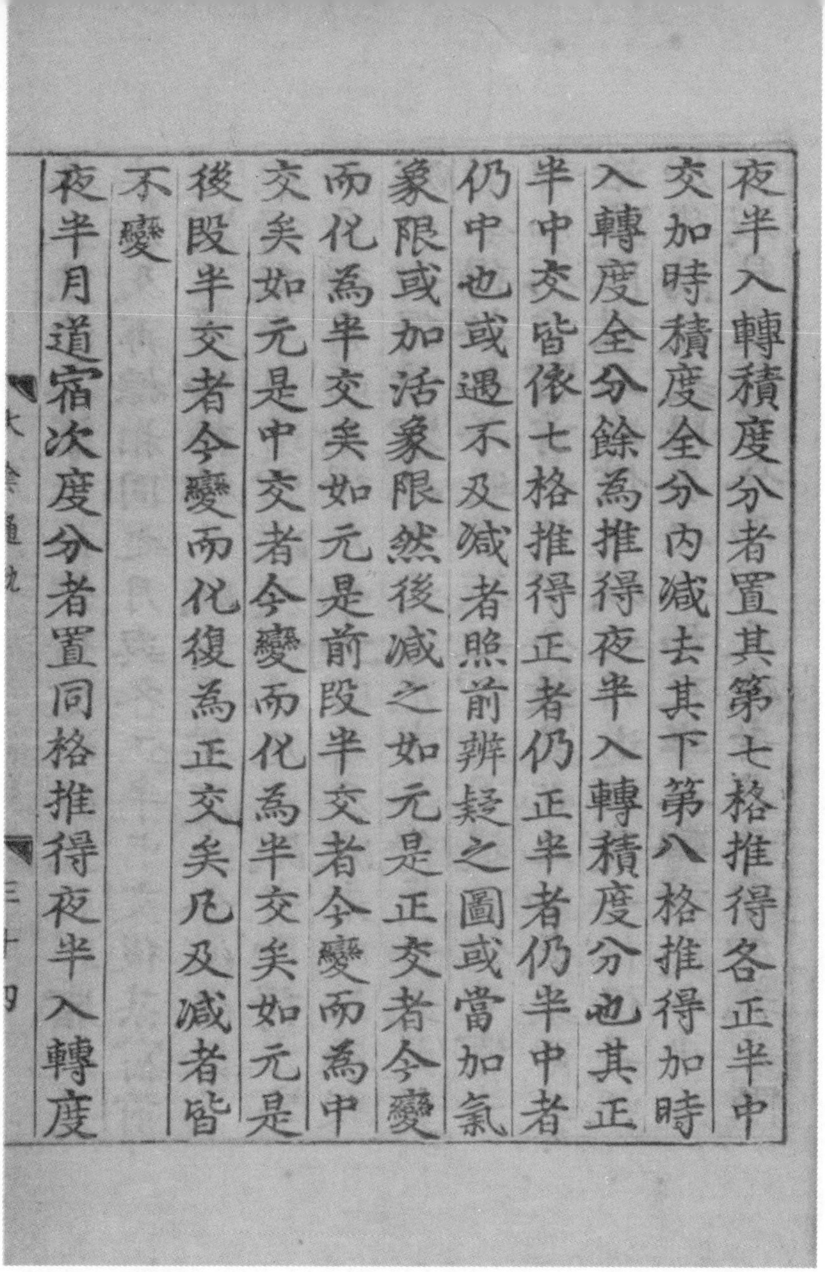

夜半入轉積度分者置其第七格推得各正半中
交加時積度全分內減去其下第八格推得加時
入轉度全分餘為推得夜半入轉積度分也其正
半中交皆依七格推得正者仍正半者仍半中者
仍中也或遇不及減者照前辨疑之圖或當加氣
象限或加活象限然後減之如元是正交者今變
而化為半交矣如元是前段半交者今變而為中
交矣如元是中交者今變而化為半交矣如元是
後段半交者今變而化復為正交矣凡及減者皆
不變
夜半月道宿次度分者置同格推得夜半入轉度

夜半入轉積度分者，置其第七格推得各正半中交加時積度全分，內減去其下第八格推得加時入轉度全分，餘為推得夜半入轉積度分也。其正半中交皆依七格推得，正者仍正，半者仍半，中者仍中也。或遇不及減者，照前辨疑之圖，或當加氣象限，或加活象限，然後減之。如元是正交者，今變而化為半交矣。如元是前段半交者，今變而為中交矣。如元是中交者，今變而化為半交矣。如元是後段半交者，今變而化復為正交矣。凡及減者，皆不變。

夜半月道宿次度分者，置同格推得夜半入轉度全分，照依各第七格推得定朔弦望月道宿次是某宿及再標相同之月，與各正半中交後某宿前之宿下第四格挨及減月道積度全分減之，餘為推得夜半月道宿次度分也。凡及減者，即得本宿，如角得角，而亢得亢也。如遇不及減者，必加而後減之，却得前宿也，如元是亢者，今得角，如元是角者，今得軫也。

若遇當減之宿是月道首位重宿者，却加入重宿首一位下全數是也。凡加氣象限或活象限後，只減僅及減之月道積度一位便是，視加後滿氣象限去之。又如夜半入轉積度分少如當減月道積度分，而不及減者，其元曾加氣象限者，復加氣象限，元曾加活象限，復加活象減之也。如當減之宿是角，減外猶多不及減盡，就減其前或翼張之宿。

推第十格晨入轉日并晨分及晨轉度分法推上弦皆不用此三節及次格晨入轉積度并晨宿次。

晨入轉日者，置其第八格推得各夜半入轉日全分內，視其各第二格推得定盈縮曆日大餘，照日出分立成積日相同大餘日下晨分加之，共得為推得晨入轉日也。只録大餘晨若干日，並不用其千已下小餘分也。

晨分者，就將原加之晨分全録於晨日同格，為各

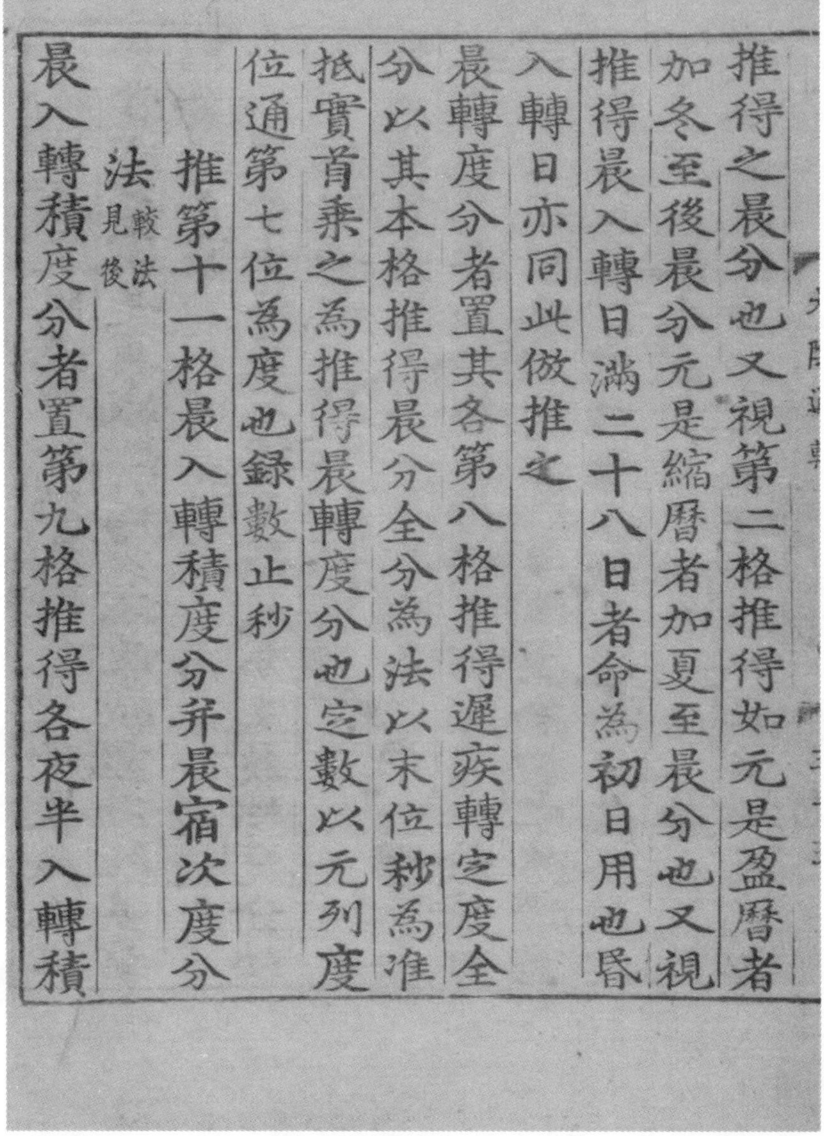
推得之晨分也又視第二格推得如元是盈曆者
加冬至後晨分元是縮曆者加夏至晨分也又視
推得晨入轉日滿二十八日者命為初日用也昏
入轉日亦同此倣推之
晨轉度分者置其各第八格推得遲疾轉定度全
分以其本格推得晨分全分為法以末位秒為准
抵實首乘之為推得晨轉度分也定數以元列度
位通第七位為度也録數止秒
推第十一格晨入轉積度分并晨宿次度分
法較法見後
晨入轉積度分者置第九格推得各夜半入轉積

推得之晨分也。又視第二格推得，如元是盈曆者，加冬至後晨分，元是縮曆者，加夏至晨分也。又視推得晨入轉日滿二十八日者，命為初日用也。昏入轉日亦同此倣推之。

晨轉度分者，置其各第八格推得遲疾轉定度全分，以其本格推得晨分全分為法，以末位秒為准，抵實首乘之，為推得晨轉度分也。定數以元列度位通第七位為度也，録數止秒。

推第十一格晨入轉積度分并晨宿次度分法較法見後。

晨入轉積度分者，置第九格推得各夜半入轉積

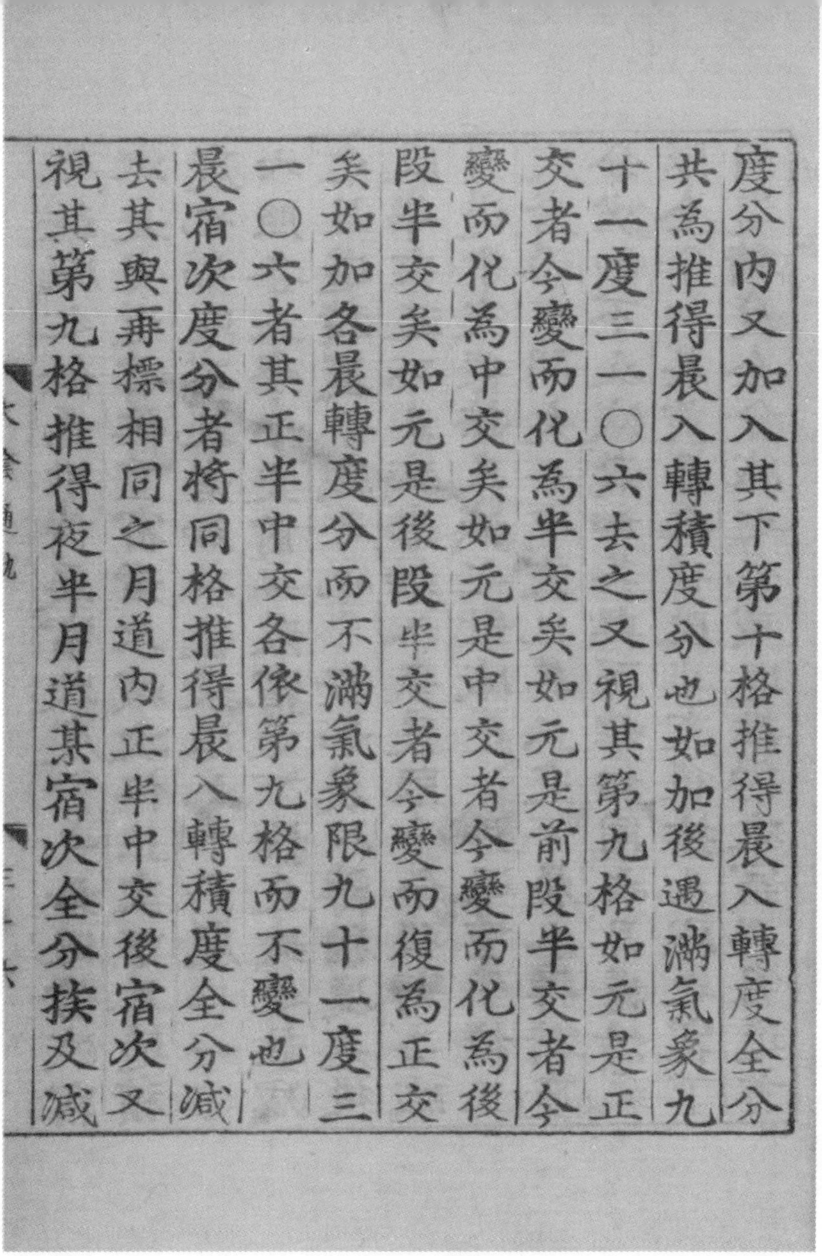
度分內又加入其下第十格推得晨入轉度全分
共為推得晨入轉積度分也如加後遇滿氣象九
十一度三一〇六去之又視其第九格如元是正
交者今變而化為半交矣如元是前段半交者今
變而化為中交矣如元是中交者今變而化為後
段半交矣如元是後段半交者今變而復為正交
矣如加各晨轉度分而不滿氣象限九十一度三
一〇六者其正半中交各依第九格而不變也
晨宿次度分者將同格推得晨入轉積度全分減
去其與再標相同之月道內正半中交後宿次又
視其第九格推得夜半月道其宿次全分挨及減

度分，內又加入其下第十格推得晨入轉度全分，共為推得晨入轉積度分也。如加後遇滿氣象九十一度三一〇六去之。又視其第九格，如元是正交者，今變而化為半交矣。如元是前段半交者，今變而化為中交矣。如元是中交者，今變而化為後段半交矣。如元是後段半交者，今變而復為正交矣。如加各晨轉度分而不滿氣象限九十一度三一〇六者，其正半中交各依第九格而不變也。

晨宿次度分者，將同格推得晨入轉積度全分減去其與再標相同之月道內正半中交後宿次，又視其第九格推得夜半月道某宿次全分挨及減

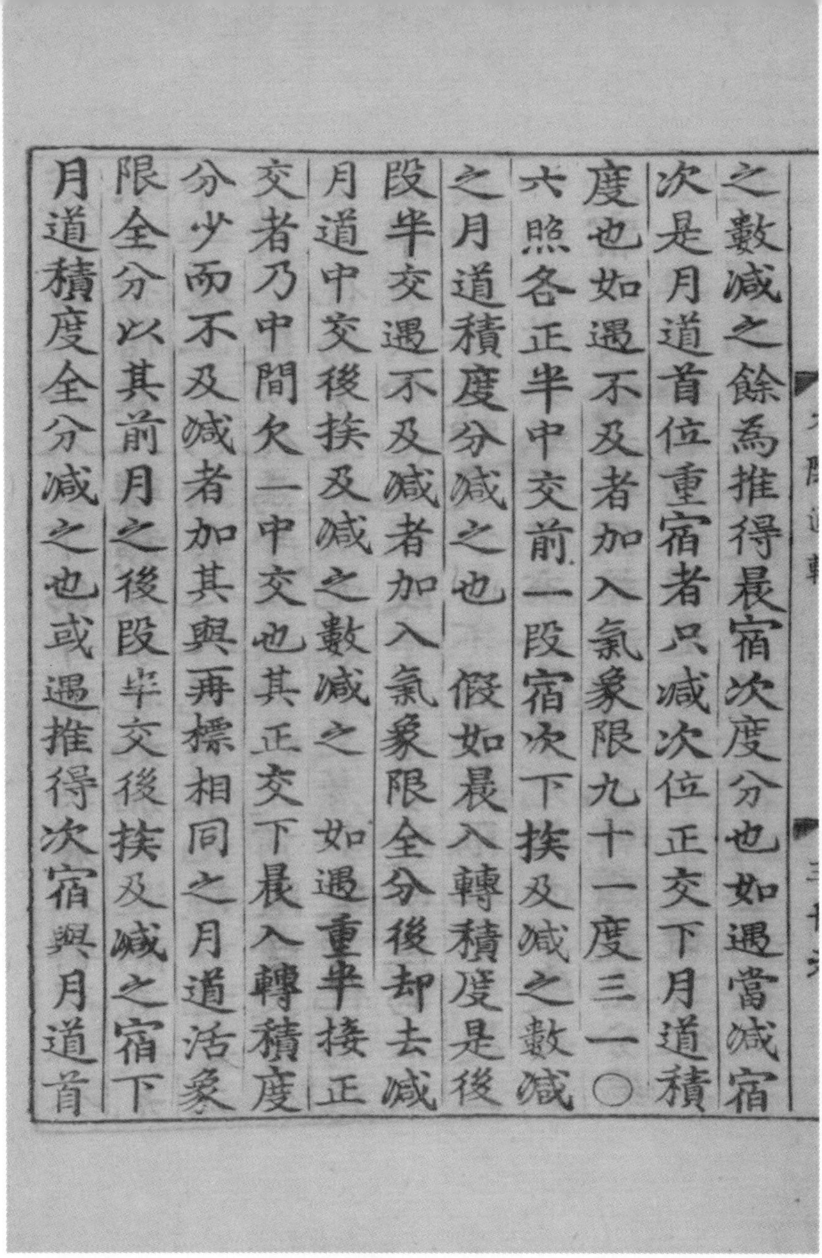
之數減之餘為推得晨宿次度分也如遇當減宿次是月道首位重宿者只減次位正交下月道積度也如遇不及者加入氣象限九十一度三一〇六照各正半中交前一段宿次下挨及減之數減之月道積度分減之也　假如晨入轉積度是後段半交遇不及減者加入氣象限全分後却去減月道中交後挨及減之數減之　如遇重半接正交者乃中間欠一中交也其正交下晨入轉積度分少而不及減者加其與再標相同之月道活象限全分以其前月之後段半交後挨及減之宿下月道積度全分減之也或遇推得次宿與月道首

之數減之，餘為推得晨宿次度分也。如遇當減宿次是月道首位重宿者，只減次位正交下月道積度也。如遇不及者，加入氣象限九十一度三一〇六，照各正半中交前一段宿次下挨及減之數減之，月道積度分減之也。

假如晨入轉積度是後段，半交遇不及減者，加入氣象限全分後，却去減月道中交後挨及減之數減之。

如遇重半接正交者，乃中間欠一中交也。其正交下晨入轉積度分少而不及減者，加其與再標相同之月道活象限全分，以其前月之後段半交後挨及減之宿下月道積度全分減之也。或遇推得次宿與月道首位重宿同名者，只加入重宿前位宿月道積度全分減之也。或遇推得宿次與月道首

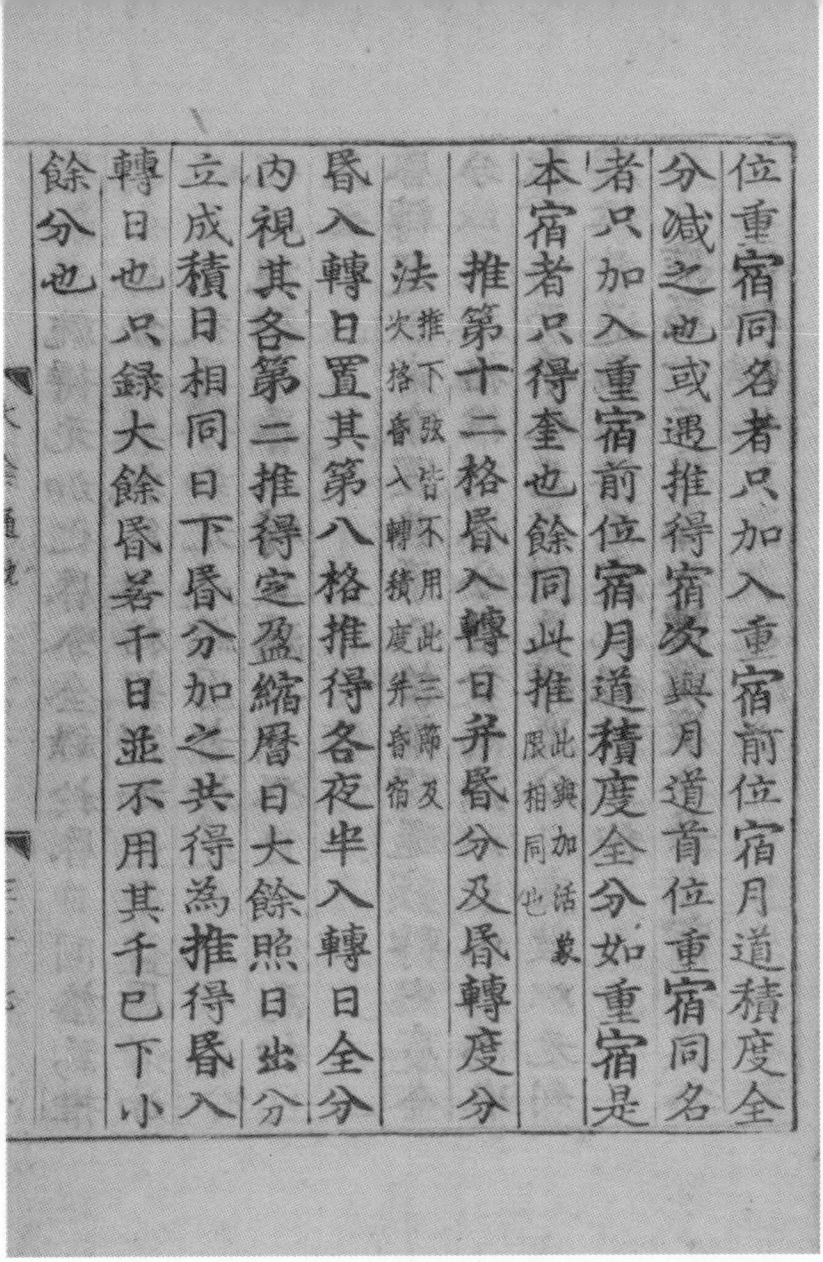
位重宿同名者只加入重宿前位宿月道積度全
分減之也或遇推得宿次與月道首位重宿同名
者只加入重宿前位宿月道積度全分如重宿是
本宿者只得奎也餘同此推此與加活象限相同也
推第十二格昏入轉日并昏分及昏轉度分
法推下弦皆不用此三節及次格昏入轉積度并昏宿
昏入轉日置其第八格推得各夜半入轉日全分
內視其各第二推得定盈縮曆日大餘照日出分
立成積日相同日下昏分加之共得為推得昏入
轉日也只録大餘昏若干日並不用其千已下小
餘分也

位重宿同名者，只加入重宿前位宿月道積度全分減之也。或遇推得宿次與月道首位重宿同名者，只加入重宿前位宿月道積度全分。如重宿是本宿者，只得奎也。餘同此推。此與加活象限相同也。

推第十二格昏入轉日并昏分及昏轉度分法推下弦皆不用此三節及次格昏入轉積度并昏宿。

昏入轉日，置其第八格推得各夜半入轉日全分內，視其各第二推得定盈縮曆日大餘，照日出分立成積日相同日下昏分加之，共得為推得昏入轉日也。只録大餘昏若干日，並不用其千已下小餘分也。

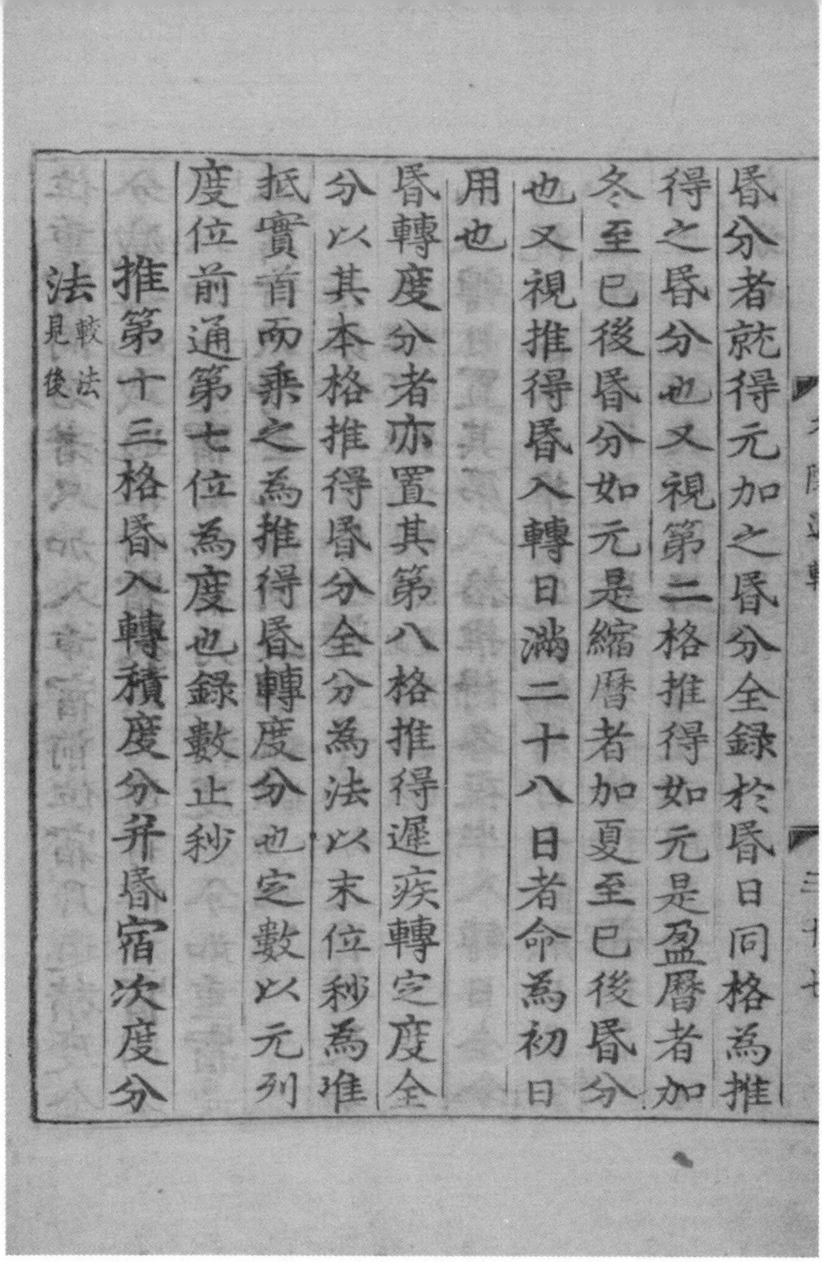
昬分者就得元加之昬分全録於昬日同格為推
得之昬分也又視第二格推得如元是盈曆者加
冬至已後昬分如元是縮曆者加夏至已後昬分
也又視推得昬入轉日滿二十八日者命為初日
用也
昬轉度分者亦置其第八格推得遲疾轉定度全
分以其本格推得昬分全分為法以末位秒為准
抵實首而乘之為推得昬轉度分也定數以元列
度位前通第七位為度也録數止秒
推第十三格昬入轉積度分并昬宿次度分
法較法見後

昬分者，就得元加之昬分，全録於昬日同格，為推得之昬分也。又視第二格推得，如元是盈曆者，加冬至已後昬分。如元是縮曆者，加夏至已後昬分也。又視推得昬入轉日滿二十八日者，命為初日用也。

昬轉度分者，亦置其第八格推得遲疾轉定度全分，以其本格推得昬分全分為法，以末位秒為准，抵實首而乘之，為推得昬轉度分也。定數以元列度位前通第七位為度也，録數止秒。

推第十三格昬入轉積度分并昬宿次度分法較法見後。

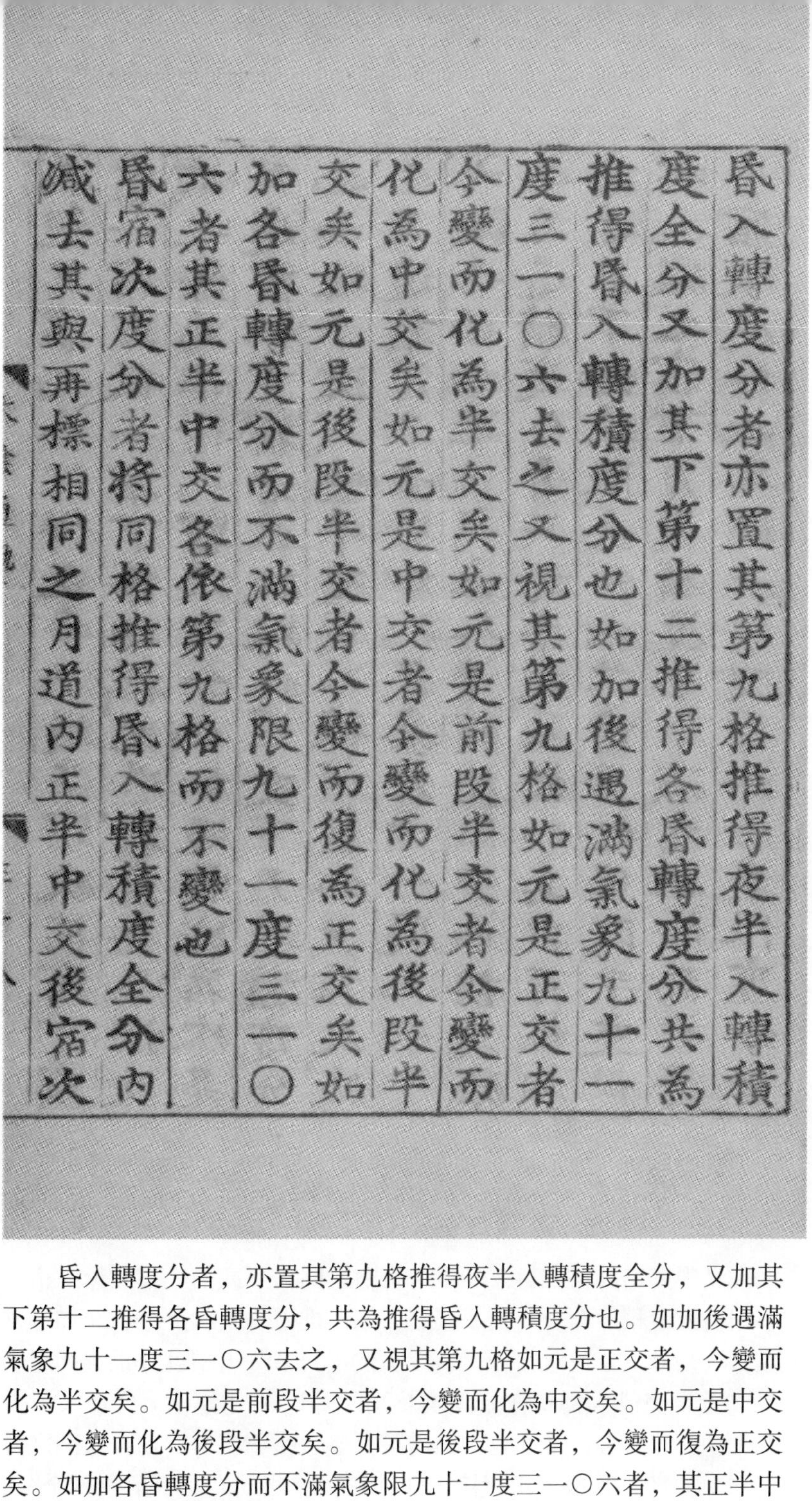
昏入轉度分者亦置其第九格推得夜半入轉積
度全分又加其下第十二推得各昏轉度分共為
推得昏入轉積度分也如加後遇滿氣象九十一
度三一〇六去之又視其第九格如元是正交者
今變而化為半交矣如元是前段半交者今變而
化為中交矣如元是中交者今變而化為後段半
交矣如元是後段半交者今變而復為正交矣如
加各昏轉度分而不滿氣象限九十一度三一〇
六者其正半中交各依第九格而不變也
昏宿次度分者將同格推得昏入轉積度全分內
減去其與再標相同之月道內正半中交後宿次

昏入轉度分者，亦置其第九格推得夜半入轉積度全分，又加其下第十二推得各昏轉度分，共為推得昏入轉積度分也。如加後遇滿氣象九十一度三一〇六去之，又視其第九格如元是正交者，今變而化為半交矣。如元是前段半交者，今變而化為中交矣。如元是中交者，今變而化為後段半交矣。如元是後段半交者，今變而復為正交矣。如加各昏轉度分而不滿氣象限九十一度三一〇六者，其正半中交各依第九格而不變也。

昏宿次度分者，將同格推得昏入轉積度全分，內減去其與再標相同之月道內正半中交後宿次。

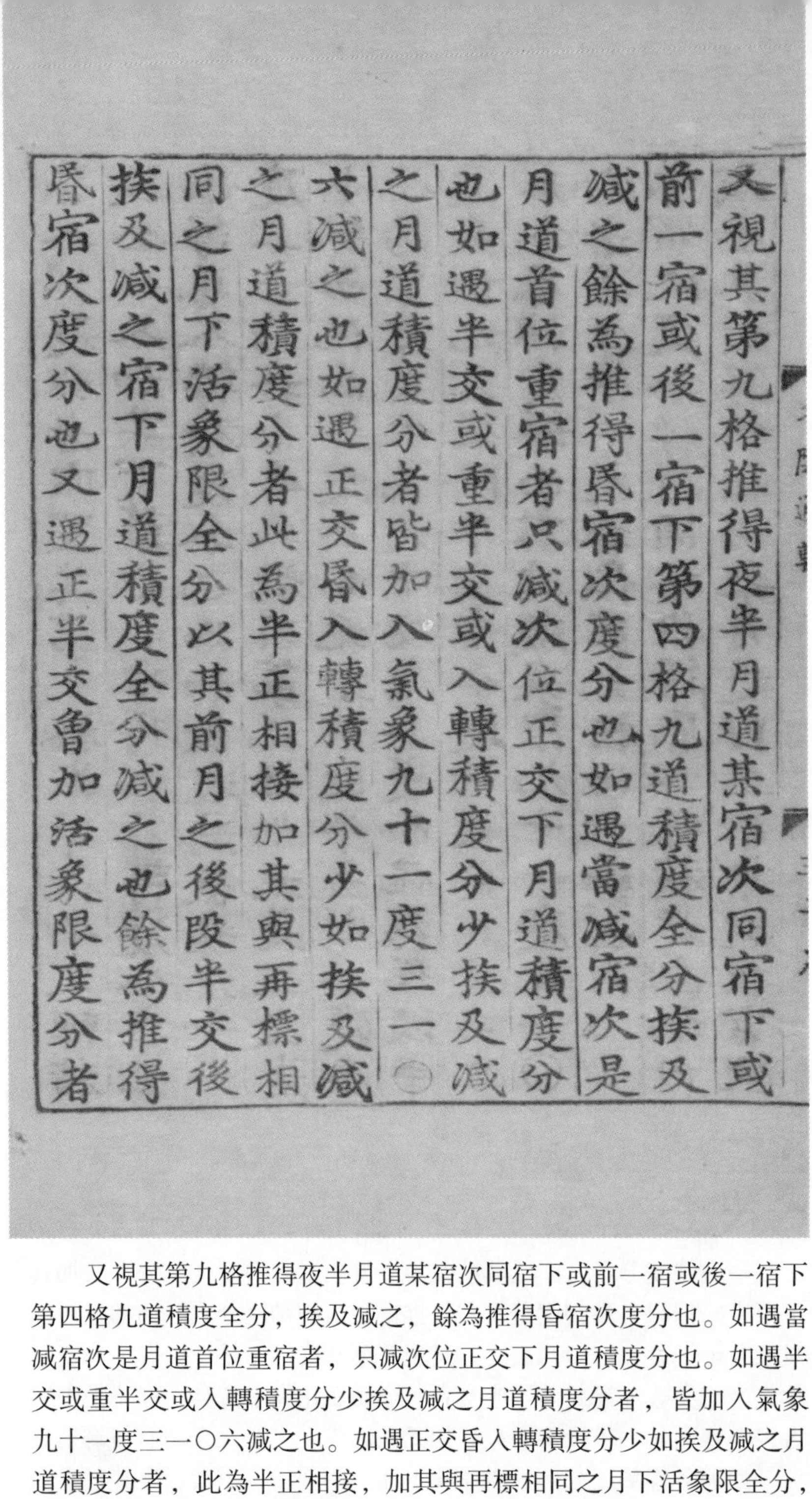
又視其第九格推得夜半月道其宿次同宿下或
前一宿或後一宿下第四格九道積度全分挨及
減之餘為推得昬宿次度分也如遇當減宿次是
月道首位重宿者只減次位正交下月道積度分
也如遇半交或重半交或入轉積度分少挨及減
之月道積度分者皆加入氣象九十一度三一〇
六減之也如遇正交昬入轉積度分少如挨及減
之月道積度分者此為半正相接加其與再標相
同之月下活象限全分以其前月之後段半交後
挨及減之宿下月道積度全分減之也餘為推得
昬宿次度分也又遇正半交曾加活象限度分者

又視其第九格推得夜半月道某宿次同宿下或前一宿或後一宿下第四格九道積度全分，挨及減之，餘為推得昏宿次度分也。如遇當減宿次是月道首位重宿者，只減次位正交下月道積度分也。如遇半交或重半交或入轉積度分少挨及減之月道積度分者，皆加入氣象九十一度三一〇六減之也。如遇正交昏入轉積度分少如挨及減之月道積度分者，此為半正相接，加其與再標相同之月下活象限全分，以其前月之後段半交後挨及減之宿下月道積度全分減之也，餘為推得昏宿次度分也。又遇正半交曾加活象限度分者，

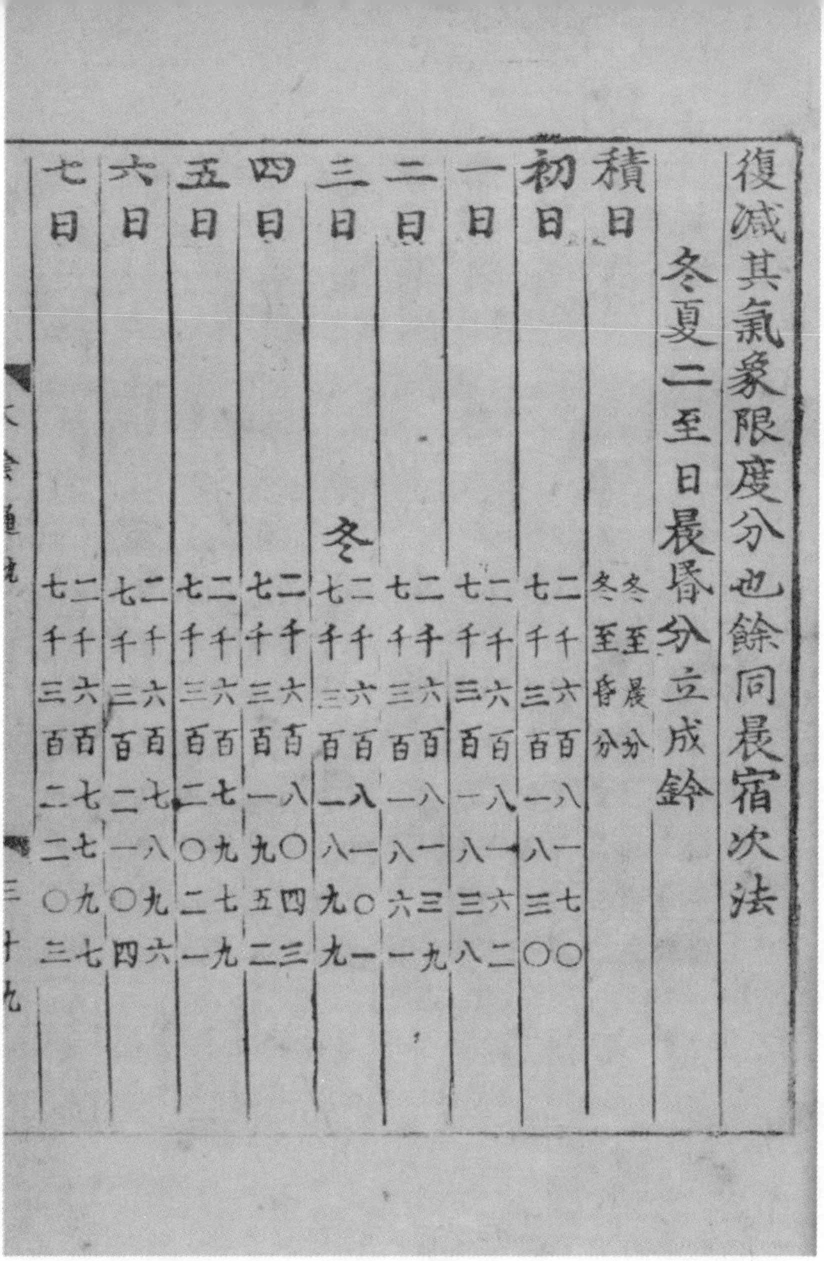

復減其氣象限度分也，餘同晨宿次法。

冬夏二至日晨昏分立成鈐

積日	冬至晨分	冬至昏分
初日	二千六百八一七〇	七千三百一八三〇
一日	二千六百八一六二	七千三百一八三八
二日	二千六百八一三九	七千三百一八六一
三日	冬二千六百八一〇一	七千三百一八九九
四日	二千六百八〇四三	七千三百一九五二
五日	二千六百七九七九	七千三百二〇二一
六日	二千六百七八九六	七千三百二一〇四
七日	二千六百七七九七	七千三百二二〇三

八日	二千六百七六八三	七千三百二三一七
九日	至二千六百七五五五	七千三百二四四五
十日	二千六百七四一一	七千三百二五八九
十一日	二千六百七二五二	七千三百二七四八
十二日	二千六百七〇七八	七千三百二九二二
十三日	二千六百六八八九	七千三百三一一一
十四日	二千六百六六八五	七千三百三三一五
十五日	二千六百六四六六	七千三百三五三四
十六日	二千六百六二三二	七千三百三七六八
十七日	行二千六百五九八三	七千三百四〇一七
十八日	二千六百五七一九	七千三百四二八一

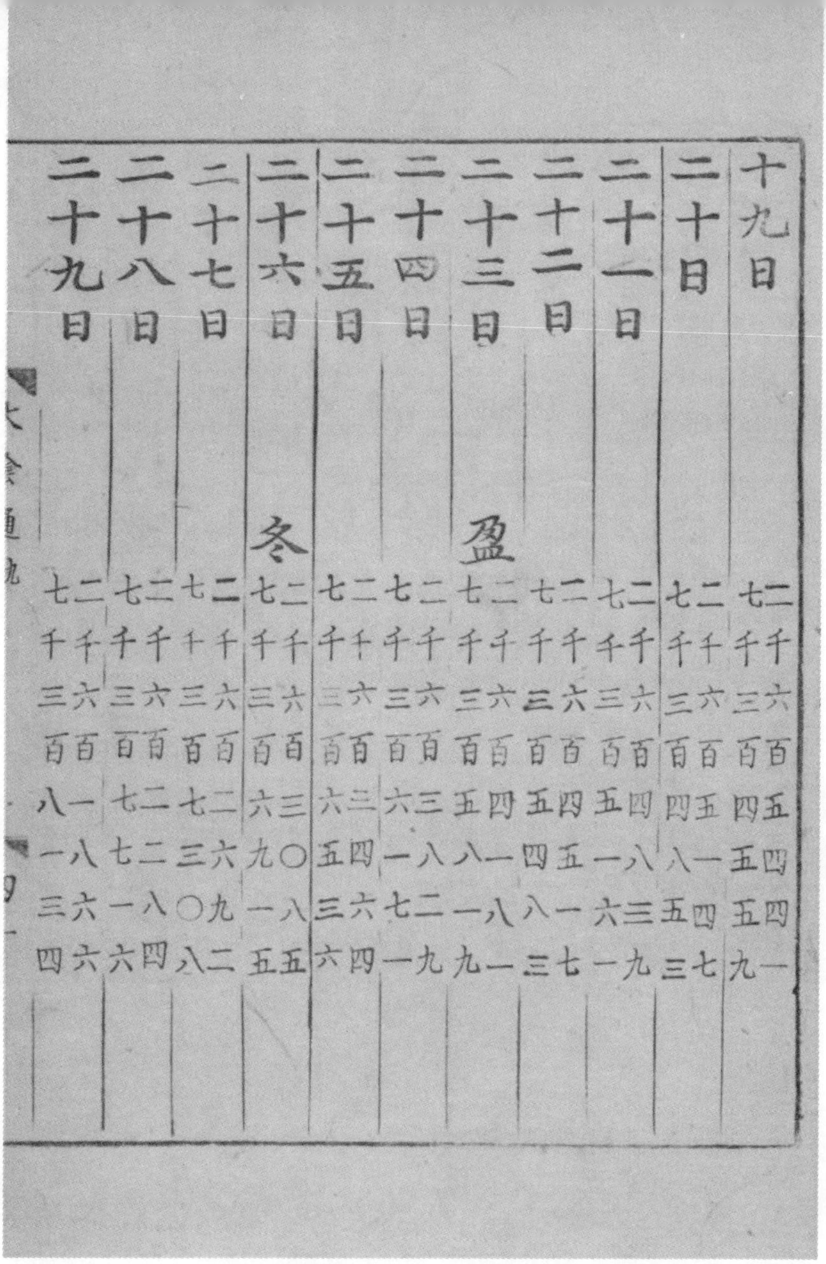

十九日	二千六百五四四一	七千三百四五五九
二十日	二千六百五一四七	七千三百四八五三
二十一日	二千六百四八三九	七千三百五一六一
二十二日	二千六百四五一七	七千三百五四八三
二十三日	盈二千六百四一八一	七千三百五八一九
二十四日	二千六百三八二九	七千三百六一七一
二十五日	二千六百三四六四	七千三百六五三六
二十六日	冬二千六百三〇八五	七千三百六九一五
二十七日	二千六百二六九二	七千三百七三〇八
二十八日	二千六百二二八四	七千三百七七一六
二十九日	二千六百一八六六	七千三百八一三四

三十日	二千六百一四三三	七千三百八五六七
三十一日	至二千六百〇九八八	七千三百九〇一二
三十二日	二千六百〇五三一	七千三百九四六九
三十三日	二千六百〇〇六一	七千三百九九三九
三十四日	二千五百九五七六	七千四百〇四二四
三十五日	行二千五百九〇八五	七千四百〇九一五
三十六日	二千五百八五八〇	七千四百一四二〇
三十七日	二千五百八〇六五	七千四百一九三五
三十八日	二千五百七五三九	七千四百二四六一
三十九日	二千五百七〇〇二	七千四百二九九八
四十日	二千五百六四五六	七千四百三五四四

四十一日	盈二千五百五九〇〇	七千四百四一〇〇
四十二日	二千五百五三三六	七千四百四六六四
四十三日	二千五百四七六三	七千四百五二三七
四十四日	二千五百四一八一	七千四百五八一九
四十五日	二千五百三五九二	七千四百六四〇八
四十六日	冬二千五百三九九六	七千四百七〇〇四
四十七日	二千五百二三九二	七千四百七六〇八
四十八日	二千五百一七八二	七千四百八二一八
四十九日	二千五百一一六七	七千四百八八三三
五十日	二千五百〇五四四	七千四百九四五六
五十一日	至二千四百九九一八	七千五百〇〇八二

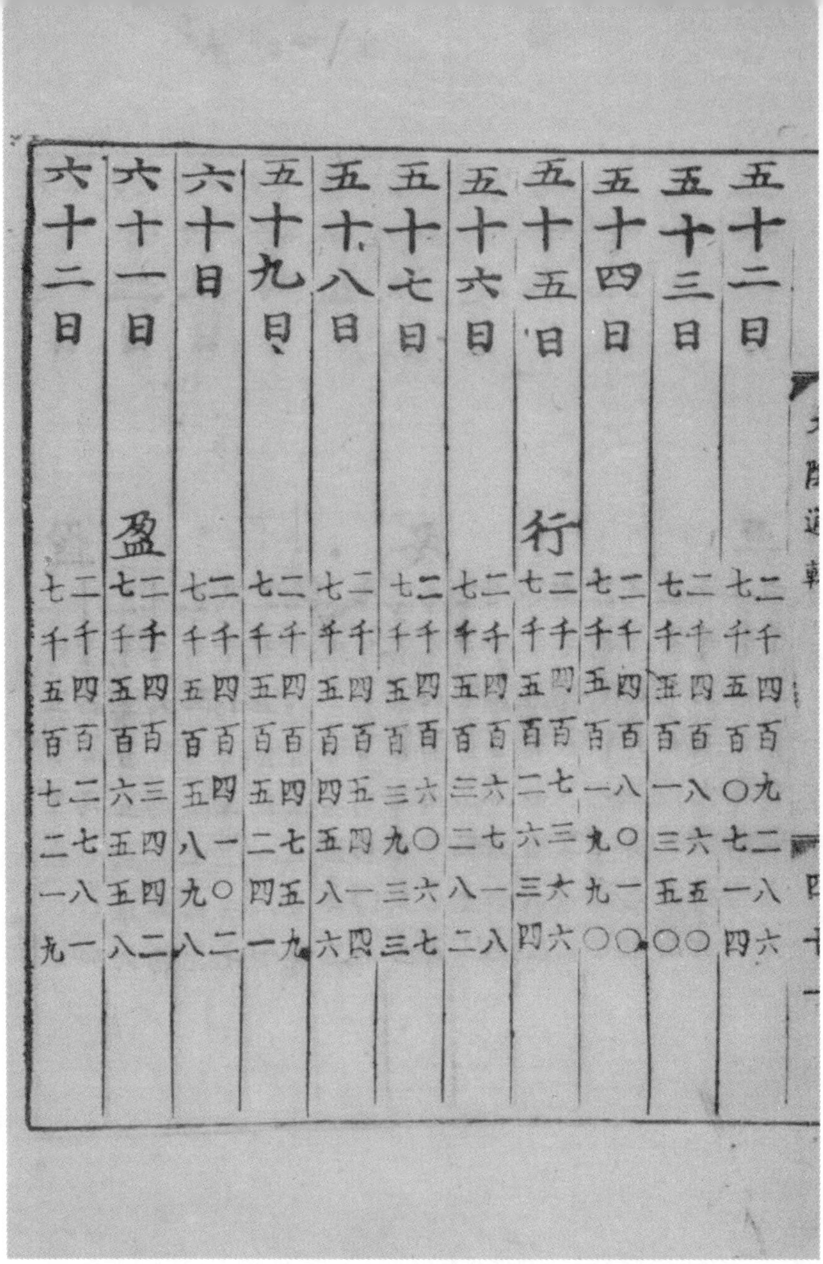

五十二日	二千四百九二八六	七千五百〇七一四
五十三日	二千四百八六五〇	七千五百一三五〇
五十四日	二千四百八〇一〇	七千五百一九九〇
五十五日	行二千四百七三六六	七千五百二六三四
五十六日	二千四百六七一八	七千五百三二八二
五十七日	二千四百六〇六七	七千五百三九三三
五十八日	二千四百五四一四	七千五百四五八六
五十九日	二千四百四七五九	七千五百五二四一
六十日	二千四百四一〇二	七千五百五八九八
六十一日	盈二千四百三四四二	七千五百六五五八
六十二日	二千四百二七八一	七千五百七二一九

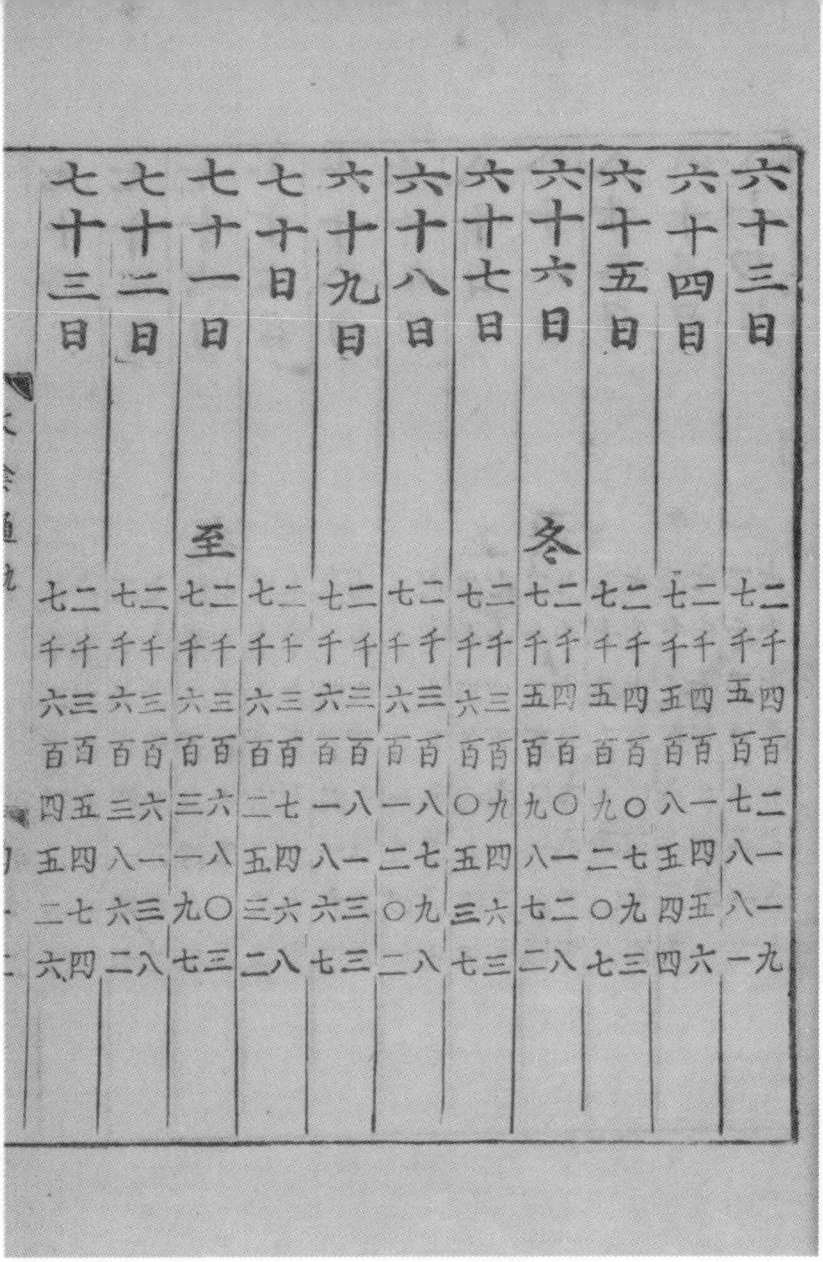

六十三日	二千四百二一一九	七千五百七八八一
六十四日	二千四百一四五六	七千五百八五四四
六十五日	二千四百〇七九三	七千五百九二〇七
六十六日	冬二千四百〇一二八	七千五百九八七二
六十七日	二千三百九四六三	七千六百〇五三七
六十八日	二千三百八七九八	七千六百一二〇二
六十九日	二千三百八一三三	七千六百一八六七
七十日	二千三百七四六八	七千六百二五三二
七十一日	至二千三百六八〇三	七千六百三一九七
七十二日	二千三百六一三八	七千六百三八六二
七十三日	二千三百五四七四	七千六百四五二六

七十四日	二千三百四八一〇	七千六百五一九〇
七十五日	二千三百四一四七	七千六百五八五三
七十六日	行二千三百三四八五	七千六百六五一五
七十七日	二千三百二八二三	七千六百七一七七
七十八日	二千三百二一六二	七千六百七八三八
七十九日	二千三百一五〇三	七千六百八四九七
八十日	二千三百〇八四三	七千六百九一五七
八十一日	盈二千三百〇一八四	七千六百九八一七
八十二日	二千二百九五〇六	七千七百〇四九四
八十三日	二千二百八八六九	七千七百一一三一
八十四日	二千二百八二一三	七千七百一七八七

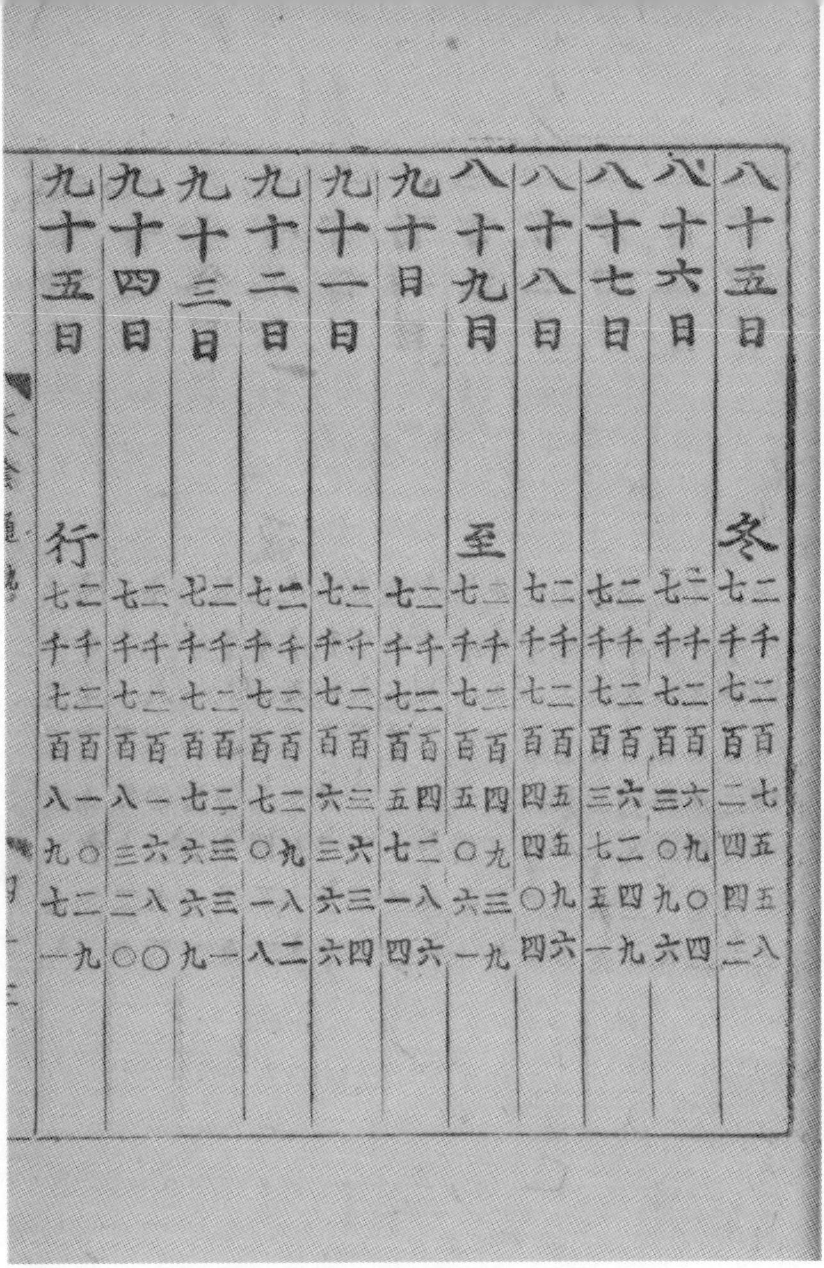

八十五日	冬二千二百七五五八	七千七百二四四二
八十六日	二千二百六九〇四	七千七百三〇九六
八十七日	二千二百六二四九	七千七百三七五一
八十八日	二千二百五五九六	七千七百四四〇四
八十九日	至二千二百四九三九	七千七百五〇六一
九十日	二千二百四二八六	七千七百五七一四
九十一日	二千二百二六三四	七千七百六三六六
九十二日	二千二百二九八二	七千七百七〇一八
九十三日	二千二百二三三一	七千七百七六六九
九十四日	二千二百一六八〇	七千七百八三二〇
九十五日	行二千二百一〇二九	七千七百八九七一

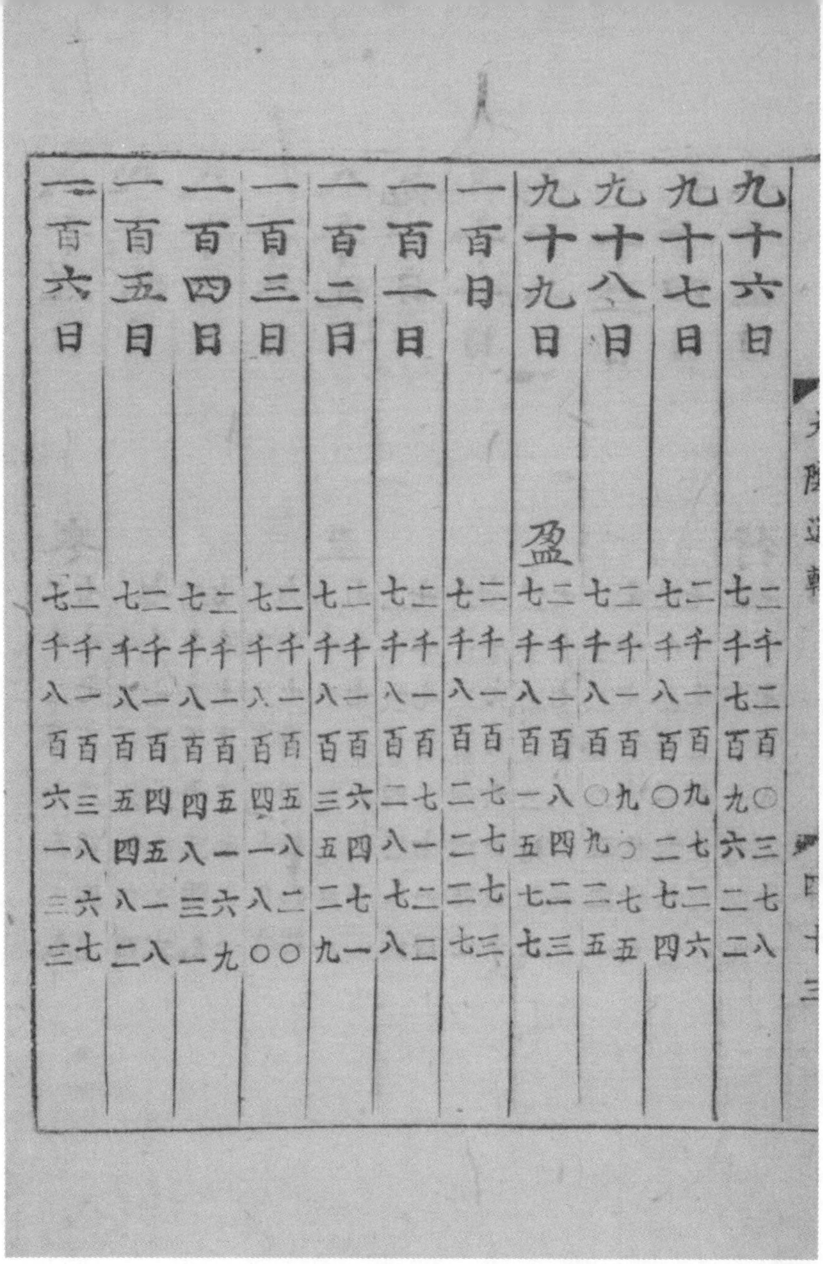

九十六日	二千二百〇三七八	七千七百九六二二
九十七日	二千一百九七二六	七千八百〇二七四
九十八日	二千一百九〇七五	七千八百〇九二五
九十九日	盈二千一百八四二三	七千八百一五七七
一百日	二千一百七七七三	七千八百二二二七
一百一日	二千一百七一二二	七千八百二八七八
一百二日	二千一百六四七一	七千八百三五二九
一百三日	二千一百五八二〇	七千八百四一八〇
一百四日	二千一百五一六九	七千八百四八三一
一百五日	二千一百四五一八	七千八百五四八二
一百六日	二千一百三八六七	七千八百六一三三

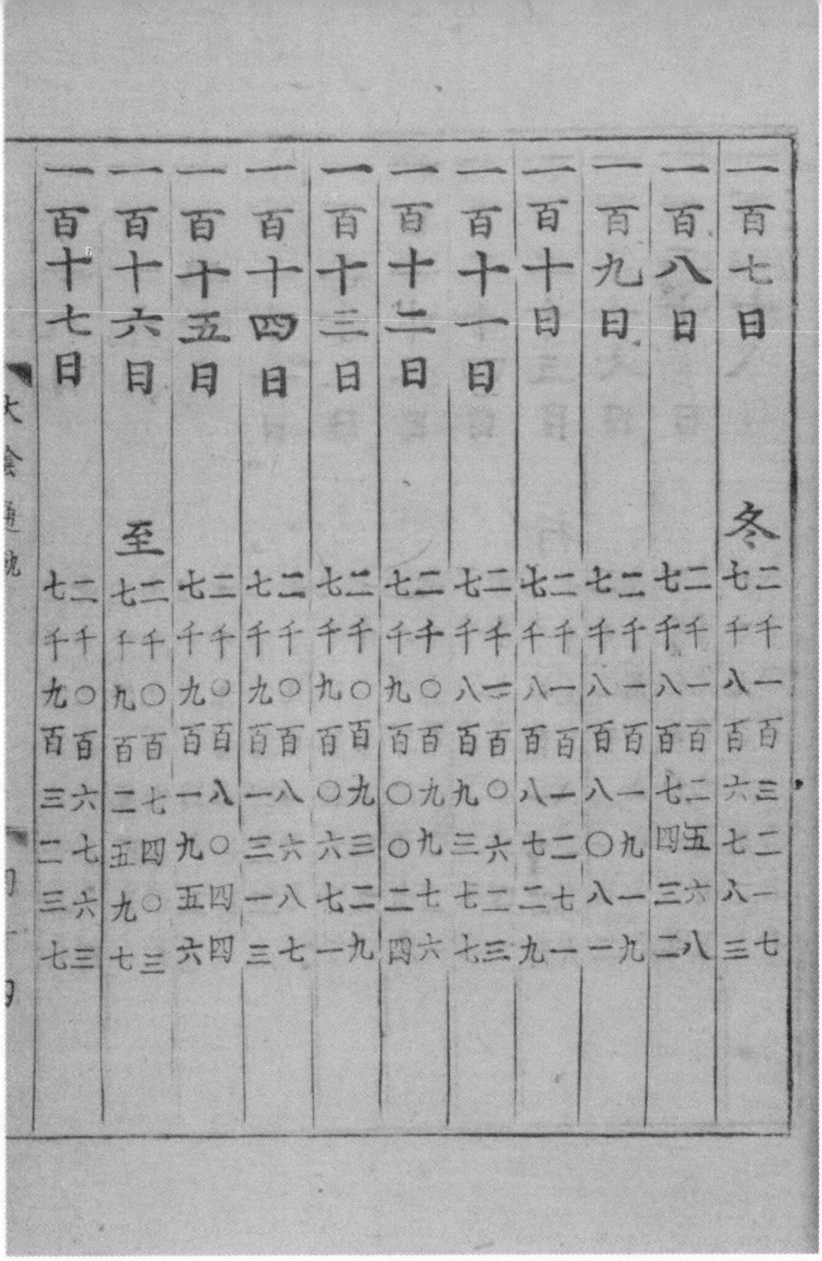

一百七日	冬二千一百三二一七	七千八百六七八三
一百八日	二千一百二五六八	七千八百七四三二
一百九日	二千一百一九一九	七千八百八〇八一
一百十日	二千一百一二七一	七千八百八七二九
一百十一日	二千一百〇六二三	七千八百九三七七
一百十二日	二千〇百九九七六	七千九百〇〇二四
一百十三日	二千〇百九三二九	七千九百〇六七一
一百十四日	二千〇百八六八七	七千九百一三一三
一百十五日	二千〇百八〇四四	七千九百一九五六
一百十六日	至二千〇百七四〇三	七千九百二五九七
一百十七日	二千〇百六七六三	七千九百三二三七

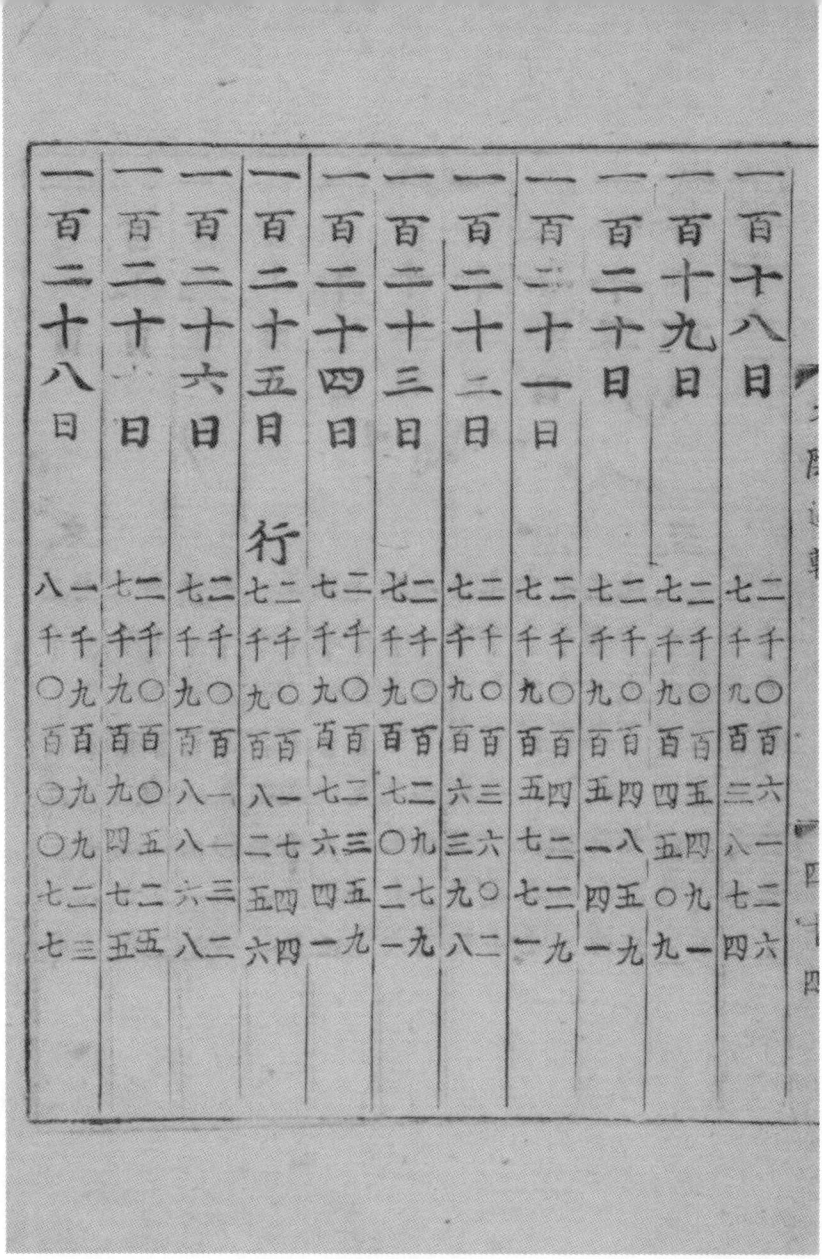

一百十八日	二千〇百六一二六	七千九百三八七四
一百十九日	二千〇百五四九一	七千九百四五〇九
一百二十日	二千〇百四八五九	七千九百五一四一
一百二十一日	二千〇百四二二九	七千九百五七七一
一百二十二日	二千〇百三六〇二	七千九百六三九八
一百二十三日	二千〇百二九七九	七千九百七〇二一
一百二十四日	二千〇百二三五九	七千九百七六四一
一百二十五日	行二千〇百一七四四	七千九百八二五六
一百二十六日	二千〇百一一三二	七千九百八八六八
一百二十七日	二千〇百〇五二五	七千九百九四七五
一百二十八日	一千九百九九二三	八千〇百〇〇七七

一百二十九日	一千九百九三二六	八千〇百〇六七四
一百三十日	一千九百八七三四	八千〇百一二六六
一百三十一日	一千九百八一四九	八千〇百一八五一
一百三十二日	一千九百七五六九	八千〇百二四三一
一百三十三日	一千九百六九九六	八千〇百三〇〇四
一百三十四日	盈一千九百六四三〇	八千〇百三五七〇
一百三十五日	一千九百五八七一	八千〇百四一二九
一百三十六日	一千九百五三一九	八千〇百四六八一
一百三十七日	一千九百四七七五	八千〇百五二二五
一百三十八日	一千九百四二三九	八千〇百五七六一
一百三十九日	一千九百三七一三	八千〇百六二八七

一百二十九日 一千九百九三二六 八千〇百〇六七四
一百三十日 一千九百八七三四 八千〇百一二六六
一百三十一日 一千九百八一四九 八千〇百一八五一
一百三十二日 一千九百七五六九 八千〇百二四三一
一百三十三日 一千九百六九九六 八千〇百三〇〇四
一百三十四日 盈 一千九百六四三〇 八千〇百三五七〇
一百三十五日 一千九百五八七一 八千〇百四一二九
一百三十六日 一千九百五三一九 八千〇百四六八一
一百三十七日 一千九百四七七五 八千〇百五二二五
一百三十八日 一千九百四二三九 八千〇百五七六一
一百三十九日 一千九百三七一三 八千〇百六二八七

一百四十日	冬一千九百三一九四	八千○百六八○六
一百四十一日	一千九百二六八五	八千○百七三一五
一百四十二日	一千九百二一八六	八千○百七八一四
一百四十三日	一千九百一六九六	八千○百八三○四
一百四十四日	一千九百一二一六	八千○百八七八四
一百四十五日	一千九百○七四六	八千○百九二五四
一百四十六日	一千九百○二八八	八千○百九七一二
一百四十七日	一千八百九八三九	八千一百○一六一
一百四十八日	一千八百九四○二	八千一百○五九八
一百四十九日	一千八百八九七六	八千一百一○二四
一百五十日	一千八百八五六一	八千一百一四三九

一百五十一日	至一千八百八一五七	八千一百一八四三
一百五十二日	一千八百七七六七	八千一百二二三三
一百五十三日	一千八百七三八六	八千一百二六一四
一百五十四日	一千八百七〇一七	八千一百二九八三
一百五十五日	一千八百六六六二	八千一百三三三八
一百五十六日	一千八百六三一八	八千一百三六八二
一百五十七日	一千八百五九八七	八千一百四〇一三
一百五十八日	一千八百五六六九	八千一百四三三一
一百五十九日	一千八百五三六三	八千一百四六三七
一百六十日	一千八百五〇六九	八千一百四九三一
一百六十一日	一千八百四七八八	八千一百五二一二

一百六十二日	一千八百四五二〇	八千一百五四八〇
一百六十三日	行一千八百四二六四	八千一百五七三六
一百六十四日	一千八百四〇二一	八千一百五九七九
一百六十五日	一千八百三七九一	八千一百六二〇九
一百六十六日	一千八百三五七四	八千一百六四二六
一百六十七日	一千八百三三七〇	八千一百六六三〇
一百六十八日	一千八百三一七八	八千一百六八二二
一百六十九日	一千八百二九九九	八千一百七〇〇一
一百七十日	一千八百二八三三	八千一百七一六七
一百七十一日	一千八百二六八一	八千一百七三一九
一百七十二日	一千八百二五四一	八千一百七四五九

積日	夏至晨分	夏至昏分
一百七十三日	一千八百二四一四	八千一百七五八六
一百七十四日	一千八百二二九九	八千一百七七〇一
一百七十五日	一千八百二一九七	八千一百七八〇三
一百七十六日	一千八百二一〇七	八千一百七八九三
一百七十七日	一千八百二〇三一	八千一百七九六九
一百七十八日	一千八百一九六六	八千一百八〇三四
一百七十九日	一千八百一九一四	八千一百八〇八六
一百八十日	一千八百一八七五	八千一百八一二五
一百八十一日	盈一千八百一八四九	八千一百八一五一
一百八十二日	一千八百一八三四	八千一百八一六六

初日	一千八百一八三〇	八千一百八一七〇
一日	一千八百一八三六	八千一百八一六四
二日	一千八百一八五六	八千一百八一四四
三日	夏一千八百一八八七	八千一百八一一三
四日	一千八百一九三〇	八千一百八〇七〇
五日	一千八百一九八七	八千一百八〇一三
六日	一千八百二〇五六	八千一百七九四四
七日	一千八百二一三七	八千一百七八六三
八日	一千八百二二三一	八千一百七七六九
九日	至一千八百二三三八	八千一百七六六二
十日	一千八百二四五八	八千一百七五四二

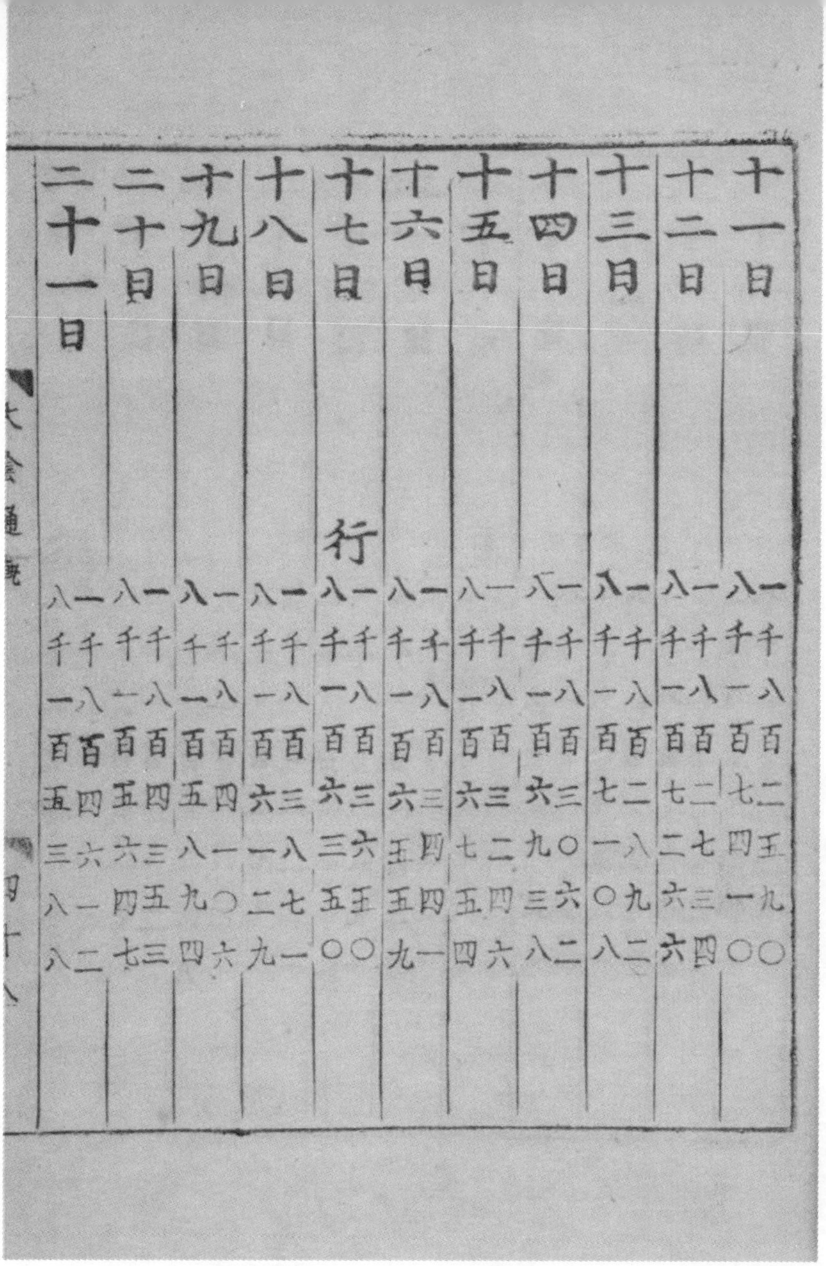

十一日	一千八百二五九〇	八千一百七四一〇
十二日	一千八百二七三四	八千一百七二六六
十三日	一千八百二八九二	八千一百七一〇八
十四日	一千八百三〇六二	八千一百六九三八
十五日	一千八百三二四六	八千一百六七五四
十六日	一千八百三四四一	八千一百六五五九
十七日	行一千八百三六五〇	八千一百六三五〇
十八日	一千八百三八七一	八千一百六一二九
十九日	一千八百四一〇六	八千一百五八九四
二十日	一千八百四三五三	八千一百五六四七
二十一日	一千八百四六一二	八千一百五三八八

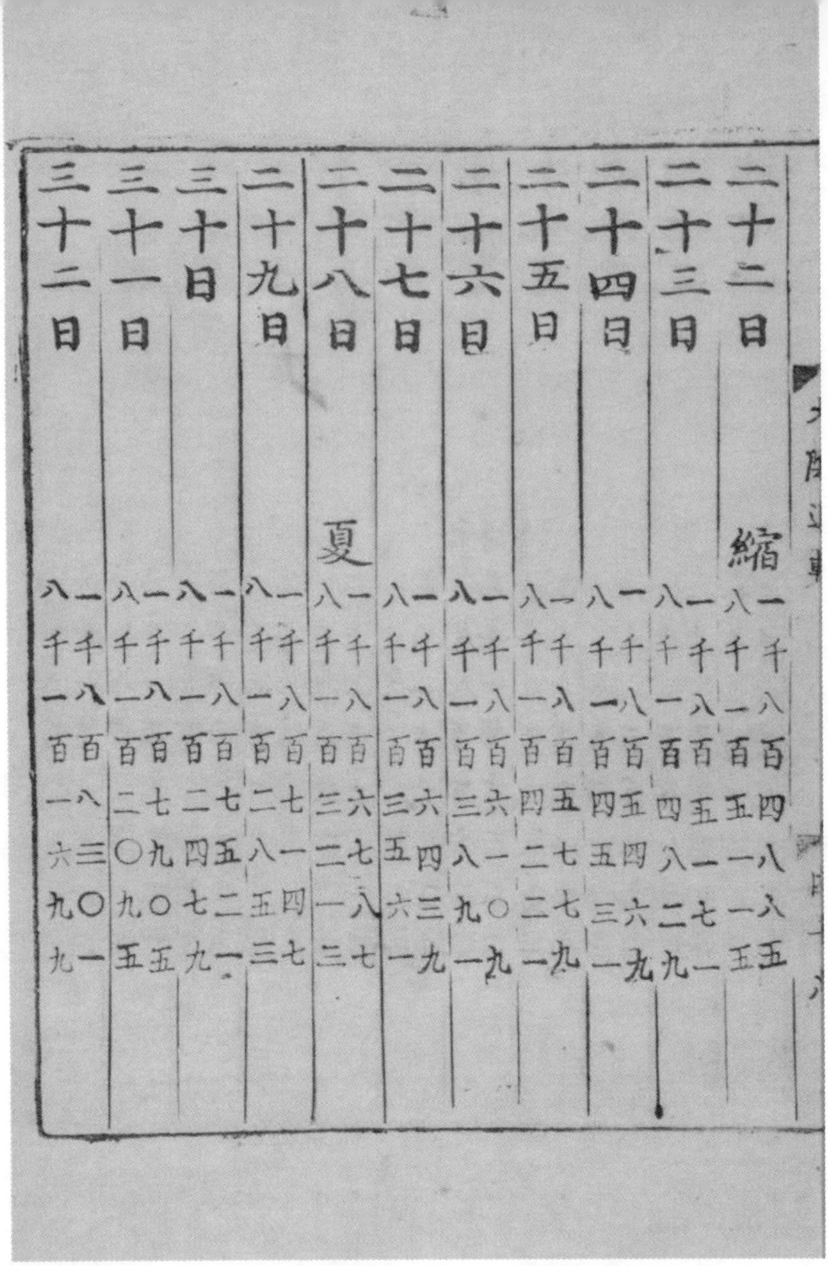

二十二日	縮一千八百四八八五	八千一百五一一五
二十三日	一千八百五一七一	八千一百四八二九
二十四日	一千八百五四六九	八千一百四五三一
二十五日	一千八百五七七九	八千一百四二二一
二十六日	一千八百六一〇九	八千一百三八九一
二十七日	一千八百六四三九	八千一百三五六一
二十八日	夏一千八百六七八七	八千一百三二一三
二十九日	一千八百七一四七	八千一百二八五三
三十日	一千八百七五二一	八千一百二四七九
三十一日	一千八百七九〇五	八千一百二〇九五
三十二日	一千八百八三〇一	八千一百一六九九

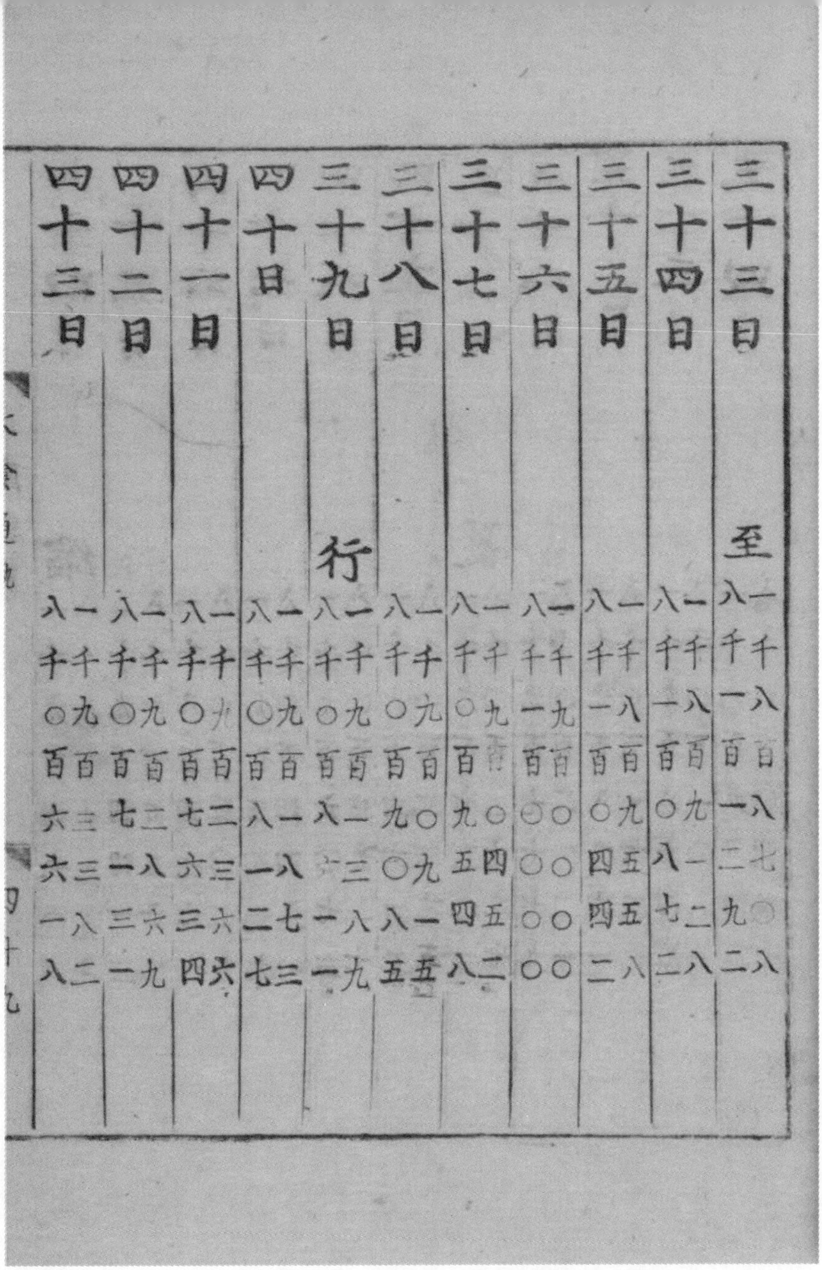

三十三日	至一千八百八七〇八	八千一百一二九二
三十四日	一千八百九一二八	八千一百〇八七二
三十五日	一千八百九五五八	八千一百〇四四二
三十六日	一千九百〇〇〇〇	八千一百〇〇〇〇
三十七日	一千九百〇四五二	八千〇百九五四八
三十八日	一千九百〇九一五	八千〇百九〇八五
三十九日	行一千九百一三八九	八千〇百八六一一
四十日	一千九百一八七三	八千〇百八一二七
四十一日	一千九百二三六六	八千〇百七六三四
四十二日	一千九百二八六九	八千〇百七一三一
四十三日	一千九百三三八二	八千〇百六六一八

四十四日	縮一千九百三九〇三	八千〇百六〇九七
四十五日	一千九百四四三三	八千〇百五五六七
四十六日	一千九百四九七一	八千〇百五〇二九
四十七日	一千九百五五一九	八千〇百四四八一
四十八日	一千九百六〇七三	八千〇百三九二七
四十九日	一千九百六六三五	八千〇百三三六五
五十日	夏一千九百七二〇三	八千〇百二七九七
五十一日	一千九百七七七九	八千〇百二二二一
五十二日	一千九百八三六一	八千〇百一六三九
五十三日	一千九百八九四九	八千〇百一〇五一
五十四日	一千九百九五四三	八千〇百〇四五七

五十五日	二千〇百〇一四二	七千九百九八五八
五十六日	二千〇百〇七四七	七千九百九二五三
五十七日	二千〇百一三五五	七千九百八六四五
五十八日	至二千〇百一九六九	七千九百八〇三一
五十九日	二千〇百二五八六	七千九百七四一四
六十日	二千〇百三二〇七	七千九百六七九三
六十一日	二千〇百三八三三	七千九百六一六七
六十二日	二千〇百四四六一	七千九百五五三九
六十三日	二千〇百五〇九一	七千九百四九〇九
六十四日	行二千〇百五七二四	七千九百四二七六
六十五日	二千〇百六三六一	七千九百三六三九

六十六日	二千〇百六九九九	七千九百三〇〇一
六十七日	二千〇百七六四〇	七千九百二三六〇
六十八日	二千〇百八二八二	七千九百一七一八
六十九日	二千〇百八九二六	七千九百一〇七四
七十日	二千〇百九五六九	七千九百〇四三一
七十一日	二千一百〇二一六	七千八百九七八四
七十二日	縮二千一百〇八五四	七千八百九一四六
七十三日	二千一百一五一二	七千八百八四八八
七十四日	二千一百二一六一	七千八百七八三九
七十五日	二千一百二八一〇	七千八百七一九〇
七十六日	二千一百三四六〇	七千八百六五四〇

七十七日	二千一百四一一〇	七千八百五八九〇
七十八日	夏二千一百四七六一	七千八百五二三九
七十九日	二千一百五四一二	七千八百四五八八
八十日	二千一百六〇六四	七千八百三九三六
八十一日	二千一百六七一五	七千八百三二八五
八十二日	二千一百七三六六	七千八百二六三四
八十三日	二千一百八〇一八	七千八百一九八二
八十四日	至二千一百八六六八	七千八百一三三二
八十五日	二千一百九〇二〇	七千八百〇九八〇
八十六日	二千一百九九七二	七千八百〇〇二八
八十七日	二千二百〇六二四	七千七百九三七六

八十八日	二千二百一二七五	七千七百八七二五
八十九日	二千二百一九二六	七千七百八〇七四
九十日	二千二百二五七八	七千七百七四二二
九十一日	二千二百三二二九	七千七百六七七一
九十二日	二千二百三八八一	七千七百六一一九
九十三日	二千二百四五三四	七千七百五四六六
九十四日	二千二百五一九一	七千七百四八〇九
九十五日	行二千二百五八四五	七千七百四一五五
九十六日	二千二百六四九九	七千七百三五〇一
九十七日	二千二百七一五三	七千七百二八四七
九十八日	二千二百七八〇八	七千七百二一九二

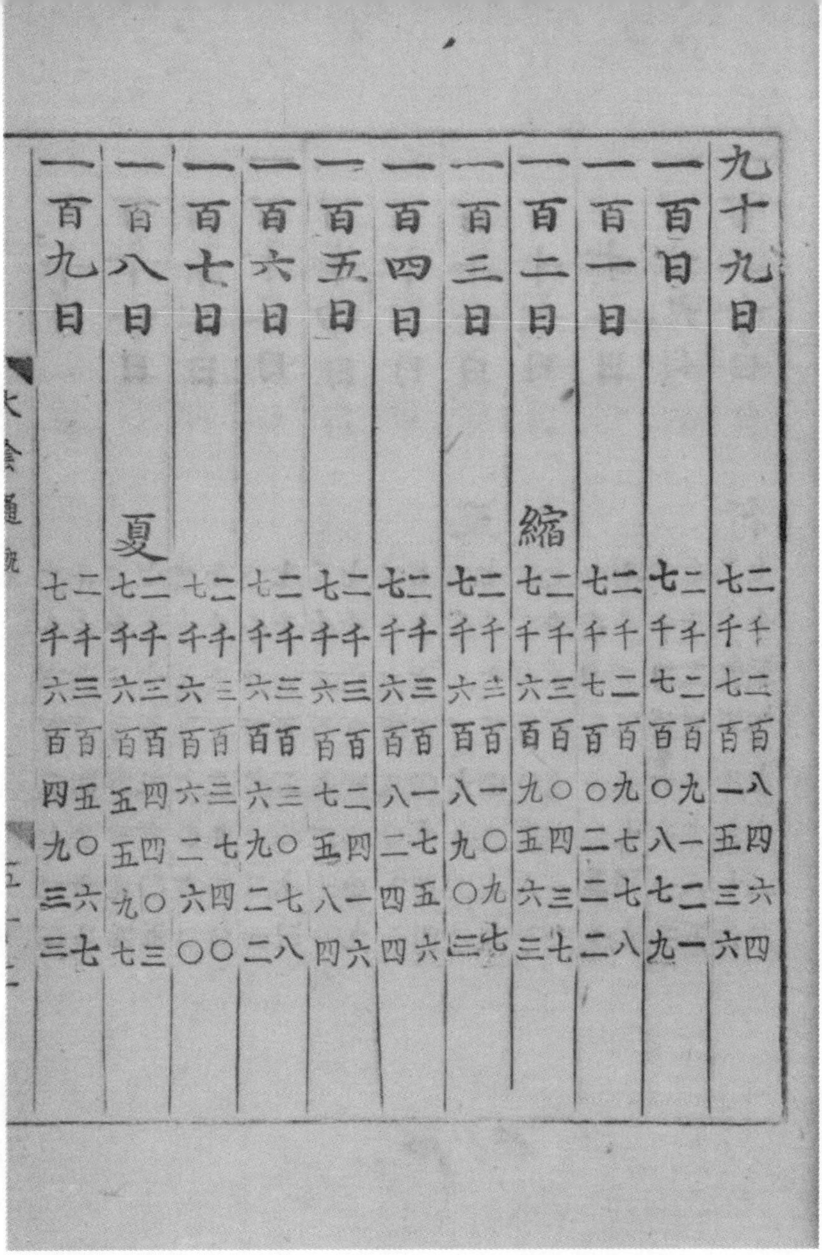

九十九日	二千二百八四六四	七千七百一五三六
一百日	二千二百九一二一	七千七百〇八七九
一百一日	二千二百九七七八	七千七百〇二二二
一百二日	縮二千三百〇四三七	七千六百九五六三
一百三日	二千三百一〇九七	七千六百八九〇三
一百四日	二千三百一七五六	七千六百八二四四
一百五日	二千三百二四一六	七千六百七五八四
一百六日	二千三百三〇七八	七千六百六九二二
一百七日	二千三百三七四〇	七千六百六二六〇
一百八日	夏二千三百四四〇三	七千六百五五九七
一百九日	二千三百五〇六七	七千六百四九三三

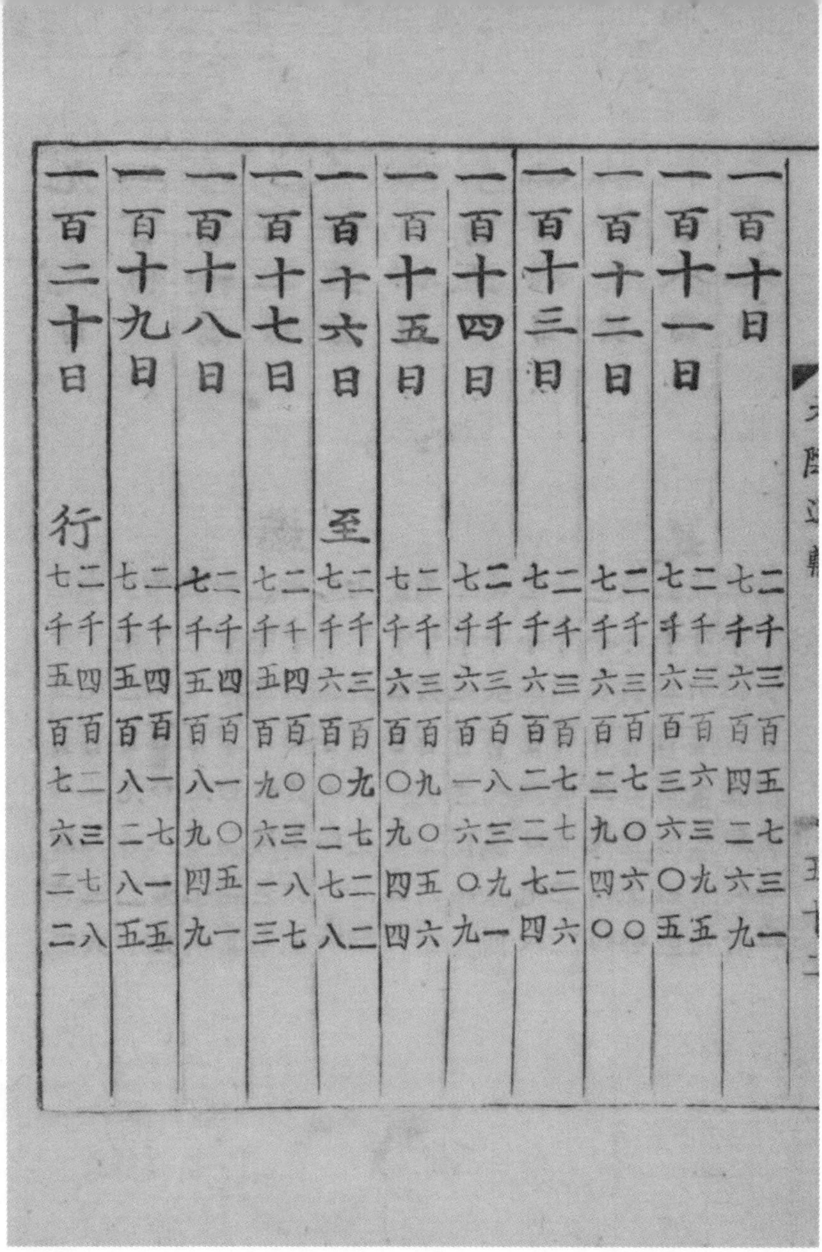

一百十日	二千三百五七三一	七千六百四二六九
一百十一日	二千三百六三九五	七千六百三六〇五
一百十二日	二千三百七〇六〇	七千六百二九四〇
一百十三日	二千三百七七二六	七千六百二二七四
一百十四日	二千三百八三九一	七千六百一六〇九
一百十五日	二千三百九〇五六	七千六百〇九四四
一百十六日	至二千三百九七二二	七千六百〇二七八
一百十七日	二千四百〇三八七	七千五百九六一三
一百十八日	二千四百一〇五一	七千五百八九四九
一百十九日	二千四百一七一五	七千五百八二八五
一百二十日	行二千四百二三七八	七千五百七六二二

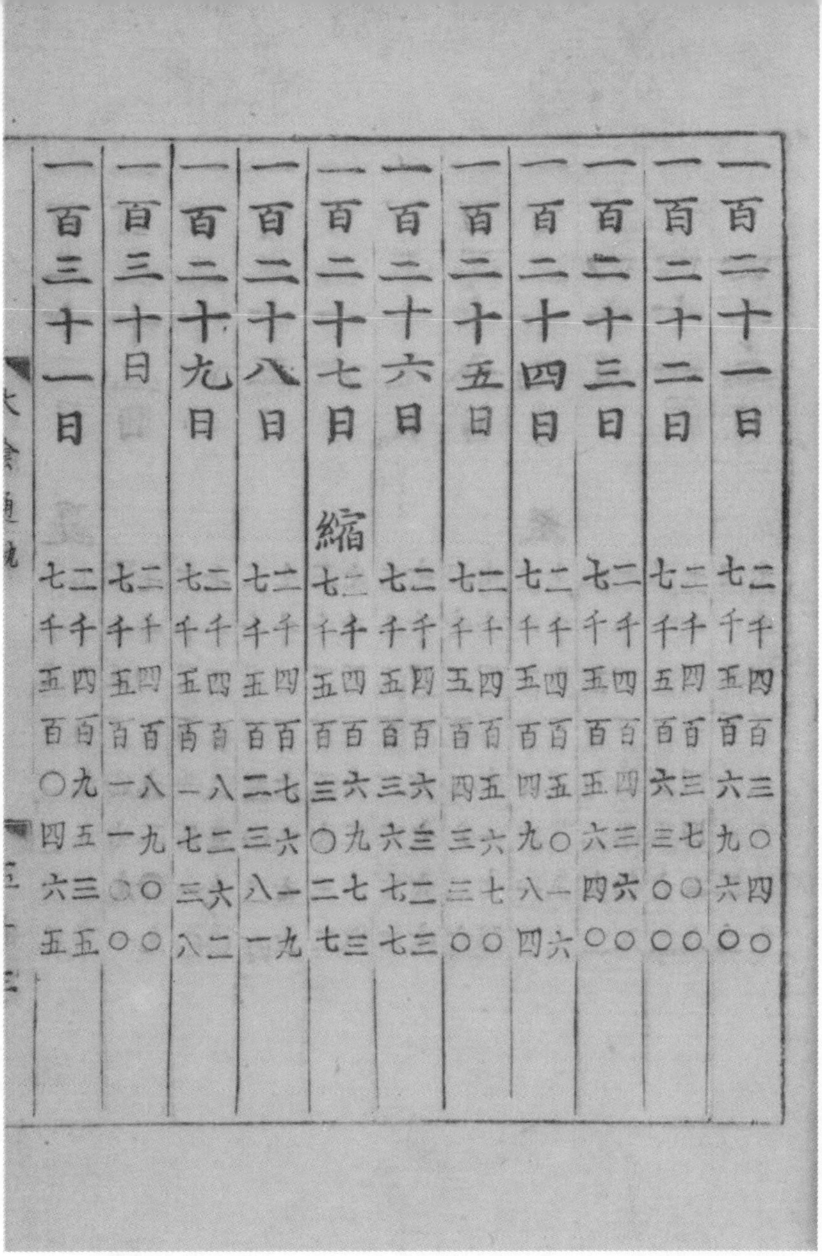

一百二十一日	二千四百三〇四〇	七千五百六九六〇
一百二十二日	二千四百三七〇〇	七千五百六三〇〇
一百二十三日	二千四百四三六〇	七千五百五六四〇
一百二十四日	二千四百五〇一六	七千五百四九八四
一百二十五日	二千四百五六七〇	七千五百四三三〇
一百二十六日	二千四百六三二三	七千五百三六七七
一百二十七日	縮二千四百六九七三	七千五百三〇二七
一百二十八日	二千四百七六一九	七千五百二三八一
一百二十九日	二千四百八二六二	七千五百一七三八
一百三十日	二千四百八九〇〇	七千五百一一〇〇
一百三十一日	二千四百九五三五	七千五百〇四六五

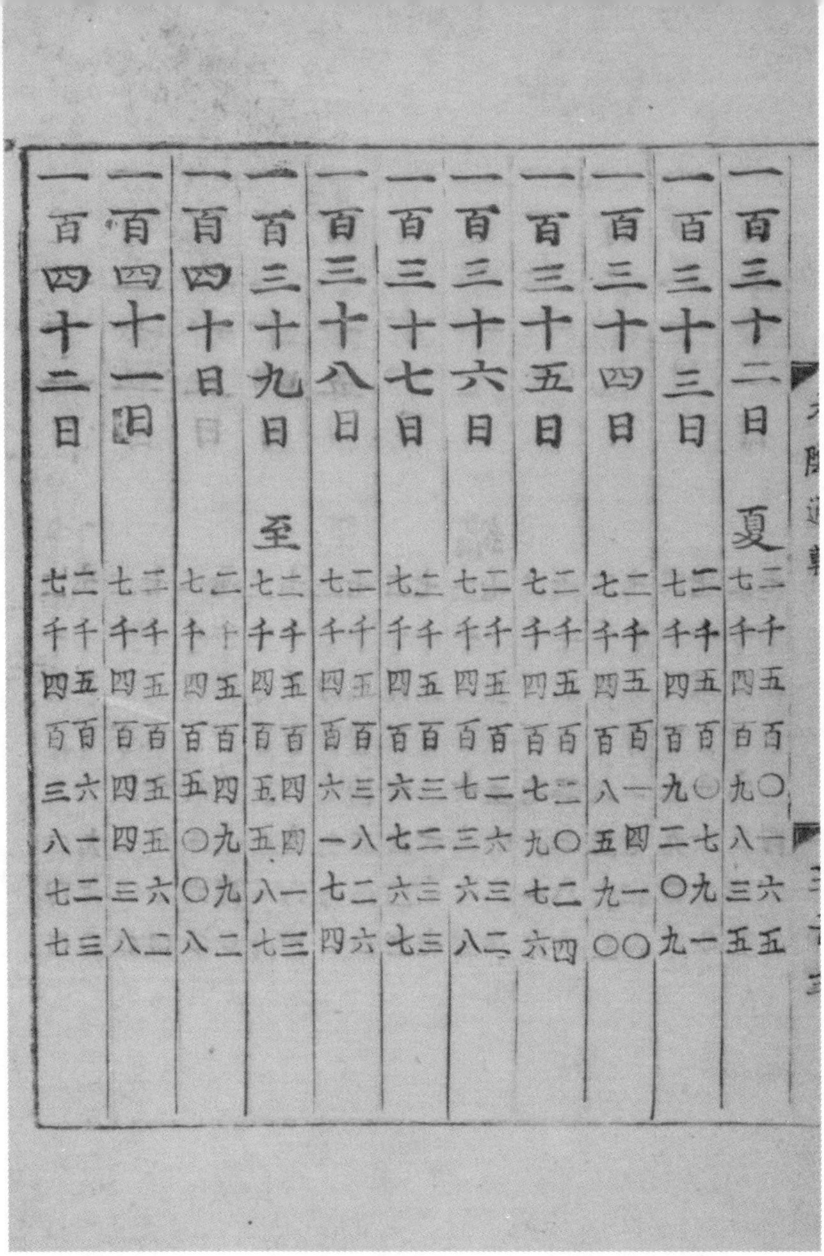

一百三十二日	夏二千五百〇一六五	七千四百九八三五
一百三十三日	二千五百〇七九一	七千四百九二〇九
一百三十四日	二千五百一四一〇	七千四百八五九〇
一百三十五日	二千五百二〇二四	七千四百七九七六
一百三十六日	二千五百二六三二	七千四百七三六八
一百三十七日	二千五百三二三三	七千四百六七六七
一百三十八日	二千五百三八二六	七千四百六一七四
一百三十九日	至二千五百四四一三	七千四百五五八七
一百四十日	二千五百四九九二	七千四百五〇〇八
一百四十一日	二千五百五五六二	七千四百四四三八
一百四十二日	二千五百六一二三	七千四百三八七七

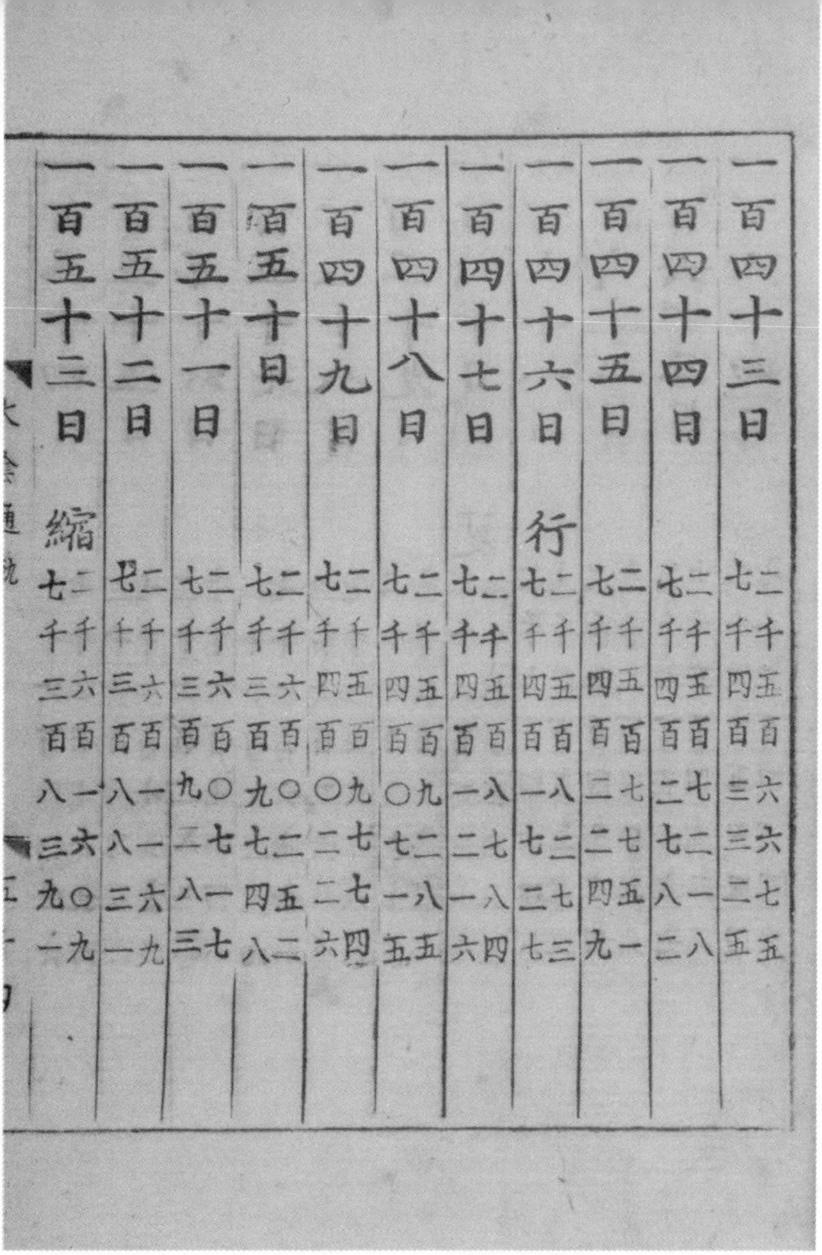

一百四十三日	二千五百六六七五	七千四百三三二五
一百四十四日	二千五百七二一八	七千四百二七八二
一百四十五日	二千五百七七五一	七千四百二二四九
一百四十六日	行二千五百八二七三	七千四百一七二七
一百四十七日	二千五百八七八四	七千四百一二一六
一百四十八日	二千五百九二八五	七千四百〇七一五
一百四十九日	二千五百九七七四	七千四百〇二二六
一百五十日	二千六百〇二五二	七千三百九七四八
一百五十一日	二千六百〇七一七	七千三百九二八三
一百五十二日	二千六百一一六九	七千三百八八三一
一百五十三日	縮二千六百一六〇九	七千三百八三九一

一百五十四日	二千六百二〇三六	七千三百七九六四
一百五十五日	二千六百二四五〇	七千三百七五五〇
一百五十六日	二千六百二八五二	七千三百七一四八
一百五十七日	二千六百三二三九	七千三百六七六一
一百五十八日	二千六百三六一二	七千三百六三八八
一百五十九日	二千六百三九七二	七千三百六〇二八
一百六十日	夏二千六百四三一七	七千三百五六八三
一百六十一日	二千六百四六四八	七千三百五三五二
一百六十二日	二千六百四九六四	七千三百五〇三六
一百六十三日	二千六百五二六七	七千三百四七三三
一百六十四日	二千六百五五五四	七千三百四四四六

一百六十五日	至二千六百五八二七	七千三百四一七三
一百六十六日	二千六百六〇八五	七千三百三九一五
一百六十七日	二千六百六三二八	七千三百三六七二
一百六十八日	二千六百六五五七	七千三百三四四三
一百六十九日	二千六百六七六九	七千三百三二三一
一百七十日	二千六百六九六八	七千三百三〇三二
一百七十一日	二千六百七一五二	七千三百二八四八
一百七十二日	行二千六百七三一九	七千三百二六八一
一百七十三日	二千六百七四七二	七千三百二五二八
一百七十四日	二千六百七六一一	七千三百二三八九
一百七十五日	二千六百七七三三	七千三百二二六七

一百七十六日	二千六百七八四一	七千三百二一五九
一百七十七日	二千六百七九三二	七千三百二〇六八
一百七十八日	二千六百八〇一〇	七千三百一九九〇
一百七十九日	二千六百八〇七一	七千三百一九二九
一百八十日	縮二千六百八一一八	七千三百一八八二
一百八十一日	二千六百八一四九	七千三百一八五一
一百八十二日	二千六百八一六六	七千三百一八三四

推第十四格相距度分并轉積分法

相距度分者，置第十三格推得各次段昏入轉積度全分，内加入氣象限全分，共得内却減其本段推得昏入轉積度全分，餘為朔與上弦推得相距

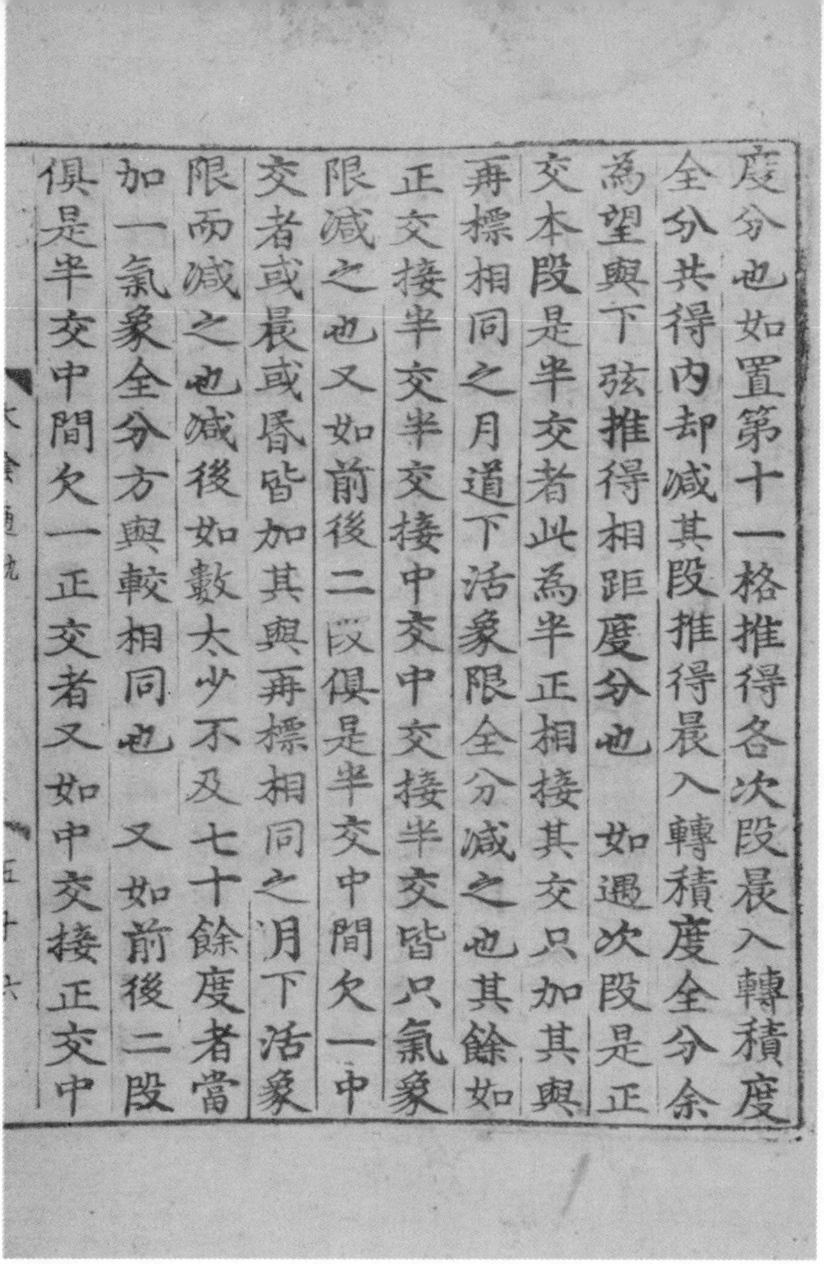
度分也如置第十一格推得各次段晨入轉積度全分共得内却减其段推得晨入轉積度全分余為望與下弦推得相距度分也　如遇次段是正交本段是半交者此為半正相接其交只加其與再標相同之月道下活象限全分减之也其餘如正交接半交半交接中交中交接半交皆只氣象限减之也又如前後二段俱是半交中間欠一中交者或晨或昏皆加其與再標相同之月下活象限而减之也减後如數太少不及七十餘度者當加一氣象全分方與較相同也　又如前後二段俱是半交中間欠一正交者又如中交接正交中

度分也。如置第十一格推得各次段晨入轉積度全分，共得內却減其段推得晨入轉積度全分，余為望與下弦推得相距度分也。

如遇次段是正交，本段是半交者，此為半正相接，其交只加其與再標相同之月道下活象限全分減之也。其餘如正交接半交，半交接中交，中交接半交，皆只氣象限減之也。又如前後二段俱是半交，中間欠一中交者，或晨或昏皆加其與再標相同之月下活象限而減之也。減後，如數太少，不及七十餘度者，當加一氣象全分方與較相同也。

又如前後二段俱是半交，中間欠一正交者，又如中交接正交，中

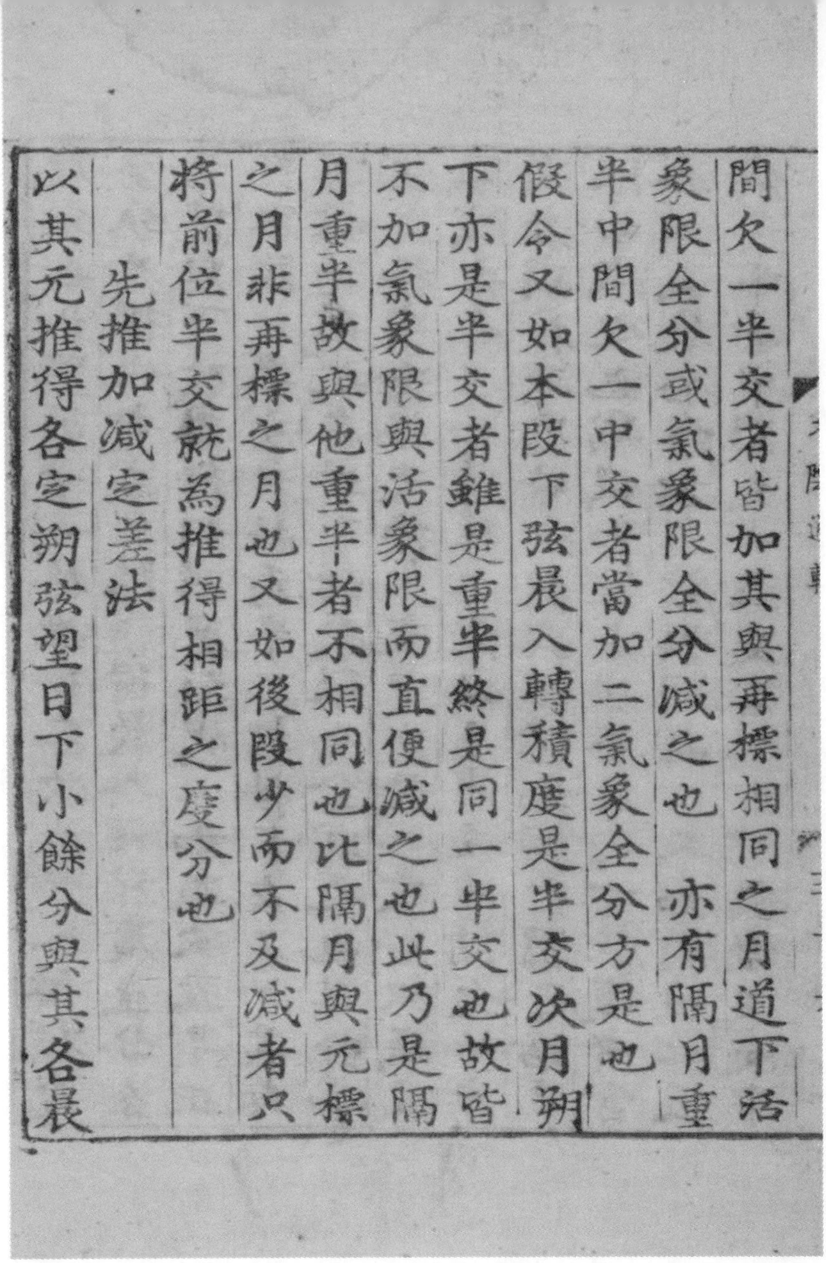
間欠一半交者皆加其與再標相同之月道下活
象限全分或氣象限全分減之也　亦有隔月重
半中間欠一中交者當加二氣象全分方是也
假令又如本段下弦晨入轉積度是半交次月朔
下亦是半交者雖是重半終是同一半交也故皆
不加氣象限與活象限而直便減之也此乃是隔
月重半故與他重半者不相同也比隔月與元標
之月非再標之月也又如後段少而不及減者只
將前位半交就為推得相距之度分也
先推加減定差法
以其元推得各定朔弦望日下小餘分與其各晨

間欠一半交者，皆加其與再標相同之月道下活象限全分或氣象限全分減之也。

亦有隔月重半，中間欠一中交者，當加二氣象全分方是也。

假令又如本段下弦晨入轉積度是半交，次月朔下亦是半交者，雖是重半終，是同一半交也。故皆不加氣象限與活象限，而直便減之也。此乃是隔月重半，故與他重半者不相同也。比隔月與元標之月，非再標之月也。又如後段少而不及減者，只將前位半交就為推得相距之度分也。

先推加減定差法

以其元推得各定朔弦望日下小餘分與其各晨

昏分互相減之，餘有數以其遲疾轉定度分為法，乘之，得為推得定差分也。視其晨分多，如各定朔弦望日下小餘分者，命為減差。定數秒為准元，列千位前通第六位為度也。

轉積分者，朔與上弦用昏日，望與下弦用晨日也。置各次段推得晨與昏若干日，内減去前段推得各晨與昏若干日，餘幾日。其第一格推得各相距日同者，依各推得晨日號下，直録其轉積度鈐内相同日號下全分，為減去之晨與昏日下轉積度分也。

如遇後段日數小如前段不及減者，或晨或昏皆加入二十八日減之也。

假令如相距日

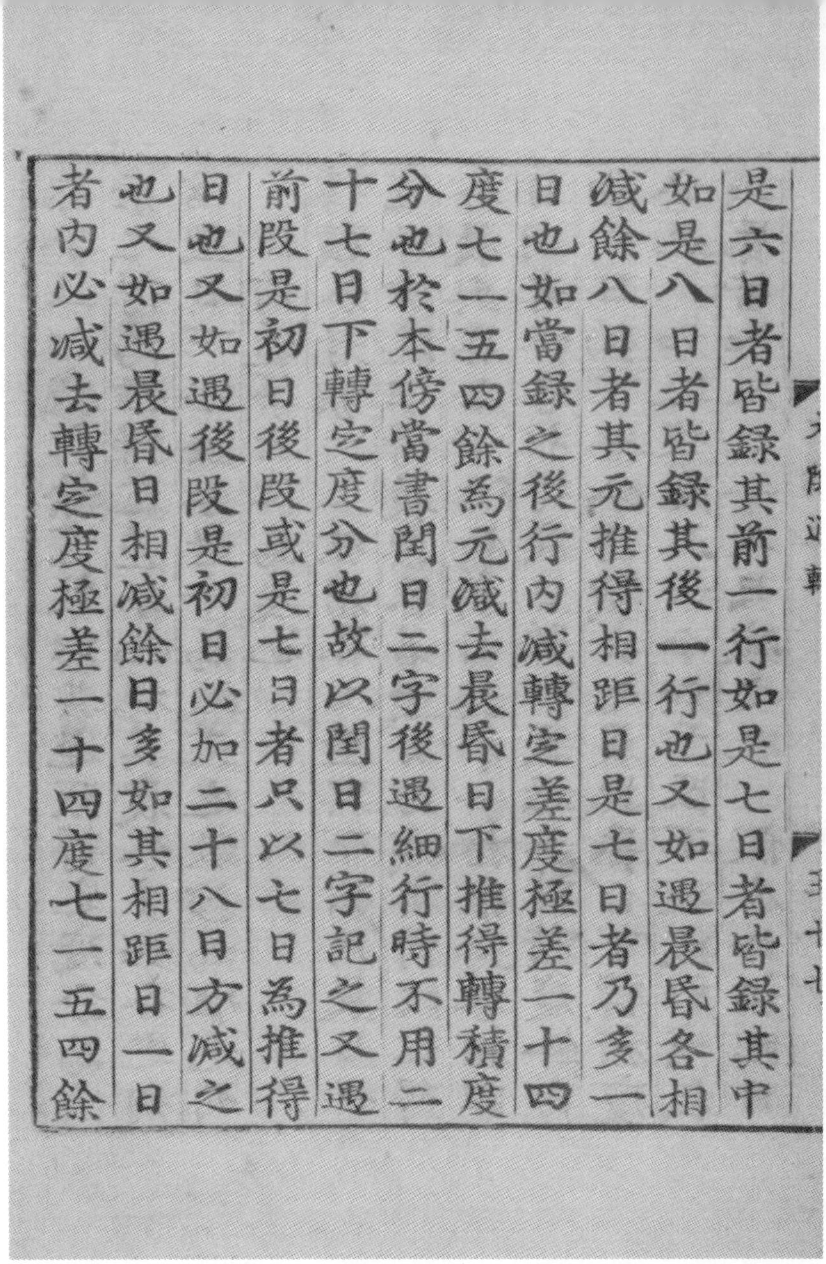
是六日者皆録其前一行如是七日者皆録其中
如是八日者皆録其後一行也又如遇晨昏各相
減餘八日者其元推得相距日是七日者乃多一
日也如當録之後行内減轉定差度極差一十四
度七一五四餘為元減去晨昏日下推得轉積度
分也於本傍當書閏日二字後遇細行時不用二
十七日下轉定度分也故以閏日二字記之又遇
前段是初日後段或是七日者只以七日為推得
日也又如遇後段是初日必加二十八日方減之
也又如遇晨昏日相減餘日多如其相距日一日
者内必減去轉定度極差一十四度七一五四餘

是六日者，皆録其前一行。如是七日者，皆録其中。如是八日者，皆録其後一行也。又如遇晨昏各相減餘八日者，其元推得相距日是七日者，乃多一日也。如當録之後行，内減轉定差度極差一十四度七一五四，餘為元減去晨昏日下推得轉積度分也，扵本傍當書“閏日”二字。後遇細行時不用二十七日下轉定度分也，故以“閏日”二字記之。又遇前段是初日，後段或是七日者，只以七日為推得日也。又如遇後段是初日，必加二十八日方減之也。又如遇晨昏日相減餘日多如其相距日一日者，內必減去轉定度極差一十四度七一五四，餘

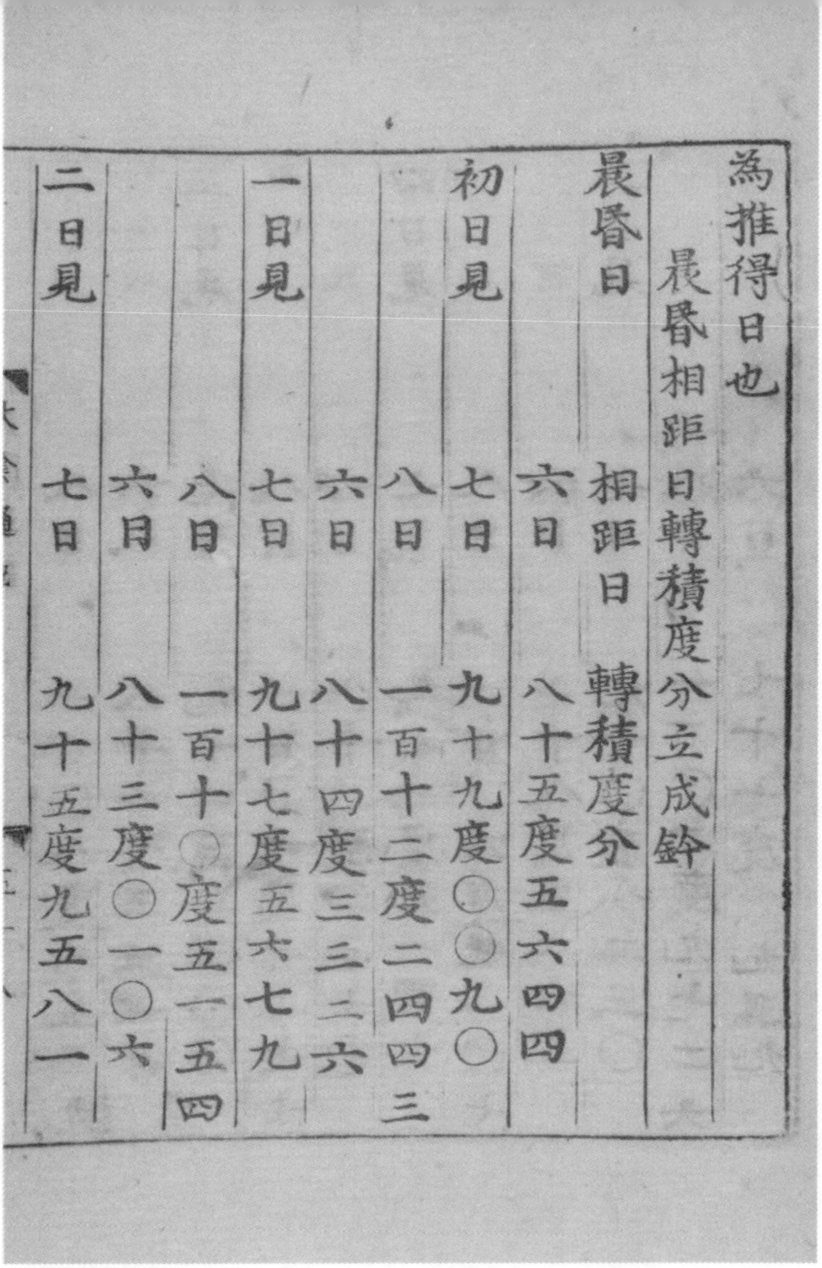

為推得日也。

晨昏相距日轉積度分立成鈐

晨昏日	相距日	轉積度分
	六日	八十五度五六四四
初日見	七日	九十九度〇〇九〇
	八日	一百十二度二四四三
	六日	八十四度三三二六
一日見	七日	九十七度五六七九
	八日	一百十〇度五一五四
	六日	八十三度〇一〇六
二日見	七日	九十五度九五八一

	八日	一百〇八度六五二九
	六日	八十一度五五五二
三日見	七日	九十四度二五〇〇
	八日	一百〇六度七二七七
	六日	八十〇度〇三七〇
四日見	七日	九十二度五一四七
	八日	一百〇四度八一〇七
	六日	七十八度五二六五
五日見	七日	九十〇度八二三〇
	八日	一百〇二度九七二六
	六日	七十七度〇九五九

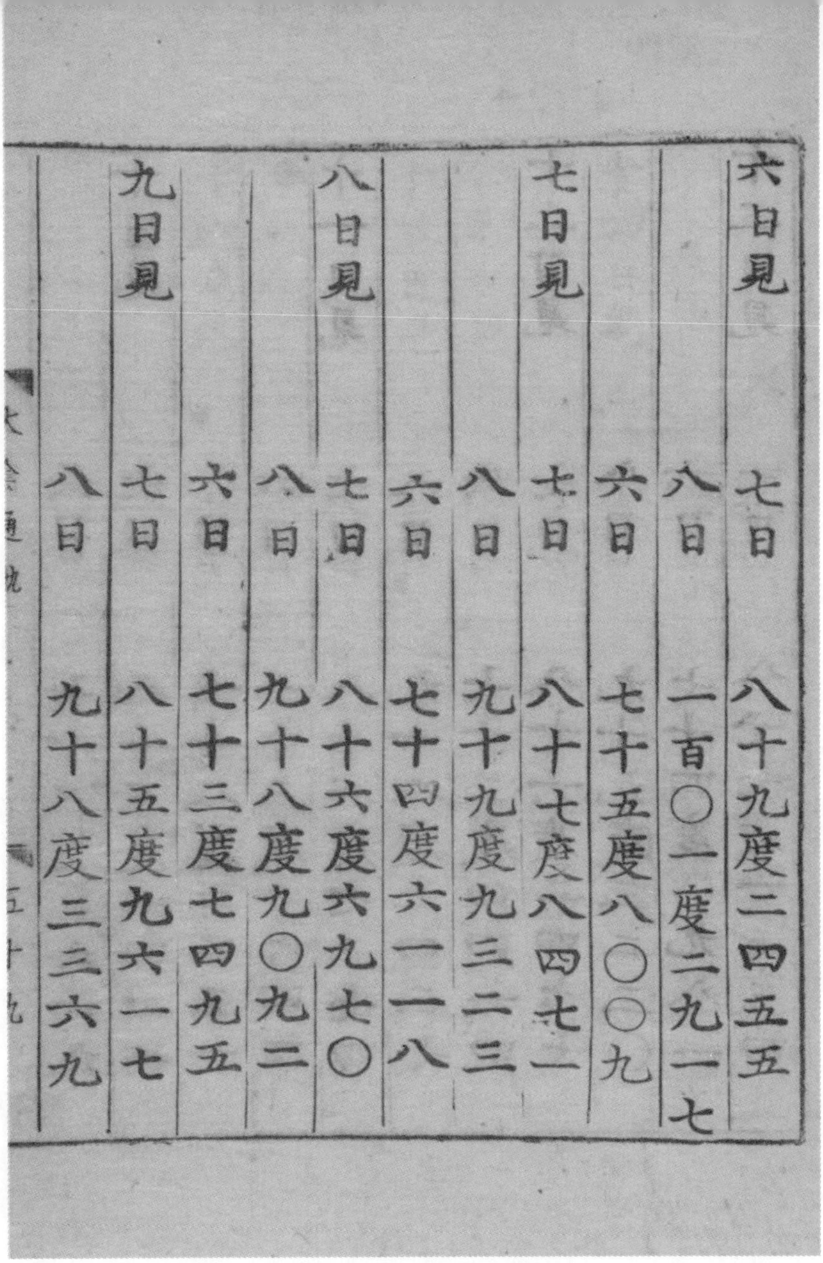

六日見	七日	八十九度二四五五
	八日	一百〇一度二九一七
	六日	七十五度八〇〇九
七日見	七日	八十七度八四七一
	八日	九十九度九三二三
	六日	七十四度六一一八
八日見	七日	八十六度六九七〇
	八日	九十八度九〇九二
	六日	七十三度七四九五
九日見	七日	八十五度九六一七
	八日	九十八度三三六九

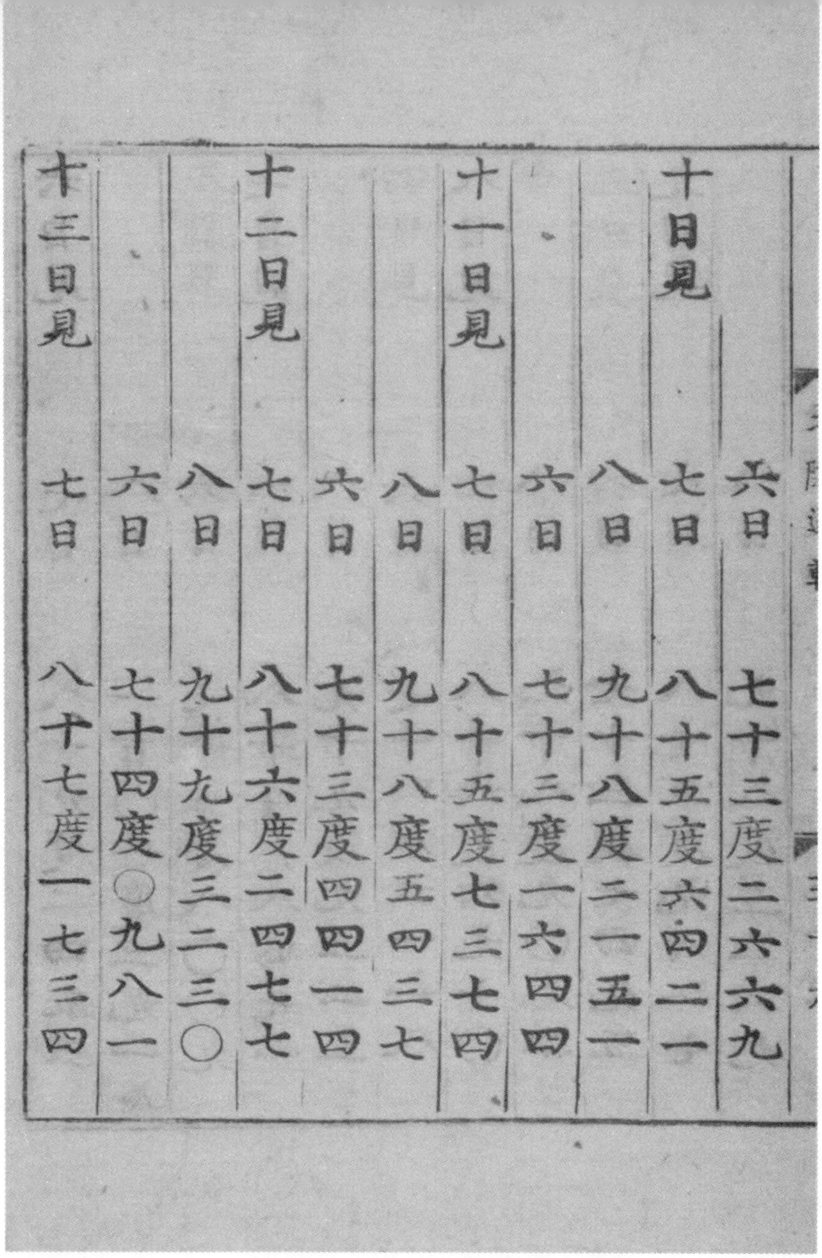

	六日	七十三度二六六九
十日見	七日	八十五度六四二一
	八日	九十八度二一五一
	六日	七十三度一六四四
十一日見	七日	八十五度七三七四
	八日	九十八度五四三七
	六日	七十三度四四一四
十二日見	七日	八十六度二四七七
	八日	九十九度三二三〇
	六日	七十四度〇九八一
十三日見	七日	八十七度一七三四

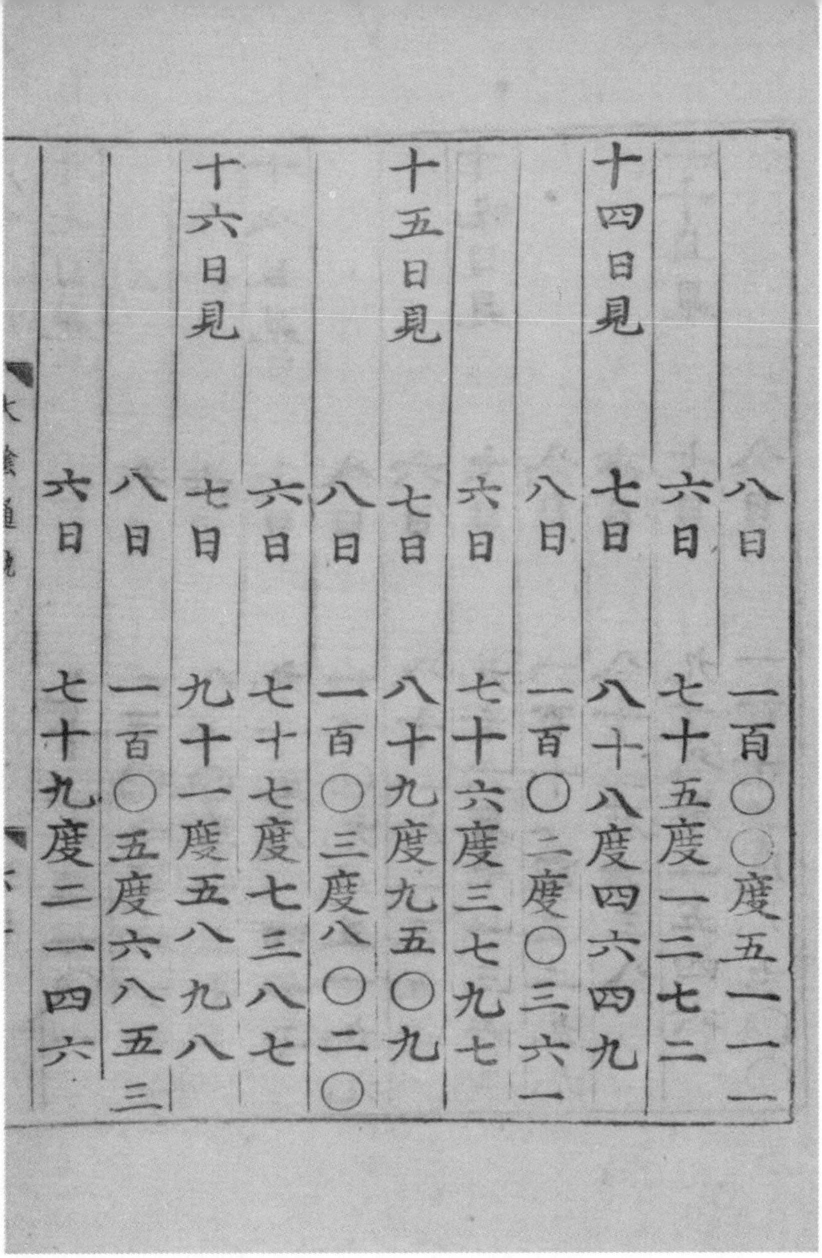

	八日	一百〇〇度五一一一
	六日	七十五度一二七二
十四日見	七日	八十八度四六四九
	八日	一百〇二度〇三六一
	六日	七十六度三七九七
十五日見	七日	八十九度九五〇九
	八日	一百〇三度八〇二〇
	六日	七十七度七三八七
十六日見	七日	九十一度五八九八
	八日	一百〇五度六八五三
	六日	七十九度二一四六

十七日見	七日	九十三度三一〇一
	八日	一百〇七度六一四七
	六日	八十〇度七三七一
十八日見	七日	九十五度〇四一七
	八日	一百〇九度五一九九
	六日	八十二度二三五四
十九日見	七日	九十六度七一三六
	八日	一百十一度三二九九
	六日	八十三度六三八三
二十日見	七日	九十八度二五四六
	八日	一百十二度九七〇〇

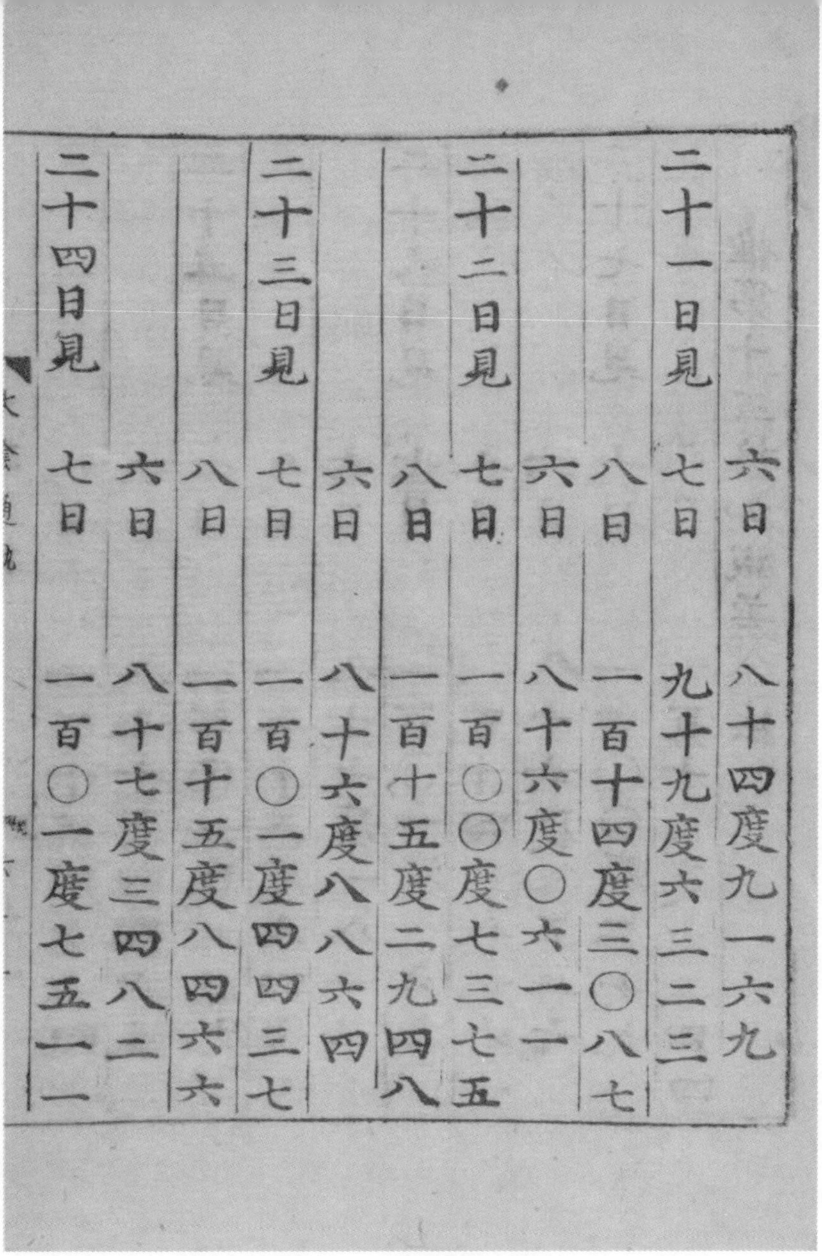

	六日	八十四度九一六九
二十一日見	七日	九十九度六三二三
	八日	一百十四度三〇八七
	六日	八十六度〇六一一
二十二日見	七日	一百〇〇度七三七五
	八日	一百十五度二九四八
	六日	八十六度八八六四
二十三日見	七日	一百〇一度四四三七
	八日	一百十五度八四六六
	六日	八十七度三四八二
二十四日見	七日	一百〇一度七五一一

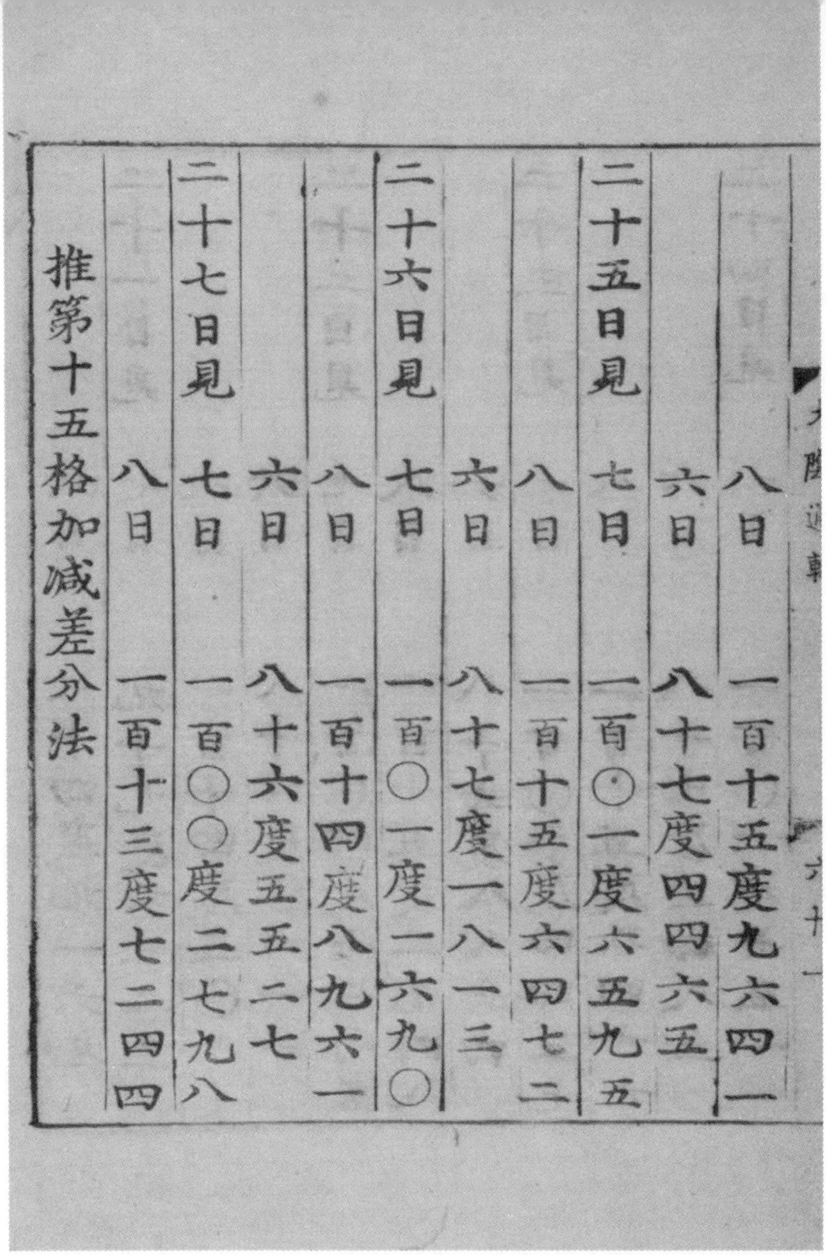

	八日	一百十五度九六四一
	六日	八十七度四四六五
二十五日見	七日	一百〇一度六五九五
	八日	一百十五度六四七二
	六日	八十七度一八一三
二十六日見	七日	一百〇一度一六九〇
	八日	一百十四度八九六一
	六日	八十六度五五二七
二十七日見	七日	一百〇〇度二七九八
	八日	一百十三度七二四四

推第十五格加減差分法

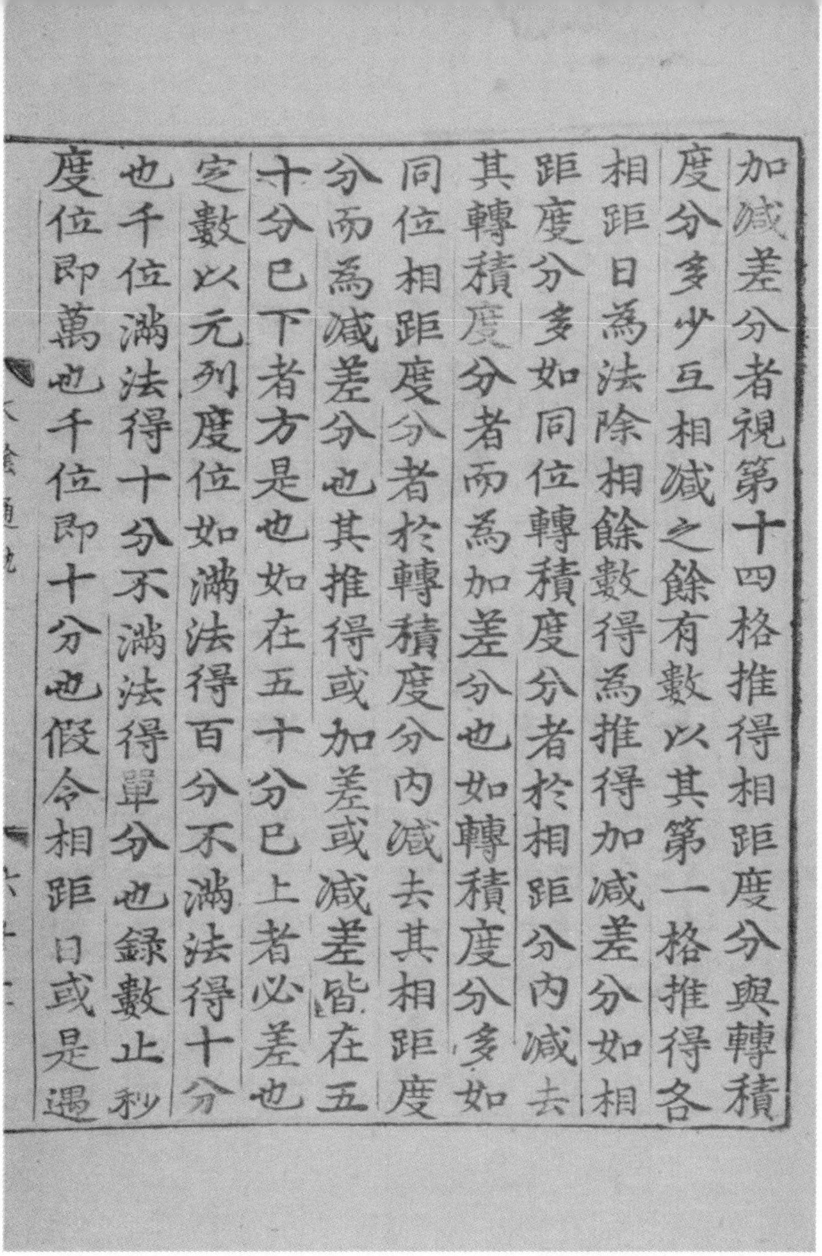
加減差分者視第十四格推得相距度分與轉積
度分多少互相減之餘有數以其第一格推得各
相距日為法除相餘數得為推得加減差分如相
距度分多如同位轉積度分者於相距分內減去
其轉積度分者而為加差分也如轉積度分多如
同位相距度分者於轉積度分內減去其相距度
分而為減差分也其推得或加差或減差皆在五
十分已下者方是也如在五十分已上者必差也
定數以元列度位如滿法得百分不滿法得十分
也千位滿法得十分不滿法得單分也録數止秒
度位即萬也千位即十分也假令相距日或是遇

加減差分者，視第十四格推得相距度分與轉積度分多少互相減之，餘有數以其第一格推得各相距日為法，除相餘數，得為推得加減差分。如相距度分多如同位轉積度分者，扵相距分內減去其轉積度分者而為加差分也。

如轉積度分多如同位相距度分者，扵轉積度分內減去其相距度分而為減差分也。其推得或加差或減差皆在五十分已下者，方是也。如在五十分已上者，必差也。定數以元列度位，如滿法得百分，不滿法得十分也，千位滿法得十分，不滿法得單分也，録數止秒，度位即萬也，千位即十分也。

假令相距日或是遇

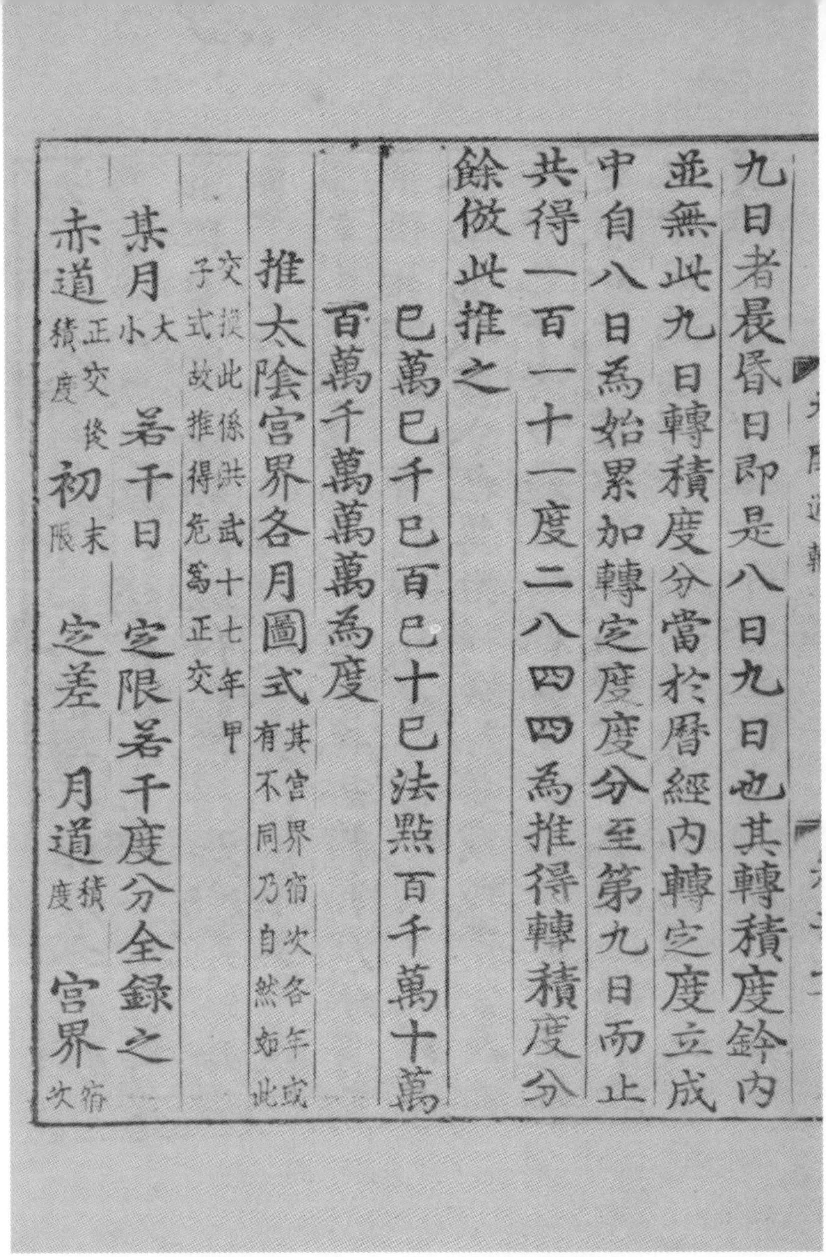
九日者晨昏日即是八日九日也其轉積度鈐內
並無此九日轉積度分當於曆經內轉定度立成
中自八日為始累加轉定度度分至第九日而止
共得一百一十一度二八四四為推得轉積度分
餘倣此推之
已萬已千已百已十已法點百千萬十萬
百萬千萬萬萬為度
推太陰宮界各月圖式其宮界宿次各年或有不同乃自然如此交換此係洪武十七年甲子式故推得危為正交
某月大小若干日定限若干度分全録之
赤道正交後積度 初末限 定差 月道積度 宮界宿次

九日者，晨昏日即是八日九日也，其轉積度鈐內並無此九日轉積度分，當於曆經內轉定度立成中自八日為始，累加轉定度度分至第九日而止，共得一百一十一度二八四四為推得轉積度分，餘倣此推之。

已萬已千已百已十已法，點百，千，萬，十萬，百萬，千萬，萬萬為度。

推太陰宮界各月圖式其宮界宿次各年或有不同，乃自然如此交換。此系洪武十七年甲子式，故推得危為正交。

某月大小，若干日。定限若干，度分全録之。

	赤道正交後積度	初末限	定差	月道積度	宮界宿次	

亥	正	危
戌		奎
酉		胃
申	半	畢
未		井
午		柳
巳	中	張
辰		軫
卯		氐
寅	半	尾
丑		斗

子　　　　　　　　女

右大陰宮界每年皆自正月起十二月止若遇其
年有重交月與閏月者置於各月之次號為一月
其各月視其同年推得曆日草其月大者仍書大
其月小者仍書小其月若干日者視大陰宿度第
二圖中第一格推得各定限日也其月定度分者
亦第二圖中第五格推得各定限度分也而録於
各月之下　假令如寅字下推得定限日是初五
日者於大陰宮界正月下書初五日也其限度分
亦全録之也

推第一格赤道正交後積度分法

子		女

右大陰[1]宮界每年皆自正月起，十二月止。若遇其年有重交月與閏月者，置於各月之次，號為一月。其各月視其同年推得曆日草，其月大者仍書大，其月小者仍書小。其月若干日者，視大陰[2]宿度第二圖中第一格推得各定限日也；其月定度分者，亦第二圖中第五格推得各定限度分也；而録於各月之下。

假令如寅字下推得定限日是初五日者，於大陰[3]宮界正月下書初五日也，其限度分亦全録之也。

推第一格赤道正交後積度分法

1“大陰”當作“太陰”。
2“大陰”當作“太陰”。
3“大陰”當作“太陰”。

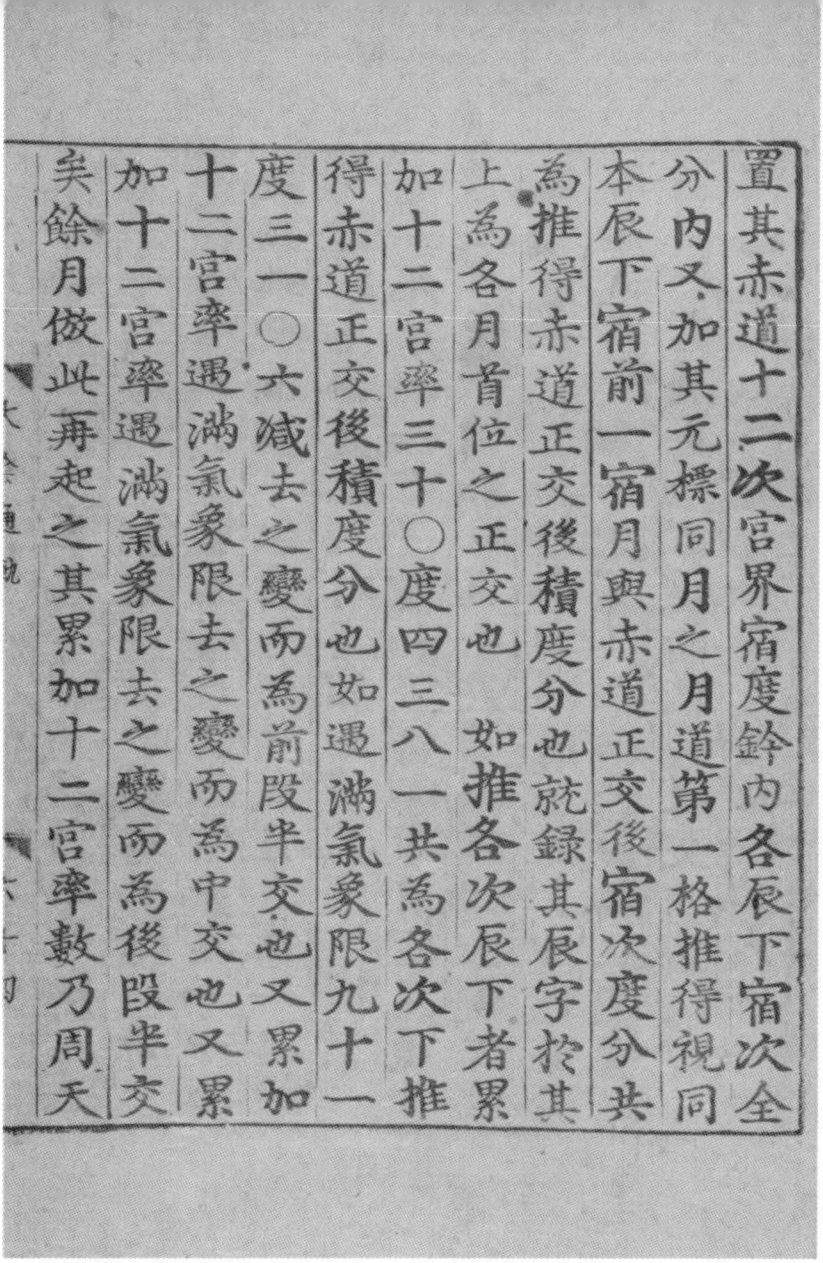

置其赤道十二次宮界宿度鈐内各辰下宿次全分内又加其元標同月之月道第一格推得視同本辰下宿前一宿月與赤道正交後宿次度分共為推得赤道正交後積度分也就録其辰字扵其上為各月首位之正交也 如推各次辰下者累加十二宮率三十〇度四三八一共為各次下推得赤道正交後積度分也如遇滿氣象限九十一度三一〇六減去之變而為前段半交也又累加十二宮率遇滿氣象限去之變而為中交也又累加十二宮率遇滿氣象限去之變而為後段半交矣餘月倣此再起之其累加十二宮率數乃周天

置其赤道十二次宮界宿度鈐内各辰下宿次全分，内又加其元標同月之月道第一格推得視同本辰下宿前一宿月與赤道正交後宿次度分，共為推得赤道正交後積度分也。就録其辰字扵其上，為各月首位之正交也。

如推各次辰下者，累加十二宮率三十〇度四三八一，共為各次下推得赤道正交後積度分也。如遇滿氣象限，九十一度三一〇六減去之，變而為前段半交也。又累加十二宮率，遇滿氣象限去之，變而為中交也。又累加十二宮率，遇滿氣象限去之，變而為後段半交矣。餘月倣此再起之。其累加十二宮率，數乃周天

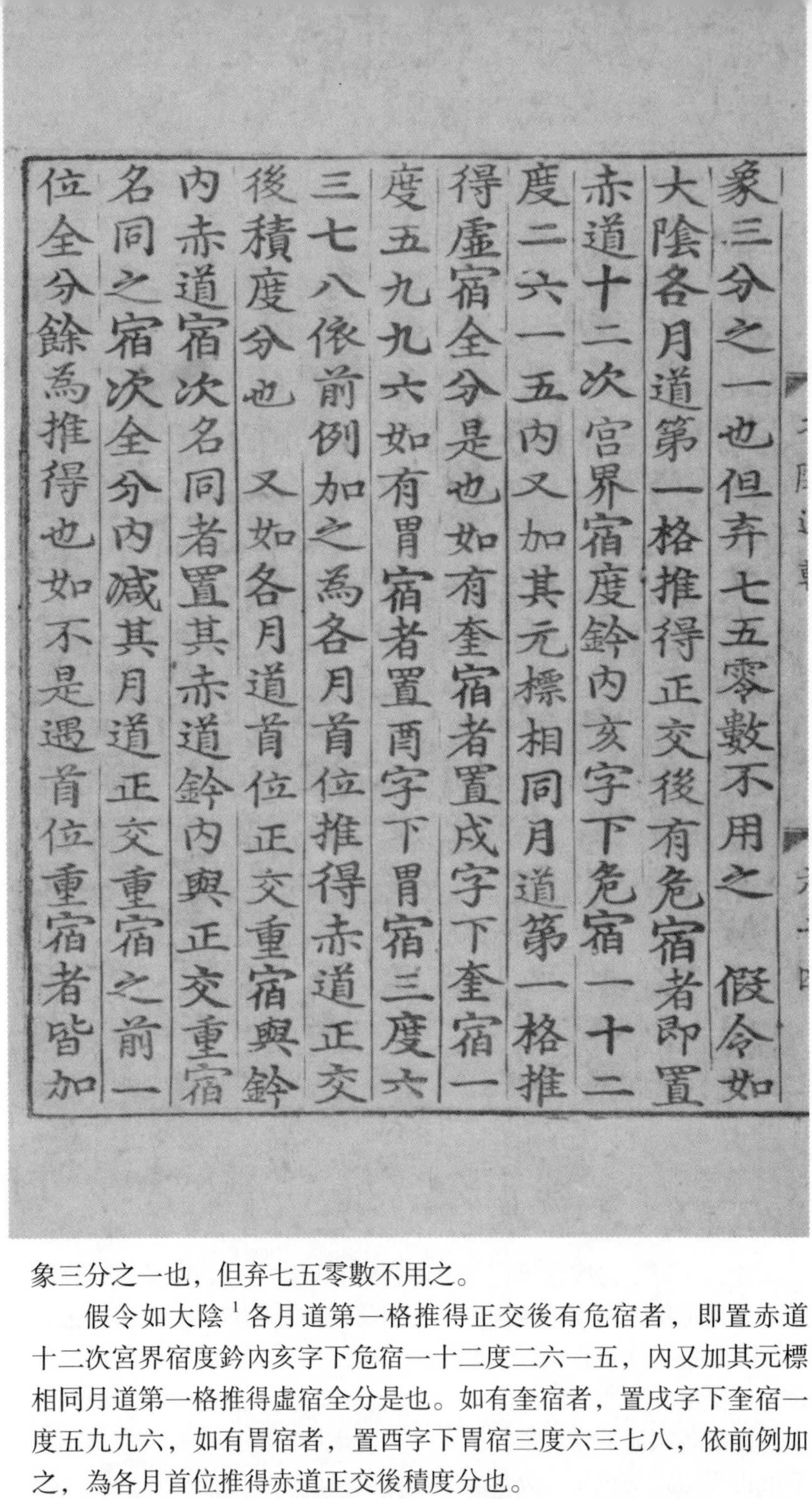
象三分之一也但弃七五零數不用之　假令如大陰各月道第一格推得正交後有危宿者即置赤道十二次宫界宿度鈐内亥字下危宿一十二度二六一五内又加其元標相同月道第一格推得虚宿全分是也如有奎宿者置戌字下奎宿一度五九九六如有胃宿者置酉字下胃宿三度六三七八依前例加之為各月首位推得赤道正交後積度分也　又如各月道首位正交重宿與鈐内赤道宿次名同者置其赤道鈐内與正交重宿名同之宿次全分内減其月道正交重宿之前一位全分餘為推得也如不是遇首位重宿者皆加

象三分之一也，但弃七五零數不用之。

假令如大陰[1]各月道第一格推得正交後有危宿者，即置赤道十二次宫界宿度鈐内亥字下危宿一十二度二六一五，内又加其元標相同月道第一格推得虚宿全分是也。如有奎宿者，置戌字下奎宿一度五九九六，如有胃宿者，置酉字下胃宿三度六三七八，依前例加之，為各月首位推得赤道正交後積度分也。

又如各月道首位正交重宿與鈐内赤道宿次名同者，置其赤道鈐内與正交重宿名同之宿次全分，内減其月道正交重宿之前一位全分，餘為推得也。如不是遇首位重宿者，皆加

1“大陰”當作“太陰”。

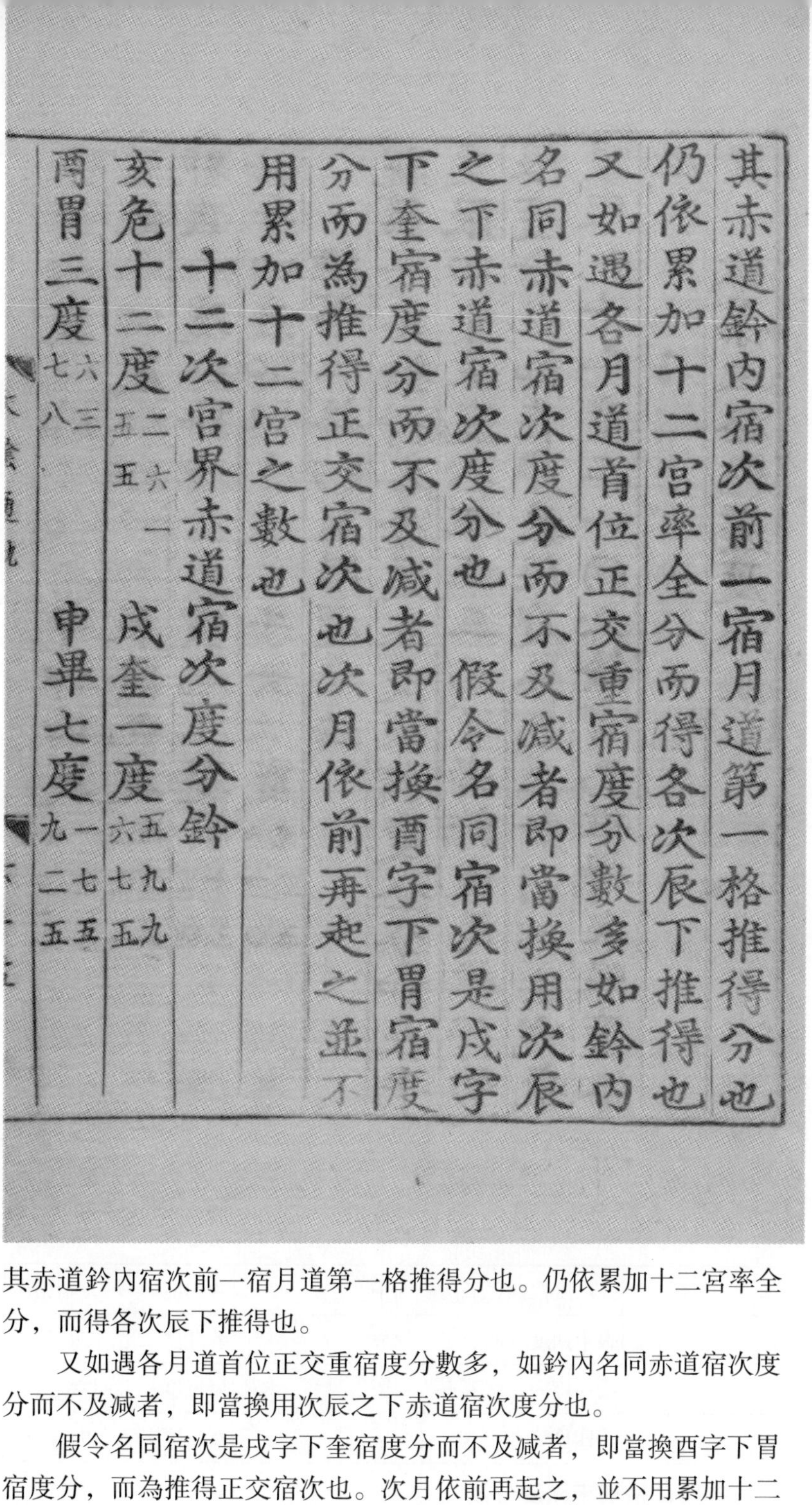

其赤道鈐內宿次前一宿月道第一格推得分也仍依累加十二宮率全分而得各次辰下推得也又如遇各月道首位正交重宿度分數多如鈐內名同赤道宿次度分而不及減者即當換用次辰之下赤道宿次度分也　假令名同宿次是戌字下奎宿度分而不及減者即當換酉字下胃宿度分而為推得正交宿次也次月依前再起之並不用累加十二宮之數也

十二次宮界赤道宿次度分鈐

亥危十二度二六一五五　戌奎一度五九九六七五

酉胃三度六三七八　申畢七度一七五九二五

其赤道鈐內宿次前一宿月道第一格推得分也。仍依累加十二宮率全分，而得各次辰下推得也。

又如遇各月道首位正交重宿度分數多，如鈐內名同赤道宿次度分而不及減者，即當換用次辰之下赤道宿次度分也。

假令名同宿次是戌字下奎宿度分而不及減者，即當換酉字下胃宿度分，而為推得正交宿次也。次月依前再起之，並不用累加十二宮之數也。

十二宮界赤道宿次度分鈐

亥	危十二度二六一五五	戌	奎一度五九九六七五
酉	胃三度六三七八	申	畢七度一七五九二五

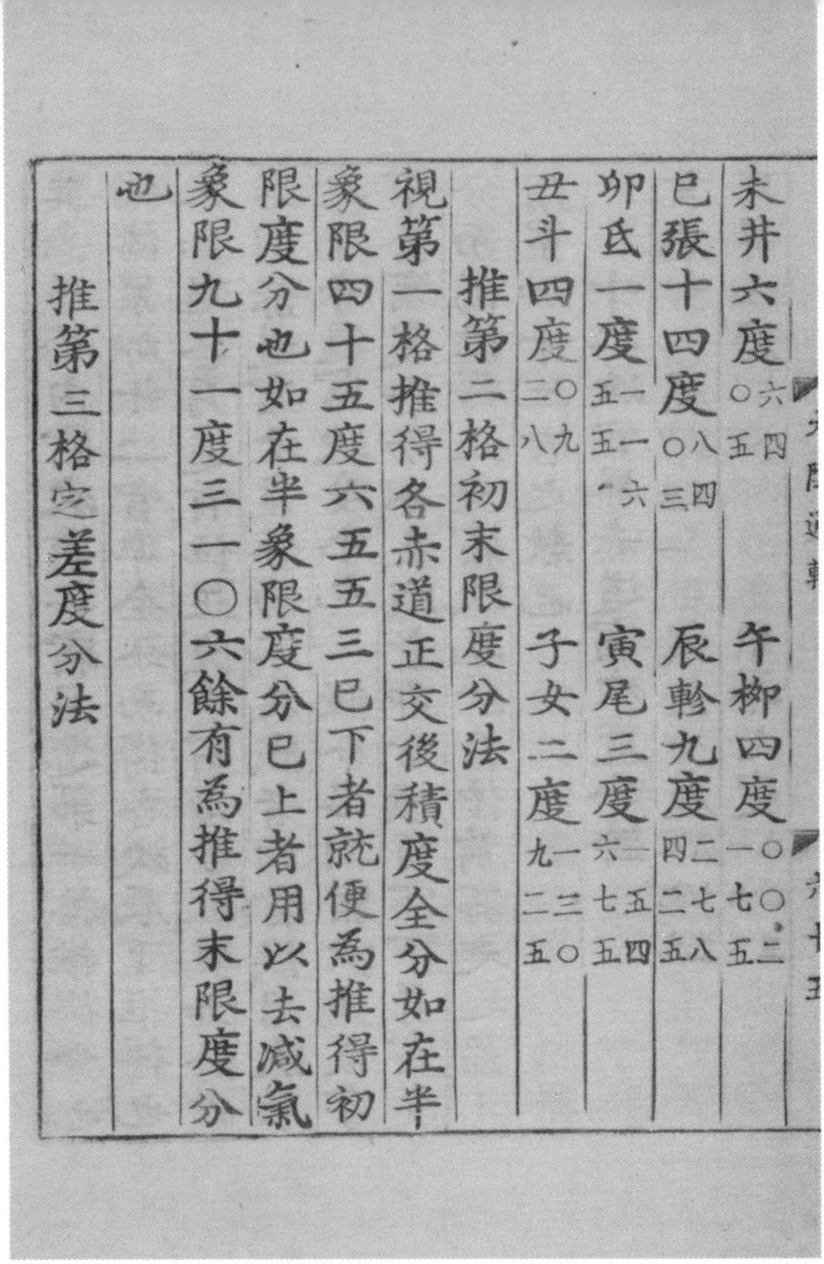

未	井六度六四〇五	午	柳四度〇〇二一七五
巳	張十四度八四〇三	辰	軫九度二七八四二五
卯	氐一度一一六五五	寅	尾三度一五四六七五
丑	斗四度〇九二八	子	女二度一三〇九二五

推第二格初末限度分法

視第一格推得各赤道正交後積度全分，如在半象限四十五度六五五三已下者，就便為推得初限度分也，如在半象限度分已上者，用以去減氣象限九十一度三一〇六，餘有為推得末限度分也。

推第三格定差度分法

置各月下元録得定限度全分，内減去其第二格推得或初或末限全分，餘為實。復用元減之初末限全分為法乘之，得數為推得定差度分也。定數以秒為准元，列度位前通第八位為度也。視在正交與中交已後者，皆命為加差也。視前後二段，半交已後者，皆命為減差也。

推第四格月道積度分法

置第一格推得各赤道正交積度全分，内加減其下第三格各推得定差度分，為得月道積度分也。視其各位差，如在加差者，則加之，如在減差者，於内減去其差全分，餘為推得也。

推第五格宮界宿次度分法其推各宿次度分者，將各辰之下元宿某宿先書，而後依法減之，乃省心力而又不差也。

置第四格推得各月道積度全分，內減去與再標相同之大陰[1]月道第四格推得之本宿次前一宿次月道積度全分，餘為推得各辰次下宮界宿次度分也。如遇宮界月道積度分少，如當減之大陰[2]月道積度分者，加入氣象限九十一度三一〇六減之也。又如遇宮界正交後月道積度宿次與大陰[3]月位正交重宿名同者，却當加其正交重宿前一位下月道積度全分，共為推得也。如不遇宮界宿與重宿名同者，皆當減去本宿前一宿度分也。

1“大陰”當作“太陰”。
2“大陰”當作“太陰”。
3“大陰”當作“太陰”。

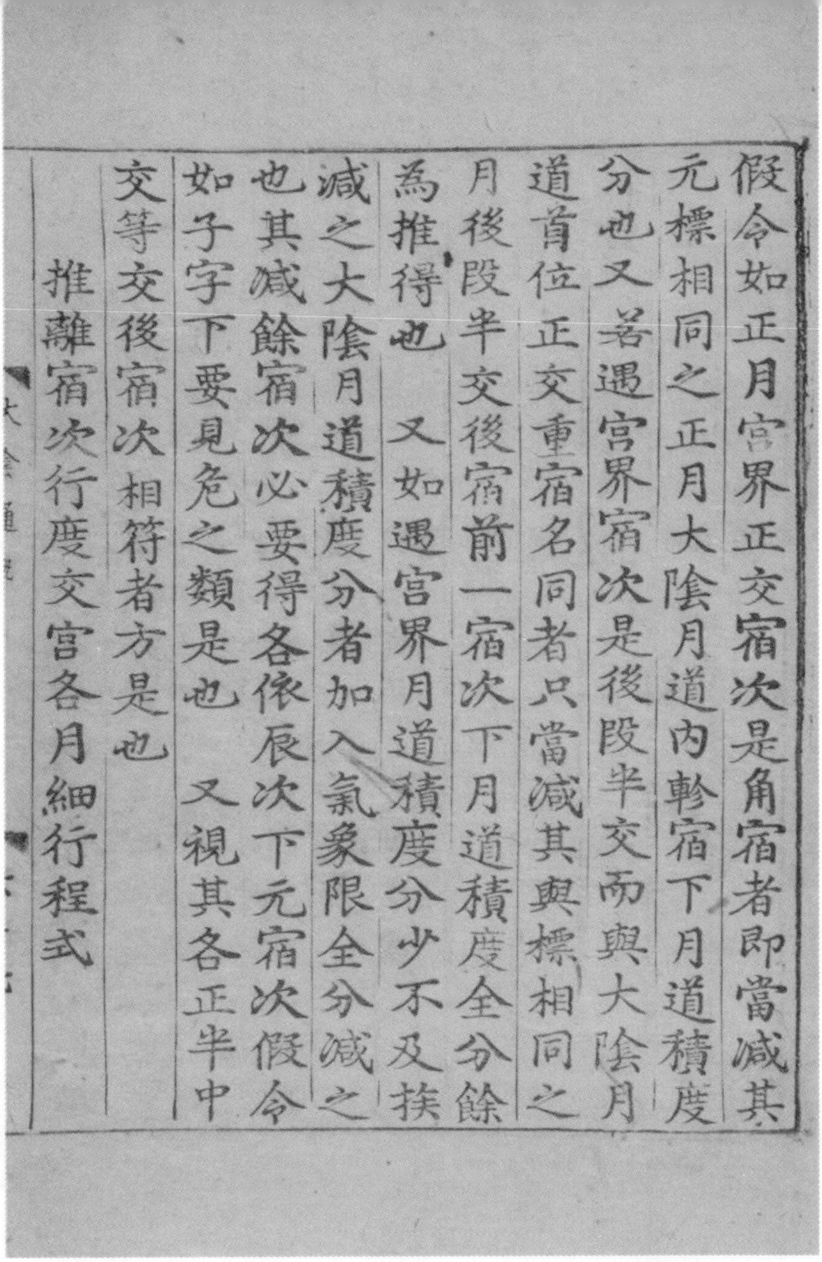
假令如正月宮界正交宿次是角宿者即當減其元標相同之正月大陰月道內軫宿下月道積度分也又若遇宮界宿次是後段半交而與大陰月道首位正交重宿名同者只當減其與標相同之月後段半交後宿前一宿次下月道積度全分餘為推得也　又如遇宮界月道積度分少不及挨減之大陰月道積度分者加入氣象限全分減之也其減餘宿次必要得各依辰次下元宿次假令如子字下要見危之類是也　又視其各正半中交等交後宿次相符者方是也
推離宿次行度交宮各月細行程式

假令如正月宮界正交宿次是角宿者，即當減其元標相同之正月大陰[1]月道內軫宿下月道積度分也。又若遇宮界宿次是後段半交，而與大陰[2]月道首位正交重宿名同者，只當減其與標相同之月後段半交後宿前一宿次下月道積度全分，餘為推得也。

又如遇宮界月道積度分少，不及挨減之大陰[3]月道積度分者，加入氣象限全分減之也。其減餘宿次，必要得各依辰次下元宿次，假令如子字下要見危之類是也。

又視其各正半中交等交後宿次相符者，方是也。

推離宿次行度交宮各月細行程式

1“大陰”當作“太陰”。
2“大陰”當作“太陰”。
3“大陰”當作“太陰”。

各年皆自正月起，至次年正月朔而止。遇有閏月者，置於本月之次。推重交不用置之。

某月，凡有大者三十日，凡有小者二十九日。

一日某甲子	盈縮日	加減差
二日	或盈或縮若干日	或加或减若干分
三日	一	
四日	二	
五日	三	
六日	四	
七日	五	

八日某甲子	六	
九日	或盈或縮若干日	或加或減若干分
十日	八	
十一日	九	
十二日	十	
十三日	十一	
十四日	十一	
十五日	十三	
十六日	或盈或縮若干日	或加或減若干分
十七日	十五	
十八日	十六	

十九日	十七	
二十日	十八	
二十一日	十九	
二十二日	二十	
二十三日某甲子	二十一	
二十四日	或盈或縮若干日	或加或減若干分
二十五日	二十三	
二十六日	二十四	
二十七日	二十五	
二十八日	二十六	
二十九日	二十七	

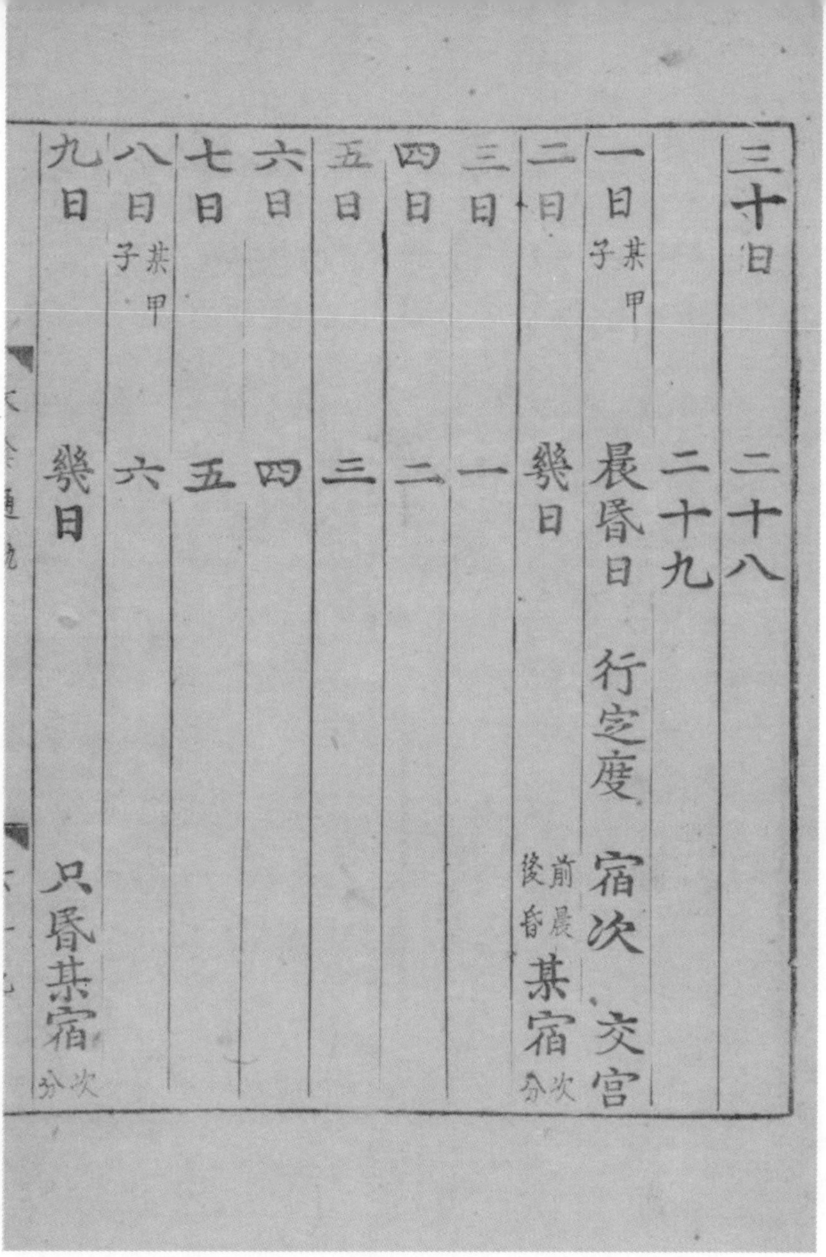

三十日	二十八	
	二十九	

一日某甲子	晨昏日	行定度	宿次	交宫
二日	幾日		前晨後昏某宿次分	
三日	一			
四日	二			
五日	三			
六日	四			
七日	五			
八日某甲子	六			
九日	幾日	只昏某宿次分		

十日	八			
十一日	九			
十二日	十			
十三日	十一			
十四日	十二			
十五日	十三			
十六日	幾日	前昏後晨某宿次分		
十七日	十五			
十八日	十六			
十九日	十七			
二十日	十八			

二十一日	十九			
二十二日	二十			
二十三日某甲子	二十一			
二十四日	幾日		只晨某宿次分	
二十五日	二十三			
二十六日	二十四			
二十七日	二十五			
二十八日	二十六			
二十九日	二十七			
三十日	二十八			
	二十九			

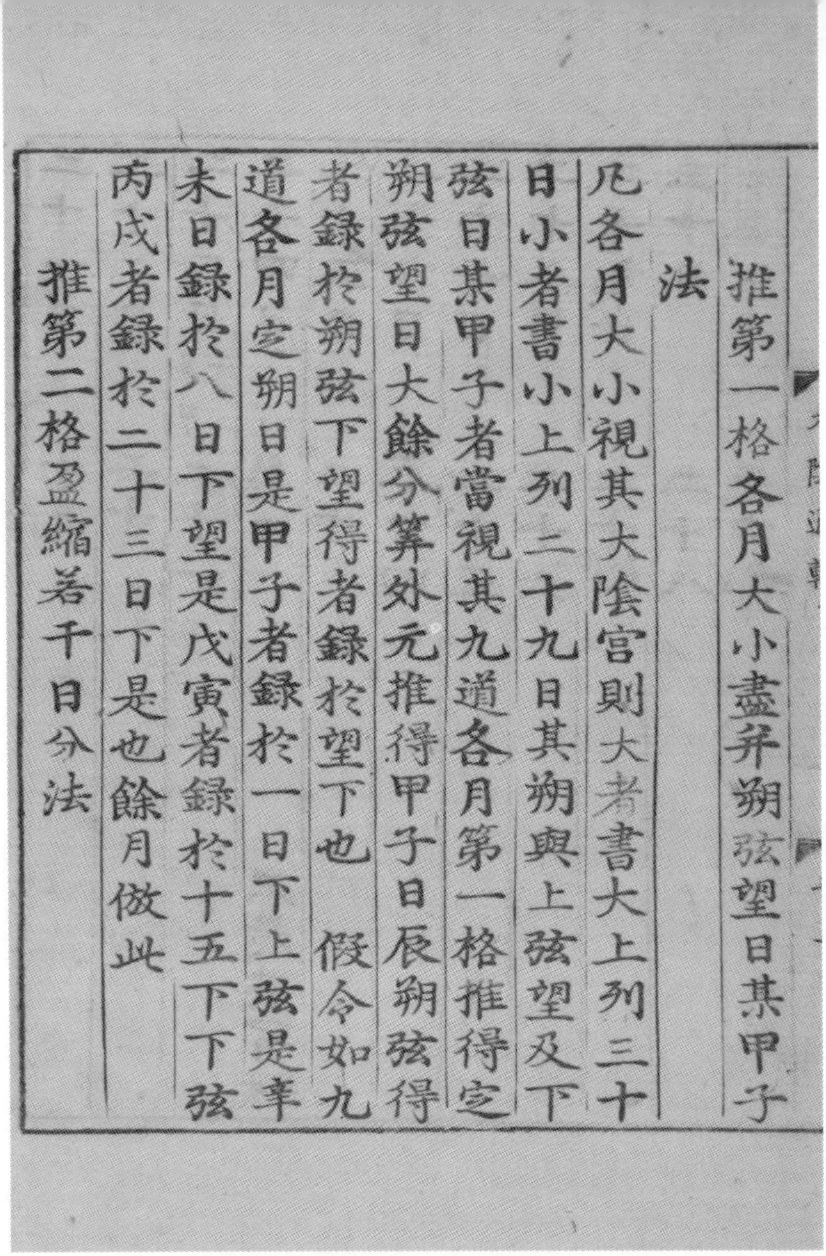
推第一格各月大小盡并朔弦望日某甲子法

凡各月大小視其大陰宮則大者書大上列三十日小者書小上列二十九日其朔與上弦望及下弦日某甲子者當視其九道各月第一格推得定朔弦望日大餘分筭外元推得甲子日辰朔弦得者録於朔弦下望得者録於望下也　假令如九道各月定朔日是甲子者録於一日下上弦是辛未日録於八日下望是戊寅者録於十五下下弦丙戌者録於二十三日下是也餘月倣此

推第二格盈縮若干日分法

推第一格各月大小盡并朔弦望日某甲子法

凡各月大小視其大陰[1]宮，則大者書大，上列三十日。小者書小，上列二十九日。其朔與上弦望及下弦日某甲子者，當視其九道各月第一格推得定朔弦望日大餘分筭外元推得甲子日辰朔弦得者，録扵朔弦下望，得者録扵望下也。

假令如九道各月定朔日是甲子者，録扵一日下。上弦是辛未日，録扵八日下。望是戊寅者，録扵十五下。下弦丙戌者，録扵二十三日下是也。餘月倣此。

推第二格盈縮若干日分法

1“大陰”當作“太陰”。

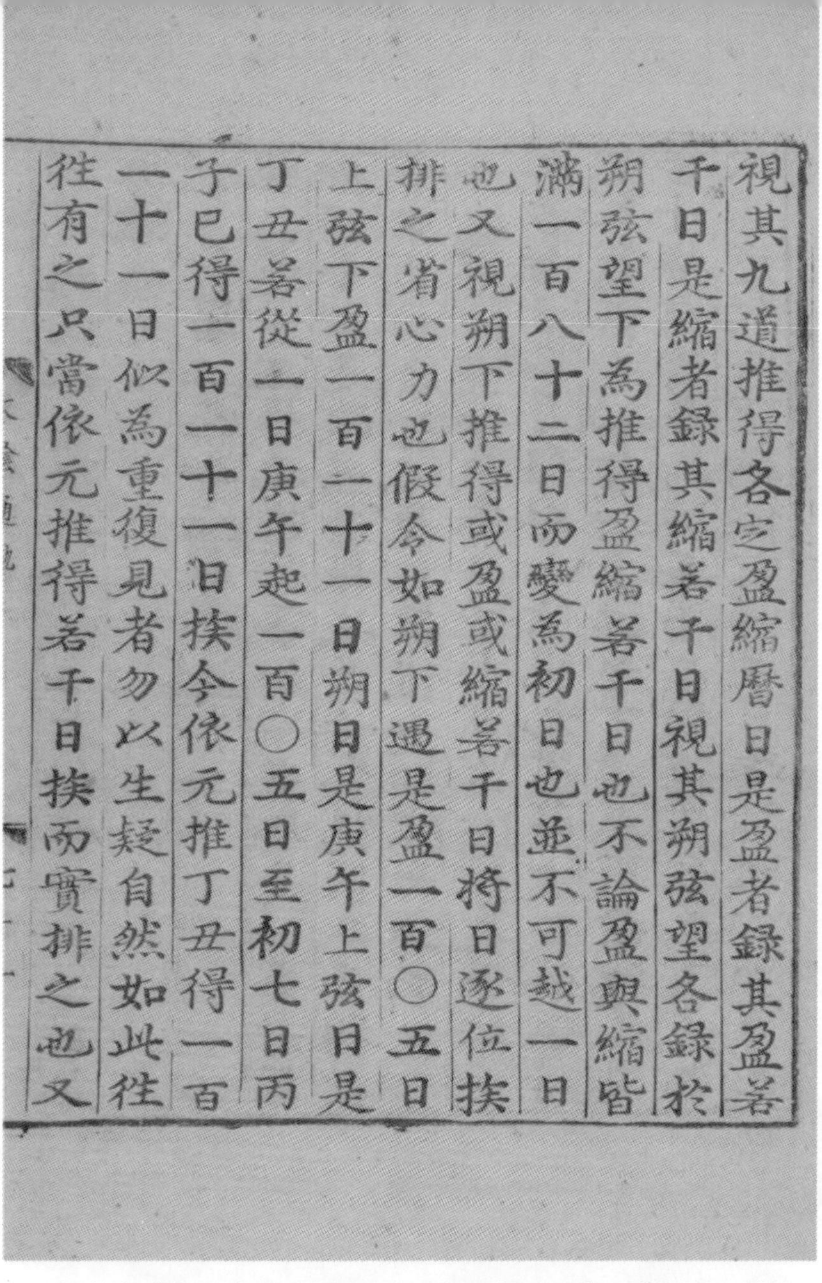

視其九道推得各定盈縮曆日，是盈者，録其盈若干日；是縮者，録其縮若干日。視其朔弦望，各録於朔弦望下，為推得盈縮若干日也。不論盈與縮，皆滿一百八十二日而變為初日也，並不可越一日也。又視朔下推得或盈或縮若干日，將日逐位挨排之，省心力也。

假令如朔下遇是盈一百〇五日，上弦下盈一百一十一日，朔日是庚午，上弦日是丁丑。若從一日庚午起一百〇五日，至初七日丙子已得一百一十一日，挨今依元推丁丑得一百一十一日，似為重復見者，勿以生疑，自然如此，往往有之。只當依元推得若干日，挨而實排之也。又

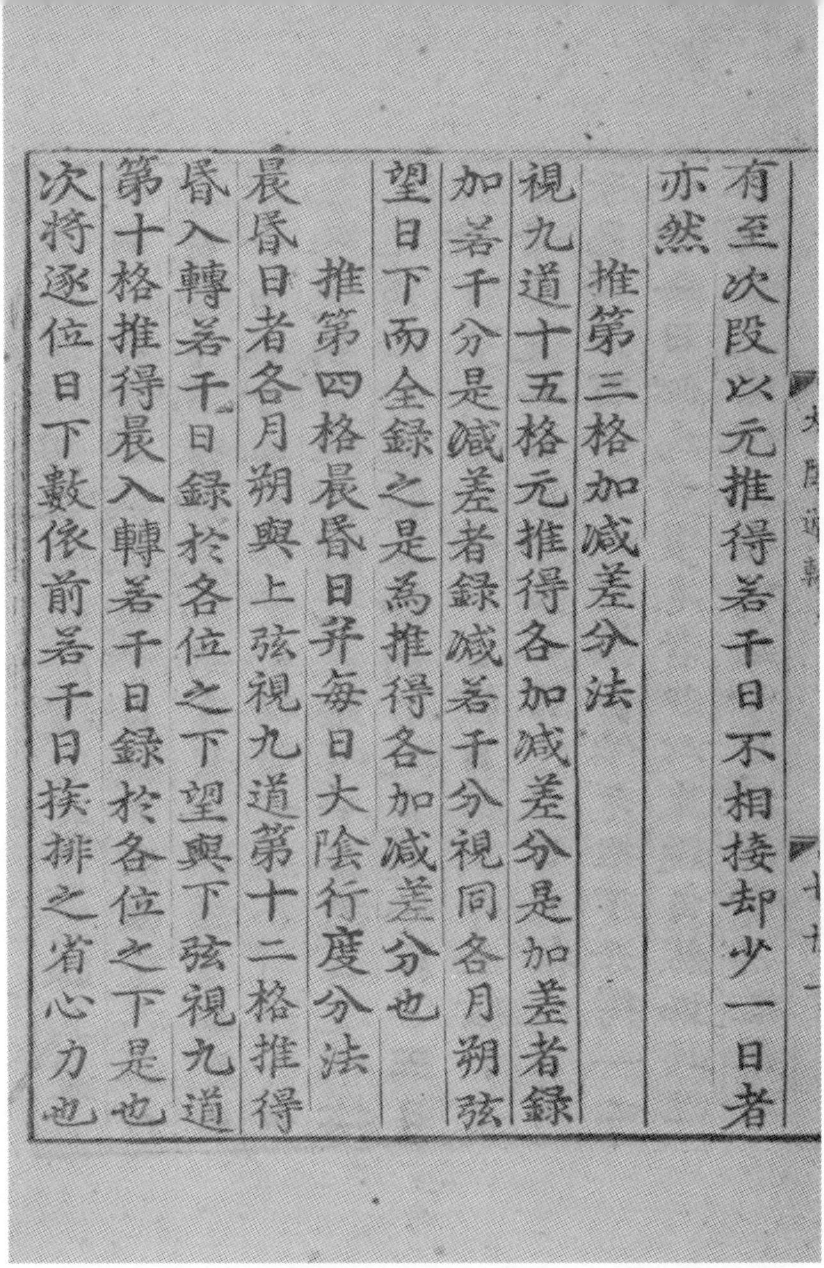
有至次段以元推得若干日不相接却少一日者
亦然
推第三格加減差分法
視九道十五格元推得各加減差分是加差者録
加若干分是減差者録減若干分視同各月朔弦
望日下而全録之是為推得各加減差分也
推第四格晨昏日并每日大陰行度分法
晨昏日者各月朔與上弦視九道第十二格推得
昏入轉若干日録於各位之下望與下弦視九道
第十格推得晨入轉若干日録於各位之下是也
次將逐位日下數依前若干日挨排之省心力也

有至此段，以元推得若干日不相接，却少一日者，亦然。

推第三格加減差分法

視九道十五格元推得各加減差分，是加差者，録加若干分；是減差者，録減若干分。視同各月朔弦望日下，而全録之。是為推得各加減差分也。

推第四格晨昏日并每日大陰[1]行度分法

晨昏日者，各月朔與上弦視九道第十二格推得昏入轉若干日，録於各位之下，望與下弦視九道第十格推得晨入轉若干日，録於各位之下是也，次將逐位日下數依前若干日挨排之，省心力也。

1“大陰”當作“太陰”。

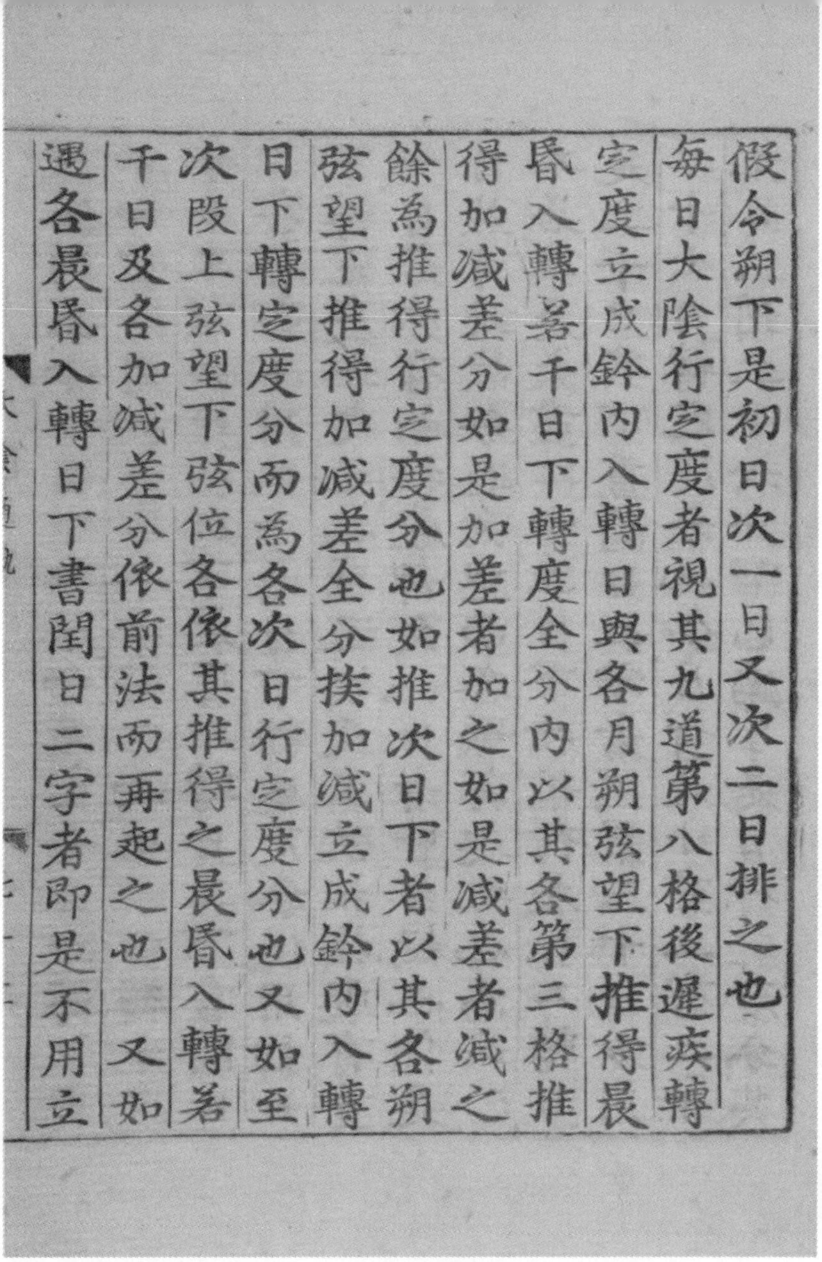

假令朔下是初日次一日又次二日排之也
每日大陰行定度者視其九道第八格後遲疾轉
定度立成鈐内入轉日與各月朔弦望下推得晨
昏入轉若干日下轉度全分内以其各第三格推
得加減差分如是加差者加之如是減差者減之
餘為推得行定度分也如推次日下者以其各朔
弦望下推得加減差全分挨加減立成鈐内入轉
日下轉定度分而為各次日行定度分也又如至
次段上弦望下弦位各依其推得之晨昏入轉若
干日及各加減差分依前法而再起之也　又如
遇各晨昏入轉日下書閏日二字者即是不用立

假令朔下是初日，次一日，又次二日排之也。

每日大陰[1]行定度者，視其九道第八格後遲疾轉定度立成鈐内入轉日，與各月朔弦望下推得晨昏入轉若干日下轉度全分，内以其各第三格推得加減差分，如是加差者加之，如是減差者減之，餘為推得行定度分也。

如推次日下者，以其各朔弦望下推得加減差全分，挨加減立成鈐内入轉日下轉定度分，而為各次日行定度分也。又如至次段上弦望下弦位，各依其推得之晨昏入轉若干日及各加減差分，依前法而再起之也。

又如遇各晨昏入轉日下書“閏日”二字者，即是不用立

1“大陰”當作“太陰”。

成鈐內二十七日下一十四度七一五四轉定度
分即當便用初日下一十四度六七六四轉定度
分也又或朔或弦與下晨昏入轉日其下書閏日
二字者亦不用二十七日下轉定度分便用初日
下轉定度分起之也或遇朔及上弦相接處有重
一日者亦有相接處却欠一日者皆勿疑也係是
自然有此故每遇弦望而各再起之也為此○
又若其是大盡二十三日下弦推得晨昏入轉日
是二十日其下書閏日二字者置累三十日方用
二十七日轉定度分也今月却是小盡止有二十
九日只到二十六日下已滿了是日行定度分其

成鈐內二十七日下一十四度七一五四轉定度分，即當便用初日下一十四度六七六四轉定度分也。又或朔或弦與下晨昏入轉日其下書“閏日”二字者，亦不用二十七日下轉定度分，便用初日下轉定度分起之也。或遇朔及上弦相接處有重一日者，亦有相接處却欠一日者，皆勿疑也，係是自然有此。故每遇弦望而各再起之也，為此。

○又若其是大盡二十三日下弦，推得晨昏入轉日是二十日，其下書“閏日”二字者，置累三十日方用二十七日轉定度分也。今月却是小盡，止有二十九日，只到二十六日下已滿了，是日行定度分，其

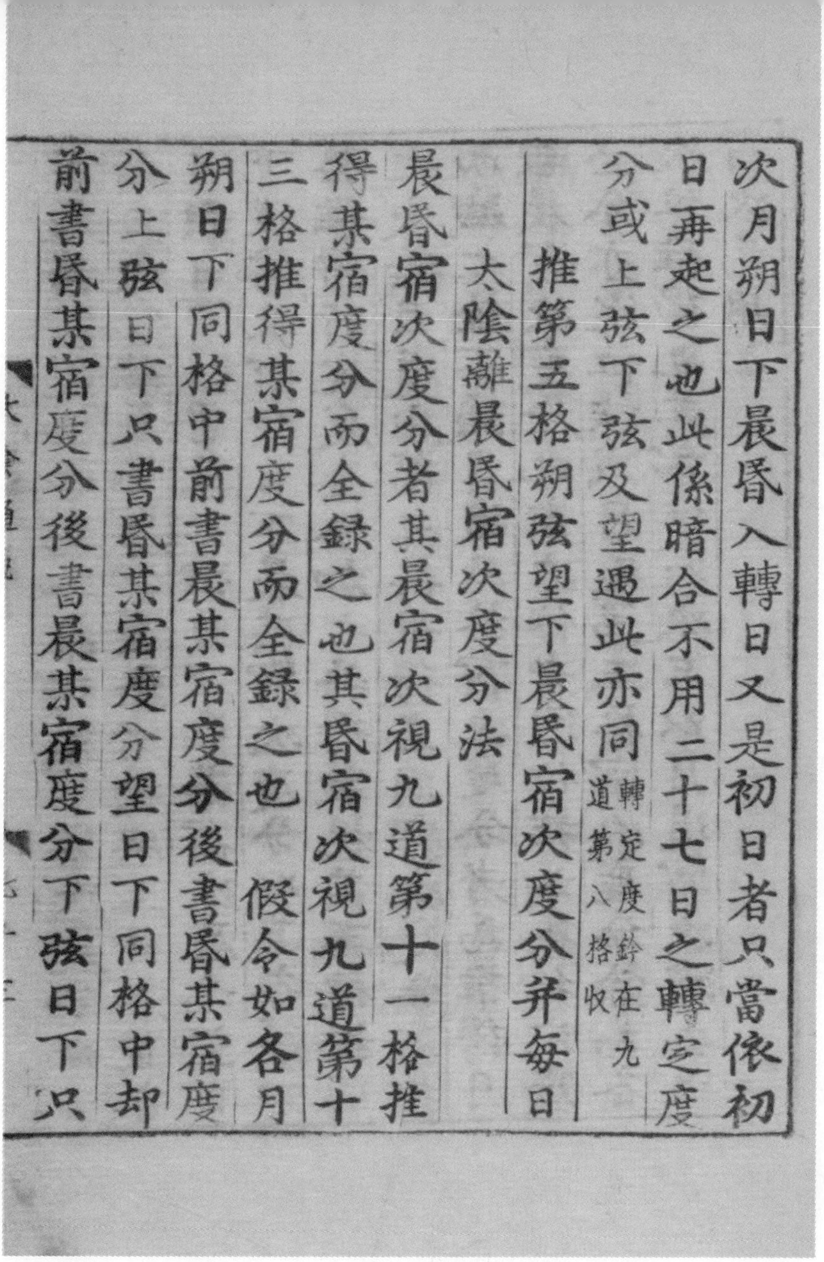

次月朔日下晨昏入轉日又是初日者，只當依初日再起之也。此係暗合，不用二十七日之轉定度分。或上弦下弦及望，遇此亦同。轉定度鈐在九道第八格收。

推第五格朔弦望下晨昏宿次度分并每日太陰離晨昏宿次度分法

晨昏宿次度分者，其晨宿次視九道第十一格推得某宿度分，而全録之也。其昏宿次視九道第十三格推得某宿度分，而全録之也。

假令如各月朔日下同格中，前書晨某宿度分，後書昏某宿度分，上弦日下，只書昏某宿度分，望日下同格中，却前書昏某宿度分，後書晨某宿度分，下弦日下，只書晨某宿度分，而為各推得晨昏宿次度分也。

每日太陰離晨昏宿次度分者，朔與上弦者，置各月朔日下後書及上弦日下昏某宿次度分，望日下後書及下弦日下晨某宿次度分，以其各第四格推得行定度全分加之，共得數視其再標相同之太陰月道內第五格推得名同宿次度分，逐挨而減之，餘不滿月道五格宿次度分者，為推得月離晨宿次度分也。推次位者，逐位挨加各行定度全分，亦逐位挨減月道第五格宿次度分，餘為各次位推得也。其各位宿次只以月道宿次減去之宿次為用也。

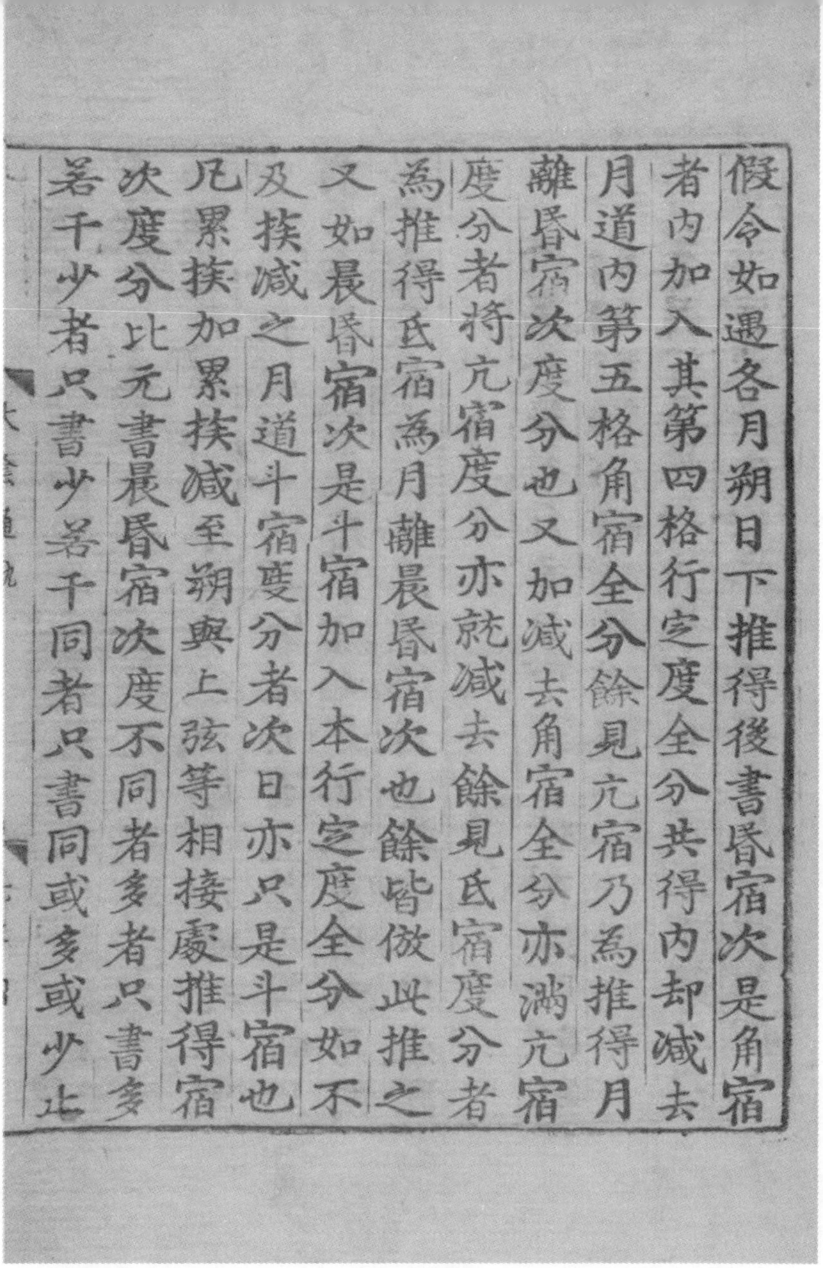
假令如遇各月朔日下推得後書昏宿次是角宿者内加入其第四格行定度全分共得内却減去月道内第五格角宿全分餘見亢宿乃為推得月離昏宿次度分也又加減去角宿全分亦滿亢宿度分者將亢宿度分亦就減去餘見氐宿度分者為推得氐宿為月離晨昏宿次也餘皆倣此推之

又如晨昏宿次是斗宿加入本行定度全分如不及挨減之月道斗宿度分者次日亦只是斗宿也凡累挨加累挨減至朔與上弦等相接處推得宿次度分比元書晨昏宿次度不同者多者只書多若干少者只書少若干同者只書同或多或少止

假令如遇各月朔日下推得後書昏宿次是角宿者，内加入其第四格行定度全分，共得内却減去月道内第五格角宿全分，餘見亢宿，乃為推得月離昏宿次度分也。又加減去角宿全分，亦滿亢宿度分者，將亢宿度分亦就減去，餘見氐宿度分者，為推得氐宿為月離晨昏宿次也。餘皆倣此推之。

又如晨昏宿次是斗宿，加入本行定度全分，如不及挨減之月道斗宿度分者，次日亦只是斗宿也。凡累挨加累挨減至朔與上弦等相接處，推得宿次度分比元書晨昏宿次度不同者，多者只書多若干，少者只書少若干，同者只書同。或多或少，止有六七秒而已。以次依各晨昏宿次度分加減而再起之也，並不可挨而加減之也。其加行定度分，而減月道宿次度分，皆當逐位挨而加減之，不可空下一位也。又如遇換宿之月，有重軫之類，當用前月末軫下宿次度分減之是也，不可用次月朔軫下宿度分減之也。為係隔月重軫，故不用次朔也。

推第六格每月各日下交宮時刻法凡交宮日時，其宮界宿數不在行度宿次數已下者，為有交宮也，已上自然不交。

視其各月宮界推得正半中交後各辰下第五格宮界某宿次全分，內減去其與宮界再標相同之月行度交宮第五格推得各晨昏名同宿次全分，餘為實，以其元減去之晨昏名同宿次本位上第四格推得行定度全分為法，除其實，得數止秒，內加入與元減去之晨昏名同宿次本位上挨得盈縮若干日，視同二至日出晨昏分立成鈐內同日下晨昏分全分加之，共得數如不滿一萬者，為交在元減去晨昏宿次之本日也。如加晨昏分後就滿一萬者，將萬另起，在別置為交在元減去晨昏宿次之次日也。若加後滿二萬者，為交在減去之第二日。若加後滿三萬者，為交在減去之第三日也。將千已下數依柋斂法加二，滿萬為時，却減二。

滿千為刻也，凡遇有五千分者，進為一萬，其刻當命為初刻也。如元無五千分者，皆命為正刻也。定數十度為法，除十度，滿法得一萬，不滿法得千也。又十度為法，除單度，滿法得千，不滿法得百也。餘以例推之。如加同盈縮日下晨昏分者，千加千位，百加百位是也。凡加晨昏分，亦加至單分為止，餘二位小數，雖皆是九，亦無用也。

假令如挨得盈縮若干日者，乃是指行定度交宮各月第二格推得盈縮日是盈一十五日者，元減去晨昏宿次却在初五日下者，乃用二至日出晨昏分立成鈐內十九日下晨昏全分加之是也，餘同此挨而用之。

凡是盈日者加冬至後晨昏分，凡是縮日者加夏至後晨昏分是也。

如遇宫界宿次度分少如當減名同晨昏宿次度分而不及減者，加入與當晨昏宿名同前一宿之日月第五格宿次全分，内却減其與今加之宿名同晨昏宿次全分，餘依前推之是也。又如至朔日下昏次數多，宫界宿次數少而不及減者，必加及前月末宿次而減之也，並不可用朔日下同位晨次減之也。昏宿次數少者，其用減之也。假令宫界晨宿次是奎宿，不及減前位宿次是室宿者，必加入再標相同之月道第五格内壁宿與室宿各

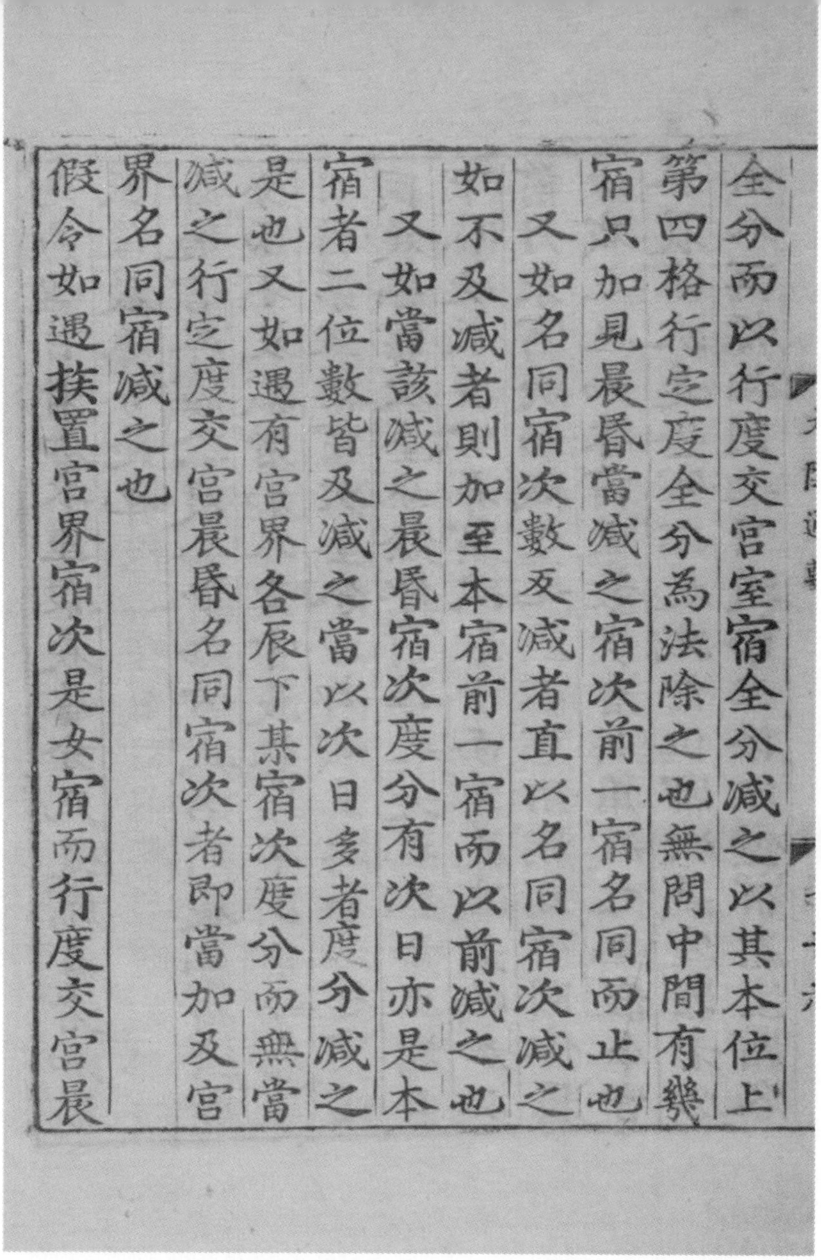
全分而以行度交宮室宿全分減之以其本位上
第四格行定度全分為法除之也無問中間有幾
宿只加見晨昏當減之宿次前一宿名同而止也
又如名同宿次數反減者直以名同宿次減之
如不及減者則加至本宿前一宿而以前減之也
又如當該減之晨昏宿次度分有次日亦是本
宿者二位數皆及減之當以次日多者度分減之
是也又如遇有宮界各辰下某宿次度分而無當
減之行定度交宮晨昏名同宿次者即當加及宮
界名同宿減之也
假令如遇挨置宮界宿次是女宿而行度交宮晨

全分，而以行度交宮室宿全分減之，以其本位上第四格行定度全分為法除之也。無問中間有幾宿，只加，見晨昏當減之宿次前一宿名同而止也。

又如名同宿次數反減者，直以名同宿次減之。如不及減者，則加至本宿前一宿而以前減之也。又如當該減之晨昏宿次度分，有次日亦是本宿者，二位數皆及減之，當以次日多者度分減之是也。又如遇有宮界各辰下某宿次度分而無當減之行定度交宮晨昏名同宿次者，即當加及宮界名同宿減之也。

假令如遇挨置宮界宿次是女宿，而行度交宮晨

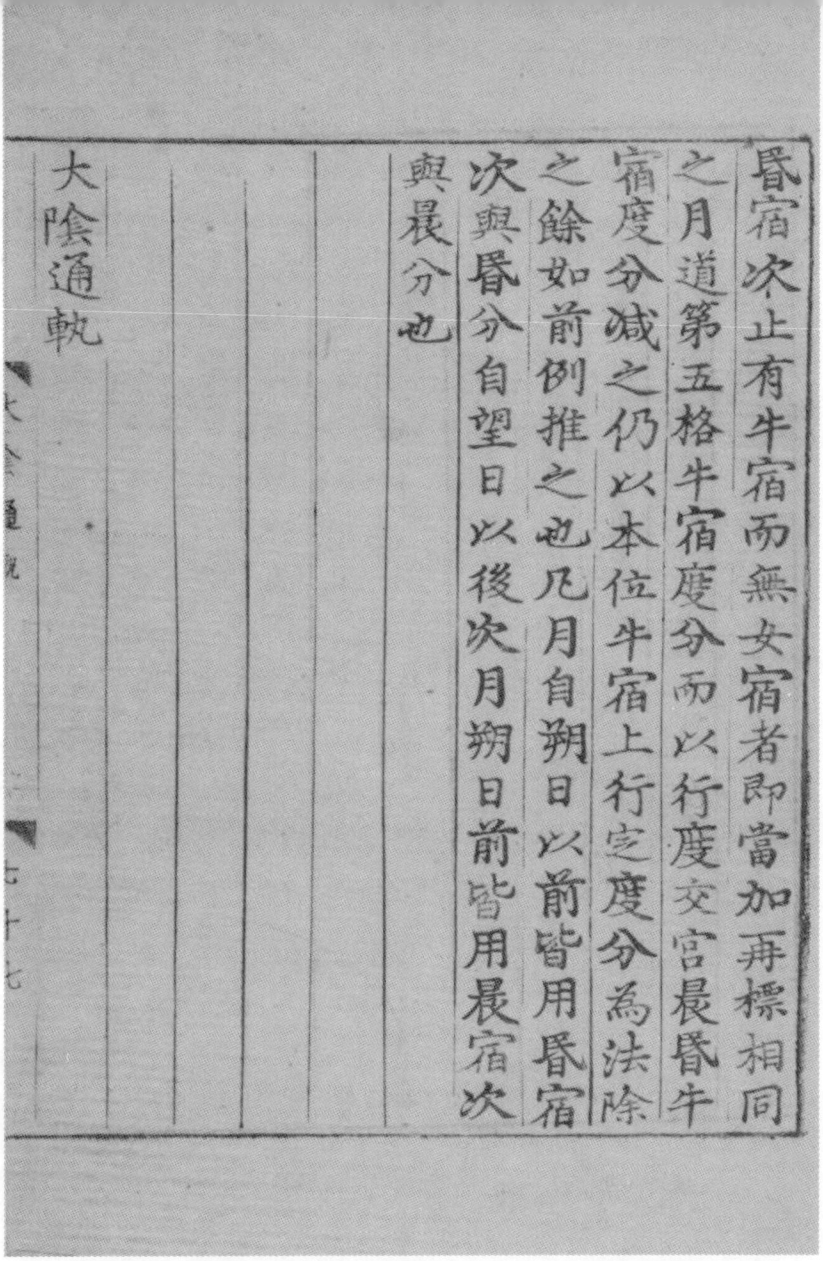

昏宿次止有牛宿而無女宿者即當加再標相同
之月道第五格牛宿度分而以行度交宮晨昏牛
宿度分減之仍以本位牛宿上行定度分為法除
之餘如前例推之也凡月自朔日以前皆用昏宿
次與昏分自望日以後次月朔日前皆用晨宿次
與晨分也

大陰通軌

大陰通軌　七十七

昏宿次止有牛宿而無女宿者，即當加再標相同之月道第五格牛宿度分，而以行度交宮晨昏牛宿度分減之，仍以本位牛宿上行定度分為法除之，餘如前例推之也。凡月自朔日以前，皆用昏宿次與昏分。自望日以後次月朔日前，皆用晨宿次與晨分也。

《大陰[1]通軌》

1“大陰”當作“太陰”。

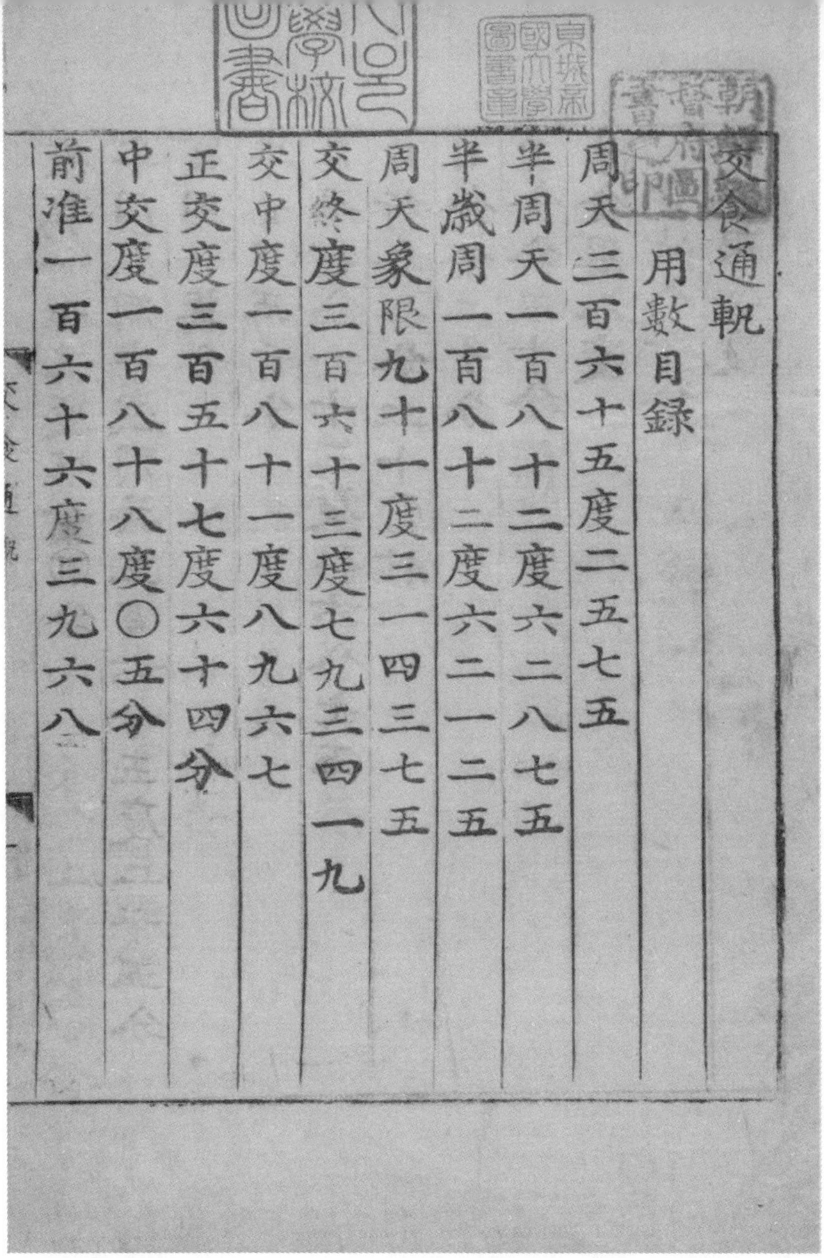
交食通軌
用數目錄
周天三百六十五度二五七五
半周天一百八十二度六二八七五
半歲周一百八十二度六二一二五
周天象限九十一度三一四三七五
交終度三百六十三度七九三四一九
交中度一百八十一度八九六七
正交度三百五十七度六十四分
中交度一百八十八度○五分
前准一百六十六度三九六八

《交食通軌》

用數目録

周天，三百六十五度二五七五。[1]

半周天，一百八十二度六二八七五。[2]

半歲周，一百八十二度六二一二五。[3]

周天象限，九十一度三一四三七五。[4]

交終度，三百六十三度七九三四一九。[5]

交中度，一百八十一度八九六七。[6]

正交度，三百五十七度六十四分。[7]

中交度，一百八十八度〇五分。[8]

前准，一百六十六度三九六八。[9]

1 周天為 365.2575 度，即三百六十五度二五七五。

2 半周天為周天的一半，182.62875 度，即一百八十二度六二八七五。

3 歲周為 365.2425 日，半歲周為 182.62125 日，即一百八十二度六二一二五。

4 周天象限為周天的四分之一，91.314375 度，即九十一度三一四三七五。

5 月亮在一交點月中沿白道所運動的距离，為 363.793419 度，即三百六十三度七九三四一九。

6 交中度為交終度的一半，為 181.8967095 度，取值 181.8967 度，即一百八十一度八九六七。

7 正交度為交終度減去 6.15 度，為 357.643419 度，取值 357.64 度，即三百五十七度六十四分。其中 6.15 度為蝕差，月亮“出黃道外為陽，入黃道內為陰，月當黃道為正交”。

8 中交度為交中度加 6.15 度，為 188.0467 度，取值 188.05 度，即一百八十八度〇五分。由於大統曆沒有視差概念，正交度和中交度即進行南北差和東西差修正，以得到的是實測的黃白交點位置。

9 前準和後準用於判斷日食交前度和交後度的值，詳見後文算法。

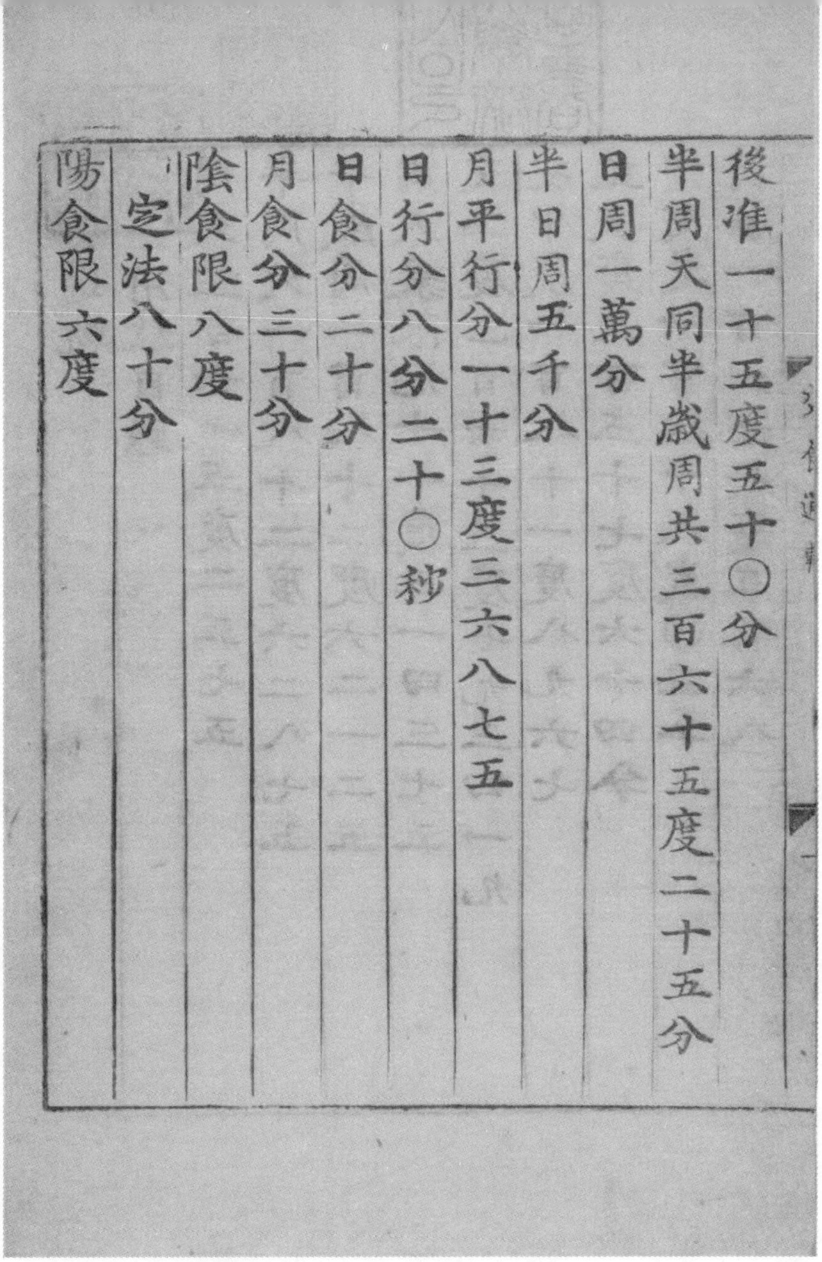
後准一十五度五十〇分
半周天同半歲周共三百六十五度二十五分
日周一萬分
半日周五千分
月平行分一十三度三六八七五
日行分八分二十〇秒
日食分二十分
月食分三十分
陰食限八度
定法八十分
陽食限六度

後准，一十五度五十〇分。

半周天同半歲周共三百六十五度二十五分。[1]

日周，一萬分。[2]

半日周，五千分。[3]

月平行分，一十三度三六八七五。[4]

日行分，八分二十〇秒。[5]

日食分，二十分。[6]

月食分，三十分。[7]

陰食限，八度。[8]

定法，八十分。

陽食限，六度。[9]

1 半周天與半歲周之合，為 365.25，即三百六十五度二十五分。

2 日周，一天分為一百刻，一刻為一百分，共一萬分。

3 半日周為日周的一半，為五千分。

4 月亮每日的平均行度，為 13.36875 度，即一十三度三六八七五。

5 又稱“日率分”，8.20 分，即 1 限為 0.082 日，1 日為 12.20 限。

6 日食全分 10 的兩倍。

7 月食全分 15 的兩倍。

8 大統曆規定日食陽曆限 8 度，定法 80 分。月亮在陰曆發生日食時，距離黃道和白道交點必須小於 8 度，為陰曆食限，月亮在陰曆距離交點 8 度時，發生日食時的食分為 10 分，所以當每食進日面一分，就向交點移近 800/10 分，即 80 分，為日食陽曆定法。

9 大統曆規定日食陽曆限 6 度，定法 60 分。月亮在陽曆發生日食時，距離黃道和白道交點必須小於 6 度，為陽曆食限，月亮在陽曆距離交點 6 度時，發生日食時的食分為 10 分，所以當每食進日面一分，就向交點移近 600/10 分，即 60 分，為日食陽曆定法。

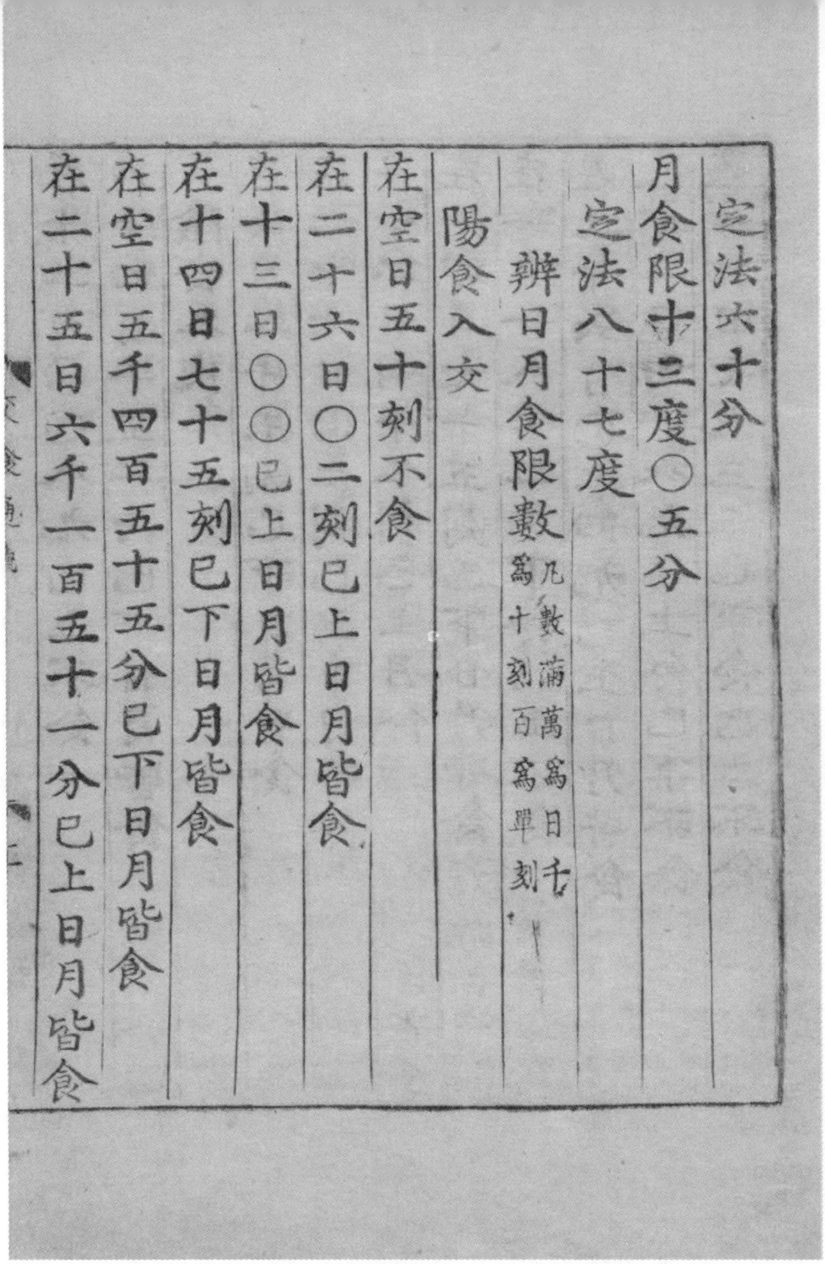

定法六十分
月食限十三度〇五分
定法八十七度
辨日月食限數凡數滿萬爲日千爲十刻百爲單刻
陽食入交
在空日五十刻不食
在二十六日〇二刻已上日月皆食
在十三日〇〇已上日月皆食
在十四日七十五刻已下日月皆食
在空日五千四百五十五分已下日月皆食
在二十五日六千一百五十一分已上日月皆食

定法，六十分。

月食限，十三度〇五分。

定法，八十七度。[1]

辨日月食限數凡數滿萬為日，千為十刻，百為單刻。[2]

陽食入交

在空日五十刻，不食。

在二十六日〇二刻已上，日月皆食。

在十三日〇〇已上，日月皆食。

在十四日七十五刻已下，日月皆食。

在空日五千四百五十五分已下，日月皆食。

在二十五日六千一百五十一分已上，日月皆食。

1 月食限 13.05 度除以月食定法 87 為 0.15，即月食食分 15。

2 辨日月食限通過確定是否入食限來對是否發生日月食進行初步的判斷。

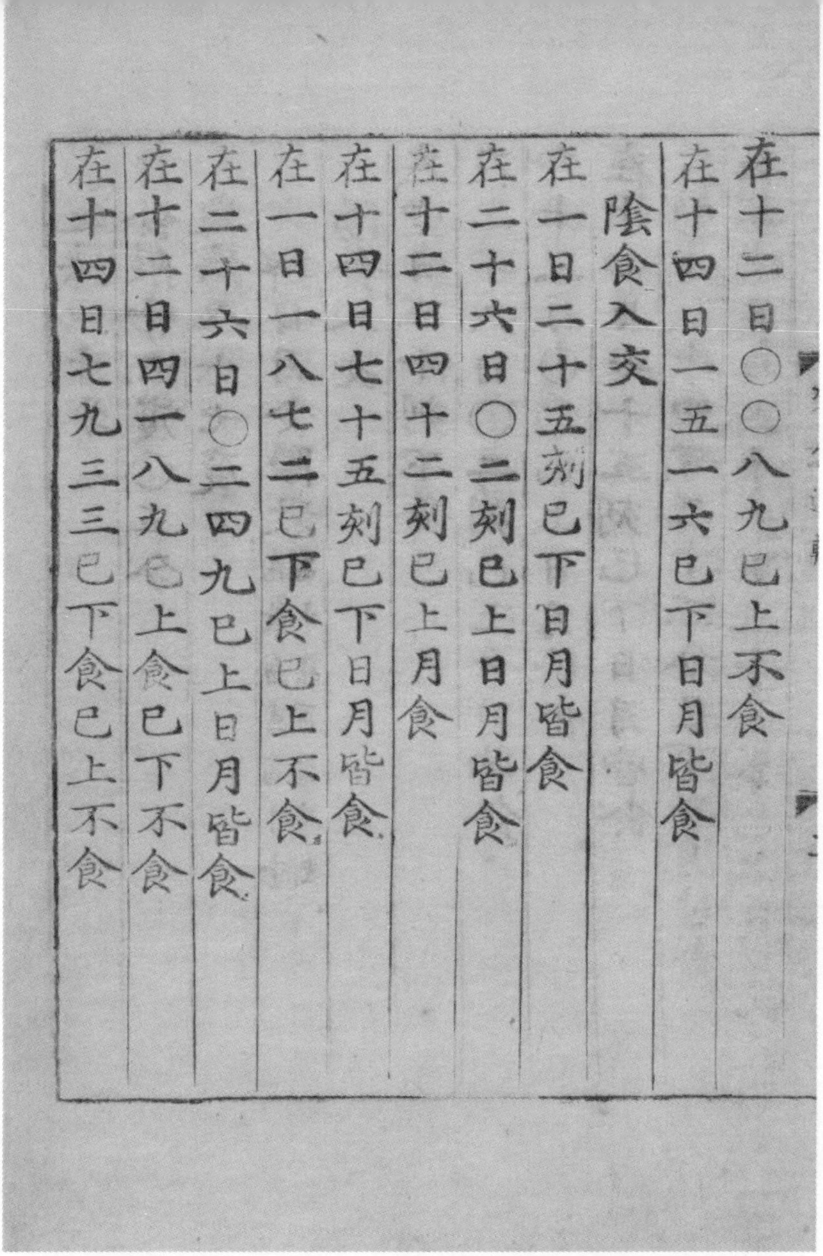
在十二日○○八九已上不食
在十四日一五一六已下日月皆食
陰食入交
在一日二十五刻已下日月皆食
在二十六日○二刻已上日月皆食
在十二日四十二刻已上月食
在十四日七十五刻已下日月皆食
在一日一八七二已下食已上不食
在二十六日○二四九已上日月皆食
在十二日四一八九已上食已下不食
在十四日七九三三已下食已上不食

在十二日○○八九已上，不食。
在十四日一五一六已下，日月皆食。
陰食入交
在一日二十五刻已下，日月皆食。
在二十六日○二刻已上，日月皆食。
在十二日四十二刻已上，月食。
在十四日七十五刻已下，日月皆食。
在一日一八七二已下食，已上不食。
在二十六日○二四九已上，日月皆食。
在十二日四一八九已上食，已下不食。
在十四日七九三三已下食，已上不食。

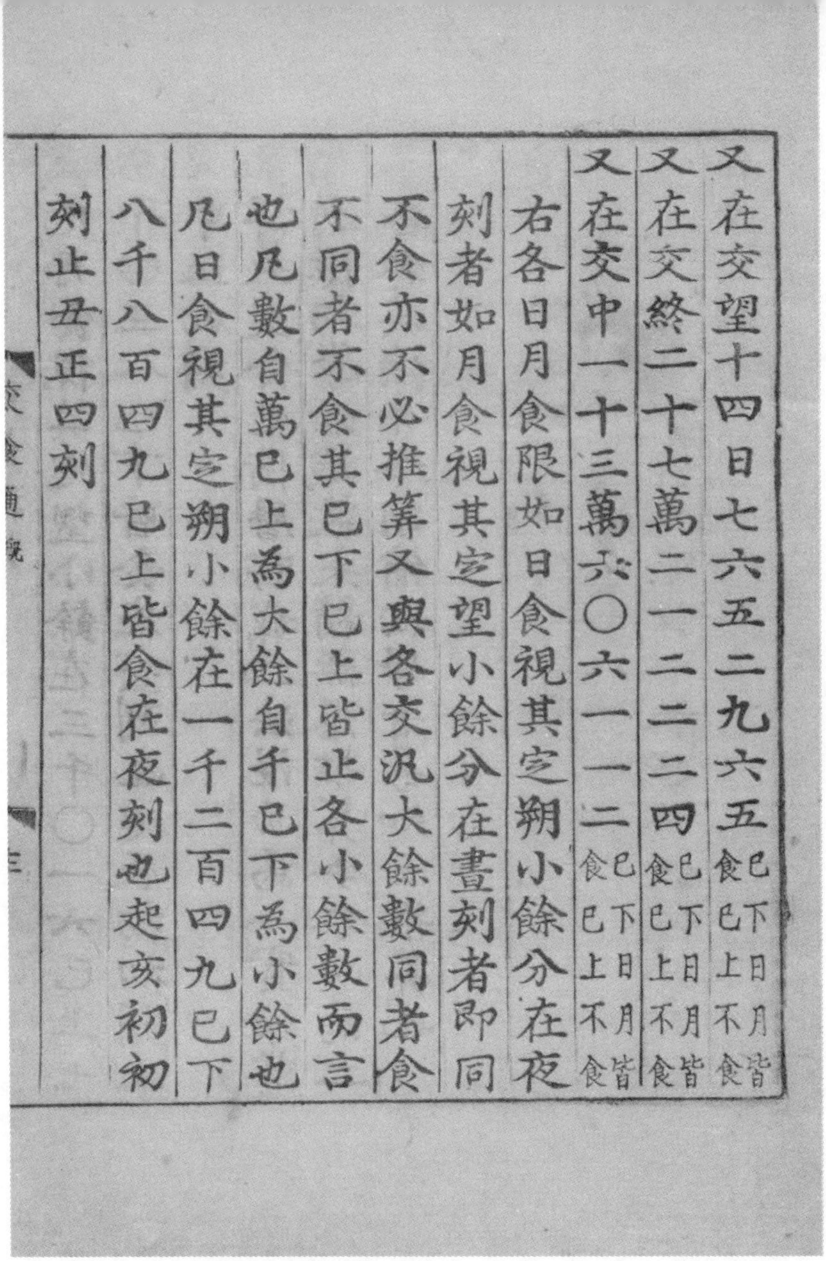
又在交望十四日七六五二九六五已下日月皆食已上不食
又在交終二十七萬二一二二二四已下日月皆食已上不食
又在交中一十三萬六〇六一一二已下日月皆食已上不食
右各日月食限如日食視其定朔小餘分在夜
刻者如月食視其定望小餘分在晝刻者即同
不食亦不必推筭又與各交汎大餘數同者食
不同者不食其已下已上皆止各小餘數而言
也凡數自萬已上為大餘自千已下為小餘也
凡日食視其定朔小餘在一千二百四九已下
八千八百四九已上皆食在夜刻也起亥初初
刻止丑正四刻
交食通軌　三

又在交望十四日七六五二九六五已下，日月皆食，已上不食。

又在交終二十七萬二一二二二四已下，日月皆食，已上不食。

又在交中一十三萬六〇六一一二已下，日月皆食，已上不食。

右各日月食限。如日食，視其定朔小餘分在夜刻者；如月食，視其定望小餘分在晝刻者，即同不食，亦不必推筭。又與各交汎大餘數同者食，不同者不食。其已上、已下皆止各小餘而言也。凡數自萬已上為大餘，自千已下為小餘也。

凡日食，視其定朔小餘，在一千二百四九已下、八千八百四九已上，皆食在夜刻也。起亥初初刻，止丑正四刻。

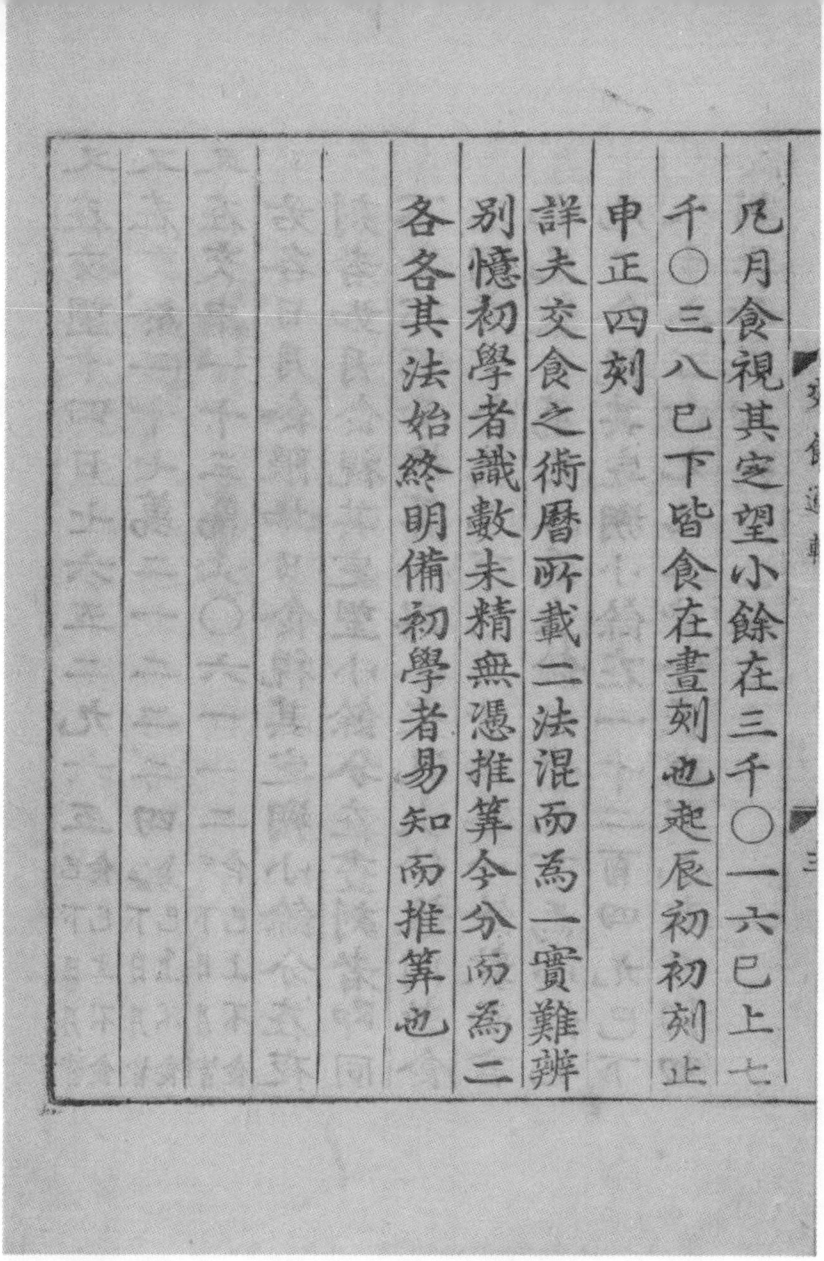

凡月食視其定望小餘在三千〇一六已上七千〇三八已下皆食在晝刻也起辰初初刻止申正四刻

詳夫交食之術曆所載二法混而為一實難辨別憶初學者識數未精無憑推算今分而為二各各其法始終明備初學者易知而推算也

凡月食，視其定望小餘，在三千〇一六已上，七千〇三八已下，皆食在晝刻也。起辰初初刻，止申正四刻。

詳夫交食之術，曆所載二法，混而為一，實難辨別。憶初學者識數未精，無憑推算。今分而為二，各各其法，始終明備，初學者易知而推算也。[1]

1《交食通軌》將日食和月食分別介紹，以免混淆。

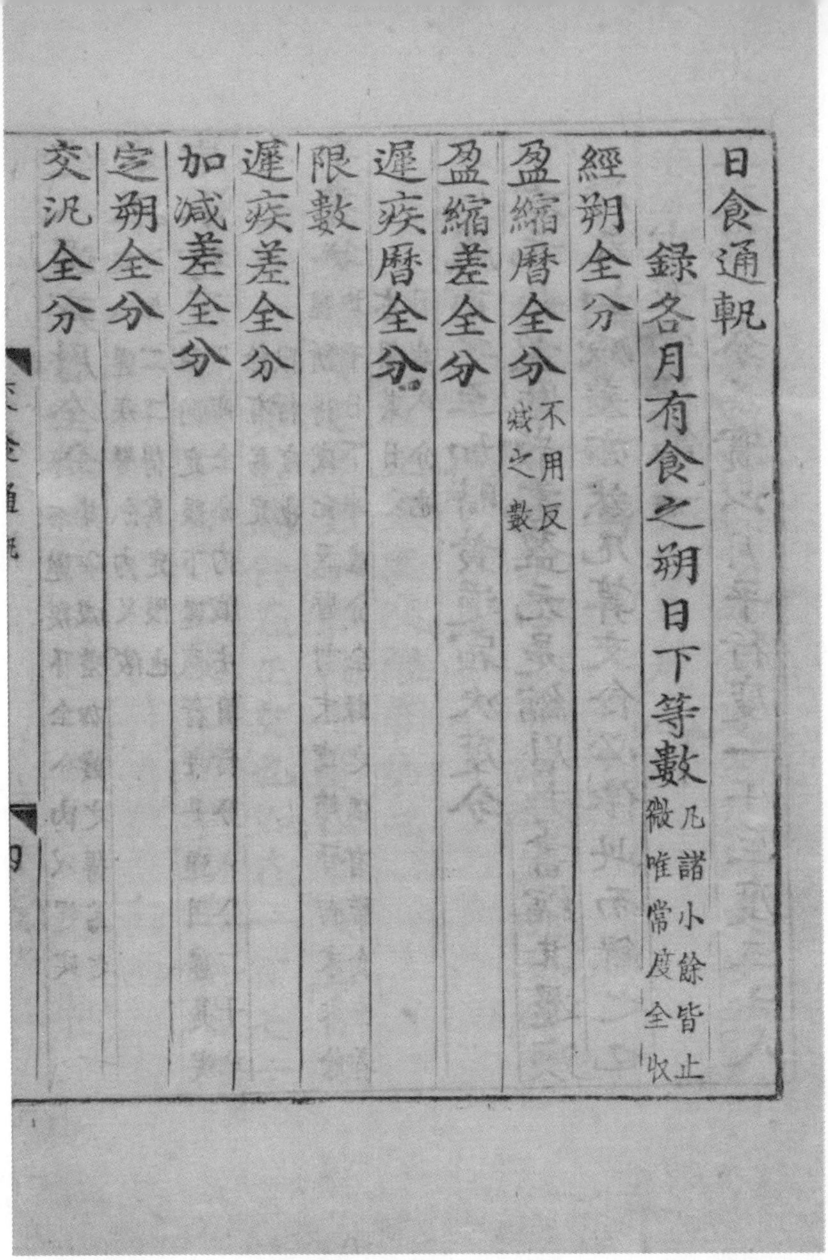
日食通軌
録各月有食之朔日下等數凡諸小餘皆止微唯常度全收
經朔全分
盈縮曆全分不用反减之數
盈縮差全分
遲疾曆全分
限數
遲疾差全分
加减差全分
定朔全分
交汎全分

日食通軌

録各月有食之朔日下等數凡諸小餘皆止微，唯常度全收。[1]

經朔全分。

盈縮曆全分。不用反减之數。

盈縮差全分。

遲疾曆全分。

限數。

遲疾差全分。

加減差全分。

定朔全分。

交汎全分。

1 列出日食計算的程式並留出空白，再將每步計算的結果依次填入程式中。

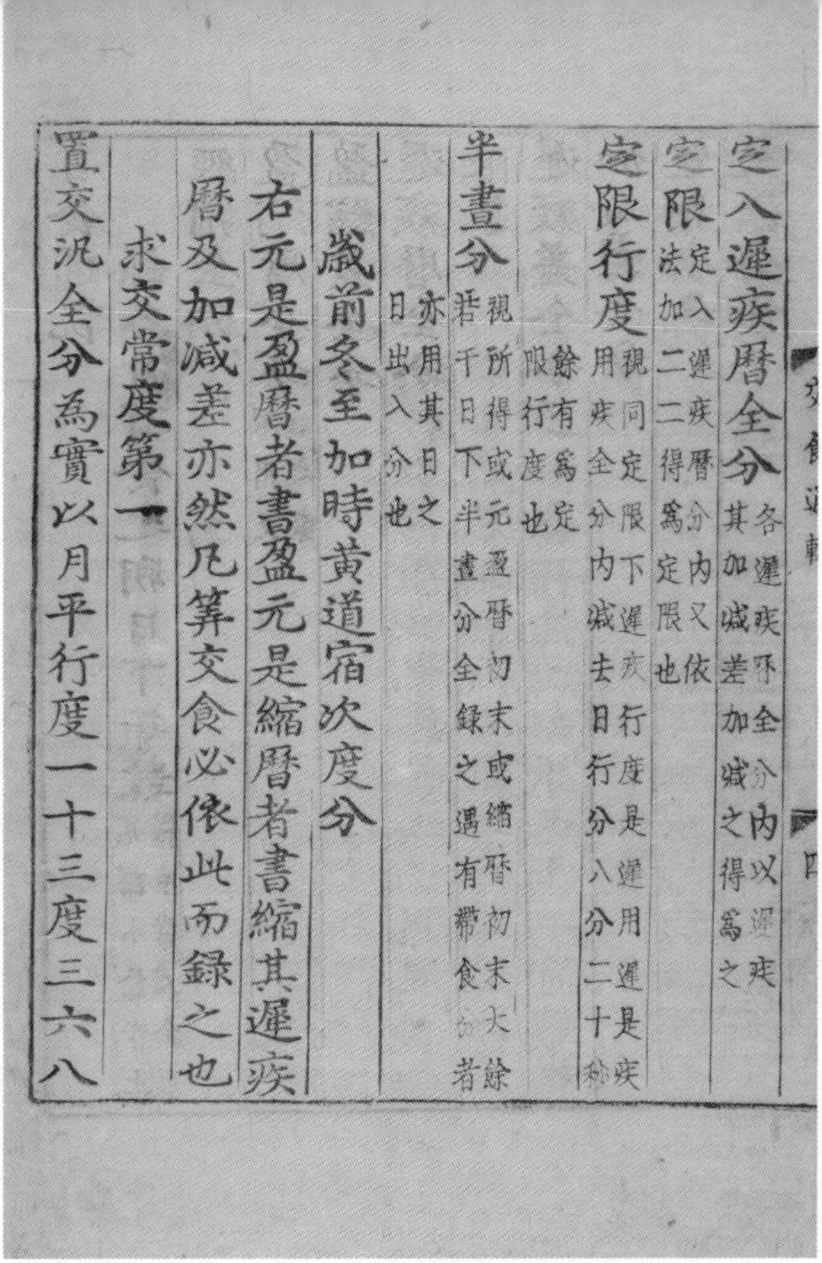

定入遲疾曆全分。各遲疾曆全分内，以遲疾其加減差加減之，得為之。

定限。定入遲疾曆分内，又依法加二二，得為定限也。

定限行度。視同定限下遲疾行度，是遲用遲，是疾用疾，全分内減去日行分八分二十秒，餘有為定限行度也。

半晝分。視所得或元盈曆初末，或縮曆初末大餘若干日下半晝分全録之，遇有帶食分者，亦用其日之日出入分也。

歲前冬至加時黃道宿次度分

右元是盈曆者書盈，元是縮曆者書縮，其遲疾曆及加減差亦然，凡筭交食必依此而録之也。

求交常度第一

置交汎全分為實，以月平行度一十三度三六八

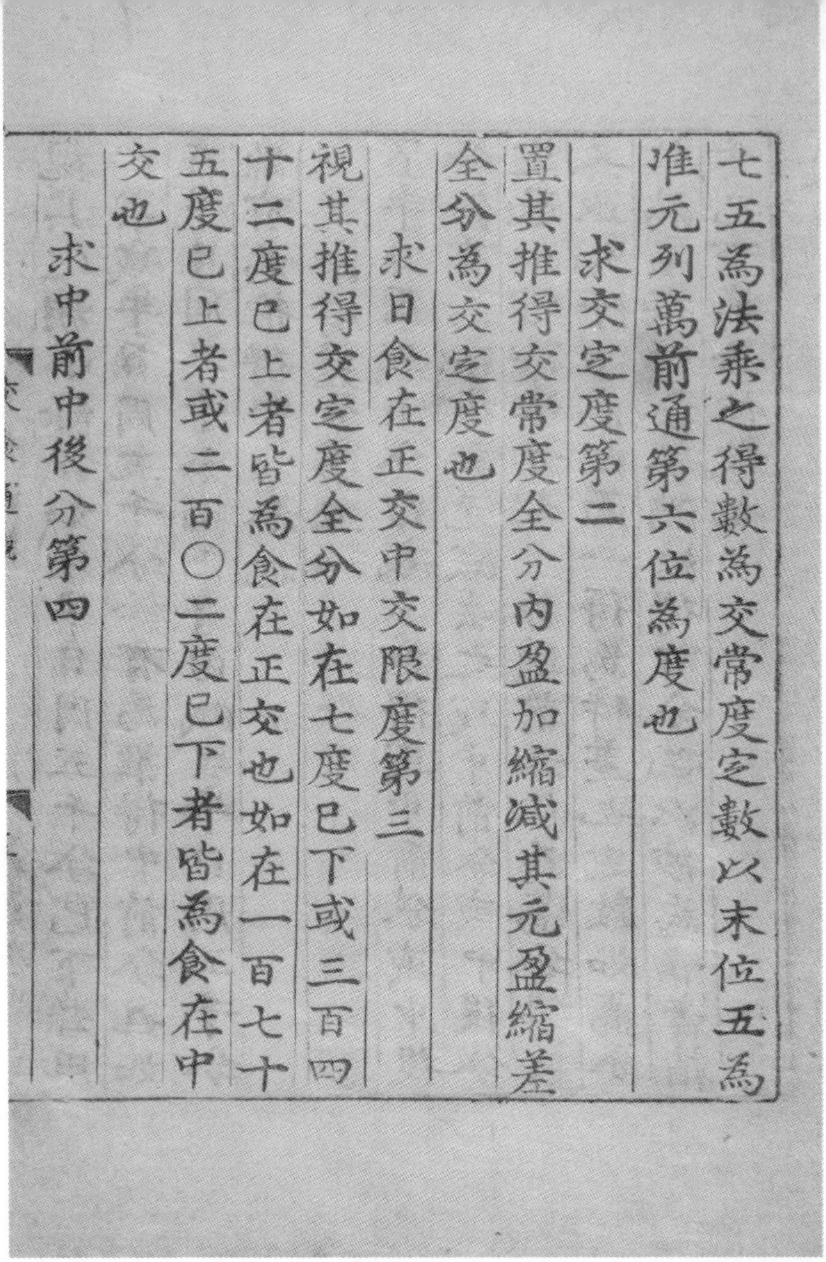
七五為法乘之得數為交常度定數以末位五為
准元列萬前通第六位為度也
求交定度第二
置其推得交常度全分內盈加縮減其元盈縮差
全分為交定度也
求日食在正交中交限度第三
視其推得交定度全分如在七度已下或三百四
十二度已上者皆為食在正交也如在一百七十
五度已上者或二百〇二度已下者皆為食在中
交也
求中前中後分第四

七五為法乘之，得數為交常度定數，以末位五為准元，列萬前通第六位為度也。[1]

求交定度第二

置其推得交常度全分內，盈加縮減其元盈縮差全分，為交定度也。[2]

求日食在正交中交限度第三

視其推得交定度全分，如在七度已下，或三百四十二度已上者，皆為食在正交也。如在一百七十五度已上者，或二百〇二度已下者，皆為食在中交也。[3]

求中前中後分第四

1 交常度 = 有食之經朔日入交泛全分 × 月平行度。

2 交定度 = 交常度 ± 朔日下盈縮差。盈加、縮減。如不及減，則加交終減之。

3 日食在正交中交限度即當交定度小於 7 度，大於 342 度，食在正交；交定度在 175 度至 202 度之間，食在中交，其餘不在限內則不食。

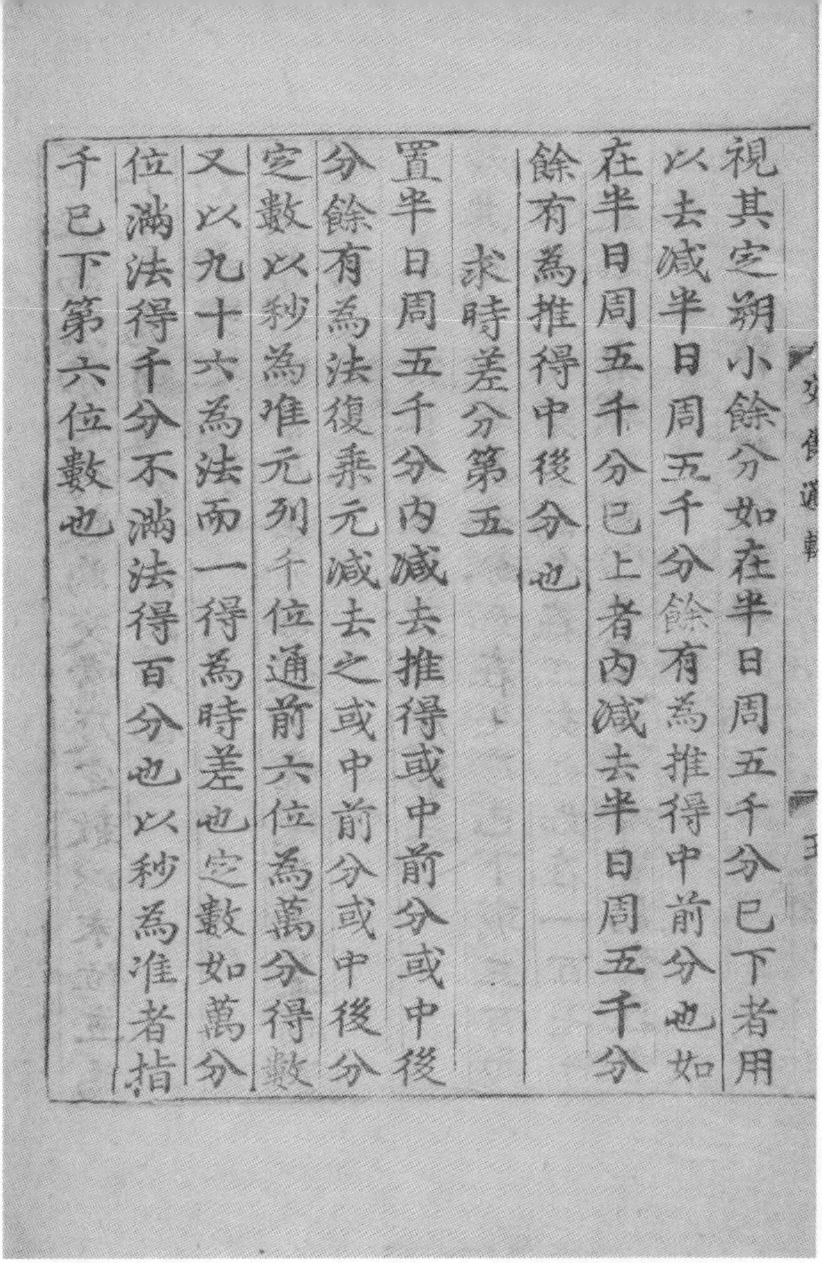
視其定朔小餘分如在半日周五千分已下者用
以去減半日周五千分餘有為推得中前分也如
在半日周五千分已上者內減去半日周五千分
餘有為推得中後分也
求時差分第五
置半日周五千分內減去推得或中前分或中後
分餘有為法復乘元減去之或中前分或中後分
定數以秒為准元列千位通前六位為萬分得數
又以九十六為法而一得為時差也定數如萬分
位滿法得千分不滿法得百分也以秒為准者指
千已下第六位數也

視其定朔小餘分，如在半日周五千分已下者，用以去減半日周五千分，餘有為推得中前分也；如在半日周五千分已上者，內減去半日周五千分，餘有為推得中後分也。[1]

求時差分第五

置半日周五千分，內減去推得或中前或中後分，餘有為法，復乘元減去之或中前分或中後分定數，以秒為准元，列千位通前六位為萬分，得數又以九十六為法而一，得為時差也。定數如萬分位，滿法得千分，不滿法得百分也。以秒為准者，指千已下第六位數也。[2]

1 中前分 = 半日周 5000 分 − 定朔小餘分，中後分 = 定朔小餘分 − 半日周 5000 分。

2 時差分 =(半日周 5000 分 − 中前或中後分)× 中前或中後分 /9600。

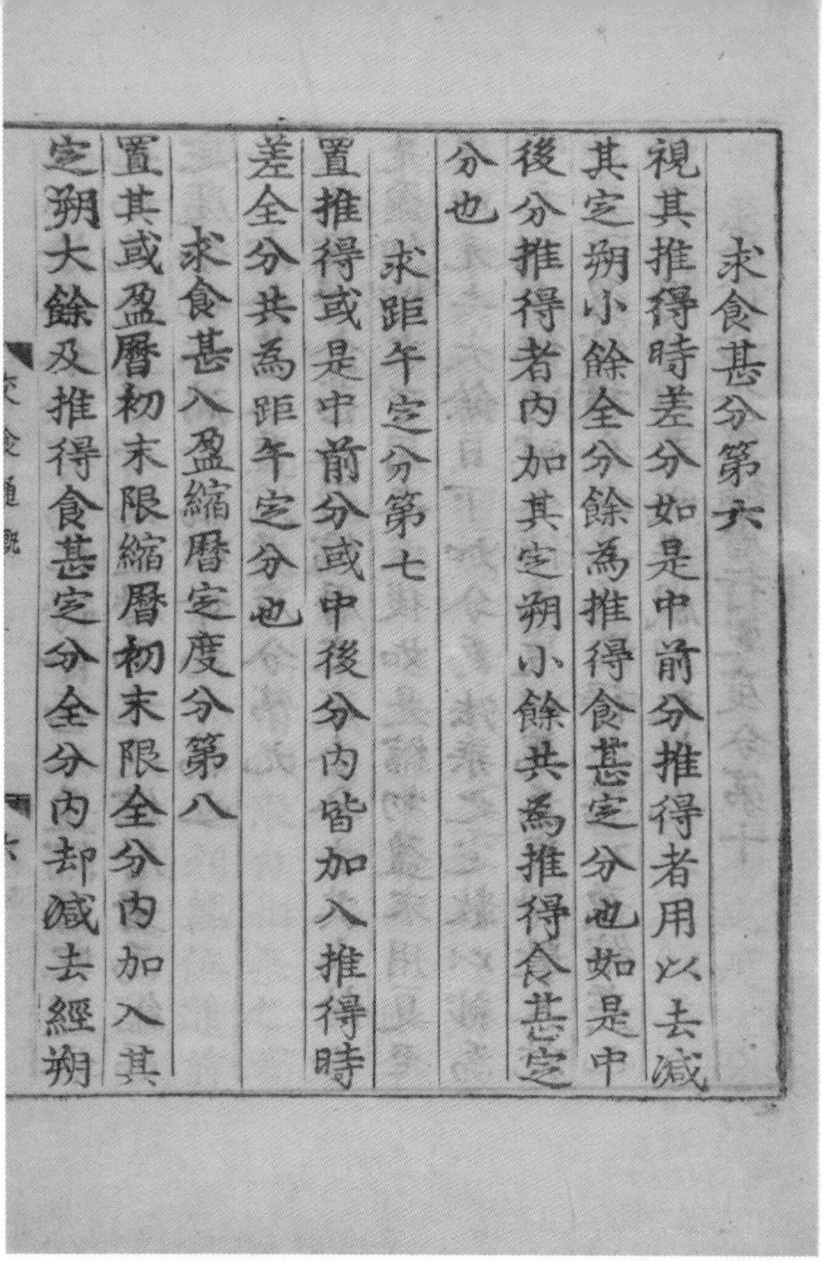

求食甚分第六
視其推得時差分如是中前分推得者用以去減
其定朔小餘全分餘爲推得食甚定分也如是中
後分推得者内加其定朔小餘共爲推得食甚定
分也
求距午定分第七
置推得或是中前分或中後分内皆加入推得時
差全分共爲距午定分也
求食甚入盈縮曆定度分第八
置其或盈曆初末限縮曆初末限全分内加入其
定朔大餘及推得食甚定分全分内却減去經朔

求食甚分第六

視其推得時差分，如是中前分推得者，用以去減其定朔小餘全分，餘為推得食甚定分也。如是中後分推得者，內加其定朔小餘，共為推得食甚定分也。[1]

求距午定分第七

置推得或是中前分或中後分，內皆加入推得時差全分，共為距午定分也。[2]

求食甚入盈縮曆定度分第八

置其或盈曆初末限，縮曆初末限全分，內加入其定朔大餘，及推得食甚定分全分，內却減去經朔

1 日食食甚定分 = 定朔小餘分 ± 時差分。

2 日食距午定分 = 中前或中後分 + 時差分。

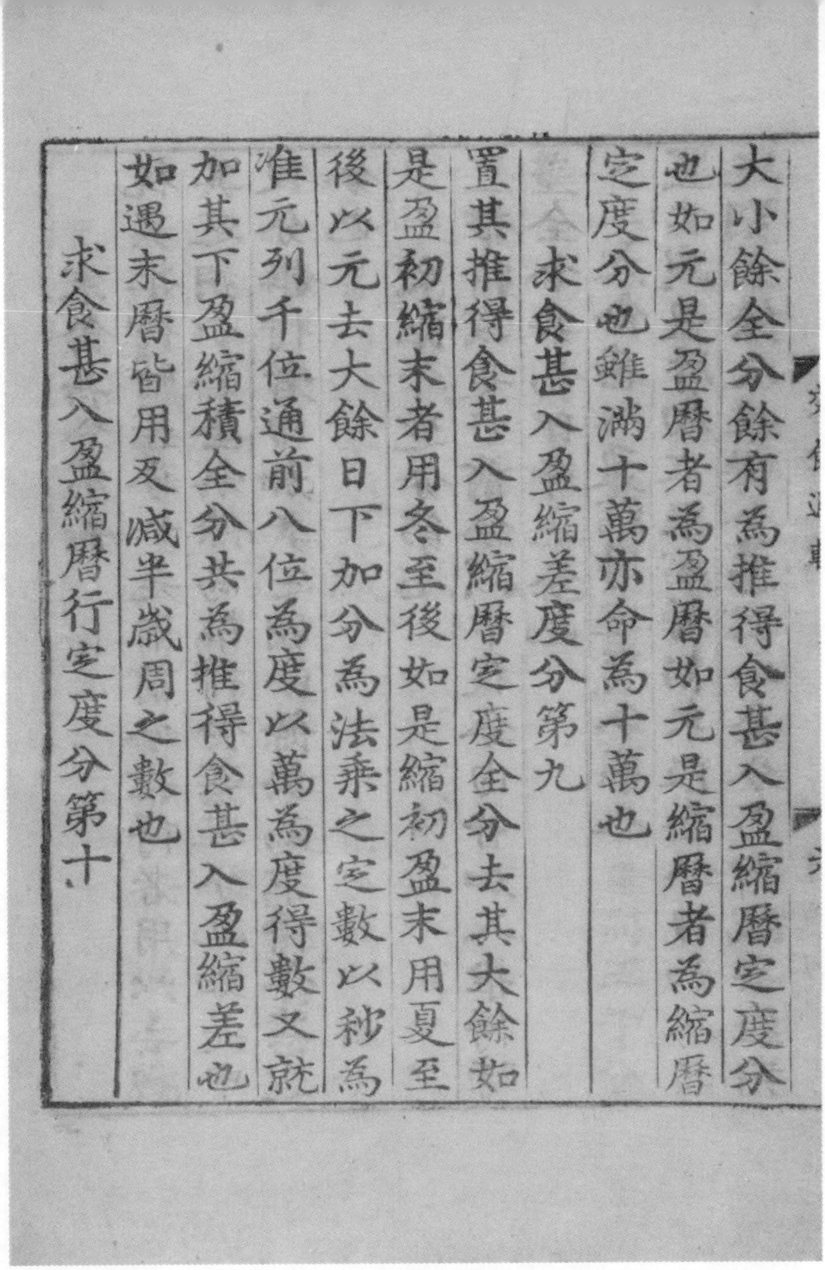
大小餘全分餘有為推得食甚入盈縮曆定度分
也如元是盈曆者為盈曆如元是縮曆者為縮曆
定度分也雖滿十萬亦命為十萬也
求食甚入盈縮差度分第九
置其推得食甚入盈縮曆定度全分去其大餘如
是盈初縮末者用冬至後如是縮初盈末用夏至
後以元去大餘日下加分為法乘之定數以秒為
准元列千位通前八位為度以萬為度得數又就
加其下盈縮積全分共為推得食甚入盈縮差也
如遇末曆皆用反減半歲周之數也
求食甚入盈縮曆行定度分第十

大小餘全分，餘有為推得食甚入盈縮曆定度分也。如元是盈曆者為盈曆；如元是縮曆者為縮曆定度分也，雖滿十萬亦命為十萬也。[1]

求食甚入盈縮差度分第九

置其推得食甚入盈縮曆定度全分，去其大餘。如是盈初縮末者，用冬至後；如是縮初盈末，用夏至後。以元去大餘日下加分為法乘之，定數以秒為准元，列千位通前八位為度，以萬為度，得數又就加其下盈縮積全分，共為推得食甚入盈縮差也。如遇末曆，皆用反減半歲周之數也。[2]

求食甚入盈縮曆行定度分第十

1 食甚入盈縮曆定度分 = 經朔入盈縮曆日分 + 定朔大餘 + 食甚定分 − 經朔大小餘。

2 通過食甚入盈縮曆定度全分或查表（即“太陽冬至前後二象，盈初縮末限”和“太陽夏至前後二象，縮初盈末限”立成）或計算（平立定三差法），得盈縮差。

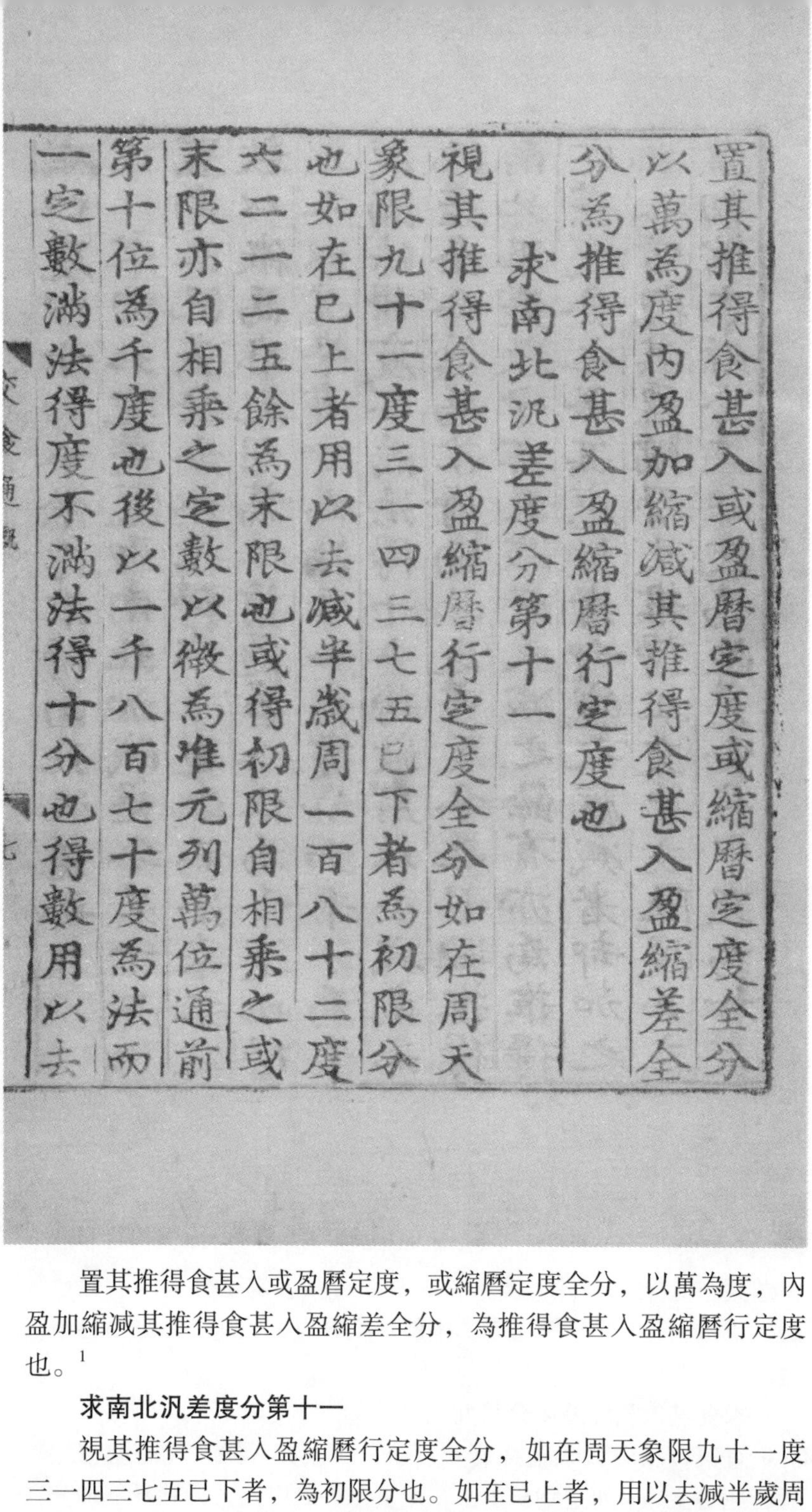
置其推得食甚入或盈曆定度或縮曆定度全分以萬為度內盈加縮減其推得食甚入盈縮差全分為推得食甚入盈縮曆行定度也
求南北汎差度分第十一
視其推得食甚入盈縮曆行定度全分如在周天象限九十一度三一四三七五已下者為初限分也如在已上者用以去減半歲周一百八十二度六二一二五餘為末限也或得初限自相乘之或末限亦自相乘之定數以微為准元列萬位通前第十位為千度也後以一千八百七十度為法而一定數滿法得度不滿法得十分也得數用以去

置其推得食甚入或盈曆定度，或縮曆定度全分，以萬為度，內盈加縮減其推得食甚入盈縮差全分，為推得食甚入盈縮曆行定度也。[1]

求南北汎差度分第十一

視其推得食甚入盈縮曆行定度全分，如在周天象限九十一度三一四三七五已下者，為初限分也。如在已上者，用以去減半歲周一百八十二度六二一二五，餘為末限也。或得初限自相乘之，或末限亦自相乘之，定數以微為准元，列萬位通前第十位為千度也。後以一千八百七十度為法而一，定數滿法得度，不滿法得十分也。得數用以去

1 食甚入盈縮曆定度 = 食甚入盈縮曆日分 ± 盈縮差，盈為加，縮為減。

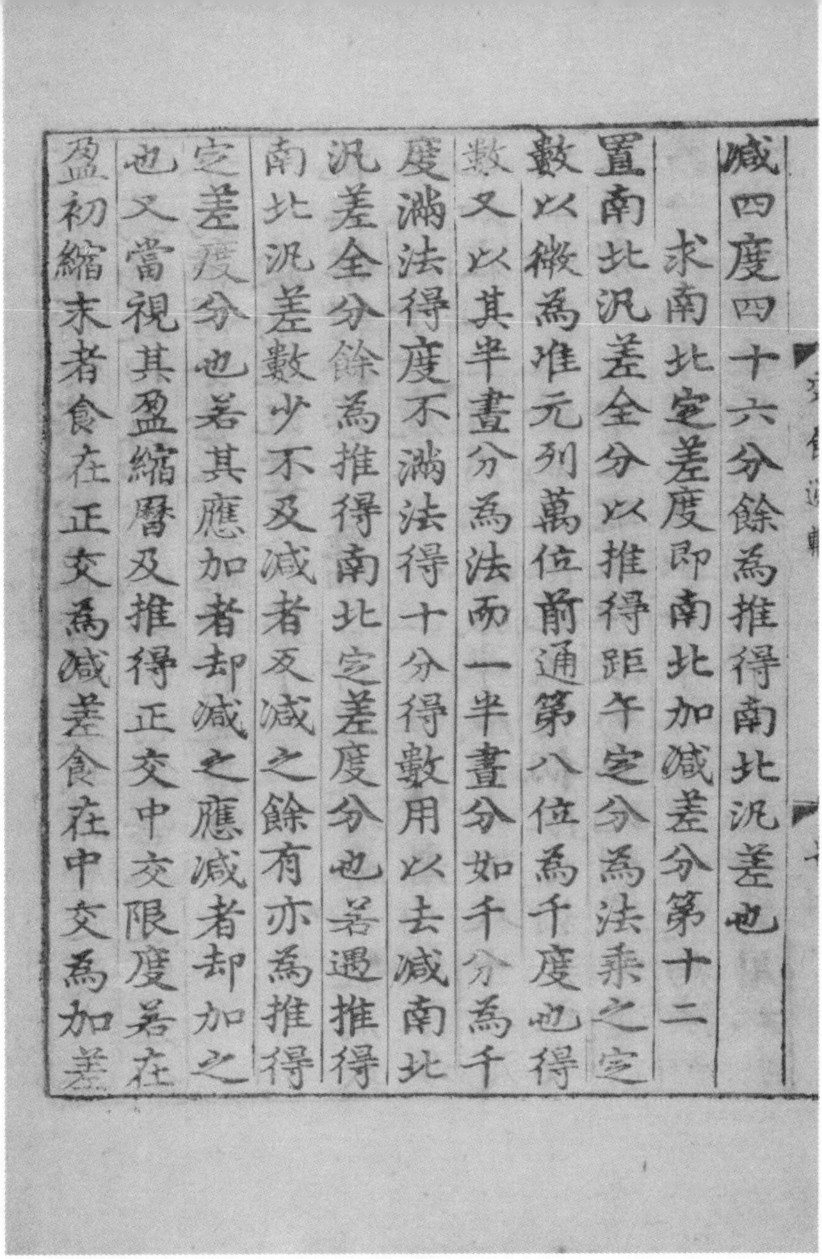

減四度四十六分餘為推得南北汎差也
求南北定差度即南北加減差分第十二
置南北汎差全分以推得距午定分為法乘之定
數以微為准元列萬位前通第八位為千度也得
數又以其半晝分為法而一半晝分如千分為千
度滿法得度不滿法得十分得數用以去減南北
汎差全分餘為推得南北定差度分也若遇推得
南北汎差數少不及減者反減之餘有亦為推得
定差度分也若其應加者却減之應減者却加之
也又當視其盈縮曆及推得正交中交限度若在
盈初縮末者食在正交為減差食在中交為加差

減四度四十六分，餘為推得南北汎差也。[1]

求南北定差度，即南北加減差分第十二

置南北汎差全分，以推得距午定分為法乘之，定數以微為准元，列萬位前通第八位為千，度也，得數又以其半晝分為法而一。半晝分如千分為千，度滿法得度，度不滿法，得十分。得數用以去減南北汎差全分，餘為推得南北定差度分也。

若遇推得南北汎差數少不及減者，反減之，餘有亦為推得定差度分也。若其應加者，却減之；應減者，却加之也。又當視其盈縮曆及推得正交中交限度，若在盈初縮末者，食在正交，為減差；食在中交，為加差

1 南北泛差度分 $=4.46-(\text{初末限度})^2/1870$。

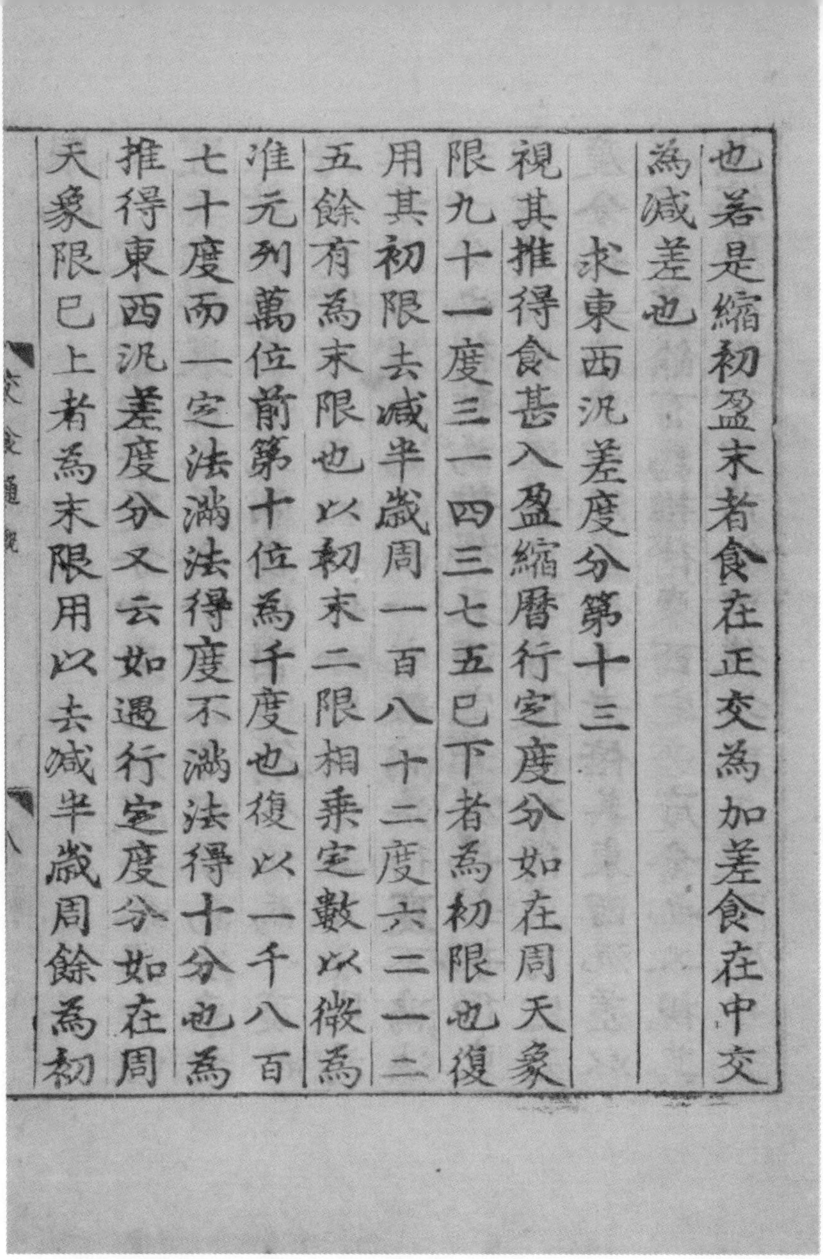
也若是縮初盈末者食在正交為加差食在中交
為減差也
求東西汎差度分第十三
視其推得食甚入盈縮曆行定度分如在周天象
限九十一度三一四三七五已下者為初限也復
用其初限去減半歲周一百八十二度六二一二
五餘有為末限也以初末二限相乘定數以微為
准元列萬位前第十位為千度也復以一千八百
七十度而一定法滿法得度不滿法得十分也為
推得東西汎差度分又云如遇行定度分如在周
天象限已上者為末限用以去減半歲周餘為初

也。若是縮初盈末者，食在正交，為加差；食在中交，為減差也。[1]

求東西汎差度分第十三

視其推得食甚入盈縮曆行定度分，如在周天象限九十一度三一四三七五已下者，為初限也。復用其初限，去減半歲周一百八十二度六二一二五，餘有為末限也。以初末二限相乘，定數以微為准元，列萬位前第十位為千度也。復以一千八百七十度而一，定法滿法得度，不滿法得十分也，為推得東西汎差度分。又云：如遇行定度分，如在周天象限已上者，為末限，用以去減半歲周，餘為初

1 南北定差度分 = 南北泛差 – 南北泛差 × 距午分 / 半晝分。

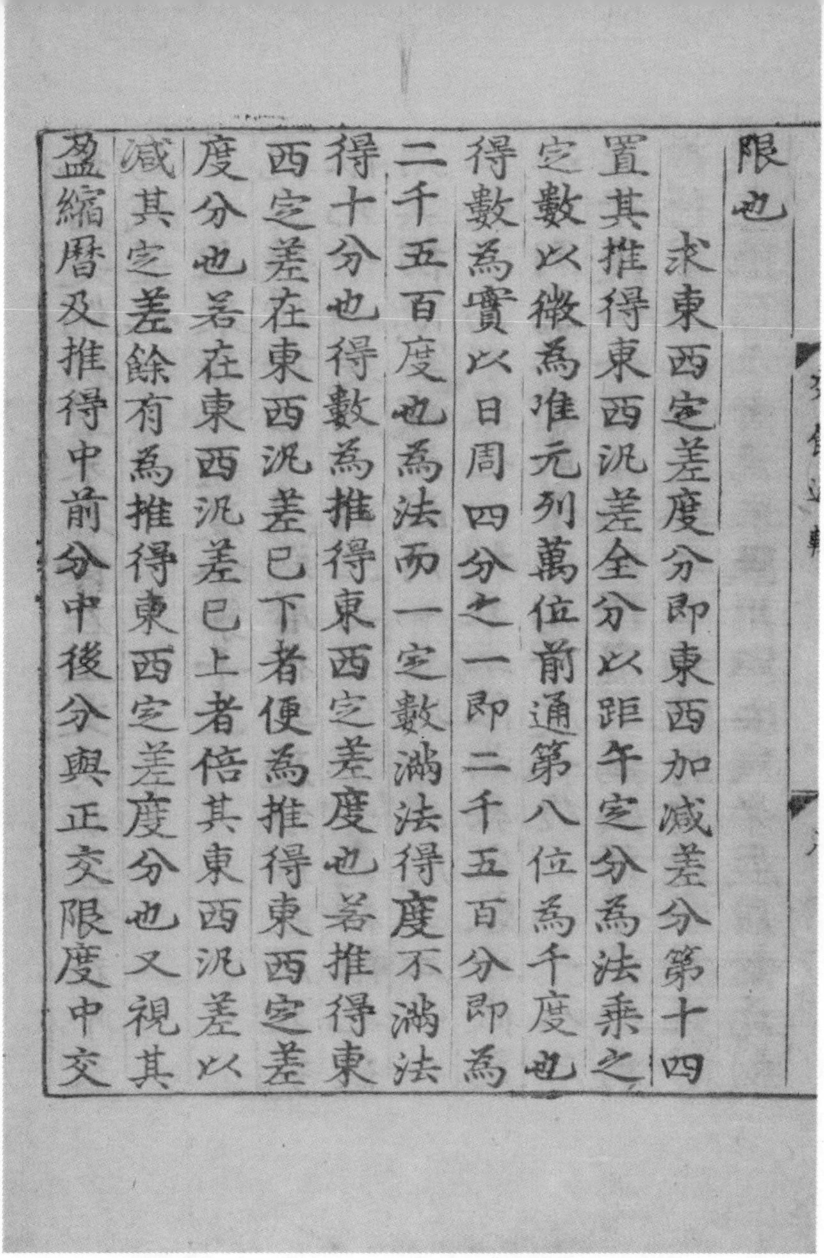
限也
求東西定差度分即東西加減差分第十四
置其推得東西汎差全分以距午定分爲法乘之
定數以微爲准元列萬位前通第八位爲千度也
得數爲實以日周四分之一即二千五百分即爲
二千五百度也爲法而一定數滿法得度不滿法
得十分也得數爲推得東西定差度也若推得東
西定差在東西汎差已下者便爲推得東西定差
度分也若在東西汎差已上者倍其東西汎差以
減其定差餘有爲推得東西定差度分也又視其
盈縮曆及推得中前分中後分與正交限度中交

限也。[1]

求東西定差度分，即東西加減差分第十四

置其推得東西汎差全分，以距午定分為法乘之，定數以微為准元，列萬位前通第八位為千，度也。得數為實，以日周四分之一，即二千五百分，即為二千五百度也，為法而一，定數滿法得度，不滿法得十分也，得數為推得東西定差度也。

若推得東西定差在東西汎差已下者，便為推得東西定差度分也；若在東西汎差已上者，倍其東西汎差，以減其定差，餘有為推得東西定差度分也。又視其盈縮曆，及推得中前分中後分，與正交限度中交

1 東西泛差度分 =(半歲周 182.62125－食甚入盈縮曆定度分)× 食甚入盈縮曆定度分 /1870。

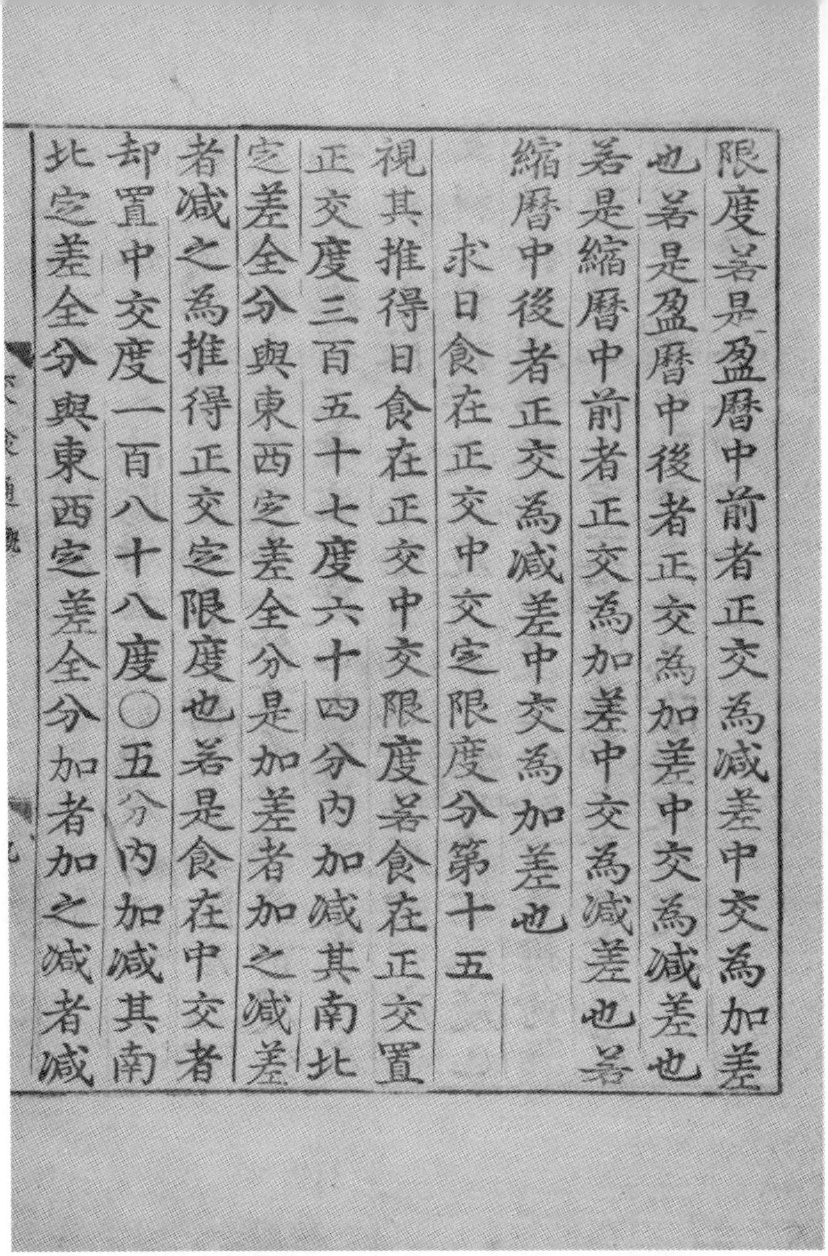
限度若是盈曆中前者正交為減差中交為加差
也若是盈曆中後者正交為加差中交為減差也
若是縮曆中前者正交為加差中交為減差也若
縮曆中後者正交為減差中交為加差也
求日食在正交中交定限度分第十五
視其推得日食在正交中交限度若食在正交置
正交度三百五十七度六十四分内加減其南北
定差全分與東西定差全分是加差者加之減差
者減之為推得正交定限度也若是食在中交者
却置中交度一百八十八度〇五分内加減其南
北定差全分與東西定差全分加者加之減者減

限度，若是盈曆中前者，正交為減差，中交為加差也；若是盈曆中後者，正交爲加差，中交爲減差也。若是縮曆中前者，正交為加差，中交為減差也；若縮曆中後者，正交為減差，中交為加差也。[1]

求日食在正交中交定限度分第十五

視其推得日食在正交中交限度，若食在正交，置正交度三百五十七度六十四分，內加減其南北定差全分，與東西定差全分，是加差者加之，減差者減之，為推得正交定限度也。若是食在中交者，却置中交度一百八十八度〇五分，內加減其南北定差全分，與東西定差全分，加者加之，減者減

1 東西定差 = 東西泛差 × 距午分 /2500。當東西定差得數若大於東西泛差，東西定差 =2× 東西泛差—東西泛差 × 距午分 /2500。

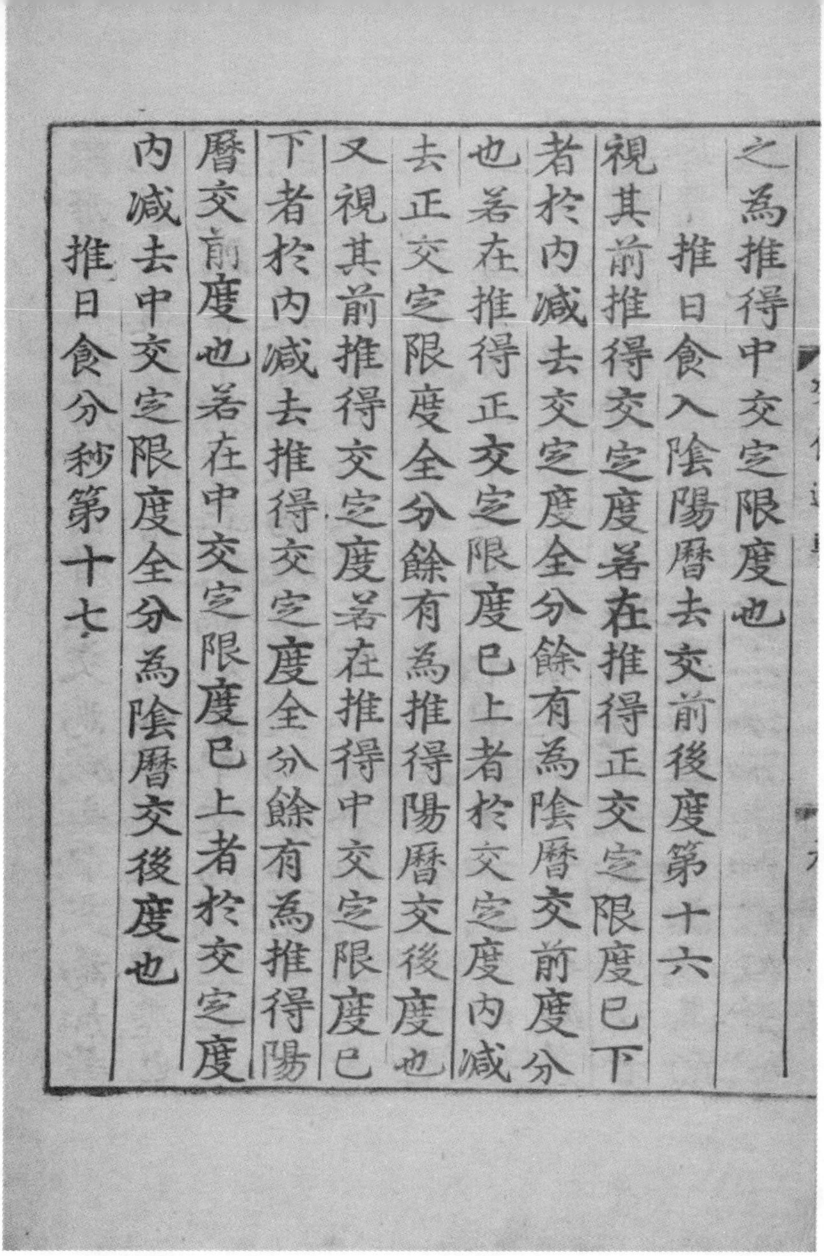

之為推得中交定限度也
推日食入陰陽曆去交前後度第十六
視其前推得交定度若在推得正交定限度已下
者於内減去交定度全分餘有為陰曆交前度分
也若在推得正交定限度已上者於交定度内減
去正交定限度全分餘有為推得陽曆交後度也
又視其前推得交定度若在推得中交定限度已
下者於内減去推得交定度全分餘有為推得陽
曆交前度也若在中交定限度已上者於交定度
内減去中交定限度全分為陰曆交後度也
推日食分秒第十七

之，為推得中交定限度也。[1]

推日食入陰陽曆去交前後度第十六

視其前推得交定度，若在推得正交定限度已下者，扵內減去交定度分全分，餘有為陰曆交前度分也；若在推得正交度定限度已上者，扵交定度內減去正交限度全分，餘有為推得陽曆交後度也。又視其前推得交定度，若在推得中交定限度已下者，扵內減去推得交定度全分，餘有為推得陽曆交前度也。若在中交定限度已上者，扵交定度內減去中交定限度全分，為陰曆交後度也。[2]

推日食分秒第十七

1 日食正交定限度分 =357.64 ± 南北定差 ± 東西定差。日食中交定限度分 =188.05 ± 南北定差 ± 東西定差。

2 當日食交定度在中交定限度以下，陽曆交前度 = 中交定限度 − 交定度；當交定度在中交定限度以上，陰曆交後度 = 交定度 − 中交定限度。當交定度在正交定限度以下，陰曆交前度 = 正交定限度 − 交定度；當交定度在正交定限度以上，陽曆交後度 = 交定度 − 正交定限度。交定度若小於 7 度，陽曆交後度 = 交定度 + 交終度 − 正交正限度。

視其推得或是陰曆交前度或是陰曆交後度皆
用以去減陰食限八度餘有為實以其定法八十
分為法而一得為推得日食分也或是陽曆交前
度陽曆交後度皆用以去減陽食限六度餘有為
實以其定法六十分為法而一為推得日食分也
如遇不及減者皆為不食也定數皆以十分除十
分滿法得單分不滿法為十秒也餘倣此推之
推日食定用分第十八
置推得日食分與日食二十分相減餘有為實却
以日食分秒為法乘之定數以微為准元列十分
位前通第五位復為十分也得為開方積也立天

視其推得或是陰曆交前度，或是陰曆交後度，皆用以去減陰曆食限八度，餘有為實，以其定法八十分為法而一，得為推得日食分也。或是陽曆交前度，陽曆交後度，皆用以去減陽食限六度，餘有為實，以其定法六十分為法而一，為推得日食分也。如遇不及減者，皆為不食也。定數皆以十分除，十分滿法得單分，不滿法，為十秒也。餘倣此推之。[1]

推日食定用分第十八

置推得日食分，與日食二十分相減，餘有為實。却以日食分秒為法乘之，定數以微為准元，列十分位前通第五位，復為十分也，得為開方積也。立天

1 陽曆日食分秒 =(日食陽食限 – 陽曆交前交後度)/ 日食陽曆定法。陰曆日食分秒 =(日食陰食限 – 陰曆交前交後度)/ 日食陰曆定法。

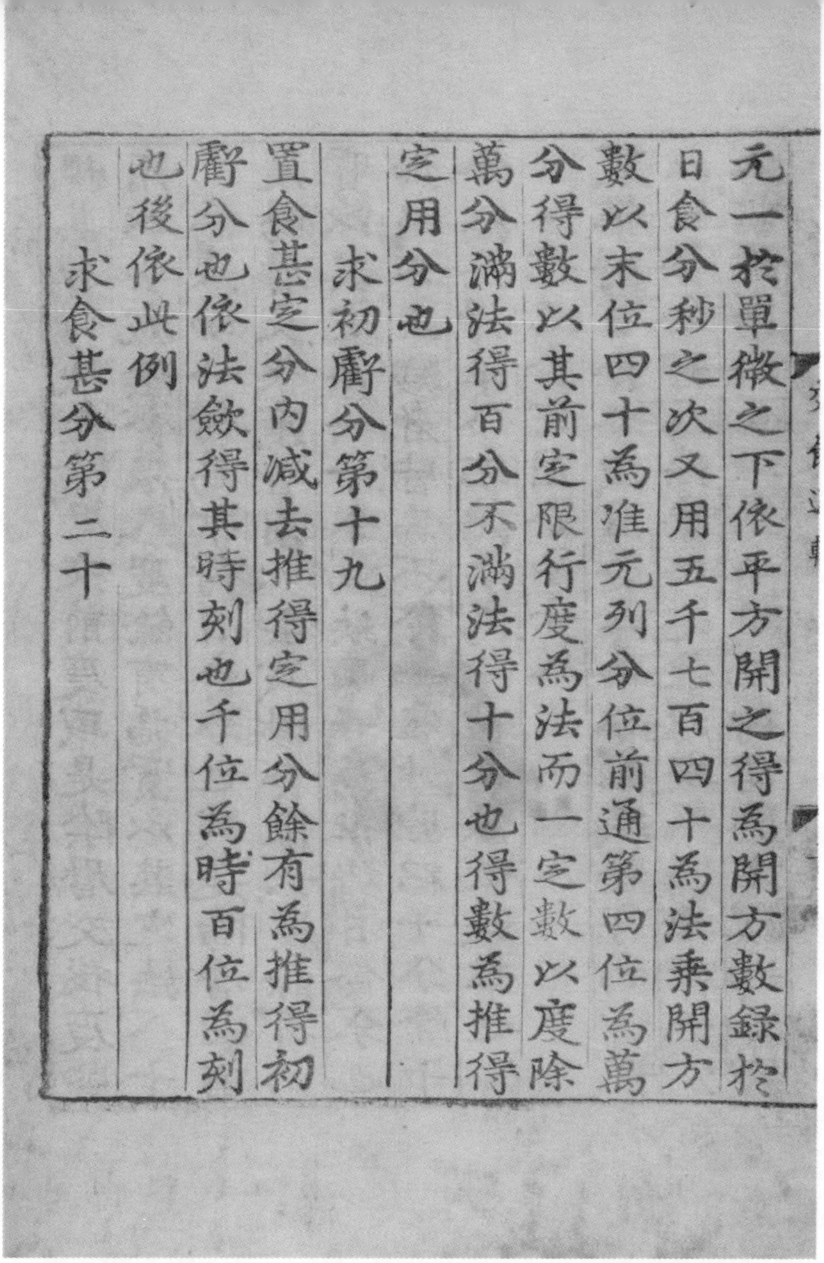

元一於單微之下依平方開之得為開方數録於
日食分秒之次又用五千七百四十為法乘開方
數以末位四十為准元列分位前通第四位為萬
分得數以其前定限行度為法而一定數以度除
萬分滿法得百分不滿法得十分也得數為推得
定用分也
求初虧分第十九
置食甚定分內減去推得定用分餘有為推得初
虧分也依法斂得其時刻也千位為時百位為刻
也後依此例
求食甚分第二十

元一於單微之下，依平方開之，得為開方數，録於日食分秒之次。又用五千七百四十為法，乘開方數，以末位四十為准元，列分位前通第四位為萬分，得數以其前定限行度為法而一，定數以度除萬分，滿法得百分，不滿法得十分也，得數為推得定用分也。[1]

求初虧分第十九

置食甚定分，內減去推得定用分，餘有為推得初虧分也。依法[2]斂得其時刻也，千位為時，百位為刻也。後依此例。[3]

求食甚分第二十

1 日食定用分 = $\sqrt{(20-\text{日食分秒})\times\text{日食分秒}}\times 5740/\text{定限行度}$。

2“法”當作“發”。

3 初虧分 = 食甚定分 − 定用分。

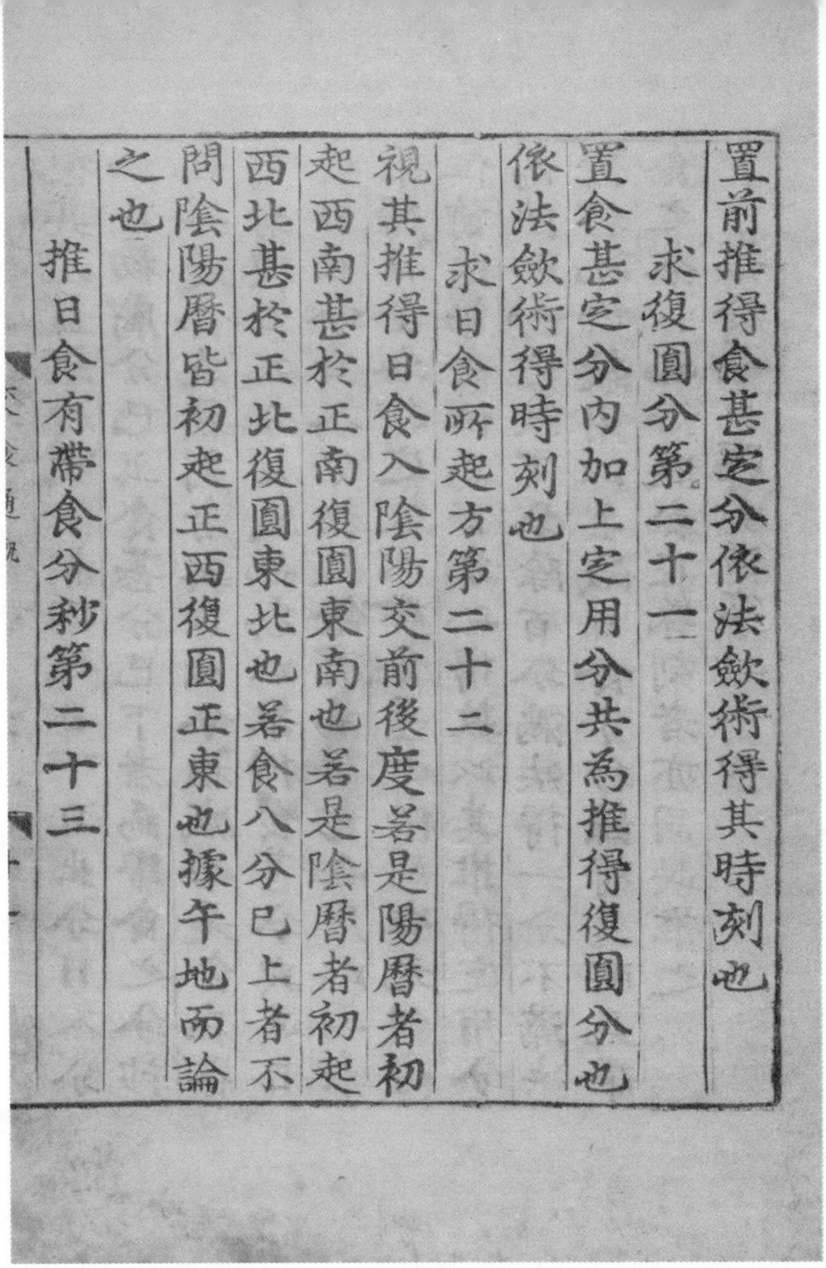
置前推得食甚定分依法斂術得其時刻也
求復圓分第二十一
置食甚定分內加上定用分共為推得復圓分也
依法斂術得時刻也
求日食所起方第二十二
視其推得日食入陰陽交前後度若是陽曆者初
起西南甚於正南復圓東南也若是陰曆者初起
西北甚於正北復圓東北也若食八分已上者不
問陰陽曆皆初起正西復圓正東也據午地而論
之也
推日食有帶食分秒第二十三

置前推得食甚定分，依法[1]斂術得其時刻也。[2]

求復圓分第二十一

置食甚定分，內加上定用分，共為推得復圓分也，依法[3]斂術得時刻也。[4]

求日食所起方第二十二

視其推得日食入陰陽交前後度，若是陽曆者，初起西南，甚于正南，復圓東南也。若是陰曆者，初起西北，甚於正北，復圓東北也。若食八分已上者，不問陰陽曆，皆初起正西，復圓正東也，據午地而論之也。[5]

推日食有帶食[6]分秒第二十三

1“法”當作“發”。
2 將食甚定分按發斂術轉換為時刻分數。
3“法”當作“發”。
4 復圓分 = 食甚定分 + 定用分。
5 日食在陽曆，初起西南，甚于正南，復于東南；日食在陰曆，初起西北，甚於正北，復于東北；若食 8 分以上，則起於正西，復於正東。
6 日出時太陽已被食去以及日落時太陽還在被食（即日食尚未結束）稱帶食。

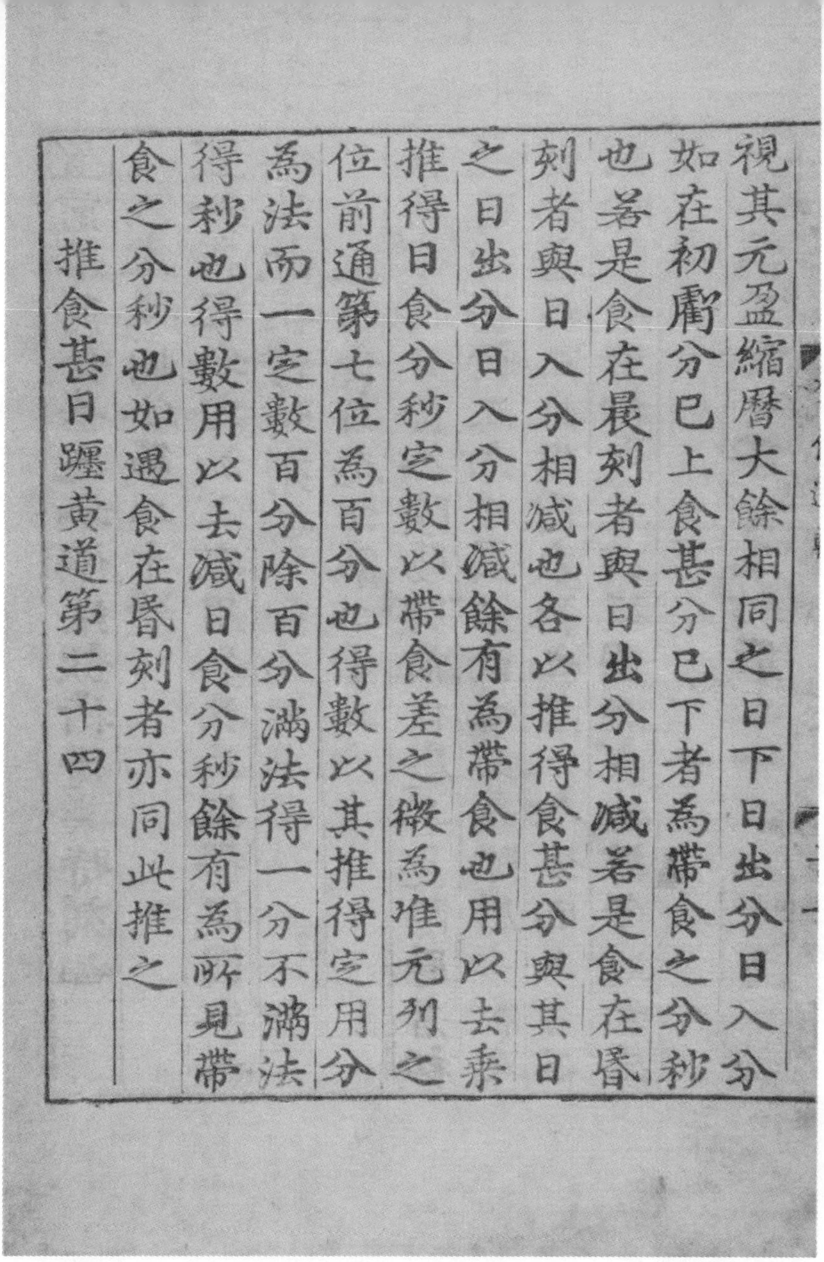

視其元盈縮曆大餘相同之日下日出分日入分如在初虧分已上食甚分已下者為帶食之分秒也若是食在晨刻者與日出分相減若是食在昏刻者與日入分相減也各以推得食甚分與其日之日出分日入分相減餘有為帶食也用以去乘推得日食分秒定數以帶食差之微為准元列之位前通第七位為百分也得數以其推得定用分為法而一定數百分除百分滿法得一分不滿法得秒也得數用以去減日食分秒餘有為所見帶食之分秒也如遇食在昏刻者亦同此推之

推食甚日躔黃道第二十四

視其元盈縮曆大餘相同之日下日出分日入分，如在初虧分已上，食甚分已下者，為帶食之分秒也。若是食在晨刻者，與日出分相減。若是食在昏刻者，與日入分相減也。各以推得食甚分與其日之日出分日入分相減，餘有為帶食也。[1] 用以去乘推得日食分秒定數，以帶食差之微為准元，列之位前通第七位為百分也，得數以其推得定用分為法而一，定數百分除百分，滿法得一分，不滿法得秒也。得數用以去減日食分秒，餘有為所見帶食之分秒也。[2] 如遇食在昏刻者，亦同此推之。

推食甚日躔黃道第二十四

1 帶食差 = 日出分 – 食甚分，若不及減者，則反減之。

2 帶食分秒 = 日食分秒 – 帶食差 × 日食分秒 / 定用分。

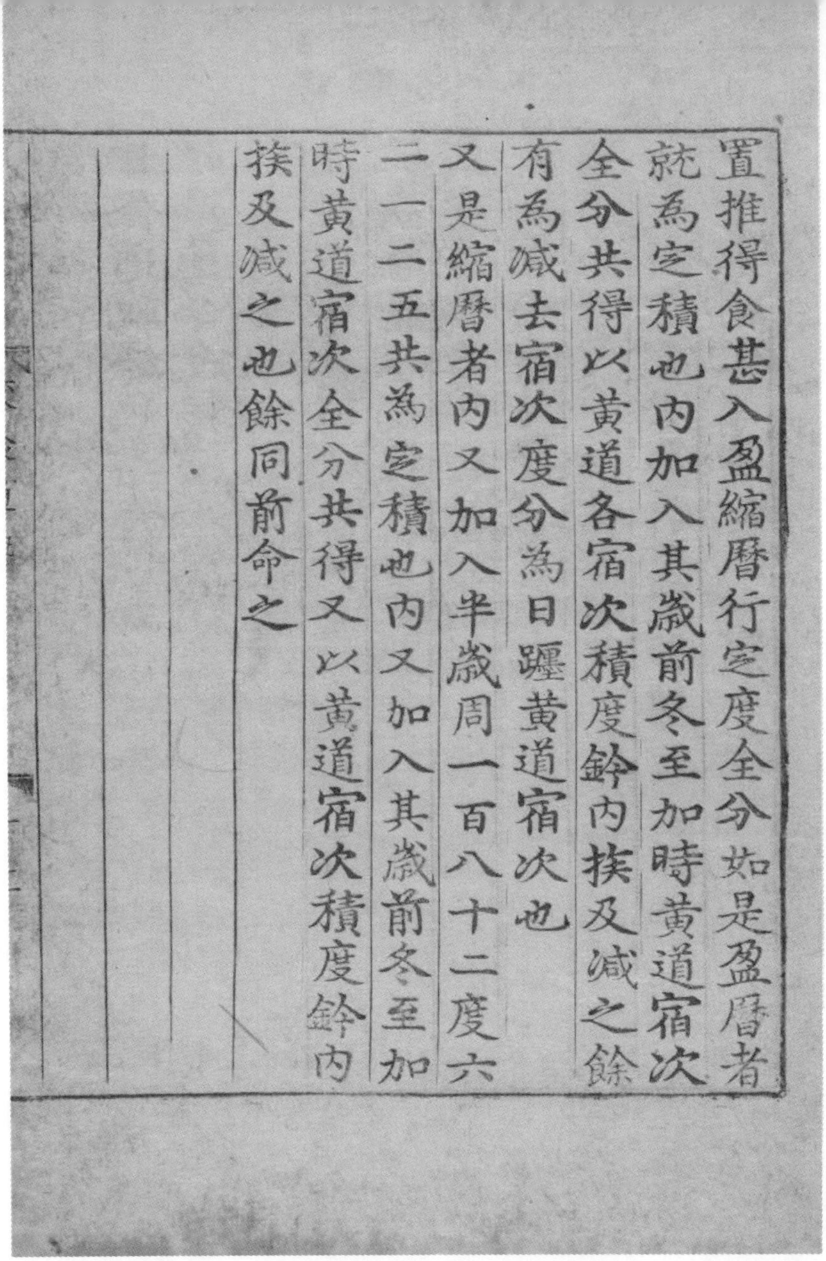

置推得食甚入盈縮曆行定度全分如是盈曆者
就為定積也內加入其歲前冬至加時黃道宿次
全分共得以黃道各宿次積度鈐內挨及減之餘
有為減去宿次度分為日躔黃道宿次也
又是縮曆者內又加入半歲周一百八十二度六
二一二五共為定積也內又加入其歲前冬至加
時黃道宿次全分共得又以黃道宿次積度鈐內
挨及減之也餘同前命之

置推得食甚入盈縮曆行定度全分，如是盈曆者，就為定積也，內加入其歲前冬至加時黃道宿次全分，共得以黃道各宿次積度鈐內挨及減之，餘有爲減去宿次度分，為日躔黃道宿次也。[1]

又是縮曆者，內又加半歲周一百八十二度六二一二五，共為定積也。內又加入其歲前冬至加時黃道宿次全分，共得又以黃道宿次積度鈐內挨及減之也，餘同前命之。

1 日食食甚日躔黃道宿次積度＝歲前冬至加時黃道宿次全分＋定積度分，滿黃道各宿次積度鈐挨及減去。

日食通軌終

《日食通軌》終

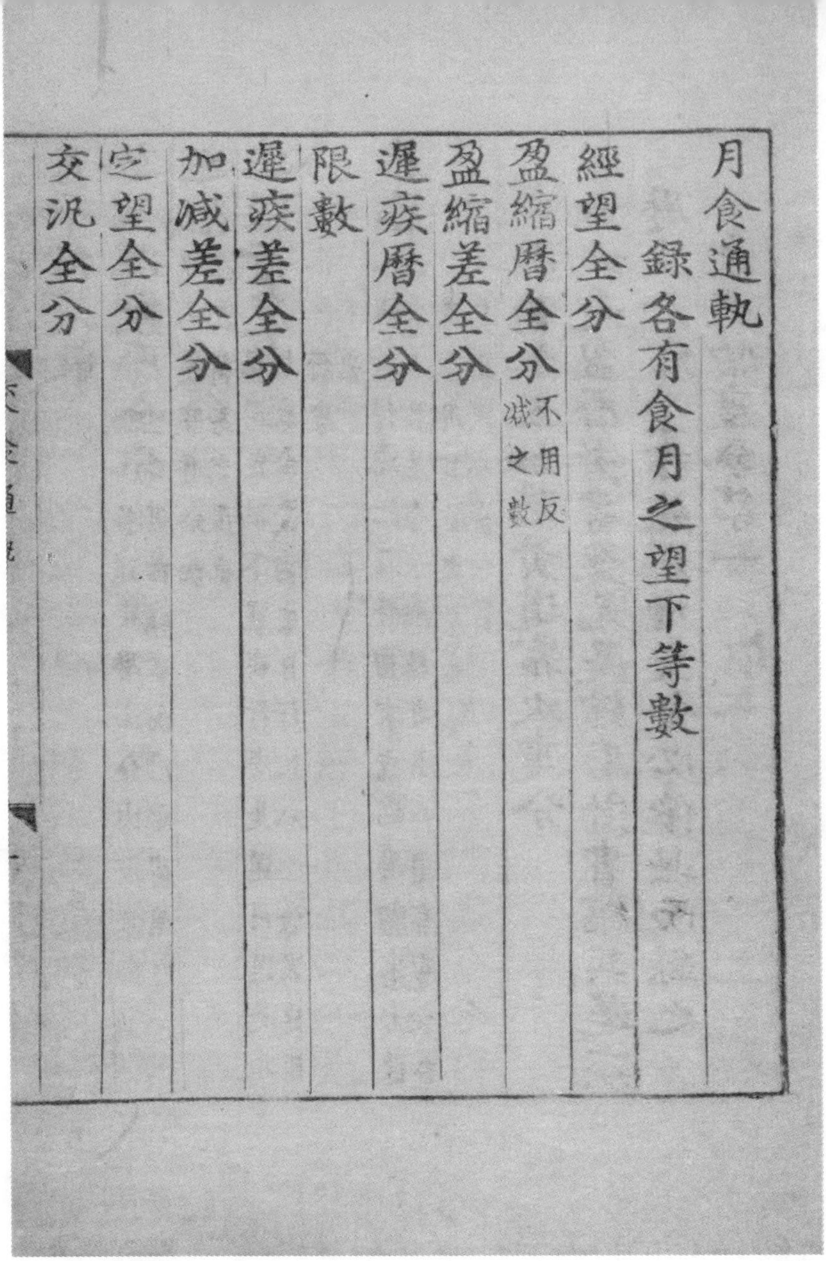
月食通軌
録各有食月之望下等數
經望全分
盈縮曆全分不用反減之數
盈縮差全分
遲疾曆全分
限數
遲疾差全分
加減差全分
定望全分
交汎全分

《月食通軌》

録各有食月之望下等數[1]

經望全分。

盈縮曆全分。不用反減之數。

盈縮差全分。

遲疾曆全分。

限數。

遲疾差全分。

加減差全分。

定望全分。

交汎全分。

1 列出月食計算的程式並留出空白，再將每步計算的結果依次填入程式中。

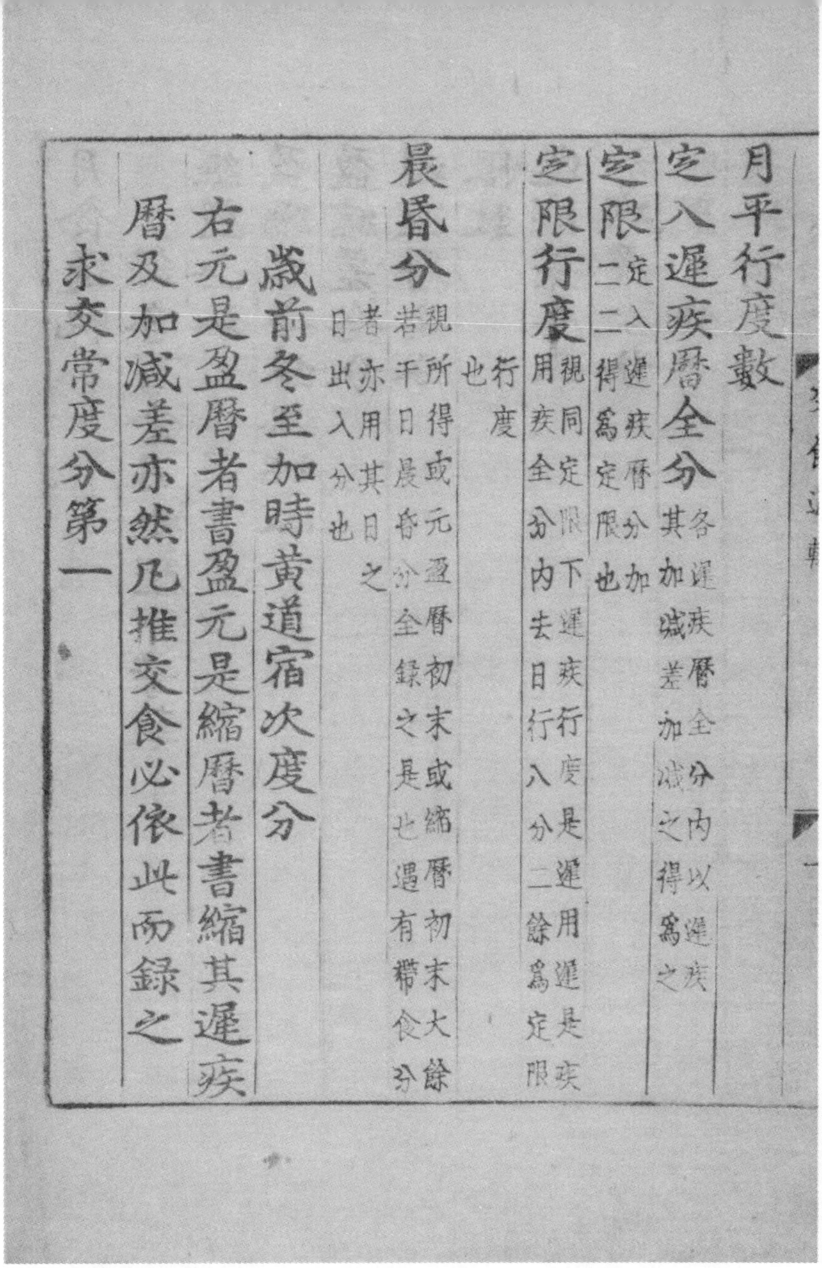

月平行度數。

定入遲疾曆全分。各遲疾曆全分，內以遲疾其加減差加減之，得為之。

定限。定入遲疾曆分加二二，得為定限也。

定限行度。視同定限下遲疾行度，是遲用遲；是疾用疾。全分內去日行分八分二，餘有為定限行度也。

晨昏分。視所得或元盈曆初末，或縮曆初末大餘若干日晨昏分，全録之是也。遇有帶食分者，亦用其日之日出入分也。

歲前冬至加時黃道宿次度分

右元是盈縮曆者書盈，元是縮曆者書縮，其遲疾曆及加減差亦然。凡推筭交食，必依此而録之。

求交常度分第一

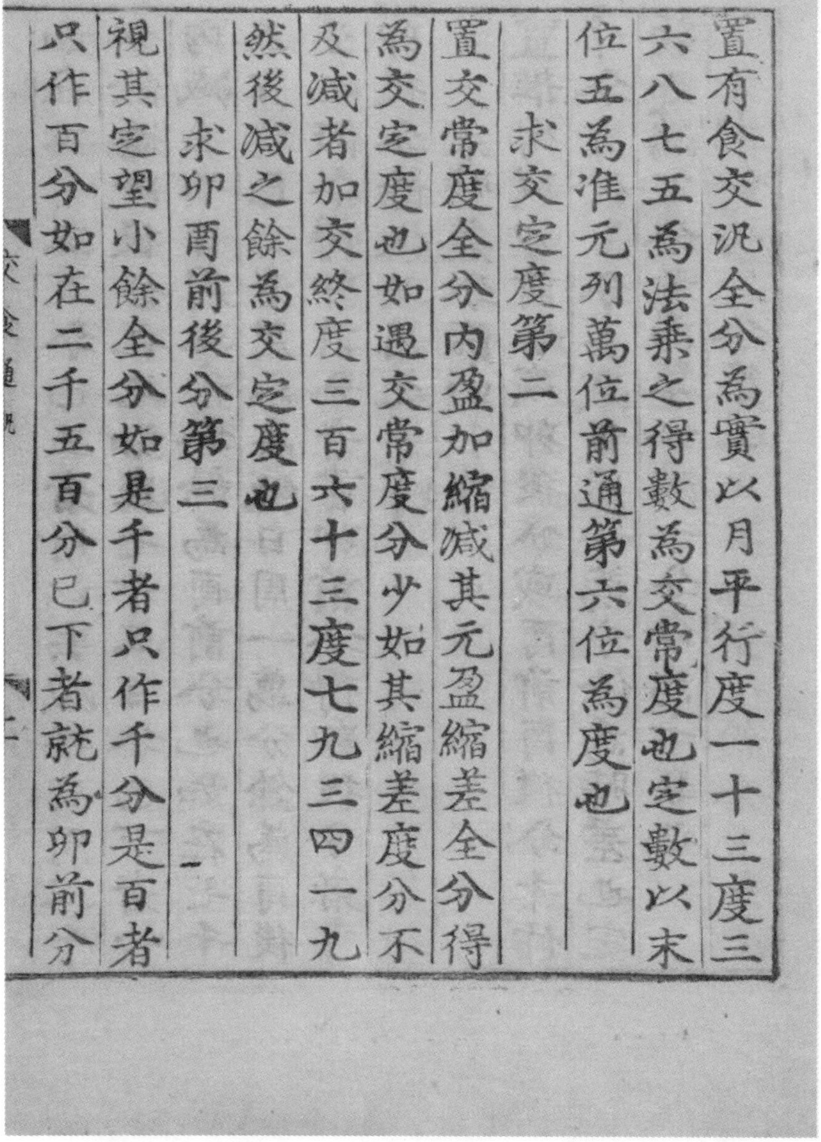
置有食交汎全分為實以月平行度一十三度三
六八七五為法乘之得數為交常度也定數以末
位五為准元列萬位前通第六位為度也
求交定度第二
置交常度全分内盈加縮減其元盈縮差全分得
為交定度也如遇交常度分少如其縮差度分不
及減者加交終度三百六十三度七九三四一九
然後減之餘為交定度也
求卯酉前後分第三
視其定望小餘全分如是千者只作千分是百者
只作百分如在二千五百分已下者就為卯前分

置有食交汎全分為實，以月平行度一十三度三六八七五為法乘之，得數為交常度也，定數以末位五為准元，列萬位前通第六位為度也。[1]

求交定度第二

置交常度全分，内盈加縮減其元盈縮差全分，得為交定度也。如遇交常度分少，如其縮差度分不及減者，加交終度三百六十三度七九三四一九，然後減之，餘為交定度也。[2]

求卯酉前後分第三

視其定望小餘全分，如是千者只作千分，是百者只作百分。如在二千五百分已下者，就為卯前分，

1 交常度 = 有食之望日入交泛全分 × 月平行度。

2 交定度 = 交常度 ± 望日下盈縮差。盈加、縮減。如不及減，則加交終減之。

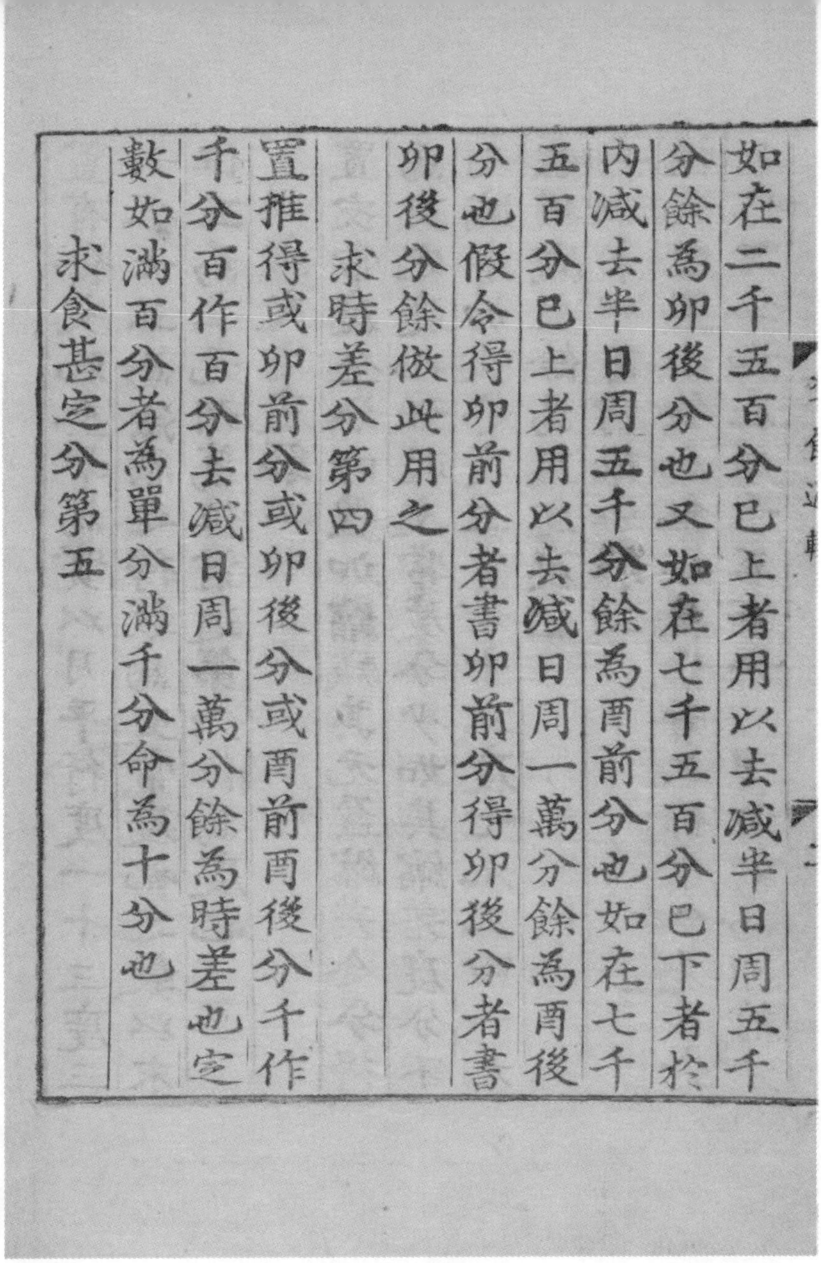
如在二千五百分已上者用以去減半日周五千
分餘為卯後分也又如在七千五百分已下者於
內減去半日周五千分餘為酉前分也如在七千
五百分已上者用以去減日周一萬分餘為酉後
分也假令得卯前分者書卯前分得卯後分者書
卯後分餘倣此用之
求時差分第四
置推得或卯前分或卯後分或酉前酉後分千作
千分百作百分去減日周一萬分餘為時差也定
數如滿百分者為單分滿千分命為十分也
求食甚定分第五

如在二千五百分已上者，用以去減半日周五千分，餘為卯後分也。又如在七千五百分已下者，於內減去半日周五千分，餘為酉前分也。如在七千五百分已上者，用以去減日周一萬分，餘有為酉後分也。假令得卯前分者，書卯前分；得卯後分者，書卯後分。餘倣此用之。[1]

求時差分第四

置推得或卯前分、或卯後分、或酉前酉後分，千作千分，百作百分，去減日周一萬分，餘為時差也。定數如滿百分者為單分，滿千分者，命為十分也。[2]

求食甚定分第五

1 酉前分 = 定望小餘分 – 半日周。酉後分 = 日周 – 定望小餘分。

2 時差分 =(10000– 卯酉前後分)/100。該算法與授時曆記載之方法有所不同，授時曆時差分作（卯酉前後分 × 卯酉前後分)/(478 × 100)。《明史・曆志》則廢除該算法，認為月食無時差。

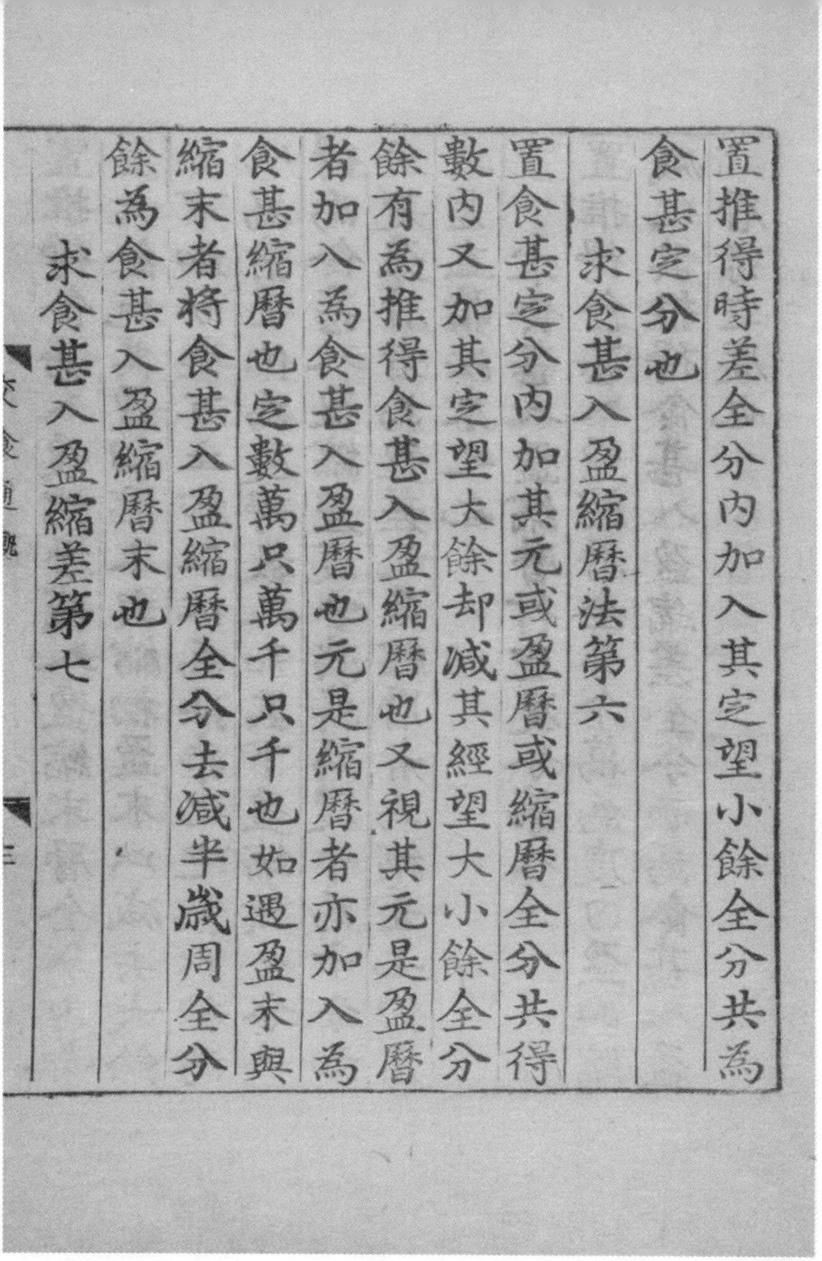
置推得時差全分內加入其定望小餘全分共為
食甚定分也
求食甚入盈縮曆法第六
置食甚定分內加其元或盈曆或縮曆全分共得
數內又加其定望大餘却減其經望大小餘全分
餘有為推得食甚入盈縮曆也又視其元是盈曆
者加入為食甚入盈曆也元是縮曆者亦加入為
食甚縮曆也定數萬只萬千只千也如遇盈末與
縮末者將食甚入盈縮曆全分去減半歲周全分
餘為食甚入盈縮曆末也
求食甚入盈縮差第七

置推得時差全分，內加入其定望小餘全分，共為食甚定分也。[1]

求食甚入盈縮曆法第六

置食甚定分，內加其元或盈曆、或縮曆全分，共得數內又加其定望大餘，却減其經望大小餘全分，餘有為推得食甚入盈縮曆也。又視其元是盈曆者，加入為食甚，入盈曆也；元是縮曆者，亦加入，為食甚縮曆也。定數萬只萬，千只千也。如遇盈末與縮末者，將食甚入盈縮曆全分，去減半歲周全分，餘為食甚入盈縮曆末也。[2]

求食甚入盈縮差第七

1 月食食甚定分 = 定望小餘分 ± 時差分。

2 食甚入盈縮曆定度分 = 經望入盈縮曆日分 + 定望大餘 + 食甚定分 − 經望大小餘。

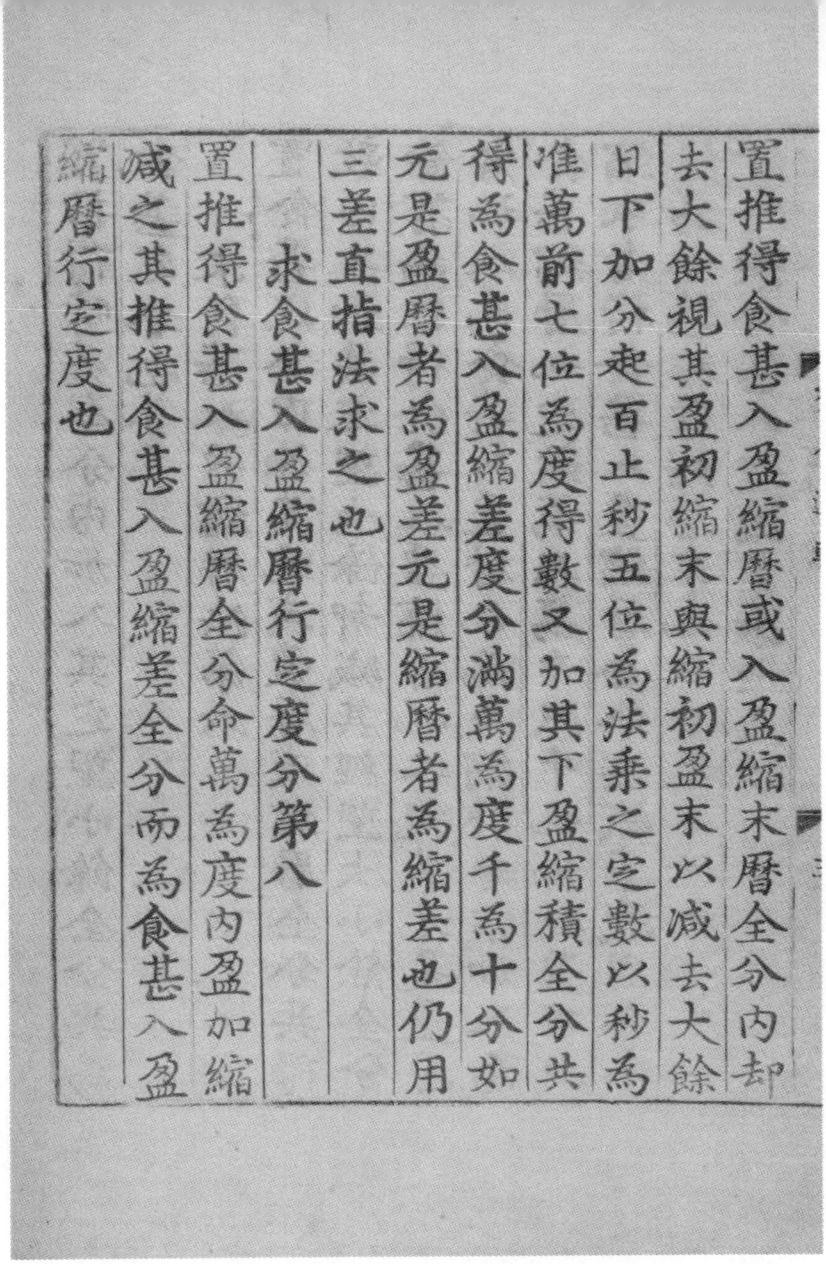
置推得食甚入盈縮曆或入盈縮末曆全分內却去大餘視其盈初縮末與縮初盈末以減去大餘日下加分起百止秒五位為法乘之定數以秒為准萬前七位為度得數又加其下盈縮積全分共得為食甚入盈縮差度分滿萬為度千為十分如元是盈曆者為盈差元是縮曆者為縮差也仍用三差直指法求之也

求食甚入盈縮曆行定度分第八

置推得食甚入盈縮曆全分命萬為度內盈加縮減之其推得食甚入盈縮差全分而為食甚入盈縮曆行定度也

置推得食甚入盈縮曆，或入盈初縮末曆全分，內却去大餘。視其盈初縮末與縮初盈末，以減去大餘日下加分。起百止秒，五位為法乘之，定數以秒為准，萬前七位為度，得數又加其下盈縮積全分，共得為食甚入盈縮差度分，滿萬為度，千為十分。如元是盈曆者，為盈差；元是縮曆者，為縮差也。仍用三差直指法求之也。[1]

求食甚入盈縮曆行定度分第八

置推得食甚入盈縮曆全分，命萬為度，內盈加縮減之其推得食甚入盈縮差全分，而為食甚入盈縮曆行定度也。[2]

1 可通過食甚入盈縮曆定度全分或查表（即“太陽冬至前後二象，盈初縮末限”和“太陽夏至前後二象，縮初盈末限”立成）或計算（平立定三差法），得盈縮差。此處言仍用三差直指法求之。

2 食甚入盈縮曆定度 = 食甚入盈縮曆日分 ± 盈縮差，盈為加，縮為減。

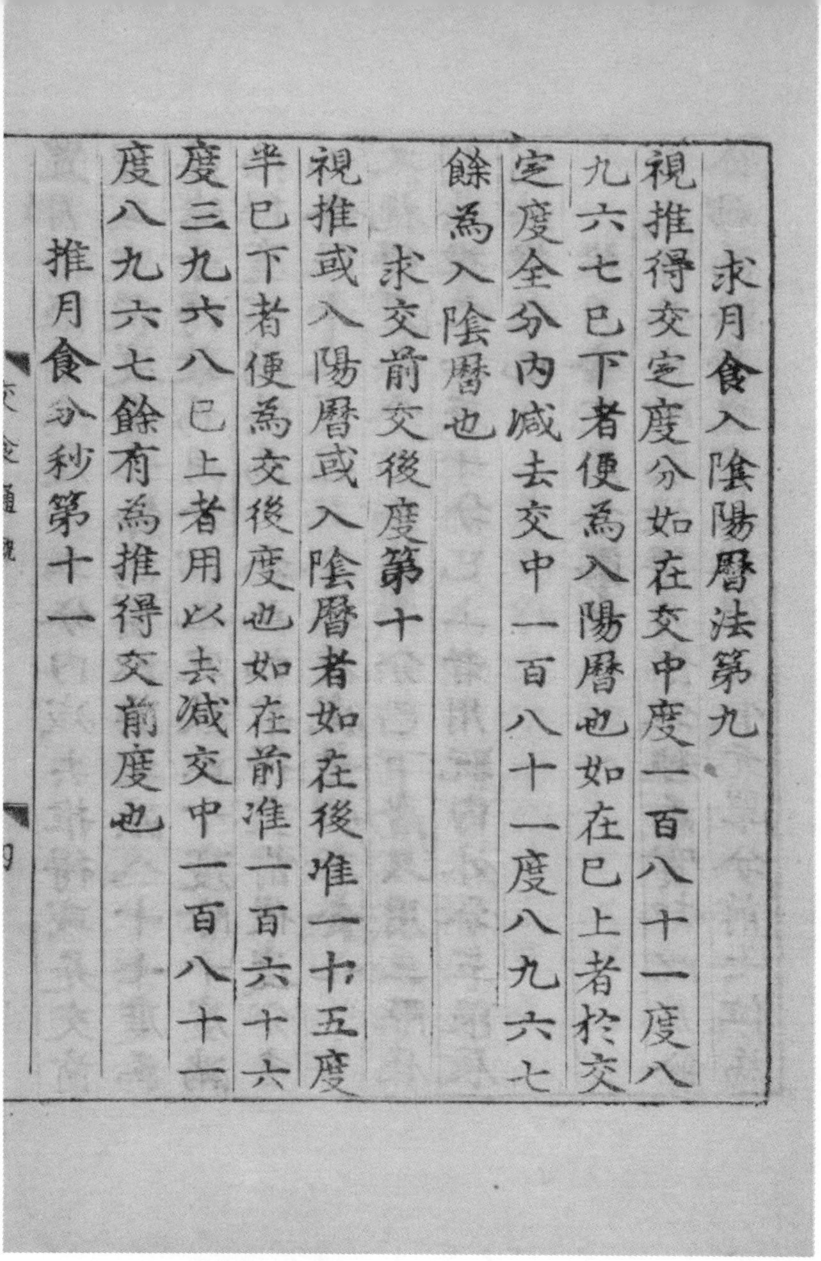
求月食入陰陽曆法第九
視推得交定度分如在交中度一百八十一度八
九六七已下者便為入陽曆也如在已上者於交
定度全分內減去交中一百八十一度八九六七
餘為入陰曆也
求交前交後度第十
視推或入陽曆或入陰曆者如在後准一十五度
半已下者便為交後度也如在前准一百六十六
度三九六八已上者用以去減交中一百八十一
度八九六七餘有為推得交前度也
推月食分秒第十一

求月食入陰陽曆法第九

視推得交定度分，如在交中度一百八十一度八九六七已下者，便为入陽曆也。如在已上者，扵交定度全分內減去交中一百八十一度八九六七，餘為入陰曆也。[1]

求交前交後度第十

視推或入陽曆，或入陰曆者，如在後准一十五度半已下者，便為交後度也；如在前准一百六十六度三九六八已上者，用以去減交中一百八十一度八九六七，餘有為推得交前度也。[2]

推月食分秒第十一

1 當交定度小於交中度 181.8967 度，入陽曆度 = 交定度；當交定度大於交中度，入陰曆度 = 交定度 − 交中度。

2 當入陰陽曆小於後准 15.5 度，交後度 = 入陰陽曆度；當入陰陽曆度大於前准 166.3968 度，交前度 = 交中 181.8967− 入陰陽曆度。

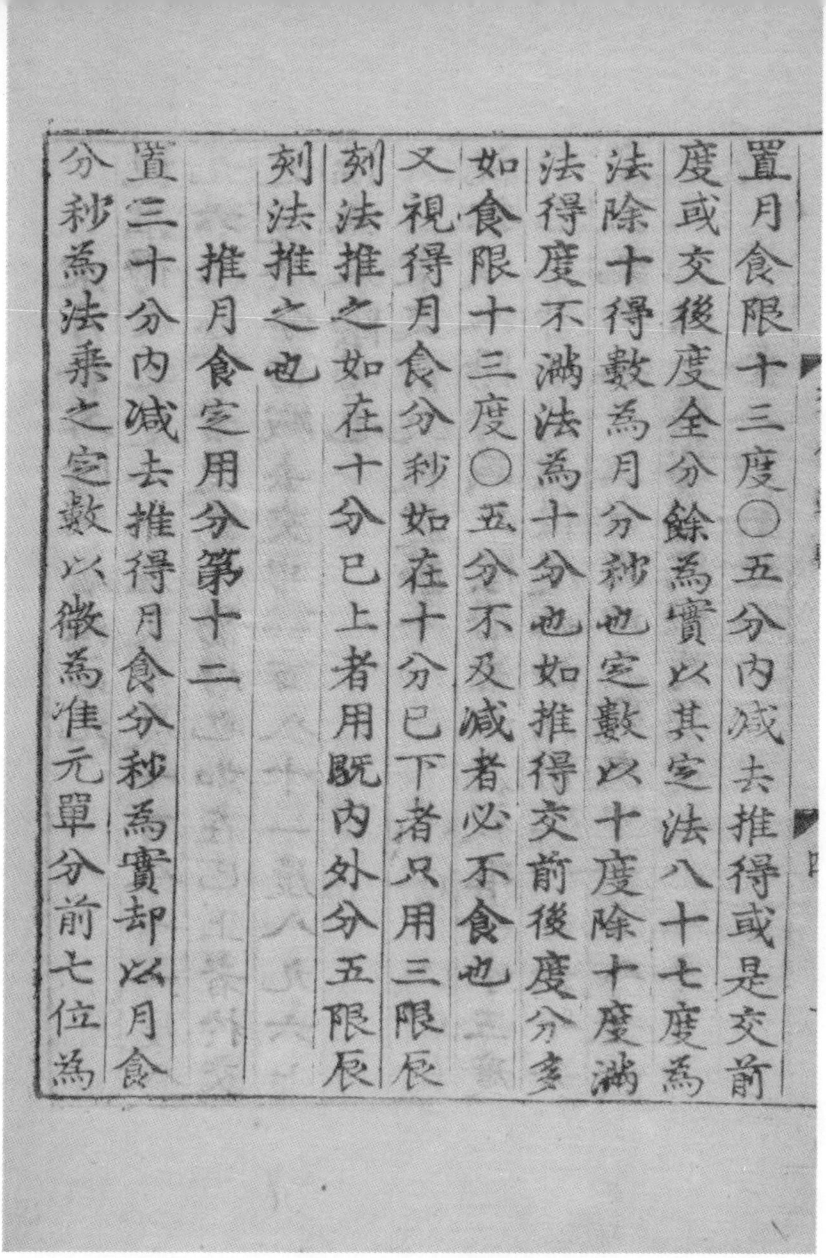
置月食限十三度〇五分內減去推得或是交前度或交後度全分餘為實以其定法八十七度為法除十得數為月分秒也定數以十度除十度滿法得度不滿法為十分也如推得交前後度分多如食限十三度〇五分不及減者必不食也

又視得月食分秒如在十分已下者只用三限辰刻法推之如在十分已上者用既內外分五限辰刻法推之也

推月食定用分第十二

置三十分內減去推得月食分秒為實却以月食分秒為法乘之定數以微為准元單分前七位為

置月食限十三度〇五分，內減去推得或是交前度，或交後度全分，餘為實。以其定法八十七度為法除十，得數為月分秒也。定數以十度除十度，滿法得度，不滿法為十分也。如推得交前後度分多如食限十三度〇五分，不及減者，必不食也。[1]

又視得月食分秒，如在十分已下者，只用三限辰刻法推之。如在十分已上者，用既內外分、五限辰刻法推之也。

推月食定用分第十二

置三十分內減去推得月食分秒為實，却以月食分秒為法乘之，定數以微為准元，單分前七位為

1 月食分秒 =(月食限 – 交前後度)/ 月食定法，若不及減者，則不食。

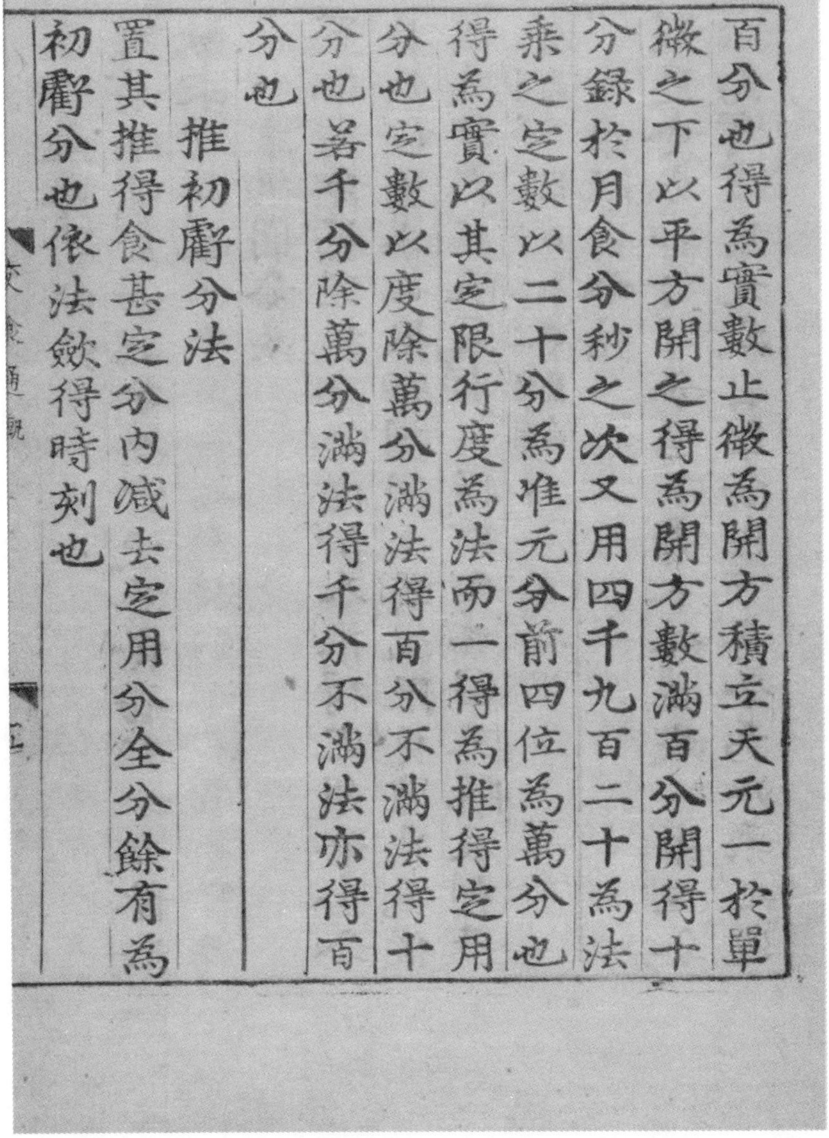
百分也得為實數止微為開方積立天元一於單
微之下以平方開之得為開方數滿百分開得十
分録於月食分秒之次又用四千九百二十為法
乘之定數以二十分為准元分前四位為萬分也
得為實以其定限行度為法而一得為推得定用
分也定數以度除萬分滿法得百分不滿法得十
分也若千分除萬分滿法得千分不滿法亦得百
分也
推初虧分法
置其推得食甚定分內減去定用分全分餘有為
初虧分也依法歛得時刻也

百分也，得為實，數止微，為開方積。立天元一拎單微之下，以平方開之，得為開方數，滿百分，開得十分，録拎月食分秒之次。又用四千九百二十為法乘之，定數以二十分為准元，分前四位為萬分也，得為實。以其定限行度為法而一，得為推得定用分也。定數以度除萬分，滿法得百分，不滿法為十分也。若以千分除萬分，滿法得千分，不滿法亦得百分也。[1]

推初虧分法

置其推得食甚定分，内減去定用分全分，餘有為初虧分也，依法斂得時刻也。[2]

1 月食定用分 = $\sqrt{(30-\text{月食分秒})\times \text{月食分秒}} \times 4920/$定限行度。授時曆月食定用分用 5740 分，即 7 × 820；大統曆作 4920 分，即 6 × 820。

2 月食初虧分 = 食甚定分 − 定用分。

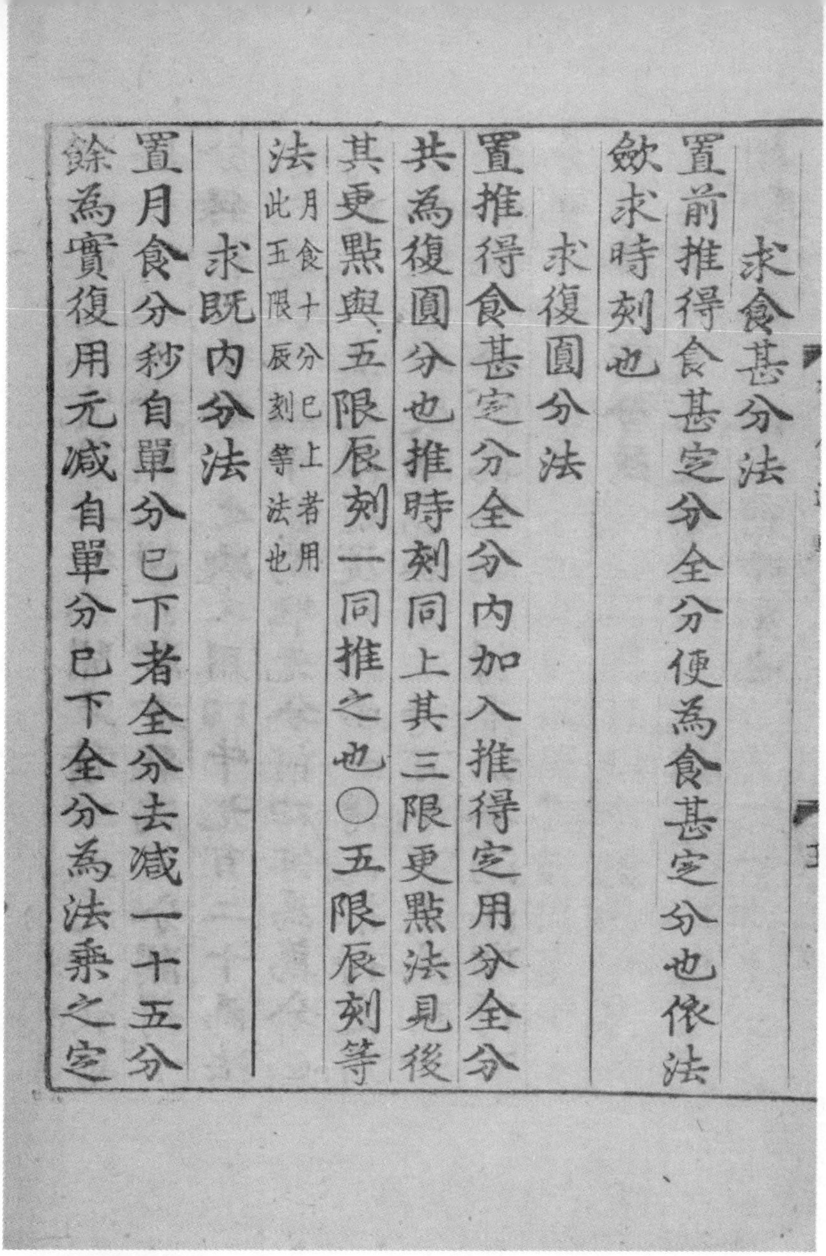
求食甚分法
置前推得食甚定分全分便爲食甚定分也依法
斂求時刻也
求復圓分法
置推得食甚定分全分内加入推得定用分全分
共爲復圓分也推時刻同上其三限更點法見後
其更點與五限辰刻一同推之也○五限辰刻等
法月食十分已上者用此五限辰刻等法也
求既内分法
置月食分秒自單分已下者全分去減一十五分
餘爲實復用元減自單分已下全分爲法乘之定

求食甚分法

置前推得食甚定分全分，便為食甚定分也，依法[1]斂求時刻也。[2]

求復圓分法

置推得食甚定分全分，内加入推得定用分全分，共為復圓分也。推時刻同上，其三限更點法見後，其更點與五限辰刻一同推之也。〇五限辰刻等法。月食十分已上者，用此五限辰刻等法也。[3]

求既内分法

置月食分秒自單分已下者全分，去減一十五分，餘為實。復用元減自單分已下全分為法乘之，定

1“法”當作“發”。
2 食甚分 = 食甚定分。
3 復圓分 = 食甚定分 + 定用分。

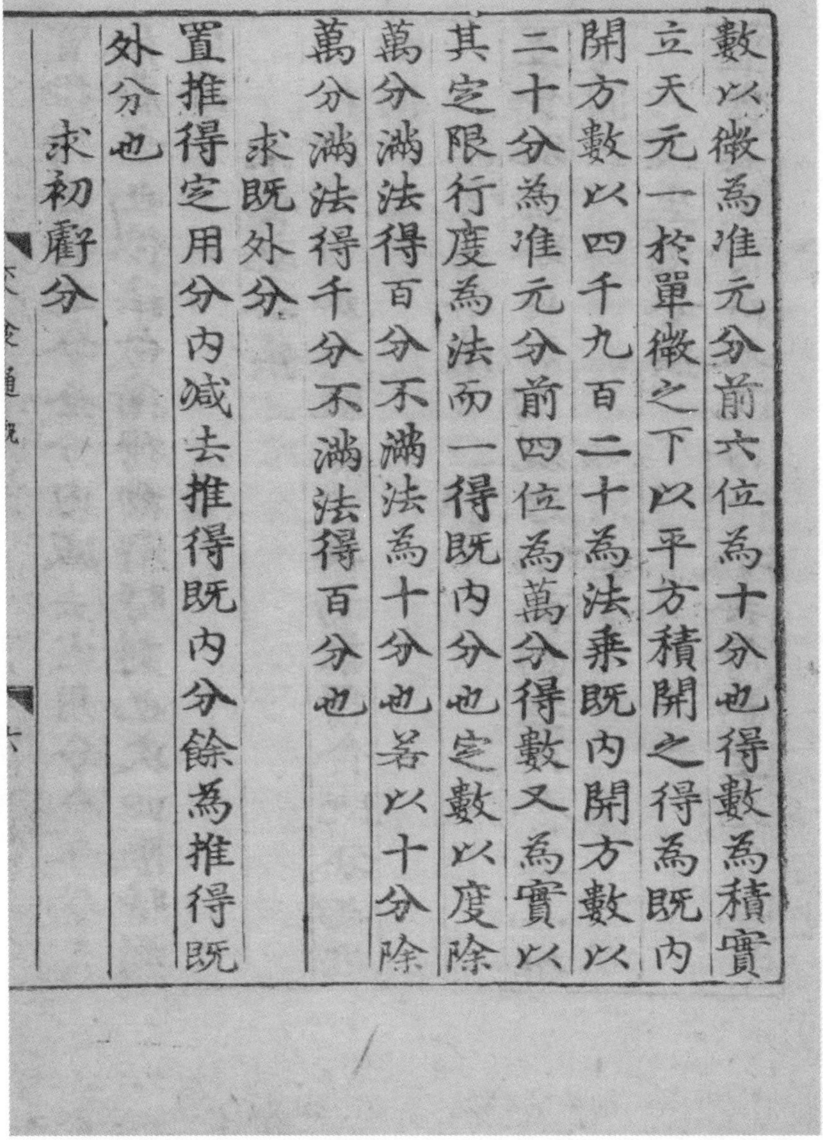
數以微為准元分前六位為十分也得數為積實
立天元一於單微之下以平方積開之得為既內
開方數以四千九百二十為法乘既內開方數以
二十分為准元分前四位為萬分得數又為實以
其定限行度為法而一得既內分也定數以度除
萬分滿法得百分不滿法為十分也若以十分除
萬分滿法得千分不滿法得百分也
求既外分
置推得定用分內減去推得既內分餘為推得既
外分也
求初虧分

數以微為准元，分前六位為十分也，得數為積實。立天元一於單微之下，以平方積開之，得為既內開方數。以四千九百二十為法，乘既內開方數，以二十分為准元，分前四位為萬分，得數又為實，以其定限行度為法而一，得既內分也。定數以度除萬分，滿法得百分，不滿法為十分也。若以十分除萬分，滿法得千分，不滿法得百分也。[1]

求既外分

置推得定用分，內減去推得既內分，餘為推得既外分也。[2]

求初虧分

1 既內分 = $\sqrt{(15-\text{月食分秒})\times\text{月食分秒}}\times 4920/$定限行度。該算法與授時曆記載之方法有所不同，授時曆既內分作 $\sqrt{(10-\text{既分})\times\text{既分}}\times 5740/$定限行度，既分 = 月食分秒 −10。《明史・曆志》既內分作 $\sqrt{(\text{月食分秒}-10)\times\text{月食分秒}}\times 4920/$定限行度。

2 既外分 = 月食定用分 − 既內分。

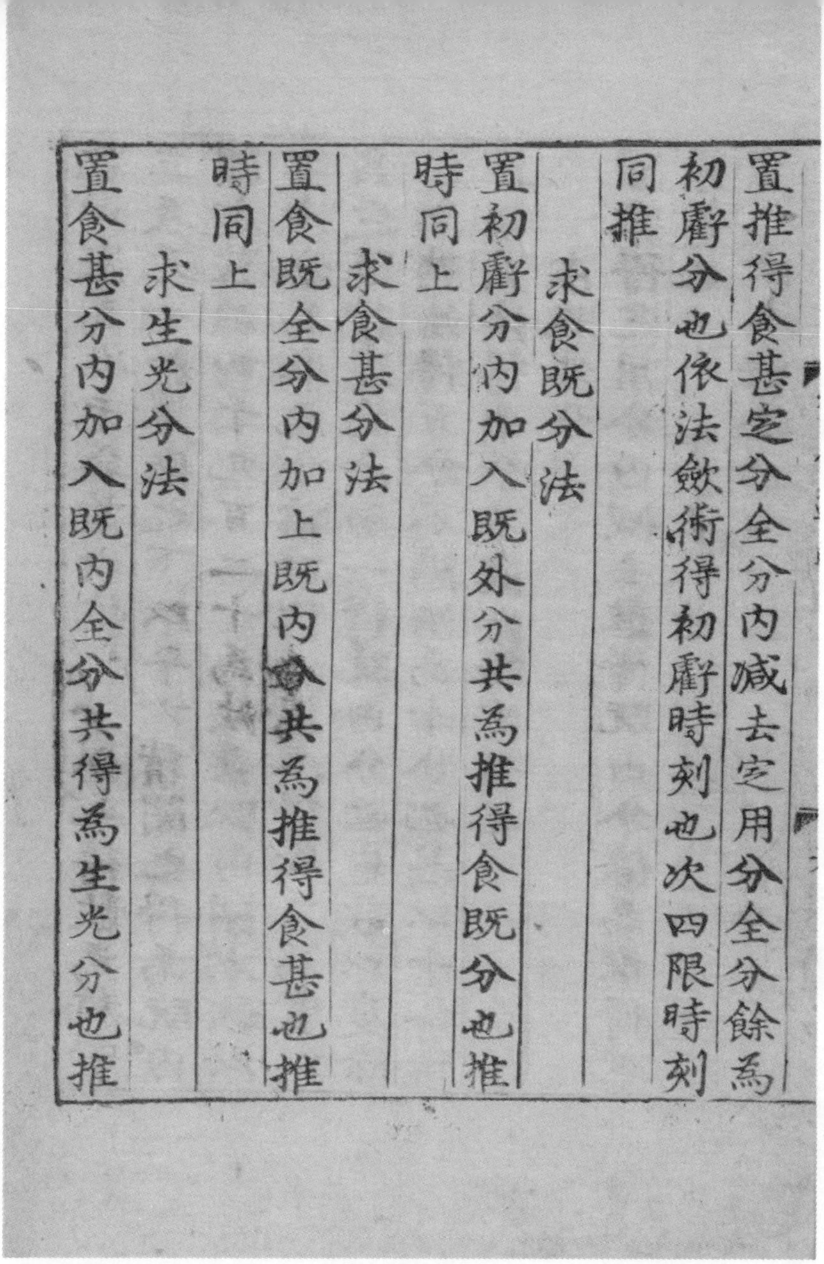
置推得食甚定分全分內减去定用分全分餘為
初虧分也依法歛術得初虧時刻也次四限時刻
同推
求食既分法
置初虧分內加入既外分共為推得食既分也推
時同上
求食甚分法
置食既全分內加上既內分共為推得食甚也推
時同上
求生光分法
置食甚分內加入既內全分共得為生光分也推

置推得食甚定分全分，內減去定用分全分，餘為初虧分也，依法[1]斂術得初虧時刻也，四限時刻同推。[2]

求食既分法

置初虧分，內加入既外分，共為推得食既分也，推時同上。[3]

求食甚分法

置食既全分，內加上既內分，共為推得食甚也，推時同上。[4]

求生光分法

置食甚分，內加入既內全分，共得為生光分也，推

1“法”當作“發”。

2 月食初虧分 = 食甚定分 – 定用分。

3 食既分 = 初虧分 + 既外分。

4 食甚分 = 食既全分 + 既內分。

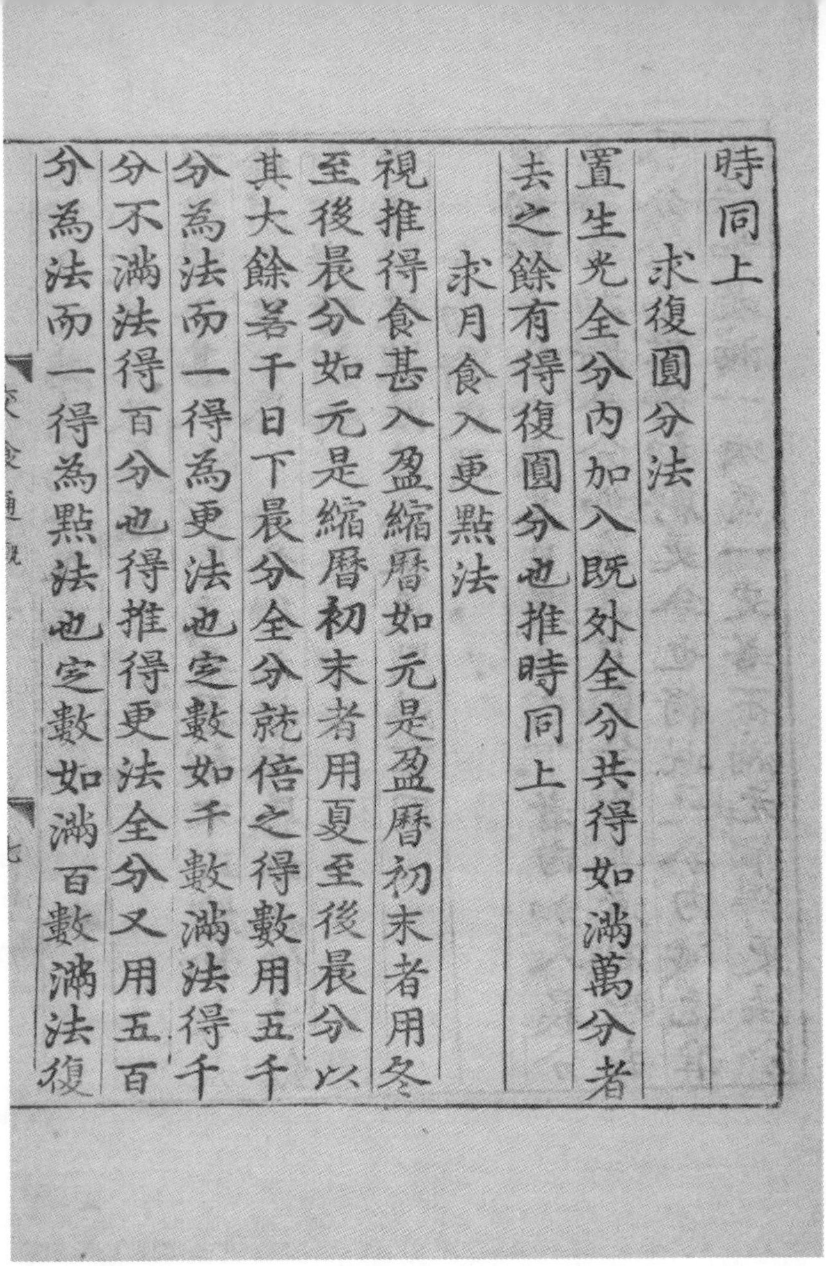
時同上
求復圓分法
置生光全分內加入既外全分共得如滿萬分者
去之餘有得復圓分也推時同上
求月食入更點法
視推得食甚入盈縮曆如元是盈曆初末者用冬
至後晨分如元是縮曆初末者用夏至後晨分以
其大餘若干日下晨分全分就倍之得數用五千
分為法而一得為更法也定數如千數滿法得千
分不滿法得百分也得推得更法全分又用五百
分為法而一得為點法也定數如滿百數滿法復

時同上。[1]

求復圓分法

置生光全分，內加入既外全分，共得如滿萬分者去之，餘有得復圓分也。推時同上。

求月食入更點法

視推得食甚入盈縮曆，如元是盈曆初末者，用冬至後晨分；如元是縮曆初末者，用夏至後晨分。以其大餘若干日下晨分全分，就倍之，得數用五千分為法而一，得為更法也。定數如千數滿法，得千分，不滿法，得百分也，得推得更法全分，又用五百分為法而一，得為更點法也。定數如滿百數滿法，復

1 生光分 = 食甚分 + 既內分。

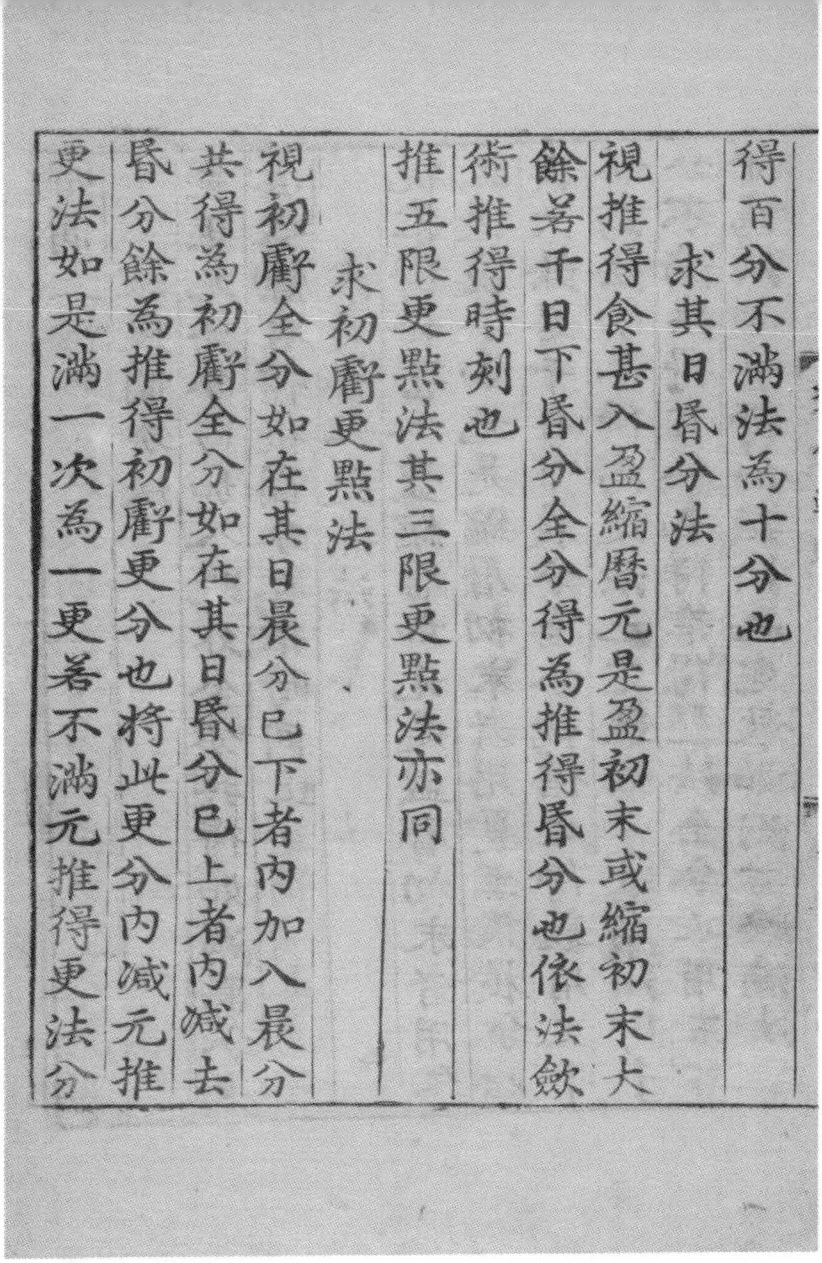

得百分不滿法為十分也
求其日昏分法
視推得食甚入盈縮曆元是盈初末或縮初末大
餘若干日下昏分全分得為推得昏分也依法斂
術推得時刻也
推五限更點法其三限更點法亦同
求初虧更點法
視初虧全分如在其日晨分已下者內加入晨分
共得為初虧全分如在其日昏分已上者內減去
昏分餘為推得初虧更分也將此更分內減元推
更法如是滿一次為一更若不滿元推得更法分

得百分，不滿法為十分也。[1]

求其日昏分法

視推得食甚入盈縮曆，元是盈初末或縮初末大餘若干日下昏分全分，得為推得昏分也，依法[2]斂術推得時刻也。推五限更點法，其三限更點法亦同。

求初虧更點法

視初虧全分，如在其日晨分已下者，內加入晨分，共得為初虧全分。如在其日昏分已上者，內減去昏分，餘為推得初虧更分也。將此更分內減元推更法，如是滿一次為一更。若不滿元推得更法分

1 更法 =2 × 晨分全分 /5000。點法 = 更法全分 /500。

2“法”當作“發”。

者命為初更也將減餘不及滿更法數却以元推
得點法元分為法而一為點也如不滿元推得點
分者命為初點也命起初更初點筭外得初虧之
更點也次四限更點倣此而推之各得更點也
求食既更點法
視推得食既全分如在其日晨分已下者内加入
晨分共得為食既更分也如食既全分在其日昏
分已上者内減去昏分餘為食既更分也推更點
同前
求食甚更點法
視推得食甚全分如在其日晨分已下者内加上

者，命為初更也。將減餘不及滿更法數，却以元推得點法元分為法而一，為點也。如不滿元推得點分者，命為初點也。命起初更初點筭外，得初虧之更點也。次四限更點倣此推之，各得更點也。

求食既更點法

視推得食既全分，如在其日晨分已下者，内加入晨分，共得為食既更分也。如食既全分在其日昏分已上者，内減去昏分，餘為食既更分也。推更點同前。

求食甚更點法

視推得食甚全分，如在其日晨分已下者，内加上

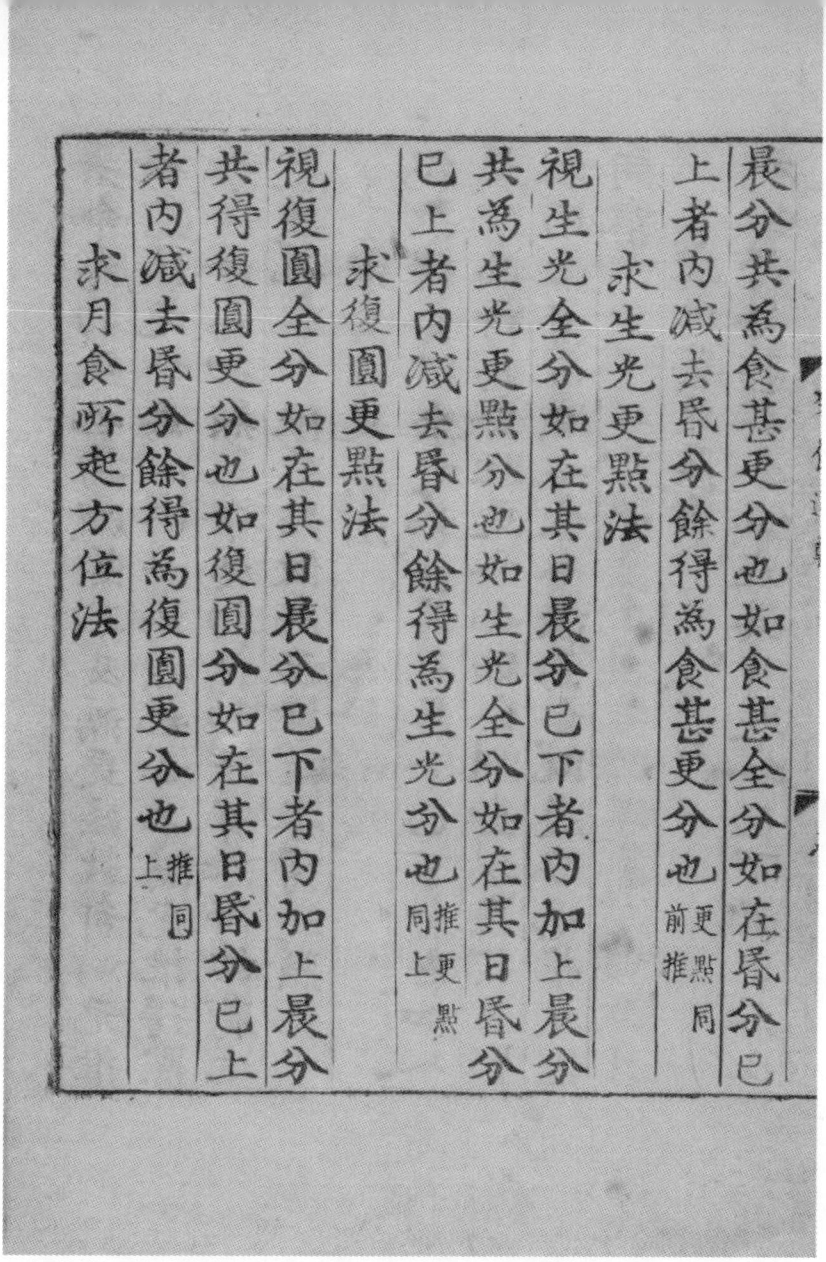

晨分，共為食甚更分也。如食甚全分，如在昏分已上者，内減去昏分，餘得為食甚更分也。更點同前推。

求生光更點法

視生光全分，如在其日晨分已下者，内加上晨分，共為生光更點分也。如生光全分，如在其日昏分已上者，内減去昏分，餘得為生光分也。推更點同上。

求復圓更點法

視復圓全分，如在其日晨分已下者，内加上晨分，共得復圓更分也。如復圓分如在其日昏分已上者，内減去昏分，餘得為復圓更分也。推同上。

求月食所起方位法

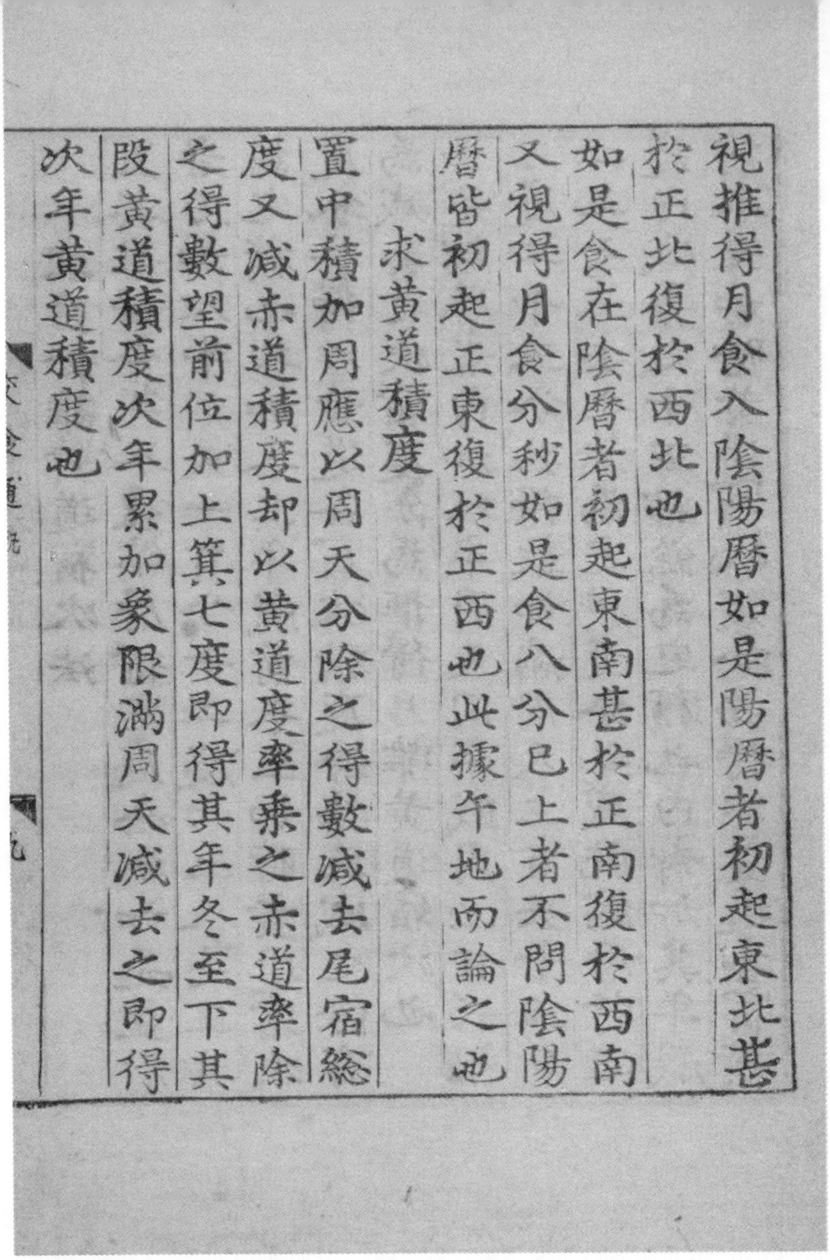

視推得月食入陰陽曆如是陽曆者初起東北甚於正北復於西北也如是食在陰曆者初起東南甚於正南復於西南又視得月食分秒如是食八分已上者不問陰陽曆皆初起正東復於正西也此據午地而論之也

求黃道積度

置中積加周應以周天分除之得數減去尾宿總度又減赤道積度却以黃道度率乘之赤道率除之得數望前位加上箕七度即得其年冬至下其段黃道積度次年累加象限滿周天減去之即得次年黃道積度也

視推得月食入陰陽曆，如是陽曆者，初起東北，甚扵正北，復扵西北也。

如是食在陰曆者，初起東南，甚扵正南，復扵西南。

又視得月食分秒，如是食八分已上者，不問陰陽曆，皆初起正東，復扵正西也。此據午地而論之也。[1]

求黃道積度

置中積加周應，以周天分除之，得數減去尾宿總度，又減赤道積度，却以黃道度率乘之，赤道率除之，得數望前位加上箕七度，即得其年冬至下其段黃道積度。次年累加象限，滿周天減去之，即得次年黃道積度也。[2]

1 當食在陽曆，初起東北，甚於正北，復於西北；當食在陰曆，初起東南，甚于正南，復於西南；當食 8 分以上，初起正東，復於正西。

2 冬至日躔箕七度，在此基礎上由赤道積度求得黃道積度。

求月食離黃道宿次法

置其推得食甚入盈縮曆行定度全分，如是盈曆者，內加入半周天一百八十二度六二八七五，共為定積也。又加入其年歲前冬至加時黃道宿次度分，共得以黃道各宿次積度鈐挨及減之，餘有為減去之次宿度分，為推得月離黃道宿次也。[1]

如是縮曆者，內加入半周天，同半歲周三百六十五度二十五分，共得數如滿周天三百六十五度去之，餘為定積也。或就縮曆行定度，內減去七十五秒，餘為定積也。內却加其年歲前冬至加時黃道宿次度分，共得以黃道各宿積

1 月食食甚日躔黃道宿次積度 = 歲前冬至加時黃道宿次全分 + 定積度分，滿黃道各宿次積度鈐挨及減去。

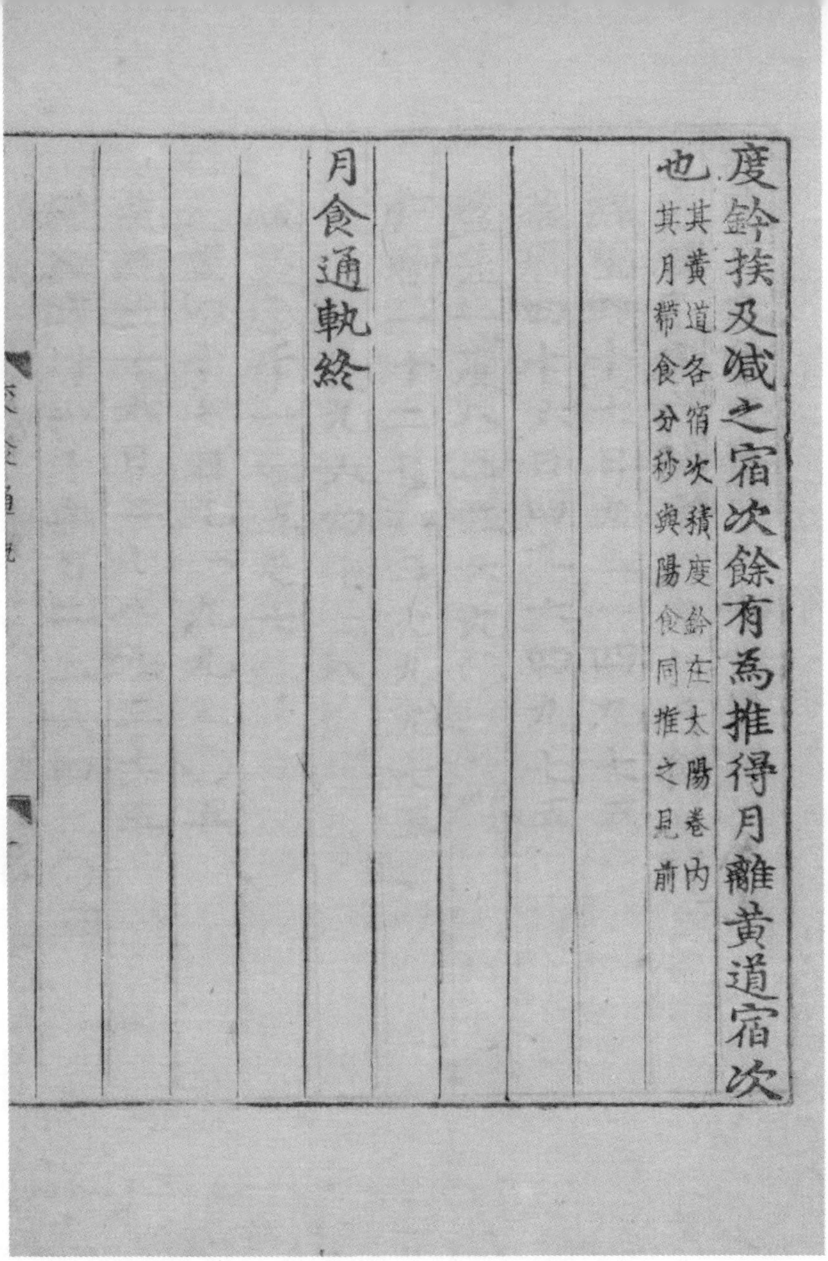
度鈐挨及減之宿次餘有為推得月離黃道宿次也其黃道各宿次積度鈐在太陽卷內其月帶食分秒與陽食同推之見前

月食通軌終

度鈐挨及減之宿次，餘有為推得月離黃道宿次也。其黃道各宿次積度鈐，在太陽卷內。其月帶食分秒與陽食同推之，見前。

《月食通軌》終

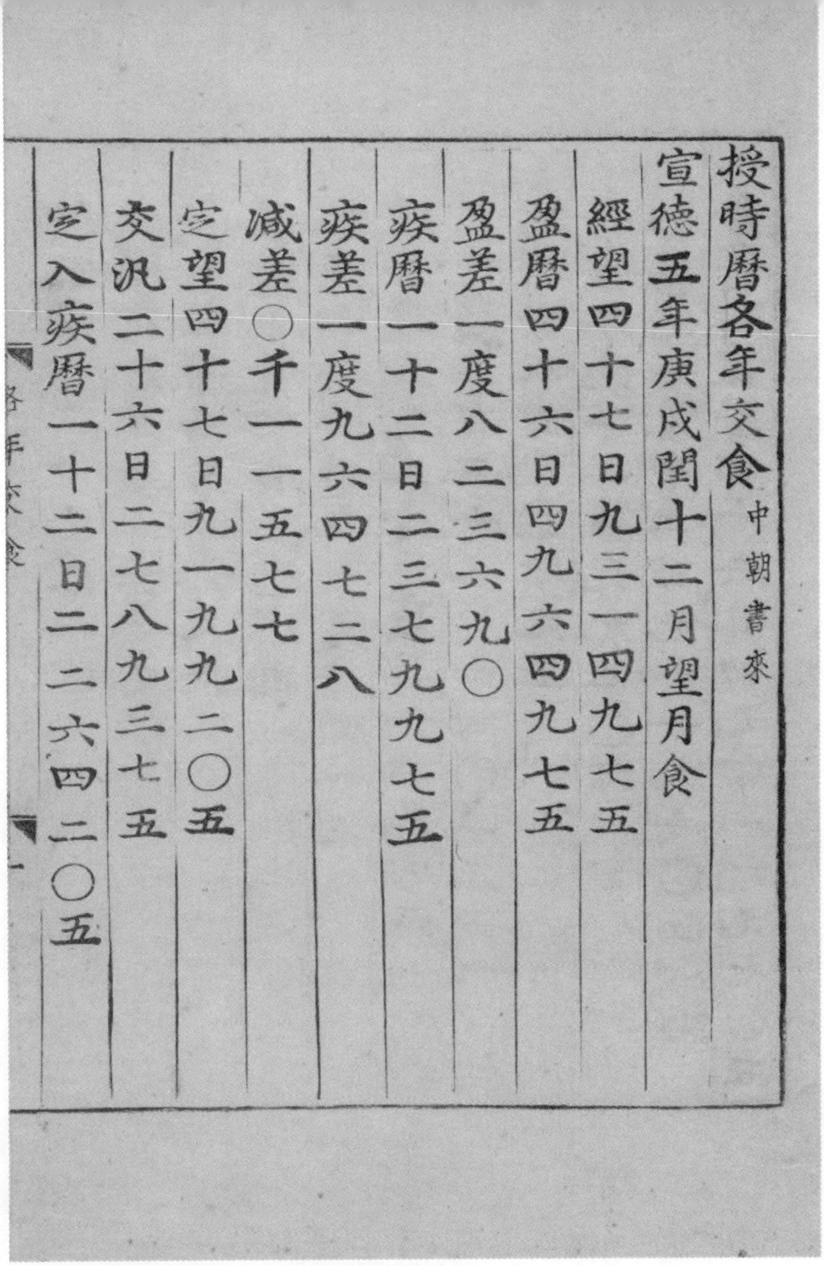
授時曆各年交食 中朝書來
宣德五年庚戌閏十二月望月食
經望四十七日九三一四九七五
盈曆四十六日四九六四九七五
盈差一度八二三六九〇
疾曆一十二日二三七九九七五
疾差一度九六四七二八
減差〇千一一五七七
定望四十七日九一九九二〇五
交汎二十六日二七八九三七五
定入疾曆一十二日二二六四二〇五
各年交食

《授時曆各年交食》中朝書來

宣德五年[1]庚戌，閏十二月望月食。

經望，四十七日九三一四九七五。

盈曆，四十六日四九六四九七五。

盈差，一度八二三六九〇。

疾曆，一十二日二三七九九七五。

疾差，一度九六四七二八。

減差，〇千一一五七七。

定望，四十七日九一九九二〇五。

交汎，二十六日二七八九三七五。

定入疾曆，一十二日二二六四二〇五。

1 宣德五年即 1430 年。

定限，一百四十九限。
定限行度，九十一分六九。
晨分，二千五百二九九六。
昏分，七千四百七〇〇四。
冬至加時黄道，箕七度一四一三。
交常度，三百五十一度三一六五四五七〇三一二五。
交定度，三百五十三度一四〇二三五七〇三一二五。
酉後分，八百〇〇七九五。
時差分，九十一分九九二〇五。
食甚定分，九千二百九一一九七〇五。亥正一刻。
食甚入盈曆，四十六日四九四一一九七〇五。

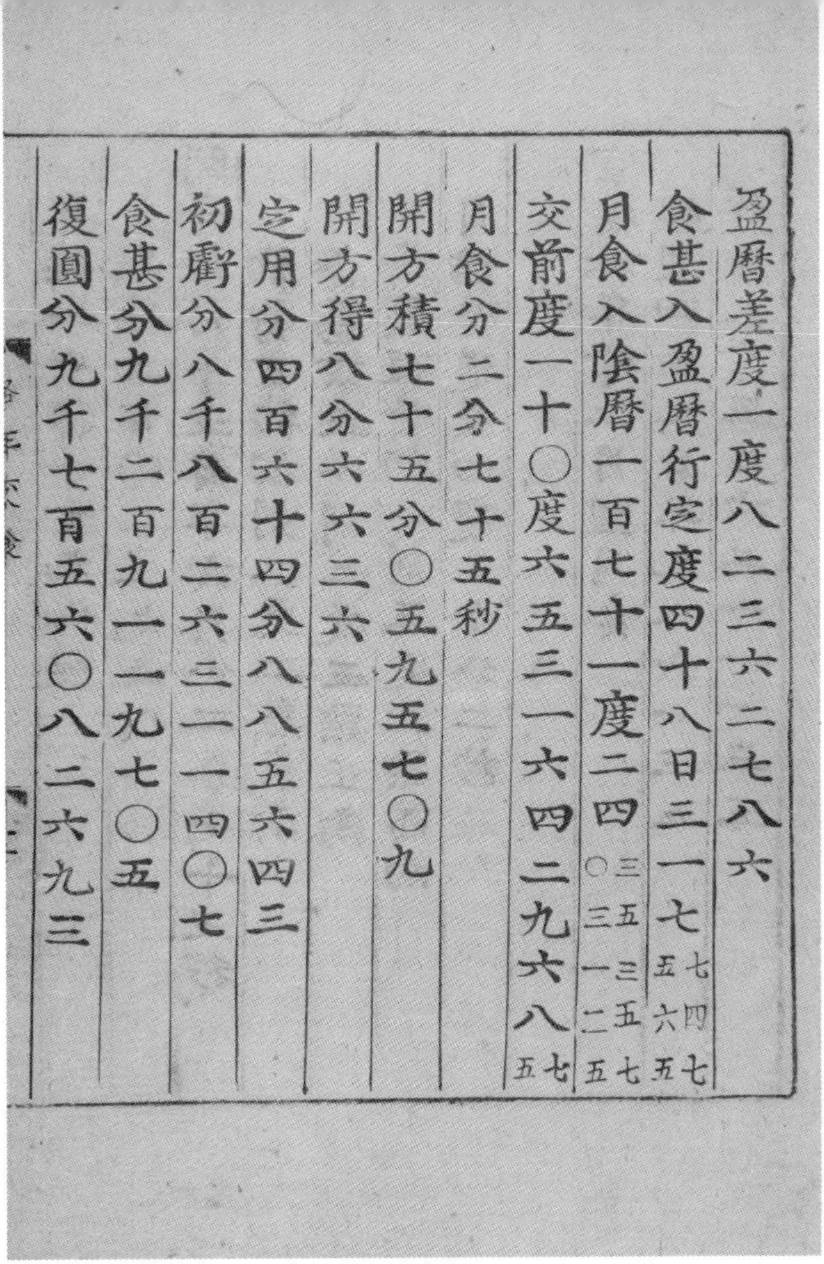
盈曆差度一度八二三六二七八六
食甚入盈曆行定度四十八日三一七七四七五六五
月食入陰曆一百七十一度二四三五三五七〇三一二五
交前度一十〇度六五三一六四二九六八七五
月食分二分七十五秒
開方積七十五分〇五九五七〇九
開方得八分六六三六
定用分四百六十四分八八五六四三
初虧分八千八百二六三一一四〇七
食甚分九千二百九一一九七〇五
復圓分九千七百五六〇八二六九三

盈曆差度，一度八二三六二七八六。

食甚入盈曆行定度，四十八日三一七七四七五六五。

月食入陰曆，一百七十一度二四三五三五七〇三一二五。

交前度，一十〇度六五三一六四二九六八七五。

月食分，二分七十五秒。

開方積，七十五分〇五九五七〇九。

開方，得八分六六三六。

定用分，四百六十四分八八五六四三。

初虧分，八千八百二六三一一四〇七。

食甚分，九千二百九一一九七〇五。

復圓分，九千七百五六〇八二六九三。

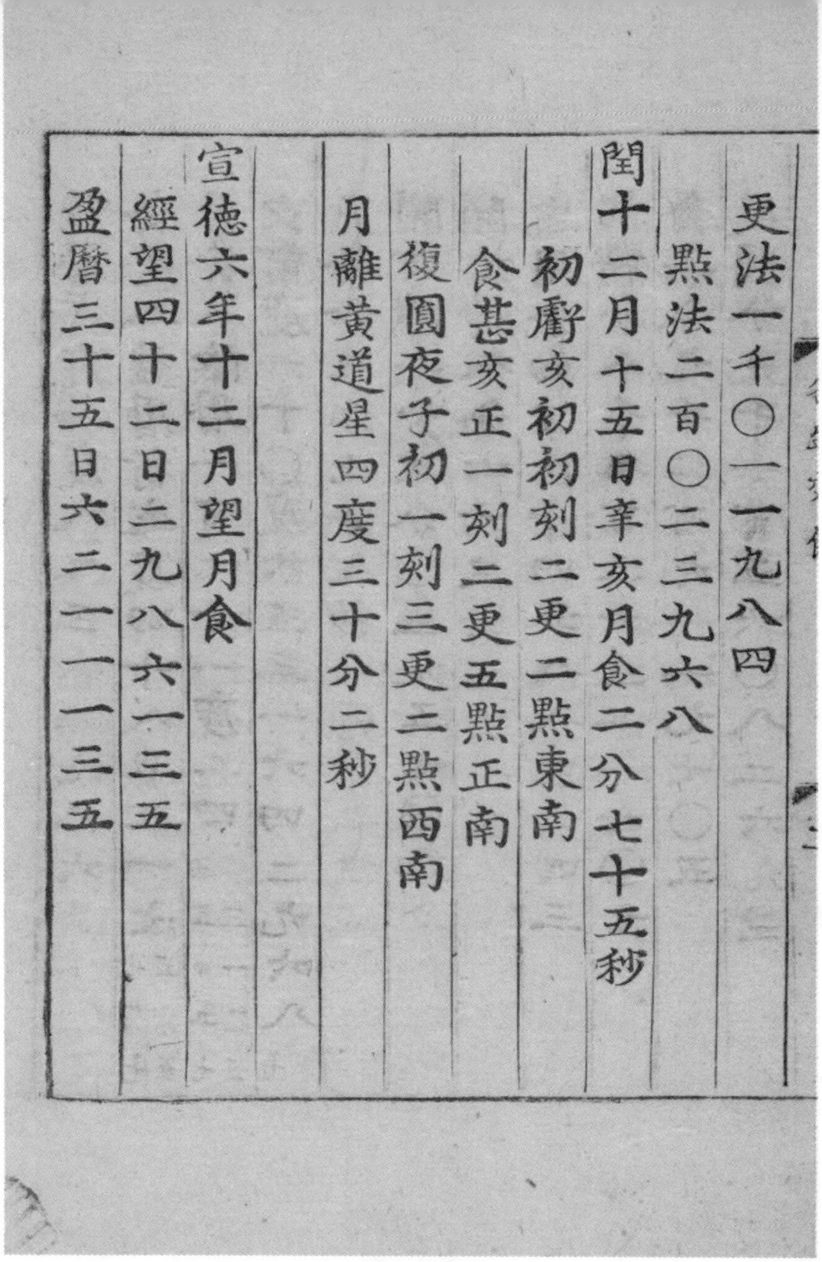
更法一千〇一一九八四
點法二百〇二三九六八
閏十二月十五日辛亥月食二分七十五秒
初虧亥初初刻二更二點東南
食甚亥正一刻二更五點正南
復圓夜子初一刻三更二點西南
月離黃道星四度三十分二秒
宣德六年十二月望月食
經望四十二日二九八六一三五
盈曆三十五日六二一一一三五

更法，一千〇一一九八四。
點法，二百〇二三九六八。
閏十二月十五日辛亥，月食二分七十五秒。
初虧，亥初初刻，二更二點，東南。
食甚，亥正一刻，二更五點，正南。
復圓，夜子初一刻，三更二點，西南。
月離黃道星，四度三十分二秒。

宣德六年[1]，十二月望月食。
經望，四十二日二九八六一三五。
盈曆，三十五日六二一一一三五。

1 宣德六年即 1431 年。

盈差一度五〇二二八五
疾曆八日三九五三一三五
疾差五度一六二一二三
減差二千八百二一〇八
定望四十二日〇一六五〇五五
交泛二十六日八八七一四一五
定入疾曆八日一一三二〇五五
定限九十八限
定限行度〇度九八九三
晨分二千五百九〇八五
昏分七千四百〇九一五

盈差，一度五〇二二八五。

疾曆，八日三九五三一三五。

疾差，五度一六二一二三。

減差，二千八百二一〇八。

定望，四十二日〇一六五〇五五。

交泛，二十六日八八七一四一五。

定入疾曆，八日一一三二〇五五。

定限，九十八限。

定限行度，〇度九八九三。

晨分，二千五百九〇八五。

昏分，七千四百〇九一五。

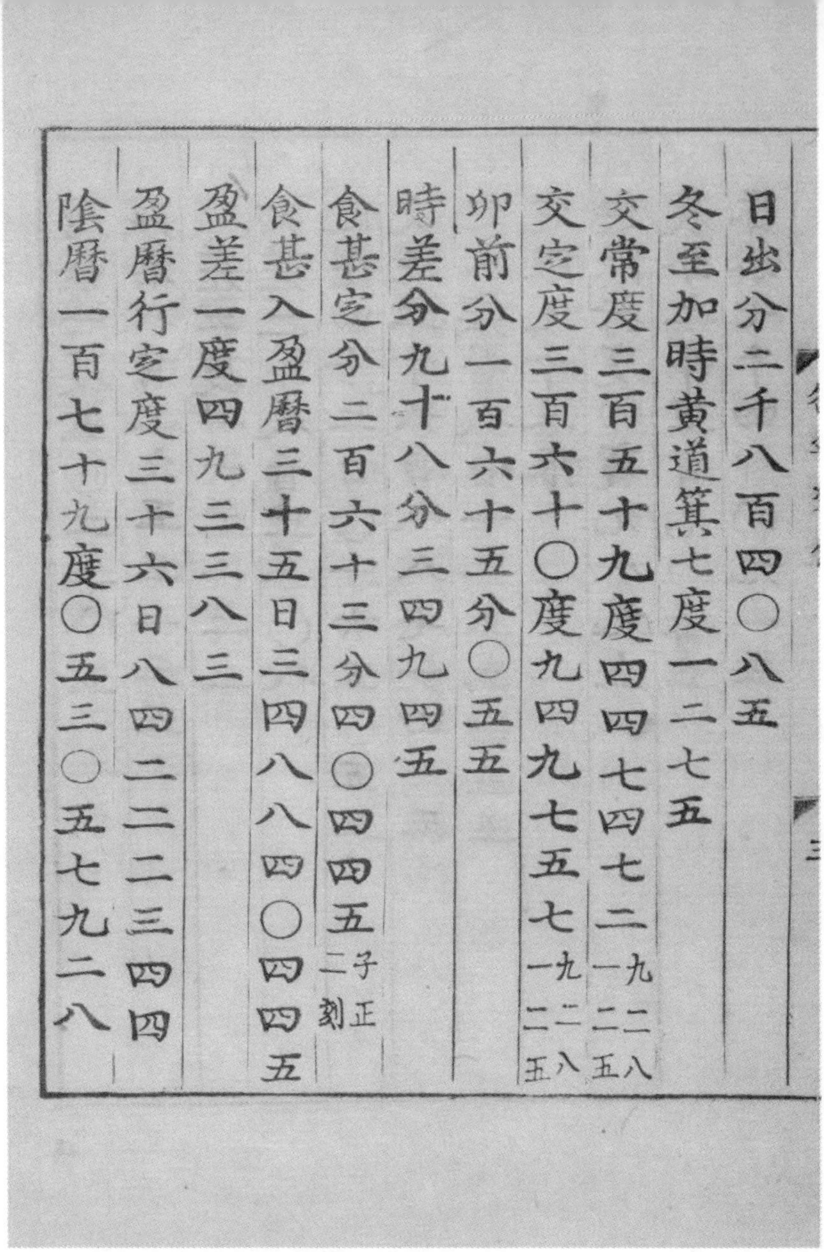

日出分，二千八百四〇八五。

冬至加時黄道，箕七度一二七五。

交常度，三百五十九度四四七四七二九二八一二五。

交定度，三百六十〇度九四九七五七九二八一二五。

卯前分，一百六十五分〇五五。

時差分，九十八分三四九四五。

食甚定分，二百六十三分四〇四四五。子正二刻。

食甚入盈曆，三十五日三四八八四〇四四五。

盈差，一度四九三三八三。

盈曆行定度，三十六日八四二二二三四四。

陰曆，一百七十九度〇五三〇五七九二八。

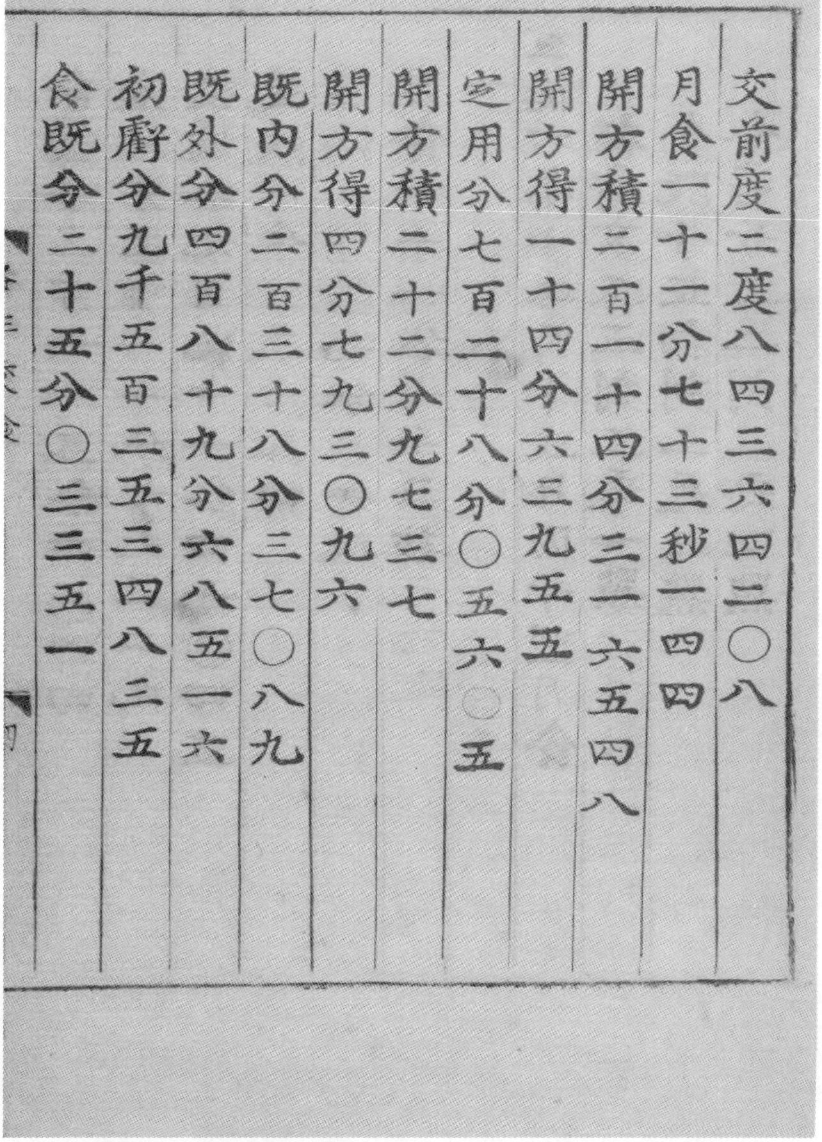

交前度二度八四三六四二〇八
月食一十一分七十三秒一四四
開方積二百一十四分三一六五四八
開方得一十四分六三九五五
定用分七百二十八分〇五六〇五
開方積二十二分九七三七
開方得四分七九三〇九六
既內分二百三十八分三七〇八九
既外分四百八十九分六八五一六
初虧分九千五百三五三四八三五
食既分二十五分〇三三五一

交前度，二度八四三六四二〇八。

月食，一十一分七十三秒一四四。

開方積，二百一十四分三一六五四八。

開方，得一十四分六三九五五。

定用分，七百二十八分〇五六〇五。

開方積，二十二分九七三七。

開方，得四分七九三〇九六。

既内分，二百三十八分三七〇八九。

既外分，四百八十九分六八五一六。

初虧分，九千五百三五三四八三五。

食既分，二十五分〇三三五一。

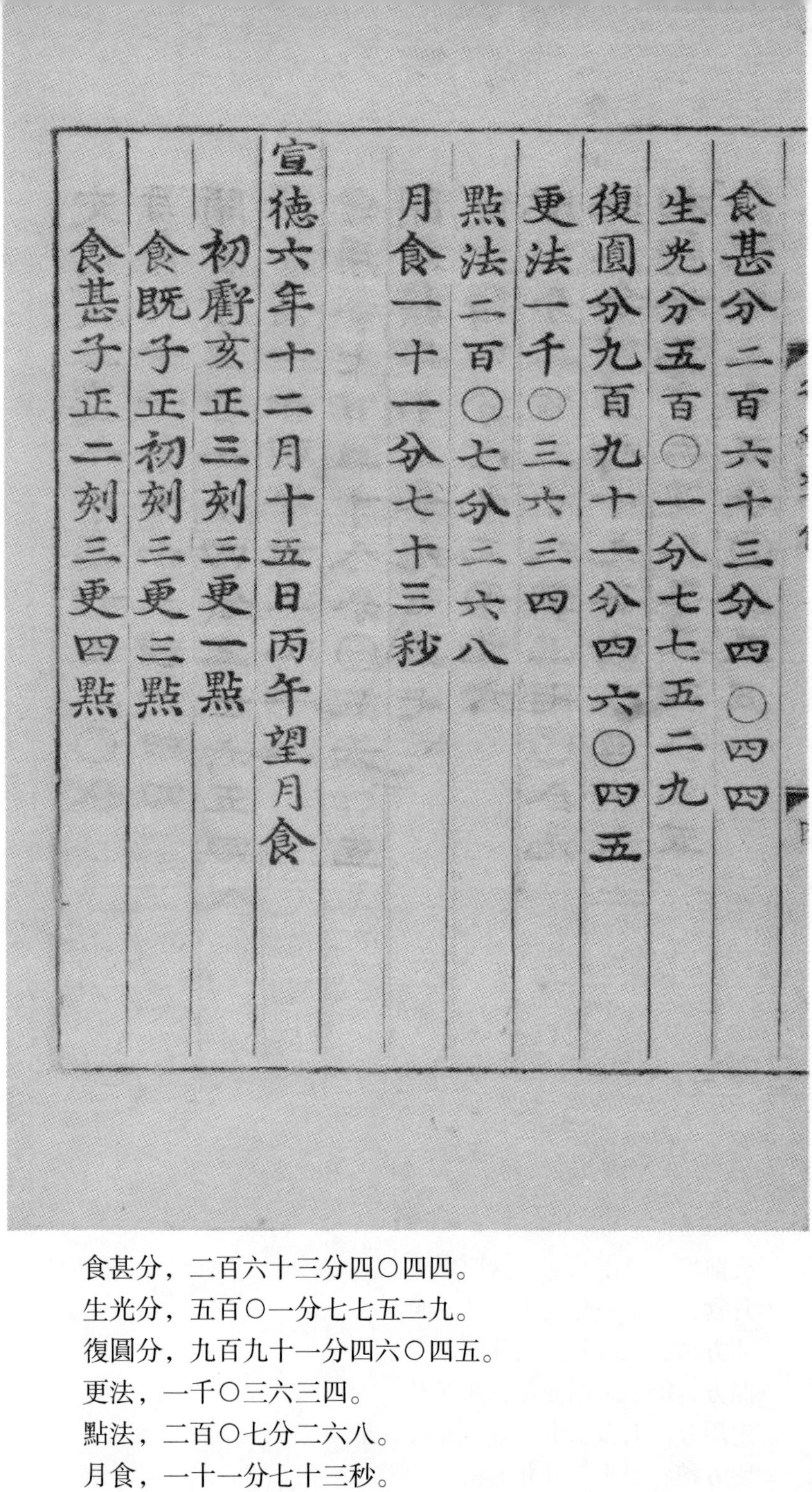

食甚分二百六十三分四〇四四
生光分五百〇一分七七五二九
復圓分九百九十一分四六〇四五
更法一千〇三六三四
點法二百〇七分二六八
月食一十一分七十三秒
宣德六年十二月十五日丙午望月食
初虧亥正三刻三更一點
食既子正初刻三更三點
食甚子正二刻三更四點

食甚分，二百六十三分四〇四四。
生光分，五百〇一分七七五二九。
復圓分，九百九十一分四六〇四五。
更法，一千〇三六三四。
點法，二百〇七分二六八。
月食，一十一分七十三秒。

宣德六年，十二月十五日丙午，望月食。
初虧，亥正三刻，三更一點。
食既，子正初刻，三更三點。
食甚，子正二刻，三更四點。

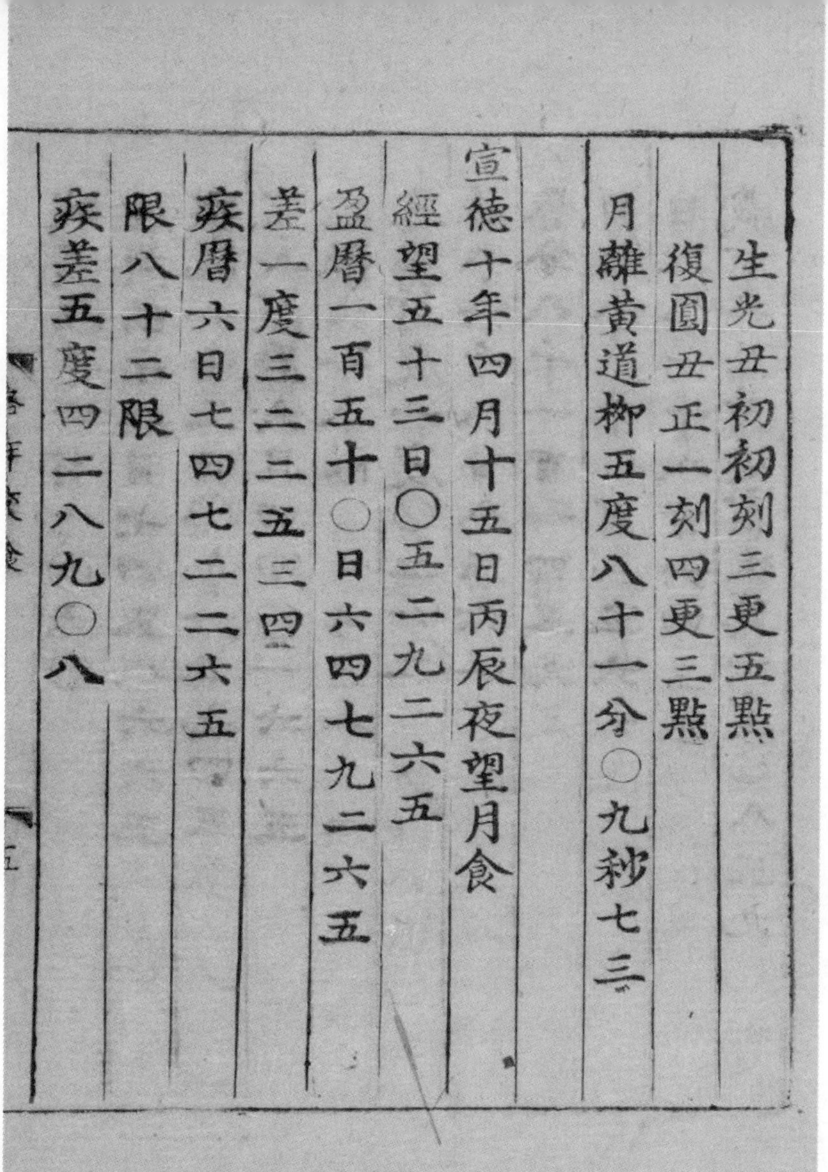
生光丑初初刻三更五點
復圓丑正一刻四更三點
月離黄道柳五度八十一分〇九秒七三
宣德十年四月十五日丙辰夜望月食
經望五十三日〇五二九二六五
盈曆一百五十〇日六四七九二六五
差一度三二二五三四
疾曆六日七四七二二六五
限八十二限
疾差五度四二八九〇八

生光，丑初初刻，三更五點。
復圓，丑正一刻，四更三點。
月離黄道，柳五度八十一分〇九秒七三。

宣德十年[1]，四月十五日丙辰夜，望月食。
經望，五十三日〇五二九二六五。
盈曆，一百五十〇日六四七九二六五。
差，一度三二二五三四。
疾曆，六日七四七二二六五。
限，八十二限。
疾差，五度四二八九〇八。

1 宣德十年即 1435 年。

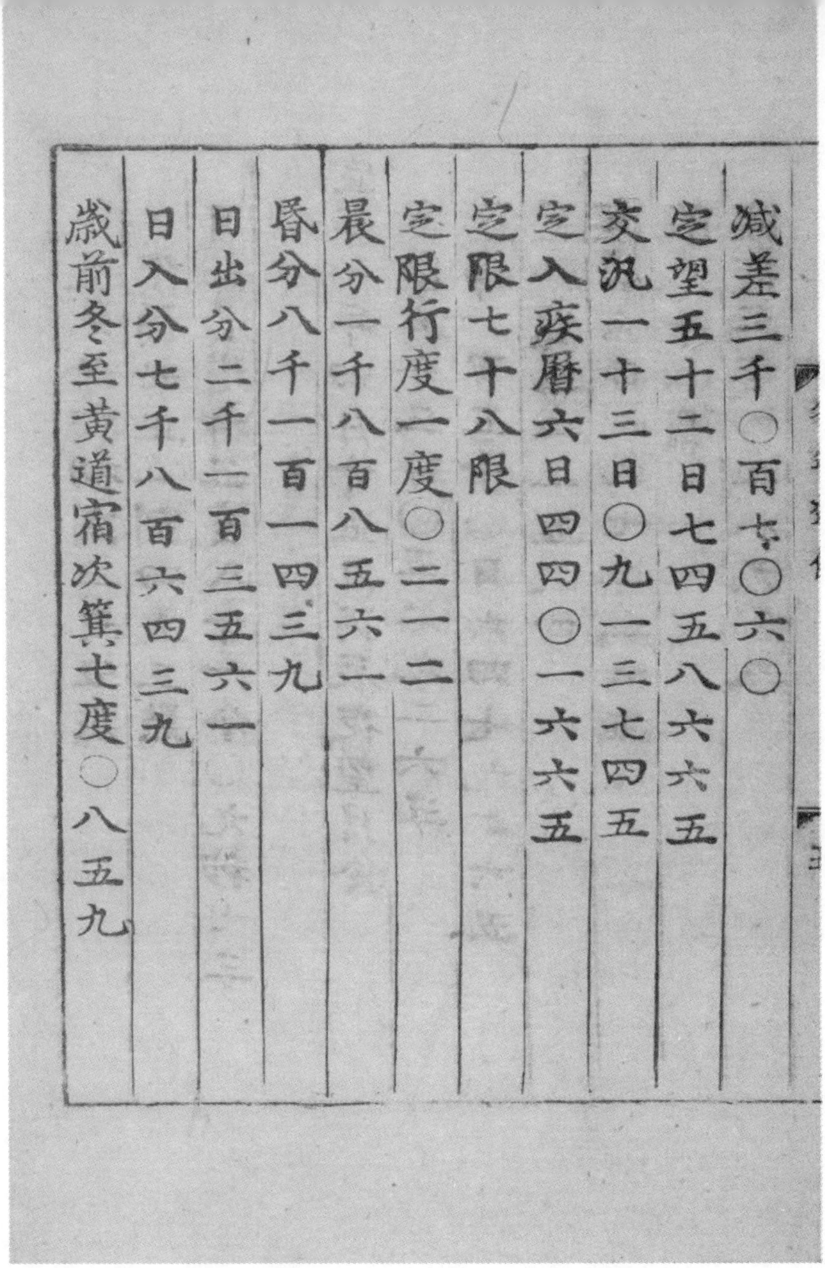
減差三千〇百七〇六〇
定望五十二日七四五八六六五
交汎一十三日〇九一三七四五
定入疾曆六日四四〇一六六五
定限七十八限
定限行度一度〇二一二
晨分一千八百八五六一
昏分八千一百一四三九
日出分二千一百三五六一
日入分七千八百六四三九
歲前冬至黄道宿次箕七度〇八五九

減差，三千〇百七〇六〇。
定望，五十二日七四五八六六五。
交汎，一十三日〇九一三七四五。
定入疾曆，六日四四〇一六六五。
定限，七十八限。
定限行度，一度〇二一二。
晨分，一千八百八五六一。
昏分，八千一百一四三九。
日出分，二千一百三五六一。
日入分，七千八百六四三九。
歲前冬至黄道宿次，箕七度〇八五九。

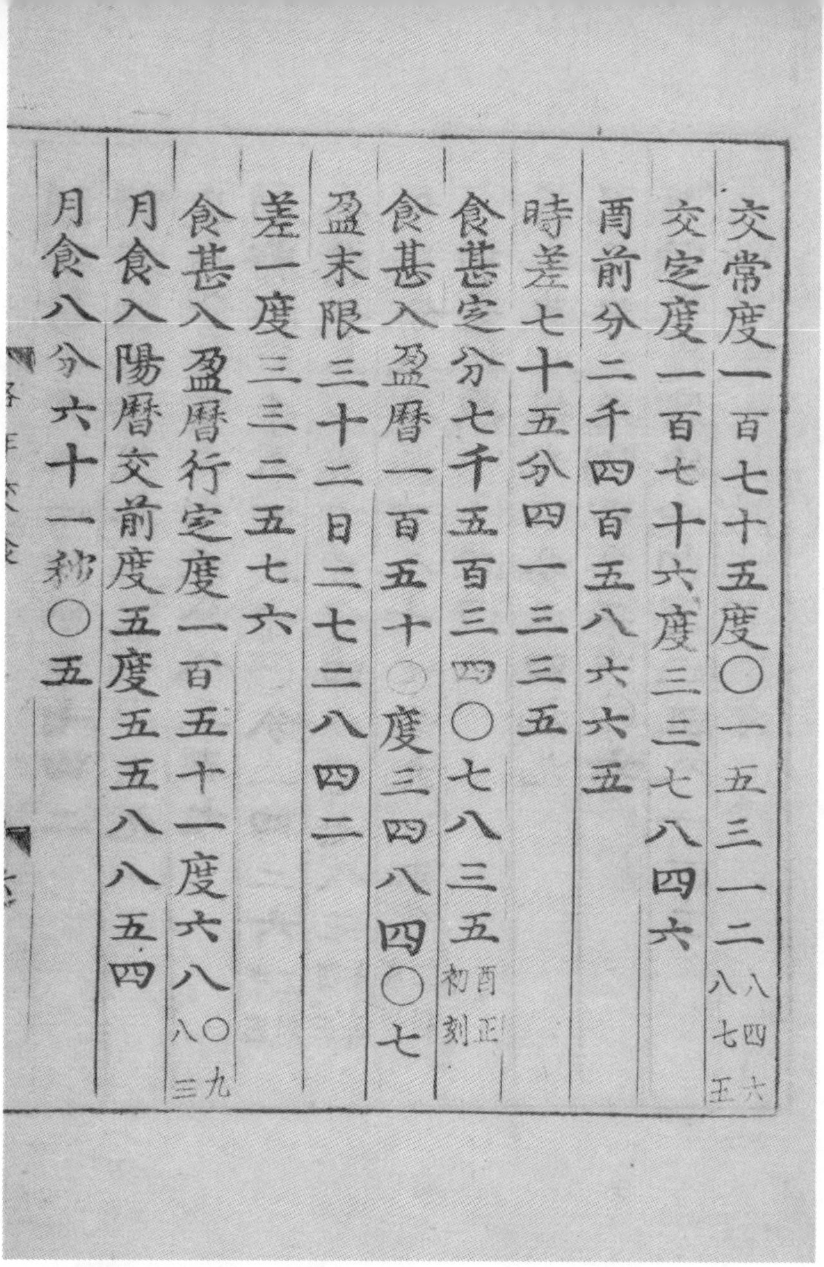

交常度，一百七十五度○一五三一二八四六八七五。
交定度，一百七十六度三三七八八四六。
卯前分，二千四百五八六六五。
時差，七十五分四一三三五。
食甚定分，七千五百三四○七八三五。酉正初刻。
食甚入盈曆，一百五十○度三四八四○七。
盈末限，三十二日二七二八四二。
差，一度三三二五七六。
食甚入盈曆行定度，一百五十一度六八○九八三。
月食入陽曆交前度，五度五五八八五四。
月食，八分六十一秒○五。

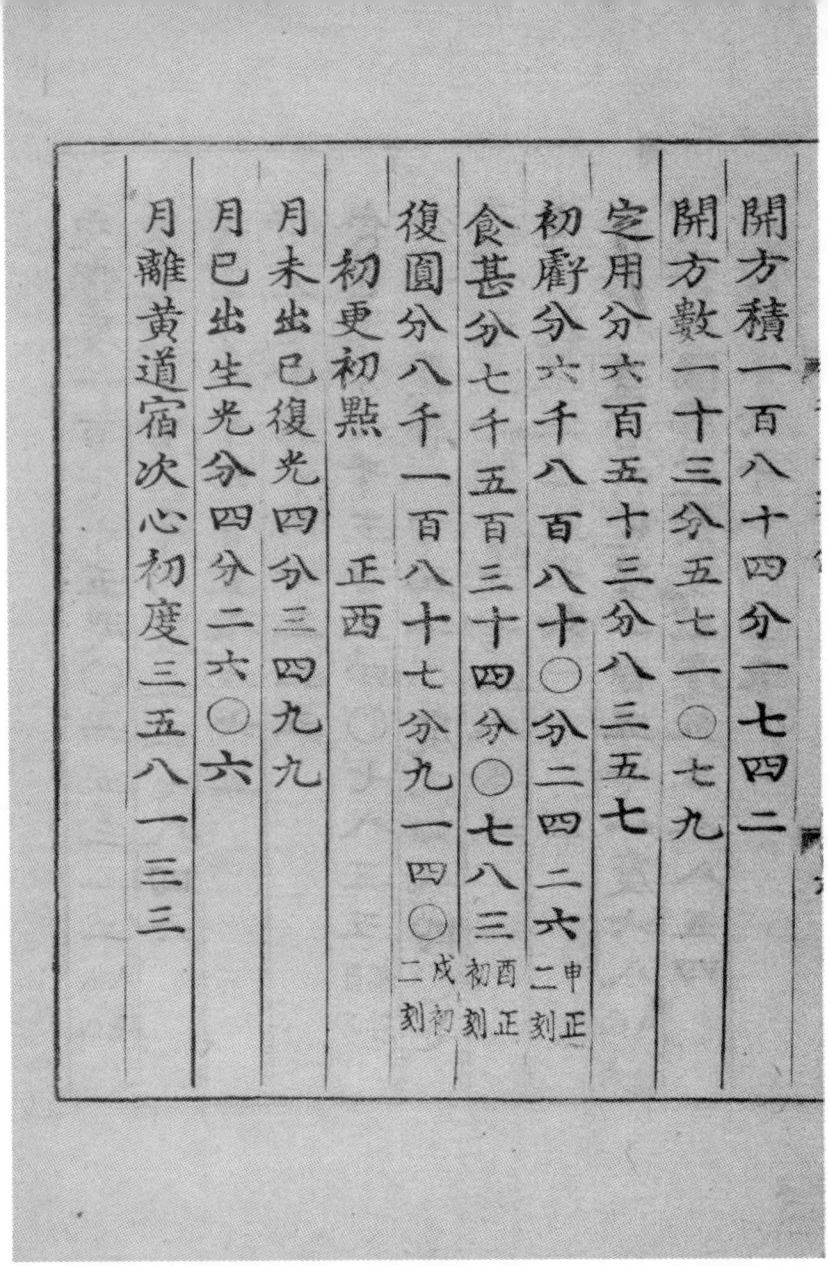

開方積，一百八十四分一七四二。

開方數，一十三分五七一〇七九。

定用分，六百五十三分八三五七。

初虧分，六千八百八十〇分二四二六。申正二刻。

食甚分，七千五百三十四分〇七八三。酉正初刻。

復圓分，八千一百八十七分九一四〇。戌初二刻。

初更初點，正西。

月未出已復光，四分三四九九。

月已出生光分，四分二六〇六。

月離黃道宿次，心初度三五八一三三。

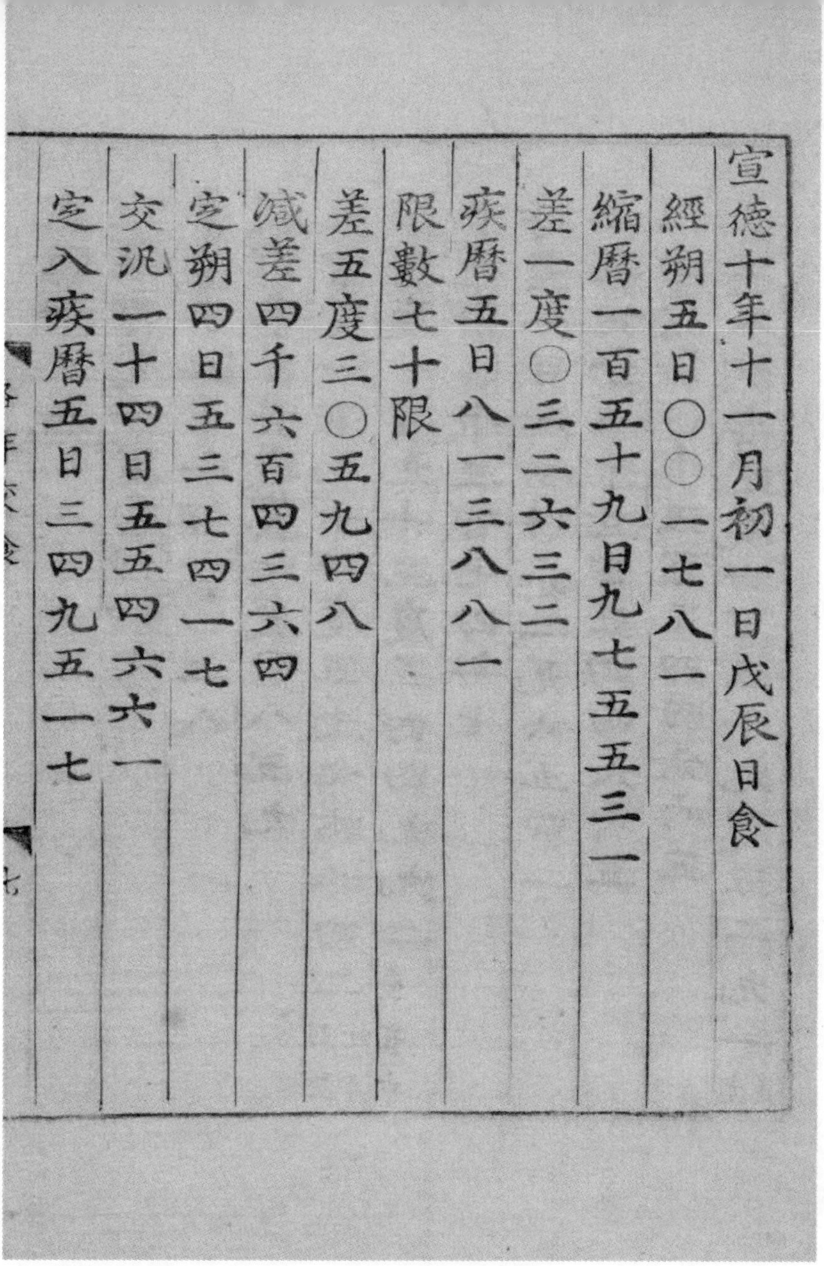
宣德十年十一月初一日戊辰日食
經朔五日〇〇一七八一
縮曆一百五十九日九七五五三一
差一度〇三二六三二
疾曆五日八一三八八一
限數七十限
差五度三〇五九四八
減差四千六百四三六四
定朔四日五三七四一七
交汎一十四日五五四六六一
定入疾曆五日三四九五一七

宣德十年，十一月初一日戊辰，日食。

經朔，五日〇〇一七八一。

縮曆，一百五十九日九七五五三一。

差，一度〇三二六三二。

疾曆，五日八一三八八一。

限數，七十限。

差，五度三〇五九四八。

減差，四千六百四三六四。

定朔，四日五三七四一七。

交汎，一十四日五五四六六一。

定入疾曆，五日三四九五一七。

定限，六十五。

定限行度，一度〇四六七。

半晝分，二千一百一〇二八。

歲前冬至黄道，箕七度〇八五五九。

交常度，一百九十四度五七七六二四二四三七五。

交定度，一百九十三度五四四九九二。食在中。

中後分，〇千三百七四一七。

時差分，一百八十〇分二九六五四二。

食甚定分，五千五百五四四六六五。

距午定分，〇千五百五四四六六五。

食甚入縮曆定度，一百五十九度五二九一九六。

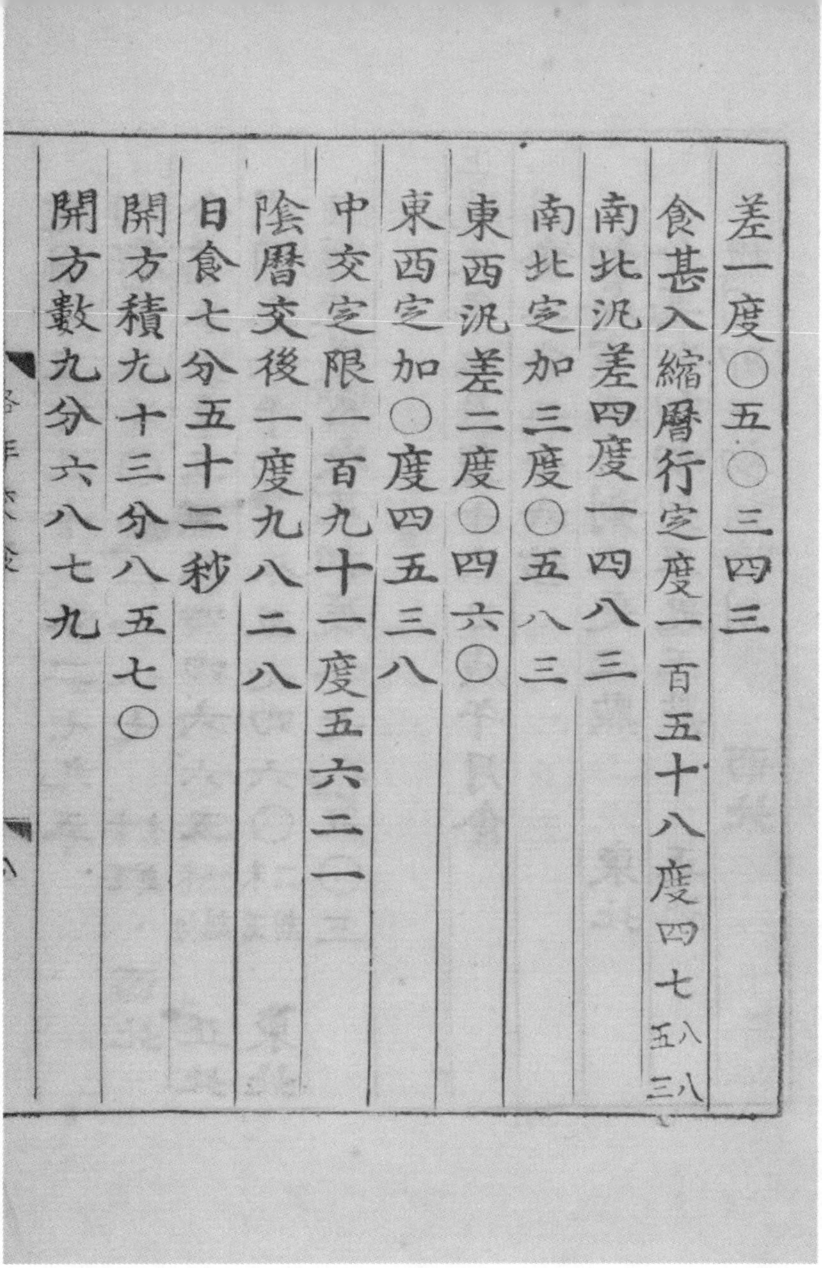

差，一度〇五〇三四三。

食甚入縮曆行定度，一百五十八度四七八八五三。

南北汎差，四度一四八三。

南北定，加三度〇五八三。

東西汎差，二度〇四六〇。

東西定，加〇度四五三八。

中交定限，一百九十一度五六二一。

陰曆交後，一度九八二八。

日食，七分五十二秒。

開方積，九十三分八五七〇。

開方數，九分六八七九。

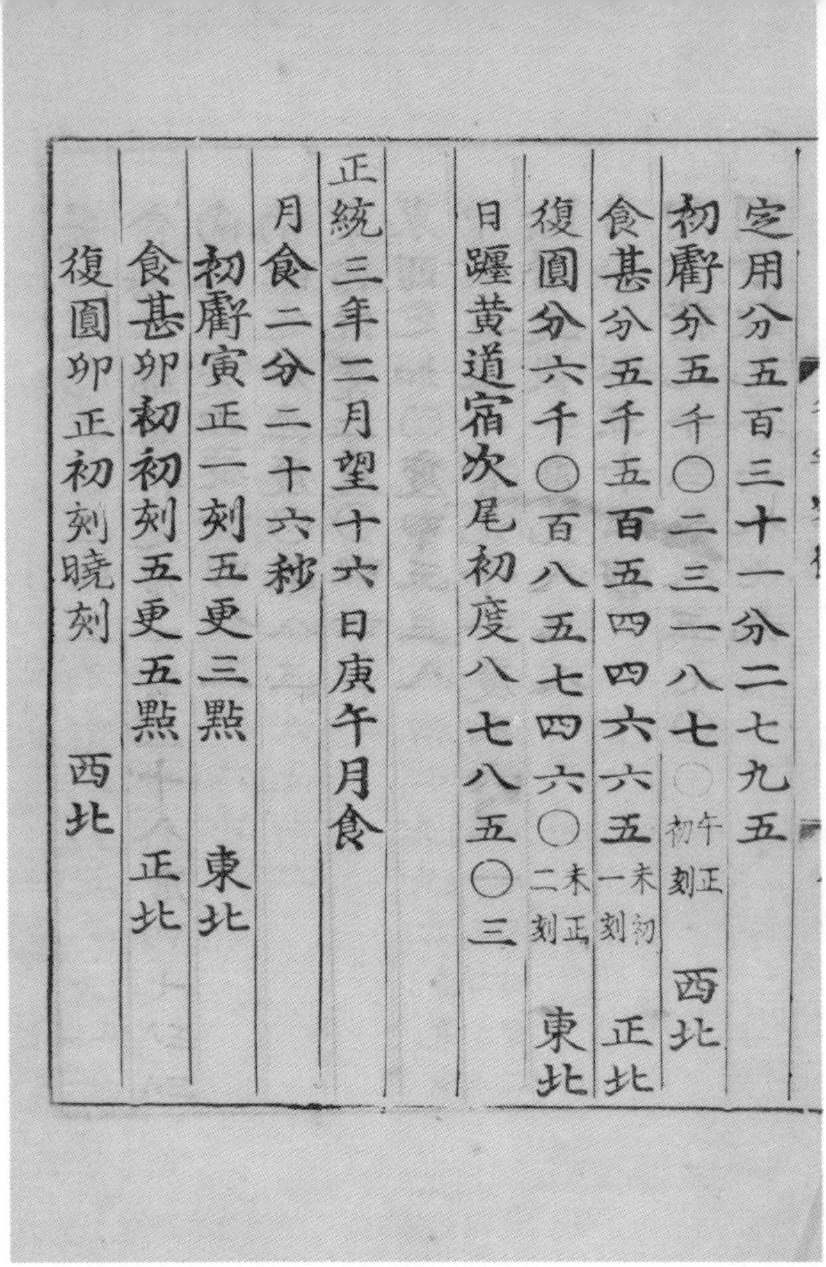

定用分，五百三十一分二七九五。
初虧分，五千〇二三一八七〇，午正初刻，西北。
食甚分，五千五百五四四六六五，未初一刻，正北。
復圓分，六千〇百八五七四六〇，未正二刻，東北。
日躔黄道宿次，尾初度八七八五〇三。

正統三年[1]，二月望十六日庚午，月食。
月食，二分二十六秒。
初虧，寅正一刻，五更三點，東北。
食甚，卯初初刻，五更五點，正北。
復圓，卯正初刻，晓刻，西北。

1 正統三年即 1438 年。

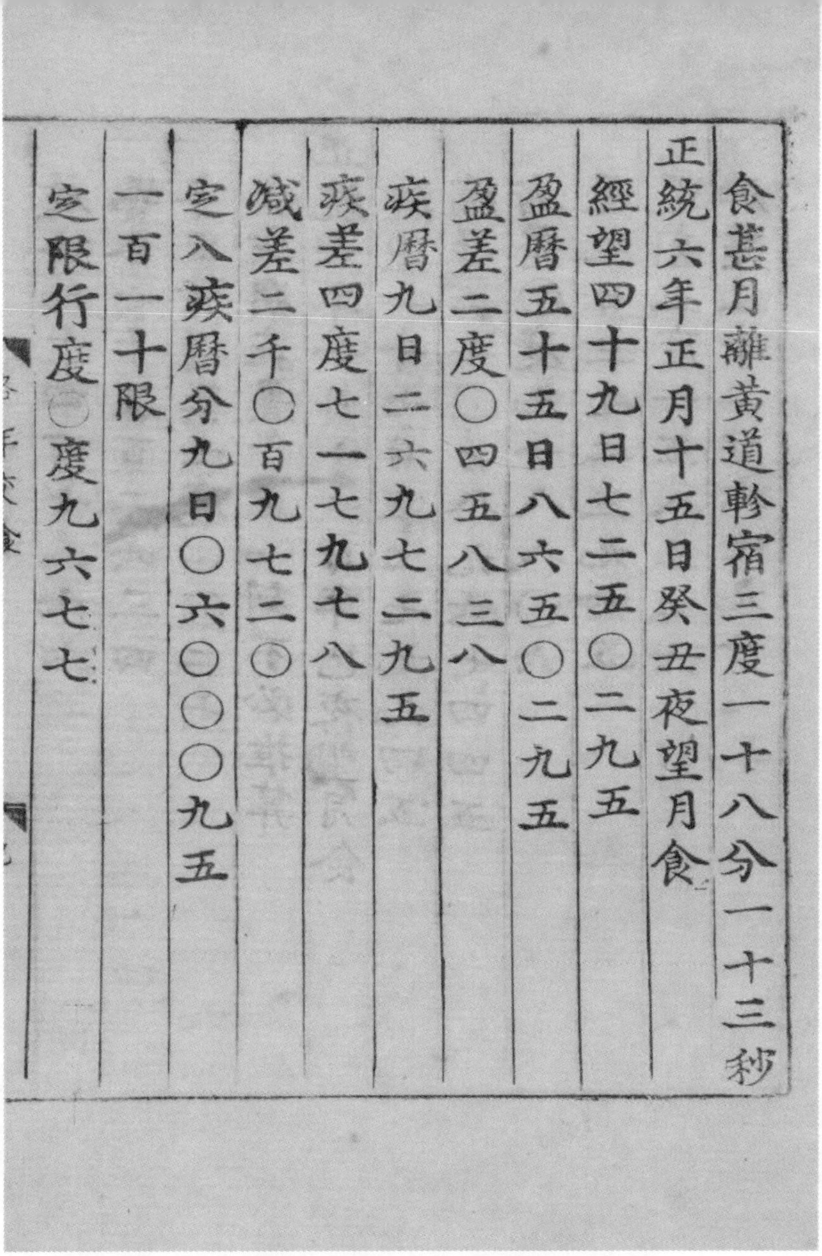
食甚月離黃道軫宿三度一十八分一十三秒
正統六年正月十五日癸丑夜望月食
經望四十九日七二五〇二九五
盈曆五十五日八六五〇二九五
盈差二度〇四五八三八
疾曆九日二六九七二九五
疾差四度七一七九七八
減差二千〇百九七二〇
定入疾曆分九日〇六〇〇〇九五
一百一十限
定限行度〇度九六七七

食甚月離黃道，軫宿三度一十八分一十三秒。
正統六年[1]，正月十五日癸丑夜望，月食。
經望，四十九日七二五〇二九五。
盈曆，五十五日八六五〇二九五。
盈差，二度〇四五八三八。
疾曆，九日二六九七二九五。
疾差，四度七一七九七八。
減差，二千〇百九七二〇。
定入疾曆分，九日〇六〇〇〇九五。
一百一十限
定限行度，〇度九六七七。

1 正統六年即 1441 年。

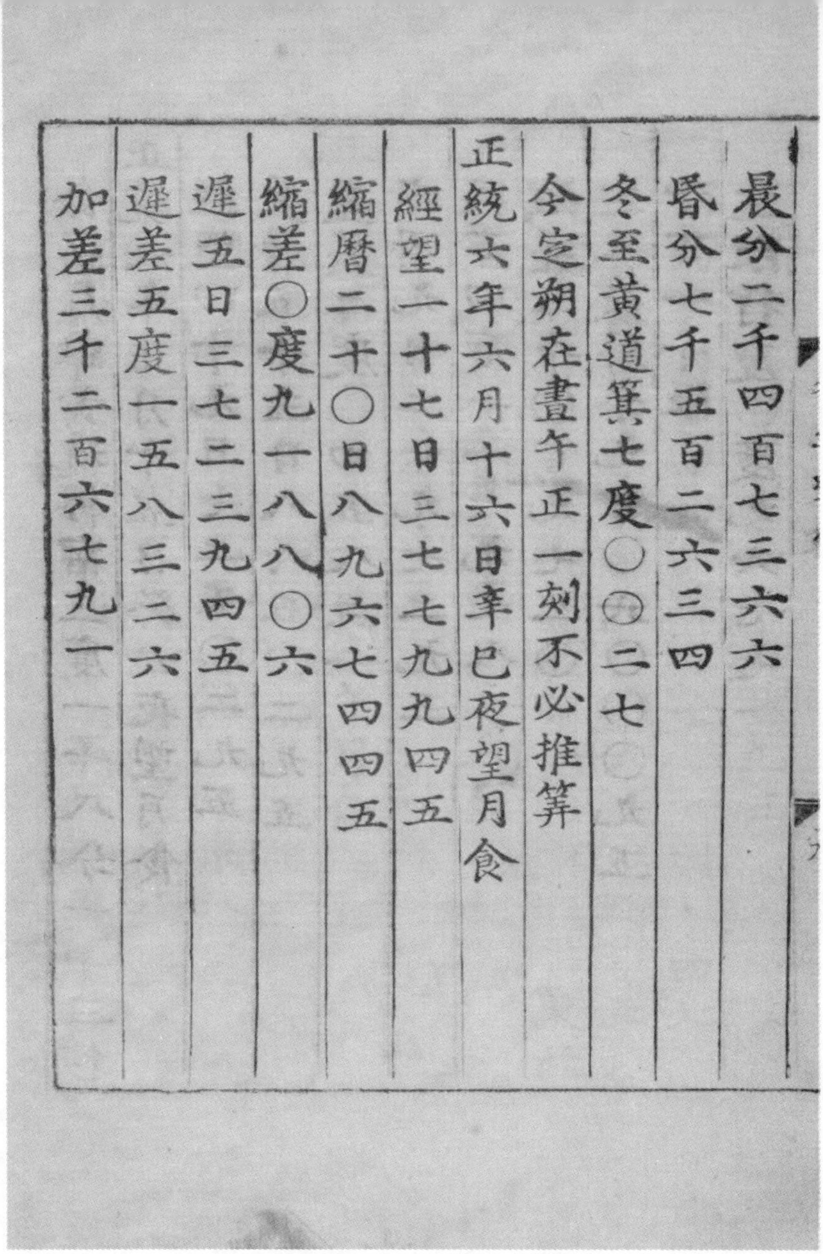
晨分二千四百七三六六
昏分七千五百二六三四
冬至黃道箕七度〇〇二七
今定朔在晝午正一刻不必推筭
正統六年六月十六日辛巳夜望月食
經望一十七日三七七九九四五
縮曆二十〇日八九六七四四五
縮差〇度九一八八〇六
遲五日三七二三九四五
遲差五度一五八三二六
加差三千二百六七九一

晨分，二千四百七三六六。

昏分，七千五百二六三四。

冬至黃道，箕七度〇〇二七。

今定朔在晝，午正一刻，不必推筭。

正統六年，六月十六日辛巳夜望，月食。

經望，一十七日三七七九九四五。

縮曆，二十〇日八九六七四四五。

縮差，〇度九一八八〇六。

遲，五日三七二三九四五。

遲差，五度一五八三二六。

加差，三千二百六七九一。

定望十七日七〇四七八五五
交泛二十六日〇一四〇七四五
定入遲曆分五日六九九一八五五
六十九限
定限行度〇度九八九三
晨分一千八百四三五三
昏分八千一百五六四七
冬至黃道箕七度〇〇二七
交常度三百四十七度七七五六五八四六
交定度三百四十六度八五六八五二四
酉前分二千〇四七八五五

定望，十七日七〇四七八五五。
交泛，二十六日〇一四〇七四五。
定入遲曆分，五日六九九一八五五。
六十九限
定限行度，〇度九八九三。
晨分，一千八百四三五三。
昏分，八千一百五六四七。
冬至黃道，箕七度〇〇二七。
交常度，三百四十七度七七五六五八四六。
交定度，三百四十六度八五六八五二四。
酉前分，二千〇四七八五五。

時差，七十九分五二一四五。
食甚定分，七千一二七三七六四五，酉初初刻。
食甚入縮曆，二十一日二三一四八七六四五。
縮差，〇度九三一八五二八。
食甚入縮曆行定度，二十〇度二九九六三四八。
陰曆不及減，不食，不必推筭。

正統七年[1]，五月十六日乙亥夜望，月食。
月食分，五分三十九秒。
初虧，戌初二刻，昏刻，東南。
食甚，亥初初刻，一更四點，正南。

1 正統七年即 1442 年。

復圓，亥正二刻，二更四點，西南。
食甚月離黄道，斗宿七度〇七分二十一秒。

正統七年壬戌，十一月十六日壬申望食。
月食分，十分八十七秒。
初虧，亥正初刻，二更五點，正東。
食既，夜子初一刻，三更二點。
食甚，夜子初三刻，三更三點。
生光，子正初刻，三更三點。
復圓，丑初一刻，三更五點，正西。
食甚月離黄道，井六度八十三分四十秒。

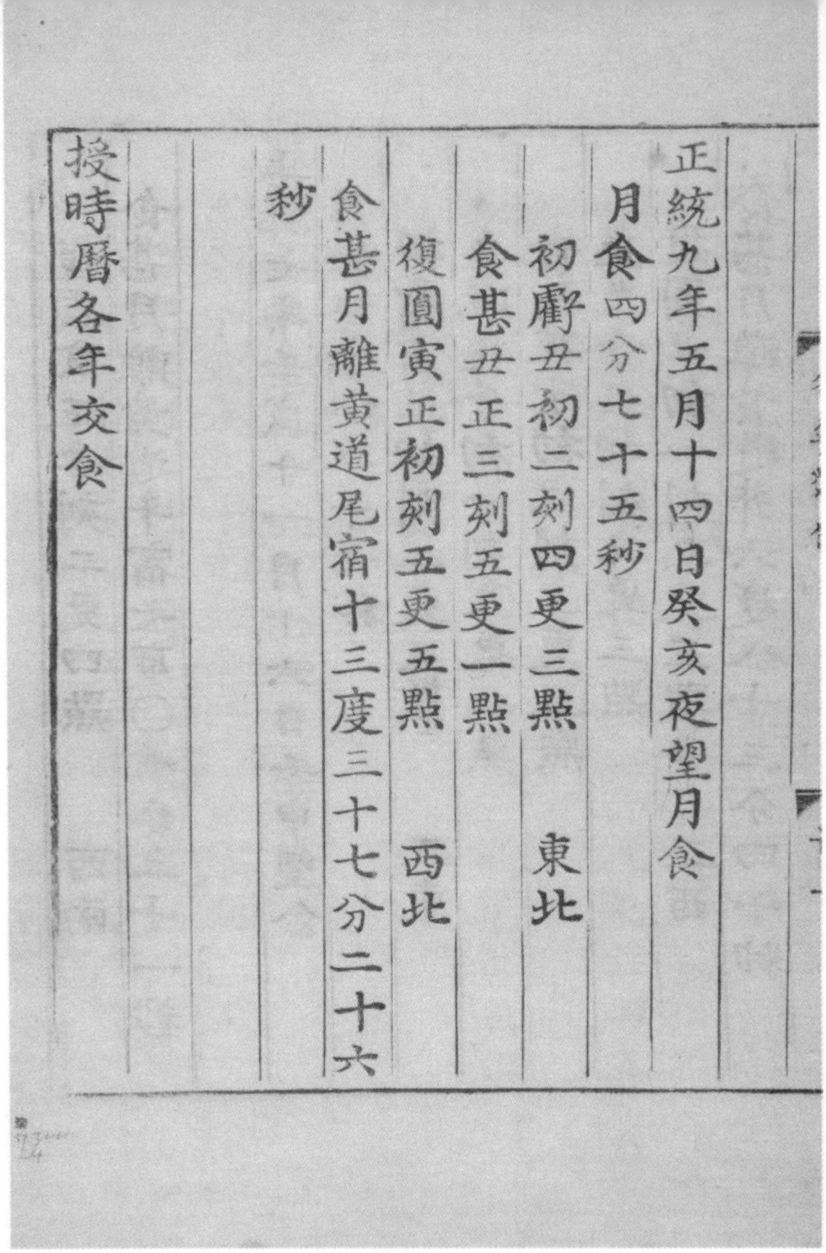
正統九年五月十四日癸亥夜望月食
月食四分七十五秒
初虧丑初二刻四更三點 東北
食甚丑正三刻五更一點
復圓寅正初刻五更五點 西北
食甚月離黃道尾宿十三度三十七分二十六
秒
授時曆各年交食

正統九年[1]，五月十四日癸亥夜望，月食。
月食，四分七十五秒。
初虧，丑初二刻，四更三點，東北。
食甚，丑正三刻，五更一點。
復圓，寅正初刻，五更五點，西北。
食甚月離黃道，尾宿十三度三十七分二十六秒。

《授時曆各年交食》

1 正統九年即 1444 年。

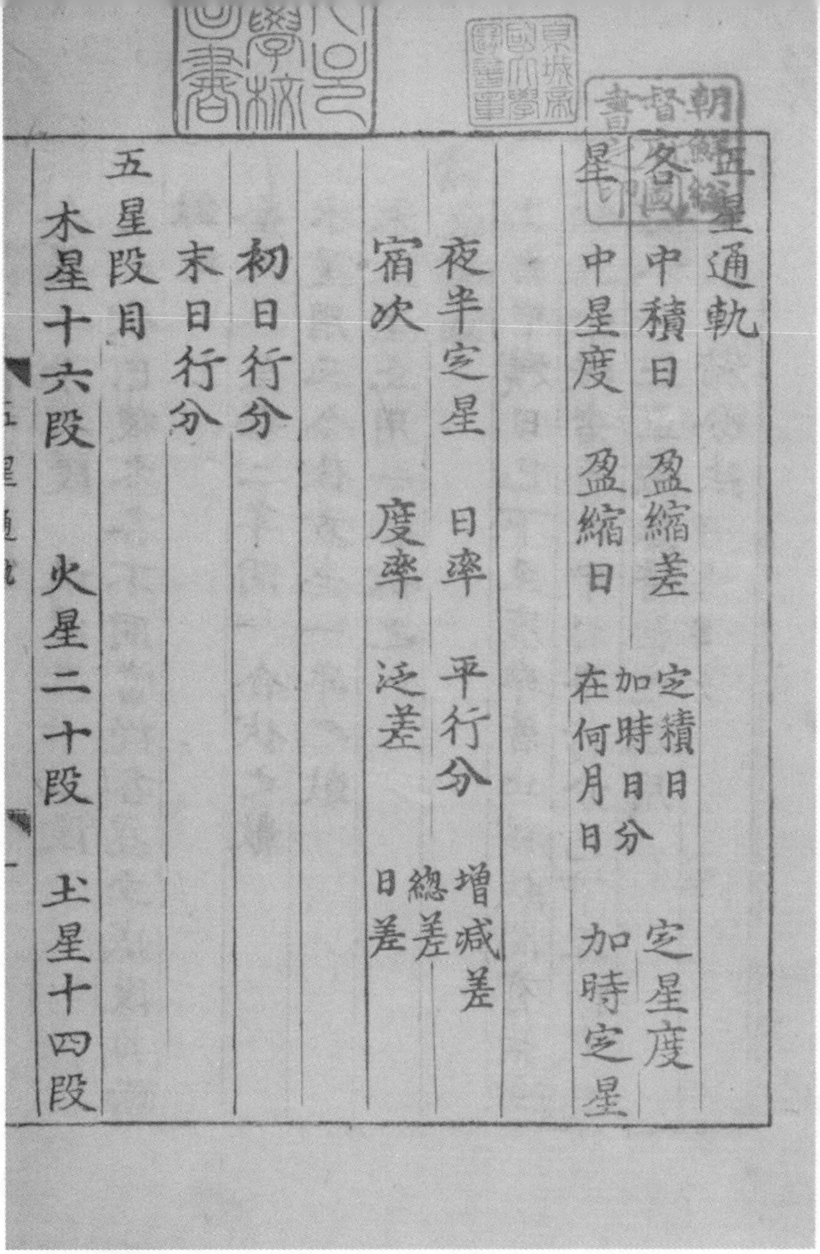
五星通軌
各星
中積日 盈縮差 定積日 定星度
中星度 盈縮日 加時日分在何月日 加時定星
夜半定星 日率 平行分 增減差
宿次 度率 泛差 總差 日差
初日行分
末日行分
五星段目
木星十六段 火星二十段 土星十四段

《五星通軌》

各星[1]	中積日	盈縮差	定積日	定星度
	中星度	盈縮日	加時日分在何月日	加時定星
	夜半定星	日率	平行分	增減差
	宿次	度率	泛差	總差，日差
	初日行分	末日行分		

五星段目

木星十六段，火星二十段，土星十四段，

1 列出五星程式並留出空白，再將每步計算的結果依次填入程式中。

金星二十二段，水星三十五段。[1]

自合伏已後各各不同，當從各星立成段目而録之。[2]

金火二星每二年同一合伏之數。

水星用三合伏方全一年之數。

木土星止用一合伏也。

諸數所止

上自中積日已下至度率，皆止秒。然間有相減餘五十微者，存之。中自平行分已下至初末日行分皆止單微，餘皆棄之不用。

求中積分法，辛巳為元。

1 傳統曆法將五星運動劃分為不同的段，分別計算五星各段位置。

2 列出五星各段目並留出空白，再將每段計算的結果依次填入。

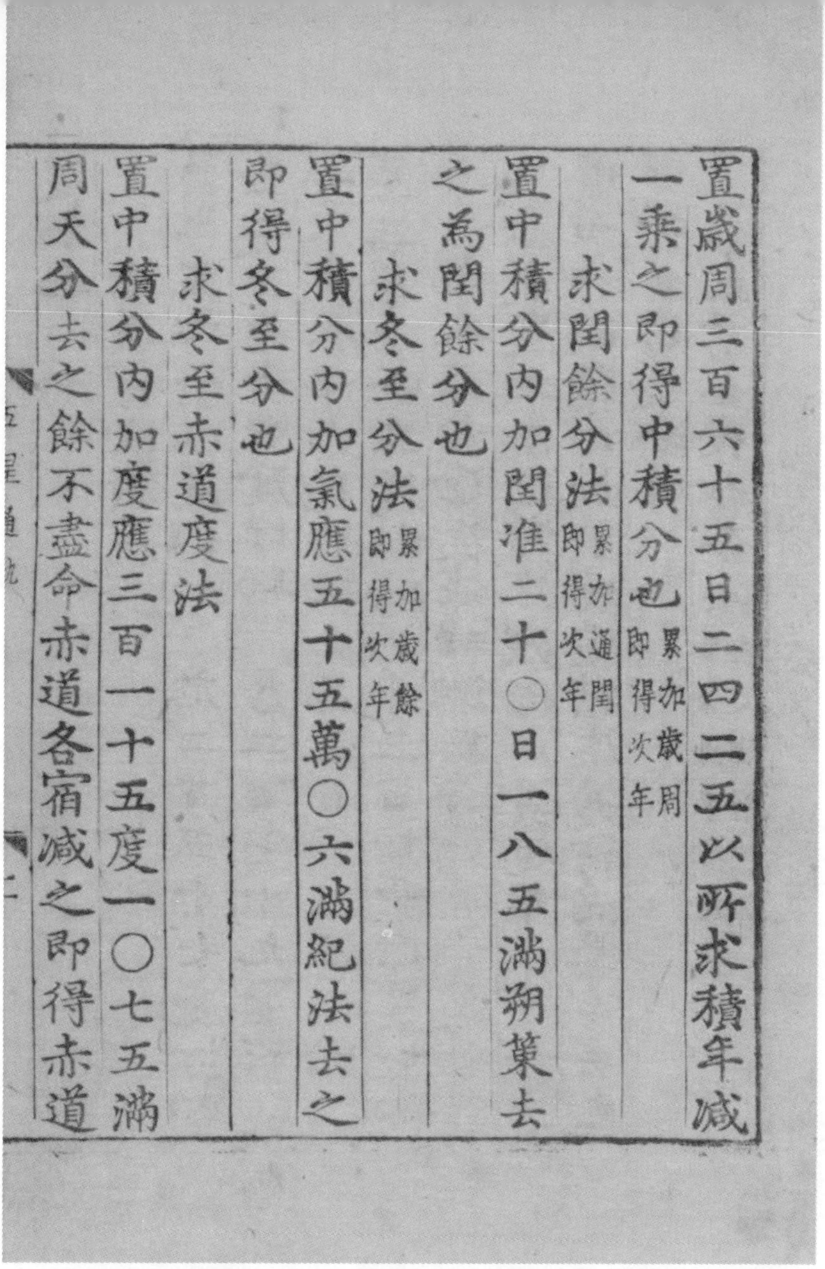
置歲周三百六十五日二四二五以所求積年減一乘之即得中積分也累加歲周即得次年
求閏餘分法累加通閏即得次年
置中積分內加閏准二十〇日一八五滿朔策去之為閏餘分也
求冬至分法累加歲餘即得次年
置中積分內加氣應五十五萬〇六滿紀法去之即得冬至分也
求冬至赤道度法
置中積分內加度應三百一十五度一〇七五滿周天分去之餘不盡命赤道各宿減之即得赤道

置歲周三百六十五日二四二五，以所求積年減一乘之，即得中積分也，累加歲周，即得次年。[1]

求閏餘分法，累加通閏，即得次年。

置中積分，內加閏准二十〇日一八五，滿朔策去之，為閏餘分也。[2]

求冬至分法，累加歲餘，即得次年。

置中積分，內加氣應五十五萬〇六，滿紀法去之，即得冬至分也。[3]

求冬至赤道度法

置中積分，內加度應三百一十五度一〇七五，滿周天分去之，餘不盡，命赤道各宿減之，即得赤道

1 中積 = 積年 × 歲周。

2 中積分加閏准（又稱閏應分）為閏餘積。閏餘積滿朔策去之後為閏餘分，即冬至平月齡，冬至距經朔的時間。

3 中積分加氣應（氣應為曆元年歲前冬至子正夜半距甲子日子正夜半的時刻），用紀法六十去之，餘數即從甲子日算起至冬至的時間。

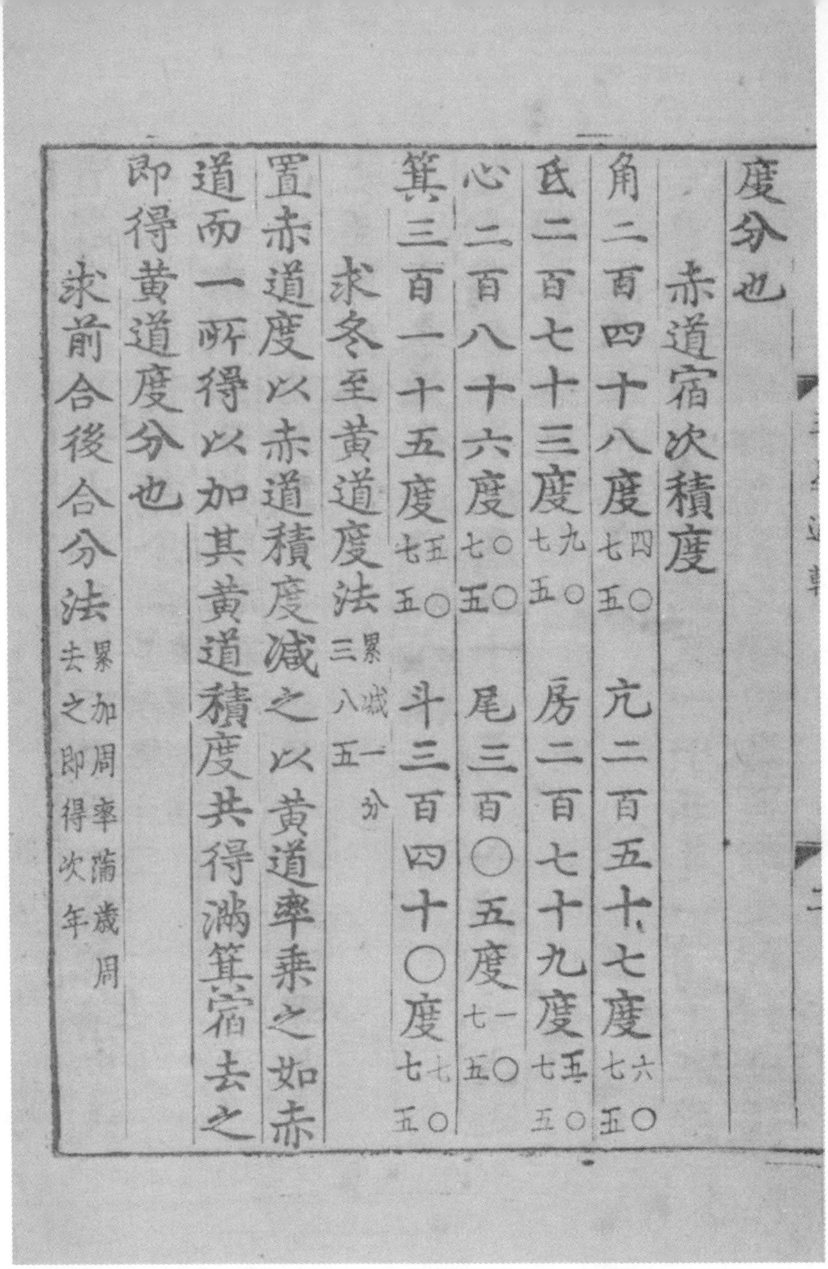
度分也
赤道宿次積度
角二百四十八度四〇七五　亢二百五十七度六〇七五
氐二百七十三度九〇七五　房二百七十九度五〇七五
心二百八十六度〇〇七五　尾三百〇五度一〇七五
箕三百一十五度五〇七五　斗三百四十〇度七〇七五
求冬至黃道度法累減一分三八五
置赤道度以赤道積度減之以黃道率乘之如赤道而一所得以加其黃道積度共得滿箕宿去之即得黃道度分也
求前合後合分法累加周率滿歲周去之即得次年

度分也。[1]

赤道宿次積度[2]

角，二百四十八度四〇七五	亢，二百五十七度六〇七五
氐，二百七十三度九〇七五	房，二百七十九度五〇七五
心，二百八十六度〇〇七五	尾，三百〇五度一〇七五
箕，三百一十五度五〇七五	斗，三百四十〇度七〇七五

求冬至黃道度法，累減一分三八五。

置赤道度，以赤道積度減之，以黃道率乘之，如赤道而一，所得以加其黃道積度，共得滿箕宿去之，即得黃道度分也。[3]

求前合、後合分法，累加周率，滿歲周去之，即得次年。

1 中積加度應，滿周天分去之為冬至赤道度分。度應（又稱周應），為辛巳曆元冬至時刻太陽所在赤道位置箕宿 10 度與赤道虛宿 6 度之間的赤道積度 315.1075 度。

2 各宿次在赤道坐標上的積度。

3 根據赤道積度求得黃道積度。

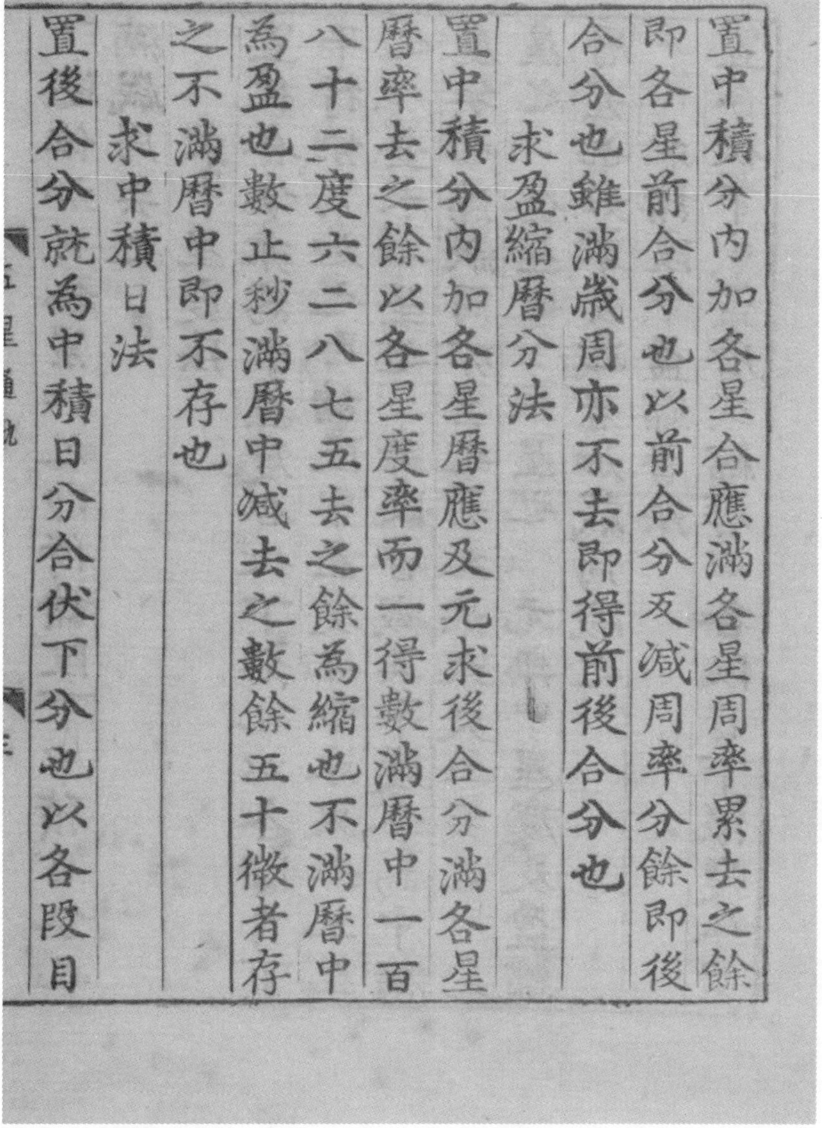
置中積分内加各星合應滿各星周率累去之餘
即各星前合分也以前合分反減周率分餘即後
合分也雖滿歲周亦不去即得前後合分也
求盈縮曆分法
置中積分内加各星曆應及元求後合分滿各星
曆率去之餘以各星度率而一得數滿曆中一百
八十二度六二八七五去之餘爲縮也不滿曆中
爲盈也數止秒滿曆中減去之數餘五十微者存
之不滿曆中即不存也
求中積日法
置後合分就爲中積日分合伏下分也以各段目

置中積分内加各星合應[1]，滿各星周率累去之，餘即各星前合分也。以前合分反減周率分，餘即復合分也。雖滿歲周，亦不去，即得前後合分也。[2]

求盈縮曆分法

置中積分内加各星曆應[3]及元求後合分，滿各星曆率去之，餘以各星度率而一，得數滿曆中一百八十二度六二八七五去之，餘為縮也，不滿曆中為盈也，數止秒，滿曆中減去之，數餘五十微者存之，不滿曆中即不存也。[4]

求中積日法

置後合分就為中積日分合伏下分也，以各段目

1 合應為曆元冬至與其前五星平合（曆元平合）之間的時距。

2 前合 =(中積分 + 合應)mod 周率。後合 = 周率 – 前合。

3 曆應為曆元時刻和其前五星經過近日點時刻之間的時距。

4 當入曆度小於曆中（182.62875 度）為盈曆，當入曆度大於曆中，以入曆度内減去曆中，餘數為入縮曆。

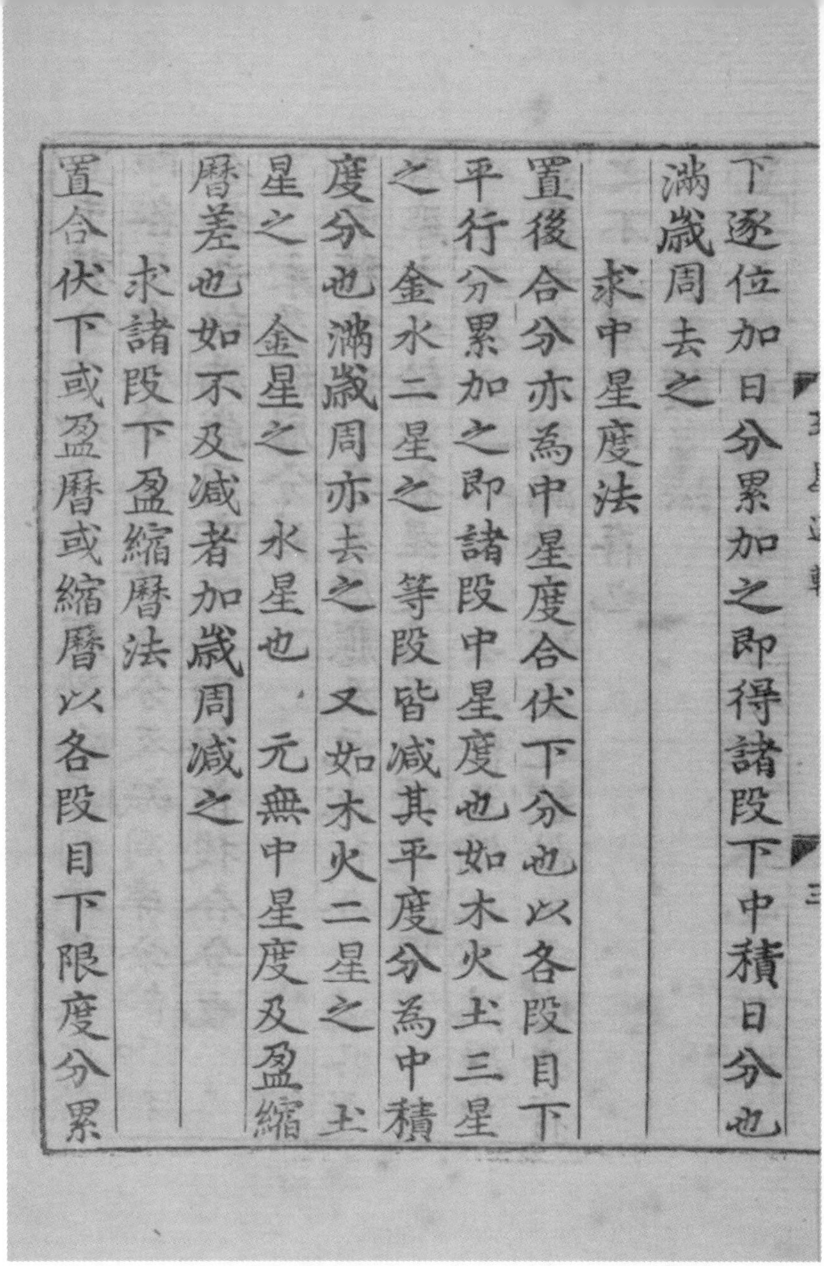
下逐位加日分累加之即得諸段下中積日分也
滿歲周去之
求中星度法
置後合分亦為中星度合伏下分也以各段目下
平行分累加之即諸段中星度也如木火土三星
之　金水二星之　等段皆減其平度分為中積
度分也滿歲周亦去之　又如木火二星之　土
星之　金星之　水星也　元無中星度及盈縮
曆差也如不及減者加歲周減之
求諸段下盈縮曆法
置合伏下或盈曆或縮曆以各段目下限度分累

下逐位加日分累加之，即得諸段下中積日分也，滿歲周去之。[1]

求中星[2]度法

置後合分，亦為中星度合伏下分也。以各段目下平行分累加之，即諸段中星度也。[3]如木火土三星之[4]，金水二星之[5]等段皆減其平度分，為中積度分也，滿歲周亦去之。又如木火二星之[6]、土星之[7]、金星之[8]、水星[9]也，元無中星度及盈縮曆差也，如不及減者，加歲周減之。

求諸段下盈縮曆法

置合伏下或盈曆、或縮曆，以各段目下限度分累

1 平合中積日為平合距天正冬至的時距，各段中積為各段初日距天正冬至的平時距。各段中積 = 後合中積 + 其前諸段日分之和。

2 中星為冬至點與平合的角距離，各段中星為各段初行星所在的平位置距冬至點的角度。

3 其星天正冬至後平合中星 = 後合（度數），各段中星 = 後合中星 + 其前諸段平度之和。

4“之”後脫字“晨退、夕退”。

5“之”後脫字“夕退、夕退伏、合退伏、晨退”。

6“之”後脫字“晨退、夕遲初”。

7“之”後脫字“晨退、夕遲”。

8“之”後脫字“夕退、晨遲初”。

9“水星”後脫字“之夕退伏、晨遲”。

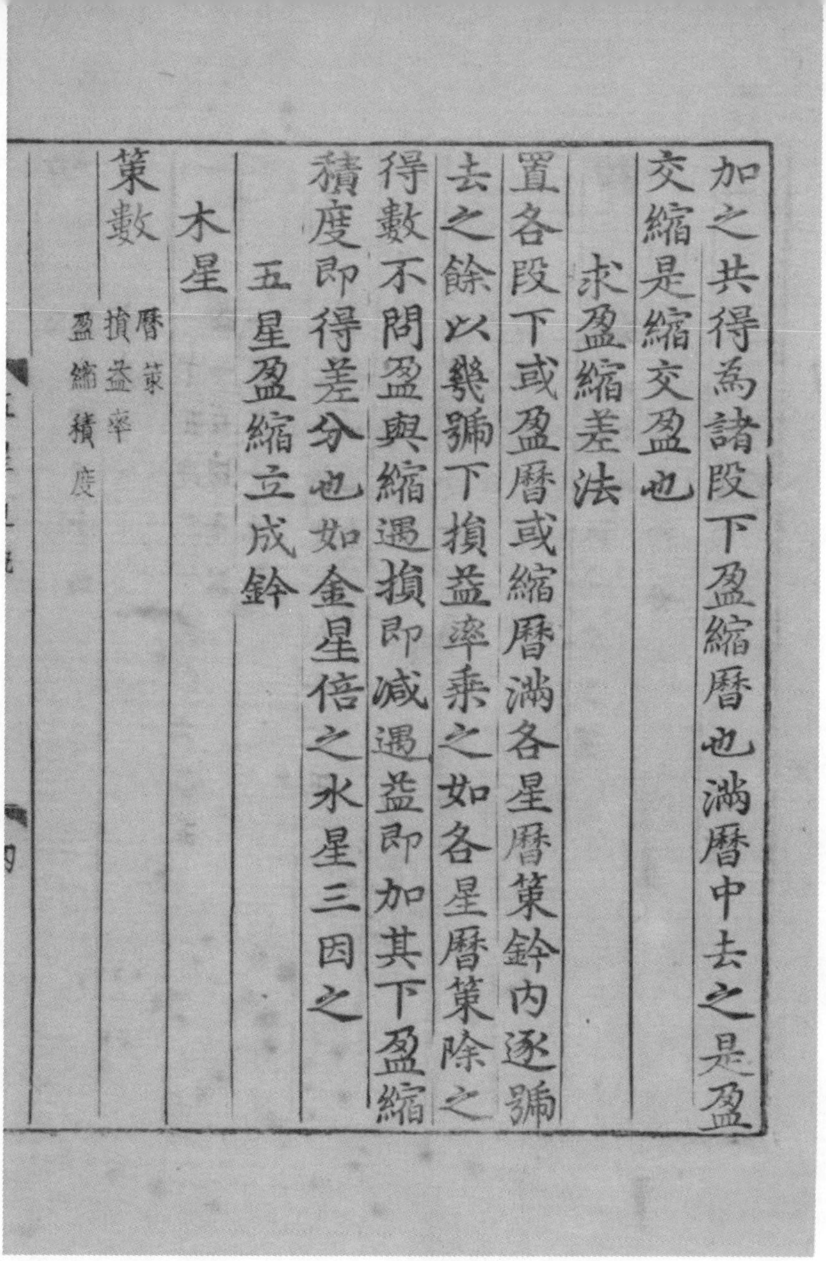
加之共得為諸段下盈縮曆也滿曆中去之是盈
交縮是縮交盈也
求盈縮差法
置各段下或盈曆或縮曆滿各星曆策鈐內逐號
去之餘以幾號下損益率乘之如各星曆策除之
得數不問盈與縮遇損即減遇益即加其下盈縮
積度即得差分也如金星倍之水星三因之
五星盈縮立成鈐
木星
策數 曆策 損益率 盈縮積度

加之，共得為諸段下盈縮曆也，滿曆中去之，是盈交縮，是縮交盈也。[1]

求盈縮差法

置各段下或盈曆或縮曆，滿各星曆策鈐內逐號去之，餘以幾號下損益率乘之，如各星曆策除之，得數不問盈與縮，遇損即減，遇益即加其下盈縮積度，即得差分也。如金星倍之，水星三因之。[2]

五星盈縮立成鈐[3]

木星

策數[4]	曆策[5]	損益率[6]	盈縮積度[7]

1 平合後各段的入曆度 = 平合入曆度 + 其前諸段限度之和。

2 可由五星盈縮立成求得盈縮差，金星用兩倍盈縮差，水星用三倍盈縮差。

3 五星盈縮立成鈐，用於求算五星的各自運動的盈縮情況，五星各有一份盈縮立成鈐。

4 策數為曆策的計數。

5 五星盈縮立成將周天分為 24 曆策，其中盈曆、縮曆各有 12 個，每曆策為 15.2190625 度。

6“損益率”和“盈縮積度”為通過實測得出五星各段運動變化數值。損益率為各曆策內，五星實際運動比太陽勻速運行 15.2190625 度，多走或少走的度數。

7 盈縮積為各曆策中五星累計比太陽勻速運動多走或少走的積度，其數值為之前各曆策損益率的累加。

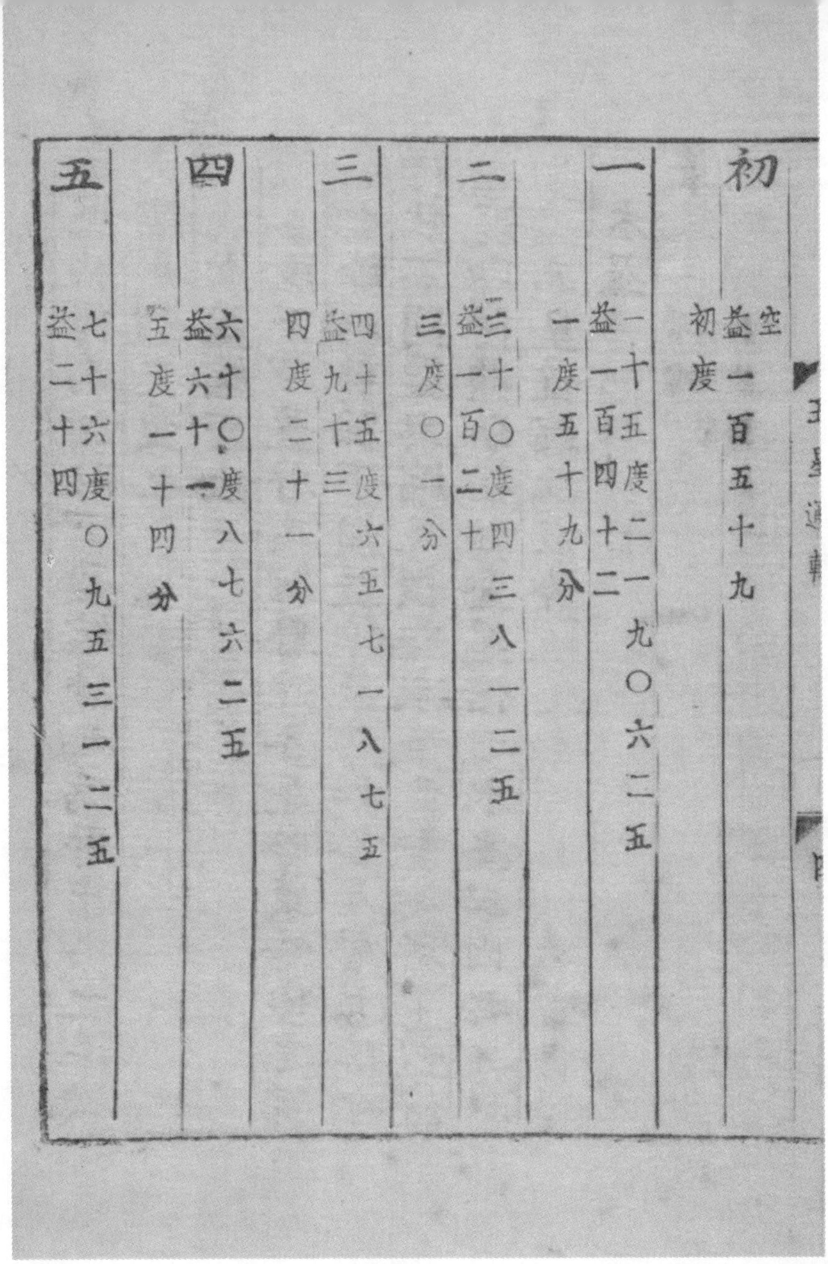

初	空	益一百五十九	初度
一	一十五度二一九〇六二五	益一百四十二	一度五十九分
二	三十〇度四三八一二五	益一百二十	三度〇一分
三	四十五度六五七一八七五	益九十三	四度二十一分
四	六十〇度八七六二五	益六十一	五度一十四分
五	七十六度〇九五三一二五	益二十四	五度七十分

五度七十五分

六	九十一度三一四三七五	損二十四	五度九十九分
七	一百〇六度五三三四三七五	損六十一	五度七十五分
八	一百二十一度七五二五	損九十三	五度一十四分
九	一百三十六度九七一五六二五	損一百二十	四度二十一分
十	一百五十二度一九〇六二五	損一百四十二	三度〇一分

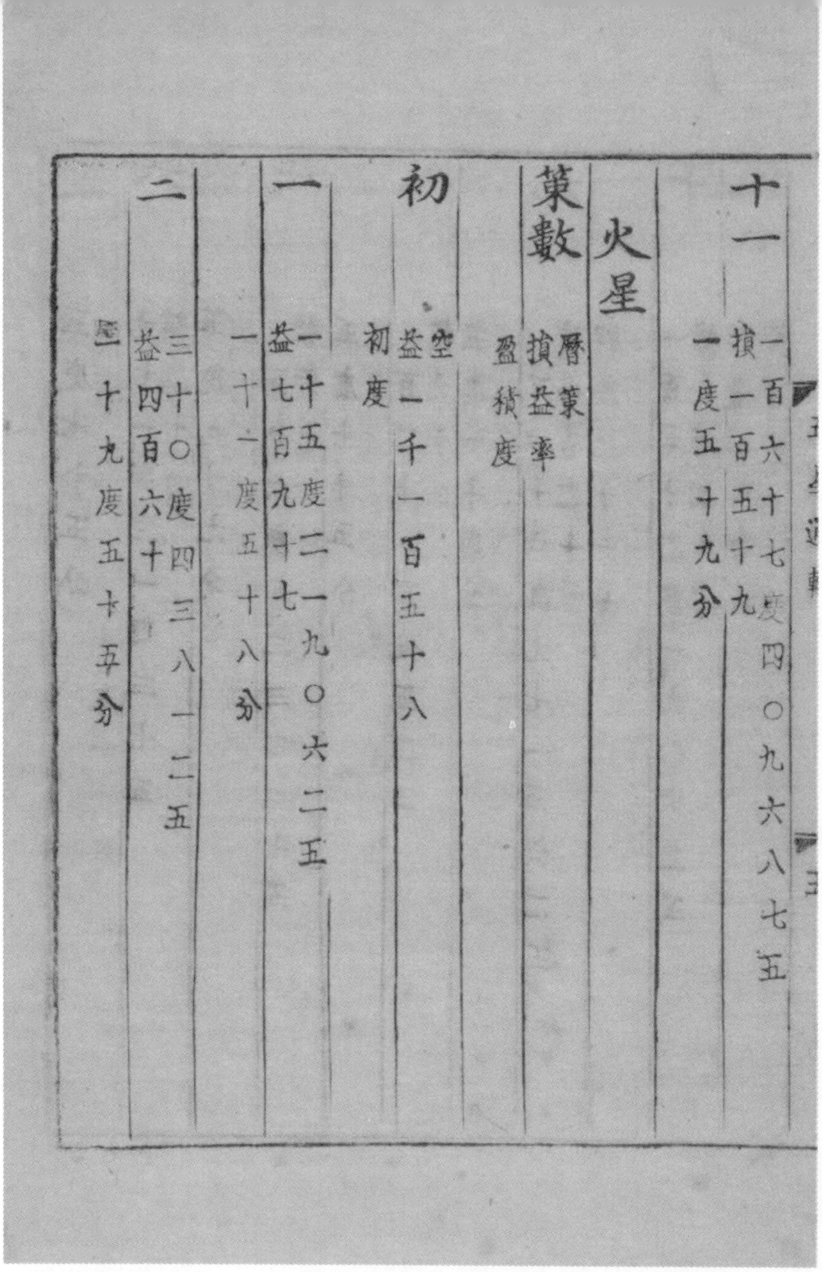

十一	一百六十七度四〇九六八七五	損一百五十九	一度五十九分

火星

策數	曆策	損益率	盈縮度
初	空	益一千一百五十八	初度
一	一十五度二一九〇六二五	益七百九十七	一十一度五十八分
二	三十〇度四三八一二五	益四百六十	一十九度五十五分

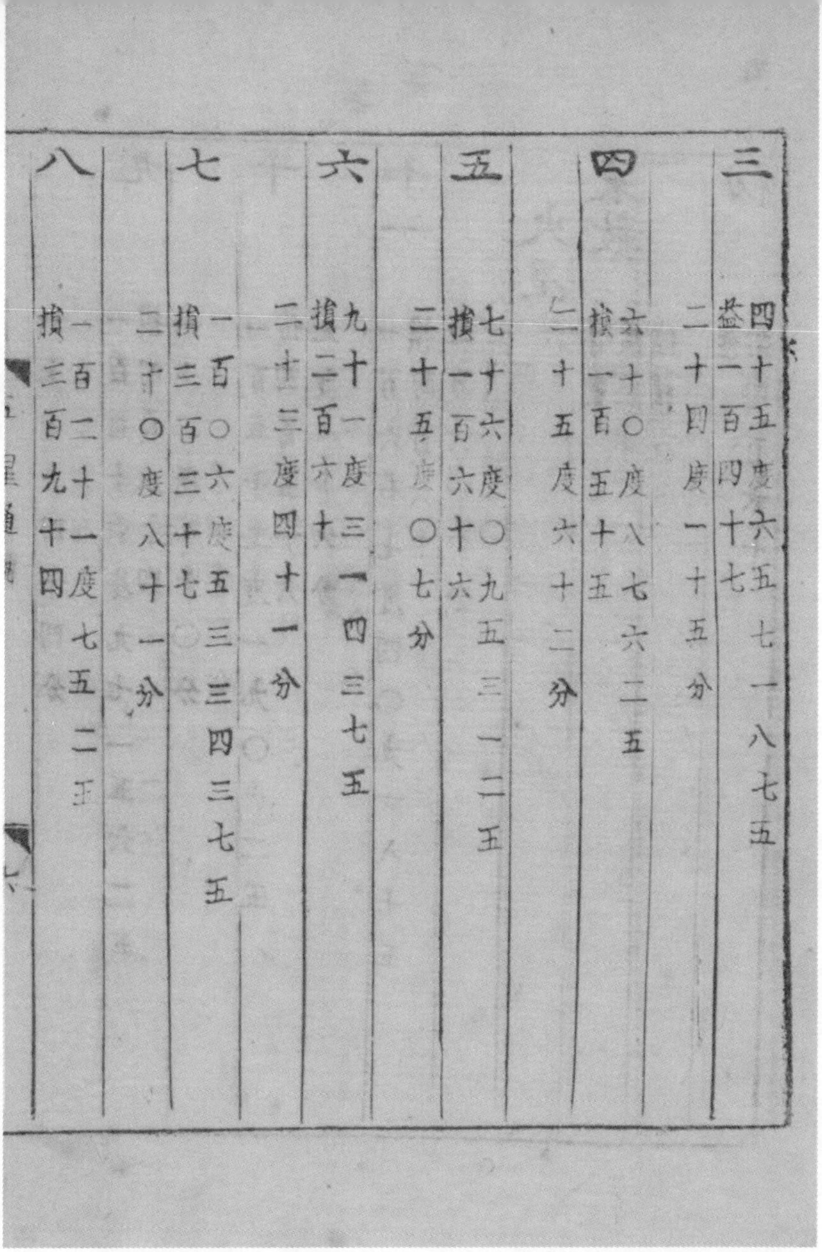

三	四十五度六五七一八七五	益一百四十七	二十四度一十五分
四	六十〇度八七六二五	損一百五十五	二十五度六十二
五	七十六度〇九五三一二五	損一百六十六	二十五度〇七分
六	九十一度三一四三七五	損二百六十	二十三度四十一分
七	一百〇六度五三三四三七五	損三百三十七	二十〇度八十一
八	一百二十一度七五二五	損三百九十四	一十七度四十四分

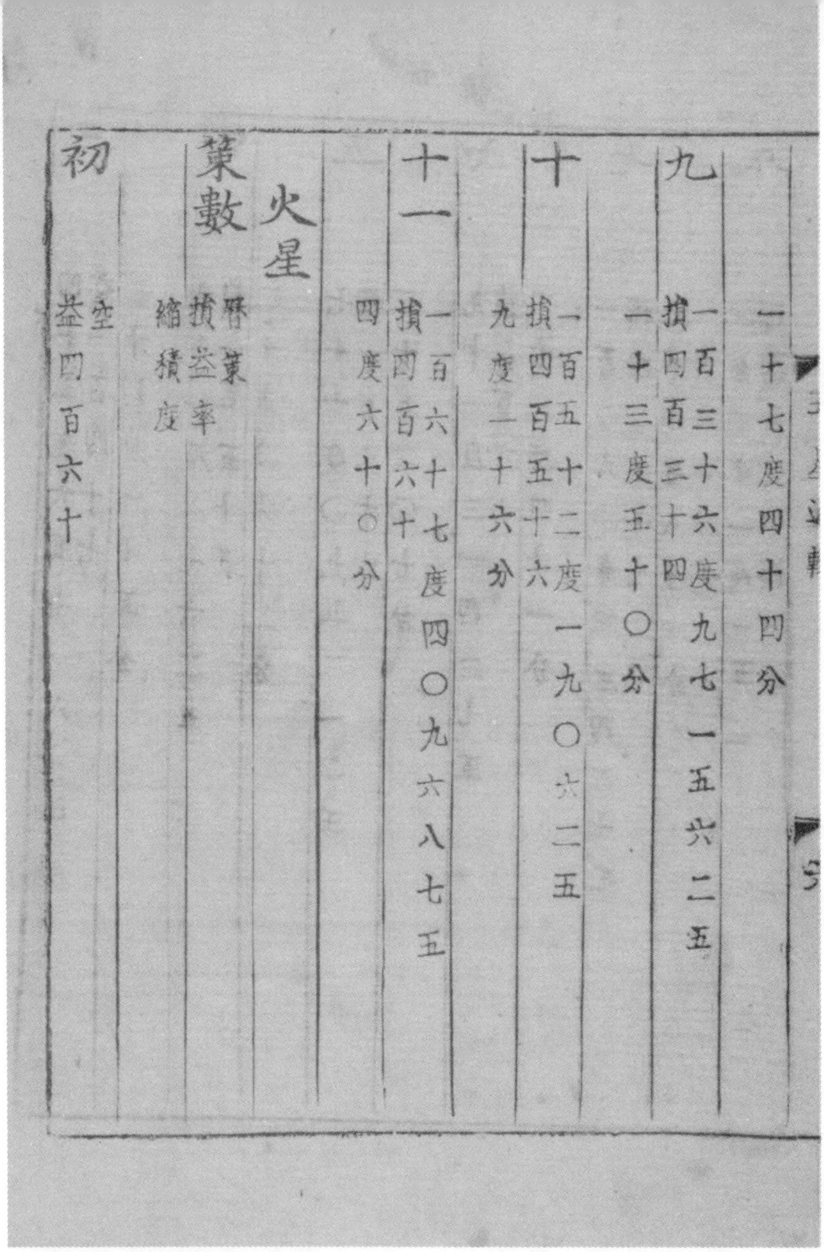

九	一百三十六度九七一五六二五	損四百三十四	一十三度五十〇分
十	一百五十二度一九〇六二五	損四百五十六	九度一十六分
十一	一百六十七度四〇九六八七五	損四百六十	四度六十〇分

火星

策數	曆策	損益率	縮積度
初	空	益四百六十	初度

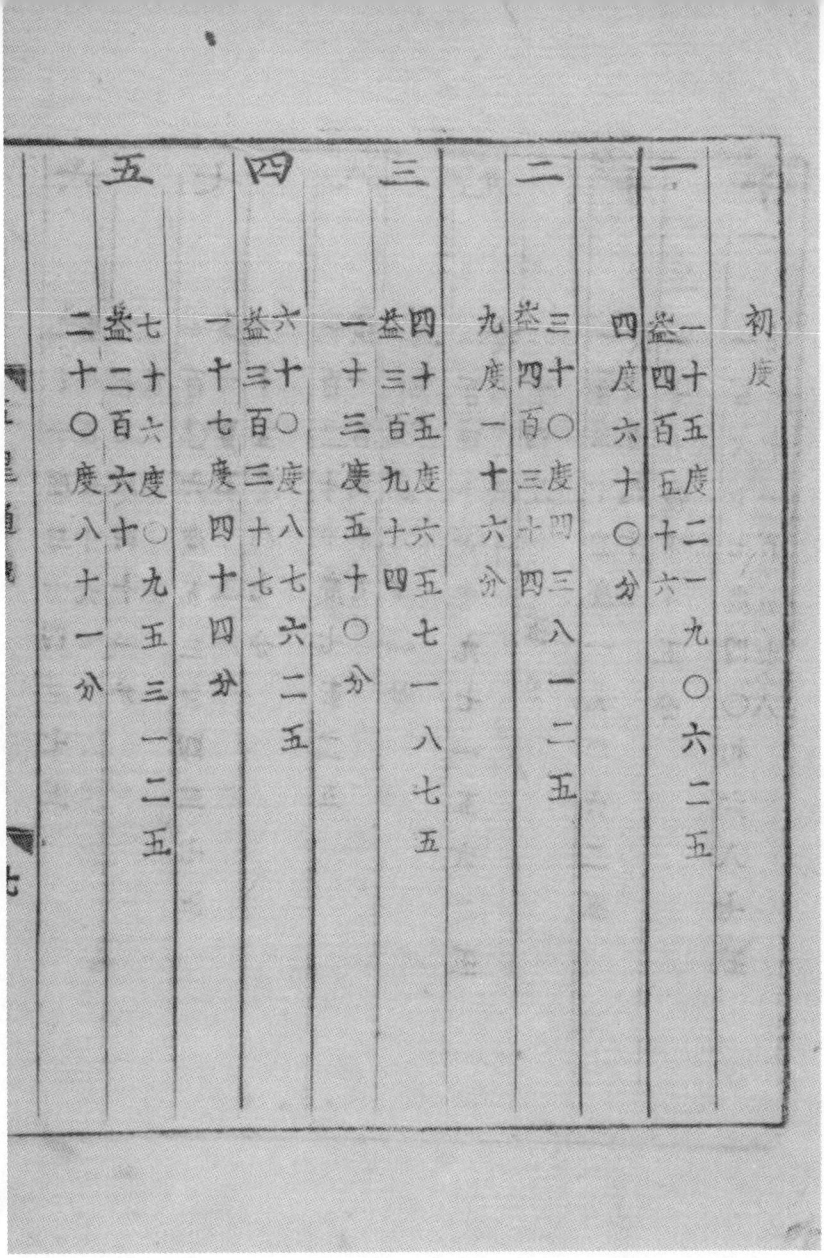

	初度		
一	一十五度二一九〇六二五	益四百五十六	四度六十〇分
二	三十〇度四三八一二五	益四百三十四	九度一十六分
三	四十五度六五七一八七五	益三百九十四	一十三度五十〇分
四	六十〇度八七六二五	益三百三十七	一十七度四十四分
五	七十六度〇九五三一二五	益二百六十	二十〇度八十一分

一	一十五度二一九〇六二五	益四百五十六	四度六十〇分
二	三十〇度四三八一二五	益四百三十四	九度一十六分
三	四十五度六五七一八七五	益三百九十四	一十三度五十〇分
四	六十〇度八七六二五	益三百三十七	一十七度四十四分
五	七十六度〇九五三一二五	益二百六十	二十〇度八十一分

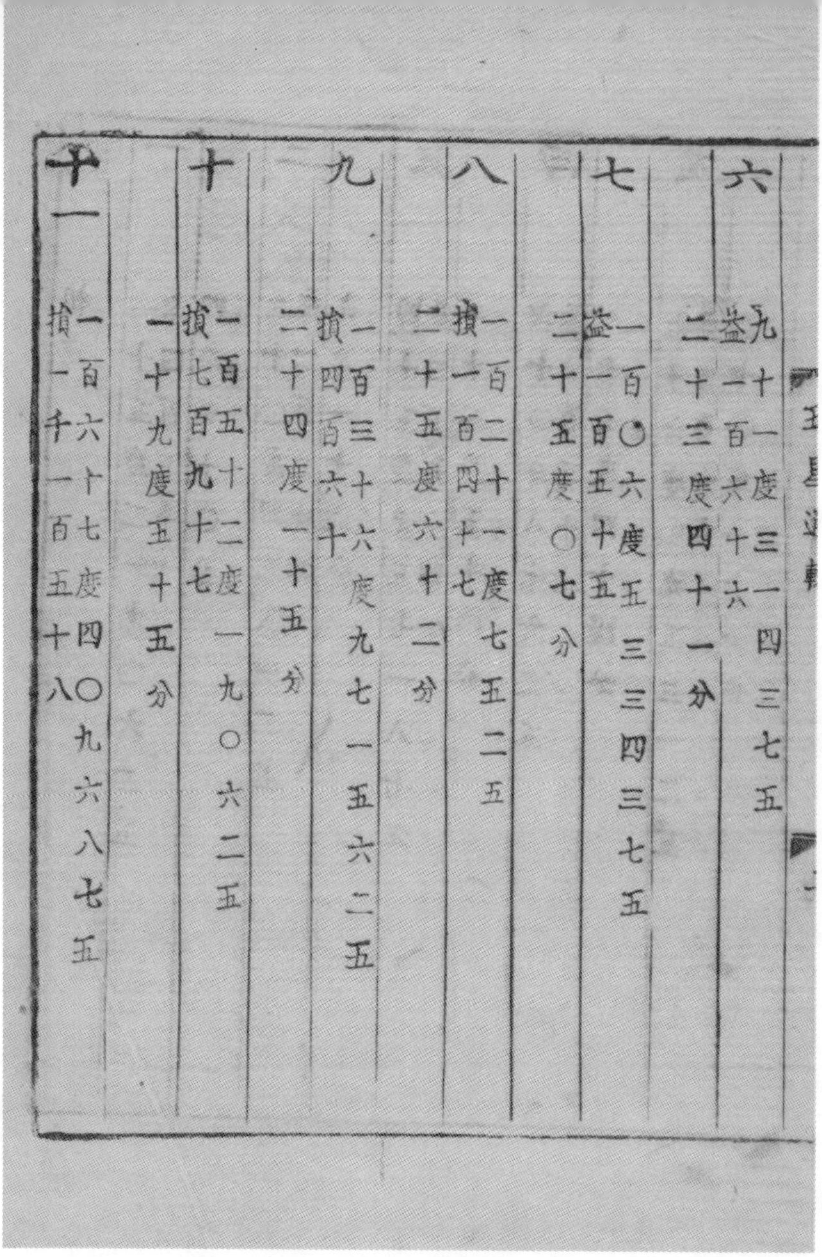

六	九十一度三一四三七五	益一百六十六	二十三度四十一分
七	一百〇六度五三三四三七五	益一百五十五	二十五度〇七分
八	一百二十一度七五二五	損一百四十七	二十五度六十二分
九	一百三十六度九七一五六二五	損四百六十	二十四度一十五分
十	一百五十二度一九〇六二五	損七百九十七	一十九度五十五分
十一	一百六十七度四〇九六八七五	損一千一百五十八	一十一度五十八分

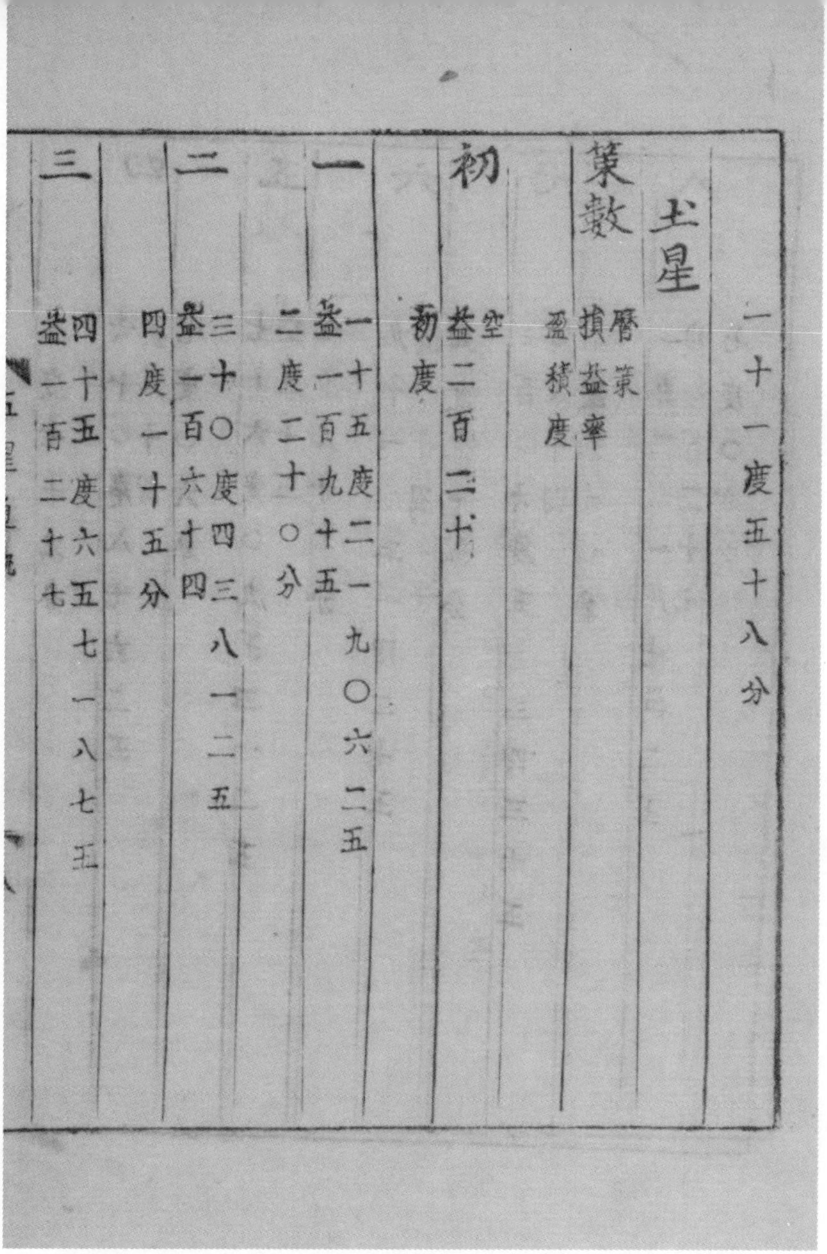

一十一度五十八分

土星

策數	曆策	損益率	盈積度
初	空	益二百二十	初度
一	一十五度二一九〇六二五	益一百九十五	二度二十〇分
二	三十〇度四三八一二五	益一百六十四	四度一十五分
三	四十五度六五七一八七五	益一百二十七	五度七十九分

土星

策數	曆策	損益率	盈積度
初	空	益二百二十	初度
一	一十五度二一九〇六二五	益一百九十五	二度二十〇分
二	三十〇度四三八一二五	益一百六十四	四度一十五分
三	四十五度六五七一八七五	益一百二十七	五度七十九分

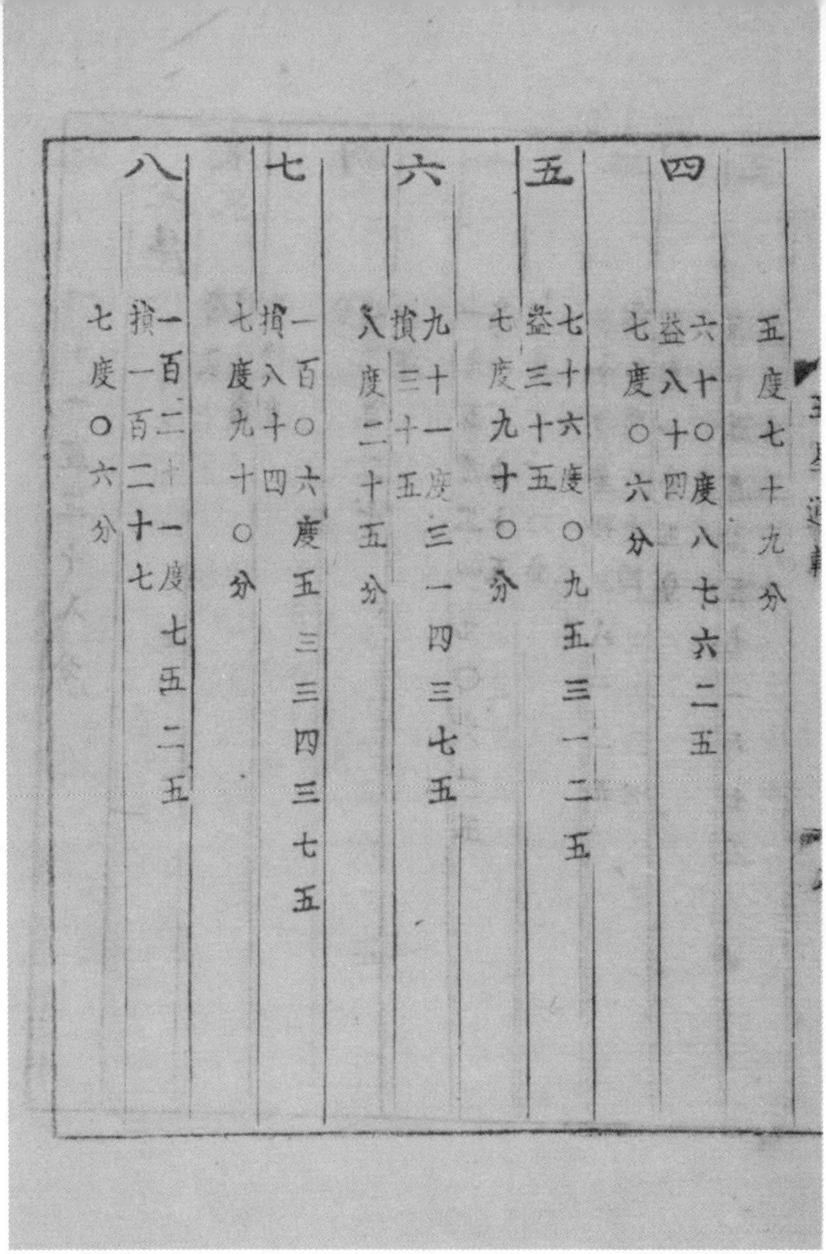

五度七十九分

四	六十〇度八七六二五	益八十四	七度〇六分
五	七十六度〇九五三一二五	益三十五	七度九十〇分
六	九十一度三一四三七五	損三十五	入度二十五分
七	一百〇六度五三三四三七五	損八十四	七度九十〇分
八	一百二十一度七五二五	損一百二十七	七度〇六分

四	六十〇度八七六二五	益八十四	七度〇六分
五	七十六度〇九五三一二五	益三十五	七度九十〇分
六	九十一度三一四三七五	損三十五	八度二十五分
七	一百〇六度五三三四三七五	損八十四	七度九十〇分
八	一百二十一度七五二五	損一百二十七	七度〇六分

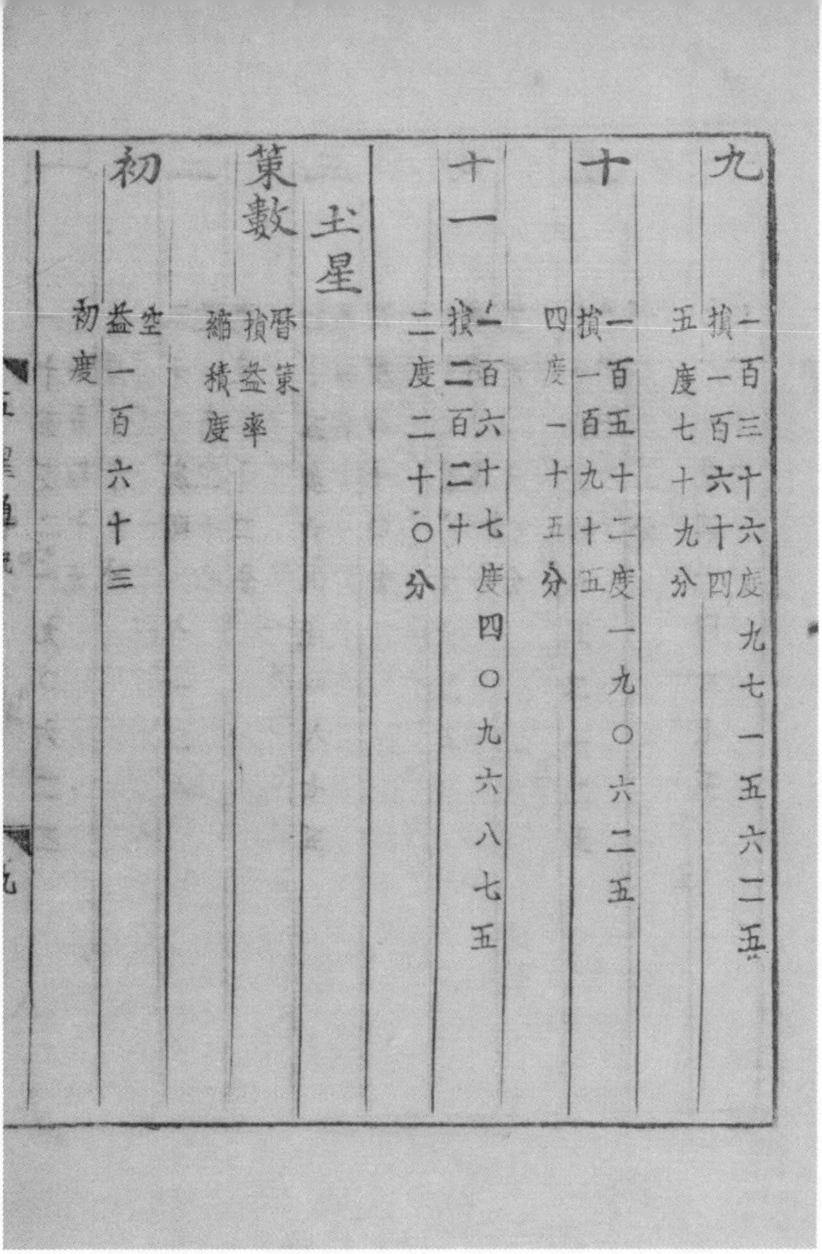

九	一百三十六度九七一五六二五	損一百六十四	五度七十九分
十	一百五十二度一九〇六二五	損一百九十五	四度一十五分
十一	一百六十七度四〇九六八七五	損二百二十	二度二十〇分

土星

策數	曆策	損益率	縮積度
初	空	益一百六十三	初度

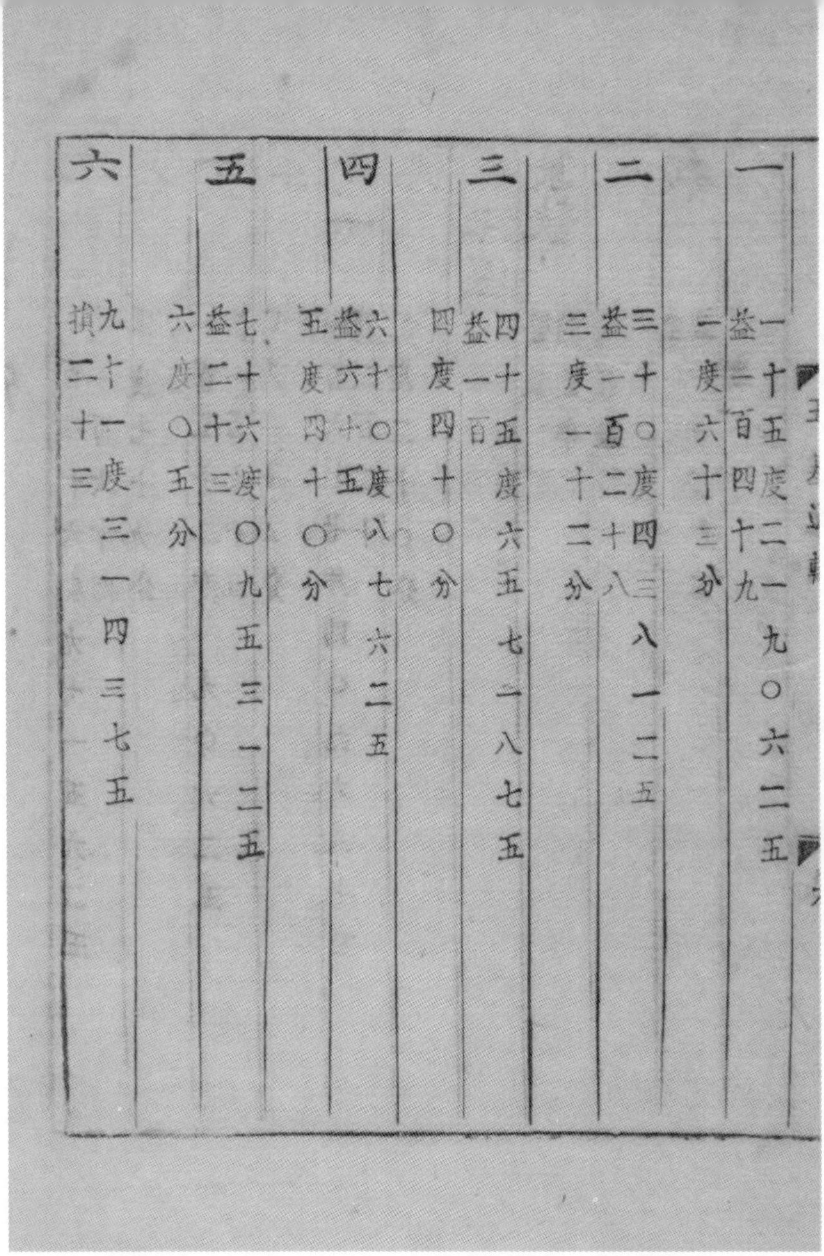

一	一十五度二一九〇六二五	益一百四十九	一度六十三分
二	三十〇度四三八一二五	益一百二十八	三度一十二分
三	四十五度六五七一八七五	益一百	四度四十〇分
四	六十〇度八七六二五	益六十五	五度四十〇分
五	七十六度〇九五三一二五	益二十三	六度〇五分
六	九十一度三一四三七五	損二十三	六度二十八分

一	一十五度二一九〇六二五	益一百四十九	一度六十三分
二	三十〇度四三八一二五	益一百二十八	三度一十二分
三	四十五度六五七一八七五	益一百	四度四十〇分
四	六十〇度八七六二五	益六十五	五度四十〇分
五	七十六度〇九五三一二五	益二十三	六度〇五分
六	九十一度三一四三七五	損二十三	六度二十八分

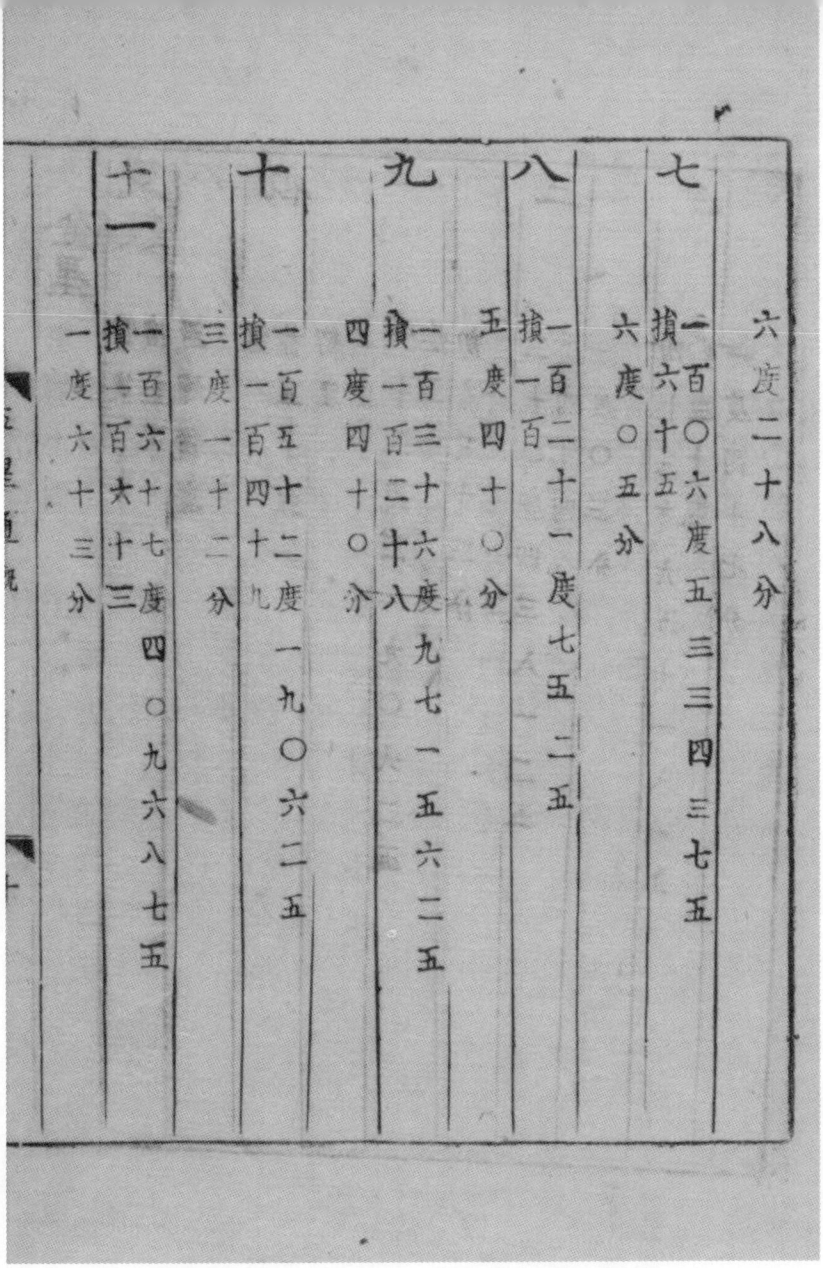

七	一百〇六度五三三四三七五	損六十五	六度〇五分
八	一百二十一度七五二五	損一百	五度四十〇分
九	一百三十六度九七一五六二五	損一百二十八	四度四十〇分
十	一百五十二度一九〇六二五	損一百四十九	三度一十二分
十一	一百六十七度四〇九六八七五	損一百六十三	一度六十三分

金星

策數	曆策	損益率	盈縮積度
初	空	益五十三	初度
一	一十五度二一九〇六二五	益五十	初度五十三分
二	三十〇度四三八一二五	益四十四	一度〇三分
三	四十五度六五七一八七五	益三十五	一度四十七分

金星

策數	曆策	損益率	損益率
初	空	益五十三	初度
一	一十五度二一九〇六二五	益五十	初度五十三分
二	三十〇度四三八一二五	益四十四	一度〇三分
三	四十五度六五七一八七五	益三十五	一度四十七分

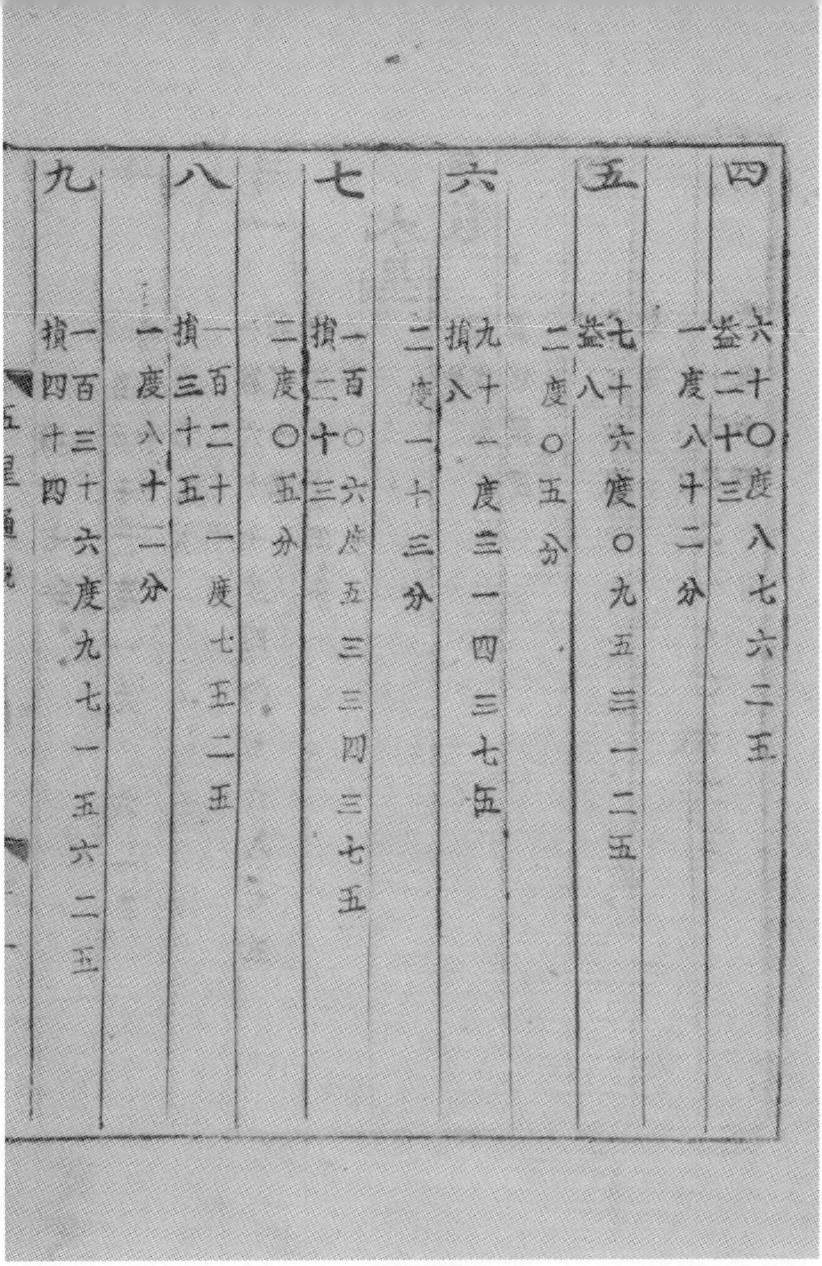

四	六十〇度八七六二五	益二十三	一度八十二分
五	七十六度〇九五三一二五	益八	二度〇五分
六	九十一度三一四三七五	損八	二度一十三分
七	一百〇六度五三三四三七五	損二十三	二度〇五分
八	一百二十一度七五二五	損三十五	一度八十二分
九	一百三十六度九七一五六二五	損四十四	一度四十七分

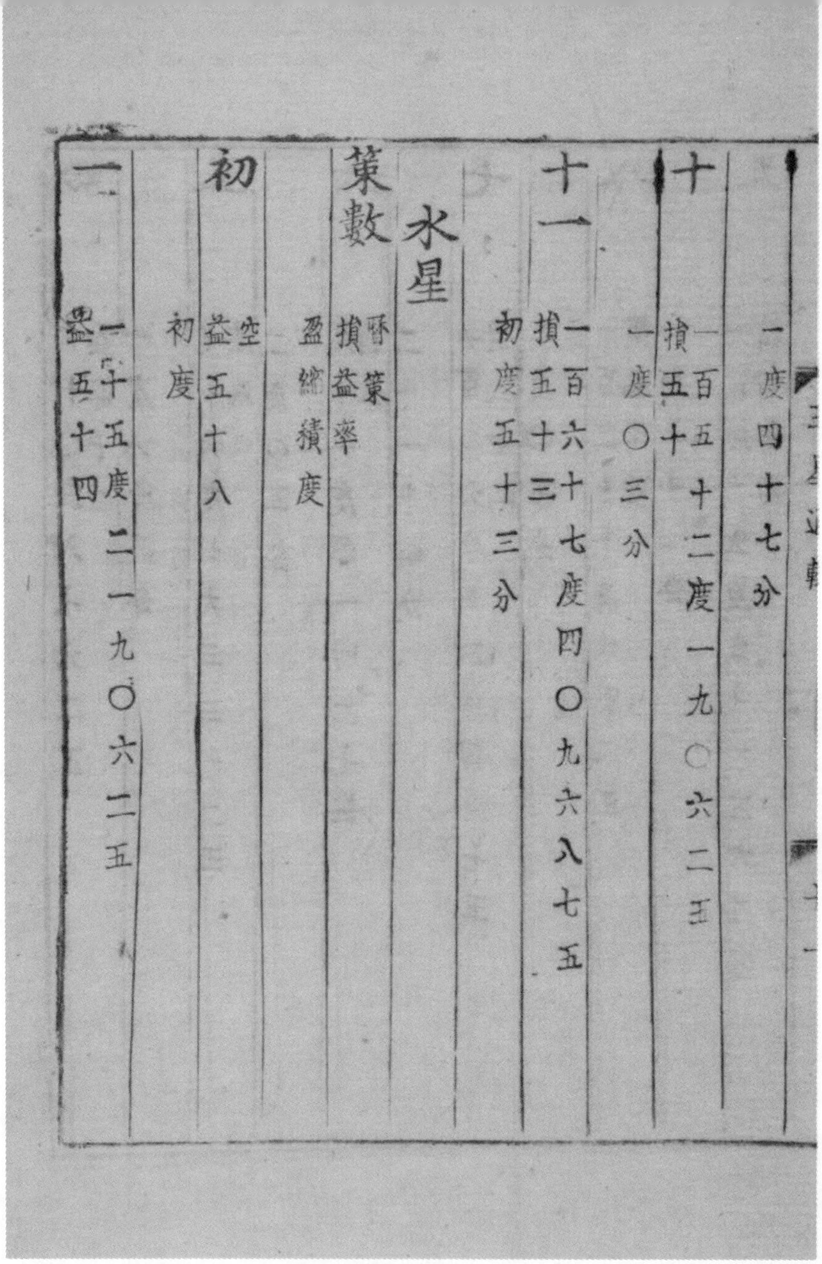

十	一百五十二度一九〇六二五	損五十	一度〇三分
十一	一百六十七度四〇九六八七五	損五十三	初度五十三分

水星

策數	曆策	損益率	盈縮積度
初	空	益五十八	初度
一	一十五度二一九〇六二五	益五十四	初度五十八分

	初度五十八分		
二	三十〇度四三八一二五	益四十七	一度一十二分
三	四十五度六五七一八七五	益三十七	一度五十九分
四	六十〇度八七六二五	益二十四	一度九十六分
五	七十六度〇九五三一二五	益八	二度二十〇分
六	九十一度三一四三七五	損八	二度二十八分

二	三十〇度四三八一二五	益四十七	一度一十二分
三	四十五度六五七一八七五	益三十七	一度五十九分
四	六十〇度八七六二五	益二十四	一度九十六分
五	七十六度〇九五三一二五	益八	二度二十〇分
六	九十一度三一四三七五	損八	二度二十八分

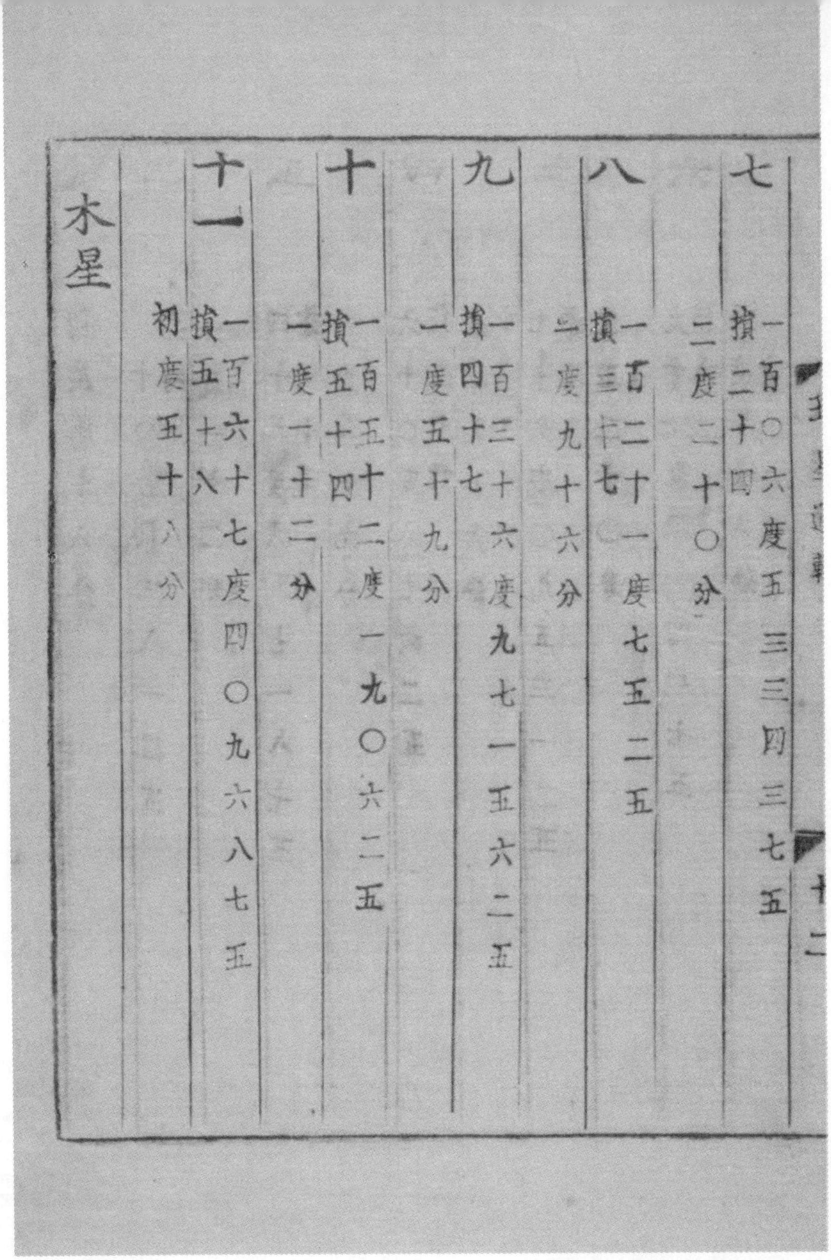

七	一百〇六度五三三四三七五	損二十四	二度二十〇分
八	一百二十一度七五二五	損三十七	一度九十七分
九	一百三十六度九七一五六二五	損四十七	一度五十九分
十	一百五十二度一九〇六二五	損五十四	一度一十二分
十一	一百六十七度四〇九六八七五	損五十八	初度五十八分

木星[1]

1 列出五星基本參數，包括周率、周日、曆率、度率、合應、曆應和伏見等，這些參數五星皆不相同。

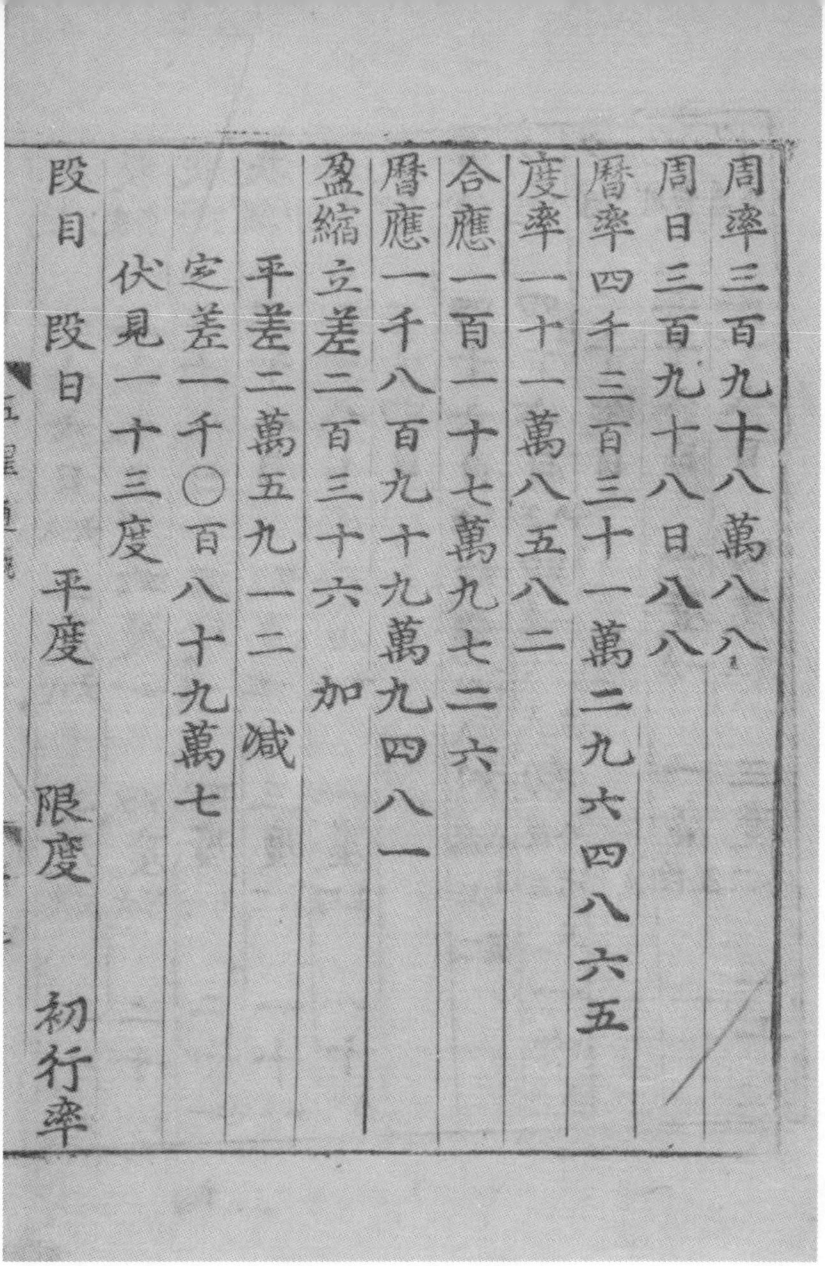

周率三百九十八萬八八
周日三百九十八日八八
曆率四千三百三十一萬二九六四八六五
度率一十一萬八五八二
合應一百一十七萬九七二六
曆應一千八百九十九萬九四八一
盈縮立差二百三十六加
平差二萬五九一二減
定差一千○百八十九萬七
伏見一十三度
段目 段日 平度 限度 初行率

周率，三百九十八萬八八。[1]
周日，三百九十八日八八。[2]
曆率，四千三百三十一萬二九六四八六五。[3]
度率，一十一萬八五八二。[4]
合應，一百一十七萬九七二六。[5]
曆應，一千八百九十九萬九四八一。[6]
盈縮立差，二百三十六，加。[7]
平差，二萬五九一二，減。
定差，一千〇百八十九萬七。
伏見，一十三度。[8]

段目[9]	段日[10]	平度[11]	限度[12]	初行率[13]

1 周率相當於五星會合週期。
2 周日為周率的日數。
3 曆率相當於五星恒星週期。
4 度率為五星行天一度所需的日數，也可換算為五星恒星週期（恒星年）。度率 = 曆率 /365.2575。
5 合應為曆元冬至與其前五星平合（曆元平合）之間的時距。
6 曆應 = 合應 + 曆元平合入曆度 × 度率，曆應值為時距。其中，曆元平合的入曆度即五星曆元平合時的平近點角（曆元平合與近日點的距度）。
7 五星盈縮平立定三差，用於求算五星運動的盈縮。
8 伏見為太陽與五星目視可見的相距最小角距。
9 五星的運動狀態被分成若干段，各星劃分的段目數和段目名稱皆不同。
10 五星在各段平均運行的日數。
11 五星在各段的實際行度，即在每個段目內平均運行的度距。
12 限度為計算五星各段段首盈縮差所需的一個參數。
13 五星的運動各段初日的運動速度。

合伏	一十六日八六	三度八六	二度九三	二十三分
晨疾初	二十八日	六度一一	四度六四	二十二分
晨疾末	二十八日	五度五一	四度一九	二十一分
晨遲初	二十八日	四度三一	三度二八	一十八分
晨遲末	二十八日	一度九一	一度四五	一十二分
晨留	二十四日			
晨退	四十六日五八	四度八八一二五	初度三二八七五	
夕退	四十六日五八	四度八八一二五	初度三二八七五	一十六分
夕留	二十四日			
夕遲初	二十八日	一度九一	一度四五	
夕遲末	二十八日	四度三一	三度二八	一十二分

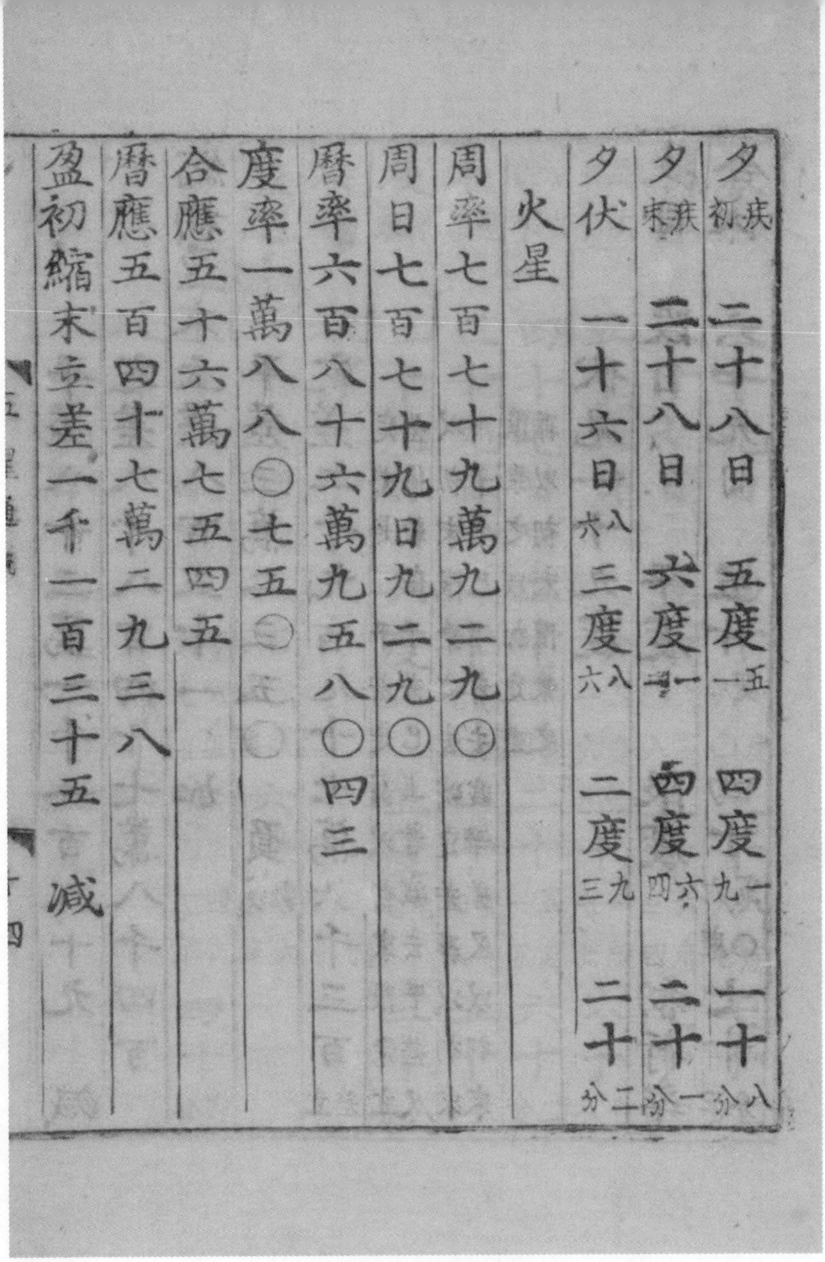
夕疾初 二十八日 五度五一 四度一九 一十八分
夕疾末 二十八日 六度一一 四度六四 二十一分
夕伏 一十六日八六 三度八六 二度九三 二十二分
火星
周率七百七十九萬九二九〇
周日七百七十九日九二九〇
曆率六百八十六萬九五八〇四三
度率一萬八八〇七五〇
合應五十六萬七五四五
曆應五百四十七萬二九三八
盈初縮末立差一千一百三十五減

夕疾初	二十八日	五度五一	四度一九	一十八分
夕疾末	二十八日	六度一一	四度六四	二十一分
夕伏	一十六日八六	三度八六	二度九三	二十二分

火星

周率，七百七十九萬九二九〇。

周日，七百七十九日九二九〇。

曆率，六百八十六萬九五八〇四三。

度率，一萬八八〇七五〇。

合應，五十六萬七五四五。

曆應，五百四十七萬二九三八。

盈初縮末立差，一千一百三十五，減。

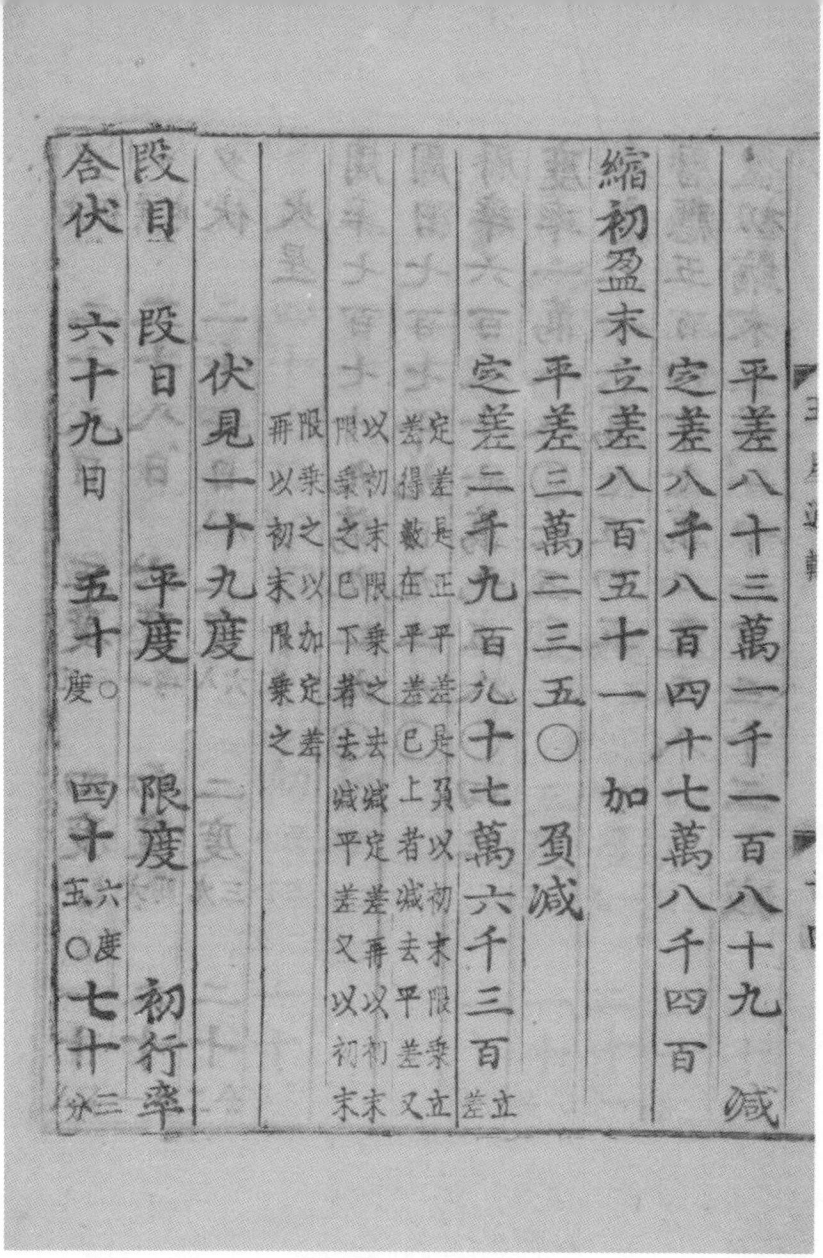
平差八十三萬一千一百八十九減
定差八千八百四十七萬八千四百
縮初盈末立差八百五十一加
平差三萬二三五〇負減
定差二千九百九十七萬六千三百
立差定差是正平差是負以初末限乘立差得數在平差已上者減去平差又以初末限乘之去減定差再以初末限乘之已下者去減平差又以初末限乘之以加定差再以初末限乘之
伏見一十九度
段目 段日 平度 限度 初行率
合伏 六十九日 五十〇度 四十六度五〇 七十三分

平差，八十三萬一千一百八十九，減。

定差，八千八百四十七萬八千四百。

縮初盈末立差，八百五十一，加。

平差，三萬二三五〇，負減。

定差，二千九百九十七萬六千三百。

立差、定差是正，平差是負，以初末限乘立差，得數在平差已上者，減去平差，又以初末限乘之，去減定差，再以初末限乘之。已下者，去減平差，又以初末限乘之，以加定差，再以初末限乘之。

伏見，一十九度。

段目	段日	平度	限度	初行率
合伏	六十九日	五十〇度	四十六度五〇	七十三分

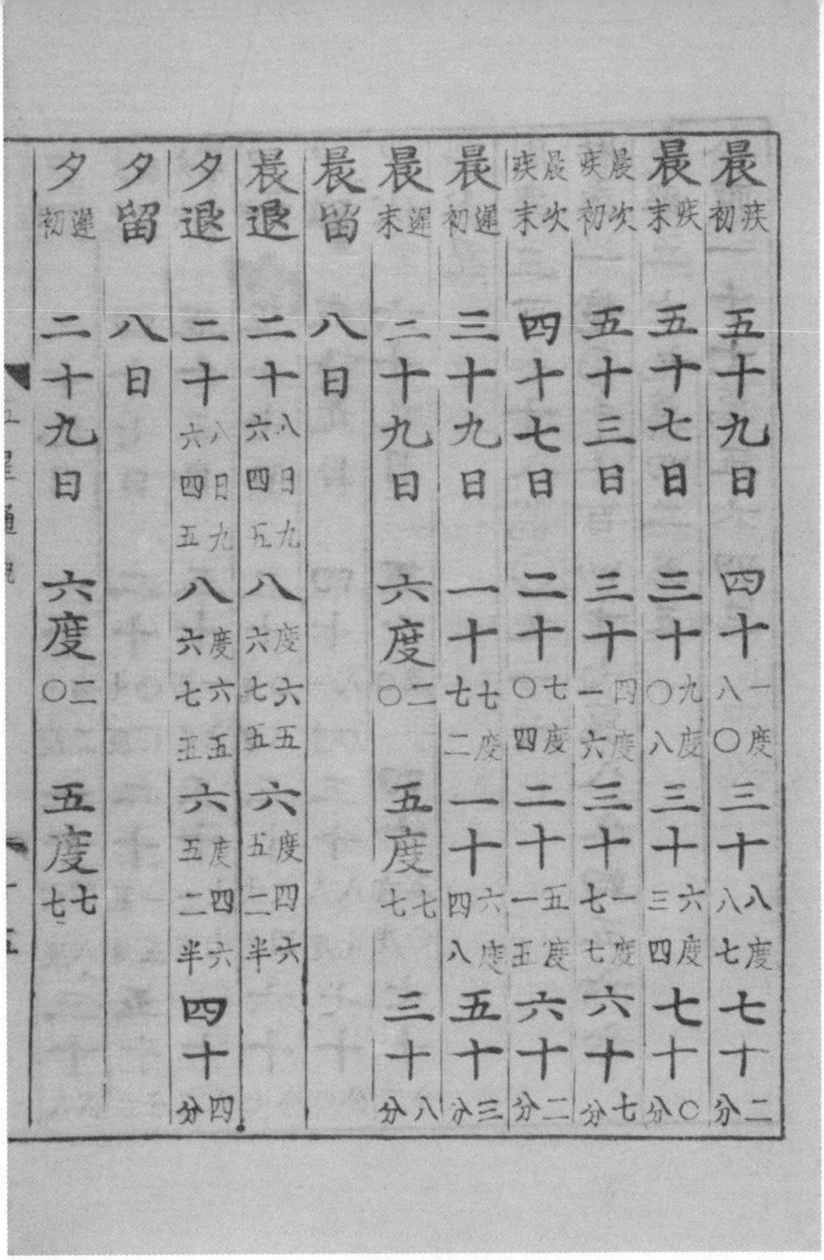

晨疾初	五十九日	四十一度八○	三十八度八七	七十二分
晨疾末	五十七日	三十九度○八	三十六度三四	七十○分
晨次疾末	五十三日	三十四度一六	三十一度七七	六十七分
晨次疾末	四十七日	二十七度○四	二十五度一五	六十二分
晨遲初	三十九日	一十七度七二	一十六度四八	五十三分
晨遲末	二十九日	六度二○	五度七七	三十八分
晨留	八日			
晨退	二十八日九六四五	八度六五六七五	六度四六五二半	
夕退	二十八日九六四五	八度六五六七五	六度四六五二半	四十四分
夕留	八日			
夕遲初	二十九日	六度二○	五度七七	

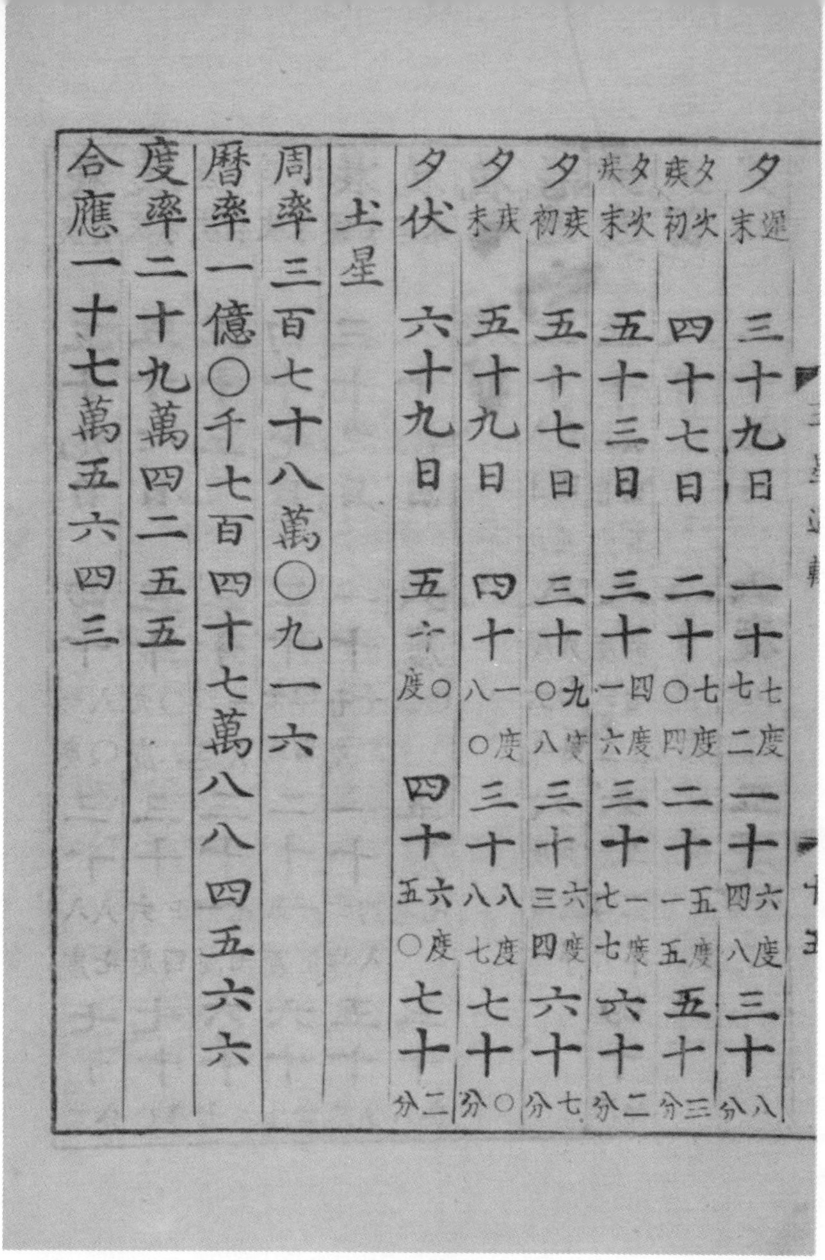

夕遲末	三十九日	一十七度七二	一十六度四八	三十八分
夕次疾初	四十七日	二十七度〇四	二十五度一五	五十三分
夕次疾末	五十三日	三十四度一六	三十一度七七	六十二分
夕疾初	五十七日	三十九度〇八	三十六度三四	六十七分
夕疾末	五十九日	四十一度八〇	三十八度八七	七十〇分
夕伏	六十九日	五十〇度	四十六度五〇	七十二分

土星

周率，三百七十八萬〇九一六。

曆率，一億〇千七百四十七萬八八四五六六。

度率，二十九萬四二五五。

合應，一十七萬五六四三。

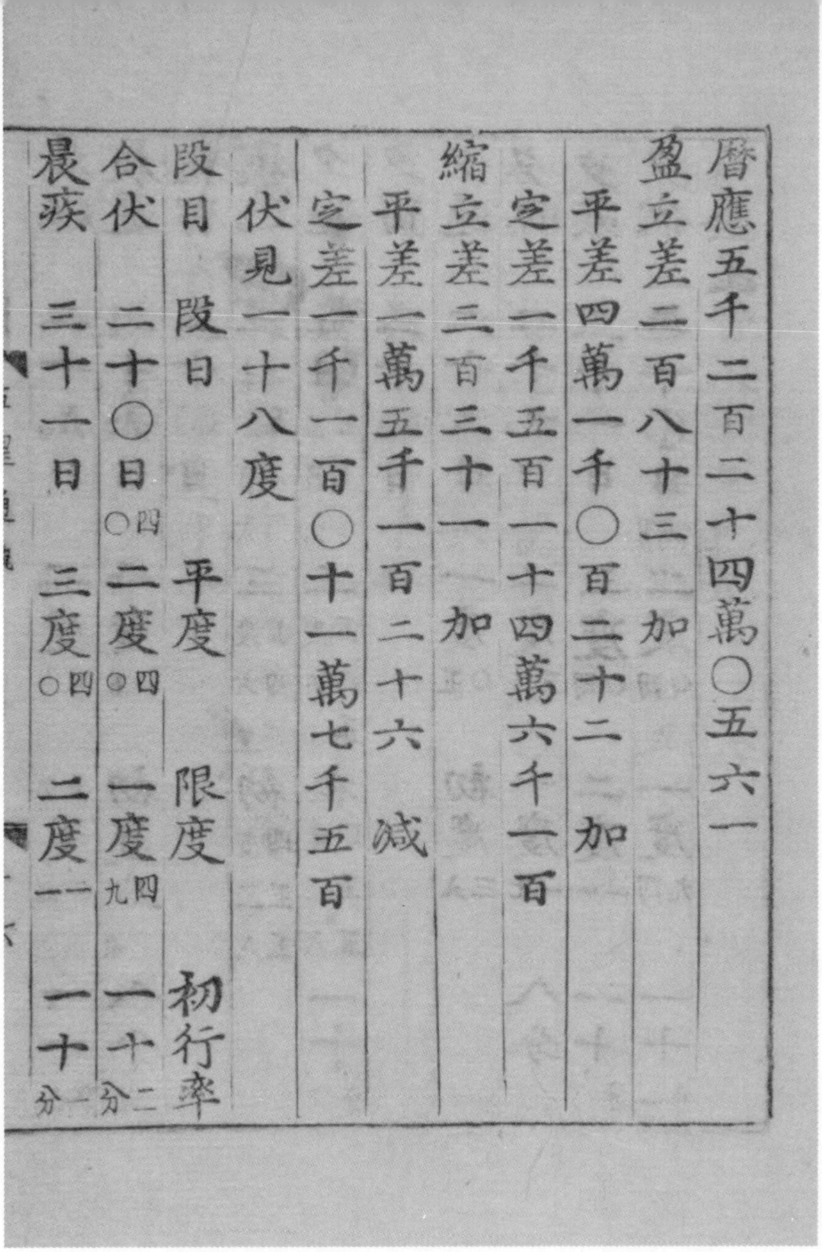

曆應，五千二百二十四萬〇五六一。

盈立差，二百八十三，加。

平差，四萬一千〇百二十二，加。

定差，一千五百一十四萬六千一百。

縮立差，三百三十一，加。

平差，一萬五千一百二十六，減。

定差，一千一百〇十一萬七千五百。

伏見，一十八度。

段目	段日	平度	限度	初行率
合伏	二十〇日四〇	二度四〇	一度四九	一十二分
晨疾	三十一日	三度四〇	二度一一	一十一分

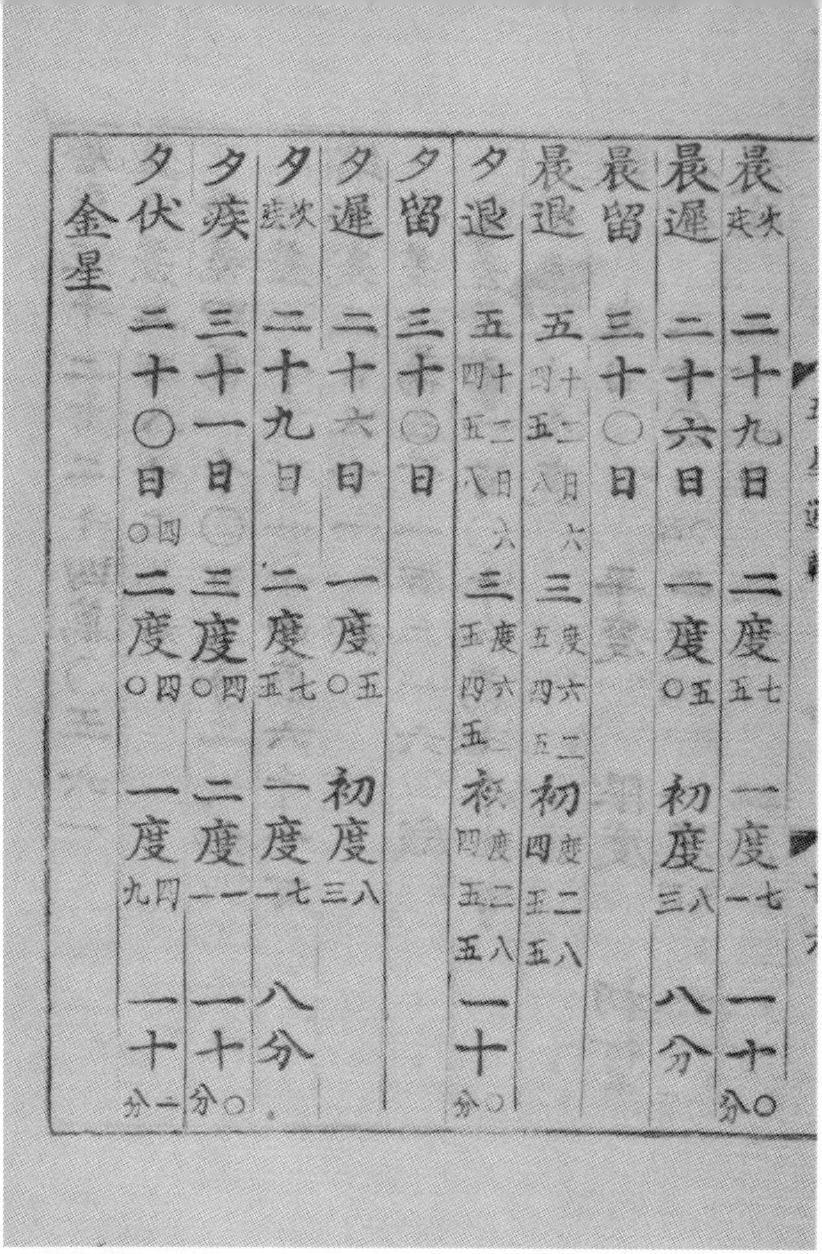

晨次疾	二十九日	二度七五	一度七一	一十〇分
晨遲	二十六分	一度五〇	初度八三	八分
晨留	三十〇日			
晨退	五十二日六四五八	三度六二五四五	初度二八四五五	
夕退	五十二日六四五八	三度六二五四五	初度二八四五五	一十〇分
夕留	三十〇日			
夕遲	二十六分	一度五〇	初度八三	
夕次疾	二十九日	二度七五	一度七一	八分
夕疾	三十一日	三度四〇	二度一一	一十〇分
夕伏	二十〇日四〇	二度四〇	一度四九	一十一分

金星

周率，五百八十三萬九〇二六。

曆率，三百六十五萬二五七五。

度率，一萬。

合應，五百七十一萬六三三〇。

曆應，一十一萬九六三九。

盈縮立差，一百四十一，加。

平差，三，減。

定差，三百五十一萬五千五百。

伏見，一十度半。

段目	段日	平度	限度	初行率
合伏	三十九日	四十九度五〇	四十七度六四	一度二七五

夕疾初	五十二日	六十五度五〇	六十三度〇四	一度二六五
夕疾末	四十九日	六十一度	五十八度七一	一度二五五
夕次疾初	四十二日	五十〇度二五	四十八度三六	一度二三五
夕次疾末	三十九日	四十二度五〇	四十〇度九〇	一度一六
夕遲初	三十三日	二十七度	二十五度九九	一度〇二
夕遲末	一十六日	四度二五	四度〇九	初度六二
夕留	五日			
夕退	一十〇日九五一三	三度六九八七	一度五九一三	
夕退伏	六日	四度三五	一度六三	六十一分
合退伏	六日	四度三五	一度六三	八十二分
晨退	一十〇日九五一三	三度六九八七	一度五九一三	六十一分

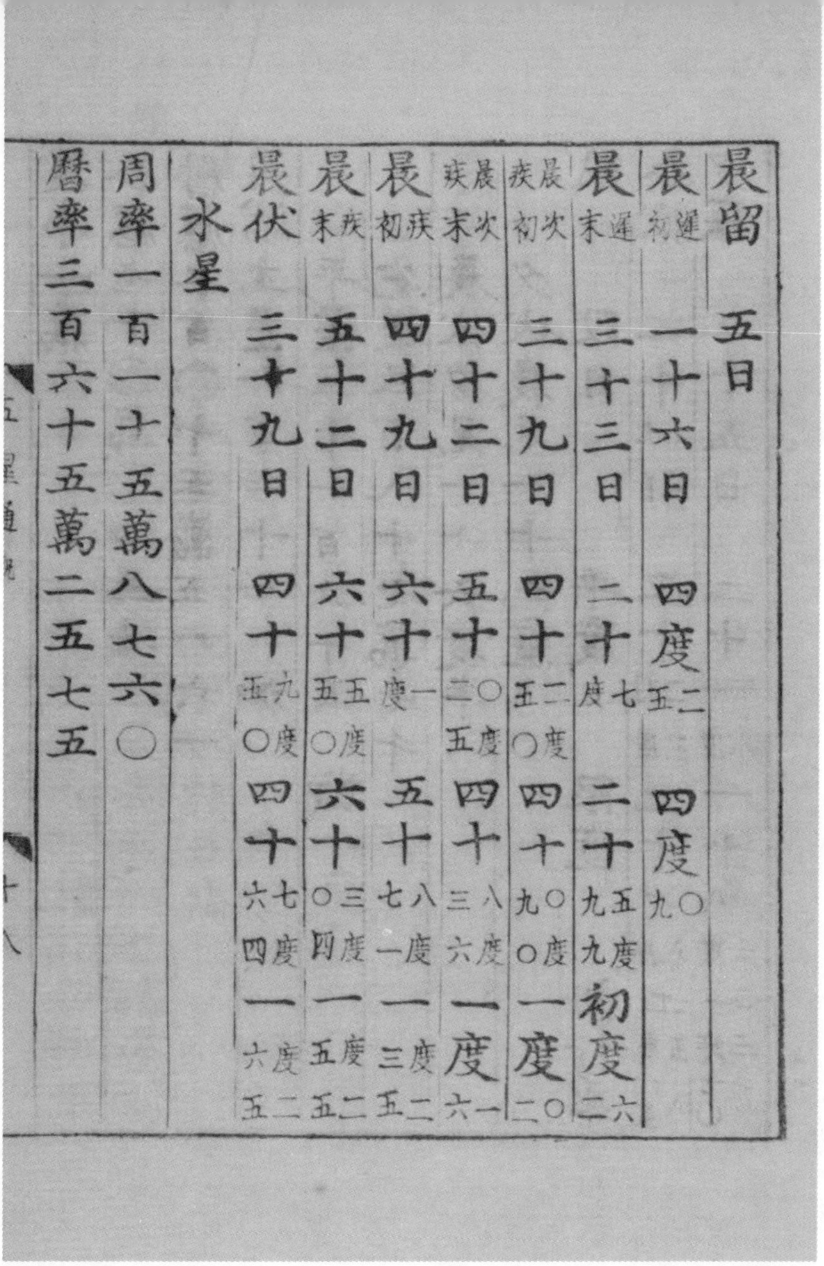

晨留	五日			
晨遲初	一十六日	四度二五	四度〇九	
晨遲末	三十三日	二十七度	二十五度九九	初度六二
晨次疾初	三十九日	四十二度五〇	四十〇度九〇	一度〇二
晨次疾末	四十二日	五十〇度二五	四十八度三六	一度一六
晨疾初	四十九日	六十一度	五十八度七一	一度二三五
晨疾末	五十二日	六十五度五〇	六十三度〇四	一度二五五
晨伏	三十九日	四十九度五〇	四十七度六四	一度二六五

水星

周率，一百一十五萬八七六〇。

曆率，三百六十五萬二五七五。

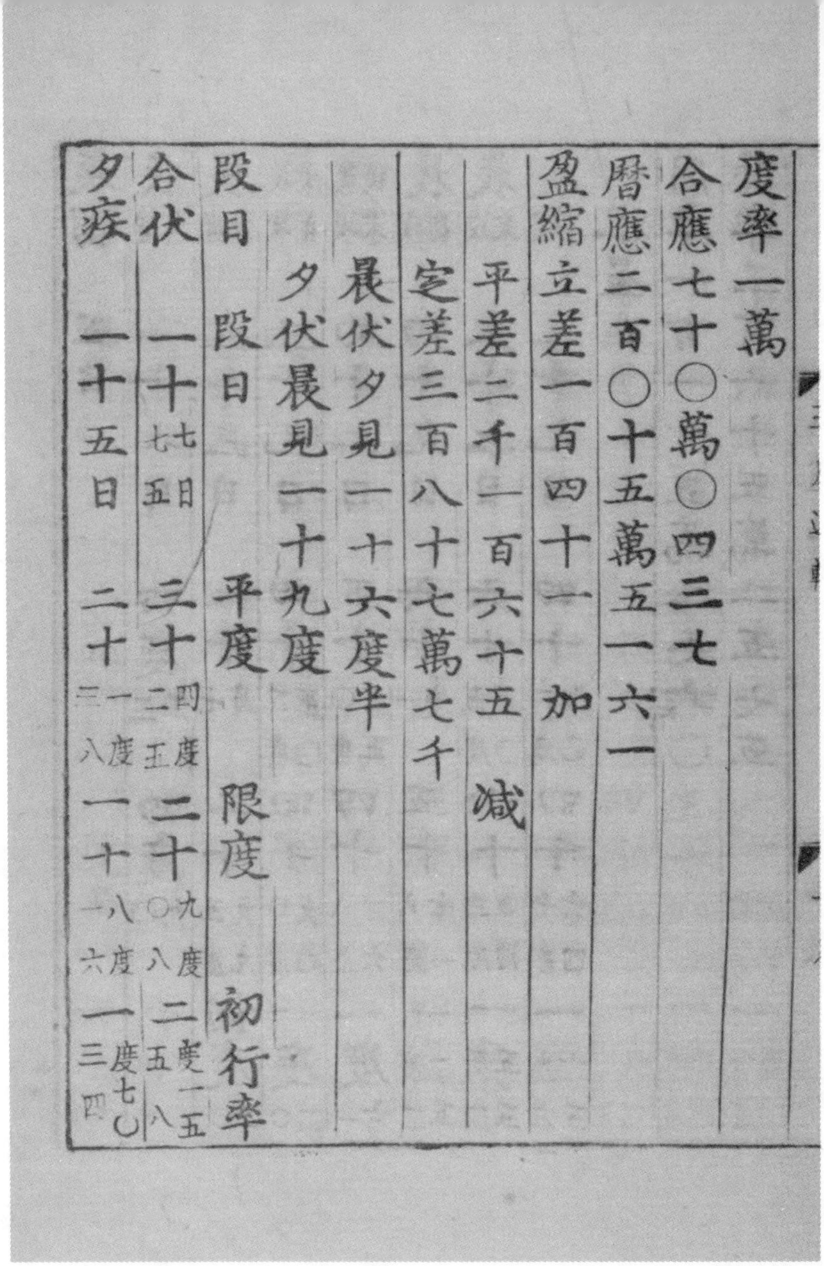

度率，一萬。

合應，七十〇萬〇四三七。

曆應，二百〇十五萬五一六一。

盈縮立差，一百四十一，加。

平差，二千一百六十五，減。

定差，三百八十七萬七千。

晨伏夕見，一十六度半。

夕伏晨見，一十九度。

段目	段日	平度	限度	初行率
合伏	一十七日七五	三十四度二五	二十九度〇八	二度一五五八
夕疾	一十五日	二十一度三八	一十八度一六	一度七〇三四

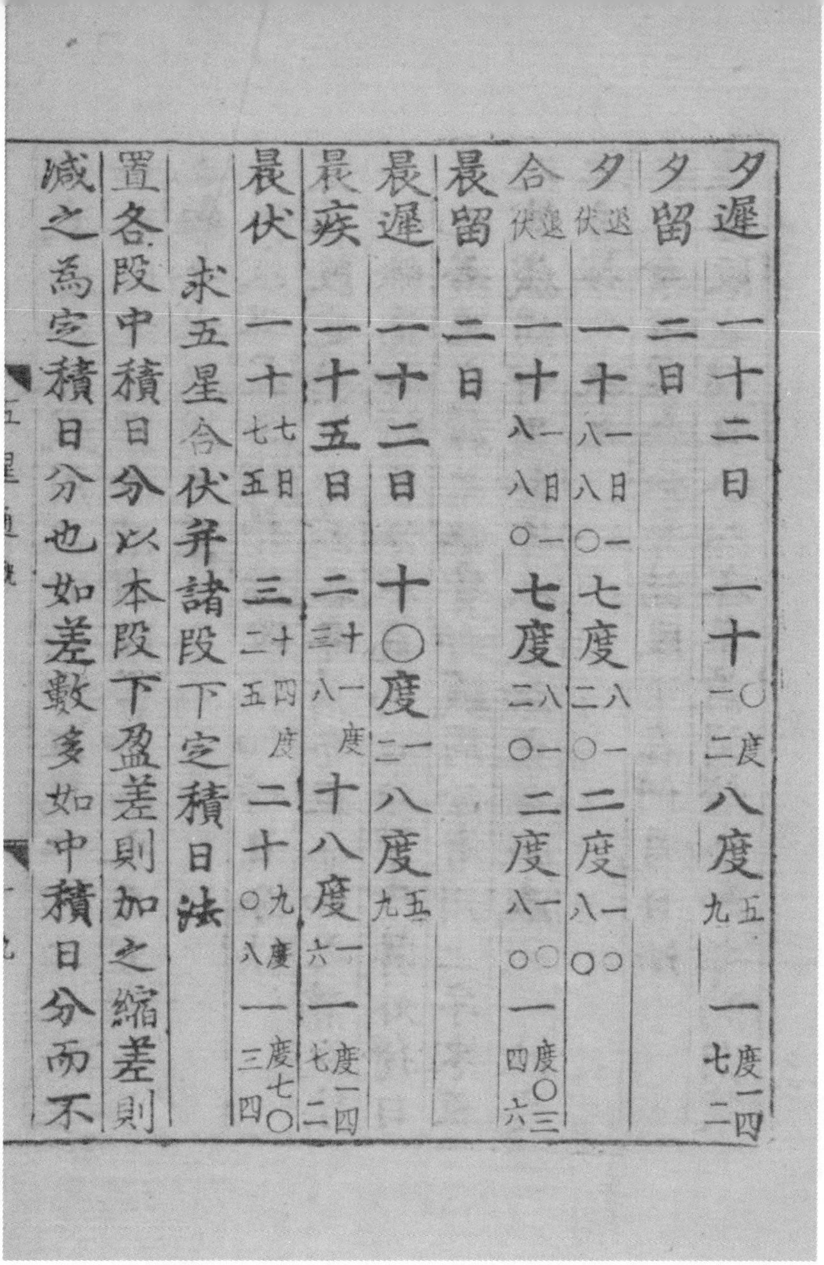

夕遲	一十二日	一十〇度一二	八度五九	一度一四七二
夕留	二日			
夕退伏	一十一日一八八〇	七度八一二〇	二度一〇八〇	
合退伏	一十一日一八八〇	七度八一二〇	二度一〇八〇	一度〇三四六
晨留	二日			
晨遲	一十二日	十〇度一二	八度五九	
晨疾	一十五日	二十一度三八	十八度一六	一度一四七二
晨伏	一十七日七五	三十四度二五	二十九度〇八	一度七〇三四

求五星合伏并諸段下定積日法

置各段中積日分，以本段下盈差則加之，縮差則減之，為定積日分也。如差數多如中積日分而不

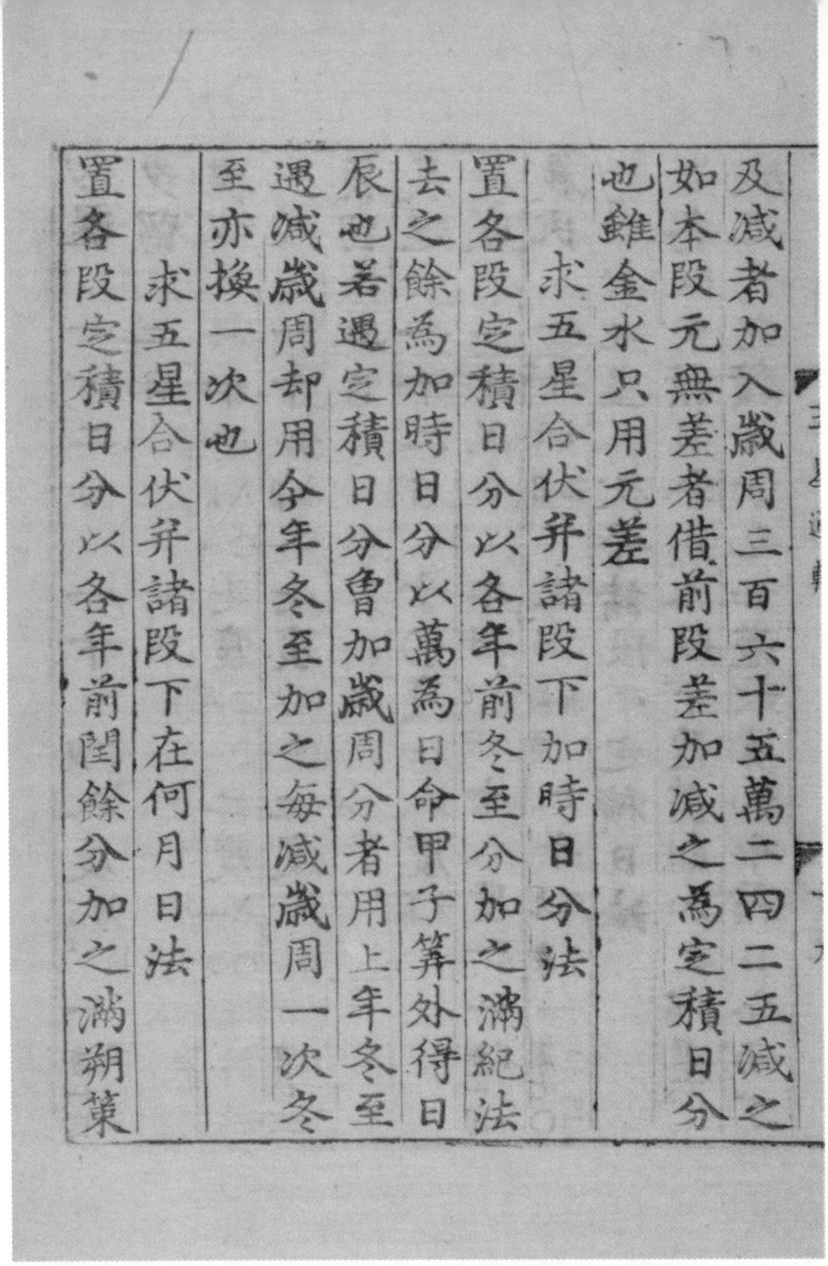
及減者加入歲周三百六十五萬二四二五減之
如本段元無差者借前段差加減之爲定積日分
也雖金水只用元差
求五星合伏并諸段下加時日分法
置各段定積日分以各年前冬至分加之滿紀法
去之餘爲加時日分以萬爲日命甲子筭外得日
辰也若遇定積日分曾加歲周分者用上年冬至
遇減歲周却用今年冬至加之每減歲周一次冬
至亦換一次也
求五星合伏并諸段下在何月日法
置各段定積日分以各年前閏餘分加之滿朔策

及減者，加入歲周三百六十五萬二四二五減之。如本段元無差者，借前段差加減之，為定積日分也，雖金水只用元差。[1]

求五星合伏并諸段下加時日分法

置各段定積日分，以各年前冬至分加之，滿紀法去之，餘為加時日分。以萬為日，命甲子筭外得辰也。若遇定積日分曾加歲周分者，用上年冬至遇減歲周，却用今年冬至加之，每減歲周一次，冬至亦換一次也。[2]

求五星合伏并諸段下在何月日法

置各段定積日分，以各年前閏餘分加之，滿朔策

1 諸段定積日 = 各段中積 ± 盈縮差，盈加縮減。

2 以歲前冬至日分加定積日，滿紀法 60 去之，至不滿紀法，求得加時日分。

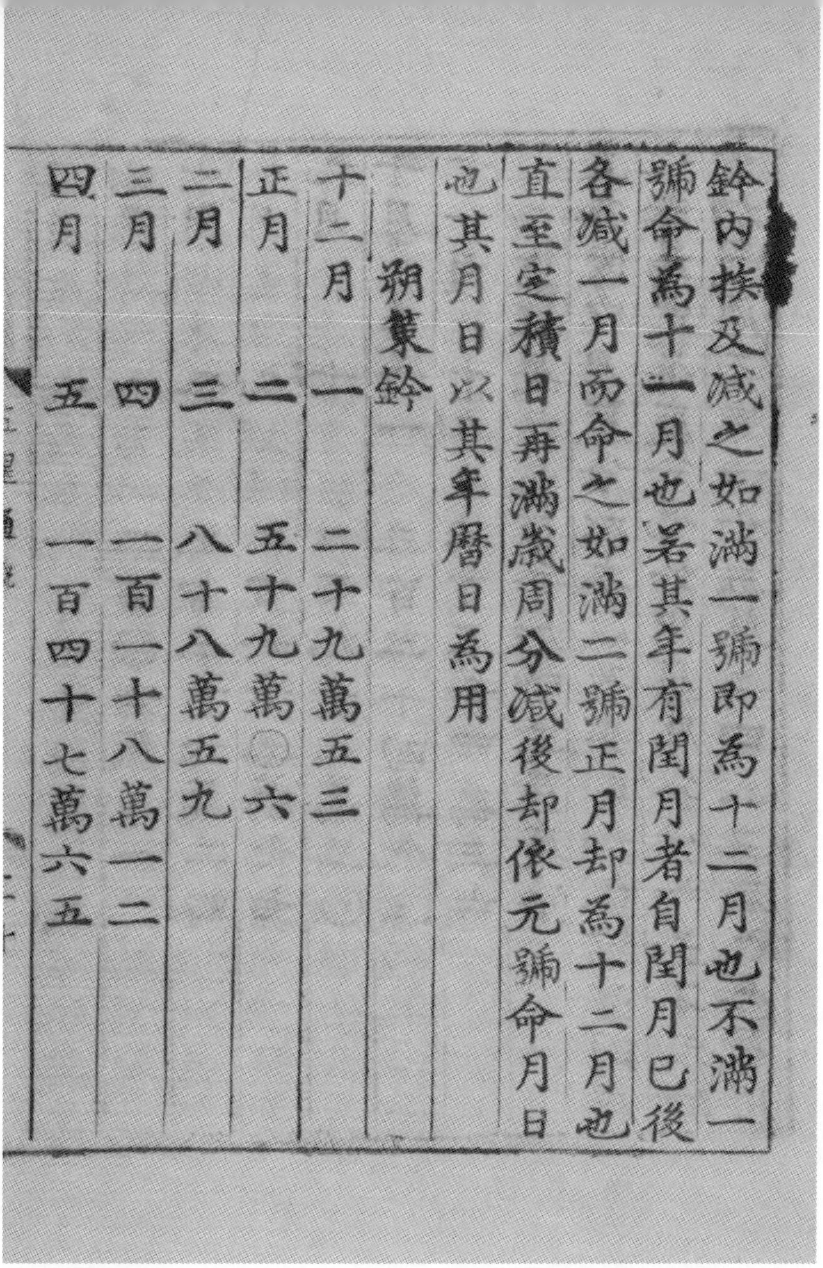
鈐內挨及減之如滿一號即為十二月也不滿一
號命為十一月也若其年有閏月者自閏月已後
各減一月而命之如滿二號正月却為十二月也
直至定積日再滿歲周分減後却依元號命月日
也其月日以其年曆為用
朔策鈐

十二月	一	二十九萬五三
正月	二	五十九萬〇六
二月	三	八十八萬五九
三月	四	一百一十八萬一二
四月	五	一百四十七萬六五

鈐內挨及減之，如滿一號，即為十二月也，不滿一號，命為十一月也。若其年有閏月者，自閏月已後，各減一月而命之。如滿二號，正月却為十二月也。直至定積日再滿歲周分，減後却依元號命月日也。其月日以其年曆為用。[1]

朔策鈐[2]

十二月	一	二十九萬五三
正月	二	五十九萬〇六
二月	三	八十八萬五九
三月	四	一百一十八萬一二
四月	五	一百四十七萬六五

1 諸段月數 =Int[（各段定積日分＋天正閏餘）/ 朔策］，所在月日數 =(諸段定積＋天正閏餘）mod 朔策。

2 朔策的一至十二的整數倍。

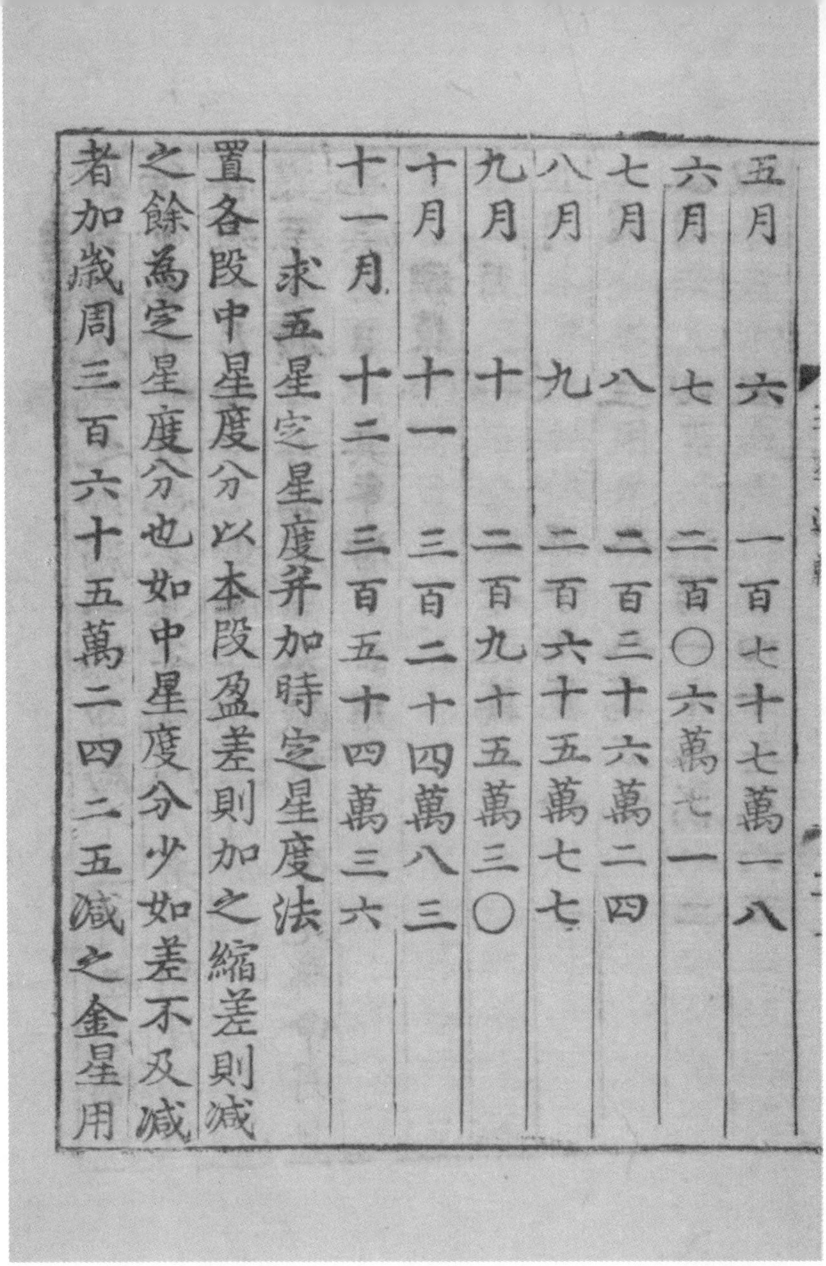
五月 六 一百七十七萬一八
六月 七 二百〇六萬七一
七月 八 二百三十六萬二四
八月 九 二百六十五萬七七
九月 十 二百九十五萬三〇
十月 十一 三百二十四萬八三
十一月 十二 三百五十四萬三六
求五星定星度并加時定星度法
置各段中星度分以本段盈差則加之縮差則減
之餘爲定星度分也如中星度分少如差不及減
者加歲周三百六十五萬二四二五減之金星用

五月	六	一百七十七萬一八
六月	七	二百〇六萬七一
七月	八	二百三十六萬二四
八月	九	二百六十五萬七七
九月	十	二百九十五萬三〇
十月	十一	三百二十四萬八三
十一月	十二	三百五十四萬三六

求五星定星度并加時定星度法

置各段中星度分，以本段盈差則加之，縮差則減之，餘為定星度分也。如中星度分少如差，不及減者，加歲周三百六十五萬二四二五減之。金星用

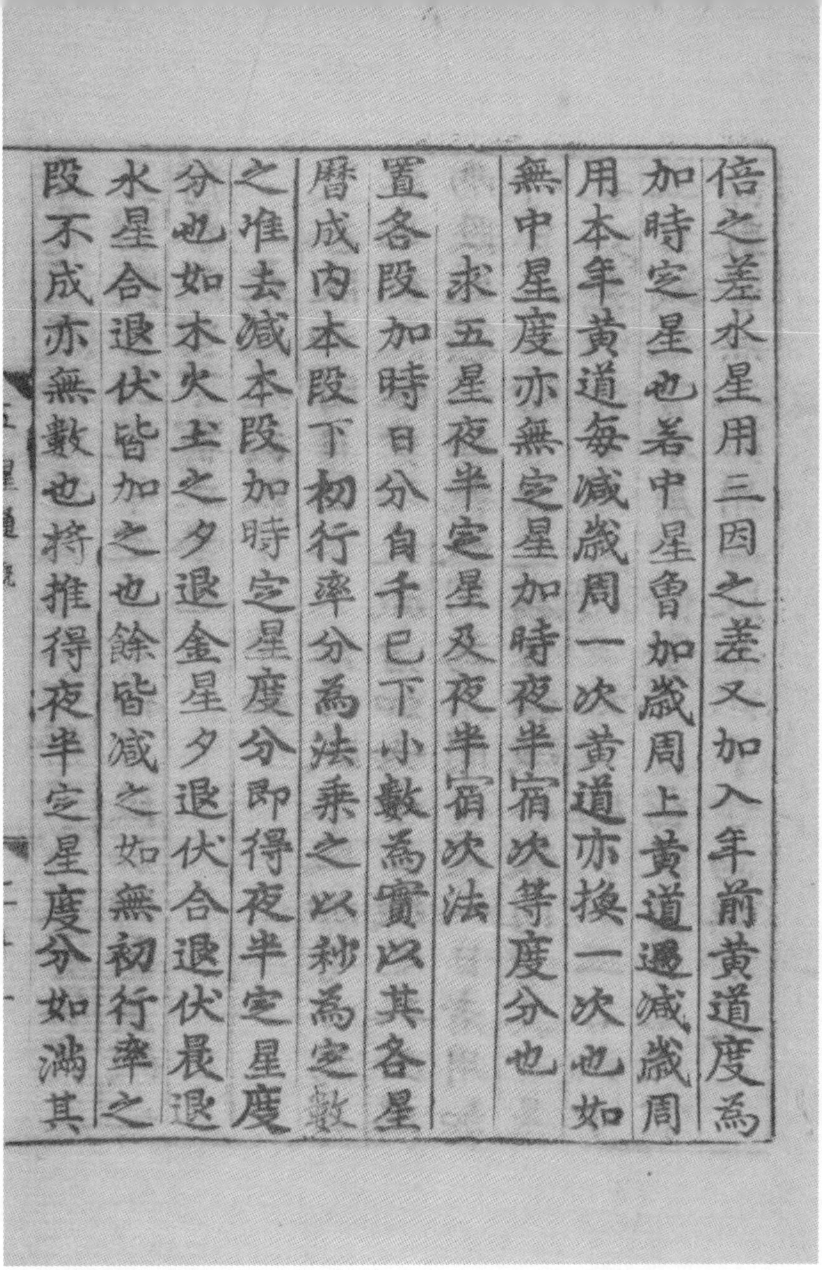
倍之差水星用三因之差又加入年前黄道度為
加時定星也若中星曾加歲周上黄道遇減歲周
用本年黄道每減歲周一次黄道亦換一次也如
無中星度亦無定星加時夜半宿次等度分也
求五星夜半定星及夜半宿次法
置各段加時日分自千已下小數為實以其各星
曆成内本段下初行率分為法乘之以秒為定數
之准去減本段加時定星度分即得夜半定星度
分也如木火土之夕退金星夕退伏合退伏晨退
水星合退伏皆加之也餘皆減之如無初行率之
段不成亦無數也將推得夜半定星度分如滿其

倍之差，水星用三因之差。[1] 又加入年前黄道度，為加時定星也。[2] 若中星曾加歲周上，黄道遇減歲周，用本年黄道，每減歲周一次，黄道亦换一次也。如無中星度，亦無定星加時夜半宿次等度分也。

求五星夜半定星及夜半宿次法

置各段加時日分自千已下小數為實，以其各星曆成内本段下初行率分為法乘之，以秒為定數之准，去減本段加時定星度分，即得夜半定星度分也。[3] 如木、火、土之夕退，金星夕退伏、合退伏、晨退，水星合退伏，皆加之也。餘皆減之。如無初行率之段，不成亦無數也。將推得夜半定星度分，如滿其

1 諸段定星 = 各段中星 ± 盈縮差，盈加縮減，其中金星用兩倍盈縮差，水星用三倍盈縮差。

2 諸段加時定星 = 諸段定星 + 天正冬至黄道日度。

3 通过本段加時定星度分求得夜半定星度分，滿黄道積度減之後，得到宿次。

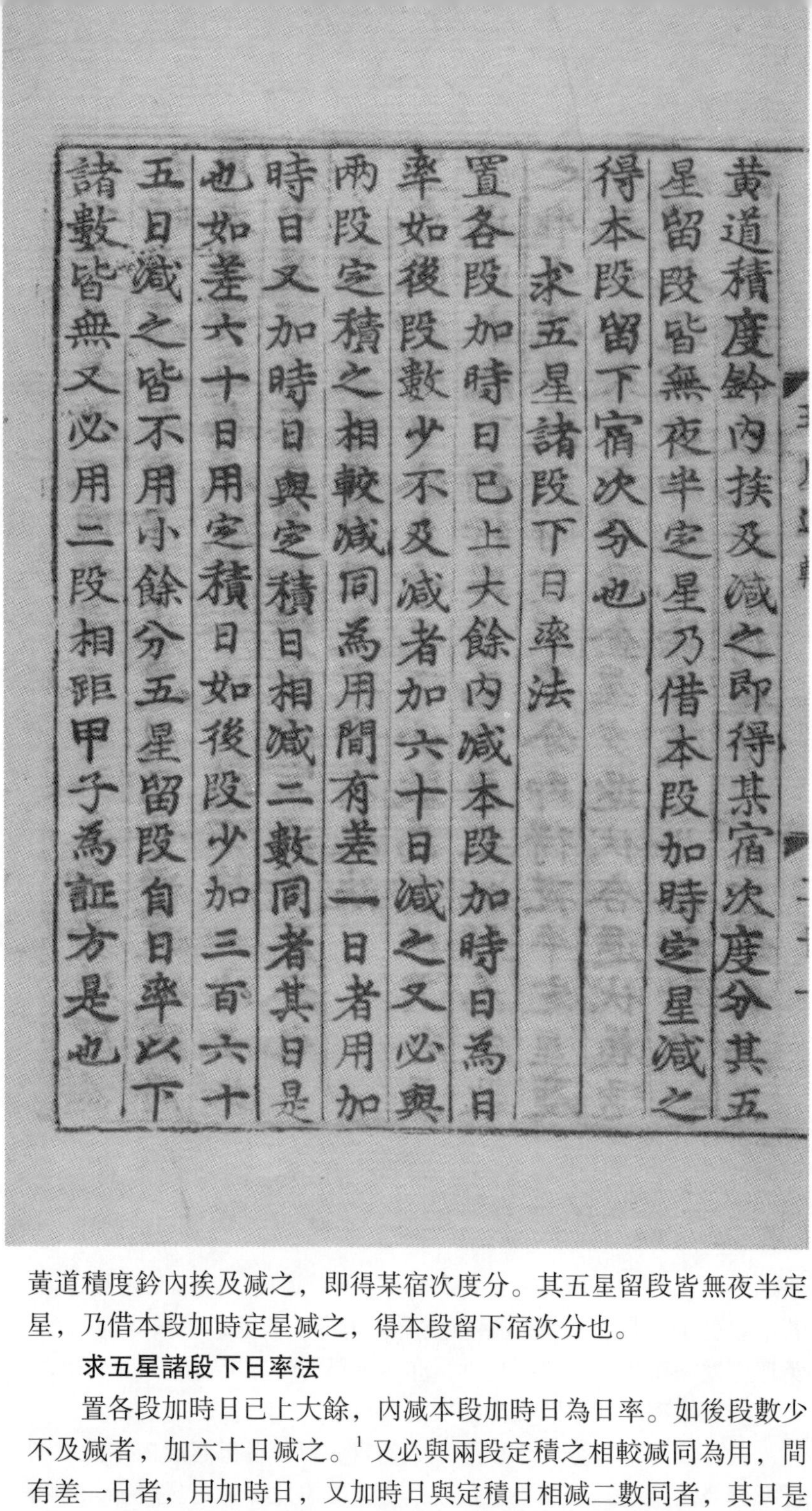

黃道積度鈐內挨及減之即得某宿次度分其五
星留段皆無夜半定星乃借本段加時定星減之
得本段留下宿次分也
求五星諸段下日率法
置各段加時日已上大餘內減本段加時日為日
率如後段數少不及減者加六十日減之又必與
兩段定積之相較減同為用間有差一日者用加
時日又加時日與定積日相減二數同者其日是
也如差六十日用定積日如後段少加三百六十
五日減之皆不用小餘分五星留段自日率以下
諸數皆無又必用二段相距甲子為証方是也

黃道積度鈐內挨及減之，即得某宿次度分。其五星留段皆無夜半定星，乃借本段加時定星減之，得本段留下宿次分也。

求五星諸段下日率法

置各段加時日已上大餘，內減本段加時日為日率。如後段數少不及減者，加六十日減之。[1] 又必與兩段定積之相較減同為用，間有差一日者，用加時日，又加時日與定積日相減二數同者，其日是也。如差六十日，用定積日。如後段少，加三百六十五日減之。皆不用小餘分。五星留段自日率以下，諸數皆無，又必用二段相距甲子為証方是也。

1 諸段日率 = 次段加時日 − 本段定日。如次段不及減，則加紀法減之。

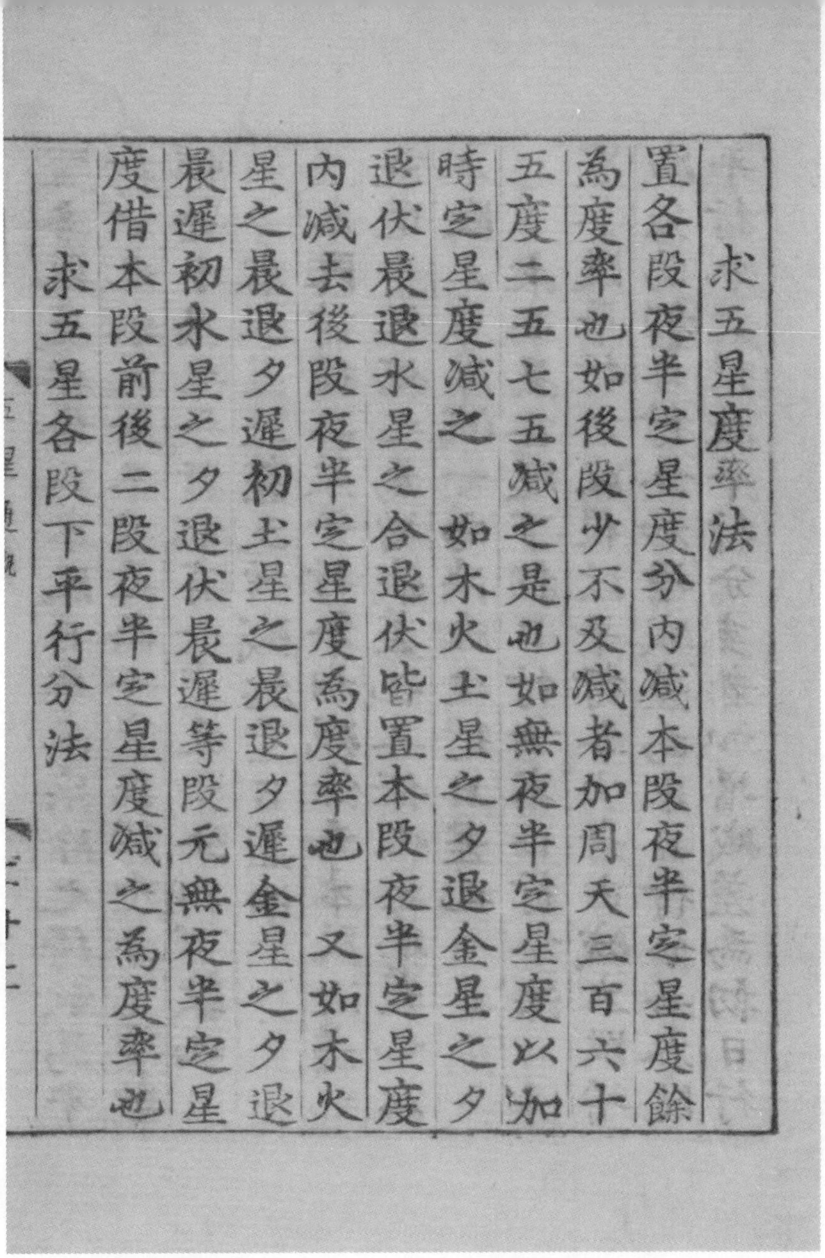
求五星度率法
置各段夜半定星度分內減本段夜半定星度餘
為度率也如後段少不及減者加周天三百六十
五度二五七五減之是也如無夜半定星度以加
時定星度減之　如木火土星之夕退金星之夕
退伏晨退水星之合退伏皆置本段夜半定星度
內減去後段夜半定星度為度率也　又如木火
星之晨退夕遲初土星之晨退夕遲金星之夕退
晨遲初水星之夕退伏晨遲等段元無夜半定星
度借本段前後二段夜半定星度減之為度率也
求五星各段下平行分法

求五星度率法

置各段夜半定星度分，內減本段夜半定星度，餘為度率也。如後段少不及減者，加周天三百六十五度二五七五減之是也。[1] 如無夜半定星度，以加時定星度減之。如木、火、土星之夕退，金星之夕退伏、晨退，水星之合退伏，皆置本段夜半定星度，內減去後段夜半定星度為度率也。又如木、火星之晨退、夕遲初；土星之晨退、夕遲；金星之夕退、晨遲初；水星之夕退伏、晨遲等段，元無夜半定星度，借本段前後二段夜半定星度減之，為度率也。

求五星各段下平行分法

1 諸段度率 = 次段夜半定星 − 本段夜半定星。如次段不及減，加周天 365.2575 度減之。

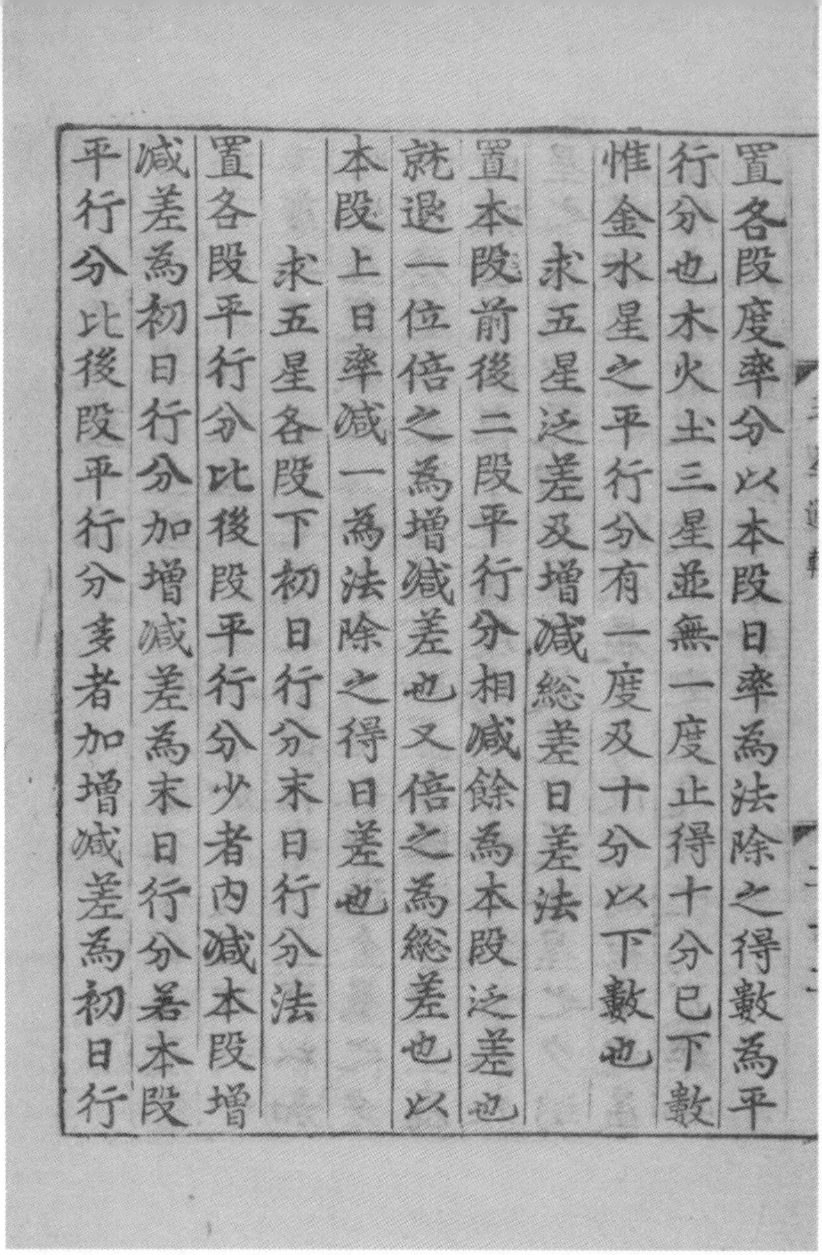
置各段度率分以本段日率為法除之得數為平
行分也木火土三星並無一度止得十分已下數
惟金水星之平行分有一度及十分以下數也
求五星泛差及增減總差日差法
置本段前後二段平行分相減餘為本段泛差也
就退一位倍之為增減差也又倍之為總差也以
本段上日率減一為法除之得日差也
求五星各段下初日行分末日行分法
置各段平行分比後段平行分少者內減本段增
減差為初日行分加增減差為末日行分若本段
平行分比後段平行分多者加增減差為初日行

置各段度率分，以本段日率為法除之，得數為平行分也。[1] 木、火、土三星，並無一度，止得十分已下數。惟金、水星之平行分有一度及十分以下數也。

求五星泛差及增減總差日差法

置本段前後二段平行分相減，餘為本段泛差也。[2] 就退一位，倍之為增減差也，又倍之為總差也，以本段上日率減一為法，除之，得日差也。[3]

求五星各段下初日行分末日行分法

置各段平行分，比後段平行分少者，內減本段增減差為初日行分，加增減差為末日行分。若本段平行分比後段平行分多者，加增減差為初日行

1 各段下平行分 = 各段度率分 / 本段日率。

2 本段泛差 = 後段平行分 − 前段平行分。凡五星之伏段及近留之遲段及退段則無泛差。

3 增減差 =2× 泛差 /10，總差 =2× 增減差。

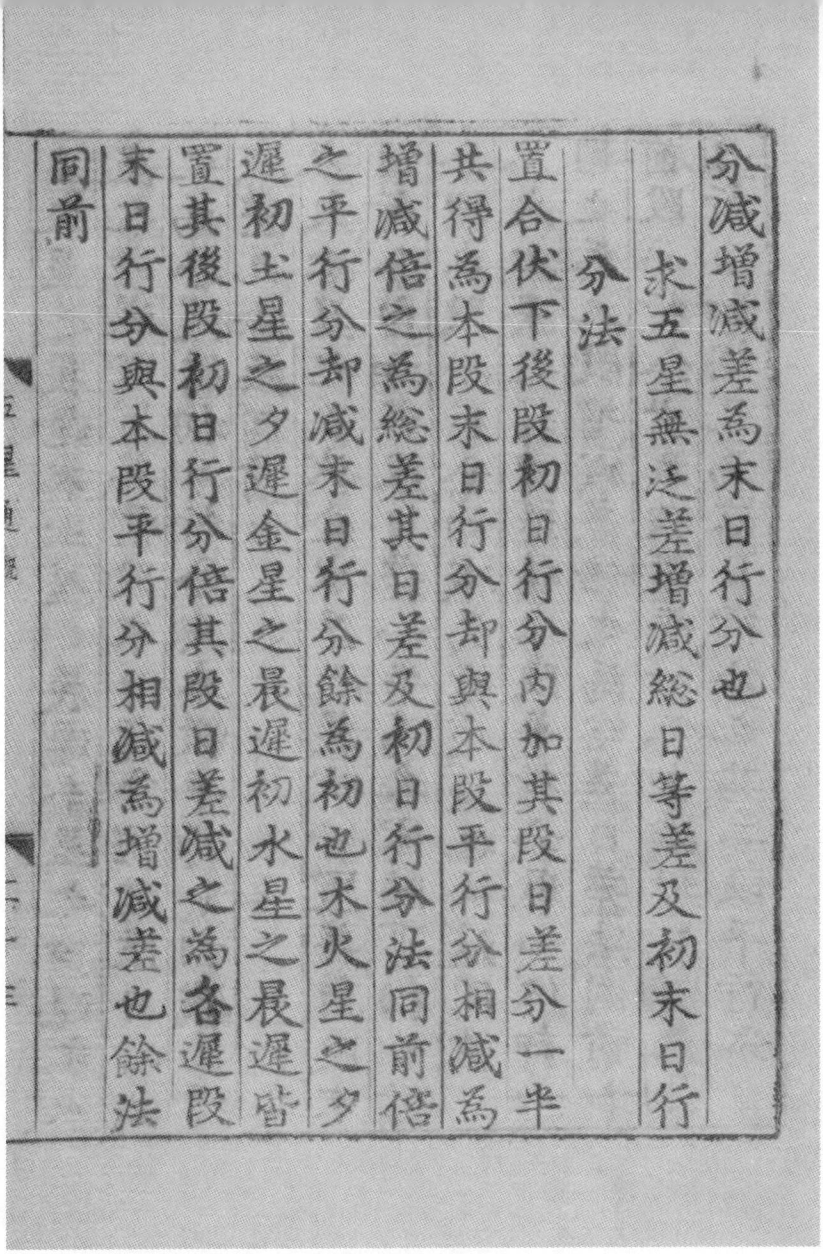
分減增減差為末日行分也
求五星無泛差增減總日等差及初末日行
分法
置合伏下後段初日行分內加其段日差分一半
共得為本段末日行分却與本段平行分相減為
增減倍之為總差其日差及初日行分法同前倍
之平行分却減末日行分餘為初也木火星之夕
遲初土星之夕遲金星之晨遲初水星之晨遲皆
置其後段初日行分倍其段日差減之為各遲段
末日行分與本段平行分相減為增減差也餘法
同前

分，減增減差為末日行分也。[1]

求五星無泛差增減總日等差及初末日行分法[2]

置合伏下後段初日行分，内加其段日差分一半，共得為本段末日行分。却與本段平行分相減為增減，倍之為總差。其日差及初日行分法同前，倍之平行分，却減末日行分，餘為初也。[3]

木、火星之夕遲初；土星之夕遲；金星之晨遲初；水星之晨遲，皆置其後段初日行分，倍其段日差減之，為各遲段末日行分。[4]與本段平行分相減，為增減差也，餘法同前。

1 初日末日行分 = 各段平行分 ± 本段增減差。

2 由於五星之伏段及近留之遲段及退段沒有泛差，所以前後伏、遲、退段之增減差等需單獨求解。

3 合伏段（前伏）末日行分 = 後段初日行分 + 後段日差 /2，後伏（晨伏、夕伏）初日行分 = 前段末日行分 + 前段日差 /2。

4 木火夕遲初，土星夕遲，金星晨遲初，水之晨遲，末日行分 = 後段初日行分 −2 × 前段日差。

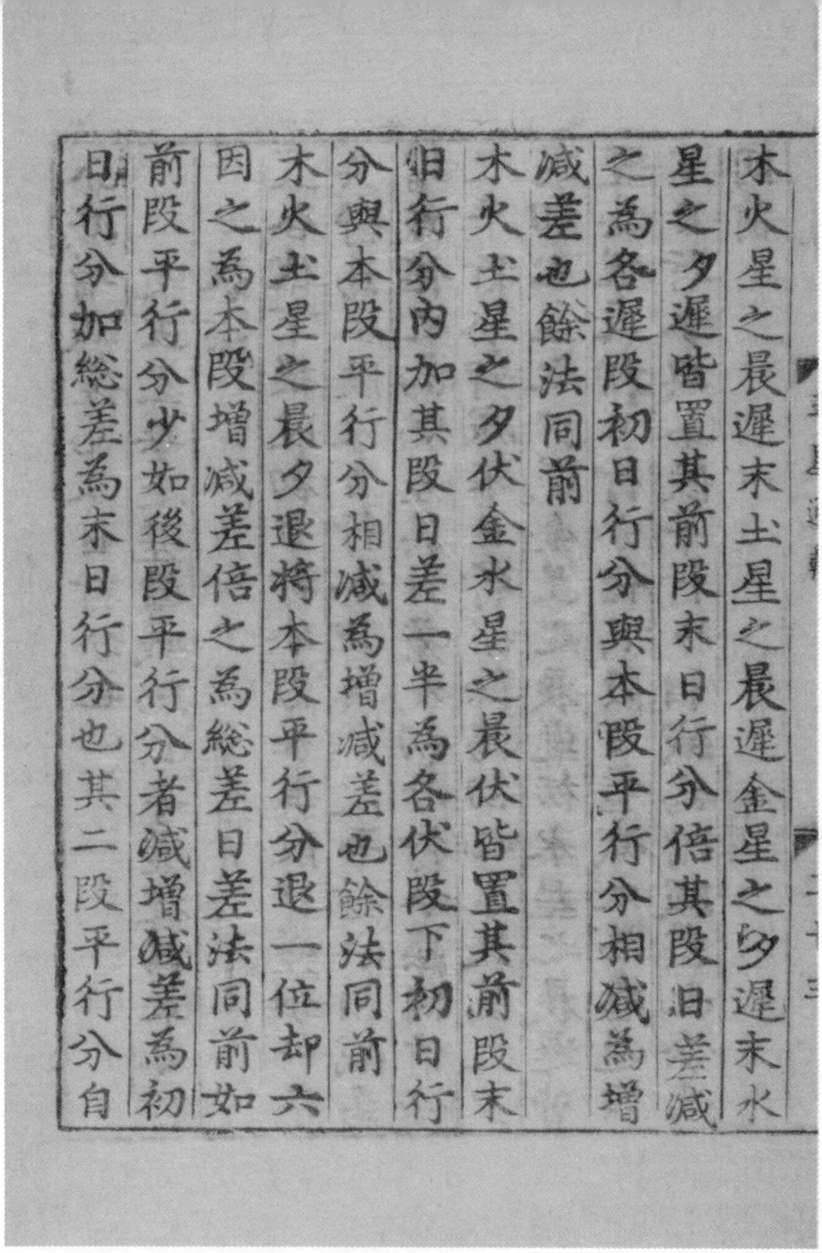
木火星之晨遲末土星之晨遲金星之夕遲末水
星之夕遲皆置其前段末日行分倍其段日差減
之為各遲段初日行分與本段平行分相減為增
減差也餘法同前
木火土星之夕伏金水星之晨伏皆置其前段末
日行分內加其段日差一半為各伏段下初日行
分與本段平行分相減為增減差也餘法同前
木火土星之晨夕退將本段平行分退一位却六
因之為本段增減差倍之為總差日差法同前如
前段平行分少如後段平行分者減增減差為初
日行分加総差為末日行分也其二段平行分自

木、火星之晨遲末；土星之晨遲；金星之夕遲末；水星之夕遲，皆置其前段末日行分，倍其段日差減之，為各遲段初日行分。[1]與本段平行分相減為增減差也，餘法同前。

木、火、土星之夕伏；金、水星之晨伏，皆置其前段末日行分，內加其段日差一半，為各伏段下初日行分。[2]與本段平行分相減，為增減差也，餘法同前。

木、火、土星之晨夕退，將本段平行分退一位，却六因之，為本段增減差，倍之為總差。[3]日差法同前。如前段平行分少如後段平行分者，減增減差為初日行分，加總差為末日行分也。其二段平行分自

1 木火晨遲末，土星晨遲，金星夕遲末，水之夕遲，初日行分 = 前段末日行分 −2 × 前段日差。

2 木火夕遲初，土星夕遲，金星晨遲初，水星晨遲，末日行分 = 後段初日行分 −2 × 後段日差。

3 木火土晨夕退增減差 =6 × 平行分 /10。

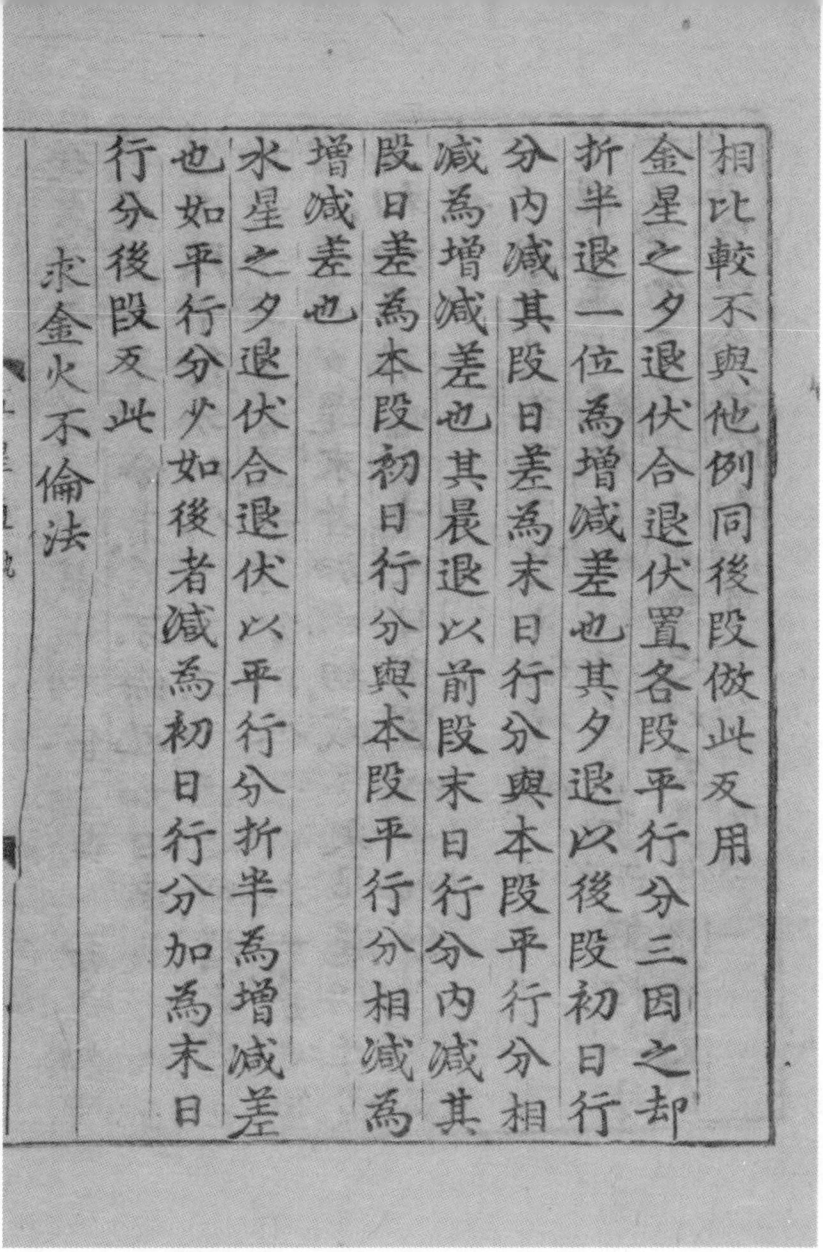

相比較不與他例同後段倣此反用
金星之夕退伏合退伏置各段平行分三因之卻
折半退一位為增減差也其夕退以後段初日行
分內減其段日差為末日行分與本段平行分相
減為增減差也其晨退以前段末日行分內減其
段日差為本段初日行分與本段平行分相減為
增減差也
水星之夕退伏合退伏以平行分折半為增減差
也如平行分少如後者減為初日行分加為末日
行分後段反此
求金火不倫法

相比較，不與他例同，後段倣此反用。

金、星之夕退伏、合退伏，置各段平行分，三因之，卻折半，退一位，為增減差也。[1] 其夕退以後段初日行分，內減其段日差，為末日行分。與本段平行分相減，為增減差也。其晨退，以前段末日行分，內減其段日差，為本段初日行分，與本段平行分相減，為增減差也。

水星之夕退伏、合退伏，以平行分折半，為增減差也。[2] 如平行分少如後者，減為初日行分，加為末日行分，後段反此。

求金火不倫法

1 金星夕退伏、合退伏增減差 =3× 平行分 /20。
2 水星夕退伏、合退伏增減差 = 平行分 /2。

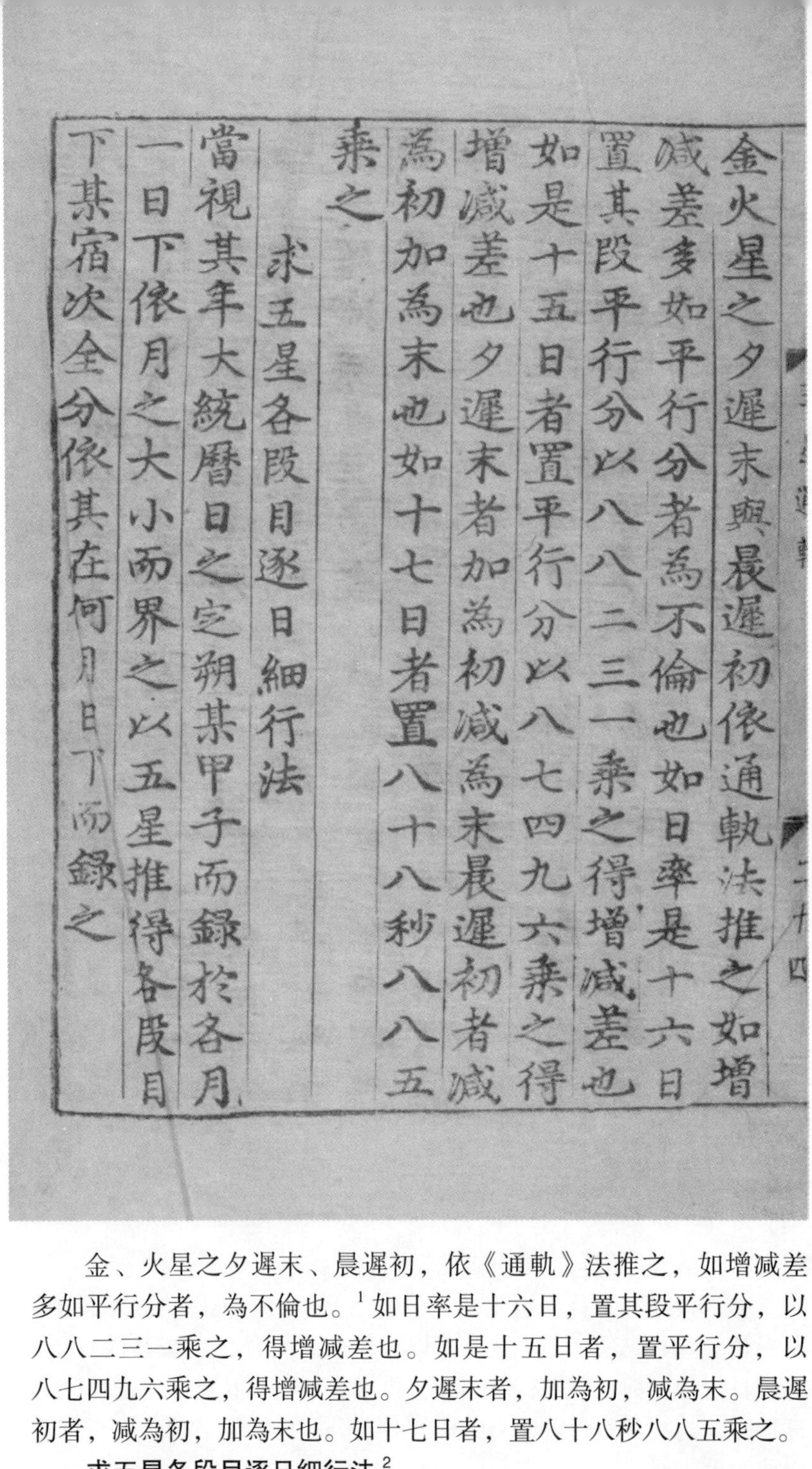
金火星之夕遲末與晨遲初依通軌法推之如增
減差多如平行分者為不倫也如日率是十六日
置其段平行分以八八二三一乘之得增減差也
如是十五日者置平行分以八七四九六乘之得
增減差也夕遲末者加為初減為末晨遲初者減
為初加為末也如十七日者置八十八秒八八五
乘之

求五星各段目逐日細行法

當視其年大統曆日之定朔某甲子而録於各月
一日下依月之大小而界之以五星推得各段目
下某宿次全分依其在何月日下而録之

金、火星之夕遲末、晨遲初，依《通軌》法推之，如增減差多如平行分者，為不倫也。[1] 如日率是十六日，置其段平行分，以八八二三一乘之，得增減差也。如是十五日者，置平行分，以八七四九六乘之，得增減差也。夕遲末者，加為初，減為末。晨遲初者，減為初，加為末也。如十七日者，置八十八秒八八五乘之。

求五星各段目逐日細行法 [2]

當視其年大統曆日之定朔某甲子，而録於各月一日下，依月之大小而界之，以五星推得各段目下某宿次全分，依其在何月日下而録之。

1 討論金星和火星部分段增減差比平行分大的情況。

2 錄入五星各段的每日的細行結果。

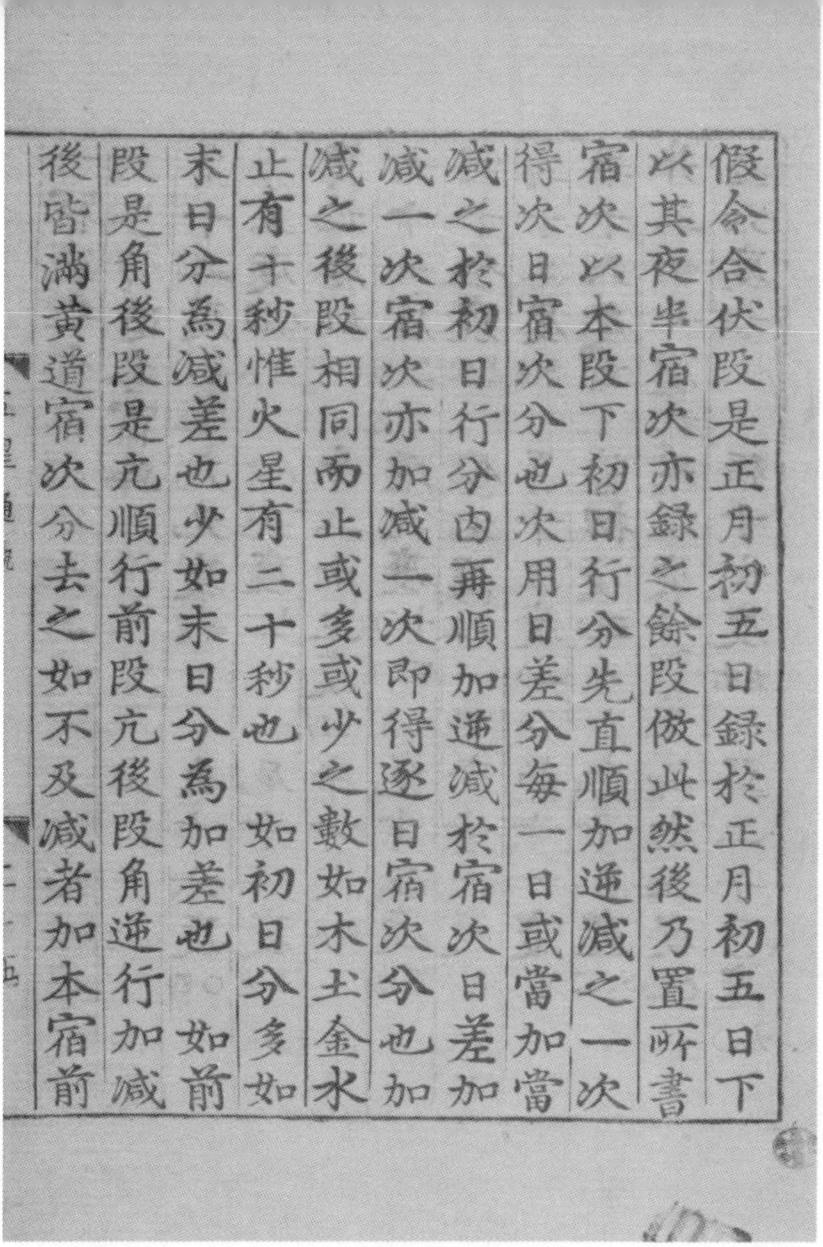
假令合伏段是正月初五日録於正月初五日下
以其夜半宿次亦録之餘段倣此然後乃置所書
宿次以本段下初日行分先直順加逆減之一次
得次日宿次分也次用日差分每一日或當加當
減之於初日行分内再順加逆減於宿次日差加
減一次宿次亦加減一次即得逐日宿次分也加
減之後段相同而止或多或少之數如木土金水
止有十秒惟火星有二十秒也　如初日分多如
末日分為減差也少如末日分為加差也　如前
段是角後段是亢順行前段亢後段角逆行加減
後皆滿黃道宿次分去之如不及減者加本宿前

假令合伏段是正月初五日，録扵正月初五日下，以其夜半宿次，亦録之。餘段倣此。然後乃置所書宿次，以本段下初日行分，先直順加逆減之一次，得次日宿次分也。次用日差分，每一日或當加當減之扵初日行分，内再順加逆減扵宿次日差。加減一次，宿次亦加減一次，即得逐日宿次分也。加減之後段目同而止，或多或少之數，如木、土、金、水，止有十秒，惟火星有二十秒也。如初日分多如末日分，為減差也，少如末日分為加差也。如前段是角，後段是亢，順行前段亢，後段角，逆行加減後，皆滿黃道宿次分去之。如不及減者，加本宿前一宿，減之也。

黃道各宿鈐[1]

角	十二度八七	亢	九度五六	氐	十六度四〇
房	五度四八	心	六度二七	尾	十七度九五
箕	九度五九	斗	二十三度四七	牛	六度九〇
女	十一度一二	虛	九度〇〇七五	危	十五度九五
室	十八度三二	壁	九度三四	奎	十七度八七
婁	十二度三六	胃	十五度八一	昴	十一度〇八
畢	十六度五〇	觜	初度〇五	參	十〇度二八
井	三十一度〇三	鬼	二度一一	柳	十三度〇〇
星	六度三一	張	十七度七九	翼	二十〇度〇九

1 黃道各宿鈐即二八宿在黃道中分別佔據的度數。

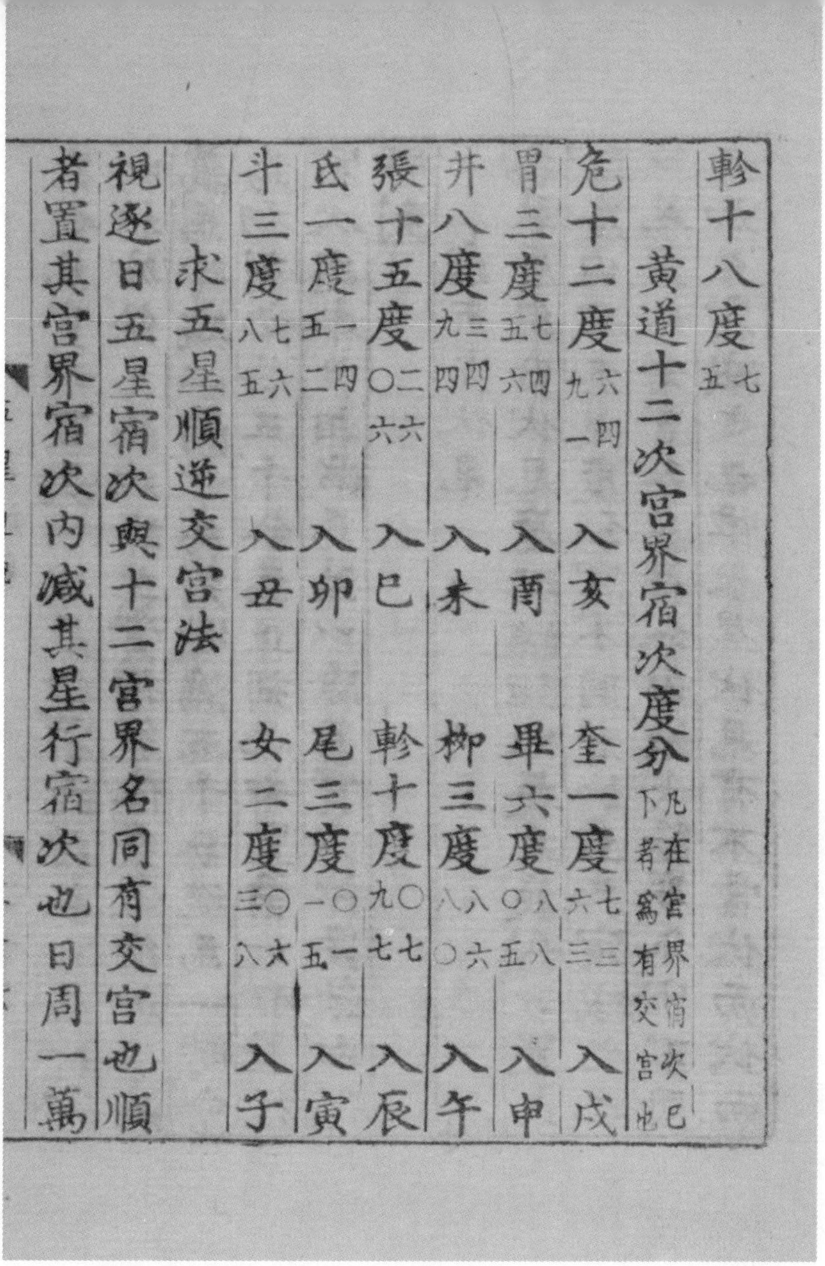

軫	十八度七五				

黄道十二次宫界宿次度分，凡在宫界宿次已下者，為有交宫也。1

危	十二度六四九一	入亥	奎	一度七三六三	入戌
胃	三度七四五六	入酉	畢	六度八八〇五	入申
井	八度三四九四	入未	柳	三度八六八〇	入午
張	十五度二六〇六	入巳	軫	十度〇七九七	入辰
氐	一度一四五二	入卯	尾	三度〇一一五	入寅
斗	三度七六八五	入丑	女	二度〇六三八	入子

求五星順逆交宫法 2

視逐日五星宿次與十二宫界名同有交宫也，順者置其宫界宿次，内减其星行宿次也 3，日周一萬

1 與黄道十二次所對應的宿次度分。

2 根據五星細行，如與黄道十二宫界宿次同名、度分又相近者以相减。視其餘分，在本日行分以下者，為交宫之日。

3 順行交宫宫度差 = 十二宫某宫界宿次 – 其星本日行宿次。

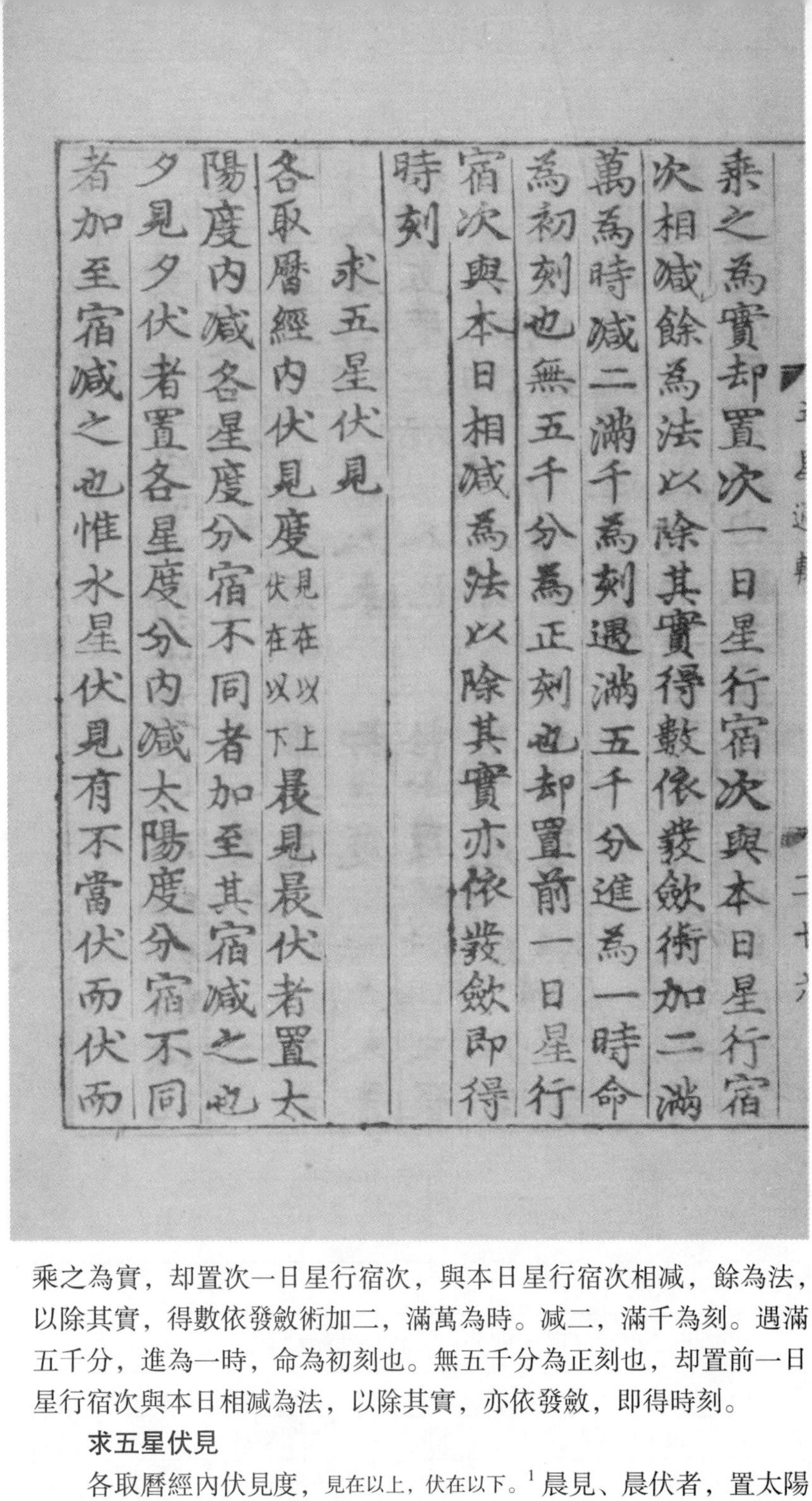
乘之爲實却置次一日星行宿
次相減餘爲法以除其實得數依發斂術加二滿
萬爲時減二滿千爲刻遇滿五千分進爲一時命
爲初刻也無五千分爲正刻也却置前一日星行
宿次與本日相減爲法以除其實亦依發斂即得
時刻
求五星伏見
各取曆經内伏見度見在以上伏在以下晨見晨伏者置太
陽度内減各星度分宿不同者加至其宿減之也
夕見夕伏者置各星度分内減太陽度分宿不同
者加至宿減之也惟水星伏見有不當伏而伏而

乘之為實，却置次一日星行宿次，與本日星行宿次相減，餘為法，以除其實，得數依發斂術加二，滿萬為時。減二，滿千為刻。遇滿五千分，進為一時，命為初刻也。無五千分為正刻也，却置前一日星行宿次與本日相減為法，以除其實，亦依發斂，即得時刻。

求五星伏見

各取曆經內伏見度，見在以上，伏在以下。[1] 晨見、晨伏者，置太陽度，內減各星度分，宿不同者，加至其宿減之也。[2] 夕見、夕伏者，置各星度分，內減太陽度分宿，不同者加，至宿減之也。[3] 惟水星伏見，有不當伏而伏，而

1 根據五星伏見，伏見度以下為伏，伏見度以上為見。

2 晨見晨伏其日晨昏伏見度 = 其日太陽行度 − 各星行度。

3 夕見夕伏其日展昏伏見度 = 其日各星行度 − 太陽行度。

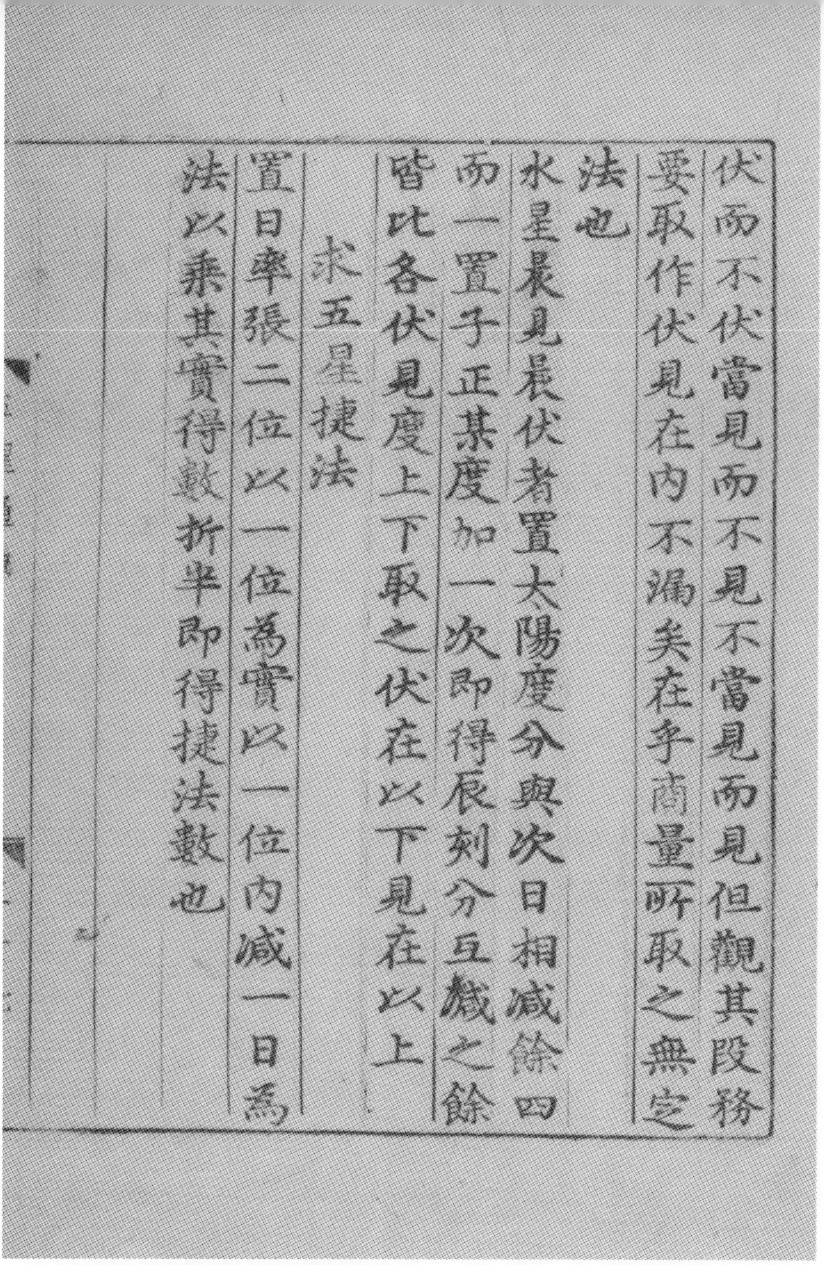

伏而不伏當見而不見不當見而見但觀其段務
要取作伏見在內不漏矣在乎商量所取之無定
法也
水星晨見晨伏者置太陽度分與次日相減餘四
而一置子正某度加一次即得辰刻分互減之餘
皆比各伏見度上下取之伏在以下見在以上
求五星捷法
置日率張二位以一位為實以一位內減一日為
法以乘其實得數折半即得捷法數也

伏而不伏；當見而不見，不當見而見。但觀其段，務要取作伏見在內不漏矣，在乎商量，所取之無定法也。

水星晨見、晨伏者，置太陽度分與次日相減，餘四而一。[1] 置子正某度加一次，即得辰刻分。互減之，餘皆比各伏見度，上下取之，伏在以下，見在以上。

求五星捷法

置日率，張二位，以一位為實，以一位內減一日為法，以乘其實，得數折半，即得捷法數也。

1 晨昏伏見分 =(次日伏見度 – 本日伏見度)/4。

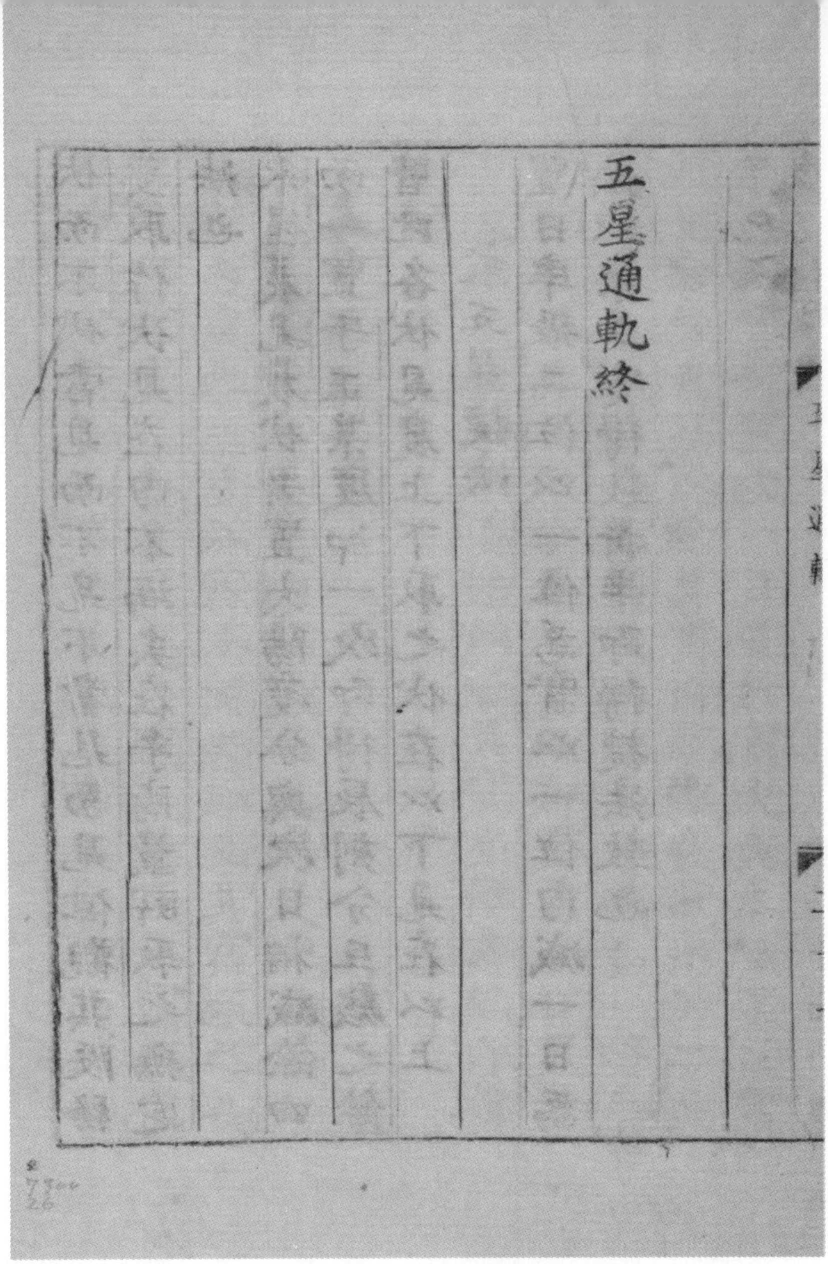

五星通軌終

《五星通軌》終

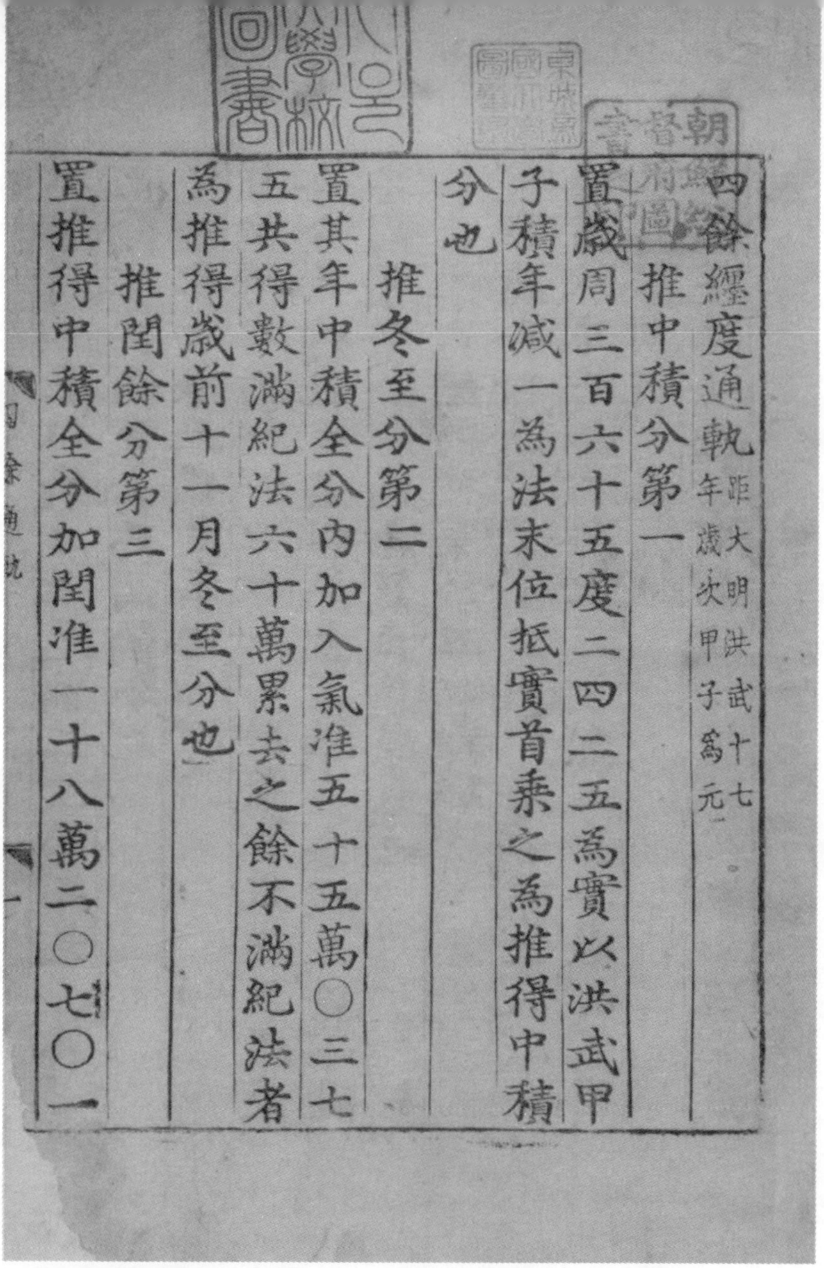
四餘纏度通軌距大明洪武十七年歲次甲子爲元
推中積分第一
置歲周三百六十五度二四二五爲實以洪武甲子積年減一爲法末位抵實首乘之爲推得中積分也
推冬至分第二
置其年中積全分內加入氣准五十五萬〇三七五共得數滿紀法六十萬累去之餘不滿紀法者爲推得歲前十一月冬至分也
推閏餘分第三
置推得中積全分加閏准一十八萬二〇七〇一

《四餘纏度通軌》

四餘纏度通軌，距大明洪武十七年[1]歲次甲子為元。

推中積分第一

置歲周三百六十五度二四二五為實，以洪武甲子積年減一為法，末位抵實首乘之，為推得中積分也。[2]

推冬至分第二

置其年中積全分，內加入氣准[3]五十五萬〇三七五，共得數滿紀法六十萬累去之，餘不滿紀法者，為推得歲前十一月冬至分也。

推閏餘分第三

置推得中積全分，加閏准[4]一十八萬二〇七〇一

1 洪武十七年即 1384 年。

2 中積為所求年份相距曆元（此處採用洪武甲子）的年數與歲實的乘積。

3 氣准又稱氣應，為曆元年歲前冬至子正夜半距甲子日子正夜半的時刻。

4 閏准又稱閏應，為曆元年歲前冬至距天正月平朔的時刻。

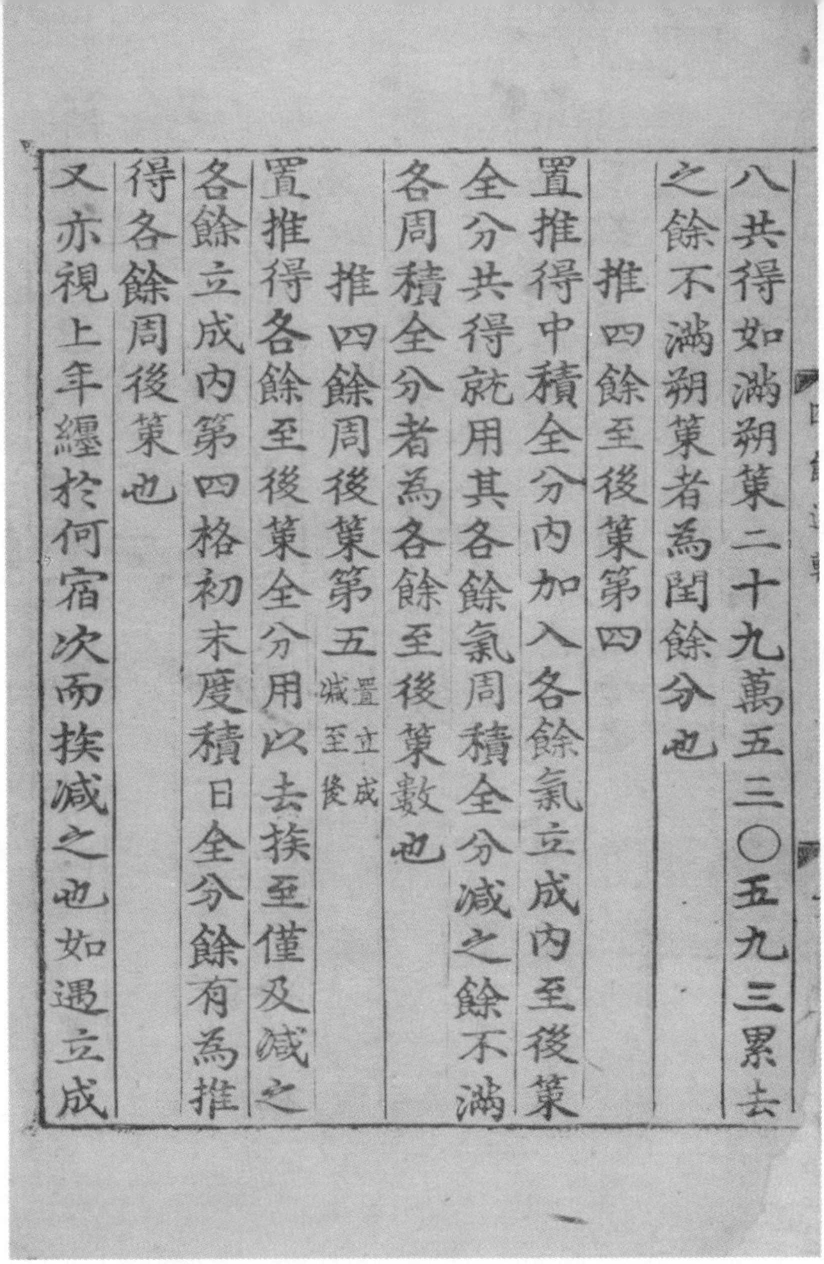
八共得如滿朔策二十九萬五三〇五九三累去之餘不滿朔策者為閏餘分也
推四餘至後策第四
置推得中積全分內加入各餘氣立成內至後策全分共得就用其各餘氣周積全分減之餘不滿各周積全分者為各餘至後策數也
推四餘周後策第五 置立成減至後
置推得各餘至後策全分用以去挨至僅及減之各餘立成內第四格初末度積日全分餘有為推得各餘周後策也
又亦視上年纏於何宿次而挨減之也如遇立成

八，共得如滿朔策二十九萬五三〇五九三累去之。餘不滿朔策者，為閏餘分也。[1]

推四餘至後策第四

置推得中積全分，內加入各餘氣立成內至後策全分，共得就用其各餘氣周積全分減之，餘不滿各周積全分者，為各餘至後策數也。[2]

推四餘周後策第五， 置立成減至後。

置推得各餘至後策全分，用以去挨至僅及減之各餘立成內第四格初末度積日全分，餘有為推得各餘周後策也。[3]

又亦視上年纏於何宿次，而挨減之也。如遇立成

1 中積分加閏准為閏餘積。閏餘積滿朔策去之後為閏餘分，即冬至平月齡，冬至距經朔的時間。

2 中積全分加至後策，周積全分去之後得到各餘至後策數。

3 由各餘至後策求各餘周後策，由至後策減立成鈐內各宿初末度積日。

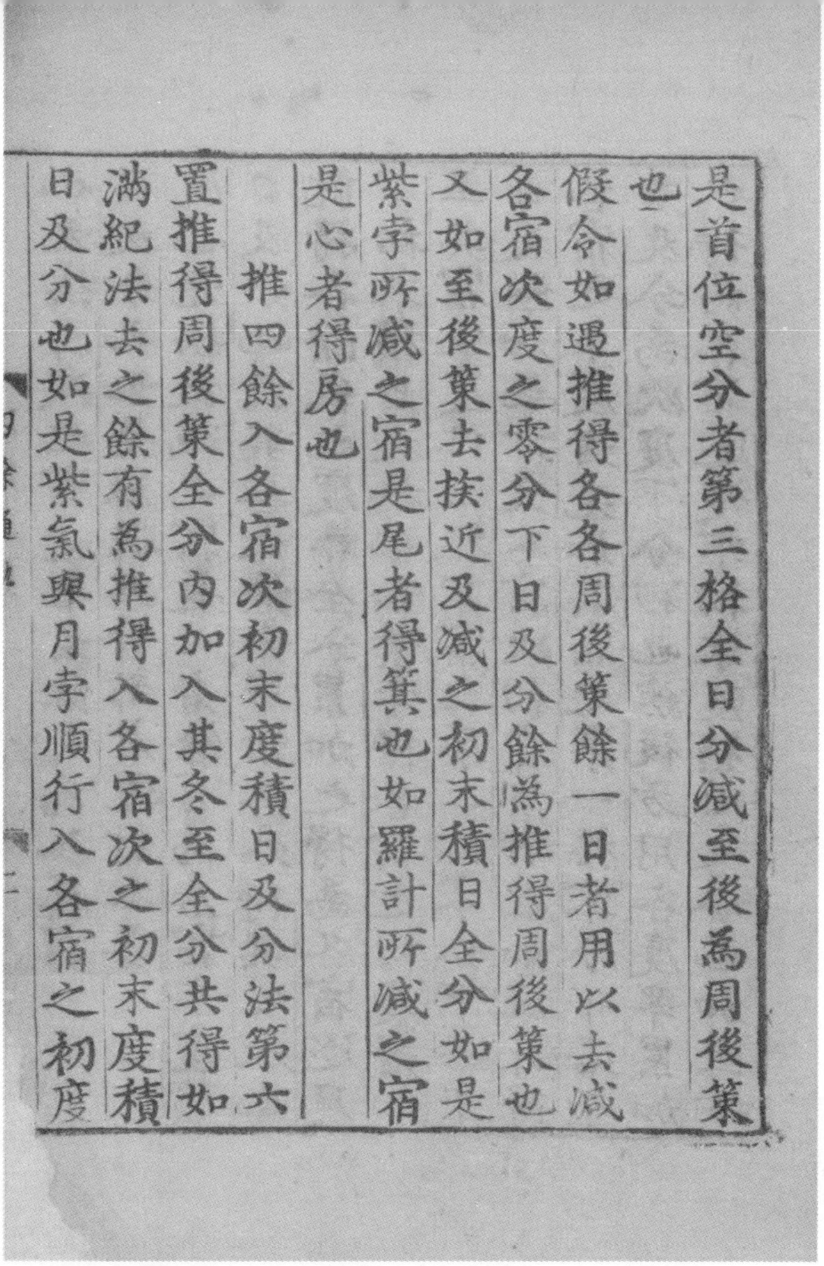
是首位空分者第三格全日分減至後為周後策
也
假令如遇推得各各周後策餘一日者用以去減
各宿次度之零分下日及分餘為推得周後策也
又如至後策去挨近及減之初末積日全分如是
紫孛所減之宿是尾者得箕也如羅計所減之宿
是心者得房也
推四餘入各宿次初末度積日及分法第六
置推得周後策全分內加入其冬至全分共得如
滿紀法去之餘有為推得入各宿次之初末度積
日及分也如是紫氣與月孛順行入各宿之初度

是首位空分者，第三格全日分減至後爲周後策也。

假令如遇推得各各周後策餘一日者，用以去減各宿次度之零分下日及分，餘為推得周後策也。

又如至後策去挨近及減之初末積日全分，如是紫孛所減之宿是尾者，得箕也；如羅計所減之宿是心者，得房也。

推四餘入各宿次初末度積日及分法第六

置推得周後策全分，內加入其冬至全分，共得如滿紀法去之，餘有為推得入各宿次之初末度積日及分也。

如是紫氣與月孛順行入各宿之初度

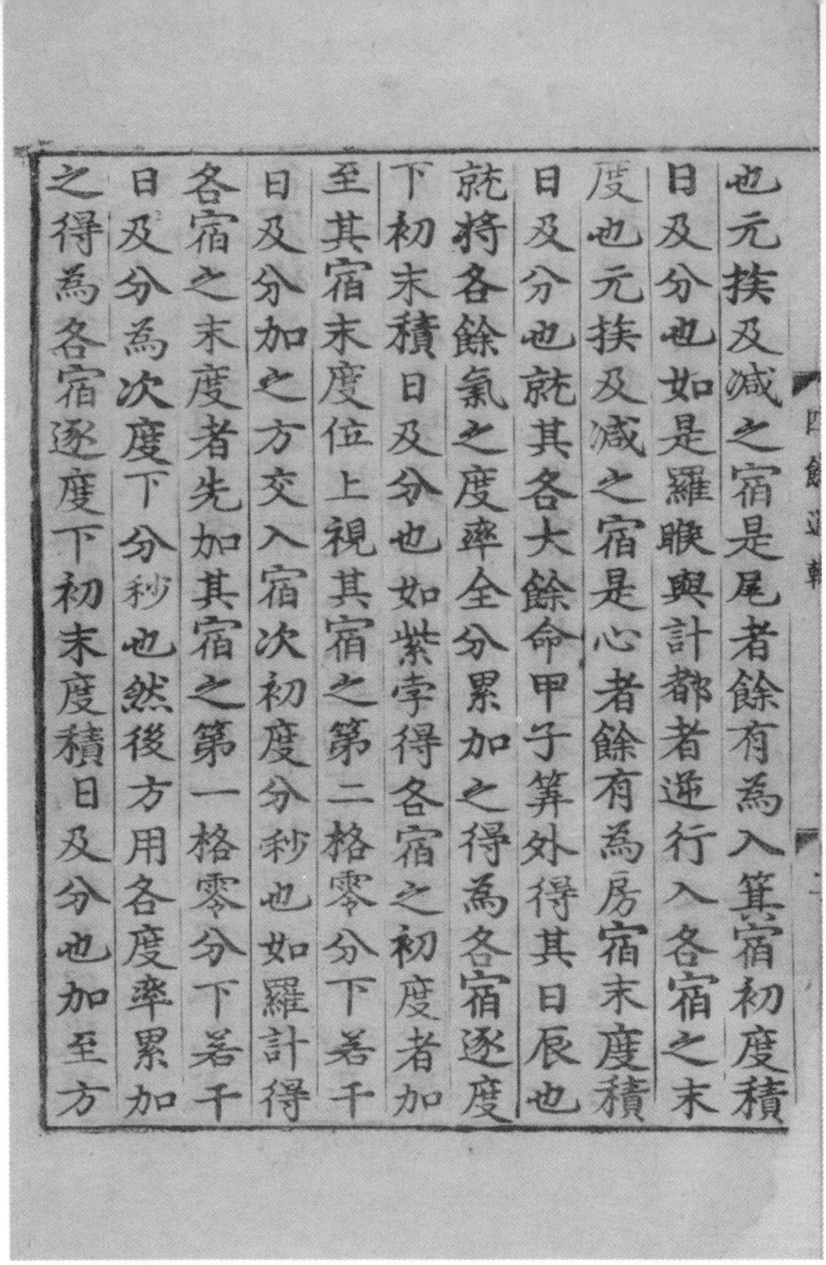

也元挨及減之宿是尾者餘有為入箕宿初度積
日及分也如是羅睺與計都者逆行入各宿之末
度也元挨及減之宿是心者餘有為房宿末度積
日及分也就其各大餘命甲子筭外得其日辰也
就將各餘氣之度率全分累加之得為各宿逐度
下初末積日及分也如紫孛得各宿之初度者加
至其宿末度位上視其宿之第二格零分下若干
日及分加之方交入宿次初度分秒也如羅計得
各宿之末度者先加其宿之第一格零分下若干
日及分為次度下分秒也然後方用各度率累加
之得為各宿逐度下初末度積日及分也加至方

也，元挨及減之宿是尾者，餘有為入箕宿初度積日及分也。如是羅睺與計都者，逆行入各宿之末度也，元挨及減之宿是心者，餘有為房宿末度積日及分也。就其各大餘命甲子筭外，得其日辰也。就將各餘氣之度率全分累加之，得為各宿逐度下初末積日及分也。[1]

如紫孛得各宿之初度者，加至其宿末度位上，視其宿之第二格零分下若干日及分加之，方交入宿次初度分秒也。如羅計得各宿之末度者，先加其宿之第一格零分下若干日及分為次度下分秒也，然後方用各度率累加之，得為各宿逐度下初末度積日及分也。加至方

1 用各餘的周後策加該年的冬至分，滿紀法減去後，即各餘的初末度積日。紫氣和月孛為各宿初日，羅睺和計都為各宿末日。紫氣和月孛順行，羅睺和計都逆行。

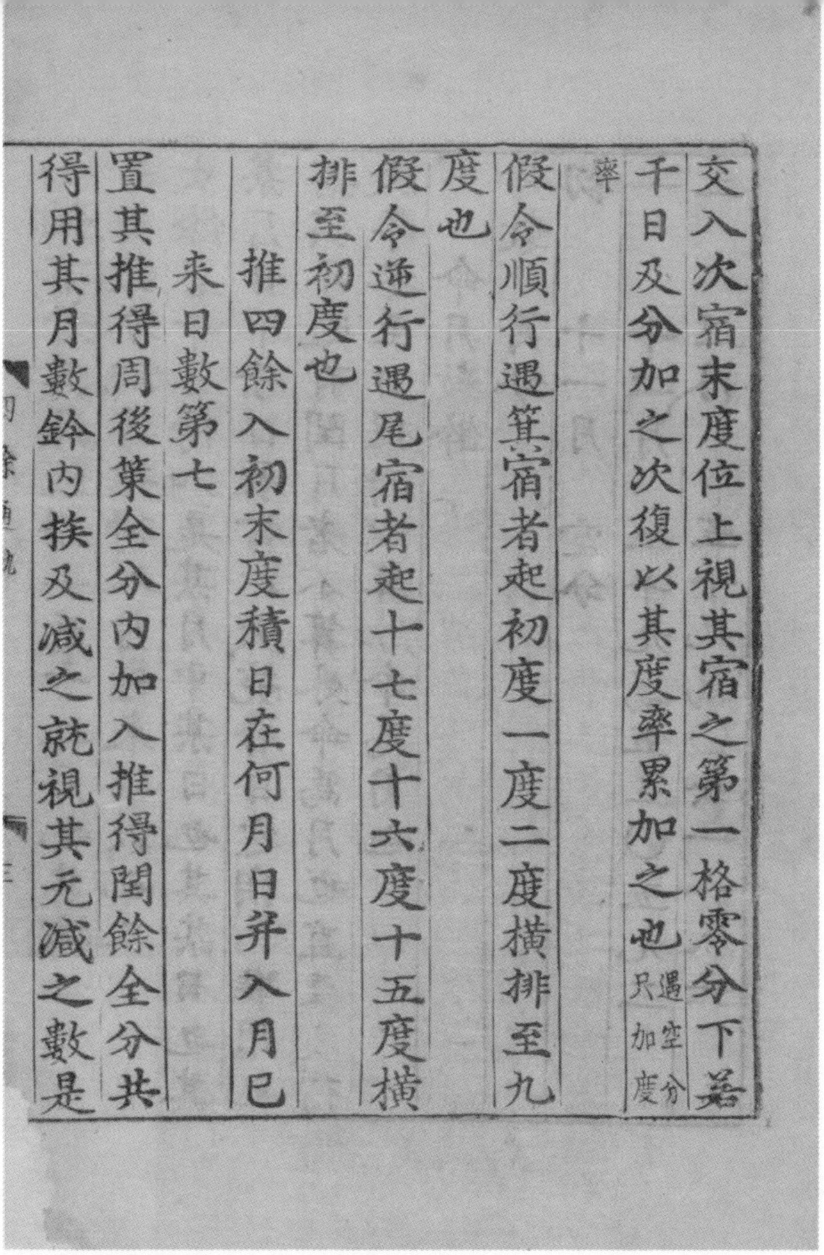

交入次宿末度位上視其宿之第一格零分下若干日及分加之次復以其度率累加之也遇空分只加度率

假令順行遇箕宿者起初度一度二度横排至九度也

假令逆行遇尾宿者起十七度十六度十五度横排至初度也

推四餘入初末度積日在何月日并入月已来日數第七

置其推得周後策全分內加入推得閏餘全分共得用其月數鈐內挨及減之就視其元減之數是

交入次宿末度位上，視其宿之第一格零分下若干日及分加之，次復以其度率累加之也。遇空分只加度率。

假令順行遇箕宿者，起初度，一度，二度，横排至九度也。

假令逆行遇尾宿者，起十七度，十六度，十五度，横排至初度也。

推四餘入初末度積日在何月日并入月已來日數第七

置其推得周後策全分，内加入推得閏餘全分，共得用其月數鈐内挨及減之，就視其元減之數是

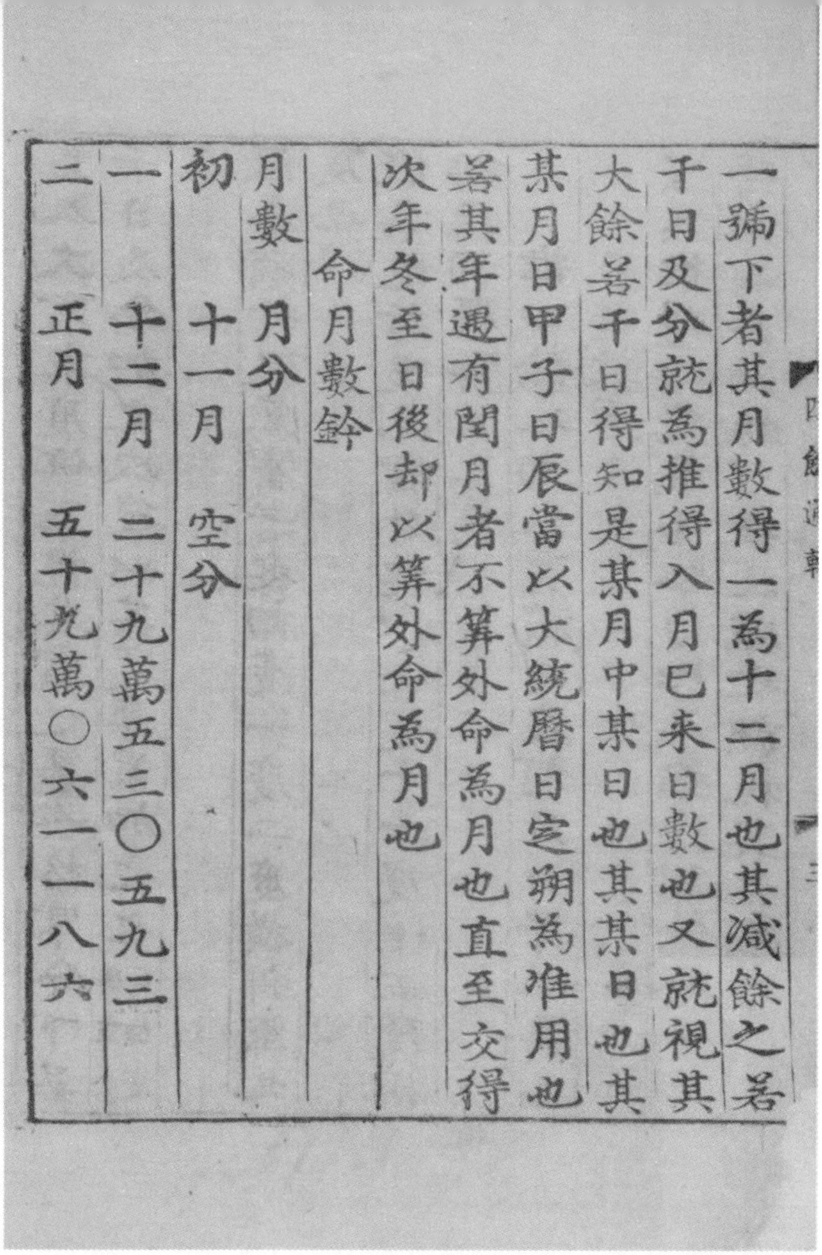
一號下者其月數得一為十二月也其減餘之若
干日及分就為推得入月已来日數也又就視其
大餘若干日得知是某月中某日也其某日也其
某月日甲子日辰當以大統曆日定朔為准用也
若其年遇有閏月者不筭外命為月也直至交得
次年冬至日後却以筭外命為月也
命月數鈐
月數 月分
初 十一月 空分
一 十二月 二十九萬五三〇五九三
二 正月 五十九萬〇六一一八六

一號下者，其月數得一為十二月也，其減餘之若干日及分就為推得入月已来日數也。[1] 又就視其大餘若干日，得知是某月中某日也。其某日也，其某月日甲子日辰當以《大統曆日》定朔為准用也。若其年遇有閏月者，不筭外，命為月也，直至交得次年冬至日後，却以筭外命為月也。

命月數鈐[2]

月數	月分	
初	十一月	空分
一	十二月	二十九萬五三〇五九三
二	正月	五十九萬〇六一一八六

1 用各餘的周後策加天正閏餘，满朔策减去後，從十一月起，到不满朔策，即為所入的月份。

2 朔策的整數倍。

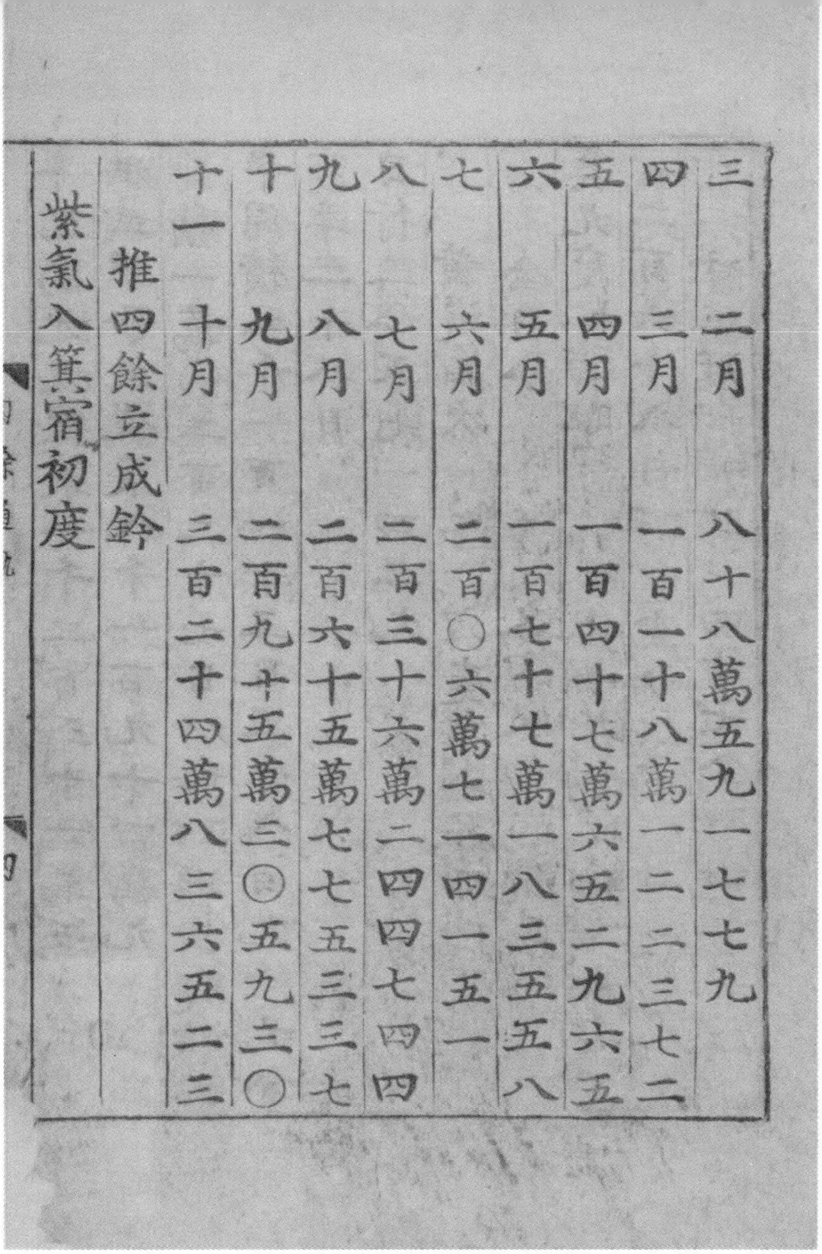

三	二月	八十八萬五九一七七九
四	三月	一百一十八萬一二二三七二
五	四月	一百四十七萬六五二九六五
六	五月	一百七十七萬一八三五五八
七	六月	二百〇六萬七一四一五一
八	七月	二百三十六萬二四四七四四
九	八月	二百六十五萬七七五三三七
十	九月	二百九十五萬三〇五九三〇
十一	十月	三百二十四萬八三六五二三

推四餘立成鈐

紫氣入箕宿初度。

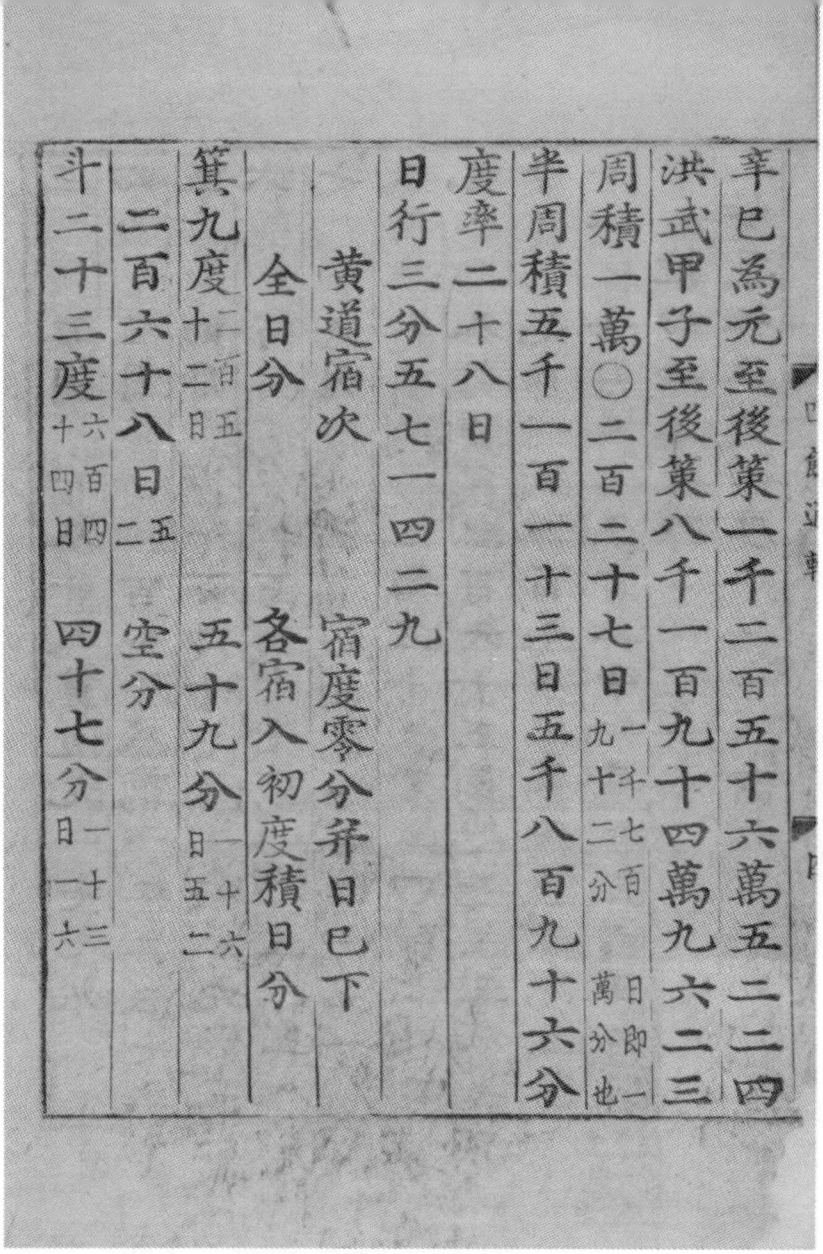

辛巳為元至後策一千二百五十六萬五二二四
洪武甲子至後策八千一百九十四萬九六二三
周積一萬〇二百二十七日一千七百九十二分日即一萬分也
半周積五千一百一十三日五千八百九十六分
度率二十八日
日行三分五七一四二九
黃道宿次 宿度零分并日已下 全日分 各宿入初度積日分
箕九度二百五十二日 五十九分一十六日五二 二百六十八日五二 空分
斗二十三度六百四十四日 四十七分一十三日一六

辛巳為元，至後策一千二百五十六萬五二二四。

洪武甲子，至後策八千一百九十四萬九六二三。

周積[1]，一萬〇二百二十七日一千七百九十二分。日即一萬分也。

半周積[2]，五千一百一十三日五千八百九十六分。

度率[3]，二十八日。

日行[4]，三分五七一四二九。[5]

黃道宿次	宿度零分并日已下	全日分	各宿入初度積日分
箕九度二百五十二日	五十九分一十六日五二	二百六十八日五二	空分
斗二十三度六百四十四日	四十七分一十三日一六	六百五十七日一六	九百二十五日六八

1 周積為度率乘周天之数，即一周天度所行日數。

2 半周積為周積的一半。

3 度率為行天一度所需的日數。

4 日行為每日所行度數。

5《高麗史・授時曆經》數據為每日順行 3 分 57 秒 1428。

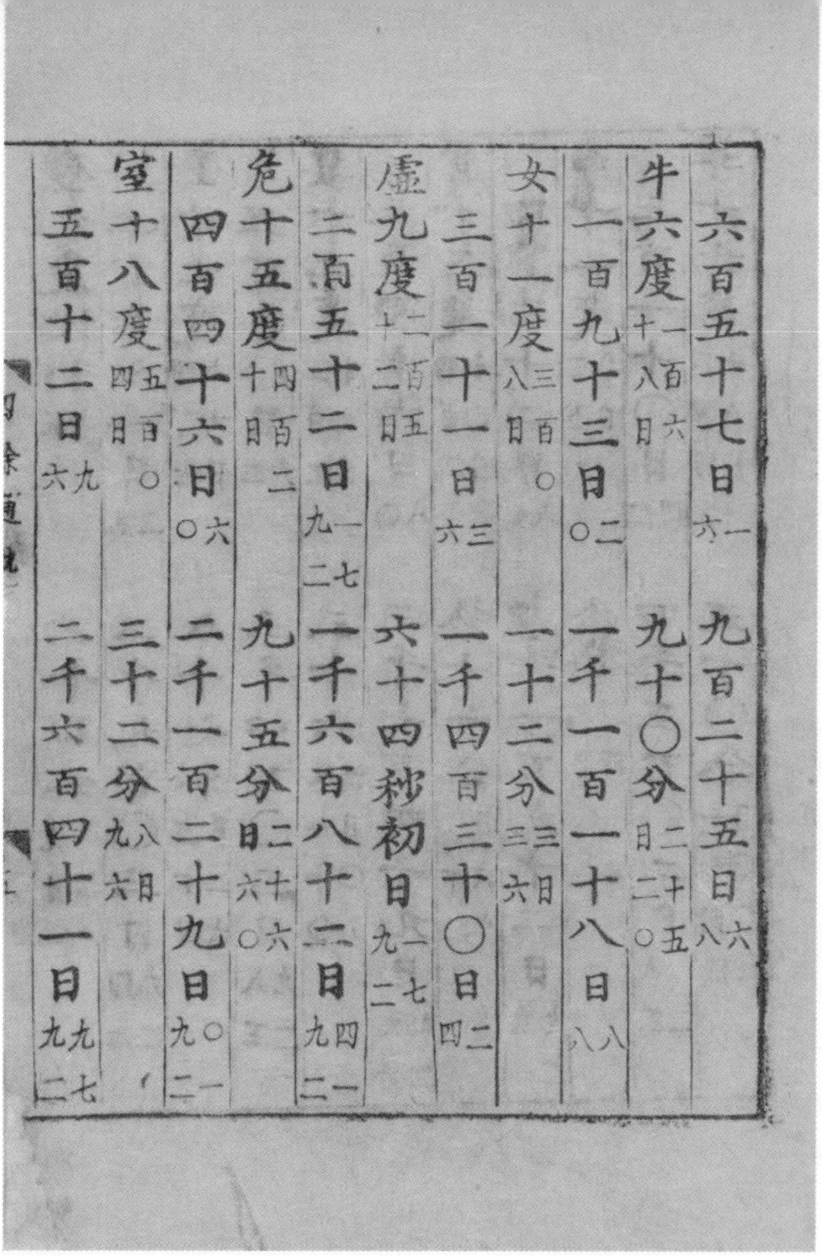

牛六度一百六十八日	九十〇分二十五日二〇	一百九十三日二〇	一千一百一十八日八八
女十一度三百〇八日	一十二分三日三六	三百一十一日三六	一千四百三十〇日二四
虚九度二百五十二日	六十四秒初日一七九二	二百五十二日一七九二	一千六百八十二日四一九二
危十五度四百二十日	九十五分二十六日六〇	四百四十六日六〇	二千一百二十九日〇一九二
室十八度五百〇四日	三十二分八日九六	五百十二日九六	二千六百四十一日九七九二

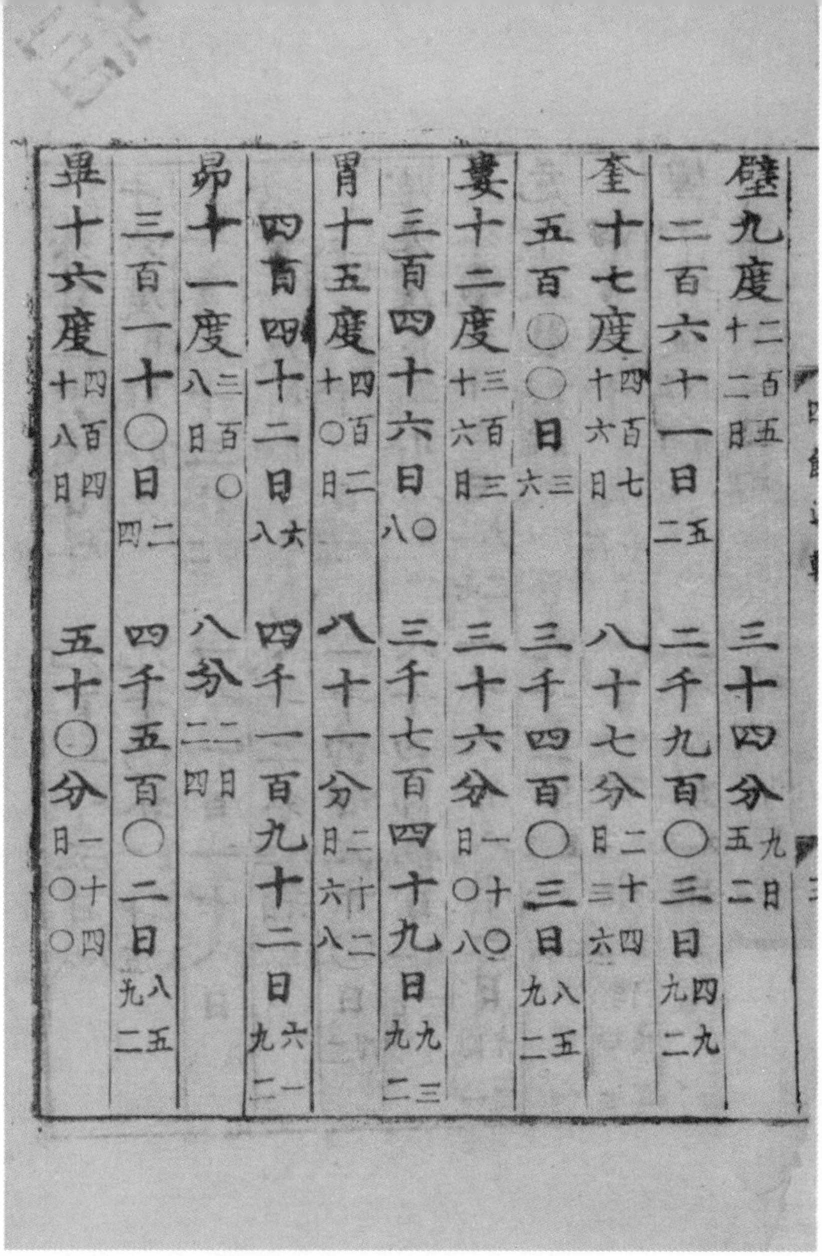

壁九度二百五十二日	三十四分九日五二	二百六十一日五二	二千九百〇三日四九九二
奎十七度四百七十六日	八十七分二十四日三六	五百〇〇日三六	三千四百〇三日八五九二
婁十二度三百三十六日	三十六分一十〇日〇八	三百四十六日〇八	三千七百四十九日九三九二
胃十五度四百二十〇日	八十一分二十二日六八	四百四十二日六八	四千一百九十二日六一九二
昴十一度三百〇八日	八分二日二四	三百一十〇日二四	四千五百〇二日八五九二
畢十六度四百四十八日	五十〇分一十四日〇〇	四百六十二日〇〇	四千九百六十四日八五九二

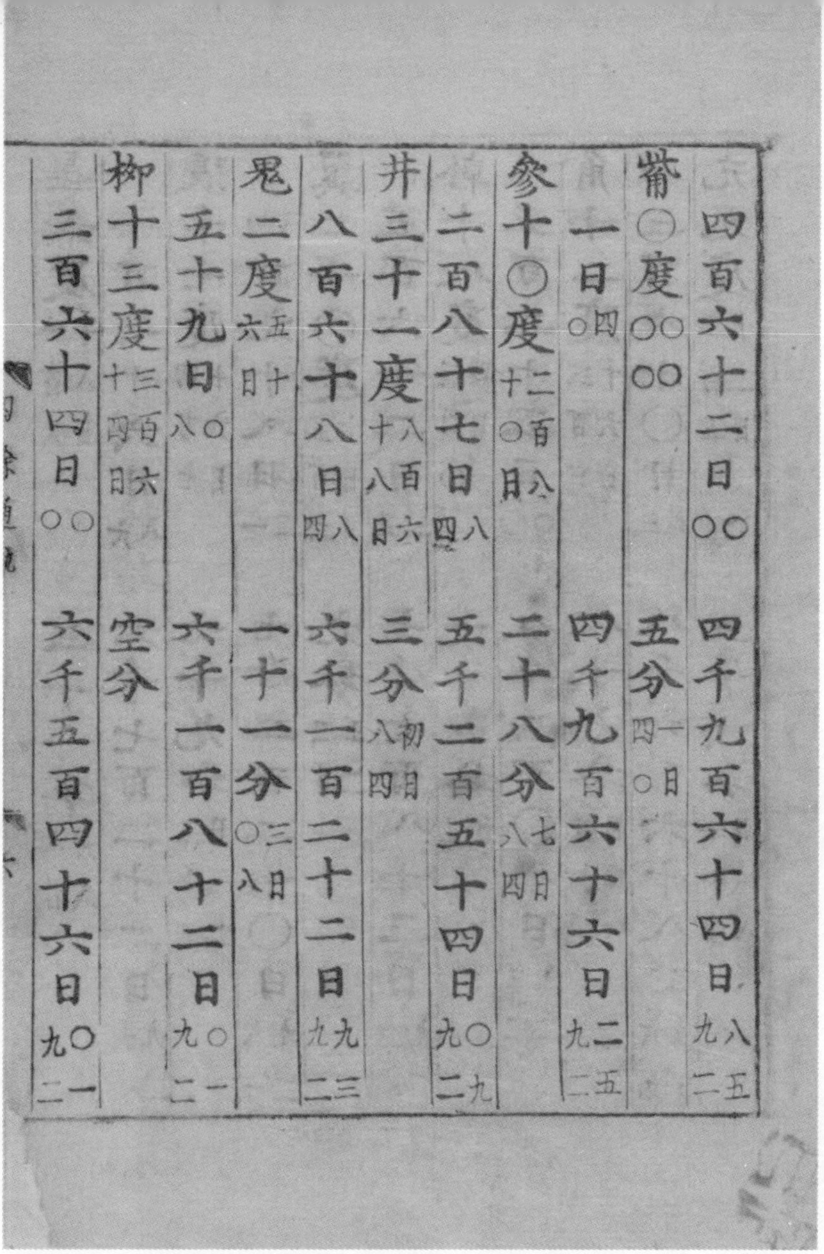

四百六十二日〇〇　四千九百六十四日八五九二

觜〇度〇〇〇〇　五分一日四〇

一日四〇　四千九百六十六日二五九二

參十〇度二百八十〇日　二十八分七日八四

二百八十七日八四　五千二百五十四日〇九九二

井三十一度八百六十八日　三分初日八四

八百六十八日八四　六千一百二十二日九三九二

鬼二度五十六日　一十一分三日〇八

五十九日〇八　六千一百八十二日〇一九二

柳十三度三百六十四日　空分

三百六十四日〇〇　六千五百四十六日〇一九二

觜〇度〇〇〇〇	五分一日四〇	一日四〇	四千九百六十六日二五九二
參十〇度 二百八十〇日	二十八分七日八四	二百八十七日八四	五千二百五十四日〇九九二
井三十一度 八百六十八日	三分初日八四	八百六十八日八四	六千一百二十二日九三九二
鬼二度五十六日	一十一分三日〇八	五十九日〇八	六千一百八十二日〇一九二
柳十三度三百六十四日	空分	三百六十四日〇〇	六千五百四十六日〇一九二

星六度一百六十八日	三十一分八日六八	一百七十六日六八	六千七百二十二日六九九二
張十七度四百七十六日	七十九分二十二日一二	四百九十八日一二	七千二百二十〇日八一九二
翼二十〇度五百六十日	九分二日五二	五百六十二日五二	七千七百八十三日三三九二
軫十八度五百〇四日	七十五分二十一日〇〇	五百二十五日〇〇	八千三百〇八日三三九二
角十二度三百三十六日	八十七分二十四日三六	三百六十〇日三六	八千六百六十八日六九九二
亢九度二百五十二日	五十六分一十五日六八	二百六十七日六八	八千九百三十六日三七九二

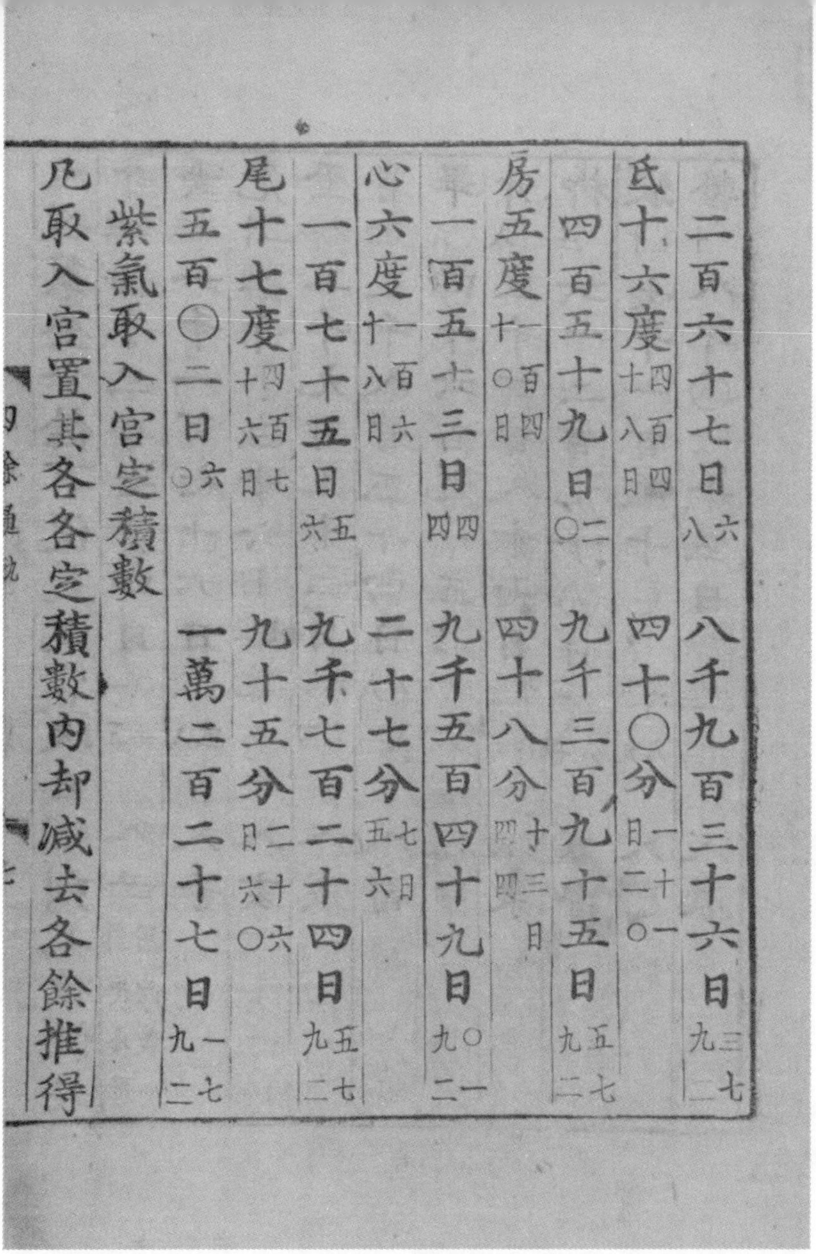

氐十六度四百四十八日	四十〇分一十一日二〇	四百五十九日二〇	九千三百九十五日五七九二
房五度一百四十〇日	四十八分十三日四四	一百五十三日四四	九千五百四十九日〇一九二
心六度一百六十八日	二十七分七日五六	一百七十五日五六	九千七百二十四日五七九二
尾十七度四百七十六日	九十五分二十六日六〇	五百〇二日六〇	一萬二百二十七日一七九二

紫氣取入宫定積數

凡取入宫，置其各各定積數，内却减去各餘，推得

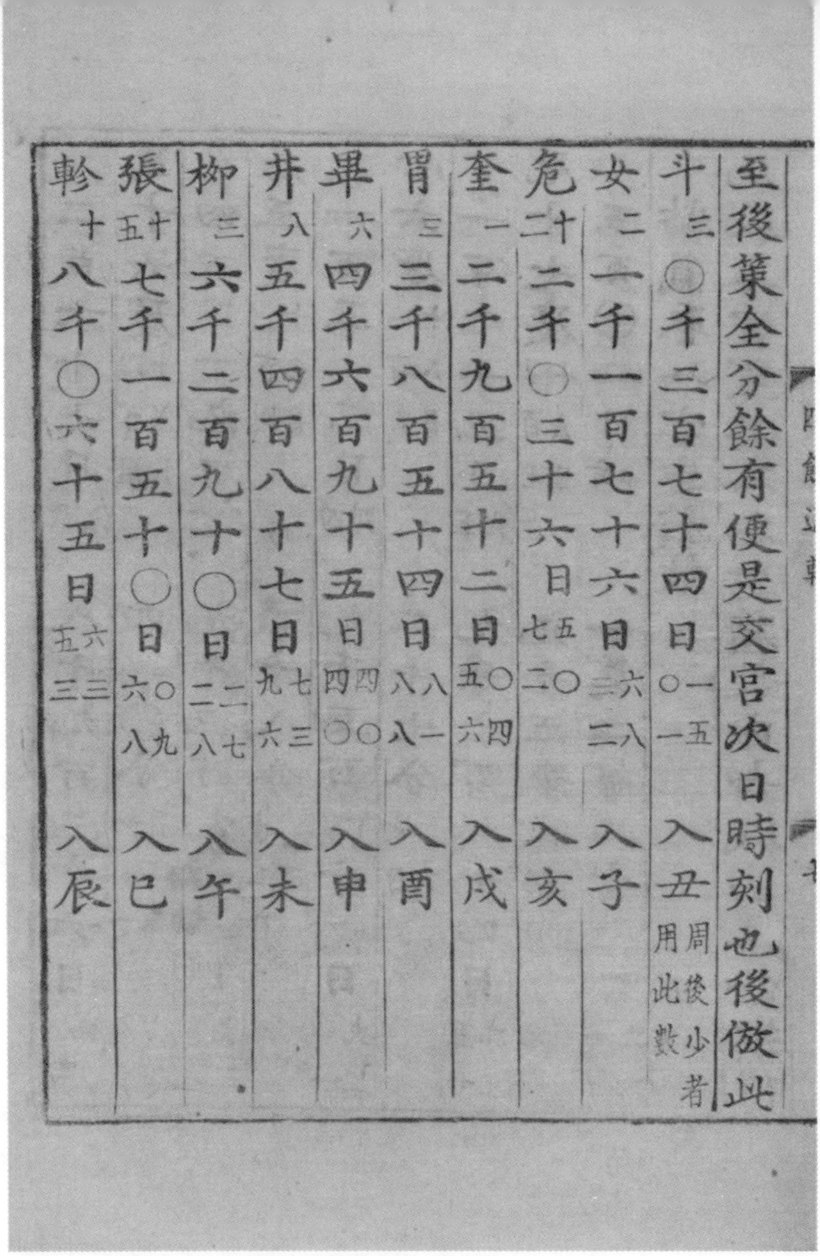

至後策全分，餘有便是交宮次日時刻也，後倣此。

斗三	〇千三百七十四日一五〇一	入丑，周後少者用此數
女二	一千一百七十六日六八三二	入子
危十二	二千〇三十六日五〇七二	入亥
奎一	二千九百五十二日〇四五六	入戌
胃三	三千八百五十四日八一八八	入酉
畢六	四千六百九十五日四〇四〇	入申
井八	五千四百八十七日七三九六	入未
柳三	六千二百九十〇日二七二八	入午
張十五	七千一百五十〇日〇九六八	入巳
軫十	八千〇六十五日六三五三	入辰

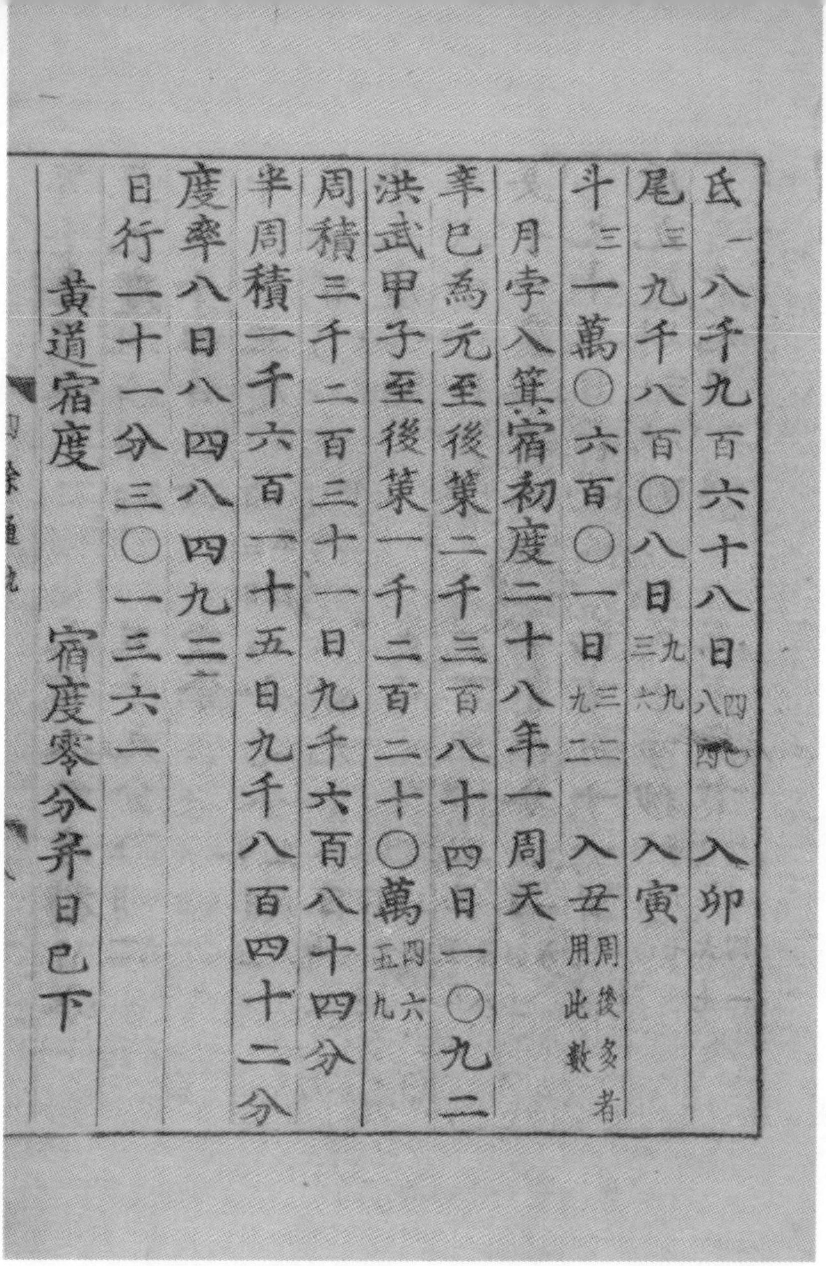
氐一八千九百六十八日四〇八四入卯
尾三九千八百〇八日九九三六入寅
斗三一萬〇六百〇一日三二九二入丑周後多者用此數
月孛入箕宿初度二十八年一周天
辛巳為元至後策二千三百八十四日一〇九二
洪武甲子至後策一千二百二十〇萬四六五九
周積三千二百三十一日九千六百八十四分
半周積一千六百一十五日九千八百四十二分
度率八日八四八四九二
日行一十一分三〇一三六一
黃道宿度　宿度零分并日已下

氐一	八千九百六十八日四〇八四	入卯
尾三	九千八百〇八日九九三六	入寅
斗三	一萬六百〇一日三二九二	入丑，周後多者用此數

月孛入箕宿初度，二十八年一周天。

辛巳為元，至後策，二千三百八十四日一〇九二。

洪武甲子，至後策，一千二百八十〇萬四六五九。

周積，三千二百三十一日九千六百八十四分。

半周積，一千六百一十五日九千八百四十二分。

度率，八日八四八四九二。[1]

日行，一十一分三〇一三六一。[2]

黃道宿度	宿度零分并日已下	全日分	各宿入初度積日分

1《高麗史·授時曆經》數據為9日行1度1分65秒。

2《高麗史·授時曆經》數據為每日順行11分29秒444444。

全日分　各宿入初度積日分

箕九度七十九日六三六四	五十九分五日二二〇六	八十四日八五七〇	空分
斗二十三度二百三日五一五四	四十七分四日一五八八	二百〇七日六七四二	二百九十二日五三一二
牛六度五十三日〇九一〇	九十〇分七日九六三六	六十一日〇五四六	三百五十三日五八五八
女十一度九十七日三三三四	一十二分一日〇六一八	九十八日三九五二	四百五十一日九八一〇
虛九度七十九日六三六四	六十四秒初日〇五六七	七十九日六九三一	五百三十一日六七四一

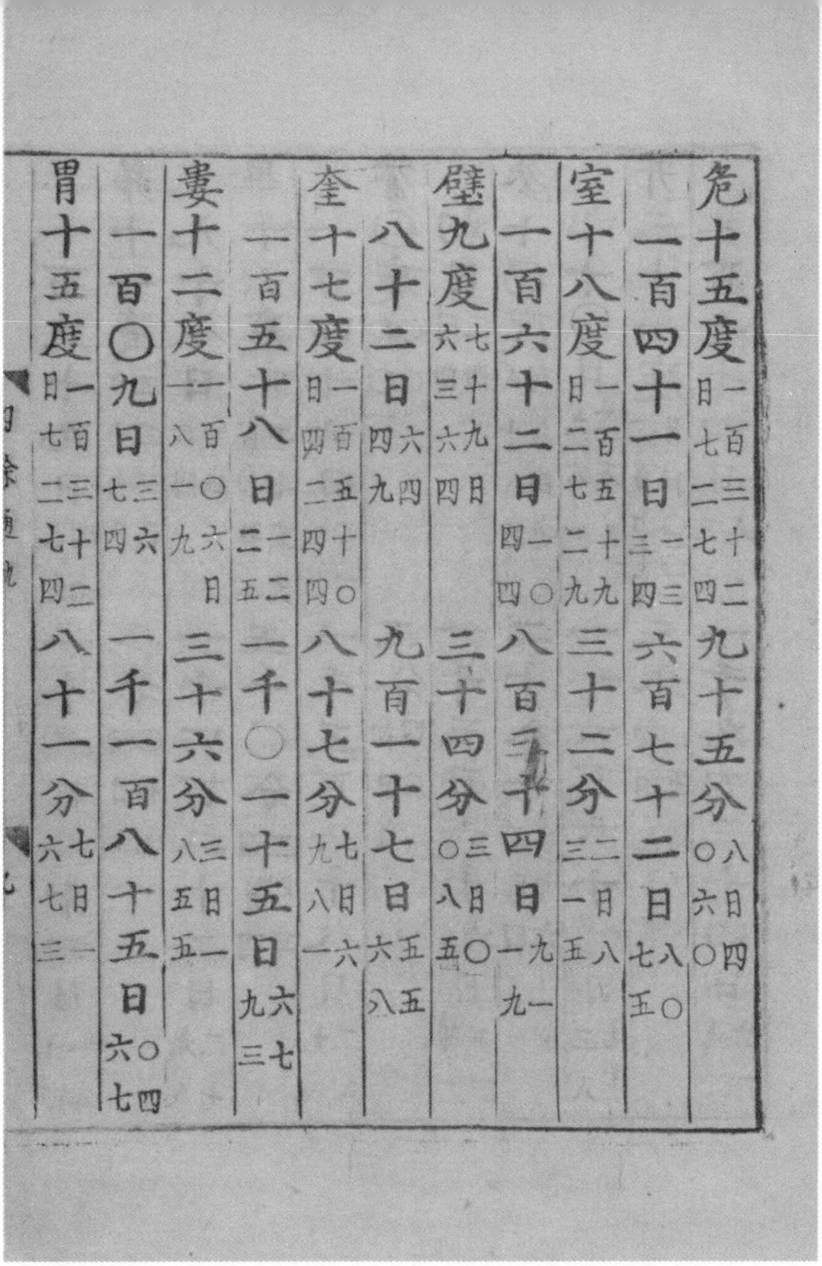

危十五度一百三十二日七二七四	九十五分八日四〇六〇	一百四十一日一三三四	六百七十二日八〇七五
室十八度一百五十九日二七二九	三十二分二日八三一五	一百六十二日一〇四四	八百三十四日九一一九
壁九度七十九日六三六四	三十四分三日〇〇八五	八十二日六四四九	九百一十七日五五六八
奎十七度一百五十〇日四二四四	八十七分七日六九八一	一百五十八日一二二五	一千〇一十五日六七九三
婁十二度一百〇六日一八一九	三十六分三日一八五五	一百〇九日三六七四	一千一百八十五日〇四六七
胃十五度一百三十二日七二七四	八十一分七日一六七三	一百三十九日八九四七	一千三百二十四日九四一四

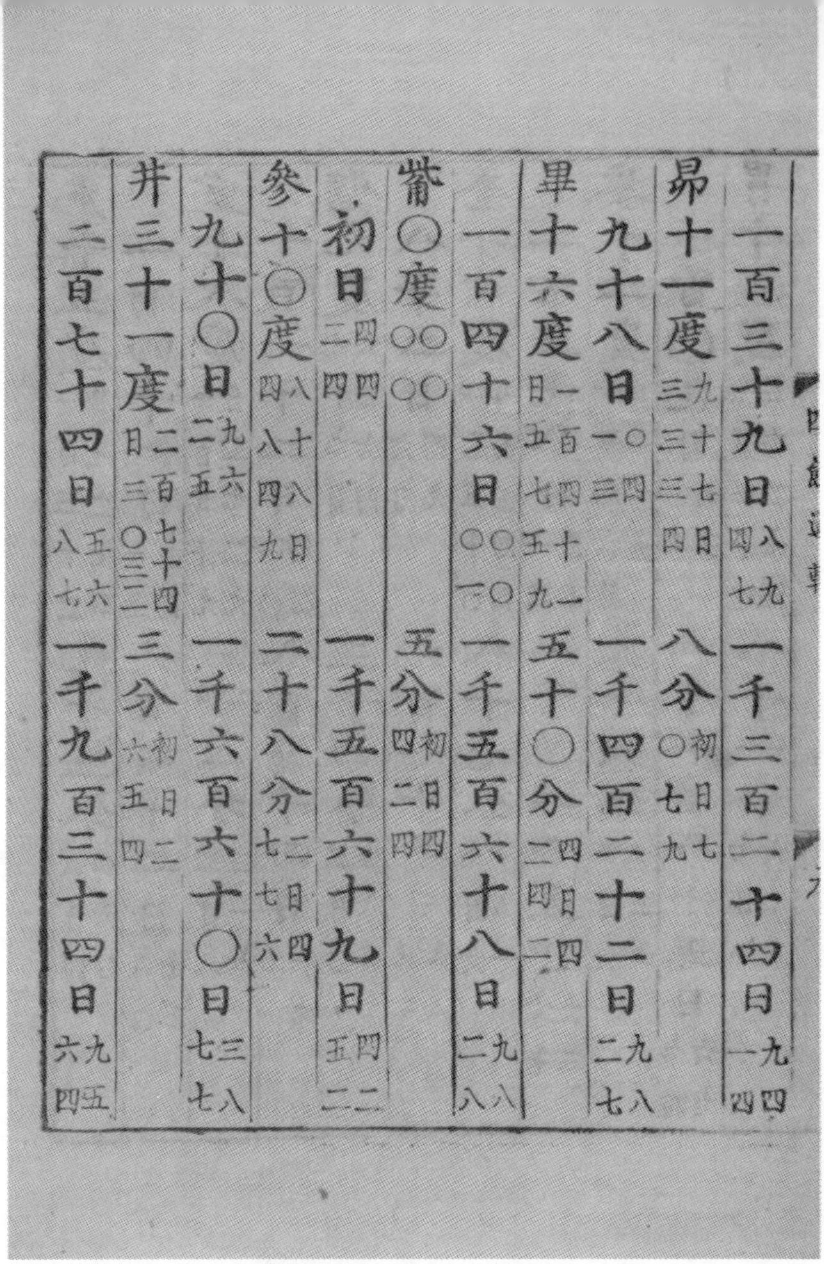

昴十一度九十七日三三三四	八分初日七〇七九	九十八日〇四一三	一千四百二十二日九八二七
畢十六度一百四十一日五七五九	五十〇分四日四二四二	一百四十六日〇〇〇一	一千五百六十八日九八二八
觜〇度〇〇〇〇	五分初日四四二四	初日四四二四	一千五百六十九日四二五二
參十〇度八十八日八四八九	二十八分二日四七七六	九十〇日九六二五	一千六百六十〇日三八七七
井三十一度二百七十四日三〇三二	三分初日二六五四	二百七十四日五六八七	一千九百三十四日九五六四

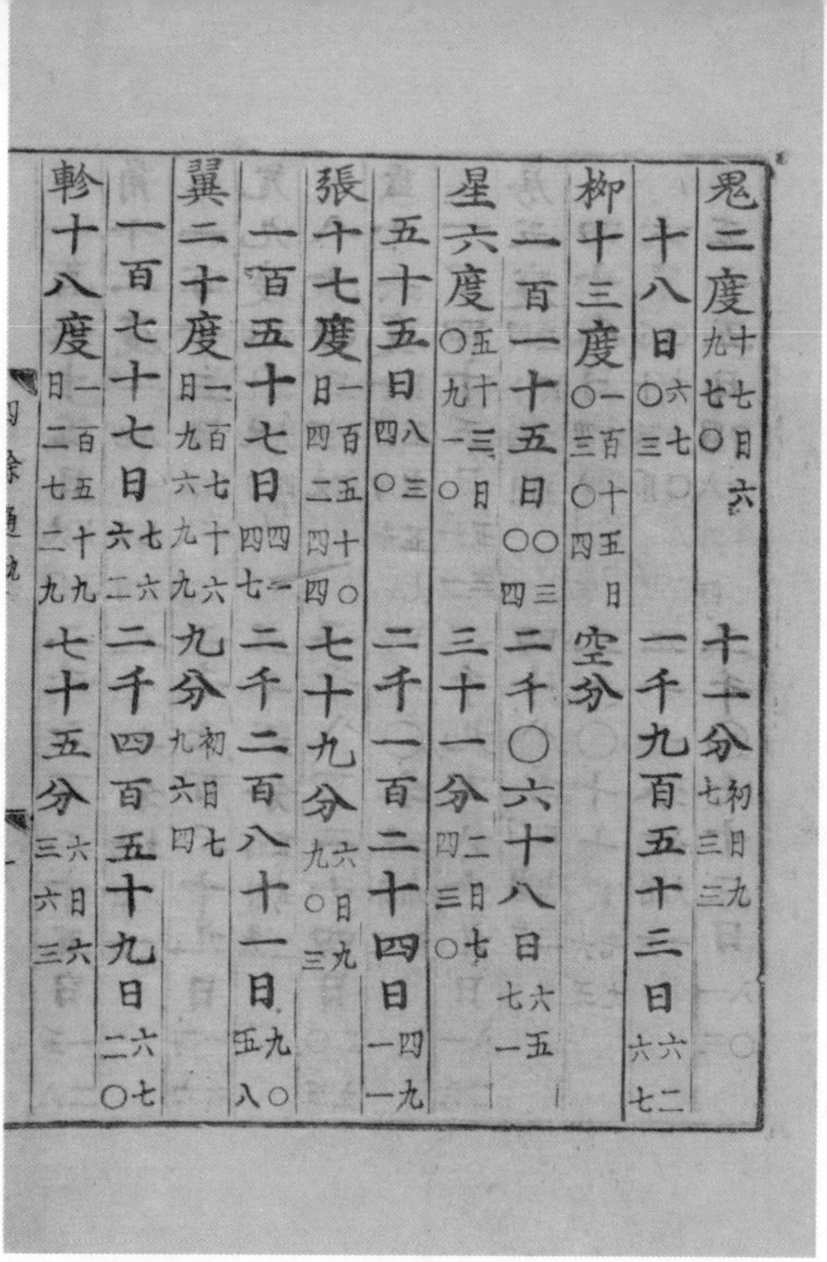

鬼二度十七日六九七〇	十一分初日九七三三	十八日六七〇三	一千九百五十三日六二六七
柳十三度一百十五日〇三〇四	空分	一百一十五日〇三〇四	二千〇六十八日六五七一
星六度五十三日〇九一〇	三十一分二日七四三〇	五十五日八三四〇	二千一百二十四日四九一一
張十七度一百五十〇日四二四四	七十九分六日九九〇三	一百五十七日四一四七	二千二百八十一日九〇五八
翼二十度一百七十六日九六九九	九分初日七九六四	一百七十七日七六六二	二千四百五十九日六七二〇
軫十八度一百五十九日二七二九	七十五分六日六三六三	一百六十五日九〇九二	二千六百二十五日五八一二

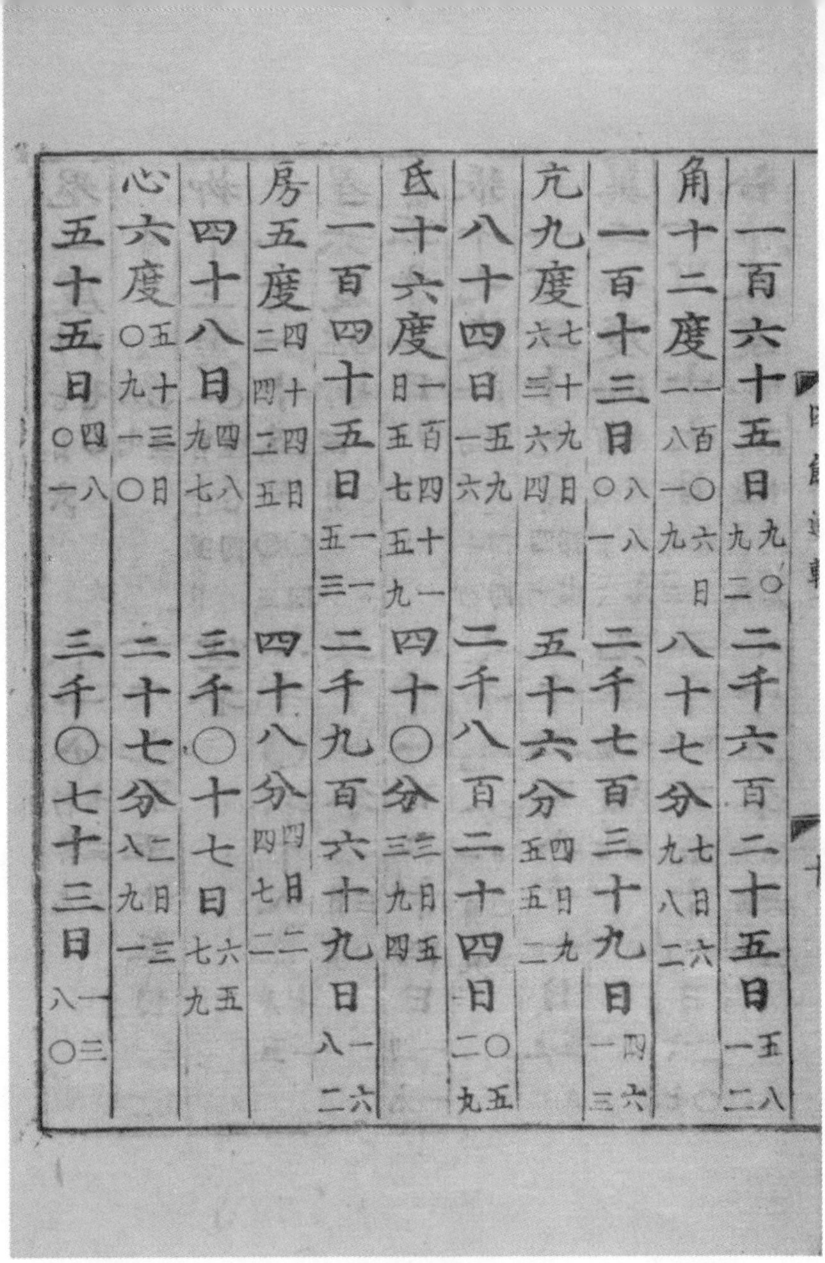

角十二度一百〇六日一八一九	八十七分七日六九八二	一百十三日八八〇一	二千七百三十九日四六一三
亢九度七十九日六三六四	五十六分四日九五五二	八十四日五九一六	二千八百二十四日〇五二九
氐十六度一百四十一日五七五九	四十〇分三日五三九四	一 百 四 十 五 日一一五三	二千九百六十九日一六八二
房五度四十四日二四二五	四十八分四日二四七二	四十八日四八九七	三千〇十七日六五七九
心六度五十三日〇九一〇	二十七分二日三八九一	五十五日四八〇一	三千〇七十三日一三八〇

尾十七度一百五十〇日四二四四	九十五分八日四〇六〇	一百五十八日八三〇四	三千二百三十一日九六八四

月孛取入宫定積數

斗三	一百十三日二二一八	入丑，周後少者用此數
女二	三百七十一日八五二六	入子
危十二	六百四十三日五七二一	入亥
奎一	九百三十二日八九八三	入戌
胃三	一千二百一十八日一九〇五	入酉
畢六	一千四百八十三日八三〇二	入申
井八	一千七百三十四日二二二二	入未
柳三	一千九百八十七日八三六八	入午

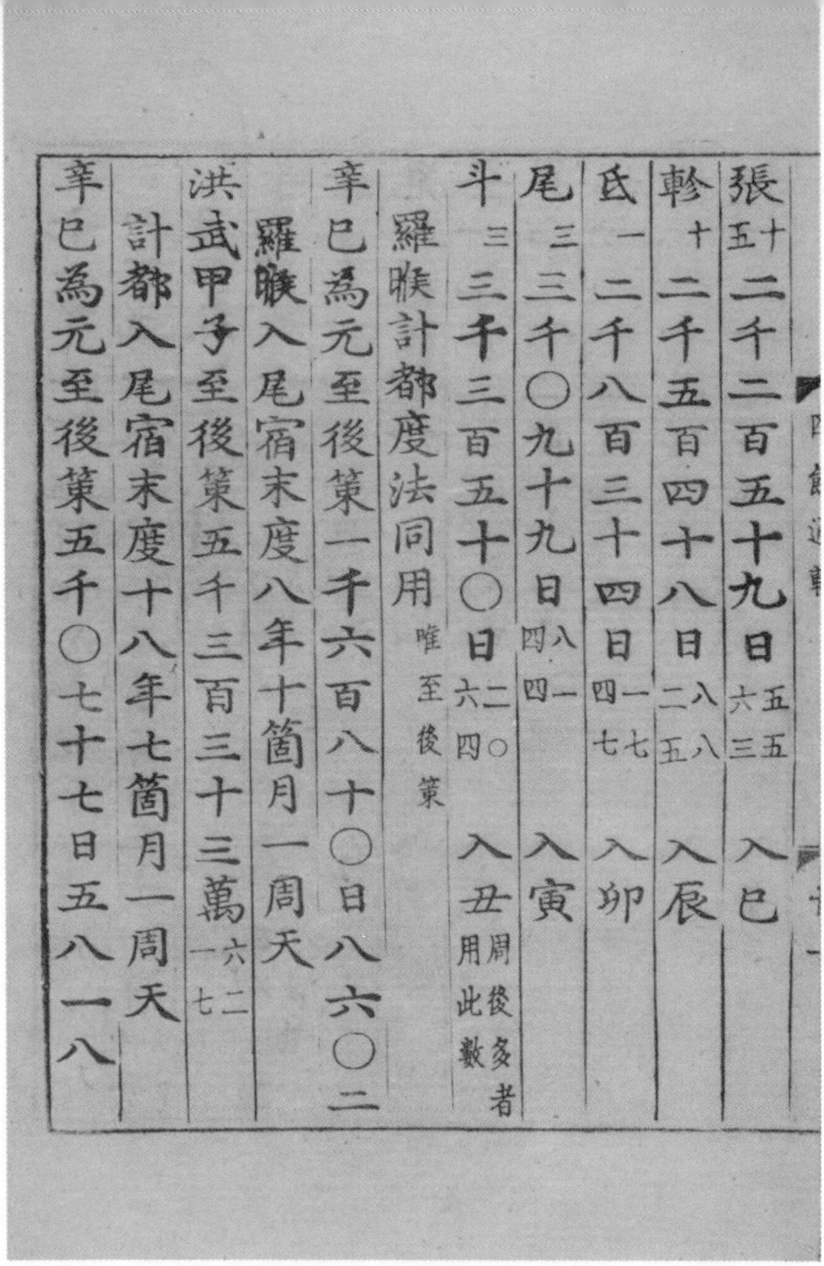
張十五二千二百五十九日五五六三入巳
軫十二千五百四十八日八八二五入辰
氐一二千八百三十四日一七四七入卯
尾三三千〇九十九日八一四四入寅
斗三三千三百五十〇日二〇四六入丑周後多者用此數
羅睺計都度法同用唯至後策
辛巳為元至後策一千六百八十〇日八六〇二
羅睺入尾宿末度八年十箇月一周天
洪武甲子至後策五千三百三十三萬六二一七
計都入尾宿末度十八年七箇月一周天
辛巳為元至後策五千〇七十七日五八一八

張十五	二千二百五十九日五五六三	入巳
軫十	二千五百四十八日八八二五	入辰
氐一	二千八百三十四日一七四七	入卯
尾三	三千〇九十九日八一四四	入寅
斗三	三千三百五十〇日二〇四六	入丑，周後多者用此數

羅睺、計都度法同用。唯至後策。

辛巳為元，至後策，一千六百八十〇日八六〇二。

羅睺入尾宿末度，八年十箇月一周天。

洪武甲子，至後策，五千三百三十三萬六二一七。

計都入尾宿末度，十八年七箇月一周天。

辛巳為元，至後策，五千〇七十七日五八一八。

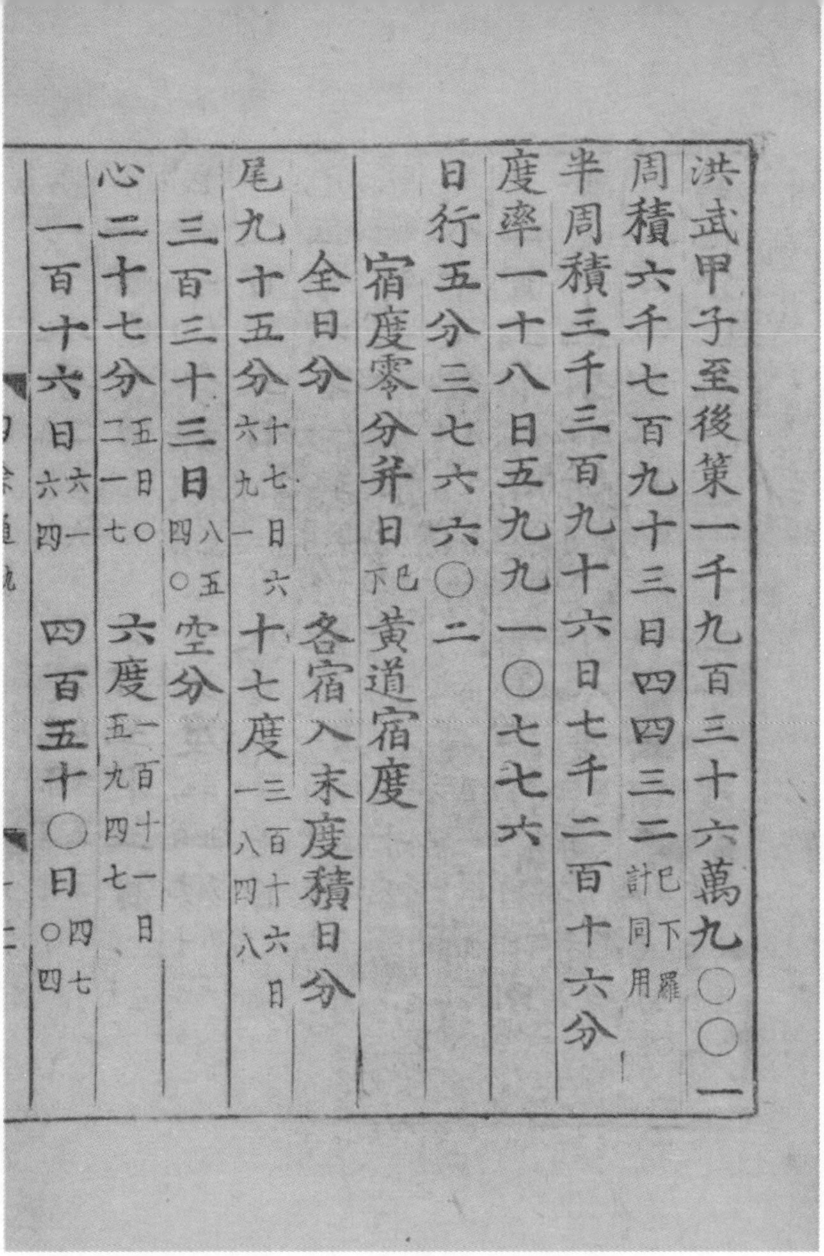

洪武甲子，至後策，一千九百三十六萬九〇〇一。

周積，六千七百九十三日四四三二。已下羅計同用。

半周積，三千三百九十六日七千二百十六分。

度率，一十八日五九九一〇七七六。[1]

日行，五分三七六六〇二。[2]

宿度零分并日已下	黄道宿度	全日分	各宿入末度積日分
尾九十五分十七日六六九一	十七度三百十六日一八四八	三百三十三日八五四〇	空分
心二十七分五日〇二一七	六度一百十一日五九四七	一百十六日六一六四	四百五十〇日四七〇四

1《高麗史・授時曆經》數據為 18 日行 1 度 96 分 66 秒。

2《高麗史・授時曆經》數據為每日每日逆行 5 分 37 秒。

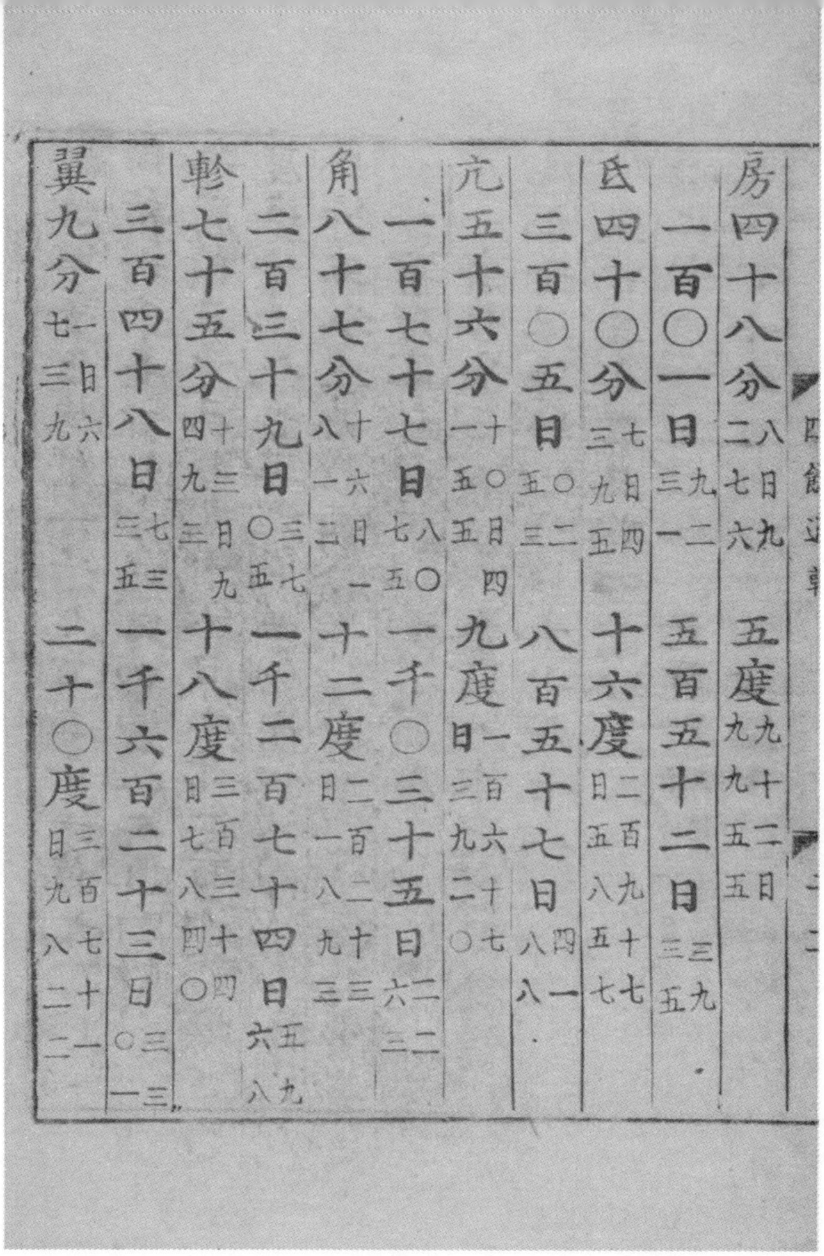

房四十八分八日九二七六	五度九十二日九九五五	一百〇一日九二三一	五百五十二日三九三五
氐四十〇分七日四三九五	十六度二百九十七日五八五七	三百〇五日〇二五三	八百五十七日四一八八
亢五十六分十〇日四一五五	九度一百六十七日三九二〇	一百七十七日八〇七五	一千〇三十五日二二六三
角八十七分十六日一八一二	十二度一百六十七日三九二〇	二百三十九日三七〇五	一千二百七十四日五九六八
軫七十五分十三日九四九三	十八度三百三十四日七八四〇	三百四十八日七三三五	一千六百二十三日三三〇一
翼九分一日六七三九	二十〇度三百七十一日九八二二	三百七十三日六五六一	一千九百九十六日九八六二

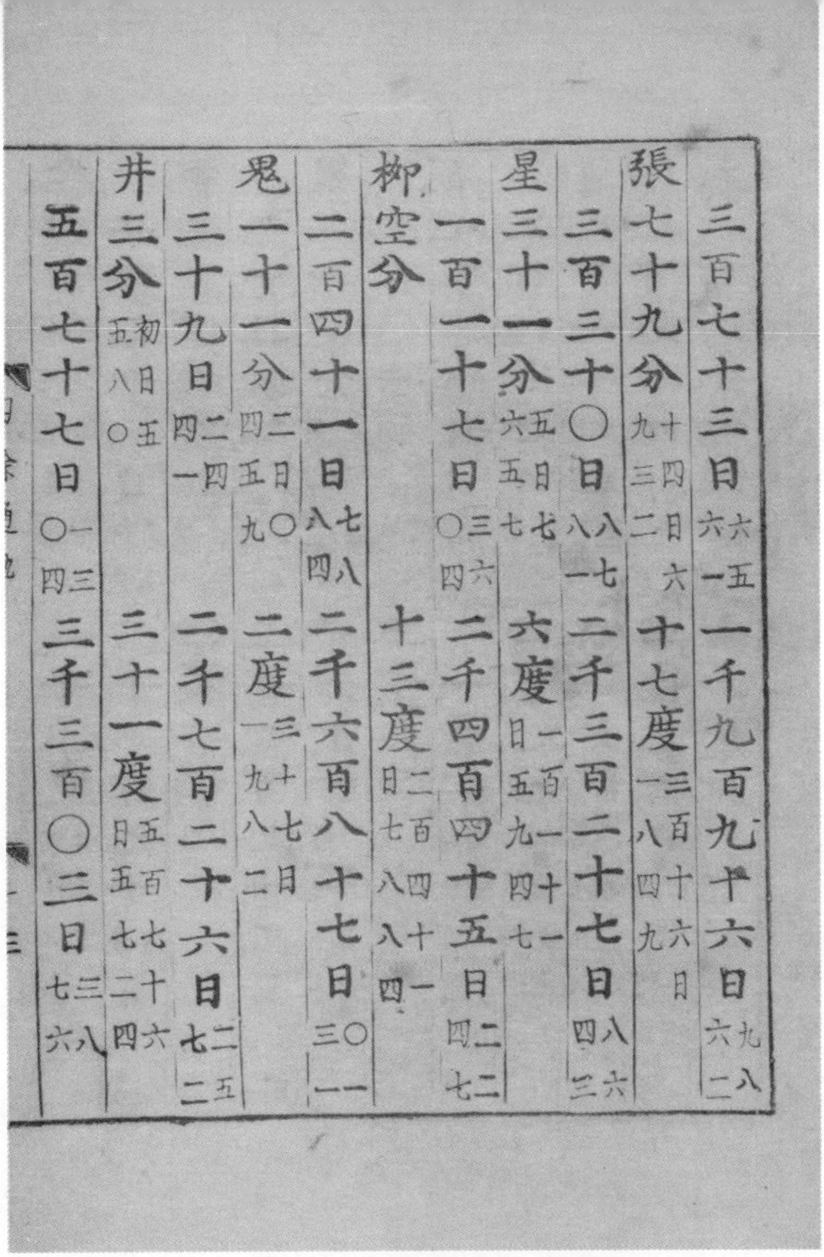

張七十九分十四日六九三二	十七度三百十六日一八四九	三百三十〇日八七八	一二千三百二十七日八六四三
星三十一分五日七六五七	六度一百一十一日五九四七	一百一十七日三六〇四	二千四百四十五日二二四七
柳空分	十三度二百四十一日七八八四	二百四十一日七八八四	二千六百八十七日〇一三一
鬼一十一分二日〇四五九	二度三十七日一九八二	三十九日二四四一	二千七百二十六日二五七二
井三分初日五五八〇	三十一度五百七十六日五七二四	五百七十七日一三〇四	三千三百〇三日三八七六

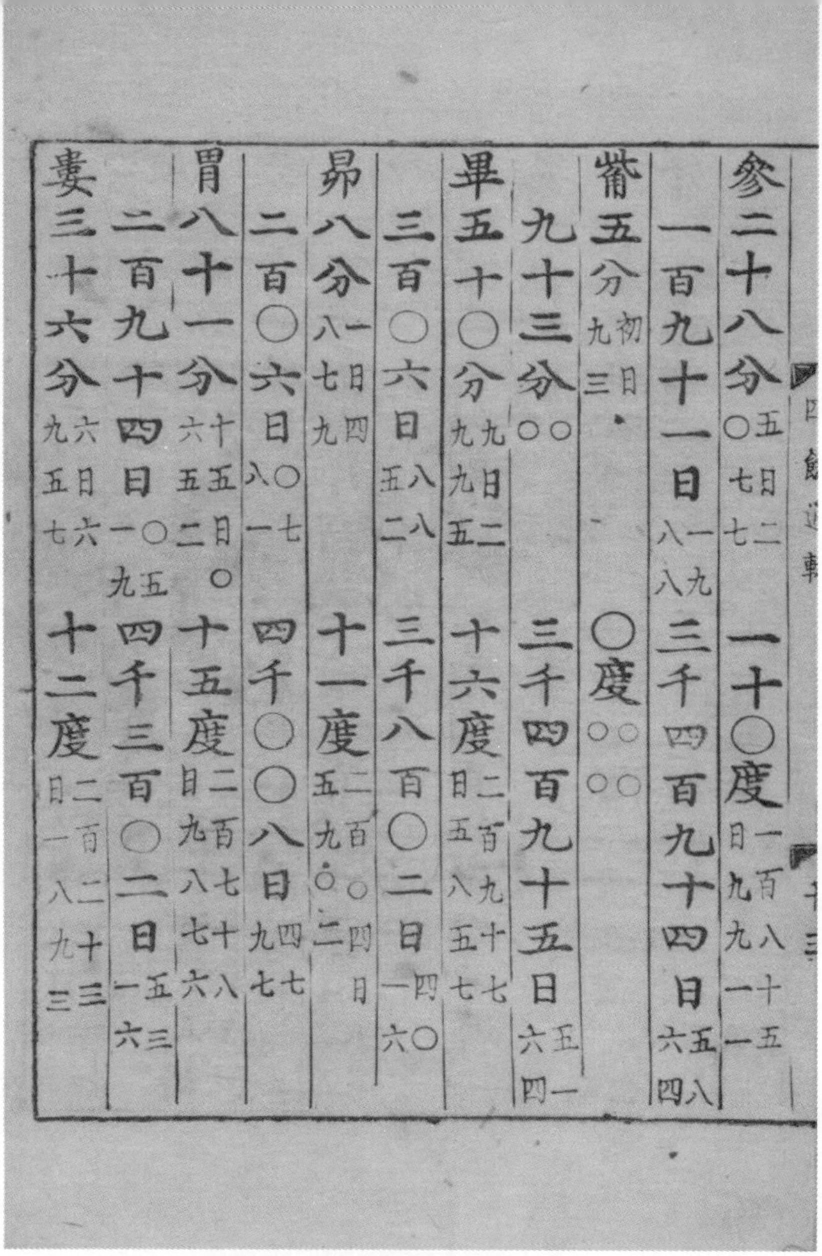

參二十八分五日二〇七七	一十〇度一百八十五日九九一一	一百九十一日一九八八	三千四百九十四日五八六四
觜五分初日九三	〇度〇〇〇〇	九十三分〇〇	三千四百九十五日五一六四
畢五十〇分九日二九九五	十六度二百九十七日五八五七	三百〇六日八八五二	三千八百〇二日四〇一六
昴八分一日四八七九	十一度二百〇四日五九〇二	二百〇六日〇七八一	四千〇〇八日四七九七
胃八十一分十五日〇六五二	十五度二百七十八日九八七六	二百九十四日〇五一九	四千三百〇二日五三一六
婁三十六分六日六九五七	十二度二百二十三日一八九三	二百二十九日八八五〇	四千五百三十二日四一六六

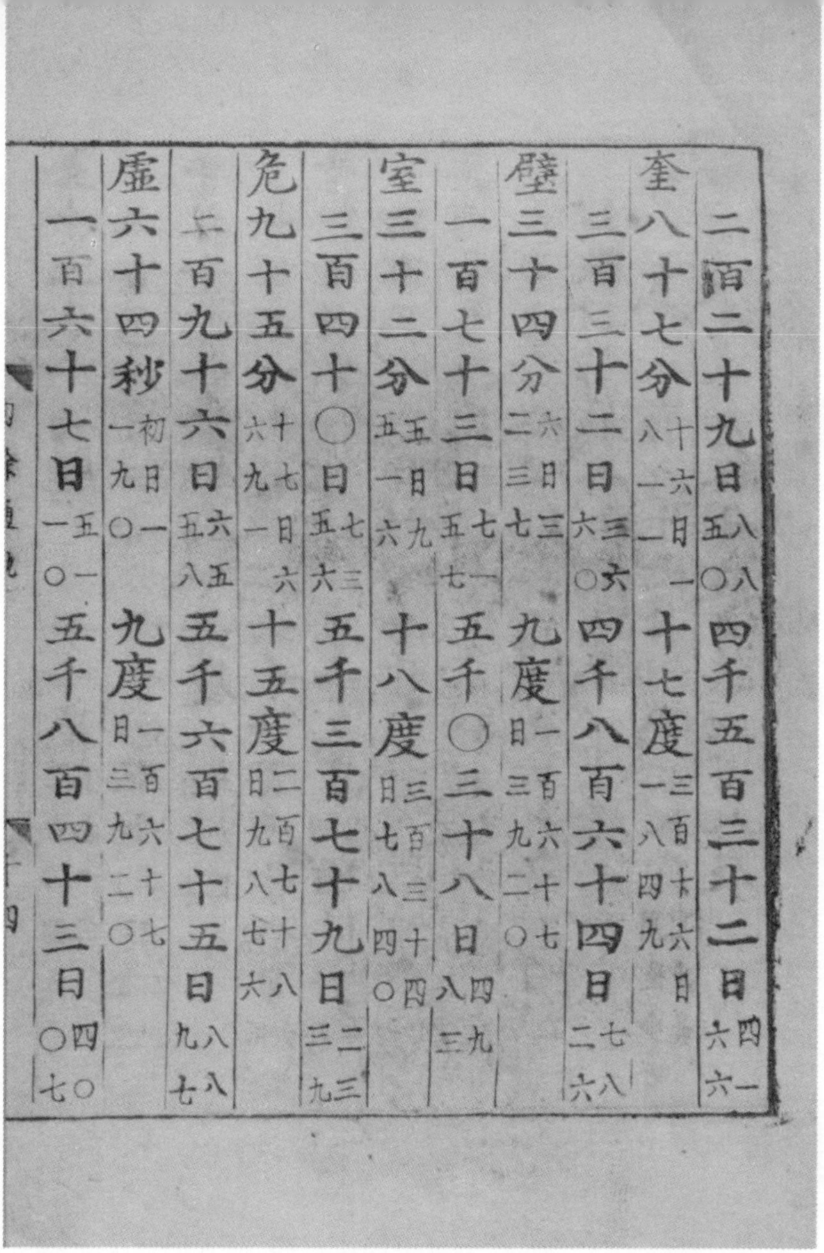

奎八十七分十六日一八一一	十七度三百十六日一八四九	三百三十二日三六六〇	四千八百六十四日七八二六
壁三十四分六日三二三七	九度一百六十七日三九二〇	一百七十三日七一五七	五千〇三十八日四九八三
室三十二分五日九五一六	十八度三百三十四日七八四〇	三百四十〇日七三五六	五千三百七十九日二三三九
危九十五分十七日六六九一	十五度二百七十八日九八七六	二百九十六日六五五八	五千六百七十五日八八九七
虚六十四秒初日一一九〇	九度一百六十七日三九二〇	一百六十七日五一一〇	五千八百四十三日四〇〇七

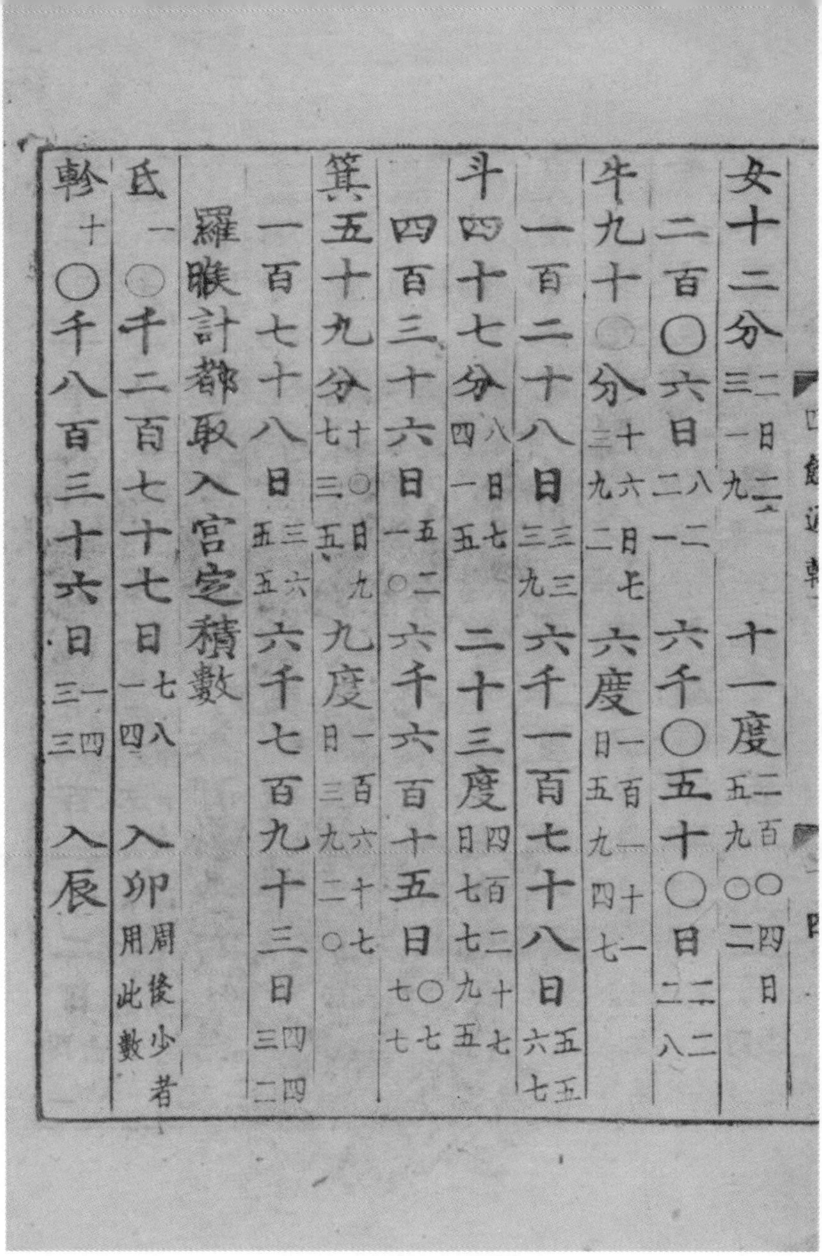

女十二分二日二三一九	十一度二百〇四日五九〇二	二百〇六日八二二一	六千〇五十〇日二二二八
牛九十〇分十六日七三九二	六度一百一十一日五九四七	一百二十八日三三三九	六千一百七十八日五五六七
斗四十七分八日七四一五	二十三度四百二十七日七七九五	四百三十六日五二一〇	六千六百十五日〇七七七
箕五十九分十〇日九七三五	九度一百六十七日三九二〇	一百七十八日三六五五	六千七百九十三日四四三二

羅睺計都取入宮定積數

氐一	〇千二百七十七日七八一四	入卯，周後少者用此數
軫十	〇千八百三十六日一四三三	入辰

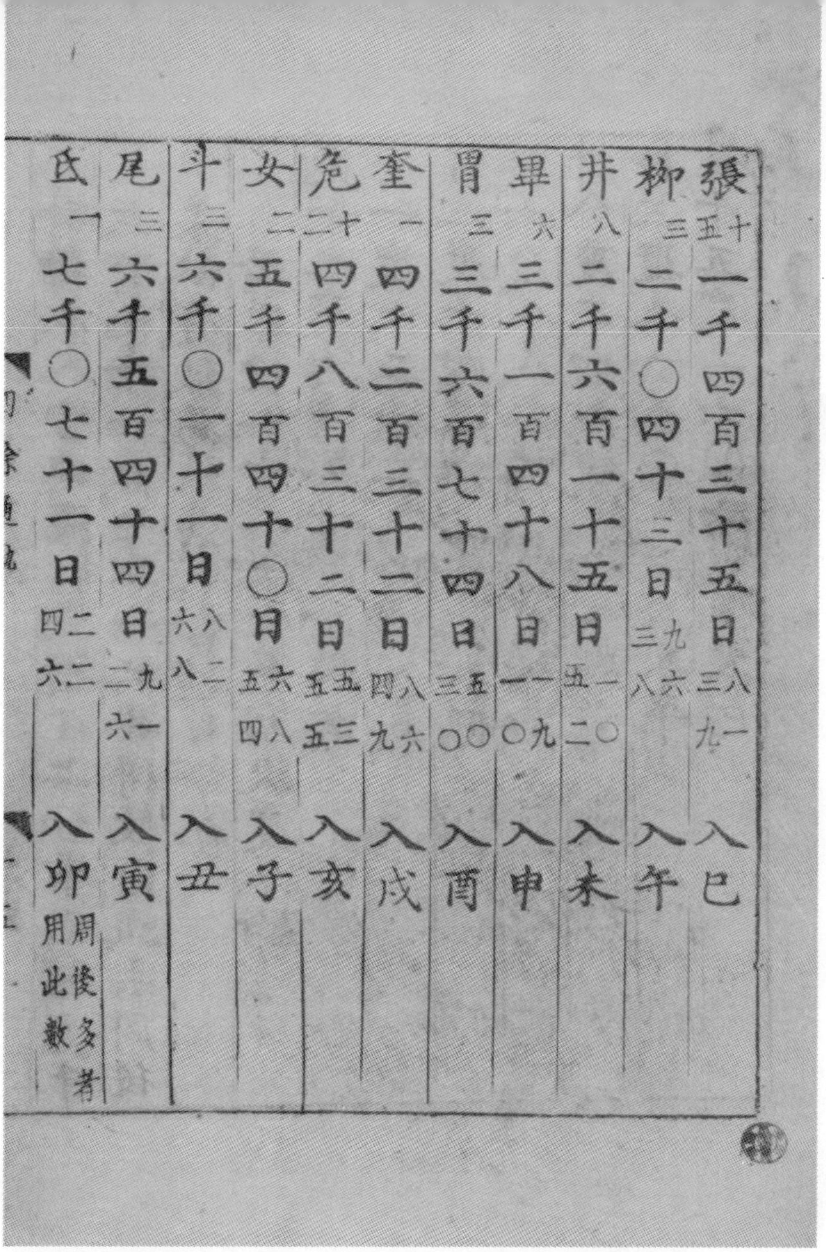

張十五	一千四百三十五日八一三九	入巳
柳三	二千〇四十三日九六三八	入午
井八	二千六百一十五日一〇五二	入未
畢六	三千一百四十八日一九一〇	入申
胃三	三千六百七十四日五〇三〇	入酉
奎一	四千二百三十二日八六四九	入戌
危十二	四千八百三十二日五三五五	入亥
女二	五千四百四十〇日六八五四	入子
斗三	六千〇一十一日八二六八	入丑
尾三	六千五八四十四日九一二六	入寅
氐一	七千〇七十一日二二四六	入卯，周後多者用此數

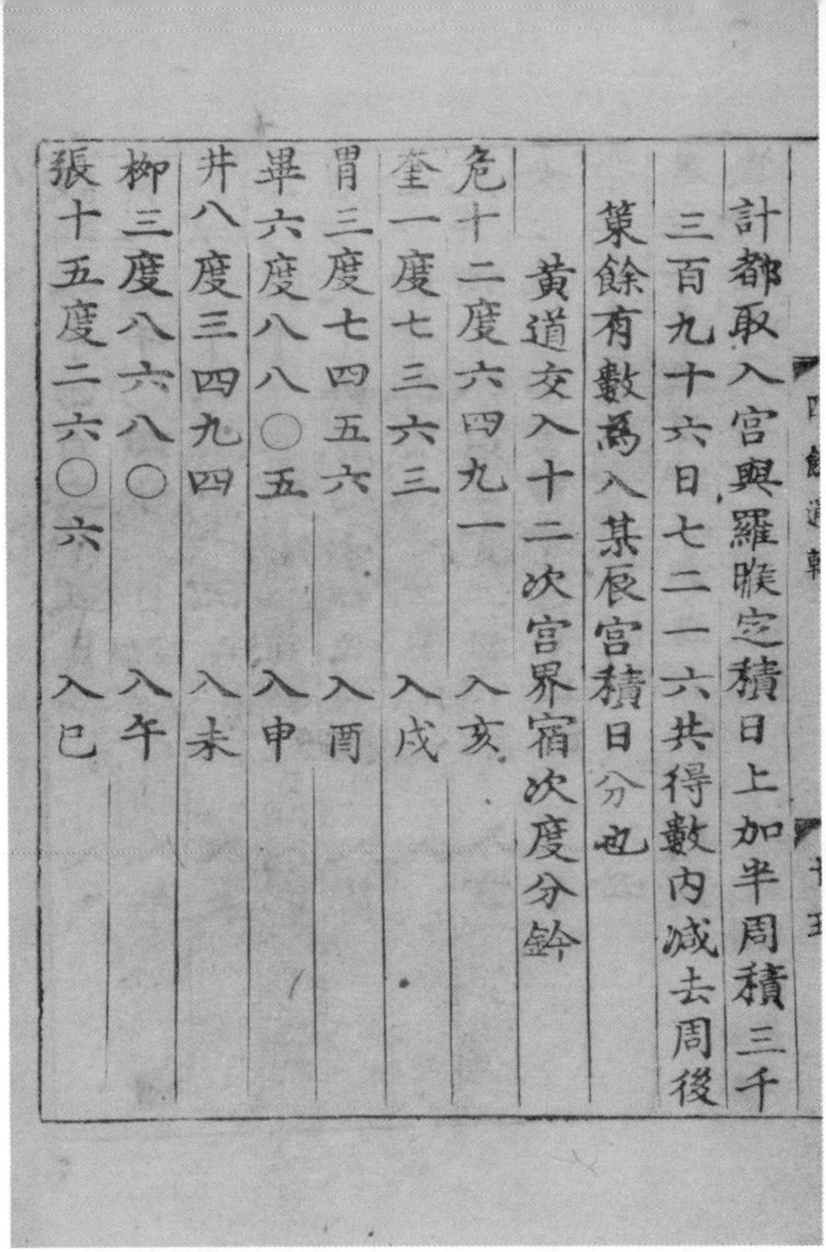
計都取入宮與羅睺定積日上加半周積三千三百九十六日七二一六共得數内減去周後策餘有數爲入某辰宮積日分也

黄道交入十二次宮界宿次度分鈐

危十二度六四九一 入亥

奎一度七三六三 入戌

胃三度七四五六 入酉

畢六度八八〇五 入申

井八度三四九四 入未

柳三度八六八〇 入午

張十五度二六〇六 入巳

計都取入宮與羅睺定積日，上加半周積三千三百九十六日七二一六，共得數内減去周後策，餘有數為入某辰宮積日分也。

黄道交入十二次宮界宿次度分鈐

危	十二度六四九一	入亥
奎	一度七四五六	入戌
胃	三度七三六三	入酉
畢	六度八八〇五	入申
井	八度三四九四	入未
柳	三度八六八〇	入午
張	十五度二六〇六	入巳

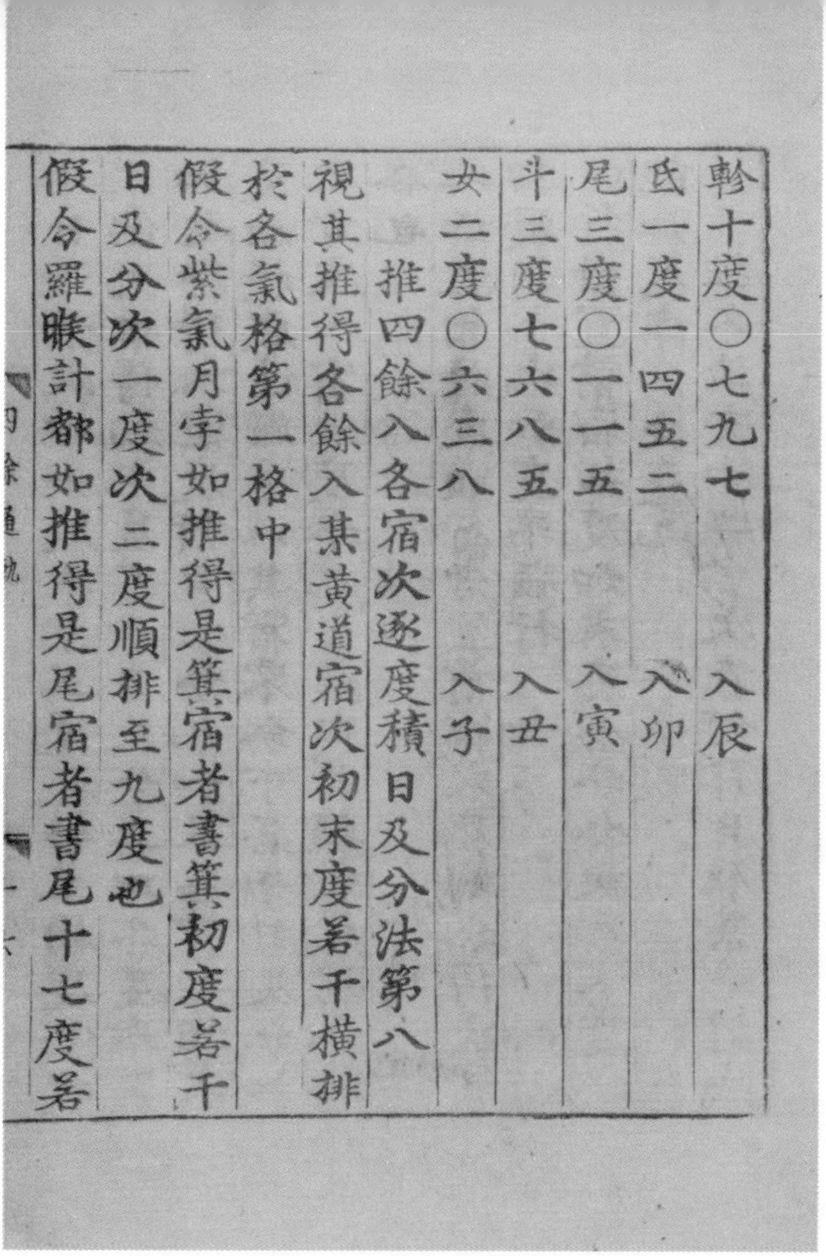
軫十度〇七九七　入辰
氐一度一四五二　入卯
尾三度〇一一五　入寅
斗三度七六八五　入丑
女二度〇六三八　入子
推四餘入各宿次逐度積日及分法第八
視其推得各餘入某黄道宿次初末度若干横排
於各氣格第一格中
假令紫氣月孛如推得是箕宿者書箕初度若干
日及分次一度次二度順排至九度也
假令羅睺計都如推得是尾宿者書尾十七度若

軫	十度〇七九七	入辰
氐	一度一四五二	入卯
尾	三度〇一一五	入寅
斗	三度七六八五	入丑
女	二度〇六三八	入子

推四餘入各宿次逐度積日及分法第八

視其推得各餘入某黄道宿次初末度若干，横排於各氣格第一格中。

假令紫氣、月孛如推得是箕宿者，書箕初度若干日及分，次一度，次二度，順排至九度也。假令羅睺、計都如推得是尾宿者，書尾十七度若

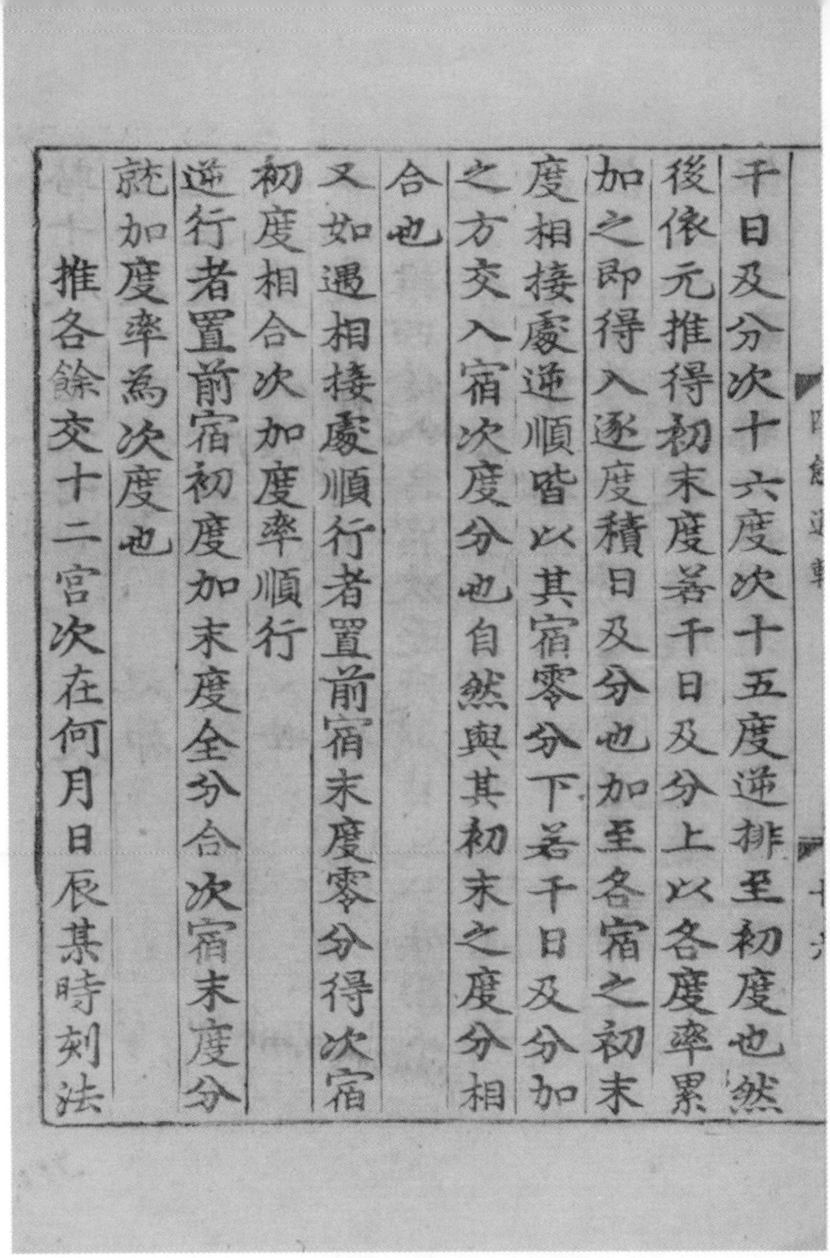

干日及分次十六度次十五度逆排至初度也然後依元推得初末度若干日及分上以各度率累加之即得入逐度積日及分也加至各宿之初末度相接處逆順皆以其宿零分下若干日及分加之方交入宿次度分也自然與其初末之度分相合也
又如遇相接處順行者置前宿末度零分得次宿初度相合次加度率順行
逆行者置前宿初度加末度全分合次宿末度分就加度率為次度也
推各餘交十二宮次在何月日辰某時刻法

干日及分，次十六度，次十五度，逆排至初度也，然後依元推得初末度若干日及分，上以各度率累加之，即得入逐度積日及分也。

加至各宿之初末度相接處，逆順皆以其宿零分下若干日及分加之方交入宿次度分也，自然與其初末之度分相合也。

又如遇相接處順行者，置前宿末度零分，得次宿初度相合，次加度率，順行。逆行者，置前宿初度加末度全分，合次宿末度分，就加度率為次度也。[1]

推各餘交十二宮次在何月日辰某時刻法

1 用度率逐日累加各餘初末度積日，得到入逐度積日。

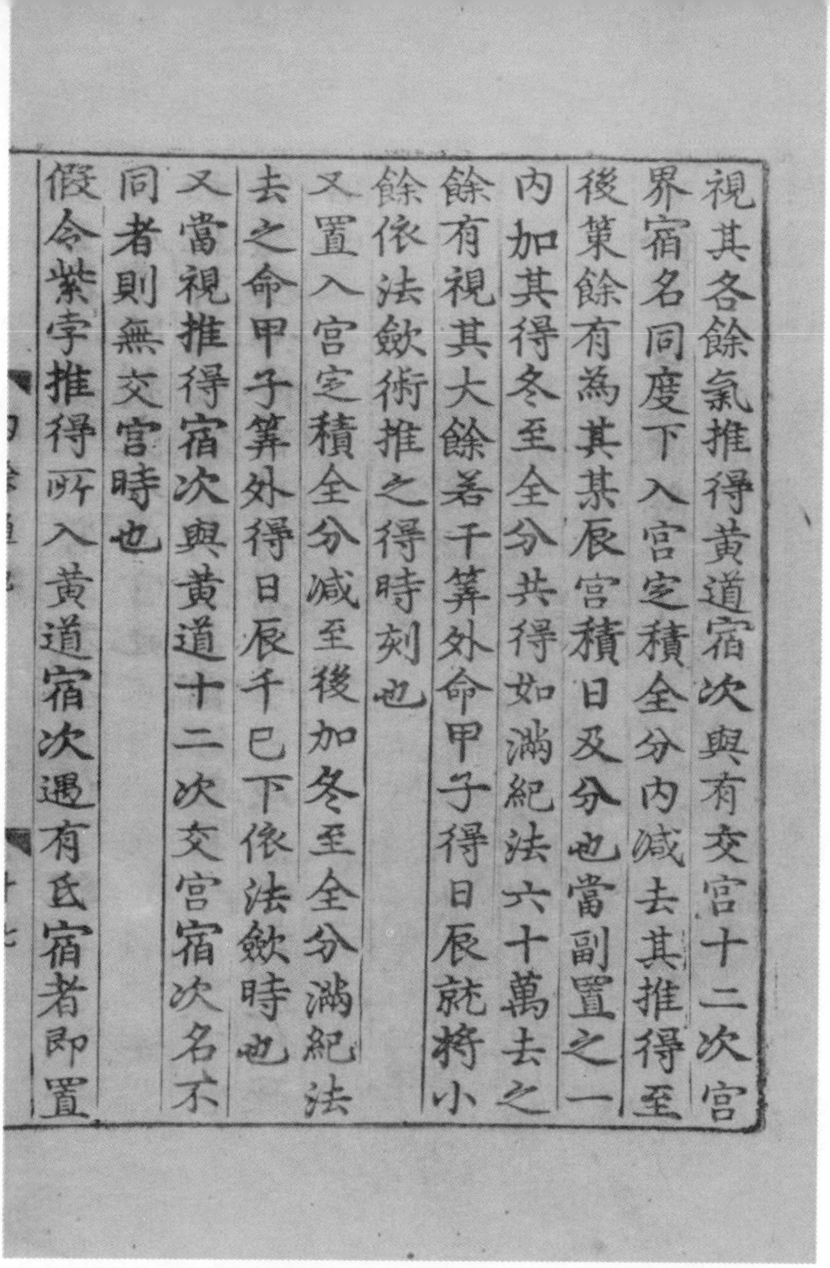
視其各餘氣推得黃道宿次與有交宮十二次宮
界宿名同度下入宮定積全分內減去其推得至
後策餘有為其某辰宮積日及分也當副置之一
內加其得冬至全分共得如滿紀法六十萬去之
餘有視其大餘若干筭外命甲子得日辰就將小
餘依法歛術推之得時刻也
又置入宮定積全分減至後加冬至全分滿紀法
去之命甲子筭外得日辰千巳下依法歛時也
又當視推得宿次與黃道十二次交宮宿次名不
同者則無交宮時也
假令紫孛推得所入黃道宿次遇有氐宿者即置

視其各餘氣推得黃道宿次與有交宮十二次宮界宿名同度下入宮定積全分，內減去其推得至後策，餘有為其某辰宮積日及分也。當副置之，一內加其得冬至全分，共得如滿紀法六十萬去之，餘有視其大餘若干筭外，命甲子得日辰。就將小餘依法歛術推之，得時刻也。

又置之宮定積全分減至後加冬至全分，滿紀法去之，命甲子筭外得日辰，千巳下依法歛時也。[1]

又當視推得宿次與黃道十二次交宮宿次名不同者，則無交宮時也。

假令紫孛推得所入黃道宿次遇有氐宿者，即置

1 以宮定積全分加冬至全分，滿紀法減去得到日辰，餘數按推算發斂的方法推算得到時刻。根據定朔的甲子判斷交某宮及時刻。

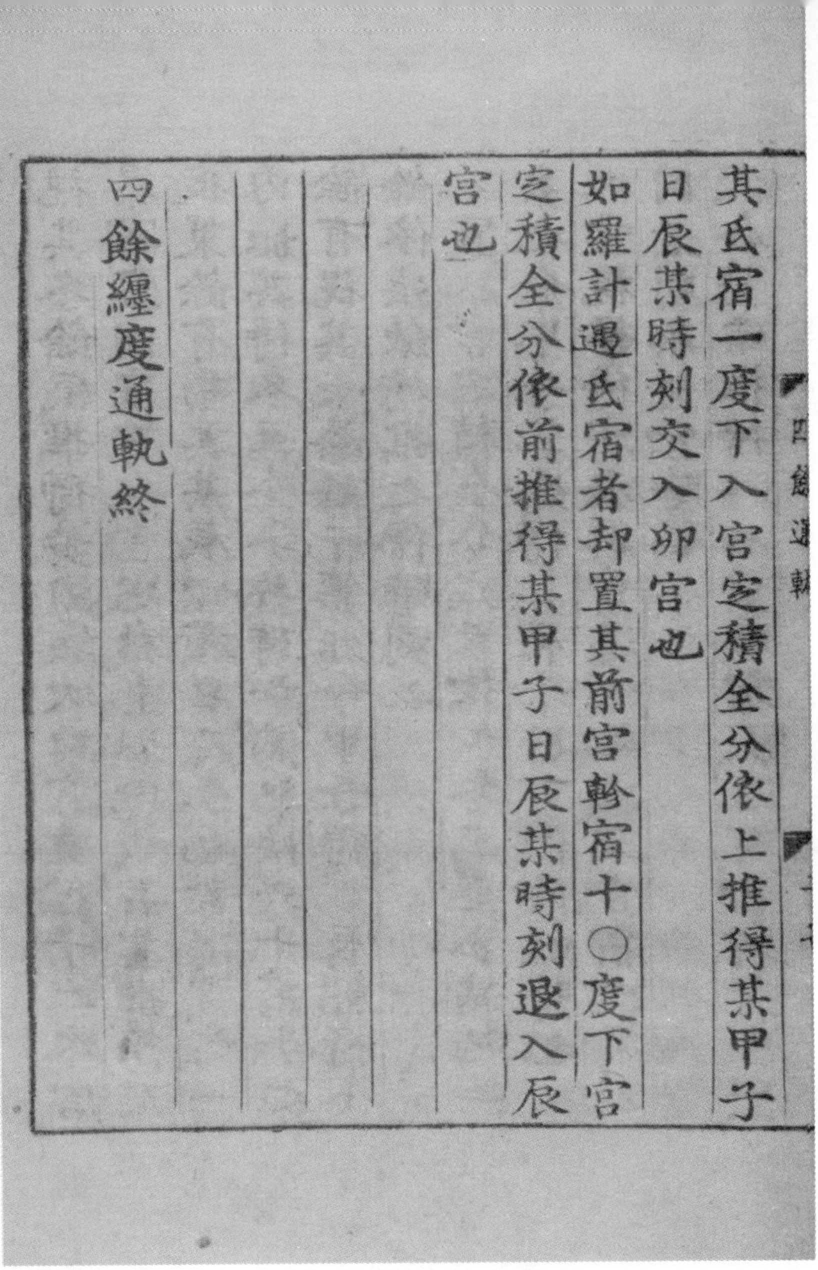

其氐宿一度下入宮定積全分依上推得某甲子
日辰某時刻交入卯宮也
如羅計遇氐宿者却置其前宮軫宿十〇度下宮
定積全分依前推得某甲子日辰某時刻退入辰
宮也

四餘纏度通軌終

其氐宿一度下入宮定積全分，依上推得某甲子日辰某時刻交入卯宮也。

如羅計遇氐宿者，却置其前宮軫宿十〇度下宮定積全分，依前推得某甲子日辰某時刻退入辰宮也。

《四餘纏度通軌》終

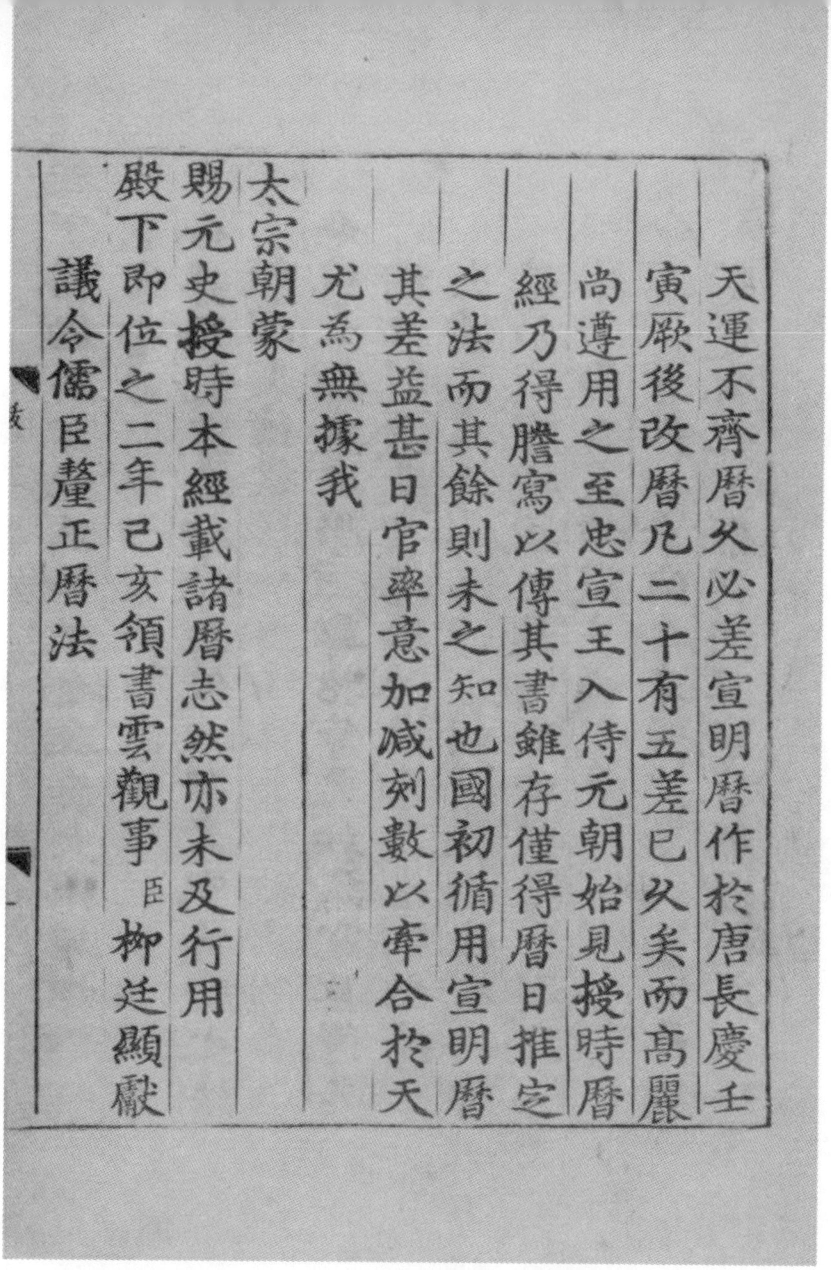
天運不齊曆久必差宣明曆作於唐長慶壬
寅厥後改曆凡二十有五差已久矣而高麗
尚遵用之至忠宣王入侍元朝始見授時曆
經乃得謄寫以傳其書雖存僅得曆日推定
之法而其餘則未之知也國初循用宣明曆
其差益甚日官率意加減刻數以牽合於天
尤為無據我
太宗朝蒙
賜元史授時本經載諸曆志然亦未及行用
殿下即位之二年己亥領書雲觀事臣柳廷顯獻
議令儒臣釐正曆法

天運不齊，曆久必差。《宣明曆》作於唐長慶壬寅[1]，厥後改曆凡二十有五，差已久矣，而高麗尚遵用之。至忠宣王入侍元朝，始見《授時曆經》，乃得謄寫以傳。其書雖存，僅得曆日推定之法，而其餘則未之知也。國初循用《宣明曆》，其差益甚，日官率意加減刻數，以牽合於天，尤為無據。我太宗朝蒙賜元史《授時》本經，載諸《曆志》，然亦未及行用。殿下即位之二年己亥[2]，領書雲觀事臣柳廷顯[3]獻議，令儒臣釐正曆法。

1 長慶壬寅為長慶二年（822 年）。
2 己亥即 1419 年。
3 柳廷顯，在朝鮮太宗、世宗朝官至領議政府事。

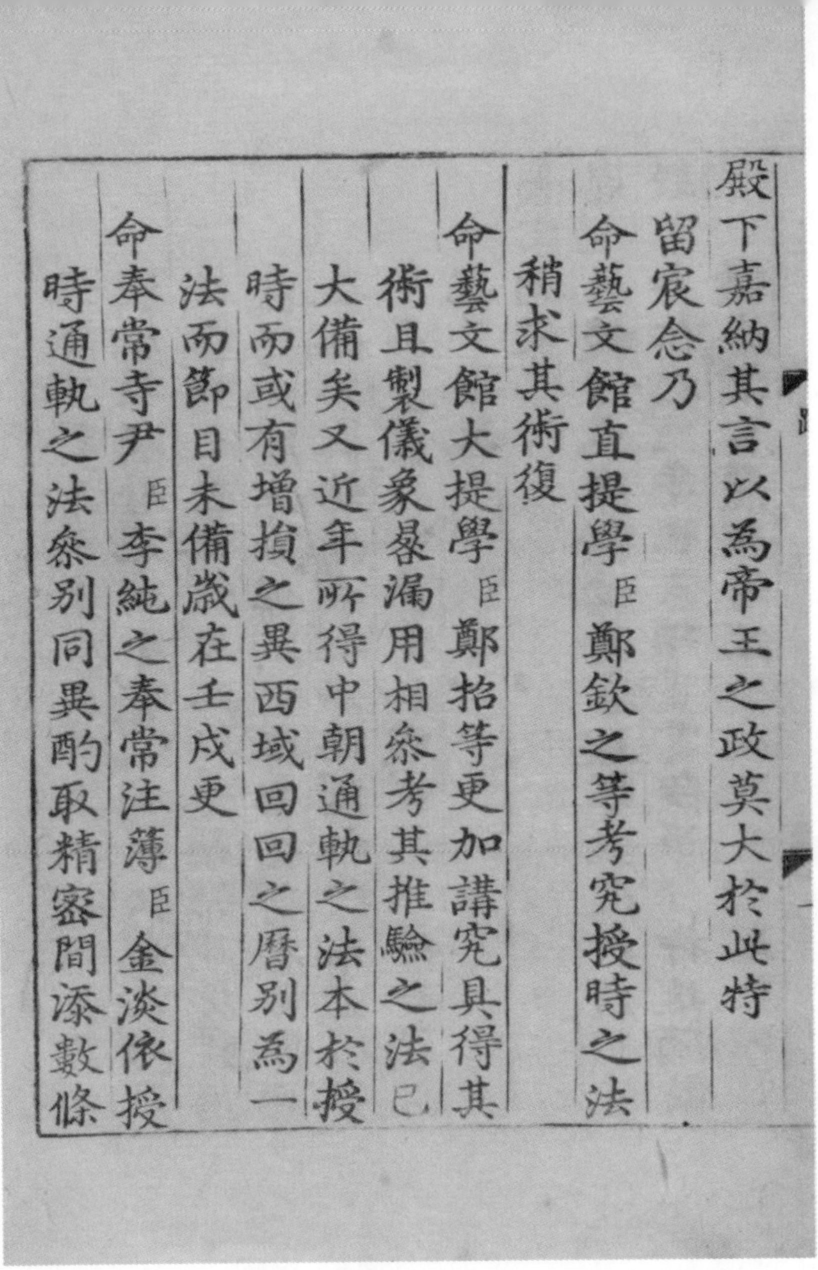

殿下嘉納其言以為帝王之政莫大於此特
留宸念乃
命藝文館直提學臣鄭欽之等考究授時之法
稍求其術復
命藝文館大提學臣鄭招等更加講究具得其
術且製儀象晷漏用相參考其推驗之法已
大備矣又近年所得中朝通軌之法本於授
時而或有增損之異西域回回之曆別為一
法而節目未備歲在壬戌更
命奉常寺尹臣李純之奉常注薄臣金淡依授
時通軌之法參別同異酌取精密間添數條

殿下嘉納其言，以為帝王之政莫大於此，特留宸念。乃命藝文館直提學臣鄭欽之[1]等考究《授時》之法，稍求其術。復命藝文館大提學臣鄭招[2]等更加講究，具得其術。且制儀象晷漏，用相叅考。其推驗之法，已大備矣。又近年所得中朝《通軌》[3]之法，本於《授時》，而或有增損之異。西域回回之曆別爲一法，而節目未備。歲在壬戌[4]，更命奉常寺尹臣李純之[5]、奉常注薄臣金淡[6]依《授時》、《通軌》之法，叅別同異，酌取精密，間添數條

1 鄭欽之，東萊人，朝鮮太宗朝登第，官至判書，謚文景。

2 鄭招，河東人，朝鮮太宗朝再登第，以文鳴世。曾製簡儀臺，官至藝文館大提學。

3 即《大統曆法通軌》。

4 壬戌即 1442 年。

5 李純之，朝鮮李朝天文学家。

6 金淡，字巨源，禮安人。朝鮮英宗朝登第，官至吏曹判書，謚文節。

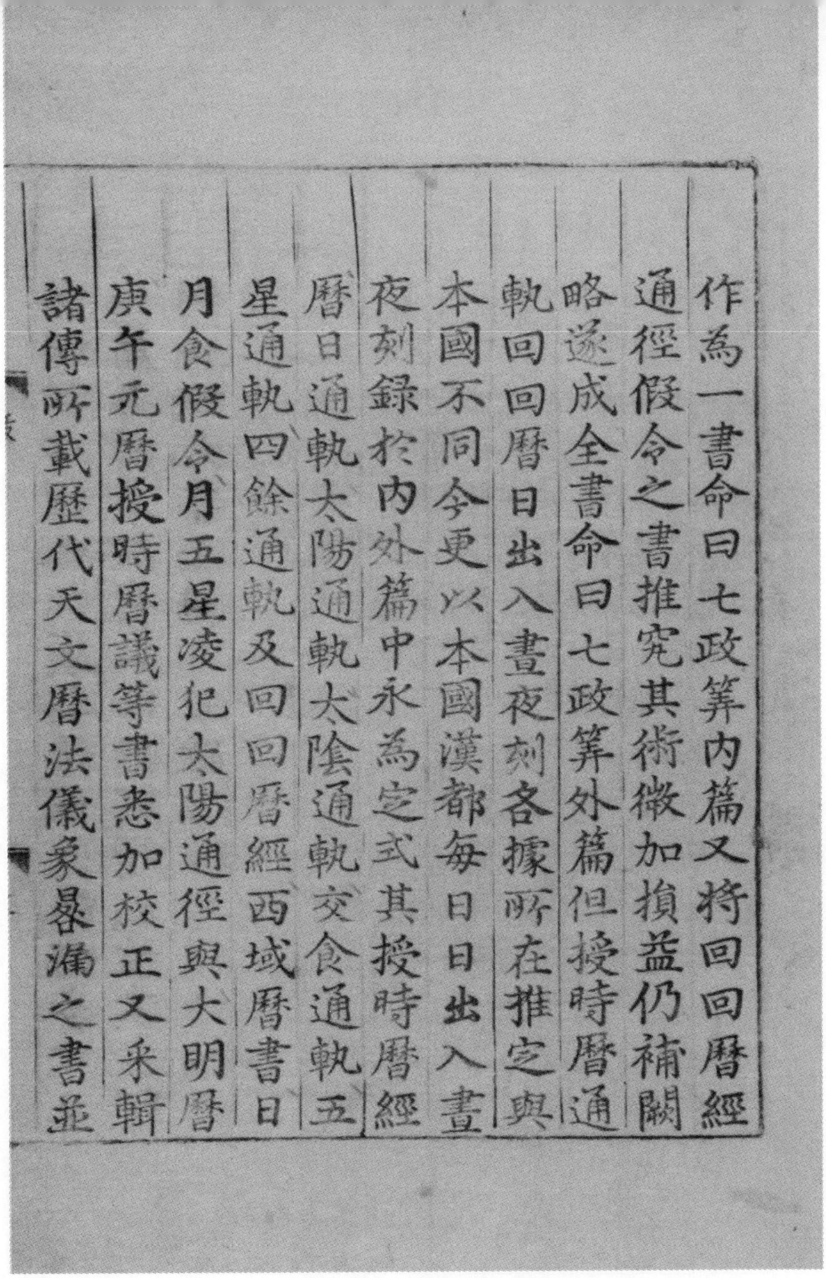
作爲一書命曰七政筭内篇又將回回曆經
通徑假令之書推究其術微加損益仍補闕
略遂成全書命曰七政筭外篇但授時曆通
軌回回曆日出入晝夜刻各據所在推定與
本國不同今更以本國漢都每日日出入晝
夜刻録於内外篇中永爲定式其授時曆經
曆日通軌太陽通軌太陰通軌交食通軌五
星通軌四餘通軌及回回曆經西域曆書日
月食假令月五星凌犯太陽通徑與大明曆
庚午元曆授時曆議等書悉加校正又采輯
諸傳所載歷代天文曆法儀象晷漏之書並

作為一書，命曰《七政筭内篇》；又将《回回曆經》、《通徑》、《假令》之書，推究其術，微加損益，仍補闕略，遂成全書，命曰《七政筭外篇》。但《授時曆》、《通軌》、《回回曆》日出入晝夜刻，各據所在推定，與本國不同。今更以本國漢都每日日出入晝夜刻録於内、外篇中，永為定式。其《授時曆經》、《曆日通軌》、《太陽通軌》、《太陰通軌》、《交食通軌》、《五星通軌》、《四餘通軌》及《回回曆經》、《西域曆書》、《日月食假令》、《月五星凌犯》、《太陽通徑》與《大明曆》、《庚午元曆》、《授時曆議》等書悉加校正，又采輯諸傳所載歷代天文曆法、儀象晷漏之書，並

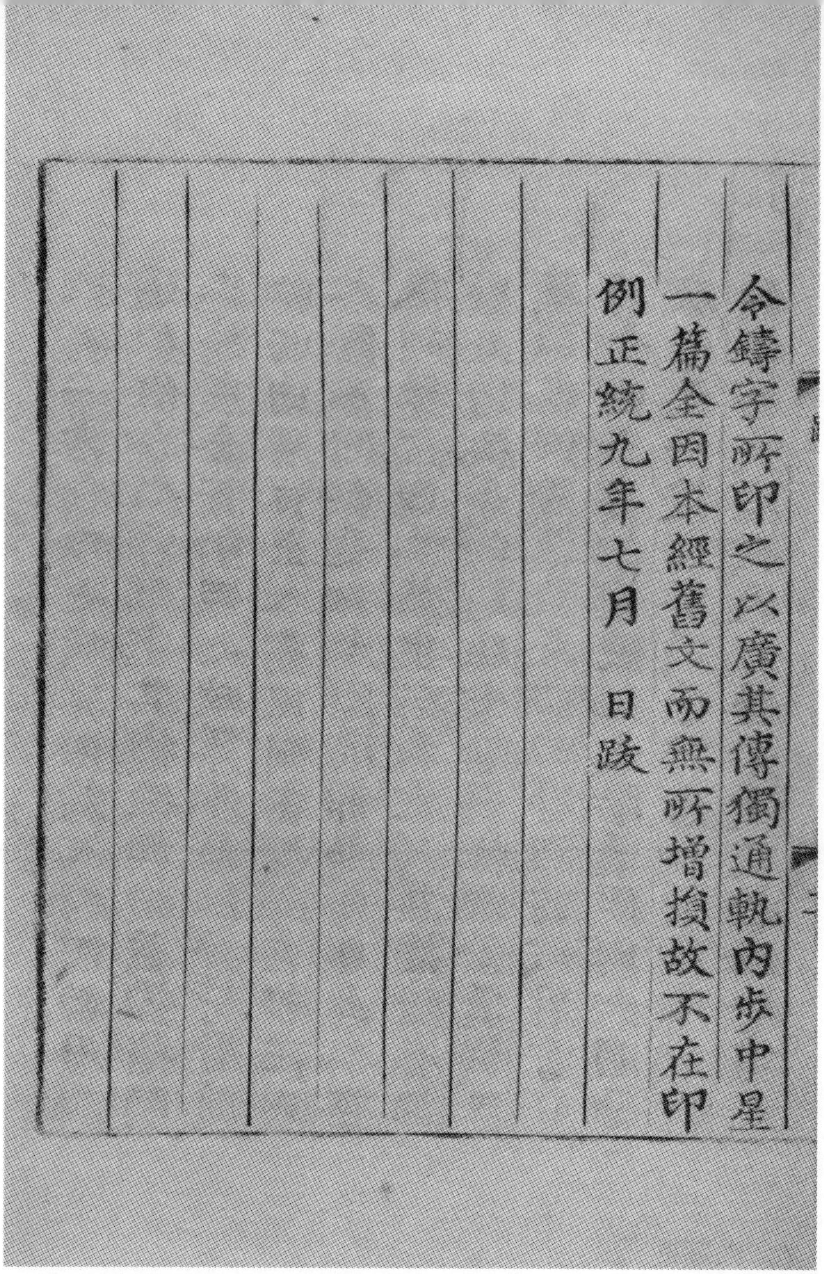
令鑄字所印之以廣其傳獨通軌内步中星
一篇全因本經舊文而無所增損故不在印
例正統九年七月　日跋

令鑄字所印之，以廣其傳。獨《通軌》內《步中星》一篇全因本經舊文，而無所增損，故不在印例。

正統九年七月□日跋

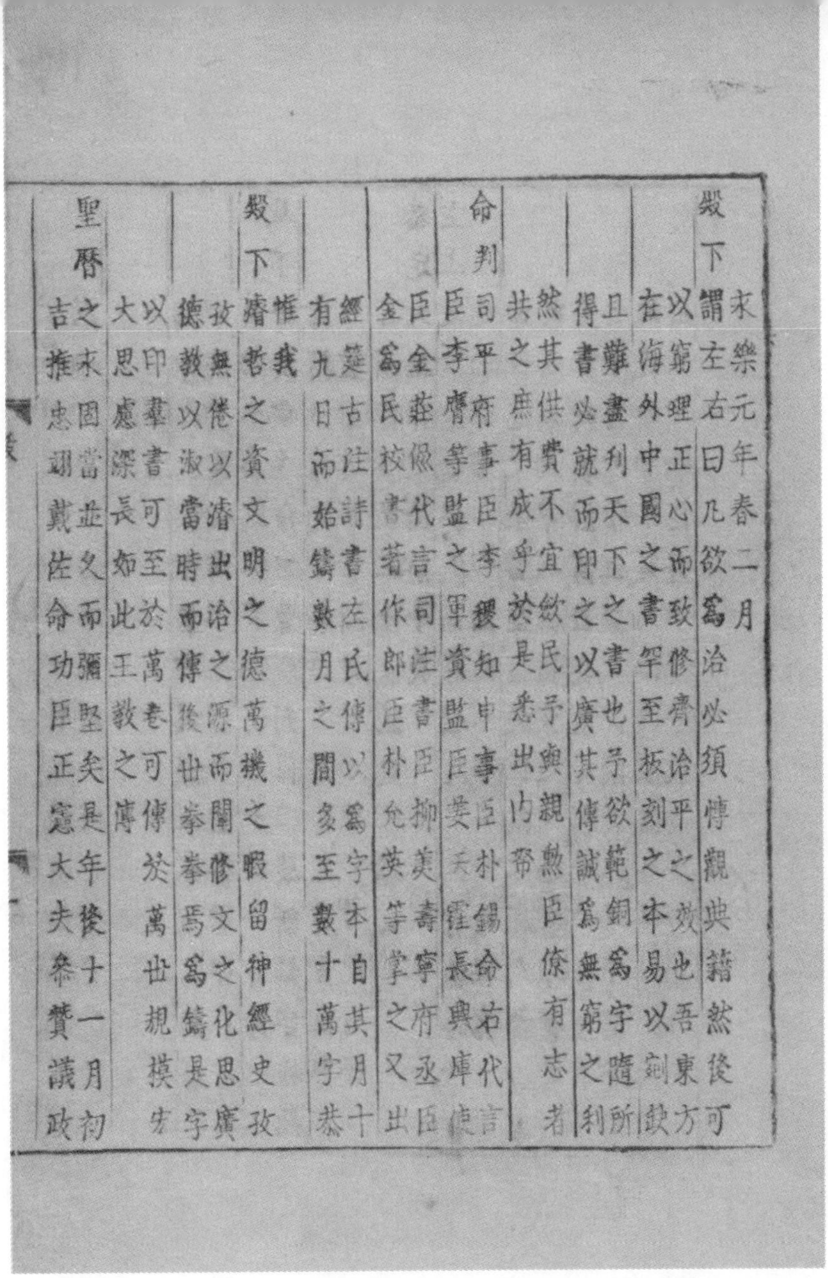
永樂元年春二月
殿下謂左右曰凡欲爲治必須博觀典籍然後可
以窮理正心而致修齊治平之效也吾東方
在海外中國之書罕至板刻之本易以剜缺
且難盡刊天下之書也予欲範銅爲字隨所
得書必就而印之以廣其傳誠爲無窮之利
然其供費不宜斂民予與親勳臣僚有志者
共之庶有成乎於是悉出內帑
命判司平府事臣李稷知申事臣朴錫命右代言
臣李膺等監之軍資監臣姜天霔長興庫使
臣金莊侃代言司注書臣柳荑壽寧府丞臣
金爲民校書著作郎臣朴允英等掌之又出
經筵古注詩書左氏傳以爲字本自其月十
有九日而始鑄數月之間多至數十萬字恭
惟我
殿下濬哲之資文明之德萬機之暇留神經史孜
孜無倦以濬出治之源而闡修文之化思廣
德教以淑當時而傳後世拳拳焉爲鑄是字
以印羣書可至於萬卷可傳於萬世規模宏
大思慮深長如此王教之傳
聖曆之永固當並久而彌堅矣是年後十一月初
吉推忠翊戴佐命功臣正憲大夫叅贊議政

永樂元年[1]春二月，殿下谓左右曰："凡欲為治，必須愽觀典籍，然後可以窮理、正心，而致修齊治平之效也。吾東方在海外，中國之書罕至，板刻之本易以剜缺，且難盡刊天下之書也。予欲笵銅為字，隨所得書必就而印之，以廣其傳，誠為無窮之利，然其供費不宜歛民。予與親勳臣僚有志者共之，庶有成乎！"於是悉出內帑，命判司平府事臣李稷，知申事臣朴錫命[2]，右代言臣李膺等監之，軍資監臣姜天霔，長興庫使臣金莊侃，代言司注書臣柳荑，壽寧府承臣金為民，校書著作郎臣朴允英等掌之。又出經筵古注《詩書》、《左氏傳》以為字本。自其月十有九日而始鑄，數月之間多至數十萬字。恭惟我殿下濬哲之資，文明之德，萬機之暇，留神經史，孜孜無倦，以濬出治之源，而闡修文之化，思廣德教，以淑當時，而傳後世，拳拳焉。為鑄是字，以印羣書，可至於萬卷，可傳於萬世，規模宏大，思慮深長。如此，王教之傳，聖曆之永固，當並久而彌堅矣。是年後十一月初吉，推忠翊戴佐命功臣、正憲大夫、叅贊議政

1 永樂元年即 1403 年。
2 朴錫命，順天人，府院君天祥之孫。朝鮮太宗朝參佐命功臣，封平陽府院君，謚文肅。

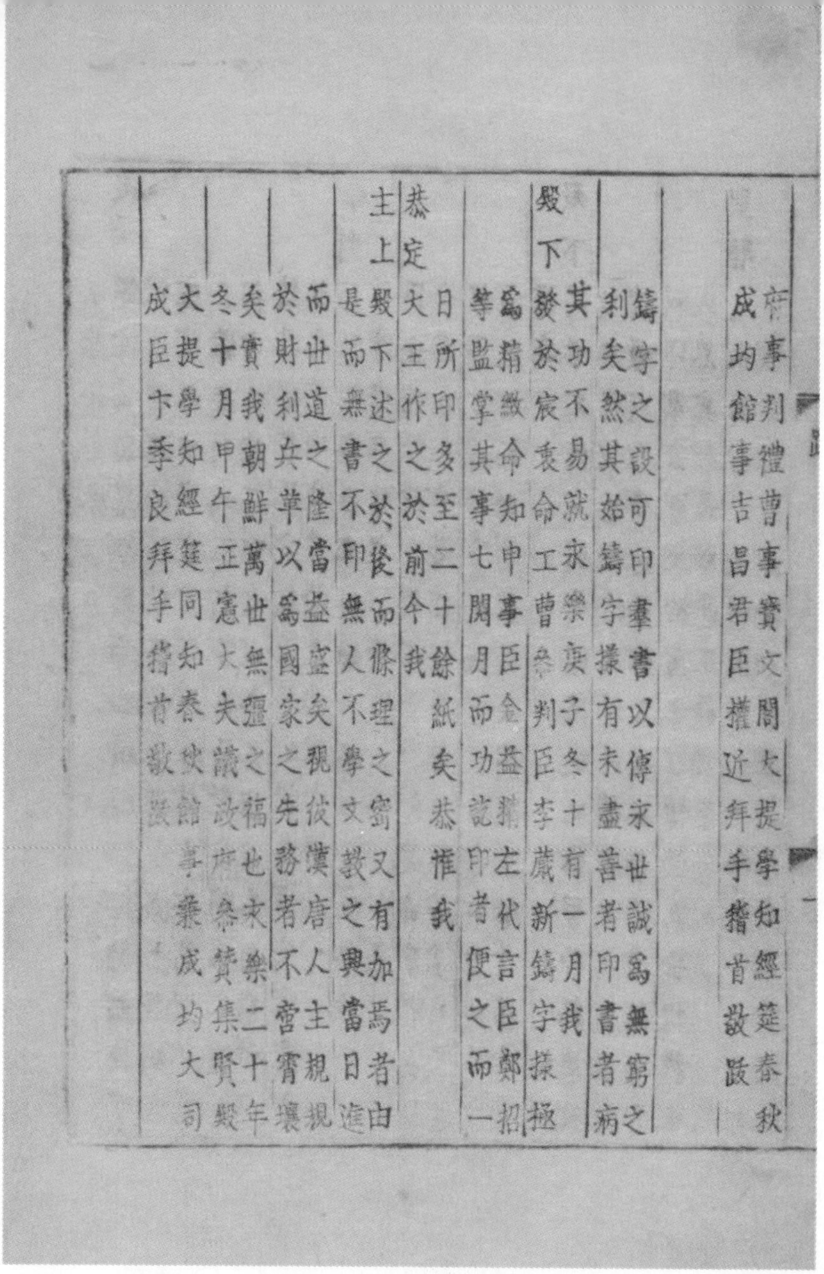
府事判禮曹事寶文閣大提學知經筵春秋
成均館事吉昌君臣權近拜手稽首敬跋
鑄字之設可印羣書以傳永世誠為無窮之
利矣然其始鑄字樣有未盡善者印書者病
其功不易就永樂庚子冬十有一月我
殿下發於宸衷命工曹叅判臣李蒧新鑄字樣極
為精緻命知申事臣金益精左代言臣鄭招
等監掌其事七閱月而功訖印者便之而一
日所印多至二十餘紙矣恭惟我
恭定大王作之於前今我
主上殿下述之於後而條理之密又有加焉者由
是而無書不印無人不學文教之興當日進
而世道之隆當益盛矣視彼漢唐人主規規
於財利兵革以為國家之先務者不啻霄壤
矣實我朝鮮萬世無疆之福也永樂二十年
冬十月甲午正憲大夫議政府叅贊集賢殿
大提學知經筵同知春秋館事兼成均大司
成臣卞季良拜手稽首敬跋

府事、判禮曹事、寶文閣大提學知經筵春秋成均館事吉昌君臣權近，拜手稽首敬跋。

鑄字之設，可印羣書，以傳永世，誠為無窮之利矣。然其始鑄字樣有未盡善者，印書者病其功不易就。永樂庚子[1]冬十有一月，我殿下發於宸衷，命工曹叅判臣李蒧新铸字樣，極為精緻，命知申事臣金益精，左代言臣鄭招等監掌其事，七閱月而功訖。印者便之，而一日所印多至二十餘紙矣。恭惟我恭定大王作之於前，今我主上殿下述之於後，而條理之密又有加焉者。由是而無書不印，無人不學文，教之興當日進，而世道之隆當益盛矣。視彼漢唐人主規規於財利兵革，以為國家之先務者，不啻霄壤矣，實我朝鮮萬世無疆之福也。永樂二十年[2]冬十月甲午，正憲大夫、議政府叅贊、集賢殿大提學、知經筵同知春秋館事、兼成均大司成臣卞季良，拜手稽首敬跋。

1 永樂庚子為永樂十八年（1420 年）。
2 即 1422 年。

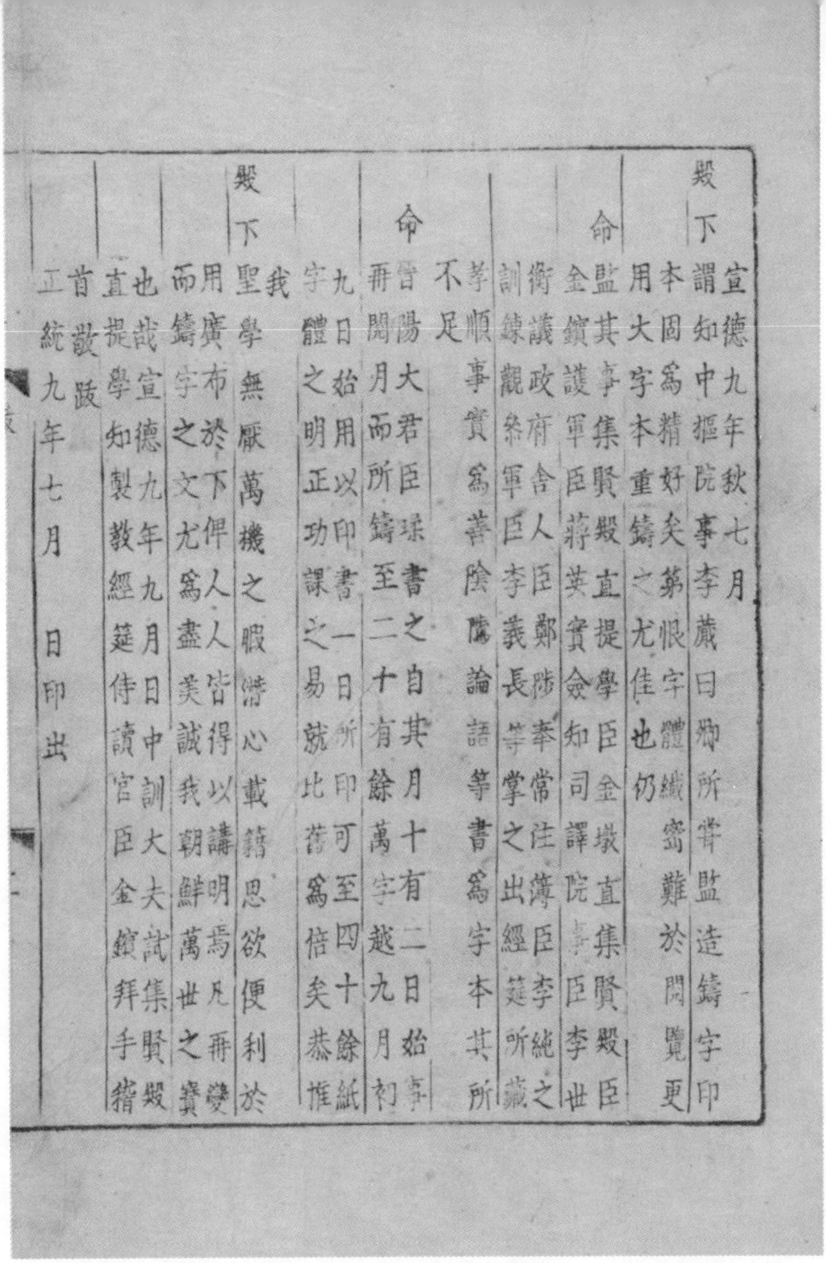
宣德九年秋七月
殿下謂知中樞院事李蕆曰卿所嘗監造鑄字印
本固爲精好矣第恨字體纖密難於閱覽更
用大字本重鑄之尤佳也仍
命監其事集賢殿直提學臣金墩直集賢殿臣
金鑌護軍臣蔣英實僉知司譯院事臣李世
衡議政府舍人臣鄭陟奉常注簿臣李純之
訓鍊觀糸軍臣李義長等掌之出經筵所藏
孝順事實爲善陰隲論語等書爲字本其所
不足
命晉陽大君臣瑈書之自其月十有二日始事
再閱月而所鑄至二十有餘萬字越九月初
九日始用以印書一日所印可至四十餘紙
字體之明正功課之易就比舊爲倍矣恭惟我
殿下聖學無厭萬機之暇潛心載籍思欲便利於
用廣布於下俾人人皆得以講明焉凡再變
而鑄字之文尤爲盡美誠我朝鮮萬世之寶
也哉宣德九年九月日中訓大夫試集賢殿
直提學知製教經筵侍讀官臣金鑌拜手稽
首敬跋
正統九年七月　日印出

宣德九年[1]秋七月殿下謂知中樞院事李蕆曰:“卿所嘗監造鑄字印本固為精好矣，第恨字體纖密，難於閱覽。更用大字本重鑄之，尤佳也。”仍命監其事。集賢殿直提學臣金墩，直集賢殿臣金鑌，護軍臣蔣英實，僉知司譯院事臣李世衡，議政府舍人臣鄭陟，奉常注簿臣李純之，訓鍊觀糸軍臣李義長等掌之。出經筵所藏《孝順事實》、《為善陰騭》、《論語》等書為字本。其所不足，命晉陽大君臣瑈書之。自其月十有二日始，事再閱月而所鑄至二十有餘萬字。越九月初九日，始用以印書。一日所印可至四十餘紙，字體之明正，功課之易就比舊為倍矣。恭惟我殿下聖學無厭，萬機之暇，潛心載籍，思欲便利於用，廣布於下，俾人人皆得以講明焉。凡再變而鑄字之文尤為盡美，誠我朝鮮萬世之寶也哉。宣德九年九月□日，中訓大夫、試集賢殿直提學、知製教經筵侍讀官臣金鑌，拜手稽首敬跋。

正統九年[2]七月□日印出

1 宣德九年即 1434 年。
2 正統九年即 1444 年。

中國科技典籍選刊

第四輯

叢書主編：孫顯斌

中國國家圖書館藏明抄本等

明大統曆法彙編【下】

MINGDATONGLIFA HUIBIAN

[明]元統 劉信 周相等◇撰 李亮◇整理

湖南科學技術出版社

國家重點出版物中長期規劃項目

國家古籍整理出版專項經費資助項目

二〇一一—二〇二〇年國家古籍整理出版規劃項目

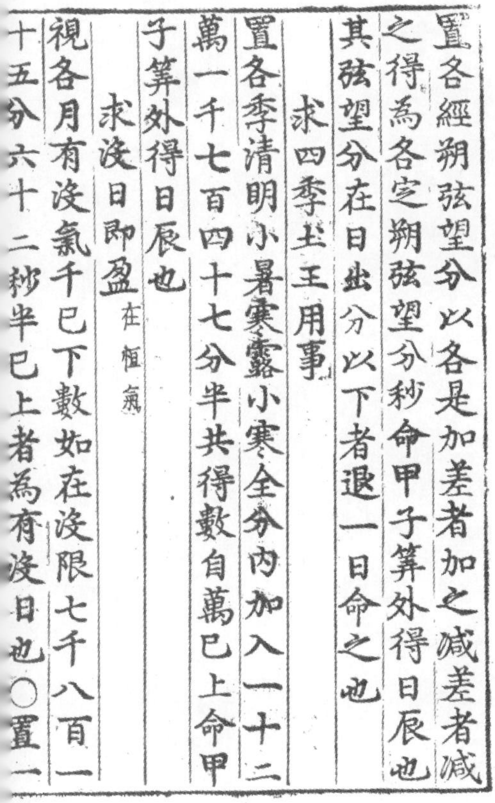
置各經朔弦望分以各是加差者加之減差者減
之得為各定朔弦望分秒命甲子筭外得日辰也
其弦望分在日出分以下者退一日命之也
求四季土王用事
置各季清明小暑寒露小寒全分內加入一十二
萬一千七百四十七分半共得數自萬已上命甲
子筭外得日辰也
求沒日即盈 在恒氣
視各月有沒氣千已下數如在沒限七千八百一
十五分六十二秒半已上者為有沒日也○置一

中國科技典籍選刊

中國科學院自然科學史研究所組織整理

《中國科技典籍選刊》總序

我國有浩繁的科學技術文獻，整理這些文獻是科技史研究不可或缺的基礎工作。竺可楨、李儼、錢寶琮、劉仙洲、錢臨照等我國科技史事業開拓者就是從解讀和整理科技文獻開始的。二十世紀五十年代，科技史研究在我國開始建制化，相關文獻整理工作有了突破性進展，涌現出許多作品，如胡道静的力作《夢溪筆談校證》。

改革開放以來，科技文獻的整理再次受到學術界和出版界的重視，這方面的出版物呈現係列化趨勢。巴蜀書社出版《中華文化要籍導讀叢書》（簡稱《導讀叢書》），如聞人軍的《考工記導讀》、傅維康的《黄帝内經導讀》、繆啓愉的《齊民要術導讀》、胡道静的《夢溪筆談導讀》及潘吉星的《天工開物導讀》。上海古籍出版社與科技史專家合作，爲一些科技文獻作注釋并譯成白話文，刊出《中國古代科技名著譯注叢書》（簡稱《譯注叢書》），包括程貞一和聞人軍的《周髀算經譯注》、聞人軍的《考工記譯注》、郭書春的《九章算術譯注》、繆啓愉的《東魯王氏農書譯注》、陸敬嚴和錢學英的《新儀象法要譯注》、潘吉星的《天工開物譯注》、李迪的《康熙幾暇格物編譯注》等。

二十世紀九十年代，中國科學院自然科學史研究所組織上百位專家選擇并整理中國古代主要科技文獻，編成共約四千萬字的《中國科學技術典籍通彙》（簡稱《通彙》）。它共影印五百四十一種書，分爲綜合、數學、天文、物理、化學、地學、生物、農學、醫學、技術、索引等共十一卷（五十册），分别由林文照、郭書春、薄樹人、戴念祖、郭正誼、唐錫仁、苟翠華、范楚玉、余瀛鰲、華覺明等科技史專家主編。編者爲每種古文獻都撰寫了『提要』，概述文獻的作者、主要内容與版本等方面。自一九九三年起，《通彙》由河南教育出版社（今大象出版社）陸續出版，受到國内外中國科技史研究者的歡迎。近些年來，國家立項支持《中華大典》數學典、天文典、理化典、生物典、農業典等類書性質的係列科技文獻整理工作。類書體例容易割裂原著的語境，這對史學研究來説多少有些遺憾。

總的來看，我國學者的工作以校勘、注釋、白話翻譯爲主，也研究文獻的作者、版本和科技内容。例如，潘吉星將《天工開物校注及研究》分爲上篇（研究）和下篇（校注），其中上篇包括時代背景，作者事跡，書的内容、刊行、版本、歷史地位和國際影響等方面。

《導讀叢書》、《譯注叢書》和《通彙》等爲讀者提供了便于利用的經典文獻校注本和研究成果，也爲科技史知識的傳播做出了重要貢獻。不過，可能由于整理目標與出版成本等方面的限制，這些整理成果不同程度地留下了文獻版本方面的缺憾。《導讀叢書》、《譯注叢書》和其他校注本基本上不提供保持原著全貌的高清影印本，并且録文時將繁體字改爲簡體字，改變版式，還存在截圖、拼圖、换圖中漢字等現象。《通彙》的編者們儘量選用文獻的善本，但《通彙》的影印質量尚需提高。

歐美學者在整理和研究科技文獻方面起步早于我國。他們整理的經典文獻爲科技史的各種專題與綜合研究奠定了堅實的基礎。有些科技文獻整理工作被列爲國家工程。例如，萊布尼茲（G. W. Leibniz）的手稿與論著的整理工作于一九〇七年在普魯士科學院與法國科學院聯合支持下展開，文獻内容包括數學、自然科學、技術、醫學、人文與社會科學，萊布尼茲所用語言有拉丁語、法語和其他語種。該項目因第一次世界大戰而失去法國科學院的支持，但在普魯士科學院支持下繼續實施。第二次世界大戰後，項目得到東德政府和西德政府的資助。迄今，這個跨世紀工程已經完成了五十五卷文獻的整理和出版，預計到二〇五五年全部結束。

二十世紀八十年代以來，國際合作促進了中文科技文獻的整理與研究。我國科技史專家與國外同行發揮各自的優勢，合作整理與研究《九章算術》、《黄帝内經素問》等文獻，并嘗試了新的方法。郭書春分别與法國科研中心林力娜（Karine Chemla）、美國紐約市立大學道本周（Joseph W. Dauben）和徐義保合作，先後校注成中法對照本《九章算術》（*Les Neuf Chapters*，二〇〇四）和中英對照本《九章算術》（*Nine Chapters on the Art of Mathematics*，二〇一四）。中科院自然科學史研究所與馬普學會科學史研究所的學者合作校注《遠西奇器圖説録最》，在提供高清影印本的同時，還刊出了相關研究專著《傳播與會通》。

按照傳統的説法，誰占有資料，誰就有學問，我國許多圖書館和檔案館都重『收藏』輕『服務』。在全球化與信息化的時代，國際科技史學者們越來越重視建設文獻平臺，整理、研究、出版與共享寶貴的科技文獻資源。德國馬普學會（Max Planck Gesellschaft）的科技史專家們提出『開放獲取』經典科技文獻整理計劃，以『文獻研究+原始文獻』的模式整理出版重要典籍。編者盡力選擇稀見的手稿和經典文獻的善本，向讀者提供展現原著面貌的複製本和帶有校注的印刷體轉録本，甚至還有與原著對應編排的英語譯文。同時，編者爲每種典籍撰寫導言或獨立的學術專著，包含原著的内容分析、作者生平、成書與境及參考文獻等。

任何文獻校注都有不足，甚至引起對某些内容解讀的争議。真正的史學研究者不會全盤輕信已有的校注本，而是要親自解讀原始文獻，希望看到完整的文獻原貌，并試圖發掘任何細節的學術價值。與國際同行的精品工作相比，我國的科技文獻整理與出版工作還可以精益求精，比如從所選版本截取局部圖文，甚至對所截取的内容加以『改善』，這種做法使文獻整理與研究的質量打了折扣。

實際上，科技文獻的整理和研究是一項難度較大的基礎工作，對整理者的學術功底要求較高。他們須在文字解讀方面下足够的功夫，并且準確地辨析文本的科學技術内涵，瞭解文獻形成的歷史與境。顯然，文獻整理與學術研究相互支撑，研究决定着整理的質量。隨着研究的深入，整理的質量自然不斷完善。整理跨文化的文獻，最好藉助國際合作的優勢。如果翻譯成英文，還須解决語言轉换的難題，找到合適的以英語爲母語的合作者。

在我國，科技文獻整理、研究與出版明顯滯後於其他歷史文獻，這與我國古代悠久燦爛的科技文明傳統不相稱。相對龐大的傳統科技遺産而言，已經系統整理的科技文獻不過是冰山一角。比如《通彙》中的絶大部分文獻尚無校勘與注釋的整理成果，以往的校注工作集中在幾十種文獻，并且没有配套影印高清晰的原著善本，有些整理工作存在重複或雷同的現象。近年來，國家新聞出版廣电總局加大支持古籍整理和出版的力度，鼓勵科技文獻的整理工作。學者和出版家應該通力合作，借鑒國際上的經驗，高質量地推進科技文獻的整理與出版工作。

鑒於學術研究與文化傳承的需要，中科院自然科學史研究所策劃整理中國古代的經典科技文獻，并與湖南科學技術出版社合作出版，向學界奉獻《中國科技典籍選刊》。非常榮幸這一工作得到圖書館界同仁的支持和肯定，他們的慷慨支持使我們倍受鼓舞。國家圖書館、上海圖書館、清華大學圖書館、北京大學圖書館、日本國立公文書館、早稻田大學圖書館、韓國首爾大學奎章閣圖書館等都對『選刊』工作給予了鼎力支持，尤其是國家圖書館陳紅彦主任、上海圖書館黄顯功主任、清華大學圖書館馮立昇先生和劉薔女士以及北京大學圖書館李雲主任還慨允擔任本叢書學術委員會委員。我們有理由相信有科技史、古典文獻與圖書館學界的通力合作，《中國科技典籍選刊》一定能結出碩果。這項工作以科技史學術研究爲基礎，選擇存世善本進行高清影印和録文，加以標點、校勘和注釋，排版採用圖像與録文、校釋文字對照的方式，便于閱讀與研究。另外，在書前撰寫學術性導言，供研究者和讀者參考。受我們學識與客觀條件所限，《中國科技典籍選刊》還有諸多缺憾，甚至存在謬誤，敬請方家不吝賜教。

我們相信，隨着學術研究和文獻出版工作的不斷進步，一定會有更多高水平的科技文獻整理成果問世。

孫顯斌

于中關村中國科學院基礎園區

二〇一四年十一月二十八日

目録

國圖本《大統曆法通軌》校注

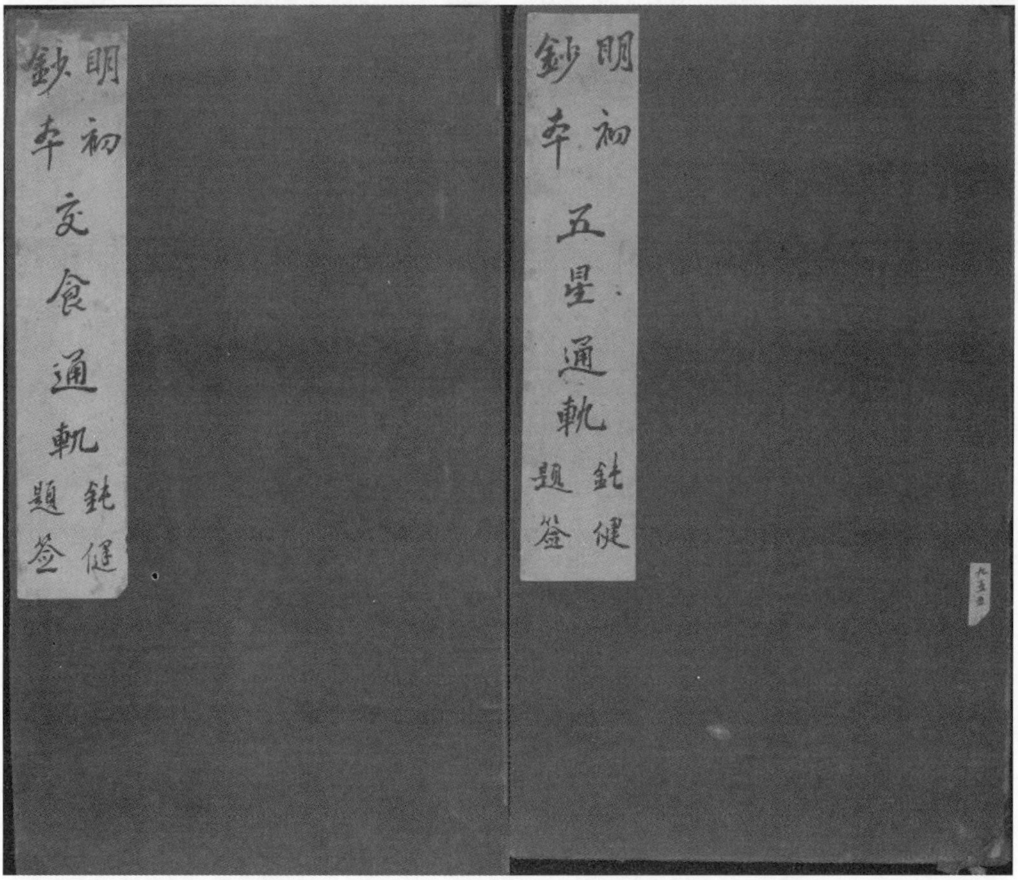

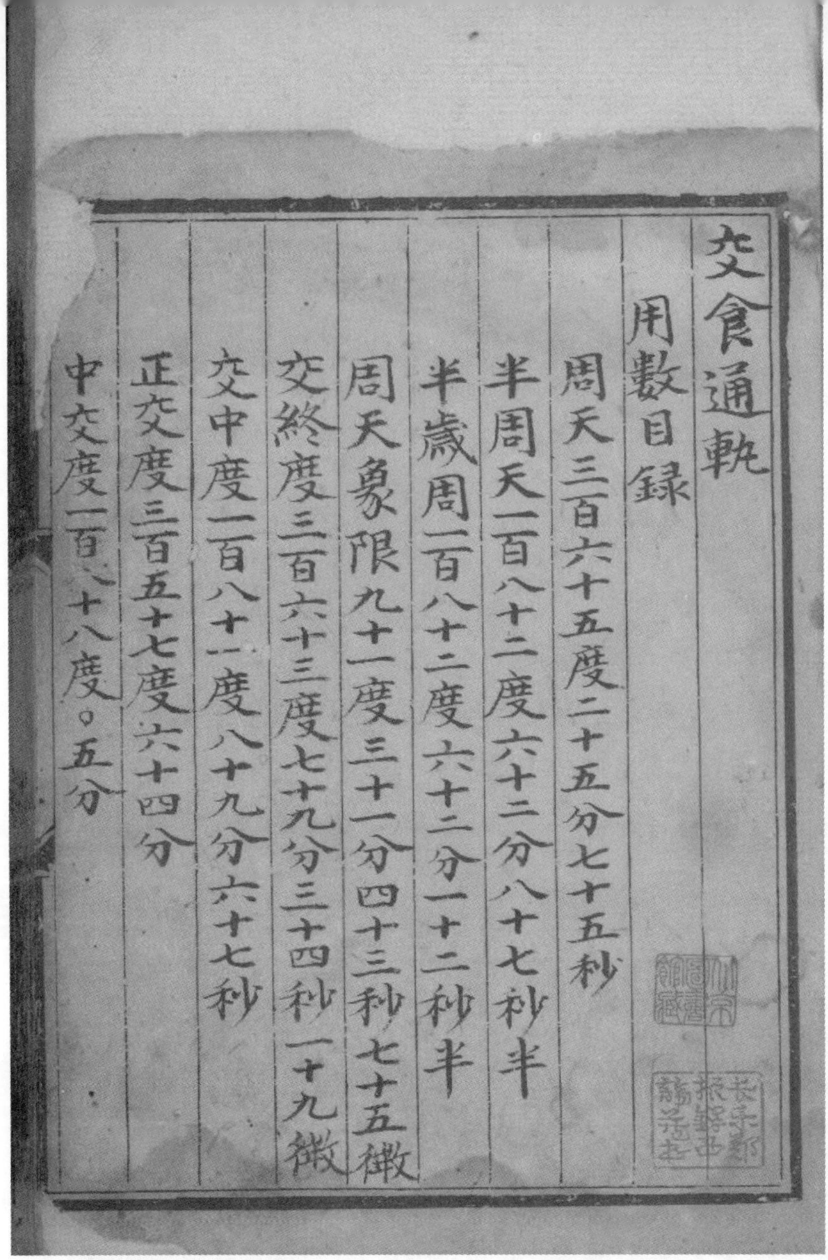
交食通軌
用數目録
周天三百六十五度二十五分七十五秒
半周天一百八十二度六十二分八十七秒半
半歲周一百八十二度六十二分一十二秒半
周天象限九十一度三十一分四十三秒七十五微
交終度三百六十三度七十九分三十四秒一十九微
交中度一百八十一度八十九分六十七秒
正交度三百五十七度六十四分
中交度一百八十八度〇五分

《交食通軌》

用數目録

周天，三百六十五度二十五分七十五秒。[1]

半周天，一百八十二度六十二分八十七秒半。[2]

半歲周，一百八十二度六十二分一十二秒半。[3]

周天象限，九十一度三十一分四十三秒七十五微。[4]

交終度，三百六十三度七十九分三十四秒一十九微。[5]

交中度，一百八十一度八九分六七秒。[6]

正交度，三百五十七度六十四分。[7]

中交度，一百八十八度〇五分。[8]

1 周天為 365.2575 度，即三百六十五度二五七五。

2 半周天為周天的一半，182.62875 度，即一百八十二度六二八七五。

3 歲周為 365.2425 日，半歲周為 182.62125 日，即一百八十二度六二一二五。

4 周天象限為周天的四分之一，91.314375 度，即九十一度三一四三七五。

5 月亮在一交點月中沿白道所運動的距离，為 363.793419 度，即三百六十三度七九三四一九。

6 交中度為交終度的一半，為 181.8967095 度，取值 181.8967 度，即一百八十一度八九六七。

7 正交度為交终度減去 6. 15 度，為 357.643419 度，取值 357.64 度，即三百五十七度六十四分。其中 6. 15 度為蝕差，月亮“出黃道外為陽，入黃道內為陰，月當黃道為正交”。

8 中交度為交中度加 6. 15 度，為 188.0467 度，取值 188.05 度，即一百八十八度〇五分。由於大統曆沒有視差概念，正交度和中交度即進行南北差和東西差修正，以得到的是實測的黃白交點位置。

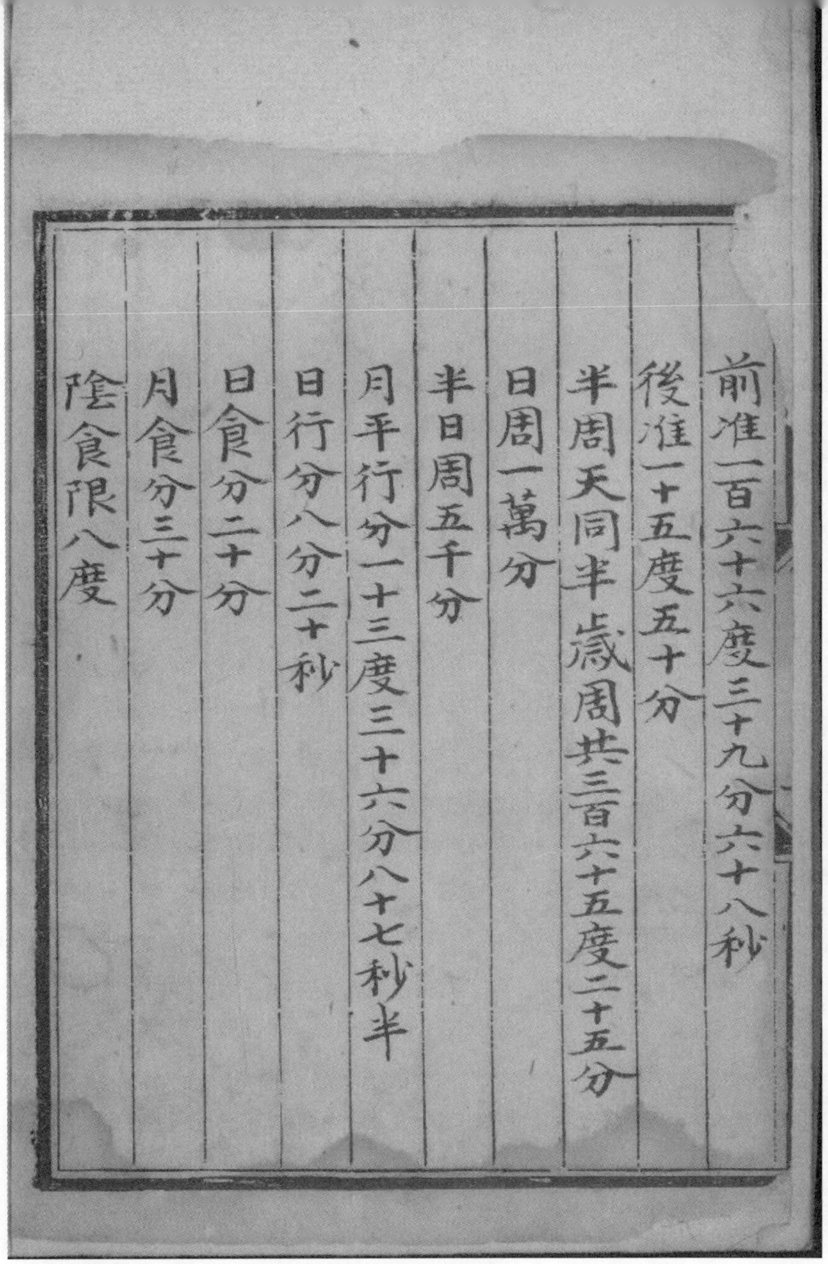
前准一百六十六度三十九分六十八秒
後准一十五度五十分
半周天同半歲周共三百六十五度二十五分
日周一萬分
半日周五千分
月平行分一十三度三十六分八十七秒半
日行分八分二十秒
日食分二十分
月食分三十分
陰食限八度

前准，一百六十六度三十九分六十八秒。[1]

後准，一十五度五十分。

半周天同半歲周，共三百六十五度二十五分。[2]

日周，一萬分。[3]

半日周，五千分。[4]

月平行分，一十三度三十六分八十七秒半。[5]

日行分，八分二十秒。[6]

日食分，二十分。[7]

月食分，三十分。[8]

陰食限，八度。[9]

1 前準和後準用於判斷日食交前度和交後度的值，詳見後文算法。

2 半周天與半歲周之合，為 365.25，即三百六十五度二十五分。

3 日周，一天分為一百刻，一刻為一百分，共一萬分。

4 半日周為日周的一半，為五千分。

5 月亮每日的平均行度，為 13.36875 度，即一十三度三六八七五。

6 又稱“日率分”，8.20 分，即 1 限為 0.082 日，1 日為 12.20 限。

7 日食全分 10 的兩倍。

8 月食全分 15 的兩倍。

9 大統曆規定日食陽曆限 8 度，定法 80 分。月亮在陰曆發生日食時，距離黃道和白道交點必須小於 8 度，為陰曆食限，月亮在陰曆距離交點 8 度時，發生日食時的食分為 10 分，所以當每食進日面一分，就向交點移近 800/10 分，即 80 分，為日食陽曆定法。

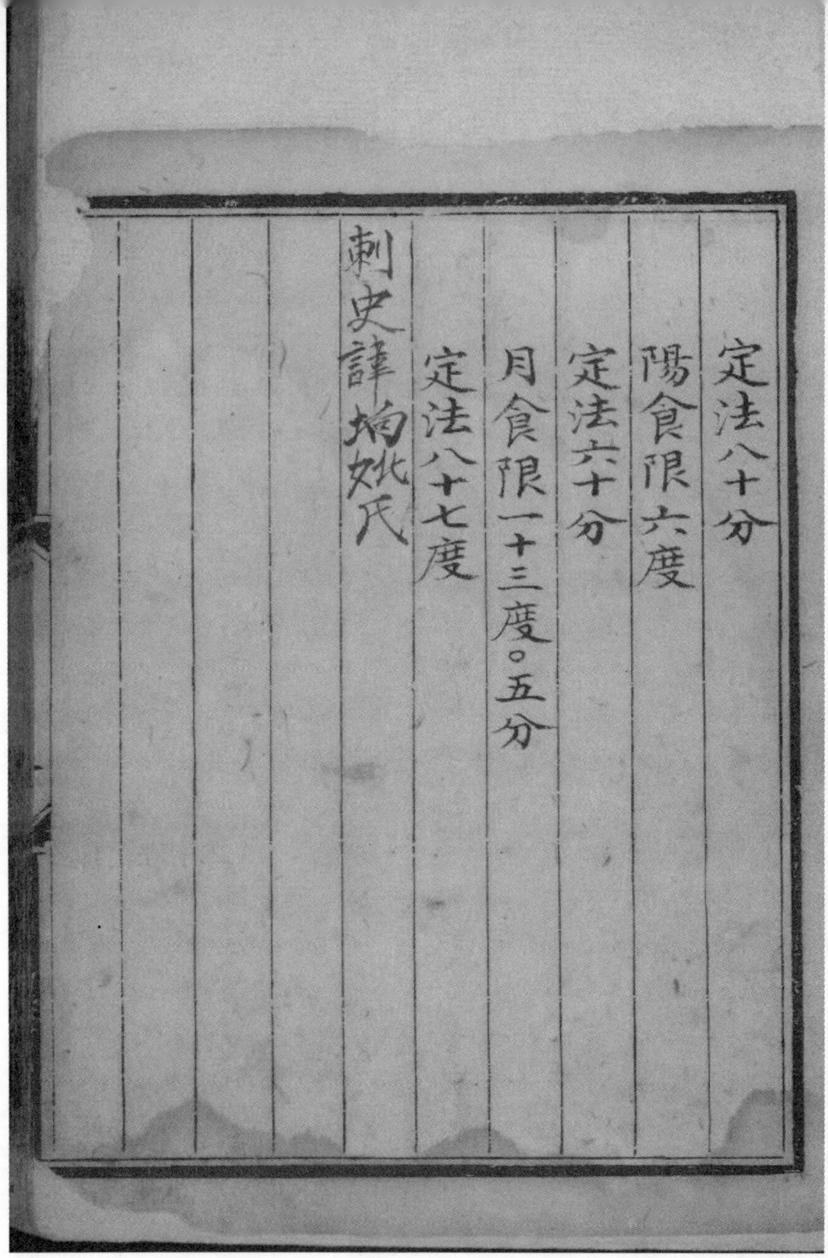
定法八十分
陽食限六度
定法六十分
月食限一十三度○五分
定法八十七度
刺史諱垧姚氏

定法，八十分。

陽食限，六度。[1]

定法，六十分。

月食限，一十三度○五分。

定法，八十七度。[2]

刺史諱垧姚氏[3]

1 大統曆規定日食陽曆限 6 度，定法 60 分。月亮在陽曆發生日食時，距離黃道和白道交點必須小於 6 度，為陽曆食限，月亮在陽曆距離交點 6 度時，發生日食時的食分為 10 分，所以當每食進日面一分，就向交點移近 600/10 分，即 60 分，為日食陽曆定法。

2 月食限 13.05 度除以月食定法 87 為 0.15，即月食食分 15。

3 该文非原文内容。

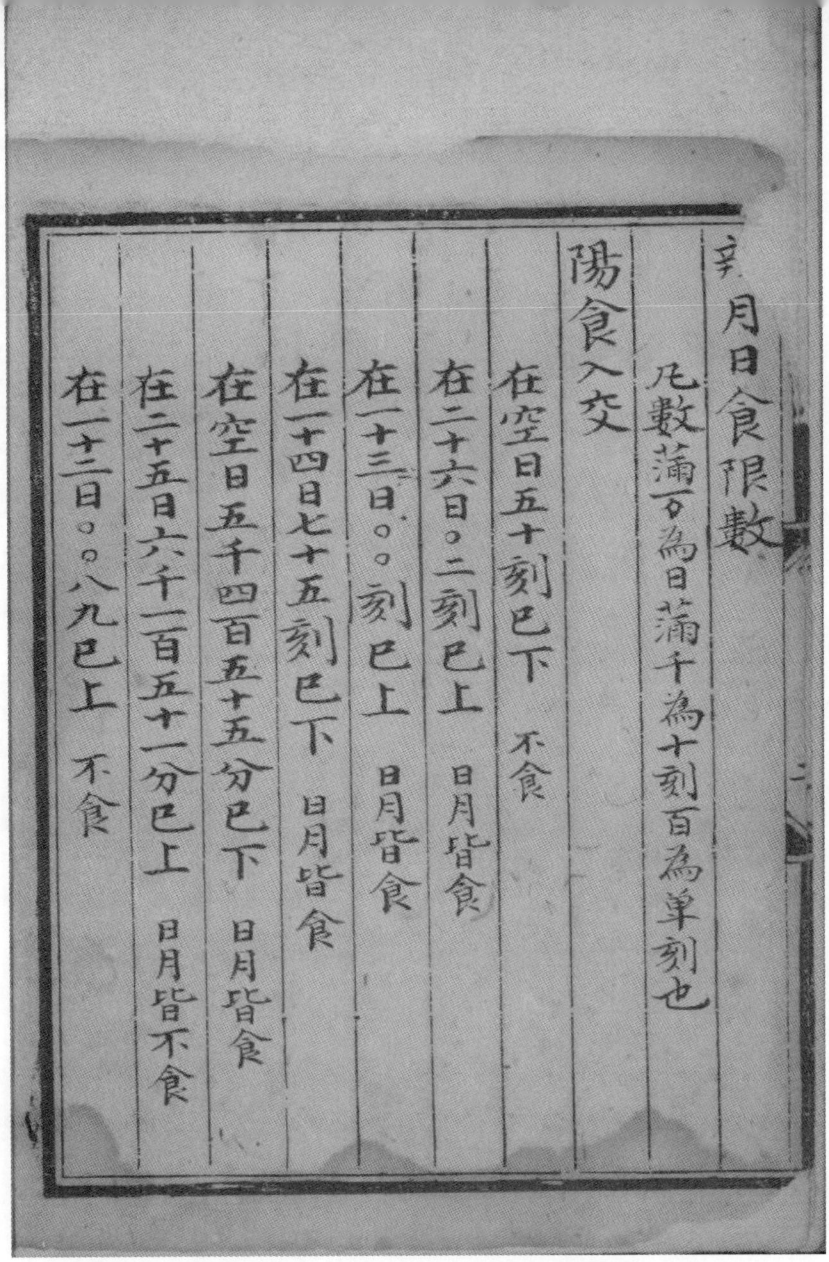
辨月日食限數 凡數滿万為日滿千為十刻百為單刻也
陽食入交
在空日五十刻已下 不食
在二十六日○二刻已上 日月皆食
在一十三日○○刻已上 日月皆食
在一十四日七十五刻已下 日月皆食
在空日五千四百五十五分已下 日月皆食
在二十五日六千一百五十一分已上 日月皆不食
在一十二日○○八九已上 不食

辨月日[1]食限數凡數滿万為日，滿千為十刻，百為單刻也。[2]

陽食入交

在空日五十刻已下，不食。

在二十六日〇二刻已上，日月皆食。

在十三日〇〇刻已上，日月皆食。

在十四日七十五刻已下，日月皆食。

在空日五千四百五十五分已下，日月皆食。

在二十五日六千一百五十一分已上，日月皆不食。[3]

在十二日〇〇八九已上，不食。

1“月日”當作“日月”。

2 辨日月食限通過確定是否入食限來對是否發生日月食進行初步的判斷。

3“日月皆不食”當作“日月皆食”。

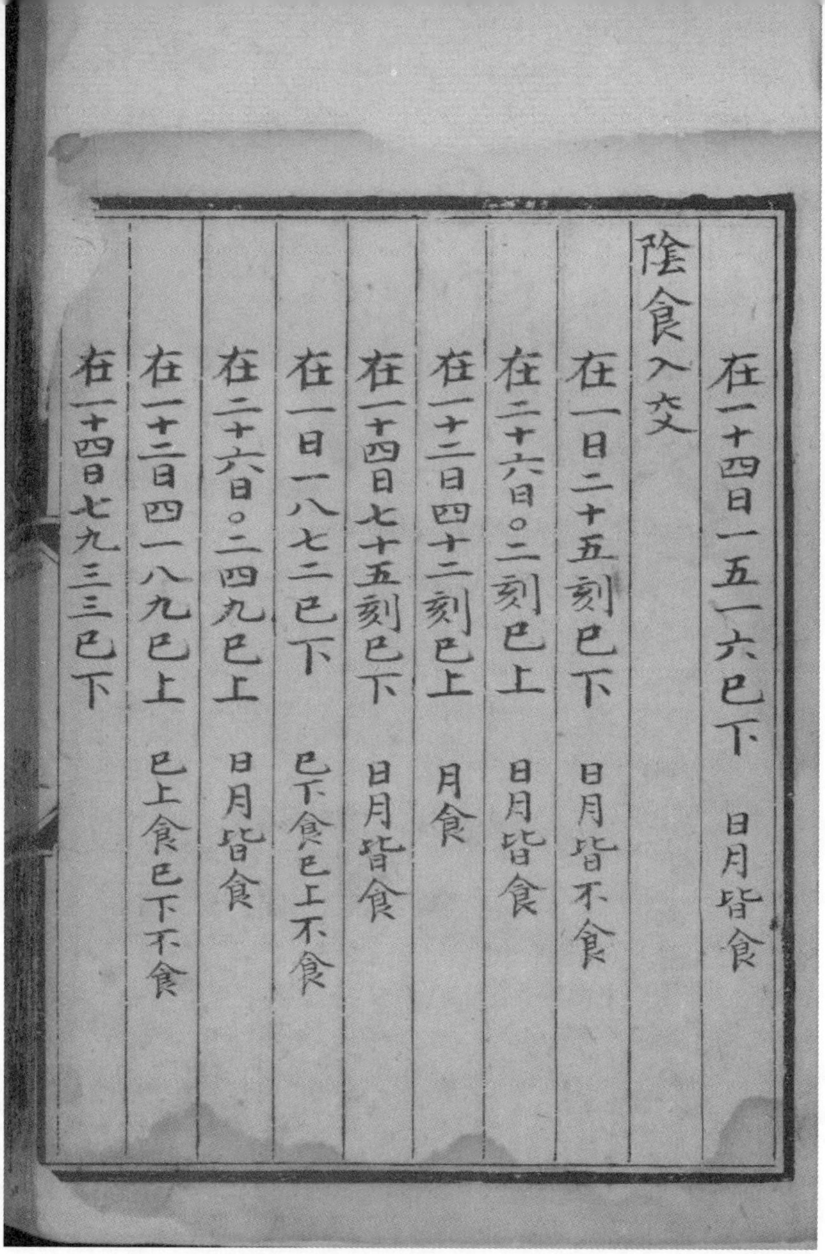
在一十四日一五一六已下　日月皆食
陰食入交
在一日二十五刻已下　日月皆不食
在二十六日〇二刻已上　日月皆食
在一十二日四十二刻已上　月食
在一十四日七十五刻已下　日月皆食
在一日一八七二已下　已下食已上不食
在二十六日〇二四九已上　日月皆食
在一十二日四一八九已上　已上食已下不食
在一十四日七九三三已下

在一十四日一五一六已下，日月皆食。
陰曆入交
在一日二十五刻已下，日月皆不食。[1]
在二十六日〇二刻已上，日月皆食。
在一十二日四十二刻已上，月食。
在一十四日七十五刻已下，日月皆食。
在一日一八七二已下，已下食，已上不食。
在二十六日〇二四九已上，日月皆食。
在一十二日四一八九已上，已上食，已下不食。
在一十四日七九三三已下。[2]

1“日月皆不食”當作“日月皆食”。
2“已下”當作“已下食，已上不食”。

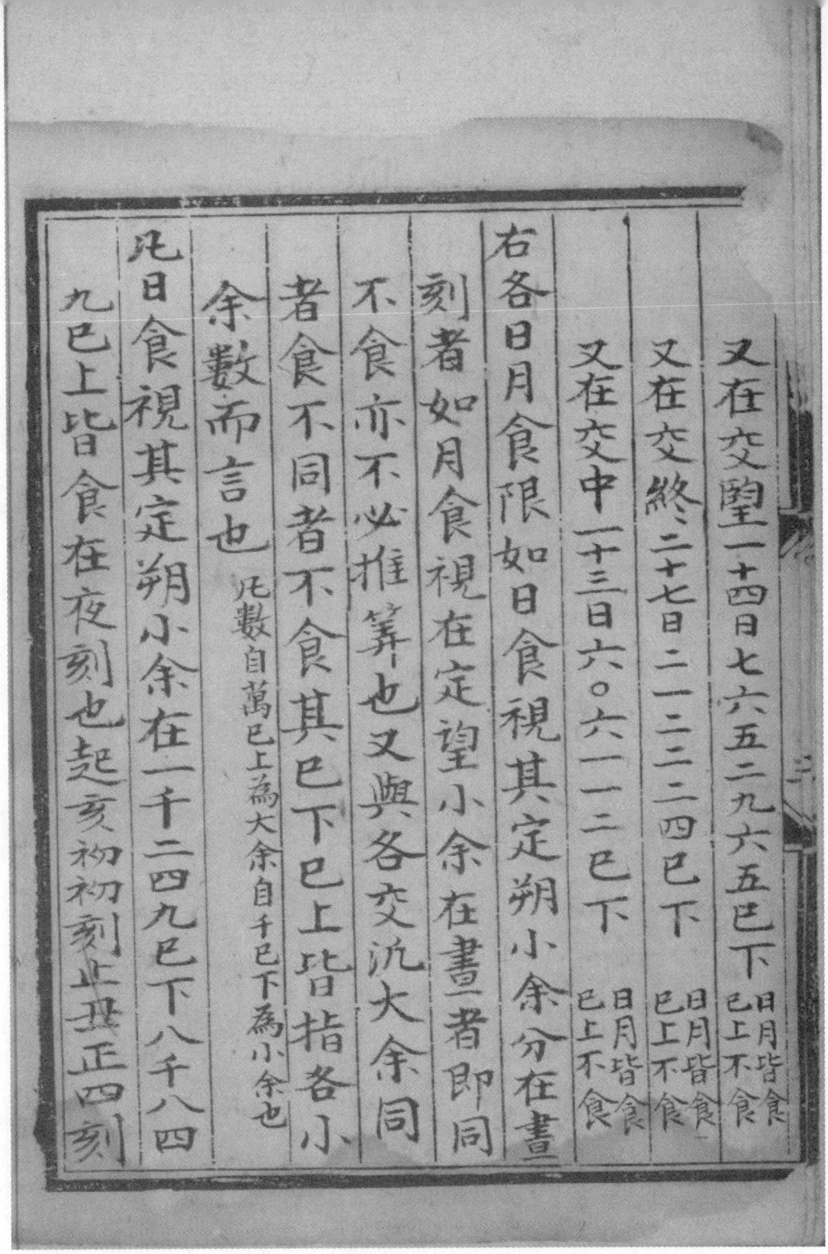
又在交望一十四日七六五二九六五已下日月皆食已上不食
又在交終二十七日二一二二二四已下日月皆食已上不食
又在交中一十三日六〇六一一二已下日月皆食已上不食
右各日月食限如日食視其定朔小余分在晝刻者如月食視在定望小余在晝者即同不食亦不必推算也又與各交汎大余同者食不同者不食其已下已上皆指各小余數而言也凡數自萬已上為大余自千已下為小余也
凡日食視其定朔小余在一千二四九已下八千八四九已上皆食在夜刻也起亥初初刻止丑正四刻

又在交望一十四日七六五二九六五已下，日月皆食，已上不食。

又在交終二十七萬二一二二二四已下，日月皆食，已上不食。

又在交中一十三萬六〇六一一二已下，日月皆食，已上不食。

右各日月食限。如日食，視其定朔小余分在晝刻[1]者，如月食，視其定望小余分在晝刻者，即同不食，亦不必推算也。又與各交汎大余數同者食，不同者不食。其已下、已上皆指各小余數而言也。凡數自萬已上為大余，自千已下為小余也。

凡日食，視其定朔小余，在一千二百四九已下、八千八四九已上，皆食在夜刻也。起亥初初刻，止丑正四刻。

1“晝刻”當作“夜刻”。

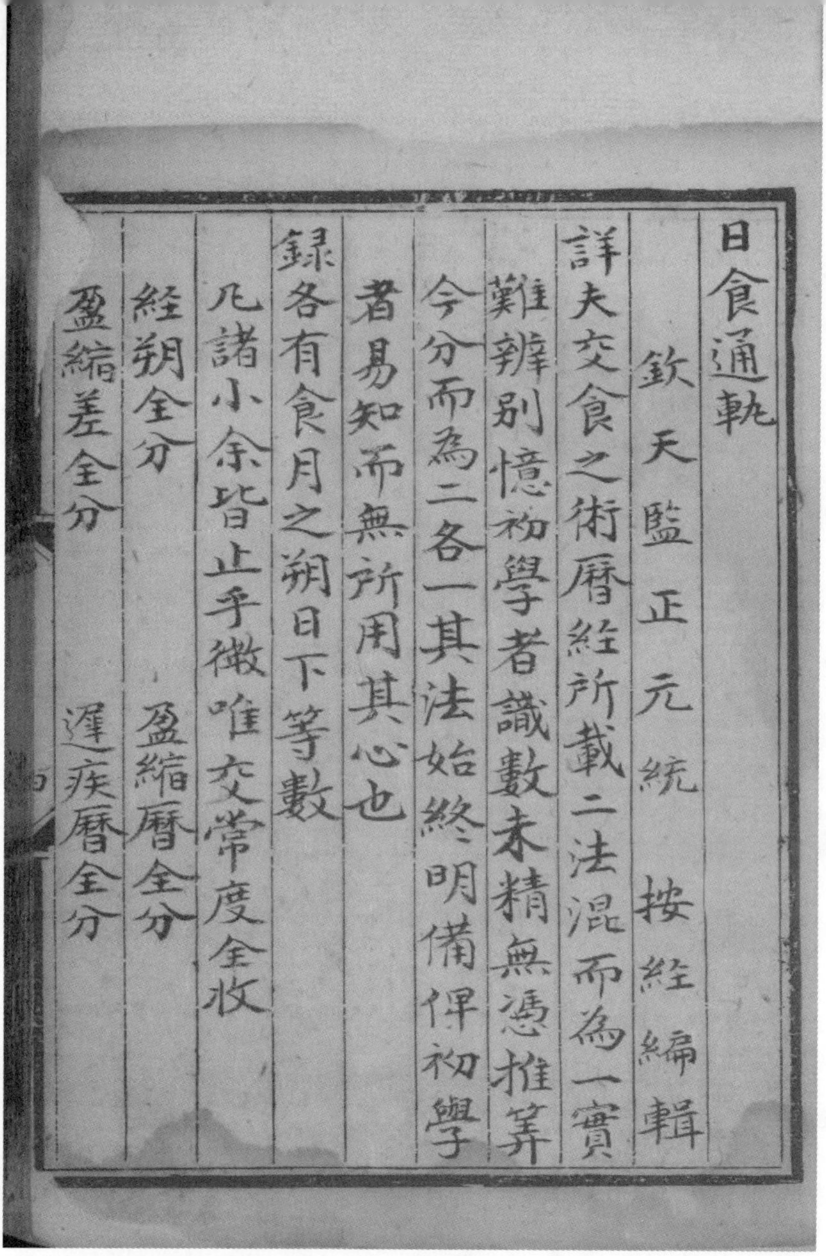
日食通軌
欽天監正元統按經編輯
詳夫交食之術曆經所載二法混而為一實
難辨別憶初學者識數未精無憑推算
今分而為二各一其法始終明備俾初學
者易知而無所用其心也
録各有食月之朔日下等數
凡諸小余皆止乎微唯交常度全收
經朔全分　盈縮曆全分
盈縮差全分　遲疾曆全分

《日食通軌》

欽天監監正元統按經編輯

詳夫交食之術，曆經所載二法，混而為一，實難辨別。憶初學者識數未精，無憑推算。今分而為二，各一其法，始終明備，俾初學者易知而無所用其心也。[1]

録各月有食之朔日下等數

凡諸小余皆止乎微，唯交常度全收。[2]

經朔全分。

盈縮曆全分。

盈縮差全分。

遲疾曆全分。

1《交食通軌》將日食和月食分別介紹，以免混淆。

2 列出日食計算的程式並留出空白，再將每步計算的結果依次填入程式中。

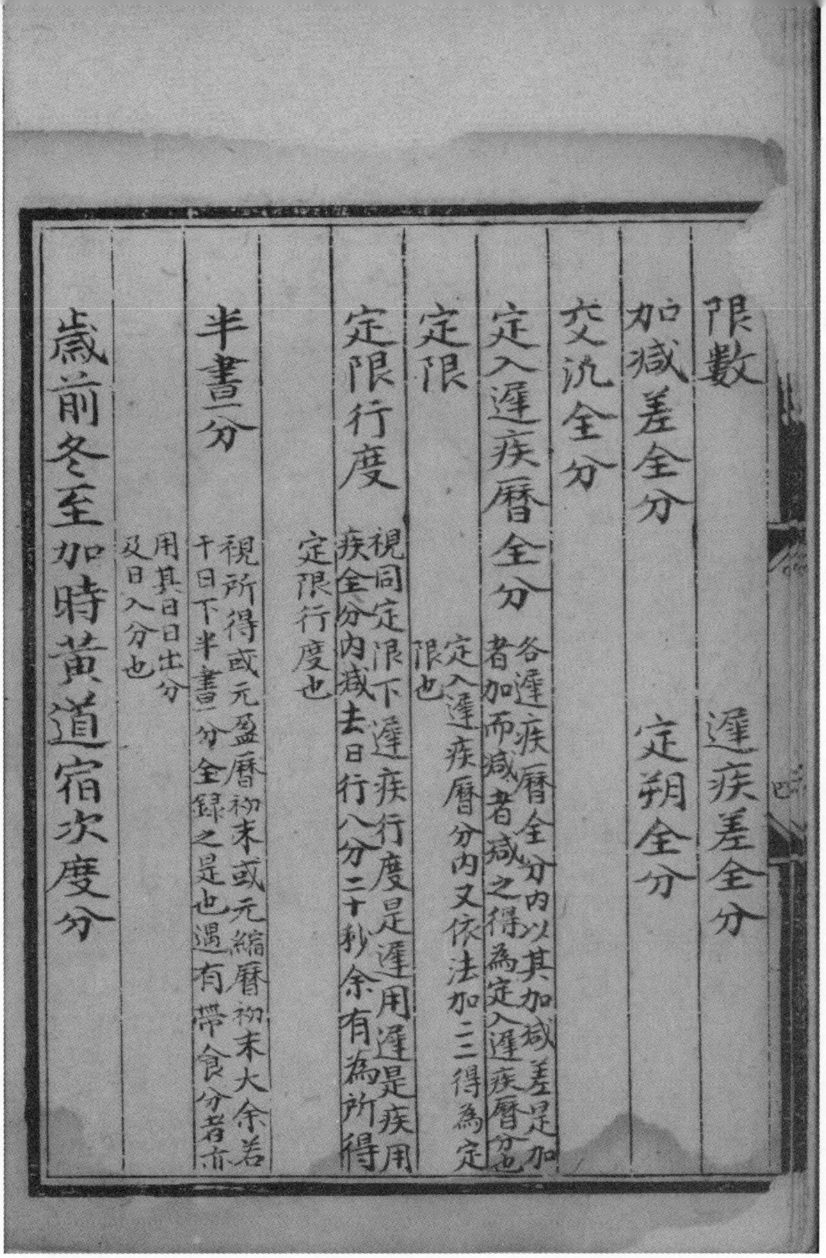

限數。

遲疾差全分。

加減差全分。

定朔全分。

交汎全分。

定入遲疾曆全分。各遲疾曆全分內，以其加減差是加者加，而減者減之，得為定入遲疾曆分也。

定限。定入遲疾曆分內，又依法加二二，得為定限也。

定限行度。視同定限下遲疾行度，是遲用遲，是疾用疾，全分內減去日行八分二十秒，余有為所得定限行度也。

半晝分。視所得或元盈曆初末，或元縮曆初末大余若干日下，半晝分全録之，是也。遇有帶食分者，亦用其日日出分及日入分也。

歲前冬至加時黃道宿次度分。

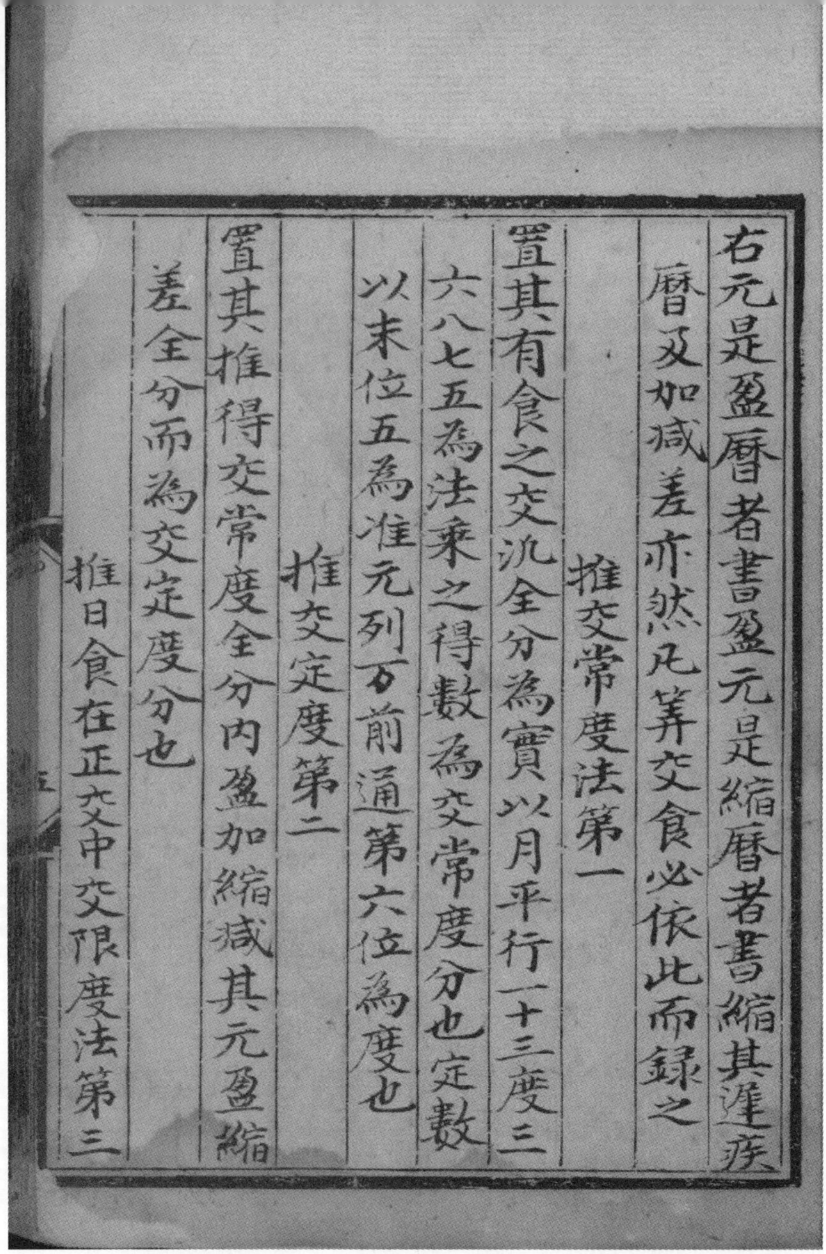
右元是盈曆者書盈元是縮曆者書縮其遅疾
曆及加減差亦然凡筭交食必依此而録之
推交常度法第一
置其有食之交汎全分為實以月平行一十三度三
六八七五為法乘之得數為交常度分也定數
以末位五為准元列万前通第六位為度也
推交定度第二
置其推得交常度全分内盈加縮減其元盈縮
差全分而為交定度分也
推日食在正交中交限度法第三

右元是盈曆者書盈，元是縮曆者書縮。其遲疾曆及加減差亦然。凡筭交食，必依此而録之。

推交常度法第一

置其有食之交汎全分爲實，以月平行度一十三度三六八七五為法乘之，得數為交常度分也。定數以末位五為准元，列万前通第六位為度也。[1]

推交定度第二

置其推得交常度全分，內盈加縮減其元盈縮差全分，而為交定度分也。[2]

推日食在正交中交限度法第三

1 交常度 = 有食之經朔日入交泛全分 × 月平行度。

2 交定度 = 交常度 ± 朔日下盈縮差。盈加、縮減。如不及減，則加交終減之。

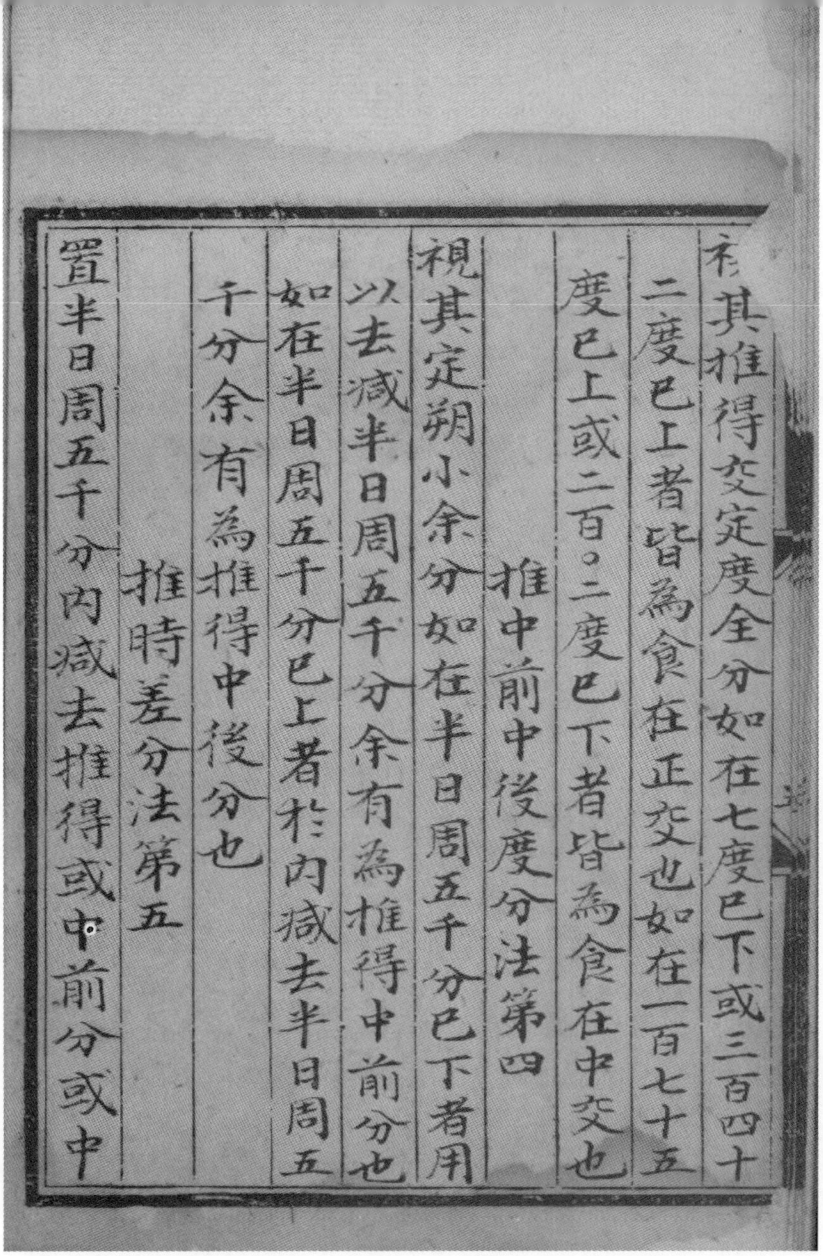
視其推得交定度全分如在七度巳下或三百四十
二度巳上者皆為食在正交也如在一百七十五
度巳上或二百〇二度巳下者皆為食在中交也
推中前中後度分法第四
視其定朔小余分如在半日周五千分巳下者用
以去減半日周五千分余有為推得中前分也
如在半日周五千分巳上者於內減去半日周五
千分余有為推得中後分也
推時差分法第五
置半日周五千分內減去推得或中前分或中

視其推得交定度全分，如在七度已下，或三百四十二度已上者，皆為食在正交也。如在一百七十五度已上者，或二百〇二度已下者，皆為食在中交也。[1]

推中前、中後度分法第四

視其定朔小余分，如在半日周五千分已下者，用以去減半日周五千分，余有為推得中前分也；如在半日周五千分已上者，於內減去半日周五千分，余有為推得中後分也。[2]

推時差分法第五

置半日周五千分，內減去推得或中前或中

1 日食在正交中交限度即當交定度小於 7 度，大於 342 度，食在正交；交定度在 175 度至 202 度之間，食在中交，其餘不在限內則不食。

2 中前分 = 半日周 5000 分 − 定朔小餘分，中後分 = 定朔小餘分 − 半日周 5000 分。

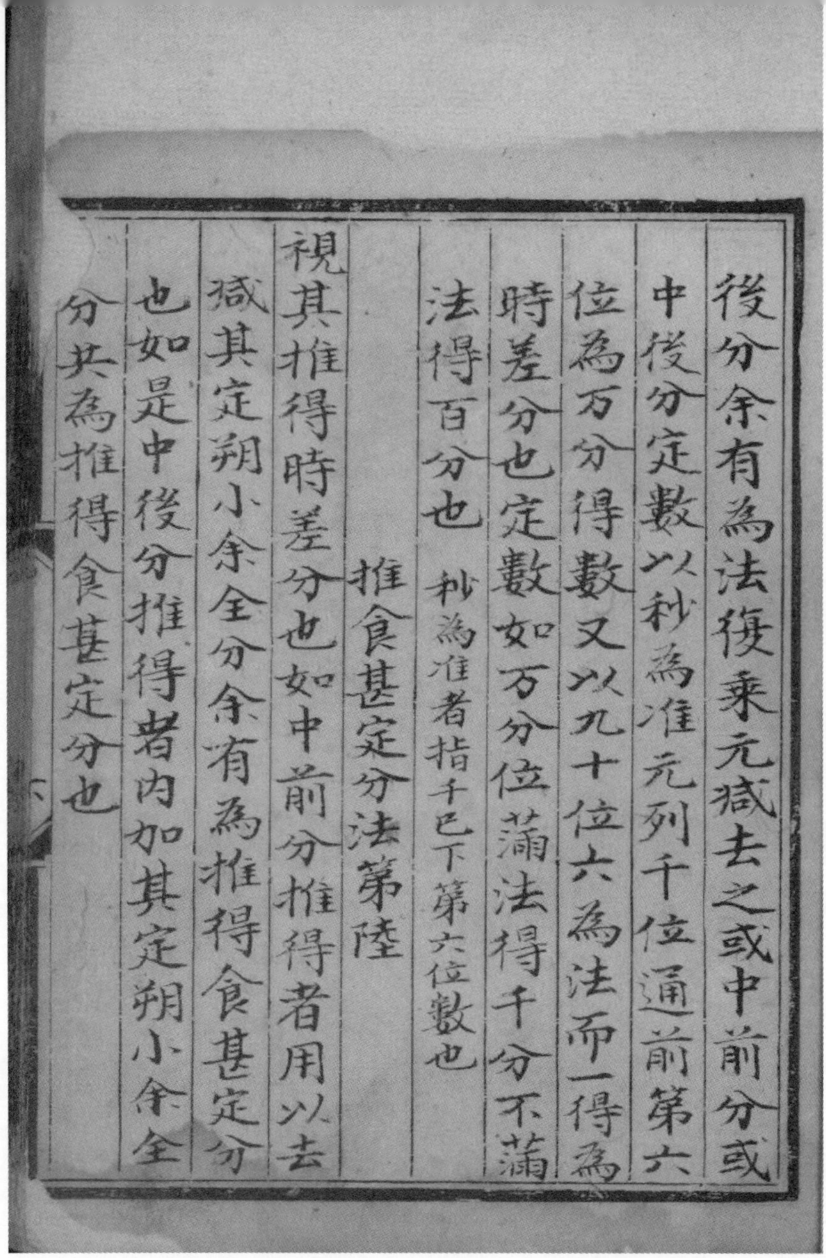
後分余有為法復乘元減去之或中前分或
中後分定數以秒為准元列千位通前第六
位為万分得數又以九十位六為法而一得為
時差分也定數如万分位滿法得千分不滿
法得百分也 秒為准者指千已下第六位數也
推食甚定分法第陸
視其推得時差分也如中前分推得者用以去
減其定朔小余全分余有為推得食甚定分
也如是中後分推得者內加其定朔小余全
分共為推得食甚定分也

後分，余有為法，復乘元減去之或中前分或中後分，定數以秒為准元，列千位通前六位為万分，得數又以九十位[1]六為法而一，得為時差分也。定數如万分位滿法得千分，不滿法得百分也。秒為准者，指千已下第六位數也。[2]

推食甚定分法第陸

視其推得時差分也，如中前分推得者，用以去減其定朔小余全分，余有為推得食甚定分也。如是中後分推得者，內加其定朔小余全分，共為推得食甚定分也。[3]

1“位”疑為衍文。

2 時差分 =(半日周 5000 分 – 中前或中後分)× 中前或中後分 / 9600。

3 日食食甚定分 = 定朔小餘分 ± 時差分。

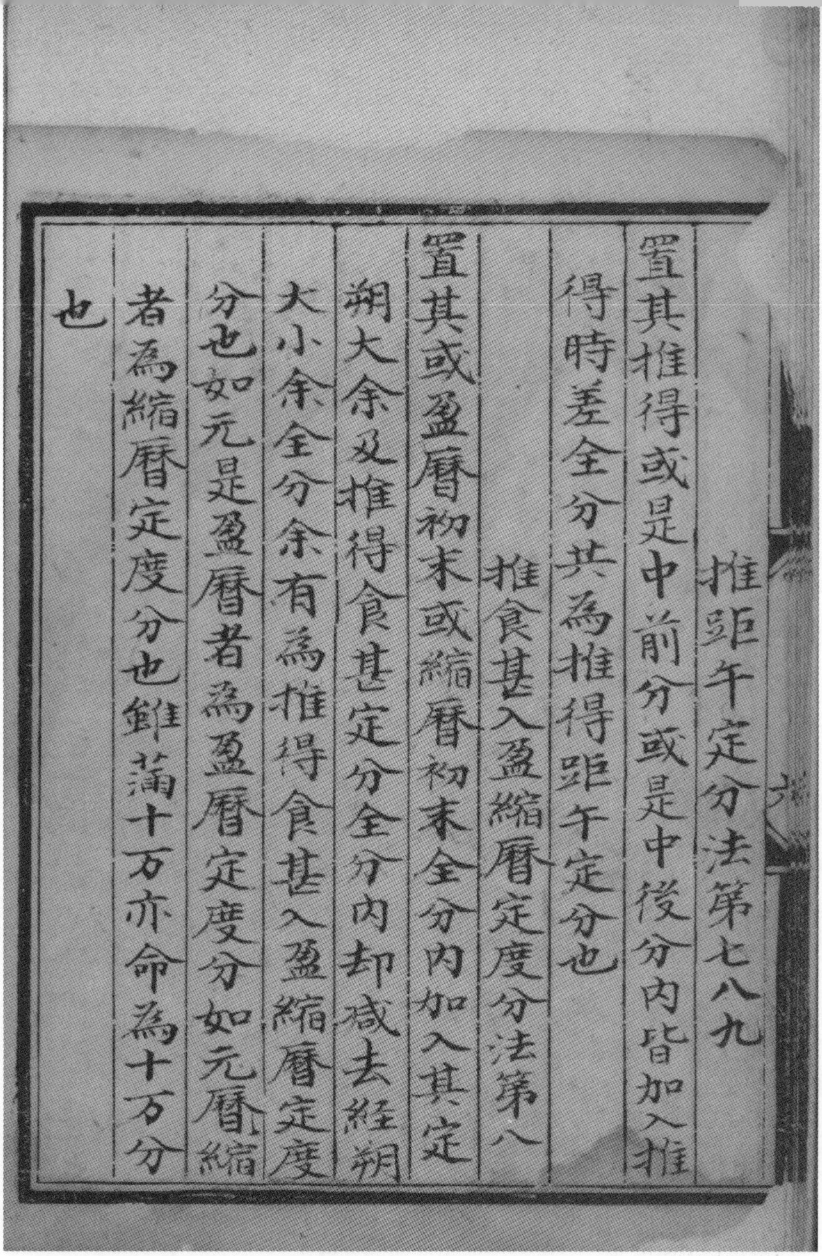
推距午定分法第七八九
置其推得或是中前分或是中後分内皆加入推
得時差全分共爲推得距午定分也
推食甚入盈縮曆定度分法第八
置其或盈曆初末或縮曆初末全分内加入其定
朔大余及推得食甚定分全分内却減去經朔
大小余全分余有爲推得食甚入盈縮曆定度
分也如元是盈曆者爲盈曆定度分如元曆縮
者爲縮曆定度分也雖滿十万亦命爲十万分
也

推距午定分法第七八九[1]

置其推得或是中前分或是中後分，内皆加入推得時差全分，共為推得距午定分也。[2]

推食甚入盈縮曆定度分法第八

置其或盈曆初末，或縮曆初末全分，内加入其定朔大余，及推得食甚定分全分，内却減去經朔大小余全分，余有為推得食甚入盈縮曆定度分也。如元是盈曆者，為盈曆定度分；如元曆縮者，為縮曆定度分也。雖滿十万亦命為十万分也。[3]

1“八九” 疑為衍文。
2 日食距午定分 = 中前或中後分 + 時差分。
3 食甚入盈縮曆定度分 = 經朔入盈縮曆日分 + 定朔大餘 + 食甚定分 − 經朔大小餘。

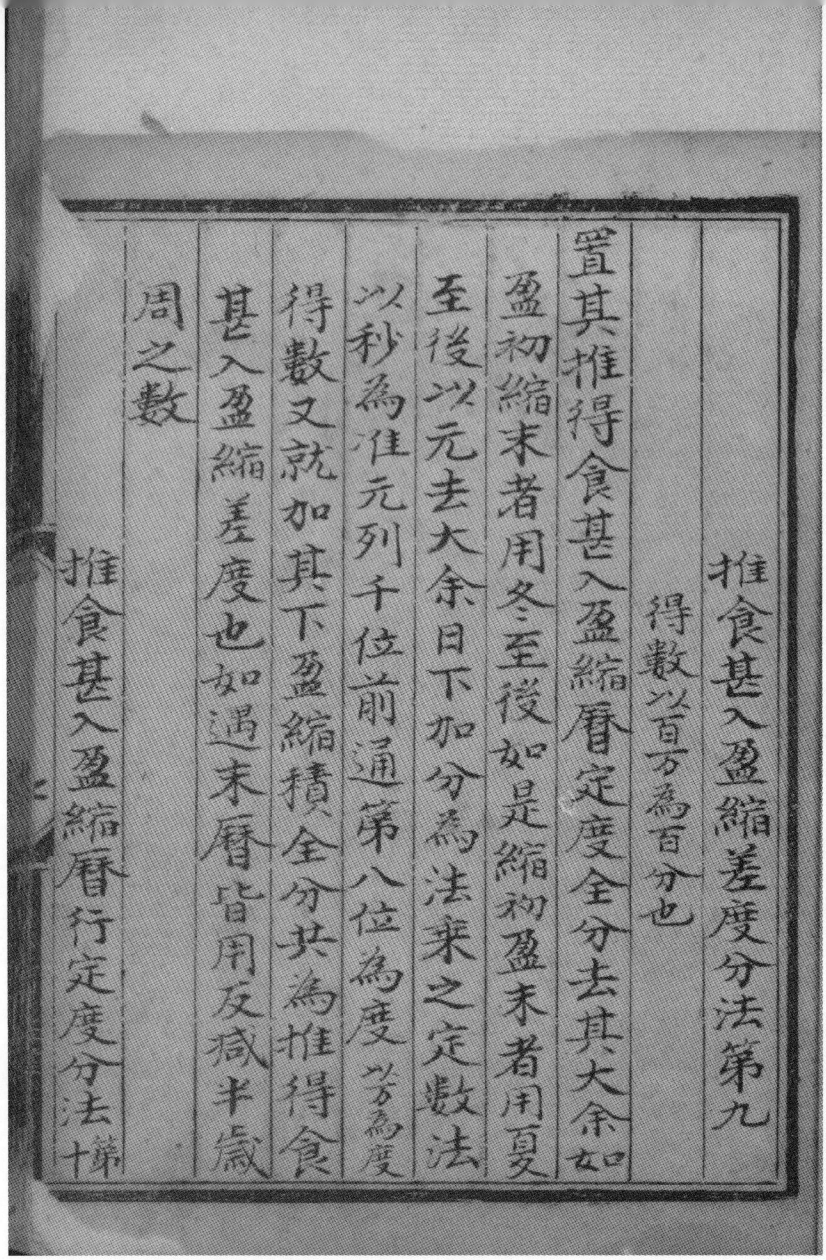

推食甚入盈縮差度分法第九
得數以百万為百分也
置其推得食甚入盈縮曆定度全分去其大余如
盈初縮末者用冬至後如是縮初盈末者用夏
至後以元去大余日下加分為法乘之定數法
以秒為准元列千位前通第八位為度以万為度
得數又就加其下盈縮積全分共為推得食
甚入盈縮差度也如遇末曆皆用反減半歲
周之數
推食甚入盈縮曆行定度分法第十

推食甚入盈縮差度分法第九得數以百万為分也

置其推得食甚入盈縮曆定度全分，去其大余，如是盈初縮末者，用冬至後；如是縮初盈末，用夏至後。以元去大余日下加分為法乘之，定數法以秒為准元，列千位前通第八位為度，以万為度，得數又就加其下盈縮積全分，共為推得食甚入盈縮差也。如遇末曆，皆用反減半歲周之數。[1]

推食甚入盈縮曆行定度分法第十

1 通過食甚入盈縮曆定度全分或查表（即“大陽冬至前後二象，盈初縮末限”和“太陽夏至前後二象，縮初盈末限”立成）或計算（平立定三差法），得盈縮差。

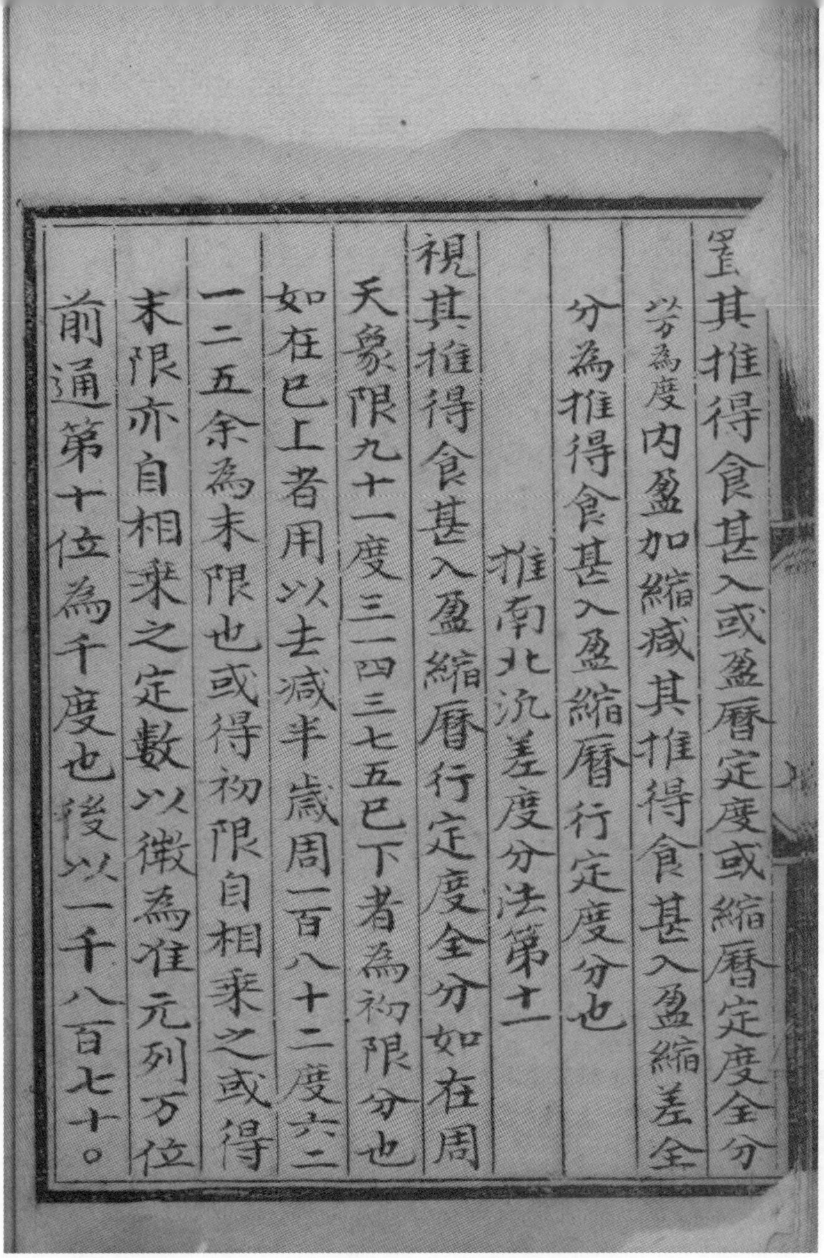

置其推得食甚入或盈曆定度或縮曆定度全分以万為度內盈加縮減其推得食甚入盈縮差全分為推得食甚入盈縮曆行定度分也

推南北汎差度分法第十一

視其推得食甚入盈縮曆行定度全分如在周天象限九十一度三一四三七五已下者為初限分也如在已上者用以去減半歲周一百八十二度六二一二五余為末限也或得初限自相乘之或得末限亦自相乘之定數以微為准元列万位前通第十位為千度也後以一千八百七十〇

置其推得食甚入或盈曆定度，或縮曆定度全分，以万為度，內盈加縮減其推得食甚入盈縮差全分，為推得食甚入盈縮曆行定度分也。[1]

推南北汎差度分法第十一

視其推得食甚入盈縮曆行定度全分，如在周天象限九十一度三一四三七五已下者，為初限分也。如在已上者，用以去減半歲周一百八十二度六二一二五，余為末限也。或得初限自相乘之，或得末限亦自相乘之，定數以微為准元，列万位前通第十位為千度也。後以一千八百七十〇

1 食甚入盈縮曆定度 = 食甚入盈縮曆日分 ± 盈縮差，盈為加，縮為減。

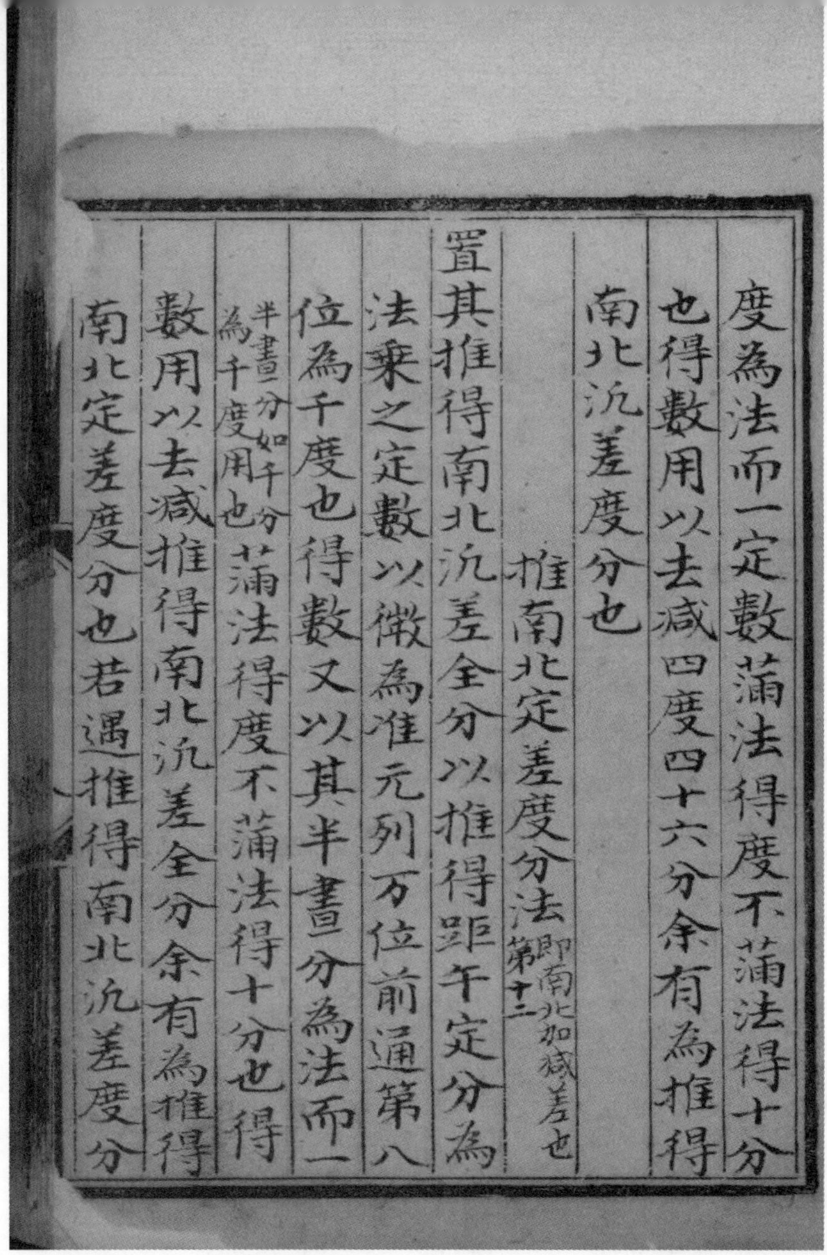
度為法而一定數滿法得度不滿法得十分也得數用以去減四度四十六分余有為推得南北汎差度分也

推南北定差度分法即南北加減差也第十二

置其推得南北汎差全分以推得距午定分為法乘之定數以微為准元列万位前通第八位為千度也得數又以其半晝分為法而一半晝分如千分為千度用也滿法得度不滿法得十分也得數用以去減推得南北汎差全分余有為推得南北定差度分也若遇推得南北汎差度分

度為法而一，定數滿法得度，不滿法得十分也。得數用以去減四度四十六分，余有為推得南北汎差度分也。[1]

推南北定差度分法，即南北加減差也第十二

置其推得南北汎差全分，以推得距午定分為法乘之，定數以微為准元，列万位前通第八位為千度也，得數又以其半晝分為法而一，半晝分如千分為千度用也，滿法得度，度不滿法得十分也。得數用以去減推得南北汎差全分，余有為推得南北定差度分也。若遇推得南北汎差度分

1 南北汎差度分 $=4.46-(\text{初末限度})^2/1870$。

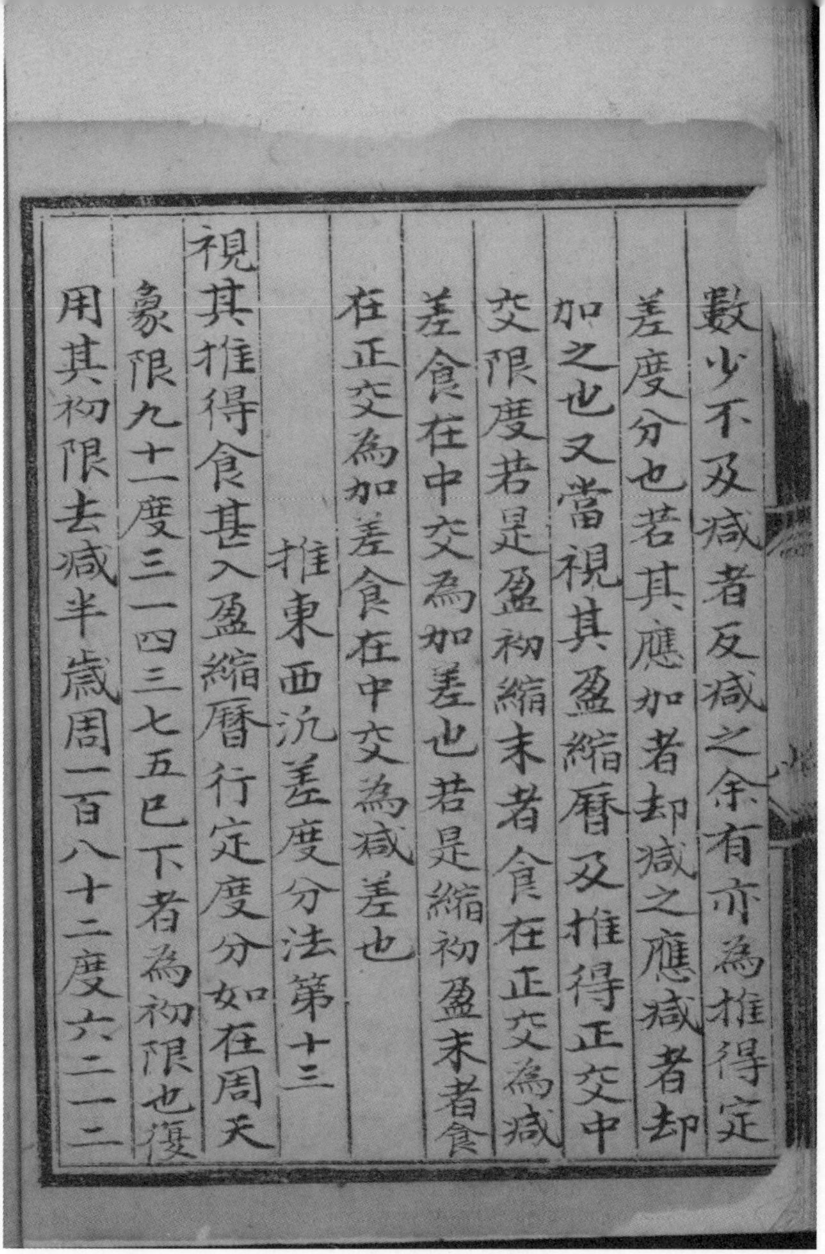
數少不及減者反減之余有亦為推得定
差度分也若其應加者却減之應減者却
加之也又當視其盈縮曆及推得正交中
交限度若是盈初縮末者食在正交為減
差食在中交為加差也若是縮初盈末者食
在正交為加差食在中交為減差也
推東西汎差度分法第十三
視其推得食甚入盈縮曆行定度分如在周天
象限九十一度三一四三七五已下者為初限也復
用其初限去減半歲周一百八十二度六二一二

數少不及減者，反減之，余有亦為推得定差度分也。若其應加者，却減之；應減者，却加之也。又當視其盈縮曆及推得正交中交限度，若是盈初縮末者，食在正交，為減差；食在中交，為加差也。若是縮初盈末者，食在正交，為加差；食在中交，為減差也。[1]

推東西汎差度分法第十三

視其推得食甚入盈縮曆行定度分，如在周天象限九十一度三一四三七五已下者，為初限也。復用其初限，去減半歲周一百八十二度六二一二

1 南北定差度分 = 南北泛差 − 南北泛差 × 距午分 / 半晝分。

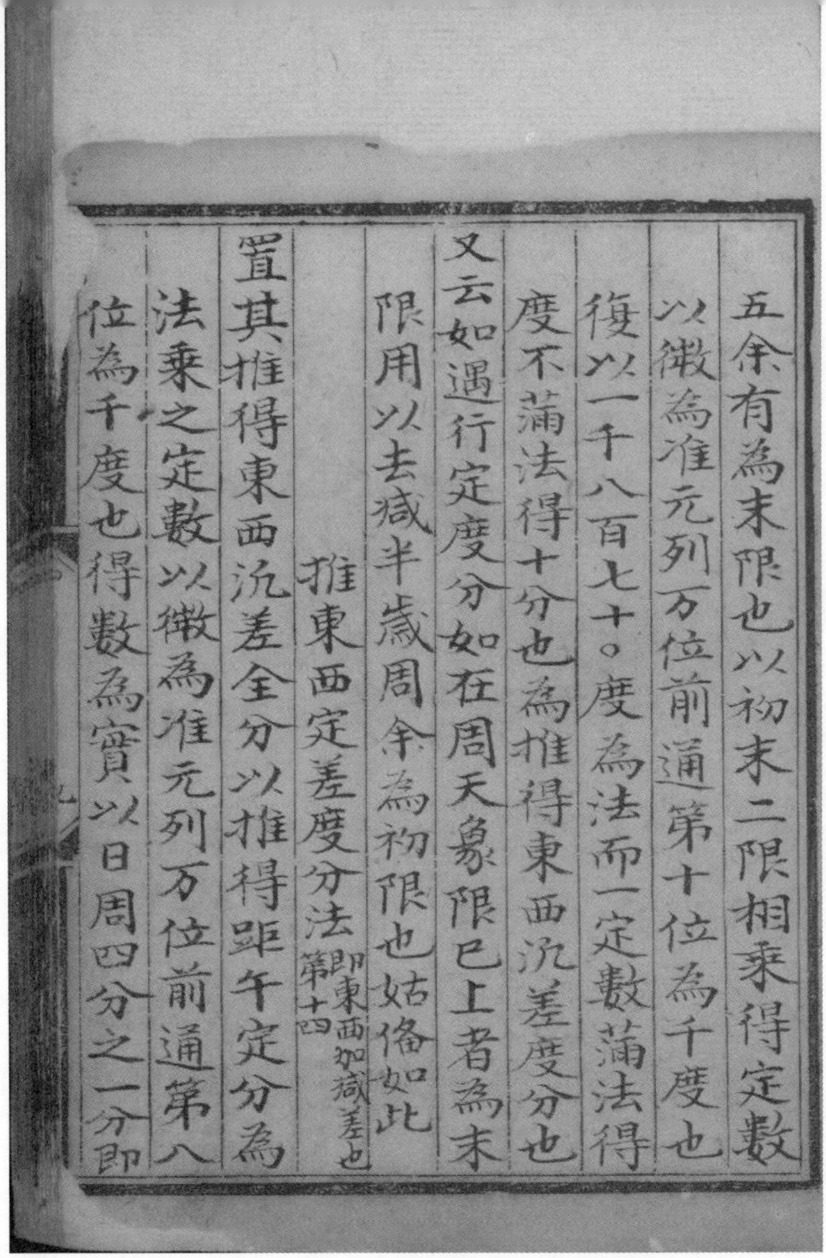
五余有為末限也以初末二限相乘得定數
以微為准元列万位前通第十位為千度也
復以一千八百七十〇度為法而一定數蒲法得
度不蒲法得十分也為推得東西汎差度分也
又云如遇行定度分如在周天象限已上者為末
限用以去減半歲周余為初限也姑倚如此
推東西定差度分法即東西加減差也第十四
置其推得東西汎差全分以推得距午定分為
法乘之定數以微為准元列万位前通第八
位為千度也得數為實以日周四分之一分即

五，余有為末限也。以初末二限相乘，得定數以微為准元，列万位前通第十位為千度也。復以一千八百七十〇度为法而一，定法滿法得度，不滿法得十分也，為推得東西汎差度分也。

又云：如遇行定度分，如在周天象限已上者，為末限，用以去減半歲周，余為初限也，姑倚如此。[1]

推東西定差度分法，即東西加減差也第十四

置其推得東西汎差全分，以推得距午定分為法乘之，定數以微為准元，列万位前通第八位為千度也。得數為實，以日周四分之一，即

1 東西汎差度分 =(半歲周 182.62125− 食甚入盈縮曆定度分)× 食甚入盈縮曆定度分 /1870。

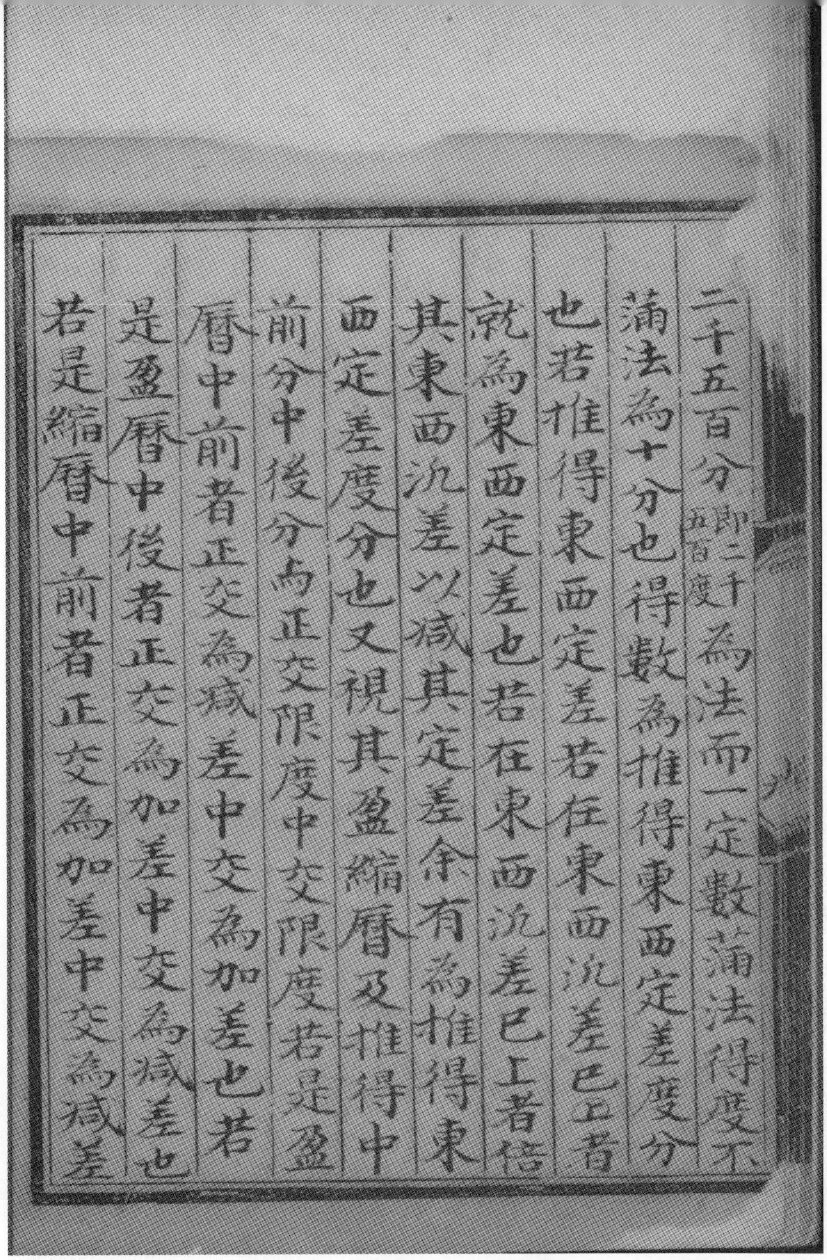
二千五百分即二千五百度為法而一定數蒲法得度不
蒲法為十分也得數為推得東西定差度分
也若推得東西定差若在東西汎差巳上者
就為東西定差也若在東西汎差巳上者倍
其東西汎差以減其定差余有為推得東
西定差度分也又視其盈縮曆及推得中
前分中後分与正交限度中交限度若是盈
曆中前者正交為減差中交為加差也若
是盈曆中後者正交為加差中交為減差也
若是縮曆中前者正交為加差中交為減差

二千五百分，即二千五百度，為法而一，定數滿法得度，不滿法為十分也，得數為推得東西定差度也。若推得東西定差，若在東西汎差已上[1]者，就為東西定差也。若在東西汎差已上者，倍其東西汎差，以減其定差，余有為推得東西定差度分也。又視其盈縮曆，及推得中前、中後分，与正交限度、中交限度，若是盈曆中後者，正交為加差，中交為減差也；若是縮曆中前者，正交為加差，中交為減差

1“上”當作“下”。

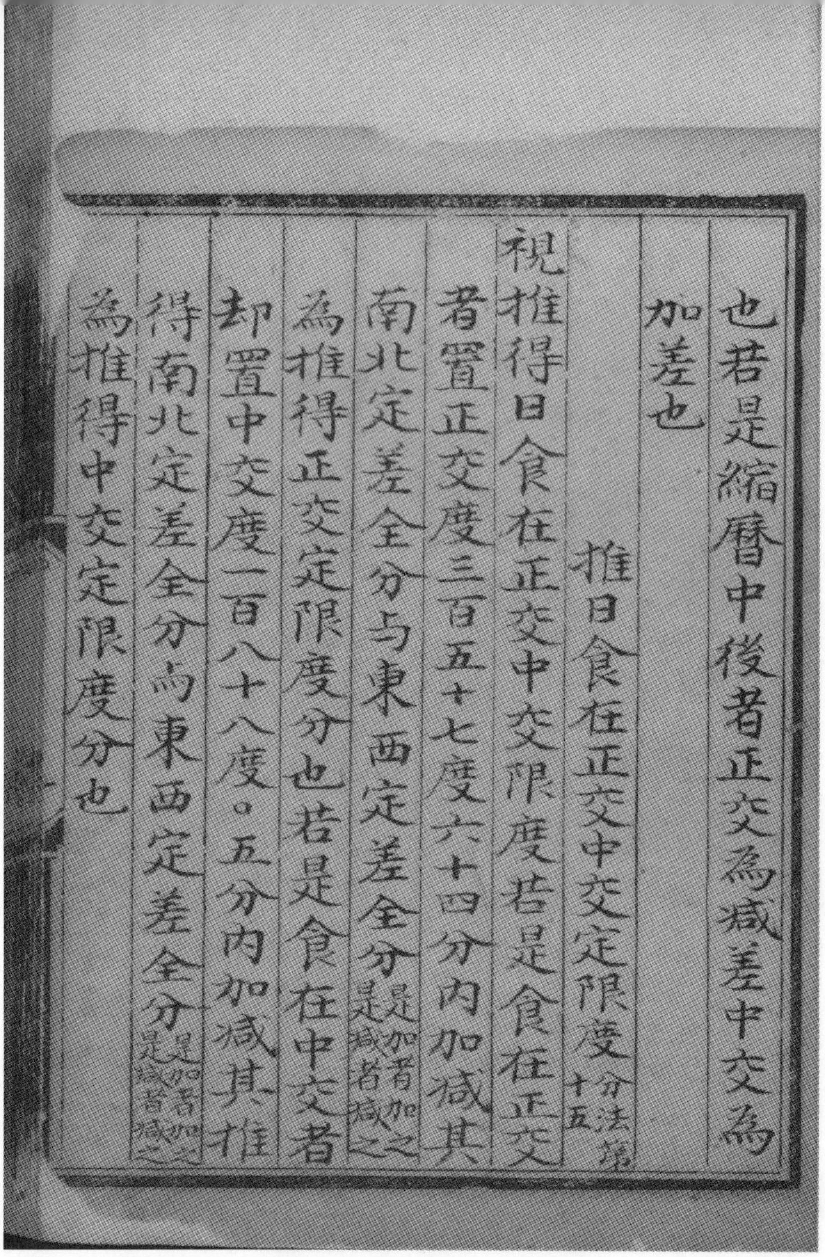

也若是縮曆中後者正交為減差中交為
加差也
推日食在正交中交定限度分法第十五
視推得日食在正交中交限度若是食在正交
者置正交度三百五十七度六十四分內加減其
南北定差全分与東西定差全分是加者加之是減者減之
為推得正交定限度分也若是食在中交者
却置中交度一百八十八度。五分內加減其推
得南北定差全分与東西定差全分是加者加之是減者減之
為推得中交定限度分也

也；若是縮曆中後者，正交為減差，中交為加差也。[1]

推日食在正交中交定限度分法第十五

視其推得日食在正交中交限度，若食在正交者，置正交度三百五十七度六十四分，內加減其南北定差全分，与東西定差全分，是加者加之，是減者減之，為推得正交定限度分也。若是食在中交者，却置中交度一百八十八度〇五分，內加減其南北定差全分，与東西定差全分，是加者加之，是減者減之，為推得中交定限度也。[2]

1 東西定差 = 東西泛差 × 距午分 /2500。當東西定差得數若大於東西泛差，東西定差 =2× 東西泛差 – 東西泛差 × 距午分 /2500。

2 日食正交定限度分 =357.64 ± 南北定差 ± 東西定差。日食中交定限度分 =188.05 ± 南北定差 ± 東西定差。

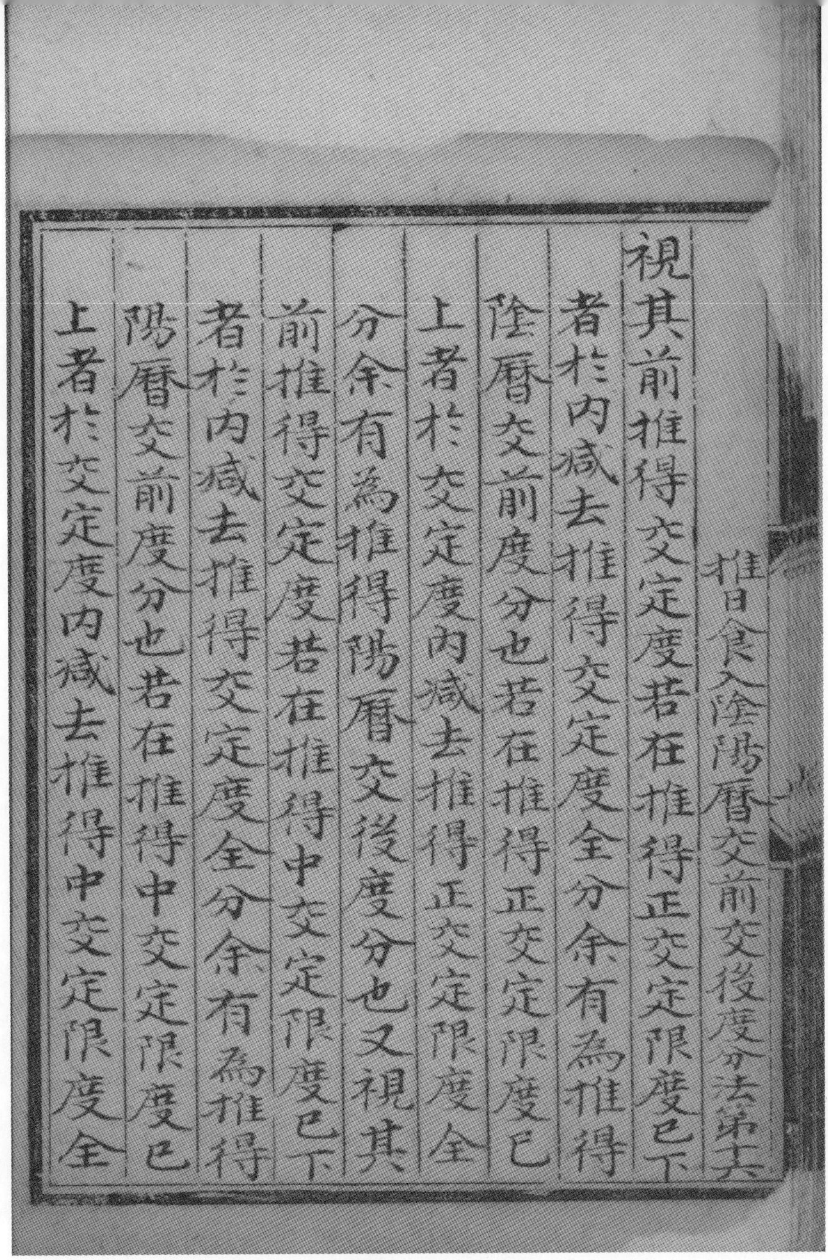
推日食入陰陽曆交前交後度分法第十六
視其前推得交定度若在推得正交定限度已下
者於內減去推得交定度全分余有為推得
陰曆交前度分也若在推得正交定限度已
上者於交定度內減去推得正交定限度全
分余有為推得陽曆交後度分也又視其
前推得交定度若在推得中交定限度已下
者於內減去推得交定度全分余有為推得
陽曆交前度分也若在推得中交定限度已
上者於交定度內減去推得中交定限度全

推日食入陰陽曆去交前後度分法第十六

視其前推得交定度，若在推得正交定限度已下者，於內減去交定度分全分，余有為推得陰曆交前度分也。若在推得正交度定限度已上者，於交定度內減去推得正交限度全分，余有為推得陽曆交後度也。又視其前推得交定度，若在推得中交定限度已下者，於內減去推得交定度全分，余有為推得陽曆交前度也。若在推得中交定限度已上者，於交定度內減去推得中交定限度全

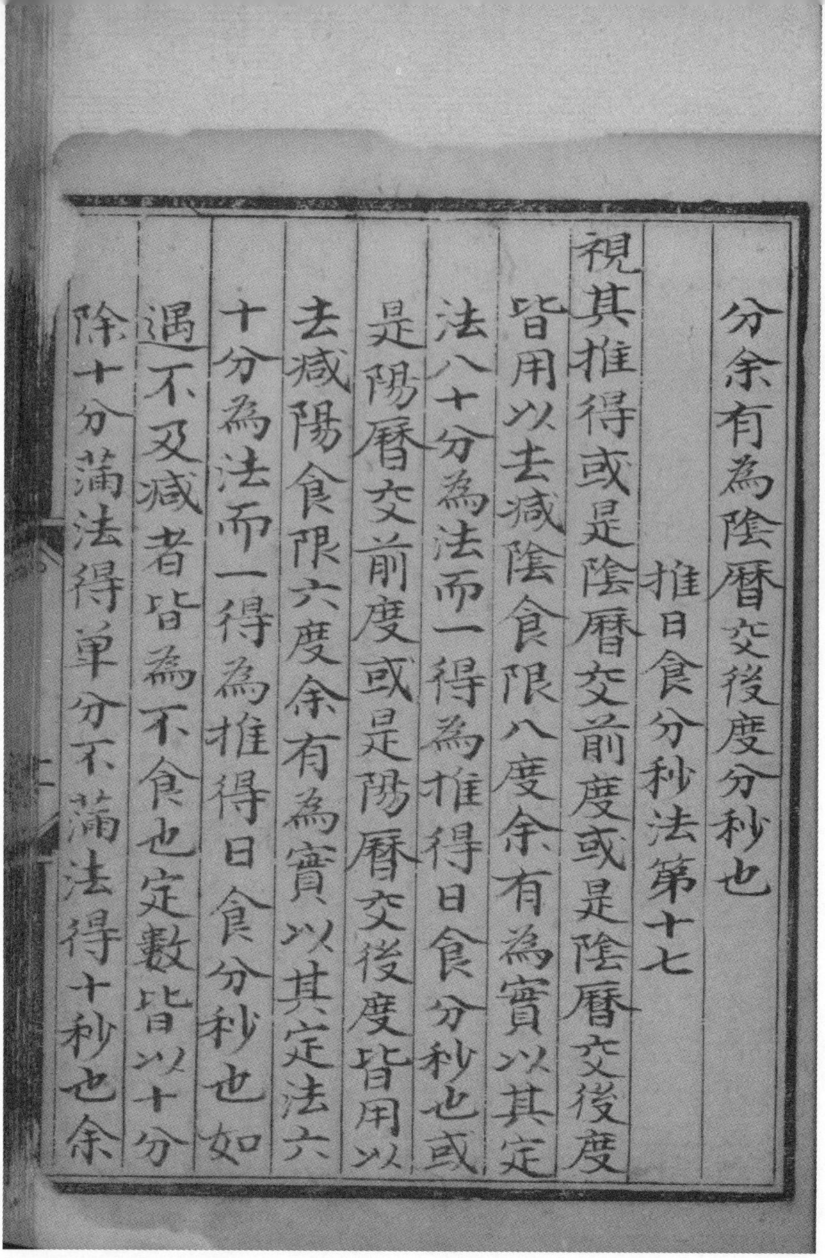
分余有為陰曆交後度分秒也
推日食分秒法第十七
視其推得或是陰曆交前度或是陰曆交後度
皆用以去減陰食限八度余有為實以其定
法八十分為法而一得為推得日食分秒也或
是陽曆交前度或是陽曆交後度皆用以
去減陽食限六度余有為實以其定法六
十分為法而一得為推得日食分秒也如
遇不及減者皆為不食也定數皆以十分
除十分滿法得單分不滿法得十秒也余

分，余有為陰曆交後度分秒也。[1]

推日食分秒法第十七

視其推得或是陰曆交前度，或是陰曆交後度，皆用以去減陰食限八度，余有為實，以其定法八十分為法而一，得為推得日食分秒也。或是陽曆交前度，陽曆交後度，皆用以去減陽食限六度，余有為實，以其定法六十分為法而一，得為推得日食分秒也。如遇不及減者，皆為不食也。定數皆以十分，除十分滿法得单分，不滿法，得十秒也。余

1 當日食交定度在中交定限度以下，陽曆交前度 = 中交定限度 – 交定度；當交定度在中交定限度以上，陰曆交後度 = 交定度 – 中交定限度。當交定度在正交定限度以下，陰曆交前度 = 正交定限度 – 交定度；當交定度在正交定限度以上，陽曆交後度 = 交定度 – 正交定限度。若交定度若小於 7 度，陽曆交後度 = 交定度 + 交終度 – 正交正限度。

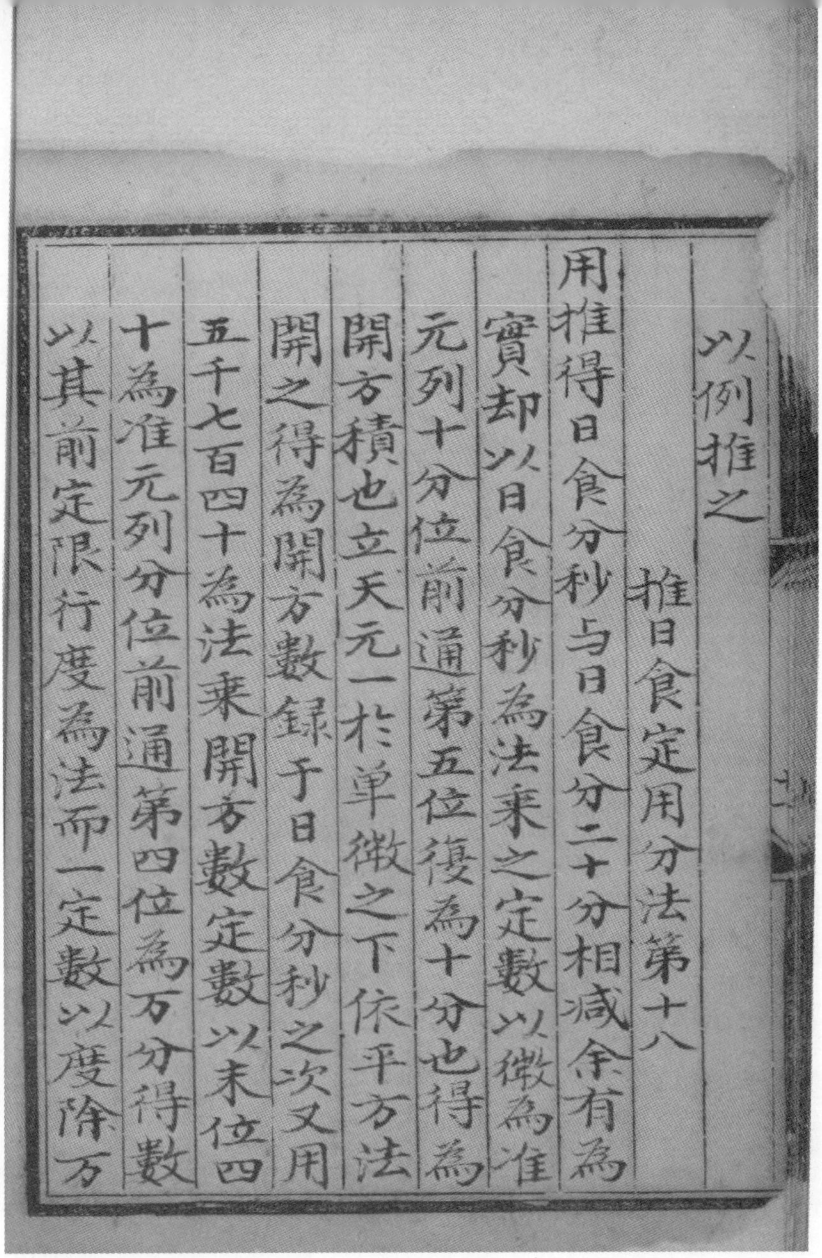
以例推之
推日食定用分法第十八
用推得日食分秒与日食分二十分相減余有為
實却以日食分秒為法乘之定數以微為准
元列十分位前通第五位復為十分也得為
開方積也立天元一於单微之下依平方法
開之得為開方數録于日食分秒之次又用
五千七百四十為法乘開方數定數以末位四
十為准元列分位前通第四位為万分得數
以其前定限行度為法而一定數以度除万

以例推之。[1]

推日食定用分法第十八

用推得日食分秒，与日食分二十分相減，余有為實。却以日食分秒為法乘之，定數以微為准元，列十分位前通第五位，復為十分也，得為開方積也。立天元一扵单微之下，依平方開之，得為開方數，録于日食分秒之次。又用五千七百四十為法，乘開方數，定數以末位四十為准元，列分位前通第四位為万分，得數以其前定限行度為法而一，定數以度除万

1 陽曆日食分秒 =(日食陽食限 – 陽曆交前交後度)/ 日食陽曆定法。陰曆日食分秒 =(日食陰食限 – 陰曆交前交後度)/ 日食陰曆定法。

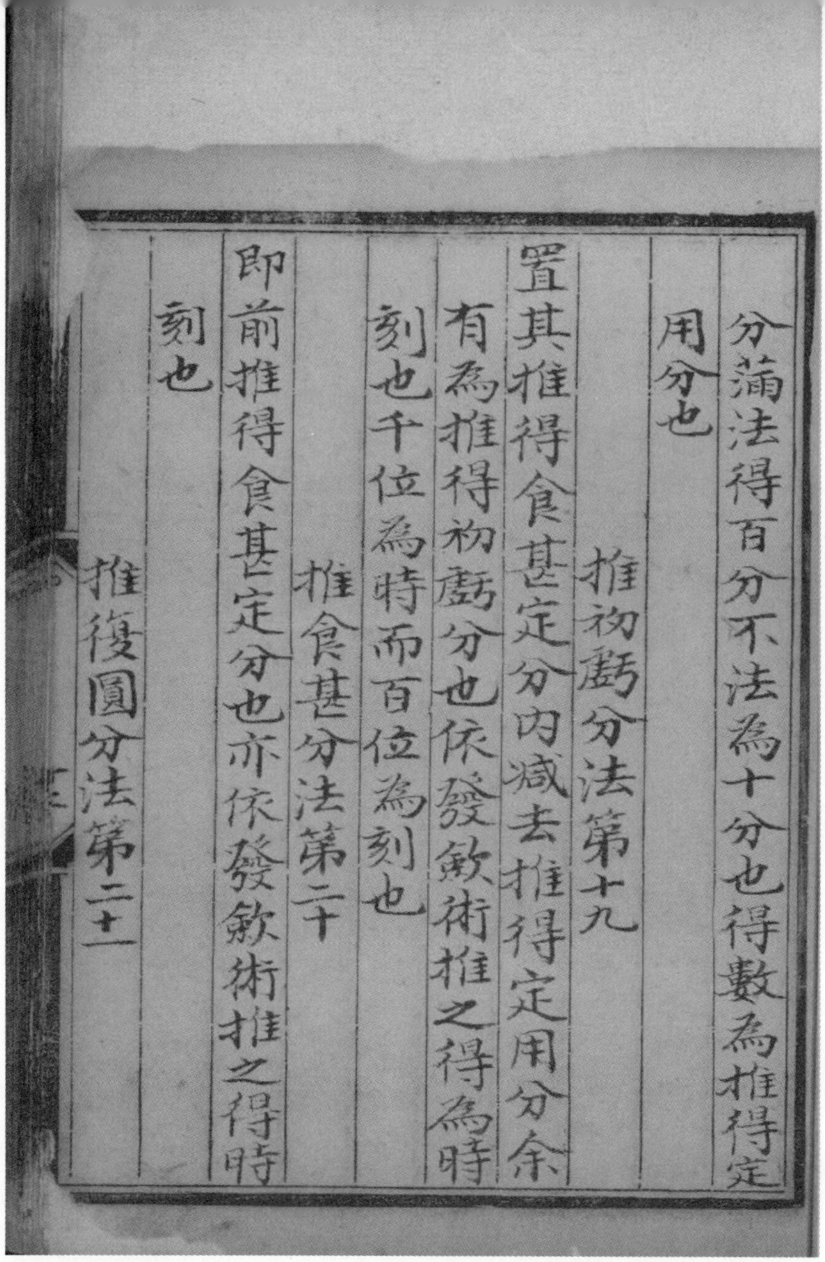

分蒲法得百分不法為十分也得數為推得定
用分也
推初虧分法第十九
置其推得食甚定分内減去推得定用分余
有為推得初虧分也依發斂術推之得為時
刻也千位為時而百位為刻也
推食甚分法第二十
即前推得食甚定分也亦依發斂術推之得時
刻也
推復圓分法第二十一

分，滿法得百分，不法[1]為十分也，得數為推得定用分也。[2]

推初虧分法第十九

置其推得食甚定分，內減去推得定用分，余有為推得初虧分也。依發斂術推之，得為時刻也，千位為時，而百位為刻也。[3]

推食甚分法第二十

即前推得食甚定分也，亦依發斂術推之，得時刻也。[4]

推復圓分法第二十一

1“不法”當作“不滿法”。

2 日食定用分 = $\sqrt{(20-\text{日食分秒})\times \text{日食分秒}}\times 5740/\text{定限行度}$。

3 初虧分 = 食甚定分 − 定用分。

4 將食甚定分按發斂術轉換為時刻分數。

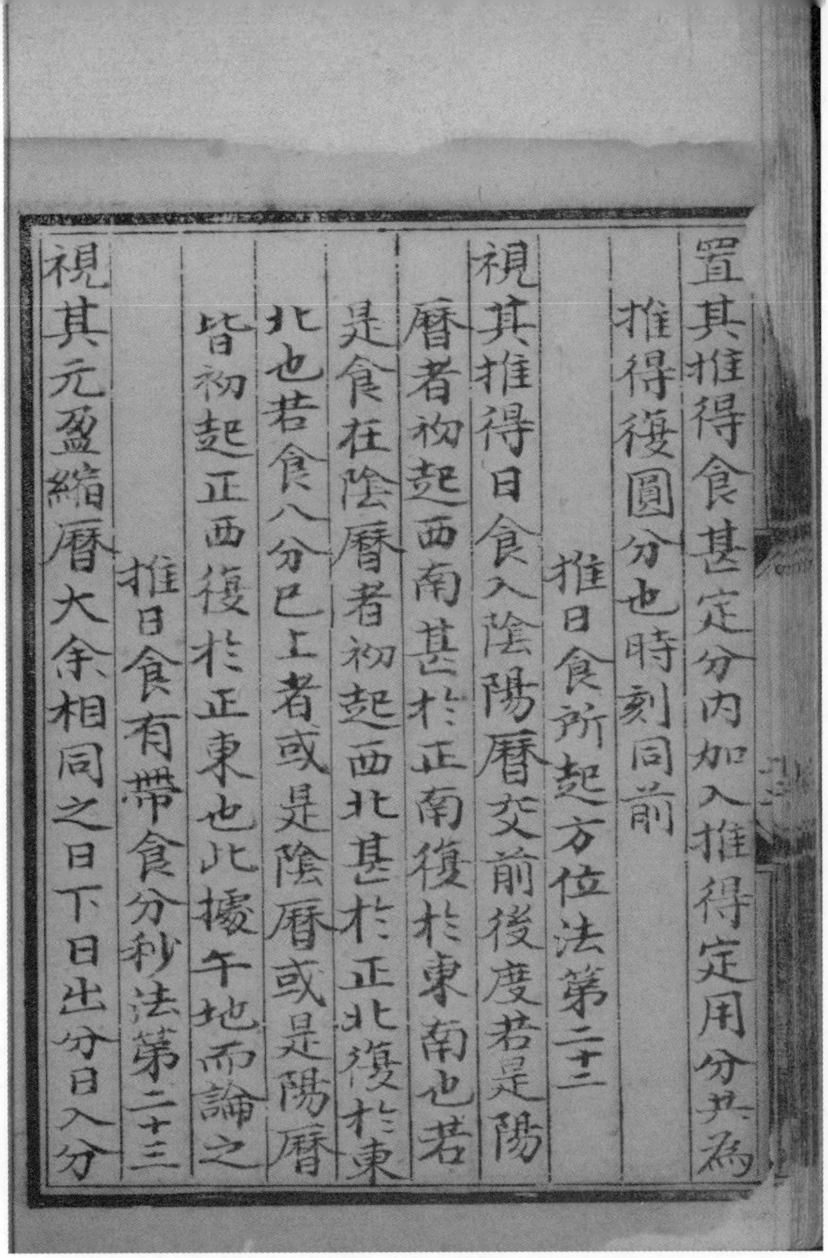
置其推得食甚定分内加入推得定用分共為
推得復圓分也時刻同前
推日食所起方位法第二十二
視其推得日食入陰陽曆交前後度若是陽
曆者初起西南甚於正南復於東南也若
是食在陰曆者初起西北甚於正北復於東
北也若食八分已上者或是陰曆或是陽曆
皆初起正西復於正東也此據午地而論之
推日食有帶食分秒法第二十三
視其元盈縮曆大余相同之日下日出分日入分

置其推得食甚定分，内加入推得定用分，共為推得復圓分也，時刻同前。[1]

推日食所起方位法第二十二

視其推得日食入陰陽曆交前後度，若是陽曆者，初起西南，甚於正南，復於東南也。若是食在陰曆者，初起西北，甚於正北，復於東北也。若食八分已上者，或是陰曆，或是陽曆，皆初起正西，復於正東也，據午地而論之。[2]

推日食有帶食[3]分秒法第二十三

視其元盈縮曆大余相同之日下日出分日入分，

1 復圓分 = 食甚定分 + 定用分。

2 日食在陽曆，初起西南，甚于正南，復于東南；日食在陰曆，初起西北，甚於正北，復于東北；若食 8 分以上，則起於正西，復於正東。

3 日出時太陽已被食去以及日落時太陽還在被食（即日食尚未結束）稱帶食。

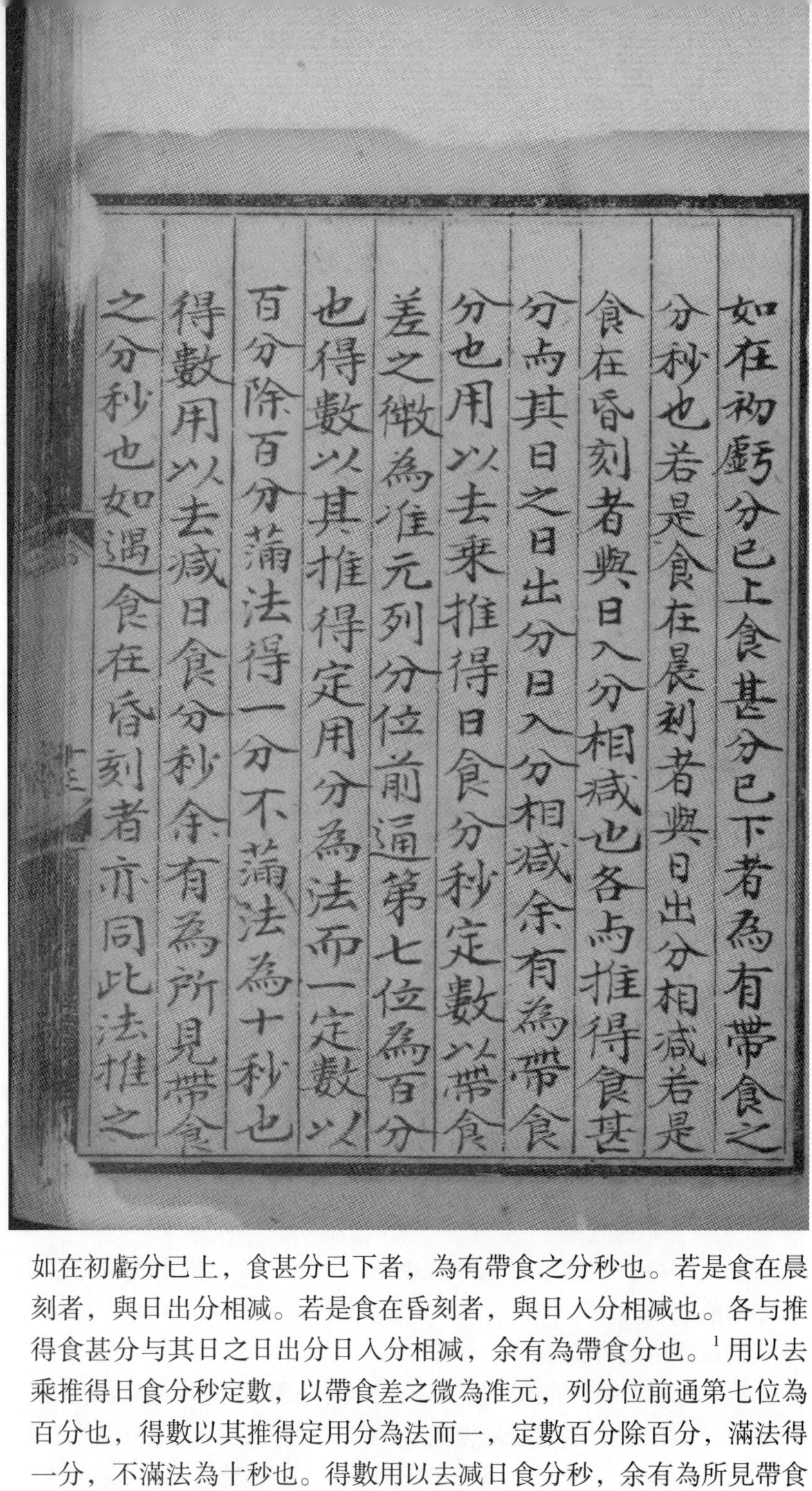
如在初虧分已上食甚分已下者為有帶食之
分秒也若是食在晨刻者與日出分相減若是
食在昏刻者與日入分相減也各与推得食甚
分与其日之日出分日入分相減余有為帶食
分也用以去乘推得日食分秒定數以帶食
差之微為准元列分位前通第七位為百分
也得數以其推得定用分為法而一定數以
百分除百分滿法得一分不滿法為十秒也
得數用以去減日食分秒余有為所見帶食
之分秒也如遇食在昏刻者亦同此法推之

如在初虧分已上，食甚分已下者，為有帶食之分秒也。若是食在晨刻者，與日出分相減。若是食在昏刻者，與日入分相減也。各与推得食甚分与其日之日出分日入分相減，余有為帶食分也。[1] 用以去乘推得日食分秒定數，以帶食差之微為准元，列分位前通第七位為百分也，得數以其推得定用分為法而一，定數百分除百分，滿法得一分，不滿法為十秒也。得數用以去減日食分秒，余有為所見帶食之分秒也。如遇食在昏刻者，亦同此法推之。

1 帶食差 = 日出分 − 食甚分，若不及減者，則反減之。

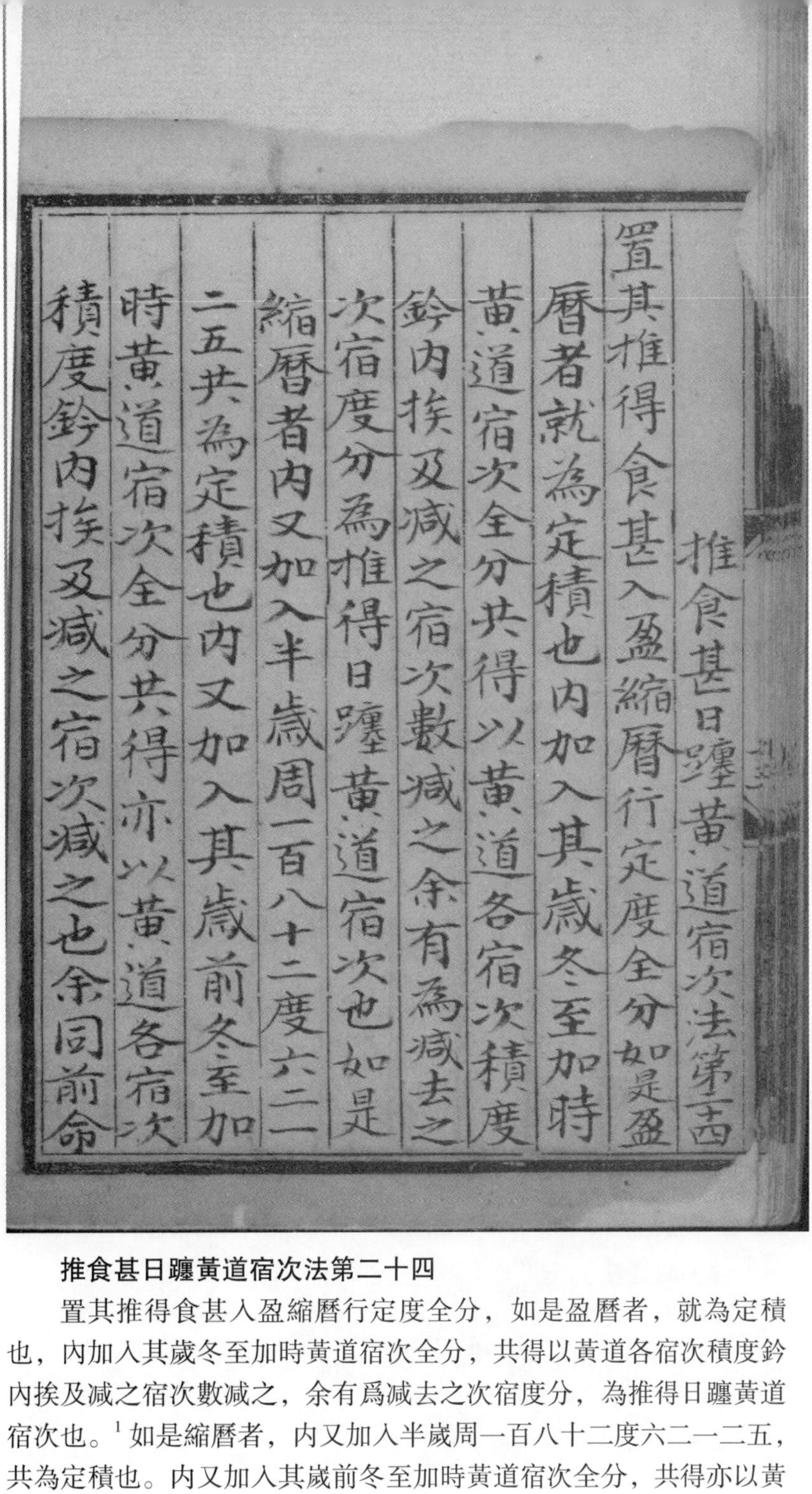

推食甚日躔黃道宿次法第二十四
置其推得食甚入盈縮曆行定度全分如是盈
曆者就為定積也内加入其歳冬至加時
黃道宿次全分共得以黃道各宿次積度
鈐内挨及減之宿次數減之余有為減去之
次宿度分為推得日躔黃道宿次也如是
縮曆者内又加入半歳周一百八十二度六二一
二五共為定積也内又加入其歳前冬至加
時黃道宿次全分共得亦以黃道各宿次
積度鈐内挨及減之宿次減之也余同前命

推食甚日躔黃道宿次法第二十四

置其推得食甚入盈縮曆行定度全分，如是盈曆者，就為定積也，內加入其歲冬至加時黃道宿次全分，共得以黃道各宿次積度鈐內挨及減之宿次數減之，余有爲減去之次宿度分，為推得日躔黃道宿次也。[1] 如是縮曆者，內又加入半歲周一百八十二度六二一二五，共為定積也。內又加入其歲前冬至加時黃道宿次全分，共得亦以黃道各宿次積度鈐內挨及減之宿次減之也，余同前命[2]。

1 日食食甚日躔黃道宿次積度 = 歲前冬至加時黃道宿次全分 + 定積度分，滿黃道各宿次積度鈐挨及減去。

2 後有脫字。

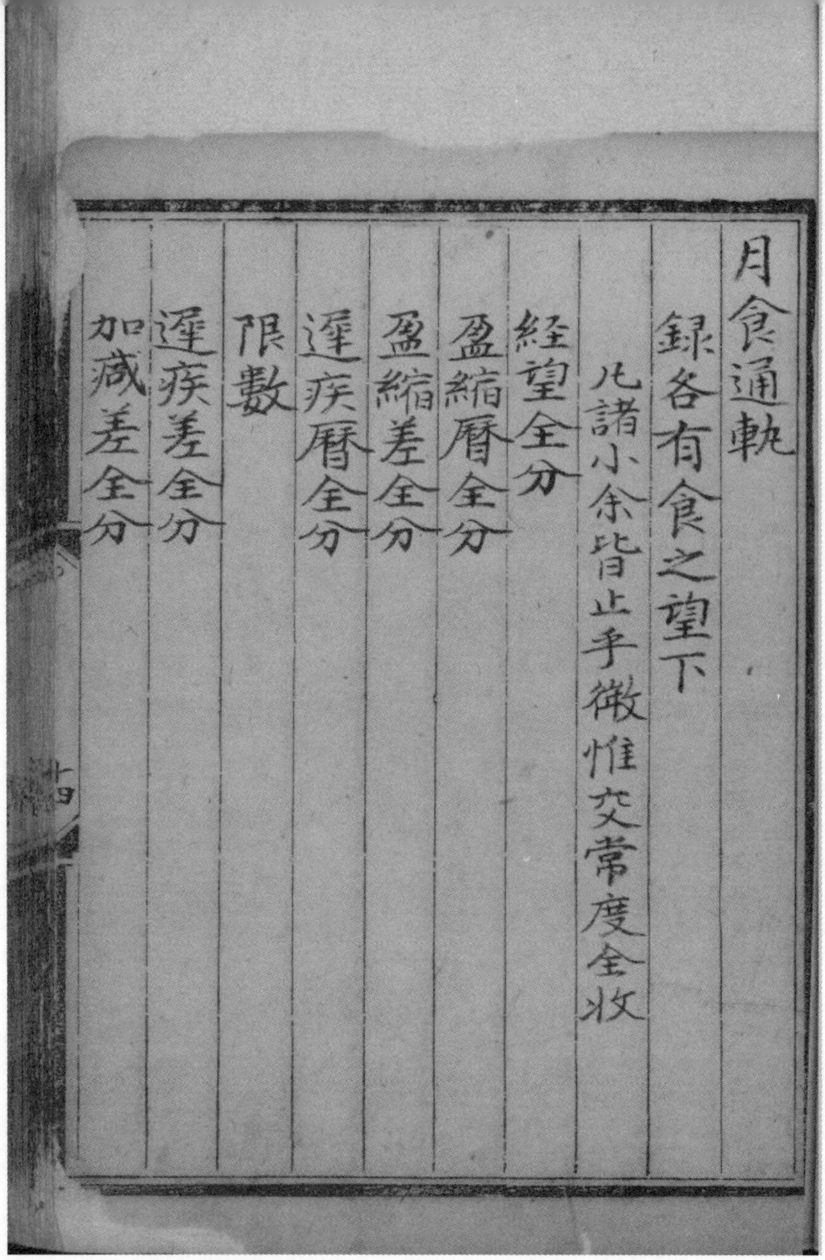
月食通軌
録各有食之望下
凡諸小余皆止乎微惟交常度全收
經望全分
盈縮曆全分
盈縮差全分
遲疾曆全分
限數
遲疾差全分
加減差全分

《月食通軌》

録各有食之望下[1]

凡諸小余皆止乎微，惟交常度全收。

經望全分。

盈縮曆全分。

盈縮差全分。

遲疾曆全分。

限數。

遲疾差全分。

加減差全分。

1 列出日食計算的程式並留出空白，再將每步計算的結果依次填入程式中。

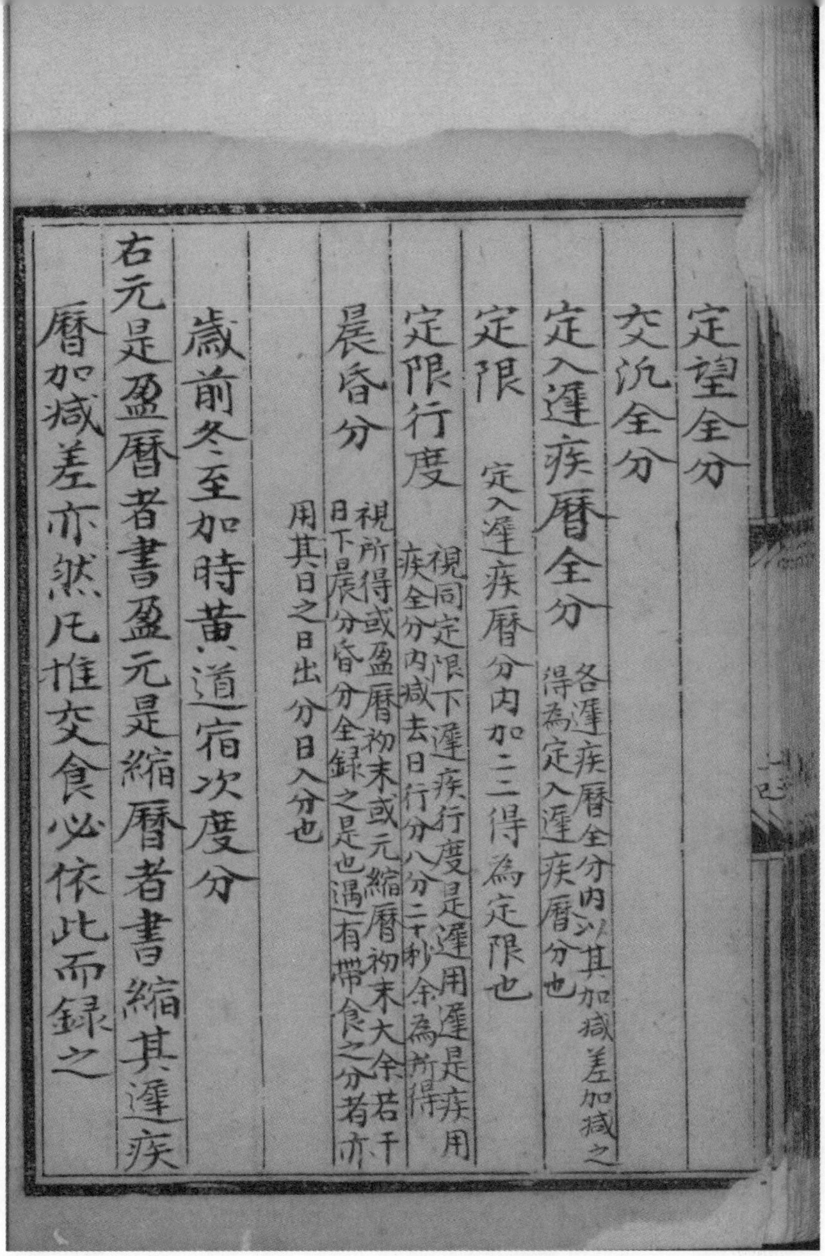
定望全分
交汎全分
定入遲疾曆全分 各遲疾曆全分內以其加減差加減之得為定入遲疾曆分也
定限 定入遲疾曆分內加二二得為定限也
定限行度 視同定限下遲疾行度是遲用遲是疾用疾全分內減去日行分八分二十秒余為所得
晨昏分 視所得或盈曆初末或元縮曆初末大余若干日下晨分昏分全録之是也遇有帶食之分者亦用其日之日出分日入分也
歲前冬至加時黃道宿次度分
右元是盈曆者書盈元是縮曆者書縮其遲疾曆加減差亦然凡推交食必依此而録之

定望全分。

交汎全分。

定入遲疾曆全分。各遲疾曆全分，内以其加減差加減之，得為定入遲疾曆分也。

定限。定入遲疾曆分内加二二，得為定限也。

定限行度。視同定限下遲疾行度，是遲用遲；是疾用疾。全分内減去日行分八分二十秒，余為所得。

晨昏分。視所得或盈曆初末，或元縮曆初末大余若干日下晨分昏分全録之，是也。遇有帶食之分者，亦用其日之日出入分也。

歲前冬至加時黃道宿次度分。

右元是盈縮曆者書盈；元是縮曆者書縮。其遲疾曆加減差亦然。凡推交食，必依此而録之。

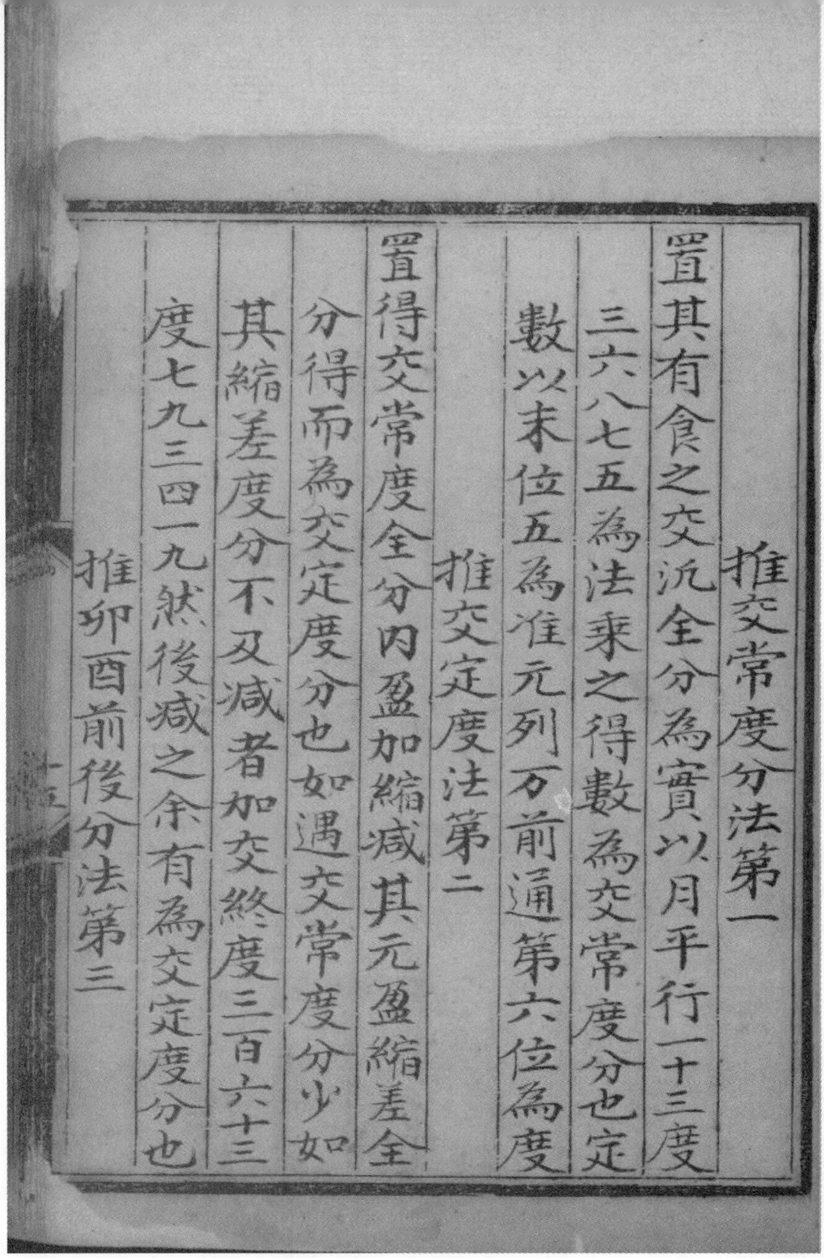
推交常度分法第一
置其有食之交汎全分為實以月平行一十三度三六八七五為法乘之得數為交常度分也定數以末位五為准元列万前通第六位為度
推交定度法第二
置得交常度全分內盈加縮減其元盈縮差全分得而為交定度分也如遇交常度分少如其縮差度分不及減者加交終度三百六十三度七九三四一九然後減之余有為交定度分也
推卯酉前後分法第三

推交常度分法第一

置其有食之交汎全分為實，以月平行度一十三度三六八七五為法乘之，得數為交常度分也，定數以末位五為准元，列万前通第六位為度。[1]

推交定度法第二

置得交常度全分，內盈加縮減其元盈縮差全分，得而為交定度也。如遇交常度分少，如其縮差度分不及減者，加交終度三百六十三度七九三四一九，然後減之，余有為交定度分也。[2]

推卯酉前後分法第三

1 交常度 = 有食之望日入交泛全分 × 月平行度。

2 交定度 = 交常度 ± 望日下盈縮差。盈加、縮減。如不及減，則加交終減之。

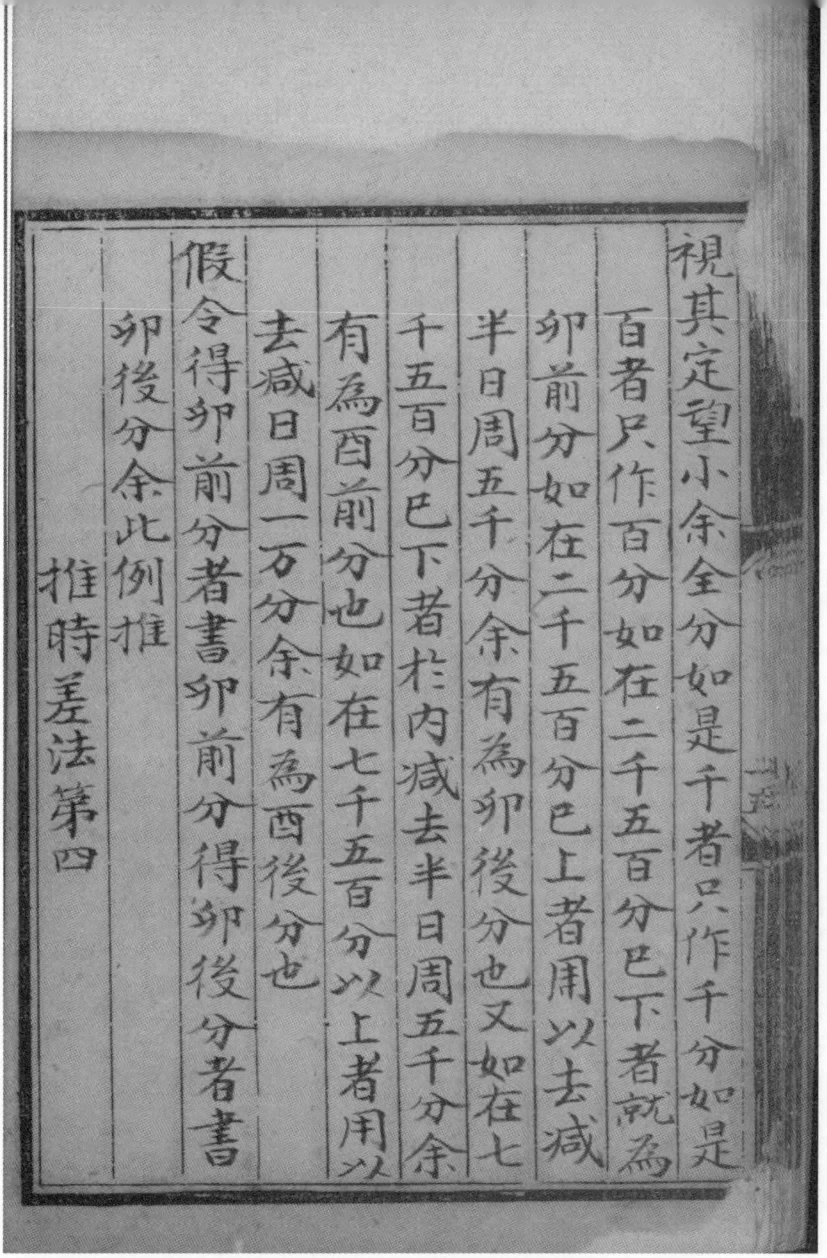

視其定望小余全分如是千者只作千分如是
百者只作百分如在二千五百分巳下者就為
卯前分如在二千五百分巳上者用以去減
半日周五千分余有為卯後分也又如在七
千五百分巳下者於内減去半日周五千分余
有為酉前分也如在七千五百分以上者用以
去減日周一万分余有為酉後分也
假令得卯前分者書卯前分得卯後分者書
卯後分余此例推
推時差法第四

視其定望小余全分，如是千者只作千分；是百者只作百分。如在二千五百分已下者，就為卯前分；如在二千五百分已上者，用以去減半日周五千分，余有為卯後分也。又如在七千五百分已下者，於内減去半日周五千分，余有為酉前分也。如在七千五百分已上者，用以去減日周一万分，余有為酉後分也。

假令得卯前分者，書卯前分；得卯後分者，書卯後分。余此例推。[1]

推時差分第四

1 酉前分 = 定望小餘分 − 半日周。酉後分 = 日周 − 定望小餘分。

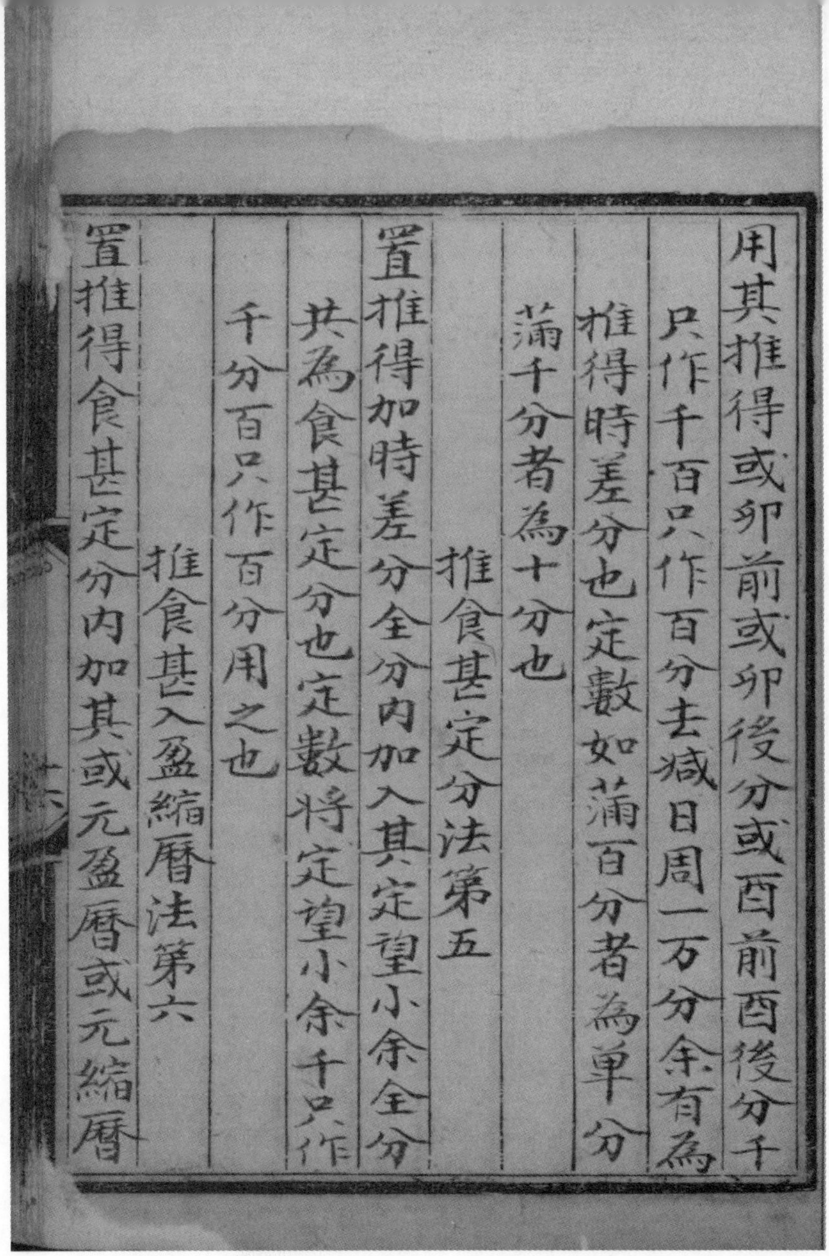
用其推得或卯前或卯後分或酉前酉後分千
只作千百只作百分去減日周一万分余有為
推得時差分也定數如蒲百分者為單分
蒲千分者為十分也
推食甚定分法第五
置推得加時差分全分内加入其定望小余全分
共為食甚定分也定數将定望小余千只作
千分百只作百分用之也
推食甚入盈縮曆法第六
置推得食甚定分内加其或元盈曆或元縮曆

用其推得或卯前分、或卯後分、或酉前、酉後分，千只作千分，百只作百分，去減日周一万分，余有為推得時差分也。定數如滿百分者為单分，滿千分者，為十分也。[1]

推食甚定分法第五

置推得加[2]時差分全分，内加入其定望小余全分，共為食甚定分也。定數將定望小余，千只作千分，百只作百分，用之也。[3]

推食甚入盈縮曆法第六

置推得食甚定分，内加其或元盈曆、或元縮曆

1 時差分 =(10000– 卯酉前後分)/100。該算法與授時曆記載之方法有所不同，授時曆時差分作 (卯酉前後分 × 卯酉前後分)/(478 × 100)。《明史・曆志》則廢除該算法，認為月食無時差。

2“加” 當為衍文。

3 月食食甚定分 = 定望小餘分 ± 時差分。

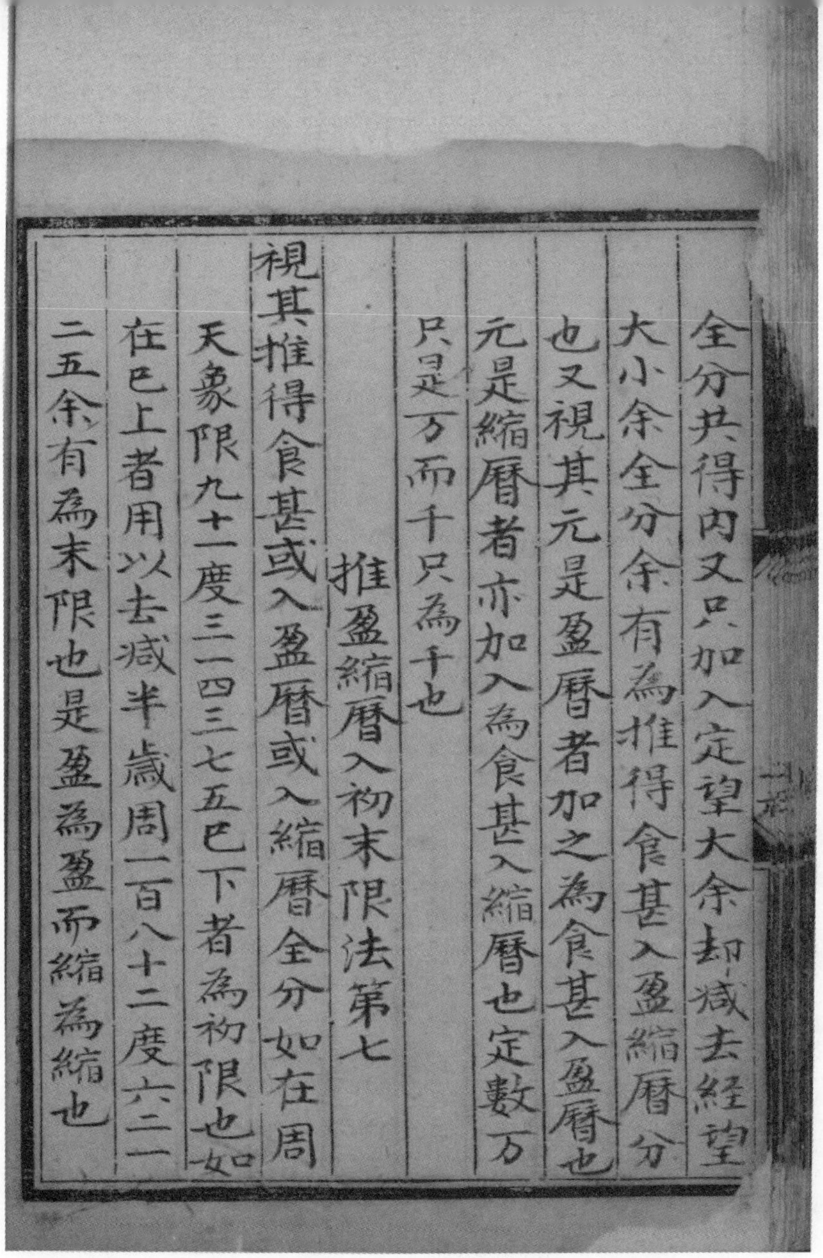
全分共得内又只加入定望大余却減去經望
大小余全分余有為推得食甚入盈縮曆分
也又視其元是盈曆者加之為食甚入盈曆也
元是縮曆者亦加入為食甚入縮曆也定數万
只是万而千只為千也
推盈縮曆入初末限法第七
視其推得食甚或入盈曆或入縮曆全分如在周
天象限九十一度三一四三七五巳下者為初限也如
在巳上者用以去減半歲周一百八十二度六二一
二五余有為末限也是盈為盈而縮為縮也

全分，共得内又只加入定望大余，却減去經望大小余全分，余有為推得食甚入盈縮曆分也。又視其元是盈曆者，加之為食甚，入盈曆也；元是縮曆者，亦加入，為食甚入縮曆也。定數万只是万，而千只為千也。[1]

推盈縮曆入初末限法第七

視其推得食甚或入盈曆，或入縮曆全分，如在周天象限九十一度三一四三七五已下者，為初限也。如在已上者，用以去減半歲周一百八十二度六二一二五，余有爲末限也。是盈為盈，而縮爲縮也。[2]

1 食甚入盈縮曆定度分 = 經望入盈縮曆日分 + 定望大餘 + 食甚定分 − 經望大小餘。

2 可通過食甚入盈縮曆定度全分或查表（即“大陽冬至前後二象，盈初縮末限”和“太陽夏至前後二象，縮初盈末限”立成）或計算（平立定三差法），得盈縮差。此處言仍用三差直指法求之。

推食甚入盈縮差度分法第八

置其推得食甚入盈縮曆或初末限，如遇盈末與縮末者，將推得食甚入盈縮全分，去減半歲周全分，余内却減去大余。然視其盈初縮末与縮初盈末，以元減去大余日下加分，起百至秒，五位為法乘之，定數以秒為准元，列万前通第七位為度也。得數又加其下盈縮積分全分，共得為所推得食甚入盈縮差度分也。滿万為度，千為十分也。如元是盈曆者，為盈差；元是縮曆者，為縮差。仍用三差

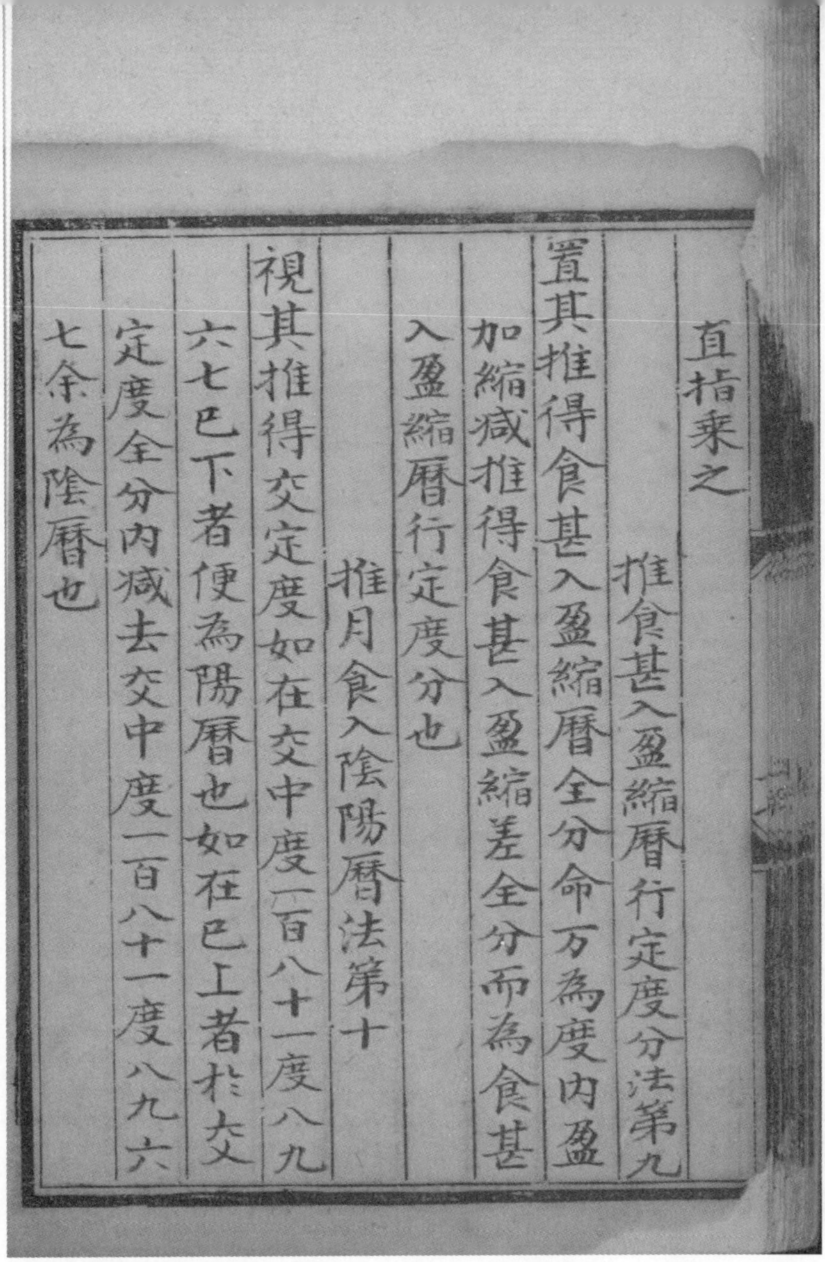
直指乘之
推食甚入盈縮曆行定度分法第九
置其推得食甚入盈縮曆全分命万為度内盈
加縮減推得食甚入盈縮差全分而為食甚
入盈縮曆行定度分也
推月食入陰陽曆法第十
視其推得交定度如在交中度一百八十一度八九
六七巳下者便為陽曆也如在巳上者於交
定度全分内減去交中度一百八十一度八九六
七余為陰曆也

四七七

直指乘之。[1]

推食甚入盈縮曆行定度分法第九

置其推得食甚入盈縮曆全分，命万為度，内盈加縮減推得食甚入盈縮差全分，而為食甚入盈縮曆行定度分也。[2]

推月食入陰陽曆法第十

視其推得交定度，如在交中度一百八十一度八九六七已下者，便爲陽曆也。如在已上者，於交定度全分内減去交中度一百八十一度八九六七，余為陰曆也。[3]

1 食甚入盈縮曆定度 = 食甚入盈縮曆日分 ± 盈縮差，盈為加，縮為減。

2 當入陰陽曆小於後准 15.5 度，交後度 = 入陰陽曆度；當入陰陽曆度大於前准 166.3968 度，交前度 = 交中 181.8967− 入陰陽曆度。

3 當交定度小於交中度 181.8967 度，入陽曆度 = 交定度；當交定度大於交中度，入陰曆度 = 交定度 − 交中度。

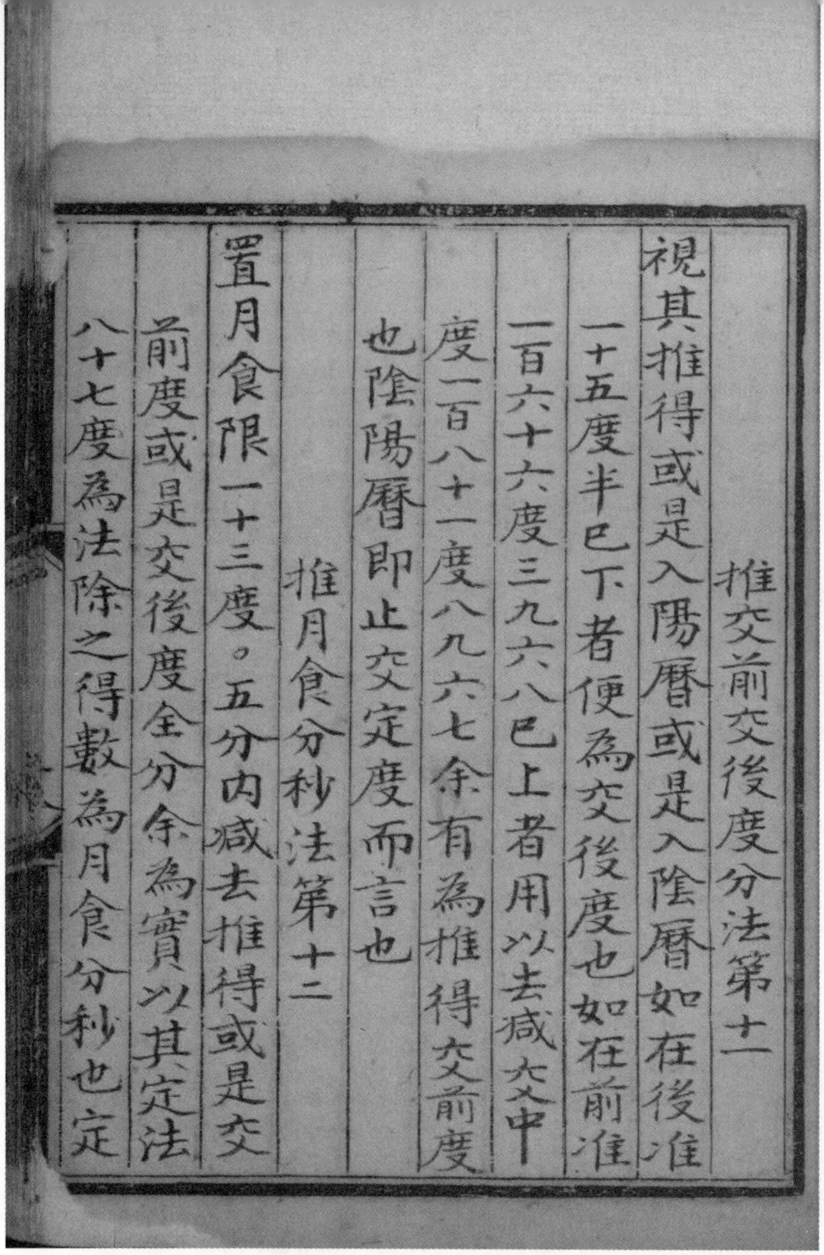
推交前交後度分法第十一
視其推得或是入陽曆或是入陰曆如在後准
一十五度半巳下者便為交後度也如在前准
一百六十六度三九六八巳上者用以去減交中
度一百八十一度八九六七余有為推得交前度
也陰陽曆即止交定度而言也
推月食分秒法第十二
置月食限一十三度〇五分内減去推得或是交
前度或是交後度全分余為實以其定法
八十七度為法除之得數為月食分秒也定

推交前交後度分法第十一

視其推得或是入陽曆，或是入陰曆者，如在後准一十五度半已下者，便為交後度也；如在前准一百六十六度三九六八已上者，用以去減交中度一百八十一度八九六七，余有为推得交前度也，陰陽曆即止交定度而言也。[1]

推月食分秒法第十二

置月食限一十三度〇五分，內減去推得或是交前度，或交後度全分，余為實。以其定法八十七度為法除之，得數為月食分秒也。定

1 當入陰陽曆小於後准 15.5 度，交後度 = 入陰陽曆度；當入陰陽曆度大於前准 166.3968 度，交前度 = 交中 181.8967– 入陰陽曆度。

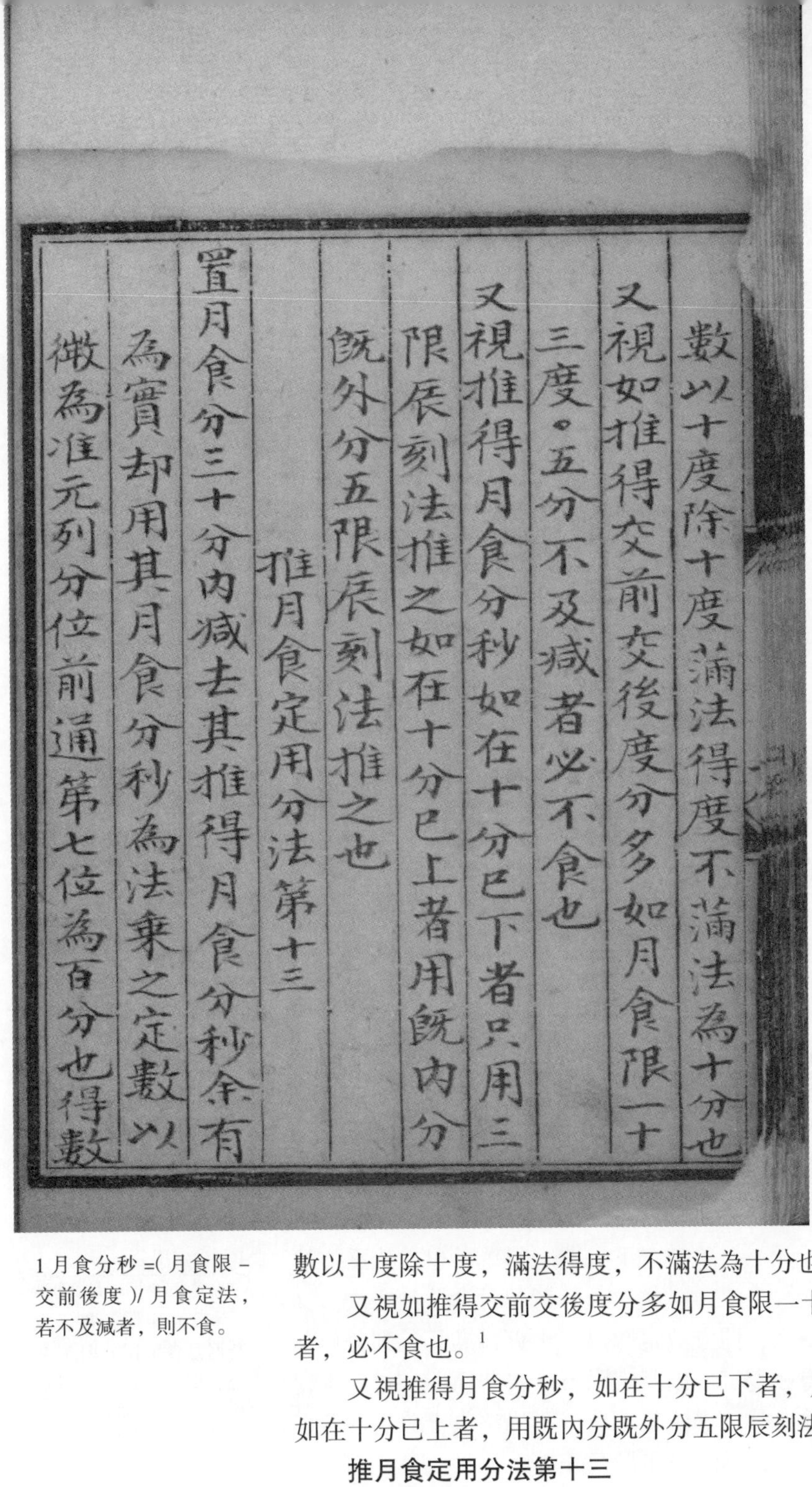
數以十度除十度滿法得度不滿法為十分也
又視如推得交前交後度分多如月食限一十
三度〇五分不及減者必不食也
又視推得月食分秒如在十分已下者只用三
限辰刻法推之如在十分已上者用既內分
既外分五限辰刻法推之也
推月食定用分法第十三
置月食分三十分內減去其推得月食分秒余有
為實却用其月食分秒為法乘之定數以
微為准元列分位前通第七位為百分也得數

數以十度除十度，滿法得度，不滿法為十分也。

又視如推得交前交後度分多如月食限一十三度〇五分，不及減者，必不食也。[1]

又視推得月食分秒，如在十分已下者，只用三限辰刻法推之。如在十分已上者，用既內分既外分五限辰刻法推之也。

推月食定用分法第十三

置月食分三十分內減去其推得月食分秒，余有為實，却用其月食分秒為法乘之，定數以微為准元，列分位前通第七位為百分也，得數

1 月食分秒 =(月食限 – 交前後度)/ 月食定法，若不及減者，則不食。

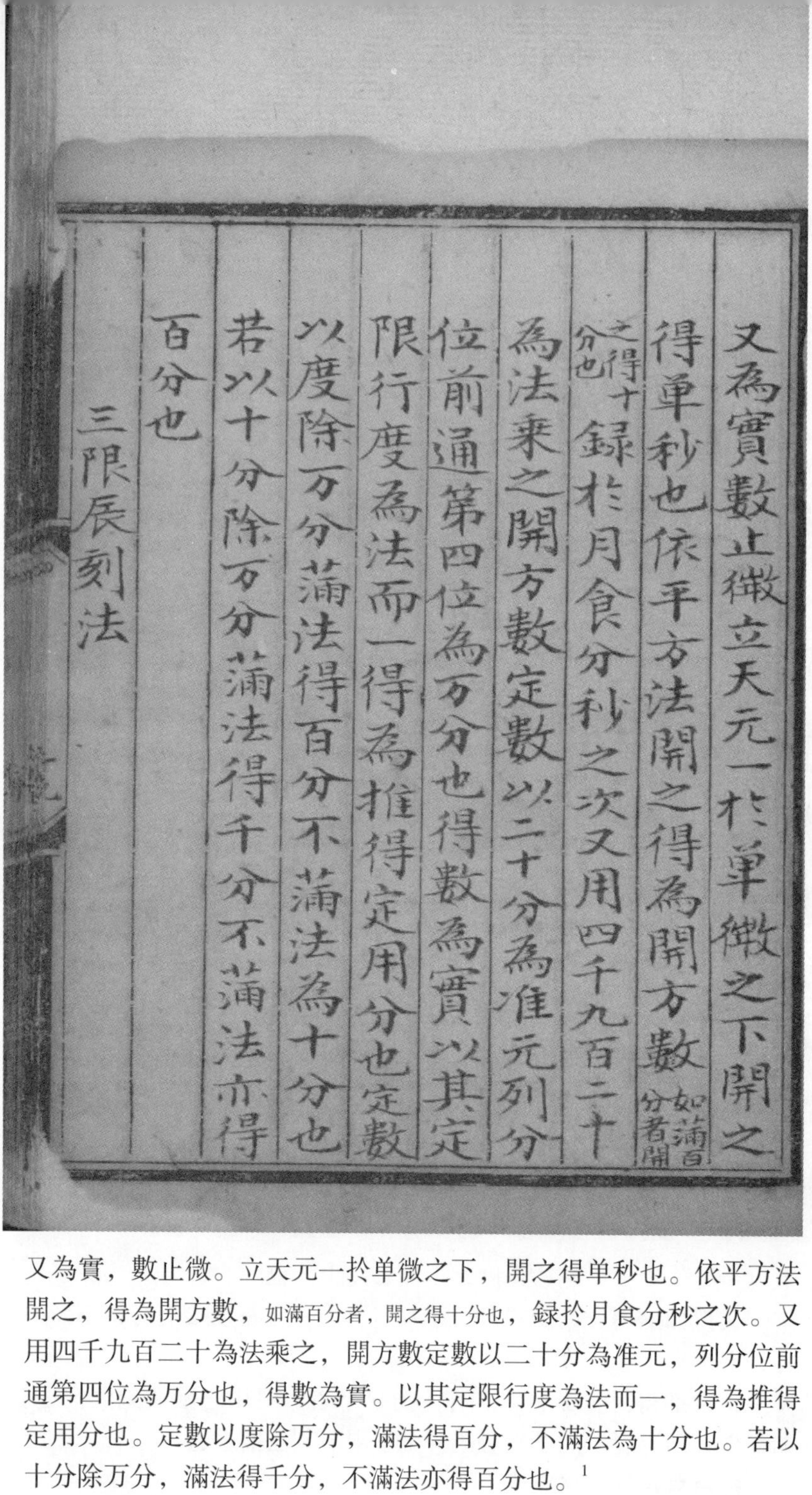
又為實數止微立天元一於單微之下開之
得單秒也依平方法開之得為開方數如蒲百分者開之得十分也録於月食分秒之次又用四千九百二十
為法乘之開方數定數以二十分為准元列分
位前通第四位為万分也得數為實以其定
限行度為法而一得為推得定用分也定數
以度除万分蒲法得百分不蒲法為十分也
若以十分除万分蒲法得千分不蒲法亦得
百分也
三限辰刻法

又為實，數止微。立天元一於单微之下，開之得单秒也。依平方法開之，得為開方數，如滿百分者，開之得十分也，録於月食分秒之次。又用四千九百二十為法乘之，開方數定數以二十分為准元，列分位前通第四位為万分也，得數為實。以其定限行度為法而一，得為推得定用分也。定數以度除万分，滿法得百分，不滿法為十分也。若以十分除万分，滿法得千分，不滿法亦得百分也。[1]

三限辰刻法

1 月食定用分 = $\sqrt{(30-\text{月食分秒})\times\text{月食分秒}}\times 4920/$定限行度。授時曆月食定用分用 5740 分，即 7 × 820；大統曆作 4920 分，即 6 × 820。

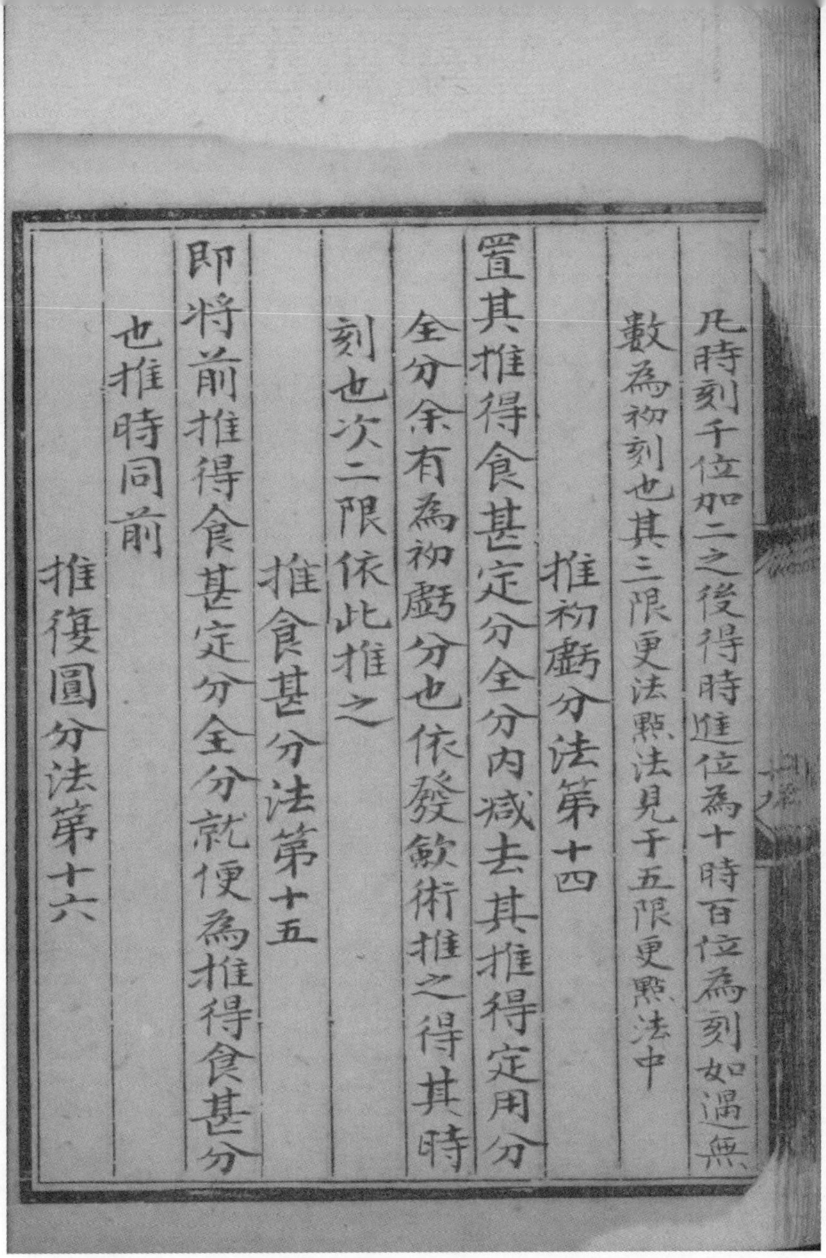
凡時刻千位加二之後得時進位為十時百位為刻如遇無
數為初刻也其三限更法點法見于五限更點法中
推初虧分法第十四
置其推得食甚定分全分內減去其推得定用分
全分余有為初虧分也依發斂術推之得其時
刻也次二限依此推之
推食甚分法第十五
即将前推得食甚定分全分就便為推得食甚分
也推時同前
推復圓分法第十六

凡時刻千位加二之後，得時進位為十時，百位為刻。如遇無數，為初刻也。其三限更法、點法，見于五更點法中。

推初虧分法第十四

置其推得食甚定分全分，内減去其推得定用分全分，余有爲初虧分也。依發斂術推之，得其時刻也。次二限依此推之。[1]

推食甚分法第十五

即將前推得食甚定分全分，就便為推得食甚分也。推時同前。[2]

推復圓分法第十六

1 月食初虧分 = 食甚定分 – 定用分。

2 食甚分 = 食甚定分。

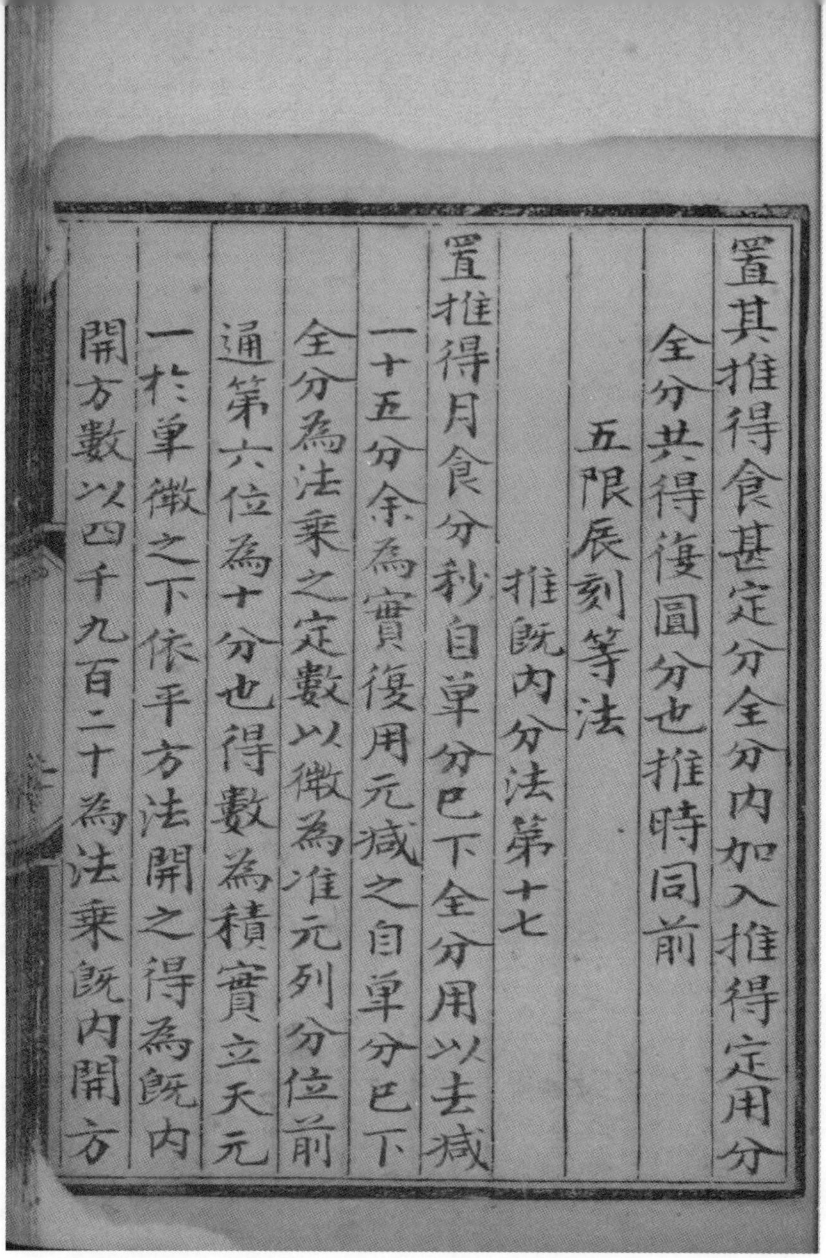

置其推得食甚定分全分内加入推得定用分
全分共得復圓分也推時同前
五限辰刻等法
推既内分法第十七
置推得月食分秒自單分巳下全分用以去减
一十五分余為實復用元减之自單分巳下
全分為法乘之定數以微為准元列分位前
通第六位為十分也得數為積實立天元
一於单微之下依平方法開之得為既内
開方數以四千九百二十為法乘既内開方

置其推得食甚定分全分，内加入推得定用分全分，共得復圓分也，推時同前。[1]

五限辰刻等法。[2]

推既内分法第十七

置推得月食分秒自单分已下者全分，用以去減一十五分，余為實。復用元減之，自单分已下全分為法，乘之，定數以微為准元，列分位前通第六位為十分也，得數為積實。立天元一拎单微之下，依平方法開之，得為既内開方數。以四千九百二十為法，乘既内開方

1 復圓分 = 食甚定分 + 定用分。

2 此處疑為衍文。

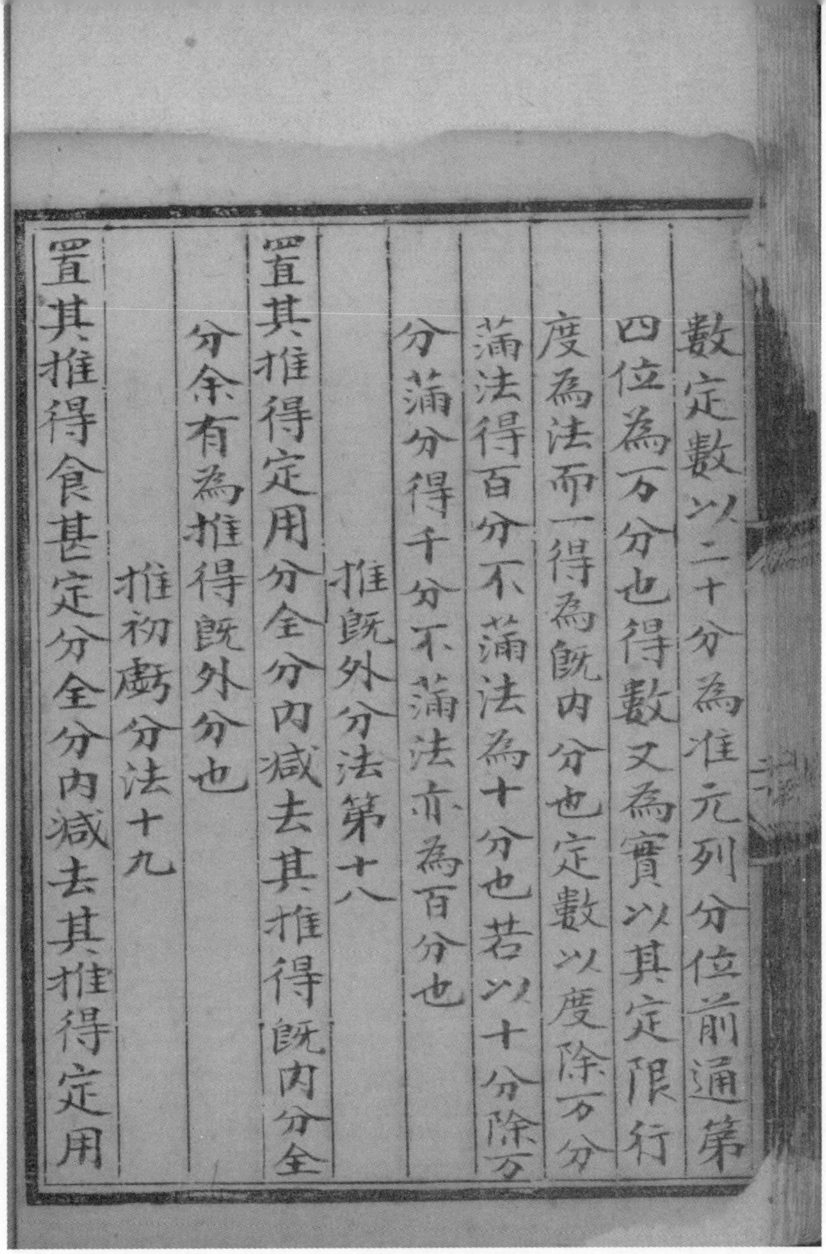

數，定數以二十分為准元，列分位前通第四位為万分也，得數又為實，以其定限行度為法而一，得為既内分也。定數以度除万分，滿法得百分，不滿法為十分也。若以十分除万分，滿法得千分，不滿法亦為百分也。[1]

推既外分法第十八

置其推得定用分全分，内減去其推得既内分全分，余有爲推得既外分也。[2]

推初虧分法十九

置其推得食甚定分全分，内減去其推得定用

1 既内分 = $\sqrt{(15-\text{月食分秒})\times\text{月食分秒}\times 4920}/\text{定限行度}$。該算法與授時曆記載之方法有所不同，授時曆既内分作 $\sqrt{(10-\text{既分})\times\text{既分}\times 5740}/\text{定限行度}$，既分 = 月食分秒 −10。《明史・曆志》既内分作 $\sqrt{(\text{月食分秒}-10)\times\text{月食分秒}\times 4920}/\text{定限行度}$。

2 既外分 = 月食定用分 − 既内分。

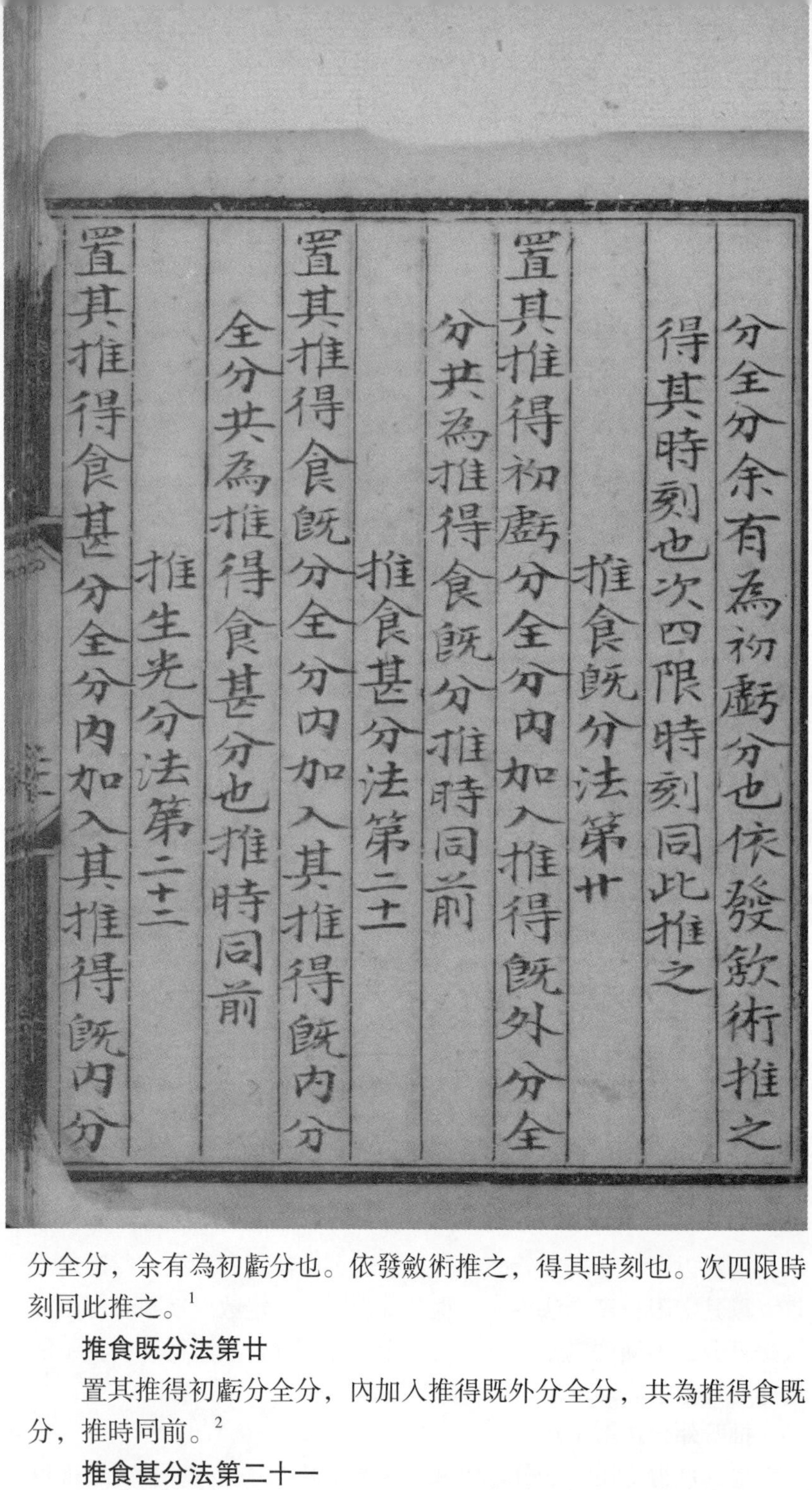
分全分余有為初虧分也依發斂術推之
得其時刻也次四限時刻同此推之
推食既分法第廿
置其推得初虧分全分內加入推得既外分全
分共為推得食既分推時同前
推食甚分法第二十一
置其推得食既分全分內加入其推得既內分
全分共為推得食甚分也推時同前
推生光分法第二十二
置其推得食甚分全分內加入其推得既內分

分全分，余有為初虧分也。依發斂術推之，得其時刻也。次四限時刻同此推之。[1]

推食既分法第廿

置其推得初虧分全分，内加入推得既外分全分，共為推得食既分，推時同前。[2]

推食甚分法第二十一

置其推得食既分全分，内加入其推得既内分全分，共為推得食甚分也，推時同前。

推生光分法第二十二

置其推得食甚分全分，内加入其推得既内分

1 月食初虧分 = 食甚定分 – 定用分。

2 食既分 = 初虧分 + 既外分。

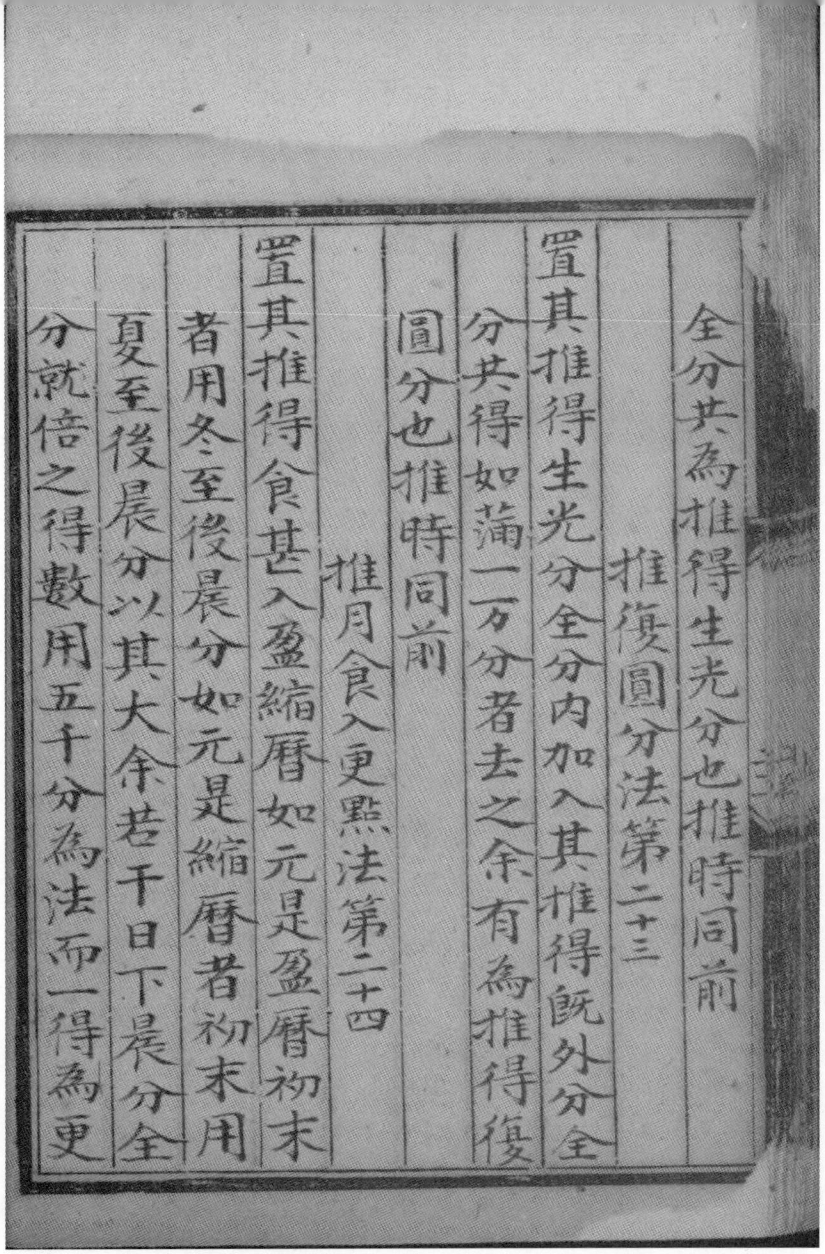
全分共為推得生光分也推時同前
推復圓分法第二十三
置其推得生光分全分内加入其推得既外分全
分共得如滿一万分者去之余有為推得復
圓分也推時同前
推月食入更點法第二十四
置其推得食甚入盈縮曆如元是盈曆初末
者用冬至後晨分如元是縮曆者初末用
夏至後晨分以其大余若干日下晨分全
分就倍之得數用五千分為法而一得為更

全分，共為推得生光分也，推時同前。[1]

推復圓分法第二十三

置其推得生光分全分，内加入其推得既外分全分，共得如滿一万分者去之，余有為推得復圓分也。推時同前。

推月食入更點法第二十四

置其推得食甚入盈縮曆，如元是盈曆初末者，用冬至後晨分；如元是縮曆初末，用夏至後晨分。以其大余若干日下晨分全分就倍之，得數用五千分為法而一，得為更

1 生光分 = 食甚分 + 既内分。

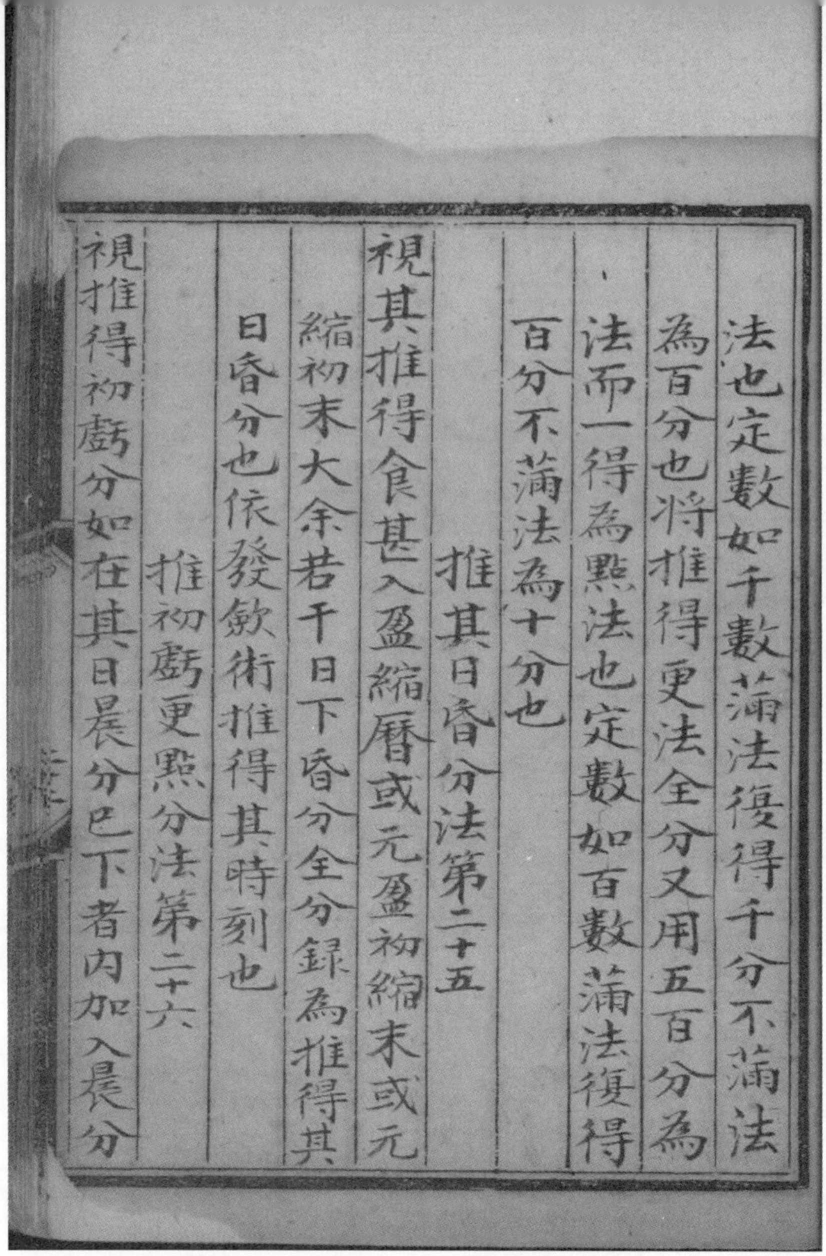
法也定數如千數滿法復得千分不滿法
為百分也将推得更法全分又用五百分為
法而一得為點法也定數如百數滿法復得
百分不滿法為十分也
推其日昏分法第二十五
視其推得食甚入盈縮曆或元盈初縮末或元
縮初末大余若干日下昏分全分録為推得其
日昏分也依發歛術推得其時刻也
推初虧更點分法第二十六
視推得初虧分如在其日晨分巳下者内加入晨分

法也。定數如千數滿法，復得千分，不滿法，得百分也，將推得更法全分，又用五百分為法而一，得為點法也。定數如滿百數滿法，復得百分，不滿法為十分也。[1]

推其日昏分法第二十五

視其推得食甚入盈縮曆，或元盈初末或元縮初末大余若干日下昏分全分，録為推得其日昏分也，依發斂術推得其時刻也。

推初虧更點法第二十六

視推得初虧分，如在其日晨分已下者，内加入晨分，

1 更法 =2 × 晨分全分/5000。點法 = 更法全分/500。

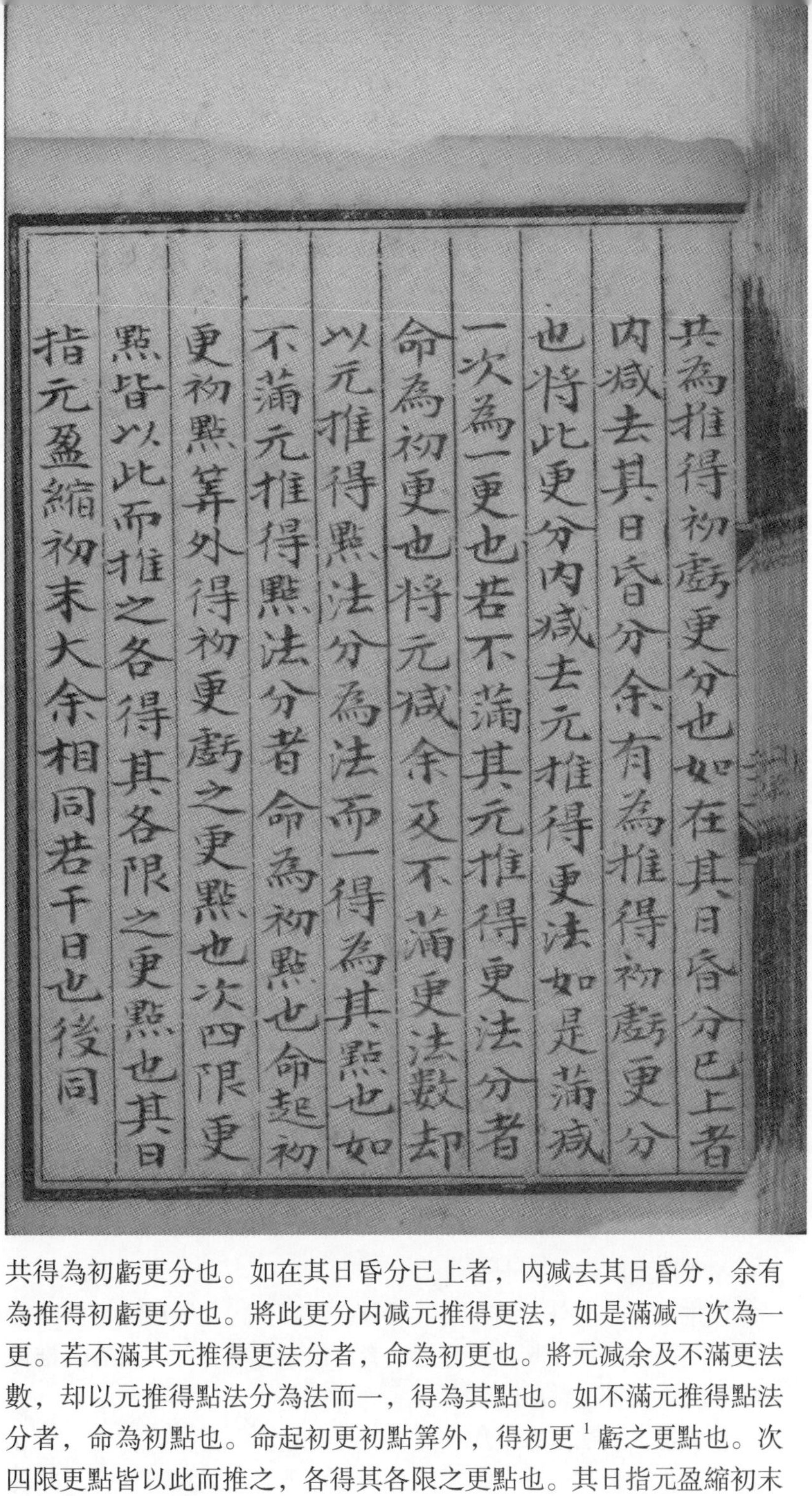
共為推得初虧更分也如在其日昏分已上者
内減去其日昏分余有為推得初虧更分
也將此更分内減去元推得更法如是滿減
一次為一更也若不滿其元推得更法分者
命為初更也將元減余及不滿更法數却
以元推得點法分為法而一得為其點也如
不滿元推得點法分者命為初點也命起初
更初點算外得初更虧之更點也次四限更
點皆以此而推之各得其各限之更點也其日
指元盈縮初末大余相同若干日也後同

共得為初虧更分也。如在其日昏分已上者，内減去其日昏分，余有為推得初虧更分也。將此更分内減元推得更法，如是滿減一次為一更。若不滿其元推得更法分者，命為初更也。將元減余及不滿更法數，却以元推得點法分為法而一，得為其點也。如不滿元推得點法分者，命為初點也。命起初更初點筭外，得初更[1]虧之更點也。次四限更點皆以此而推之，各得其各限之更點也。其日指元盈縮初末大余相同若干日也，後同。

1"更" 為衍文。

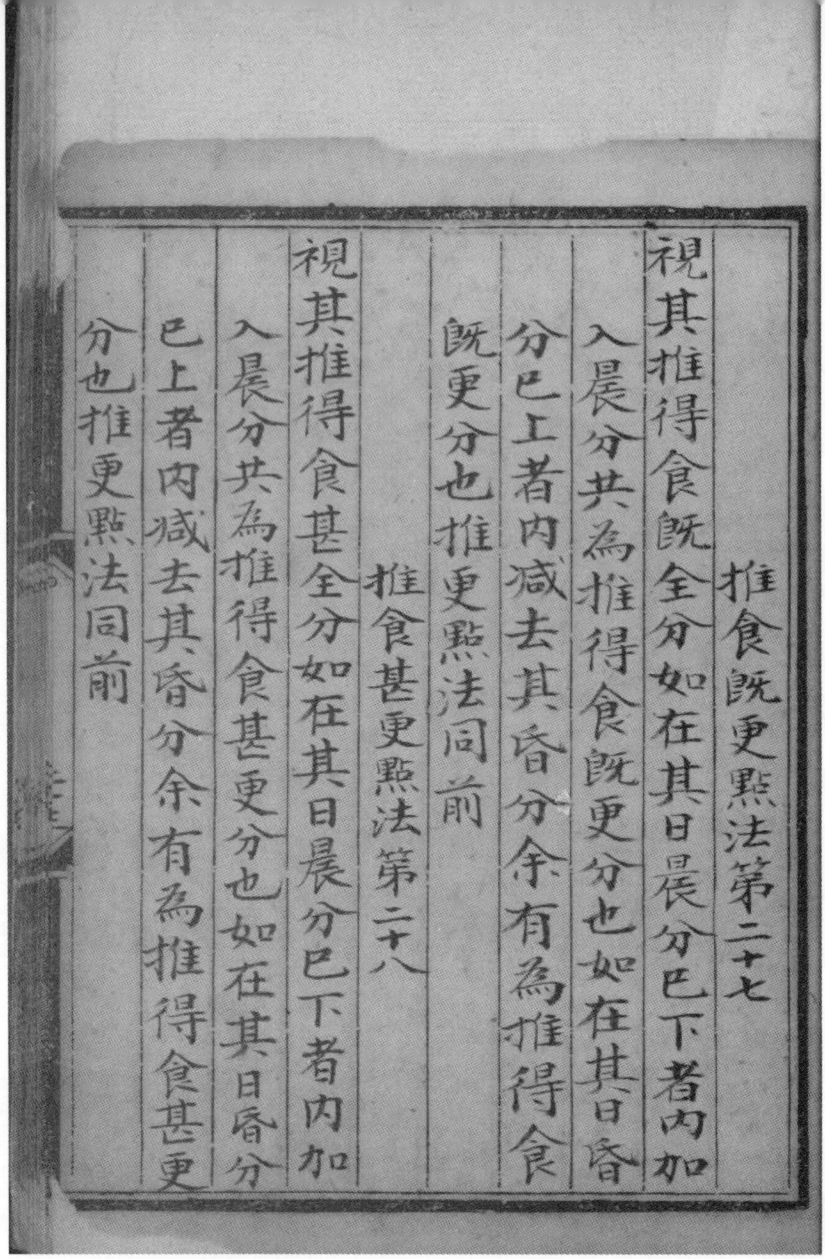
推食既更點法第二十七
視其推得食既全分如在其日晨分巳下者内加
入晨分共為推得食既更分也如在其日昏
分巳上者内减去其昏分余有為推得食
既更分也推更點法同前
推食甚更點法第二十八
視其推得食甚全分如在其日晨分巳下者内加
入晨分共為推得食甚更分也如在其日昏分
巳上者内减去其昏分余有為推得食甚更
分也推更點法同前

推食既更點法第二十七

視推得食既全分，如在其日晨分已下者，内加入晨分，共為推得食既更分也。如在其日昏分已上者，内減去其昏分，余有為推得食既更分也。推更點法同前。

推食甚更點法第二十八

視其推得食甚全分，如在其日晨分已下者，内加入晨分，共為推得食甚更分也。如在其日昏分已上者，内減去其昏分，余有爲推得食甚更分也。推更點法同前。

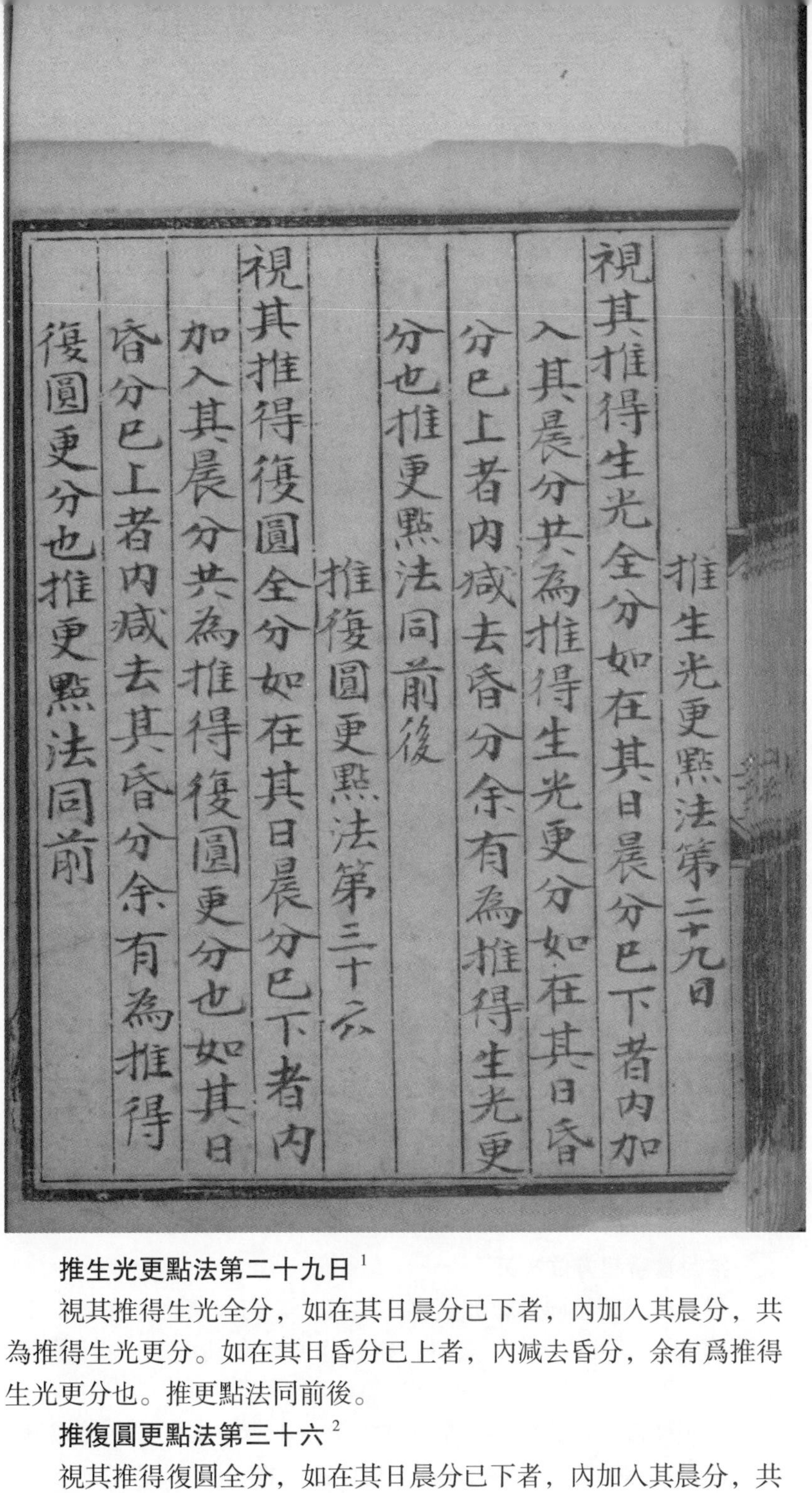
推生光更點法第二十九日
視其推得生光全分如在其日晨分巳下者内加
入其晨分共為推得生光更分如在其日昏
分巳上者内減去昏分余有為推得生光更
分也推更點法同前後
推復圓更點法第三十六
視其推得復圓全分如在其日晨分巳下者内
加入其晨分共為推得復圓更分也如其日
昏分巳上者内減去其昏分余有為推得
復圓更分也推更點法同前

推生光更點法第二十九日[1]

視其推得生光全分，如在其日晨分已下者，內加入其晨分，共為推得生光更分。如在其日昏分已上者，內減去昏分，余有爲推得生光更分也。推更點法同前後。

推復圓更點法第三十六[2]

視其推得復圓全分，如在其日晨分已下者，內加入其晨分，共為推得復圓更分也。如其日昏分已上者，內減去其昏分，余有爲推得復圓更分也。推更點法同前。

1“日”當為衍文。
2“六”當為衍文。

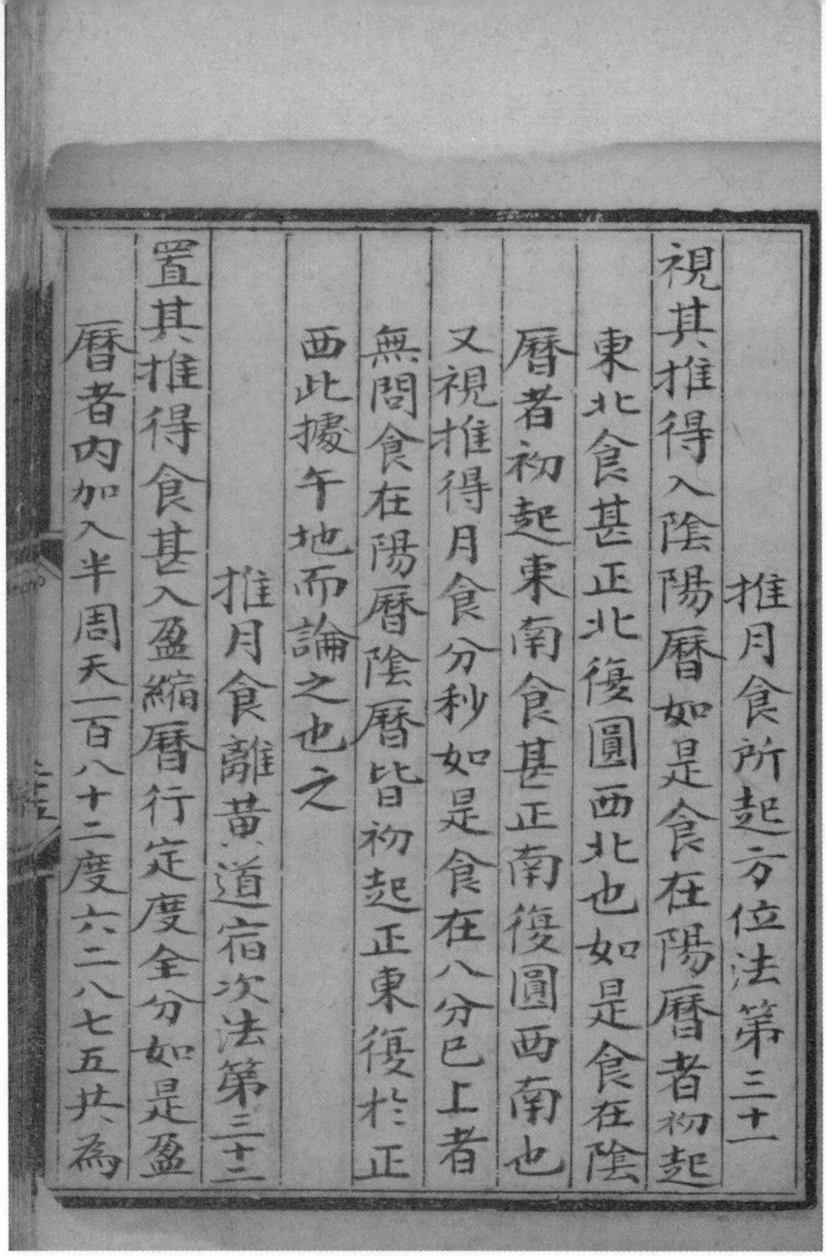
推月食所起方位法第三十一
視其推得入陰陽曆如是食在陽曆者初起
東北食甚正北復圓西北也如是食在陰
曆者初起東南食甚正南復圓西南也
又視推得月食分秒如是食在八分已上者
無問食在陽曆陰曆皆初起正東復於正
西此據午地而論之也之
推月食離黃道宿次法第三十二
置其推得食甚入盈縮曆行定度全分如是盈
曆者內加入半周天一百八十二度六二八七五共為

推月食所起方位法第三十一

視其推得入陰陽曆，如是食在陽曆者，初起東北，食甚正北，復圓西北也。如是食在陰曆者，初起東南，食甚正南，復圓西南也。

又視推得月食分秒，如是食在八分已上者，無問食在陰陽曆，皆初起正東，復於正西也。此據午地而論之也之[1]。[2]

推月食離黃道宿次法第三十二

置其推得食甚入盈縮曆行定度全分，如是盈曆者，內加入半周天一百八十二度六二八七五，共為

1“之”當為衍文。

2 當食在陽曆，初起東北，甚於正北，復於西北；當食在陰曆，初起東南，甚于正南，復於西南；當食 8 分以上，初起正東，復於正西。

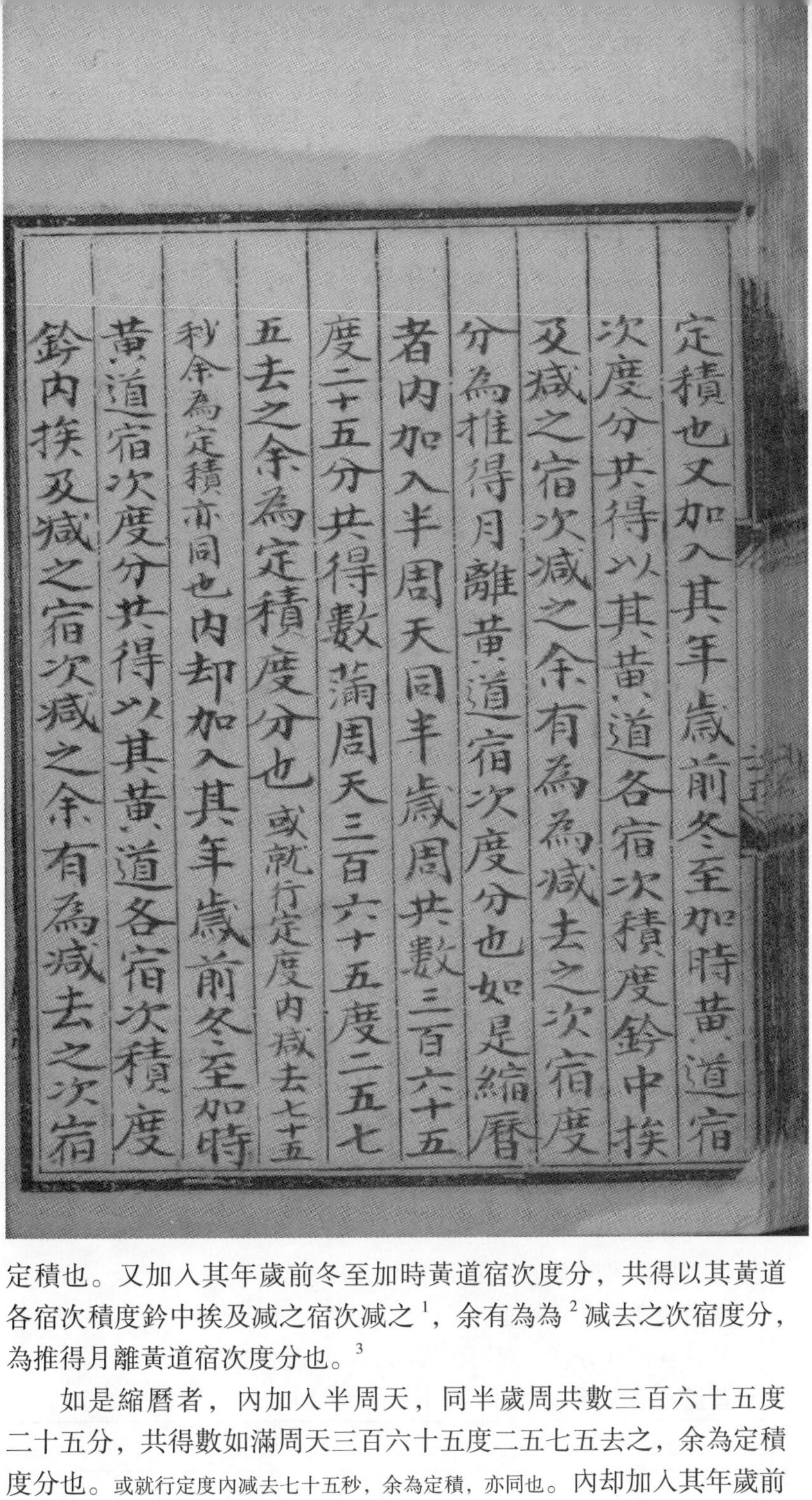
定積也又加入其年歲前冬至加時黃道宿
次度分共得以其黃道各宿次積度鈐中挨
及減之宿次減之余有為為減去之次宿度
分為推得月離黃道宿次度分也如是縮曆
者內加入半周天同半歲周共數三百六十五
度二十五分共得數滿周天三百六十五度二五七
五去之余為定積度分也或就行定度內減去七十五
秒余為定積亦同也內却加入其年歲前冬至加時
黃道宿次度分共得以其黃道各宿次積度
鈐內挨及減之宿次減之余有為減去之次宿

定積也。又加入其年歲前冬至加時黃道宿次度分，共得以其黃道各宿次積度鈐中挨及減之宿次減之[1]，余有為為[2]減去之次宿度分，為推得月離黃道宿次度分也。[3]

如是縮曆者，內加入半周天，同半歲周共數三百六十五度二十五分，共得數如滿周天三百六十五度二五七五去之，余為定積度分也。或就行定度內減去七十五秒，余為定積，亦同也。內却加入其年歲前冬至加時黃道宿次度分，共得以其黃道各宿次積度鈐內挨及減之宿次減之，余有為減去之次宿

1“減之” 當為衍文。
2“為” 當為衍文。
3 月食食甚日躔黃道宿次積度 = 歲前冬至加時黃道宿次全分 + 定積度分，滿黃道各宿次積度鈐挨及減去。

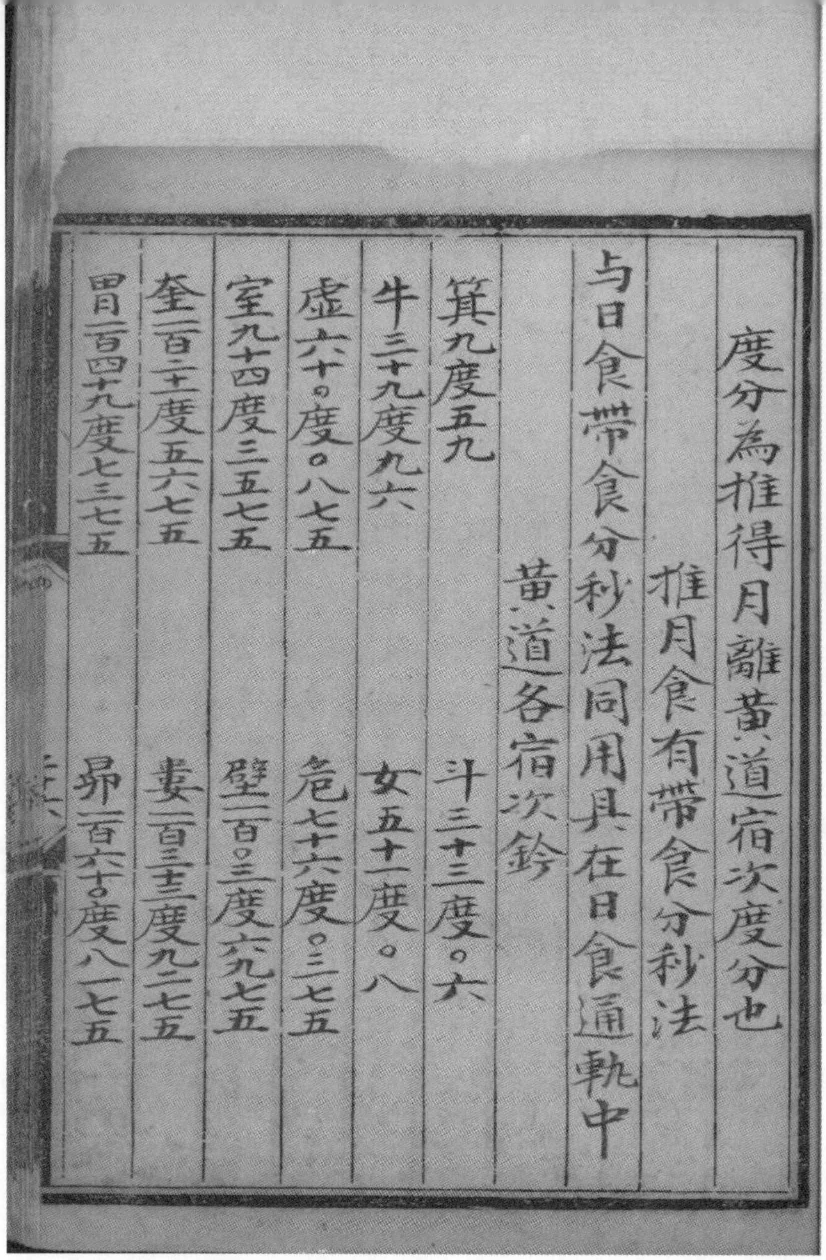
度分為推得月離黃道宿次度分也
推月食有帶食分秒法
与日食帶食分秒法同用具在日食通軌中
黃道各宿次鈐
箕九度五九　斗三十三度〇六
牛三十九度九六　女五十一度〇八
虛六十〇度〇八七五　危七十六度〇三七五
室九十四度三五七五　壁一百〇三度六九七五
奎一百二十一度五六七五　婁一百三十三度九二七五
胃一百四十九度七三七五　昴一百六十〇度八一七五

度分，為推得月離黃道宿次度分也。

推月食有帶食分秒法

与日食帶食分秒法同用，具在《日食通軌》中。

黃道各宿次鈐

箕，九度五九	斗，三十三度〇六
牛，三十九度九六	女，五十一度〇八
虛，六十〇度〇八七五	危，七十六度〇三七五
室，九十四度三五七五	壁，一百〇三度六九七五
奎，一百二十一度五六七五	婁，一百三十三度九二七五
胃，一百四十九度七三七五	昴，一百六十〇度八一七五

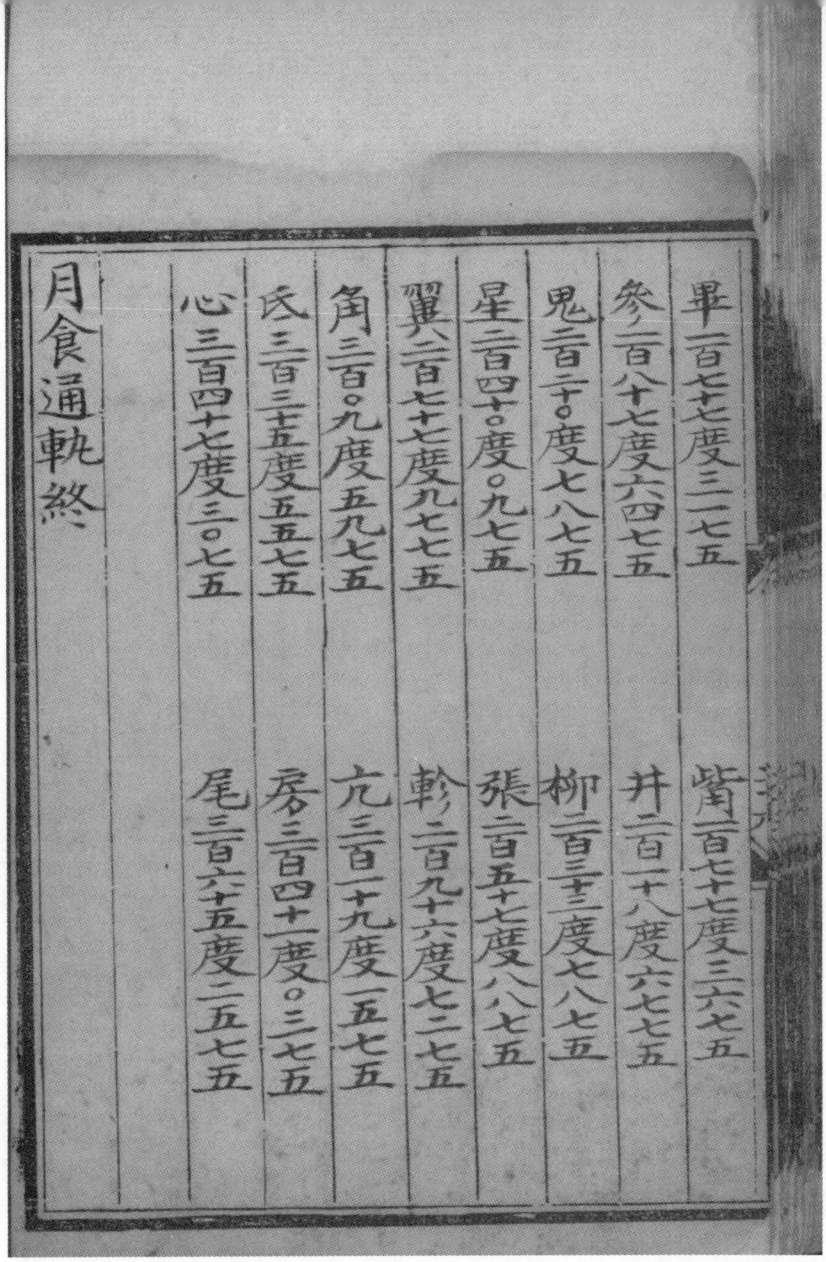

畢一百七十七度三一七五　觜一百七十七度三六七五
參一百八十七度六四七五　井二百一十八度六七七五
鬼二百二十〇度七八七五　柳二百三十三度七八七五
星二百四十〇度〇九七五　張二百五十七度八八七五
翼二百七十七度九七七五　軫二百九十六度七二七五
角三百〇九度五九七五　亢三百一十九度一五七五
氐三百三十五度五五七五　房三百四十一度〇三七五
心三百四十七度三〇七五　尾三百六十五度二五七五
月食通軌終

畢，一百七十七度三一七五	觜，一百七十七度三六七五
參，一百八十七度六四七五	井，二百一十八度六七七五
鬼，二百二十〇度七八七五	柳，二百三十三度七八七五
星，二百四十〇度〇九七五	張，二百五十七度八八七五
翼，二百七十七度九七七五	軫，二百九十六度七二七五
角，三百〇九度五九七五	亢，三百一十九度一五七五
氐，三百三十五度五五七五	房，三百四十一度〇三七五
心，三百四十七度三〇七五	尾，三百六十五度二五七五

《月食通軌》終

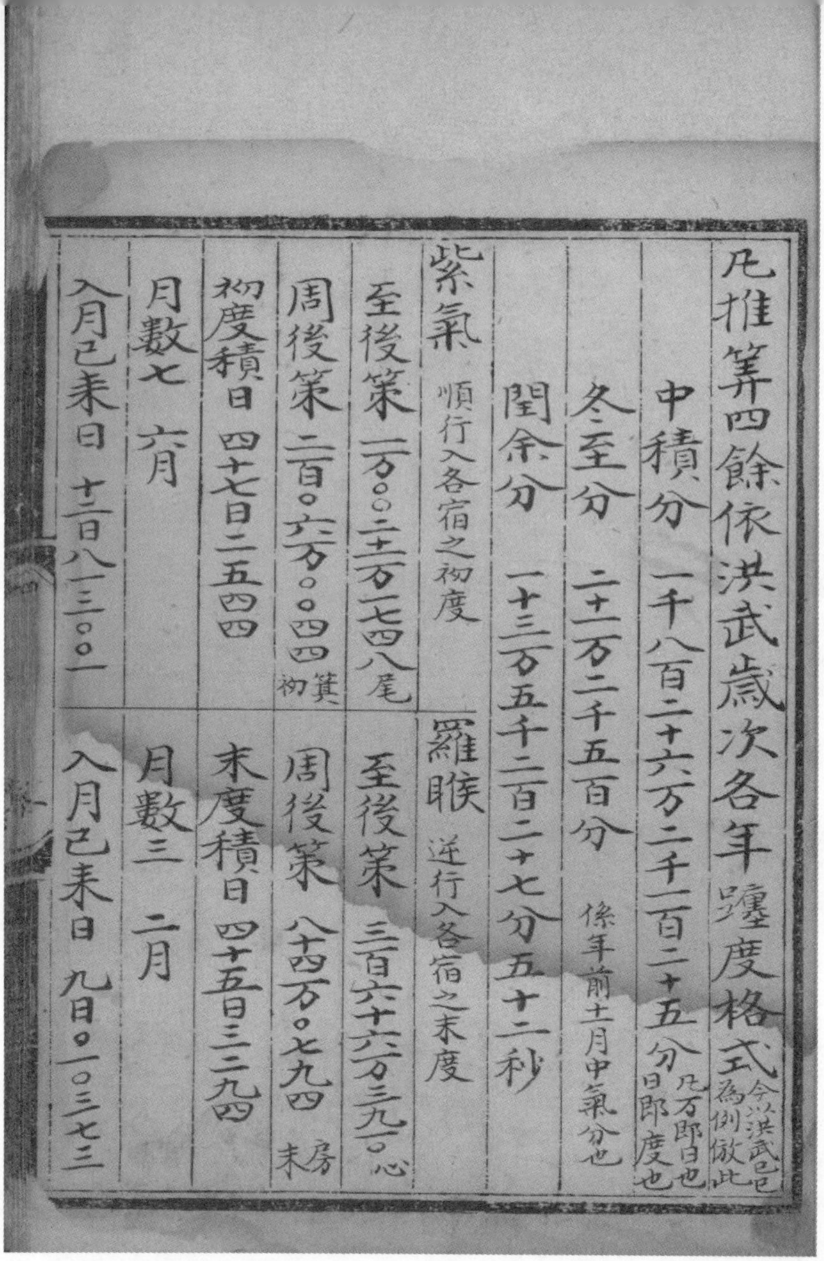

《四餘躔度通軌》

凡推筭四餘依洪武歲次各年躔度格式，今以洪武己巳為例，倣此。

中積分，一千八百二十六万二千一百二十五分。凡万即日也，日即度也。

冬至分，二十一万二千五百分。係年前十一月中氣分也。

閏餘分，一十三万五千二百二十七分五十二秒。

紫氣，順行入各宿之初度	羅睺，逆行入各宿之末度
至後策，一万〇〇二十一万一七四八，尾	至後策，三百六十六万三九一〇，心
周後策，二百〇六万〇〇四四，箕初	周後策，八十四万〇七九四，房末
初度積日，四十七日二五四四	末度積日，四十五日三二九四
月數七，六月	月數三，二月
入月已来日，十二日八一三〇〇一	入月已来日，九日〇一〇三七三

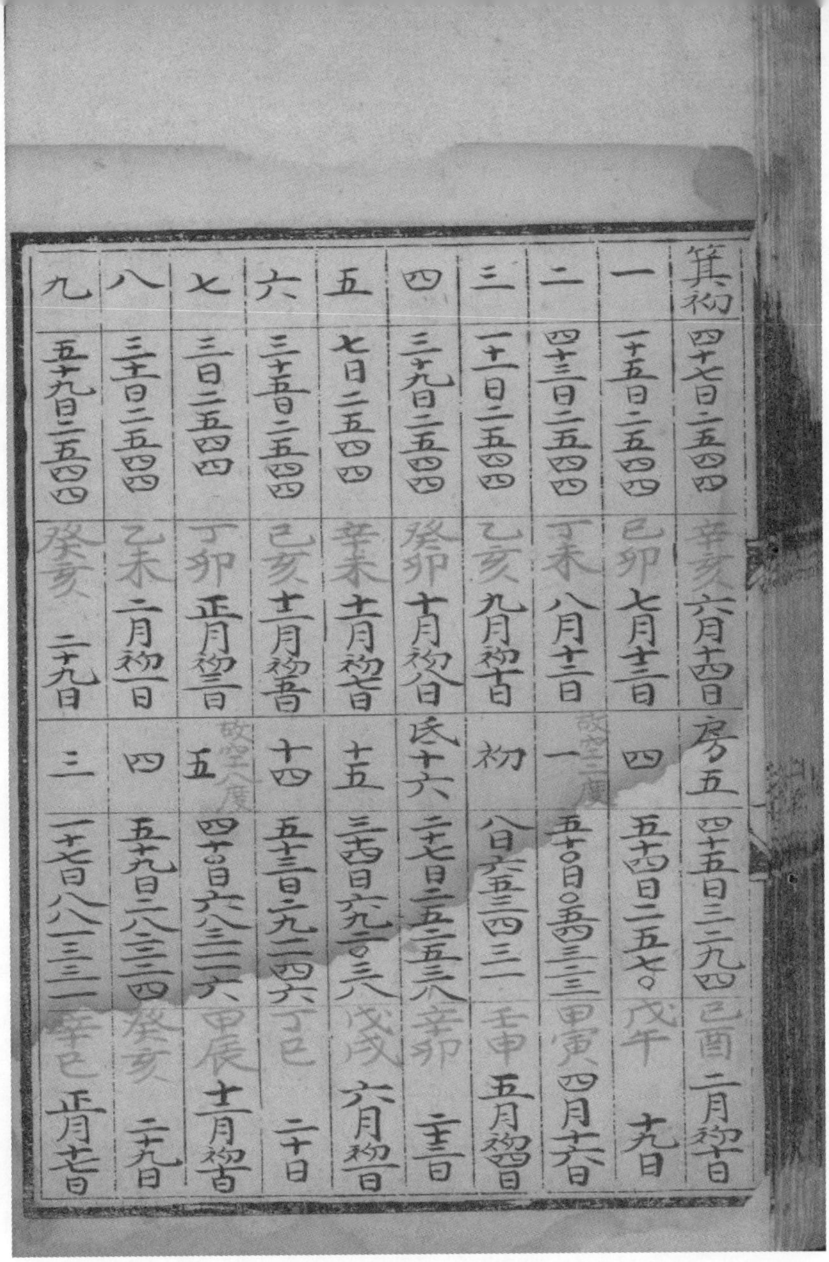

箕初	四十七日二五四四	辛亥	六月十四日	房五	四十五日三二九四	己酉	二月初十日
一	一十五日二五四四	己卯	七月十三日	四	五十四日二五七〇	戊午	十九日
二	四十三日二五四四	丁未	八月十二日	故空二度一	五十〇日〇五四三二三	甲寅	四月十六日
三	一十一日二五四四	乙亥	九月初十日	初	八日六五三四三一	壬申	五月初四日
四	三十九日二五四四	癸卯	十月初八日	氐十六	二十七日二五二五三八	辛卯	二十三日
五	七日二五四四	辛未	十一月初七日	十五	三十四日六九二〇三八	戊戌	六月初一日
六	三十五日二五四四	己亥	十二月初五日	十四	五十三日二九一一四六	丁巳	二十日
七	三日二五四四	丁卯	正月初三日	故空八度五	四十〇日六八三一一六	甲辰	十二月初十日
八	三十一日二五四四	乙未	二月初一日	四	五十九日二八二二二四	癸亥	二十九日
九	五十九日二五四四	癸亥	二十九日	三	一十七日八八一三三一	辛巳	正月十七日

斗初	一十五日七七四四	己卯	三月十六日	二	三十六日四八〇四三九	庚子	二月初六日
月孛順行入各宿之初度				交宫一	五十五日〇七九五四七	己未	二十五日
至後策，三千〇百四六六七八四，心				初	一十三日六七八六五五	丁丑	三月十四日
周後策，二十六万四五九六，尾初				亢九	三十二日二七七七六二	丙申	四月初三日
初度積日，四十七日七〇九六				計都逆行入各宿之末度			
月數一，十二月				至後策，三千七百六三一一二六，畢			
入月已来日，一十〇日四五一七五九				周後策，三十九万二八九〇，昴末			
尾初	四十七日七〇九六	辛亥	十二月十一日	末度積日，〇日五三九〇			
一	五十六日五五八〇九二	庚申	二十日	月數一，十二月			
二	五日四〇六五八四	己巳	二十九日	入月已来日，二十三日二八一一五九			

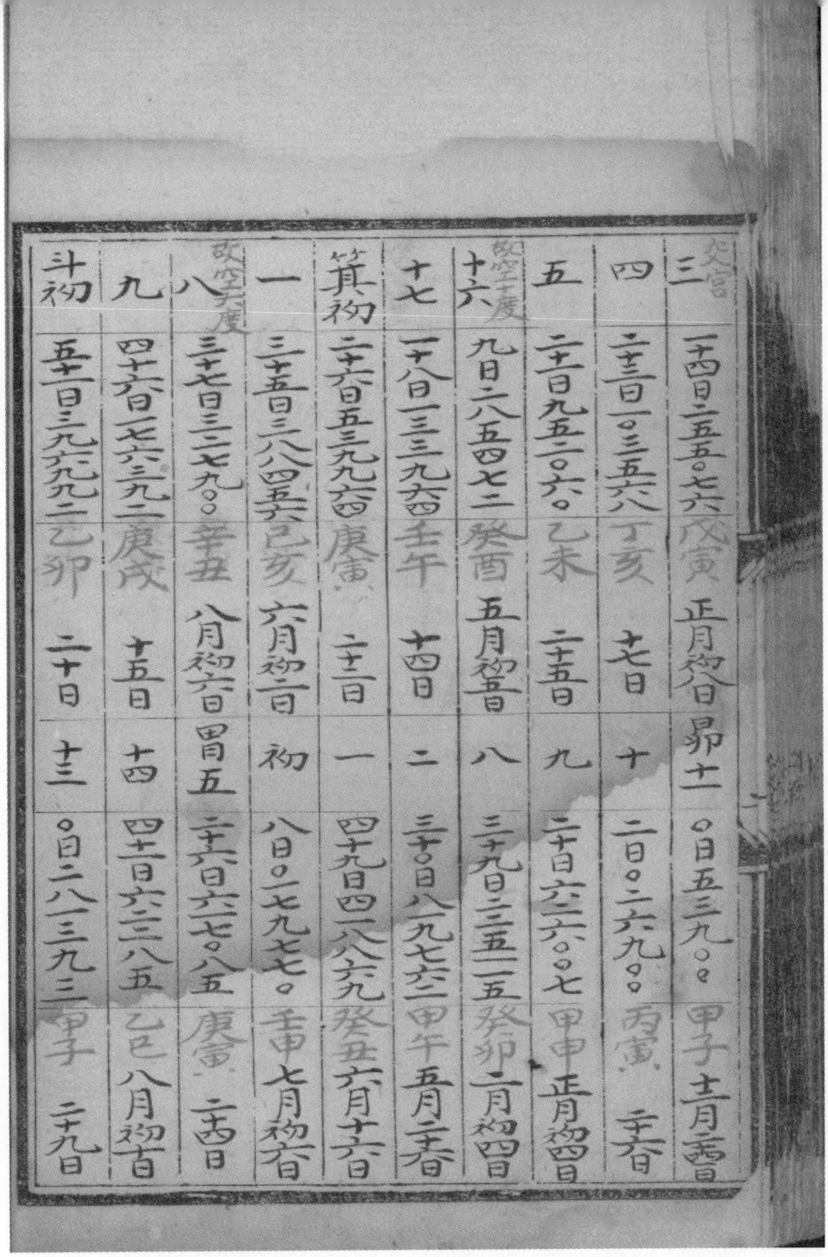

交宫三	一十四日二五五〇七六	戊寅	正月初八日	昴十一	〇日五三九〇〇	甲子	十二月二十四日
四	二十三日一〇三五六八	丁亥	十七日	十	二日〇二六九〇〇	丙寅	二十六日
五	二十一日九五二〇六〇	乙未	二十五日	九	二十日六二六〇〇七	甲申	正月初四日
故空十度十六	九日二八五四七二	癸酉	五月初五日	八	三十九日二二五一一五	癸卯	二月初四日
十七	一十八日一三三九六四	壬午	十四日	二	三十〇八一九七六二	甲午	五月二十六日
箕初	二十六日五三九九六四	庚寅	二十二日	一	四十九日四一八八六九	癸丑	六月十六日
一	三十五日三八八四五六	己亥	六月初二日	初	八日〇一七九七七〇	壬申	七月初六日
故空六度八	三十七日三二七九〇〇	辛丑	八月初六日	胃五	二十六日六一七〇八五	庚寅	二十四日
九	四十六日一七六三九二	庚戌	十五日	十四	四十一日六二二八五	乙巳	八月初十日
斗初	五十一日三九六九九二	乙卯	二十日	十三	〇日二八一三九三	甲子	二十九日

四九七

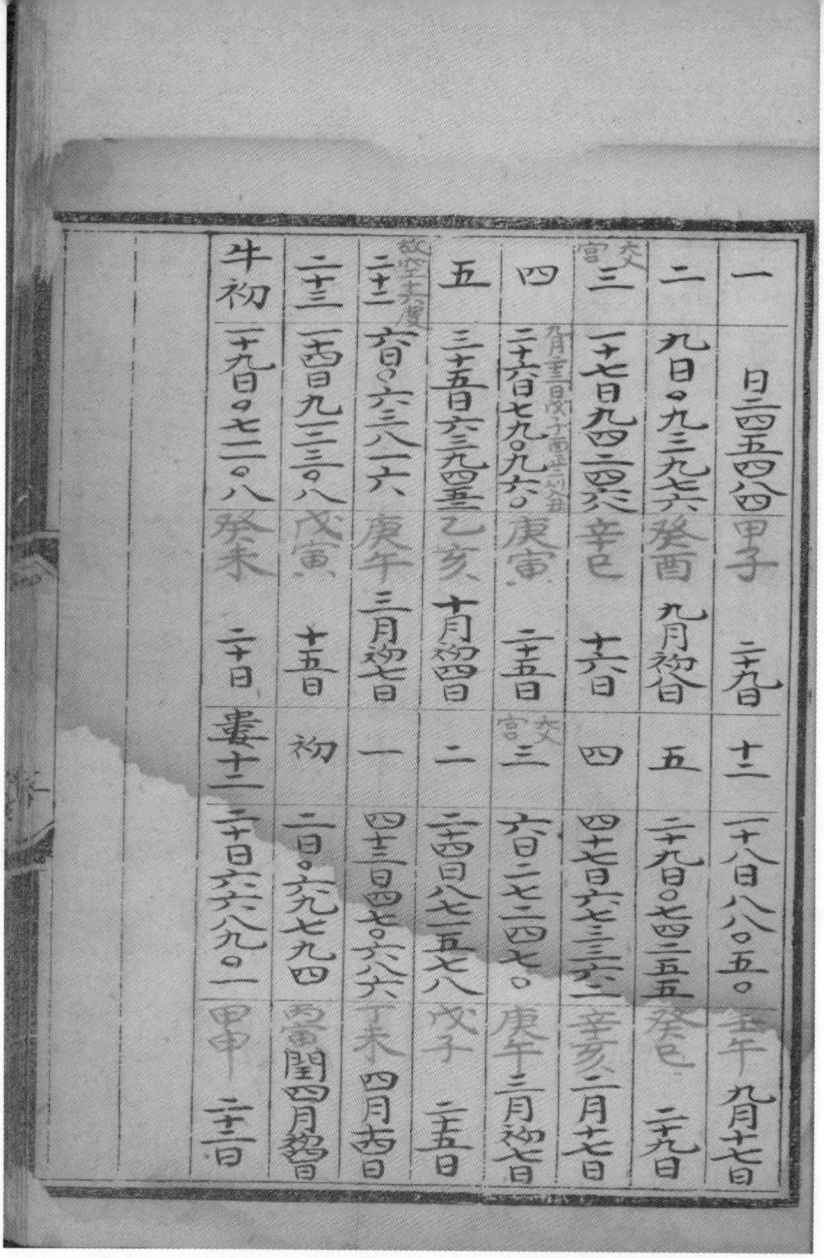

一	日二四五四八四	甲子	二十九日	十二	一十八日八八〇五〇	壬午	九月十七日
二	九日〇九三九七六	癸酉	九月初八日	五	二十九日〇七四二五五	癸巳	二十九日
交宫三	一十七日九四二四六八	辛巳	十六日	四	四十七日六七三三六二	辛亥	二月十七日
四	九月二十三日戊子酉正二刻入丑二十六日七九〇九六〇	庚寅	二十五日	交宫三	六日二七二四七〇	庚午	三月初七日
五	三十五日六三九四五二	乙亥	十月初四日	二	二十四日八七一五七八	戊子	二十五日
故空十六度二十二	六日〇六三八一六	庚午	三月初七日	一	四十三日四七〇六八六	丁未	四月十四日
二十三	一十四日九一二三〇八	戊寅	十五日	初	二日〇六九七九四	丙寅	閏四月初四日
牛初	一十九日〇七一一〇八	癸未	二十日	婁十二	二十日六六八九〇一	甲申	二十二日

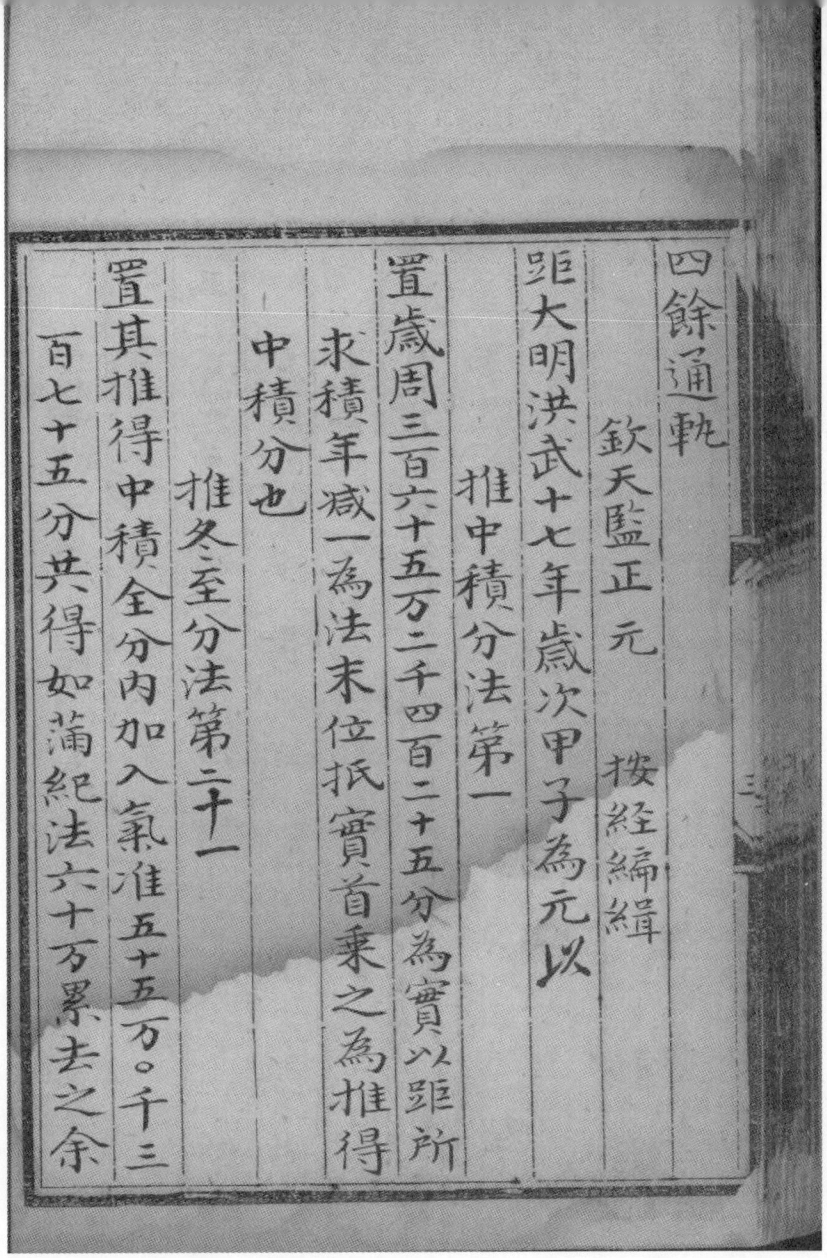
四餘通軌
欽天監正元　按経編緝
距大明洪武十七年歳次甲子為元以
推中積分法第一
置歳周三百六十五万二千四百二十五分為實以距所求積年減一為法末位抵實首乘之為推得中積分也
推冬至分法第二十一
置其推得中積全分内加入氣准五十五万〇千三百七十五分共得數滿紀法六十万累去之余

《四餘通軌》

欽天監正元[1]按經編輯。

距大明洪武十七年歲次甲子為元以[2]。

推中積分法第一

置歲周三百六十五度二千四百二十五分為實，以距所求積年減一為法，末位抵實首乘之，為推得中積分也。[3]

推冬至分法第二十一[4]

置其年中積全分，內加入氣准[5]五十五万〇千三百七十五分，共得數滿紀法六十万累去之，余

1 元為“元統”，即洪武年間欽天監正元統。

2“以”為衍文。

3 中積為所求年份相距曆元（此處採用洪武甲子）的年數與歲實的乘積。

4“十一”為衍文。

5 氣准又稱氣應，為曆元年歲前冬至子正夜半距甲子日子正夜半的時刻。

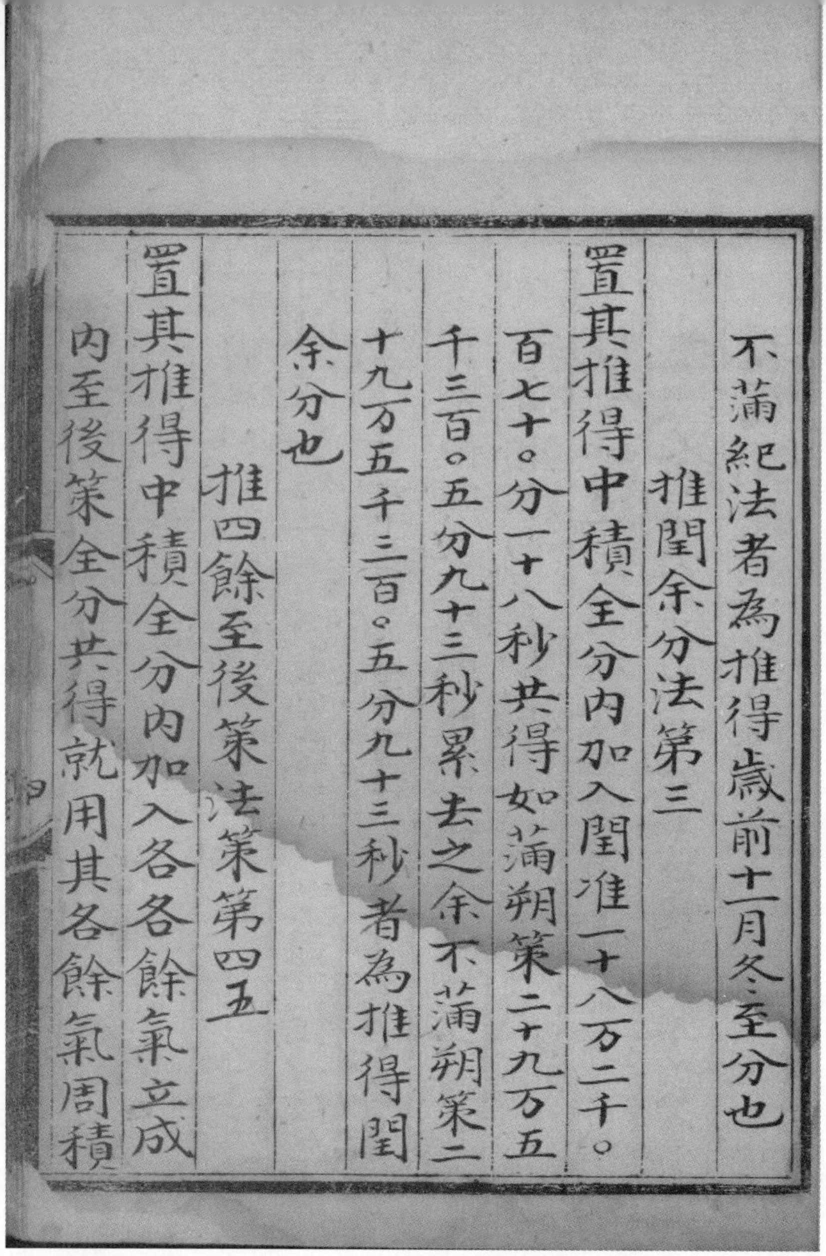
不滿紀法者為推得歲前十一月冬至分也
推閏余分法第三
置其推得中積全分内加入閏准一十八万二千〇百七十〇分一十八秒共得如滿朔策二十九万五千三百〇五分九十三秒累去之余不滿朔策二十九万五千三百〇五分九十三秒者為推得閏余分也
推四餘至後策法策第四五
置其推得中積全分内加入各各餘氣立成内至後策全分共得就用其各餘氣周積

不滿紀法者，為推得歲前十一月冬至分也。

推閏餘分推第三

置推得中積全分，内加入閏准[1]一十八万二千〇百七十〇分一十八秒，共得如滿朔策二十九万五千三百〇五分九十三秒累去之，余不滿朔策二十九万五千三百〇五分九十三秒者，為推得閏余分也。[2]

推四餘至後策法策[3]第四五[4]

置推得中積全分，内加入各各餘氣立成内至後策全分，共得就用其各餘氣周積

1 閏准又稱閏應，為曆元年歲前冬至距天正月平朔的時刻

2 中積分加閏准為閏餘積。閏餘積滿朔策去之後為閏餘分，即冬至平月齡，冬至距經朔的時間。

3“策”為衍文。

4“五”為衍文。

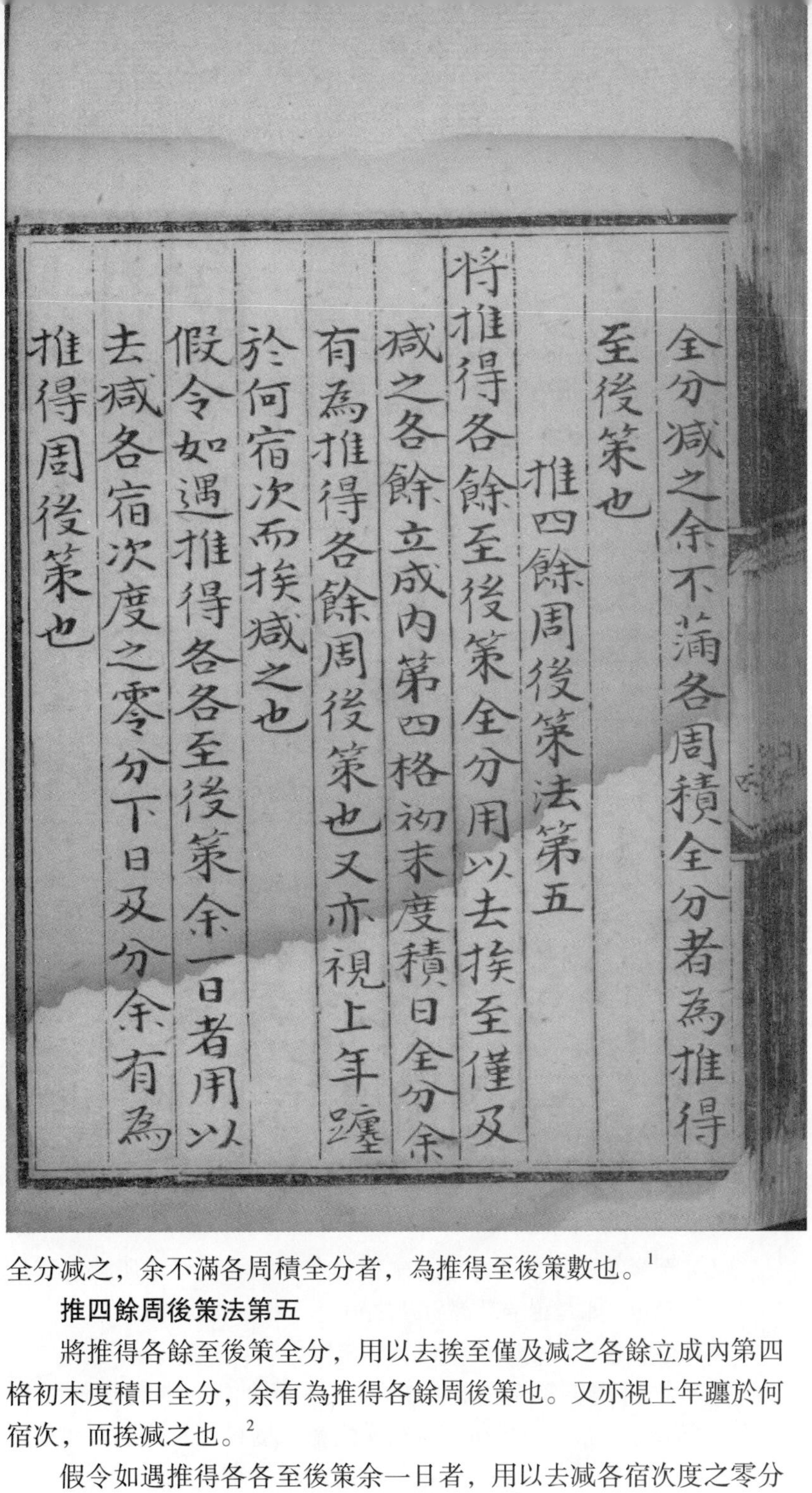
全分減之余不滿各周積全分者為推得
至後策也
推四餘周後策法第五
將推得各餘至後策全分用以去挨至僅及
減之各餘立成內第四格初末度積日全分余
有為推得各餘周後策也又亦視上年躔
於何宿次而挨減之也
假令如遇推得各各至後策余一日者用以
去減各宿次度之零分下日及分余有為
推得周後策也

全分減之，余不滿各周積全分者，為推得至後策數也。[1]

推四餘周後策法第五

將推得各餘至後策全分，用以去挨至僅及減之各餘立成內第四格初末度積日全分，余有為推得各餘周後策也。又亦視上年躔於何宿次，而挨減之也。[2]

假令如遇推得各各至後策余一日者，用以去減各宿次度之零分下日及分，余有為推得周後策也。

1 中積全分加至後策，周積全分去之後得到各餘至後策數。

2 由各餘至後策求各餘周後策，由至後策減立成鈐內各宿初末度積日。

又如至後策去挨僅及減之初末積日全分，如是紫孛所減之宿是尾者，得箕也；如是羅睺計都所減之宿是心者，得房也。

推四余入各宿次初末度積日及分法第六

置其推得周後策全分，内加入其冬至全分，共得遇滿紀法六十万累去之，余有為推得入各宿次之初末度積日及分也。如是紫氣与月孛者順行入各宿之初度也，元挨及減之宿是尾者，余有為入箕宿初度積日及分也。如是羅睺与計都者逆行入角宿之末度也，元挨及減

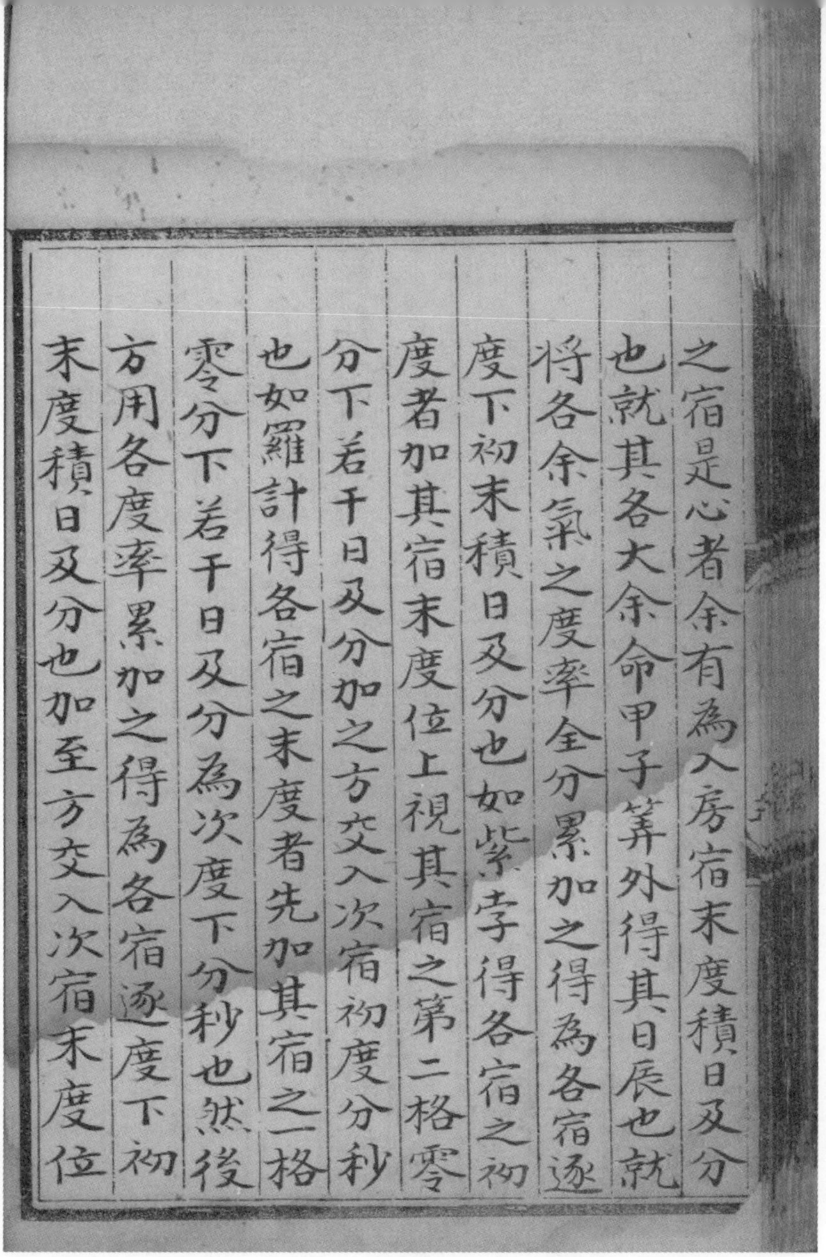
之宿是心者余有為入房宿末度積日及分
也就其各大余命甲子筭外得其日辰也就
将各余氣之度率全分累加之得為各宿逐
度下初末積日及分也如紫孛得各宿之初
度者加其宿末度位上視其宿之第二格零
分下若干日及分加之方交入次宿初度分秒
也如羅計得各宿之末度者先加其宿之一格
零分下若干日及分為次度下分秒也然後
方用各度率累加之得為各宿逐度下初
末度積日及分也加至方交入次宿末度位

之宿是心者，余有為入房宿末度積日及分也。就其各大余命甲子筭外，得其日辰也。就将各余氣之度率全分累加之，得為各宿逐度下初末積日及分也。[1]

如紫孛得各宿之初度者，加其宿末度位上，視其宿之第二格零分下若干日及分加之，方交入此宿初度分秒也。如羅計得各宿之末度者，先加其宿之一格零分下若干日及分為次度下分秒也，然後方用各度率累加之，得為各宿逐度下初末度積日及分也。加至方交入次宿末度位

1 用各餘的周後策加該年的冬至分，滿紀法減去後，即各餘的初末度積日。紫氣和月孛為各宿初日，羅睺和計都為各宿末日。紫氣和月孛順行，羅睺和計都逆行。

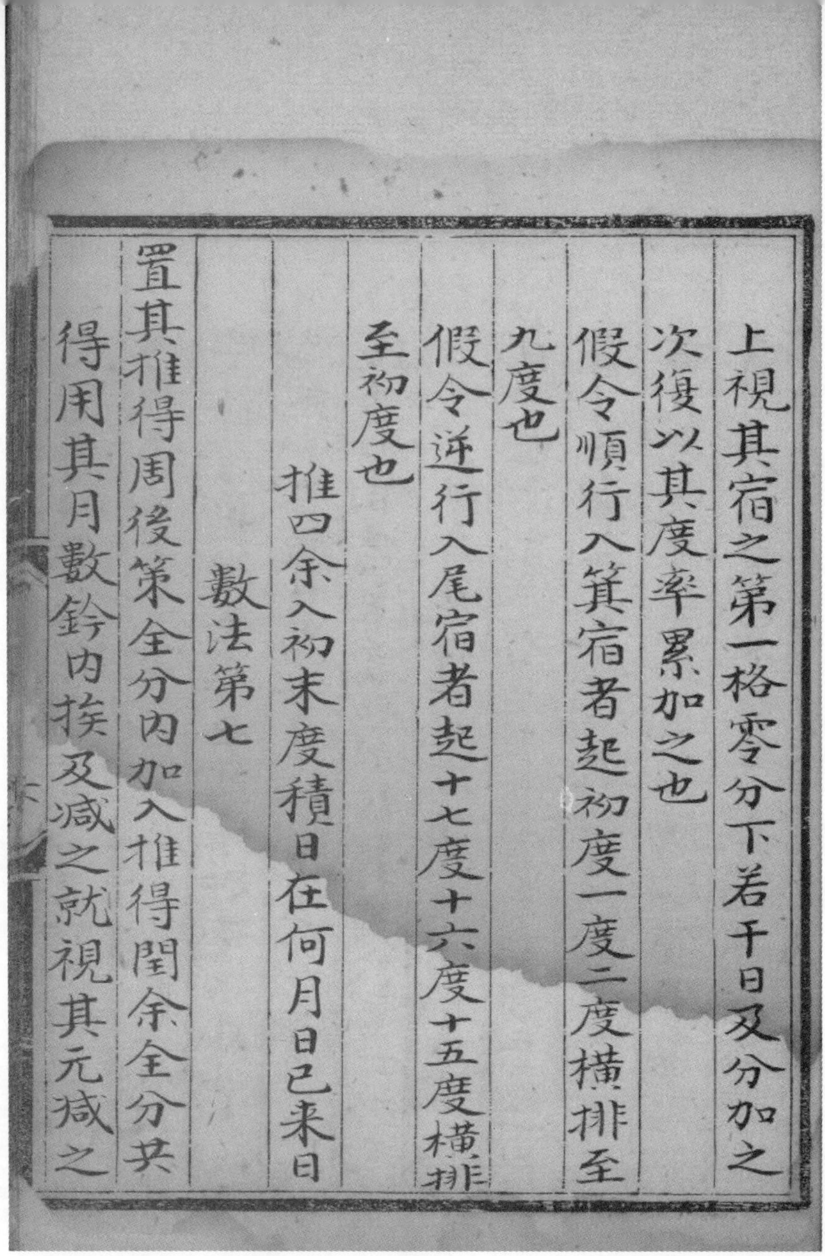
上視其宿之第一格零分下若干日及分加之
次復以其度率累加之也
假令順行入箕宿者起初度一度二度橫排至
九度也
假令逆行入尾宿者起十七度十六度十五度橫排
至初度也
推四余入初末度積日在何月日已來日
數法第七
置其推得周後策全分內加入推得閏余全分共
得用其月數鈐內挨及減之就視其元減之

上，視其宿之第一格零分下若干日及分加之，次復以其度率累加之也。

假令順行入箕宿者，起初度，一度，二度，橫排至九度也。

假令逆行入尾宿者，起十七度，十六度，十五度，橫排至初度也。

推四余入初末度積日在何月日已來日數法第七

置其推得周後策全分，內加入推得閏余全分，共得用其月數鈐內挨及減之，就視其元減之

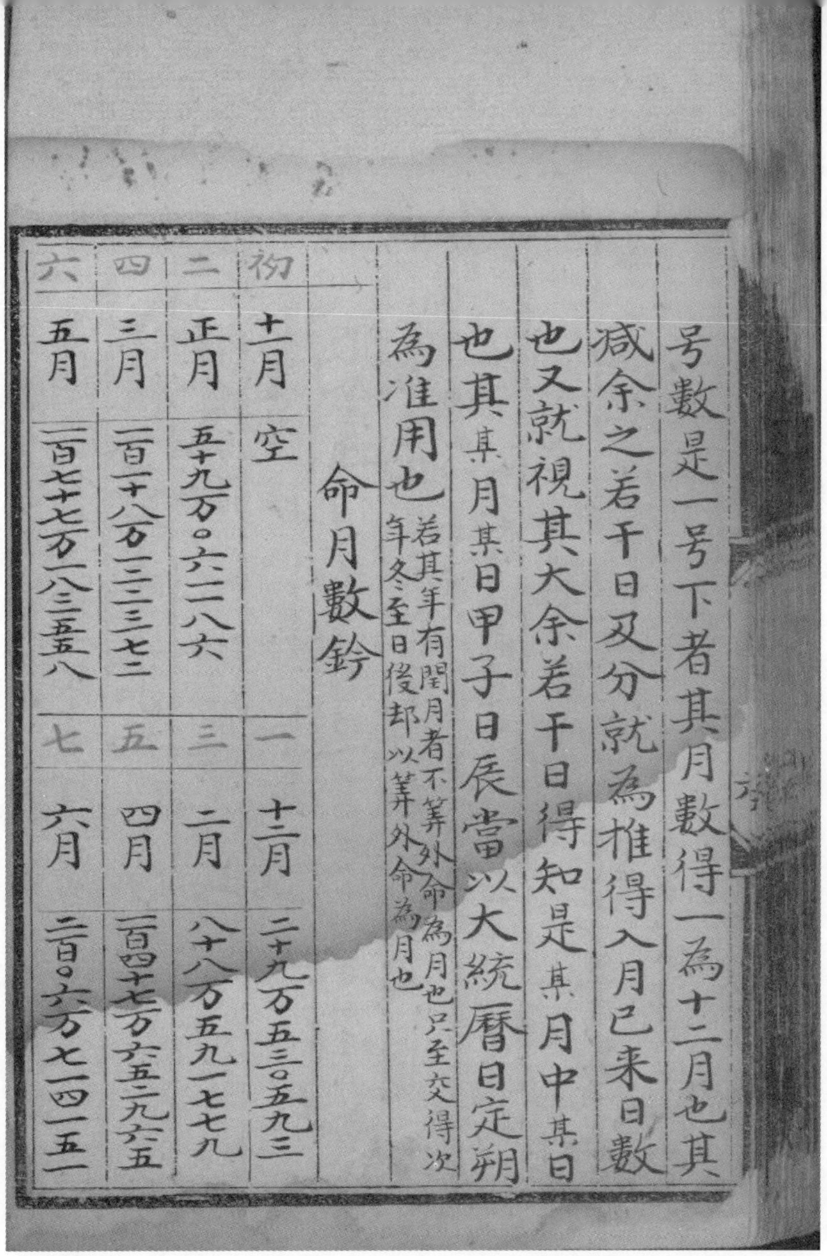
號數是一号下者其月數得一為十二月也其減余之若干日及分就為推得入月已来日數也又就視其大余若干日得知是某月中某日也其某月某日甲子日辰當以大統曆日定朔為准用也若其年有閏月者不筭外命為月也只至交得次年冬至日後却以筭外命為月也

命月數鈐

初	十一月	空	一	十二月	二十九万五三〇五九三
二	正月	五十九万〇六一一八六	三	二月	八十八万五九一七七九
四	三月	一百一十八万一二二三七二	五	四月	一百四十七万六五二九六五
六	五月	一百七十七万一八三五五八	七	六月	二百〇六万七一四一五一

号數是一号下者，其月數得一為十二月也，其減余之若干日及分就為推得入月已来日數也。[1] 又就視其大余若干日，得知是某月中某日也。其某月日甲子日辰當以大統曆日定朔為准用也。若其年有閏月者，不筭外，命為月也，只至交得次年冬至日後，却以筭外命為月也。

命月數鈐 [2]

初	十一月	空	一	十二月	二十九万五三〇五九三
二	正月	五十九万〇六一一八六	三	二月	八十八万五九一七七九
四	三月	一百一十八万一二二三七二	五	四月	一百四十七万六五二九六五
六	五月	一百七十七万一八三五五八七	七	六月	二百〇六万七一四一五一

1 用各餘的周後策加天正閏餘，滿朔策減去後，從十一月起，到不滿朔策，即為所入的月份。
2 朔策的整數倍。

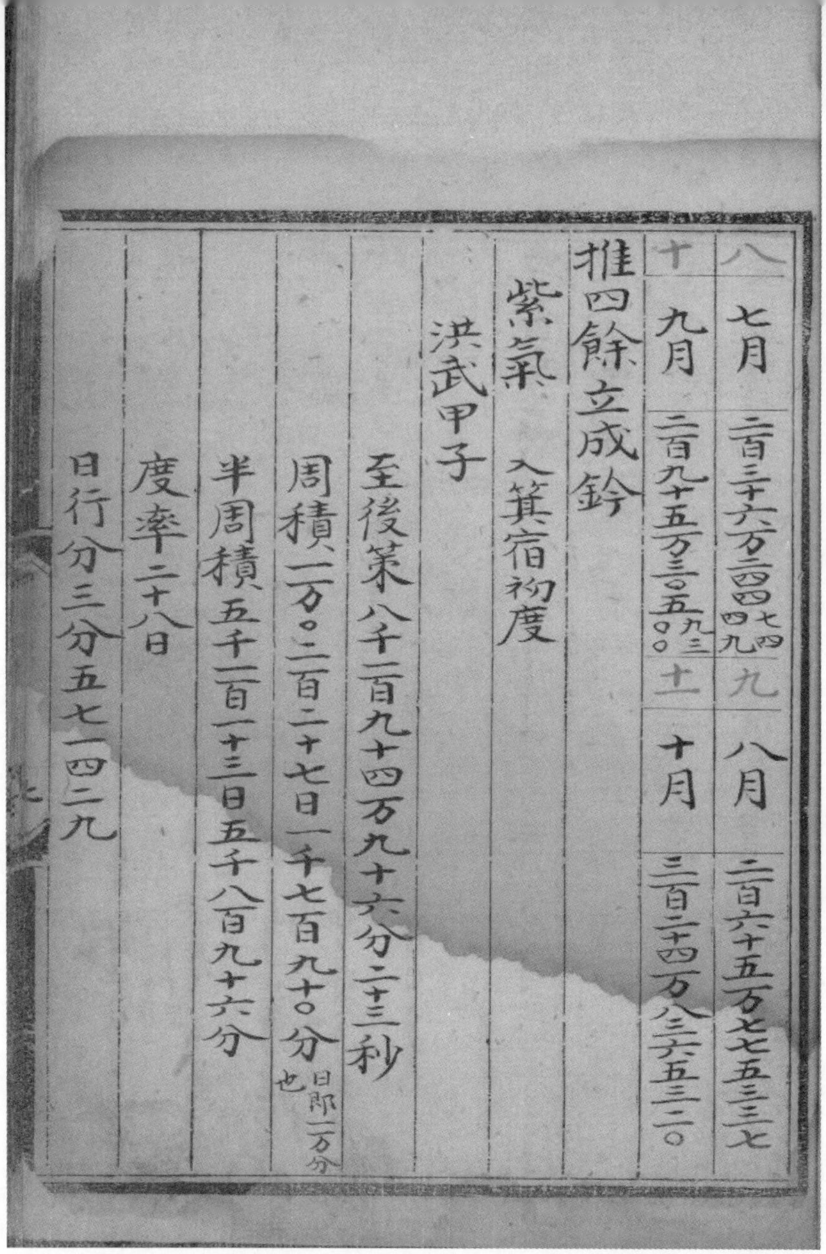

八	七月	二百三十六万二四四七四四九	九	八月	二百六十五万七七五三三七
十	九月	二百九十五万三〇五九三〇〇	十一	十月	三百二十四万八三六五三二〇

推四餘立成鈐

紫氣，入箕宿初度。

洪武甲子

至後策八千一百九十四万九十六分二十三秒。

周積[1]，一万〇二百二十七日一千七百九十〇分。日即一万分也。

半周積[2]，五千一百一十三日五千八百九十六分。

度率[3]，二十八日。

日行分[4]，三分五七一四二九。

1 周積為度率乘周天之數，即一周天度所行日數。

2 半周積為周積的一半。

3 度率為行天一度所需的日數。

4 日行分為每日所行度數。

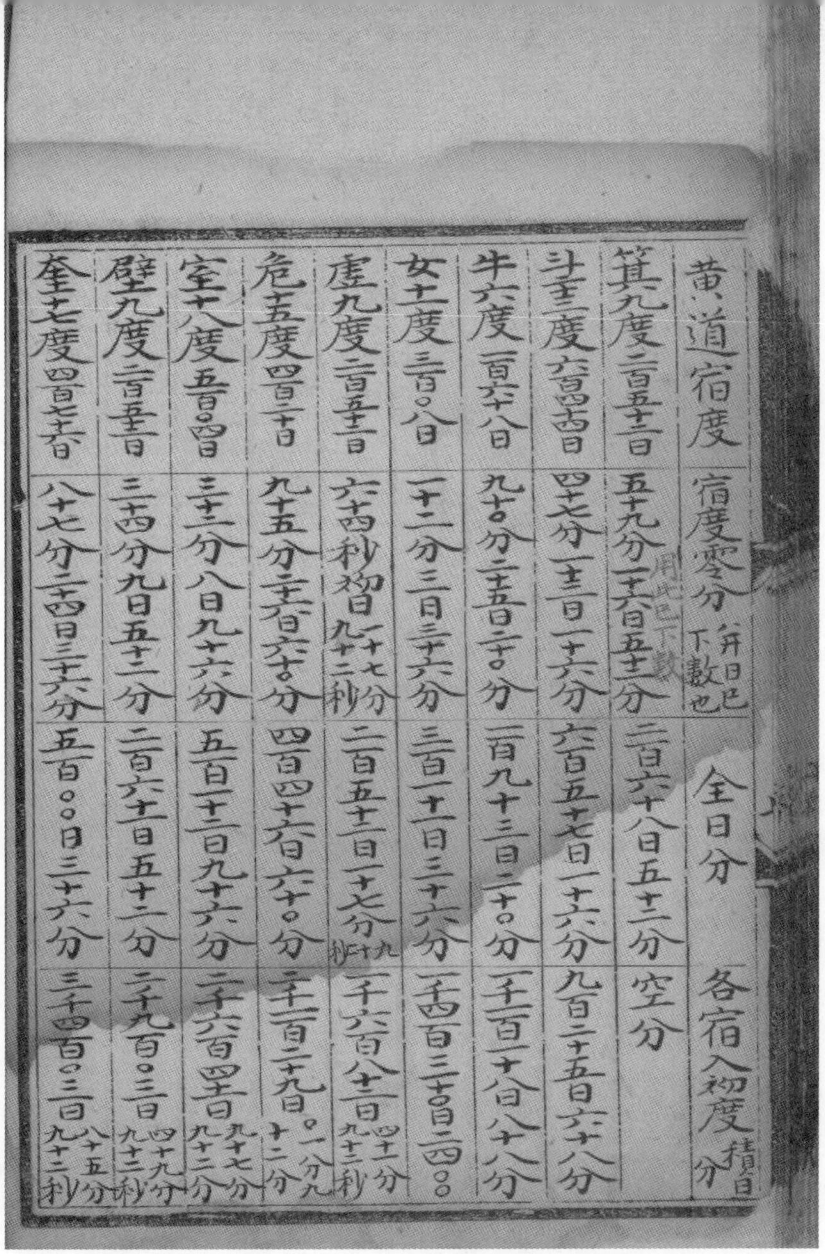

黄道宿度	宿度零分，并日已下數也	全日分	各宿入初度，積日分
箕九度二百五十二日	用此已下數 五十九分一十六日五十二分	二百六十八日五十二分	空分
斗二十三度六百四十四日	四十七分一十三日一十六分	六百五十七日一十六分	九百二十五日六十八分
牛六度一百六十八日	九十〇分二十五日二十〇分	一百九十三日二十〇分	一千一百一十八日八十八分
女十一度三百〇八日	一十二分三日三十六分	三百一十一日三十六分	一千四百三十〇日二十四〇〇
虚九度二百五十二日	六十四秒初日一十七分九十二秒	二百五十二日一十七分九十二秒	一千六百八十二日四十一分九二秒
危十五度四百二十日	九十五分二十六日六十〇分	四百四十六日六十〇分	二千一百二十九日〇一分九十二秒
室十八度五百〇四日	三十二分八日九十六分	五百十二日九十六分	二千六百四十一日九十七分九十二秒
壁九度二百五十二日	三十四分九日五二十分	二百六十一日五十二分	二千九百〇三日四十九分九十二秒
奎十七度四百七十六日	八十七分二十四日三十六分	五百〇〇日三十六分	三千四百〇三日八十五分九十二秒

五〇七

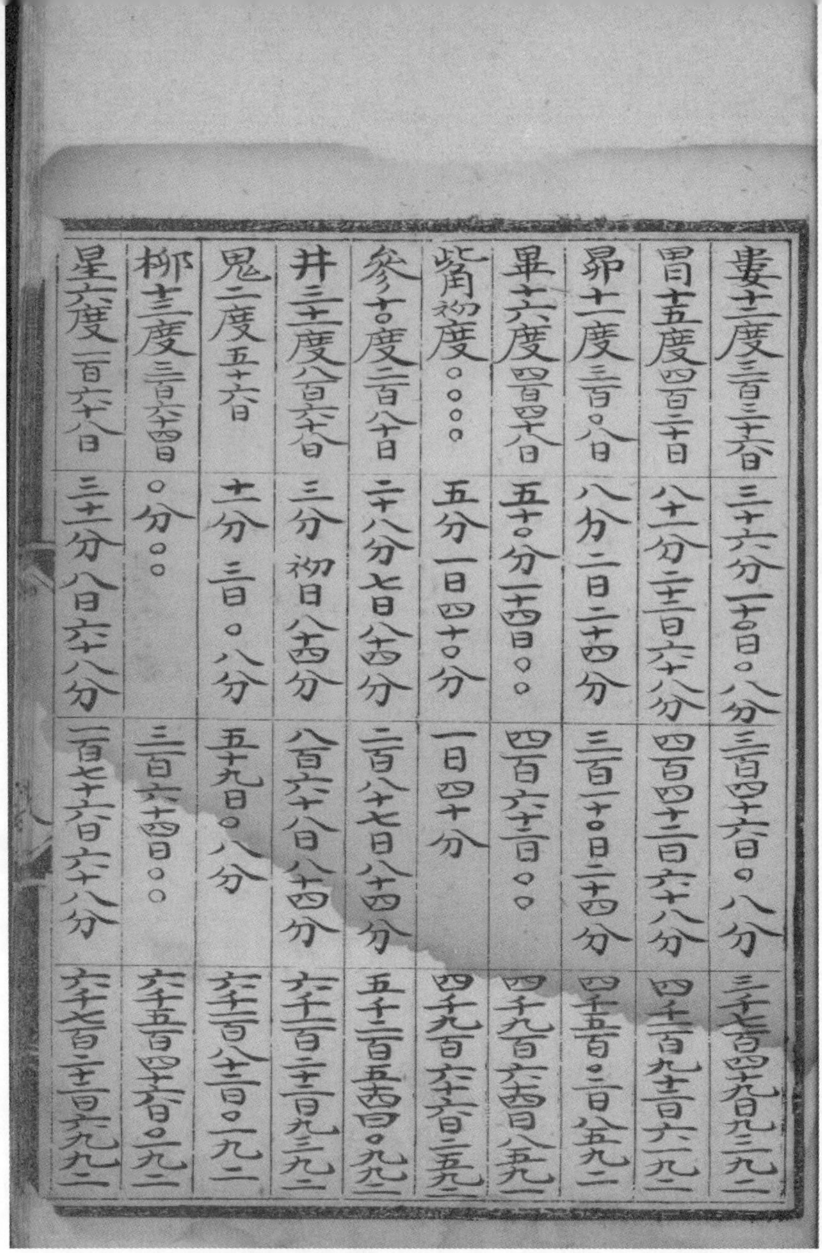

婁十二度三百三十六日	三十六分一十〇日〇八分	三百四十六日〇八分	三千七百四十九日九三九二
胃十五度四百二十日	八十一分二十二日六十八分	四百四十二日六十八分	四千一百九十二日六一九二
昴十一度三百〇八日	八分二日二十四分	三百一十〇日二十四分	四千五百〇二日八五九二
畢十六度四百四十八日	五十〇分一十四日〇〇	四百六十二日〇〇	四千九百六十四日八五九一
觜初度〇〇〇〇	五分一日四十〇分	一日四十分	四千九百六十六日二五九二
參十〇度二百八十日	二十八分七日八十四分	二百八十七日八十四分	五千二百五十四日〇九九二
井三十一度八百六十八日	三分初日八十四分	八百六十八日八十四分	六千一百二十二日九三九二
鬼二度五十六日	十一分三日〇八分	五十九日〇八分	六千一百八十二日〇一九二
柳十三度三百六十四日	〇分〇〇	三百六十四日〇〇	六千五百四十六日〇一九二
星六度一百六十八日	三十一分八日六十八分	一百七十六日六十八分	六千七百二十二日六九九二

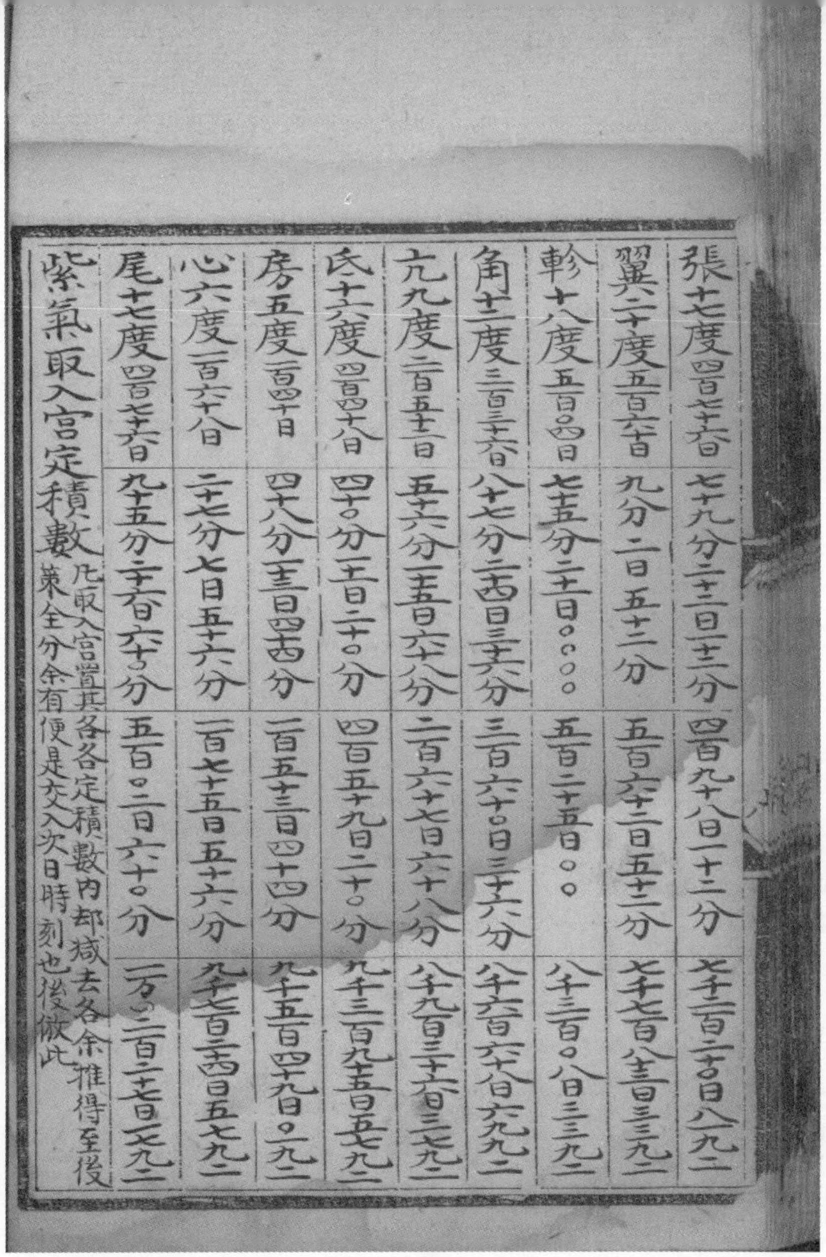

張十七度四百七十六日	七十九分二十二日一十二分	四百九十八日一十二分	七千二百二十〇日八一九二
翼二十〇度五百六十日	九分二日五十二分	五百六十二日五十二分	七千七百八十三日三三九二
軫十八度五百〇四日	七十五分二十一日〇〇〇〇	五百二十五日〇〇	八千三百〇八日三三九二
角十二度三百三十六日	八十七分二十四日三十六分	三百六十〇日三十六分	八千六百六十八日六九九二
亢九度二百五十二日	五十六分一十五日六十八分	二百六十七日六十八分	八千九百三十六日三七九二
氐十六度四百四十八日	四十〇分一十一日二十〇分	四百五十九日二十〇分	九千三百九十五日五七九二
房五度一百四十日	四十八分一十三日四十四分	一百五十三日四十四分	九千五百四十九日〇一九二
心六度一百六十八日	二十七分七日五十六分	一百七十五日五十六分	九千七百二十四日五七九二
尾十七度四百七十六日	九十五分二十六日六十〇分	五百〇二日六十〇分	一万〇二百二十七日一七九二

紫氣取入宫定積數

凡取入宫，置其各各定積數，内却減去各余推得至後策全分，余有便是交入次日時刻也，後倣此。

斗三	〇千三百七十四日一五〇一 周後少者用此	入丑	女二	一千一百七十六日 六八三二	入子
危十二	二千〇三十六日五〇七二	入亥	奎一	二千九百五十二日 〇四五六	入戌
胃三	三千八百五十四日八一八八	入酉	畢六	四千六百九十五日 四〇四〇	入申
井八	五千四百八十七日七三九六	入未	柳三	六千二百九十〇日 二七二八	入午
張十五	七千一百五十〇日〇九六八	入巳	軫十	八千〇六十五日 六三五三	入辰
氐一	八千九百六十八日四〇八四	入卯	尾三	九千八百〇八日 九九三六	入寅
斗三	一万〇六百〇一日三二九二 周後多者用此	入丑			

月孛，入箕宿初度。

洪武甲子

至後策，一千二百二十〇万四十六分五十九秒。

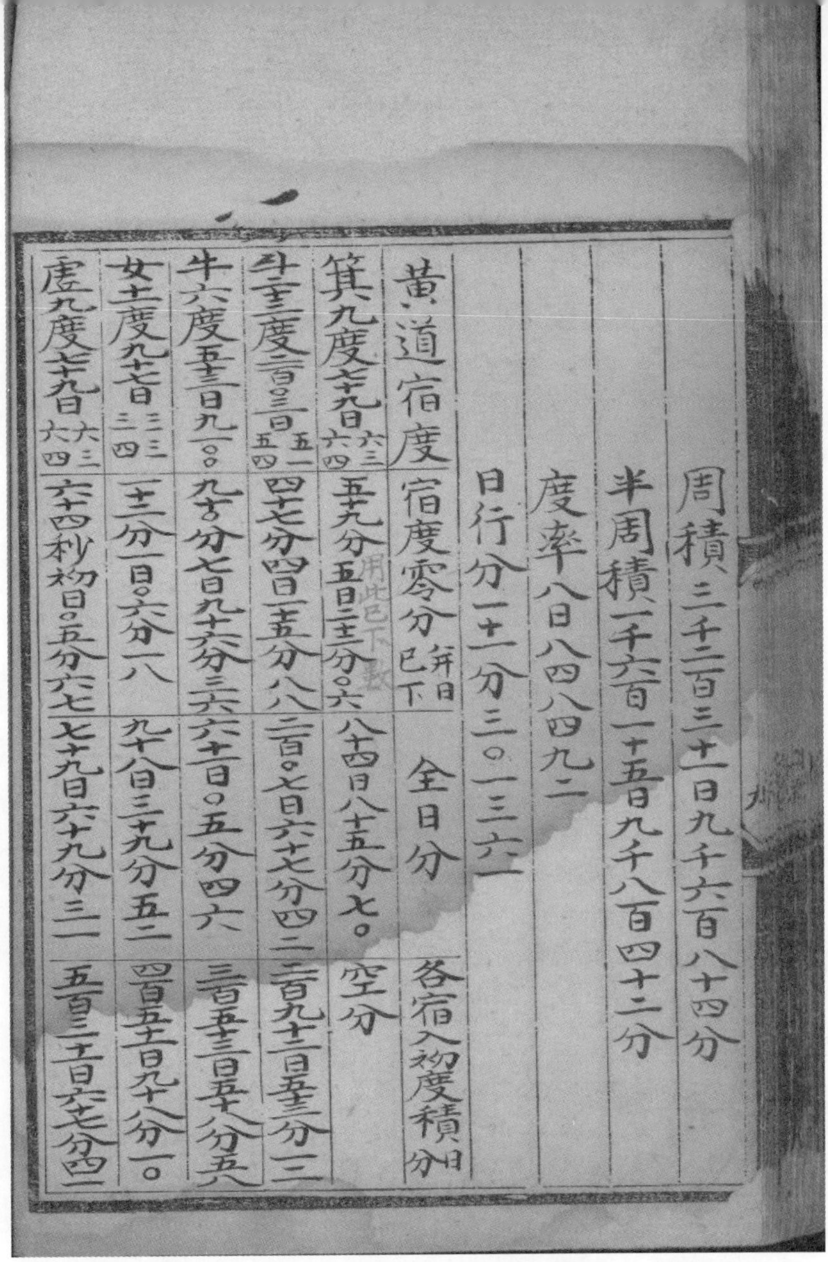

周積，三千二百三十一日九千六百八十四分。

半周積，一千六百一十五日九千八百四十二分。

度率，八日八四八四九二。

日行分，一十一分三〇一三六一。

黄道宿度	宿度零分，并日已下	全日分	各宿入初度積日分
箕九度七十九日六三六四	用此已下數 五十九分五日二十二〇六	八十四日八十五七〇	空分
斗二十三度二百三日五一五四	四十七分四日一十五八八	二百〇七日六十七四二	二百九十二日五十三分一二
牛六度五十三日九一〇〇	九十〇分七日九六三六	六十一日〇五四六	三百五十三日五十八分五八
女十一度九十七日三三三四	一十二分一日〇六一八	九十八日三十九五二	四百五十一日九十八分一〇
虛九度七十九日六三六四	六十四秒初日〇五六七	七十九日六十九三一	五百三十一日六十七分四一

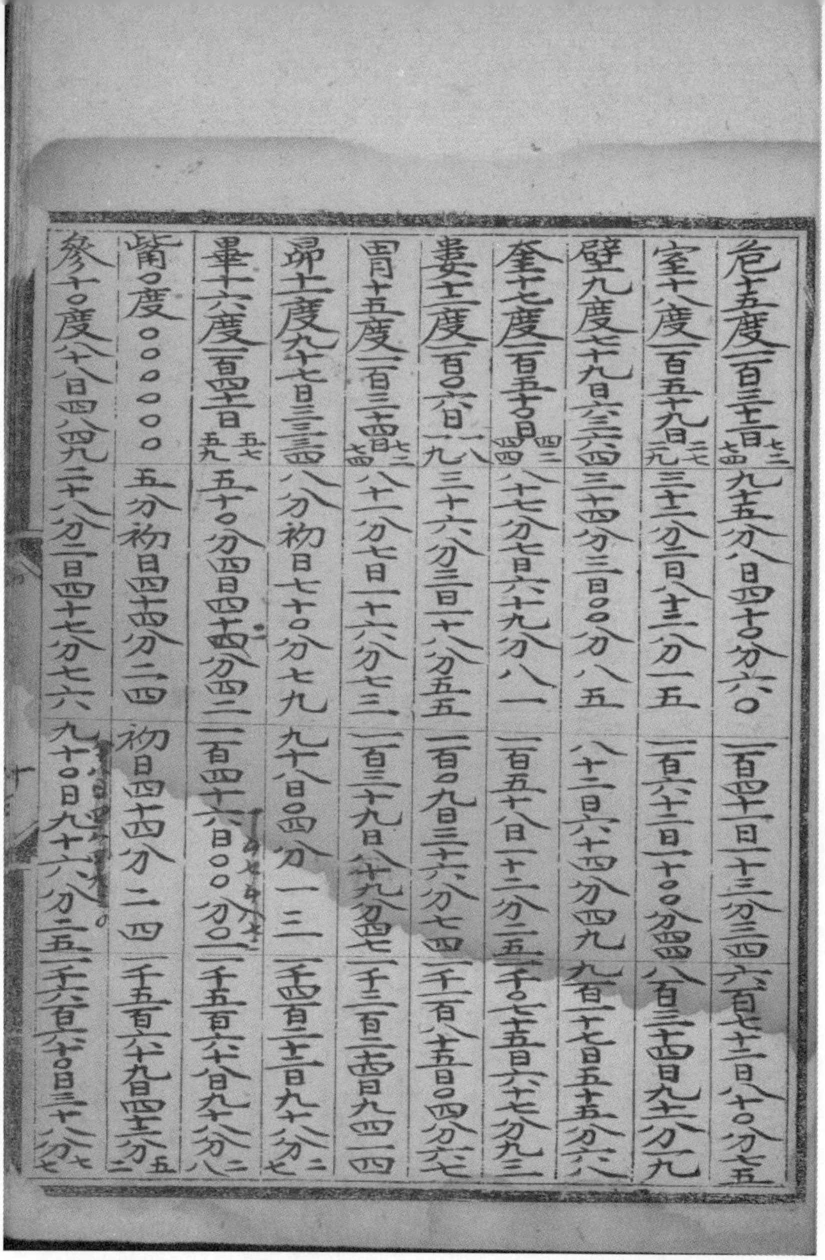

危十五度一百三十二日七二七四	九十五分八日四十〇分六〇	一百四十一日一十三分三四	六百七十二日八十〇分七五
室十八度一百五十九日二七二九	三十二分二日八十三分一五	一百六十二日一〇〇分四四	八百三十四日九十一分一九
壁九度七十九日六三六四	三十四分三日〇〇分八五	八十二日六十四分四九	九百一十七日五十五分六八
奎十七度一百五十〇日四二四四	八十七分七日六十九分八一	一百五十八日一十二分二五	一千〇一十五日六十七分九三
婁十二度一百〇六日一八一九	三十六分三日一十八分五五	一百〇九日三十六分七四	一千一百八十五日〇四分六七
胃十五度一百三十四日七二七四	八十一分七日一十六分七三	一百三十九日八十九分四七	一千三百二十四日九四一四
昴十一度九十七日三三三四	八分初日七十〇分七九	九十八日〇四分一三	一千四百二十二日九十八分二七
畢十六度一百四十一日五七五九	五十〇分四日四十四分四二	一百四十六日〇〇分〇一	一千五百六十八日九十八分二八
觜〇度〇〇〇〇〇〇	五分初日四十四分二四	初日四十四分二四	一千五百六十九日四十二分五二
参十〇度八十八日四八四九	二十八分二日四十七分七六	九十〇日九十六分二五	一千六百六十〇日三十八分七七

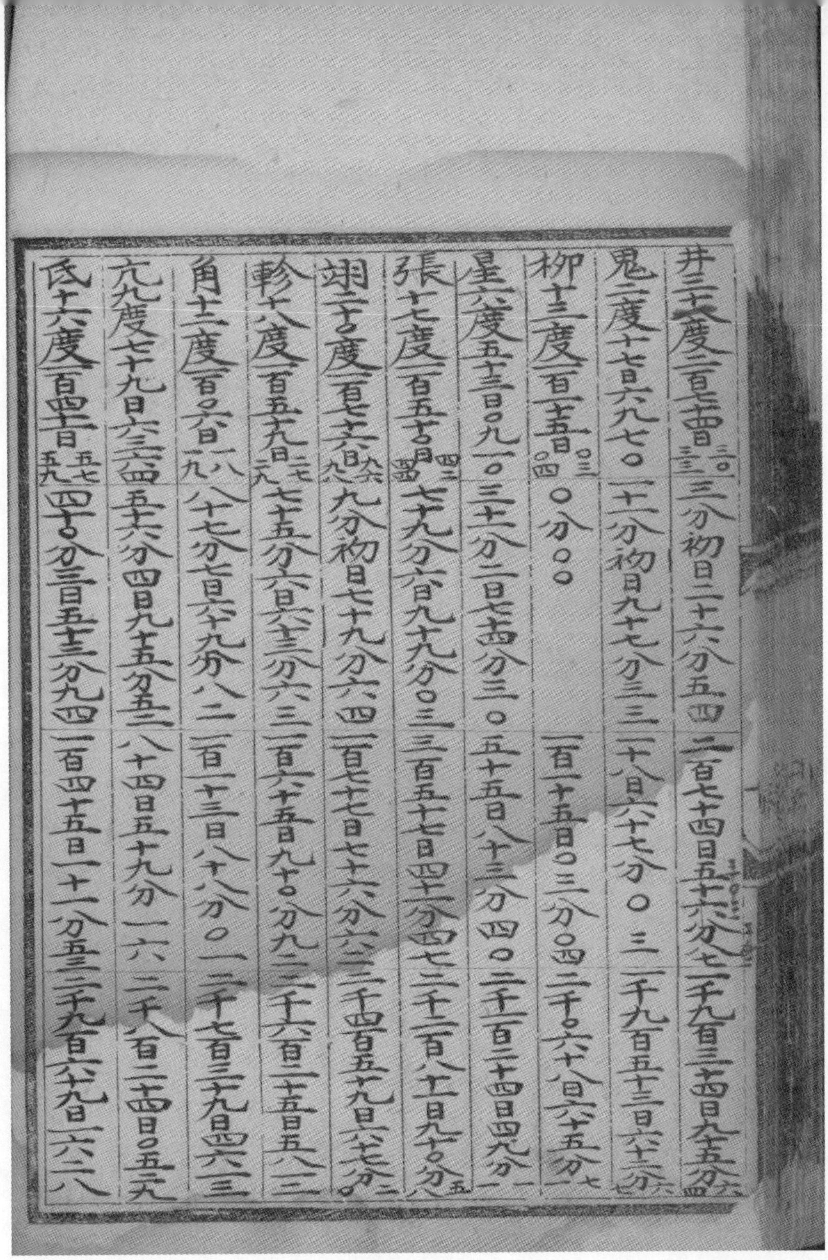

井三十一度二百七十四日三〇三三	三分初日二十六分五四	二百七十四日五十六分八七	一千九百三十四日九十五分六四
鬼二度十七日六九七〇	十一分初日九十七三三	一十八日六十分七〇三	一千九百五十三日六十二分六七
柳十三度一百十五日〇三〇四	〇分〇〇	一百一十五日〇三分〇四	二千〇六十八日六十五分七一
星六度五十三日〇九一〇	三十一分二日七十四分三〇	五十五日八十三分四〇	二千一百二十四日四十九分一一
張十七度一百五十〇日四二四四	七十九分六日九十九分〇三	一百五十七日四十一分四七	二千二百八十一日九十〇分五八
翊[1]二十度百七十六日九六九九	九分初日七十九分六四	一百七十七日七十六分六二	二千四百五十九日六十七分二〇
軫十八度一百五十九日二七二九	七十五分六日六十三分六三	一百六十五日九十〇分九二	二千六百二十五日五分一二
角十二度一百〇六日一八一九	八十七分七日六十九八二	一百十三日八十八分〇一	二千七百三十九日四六一三
亢九度七十九日六三六四	五十六分四日九十五分五二	八十四日五十九分一六	二千八百二十四日〇五二九
氐十六度一百四十一日五七五九	四十〇分三日五十三分九四	一百四十五日一十一分五三	二千九百六十九日一六二八

1"翊"當作"翼"。

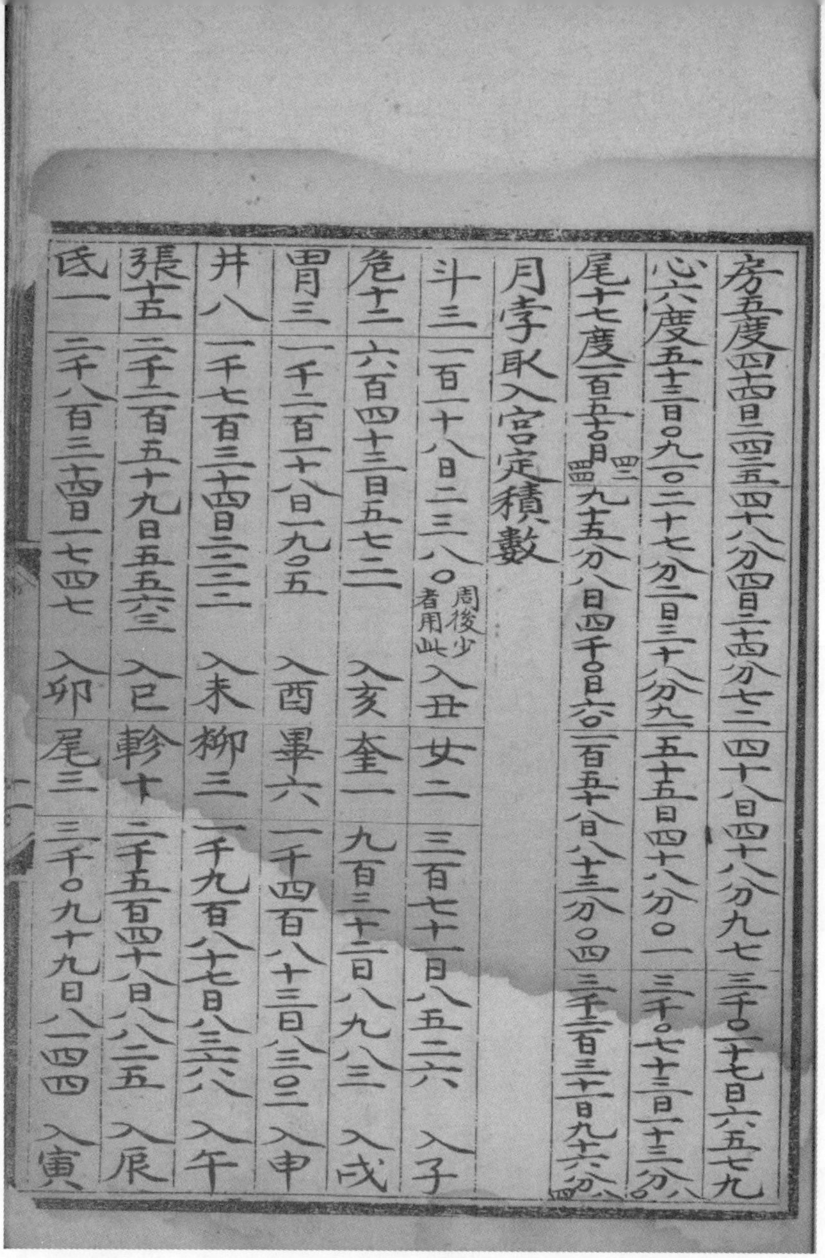

房五度四十四日二四二五	四十八分四日二十四分七二	四十八日四十八分九七	三千〇十七日六五七九
心六度五十三日〇九一〇	二十七分二日三十八分九一	五十五日四十八分〇一	三千〇七十三日一十三分八〇
尾十七度一百五十〇日四二四四	九十五分八日四千[1]〇日[2]六〇	一百五十八日八三〇四	三千二百三十一日九十六分八四

月孛取入宫定積數

斗三	一百一十八日二三八〇周後少者用此	入丑	女二	三百七十一日八五二六	入子
危十二	六百四十三日五七二一	入亥	奎一	九百三十二日八九八三	入戌
胃三	一千二百一十八日一九〇五	入酉	畢六	一千四百八十三日八三〇二	入申
井八	一千七百三十四日二二二二	入未	柳三	一千九百八十七日八三六八	入午
張十五	二千二百五十九日五五六三	入巳	軫十	二千五百四十八日八八二五	入辰
氐一	二千八百三十四日一七四七	入卯	尾三	三千〇九十九日八一四四	入寅

1"千" 當作 "十"。
2"日" 當作 "分"。

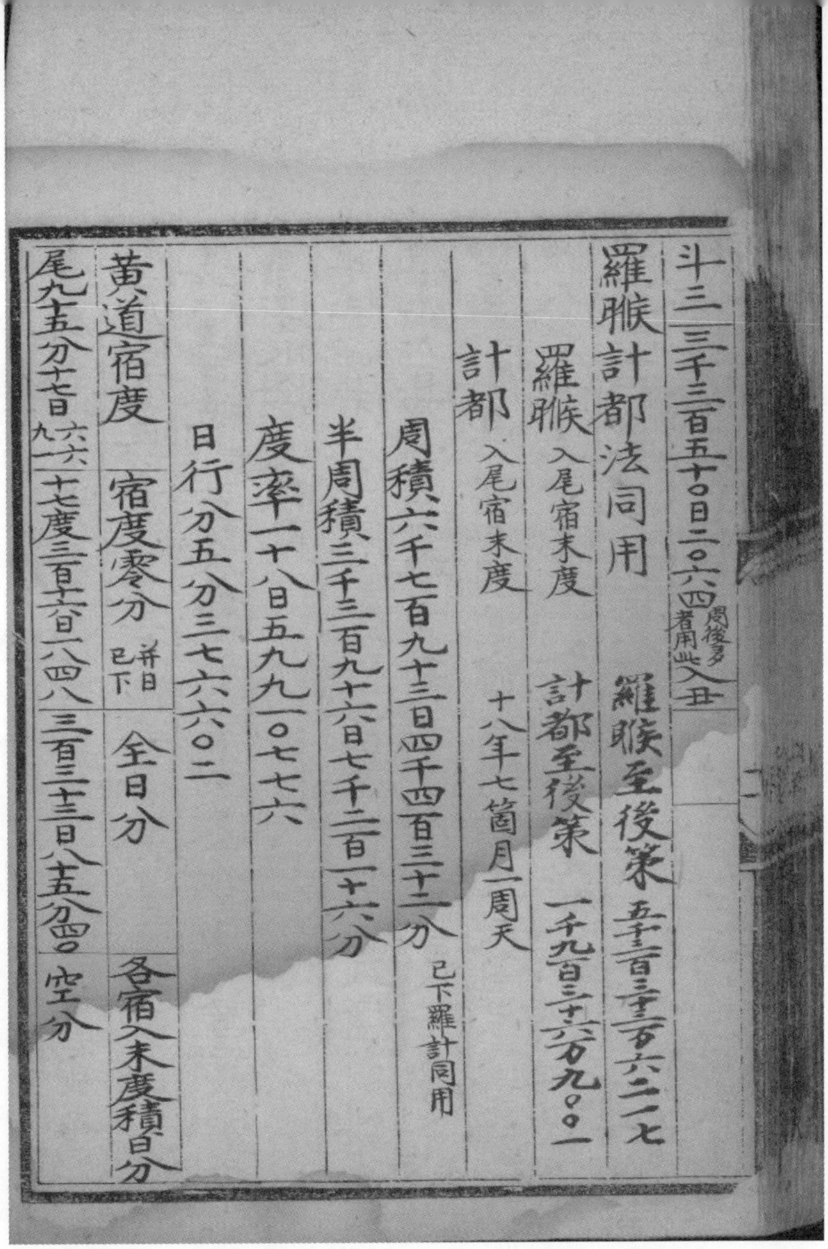

斗三	三千三百五十〇日二〇六四 周後多者用此	入丑			

羅睺、計都法同用。

羅睺至後策，五千三百三十三万六二一七。

羅睺，入尾宿末度。

計都至後策，一千九百三十六万九〇〇一。

計都，入尾宿末度，十八年七箇月一周天。

周積，六千七百九十三日四千四百三十二分。已下羅計同用。

半周積，三千三百九十六日七千二百一十六分。

度率，一十八日五九九一〇七七六。

日行分，五分三七六六〇二。

黄道宿度	宿度零分，并日已下	全日分	各宿入末度積日分
尾九十五分十七日六六九一	十七度三百十六日一八四八	三百三十三日八十五分四〇	空分

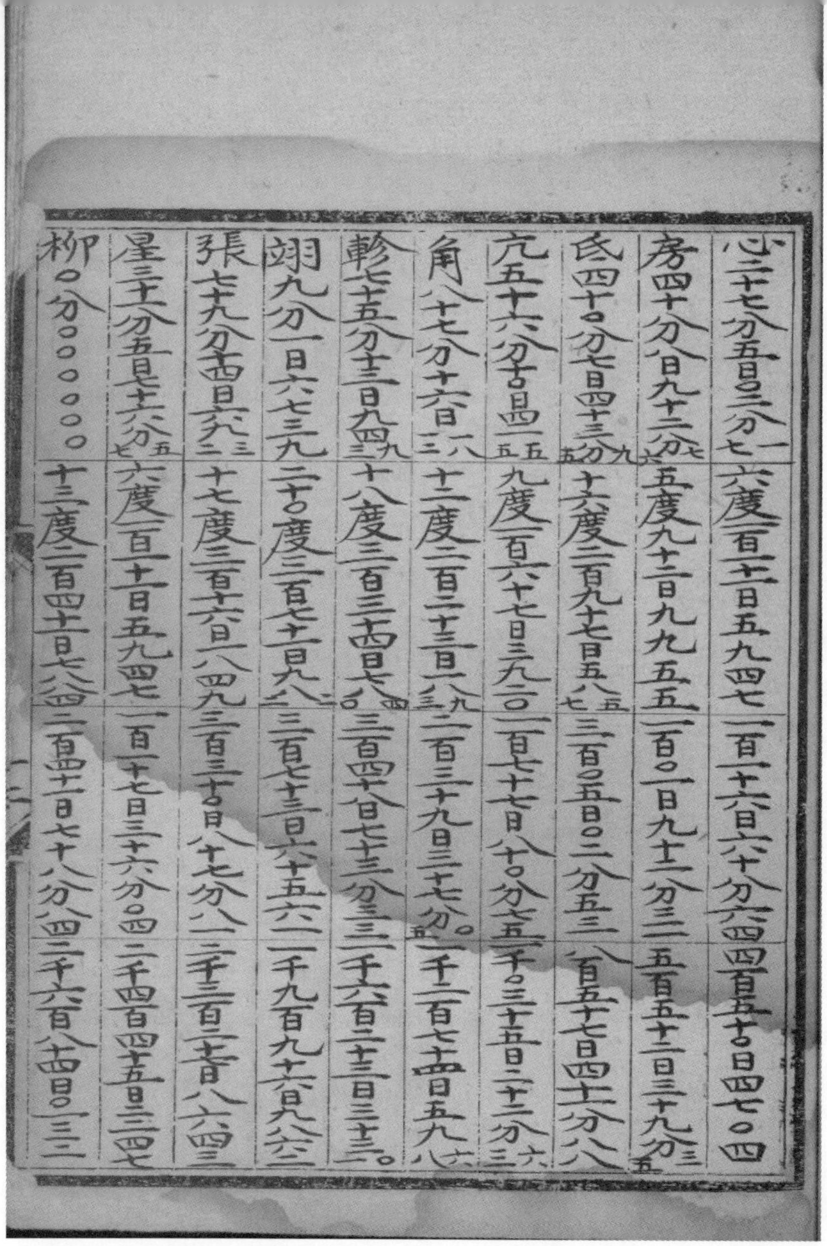

心二十七分五日〇二分一七	六度一百十一日五九四七	一百十六日六十分六四	四百五十〇日四七〇四
房四十八分八日九二分七六	五度九十二日九九五五	一百〇一日九十二分三一	五百五十二日三十九三五
氐四十〇分七日四十三分九五	十六度二百九十七日五八五七	三百〇五日〇二分五三	八百五十七日四十一八八
亢五十六分十〇日四一五五	九度一百六十七日三九二〇	一百七十七日八十〇分七五	一千〇三十五日二十二六三
角八十七分十六日一八一二	十二度二百二十三日一八九三	二百三十九日三十七分〇五	一千二百七十四日五九六八
軫七十五分十三日九四九三	十八度三百三十四日七八四〇	三百四十八日七十三分三三	一千六百二十三日三十三〇一
翊[1]九分一日六七三九	二十〇度三百七十一日九八二二	三百七十三日六十五分六一	一千九百九十六日九八六二
張七十九分十四日六九三二	十七度三百十六日一八四九	三百三十〇日八十七分八一	二千三百二十七日八六四三
星三十一分五日七十六分五七	六度一百一十一日五九四七	一百一十七日三十六分〇四	二千四百四十五日二二四七
柳〇分〇〇〇〇〇〇	十三度二百四十一日七八八四	二百四十一日七十八分八四	二千六百八十七日〇一三二

1"翊"當作"翼"。

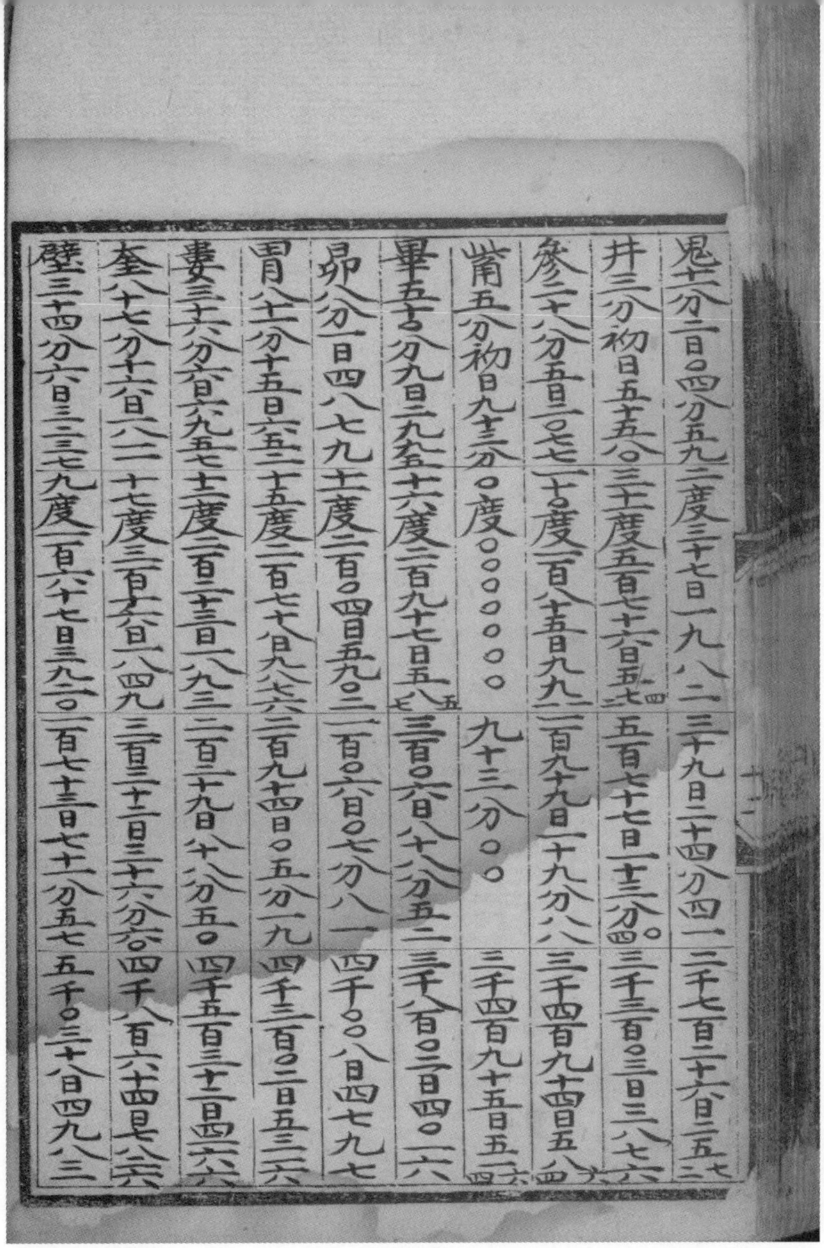

鬼十一分二日〇四分五九	二度三十七日一九八二	三十九日二十四分四一	二千七百二十六日二五七二
井三分初日五十五分八〇	三十一度五百七十六日五七四二	五百七十七日一十三分〇四	三千三百〇三日三八七六
參二十八分五日二〇七七	一十〇度一百八十五日九九一一	一百九十一日一十九分八八	三千四百九十四日五八六四
觜五分初日九十三分	〇度〇〇〇〇〇〇	九十三分〇〇	三千四百九十五日五一六四
畢五十〇分九日二九九五	十六度二百九十七日五八五七	三百〇六日八十八分五二	三千八百〇二日四〇一六
昴八分一日四八七九	十一度二百〇四日五九〇二	一百〇六日〇七分八一	四千〇〇八日四七九七
胃八十一分十五日六五二	十五度二百七十八日九八七六	二百九十四日〇五分一九	四千三百〇二日五三一六
婁三十六分六日六九五七	十二度二百二十三日一八九三	二百二十九日八十八分五〇	四千五百三十二日四一六六
奎八十七分十六日一八一一	十七度三百十六日一八四九	三百三十二日三十六分六〇	四千八百六十四日七八二六
壁三十四分六日三二三七	九度一百六十七日三九二〇	一百七十三日七十一分五七	五千〇三十八日四九八三

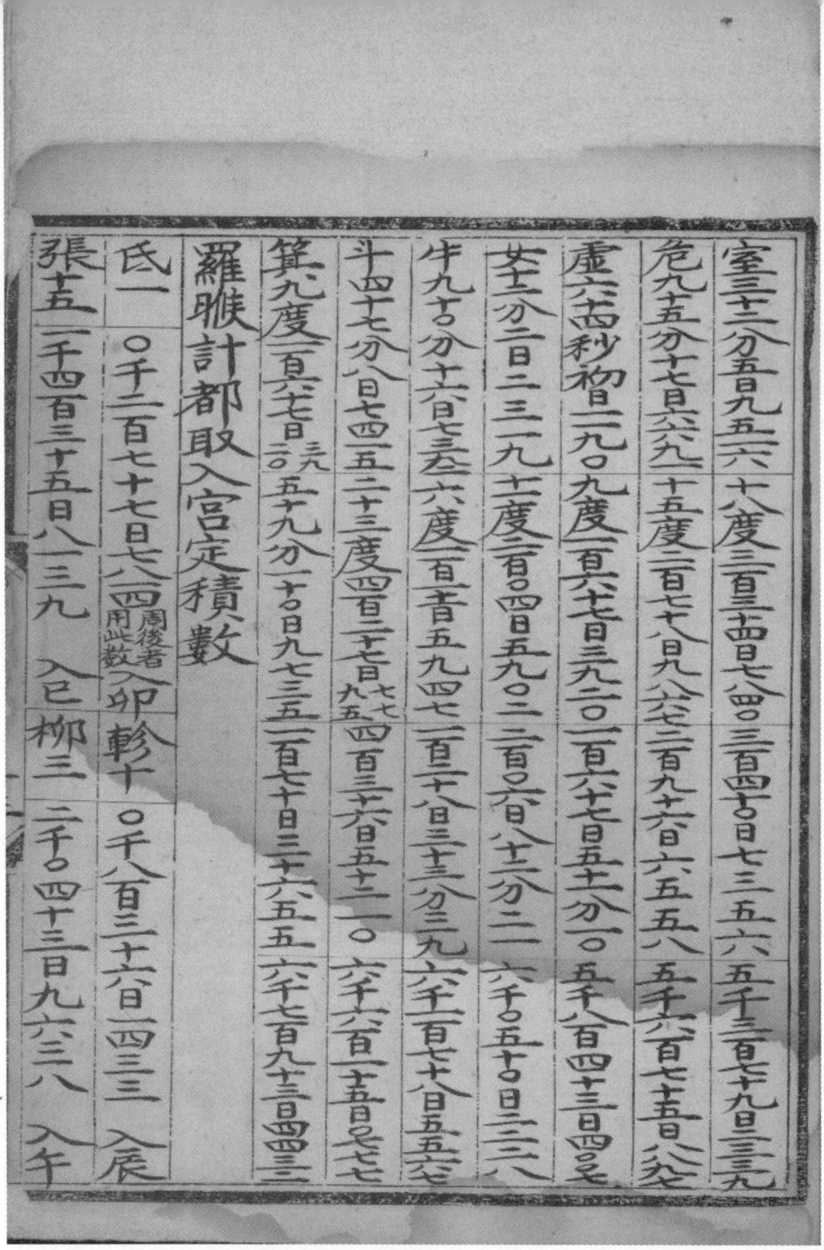

室三十二分五日九五一六	十八度三百三十四日七八四〇	三百四十〇日七三五六	五千三百七十九日二三三九
危九十五分十七日六六九一	十五度二百七十八日九八七六	二百九十六日六五五八	五千六百七十五日八八九七
虛六十四秒初日一一九〇	九度一百六十七日三九二〇	一百六十七日五十一一〇	五千八百四十三日四〇〇七
女十二分二日二三一九	十一度二百〇四日五九〇二	二百〇六日八十二二一	六千〇五十〇日二二二八
牛九十〇分十六日七三九二	六度一百一十一日五九四七	一百二十八日三十三三九	六千一百七十八日五五六七
斗四十七分八日七四一五	二十三度四百二十七日七七九五	四百三十六日五十二一〇	六千六百一十五日〇七七七
箕九度一百六十七日三九二〇[1]	五十九分十〇日九七三五[2]	一百七十八日三十六五五	六千七百九十三日四四三二

羅睺、計都取入宮定積數

氐一	〇千二百七十七日七八一四周後少者用此數	入卯	軫十	〇千八百三十六日一四三三	入辰
張十五	一千四百三十五日八一三九	入巳	柳三	二千〇四十三日九六三八	入午

1 與下一格數字顛倒，“九度一百六十七日三九二〇”當作“五十九分十〇日九七三五”。

2 與上一格數字顛倒，“五十九分十〇日九七三五”當作“九度一百六十七日三九二〇”。

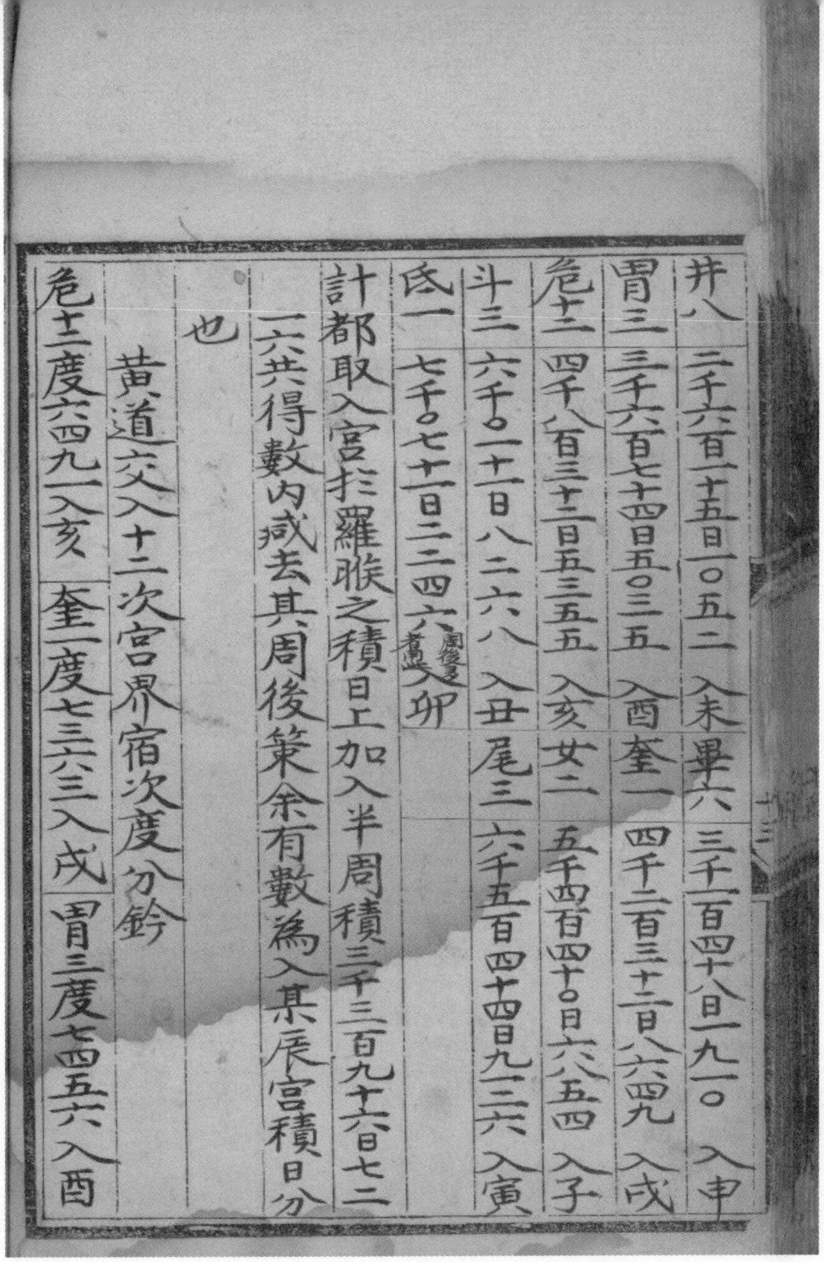

井八	二千六百一十五日一〇五二	入未	畢六	三千一百四十八日一九一〇	入申
胃三	三千六百七十四日五〇三五	入酉	奎一	四千二百三十二日八六四九	入戌
危十二	四千八百三十二日五三五五	入亥	女二	五千四百四十〇日六八五四	入子
斗三	六千〇一十一日八二六八	入丑	尾三	六千五百四十四日九一二六	入寅
氐一	七千〇七十一日二二四六周後多者用此	入卯			

計都取入宫扵羅睺之積日，上加入半周積三千三百九十六日七二一六，共得數内減去周後策，余有數為入某辰宫積日分也。

黄道交入十二次宫界宿次度分鈐

危十二度六四九一	入亥	奎一度七三六三	入戌	胃三度七四五六	入酉

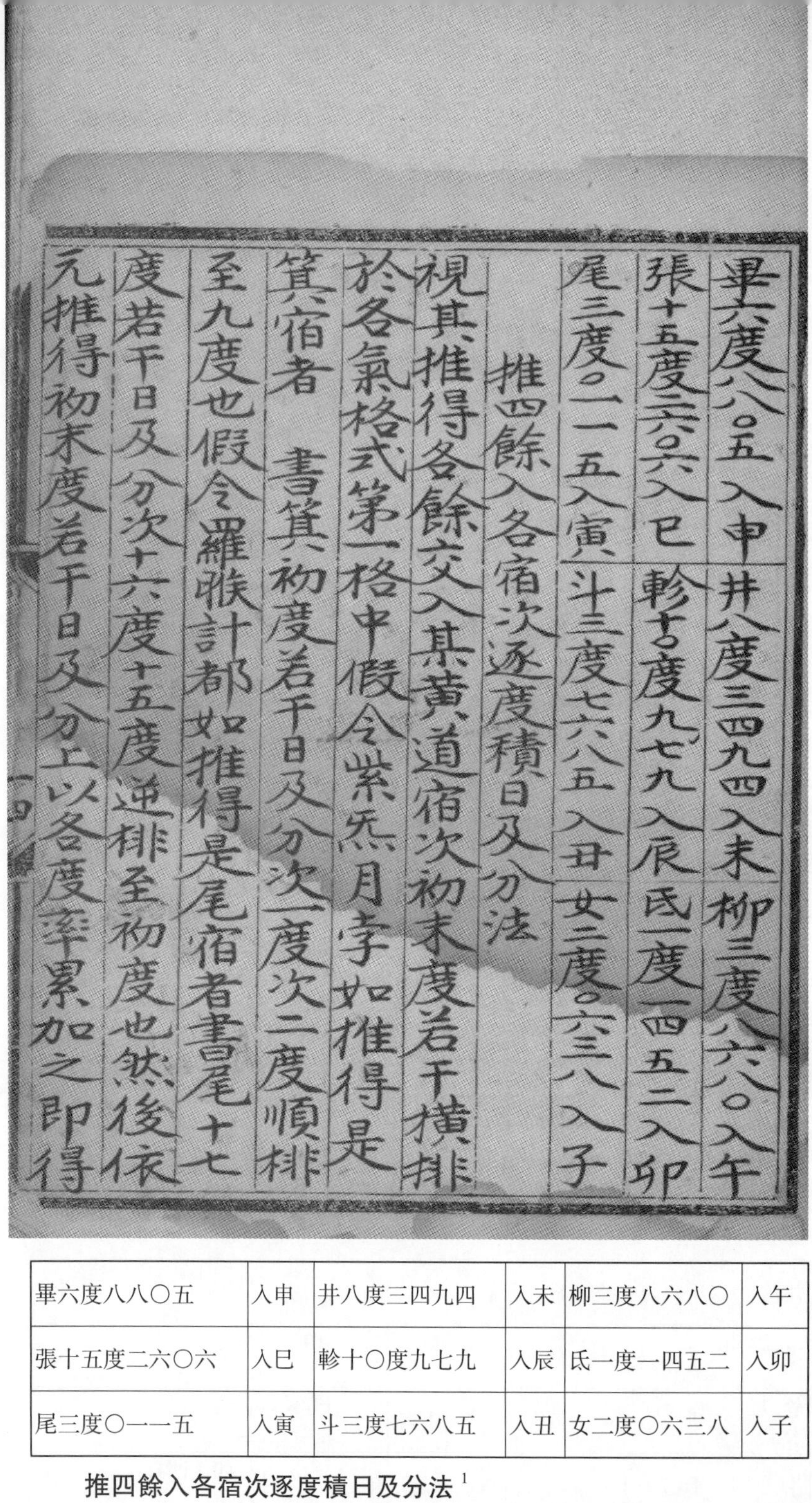

畢六度八八〇五	入申	井八度三四九四	入未	柳三度八六八〇	入午
張十五度二六〇六	入巳	軫十〇度九七九	入辰	氐一度一四五二	入卯
尾三度〇一一五	入寅	斗三度七六八五	入丑	女二度〇六三八	入子

推四餘入各宿次逐度積日及分法

視其推得各餘交入某黄道宿次初末度若干横排於各氣格式第一格中

假令紫炁月孛如推得是箕宿者書箕初度若干日及分次一度次二度順排至九度也假令羅睺計都如推得是尾宿者書尾十七度若干日及分次十六度十五度逆排至初度也然後依元推得初末度若干日及分上以各度率累加之即得

畢六度八八〇五	入申	井八度三四九四	入未	柳三度八六八〇	入午
張十五度二六〇六	入巳	軫十〇度九七九	入辰	氐一度一四五二	入卯
尾三度〇一一五	入寅	斗三度七六八五	入丑	女二度〇六三八	入子

推四餘入各宿次逐度積日及分法[1]

視其推得各餘交入某黄道宿次初末度若干，横排於各氣格式第一格中。

假令紫炁、月孛，如推得是箕宿者，書箕初度若干日及分，次一度，次二度，順排至九度也。

假令羅睺、計都，如推得是尾宿者，書尾十七度若干日及分，次十六度，十五度，逆排至初度也。然後依元推得初末度若干日及分，上以各度率累加之，即得

1 後缺字“第八”。

入逐度積日及分也。加至各宿之初末度相接處，逆順背以其宿零分下若干日及分之方交入次宿度分也，自然與其初末之度分相合也。[1]

推各餘交十二宫次在何月何日辰某時刻法第九

視其各餘氣推得黄道宿次與有交宫十二次宫界宿名同度下入宫之[2]積全分，内減去其推得至後策，余有為入其某辰宫積日及分也。當副置之，一内加入推得閏餘全分，共得以月數鈐挨及減之号下數減之，命為某月也。既得是何月，内加一入推得冬至全分，共得如滿紀法六十萬去之，余有視其大余若干筭外，命甲子得日辰。就

1 用度率逐日累加各餘初末度積日，得到入逐度積日。
2“之”當作“定”。

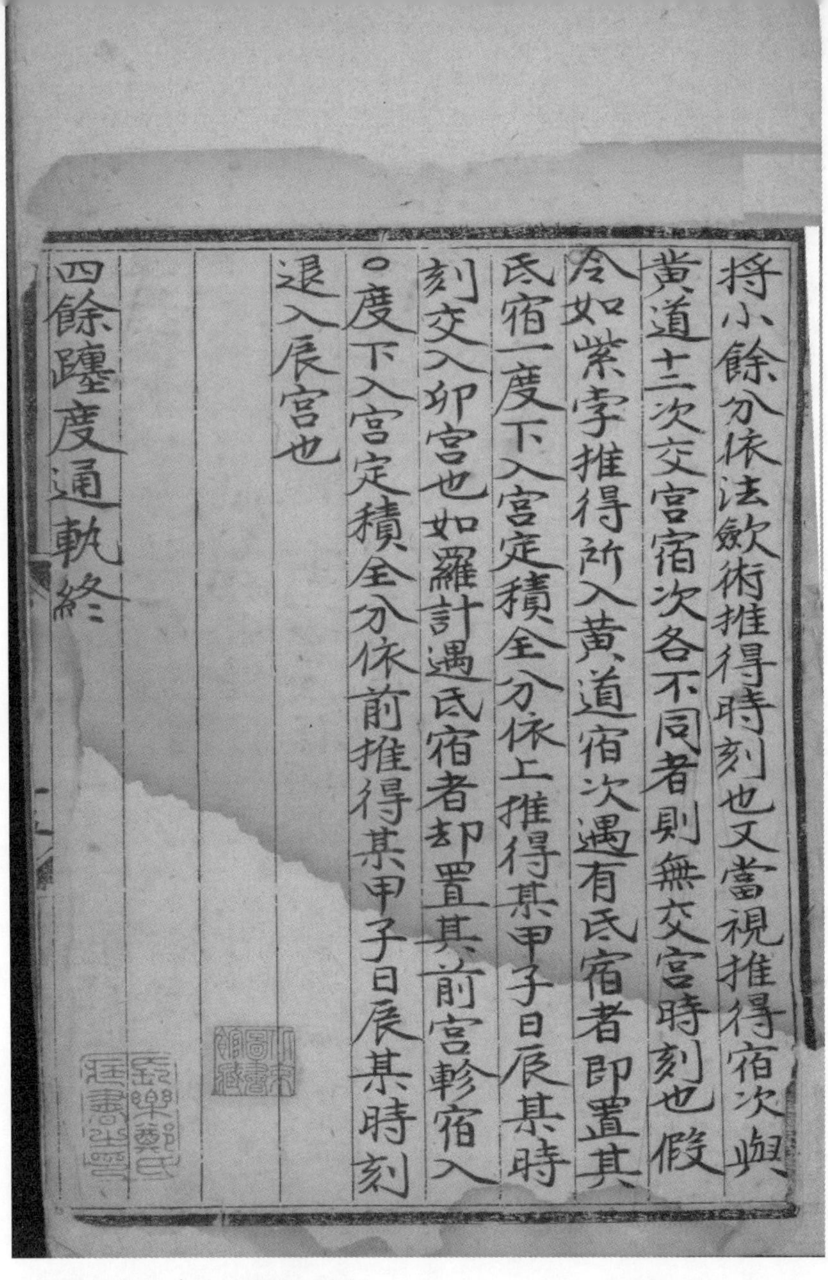
將小餘分依法歛術推得時刻也又當視推得宿次與黄道十二次交宫宿次各不同者則無交宫時刻也假令如紫孛推得所入黄道宿次遇有氐宿者即置其氐宿一度下入宫定積全分依上推得某甲子日辰某時刻交入卯宫也如羅計遇氐宿者却置其前宫軫宿入○度下入宫定積全分依前推得某甲子日辰某時刻退入辰宫也

四餘躔度通軌終

将小餘依法[1]歛術推得時刻也。

又當視推得宿次與黄道十二次交宫宿次各[2]不同者，則無交宫時也。[3]

假令如紫孛推得所入黄道宿次遇有氐宿者，即置其氐宿一度下入宫定積全分，依上推得某甲子日辰某時刻交入卯宫也。如羅計遇氐宿者，却置其前宫軫宿入〇度下入宫定積全分，依前推得某甲子日辰某時刻退入辰宫也。

《四餘躔度通軌》終

1“法”當作“發”。
2“各”當作“名”。
3 以宫定積全分加冬至全分，滿紀法減去得到日辰，餘數按推算發斂的方法推算得到時刻。根據定朔的甲子判斷交某宫及時刻。

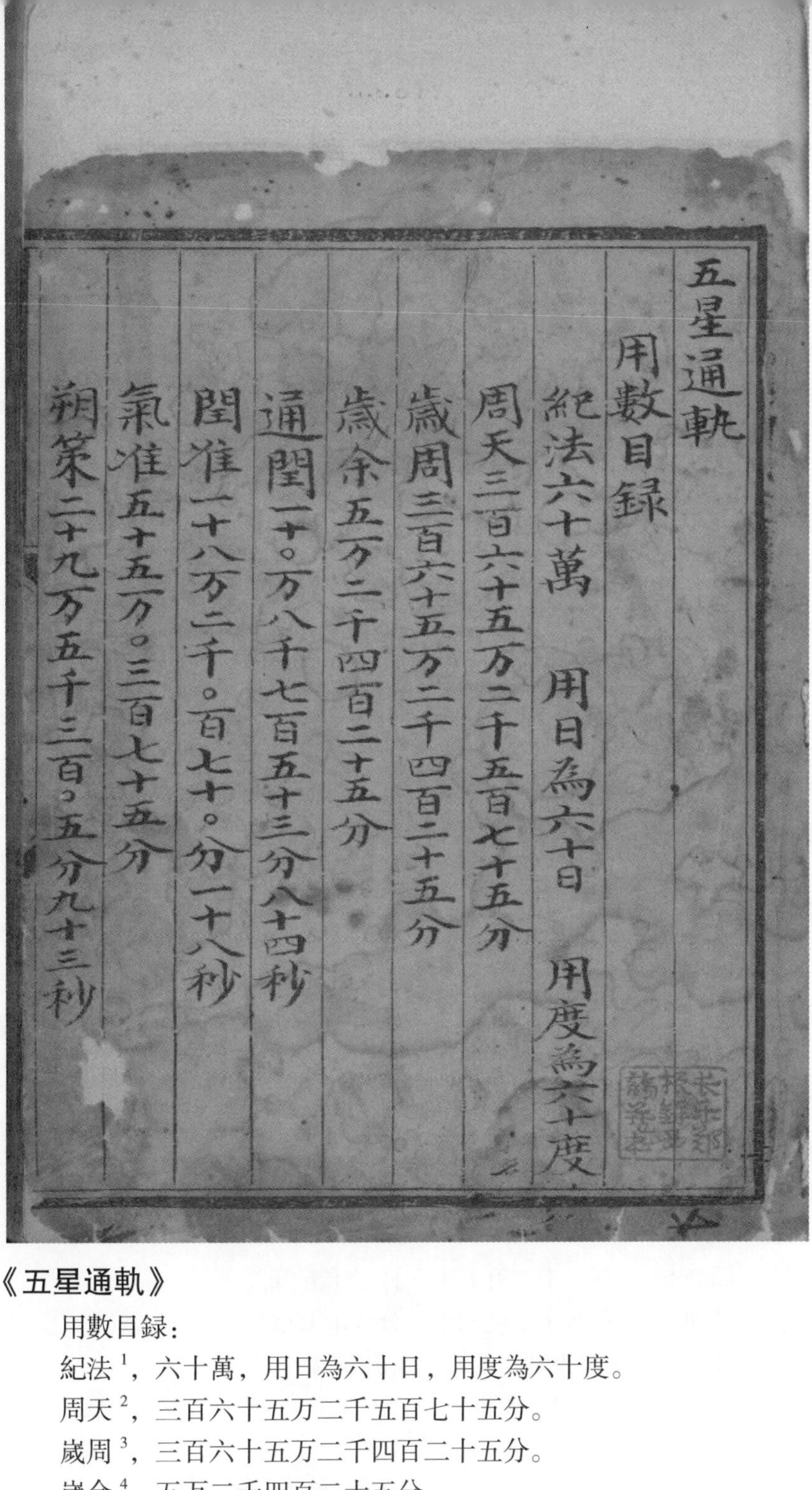
五星通軌
用數目録
紀法六十萬　用日為六十日　用度為六十度
周天三百六十五万二千五百七十五分
歳周三百六十五万二千四百二十五分
歳余五万二千四百二十五分
通閏一十〇万八千七百五十三分八十四秒
閏准一十八万二千〇百七十〇分一十八秒
氣准五十五万〇三百七十五分
朔策二十九万五千三百〇五分九十三秒

《五星通軌》

用數目録：

紀法[1]，六十萬，用日為六十日，用度為六十度。

周天[2]，三百六十五万二千五百七十五分。

歳周[3]，三百六十五万二千四百二十五分。

歳余[4]，五万二千四百二十五分。

通閏[5]，一十〇万八千七百五十三分八十四秒。

閏准[6]，一十八万二千〇百七十〇分一十八秒。

氣准[7]，五十五万〇三百七十五分。

朔策[8]，二十九万五千三百〇五分九十三秒。

1 紀法為干支紀法。

2 周天為 365.2575 度，即三百六十五萬二千五百七十五分。

3 歳周又稱歳實，即回归年，為 365.2425 日，即三百六十五萬二千四百二十五分。

4 歳周 365.2425 日減去 360 日後餘下的部分。

5 通閏為歳實減去十二倍的朔實（朔實為 29.530593 日），為 10.885284 日，即一十〇萬八千七百五十三分八十四秒。

6 閏准又稱閏應，為曆元年歳前冬至距天正月平朔的時刻。

7 氣准又稱氣應，為曆元年歳前冬至子正夜半距甲子日子正夜半的時刻。

8 朔策即朔望月。

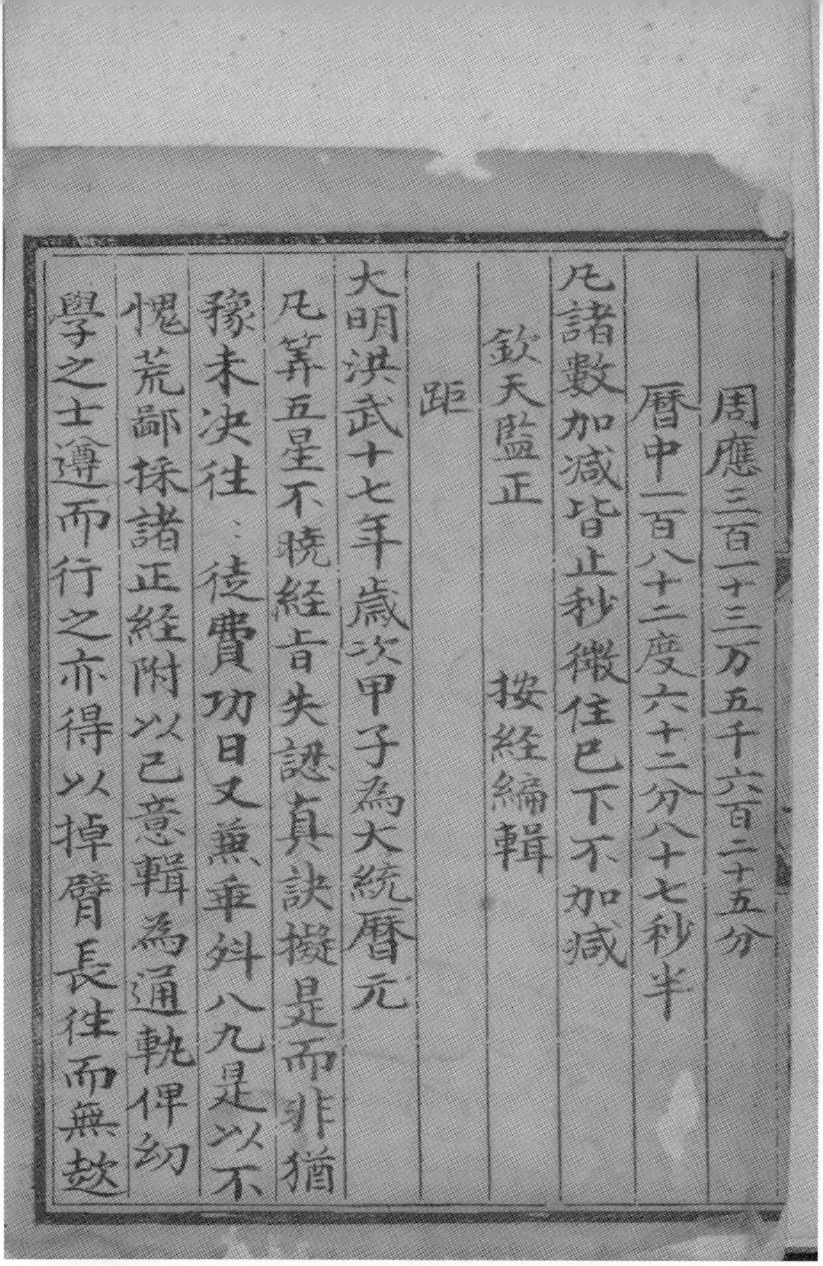

周應三百一十三万五千六百二十五分
曆中一百八十二度六十二分八十七秒半
凡諸數加減皆止秒微住已下不加減
欽天監正　按経編輯
距
大明洪武十七年歲次甲子為大統曆元
凡筭五星不暁経旨失認真訣擬是而非猶
豫未決往〻徒費功日又兼乖舛八九是以不
愧荒鄙採諸正経附以己意輯為通軌俾幼
學之士遵而行之亦得以掉臂長往而無趍

周應[1]，三百一十三万五千六百二十五分。

曆中[2]，一百八十二度六十二分八十七秒半。

凡諸數加減皆止秒，微住已下不加減。

欽天監正　　按經編輯。

距

大明洪武十七年[3]歲次甲子為大統曆元。

凡筭五星不曉經旨，失認真訣，擬是而非，猶豫未決，往往費功日，又兼乖舛八九。是以不愧荒鄙，採諸正經，附以己意，輯為《通軌》，俾幼學之士，遵而行之，亦得以掉臂長往而無趍

1 周應為曆元冬至時刻太陽所在赤道位置與赤道虛宿 6 度之間的赤道積度，辛巳曆元冬至時刻太陽在赤道箕宿 10 度，周應為 315.1075 度。

2 曆中即半周天。

3 洪武十七年即 1384 年。

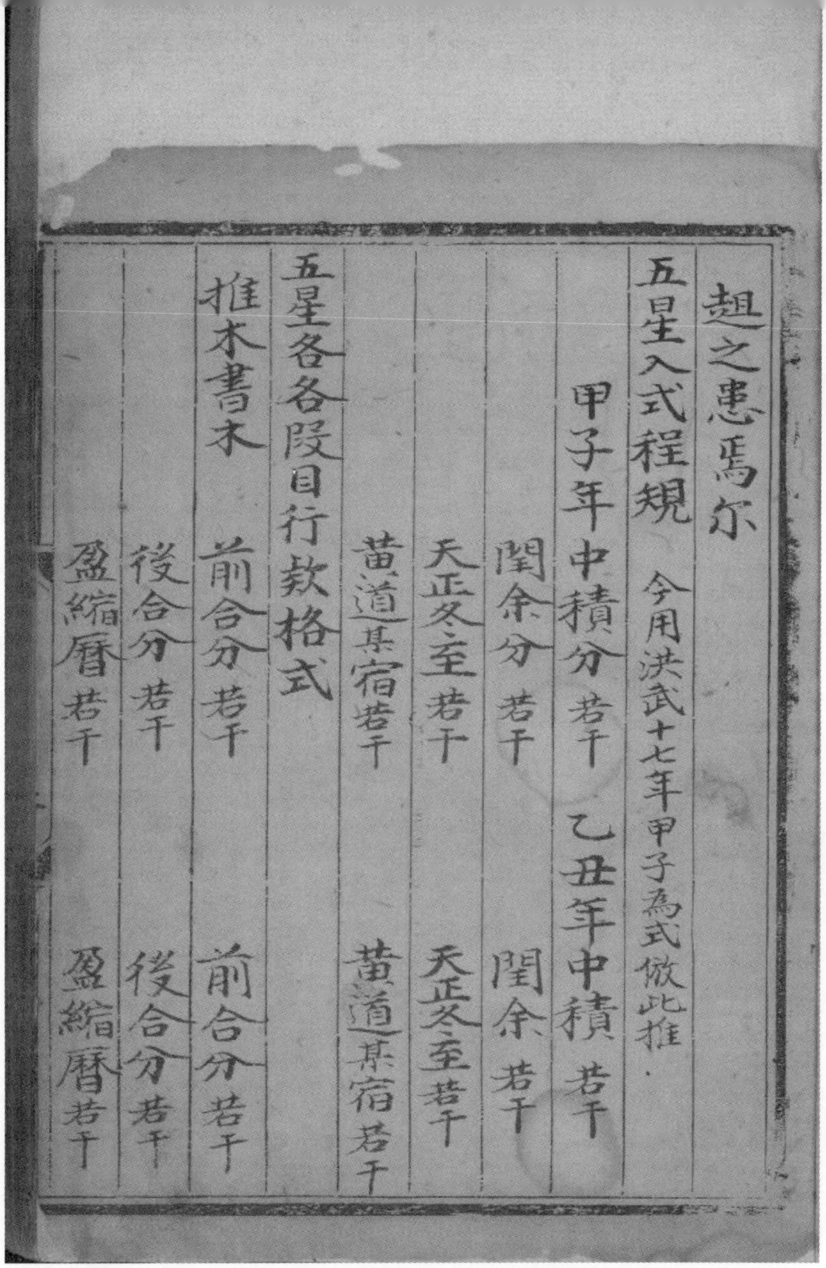

趄之患焉尔。

五星入式程規，今用洪武十七年甲子為式，倣此推。

甲子年	中積分若干	乙丑年	中積分若干
閏余分	若干	閏余分	若干
天正冬	至若干	天正冬	至若干
黄道某	宿若干	黄道某	宿若干

五星各各段目行款格式

推木書木	
前合分若干	前合分若干
後合分若干	後合分若干
盈縮曆若干	盈縮曆若干

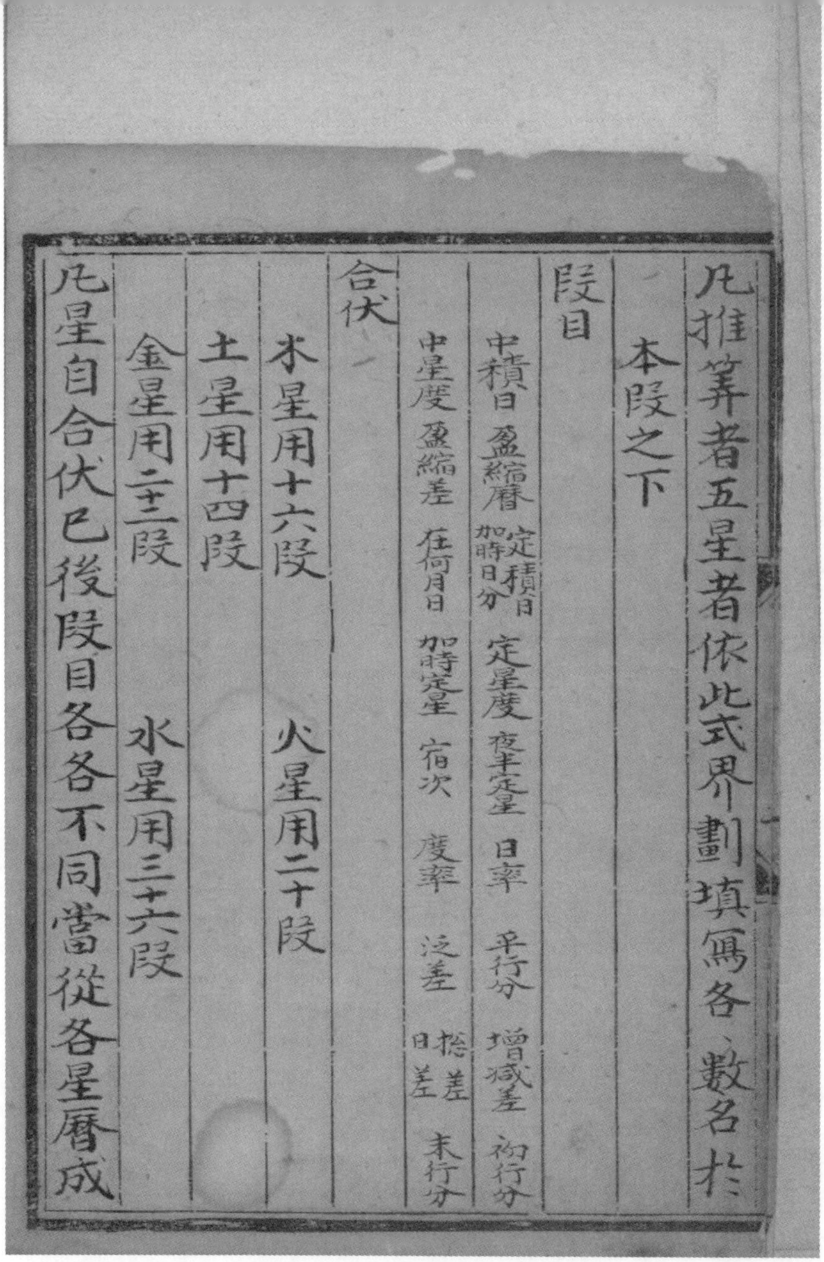

凡推筭者[1]五星者，依此式界劃填寫各數名扵本段之下。

段目

中積日	盈縮曆	定積日	定星度	夜半定星	日率	平行分	增減差	初行分
中星度	盈縮差	加時日分在何月日	加時定星	宿次	度率	泛差	總差日差	末行分

合伏

木星用十六段，火星用二十段，土星用十四段，金星用二十二段，水星用三十六段。[2]

凡星自合伏已後段目各各不同，當從各星曆成

1“者”為衍文。

2 傳統曆法將五星運動劃分為不同的段，分別計算五星各段位置。

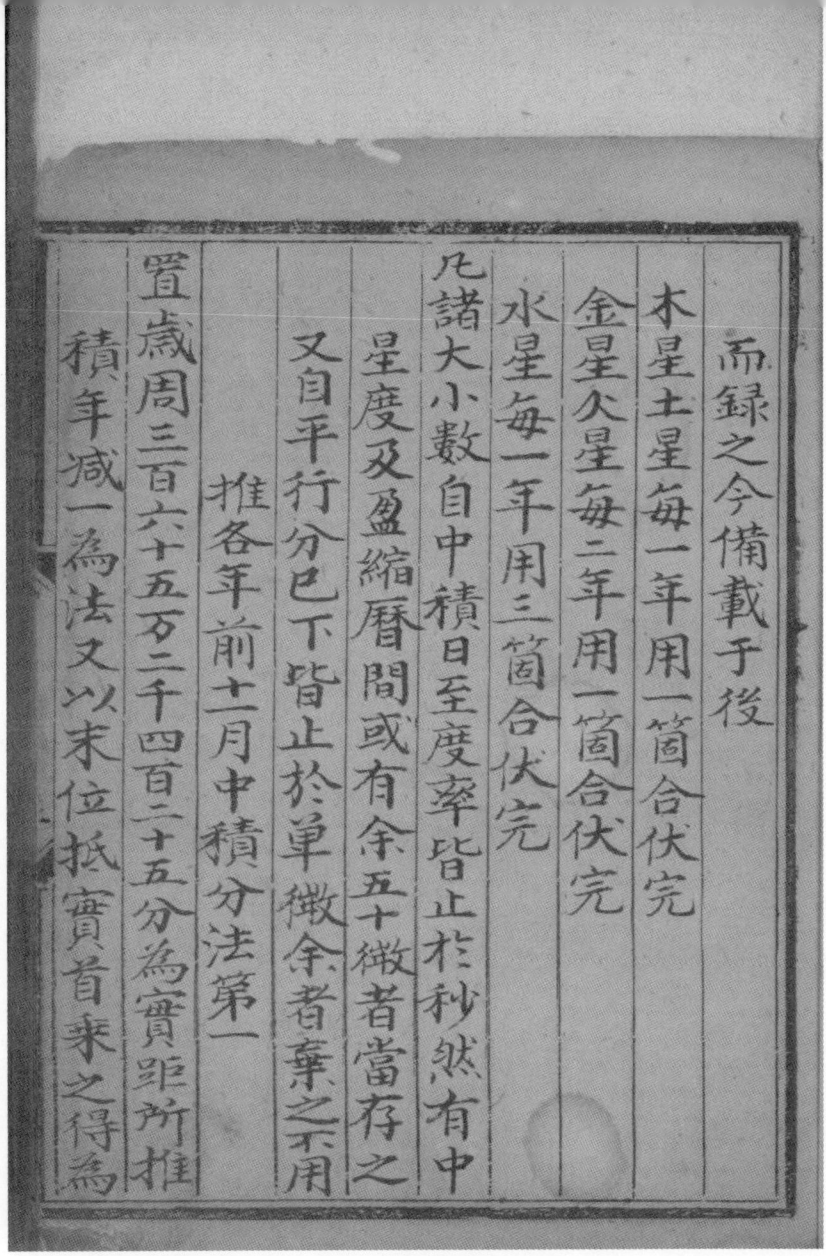
而録之今備載于後
木星土星每一年用一箇合伏完
金星火星每二年用一箇合伏完
水星每一年用三箇合伏完
凡諸大小數自中積日至度率皆止於秒然有中
星度及盈縮曆間或有余五十微者當存之
又自平行分已下皆止於單微余者棄之不用
推各年前十一月中積分法第一
置歲周三百六十五万二千四百二十五分為實距所推
積年減一為法又以末位抵實首乘之得為

而録之。今備載于後。[1]

木星、土星每一年用一箇合伏完。

金星、火星每二年用一箇合伏完。

水星每一年用三箇合伏完。

凡諸大小數自中積日至度率，皆止於秒。然有中星度及盈縮曆，間或有余五十微者，當存之。又自平行分已下皆止於單微，余者棄之不用。

推各年前十一月中積分法第一

置歲周三百六十五万二千四百二十五分爲實，距所推積年減一為法。又以末位抵實首乘之，得為

1 列出五星各段目並留出空白，再將每段計算的結果依次填入。

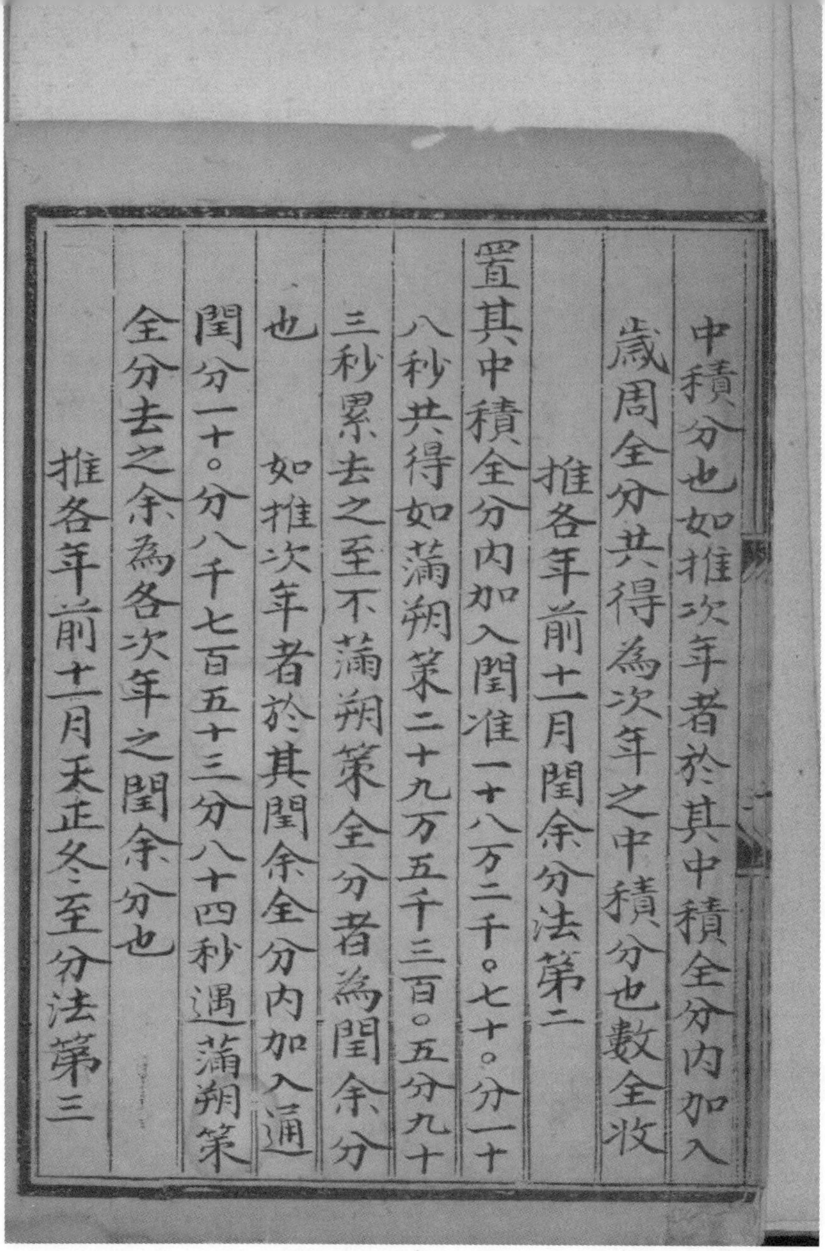
中積分也如推次年者於其中積全分内加入
歳周全分共得為次年之中積分也數全收
推各年前十一月閏余分法第二
置其中積全分内加入閏准一十八万二千〇七十〇分一十
八秒共得如滿朔策二十九万五千三百〇五分九十
三秒累去之至不滿朔策全分者為閏余分
也　如推次年者於其閏余全分内加入通
閏分一十〇分八千七百五十三分八十四秒遇滿朔策
全分去之余為各次年之閏余分也
推各年前十一月天正冬至分法第三

中積分也。

如推次年者，於其中積全分内加入歲周全分，得為次年之中積分也。數全收。[1]

推各年前十一月閏余分法第二

置其中積全分，内加入閏准一十八万二千〇七十〇分一十八秒，共得如滿朔策二十九万五千三百〇五分九十三秒，累去之，至不滿朔策全分者為閏余分也。

如推次年者，於其閏余全分，内加入通閏分一十〇分八千七百五十三分八十四秒，遇滿朔策全分去之，余為各次年之閏余分也。[2]

推各年前十一月天正冬至分法第三

1 中積 = 積年 × 歲周。
2 中積分加閏准（又稱閏應分）為閏餘積。閏餘積滿朔策去之後為閏餘分，即冬至平月齡，冬至距經朔的時間。

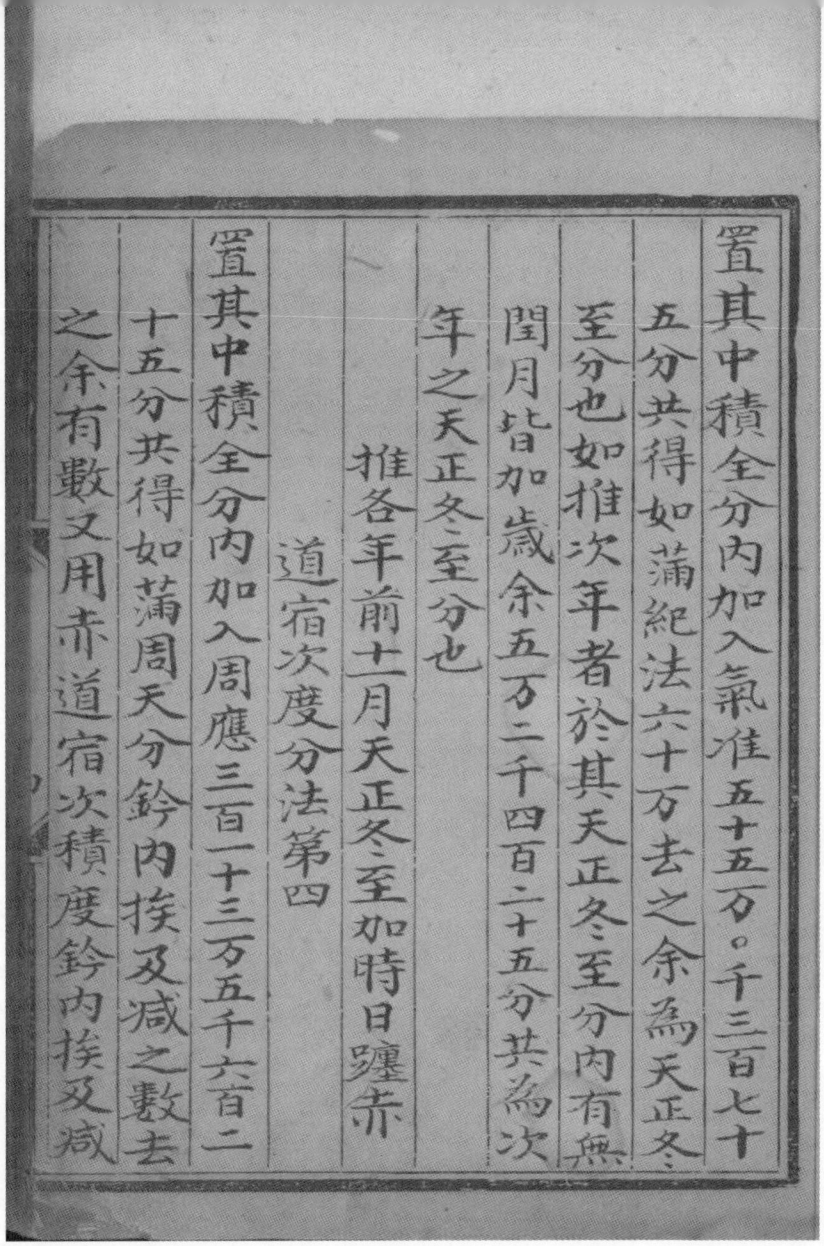
置其中積全分内加入氣准五十五万〇千三百七十五分共得如蒲紀法六十万去之余為天正冬至分也如推次年者於其天正冬至分内有無閏月皆加歳余五万二千四百二十五分共為次年之天正冬至分也

推各年前十一月天正冬至加時日躔赤道宿次度分法第四

置其中積全分内加入周應三百一十三万五千六百二十五分共得如蒲周天分鈐内挨及減之數去之余有數又用赤道宿次積度鈐内挨及減

置其中積全分，内加入氣准五十五万〇千三百七十五分，共得如滿紀法六十万去之，余為天正冬至分也。

如推次年者，於其天正冬至分内，有無閏月皆加歳余五万二千四百二十五分，共為次年之天冬至分也。[1]

推各年前十一月天正冬至加時日躔赤道宿次度分法第四

置其中積全分，内加入周應三百一十三万五千六百二十五分，共得如滿周天分鈐内挨及減之數去之，余有數又用赤道宿次積度鈐内挨及減

1 中積分加氣應（氣應為曆元年歲前冬至子正夜半距甲子日子正夜半的時刻），用紀法六十去之，餘數即從甲子日算起至冬至的時間。

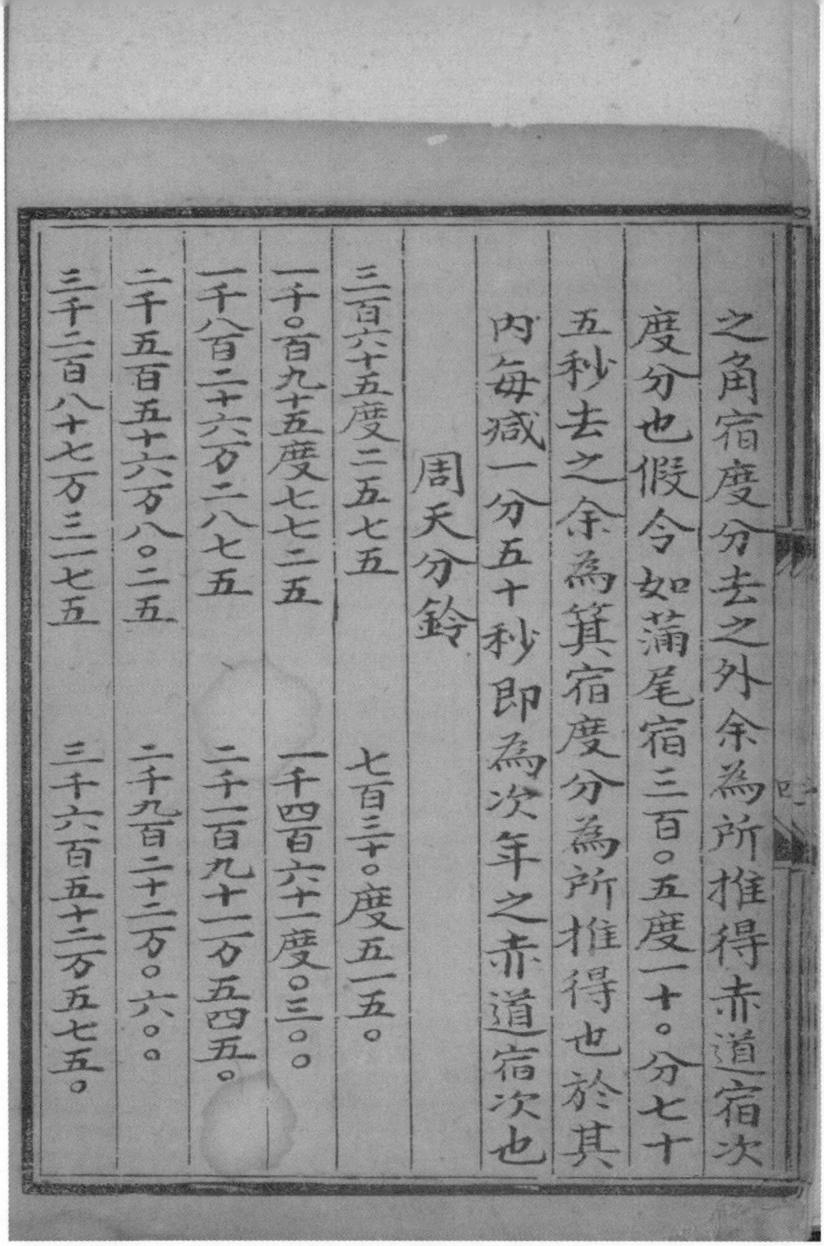
之角宿度分去之外余為所推得赤道宿次
度分也假令如蒲尾宿三百〇五度一十〇分七十
五秒去之余為箕宿度分為所推得也於其
內每減一分五十秒即為次年之赤道宿次也
周天分鈴
三百六十五度二五七五　七百三十〇度五一五〇
一千〇百九十五度七七二五　一千四百六十一度〇三〇〇
一千八百二十六万二八七五　二千一百九十一万五四五〇
二千五百五十六万八〇二五　二千九百二十二万〇六〇〇
三千二百八十七万三一七五　三千六百五十二万五七五〇

之角宿度分去之外，余為所推得赤道宿次度分也。

假令如滿尾宿三百〇五度一十〇分七十五秒去之，余為箕宿度分，為所推得也。於其内每減一分五十秒，即為次年之赤道宿次也。

周天分鈐

三百六十五度二五七五	七百三十〇度五一五〇
一千〇百九十五度七七二五	一千四百六十一度〇三〇〇
一千八百二十六万二八七五	二千一百九十一万五四五〇
二千五百五十六万八〇二五	二千九百二十二万〇六〇〇
三千二百八十七三一七五	三千六百五十二万五七五〇

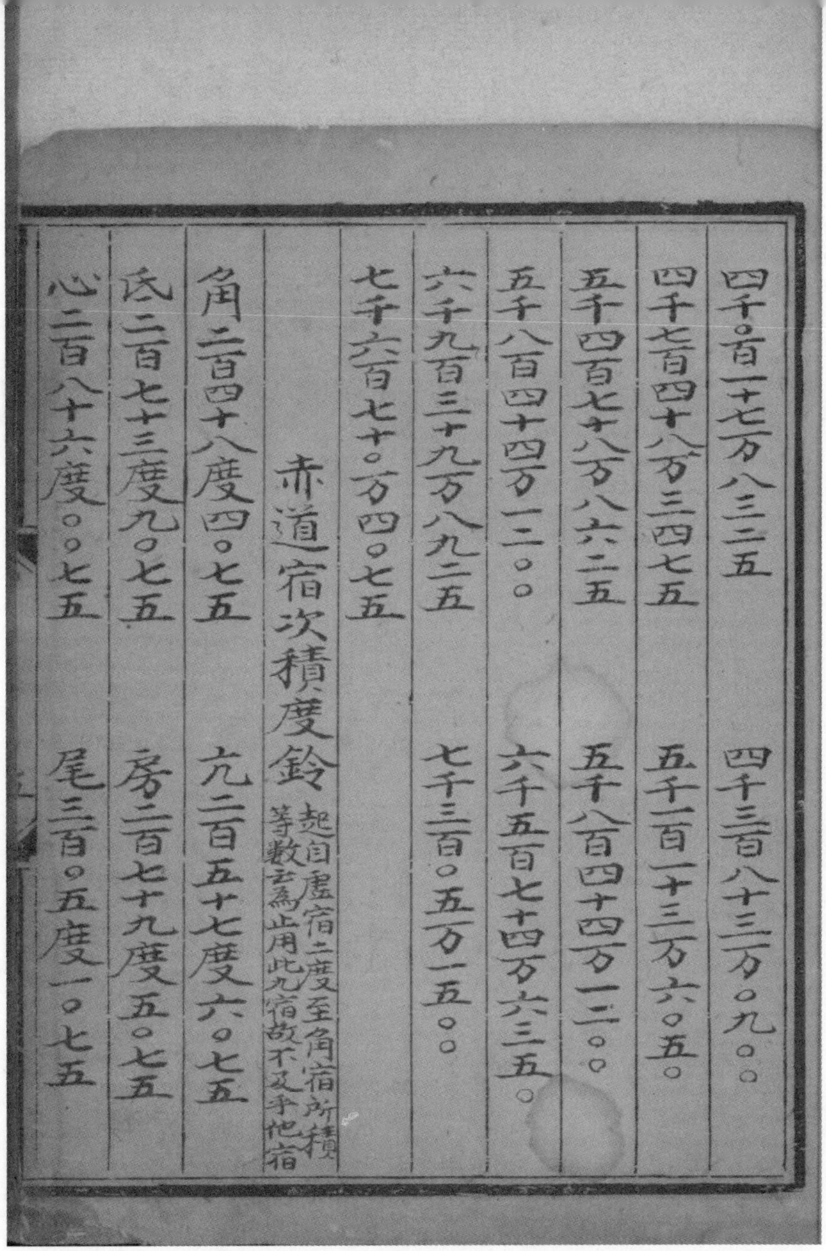

四千○百一十七万八三二五　四千三百八十三万○九○○
四千七百四十八万三四七五　五千一百一十三万六○五○
五千四百七十八万八六二五　五千八百四十四万一二○○
五千八百四十四万一二○○　六千五百七十四万六三五○
六千九百三十九万八九二五　七千三百○五万一五○○
七千六百七十○万四○七五
赤道宿次積度鈐　起自虛宿二度至角宿所積等數云為止用此九宿故不及乎他宿
角二百四十八度四○七五　亢二百五十七度六○七五
氐二百七十三度九○七五　房二百七十九度五○七五
心二百八十六度○○七五　尾三百○五度一○七五

四千○百一十七万八三二五	四千三百八十三万○九○○
四千七百四十八万三四七五	五千一百一十三万六○五○
五千四百七十八万八六二五	五千八百四十四万一二○○
五千八百四十四万一二○○	六千五百七十四万六三五○
六千九百三十九万八九二五	七千三百○五万五○○
七千六百七十○万四○七五	

赤道宿次積度鈐，起自虛宿二度，至角宿所積等數云為止。用此九宿，故不及乎他宿。[1]

角，二百四十八度四○七五	亢，二百五十七度六○七五
氐，二百七十三度九○七五	房，二百七十九度五○七五
心，二百八十六度○○七五	尾，三百○五度一○七五

1 各宿次在赤道坐標上的積度。

箕，三百一十五度五〇七五	斗，三百四十〇度七〇七五
牛，三百四十七度九〇七五	

推各年前十一月天正冬至加時黄道宿次度分法第五

置其赤道某宿次全分，以黄赤道立成内至後赤道積度八度六七九三減之。今洪武十七年歲次甲子，推得赤道在箕宿八度四十五分五十秒，為數少不及減，故退一位，以七度五九七減之，余以元減之七度五九七位上黄道度率一度為法乘之，定數以度乘千分，進一位得億。今不

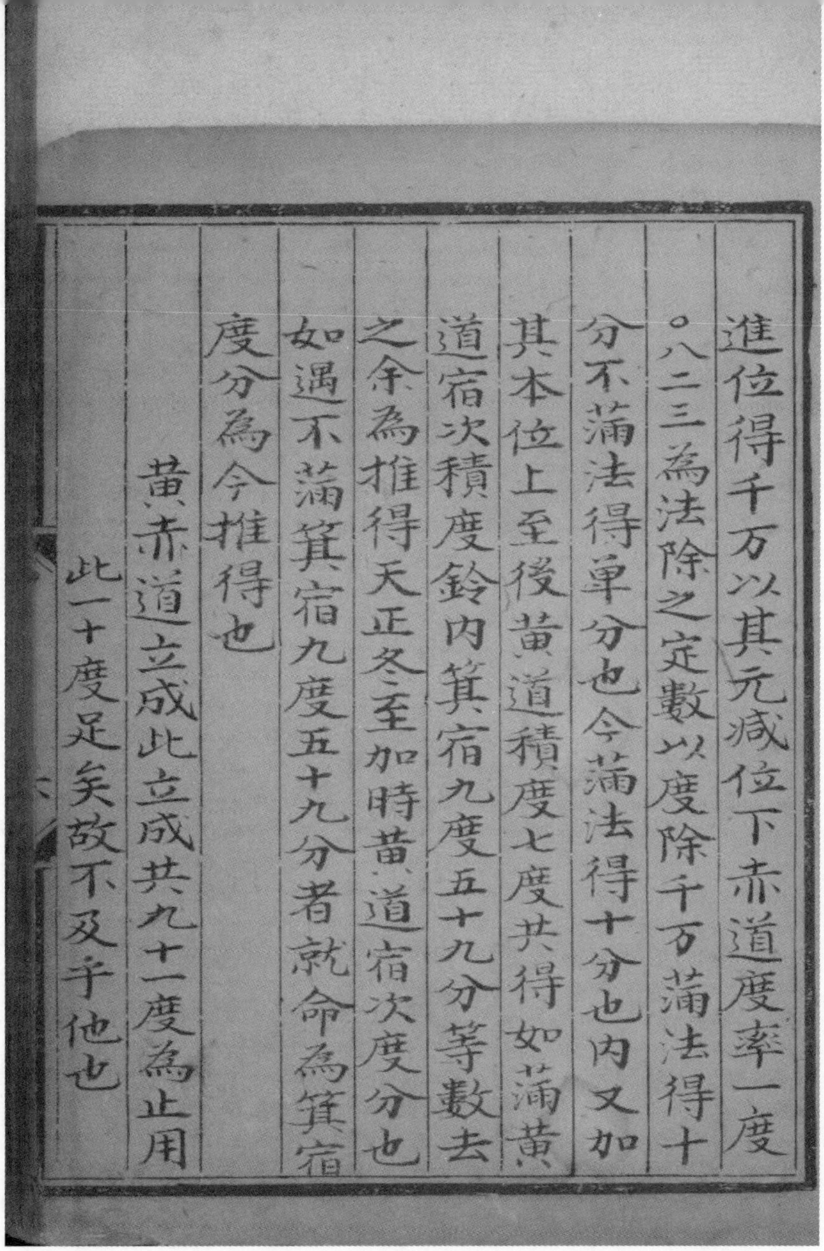

進位得千万以其元減位下赤道度率一度
○八二三為法除之定數以度除千万滿法得十
分不滿法得单分也今滿法得十分也内又加
其本位上至後黄道積度七度共得如滿黄
道宿次積度鈐内箕宿九度五十九分等數去
之余為推得天正冬至加時黄道宿次度分也
如遇不滿箕宿九度五十九分者就命為箕宿
度分為今推得也
黄赤道立成此立成共九十一度為止用
此一十度足矣故不及乎他也

進位得千万，以其元減位下赤道度率一度〇八分二三為法除之，定數以度除千万，滿法得十分，不滿法得单分也。今滿法，得十分也。内又加其本位上至後黄道積度七度，共得如滿黄道宿次積度鈐内箕宿九度五十九分等數去之，余為推得天正冬至加時黄道宿次度分也。如遇不滿箕宿九度五十九分者，就命為箕宿度分，為今推得也。

黄赤道立成，此立成共九十一度爲止，用此一十度足矣，故不及乎他也。

積度 至後黄道，分後赤道	黄道度率	積度 至後赤道，分後黄道	赤道積度
初度	一度	一度〇八六五	一度〇八六五
一度	一度	一度〇八六五	一度〇八六三
二度	一度	一度一七二八	一度〇八六〇
三度	一度	三度二五八八	一度〇八五七
四度	一度	四度三四四五	一度〇八四九
五度	一度	五度四二九四	一度〇八四三
六度	一度	六度五一三七	一度〇八三三
七度	一度	七度五九七〇	一度〇八二三
八度	一度	八度六七九三	一度〇八一二

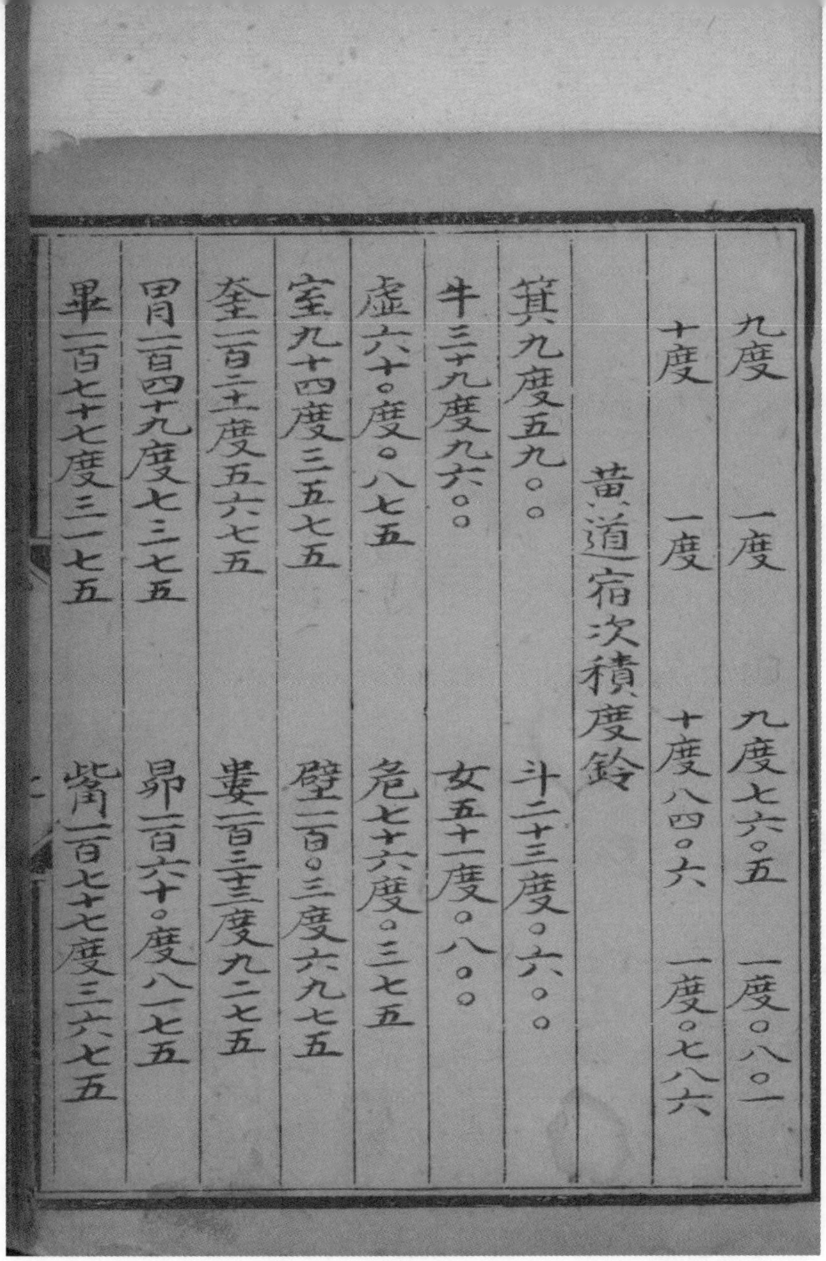

九度	一度	九度七六〇五	一度〇八〇一
十度	一度	十度八四〇六	一度〇七八六

黃道宿次積度鈐

箕，九度五九〇〇	斗，二十三度〇六〇〇
牛，三十九度九六〇〇	女，五十一度〇八〇〇
虛，六十〇度〇八七五	危，七十六度〇三七五
室，九十四度三五七五	壁，一百〇三度六九七五
奎，一百二十一度五六七五	婁，一百三十三度九二七五
胃，一百四十九度七三七五	昴，一百六十〇度八一七五
畢，一百七十七度三一七五	觜，一百七十七度三六七五

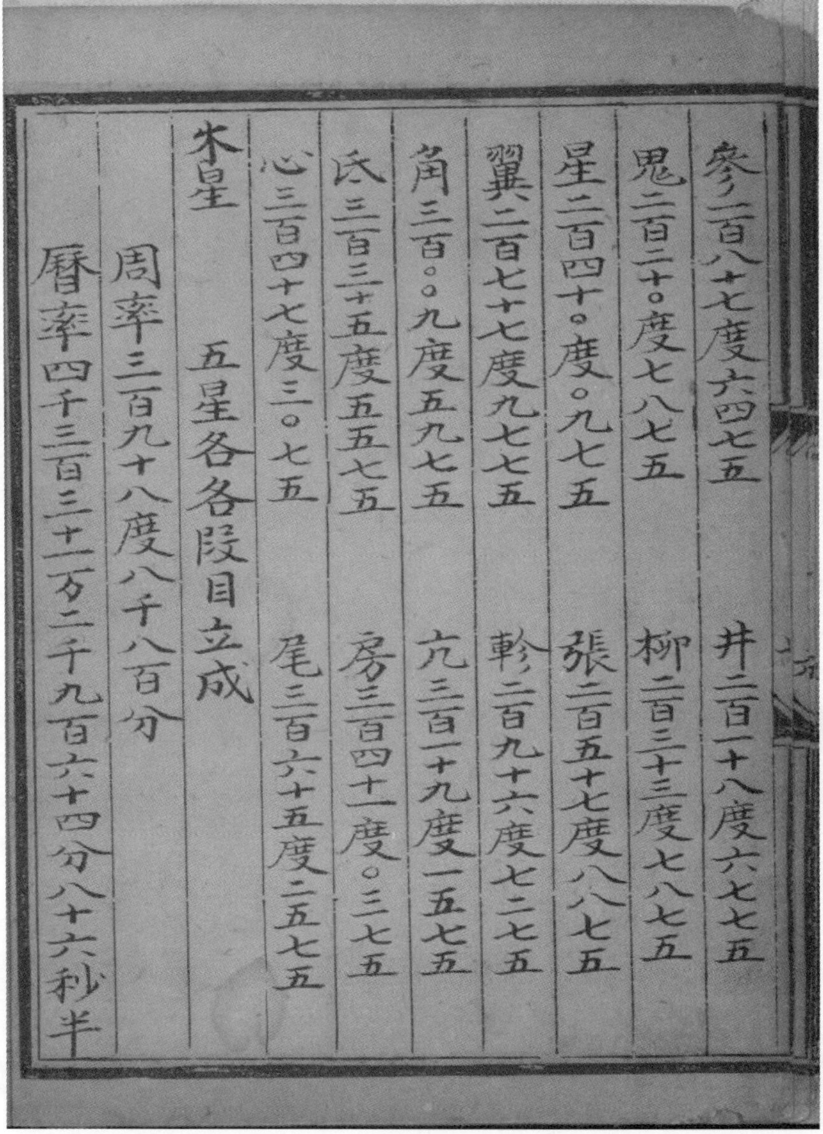
參二百八十七度六四七五　井二百一十八度六七七五
鬼二百二十〇度七八七五　柳二百三十三度七八七五
星二百四十〇度〇九七五　張二百五十七度八八七五
翼二百七十七度九七七五　軫二百九十六度七二七五
角三百〇九度五九七五　亢三百一十九度一五七五
氐三百三十五度五五七五　房三百四十一度〇三七五
心三百四十七度三〇七五　尾三百六十五度二五七五
木星　五星各各段目立成
周率三百九十八度八千八百分
曆率四千三百三十一万二千九百六十四分八十六秒半

參，一百八十七度六四七五	井，二百一十八度六七七五
鬼，二百二十〇度七八七五	柳，二百三十三度七八七五
星，二百四十〇度〇九七五	張，二百五十七度八八七五
翼，二百七十七度九七七五	軫，二百九十六度七二七五
角，三百〇〇九度五九七五	亢，三百一十九度一五七五
氐，三百三十五度五五七五	房，三百四十一度〇三七五
心，三百四十七度三〇七五	尾，三百六十五度二五七五

木星，五星各各段目立成[1]

周率，三百九十八度八千八百分。[2]

曆率，四千三百三十一万二千九百六十四分八十六秒半。[3]

1 列出五星基本參數，包括周率、曆率、度率、合應、曆應等，這些參數五星皆不相同。

2 周率相當於五星會合週期。

3 曆率相當於五星恒星週期。

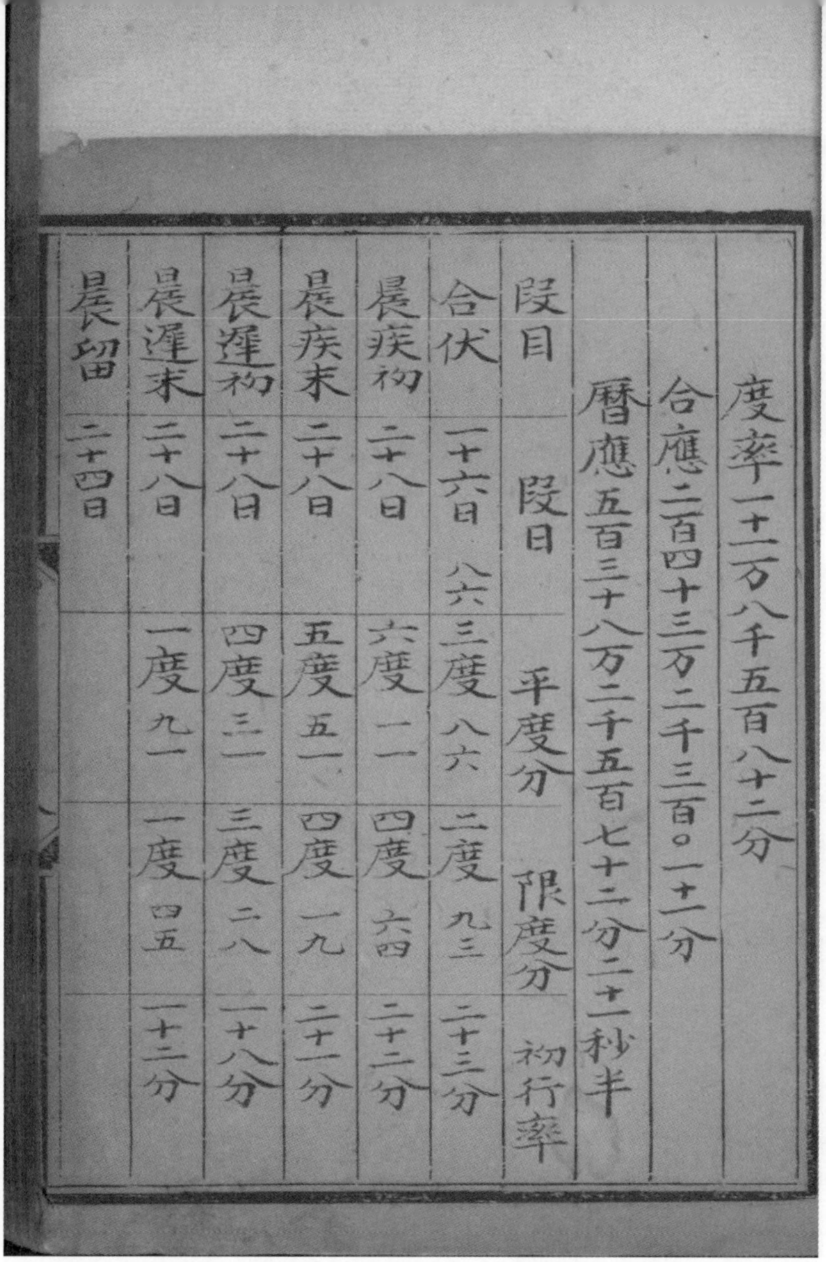

度率，一十一万八千五百八十二分。[1]

合應，二百四十三万二千三百〇一十一分。[2]

曆應，五百三十八万二千五百七十二分二十一秒半。[3]

段目[4]	段日[5]	平度分[6]	限度分[7]	初行率[8]
合伏	一十六日八六	三度八六	二度九三	二十三分
晨疾初	二十八日	六度一一	四度六四	二十二分
晨疾末	二十八日	五度五一	四度一九	二十一分
晨遲初	二十八日	四度三一	三度二八	一十八分
晨遲末	二十八日	一度九一	一度四五	一十二分
晨留	二十四日			

1 度率為五星行天一度所需的日數，也可換算為五星恒星週期（恒星年）。度率 = 曆率/365.2575。

2 合應為曆元冬至與其前五星平合（曆元平合）之間的時距。

3 曆應 = 合應 + 曆元平合入曆度 × 度率，曆應值為時距。其中，曆元平合的入曆度即五星曆元平合時的平近點角（曆元平合與近日點的距度）。

4 五星的運動狀態被分成若干段，各星劃分的段目數和段目名稱皆不同。

5 五星在各段平均運行的日數。

6 五星在各段的實際行度，即在每個段目內平均運行的度距。

7 限度為計算五星各段段首盈縮差所需的一個參數。

8 五星的運動各段初日的運動速度。

晨退	四十六日五十八	減四度八八一二五	初度三二八七五	
夕退	四十六日五十八	減四度八八一二五	初度三二八七五	加一十六分
夕留	二十四日			
夕遲初	二十八日	一度九一	一度四五	
夕遲末	二十八日	四度三一	三度二八	一十二分
夕疾初	二十八日	五度五一	四度一九	一十八分
夕疾末	二十八日	六度一一	四度六四	二十一分
夕伏	一十六日八六	三度八六	二度九三	二十二分

火星

周率，七百七十九万九千二百九十〇分。

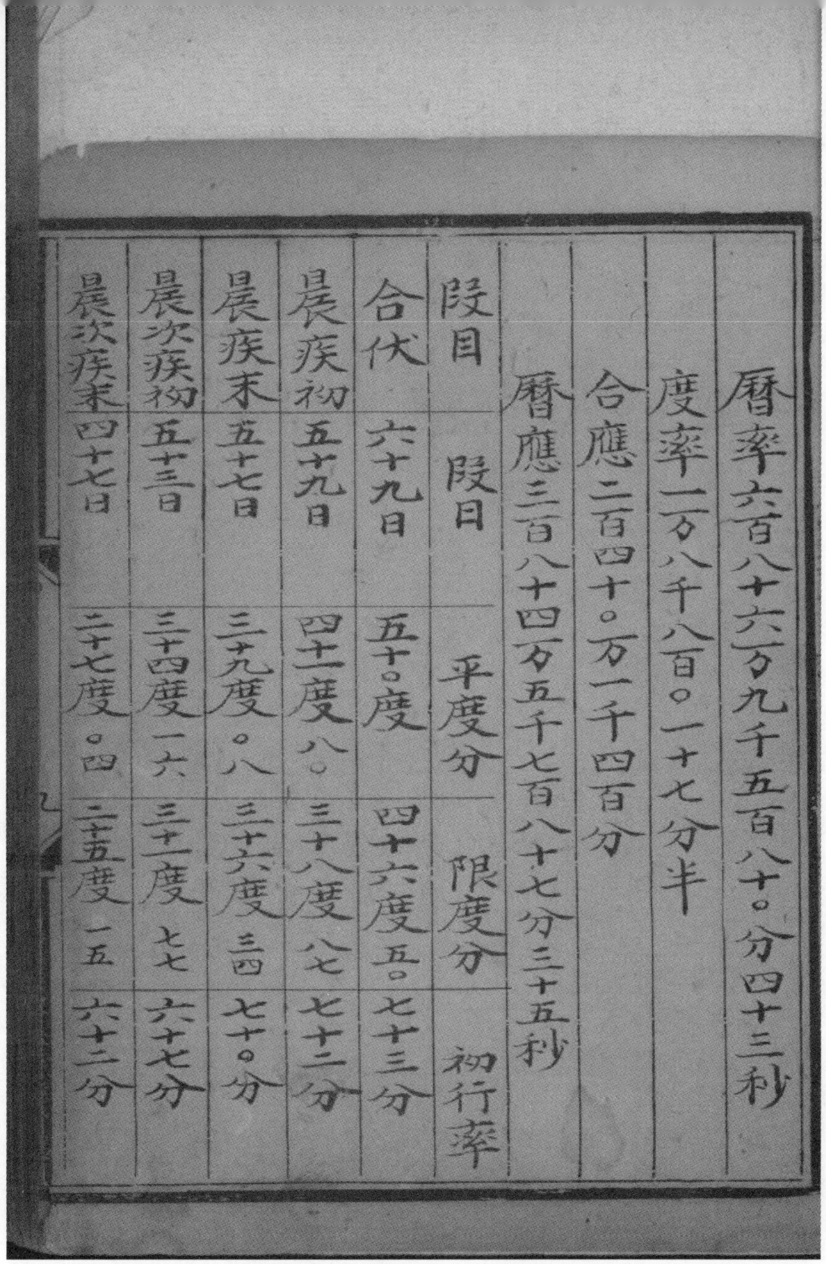

曆率，六百八十六万九千五百八十〇分四十三秒。

度率，一万八千八百〇一十七分半。

合應，二百四十〇万一千四百分。

曆應，三百八十四万五千七百八十七分三十五秒。

段目	段日	平度分	限度分	初行率
合伏	六十九日	五十〇度	四十六度五〇	七十三分
晨疾初	五十九日	四十一度八〇	三十八度八七	七十二分
晨疾末	五十七日	三十九度〇八	三十六度三四	七十〇分
晨次疾末	五十三日	三十四度一六	三十一度七七	六十七分
晨次疾末	四十七日	二十七度〇四	二十五度一五	六十二分

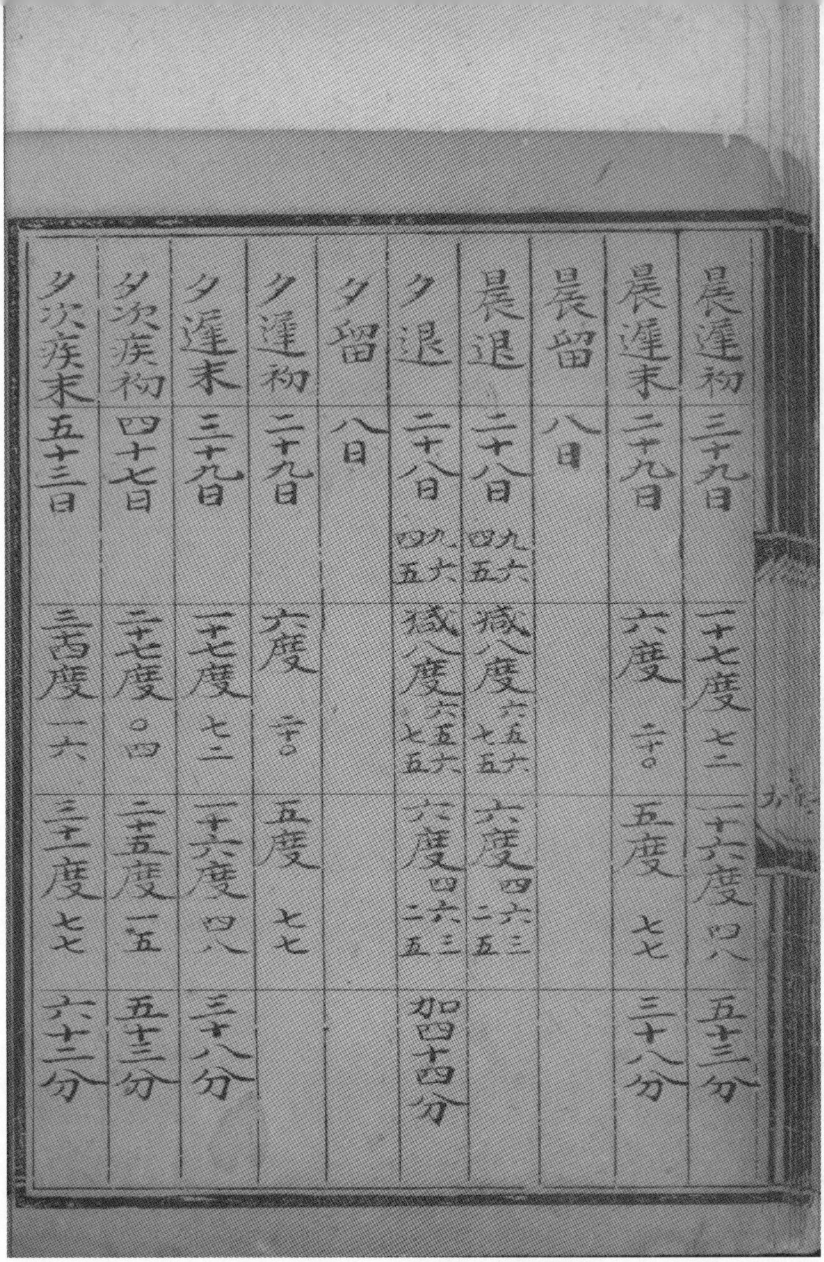

晨遲初	三十九日	一十七度七二	一十六度四八	五十三分
晨遲末	二十九日	六度二十〇	五度七七	三十八分
晨留	八日			
晨退	二十八日九六四五	減八度六五六七五	六度四六三二五	
夕退	二十八日九六四五	減八度六五六七五	六度四六三二五	加四十四分
夕留	八日			
夕遲初	二十九日	六度二十〇	五度七七	
夕遲末	三十九日	一十七度七二	一十六度四八	三十八分
夕次疾初	四十七日	二十七度〇四	二十五度一五	五十三分
夕次疾末	五十三日	三十四度一六	三十一度七七	六十二分

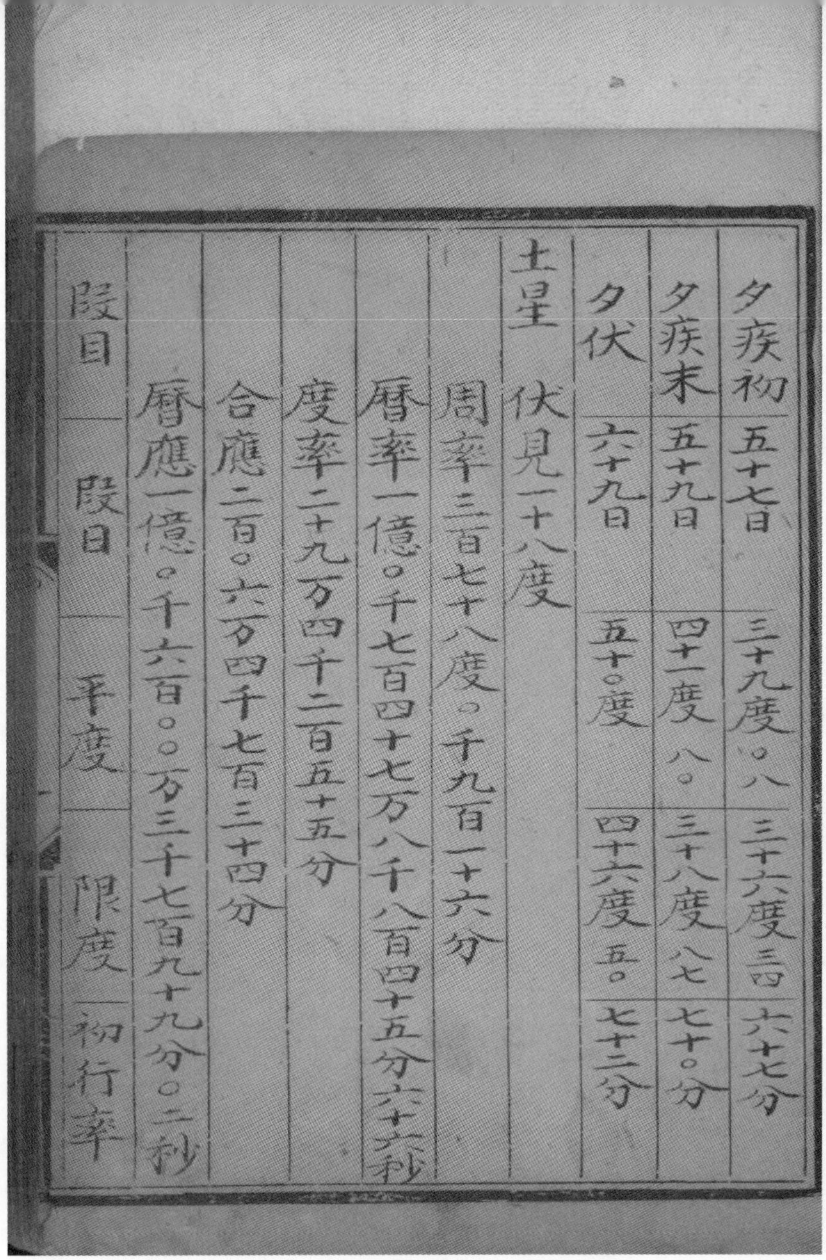

夕疾初	五十七日	三十九度〇八	三十六度三四	六十七分
夕疾末	五十九日	四十一度八〇	三十八度八七	七十〇分
夕伏	六十九日	五十〇度	四十六度五〇	七十二分

土星，伏見一十八度。

周率，三百七十八度〇千九百一十六分。

曆率，一億〇千七百四十七万八千八百四十五分六十六秒。

度率，二十九万四千二百五十五分。

合應，二百〇六万四千七百三十四分。

曆策，一億〇千六百〇〇万三千七百九十九分〇二秒。

段目	段日	平度	限度	初行率

合伏	二十〇日四〇	二度四〇	一度四九	一十二分
晨疾	三十一日	三度四〇	二度一一	一十一分
晨次疾	二十九日	二度七五	一度七一	一十〇分
晨遲	二十六分	一度五〇	初度八三	八分
晨留	三十〇日			
晨退	五十二日六四五八	減三度六二五四五	初度二八四五五	
夕退	五十二日六四五八	減三度六二五四五	初度二八四五五	加一十〇分
夕留	三十〇日			
夕遲	二十六分	一度五〇	初度八三	
夕次疾	二十九日	二度七五	一度七一	八分

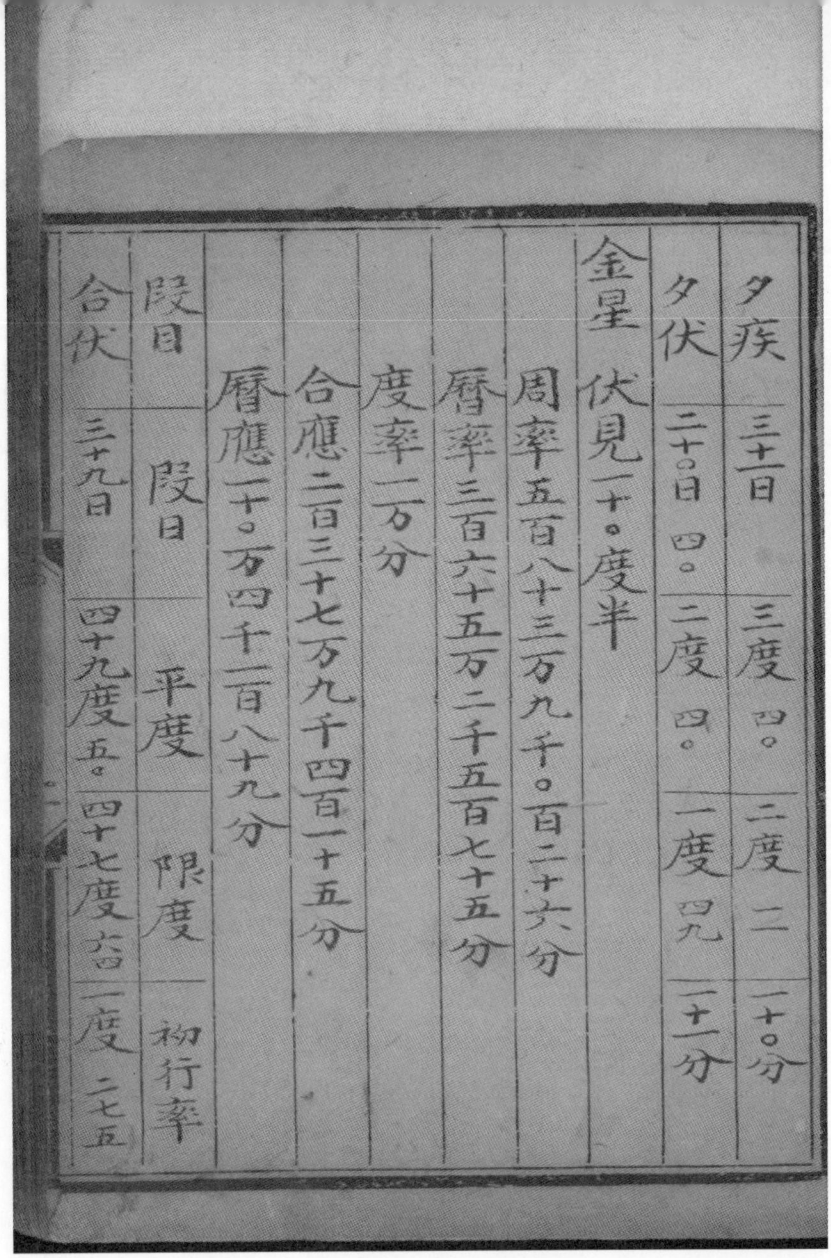

夕疾	三十一日	三度四〇	二度一一	一十〇分
夕伏	二十〇日四〇	二度四〇	一度四九	一十一分

金星，伏見一十〇度半。

周率，五百八十三万九千〇百二十六分。

曆率，三百六十五万二千五百七十五分。

度率，一万分。

合應，二百三十七万九千四百一十五分。

曆應，一十〇万四千一百八十九分。

段目	段日	平度	限度	初行率
合伏	三十九日	四十九度五〇	四十七度六四	一度二七五

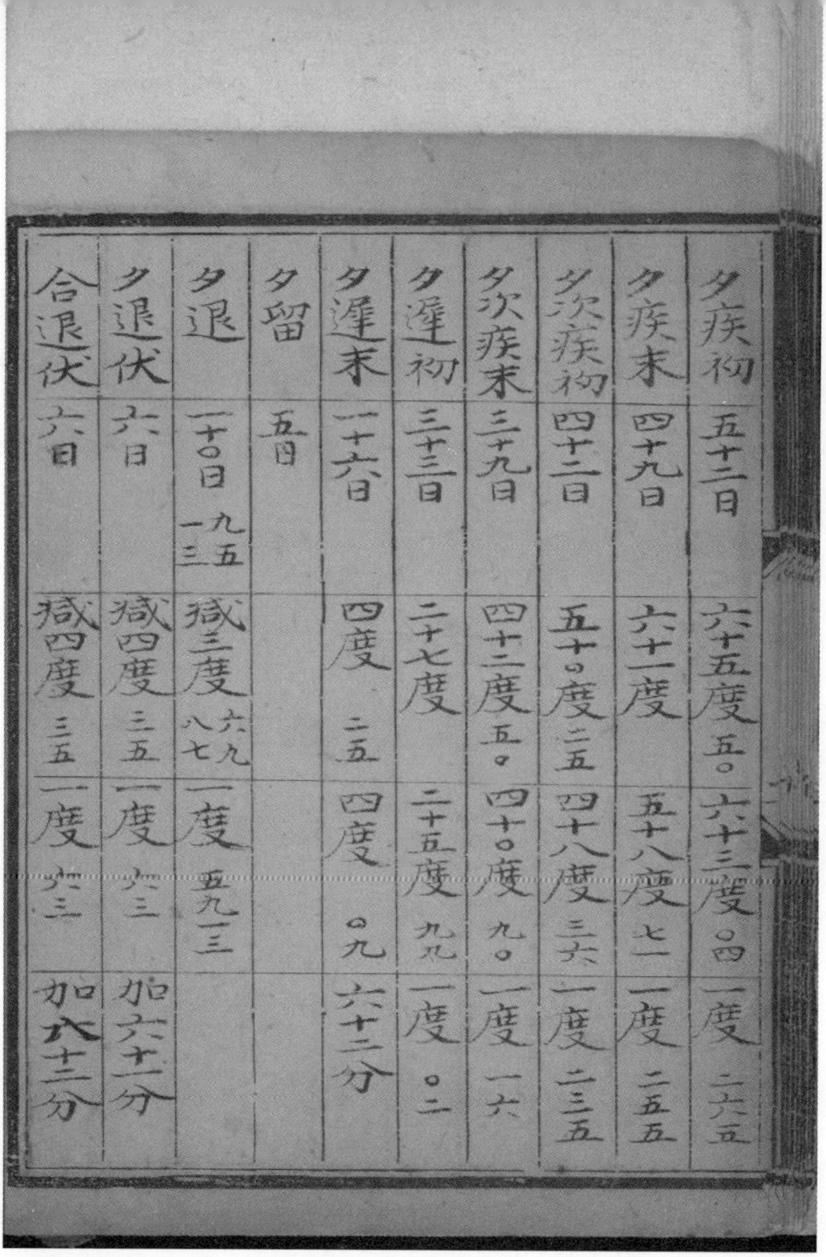

夕疾初	五十二日	六十五度五〇	六十三度〇四	一度二六五
夕疾末	四十九日	六十一度	五十八度七一	一度二五五
夕次疾初	四十二日	五十〇度二五	四十八度三六	一度二三五
夕次疾末	三十九日	四十二度五〇	四十〇度九〇	一度一六
夕遲初	三十三日	二十七度	二十五度九九	一度〇二
夕遲末	一十六日	四度二五	四度〇九	六十二分
夕留	五日			
夕退	一十〇日九五一三	減三度六九八七	一度五九一三	
夕退伏	六日	減四度三五	一度六三	加六十一分
合退伏	六日	減四度三五	一度六三	加八十二分

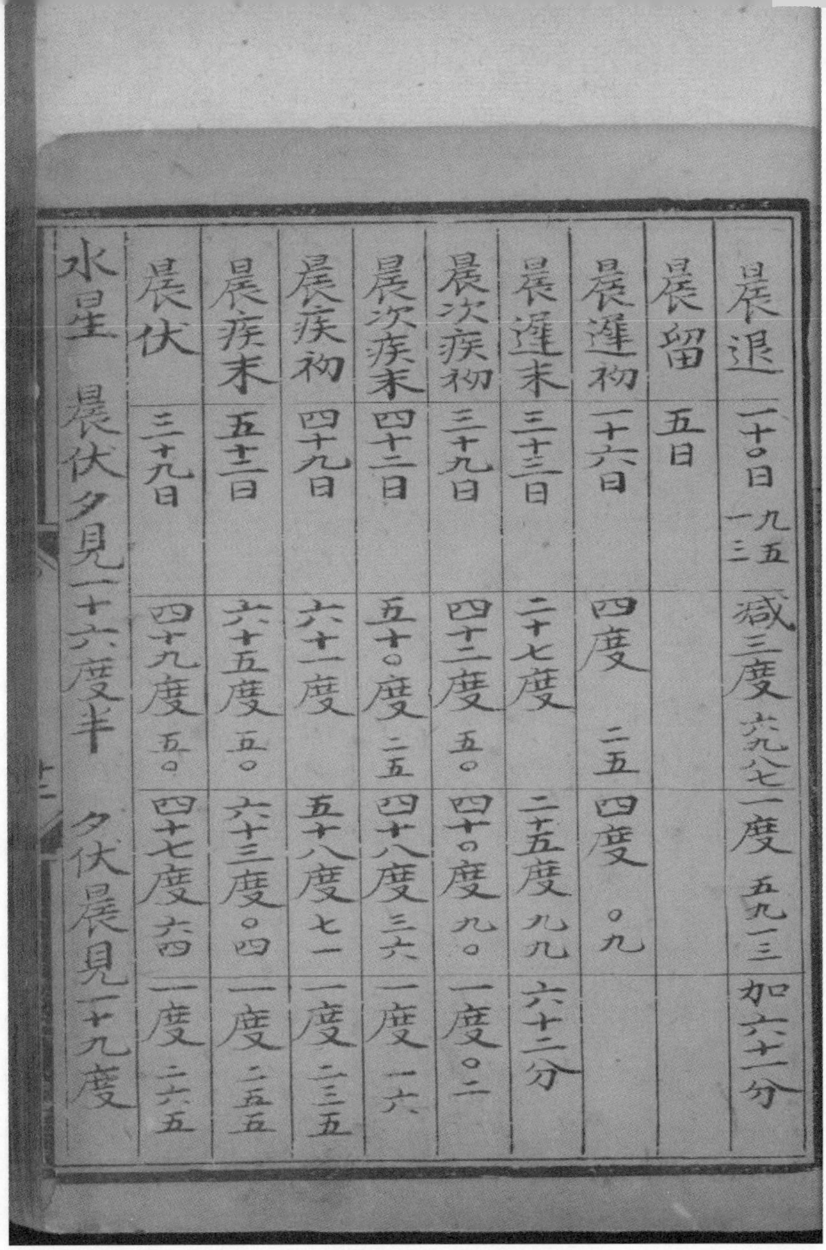

晨退	一十〇日九五一三	減三度六九八七	一度五九一三	六十一分
晨留	五日			
晨遲初	一十六日	四度二五	四度〇九	
晨遲末	三十三日	二十七度	二十五度九九	六十二分
晨次疾初	三十九日	四十二度五〇	四十〇度九〇	一度〇二
晨次疾末	四十二日	五十〇度二五	四十八度三六	一度一六
晨疾初	四十九日	六十一度	五十八度七一	一度二三五
晨疾末	五十二日	六十五度五〇	六十三度〇四	一度二五五
晨伏	三十九日	四十九度五〇	四十七度六四	一度二六五

水星，晨伏夕見一十六度半，夕伏晨見一十九度。

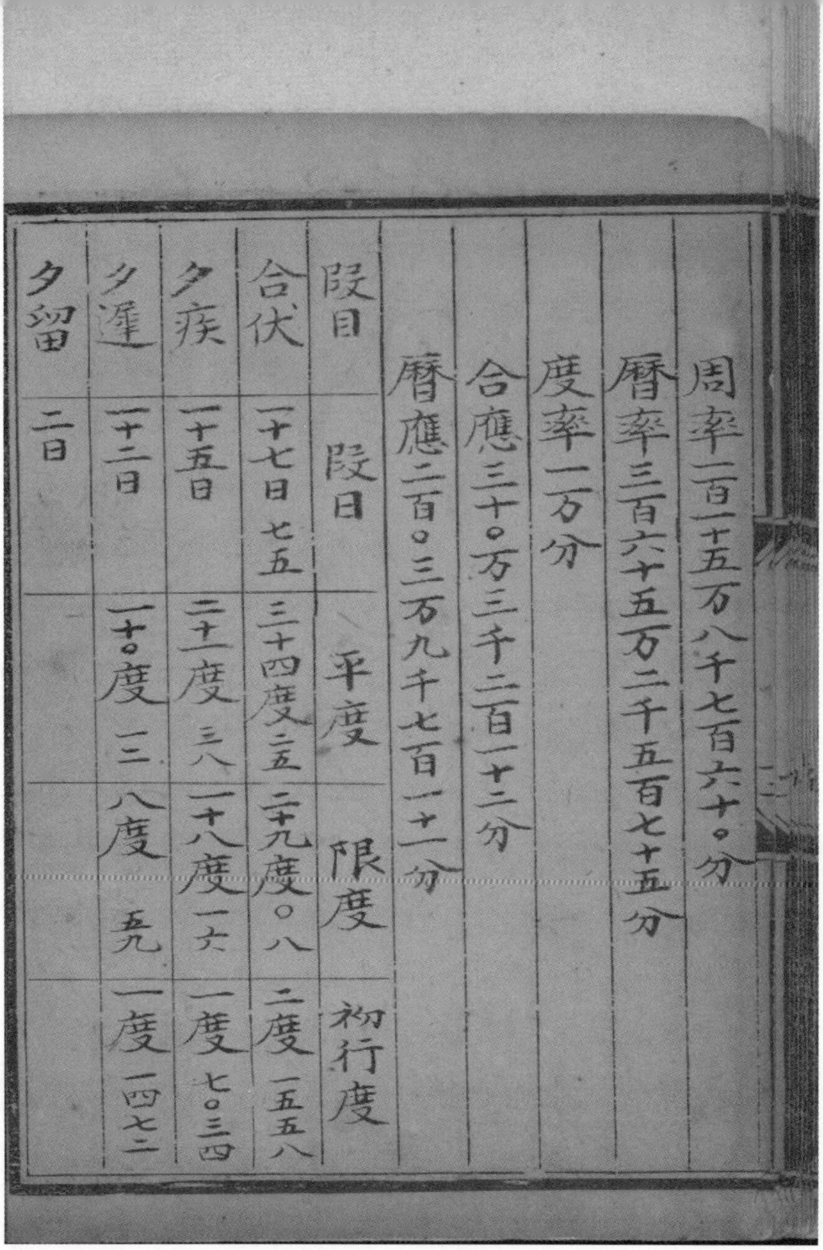
周率一百一十五万八千七百六十〇分
曆率三百六十五万二千五百七十五分
度率一万分
合應三十〇万三千二百一十二分
曆應二百〇三万九千七百一十一分

段目	段日	平度	限度	初行度
合伏	一十七日七五	三十四度二五	二十九度〇八	二度一五五八
夕疾	一十五日	二十一度三八	一十八度一六	一度七〇三四
夕遲	一十二日	一十〇度一二	八度五九	一度一四七二
夕留	二日			

周率，一百一十五万八千七百六十〇分。

曆率，三百六十五万二千五百七十五分。

度率，一万分。

合應，三十〇万三千二百一十二分。

曆應，二百〇三万九千七百一十一分。

段目	段日	平度	限度	初行率
合伏	一十七日七五	三十四度二五	二十九度〇八	二度一五五八
夕疾	一十五日	二十一度三八	一十八度一六	一度七〇三四
夕迟	一十二日	一十〇度一二	八度五九	一度一四七二
夕留	二日			

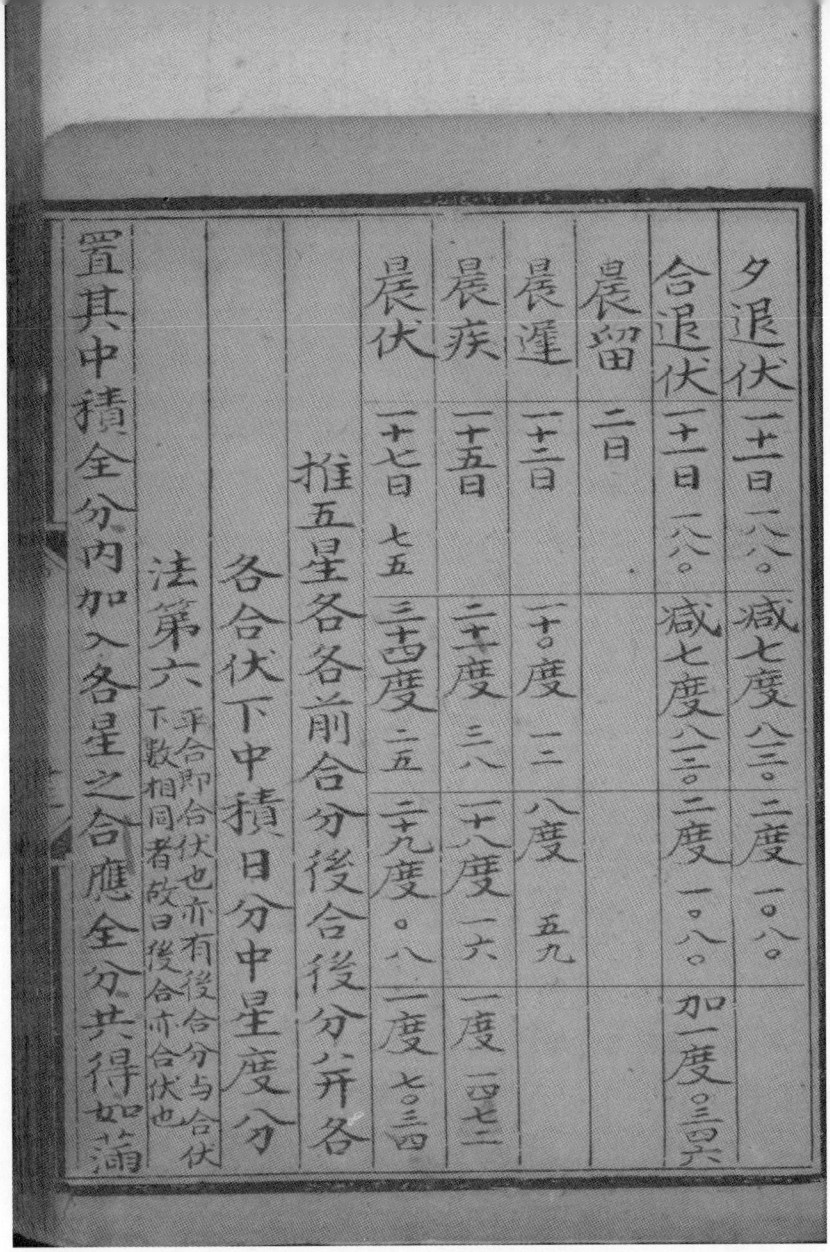

夕退伏	一十一日一八八〇	減七度八一二〇	二度一〇八〇	
合退伏	一十一日一八八〇	減七度八一二〇	二度一〇八〇	加一度〇三四六
晨留	二日			
晨遲	一十二日	一十〇度一二	一八度五九	
晨疾	一十五日	二十一度三八	一十八度一六	一度一四七二
晨伏	一十七日七五	三十四度二五	二十九度〇八	一度七〇三四

推五星各各前合分、後合後分并各各合伏下中積日分、中星度分法第六，平合即合伏也。亦有後合分与合伏下數相同者，故曰後合亦合伏也。

置其中積全分，内加入各星之合應全分，共得如滿

各星周率全分累去之余不滿各星之周率
全分者即為各星之前合分也就用其前合
全分減去周率全分只一次余有即為各星
之後合分也雖滿歳周全分皆不必去之若
將其後合分命為中積日分及中星度分
也遇滿歳周三百六十五万二千四百二十五分去
之余有為中積日分及中星度分也其中
積滿万命為日其中星滿万命為度實一
數而命為二名也學者勿疑假令金火二
星如甲子年推得其年後合分此後合即

各星周率全分累去之，余不滿各星之周率全分者，即為各星之前合分也。就用其前合全分，減去周率全分只一次，余有即為各星之後合分也。雖滿歲周全分，皆不必去之。若將其後合分命為中積日分及中星度分也，遇滿歲周三百六十五万二千四百二十五分去之，余有爲中積日分及中積度分也。其中積滿万命為日，其中星滿万命為度，實一數而命為二名也，學者勿疑。

假令金火二星，如甲子年推得其年後合分，此後合即是用其前合分去減周率全分只一次余有為之後合分也遇滿歲周三百六十五万二千四百二十五分者必須用其上年癸亥中積全分推其年之後合分及盈縮曆分方是如其後合分不遇滿歲周全分者只此便為其年之後合分也如是推當年及次年乙丑之盈縮曆分者其後合分遇滿歲周全分者却當用次年之丙寅年中積全分推其盈縮曆分方是也如其後合分不遇滿歲周全分者只此便為其年之後合分及盈縮曆

是用其前合分去減周率全分只一次，余有為之後合分也。遇滿歲周三百六十五万二千四百二十五分者，必須用其上年癸亥中積全分，推其年之後合分及盈縮曆分方是。如其後合分不遇滿歲周全分者，只此便為其年之後合分也。如是推當年及次年乙丑之盈縮曆分者，其後合分遇滿歲周全分者，却當用次年之丙寅年中積全分推其盈縮曆分方是也。如其後合分不遇滿歲周全分者，只此便為其年之後合分及盈縮曆

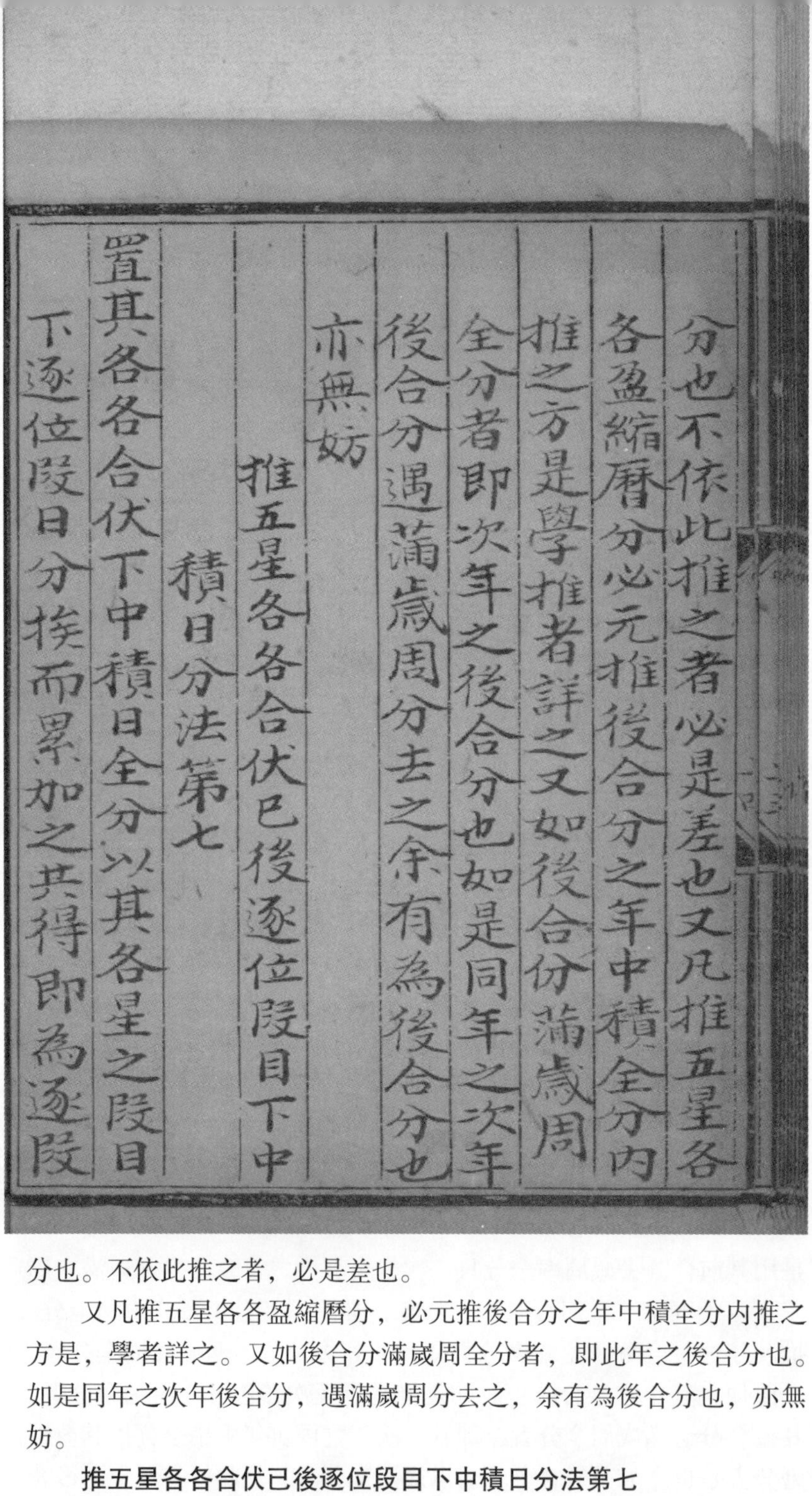
分也不依此推之者必是差也又凡推五星各
各盈縮曆分必元推後合分之年中積全分内
推之方是學推者詳之又如後合分滿歲周
全分者即次年之後合分也如是同年之次年
後合分遇滿歲周分去之余有為後合分也
亦無妨
推五星各各合伏已後逐位段目下中
積日分法第七
置其各各合伏下中積日全分以其各星之段目
下逐位段日分挨而累加之共得即為逐段

分也。不依此推之者，必是差也。

又凡推五星各各盈縮曆分，必元推後合分之年中積全分内推之方是，學者詳之。又如後合分滿歲周全分者，即此年之後合分也。如是同年之次年後合分，遇滿歲周分去之，余有為後合分也，亦無妨。

推五星各各合伏已後逐位段目下中積日分法第七

置其各各合伏下中積日全分，以其各星之段目下逐位段日分挨而累加之，共得即為逐段

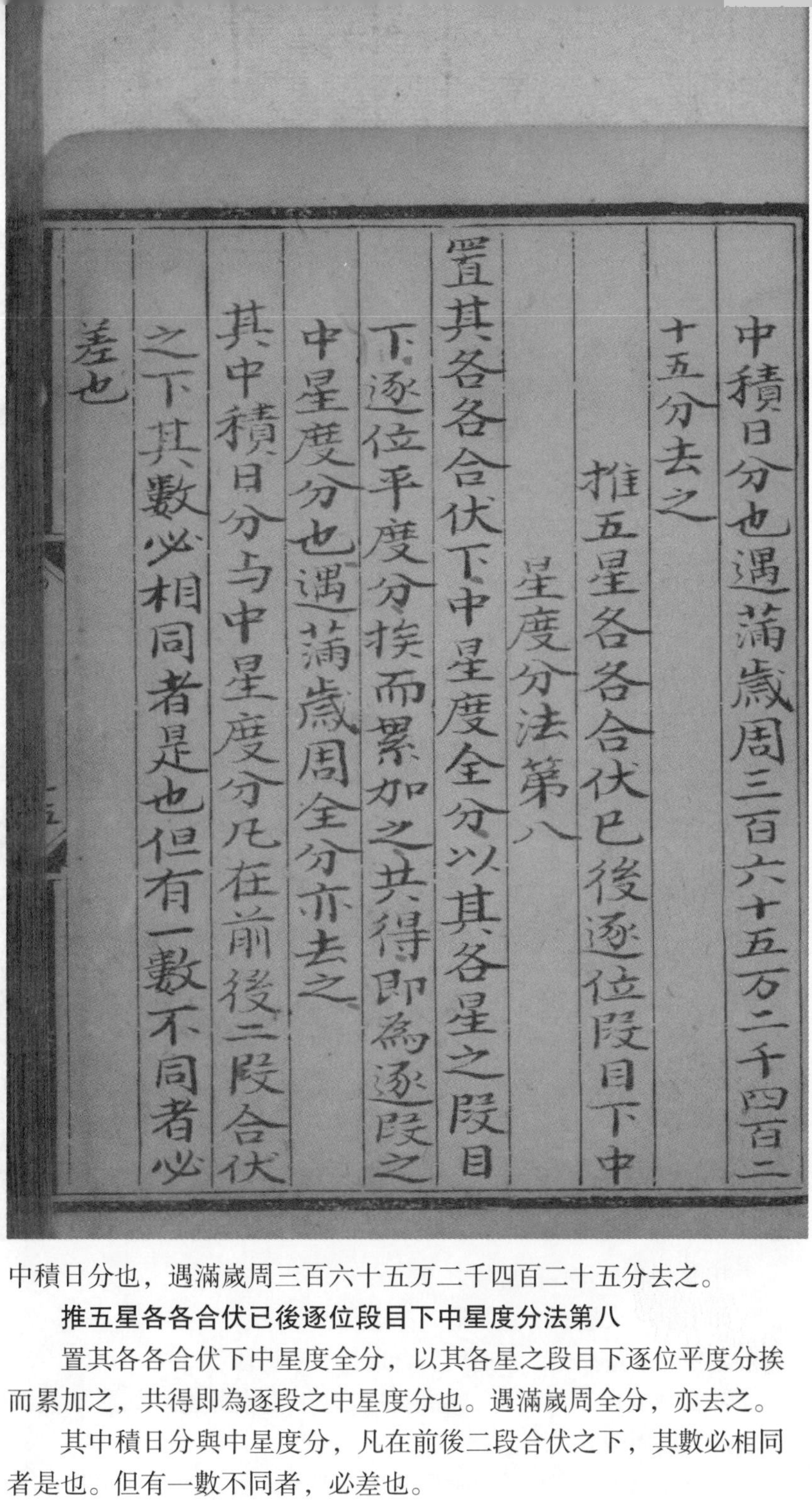
中積日分也遇滿歲周三百六十五万二千四百二
十五分去之
推五星各各合伏巳後逐位段目下中
星度分法第八
置其各各合伏下中星度全分以其各星之段目
下逐位平度分挨而累加之共得即為逐段之
中星度分也遇滿歲周全分亦去之
其中積日分与中星度分凡在前後二段合伏
之下其數必相同者是也但有一數不同者必
差也

中積日分也，遇滿歲周三百六十五万二千四百二十五分去之。

推五星各各合伏已後逐位段目下中星度分法第八

置其各各合伏下中星度全分，以其各星之段目下逐位平度分挨而累加之，共得即為逐段之中星度分也。遇滿歲周全分，亦去之。

其中積日分與中星度分，凡在前後二段合伏之下，其數必相同者是也。但有一數不同者，必差也。

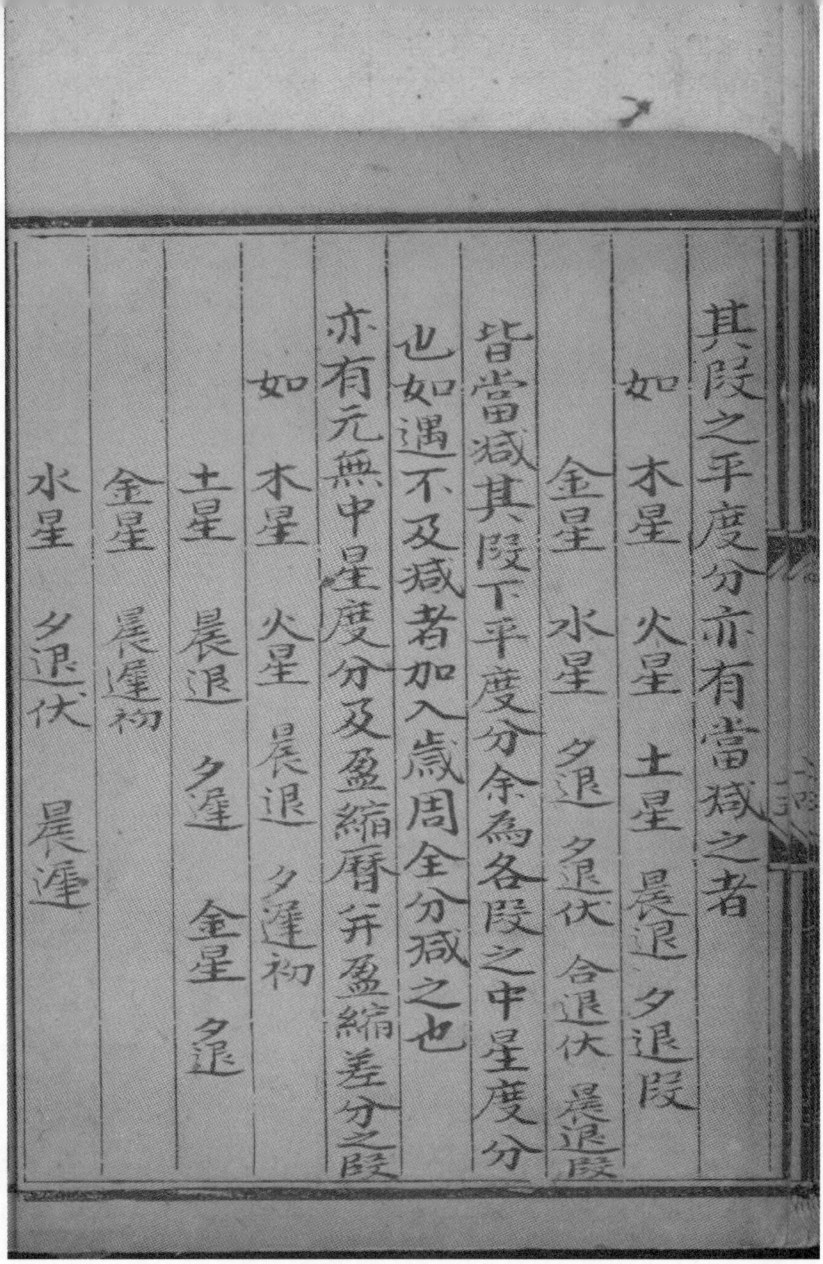
其段之平度分亦有當減之者
如 木星 火星 土星 晨退 夕退段
金星 水星 夕退 夕退伏 合退伏 晨退段
皆當減其段下平度分余為各段之中星度分
也如遇不及減者加入歲周全分減之也
亦有元無中星度分及盈縮曆并盈縮差分之段
如 木星 火星 晨退 夕遲初
土星 晨退 夕遲 金星 夕退
金星 晨遲初
水星 夕退伏 晨遲

其段之平度分亦有當減之者。

如木星、火星、土星晨退、夕退段；

金星、水星夕退、夕退伏、合退伏、晨退段；

皆當減其段下平度分，餘為各段之中星度分也。如遇不及減者，加入歲周全分減之也。

亦有元無中星度分及盈縮曆并盈縮差分之段。

如木星、火星晨退、夕遲初，土星晨退、夕遲；

金星夕退，金星晨遲初，水星夕退伏、晨遲。

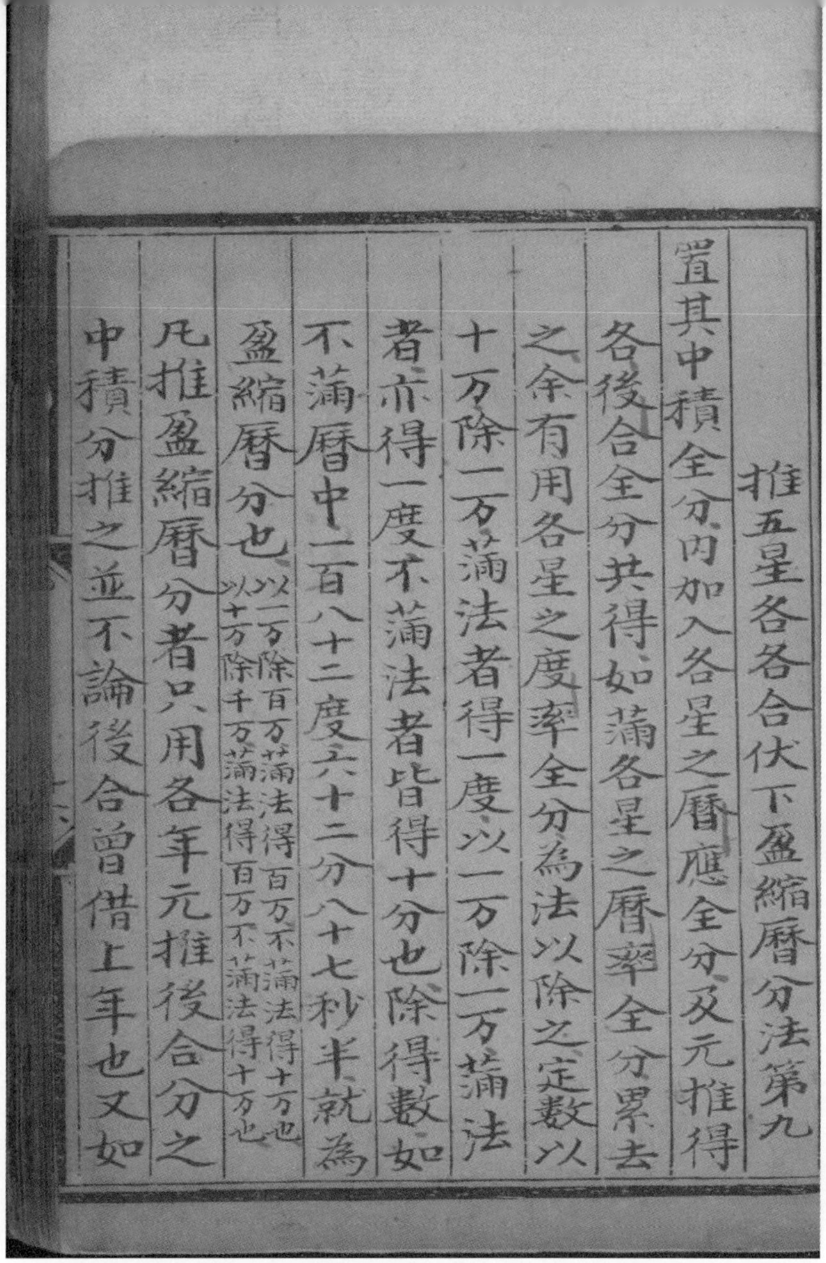

推五星各各合伏下盈縮曆分法第九

置其中積全分，内加入各星之曆應全分及元推得各後合全分，共得如滿各星之曆率全分，累去之，余有用各星之度率全分為法以除之，定數以十万除一万，滿法者得一度，以一万除一万，滿法者亦得一度，不滿法者皆得十分也。除得數如不滿曆中一百八十二度六十二分八十七秒半，就為盈縮曆分也。以一万除百万，滿法得百万，不滿法得十万也。以十万除千万，滿法得百万，不滿法得十万也。

凡推盈縮曆分者，只用各年元推後合分之中積分推之，並不論後合曾借上年也。又如

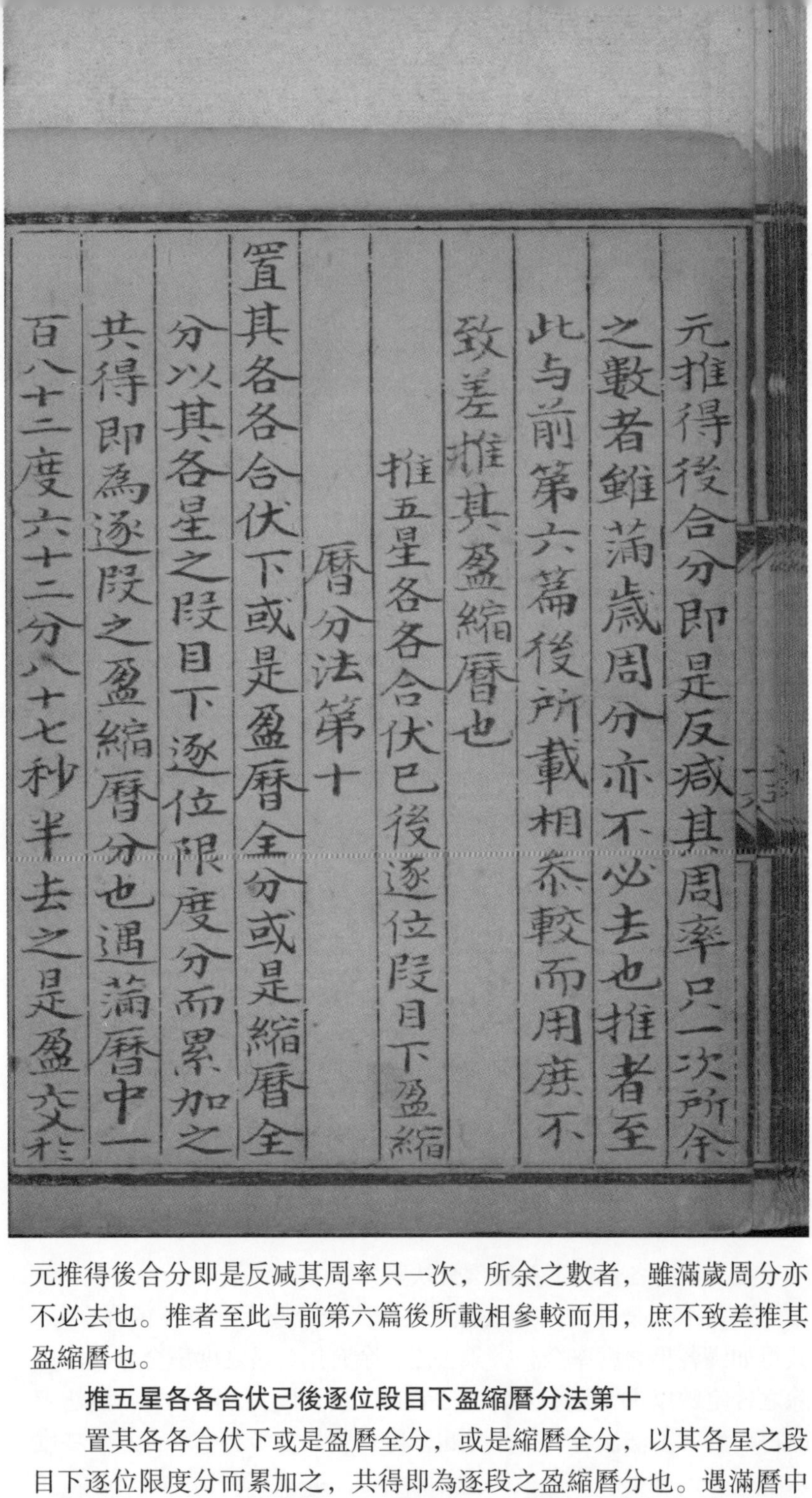
元推得後合分即是反減其周率只一次所余
之數者雖滿歲周分亦不必去也推者至
此与前第六篇後所載相叅較而用庶不
致差推其盈縮曆也
推五星各各合伏已後逐位段目下盈縮
曆分法第十
置其各各合伏下或是盈曆全分或是縮曆全
分以其各星之段目下逐位限度分而累加之
共得即為逐段之盈縮曆分也遇滿曆中一
百八十二度六十二分八十七秒半去之是盈交於

元推得後合分即是反減其周率只一次，所余之數者，雖滿歲周分亦不必去也。推者至此与前第六篇後所載相參較而用，庶不致差推其盈縮曆也。

推五星各各合伏已後逐位段目下盈縮曆分法第十

置其各各合伏下或是盈曆全分，或是縮曆全分，以其各星之段目下逐位限度分而累加之，共得即為逐段之盈縮曆分也。遇滿曆中一百八十二度六十二分八十七秒半去之，是盈交於

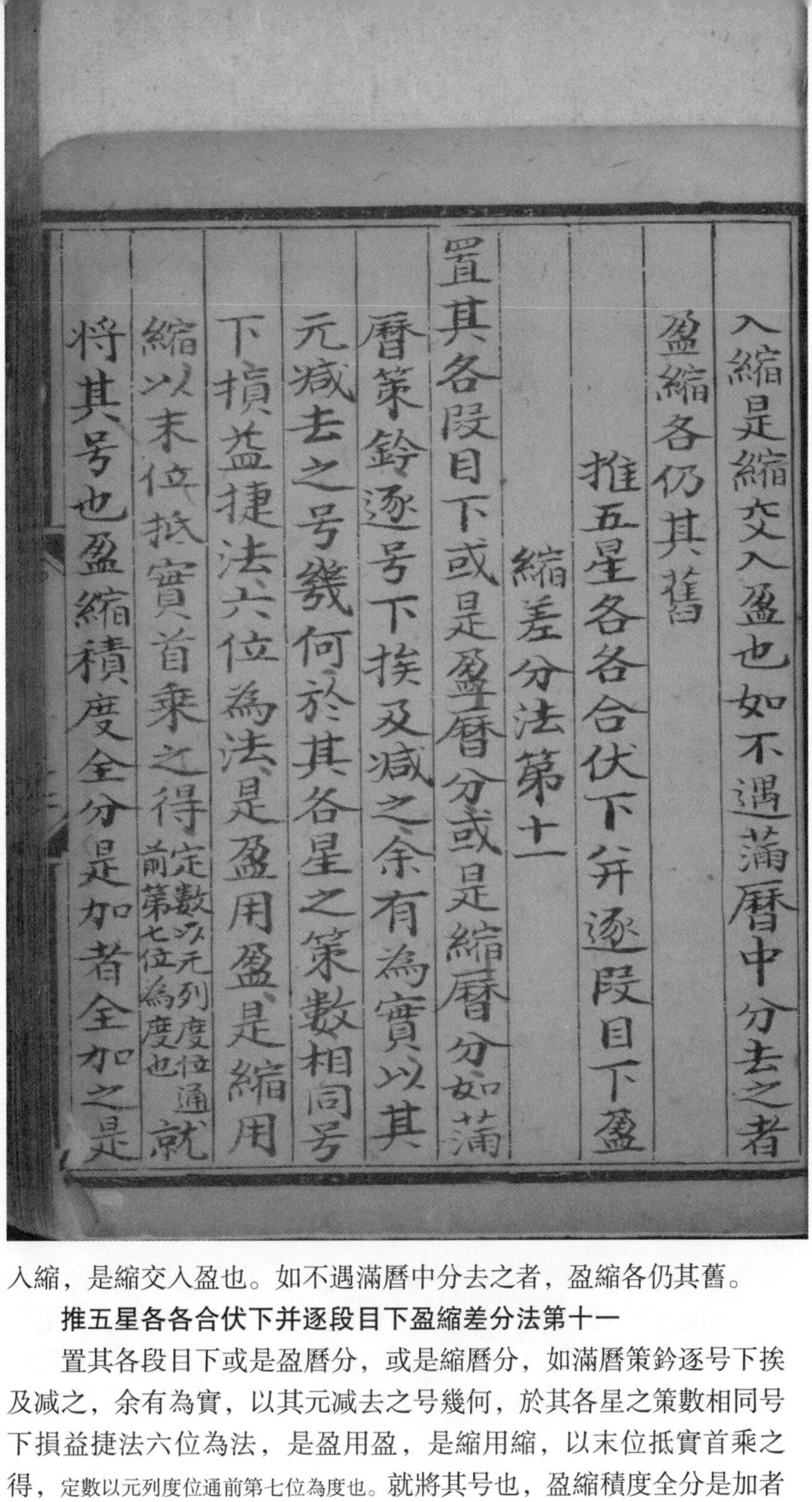
入縮是縮交入盈也如不遇滿曆中分去之者
盈縮各仍其舊
推五星各各合伏下幷逐段目下盈
縮差分法第十一
置其各段目下或是盈曆分或是縮曆分如滿
曆策鈐逐号下挨及減之余有為實以其
元減去之号幾何於其各星之策數相同号
下損益捷法六位為法是盈用盈是縮用
縮以末位抵實首乘之得定數以元列度位通前第七位為度也就
將其号也盈縮積度全分是加者全加之是

入縮，是縮交入盈也。如不遇滿曆中分去之者，盈縮各仍其舊。

推五星各各合伏下并逐段目下盈縮差分法第十一

置其各段目下或是盈曆分，或是縮曆分，如滿曆策鈐逐号下挨及減之，余有為實，以其元減去之号幾何，於其各星之策數相同号下損益捷法六位為法，是盈用盈，是縮用縮，以末位抵實首乘之得，定數以元列度位通前第七位為度也。就將其号也，盈縮積度全分是加者全加之，是

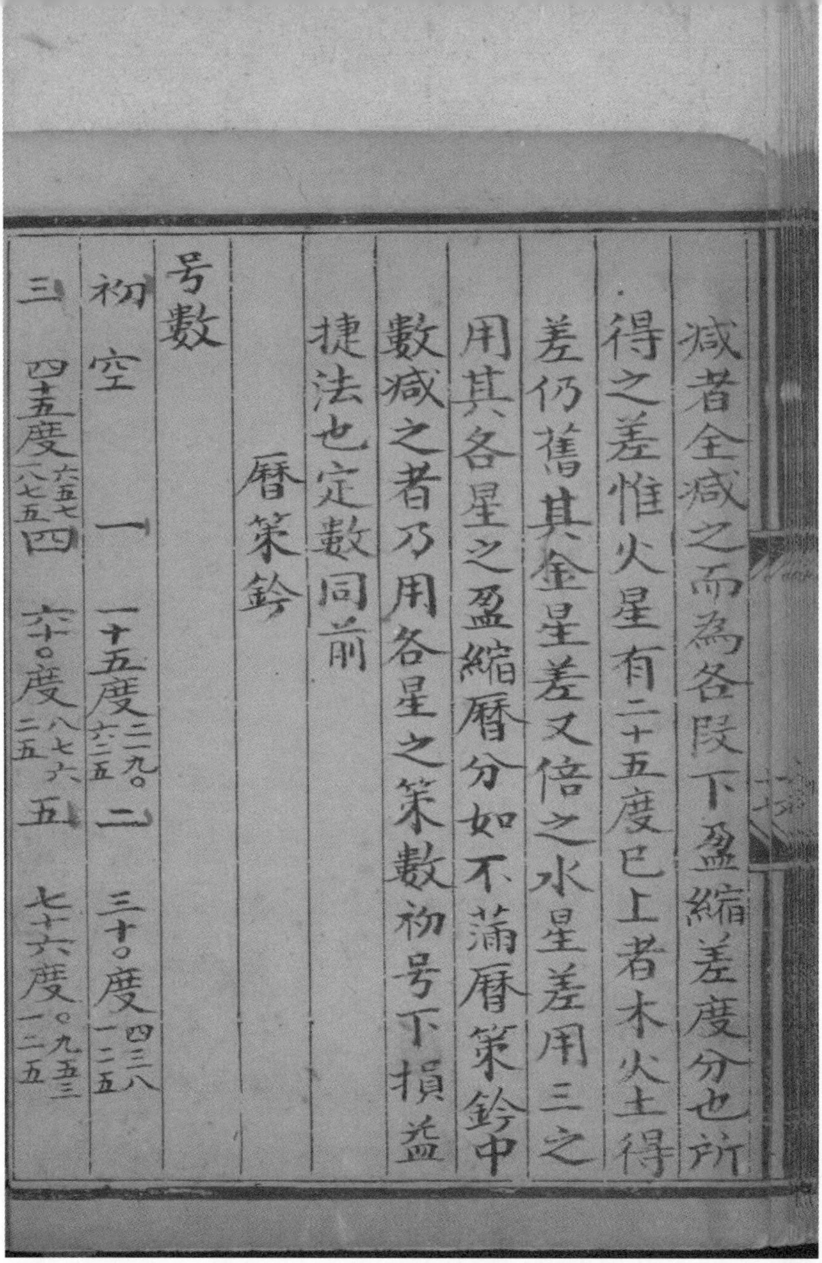

減者全減之，而為各段下盈縮差度分也。所得之差，惟火星有二十五度已上者，木、火、土得差仍舊。其金星差又倍之，水星差用三之。用其各星之盈縮曆分，如不滿曆策鈐中數減之者，乃用各星之策數初号下損益捷法也，定數同前。

曆策鈐

号數					
初	空	一	一十五度二一九〇六二五	二	三十〇度四三八一二五
三	四十五度六五七一八七五	四	六十〇度八七六二五	五	七十六度〇九五三一二五

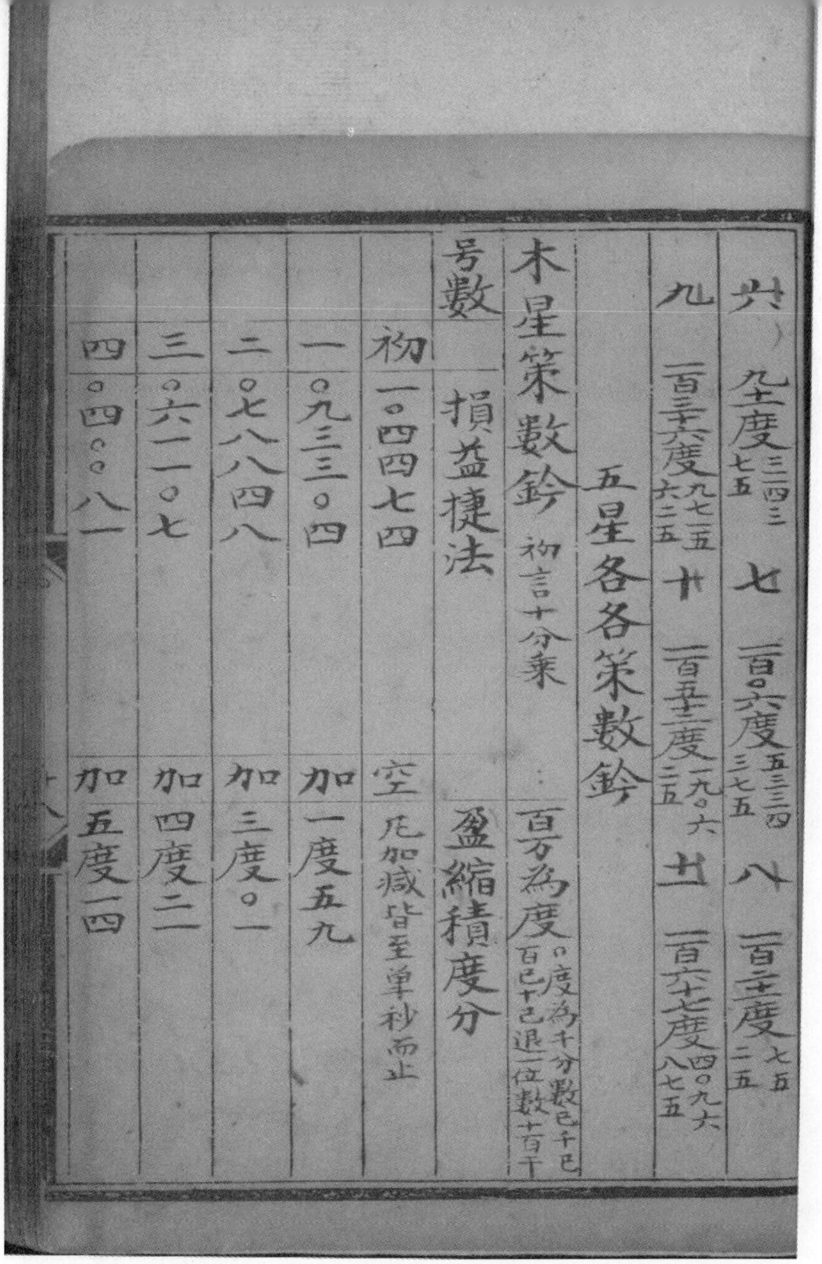

六	九十一度三一四三七五	七	一百〇六度五三三四三七五	八	一百二十一度七五二五
九	一百三十六度九七一五六二五	十	一百五十二度一九〇六二五	十一	一百六十七度四〇九六八七五

五星各各策數鈐

木星策數鈐，初言十分乘，百万為度，〇度為千分。數已千已百已十已，退一位數十百千。

号數	損益捷法		盈縮積度分[1]
初	一〇四四七四	空	凡加減皆至单秒而止
一	〇九三三〇四	加	一度五九
二	〇七八八四八	加	三度〇一
三	〇六一一〇七	加	四度二一
四	〇四〇〇八一	加	五度一四

1 盈縮積為各曆策中五星累計比太陽勻速運動多走或少走的積度，其數值為之前各曆策損益率的累加。

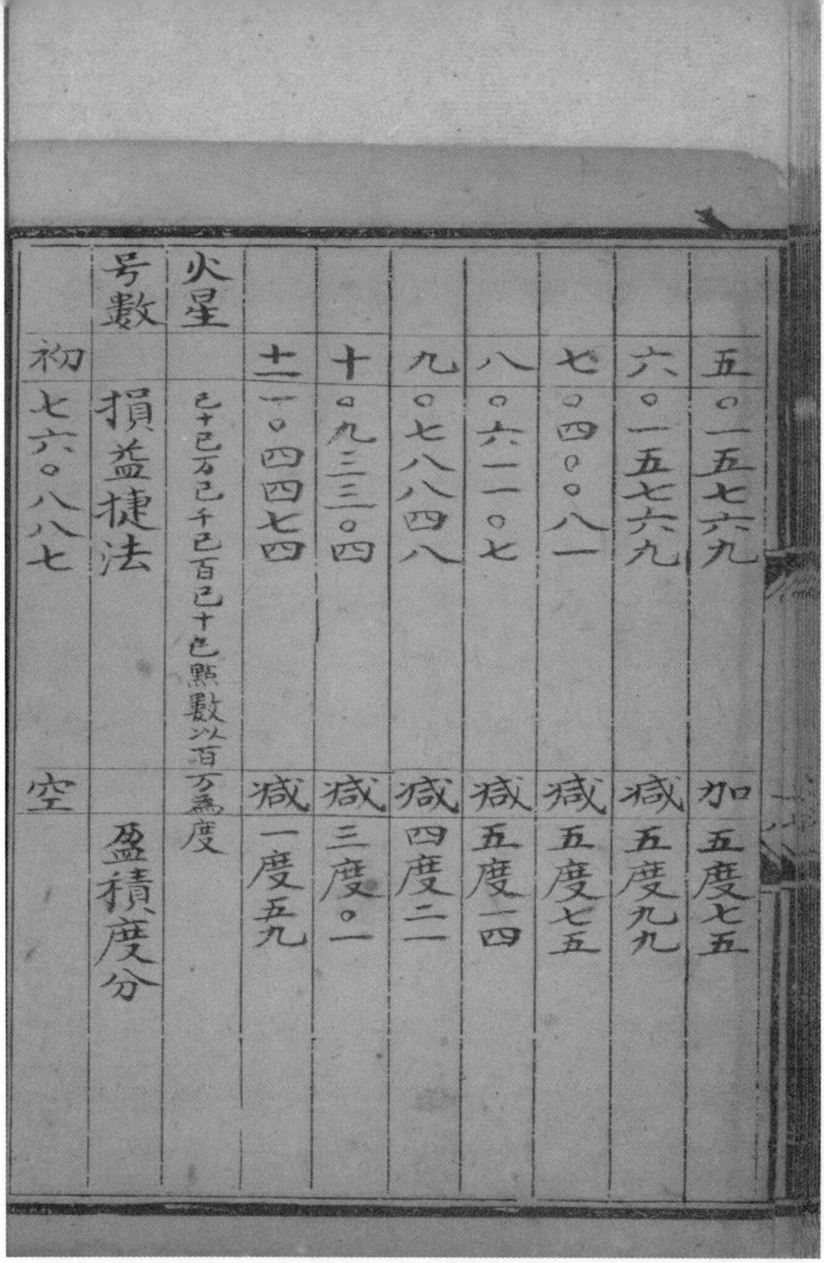

五	○一五七六九	加	五度七五
六	○一五七六九	減	五度九九
七	○四○○八一	減	五度七五
八	○六一一○七	減	五度一四
九	○七八八四八	減	四度二一
十	○九三三○四	減	三度○一
十一	一○四四七四	減	一度五九

火星，已十已万已千已百已十已，點數以百万為度。

号數	損益捷法		盈積度分
初	七六○八八七	空	

一	五二三六八五	加	一十一度五八
二	三〇二二五二	加	一十九度五五
三	〇九六五八九	加	二十四度一五
四	〇三六一三八	減	二十五度六二
五	一〇九〇七二	減	二十五度〇七
六	一七〇八三八	減	二十三度四一
七	二二一四三二	減	二十〇度八一
八	二五八八八五	減	一十七度四四
九	二八五一六八	減	一十三度五〇
十	二九九六二四	減	九度一六

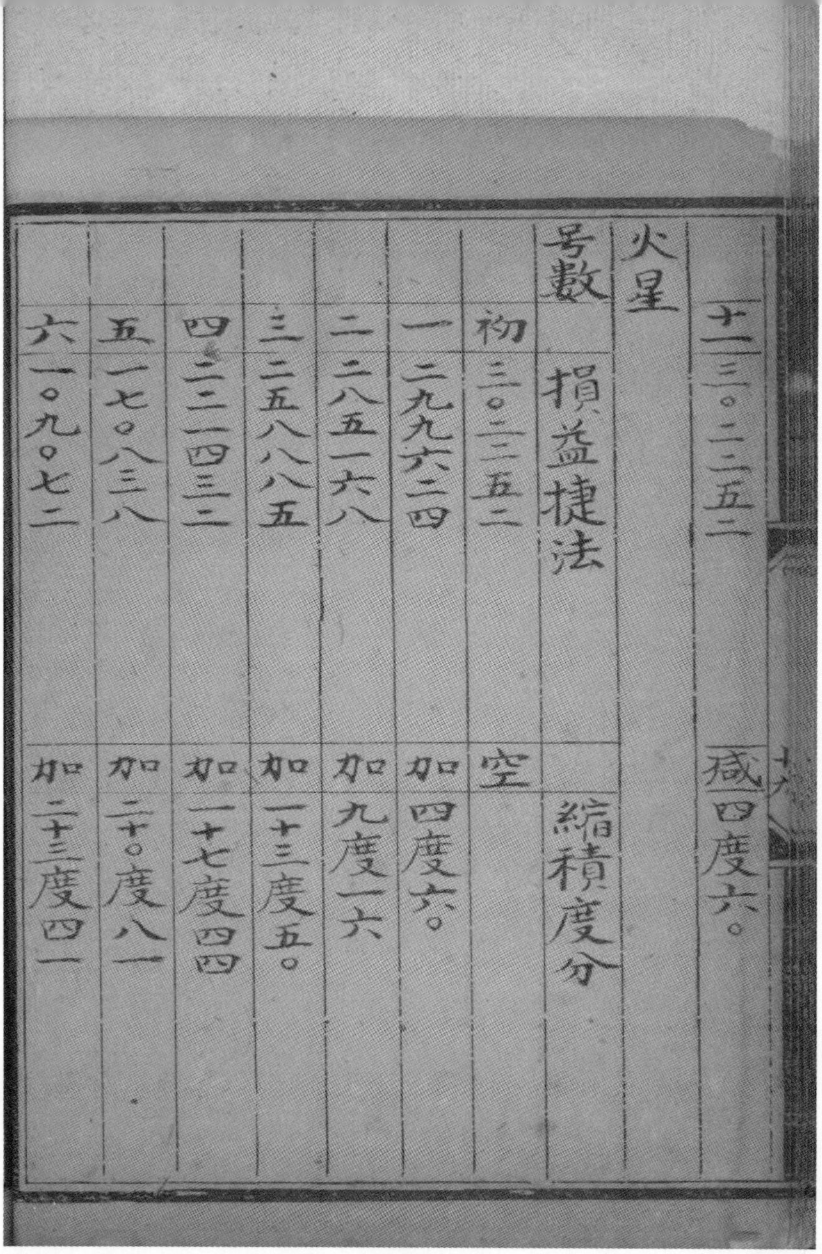

十一	三〇二二五二	減	四度六〇

火星

号數	損益捷法		縮積度分
初	三〇二二五二	空	
一	二九九六二四	加	四度六〇
二	二八五一六八	加	九度一六
三	二五八八八五	加	一十三度五〇
四	二二一四三二	加	一十七度四四
五	一七〇八三八	加	二十〇度八一
六	一〇九〇七二	加	二十三度四一

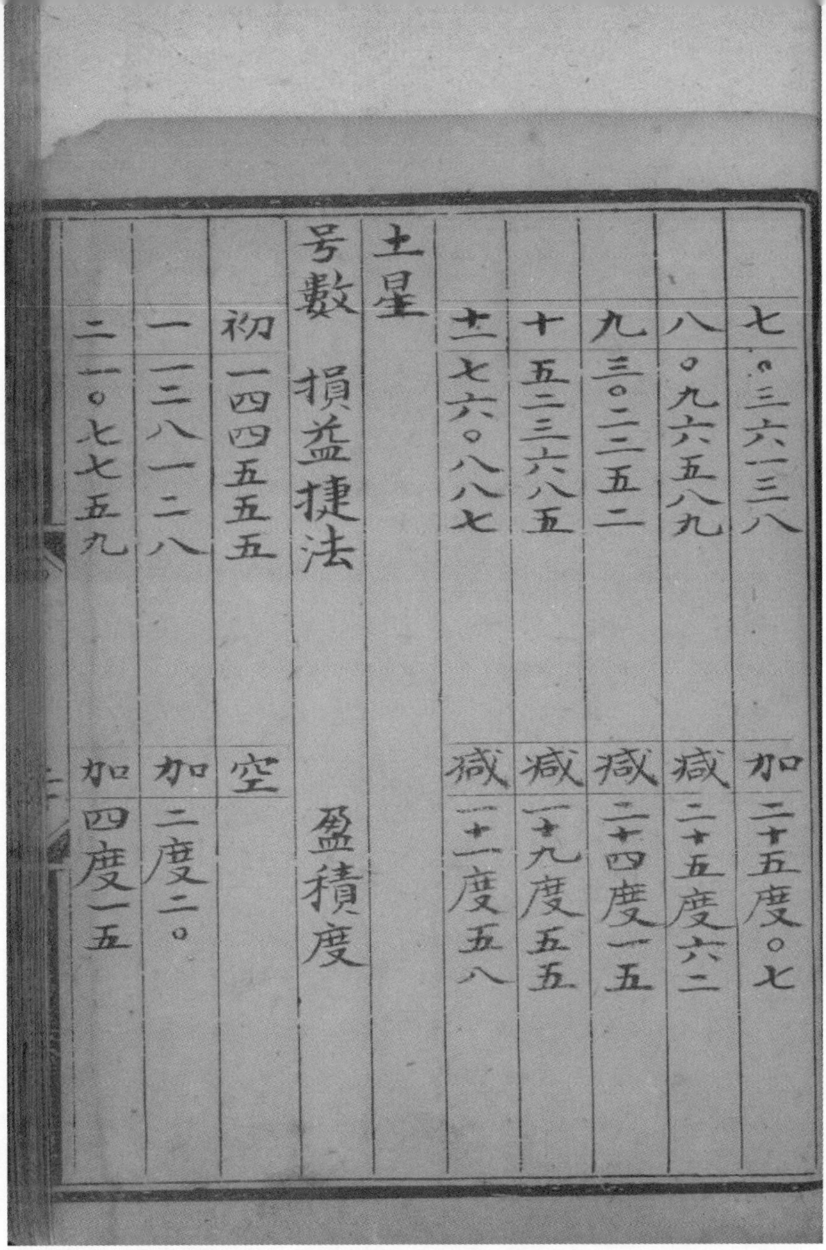

七	〇三六一三八	加	二十五度〇七
八	〇九六五八九	減	二十五度六二
九	三〇二二五二	減	二十四度一五
十	五二三六八五	減	一十九度五五
十一	七六〇八八七	減	一十一度五八

土星

号數	損益捷法		盈積度
初	一四四五五五	空	
一	一二八一二八	加	二度二〇
二	一〇七七五九	加	四度一五

土星

三	〇八三四四七	加	五度七九
四	〇五五一九三	加	七度〇六
五	〇二二九九七	加	七度九〇
六	〇二二九九七	減	八度二五
七	〇五五一九三	減	七度九〇
八	〇八三四四七	減	七度〇六
九	一〇七七五九	減	五度七九
十	一二八一二八	減	四度一五
十一	一四四五五五	減	二度二〇

三	〇八三四四七	加	五度七九
四	〇五五一九三	加	七度〇六
五	〇二二九九七	加	七度九〇
六	〇二二九九七	減	八度二五
七	〇五五一九三	減	七度九〇
八	〇八三四四七	減	七度〇六
九	一〇七七五九	減	五度七九
十	一二八一二八	減	四度一五
十一	一四四五五五	減	二度二〇

土星

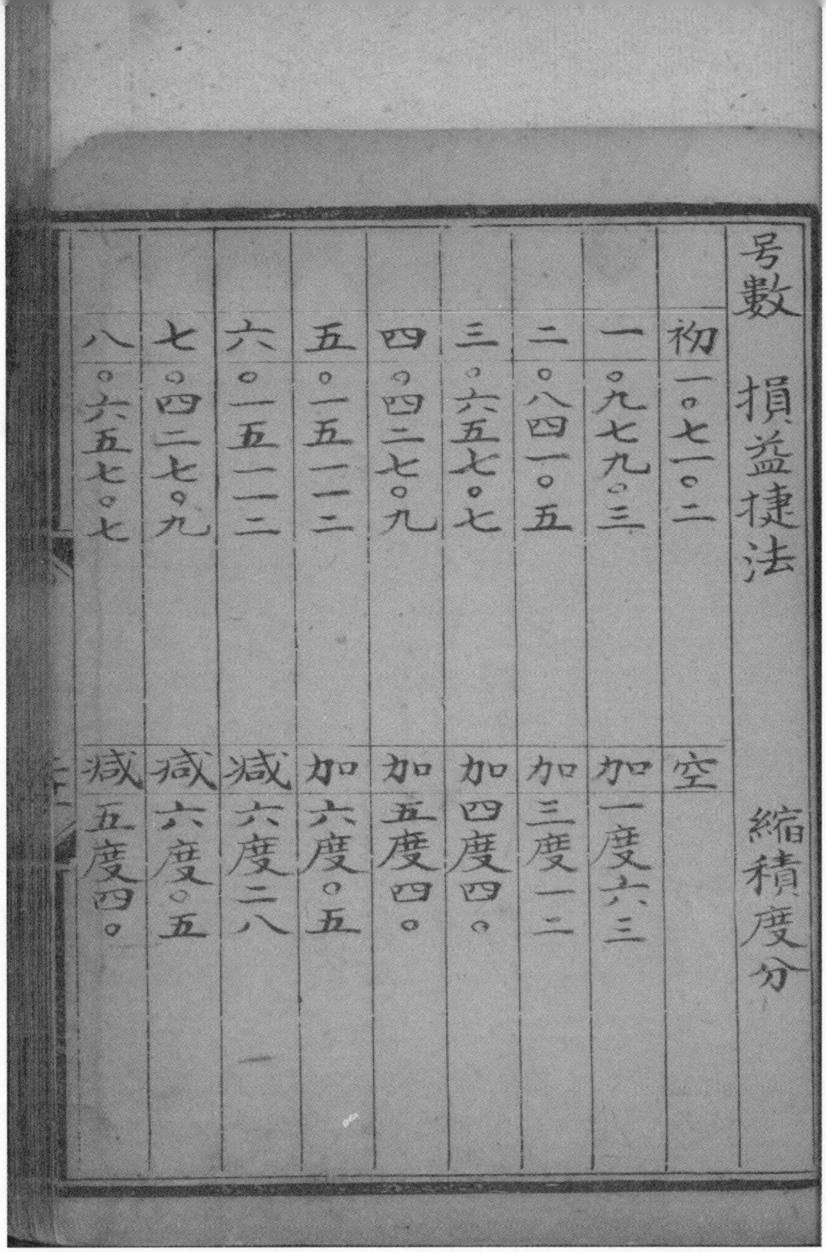

号數	損益捷法		縮積度分
初	一〇七一〇二	空	
一	〇九七九〇三	加	一度六三
二	〇八四一〇五	加	三度一二
三	〇六五七〇七	加	四度四〇
四	〇四二七〇九	加	五度四〇
五	〇一五一一二	加	六度〇五
六	〇一五一一二	減	六度二八
七	〇四二七〇九	減	六度〇五
八	〇六五七〇七	減	五度四〇

九	〇八四一〇五	減	四度四〇
十	〇九七九〇三	減	三度一二
十一	一〇七一〇二	減	一度六三

金星

号數	損益捷法		盈縮積度
初	〇三四八二四	空	
一	〇三二八五三	加	〇度五三
二	〇二八九一一	加	一度〇三
三	〇二二九九七	加	一度四七
四	〇一五一一二	加	一度八二

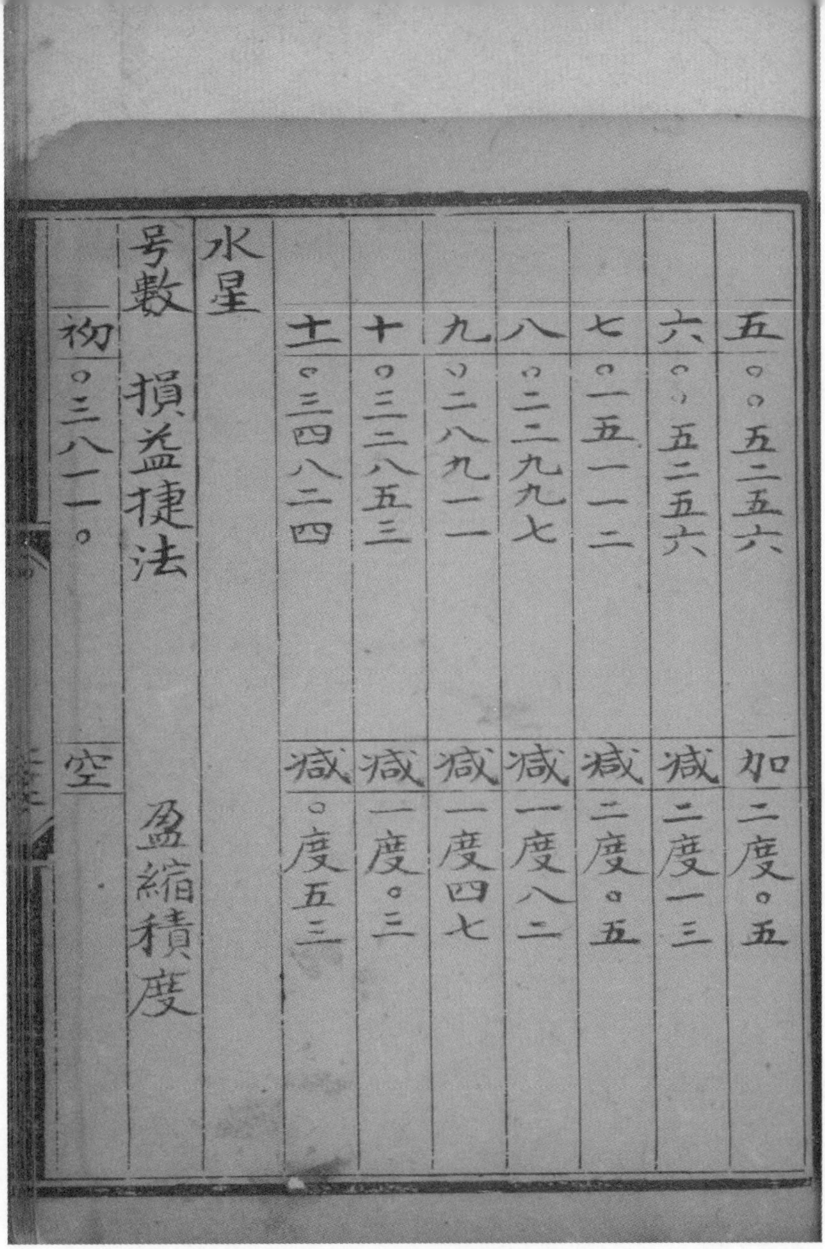

五	○○五二五六	加	二度○五
六	○○五二五六	減	二度一三
七	○一五一一二	減	二度○五
八	○二二九九七	減	一度八二
九	○二八九一一	減	一度四七
十	○三二八五三	減	一度○三
十一	○三四八二四	減	○度五三

水星

号數	損益捷法		盈縮積度
初	○三八一一○	空	

一	○三五四八一	加	○度五八
二	○三○八八二	加	一度一二
三	○二四三一一	加	一度五九
四	○一五七六九	加	一度九六
五	○○五二五六	加	二度二○
六	○○五二五六	減	二度二八
七	○一五七六九	減	二度二○
八	○二四三一一	減	一度九六
九	○三○八八二	減	一度五九
十	○三五四八一	減	一度一二

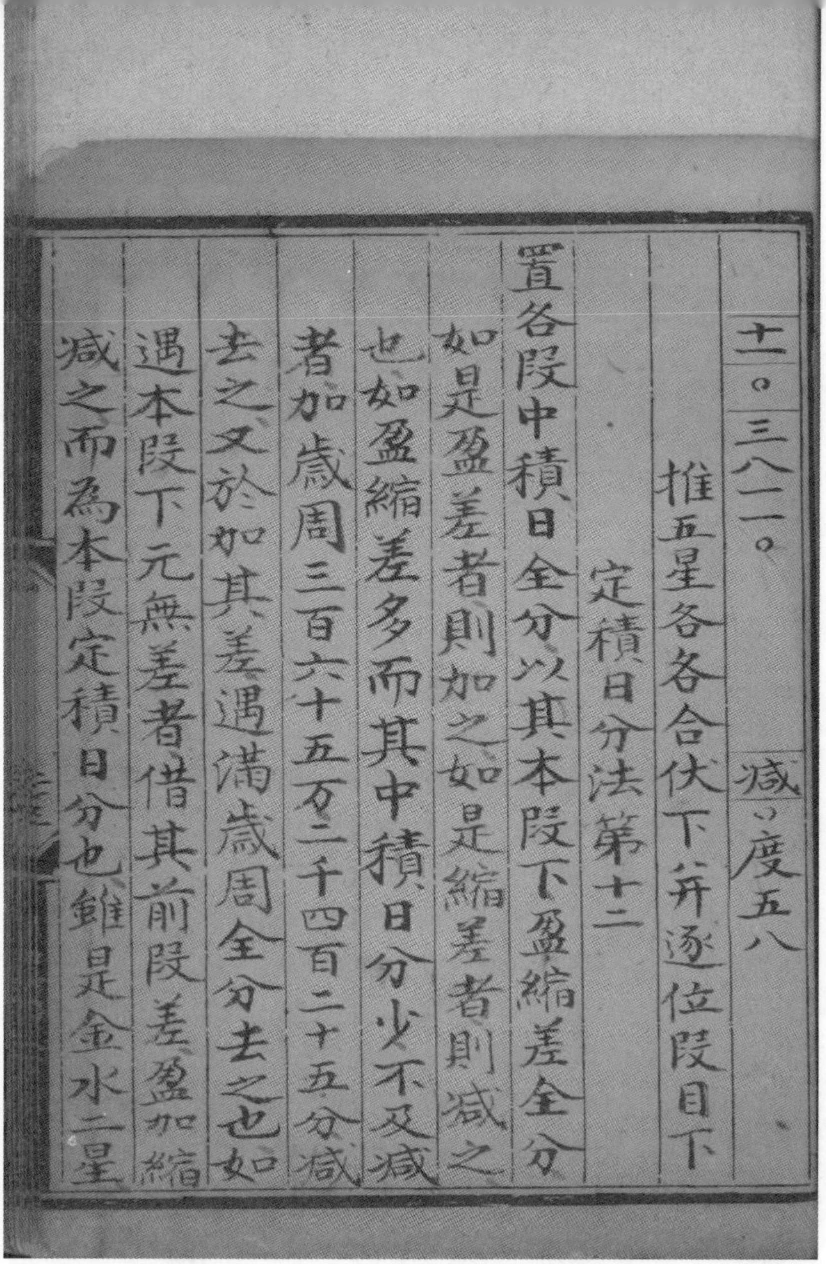

十一	〇三八一一〇	減	〇度五八

推五星各各合伏下并逐位段目下定積日分法第十二

置各段中積日全分，以其本段下盈縮差全分。如是盈差者，則加之；如是縮差者，則減之也。如是盈縮差多，而其中積日分少不及減者，加歲周三百六十五万二千四百二十五分減去之。又於加其差，遇滿歲周全分去之也。如遇本段下元無差者，借其前段差，盈加縮減之，而為本段定積日分也。雖是金水二星，

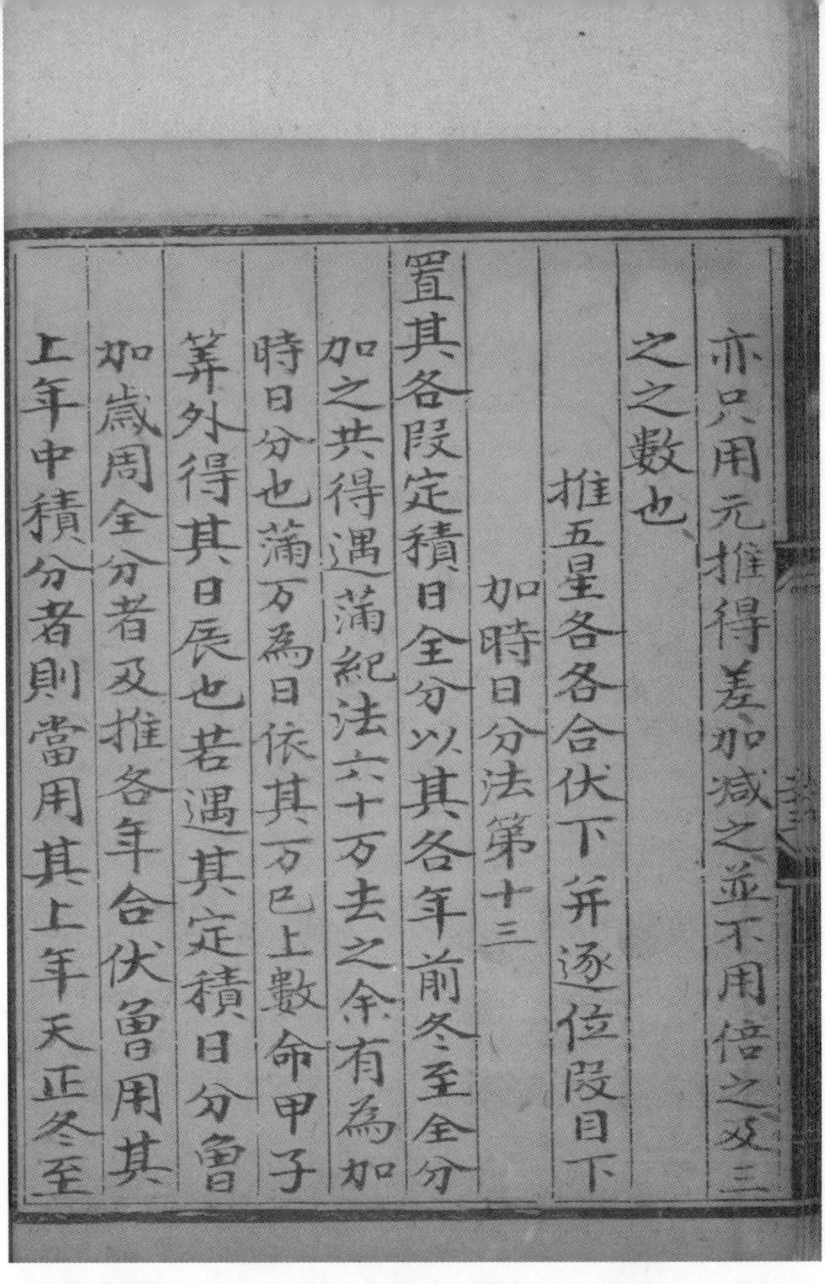
亦只用元推得差加減之並不用倍之及三
之之數也
推五星各各合伏下并逐位段目下
加時日分法第十三
置其各段定積日全分以其各年前冬至全分
加之共得遇滿紀法六十万去之余有為加
時日分也滿万為日依其万已上數命甲子
筭外得其日辰也若遇其定積日分曾
加歲周全分者及推各年合伏曾用其
上年中積分者則當用其上年天正冬至

亦只用元推得差加減之，並不用倍之，及三之之數也。

推五星各各合伏下并逐位段目下加時日分法第十三

置其各段定積日全分，以其各年前冬至全分加之，共得遇滿紀法六十万去之，余有為加時日分也。滿万為日，依其万已上數命甲子筭外，得其日辰也。若遇其定積日分曾加歲周全分者，及推各年合伏曾用其上年中積分者，則當用其上年天正冬至

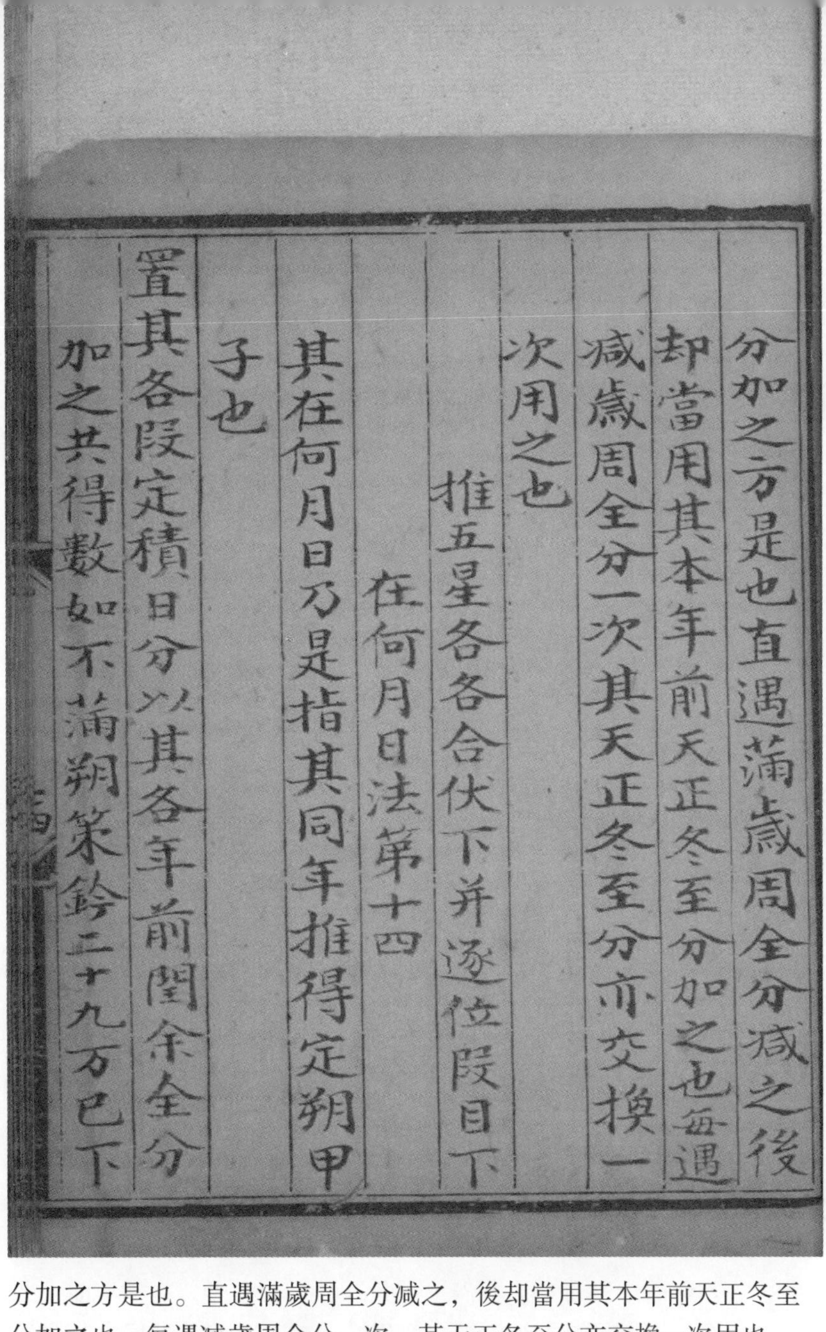

分加之方是也直遇滿歲周全分減之後
却當用其本年前天正冬至分加之也每遇
減歲周全分一次其天正冬至分亦交換一
次用之也
推五星各各合伏下并逐位段目下
在何月日法第十四
其在何月日乃是指其同年推得定朔甲
子也
置其各段定積日分以其各年前閏余全分
加之共得數如不滿朔策鈐二十九万已下

分加之方是也。直遇滿歲周全分減之，後却當用其本年前天正冬至分加之也。每遇減歲周全分一次，其天正冬至分亦交換一次用也。

推五星各各合伏下并逐位段目下在何月日法第十四

其在何月日，乃是指其同年推得定朔甲子也。

置其各段定積日分，以其各年前閏余全分加之，共得數如不滿朔策鈐二十九万已下

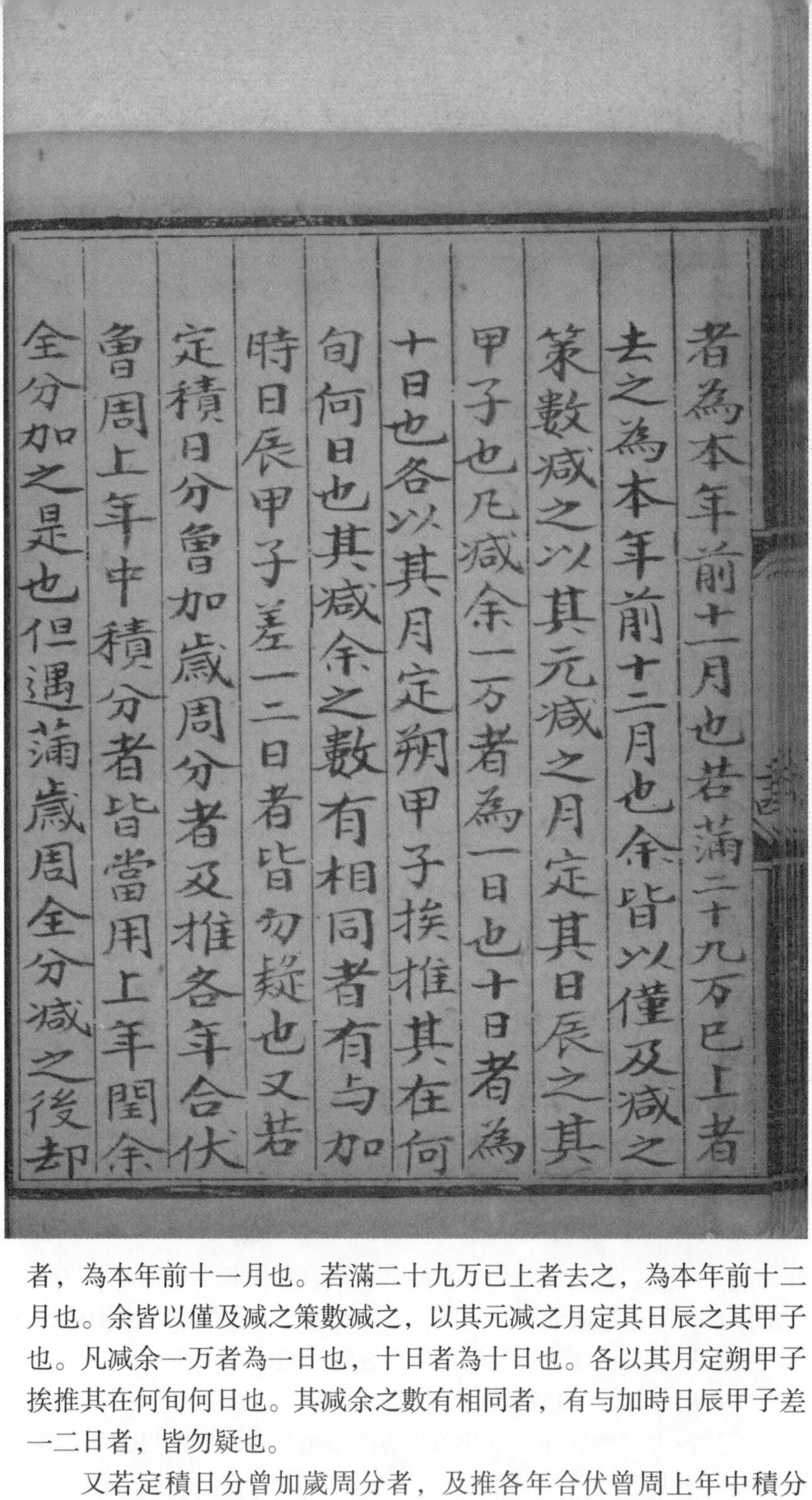
者為本年前十一月也若滿二十九万已上者
去之為本年前十二月也余皆以僅及減之
策數減之以其元減之月定其日辰之其
甲子也凡減余一万者為一日也十日者為
十日也各以其月定朔甲子挨推其在何
旬何日也其減余之數有相同者有与加
時日辰甲子差一二日者皆勿疑也又若
定積日分曾加歲周分者及推各年合伏
曾周上年中積分者皆當用上年閏余
全分加之是也但遇滿歲周全分減之後却

者，為本年前十一月也。若滿二十九万已上者去之，為本年前十二月也。余皆以僅及減之策數減之，以其元減之月定其日辰之其甲子也。凡減余一万者為一日也，十日者為十日也。各以其月定朔甲子挨推其在何旬何日也。其減余之數有相同者，有与加時日辰甲子差一二日者，皆勿疑也。

又若定積日分曾加歲周分者，及推各年合伏曾周上年中積分者，皆當用上年閏余全分加之是也。但遇滿歲周全分減之後，却

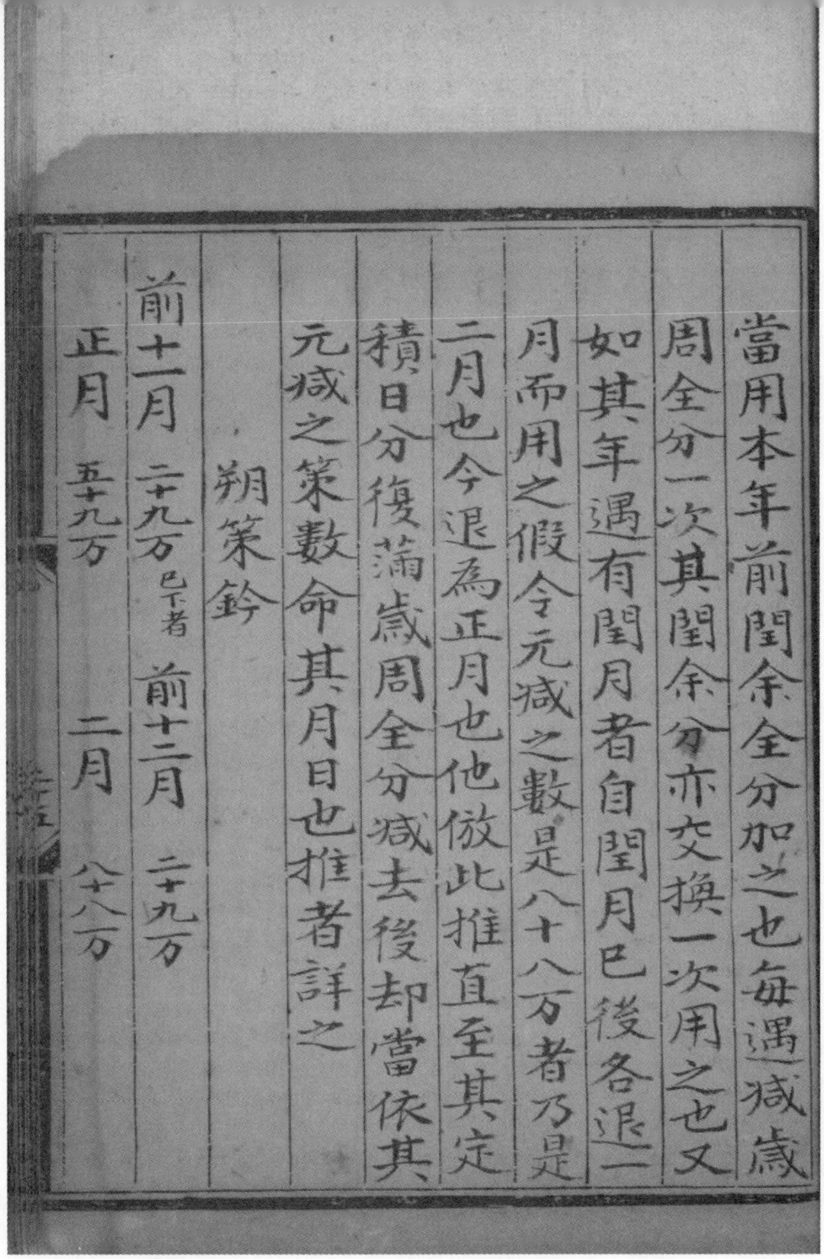

當用本年前閏余全分加之也。每遇減歲周全分一次，其閏余分亦交換一次用之也。

又如其年遇有閏月者，自閏月已後各退一月而用之。假令元減之數是八十八万者，乃是二月也，今退為正月也。他倣此推，直至其定積日分復滿歲周全分，减去後，却當依其元減之策數命其月日也。推者詳之。

朔策鈐

前十一月	二十九万　已下者	前十二月	二十九万
正月	五十九万	二月	八十八万

三月	一百一十八万	四月	一百四十七万
五月	一百七十七万	六月	二百〇六万
七月	二百三十六万	八月	二百六十五万
九月	二百九十五万	十月	三百二十四万
十一月	三百五十四万	十二月	二十九万
正月	五十九万		

推五星各各合伏下并逐位段目下定星度分及加時定星度分法第十五

置其各段中星度分全分，以其本段下如是盈差者，則加之，共得為定星度分也。如是縮差者，則减其

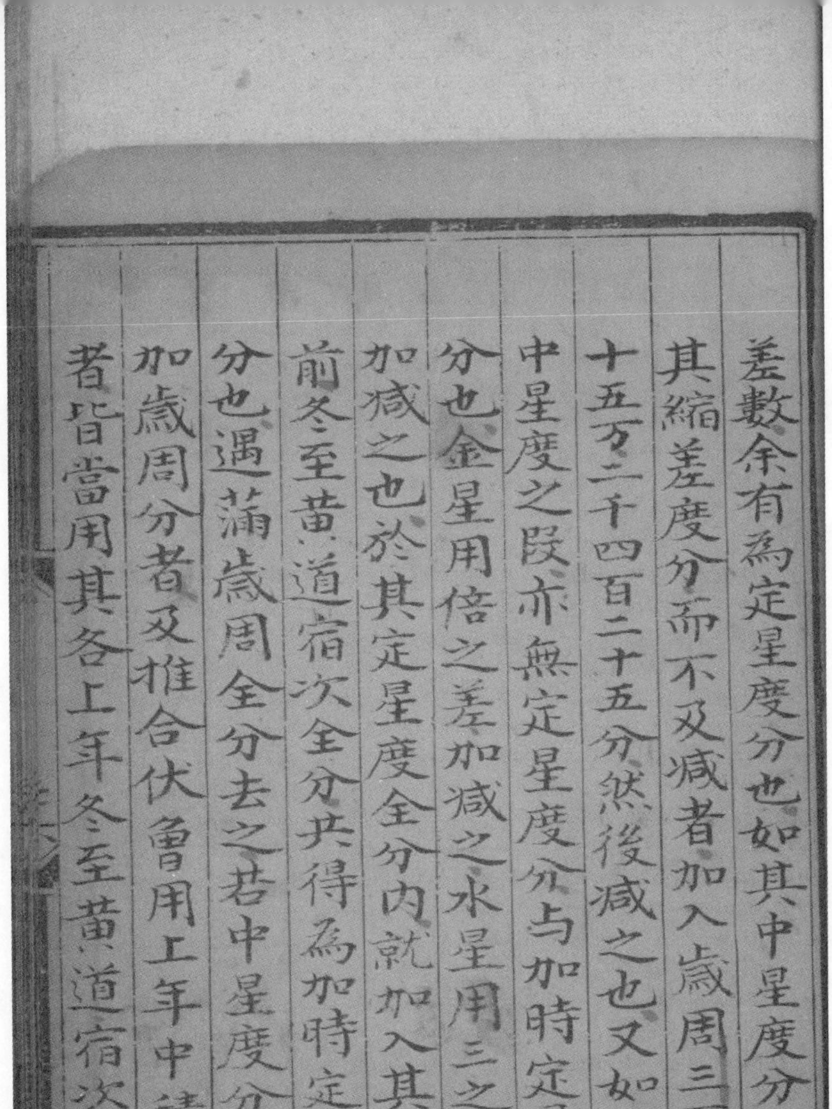
差數余有為定星度分也如其中星度分少如
其縮差度分而不及減者加入歲周三百六
十五万二千四百二十五分然後減之也又如遇無
中星度之段亦無定星度分与加時定星度
分也金星用倍之差加減之水星用三之差
加減之也於其定星度全分內就加入其各年
前冬至黃道宿次全分共得為加時定星度
分也遇滿歲周全分去之若中星度分曾
加歲周分者及推合伏曾用上年中積分
者皆當用其各上年冬至黃道宿次度分

差數，余有為定星度分也。如其中星度分少如其縮差度分，而不及減者，加入歲周三百六十五万二千四百二十五分，然後減之也。又如遇無中星度之段，亦無定星度分与加時定星度分也。金星用倍之差加減之，水星用三倍之差加減之也。於其定星度全分內，就加入其各年前冬至黃道宿次全分，共得為加時定星度分也。遇滿歲周全分去之。

若中星度分曾加歲周分者，及推合伏曾用上年中積分者，皆當用其各上年冬至黃道宿次度分

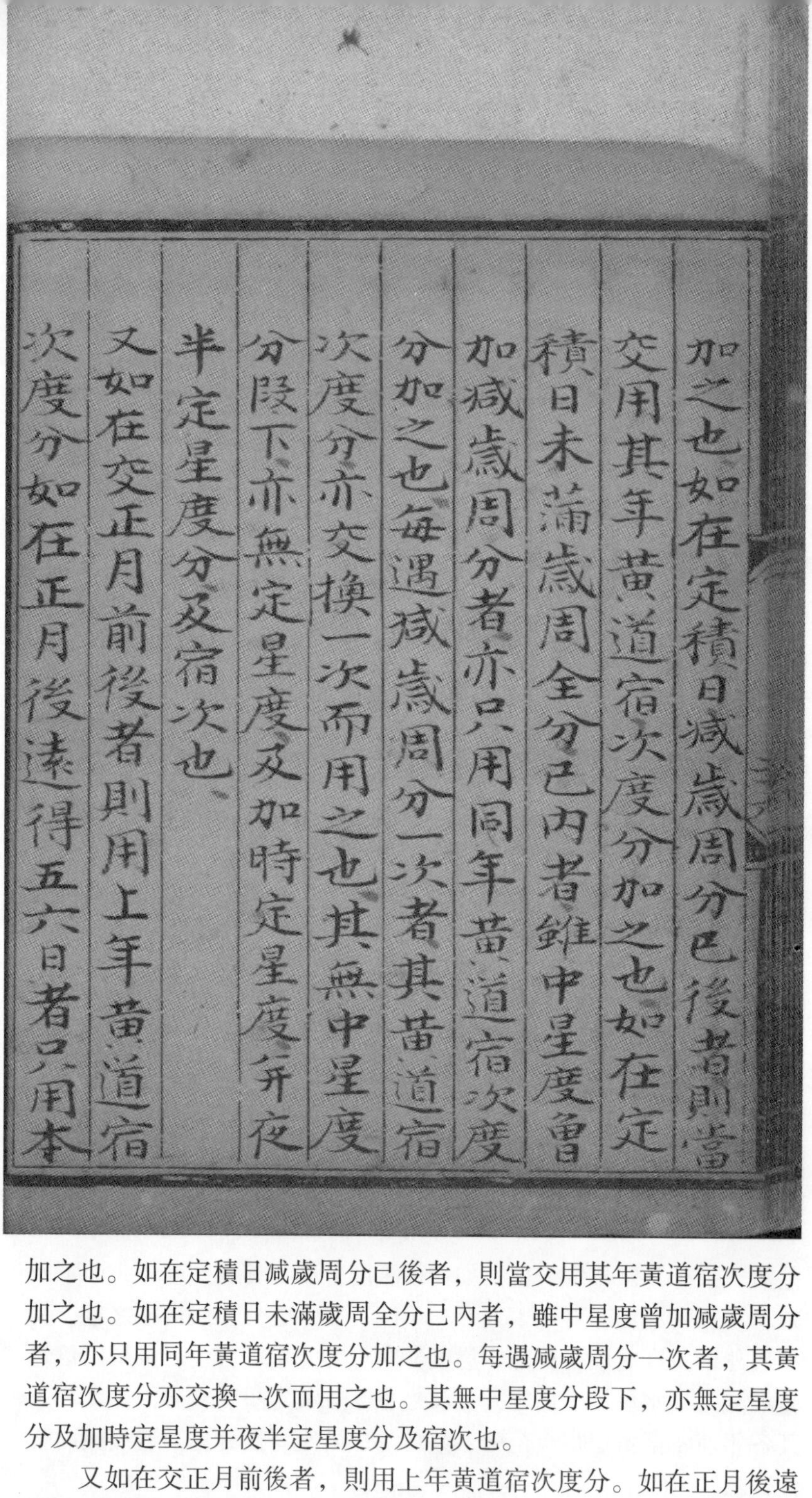

加之也如在定積日減歲周分巳後者則當
交用其年黃道宿次度分加之也如在定
積日未滿歲周全分已內者雖中星度曾
加減歲周分者亦只用同年黃道宿次度
分加之也每遇減歲周分一次者其黃道宿
次度分亦交換一次而用之也其無中星度
分段下亦無定星度及加時定星度并夜
半定星度分及宿次也
又如在交正月前後者則用上年黃道宿
次度分如在正月後遠得五六日者只用本

加之也。如在定積日減歲周分已後者，則當交用其年黃道宿次度分加之也。如在定積日未滿歲周全分已內者，雖中星度曾加減歲周分者，亦只用同年黃道宿次度分加之也。每遇減歲周分一次者，其黃道宿次度分亦交換一次而用之也。其無中星度分段下，亦無定星度分及加時定星度并夜半定星度分及宿次也。

又如在交正月前後者，則用上年黃道宿次度分。如在正月後遠得五六日者，只用本

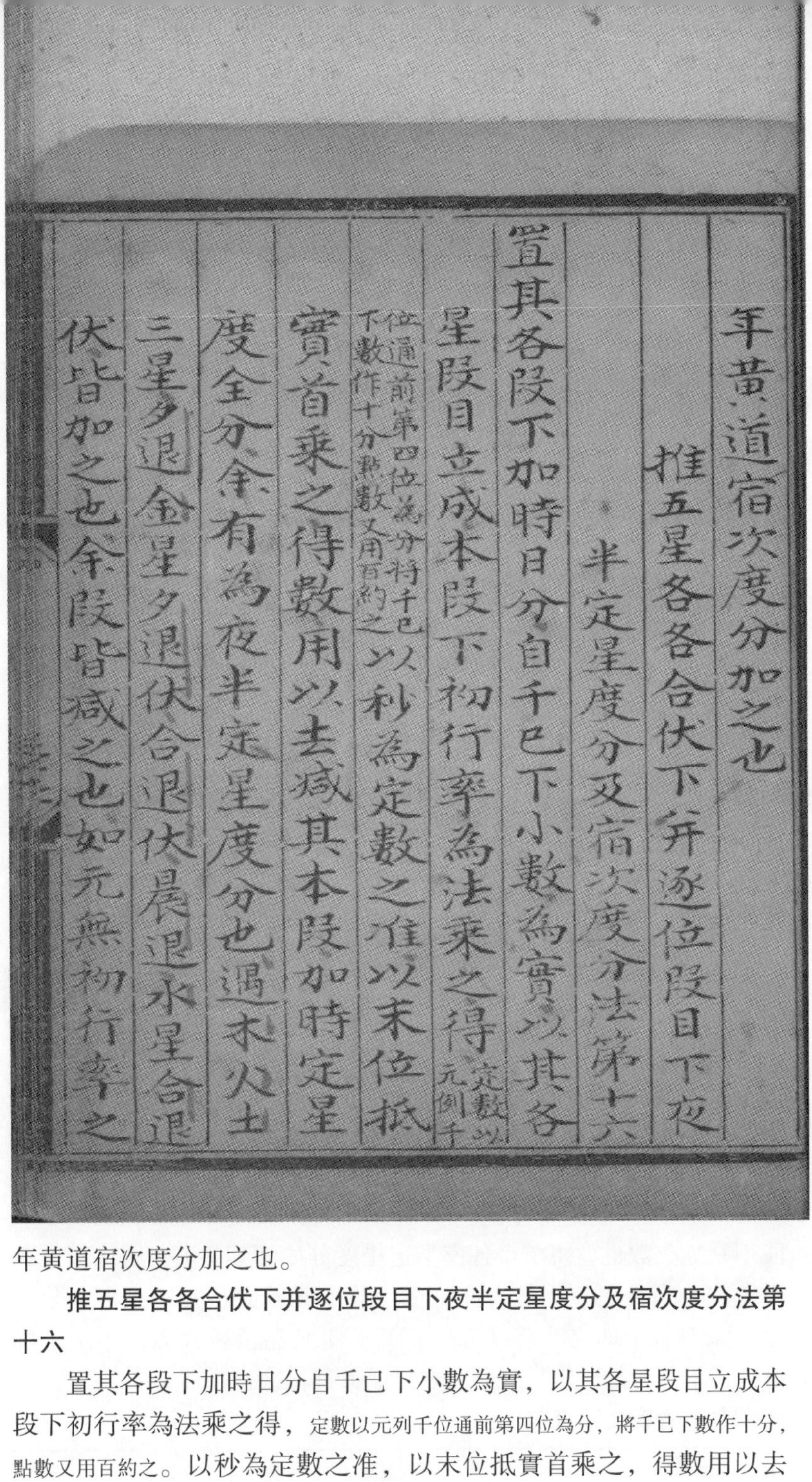
年黃道宿次度分加之也
推五星各各合伏下并逐位段目下夜半定星度分及宿次度分法第十六
置其各段下加時日分自千已下小數為實以其各星段目立成本段下初行率為法乘之得定數以元例千位通前第四位為分將千已下數作十分點數又用百約之以秒為定數之准以末位抵實首乘之得數用以去減其本段加時定星度全分余有為夜半定星度分也遇木火土三星夕退金星夕退伏合退伏晨退水星合退伏皆加之也余段皆減之也如元無初行率之

年黃道宿次度分加之也。

推五星各各合伏下并逐位段目下夜半定星度分及宿次度分法第十六

置其各段下加時日分自千已下小數為實，以其各星段目立成本段下初行率為法乘之得，定數以元列千位通前第四位為分，將千已下數作十分，點數又用百約之。以秒為定數之准，以末位抵實首乘之，得數用以去減其本段加時定星度全分，余有為夜半定星度分也。遇木、火、土三星夕退；金星夕退、伏合、退伏、晨退；水星合退、伏皆加之也。余段皆減之也。

如元無初行率之

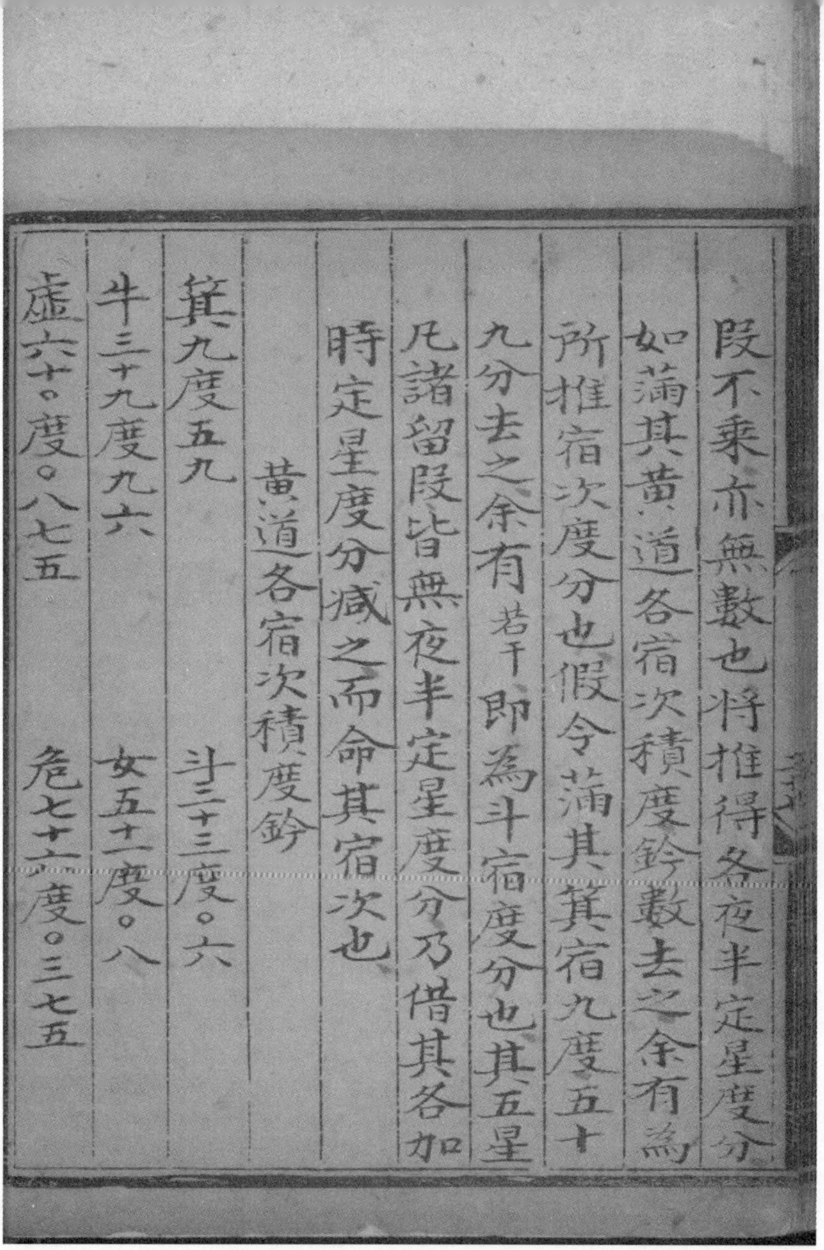
段不乘亦無數也将推得各夜半定星度分
如滿其黄道各宿次積度鈐數去之余有為
所推宿次度分也假令滿其箕宿九度五十
九分去之余有若干即為斗宿度分也其五星
凡諸留段皆無夜半定星度分乃借其各加
時定星度分減之而命其宿次也
黄道各宿次積度鈐
箕九度五九 斗三十三度〇六
牛三十九度九六 女五十一度〇八
虛六十〇度〇八七五 危七十六度〇三七五

段不乘亦無數也，將推得各夜半定星度分如滿其黄道各宿次積度鈐數去之，余有為所推宿次度分也。假令滿其箕宿九度五十九分去之，余有若干即為斗宿度分也。其五星凡諸留段皆無夜半定星度分，乃借其各加時定星度分減之，而命其宿次也。

黄道各宿次積度鈐

箕，九度五九	斗，三十三度〇六
牛，三十九度九六	女，五十一度〇八
虛，六十〇度〇八七五	危，七十六度〇三七五

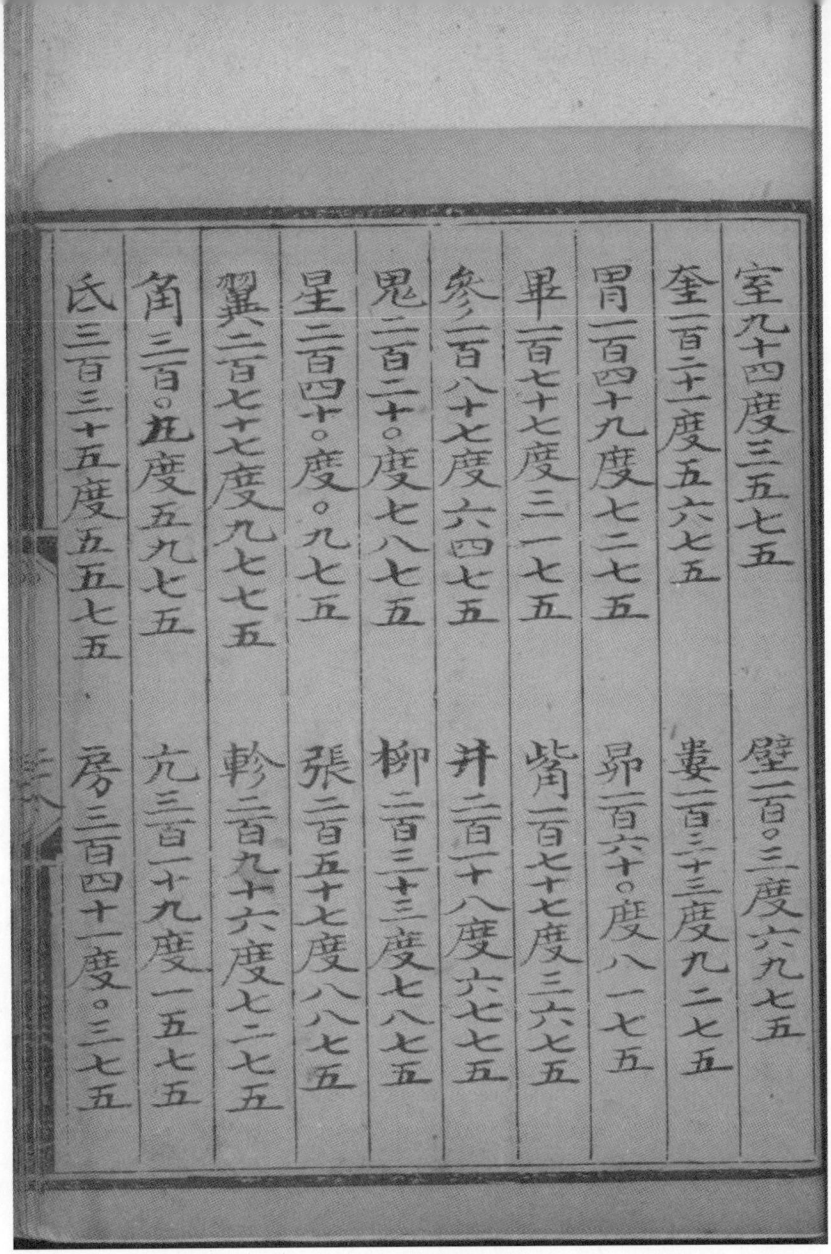
室九十四度三五七五　壁一百〇三度六九七五
奎一百二十一度五六七五　婁一百三十三度九二七五
胃一百四十九度七二七五　昴一百六十〇度八一七五
畢一百七十七度三一七五　觜一百七十七度三六七五
參一百八十七度六四七五　井二百一十八度六七七五
鬼二百二十〇度七八七五　柳二百三十三度七八七五
星二百四十〇度〇九七五　張二百五十七度八八七五
翼二百七十七度九七七五　軫二百九十六度七二七五
角三百〇九度五九七五　亢三百一十九度一五七五
氐三百三十五度五五七五　房三百四十一度〇三七五

室，九十四度三五七五	壁，一百〇三度六九七五
奎，一百二十一度五六七五	婁，一百三十三度九二七五
胃，一百四十九度七二七五	昴，一百六十〇度八一七五
畢，一百七十七度三一七五	觜，一百七十七度三六七五
參，一百八十七度六四七五	井，二百一十八度六七七五
鬼，二百二十〇度七八七五	柳，二百三十三度七八七五
星，二百四十〇度〇九七五	張，二百五十七度八八七五
翼，二百七十七度九七七五	軫，二百九十六度七二七五
角，三百〇九度五九七五	亢，三百一十九度一五七五
氐，三百三十五度五五七五	房，三百四十一度〇三七五

心，三百四十七度三〇七五	尾，三百六十五度二五七五

推五星各各合伏下并逐位段目下日率法第十七

置其各各後段加時日分，內減其本段加時日分，余有為日率也。如後段少如本段不及減者，加入六十日減之也。又將後段定積日，內減其本段定積日相較同者是。如遇後段定積日少如本段定積日不及減者，加入三百六十五万減之也。間或有差一日者，用加時日分相減之也。或有差六十日者，用定積日相減

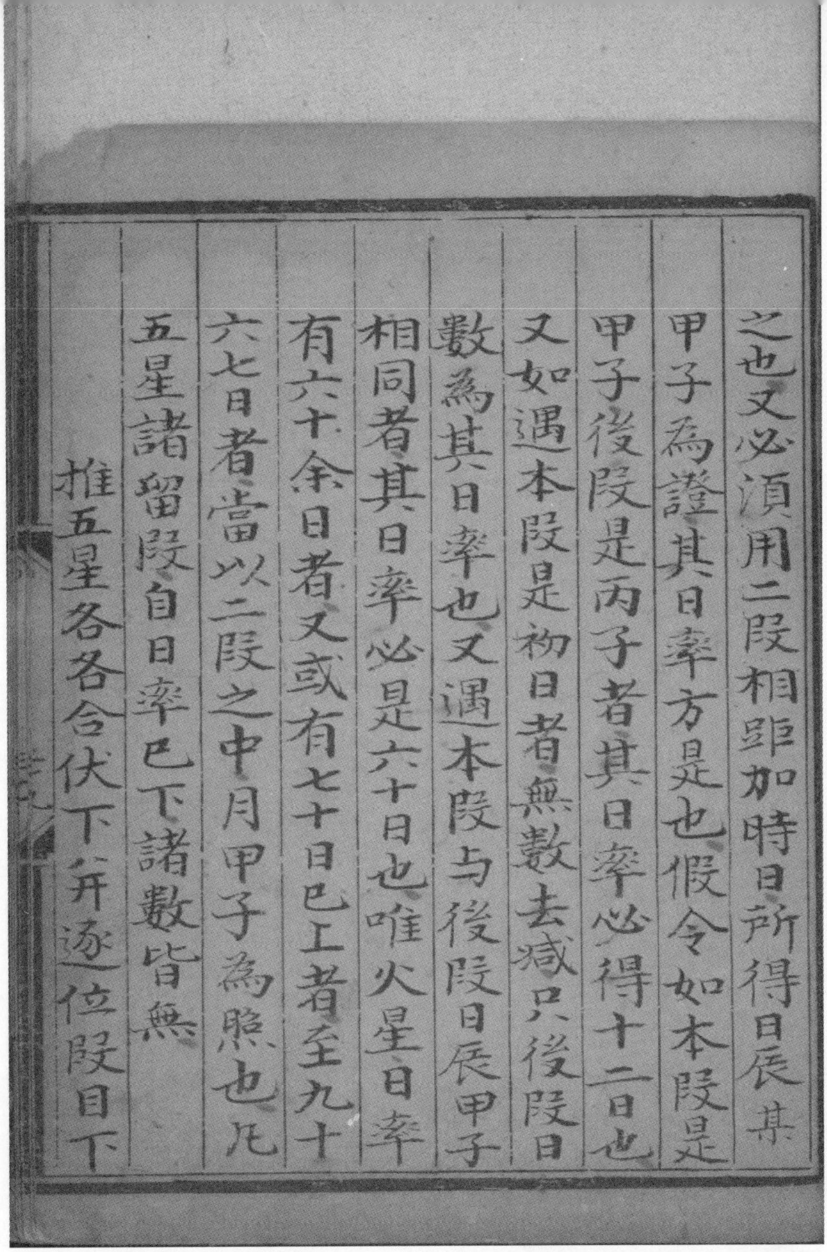

之也又必須用二段相距加時日所得日辰某
甲子為證其日率方是也假令如本段是
甲子後段是丙子者其日率必得十二日也
又如遇本段是初日者無數去減只後段日
數為其日率也又遇本段与後段日辰甲子
相同者其日率必是六十日也唯火星日率
有六十余日者又或有七十日已上者至九十
六七日者當以二段之中月甲子為照也凡
五星諸留段自日率已下諸數皆無
推五星各各合伏下并逐位段目下

之也。又必須用二段相距加時日所得日辰某甲子為證，其日率方是也。

假令如本段是甲子，後段是丙子者，其日率必得十二日也。又如遇本段是初日者，無數去減，只後段日數為其日率也。又遇本段与後段日辰甲子相同者，其日率必是六十日也。唯火星日率有六十余日者，又或有七十日已上者，至九十六、七日者，當以二段之中月甲子為照也。凡五星諸留段，自日率已下諸數皆無。

推五星各各合伏下并逐位段目下

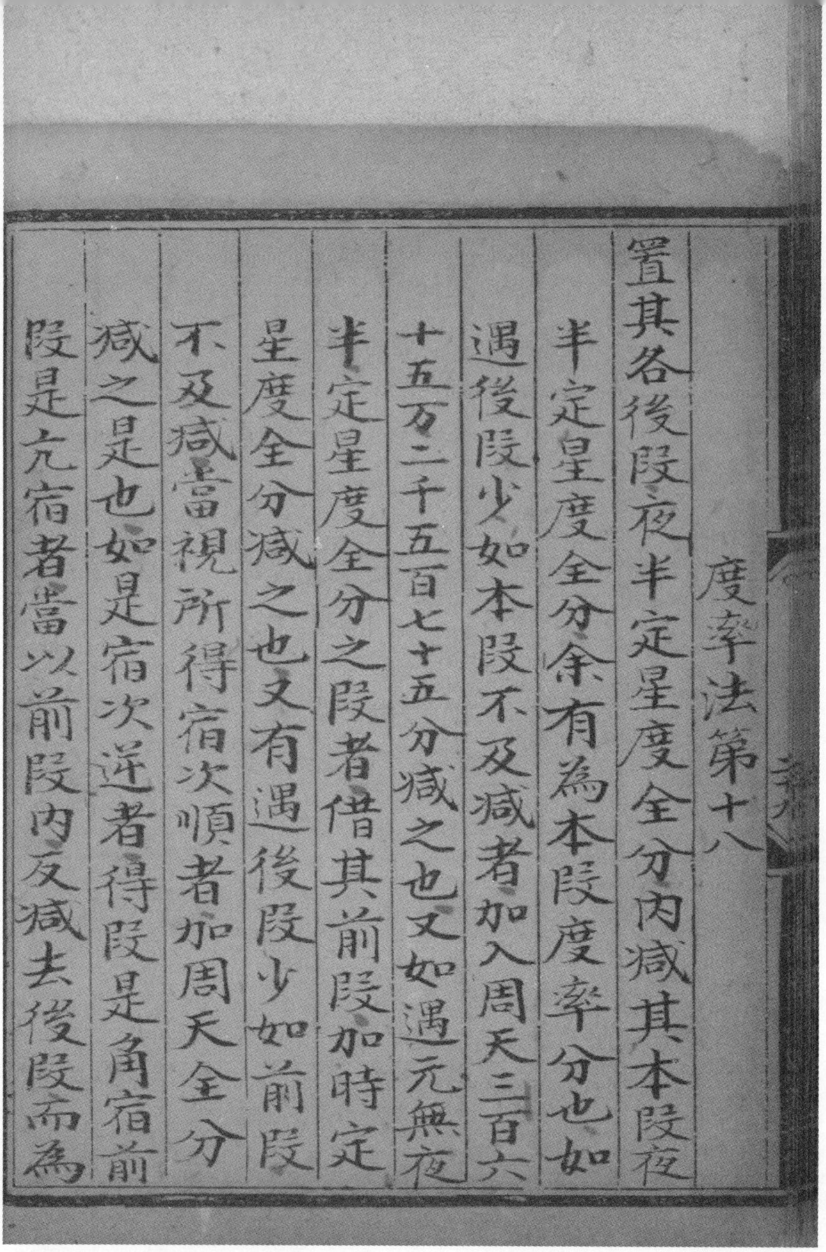
度率法第十八
置其各後段夜半定星度全分內減其本段夜
半定星度全分余有為本段度率分也如
遇後段少如本段不及減者加入周天三百六
十五万二千五百七十五分減之也又如遇元無夜
半定星度全分之段者借其前段加時定
星度全分減之也又有遇後段少如前段
不及減當視所得宿次順者加周天全分
減之是也如是宿次逆者得段是角宿前
段是亢宿者當以前段內反減去後段而為

度率法第十八

置其各後段夜半定星度全分，內減其本段夜半定星度全分，余有為本段度率分也。如遇後段少如本段不及減者，加入周天三百六十五万二千五百七十五分減之也。又如遇元無夜半定星度全分之段者，借其前段加時定星度全分減之也。

又有遇後段少如前段不及減，當視所得宿次順者加周天全分減之是也。如是宿次逆者，得段是角宿前段，是亢宿者，當以前段內反減去後段而為

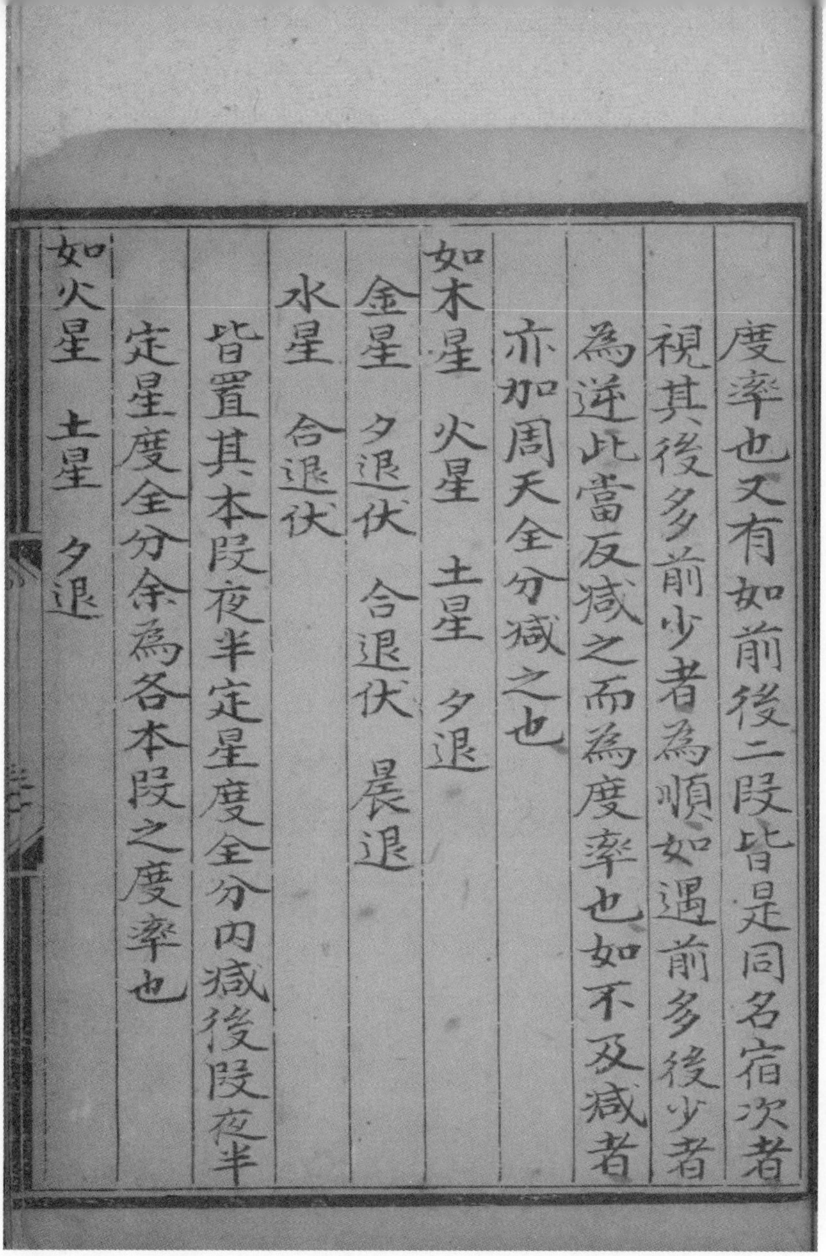

度率也又有如前後二段皆是同名宿次者
視其後多前少者爲順如遇前多後少者
爲逆此當反减之而爲度率也如不及减者
亦加周天全分减之也
如木星　火星　土星　夕退
金星　夕退伏　合退伏　晨退
水星　合退伏
皆置其本段夜半定星度全分内减後段夜半
定星度全分余爲各本段之度率也
如火星　土星　夕退

度率也。又有如前後二段皆是同名宿次者，視其後多前少者為順。如遇前多後少者為逆，此當反減之而為度率也。如不及減者，亦加周天全分減之也。

如木星、火星、土星夕退；金星夕退伏、合退伏、晨退；水星合退伏，皆置其本段夜半定星度全分，內減後段夜半定星度全分，余為各本段之度率也。

如火星、土星夕退；

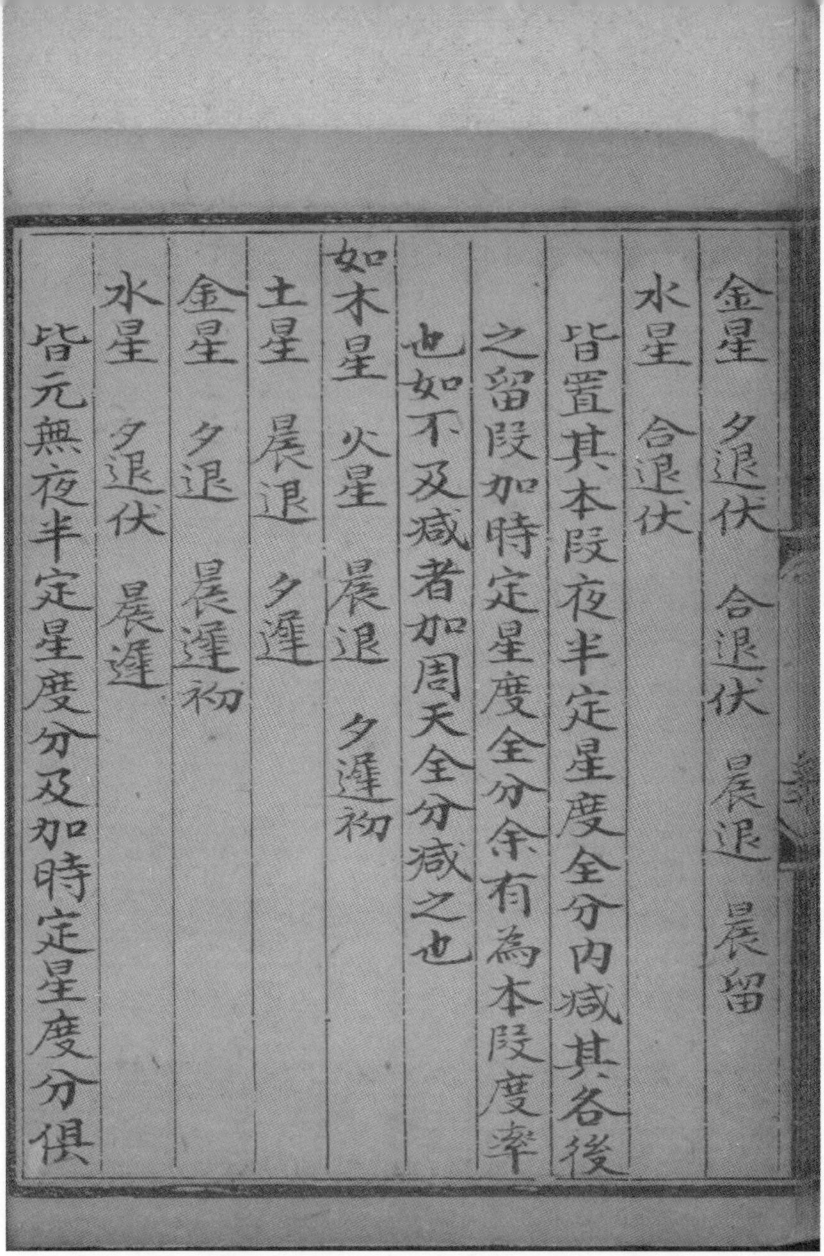

金星　夕退伏　合退伏　晨退　晨留
水星　合退伏
皆置其本段夜半定星度全分內减其各後
之留段加時定星度全分余有為本段度率
也如不及减者加周天全分减之也
如木星　火星　晨退　夕遲初
土星　晨退　夕遲
金星　夕退　晨遲初
水星　夕退伏　晨遲
皆元無夜半定星度分及加時定星度分俱

金星夕退伏、合退伏、晨退、晨留；水星合退伏，皆置其本段夜半定星度全分，內減其各後之留段加時定星度全分，余有為本段度率也。如不及減者，加周天全分減之也。

如木星、火星晨退、夕遲初；土星晨退、夕遲；金星夕退、晨遲初；水星夕退伏、晨遲。

皆元無夜半定星度分及加時定星度分，俱

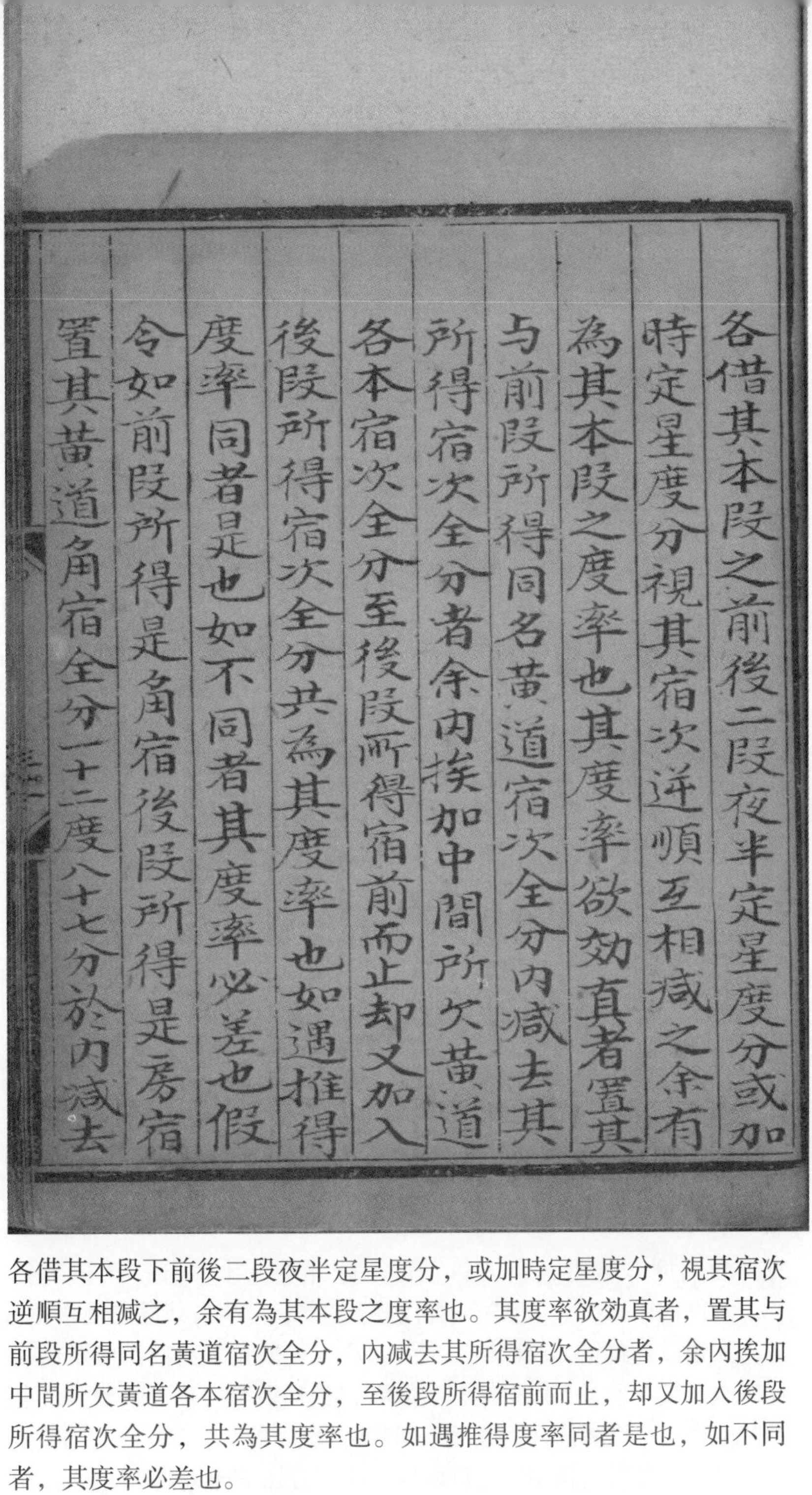
各借其本段之前後二段夜半定星度分或加
時定星度分視其宿次逆順互相減之余有
為其本段之度率也其度率欲效真者置其
与前段所得同名黃道宿次全分內減去其
所得宿次全分者余內挨加中間所欠黃道
各本宿次全分至後段所得宿前而止却又加入
後段所得宿次全分共為其度率也如遇推得
度率同者是也如不同者其度率必差也假
令如前段所得是角宿後段所得是房宿
置其黃道角宿全分一十二度八十七分於內減去

各借其本段下前後二段夜半定星度分，或加時定星度分，視其宿次逆順互相減之，余有為其本段之度率也。其度率欲効真者，置其与前段所得同名黃道宿次全分，內減去其所得宿次全分者，余內挨加中間所欠黃道各本宿次全分，至後段所得宿前而止，却又加入後段所得宿次全分，共為其度率也。如遇推得度率同者是也，如不同者，其度率必差也。

假令如前段所得是角宿，後段所得是房宿，置其黃道角宿全分一十二度八十七分，於內減去

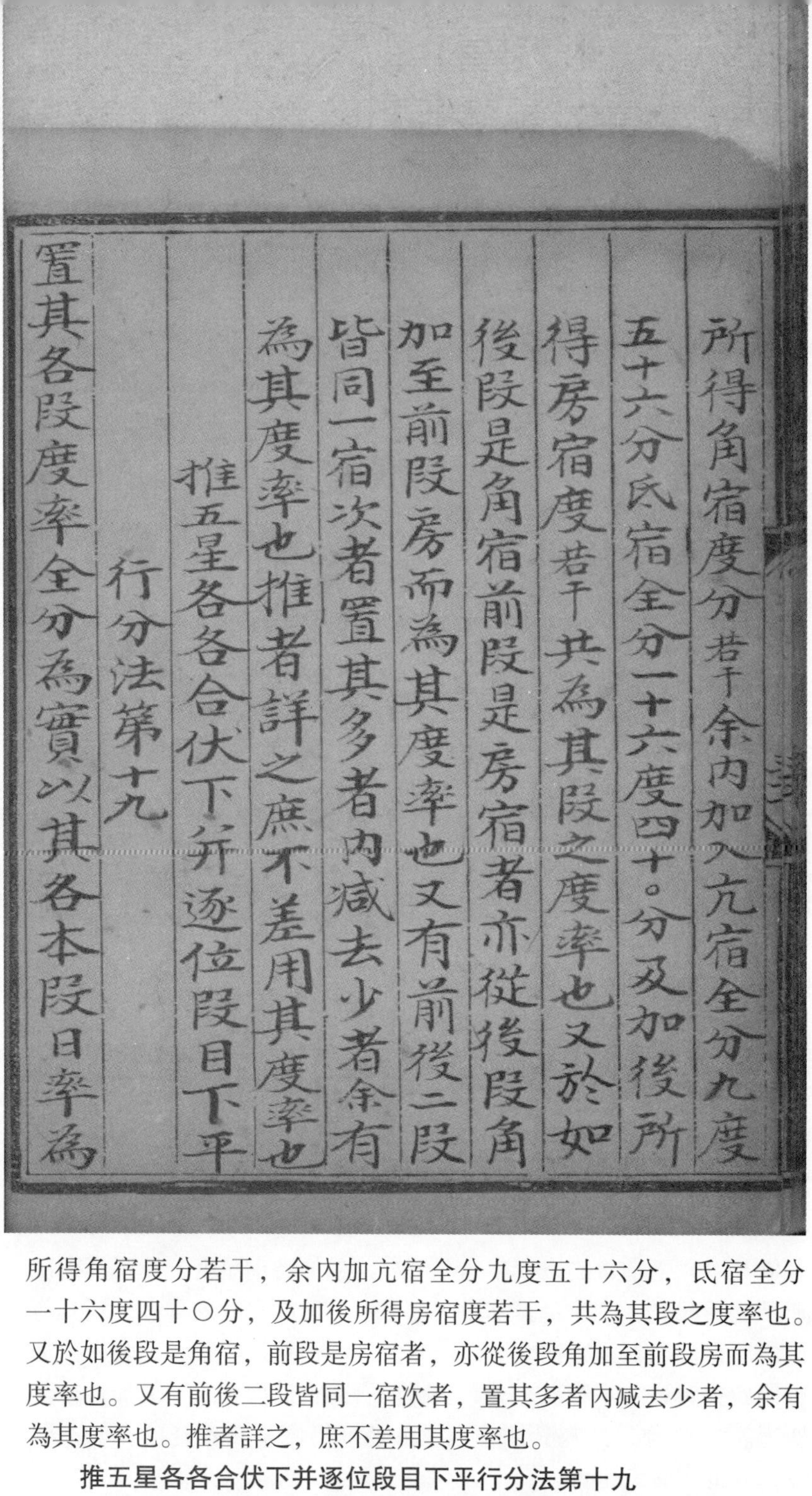

所得角宿度分若干，余内加亢宿全分九度五十六分，氐宿全分一十六度四十〇分，及加後所得房宿度若干，共為其段之度率也。又於如後段是角宿，前段是房宿者，亦從後段角加至前段房而為其度率也。又有前後二段皆同一宿次者，置其多者内減去少者，余有為其度率也。推者詳之，庶不差用其度率也。

推五星各各合伏下并逐位段目下平行分法第十九

置其各段度率全分為實，以其各本段日率為

法除之，得為其平行分也。定數以十日除一度，滿法得十分，不滿法得单分也。

木星、火星、土星平行分並無得一度者，止得十分已下數也。惟金星、水星平行分有得二度者，及十分以下者。録數至止微。

推五星各各合伏下并逐位段目下有無泛差及增減差、總差、日差等法第二十

置其本段之前後二段平行分，或前多後少，或

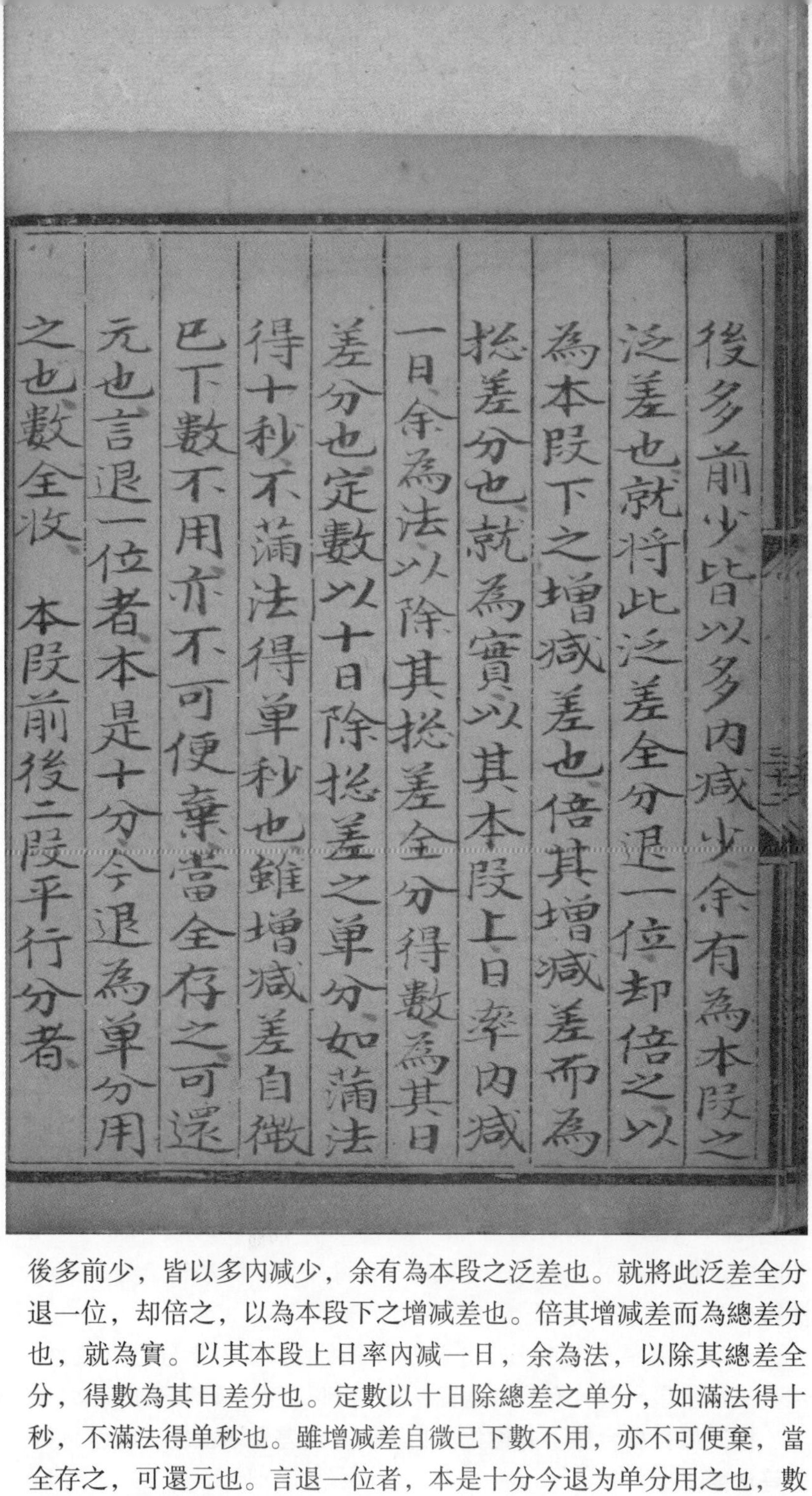

後多前少皆以多内減少余有為本段之
泛差也就将此泛差全分退一位却倍之以
為本段下之增減差也倍其增減差而為
揔差分也就為實以其本段上日率内減
一日余為法以除其揔差全分得數為其日
差分也定數以十日除揔差之単分如滿法
得十秒不滿法得単秒也雖増減差自微
已下數不用亦不可便棄當全存之可還
元也言退一位者本是十分今退為単分用
之也數全收　本段前後二段平行分者

後多前少，皆以多内減少，余有為本段之泛差也。就將此泛差全分退一位，却倍之，以為本段下之增減差也。倍其增減差而為總差分也，就為實。以其本段上日率内減一日，余為法，以除其總差全分，得數為其日差分也。定數以十日除總差之单分，如滿法得十秒，不滿法得单秒也。雖增減差自微已下數不用，亦不可便棄，當全存之，可還元也。言退一位者，本是十分今退为单分用之也，數全收，本段前後二段平行分者。

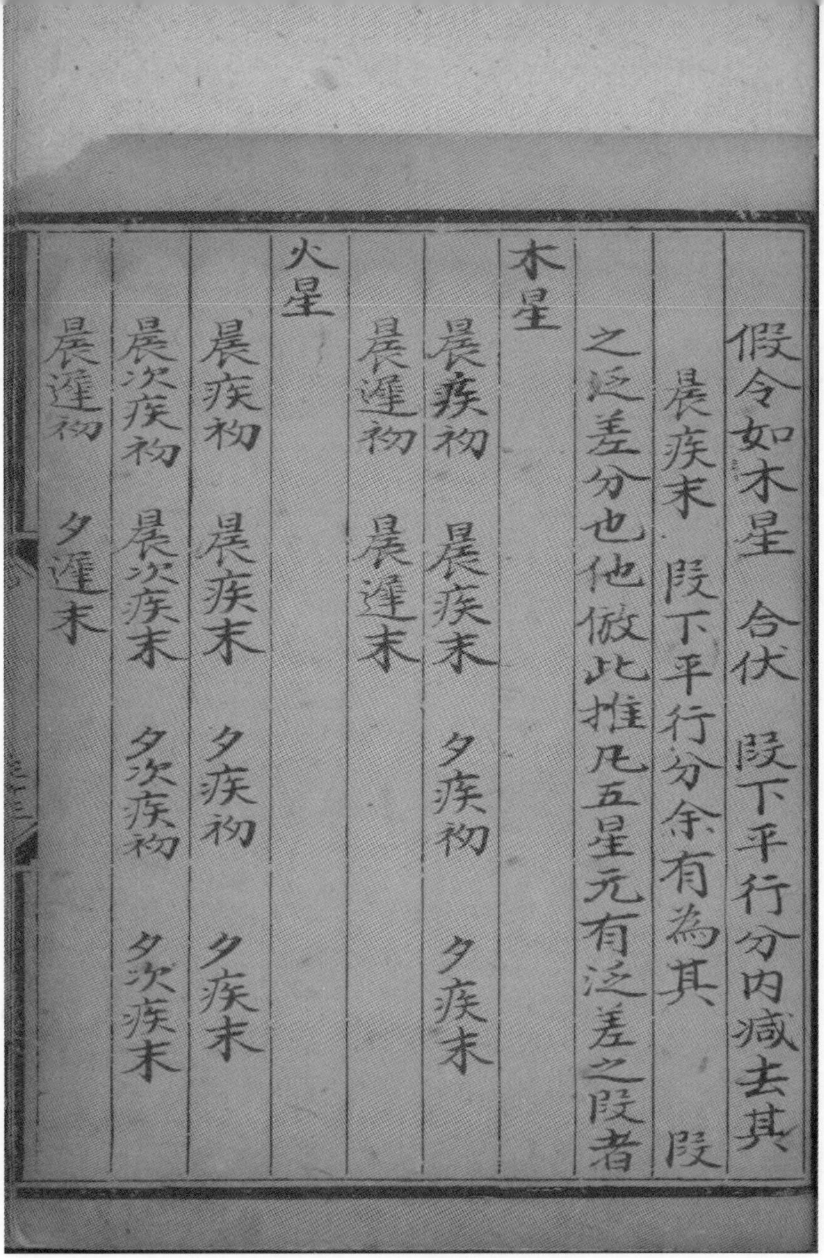

假令如木星合伏段下平行分内减去其
晨疾末段下平行分余有為其段
之泛差分也他倣此推凡五星元有泛差之段者
木星
晨疾初 晨疾末 夕疾初 夕疾末
晨遲初 晨遲末
火星
晨疾初 晨疾末 夕疾初 夕疾末
晨次疾初 晨次疾末 夕次疾初 夕次疾末
晨遲初 夕遲末

假令如木星合伏段下平行分，内減去其晨疾末段下平行分，余有為其段之泛差分也。他倣此推。

凡五星元有泛差之段者。

木星

晨疾初、晨疾末、夕疾初、夕疾末、晨遲初、晨遲末。

火星

晨疾初、晨疾末、夕疾初、夕疾末、晨次疾初、晨次疾末、夕次疾初、夕次疾末、晨遲初、夕遲末。

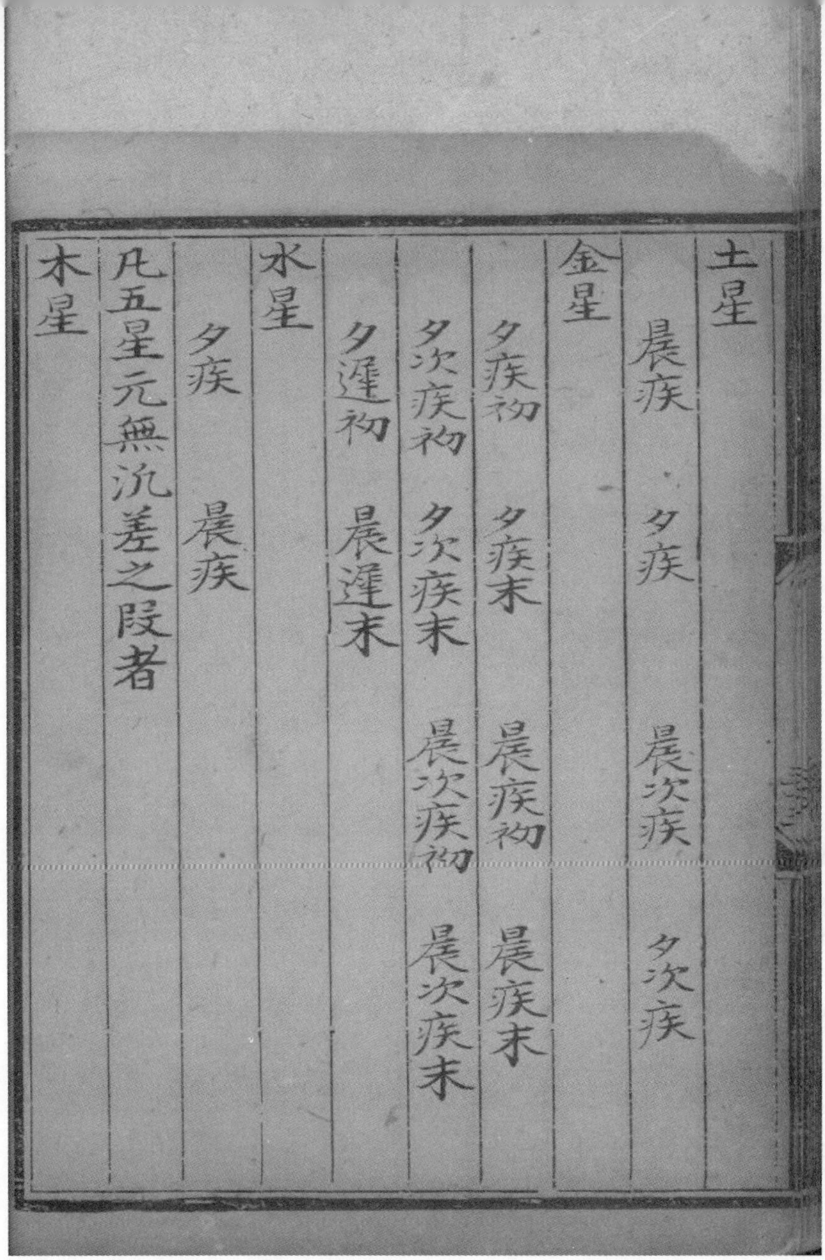

土星

晨疾　夕疾　晨次疾　夕次疾

金星

夕疾初　夕疾末　晨疾初　晨疾末

夕次疾初　夕次疾末　晨次疾初　晨次疾末

夕遲初　晨遲末

水星

夕疾　晨疾

凡五星元無汎差之段者

木星

土星

晨疾、夕疾、晨次疾、夕次疾。

金星

夕疾初、夕疾末、晨疾初、晨疾末、夕次疾初、夕次疾末、晨次疾初、晨次疾末、夕遲初、晨遲末。

水星

夕疾、晨疾。

凡五星元無汎差之段者。

木星

合伏、夕伏、晨遲初、夕遲初、晨退、夕退。

火星

合伏、夕伏、晨遲末、夕遲初、晨退、夕退。

土星

合伏、夕伏、晨遲初、夕遲、晨退、夕退。

金星

合伏、晨伏、夕遲末、晨遲初、

夕退、晨退、夕退伏、合退伏。

水星

合伏、晨伏、夕遲、晨遲、夕退伏、合退伏。

推五星各各段下初日行分及末日行分法第二十一

置其各段之平行分，若比次段之平行分少者，内减其本段之增减差，余有為其初日行分也。復置其平行分，内却加入其本段之增减差，共得為其末日行分也。又若其各段之平

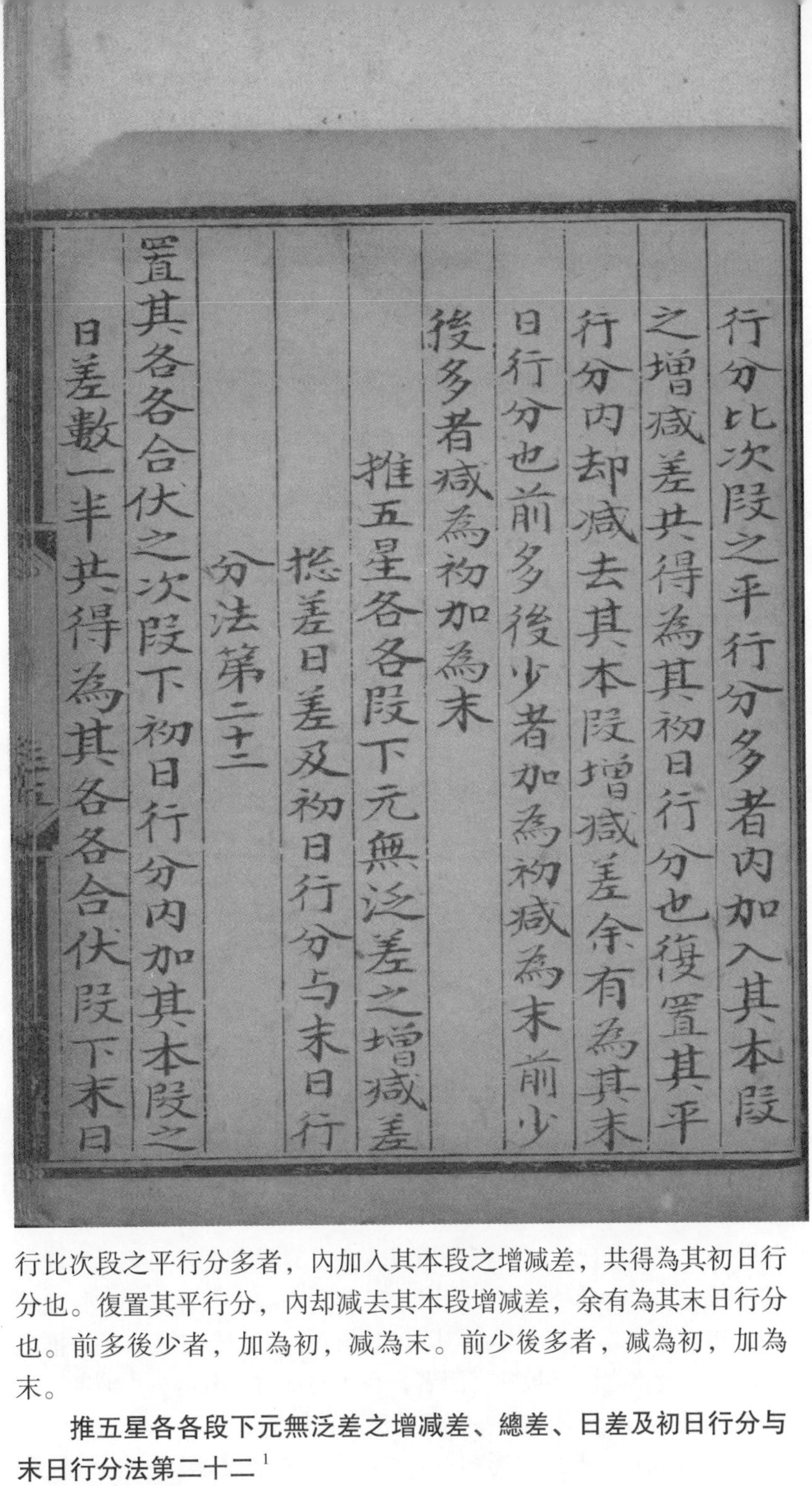

行分比次段之平行分多者内加入其本段
之增減差共得為其初日行分也復置其平
行分内却減去其本段増減差余有為其末
日行分也前多後少者加為初減為末前少
後多者減為初加為末
推五星各各段下元無泛差之增減差
揔差日差及初日行分与末日行
分法第二十二
置其各各合伏之次段下初日行分内加其本段之
日差數一半共得為其各各合伏段下末日

行比次段之平行分多者，內加入其本段之增減差，共得為其初日行分也。復置其平行分，內却減去其本段增減差，余有為其末日行分也。前多後少者，加為初，減為末。前少後多者，減為初，加為末。

推五星各各段下元無泛差之增減差、總差、日差及初日行分與末日行分法第二十二[1]

置其各合伏之次段下初日行分，內加其本段之日差數一半，共得為其各各合伏段下末日

1 由於五星之伏段及近留之遲段及退段沒有泛差，所以前後伏、遲、退段之增減差等需單獨求解。

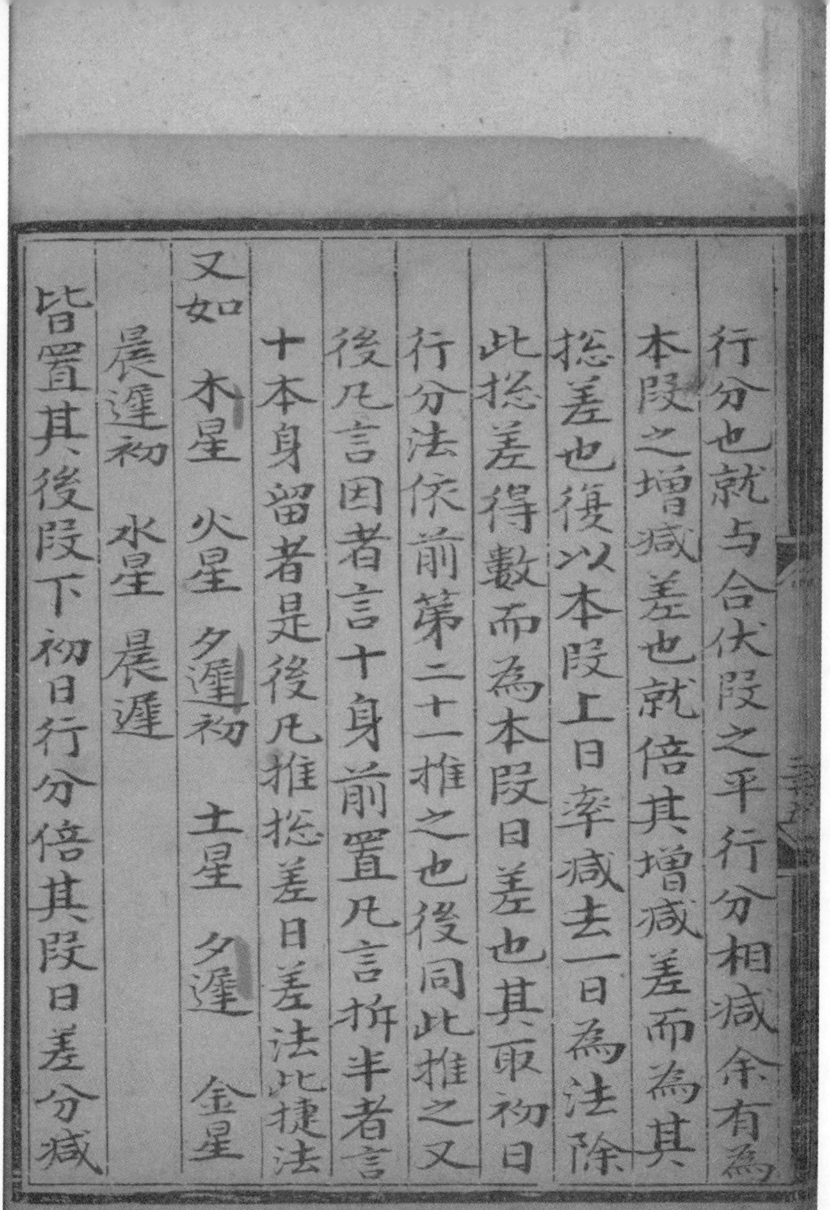
行分也就与合伏段之平行分相減余有為
本段之增減差也就倍其增減差而為其
総差也復以本段上日率減去一日為法除
此総差得數而為本段日差也其取初日
行分法依前第二十一推之也後同此推之又
後凡言因者言十身前置凡言拆半者言
十本身留者是後凡推総差日差法此捷法
又如　木星　火星　夕遲初　土星　夕遲　金星
晨遲初　水星　晨遲
皆置其後段下初日行分倍其段日差分減

行分也。就与合伏段之平行分相減，余有為本段之增減差也。就倍其增減差，而為其總差也。復以本段上日率減去一日為法，除此總差，得數而為本段日差也。其取初日行分法，依前第二十一推之也。後同此推之。又後凡言因者，言十身前置。凡言拆[1]半者、言十本身留者，是後凡推總差、日差法。此捷法。[2]

又如木星、火星夕遲初；土星夕遲；金星晨遲初；水星晨遲。皆置其後段下初日行分，倍其段日差分減

1"拆" 當作 "折"。
2 合伏段（前伏）末日行分 = 後段初日行分 + 後段日差 /2，後伏（晨伏、夕伏）初日行分 = 前段末日行分 + 前段日差 /2。

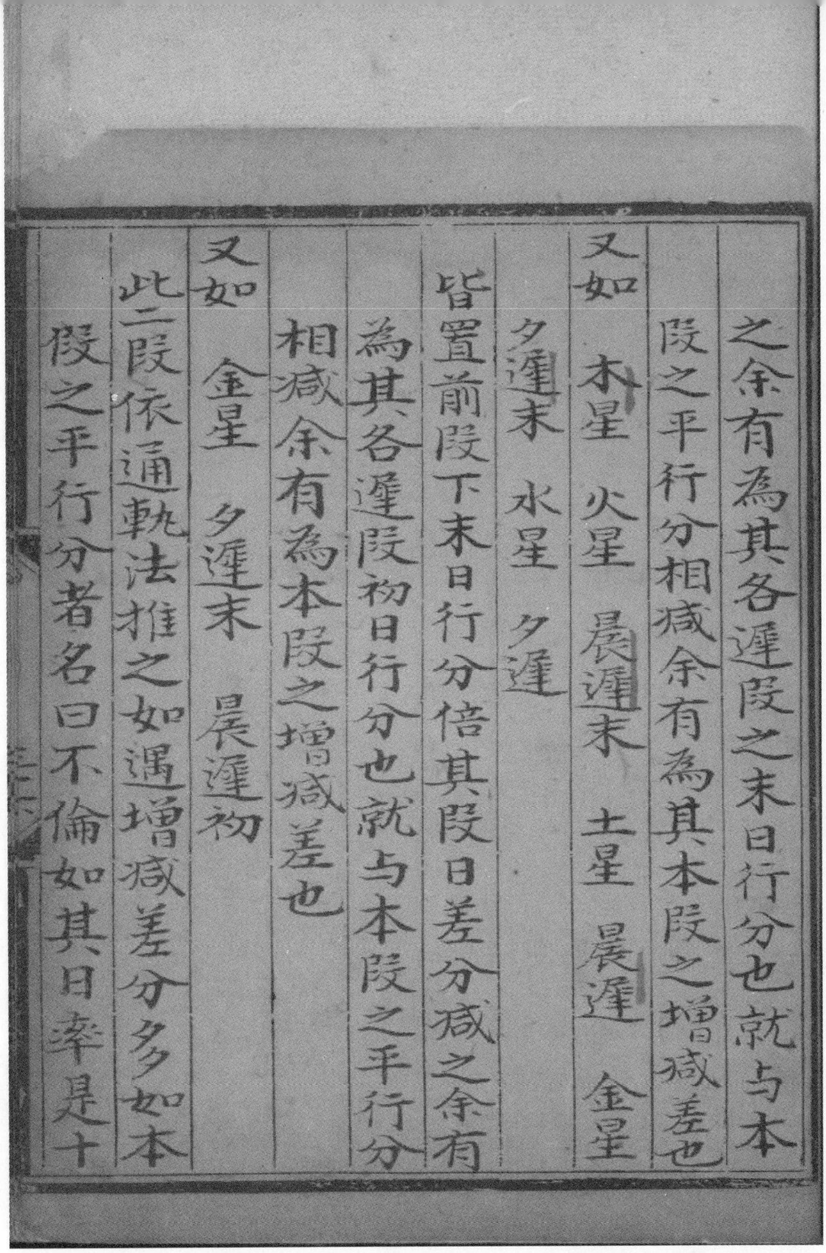
之余有為其各遲段之末日行分也就与本
段之平行分相減余有為其本段之增減差也
又如 木星 火星 晨遲末 土星 晨遲 金星
夕遲末 水星 夕遲
皆置前段下末日行分倍其段日差分減之余有
為其各遲段初日行分也就与本段之平行分
相減余有為本段之增減差也
又如 金星 夕遲末 晨遲初
此二段依通軌法推之如遇增減差分多如本
段之平行分者名曰不倫如其日率是十

之，余有為其各遲段之末日行分也。就与本段之平行分相減，余有為其本段之增減差也。[1]

又如木星、火星晨遲末；土星晨遲；金星夕遲末；火星夕遲。皆置前段下末日行分，倍其段日差分減之，余有為其各遲段初日行分也。就与本段之平行分相減，余有為本段之增減差也。[2]

又如金星夕遲末、晨遲初，此二段依《通軌》法推之，如遇增減差分多如本段之平行分者，名曰不倫。[3]

如其日率是十

1 木火夕遲初，土星夕遲，金星晨遲初，水之晨遲，末日行分 = 後段初日行分 −2 × 前段日差。

2 木火晨遲末，土星晨遲，金星夕遲末，水之夕遲，初日行分 = 前段末日行分 −2 × 前段日差。

3 討論金星和火星部分段增減差比平行分大的情況。

六日者置其本段之平行分爲實以八八二三五二爲法末位抵其實首乘之得爲其段之增減差也如其日率是十五日者置其本段之平行分爲首以八七四九六爲法末位抵其實首乘之得爲其段之增減差也定數元列分位前通第七位爲十分也其夕遲末者於其平行分内加入其增減差共爲初日行分而減其增減差余爲末日行分也其晨遲初者於其平行分内減其增減差余爲初日行分而加入增減差共爲末

六日者，置其本段之平行分為實，以八八二三五二為法，末位抵其實首乘之，得為其段之增減差也。如其日率是十五日者，置其本段之平行分為首，以八七四九六為法，末位抵其實首乘之，得為其段之增減差也。定數元列分位，前通第七位為十分也，其夕遲末者，於其平行分內加入其增減差，共為初日行分。而減其增減差，余為末日行分也。其晨遲初者，於其平行分內減其增減差，余為初日行分。而加入增減差，共為末

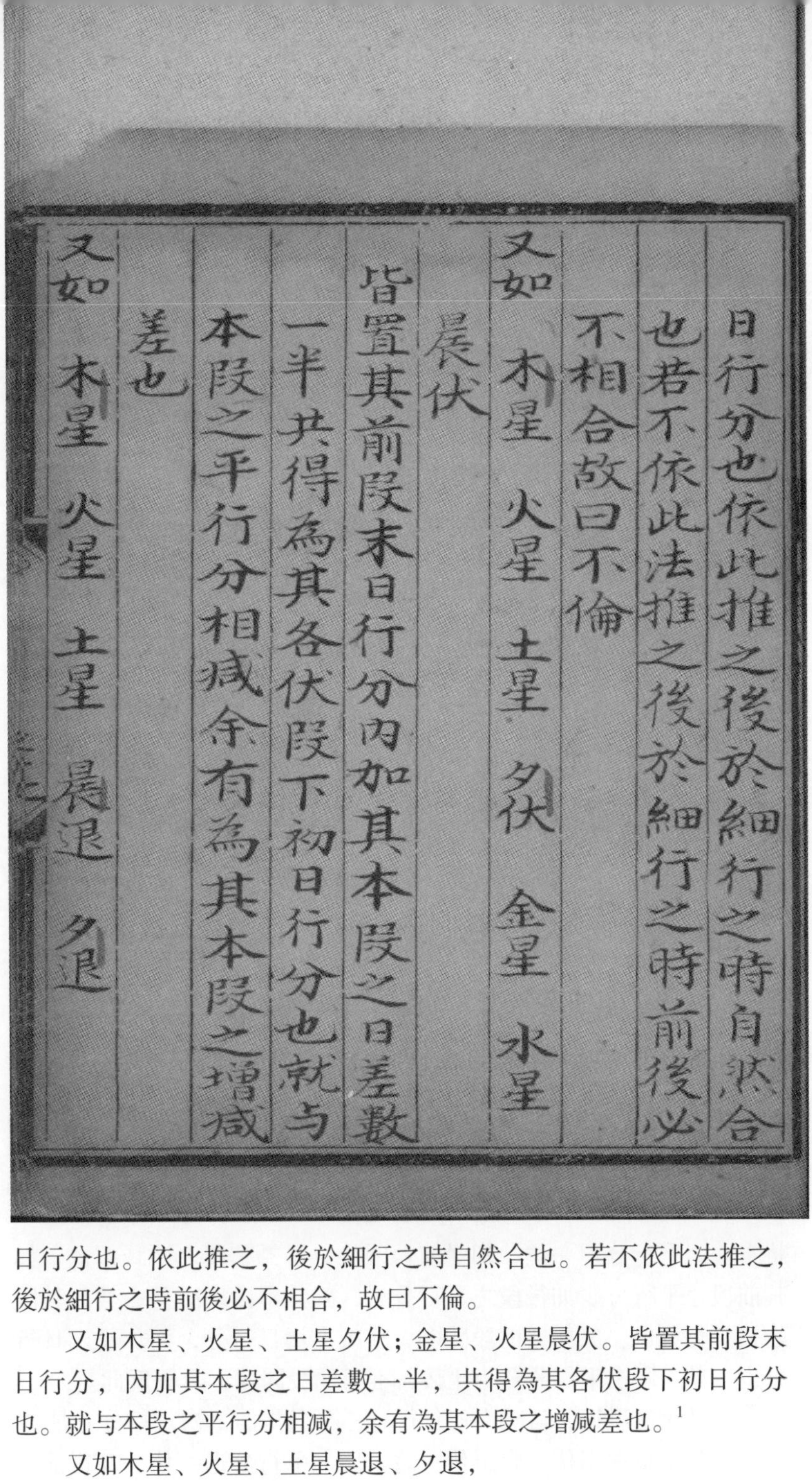
日行分也依此推之後於細行之時自然合
也若不依此法推之後於細行之時前後必
不相合故曰不倫
又如　木星　火星　土星　夕伏　金星　水星
晨伏
皆置其前段末日行分内加其本段之日差數
一半共得為其各伏段下初日行分也就与
本段之平行分相減余有為其本段之增減
差也
又如　木星　火星　土星　晨退　夕退

日行分也。依此推之，後於細行之時自然合也。若不依此法推之，後於細行之時前後必不相合，故曰不倫。

又如木星、火星、土星夕伏；金星、火星晨伏。皆置其前段末日行分，內加其本段之日差數一半，共得為其各伏段下初日行分也。就与本段之平行分相減，余有為其本段之增減差也。[1]

又如木星、火星、土星晨退、夕退，

1 木火夕遲初，土星夕遲，金星晨遲初，水星晨遲，末日行分 = 後段初日行分 −2 × 後段日差。

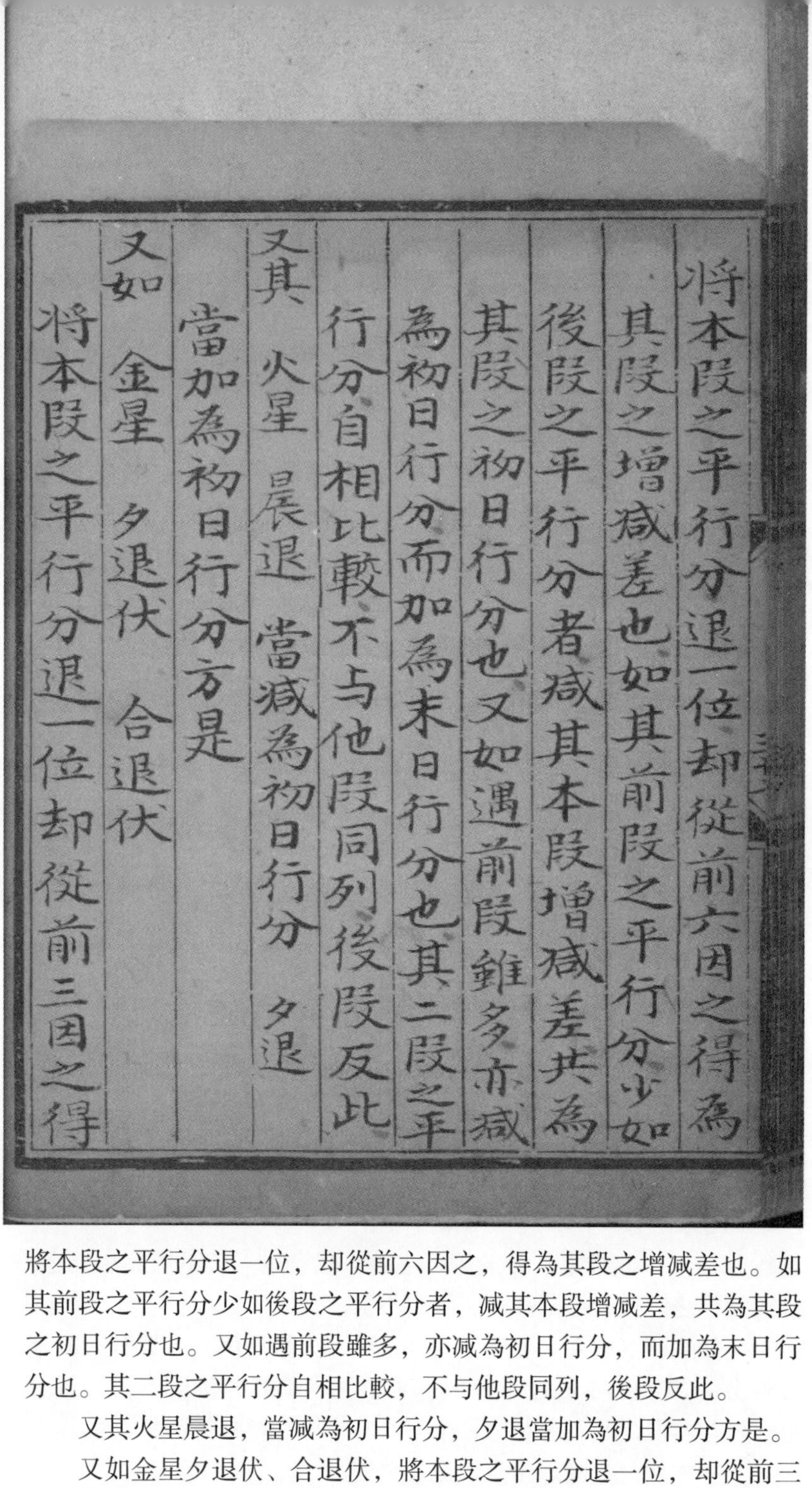
将本段之平行分退一位却從前六因之得為
其段之增減差也如其前段之平行分少如
後段之平行分者減其本段增減差共為
其段之初日行分也又如遇前段雖多亦減
為初日行分而加為末日行分也其二段之平
行分自相比較不与他段同列後段反此
又其 火星 晨退 當減為初日行分 夕退
當加為初日行分方是
又如 金星 夕退伏 合退伏
将本段之平行分退一位却從前三因之得

將本段之平行分退一位，却從前六因之，得為其段之增減差也。如其前段之平行分少如後段之平行分者，減其本段增減差，共為其段之初日行分也。又如遇前段雖多，亦減為初日行分，而加為末日行分也。其二段之平行分自相比較，不与他段同列，後段反此。

又其火星晨退，當減為初日行分，夕退當加為初日行分方是。

又如金星夕退伏、合退伏，將本段之平行分退一位，却從前三因之，得

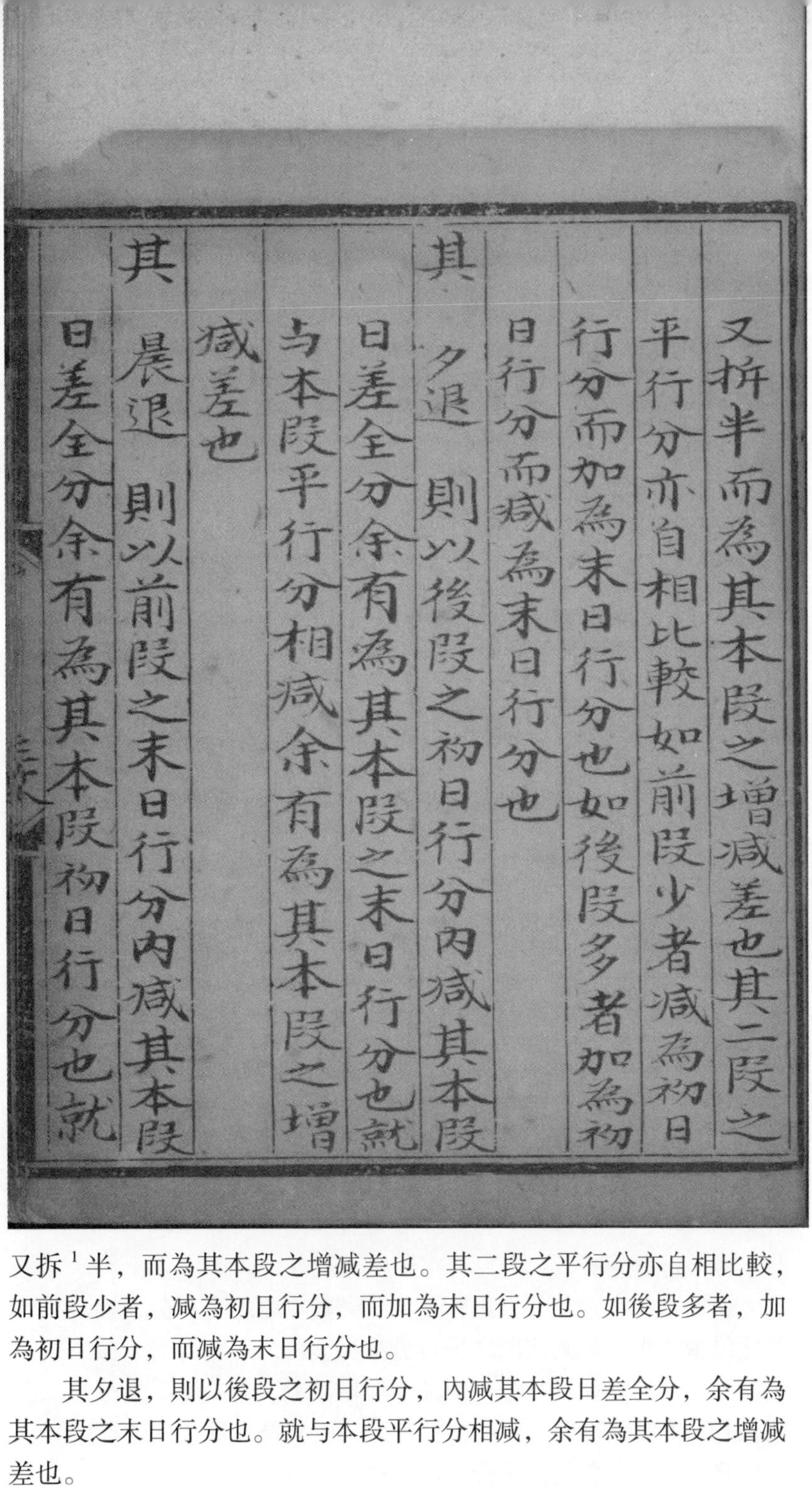

又拆[1]半，而為其本段之增減差也。其二段之平行分亦自相比較，如前段少者，減為初日行分，而加為末日行分也。如後段多者，加為初日行分，而減為末日行分也。

其夕退，則以後段之初日行分，内減其本段日差全分，余有為其本段之末日行分也。就与本段平行分相減，余有為其本段之增減差也。

其晨退，則以前段之末日行分，内減其本段日差全分，余有為其本段初日行分也。就

1“拆”當作“折”。

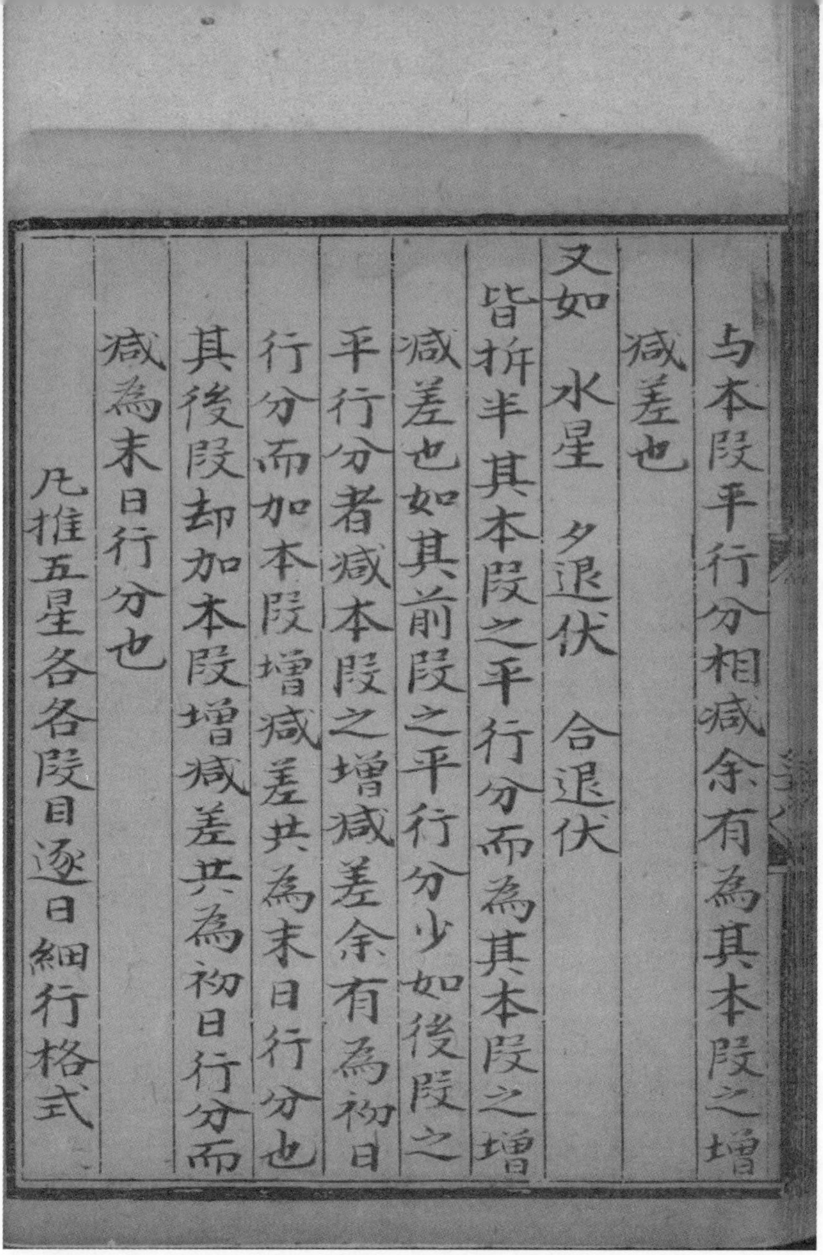
与本段平行分相減余有為其本段之增
減差也
又如　水星　夕退伏　合退伏
皆拆半其本段之平行分而為其本段之增
減差也如其前段之平行分少如後段之
平行分者減本段之增減差余有為初日
行分而加本段增減差共為末日行分也
其後段却加本段增減差共為初日行分而
減為末日行分也
凡推五星各各段目逐日細行格式

与本段平行分相減，余有為其本段之增減差也。

又如水星夕退伏、合退伏皆拆[1]半其本段之平行分，而為其本段之增減差也。如其前段之平行分少如後段之平行分者，減本段之增減差，余有為初日行分，而加本段增減差，共為末日行分也。其後段却加本段增減差，共為初日行分，而減為末日行分也。[2]

凡推五星各各段目逐日細行格式

1“拆”當作“折”。
2 金星夕退伏、合退伏增減差 =3× 平行分 /20。

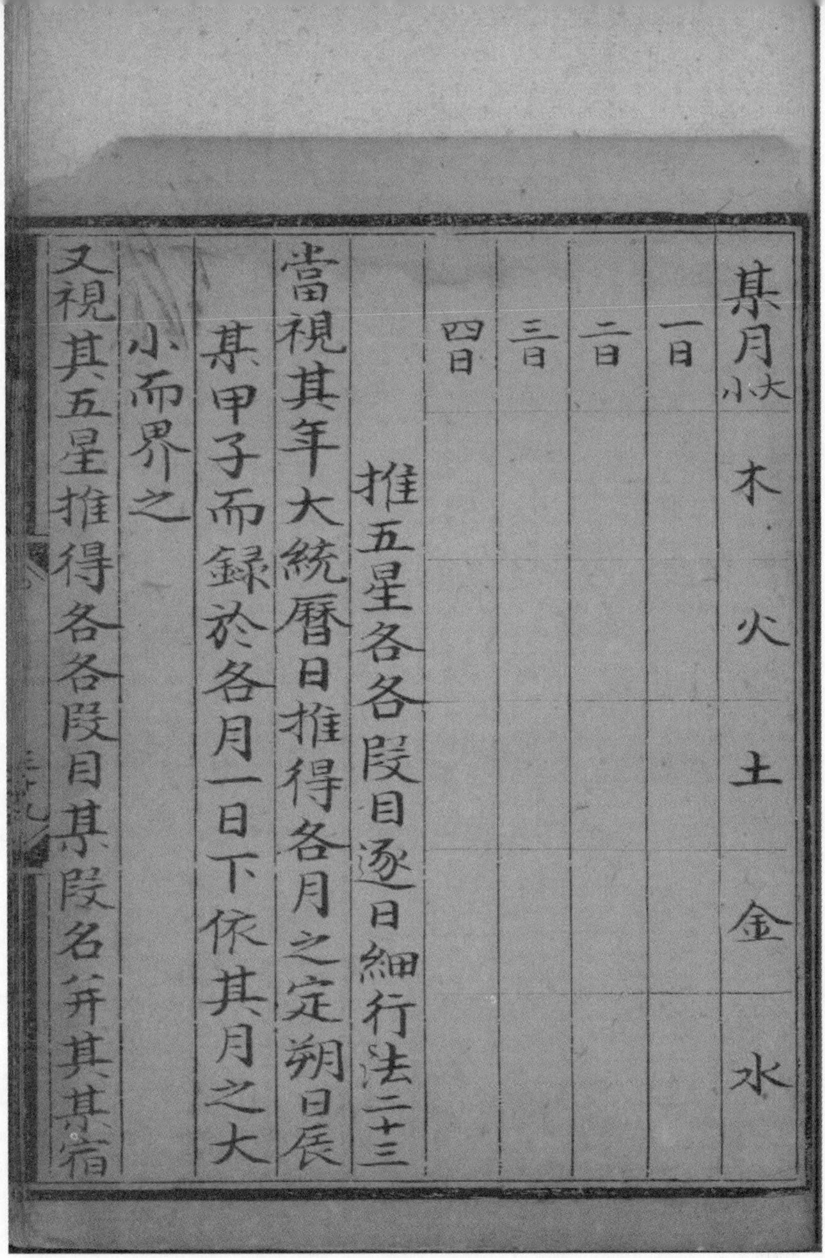

某月大小	木	火	土	金	水
一日					
二日					
三日					
四日					

推五星各各段目逐日細行法二十三[1]

當視其年《大統曆日》推得各月之定朔日辰某甲子，而録於各月一日下，依其月之大小而界之。又視其五星推得各各段目某段名，并其某宿

1 録入五星各段的每日的細行結果。

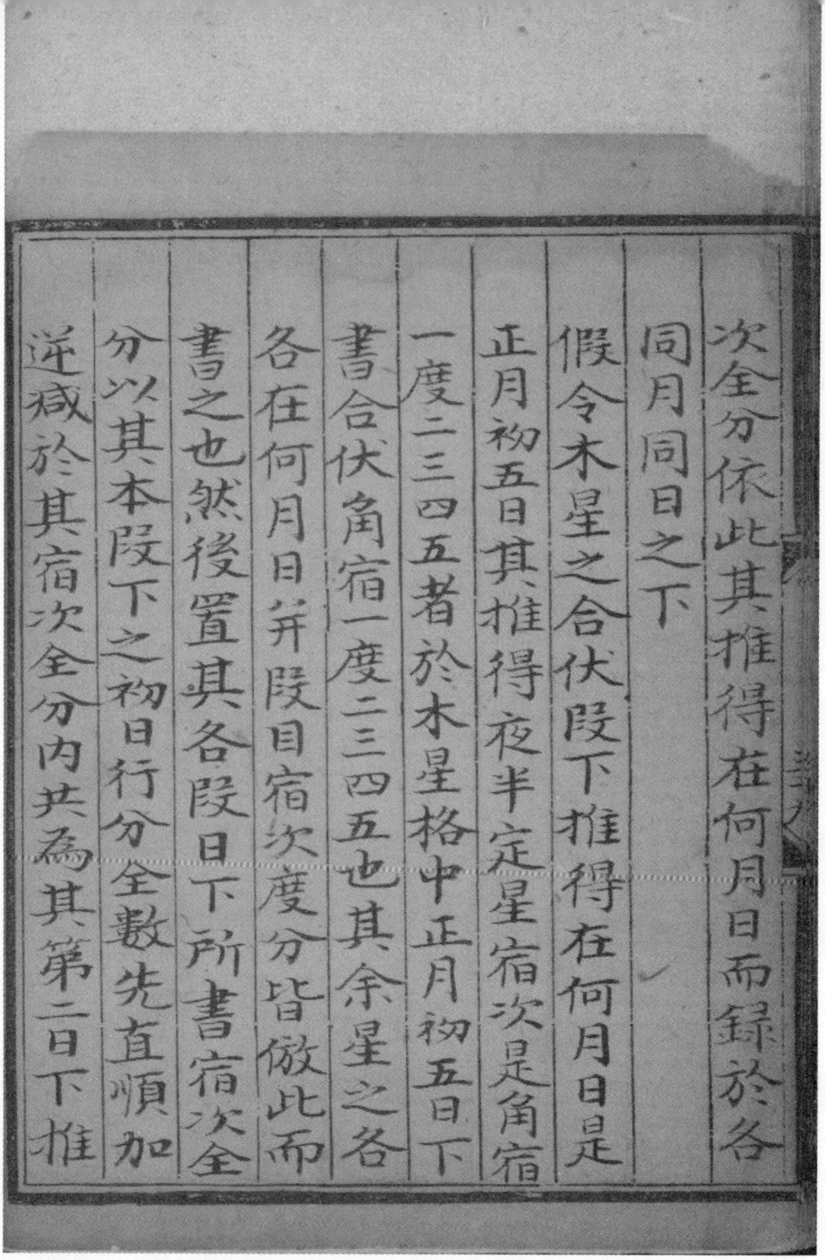
次全分依此其推得在何月日而録於各
同月同日之下
假令木星之合伏段下推得在何月日是
正月初五日其推得夜半定星宿次是角宿
一度二三四五者於木星格中正月初五日下
書合伏角宿一度二三四五也其余星之各
各在何月日并段目宿次度分皆倣此而
書之也然後置其各段日下所書宿次全
分以其本段下之初日行分全數先直順加
逆减於其宿次全分内共為其第二日下推

次全分，依此其推得在何月日而録於各同月同日之下。

假令木星之合伏段下推得在何月何日是正月初五，其推得夜半定星宿次是角宿一度二三四五者，於木星格中正月初五日下書合伏角宿一度二三四五也。其余星之各各在何月何日并段目宿次度分皆倣此而書之也。然後置其各段日下所書宿次全分，以其本段下之初日行分全數先直順加逆減於其宿次全分內，共為其第二日下推

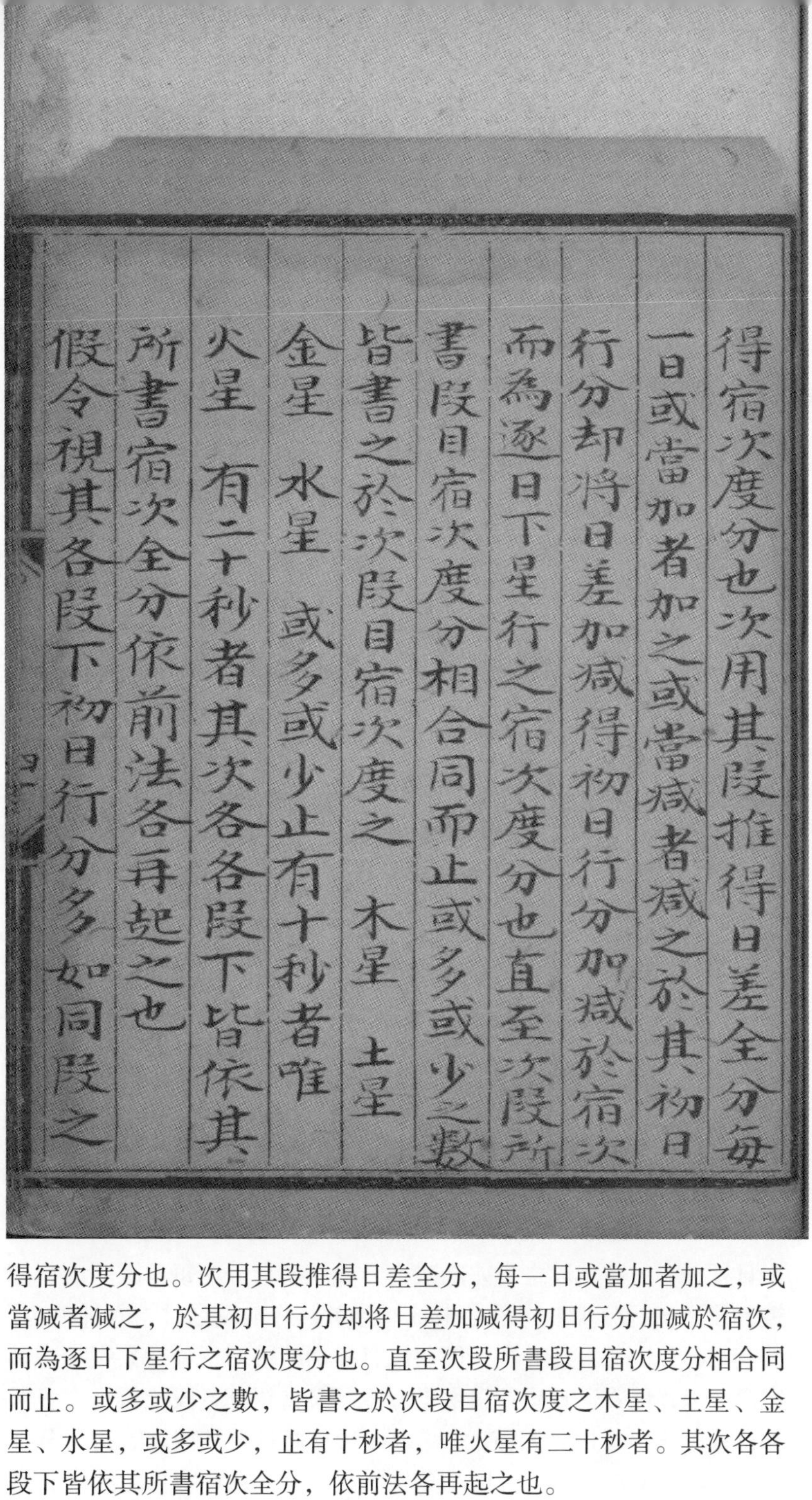

得宿次度分也次用其段推得日差全分每
一日或當加者加之或當減者減之於其初日
行分却將日差加減得初日行分加減於宿次
而為逐日下星行之宿次度分也直至次段所
書段目宿次度分相合同而止或多或少之數
皆書之於次段目宿次度之　木星　土星
金星　水星　或多或少止有十秒者唯
火星　有二十秒者其次各各段下皆依其
所書宿次全分依前法各再起之也
假令視其各段下初日行分多如同段之

得宿次度分也。次用其段推得日差全分，每一日或當加者加之，或當減者減之，於其初日行分却將日差加減得初日行分加減於宿次，而為逐日下星行之宿次度分也。直至次段所書段目宿次度分相合同而止。或多或少之數，皆書之於次段目宿次度之木星、土星、金星、水星，或多或少，止有十秒者，唯火星有二十秒者。其次各各段下皆依其所書宿次全分，依前法各再起之也。

假令視其各段下初日行分多如同段之

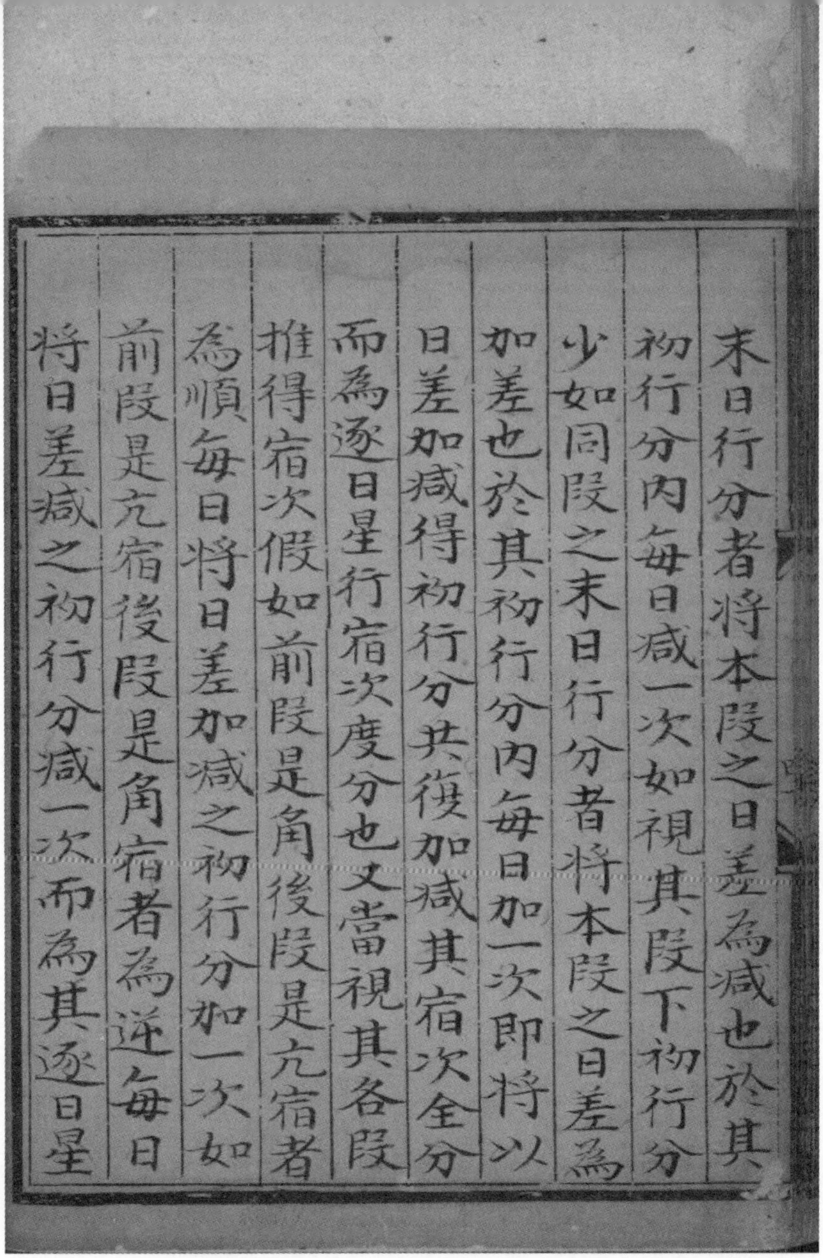
末日行分者将本段之日差為减也於其
初行分内每日减一次如視其段下初行分
少如同段之末日行分者将本段之日差為
加差也於其初行分内每日加一次即将以
日差加减得初行分共復加减其宿次全分
而為逐日星行宿次度分也又當視其各段
推得宿次假如前段是角後段是亢宿者
為順每日将日差加减之初行分加一次如
前段是亢宿後段是角宿者為逆每日
将日差减之初行分减一次而為其逐日星

末日行分者，將本段之日差為減也，於其初行分內每日減一次。如視其段下初行分少如同段之末日行分者，將本段之日差為加差也。於其初行分內每日加一次，即將以日差加減得初行分，共復加減其宿次全分，而為逐日星行宿次度分也。又當視其各段推得宿次。假如前段是角，後段是亢宿者，為順；每日將日差加減之，初行分加一次；如前段是亢宿，後段是角宿者，為逆；每日將日差減之，初行分減一次，而為其逐日星

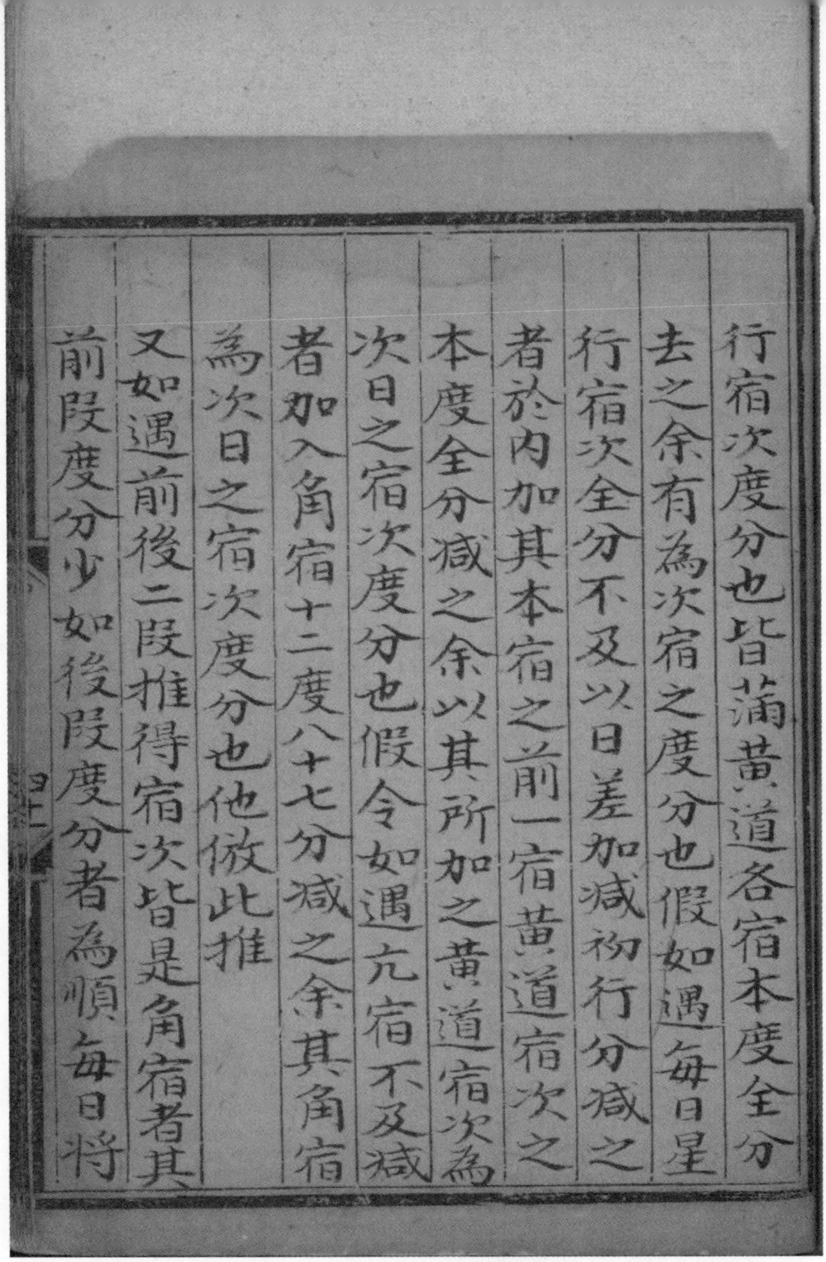

行宿次度分也。皆滿黃道各宿本度全分去之，余有為次宿之度分也。

假如遇每日星行宿次全分不及以日差加減初行分減之者，於内加其本宿之前一宿黃道宿次之本度全分減之，余以其所加之黃道宿次為次日之宿次度分也。假令如遇亢宿不及減者，加入角宿十二度八十七分減之，余其角宿為次日之宿次度分也。他倣此推。

又如遇前後二段推得宿次皆是角宿者，其前段度分少如後段度分者為順，每日將

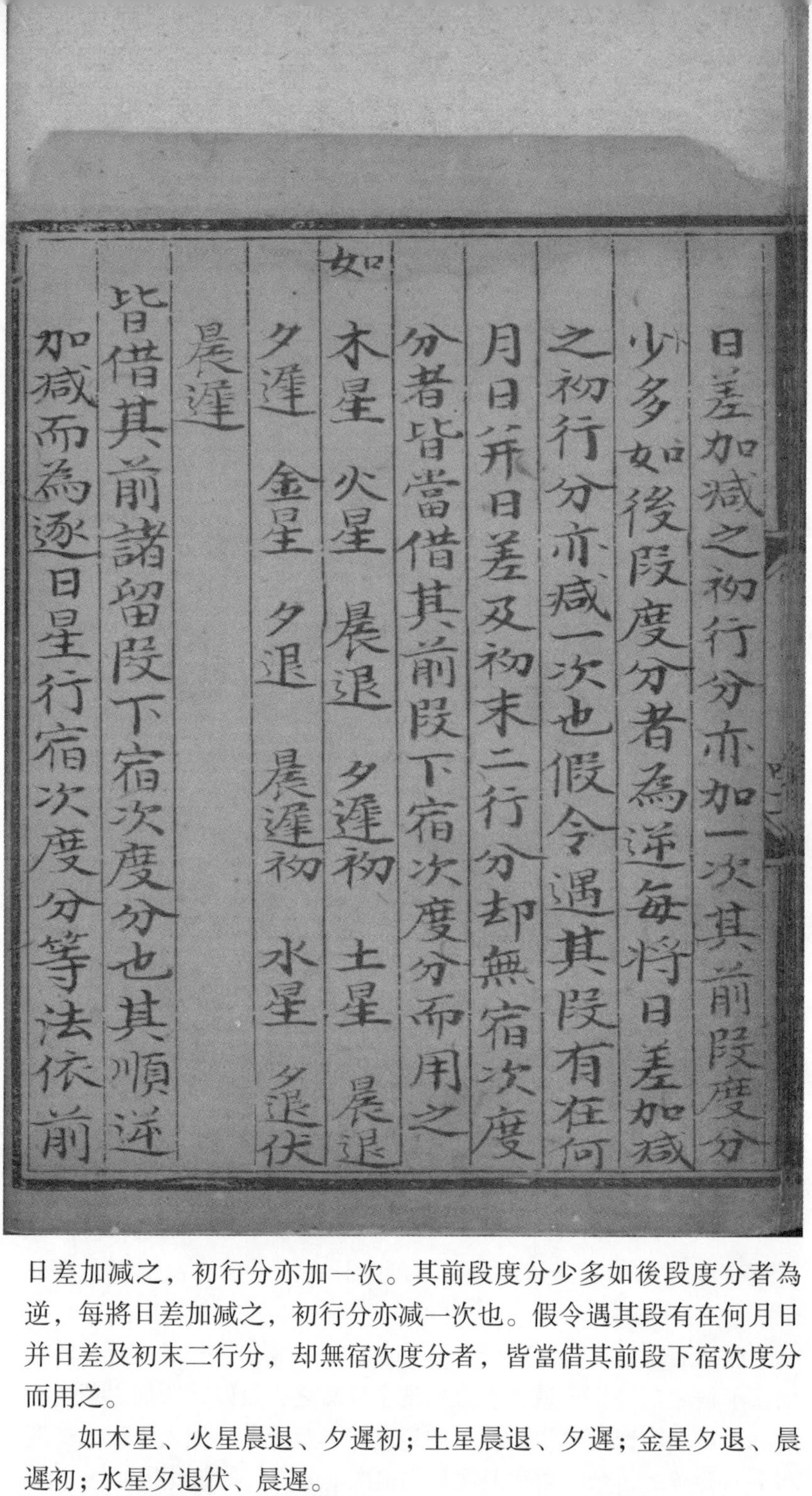
日差加減之初行分亦加一次其前段度分
少多如後段度分者為逆每將日差加減
之初行分亦減一次也假令遇其段有在何
月日并日差及初末二行分却無宿次度
分者皆當借其前段下宿次度分而用之
如木星 火星 晨退 夕遲初 土星 晨退
夕遲 金星 夕退 晨遲初 水星 夕退伏
晨遲
皆借其前諸留段下宿次度分也其順逆
加減而為逐日星行宿次度分等法依前

日差加減之，初行分亦加一次。其前段度分少多如後段度分者為逆，每將日差加減之，初行分亦減一次也。假令遇其段有在何月日并日差及初末二行分，却無宿次度分者，皆當借其前段下宿次度分而用之。

如木星、火星晨退、夕遲初；土星晨退、夕遲；金星夕退、晨遲初；水星夕退伏、晨遲。

皆借其前諸留段下宿次度分也，其順逆加減而為逐日星行宿次度分等法，依前

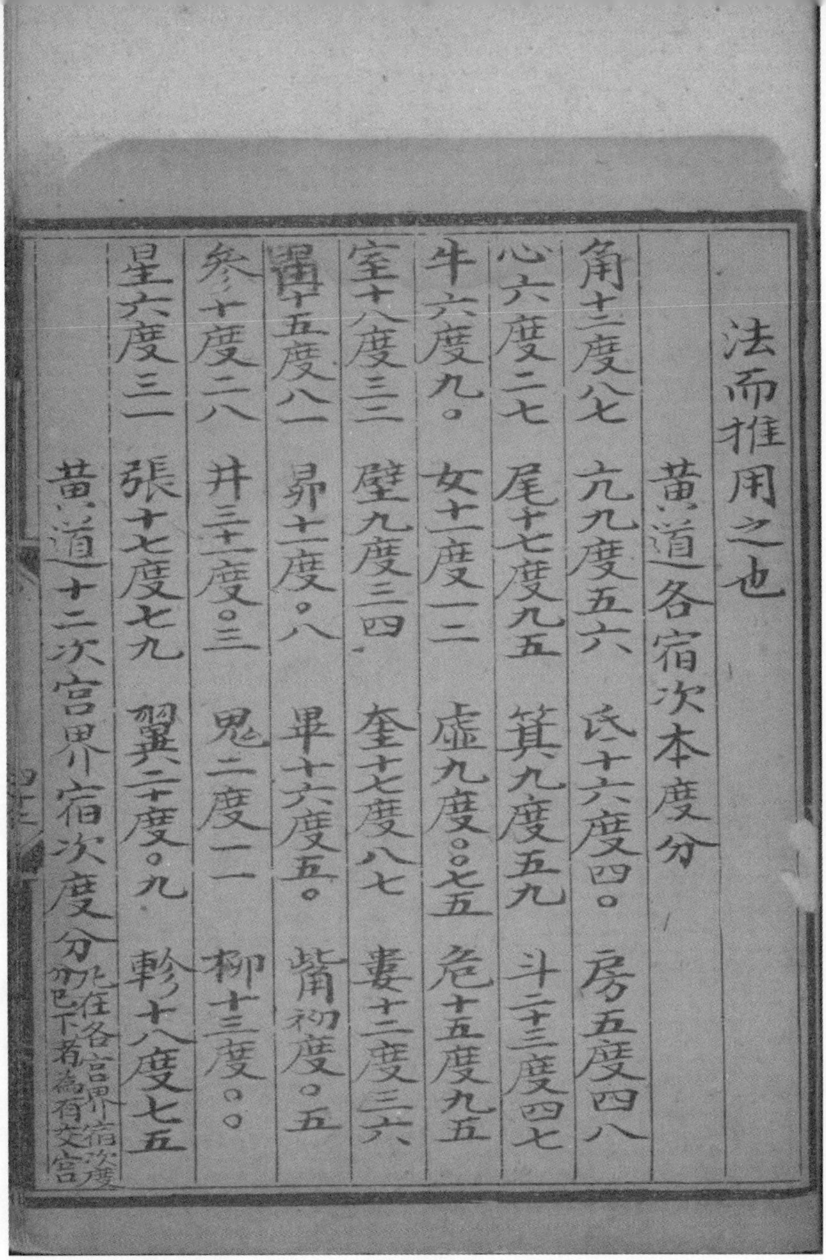
法而推用之也
黃道各宿次本度分
角十二度八七　亢九度五六　氐十六度四〇　房五度四八
心六度二七　尾十七度九五　箕九度五九　斗二十三度四七
牛六度九〇　女十一度一二　虛九度〇〇七五　危十五度九五
室十八度三二　壁九度三四　奎十七度八七　婁十二度三六
胃十五度八一　昴十一度〇八　畢十六度五〇　觜初度〇五
參十度二八　井三十一度〇三　鬼二度一一　柳十三度〇〇
星六度三一　張十七度七九　翼二十度〇九　軫十八度七五
黃道十二次宮界宿次度分凡在各宮界宿次度分已下者為有交宮

法而推用之也。

黃道各宿次本度分 [1]

角，十二度八七	亢，九度五六	氐，十六度四〇	房，五度四八
心，六度二七	尾，十七度九五	箕，九度五九	斗，二十三度四七
牛，六度九〇	女，十一度一二	虛，九度〇〇七五	危，十五度九五
室，十八度三二	壁，九度三四	奎，十七度八七	婁，十二度三六
胃，十五度八一	昴，十一度〇八	畢，十六度五〇	觜，初度〇五
參，十度二八	井，三十一度〇三	鬼，二度一一	柳，十三度〇〇
星，六度三一	張，十七度七九	翼，二十度〇九	軫，十八度七五

黃道十二次宮界宿次度分，凡在宮界宿次已下者，為有交宮。[2]

1 黃道各宿鈐即二十八宿在黃道中分別佔據的度數。
2 與黃道十二次所對應的宿次度分。

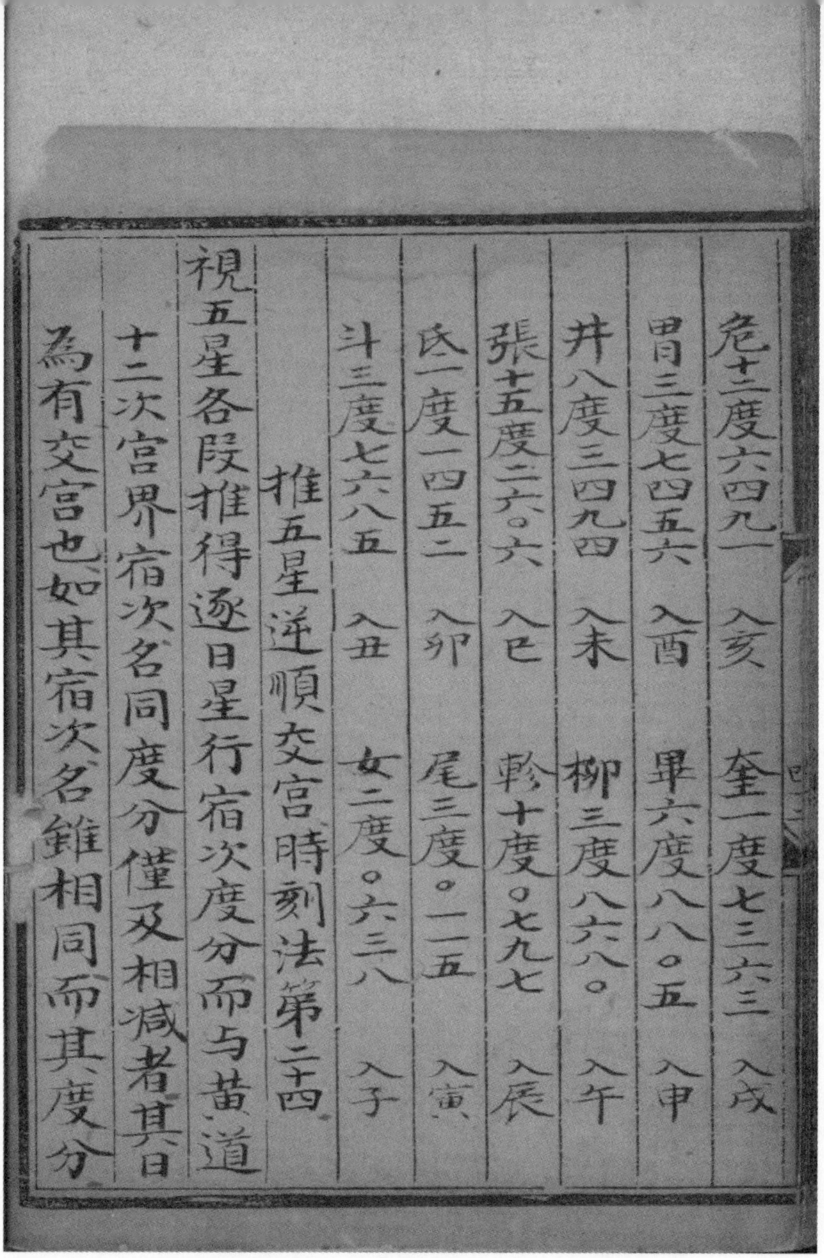

危十二度六四九一 入亥 奎一度七三六三 入戌
胃三度七四五六 入酉 畢六度八八〇五 入申
井八度三四九四 入未 柳三度八六八〇 入午
張十五度二六〇六 入巳 軫十度〇七九七 入辰
氐一度一四五二 入卯 尾三度〇一一五 入寅
斗三度七六八五 入丑 女二度〇六三八 入子
推五星逆順交宮時刻法第二十四
視五星各段推得逐日星行宿次度分而与黄道
十二次宮界宿次名同度分僅及相減者其日
為有交宮也如其宿次名雖相同而其度分

危，十二度六四九一	入亥	奎，一度七三六三	入戌
胃，三度七四五六	入酉	畢，六度八八〇五	入申
井，八度三四九四	入未	柳，三度八六八〇	入午
張，十五度二六〇六	入巳	軫，十度〇七九七	入辰
氐，一度一四五二	入卯	尾，三度〇一一五	入寅
斗，三度七六八五	入丑	女，二度〇六三八	入子

推五星逆順交宮時刻法第二十四 [1]

視五星各段推得逐日星行宿次度分而与黃道十二次宮界宿次名同度分僅及相減者，其日為有交宮也。如其宿次名雖相同而其度分

1 根據五星細行，如與黃道十二宮界宿次同名、度分又相近者以相減。視其餘分，在本日行分以下者，為交宮之日。

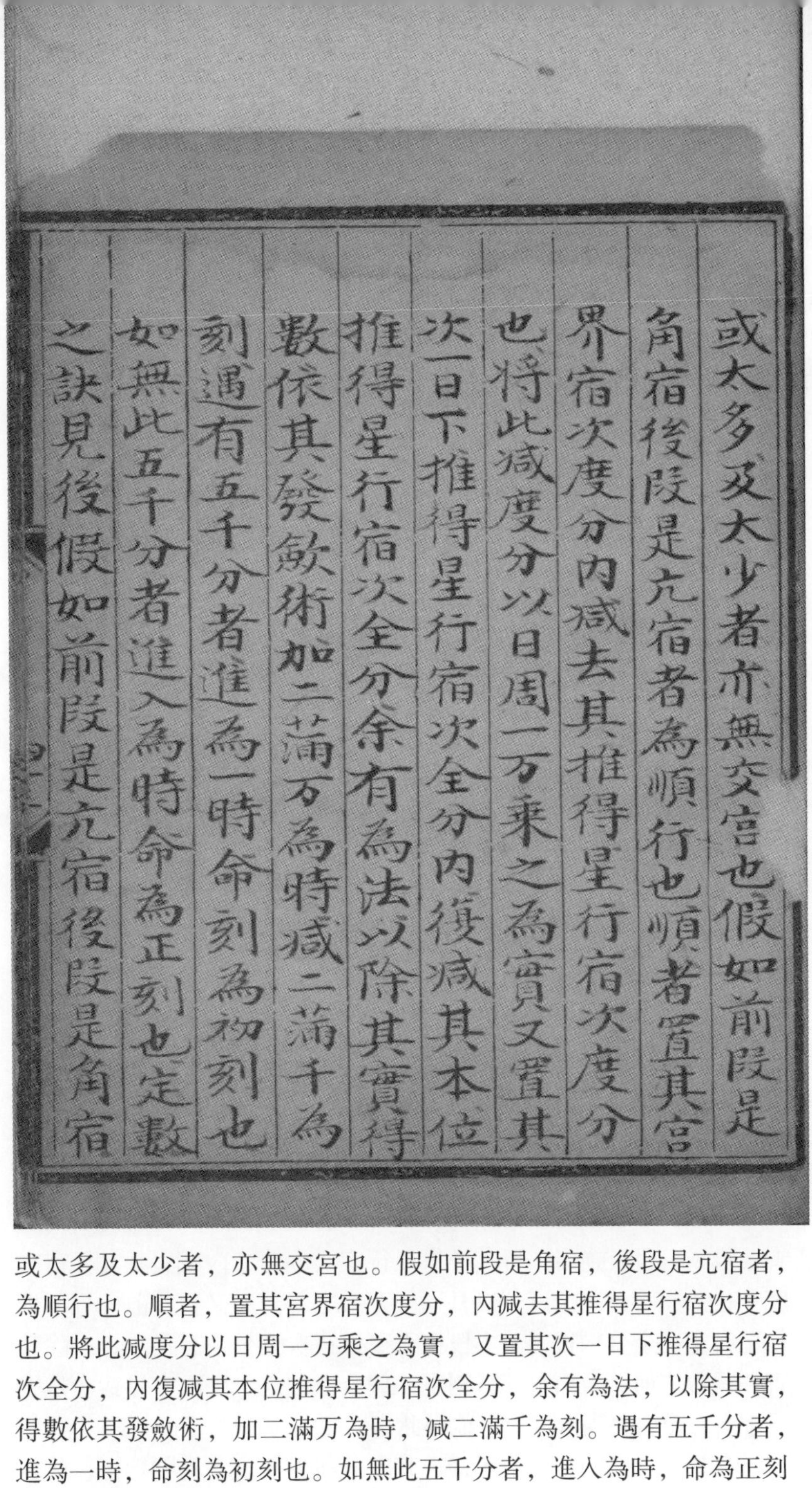

或太多及太少者亦無交宫也假如前段是
角宿後段是亢宿者為順行也順者置其宫
界宿次度分内減去其推得星行宿次度分
也将此減度分以日周一万乘之為實又置其
次一日下推得星行宿次全分内復減其本位
推得星行宿次全分余有為法以除其實得
數依其發斂術加二滿万為時減二滿千為
刻遇有五千分者進為一時命刻為初刻也
如無此五千分者進入為時命為正刻也定數
之訣見後假如前段是亢宿後段是角宿

或太多及太少者，亦無交宫也。假如前段是角宿，後段是亢宿者，為順行也。順者，置其宫界宿次度分，内減去其推得星行宿次度分也。將此減度分以日周一万乘之為實，又置其次一日下推得星行宿次全分，内復減其本位推得星行宿次全分，余有為法，以除其實，得數依其發斂術，加二滿万為時，減二滿千為刻。遇有五千分者，進為一時，命刻為初刻也。如無此五千分者，進入為時，命為正刻也。定數之訣見後。

假如前段是亢宿，後段是角宿

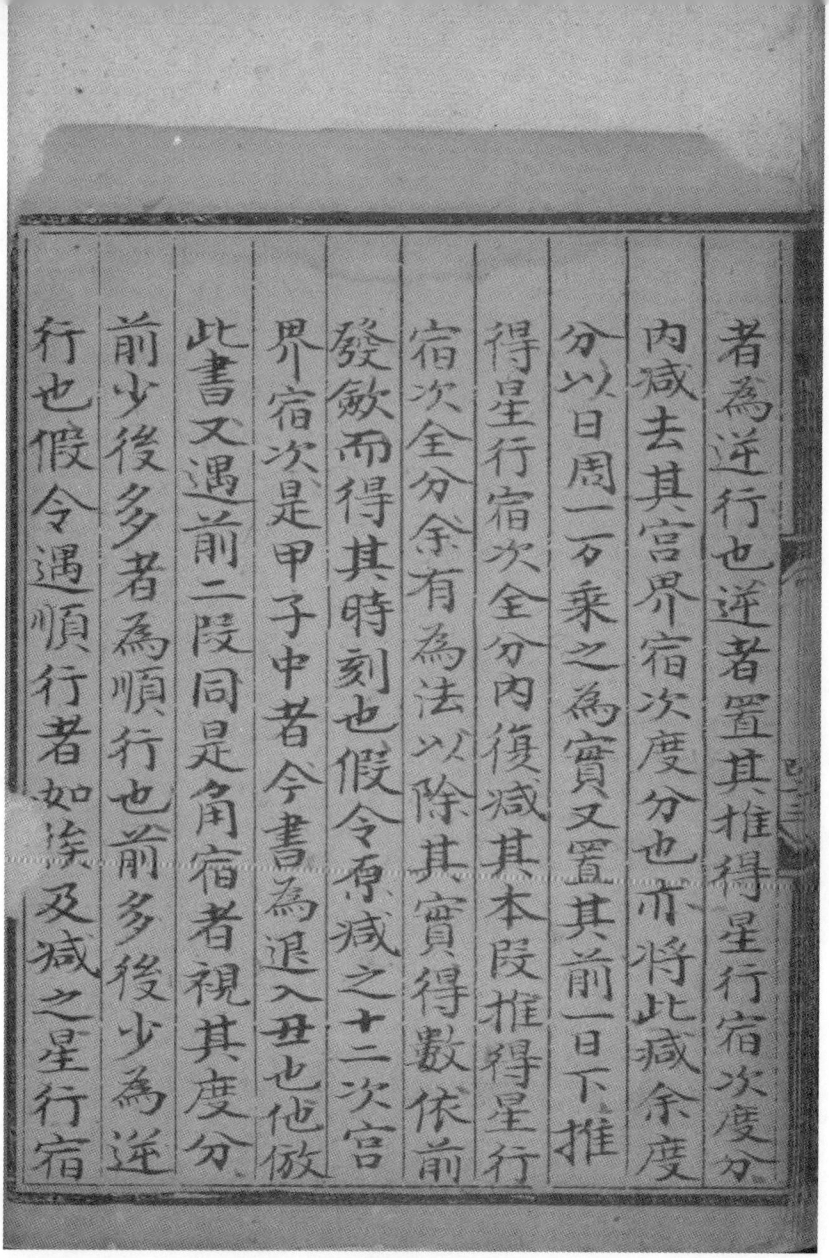
者為逆行也逆者置其推得星行宿次度分
内减去其宮界宿次度分也亦将此减余度
分以日周一万乘之為實又置其前一日下推
得星行宿次全分内復减其本段推得星行
宿次全分余有為法以除其實得數依前
發斂而得其時刻也假令原减之十二次宮
界宿次是甲子中者今書為退入丑也他倣
此書又遇前二段同是角宿者視其度分
前少後多者為順行也前多後少為逆
行也假令遇順行者如挨及减之星行宿

者，為逆行也。逆者，置其推得星行宿次度分，内减去其宮界宿次度分也。亦將此减余度分以日周一万乘之為實，又置其前一日下推得星行宿次全分内復减其本段推得星行宿次全分余有為法，以除其實，得數依前發斂而得其時刻也。假令原减之十二次宮界宿次是甲子中者，今書為退入丑也，他倣此書。

又遇前二段同是角宿者，視其度分前少後多者為順行也，前多後少為逆行也。假令遇順行者，如挨及减之星行宿

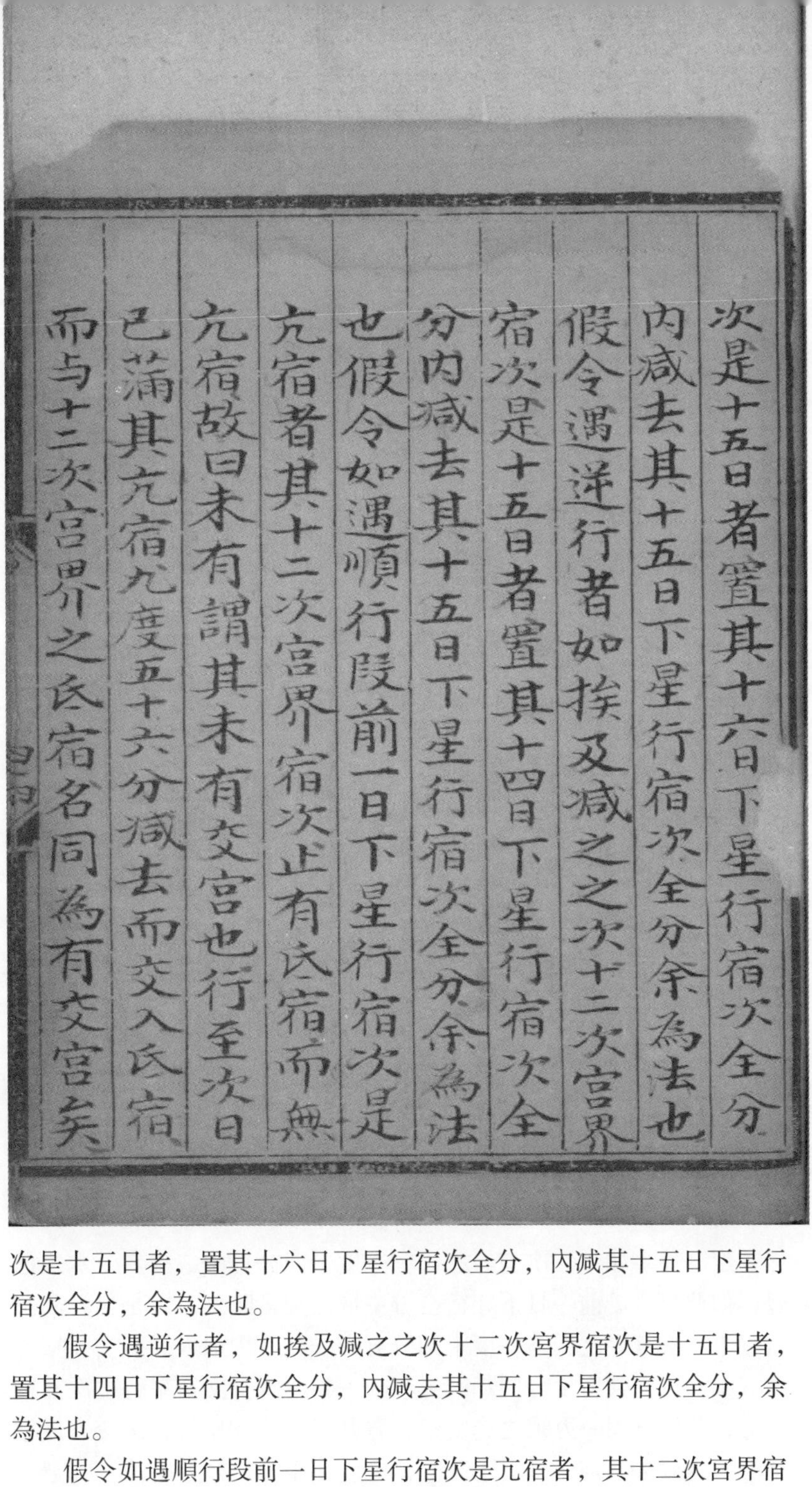

次是十五日者，置其十六日下星行宿次全分，內減其十五日下星行宿次全分，余為法也。

假令遇逆行者，如挨及減之之次十二次宮界宿次是十五日者，置其十四日下星行宿次全分，內減去其十五日下星行宿次全分，余為法也。

假令如遇順行段前一日下星行宿次是亢宿者，其十二次宮界宿次止有氐宿而無亢宿，故曰未有，謂其未有交宮也。行至次日已滿其亢宿九度五十六分，減去，而交入氐宿，而与十二次宮界之氐宿名同，為有交宮矣。

然其度分却多如十二次宮界之氐宿一度十四分五十二秒者，為之已過，似此只合於前一日下亢宿全分中取之交宮時刻，方是也。其法當置十二次宮界之氐宿一度十四分五十二秒，内加入元減去亢宿九度五十六分，共得度分内却減去其前一日下未有交宮星行宿次亢宿全分，余以日周一万乘之為實，又置其次一日下星行宿次交入氐宿全分，内減去其前一日下未有交宮之亢宿全分，余有為法，如遇不及減者，如其未有交宮之

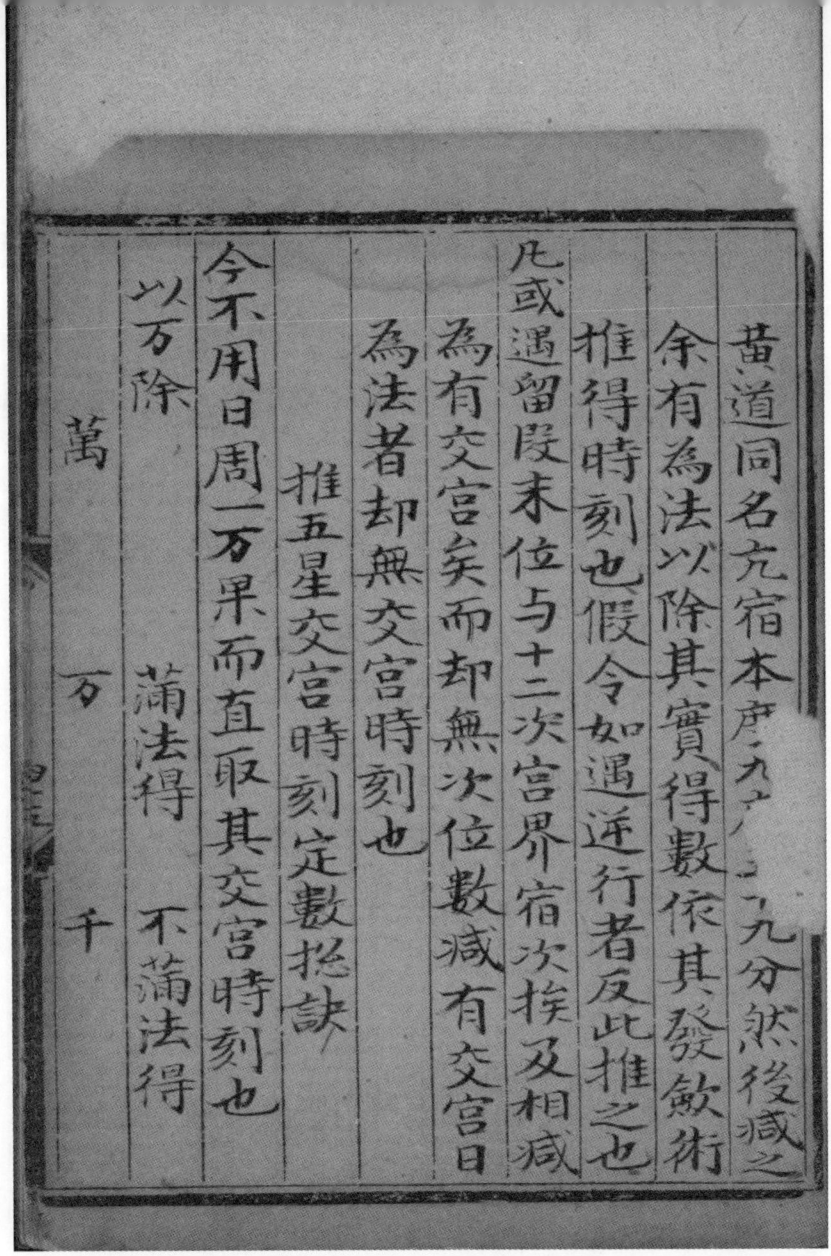

黃道同名亢宿本度九度二十九分，然後減之，余有為法，以除其實，得數依其發斂術推得時刻也。假令如遇逆行者，反此推之也。

凡或遇留段末位与十二次宮界宿次挨及相減為有交宮矣，而却無次位數減有交宮日為法者，却無交宮時刻也。

推五星交宮時刻定數總訣

今不用日周一万，果而直取其交宮時刻也。

以万除	滿法得	不滿法得
萬	万	千

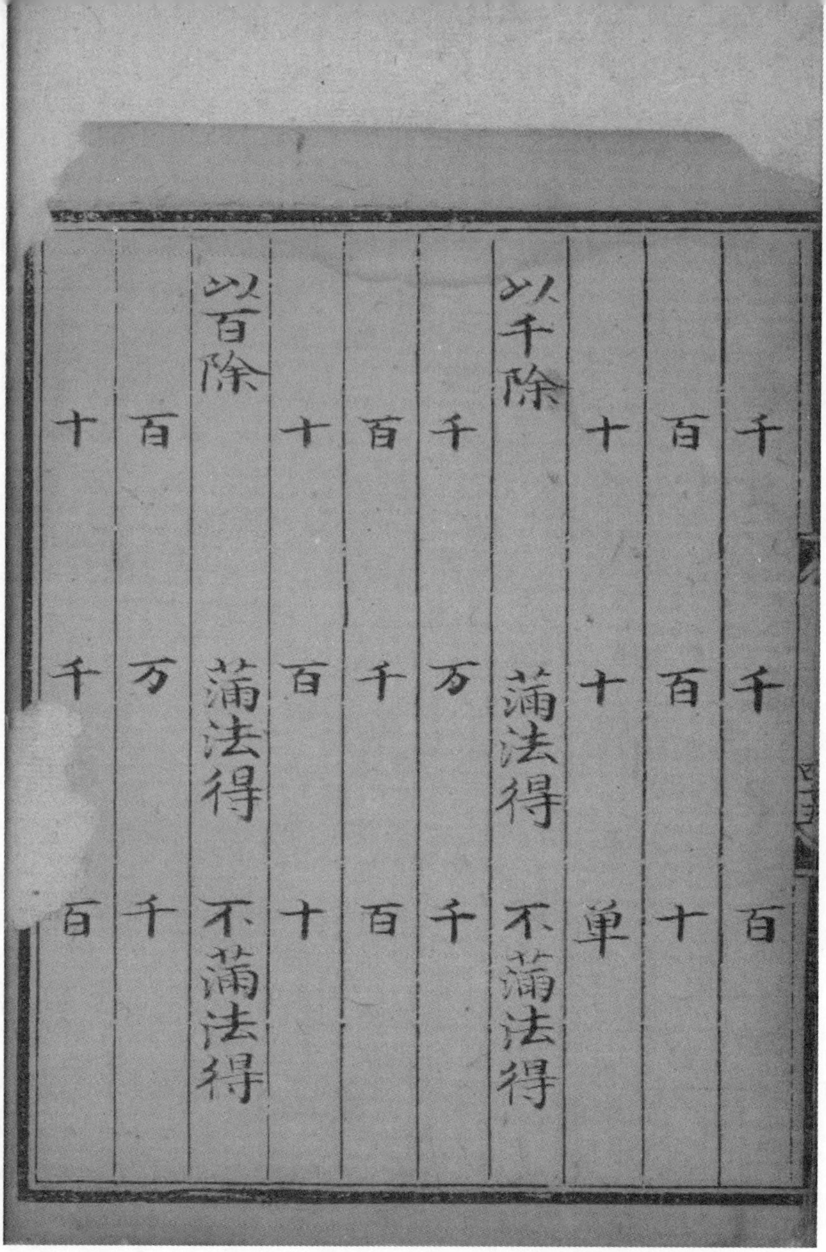

千	千	百
百	百	十
十	十	单
以千除	滿法得	不滿法得
千	万	千
百	千	百
十	百	十
以百除	滿法得	不滿法得
百	万	千
十	千	百

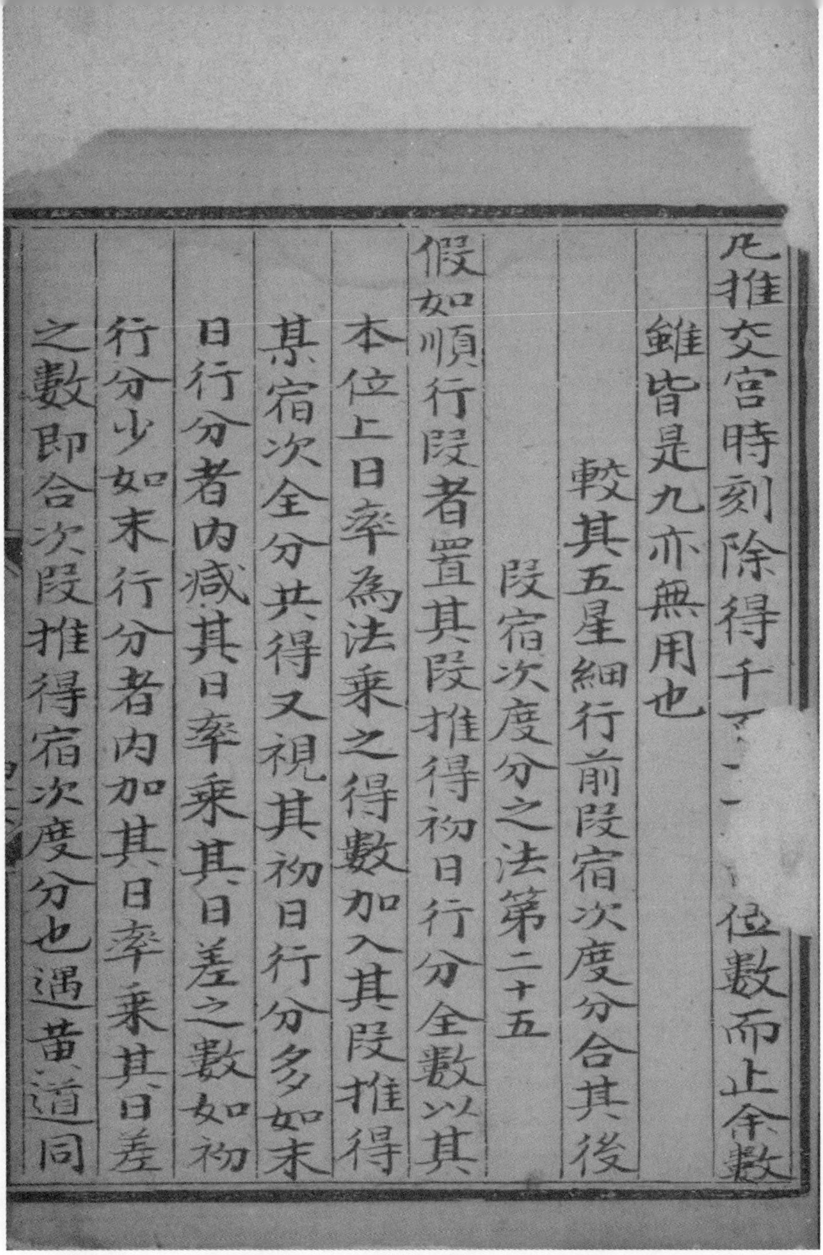
凡推交宮時刻除得千[illegible]位數而止余數
雖皆是九亦無用也
較其五星細行前段宿次度分合其後
段宿次度分之法第二十五
假如順行段者置其段推得初日行分全數以其
本位上日率為法乘之得數加入其段推得
某宿次全分共得又視其初日行分多如末
日行分者内減其日率乘其日差之數如初
行分少如末行分者内加其日率乘其日差
之數即合次段推得宿次度分也遇黃道同

凡推交宫时刻除得千百十□□位數而止，余數雖皆是九亦無用也。

較其五星細行前段宿次度分合其後段宿次度分之法第二十五

假如順行段者，置其段推得初日行分全數，以其本位上日率為法乘之，得數加入其段推得某宿次全分，共得又視其初日行分多如末日行分者，内減其日率，乘其日差之數。如初行分少如末行分者，内加其日率，乘其日差之數，即合次段推得宿次度分也。遇黃道同

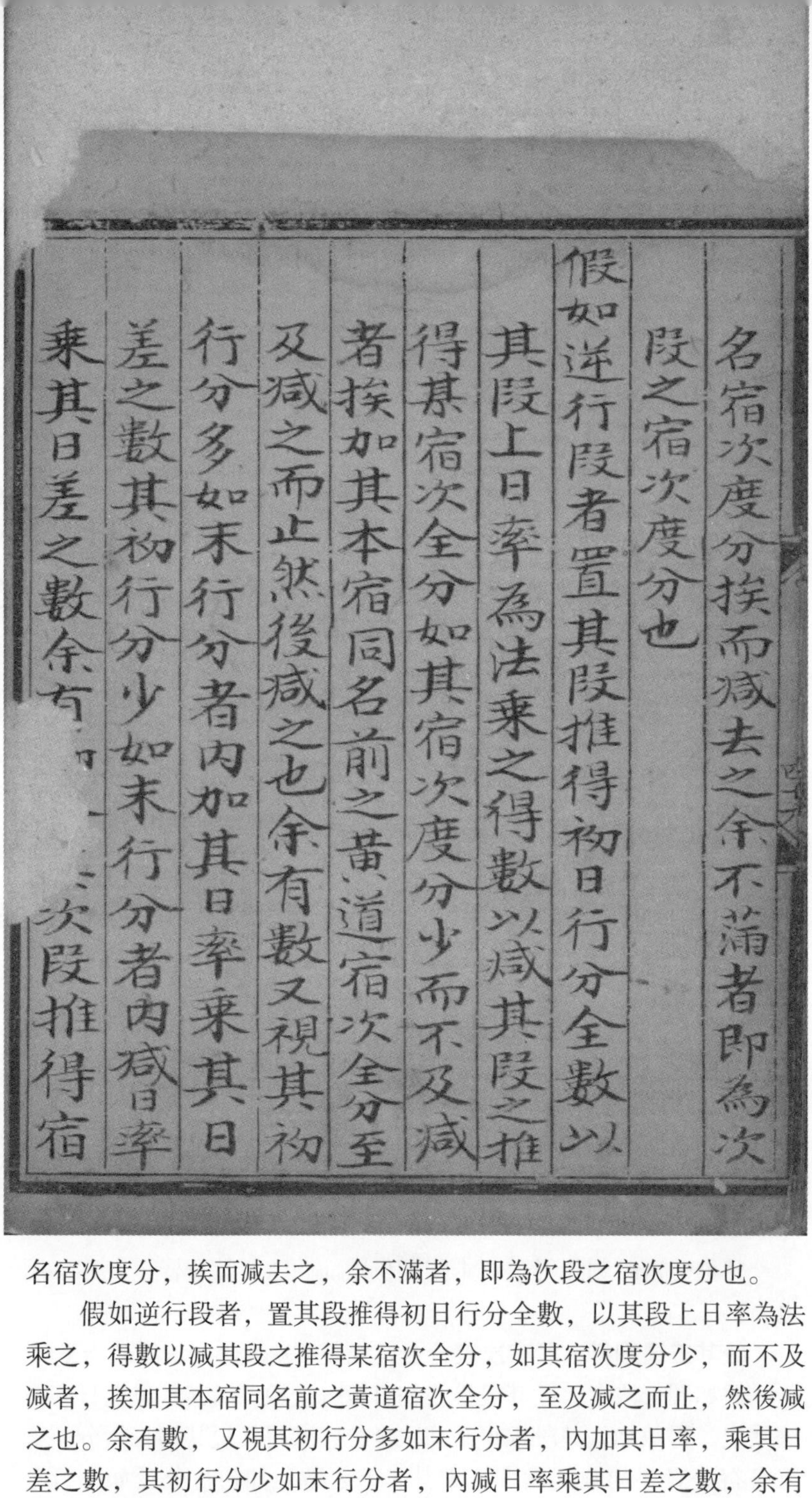

名宿次度分，挨而減去之，余不滿者，即為次段之宿次度分也。

假如逆行段者，置其段推得初日行分全數，以其段上日率為法乘之，得數以減其段之推得某宿次全分，如其宿次度分少，而不及減者，挨加其本宿同名前之黃道宿次全分，至及減之而止，然後減之也。余有數，又視其初行分多如末行分者，內加其日率，乘其日差之數，其初行分少如末行分者，內減日率乘其日差之數，余有□□□次段推得宿

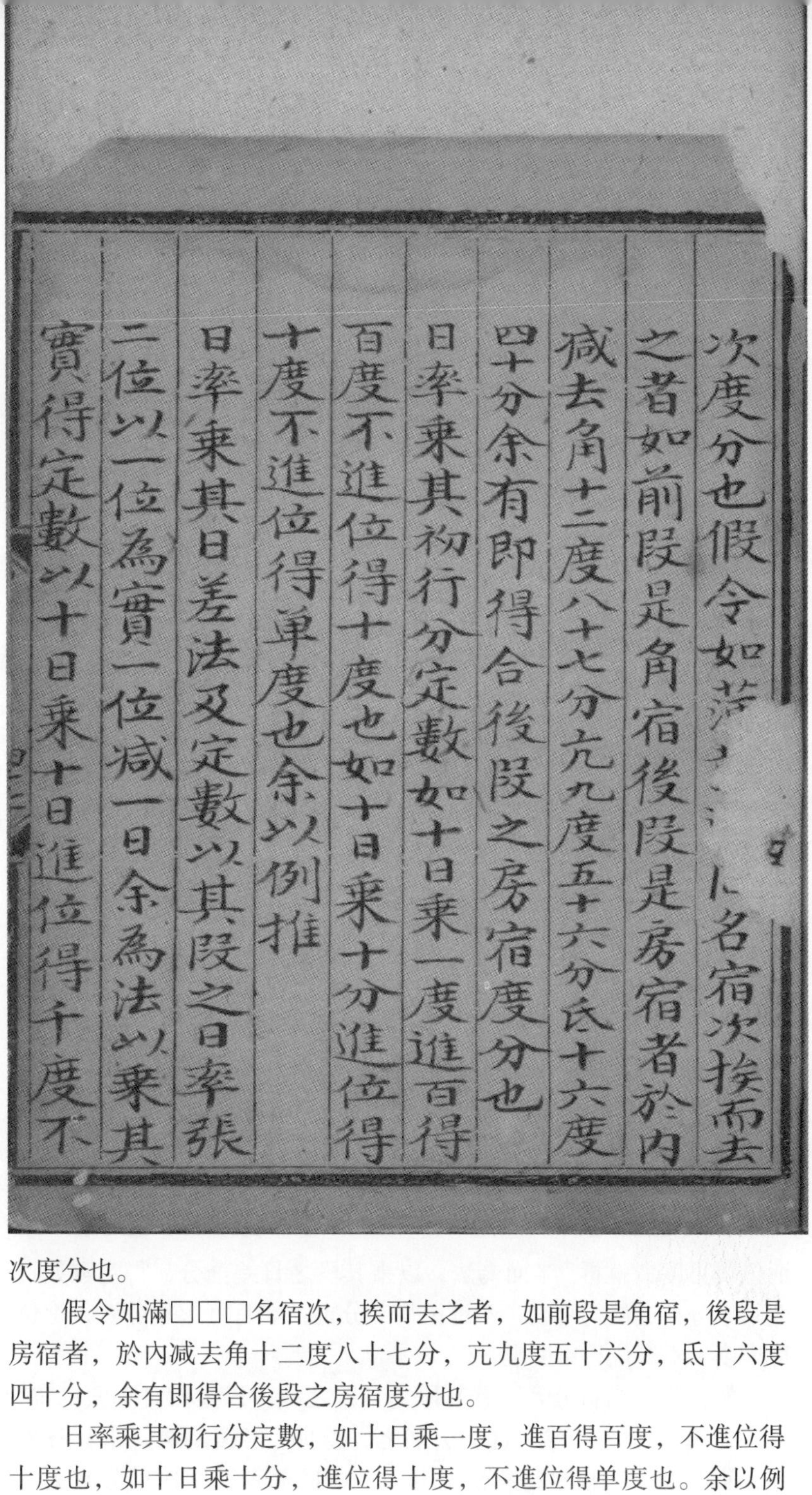
次度分也假令如満□□□名宿次挨而去
之者如前段是角宿後段是房宿者於内
減去角十二度八十七分亢九度五十六分氐十六度
四十分余有即得合後段之房宿度分也
日率乘其初行分定數如十日乘一度進百得
百度不進位得十度也如十日乘十分進位得
十度不進位得單度也余以例推
日率乘其日差法及定數以其段之日率張
二位以一位為實一位減一日余為法以乘其
實得定數以十日乘十日進位得千度不

次度分也。

假令如滿□□□名宿次，挨而去之者，如前段是角宿，後段是房宿者，於内減去角十二度八十七分，亢九度五十六分，氐十六度四十分，余有即得合後段之房宿度分也。

日率乘其初行分定數，如十日乘一度，進百得百度，不進位得十度也，如十日乘十分，進位得十度，不進位得单度也。余以例推。

日率乘其日差法及定數，以其段之日率張二位，以一位為實，一位減一日，余為法，以乘其實，得定數以十日乘十日，進位得千度，不

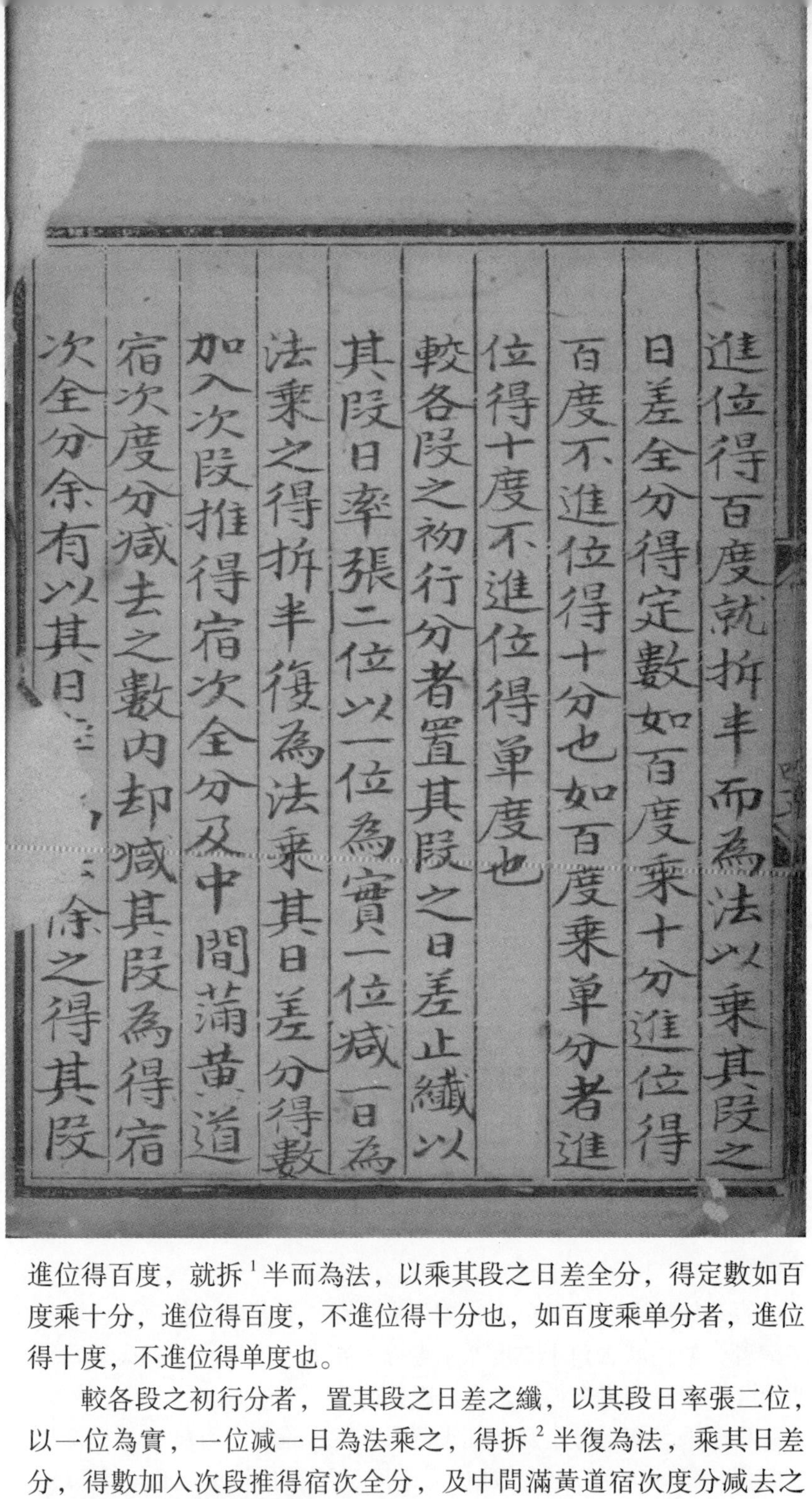
進位得百度就拆半而為法以乘其段之
日差全分得定數如百度乘十分進位得
百度不進位得十分也如百度乘單分者進
位得十度不進位得單度也
較各段之初行分者置其段之日差止纖以
其段日率張二位以一位為實一位減一日為
法乘之得拆半復為法乘其日差分得數
加入次段推得宿次全分及中間蒲黄道
宿次度分減去之數内却減其段為得宿
次全分余有以其日□□除之得其段

進位得百度，就拆[1]半而為法，以乘其段之日差全分，得定數如百度乘十分，進位得百度，不進位得十分也，如百度乘单分者，進位得十度，不進位得单度也。

較各段之初行分者，置其段之日差之纖，以其段日率張二位，以一位為實，一位減一日為法乘之，得拆[2]半復為法，乘其日差分，得數加入次段推得宿次全分，及中間滿黃道宿次度分減去之數，內却減其段為得宿次全分，余有以其日率□□除之，得其段

1“拆”當作“折”。
2“拆”當作“折”。

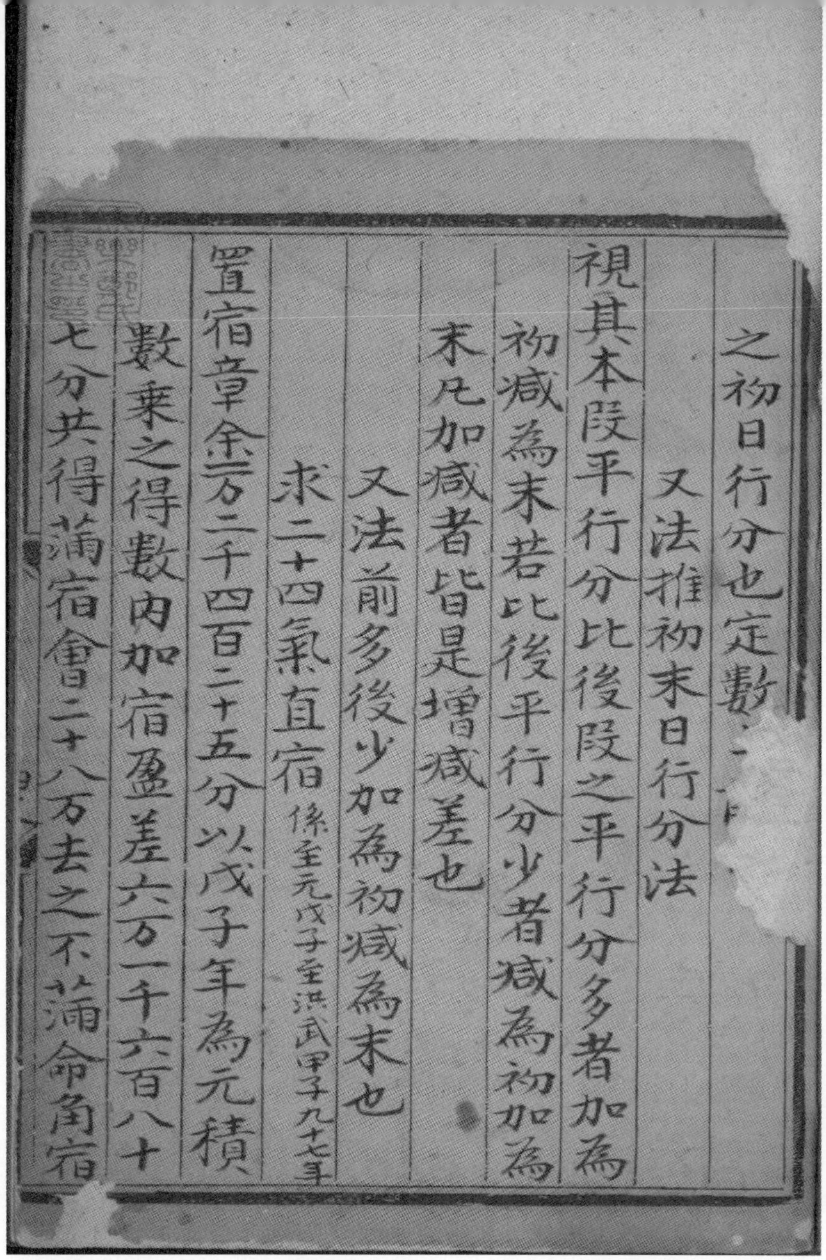

之初日行分也。定數□□□。

又法，推初末日行分法。

視其本段平行分比後段之平行分多者，加為初、減為末；若比後平行分少者，減為初、加為末，凡加減者，皆是增減差也。

又法，前多後少，加為初、減為末也。

求二十四氣直宿，係至元戊子至洪武甲子九十七年。

置宿章余一万二千四百二十五分，以戊子年為元，積數乘之，得數內加宿盈差六万一千六百八十七分，共得滿宿會二十八万去之，不滿命角宿。[1]

1 後文有缺。

國圖本《太陰通軌》校注

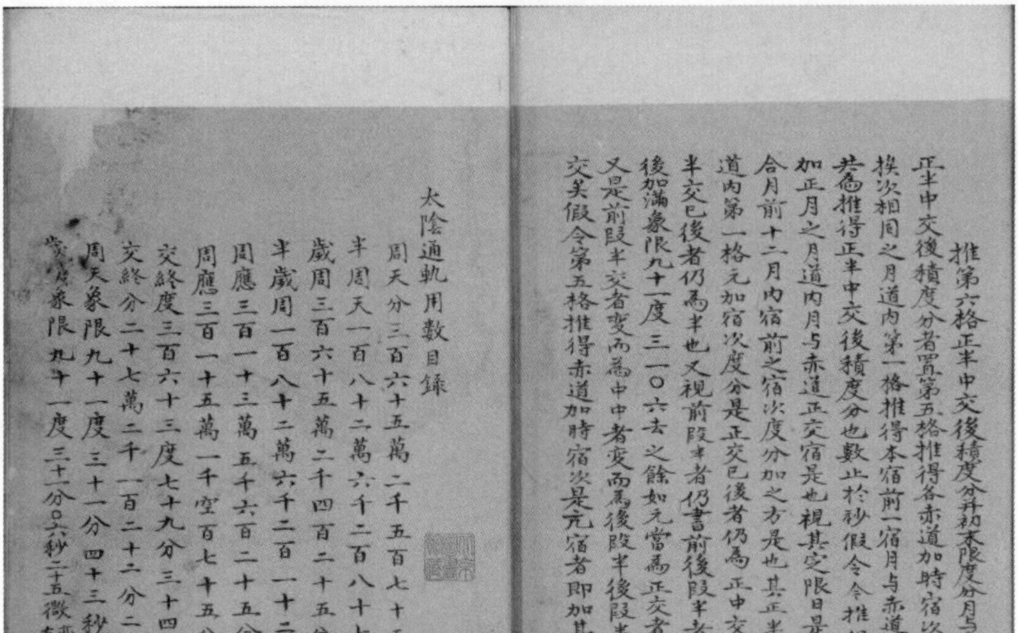

推第六格正半中交後積度分幷初末限度分月与赤道定差度分法
正半中交後積度分者置第五格推得各赤道加時宿次全分内又加入
挨次相同之月道内第一格推得本宿前一宿月与赤道正交後宿積度全分
共爲推得正半中交後積度分也數止於秒假令今推得是正月者合
加正月之月道内月与赤道正交宿是也視其定限日是二十三日者却
合月前十二月内宿前之宿次度分加之方是也其正半中交只照依月
道内第一格元加宿次度分是正交已後者仍爲正中交已後者仍爲中
半交已後者仍爲半也又視前段半者仍書前後段半者仍書後也加之
後加滿象限九十一度三一〇六去之餘如元當爲正交者今變爲半交矣
又是前段半交者變而爲中中者變而爲後段半後段半者變而復爲正
交矣假令第五格推得赤道加時宿次是元宿者即加其相同月道内第

太陰通軌用數目錄
周天分三百六十五萬二千五百七十五分
半周天一百八十二萬六千二百八十七分五十秒
歲周三百六十五萬二千四百二十五分
半歲周一百八十二萬六千二百一十二分五十秒
周應三百一十三萬五千六百二十五分 甲子爲元用此
周應三百一十五萬一千空百七十五分 辛巳爲元用此
交終度三百六十三度七十九分三十四秒一十九微六十纖
交終分二十七萬二千一百二十二分二十四秒
周天象限九十一度三十一分四十三秒七十五微
歲周象限九十一度三十一分〇六秒二十五微 亦名氣象限常全用者 有用此秒者

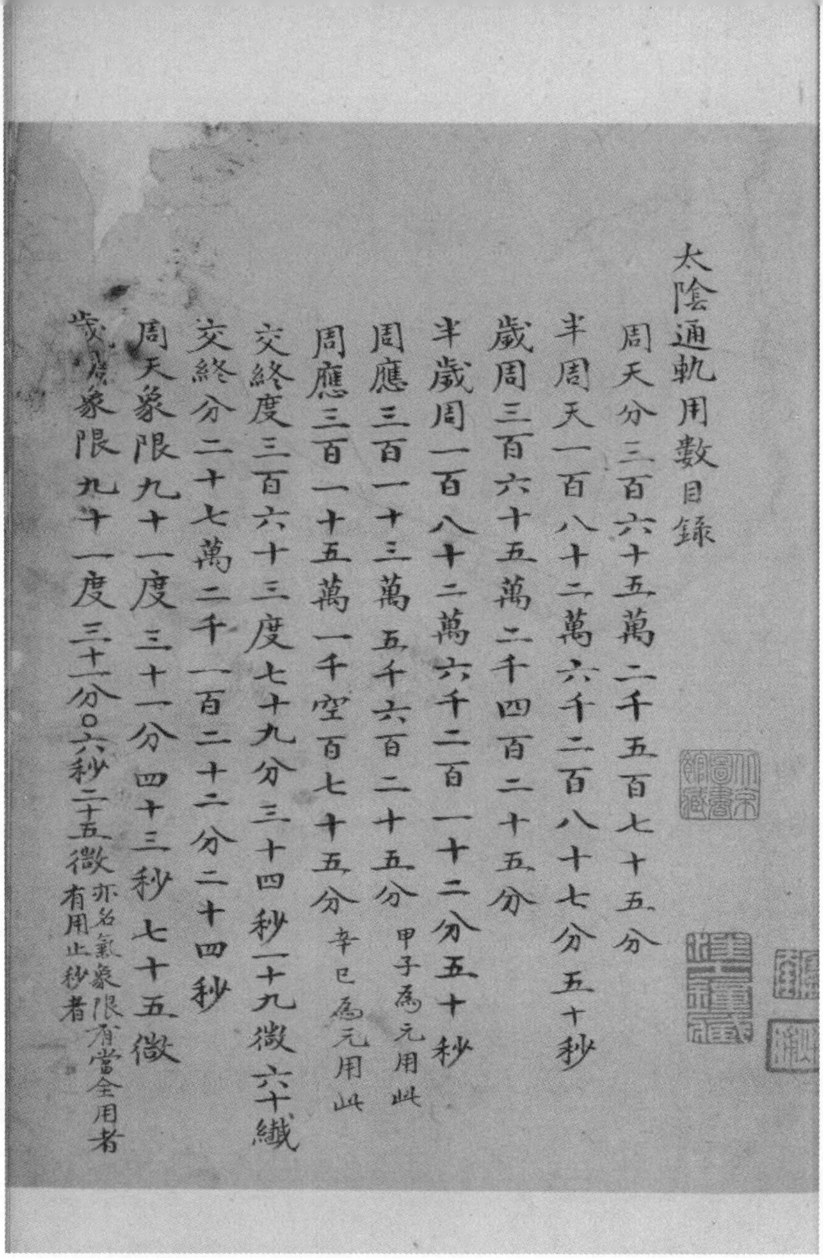
太陰通軌用數目錄
周天分三百六十五萬二千五百七十五分
半周天一百八十二萬六千二百八十七分五十秒
歲周三百六十五萬二千四百二十五分
半歲周一百八十二萬六千二百一十二分五十秒
周應三百一十三萬五千六百二十五分 甲子爲元用此
周應三百一十五萬一千空百七十五分 辛巳爲元用此
交終度三百六十三度七十九分三十四秒一十九微六十纖
交終分二十七萬二千一百二十二分二十四秒
周天象限九十一度三十一分四十三秒七十五微
歲周象限九十一度三十一分〇六秒二十五微 亦名氣象限有當全用者有用止秒者

《太陰通軌》用數目錄

周天分，三百六十五萬二千五百七十五分。[1]

半周天，一百八十二萬六千二百八十七分五十秒。[2]

歲周，三百六十五萬二千四百二十五分。[3]

半歲周，一百八十二萬六千二百一十二分五十秒。[4]

周應[5]，三百一十三萬五千六百二十五分，甲子為元用此。

周應，三百一十五萬一千空百七十五分，辛巳為元用此。

交終度，三百六十三度七十九分三十四秒一十九微六十纖。[6]

交終分，二十七萬二千一百二十二分二十四秒。[7]

周天象限，九十一度三十一分四十三秒七十五微。[8]

歲周象限，九十一度三十一分〇六秒二十五微，亦名氣象限，有當全用者，有用止秒者。[9]

1 周天為 365.2575 度，即三百六十五萬二千五百七十五分。

2 半周天為周天的一半。

3 歲周又稱歲實，即回归年，為 365.2425 日，即三百六十五萬二千四百二十五分。

4 半歲周為歲周的一半，為 182.62125 日，即一百八十二萬六千二百一十二分半。

5 周應為曆元冬至時刻太陽所在赤道位置與赤道虚宿 6 度之間的赤道積度，辛巳曆元冬至時刻太陽在赤道箕宿 10 度，周應為 315. 1075 度。

6 交終度 363.7934196 度，為月亮在一交點月中所走過的度數，即交終分 27. 212224 乘以月平行分 13.36875。

7 交終即交点月週期，指月球繞地球運轉，連續兩次通過白道和黄道的同一交點所需的時間，為 27.212224 日，即二十七萬二千一百二十二分二十四秒。

8 周天的四分之一。

9 歲周的四分之一。

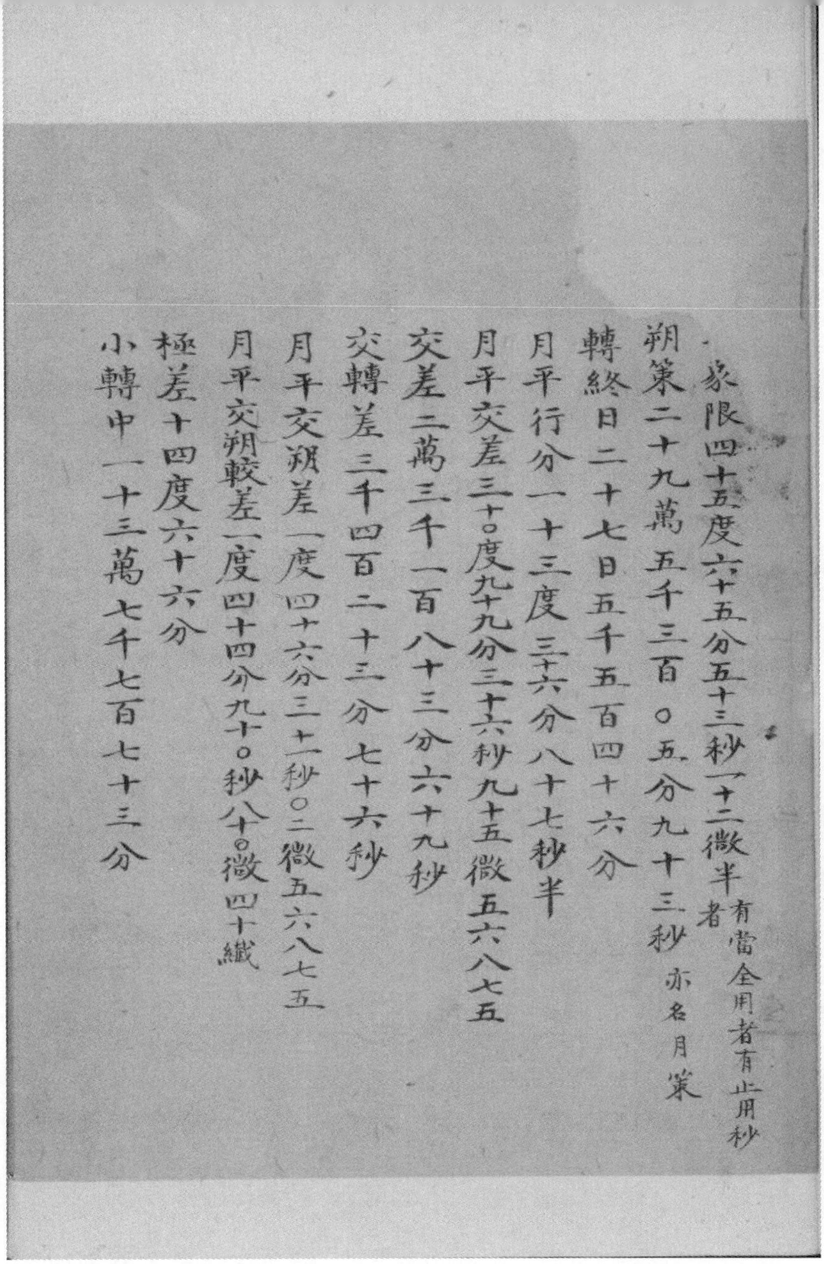
象限四十五度六十五分五十三秒一十二微半者 有當全用者有止用秒
朔策二十九萬五千三百〇五分九十三秒 亦名月策
轉終日二十七日五千五百四十六分
月平行分一十三度三十六分八十七秒半
月平交差三十〇度九十九分三十六秒九十五微五六八七五
交差二萬三千一百八十三分六十九秒
交轉差三千四百二十三分七十六秒
月平交朔差一度四十六分三十一秒〇二微五六八七五
月平交朔較差一度四十四分九十〇秒八十〇微四十纖
極差十四度六十六分
小轉中一十三萬七千七百七十三分

半象限，四十五度六十五分五十三秒一十二微半，有當全用者，有止用秒者。[1]

朔策，二十九萬五千三百〇五分九十三秒，亦名月策。[2]

轉終日，二十七日五千五百四十六分。[3]

月平行分，一十三度三十六分八十七秒半。[4]

月平交差，三十〇度九十九分三十六秒九十五微五六八七五。[5]

交差，二萬三千一百八十三分六十九秒。[6]

交轉差，三千四百二十三分七十六秒。[7]

月平交朔差，一度四十六分三十一秒〇二微五六八七五。[8]

月平交朔較差，一度四十四分九十〇秒八十〇微四十纖。[9]

極差，十四度六十六分。

小轉中，一十三萬七千七百七十三分。[10]

1 歲周象限的一半。
2 朔策即朔望月。
3 轉終即近點月週期，指月球繞地球公轉，連續兩次經過近地點（或遠地點）的時間間隔
4 月亮平均每天的行度。
5 月平交差為月平行 13.36875 度乘交差 2.318369。
6 朔策減去交終分。
7 交差減去轉差，為 0.342376 度。轉差為朔策減去轉終分，即 1.975993 度。
8 月平交朔差為 1.463102 度，即周天 365.2575 度減去交終度 363.7934196 度。
9 月平交朔較差為 1.4490804 度，即歲周 365.2425（日或度）減交終度 363.7934196 度。
10 轉終分的一半。

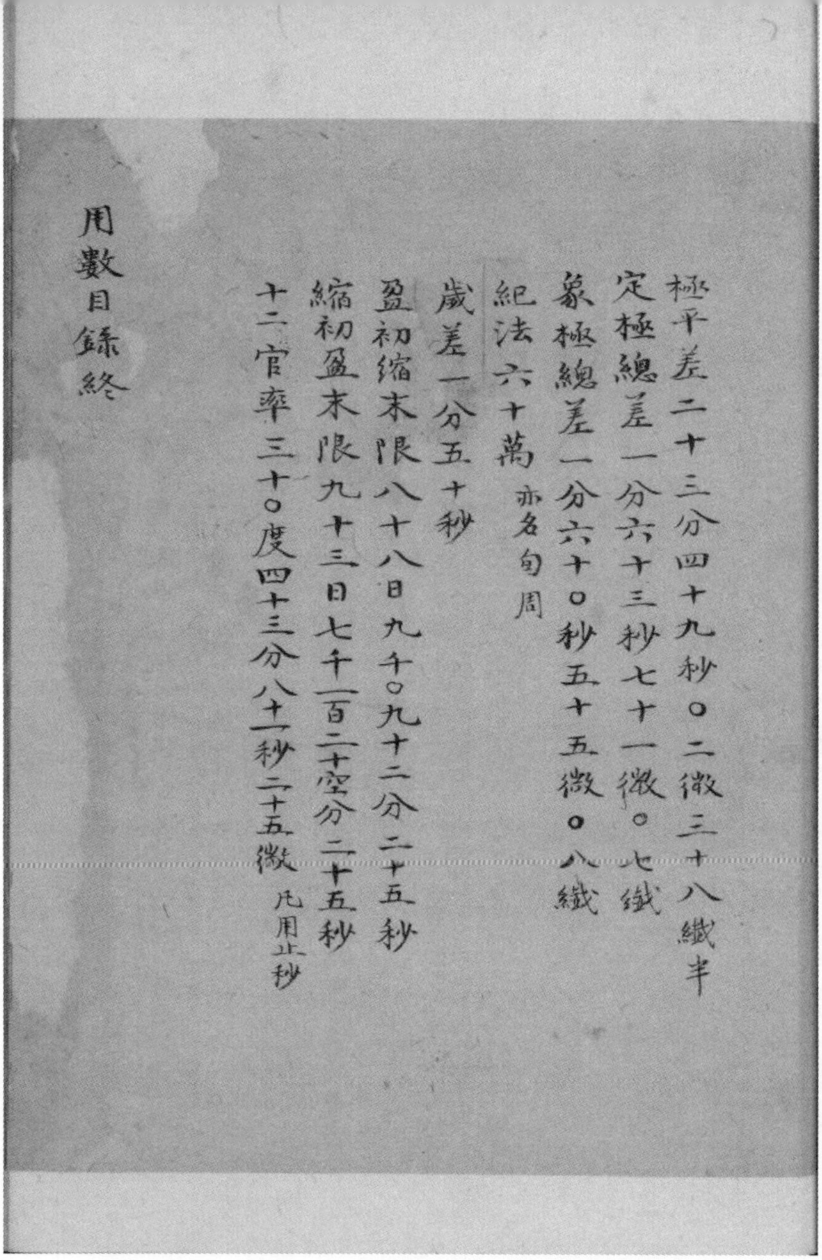

極平差二十三分四十九秒〇二微三十八纖半
定極總差一分六十三秒七十一微〇七纖
象極總差一分六十〇秒五十五微〇八纖
紀法六十萬 亦名旬周
歲差一分五十秒
盈初縮末限八十八日九千〇九十二分二十五秒
縮初盈末限九十三日七千一百二十空分二十五秒
十二官率三十〇度四十三分八十一秒二十五微 凡用止秒

用數目錄終

極平差，二十三分四十九秒〇二微三十八纖半。[1]
定極總差，一分六十三秒七十一微〇七纖。
象極總差，一分六十〇秒五十五微〇八纖。
紀法，六十萬，亦名旬周。[2]
歲差，一分五十秒。[3]
盈初縮末限，八十八日九千〇九十二分二十五秒。[4]
縮初盈末限，九十三日七千一百二十空分二十五秒。
十二官[5]率，三十〇度四十三分八十一秒二十五微，凡用止秒。

用數目錄終

1 極平差為月平交朔差乘象極總差。
2 紀法為干支紀法。
3 周天 365.2575 與歲周 365.2425 之差。
4 日躔盈縮包括盈初縮末限和縮初盈末限。
5“官”當作“宮”，即周天度數除以十二。

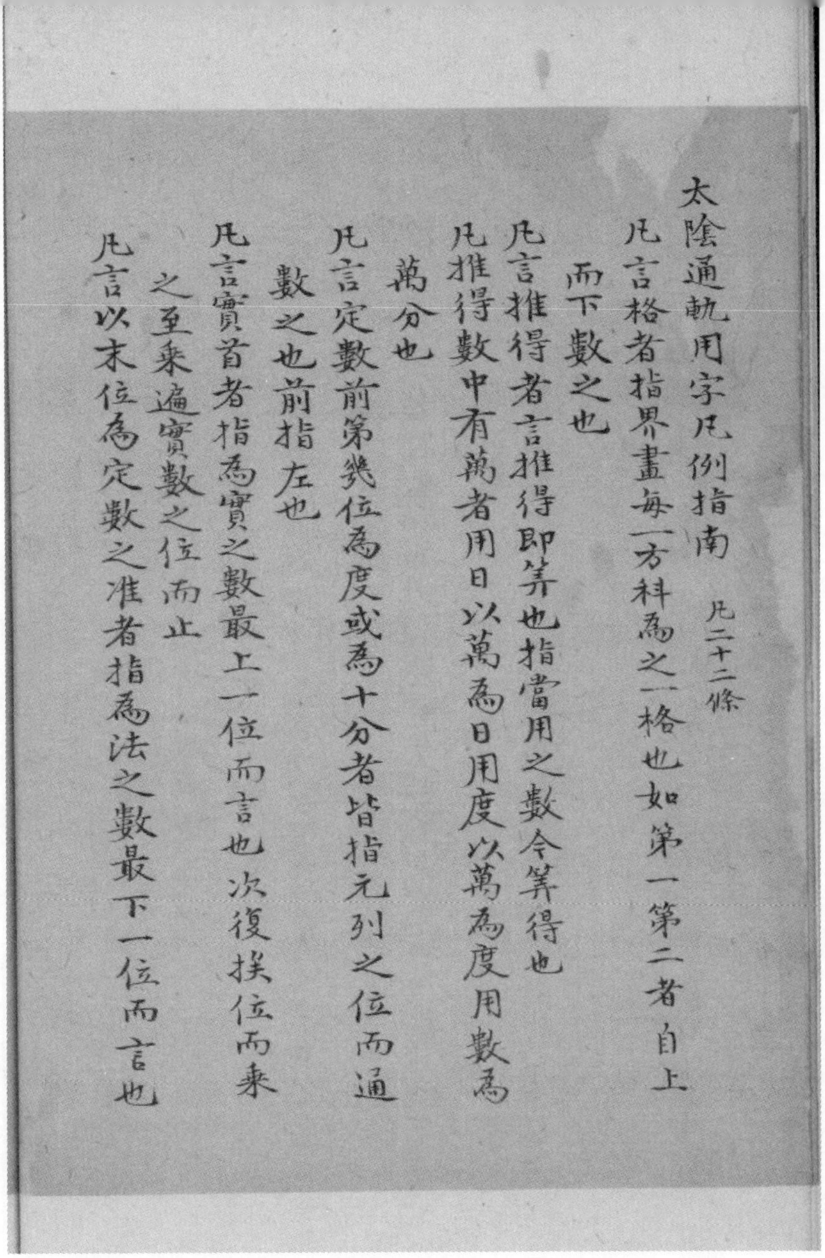
太陰通軌用字凡例指南　凡二十二條
凡言格者指界畫每一方科為之一格也如第一第二者自上
而下數之也
凡言推得者言推得即筭也指當用之數令筭得也
凡推得數中有萬者用日以萬為日用度以萬為度用數為
萬分也
凡言定數前第幾位為度或為十分者皆指元列之位而通
數之也前指左也
凡言實首者指為實之數最上一位而言也次復挨位而乘
之至乘遍實數之位而止
凡言以末位為定數之准者指為法之數最下一位而言也

《太陰通軌》用字凡例指南，凡二十二條。

凡言格者，指界畫每一方科為之一格也，如第一、第二者，自上而下數之也。

凡言推得者，言推得，即筭也。指當用之數，今筭得也。

凡推得數中有萬者，用日，以萬為日；用度，以萬為度，用數為萬分也。

凡言定數，前第幾位為度，或為十分者，皆指元列之位，而通數之也，前指左也。

凡言實首者，指為實之數，最上一位而言也。次復挨位而乘之，至乘遍實數之位而止。

凡言以末位為定數之准者，指為法之數最下一位而言也。

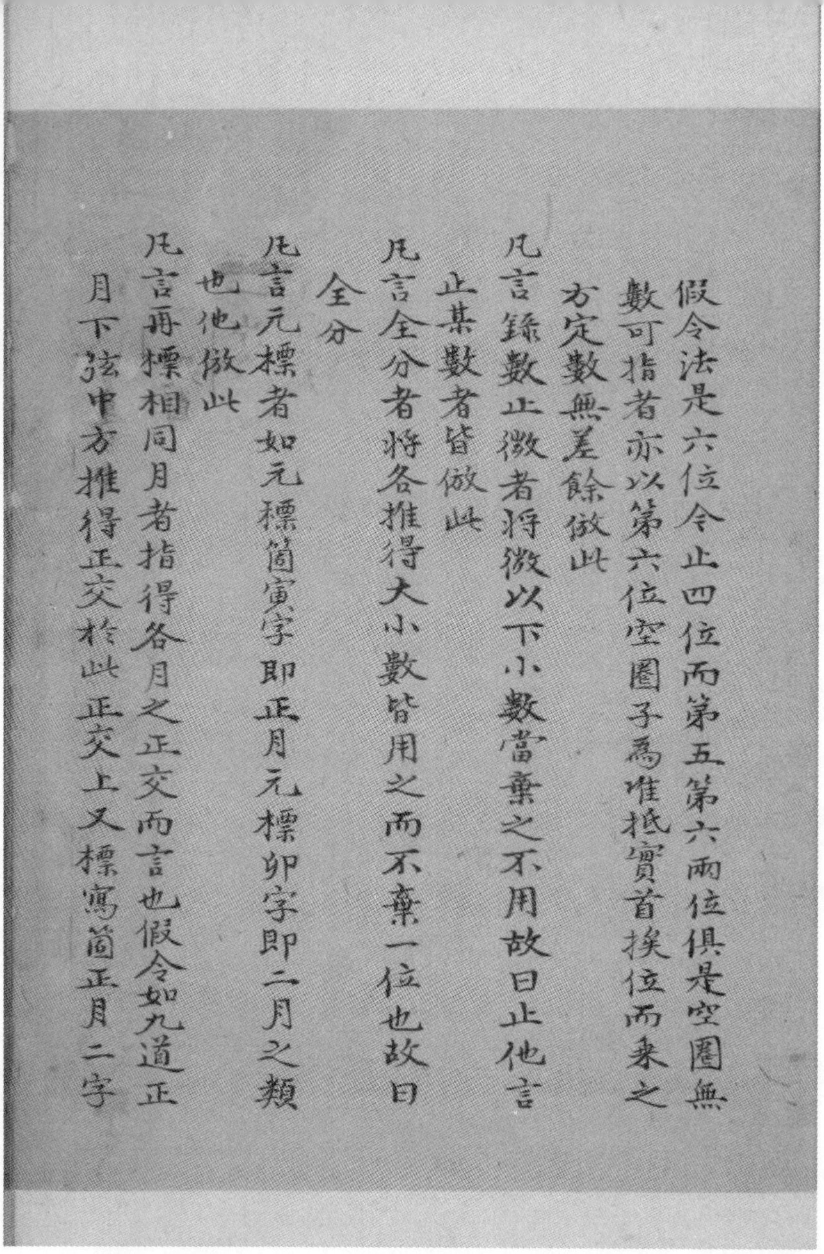

假令法是六位今止四位而第五第六兩位俱是空圈無
數可指者亦以第六位空圈子爲准抵實首挨位而乘之
方定數無差餘倣此
凡言錄數止微者将微以下小數當棄之不用故曰止他言
止某數者皆倣此
凡言全分者将各推得大小數皆用之而不棄一位也故曰
全分
凡言元標者如元標箇寅字即正月元標卯字即二月之類
也他倣此
凡言再標相同月者指得各月之正交而言也假令如九道正
月下弦中方推得正交於此正交上又標寫箇正月二字

假令法是六位，今止四位，而第五、第六兩位俱是空圈，無數可指者，亦以第六位空圈子為准。抵實首，挨位而乘之，方定數無差，餘倣此。

凡言錄數止微者，將微以下小數當棄之不用，故曰止。他言止某數者，皆倣此。

凡言全分者，將各推得大小數皆用之，而不棄一位也，故曰全分。

凡言元標者，如元標箇寅字即正月，元標卯字即二月之類也。他倣此。

凡言再標相同月者，指得各月之正交而言也。假令如九道正月下弦中，方推得正交，扵此正交上又標寫箇“正月”二字，

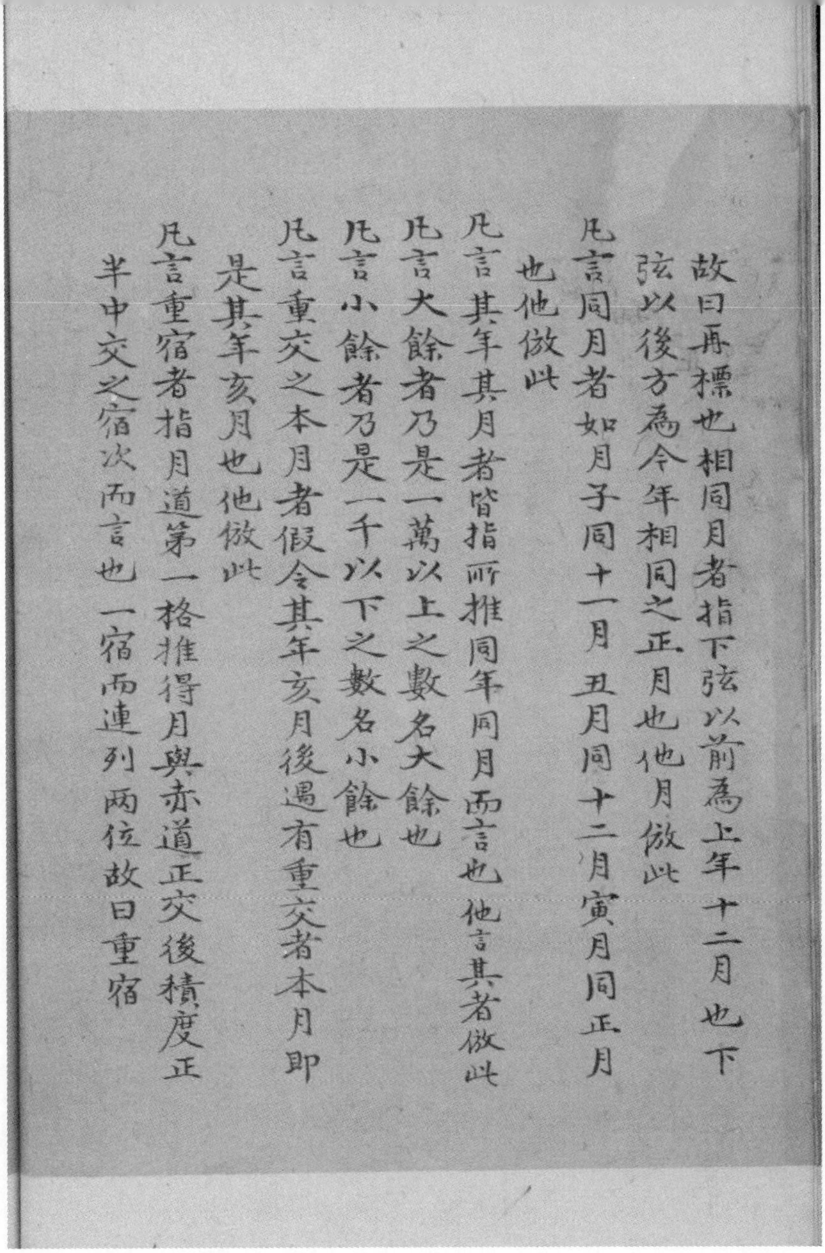
故曰再標也相同月者指下弦以前為上年十二月也下
弦以後方為今年相同之正月也他月倣此
凡言同月者如月子同十一月丑月同十二月寅月同正月
也他倣此
凡言其年其月者皆指所推同年同月而言也他言其者倣此
凡言大餘者乃是一萬以上之數名大餘也
凡言小餘者乃是一千以下之數名小餘也
凡言重交之本月者假令其年亥月後遇有重交者本月即
是其年亥月也他倣此
凡言重宿者指月道第一格推得月與赤道正交後積度正
半中交之宿次而言也一宿而連列兩位故曰重宿

故曰再標也。相同月者，指下弦以前為上年十二月也，下弦以後方為今年相同之正月也。他月倣此。

凡言同月者，如月子同十一月丑月同十二月，寅月同正月也，他倣此。

凡言其年其月者，皆指所推同年同月而言也。他言其者倣此。

凡言大餘者，乃是一萬以上之數，名大餘也。

凡言小餘者，乃是一千以下之數，名小餘也。

凡言重交之本月者，假令其年亥月後遇有重交者，本月即是其年亥月也。他倣此。

凡言重宿者，指月道第一格推得月與赤道正交後積度正半中交之，宿次而言也。一宿而連列兩位，故曰重宿。

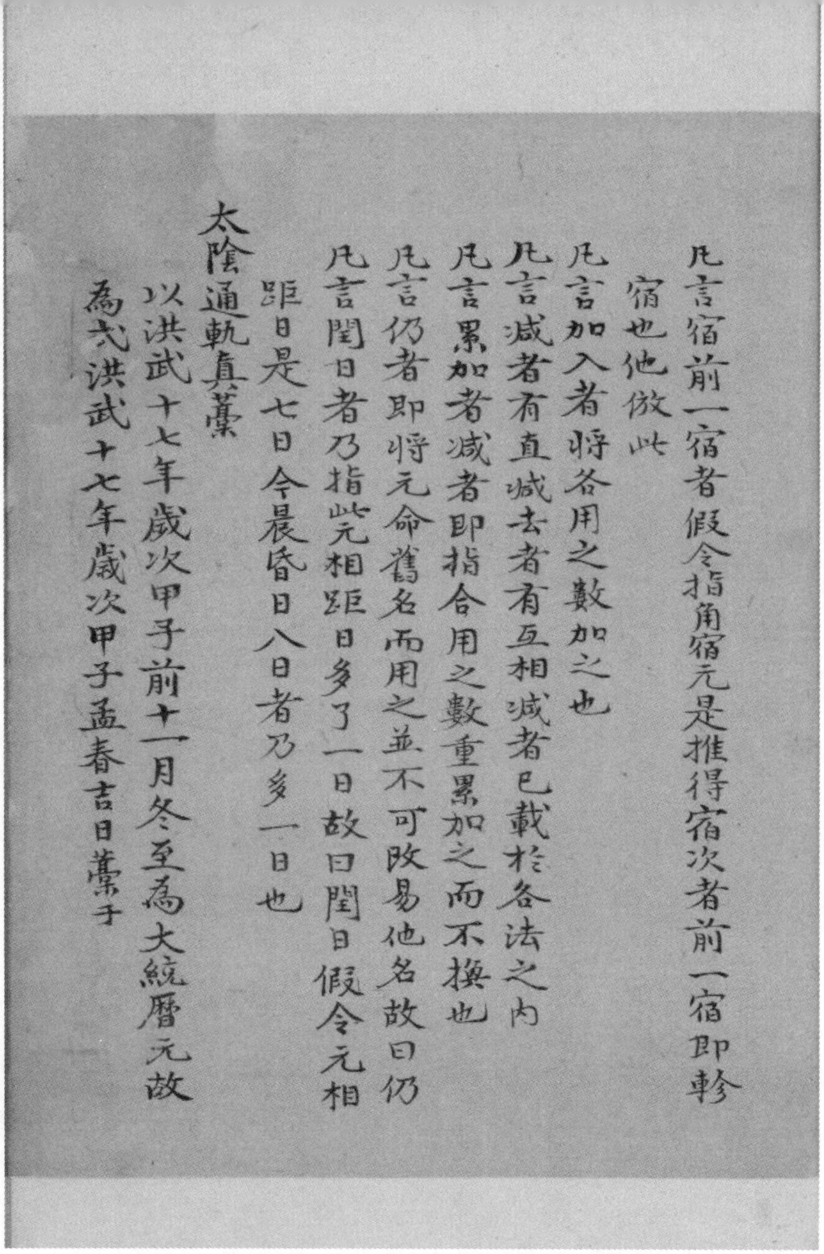
凡言宿前一宿者假令指角宿元是推得宿次者前一宿即軫
宿也他倣此
凡言加入者將各用之數加之也
凡言減者有直減去者有互相減者巳載於各法之內
凡言累加者減者即指合用之數重累加之而不換也
凡言仍者即將元命舊名而用之並不可改易他名故曰仍
凡言閏日者乃指此元相距日多了一日故曰閏日假令元相
距日是七日今晨昏日八日者乃多一日也
太陰通軌真藁
以洪武十七年歲次甲子前十一月冬至為大統曆元故
為式洪武十七年歲次甲子孟春吉日藁于

凡言宿前一宿者，假令指角宿元是推得宿次者前一宿，即軫宿也。他倣此。

凡言加入者，將各用之數加之也。

凡言減者，有直減去者，有互相減者，巳[1]載於各法之內。

凡言累加者減者，即指合用之數重累加之而不換也。

凡言仍者，即將元命舊名而用之，並不可改易他名，故曰仍。

凡言閏日者，乃指此元相距日多了一日，故曰閏日。假令元相距日是七日，今晨昏日八日者乃多一日也。

《太陰通軌》真藁[2]

以洪武十七年歲次甲子前十一月冬至為大統曆元，故為式。洪武十七年歲次甲子孟春吉日藁于

1“巳”當作“已”，下同。

2 此本《太陰通軌》正文，分為六大部分，分別為“推太陰宿度第一圖式（十格）”、“推太陰宿度第二圖式（六格）”、“推太陰十二月各月道式（五格）”、“推太陰九道法（十五格）”、“推太陰宮界各月圖式（第五格）”、“推月離宿次行度交宮各行細行程式（六格）”。

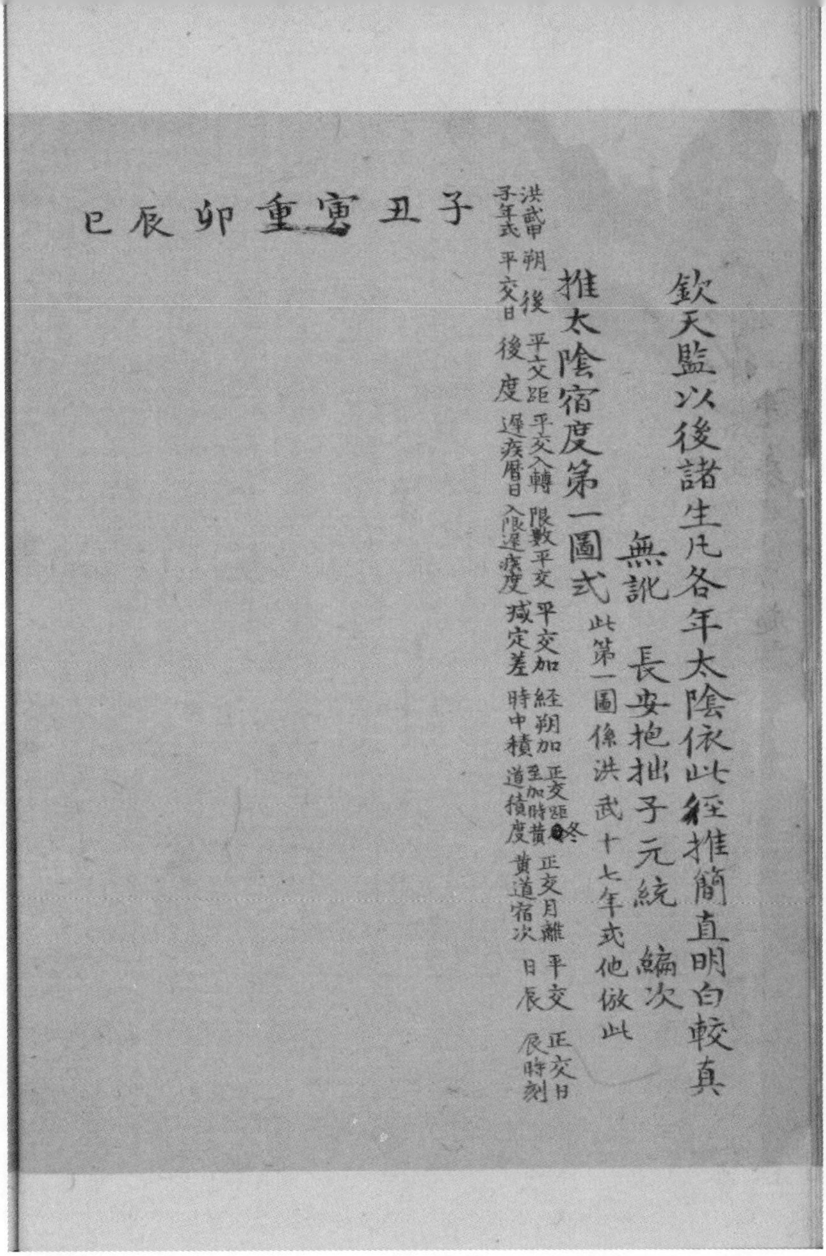

欽天監，以後諸生凡各年太陰，依此徑推，簡直明白，較真無訛。

長安抱拙子元統　編次

推太陰宿度第一圖式，此第一圖係洪武十七年式，他做此。[1]

洪武甲子年式	朔後平交日	平交距後度	平交入轉遲疾曆日	限數平交入限遲疾度	平交加減定差	經朔加時中積	正交距冬至加時黃道積度	正交月離黃道宿次	平交日辰	正交日辰時刻
子										
丑										
寅										
重										
卯										
辰										
巳										

1 推太陰宿度第一圖式共分為十個步驟，每個步驟的算法都被設計成一格，可以將各月的結果依次填入各自格中。各格的推算方法在圖式後皆有具體介紹。

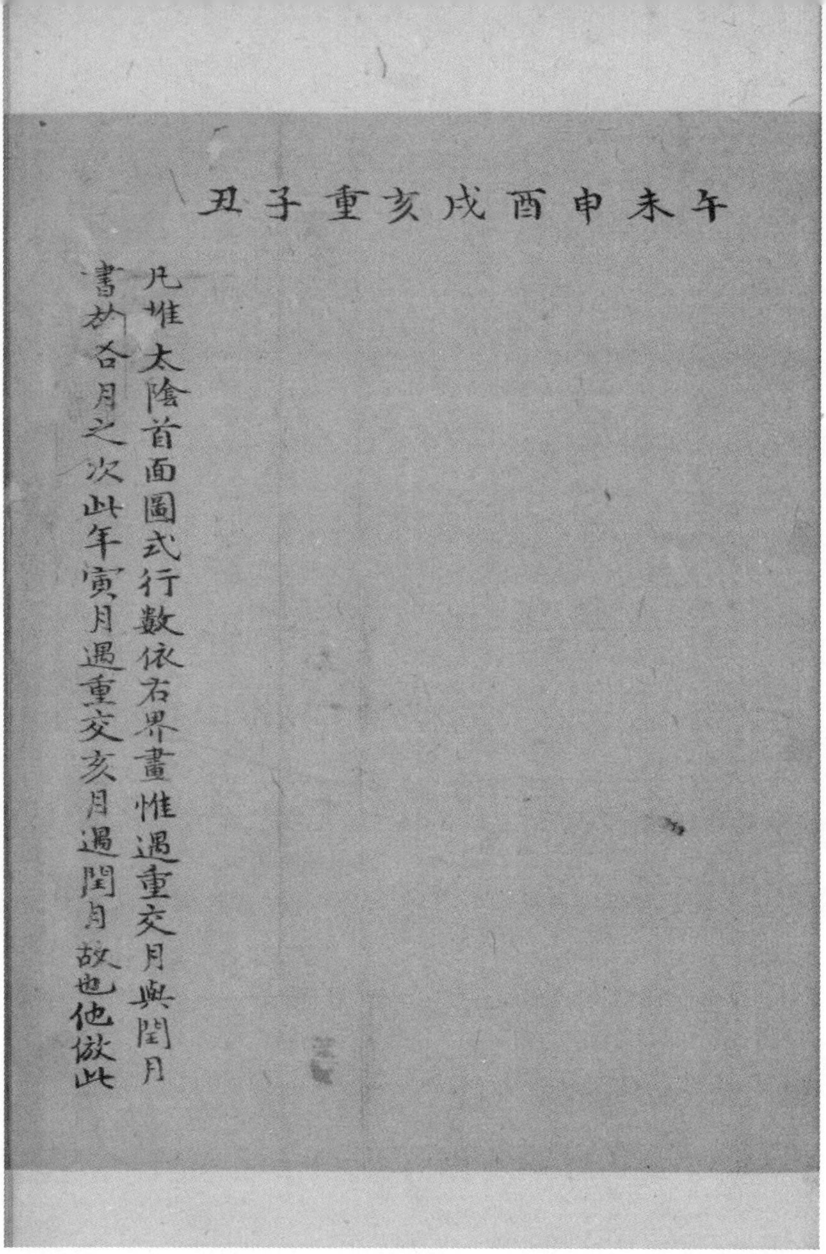
午未申酉戌亥重子丑
凡推太陰首面圖式行數依右界畫惟遇重交月與閏月
書於各月之次此年寅月遇重交亥月遇閏月故也他倣此

午										
未										
申										
酉										
戌										
亥										
重										
子										
丑										

凡推太陰首面圖式，行數依右界畫，惟遇重交月與閏月，書於各月之次。此年寅月遇重交，亥月遇閏月，故也，他倣此。

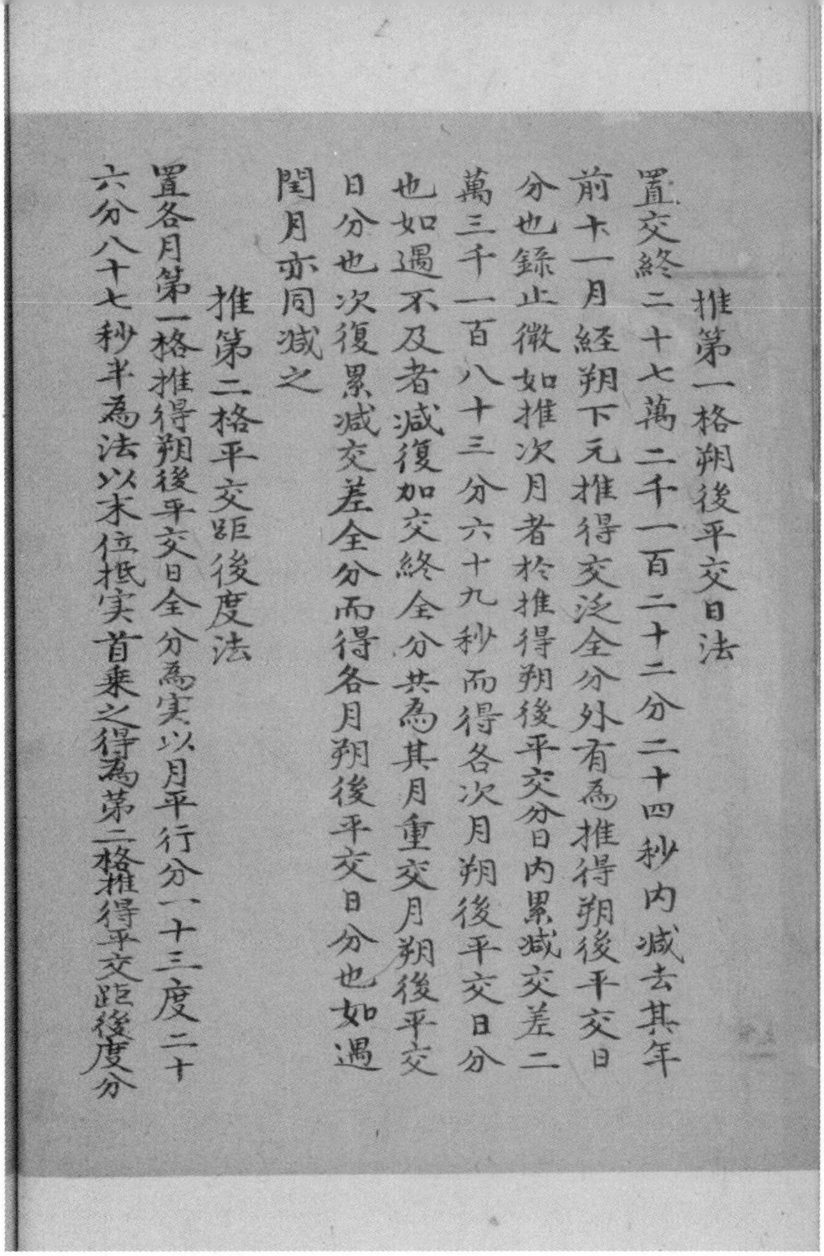
推第一格朔後平交日法
置交終二十七萬二千一百二十二分二十四秒内減去其年前十一月經朔下元推得交泛全分外有為推得朔後平交日分也錄止微如推次月者於推得朔後平交分日内累減交差二萬三千一百八十三分六十九秒而得各次月朔後平交日分也如遇不及者減復加交終全分共為其月重交月朔後平交日分也次復累減交差全分而得各月朔後平交日分也如遇閏月亦同減之
推第二格平交距後度法
置各月第一格推得朔後平交日全分為實以月平行分一十三度二十六分八十七秒半為法以末位抵實首乘之得為第二格推得平交距後度分

1"者減"當作"減者"。
2 朔後平交日 = 交終 − 天正經朔交汎。

推第一格朔後平交日法

置交終二十七萬二千一百二十二分二十四秒，内減去其年前十一月經朔下元推得交泛全分，外有為推得朔後平交日分也，錄止微。如推次月者，於推得朔後平交日分内累減交差二萬三千一百八十三分六十九秒，而得各次月朔後平交日分也。如遇不及者減[1]，復加交終全分，共為其月重交月朔後平交日分也。次復累減交差全分，而得各月朔後平交日分也，如遇閏月，亦同減之。[2]

推第二格平交距後度法

置各月第一格推得朔後平交日全分為实，以月平行分一十三度二十六分八十七秒半為法，以末位抵实首乘之，得為第二格推得平交距後度分

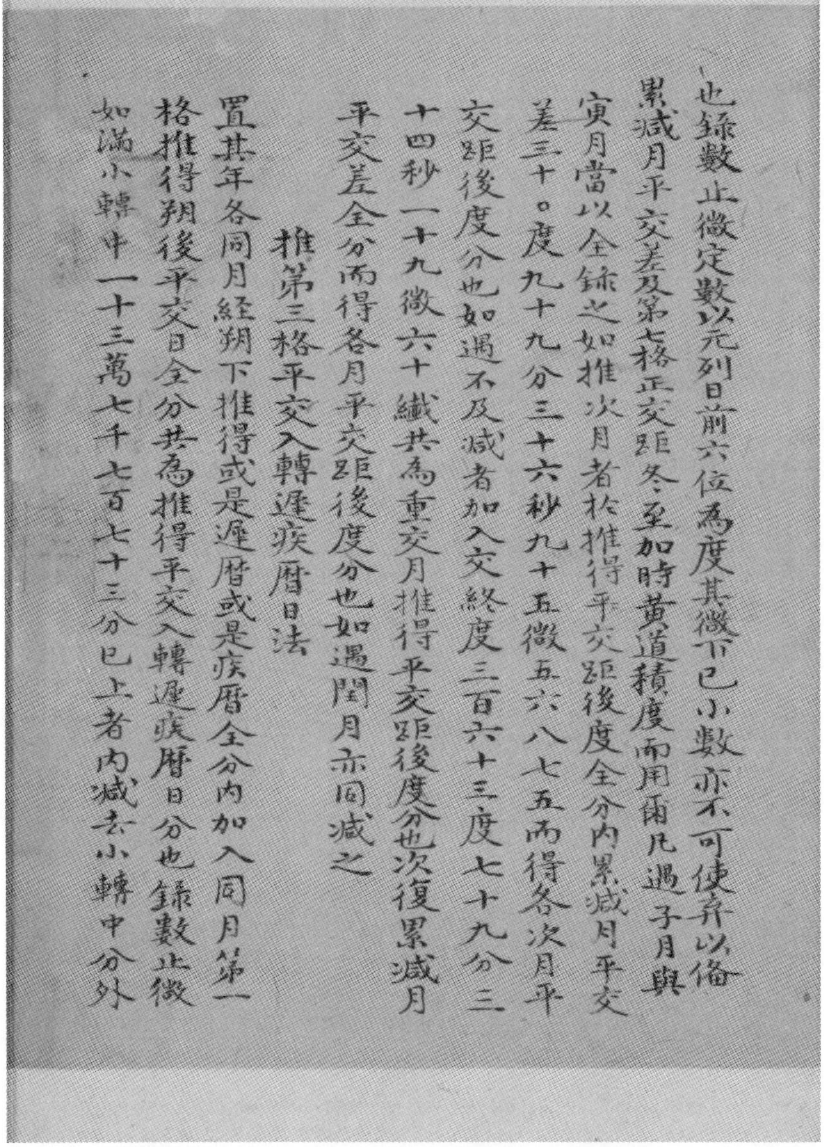
也錄數止微定數以元列日前六位為度其微下已小數亦不可使弃以備
累減月平交差及第七格正交距冬至加時黃道積度而用爾凡遇子月與
寅月當以全錄之如推次月者於推得平交距後度全分內累減月平交
差三十〇度九十九分三十六秒九十五微五六八七五而得各次月平
交距後度分也如遇不及減者加入交終度三百六十三度七十九分三
十四秒一十九微六十纖共為重交月推得平交距後度分也次復累減月
平交差全分而得各月平交距後度分也如遇閏月亦同減之
推第三格平交入轉遲疾曆日法
置其年各同月經朔下推得或是遲曆或是疾曆全分內加入同月第一
格推得朔後平交日全分共為推得平交入轉遲疾曆日分也錄數止微
如滿小轉中一十三萬七千七百七十三分已上者內減去小轉中分外

也，錄數止微。定數以元列日前六位為度，其微下已[1]小數亦不可使[2]弃，以備累減月平交差，及第七格正交距冬至加時黃道積度而用爾。凡遇子月與寅月，當以全錄之。[3]如推次月者，於推得平交距後度全分內累減月平交差三十〇度九十九分三十六秒九十五微五六八七五，而得各次月平交距後度分也。如遇不及減者，加入交終度三百六十三度七十九分三十四秒一十九微六十纖，共為重交月，推得平交距後度分也。次復累減月平交差全分，而得各月平交距後度分也。如遇閏月，亦同減之。[4]

推第三格平交入轉遲疾曆日法

置其年各同月經朔下推得或是遲曆或是疾曆全分，內加入同月第一格推得朔後平交日全分，共為推得平交入轉遲疾曆日分也，錄數止微。如滿小轉中一十三萬七千七百七十三分已上者，內減去小轉中分，外

1“下已”當作“已下”
2“使”當作“便”。
3 平交距後度 = 朔後平交日 × 平行分 13.36875。
4 各次月平交距後度 = 平交距後度 − 累減月平交差（即 30.99369556875）。

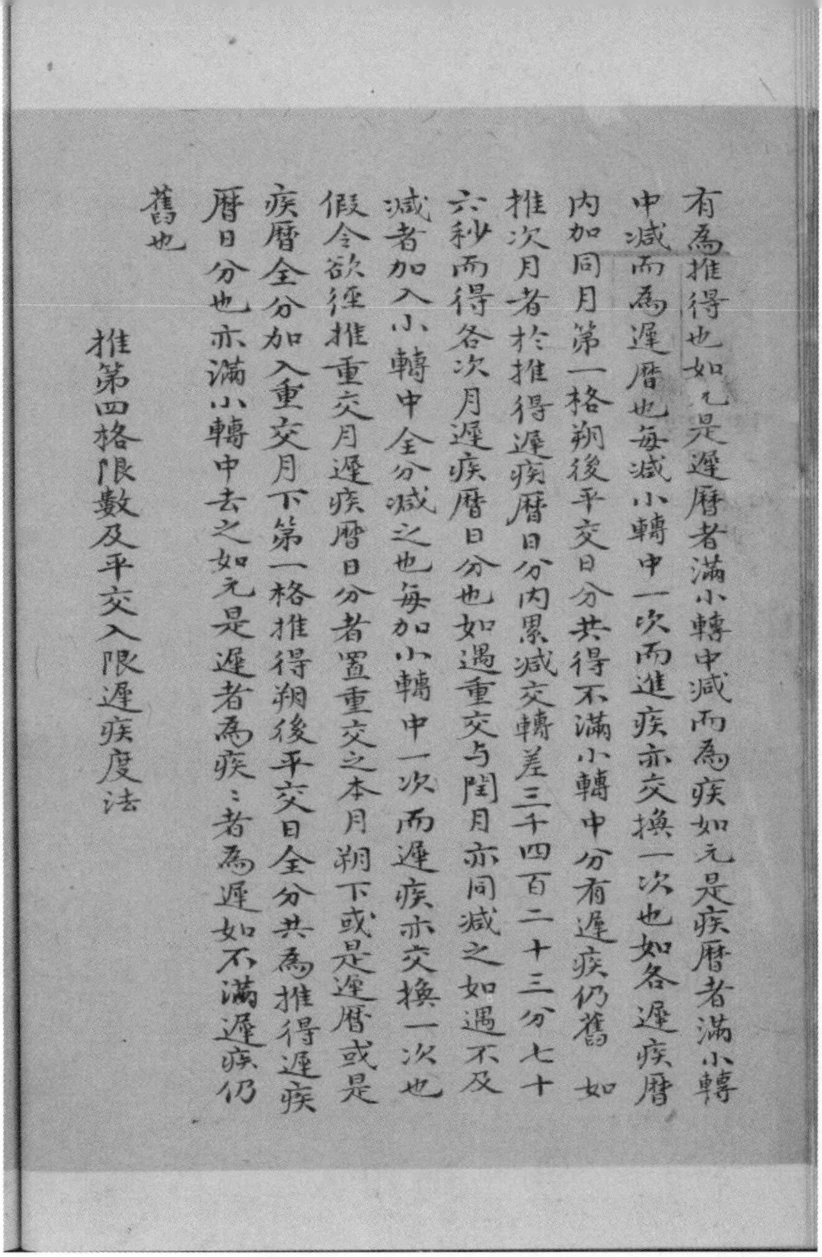
有為推得也如元是遲曆者滿小轉中減而為疾如元是疾曆者滿小轉
中減而為遲曆也每減小轉中一次而進疾亦交換一次也如各遲疾曆
內加同月第一格朔後平交日分共得不滿小轉中分有遲疾仍舊　如
推次月者於推得遲疾曆日分內累減交轉差三千四百二十三分七十
六秒而得各次月遲疾曆日分也如遇重交與閏月亦同減之如遇不及
減者加入小轉中全分減之也每加小轉中一次而遲疾亦交換一次也
假令欲徑推重交月遲疾曆日分者置重交之本月朔下或是遲曆或是
疾曆全分加入重交月下第一格推得朔後平交日全分共為推得遲疾
曆日分也亦滿小轉中去之如元是遲者為疾疾者為遲如不滿遲疾仍
舊也
推第四格限數及平交入限遲疾度法

有為推得也。[1] 如元是遲曆者，滿小轉中減而為疾。如元是疾曆者，滿小轉中減而為遲曆也。每減小轉中一次，而進疾亦交換一次也。如各遲疾曆內加同月第一格朔後平交日分，共得不滿小轉中分，有遲疾仍舊。如推次月者，於推得遲疾曆日分內累減交轉差三千四百二十三分七十六秒，而得各次月遲疾曆日分也。如遇重交與閏月，亦同減之。如遇不及減者，加入小轉中全分減之也，每加小轉中一次，而遲疾亦交換一次也。[2]

假令欲徑推重交月遲疾曆日分者，置重交之本月朔下或是遲曆、或是疾曆全分，加入重交月下第一格推得朔後平交日全分，共為推得遲疾曆日分也。亦滿小轉中去之，如元是遲者為疾，疾者為遲，如不滿遲疾，仍舊也。

推第四格限數及平交入限遲疾度法

1 平交入轉遲疾曆 = 經朔遲疾曆 + 同月朔後平交日。

2 各次月平交入轉遲疾曆 = 平交入轉遲疾曆 − 累減交轉差（即 3423.76）。

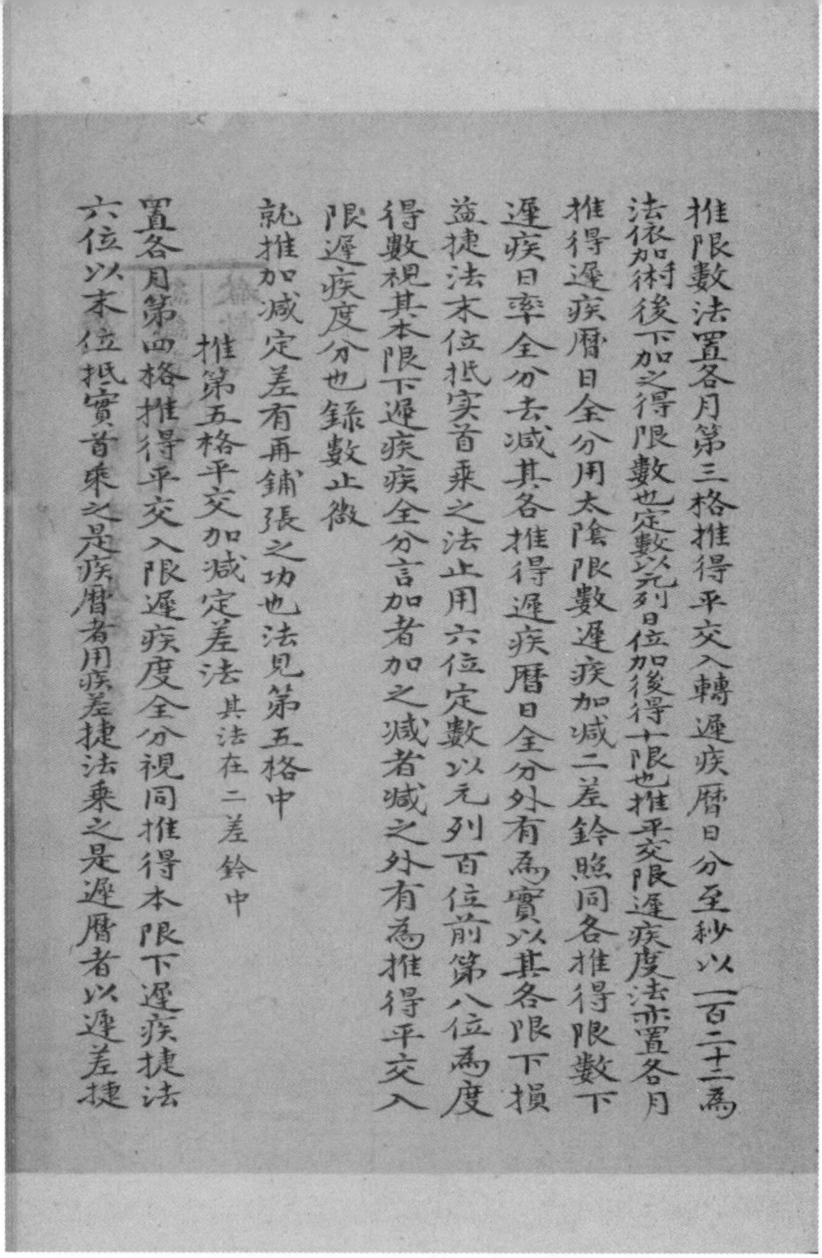
推限數法置各月第三格推得平交入轉遲疾曆日分至秒以一百二十二為
法依加術後下加之得限數也定數以元列日位加後得十限也推平交限遲疾度法亦置各月
推得遲疾曆日全分用太陰限數遲疾加減二差鈐照同各推得限數下
遲疾日率全分去減其各推得遲疾曆日全分外有為實以其各限下損
益捷法末位抵实首乘之法止用六位定數以元列百位前第八位為度
得數視其本限下遲疾疾全分言加者加之減者減之外有為推得平交入
限遲疾度分也錄數止微
就推加減定差有再鋪張之功也法見第五格中
推第五格平交加減定差法　其法在二差鈐中
置各月第四格推得平交入限遲疾度全分視同推得本限下遲疾捷法
六位以末位抵實首乘之是疾曆者用疾差捷法乘之是遲曆者以遲差捷

推限數法，置各月第三格推得平交入轉遲疾曆日分至秒，以一百二十二為法，依加術，後[1]下加之，得限數也。定數以元列日位加後，得十限也。[2]推平交限遲疾度法，亦置各月推得遲疾曆日全分，用太陰限數遲疾加減二差鈐，照同各推得限數下遲疾日率全分，去減其各推得遲疾曆日全分，外有為實。以其各限下損益捷法，末位抵实首乘之，法止用六位定數，以元列百位前第八位為度，得數視其本限下遲疾疾全分，言加者加之，減者減之，外有為推得平交入限遲疾度分也。錄數止微。就推加減定差，有[3]再鋪張之功也，法見第五格中。[4]

推第五格平交加減定差法，其法在二差鈐中

置各月第四格推得平交入限遲疾度全分，視同推得本限下遲疾捷法六位，以末位抵實首乘之，是疾曆者用疾差捷

1“後”當作“從”。
2 限數 = 入轉遲疾曆日/122。
3“有”當作“省”。
4 查立成表求得平交限遲疾度。

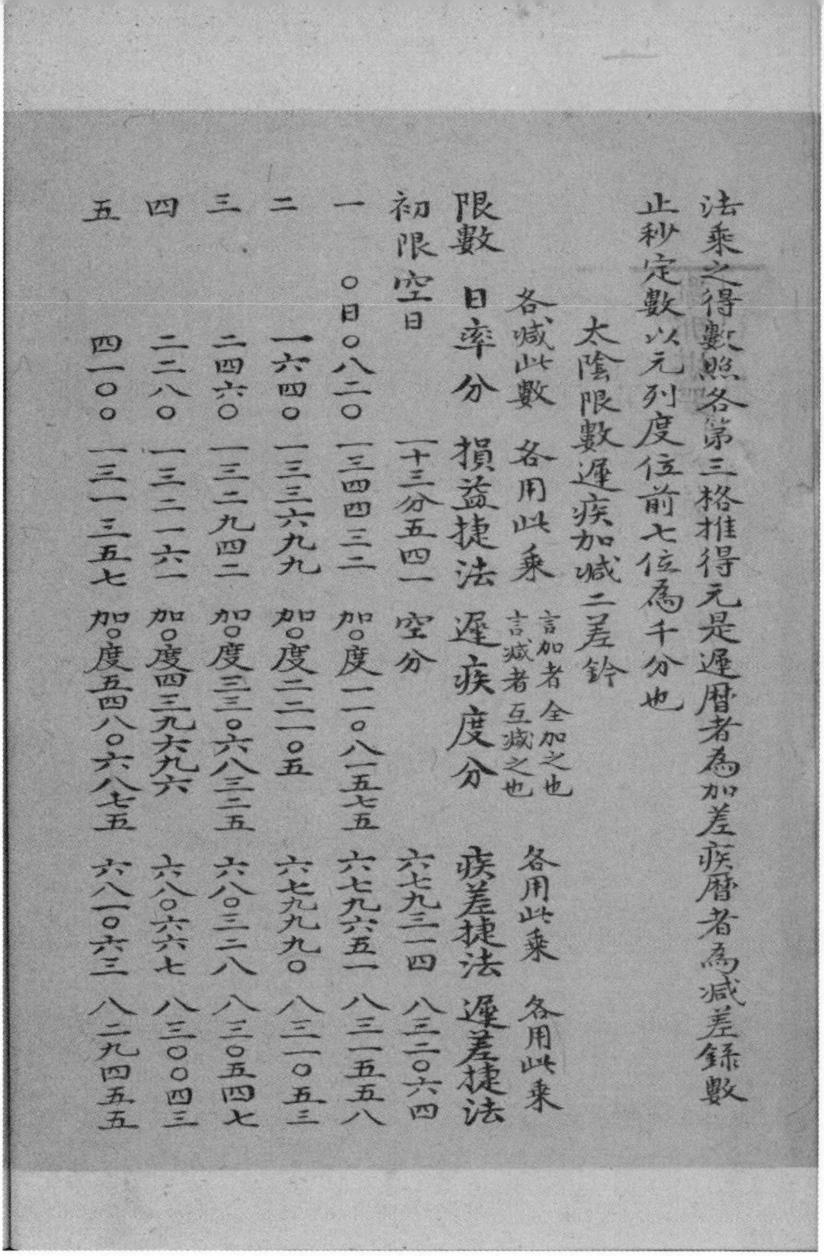

法乘之得數照各第三格推得元是遲曆者為加差疾曆者為減差錄數止秒定數以元列度位前七位為千分也

太陰限數遲疾加減二差鈐

	各減此數	各用此乘	言加者全加之也 言減者互減之也	各用此乘	各用此乘
限數	日率分	損益捷法	遲疾度分	疾差捷法	遲差捷法
初限	空日	[十三分五四一	空分	六七九三一四	八三二〇六四
一	〇日〇八二〇	一三四四三二	加〇度一一〇八一五七五	六七九六五一	八三一五五八
二	一六四〇	一三三六九九	加〇度二二一〇五	六七九九九〇	八三一〇五三
三	二四六〇	一三二九四二	加〇度三〇六八三二五	六八〇三二八	八三〇五四七
四	二二八〇	一三二一六一	加〇度四三九六九六	六八〇六六七	八三〇〇四三
五	四一〇〇	一三一三五七	加〇度五四八〇六八七五	六八一〇六三	八二九四五五

1 根据平交入限遲疾度查立成表求得平交加減定差。

法乘之，是遲曆者以遲差捷法乘之，得數照各第三格推得元是遲曆者為加差，疾曆者為減差。錄數止秒，定數以元列度位前第七位為千分也。[1]

太陰限數遲疾加減二差鈐

	各減此數	各用此乘	言加者，全加之也；言減者，全減之也。	各用此乘	各用此乘
限數	日率分	損益捷法	遲疾度分	疾差捷法	遲差捷法
初限	空日	一十三分四一	空分	六七九三一四	八三二〇六四
一	〇日〇八二〇	一三四四三二	加〇度一一〇八一五七五	六七九六五一	八三一五五八
二	一六四〇	一三三六九九	加〇度二二一〇五	六七九九九〇	八三一〇五三
三	二四六〇	一三二九四二	加〇度三〇六八三二五	六八〇三二八	八三〇五四七
四	二二八〇	一三二一六一	加〇度四三九六九六	六八〇六六七	八三〇〇四三
五	四一〇〇	一三一三五七	加〇度五四八〇六八七五	六八一〇六三	八二九四五五

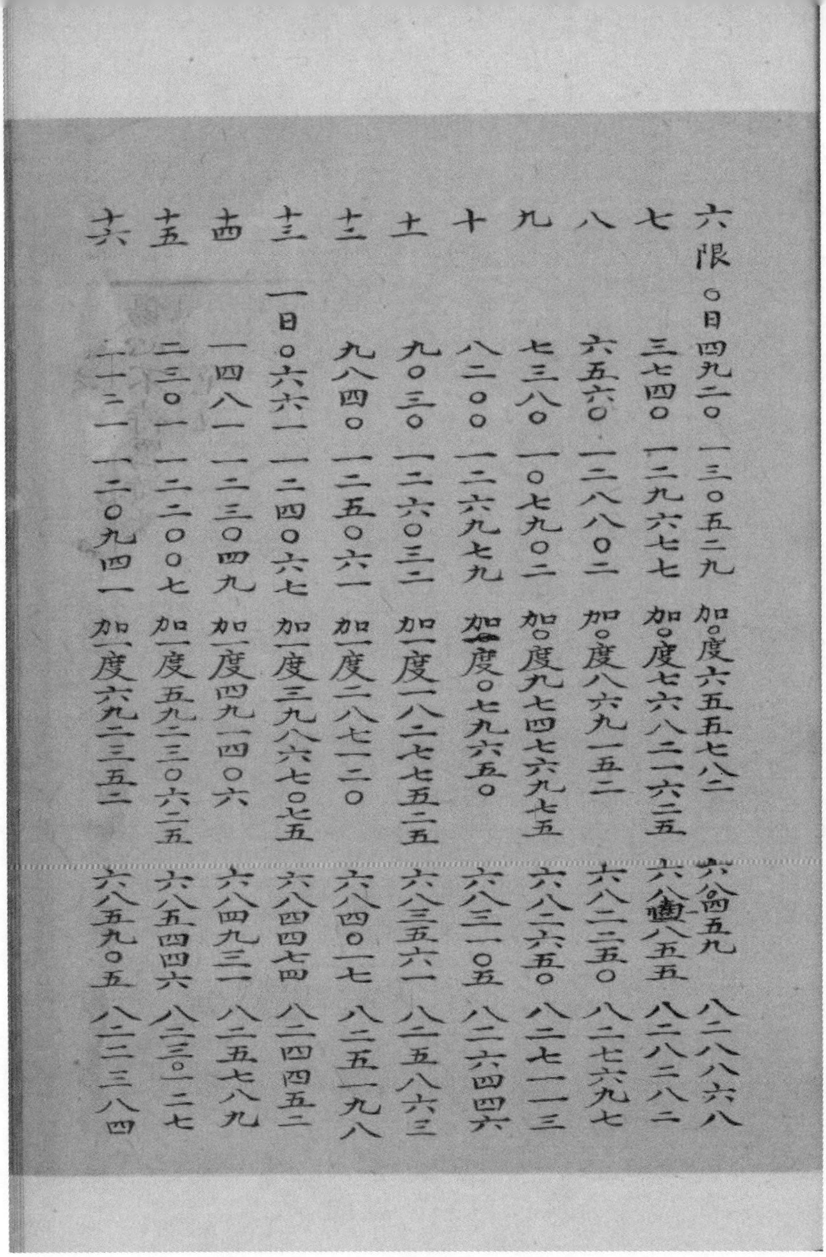

六限	○日四九二○	一三○五二九	加○度六五五七八二	六八○四五九	八二八八六八
七	三七四○	一二九六七七	加○度七六八二一六二五	六八四八五五	八二八二八二
八	六五六○	一二八八○二	加○度八六九一五二	六八二二五○	八二七六九七
九	七三八○	一○七九○二	加○度九七四七六九七五	六八二六五○	八二七一一三
十	八二○○	一二六九七九	加一度○七九六五○	六八三一○五	八二六四四六
十一	九○三○	一二六○三二	加一度一八二七七五二五	六八三五六一	八二五八六三
十二	九八四○	一二五○六一	加一度二八七一二○	六八四○一七	八二五一九八
十三	一日○六六一	一二四○六七	加一度三九八六七○七五	六八四四七四	八二四四五二
十四	一四八一	一二三○四九	加一度四九一四○六	六八四九三一	八二五七八九
十五	二三○一	一二二○○七	加一度五九二三○六二五	六八五四四六	八二三○一二七
十六	一一二一	一二○九四一	加一度六九二三五二	六八五九○五	八二二三八四

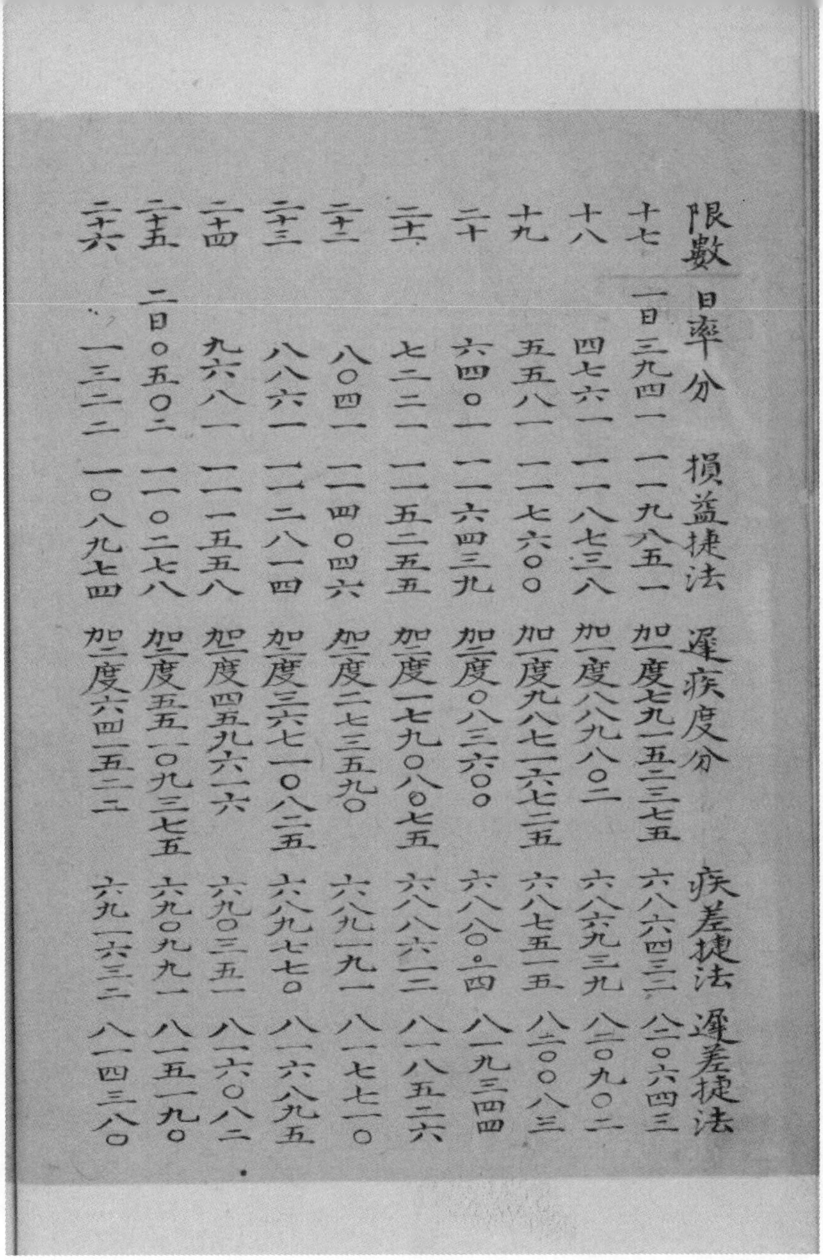

限數	日率分	損益捷法	遲疾度分	疾差捷法	遲差捷法
十七	一日三九四一	一一九八五一	加一度七九一五二三七五	六八六四三二	八二〇六四三
十八	四七六一	一一八七三八	加一度八八九八〇二	六八六九三九	八二〇九〇二
十九	五五八一	一一七六〇〇	加一度九八七一六七二五	六八七五一五	八二〇〇八三
二十	六四〇一	一一六四三九	加二度〇八三六〇〇	六八八〇〇一四	八一九三四四
二十一	七二二一	一一五二五五	加二度一七九〇八〇七五	六八八六一二	八一八五二六
二十二	八〇四一	一一四〇四六	加二度二七三五九〇	六八九一九一	八一七七一〇
二十三	八八六一	一一二八一四	加二度三六七一〇八二五	六八九七七〇	八一六八九五
二十四	九六八一	一一一五五八	加二度四五九六一六	六九〇三五一	八一六〇八二
二十五	二日〇五〇二	一一〇二七八	加二度五五一〇九三七五	六九〇九九一	八一五一九〇
二十六	一三二二	一〇八九七四	加二度六四一五二二	六九一六三二	八一四三八〇

二十七	二日二一四二	一〇七六四七	加二度七三〇八八一二五	六九二二一六	八一三四九二
二十八	二九六二	一〇六二九六	加二度八一九一五二	六九二八六〇	八一二六〇五
二十九	三七八二	一〇四九二一	加二度九〇六三一四七五	六九三五六三	八一一六四〇
三十	四六〇二	一〇三五二二	加二度九九二三五〇	六九四二〇九	八一〇七五七
三十一	五四二二	一〇二〇九九	加三度〇七七二三八二五	六九四九一五	八〇九七九六
三十二	六二四二	一〇〇六五三	加三度一六〇九六〇	六九五六二二	八〇八八三八
三十三	七〇六二	〇九九一八三	加三度二四三四九五七五	六九六三三一	八〇七八八一
三十四	七八八二	〇九七六八九	加三度三二四八二六	六九七〇四一	八〇六九二七
三十五	八七〇二	〇九六一七一	加三度四〇四九三一二五	六九七七五三	八〇五九七六
三十六	九五二二	〇九四六三〇	加三度四八三七九二	六九八五二六	八〇四九四七
三十七	〇三四二	〇九三〇六四	加三度五六一三八八七五	六九九三〇〇	八〇三九二一

三十八	三日一一六三	○九一四七五	加三度六三七七○二	七○○○七六	八○二八九八
三十九	一九八三	○八九八六三	加三度七一二七一二二五	七○○八五○	八○一八七七
四十	二八○三	○八八二二六	加三度七八六四○○	七○一六九四	八○○八五九
四十一	三六二三	○八六五六六	加三度八五八七四五七五	七○二四七五	七九九七六五
四十二	四四四三	○八四八八二	加三度九二九七三○	七○三三一九	七九八六七五
四十三	五二六三	○八三七一四	加三度九九九三三三二五	七○四一六四	七九七五八七
四十四	六○八三	○八一四四二	加四度○六七五三六	七○五○一二	七九六五○三
四十五	六九○三	○七九六八六	加四度三四三一八七五	七○五九二二	七九三四二一
四十六	七七二三	○七七九○七	加四度一九九六六二	七○六七七四	七九四二六五
四十七	八五四三	○七六一○四	加四度二六三五四六二五	七○七六八九	七九三一一三
四十八	九三六三	○七四二七七	加四度三二五九五二	七○八六○六	七九一九六四

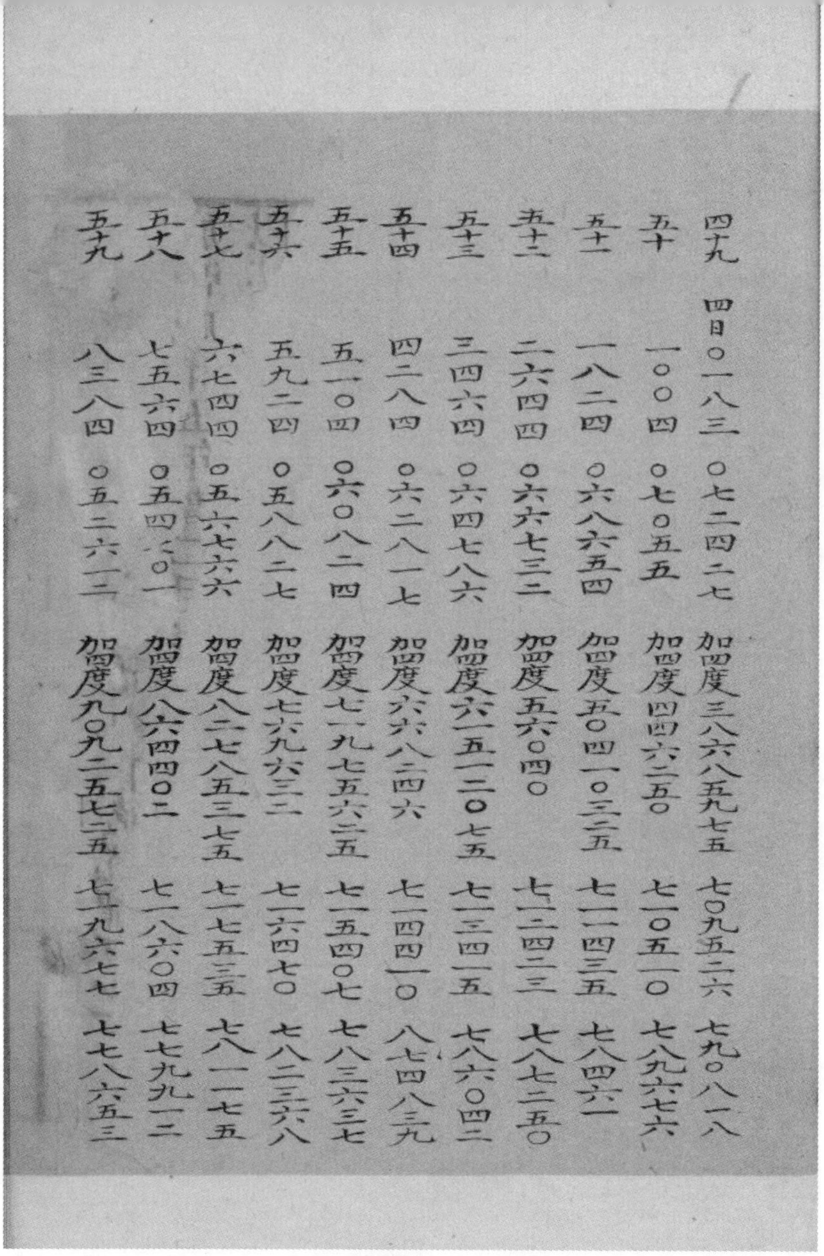

四十九	四日〇一八三	〇七二四二七	加四度三八六八五九七五	七〇九五二六	七九〇八一八
五十	一〇〇四	〇七〇五五	加四度四四六二五〇	七一〇五一〇	七八九六七六
五十一	一八二四	〇六八六五四	加四度五〇四一〇三二五	七一一四三五	七八四六一
五十二	二六四四	〇六六七三二	加四度五六〇四〇	七一二四二三	七八七二五〇
五十三	三四六四	〇六四七八六	加四度六一五一二〇七五	七一三四一五	七八六〇四二
五十四	四二八四	〇六二八一七	加四度六六八二四六	七一四四一〇	八七四八三九
五十五	五一〇四	〇六〇八二四	加四度七一九七五六二五	七一五四〇七	七八三六三七
五十六	五九二四	〇五八八二七	加四度七六九六三二	七一六四七〇	七八二三六八
五十七	六七四四	〇五六七六六	加四度八二七八五三七五	七一七五三五	七八一一七五
五十八	七五六四	〇五四七〇一	加四度八六四四〇二	七一八六〇四	七七九九一二
五十九	八三八四	〇五二六一二	加四度九〇九二五七二五	七一九六七七	七七八六五三

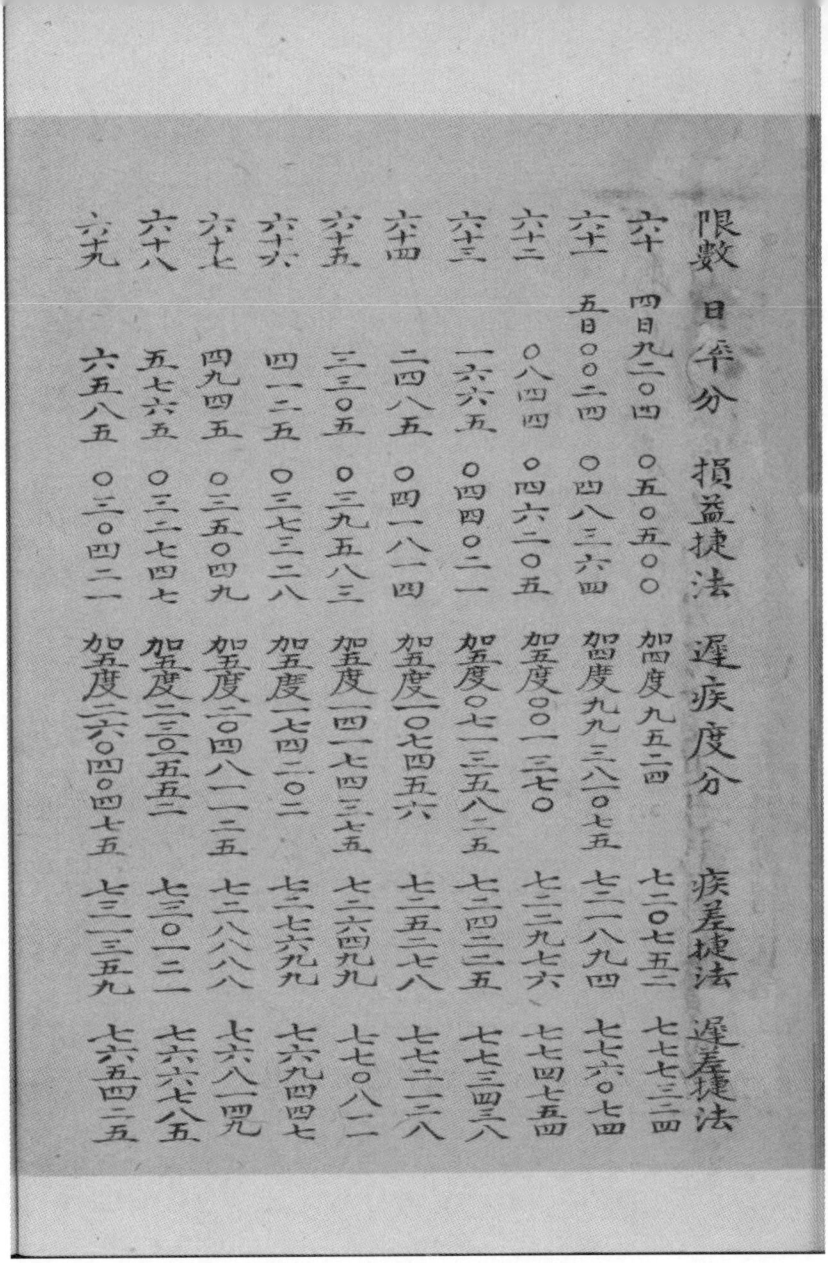

限數	日率分	損益捷法	遲疾度分	疾差捷法	遲差捷法
六十	四日九二〇四	〇五〇五〇〇	加四度九五二四	七二〇七五二	七七七三二四
六十一	五日〇〇二四	〇四八三六四	加四度九九三八一〇七五	七二一八九四	七七六〇七四
六十二	〇八四四	〇四六二〇五	加五度〇〇一三七〇	七二二九七六	七七四七五四
六十三	一六六五	〇四四〇二一	加五度〇七一三五八二五	七二四二二五	七七三四三八
六十四	二四八五	〇四一八一四	加五度一〇七四五六	七二五二七八	七七二一二八
六十五	三三〇五	〇三九五八三	加五度一四一七四三七五	七二六四九九	七七〇八一一
六十六	四一二五	〇三七三二八	加五度一七四二〇二	七二七六九九	七六九四四七
六十七	四九四五	〇三五〇四九	加五度二〇四八一一二五	七二八八八八	七六八一四九
六十八	五七六五	〇三二七四七	加五度二三〇一五五二	七三〇一二一	七六六七八五
六十九	六五八五	〇三〇四二一	加五度二六〇四〇四七五	七三一三五九	七六五四二五

七十	五日七四〇五	〇〇八〇七一	加五度二八五三五〇	七三二六〇〇	七六三九九八
七十一	八二二五	〇二五六九七	加五度三〇八〇六八二五	七三三八四六	七六二六四八
七十二	九〇四五	〇二三二九九	加五度三二九四四〇	七三五一六二	七六一二三二
七十三	九八六五	〇二〇八七八	加五度三四八五四五七五	七三六四八三	七五九八二二
七十四	六日〇六八五	〇一八四三二	加五度三六五六六六	七三七八〇八	七五八四一六
七十五	一五〇六	〇一五九六四	加五度三八〇七八一二五	七三九一三八	七五七〇一六
七十六	二三二六	〇一三四七一	加五度三九三八七二	七四〇五七〇	七五五六二一
七十七	三一四六	〇一〇九五五	加五度四〇四九一八七五	七四一八八〇	七五四一六一
七十八	三九六六	〇〇八四一四	加五度四一三九〇二	七四三二九二	七五二七〇七
七十九	四七八六	〇〇五八五〇	加五度四二〇八〇二二五	七四四七〇五	七五一二五九
八十	三六〇六	〇〇三二六三	加五度四二五六	七四六一三二	七四八九一七

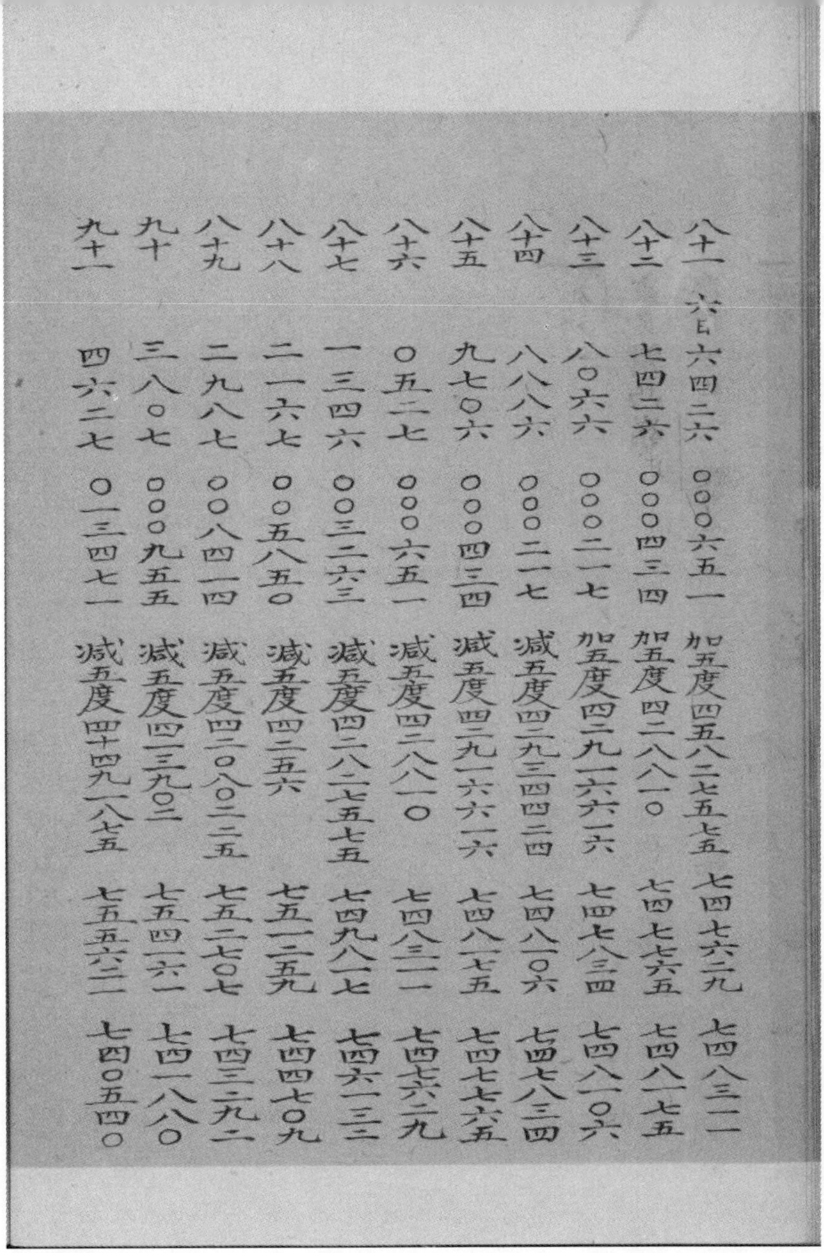

八十一	六日六四二六	〇〇〇六五一	加五度四五八二七五七五	七四七六二九	七四八三一一
八十二	七四二六	〇〇〇四三四	加五度四二八八一〇	七四七七六五	七四八一七五
八十三	八〇六六	〇〇〇二一七	加五度四二九一六六一六	七四七八三四	七四八一〇六
八十四	八八八六	〇〇〇二一七	減五度四二九三四四二四	七四八一〇六	七四七八三四
八十五	九七〇六	〇〇〇四三四	減五度四二九一六六一六	七四八一七五	七四七七六五
八十六	〇五二七	〇〇〇六五一	減五度四二八八一〇	七四八三一一	七四七六二九
八十七	一三四六	〇〇三二六三	減五度四二八二七五七五	七四九八一七	七四六一三二
八十八	二一六七	〇〇五八五〇	減五度四二五六	七五一二五九	七四四七〇九
八十九	二九八七	〇〇八四一四	減五度四二〇八〇二二五	七五二七〇七	七四三二九二
九十	三八〇七	〇〇〇九五五	減五度四一三九〇二	七五四一六一	七四一八八〇
九十一	四六二七	〇一三四七一	減五度四十四九一八七五	七五五六二一	七四〇五四〇

九十二	七日五四四七	〇一五九六四	減五度三九三八七二	七五七〇一六	七三九一三八
九十三	六二六七	〇一八四三三	減五度三八〇七八一二五	七五八四一六	七三七八〇八
九十四	七〇八七	〇二〇八七八	減五度三六五六六六	七五九八二三	七三六四八二
九十五	七九〇七	〇二三二九九	減五度三四八五四五七五	七五一二三二	七三五一六二
九十六	八七二七	〇二五六九七	減五度三二九四四〇	七六一六四八	七三三八四六
九十七	九五四七	〇二八〇七一	減五度〇八三六八二五	七六三九九八	七三二六〇
九十八	八日〇三六七	〇三〇四二一	減五度二八五三五	七六五四二五	七三一三五七
九十九	一一八七	〇三二七四七	減五度二六〇四〇四七五	七六六七八五	七三〇一二一
一百	二〇〇八	〇三五〇四九	減五度二三三五五二	七六八一四九	七三八八八八
百一	二八二八	〇三七三二八	減五度二〇四八一一二五	七六九四四七	七二七六五九
百二	三六四八	〇三九五八三	減五度一七四二〇二	七七〇八二一	七二六四九九

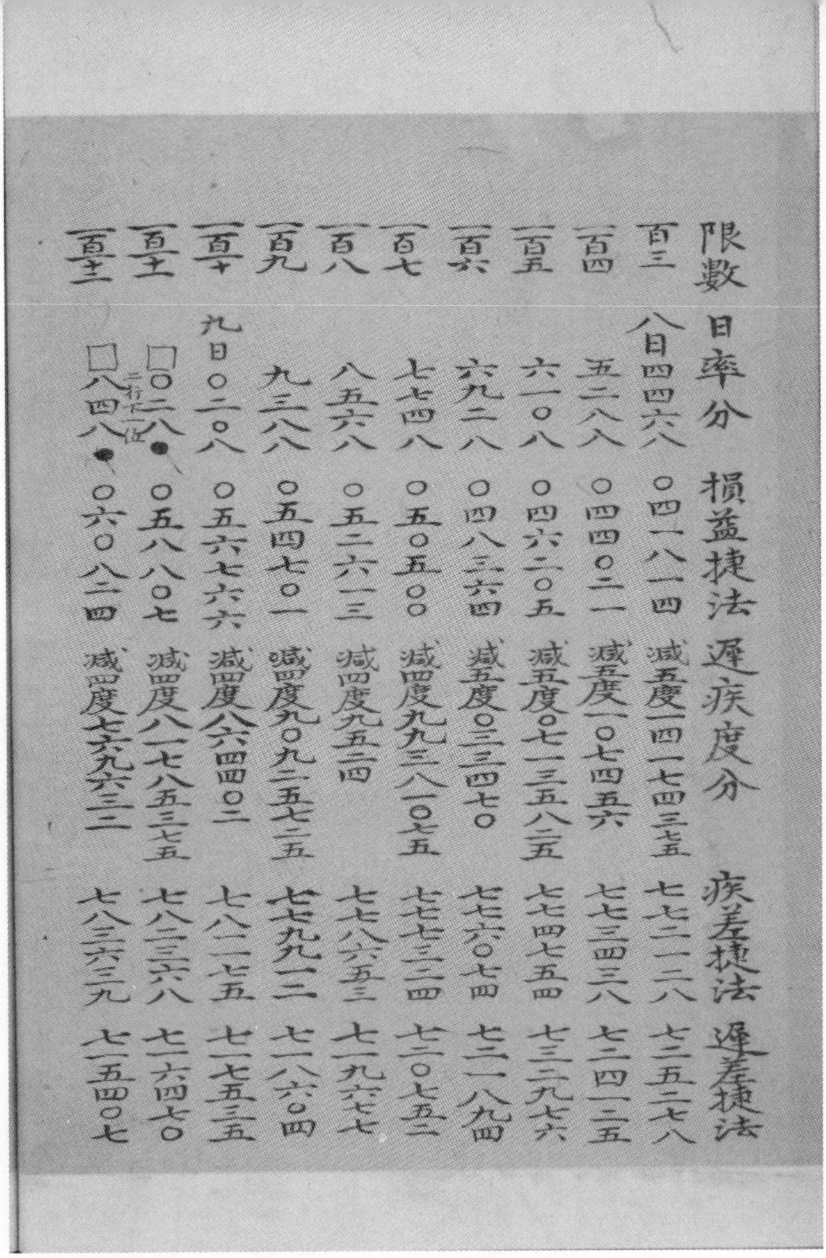

限數	日率分	損益捷法	遲疾度分	疾差捷法	遲差捷法
百三	八日四四六八	〇四一八一四	減五度一四一七四三七五	七七二一二八	七二五二七八
一百四	五二八八	〇四四〇二一	減五度一〇七四五六	七七三四三八	七二四一二五
一百五	六一〇八	〇四六二〇五	減五度〇七一三五八二五	七七四七五四	七三二九七六
一百六	六九二八	〇四八三六四	減五度〇三三四七〇	七七六〇七四	七二一八九四
一百七	七七四八	〇五〇五〇〇	減四度九九三八一〇七五	七七七三二四	七二〇七五二
一百八	八五六八	〇五二六一三	減四度九五二四	七七八六五三	七一九六七七
一百九	九三八八	〇五四七〇一	減四度九〇九二五七二五	七七九九一二	七一八六〇四
一百一十	九日〇二〇八	〇五六七六六	減四度八六四四〇二	七八一一七五	七一七五三五
一百一十一	□〇二八[1]	〇五八八〇七	減四度八一七八五三七五	七八二三六八	七一六四七〇
一百一十二	□八四八[2]	〇六〇八二四	減四度七六九六三二	七八三六三九	七一五四〇七

1 當作“一〇二八”。
2 當作“一八四八”。

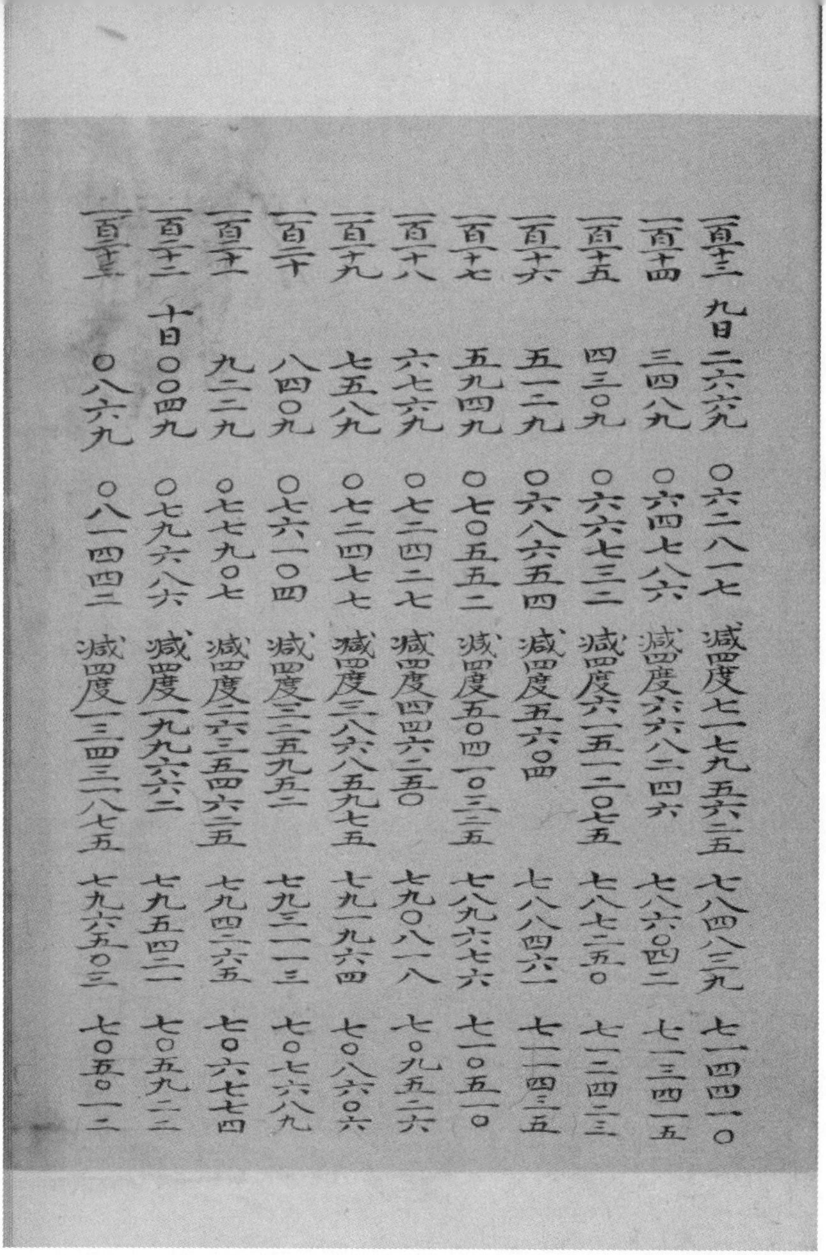

一百一十三	九日二六六九	〇六二八一七	減四度七一七九五六二五	七八四八三九	七一四四一〇
一百一十四	三四八九	〇六四七八六	減四度六六八二四六	七八六〇四二	七一三四一五
一百一十五	四三〇九	〇六六七三二	減四度六一五一二〇七五	七八七二五〇	七一二四二三
一百一十六	五一二九	〇六八六五四	減四度五六〇四	七八八四六一	七一一四三五
一百一十七	五九四九	〇七〇五五二	減四度五〇四一〇三二五	七八九六七六	七一〇五一〇
一百一十八	六七六九	〇七二四二七	減四度四四六二五〇	七九〇八一八	七〇九五二六
一百一十九	七五八九	〇七二四七七	減四度三八六八五九七五	七九一九六四	七〇八六〇六
一百二十	八四〇九	〇七六一〇四	減四度三二五九五二	七九三一一三	七〇七六八九
一百二十一	九二二九	〇七七九〇七	減四度二六三五四六二五	七九四二六五	七〇六七七四
一百二十二	十日〇〇四九	〇七九六八六	減四度一九九六六二	七九五四二一	七〇五九二二
一百二十三	〇八六九	〇八一四四二	減四度一三四三一八七五	七九六五〇三	七〇五〇一二

限數	日率分	損益捷法	遲疾度分	疾差捷法	遲差捷法
一百二十四	十日一六八九	〇八三一七四	減四度〇六七五三六	七九七五八七	七〇四一六四
一百二十五	二五一〇	〇八四八八二	減三度九九九三三三二五	七九八六七五	七〇三三一九
一百二十六	三三三〇	〇八六五六六	減三度九二九七三〇	七九九七六五	七〇二四七五
一百二十七	四一五〇	〇八八二二六	減三度八五八七四五七五	八〇〇八五九	七〇一六九四
一百二十八	四九七〇	〇八九八六二	減三度七八六四	八〇一八七七	七〇〇八五四
一百二十九	五七九〇	〇九一四七五	減三度七一二七一二二五	八〇二八九八	七〇〇〇七六
一百三十空	六六一〇	〇九三〇六四	減三度六三七七〇二	八〇三九二一	六九九三〇〇
一百三十一	七四三〇	〇九四六三〇	減三度五六一三八八七五	八〇四九四七	六九八五二六
一百三十二	八二五〇	〇九六一七一	減三度四八三七九二	八〇五九七六	六九七七五三
一百三十三	九〇七〇	〇九七六八九	減三度四〇四九三一二五	八〇六九二七	六九七〇四一

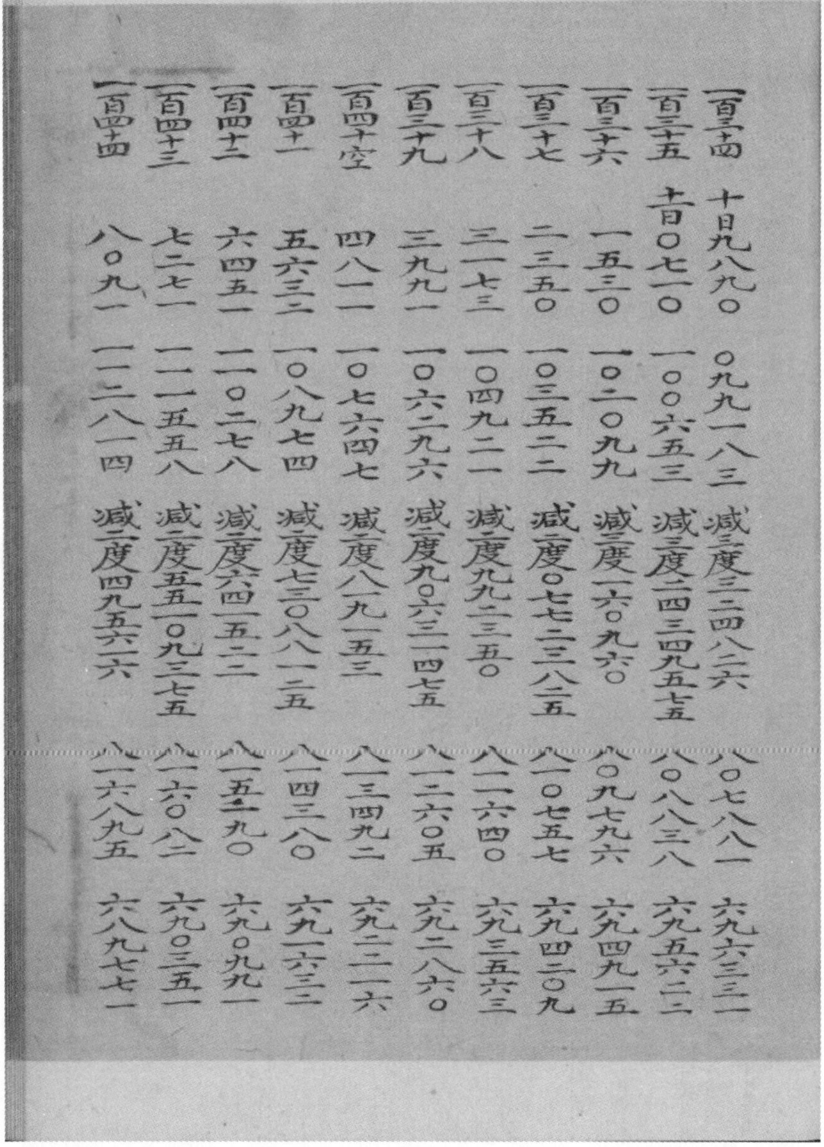

一百三十四	十日九八九〇	〇九九一八三	減三度三二四八二六	八〇七八八一	六九六三三一
一百三十五	十一日〇七一〇	一〇〇六五三	減三度二四三四九五七五	八〇八八三八	六九五六二二
一百三十六	一五三〇	一〇二〇九九	減三度一六〇九六〇	八〇九七九六	六九四九一五
一百三十七	二三五〇	一〇三五二二	減二度〇七七二三八二五	八一〇七五七	六九四二〇九
一百三十八	三一七三	一〇四九二一	減二度九九二三五〇	八一一六四〇	六九三五六三
一百三十九	三九九一	一〇六二九六	減二度九〇六三一四七五	八一二六〇五	六九二八六〇
一百四十空	四八一一	一〇七六四七	減二度八一九一五三	八一三四九二	六九二二一六
一百四十一	五六三二	一〇八九七四	減二度七三〇八八一二五	八一四三八〇	六九一六三二
一百四十二	六四五一	一一〇二七八	減二度六四一五二二	八一五二九〇	六九〇九九一
一百四十三	七二七一	一一一五五八	減二度五五一〇九三七五	八一六〇八二	六九〇三五一
一百四十四	八〇九一	一一二八一四	減二度四九五六一六	八一六八九五	六八九七七一

限數	日率分	損益捷法	遲疾度分	疾差捷法	遲差捷法
一百四十五	十一日八九一一	一一四〇四六	減二度三九七一〇八二五	八一七七一〇	六八九一九一
一百四十六	九七三一	一一五二五五	減二度二七三五九〇	八一八五二六	六八八六一二
一百四十七	十二日〇五五一	一一六四三九	減二度一七九〇八〇七五	八一九三四四	六八八〇三四
一百四十八	一三七一	一一七六〇〇	減二度〇八三六	八二〇〇八二	六八七五一五
一百四十九	三二九一	一一八七三八	減一度九八七一六七二五	八二九〇〇二	六八六九三九
一百五十	三〇一二	一一九八五	減一度八八九八〇二	八二一六四三	六八六四二二
一百五十一	三八三二	一二〇九四一	減一度七九一五二三七五	八二二三八四	六八五九〇五
一百五十二	四六五二	一二二〇〇七	減一度六九二三五二	八二三十二七	六八五四四六
一百五十三	五四七二	一二三〇四九	減一度五九二三〇六二五	八二三七八九	六八四九三一
一百五十四	六二九二	一二四〇六七	減一度四九一四〇六	八二四四五二	六八四四七四

一百五十五	十二日七一一二	一二五〇六一	減一度三八九六七〇七五	八二五一九八	六八四〇一七
一百五十六	七三九二	一二六〇三二	減一度二八七一二〇	八二五八六三	六八三五六一
一百五十七	八七五二	一二六九七九	減一度一八三七七三二五	八二六四四六	六八三一〇五
一百五十八	九五七二	一二七九〇二	減一度〇七九六五〇	八二七一一三	六八二六五〇
一百五十九	十三日〇三九二	一二八八〇二	減〇度九十四七六九七五	八二七六九七	六八二二五三
一百六十	一二一二	一二九六七七	減〇度八六九一五二	八二八二八二	六八一八五五
一百六十一	二〇三二	一三〇五二九	減〇度七六二八一六二五	八二八八六八	六八一四五九
一百六十二	二八五二	一三一三五七	減〇度六五五七八二	八二九四五五	六八一〇六三
一百六十三	三六七三	一三二一六一	減〇度五四八〇六八七五	八三〇〇四三	六八〇六六七
一百六十四	四四九三	一三二九四二	減〇度四三九六九六	八三〇五四七	六八〇五二八
一百六十五	五三一三	一五三九九九	減〇度三三〇六八三二五	八三一〇五三	六七九九九〇

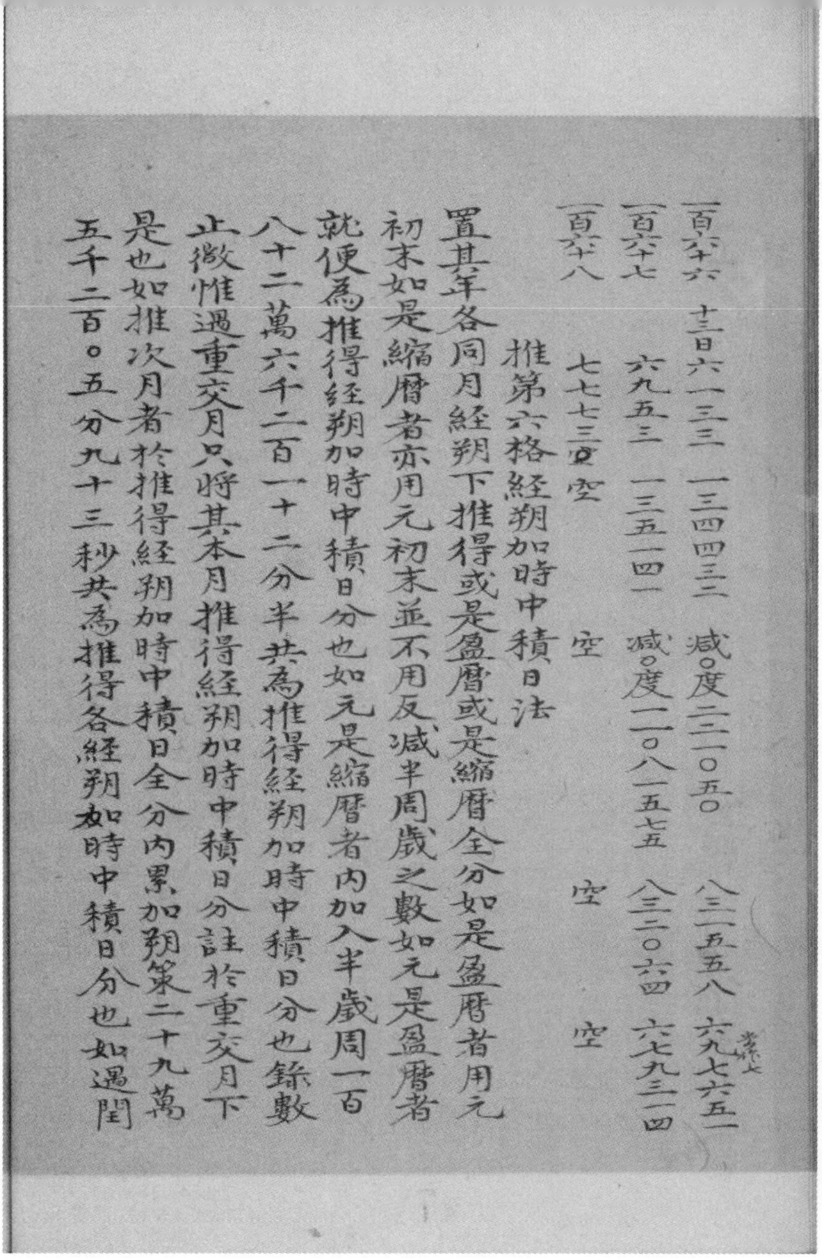

一百六十六	十三日六一三三	一三四四三二	減〇度二二一〇五〇	八三一五五八	六九七六五一
一百六十七	六九五三	一三五一四一	減〇度一一〇八一五七五	八三二〇六四	六七九三一四
一百六十八	七七七三	空	空	空	空

推第六格經朔加時中積日法

置其年各同月經朔下推得或是盈曆或是縮曆全分，如是盈曆者用元初末，如是縮曆者亦用元初末，並不用反減半周歲之數。如元是盈曆者，就便為推得經朔加時中積日分也，如元是縮曆者，内加入半歲周一百八十二萬六千二百一十二分半，共為推得經朔加時中積日分也，錄數止徵。唯遇重交月，只將其本月推得經朔加時中積日分註於重交月下是也。如推次月者，於推得經朔加時中積日全分，内累加朔策二十九萬五千二百〇五分九十三秒，共為推得各經朔加時中積日分也。如遇閏月，亦同加之，滿歲周去也，為所得也。[1]

推第七格正交距冬至加時黄道積度法

置各第六格推得經朔加時中積日全分，内加其第二格推得平交距後度，并元弃微也[2]下全分，共為推得正交距冬至加時黄道積度分也，録數止微。餘者亦不可便弃之，如滿歲周全分去之也。如推次月者，扵推得正交距冬至加時黄道積度分，内累減月平交朔差一度四十六分三十一秒〇二微五六八七五，外有為各推得也。

如遇閏月亦同減之，如遇不及減者，加歲周減之。惟至重交月，扵重交本月内減月平交朔較差一度四十四分九十〇秒八十〇微四十纖，外有為重交月推得也。次復累減月平交朔差全分，復為各推得也。如各得之數在半歲周已下者，為冬至後。已上者，夏至後也。

假令欲徑推重交月正交距冬至加時黄道積度分者，置重

1 由經朔下盈縮曆求得經朔加時中積。

2“也”當作“以”。

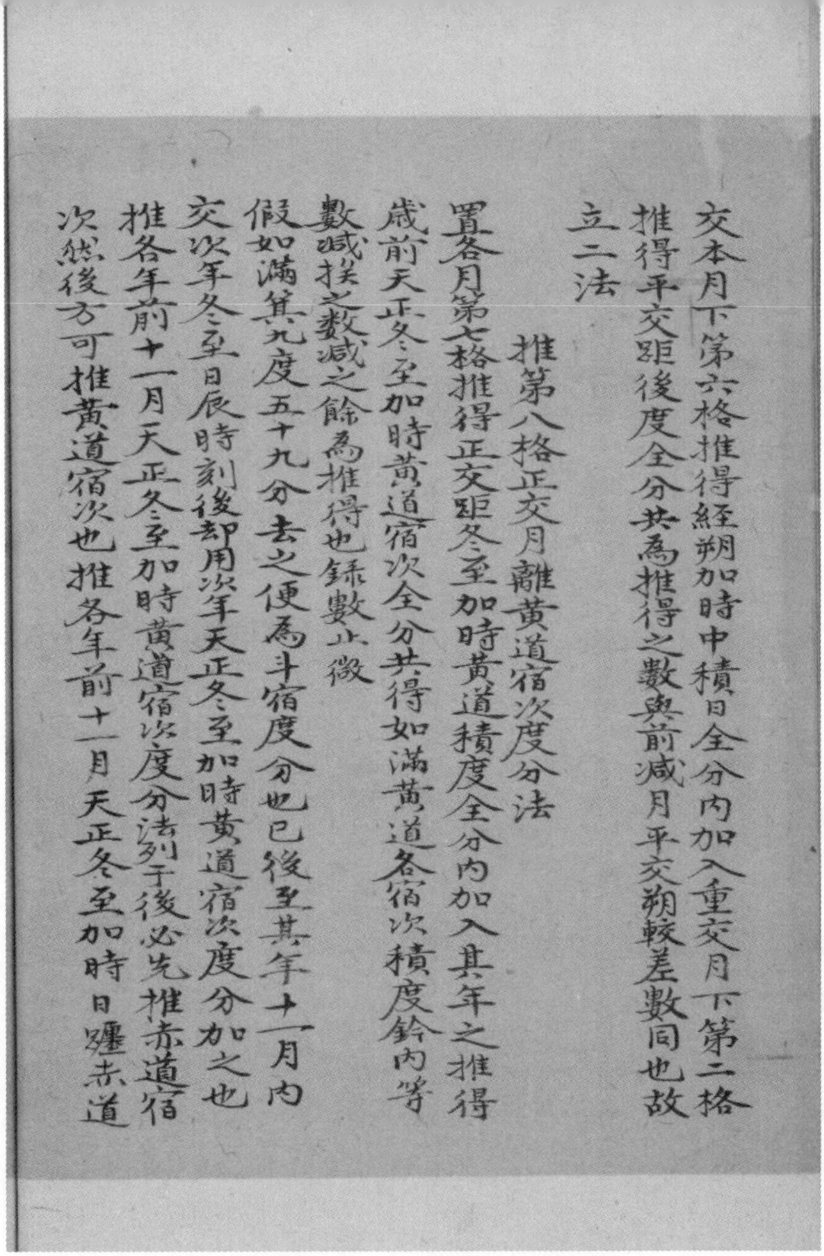
交本月下第六格推得經朔加時中積日全分内加入重交月下第二格
推得平交距後度全分共為推得之數與前減月平交朔較差數同也故
立二法
推第八格正交月離黄道宿次度分法
置各月第七格推得正交距冬至加時黄道積度全分内加入其年之推得
歲前天正冬至加時黄道宿次全分共得如滿黄道各宿次積度鈐内等
數減挨之數減之餘為推得也錄數止微
假如滿箕九度五十九分去之便為斗宿度分也已後至其年十一月内
交次年冬至日辰時刻後却用次年天正冬至加時黄道宿次度分加之也
推各年前十一月天正冬至加時黄道宿次度分法列于後必先推赤道宿
次然後方可推黄道宿次也推各年前十一月天正冬至加時日躔赤道

交本月下第六格推得經朔加時中積日全分，内加入重交月下第二格推得平交距後度全分，共為推得之數與前減月平交朔差數同也，故立二法。[1]

推第八格正交月離黄道宿次度分法

置各月第七格推得正交距冬至加時黄道積度全分，内加入其年之推得歲前天正冬至加時黄道宿次全分，共得如滿黄道各宿次積度鈐内等數，減挨之數減之[2]，餘為推得也，錄數止微。[3]

假如滿箕九度五十九分去之，便為斗宿度分也。已後至其年十一月内，交次年冬至日辰時刻，後却用次年天正冬至加時黄道宿次度分加之也。推各年前十一月天正冬至加時黄道宿次度分法列于後，必先推赤道宿次，然後方可推黄道宿次也。

推各年前十一月天正冬至加時日躔赤道

1 正交距冬至加時黄道積度 = 經朔加時中積 + 平交距後度。

2“減挨之數減之”疑為“挨及減之數去之”。

3 正交月離黄道宿次度 = 正交距冬至加時黄道積度 + 歲前天正冬至加時黄道宿次。

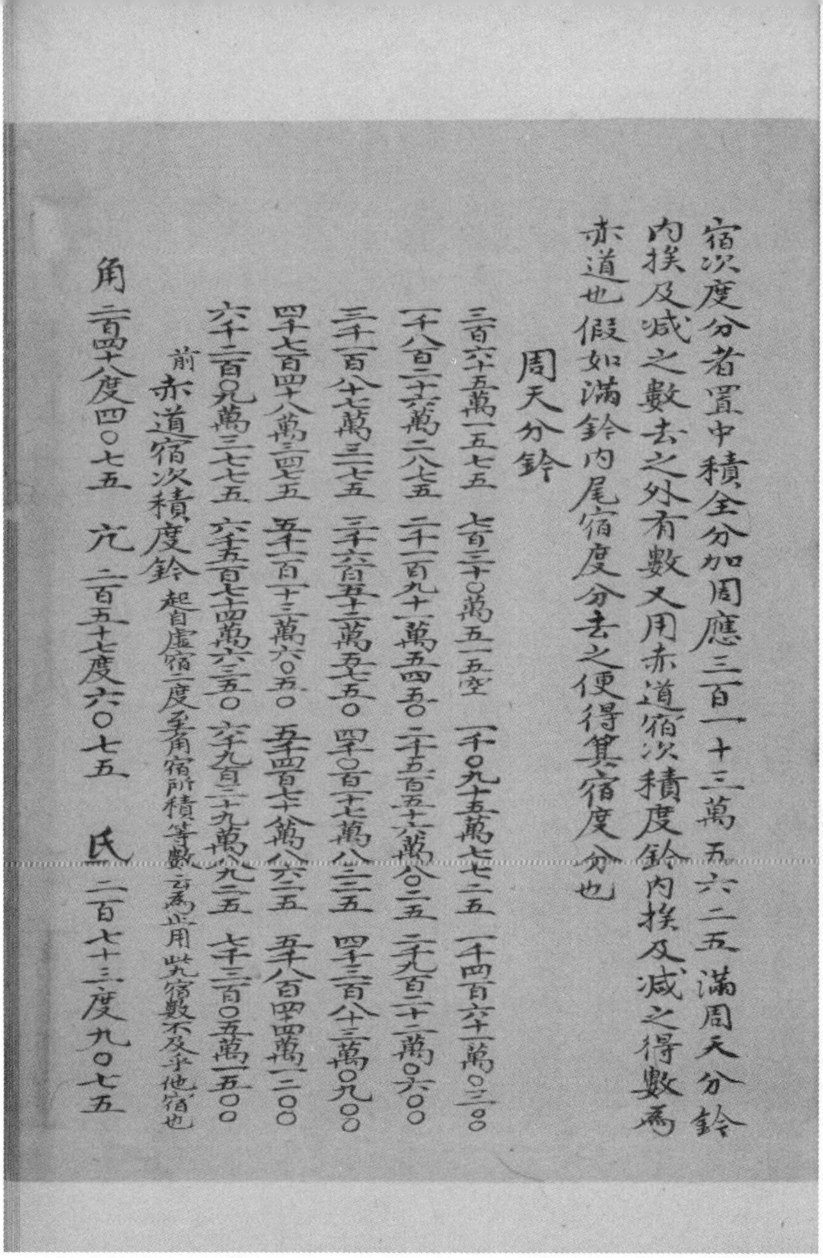

宿次度分者，置中積全分，加周應三百一十三萬五六二五，滿周天分鈐内挨及減之數去之，外有數又用赤道宿次積度鈐内挨及減之，得數為赤道也。假如滿鈐内尾宿度分去之，便得箕宿度分也。

周天分鈐

三百六十五萬一五七五	七百三十〇萬五一五空	一千〇九十五萬七七二五	一千四百六十一萬〇三〇〇
一千八百二十六萬二八七五	二千一百九十一萬五四五〇	二千五百五十六萬八〇二五	二千九百二十二萬〇六〇〇
三千一百八十七萬三一七五	三千六百五十二萬五七五〇	四千〇百一十七萬八三二五	四千三百八十三萬〇九〇〇
四千七百四十八萬三四七五	五千一百一十三萬六〇五〇	五千四百七十八萬八六二五	五千八百四十四萬一二〇〇
六千二百〇九萬三七七五	六千五百七十四萬六三五〇	六千九百三十九萬八九二五	七千三百〇五萬一五〇〇

前赤道宿次積度鈐，起自虛宿二度，至角宿所積等數云為止。用此九宿數不及乎他宿也。

角　二百四十八度四〇七五	亢　二百五十七度六〇七五	氐　二百七十三度九〇七五

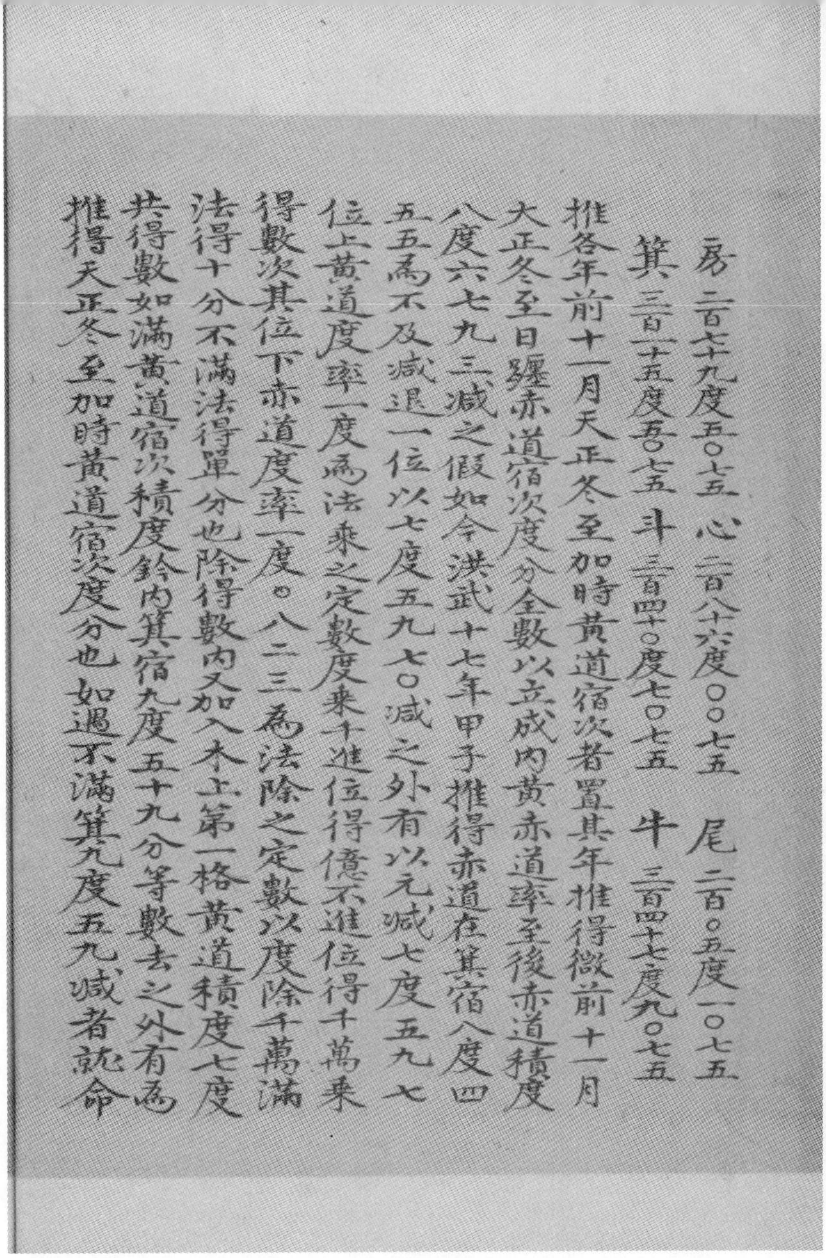
房二百七十九度五〇七五 心二百八十六度〇〇七五 尾二百〇五度一〇七五
箕三百一十五度五〇七五 斗三百四十〇度七〇七五 牛三百四十七度九〇七五
推各年前十一月天正冬至加時黃道宿次者置其年推得微前十一月
大正冬至日躔赤道宿次度分全數以立成內黃赤道率至後赤道積度
八度六七九三減之假如今洪武十七年甲子推得赤道在箕宿八度四
五五為不及減退一位以七度五九七〇減之外有以元減七度五九七
位上黃道度率一度為法乘之定數度乘千進位得億不進位得千萬乘
得數次其位下赤道度率一度〇八二三為法除之定數以度除千萬滿
法得十分不滿法得單分也除得數內又加入木上第一格黃道積度七度
共得數如滿黃道宿次積度鈴內箕宿九度五十九分等數去之外有為
推得天正冬至加時黃道宿次度分也如遇不滿箕九度五九減者就命

房　二百七十九度五〇七五	心　二百八十六度〇〇七五	尾　二百〇五度一〇七五
箕　三百一十五度五〇七五	斗　三百四十〇度七〇七五	牛　三百四十七度九〇七五

推各年前十一月天正冬至加時黃道宿次者，置其年推得微前十一月大[1]正冬至日躔赤道宿次度分全數，以立成內黃赤道率至後赤道積度八度六七九三減之。假如今洪武十七年甲子推得赤道在箕宿八度四五五，為不及減。退一位，以七度五九七〇減之，外有以元減七度五九七位上黃道度率一度為法乘之，定數度乘千進位，得億不進位，得千萬乘得數，次其位下赤道度率一度〇八二三為法除之，定數以度除千萬，滿法得十分，不滿法得單分也。除得數內又加入木[2]上第一格黃道積度七度，共得數如滿黃道宿次積度鈴內箕宿九度五十九分等數去之，外有為推得天正冬至加時黃道宿次度分也。如遇不滿箕九度五九減者，就命

1“大”當作“天”。
2“木”當作“本位”。

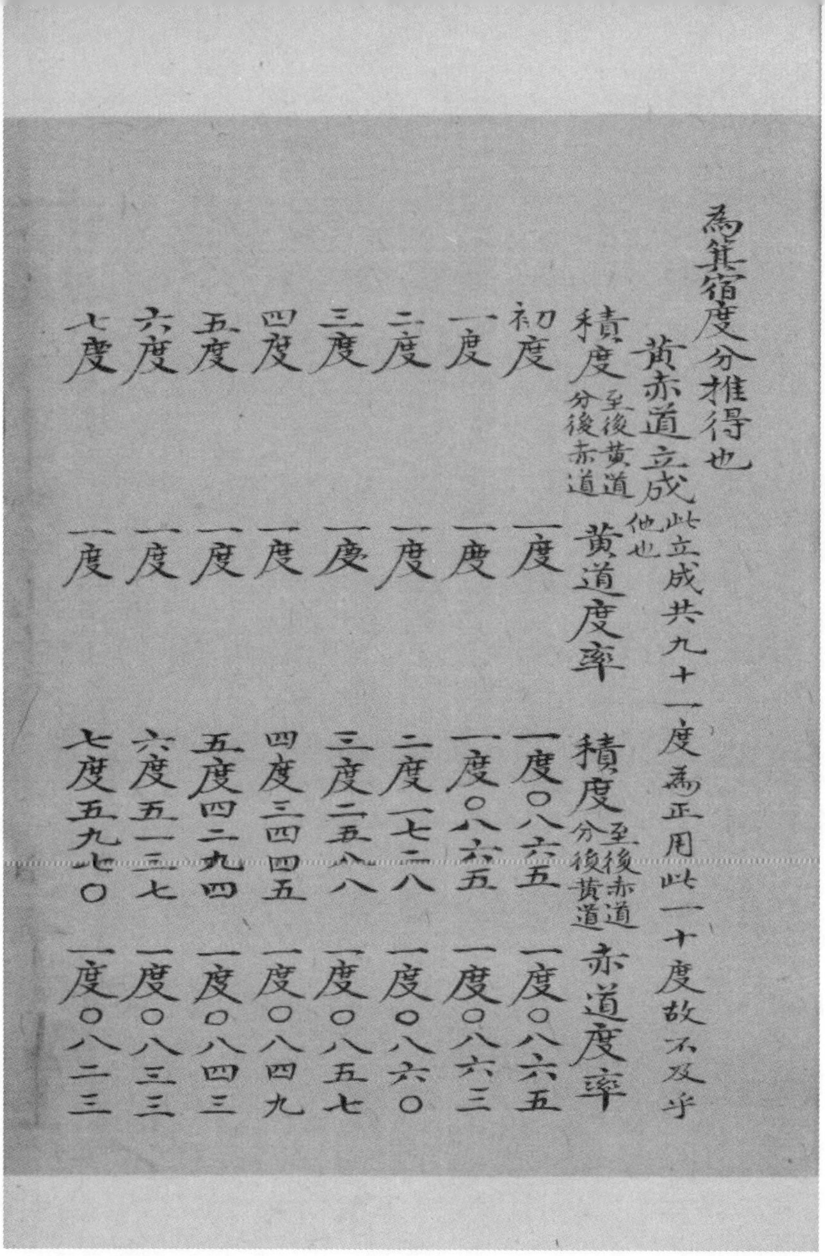

為箕宿度分推得也。

黄赤道立成，此立成共九十一度為正用，此一十度，故不及乎他也。

積度　至後黄道，分後赤道	黄道度率	積度　至後赤道，分後黄道	赤道度率
初度	一度	一度〇八六五	一度〇八六五
一度	一度	一度〇八六五	一度〇八六三
二度	一度	二度一七二八	一度〇八六〇
三度	一度	三度二五八八	一度〇八五七
四度	一度	四度三四四五	一度〇八四九
五度	一度	五度四二九四	一度〇八四三
六度	一度	六度五一三七	一度〇八三三
七度	一度	七度五九七〇	一度〇八二三

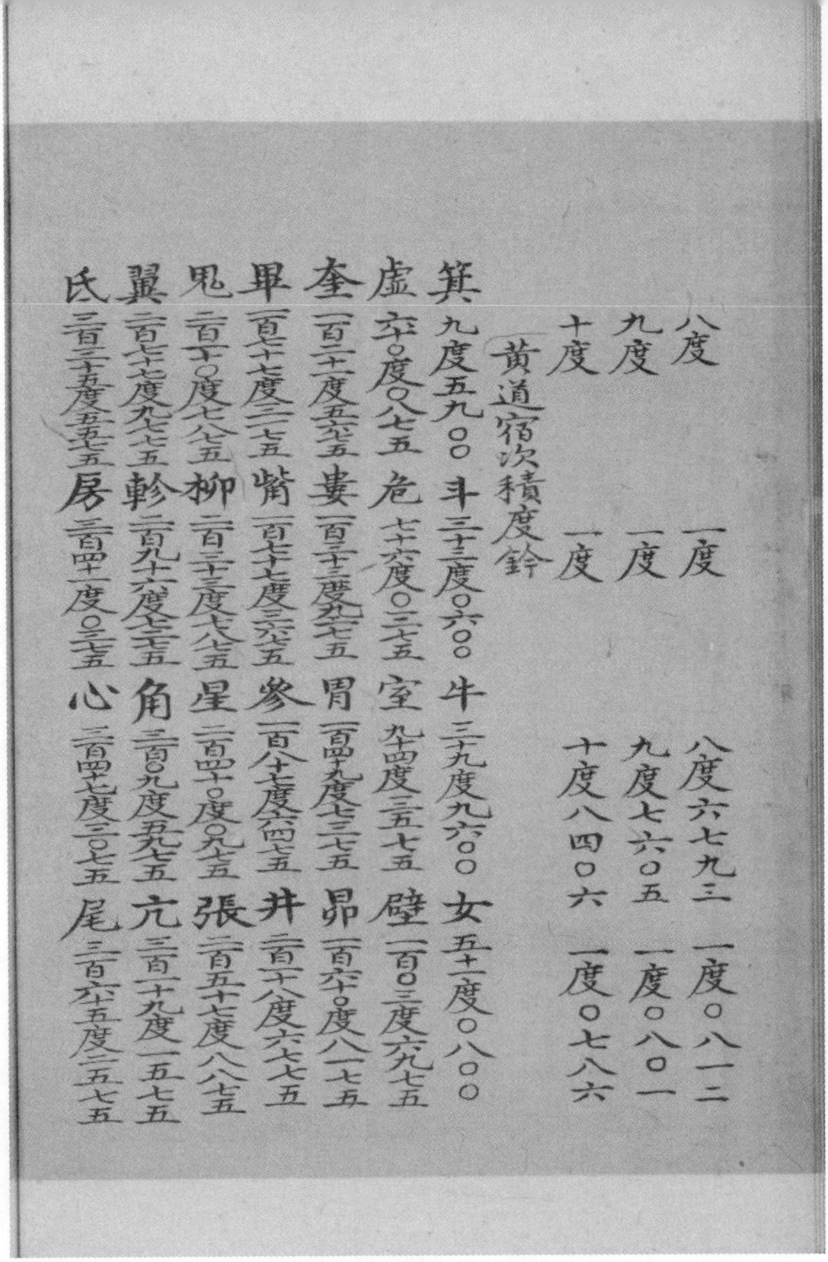

八度	一度	八度六七九三	一度〇八一二
九度	一度	九度七六〇五	一度〇八〇一
十度	一度	十度八四〇六	一度〇七八六

黄道宿次積度鈐

箕，九度五九〇〇	斗，三十三度〇六〇〇	牛，三十九度九六〇〇	女，五十一度〇八〇〇
虚，六十〇度〇八七五	危，七十六度〇三七五	室，九十四度三五七五	壁，一百〇三度六九七五
奎，一百二十一度五六七五	婁，一百三十三度九二七五	胃，一百四十九度七三七五	昴，一百六十〇度八一七五
畢，一百七十七度三一七五	觜，一百七十七度三六七五	參，一百八十七度六四七五	井，二百一十八度六七七五
鬼，二百一十〇度七八七五	柳，二百三十三度七八七五	星，二百四十〇度〇九七五	張，二百五十七度八八七五
翼，二百七十七度九七七五	軫，二百九十六度七二七五	角，三百〇九度五九七五	亢，三百一十九度一五七五
氐，三百三十五度五五七五	房，三百四十一度〇三七五	心，三百四十七度三〇七五	尾，三百六十五度二五七五

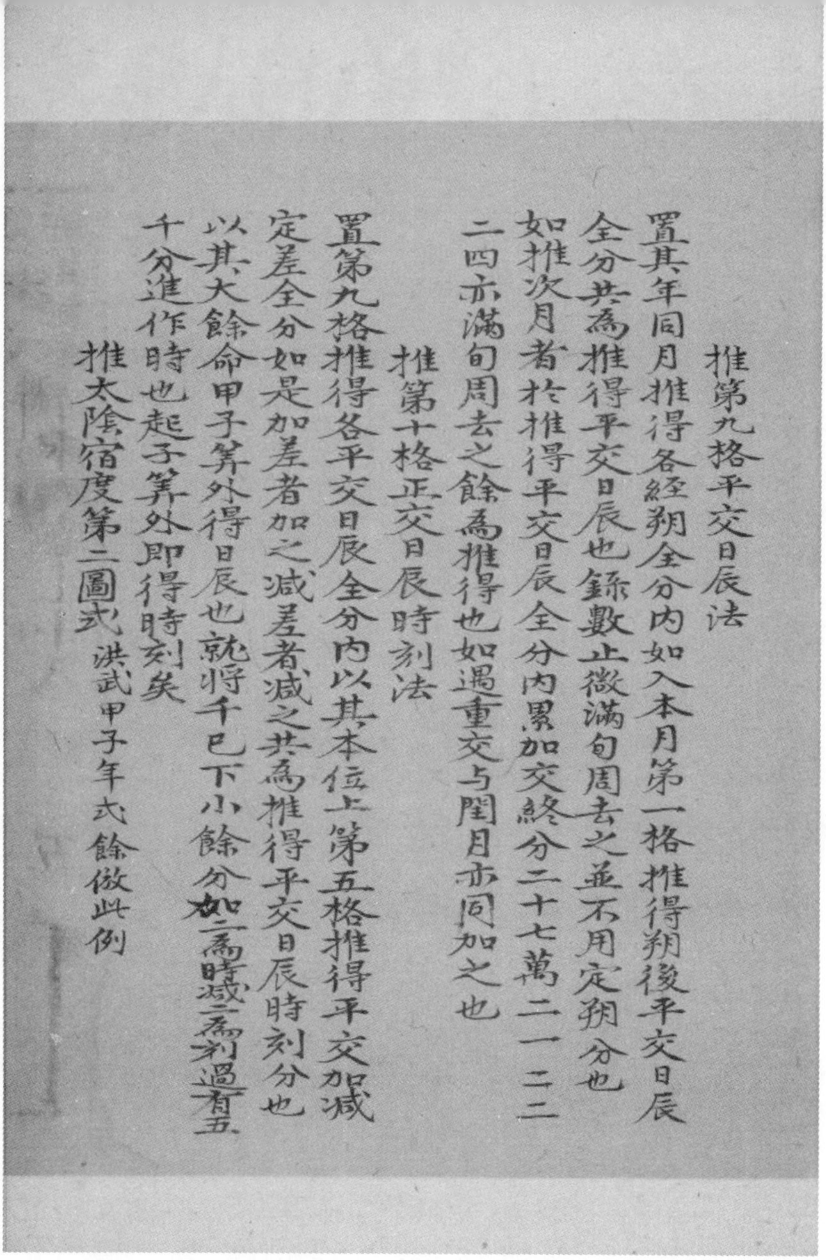
推第九格平交日辰法
置其年同月推得各經朔全分内如入本月第一格推得朔後平交日辰
全分共爲推得平交日辰也錄數止微滿旬周去之並不用定朔分也
如推次月者於推得平交日辰全分内累加交終分二十七萬二一二二
二四亦滿旬周去之餘爲推得也如遇重交与閏月亦同加之也
推第十格正交日辰時刻法
置第九格推得各平交日辰全分内以其本位上第五格推得平交加減
定差全分如是加差者加之減差者減之共爲推得平交日辰時刻分也
以其大餘命甲子筭外得日辰也就將千已下小餘分加二爲時減二爲刻過有五
千分進作時也起子筭外即得時刻矣
推太陰宿度第二圖式　洪武甲子年式餘倣此例

推第九格平交日辰法

置其年同月推得各經朔全分，內加入本月第一格推得朔後平交日辰全分，共為推得平交日辰也，錄數止微。滿旬周去之，並不用定朔分也。

如推次月者，於推得平交日辰全分內累加交終分二十七萬二一二二二四，亦滿旬周去之，餘為推得也。如遇重交與閏月，亦同加之也。[1]

推第十格正交日辰時刻法

置第九格推得各平交日辰全分，內以其本位上第五格推得平交加減定差全分，如是加差者加之，減差者減之，共為推得平[2]交日辰時刻分也。以其大餘命甲子筭外，得日辰也，就將千已下小餘分加二為時，減二為刻，過有五千分進作時也。起子筭外，即得時刻矣。[3]

推太陰宿度第二圖式，洪武甲子年式，餘倣此例。[4]

1 平交日辰 = 經朔全分 + 朔後平交日辰全分。
2“平”當作“正”。
3 正交日辰 = 平交日辰全分 + 平交加減定差全分。
4 太陰宿度第二圖式共分為六個步驟，每個步驟的算法都被設計成一格，可以將個月的結果依次填入各自格中。各格的推算方法在圖式後皆有具體介紹。

甲子年	四正赤道度	乙丑年	四正赤道度
冬至	箕八度四五五〇	冬至	箕八度四四〇〇
春分	壁四度一五八一	春分	壁四度一四三一
夏至	井三度〇一八七五	夏至	井三度〇〇三七五
秋分	軫三度二二九三七五	秋分	軫三度二四三七五

甲子歲	定限日	黄道正交二至復初末限	定差度	距差度	定限度	月与赤道正交宿度
子						
丑						
寅						
重						
卯						

辰巳午未申酉戌亥閏子丑

辰						
巳						
午						
未						
申						
酉						
戌						
亥						
閏						
子						
丑						

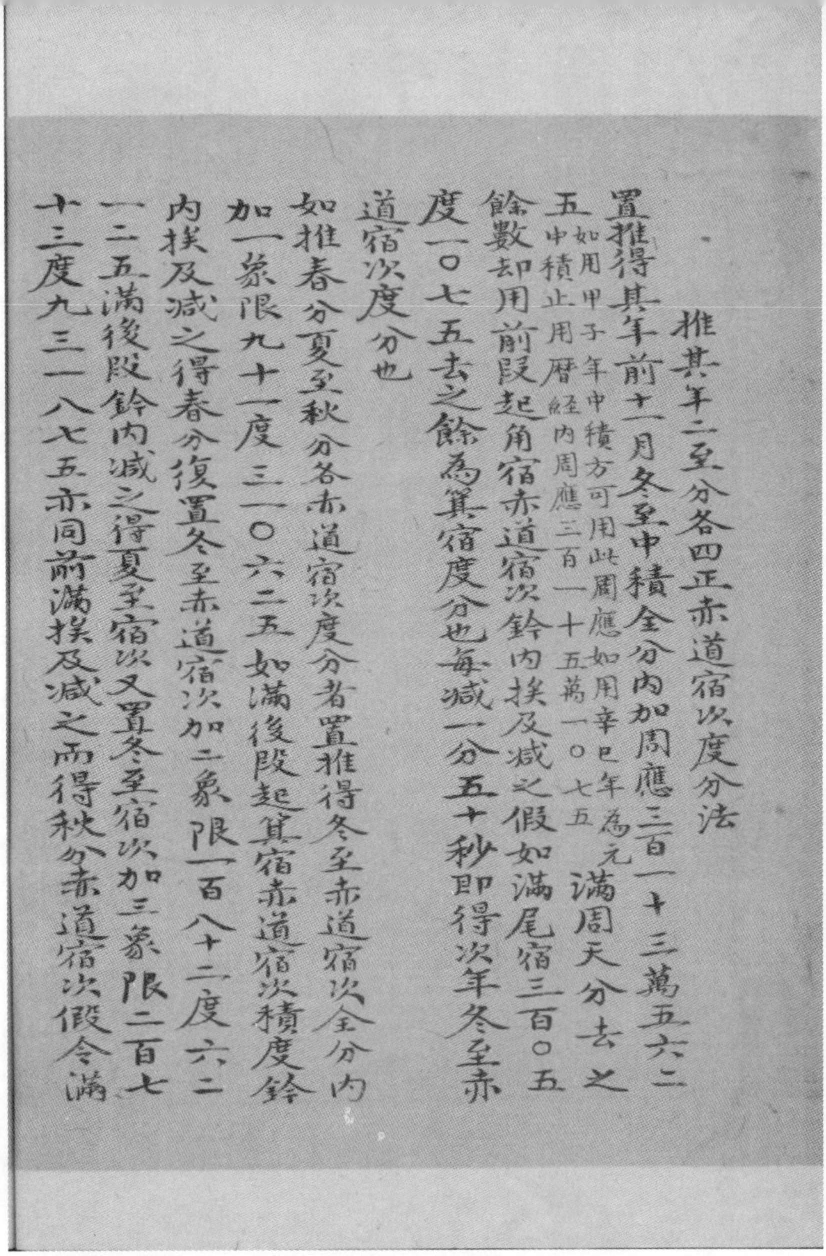

推其年二至分各四正赤道宿次度分法

置推得其年前十一月冬至中積全分內加周應三百一十三萬五六二五如用甲子年中積，方可用此周應，如用辛巳年為元，中積止用《曆經》內周應三百一十五萬一〇七五，滿周天分去之，餘數却用前段，起角宿赤道宿次鈐內挨及減之。假如滿尾宿三百〇五度一〇七五，去之餘為箕宿度分也。每減一分五十秒，即得次年冬至赤道宿次度分也。

如推春分、夏至、秋分各赤道宿次度分者，置推得冬至赤道宿次全分內加一象限九十一度三一〇六二五，如滿後段，起箕宿赤道宿次積度鈐內挨及減之，得春分。復置冬至赤道宿次加二象限一百八十二度六二一二五，滿後段鈐內減之，得夏至宿次。又置冬至宿次加三象限二百七十三度九三一八七五，亦同前，滿挨及減之，而得秋分赤道宿次。假令滿

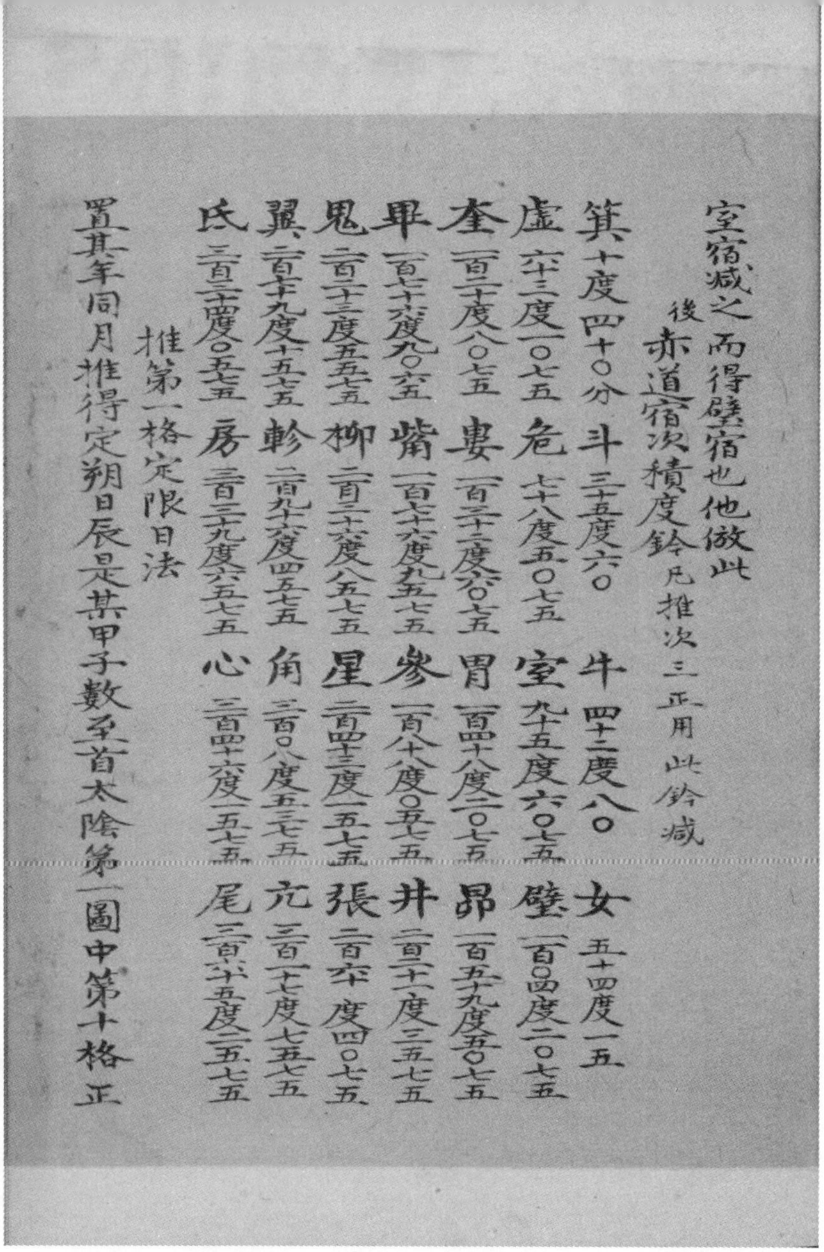

室宿减之，而得壁[1]宿也，他倣此。

後赤道宿次積度鈐，凡推次三正用此鈐減

箕，十度四十〇分	斗，三十五度六〇	牛，四十二度八〇	女，五十四度一五
虚，六十三度一〇七五	危，七十八度五〇七五	室，九十五度六〇七五	壁，一百〇四度二〇七五
奎，一百二十度八〇七五	婁，一百三十二度六〇七五	胃，一百四十八度二〇七五	昴，一百五十九度五〇七五
畢，一百七十六度九〇六五	觜，一百七十六度九五七五	參，一百八十八度〇五七五	井，二百二十一度三五七五
鬼，二百二十三度五五七五	柳，二百三十六度八五七五	星，二百四十三度一五七五	張，二百六十度四〇七五
翼，二百七十九度十五七五	軫，二百九十六度四五七五	角，三百〇八度五三七五	亢，三百一十七度七五七五
氐，三百三十四度〇五七五	房，三百三十九度六五七五	心，三百四十六度一五七五	尾，三百六十五度二五七五

推第一格定限日法

置其年同月推得定朔日辰是某甲子數，至首太陰第一圖中第十格正

1“壁”當作“壁”。

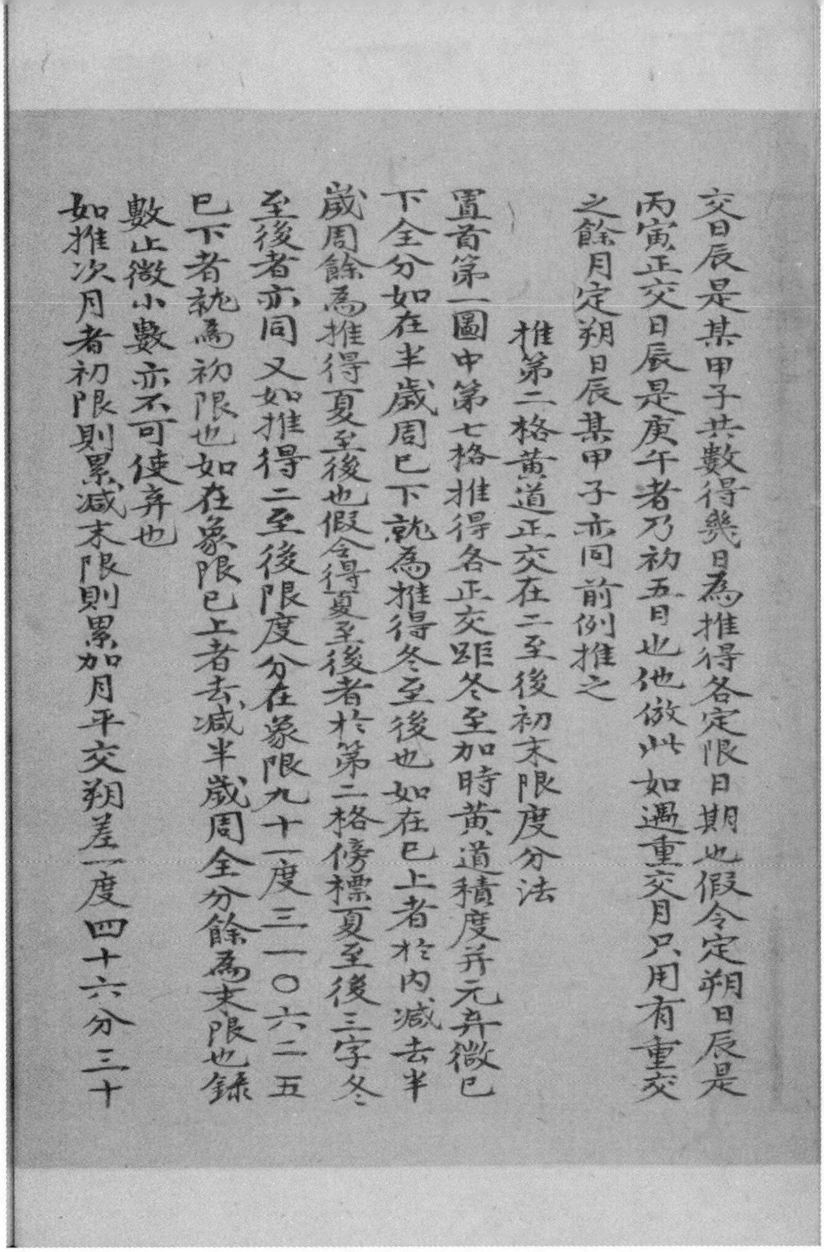
交日辰是某甲子共數得幾日為推得各定限日期也假令定朔日辰是
丙寅正交日辰是庚午者乃初五日也他倣此如遇重交月只用有重交
之餘月定朔日辰某甲子亦同前例推之
推第二格黃道正交在二至後初末限度分法
置首第一圖中第七格推得各正交距冬至加時黃道積度并元弃微已
下全分如在半歲周已下就為推得冬至後也如在已上者於內減去半
歲周餘為推得夏至後也假令得夏至後者於第二格傍標夏至後三字冬
至後者亦同又如推得二至後限度分在象限九十一度三一〇六二五
已下者就為初限也如在象限已上者去減半歲周全分餘為末限也錄
數止微小數亦不可使弃也
如推次月者初限則累減末限則累加月平交朔差一度四十六分三十

交日辰是某甲子，共數得幾日，為推得各定限日期也。[1] 假令定朔日辰是丙寅，正交日辰是庚午者，乃初五日也。他倣此。如遇重交月，只用有重交之餘月定朔日辰某甲子，亦同前例推之。

推第二格黃道正交在二至後初末限度分法

置首第一圖中第七格推得各正交距冬至加時黃道積度，并元弃微已下全分，如在半歲周已下就為推得冬至後也。如在已上者，於內減去半歲周，餘為推得夏至後也。

假令得夏至後者，於第二格傍標“夏至後”三字，冬至後者亦同。又如推得二至後限度分在象限九十一度三一〇六二五已下者，就為初限也。如在象限已上者，減去半歲周全分，餘為末限也。錄數止微，小數亦不可使弃也。[2]

如推次月者，初限則累減，末限則累加月平交朔差一度四十六分三十

1 由定朔日辰和正交日辰，求得各定限日期。
2 根據正交距冬至加時黃道積度判斷初末限度。

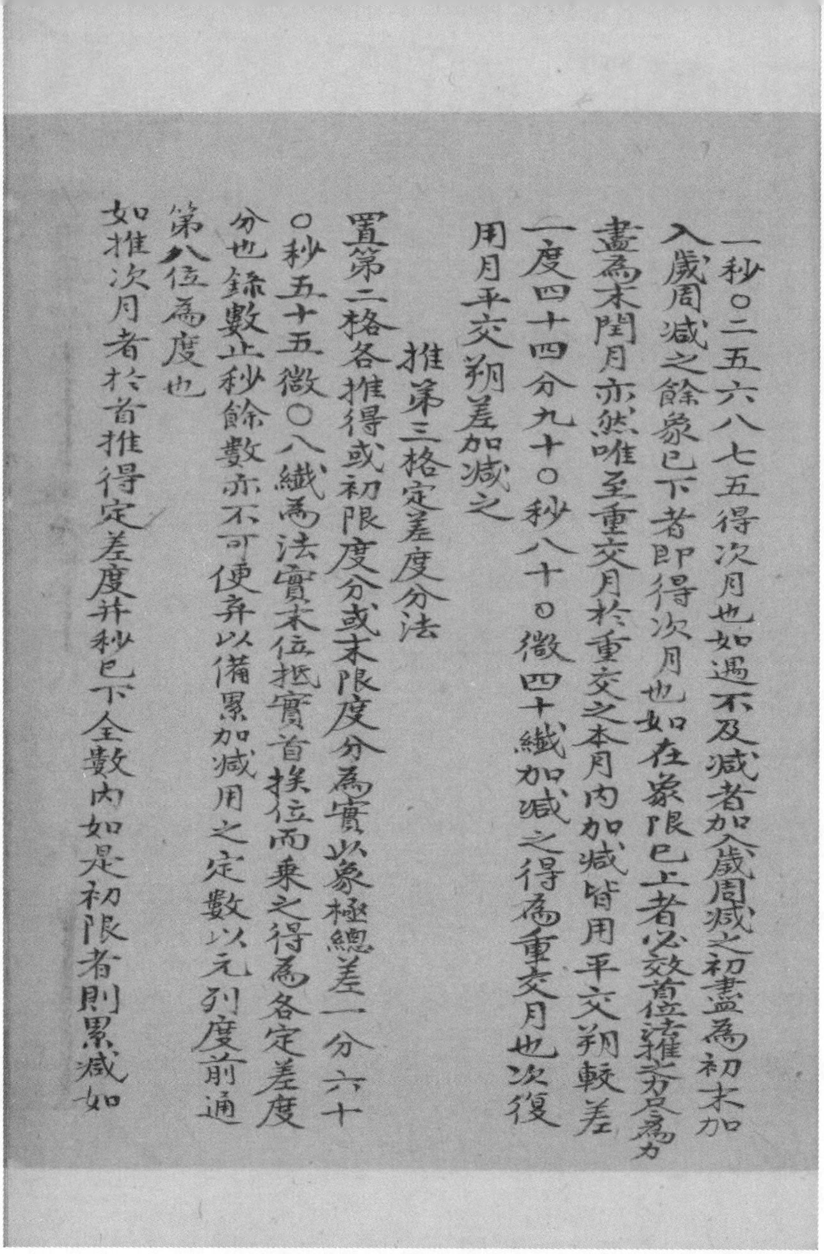
一秒○二五六八七五得次月也如遇不及減者加入歲周減之初盡為初末加
入歲周減之餘象已下者即得次月也如在象限已上者必效首位法推之力尽為力
盡為末閏月亦然唯至重交月於重交之本月內加減皆用平交朔較差
一度四十四分九十○秒八十○微四十纖加減之得為重交月也次復
用月平交朔差加減之
推第三格定差度分法
置第二格各推得或初限度分或末限度分為實以象極總差一分六十
○秒五十五微○八纖為法實末位抵實首挨位而乘之得為各定差度
分也錄數止秒餘數亦不可便弃以備累加減用之定數以元列度前通
第八位為度也
如推次月者於首推得定差度并秒已下全數內如是初限者則累減如

一秒〇二五六八七五，得次月也。[1] 如遇不及減者，加入歲周減之。初盡為初末，加入歲周減之[2]，餘象已下者，即得次月也。如在象限已上者，必效首位法推之力尽，為力盡為末[3]，閏月亦然。唯至重交月，於重交之本月內加減皆用平交朔較差一度四十四分九十〇秒八十〇微四十纖加減之，得為重交月也，次復用月平交朔差加減之。

推第三格定差度分法

置第二格各推得或初限度分、或末限度分為實，以象極總差一分六十〇秒五十五微〇八纖為法，實末位抵實首挨位而乘之，得為各定差度分也。錄數止秒。餘數亦不可便弃，以備累加減用之。定數以元列度前通第八位為度也。[4]

如推次月者，於首推得定差度並秒已下全數內，如是初限者則累減，如

1 累加或累減月平交朔差 1.46310256875 度得各次月值。

2 此處疑有誤，奎章閣本為"如元是末限者，則累加月平交朔差全分，共為各次月推得末限度分也"。

3 此處疑有誤。

4 定差度分 = 初末限度分 × 象極總差。

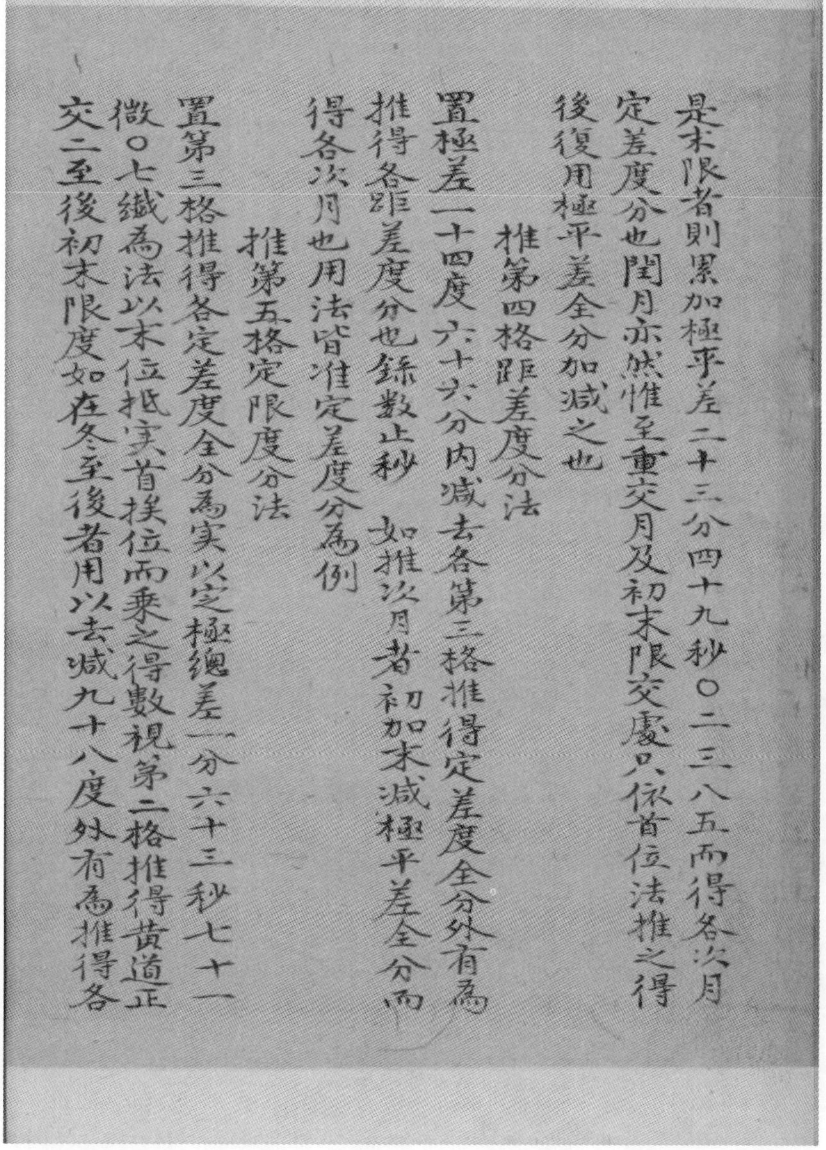

是末限者則累加極平差二十三分四十九秒〇二三八五，而得各次月定差度分也。閏月亦然。惟至重交月，及初末限交處只依首位法推之，得後復用極平差全分加减之也。[1]

推第四格距差度分法

置極差一十四度六十六分，内减去各第三格推得定差度全分，外有為推得各距差度分也。錄數止秒。[2] 如推次月者，初加末减極平差全分，而得各次月也，用法皆准定差度分為例。[3]

推第五格定限度分法

置第三格推得各定差度全分為实，以定極總差一分六十三秒七十一微〇七纖為法，以末位抵实首，挨位而乘之，得數視第二格推得黄道正交二至後初末限度。如在冬至後者，用以去减九十八度，外有為推得各

1 累加或累減極平差 23.4902385 分得各次月定差度分。

2 距差度分 = 極差 – 定差度分。

3 累加或累減極平差得各次月距差度分。

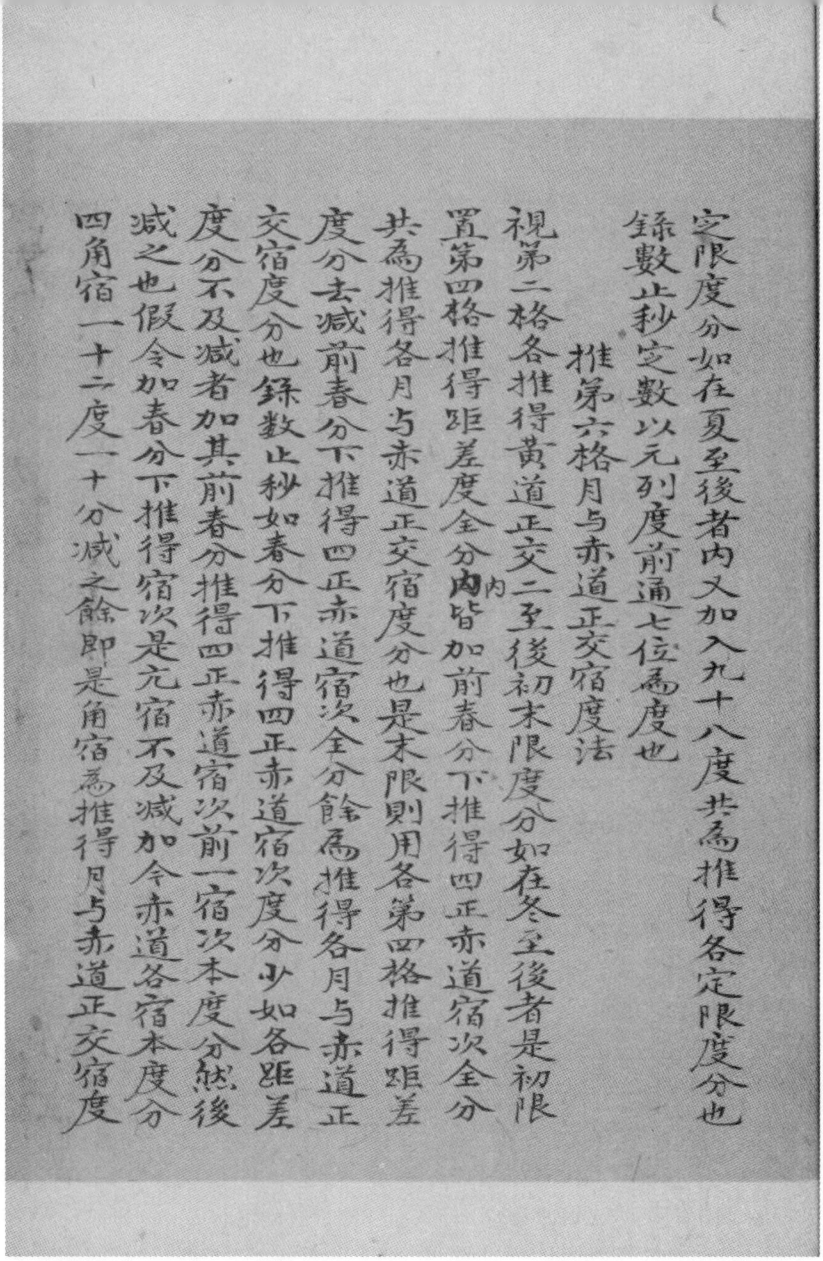
定限度分如在夏至後者内又加入九十八度共為推得各定限度分也
錄數止秒定數以元列度前通七位為度也
推第六格月与赤道正交宿度法
視第二格各推得黄道正交二至後初末限度分如在冬至後者是初限
置第四格推得距差度全分内皆加前春分下推得四正赤道宿次全分
共為推得各月与赤道正交宿度分也是末限則用各第四格推得距差
度分去減前春分下推得四正赤道宿次全分餘為推得各月与赤道正
交宿度分也錄數止秒如春分下推得四正赤道宿次度分少如各距差
度分不及減者加其前春分推得四正赤道宿次前一宿次本度分然後
減之也假令加春分下推得宿次是亢宿不及減加令赤道各宿本度分
四角宿一十二度一十分減之餘即是角宿為推得月与赤道正交宿度

定限度分。如在夏至後者，内又加入九十八度，共為推得各定限度分也。錄數止秒。定數以元列度前通七位為度也。[1]

推第六格月與赤道正交宿度法

視第二格各推得黄道正交二至後初末限度分，如在冬至後者，是初限，置第四格推得距差度全分，内皆加前春分下推得四正赤道宿次全分，共為推得各月與赤道正交宿度分也。是末限，則用各第四格推得距差度分，去減前春分下推得四正赤道宿次全分，餘為推得各月与赤道正交宿度分也。錄數止秒。如春分下推得四正赤道宿次度分少，如各距差度分不及減者，加其前春分推得四正赤道宿次前一宿次本度分，然後減之也。

假令加春分下推得宿次是亢宿，不及減，加令赤道各宿本度分四角宿一十二度一十分減之，餘即是角宿，為推得月与赤道正交宿度

1 定限度分 = 定差度分 × 定極總差 ±98。

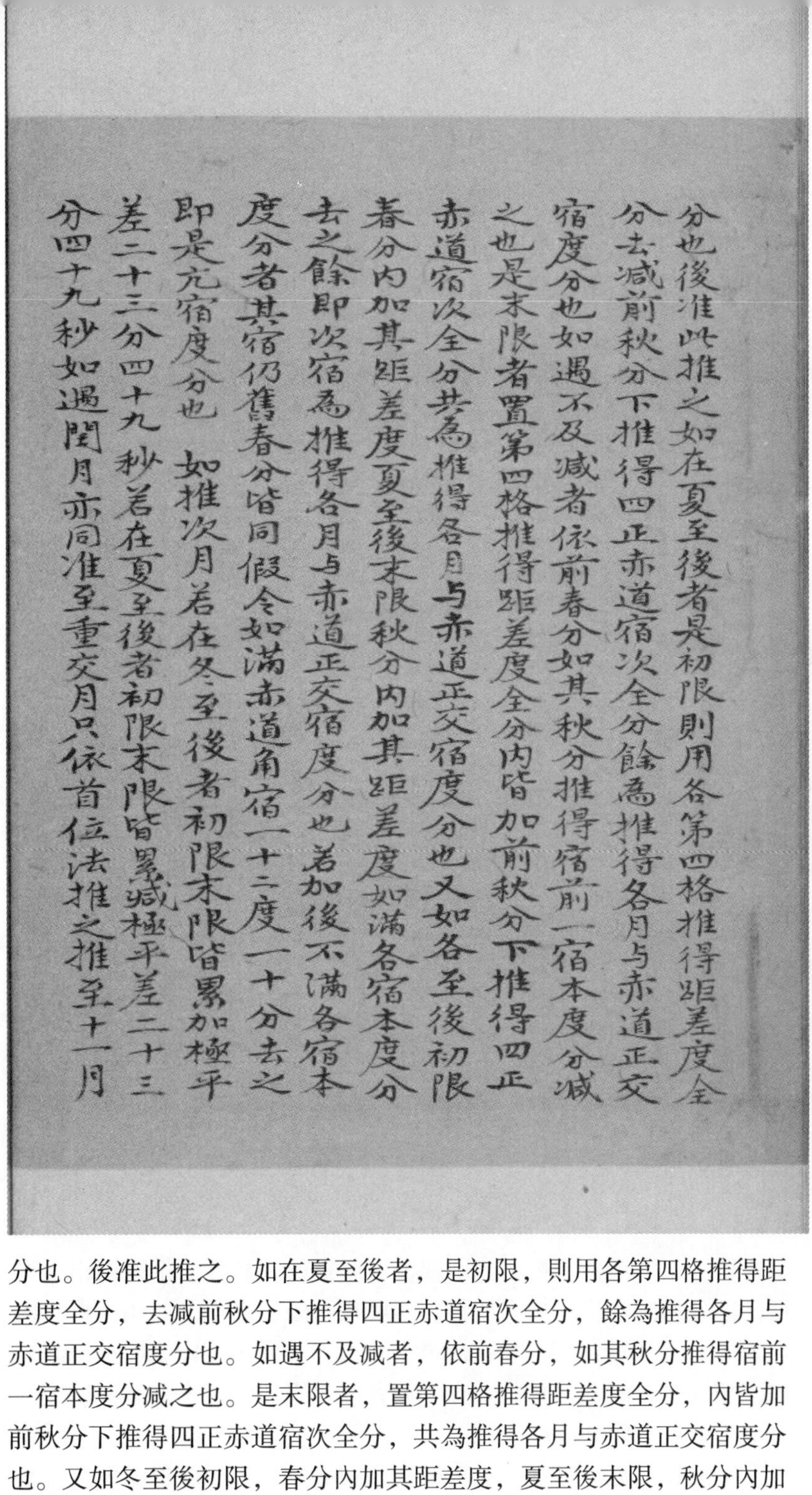
分也後准此推之如在夏至後者是初限則用各第四格推得距差度全
分去減前秋分下推得四正赤道宿次全分餘為推得各月与赤道正交
宿度分也如遇不及減者依前春分如其秋分推得宿前一宿本度分減
之也是末限者置第四格推得距差度全分内皆加前秋分下推得四正
赤道宿次全分共為推得各月与赤道正交宿度分也又如冬至後初限
春分内加其距差度夏至後末限秋分内加其距差度如滿各宿本度分
去之餘即次宿為推得各月与赤道正交宿度分也若加後不滿各宿本
度分者其宿仍舊春分皆同假令如滿赤道角宿一十二度一十分去之
即是亢宿度分也　如推次月若在冬至後者初限末限皆累加極平
差二十三分四十九秒若在夏至後者初限末限皆累減極平差二十三
分四十九秒如遇閏月亦同准至重交月只依首位法推之推至十一月

分也。後准此推之。如在夏至後者，是初限，則用各第四格推得距差度全分，去減前秋分下推得四正赤道宿次全分，餘為推得各月与赤道正交宿度分也。如遇不及減者，依前春分，如其秋分推得宿前一宿本度分減之也。是末限者，置第四格推得距差度全分，内皆加前秋分下推得四正赤道宿次全分，共為推得各月与赤道正交宿度分也。又如冬至後初限，春分内加其距差度，夏至後末限，秋分内加其距差度，如滿各宿本度分去之，餘即次宿，為推得各月与赤道正交宿度分也。若加後不滿各宿本度分者，其宿仍舊春分皆同。

假令如滿赤道角宿一十二度一十分去之，即是亢宿度分也。如推次月，若在冬至後者，初限、末限皆累加極平差二十三分四十九秒。若在夏至後者，初限、末限皆累減極平差二十三分四十九秒。如遇閏月，亦同。准至重交月，只依首位法推之。推至十一月

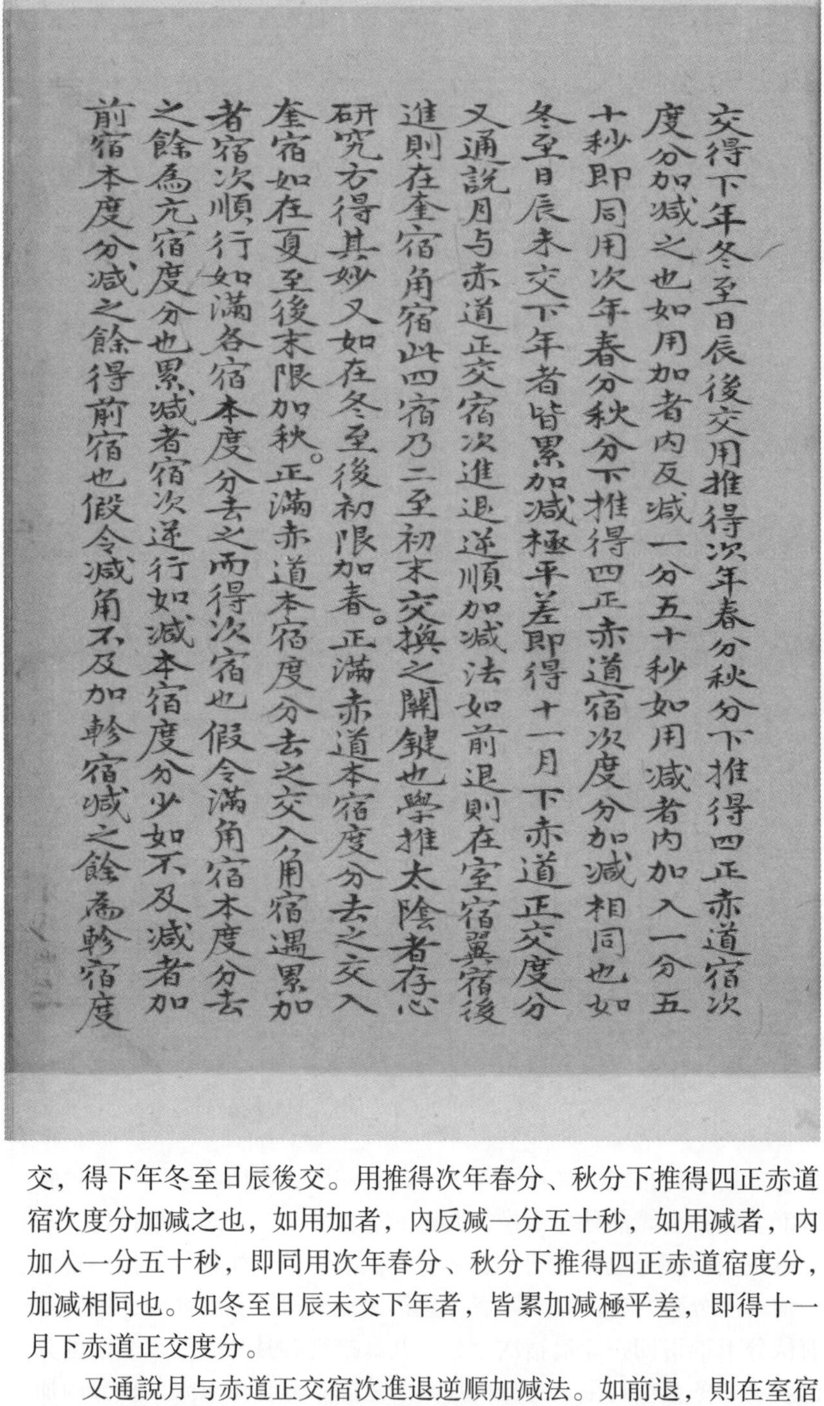
交得下年冬至日辰後交用推得次年春分秋分下推得四正赤道宿次
度分加減之也如用加者内反減一分五十秒如用減者内加入一分五
十秒即同用次年春分秋分下推得四正赤道宿次度分加減相同也如
冬至日辰未交下年者皆累加減極平差即得十一月下赤道正交度分
又通説月与赤道正交宿次進退逆順加減法如前退則在室宿翼宿後
進則在奎宿角宿此四宿乃二至初末交換之關鍵也學推太陰者存心
研究方得其妙又如在冬至後初限加春。正滿赤道本宿度分去之交入
奎宿如在夏至後末限加秋。正滿赤道本宿度分去之交入角宿遇累加
者宿次順行如滿各宿本度分去之而得次宿也假令滿角宿本度分去
之餘爲亢宿度分也累減者宿次逆行如減本宿度分少如不及減者加
前宿本度分減之餘得前宿也假令減角不及加軫宿減之餘爲軫宿度

交，得下年冬至日辰後交。用推得次年春分、秋分下推得四正赤道宿次度分加減之也，如用加者，内反減一分五十秒，如用減者，内加入一分五十秒，即同用次年春分、秋分下推得四正赤道宿度分，加減相同也。如冬至日辰未交下年者，皆累加減極平差，即得十一月下赤道正交度分。

又通説月与赤道正交宿次進退逆順加減法。如前退，則在室宿翼宿。後進，則在奎宿角宿。此四宿乃二至初末交換之關鍵也，學推太陰者存心研究，方得其妙。又如在冬至後初限，加春正，滿赤道本宿度分去之，交入奎宿。如在夏至後末限，加秋正，滿赤道本宿度分去之，交入角宿。遇累加者，宿次順行。如滿各宿本度分去之，而得次宿也。

假令滿角宿本度分去之，餘為亢宿度分也。累減者，宿次逆行。如減本宿度分少，如不及減者，加前宿本度分減之，餘得前宿也。假令減角不及，加軫宿減之，餘為軫宿度

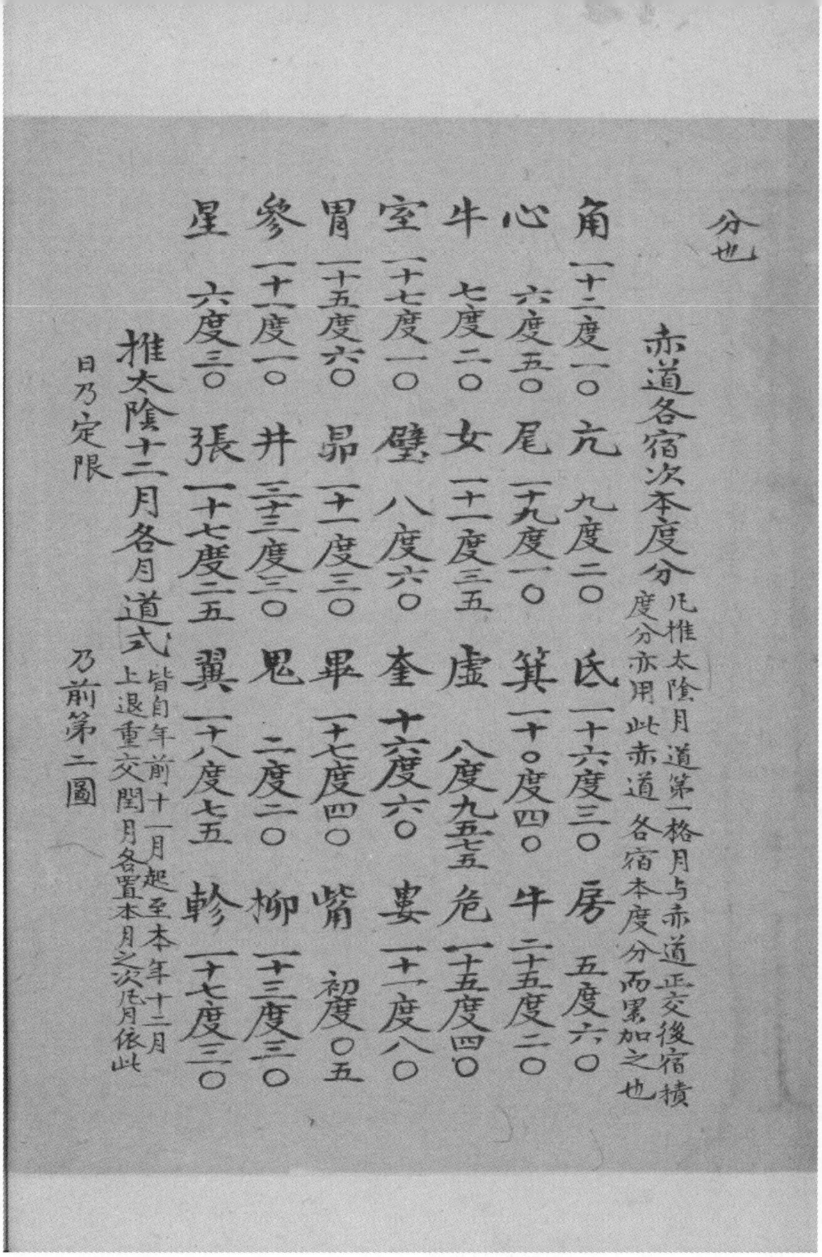

分也。

赤道各宿次本度分，凡推太陰月道第一格月与赤道正交後宿積度分，亦用此赤道各宿本度分而累加之也。

角	十二度一〇	亢	九度二〇	氐	十六度三〇	房	五度六〇
心	六度五〇	尾	十九度一〇	箕	一十〇度四〇	斗	二十五度二〇
牛	七度二〇	女	一十一度三五	虚	八度九五七五	危	一十五度四〇
室	一十七度一〇	壁[1]	八度六〇	奎	十六度六〇	婁	一十一度八〇
胃	一十五度六〇	昴	一十一度三〇	畢	一十七度四〇	觜	初度〇五
參	一十一度一〇	井	三十三度三〇	鬼	二度二〇	柳	一十三度三〇
星	六度三〇	張	一十七度二五	翼	一十八度七五	軫	一十七度三〇

推太陰十二月各月道式，皆自年前十一月起至本年十二月上退，重交、閏月各置本月之次，凡月依此。

日乃定限　　乃前第二圖[2]

1“壁”當作“壁”。
2 此處疑有脫文。

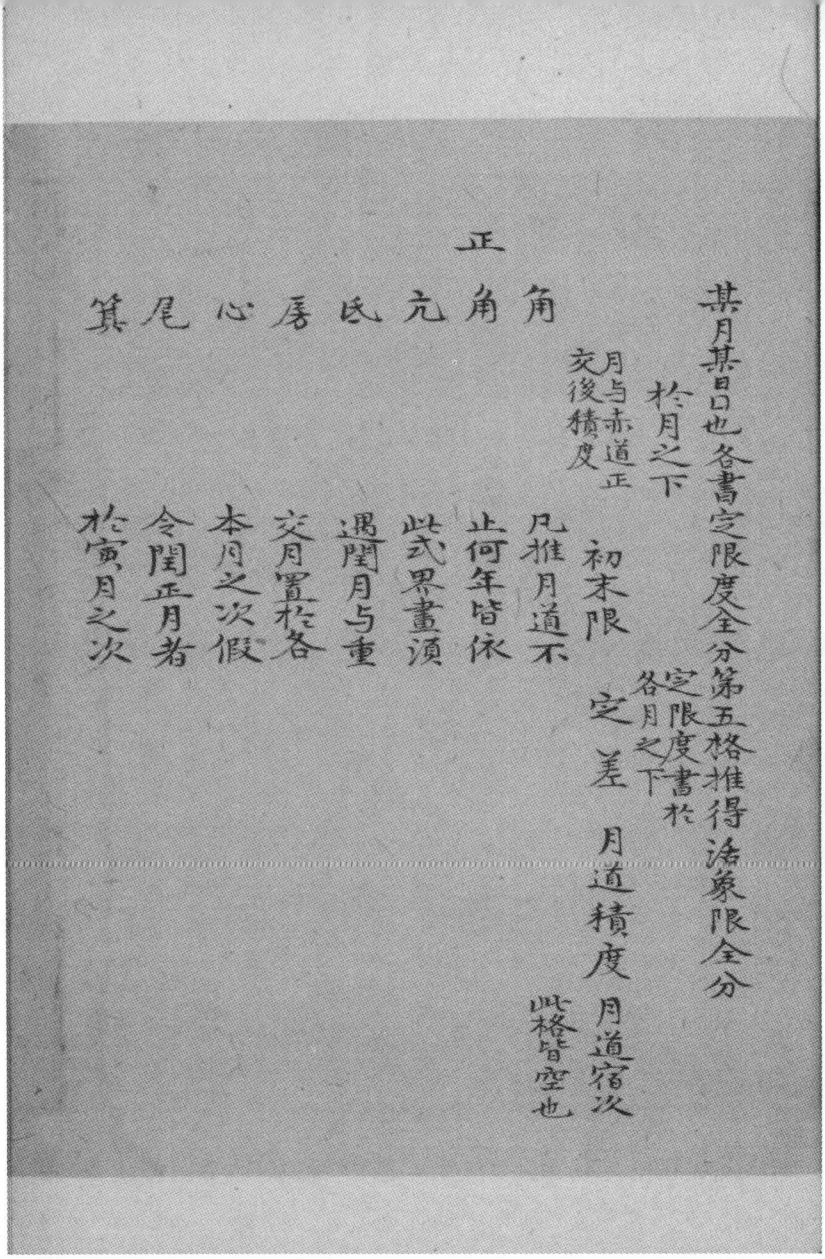

某月某日□[1]也，各書定限度全分，第五格推得活象限全分於月之下，定限度書於各月之下。

<table>
<tr><th></th><th>月与赤道正交後積度</th><th>初末限</th><th>定差</th><th>月道積度</th><th>月道宿次，此格皆空也</th></tr>
<tr><td>角</td><td></td><td rowspan="8">凡推月道不止何年，皆依此式界畫。須遇閏月与重交月，置於各本月之次。假令閏正月者，於寅月之次</td><td></td><td></td><td></td></tr>
<tr><td>正角</td><td></td><td></td><td></td><td></td></tr>
<tr><td>亢</td><td></td><td></td><td></td><td></td></tr>
<tr><td>氐</td><td></td><td></td><td></td><td></td></tr>
<tr><td>房</td><td></td><td></td><td></td><td></td></tr>
<tr><td>心</td><td></td><td></td><td></td><td></td></tr>
<tr><td>尾</td><td></td><td></td><td></td><td></td></tr>
<tr><td>箕</td><td></td><td></td><td></td><td></td></tr>
</table>

1 此處有脫文。

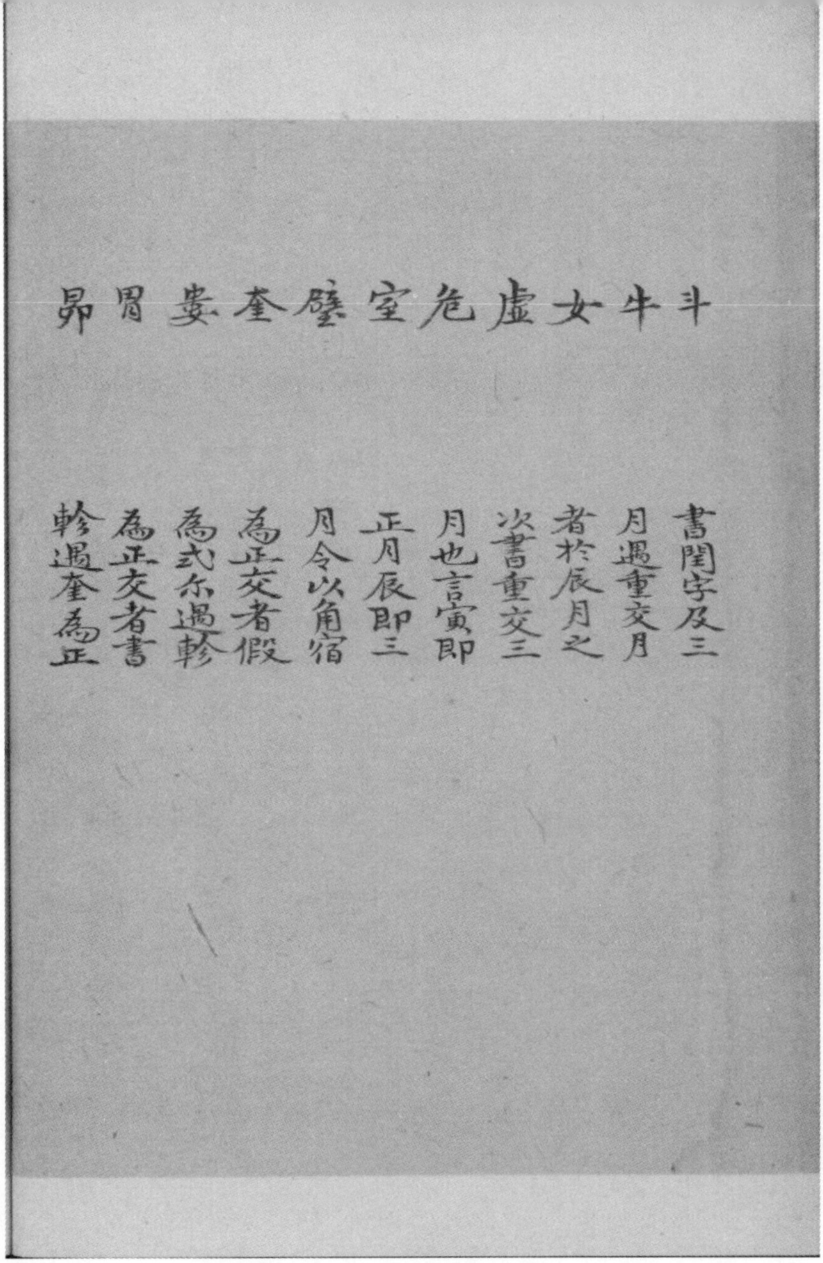

斗牛女虛危室壁奎婁胃昴

書閏字及三月遇重交月者於辰月之次書重交三月也言寅即正月辰即三月令以角宿為正交者假為式尔遇軫為正交者書軫遇奎為正

<table>
<tr><td>斗</td><td></td><td rowspan="11">書“閏”字，及三月遇重交月者，扵辰月之次書“重交三月”也，言寅即正月，辰即三月。令[2]以角宿為正交者，假為式尔，遇軫為正交者，書“軫”，遇奎為正</td><td></td><td></td><td></td></tr>
<tr><td>牛</td><td></td><td></td><td></td><td></td></tr>
<tr><td>女</td><td></td><td></td><td></td><td></td></tr>
<tr><td>虛</td><td></td><td></td><td></td><td></td></tr>
<tr><td>危</td><td></td><td></td><td></td><td></td></tr>
<tr><td>室</td><td></td><td></td><td></td><td></td></tr>
<tr><td>壁[1]</td><td></td><td></td><td></td><td></td></tr>
<tr><td>奎</td><td></td><td></td><td></td><td></td></tr>
<tr><td>婁</td><td></td><td></td><td></td><td></td></tr>
<tr><td>胃</td><td></td><td></td><td></td><td></td></tr>
<tr><td>昴</td><td></td><td></td><td></td><td></td></tr>
</table>

1“壁”當作“壁”。
2“令”當作“今”。

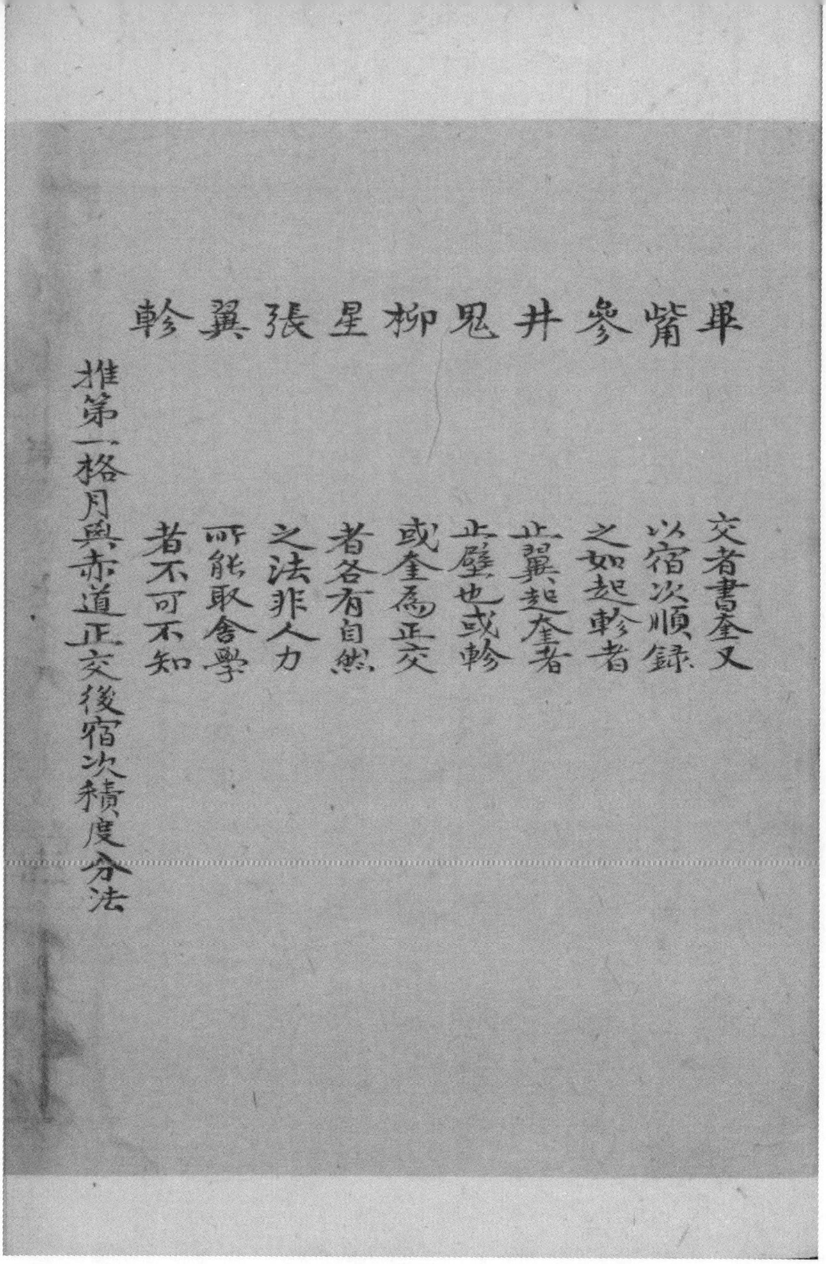
畢觜參井鬼柳星張翼軫

交者書奎又以宿次順録之如起軫者止翼起奎者止壁也或軫或奎爲正交者各有自然之法非人力所能取舍學者不可不知

推第一格月與赤道正交後宿次積度分法

<table>
<tr><td>畢</td><td></td><td rowspan="10">交者，書“奎”。又以宿次順録之，如起軫者止翼，起奎者止壁也。或軫、或奎為正交者，各有自然之法，非人力可能取舍，學者不可不知。</td><td></td><td></td><td></td></tr>
<tr><td>觜</td><td></td><td></td><td></td><td></td></tr>
<tr><td>參</td><td></td><td></td><td></td><td></td></tr>
<tr><td>井</td><td></td><td></td><td></td><td></td></tr>
<tr><td>鬼</td><td></td><td></td><td></td><td></td></tr>
<tr><td>柳</td><td></td><td></td><td></td><td></td></tr>
<tr><td>星</td><td></td><td></td><td></td><td></td></tr>
<tr><td>張</td><td></td><td></td><td></td><td></td></tr>
<tr><td>翼</td><td></td><td></td><td></td><td></td></tr>
<tr><td>軫</td><td></td><td></td><td></td><td></td></tr>
</table>

推第一格月與赤道正交後宿次積度分法

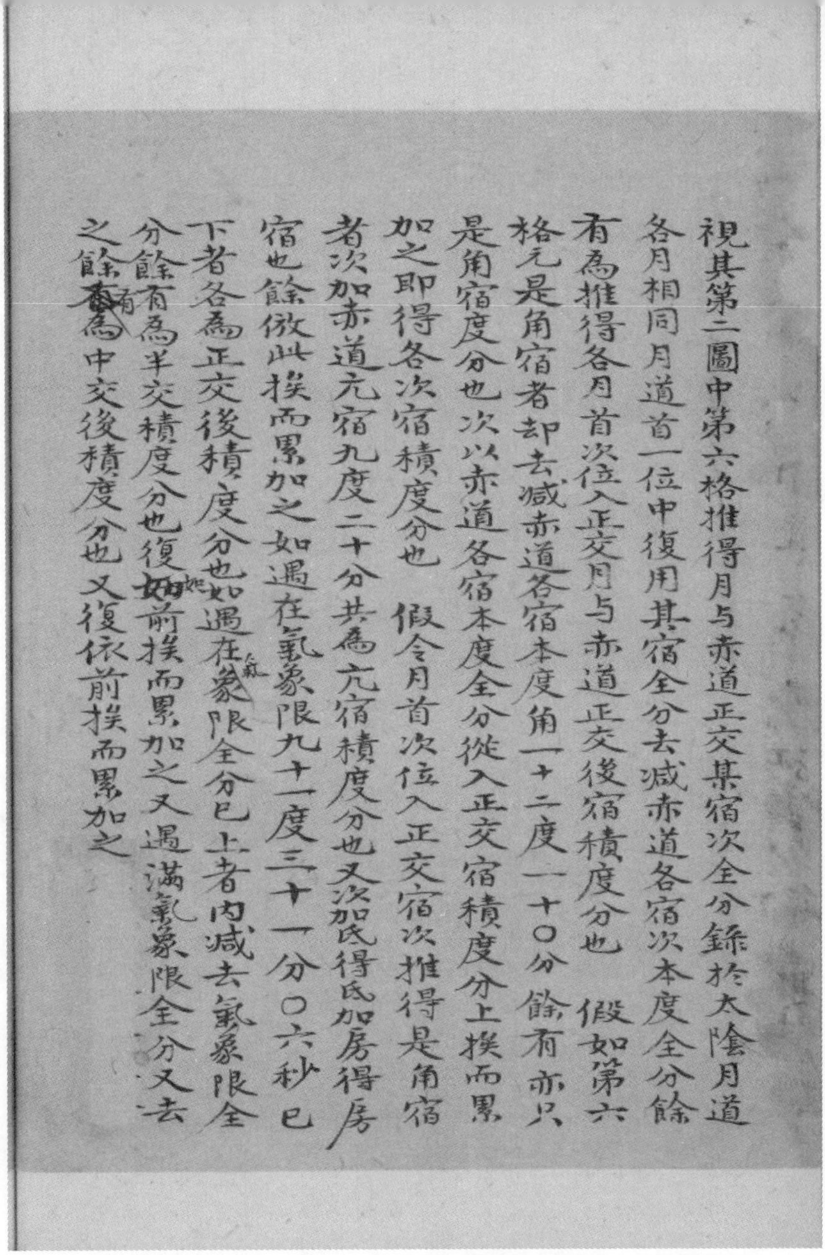

視其第二圖中第六格推得月与赤道正交某宿度全分，錄於太陰月道各月相同月道首一位中，復用其宿全分去減赤道各宿次本度全分，餘有為推得各月首次位入正交月与赤道正交後宿積度分也。

假如第六格元是角宿者，却去減赤道各宿本度角一十二度一十〇分，餘有亦只是角宿度分也。次以赤道各宿本度全分，從入正交宿積度分上挨而累加之，即得各次宿積度分也。

假令月首次位入正交宿次推得是角宿者，次加赤道亢宿九度二十分，共為亢宿積度分也。又次加氐得氐，加房得房宿也。餘倣此，挨而累加之。如遇在氣象限九十一度三十一分〇六秒已下者，各為正交後積度分也。如遇在氣象限全分已上者，內減去氣象限全分，餘有為半交積度分也。復如前挨而累加之，又遇滿氣象限全分，又去之，餘有為中交後積度分也。又復依前挨而累加之。

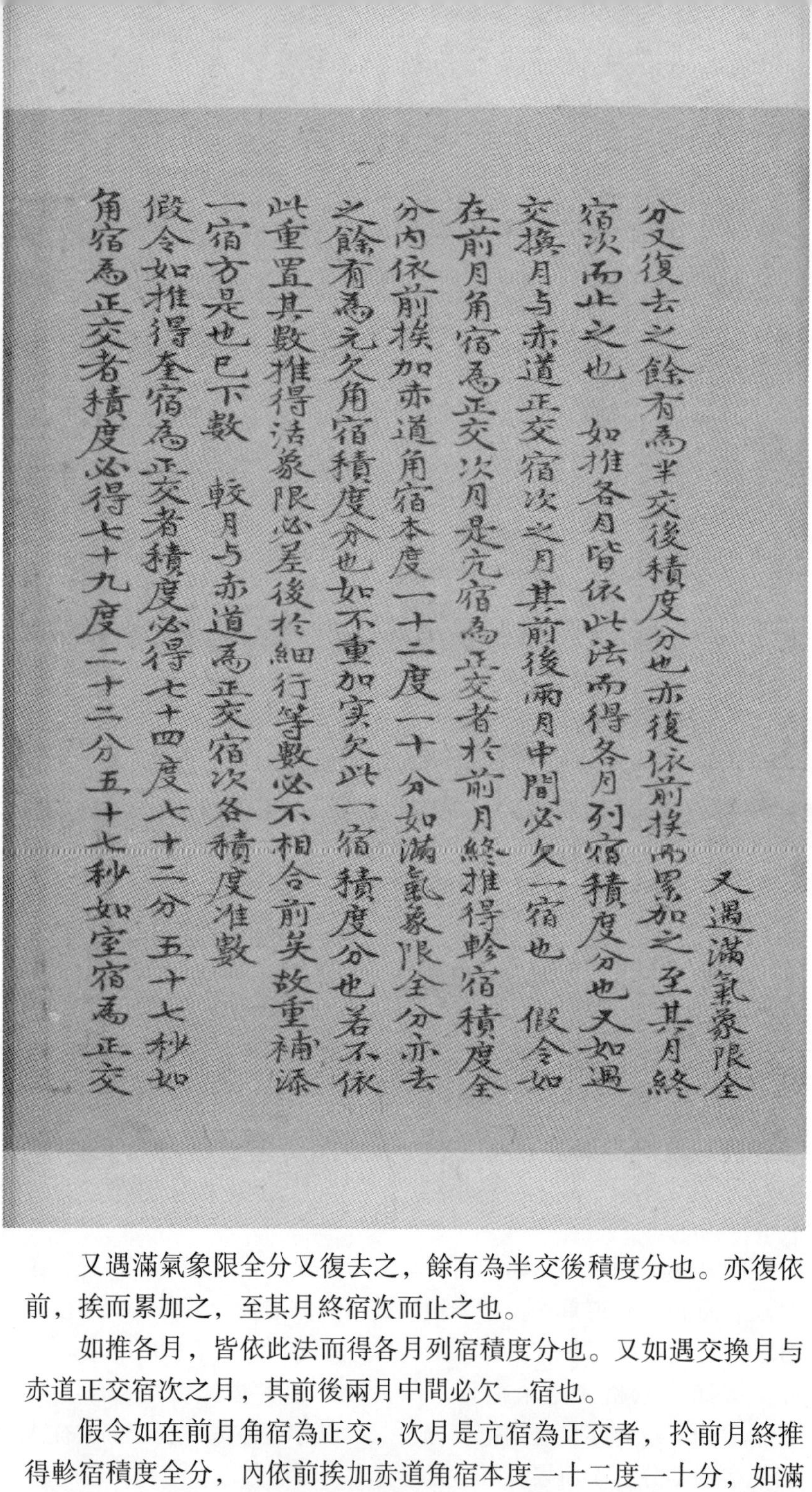

又遇滿氣象限全分又復去之，餘有為半交後積度分也。亦復依前，挨而累加之，至其月終宿次而止之也。

如推各月，皆依此法而得各月列宿積度分也。又如遇交換月与赤道正交宿次之月，其前後兩月中間必欠一宿也。

假令如在前月角宿為正交，次月是亢宿為正交者，抡前月終推得軫宿積度全分，内依前挨加赤道角宿本度一十二度一十分，如滿氣象限全分亦去之，餘有為元欠角宿積度分也。如不重加，实欠此一宿積度分也，若不依此重置其數，推得活象限必差，後抡細行等數必不相合前矣。故重補添一宿方是也。已下數較月与赤道為正交宿次各積度准數。

假令如推得奎宿為正交者，積度必得七十四度七十二分五十七秒；如角宿為正交者，積度必得七十九度二十二分五十七秒；如室宿為正交

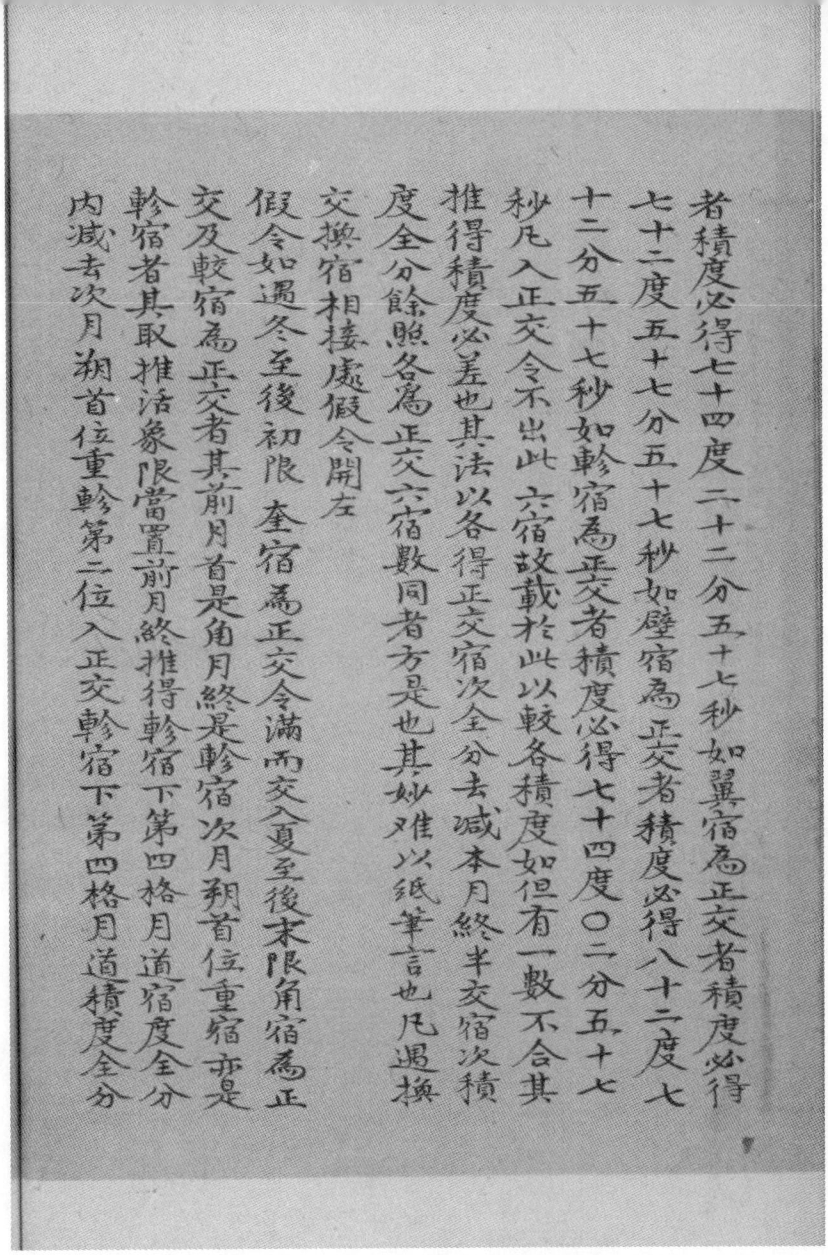
者積度必得七十四度二十二分五十七秒如翼宿為正交者積度必得
七十二度五十七分五十七秒如壁宿為正交者積度必得八十二度七
十二分五十七秒如軫宿為正交者積度必得七十四度〇二分五十七
秒凡入正交令不出此六宿故載於此以較各積度如但有一數不合其
推得積度必差也其法以各得正交宿次全分去減本月終半交宿次積
度全分餘照各爲正交六宿數同者方是也其妙难以紙筆言也凡遇換
交換宿相接處假令開左
假令如遇冬至後初限 奎宿爲正交令滿而交入夏至後末限角宿爲正
交及較宿爲正交者其前月首是角月終是軫宿次月朔首位重宿亦是
軫宿者其取推活象限當置前月終推得軫宿下第四格月道宿度全分
內減去次月朔首位重軫第二位入正交軫宿下第四格月道積度全分

者，積度必得七十四度二十二分五十七秒；如翼宿為正交者，積度必得七十二度五十七分五十七秒；如壁宿為正交者，積度必得八十二度七十二分五十七秒；如軫宿為正交者，積度必得七十四度〇二分五十七秒。凡入正交，令不出此六宿，故載於此以較各積度。如但有一數不合，其推得積度必差也。其法以各得正交宿次全分，去減本月終半交宿次積度全分，餘照各寫正交六宿數同者，方是也。其妙难以紙筆言也，凡遇換交換宿相接處，假令開左。

假令如遇冬至後初限，奎宿為正交，令滿而交；入夏至後末限，角宿為正交，及較宿為正交者，其前月首是角，月終是軫宿，次月朔首位重宿，亦是軫宿者，其取推活象限當置前月終，推得軫宿下第四格月道宿度全分，內減去次月朔首位重軫第二位入正交軫宿下第四格月道積度全分，

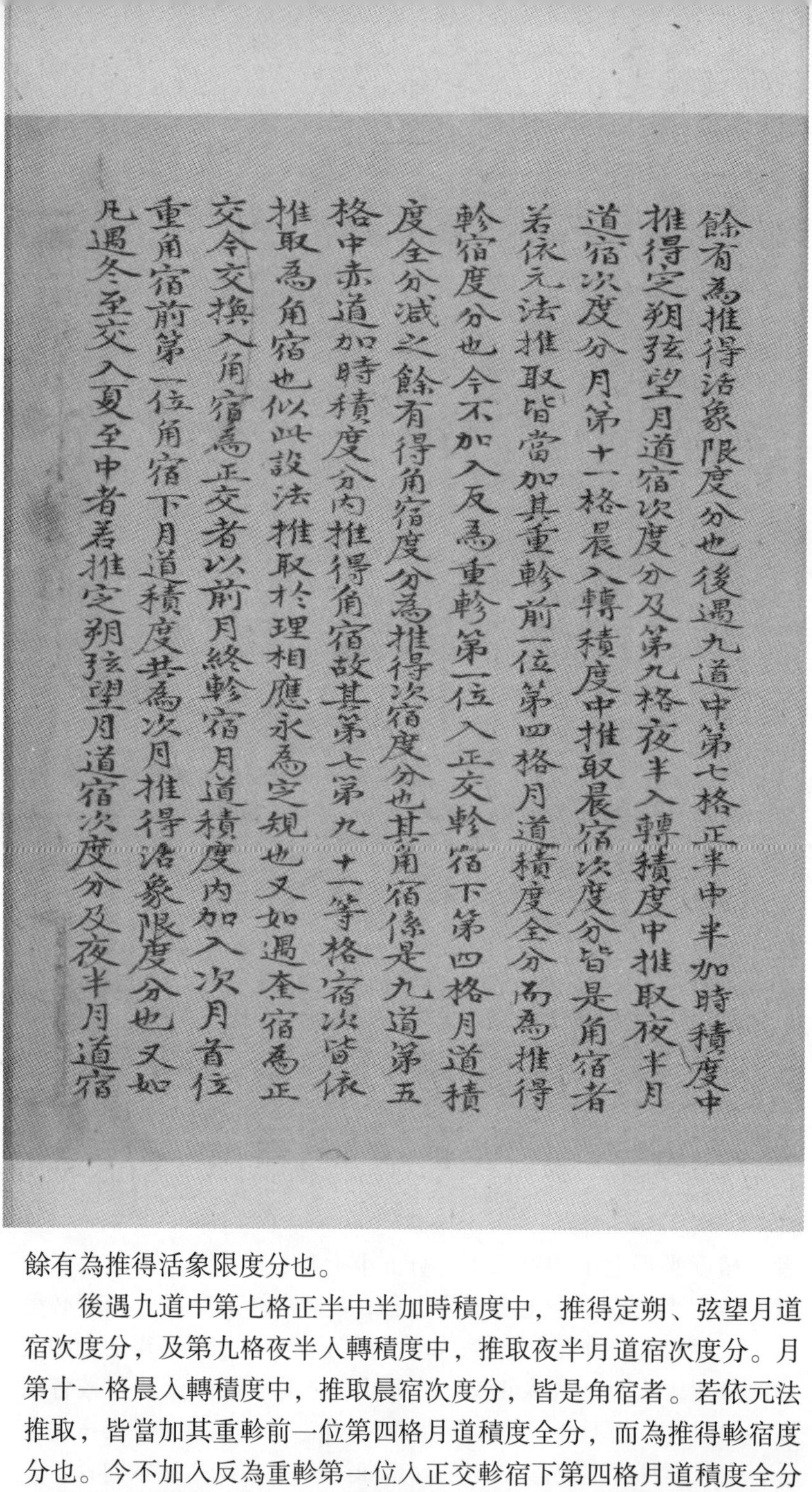
餘有爲推得活象限度分也後遇九道中第七格正半中半加時積度中
推得定朔弦望月道宿次度分及第九格夜半入轉積度中推取夜半月
道宿次度分月第十一格晨入轉積度中推取晨宿次度分皆是角宿者
若依元法推取皆當加其重軫前一位第四格月道積度全分而爲推得
軫宿度分也今不加入反爲重軫第一位入正交軫宿下第四格月道積
度全分減之餘有得角宿度分爲推得次宿度分也其角宿係是九道第五
格中赤道加時積度分內推得角宿故其第七第九十一等格宿次皆依
推取爲角宿也似此設法推取扵理相應永爲定規也又如遇奎宿爲正
交今交換入角宿爲正交者以前月終軫宿月道積度內加入次月首位
重角宿前第一位角宿下月道積度共爲次月推得活象限度分也又如
凡遇冬至交入夏至中者若推定朔弦望月道宿次度分及夜半月道宿

餘有為推得活象限度分也。

後遇九道中第七格正半中半加時積度中，推得定朔、弦望月道宿次度分，及第九格夜半入轉積度中，推取夜半月道宿次度分。月第十一格晨入轉積度中，推取晨宿次度分，皆是角宿者。若依元法推取，皆當加其重軫前一位第四格月道積度全分，而為推得軫宿度分也。今不加入反為重軫第一位入正交軫宿下第四格月道積度全分減之，餘有得角宿度分，為推得次宿度分也。其角宿係是九道第五格中赤道加時積度分內推得角宿，故其第七、第九、十一等格宿次皆依推，取為角宿也。似此設法推取扵理相應，永為定規也。

又如遇奎宿為正交，今交換入角宿為正交者，以前月終軫宿月道積度內加入次月首位重角宿前第一位角宿下月道積度，共為次月推得活象限度分也。

又如凡遇冬至交入夏至中者，若推定朔、弦望月道宿次度分及夜半月道宿

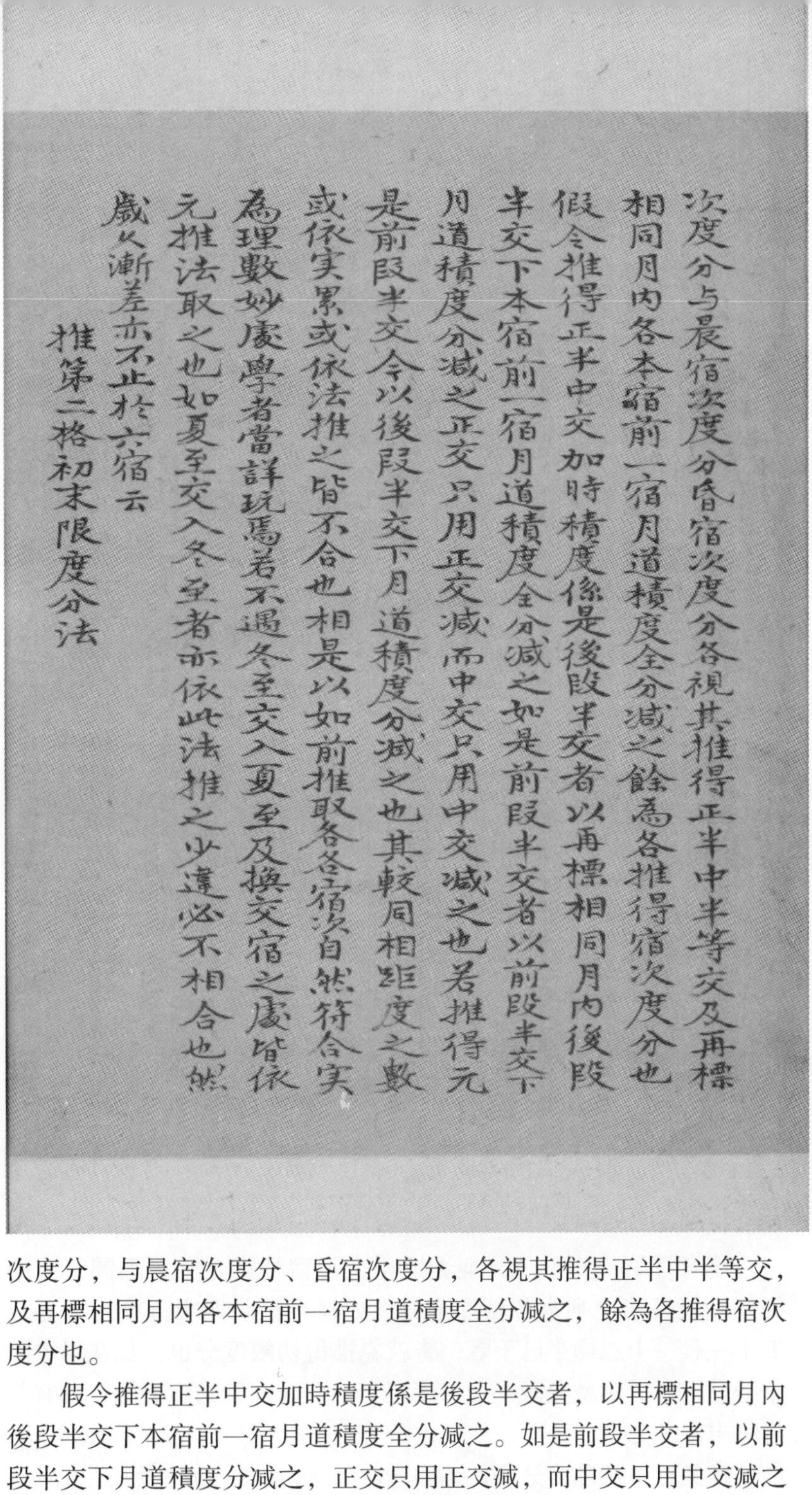
次度分与晨宿次度分昏宿次度分各視其推得正半中半等交及再標
相同月内各本宿前一宿月道積度全分減之餘爲各推得宿次度分也
假令推得正半中交加時積度係是後段半交者以再標相同月内後段
半交下本宿前一宿月道積度全分減之如是前段半交者以前段半交下
月道積度分減之正交只用正交減而中交只用中交減之也若推得元
是前段半交今以後段半交下月道積度分減之也其較同相距度之數
或依实累或依法推之皆不合也相是以如前推取各各宿次自然符合实
爲理數妙處學者當詳玩焉若不遇冬至交入夏至及換交宿之處皆依
元推法取之也如夏至交入冬至者亦依此法推之少違必不相合也然
歲久漸差亦不止於六宿云
推第二格初末限度分法

次度分，与晨宿次度分、昏宿次度分，各視其推得正半中半等交，及再標相同月内各本宿前一宿月道積度全分減之，餘為各推得宿次度分也。

假令推得正半中交加時積度係是後段半交者，以再標相同月内後段半交下本宿前一宿月道積度全分減之。如是前段半交者，以前段半交下月道積度分減之，正交只用正交減，而中交只用中交減之也。若推得元是前段半交，今以後段半交下月道積度分減之也，其較同相距度之數，或依实累或依法推之，皆不合也。相是以如前推取各各宿次，自然符合，实為理數妙處，學者當詳玩焉。若不遇冬至交入夏至，及換交宿之處，皆依元推法取之也。如夏至交入冬至者，亦依此法推之，少違必不相合也。然歲久漸差，亦不止於六宿云。

推第二格初末限度分法

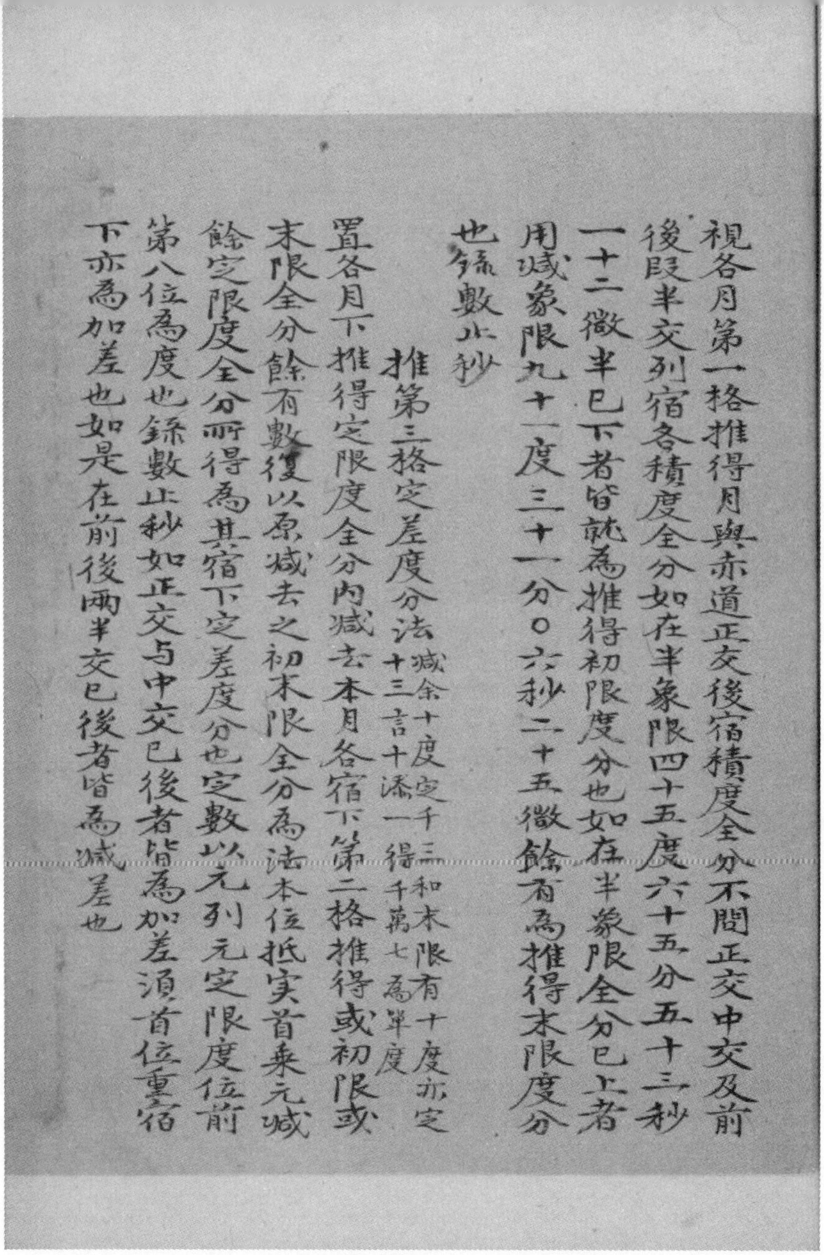

視各月第一格推得月與赤道正交後宿積度全分，不問正交中交及前後段半交列宿各積度全分，如在半象限四十五度六十五分五十三秒一十二微半已下者，皆就為推得初限度分也。如在半象限全分已上者，用減象限九十一度三十一分〇六秒二十五微，餘有為推得末限度分也，錄數止秒。

推第三格定差度分法，減余十度定千三和，末限有十度亦定十，三言十添一得千萬，七為單度[1]

置各月下推得定限度全分，內減去本月各宿下第二格推得或初限或末限全分，餘有數復以原減去之初末限全分為法，本位抵实首乘元減餘定限度全分，所得為其宿下定差度分也。定數以元列元定限度位前第八位為度也，錄數止秒。如正交与中交已後者，皆為加差，須首位重宿下亦為加差也。如是在前後兩半交已後者，皆為減差也。

1 此處疑有誤。

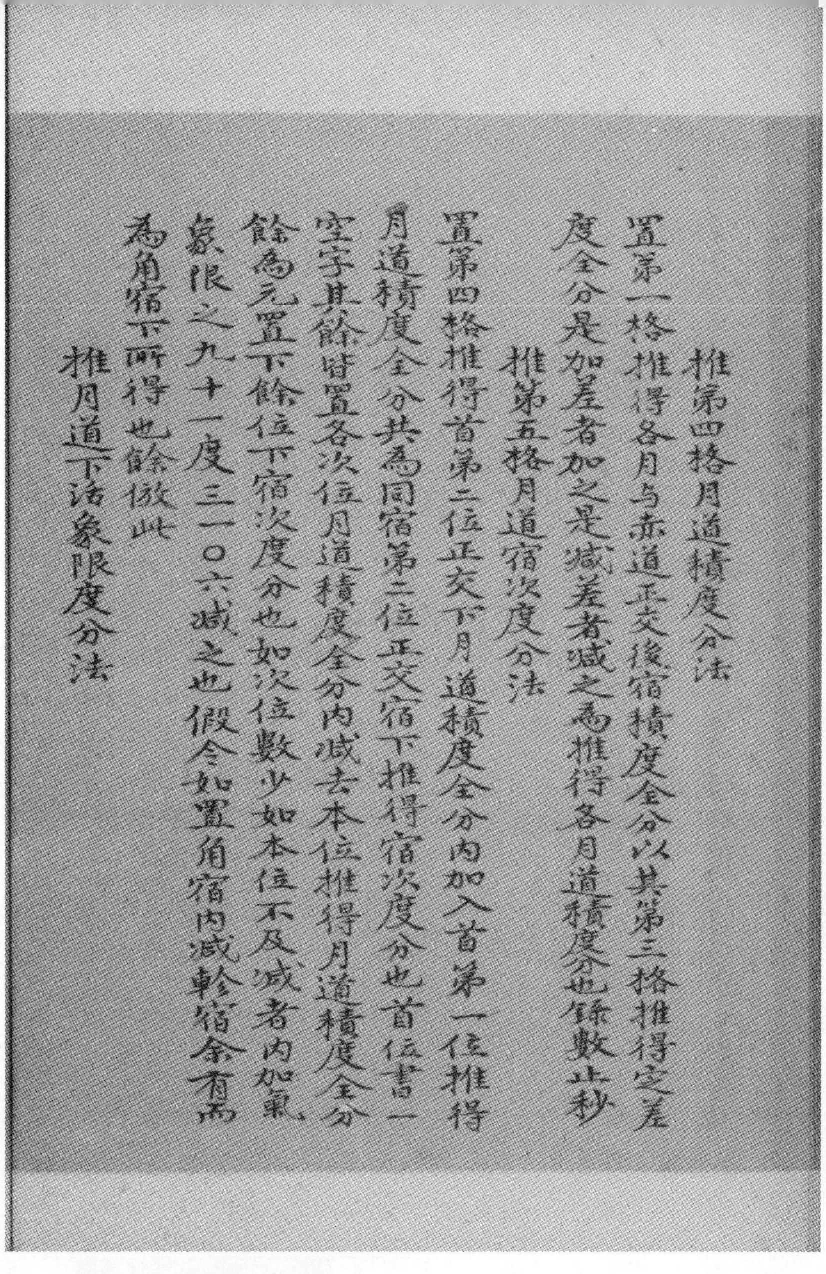
推第四格月道積度分法
置第一格推得各月与赤道正交後宿積度全分以其第三格推得定差
度全分是加差者加之是減差者減之為推得各月道積度分也錄數止秒
推第五格月道宿次度分法
置第四格推得首第二位正交下月道積度全分內加入首第一位推得
月道積度全分共為同宿第二位正交宿下推得宿次度分也首位書一
空字其餘皆置各次位月道積度全分內減去本位推得月道積度全分
餘為元置下餘位下宿次度分也如次位數少如本位不及減者內加氣
象限之九十一度三一〇六減之也假令如置角宿內減軫宿余有而
為角宿下所得也餘倣此
推月道下活象限度分法

推第四格月道積度分法

置第一格推得各月与赤道正交後宿積度全分，以其第三格推得定差度全分，是加差者加，是減差者減之，為推得各月道積度分也，錄數止秒。

推第五格月道宿次度分法

置第四格推得首第二位正交下月道積度全分，內加入首第一位推得月道積度全分，共為同宿第二位正交宿下推得宿次度分也。首位書一“空”字，其餘皆置各次位月道積度全分，內減去本位推得月道積度全分，餘為元置下餘位下宿次度分也。如次位數少如本位，不及減者，內加氣象限之九十一度三一〇六減之也。假令如置角宿內減軫宿，余有而為角宿下所得也，餘倣此。

推月道下活象限度分法

置各月重宿首一位下第四格推得月道積度全分内加入前月末一位推
得月道積度全分共為其月下活象限度分也即半交与正交相接之數
也又如遇交換正交宿次月分置換得宿次之月首一位下第四格月道
積度全分内如入前月末位之次位所補重宿下第四格月道積度全分
又氣象限九十一度三一〇六共為其月推得活氣限也　又法併其換
得宿次月首一位与前月末位之次位所補宿前一位各月道積度全分
及所補宿下第五格推得宿次度分全分共得亦同也此即較法也

推太陰九道法 亦名白道

九道行欵格律程法

推洪武十七年甲子太陰九道

如推他年九道皆依此式其赤道宿次度分及黄道宿次度

置各月重宿首一位下第四格推得月道積度全分，内加入前月末一位推得月道積度全分，共為其月下活象限度分也，即半交与正交相接之數也。又如遇交換正交宿次月分，置換得宿次之月首一位下第四格月道積度全分内，如入前月末位之次位，所補重宿下第四格月道積度全分，又氣象限九十一度三一〇六，共為其月推得活氣限也。

又法，併其換得宿次月首一位，与前月末位之次位，所補宿前一位各月道積度全分，及所補宿下第五格推得宿次度分全分，共得亦同也。此即較法也。

推太陰九道法，亦名白道

九道行欵格律程法

推洪武十七年甲子太陰九道

如推他年九道，皆依此式。其赤道宿次度分及黄道宿次度

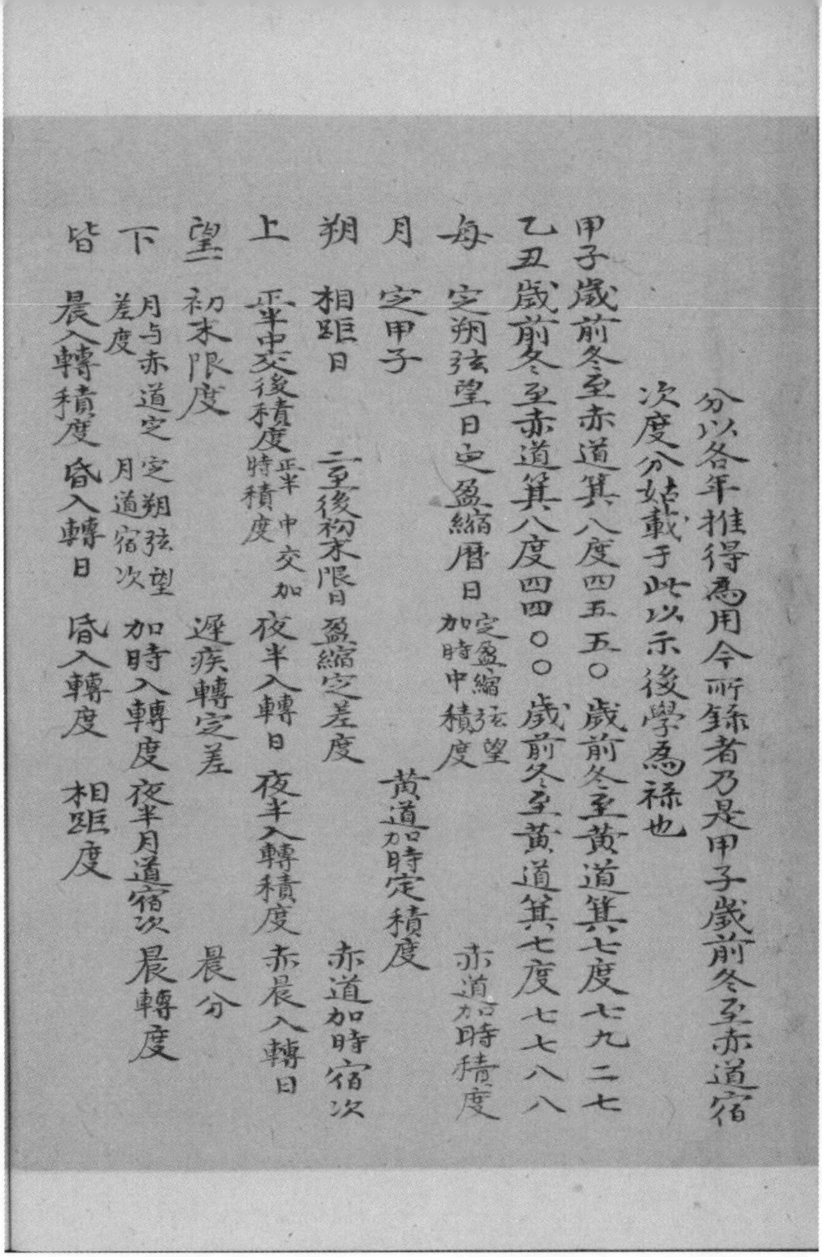

分，以各年推得為用，今所錄者，乃是甲子歲前冬至赤道宿次度分，姑載于此，以示後學為祿也。

甲子歲前冬至赤道，箕八度四五五〇，歲前冬至黄道，箕七度七九二七。

乙丑歲前冬至赤道，箕八度四四〇〇，歲前冬至黄道，箕七度七七八八。

每月朔上望下皆	定朔弦望日 定甲子 相距日	定盈缩曆日 二至後初末限日	定盈缩弦望 加時中積度 盈縮定差度	黄道加時 定積度	赤道加時積度 赤道加時宿次
	正半中交後積度 初末限度 月与赤道定差度	正半中交加時積度 定朔弦望 月道宿次	夜半入轉日 遅疾轉定差 加時入轉度	夜半入轉積度 夜半月道宿次	赤[1]晨入轉日 晨分 晨轉度
	晨入轉積度	昏入轉日	昏入轉度	相距度	

1“赤”為衍文。

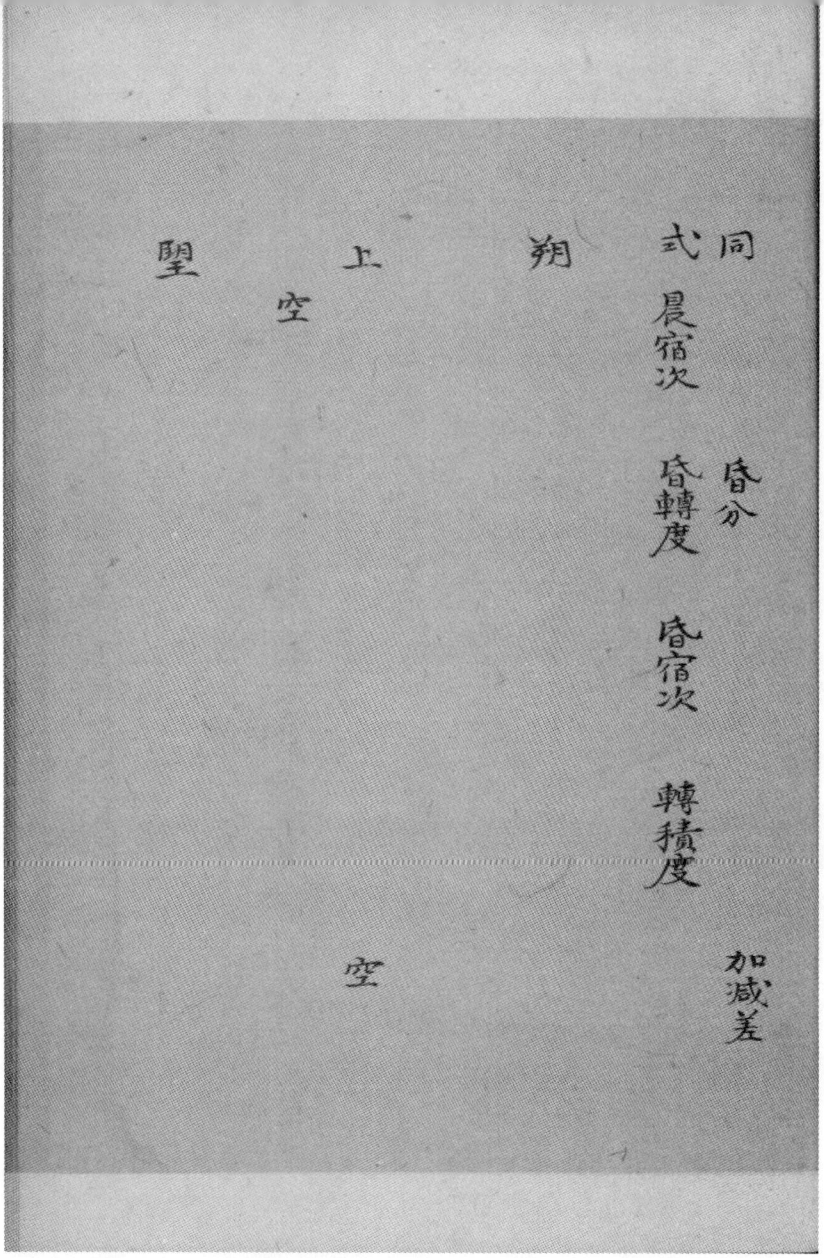

同式	晨宿次	昏分 昏轉度	昏宿次	轉積度	加減差
朔上望	空				空

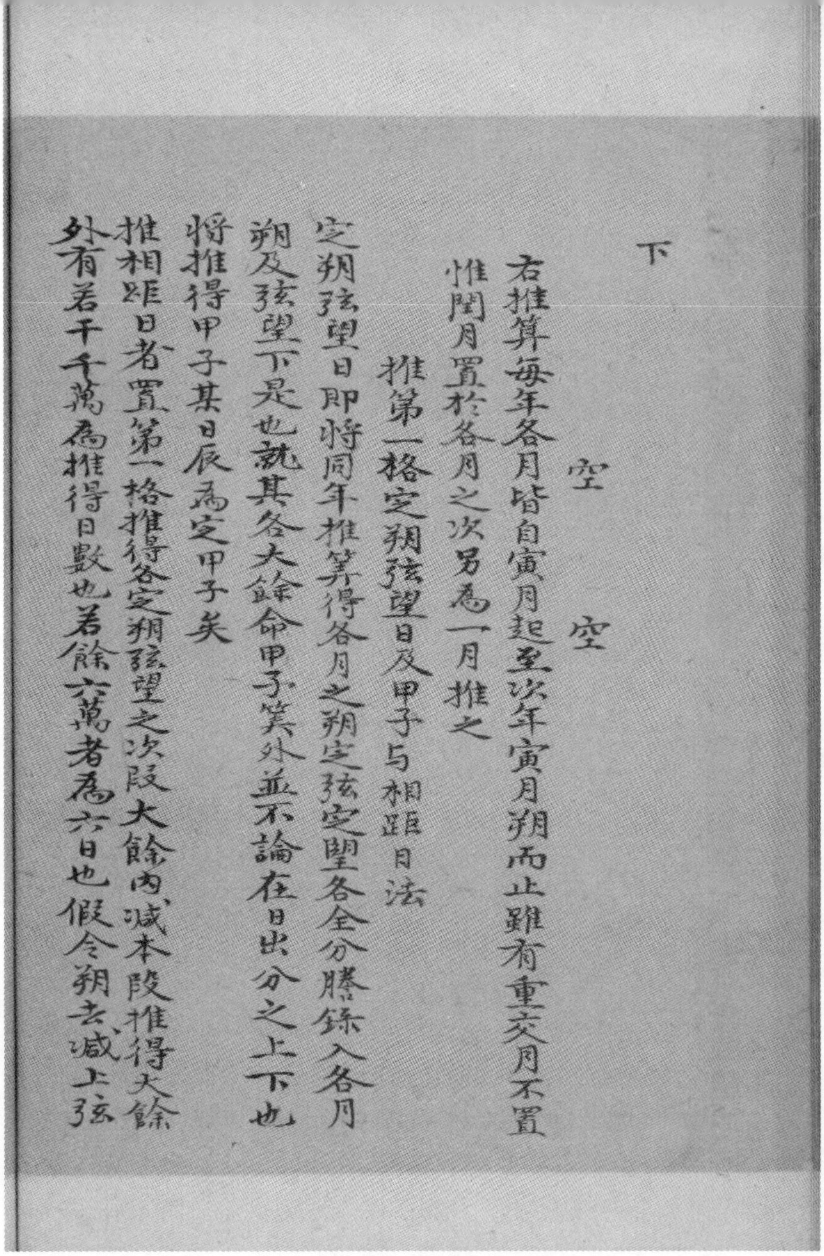
下　空　空

右推算每年各月皆自寅月起至次年寅月朔而止雖有重交月不置
惟閏月置於各月之次另為一月推之
推第一格定朔弦望日及甲子与相距日法
定朔弦望日即將同年推筭得各月之朔定弦定朢各全分謄錄入各月
朔及弦望下是也就其各大餘命甲子筭外並不論在日出分之上下也
將推得甲子某日辰為定甲子矣
推相距日者置第一格推得各定朔弦望之次段大餘內減本段推得大餘
外有若干千萬為推得日數也若餘六萬者為六日也假令朔去減上弦

下	空	空

右推算每年各月皆自寅月起，至次年寅月朔而止。雖有重交月不置，惟閏月置扵各月之次，另為一月推之。

推第一格定朔弦望日及甲子与相距日法

定朔、弦望日，即將同年推筭得各月之朔定弦、定朢各全分謄錄入各月朔及弦望下是也。就其各大餘，命甲子筭外，並不論在日出分之上下也，將推得甲子某日辰為定甲子矣。

推相距日者，置第一格推得各定朔、弦望之次段大餘，内減本段推得大餘，外有若干千萬為推得日數也。若餘六萬者，為六日也。

假令朔去減上弦，

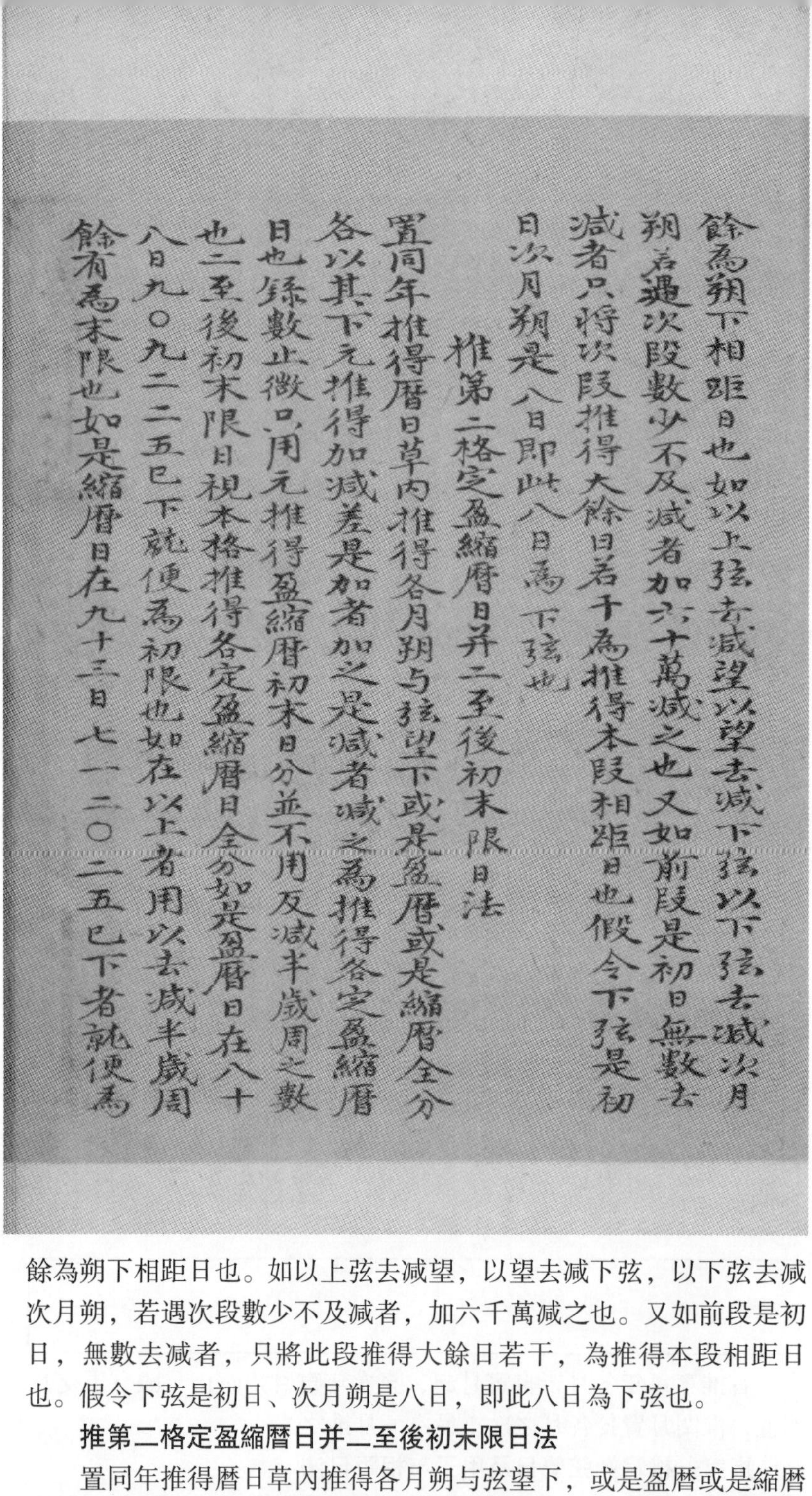

餘為朔下相距日也。如以上弦去減望，以望去減下弦，以下弦去減次月朔，若遇次段數少不及減者，加六千萬減之也。又如前段是初日，無數去減者，只將此段推得大餘日若干，為推得本段相距日也。假令下弦是初日、次月朔是八日，即此八日為下弦也。

推第二格定盈縮曆日并二至後初末限日法

置同年推得曆日草内推得各月朔与弦望下，或是盈曆或是縮曆全分，各以其下元推得加減差，是加者加之，是減者減之，為推得各定盈縮曆日也，錄數止微。只用元推得盈縮曆初末日分，並不用反減半歲周之數也。二至後初末限日，視本格推得各定盈縮曆日全分，如是盈曆日，在八十八日九〇九二二五已下，就便為初限也，如在以上者，用以去減半歲周，餘有為末限也。如是縮曆日，在九十三日七一二〇二五已下者，就便為

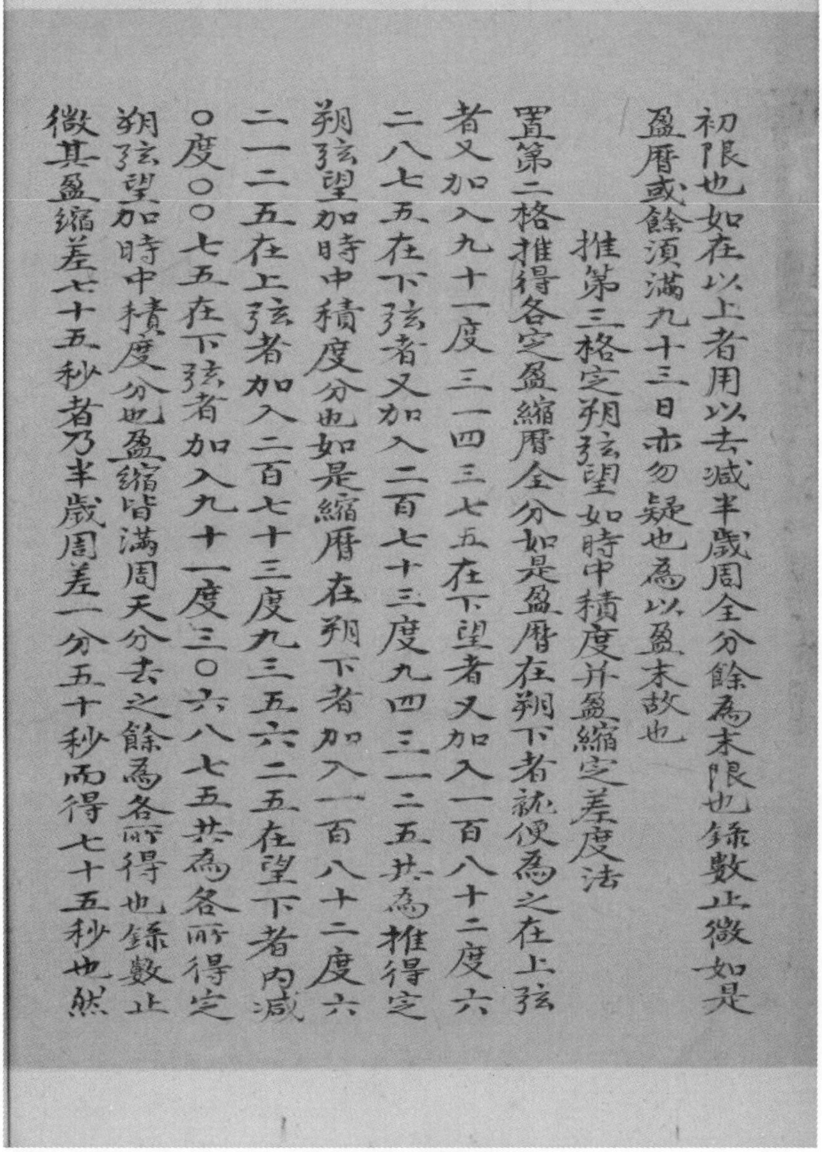
初限也如在以上者用以去減半歲周全分餘為末限也錄數止微如是
盈曆或餘須滿九十三日亦勿疑也為以盈末故也
推第三格定朔弦望如時中積度并盈縮定差度法
置第二格推得各定盈縮曆全分如是盈曆在朔下者就便為之在上弦
者又加入九十一度三一四三七五在下望者又加入一百八十二度六
二八七五在下弦者又加入二百七十三度九四三一二五共為推得定
朔弦望加時中積度分也如是縮曆在朔下者加入一百八十二度六
二一二五在上弦者加入二百七十三度九三五六二五在望下者內減
○度○○七五在下弦者加入九十一度三○六八七五共為各所得定
朔弦望加時中積度分也盈縮皆滿周天分去之餘為各所得也錄數止
微其盈縮差七十五秒者乃半歲周差一分五十秒而得七十五秒也然

初限也，如在以上者，用以去減半歲周全分，餘為末限也，錄數止微。如是盈曆，或餘須滿九十三日，亦勿疑也，為以盈末故也。

推第三格定朔弦望如[1]時中積度并盈縮定差度法

置第二格推得各定盈縮曆全分，如是盈曆，在朔下者，就便為之；在上弦者，又加入九十一度三一四三七五；在下望者，又加入一百八十二度六二八七五；在下弦者，又加入二百七十三度九四三一二五，共為推得定朔弦望加時中積度分也。如是縮曆，在朔下者，加入一百八十二度六二一二五；在上弦者，加入二百七十三度九三五六二五；在望下者，內減○度○○七五；在下弦者，加入九十一度三○六八七五，共為各所得定朔、弦望加時中積度分也。盈縮皆滿周天分去之，餘為各所得也，錄數止微。其盈縮差七十五秒者，乃半歲周差一分五十秒，而得七十五秒也，然

1“如”當作“加”。

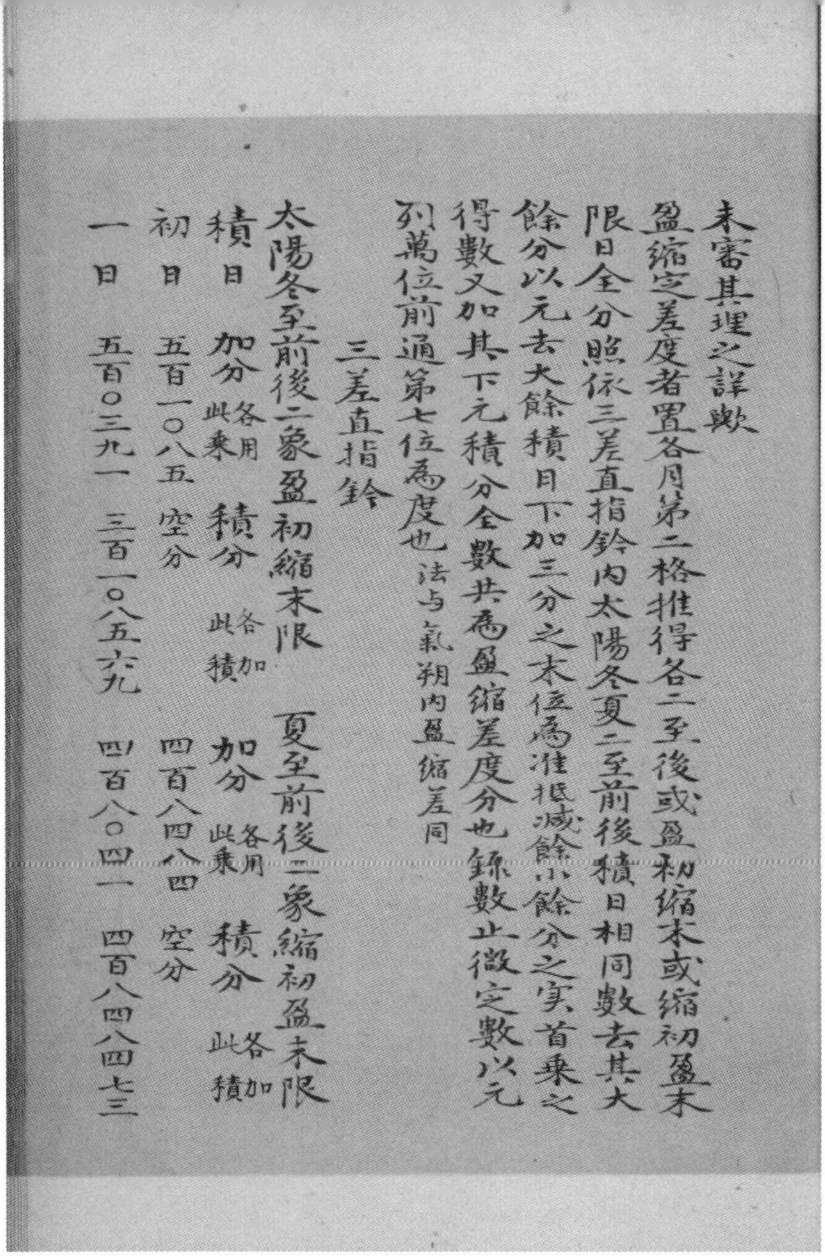

未審其理之詳歟。

盈縮定差度者，置各月第二格推得各二至後或盈初縮末、或縮初盈末限日全分，照依三差直指鈐內太陽冬夏二至前後積日相同數，去其大餘分，以元去大餘積日下加三分之末位為准抵減，餘小餘分之实首乘之，得數又加其下元積分全數，共為盈縮差度分也，錄數止微。定數以元列萬位前通第七位為度也，法与氣朔內盈縮差同。

三差直指鈐

	太陽冬至前後二象盈初縮末限		夏至前後二象縮初盈末限	
積日	加分　各用此乘	積分　各加此積	加分　各用此乘	積分　各加此積
初日	五百一〇八五	空分	四百八四八四	空分
一日	五百〇三九一	三百一〇八五六九	四百八〇四一	四百八四八四七三

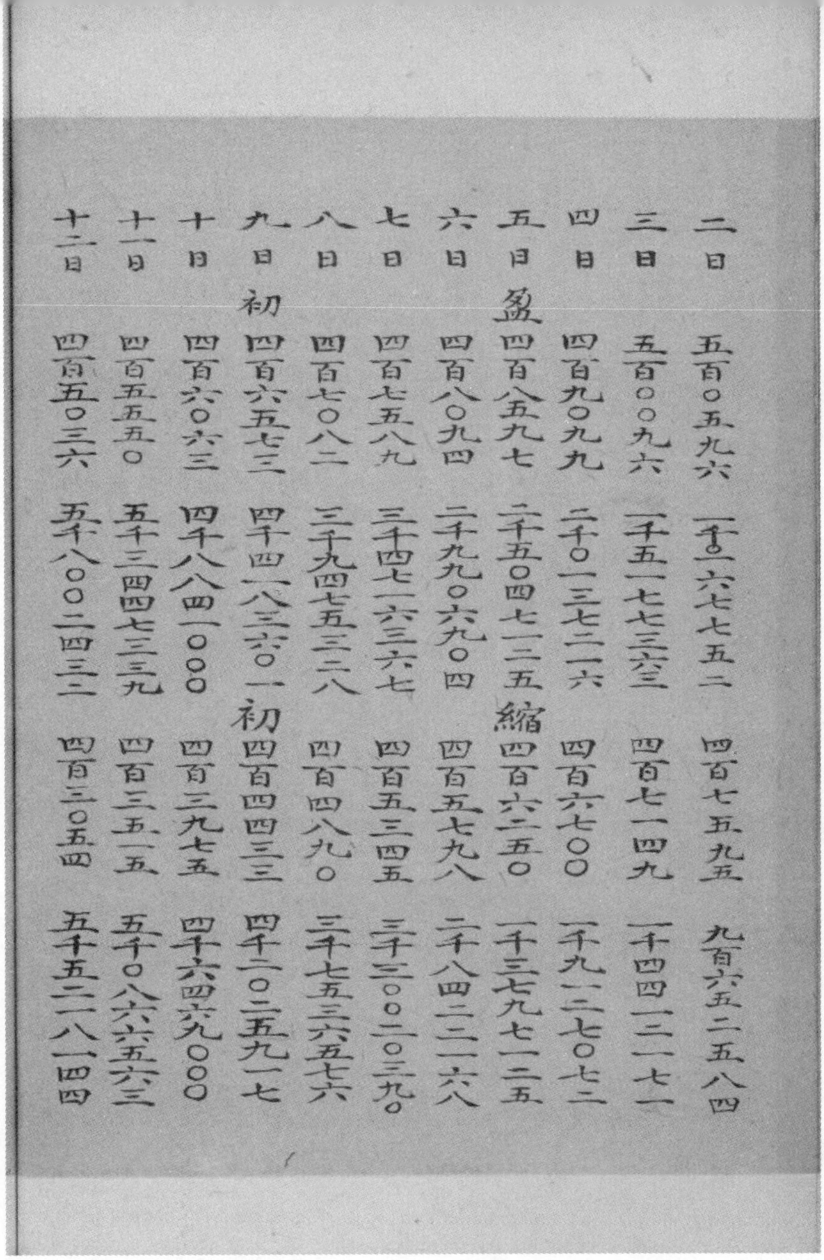

二日	五百〇五九六	一千〇一六七七五二	四百七五九五	九百六五二五八四
三日	五百〇〇九六	千五一七七三六三	四百七一四九	一千四四一二一七一
四日	四百九〇九九	二千〇一三七二一六	四百六七〇〇	一千九一二七〇七二
五日	盈四百八五九七	二千五〇四七一二五	盈四百六二五〇	一[1]千三七九七一二五
六日	四百八〇九四	二千九九〇六九〇四	四百五七九八	二千八四二二一六八
七日	四百七五八九	三千四七一六三六七	四百五三四五	三千三〇〇二〇三九〇
八日	四百七〇八二	三千九四七五三二八	四百四八九〇	三千七五三六五七六
九日	初四百六五七三	四千四一八三六〇一	初四百四四三三	四千二〇二五九一七
十日	四百六〇六三	四千八八四一〇〇〇	四百三九七五	四千六四六九〇〇〇
十一日	四百五五五〇	五千三四四七三三九	四百三五一五	五千〇八六六五六三
十二日	四百五〇三六	五千八〇〇二四三二	四百三〇五四	五千五二一八一四四

1"一"當作"二"。

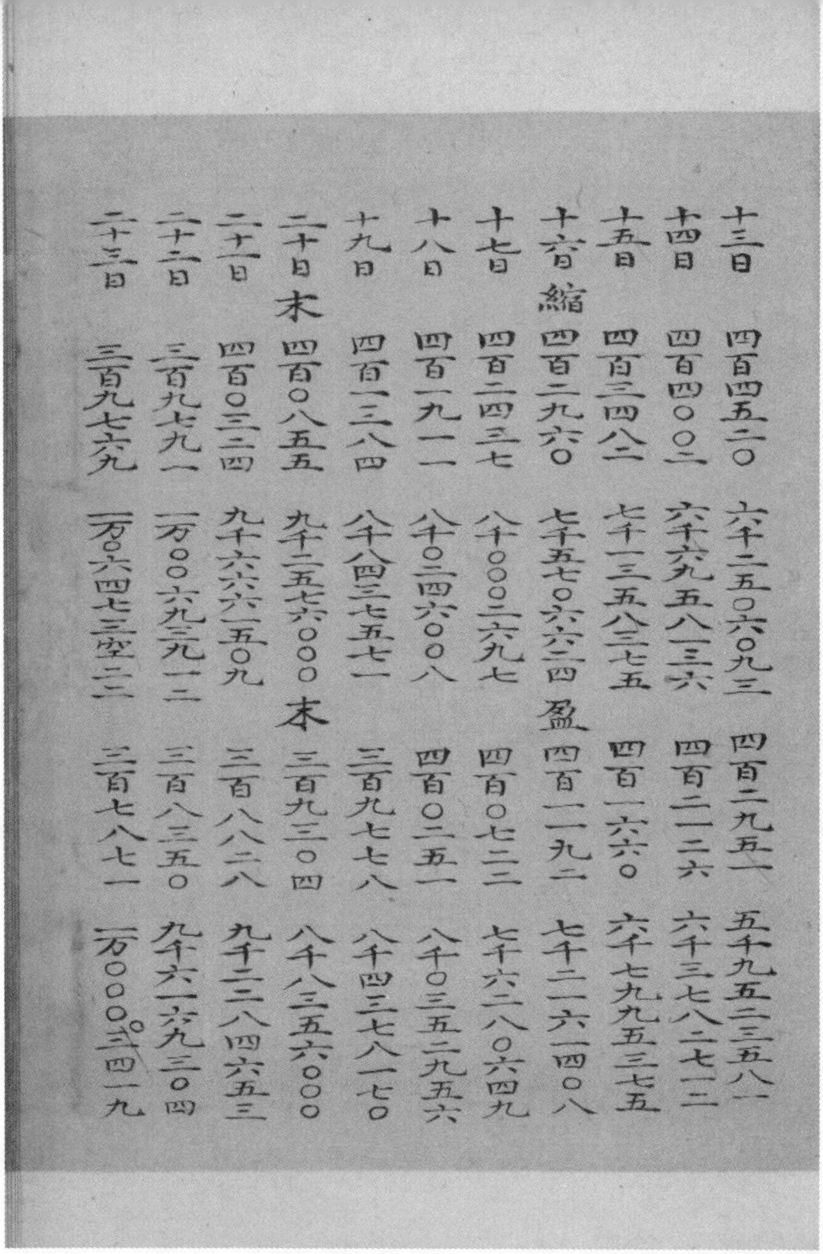

十三日	四百四五二〇	六千二五〇六〇九三	四百二九五一	五千九五二三五八一
十四日	四百四〇〇二	六千六九五八一三六	四百二一二六	六千三七八二七一二
十五日	四百三四八二	七千一三五八三七五	四百一六六〇	六千七九九五三七五
十六日	縮四百二九六〇	七千五七〇六六二四	盈四百一一九二	七千二一六一四〇八
十七日	四百二四三七	八千〇〇〇二六九七	四百〇七二二	七千六二八〇六四九
十八日	四百一九一一	八千〇二四六〇〇八	四百〇二五一	八千〇三五二九五六
十九日	四百一三八四	八千八四三七五七一	三百九七七八	八千四三七八一七〇
二十日	末四百〇八五五	九千二五七六〇〇〇	末三百九三〇四	八千八三五六〇〇〇
二十一日	四百〇三二四	九千六六六一五〇九	三百八八二八	九千二二八四六五三
二十二日	三百九七九一	一万〇〇六九三九一二	三百八三五〇	九千六一六九三〇四
二十三日	三百九七六九	一万〇六四七三空二二	三百七八七一	一万〇〇〇〇三四一九

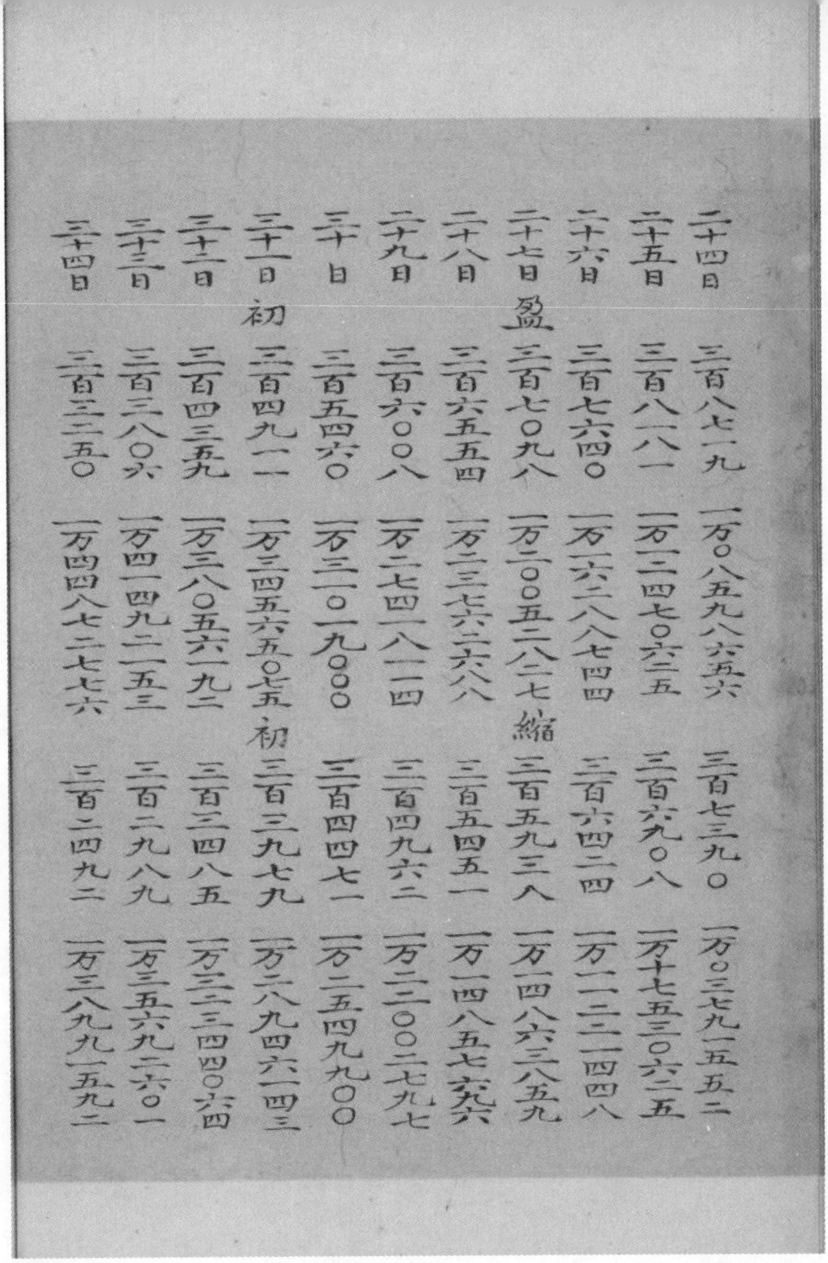

二十四日	三百八七一九	一万〇八五九八六五六	三百七三九〇	一万〇三七九一五五二
二十五日	三百八一八一	一万一二四七〇六二五	三百六九〇八	一万十七五三〇六二五
二十六日	三百七六四〇	一万一六二八八七四四	三百六四二四	一万一一二二一四四八
二十七日	盈三百七〇九八	一万二〇〇五二八二七	縮三百五九三八	一万一四八六三八五九
二十八日	三百六五五四	一万二三七六二六八八	三百五四五一	一万一四八五七六九六
二十九日	三百六〇〇八	一万二七四一八一一四	三百四九六二	一万二二〇〇二七九七
三十日	三百五四六〇	一万三一〇一九〇〇〇	三百四四七一	一万二五四九九〇〇
三十一日	初三百四九一一	一万三四五六五〇七五	初三百三九七九	一万二八九四六一四三
三十二日	三百四三五九	一万三八〇五六一九二	三百三四八五	一万三二三四四〇六四
三十三日	三百三八〇六	一万四一四九二一五三	三百二九八九	一万三五六九二六〇一
三十四日	三百三二五〇	一万四四八七二七七六	三百二四九二	一万三八九九一五九二

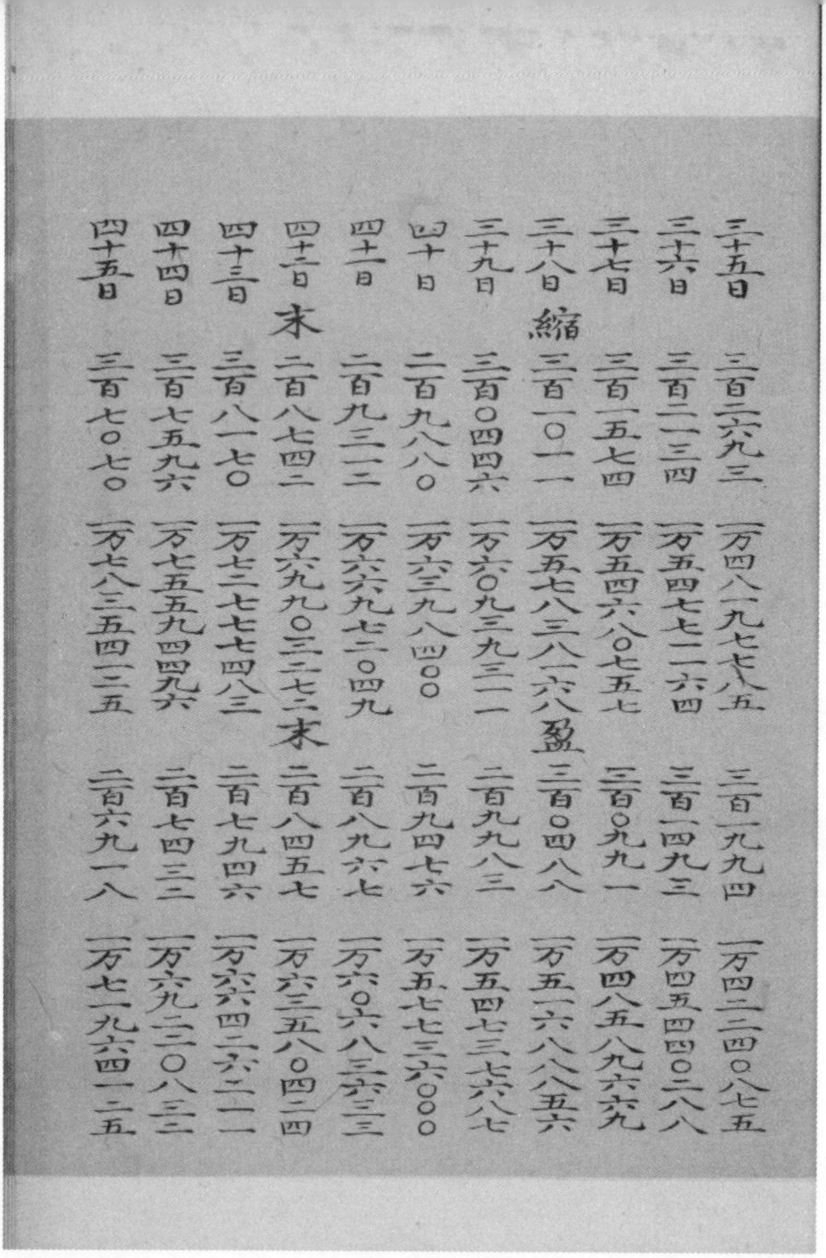

三十五日	三百二六九三	一万四八一九七七八五	三百一九九四	一万四二二四〇八七五
三十六日	三百二一三四	一万五四七七一一六四	三百一四九三	一万四五四四〇二八八
三十七日	三百一五七四	一万五四六八〇七五七	三百〇九九一	一万四八五八九六六九
三十八日	縮三百一〇一一	一万五七八三八一六八	盈三百〇四八八	一万五一六八八八五六
三十九日	三百〇四四六	一万六〇九三九三一一	二百九九八三	一万五四七三七六八七
四十日	二百九八八〇	一万六三九八四〇〇	二百九四七六	一万五七七三六〇〇〇
四十一日	二百九三一二	一万六六九七二〇四九	二百八九六七	一万六〇六八三六三三
四十二日	末二百八七四二	一万六九九〇三二七二	末二百八四五七	一万六三五八〇四二四
四十三日	三百八一七〇	一万七二七七七四八三	二百七九四六	一万六六四二六二一一
四十四日	三百七五九六	一万七五五九四四九六	二百七四三二	一万六九二二〇八三二
四十五日	三百七〇七〇	一万七八三五四一二五	二百六九一八	一万七一九六四一二五

四十六日	二百六四四三	一万八一〇五六一八四	二百六四〇一	一万七四六五五九二八
四十七日	二百五八六三	一万八三七〇〇四八七	二百五八八三	一万七七二九六〇七九
四十八日	二百五二八三	一万八六二八六八四八	二百五三六三	一万七九八八四四一六
四十九日	盈二百四六九九	一万八八八一五〇八一	縮二百四八四三	一万八二四二〇七七七
五十日	二百四一一四	一万九一二八五〇〇〇	二百四三一九	一万八四九〇五〇〇
五十一日	二百三五二七	一万九三六九六四一九	二百三七九四	一万八七三三六九二三
五十二日	二百二九三八	一万九六四九一五二	二百三二六八	一万八九七一六三八四
五十三日	初二百二三四八	一万九八三四三〇一三	初二百二七四〇	一万九二〇四三二三一
五十四日	二百一七五五	二万〇〇五七七八一六	二百二二一一	一万九四三一七二七二
五十五日	二百一一六一	二万〇二七五三三七五	二百一六七九	一万九六五三八三七五
五十六日	二百〇五六五	二万〇四八六九五〇四	二百一一四七	一万九八七〇六三六八

五十七日	一百九九六七	二万〇六九二六〇一七	二百〇六一二	二万八二一〇八九
五十八日	一百九三六七	二万〇八九二二七二八	二百〇〇七六	二万〇二八八二三七六
五十九日	一百八七六五	二万一〇八五九四五一	一百九五三九	二万〇四八九〇〇六七
六十日	縮一百八一六一	二万一二七三六〇〇〇	盈一百九〇〇〇	二万〇六八四四〇〇〇
六十一日	一百七五五六	二万一四五五二一八九	一百八四五九	二万〇八七四四〇〇一三
六十二日	一百六九四九	二万一六三〇七八三二	一百七九一六	二万一〇五八九九四四
六十三日	一百六三三九	二万一八〇〇二七四三	一百七三七二	二万一二三八一六三一
六十四日	末一百五七二八	二万一九六三六七三六	末一百六八二七	二万一四一一八九一二
六十五日	一百五一一九	二万二一二〇九六二五	一百六二七九	二万一五八〇一六二五
六十六日	一百四五〇一	二万二二七二一二二四	一百五七三〇	二万一七四二九六〇八〇
六十七日	一百三八八四	二万二四一七一三四七	一百五一八〇	二万一九〇〇二六九九

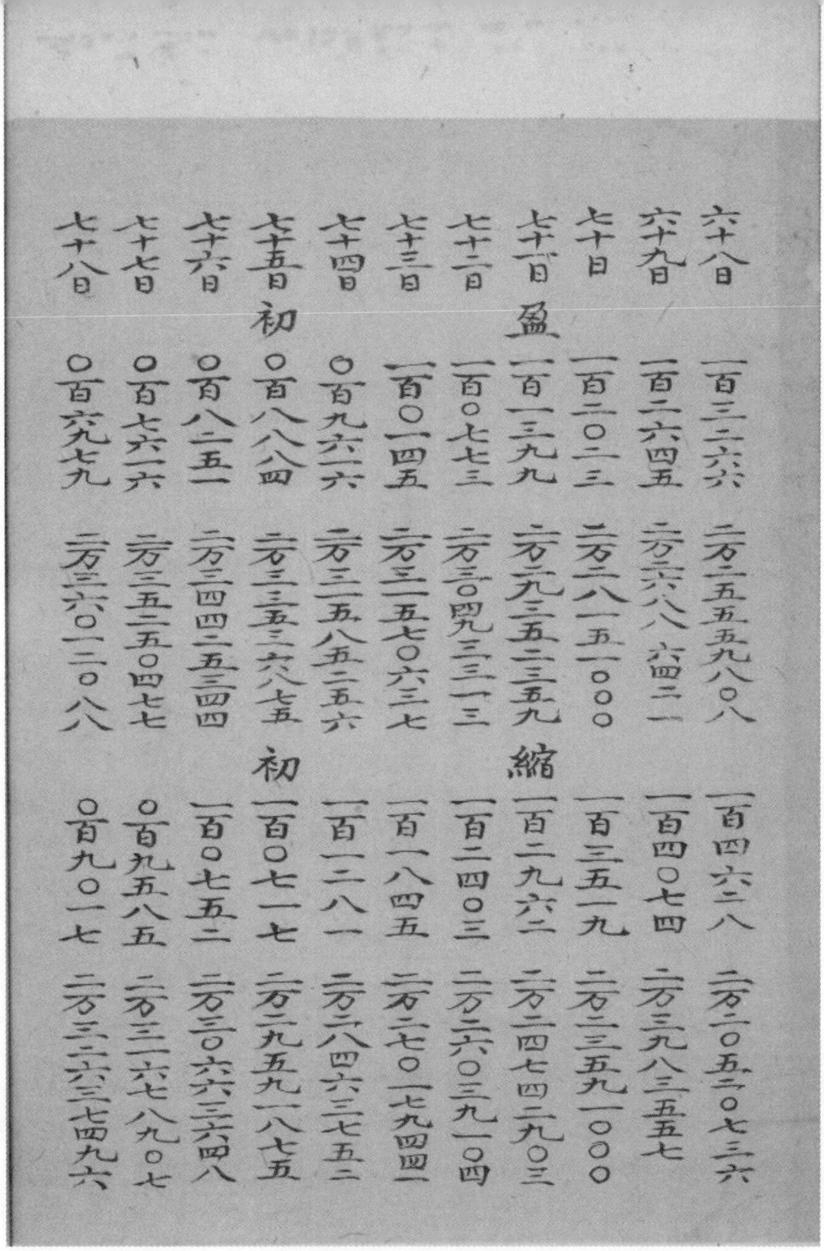

六十八日	一百三二六六	二万二五五五九八〇八	一百四六二八	二万二〇五二〇七三六
六十九日	一百二六四五	二万二六八八六四二一	一百四〇七四	二万三九八三五五七
七十日	一百二〇二三	二万二八一五一〇〇〇	一百三五一九	二万二三五九一〇〇〇
七十一日	盈一百一三九九	二万二九三五二三五九	縮一百二九六二	二万二四七四二九〇三
七十二日	一百〇七七三	二万三〇四九三三一三	一百二四〇三	二万二六〇三九一〇四
七十三日	一百〇一四五	二万三一五七〇六三七	一百一八四五	二万二七〇一七九四四一
七十四日	〇百九六一六	二万三一五八五二五六	一百一二八一	二万二八四六三七五二
七十五日	初〇百八八八四	二万三三五三六八七五	初一百〇七一七	二万二九五九一八七五
七十六日	〇百八二五一	二万三四四二五三四四	一百〇七五二	二万三〇六六三六四八
七十七日	〇百七六一六	二万三五二五〇四七七	〇百九五八五	二万三一六七八九〇七
七十八日	〇百六九七九	二万三六〇一二〇八八	〇百九〇一七	二万三二六三七四九六

七十九日	一百六三四〇	二万三六空七九九九一	〇百八四四七	二万三三五三九二四七
八十日	〇百五六九九	二万三七三四四〇〇〇	〇百七八七五	二万三四三八四〇〇〇
八十一日	〇百五〇五六	二万三七七一三九二九	〇百七三〇二	二万三五一七一五九三
八十二日	縮〇百四四一二	二万三八四一九五九二	盈〇百六七二七	二万三五九〇一八六四
八十三日	〇百三七六五	二万三八八六〇八〇三	〇百六一五一	二万三六五七四六五一
八十四日	〇百三一一七	二万三九二三七三七六	〇百五五七三	二万三七一八九七九二
八十五日	〇百二四六七	二万三九五四九一二五	〇百四九九三	二万三七七四七一二五
八十六日	末〇百一八一五	二万三九七九五八六四	末〇百四四一二	二万三八二四六四八八
八十七日	〇百一一六一	二万三九九七七四〇七	〇百三八二九	二万三八六八七七一九
八十八日	〇百〇五〇五	二万四〇〇九二五六八	〇百三二四四	二万三九〇七六五六
八十九日	空分	二万四一一四四一六一	〇百二六五八	二万三九九三五一三七

九十日			〇百二〇七〇	二万三九六六一〇〇〇
九十一日			〇百一四八一	二万三九八六八〇八三
九十二日			〇百〇八九〇	二万四〇〇一六二二四
九十三日			〇百〇二九七	二万四〇一〇五二六一
九十四日			空分	二万四〇一三五〇三二

推第四格黃道加時定積度分法

置第三格推得各定朔、弦望加時中積全分，視其同格推得各盈縮定差度全分，如是盈差者，則加之，如是縮差者，扵內則減去其差，餘為推得各黃道加時定積度分也，錄數止微。並不問盈縮限之初末也，如遇滿周天分去之，餘為推得數也。

推第五格赤道加時積度分并赤道加時宿次度分法

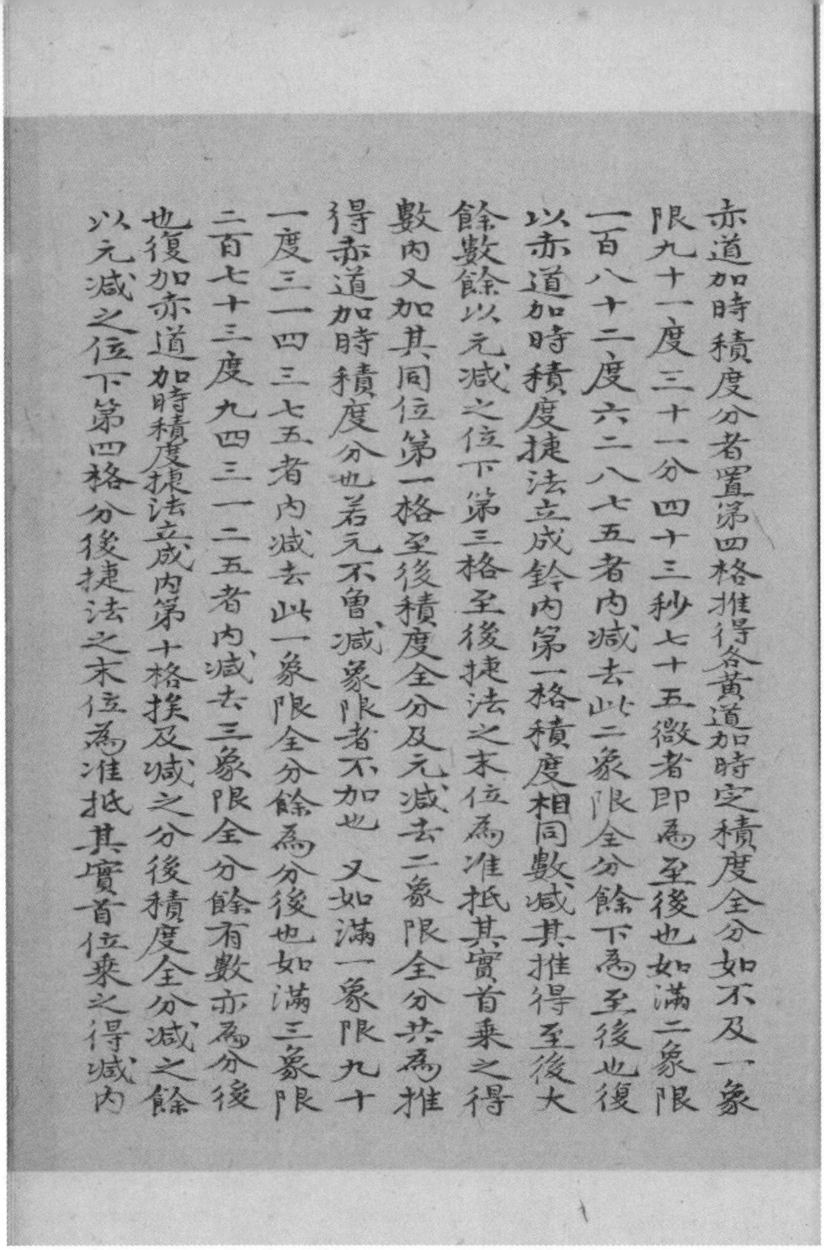

赤道加時積度分者，置第四格推得各黄道加時定積度全分，如不及一象限九十一度三十一分四十三秒七十五微者，即為至後也。如滿二象限一百八十二度六二八七五者，内減去此二象限全分，餘下為至後也。復以赤道加時積度捷法立成鈐内第一格積度相同數，減其推得至後大餘數，餘以元減之位下第三格至後捷法之末位為准，抵其實首乘之，得數内又加其同位第一格至後積度全分，及元減去二象限全分，共為推得赤道加時積度分也。若元不曾減象限者不加也。又如滿一象限九十一度三一四三七五者，内減去此一象限全分，餘為分後也。如滿三象限二百七十三度九四三一二五者，内減去三象限全分，餘有數，亦為分後也。復加赤道加時積度捷法立成内第十格挨及減之分後積度全分減之，餘以元減之位下第四格分後捷法之末位為准，抵其實首位乘之，得減内

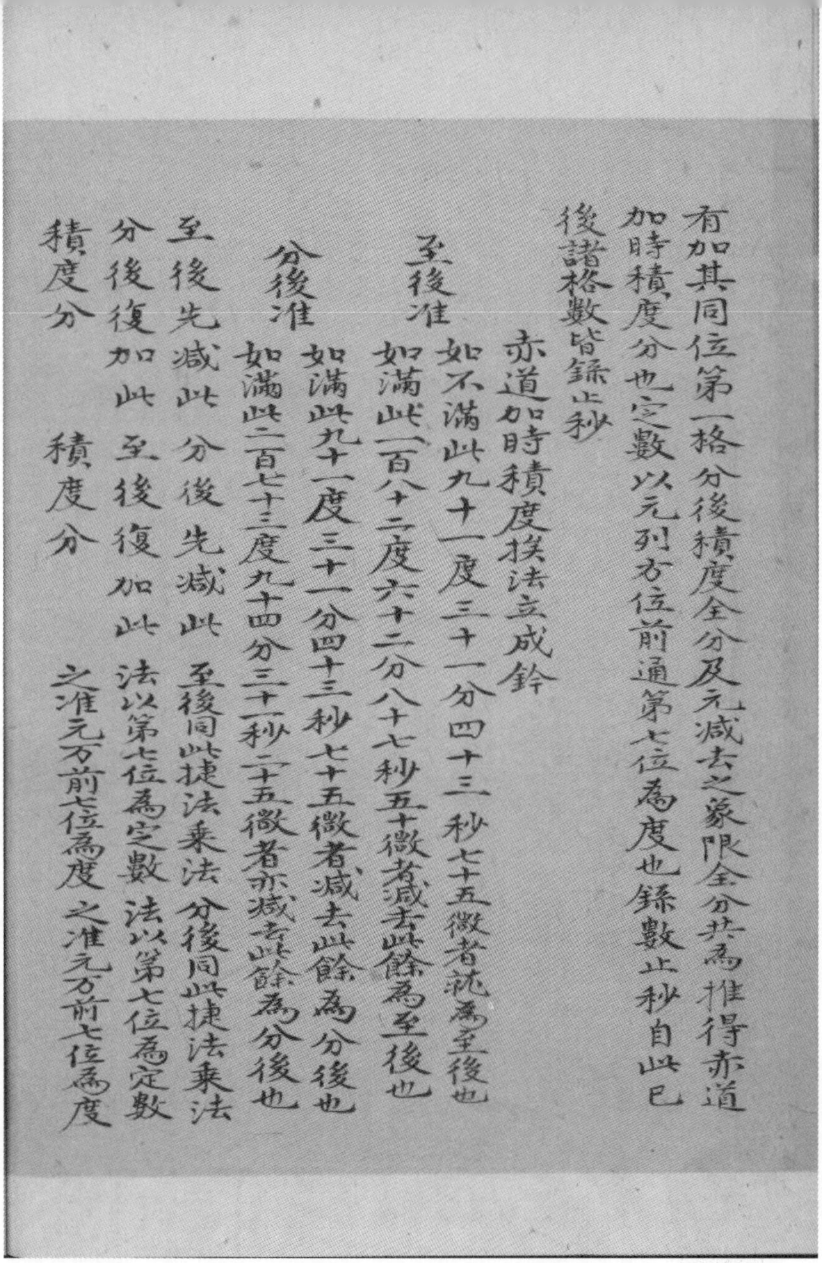

有加其同位第一格分後積度全分及元減去之象限全分，共為推得赤道加時積度分也。定數以元列方位前通第七位為度也，錄數止秒，自此已後諸格，數皆錄止秒。[1]

赤道加時積度挨法立成鈐

至後准
- 如不滿此九十一度三十一分四十三秒七十五微者，就為至後也。
- 如滿此一百八十二度六十二分八十七秒五十微者，減去此餘，為至後也。

分後准
- 如滿此九十一度三十一分四十三秒七十五微者，減去此餘，為分後也。
- 如滿此二百七十三度九十四分三十一秒二十五微者，亦減去此餘，為分後也。

至後先減此 分後復加此 積度分	分後先減此 至後復加此 積度分	至後同此捷法乘法，法以第七位為定數之准元，万前七位為度	分後同此捷法乘法，法以第七位為定數之准元，万前七位為度

1 根據黃道變赤道術，由黃道加時定積度分求赤道加時積度分。

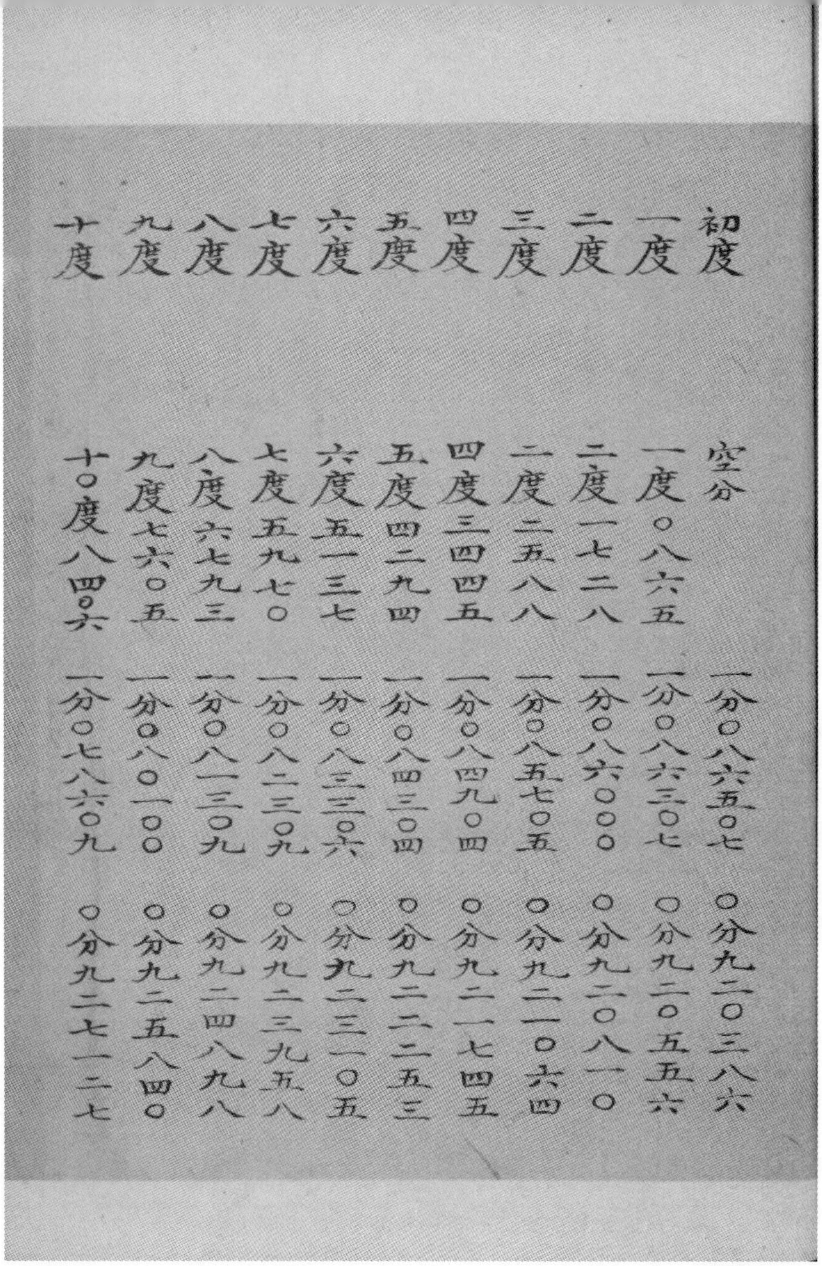

初度	空分	一分〇八六五〇七	〇分九二〇三八六
一度	一度〇八六五	一分〇八六三〇七	〇分九二〇五五六
二度	二度一七二八	一分〇八六〇〇〇	〇分九二〇八一〇
三度	二度二五八八	一分〇八五七〇五	〇分九二一〇六四
四度	四度三四四五	一分〇八四九〇四	〇分九二一七四五
五度	五度四二九四	一分〇八四三〇四	〇分九二二二五三
六度	六度五一三七	一分〇八三三〇六	〇分九二三一〇五
七度	七度五九七〇	一分〇八二三〇九	〇分九二三九五八
八度	八度六七九三	一分〇八一三〇九	〇分九二四八九八
九度	九度七六〇五	一分〇八〇一〇〇	〇分九二五八四〇
十度	十〇度八四〇六	一分〇七八六〇九	〇分九二七一二七

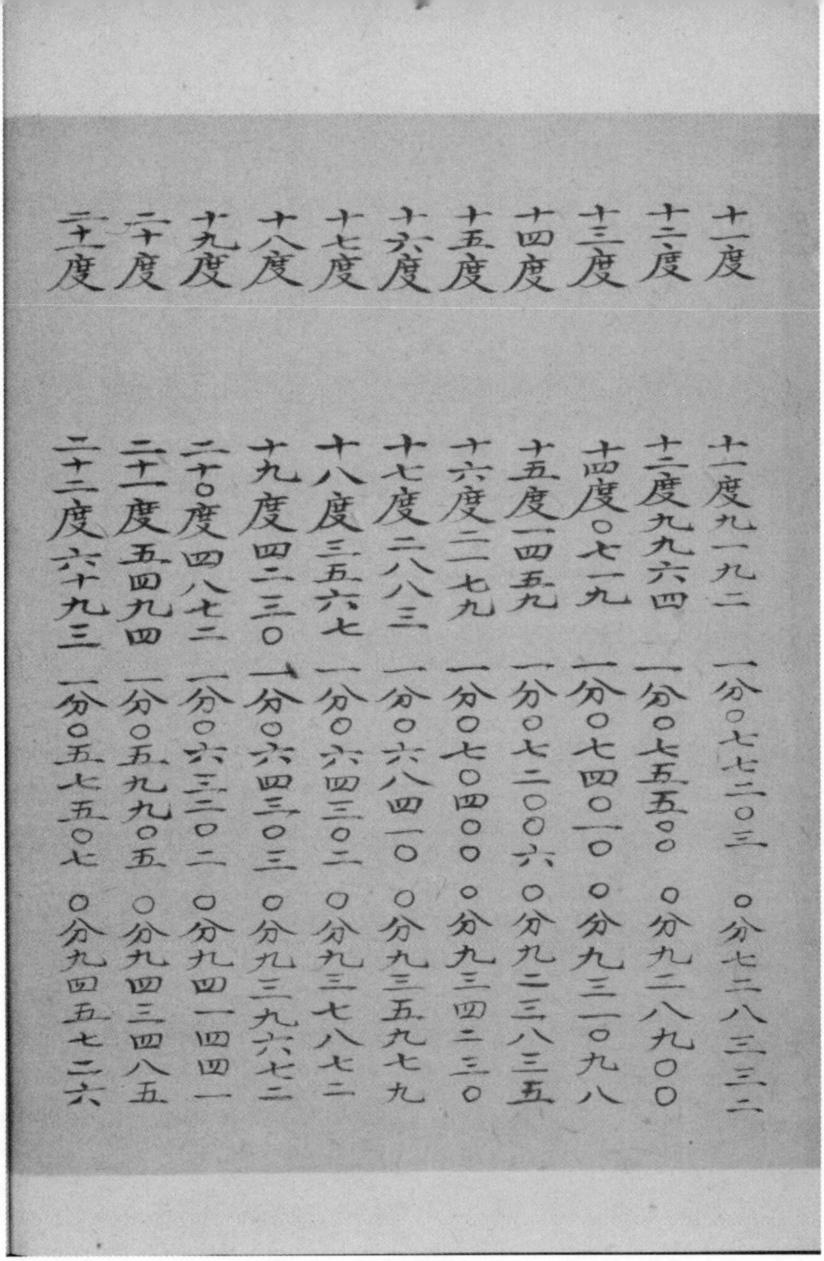

十一度	十一度九一九二	一分〇七七二〇三	〇分七二八三三二
十二度	十二度九九六四	一分〇七五五〇〇	〇分九二八九〇〇
十三度	十四度〇七一九	一分〇七四〇一〇	〇分九三一〇九八
十四度	十五度一四五九	一分〇七二〇〇六	〇分九二三八三五
十五度	十六度二一七九	一分〇七〇四〇〇	〇分九三四二三〇
十六度	十七度二八八三	一分〇六八四一〇	〇分九三五九七九
十七度	十八度三五六七	一分〇六四三〇二	〇分九三七八七二
十八度	十九度四二三〇	一分〇六四三〇三	〇分九三九六七二
十九度	二十〇度四八七二	一分〇六三二〇二	〇分九四一四四一
二十度	二十一度五四九四	一分〇五九九〇五	〇分九四三四八五
二十一度	二十二度六十九三	一分〇五七五〇七	〇分九四五七二六

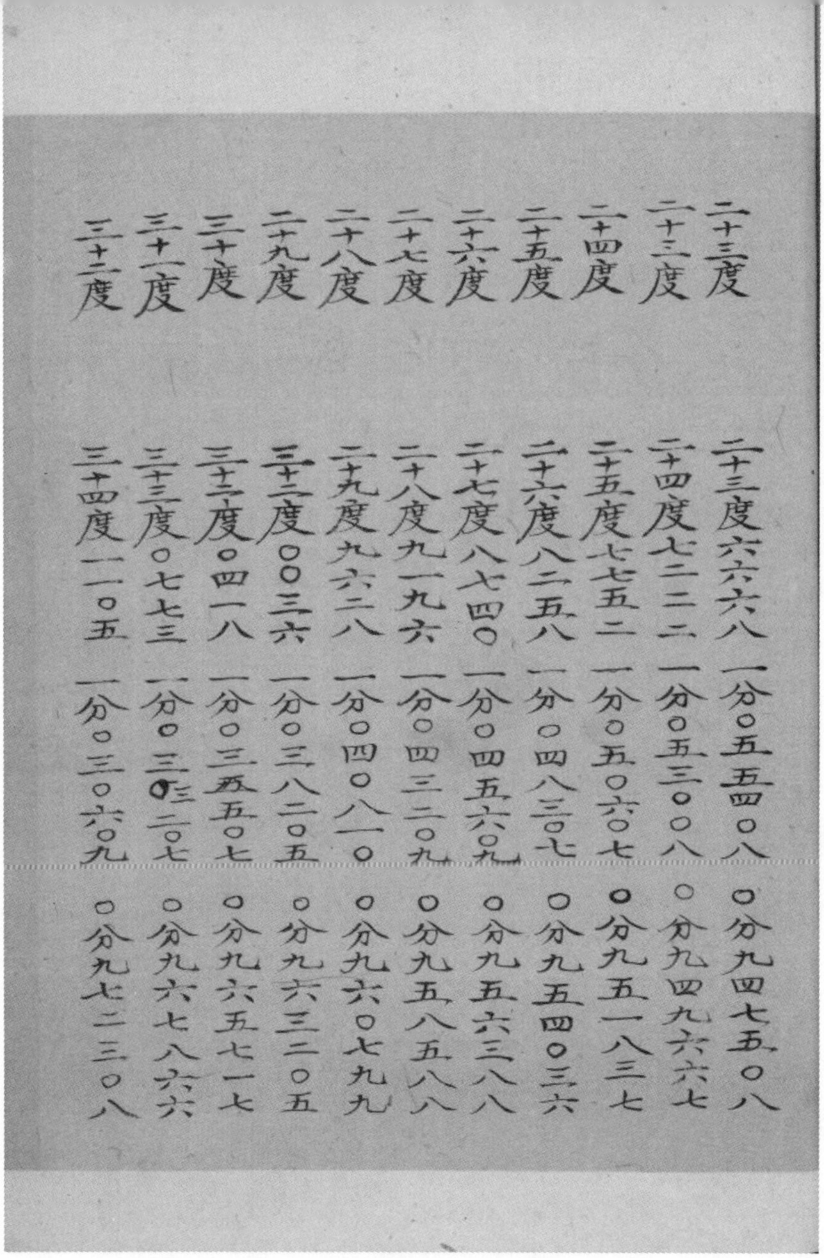

二十三度[1]	二十三度六六六八	一分〇五五四〇八	〇分九四七五〇八
二十三度	二十四度七二二二	一分〇五三〇〇八	〇分九四九六六七
二十四度	二十五度七七五二	一分〇五〇六〇七	〇分九五一八三七
二十五度	二十六度八二五八	一分〇四八三〇七	〇分九五四〇三六
二十六度	二十七度八七四〇	一分〇四五六〇九	〇分九五六三八八
二十七度	二十八度九一九六	一分〇四三二〇九	〇分九五八五八八
二十八度	二十九度九六二八	一分〇四〇八一〇	〇分九六〇七九九
二十九度	三十二度〇〇三六	一分〇三八二〇五	〇分九六三二〇五
三十度	三十二度〇四一八	一分〇三五五〇七	〇分九六五七一七
三十一度	三十三度〇七七三	一分〇三三二〇七	〇分九六七八六六
三十二度	三十四度一一〇五	一分〇三〇六〇九	〇分九七二三〇八

1“二十三度”當作“二十二度”。

三十三度	三十五度一四二一	一分〇二八〇〇二	〇分九七二七六二
三十四度	三十六度一六九一	一分〇二五四〇九	〇分九七五二二九
三十五度	三十七度一九四五	一分〇三二九〇二	〇分九七七六一二
三十六度	三十八度二一七四	一分〇二〇三〇四	〇分九八〇一〇三
三十七度	三十九度二三七七	一分〇一七七〇八	〇分九二八六〇七
三十八度	四十〇度二五五四	一分〇一五二〇七	〇分九八五〇二七
三十九度	四十一度三七〇六	一分〇一二六〇六	〇分九八七五五六
四十度	四十二度二八三二	一分〇一〇二〇三	〇分九八九九〇二
四十一度	四十三度二九三四	一分〇〇七五〇五	〇分九九二五五五
四十二度	四十四度三〇〇九	一分〇〇四九〇三	〇分九九五一二三
四十二度	四十五度三〇五八	一分〇〇二七〇七	〇分九九七二〇七

四十四度	四十六度三〇八五	一分〇〇〇〇〇〇〇	一分〇〇〇〇〇〇〇
四十五度	四十七度三〇八五	〇分九九七四〇六	一分〇〇二六〇六
四十六度	四十八度三〇五九	〇分九九五一〇四	一分〇〇四九三四
四十七度	四十九度三〇一〇	〇分九九二五〇六	一分〇〇七五五六
四十八度	五十〇度二九三五	〇分九九一〇〇八	一分〇〇九九九八
四十九度	五十一度二八三六	〇分九八七六〇五	一分〇一二五五五
五十度	五十三度二七一二	〇分九八五一〇五	一分〇一五一二五
五十一度	五十三度二五六三	〇分九八二七〇四	一分〇一七六〇四
五十二度	五十四度三三九〇	〇分九八〇三〇五	一分〇二〇〇九五
五十三度	五十五度二一九三	〇分九七八〇〇四	一分〇二二四九四
五十四度	五十六度一九七三	〇分九七五五〇五	一分〇二五一一五

五十五度	五十七度一七二八	〇分九七三一〇三	一分〇二七六四三
五十六度	五十八度一四五九	〇分九七〇八〇七	一分〇三〇〇七八
五十七度	五十九度一一六七	〇分九六八五〇四	一分〇三二五二四
五十八度	六十〇度〇八五二	〇分九六六一〇八	一分〇三五〇八九
五十九度	六十一度〇五一三	〇分九六三九〇一	一分〇三七四五二
六十度	六十二度〇五一二	〇分九六一六〇三	一分〇三九九三三
六十一度	六十二度九七六八	〇分九五九四〇七	一分〇四三三一八
六十二度	六十三度九三六二	〇分九五七二〇三	一分〇四四七一三
六十三度	六十四度八九三四	〇分九五五一〇〇	一分〇四七〇一〇
六十四度	六十五度八四八五	〇分九五二九〇七	一分〇四九四二八
六十五度	六十六度八〇二四	〇分九五〇九〇四	一分〇五一六三五

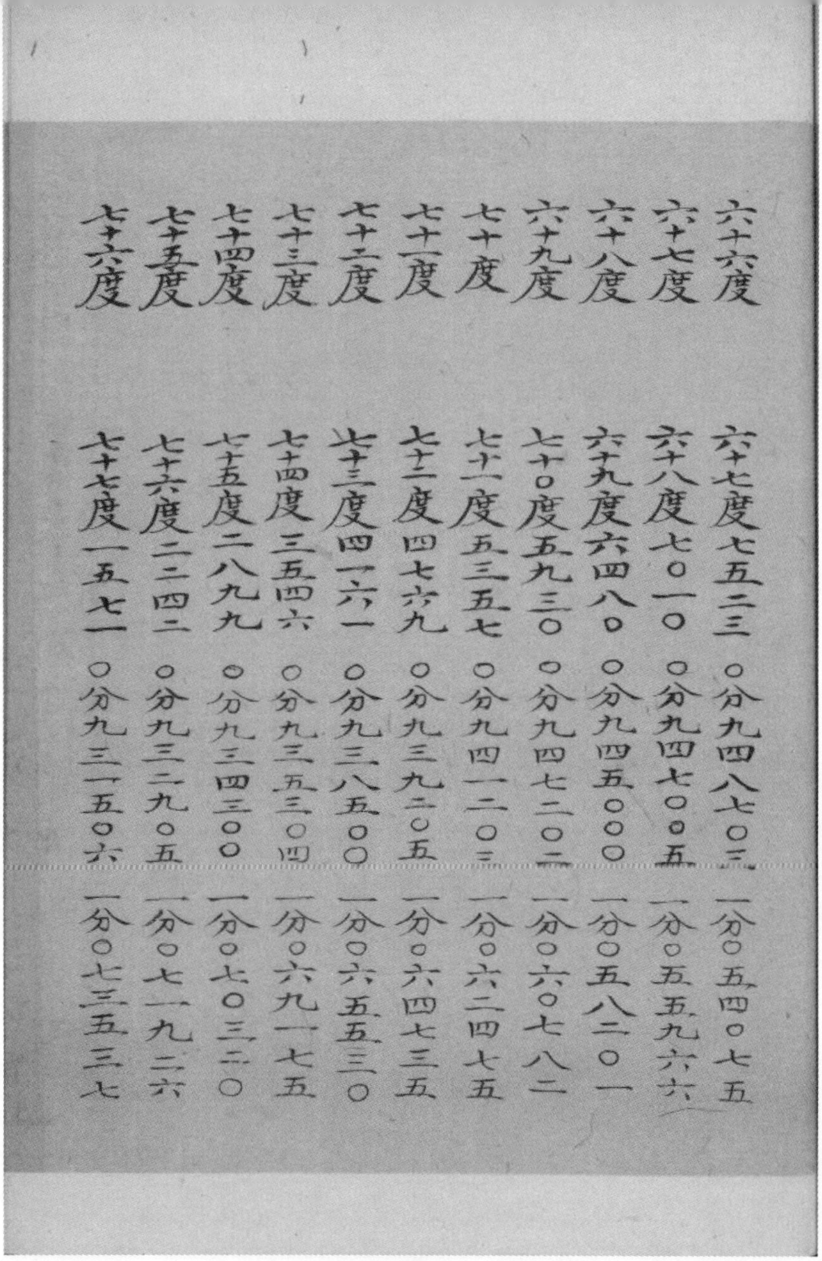

六十六度	六十七度七五二三	〇分九四八七〇三	一分〇五四〇七五
六十七度	六十八度七〇一〇	〇分九四七〇〇五	一分〇五五九六六
六十八度	六十九度六四八〇	〇分九四五〇〇〇	一分〇五八二〇一
六十九度	七十〇度五九三〇	〇分九四七二〇二	一分〇六〇七八二
七十度	七十一度五三五七	〇分九四一二〇三	一分〇六二四七五
七十一度	七十二度四七六九	〇分九三九二〇五	一分〇六四七三五
七十二度	七十三度四一六一	〇分九三八五〇〇	一分〇六五五三〇
七十三度	七十四度三五四六	〇分九三五三〇四	一分〇六九一七五
七十四度	七十五度二八九九	〇分九三四三〇〇	一分〇七〇三二〇
七十五度	七十六度二二四二	〇分九三二九〇五	一分〇七一九二六
七十六度	七十七度一五七一	〇分九三一五〇六	一分〇七三五三七

七十七度	七十八度〇八八六	〇分九三〇四〇五	一分〇七四八〇六
七十八度	七十九度〇一九〇	〇分九二八六〇八	一分〇七六八八九
七十九度	七十九度九四七六	〇分九二七五〇六	一分〇七八一六七
八十度	八十〇度八七五一	〇分九二六五〇〇	一分〇七九三三〇
八十一度	八十一度八〇一六	〇分九二五五〇六	一分〇八〇四九七
八十二度	八十二度七二七一	〇分九二四四〇二	一分〇八一七八二
八十三度	八十三度六五一五	〇分九二三八〇四	一分〇八二四八五
八十四度	八十四度五七五三	〇分九二二八〇七	一分〇八三六五八
八十五度	八十五度四九八一	〇分九二二二〇二	一分〇八四三六三
八十六度	八十六度四二〇三	〇分九二一五〇六	一分〇八五一八七
八十七度	八十七度三四一八	〇分九二一二〇〇	一分〇八五五四〇

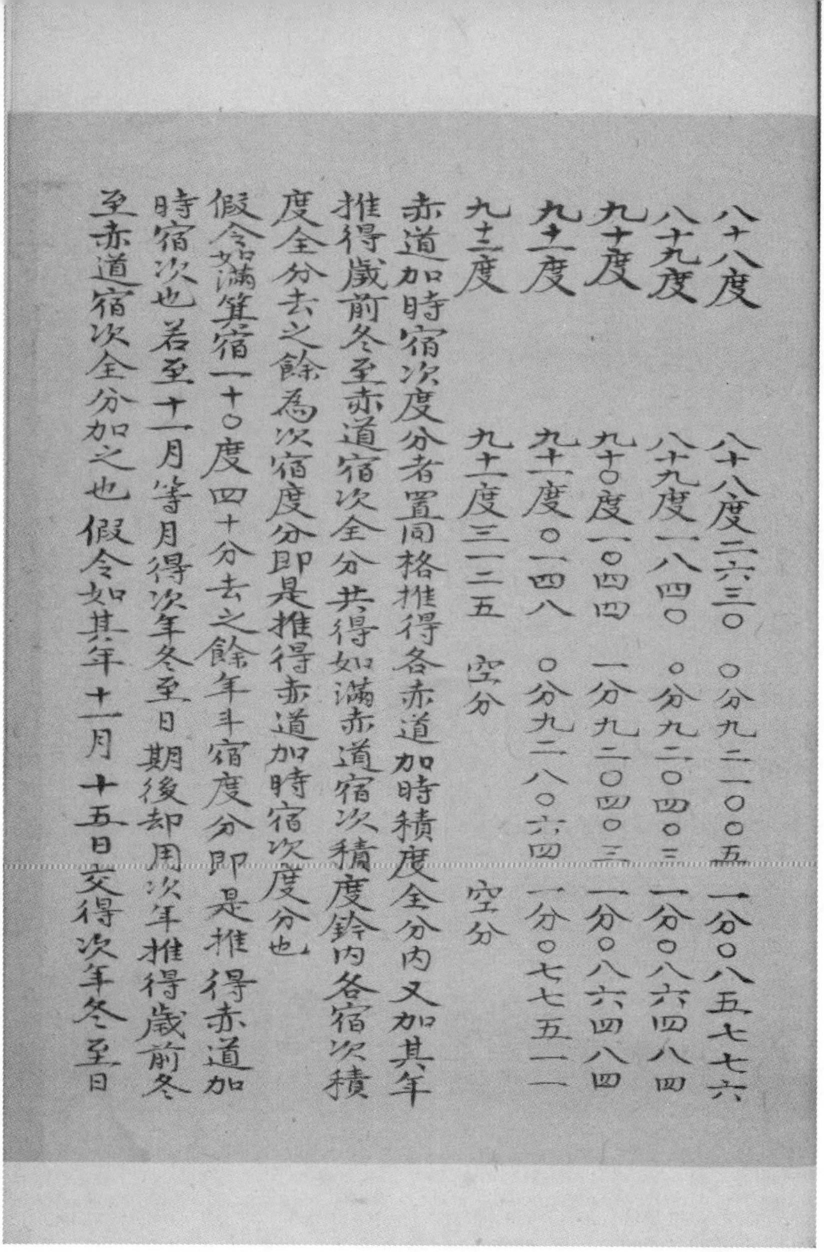

八十八度	八十八度二六三〇	〇分九二一〇〇五	一分〇八五七七六
八十九度	八十九度一八四〇	〇分九二〇四〇三	一分〇八六四八四
九十度	九十〇度一〇四四	一分九二〇四〇三	一分〇八六四八四
九十一度	九十一度〇一四八	〇分九二八〇六四	一分〇七七五一一
九十二度	九十一度三一二五	空分	空分

赤道加時宿次度分者，置同格推得各赤道加時積度全分，內又加其年推得歲前冬至赤道宿次全分，共得如滿赤道宿次積度鈐內各宿次積度全分去之，餘為次宿度分，即是推得赤道加時宿次度分也。

假令如滿箕宿一十〇度四十分去之，餘年斗宿度分，即是推得赤道加時宿次也。若至十一月等月，得次年冬至日期後，却用次年推得歲前冬至赤道宿次全分加之也。

假令如其年十一月十五日交得次年冬至日

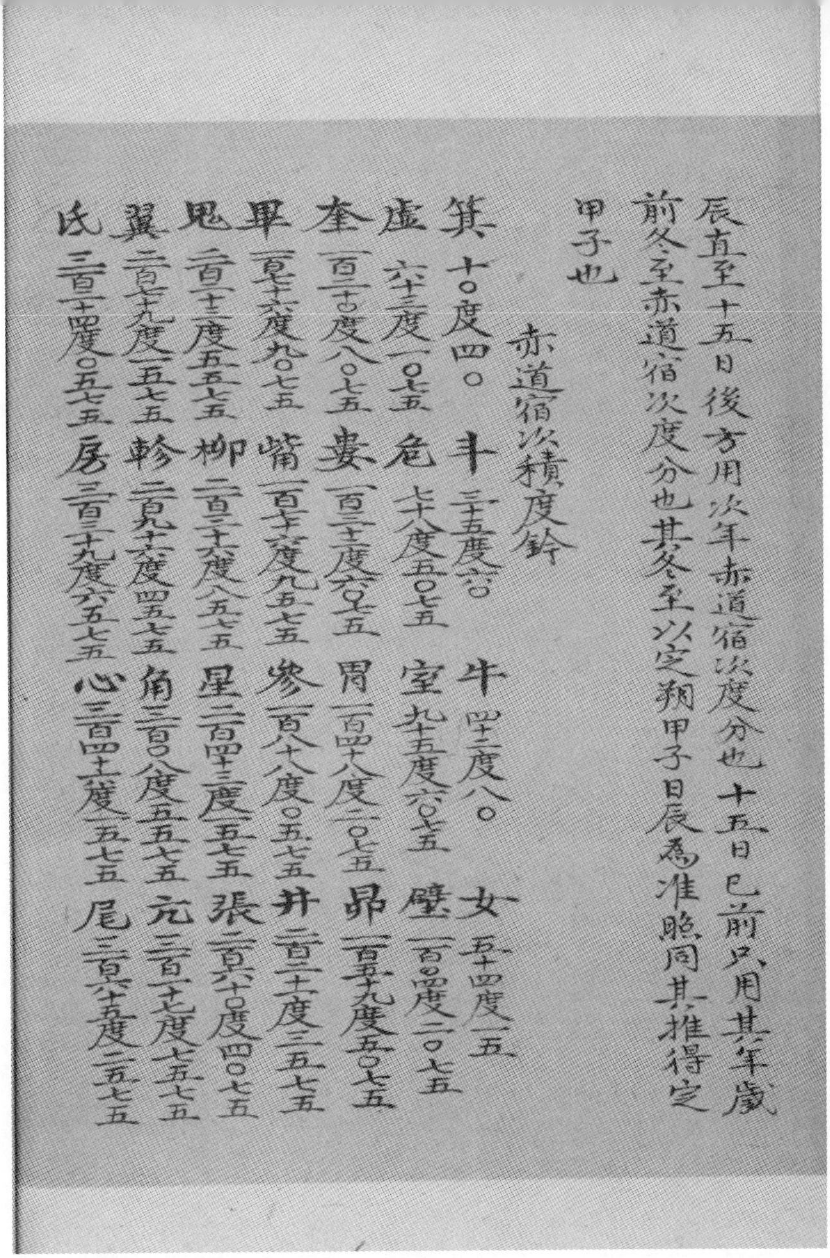

辰，直至十五日後，方用次年赤道宿次度分也。十五日已前，只用其年歲前冬至赤道宿次度分也，其冬至以定朔甲子日辰為准，照同其推得定甲子也。

赤道宿次積度鈐

箕　十〇度四〇	斗　三十五度六〇	牛　四十二度八〇	女　五十四度一五
虛　六十三度一〇七五	危　七十八度五〇七五	室　九十五度六〇七五	璧[1]　一百〇四度二〇七五
奎　一百二十〇度八〇七五	婁　一百三十二度六〇七五	胃　一百四十八度二〇七五	昴　一百五十九度五〇七五
畢　一百七十六度九〇七五	觜　一百七十六度九五七五	參　一百八十八度〇五七五	井　二百二十一度三五七五
鬼　二百二十三度五五七五	柳　二百三十六度八五七五	星　二百四十三度一五七五	張　二百六十〇度四〇七五
翼　二百七十九度一五七五	軫　二百九十六度四五七五	角　三百〇八度五五七五	亢　三百一十七度七五七五
氐　三百二十四度〇五七五	房　三百三十九度六五七五	心　三百四十六度一五七五	尾　三百六十五度二五七五

1“璧”當作“壁”。

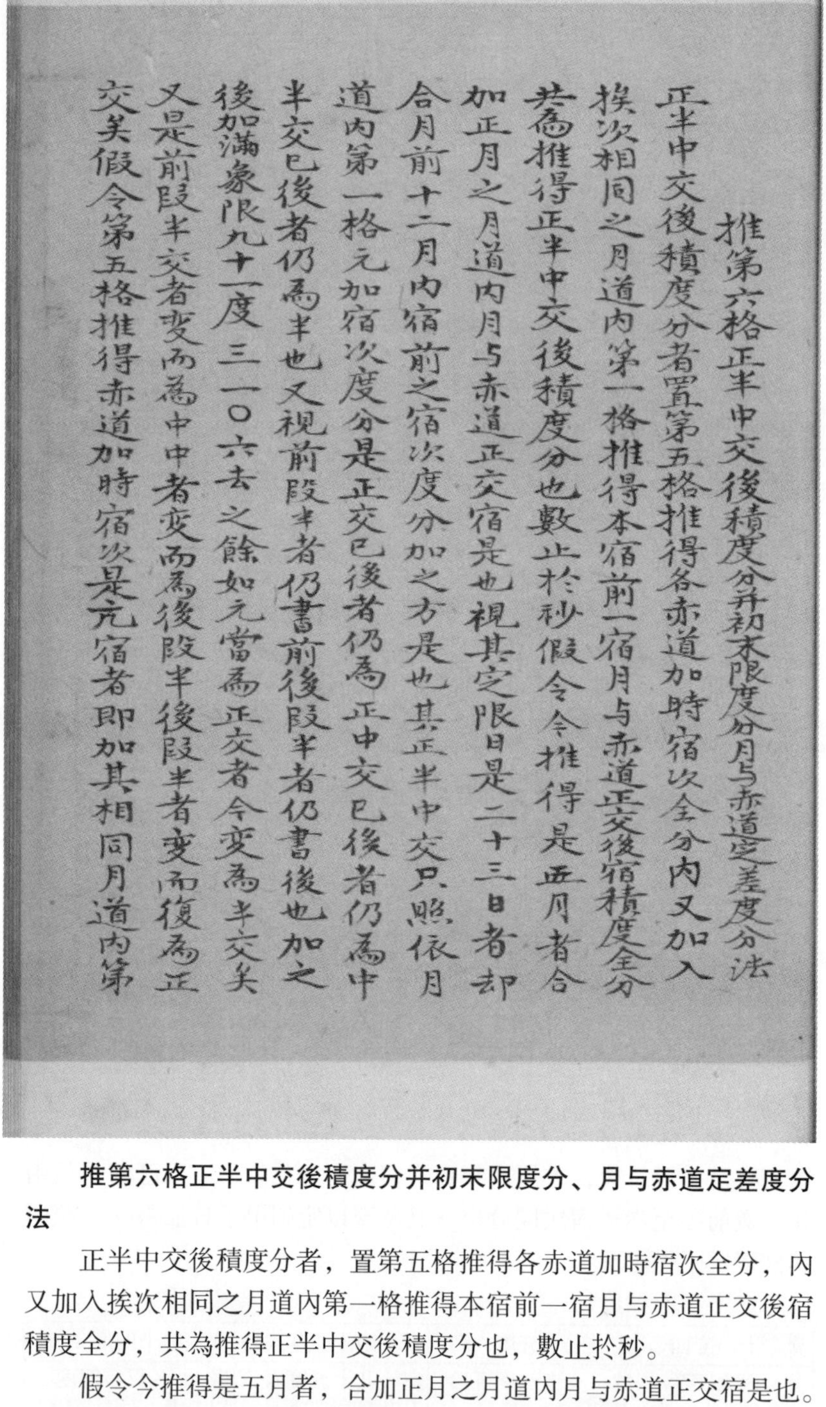
推第六格正半中交後積度分并初末限度分月与赤道定差度分法
正半中交後積度分者置第五格推得各赤道加時宿次全分内又加入
挨次相同之月道内第一格推得本宿前一宿月与赤道正交後宿積度全分
共為推得正半中交後積度分也數止於秒假令今推得是五月者合
加正月之月道内月与赤道正交宿是也視其定限日是二十三日者却
合月前十二月内宿前之宿次度分加之方是也其正半中交只照依月
道内第一格元加宿次度分是正交已後者仍為正中交已後者仍為中
半交已後者仍為半也又視前段半者仍書前後段半者仍書後也加之
後加滿象限九十一度三一〇六去之餘如元當為正交者今變為半交矣
又是前段半交者变而為中中者变而為後段半後段半者変而復為正
交矣假令第五格推得赤道加時宿次是亢宿者即加其相同月道内第

推第六格正半中交後積度分并初末限度分、月与赤道定差度分法

正半中交後積度分者，置第五格推得各赤道加時宿次全分，内又加入挨次相同之月道内第一格推得本宿前一宿月与赤道正交後宿積度全分，共為推得正半中交後積度分也，數止扵秒。

假令今推得是五月者，合加正月之月道内月与赤道正交宿是也。視其定限日是二十三日者，却合月前十二月内宿前之宿次度分加之，方是也。其正半中交只照依月道内第一格元加宿次度分，是正交已後者，仍為正，中交已後者，仍為中，半交已後者，仍為半也。又視前段半者，仍書前，後段半者，仍書後也。加之後加滿象限九十一度三一〇六去之，餘如元當為正交者，今変為半交矣。又是前段半交者変而為中，中者変而為後段半，後段半者変而復為正交矣。

假令第五格推得赤道加時宿次是亢宿者，即加其相同月道内第一格推得角宿度分是次後，照依其各宿挨次而加之也。如遇合加之宿，是首位重宿者，只用次位入正交之宿度分加之是也。

初末限度分者，視同格推得各正半中交後積度全分，如在半象限四十五度六五五三已下者，即便為推得初限度分也。如在半象限已上者，用以去減象限九十一度三一〇六，餘為推得末限度分也。

月與赤道定差度分者，置各月同格推得朔弦望下或初限、或末限全分，用以去減与入得正交再標相同之月道下推得定限度全分，餘為實，復用元減去之，初末限全分為法，以末位抵实首乘之，得數視其本格推得正半中交後積度，元是正交与中交者，皆為推得加差也。如是前後二段半交者，皆為推得減差也。定數以元列度位前通第八位為度也，乘法以末位為秒，推再標月者，乃是各第六格入得正交再標之月也。

假令如其年

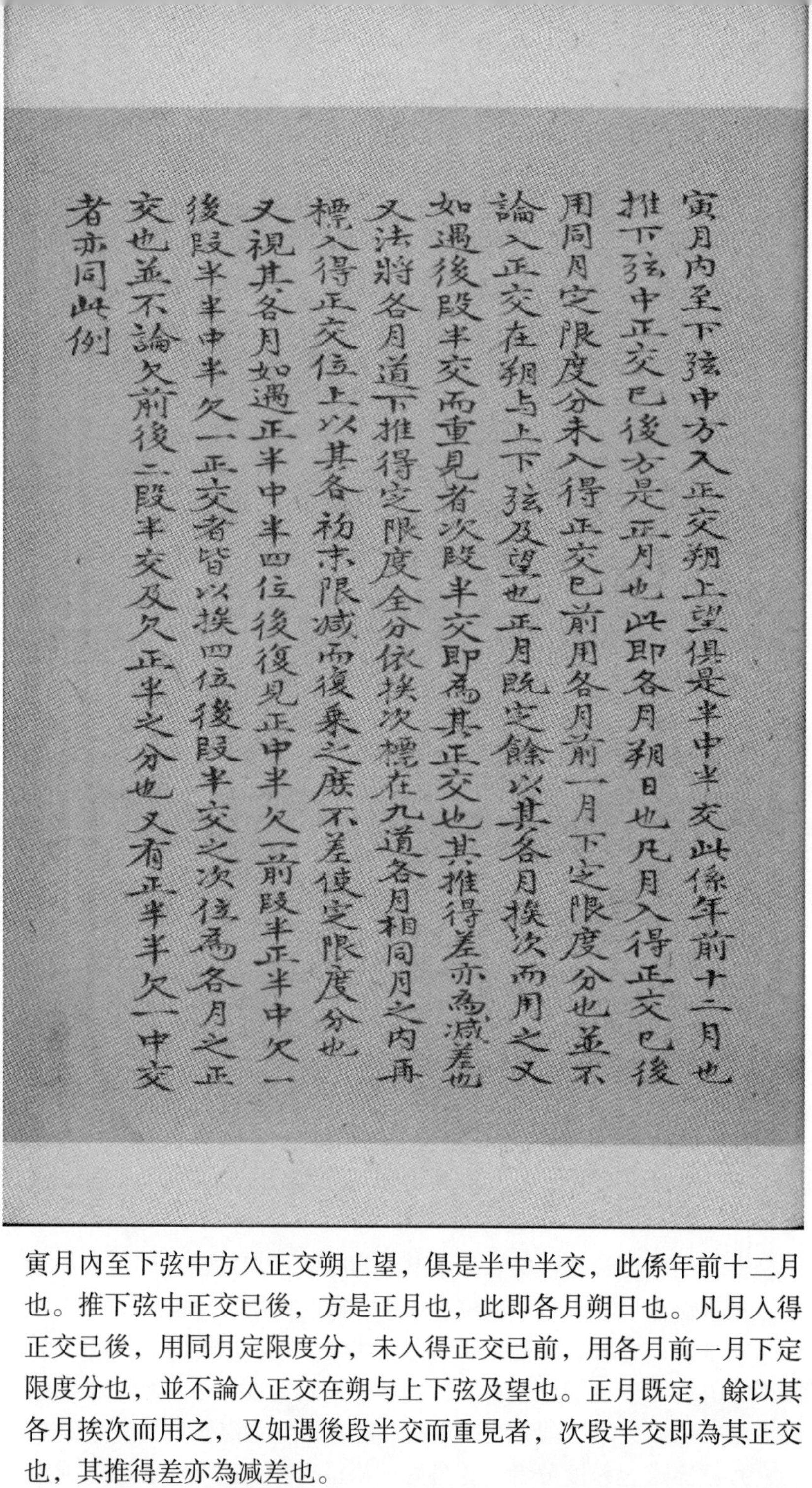
寅月内至下弦中方入正交朔上望俱是半中半交此係年前十二月也
推下弦中正交已後方是正月也此即各月朔日也凡月入得正交已後
用同月定限度分未入得正交已前用各月前一月下定限度分也並不
論入正交在朔与上下弦及望也正月既定餘以其各月挨次而用之又
如遇後段半交而重見者次段半交即為其正交也其推得差亦為減差也
又法將各月道下推得定限度全分依挨次標在九道各月相同月之内再
標入得正交位上以其各初末限減而復乘之庶不差使定限度分也
又視其各月如遇正半中半四位後復見正中半欠一前段半正半中欠一
後段半半中半欠一正交者皆以挨四位後段半交之次位為各月之正
交也並不論欠前後二段半交及欠正半之分也又有正半半欠一中交
者亦同此例

寅月内至下弦中方入正交朔上望，俱是半中半交，此係年前十二月也。推下弦中正交已後，方是正月也，此即各月朔日也。凡月入得正交已後，用同月定限度分，未入得正交已前，用各月前一月下定限度分也，並不論入正交在朔与上下弦及望也。正月既定，餘以其各月挨次而用之，又如遇後段半交而重見者，次段半交即為其正交也，其推得差亦為減差也。

又法，將各月道下推得定限度全分，依挨次標在九道各月相同月之内再標入，得正交位上以其各初末限，減而復乘之，庶不差使定限度分也。又視其各月，如遇正半中半四位後復見正中半，欠一前段半正半中，欠一後段半半中半，欠一正交者，皆以挨四位後段半交之次位為各月之正交也。並不論欠前後二段半交，及欠正半之分也，又有正半半欠一中交者，亦同此例。

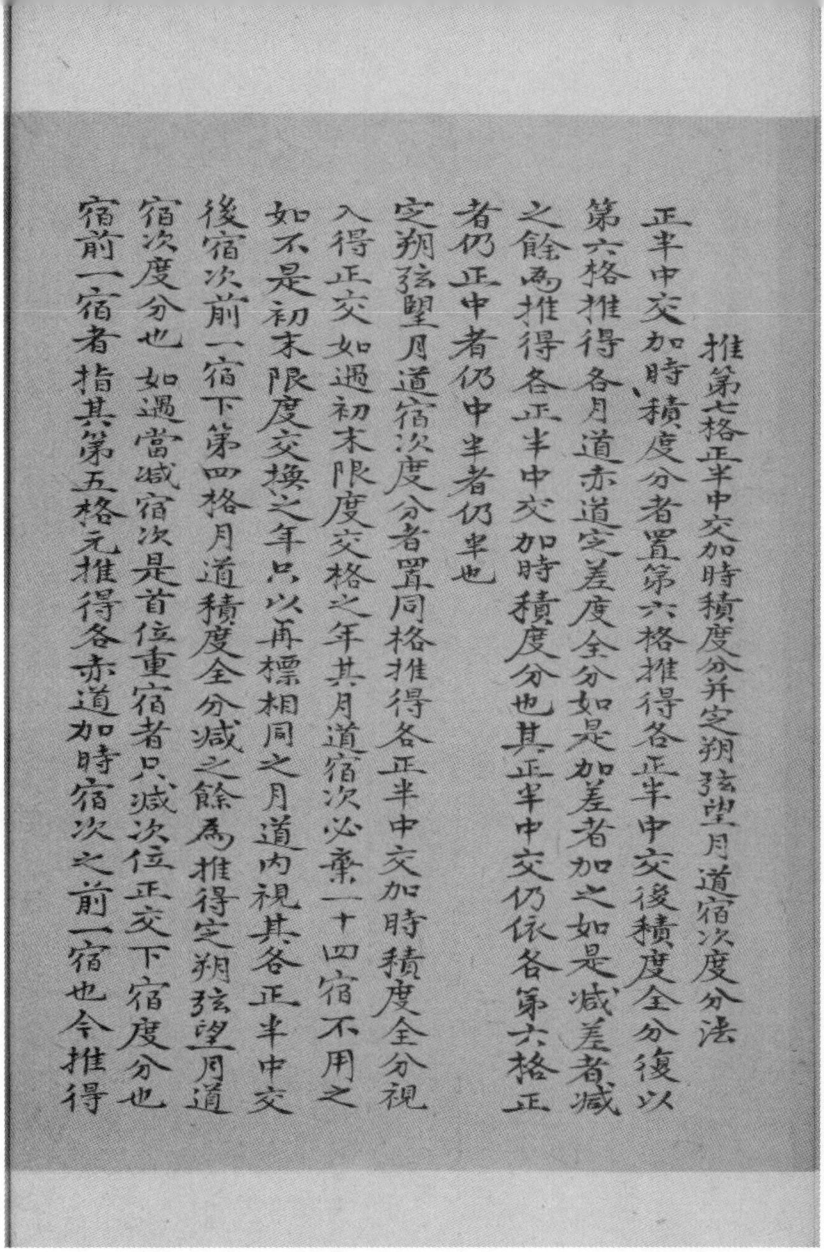
推第七格正半中交加時積度分并定朔弦望月道宿次度分法
正半中交加時積度分者置第六格推得各正半中交後積度全分復以
第六格推得各月道赤道定差度全分如是加差者加之如是減差者減
之餘為推得各正半中交加時積度分也其正半中交仍依各第六格正
者仍正中者仍中半者仍半也
定朔弦望月道宿次度分者置同格推得各正半中交加時積度全分視
入得正交如遇初末限度交格之年其月道宿次必棄一十四宿不用之
如不是初末限度交換之年只以再標相同之月道內視其各正半中交
後宿次前一宿下第四格月道積度全分減之餘為推得定朔弦望月道
宿次度分也如遇當減宿次是首位重宿者只減次位正交下宿度分也
宿前一宿者指其第五格元推得各赤道加時宿次之前一宿也今推得

推第七格正半中交加時積度分，并定朔、弦望月道宿次度分法

正半中交加時積度分者，置第六格推得各正半中交後積度全分，復以第六格推得各月道赤道定差度全分，如是加差者加之，如是減差者減之，餘為推得各正半中交加時積度分也，其正半中交仍依各第六格，正者仍正，中者仍中，半者仍半也。

定朔、弦望月道宿次度分者，置同格推得各正半中交加時積度全分，視入得正交。如遇初末限度交格之年，其月道宿次必棄一十四宿不用之；如不是初末限度交換之年，只以再標相同之月道內，視其各正半中交後宿次前一宿下第四格月道積度全分減之，餘為推得定朔、弦望月道宿次度分也。如遇當減宿次是首位重宿者，只減次位正交下宿度分也。宿前一宿者，指其第五格元推得各赤道加時宿次之前一宿也。今推得

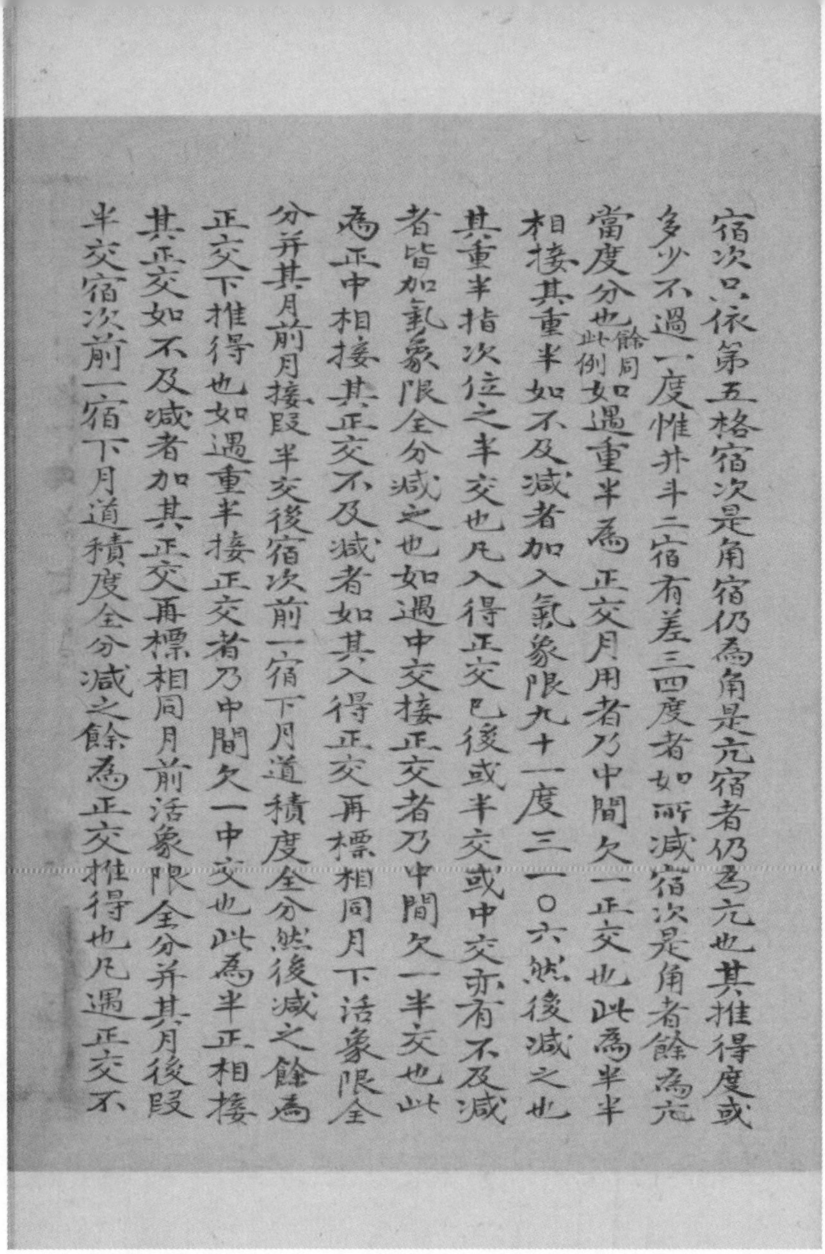

宿次只依第五格宿次，是角宿仍為角，是亢宿者仍為亢也。其推得度或多少不過一度，惟井、斗二宿有差三四度者，如所減宿次是角者，餘為亢，當度分也，餘同此例。

如遇重半為正交月，用者乃中間欠一正交也，此為半半相接，其重半如不及減者，加入氣象限九十一度三一〇六，然復減之也。其重半指次位之半交也，凡入得正交已後或半交、或中交亦有不及減者，皆加氣象限全分減之也。如遇中交接正交者，乃中間欠一半交也，此為正中相接，其正交不及減者，如其入得正交再標相同月下活象限全分，并其月前月接段半交後宿次前一宿下月道積度全分，然後減之，餘為正交下推得也。

如遇重半接正交者，乃中間欠一中交也，此為半正相接，其正交如不及減者，加其正交，再標相同月前活象限全分，并其月後段半交宿次前一宿下月道積度全分減之，餘為正交推得也。凡遇正交不

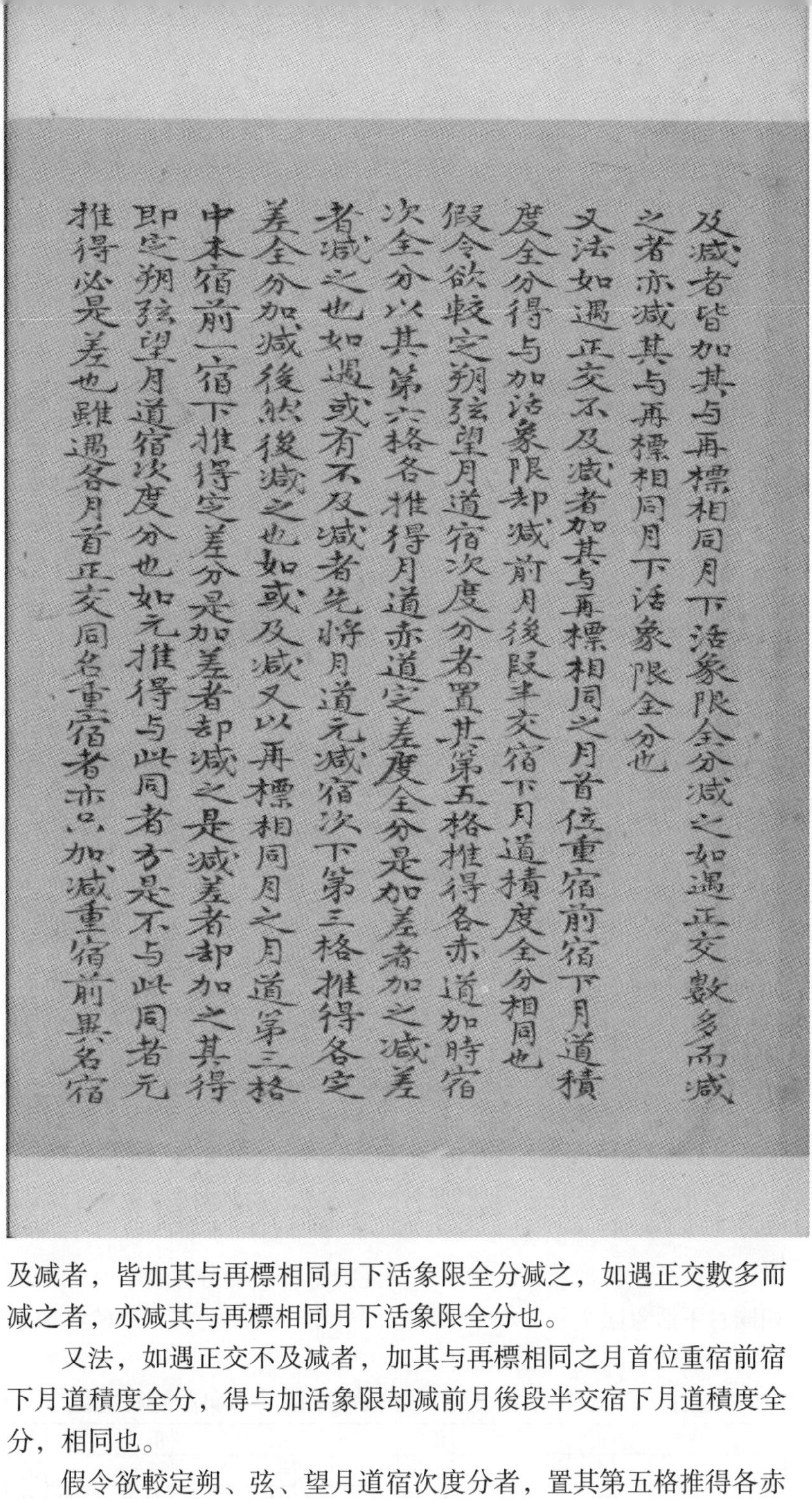
及減者皆加其与再標相同月下活象限全分減之如遇正交數多而減
之者亦減其与再標相同月下活象限全分也
又法如遇正交不及減者加其与再標相同之月首位重宿前宿下月道積
度全分得与加活象限却減前月後段半交宿下月道積度全分相同也
假令欲較定朔弦望月道宿次度分者置其第五格推得各赤道加時宿
次全分以其第六格各推得月道赤道定差度全分是加差者加之減差
者減之也如遇或有不及減者先將月道元減宿次下第三格推得各定
差全分加減後然後減之也如或及減又以再標相同月之月道第三格
中本宿前一宿下推得定差分是加差者却減之是減差者却加之其得
即定朔弦望月道宿次度分也如元推得与此同者方是不与此同者元
推得必是差也雖遇各月首正交同名重宿者亦只加減重宿前異名宿

及減者，皆加其与再標相同月下活象限全分減之，如遇正交數多而減之者，亦減其与再標相同月下活象限全分也。

又法，如遇正交不及減者，加其与再標相同之月首位重宿前宿下月道積度全分，得与加活象限却減前月後段半交宿下月道積度全分，相同也。

假令欲較定朔、弦、望月道宿次度分者，置其第五格推得各赤道加時宿次全分，以其第六格各推得月道赤道定差度全分，是加差者加之，減差者減之也。如遇或有不及減者，先將月道元減宿次下第三格，推得各定差全分，加減後，然後減之也。如或及減，又以再標相同月之月道第三格中本宿前一宿下推得定差分，是加差者却減之，是減差者却加之，其得即定朔、弦、望月道宿次度分也。如元推得与此同者，方是不与此同者，元推得必是差也。雖遇各月首正交同名重宿者，亦只加減重宿前異名宿

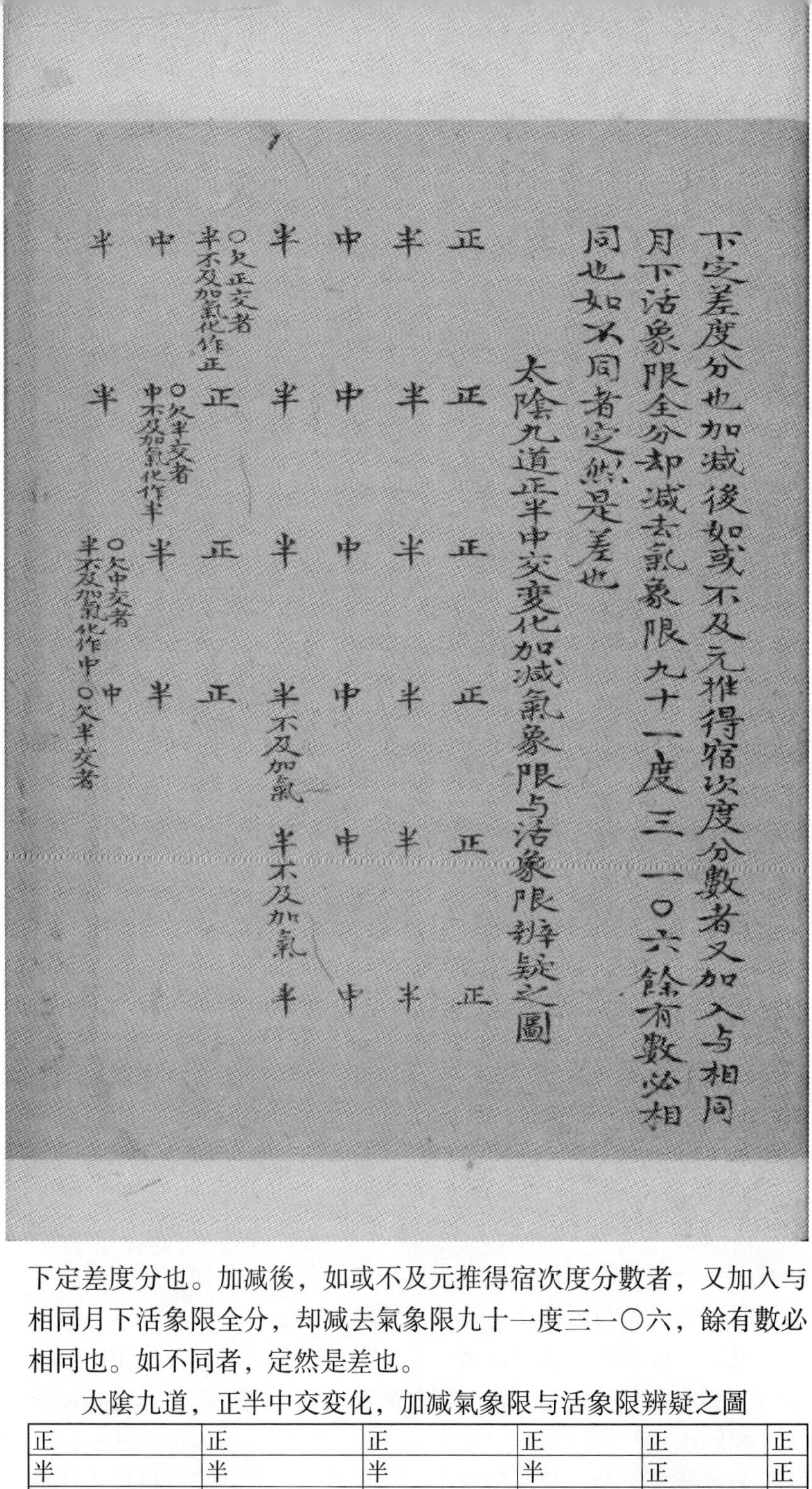

下定差度分也。加減後，如或不及元推得宿次度分數者，又加入与相同月下活象限全分，却減去氣象限九十一度三一〇六，餘有數必相同也。如不同者，定然是差也。

太陰九道，正半中交変化，加減氣象限与活象限辨疑之圖

正	正	正	正	正	正
半	半	半	半	正	正
中	中	中	中	中	中
半	半	半	半不及加氣	半不及加氣	半
〇欠正交者 半不及加氣，化作正	正	正	正		
中	〇欠正交者 中不及加氣，化作半	半	半		
半	半	〇欠中交者 半不及加氣，化作中	中 〇欠半交者		

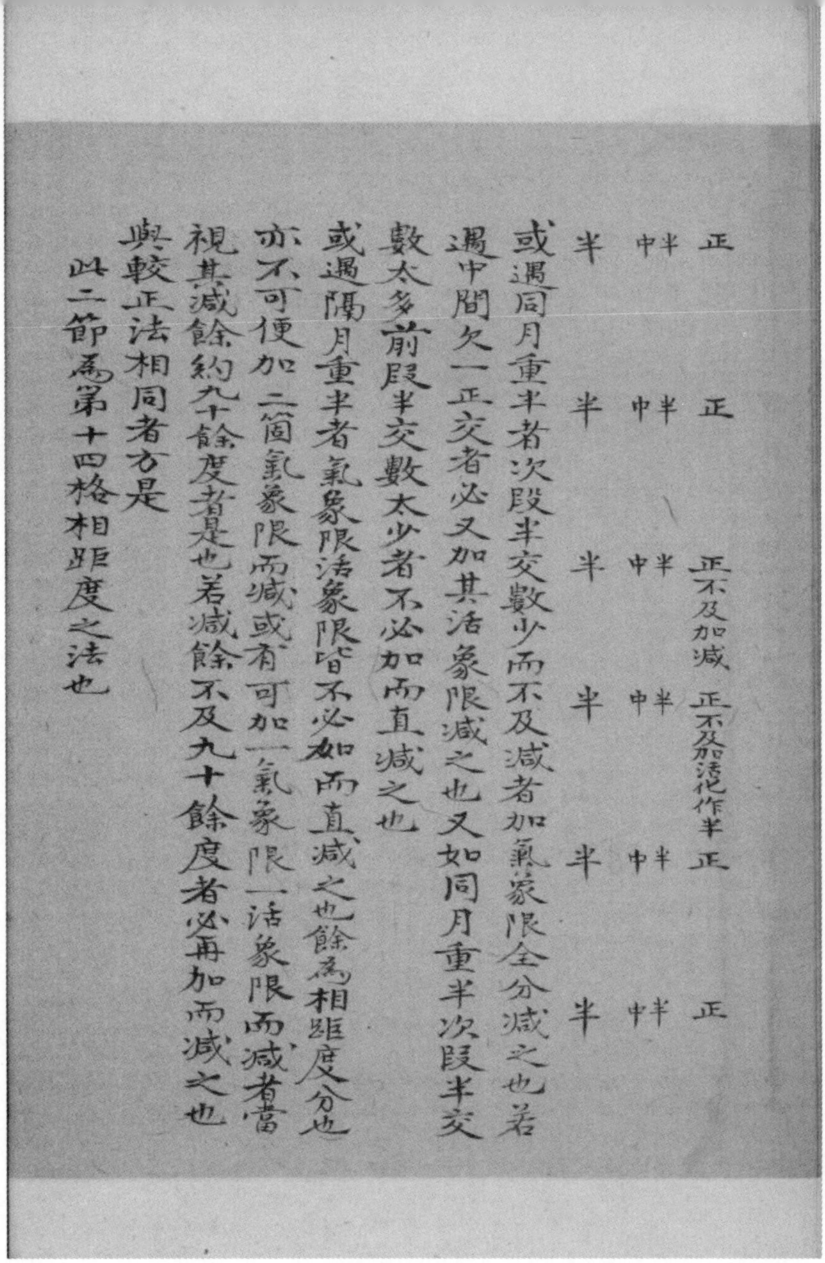

正	正	正不及加減	正不及加活，化作半	正	正
半	半	半	半	半	半
中	中	中	中	中	中
半	半	半	半	半	半

或遇同月重半者，次段半交數少，而不及減者，加氣象限全分減之也。若遇中間欠一正交者，必又加其活象限減之也。又如同月重半，次段半交數太多，前段半交數太少者，不必加而直減之也。

或遇隔月重半者，氣象限活象限皆不必加，而直減之也，餘為相距度分也。亦不可便加二箇氣象限而減，或有可加一氣象限、一活象限而減者，當視其減餘約九十餘度者是也。若減餘不及九十餘度者，必再加而減之也，與較正法相同者方是。

此二節為第十四格相距度之法也。

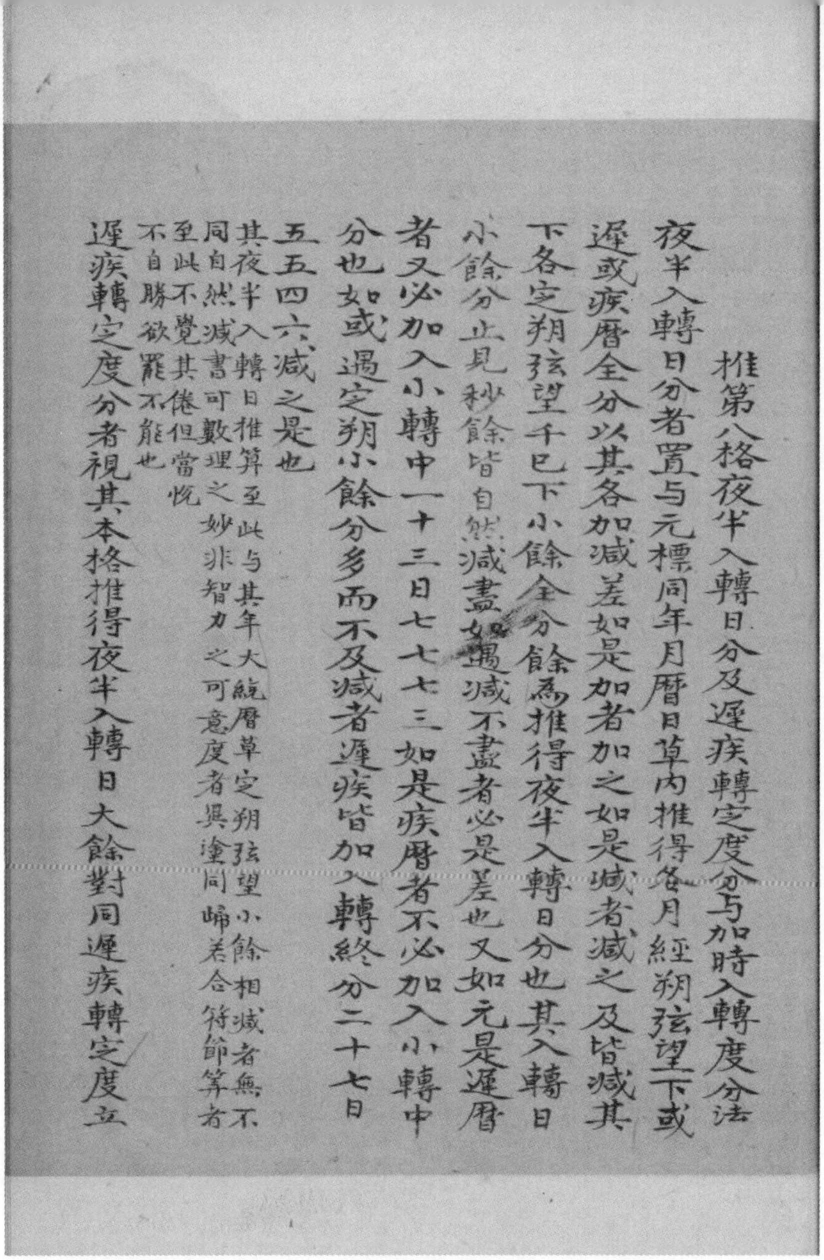

推第八格夜半入轉日分及遲疾轉定度分与加時入轉度分法

夜半入轉日分者，置与元標同年月曆日草内推得各月經朔弦望下或遲、或疾曆全分，以其各加減差，如是加者加之，如是減者減之，及皆減其下各定朔、弦、望千已下小餘全分，餘為推得夜半入轉日分也。其入轉日小餘分止見秒，餘皆自然減盡，如遇減不盡者，必是差也。

又如元是遲曆者，又必加入小轉中一十三日七七七三。如是疾曆者，不必加入小轉中分也。如或遇定朔小餘分多，而不及減者，遲疾皆加入轉終分二十七日五五四六減之是也。

其夜半入轉日推算至此，与其年《大統曆草》定朔、弦、望小餘相減者無不同，自然減書。可數理之妙非智力之可意度者，異塗同帰1，若合符節筭者，至此不覺其倦，但當悅不自勝，欲罷不能也。

遲疾轉定度分者，視其本格推得夜半入轉日大餘，對同遲疾轉定度立

1"歸"異體字。

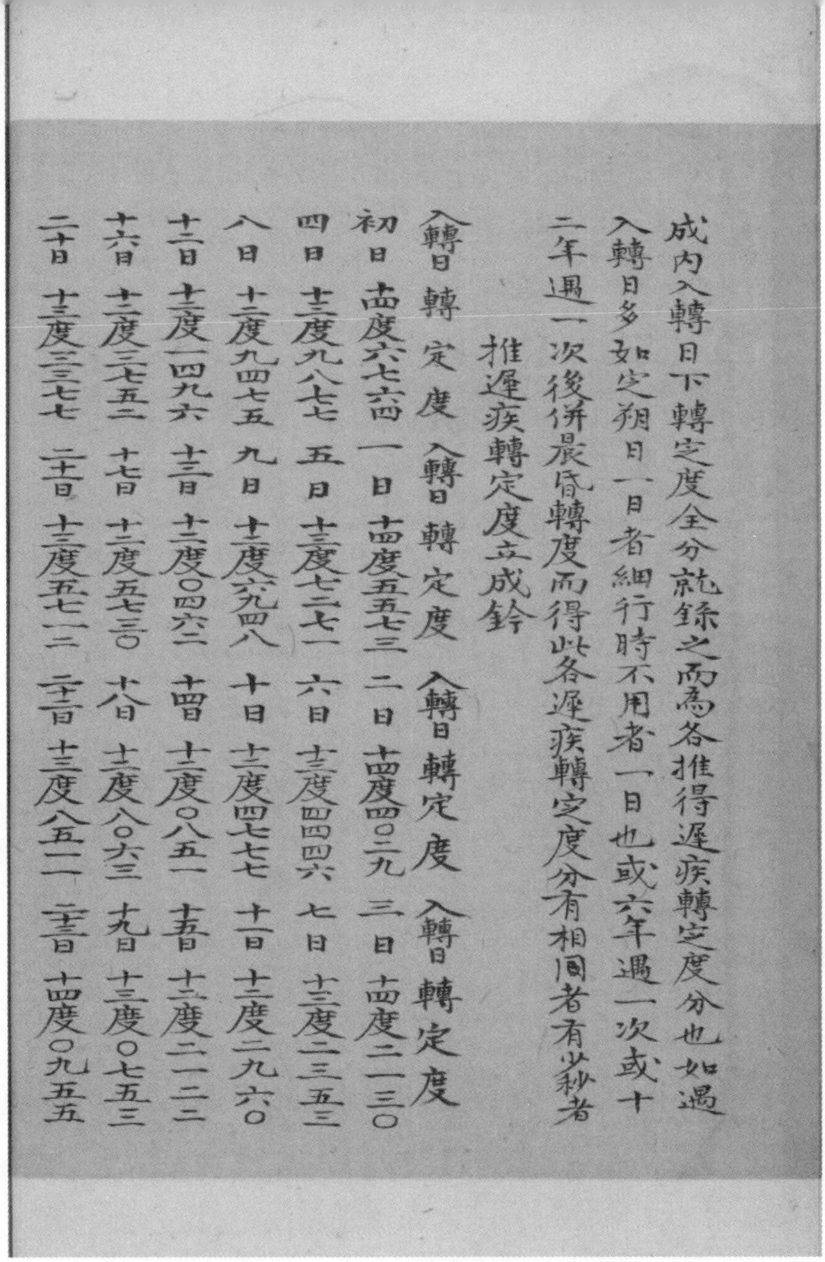
成內入轉日下轉定度全分就錄之而爲各推得遲疾轉定度分也如遇入轉日多如定朔日一日者細行時不用者一日也或六年遇一次或十二年遇一次後併晨昏轉度而得此各遲疾轉定度分有相同者有少秒者

推遲疾轉定度立成鈐

入轉日	轉定度	入轉日	轉定度	入轉日	轉定度	入轉日	轉定度
初日	十四度六七六四	一日	十四度五五七三	二日	十四度四〇二九	三日	十四度二一三〇
四日	十三度九八七七	五日	十三度七二七一	六日	十三度四四四六	七日	十三度二三五三
八日	十二度九四七五	九日	十二度六九四八	十日	十二度四七七七	十一日	十二度二九六〇
十二日	十二度一四九六	十三日	十二度〇四六二	十四日	十二度〇八五一	十五日	十二度二一二二
十六日	十二度三七五二	十七日	十二度五七三〇	十八日	十二度八〇六三	十九日	十三度〇七五三
二十日	十三度三三七七	二十一日	十三度五七一二	二十二日	十三度八五二一	二十三日	十四度〇九五五

成內入轉日下轉定度全分，就錄之而為各推得遲疾轉定度分也。如遇入轉日多如定朔日一日者，細行時不用者一日也，或六年遇一次、或十二年遇一次，後併晨昏轉度而得此，各遲疾轉定度分有相同者，有少秒者。

推遲疾轉定度立成鈐

入轉日	轉定度	入轉日	轉定度	入轉日	轉定度	入轉日	轉定度
初日	十四度六七六四	一日	十四度五五七三	二日	十四度四〇二九	三日	十四度二一三〇
四日	十三度九八七七	五日	十三度七二七一	六日	十三度四四四六	七日	十三度二三五三
八日	十二度九四七五	九日	十二度六九四八	十日	十二度四七七七	十一日	十二度二九六〇
十二日	十二度一四九六	十三日	十二度〇四六二	十四日	十二度〇八五一	十五日	十二度二一二二
十六日	十二度三七五二	十七日	十二度五七三〇	十八日	十二度八〇六三	十九日	十三度〇七五三
二十日	十三度三三七七	二十一日	十三度五七一二	二十二日	十三度八五二一	二十三日	十四度〇九五五

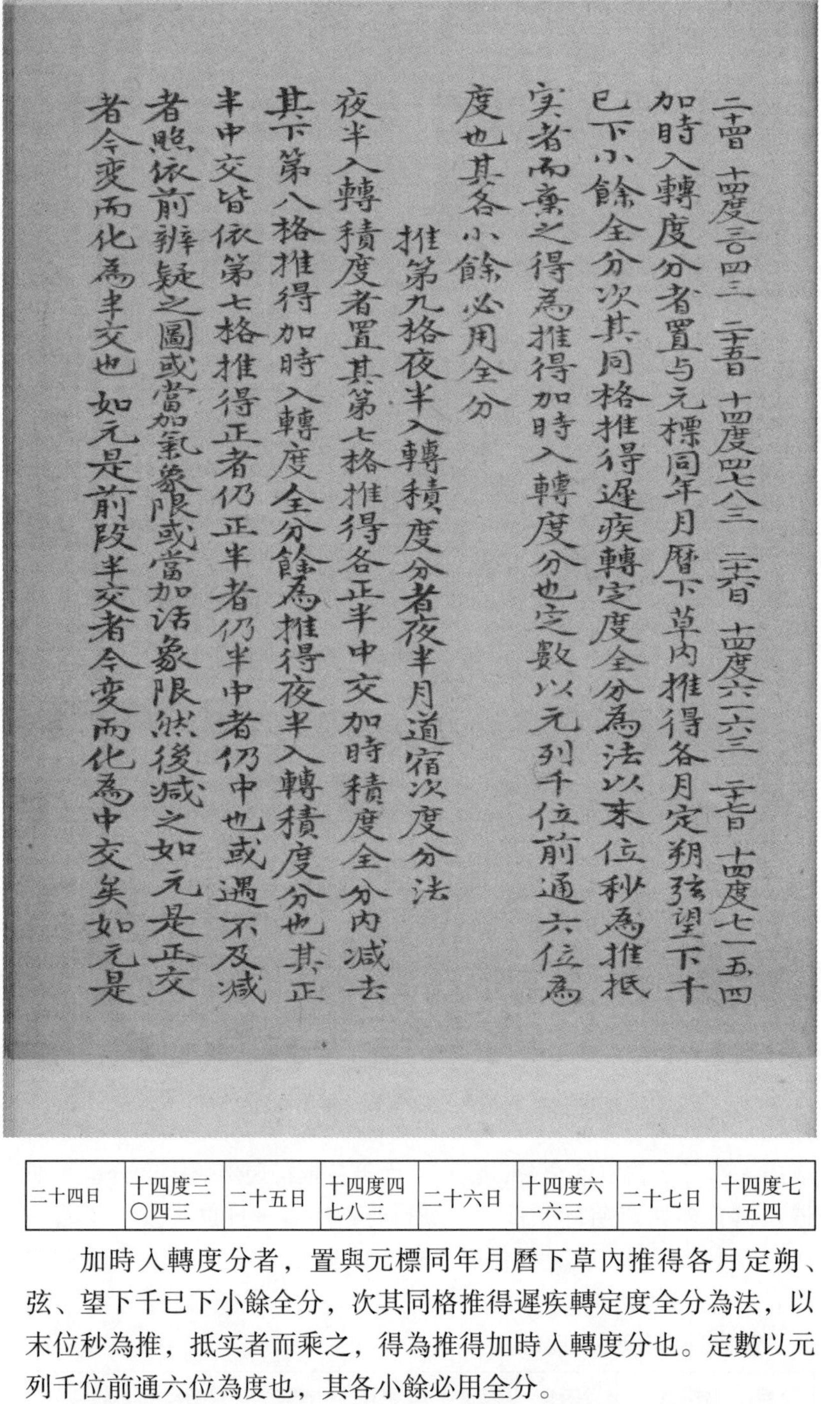
二十四日 十四度三〇四三 二十五日 十四度四七八三 二十六日 十四度六一六三 二十七日 十四度七一五四
加時入轉度分者置与元標同年月曆下草内推得各月定朔弦望下千已下小餘全分次其同格推得遲疾轉定度全分為法以末位秒為推抵实者而乘之得為推得加時入轉度分也定數以元列千位前通六位為度也其各小餘必用全分
推第九格夜半入轉積度分者夜半月道宿次度分法
夜半入轉積度者置其第七格推得各正半中交加時積度全分内減去其下第八格推得加時入轉度全分餘為推得夜半入轉積度分也其正半中交皆依第七格推得正者仍正半者仍半中者仍中也或遇不及減者照依前辨疑之圖或當加氣象限或當加活象限然後減之如元是正交者今變而化為半交也如元是前段半交者今變而化為中交矣如元是

二十四日	十四度三〇四三	二十五日	十四度四七八三	二十六日	十四度六一六三	二十七日	十四度七一五四

加時入轉度分者，置與元標同年月曆下草内推得各月定朔、弦、望下千已下小餘全分，次其同格推得遲疾轉定度全分為法，以末位秒為推，抵实者而乘之，得為推得加時入轉度分也。定數以元列千位前通六位為度也，其各小餘必用全分。

推第九格夜半入轉積度分者夜半月道宿次度分法

夜半入轉積度者，置其第七格推得各正半中交加時積度全分，内減去其下第八格推得加時入轉度全分，餘為推得夜半入轉積度分也，其正半中交皆依第七格推得。正者仍正，半者仍半，中者仍中也。或遇不及減者，照依前辨疑之圖，或當加氣象限，或當加活象限，然後減之。如元是正交者，今變而化為半交也；如元是前段半交者，今變而化為中交矣；如元是

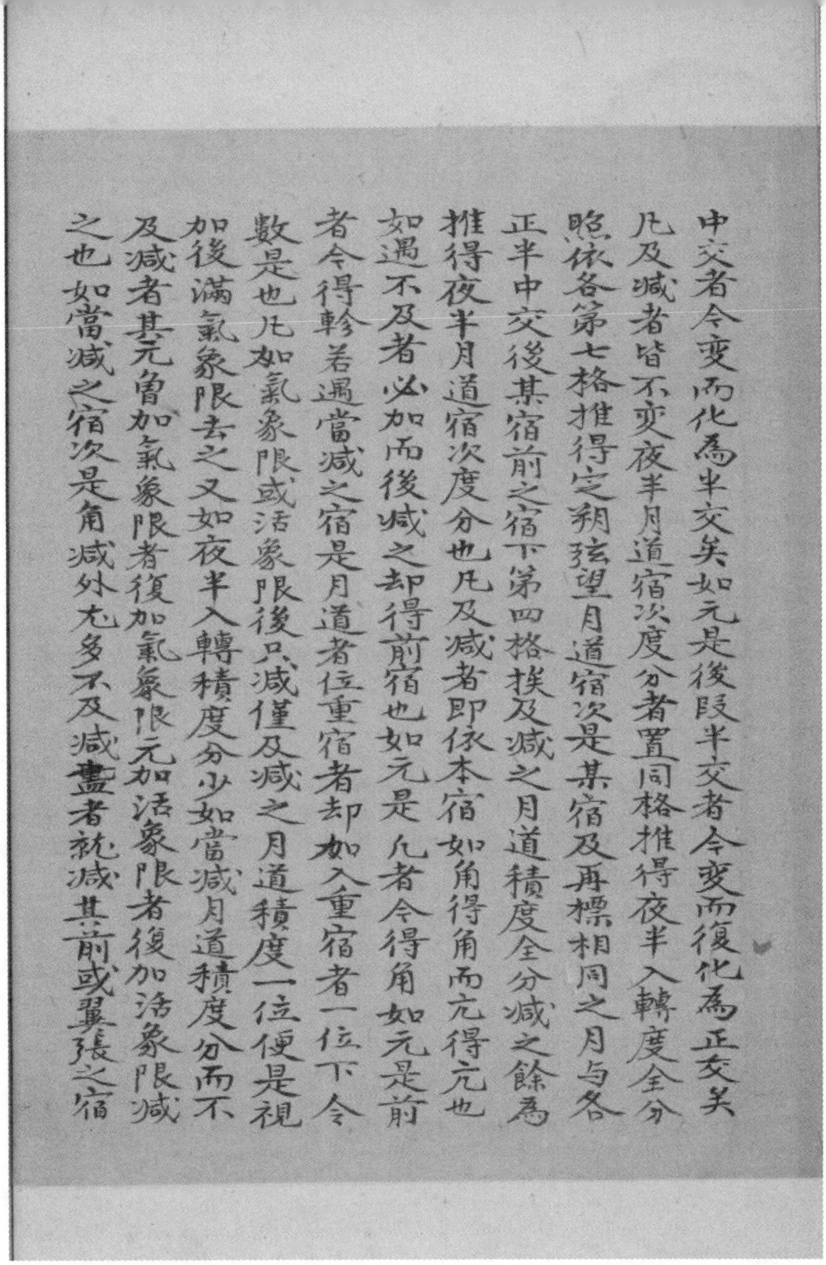

中交者，今變而化為半交矣；如元是後段半交者，今變而復化為正交矣。凡及減者，皆不變。

夜半月道宿次度分者，置同格推得夜半入轉度全分，照依各第七格推得定朔、弦、望月道宿次是某宿及再標相同之月，與各正半中交後某宿前之宿下第四格挨及減之月道積度全分減之，餘為推得夜半月道宿次度分也。凡及減者，即依本宿，如角得角，而[1]亢得亢也。如遇不及者，必加而後減之，却得前宿也，如元是亢者，今得角，如元是前者，今得軫。

若遇當減之宿是月道者位重宿者，却加入重宿者一位下令[2]數是也。凡加氣象限或活象限後，只減僅及減之月道積度一位便是，視加後滿氣象限去之。又如夜半入轉積度分少，如當減月道積度分而不及減者，其元曾加氣象限者，復加氣象限，元加活象限者，復加活象限減之也。如當減之宿次是角，減外尤多，不及減盡者，就減其前或翼、張之宿

1"而"當作"如"。
2"令"當作"今"。

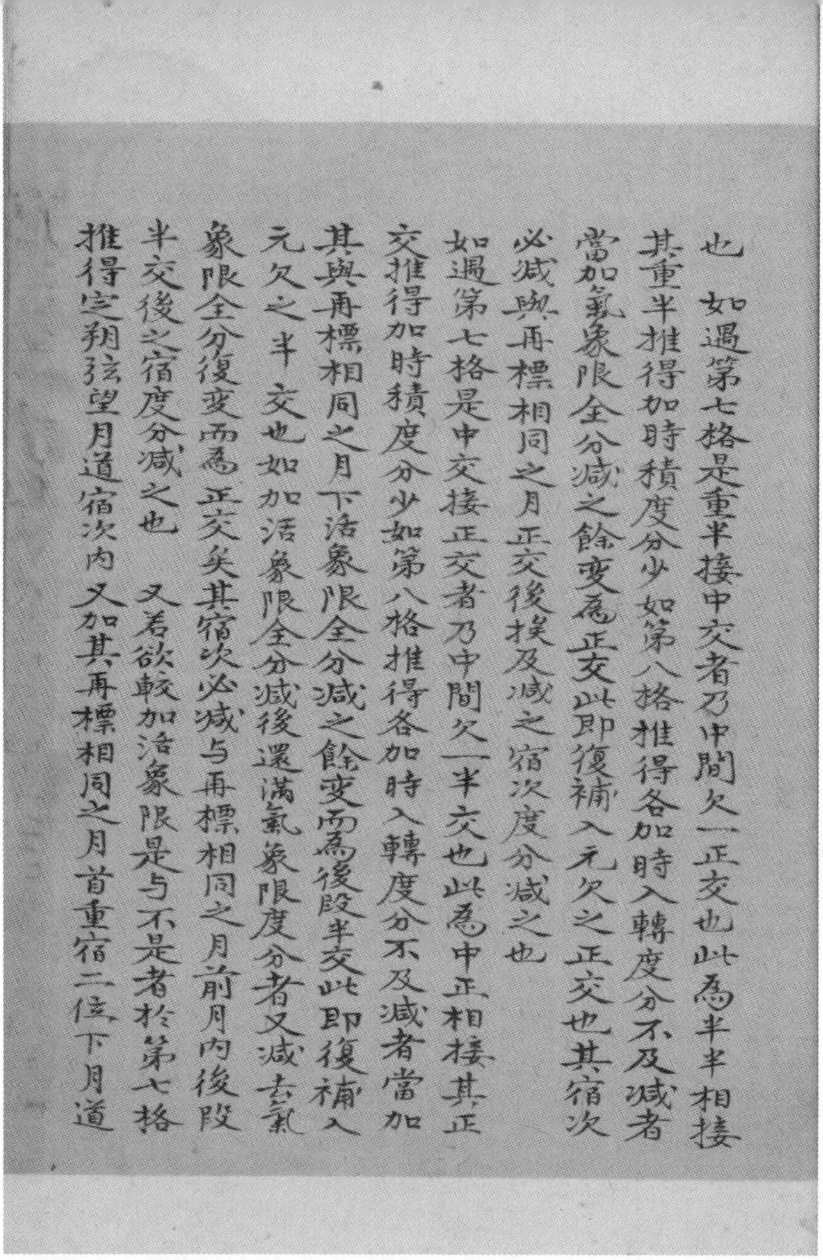
也
如遇第七格是重半接中交者乃中間欠一正交也此為半半相接
其重半推得加時積度分少如第八格推得各加時入轉度分不及減者
當加氣象限全分減之餘变為正交此即復補入元欠之正交也其宿次
必減與再標相同之月正交後挨及減之宿次度分減之也
如遇第七格是中交接正交者乃中間欠一半交也此為中正相接其正
交推得加時積度分少如第八格推得各加時入轉度分不及減者當加
其與再標相同之月下活象限全分減之餘変而為後段半交此即復補入
元欠之半交也如加活象限全分減後還滿氣象限度分者又減去氣
象限全分復变而為正交矣其宿次必減与再標相同之月前月內後段
半交後之宿度分減之也　又若欲較加活象限是与不是者於第七格
推得定朔弦望月道宿次內　又加其再標相同之月首重宿二位下月道

也。

如遇第七格是重半接中交者，乃中間欠一正交也，此為半半相接，其重半推得加時積度分少。如第八格推得各加時入轉度分不及減者，當加氣象限全分減之餘变為正交，此即復補入元欠之正交也。其宿次必減，與再標相同之月正交後，挨及減之宿次度分減之也。

如遇第七格是中交接正交者，乃中間欠一半交也，此為中正相接，其正交推得加時積度分少，如第八格推得各加時入轉度分不及減者，當加其與再標相同之月下活象限全分減之，餘変而為後段半交，此即復補入元欠之半交也。如加活象限全分，減後還滿氣象限度分者，又減去氣象限全分，復変而為正交矣。其宿次必減，与再標相同之月前月内後段半交後之宿度分減之也。

又若欲較加活象限是与不是者，於第七格推得定朔、弦、望月道宿次内，又加其再標相同之月首重宿二位下月道

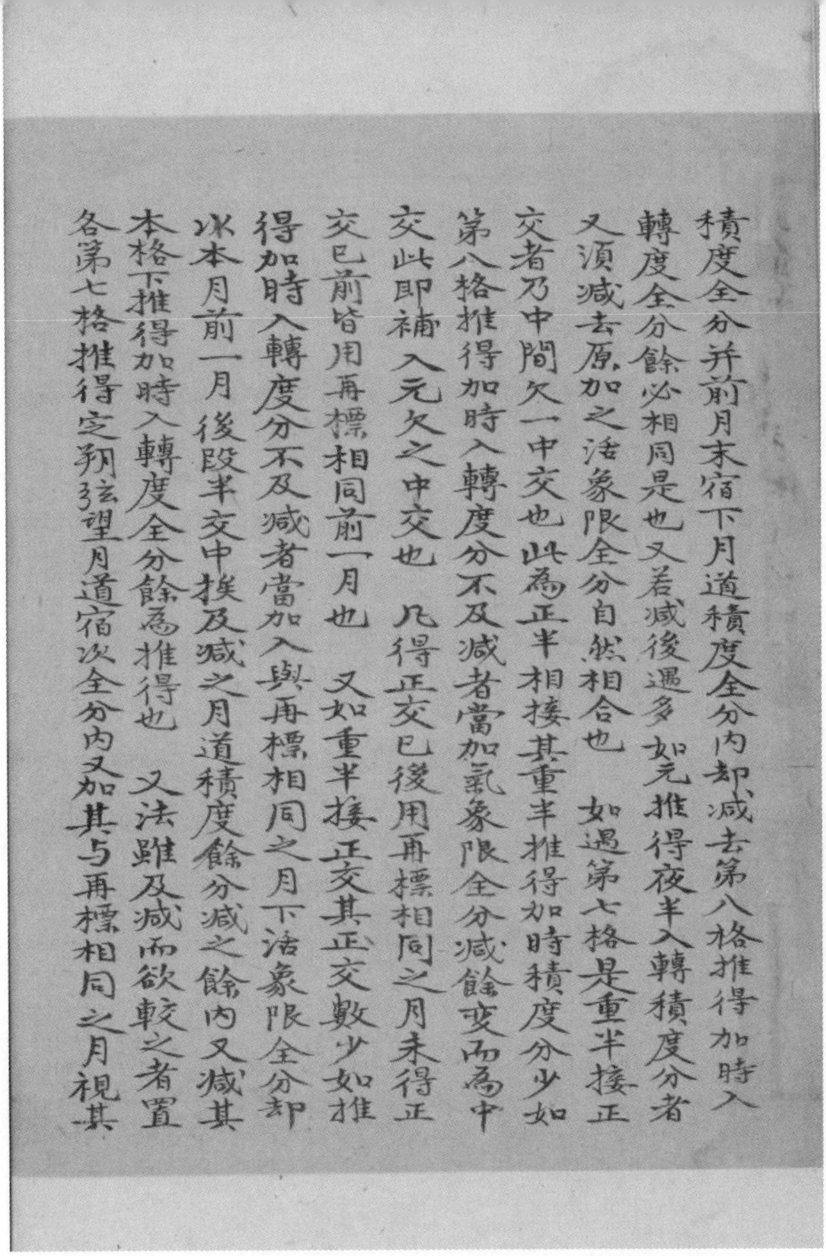

積度全分，并前月末宿下月道積度全分，内却减去第八格推得加時入轉度全分，餘必相同是也。又若减後遇多，如元推得夜半入轉積度分者，又須减去原加之活象限全分，自然相合也。

如遇第七格是重半接正交者，乃中間欠一中交也，此為正半相接，其重半推得加時積度分少如第八格推得加時入轉度分，不及减者，當加氣象限全分，减餘変而為中交，此即補入元欠之中交也。

凡得正交已後，用再標相同之月末，得正交已前，皆用再標相同前一月也。又如重半接正交，其正交數少如推得加時入轉度分，不及减者，當加入與再標相同之月下活象限全分，却以本月前一月後段半交中，挨及减之月道積度，餘分减之，餘内又减其本格下推得加時入轉度全分，餘為推得也。

又法，雖及减而欲較之者，置各第七格推得定朔、弦、望月道宿次全分内，又加其与再標相同之月視其

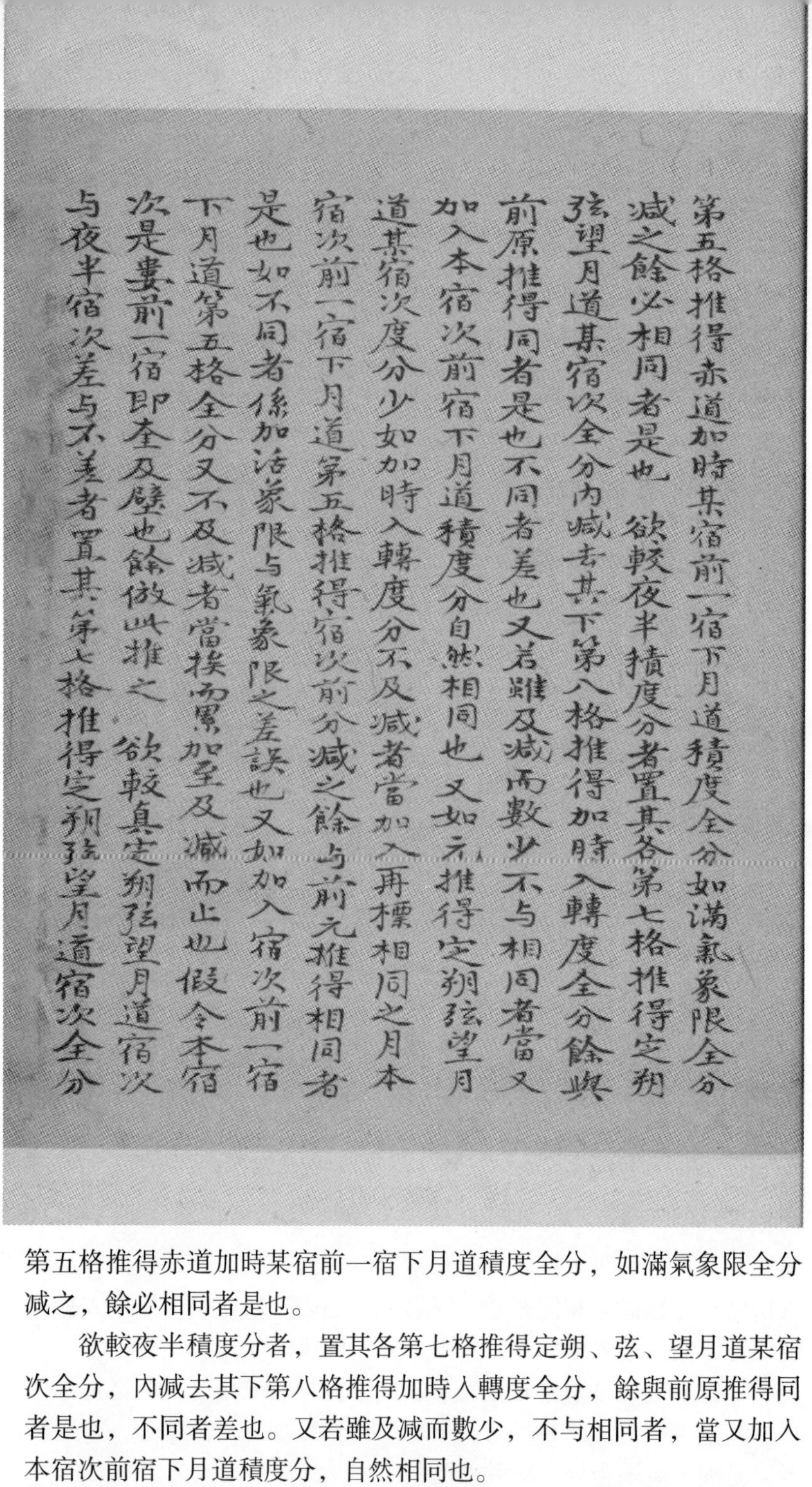
第五格推得赤道加時某宿前一宿下月道積度全分如滿氣象限全分
減之餘必相同者是也　欲較夜半積度分者置其各第七格推得定朔
弦望月道某宿次全分内減去其下第八格推得加時入轉度全分餘與
前原推得同者是也不同者差也又若雖及減而數少不与相同者當又
加入本宿次前宿下月道積度分自然相同也　又如元推得定朔弦望月
道某宿次度分少如加時入轉度分不及減者當加入再標相同之月本
宿次前一宿下月道第五格推得宿次前分減之餘与前元推得相同者
是也如不同者係加活象限与氣象限之差誤也又如加入宿次前一宿
下月道第五格全分又不及減者當挨而累加至及減而止也假令本宿
次是婁前一宿即奎及壁也餘倣此推之　欲較真定朔弦望月道宿次
与夜半宿次差与不差者置其第七格推得定朔弦望月道宿次全分

第五格推得赤道加時某宿前一宿下月道積度全分，如滿氣象限全分減之，餘必相同者是也。

欲較夜半積度分者，置其各第七格推得定朔、弦、望月道某宿次全分，内減去其下第八格推得加時入轉度全分，餘與前原推得同者是也，不同者差也。又若雖及減而數少，不与相同者，當又加入本宿次前宿下月道積度分，自然相同也。

又如元推得定朔、弦望月道某宿次度分少，如加時入轉度分，不及減者，當加入再標相同之月本宿次前一宿下月道第五格推得宿次前分減之，餘与前元推得相同者是也，如不同者，係加活象限与氣象限之差誤也。又如加入宿次前一宿下月道第五格全分，又不及減者，當挨而累加至及減而止也。

假令本宿次是婁前一宿，即奎及壁也，餘倣此推之。欲較真定朔、弦、望月道宿次与夜半宿次差与不差者，置其第七格推得定朔、弦、望月道宿次全分，

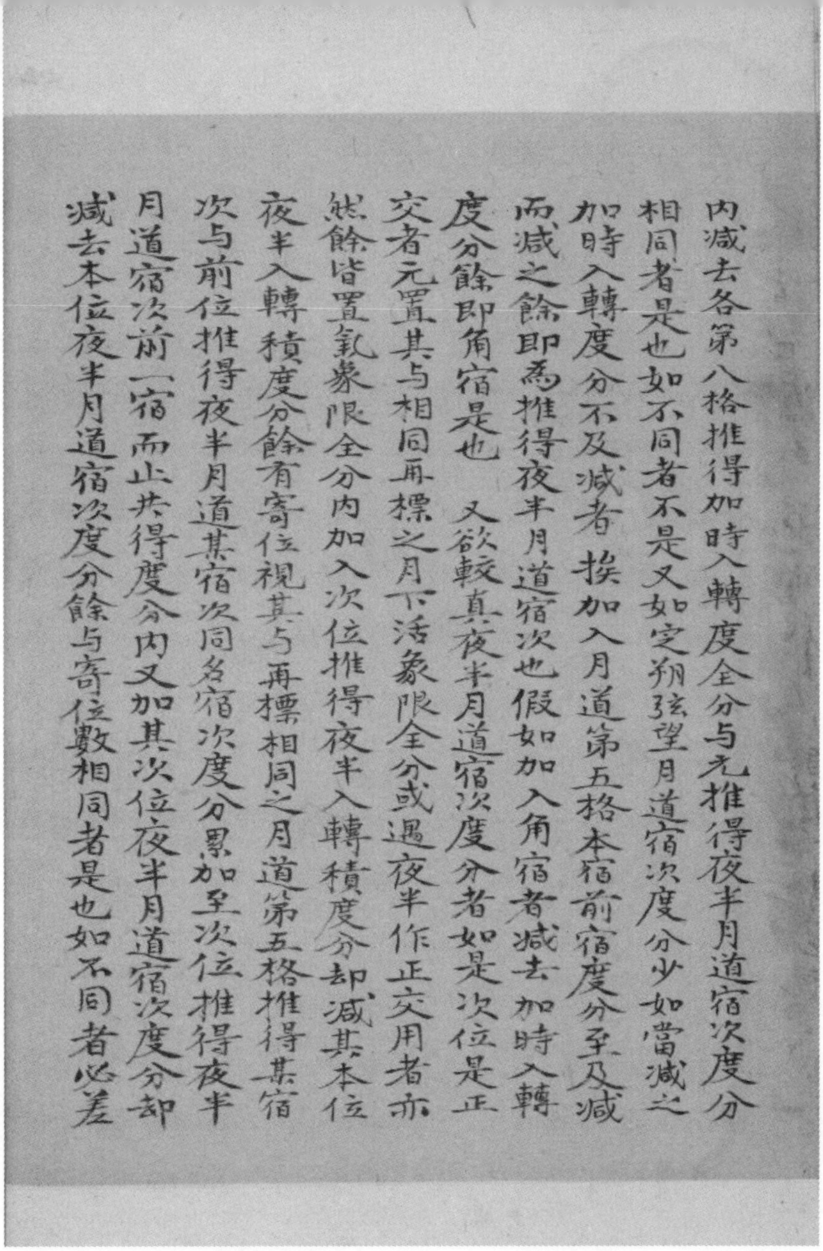

内減去各第八格推得加時入轉度全分，与元推得夜半月道宿次度分相同者是也，如不同者不是。又如定朔、弦、望月道宿次度分少，如當減之加時入轉度分不及減者，挨加入月道第五格本宿前宿度分至及減而減之，餘即為推得夜半月道宿次也。

假如加入角宿者，減去加時入轉度分，餘即角宿是也。又欲較真夜半月道宿次度分者，如是次位是正交者，元置其与相同再標之月下活象限全分，或遇夜半作正交用者亦然，餘皆置氣象限全分，內加入次位推得夜半入轉積度分，却減其本位夜半入轉積度分，餘有寄位，視其与再標相同之月道第五格推得某宿次与前位推得夜半月道某宿次同名宿次度分，累加至次位推得夜半月道宿次前一宿而止，共得度分，內又加其次位夜半月道宿次度分，却減去本位夜半月道宿次度分，餘与寄位數相同者是也，如不同者必差

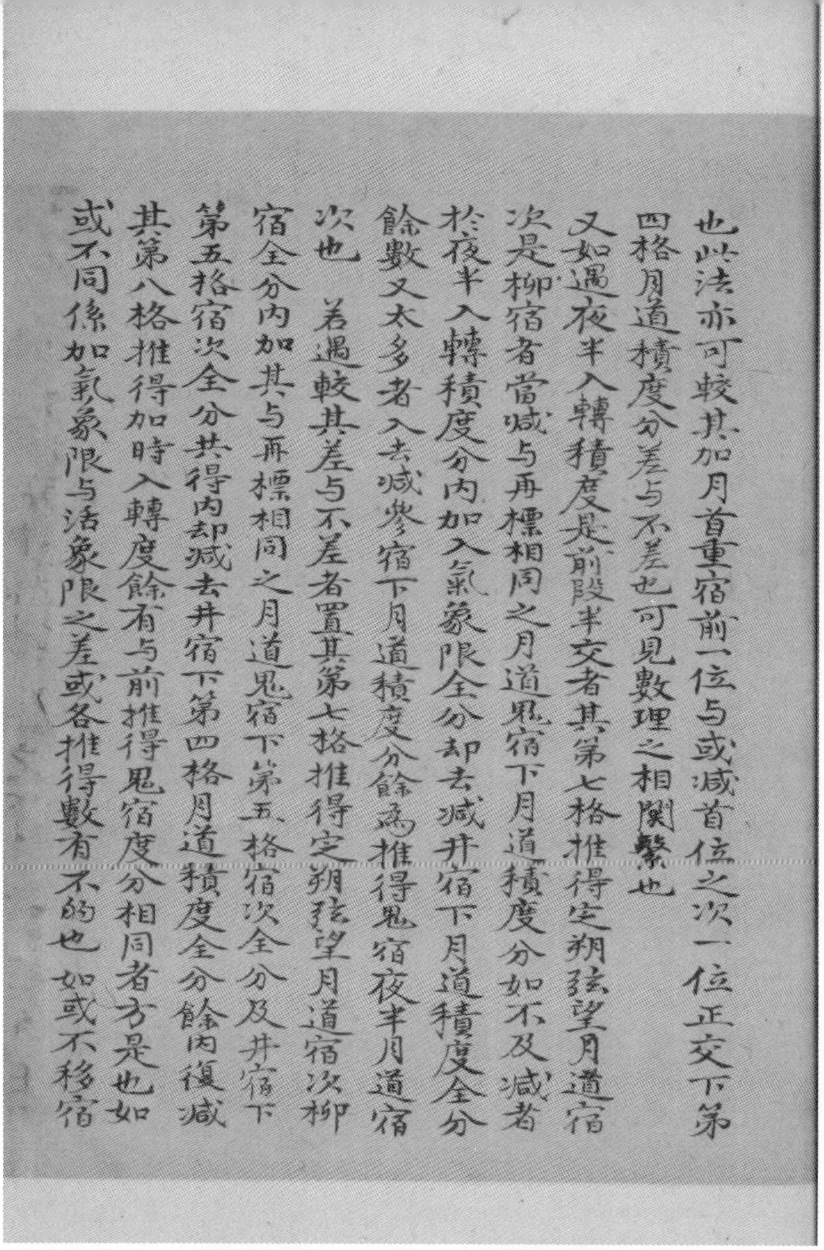

也。此法亦可較其加月首重宿前一位与或減首位之次一位正交下第四格月道積度分差与不差也，可見數理之相闗繁也。

又如遇夜半入轉積度是前段半交者，其第七格推得定朔、弦、望月道宿次是柳宿者，當減与再標相同之月道鬼宿下月道積度分。如不及減者，扵夜半入轉積度分内加入氣象限全分，却去減井宿下月道積度全分，餘數又太多者，入[1]去減參宿下月道積度分，餘為推得鬼宿夜半月道宿次也。

若遇較其差与不差者，置其第七格，推得定朔、弦望月道宿次柳宿全分，内加其与再標相同之月道鬼宿下第五格宿次全分，及井宿下第五格宿次全分，共得内却減去井宿下第四格月道積度全分，餘内復減其第八格推得加時入轉度，餘有与前推得鬼宿度分相同者，方是也。如或不同，係加氣象限与活象限之差，或各推得數有不的也，如或不移宿

1 "入" 當作 "又"。

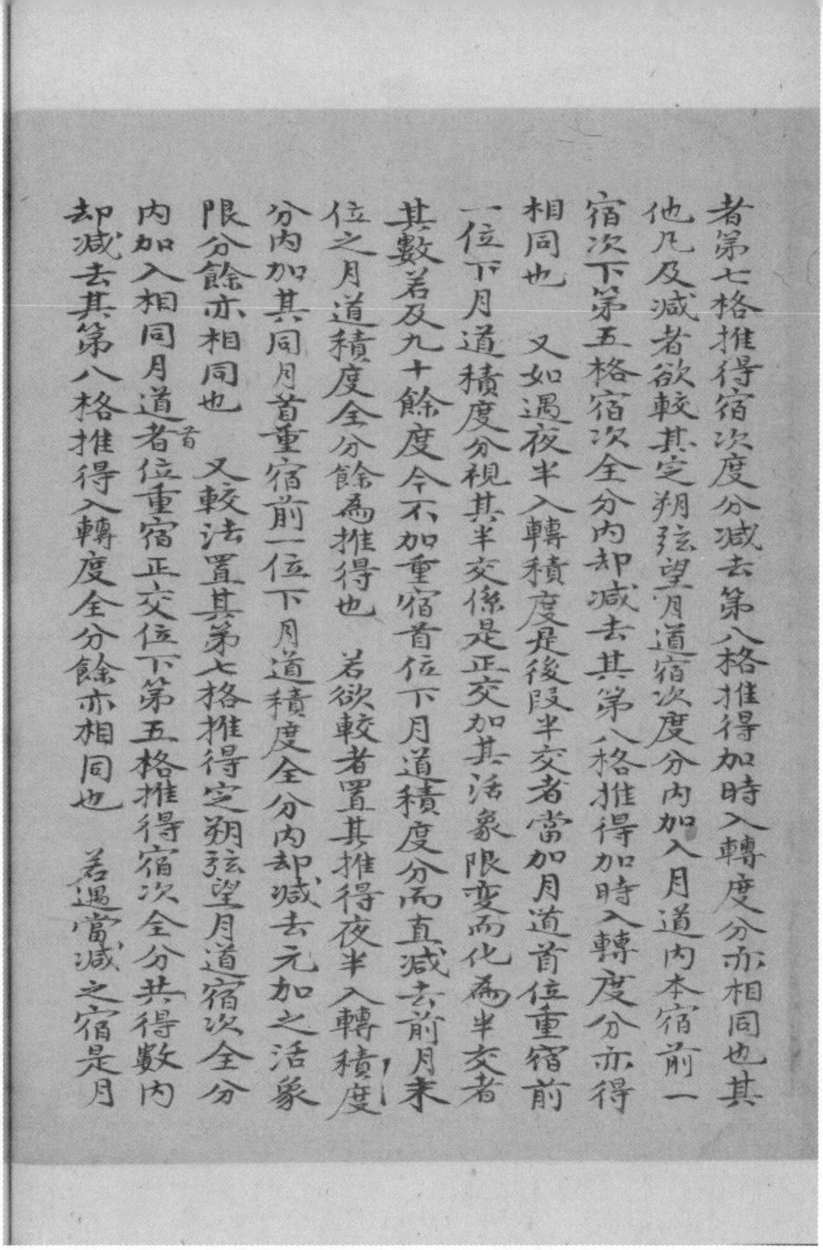

者，第七格推得宿次度分減去第八格推得加時入轉度分亦相同也。其他凡及減者，欲較其定朔、弦、望月道宿次度分內，加入月道內本宿前一宿次下第五格宿次全分內，却減去其第八格推得加時入轉度分，亦得相同也。

又如遇夜半入轉積度是後段半交者，當加月道首位重宿前一位下月道積度分，視其半交係是正交，加其活象限変而化為半交者，其數若及九十餘度，今不加重宿首位下月道積度分，而直減去前月末位之月道積度全分，餘為推得也。

若欲較者，置其推得夜半入轉積度分，內加其同月首重宿前一位下月道積度全分，內却減去元加之活象限分，餘亦相同也。

又較法，置其第七格推得定朔、弦、望月道宿次全分，內加入相同月道者，位重宿正交位下第五格，推得宿次全分，共得數內却減去其第八格，推得入轉度全分，餘亦相同也。

若遇當減之宿是月

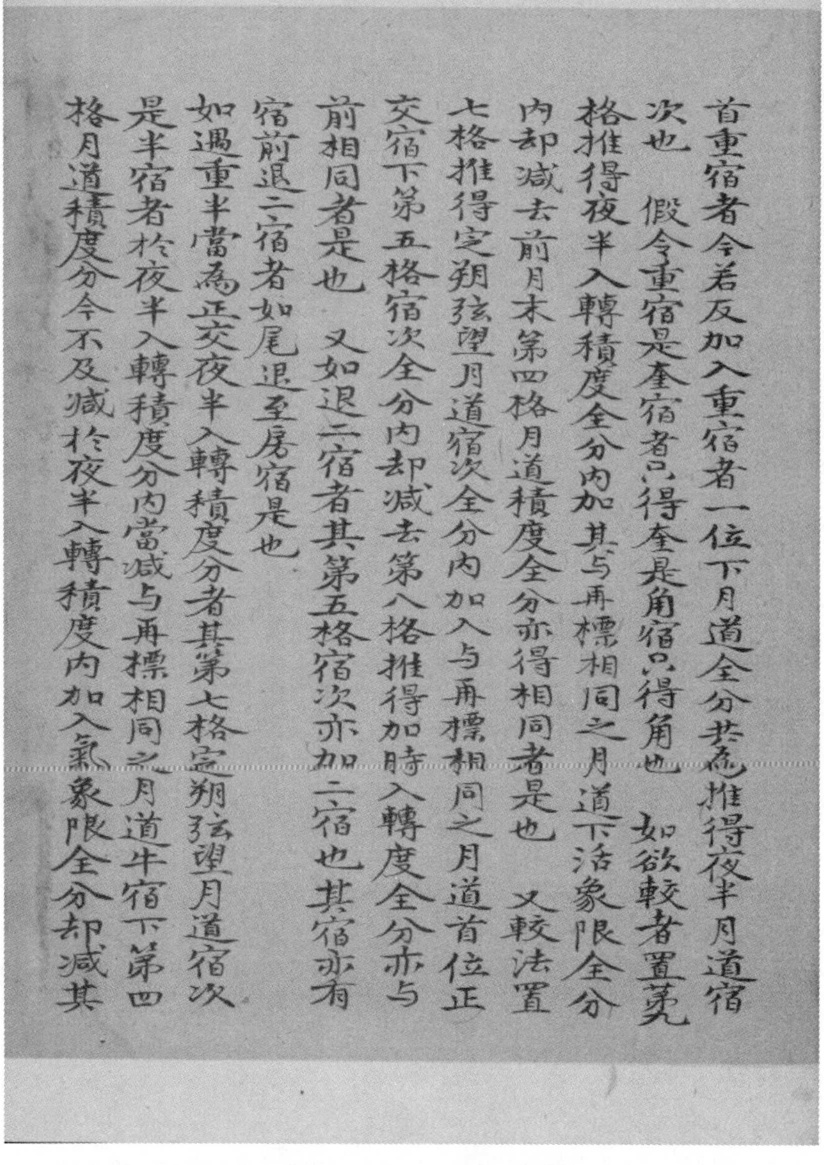

首重宿者，今若反加入重宿者一位下月道全分，共為推得夜半月道宿次也。

假令重宿是奎宿者，只得奎是角宿，只得角也。

如欲較者，置第九格推得夜半入轉積度全分，内加其与再標相同之月道下活象限全分，内却減去前月末第四格月道積度全分，亦得相同者是也。

又較法，置七格推得定朔、弦、望月道宿次全分，内加入与再標相同之月道首位正交宿下第五格宿次全分，内却減去第八格推得加時入轉度全分，亦与前相同者是也。又如退二宿者，其第五格宿次，亦加二宿也，其宿亦有宿前退二宿者，如尾退至房宿是也。

如遇重半，當為正交夜半入轉積度分者，其第七格定朔、弦、望月道宿次是半宿者，扵夜半入轉積度分内當減与再標相同之月道牛宿下第四格月道積度分，今不及減，扵夜半入轉積度内加入氣象限全分，却減其

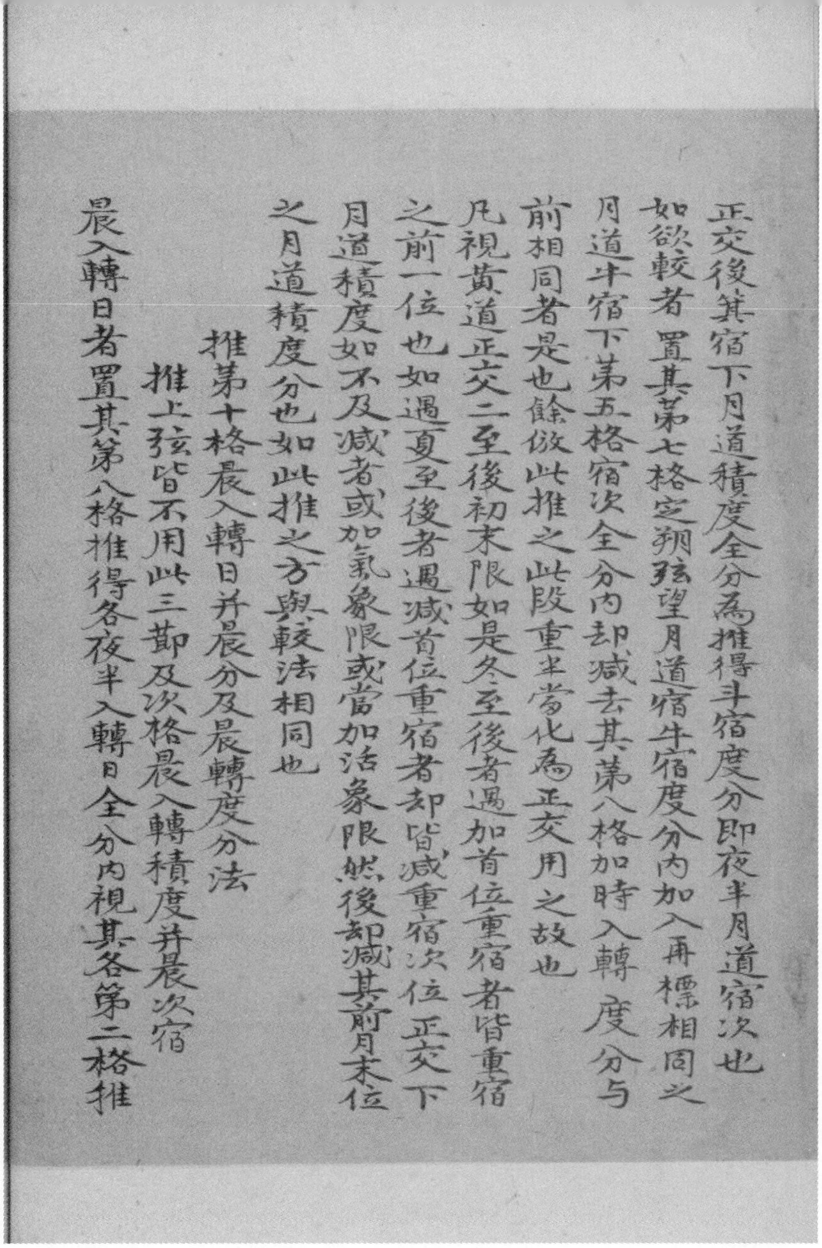

正交後箕宿下月道積度全分，為推得斗宿度分，即夜半月道宿次也。

如欲較者，置其第七格定朔、弦、望月道宿牛宿度分內加入再標相同之月道牛宿下第五格宿次全分內，却減去其第八格加時入轉度分与前相同者是也，餘倣此推之。此段重半當化為正交用之，故也。

凡視黃道正交二至後初末限，如是冬至後者，遇加首位重宿者皆重宿之前一位也。如遇夏至後者，遇減首位重宿者却皆減重宿次位正交下月道積度。如不及減者，或加氣象限，或當加活象限，然後却減其前月末位之月道積度分也，如此推之，方與較法相同也。

推第十格晨入轉日并晨分及晨轉度分法，推上弦皆不用此三節，及次格晨入轉積度并晨次宿。

晨入轉日者，置其第八格推得各夜半入轉日全分，內視其各第二格推

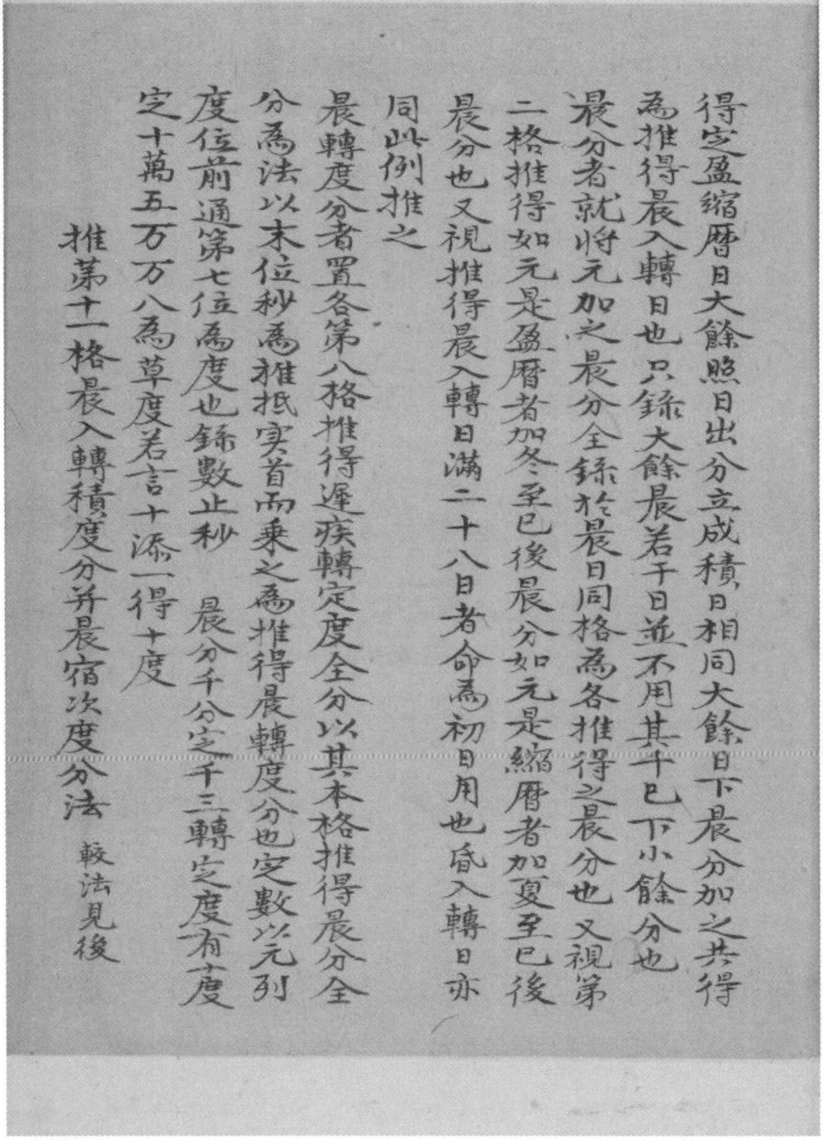
得定盈縮曆日大餘照日出分立成積日相同大餘日下晨分加之共得
為推得晨入轉日也只錄大餘晨若干日並不用其千已下小餘分也
晨分者就將元加之晨分全錄於晨日同格為各推得之晨分也又視第
二格推得如元是盈曆者加冬至已後晨分如元是縮曆者加夏至已後
晨分也又視推得晨入轉日滿二十八日者命為初日用也昏入轉日亦
同此例推之
晨轉度分者置各第八格推得遲疾轉定度全分以其本格推得晨分全
分為法以末位秒為推抵实首而乘之為推得晨轉度分也定數以元列
度位前通第七位為度也錄數止秒 晨分千分定千三轉定度有十度
定十萬五万万八為草度若言十添一得十度
推第十一格晨入轉積度分并晨宿次度分法 較法見後

得定盈縮曆日大餘，照日出分立成積日相同大餘日下晨分加之，共得為推得晨入轉日也。只錄大餘晨若干日，並不用其千已下小餘分也。

晨分者，就將原加之晨分全錄於晨日同格，為各推得之晨分也。又視第二格推得，如元是盈曆者，加冬至已後晨分；如元是縮曆者，加夏至已後晨分也。又視推得晨入轉日滿二十八日者，命為初日用也。昏入轉日亦同此例推之。

晨轉度分者，置各第八格推得遲疾轉定度全分，以其本格推得晨分全分為法，以末位秒為推，抵实首而乘之，為推得晨轉度分也。定數以元列度位前通第七位為度也，錄數止秒。晨分千分定千,三轉定度有十度定十萬，五万万八为草度[1]，若言十添一得十度。

推第十一格晨入轉積度分并晨宿次度分法，較法見後。

1 此處疑有誤。

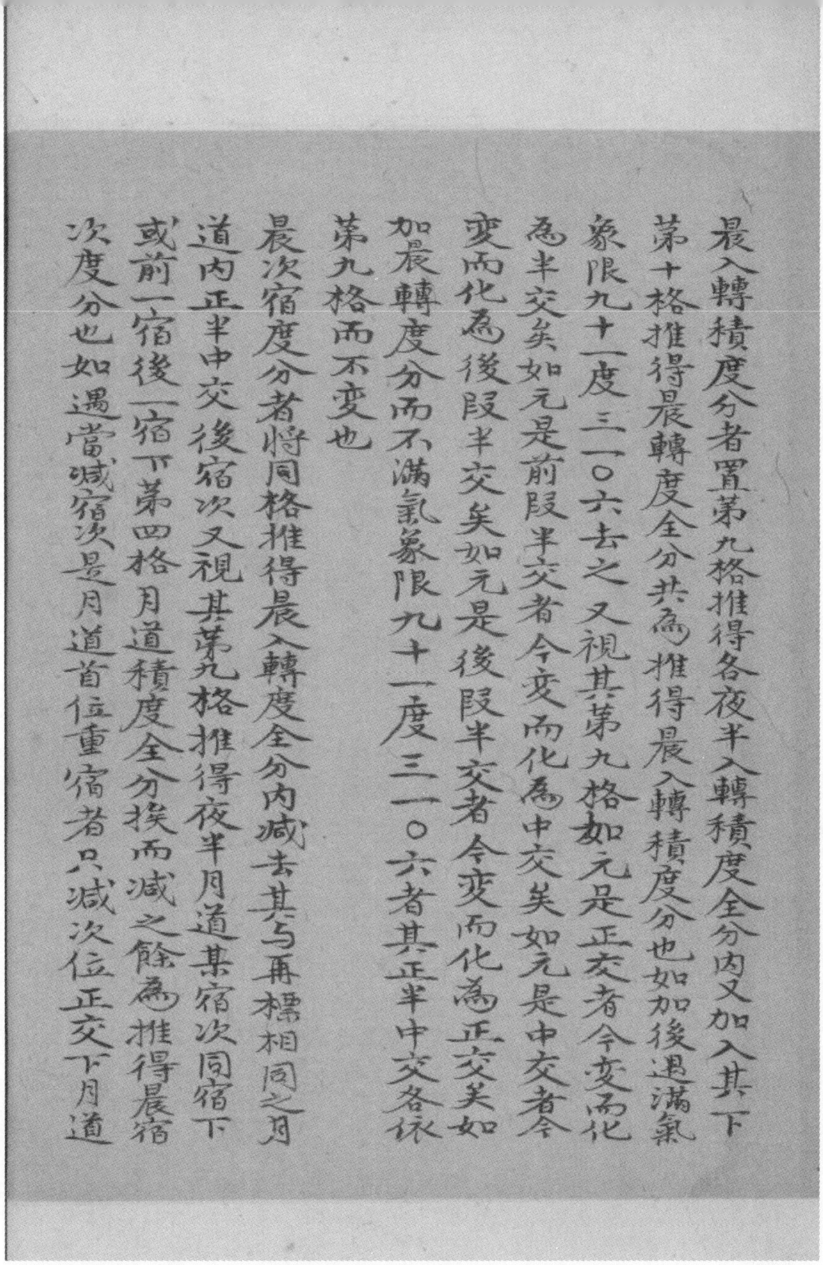
晨入轉積度分者置第九格推得各夜半入轉積度全分內又加入其下
第十格推得晨轉度全分共為推得晨入轉積度分也如加後遇滿氣
象限九十一度三一〇六去之又視其第九格如元是正交者今变而化
為半交矣如元是前段半交者今变而化為中交矣如元是中交者今
变而化為後段半交矣如元是後段半交者今变而化為正交矣如
加晨轉度分而不滿氣象限九十一度三一〇六者其正半中交各依
第九格而不变也
晨次宿度分者將同格推得晨入轉度全分內減去其与再標相同之月
道內正半中交後宿次又視其第九格推得夜半月道某宿次同宿下
或前一宿後一宿下第四格月道積度全分挨而減之餘為推得晨宿
次度分也如遇當減宿次是月道首位重宿者只減次位正交下月道

晨入轉積度分者，置第九格推得各夜半入轉積度全分，內又加入其下第十格推得晨入轉度全分，共為推得晨入轉積度分也，如加後遇滿氣象限九十一度三一〇六，去之。又視其第九格，如元是正交者，今變而化為半交矣；如元是前段半交者，今變而化為中交矣；如元是中交者，今變而化為後段半交矣；如元是後段半交者，今變而化為正交矣。如加晨轉度分而不滿氣象限九十一度三一〇六者，其正、半、中交各依第九格而不變也。

晨次宿度分者，將同格推得晨入轉度全分，內減去其与再標相同之月道內正半中交，後宿次。又視其第九格推得夜半月道某宿次同宿下、或前一宿、後一宿下第四格月道積度全分，挨而減之，餘為推得晨宿次度分也。如遇當減宿次是月道首位重宿者，只減次位正交下月道

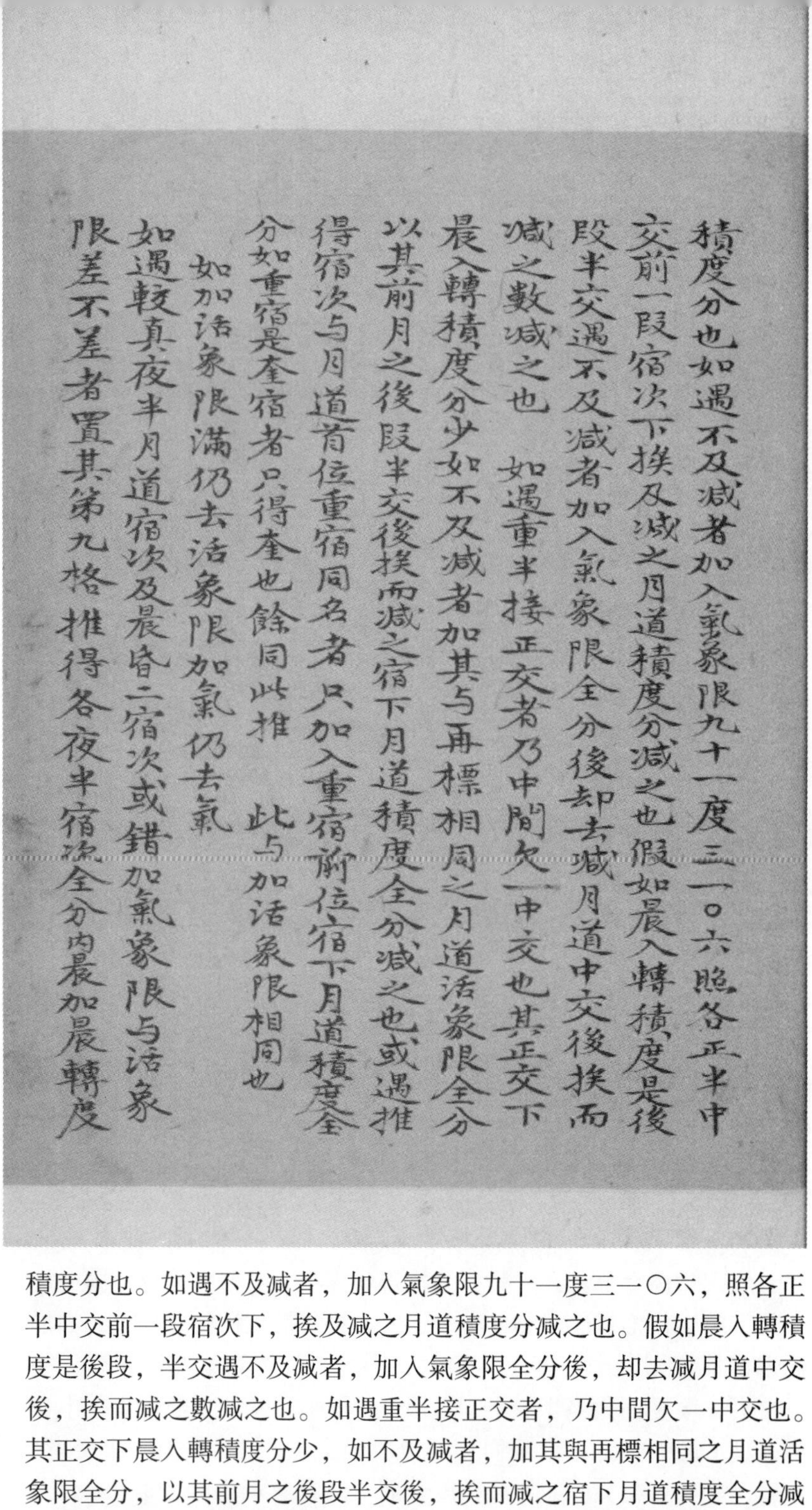

積度分也如遇不及減者加入氣象限九十一度三一〇六照各正半中
交前一段宿次下挨及減之月道積度分減之也假如晨入轉積度是後
段半交遇不及減者加入氣象限全分後却去減月道中交後挨而
減之數減之也　如遇重半接正交者乃中間欠一中交也其正交下
晨入轉積度分少如不及減者加其与再標相同之月道活象限全分
以其前月之後段半交後挨而減之宿下月道積度全分減之也或遇推
得宿次与月道首位重宿同名者只加入重宿前位宿下月道積度全
分如重宿是奎宿者只得奎也餘同此推　此与加活象限相同也
　如加活象限滿仍去活象限加氣仍去氣
如遇較真夜半月道宿次及晨昏二宿次或錯加氣象限与活象
限差不差者置其第九格推得各夜半宿次全分内晨加晨轉度

積度分也。如遇不及減者，加入氣象限九十一度三一〇六，照各正半中交前一段宿次下，挨及減之月道積度分減之也。假如晨入轉積度是後段，半交遇不及減者，加入氣象限全分後，却去減月道中交後，挨而減之數減之也。如遇重半接正交者，乃中間欠一中交也。其正交下晨入轉積度分少，如不及減者，加其與再標相同之月道活象限全分，以其前月之後段半交後，挨而減之宿下月道積度全分減之也。或遇推得宿次與月道首位重宿同名者，只加入重宿前位宿下月道積度全分。如重宿是奎宿者，只得奎也，餘同此推。此與加活象限相同也。

如加活象限滿，仍去活象限加氣仍去氣。

如遇較真夜半月道宿次及晨昏二宿次，或錯加氣象限與活象限差不差者，置其第九格推得各夜半宿次全分内晨加晨轉度

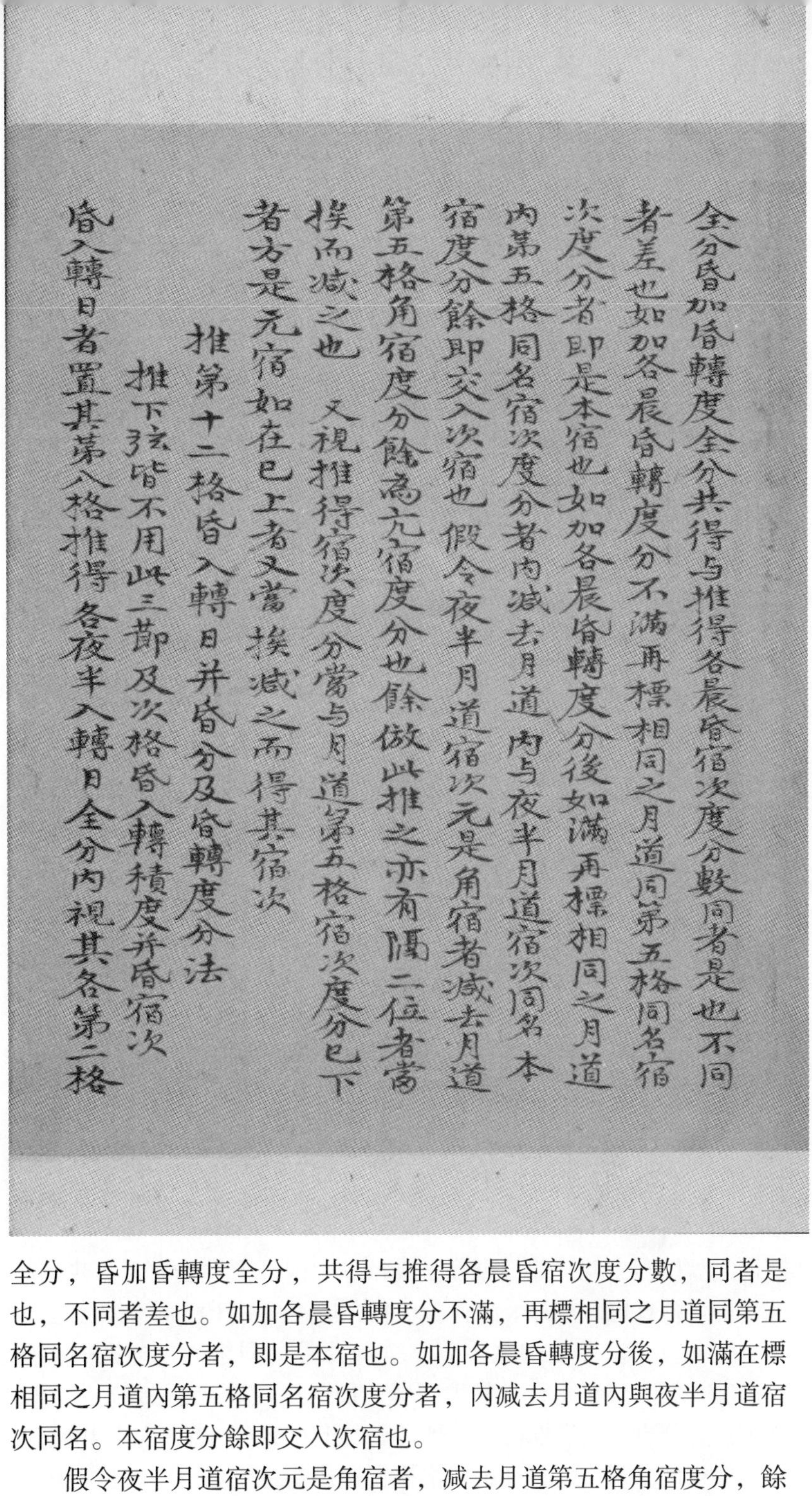

全分，昏加昏轉度全分，共得与推得各晨昏宿次度分數，同者是也，不同者差也。如加各晨昏轉度分不滿，再標相同之月道同第五格同名宿次度分者，即是本宿也。如加各晨昏轉度分後，如滿在標相同之月道內第五格同名宿次度分者，內減去月道內與夜半月道宿次同名。本宿度分餘即交入次宿也。

假令夜半月道宿次元是角宿者，減去月道第五格角宿度分，餘為亢宿度分也，餘倣此推之，亦有隔二位者，當挨而減之也。又視推得宿次度分，當與月道第五格宿次度分已下者，方是元宿。如在以上者，又當挨減之，而得其宿次。

推第十二格昏入轉日并昏分及昏轉度分法，推下弦皆不用此三節，及次格昏入轉積度并昏宿次。

昏入轉日者，置其第八格推得各夜半入轉日全分，內視其各第二格

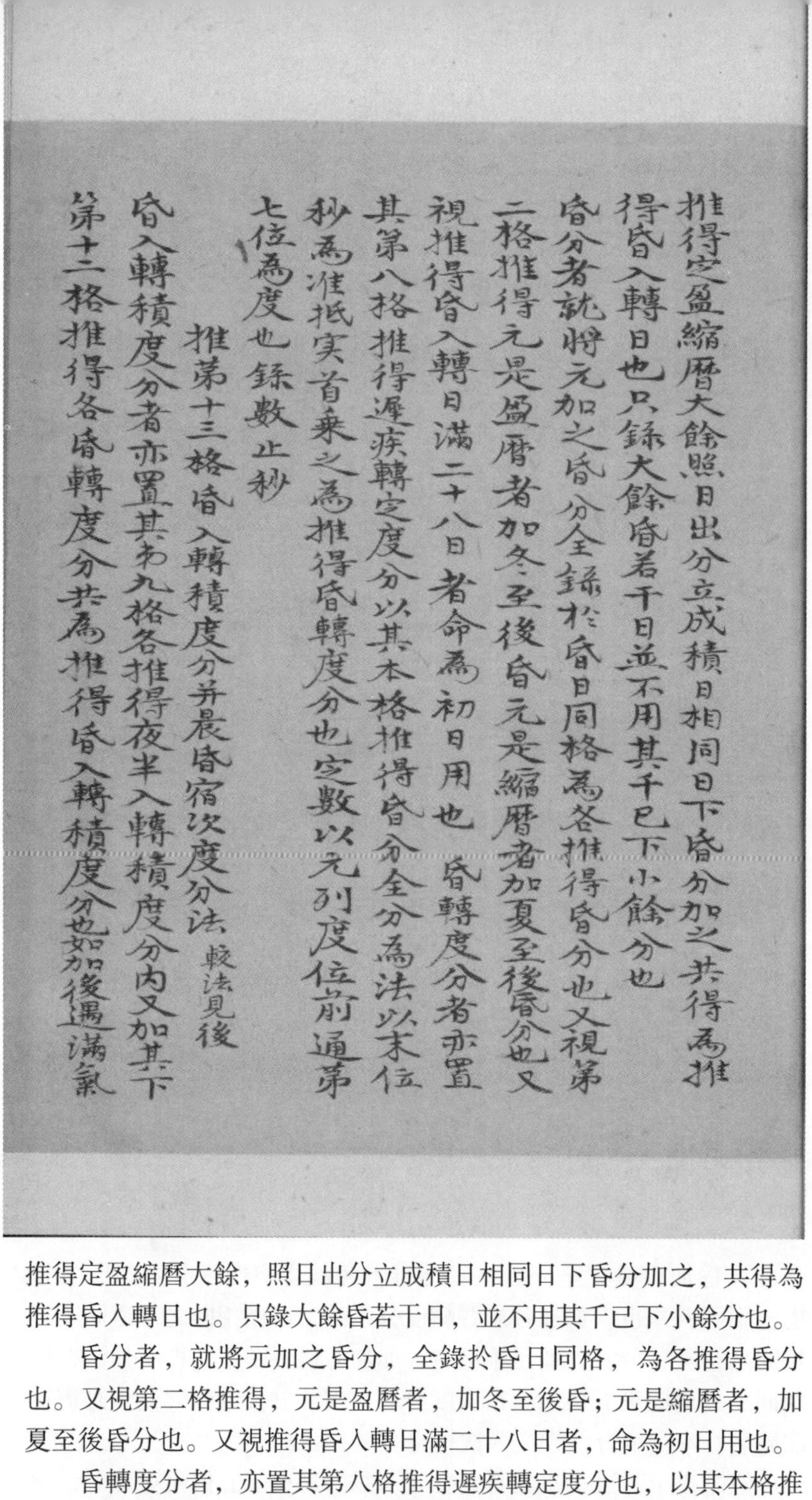
推得定盈縮曆大餘照日出分立成積日相同日下昏分加之共得為推
得昏入轉日也只録大餘昏若干日並不用其千已下小餘分也
昏分者就將元加之昏分全録於昏日同格為各推得昏分也又視第
二格推得元是盈曆者加冬至後昏元是縮曆者加夏至後昏分也又
視推得昏入轉日滿二十八日者命為初日用也 昏轉度分者亦置
其第八格推得遲疾轉定度分以其本格推得昏分全分為法以末位
秒為准抵实首乘之為推得昏轉度分也定數以元列度位前通第
七位為度也録數止秒
推第十三格昏入轉積度分并晨昏宿次度分法 較法見後
昏入轉積度分者亦置其第九格各推得夜半入轉積度分內又加其下
第十二格推得各昏轉度分共為推得昏入轉積度分也如加後遇滿氣

推得定盈縮曆大餘，照日出分立成積日相同日下昏分加之，共得為推得昏入轉日也。只錄大餘昏若干日，並不用其千已下小餘分也。

昏分者，就將元加之昏分，全錄抡昏日同格，為各推得昏分也。又視第二格推得，元是盈曆者，加冬至後昏；元是縮曆者，加夏至後昏分也。又視推得昏入轉日滿二十八日者，命為初日用也。

昏轉度分者，亦置其第八格推得遲疾轉定度分也，以其本格推得昏分全分為法，以末位秒為准，抵實首乘之，為推得昏轉度分也。定數以元列度位前通第七位為度也，錄數止秒。

推第十三格昏入轉積度分并晨昏宿次度分法，較法見後。

昏入轉度分者，亦置其第九格各推得夜半入轉積度分內，又加其下第十二格推得各昏轉度分，共為推得昏入轉積度分也，如加後遇滿氣

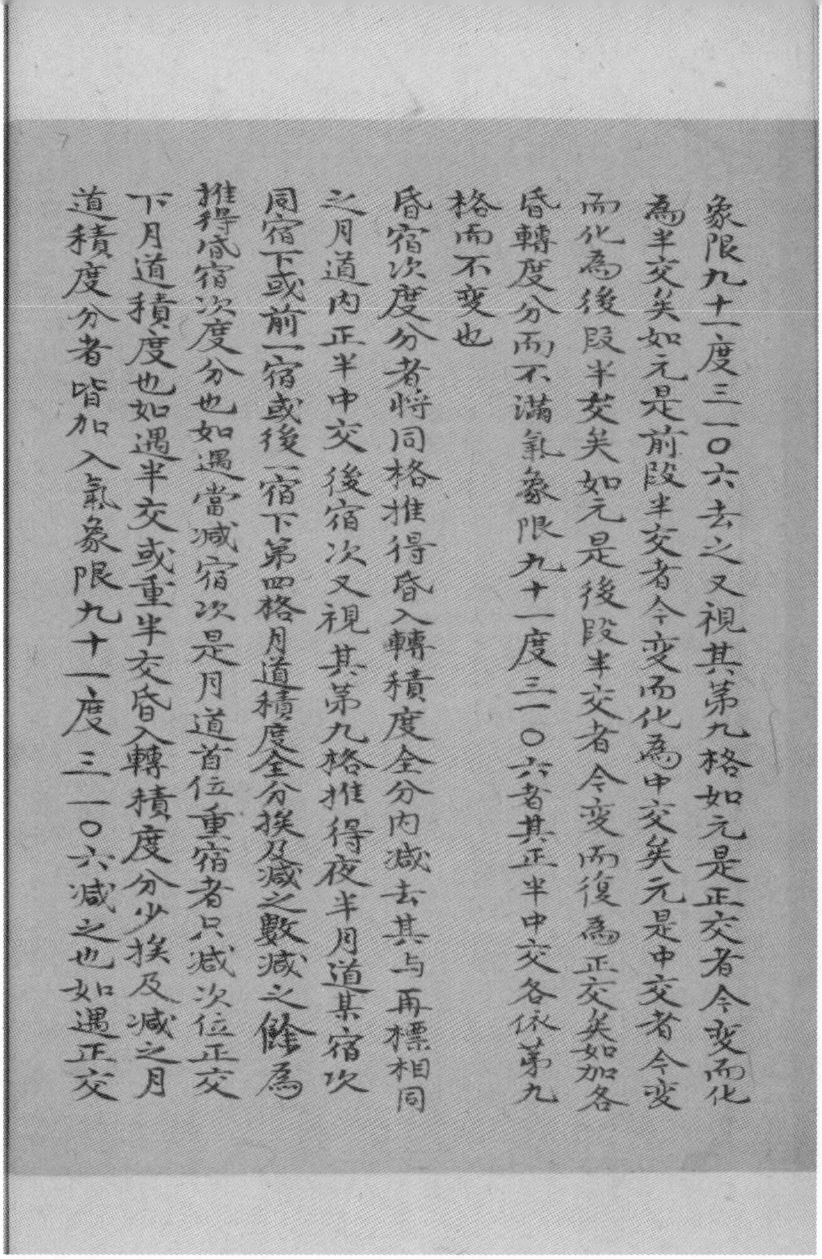
象限九十一度三一〇六去之又視其第九格如元是正交者今变而化
為半交矣如元是前段半交者今变而化為中交矣元是中交者今变
而化為後段半交矣如元是後段半交者今变而復為正交矣如加各
昏轉度分而不滿氣象限九十一度三一〇六者其正半中交各依第九
格而不变也
昏宿次度分者將同格推得昏入轉積度全分內減去其与再標相同
之月道內正半中交後宿次又視其第九格推得夜半月道某宿次
同宿下或前一宿或後一宿下第四格月道積度全分挨及減之數減之餘為
推得昏宿次度分也如遇當減宿次是月道首位重宿者只減次位正交
下月道積度也如遇半交或重半交昏入轉積度分少挨及減之月
道積度分者皆加入氣象限九十一度三一〇六減之也如遇正交

象限九十一度三一〇六去之。又視其第九格如元是正交者，今变而化為半交矣；如元是前段半交者，今变而化為中交矣；元是中交者，今变而化為後段半交矣；如元是後段半交者，今变而復為正交矣。如加各昏轉度分而不滿氣象限九十一度三一〇六者，其正、半、中交各依第九格而不变也。

昏宿次度分者，將同格推得昏入轉積度全分，內減去其與再標相同之月道內正半中交後宿次，又視其第九格推得夜半月道某宿次同宿下或前一宿、或後一宿下第四格月道積度全分，挨及減之數減之，餘為推得昏宿次度分也。如遇當減宿次是月道首位重宿者，只減次位正交下月道積度分也。如遇半交或重半交昏入轉積度分少，挨及減之月道積度分者，皆加入氣象限九十一度三一〇六減之也。如遇正交昏入轉積度分少，而挨及減之月道積度分者，此為半正相接，加其與再標相同之月道下活象限全分，以其前月之後段半交後挨及減之宿下月道積度全分減之也，餘為推得昏宿交度分也。又如遇正半変交，曾加活象限度分者，復減其活象限，曾加氣象限度分者，復減其氣象限度分也，餘同晨宿次法。

冬夏二至日出晨昏分立成鈐

二至積日	冬至晨分		冬至昏分	夏至晨分		夏至昏分
初日		二千六百八一七	七千三百八一三〇		一千八百一八三	八千一百八一七〇
一日		八一六二	一八三八		一八三六	八一六四
二日		八一三九	一八六一		一八五六	八一四四
三日		八一〇一	一八九九		一八八七	八一一二

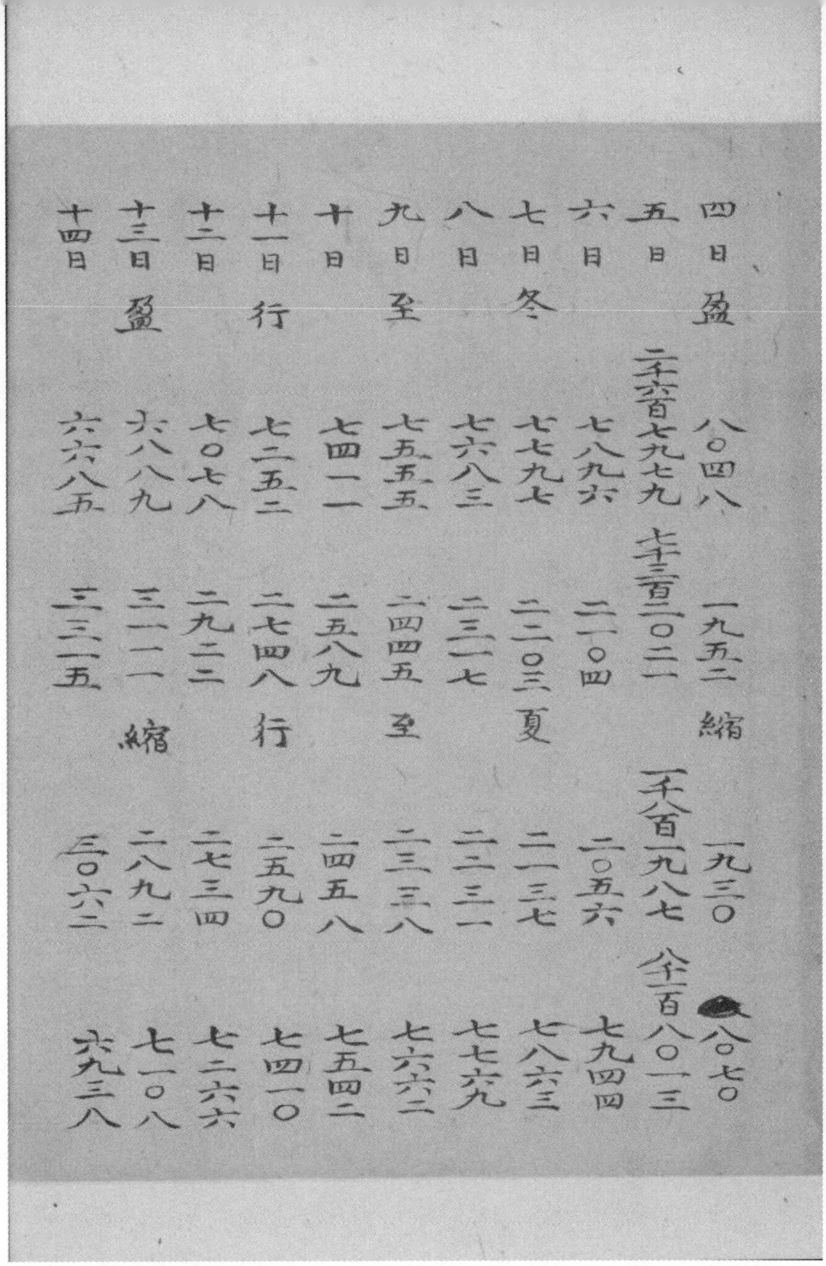

四日		盈　八〇四八	一九五二		縮　一九三〇	八〇七〇
五日		二千六百七九七九	七千三百二〇二一		一千八百一九八七	八千一百八〇一三
六日		七八九六	二一〇四		二〇五六	七九四四
七日	冬	七七九七	二二〇三	夏	二一三七	七八六三
八日		七六八三	二三一七		二二三一	七七六九
九日	至	七五五五	二四四五	至	二三三八	七六六二
十日	行	七四一一	二五八九	行	二四五八	七五四二
十一日	盈	七二五二	二七四八	縮	二五九〇	七四一〇
十二日		七〇七八	二九二二		二七三四	七二六六
十三日		六八八九	三一一一		二八九二	七一〇八
十四日		六六八五	三三一五		三〇六二	六九三八

十五日	冬至行盈	六四六六	三五三四	夏至行縮	三二四六	六七五四
十六日		六二三二	三七六八		三四四一	六三五九
十七日		二千六百五九八三	四〇一七		三六五〇	六三五〇
十八日		五七一九	四二八一		三八七一	六一二九
十九日		五四四一	四五五九		四一〇六	五八九四
二十日		五一四七	四八五三		四三五三	五六四七
二十一日		四八三九	五一六一		四六一二	五三八八
二十二日		四五一七	五四八三		四八八五	五一一五
二十三日		四一八一	五八一九		五一七一	四八二九
二十四日		三八二九	六一七一		五四六九	四五三一
二十五日		三四六四	六五五六		五七七九	四二二一

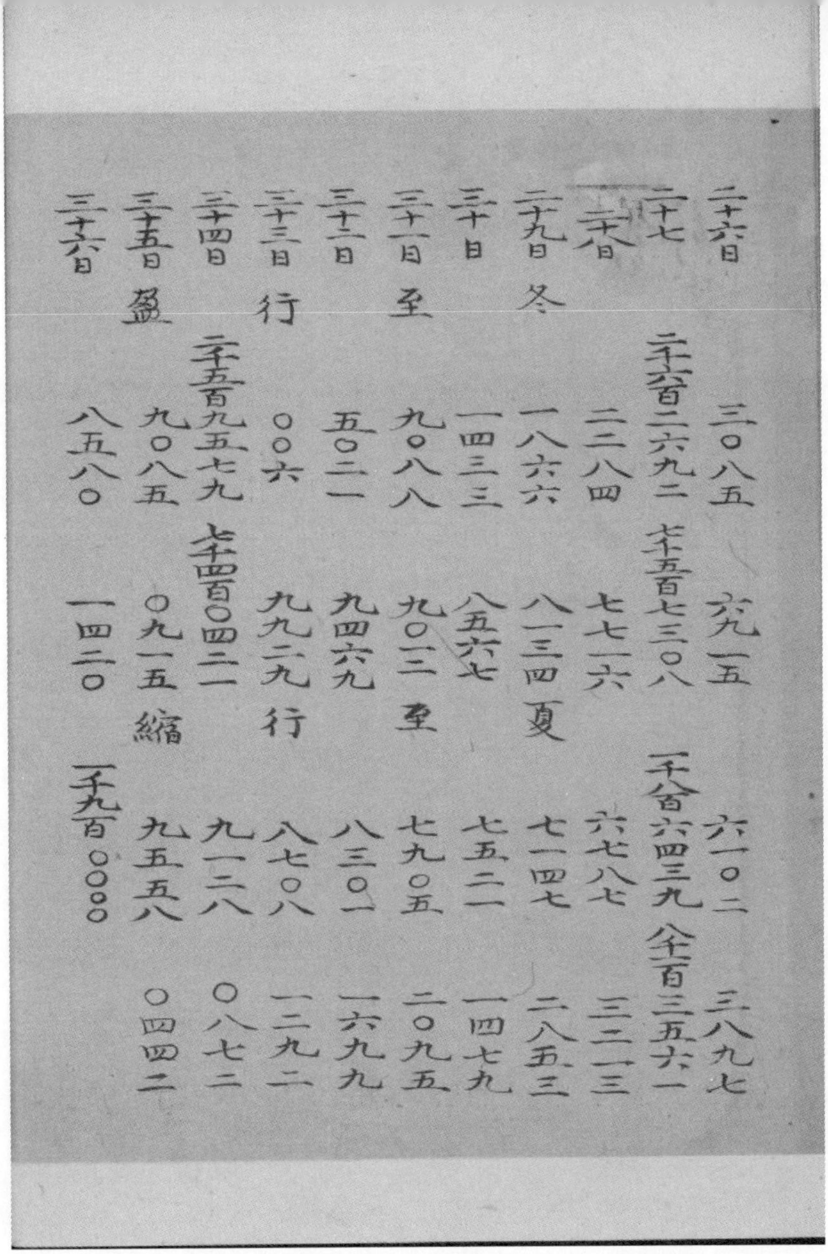

二十六日	冬至行盈	三〇八五	六九一五	夏至行縮	六一〇二	三八九七
二十七		二千六百二六九二	七千五[1]百七三〇八		一千八百六四三九	八千一百三五六一
二十八日		二二八四	七七一六		六七八七	三二一三
二十九日		一八六六	八一三四		七一四七	二八五三
三十日		一四三三	八五六七		七五二一	一四七九
三十一日		九〇八八	九〇一二		七九〇五	二〇九五
三十二日		五〇二一	九四六九		八三〇一	一六九九
三十三日		〇〇六	九九二九		八七〇八	一二九二
三十四日		二千五百九五七九	七千四百〇四二一		九一二八	〇八七二
三十五日		九〇八五	〇九一五		九五五八	〇四四二
三十六日		八五八〇	一四二〇		一千九百〇〇〇〇	

1"五"疑作"三"。

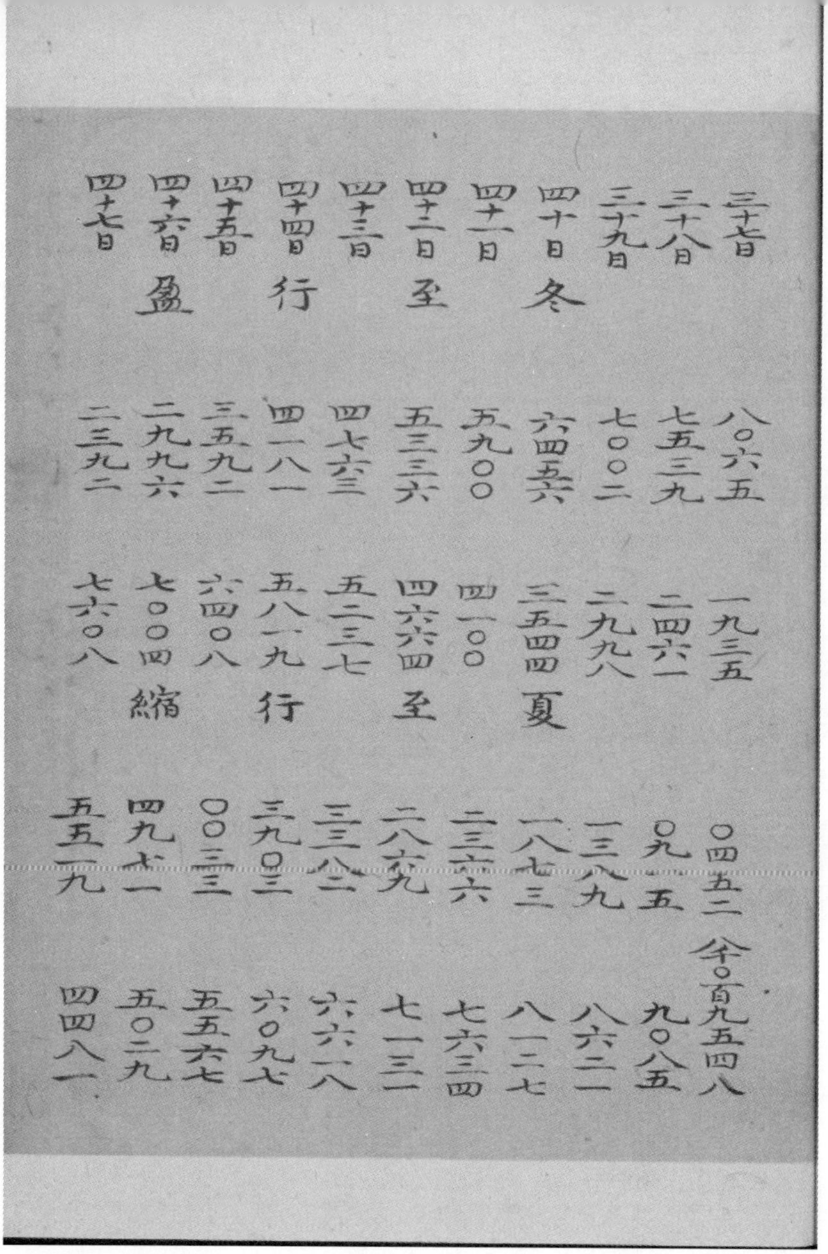

三十七日	冬至行盈	八〇六五	一九三五	夏至行縮	〇四五二	八千〇百九五四八
三十八日		七五三九	二四六一		〇九一五	九〇八五
三十九日		七〇〇二	二九九八		一三八九	八六二一
四十日		六四五六	三五四四		一八七三	八一二七
四十一日		五九〇〇	四一〇〇		二三六六	七六三四
四十二日		五三三六	四六六四		二八六九	七一三一
四十三日		四七六三	五二三七		三三八二	六六一八
四十四日		四一八一	五八一九		三九〇三	六〇九七
四十五日		三五九二	六四〇八		〇〇三三	五五六七
四十六日		二九九六	七〇〇四		四九七一	五〇二九
四十七日		二三九二	七六〇八		五五一九	四四八一

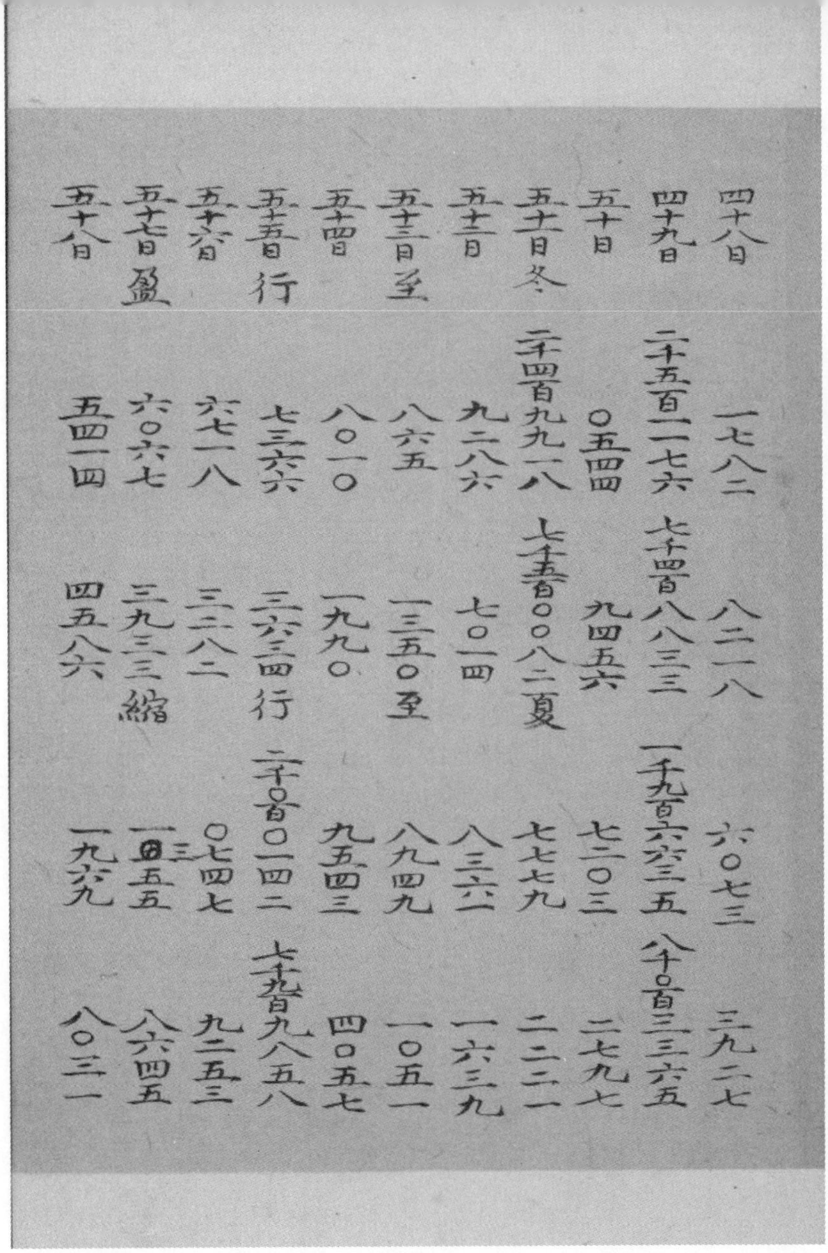

四十八日	冬至行盈	一七八二	八二一八	夏至行縮	六〇七三	三九二七
四十九日		二千五百一一七六	七千四百八八三三		一千九百六六三五	八千〇百三三六五
五十日		〇五四四	九四五六		七二〇三	二七九七
五十一日		二千四百九九一八	七千五百〇〇八二		七七七九	二二二一
五十二日		九二八六	七〇一四		八三六一	一六三九
五十三日		八六五	一三五〇		八九四九	一〇五一
五十四日		八〇一〇	一九九〇		九五四三	四〇五七
五十五日		七三六六	三六三四		二千〇百〇一四二	七千九百九八五八
五十六日		六七一八	三二八二		〇七四七	九二五三
五十七日		六〇六七	三九三三		一三五五	八六四五
五十八日		五四一四	四五八六		一九六九	八〇三一

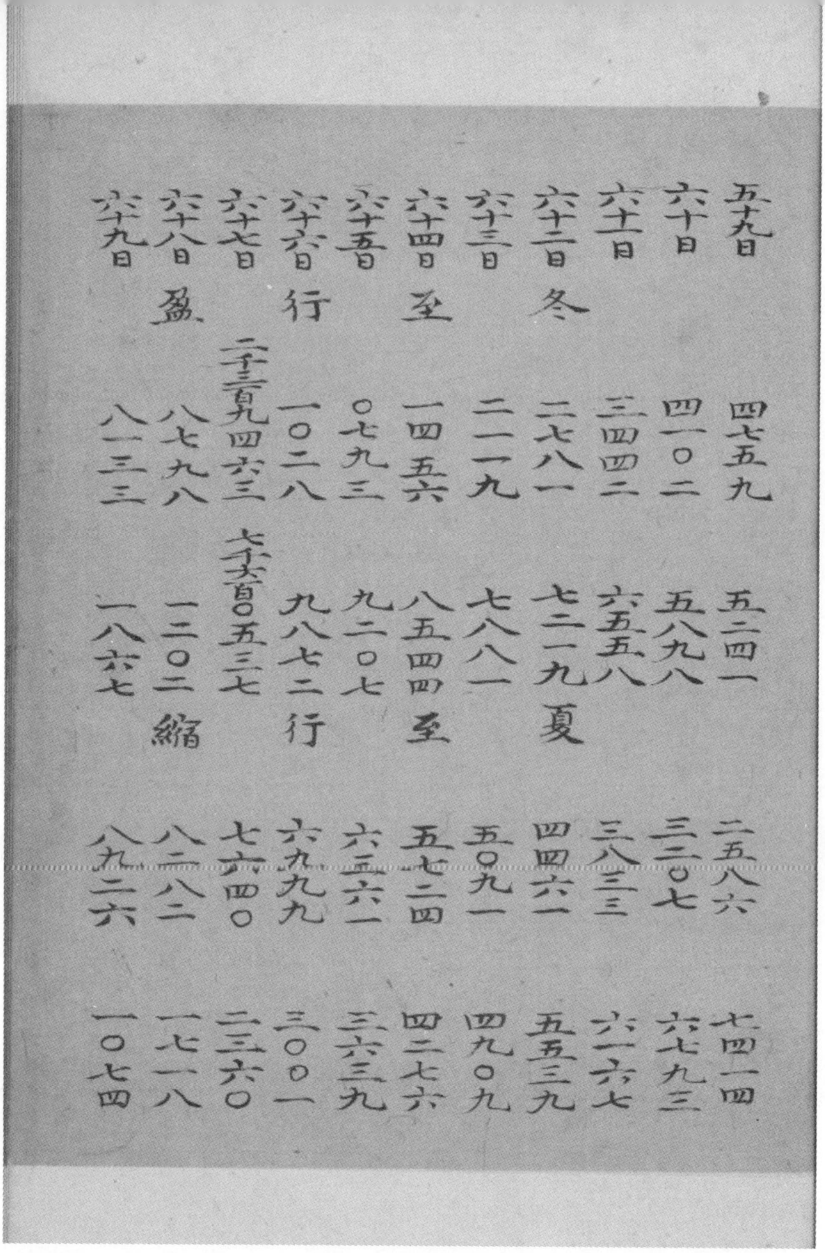

五十九日	冬至行盈	四七五九	五二四一	夏至行縮	二五八六	七四一四
六十日		四一〇二	五八九八		三二〇七	六七九三
六十一日		三四四二	六五五八		三八三三	六一六七
六十二日		二七八一	七二一九		四四六一	五五三九
六十三日		二一一九	七八八一		五〇九一	四九〇九
六十四日		一四五六	八五四四		五七二四	四二七六
六十五日		〇七九三	九二〇七		六三六一	三六三九
六十六日		一〇二八	九八七二		六九九九	三〇〇一
六十七日		二千三百九四六三	七千六百〇五三七		七六四〇	二三六〇
六十八日		八七九八	一二〇二		八二八二	一七一八
六十九日		八一三三	七千六百一八六七		八九二六	一〇七四

七十日		七四六八	七千六百二五三二		九五六九	〇四三一
七十一日		二千三百六八〇三	七千六百三一九七		二千一百〇二一六	七千八百九七八四
七十二日		六一三八	三八六二		八〇六四	九一四六
七十三日	冬	五四七四	四五二六	夏	一五一二	八四八八
七十四日	至	四八一〇	五一九〇	至	二一六一	七八三九
七十五日		四一四七	五八五三		二八一〇	七一九
七十六日	行	三四八五	六五一五	行	三四六〇	六五四〇
七十七日	盈	二八二三	七一七七	縮	四一一〇	五八九〇
七十八日		二一六二	七八三八		四七六一	五二三九
七十九日		一五〇三	八四九七		五四一二	四五八八
八十日		〇八四三	九一五七		六〇六四	三九三六

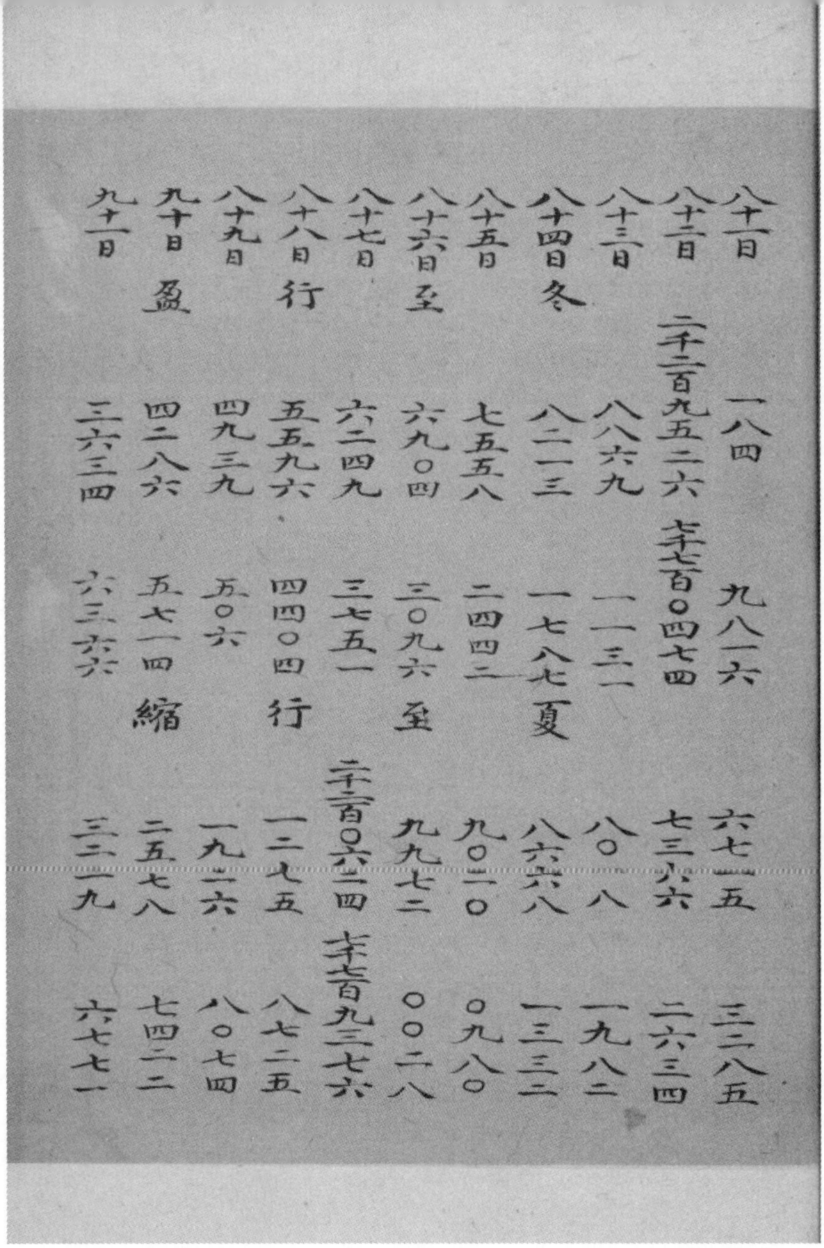

八十一日		一八四	九八一六		六七一五	三二八五
八十二日		二千二百九五二六	七千七百〇四七四		七三六六	二六三四
八十三日		八八六九	一一三一		八〇一八	一九八二
八十四日	冬	八二一三	一七八七	夏	八六六八	一三三二
八十五日	至	七五五八	二四四二	至	九〇二〇	〇九八〇
八十六日		六九〇四	三〇九六		九九七二	〇〇二八
八十七日	行	六二四九	三七五一	行	二千二百〇六二四	七千七百九三七六
八十八日	盈	五五九六	四四〇四	縮	一二七五	八七二五
八十九日		四九三九	五〇六		一九二六	八〇七四
九十日		四二八六	五七一四		二五七八	七四二二
九十一日		三六三四	六三六六		三二二九	六七七一

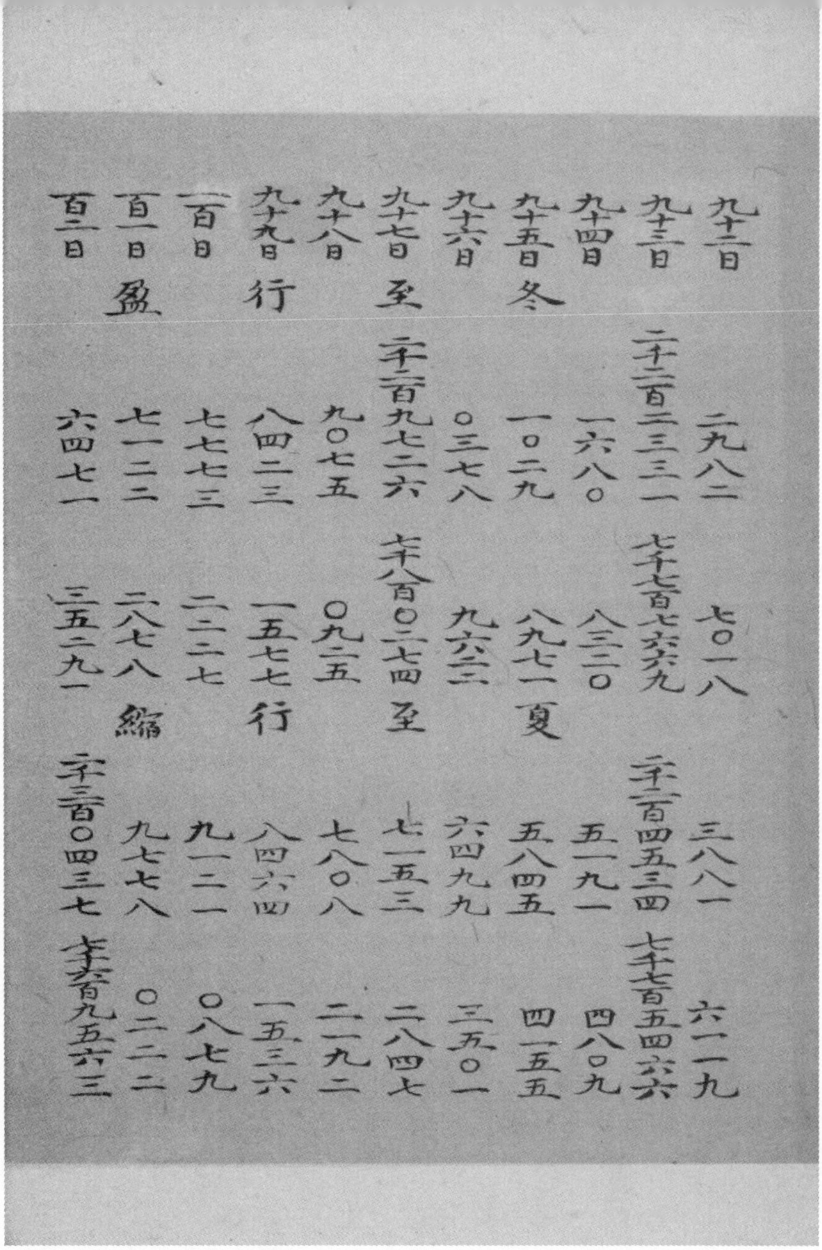

九十二日	冬至行盈	二九八二	七〇一八	夏至行縮	三八八一	六一一九
九十三日		二千二百二三三一	七千七百七六六九		二千二百四五三四	七千七百五四六六
九十四日		一六八〇	八三二〇		五一九一	四八〇九
九十五日		一〇二九	八九七一		五八四五	四一五五
九十六日		〇三七八	九六二二		六四九九	三五〇一
九十七日		二千一百九七二六	七千八百〇二七四		七一五三	二八四七
九十八日		九〇七五	〇九二五		七八〇八	二一九二
九十九日		八四二三	一五七七		八四六四	一五三六
一百日		七七七三	二二二七		九一二一	〇八七九
百一日		七一二二	二八七八		九七七八	〇二二二
百二日		六四七一	三五二九一[1]		二千三百〇四三七	七千六百九五六三

1“一”當為衍文。

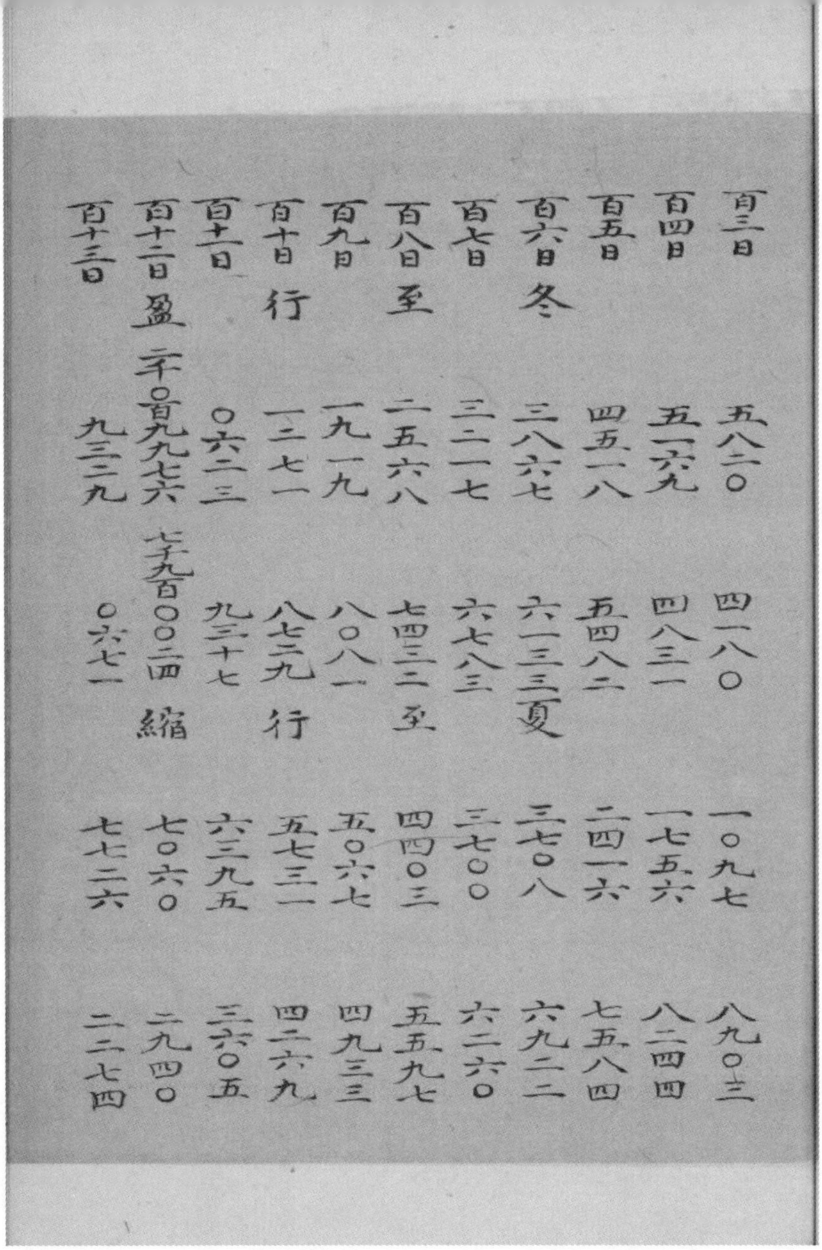

百三日	冬至行盈	五八二〇	四一八〇	夏至行縮	一〇九七	八九〇三
百四日		五一六九	四八三一		一七五六	八二四四
百五日		四五一八	五四八二		二四一六	七五八四
百六日		三八六七	六一三三		三〇七八	六九二二
百七日		三二一七	六七八三		三七〇〇	六二六〇
百八日		二五六八	七四三二		四四〇三	五五九七
百九日		一九一九	八〇八一		五〇六七	四九三三
百十日		一二七一	八七二九		五七三一	四二六九
百十一日		〇六二三	九三十[1]七		六三九五	三六〇五
百十二日		盈　二千〇百九九七六	七千九百〇〇二四		縮　七〇六〇	二九四〇
百十三日		九三二九	〇六七一		七七二六	二二七四

1"十"當作"七"。

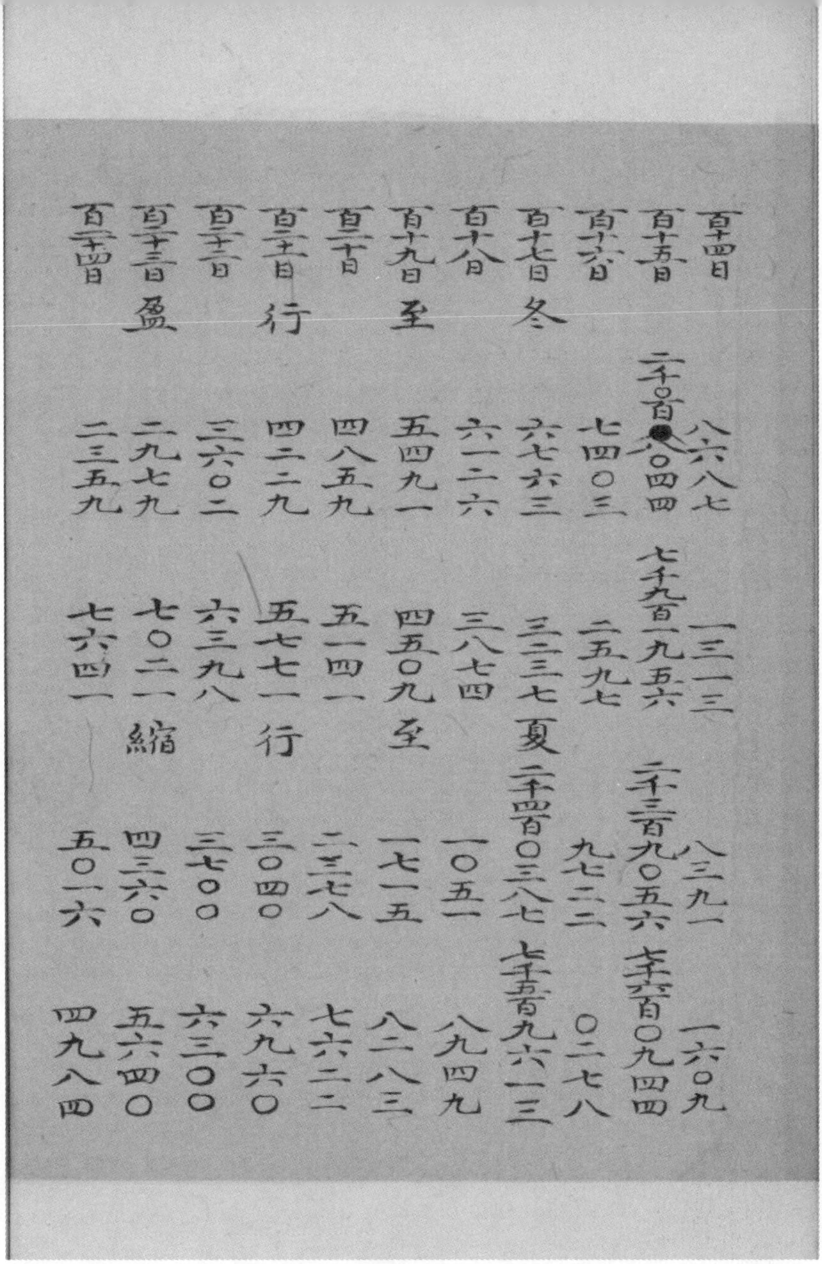

百十四日		八六八七	一三一三		八三九一	一六〇九
百十五日		二千〇百八〇四四	七千九百一九五六		二千三百九〇五六	七千六百〇九四四
百十六日		七四〇三	二五九七		九七二二	〇二七八
百十七日	冬	六七六三	三二三七	夏	〇三八七	七千五百九六一三
百十八日	至	六一二六	三八七四	至	一〇五一	八九四九
百十九日		五四九一	四五〇九		一七一五	八二八三
百二十日	行	四八五九	五一四一	行	二三七八	七六二二
百二十一日	盈	四二二九	五七七一	縮	三〇四〇	六九六〇
百二十二日		三六〇二	六三九八		三七〇〇	六三〇〇
百二十三日		二九七九	七〇二一		四三六〇	五六四〇
百二十四日		二三五九	七六四一		五〇一六	四九八四

百二十五日	冬至行盈	一七四四	八二五六	五六七〇	四三三〇
百二十六日		一一三二	八八六八	六三二三	三六七七
百二十七日		〇五二五	九四七五	六九七三	三〇二七
百二十八日		一千九百九九二三	八千〇百〇〇七七	七六一九	二三八一
百二十九日		九三二六	〇六七四	八二六二	一七三八
百三十日		八七三四	一二六六	八九〇〇	一一〇〇
百三十一日		八一四九	一八五一	九五三五	〇四六五
百三十二日		七五六九	二四三一	二千五百〇一六五	七千四百九八三五
百三十三日		六九九六	三〇〇四	七九一	九二〇九
百三十四		日六四三〇	三五七〇	一四一〇	八五九〇
百三十五日		五八七一	四一二九	二〇二四	七九七六

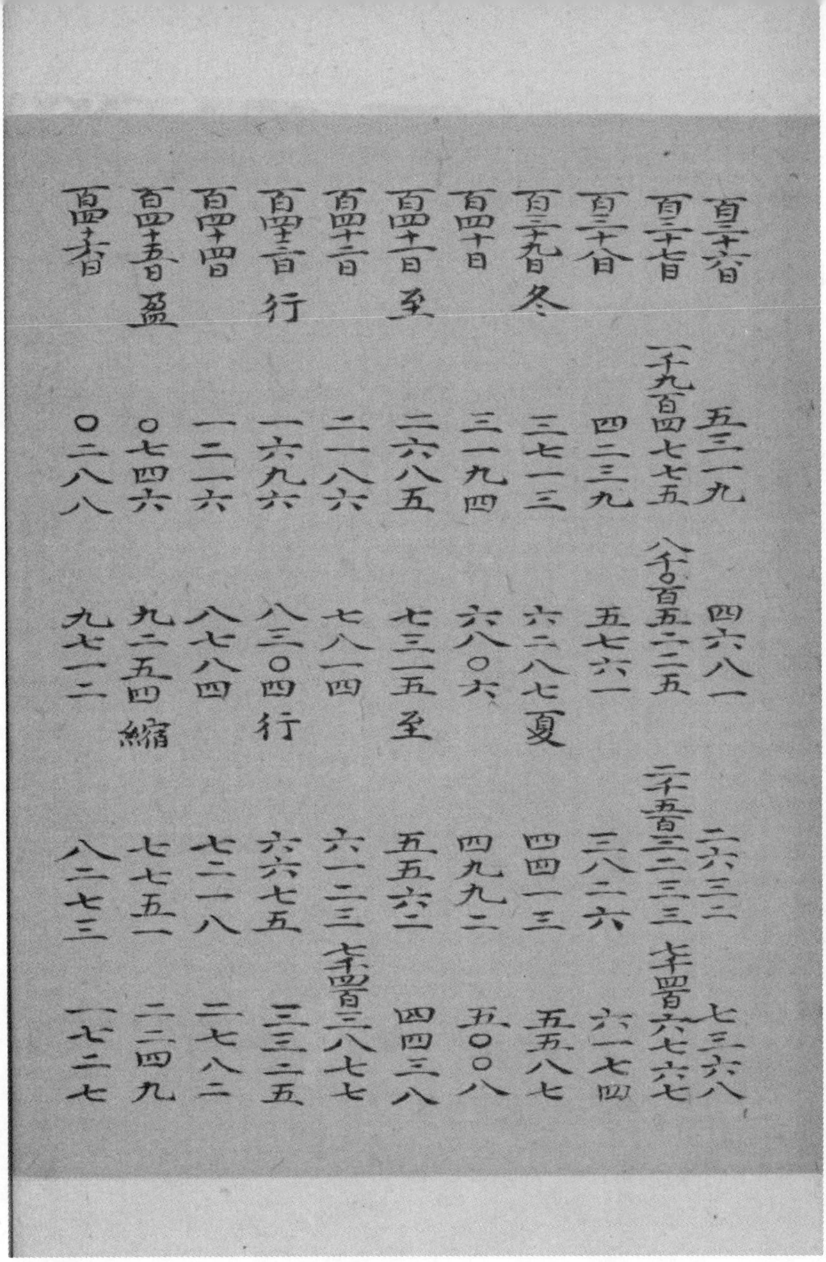

百三十六日		五三一九	四六八一		二六三二	七三六八
百三十七日		一千九百四七七五	八千〇百五二二五		二千五百三二三三	七千四百六七六七
百三十八日		四二三九	五七六一		三八二六	六一七四
百三十九日	冬	三七一三	六二八七	夏	四四一三	五五八七
百四十日	至	三一九四	六八〇六	至	四九九二	五〇〇八
百四十一日		二六八五	七三一五		五五六二	四四三八
百四十二日	行	二一八六	七八一四	行	六一二三	七千四百三八七七
百四十三日	盈	一六九六	八三〇四	縮	六六七五	三三二五
百四十四日		一二一六	八七八四		七二一八	二七八二
百四十五日		〇七四六	九二五四		七七五一	二二四九
百四十六日		〇二八八	九七一二		八二七三	一七二七

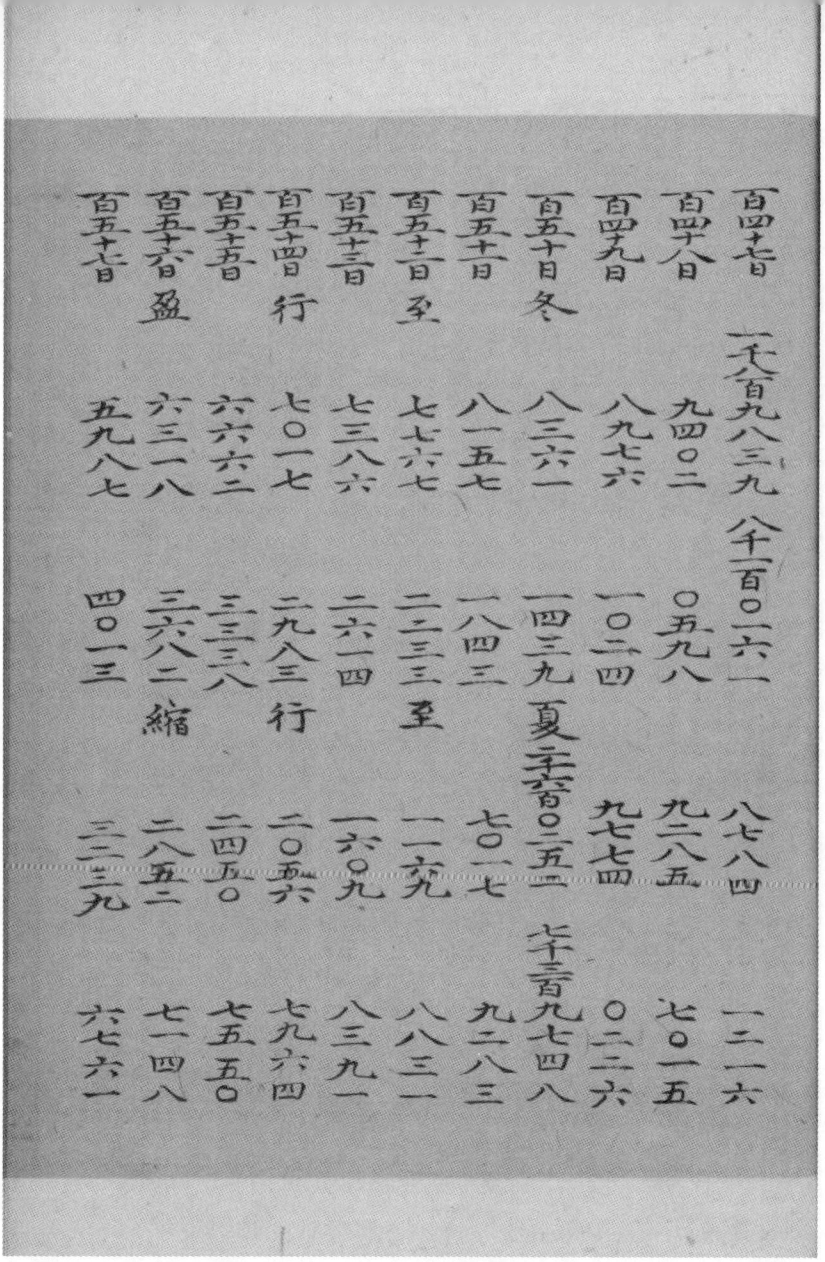

百四十七日		一千八百九八三九	八千一百〇一六一		八七八四	一二一六
百四十八日		九四〇二	〇五九八		九二八五	七〇[1]一五
百四十九日		八九七六	一〇二四		九七七四	〇二二六
百五十日	冬	八三六一	一四三九	夏	二千六百〇二五二	七千三百九七四八
百五十一日	至	八一五七	一八四三	至	七〇[1]一七	九二八三
百五十二日		七七六七	二二三三		一一六九	八八三一
百五十三日	行	七三八六	二六一四	行	一六〇九	八三九一
百五十四日	盈	七〇一七	二九八三	縮	二〇五六	七九六四
百五十五日		六六六二	三三三八		二四五〇	七五五〇
百五十六日		六三一八	三六八二		二八五二	七一四八
百五十七日		五九八七	四〇一三		三二三九	六七六一

1“七〇”當作“〇七”。
2“七〇”當作“〇七”。

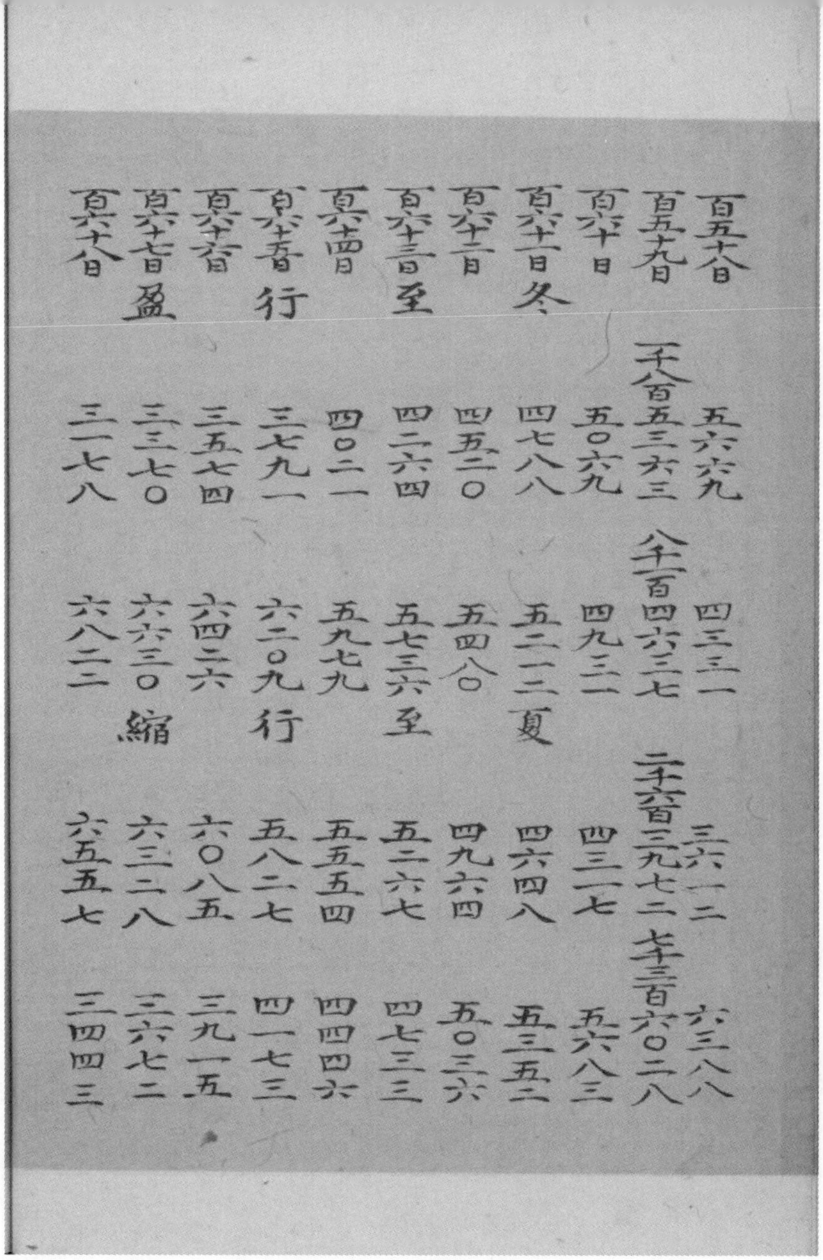

百五十八日		五六六九	四三三一		三六一二	六三八八
百五十九日		一千八百五三六三	八千一百四六三七		二千六百三九七二	七千三百六〇二八
百六十日		五〇六九	四九三一		四三一七	五六八三
百六十一日	冬	四七八八	五二一二	夏	四六四八	五三五二
百六十二日	至	四五二〇	五四八〇	至	四九六四	五〇三六
百六十三日		四二六四	五七三六		五二六七	四七三三
百六十四	行	日四〇二一	五九七九	行	五五五四	四四四六
百六十五日	盈	三七九一	六二〇九	縮	五八二七	四一七三
百六十六日		三五七四	六四二六		六〇八五	三九一五
百六十七日		三三七〇	六六三〇		六三二八	三六七二
百六十八日		三一七八	六八二二		六五五七	三四四三

百六十九日	冬至行盈	二九九九	七〇〇一	夏至行縮	六七六九	三二三一
百七十日		二八三三	七一六七		六九六八	三〇三二
百七十一日		二六八一	七三一九		七一五二	二八四八
百七十二日		二五四一	七四五九		七三一九	二六八一
百七十三日		二四一四	七五八六		七四七二	二五二八
百七十四日		二二九九	七七〇一		七六一一	二三八九
百七十五日		二一九七	七八〇三		七七三三	二二六七
百七十六日		二一〇七	七八九三		七八四一	二一五九
百七十七日		二〇三一	七九六九		七九三二	二〇六八
百七十八日		一九六六	八〇三四		八〇一〇	一九九〇
百七十九日		一九一四	八〇八六		八〇七一	一九二九

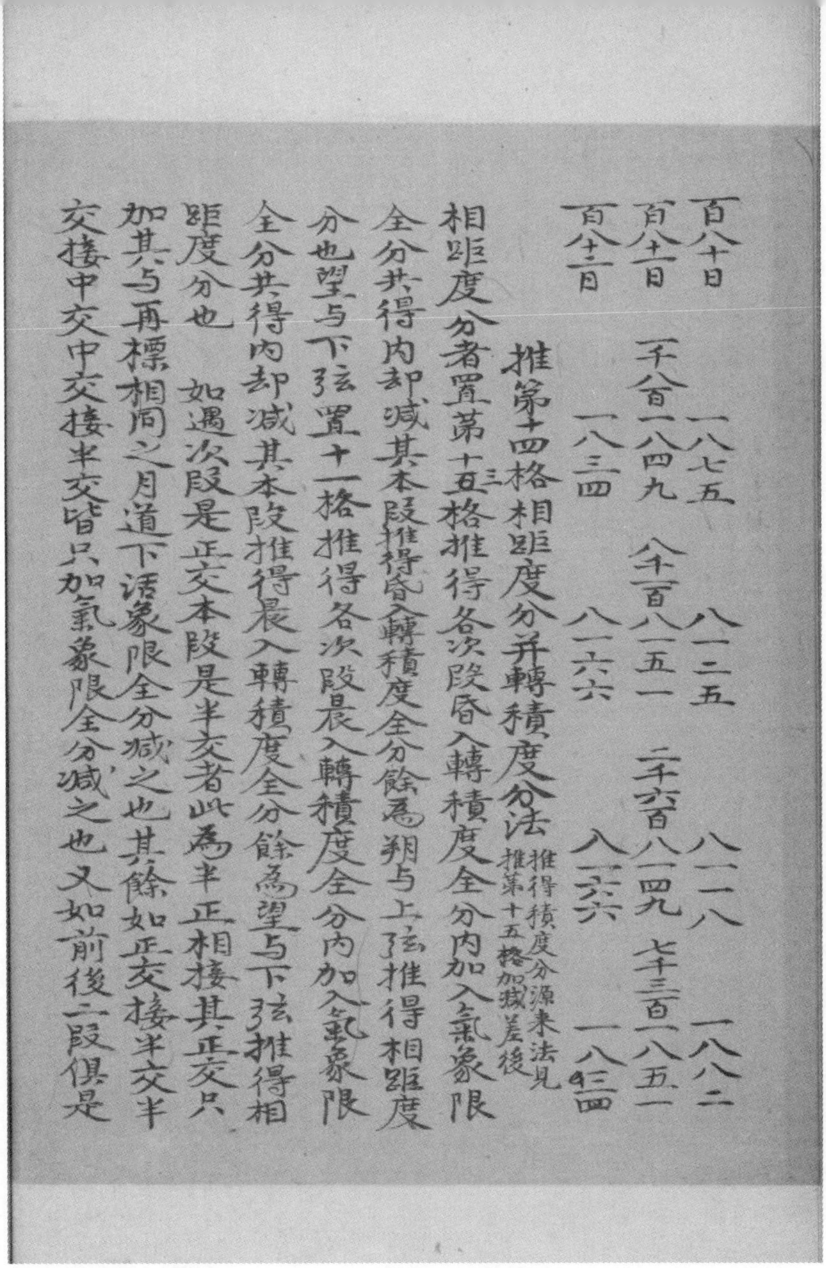

百八十日		一八七五	八一二五		八一一八	一八八二
百八十一日		一千八百一八四九	八千一百八一五一		二千六百八一四九	七千三百一八五一
百八十二日		一八三四	八一六六		八一六六	一八三四

推第十四格相距度分并轉積分法，推得積度分源來法，見推第十五格加減差後。

相距度分者，置第十三格推得各次段昏入轉積度全分，內加入氣象限全分，共得內却減其本段推得昏入轉積度全分，餘為朔与上弦推得相距度分也。望与下弦，置十一格推得各次段晨入轉積度全分，內加入氣象限全分，共得內却減其本段推得晨入轉積度全分，餘為望与下弦推得相距度分也。

如遇次段是正交，本段是半交者，此為半正相接，其正交只加其与再標相同之月道下活象限全分減之也。其餘如正交接半交，半交接中交，中交接半交，皆只加氣象限全分減之也。又如前後二段俱是半交，中間欠一正交者，或晨或昏皆如之，其与再標相同之月道下活象限及一氣象限而减之也。减後，如數太少，不及七十餘度，當又加一氣象限全分，方与較法相同也。又如前後二段俱是半交，中間欠一正交者，又如中交接正交，中間欠一半交者，皆加其与再標相同之月道下活象限全分，与氣象限全分减之也。亦有隔月重半，交中間欠一中交者，當加二箇氣象全分，方是也。

假令又如本段下弦晨入轉積度是半交，次月朔下亦是半交者，雖是重半，終是同一半交也。故皆不加氣象限与活象限，而直便减之也。此乃是隔月重半，故与他重半者，自不相同也。此隔月指元標之月，非再標之月也。又如後段少而不及減者，只將前位半交就為推得相距度分也。

欲較正相距度分者，置其再標相同之月道，第五格視同各本段晨昏

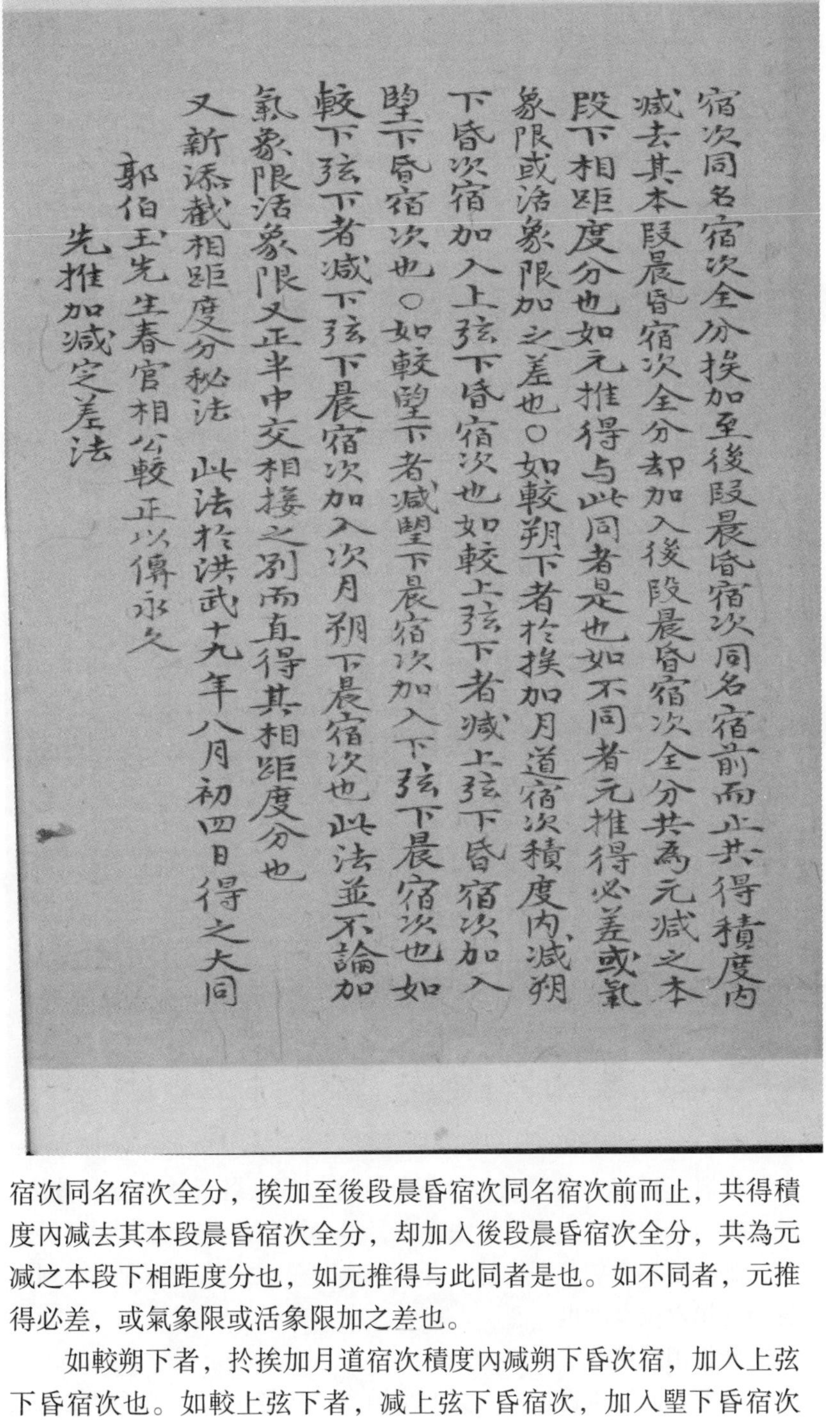
宿次同名宿次全分挨加至後段晨昏宿次同名宿前而止共得積度内
減去其本段晨昏宿次全分却加入後段晨昏宿次全分共為元減之本
段下相距度分也如元推得与此同者是也如不同者元推得必差或氣
象限或活象限加之差也○如較朔下者於挨加月道宿次積度内減朔
下昏次宿加入上弦下昏宿次也如較上弦下者減上弦下昏宿次加入
望下昏宿次也○如較望下者減望下晨宿次加入下弦下晨宿次也如
較下弦下者減下弦下晨宿次加入次月朔下晨宿次也此法並不論加
氣象限活象限又正半中交相接之别而直得其相距度分也
又新添截相距度分秘法　此法於洪武十九年八月初四日得之大同
郭伯玉先生春官相公較正以傳永久
先推加減定差法

宿次同名宿次全分，挨加至後段晨昏宿次同名宿次前而止，共得積度内減去其本段晨昏宿次全分，却加入後段晨昏宿次全分，共為元減之本段下相距度分也，如元推得与此同者是也。如不同者，元推得必差，或氣象限或活象限加之差也。

如較朔下者，於挨加月道宿次積度内減朔下昏次宿，加入上弦下昏宿次也。如較上弦下者，減上弦下昏宿次，加入望下昏宿次也。

如較望下者，減望下晨宿次，加入下弦下晨宿次也。如較下弦者，減下弦下晨宿次，加入次月朔下晨宿次也。此法並不論加氣象限活象限，又正半中交相接之别，而直得其相距度分也。

又新添截相距度分秘法，此法於洪武十九年八月初四日得之，大同郭伯玉先生春官相公較正，以傳永久。

先推加減定差法

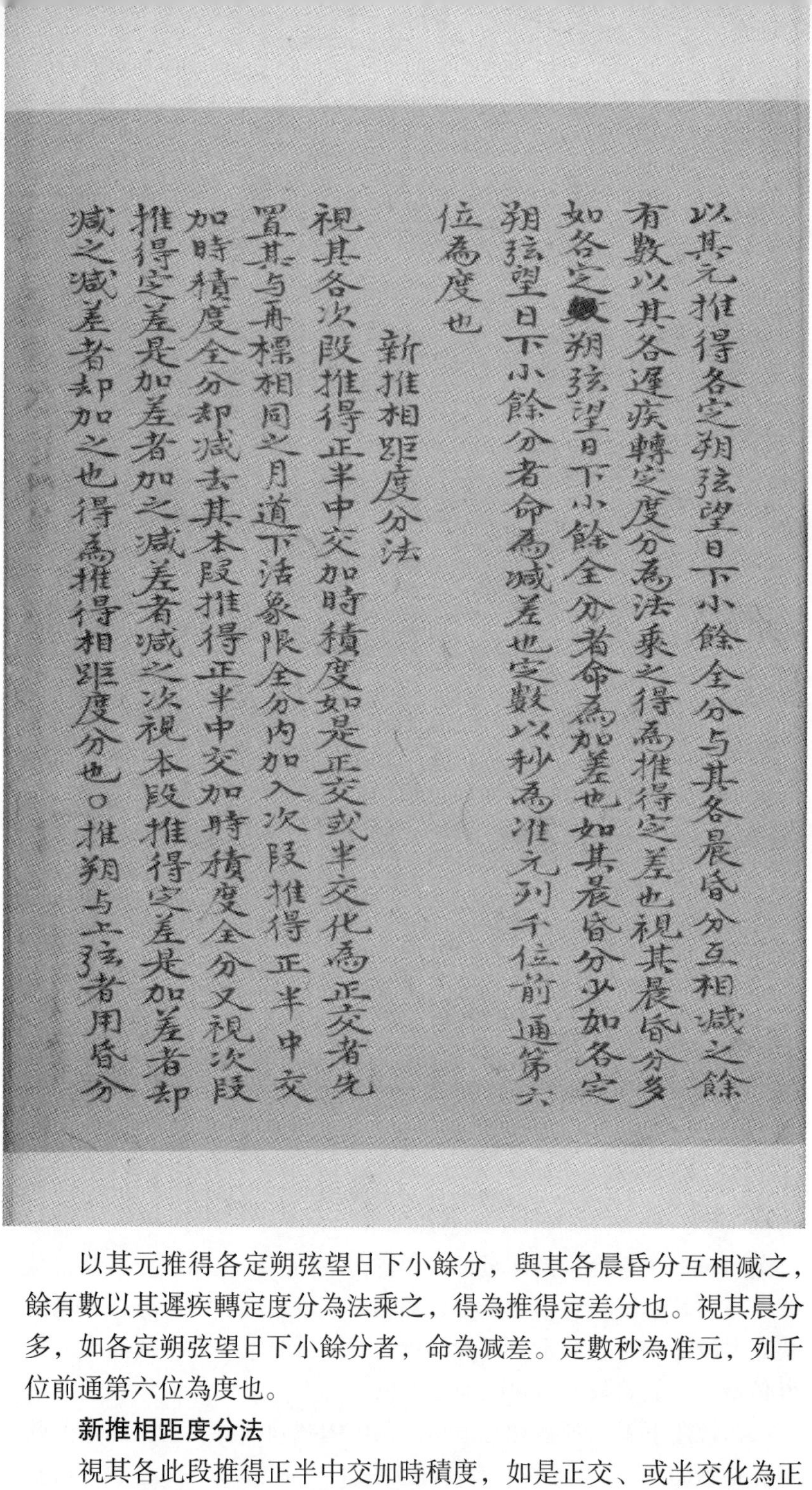
以其元推得各定朔弦望日下小餘全分与其各晨昏分互相减之餘
有數以其各遲疾轉定度分爲法乘之得爲推得定差也視其晨昏分多
如各定數朔弦望日下小餘全分者命爲加差也如其晨昏分少如各定
朔弦望日下小餘分者命爲减差也定數以秒爲准元列千位前通第六
位爲度也
新推相距度分法
視其各次段推得正半中交加時積度如是正交或半交化爲正交者先
置其与再標相同之月道下活象限全分内加入次段推得正半中交
加時積度全分却减去其本段推得正半中交加時積度全分又視次段
推得定差是加差者加之减差者减之次視本段推得定差是加差者却
减之减差者却加之也得爲推得相距度分也○推朔与上弦者用昏分

以其元推得各定朔弦望日下小餘分，與其各晨昏分互相減之，餘有數以其遲疾轉定度分為法乘之，得為推得定差分也。視其晨分多，如各定朔弦望日下小餘分者，命為減差。定數秒為准元，列千位前通第六位為度也。

新推相距度分法

視其各此段推得正半中交加時積度，如是正交、或半交化為正交者，先置其與再標相同之月道下活象限全分，內加入次段推得正半中交加時積度全分，却減去其本段推得正半中交加時積度全分，又視此段推得定差，是加差者加之，減差者減之，次視本段推得定差，是加差者却減之，減差者却加之也，得為推得相距度分也。

推朔與上弦者，用昏分

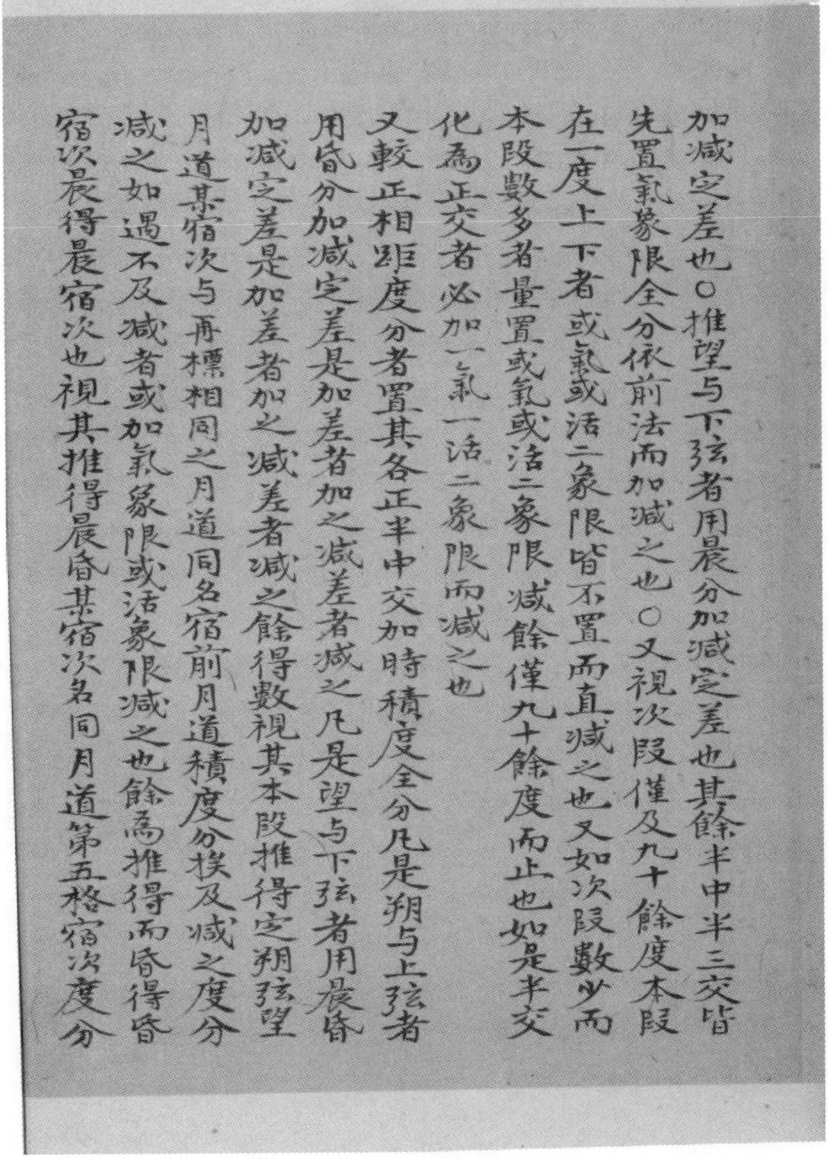
加減定差也〇推望与下弦者用晨分加減定差也其餘半中半三交皆
先置氣象限全分依前法而加減之也〇又視次段僅及九十餘度本段
在一度上下者或氣或活二象限皆不置而直減之也又如次段數少而
本段數多者量置或氣或活二象限減餘僅九十餘度而止也如是半交
化為正交者必加一氣一活二象限而減之也
又較正相距度分者置其各正半中交加時積度全分凡是朔与上弦者
用昏分加減定差是加差者加之減差者減之凡是望与下弦者用晨昏
加減定差是加差者加之減差者減之餘得數視其本段推得定朔弦望
月道某宿次与再標相同之月道同名宿前月道積度分挨及減之度分
減之如遇不及減者或加氣象限或活象限減之也餘為推得而昏得昏
宿次晨得晨宿次也視其推得晨昏某宿次名同月道第五格宿次度分

加減定差也，推望与下弦者，用晨分加減定差也，其餘半中半三交，皆先置氣象限全分，依前法而加減之也。

又視此段僅及九十餘度，本段在一度上下者，或氣或活二象限，皆不置而直減之也。又如此段數少，而本段數多者，量置或氣或活二象限減餘，僅九十餘度而止也，如是半交化為正交者，必加一氣一活二象限而減之也。

又較正相距度分者，置其各正半中交加時積度全分，凡是朔与上弦者，用昏分加減定差，是加差者加之，減差者減之。凡是望与下弦者用晨昏加減定差，是加差者加之，減差者減之，餘得數視其本段推得定朔、弦、望月道某宿次与再標相同之月道同名宿前月道積度分，挨及減之度分減之。如遇不及減者，或加氣象限或活象限減之也，餘為推得而昏得昏宿次，晨得晨宿次也。視其推得晨昏某宿次名同月道第五格宿次度分，累加至此段晨昏某宿次名同前一宿而止，共得度分内又加入此段晨昏宿次度分，却減去其本段晨昏宿次度分，餘与先推得相距度分同者是也，不同者必差也。

又重較相距度分者，視其推得定朔、弦、望月道某宿次與再標相同之月道第五格月道宿次名同宿度分，累加至与次段定朔、弦、望月道宿次名同宿次前一宿度分而止，共得内又加入次段定朔、弦、望月道宿次度分及晨昏加減定差分，是加差者加之，減差者減之也。却減本段定朔、弦望月道宿次度分，却視其段晨昏加減定差分，如是加差者却減之，減差者却加之也。如此推得与前相同者是也，不同者即差也。

轉積度分者，朔與上弦用昏日，望與下弦用晨日也。置各自段推得晨與昏若干日，内減去前段推得各晨與昏日，餘幾日。照其第一格推得各相距日同者，依各推得晨昏日入轉積度鈐内挨所推相距日相同者號

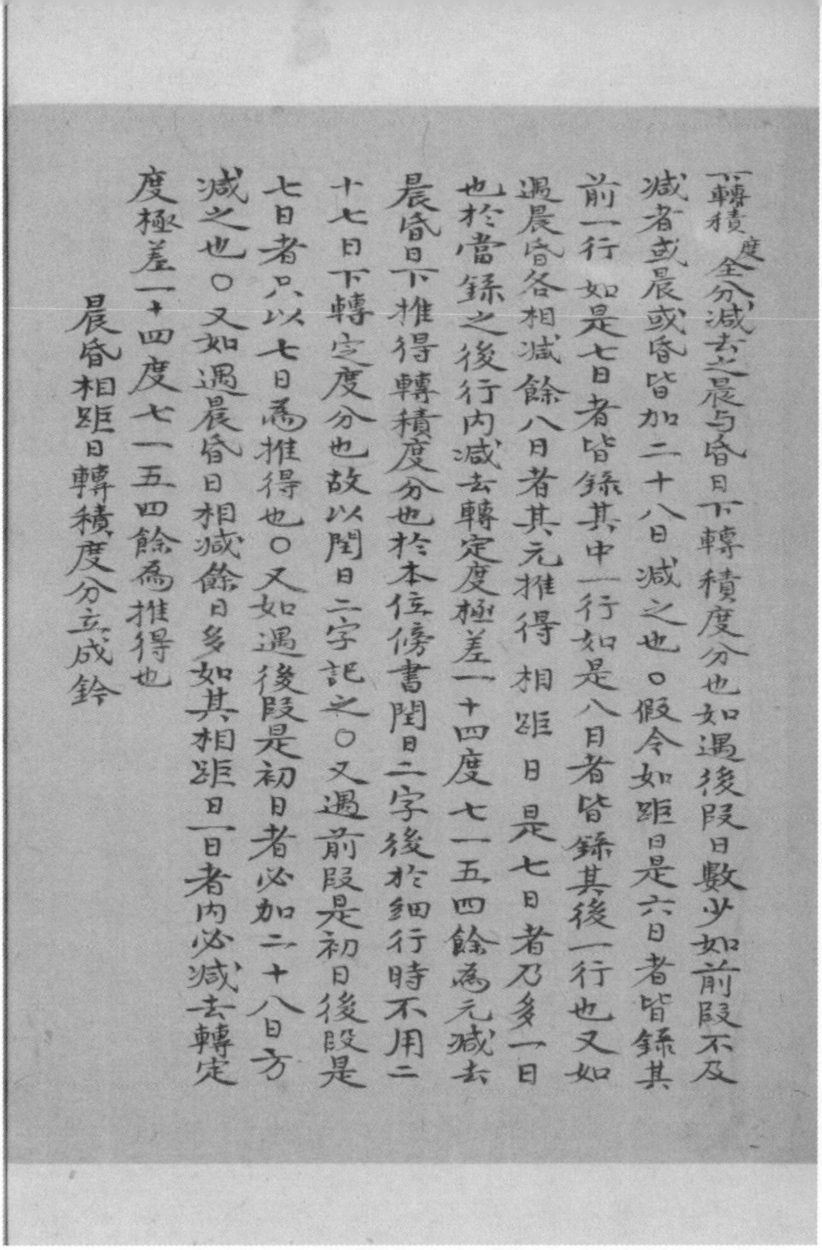

下轉積度全分減去之與晨與昏日下轉積度分也如遇後段日數少如前段不及
減者或晨或昏皆加二十八日減之也○假令如距日是六日者皆錄其
前一行如是七日者皆錄其中一行如是八日者皆錄其後一行也又如
遇晨昏各相減餘八日者其元推得相距日是七日者乃多一日
也於當錄之後行內減去轉定度極差一十四度七一五四餘為元減去
晨昏日下推得轉積度分也於本位傍書閏日二字後於細行時不用二
十七日下轉定度分也故以閏日二字記之○又遇前段是初日後段是
七日者只以七日為推得也○又如遇後段是初日者必加二十八日方
減之也○又如遇晨昏日相減餘日多如其相距日一日者內必減去轉定
度極差一十四度七一五四餘為推得也
晨昏相距日轉積度分立成鈐

下轉積度全分，減去之與晨與昏日下轉積度分也。如遇後段日數少如前段，不及減者，或晨、或昏，皆加二十八日減之也。

假令如相距日是六日者，皆錄其前一行。如是七日者，皆錄其中一行。如是八日者，皆錄其後一行也。又如遇晨昏各相減餘八日者，其元推得相距日是七日者，乃多一日也。於當錄之後行，內減去轉定差度極差一十四度七一五四，餘為元減去晨昏日下推得轉積度分也，於本傍當書“閏日”二字。後遇細行時不用二十七日下轉定度分也，故以“閏日”二字記之。

又遇前段是初日，後段或是七日者，只以七日為推得也。

又如遇後段是初日者，必加二十八日方減之也。

又如遇晨昏日相減，餘日多如其相距日一日者，內必減去轉定度極差一十四度七一五四，餘為推得也。

晨昏相距日轉積度分立成鈐

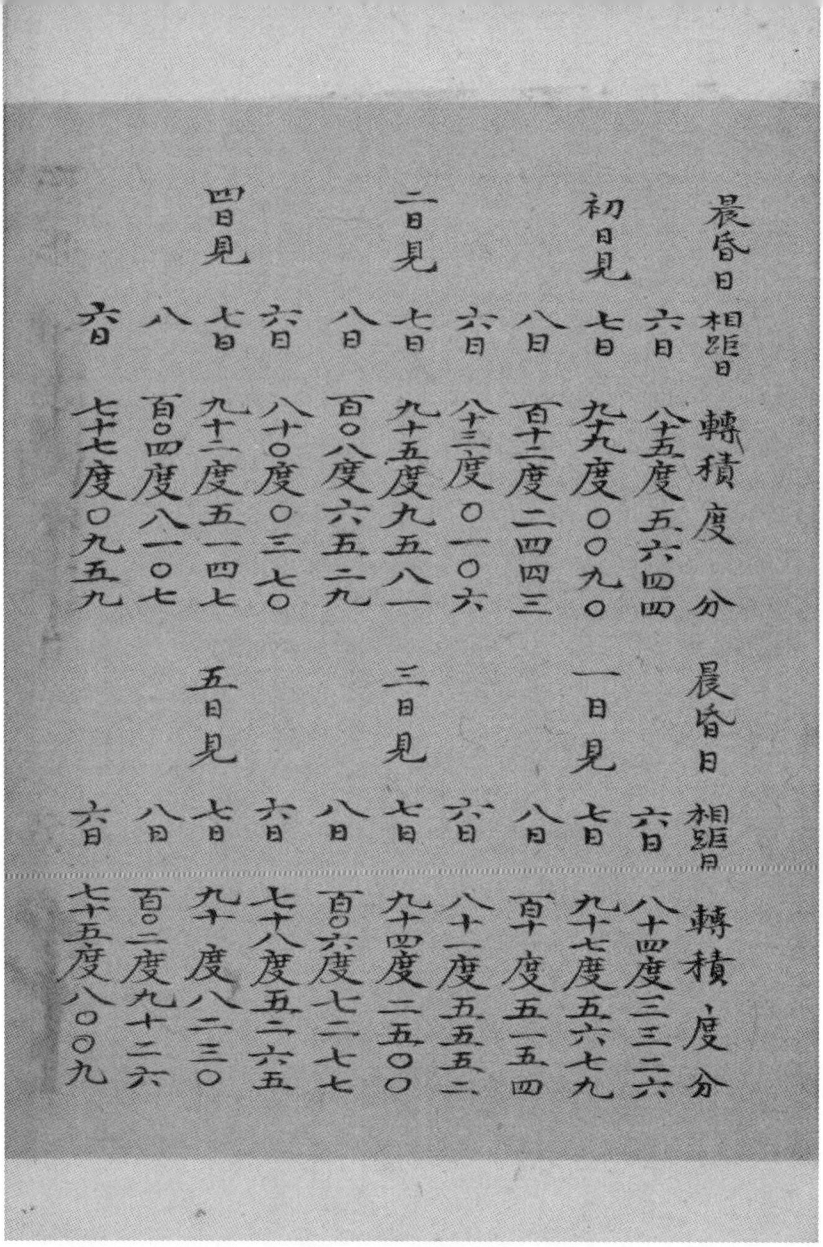

晨昏日	相距日	轉積度分	晨昏日	相距日	轉積度分
	六日	八十五度五六四四		六日	八十四度三三二六
初日見	七日	九十九度〇〇九〇	一日見	七日	九十七度五六七九
	八日	百十二度二四四三		八日	百十〇度五一五四
	六日	八十三度〇一〇六		六日	八十一度五五五二
二日見	七日	九十五度九五八一	三日見	七日	九十四度二五〇〇
	八日	百〇八度六五二九		八日	百〇六度七二七七
	六日	八十〇度〇三七〇		六日	七十八度五二六五
四日見	七日	九十二度五一四七	五日見	七日	九十〇度八二三〇
	八日	百〇四度八一〇七		八日	百〇二度九七二六
	六日	七十七度〇九五九		六日	七十五度八〇〇九

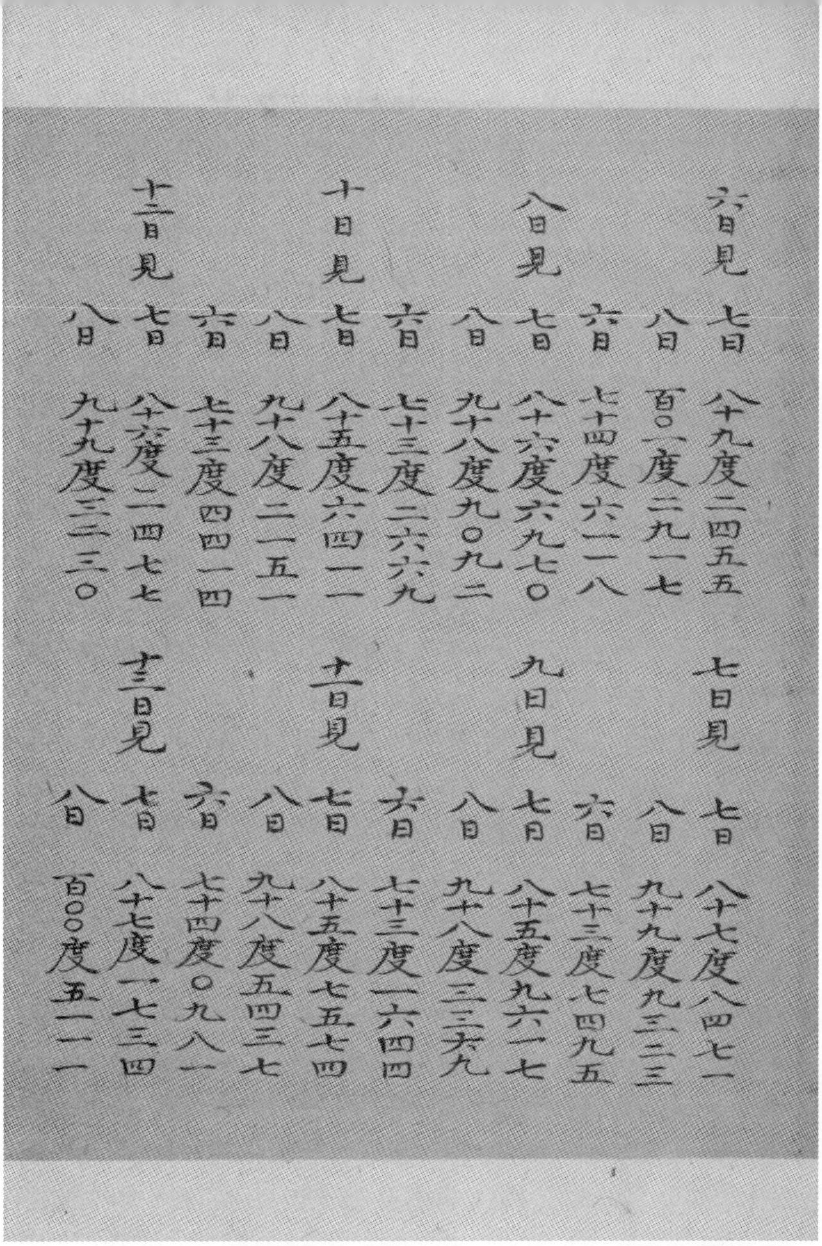

六日見	七日	八十九度二四五五	七日見	七日	八十七度八四七一
	八日	百〇一度二九一七		八日	九十九度九三二三
	六日	七十四度六一一八		六日	七十三度七四九五
八日見	七日	八十六度六九七〇	九日見	七日	八十五度九六一七
	八日	九十八度九〇九二		八日	九十八度三三六九
	六日	七十三度二六六九		六日	七十三度一六四四
十日見	七日	八十五度六四一一	十一日見	七日	八十五度七三七四
	八日	九十八度二一五一		八日	九十八度五四三七
	六日	七十三度四四一四		六日	七十四度〇九八一
十二日見	七日	八十六度二四七七	十三日見	七日	八十七度一七三四
	八日	九十九度三二三〇		八日	百〇〇度五一一一

	六日	七十五度一二七二		六日	七十六度三七九七
十四日見	七日	八十八度四六四九	十五日見	七日	八十九度九五〇九
	八日	百〇二度〇三六一		八日	百〇三度八〇二〇
	六日	七十七度七三八七		六日	七十九度二一四六
十六日見	七日	九十一度五八九八	十七日見	七日	九十三度三一〇一
	八日	百〇五度六八五三		八日	百〇七度六一四七
	六日	八十〇度七三七一		六日	八十二度二三五四
十八日見	七日	九十五度〇四一七	十九日見	七日	九十六度七一三六
	八日	百〇九度五一九九		八日	百十一度三二九九
	六日	八十三度六三八三		六日	八十四度九一六九
二十日見	七日	九十八度二五四六	二十一日見	七日	九十九度六三二三

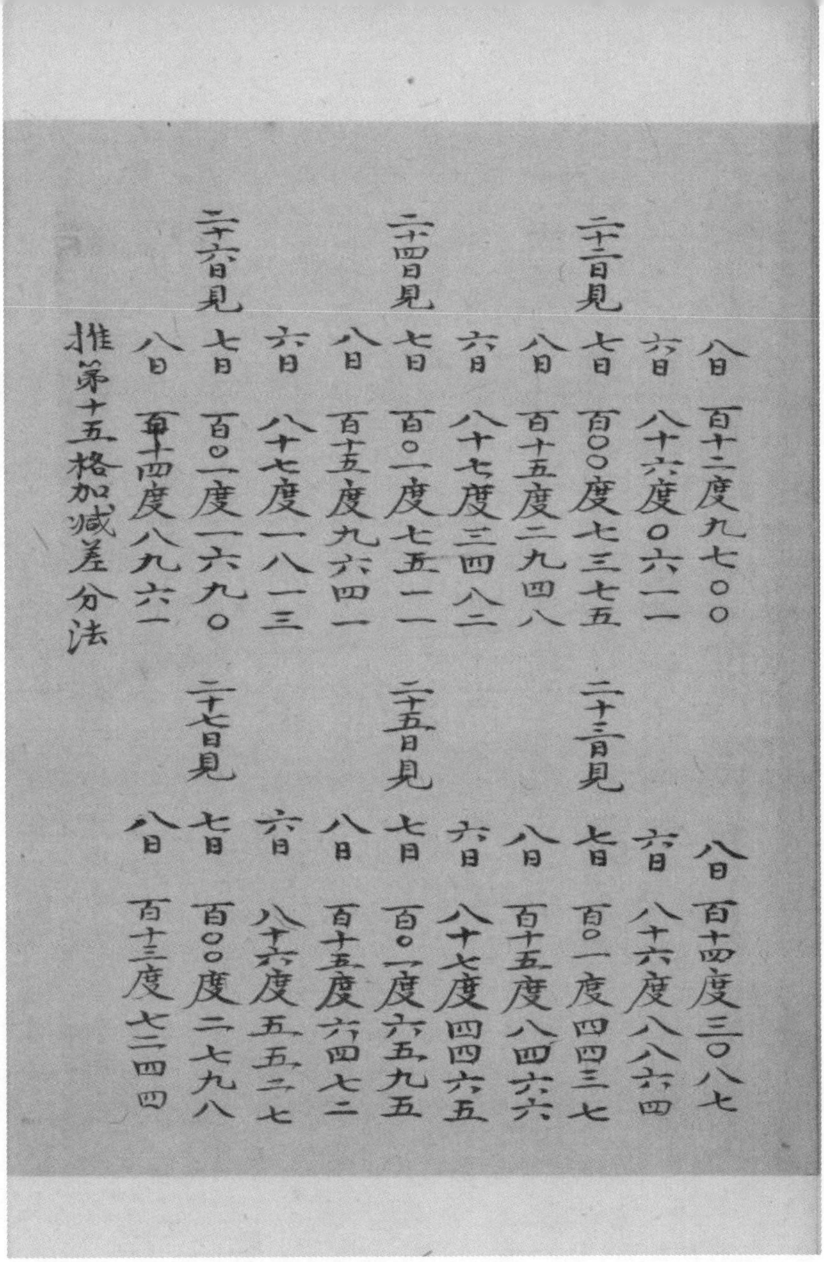

	八日	百十二度九七〇〇		八日	百十四度三〇八七
	六日	八十六度〇六一一		六日	八十六度八八六四
二十二日見	七日	百〇〇度七三七五	二十三日見	七日	百〇一度四四三七
	八日	百十五度二九四八		八日	百十五度八四六六
	六日	八十七度三四八二		六日	八十七度四四六五
二十四日見	七日	百〇一度七五一一	二十五日見	七日	百〇一度六五九五
	八日	百十五度九六四一		八日	百十五度六四七二
	六日	八十七度一八一三		六日	八十六度五五二七
二十六日見	七日	百〇一度一六九〇	二十七日見	七日	百〇〇度二七九八
	八日	百十四度八九六一		八日	百十三度七二四四

推第十五格加减差分法

相減餘度定萬，四相距日，是日扵萬四内減去百二，不滿法去一，若餘一箇為十分。

加減差分者，視第十四格推得相距度分与轉積度分多少，互相減之，餘有數以其第一格推得各相距日為法，除相餘數，得為推得加減差分也。如相距度分多如同位轉積度分者，扵相距度分減去其轉積度分，而為加差分也。如轉積度多分如同位相距度分者，扵轉積度分減去其相距度分，而為減差分矣。其推得或加差、或減差皆在五十分已下者，方是也。如在五十分已上者，必差矣。定數以元列度位，如滿法得百分，不滿法得十分也，千位滿法得十分，不滿法得单分也，錄數止秒，度位即萬也，十位即十分也。

假令相距日或是過九日者，晨昏日却是八日，是為八日見九日也，其轉積度鈐内並無此九日轉積度分，當以曆經内轉定度立成中，自八日

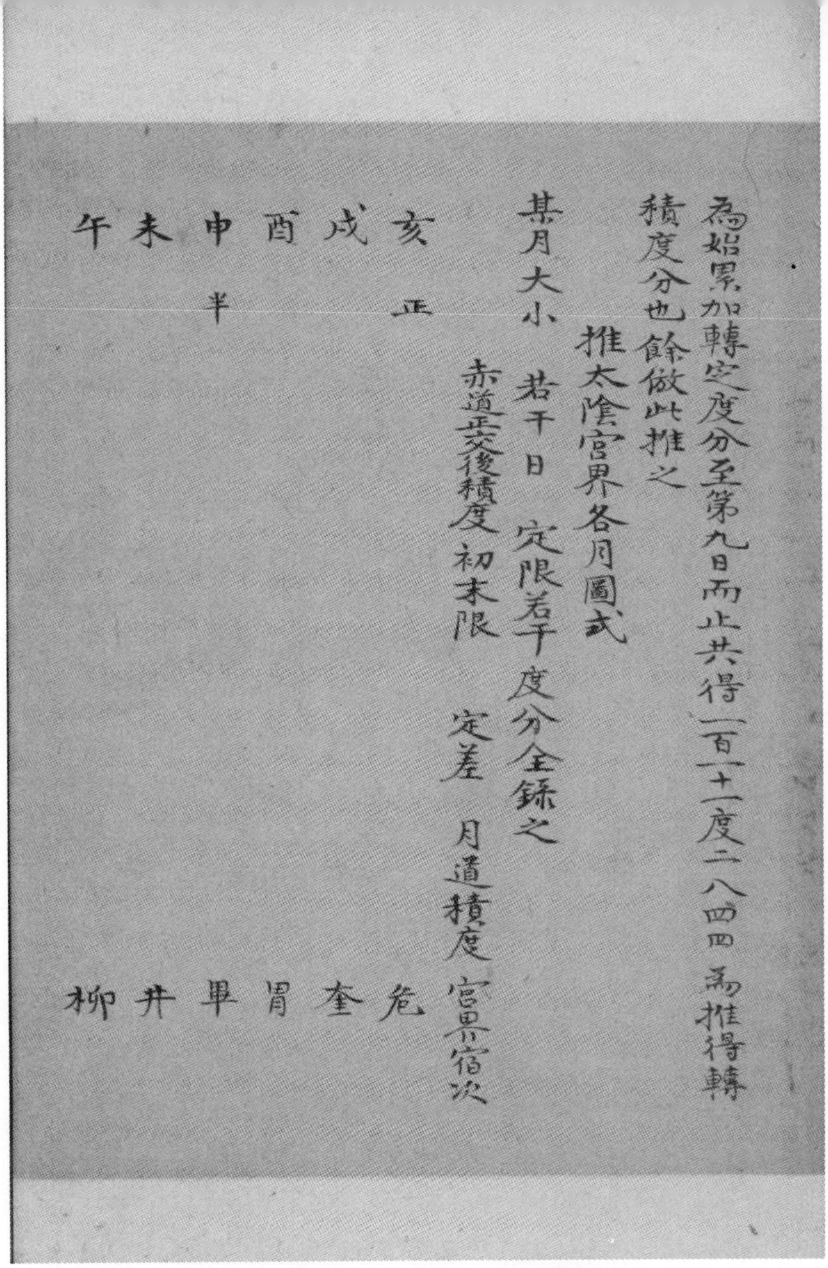

為始，累加轉定度度分，至第九日而止，共得一百一十一度二八四四，為推得轉積度分也，餘倣此推之。

推太陰宮界各月圖式

某月大小，若干日。定限若干，度分全錄之。

<table>
<tr><th></th><th>赤道正交後積度</th><th>初末限</th><th>定差</th><th>月道積度</th><th>宮界宿次</th><th></th></tr>
<tr><td>亥</td><td colspan="5" rowspan="3">正</td><td>危</td></tr>
<tr><td>戌</td><td>奎</td></tr>
<tr><td>酉</td><td>胃</td></tr>
<tr><td>申</td><td colspan="5" rowspan="3">半</td><td>畢</td></tr>
<tr><td>未</td><td>井</td></tr>
<tr><td>午</td><td>柳</td></tr>
</table>

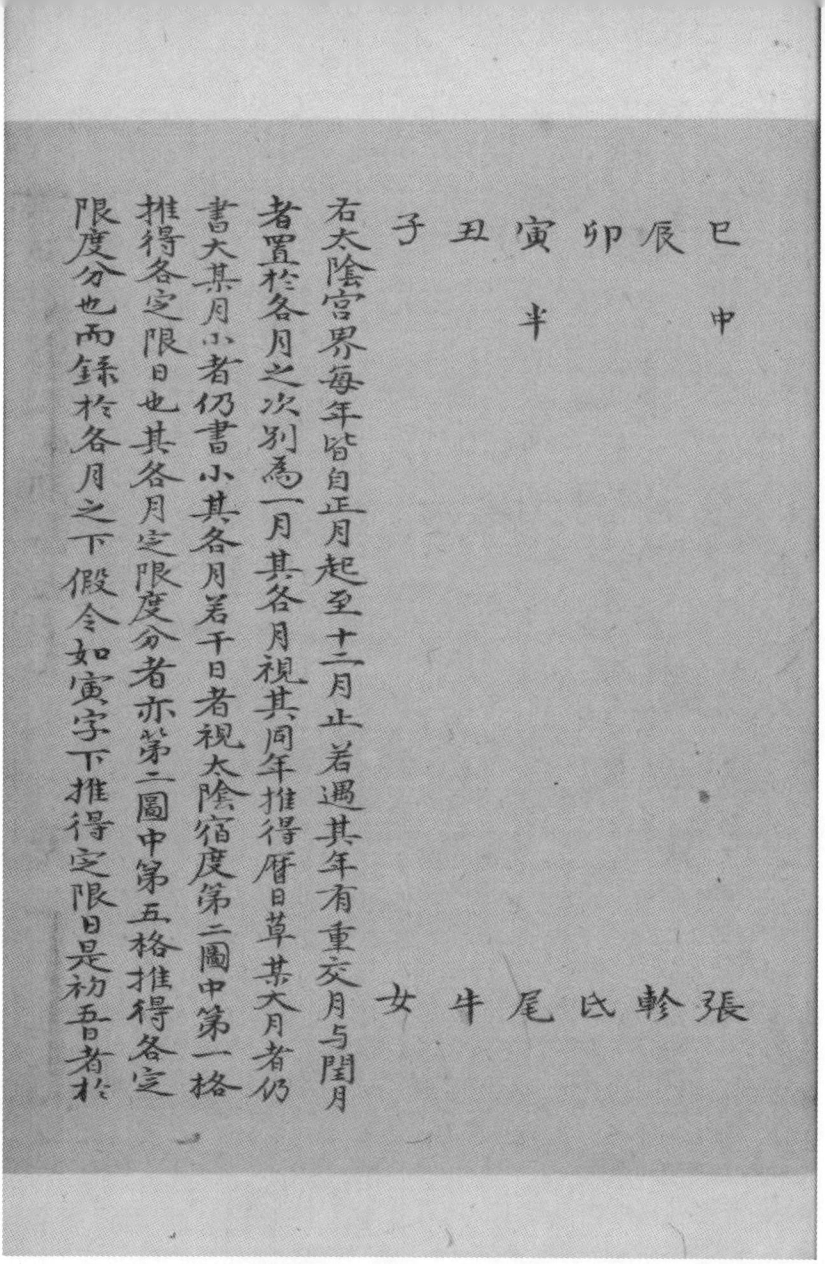

巳　中　張
辰　軫
卯　氐
寅　半　尾
丑　牛
子　女

右太陰宮界每年皆自正月起至十二月止若遇其年有重交月与閏月者置於各月之次別爲一月其各月視其同年推得曆日草某大月者仍書大某月小者仍書小其各月若干日者視太陰宿度第二圖中第一格推得各定限日也其各月定限度分者亦第二圖中第五格推得各定限度分也而錄於各月之下假令如寅字下推得定限日是初五日者於

巳	中	張
辰		軫
卯		氐
寅		尾
丑		牛
子	半	女

右太陰宮界每年皆自正月起，十二月止。若遇其年有重交月与閏月者，置拎各月之次，別為一月。其各月視其同年推得曆日草，某大月者仍書“大”，某月小者仍書“小”。其各月若干日者，視太陰宿度第二圖中第一格推得各定限日也。其各月定限度分者，亦第二圖中第五格推得各定限度分也，而錄拎各月之下。假令如“寅”字下推得定限日是初五日者，拎

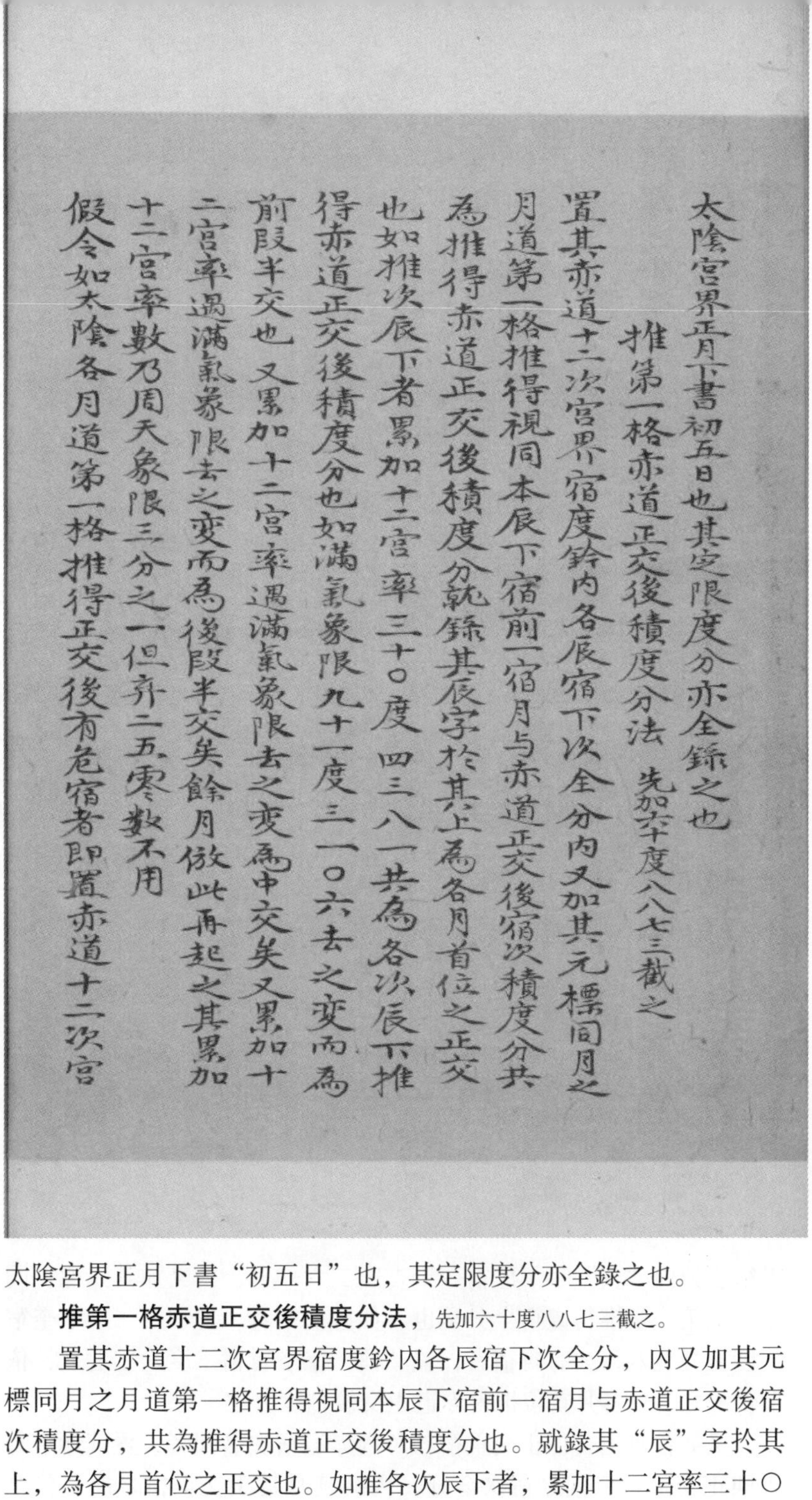

太陰宫界正月下書“初五日”也，其定限度分亦全錄之也。

推第一格赤道正交後積度分法，先加六十度八八七三截之。

置其赤道十二次宫界宿度鈐内各辰宿下次全分，内又加其元標同月之月道第一格推得視同本辰下宿前一宿月与赤道正交後宿次積度分，共為推得赤道正交後積度分也。就錄其“辰”字扵其上，為各月首位之正交也。如推各次辰下者，累加十二宫率三十〇度四三八一，共為各次辰下推得赤道正交後積度分也。如遇滿氣象限，九十一度三一〇六減去之，变而為前段半交也。又累加十二宫率，遇滿氣象限去之，變而為中交矣。又累加十二宫率，遇滿氣象限去之，变而為後段半交矣。餘月倣此再起之。其累加十二宫率，數乃周天象三分之一，但弃二五零數不用。

假令如太陰各月道第一格推得正交後有危宿者，即置赤道十二次宫

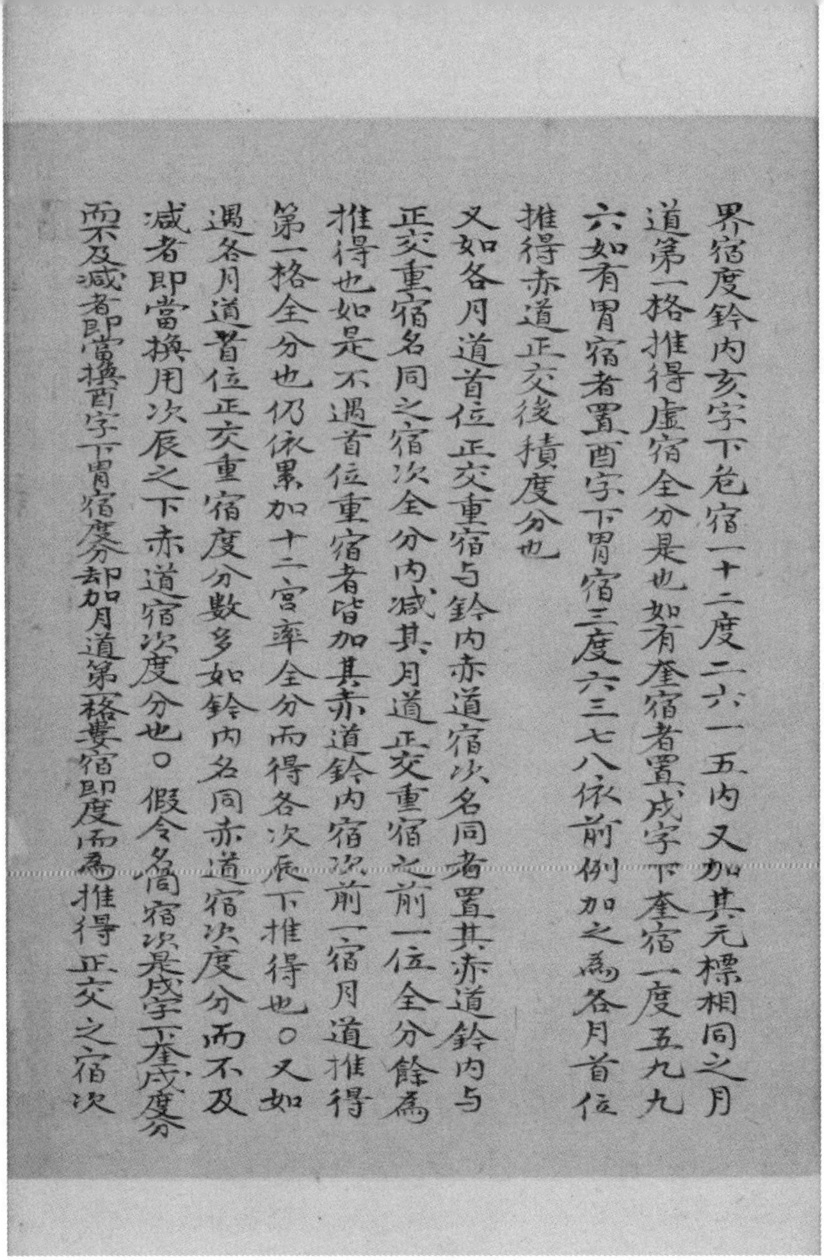

界宿度鈐內“亥”字下危宿一十二度二六一五，內又加其元標相同之月道第一格推得虛宿全分是也。如有奎宿者，置“戌”字下奎宿一度五九九六，如有胃宿者，置“酉”字下胃宿三度六三七八，依前例加之，為各月首位推得赤道正交後積度分也。

又如各月道首位正交重宿与鈐內赤道宿次名同者，置其赤道鈐內與正交重宿名同之宿次全分，內減其月道正交重宿之前一位全分，餘為推得也。如是不遇首位重宿者，皆加其赤道鈐內宿次前一宿月道推得第一格全分也。仍依累加十二宮率全分，而得各次辰下推得也。

又如遇各月道首位正交重宿度分數多，如鈐內名同赤道宿次度分而不及減者，即當換用次辰之下赤道宿次度分也。假令名同宿次是“戌”字下奎戌度分，而不及減者，即當換“酉”字下胃宿度分，却加月道第一格婁宿即度，而為推得正交之宿次

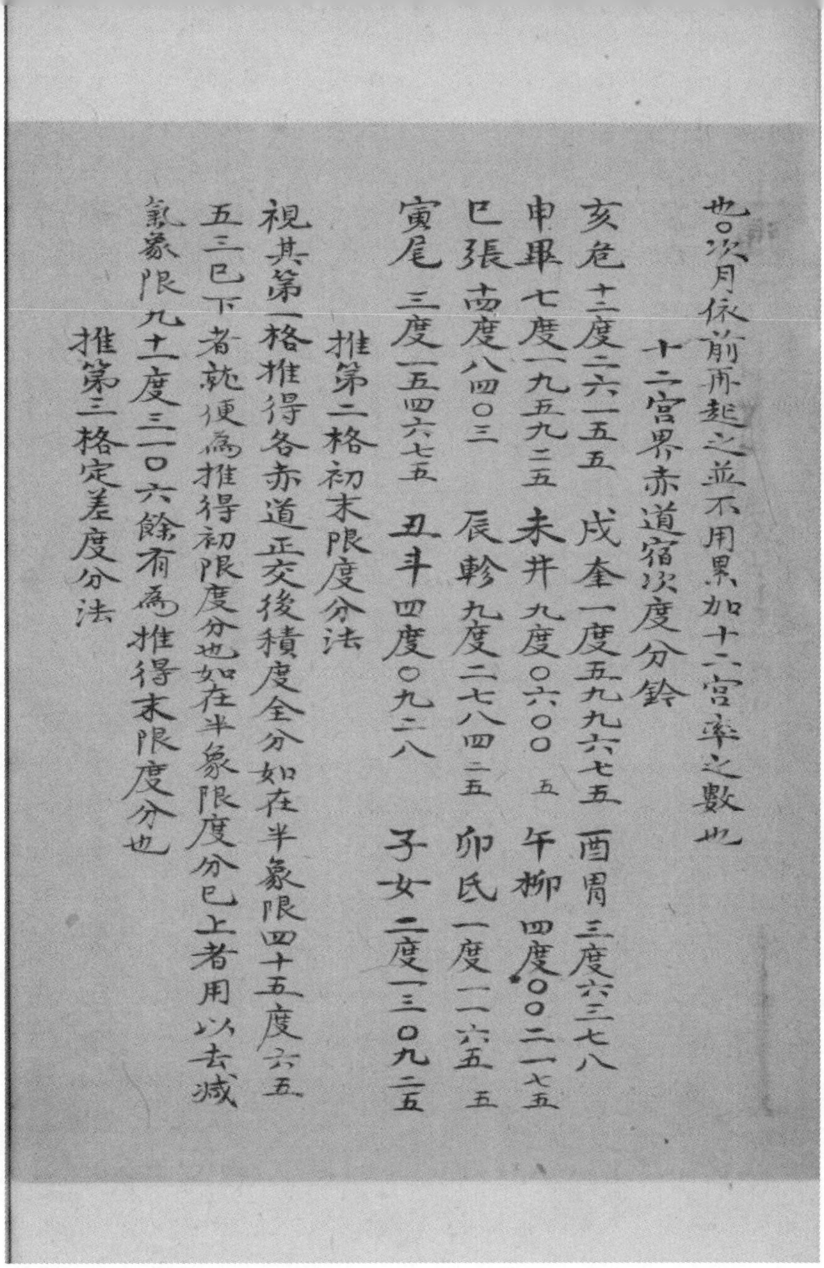

也。次月依前再起之，並不用累加十二宫率之數也。

十二宫界赤道宿次度分鈐

亥	危十二度二六一五五	戌	奎一度五九九六七五	酉	胃三度六三七八
申	畢七度一七五九二五	未	井九度〇六〇〇五	午	柳四度〇〇二一七五
巳	張十四度八四〇三	辰	軫九度二七八四二五	卯	氐一度一一六五五
寅	尾三度一五四六七五	丑	斗四度〇九二八	子	女二度一三〇九二五

推第二格初末限度分法

視其第一格推得各赤道正交後積度全分，如在半象限四十五度六五五三已下者，就便為推得初限度分也，如在半象限度分已上者，用以去減氣象限九十一度三一〇六，餘有為推得末限度分也。

推第三格定差度分法

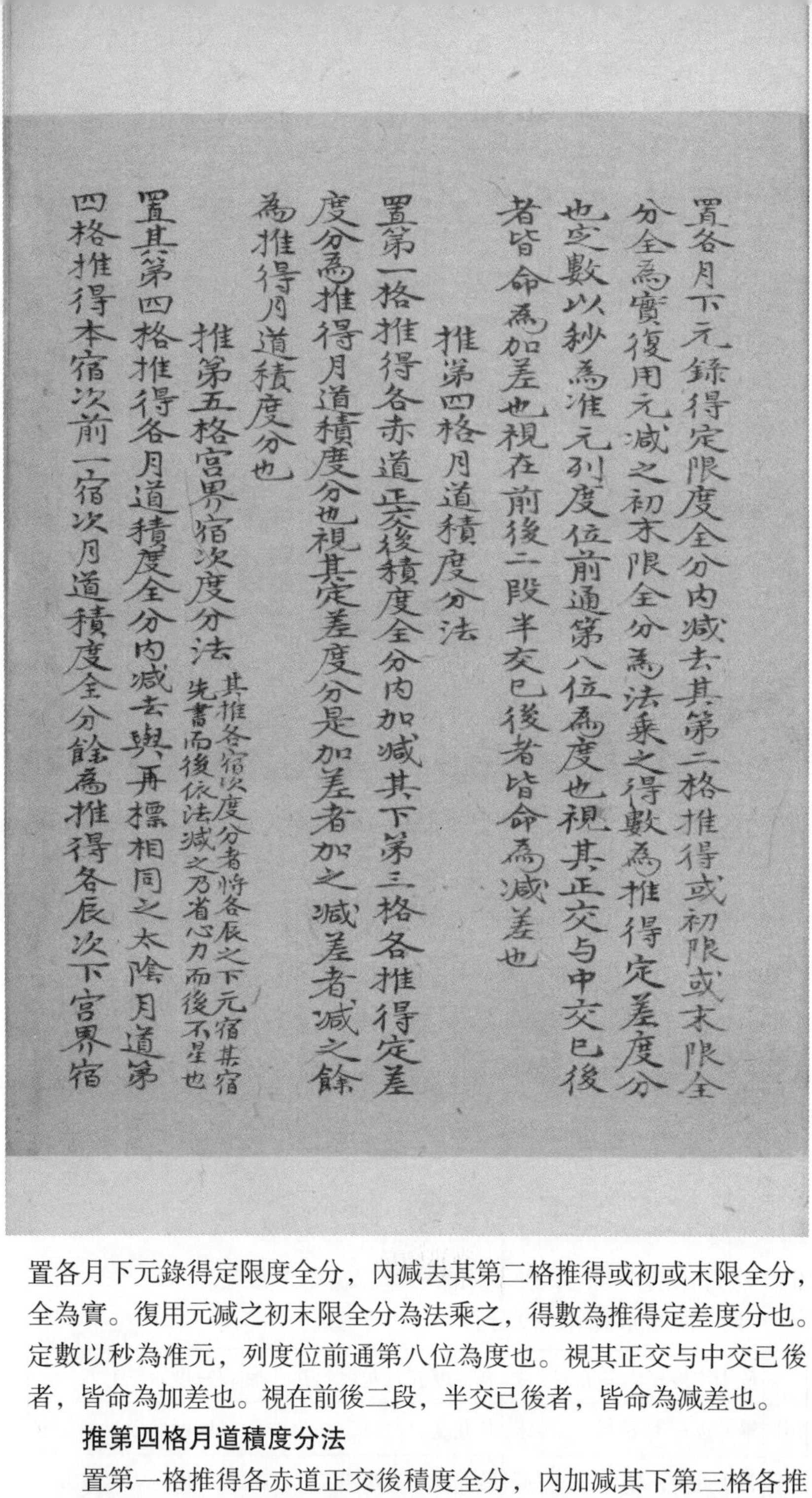
置各月下元錄得定限度全分內減去其第二格推得或初限或末限全分全為實復用元減之初末限全分為法乘之得數為推得定差度分也定數以秒為准元列度位前通第八位為度也視其正交与中交已後者皆命為加差也視在前後二段半交已後者皆命為減差也

推第四格月道積度分法

置第一格推得各赤道正交後積度全分內加減其下第三格各推得定差度分為推得月道積度分也視其定差度分是加差者加之減差者減之餘為推得月道積度分也

推第五格宮界宿次度分法其推各宿次度分者將各辰之下元宿某宿先書而後依法減之乃省心力而後不星也

置其第四格推得各月道積度全分內減去與再標相同之太陰月道第四格推得本宿次前一宿次月道積度全分餘為推得各辰次下宮界宿

置各月下元錄得定限度全分，內減去其第二格推得或初或末限全分，全為實。復用元減之初末限全分為法乘之，得數為推得定差度分也。定數以秒為准元，列度位前通第八位為度也。視其正交与中交已後者，皆命為加差也。視在前後二段，半交已後者，皆命為減差也。

推第四格月道積度分法

置第一格推得各赤道正交後積度全分，內加減其下第三格各推得定差度分，為得月道積度分也。視其定差度分，是加差者加之，減差者減之，餘為推得月道積度分也。

推第五格宮界宿次度分法，其推各宿次度分者，將各辰之下元宿某宿先書，而後依法減之，乃省心力而後不星也。

置其第四格推得各月道積度全分，內減去與再標相同之太陰月道第四格推得之本宿次前一宿次月道積度全分，餘為推得各辰次下宮界宿

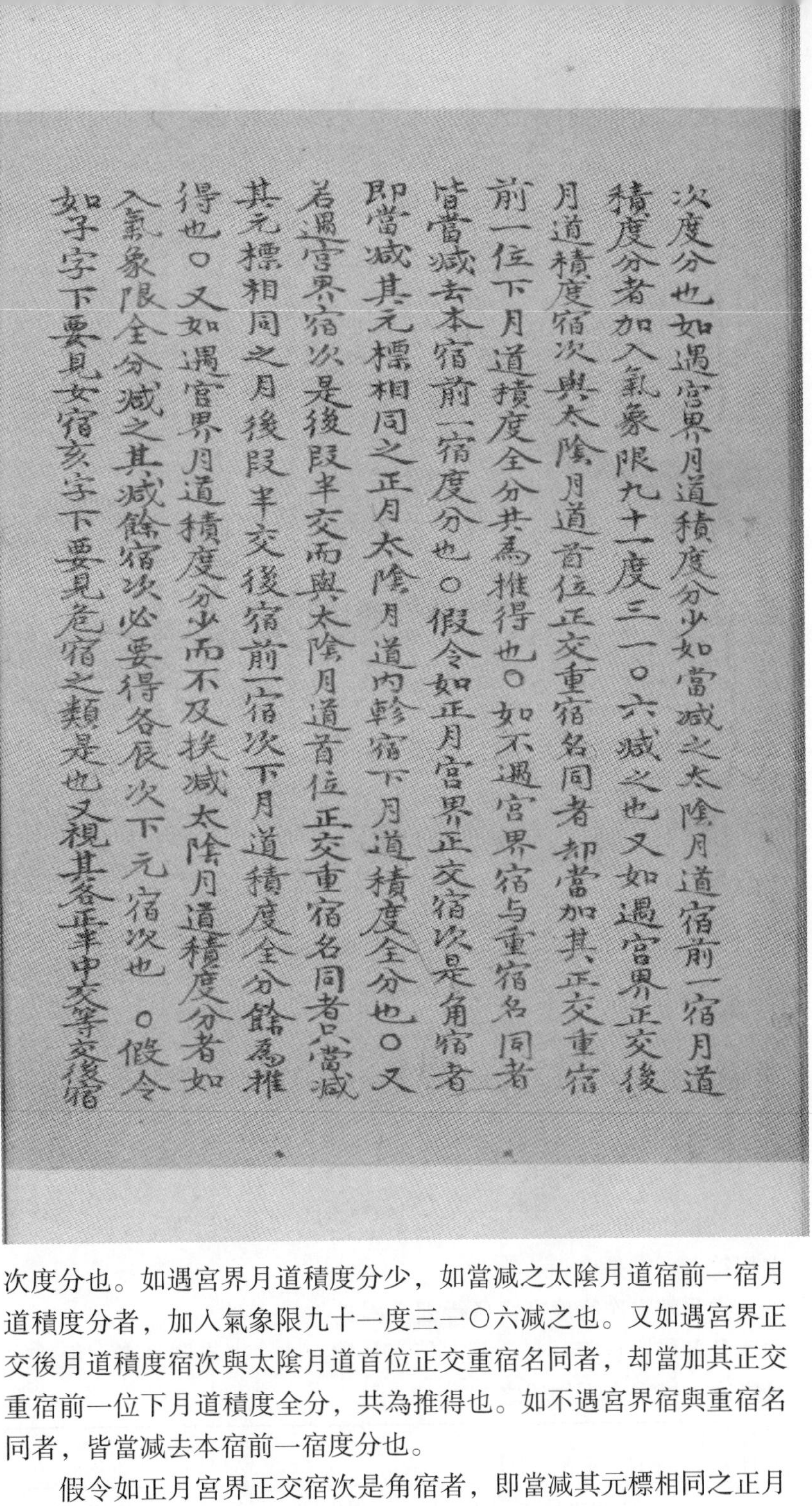
次度分也如遇宮界月道積度分少如當減之太陰月道宿前一宿月道
積度分者加入氣象限九十一度三一〇六減之也又如遇宮界正交後
月道積度宿次與太陰月道首位正交重宿名同者却當加其正交重宿
前一位下月道積度全分共為推得也〇如不遇宮界宿与重宿名同者
皆當減去本宿前一宿度分也〇假令如正月宮界正交宿次是角宿者
即當減其元標相同之正月太陰月道內軫宿下月道積度全分也〇又
若遇宮界宿次是後段半交而與太陰月道首位正交重宿名同者只當減
其元標相同之月後段半交後宿前一宿次下月道積度全分餘為推
得也〇又如遇宮界月道積度分少而不及挨減太陰月道積度分者如
入氣象限全分減之其減餘宿次必要得各辰次下元宿次也　〇假令
如子字下要見女宿亥字下要見危宿之類是也又視其各正半中交等交後宿

次度分也。如遇宮界月道積度分少，如當減之太陰月道宿前一宿月道積度分者，加入氣象限九十一度三一〇六減之也。又如遇宮界正交後月道積度宿次與太陰月道首位正交重宿名同者，却當加其正交重宿前一位下月道積度全分，共為推得也。如不遇宮界宿與重宿名同者，皆當減去本宿前一宿度分也。

假令如正月宮界正交宿次是角宿者，即當減其元標相同之正月太陰月道內軫宿下月道積度全分也。又若遇宮界宿次是後段半交，而與太陰月道首位正交重宿名同者，只當減其元標相同之月後段半交後宿前一宿次下月道積度全分，餘為推得也。

又如遇宮界月道積度分少，而不及挨減之太陰月道積度分者，如入氣象限全分減之。其減餘宿次，必要得各辰次下元宿次也。假令如“子”字下要見女宿，“亥”字下要見危宿之類是也。又視其各正半中交等交後宿

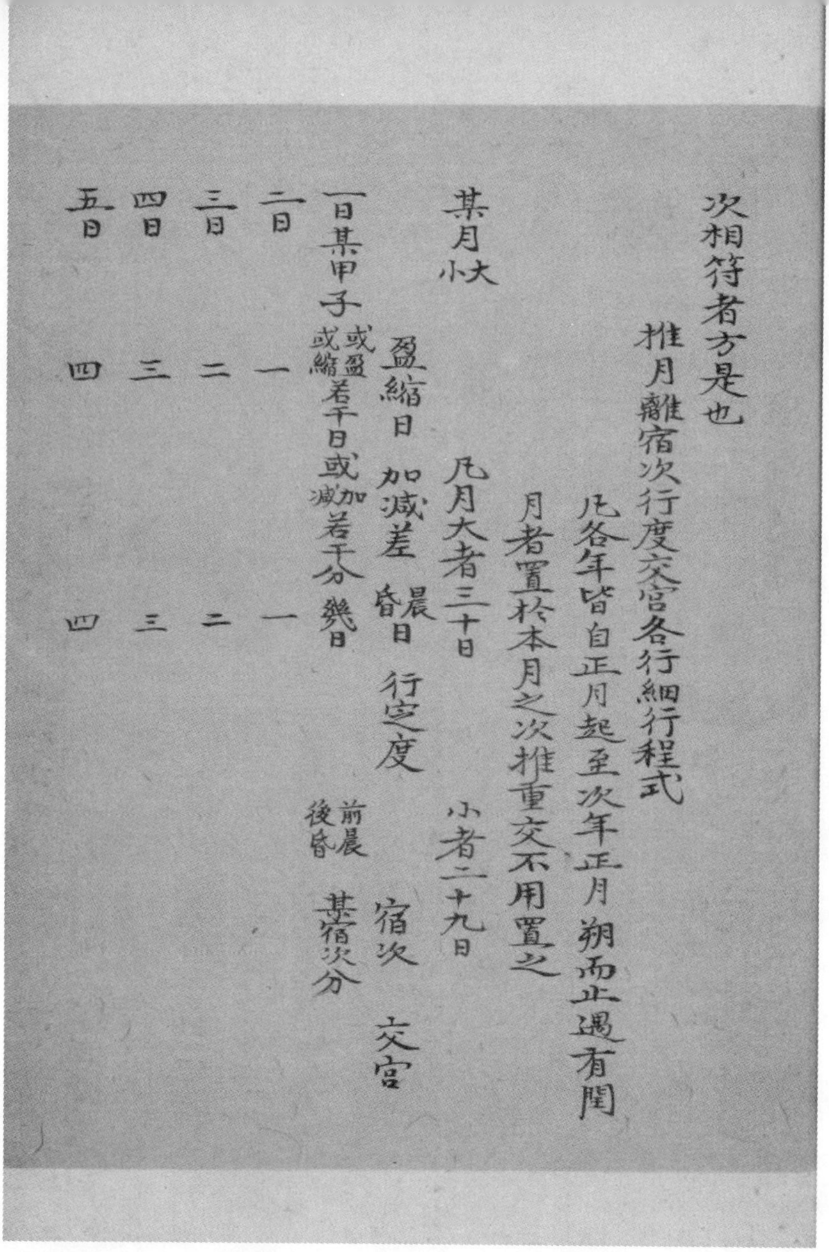

次相符者，方是也。

推月離宿次行度交宮各行細行程式

凡各年皆自正月起，至次年正月朔而止。遇有閏月者，置於本月之次。推重交不用置之。

某月大小 凡月大者三十日，小者二十九日。					
	盈縮日	加減差	晨昏日	行定度	宿次
一日某甲子	或盈或縮若干日	或加或減若干分	幾日	前晨後昏	某宿次分
二日	一	一	一		
三日	二	二	二		
四日	三	三	三		
五日	四	四	四		

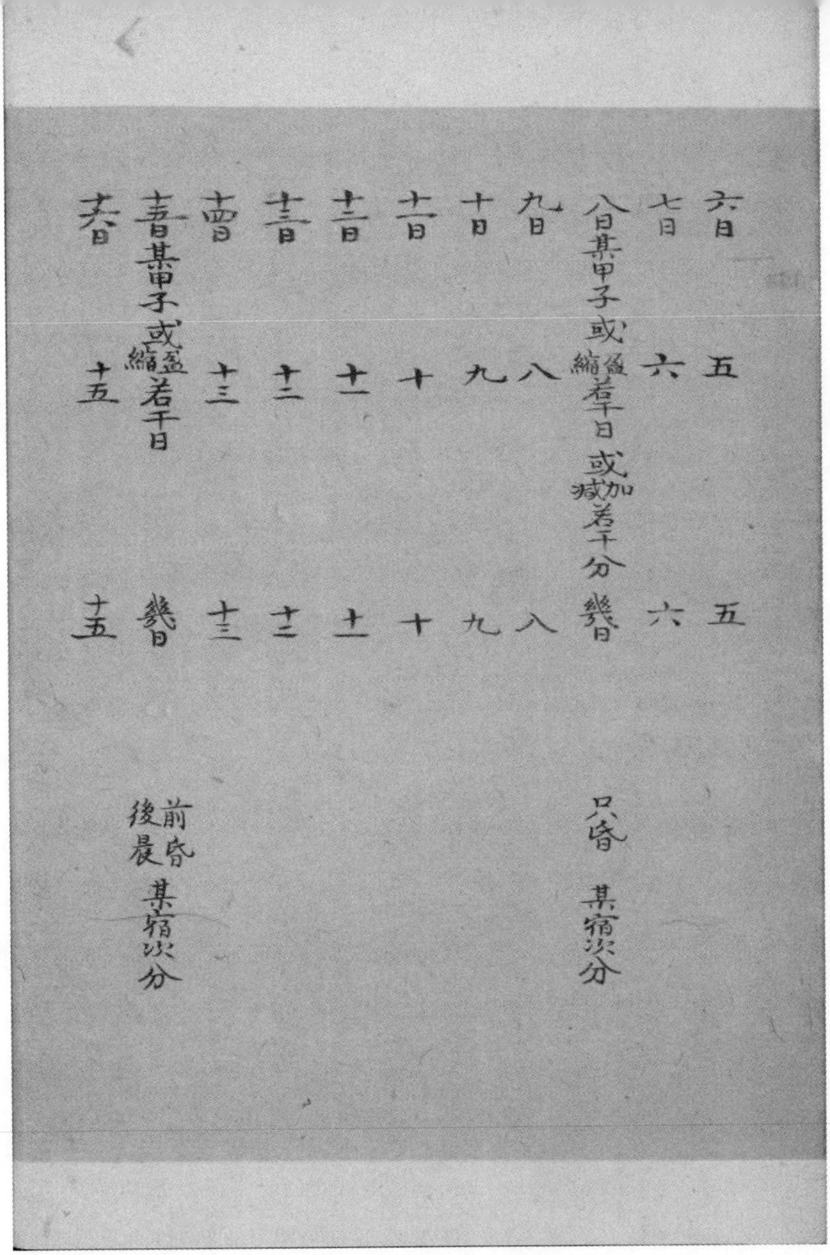

六日	五	五	五		
七日	六	六	六		
八日某甲子	或盈縮若干日	或加減若干分	幾日	只昏	某宿次分
九日	八	八	八		
十日	九	九	九		
十一日	十	十	十		
十二日	十一	十一	十一		
十三日	十一	十二	十二		
十四日	十三	十三	十三		
十五日某甲子	或盈縮若干日	幾日	幾日	前晨後昏	某宿次分
十六日	十五	十五	十五		

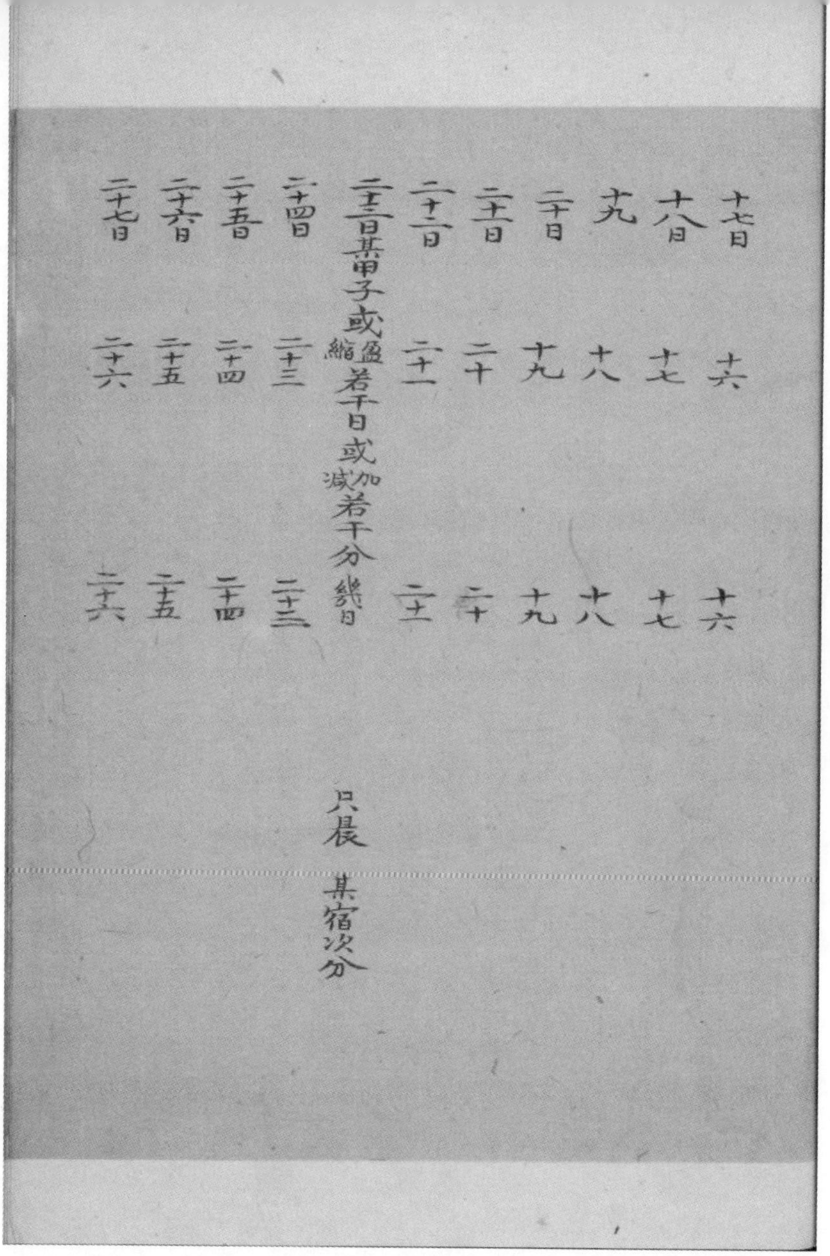

十七日	十六	十六	十六		
十八日	十七	十七	十七		
十九日	十八	十八	十八		
二十日	十九	十九	十九		
二十一日	二十	二十	二十		
二十二日	二十一	二十一	二十一		
二十三日某甲子	或盈縮若干日	或加減若干分	幾日	只晨	某宿次分
二十四日	二十三	二十三	二十三		
二十五日	二十四	二十四	二十四		
二十六日	二十五	二十五	二十五		
二十七日	二十六	二十六	二十六		

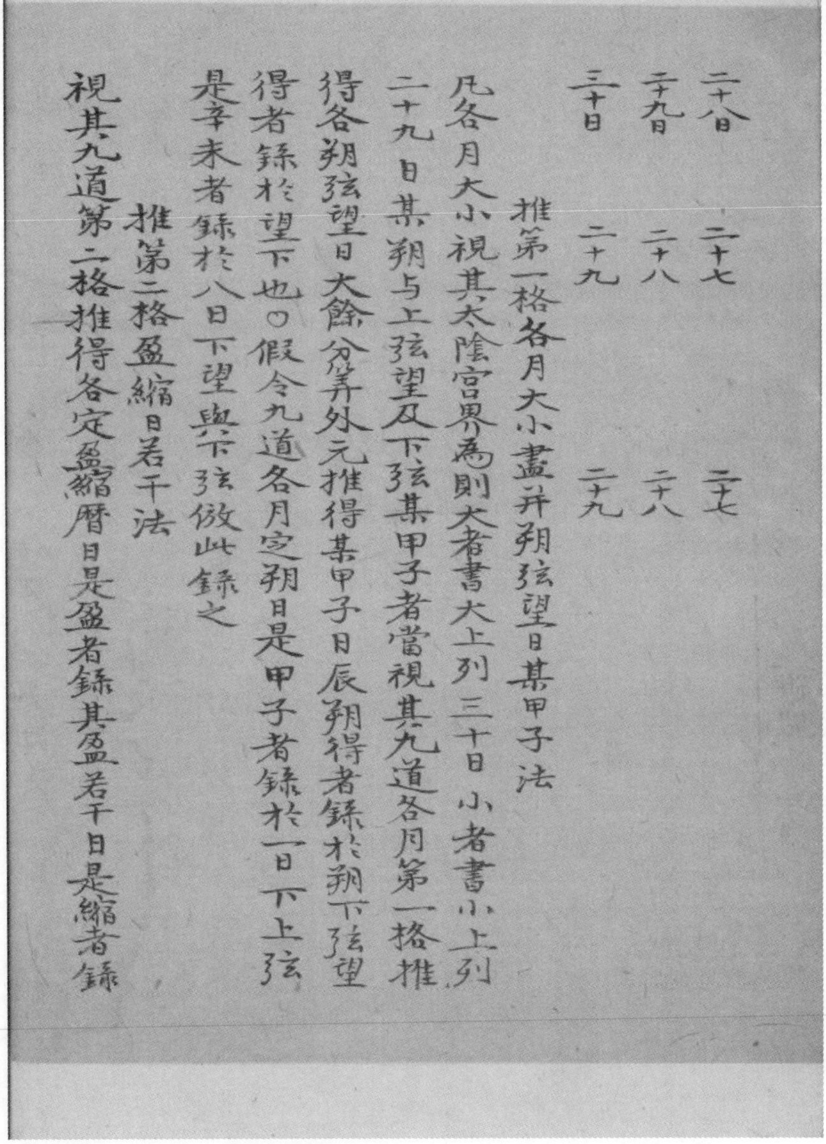

二十八日	二十七	二十七	二十七		
二十九日	二十八	二十八	二十八		
三十日	二十九	二十九	二十九		

推第一格各月大小盡并朔弦望日某甲子法

凡各月大小，視其太陰宫界，為則大者書“大”，上列三十日；小者書“小”，上列二十九日。某朔与上弦望及下弦某甲子者，當視其九道各月第一格推得各朔弦望日大餘分筭外，元推得甲子日辰朔得者，錄扵朔下弦望，得者錄扵望下也。假令如九道各月定朔日是甲子者，錄扵一日下。上弦是辛未者，錄扵八日下。望與下弦倣此錄之。

推第二格盈縮日若干法

視其九道第二格推得各定盈縮曆日，是盈者，錄其盈若干日。是縮者，錄

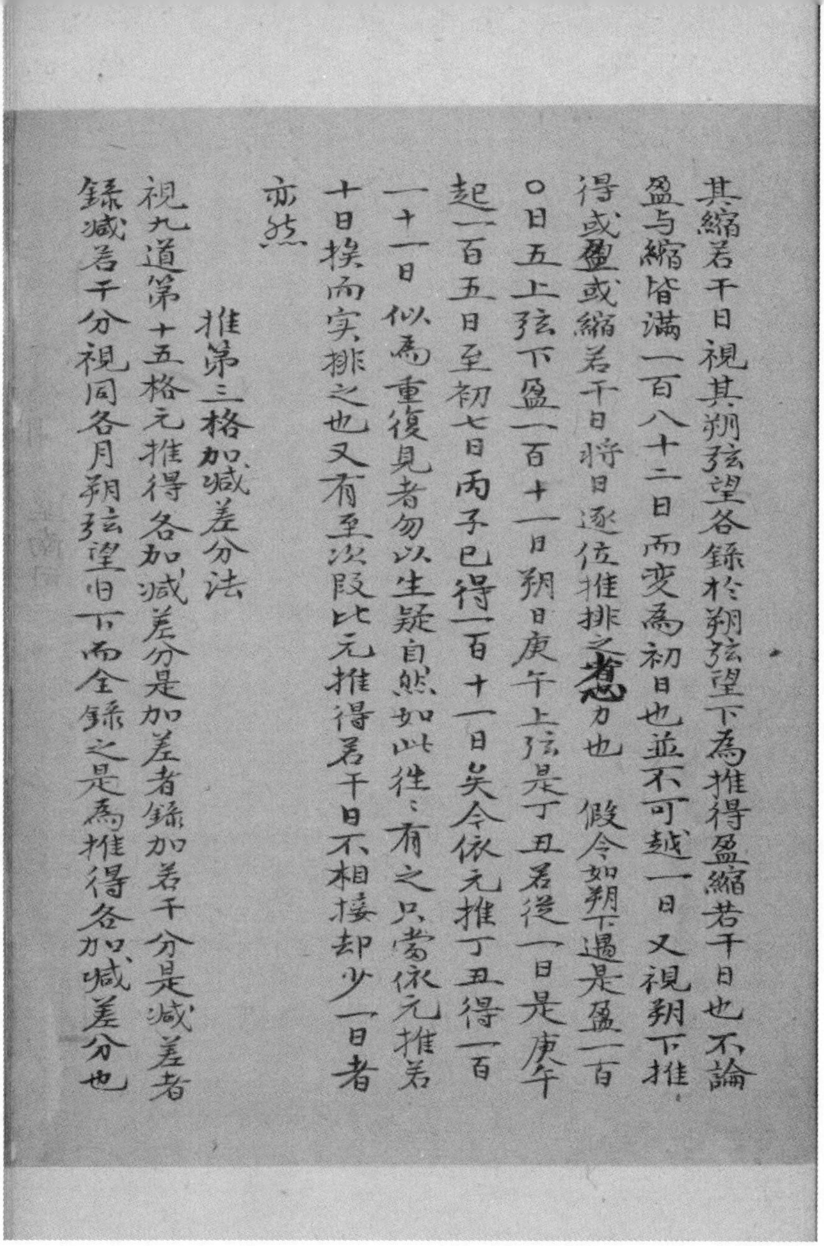

其縮若干日。視其朔弦望，各錄於朔弦望下，為推得盈縮若干日也。不論盈與縮，皆滿一百八十二日而變為初日也，並不可越一日。又視朔下推得或盈、或縮若干日，將日逐位挨排之，省心力也。

假令如朔下遇是盈一百〇日五，上弦下盈一百一十一日，朔日庚午，上弦是丁丑。若從一日是庚午起一百五日，至初七日丙子已得一百一十一日矣。今依元推丁丑得一百一十一日，似為重復見者，勿以生疑，自然如此，往往有之。只當依元推若干日，挨而實排之也。又有至此段，以元推得若干日不相接，却少一日者，亦然。

推第三格加減差分法

視九道第十五格元推得各加減差分，是加差者，錄加若干分；是減差者，錄減若干分。視同各月朔弦望日下，而全錄之，是為推得各加減差分也。

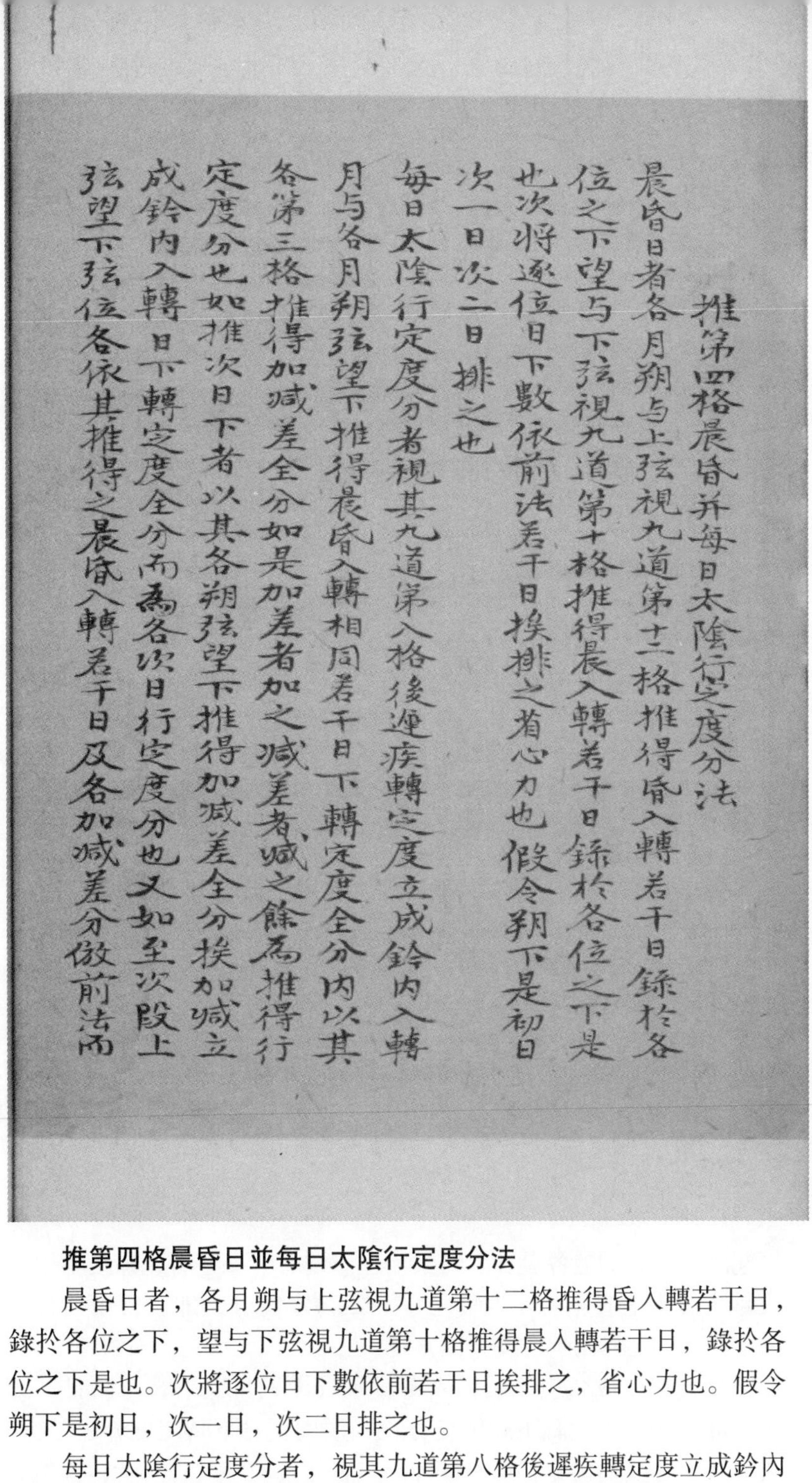
推第四格晨昏并每日太陰行定度分法
晨昏日者各月朔与上弦視九道第十二格推得昏入轉若干日錄於各
位之下望与下弦視九道第十格推得晨入轉若干日錄於各位之下是
也次將逐位日下數依前法若干日挨排之省心力也假令朔下是初日
次一日次二日排之也
每日太陰行定度分者視其九道第八格後遲疾轉定度立成鈐內入轉
月与各月朔弦望下推得晨昏入轉相同若干日下轉定度全分內以其
各第三格推得加減差全分如是加差者加之減差者減之餘為推得行
定度分也如推次日下者以其各朔弦望下推得加減差全分挨加減立
成鈐內入轉日下轉定度全分而為各次日行定度分也又如至次段上
弦望下弦位各依其推得之晨昏入轉若干日及各加減差分倣前法而

推第四格晨昏日並每日太陰行定度分法

晨昏日者，各月朔与上弦視九道第十二格推得昏入轉若干日，錄於各位之下，望与下弦視九道第十格推得晨入轉若干日，錄於各位之下是也。次將逐位日下數依前若干日挨排之，省心力也。假令朔下是初日，次一日，次二日排之也。

每日太陰行定度分者，視其九道第八格後遲疾轉定度立成鈐內入轉月与各月朔弦望下推得晨昏入轉相同若干日下轉度全分，內以其各第三格推得加減差分，如是加差者加之，減差者減之，餘為推得行定度分也。如推次日下者，以其各朔弦望下推得加減差全分，挨加減立成鈐內入轉日下轉定度全分，而為各次日行定度分也。

又如至次段上弦望下弦位，各依其推得之晨昏入轉若干日及各加減差分，倣前法而

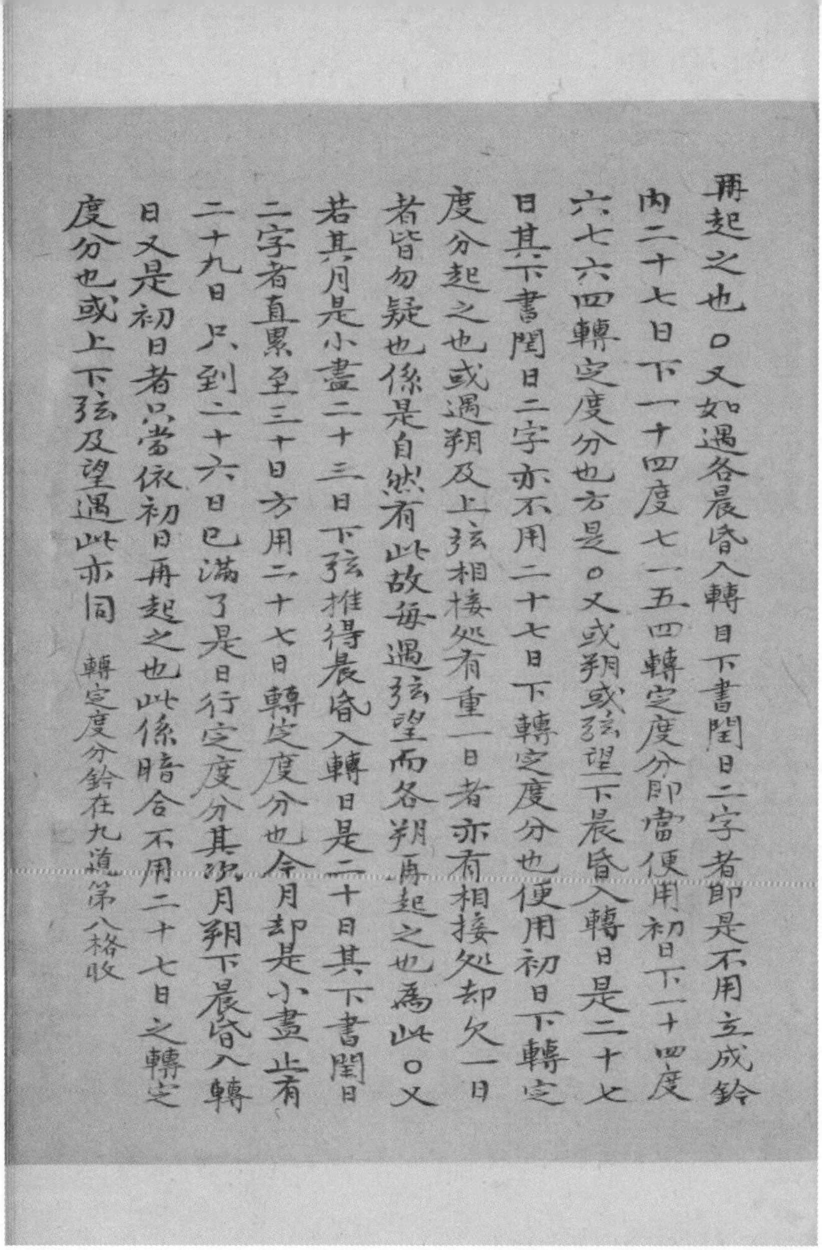
再起之也○又如遇各晨昏入轉日下書閏日二字者即是不用立成鈐
內二十七日下一十四度七一五四轉定度分即當便用初日下一十四度
六七六四轉定度分也方是○又或朔或弦望下晨昏入轉日是二十七
日其下書閏日二字亦不用二十七日下轉定度分也便用初日下轉定
度分起之也或遇朔及上弦相接處有重一日者亦有相接處却欠一日
者皆勿疑也係是自然有此故每遇弦望而各朔再起之也為此○又
若其月是小盡二十三日下弦推得晨昏入轉日是二十日其下書閏日
二字者直累至三十日方用二十七日轉定度分也今月却是小盡止有
二十九日只到二十六日已滿了是日行定度分其次月朔下晨昏入轉
日又是初日者只當依初日再起之也此係暗合不用二十七日之轉定
度分也或上下弦及望遇此亦同 轉定度分鈐在九道第八格收

再起之也。又如遇各晨昏入轉日下書“閏日”二字者，即是不用立成鈐內二十七日下一十四度七一五四轉定度分，即當便用初日下一十四度六七六四轉定度分也方是。

又或朔、或弦望下晨昏入轉日是二十七日其下書“閏日”二字，亦不用二十七日下轉定度分也，便用初日下轉定度分起之也。或遇朔及上弦相接處有重一日者，亦有相接處却欠一日者，皆勿疑也，係是自然有此。故每遇弦望而各朔再起之也，為此。

又若其月是小，書二十三日下弦，推得晨昏入轉日是二十日，其下書“閏日”二字者，直累至三十日，方用二十七日轉定度分也。今月却是小，書止有二十九日，只到二十六日，已滿了，是日行定度分，其次月朔日下晨昏入轉日又是初日者，只當依初日再起之也。此係暗合，不用二十七日之轉定度分。或上下弦及望，遇此亦同。轉定度鈐在九道第八格收。

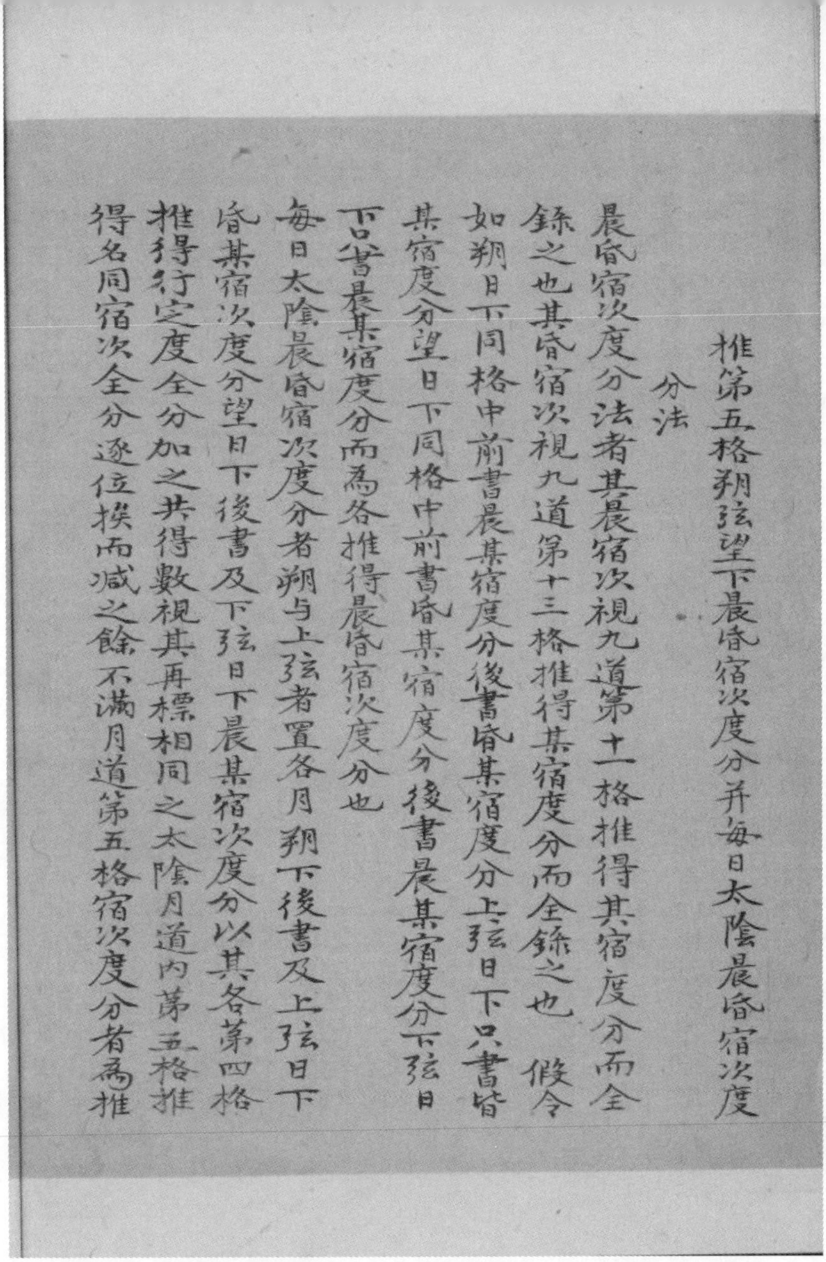
推第五格朔弦望下晨昏宿次度分并每日太陰晨昏宿次度分法

晨昏宿次度分法者其晨宿次視九道第十一格推得某宿度分而全錄之也其昏宿次視九道第十三格推得某宿度分而全錄之也　假令如朔日下同格中前書晨某宿度分後書昏某宿度分上弦日下只書皆某宿度分望日下同格中前書昏某宿度分後書晨某宿度分下弦日下只書晨某宿度分而為各推得晨昏宿次度分也

每日太陰晨昏宿次度分者朔與上弦者置各月朔下後書及上弦日下昏某宿次度分望日下後書及下弦日下晨某宿次度分以其各第四格推得行定度全分加之共得數視其再標相同之太陰月道內第五格推得名同宿次全分逐位挨而減之餘不滿月道第五格宿次度分者為推

推第五格朔弦望下晨昏宿次度分并每日太陰晨昏宿次度分法

晨昏宿次度分法者，其晨宿次視九道第十一格推得某宿度分，而全錄之也。其昏宿次視九道第十三格推得某宿度分，而全錄之也。假令如朔日下同格中，前書晨某宿度分，後書昏某宿度分，上弦日下只書皆某宿度分。望日下同格中，前書昏某宿度分，後書晨某宿度分，下弦日下只書晨某宿度分，而為各推得晨昏宿次度分也。

每日太陰晨昏宿次度分者，朔與上弦者，置各月朔日下後書及上弦日下昏某宿次度分，望日下後書及下弦日下晨某宿次度分，以其各第四格推得行定度全分加之，共得數視其再標相同之太陰月道內第五格推得名同宿次全分，逐位挨而減之，餘不滿月道第五格宿次度分者，為推

得月离晨昏宿次度分也推次位者逐位挨加各行定度全分亦逐位
挨減月道第五格宿次度分餘為各次位推得也其各位宿次只依月道
宿減去之宿次為用也〇假令如遇各月朔下推得後書昏宿次是角宿
者内加入其第四格行定度全分共得内却減去月道内第五格角宿全
分餘為亢宿乃為推得月离晨昏宿次度分也又如減去角宿全分亦滿
亢宿度分者將亢宿度分亦就減去餘見氐宿度分者為推得氐宿月離
晨昏宿次度分也餘皆倣此推之　又如晨昏宿次是斗宿加入本位行
定度全分如不及挨減之月道斗宿度分者次日亦只是斗宿度分也凡
累挨加累挨減至朔與上弦等相接处推得宿次度分以元書晨昏宿次
度分不同者多者直書多若干少者直書少若干同者直書同或多或少止有
六七秒而已次依各晨昏宿次度分加減而再起之也並不可挨而加減

得月離晨昏宿次度分也。推次位者，逐位挨加各行定度全分，亦逐位挨減月道第五格宿次度分，餘為各次位推得也。其各位宿次只依月道宿減去之宿次為用也。

假令如遇各月朔日下推得後書昏宿，次是角宿者，内加入其第四格行定度全分，共得内却減去月道内第五格角宿全分，餘為亢宿，乃為推得月離晨昏宿次度分也。又如減去角宿全分，亦滿亢宿度分者，將亢宿度分亦就減去，餘見氐宿度分者，為推得氐宿月離晨昏宿次度分也。餘皆倣此推之。

又如晨昏宿次是斗宿，加入本位行定度全分，如不及挨減之月道斗宿度分者，次日亦只是斗宿度分也。凡累挨加、累挨減至朔與上弦等相接處，推得宿次度分，以元書晨昏宿次度不同者，多者只書多若干，少者只書少若干，同者直書同。或多或少，止有六七秒而已。次依各晨昏宿次度分加減而再起之也，並不可挨而加減之也。其加行定度分，而減月道宿次度分，皆當逐日挨而加減之，不可空下一位也。又如遇挨宿之月，有重軫之類，當用前月末軫下宿次度分減之是也，不可用次月朔軫下宿次度分減之也。為係隔月重軫，故不可用次朔也。

推第六格每月各日下交宫時刻法，凡交宫日時，其宫界宿次數必在行度宿次數已下者，為有交宫也，已上自然不交。

視其各月宫界推得正半中交後各辰下第五格宫界其宿次全分，內減去其與宫界再標相同之月行度交宫第五格推得各晨昏名同宿次全分，全為實。以其元減去之晨昏名同宿次本位上第四格推得行定全分為法，以除其實，得數止秒，內加入與元減去之晨昏名同宿次本位上

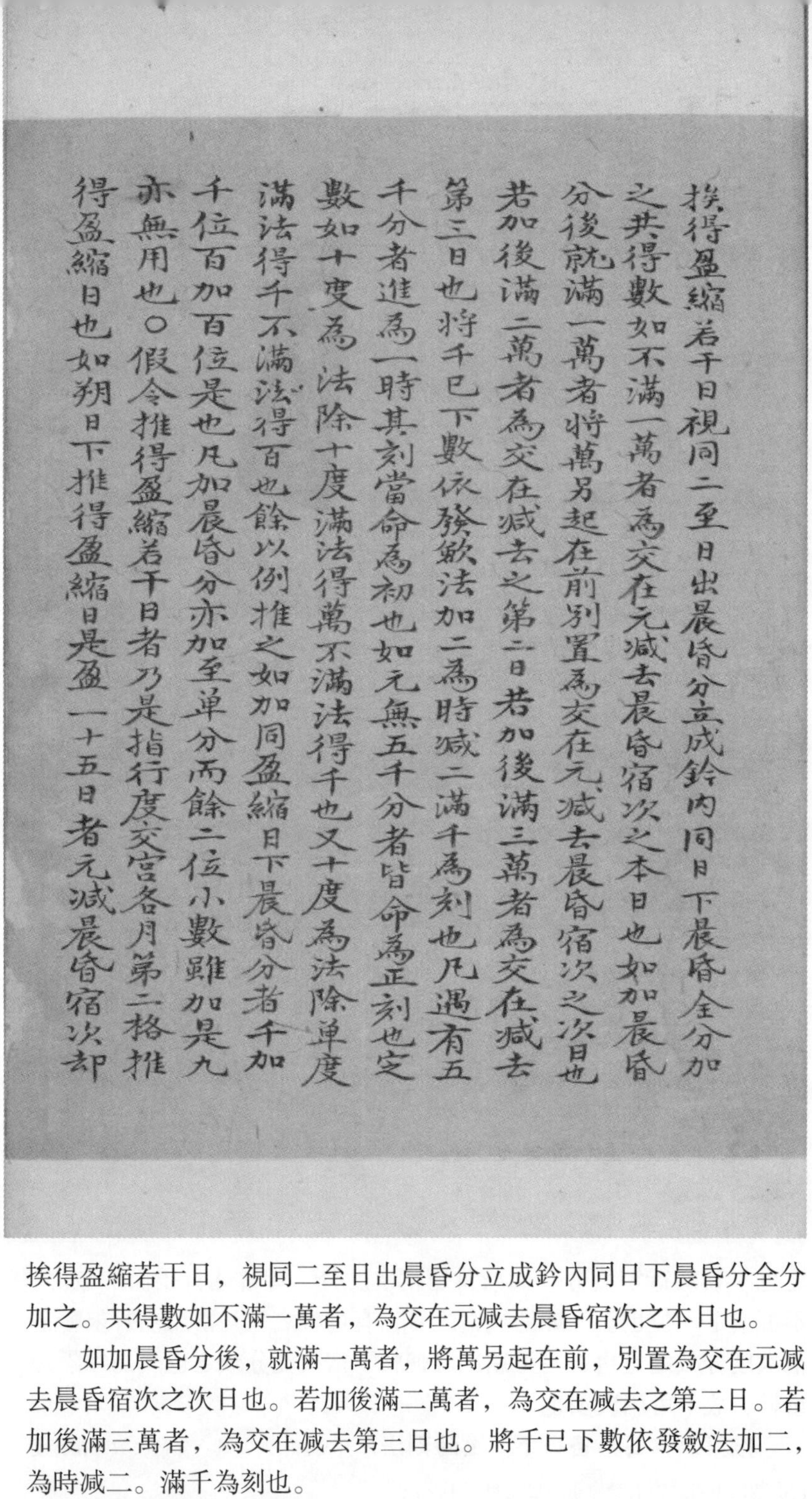

挨得盈縮若干日視同二至日出晨昏分立成鈐内同日下晨昏全分加
之共得數如不滿一萬者為交在元減去晨昏宿次之本日也如加晨昏
分後就滿一萬者將萬另起在前別置為交在元減去晨昏宿次之次日也
若加後滿二萬者為交在減去之第二日若加後滿三萬者為交在減去
第三日也將千已下數依發斂法加二為時減二滿千為刻也凡遇有五
千分者進為一時其刻當命為初也如元無五千分者皆命為正刻也定
數如十度為法除十度滿法得萬不滿法得千也又十度為法除単度
滿法得千不滿法得百也餘以例推之如加同盈縮日下晨昏分者千加
千位百加百位是也凡加晨昏分亦加至単分而餘二位小數雖加是九
亦無用也○假令推得盈縮若干日者乃是指行度交宮各月第二格推
得盈縮日也如朔日下推得盈縮日是盈一十五日者元減晨昏宿次却

挨得盈縮若干日，視同二至日出晨昏分立成鈐内同日下晨昏分全分加之。共得數如不滿一萬者，為交在元減去晨昏宿次之本日也。

如加晨昏分後，就滿一萬者，將萬另起在前，別置為交在元減去晨昏宿次之次日也。若加後滿二萬者，為交在減去之第二日。若加後滿三萬者，為交在減去第三日也。將千已下數依發斂法加二，為時減二。滿千為刻也。

凡遇有五千分者，進為一時，其刻當命為初也。如元無五千分者，皆命為正刻也。定數如十度為法，除十度，滿法得萬，不滿法得千也。又十度為法，除単度，滿法得千，不滿法得百也。餘以例推之。

如加同盈縮日下晨昏分者，千加千位，百加百位是也。凡加晨昏分，亦加至単分，而餘二位小數，雖加是九，亦無用也。假令推得盈縮若干日者，乃是指行度交宮各月第二格推得盈縮日也。如朔日下推得盈縮日是盈一十五日者，元減晨昏宿次却

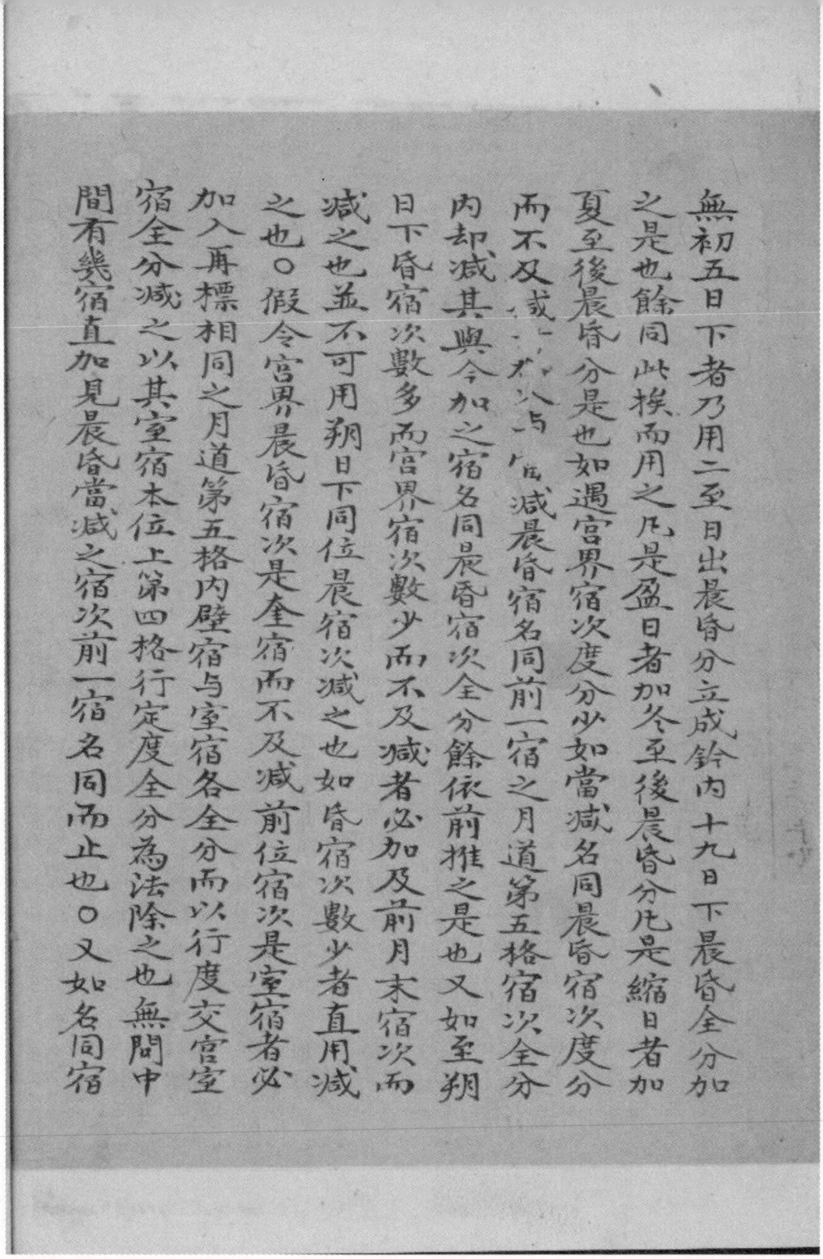

無初五日下者，乃用二至日出晨昏分立成鈐内十九日下晨昏全分加之是也，餘同此挨而用之。凡是盈日者加冬至後晨昏分，凡是縮日者加夏至後晨昏分是也。

如遇宫界宿次度分少如當減名同晨昏宿次度分而不及減者，加入与當減晨昏宿名同前一宿之月道第五格宿次全分，内却減其與今加之宿名同晨昏宿次全分，餘依前推之是也。又如至朔日下昏次數多，而宫界宿次數少而不及減者，必加及前月末宿次而減之也，並不可用朔日下同位晨宿次減之也。如昏宿次數少者，直用減之也。

假令宫界晨宿次是奎宿，而不及減前位宿次是室宿者，必加入再標相同之月道第五格内壁宿與室宿各全分，而以行度交宫室宿全分減之，以其室宿本位上第四格行定度全分為法除之也。無問中間有幾宿直加，見晨昏當減之宿次前一宿名同而止也。

又如名同宿

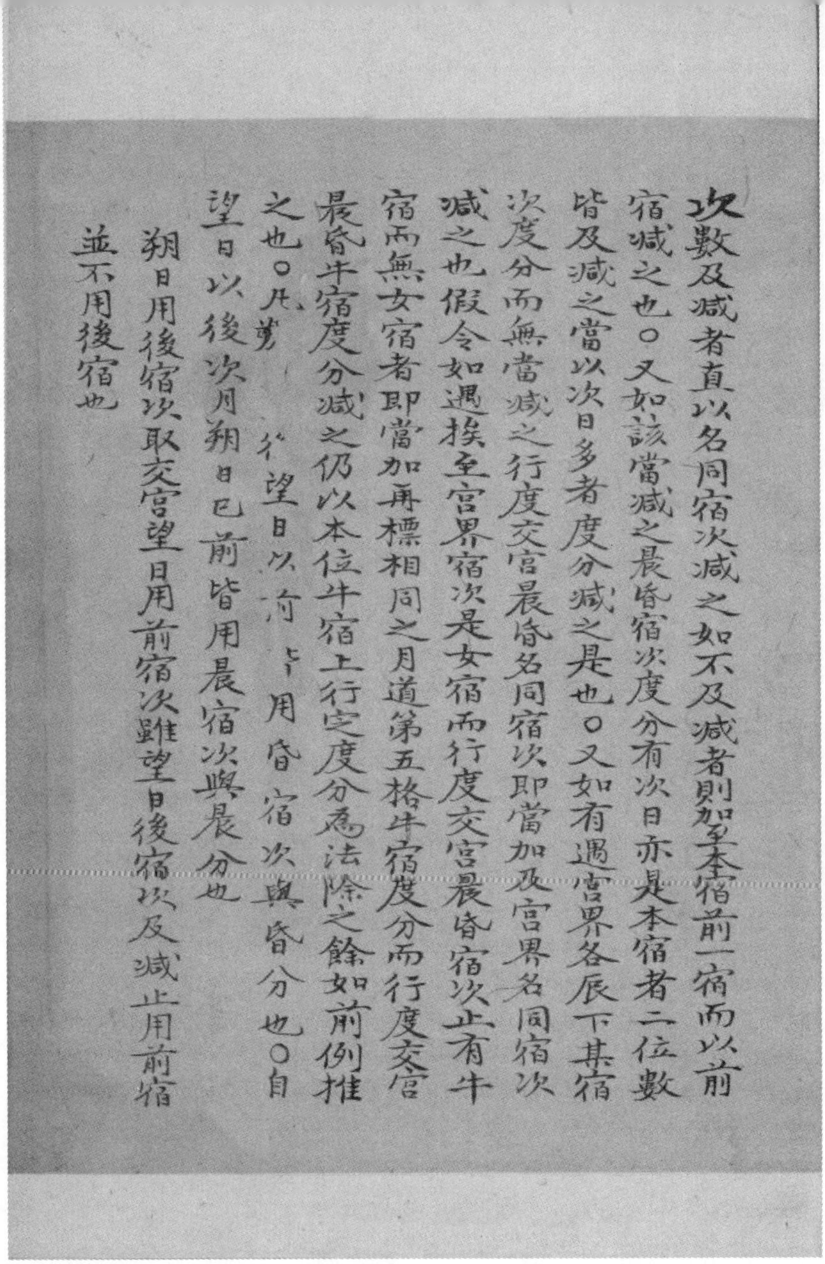
次數及減者直以名同宿次減之如不及減者則加至本宿前一宿而以前
宿減之也〇又如該當減之晨昏宿次度分有次日亦是本宿者二位數
皆及減之當以次日多者度分減之是也〇又如有遇宮界各辰下某宿
次度分而無當減之行度交宮晨昏名同宿次即當加及宮界名同宿次
減之也假令如遇挨至宮界宿次是女宿而行度交宮晨昏宿次止有牛
宿而無女宿者即當加再標相同之月道第五格牛宿度分而行度交宮
晨昏牛宿度分減之仍以本位牛宿上行定度分為法除之餘如前例推
之也〇凡朔　後望日以前皆用昏宿次與昏分也〇自
望日以後次月朔日已前皆用晨宿次與晨分也
朔日用後宿次取交宮望日用前宿次雖望日後宿次及減止用前宿
並不用後宿也

次數及減者，直以名同宿次減之。如不及減者，則加至本宿前一宿而以前宿減之也。

又如該當減之晨昏宿次度分，有次日亦是本宿者，二位數皆及減之，當以次日多者度分減之是也。又如遇有宮界各辰下某宿次度分而無當減之行定度交宮晨昏名同宿次，即當加及宮界名同宿次減之也。

假令如遇挨至宮界宿次是女宿，而行度交宮晨昏宿次止有牛宿而無女宿者，即當加再標相同之月道第五格牛宿度分，而行度交宮晨昏牛宿度分減之，仍以本位牛宿上行定度分為法除之，餘如前例推之也。凡朔□□後望日以前，皆用昏宿次與昏分也。自望日以後，次月朔日已前，皆用晨宿次與晨分也。朔日用後宿次取交宮，望日用前宿次，雖望日後宿次及減止用前宿，並不用後宿也。

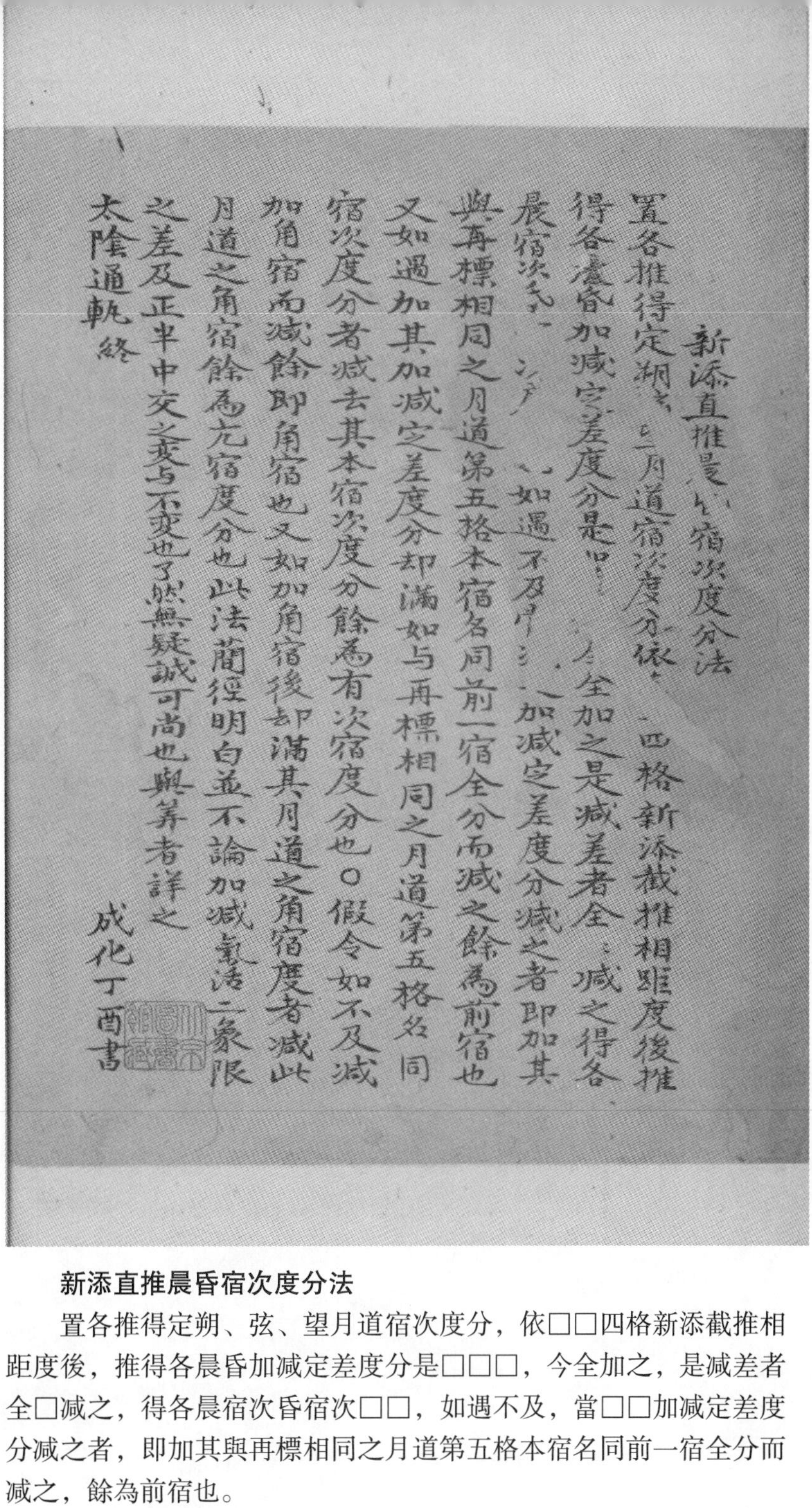

新添直推晨昏宿次度分法

置各推得定朔、弦、望月道宿次度分，依□□四格新添截推相距度後，推得各晨昏加減定差度分是□□□，今全加之，是減差者全□減之，得各晨宿次昏宿次□□，如遇不及，當□□加減定差度分減之者，即加其與再標相同之月道第五格本宿名同前一宿全分而減之，餘為前宿也。

又如遇加其加減定差度分，却滿如与再標相同之月道第五格名同宿次度分者，減去其本宿次度分者，減去其本宿次分，餘為有次宿度分也。

假令如不及減者，加角宿而減，餘即角宿也。又如加角宿後，却滿其月道之角宿度者減此月道之角宿，餘為亢宿度分也。此法蕳[1]徑明白，並不論加減氣活二象限之差，及正半中交之變與不变也。了然無疑，誠可尚也，與筭者詳之。

《太陰通軌》终

成化丁酉[2]書

1“簡”異體字。

2 成化丁酉即成化十三年（1477 年）。

中科院本《太陰通軌》校注

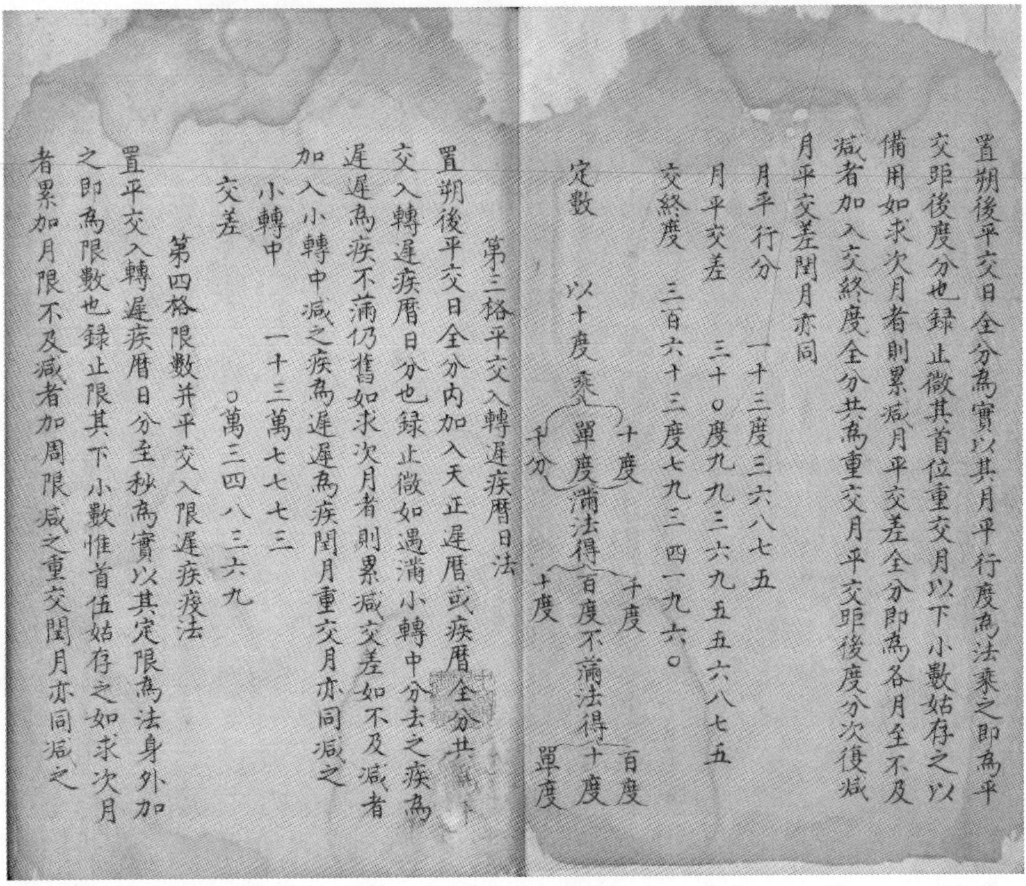
置朔後平交日全分為實以其月平行度為法乘之即為平
交距後度分也録止微其首位重交月以下小數姑存之以
備用如求次月者則累減月平交差全分即為各月至不及
減者加入交終度全分共為重交月平交距後度分次復減
月平交差閏月亦同
月平行分　一十三度三六八七五
月平交差　三十〇度九九三六九五五六八七五
交終度　三百六十三度七九三四一九六〇
定數　以十度乘
十度　單度滿法得　千分
千度　百度不滿法得　十度
百度　十度　單度

第三格平交入轉遲疾曆日法
置朔後平交日全分內加入天正遲曆或疾曆全分共為下
交入轉遲疾曆日分也録止微如遇滿小轉中分去之疾為
遲遲為疾不滿仍舊如求次月者則累減交差如不及減者
加入小轉中減之疾為遲遲為疾閏月重交月亦同減之
小轉中　一十三萬七七七三
交差　〇萬三四八三六九
第四格限數并平交入限遲疾法
置平交入轉遲疾曆日分至秒為實以其定限為法身外加
之即為限數也録止限其下小數惟首伍姑存之如求次月
者累加月限不及減者加周限減之重交閏月亦同減之

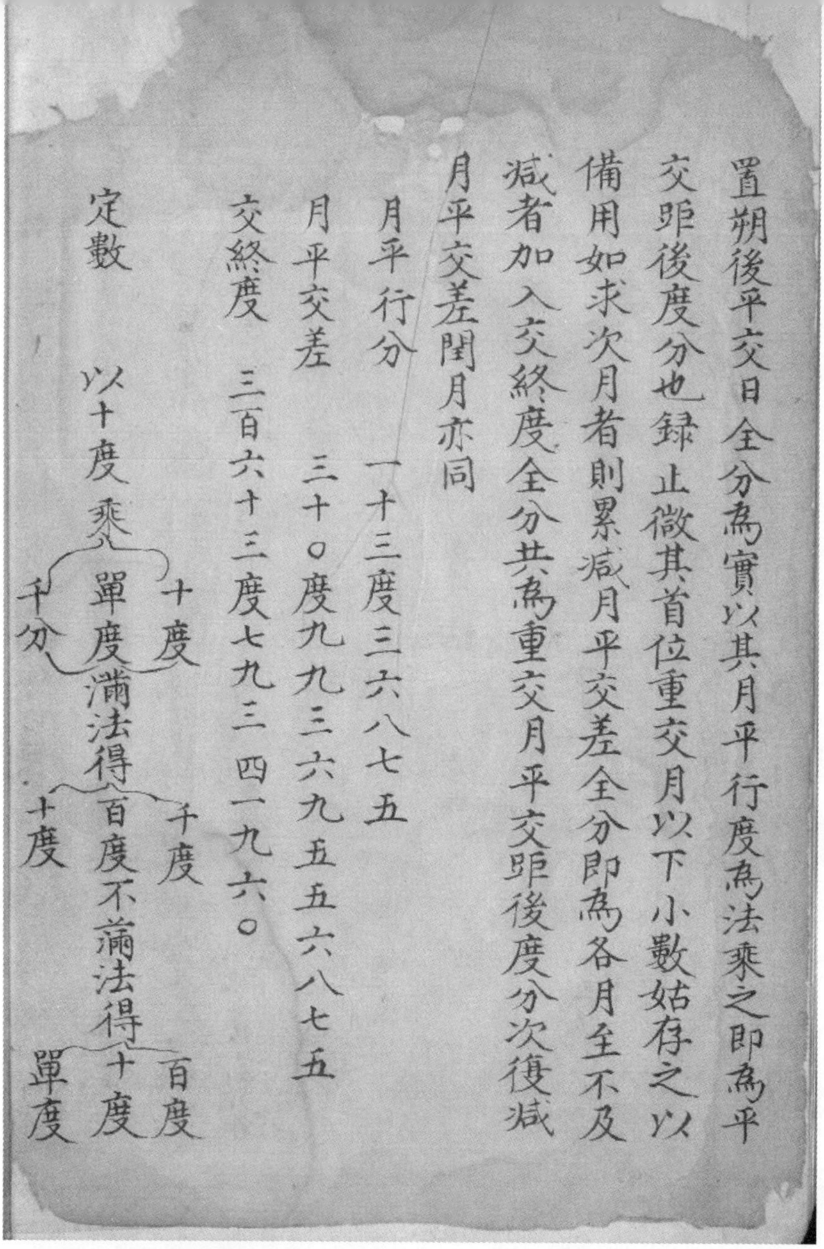
置朔後平交日全分為實以其月平行度為法乘之即為平交距後度分也錄止微其首位重交月以下小數姑存之以備用如求次月者則累減月平交差全分即為各月至不及減者加入交終度全分共為重交月平交距後度分次復減月平交差閏月亦同

月平行分　一十三度三六八七五

月平交差　三十〇度九九三六九五五六八七五

交終度　三百六十三度七九三四一九六〇

定數　以十度乘（十度、單度、千分）　滿法得（千度、百度、十度）　不滿法得（百度、十度、單度）

中科院本《太陰通軌》[1]

置朔後平交日全分為實，以其月平行度為法乘之，即為平交距後度分也。録止微，其首位重交月以下小數，姑存之以備用。如求次月者，則累減月平交差全分，即為各月至不及減者，加入交終度全分，共為重交月平交距後度分，次復減月平交差，閏月亦同。[2]

月平行分，一十三度三六八七五

月平交差，三十〇度九九三六九五五六八七五

交終度，三百六十三度七九三四一九六〇

定數	以十度乘	十度 單度 千分	滿法得	千度 百度 十度	不滿法得	百度 十度 單度

1 此本《太陰通軌》正文分為六大部分，包括“步太陰第一首面（十格）”、“步太陰第二首面（六格）”、“步太陰月道（五格）”、“步太陰九道（十五格）”、“步太陰宮界（五格）”、“步太陰細行（七格）”。其中“步太陰第一首面”缺失第一格之內容。此外，各部分所對應的計算程式亦缺失。

2 此段之前文字有缺。

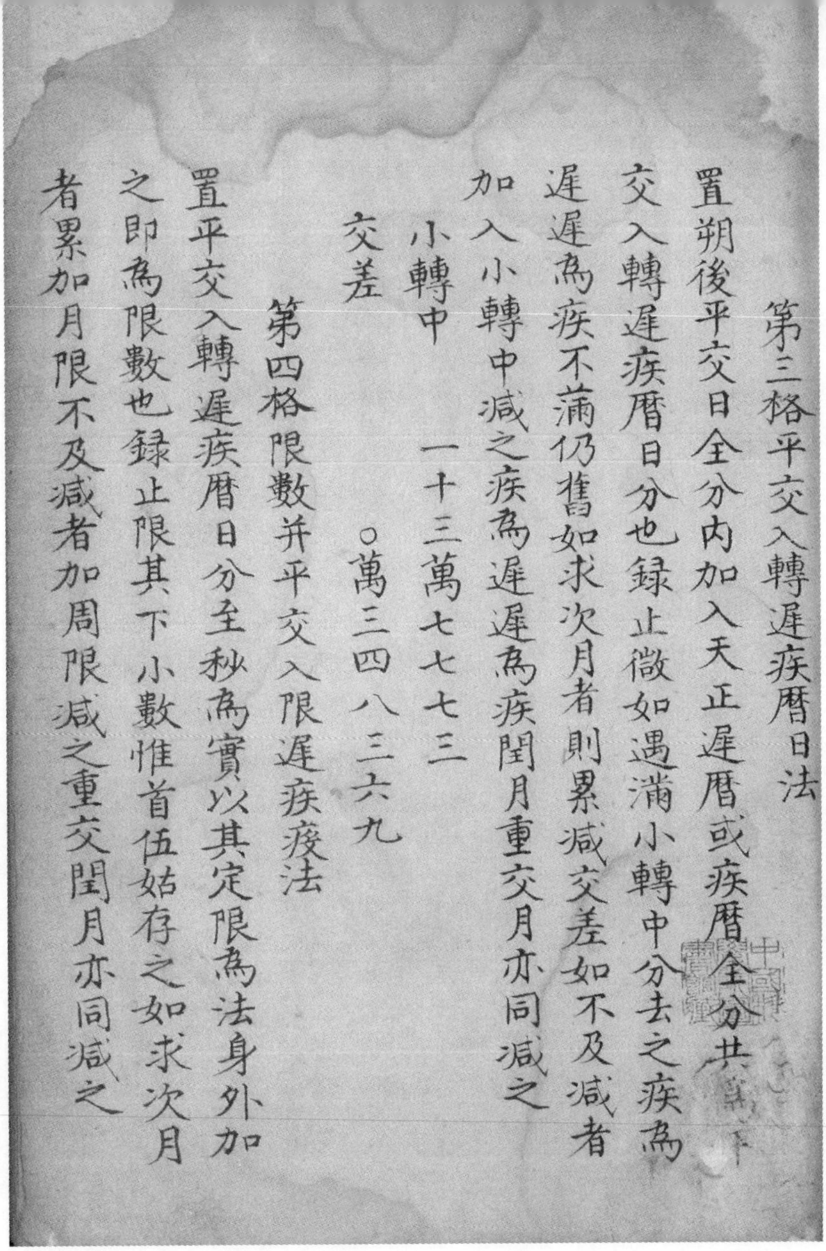
第三格平交入轉遲疾曆日法
置朔後平交日全分内加入天正遲曆或疾曆全分共為平
交入轉遲疾曆日分也録止微如遇滿小轉中分去之疾為
遲遲為疾不滿仍舊如求次月者則累減交差如不及減者
加入小轉中減之疾為遲遲為疾閏月重交月亦同減之
小轉中　一十三萬七七七三
交差　○萬三四八三六九
第四格限數并平交入限遲疾疫法
置平交入轉遲疾曆日分至秒為實以其定限為法身外加
之即為限數也録止限其下小數惟首伍姑存之如求次月
者累加月限不及減者加周限減之重交閏月亦同減之

第三格平交入轉遲疾曆日法

置朔後平交日全分，内加入天正遲曆或疾曆全分，共為平交入轉遲疾曆日分也，録止微。如遇滿小轉中分去之，疾為遲，遲為疾，不滿仍舊。如求次月者，則累減交差，如不及減者，加入小轉中減之，疾為遲，遲為疾。閏月、重交月亦同減之。[1]

小轉中，一十三萬七七七三

交差，〇萬三四八三六九

第四格限數并平交入限遲疾疫[2]法

置平交入轉遲疾曆日分至秒為實，以其定限為法，身[3]外加之，即為限數也，録止限。[4]其下小數惟首伍[5]姑存之，如求次月者，累加月限不及減者，加周限減之，重交、閏月亦同減之。

1 平交入轉遲疾曆 = 經朔遲疾曆 + 同月朔後平交日。
2“疫”當作“度”。
3 此處有誤。
4 限數 = 入轉遲疾曆日 /122。
5“伍”當作“位”。

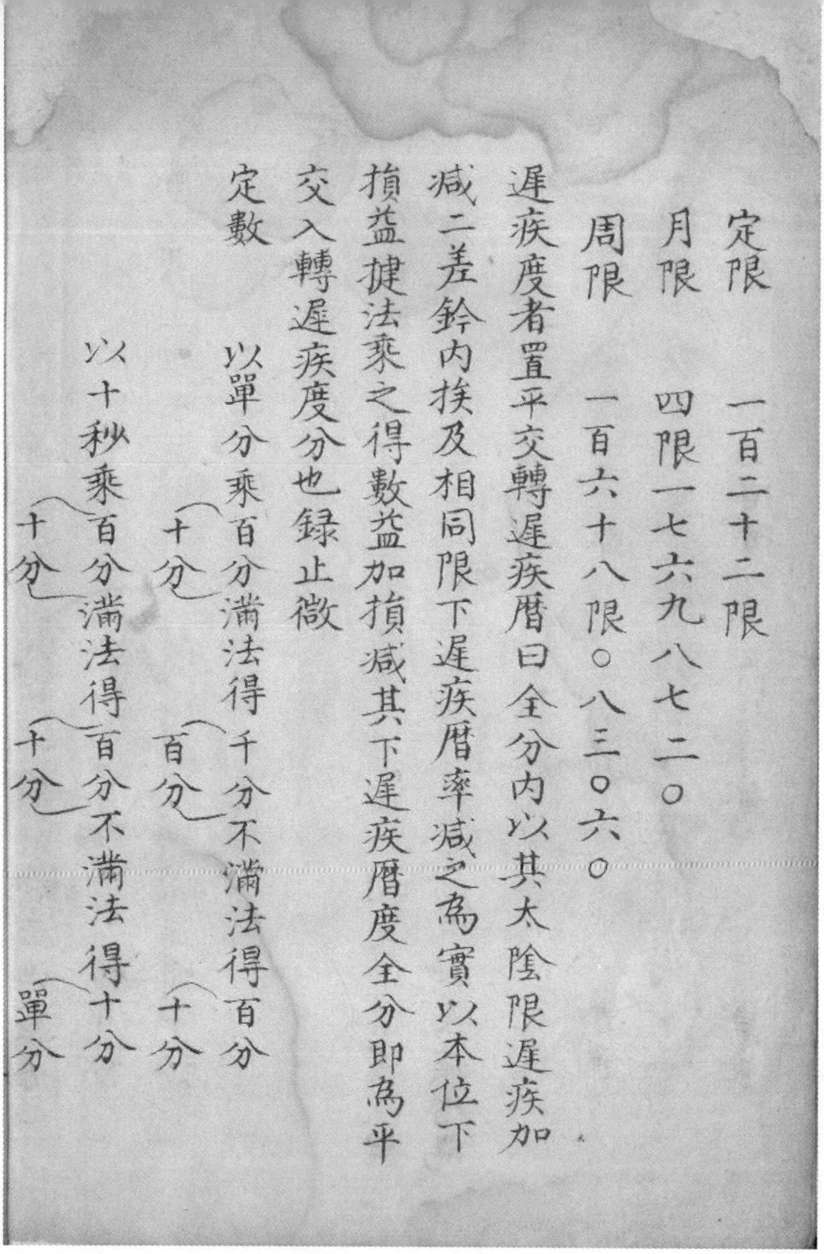
定限　一百二十二限
月限　四限一七六九八七二〇
周限　一百六十八限〇八三〇六〇
遲疾度者置平交轉遲疾曆日全分內以其太陰限遲疾加
減二差鈐內挨及相同限下遲疾曆率減之為實以本位下
損益捷法乘之得數益加損減其下遲疾曆度全分即為平
交入轉遲疾度分也錄止微
定數　以單分乘（十分）百分滿法得（百分）千分不滿法得（十分）百分
以十秒乘（十分）百分滿法得（十分）百分不滿法得（單分）十分

定限，一百二十二限

月限，四限一七六九八七二〇

周限，一百六十八限〇八三〇六〇

遲疾度者，置平交轉遲疾曆日全分，內以其太陰限遲疾加減二差鈐內挨及相同限下遲疾曆率減之為實，以本位下損益捷[1]法乘之，得數益加損減其下遲疾曆度全分，即為平交入轉遲疾度分也，録止微。[2]

定數　以單分乘	百分 十分	滿法得	千分 百分	不滿法得	百分 十分
以十秒乘	百分 十分	滿法得	百分 十分	不滿法得	十分 單分

1“揵”當作“捷”。
2 查立成表求得平交限遲疾度。

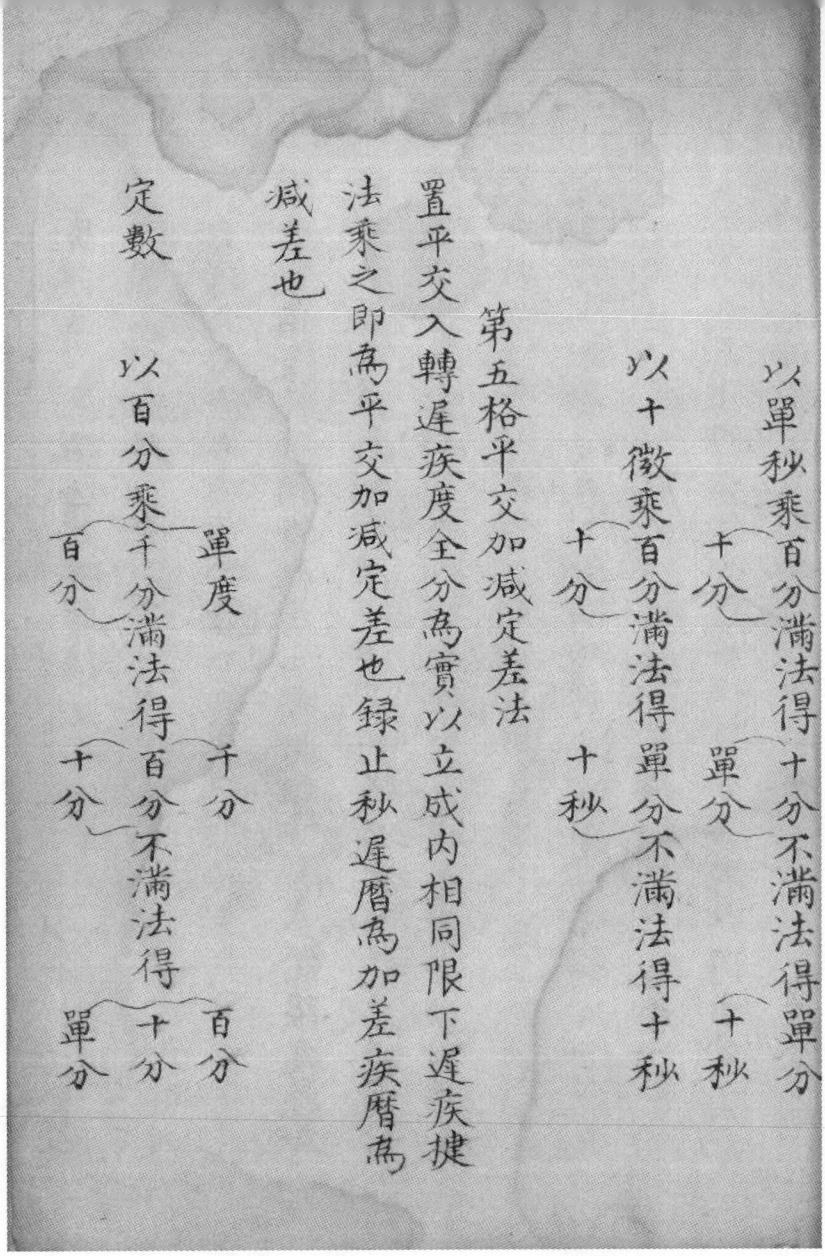

以單秒乘百分十分滿法得十分單分不滿法得單分十秒
以十微乘百分十分滿法得單分十秒不滿法得十秒
第五格平交加減定差法
置平交入轉遲疾度全分為實以立成內相同限下遲疾捷法乘之即為平交加減定差也録止秒遲曆為加差疾曆為減差也
定數　以百分乘單度千分百分滿法得千分百分十分不滿法得百分十分單分

以單分乘 { 百分 / 十分 }　滿法得 { 十分 / 單分 }　不滿法得 { 單分 / 十秒 }

以十微乘 { 百分 / 十分 }　滿法得 { 單分 / 十秒 }　不滿法得十秒

第五格平交加減定差法

置平交入轉遲疾度全分為實，以立成內相同限下遲疾捷[1]法乘之，即為平交加減定差也。録止秒，遲曆為加差，疾曆為減差也。[2]

定數　以百分乘 { 單度 / 千分 / 百分 }　滿分得 { 千分 / 百分 / 十分 }　不滿法得 { 百分 / 十分 / 單分 }

1“捷”當作“捷”。
2 根據平交入限遲疾度查立成表求得平交加減定差。。

第六格経朔加時中積日法
置天正盈縮暦全分盈者就為経朔加時中積日縮者加入
半歲周全分共為経朔加時中積日分也録止微遇重交月
只依本位録之如求次月者則累加朔策全分滿半歲周去
之即為各月経朔加時中積日分也閏月亦同加之
第七格正交距冬至加時黄道積度法
置経朔加時中積日全分内加入平交距後度全分滿歲周
分去之即為正交距冬至加時黄道積度分也録止微重交
首月當全録之以備後用視所得之數如在半歲周以下於
傍書冬至後三字以上於傍書夏至三字如求次月者則累
減月平交朔差減至不及者加入歲周全分減之至重交月

第六格經朔加時中積日法

置天正盈縮曆全分，盈者就為經朔加時中積日，縮者加入半歲周全分，共為經朔加時中積日分也，録止微。遇重交月，只依本位録之。如求次月者，則累加朔策全分，滿半歲周去之，即為各月經朔加時中積日分也。閏月亦同加之。[1]

第七格正交距冬至加時黄道積度法

置經朔加時中積日全分，内加入平交距後度全分，滿歲周分去之，即為正交距冬至加時黄道積度分也，録止微。重交首月當全録之，以備後用。視所得之數，如在半歲周以下，於傍書“冬至後”三字，以上於傍書“夏至”[2]三字。如求次月者，則累減月平交朔差，減至不及者，加入歲周全分減之，至重交月，

1 由經朔下盈縮曆求得經朔加時中積。

2“夏至”當作“夏至後”。

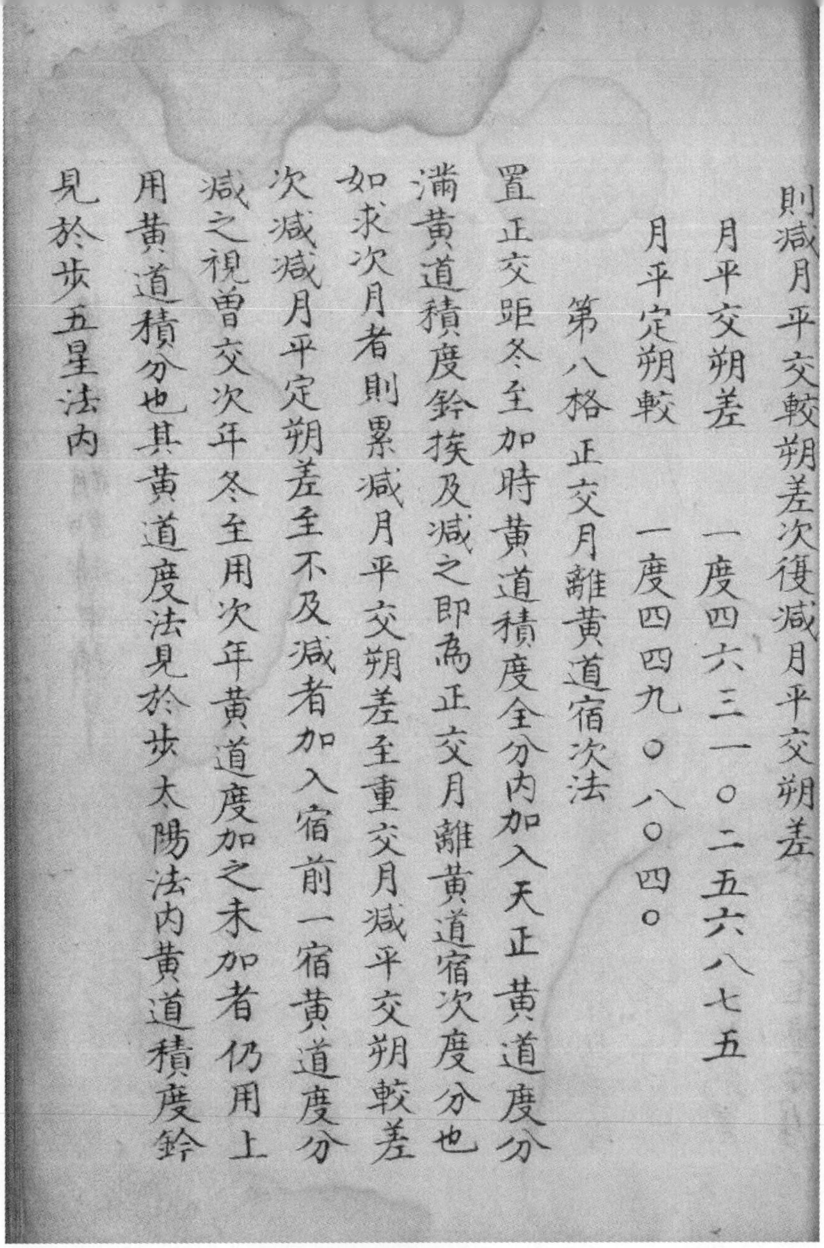
則減月平交較朔差次復減月平交朔差
月平交朔差　一度四六三一〇二五六八七五
月平定朔較　一度四四九〇八〇四〇
第八格正交月離黃道宿次法
置正交距冬至加時黃道積度全分內加入天正黃道度分
滿黃道積度鈐挨及減之即為正交月離黃道宿次度分也
如求次月者則累減月平交朔差至重交月減平交朔較差
次減減月平定朔差至不及減者加入宿前一宿黃道度分
減之視曾交次年冬至用次年黃道度加之未加者仍用上
用黃道積分也其黃道度法見於步太陽法內黃道積度鈐
見於步五星法內

則減月平交較朔差，次復減月平交朔差。

月平交朔差，一度四六三一〇二五六八七五

月平定朔較，一度四四九〇八〇四〇

第八格正交月離黃道宿次法

置正交距冬至加時黃道積度全分，內加入天正黃道度分，滿黃道積度鈐挨及減之，即為正交月離黃道宿次度分也。如求次月者，則累減月平交朔差至重交月，減平交朔較差，次減減[1]月平定朔差至不及減者，加入宿前一宿黃道度分減之。視曾交次年冬至用次年黃道度加之，未加者仍用上用黃道積分也。其黃道度法見於步太陽法內黃道積度鈐，見於步五星法內。[2]

1“減減”當作“累減”。
2 正交月離黃道宿次度 = 正交距冬至加時黃道積度 + 歲前天正冬至加時黃道宿次。

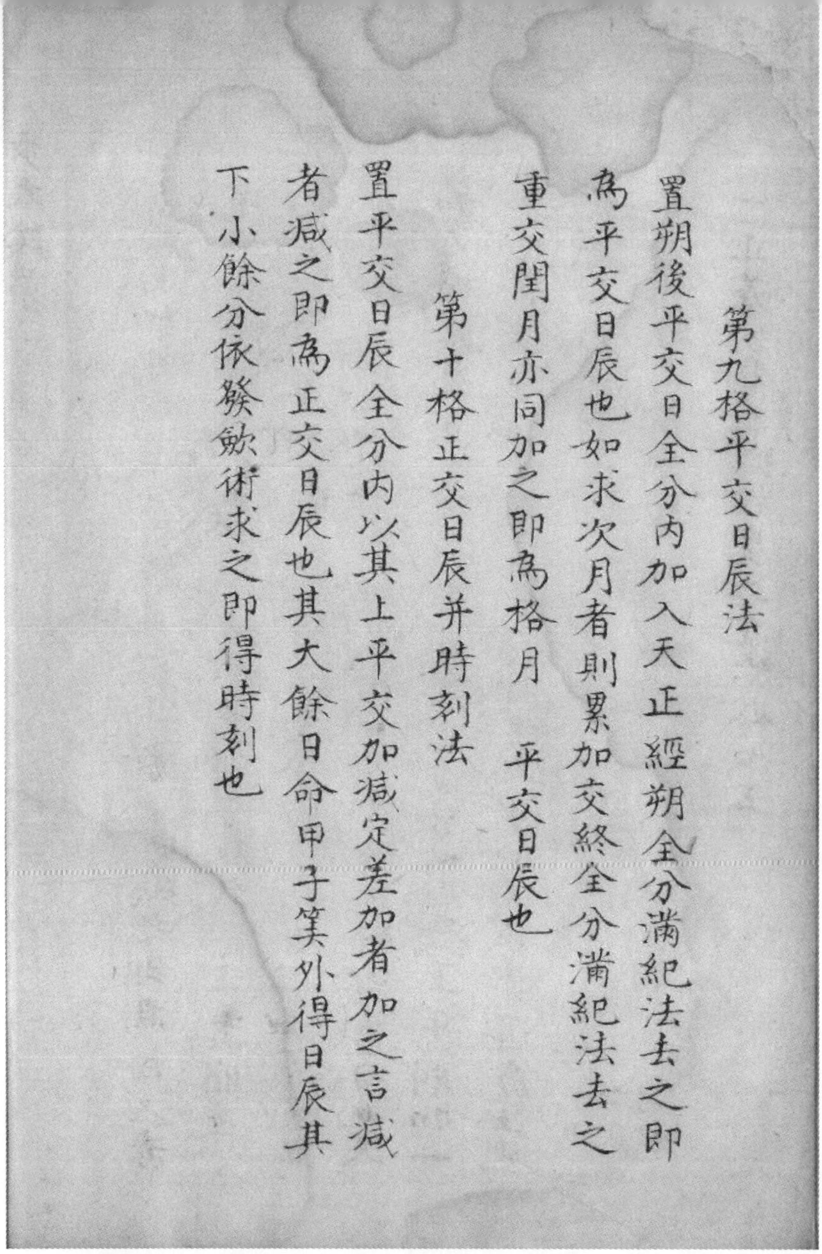
第九格平交日辰法
置朔後平交日全分內加入天正經朔全分滿紀法去之即
為平交日辰也如求次月者則累加交終全分滿紀法去之
重交閏月亦同加之即為格月　平交日辰也
第十格正交日辰并時刻法
置平交日辰全分內以其上平交加減定差加者加之言減
者減之即為正交日辰也其大餘日命甲子筭外得日辰其
下小餘分依發斂術求之即得時刻也

第九格平交日辰法

置朔後平交日全分，内加入天正经朔全分，滿紀法去之，即為平交日辰也。如求次月者，則累加交終全分，滿紀法去之。重交、閏月亦同，加之即為格[1]月平交日辰也。[2]

第十格正交日辰并時刻法

置平交日辰全分內，以其上平交加減定差，加者加之，言減者減之，即為正交日辰也。其大餘日命甲子筭外，得日辰其下小餘分，依發斂術求之，即得時刻也。[3]

1“格”當作“各”。
2 平交日辰 = 經朔全分 + 朔後平交日辰全分。
3 正交日辰 = 平交日辰全分 + 平交加減定差全分。

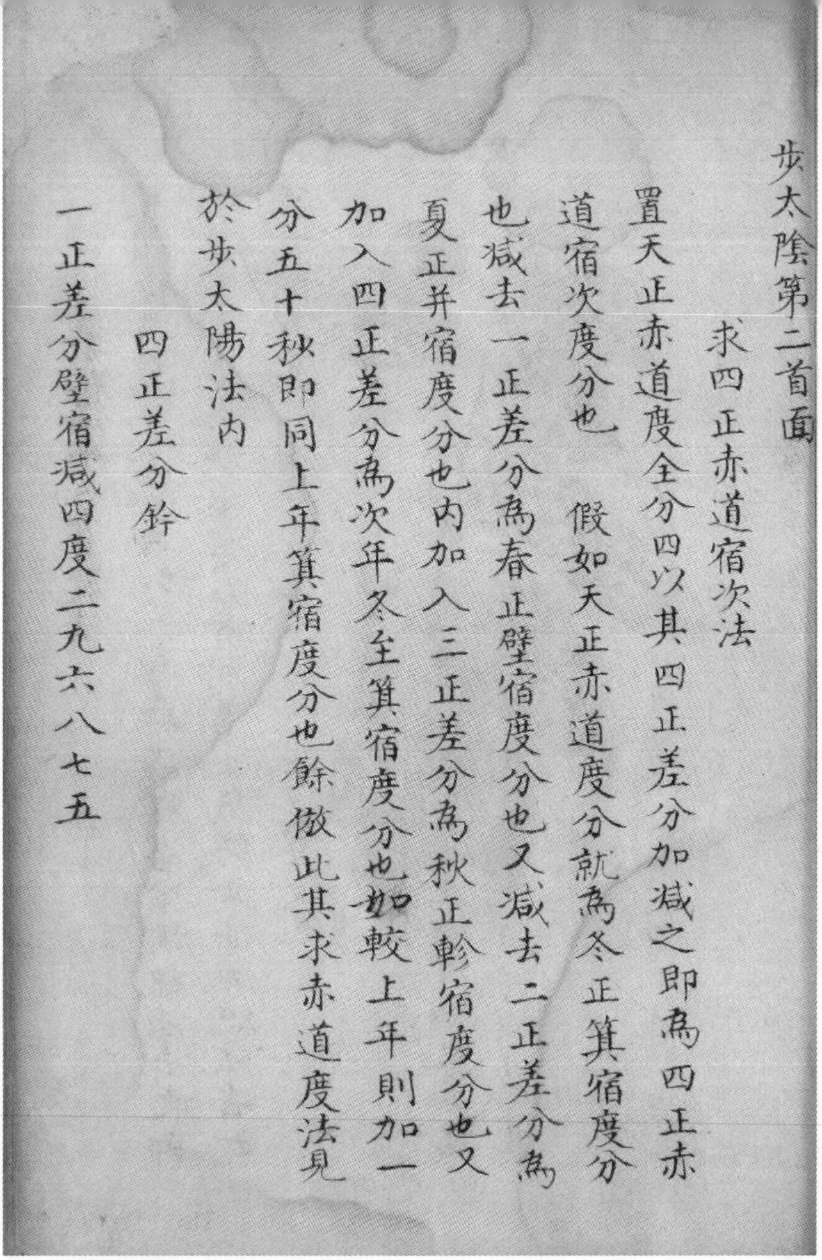

步太陰第二首面
求四正赤道宿次法
置天正赤道度全分四以其四正差分加減之即為四正赤道宿次度分也　假如天正赤道度分就為冬正箕宿度分也減去一正差分為春正壁宿度分也又減去二正差分為夏正并宿度分也內加入三正差分為秋正軫宿度分也又加入四正差分為次年冬至箕宿度分也如較上年則加一分五十秒即同上年箕宿度分也餘倣此其求赤道度法見於步太陽法內
四正差分鈐
一正差分壁宿減四度二九六八七五

步太陰第二首面

求四正赤道宿次法

置天正赤道度全分，四[1]以其四正差分加減之，即為四正赤道宿次度分也。假如天正赤道度分就為冬正箕宿度分也，減去一正差分，為春正壁宿度分也；又減去二正差分，為夏正并[2]宿度分也；內加入三正差分，為秋正軫宿度分也；又加入四正差分，為次年冬至箕宿度分也。如較上年，則加一分五十秒，即同上年箕宿度分也，餘倣此。其求赤道度法見於步太陽法內。

四正差分鈐

一正差分，壁宿，減四度二九六八七五

1“四”為衍文。
2“并”當作“井”。

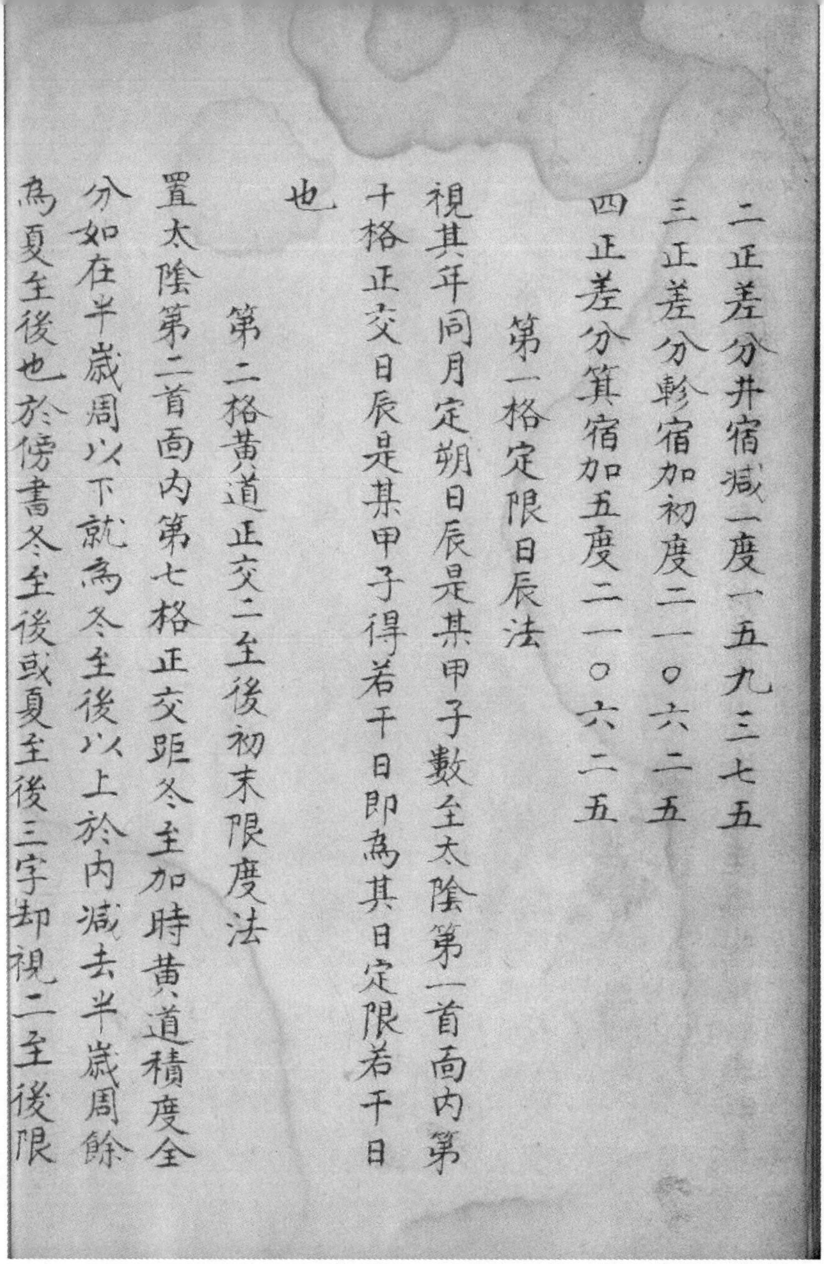
二正差分井宿减一度一五九三七五
三正差分軫宿加初度二一〇六二五
四正差分箕宿加五度二一〇六二五
第一格定限日辰法
視其年同月定朔日辰是某甲子數至太陰第一首面内第十格正交日辰是某甲子得若干日即為其日定限若干日也
第二格黄道正交二至後初末限度法
置太陰第二首面内第七格正交距冬至加時黄道積度全分如在半歲周以下就為冬至後以上於内减去半歲周餘為夏至後也於傍書冬至後或夏至後三字却視二至後限

二正差分，井宿，减一度一五九三七五

三正差分，軫宿，加初度二一〇六二五

四正差分，箕宿，加五度二一〇六二五

第一格定限日辰法

視其年同月定朔日辰，是某甲子數，至太陰第一首面內第十格正交日辰是某甲子，得若干日，即為其日定限若干日也。[1]

第二格黄道正交二至後初末限度法

置太陰第二首面內第七格正交距冬至加時黄道積度全分，如在半歲周以下，就為冬至後，以上於內减去半歲周，餘為夏至後也。於傍書“冬至後”或“夏至後”三字，却視二至後限

1 由定朔日辰和正交日辰，求得各定限日期。

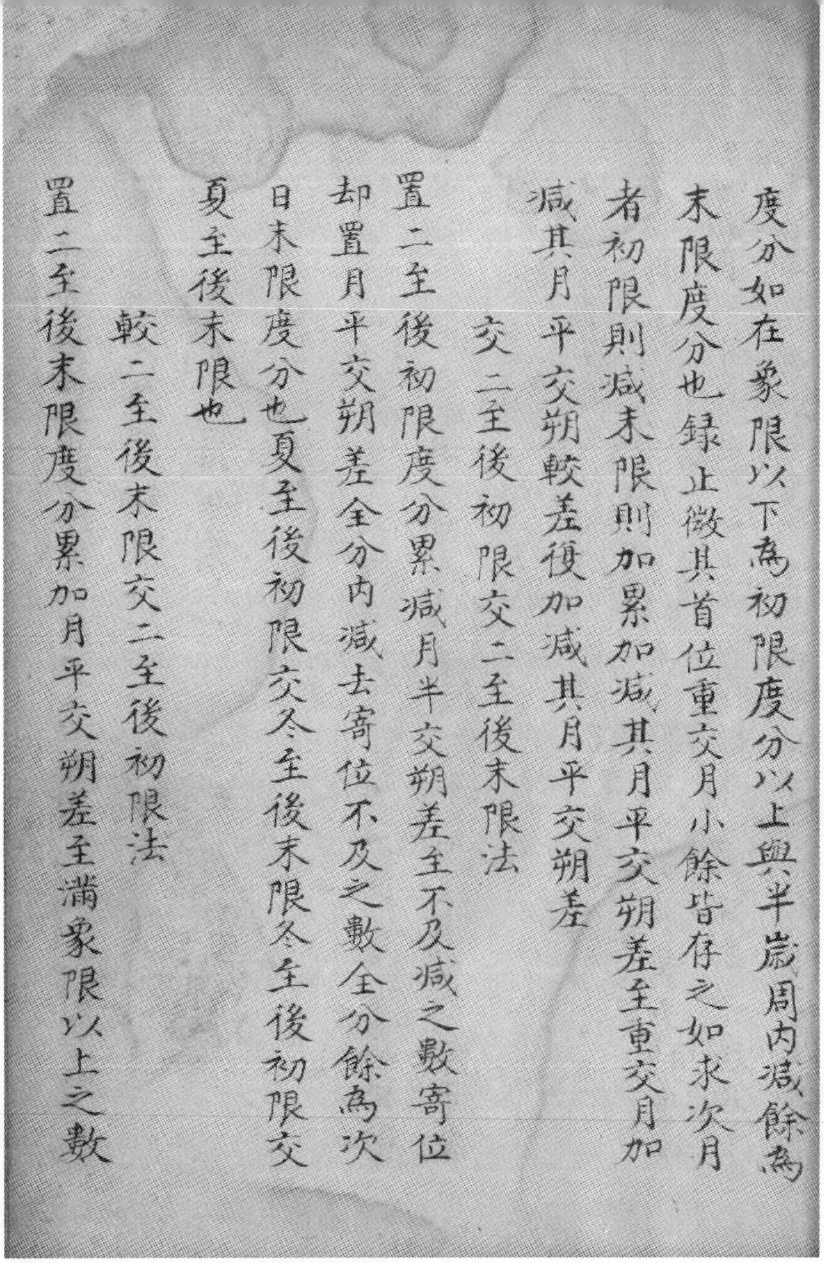
度分如在象限以下為初限度分以上與半歲周內減餘為
末限度分也録止微其首位重交月小餘皆存之如求次月
者初限則減末限則加累加減其月平交朔差至重交月加
減其月平交朔較差復加減其月平交朔差
交二至後初限交二至後末限法
置二至後初限度分累減月半交朔差至不及減之數寄位
却置月平交朔差全分內減去寄位不及之數全分餘為次
日末限度分也夏至後初限交冬至後末限冬至後初限交
夏至後末限也
較二至後末限交二至後初限法
置二至後末限度分累加月平交朔差至滿象限以上之數

度分，如在象限以下，為初限度分，以上與半歲周內減，餘為末限度分也，録止微。其首位重交月小餘皆存之，如求次月者，初限則減，末限則加，累加減其月平交朔差至重交月，加減其月平交朔較差，復加減其月平交朔差。[1]

交二至後初限交二至後末限法

置二至後初限度分，累減月半交朔差，至不及減之數寄位。却置月平交朔差全分，內減去寄位不及之數全分，餘為次日末限度分也。夏至後初限，交冬至後末限；冬至後初限，交夏至後末限也。

較二至後末限交二至後初限法

置二至後末限度分，累加月平交朔差，至滿象限以上之數

1 根據正交距冬至加時黃道積度判斷初末限度。

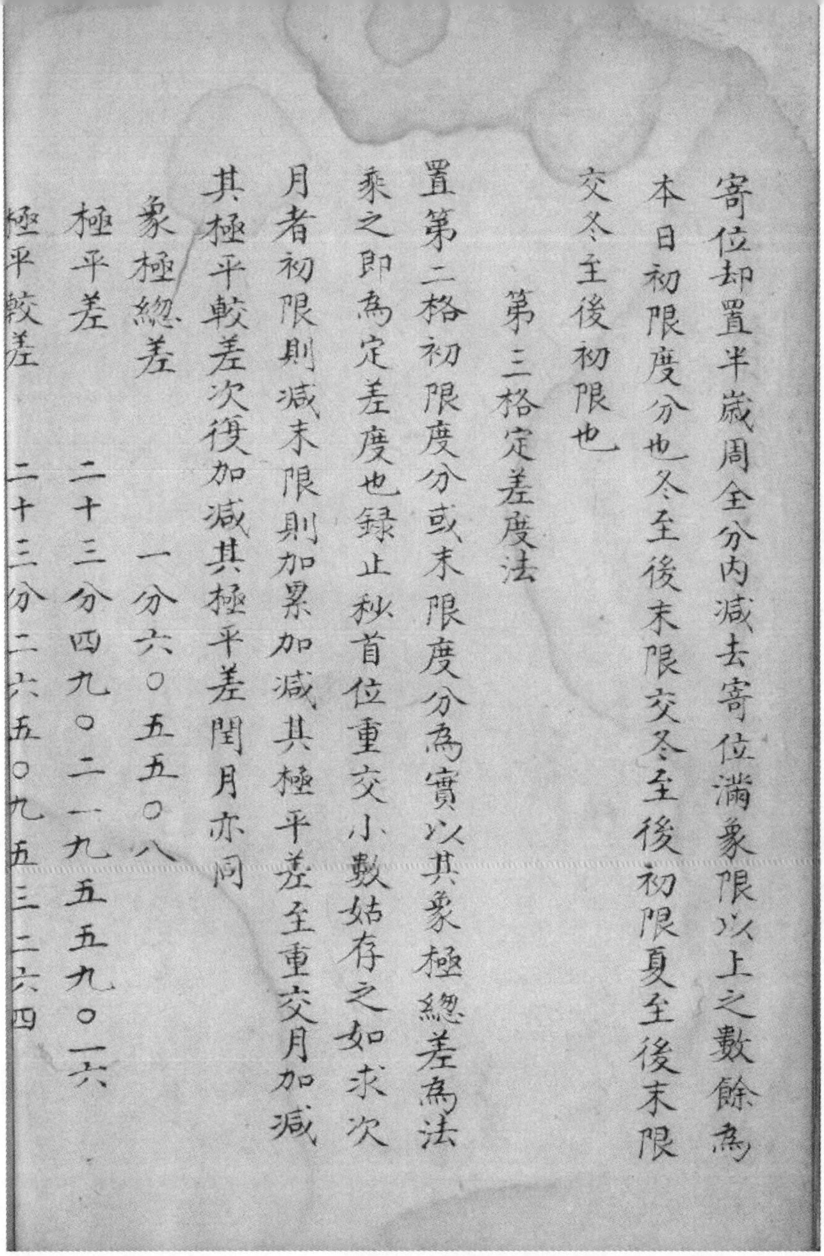
寄位却置半歲周全分內減去寄位滿象限以上之數餘為
本日初限度分也冬至後末限交冬至後初限夏至後末限
交冬至後初限也
第三格定差度法
置第二格初限度分或末限度分為實以其象極總差為法
乘之即為定差度也錄止秒首位重交小數姑存之如求次
月者初限則減末限則加累加減其極平差至重交月加減
其極平較差次復加減其極平差閏月亦同
象極總差　一分六〇五五〇八
極平差　二十三分四九〇二一九五五九〇一六
極平較差　二十三分二六五〇九五三二六四

寄位。却置半歲周全分，內減去寄位滿象限以上之數，餘為本日初限度分也。冬至後末限，交冬至後初限；夏至後末限交冬至後初限也。

第三格定差度法

置第二格初限度分或末限度分為實，以其象極總差為法乘之，即為定差度分也，錄止秒。首位重交小數姑存之，如求次月者，初限則減，末限則加，累加減氣極平差至重交月，加減其極平較差次，復加減其極平差，閏月亦同。[1]

象極總差，一分六〇五五〇八

極平差，二十三分四九〇二一九五五九〇一六

極平較差，二十三分二六五〇九五三二六四

1 定差度分 = 初末限度分 × 象極總差。

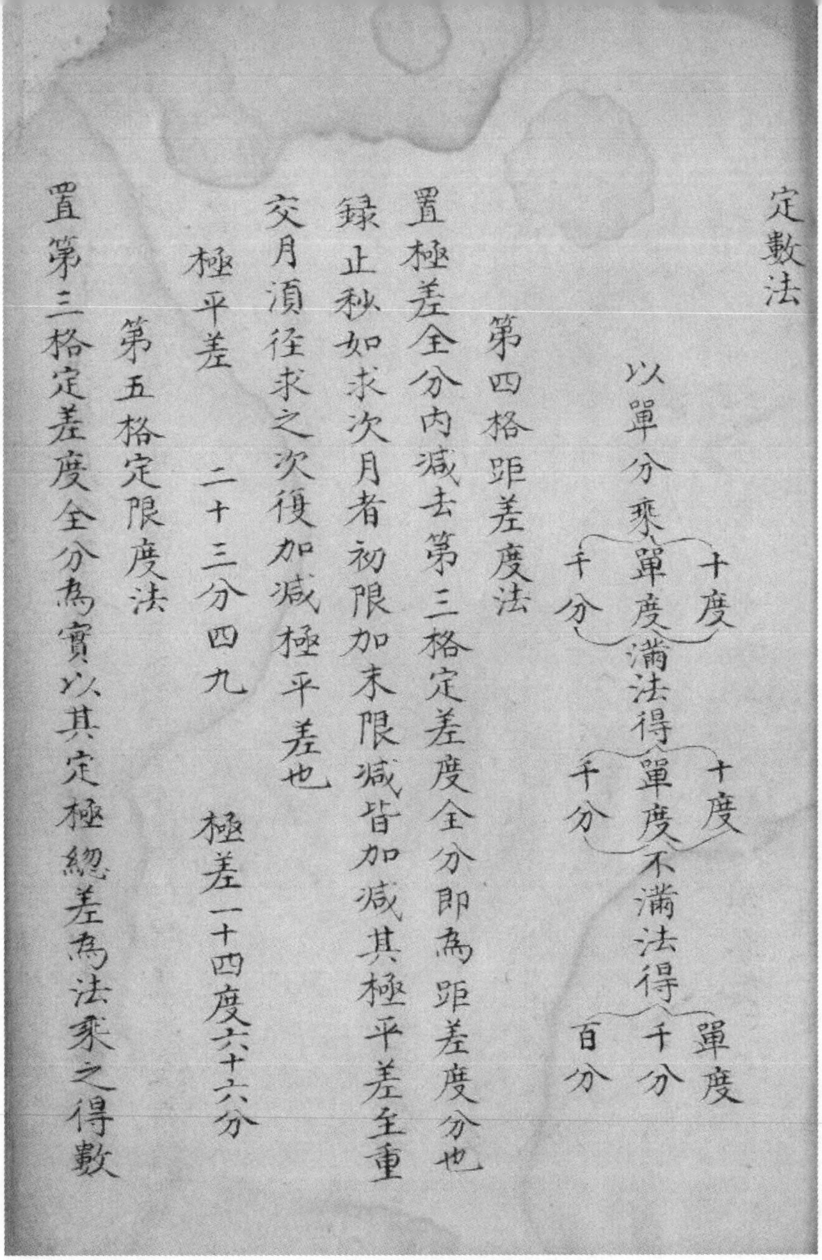
定數法
以單分乘十度單度千分滿法得十度單度千分不滿法得單度千分百分
第四格距差度法
置極差全分內減去第三格定差度全分即為距差度分也
録止秒如求次月者初限加末限減皆加減其極平差至重
交月須徑求之次復加減極平差也
極平差 二十三分四九 極差一十四度六十六分
第五格定限度法
置第三格定差度全分為實以其定極總差為法乘之得數

定數法

以單分乘	十度 單度 千分	滿法得	十度 單度 千分	不滿法得	單度 千分 百分

第四格距差度法

置極差全分，內減去第三格定差度全分，即為距差度分也，録止秒。如求次月者，初限加，末限減，皆加減其極平差至重交月，須徑求之，次復加減極平差也。[1]

極平差，二十三分四九

極差，一十四度六十六分

第五格定限度法

置第三格定差度全分為實，以其定極總差為法乘之，得數

1 累加或累減極平差得各次月距差度分。

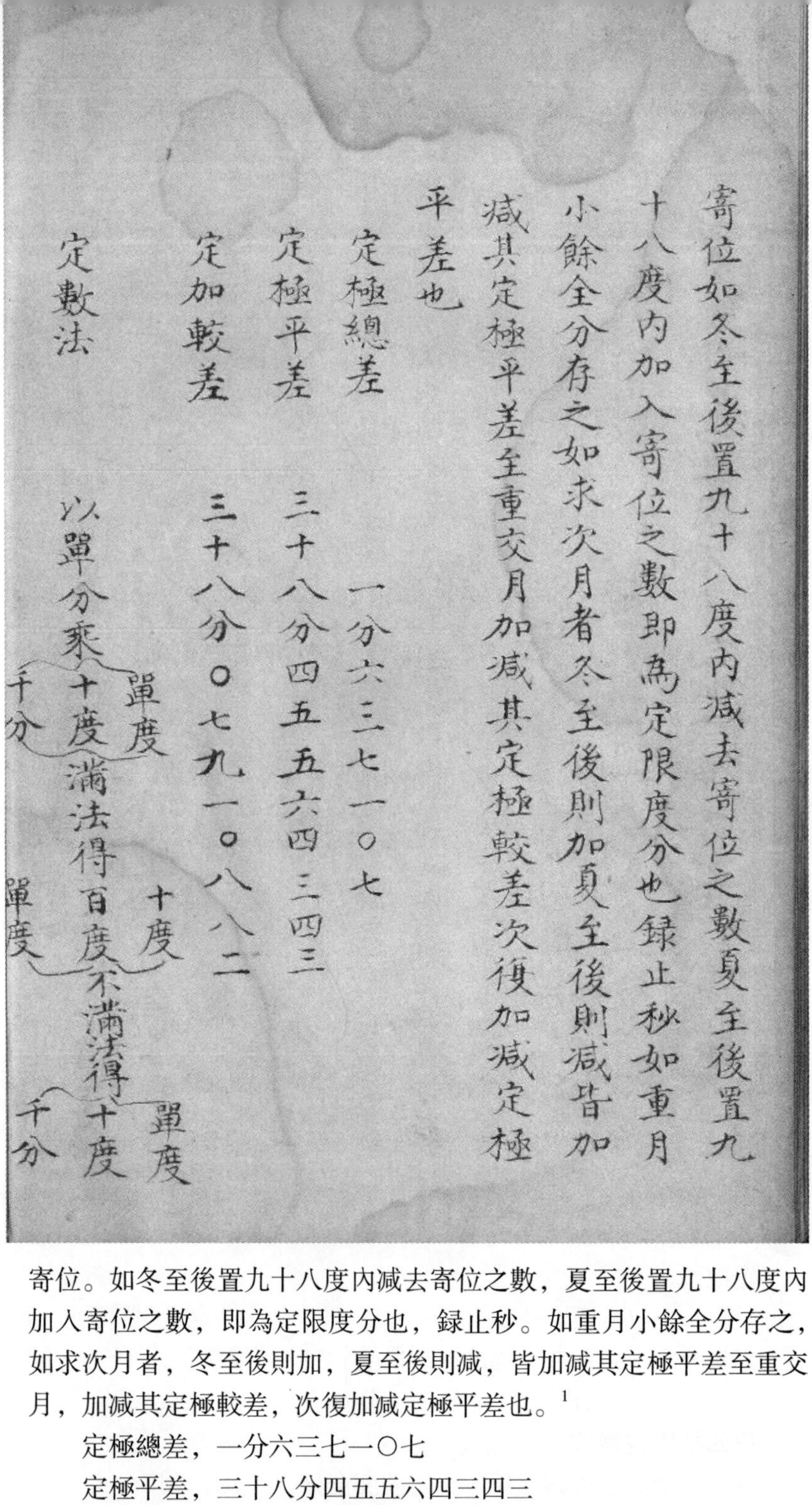

寄位。如冬至後置九十八度内減去寄位之數，夏至後置九十八度内加入寄位之數，即為定限度分也，録止秒。如重月小餘全分存之，如求次月者，冬至後則加，夏至後則減，皆加減其定極平差至重交月，加減其定極較差，次復加減定極平差也。[1]

定極總差，一分六三七一〇七

定極平差，三十八分四五五六四三四三

定加較差，三十八分〇七九一〇八八二

定數法　以單分乘 {單度 / 十度 / 十分} 滿法得 {十度 / 百度 / 單度} 不滿法得 {單度 / 十度 / 千分}

1 定限度分 = 定差度分 × 定極總差 ±98。

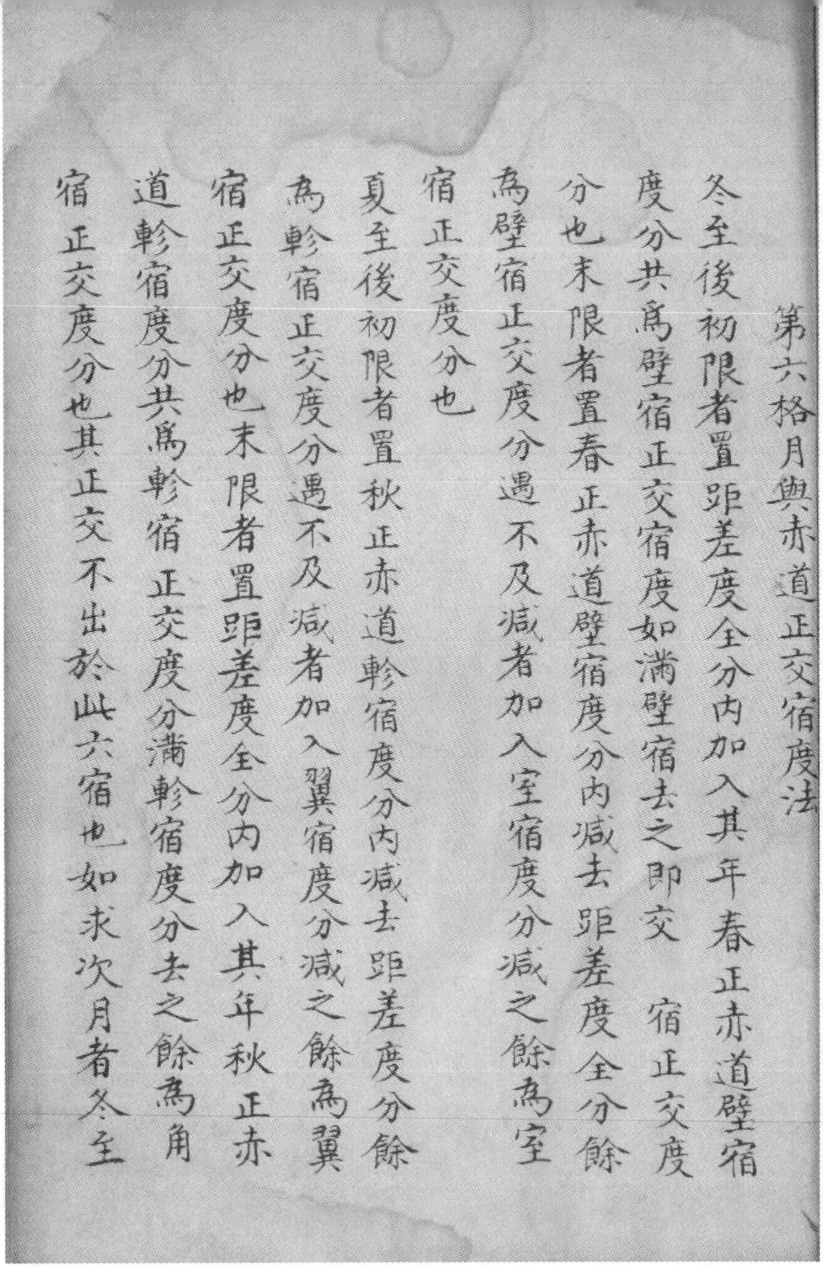
第六格月與赤道正交宿度法
冬至後初限者置距差度全分內加入其年春正赤道壁宿
度分共為壁宿正交宿度如滿壁宿去之即交　宿正交度
分也末限者置春正赤道壁宿度分內減去距差度全分餘
為壁宿正交度分遇不及減者加入室宿度分減之餘為室
宿正交度分也
夏至後初限者置秋正赤道軫宿度分內減去距差度分餘
為軫宿正交度分遇不及減者加入翼宿度分減之餘為翼
宿正交度分也末限者置距差度全分內加入其年秋正赤
道軫宿度分共為軫宿正交度分滿軫宿度分去之餘為角
宿正交度分也其正交不出於此六宿也如求次月者冬至

第六格月與赤道正交宿度法

冬至後初限者，置距差度全分，內加入其年春正赤道壁宿度分，共為壁宿正交宿度，如滿壁宿去之，即交宿正交度分也。末限者，置春正赤道壁宿度分，內減去距差度全分，餘為壁宿正交度分，遇不及減者，加入室宿度分減之，餘為室宿正交度分也。

夏至後，初限者，置秋正赤道軫宿度分，內減去距差度分，餘為軫宿正交度分，遇不及減者，加入翼宿度分，減之餘為翼宿正交度分也。末限者，置距差度全分，內加入其年秋正赤道軫宿度分，共為軫宿正交度分，滿軫宿度分去之，餘為角宿正交度分也。其正交不出於此六宿也。如求次月者，冬至後則加，夏至後則減，其極平差重交首月湏徑求之，若其年曾交冬至，用次年赤道末交冬至，仍用上年赤道。

步太陰月道

第一格月與赤道正交後積度法

視第二首面第六格月與赤道正交某宿次全分，録於月道内首一位次用赤道同名不度全分，内減去首一位某宿度全分，餘為次位入正交後積度分也。次以赤道各宿本度分，挨及累加之至滿氣象限，去之為全半交後積度，又加滿氣象限，去之為中交後積度，又加滿氣象限，去之為後半交後積度，又加之至月中宿而止。假如角宿正交，次以亢宿本度

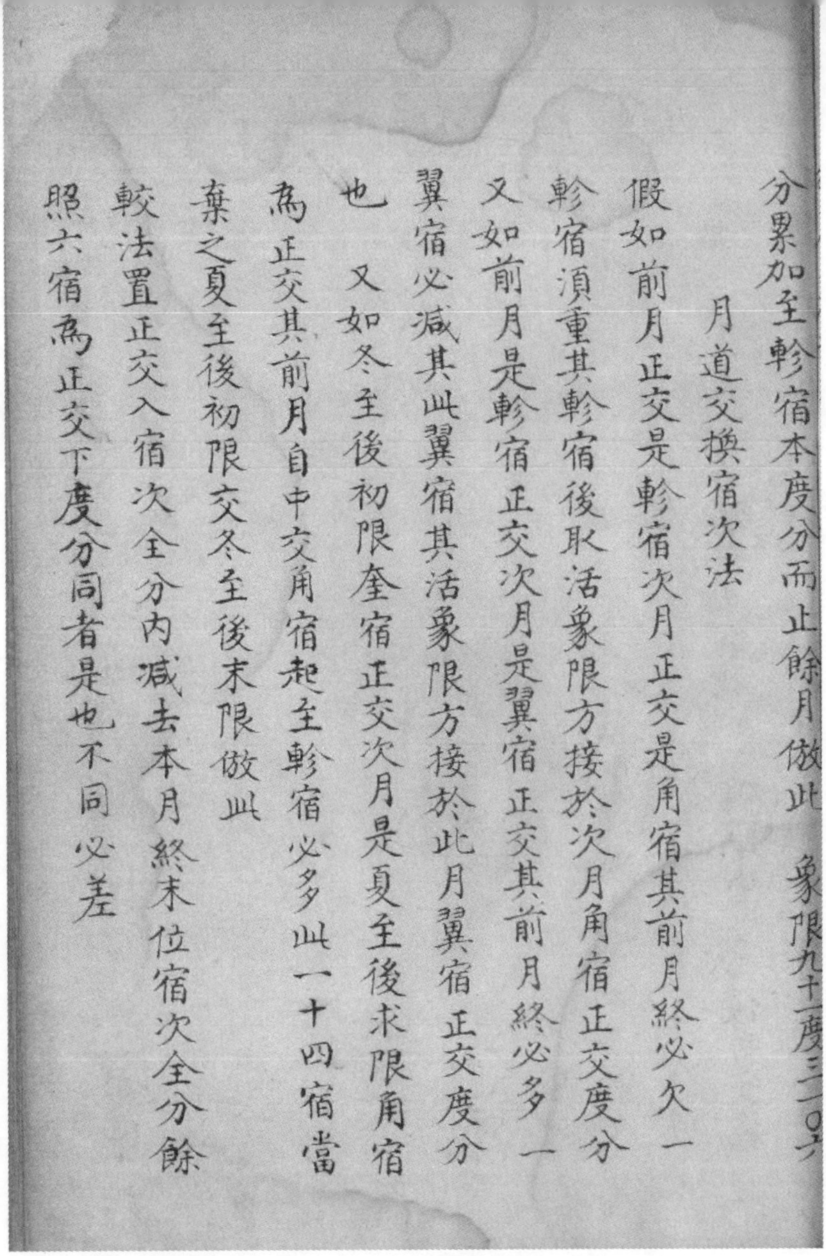

分累加至軫宿本度分而止餘月倣此　象限九十一度三一〇六
月道交換宿次法
假如前月正交是軫宿次月正交是角宿其前月終必欠一
軫宿須重其軫宿後取活象限方接於次月角宿正交度分
又如前月是軫宿正交次月是翼宿正交其前月終必多一
翼宿必減其此翼宿其活象限方接於此月翼宿正交度分
也　又如冬至後初限奎宿正交次月是夏至後求限角宿
為正交其前月自中交角宿起至軫宿必多此一十四宿當
棄之夏至後初限交冬至後末限倣此
較法置正交入宿次全分内減去本月終末位宿次全分餘
照六宿為正交下度分同者是也不同必差

分，累加至軫宿本度分而止，餘月倣此。

象限，九十一度三一〇六

月道交換宿次法

假如前月正交是軫宿，次月正交是角宿，其前月終必欠一軫宿，須重其軫宿，後取活象限，方接於次月角宿正交度分。又如前月是軫宿正交，次月是翼宿正交，其前月終必多一翼宿，必減其此翼宿，其活象限方接於此月翼宿正交度分也。又如冬至後初限奎宿正交，次月是夏至後，求[1]限角宿為正交，其前月自中交角宿起至軫宿，必多此一十四宿，當棄之。夏至後初限交冬至後末限倣此。

較法，置正交入宿次全分，内減去本月終末位宿次全分，餘照六宿為正交下度分，同者是也，不同必差。

1“求”疑作“末”。

奎	正交		室	正交	七十四度二二五七
壁	正交	七十四度〇二五七	角	正交	七十四度二二五七
翼	正交	七度五七五七	軫	正交	七十四度〇二五七

赤道本度鈐

角	十二度一〇	亢	九度一〇	氐	十六度三〇	房	五度六〇
心	六度五〇	尾	十九度一〇	箕	十〇度四〇	斗	二十五度二〇
牛	七度二〇	女	十一度三五	虛	八度九五七五	危	十五度四〇
室	十七度一〇	壁	八度六〇	奎	十六度六〇	婁	十一度八〇
胃	十五度六〇	昴	十一度三〇	畢	十七度四〇	觜	〇度〇五
參	十一度一〇	井	三十三度三〇	鬼	二度二〇	柳	十三度三〇
星	六度三〇	張	十七度二五	翼	十八度七五	軫	十七度三〇

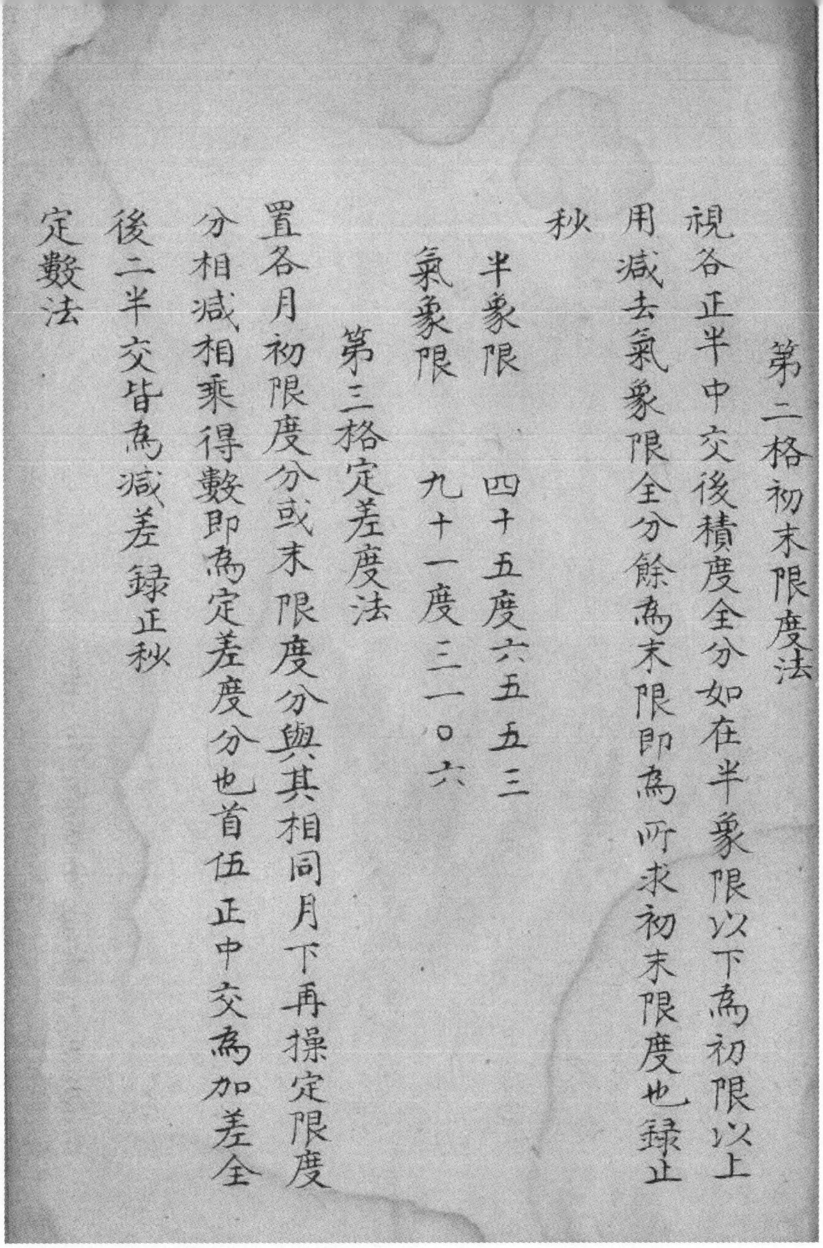

第二格初末限度法
視各正半中交後積度全分如在半象限以下為初限以上
用減去氣象限全分餘為末限即為所求初末限度也録止
秒
半象限　四十五度六五五三
氣象限　九十一度三一〇六
第三格定差度法
置各月初限度分或末限度分與其相同月下再操定限度
分相減相乘得數即為定差度分也首伍正中交為加差全
後二半交皆為減差録止秒
定數法

第二格初末限度法

視各正半中交後積度全分，如在半象限以下，為初限，以上用減去氣象限全分，餘為末限，即為所求初末限度也，録止秒。

半象限，四十五度六五五三

氣象限，九十一度三一〇六

第三格定差度法

置各月初限度分、或末限度分，與其相同月下再操[1]定限度分相減相乘，得數即為定差度分也。首伍[2]正中交為加差，全[3]後二半交皆為減差，録止秒。

定數法

1“再操”疑為衍文。

2“伍”當作“位”。此處疑有脫文。

3此處有誤，疑有脫文。奎章閣本為“如在正交與中交後者，皆為加差，虽首位重宿下亦為加差也。如在後兩半交已後，皆為減差也。”

以十度乘{十度、單度、十分}　滿法得{單度、十分、單分}　不滿法得{十分、單分、十秒}

第四格月道積度法

置各正半中交後積度全分，内以其下定差度全分，言加者加之，言減者減之，積為所求月道積度分也。

第五格月道宿次法

置正交下月道積度全分，内加入首位下月道積度全分，共為正交下月道宿次全分，其首位下宿次書一“空”字，次則皆以次位月道積度全分内減本位月道積度全分，餘為各宿下月道宿次度分也。遇不及減者，加氣象限全分減之。

求活象限法
置各月首位下月道積度全分内加入前月終一位下月道
積度全分共為活象限度分也遇換宿之月者置交換之月
首位下月道積度全分加之入前月前半交末位下月道積
度全分共為活象限也曾補宿者只用元補宿下月道積度
加之曾加宿者只用元減之宿前一位下月道積度加之其
活象限方是也

求活象限法

置各月首位下月道積度全分，内加入前月終一位下月道積度全分，共為活象限度分也。遇換宿之月者，置交換之月首位下月道積度全分加之，入前月前半交末位下月道積度全分，共為活象限也。曾補宿者，只用元補宿下月道積度加之。曾加宿者，只用元減之，宿前一位下月道積度加之，其活象限方是也。

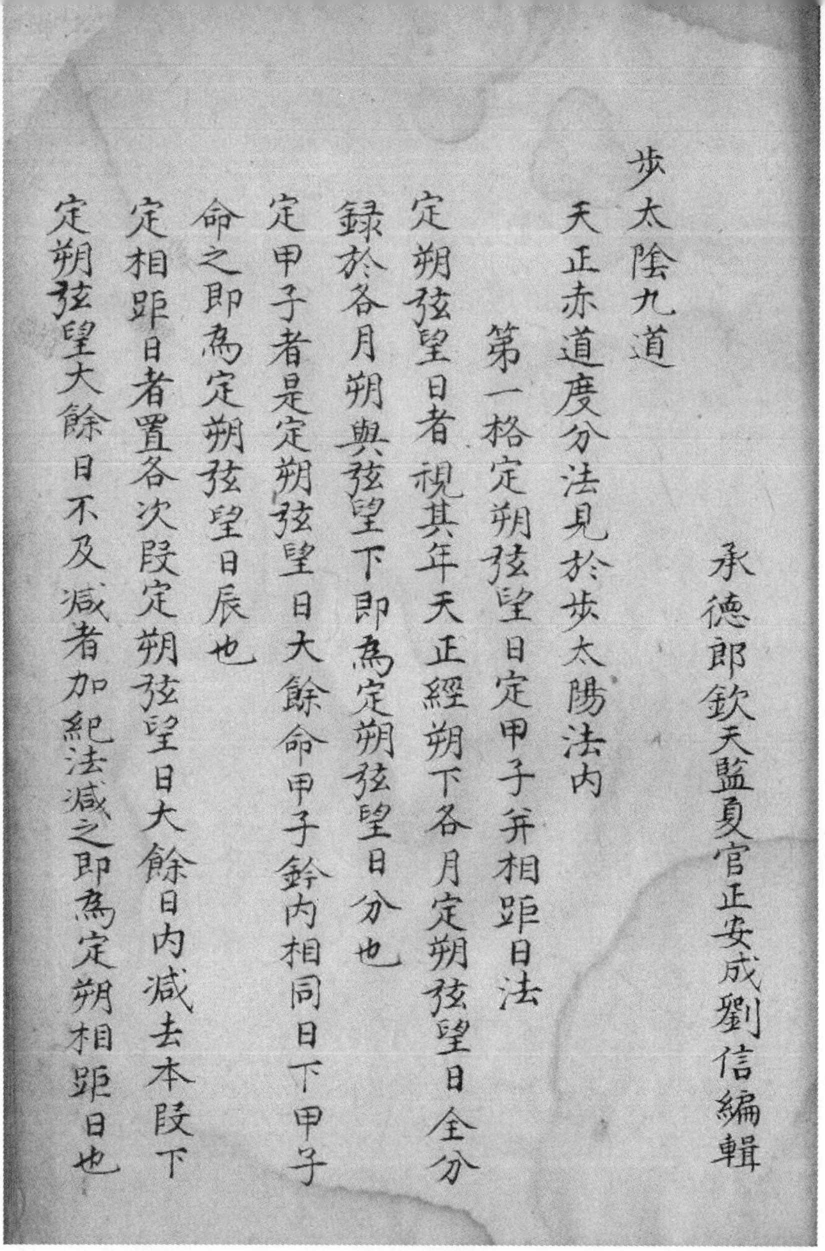
承德郎欽天監夏官正安成劉信編輯
步太陰九道
天正赤道度分法見於步太陽法内
第一格定朔弦望日定甲子并相距日法
定朔弦望日者視其年天正經朔下各月定朔弦望日全分
録於各月朔與弦望下即為定朔弦望日分也
定甲子者是定朔弦望日大餘命甲子鈐内相同日下甲子
命之即為定朔弦望日辰也
定相距日者置各次段定朔弦望日大餘日内减去本段下
定朔弦望大餘日不及减者加紀法减之即為定朔相距日也

承德郎欽天監夏官正安成劉信編輯

步太陰九道

天正赤道度分法見於步太陽法内

第一格定朔弦望日定甲子并相距日法

定朔弦望日者，視其年天正經朔下各月定朔弦望日全分，録於各月朔與弦望下，即為定朔弦望日分也。

定甲子者，是[1]定朔弦望日大餘，命甲子鈐内相同日下甲子命之，即為定朔弦望日辰也。

定相距日者，置各次段定朔弦望日大餘日，内減去本段下定朔弦望大餘日，不及減者，加紀法減之，即為定朔相距日也。

1“是”當作“視”。

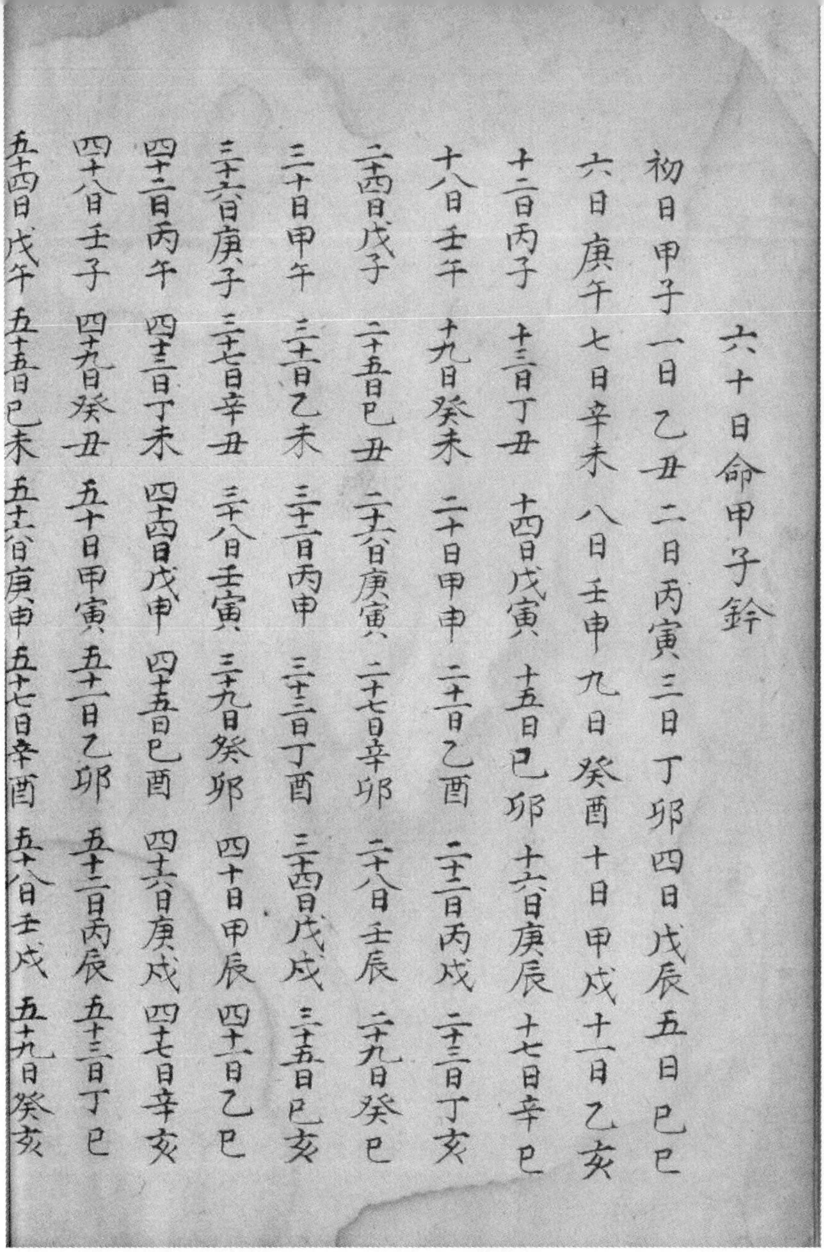

六十日命甲子鈐
初日甲子一日乙丑二日丙寅三日丁卯四日戊辰五日巳巳
六日庚午七日辛未八日壬申九日癸酉十日甲戌十一日乙亥
十二日丙子十三日丁丑十四日戊寅十五日巳卯十六日庚辰十七日辛巳
十八日壬午十九日癸未二十日甲申二十一日乙酉二十二日丙戌二十三日丁亥
二十四日戊子二十五日巳丑二十六日庚寅二十七日辛卯二十八日壬辰二十九日癸巳
三十日甲午三十一日乙未三十二日丙申三十三日丁酉三十四日戊戌三十五日巳亥
三十六日庚子三十七日辛丑三十八日壬寅三十九日癸卯四十日甲辰四十一日乙巳
四十二日丙午四十三日丁未四十四日戊申四十五日巳酉四十六日庚戌四十七日辛亥
四十八日壬子四十九日癸丑五十日甲寅五十一日乙卯五十二日丙辰五十三日丁巳
五十四日戊午五十五日巳未五十六日庚申五十七日辛酉五十八日壬戌五十九日癸亥

六十日命甲子鈐

初日甲子	一日乙丑	二日丙寅	三日丁卯	四日戊辰	五日己[1]巳
六日庚午	七日辛未	八日壬申	九日癸酉	十日甲戌	十一日乙亥
十二日丙子	十三日丁丑	十四日戊寅	十五日己卯	十六日庚辰	十七日辛巳
十八日壬午	十九日癸未	二十日甲申	二十一日乙酉	二十二日丙戌	二十三日丁亥
二十四日戊子	二十五日己丑	二十六日庚寅	二十七日辛卯	二十八日壬辰	二十九日癸巳
三十日甲午	三十一日乙未	三十二日丙申	三十三日丁酉	三十四日戊戌	三十五日己亥
三十六日庚子	三十七日辛丑	三十八日壬寅	三十九日癸卯	四十日甲辰	四十一日乙巳
四十二日丙午	四十三日丁未	四十四日戊申	四十五日己酉	四十六日庚戌	四十七日辛亥
四十八日壬子	四十九日癸丑	五十日甲寅	五十一日乙卯	五十二日丙辰	五十三日丁巳
五十四日戊午	五十五日己未	五十六日庚申	五十七日辛酉	五十八日壬戌	五十九日癸亥

1“巳”當作“己”。己丑、己卯、己未、己酉、己亥，下同。

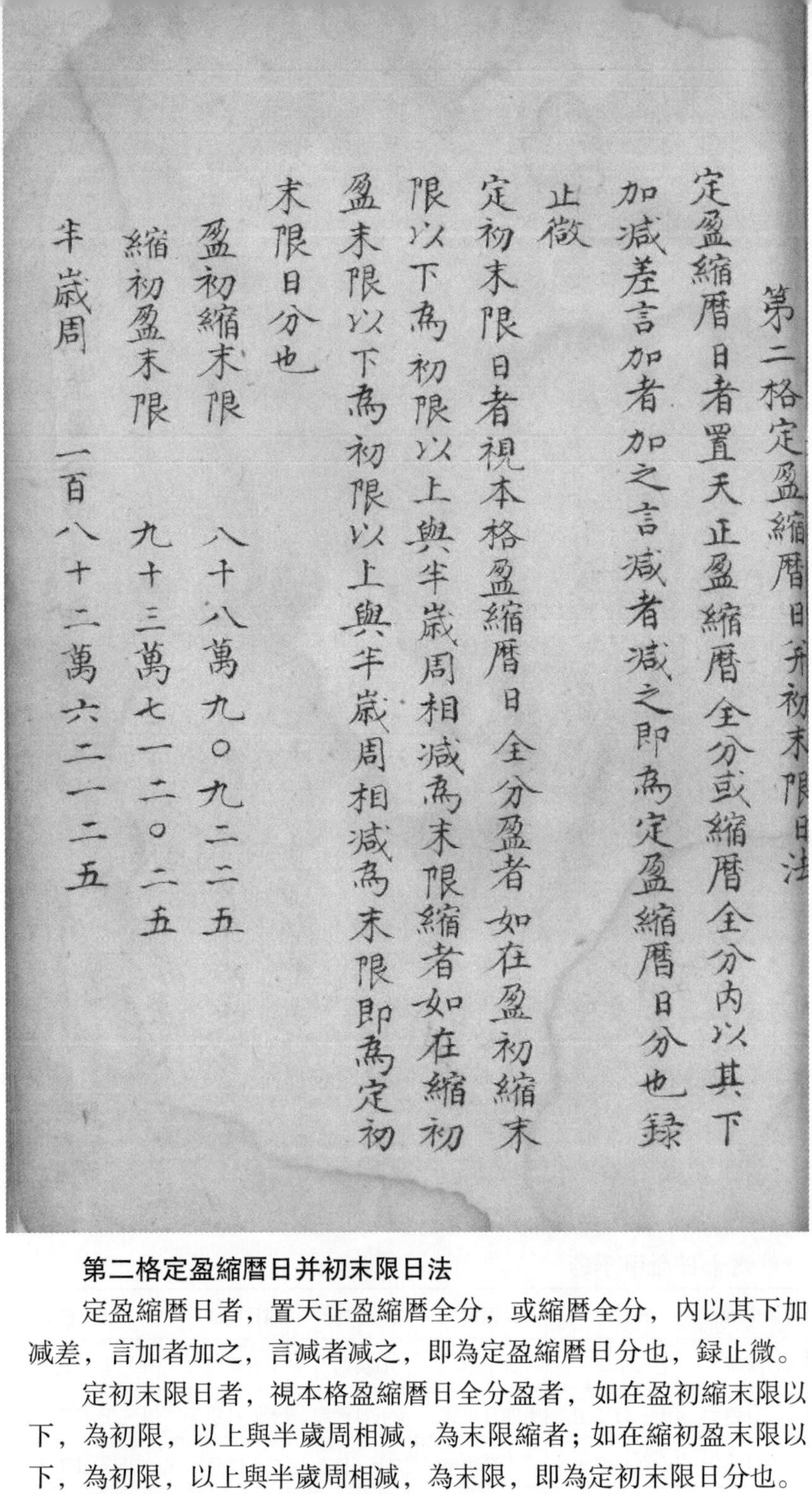

第二格定盈縮曆日并初末限日法

定盈縮曆日者，置天正盈縮曆全分，或縮曆全分，内以其下加減差，言加者加之，言減者減之，即為定盈縮曆日分也，録止微。

定初末限日者，視本格盈縮曆日全分盈者，如在盈初縮末限以下，為初限，以上與半歲周相減，為末限縮者；如在縮初盈末限以下，為初限，以上與半歲周相減，為末限，即為定初末限日分也。

盈初縮末限	八十八萬九〇九二二五
縮初盈末限	九十三萬七一二〇二五
半歲周	一百八十二萬六二一二五

第三格定朔弦望加時中積并盈縮定差法

定朔弦望加時中積度者，置各定盈縮曆日全分，盈者在朔，就為加時中積度，在上弦加入一象限，在望加入二象限，在下弦加入三象限；縮者在朔，加入半歲周，在上弦加入三象限，減去半歲差，在望減去半歲差，在下弦加入一象限，減去半歲差，皆滿周天分去之，即為各定朔弦望加時中積度分，録止微。

一象限	九十一度三一四三七五
二象限	一百八十二度六一八七五
三象限	一百七十三度九四三一二五
半歲差	初度〇〇七五

盈縮定差者，置盈縮初限或末限全分，照盈縮立成内相同盈縮日下取盈縮加分為法，以初末限全分去其大餘日為實，以法象之得數加入盈縮積度全分，即為盈縮定差也，録止微。

定數法

以百分乘	十分 百分 十分	滿法得	百分 十分 單分	不滿法得	十分 單分 十秒
以十分乘	十分 百分 十分	滿法得	十分 單分 十秒	不滿法得	單分 十秒 單秒

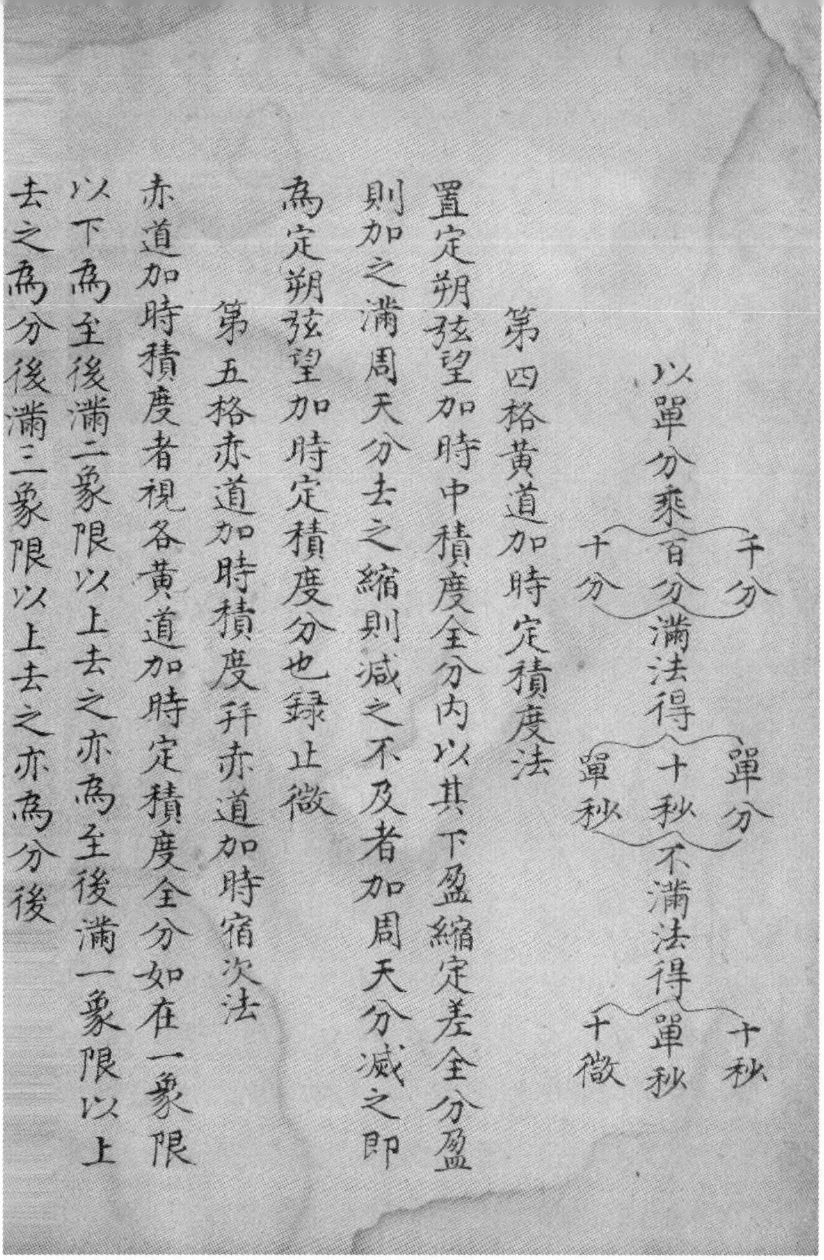

以單分乘		滿法得		不滿法得	
	千分		單分		十秒
	百分		十秒		單秒
	十分		單秒		十微

第四格黃道加時定積度法

置定朔弦望加時中積度全分內，以其下盈縮定差全分，盈則加之，滿周天分去之，縮則減之，不及者加周天分減之，即為定朔弦望加時定積度分也，録止微。

第五格赤道加時積度并赤道加時宿次法

赤道加時積度者視各黃道加時定積度全分，如在一象限以下為至後，滿二象限以上去之，亦為至後，滿一象限以上去之為分後，滿三象限以上去之，亦為分後。

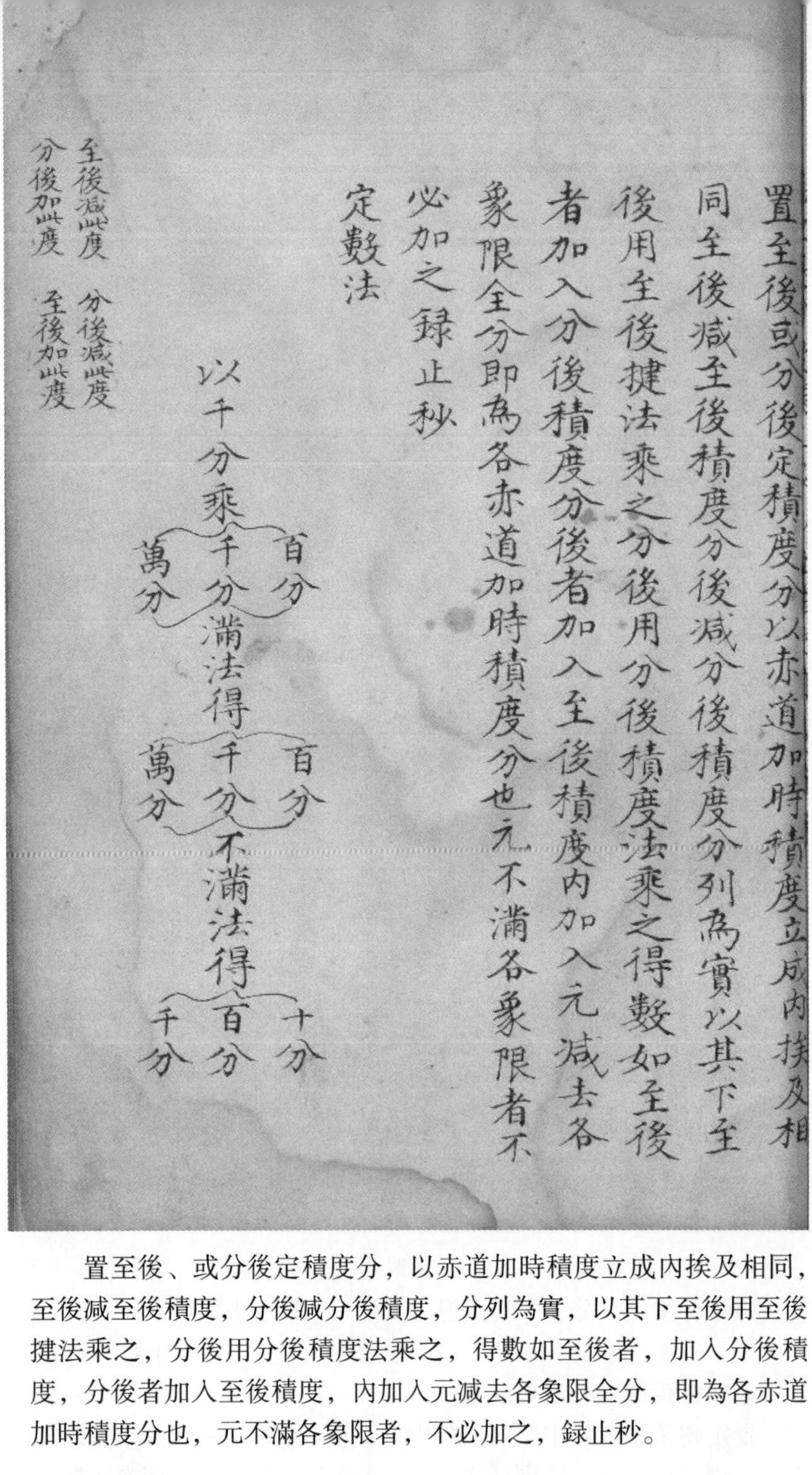

置至後或分後定積度分以赤道加時積度立成内挨及相同至後減至後積度分後減分後積度分列為實以其下至後用至後捷法乘之分後用分後積度法乘之得數如至後者加入分後積度分後者加入至後積度内加入元減去各象限全分即為各赤道加時積度分也元不滿各象限者不必加之録止秒

定數法

以千分乘 百分 千分 萬分 滿法得 百分 千分 萬分 不滿法得 十分 百分 千分

至後減此度 分後減此度

分後加此度 至後加此度

置至後、或分後定積度分，以赤道加時積度立成内挨及相同，至後減至後積度，分後減分後積度，分列為實，以其下至後用至後捷法乘之，分後用分後積度法乘之，得數如至後者，加入分後積度，分後者加入至後積度，内加入元減去各象限全分，即為各赤道加時積度分也，元不滿各象限者，不必加之，録止秒。

定數法

以千分乘	百分 千分 萬分	滿法得	百分 千分 萬分	不滿法得	十分 百分 千分

至後減此度　分後減此度
分後加此度　至後加此度

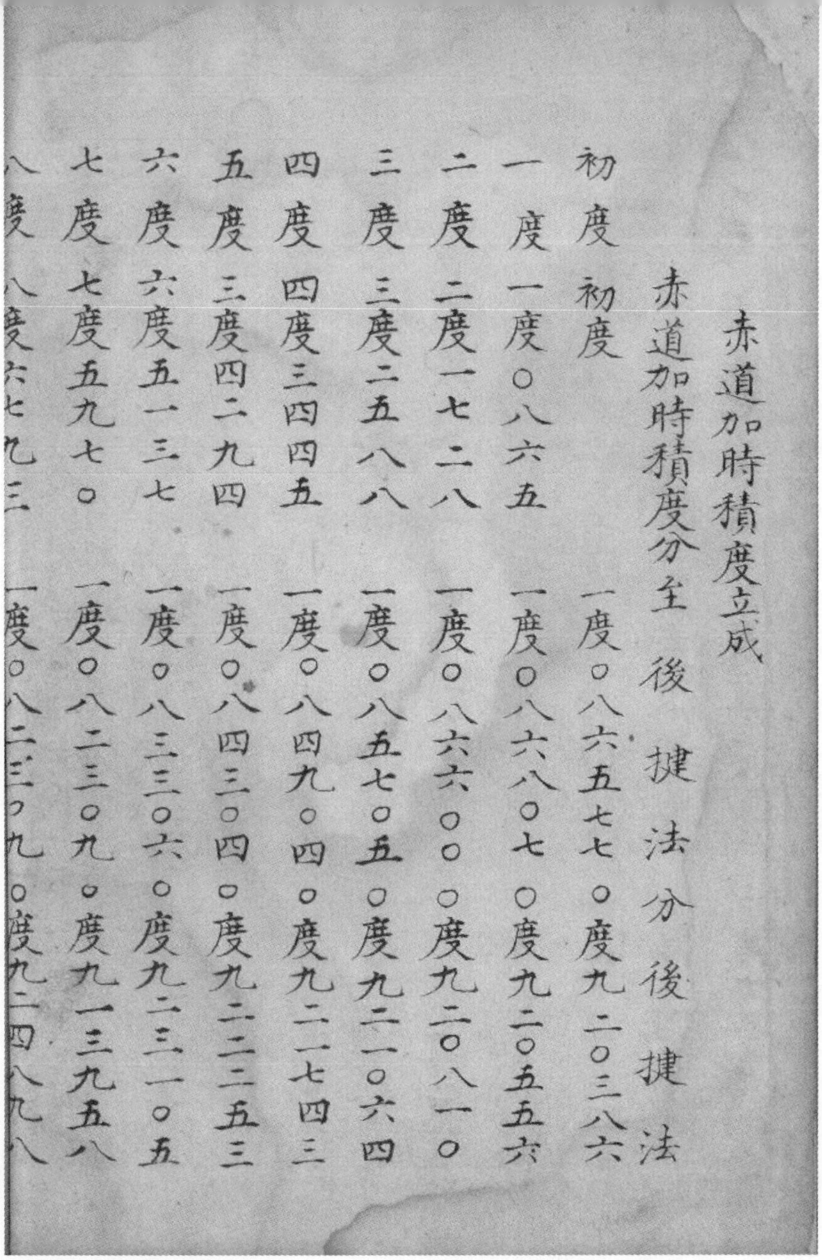

赤道加時積度立成

	赤道加時積度分	至後揵[1]法	分後揵[2]法
初度	初度	一度〇八六五七七	〇度九二〇三八六
一度	一度〇八六五	一度〇八六八〇七	〇度九二〇五五六
二度	二度一七二八	一度〇八六〇〇〇	〇度九二〇八一〇
三度	二度二五八八	一度〇八五七〇五	〇度九二一〇六四
四度	四度三四四五	一度〇八四九〇四	〇度九二一七四三
五度	五度四二九四	一度〇八四三〇四	〇度九二二二五三
六度	六度五一三七	一度〇八三三〇六	〇度九二三一〇五
七度	七度五九七〇	一度〇八二三〇九	〇度九一三九五八
八度	八度六七九三	一度〇八二三〇九	〇度九二四八九八

1“揵”當作“捷”。
2“揵”當作“捷”。

九度	九度七六〇五	一度〇八〇一〇〇	〇度九二五〇八四
十度	十〇度八四〇六	一度〇七八六〇九	〇度九二七一二七
十一度	十一度九一九二	一度〇七七二〇三	〇度七二八三三二
十二度	十二度九九六四	一度〇七五五〇〇	〇度九二九八〇〇
十三度	十四度〇七一九	一度〇七四〇一〇	〇度九三一〇九八
十四度	十五度一四五九	一度〇七二〇〇六	〇度九三二八三五
十五度	十六度二一七九	一度〇七〇四〇〇	〇度九三四二三〇
十六度	十七度二八八三	一度〇六八四一〇	〇度九三五九七九
十七度	十八度三五六八	一度〇六四三〇一	〇度九三七八二二
十八度	十九度四二三〇	一度〇六四二〇三	〇度九三九六七二
十九度	二十〇度四八七二	一度〇六二二〇二	〇度九四一四四二

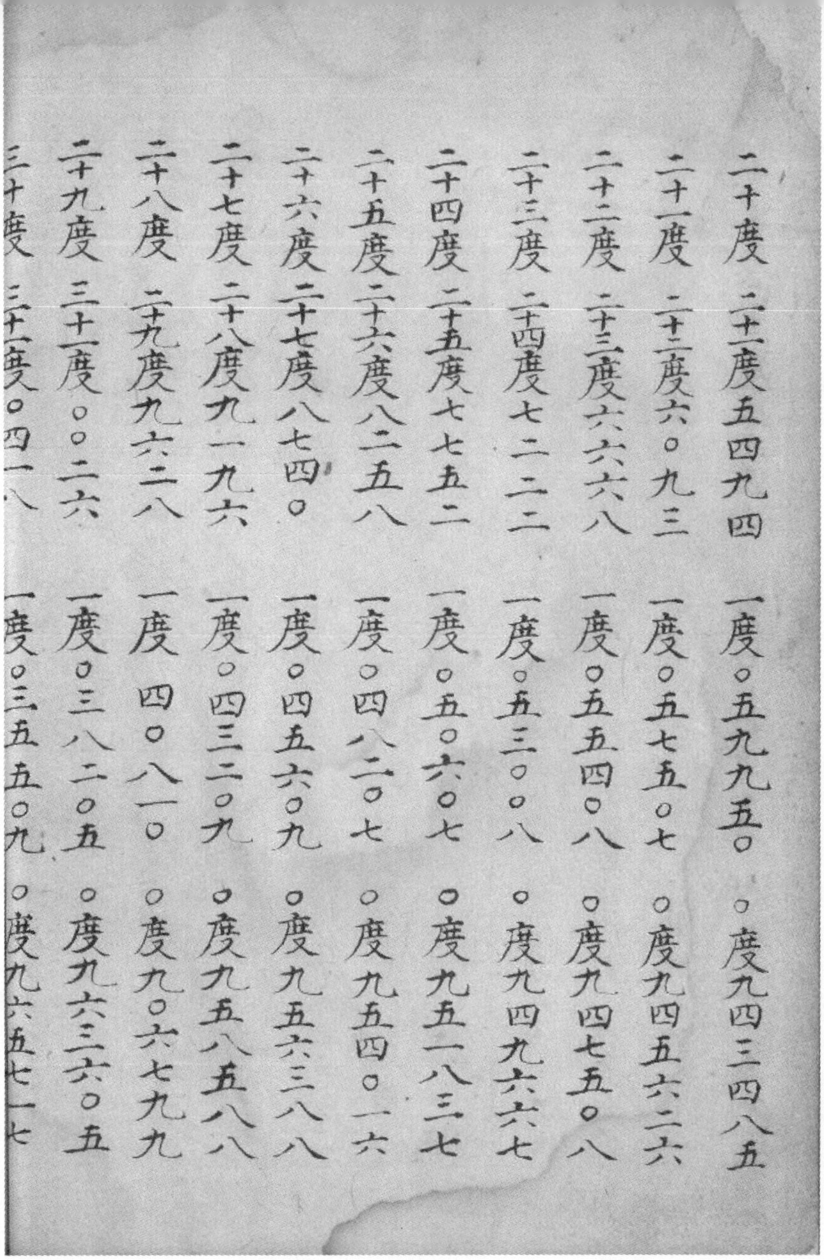

二十度	二十一度五四九四	一度〇五九九五〇	〇度九四三四八五
二十一度	二十二度六〇九三	一度〇五七五〇七	〇度九四五六二六
二十二度	二十三度六六六八	一度〇五五四〇八	〇度九四七五〇八
二十三度	二十四度七二二二	一度〇五三〇〇八	〇度九四九六六七
二十四度	二十五度七七五二	一度〇五〇六〇七	〇度九五一八三七
二十五度	二十六度八二五八	一度〇四八二〇七	〇度九五四〇一六
二十六度	二十七度八七四〇	一度〇四五六〇九	〇度九五六三八八
二十七度	二十八度九一九六	一度〇四三二〇九	〇度九五八五八八
二十八度	二十九度九六二八	一度〇四〇八一〇	〇度九〇六七九九
二十九度	三十一度〇〇二六	一度〇三八二〇五	〇度九六三六〇五
三十度	三十一度〇四一八	一度〇三五五〇九	〇度九六五七一七

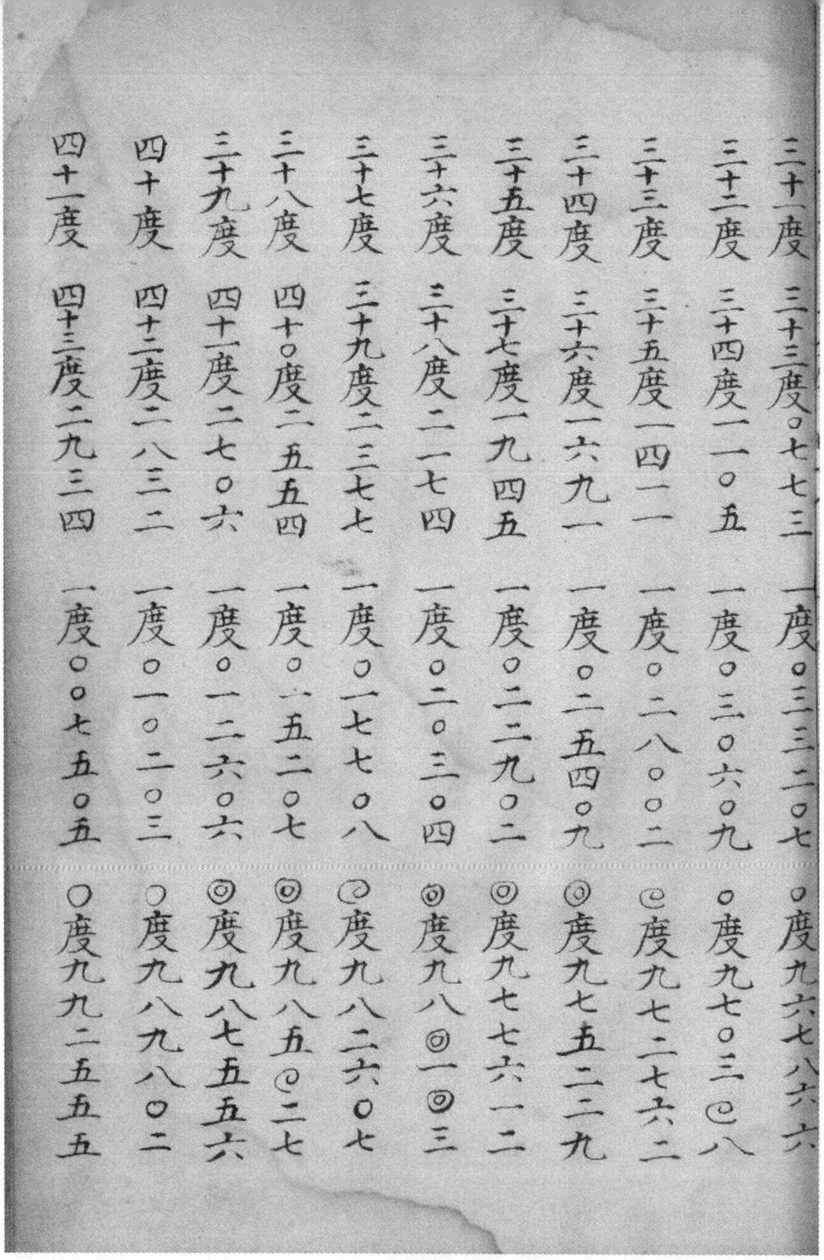

三十一度	三十三度〇七七三	一度〇三三二〇七	〇度九六七八六六
三十二度	三十四度一一〇五	一度〇三〇六〇九	〇度九七〇三〇八
三十三度	三十五度一四二一	一度〇二八〇〇二	〇度九七二七六二
三十四度	三十六度一六九一	一度〇二五四〇九	〇度九七五二二九
三十五度	三十七度一九四五	一度〇二二九〇二	〇度九七七六一二
三十六度	三十八度二一七四	一度〇二〇三〇四	〇度九八〇一〇三
三十七度	三十九度二三七七	一度〇一七七〇八	〇度九八二六〇七
三十八度	四十〇度二五五四	一度〇一五二〇七	〇度九八五〇二七
三十九度	四十一度二七〇六	一度〇一二六〇六	〇度九八七五五六
四十度	四十二度二八三二	一度〇一〇二〇三	〇度九八九八〇二
四十一度	四十三度二九三四	一度〇〇七五〇五	〇度九九二五五五

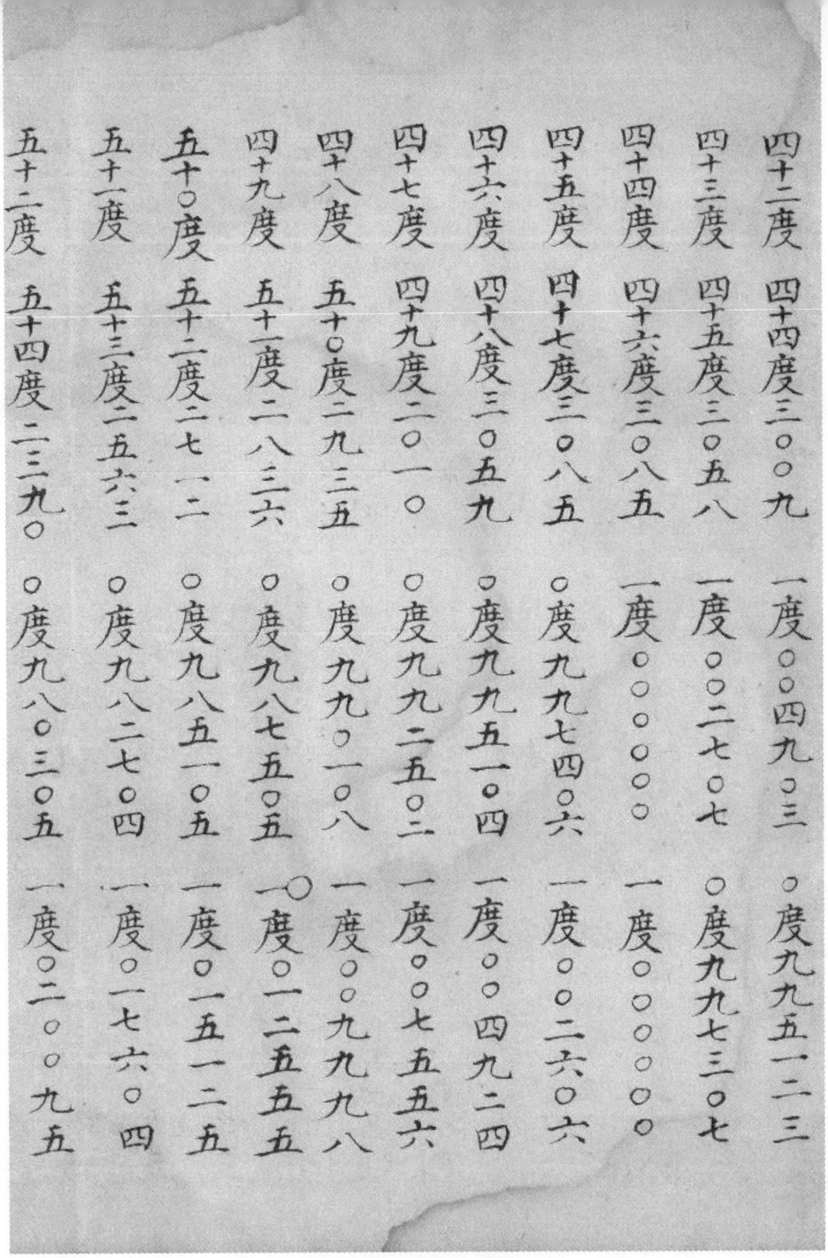

四十二度	四十四度三〇〇九	一度〇〇四九〇三	〇度九九五一二三
四十二度	四十五度三〇五八	一度〇〇二七〇七	〇度九九七三〇七
四十四度	四十六度三〇八五	一度〇〇〇〇〇〇	一度〇〇〇〇〇〇
四十五度	四十七度三〇八五	〇度九九七四〇六	一度〇〇二六〇六
四十六度	四十八度三〇五九	〇度九九五一〇四	一度〇〇四九二四
四十七度	四十九度二〇一〇	〇度九九二五〇二	一度〇〇七五五六
四十八度	五十〇度二九三五	〇度九九〇一〇八	一度〇〇九九九八
四十九度	五十一度二八三六	〇度九八七五〇五	一度〇一二五五五
五十度	五十二度二七一二	〇度九八五一〇五	一度〇一五一二五
五十一度	五十三度二五六三	〇度九八二七〇四	一度〇一七六〇四
五十二度	五十四度二三九〇	〇度九八〇三〇五	一度〇二〇〇九五

五十三度	五十五度二一九三	〇度九七八〇〇四	一度〇二二四九四
五十四度	五十六度一九七三	〇度九七五五〇五	一度〇二五一五五
五十五度	五十七度一七二八	〇度九七三一〇三	一度〇二七六四三
五十六度	五十八度一四五九	〇度九七〇八〇七	一度〇三〇〇七八
五十七度	五十九度一一六七	〇度九六八五〇四	一度〇三二五二四
五十八度	六十〇度〇八五二	〇度九六六一〇八	一度〇三五〇八九
五十九度	六十一度〇五一三	〇度九六三九一〇	一度〇三七四五二
六十〇度	六十二度〇五一二	〇度九六一六〇三	一度〇三九九三三
六十一度	六十二度九七六八	〇度九五九四〇七	一度〇四二三一八
六十二度	六十三度九三六二	〇度九五七一〇三	一度〇四四七一三
六十三度	六十四度八九三四	〇度九五五一〇〇	一度〇四七〇一〇

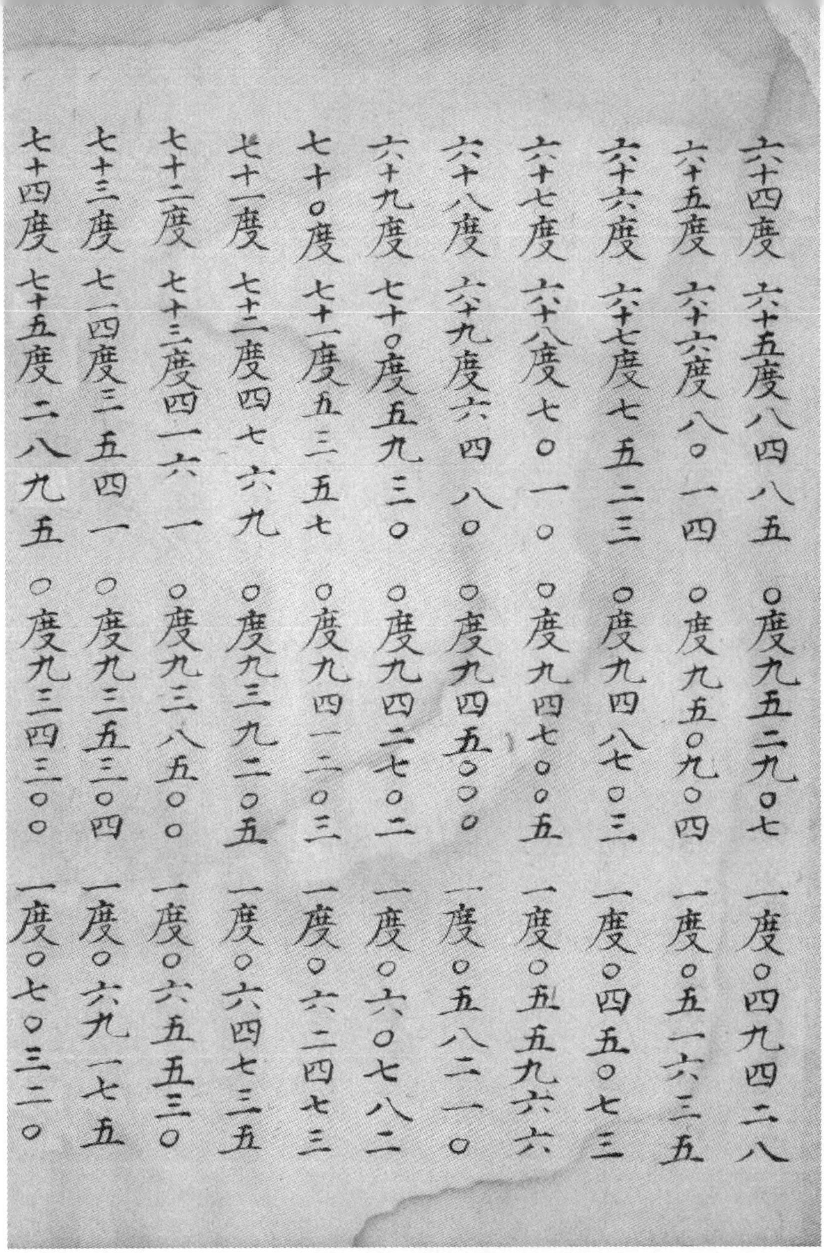

六十四度	六十五度八四八五	〇度九五二九〇七	一度〇四九四二八
六十五度	六十六度八〇一四	〇度九五〇九〇四	一度〇五一六三五
六十六度	六十七度七五二三	〇度九四八七〇三	一度〇四五〇七三
六十七度	六十八度七〇一〇	〇度九四七〇〇五	一度〇五五九六六
六十八度	六十九度六四八〇	〇度九四五〇〇〇	一度〇五八二一〇
六十九度	七十〇度五九三〇	〇度九四二七〇二	一度〇六〇七八二
七十〇度	七十一度五三五七	〇度九四一二〇三	一度〇六二四七三
七十一度	七十二度四七六九	〇度九三九二〇五	一度〇六四七三五
七十二度	七十三度四一六一	〇度九三八五〇〇	一度〇六五五三〇
七十三度	七十四度三五四一	〇度九三五三〇四	一度〇六九一七五
七十四度	七十五度二八九五	〇度九三四三〇〇	一度〇七〇三二〇

七十五度	七十六度二二四二	〇度九三二九〇五	一度〇七一九二六
七十六度	七十七度一五七一	〇度九三一五〇六	一度〇七三五三七
七十七度	七十八度〇八八六	〇度九三〇四〇五	一度〇七四八〇六
七十八度	七十九度〇一九〇	〇度九二八六〇八	一度〇七六八八九
七十九度	七十九度九四七六	〇度九二七五〇六	一度〇七八一六七
八十〇度	八十〇度八七五一	〇度九二六五〇〇	一度〇七九三三〇
八十一度	八十一度八〇一六	〇度九二五五〇六	一度〇八〇四九七
八十二度	八十二度七二七一	〇度九二四四〇二	一度〇八一七八二
八十三度	八十三度六五一五	〇度九二三八〇四	一度〇八二四八五
八十四度	八十四度五七五三	〇度九二二八〇七	一度〇八三六五八
八十五度	八十五度四九八一	〇度九二二二〇二	一度〇八四三六三

八十六度	八十六度四二〇三	〇度九二一五〇六	一度〇八五一八七
八十七度	八十七度三四一八	〇度九二一二〇〇	一度〇八五五〇〇
八十八度	八十八度二六三〇	〇度九一一〇〇五	一度〇八五七七六
八十九度	八十九度一八四〇	〇度九二〇四〇二	一度〇八六四八四
九十〇度	九十〇度一〇四四	一度九二〇四〇三	一度〇八六四八四
九十一度	九十一度〇二四八	〇度九二八〇六四	一度〇八七五一一
九十二度	九十二度三一二五		

赤道加時宿次者，置赤道加時積度全分，內加入天正赤道度分，滿赤道積度鈐，挨及減之，即為赤道加時宿次度分也，曾交次年冬至，亦交次年赤道。

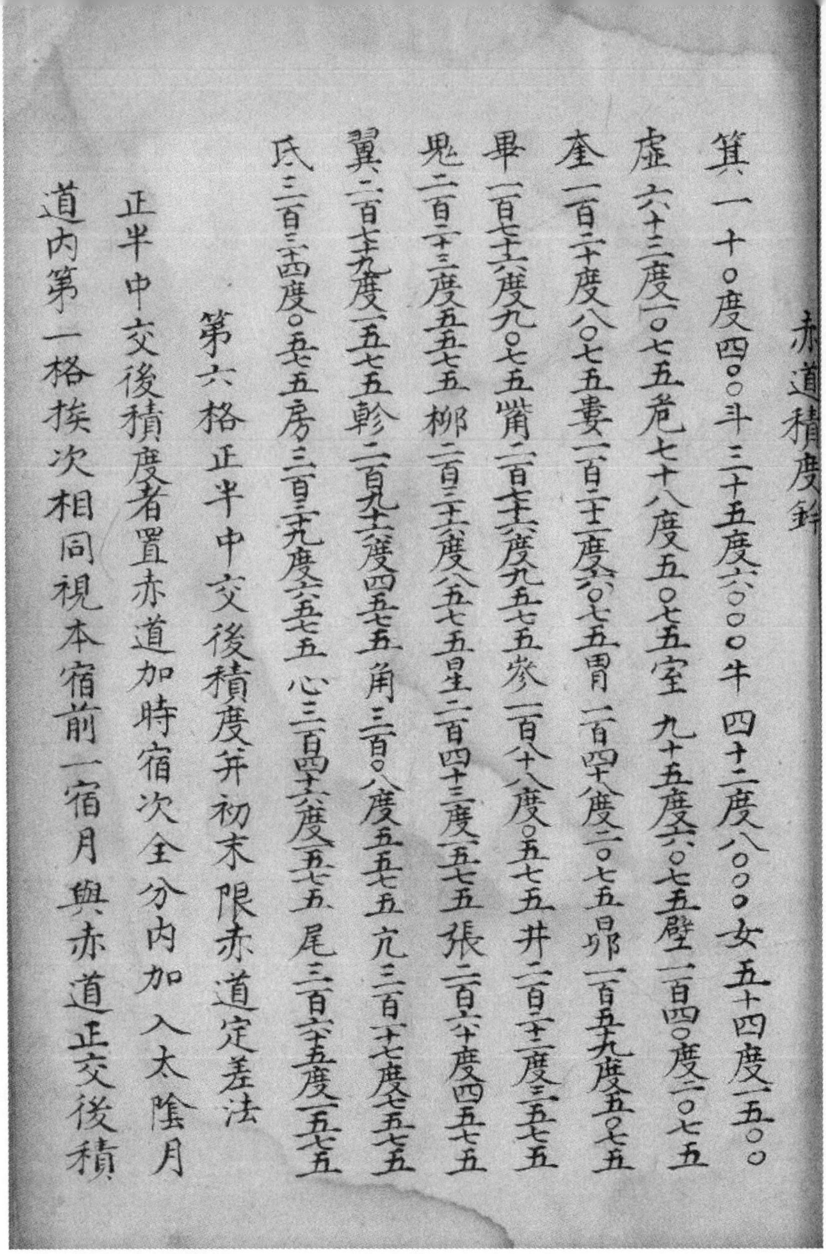

赤道積度鈐

箕，一十〇度四〇〇	斗，三十五度六〇〇〇	牛，四十二度八〇〇〇	女，五十四度一五〇〇
虛，六十三度一〇七五	危，七十八度五〇七五	室，九十五度六〇七五	壁，一百四〇度二〇七五
奎，一百二十度八〇七五	婁，一百三十二度六〇七五	胃，一百四十八度二〇七五	昴，一百五十九度五〇七五
畢，一百七十六度九〇七五	觜，一百七十六度九五七五	參，一百八十八度〇五七五	井，二百二十二度三五七五
鬼，二百二十三度五五七五	柳，二百三十六度八五七五	星，二百四十三度一五七五	張，二百六十度四五七五
翼，二百七十九度一五七五	軫，二百九十六度四五七五	角，三百〇八度五五七五	亢，三百一十七度七五七五
氐，三百三十四度〇五七五	房，三百三十九度六五七五	心，三百四十六度一五七五	尾，三百六十五度一五七五

第六格正半中交後積度并初末限赤道定差法

正半中交後積度者，置赤道加時宿次全分，內加入太陰月道內第一格挨次相同，視本宿前一宿月與赤道正交後積

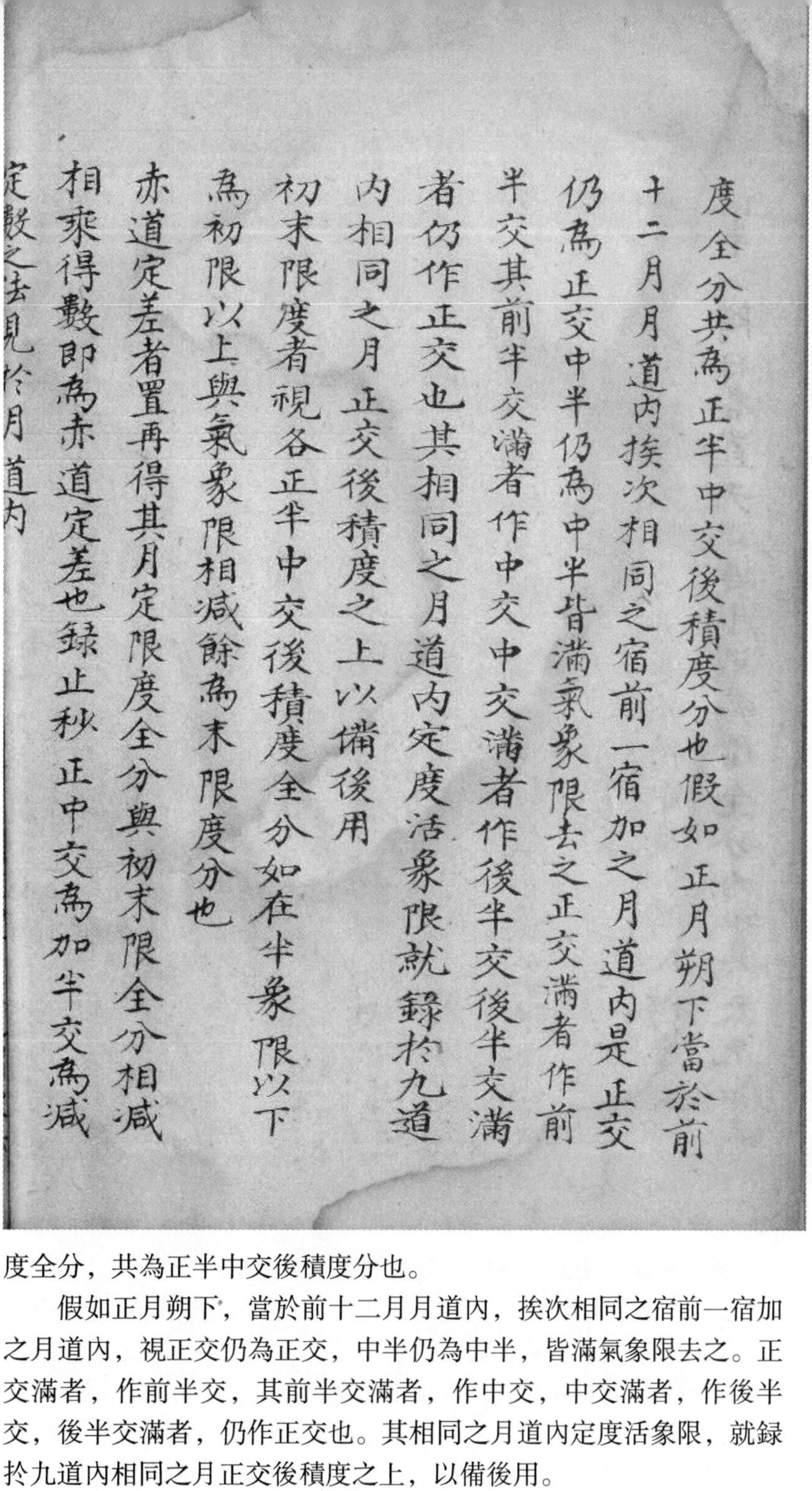
度全分共為正半中交後積度分也假如　正月朔下當於前
十二月月道内挨次相同之宿前一宿加之月道内是正交
仍為正交中半仍為中半皆滿氣象限去之正交滿者作前
半交其前半交滿者作中交中交滿者作後半交後半交滿
者仍作正交也其相同之月道内定度活象限就録於九道
内相同之月正交後積度之上以備後用
初末限度者視各正半中交後積度全分如在半象限以下
為初限以上與氣象限相減餘為末限度分也
赤道定差者置再得其月定限度全分與初末限全分相減
相乘得數即為赤道定差也録止秒　正中交為加半交為減
定數之法見扵月道内

度全分，共為正半中交後積度分也。

假如正月朔下，當於前十二月月道內，挨次相同之宿前一宿加之月道內，視正交仍為正交，中半仍為中半，皆滿氣象限去之。正交滿者，作前半交，其前半交滿者，作中交，中交滿者，作後半交，後半交滿者，仍作正交也。其相同之月道內定度活象限，就録扵九道內相同之月正交後積度之上，以備後用。

初末限度者，視各正半中交後積度全分，如在半象限以下，為初限，以上與氣象限相減，餘為末限度分也。

赤道定差者，置再得其月定限度全分，與初末限全分相減相乘，得數即為赤道定差也，録止秒。正中交為加，半交為減，定數之法見扵月道內。

第七格正半中交加時積度并定朔弦望月道宿次法

正半中交加時積度者，置正半中交後積度全分内以其上赤道定分，言加者加之，言減者減之，餘為各正半中交加時積度分也。

定朔弦望月道宿次者，置正半中交加時積度全分内，再標内限度與月道内定度度相同之月，挨及相同宿次下月道積度減之，餘為各定朔、弦望月道宿次度分也。正交不及減者，加其月活象限全分減之，中半交不及加，氣象限全分減之。

第八格夜半入轉日升遲疾轉定度加時入轉度法

夜半入轉日者，置天正遲曆或疾曆全分，内以其天正加減

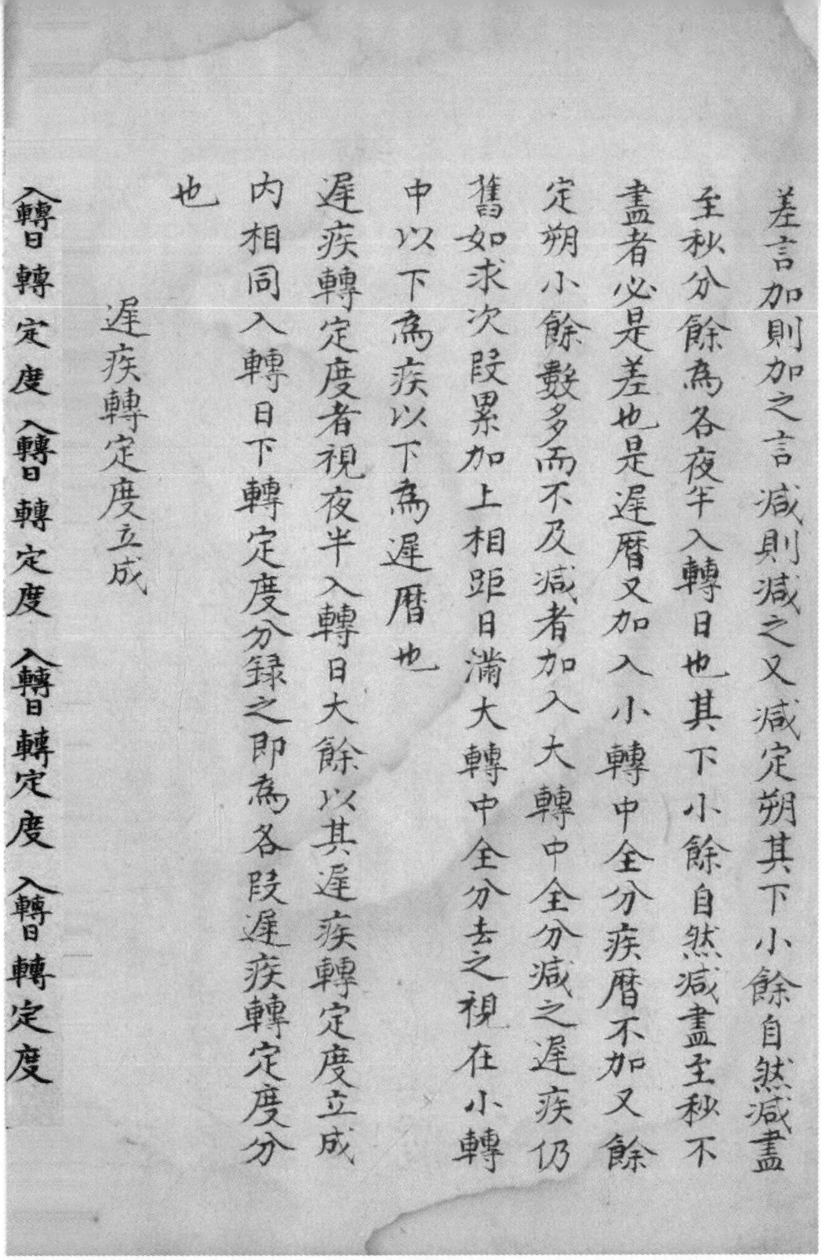
差言加則加之言減則減之又減定朔其下小餘自然減盡
至秋分餘為各夜半入轉日也其下小餘自然減盡至秒不
盡者必是差也是遲曆又加入小轉中全分疾曆不加又餘
定朔小餘數多而不及減者加入大轉中全分減之遲疾仍
舊如求次段累加上相距日滿大轉中全分去之視在小轉
中以下為疾以下為遲曆也
遲疾轉定度者視夜半入轉日大餘以其遲疾轉定度立成
內相同入轉日下轉定度分録之即為各段遲疾轉定度分
也
遲疾轉定度立成
入轉日 轉定度 入轉日 轉定度 入轉日 轉定度 入轉日 轉定度

差，言加則加之，言減則減之。又減定朔其下小餘，自然減盡至秋分，餘為各夜半入轉日也。其下小餘，自然減盡至秒，不盡者必是差也。是遲曆，又加入小轉中全分，疾曆不加，又餘定朔小餘數，多而不及減者，加入大轉中全分，減之遲疾，仍舊如求次段，累加上相距日滿大轉中全分去之，視在小轉中以下為疾，以下為遲曆也。

遲疾轉定度者，視夜半入轉日大餘，以其遲疾轉定度立成內相同入轉日下轉定度分録之，即為各段遲疾轉定度分也。

遲疾轉定度立成

入轉日	轉定度	入轉日	轉定度	入轉日	轉定度	入轉日	轉定度

初日	十四度六七六四	七日	十三度二三五一	十四日	十二度〇八五二	二十一日	十三度五七一二
一日	五五七三	八日	十二度九四七五	十五日	二一二二	二十二日	八五一一
二日	四〇二九	九日	六九四八	十六日	五七三〇	二十三日	十四度〇九五五
三日	二一三〇	十日	四七七七	十七日	五七三〇	二十四日	三〇四六
四日	十三度九八七七	十一日	二九六〇	十八日	八〇六三	二十五日	四七八二
五日	七二七一	十二日	一四九六	十九日	十三度〇七五二	二十六日	六一六三
六日	四四四六	十三日	〇四六二	二十日	三三七七	二十七日	七一五四

加時入轉度者，置各定朔弦望日千以下小餘全分為實，以其遲疾轉定度全分為法乘之，得數即為加時入轉度分也，録止秒也。

定數法

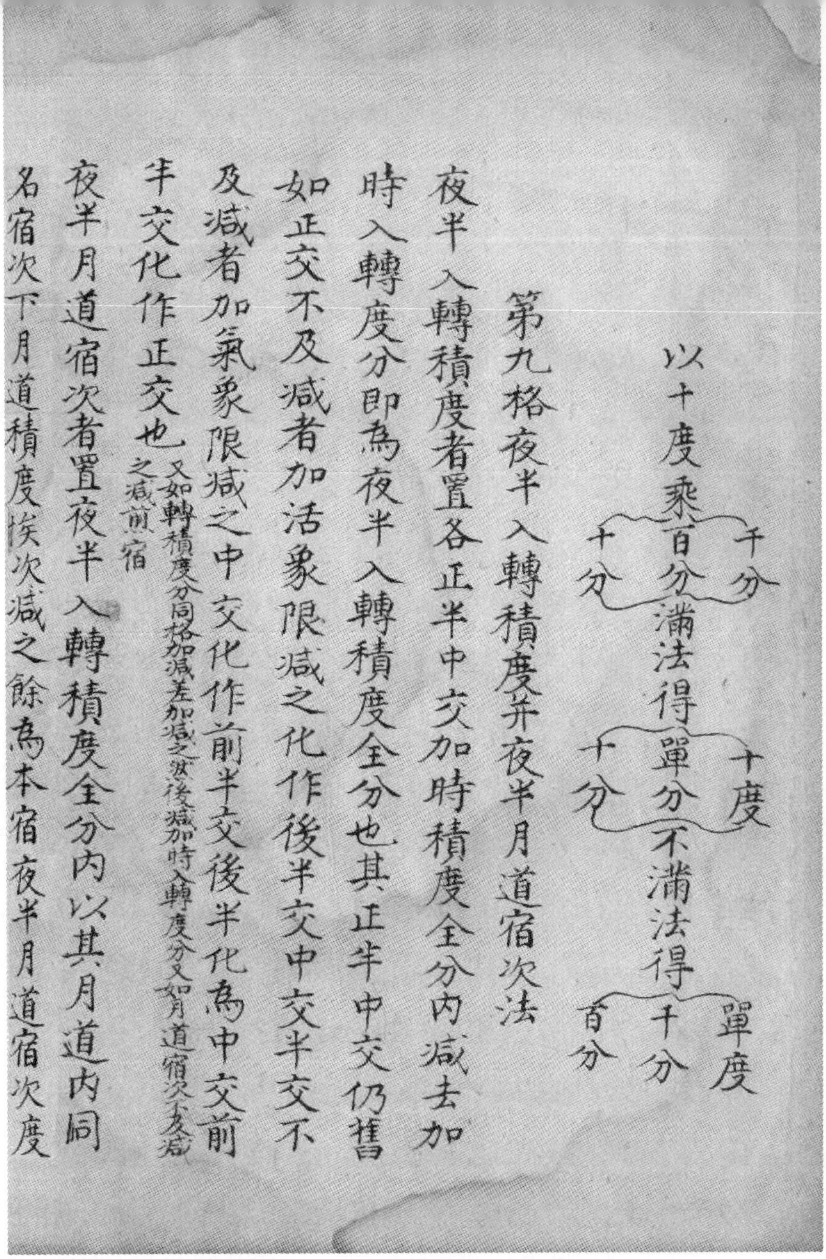

以十度乘 { 千分 / 百分 / 十分 } 滿法得 { 十度 / 單分 / 十分 } 不滿法得 { 單度 / 千分 / 百分 }

第九格夜半入轉積度并夜半月道宿次法

夜半入轉積度者，置各正半中交加時積度全分，內減去加時入轉度分，即為夜半入轉積度全分也。其正半中交仍舊，如正交不及減者，加活象限減之，化作後半交，中交、半交不及減者，加氣象限減之，中交化作前半交，後半化為中交，前半交化作正交也。又如轉積度分同格加減之，然後減加時入轉度分，又如月道宿次不及減之，減煎[1]宿。

夜半月道宿次者，置夜半入轉積度全分，內以其月道內同名宿次下月道積度，挨次減之，餘為本宿夜半月道宿次度

1"煎"當作"前"。

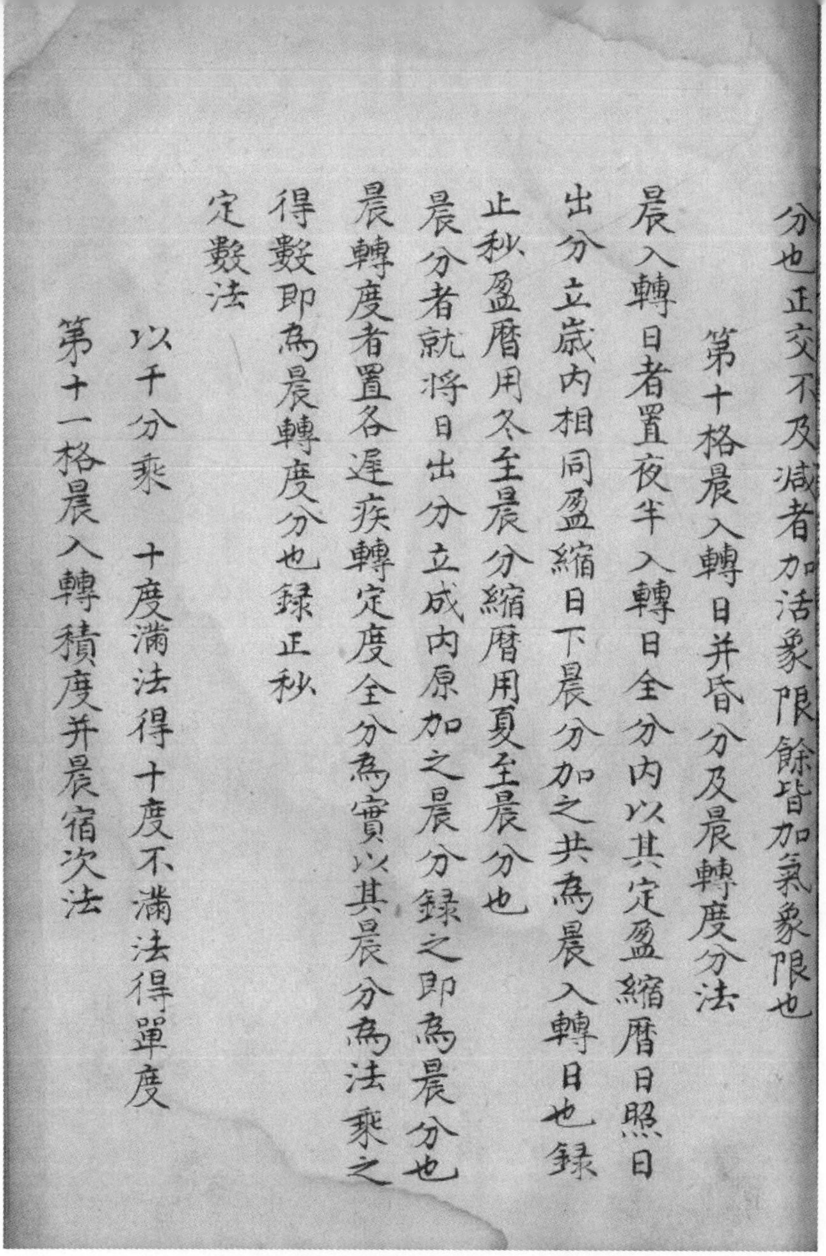
分也正交不及減者加活象限餘皆加氣象限也
第十格晨入轉日并昏分及晨轉度分法
晨入轉日者置夜半入轉日全分內以其定盈縮曆日照日
出分立歲內相同盈縮日下晨分加之共為晨入轉日也録
止秒盈曆用冬至晨分縮曆用夏至晨分也
晨分者就將日出分立成內原加之晨分録之即為晨分也
晨轉度者置各遲疾轉定度全分為實以其晨分為法乘之
得數即為晨轉度分也録止秒
定數法
以千分乘　十度滿法得　十度不滿法得單度
第十一格晨入轉積度并晨宿次法

分也，正交不及減者，加活象限，餘皆加氣象限也。

第十格晨入轉日并昏分及晨轉度分法

晨入轉日者，置夜半入轉日全分，內以其定盈縮曆日，照日出分立歲[1]內相同盈縮日下晨分加之，共為晨入轉日也，録止秒。盈曆用冬至晨分，縮曆用夏至晨分也。

晨分者，就將日出分立成內原加之晨分録之，即為晨分也。晨轉度者，置各遲疾轉定度全分為實，以其晨分為法，乘之得數，即為晨轉度分也，録止秒。

定數法

以千分乘十度，滿法得十度，不滿法得單度。

第十一格晨入轉積度并晨宿次法

1“歲”當作“成”。

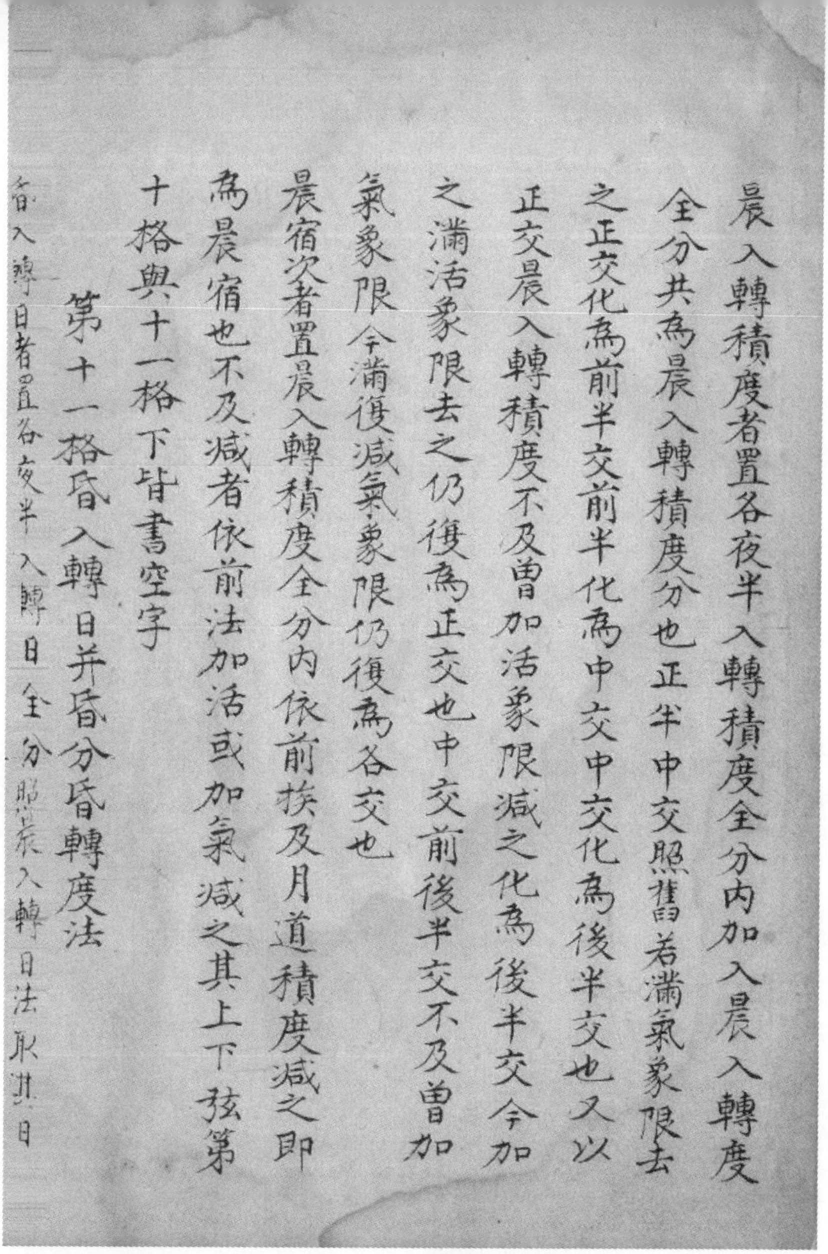
晨入轉積度者置各夜半入轉積度全分內加入晨入轉度
全分共為晨入轉積度分也正半中交照舊若滿氣象限去
之正交化為前半交前半化為中交中交化為後半交也又以
正交晨入轉積度不及曾加活象限減之化為後半交今加
之滿活象限去之仍復為正交也中交前後半交不及曾加
氣象限今滿復減氣象限仍復為各交也
晨宿次者置晨入轉積度全分內依前挨及月道積度減之即
為晨宿也不及減者依前法加活或加氣減之其上下弦第
十格與十一格下皆書空字
第十一格昏入轉日并昏分昏轉度法
昏入轉日者置各夜半入轉日全分照晨入轉日法取其日

晨入轉積度者，置各夜半入轉積度全分，內加入晨入轉度全分，共為晨入轉積度分也，正半中交照舊。若滿氣象限去之，正交化為前半交，前半化為中交，中交化為後半交也。又以正交晨入轉積度不及曾[1]，加活象限減之，化為後半交，今加之滿活象限去之，仍復為正交也，中交前後半交不及曾[2]，加氣象限，今滿復減氣象限，仍復為各交也。

晨宿次者，置晨入轉積度全分內，依前挨及月道積度減之，即為晨宿也，不及減者，依前法加活或加氣減之，其上下弦第十格與十一格下皆書“空”字。

第十一格[3] 昏入轉日并昏分昏轉度法

昏入轉日者，置各夜半入轉日全分，照晨入轉日法，取其日

1 此處疑有脫字。
2 此處疑有脫字。
3“第十一格”當作“第十二格”。

出分立成内相同日下昏分加之共為昏入轉日也録止日
昏分者就将原加其昏分録即為昏分也
昏轉度者置遅疾轉定度全分内以其昏分為法乘之得數
即為昏轉度分也録止秒定數法見於第十格内
較法置遅疾轉定度全分内減去晨轉度全分又加一秒
即為昏轉度分也
第十三格昏入轉積度并昏宿以法
昏入轉積度者置夜半入轉積度全分内加入昏轉晨全分
共為昏入轉度分也滿活或滿氣並依晨入轉積度法亦同
昏宿次者置昏入轉積度全分内依前法月道積度挨次減
之即為昏宿次也加活加氣並依前法

出分立成内相同日下昏分加之，共為昏入轉日也，録止日。昏分者，就将原加其昏分録，即為昏分也。昏轉度者，置遅疾轉定度全分，内以其昏分為法乘之，得數即為昏轉度分也，録止秒。定數法見於第十格内較法，置遅疾轉定度全分，内減去晨轉度全分，又加一秒，即為昏轉度分也。

第十三格昏入轉積度并昏宿以[1]法

昏入轉積度者，置夜半入轉積度全分，内加入昏轉晨全分，共為昏入轉度分也。滿活或滿氣並依晨入轉積度法，亦同昏宿次者。置昏入轉積度全分，内依前法月道積度挨次減之，即為昏宿次也，加活、加氣並依前法。

1“以”當作“次”。

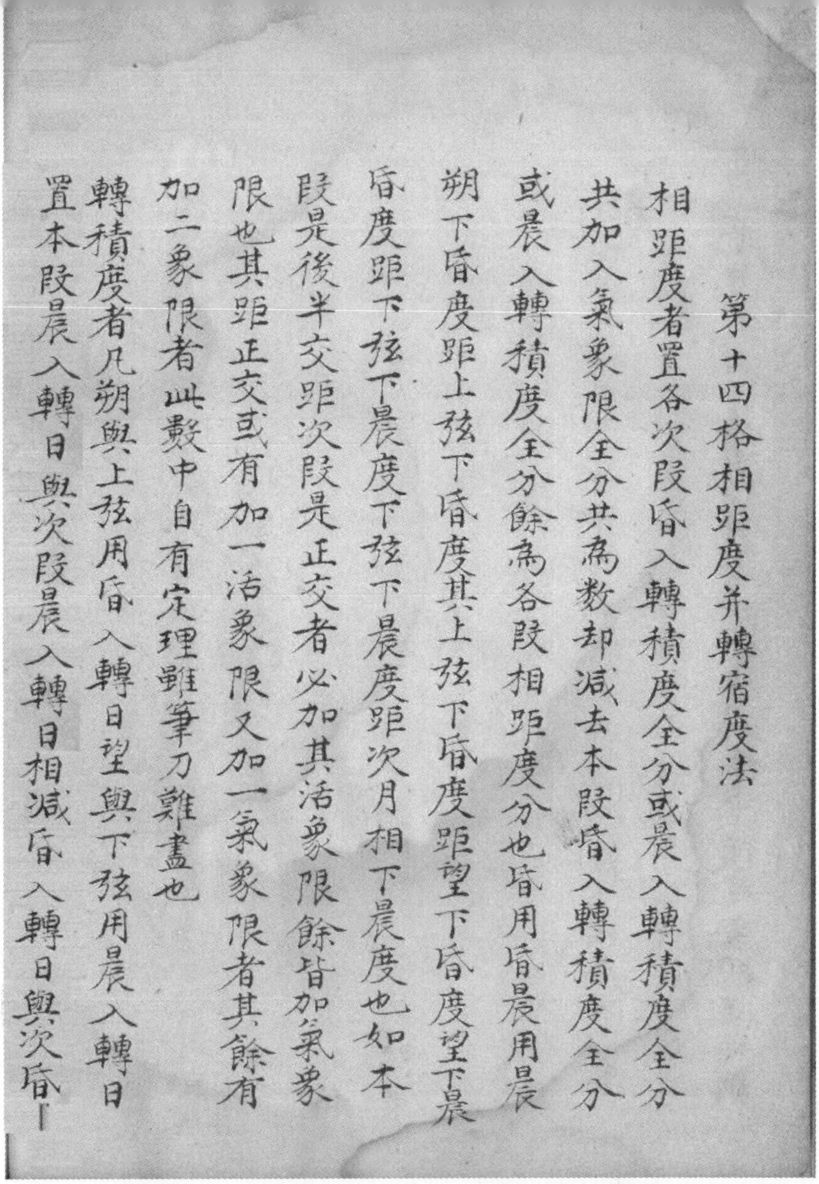
第十四格相距度并轉宿度法
相距度者置各次段昏入轉積度全分或晨入轉積度全分
共加入氣象限全分共為数却減去本段昏入轉積度全分
或晨入轉積度全分餘為各段相距度分也昏用昏晨用晨
朔下昏度距上弦下昏度其上弦下昏度距望下昏度望下晨
昏度距下弦下晨度下弦下晨度距次月相下晨度也如本
段是後半交距次段是正交者必加其活象限餘皆加氣象
限也其距正交或有加一活象限又加一氣象限者其餘有
加二象限者此數中自有定理雖筆刀難盡也
轉積度者凡朔與上弦用昏入轉日望與下弦用晨入轉日
置本段晨入轉日與次段晨入轉日相減昏入轉日與次昏

第十四格相距度并轉宿度法

相距度者，置各次段昏入轉積度全分，或晨入轉積度全分，共加入氣象限全分，共為數。却減去本段昏入轉積度全分，或晨入轉積度全分，餘為各段相距度分也，昏用昏，晨用晨，朔下昏度距上弦下昏度，其上弦下昏度距望下昏度，望下晨昏度距下弦下晨度，下弦下晨度距次月相下晨度也。如本段是後半交，距次段是正交者，必加其活象限，餘皆加氣象限也。其距正交或有加一活象限，又加一氣象限者，其餘有加二象限者，此數中自有定理，雖筆刀難盡也。

轉積度者，凡朔與上弦用昏入轉日，望與下弦用晨入轉日。置本段晨入轉日與次段晨入轉日相減，昏入轉日與次昏

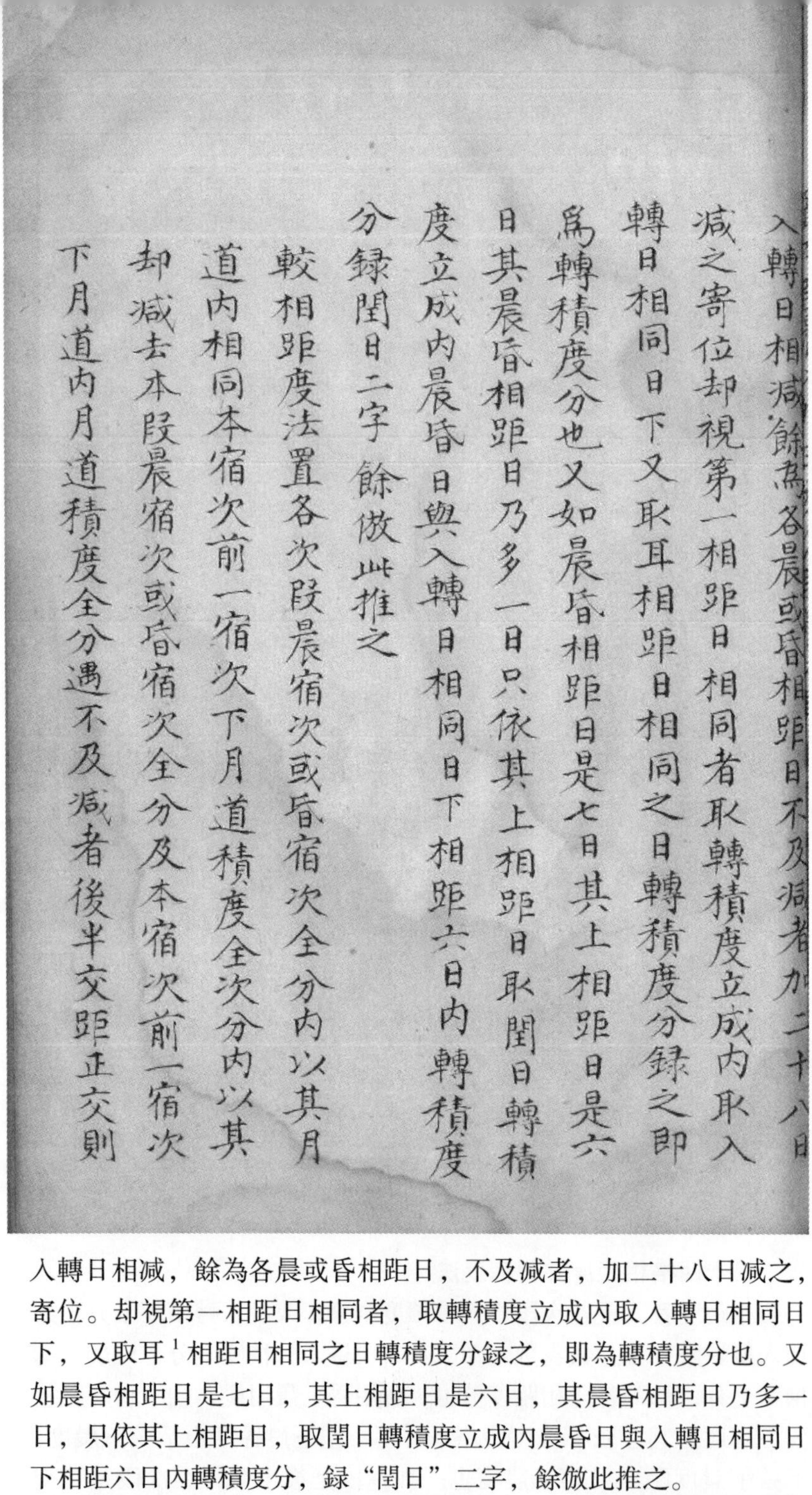

入轉日相減，餘為各晨或昏相距日，不及減者，加二十八日減之，寄位。却視第一相距日相同者，取轉積度立成内取入轉日相同日下，又取耳[1]相距日相同之日轉積度分録之，即為轉積度分也。又如晨昏相距日是七日，其上相距日是六日，其晨昏相距日乃多一日，只依其上相距日，取閏日轉積度立成内晨昏日與入轉日相同日下相距六日内轉積度分，録“閏日”二字，餘倣此推之。

較相距度法，置各次段晨宿次或昏宿次全分，内以其月道内相同本宿次前一宿次下月道積度全次[2]分，内以其却減去本段晨宿次、或昏宿次全分，及本宿次前一宿次下月道内月道積度全分，遇不及減者，後半交距正交則

1“耳”為衍文。
2“次”為衍文。

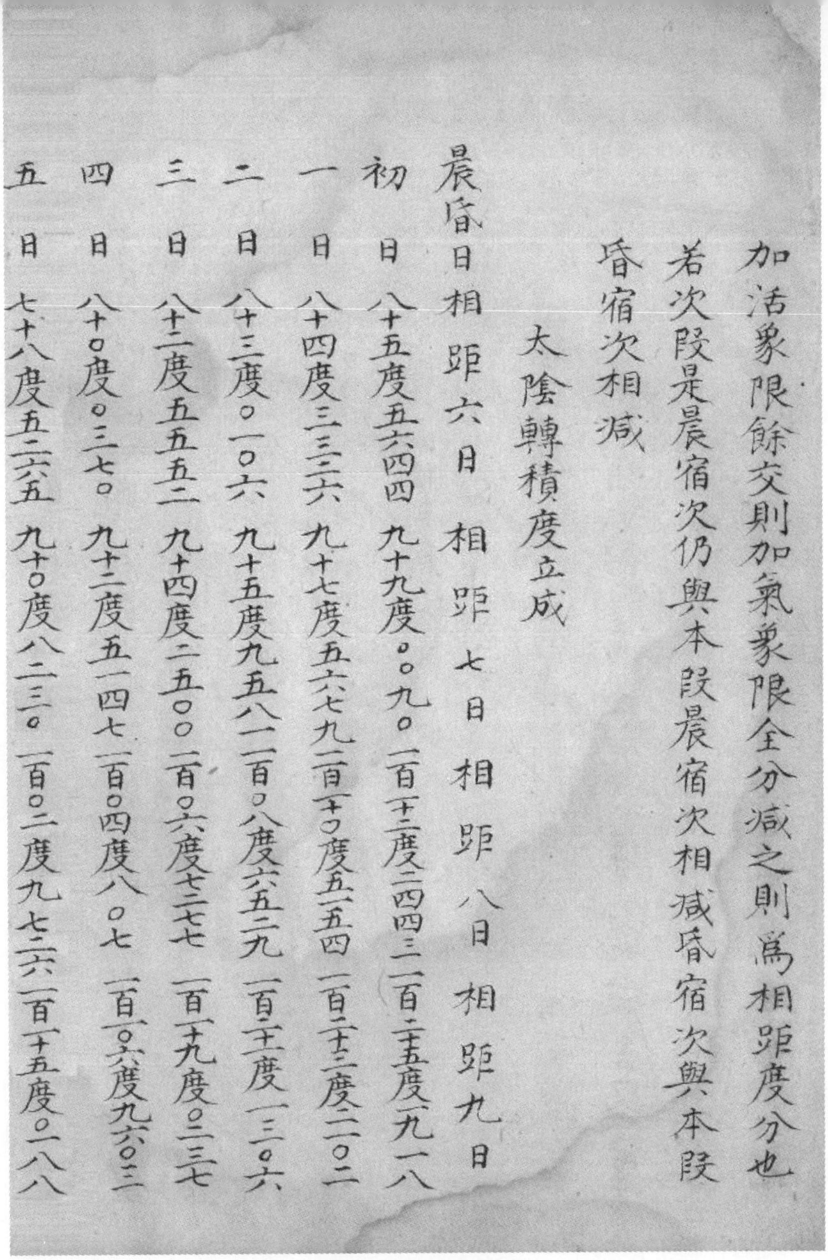

加活象限，餘交[1]則加氣象限全分減之，則為相距度分也。若次段是晨宿次，仍與本段晨宿次相減，昏宿次與本段昏宿次相減。[2]

太陰轉積度立成

晨昏日	相距六日	相距七日	相距八日	相距九日
初日	八十五度五六四四	九十九度〇〇九〇	一百十二度二四四三	一百二十五度一九一八
一日	八十四度三三二六	九十七度五六七九	一百十〇度五一五四	一百二十三度二一〇二
二日	八十三度〇一〇六	九十五度九五八一	一百〇八度六五二九	一百二十一度一三〇六
三日	八十一度五五五二	九十四度二五〇〇	一百〇六度七二七七	一百一十九度〇二三七
四日	八十〇度〇三七〇	九十二度五一四七	一百〇四度八〇七	一百一〇六度九六〇三
五日	七十八度五二六五	九十〇度八二三〇	一百〇二度九七二六	一百一十五度〇一八八

1“交”疑為衍文。。

2 第十四格後有“第十五格加減定差法”，被挪至“步太陰細行”部分“第二格盈縮日法”之後。

六日	七十七度〇九五九	八十九度二四五五	一百〇一度二九一七	一百一十三度三七六九
七日	七十五度八〇〇九	八十七度八四七一	九十九度九三二三	一百一十二度一四四五
八日	七十四度六一一八	八十六度六九七〇	九十八度九〇九二	一百一十一度八四四
九日	七十三度七四九五	八十五度九六一七	九十八度三三六九	一百一十〇度九〇九九
十日	七十三度二六六九	八十五度六四二一	九十八度二一五一	一百一十一度〇二一四
十一日	七十三度一六四四	八十五度七三七四	九十八度五四三七	一百一十一度六一九〇
十二日	七十三度四四一四	八十六度一四七七	九十九度三二三〇	一百一十一度六六〇七
十三日	七十四度〇九八一	八十七度一七三四	一百〇〇度五一一一	一百一十四度〇八二三
十四日	七十五度一二七二	八十八度四六四九	一百〇二度〇三六一	一百一十五度八八七二
十五日	七十六度三七九七	八十九度九五〇九	一百〇三度八〇二〇	一百一十七度八九七五
十六日	七十七度七三八七	九十一度五八九八	一百〇五度六八五三	一百一十九度九八九九

十七日	七十九度二一四六	九十三度三一〇一	一百〇七度六一四七	一百二十六度〇九二九
十八日	八十〇度七三七一	九十五度〇四一七	一百〇九度五一九九	一百二十四度一三六二
十九日	八十二度二三五四	九十六度七一三六	一百十一度三二九九	一百二十六度〇四五二
二十日	八十三度六二八三	九十八度二五四六	一百十二度九七〇〇	一百二十七度六四六四
二十一日	八十四度九一六九	九十九度六三二三	一百十四度三〇八七	一百二十八度八六六〇
二十二日	八十六度〇六一一	一百〇〇度七三七五	一百十五度二九四八	一百二十九度六九七七
二十三日	八十六度八八六四	一百〇一度四四三七	一百十五度八四六六	一百三十〇度〇五九六
二十四日	八十七度三四八二	一百〇一度七五一一	一百十五度九六四一	一百二十九度九五一八
二十五日	八十七度四四六五	一百〇一度六五九五	一百十五度六四七二	一百二十九度三七四三
二十六日	八十七度一八一三	一百〇一度一六九〇	一百十四度八九六一	一百二十八度三四〇七
二十七日	八十六度五五二七	一百〇〇度二七九八	一百十三度七二四四	一百二十七度九五九七

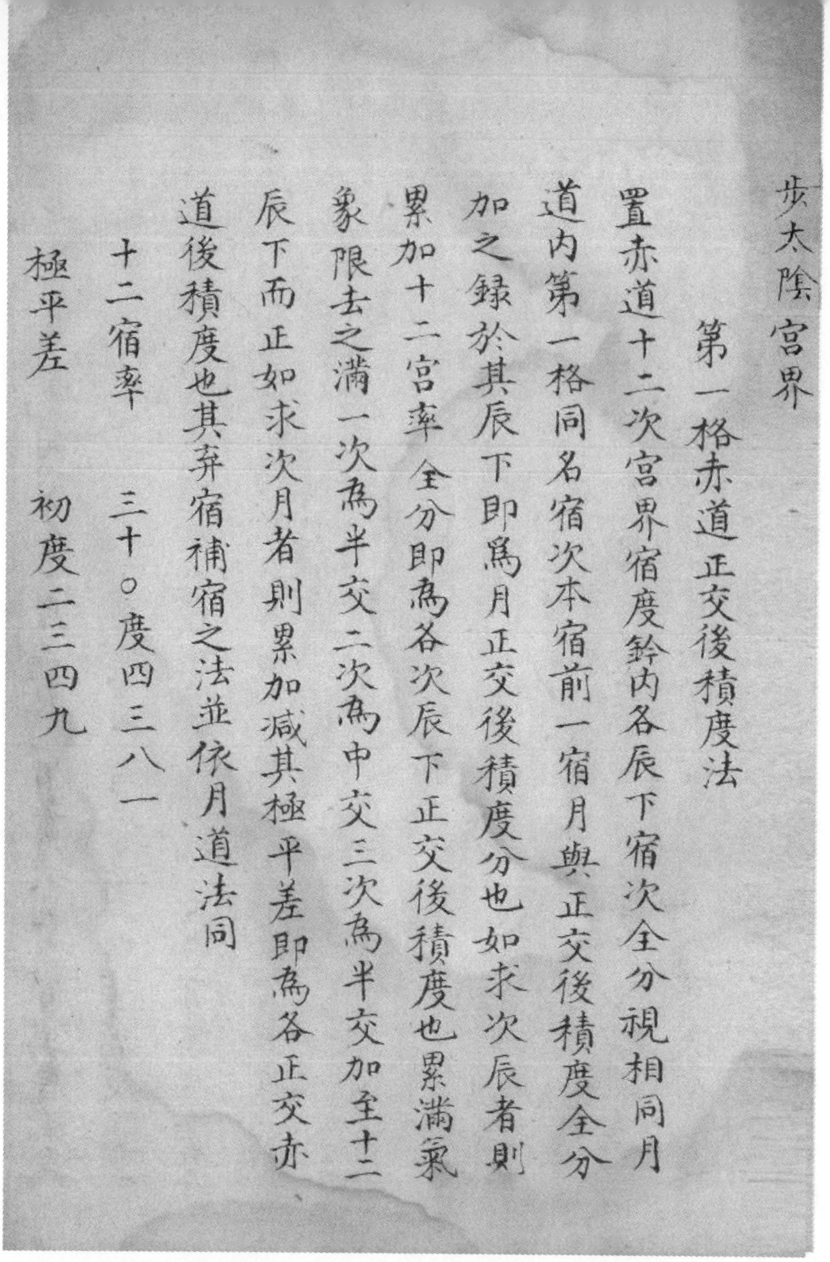
步太陰宮界
第一格赤道正交後積度法
置赤道十二次宮界宿度鈐内各辰下宿次全分視相同月
道内第一格同名宿次本宿前一宿月與正交後積度全分
加之録於其辰下即爲月正交後積度分也如求次辰者則
累加十二宮率全分即為各次辰下正交後積度也累滿氣
象限去之滿一次為半交二次為中交三次為半交加至十二
辰下而正如求次月者則累加減其極平差即為各正交赤
道後積度也其弃宿補宿之法並依月道法同
十二宿率　三十〇度四三八一
極平差　初度二三四九

步太陰宮界

第一格赤道正交後積度法

置赤道十二次宮界宿度鈐内各辰下宿次全分，視相同月道内第一格同名宿次，本宿前一宿月與正交後積度全分加之，録於其辰下，即為月正交後積度分也。如求次辰者，則累加十二宮率全分，即為各次辰下正交後積度也，累滿氣象限去之，滿一次為半交，二次為中交，三次為半交，加至十二辰下而正。如求次月者，則累加減其極平差，即為各正交赤道後積度也。其弃宿補宿之法，並依月道法同。

十二宿率	三十〇度四三八一
極平差	初度二三四九

赤道十二宮界宿次鈐

危	十二度二六一五	入亥	奎	一度五六九六	入戌	胃	三度六三七八	入酉
畢	七度一七五九	入申	井	八度〇六四六	入未	柳	四度〇〇二一	入午
張	十四度八四〇三	入巳	軫	九度二七八四	入辰	氐	一度一一六五	入卯
尾	三度一五四六	入寅	斗	四度〇九二八	入丑	女	二度一三〇九	入子

第平[1]格初末限法

置各赤道正交後積度全分，視在半象限以下為初限，以上與氣象限相減，餘為末限度分也。

第三格定差度法

置各月再標定限度全分，內與其初限、或末限度分相減相乘，得數為定差度分也，録止秒。正中交為加差，半交為減差。

1“平”當作“二”。

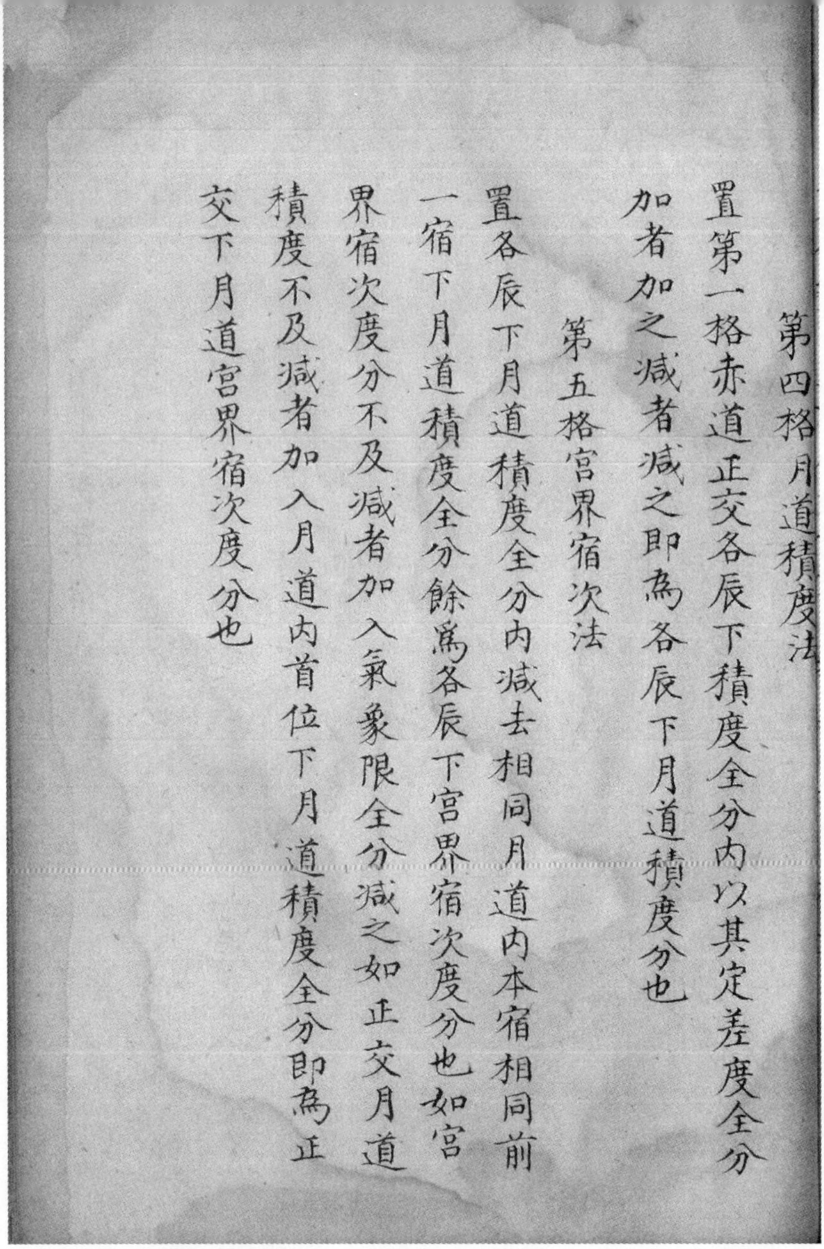

第四格月道積度法
置第一格赤道正交各辰下積度全分内以其定差度全分
加者加之減者減之即為各辰下月道積度分也
第五格宮界宿次法
置各辰下月道積度全分内減去相同月道内本宿相同前
一宿下月道積度全分餘為各辰下宮界宿次度分也如宮
界宿次度分不及減者加入氣象限全分減之如正交月道
積度不及減者加入月道内首位下月道積度全分即為正
交下月道宮界宿次度分也

第四格月道積度法

置第一格赤道正交各辰下積度全分，内以其定差度全分，加者加之，減者減之，即為各辰下月道積度分也。

第五格宮界宿次法

置各辰下月道積度全分，内減去相同月道内本宿相同前一宿下月道積度全分，餘為各辰下宮界宿次度分也。如宮界宿次度分不及減者，加入氣象限全分減之。如正交月道積度不及減者，加入月道内首位下月道積度全分，即為正交下月道宮界宿次度分也。

步太陰細行

第一格各月大小并定朔弦望日法

凡各月大小皆視氣朔内，大則列三十日，小則列二十九日。其朔與弦望日辰當依九道内定朔弦望日某甲子日辰，依次録之，即為各月大小并朔弦望日辰也。

第二格盈縮日法

視九道第二格定盈縮曆日大餘，照依其上朔與弦望下，録之盈若干日，縮若干日，以逐日一、二排之，滿一百八十二日，又起初日，盈滿交縮初日，縮滿交盈初日，其前段接次段或有重之日者，有欠一日者，俱勿生疑，自然如此。各以段日，另挨排之。

太陰閏日轉積度立成

晨昏日	相距六日	相距七日	相距八日	相距九日
十八日				
十九日			一百十一度三二九九	一百二十六度〇〇六三
二十日		九十八度二五四六	一百一十二度九三一〇	一百二十七度四八八三
二十一日	八十四度九一六九	九十九度五九三三	一百一十四度一五〇六	一百二十八度五五三五
二十二日	八十六度〇二二一	一百〇〇度五七九四	一百十四度九八二三	一百二十九度一九五三
二十三日	八十六度七二八三	一百〇七度一三一二	一百一十五度〇一四四二	一百二十九度三三一九
二十四日	八十七度〇三五七	一百〇一度二四八七	一百一十五度二三六四	一百二十八度九六五
二十五日	八十六度九四四一	一百〇〇度九三一八	一百十四度六五八九	一百二十八度一〇三五
二十六日	八十六度五四三六	一百〇〇度一八〇七	一百一十三度六二五三	一百一十六度八六〇六

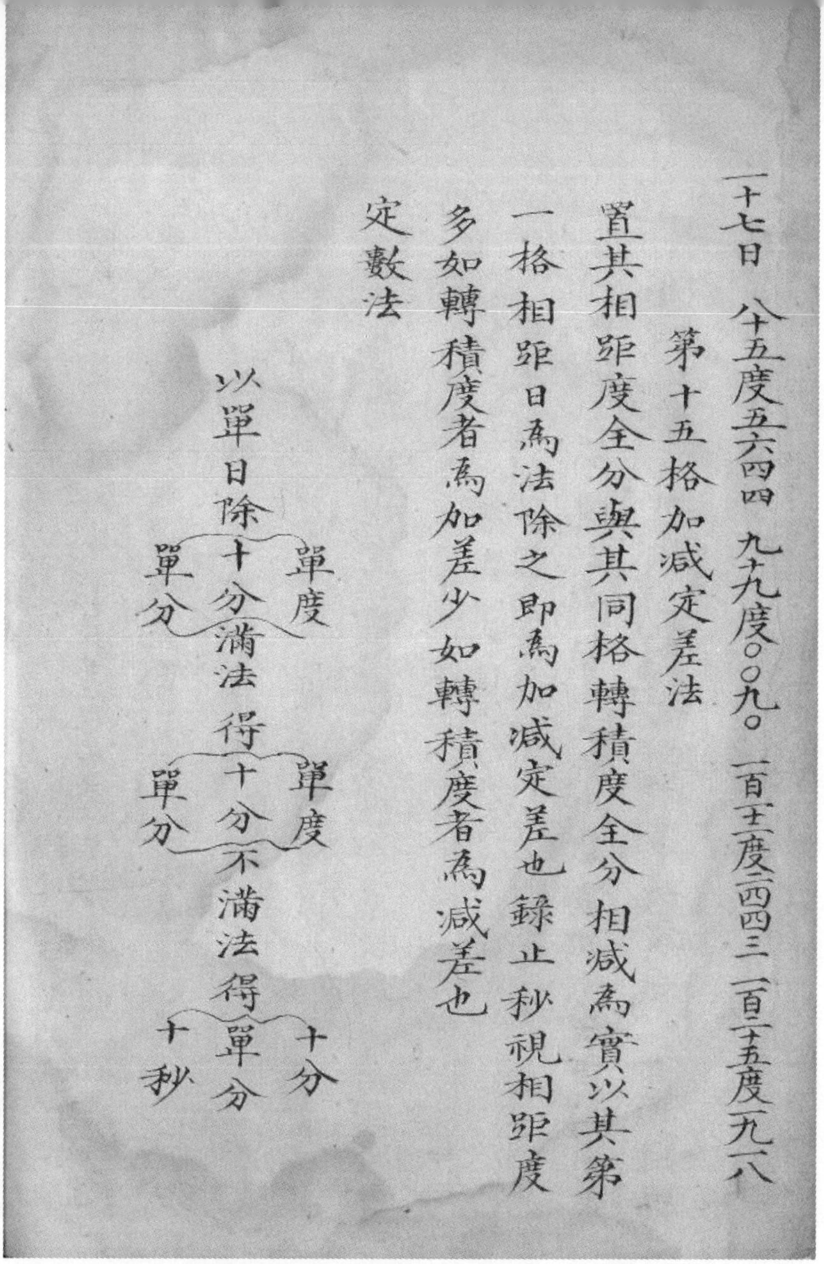
一十七日　八十五度五六四四　九十九度〇〇九〇　一百十二度二四四三　一百二十五度一九一八
第十五格加減定差法
置其相距度全分與其同格轉積度全分相減為實以其第一格相距日為法除之即為加減定差也録止秒視相距度多如轉積度者為加差少如轉積度者為減差也
定數法
以單日除 單度 十分 單分 滿法得 單度 十分 單分 不滿法得 十分 單分 十秒

一十七日[1]	八十五度五六四四	九十九度〇〇九〇	一百一十二度二四四三	一百二十五度一九一八

第十五格加減定差法[2]

置其相距度全分，與其同格轉積度全分，相減為實，以其第一格相距日為法除之，即為加減定差也，録止秒。視相距度多如轉積度者為加差，少如轉積度者為減差也。

定數法

以單日除 {單度 十分 單分}　滿法得 {單度 十分 單分}　不滿法得 {十分 單分 十秒}

1“一十七日”當作“二十七日”。

2 此格應屬於上一節“步太陰九道”部分的內容。

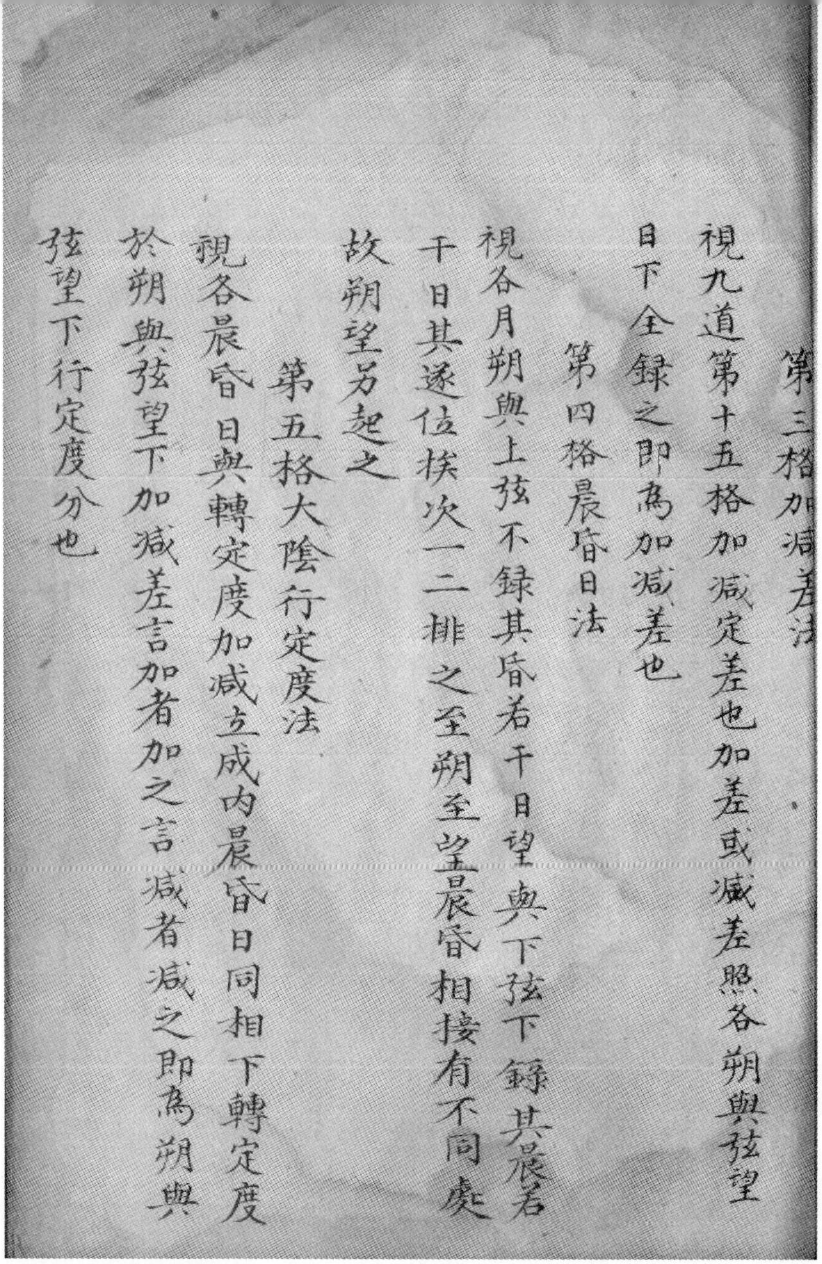
第三格加減差法
視九道第十五格加減定差也加差或減差照各朔與弦望日下全録之即為加減差也
第四格晨昏日法
視各月朔與上弦不録其昏若干日望與下弦下録其晨若干日其遂位挨次一二排之至朔至望晨昏相接有不同處故朔望另起之
第五格大陰行定度法
視各晨昏日與轉定度加減立成内晨昏日同相下轉定度於朔與弦望下加減差言加者加之言減者減之即為朔與弦望下行定度分也

第三格加減差法

視九道第十五格加減定差也，加差或減差，照各朔與弦望日下全録之，即為加減差也。

第四格晨昏日法

視各月朔與上弦不[1]録其昏若干日，望與下弦下録其辰若干日，其遂位挨次一、二排之，至朔望晨昏相接有不同處，故朔望另起之。

第五格大陰[2]行定度法

視各晨昏日轉定度加減立成内晨昏日同相下轉定度，於朔與弦望下加減差，言加者加之，言減者減之，即為朔與弦望下行定度分也。

1“不”當作“下”。
2“大陰”當作“太陰”。

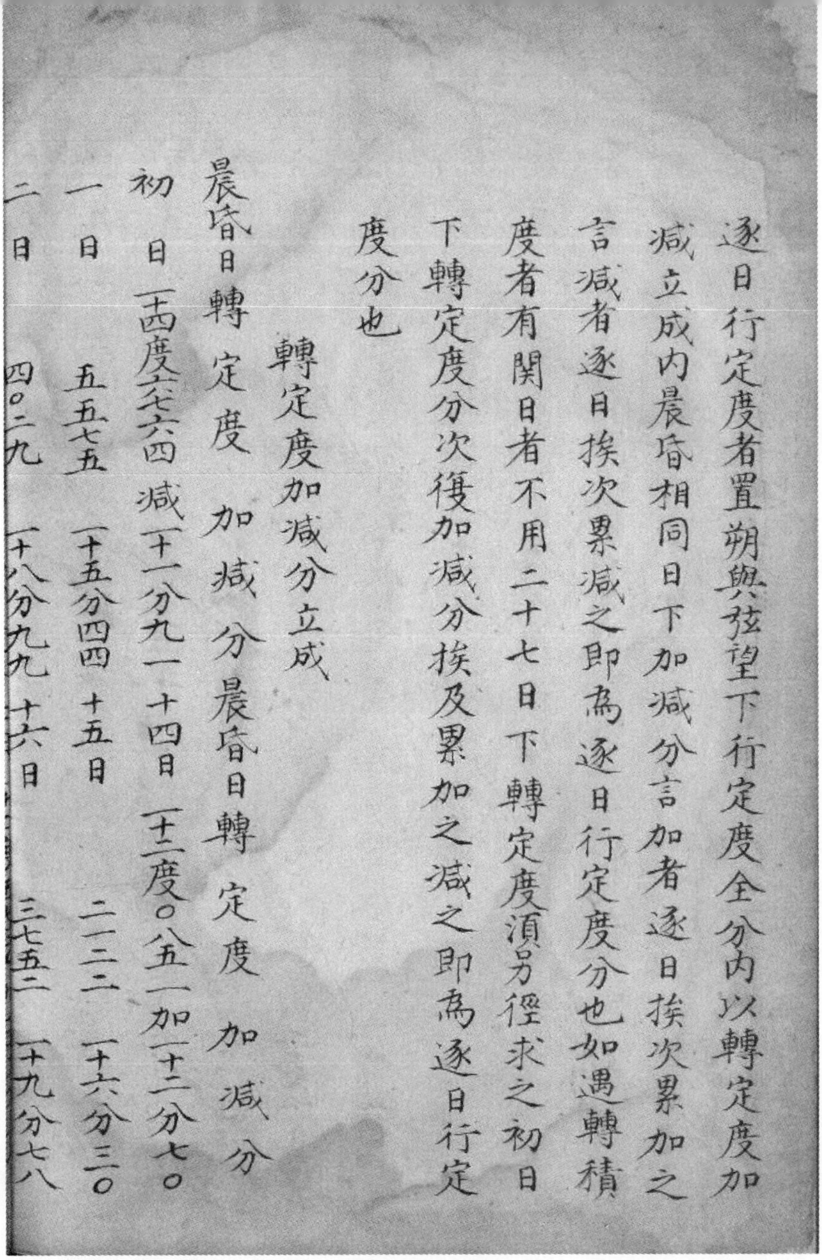

逐日行定度者置朔與弦望下行定度全分內以轉定度加減立成內晨昏相同日下加減分言加者逐日挨次累加之言減者逐日挨次累減之即為逐日行定度分也如遇轉積度者有閧日者不用二十七日下轉定度須另徑求之初日下轉定度分次復加減分挨及累加之減之即為逐日行定度分也

轉定度加減分立成

晨昏日 轉定度 加減分 晨昏日 轉定度 加減分
初日 十四度六七六四 減一十一分九一 十四日 十二度〇八五一 加一十二分七〇
一日 五五七五 一十五分四四 十五日 二一二二 一十六分三〇
二日 四〇二九 一十八分九九 十六日 三七五二 一十九分七八

逐日行定度者，置朔與弦望下行定度全分，內以轉定度加減立成內晨昏相同日下加減分，言加者，逐日挨次累加之，言減者，逐日挨次累減之，即為逐日行定度分也。如遇轉積度者，有閧[1]日者，不用二十七日下轉定度，須另徑求之初日下轉定度分，次復加減分，挨及累加之、減之，即為逐日行定度分也。

轉定度加減分立成

晨昏日	轉定度	加減分	晨昏日	轉定度	加減分
初日	十四度六七六四	減一十一分九一	十四日	十二度〇八五一	加一十二分七〇
一日	五五七五	一十五分四四	十五日	二一二二	一十六分三〇
二日	四〇二九	一十八分九九	十六日	三七五二	一十九分七八

1“閧”當作“閏”。

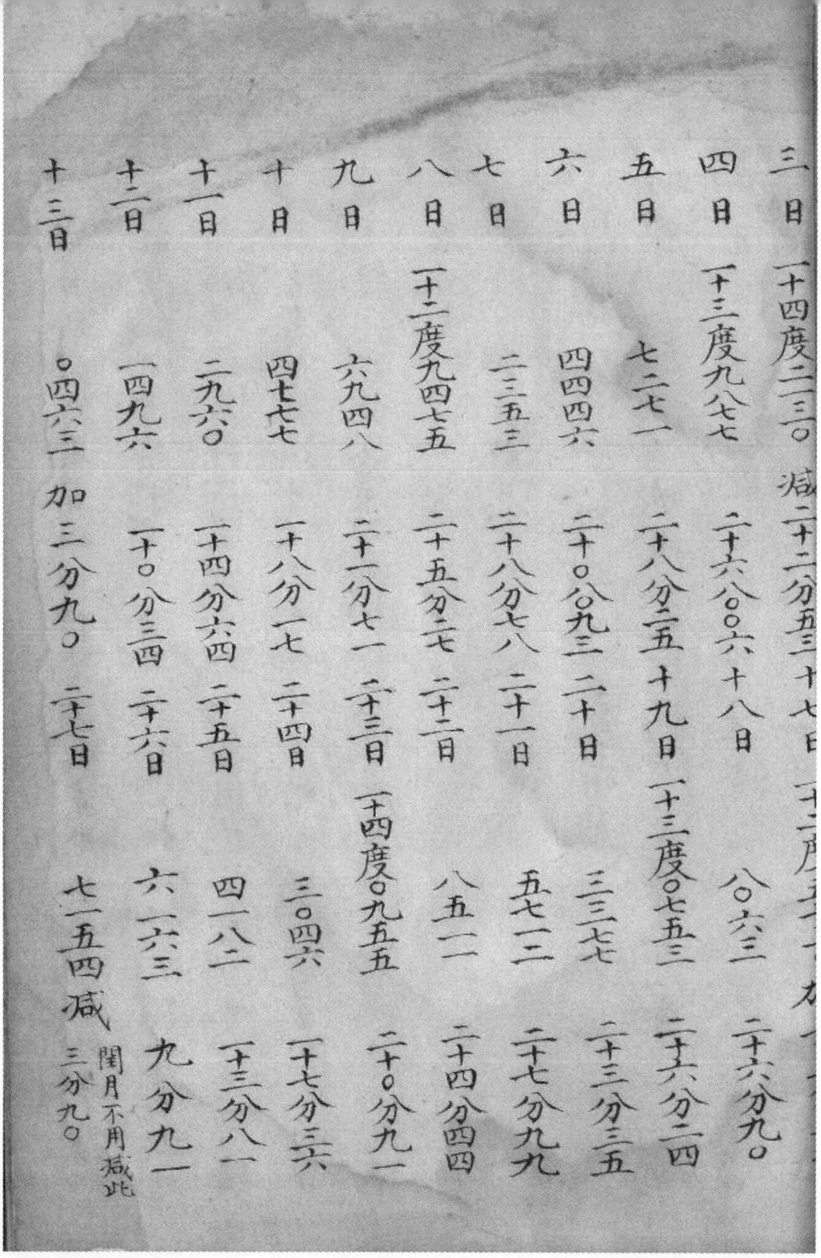

三日	十四度二一三〇	減二十二分五三	十七日	十二度五七三〇	加二十三分三三
四日	十三度九八七七	二十六八〇〇六	十八日	八〇六三	二十六分九〇
五日	七二七一	二十八分二五	十九日	十三度〇七五三	二十六分二四
六日	四四四六	二十〇分九三	二十日	三三七七	二十三分三五
七日	二三五三	二十八分七八	二十一日	五七一二	二十七分九九
八日	十二度九四七五	二十五分二七	二十二日	八五一一	二十四分四四
九日	六九四八	二十一分七一	二十三日	十四度〇九五五	二十〇分九一
十日	四七七七	一十八分一七	二十四日	三〇四六	一十七分三六
十一日	二九六〇	一十四分六四	二十五日	四七八三	一十三分八一
十二日	一四九六	一十〇分三四	二十六日	六一六三	九分九一
十三日	〇四六三	加三分九〇	二十七日	七一五四	減閏月不用減此 三分九〇

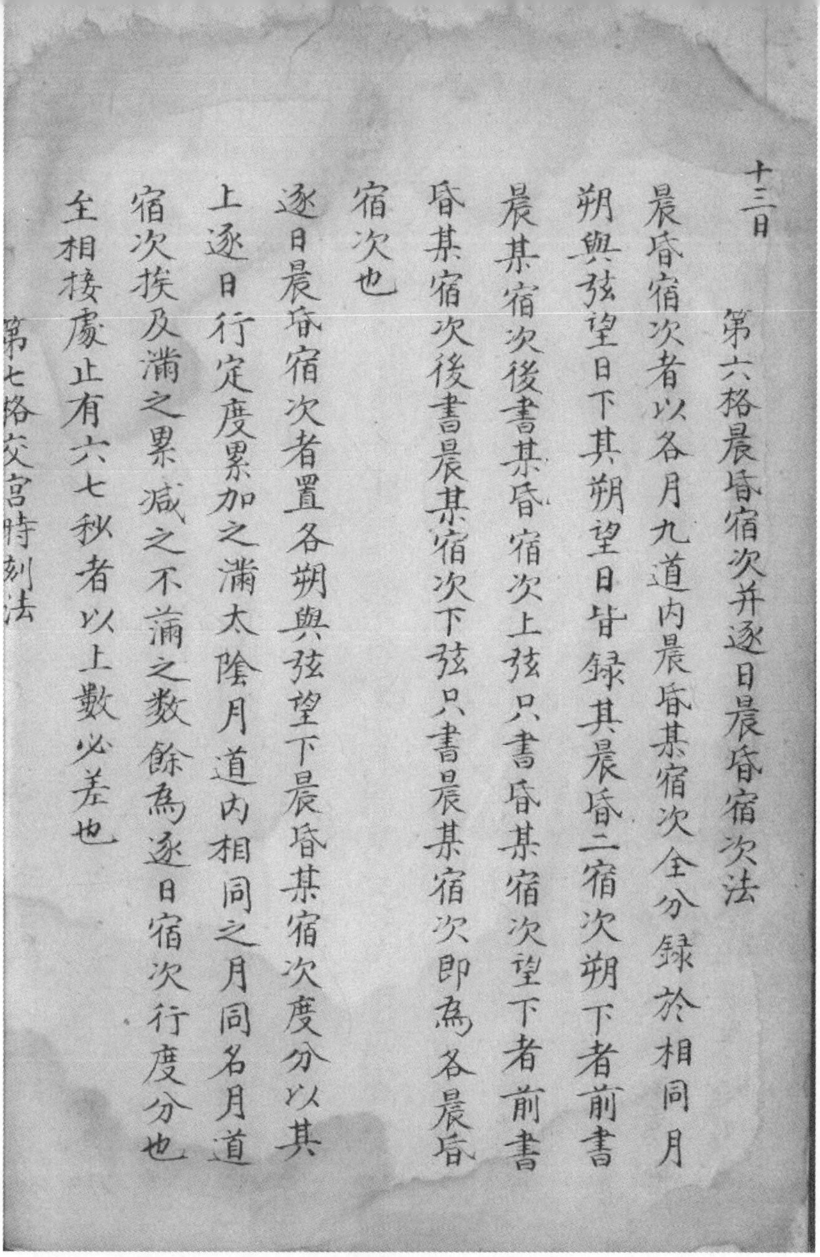
十三日
第六格晨昏宿次并逐日晨昏宿次法
晨昏宿次者以各月九道内晨昏某宿次全分録於相同月朔與弦望日下其朔望日皆録其晨昏二宿次朔下者前書晨某宿次後書某昏宿次上弦只書昏某宿次望下者前書昏某宿次後書晨某宿次下弦只書晨某宿次即為各晨昏宿次也
逐日晨昏宿次者置各朔與弦望下晨昏某宿次度分以其上逐日行定度累加之滿太陰月道内相同之月同名月道宿次挨及滿之累減之不滿之數餘為逐日宿次行度分也至相接處止有六七秒者以上數必差也
第七格交宮時刻法

十三日[1]

第六格晨昏宿次并逐日晨昏宿次法

晨昏宿次者，以各月九道内晨昏某宿次全分，録於相同月朔與弦望日下，其朔望日皆録其晨昏二宿次。朔下者，前書晨某宿次，後書某昏[2]宿次，上弦只書昏某宿次，望下者，前書昏某宿次，後書晨某宿次，下弦只書晨某宿次，即為各晨昏宿次也。

逐日晨昏宿次者，置各朔與弦望下晨昏某宿次度分，以其上逐日行定度累加之，滿太陰月道内相同之月同名月道宿次挨及滿之累減之，不滿之數，餘為逐日宿次行度分也。至相接處止又六七秒者，以上數必差也。

第七格交宮時刻法

1“十三日”為衍文。
2“某昏”當作“昏某”。

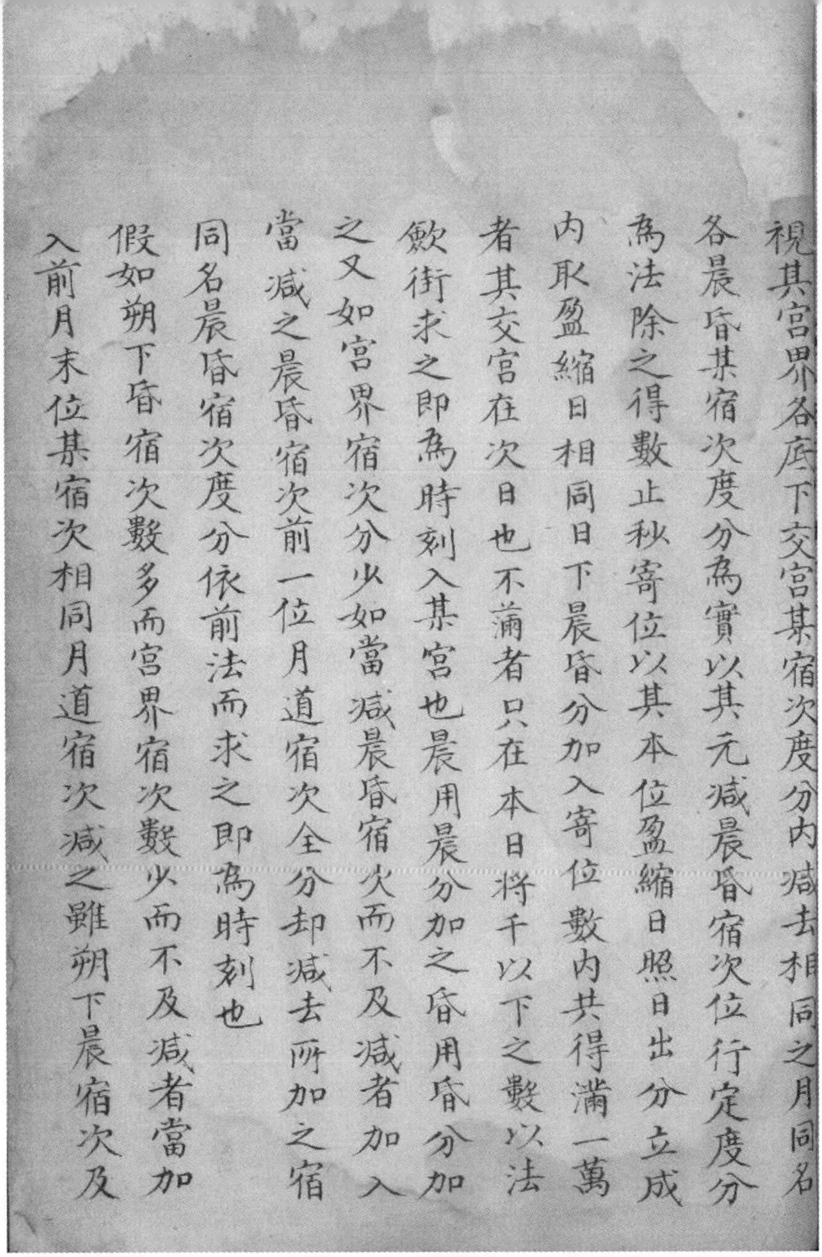

視其宮界各底下交宮某宿次度分內減去相同之月同名
各晨昏某宿次度分為實以其元減晨昏宿次位行定度分
為法除之得數止秒寄位以其本位盈縮日照日出分立成
內取盈縮日相同日下晨昏分加入寄位數內共得滿一萬
者其交宮在次日也不滿者只在本日將千以下之數以法
歛街求之即為時刻入某宮也晨用晨分加之昏用昏分加
之又如宮界宿次分少如當減晨昏宿次而不及減者加入
當減之晨昏宿次前一位月道宿次全分却減去所加之宿
同名晨昏宿次度分依前法而求之即為時刻也
假如朔下昏宿次數多而宮界宿次數少而不及減者當加
入前月末位某宿次相同月道宿次減之雖朔下晨宿次及

視其宮界各底下交宮某宿次度分，內減去相同之月同名各晨昏某宿次度分為實，以其元減晨昏宿次位行定度分為法除之，得數止秒寄位。以其本位盈縮日，照日出分立成內，取盈縮日相同日下晨昏分，加入寄位，數內共得滿一萬者，其交宮在次日也，不滿者，只在本日。將千以下之數，以法[1]斂街[2]求之，即為時刻入某宮也，晨用晨分加之，昏用昏分加之。又如宮界宿次分少如當減晨昏宿次，而不及減者，加入當減之晨昏宿次前一位月道宿次全分，却減去所加之宿，同名晨昏宿次度分依前法而求之，即為時刻也。

假如朔下昏宿次數多，而宮界宿次數少，而不及減者，當加入前月末位某宿次相同月道宿次減之，雖朔下晨昏次及

1“法”當作“發”。
2“街”當作“術”。

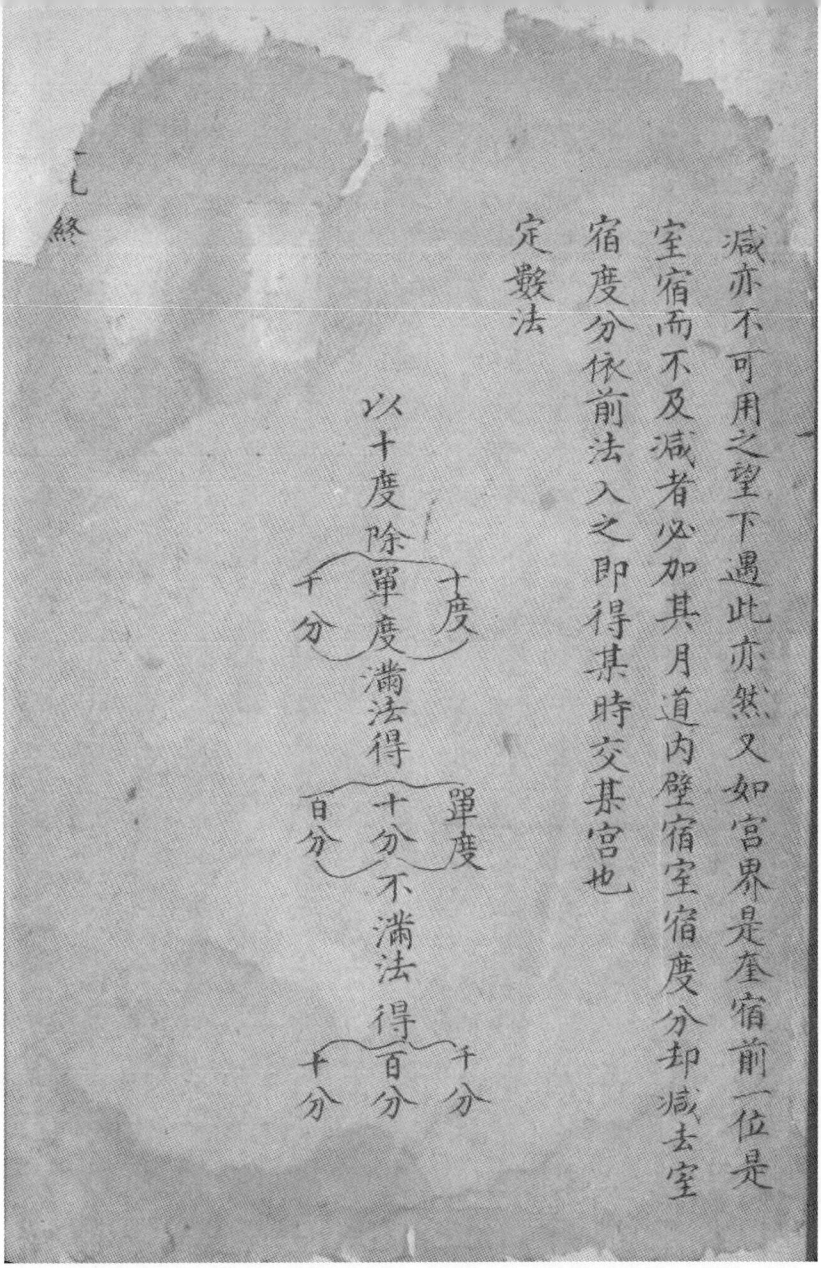
減亦不可用之望下遇此亦然又如宮界是奎宿前一位是
室宿而不及減者必加其月道内壁宿室宿度分却減去室
宿度分依前法入之即得某時交某宮也
定數法
以十度除 十度 單度 千分 滿法得 單度 十分 百分 不滿法得 千分 百分 十分
終

減，亦不可用之，望下遇此亦然。又如宮界是奎宿前一位是室宿，而不及減者，必加其月道内壁宿、室宿度分，却減去室宿度分，依前法入之，即得某時交某宮也。

定數法

以十度除	十度 單度 千分	滿法得	單度 十分 百分	不滿法得	千分 百分 十分

《太陰通軌》終

《大明大統曆法》校注

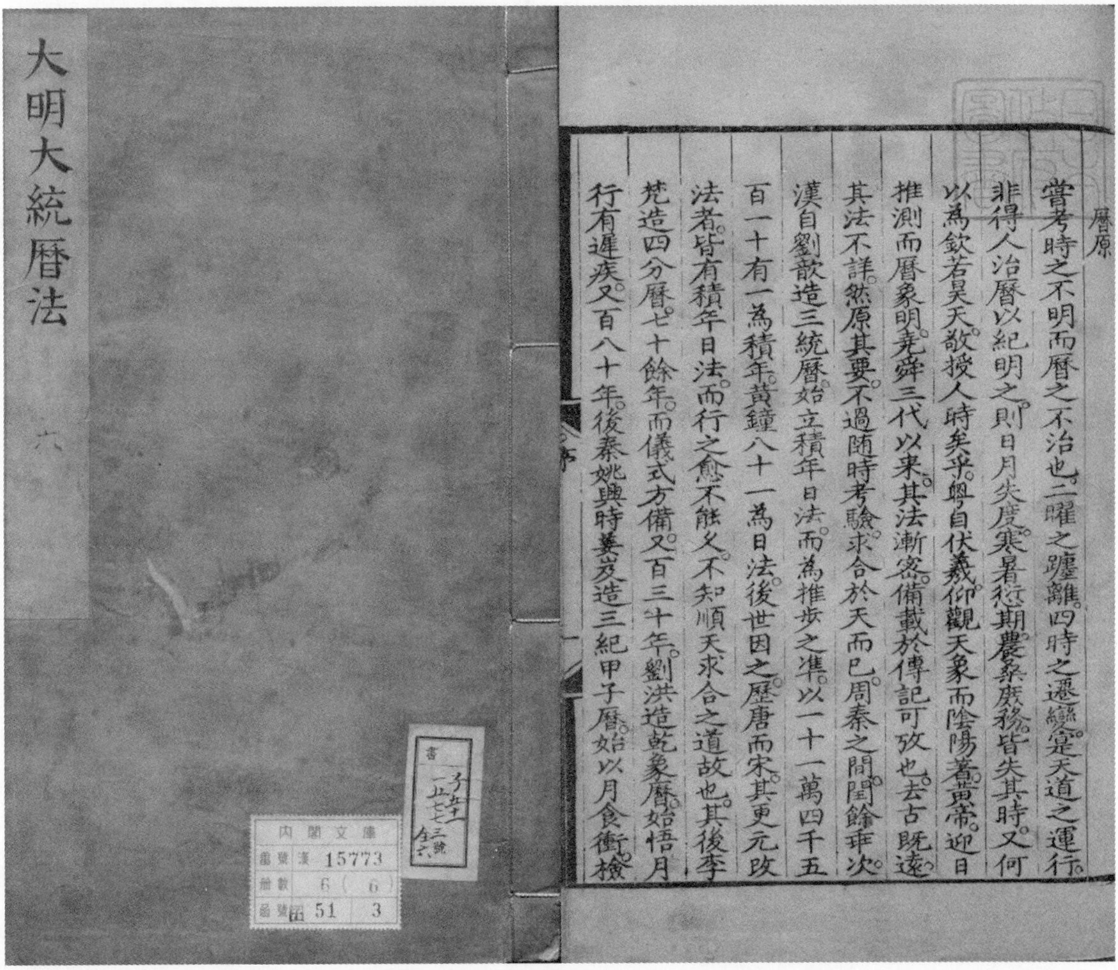
大明大統曆法 六

曆原

嘗考時之不明而曆之不治也二曜之躔離四時之遷變定天道之運行
非得人治曆以紀明之則日月失度寒暑愆期農桑廢務皆失其時又何
以為欽若昊天敬授人時矣乎粤自伏羲仰觀天象而陰陽著黃帝迎日
推測而曆象明堯舜三代以来其法漸密備載於傳記可攷也去古既遠
其法不詳然原其要不過隨時考驗求合於天而已周秦之間閏餘乖次
漢自劉歆造三統曆始立積年日法而為推步之凖以一十一萬四千五
百一十有一為積年黃鍾八十一為日法後世因之歷唐而宋其更元改
法者皆有積年日法而行之愈不能久不知順天求合之道故也其後李
梵造四分曆七十餘年而儀式方備又百三十年劉洪造乾象曆始悟月
行有遲疾又百八十年後秦姚興時姜岌造三紀甲子曆始以月食衝檢

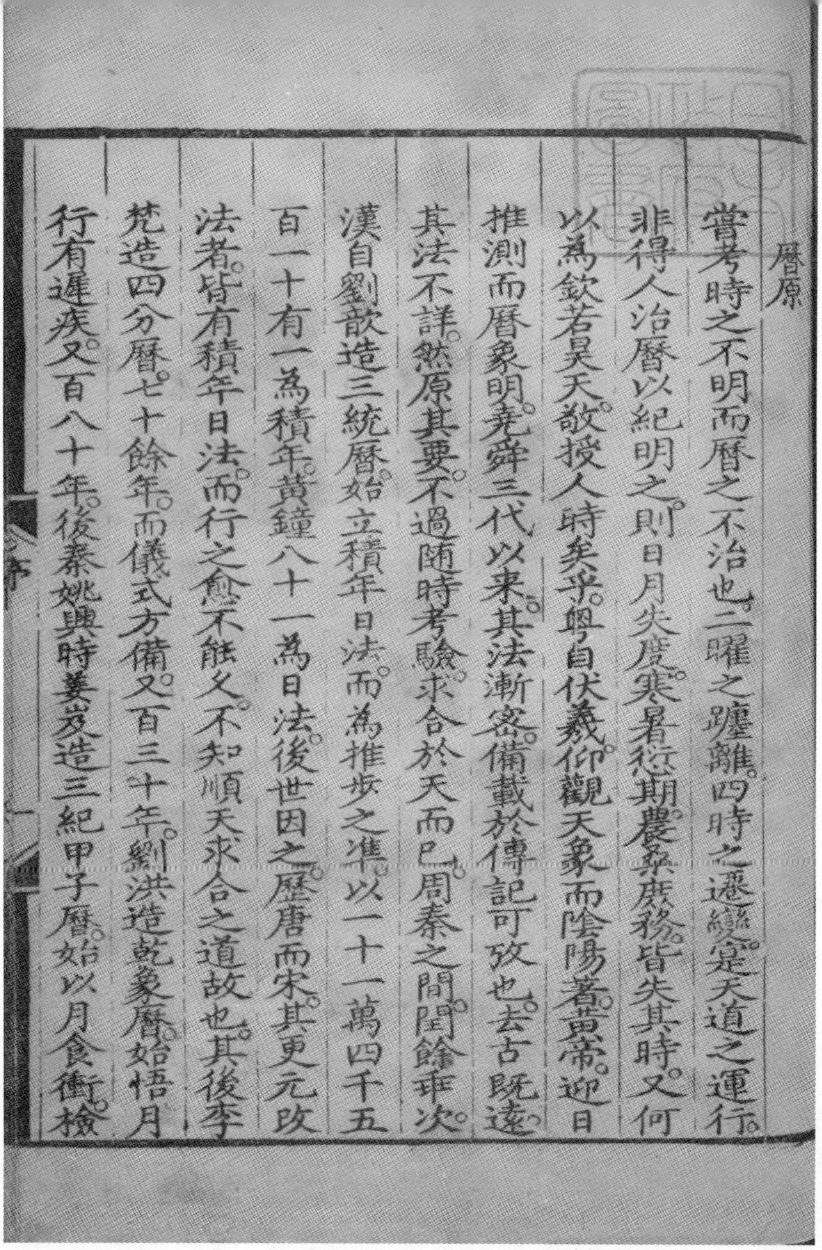
曆原
嘗考時之不明而曆之不治也二曜之躔離四時之遷變寔天道之運行
非得人治曆以紀明之則日月失度寒暑愆期農桑庶務皆失其時又何
以為欽若昊天敬授人時矣乎粵自伏羲仰觀天象而陰陽著黃帝迎日
推測而曆象明堯舜三代以來其法漸密備載於傳記可攷也去古既遠
其法不詳然原其要不過隨時考驗求合於天而已周秦之間閏餘乖次
漢自劉歆造三統曆始立積年日法而為推步之準以一十一萬四千五
百一十有一為積年黃鐘八十一為日法後世因之歷唐而宋其更元改
法者皆有積年日法而行之愈不能久不知順天求合之道故也其後李
梵造四分曆七十餘年而儀式方備又百三十年劉洪造乾象曆始悟月
行有遲疾又百八十年後秦姚興時姜岌造三紀甲子曆始以月食衝檢

曆原

嘗考時之不明，而曆之不治也，二曜之躔離，四時之遷變，寔天道之運行，非得人治曆以紀明之，則日月失度，寒暑愆期，農桑庶務，皆失其時，又何以為欽若昊天，敬授人時矣乎？粵自伏羲仰觀天象而陰陽著，黃帝迎日推測而曆象明，堯舜三代以來其法漸密，備載於傳記可攷也。去古既遠，其法不詳。然原其要，不過隨時考驗，求合於天而已。周秦之間，閏餘乖次。漢自劉歆[1]造《三統曆》始，立積年日法，而為推步之準。以一十一萬四千五百一十有一為積年，黃鐘八十一為日法。後世因之，歷唐而宋，其更元改法者，皆有積年日法，而行之愈不能久，不知順天求合之道，故也。其後李梵[2]造《四分曆》，七十餘年而儀式方備。又百三十年，劉洪[3]造《乾象曆》，始悟月行有遲疾。又百八十年，後秦姚興[4]時姜岌[5]造《三紀甲子曆》，始以月食衝檢

1 劉歆，字子駿，西漢經學家、目錄學家、天文學家。劉歆據《太初曆》改編為《三統曆》，《續漢書・律曆志》稱："自太初元年始用三統曆，施行百有餘年"，三統曆的法數基本依據太初曆，包括日躔、五星、交會、土王、中星等內容，是中國第一部存世的完整曆法。

2 李梵，東漢清河（今河北）人，章帝元和二年（85年）奉詔造《四分曆》。

3 劉洪，字元卓，山東蒙陰人，魯王的宗室。東漢桓帝延熹中應太史徵召至洛陽，參與天文工作，編制有《乾象曆》，其創法很多，比《四分曆》精密，為後世曆法之師法。但因靈帝末年政權動蕩，乾象曆未被採用，至吳黃武二年（223年）始頒行。

4 後秦文桓帝姚興（366–416年）。

5 姜岌。後秦天水人，曾造《三紀甲子元曆》，並創造了用月食測定太陽位置的方法。

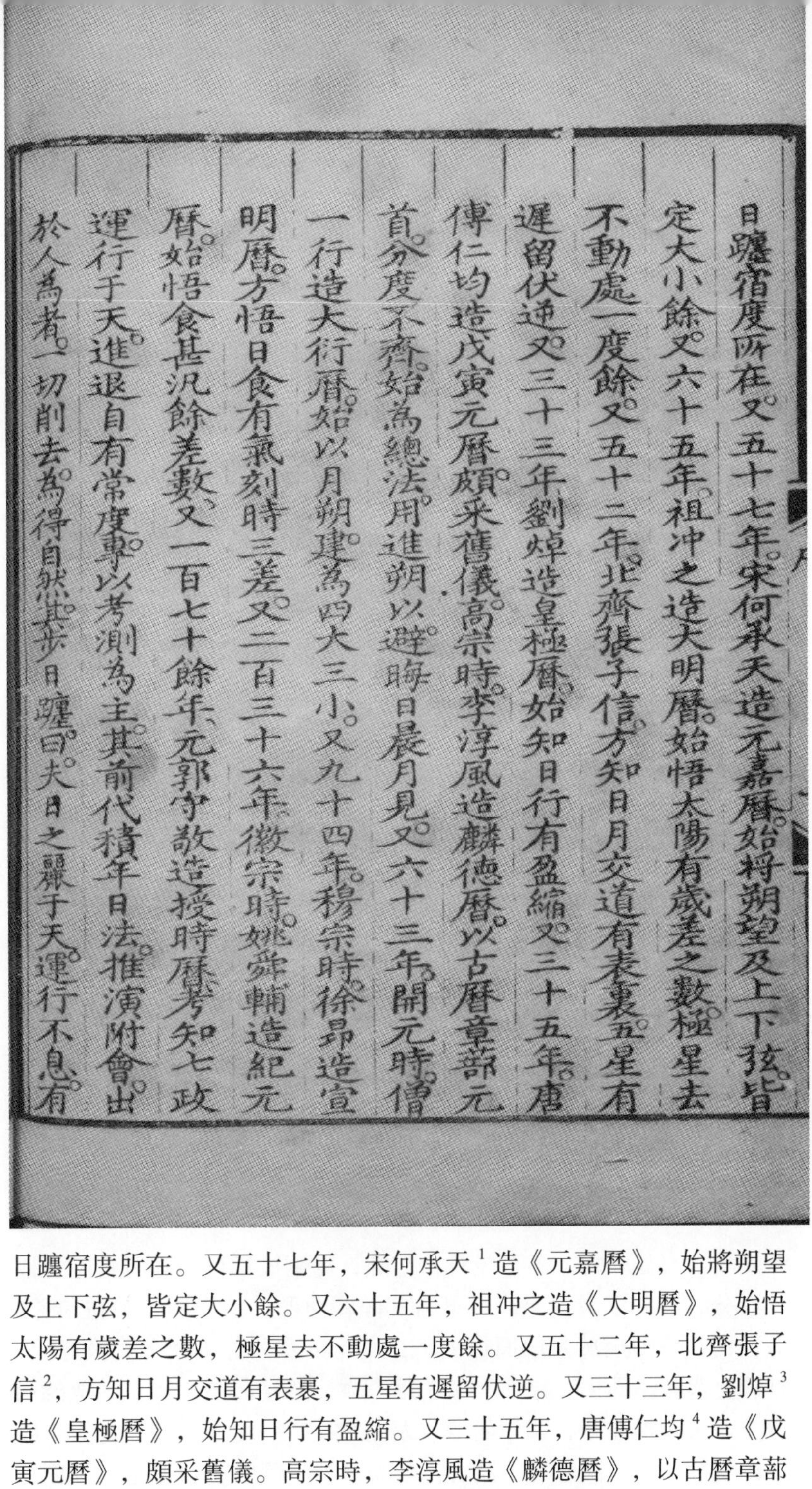
日躔宿度所在又五十七年宋何承天造元嘉曆始將朔望及上下弦皆
定大小餘又六十五年祖冲之造大明曆始悟太陽有歲差之數極星去
不動處一度餘又五十二年北齊張子信方知日月交道有表裏五星有
遲留伏逆又三十三年劉焯造皇極曆始知日行有盈縮又三十五年唐
傅仁均造戊寅元曆頗采舊儀高宗時李淳風造麟德曆以古曆章蔀元
首分度不齊始為總法用進朔以避晦日晨月見又六十三年開元時僧
一行造大衍曆始以月朔建為四大三小又九十四年穆宗時徐昂造宣
明曆方悟日食有氣刻時三差又二百三十六年徽宗時姚舜輔造紀元
曆始悟食甚汎餘差數又一百七十餘年元郭守敬造授時曆考知七政
運行于天進退自有常度專以考測為主其前代積年日法推演附會出
於人為者一切削去為得自然其步日躔曰夫日之麗于天運行不息有

日躔宿度所在。又五十七年，宋何承天[1]造《元嘉曆》，始將朔望及上下弦，皆定大小餘。又六十五年，祖冲之造《大明曆》，始悟太陽有歲差之數，極星去不動處一度餘。又五十二年，北齊張子信[2]，方知日月交道有表裏，五星有遲留伏逆。又三十三年，劉焯[3]造《皇極曆》，始知日行有盈縮。又三十五年，唐傅仁均[4]造《戊寅元曆》，頗采舊儀。高宗時，李淳風造《麟德曆》，以古曆章蔀元首分度不齊，始為總法，用進朔以避晦日晨月見。又六十三年，開元時僧一行造《大衍曆》，始以月朔建，為四大三小。又九十四年，穆宗時，徐昂[5]造《宣明曆》，方悟日食有氣刻時三差。又二百三十六年，徽宗時，姚舜輔[6]造《紀元曆》，始悟食甚汎差數。又一百七十餘年，元郭守敬造《授時曆》，考知七政運行于天，進退自有常度，專以考測為主；其前代積年日法，推演附會、出於人為者一切削去，為得自然。

其步日躔曰：夫日之麗于天，運行不息；有

1 何承天（370–447 年），東海郯（今山東郯城）人，南朝宋天文學家。編制有《元嘉曆》，於元嘉二十二年（445 年）頒行。

2 張子信，河內（今河南沁陽）人，北齊天文學家。發現日月五星的運動的不均勻性，即“日月交道有表里遲疾，五星見伏有感召向背”。還發現有太陽的不等速運動，即“月行在春分後則遲，秋分後則速”。

3 劉焯（544–610 年），字士元，信都昌亭（今河北）人。隋文帝仁壽四年（604 年）編制《皇極曆》，因保守勢力阻撓，未能頒行。

4 傅仁均，生於唐朝初年，滑州（今河南滑縣）人。原為東都道士，受太史令庾儉引薦，于武德元年（618 年）編制《戊寅元曆》，並於次年頒行。

5 徐昂，約生活于唐憲宗元和年間，長慶二年（822 年），制定成《宣明曆》，首創三差法（氣差、刻差和時差）推算日食，提高了日食推算精度，宣明曆共行用 71 年，在唐代影響頗大，並於 862 年傳至日本，一直使用至 1684 年，在日本曆法上具有舉足輕重之作用。

6 姚舜輔，北宋人。徽宗崇寧三年（1104 年）造《占天曆》，未經施行。崇寧五年（1106 年）造《紀元曆》，于大觀元年（1107 年）頒行。

冬夏焉，有盈縮焉。冬至後日行南陸，夏至後日行北陸。自冬至以及春分，春分以及夏至，日躔自北陸轉而西，西而南，於盈為益，益極而損，損至於無餘而復縮。自夏至以及秋分，秋分以及冬至，日躔自南陸轉而東，東而北，於縮為益，益極而損，損至於無餘而復盈。夫陰陽往來，馴積而變。人徒知日行一度，一歲一周天，曾不知盈縮損益，四序有不同者。冬至日行一度強，出赤道二十四度弱。自此日軌漸北，積八十八日九十一分，當春分前三日，交在赤道，實行一象限而適平。自後其盈日漸損，復行九十三日七十一分，當夏至之日，入赤道二十四度弱，實行一象限，而日行一度弱，向之盈分，盡損而無餘矣。自此日軌漸南，積九十三日七十一分，當秋分後三日，交在赤道，實行一象限而復平。自後其縮日漸損，行八十八日九十一分出赤道二十四度弱，實行一象限，復當冬至，向之縮分，盡損而無

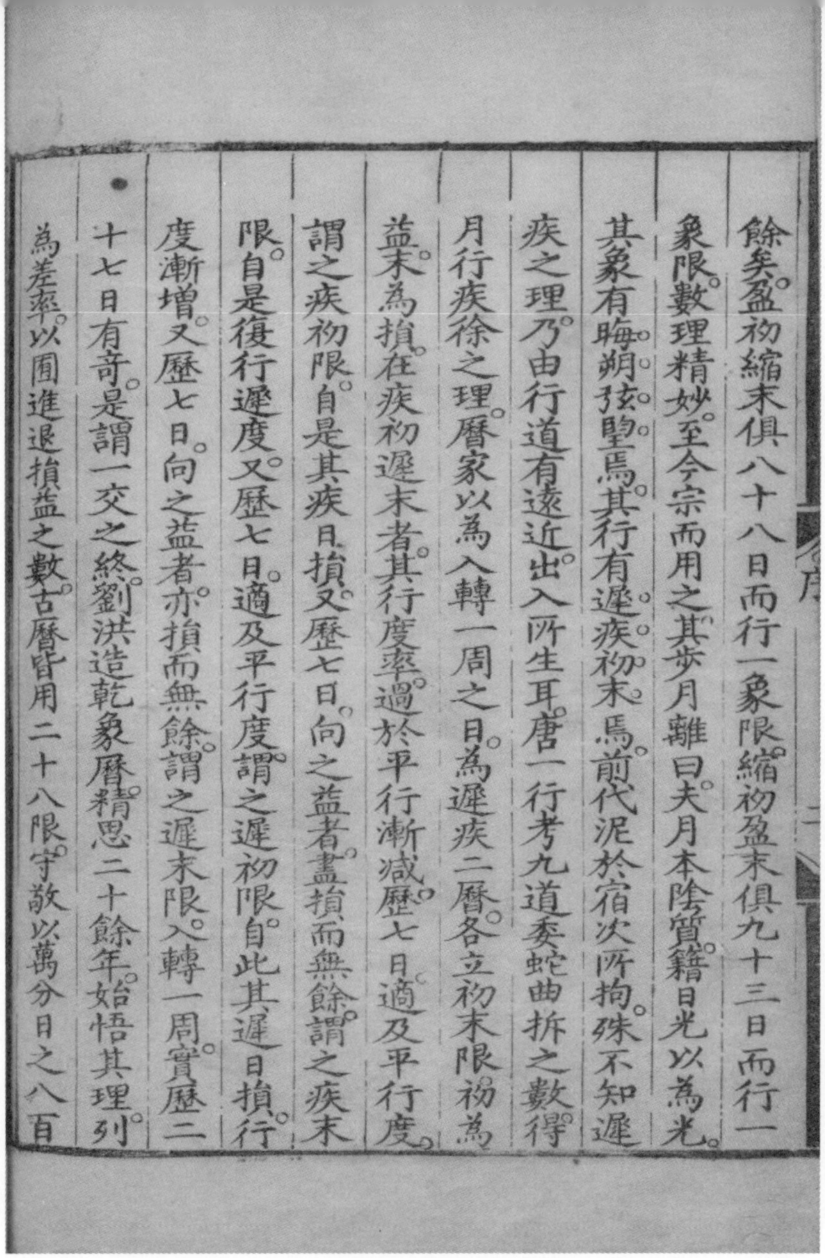

餘矣。盈初縮末俱八十八日而行一象限，縮初盈末俱九十三日而行一象限。數理精妙，至今宗而用之。

其步月離曰：夫月本陰質，籍日光以為光。其象限有晦朔弦望焉，其行有遲疾初末焉。前代泥於宿次所拘，殊不知遲疾之理，乃由行道有遠近，出入所生耳。唐一行考九道委蛇曲拆[1]之數，得月行疾徐之理。曆家以為，入轉一周之日為遲疾二曆，各立初末限。初為益，末為損。在疾初遲末者，其行度率過於平行漸減。歷七日適及平行度，謂之疾初限，自是其疾日損。又歷七日，向之益者，盡損而無餘，謂之疾末限，自是復行遲度。又歷七日，適及平行度，謂之遲初限。自此其遲日損，行度漸增。又歷七日，向之益者，亦損而無餘，謂之遲末限。入轉一周，實歷二十七日有奇，是謂一交之終。劉洪造《乾象曆》，精思二十餘年，始悟其理。列為差率，以囿進退損益之數。古曆皆用二十八限，守敬以萬分日之八百

1“拆”當作“折”。

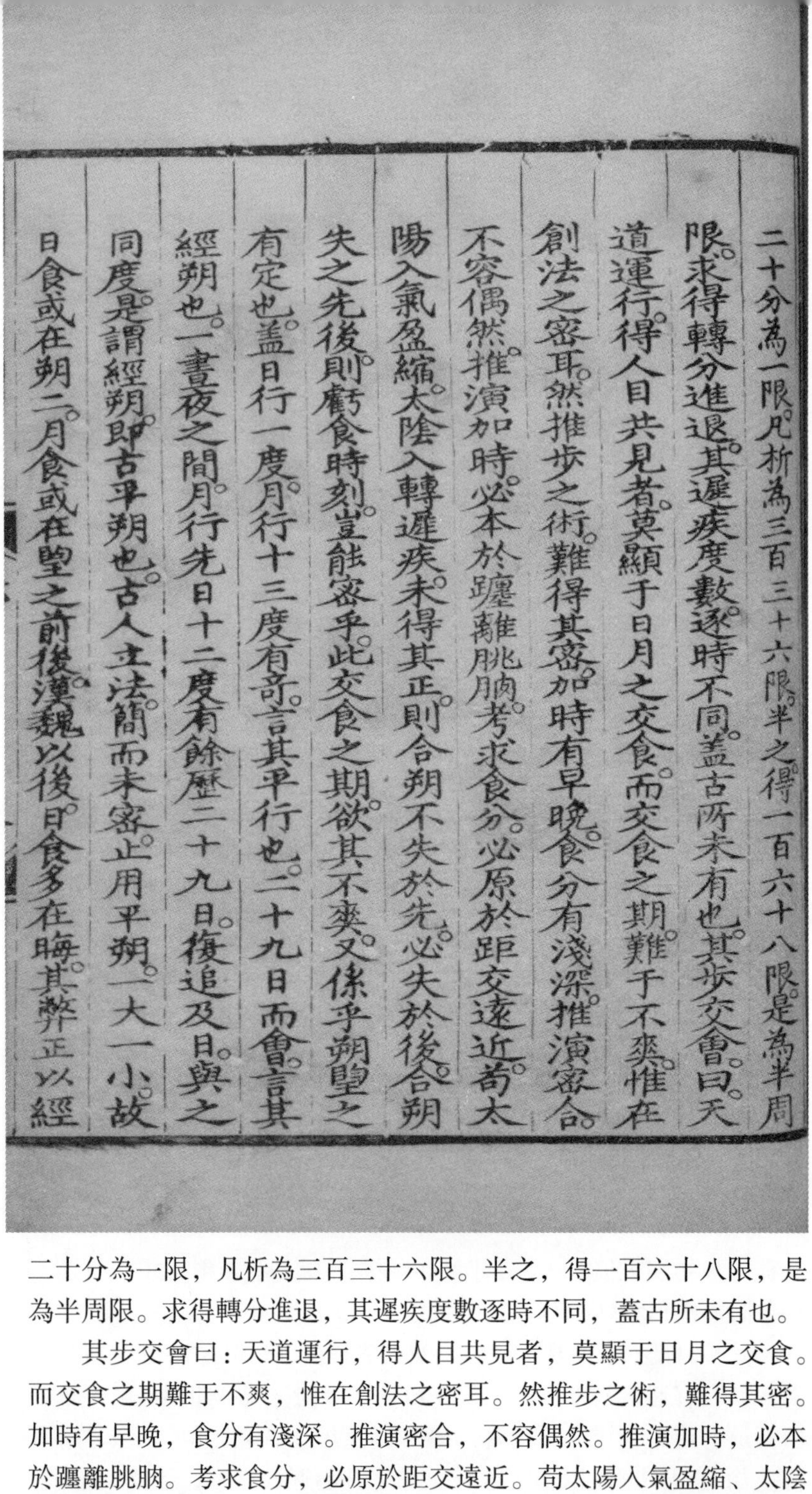
二十分為一限凡析為三百三十六限半之得一百六十八限是為半周
限求得轉分進退其遲疾度數逐時不同蓋古所未有也其步交會曰天
道運行得人目共見者莫顯于日月之交食而交食之期難于不爽惟在
創法之密耳然推步之術難得其密加時有早晚食分有淺深推演密合
不容偶然推演加時必本於躔離朓朒考求食分必原於距交遠近苟太
陽入氣盈縮太陰入轉遲疾未得其正則合朔不失於先必失於後合朔
失之先後則虧食時刻豈能密乎此交食之期欲其不爽又係乎朔望之
有定也蓋日行一度月行十三度有奇言其平行也二十九日而會言其
經朔也一晝夜之間月行先日十二度有餘歷二十九日復追及日與之
同度是謂經朔即古平朔也古人立法簡而未密止用平朔一大一小故
日食或在朔二月食或在望之前後漢魏以後日食多在晦其弊正以經

二十分為一限，凡析為三百三十六限。半之，得一百六十八限，是為半周限。求得轉分進退，其遲疾度數逐時不同，蓋古所未有也。

其步交會曰：天道運行，得人目共見者，莫顯于日月之交食。而交食之期難于不爽，惟在創法之密耳。然推步之術，難得其密。加時有早晚，食分有淺深。推演密合，不容偶然。推演加時，必本於躔離朓朒。考求食分，必原於距交遠近。苟太陽入氣盈縮、太陰入轉遲疾未得其正，則合朔不失於先，必失於後。合朔失之先後，則虧食時刻，豈能密乎？此交食之期，欲其不爽，又係乎朔望之有定也。蓋日行一度，月行十三度有奇，言其平行也。二十九日而會，言其經朔也。一晝夜之間，月行先日十二度餘。歷二十九日，復追及日，與之通度，是謂經朔，即古平朔也。古人立法，簡而未密。止用平朔，一大一小，故日食或在朔二，月食或在望之前後，漢魏以後，日食多在晦，其弊正以經

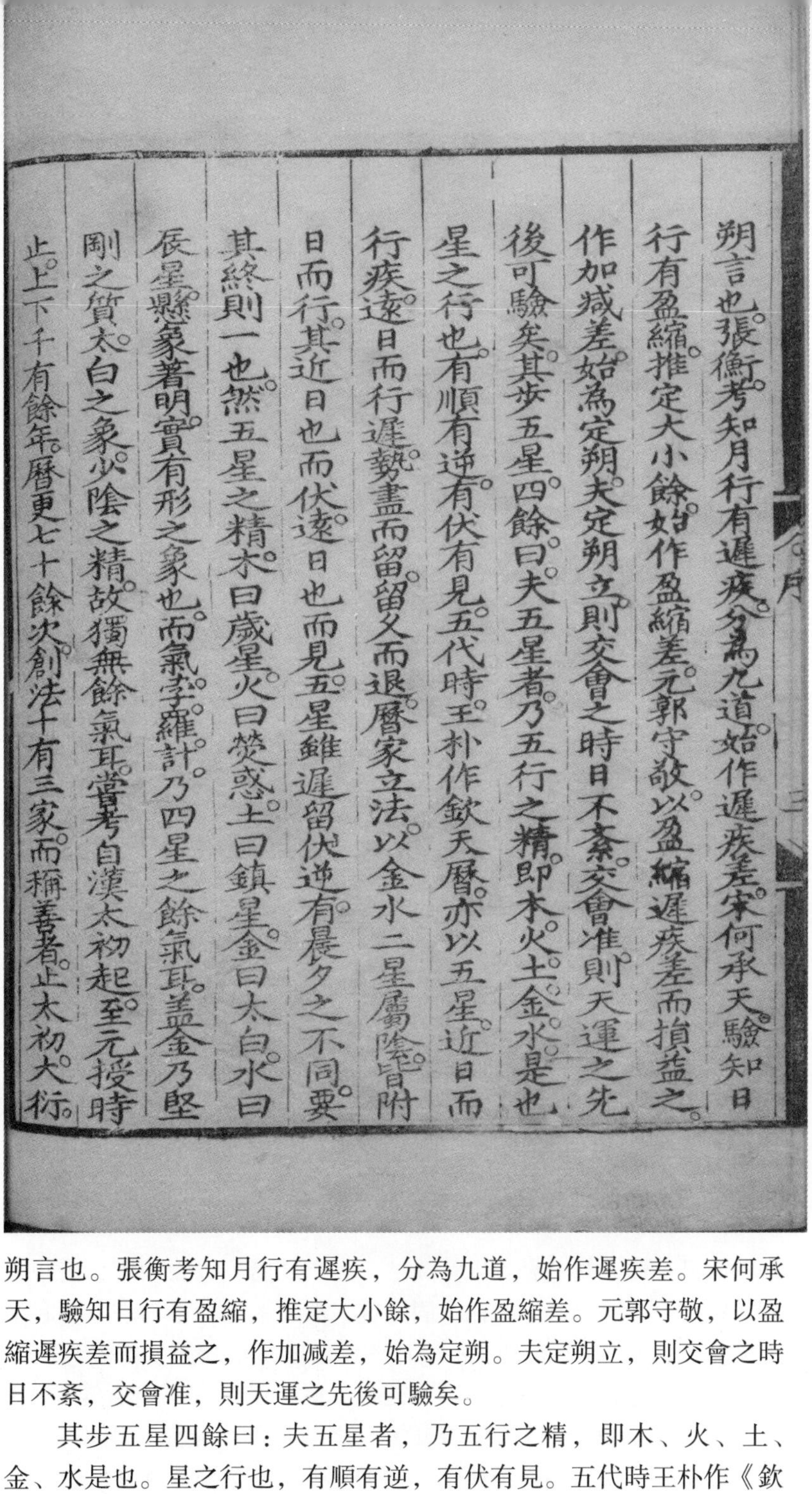
朔言也張衡考知月行有遲疾分爲九道始作遲疾差宋何承天驗知日行有盈縮推定大小餘始作盈縮差元郭守敬以盈縮遲疾差而損益之作加減差始爲定朔夫定朔立則交會之時日不紊交會准則天運之先後可驗矣其步五星四餘曰夫五星者乃五行之精即木火土金水是也星之行也有順有逆有伏有見五代時王朴作欽天曆亦以五星近日而行疾遠日而行遲勢盡而留留久而退曆家立法以金水二星屬陰皆附日而行其近日也而伏遠日也而見五星雖遲留伏逆有晨夕之不同要其終則一也然五星之精木曰歲星火曰熒惑土曰鎮星金曰太白水曰辰星懸象著明實有形之象也而氣孛羅計乃四星之餘氣耳蓋金乃堅剛之質太白之象少陰之精故獨無餘氣耳嘗考自漢太初起至元授時止上下千有餘年曆更七十餘次創法十有三家而稱善者止太初大衍

朔言也。張衡考知月行有遲疾，分為九道，始作遲疾差。宋何承天，驗知日行有盈縮，推定大小餘，始作盈縮差。元郭守敬，以盈縮遲疾差而損益之，作加減差，始為定朔。夫定朔立，則交會之時日不紊，交會准，則天運之先後可驗矣。

其步五星四餘曰：夫五星者，乃五行之精，即木、火、土、金、水是也。星之行也，有順有逆，有伏有見。五代時王朴作《欽天曆》，亦以五星近日而行疾，遠日而行遲，勢盡而留，留久而退。曆家立法，以金、水二星屬陰，皆附日而行。其近日也而伏，遠日也而見。五星雖遲留伏逆，有晨夕之不同，要其終則一也。然五星之精，木曰歲星，火曰熒惑，土曰鎮星，金曰太白，水曰辰星。懸象著明，實有形之象也。而氣、孛、羅、計，乃四星之餘氣耳。蓋金乃堅剛之質，太白之象，少陰之精，故獨無餘氣耳。

嘗考自漢太初起，至元授時止，上下千有餘年，曆更七十餘次，創法十有三家，而稱善者，止太初、大衍、

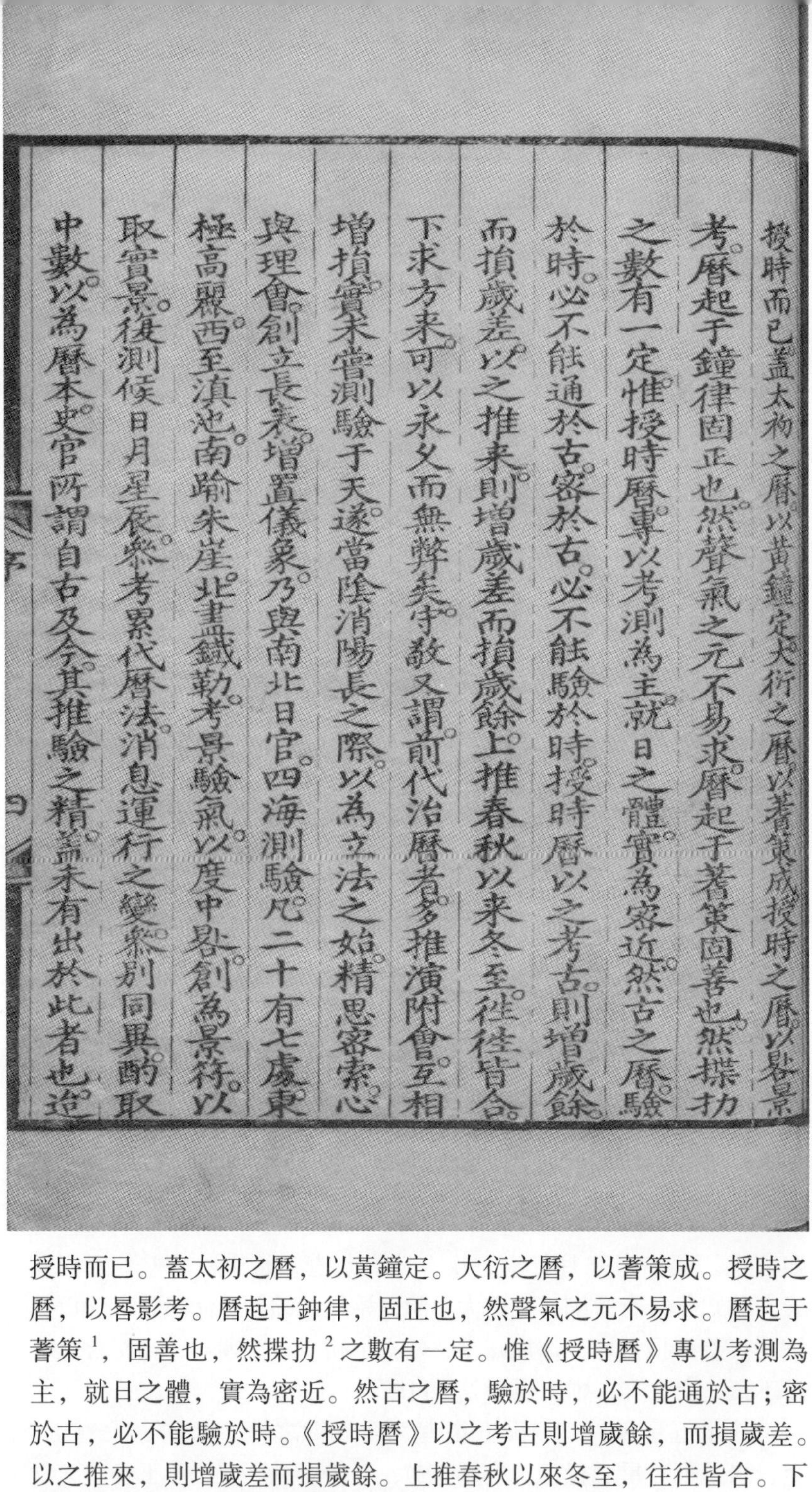
授時而已盖太初之曆以黄鐘定大衍之曆以蓍策成授時之曆以晷景
考曆起于鐘律固正也然聲氣之元不易求曆起于蓍策固善也然揲扐
之數有一定惟授時曆專以考測為主就日之體實為密近然古之曆驗
於時必不能通於古密於古必不能驗於時授時曆以之考古則增歲餘
而損歲差以之推来則增歲差而損歲餘上推春秋以来冬至往往皆合
下求方来可以永久而無弊矣守敬又謂前代治曆者多推演附會互相
增損實未嘗測驗于天遂當陰消陽長之際以為立法之始精思密索心
與理會創立長表增置儀象乃與南北日官四海測驗凡二十有七處東
極高麗西至滇池南踰朱崖北盡鐵勒考景驗氣以度中晷創為景符以
取實景復測候日月星辰參考累代曆法消息運行之變參别同異酌取
中數以為曆本史官所謂自古及今其推驗之精盖未有出於此者也迨

授時而已。蓋太初之曆，以黃鐘定。大衍之曆，以蓍策成。授時之曆，以晷影考。曆起于鈡律，固正也，然聲氣之元不易求。曆起于蓍策[1]，固善也，然揲扐[2]之數有一定。惟《授時曆》專以考測為主，就日之體，實為密近。然古之曆，驗於時，必不能通於古；密於古，必不能驗於時。《授時曆》以之考古則增歲餘，而損歲差。以之推來，則增歲差而損歲餘。上推春秋以來冬至，往往皆合。下求方來，可以永久而無弊矣。

守敬又謂："前代治曆者多推演附會，互相增損，實未嘗測驗于天。" 遂當陰消陽長之際，以為立法之始。精思密索，心與理會。創立長表，增置儀象。乃與南北日官四海測驗，凡二十有七處。東極高麗，西至滇池，南踰朱崖，北盡鐵勒。考景驗氣，以度中晷。創為景符，以取實景。復測候日月星辰，叅考累代曆法，消息運行之變，叅別同異，酌取中數，以為曆本。史官所謂自古及今，其推驗之精，蓋未有出於此者也。

迨

1用蓍草占卜。
2古代數蓍草占卜，将零數夹在手指中间称"扐"。

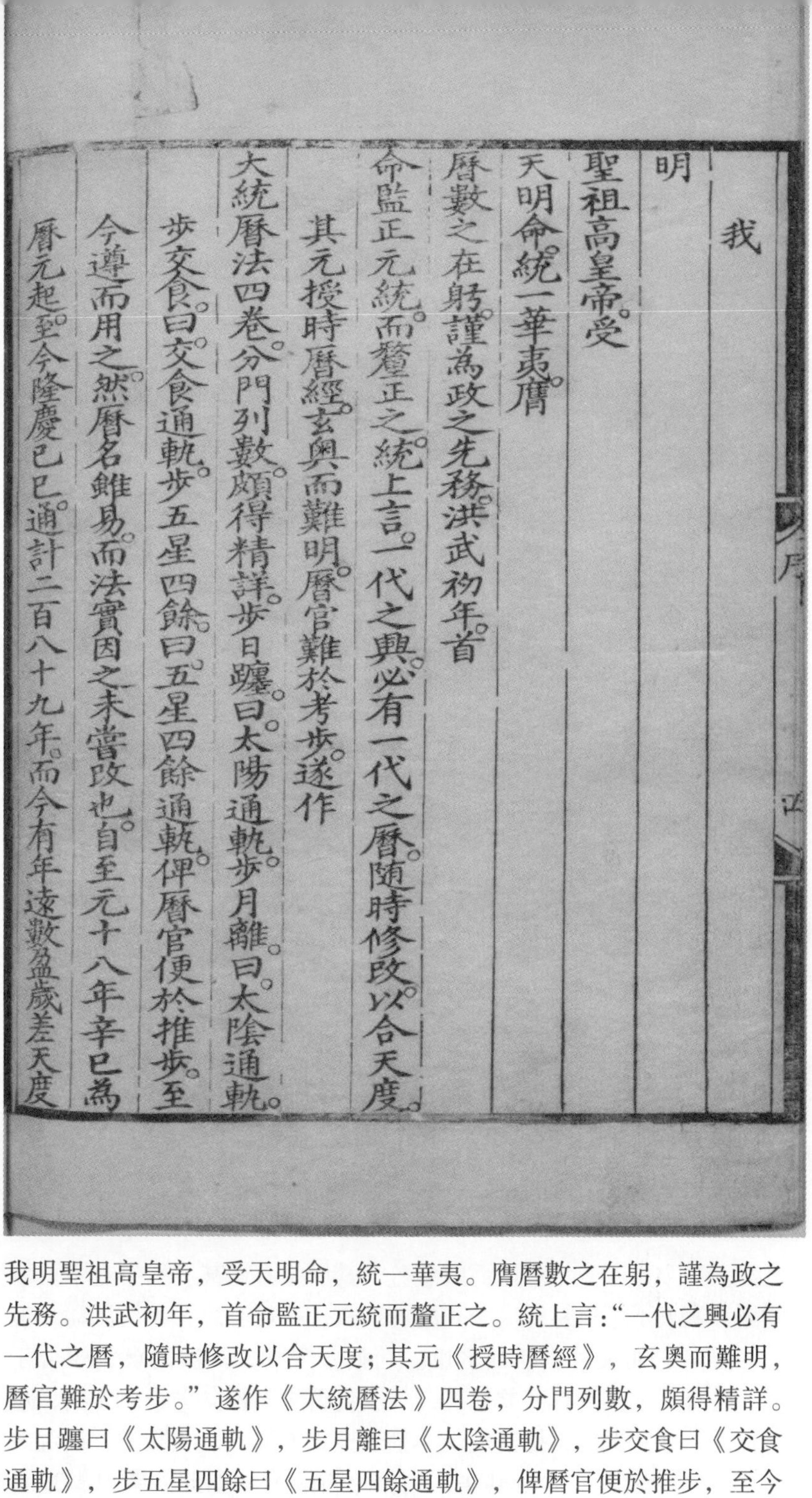
我
明
聖祖高皇帝受
天明命統一華夷膺
曆數之在躬謹為政之先務洪武初年首
命監正元統而釐正之統上言一代之興必有一代之曆隨時修改以合天度
其元授時曆經玄奧而難明曆官難於考步遂作
大統曆法四卷分門列數頗得精詳步日躔曰太陽通軌步月離曰太陰通軌
步交食曰交食通軌步五星四餘曰五星四餘通軌俾曆官便於推步至
今遵而用之然曆名雖易而法實因之未嘗改也自至元十八年辛巳為
曆元起至今隆慶己巳通計二百八十九年而今有年遠數盈歲差天度

我明聖祖高皇帝，受天明命，統一華夷。膺曆數之在躬，謹為政之先務。洪武初年，首命監正元統而釐正之。統上言:“一代之興必有一代之曆，隨時修改以合天度；其元《授時曆經》，玄奧而難明，曆官難於考步。”遂作《大統曆法》四卷，分門列數，頗得精詳。步日躔曰《太陽通軌》，步月離曰《太陰通軌》，步交食曰《交食通軌》，步五星四餘曰《五星四餘通軌》，俾曆官便於推步，至今遵而用之。然曆名雖易，而法實因之，未嘗改也。自至元十八年辛巳為曆元起，至今隆慶己巳，通計二百八十九年，而今有年遠數盈歲差天度

之說失今不考年愈遠而數愈盈其所差必過甚矣然考究不可以輕議
其人不可以易得必其精於理數巧於心思善於測驗澄心靜慮者而後
可以任其事也苟輕舉妄動推演附會湊合于天吾恐反失其真其差愈
甚不若仍舊之為得矣予何人斯承乏備員謹守世業據其成規猶恐推
步不詳以曠職業而況改作乎哉始因習學大統曆法而推原古今曆法
如此蓋以繼述舊聞以俟有道者而非敢有所增損者也若夫監正元統
所撰曆法通軌夏官劉信所編曆法通徑苟得壽梓以廣其傳使世其業
者皆得以習學是尤今日本監之要務也較正自當勉為而力亦弗逮徒
日望焉

之說。失今不考，年愈遠而數愈盈，其所差必過甚。然考究不可以輕議，其人不可以易得。必其精於理數，巧於心思，善於測驗，澄心靜慮者，而後可以任其事也。苟輕舉妄動，推演附會，湊合于天，吾恐反失其真，其差愈甚，不若仍舊之為得矣。予何人斯，承乏備員，謹守世業，據其成規，猶恐推步不詳，以曠職業，而況改作乎哉？始因習學大統曆法，而推原古今曆法如此，蓋以繼述舊聞，以俟有道者，而非敢有所增損者也。若夫監正元統所撰《曆法通軌》，夏官劉信所編《曆法通徑》，苟得壽梓，以廣其傳，使世其業者，皆得以習學，是尤今日本監之要務也。較正自當勉為，而力亦弗逮，徒日望焉。

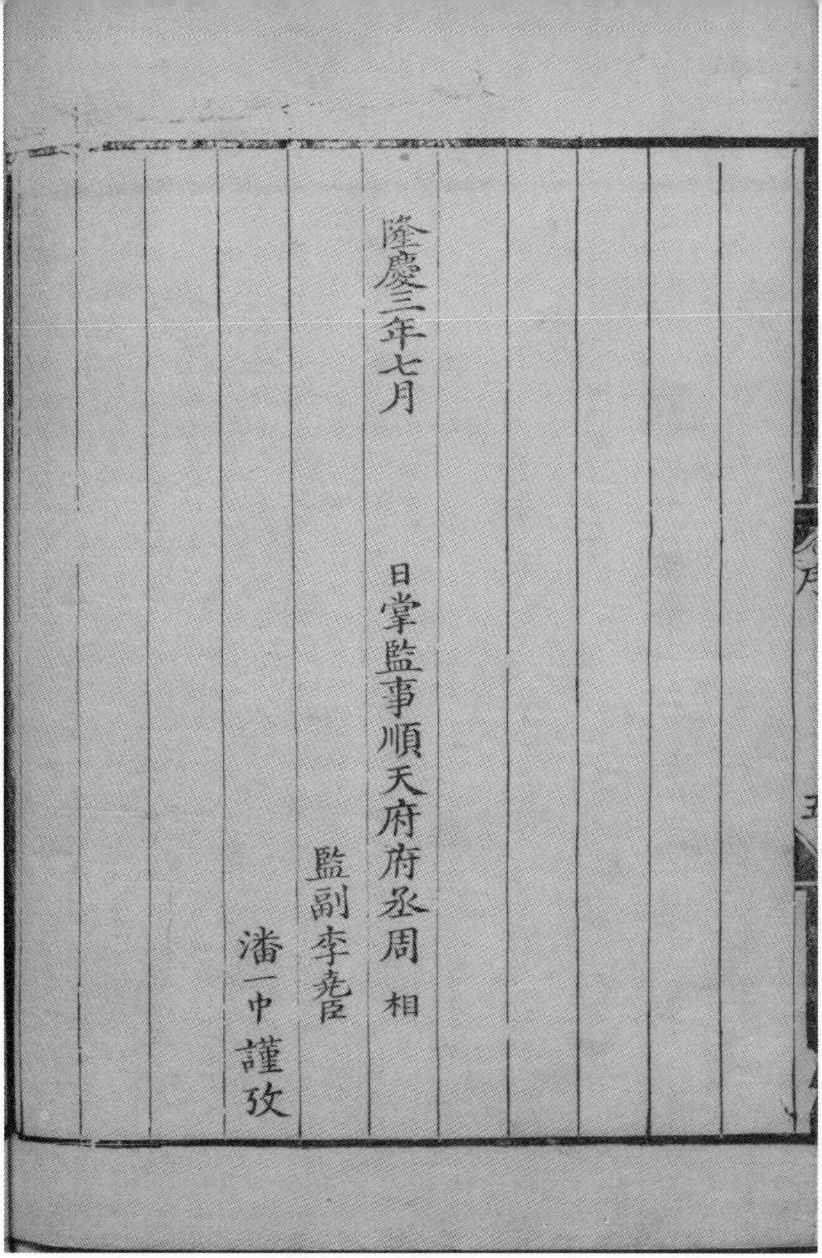
隆慶三年七月　日掌監事順天府府丞周　相
監副李堯臣
潘一中謹攷

隆慶三年七月日　掌監事順天府府丞周相[1]
監副李堯臣
潘一中謹攷

1 周相，字時輔，慈谿人，嘉靖二年（1523年）進士，官順天府丞，掌欽天監事。《疇人傳》三十卷記有“隆慶三年（1569年）刊《大統曆法》，其《曆原》曆敘古今諸術同異。”

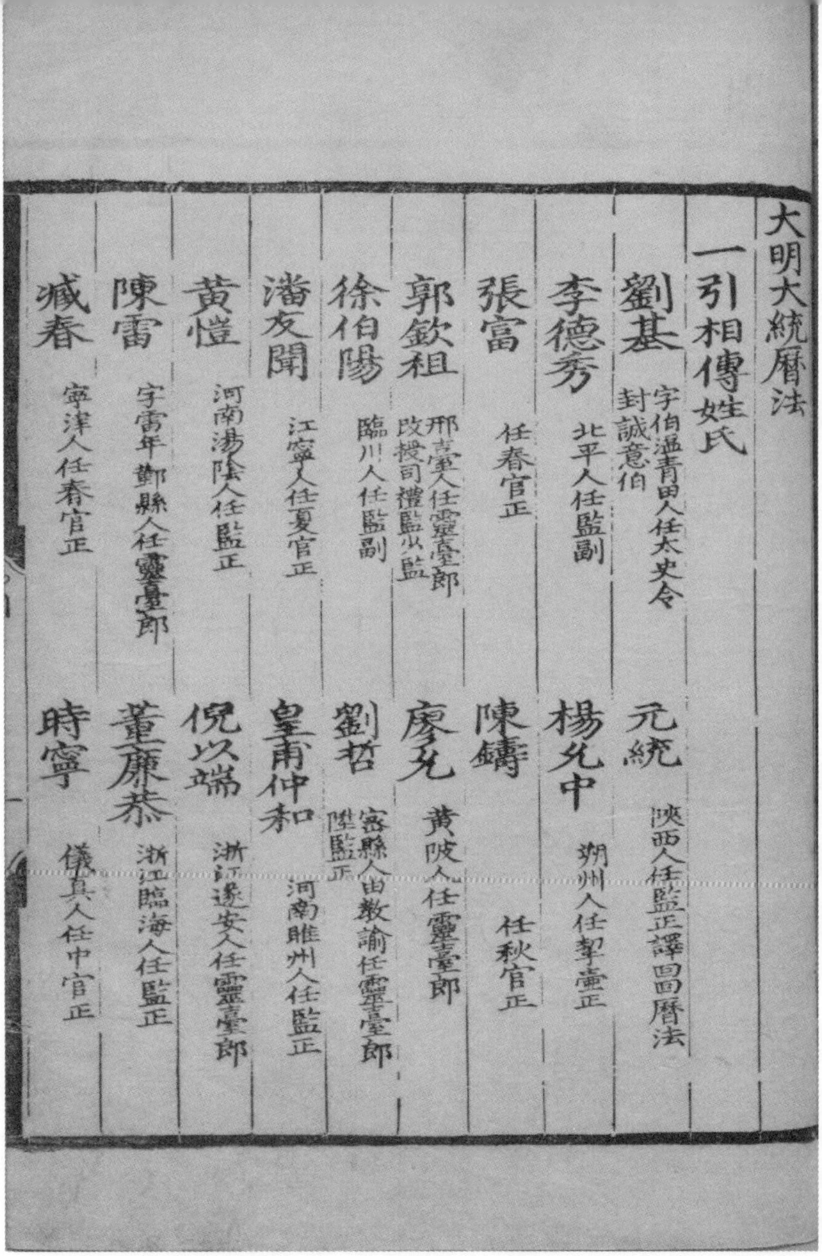
大明大統曆法
一引相傳姓氏
劉基 字伯溫青田人任太史令封誠意伯
李德秀 北平人任監副
張富 任春官正
郭欽祖 邢臺人任靈臺郎改授司禮監少監
徐伯陽 臨川人任監副
潘友聞 江寧人任夏官正
黃愷 河南湯陰人任監正
陳雷 字雷年鄞縣人任靈臺郎
臧春 寧津人任春官正
元統 陝西人任監正譯回回曆法
楊允中 朔州人任挈壺正
陳鑄 任秋官正
廖允 黃陂人任靈臺郎
劉哲 密縣人由教諭任靈臺郎陞監正
皇甫仲和 河南睢州人任監正
倪以端 浙江遂安人任靈臺郎
董廉恭 浙江臨海人任監正
時寧 儀真人任中官正

大明大統曆法

一引《相傳姓氏》[1]

劉基	字伯溫，青田人。任太史令，封誠意伯。	元統	陝西人，任監正，譯回回曆法。
李德秀	北平人，任監副。	楊允中	朔州人，任挈壺正。
張富	任春官正。	陳鑄	任秋官正。
郭欽祖	邢臺人，任靈臺郎，改授司禮監少監。	廖允	黃陂人，任靈臺郎。
徐伯陽	臨川人，任監副。	劉哲	密縣人，由教諭任靈臺郎，陞監正。
潘友聞	江寧人，任夏官正。	皇甫仲和	河南睢州人，任監正。
黃愷	河南湯陰人，任監正。	倪以端	浙江遂安人，任靈臺郎。
陳雷	字雷年，鄞縣人，任靈臺郎。	董廉恭	浙江臨海人，任監正。
臧春	寧津人，任春官正。	時寧	儀真人，任中官正。

1《相傳姓氏》記載自明初至隆慶三年（1569 年）二百餘年中的 69 位欽天監官員的名單，這些人為歷朝大統曆的傳人。

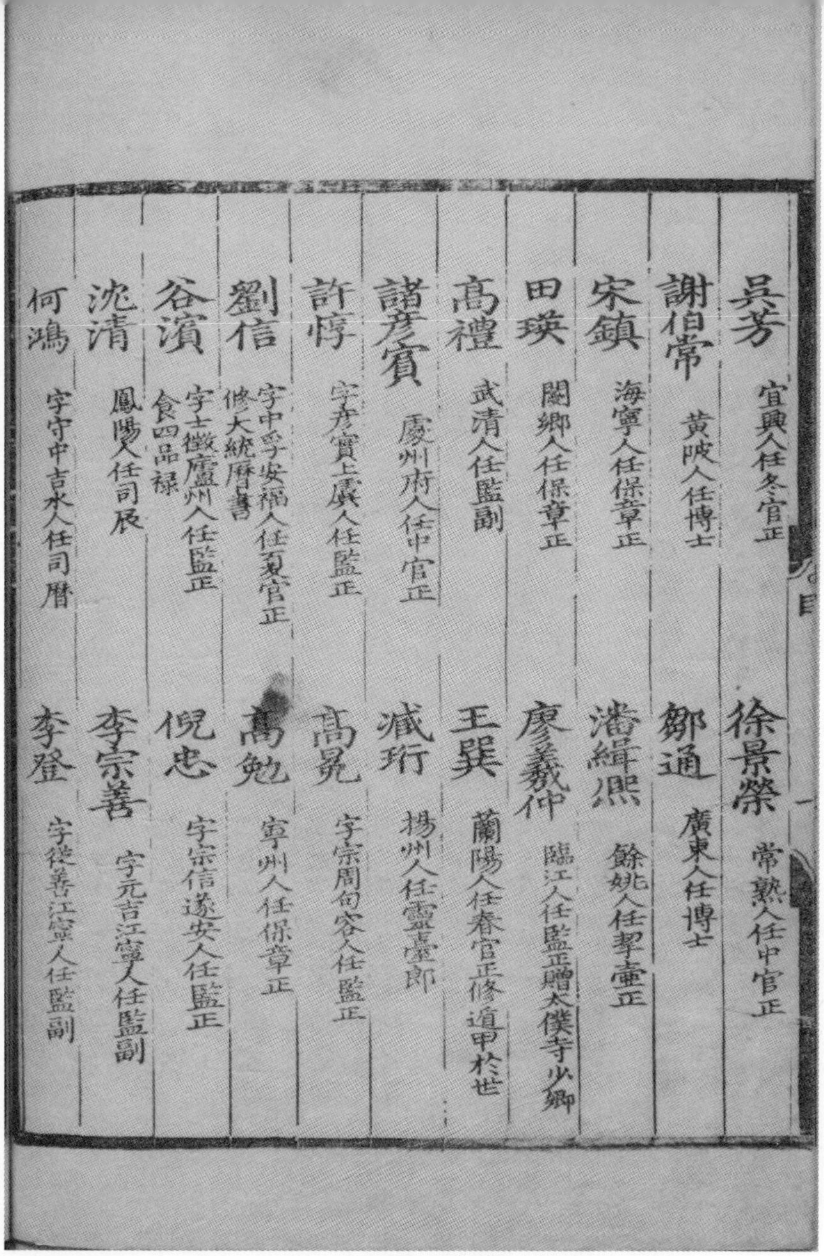

吳芳	宜興人，任冬官正。	徐景榮	常熟人，任中官正。
謝伯常	黄陂人，任博士。	鄒通	廣東人，任博士。
宋鎮	海寧人，任保章正。	潘緝熙	餘姚人，任執壺正。
田瑛	閿鄉人，任保章正。	廖義仲	臨江人，任監正，贈太僕寺少卿。
高禮	武清人，任監副。	王巽	蘭揚人，任春官正，修遁甲拎世。
諸彥賓	處州府人，任中官正。	臧珩	揚州人，任靈臺郎。
許惇	字彥實，上虞人，任監正。	高冕	字宗周，句容人，任監正。
劉信	字中孚，安福人，任夏官正，修大統曆書。	高勉	寧州人，任保章正。
谷濵	字士徵，廬州人，任監正，食四品祿。	倪忠	字宗信，遂安人，任監正。
沈清	鳳陽人，任司辰。	李宗善	字元吉，江寧人，任監副。
何鴻	字守中，吉水人，任司曆。	李登	字徔善，江寧人，任監副。

康永韶	禮部右侍郎，成化二十三年任。	童軒	江西人，進士，任太常寺卿。
吳昊	字仁甫，江西人，任太常寺卿。	許恪	字彦清，上虞人，任監副。
田蓁	字文盛，閿鄉人，任監副。	貝琳	字宗嚣，定海人，任監副。
揚瑛	字孟輝，蘇州人，任監副。	臧銘	字克新，寧津人，任春官正。
張紳	字希賢，河間人，任靈臺郎。	胡璟	字文都，徐州人，任夏官正。
周綸	字大經，慈谿人，任中官正。	潘泰	字宗德，溧陽人，任秋官正。
薛寧	字宗謐，蘇州人，任司曆。	左寅	字惟敬，昌平人，任司晨。
劉源	字大本，北京人，任主簿。	劉玉	字廷貴，安福人，任司曆。
李源	任監正。	樂頀	字鳴音，江西人，由進士任光祿少卿。
華湘	字源楚，南直隸人，由進士任光祿少卿。	韓昂	字伯顒，山後人，任監正，進四品階。
周濂	字文清，慈谿人，任南京監副，贈中憲大夫，順天府府丞。	潘景夔	字時敬，溧陽人，任冬官正，贈奉政大夫，監正。

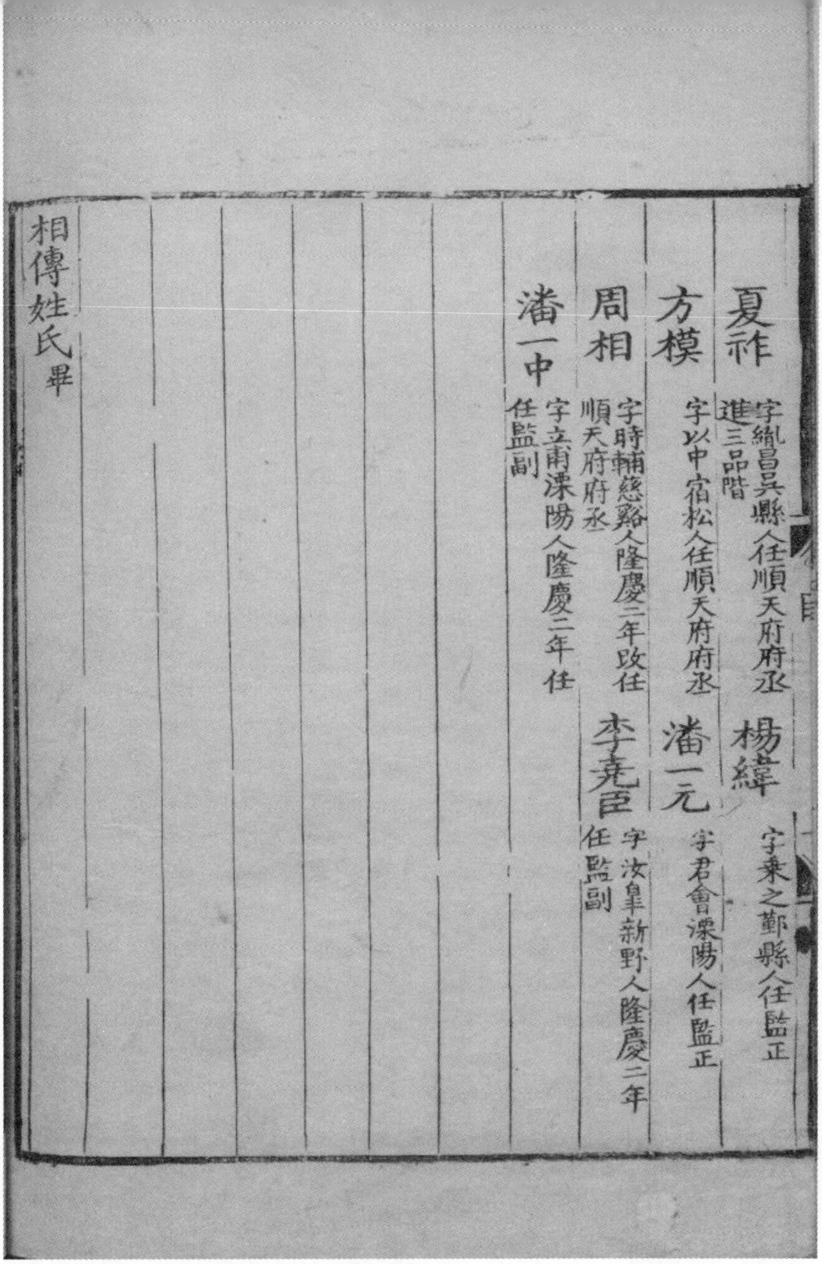
夏祚 字絪昌吳縣人任順天府府丞 進三品階
楊緯 字秉之鄞縣人任監正
方模 字以中宿松人任順天府府丞
潘一元 字君會溧陽人任監正
周相 字時輔慈谿人隆慶二年改任順天府府丞
李堯臣 字汝臯新野人隆慶二年任監副
潘一中 字立甫溧陽人隆慶二年任 任監副
相傳姓氏畢

夏祚	字絪昌，吳縣人，任順天府府丞。	揚緯	字乘之，鄞縣人，任監正。
方模	字以中，宿松人，任順天府府丞。	潘一元	字君會，溧陽人，任監正。
周相	字時輔，慈谿人，隆慶二年改任順天府府丞。	李堯臣	字汝皋，新野人，隆慶二年任監副。
潘一中	字立甫，溧陽人，隆慶二年任，任監副。		

《相傳姓氏》畢

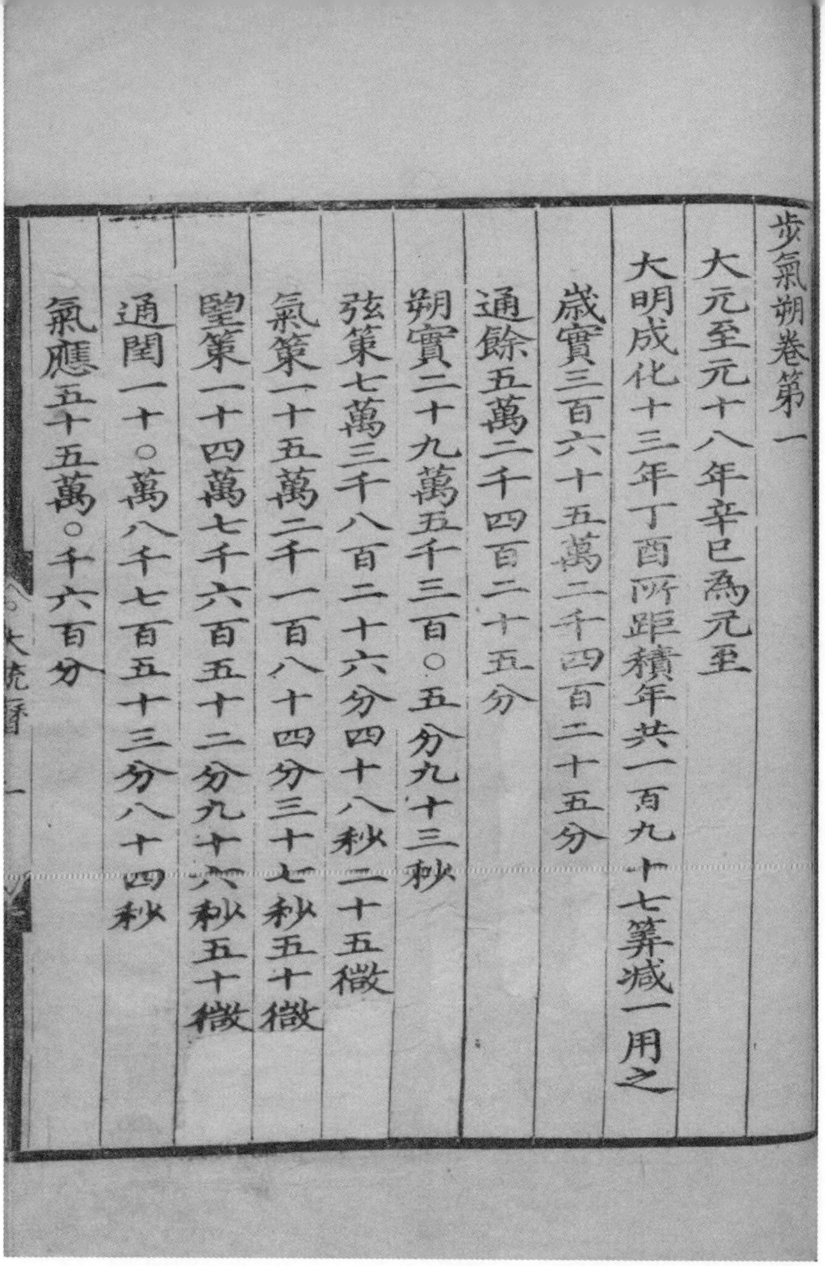
步氣朔卷第一
大元至元十八年辛巳為元至
大明成化十三年丁酉所距積年共一百九十七筭減一用之
歲實三百六十五萬二千四百二十五分
通餘五萬二千四百二十五分
朔實二十九萬五千三百○五分九十三秒
弦策七萬三千八百二十六分四十八秒二十五微
氣策一十五萬二千一百八十四分三十七秒五十微
望策一十四萬七千六百五十二分九十六秒五十微
通閏一十○萬八千七百五十三分八十四秒
氣應五十五萬○千六百分

《步氣朔卷》第一

大元至元十八年辛巳為元，至大明成化十三年丁酉[1]，所距積年共一百九十七筭，減一用之。

歲實，三百六十五萬二千四百二十五分。[2]

通餘，五萬二千四百二十五分。[3]

朔實，二十九萬五千三百〇五分九十三秒。[4]

弦策，七萬三千八百二十六分四十八秒二十五微。[5]

氣策，一十五萬二千一百八十四分三十七秒五十微。[6]

望策，一十四萬七千六百五十二分九十六秒五十微。[7]

通閏，一十〇萬八千七百五十三分八十四秒。[8]

氣應，五十五萬〇千六百分。[9]

1 至元十八年為 1281 年，成化十三年為 1477 年。

2 歲實即回归年，為 365.2425 日，即三百六十五萬二千四百二十五分。

3 通餘又称“歲餘”，為歲實減去三百六十日，為 5.2425 日，即五萬二千四百二十五分。

4 朔實，相當於朔望月，也稱“朔策”，為 29.530593 日，即二十九萬五千三百〇五分九十三秒。

5 弦策為朔實的四分之一，為 7.38264825 日，即七萬三千八百二十六分四十八秒二十五微。

6 一節氣平均日數，為歲實除以二十四，15.2184375 日，即一十五萬二千一百八十四分三十七秒五十微。

7 望策為朔實的一半，為 14.7652965 日，即一十四萬七千六百五十二分九十六秒五十微。

8 通閏為歲實減去十二倍的朔實，為 10.885284 日，即一十〇萬八千七百五十三分八十四秒。

9 氣應為曆元年歲前冬至子正夜半距甲子日子正夜半的時刻，為 55.0600 日，即五十五萬〇千六百分。

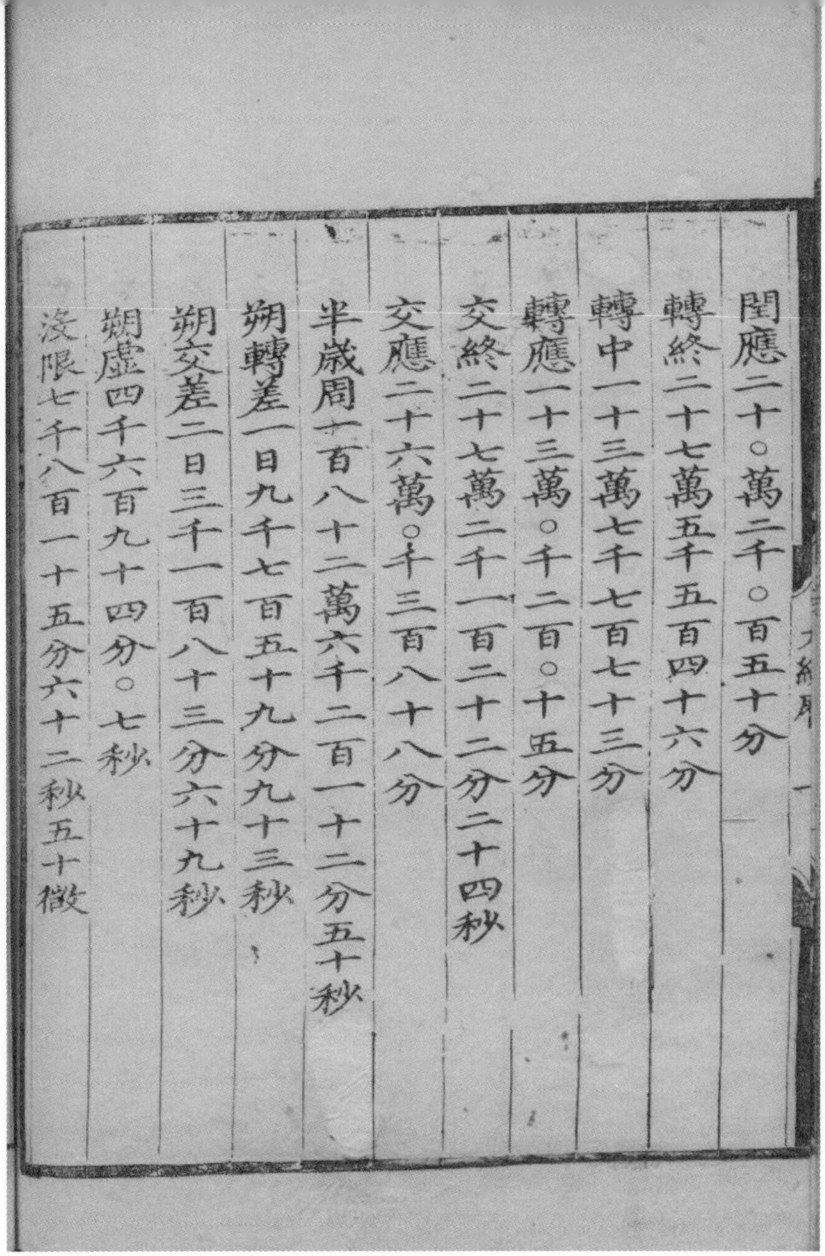

閏應二十〇萬二千〇百五十分
轉終二十七萬五千五百四十六分
轉中一十三萬七千七百七十三分
轉應一十三萬〇千二百〇十五分
交終二十七萬二千一百二十二分二十四秒
交應二十六萬〇千三百八十八分
半歲周一百八十二萬六千二百一十二分五十秒
朔轉差一日九千七百五十九分九十三秒
朔交差二日三千一百八十三分六十九秒
朔虛四千六百九十四分〇七秒
沒限七千八百一十五分六十二秒五十微

閏應，二十〇萬二千〇百五十分。[1]

轉終，二十七萬五千五百四十六。[2]

轉中，一十三萬七千七百七十三分。[3]

轉應，一十三萬〇千二百〇十五分。[4]

交終，二十七萬二千一百二十二分二十四秒。[5]

交應，二十六萬〇千三百八十八分。[6]

半歲周，一百八十二萬六千二百一十二分五十秒。[7]

朔轉差，一日九千七百五十九分九十三秒。[8]

朔交差，二日三千一百八十三分六十九秒。[9]

朔虛，四千六百九十四分〇七秒。[10]

沒限，七千八百一十五分六十二秒五十微。[11]

1 閏應為曆元年歲前冬至距天正月平朔的時刻，為 20.2050 日，即二十〇萬二千〇百五十分。

2 轉終即近點月週期，指月球繞地球公轉，連續兩次經過近地點（或遠地點）的時間間隔，為 27.5546 日，即二十七萬五千五百四十六。

3 轉中為轉終的一半，為 13.7773 日，即一十三萬七千七百七十三分。

4 轉應為曆元年歲前冬至距其前一月近地點的時刻，為 13.02015 日，即一十三萬〇千二百〇十五分。

5 交終即交点月週期，指月球繞地球運轉，連續兩次通過白道和黃道的同一交點所需的時間，為 27.212224 日，即二十七萬二千一百二十二分二十四秒。

6 交應為曆元年歲前冬至距其前一月降交點的時刻，為 26.0388 日，即二十六萬〇千三百八十八分。

7 周天為 365.2575 度，半歲周為 182.62125 日，即一百八十二萬六千二百一十二分五十秒。

8 朔轉差為朔實與轉終之差，為 1.975993 日，即一日九千七百五十九分九十三秒。

9 朔交差為朔實與交終之差，為 2.318369 日，即二日三千一百八十三分六十九秒。

10 朔虛為三十日減去朔實，為 0.469407 日，即四千六百九十四分〇七秒。

11 沒限為日周減去氣盈分，為 7815.625 分，即七千八百一十五分六十二秒五十微。

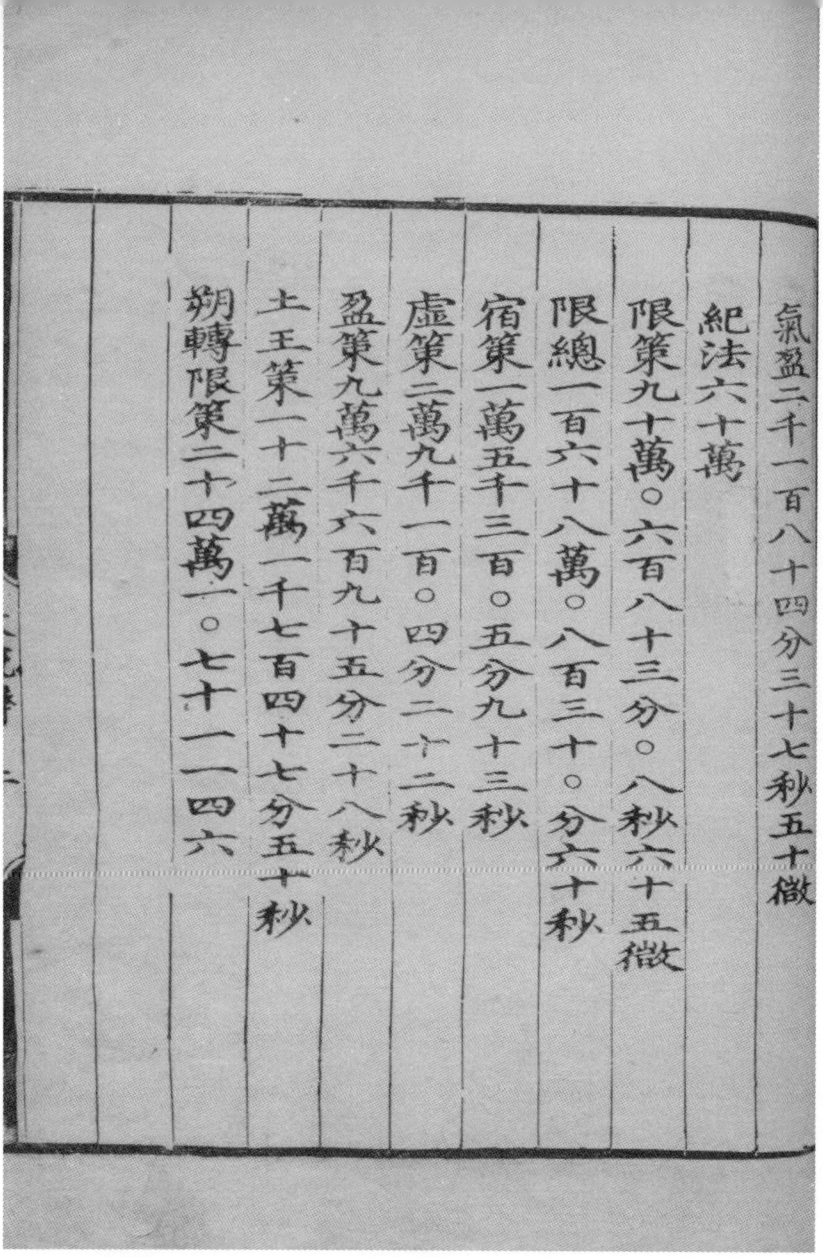

氣盈，二千一百八十四分三十七秒五十微。[1]
紀法，六十萬。[2]
限策，九十萬〇六百八十三分〇八秒六十五微。[3]
限總，一百六十八萬〇八百三十〇分六十秒。[4]
宿策，一萬五千三百〇五分九十三秒。[5]
虛策，二萬九千一百〇四分二十二秒。
盈策，九萬六千六百九十五分二十八秒。
土王策，一十二萬一千七百四十七分五十秒。[6]
朔轉限策，二十四萬一〇七十一一四六。[7]

1 氣盈為氣策減去十五日，為0.2184375日，即二千一百八十四分三十七秒五十微。

2 紀法為干支紀法。

3 限策為弦策乘日转限（一十二限二十，為12.2限，即太陰立成將一天分為12.2限），為90.06830865，即九十萬〇六百八十三分〇八秒六十五微。

4 限總為轉中乘日转限（12.2限），共得一百六十八萬〇八百三十〇分六十秒，即168.08306限，為太陰立成的總限數。

5 宿策為朔實減28，得1.530593日，即一萬五千三百〇五分九十三秒。

6 五行用事記載所用，將歲實以五行均分為五個73.0485日，每個為五行所王日數，春木、夏火、秋金、冬水各以四立之節為首用事日，土居四季，將73.0485日再分四份得每季土王用事18.262125日，減去氣策為3.0436875日，即土王策。

7 朔轉限策為日轉限乘朔轉差，為24.1071146限，即二十四萬一〇七十一一四六。

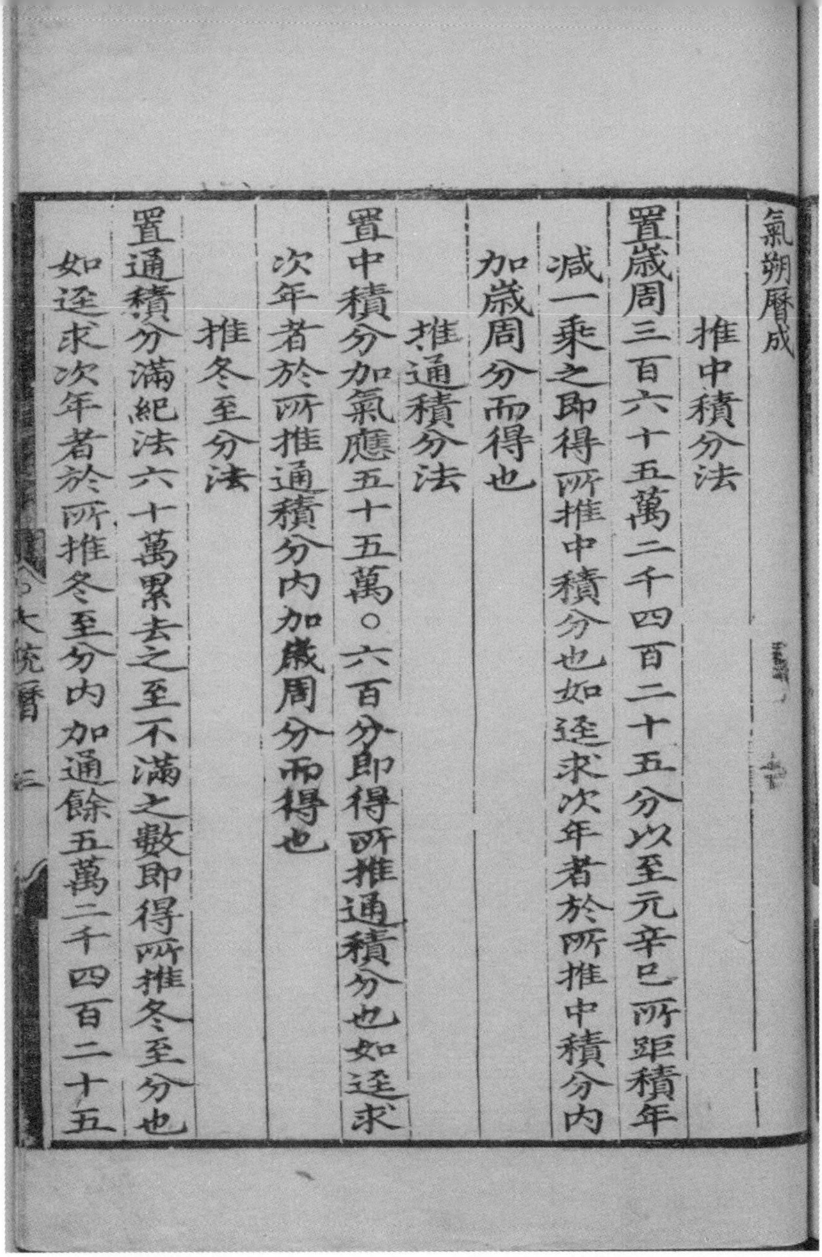
氣朔曆成

推中積分法

置歲周三百六十五萬二千四百二十五分以至元辛巳所距積年減一乘之即得所推中積分也如逕求次年者於所推中積分內加歲周分而得也

推通積分法

置中積分加氣應五十五萬〇六百分即得所推通積分也如逕求次年者於所推通積分內加歲周分而得也

推冬至分法

置通積分滿紀法六十萬累去之至不滿之數即得所推冬至分也如逕求次年者於所推冬至分內加通餘五萬二千四百二十五

《氣朔曆成》

推中積分法

置歲周三百六十五萬二千四百二十五分，以至元辛巳所距積年減一乘之，即得所推中積分也。如逕求次年者，於所推中積分內加歲周分而得也。[1]

推通積分法

置中積分，加氣應五十五萬〇六百分，即得所推通積分也。如逕求次年者，於所推通積分內加歲周分而得也。[2]

推冬至分法

置通積分，滿紀法六十萬累去之，至不滿之數，即得所推冬至分也。如逕求次年者，於所推冬至分內加通餘五萬二千四百二十五

1 中積為所求年份相距曆元的年數與歲實的乘積（結果皆以分為單位，一日為一萬分）。

2 通積用紀法六十去之（通積分用六十萬去之），餘數即從甲子日算起至冬至的時間。

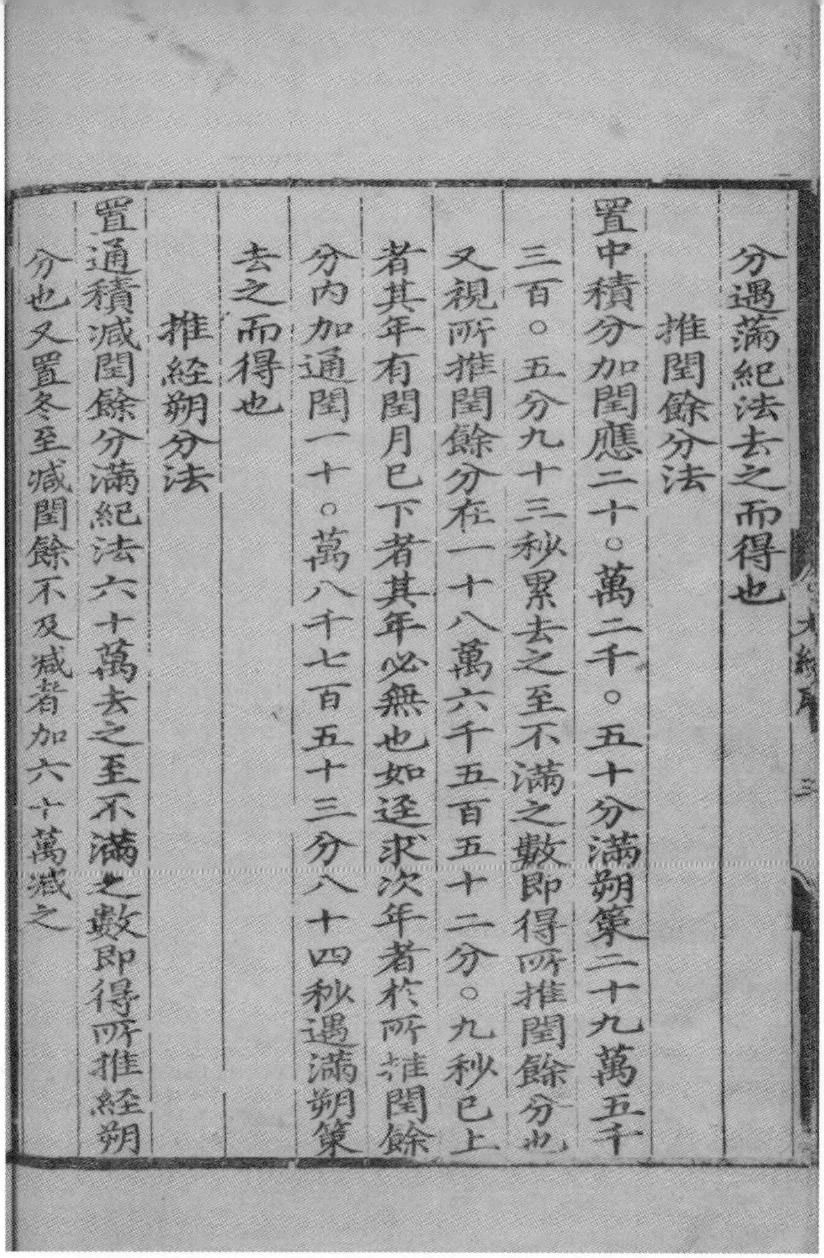
分遇滿紀法去之而得也
推閏餘分法
置中積分加閏應二十〇萬二千〇五十分滿朔策二十九萬五千
三百〇五分九十三秒累去之至不滿之數即得所推閏餘分也
又視所推閏餘分在一十八萬六千五百五十二分〇九秒已上
者其年有閏月已下者其年必無也如迳求次年者於所推閏餘
分內加通閏一十〇萬八千七百五十三分八十四秒遇滿朔策
去之而得也
推經朔分法
置通積減閏餘分滿紀法六十萬去之至不滿之數即得所推經朔
分也又置冬至減閏餘不及減者加六十萬減之

分，遇滿紀法去之而得也。[1]

推閏餘分法

置中積分，加閏應二十〇萬二千〇五十分，滿朔策二十九萬五千三百〇五分九十三秒累去之，至不滿之數即得所推閏餘分也。又視所推閏餘分在一十八萬六千五百五十二分〇九秒已上者，其年有閏月。已下者，其年必無也。如迳求次年者，扵所推閏餘分內加通閏一十〇萬八千七百五十三分八十四秒，遇滿朔策去之而得也。[2]

推經朔分法

置通積減閏餘分，滿紀法六十萬去之，至不滿之數，即得所推經朔分也。[3] 又置冬至減閏餘，不及減者加六十萬減之。

1 冬至分累加氣策，滿紀法去之，為各氣的日數及分。

2 中積分加閏應分為閏餘積。閏餘積滿朔策去之後為閏餘分，即冬至平月齡，冬至距經朔的時間（以分為單位）。

3 冬至分減閏餘為經朔分。

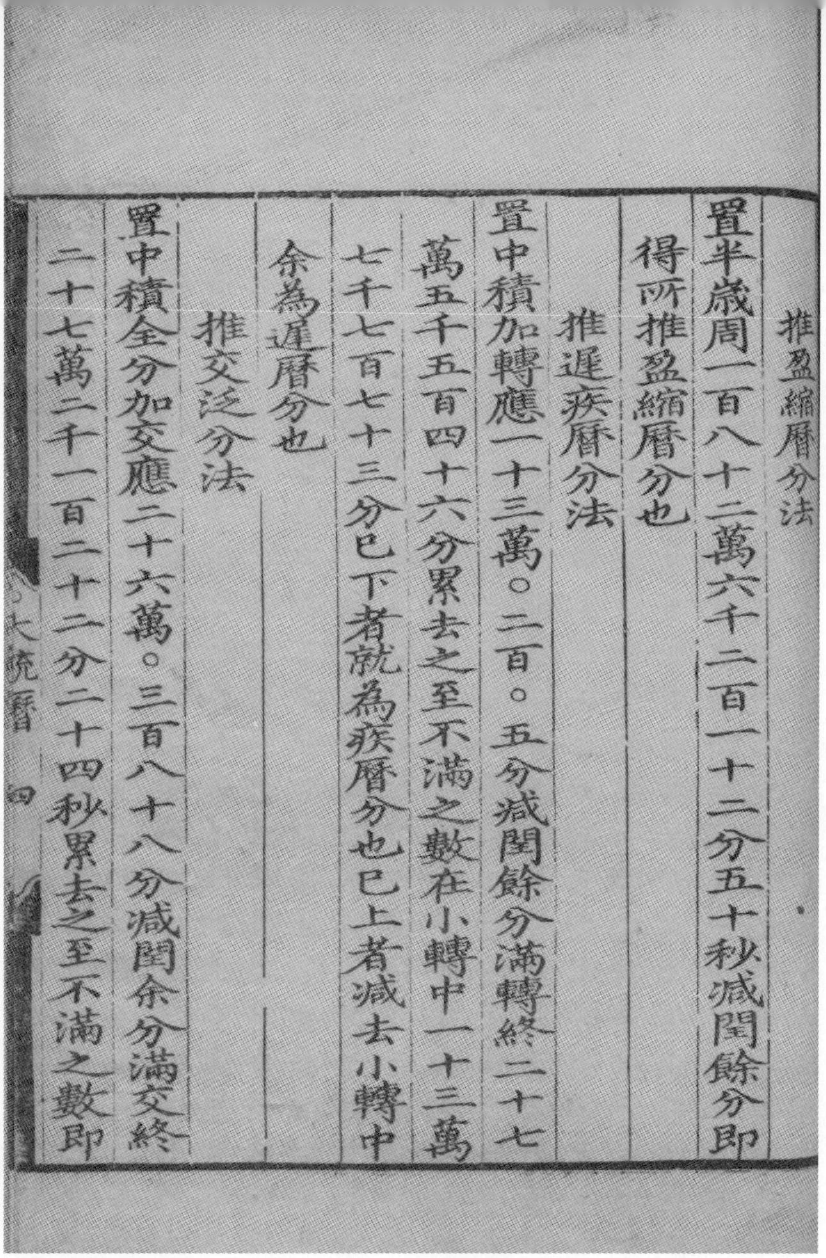
推盈縮曆分法
置半歲周一百八十二萬六千二百一十二分五十秒減閏餘分即
得所推盈縮曆分也
推遲疾曆分法
置中積加轉應一十三萬〇二百〇五分減閏餘分滿轉終二十七
萬五千五百四十六分累去之至不滿之數在小轉中一十三萬
七千七百七十三分已下者就為疾曆分也已上者減去小轉中
余為遲曆分也
推交泛分法
置中積全分加交應二十六萬〇三百八十八分減閏余分滿交終
二十七萬二千一百二十二分二十四秒累去之至不滿之數即
大統曆　四

推盈縮曆分法

置半歲周一百八十二萬六千二百一十二分五十秒，減閏餘分，即得所推盈縮曆分也。[1]

推遲疾曆分法[2]

置中積加轉應一十三萬〇二百〇五分，減閏餘分，滿轉終二十七萬五千五百四十六分累去之，至不滿之數，在小轉中一十三萬七千七百七十三分已下者，就為疾曆分也。已上者，減去小轉中，余為遲曆分也。

推交泛分法

置中積全分，加交應二十六萬〇三百八十八分，減閏余分，滿交終二十七萬二千一百二十二分二十四秒累去之，至不滿之數，即

1 冬至後為盈曆，夏至後為縮曆。大統曆將一個回歸年週期的太陽運動分為四部分，以冬至、春分、夏至、秋分為限，冬至至春分為盈初限、春分至夏至為盈末限、夏至至秋分為縮初限、秋分至冬至為縮末限。求盈縮曆分是為了下文查表計算盈縮差而準備，盈縮差即太陽運動的中心差改正值。

2 大統曆將一個近点月週期的月亮運動分為遲曆和疾曆兩部分。

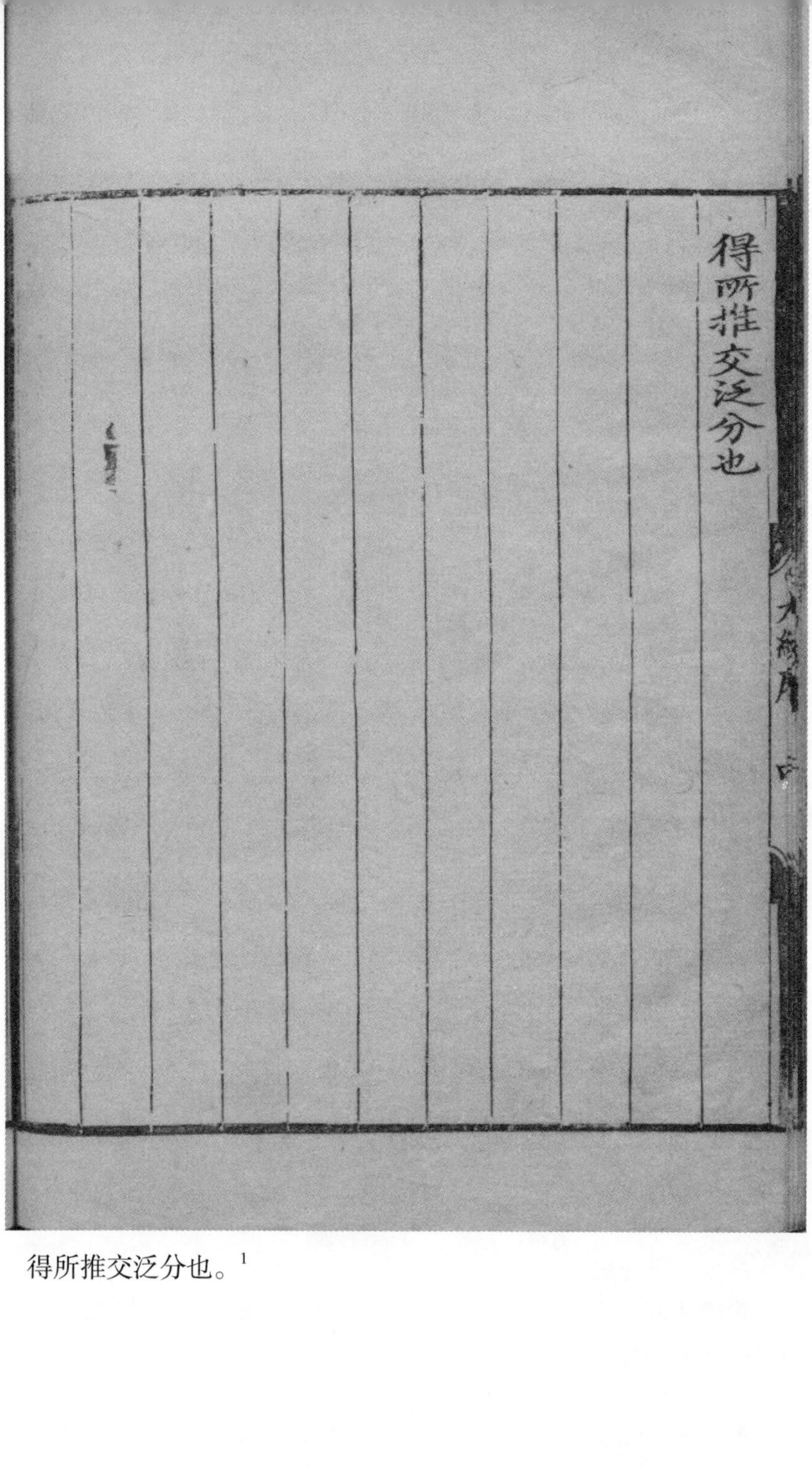
得所推交泛分也

得所推交泛分也。[1]

1 中積分加交應分，減去閏馀分，滿交終分去之，為天正經朔交汎分，交汎分即經朔距正交點的時間。

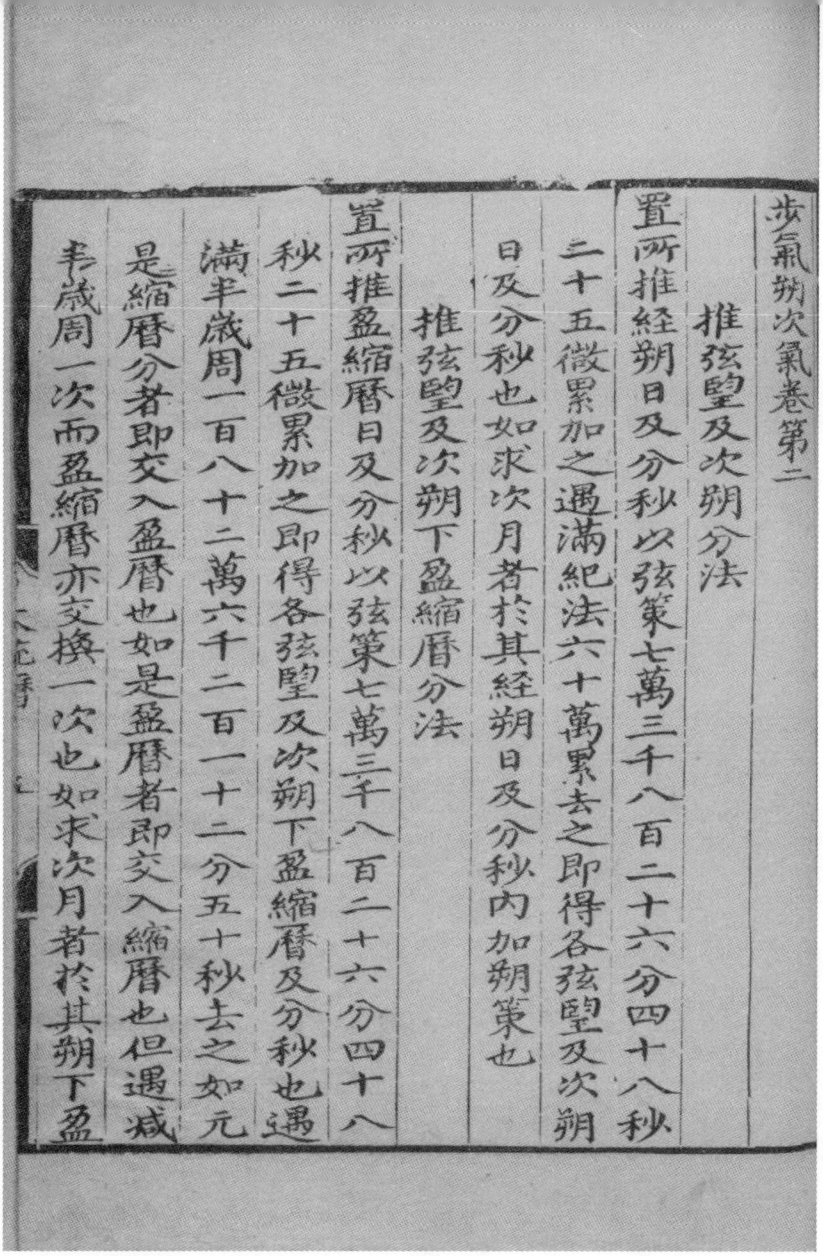

步氣朔次氣卷第二
推弦望及次朔分法
置所推經朔日及分秒以弦策七萬三千八百二十六分四十八秒
二十五微累加之遇滿紀法六十萬累去之即得各弦望及次朔
日及分秒也如求次月者於其經朔日及分秒内加朔策也
推弦望及次朔下盈縮曆分法
置所推盈縮曆日及分秒以弦策七萬三千八百二十六分四十八
秒二十五微累加之即得各弦望及次朔下盈縮曆及分秒也遇
滿半歲周一百八十二萬六千二百一十二分五十秒去之如元
是縮曆分者即交入盈曆也如是盈曆者即交入縮曆也但遇減
半歲周一次而盈縮曆亦交換一次也如求次月者於其朔下盈

《步氣朔次氣卷》第二

推弦望及次朔分法

置所推經朔日及分秒，及弦策七萬三千八百二十六分四十八分秒二十五微，累加之，遇滿紀法六十萬，累去之，即得各弦望及次朔日及分秒也。如求次月者，扵其經朔日及分秒内加朔策也。[1]

推弦望及次朔下盈縮曆分法

置所推盈縮曆日及分秒，以弦策七萬三千八百二十六分四十八秒二十五微累加之，即得各弦望及次朔下盈縮曆及分秒也，遇滿半歲周一百八十二萬六千二百一十二分五十秒去之。如元是縮曆分者，即交入盈曆也。如是盈曆者，即交入縮曆也。但遇減半歲周一次，而盈縮曆亦交換一次也。如求次月者，扵其朔下盈

1 通過經朔累加弦策，得到各月經弦望。

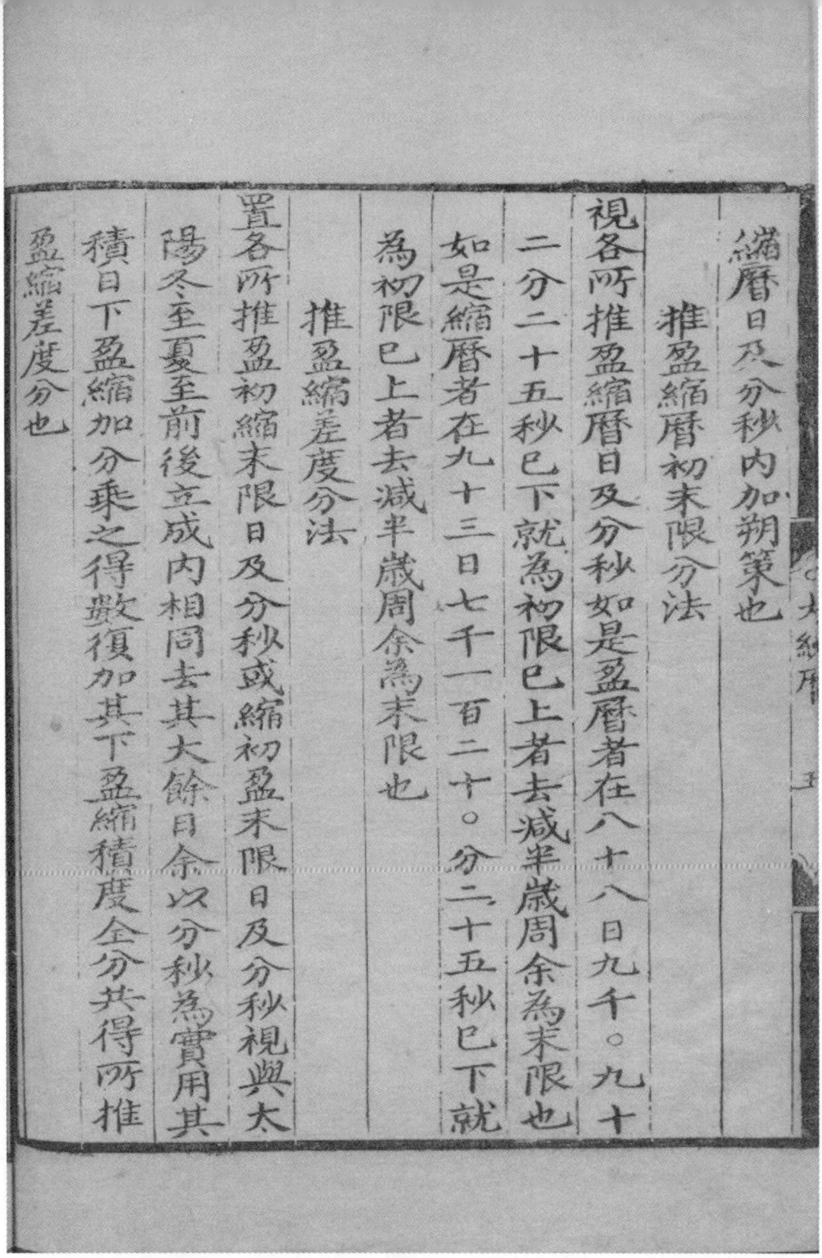
縮曆日及分秒內加朔策也
推盈縮曆初末限分法
視各所推盈縮曆日及分秒如是盈曆者在八十八日九千○九十
二分二十五秒巳下就為初限巳上者去減半歳周余為末限也
如是縮曆者在九十三日七千一百二十○分二十五秒巳下就
為初限巳上者去減半歳周余為末限也
推盈縮差度分法
置各所推盈初縮末限日及分秒或縮初盈末限日及分秒視與太
陽冬至夏至前後立成內相同去其大餘日余以分秒為實用其
積日下盈縮加分乘之得數復加其下盈縮積度全分共得所推
盈縮差度分也

縮曆日及分秒內加朔策也。[1]

推盈縮曆初末限分法

視各所推盈縮曆日及分秒，如是盈曆者，在八十八日九千〇九十二分二十五秒巳下，就為初限。巳上者，去減半歳周，余為末限也。如是縮曆者，在九十三日七千一百二十〇分二十五秒巳下，就為初限。巳上者，去減半歳周，余為末限也。[2]

推盈縮差度分法

置各所推盈初縮末限日及分秒，或縮初盈末限日分秒，視與太陽冬至、夏至前後立成內相同，去其大餘日，余以分秒為實，用其積日下盈縮加分乘之，得數復加其下盈縮積度全分，共得所推盈縮差度分也。[3]

1 計算各弦望及次朔時太陽運動的盈縮曆。

2 判斷所推盈縮曆為盈曆或縮曆。

3 通過太陽冬至、夏至前後立成計算所求日的盈縮差。

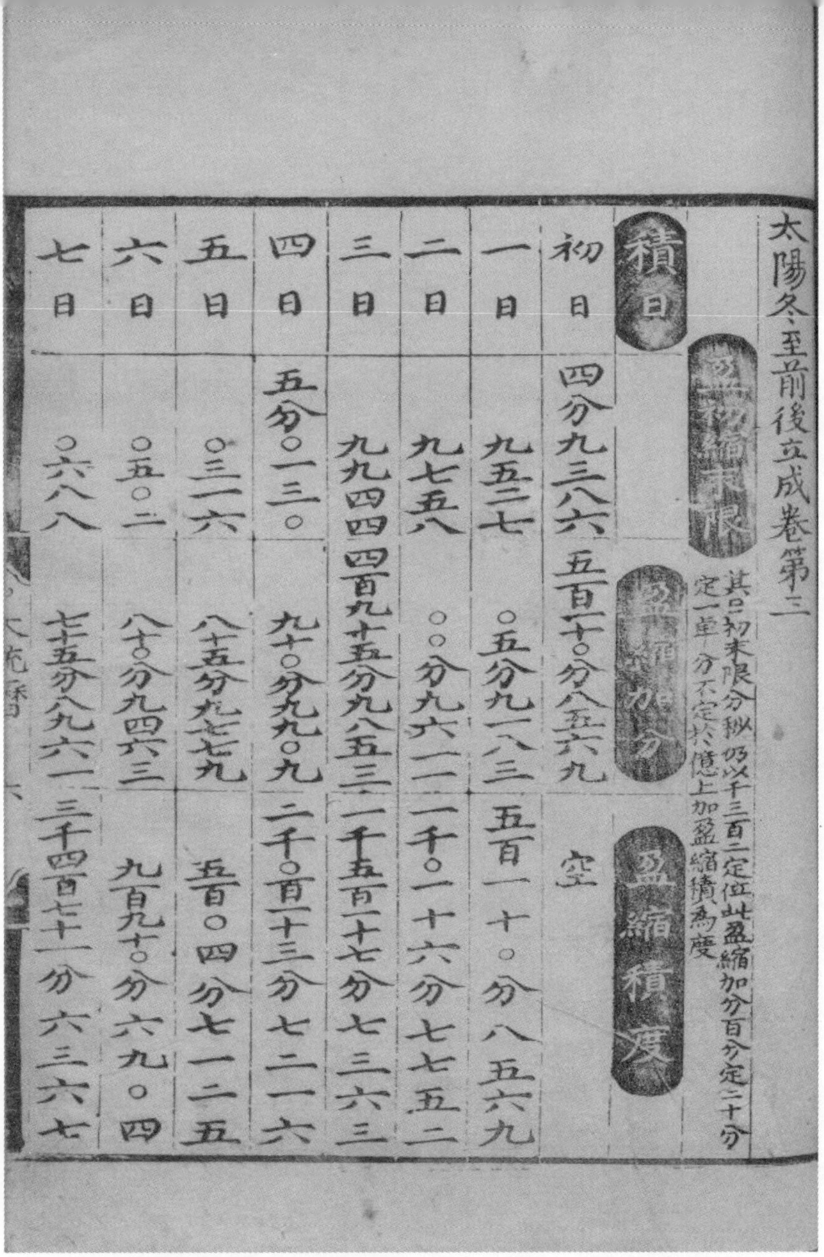

太陽冬至前後立成卷第三

盈初縮末限 其日初末限分秒仍以千三百二定位此盈縮加分百分定二十分定一单分不定於億上加盈縮積為度

積日		盈縮加分	盈縮積度
初日	四分九三八六	五百一十〇分八五六九	空
一日	九五二七	〇五分九一八三	五百一十〇分八五六九
二日	九七五八	〇〇分九六一一	一千〇一十六分七七五二
三日	九九四四	四百九十五分九八五三	一千五百一十七分七三六三
四日	五分〇一三〇	九十〇分九九〇九	二千〇百一十三分七二一六
五日	〇三一六	八十五分九七七九	五百〇四分七一二五
六日	〇五〇二	八十〇分九四六三	九百九十〇分六九〇四
七日	〇六八八	七十五分八九六一	三千四百七十一分六三六七

《太陽冬至前後立成卷》第三

盈初縮末限，其日初末限分秒仍以千三百二定位，此盈縮加分，百分定二，十分定一，单分不定，於億上加盈縮積為度。1

積日		盈縮加分 [2]	盈縮積度 [3]
初日	四分九三八六	五百一十〇分八五六九	空
一日	九五二七 [4]	〇五分九一八三	五百一十〇分八五六九
二日	九七五八	〇〇分九六一一	一千〇一十六分七七五二
三日	九九四四	四百九十五分九八五三	一千五百一十七分七三六三
四日	五分〇一三〇	九十〇分九九〇九	二千〇百一十三分七二一六
五日	〇三一六	八十五分九七七九	五百〇四分七一二五
六日	〇五〇二	八十〇分九四六三	九百九十〇六九〇四
七日	〇六八八	七十五分八九六一	三千四百七十一分六三六七

1 該表列出太陽冬至前後兩個象限，盈初和縮末限各日的盈縮加分和盈縮積度，其中盈縮積度為對應積日太陽平運動和實際運動累計的差值，盈縮加分為對應積日的太陽每日平運動（一日一度）與實際運動的差值。

2“盈縮加分”為每一日太陽實際行度與平行度的差值。

3“盈縮積度”當作“盈縮積分”。“盈縮積”“為某一日與冬至（或夏至）之間太陽實際行度與平行度之差的累積值。

4“九五二七”疑為“九五七二”之誤。

八日	五分〇八七四	四百七十〇分八二七三	三千九百四十七分五三二八
九日	一〇六〇	六十五分七三九九	四千四百一十八分三六〇一
十日	一二四六	六十〇分六三三九	八百八十四分一〇〇〇
十一日	一四三二	五十五分五〇九三	五千三百四十四分七三三九
十二日	一六一八	五十〇分三六六一	八百〇〇分二四三二
十三日	一八〇四	四十五分二〇四三	六千二百五十〇分六〇九三
十四日	一九九〇	四十〇分二三九	六百九十五分八一三六
十五日	二一七六	三十四分八二四九	七千一百三十五分八三七五
十六日	一三六二	二十九分六〇七三	五百七十〇分六六二四
十七日	二五四八	二十四分三七一一	八千〇〇〇分二六九七
十八日	二七三四	一十九分一一六三	四百二十四分六四〇八

十九日	二九二〇	一十三分八四二九	八百四十三分七五七一
二十日	三一〇六	〇八分五五〇九	九千二百五十七分六〇〇〇
二十一日	三二九二	〇三分二四〇三	六百六十六分一五〇九
二十二日	三四七八	三百九十七分九一一一	一万〇〇六十九分三九一二
二十三日	三六六四	九十二分五六三三	〇四百六十七分三〇二三
二十四日	三八五〇	八十七分一九六九	〇千八百五十九分八六五六
二十五日	四〇三六	八十一分八一九	一千二百四十七分〇六二五
二十六日	四二二二	七十六分四〇八三	一千六百二十八分八七四四
二十七日	四四〇八	七十〇分九八六一	二千〇百五分二八二七
二十八日	四五九四	六十五分四五三	二千三百七十六分二六八八
二十九日	四七八〇	六十〇分八五九	二千七百四十一分八一四一

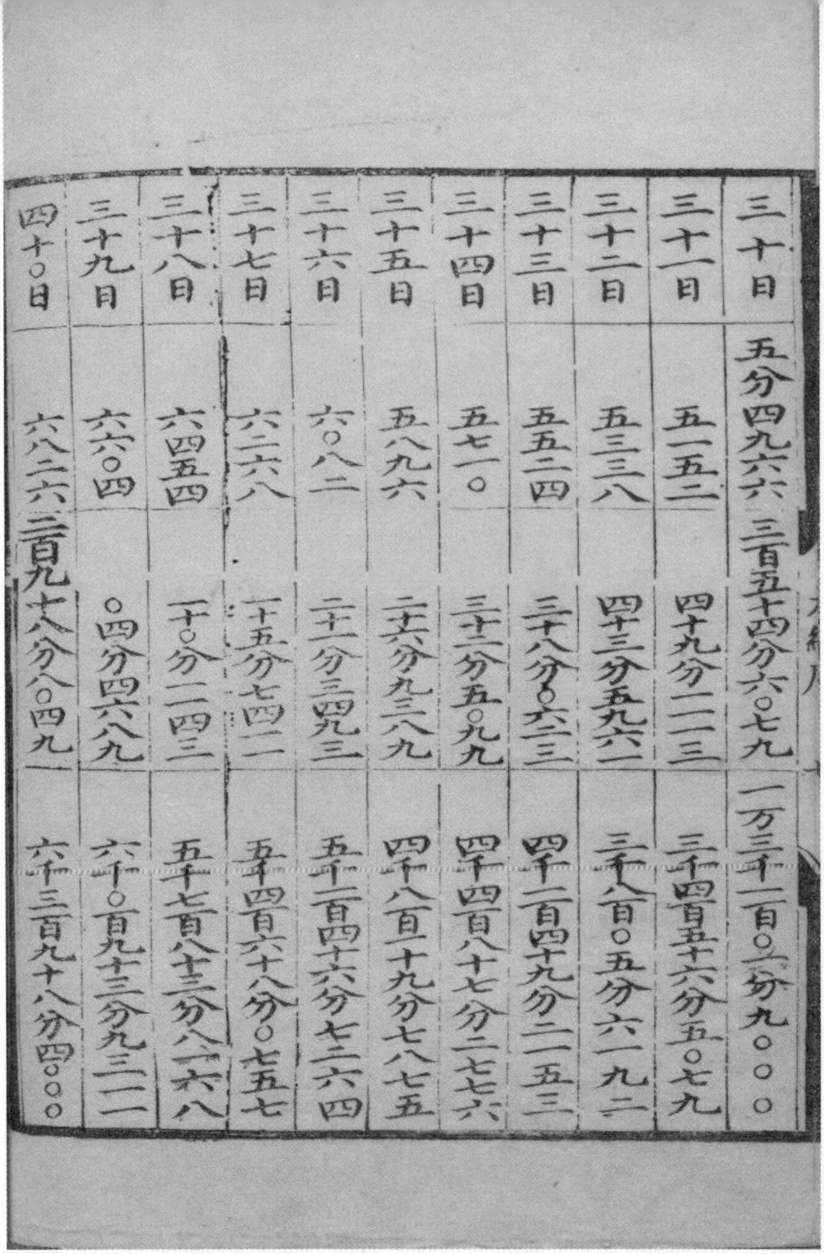

三十日 五分四九六六 三百五十四分六〇七九 一万三千一百〇一分九〇〇〇
三十一日 五一五二 四十九分一一一三 三千四百五十六分五〇七九
三十二日 五三三八 四十三分五九六一 三千八百〇五分六一九二
三十三日 五五二四 三十八分〇六二三 四千一百四十九分二一五三
三十四日 五七一〇 三十二分五〇九九 四千四百八十七分二七七六
三十五日 五八九六 二十六分九三八九 四千八百一十九分七八七五
三十六日 六〇八二 二十一分三四九三 五千一百四十六分七二六四
三十七日 六二六八 一十五分七四一一 五千四百六十八分〇七五七
三十八日 六四五四 一十〇分一一四三 五千七百八十三分八一六八
三十九日 六六〇四 〇四分六八九 六千〇百九十三分九三一一
四十〇日 六八二六 二百九十八分八〇四九 六千三百九十八分四〇〇〇

三十日	五分四九六六	三百五十四分六〇七九	一万三千一百〇一分九〇〇〇
三十一日	五一五二	四十九分一一一三	三千四百五十六分五〇七九
三十二日	五三三八	四十三分五九六一	三千八百〇五分六一九二
三十三日	五五二四	三十八分〇六二三	四千一百四十九分二一五三
三十四日	五七一〇	三十二分五〇九九	四千四百八十七分二七七六
三十五日	五八九六	二十六分九三八九	四千八百一十九分七八七五
三十六日	六〇八二	二十一分三四九三	五千一百四十六分七二六四
三十七日	六二六八	一十五分七四一一	五千四百六十八分〇七五七
三十八日	六四五四	一十〇分一一四三	五千七百八十三分八一六八
三十九日	六六〇四	〇四分六八九	六千〇百九十三分九三一一
四十〇日	六八二六	二百九十八分八〇四九	六千三百九十八分四〇〇〇

四十一日	七〇一二	九十三分一二二三	六千六百九十七分二〇四九
四十二日	七一九八	八十七分四二一一	六千九百九十〇分三二七二
四十三日	七三八四	八十一分七〇一三	七千二百七十七分七四八二
四十四日	七五七〇	七十五分九六二九	七千五百五十九分四四九六
四十五日	七七五六	七十〇分二〇五九	七千八百三十五分四一二五
四十六日	七九四二	六十四分四三〇三	八千一百〇五分六一八四
四十七日	八一二八	五十八分六三六一	八千三百七十〇分〇四八七
四十八日	八三一四	五十二分八二三三	八千六百二十八分六八四八
四十九日	八五〇〇	四十六分九九一九	八千八百八十一分五〇八一
五十〇日	八六八六	八十一分一四一九	九千一百二十八分五〇〇〇
五十一日	八八七二	三十五分二七三三	九千三百六十九分六四一九

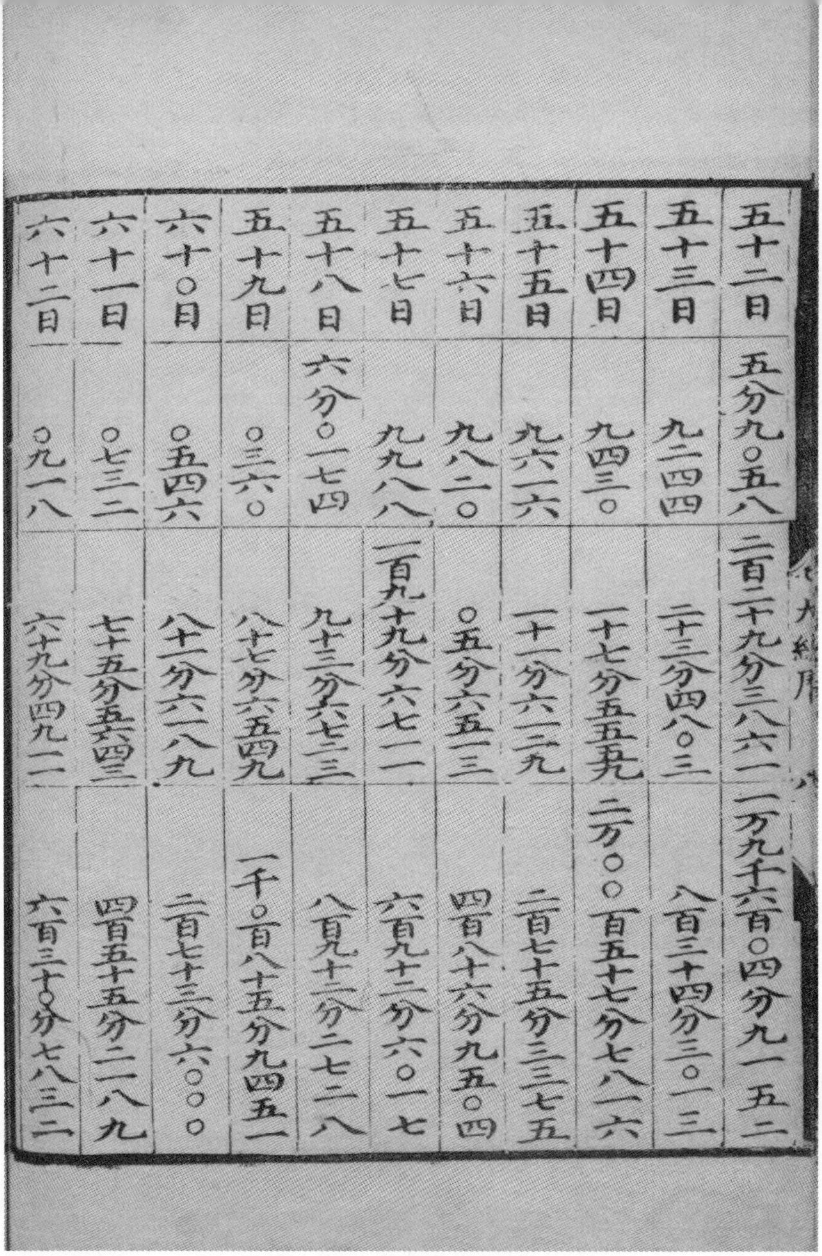

五十二日	五分九〇五八	二百二十九分三八六一	一万九千六百〇四分九一五二
五十三日	九二四四	二十三分四八〇三	八百三十四分三〇一三
五十四日	九四三〇	一十七分五五五九	二万〇〇百五十七分七八一六
五十五日	九六一六	一十一分六一二九	二百七十五分三三七五
五十六日	九八二〇	〇五分五六一三	四百八十六分九五〇四
五十七日	九九八八	一百九十九分六七一一	六百九十二分六〇一七
五十八日	六分〇一七四	九十三分六七二三	八百九十二分二七二八
五十九日	〇三六〇	八十七分六五四九	一千〇百八十五分九四五一
六十〇日	〇五四六	八十一分六一八九	二百七十三分六〇〇〇
六十一日	〇七三二	七十五分五六四三	四百五十五分二一八九
六十二日	〇九一八	六十九分四九一一	六百三十〇分七八三二

六十三日	一一〇四	六十三分三九九三	八百〇〇分二七四三
六十四日	一二九〇	五十七分二八八九	九百六十三分六七三六
六十五日	一四七六	五十一分一五九九	二千一百二十〇分九六二五
六十六日	一六六二	四十五分〇一二三	二百七十二分一二二四
六十七日	一八四八	三十八分八四六一	四百一十七分一三四七
六十八日	二〇三四	三十二分六六一三	五百五十五分九八〇八
六十九日	二二二〇	二十六分四五七九	六百八十八分六四二一
七十〇日	二四〇六	二十〇分二三五九	八百一十五分一〇〇〇
七十一日	二五九二	一十三分九九五三	九百三十五分三三五九
七十二日	二七七八	〇七分七三六一	三千〇百四十九分三三一二
七十三日	二九六四	〇一分四五八三	一百五十七分〇六七三

七十四日	六分三一五〇	九十五分一六一九	三千二百五十八分五二五六
七十五日	三三三六	八十八分八四六九	三百五十三分六八七五
七十六日	三五二二	八十二分五一三三	四百四十二分五三四四
七十七日	三七〇八	七十六分一六一一	五百二十五分〇四七七
七十八日	三八九四	六十九分七九〇三	六百〇一分二〇八八
七十九日	四〇八〇	六十三分四〇〇九	六百七十〇分九九九一
八十〇日	四二六六	五十六分九九二九	七百三十四分四〇〇〇
八十一日	四四五二	五十〇分五六六三	七百九十一分三九二九
八十二日	四六三八	四十四分一二一一	八百四十一分九五九二
八十三日	四八二四	三十七分六五七三	八百八十六分〇八〇三
八十四日	五〇一〇	三十一分一七四九	九百二十三分七三七六

八十五日	五一九六	二十四分六七三九	九百五十四分九一二五
八十六日	五三八二	一十八分一五四三	九百七十九分五八六四
八十七日	五五六八	一十一分六一六一	九百九十七分七四〇七
八十八日	五七五四	五分〇五九三	四千〇百九分三五六八
八十九日			〇百一十四分四一六一

太陽夏至前後立成卷第四

積日	縮初盈末限	盈縮加分	盈縮積度
初日	四分四三六二	四百八十四分八四七三	空
一日	四五二四	八十〇分四一一一	四百八十四分八四七三
二日	四六八六	七十五分九五八七	九百六十五分二五八四
三日	四八四八	七十一分四九〇一	一千四百四十一分二一七一
四日	五〇一〇	六十七分〇〇五三	九百一十二分七〇七二
五日	五一七二	六十二分五〇四三	二千三百七十九分七一二五
六日	五三三四	五十七分九八七一	八百四十二分二一六八
七日	五四九六	五十三分四五三七	三千三百〇〇分二〇三九

《太陽夏至前後立成卷》第四

縮初盈末限[1]

積日		盈縮加分	盈縮積度
初日	四分四三六二	四百八十四分八四七三	空
一日	四五二四	八十〇分四一一一	四百八十四分八四七三
二日	四六八六	七十五分九五八七	九百六十五分二五八四
三日	四八四八	七十一分四九〇一	一千四百四十一分二一七一
四日	五〇一〇	六十七分〇〇五三	九百一十二分七〇七二
五日	五一七二	六十二分五〇四三	二千三百七十九分七一二五
六日	五三三四	五十七分九八七一	八百四十二分二一六八
七日	五四九六	五十三分四五三七	三千三百〇〇分二〇三九

1 該表列出太陽夏至前後兩個象限，初盈末限各日的盈縮加分和盈縮積分，其中盈縮積度為對應積日太陽平運動和實際運動累計的差值，盈縮加分為對應積日的太陽每日平運動（一日一度）與實際運動的差值。

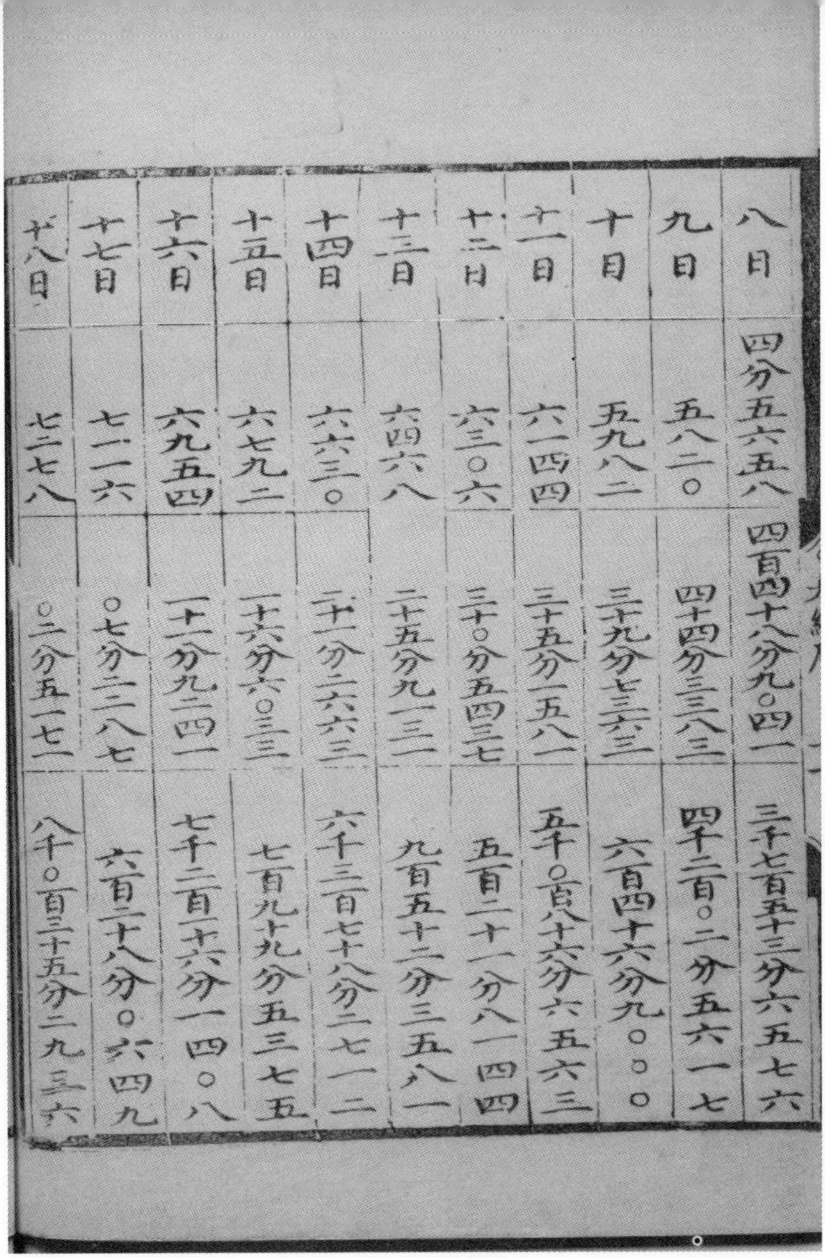

八日	四分五六五八	四百四十八分九〇四一	三千七百五十三分六五七六
九日	五八二〇	四十四分三三八三	四千二百〇二分五六一七
十日	五九八二	三十九分千五六三	六百四十六分九〇〇〇
十一日	六一四四	三十五分一五八一	五千〇百八十六分六五六三
十二日	六三〇六	三十〇分五四三七	五百二十一分八一四四
十三日	六四六八	二十五分九一三一	九百五十二分三五八一
十四日	六六三〇	二十一分二六六三	六千三百七十八分二七一二
十五日	六七九二	一十六分六〇三三	七百九十九分五三七五
十六日	六九五四	一十一分九二四一	七千二百一十六分一四〇八
十七日	七一一六	〇七分二二八七	六百二十八分〇六四九
十八日	七二七八	〇二分五一七一	八千〇百三十五分二九三六

十九日	七四四〇	三百九十七分七八九三	四百三十七分八一〇七
二十日	七六〇二	九十三分〇四五三	八百三十五分六〇〇〇
二十一日	七七六四	八十八分二八五一	九千二百二十八分六四五三
二十二日	七九二六	八十三分五〇八七	六百一十六分九三〇四
二十三日	八〇八八	七十八分七一六一	一万〇千〇百〇〇分四三九一
二十四日	八二五〇	七十三分九〇七三	三百七十九分一五五二
二十五日	八四一二	六十九分〇八二三	七百五十三分〇六二五
二十六日	八五七四	六十四分二四一一	一千一百二十二分一四四八
二十七日	八七三六	五十九分三八三七	四百八十六分三八五九
二十八日	八八九八	五十四分五一〇一	八百四十五分七六九六
二十九日	九〇六〇	四十九分六二〇三	二千二百〇〇分二七九七

三十〇日	四分九二二二	三百四十四分七一四三	一万二千五百四十九分九〇〇〇
三十一日	九三八四	三十九分七九二一	八百九十四分六一四三
三十二日	九五四六	三十四分八五三七	三千二百三十四分四〇六四
三十三日	九七〇八	二十九分八九九一	五百六十九分二六〇一
三十四日	九八七〇	二十四分九二八三	八百九十九分一五九二
三十五日	五分〇〇三二	一十九分九四一三	四千二百二十四分〇八七五
三十六日	〇一九四	一十四分九三八一	五百四十四分〇二八八
三十七日	〇三五六	〇九分九一八七	八百五十八分九九六九
三十八日	〇五一八	〇四分八八三一	五千一百六十八分八八五六
三十九日	〇六八〇	二百九十九分八三一三	四百七十三分七六八七
四十〇日	〇八四二	九十四分七六三三	七百七十三分六〇〇〇

四十一日	一〇〇四	八十九分六七九一	六千〇百六十八分三六三三
四十二日	一一六六	八十四分五七八七	三百五十八分〇四二四
四十三日	一三二八	七十九分四六二一	六百四十二分六二一一
四十四日	一四九〇	七十四分三二九三	九百二十二分〇八三二
四十五日	一六五二	六十九分一八〇三	七千一百九十六分四一二五
四十六日	一八一四	六十四分〇一五一	四百六十五分五九二八
四十七日	一九七六	五十八分八三三七	七百二十九分六〇七九
四十八日	二一三八	五十三分六三六一	九百八十八分四四一六
四十九日	二三〇〇	四十八分四二二三	八千二百四十二分〇七七七
五十〇日	二四六二	四十三分一九二三	四百九十〇分五〇〇〇
五十一日	二六二四	三十七分九四六一	七百三十三分六九二三

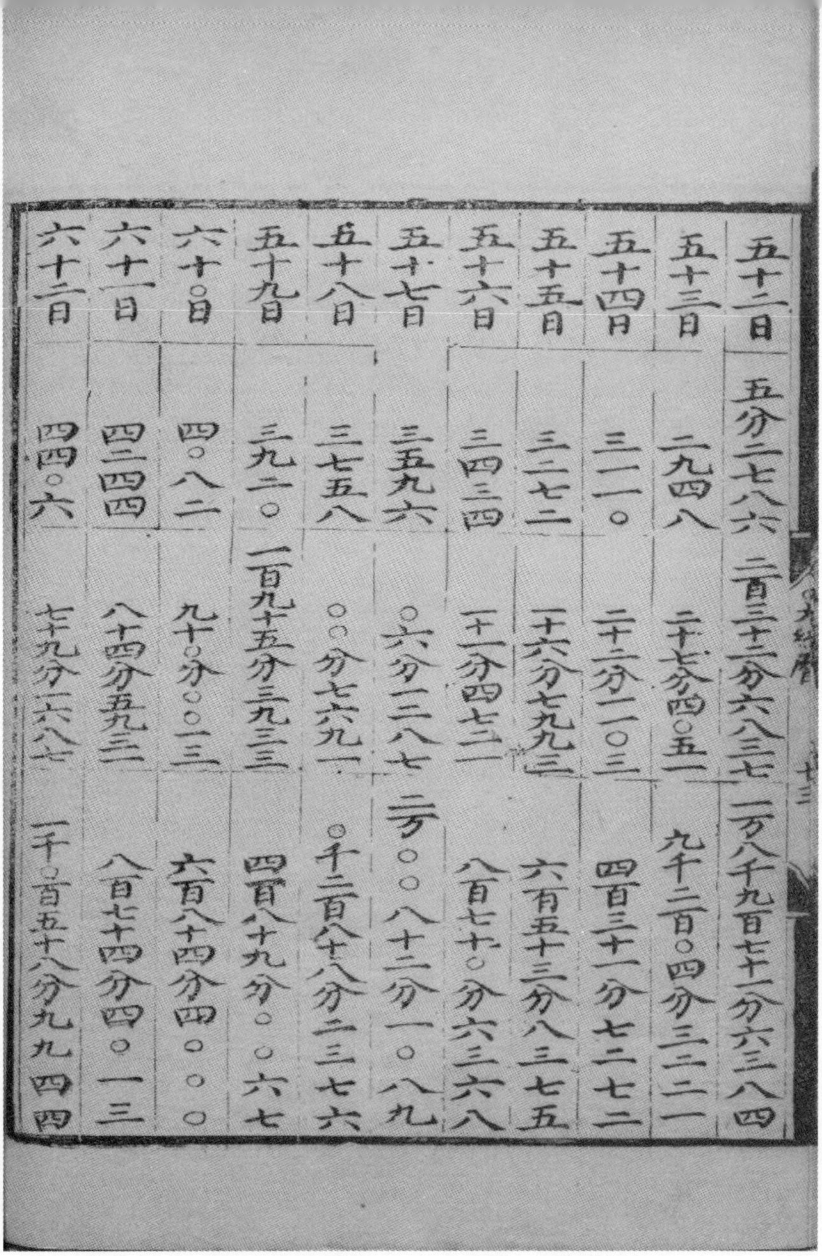

五十二日	五分二七八六	二百三十二分六八三七	一万八千九百七十一分六三八四
五十三日	二九四八	二十七分四〇五一	九千二百〇四分三二二一
五十四日	三一一〇	二十二分一一〇三	四百三十一分七二七二
五十五日	三二七二	一十六分七九九三	六百五十三分八三七五
五十六日	三四三四	一十一分四七二一	八百七十〇分六三六八
五十七日	三五九六	〇六分一二八七	二万〇〇八十二分一〇八九
五十八日	三七五八	〇〇分七六九一	〇千二百八十八分二三七六
五十九日	三九二〇	一百九十五分三九三三	四百八十九分〇〇六七
六十〇日	四〇八二	九十〇分〇〇一三	六百八十四分四〇〇〇
六十一日	四二四四	八十四分五九三一	八百七十四分四〇一三
六十二日	四四〇六	七十九分一六八七	一千〇百五十八分九九四四

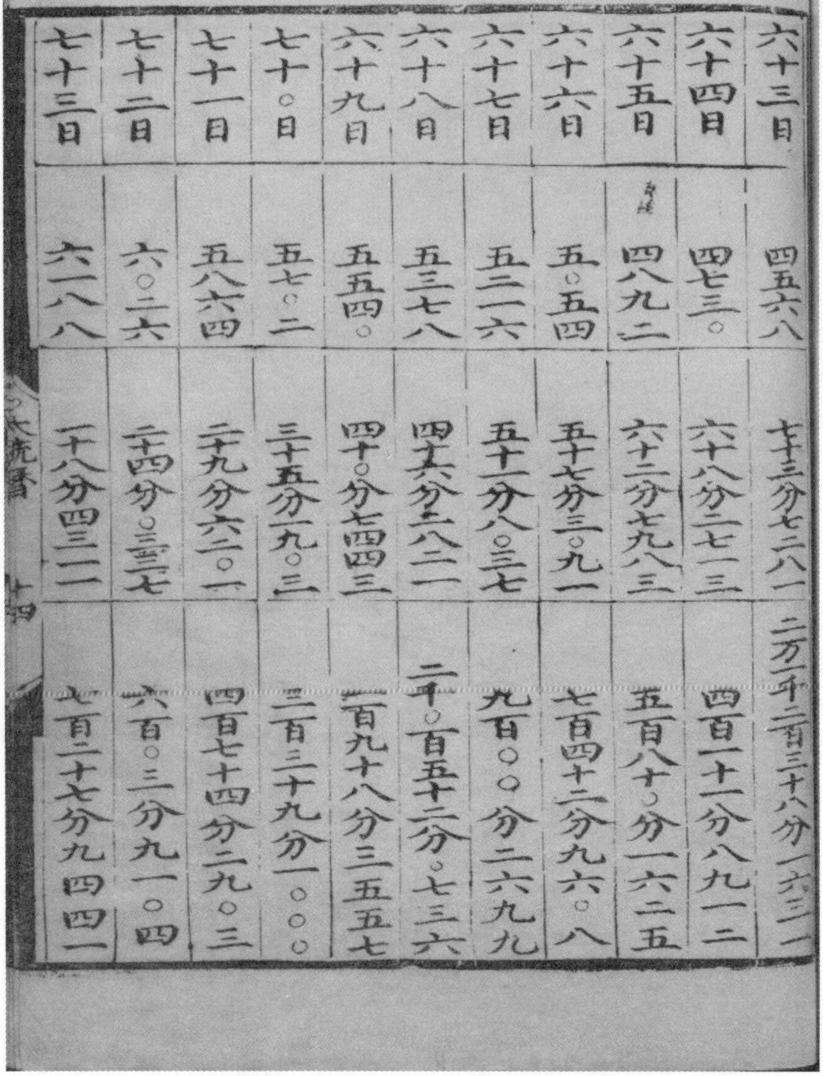

六十三日	四五六八	七十三分七二八一	二万一千二百三十八分一六三一
六十四日	四七三〇	六十八分二七一三	四百一十一分八九一二
六十五日	四八九二	六十二分七九八三	五百八十〇分一六二五
六十六日	五〇五四	五十七分三〇九一	七百四十二分九六〇八
六十七日	五二一六	五十一分八〇三七	九百〇〇分二六九九
六十八日	五三七八	四十六分二八二一	二千〇百五十二分〇七三六
六十九日	五五四〇	四十〇分七四四三	一百九十八分三五五七
七十〇日	五七〇二	三十五分一九〇三	三百三十九分一〇〇〇
七十一日	五八六四	二十九分六二〇一	四百七十四分二九〇三
七十二日	六〇二六	二十四分〇三三七	六百〇三分九一〇四
七十三日	六一八八	一十八分四三一一	七百二十七分九四四一

七十四日	五分六三五〇	一百一十二分八一二三	二万二千八百四十六分三七五二
七十五日	六五一二	〇七分一七七三	九百五十九分一八七五
七十六日	六六七四	〇一分五二六一	三千〇百六十六分三六四八
七十七日	六八三六	九十五分八五八七	二百六十三分八九〇九
七十八日	六九九八	九十〇分一七五一	一百百六十七分七四九六
七十九日	七一六〇	八十四分四七五三	三百五十三分九二四七
八十〇日	七三二二	七十八分七五九三	四百三十八分四〇〇〇
八十一日	七四八四	七十三分〇二七一	五百一十七分一五九三
八十二日	七六四六	六十七分二七八七	五百九十〇分一八六四
八十三日	七八〇八	六十一分五一四一	六百五十七分四六五一
八十四日	七九七〇	五十五分七三三三	七百一十八分九七九二

八十五日	八一三二	四十九分九三六三	七百七十四分七一二五
八十六日	八二九四	四十四分一二三一	八百二十四分六四八八
八十七日	八四五六	三十八分二九三七	八百六十八分七七一九
八十八日	八六一八	三十二分四四八一	九百〇七分〇六五六
八十九日	八七八〇	二十六分五八六三	九百三十九分五一三七
九十〇日	八九四二	二十〇分七〇八三	九百六十六分一〇〇〇
九十一日	九一〇四	一十四分八一四一	九百八十六分八〇八三
九十二日	九二六六	八分九〇三七	四千〇百〇一分六二二四
九十三日	九四二八	二分九七七一	〇百一十〇分五二六一
九十四日			〇百一十三分五〇三二

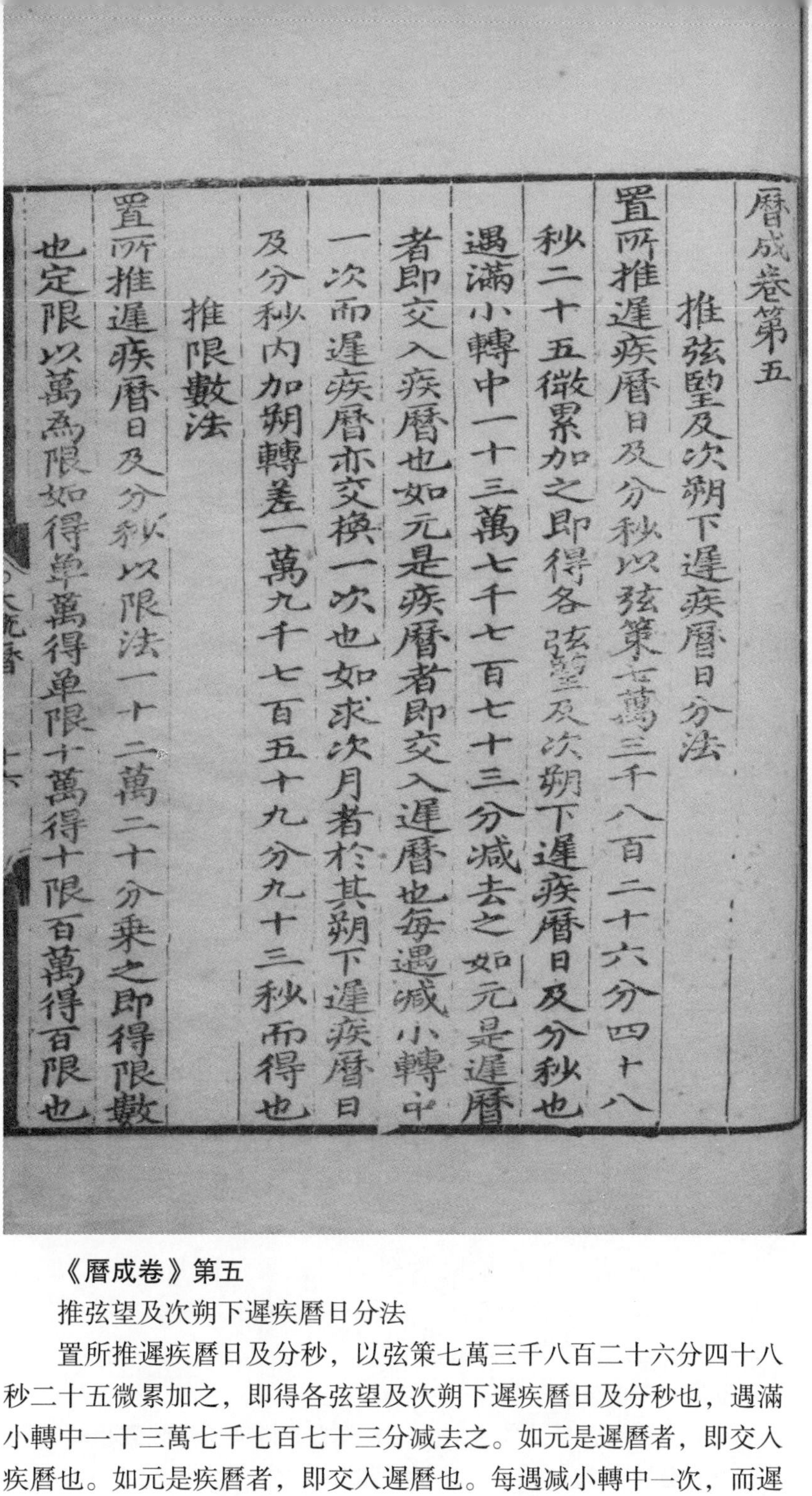
曆成卷第五
推弦望及次朔下遲疾曆日分法
置所推遲疾曆日及分秒以弦策七萬三千八百二十六分四十八
秒二十五微累加之即得各弦望及次朔下遲疾曆日及分秒也
遇滿小轉中一十三萬七千七百七十三分減去之如元是遲曆
者即交入疾曆也如元是疾曆者即交入遲曆也每遇減小轉中
一次而遲疾曆亦交換一次也如求次月者於其朔下遲疾曆日
及分秒內加朔轉差一萬九千七百五十九分九十三秒而得也
推限數法
置所推遲疾曆日及分秒以限法一十二萬二十分乘之即得限數
也定限以萬為限如得单萬得单限十萬得十限百萬得百限也

《曆成卷》第五

推弦望及次朔下遲疾曆日分法

置所推遲疾曆日及分秒，以弦策七萬三千八百二十六分四十八秒二十五微累加之，即得各弦望及次朔下遲疾曆日及分秒也，遇滿小轉中一十三萬七千七百七十三分減去之。如元是遲曆者，即交入疾曆也。如元是疾曆者，即交入遲曆也。每遇減小轉中一次，而遲疾曆亦交換一次也。如是次月者，於其朔下遲疾曆日及分秒內加朔轉差一萬九千七百五十九分九十三秒而得也。[1]

推限數法

置所推遲疾曆日及分秒，以限法一十二萬二十分乘之，即得限數也。定限以萬為限，如得单萬得单限，十萬得十限，百萬得百限也。[2]

1 通過累加弦策計算各弦望及次朔時月亮運動的遲疾曆。
2 大統曆將月亮一天的運動分為十二個限。

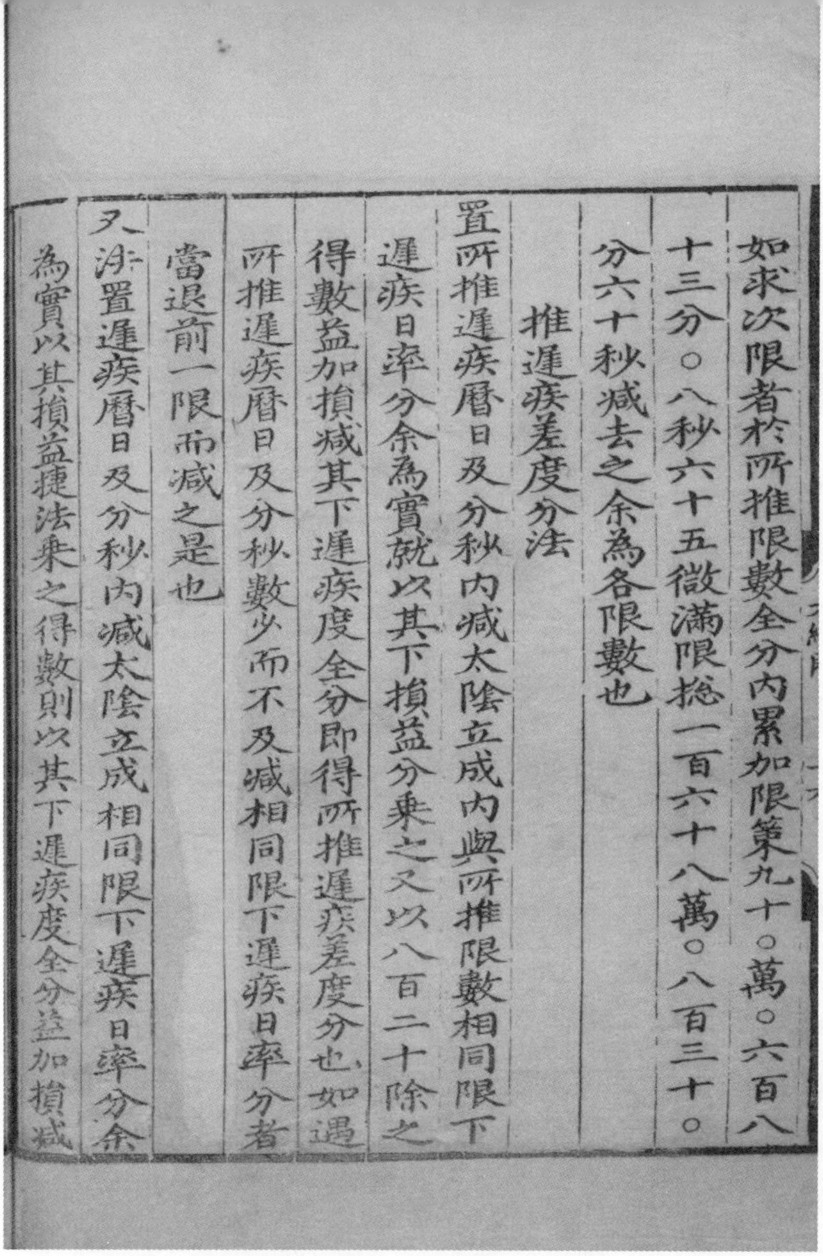
如求次限者於所推限數全分內累加限策九十〇萬〇六百八
十三分〇八秒六十五微滿限捻一百六十八萬〇八百三十〇
分六十秒減去之余為各限數也
推遲疾差度分法
置所推遲疾曆日及分秒內減太陰立成內與所推限數相同限下
遲疾日率分余為實就以其下損益分乘之又以八百二十除之
得數益加損減其下遲疾度全分即得所推遲疾差度分也如遇
所推遲疾曆日及分秒數少而不及減相同限下遲疾日率分者
當退前一限而減之是也
又法置遲疾曆日及分秒內減太陰立成相同限下遲疾日率分余
為實以其損益捷法乘之得數則以其下遲疾度全分益加損減

如求次限者，捻所推限數全分內，累加限策九十〇萬〇六百八十三分〇八秒六十五微，滿限捻一百六十八萬〇八百三十〇分六十秒減去之，余為各限數也。

推遲疾差度分法

置所推遲疾曆日及分秒，內減太陰立成內與所推限數相同限下遲疾日率分，余為實，就以其下損益分乘之，又以八百二十除之，得數益加損減其下遲疾度全分，即得所推遲疾差度分也。如遇所推遲疾曆日及分秒數少而不及減相同限下遲疾日率分者，當退前一限而減之是也。[1]

又法，置遲疾曆日及分秒，內減太陰立成相同限下遲疾日率分，余為實。以其損益捷法乘之，得數則以其下遲疾度全分益加損減

1 通過太陰立成，利用線性插值計算遲疾差度。

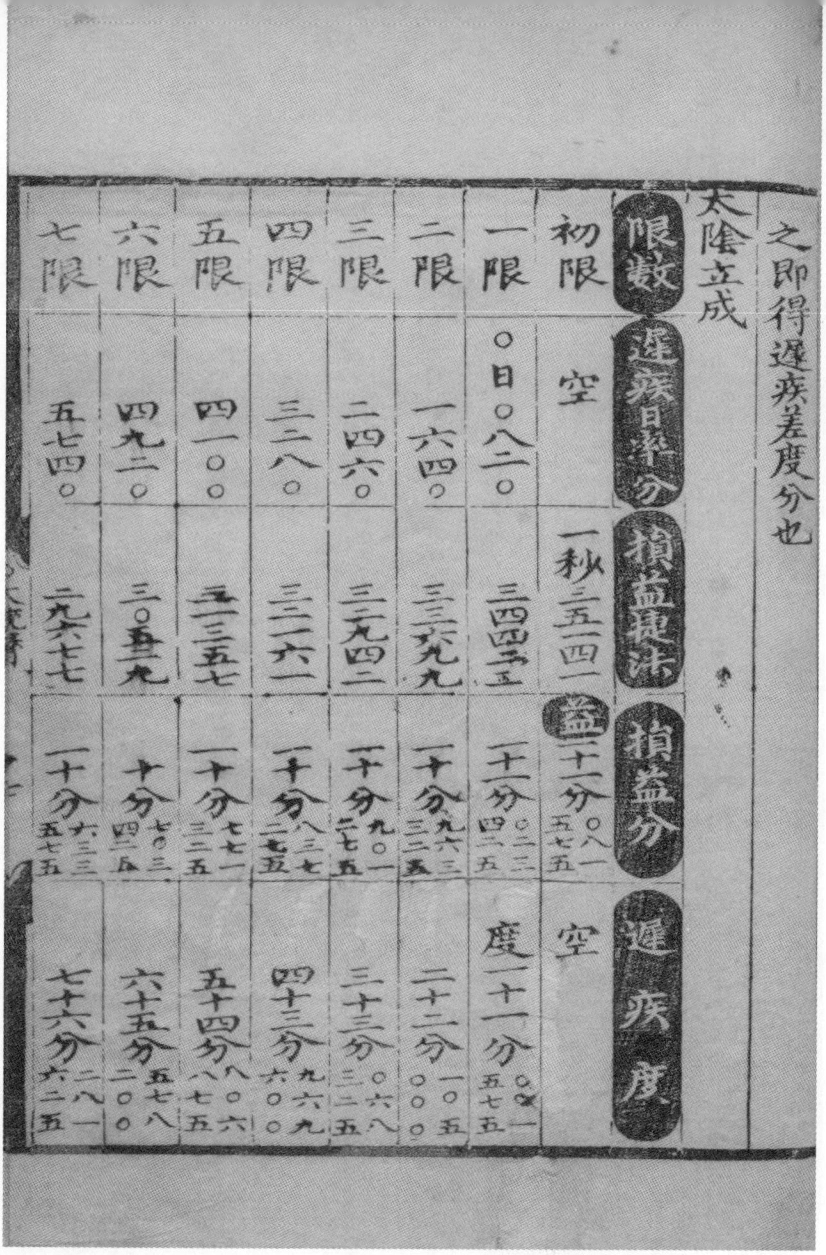

之，即得遲疾差度分也。[1]

太陰立成[2]

限數[3]	遲疾曆日率分[4]	損益捷法[5]	損益分	遲疾度[6]
初限	空	一秒三五一四一	益一十一分〇八一五七五	空
一限	〇日〇八二〇	三四四二二	一十一分〇二三四二五	度一十一分〇〇一五七五[7]
二限	一六四〇	三三六九九	一十一分九六三三二五	二十二分一〇五〇〇〇
三限	二四六〇	三二九四二	一十分九〇一二七五	三十三分〇六八三二五
四限	三二八〇	三二一六一	一十分八三七二七五	四十三分九六九六〇〇
五限	四一〇〇	三一三五七	一十分七七一三二五	五十四分八〇六八七五
六限	四九二〇	三〇五二九	十分七〇三四二五	六十五分五七八二〇〇
七限	五七四〇	二九六七七	一十分六三三五七五	七十六分二八一六二五

1 遲疾差度分 =(遲疾曆日分秒 − 遲疾曆日率分) × 損益捷法 ± 遲疾度全分。

2 該表用於推算月亮遲疾差度。

3 初遲疾差至八十三限為遲疾曆初限，其第四欄損益分為益分。自八十三限以上為為末限，損益分為益分為損分。

4 遲疾曆日率分為 820 分的累加值，每限遞增 820 分。

5 損益捷法 = 損益分 /820。

6 遲疾度為損益分的累加值。

7“〇〇一五七五”疑為“〇一五七五”。

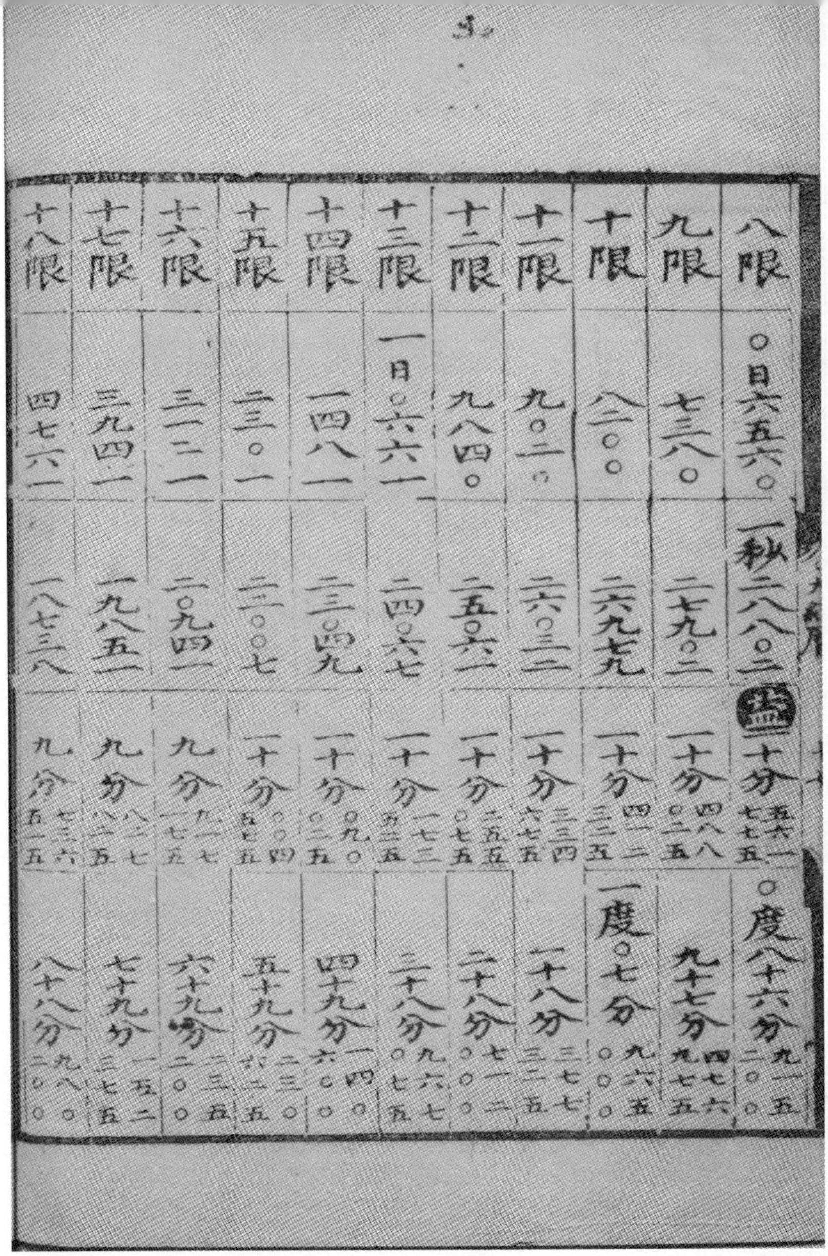

八限	○日六五六○	一秒二八八○二	益一十分五六一七七五	○度八十六分九一五二○○
九限	七三八○	二七九○二	一十分四八八○二五	九十七分四七六九七五
十限	八二○○	二六九七九	一十分四一二三二五	一度○七分九六五○○○
十一限	九○二○	二六○三二	一十分三三四六七五	一十八分三七七三二五
十二限	九八四○	二五○六一	一十分二五五○七五	二十八分七一二○○○
十三限	一日○六六一	二四○六七	一十分一七三五二五	三十八分九六七○七五
十四限	一四八一	二三○四九	一十分○九○○二五	四十九分一四○六○○
十五限	二三○一	二二○○七	一十分○○四五七五	五十九分二三○六二五
十六限	三一二一	二○四一	九分九一七一七五	六十九分二三五二○○
十七限	三九四一	一九八五一	九分八二七八二五	七十九分一五二三七五
十八限	四七六一	一八七三八	九分七三六五一五	八十八分九八○二○○

十九限	五五八一	一七六〇〇	九分六四三二七五	九十八分七一六七二五
二十限	六四〇一	一六四三九	九分五四八〇七五	二度〇八分三六〇〇〇〇
二十一限	七二二一	一五二五五	九分四五〇九二五	一十七分九〇八〇七五
二十二限	八〇四一	一四〇四六	九分三五一八二五	二十七分三五九〇〇〇
二十三限	八八六一	一二八一四	九分二五〇七七五	三十六分七一〇八二五
二十四限	九六八一	一一五五八	九分一四七七七五	四十五分九六一六〇〇
二十五限	二日〇五〇二	一〇二七八	九分〇四二八二五	五十五分一〇九三七五
二十六限	一三二二	〇八九七四	八分九三五九二五	六十四分一五二二〇〇
二十七限	二一四二	〇七六四七	八分八二七〇七五	七十三分〇八八一二五
二十八限	二九六二	〇六二九六	八分七一六二七五	八十一分九一五二〇〇
二十九限	三七八二	〇四九二一	八分六〇三五二五	九十〇分六三一四七五

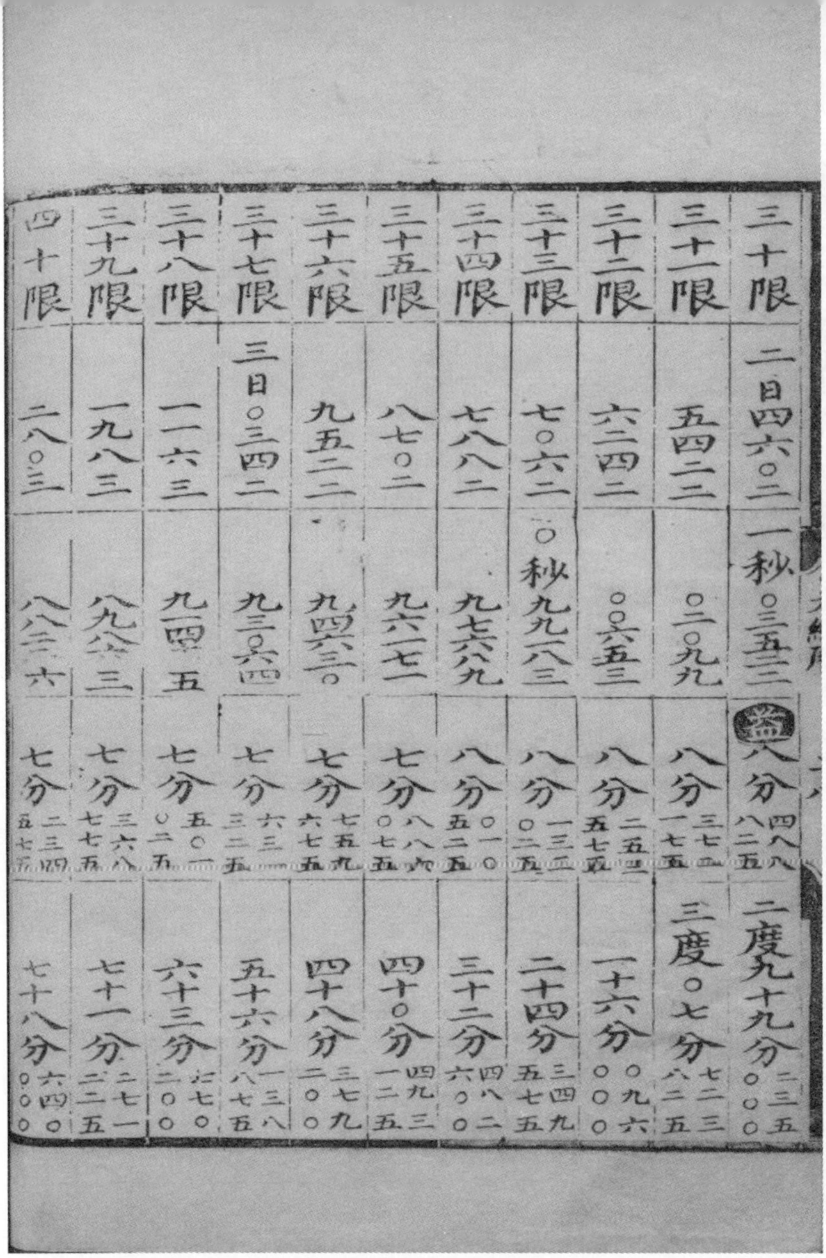

三十限	二日四六〇二	一秒〇三五二二	益八分四八八八二五	二度九十九分二三五〇〇〇
三十一限	五四二二	〇二〇九九	八分三七二一七五	三度〇七分七二三八二五
三十二限	六二四二	〇〇六五三	八分二五三五七五	一十六分〇九六〇〇〇
三十三限	七〇六二	〇秒九九一八三	八分一三三〇二五	二十四分三四九五七五
三十四限	七八八二	九七六八九	八分〇一〇五二五	三十二分四八二六〇〇
三十五限	八七〇二	九六一七一	七分八八六〇七五	四十〇分四九三一二五
三十六限	九五二二	九四六三〇	七分七五九六七五	四十八分三七九二〇〇
三十七限	三日〇三四二	九三〇六四	七分六三一三二五	五十六分一三八八七五
三十八限	一一六三	九一四六五	七分五〇一〇二五	六十三分七七〇二〇〇
三十九限	一九八三	八九八六三	七分三六八七七五	七十一分二七一二二五
四十限	二八〇三	八八二二六	七分二三四五七五	七十八分六四〇〇〇〇

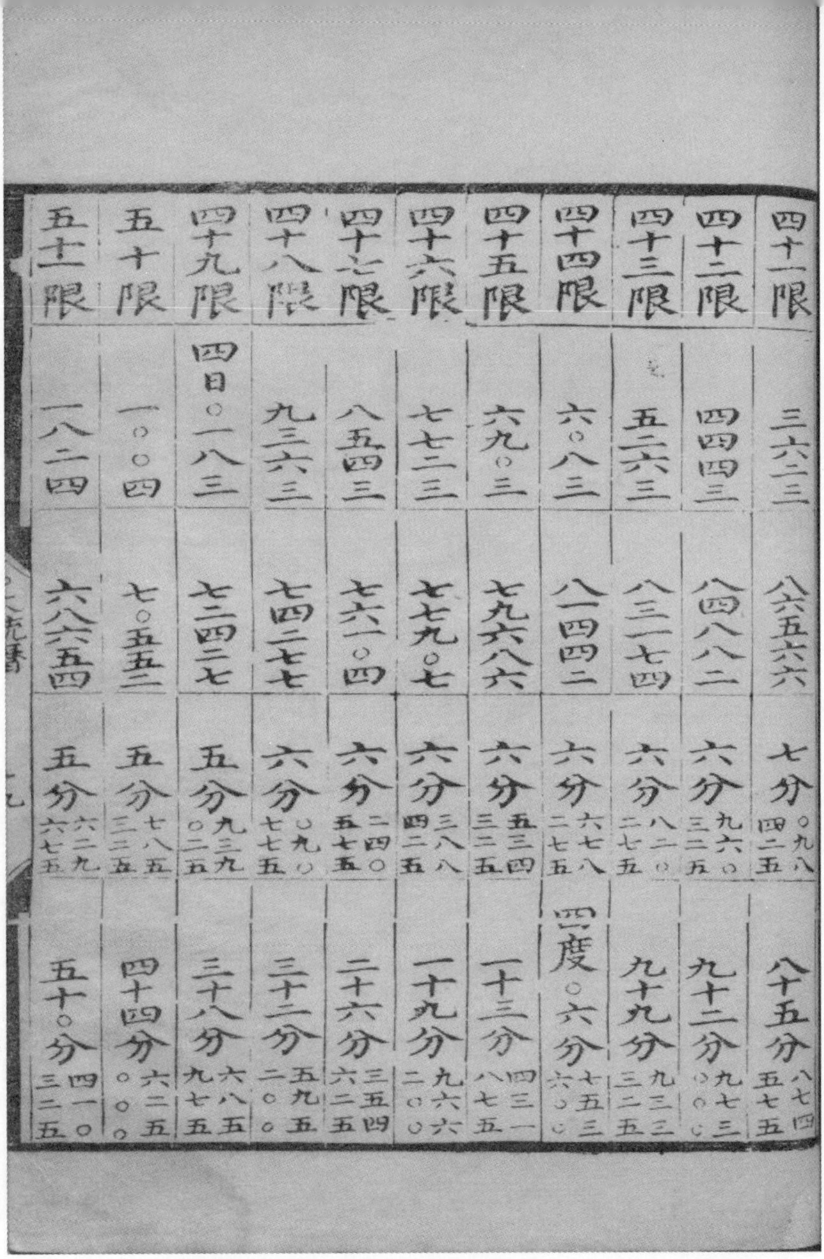

四十一限	三六二三	八六五六六	七分〇九八四二五	八十五分八七四五七五
四十二限	四四四三	八四八八二	六分九六〇三二五	九十二分九七三〇〇〇
四十三限	五二六三	八三一七四	六分八二〇二七五	九十九分九三三三二五
四十四限	六〇八三	八一四四一	六分六七八二七五	四度〇六分七五三六〇〇
四十五限	六九〇三	七九六八六	六分五三四三二五	一十三分四三一八七五
四十六限	七七二三	七七九〇七	六分三八八四二五	一十九分九六六二〇〇
四十七限	八五四三	七六一〇四	六分二四〇五七五	二十六分三五四六二五
四十八限	九三六三	七四二七七	六分〇九〇七七五	三十二分五九五二〇〇
四十九限	四日〇一八三	七二四二七	五分九三九〇二五	三十八分六八五九七五
五十限	一〇〇四	七〇五五二	五分七八五三二五	四十四分六二五〇〇〇
五十一限	一八二四	六八六五四	五分六二九六七五	五十〇分四一〇三二五

五十二限	四日二六四四	○秒六六七三二	益五分四七二○七五	四度五十六分○四○○○○
五十三限	三四六四	六四七八六	五分三一二五二五	六十一分五一二○七五
五十四限	四二八四	六二八一七	五分一五一○二五	六十六分八二四六○○
五十五限	五一○四	六○八二四	四分九八七五七五	七十一分九七五六二五
五十六限	五九二四	五八八○七	四分八二二一七五	七十六分九六三二○○
五十七限	六七四四	五六七六六	四分六五四八二五	八十一分七八五三七五
五十八限	七五六四	五四七○一	四分四八五五二五	八十六分四四○二○○
五十九限	八三八四	五二六一三	四分三一四二七五	九十○分九二五七二五
六十限	九二○四	五○五○○	四分一四一○七五	九十五分二四○○○○
六十一限	五日○○二四	四八三六四	三分九六五九二五	九十九分三八一○七五
六十二限	○八四四	四六二○五	三分七八八八二五	五度○三分三四七○○○

六十三限	一六六五	四四〇二一	三分六〇九七七五	〇七分一三五八二五
六十四限	二四八五	四一八一四	三分四二八七七五	一十〇分七四五六〇〇
六十五限	三三〇五	三九五八三	三分二四五八二五	一十四分一七四三七五
六十六限	四一二五	三七三二八	三分〇六〇九二五	一十七分四二〇二〇〇
六十七限	四九四五	三五〇四九	二分八七四〇七五	二十〇分四八一一二五
六十八限	五七六五	三二七四七	二分六八五二七五	二十三分三五五二〇〇
六十九限	六五八五	三〇四二一	二分四九四五二五	二十六分〇四〇四七五
七十限	七四〇五	二八〇七一	二分三〇一八二五	二十八分五三五〇〇〇
七十一限	八二二五	二五六九七	二分一〇七一七五	三十分八三六八二五
七十二限	九〇四五	二三二九九	一分九一〇五七五	三十二分九四四〇〇〇
七十三限	九八六五	二〇八七八	一分七一二〇二五	三十四分八五四五七五

七十四限	六日〇六八五	〇秒一八四三二	益一分五一一五二五	五度三十六分五六六六〇〇
七十五限	一五〇六	一五九六四	一分三〇九〇七五	三十八分〇七八一二五
七十六限	二三二六	一三四七一	一分一〇四六七五	三十九分三八七二〇〇
七十七限	三一四六	一〇九五五	〇分八九八三二五	四十分四九一八七五
七十八限	三九六六	〇八四一四	〇分六九〇〇二五	四十一分三九〇二〇〇
七十九限	四七八六	〇五八五〇	〇分四七九七七五	四十二分〇八〇二二五
八十限	五六〇六	〇三二六三	〇分二六七五七五	四十二分五六〇〇〇〇
八十一限	六四二八	〇〇六五一	五秒三四二五	四十二分八二七五七五
八十二限	七二四六	〇〇四三四	三秒五六一六	四十二分八八一〇〇〇
八十三限	八〇六六	〇〇二一七	益一秒七八〇八	四十二分九一六六一六
八十四限	八八八六	〇〇二一七	損一秒七八〇八	四十二分九三四四二四

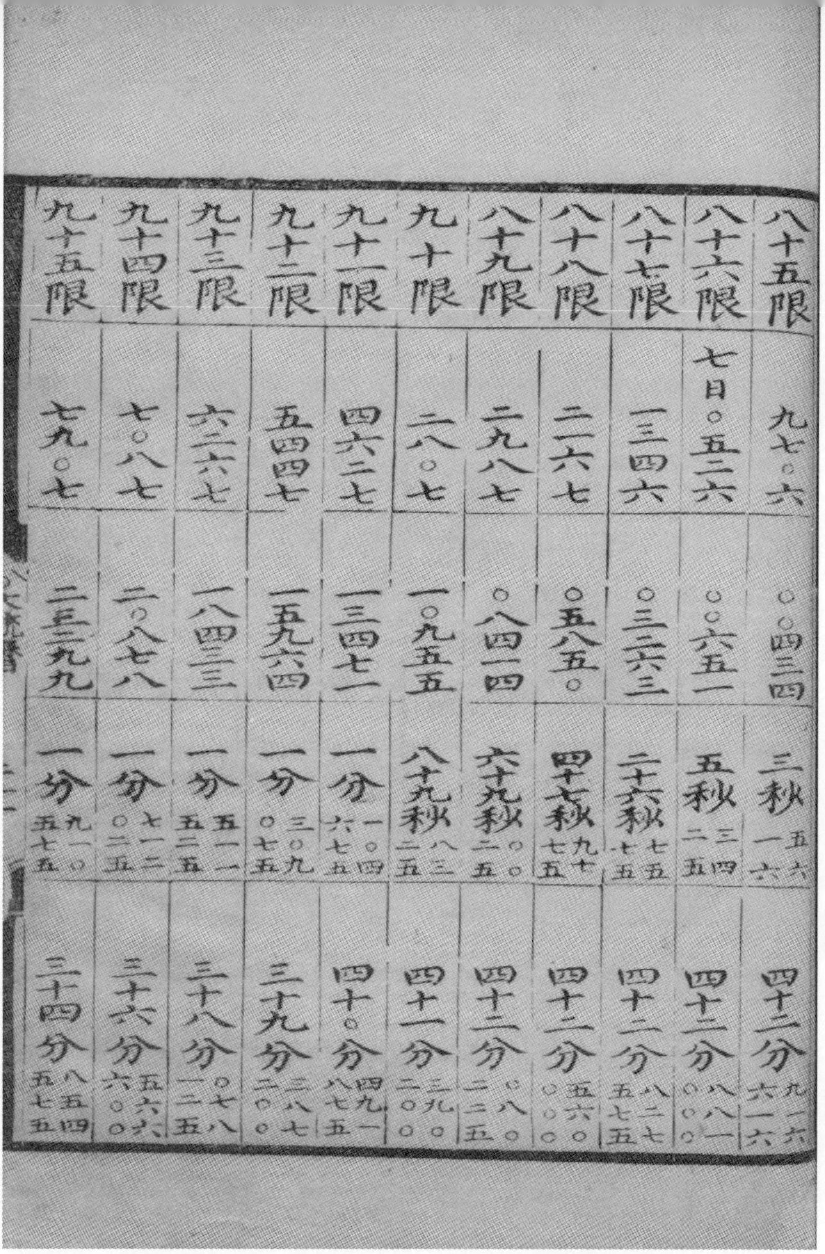

八十五限	九七〇六	〇〇四三四	三秒五六一六	四十二分九一六六一六
八十六限	七日〇五二六	〇〇六五一	五秒三四二五	四十二分八八一〇〇〇
八十七限	一三四六	〇三二六三	二十六秒七五七五	四十二分八二七五七五
八十八限	二一六七	〇五八五〇	四十七秒九七七五	四十二分五六〇〇〇〇
八十九限	二九八七	〇八四一四	六十九秒〇〇二五	四十二分〇八〇二二五
九十限	三八〇七	一〇九五五	八十九秒八三二五	四十一分三九〇二〇〇
九十一限	四六二七	一三四七一	一分一〇四六七五	四十〇分四九一八七五
九十二限	五四四七	一五九六四	一分三〇九〇七五	三十九分三八七二〇〇
九十三限	六二六七	一八四三三	一分五一一五二五	三十八分〇七八一二五
九十四限	七〇八七	二〇八七八	一分七一二〇二五	三十六分五六六六〇〇
九十五限	七九〇七	二三二九九	一分九一〇五七四	三十四分八五四五七五

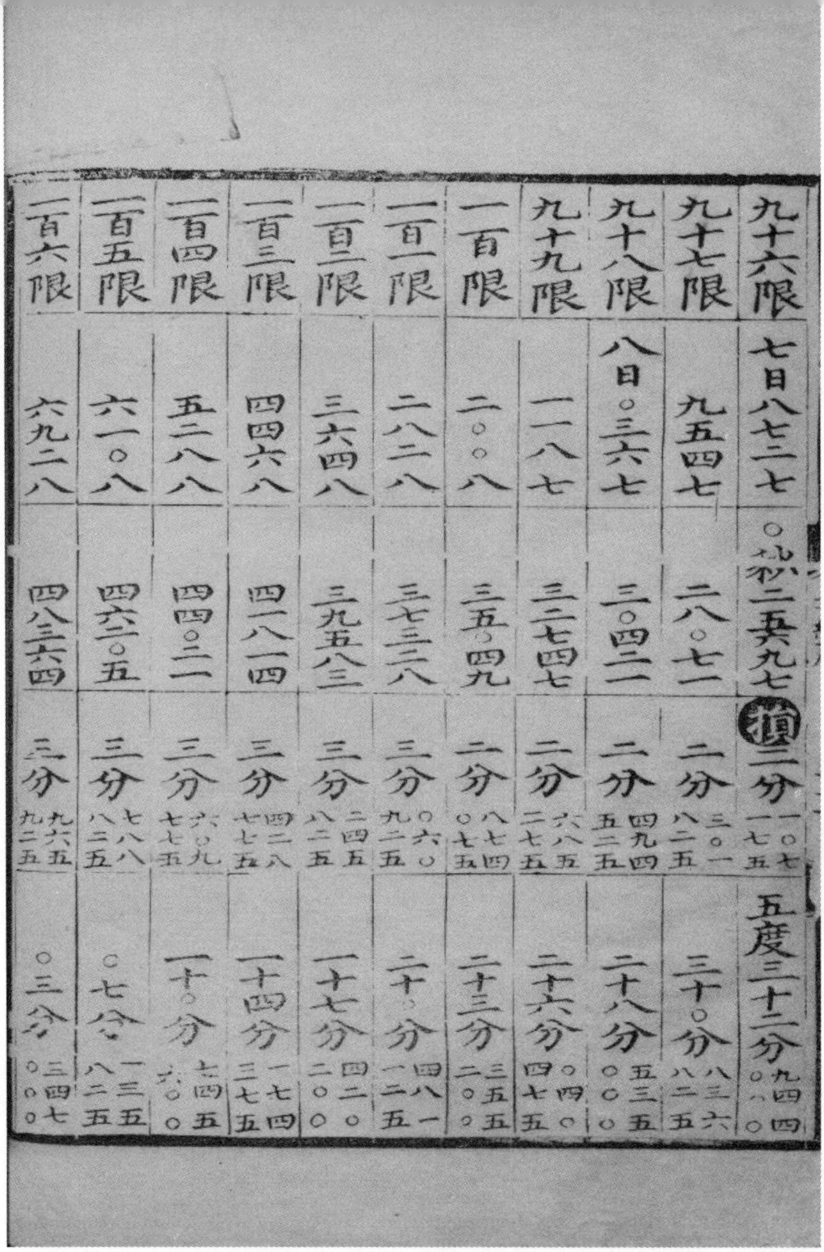

九十六限	七日八七二七	〇秒二五六九七	損二分一〇七一七五	五度三十二分九四四〇〇〇
九十七限	九五四七	二八〇七一	二分三〇一八二五	三十〇分八三六八二五
九十八限	八日〇三六七	三〇四二一	二分四九四五二五	二十八分五三五〇〇〇
九十九限	一一八七	三二七四七	二分六八五二七五	二十六分〇四〇四七五
一百限	二〇〇八	三五〇四九	二分八七四〇七五	二十三分三五五二〇〇
一百一限	二八二八	三七三二八	三分〇六〇九二五	二十〇分四八一一二五
一百二限	三六四八	三九五八三	三分二四五八二五	一十七分四二〇二〇〇
一百三限	四四六八	四一八一四	三分四二八七七五	一十四分一七四三七五
一百四限	五二八八	四四〇二一	三分六〇九七七五	一十〇分七四五六〇〇
一百五限	六一〇八	四六二〇五	三分七八八八二五	〇七分一三五八二五
一百六限	六九二八	四八三六四	三分九六五九二五	〇三分三四七〇〇〇

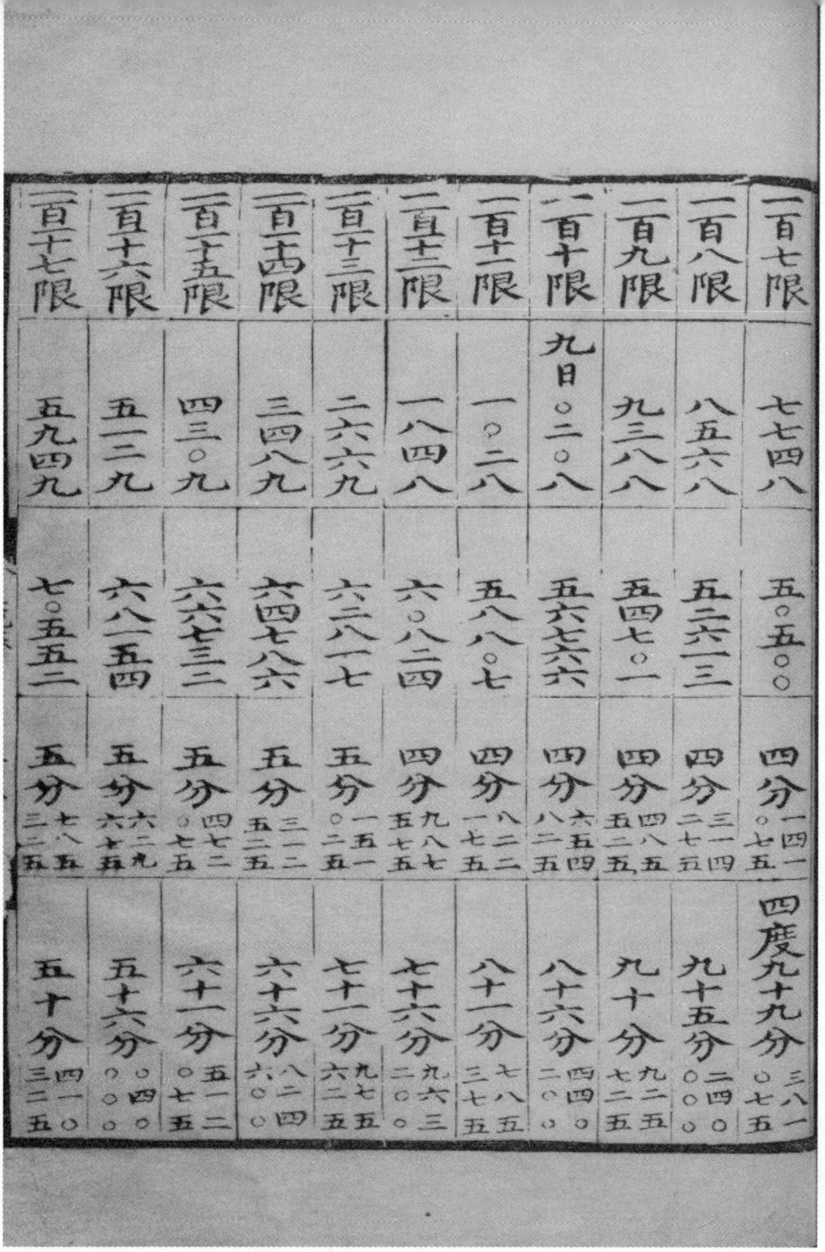

一百七限	七七四八	五〇五〇〇	四分一四一〇七五	四度九十九三八一〇七五
一百八限	八五六八	五二六一三	四分三一四二七五	九十五分二四〇〇〇〇
一百九限	九三八八	五四七〇一	四分四八五五二五	九十分九二五七二五
一百十限	九日〇二〇八	五六七六六	四分六五四八二五	八十六分四四〇二〇〇
一百十一限	一〇二八	五八八〇七	四分八二二一七五	八十一分七八五三七五
一百十二限	一八四八	六〇八二四	四分九八七五七五	七十六分九六三二〇〇
一百十三限	二六六九	六二八一七	五分一五一〇二五	七十一分九七五六二五
一百十四限	三四八九	六四七八六	五分三一二五二五	六十六分八二四六〇〇
一百十五限	四三〇九	六六七三二	五分四七二〇七五	六十一分五一二〇七五
一百十六限	五一二九	六八一五四	五分六二九六七五	五十六分〇四〇〇〇〇
一百十七限	五九四九	七〇五五二	五分七八五三二五	五十分四一〇三二五

一百十八限	九日六七六九	○秒七二四二七	損五分九三九○二五	四度四十四分六二五○○○
一百十九限	七五八九	七四二七七	六分○九○七七五	三十八分六八五九七五
一百二十限	八四○九	七六一○四	六分二四○五七五	三十二分五九五二○○
一百二十一限	九二二九	七七九○七	六分三八八四二五	二十六分三五四六二五
一百二十二限	十日○○四九	七九六八六	六分五三四三二五	十九分九六六二○○
一百二十三限	○八六九	八一四四二	六分六七八二七五	十三分四三一八七五
一百二十四限	一六八九	八三一七四	六分八二○二七五	○六分七五三六○○
一百二十五限	二五一○	八四八八二	六分九六○三二五	三度九十九分九三三三二五
一百二十六限	三三三○	八六五六六	七分○九八四二五	九十二分九七三○○○
一百二十七限	四一五○	八八二二六	七分二三四五七五	八十五分八七四五七五
一百二十八限	四九七○	八九八六三	七分三六八七七五	七十八六四○○○○

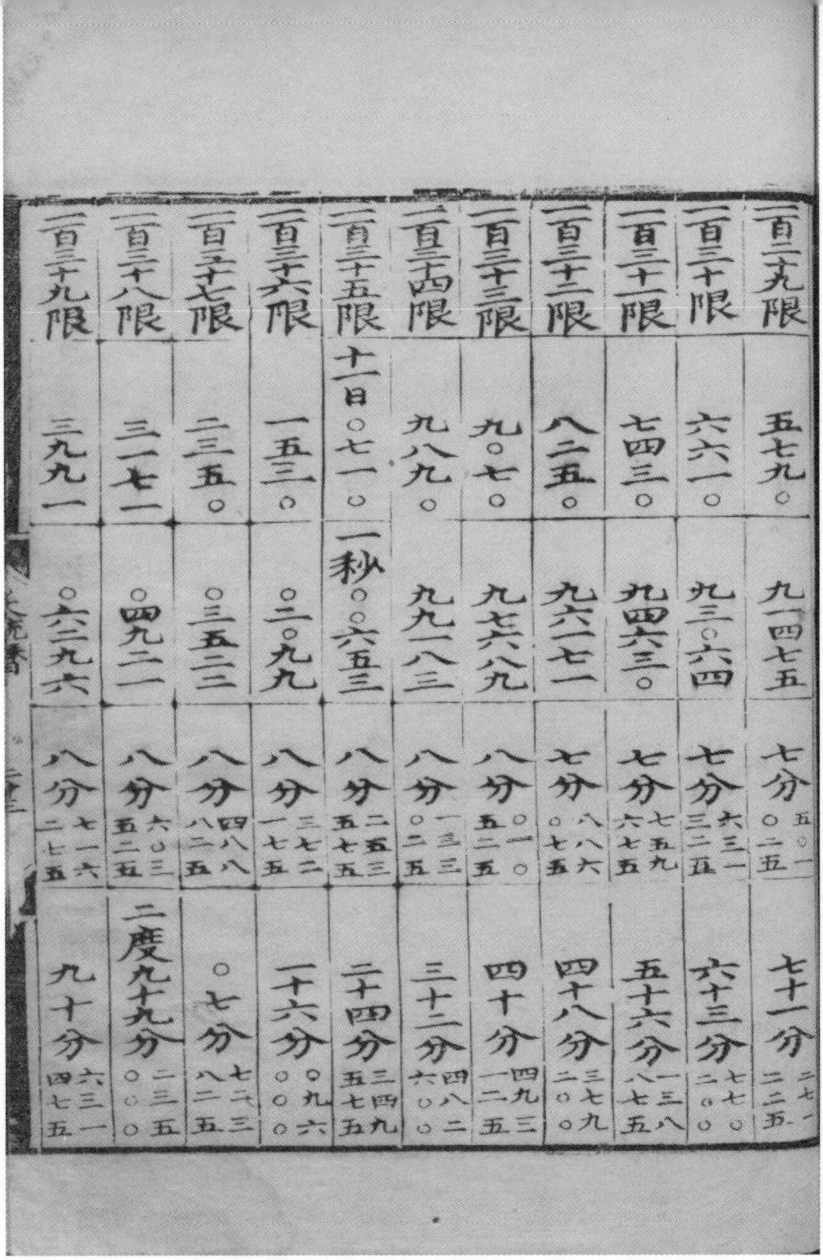

一百二十九限	五七九〇	九一四七五	七分五〇一〇二五	七十一分二七一二二五
一百三十限	六六一〇	九三〇六四	七分六三一三二五	六十三分七七〇二〇〇
一百三十一限	七四三〇	九四六三〇	七分七五九六七五	五十六分一三八八七五
一百三十二限	八二五〇	九六一七一	七分八八六〇七五	四十八分三七九二〇〇
一百三十三限	九〇七〇	九七六八九	八分〇一〇五二五	四十分四九三一二五
一百三十四限	九八九〇	九九一八三	八分一三三〇二五	三十二分四八二六〇〇
一百三十五限	十一日〇七一〇	一秒〇〇六五三	八分二五三五七五	二十四分三四九五七五
一百三十六限	一五三〇	〇二〇九九	八分三七二一七五	一十六分〇九六〇〇〇
一百三十七限	二三五〇	〇三五二二	八分四八八八二五	〇七分七二三八二五
一百三十八限	三一七一	〇四九二一	八分六〇三五二五	二度九十九分二三五〇〇〇
一百三十九限	三九九一	〇六二九六	八分七一六二七五	九十分六三一四七五

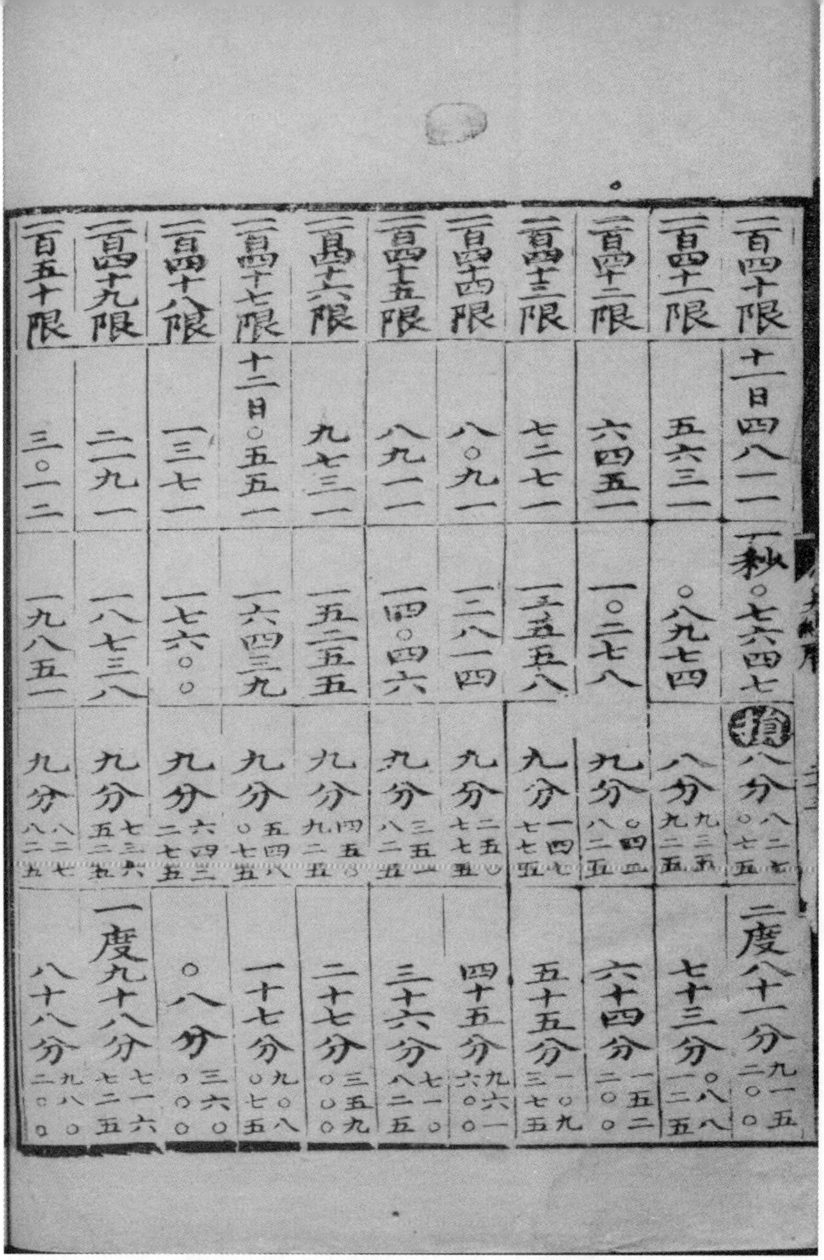

一百四十限	十一日四八一一	一秒〇七六四七	損八分八二七〇七五	二度八十一分九一五二〇〇
一百四十一限	五六三一	〇八九七四	八分九三五九二五	七十三分〇八八一二五
一百四十二限	六四五一	一〇二七八	九分〇四二八二五	六十四分一五二二〇〇
一百四十三限	七二七一	一一五五八	九分一四七七七五	五十五分一〇九三七五
一百四十四限	八〇九一	一二八一四	九分二五〇七七五	四十五分九六一六〇〇
一百四十五限	八九一一	一四〇四六	九分三五一八二五	三十六分七一〇八二五
一百四十六限	九七三一	一五二五五	九分四五〇九二五	二十七分三五九〇〇〇
一百四十七限	十二日〇五五一	一六四三九	九分五四八〇七五	一十七分九〇八〇七五
一百四十八限	一三七一	一七六〇〇	九分六四三二七五	〇八分三六〇〇〇〇
一百四十九限	二一九一	一八七三八	九分七三六五二五	一度九十八分七一六七二五
一百五十限	三〇一二	一九八五一	九分八二七八二五	八十八分九八〇二〇〇

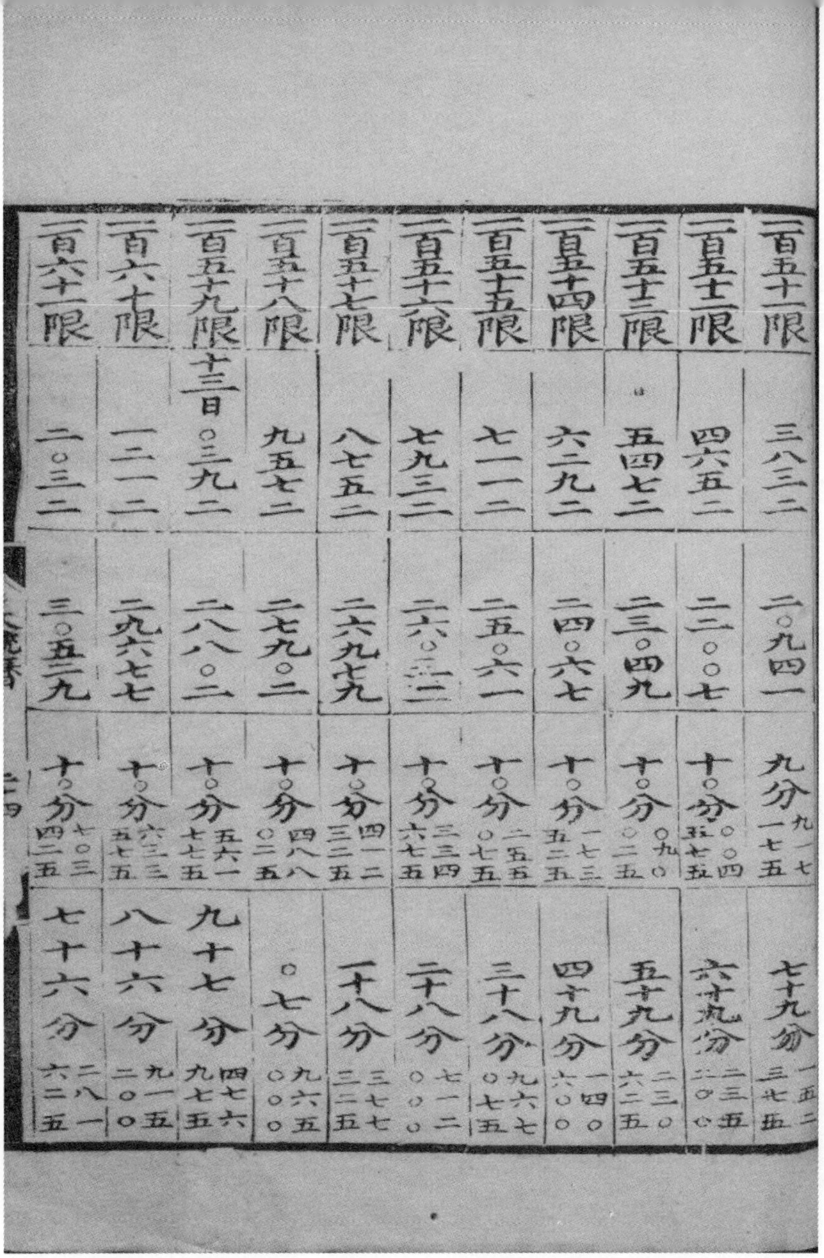

一百五十一限	三八三二	二〇九四一	九分九一七一七五	七十九分一五二三七五
一百五十二限	四六五二	二二〇〇七	十〇分〇〇四五七五	六十九分二三五二〇〇
一百五十三限	五四七二	二三〇四九	十〇分〇九〇〇二五	五十九分二三〇六二五
一百五十四限	六二九二	二四〇六七	十〇分一七三五二五	四十九分一四〇六〇〇
一百五十五限	七一一二	二五〇六一	十〇分二五五〇七五	三十八分九六七〇七五
一百五十六限	七九三二	二六〇三二	十〇分三三四六七五	二十八分七一二〇〇〇
一百五十七限	八七五二	二六九七九	十〇分四一二三二五	一十八分三七七三二五
一百五十八限	九五七二	二七九〇二	十〇分四八八〇二五	〇七分九六五〇〇〇
一百五十九限	十三日〇三九二	二八八〇二	十〇分五六一七七五	九十七分四七六九七五
一百六十限	一二一二	二九六七七	十〇分六三三五七五	八十六分九一五二〇〇
一百六十一限	二〇三二	三〇五二九	十〇分七〇三四二五	七十六分二八一六二五

一百六十二限	十三日二八五二	一秒三一三五七	損十〇分七七一三二五	六十五分五七八二〇〇
一百六十三限	三六七三	三二一六一	十〇分八三七二七五	五十四分八〇六八七五
一百六十四限	四四九三	三二九四二	十〇分九〇一二七五	四十三分九六九六〇〇
一百六十五限	五三一三	三三六九九	十〇分九六三三二五	三十三分〇六八三二五
一百六十六限	六一三三	三四四三二	十一分〇二三四二五	二十二分一〇五〇〇〇
一百六十七限	六九五三	三五一四一	十一分〇八一五七五	一十一分〇八一五七五
一百六十八限	七七七三	空	空	空

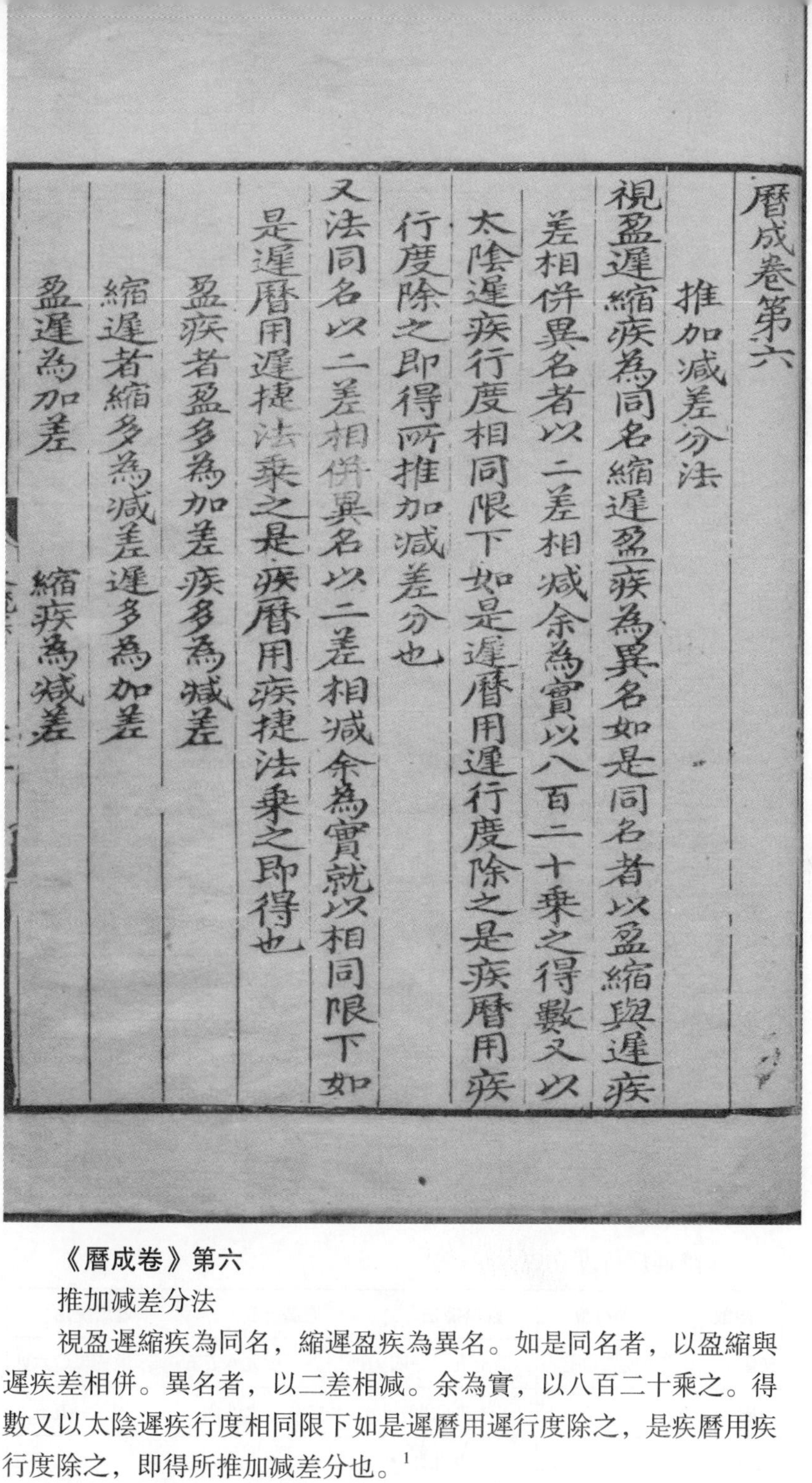
曆成卷第六
推加減差分法
視盈遲縮疾為同名縮遲盈疾為異名如是同名者以盈縮與遲疾
差相併異名者以二差相減余為實以八百二十乘之得數又以
太陰遲疾行度相同限下如是遲曆用遲行度除之是疾曆用疾
行度除之即得所推加減差分也
又法同名以二差相併異名以二差相減余為實就以相同限下如
是遲曆用遲捷法乘之是疾曆用疾捷法乘之即得也
盈疾者盈多為加差疾多為減差
縮遲者縮多為減差遲多為加差
盈遲為加差　縮疾為減差

《曆成卷》第六

推加減差分法

視盈遲縮疾為同名，縮遲盈疾為異名。如是同名者，以盈縮與遲疾差相併。異名者，以二差相減。余為實，以八百二十乘之。得數又以太陰遲疾行度相同限下如是遲曆用遲行度除之，是疾曆用疾行度除之，即得所推加減差分也。[1]

又法，同名以二差相併，異名以二差相減，余為實。就以相同限下如是遲曆，用遲捷法乘之，是疾曆，用疾捷法乘之，即得也。

盈疾者，盈多為加差，疾多為減差。

縮遲者，縮多為減差，遲多為加差。

盈遲為加差，縮疾為減差。

1 將盈縮與遲疾差相併，求得加減差，加減差為太陽和月亮不均勻運動修正的總和。

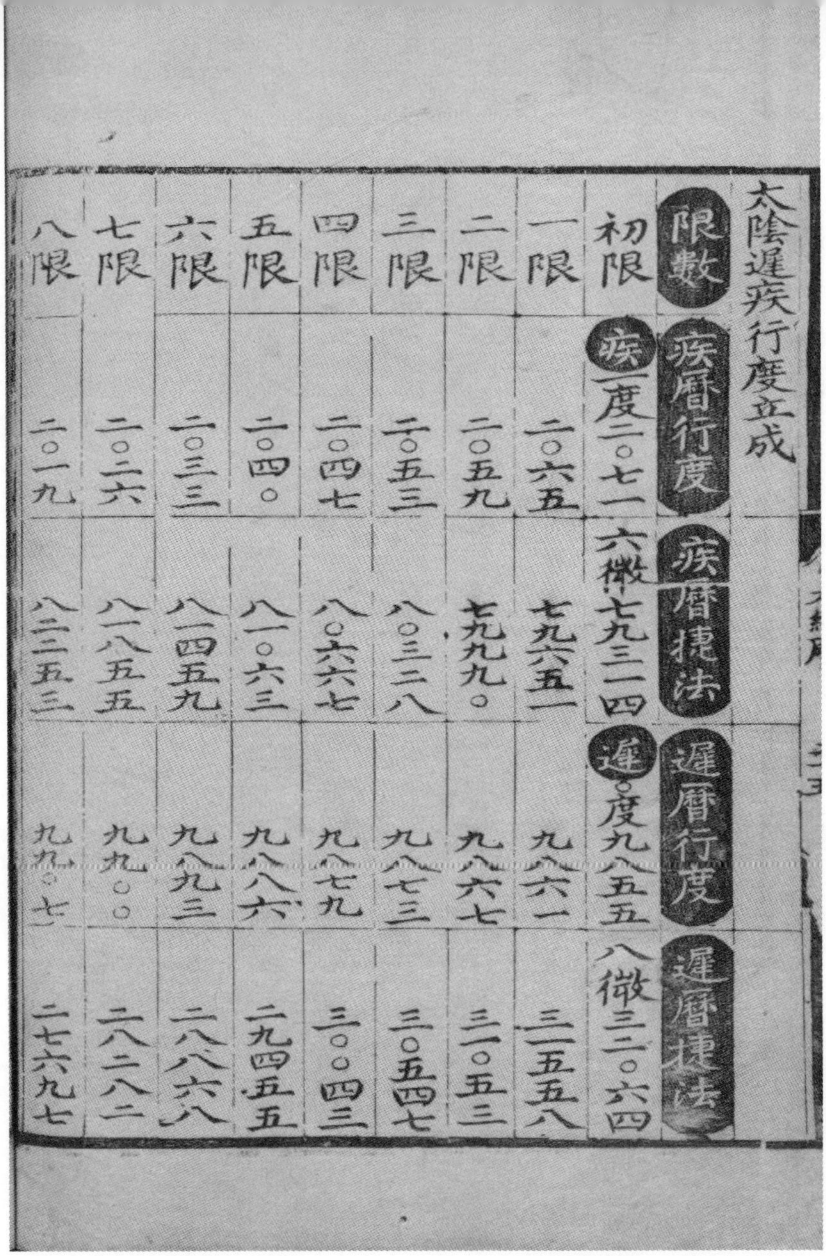

太陰遲疾行度立成[1]

限數	疾曆行度	疾曆捷法	遲曆行度	遲曆捷法
初限	疾一度二〇七一	六微七九三一四	遲〇度九八五五	八微三二〇六四
一限	二〇六五	七九六五一	九八六一	三一五五八
二限	二〇五九	七九九九〇	九八六七	三一〇五三
三限	二〇五三	八〇三二八	九八七三	三〇五四七
四限	二〇四七	八〇六六七	九八七九	三〇〇四三
五限	二〇四〇	八一〇六三	九八八六	二九四五五
六限	二〇三三	八一四五九	九八九三	二八八六八
七限	二〇二六	八一八五五	九九〇〇	二八二八二
八限	二〇一九	八二二五三	九九〇七	二七六九七

1 計算太陰疾曆行度和遲曆行度。

九限	二〇一二	八二六五〇	九九一四	二七一一三
十限	二〇〇四	八三一〇五	九九二二	二六四四六
十一限	一九九六	八三五六一	九九二九	二五八六三
十二限	一九八八	八四〇一七	九九三七	二五一九八
十三限	一九八〇	八四四七四	九九四六	二四四五六
十四限	一九七二	八四九三一	九九五四	二三七八九
十五限	一九六三	八五四四六	九九六二	二三一二七
十六限	一九五五	八五九〇五	九九七一	二二三八四
十七限	一九四六	八六四二二	九九八〇	二一六四三
十八限	一九三七	八六九三九	九九八九	二〇九〇二
十九限	一九二七	八七五一五	九九九九	二〇〇八二

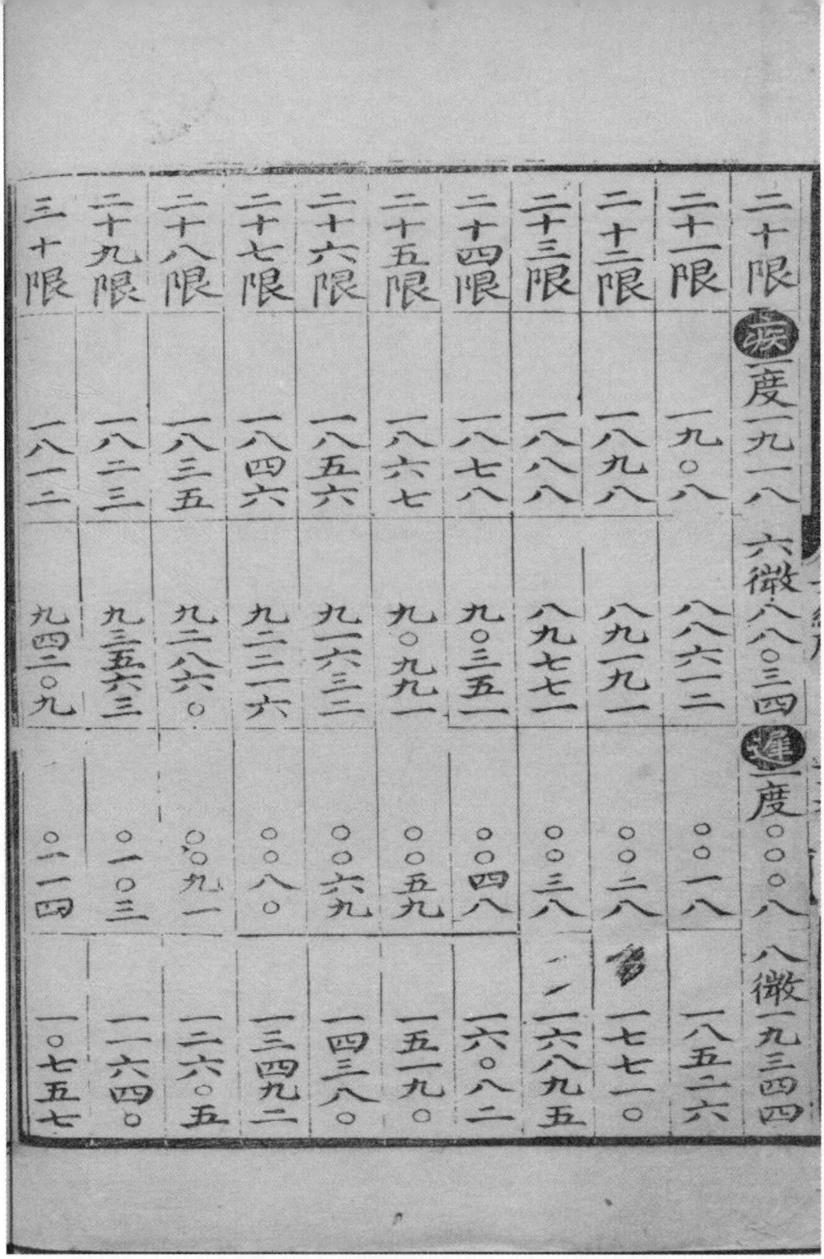

二十限	疾一度一九一八	六微八八〇三四	遲一度〇〇〇八	八微一九三四四
二十一限	一九〇八	八八六一二	〇〇一八	一八五二六
二十二限	一八九八	八九一九一	〇〇二八	一七七一〇
二十三限	一八八八	八九七七一	〇〇三八	一六八九五
二十四限	一八七八	九〇三五一	〇〇四八	一六〇八二
二十五限	一八六七	九〇九九一	〇〇五九	一五一九〇
二十六限	一八五六	九一六三二	〇〇六九	一四三八〇
二十七限	一八四六	九二二一六	〇〇八〇	一三四九二
二十八限	一八三五	九二八六〇	〇〇九一	一二六〇五
二十九限	一八二三	九三五六三	〇一〇三	一一六四〇
三十限	一八一二	九四二〇九	〇一一四	一〇七五七

三十一限	一八〇〇	九四九一五	〇一二六	〇九七九六
三十二限	一七八八	九五六二二	〇一三八	〇八八三八
三十三限	一七七六	九六三三一	〇一五〇	〇七八八一
三十四限	一七六四	九七〇四一	〇一六二	〇六九二七
三十五限	一七五二	九七七五三	〇一七四	〇五九七六
三十六限	一七三九	九八五二六	〇一八七	〇四九四七
三十七限	一七二六	九九三〇〇	〇二〇〇	三九二一
三十八限	一七一三	七微〇〇〇七六	〇二一三	〇二八九八
三十九限	一七〇〇	〇〇八五四	〇二二六	〇一八七七
四十限	一六八六	〇一六九四	〇二三九	〇〇八五九
四十一限	一六七三	〇二四七五	〇二五三	七微九九七六五

四十二限	疾一度一六五九	七微〇三三一九	遲一度〇二六七	七微九八六七五
四十三限	一六四五	〇四一六四	〇二八一	九七五八七
四十四限	一六三一	〇五〇一二	〇二九五	九六五〇三
四十五限	一六一六	〇五九二二	〇三〇九	九五四二一
四十六限	一六〇二	〇六七七四	〇三二四	九四二六五
四十七限	一五八七	〇七六八九	〇三三九	九三一一三
四十八限	一五七二	〇八六〇六	〇三五四	九一九六四
四十九限	一五五七	〇九三二六	〇三六九	九〇八一八
五十限	一五四一	一〇三一〇	〇三八四	八九六七四
五十一限	一五二六	一一四三五	〇四〇〇	八八四六一
五十二限	一五一〇	一二四二三	〇四一六	八七二五〇

五十三限	一四九四	一三四一五	○四三二	八六○四二
五十四限	一四七八	一四四一○	○四四八	八四八三九
五十五限	一四六二	一五四○七	○四六四	八三六三九
五十六限	一四四五	一六四七○	○四八一	八二三六八
五十七限	一四二八	一七五三五	○四九七	八一一七五
五十八限	一四一一	一八六○四	○五一四	七九九一二
五十九限	一三九四	一九六七七	○五三一	七八六五三
六十限	一三七七	二○七五二	○五四九	七七三二四
六十一限	一三五九	二一八九四	○五六六	七六○七四
六十二限	一三四二	二二九七六	○五八四	七四七五四
六十三限	一三二四	二四一二五	○六○二	七三四三八

六十四限	疾一度一三〇六	七微二五二七八	遲一度〇六二〇	七微七二一二八
六十五限	一二八七	二六四九九	〇六三八	七〇八二一
六十六限	一二六九	二七六五九	〇六五七	六九四四七
六十七限	一二五〇	二八八八八	〇六七五	六八一四九
六十八限	一二三一	三〇一二一	〇六九四	六六七八五
六十九限	一二一三	三一三五九	〇七一三	六五四二五
七十限	一一九三	三二六〇〇	〇七三三	六三九九八
七十一限	一一七四	三三八四六	〇七五二	六二六四八
七十二限	一一五四	三五一六二	〇七七二	六一二三二
七十三限	一一三四	三六四八二	〇七九二	五九八二二
七十四限	一一一四	三七八〇八	〇八一二	五八四一六

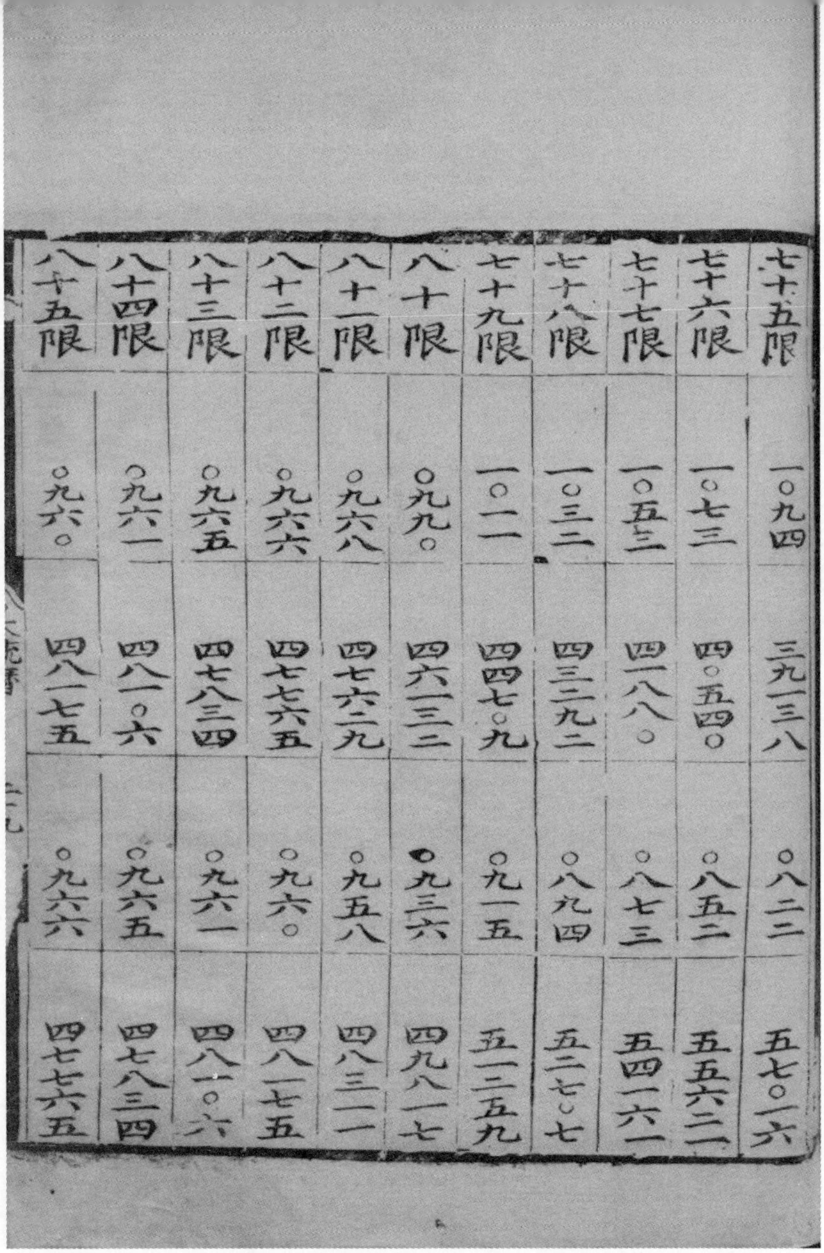

七十五限	一〇九四	三九一三八	〇八二二	五七〇一六
七十六限	一〇七三	四〇五四〇	〇八五二	五五六二一
七十七限	一〇五三	四一八八〇	〇八七三	五四一六一
七十八限	一〇三二	四三二九二	〇八九四	五二七〇七
七十九限	一〇一一	四四七〇九	〇九一五	五一二五九
八十限	〇九九〇	四六一三二	〇九三六	四九八一七
八十一限	〇九六八	四七六二九	〇九五八	四八三一一
八十二限	〇九六六	四七七六五	〇九六〇	四八一七五
八十三限	〇九六五	四七八三四	〇九六一	四八一〇六
八十四限	〇九六一	四八一〇六	〇九六五	四七八三四
八十五限	〇九六〇	四八一七五	〇九六六	四七七六五

八十六限	疾一度○九五八	七微四八三一一	遲一度○九六八	七微四七六二九
八十七限	○九三六	四九八一七	○九九○	四六一三二
八十八限	○九一五	五一二五九	一○一一	四四七○九
八十九限	○八九四	五二七○七	一○三二	四三二九二
九十限	○八七三	五四一六一	一○五三	四一八八○
九十一限	○八五二	五五六二一	一○七三	四○五四○
九十二限	○八三二	五七○一六	一○九四	三九一三八
九十三限	○八一二	五八四一六	一一一四	三七八○八
九十四限	○七九二	五九八二二	一一三四	三六四八二
九十五限	○七七二	六一二三二	一一五四	三五一六二
九十六限	○七五二	六二六四八	一一七四	三三八四六

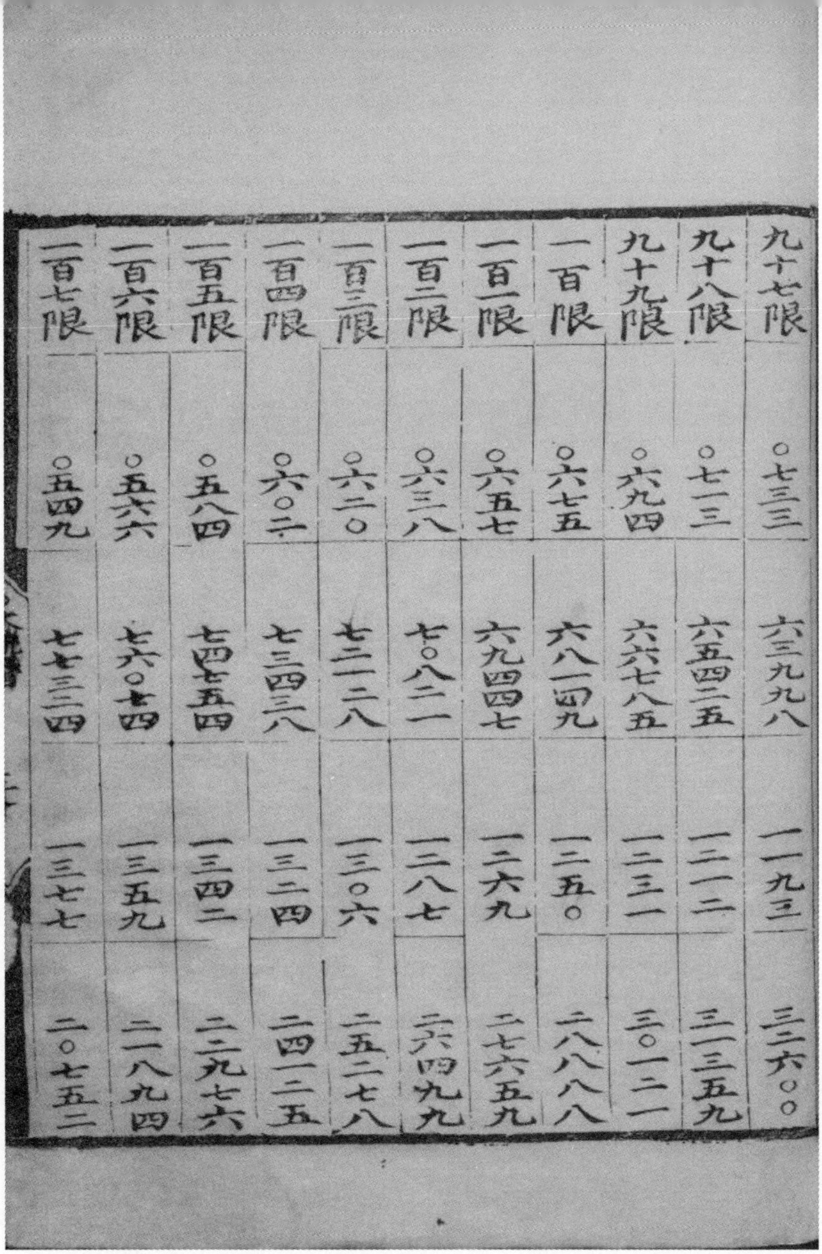

九十七限	○七三三	六三九九八	一一九三	三二六○○
九十八限	○七一三	六五四二五	一二一二	三一三五九
九十九限	○六七四	六六七八五	一二三一	三○一二一
一百限	○六七五	六八一四九	一二五○	二八八八八
一百一限	○六五七	六九四四七	一二六九	二七六五九
一百二限	○六三八	七○八二一	一二八七	二六四九九
一百三限	○六二○	七二一二八	一三○六	二五二七八
一百四限	○六○二	七三四三八	一三二四	二四一二五
一百五限	○五八四	七四七五四	一三四二	二二九七六
一百六限	○五六六	七六○七四	一三五九	二一八九四
一百七限	○五四九	七七三二四	一三七七	二○七五二

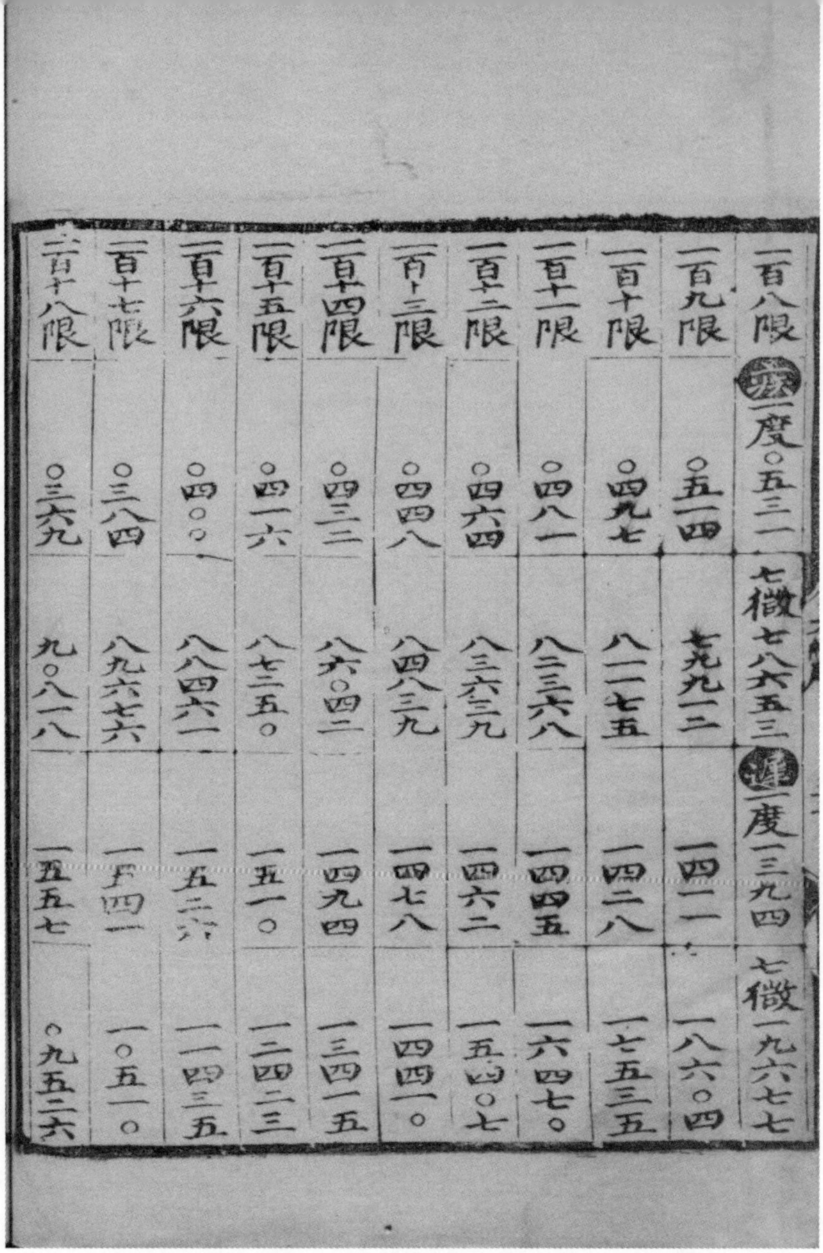

一百八限	疾一度〇五三一	七微七八六五三	遲一度一三九四	七微一九六七七
一百九限	〇五一四	七九九一二	一四一一	一八六〇四
一百十限	〇四九七	八一一七五	一四二八	一七五三五
一百十一限	〇四八一	八二三六八	一四四五	一六四七〇
一百十二限	〇四六四	八三六三九	一四六二	一五四〇七
一百十三限	〇四四八	八四八三九	一四七八	一四四一〇
一百十四限	〇四三二	八六〇四二	一四九四	一三四一五
一百十五限	〇四一六	八七二五〇	一五一〇	一二四二三
一百十六限	〇四〇〇	八八四六一	一五二六	一一四三五
一百十七限	〇三八四	八九六七六	一五四一	一〇五一〇
一百十八限	〇三六九	九〇八一八	一五五七	〇九五二六

一百十九限	○三五四	九一九六四	一五七二	○八六○六
一百二十限	○三三九	九三一一三	一五八七	○七六八九
一百二十一限	○三二四	九四二六五	一六○二	○六七七四
一百二十二限	○三○九	九五四二一	一六一六	○五九二二
一百二十三限	○二九五	九六五○三	一六三一	○五○一二
一百二十四限	○二八一	九七五八七	一六四五	○四一六四
一百二十五限	○二六七	九八六七五	一六五九	○三三一九
一百二十六限	○二五三	九九七六五	一六七三	○二四七五
一百二十七限	○二三九	八微○○八五九	一六八六	○一六九四
一百二十八限	○二二六	○一八七七	一七○○	○○八五四
一百二十九限	○二一三	○二八九八	一七一三	○○○七六

一百三十限	疾一度〇二〇〇	八微〇三九二一	遲一度一七二六	六微九九三〇〇
一百三十一限	〇一八七	〇四九四七	一七三九	九八五二六
一百三十二限	〇一七四	〇五九七六	一七五二	九七七五三
一百三十三限	〇一六二	〇六九二七	一七六四	九七〇四一
一百三十四限	〇一五〇	〇七八八一	一七七六	九六三三一
一百三十五限	〇一三八	〇八八三八	一七八八	五九六二二
一百三十六限	〇一二六	〇九七九六	一八〇〇	九四九一五
一百三十七限	〇一一四	一〇七五七	一八一二	九四二〇九
一百三十八限	〇一〇三	一一六四〇	一八二三	九三五六三
一百三十九限	〇〇九一	一二六〇五	一八三五	九二八六〇
一百四十限	〇〇八〇	一三四九二	一八四八	九二二一六

一百五十二限	疾〇度九九六二	八微二三一二六	遲一度一九六三	六微八五四四六
一百五十三限	九九五四	二三七八九	一九七二	八四九三一
一百五十四限	九九四六	二四四五二	一九八〇	八四四七四
一百五十五限	九九三七	二五一九八	一九八八	八四〇一七
一百五十六限	九九二九	二五八六三	一九九六	八三五六一
一百五十七限	九九二二	二六四四六	二〇〇四	八三一〇五
一百五十八限	九九一四	二七一一三	二〇一二	八二六五〇
一百五十九限	九九〇七	二七六九七	二〇一九	八二二五三
一百六十限	九九〇〇	二八二八二	二〇二六	八一八五五
一百六十一限	九八九三	二八八六八	二〇三三	八一四五九
一百六十二限	九八八六	三九四五五	二〇四〇	八一〇六三

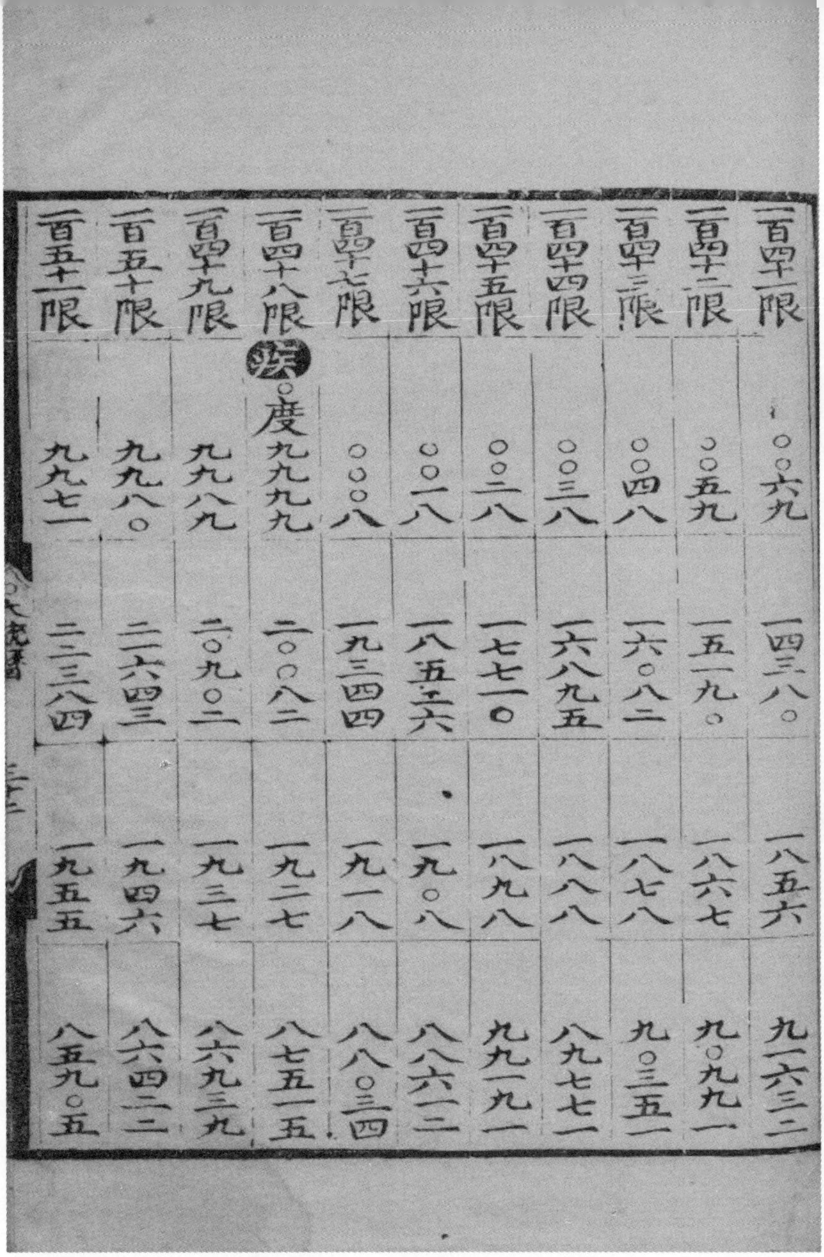

一百四十一限	〇〇六九	一四三八〇	一八五六	九一六三二
一百四十二限	〇〇五九	一五一九〇	一八六七	九〇九九一
一百四十三限	〇〇四八	一六〇八二	一八七八	九〇三五一
一百四十四限	〇〇三八	一六八九五	一八八八	八九七七一
一百四十五限	〇〇二八	一七七一〇	一八九八	八九一九一
一百四十六限	〇〇一八	一八五二六	一九〇八	八八六一二
一百四十七限	〇〇〇八	一九三四四	一九一八	八八〇三四
一百四十八限	疾〇度九九九九	二〇〇八二	一九二七	八七五一五
一百四十九限	九九八九	二〇九〇二	一九三七	八六九三九
一百五十限	九九八〇	二一六四三	一九四六	八六四二二
一百五十一限	九九七一	二二三八四	一九五五	八五九〇五

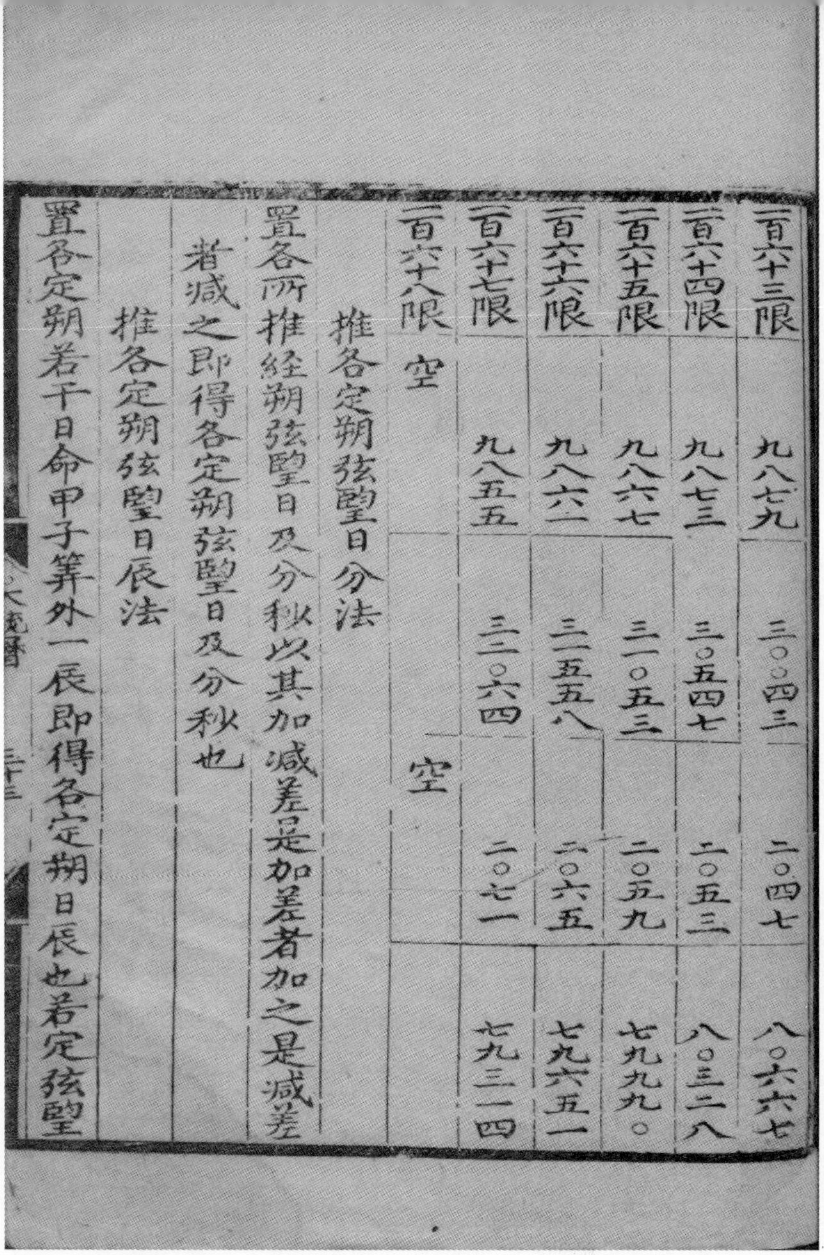

一百六十三限	九八七九	三〇〇四三	二〇四七	八〇六六七
一百六十四限	九八七三	三〇五四七	二〇五三	八〇三二八
一百六十五限	九八六七	三一〇五三	二〇五九	七九九九〇
一百六十六限	九八六一	三一五五八	二〇六五	七九六五一
一百六十七限	九八五五	三二〇六四	二〇七一	七九三一四
一百六十八限	空		空	

推各定朔弦望日分法

置各所推經朔弦望日及分秒，以其加減差是加差者加之，是減差者減之，即得各定朔弦望日及分秒也。

推各定朔弦望日辰法

置各定朔若干日，命甲子筭外一辰，即得各定朔日辰也。若定弦望

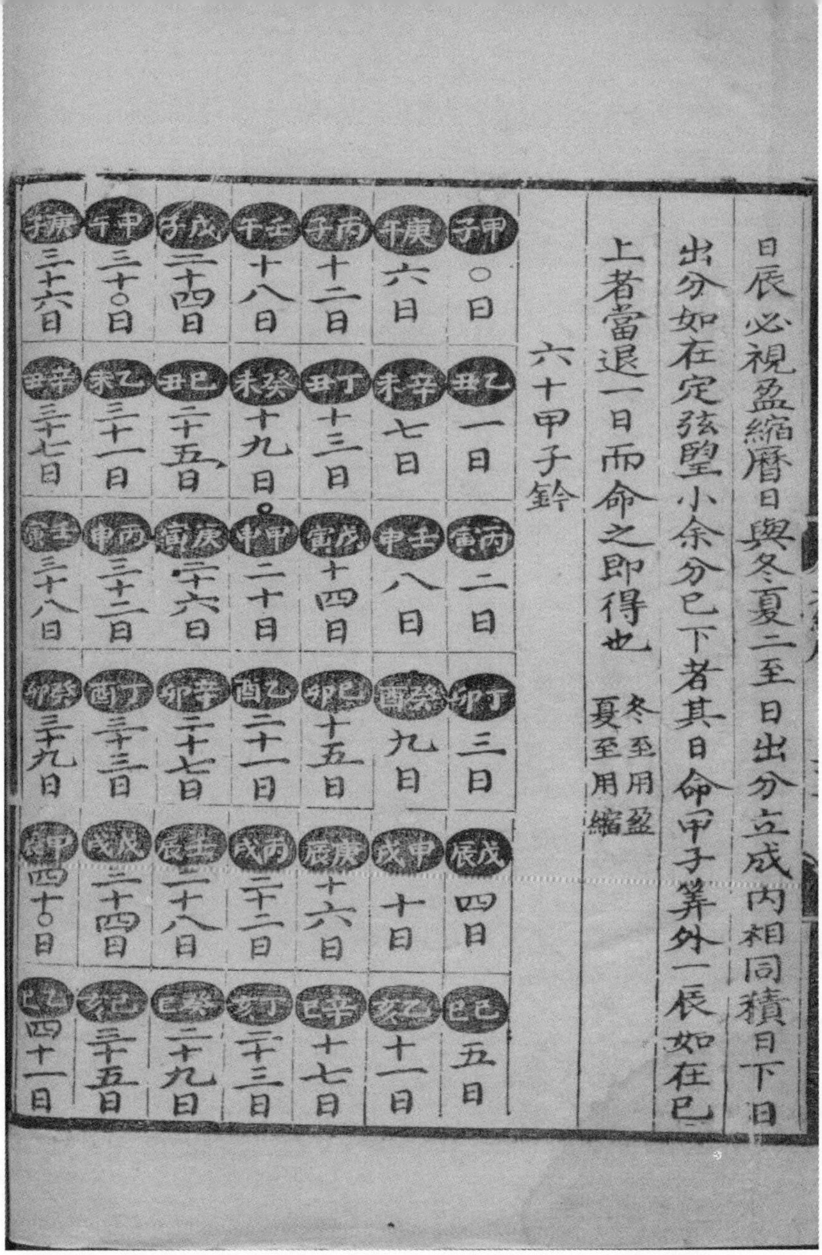

日辰，必視盈縮曆日與冬夏二至日出分立成內相同積日下日出分，如在定弦望小余分已下者，其日命甲子筭外一辰。如在已上者，當退一日而命之即得也。冬至用盈，夏至用縮。[1]

六十甲子鈐[2]

甲子	○日	乙丑	一日	丙寅	二日	丁卯	三日	戊辰	四日	己巳	五日
庚午	六日	辛未	七日	壬申	八日	癸酉	九日	甲戌	十日	乙亥	十一日
丙子	十二日	丁丑	十三日	戊寅	十四日	己卯	十五日	庚辰	十六日	辛巳	十七日
壬午	十八日	癸未	十九日	甲申	二十日	乙酉	二十一日	丙戌	二十二日	丁亥	二十三日
戊子	二十四日	己丑	二十五日	庚寅	二十六日	辛卯	二十七日	壬辰	二十八日	癸巳	二十九日
甲午	三十○日	乙未	三十一日	丙申	三十二日	丁酉	三十三日	戊戌	三十四日	己亥	三十五日
庚子	三十六日	辛丑	三十七日	壬寅	三十八日	癸卯	三十九日	甲辰	四十○日	乙巳	四十一日

1 即命甲子算外，求得定朔、弦望的干支日辰。
2 即六十甲子表。

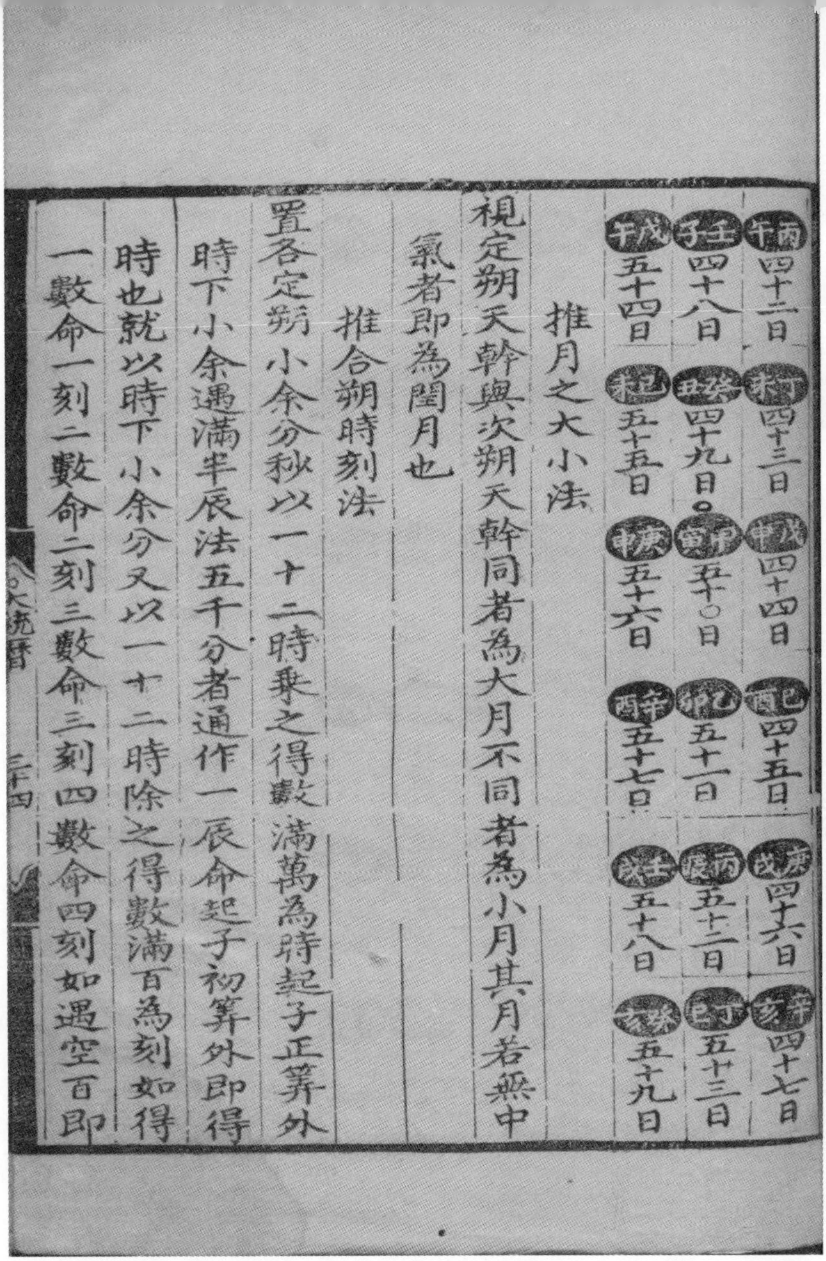

丙午	四十二日	丁未	四十三日	戊申	四十四日	己酉	四十五日	庚戌	四十六日	辛亥	四十七日
壬子	四十八日	癸丑	四十九日	甲寅	五十〇日	乙卯	五十一日	丙辰	五十二日	丁巳	五十三日
戊午	五十四日	己未	五十五日	庚申	五十六日	辛酉	五十七日	壬戌	五十八日	癸亥	五十九日

推月之大小法

視定朔天幹與次朔天幹同者為大月，不同者為小月。其月若無中氣者，即為閏月也。[1]

推合朔時刻法

置定朔小余分秒，以一十二時乘之，得數滿萬為時，起子正筭外。時下小余，遇滿半辰法五千分者通作一辰，命起子初筭外，即得時也。就以時下小余分，又以一十二時除之，得數滿百為刻。如得一數命一刻，二數命二刻，三數命三刻，四數命四刻。如遇空百，即

1 根據天干判斷日數，決定大小月，並取五中氣之月為閏月。

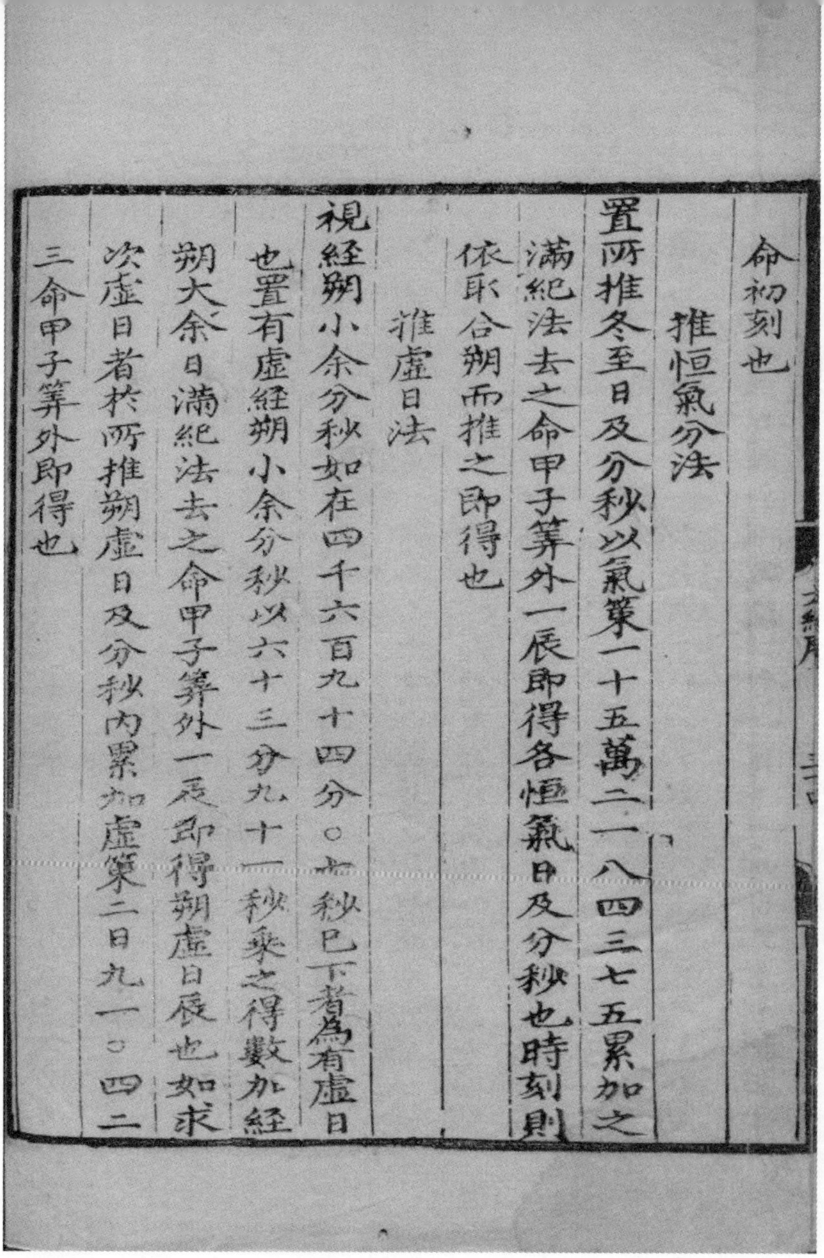
命初刻也
推恒氣分法
置所推冬至日及分秒以氣策一十五萬二一八四三七五累加之
滿紀法去之命甲子筭外一辰即得各恒氣日及分秒也時刻則
依取合朔而推之即得也
推虛日法
視經朔小余分秒如在四千六百九十四分〇七秒已下者為有虛日
也置有虛經朔小余分秒以六十三分九十一秒乘之得數加經
朔大余日滿紀法去之命甲子筭外一辰即得朔虛日辰也如求
次虛日者扵所推朔虛日及分秒內累加虛策二日九一〇四二
三命甲子筭外即得也

命初刻也。[1]

推恒氣分法

置所推冬至日及分秒，以氣策一十五萬二一八四三七五累加之，滿紀法去之，命甲子筭外一辰，即得各恒氣日及分秒也。時刻則依取合朔而推之即得也。[2]

推虛日法

視經朔小余分秒，如在四千六百九十四分〇七秒已下者，為有虛日也。置有虛經朔小余分秒，以六十三分九十一秒乘之，得數加經朔大余日，滿紀法去之，命甲子筭外一辰，即得朔虛日辰也。如求次朔虛日者，扵所推朔虛日及分秒內累加虛策二日九一〇四二三，命甲子筭外即得也。[3]

1 將定朔分秒转換为定朔时刻。

2 求各節氣時刻。

3 即求滅日。“滅日”和“沒日”是用於反應朔氣不是整數日的一種方法。大統曆一個回歸年有 365.2425 日，如每月定為 30 日，一歲為 360 日，餘下的 5.2425 日被稱為沒日。如果將沒日平均分配在 360 日中，約 69 日得一個沒日。沒日自平氣起算，滅日自經朔起算。

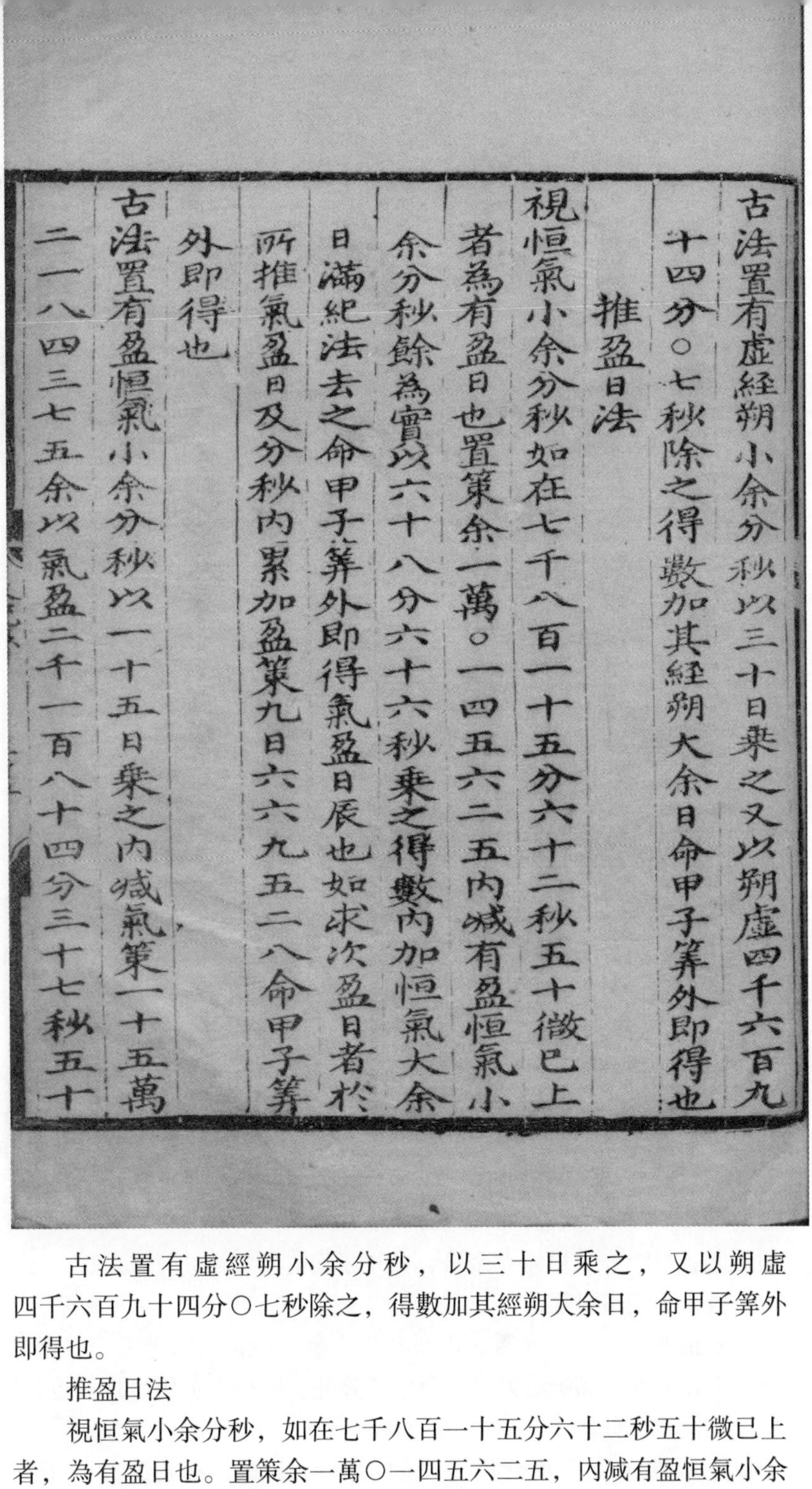
古法置有虛經朔小余分秒以三十日乘之又以朔虛四千六百九十四分〇七秒除之得數加其經朔大余日命甲子筭外即得也
推盈日法
視恒氣小余分秒如在七千八百一十五分六十二秒五十微已上者為有盈日也置策余一萬〇一四五六二五內減有盈恒氣小余分秒餘為實以六十八分六十六秒乘之得數內加恒氣大余日滿紀法去之命甲子筭外即得氣盈日辰也如求次盈日者於所推氣盈日及分秒內累加盈策九日六六九五二八命甲子筭外即得也
古法置有盈恒氣小余分秒以一十五日乘之內減氣策一十五萬二一八四三七五余以氣盈二千一百八十四分三十七秒五十

古法置有虛經朔小余分秒，以三十日乘之，又以朔虛四千六百九十四分〇七秒除之，得數加其經朔大余日，命甲子筭外即得也。

推盈日法

視恒氣小余分秒，如在七千八百一十五分六十二秒五十微已上者，為有盈日也。置策余一萬〇一四五六二五，內減有盈恒氣小余分秒，餘為實。以六十八分六十六秒乘之，得數內加恒氣大余日，滿紀法去之，命甲子筭外，即得氣盈日辰也。如求次盈日者，於所推氣盈日及分秒內累加盈策九日六六九五二八，命甲子筭外即得也。[1]

古法置有盈恒氣小余分秒，以一十五日乘之，內減氣策一十五萬二一八四三七五，余以氣盈二千一百八十四分三十七秒五十

1 即求沒日，經朔時分小於滅限稱為有沒日。

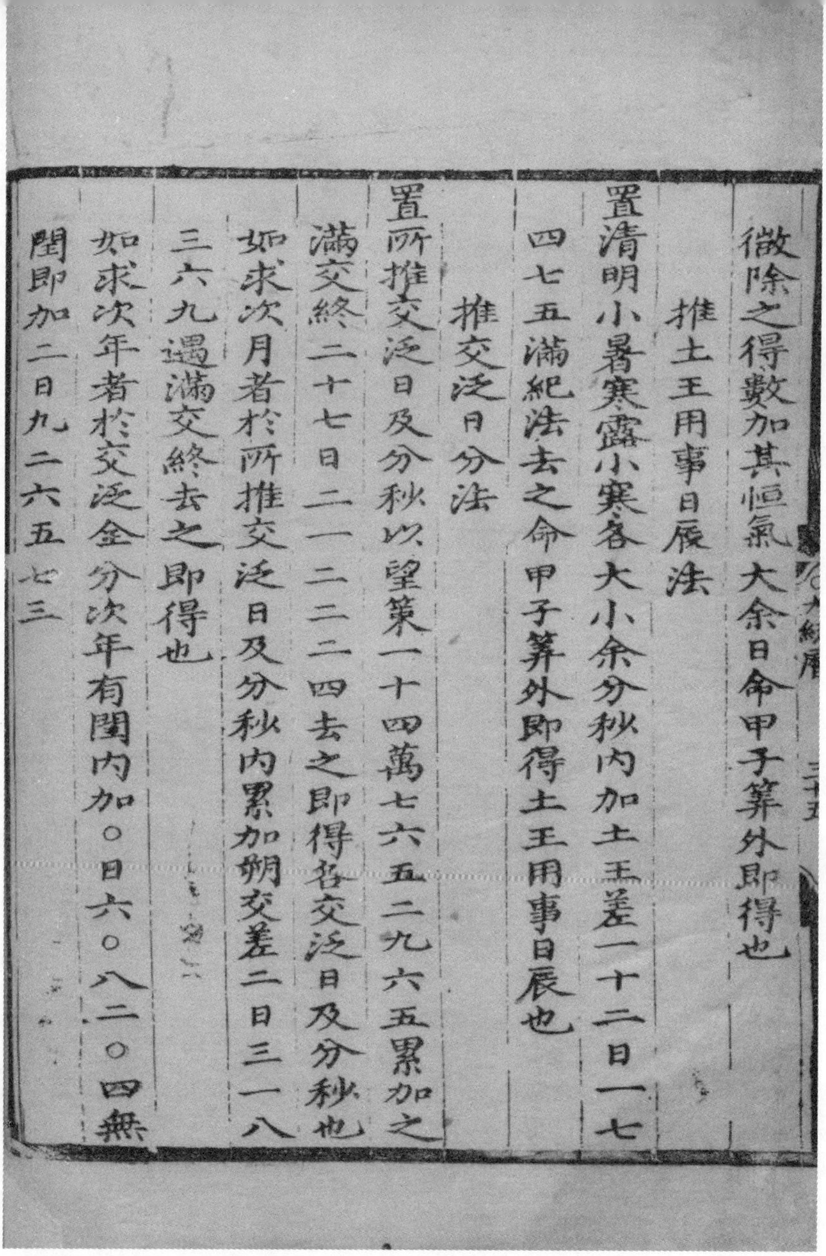

微除之得數加其恒氣大余日命甲子筭外即得也
推土王用事日辰法
置清明小暑寒露小寒各大小余分秒内加土王差一十二日一七
四七五滿紀法去之命甲子筭外即得土王用事日辰也
推交泛日分法
置所推交泛日及分秒以望策一十四萬七六五二九六五累加之
滿交終二十七日二一二二二四去之即得各交泛日及分秒也
如求次月者於所推交泛日及分秒内累加朔交差二日三一八
三六九遇滿交終去之即得也
如求次年者於交泛全分次年有閏内加〇日六〇八二〇四無
閏即加二日九二六五七三

微除之，得數加其恒氣大余日，命甲子筭外即得也。

推土王用事日辰法

置清明、小暑、寒露、小寒各大小余分秒，內加土王差一十二日一七四七五，滿紀法去之，命甲子筭外，即得土王用事日辰也。[1]

推交泛日分法

置所推交泛日及分秒，以望策一十四萬七六五二九六五累加之，滿交終二十七日二一二二二四去之，即得各交泛日及分秒也。如求次月者，扵所推交泛日及分秒內累加朔交差二日三一八三六九，遇滿交終去之即得也。[2]

如求次年者，扵交泛全分次年有閏內加〇日六〇八二〇四，無閏即加二日九二六五七三。

1 五行用事記載所用，將歲實以五行均分為五個 73.0485 日，每個為五行所王日數，春木、夏火、秋金、冬水各以四立之節為首用事日，土居四季，將 73.0485 日再分四份得每季土王用事 18.262125 日，減去氣策為 3.0436875 日，即土王策。

2 交泛日為平朔時月過黃白交點的時距。

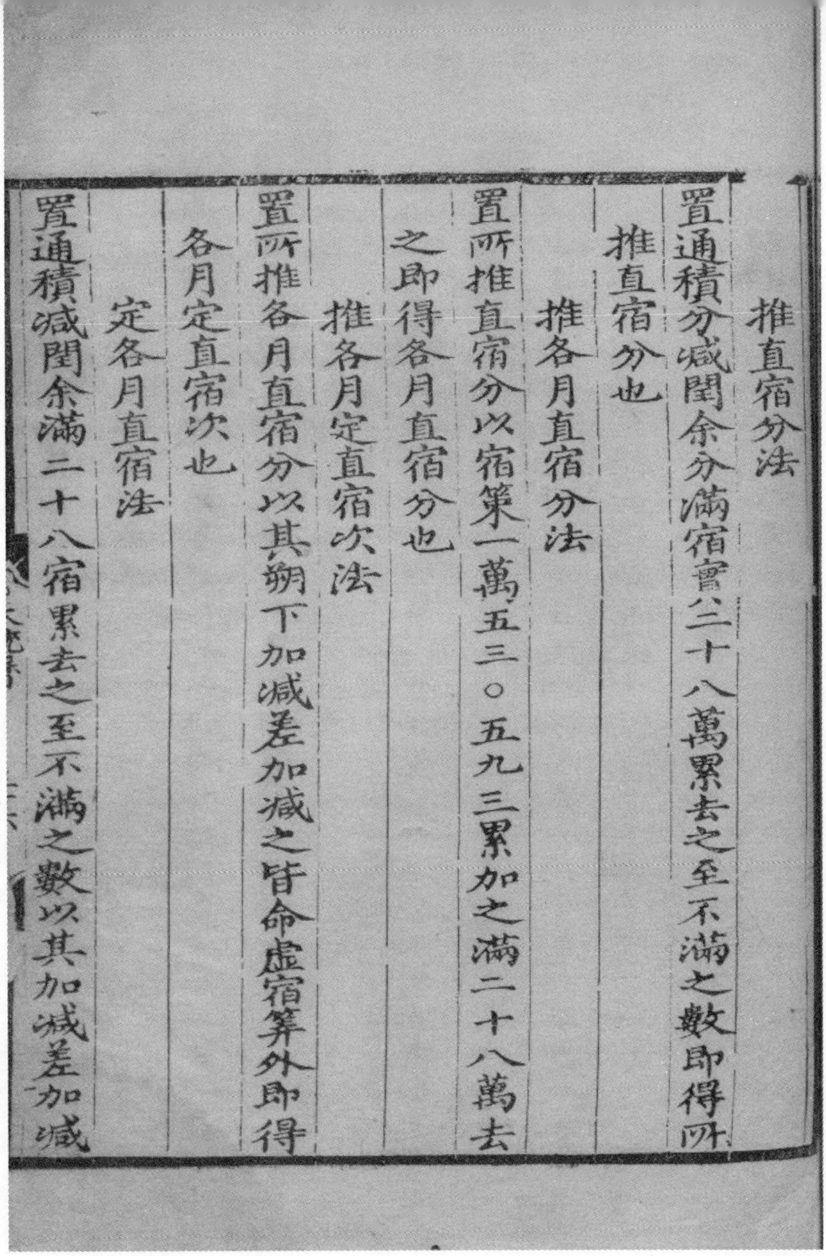
推直宿分法
置通積分減閏余分滿宿實二十八萬累去之至不滿之數即得所推直宿分也
推各月直宿分法
置所推直宿分以宿策一萬五三〇五九三累加之滿二十八萬去之即得各月直宿分也
推各月定直宿次法
置所推各月直宿分以其朔下加減差加減之皆命虛宿筭外即得各月定直宿次也
定各月直宿法
置通積減閏余滿二十八宿累去之至不滿之數以其加減差加減

推直宿分法

置通積分，減閏余分，滿宿實二十八萬累去之，至不滿之數，即得所推直宿分也。[1]

推各月直宿分法

置所推直宿分，以宿策一萬五三〇五九三累加之，滿二十八萬去之，即得各月直宿分也。

推各月定直宿次法

置所推各月直宿分，以其朔下加減差加減之，皆命虛宿算外，即得各月定直宿次也。

定各月直宿法

置通積，減閏余，滿二十八宿累去之，至不滿之數，以其加減差加減

1 古代曆法有各年、各日由二十八宿來當值，即二十八直宿，用來推斷行事吉凶。

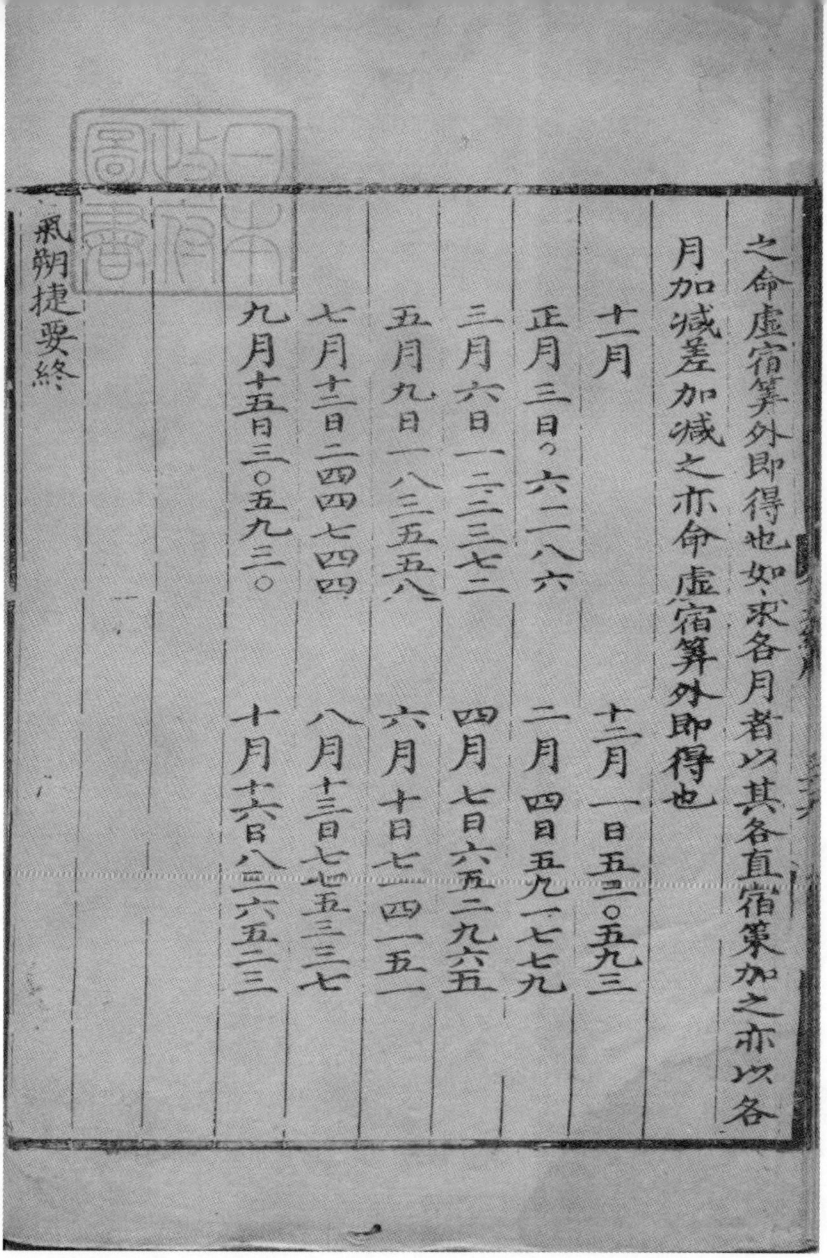

之，命虛宿筭外即得也。如求各月者，以其各直宿策加之，亦以各月加減差加減之，亦命虛宿筭外即得也。

十一月		十二月	一日五三〇五九三
正月	三日〇六一一八六	二月	四日五九一七七九
三月	六日一二二三七二	四月	七日六五二九六五
五月	九日一八三五五八	六月	十日七一四一五一
七月	十二日二四四七四四	八月	十三日七七五三三七
九月	十五日三〇五九三〇	十月	十六日八三六五二三

《氣朔捷要》終

《閑中録》校注

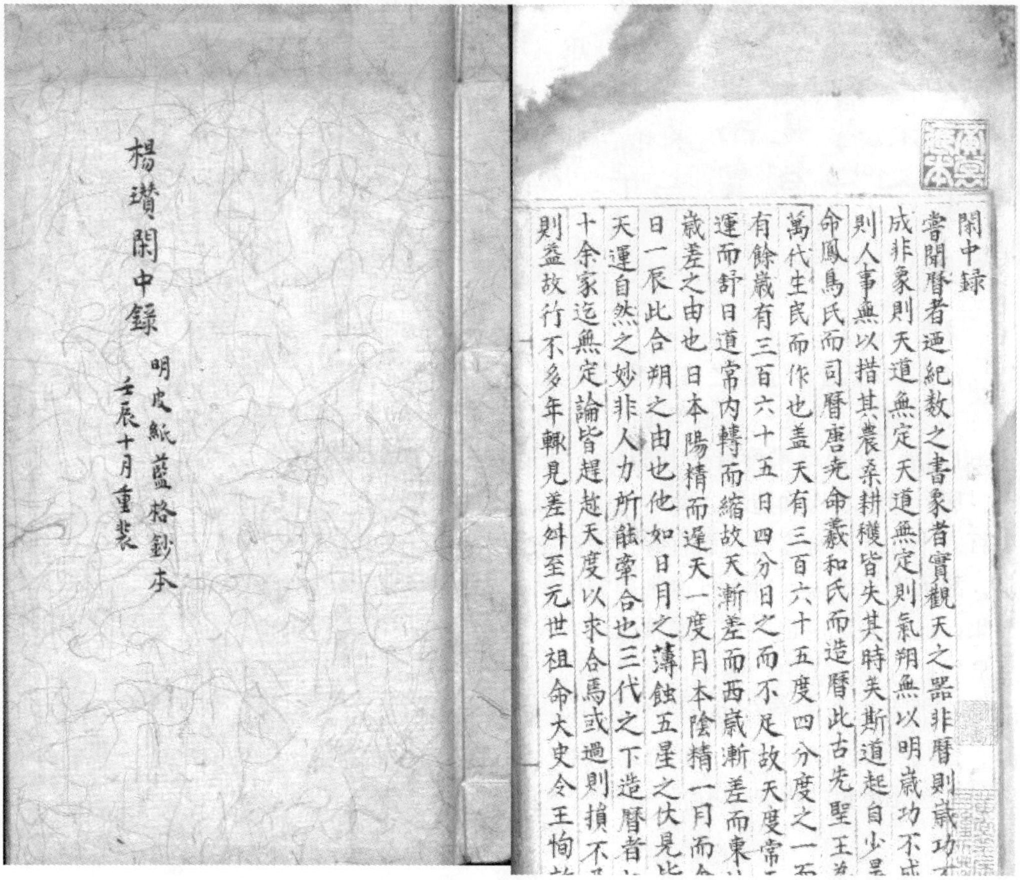

楊瓚閑中録
明皮紙藍格鈔本
壬辰十月重裝
閑中録
嘗聞曆者逦紀數之書象者實觀天之器非曆則歲功不
成非象則天道無定天道無定則氣朔無以明歲功不成
則人事無以措其農桑耕穫皆失其時矣斯道起自少昊
命鳳鳥氏而司曆唐堯命羲和氏而造曆此古先聖王
萬代生民而作也盖天有三百六十五度四分度之一
有餘歲有三百六十五日四分日之而不足故天度常
運而舒日道常内轉而縮故天漸差而西歲漸差而東
歲差之由也日本陽精而遲天一度月本陰精一月而
日一辰此合朔之由也他如日月之薄蝕五星之伏見
天運自然之妙非人力所能牽合也三代之下造曆者
十余家迄無定論皆趕趁天度以求合焉或過則損不
則益故行不多年輒見差舛至元世祖命大史令王恂

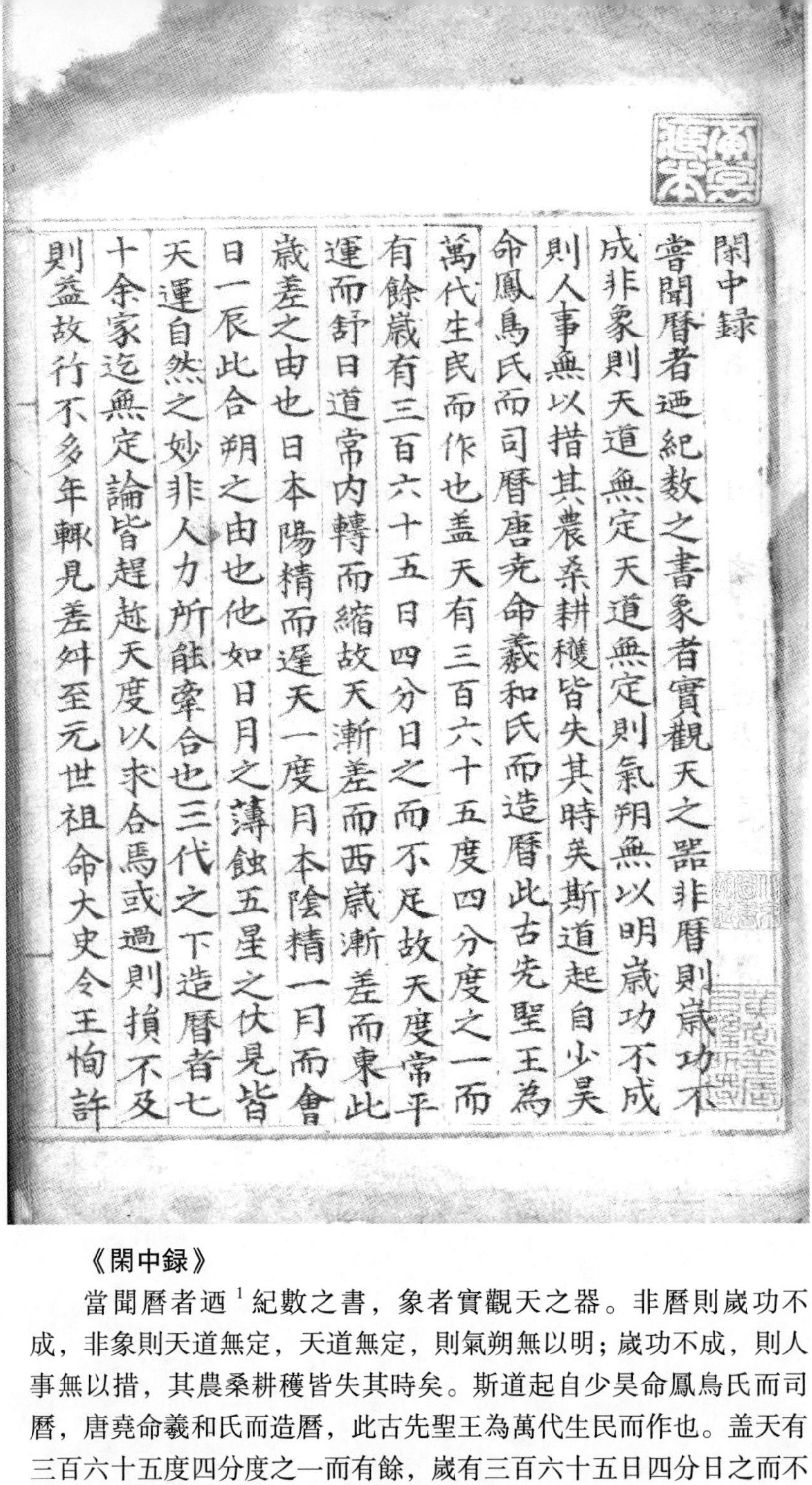
閑中録

嘗聞曆者迺紀数之書象者實觀天之器非曆則嵗功不成非象則天道無定天道無定則氣朔無以明嵗功不成則人事無以措其農桑耕穫皆失其時矣斯道起自少昊命鳳鳥氏而司曆唐尭命羲和氏而造曆此古先聖王為萬代生民而作也盖天有三百六十五度四分度之一而有餘嵗有三百六十五日四分日之而不足故天度常平運而舒日道常内轉而縮故天漸差而西嵗漸差而東此嵗差之由也日本陽精而遲天一度月本陰精一月而會日一辰此合朔之由也他如日月之薄蝕五星之伏見皆天運自然之妙非人力所能牽合也三代之下造曆者七十余家迄無定論皆趕趂天度以求合焉或過則損不及則益故行不多年輙見差舛至元世祖命大史令王恂許

《閑中録》

當聞曆者迺[1]紀數之書，象者實觀天之器。非曆則嵗功不成，非象則天道無定，天道無定，則氣朔無以明；嵗功不成，則人事無以措，其農桑耕穫皆失其時矣。斯道起自少昊命鳳鳥氏而司曆，唐堯命羲和氏而造曆，此古先聖王為萬代生民而作也。蓋天有三百六十五度四分度之一而有餘，嵗有三百六十五日四分日之而不足，故天度常平運而舒，日道常內轉而縮，故天漸差而西，嵗漸差而東，此嵗差之由也。日本陽精而遲天一度，月本陰精一月而會日一辰，此合朔之由也。他如日月之薄蝕，五星之伏見，皆天運自然之妙，非人力所能牽合也。三代之下，造曆者七十余家，迄無定論，皆趂[2]天度以求合焉，或過則損不及則益，故行不多年，輒見差舛。至元世祖命大史令王恂、許

1同“乃”。

1同“趁”。

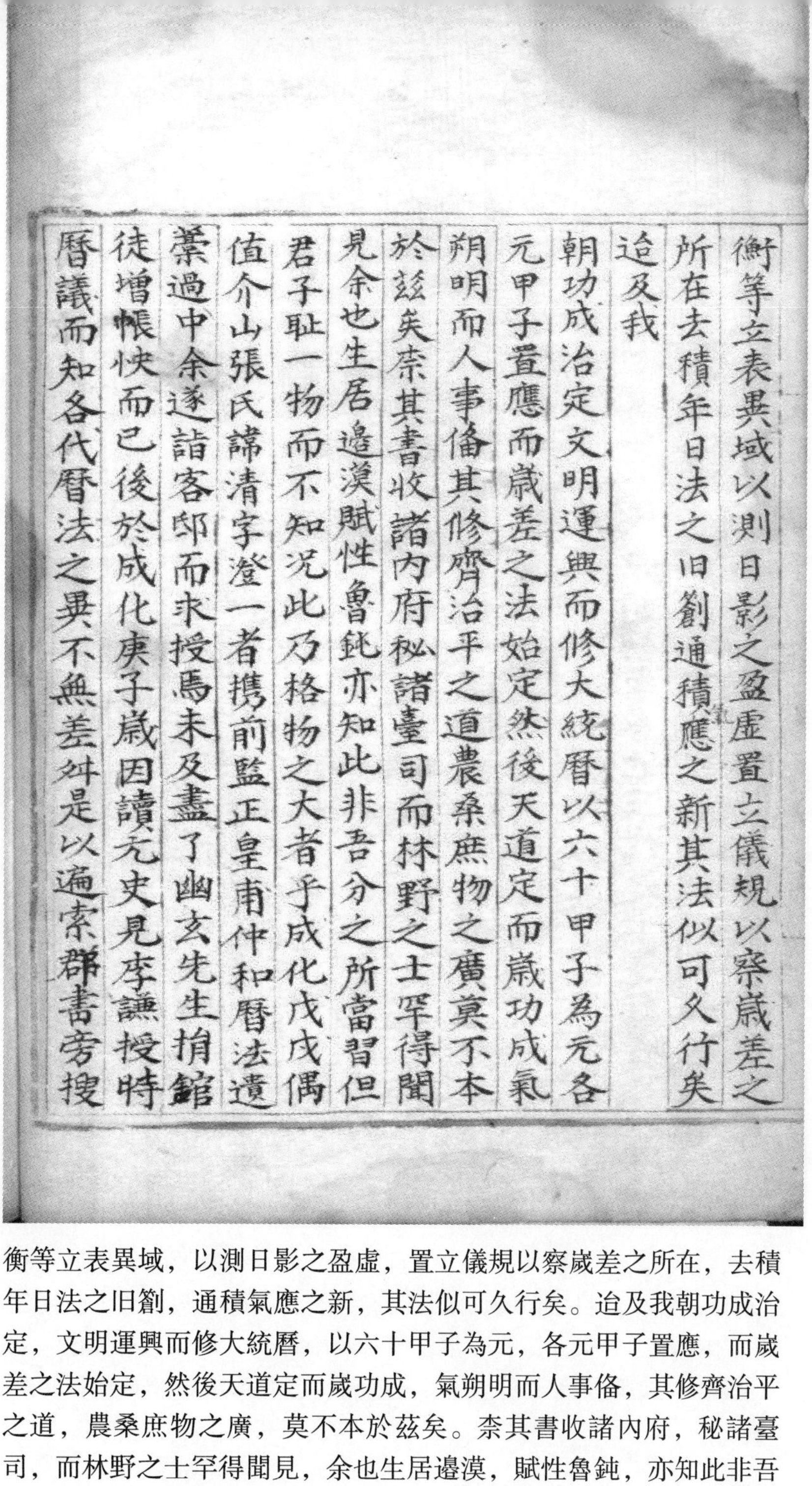
衡等立表異域以測日影之盈虚置立儀規以察歲差之
所在去積年日法之旧劄通積氣應之新其法似可久行矣
迨及我
朝功成治定文明運興而修大統曆以六十甲子為元各
元甲子置應而歲差之法始定然後天道定而歲功成氣
朔明而人事備其修齊治平之道農桑庶物之廣莫不本
於茲矣柰其書收諸內府秘諸臺司而林野之士罕得聞
見余也生居邊漠賦性魯鈍亦知此非吾分之所當習但
君子耻一物而不知况此乃格物之大者乎成化戊戌偶
值介山張氏諱清字澄一者携前監正皇甫仲和曆法遺
藁過中余遂詣客邸而求授焉未及盡了幽玄先生捐館
徒增悵怏而已後於成化庚子歲因讀元史見李謙授時
曆議而知各代曆法之異不無差舛是以遍索群書旁搜

衡等立表異域，以測日影之盈虛，置立儀規以察歲差之所在，去積年日法之旧劄，通積氣應之新，其法似可久行矣。迨及我朝功成治定，文明運興而修大統曆，以六十甲子為元，各元甲子置應，而歲差之法始定，然後天道定而歲功成，氣朔明而人事備，其修齊治平之道，農桑庶物之廣，莫不本於茲矣。柰其書收諸內府，秘諸臺司，而林野之士罕得聞見，余也生居邊漠，賦性魯鈍，亦知此非吾分之所當習，但君子恥一物而不知，況此乃格物之大者乎。成化戊戌[1]偶值介山張氏諱清，字澄一者，携前監正皇甫仲和[2]曆法遺藁過中，余遂詣客邸而求授焉，未及盡了，幽玄先生捐館徒增悵怏而已。後於成化庚子[3]歲，因讀《元史》見李謙《授時曆議》而知各代曆法之異，不無差舛，是以遍索群書，旁搜

1 成化戊戌即成化十四年（1478 年）。

2 皇甫仲和，河南睢州人，精天文推步之學。永樂十三年（1415 年）任欽天監監副，永樂二十二年（1424 年）任監正。

3 成化庚子即成化十六年（1480 年）。

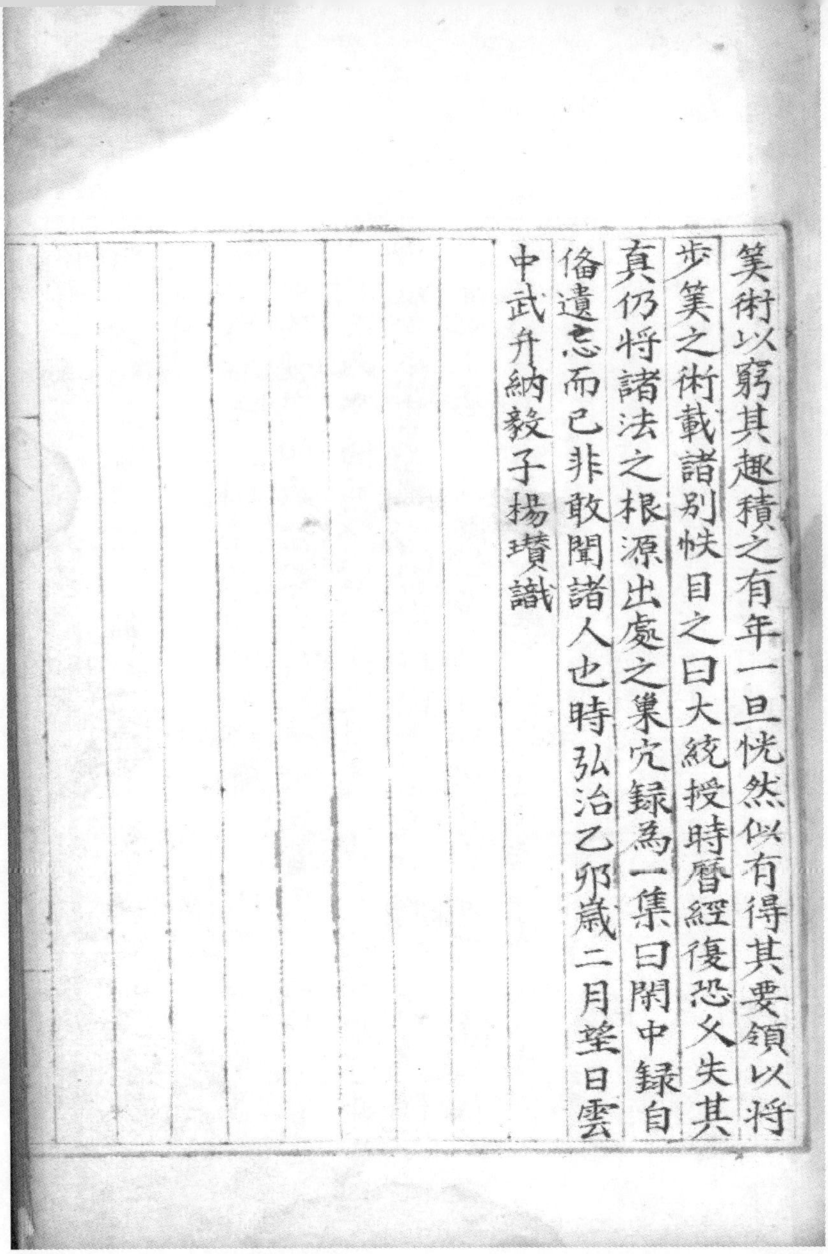
筭術以窮其趣積之有年一旦恍然似有得其要領以将
步筭之術載諸别帙目之曰大統授時暦經復恐久失其
真仍将諸法之根源出處之巢穴録為一集曰閑中録自
俻遺忘而已非敢聞諸人也時弘治乙卯歲二月望日雲
中武弁納毅子楊瓆識

筭術，以窮其趣，積之有年，一旦恍然，似有得其要領，以將步算之術載諸別帙，目之曰《大統授時曆經》，復恐久失其真，仍將諸法之根源出處之巢穴録為一集，曰《閑中録》。自俻遺忘而已，非敢聞諸人也。時弘治乙卯[1]歲二月望日，雲中武弁納毅子楊瓚識。

1 弘治乙卯即弘治八年（1495 年）。

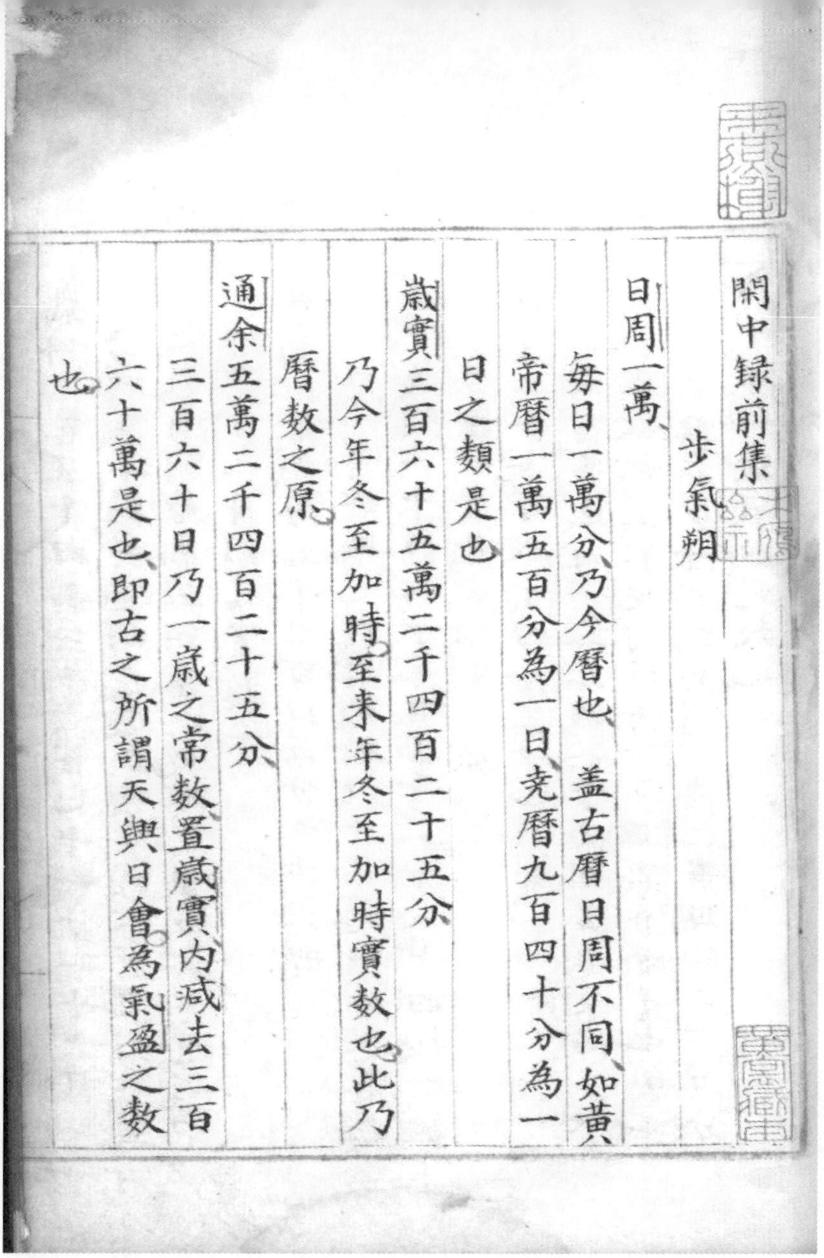
閑中録前集　步氣朔
日周一萬
每日一萬分乃今曆也　蓋古曆日周不同如黄
帝曆一萬五百分為一日尧曆九百四十分為一
日之類是也
歲實三百六十五萬二千四百二十五分
乃今年冬至加時至来年冬至加時實数也此乃
曆数之原
通余五萬二千四百二十五分
三百六十日乃一歲之常数置歲實内減去三百
六十萬是也即古之所謂天與日會為氣盈之数
也

《閑中録前集》

步氣朔

日周，一萬。

每日一萬分乃今曆也。盖古曆日周不同，如黄帝曆一萬五百分為一日，尧曆九百四十分為一日之類是也。

歲實，三百六十五萬二千四百二十五分。

乃今年冬至加時至來年冬至，加時實數也。此乃曆數之原。

通余，五萬二千四百二十五分。

三百六十日乃一歲之常數，置歲實内減去三百六十萬是也。即古之所謂天與日會為氣盈之數也。

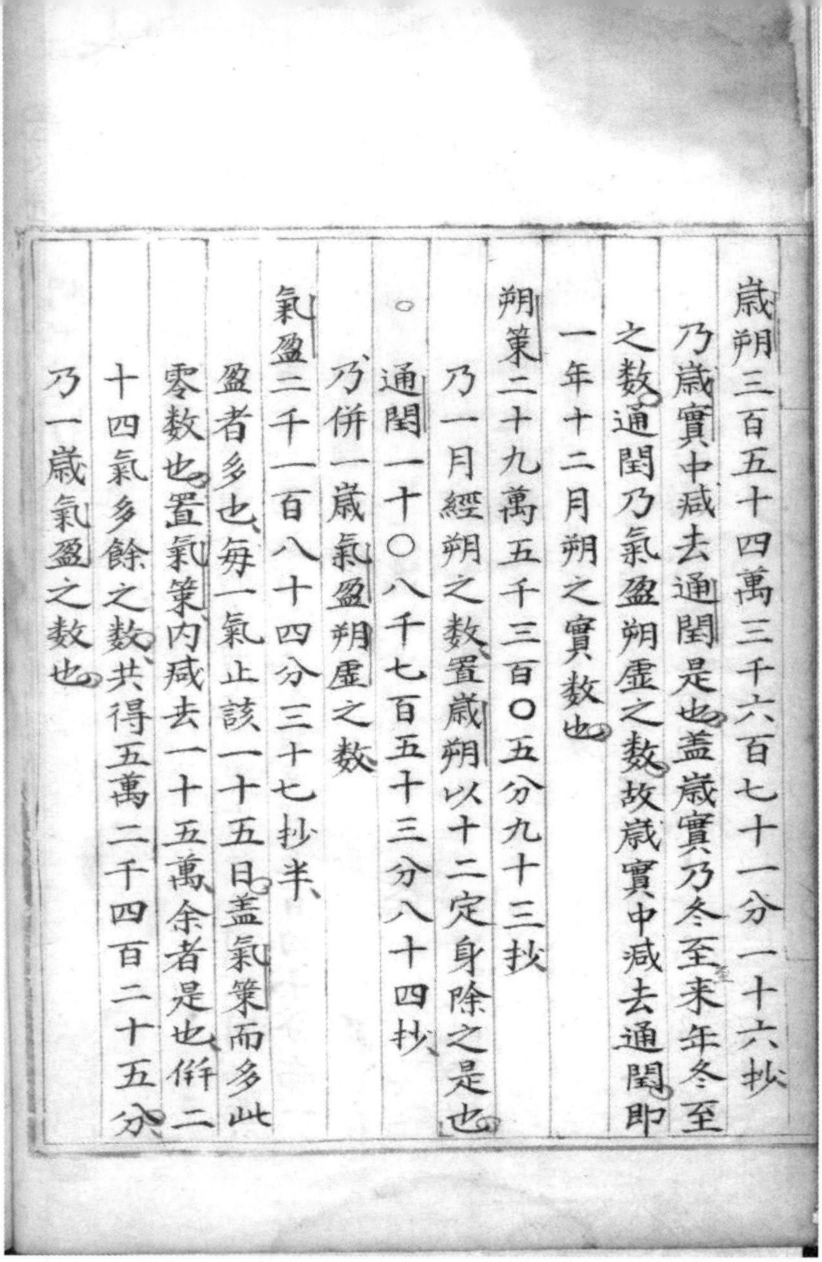
歲朔三百五十四萬三千六百七十一分一十六抄
乃歲實中減去通閏是也盖歲實乃冬至来年冬至之数通閏乃氣盈朔虛之数故歲實中減去通閏即一年十二月朔之實数也
朔策二十九萬五千三百〇五分九十三抄
乃一月經朔之数置歲朔以十二定身除之是也
通閏一十〇八千七百五十三分八十四抄
乃併一歲氣盈朔虛之数
氣盈二千一百八十四分三十七抄半
盈者多也每一氣止該一十五日盖氣策而多此零数也置氣策内減去一十五萬余者是也併二十四氣多餘之数共得五萬二千四百二十五分
乃一歲氣盈之数也

歲朔，三百五十四萬三千六百七十一分一十六秒。

乃歲實中減去通閏[1]是也。蓋歲實乃冬至來年冬至之數，通閏乃氣盈朔虛之數，故歲實中減去通閏即一年十二月朔之實數也。

朔策，二十九萬五千三百〇五分九十三秒。

乃一月經朔之數，置歲朔以十二定身除之是也。

通閏，一十〇八千七百五十三分八十四秒。

乃併一歲氣盈朔虛之數。

氣盈，二千一百八十四分三十七秒半。

盈者多也，每一氣止該一十五日。蓋氣策而多，此零數也。置氣策內減去一十五萬，余者是也。併二十四氣多餘之數，共得五萬二千四百二十五分，乃一歲氣盈之數也。

1 同“閏”，下同。

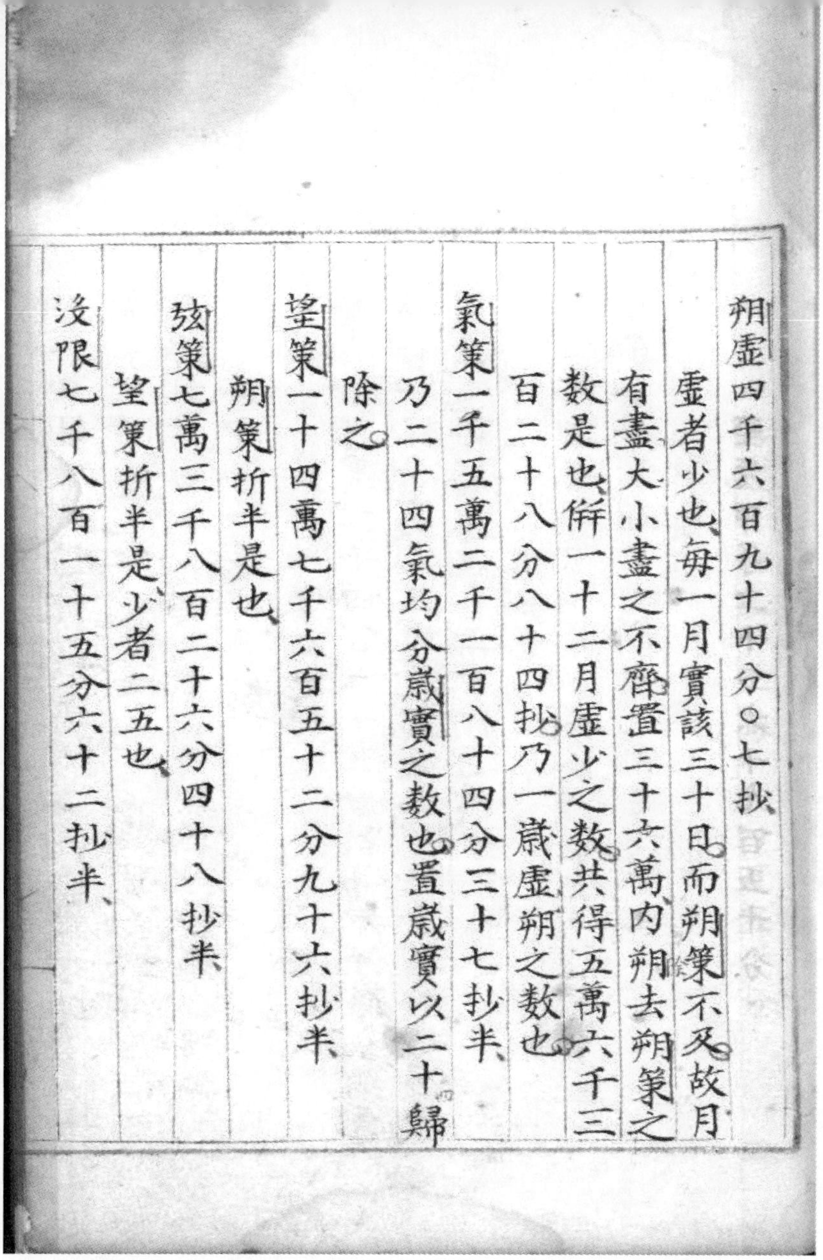

朔虛，四千六百九十四分〇七秒。

虛者少也，每一月實該三十日，而朔策不及，故月有盡大小，盡之不齊，置三十六萬内朔[1]去朔策之數是也。併一十二月虛少之數，共得五萬六千三百二十八分八十四秒，乃一歲虛朔之數也。

氣策，一千五百萬二千一百八十四分三十七秒半。

乃二十四氣均分歲實之數也，置歲實以二十歸除之。

望策，一十四萬七千六百五十二分九十六秒半。

朔策折半是也。

弦策，七萬三千八百二十六分四十八秒半。

望策折半是少者，二五也。

沒限，七千八百一十五分六十二秒半。

1“朔”當作“除”。

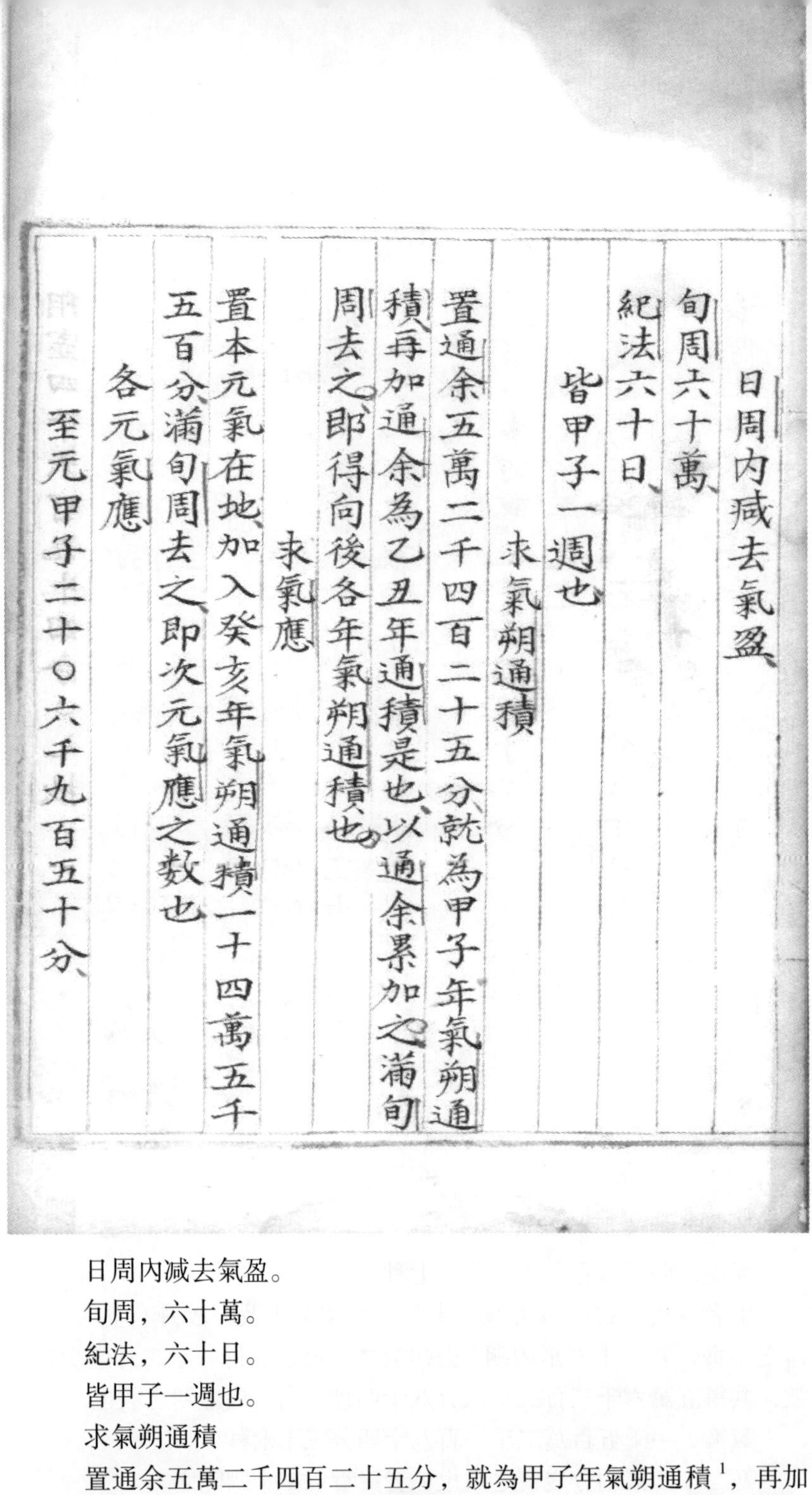
日周内減去氣盈
旬周六十萬
紀法六十日
皆甲子一週也
求氣朔通積
置通余五萬二千四百二十五分就為甲子年氣朔通積再加通余為乙丑年通積是也以通余累加之滿旬周去之即得向後各年氣朔通積也
求氣應
置本元氣在地加入癸亥年氣朔通積一十四萬五千五百分滿旬周去之即次元氣應之数也
各元氣應
至元甲子二十〇六千九百五十分

日周内減去氣盈。

旬周，六十萬。

紀法，六十日。

皆甲子一週也。

求氣朔通積

置通余五萬二千四百二十五分，就為甲子年氣朔通積[1]，再加通余為乙丑年[2]通積是也，以通余累加之，滿旬周去之，即得向後各年氣朔通積也。

求氣應[3]

置本元氣在地，加入癸亥年[4]氣朔通積一十四萬五千五百分，滿旬周去之，即次元氣應之數也。

各元氣應

至元甲子[5]，二十〇六千九百五十分。

1 通積為中積加氣應，中積為所求年份相距曆元的年數與歲實的乘積。此處則是通過曆元通積加通余求得下一年通積。

2 該書採用甲子年為曆元，甲子各元見下文，乙丑年為甲子年下一年，其氣朔通積即為甲子年氣朔通積累加通余。假如以未來甲子弘治十七年（1504年）為元，則乙丑即弘治十八年（1505年）。

3 氣應為曆元年歲前冬至子正夜半距甲子日子正夜半的時刻。

4 癸亥年為甲子年上一年。假如以未來甲子弘治十七年（1504年）為元，則癸亥即弘治十六年（1503年）。

5 至元甲子即至元元年（1264年）。

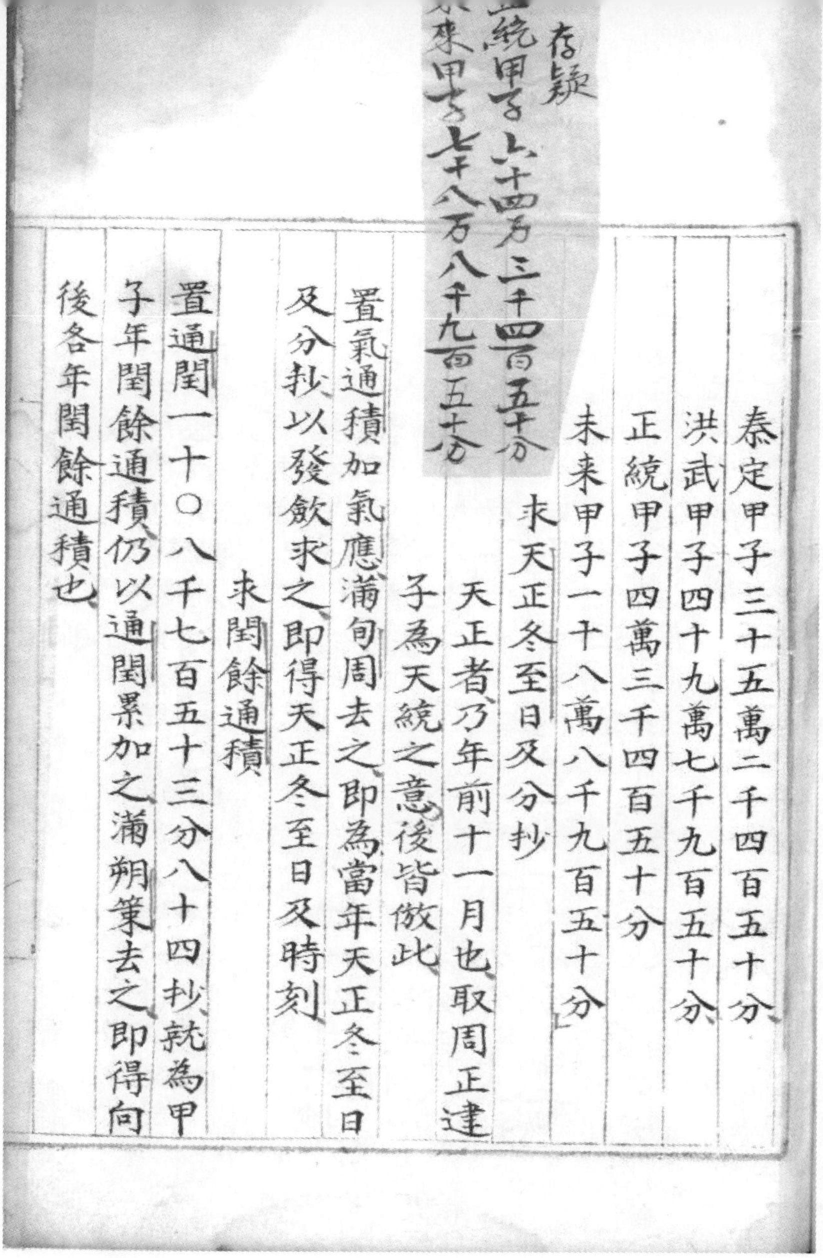
存疑
正統甲子六十四万三千四百五十分
未來甲子七十八万八千九百五十分
泰定甲子三十五萬二千四百五十分
洪武甲子四十九萬七千九百五十分
正統甲子四萬三千四百五十分
未来甲子一十八萬八千九百五十分
求天正冬至日及分抄
天正者乃年前十一月也取周正建子為天統之意後皆倣此
置氣通積加氣應滿旬周去之即為當年天正冬至日及分抄以發斂求之即得天正冬至日及時刻
求閏餘通積
置通閏一十〇八千七百五十三分八十四抄就為甲子年閏餘通積仍以通閏累加之滿朔策去之即得向後各年閏餘通積也

泰定甲子[1]，三十五萬二千四百五十分。

洪武甲子[2]，四十九萬七千九百五十分。

正統甲子[3]，四萬三千四百五十分。

未來甲子[4]，一十八萬八千九百五十分。[5]

求天正冬至日及分秒

天正者乃年前十一月也，取周正建子為天統之意，後皆倣此。[6]

置氣、通積加氣應，滿旬周去之。即為當年天正冬至日及分秒，以發斂求之，即得天正冬至日及時刻。

求閏餘通積

置通閏一十〇八千七百五十三分八十四秒就為甲子年，閏餘通積仍以通閏累加之，滿朔策去之，即得向後各年閏餘通積也。

1 泰定甲子即泰定元年（1324 年）。

2 洪武甲子即洪武十七年（1384 年）。

3 正统甲子即正统九年（1444 年）。

4 未來甲子指正统九年之後的第一個甲子，即弘治十七年（1504 年），因此書作于弘治八年（1495 年），故稱未來甲子。

5 此處有存疑曰“正統甲子，六十四萬三千四百五十分。未來甲子，七千八萬八千九百五十分。”

6 天正為古代曆法術語，指以含冬至中氣為正月的曆法。又稱子正、周正。

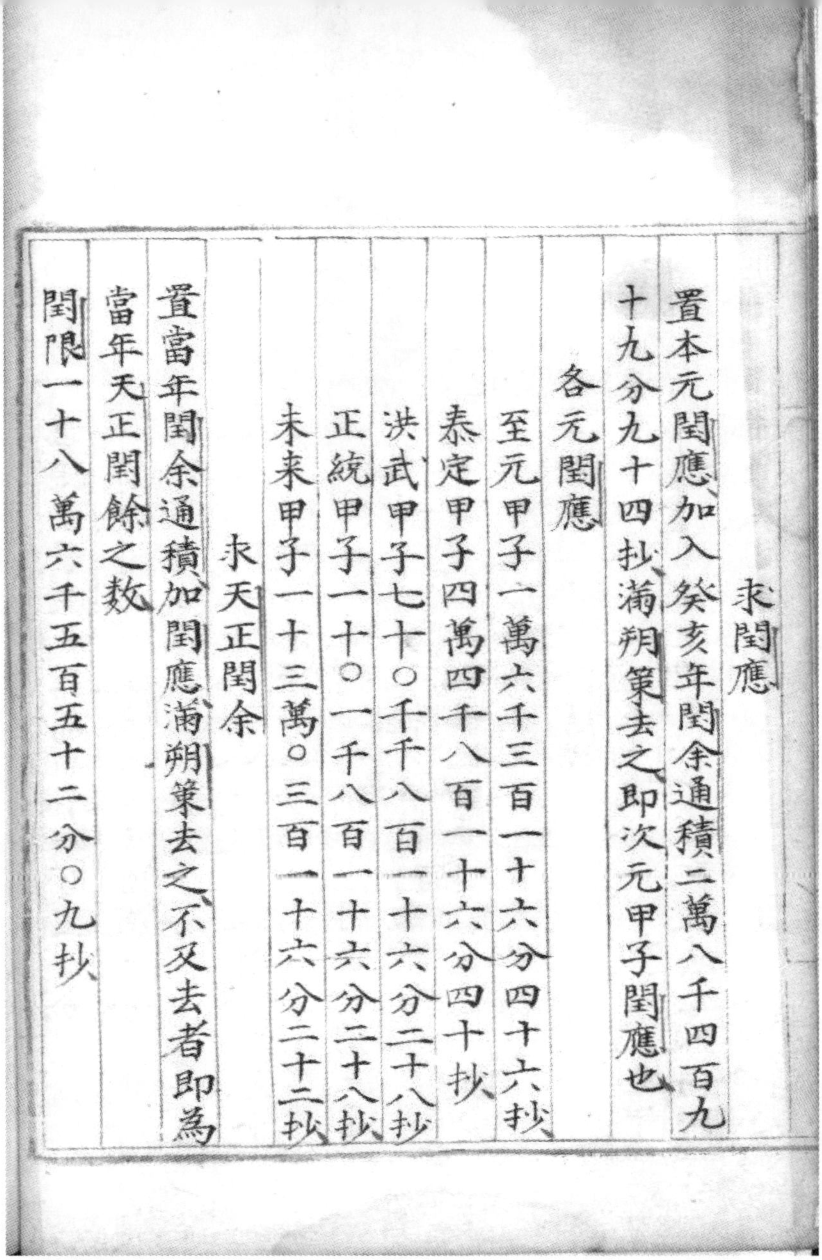
求閏應
置本元閏應加入癸亥年閏余通積二萬八千四百九
十九分九十四抄滿朔策去之即次元甲子閏應也
各元閏應
至元甲子一萬六千三百一十六分四十六抄
泰定甲子四萬四千八百一十六分四十抄
洪武甲子七十〇千千八百一十六分二十八抄
正統甲子一十〇一千八百一十六分二十八抄
未来甲子一十三萬〇三百一十六分二十二抄
求天正閏余
置當年閏余通積加閏應滿朔策去之不及去者即為
當年天正閏餘之数
閏限一十八萬六千五百五十二分〇九抄

求閏應[1]

置本元閏應，加入癸亥年閏余，通積二萬八千四百九十九分九十四秒，滿朔策去之，即次元甲子閏應也。

各元閏應

至元甲子，一萬六千三百一十六分四十六秒。

泰定甲子，四萬四千八百一十六分四十秒。

洪武甲子，七十〇千千八百一十六分二十八秒。

正統甲子，一十〇一千八百一十六分二十八秒。

未來甲子，一十三萬〇三百一十六分二十二秒。

求天正閏余

置當年閏余通積加閏應，滿朔策去之，不及去者，即為當年天正閏余之數。

閏限，一十八萬六千五百五十二分〇九秒。

1 閏應為曆元年歲前冬至距天正月平朔的時刻。

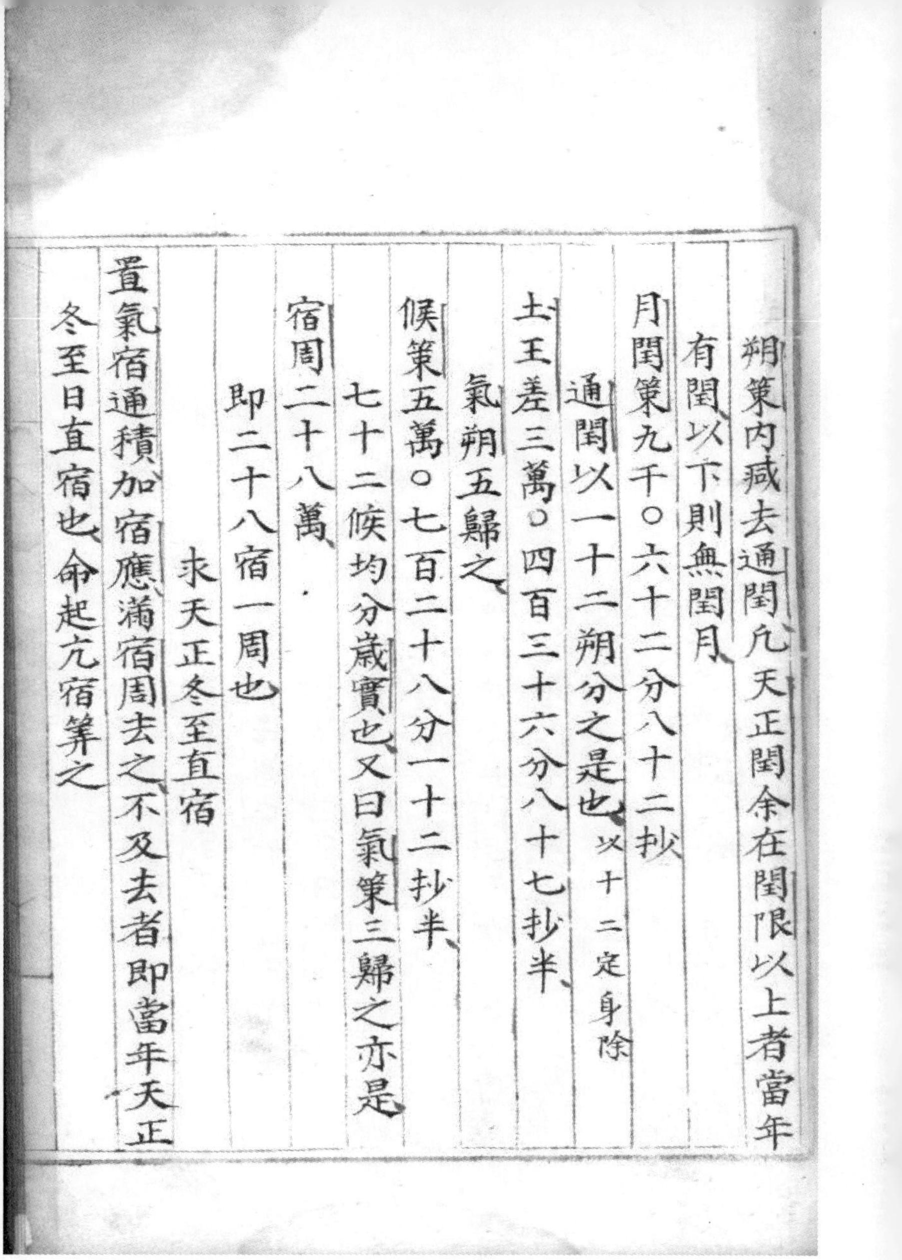
朔策内減去通閏凡天正閏余在閏限以上者當年
有閏以下則無閏月
月閏策九千〇六十二分八十二抄
通閏以一十二朔分之是也以十二定身除
土王差三萬〇四百三十六分八十七抄半
氣朔五歸之
候策五萬〇七百二十八分一十二抄半
七十二候均分歲實也又曰氣策三歸之亦是
宿周二十八萬
即二十八宿一周也
求天正冬至直宿
置氣宿通積加宿應滿宿周去之不及去者即當年天正
冬至日直宿也命起亢宿筭之

朔策内減去通閏，凡天閏余在閏限以上者，當年有閏，以下則無閏月。

月閏策，九千〇六十二分八十二秒。

通閏以一十二朔分之是也，以十二定身除。

土王差，三萬〇四百三十六分八十七秒半。

氣朔五歸之。

候策，五萬〇七百二十八分一十二秒半。

七十二候均分歲實也，又曰“氣策”，三歸之亦是宿周二十八萬，即二十八宿一周也。

求天正冬至直宿

置氣宿通積加宿應，滿宿周去之，不及去者，即當年天正。

冬至日直宿也，命起亢宿筭之。

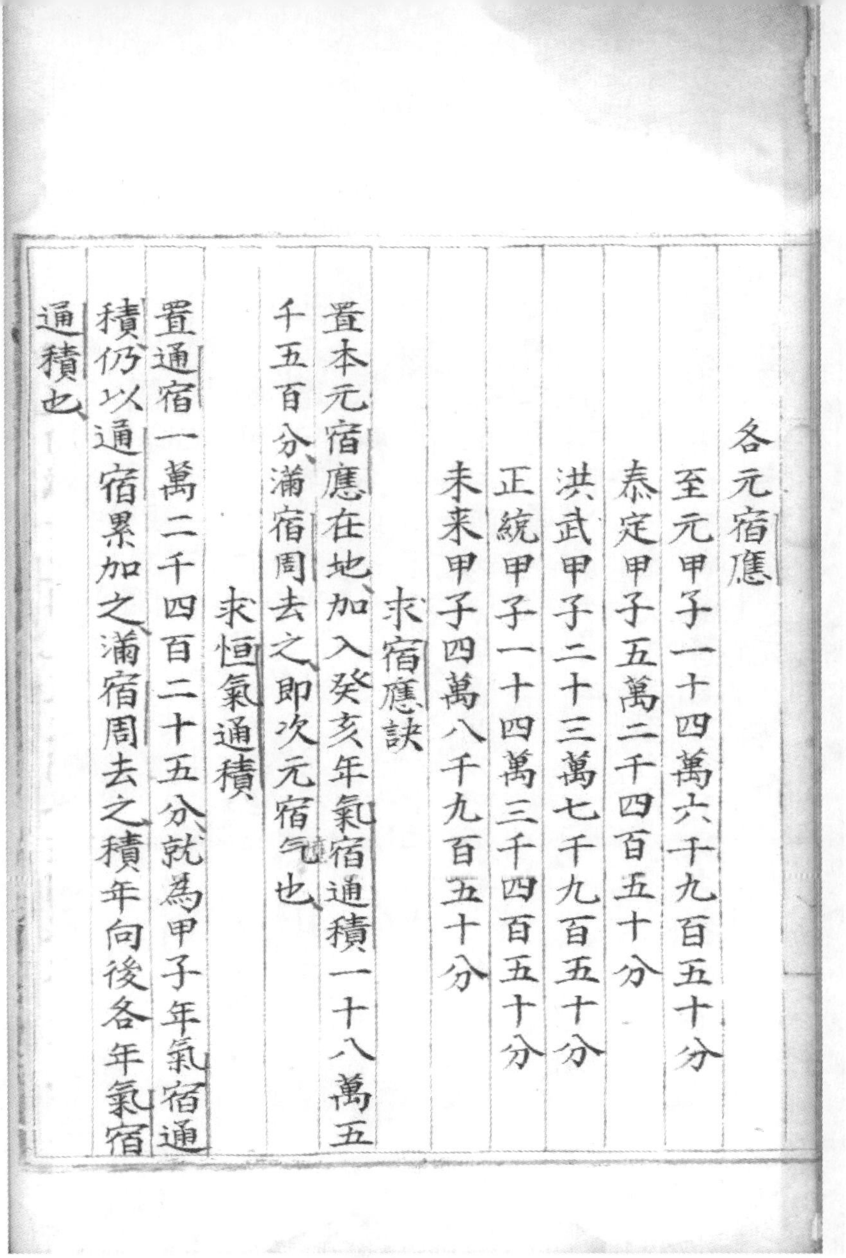
各元宿應
至元甲子一十四萬六千九百五十分
泰定甲子五萬二千四百五十分
洪武甲子二十三萬七千九百五十分
正統甲子一十四萬三千四百五十分
未来甲子四萬八千九百五十分
求宿應訣
置本元宿應在地加入癸亥年氣宿通積一十八萬五千五百分滿宿周去之即次元宿气也
求恒氣通積
置通宿一萬二千四百二十五分就為甲子年氣宿通積仍以通宿累加之滿宿周去之積年向後各年氣宿通積也

各元宿應

至元甲子，一十四萬六千九百五十分。

泰定甲子，五萬二千四百五十分。

洪武甲子，二十三萬七千九百五十分。

正統甲子，一十四萬三千四百五十分。

未來甲子，四萬八千九百五十分。

求宿應訣

置本元宿應在地，加入癸亥年氣宿，通積一十八萬五千五百分，滿宿周去之，即次元宿氣也。

求恒氣通積

置通宿一萬二千四百二十五分，就為甲子年氣宿通積，仍以通宿累加之，滿宿周去之，積年向後，各年氣宿通積也。

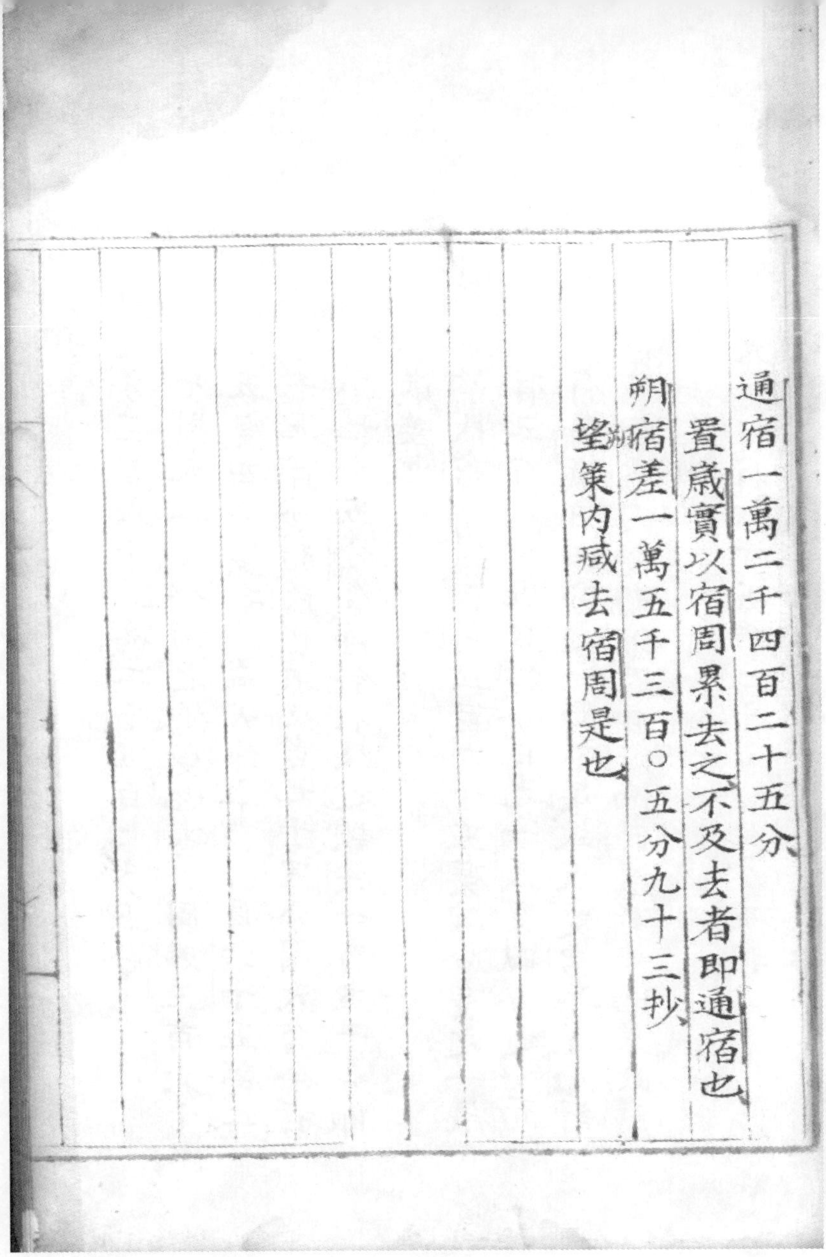

通宿，一萬二千四百二十五分。

置歲實以宿周累去之，不及去者，即通宿也。

朔宿差，一萬五千三百〇五分九十三秒。

望[1]策内減去宿周是也。

1“望”當作“朔”。

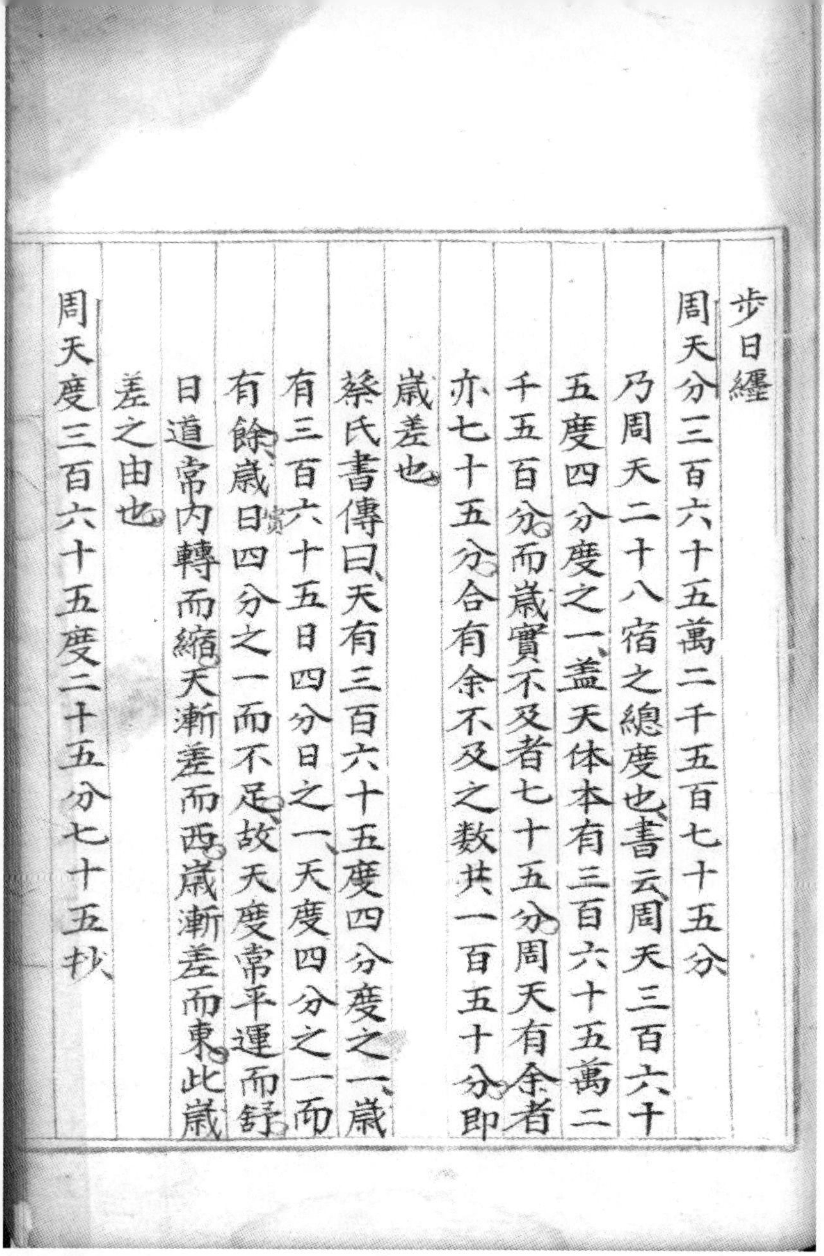
步日纒
周天分三百六十五萬二千五百七十五分
乃周天二十八宿之總度也書云周天三百六十五度四分度之一盖天体本有三百六十五萬二千五百分而歲實不及者七十五分周天有余者亦七十五分合有余不及之數共一百五十分即歲差也
蔡氏書傳曰天有三百六十五度四分度之一歲有三百六十五日四分日之一天度四分之一而有餘歲日實四分之一而不足故天度常平運而舒日道常内轉而縮天漸差而西歲漸差而東此歲差之由也
周天度三百六十五度二十五分七十五秒

步日纏

周天分，三百六十五萬二千五百七十五分。

乃周天二十八宿之總度也。《書》云："周天三百六十五度四分度之一"。盖天体本有三百六十五萬二千五百分，而歲實不及者七十五分，周天有余者，亦七十五分，合有余不及之數共一百五十分，即歲差也。

蔡氏《書傳》曰："天有三百六十五度四分度之一，歲有三百六十五日四分日之一，天度四分之一而有餘。歲日[1]四分之一而不足，故天度常平運而舒，日道常内轉而縮，天漸差而西，歲漸差而東，此歲差之由也。"

周天度，三百六十五度二十五分七十五秒。

1"日"當作"實"。

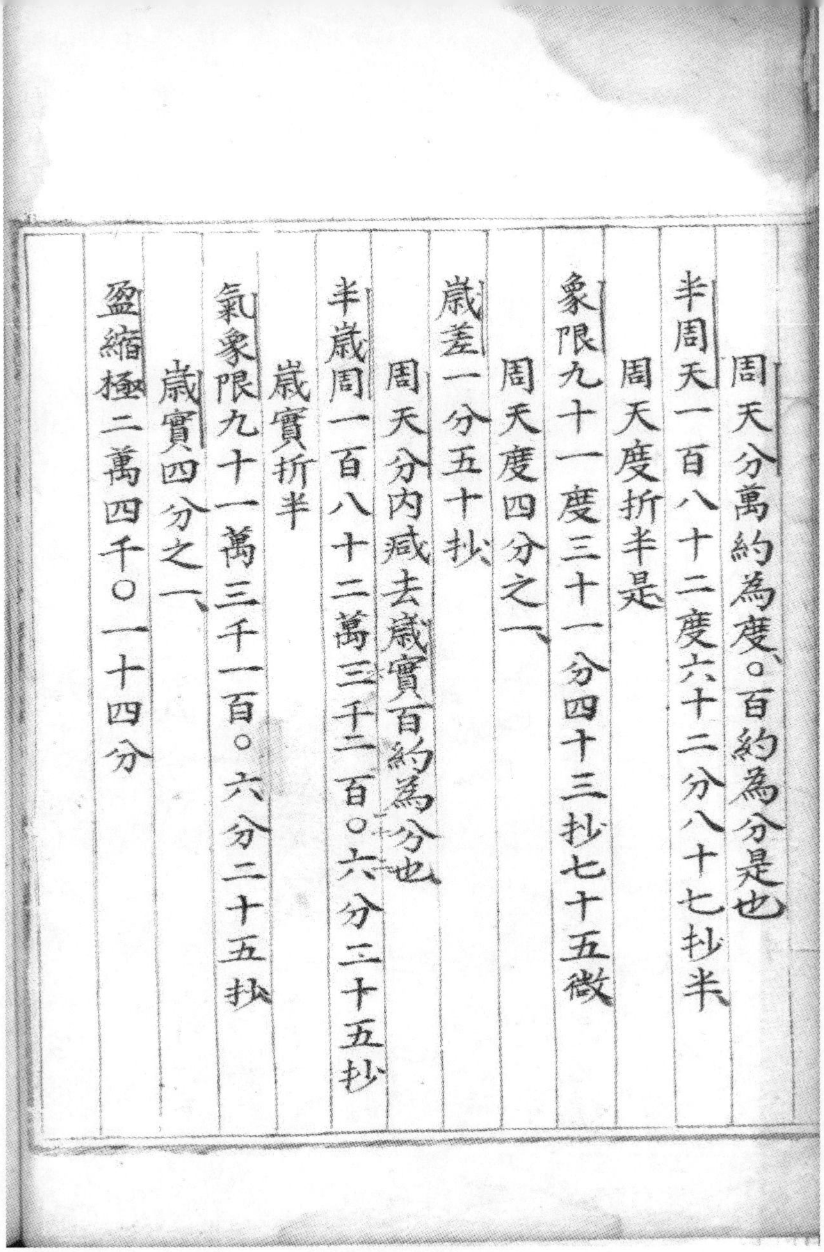
周天分萬約為度。百約為分是也
半周天一百八十二度六十二分八十七抄半
周天度折半是
象限九十一度三十一分四十三抄七十五微
周天度四分之一
歲差一分五十抄
周天分内減去歲實百約為分也
半歲周一百八十二萬三千二百〇六分二十五抄
歲實折半
氣象限九十一萬三千一百〇六分二十五抄
歲實四分之一
盈縮極二萬四千〇一十四分

周天分萬約為度，百約為分是也。
半周天，一百八十二度六十二分八十七秒半。
周天度折半是。[1]
象限，九十一度三十一分四十三秒七十五微。
周天度四分之一。
歲差一分五十秒。
周天分內減去歲實，百約為分也。
半歲周，一百八十二萬三千二百〇六分二十五秒。
歲實折半。
氣象限，九十一萬三千一百〇六分二十五秒。
歲實四分之一。
盈縮極[2]，二萬四千〇一十四分。

1“是”後疑脫“也”字。
2 太陽運動盈縮的最大值。

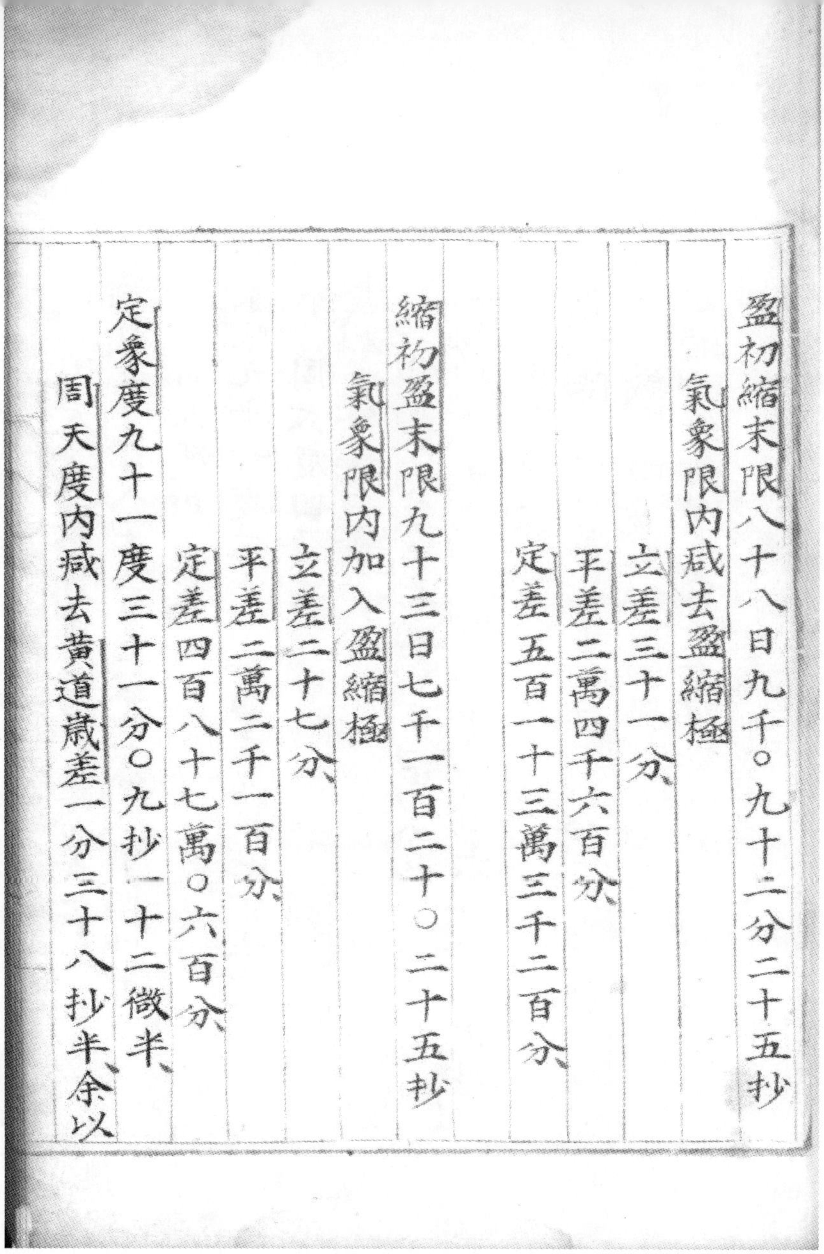
盈初縮末限八十八日九千○九十二分二十五抄
氣象限內葳去盈縮極
立差三十一分
平差二萬四千六百分
定差五百一十三萬三千二百分
縮初盈末限九十三日七千一百二十○二十五抄
氣象限內加入盈縮極
立差二十七分
平差二萬二千一百分
定差四百八十七萬○六百分
定象度九十一度三十一分○九抄一十二微半
周天度內葳去黃道嵗差一分三十八抄半余以

盈初縮末限[1]，八十八日九千〇九十二分二十五秒。

氣象限內減去盈縮極。

立差，三十一分。[2]

平差，二萬四千六百分。

定差，五百一十三萬三千二百分。

縮初盈末限[3]，九十三日七千一百二十〇二十五秒。

氣象限內加入盈縮極。

立差，二十七分。

平差，二萬二千一百分。

定差，四百八十七萬〇六百分。

定象度，九十一度三十一分〇九秒一十二微半。

周天度內減去黃道嵗差，一分三十八秒半余以

1 大統曆將冬至至春分的 88.909225 日稱為盈初限，秋分至冬至的 88.909225 日稱為縮末限。

2 大統曆使用平立定三差法計算太陽盈縮，立差、平差和定差相當于多項式算式中的參數。

3 大統曆將春分至夏至的 93.712025 日稱為盈末限，夏至至秋分的 93.712025 日稱為縮初限。

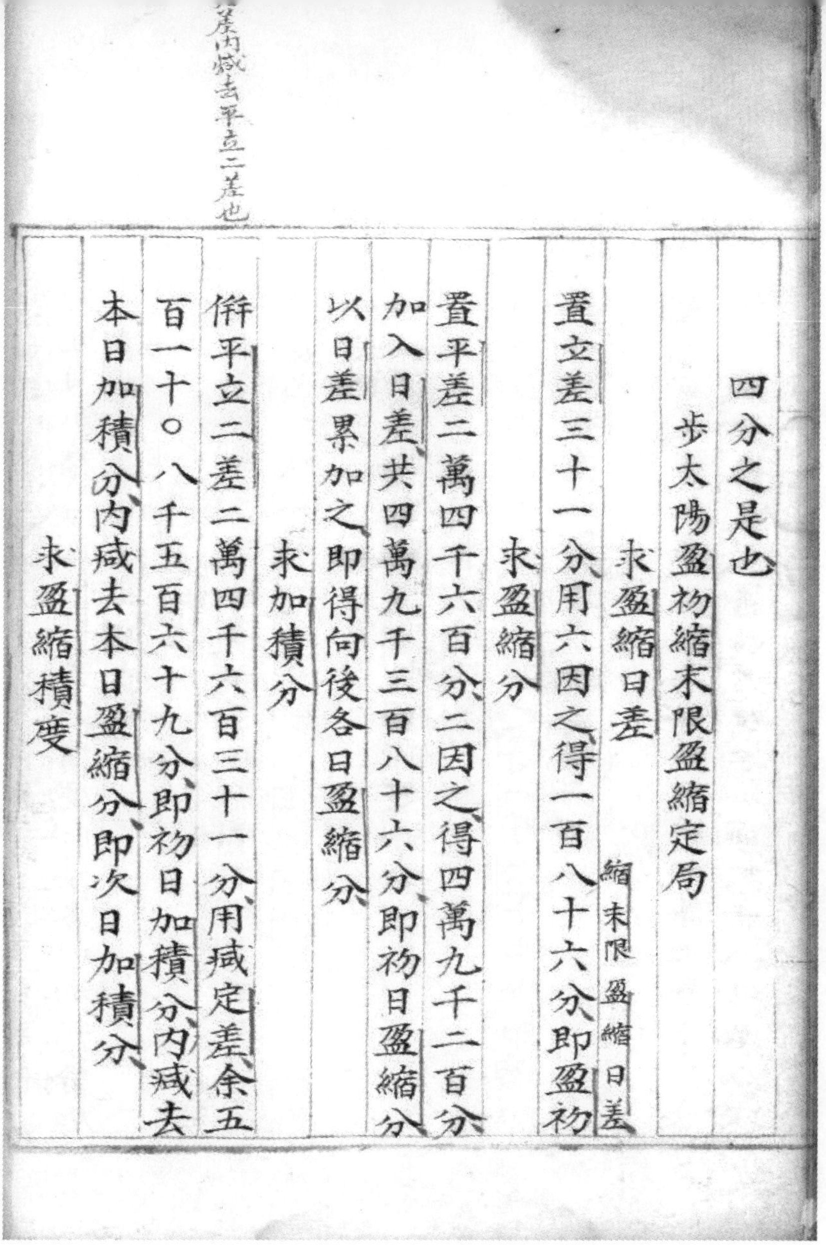
……差內减去平立二差也

四分之是也

步太陽盈初縮末限盈縮定局

求盈縮日差 縮末限盈縮日差

置立差三十一分用六因之得一百八十六分即盈初

求盈縮分

置平差二萬四千六百分二因之得四萬九千二百分加入日差共四萬九千三百八十六分即初日盈縮分以日差累加之即得向後各日盈縮分

求加積分

併平立二差二萬四千六百三十一分用减定差余五百一十〇八千五百六十九分即初日加積分內减去本日加積分內减去本日盈縮分即次日加積分

求盈縮積度

四分之是也。

步太陽盈初縮末限盈縮定局

求盈縮日差，縮末限盈縮日差

置立差三十一分，用六因之，得一百八十六分，即盈初[1]。

求盈縮分

置平差二萬四千六百分，二因之，得四萬九千二百分，加入日差共四萬九千三百八十六分，即初日盈縮分。以日差累加之，即得向後各日盈縮分。

求加積分

併平立二差二萬四千六百三十一分，用減定差，余五百一十〇八千五百六十九分，即初日加積分，內減去本日加積分，內減去本日盈縮分，即次日加積分。

求盈縮積度

1 即“盈初縮末限”之盈縮日差。

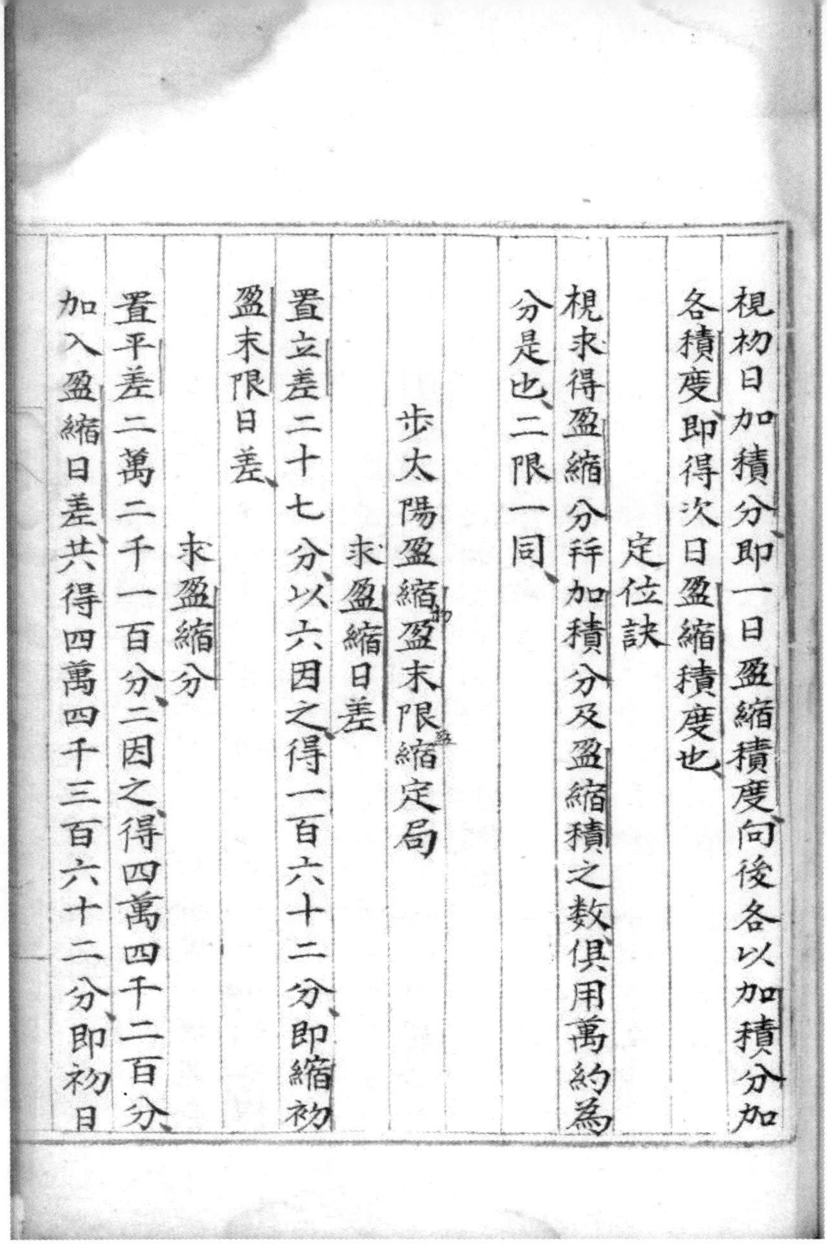
視初日加積分即一日盈縮積度向後各以加積分加
各積度即得次日盈縮積度也
定位訣
視求得盈縮分幷加積分及盈縮積之數俱用萬約為
分是也二限一同
步太陽盈縮盈末限縮定局
求盈縮日差
置立差二十七分以六因之得一百六十二分即縮初
盈末限日差
求盈縮分
置平差二萬二千一百分二因之得四萬四千二百分
加入盈縮日差共得四萬四千三百六十二分即初日

視初日加積分，即一日盈縮積度，向後各以加積分加各積度，即得次日盈縮積度也。

定位訣

視求得盈縮分，并加積分及盈縮積之數，俱用萬約為分是也，二限一同。

步太陽盈縮盈末限[1]盈縮定局

求盈縮日差

置立差二十七分，以六因之，得一百六十二分，即縮初盈末限日差。

求盈縮分

置平差二萬二千一百分，二因之，得四萬四千二百分，加入盈縮日差，共得四萬四千三百六十二分，即初日

1“盈縮盈末限”當作“縮初盈末限”。

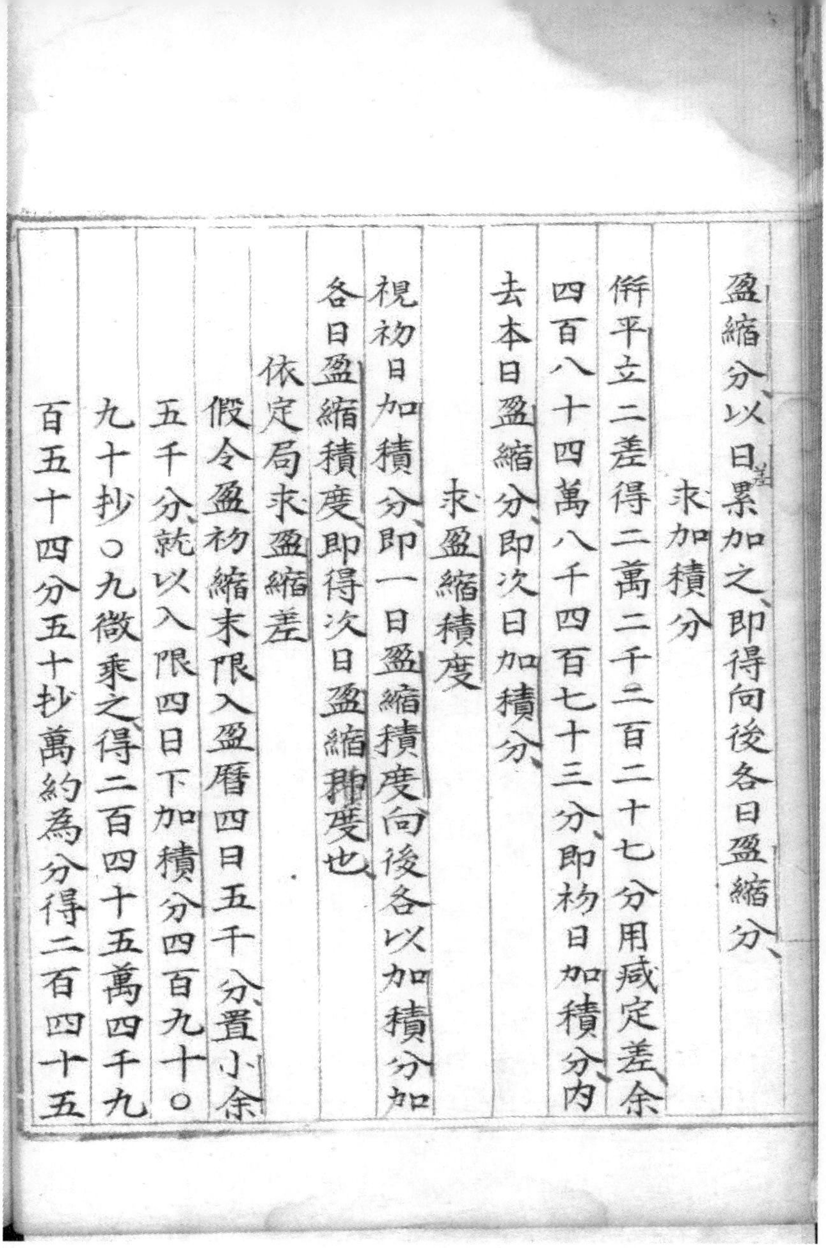

盈縮分以日差累加之即得向後各日盈縮分
求加積分
併平立二差得二萬二千二百二十七分用減定差余
四百八十四萬八千四百七十三分即初日加積分內
去本日盈縮分即次日加積分
求盈縮積度
視初日加積分即一日盈縮積度向後各以加積分加
各日盈縮積度即得次日盈縮積度也
依定局求盈縮差
假令盈初縮末限入盈曆四日五千分置小余
五千分就以入限四日下加積分四百九十〇
九十抄〇九微乘之得二百四十五萬四千九
百五十四分五十抄萬約為分得二百四十五

盈縮分，以日差累加之，即得向後各日盈縮分。

求加積分

併平立二差得二萬二千二百二十七分，用減定差，余四百八十四萬八千四百七十三分，即初日加積分，內去本日盈縮分，即次日加積分。

求盈縮積度

視初日加積分，即一日盈縮積度，向後各以加積度加各日盈縮積度，即得次日盈縮積度也。

依定局求盈縮差[1]

假令盈初縮末限入盈曆四日五千分，置小余五千分，就以入限四日下加積分四百九十〇九十秒〇九微乘之，得二百四十五萬四千九百五十四分五十秒，萬約為分得二百四十五

1 分別給出使用定局（查立成表法）進行“盈初縮末限”和“縮初盈末限”計算的假令算例。

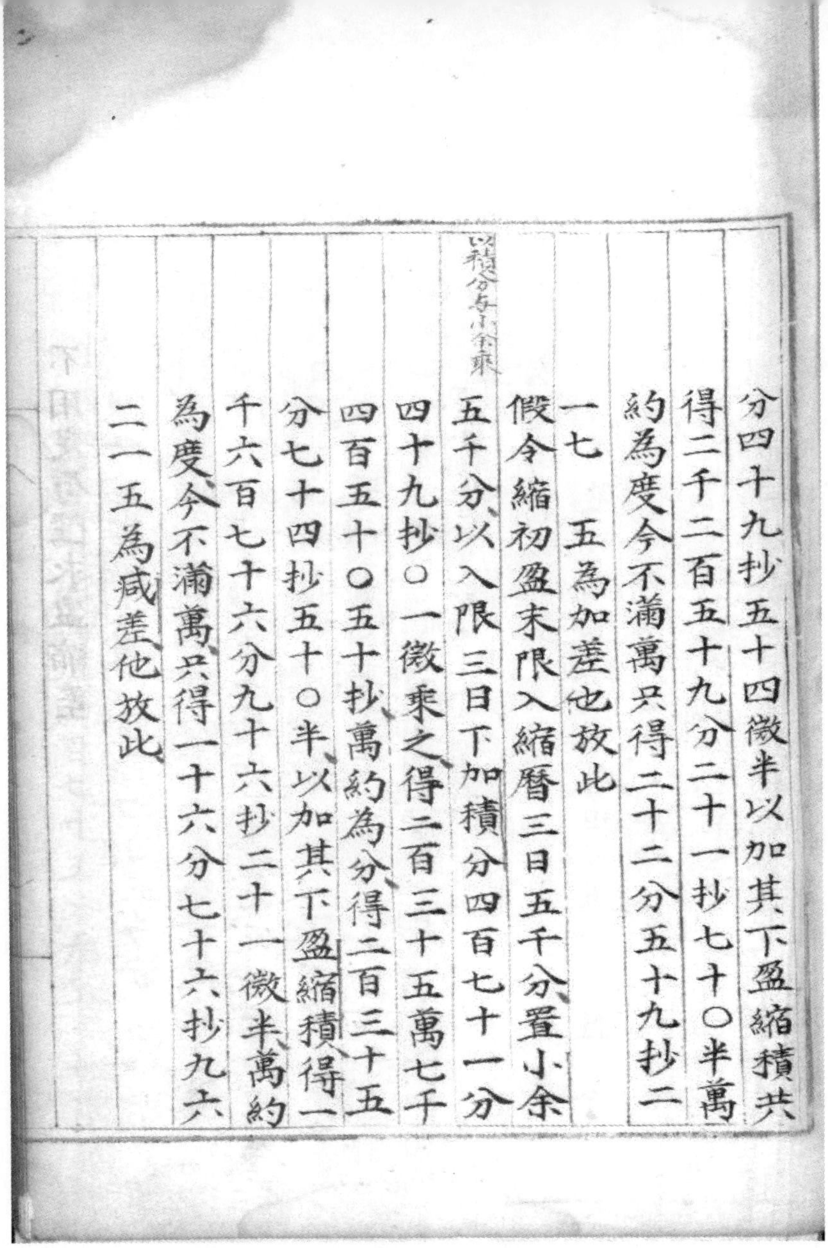
分四十九抄五十四微半以加其下盈縮積共
得二千二百五十九分二十一抄七十〇半萬
約為度今不滿萬只得二十二分五十九抄二
一七 五為加差也放此
假令縮初盈末限入縮曆三日五千分置小余
五千分以入限三日下加積分四百七十一分
四十九抄〇一微乘之得二百三十五萬七千
四百五十〇五十抄萬約為分得二百三十五
分七十四抄五十〇半以加其下盈縮積得一
千六百七十六分九十六抄二十一微半萬約
為度今不滿萬只得一十六分七十六抄九六
二一五為減差他放此

分四十九秒五十四微半，以加其下盈縮積共得二千二百五十九分二十一秒七十〇半，萬約為度，今不滿萬之得二十二分五十九秒二一七[1]五為加差，他放[2]此。

假令縮初盈末限入縮曆三日五千分，置小余五千分，以入限三日下加積分四百七十一分四十九秒〇一微乘之，得二百三十五萬七千四百五十〇五十秒，萬約為分得二百三十五分七十四秒五十〇半，以加其下盈縮積得一千六百七十六分九十六秒二十一微半，萬約為度，今不滿萬，只得一十六分七十六秒九六二一五為減差，他放[3]此。

1後缺“〇”。
2“放”當作“倣”。
3“放”當作“倣”。

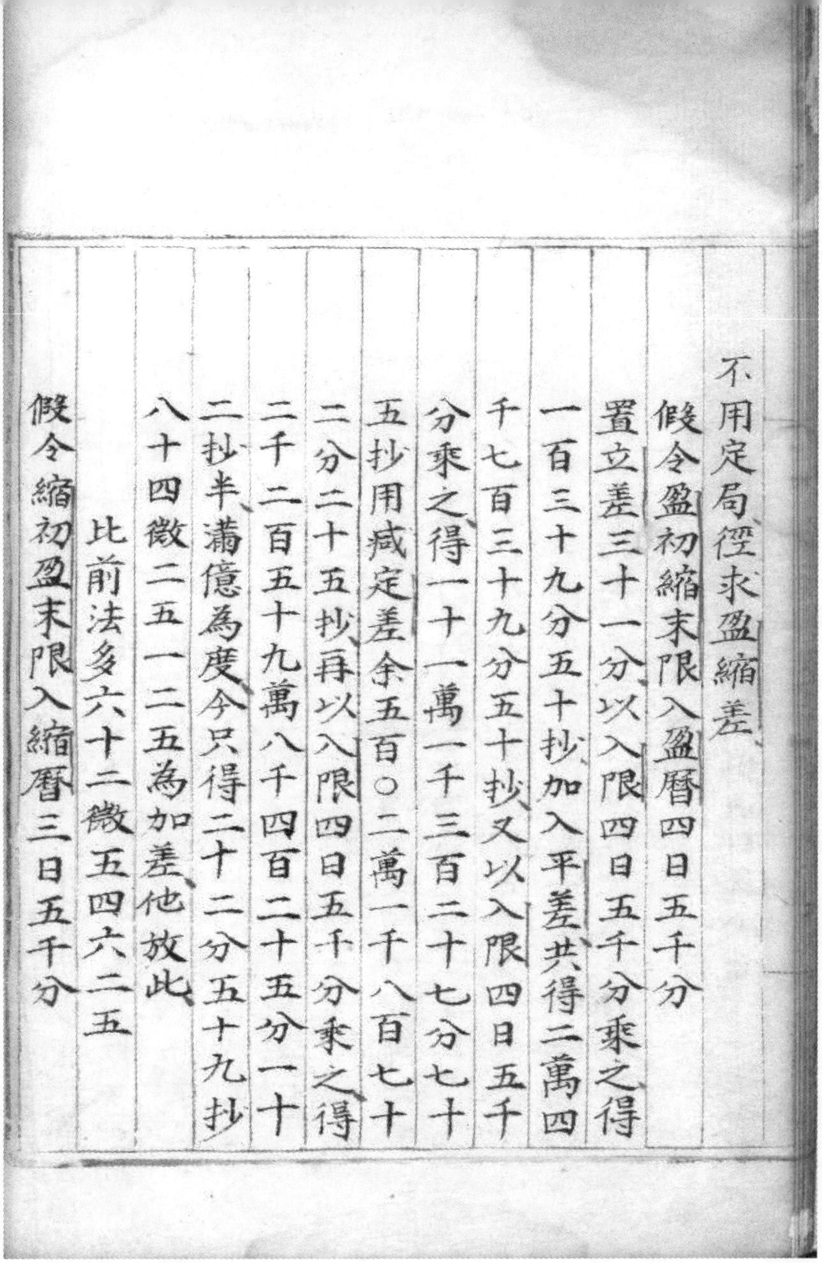
不用定局徑求盈縮差
假令盈初縮末限入盈曆四日五千分
置立差三十一分以入限四日五千分乘之得
一百三十九分五十抄加入平差共得二萬四
千七百三十九分五十抄又以入限四日五千
分乘之得一十一萬一千三百二十七分七十
五抄用減定差余五百○二萬一千八百七十
二分二十五抄再以入限四日五千分乘之得
二千二百五十九萬八千四百二十五分一十
二抄半滿億為度今只得二十二分五十九抄
八十四微二五一二五為加差他放此
比前法多六十二微五四六二五
假令縮初盈末限入縮曆三日五千分

不用定局徑求盈縮差[1]

假令盈初縮末限入盈曆四日五千分，置立差三十一分，以入限四日五千分乘之，得一百三十九分五十秒，加入平差共得二萬四千七百三十九分五十秒，又以入限四日五千分乘之，得一十一萬一千三百二十七分七十五秒，用減定差，余五百〇二萬一千八百七十二分二十五秒，再以入限四日五千分乘之，得二千二百五十九萬八千四百二十五分一十二秒半，滿億為度，今只得二十二分五十九秒八十四微二五一二五為加差，他放[2]此。比前法多六十二微五四六二五。

假令縮初盈末限入縮曆三日五千分，

1 分別給出不用定局（平立定三差法）進行“盈初縮末限”和“縮初盈末限”計算的假令算例。
2“放”當作“倣”。

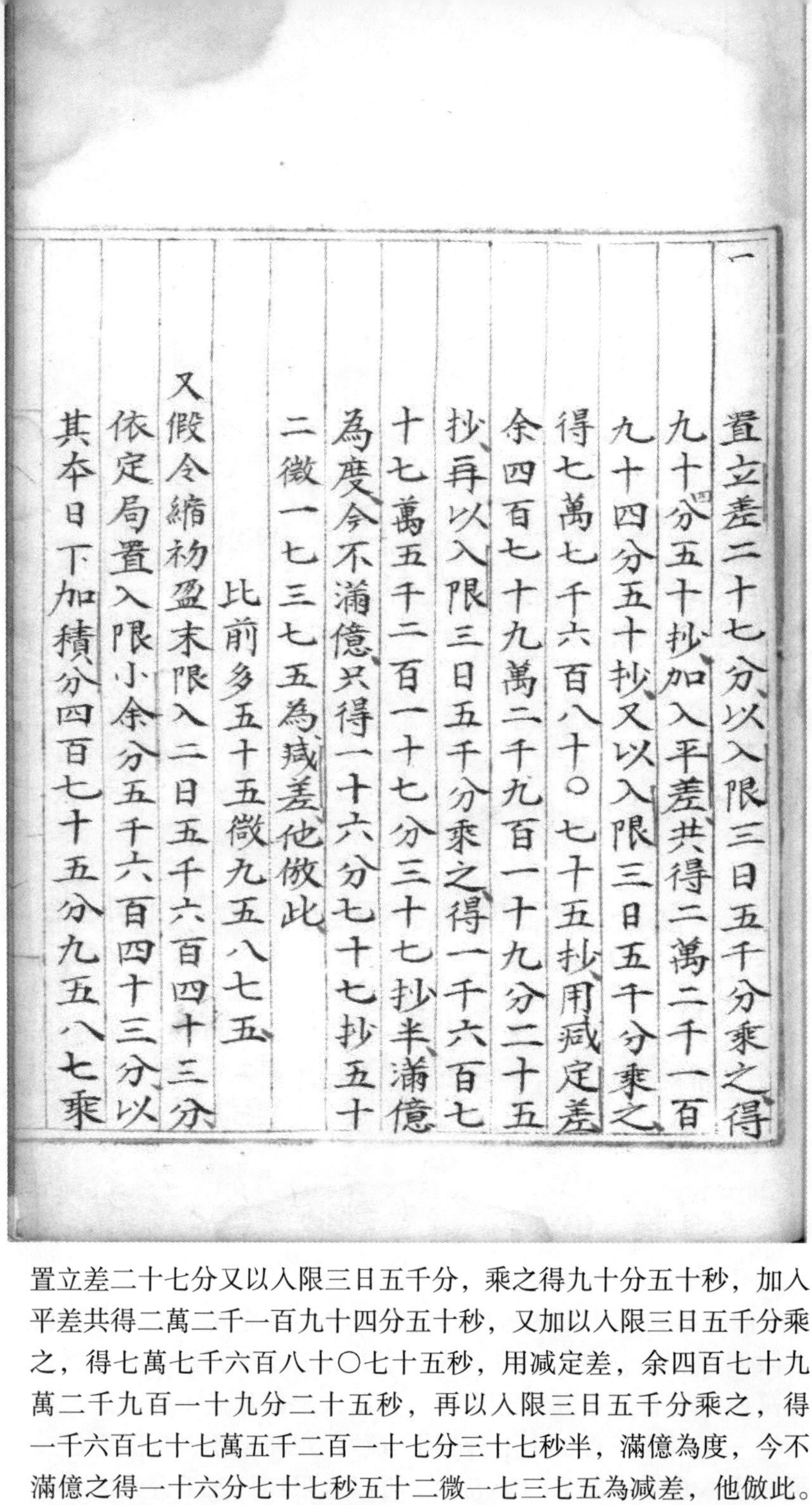
一
置立差二十七分以入限三日五千分乘之得
九十分五十抄加入平差共得二萬二千一百
九十四分五十抄又以入限三日五千分乘之
得七萬七千六百八十〇七十五抄用減定差
余四百七十九萬二千九百一十九分二十五
抄再以入限三日五千分乘之得一千六百七
十七萬五千二百一十七分三十七抄半滿億
為度今不滿億只得一十六分七十七抄五十
二微一七三七五為減差他倣此
比前多五十五微九五八七五
又假令縮初盈末限入二日五千六百四十三分
依定局置入限小余分五千六百四十三分以
其本日下加積分四百七十五分九五八七乘

置立差二十七分又以入限三日五千分，乘之得九十分五十秒，加入平差共得二萬二千一百九十四分五十秒，又加以入限三日五千分乘之，得七萬七千六百八十〇七十五秒，用減定差，余四百七十九萬二千九百一十九分二十五秒，再以入限三日五千分乘之，得一千六百七十七萬五千二百一十七分三十七秒半，滿億為度，今不滿億之得一十六分七十七秒五十二微一七三七五為減差，他倣此。比前多五十五微九五八七五。

又假令縮初盈末限入二日五千六百四十三分，依定局，置入限小余分五千六百四十三分，以其本日下加積分四百七十五分九五八七乘

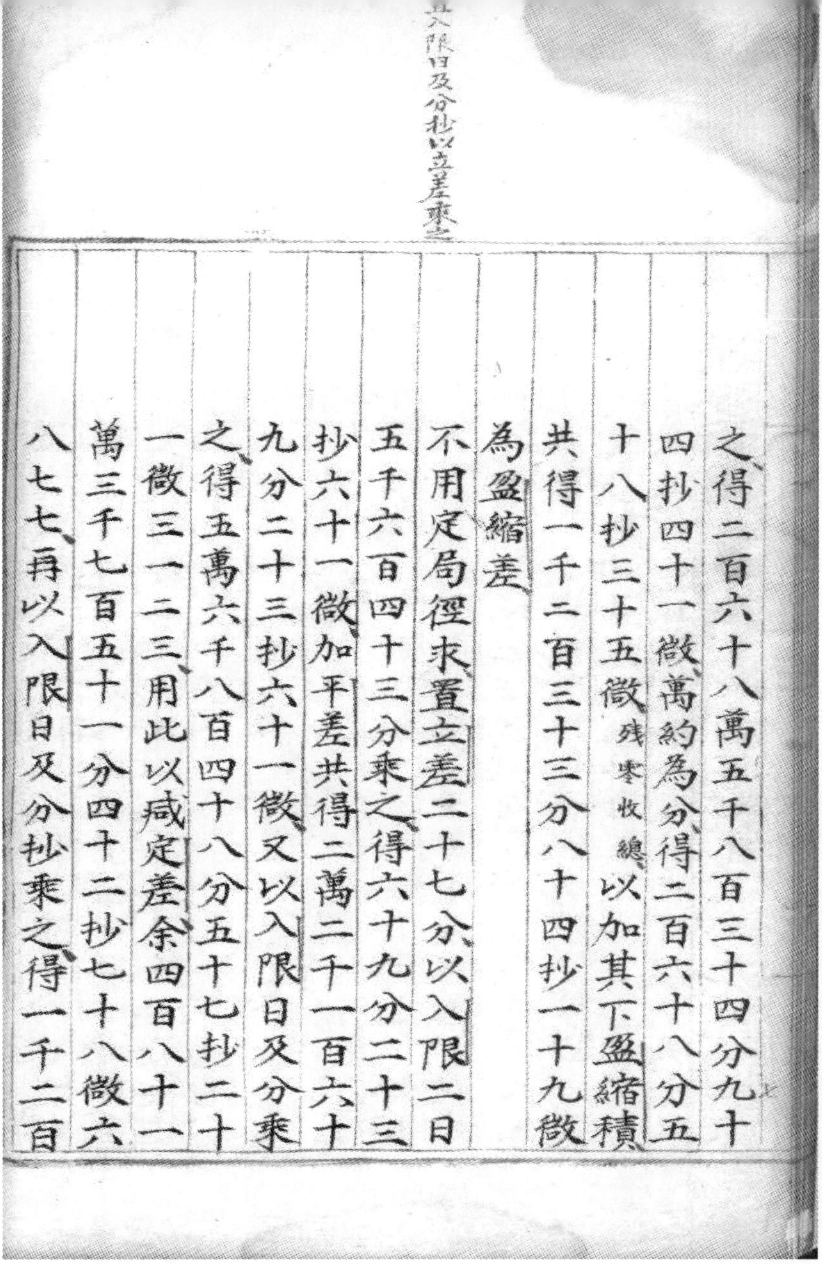

之，得二百六十八萬五千八百三十四分九十四秒四十一微，萬約為分，得二百六十八分五十八秒三十五微，残零收總，以加其下盈縮積，共得一千二百三十三分八十四秒一十九微為盈縮差。

不用定局徑求，置立差二十七分以入限二日五千六百四十三分乘之，得六十九分二十三秒六十一微，加平差共得二萬二千一百六十九分二十三秒六十一微，又以入限日及分乘之，得五萬六千八百四十八分五十七秒二十一微三一二三，用此以減定差，余四百八十一萬三千七百五十一分四十二秒七十八微六八七七，再以入限日及分秒乘之，得一千二百

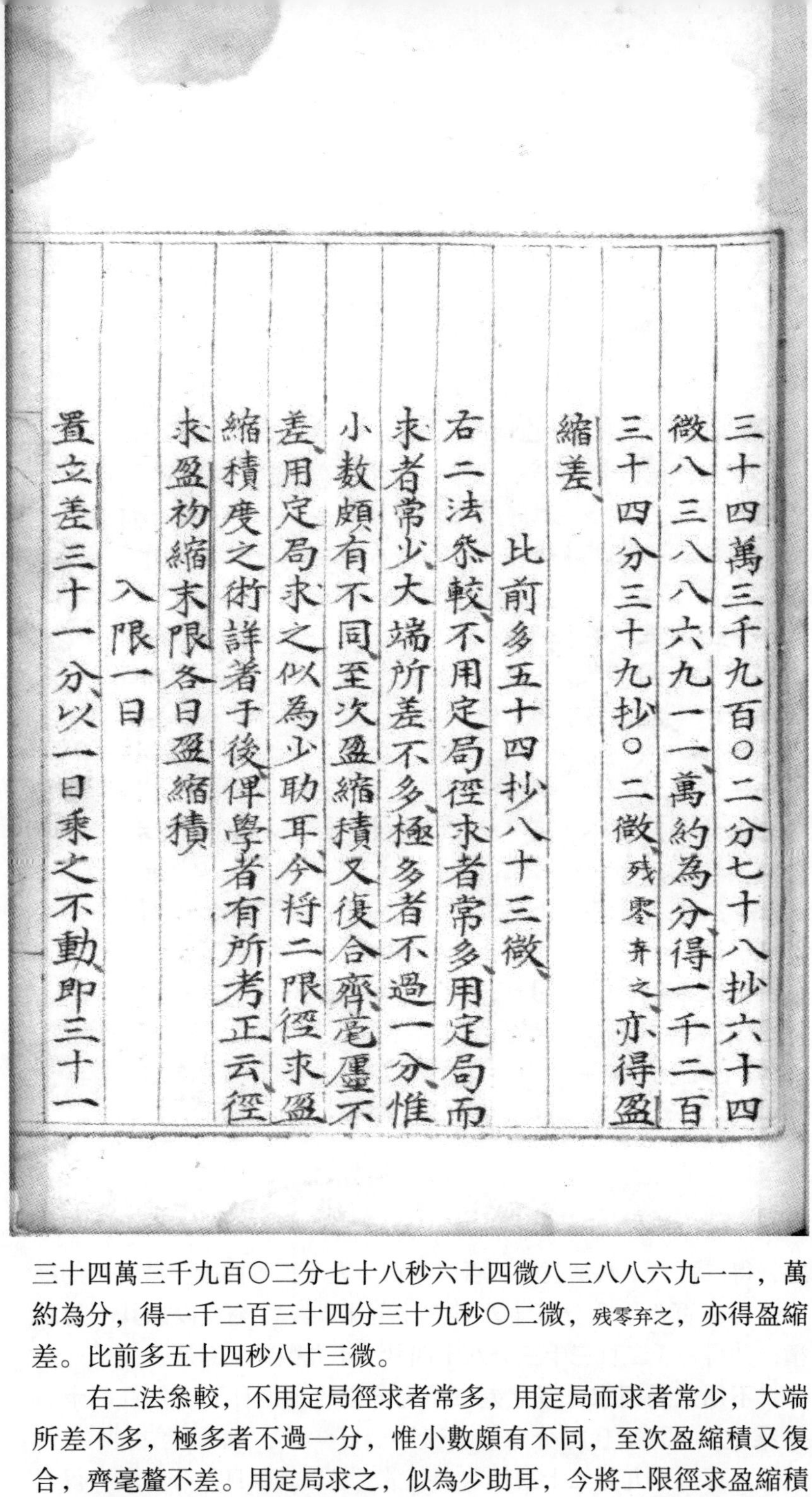
三十四萬三千九百〇二分七十八抄六十四微八三八八六九一一萬約為分得一千二百三十四分三十九抄〇二微残零弃之亦得盈縮差
比前多五十四抄八十三微
右二法叅較不用定局徑求者常多用定局而求者常少大端所差不多極多者不過一分惟小数頗有不同至次盈縮積又復合齊毫釐不差用定局求之似為少助耳今将二限徑求盈縮積度之術詳着于後俾學者有所考正云徑求盈初縮末限各日盈縮積
入限一日
置立差三十一分以一日乘之不動即三十一

三十四萬三千九百〇二分七十八秒六十四微八三八八六九一一，萬約為分，得一千二百三十四分三十九秒〇二微，残零弃之，亦得盈縮差。比前多五十四秒八十三微。

右二法叅較，不用定局徑求者常多，用定局而求者常少，大端所差不多，極多者不過一分，惟小數頗有不同，至次盈縮積又復合，齊毫釐不差。用定局求之，似為少助耳，今將二限徑求盈縮積度之術詳著于後，俾學者有所考正云。[1]

徑求盈初縮末限各日盈縮積

入限一日

置立差三十一分，以一日乘之不動，即三十一

1 比較依定局和不用定局兩法，即查立成表法和平立定三差法。

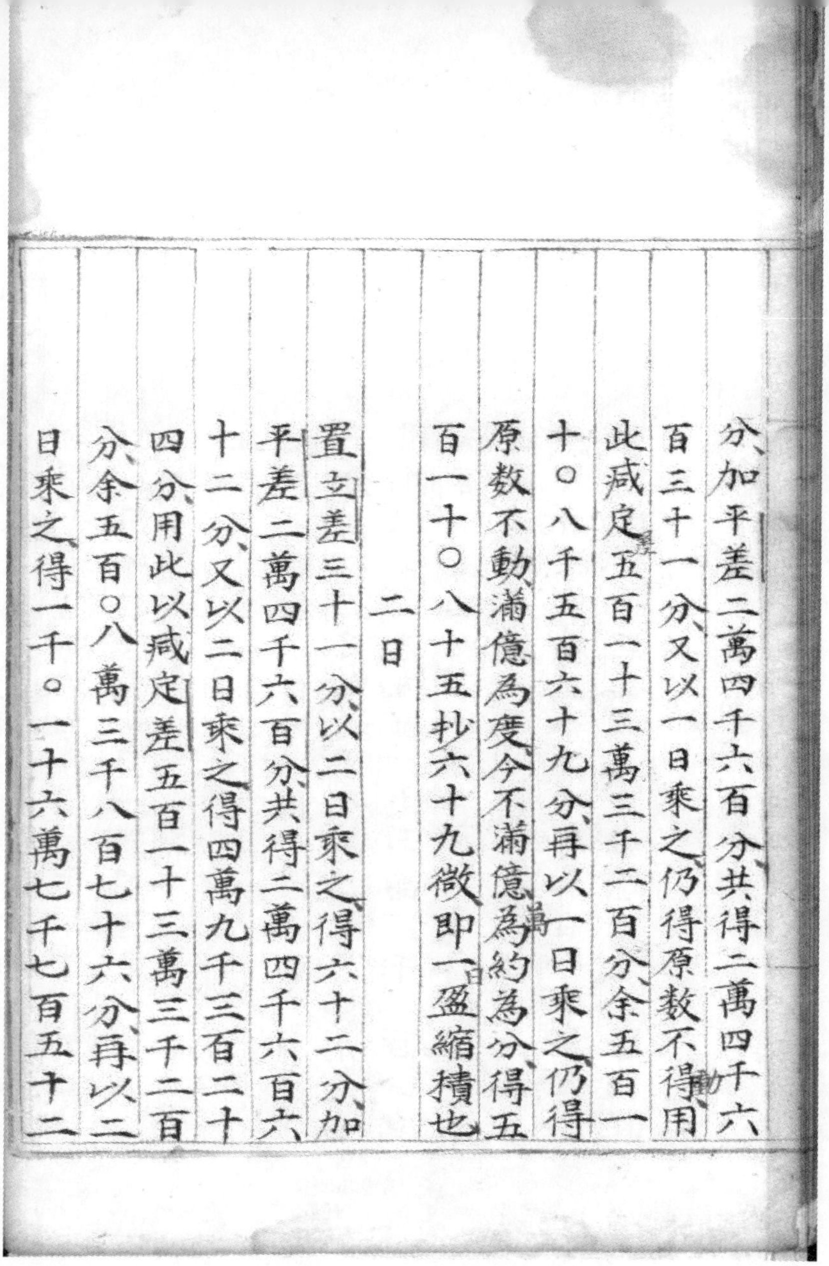

分，加平差二萬四千六百分，共得二萬四千六百三十一分，又以一日乘之，仍得原數，不得動。用此減定差五百一十三萬三千二百分，余五百一十〇八千五百六十九分，再以一日乘之，仍得原數不動。滿億為度，今不滿億，為[1]約為分，得五百一十〇八十五秒六十九微，即日一盈縮積也。

二日

置立差三十一分以二日乘之，得六十二分，加平差二萬四千六百分，共得二萬四千六百六十二分，又以二日乘之，得四萬九千三百二十四分。用此以減定差五百一十三萬三千二百分，余五百〇八萬三千八百七十六分，再以二日乘之，得一千〇一十六萬七千七百五十二

1“為”當作“萬”。

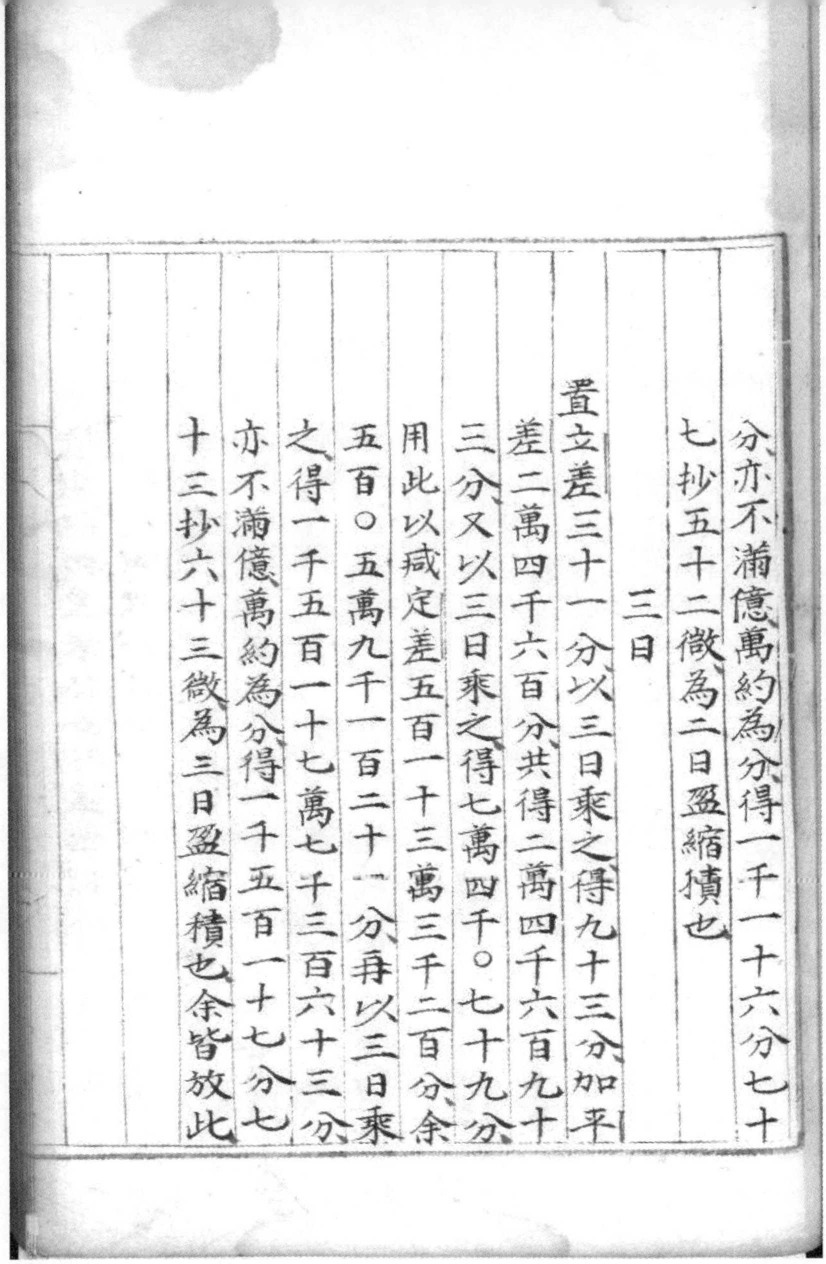
分亦不滿億萬約為分得一千一十六分七十
七秒五十二微為二日盈縮積也
三日
置立差三十一分以三日乘之得九十三分加平
差二萬四千六百分共得二萬四千六百九十
三分又以三日乘之得七萬四千〇七十九分
用此以減定差五百一十三萬三千二百分余
五百〇五萬九千一百二十一分再以三日乘
之得一千五百一十七萬七千三百六十三分
亦不滿億萬約為分得一千五百一十七分七
十三秒六十三微為三日盈縮積也余皆放此

分。亦不滿億，萬約為分，得一千一十六分七十七秒五十二微，為二日盈縮積也。

三日

置立差三十一分以三日乘之，得九十三分，加平差二萬四千六百分，共得二萬四千六百九十三分，又以三日乘之得七萬四千〇七十九分。用此以減定差五百一十三萬三千二百分，余五百〇五萬九千一百二十一分，再以三日乘之，得一千五百一十七萬七千三百六十三分。亦不滿億，萬約為分，得一千五百一十七分七十三秒六十三微，為三日盈縮積也，余皆放[1]此。

1“放”當作“倣”。

徑求縮初盈末限各日盈縮積

入限一日

置立差二十七分以一日乘之，共得二十七分，加入平差二萬二千一百分，共得二萬二千一百二十七分，又以一日乘之，仍得舊數不動。用此以減定差四百八十七萬〇六百分，余四百八十四萬八千七百四十三分[1]，再以一日乘之，仍不動。若滿億作為度，今不滿億，萬約為分，得四百八十四分八十四秒七十三微，即一日盈縮積也。

二日

置立差二十七分以二日乘之，得五十四分，加入平差二萬二千一百分，共得二萬二千一百

1“七百四十三分”當作“四百七十三分”。

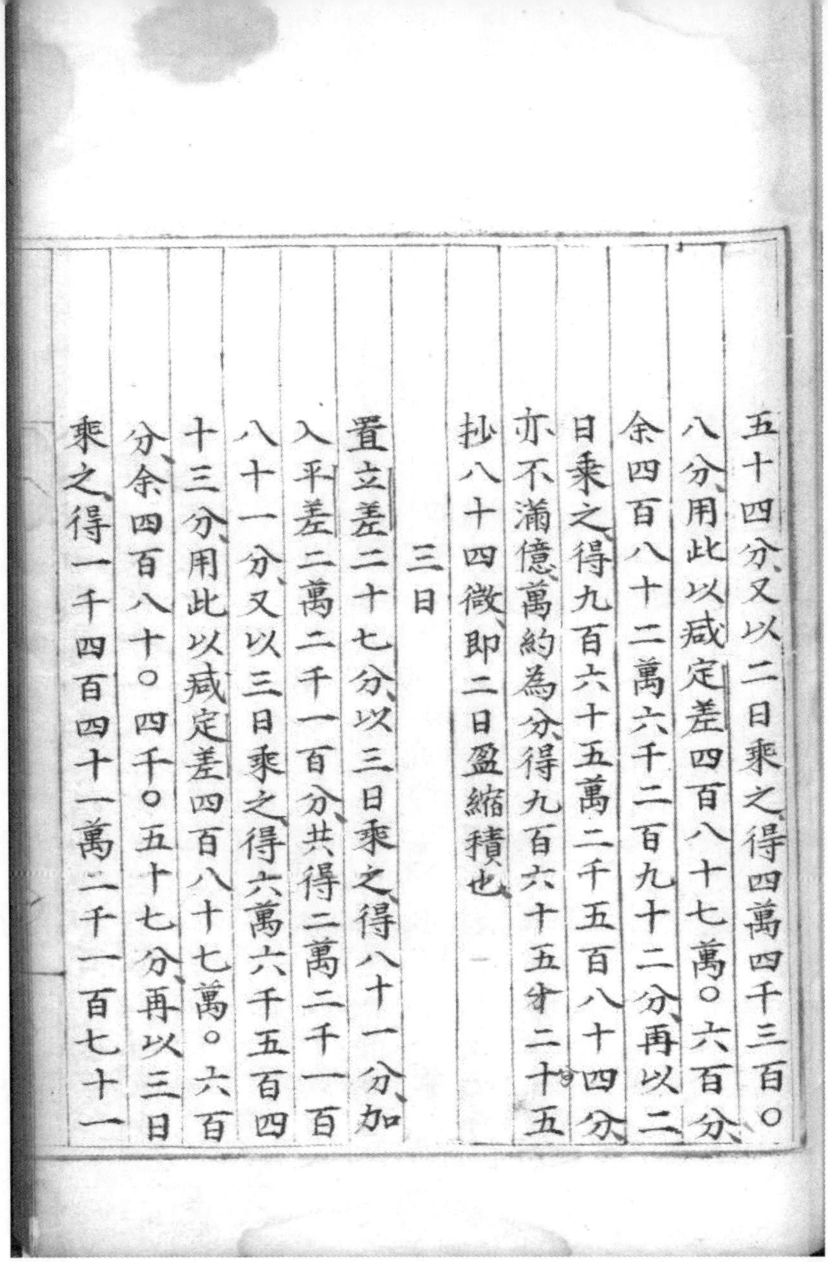

五十四分，又以二日乘之，得四萬四千三百〇八分。用此以減定差四百八十七萬〇六百分，余四百八十二萬六千二百九十二分，再以二日乘之，得九百六十五萬二千五百八十四分。亦不滿億，萬約為分，得九百六十五十[1]二十五秒八十四微，即二日盈縮積也。

三日

置立差二十七分以三日乘之，得八十一分，加入平差二萬二千一百分，共得二萬二千一百八十一分，又以三日乘之，得六萬六千五百四十三分。用此以減定差四百八十七萬〇六百分，余四百八十〇四千〇五十七分，再以三日乘之，得一千四百四十一萬二千一百七十一

1“十”當作“分”。

分。亦不滿億，萬約為分，得一千四百四十一分二十一秒七十一微，即三日盈縮積也，向後各日依此求之。

求天正經朔弦望入盈縮曆

置半歲周減去天正閏余日及分秒，即得天正經朔入縮曆，以弦策累加之，即得上弦、望、下弦及次朔入盈縮曆日及分秒，滿半歲周去之，即交盈縮曆也。原是縮曆，今減去半歲周却為盈曆，原是盈曆，今滿半歲周去之，却变為縮曆也。

凡入曆不問何年，冬至後皆為盈曆，夏至後皆為縮曆。

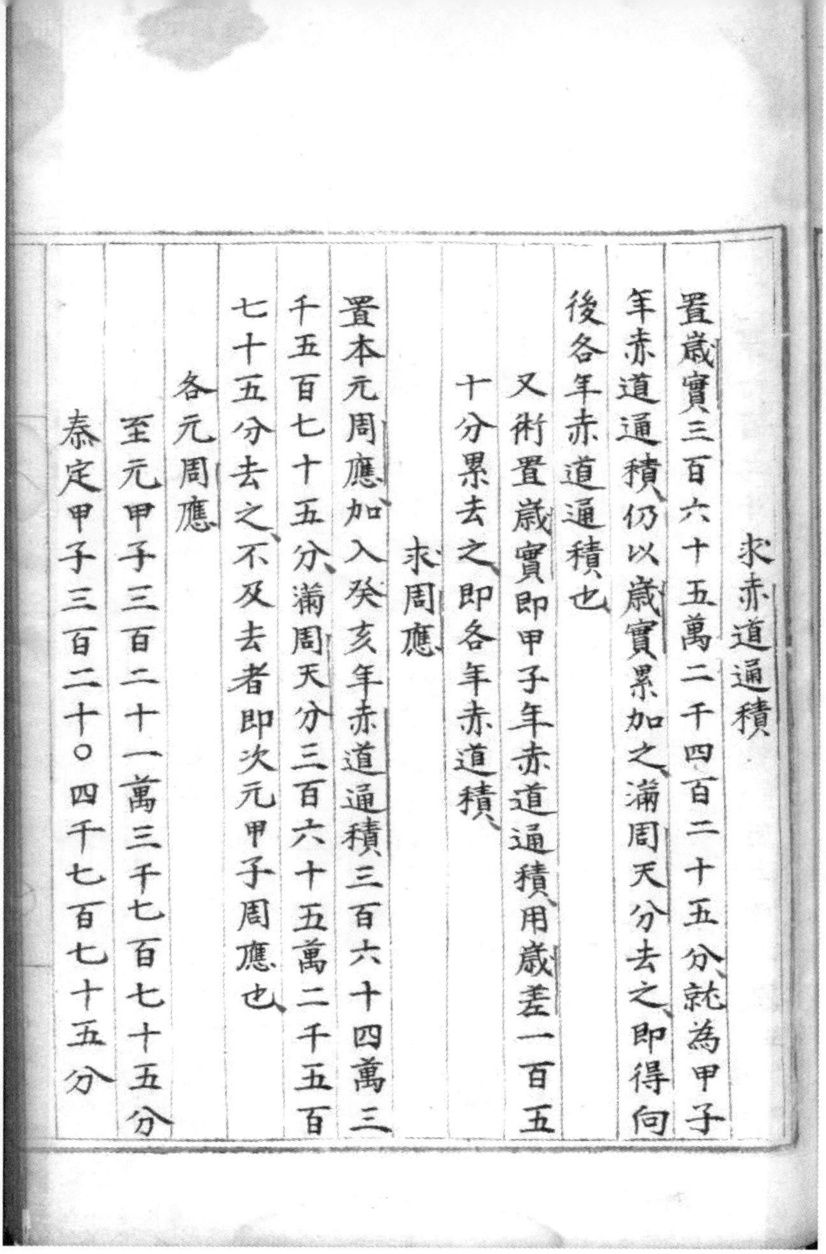
求赤道通積
置歲實三百六十五萬二千四百二十五分就為甲子年赤道通積仍以歲實累加之滿周天分去之即得向後各年赤道通積也
又術置歲實即甲子年赤道通積用歲差一百五十分累去之即各年赤道積
求周應
置本元周應加入癸亥年赤道通積三百六十四萬三千五百七十五分滿周天分三百六十五萬二千五百七十五分去之不及去者即次元甲子周應也
各元周應
至元甲子三百二十一萬三千七百七十五分
泰定甲子三百二十〇四千七百七十五分

求赤道通積

置歲實三百六十五萬二千四百二十五分，就為甲子年赤道通積，仍以歲實累加之，滿周天分去之，即得向後各年赤道通積也。

又術，置歲實，即甲子年赤道通積，用歲差一百五十分累去之，即各年赤道積。

求周應

置本元周應，加入癸亥年赤道通積三百六十四萬三千五百七十五分，滿周天分三百六十五萬二千五百七十五分去之，不及去者，即次元甲子周應也。

各元周應

至元甲子，三百二十一萬三千七百七十五分。

泰定甲子，三百二十〇四千七百七十五分。

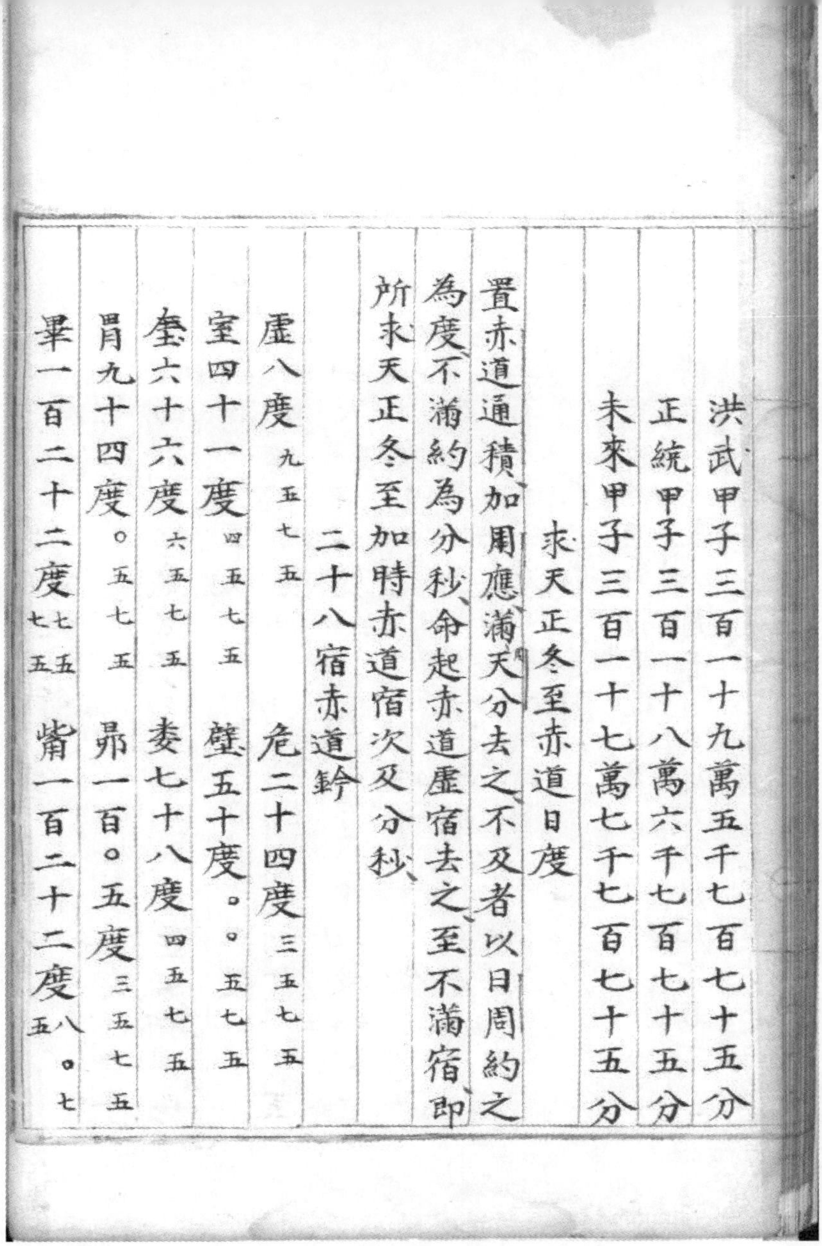

洪武甲子，三百一十九萬五千七百七十五分。

正統甲子，三百一十八萬六千七百七十五分。

未來甲子，三百一十七萬七千七百七十五分。

求天正冬至赤道日度

置赤道通積加周應，滿周天分去之，不及者以日周約之為度，不滿約為分秒，命起赤道虚宿去之，至不滿宿，即所求天正冬至加時赤道宿次及分秒。

二十八宿赤道鈐[1]

虚	八度九五七五	危	二十四度三五七五
室	四十一度四五七五	壁	五十度〇〇五七五
奎	六十六度六五七五	婁	七十八度四五七五
胃	九十四度〇五七五	昴	一百〇五度三五七五
畢	一百二十二度七五七五	觜	一百二十二度八〇七五

1 二十八宿的赤道坐標宿次表。

參	一百二十三度九〇七五	井	一百六十一度二〇七五
鬼	一百六十九度四〇七五	柳	一百八十二度七〇七五
星	一百八十九度〇〇七五	張	二百〇六度二五七五
翌[1]	二百二十五度〇〇七五	軫	二百四十二度三〇七五
角	二百五十四度四〇七五	亢	二百六十三度六〇七五
氐	二百七十五度九〇七五	房	二百八十五度五〇七五
心	二百九十二度〇〇七五	尾	三百六十一度一〇七五
箕	二百三十一度五〇七五	斗	三百六十四度七〇七五
牛	三百五十三度九〇七五	女	三百六十五度二五七五

赤道求黃道術[2]

求天正冬至加時黃道日度

置求得天正冬至加時赤道日度及分秒，用定局下赤道積度，足其數者去之，余以黃道度率一度乘之，分乘

1“翌”當作“翼”。

2 由赤道坐標值轉換為黃道坐標值。

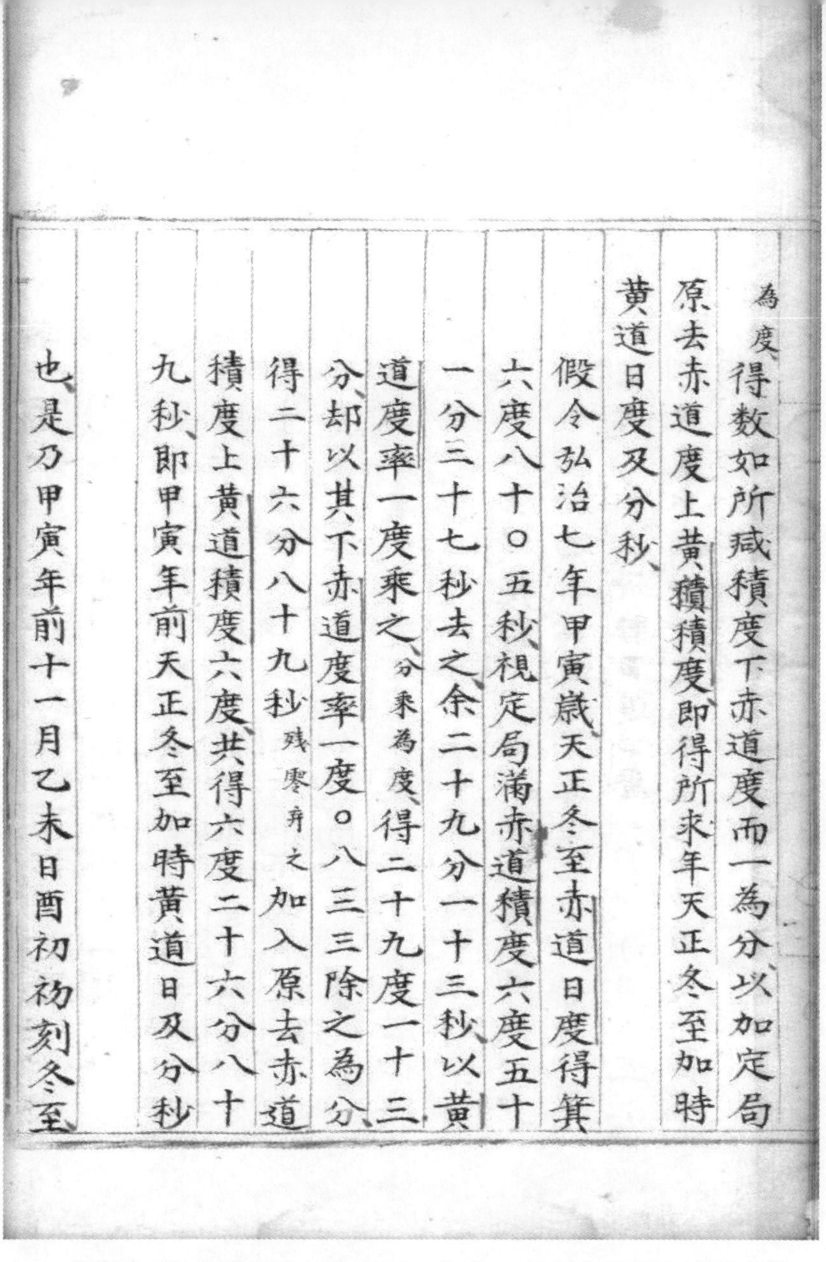

為度，得數如所減積度下赤道度而一為分，以加定局原去赤道度數上黃積[1]積度，即得所求年天正冬至加時黃道日度及分秒。

假令弘治七年[1]甲寅歲天正冬至赤道日度，得箕六度八十〇五秒，視定局滿赤道積度六度五十一分二十七秒去之，余二十九分一十三秒以黃道度率一度乘之，分乘為度，得二十九度一十三分，却以其下赤道度率一度〇八三三除之為分，得二十六度八十九秒，殘零弃之，加入原去赤道積度上黃道積度六度，共得六度二十六分八十九秒，即甲寅年前天正冬至加時黃道日及分秒也。是乃甲寅年前十一月乙未日酉初初刻冬至

1 弘治七年即 1494 年。
2 "黃積" 當作 "黃道"。

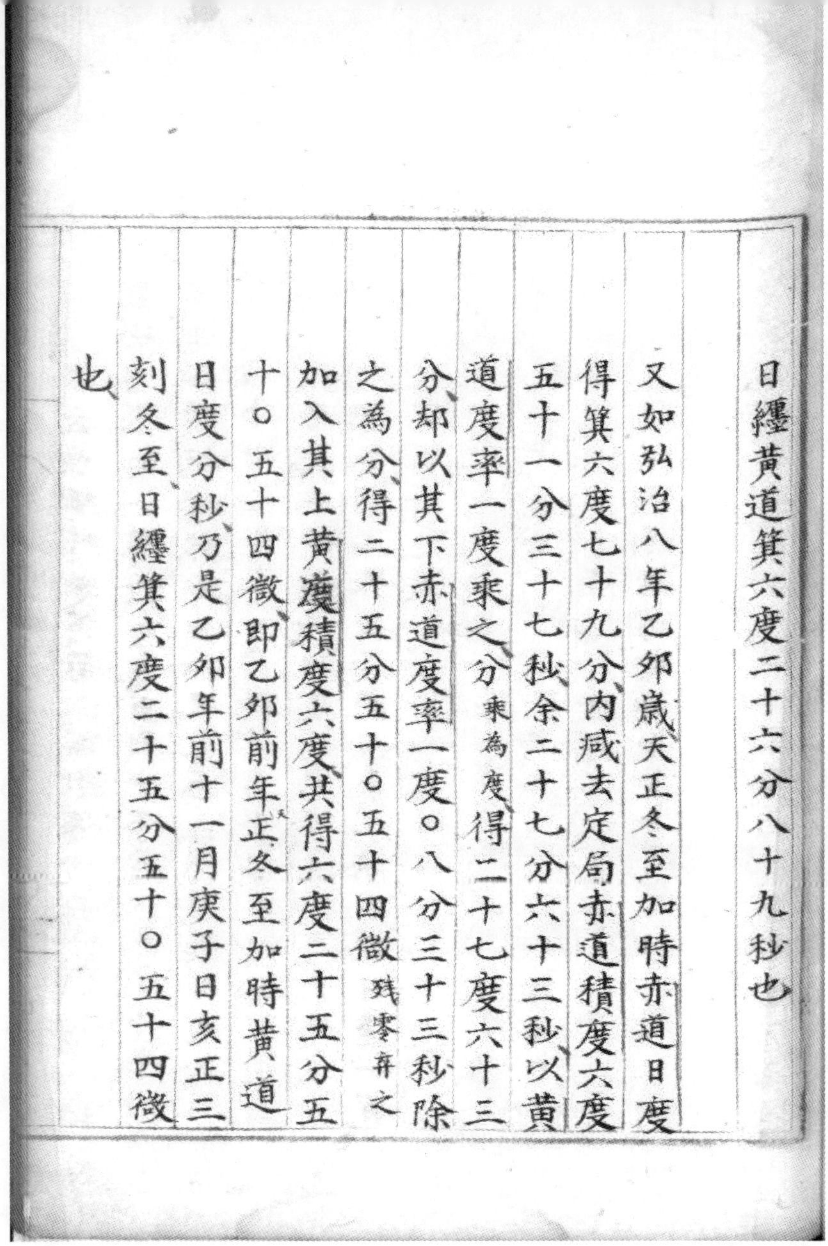
日纏黄道箕六度二十六分八十九秒也
又如弘治八年乙夘歲天正冬至加時赤道日度得箕六度七十九分内減去定局赤道積度六度五十一分三十七秒余二十七分六十三秒以黄道度率一度乘之分乘為度得二十七度六十三分却以其下赤道度率一度〇八分三十三秒除之為分得二十五分五十〇五十四微残零弃之加入其上黄度積度六度共得六度二十五分五十〇五十四微即乙夘前年正冬至加時黄道日度分秒乃是乙夘年前十一月庚子日亥正三刻冬至日纏箕六度二十五分五十〇五十四微也

日纏黄道箕六度二十六分八十九秒也。

又如弘治八年[1]乙夘歲天正冬至加時赤道日度，得箕六度七十九分，内減去定局赤道積度六度五十一分三十七秒，余二十七分六十三秒，以黄道度率一度乘之分，乘為度，得二十七度六十三分，却以其下赤道度率一度〇八分三十三秒除之，為分得二十五分五十〇五十四微，残零弃之，加入其上黄度[1]積度六度，共得六度二十五分五十〇五十四微，即乙卯年前正冬至加時黄道日度分秒，乃是乙卯年前十一月庚子日亥正三刻冬至日纏箕六度二十五分五十〇五十四微也。

1 弘治八年即 1495 年。
2“黄度”當作“黄道”。

步太陽行度六局 係日行定局

盈初縮末極一萬六千三百六十八分

乃盈初縮末限八十八日乘本位限盈縮日差一百八十六分也

縮初盈末極一萬五千〇六十六分

乃縮初盈末限九十三日乘本限盈縮日差一百六十二分之数

求用局

冬至已後為盈曆

自冬至已後而至春分用盈初限

自春分已後而至夏至用盈末限

視春分至夏至求到距日九十四日者用正局若

步太陽行度六局，係日行定局。
盈初縮末極，一萬六千三百六十八分。
乃盈初縮末限八十八日乘本位限盈縮日差一百八十六分也。
縮初盈末極，一萬五千〇六十六分。
乃縮初盈末限九十三日乘本限盈縮日差一百六十二分之數。
求用局
冬至已後為盈曆。
自冬至已後而至春分用盈初限。
自春分已後而至夏至用盈末限。
視春分至夏至到距日九十四日者用正局，若

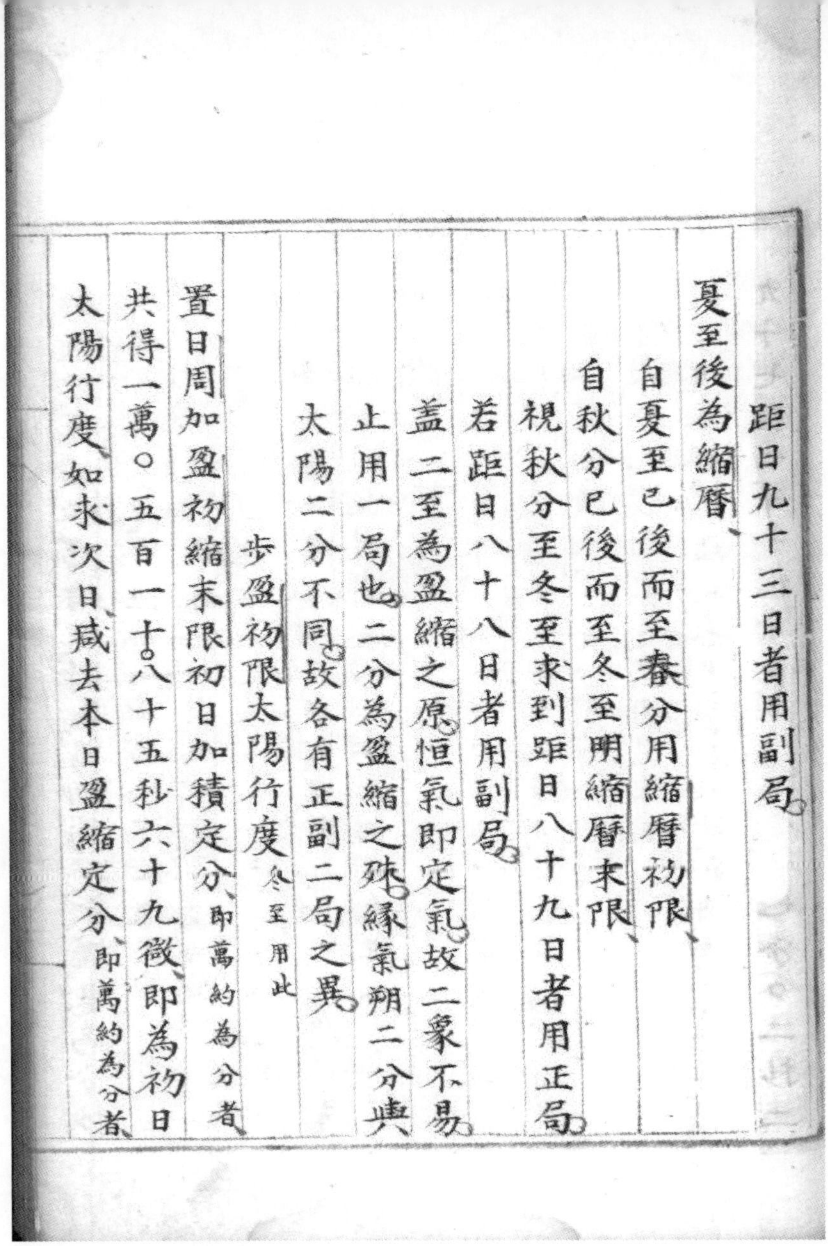

距日九十三日者用副局。

夏至後為縮曆。

自夏至已後而至春分[1]用縮曆初限。

自秋分已後而至冬至明[2]縮曆末限。

視秋分至冬至求到距日八十九日者用正局，若距日八十八日者用副局。

蓋二至為盈縮之原，恒氣即定氣，故二象不易，止用一局也。二分為盈縮之殊，緣氣朔二分與太陽二分不同，故各有正副二局之異。

步盈初限太陽行度，冬至用此。

置日周加盈初縮末限初日，加積定分，即萬約為分者，共得一萬〇五百一十〇八十五秒六十九微，即為初日太陽行度。如求次日，減去本日盈縮定分，即萬約為分者，

1“春分”當作“秋分”。
2“明”當作“用”。

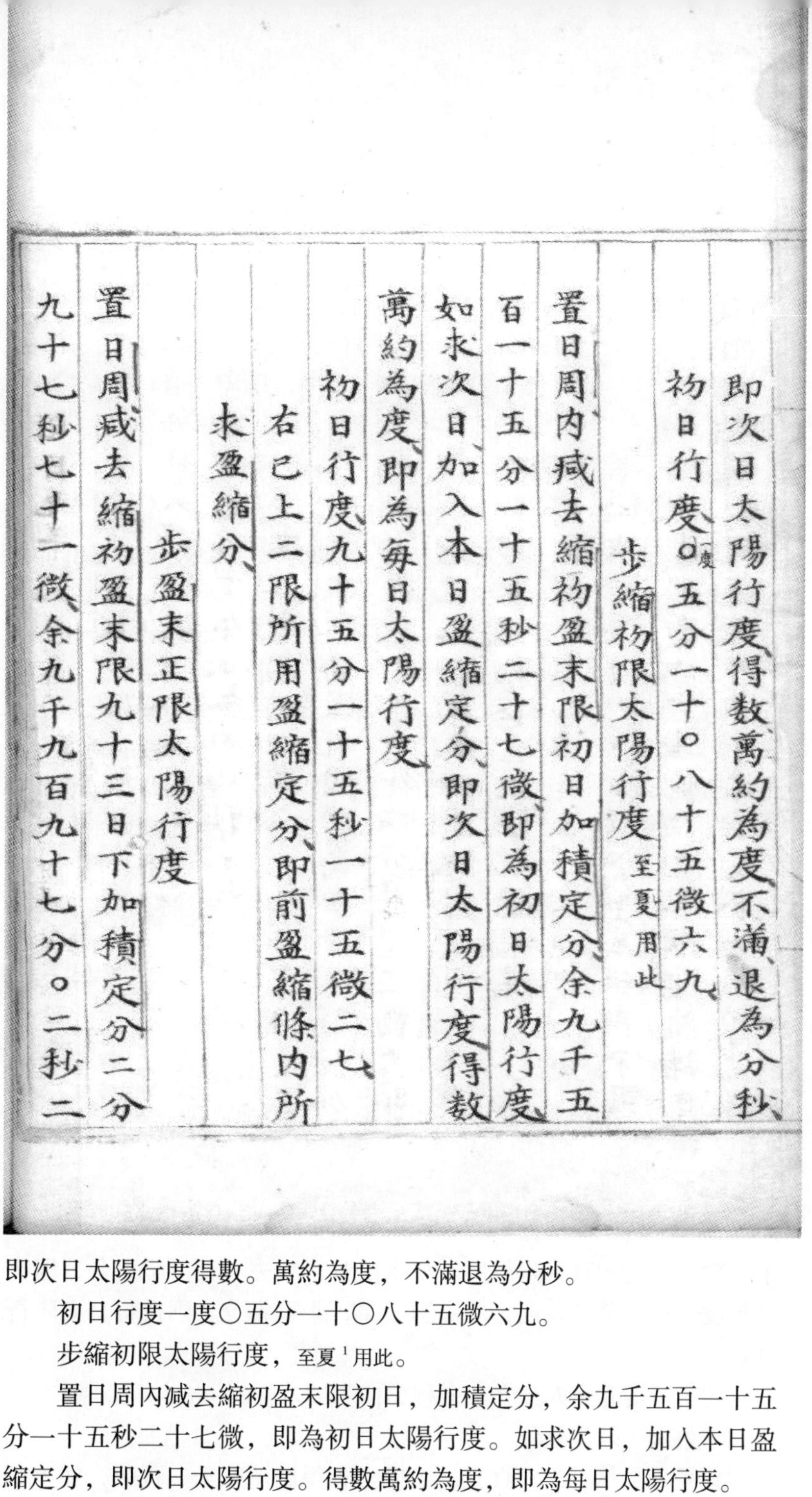

即次日太陽行度得數。萬約為度，不滿退為分秒。

初日行度一度〇五分一十〇八十五微六九。

步縮初限太陽行度，至夏[1]用此。

置日周內減去縮初盈末限初日，加積定分，余九千五百一十五分一十五秒二十七微，即為初日太陽行度。如求次日，加入本日盈縮定分，即次日太陽行度。得數萬約為度，即為每日太陽行度。

初日行度九十五分一十五秒一十五微二七，右已上二限所用盈縮定分，即前盈縮條內所求盈縮分。

步盈末正限太陽行度

置日周減去縮初盈末限九十三日下加積定分二分九十七秒七十一微，余九千九百九十七分〇二秒二

1"至夏"當作"夏至"。

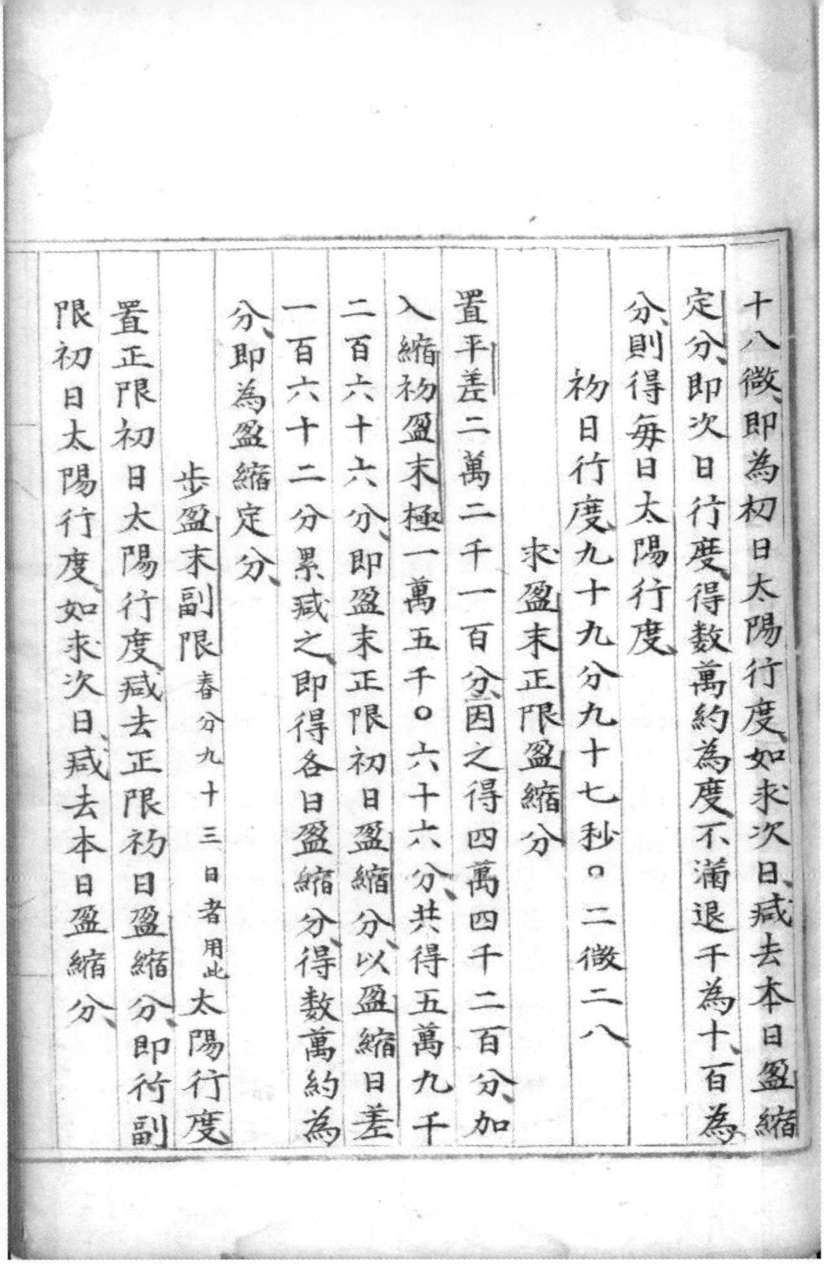
十八微即為初日太陽行度如求次日減去本日盈縮
定分即次日行度得數萬約為度不滿退千為十百為
分則得每日太陽行度
初日行度九十九分九十七秒〇二微二八
求盈末正限盈縮分
置平差二萬二千一百分二因之得四萬四千二百分加
入縮初盈末極一萬五千〇六十六分共得五萬九千
二百六十六分即盈末正限初日盈縮分以盈縮日差
一百六十二分累減之即得各日盈縮分得數萬約為
分即為盈縮定分
步盈末副限春分九十三日者用此太陽行度
置正限初日太陽行度減去正限初日盈縮分即行副
限初日太陽行度如求次日減去本日盈縮分

十八微，即為初日太陽行度。如求次日，減去本日盈縮定分，即次日行度。得數萬約為度，不滿退千為，十百為分，則得每日太陽行度。

初日行度九十九分九十七秒〇二微二八。

求盈末正限盈縮分

置平差二萬二千一百分，二因之，得四萬四千二百分，加入縮初盈末極一萬五千〇六十六分，共得五萬九千二百六十六分，即盈末正限初日盈縮分。以盈縮日差一百六十二分累減之，即得各日盈縮分得數，萬約為分，即為盈縮定分。

步盈末副限，春分九十三日者用此，太陽行度

置正限初日太陽行度減去正限初日盈縮分，即行副限初日太陽行度。如求次日，減去本日盈縮分。

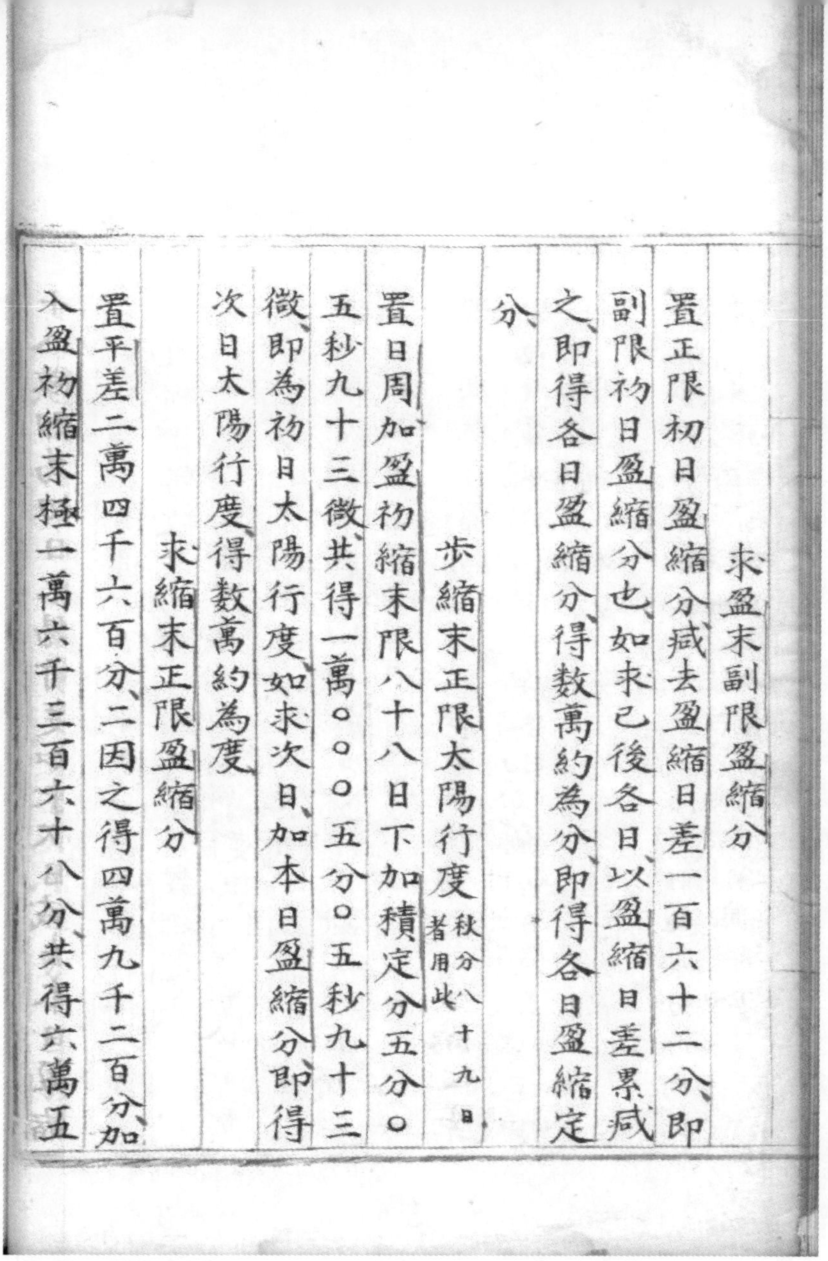
求盈末副限盈縮分
置正限初日盈縮分減去盈縮日差一百六十二分、即副限初日盈縮分也、如求已後各日、以盈縮日差累減之、即得各日盈縮分、得數萬約為分、即得各日盈縮定分、
步縮末正限太陽行度秋分八十九日者用此
置日周加盈初縮末限八十八日下加積定分五分〇五秒九十三微、共得一萬〇〇〇五分〇五秒九十三微、即為初日太陽行度、如求次日、加本日盈縮分、即得次日太陽行度、得數萬約為度、
求縮末正限盈縮分
置平差二萬四千六百分、二因之得四萬九千二百分、加入盈初縮末極一萬六千三百六十八分共得六萬五

求盈末副限盈縮分

置正限初日盈縮分減去盈縮日差一百六十二分，即副限初日盈縮分也。如求已後各日，以盈縮日差累減之，即得各日盈縮分，得數萬約為分，即得各日盈縮定分。

步縮末正限太陽行度，秋分八十九日者用此。

置日周加盈初縮末限八十八日下加積定分五分〇五秒九十三微，共得一萬〇〇〇五分〇五分〇五秒九十三微，即為初日太陽行度。如求次日，加本日盈縮分，即得次日太陽行度，得數萬約為度。

求縮末正限盈縮分

置平差二萬四千六百分，二因之，得四萬九千二百分，加入盈初縮末極一萬六千三百六十八分，共得六萬五

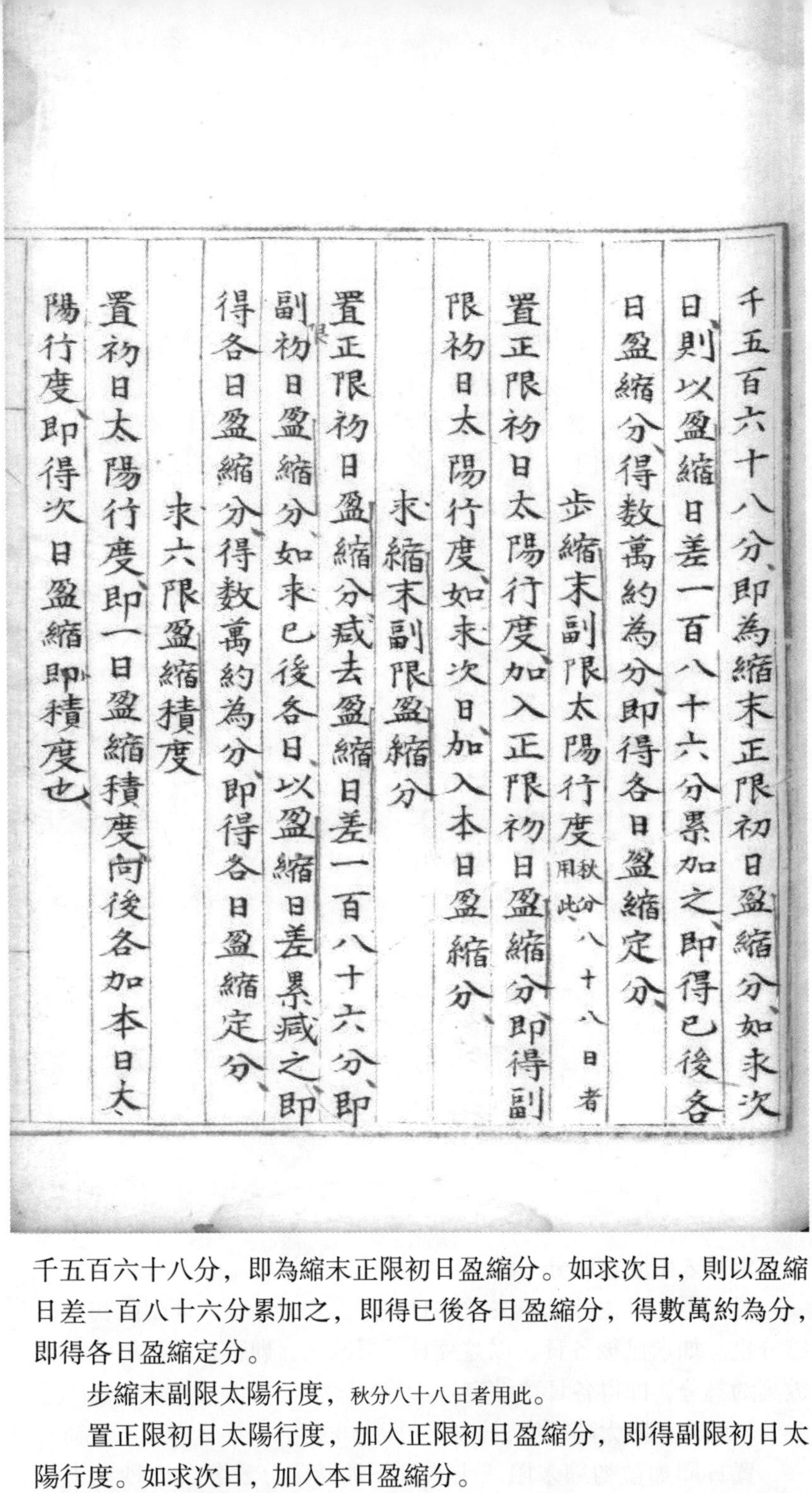

千五百六十八分，即為縮末正限初日盈縮分。如求次日，則以盈縮日差一百八十六分累加之，即得已後各日盈縮分，得數萬約為分，即得各日盈縮定分。

步縮末副限太陽行度，秋分八十八日者用此。

置正限初日太陽行度，加入正限初日盈縮分，即得副限初日太陽行度。如求次日，加入本日盈縮分。

求縮末副限盈縮分

置正限初日盈縮分，減去盈縮日差一百八十六分，即副限初日盈縮分。如求已後各日，以盈縮日差累減之，即得各日盈縮分，得數萬約為分，即得各日盈縮定分。

求六限盈縮積度

置初日太陽行度，即一日盈縮積度，向後各加本日太陽行度，即得次日盈縮，即積度也。

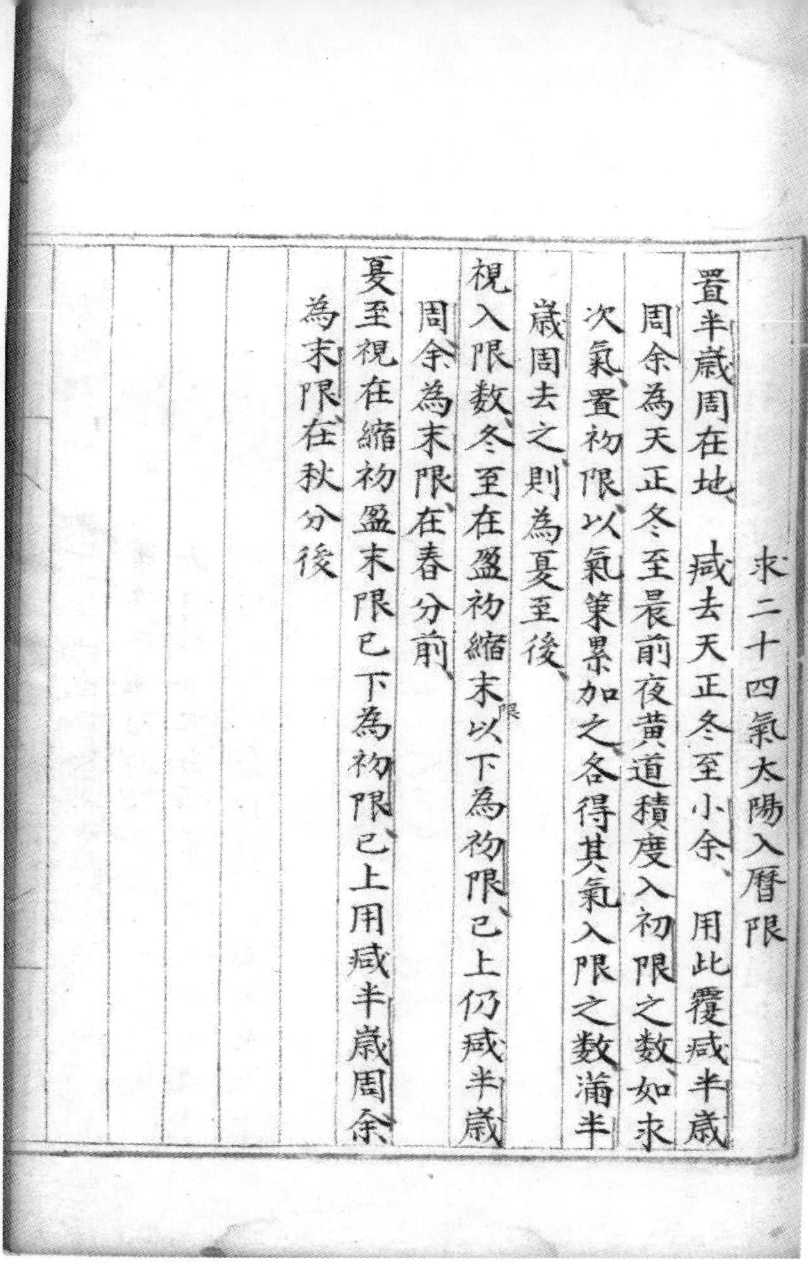
求二十四氣太陽入暦限

置半歳周在地減去天正冬至小余用此覆減半歳周余為天正冬至晨前夜黄道積度入初限之数如求次氣置初限以氣策累加之各得其氣入限之数滿半歳周去之則為夏至後

視入限数冬至在盈初縮末限以下為初限已上仍減半歳周余為末限在春分前

夏至視在縮初盈末限已下為初限已上用減半歳周余為末限在秋分後

求二十四氣太陽入曆限

置半歲周在地，減去天正冬至小余，用此覆減半歲周，余為天正冬至晨前夜黃道積度入初限之數，如求次氣，置初限以氣策累加之，各得其氣入限之數，滿半歲周去之，則為夏至後。

視入限數，冬至在盈初縮末限以下為初限，已上仍減半歲周，余為末限，在春分前。

夏至視在縮初盈末限已下為初限，已上用減半歲周，余為末限，在春分後。

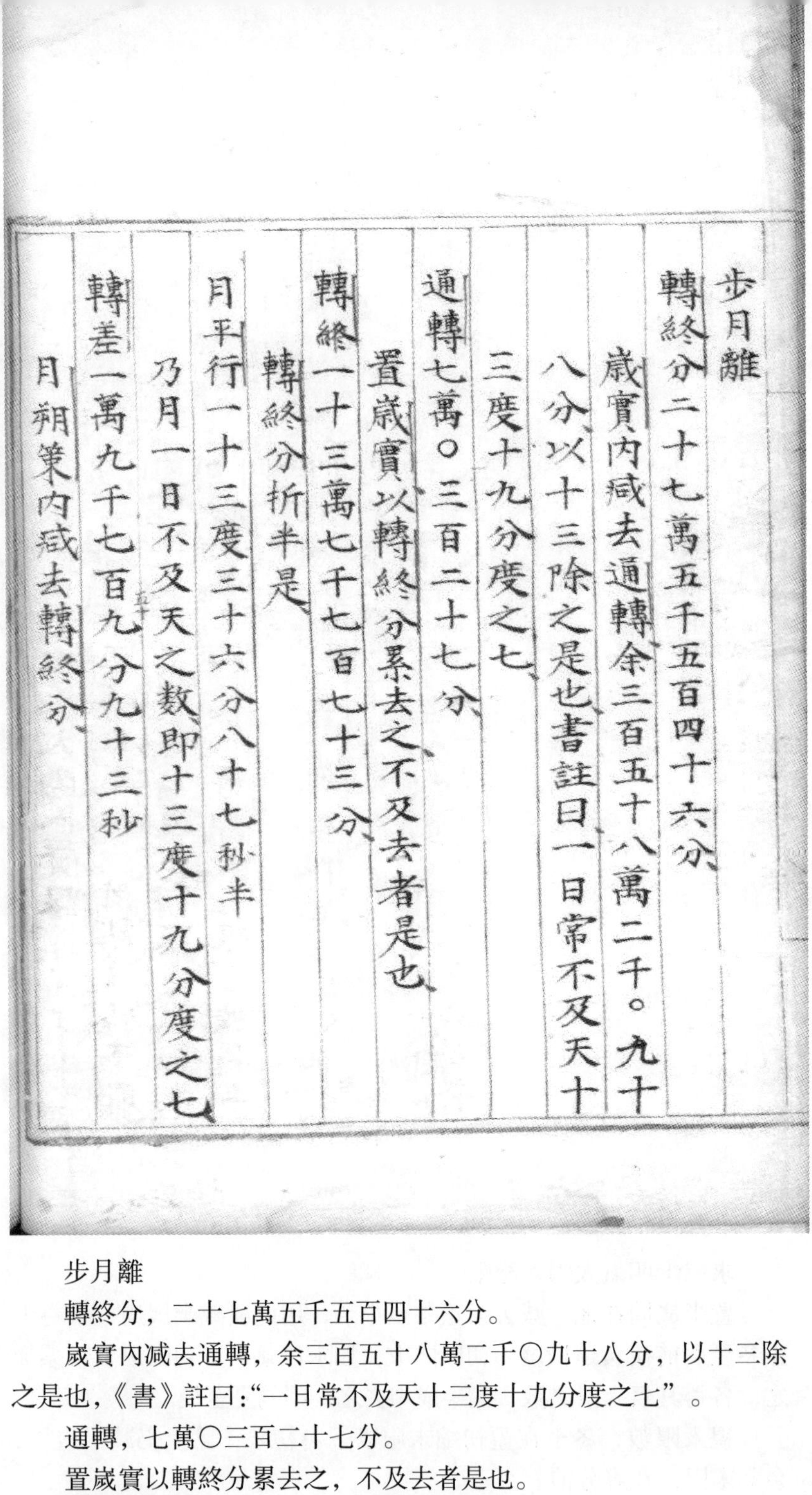
步月離
轉終分二十七萬五千五百四十六分
歲實内减去通轉余三百五十八萬二千〇九十
八分以十三除之是也書註曰一日常不及天十
三度十九分度之七
通轉七萬〇三百二十七分
置歲實以轉終分累去之不及去者是也
轉終一十三萬七千七百七十三分
轉終分折半是
月平行一十三度三十六分八十七秒半
乃月一日不及天之數即十三度十九分度之七
轉差一萬九千七百五十九分九十三秒
月朔策内减去轉終分

步月離

轉終分，二十七萬五千五百四十六分。

歲實内减去通轉，余三百五十八萬二千〇九十八分，以十三除之是也，《書》註曰：“一日常不及天十三度十九分度之七”。

通轉，七萬〇三百二十七分。

置歲實以轉終分累去之，不及去者是也。

轉終[1]，一十三萬七千七百七十三分。

轉終分折半是[2]。

月平行，一十三度三十六分八十七秒半。

乃月一日不及天之數，即十三度十九分度之七。

轉差，一萬九千七百五十九分九十三秒。

月朔策内减去轉終分。

1“終”當作“中”。

2“是”後疑脫“也”字。

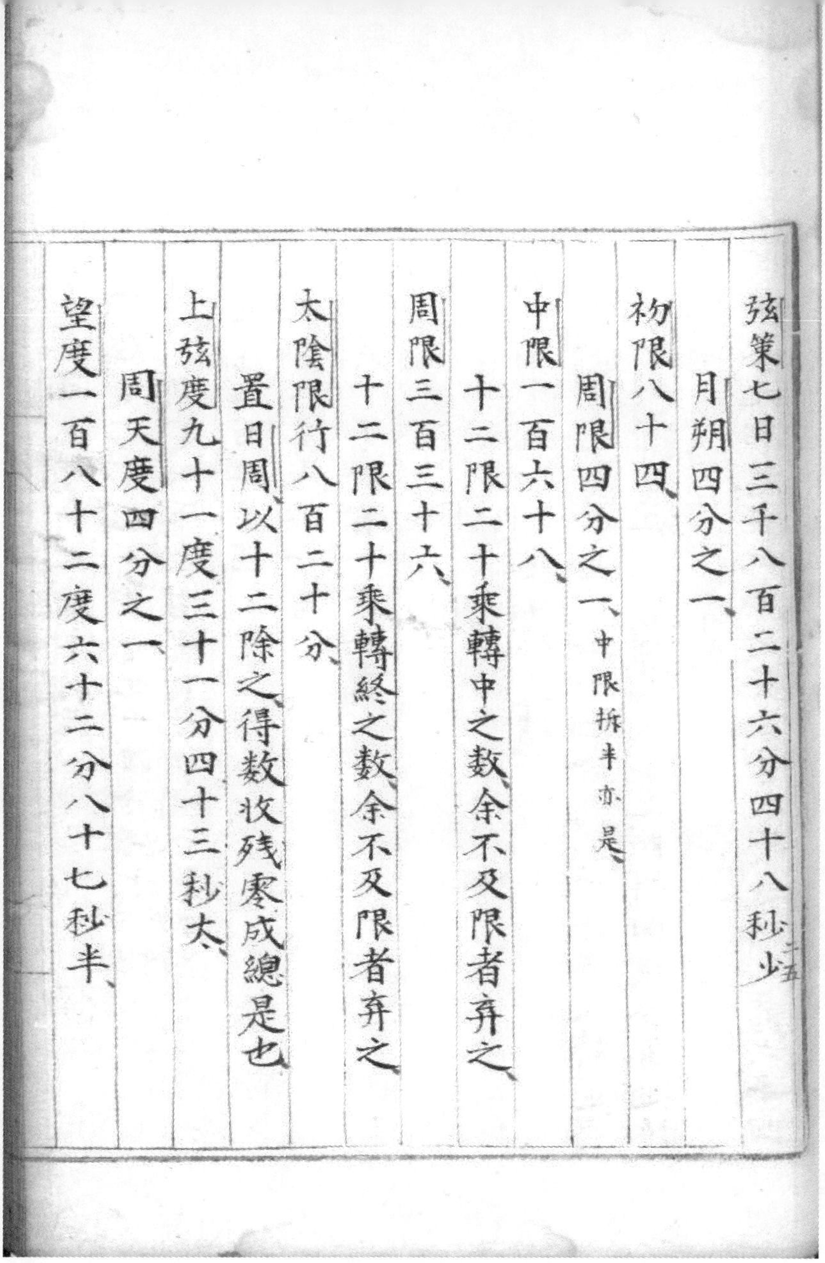

弦策，七日三千八百二十六分四十八秒少。
月朔，四分之一。
初限，八十四。
周限，四分之一，中限拆[1]半亦是。
中限，一百六十八。
十二限，二十乘轉中之數，余不及限者，弃之。
周限，三百三十六。
十二限，二十乘轉終之數，余不及限者，弃之。
太陰限行，八百二十分。
置日周以十二除之，得數收残零成總是也。
上弦度，九十一度三十一分十三秒太。
周天度，四分之一。
望度，一百八十二度六十二分八十七秒半。

1"拆"當作"折"。

周天度折半，即半周天。

下弦度，二百七十三度九十四分三十一秒半。

望度加入上弦度是也，即周天都四分之三。

立差，三百二十五。

平差，二萬八千一百。

定差，一千一百一十一萬。

求日轉通積

置通轉七萬〇三百二十七分就為甲子年入轉通積，仍以通轉累加之，滿轉終分去之，即得向後各年通積。

求轉應

置本元轉應在地，加之癸亥年入轉通積八萬六千四

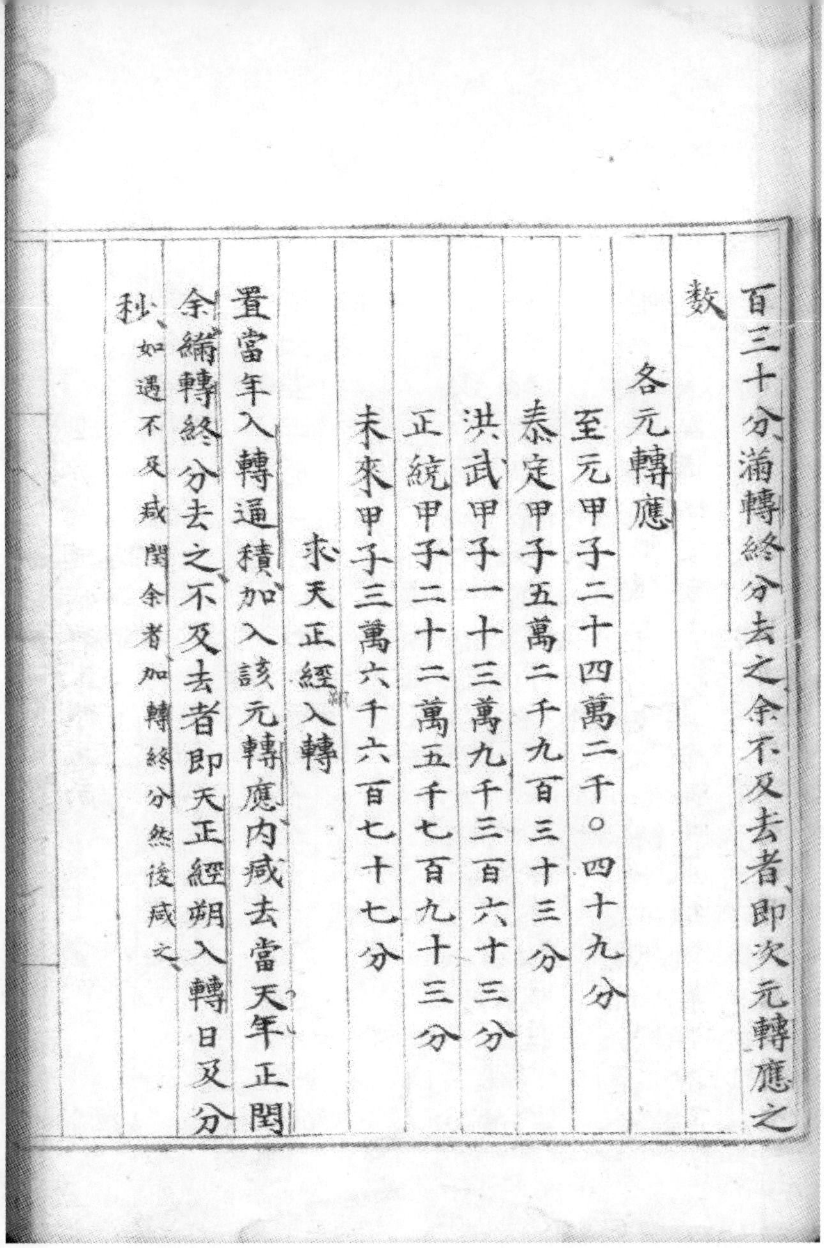

百三十分，滿轉終分去之，余不及去者，即次元轉應之數。

各元轉應[1]

至元甲子，二十四萬二千〇四十九分。

泰定甲子，五萬二千九百三十三分。

洪武甲子，一十三萬九千三百六十三分。

正統甲子，二十二萬五千七百九十三分。

未來甲子，三萬六千六百七十七分。

求天正經朔入轉

置當年入轉通積，加入該元轉應内減去當天年正閏余，滿轉終分去之，不及去者，即天正經朔入轉日及分秒，如遇不及減去閏余者，加轉終分然後減之。

1 轉應為冬至離月亮過近地點的時間。

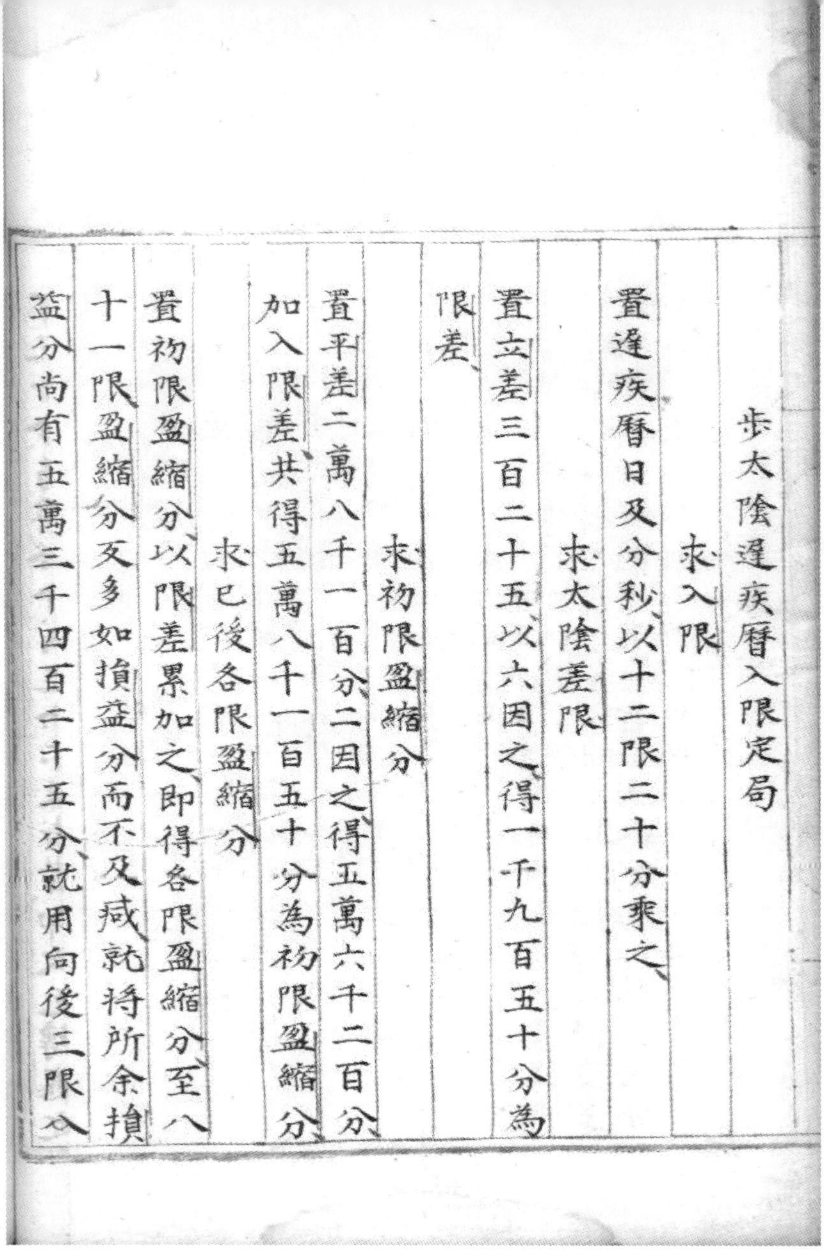
步太陰遲疾曆入限定局
求入限
置遲疾曆日及分秒以十二限二十分乘之
求太陰差限
置立差三百二十五以六因之得一千九百五十分為
限差
求初限盈縮分
置平差二萬八千一百分二因之得五萬六千二百分
加入限差共得五萬八千一百五十分為初限盈縮分
求已後各限盈縮分
置初限盈縮分以限差累加之即得各限盈縮分至八
十一限盈縮分反多如損益分而不及減就將所余損
益分尚有五萬三千四百二十五分就用向後三限八

步太陰遲疾曆入限定局

求入限

置遲疾曆日及分秒，以十二限二十分乘之。[1]

求太陰差限

置立差三百二十五，以六因之，得一千九百五十分為限差。

求初限盈縮分

置平差二萬八千一百分，二因之，得五萬六千二百分，加入限差共得五萬八千一百五十分為初限盈縮分。

求已後各限盈縮分

置初限盈縮分以限差累加之，即得各限盈縮分至八十一限盈縮分，反多如損益分而不及減，就將所余損益分尚有五萬三千四百二十五分，就用向後三限八

1 根據遲疾曆日求入何限。

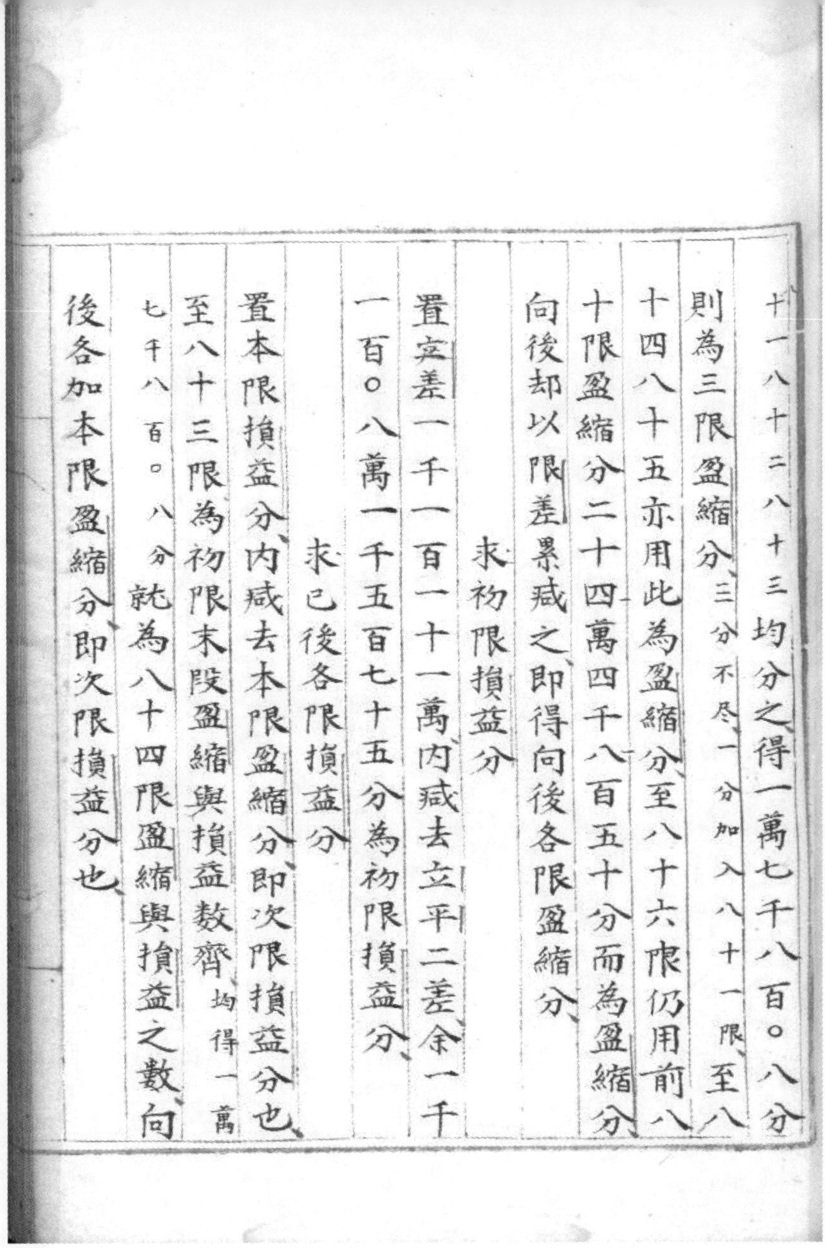

十一八十二八十三，均分之得一萬七千八百〇八分，則為三限盈縮分，三分不尽，一分加入八十一限，至八十四、八十五，亦用此為盈縮分，至八十六限，仍用前八十限盈縮分二十四萬四千八百五十分，而為盈縮分。向後却以限差累減之，即得向後各限盈縮分。

求初限損益分

置立差[1]一千一百一十一萬，內減去立平二差，余千一百〇八萬一千五百七十五分，為初限損益分。

求已後各限損益分

置本限損益分，內減去本限盈縮分，即次限損益分也。至八十三限位初限末段盈縮與損益數齊，均得一萬七千八百〇八分，就為八十四限盈縮與損益之數，向後各加本限盈縮分，即次限損益分也。

1“立差”當作“定差”。

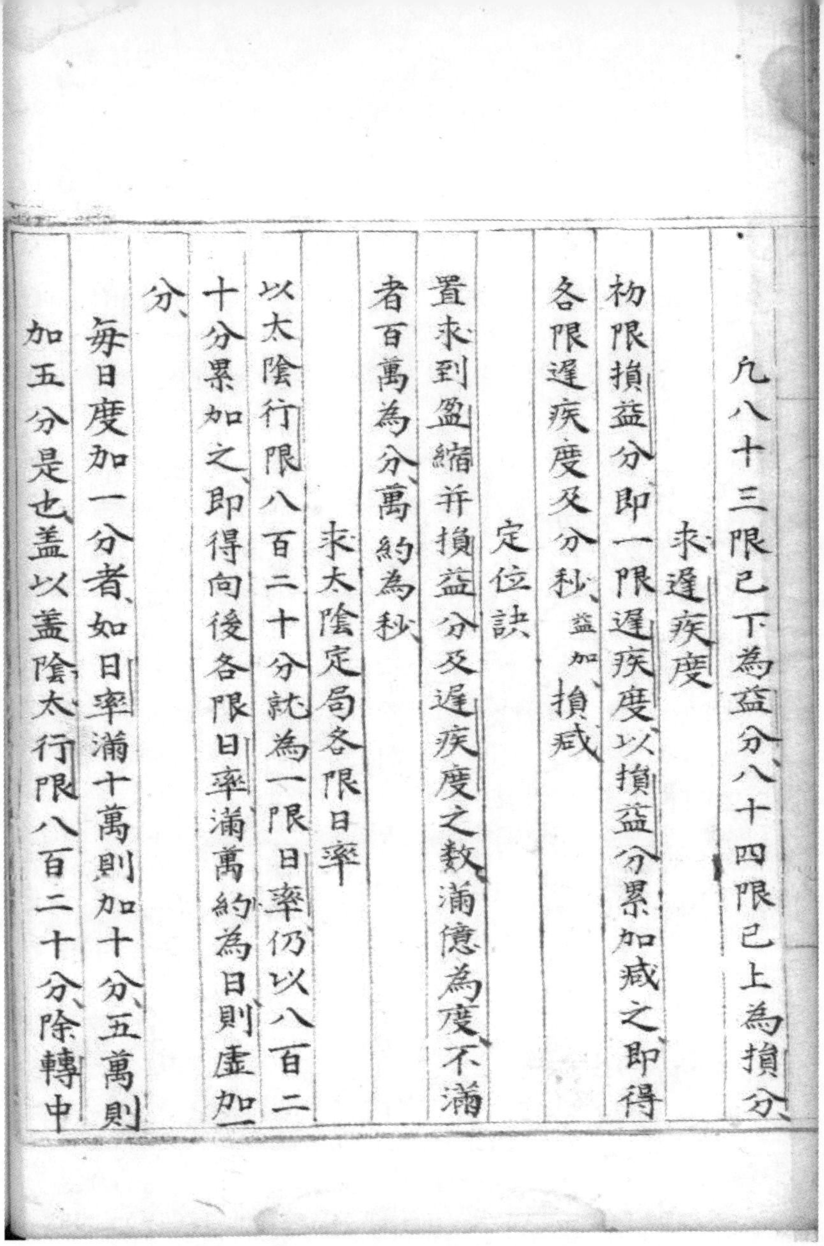
凡八十三限已下為益分八十四限已上為損分
求遲疾度
初限損益分即一限遲疾度以損益分累加減之即得各限遲疾度及分秒益加損減
定位訣
置求到盈縮并損益分及遲疾度之數滿億為度不滿者百萬為分萬約為秒
求太陰定局各限日率
以太陰行限八百二十分就為一限日率仍以八百二十分累加之即得向後各限日率滿萬約為日則虛加一分
每日度加一分者如日率滿十萬則加十分五萬則加五分是也盖以盖陰太行限八百二十分除轉中

凡八十三限已下為益分，八十四限已上為損分。

求遲疾度

初限損益分，即一限遲疾度以損益分累加減之，即得各限遲疾度及分秒，益加損減。

定位訣

置求到盈縮并損益分，及遲疾度之數。滿億為度，不滿者百萬為分，萬約為秒。

求太陰定局各限日率

以太陰行限八百二十分就為一限日率，仍以八百二十分累加之，即得向後各限日率，滿萬約為日，則虛加一分。

每日度加一分者，如日率滿十萬，則加十分，五萬則加五分，是也。盖以盖[1]陰太[2]行限八百二十分除轉中

1“盖”當為衍文。

2“陰太”當作“太陰”。

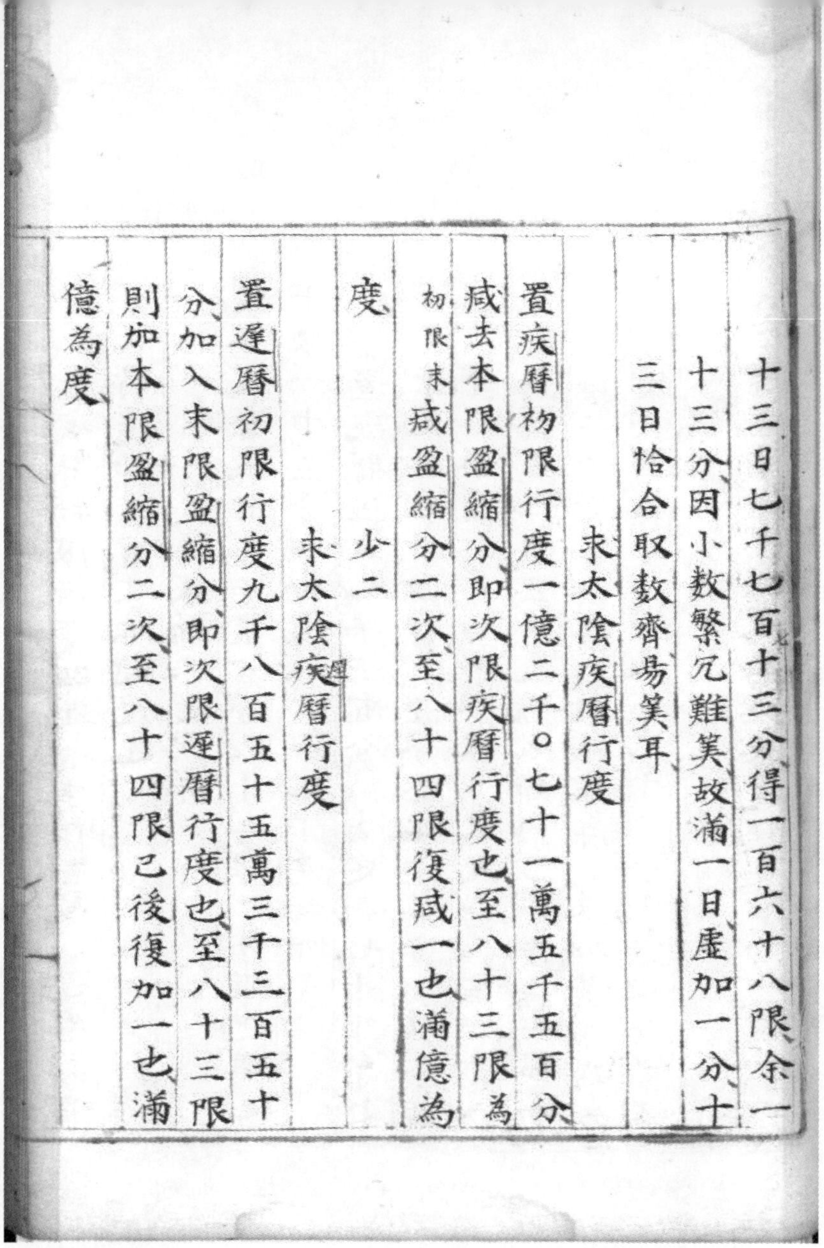
十三日七千七百十三分得一百六十八限余一
十三分因小数繁冗難筭故滿一日虛加一分十
三日恰合取数齊易筭耳
求太陰疾曆行度
置疾曆初限行度一億二千〇七十一萬五千五百分
減去本限盈縮分即次限疾曆行度也至八十三限為
初限末減盈縮分二次至八十四限復減一也滿億為
度　少二
求太陰疾曆行度
置遲曆初限行度九千八百五十五萬三千三百五十
分加入末限盈縮分即次限遲曆行度也至八十三限
則加本限盈縮分二次至八十四限已後復加一也滿
億為度

十三日七千七百七十三分，得一百六十八限，余一十三分，因小數繁冗難算，故滿一日虛加一分，十三日恰合取數齊，易算耳。

求太陰疾曆行度

置疾曆初限行度一億二千〇七十一萬五千五百分，減去本限盈縮分，即次限疾曆行度也。置八十三限為初限末減盈縮分二次至八十四限復減一也，滿億為度。

少二[1]

求太陰疾[2]曆行度

置遲曆初限行度九千八百五十五萬三千三百五十分，加入末限盈縮分，即次限遲曆行度也，至八十三限則加本限盈縮分二次，至八十四限已後，復加一也，滿億為度。

1“少二”為衍文。
2“疾”當作“遲”。

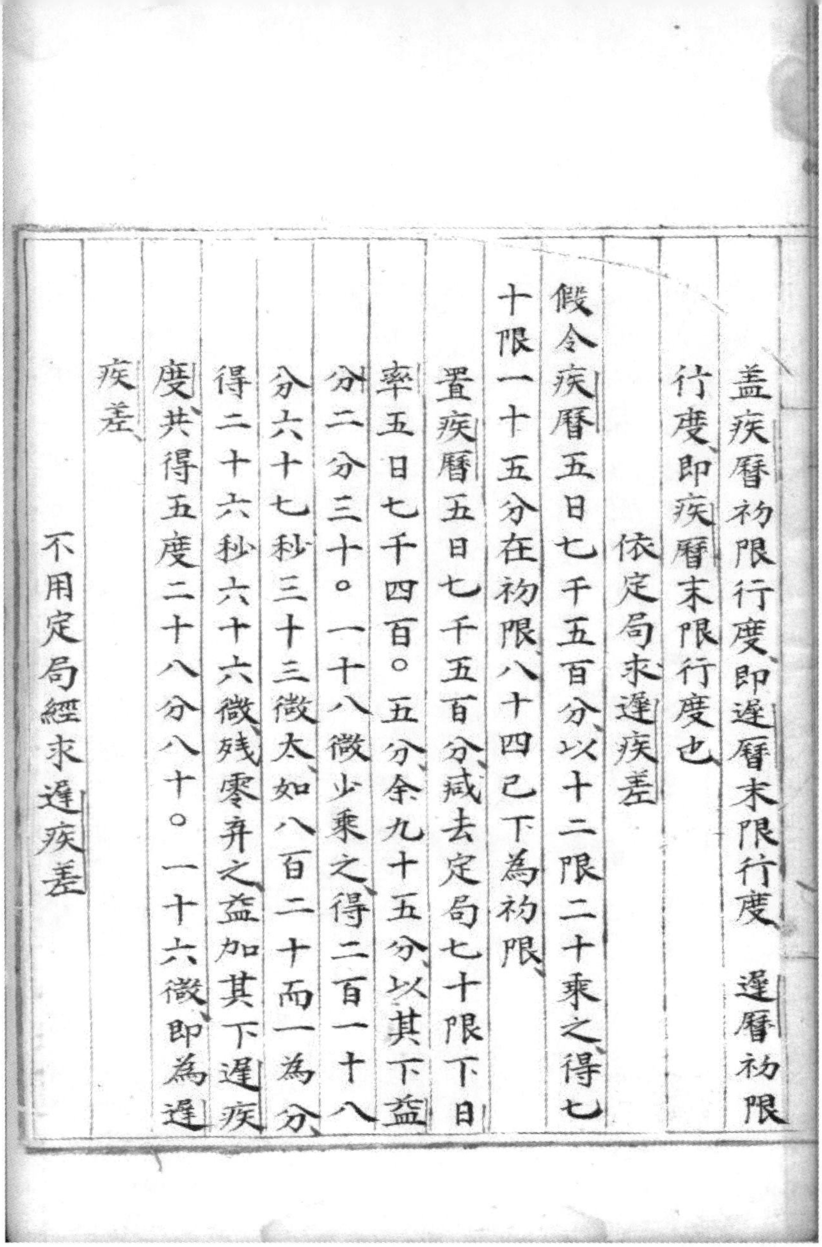

盖疾曆初限行度即遅曆末限行度 遅曆初限行度即疾曆末限行度也

依定局求遅疾差

假令疾曆五日七千五百分以十二限二十乘之得七十限一十五分在初限八十四已下為初限

置疾曆五日七千五百分減去定局七十限下日率五日七千四百〇五分余九十五分以其下益分二分三十〇一十八微少乘之得二百一十八分六十七秒三十三微太如八百二十而一為分得二十六秒六十六微残零弃之益加其下遅疾度共得五度二十八分八十〇一十六微即為遅疾差

不用定局徑求遅疾差

盖疾曆初限行度，即遲曆末限行度遲曆初限行度，即疾曆末限行度也。

依定局求遲疾差

假令疾曆五日七千五百分以十二限二十乘之，得七十限一十五分，在初限八十四已下，為初限。

置疾曆五日七千五百分減去定局七十限下日率五日七千四百〇五分，余九十五分，以其下益分二分三十〇一十八微少乘之，得二百一十八分六十七秒六十六微，殘零弃之，益加其下遲疾度，共得五秒二十八分八十〇一十六微，即為遲疾差。

不用定局徑求遲疾差[1]

1 根據平立定三差法求遲疾差。

置立差三百二十五分以初限七十〇一十五分
乘之得二萬二千七百九十八分七十五秒加入
平差二萬八千一百分共得五萬〇八百九十八
分七十五秒又以初限乘之得三百五十七萬〇
五百四十七分三十一秒二十五微用此以減定
差一萬一千一百一十一萬余七百五十三萬九
千四百五十二分六十八秒七十五微再以初限
乘之得五億二千八百八十九萬二千六百〇六
分〇二秒八十一微少滿億為度得五度二十八
分八十九秒二十六微〇六〇二八一二亦為遲
疾差
又以二法叅較不用定局者多九秒有奇盖此正
法前為捷法盖太陰行分有收残零之數故小

置立差三百二十五分，以初限七十〇一十五分乘之，得二萬二千七百九十八分七十五秒，加入平差二萬八千一百分，共得五萬〇八百九十八分七十五秒，又以初限乘之，得三百五十七萬〇五百四十七分三十一秒二十五微，用此以減定差一萬一千一百一十一萬，余七百五十三萬九千四百五十二分六十八秒七十五微，再以初限乘之，得五億二千八百八十九萬二千六百〇六分〇二秒八十一微，少滿億為度，得五度二十八分八十九秒二十六微〇六〇二八一二，亦為遲疾差。

又以二法叅較，不用定局者多九秒有奇。盖此正法，前為捷法，盖太陰行分有收残零之數，故小

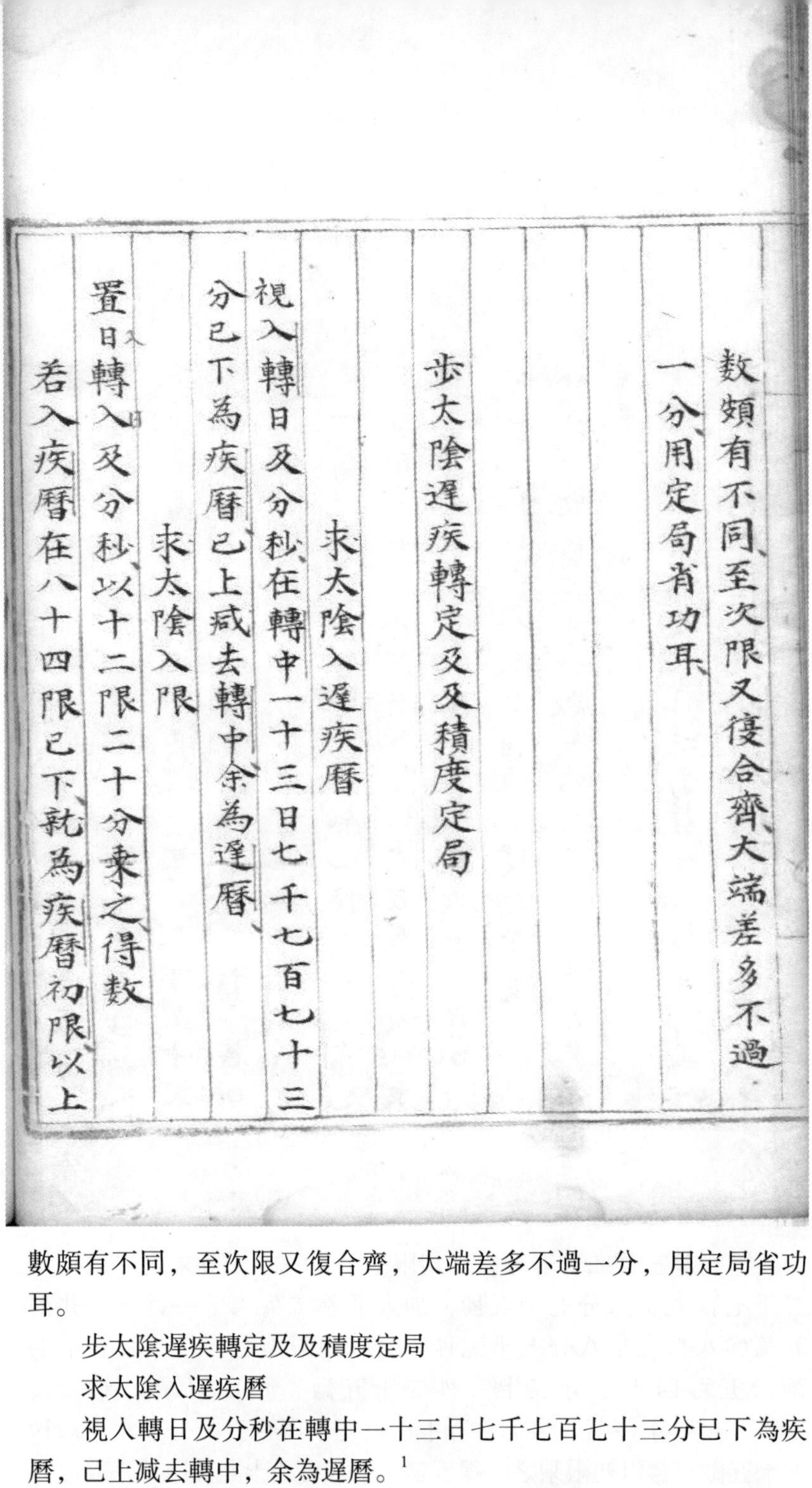
数頻有不同、至次限又復合齊、大端差多不過
一分、用定局省功耳、
步太陰遲疾轉定及及積度定局
求太陰入遲疾曆
視入轉日及分秒、在轉中一十三日七千七百七十三
分已下為疾曆、已上減去轉中余為遲曆、
求太陰入限
置日轉入及分秒、以十二限二十分乘之、得數
若入疾曆在八十四限已下、就為疾曆初限以上

數頗有不同，至次限又復合齊，大端差多不過一分，用定局省功耳。

步太陰遲疾轉定及及積度定局

求太陰入遲疾曆

視入轉日及分秒在轉中一十三日七千七百七十三分已下為疾曆，已上減去轉中，余為遲曆。[1]

求太陰入限

置日轉入及分秒，以十二限二十分乘之得數。

若入疾曆在八十四限已下，就為疾曆初限，以上

1 判斷為疾曆還是遲曆。

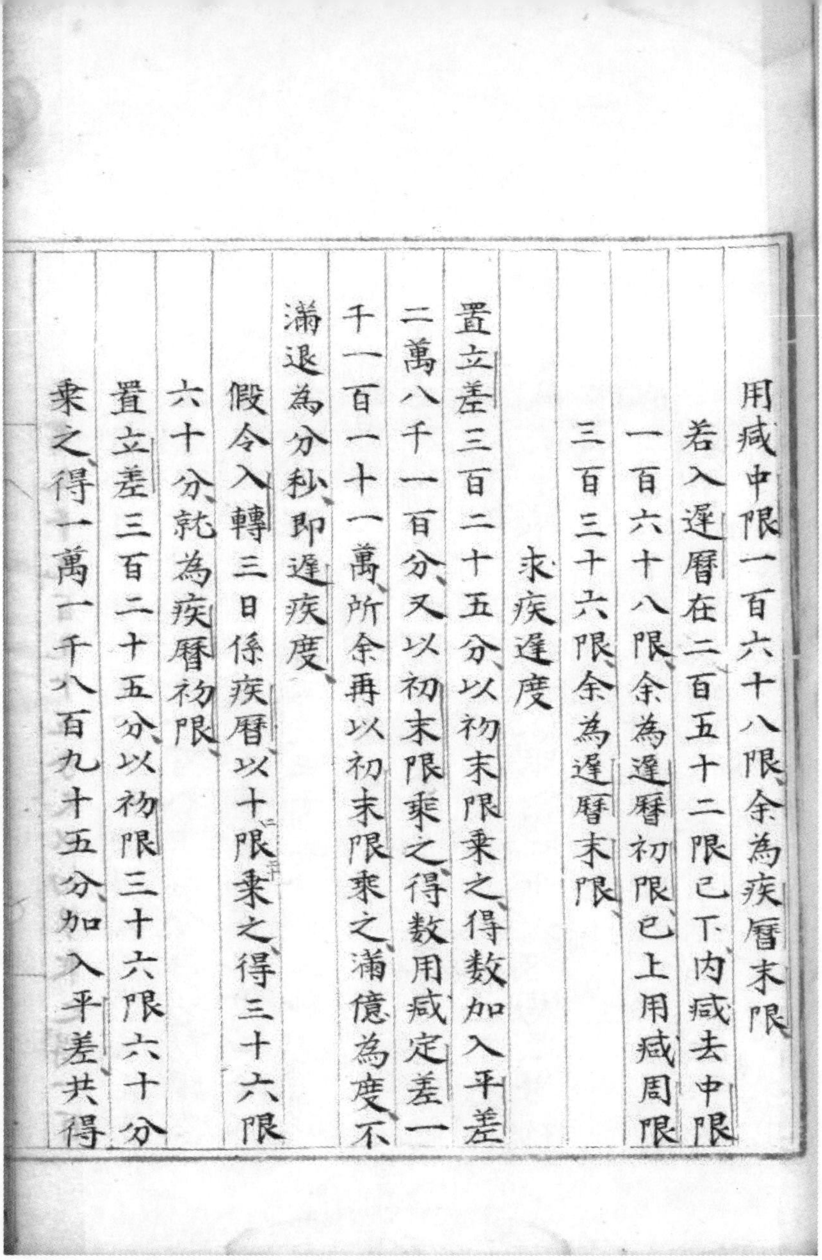
用减中限一百六十八限余為疾曆末限
若入遲曆在二百五十二限已下内减去中限
一百六十八限余為遲曆初限已上用减周限
三百三十六限余為遲曆末限
求疾遲度
置立差三百二十五分以初末限乘之得數加入平差
二萬八千一百分又以初末限乘之得數用减定差一
千一百一十一萬所余再以初末限乘之滿億為度不
滿退為分秒即遲疾度
假令入轉三日係疾曆以十限乘之得三十六限
六十分就為疾曆初限
置立差三百二十五分以初限三十六限六十分
乘之得一萬一千八百九十五分加入平差共得

用減中限一百六十八限，余為疾曆末限。

若入遲曆在二百五十二限已下，内減去中限一百六十八限，余為遲曆初限，已上用減周限三百三十六限，余為遲曆末限。

求疾遲度

置立差三百二十五分，以初末限乘之，得數加入平差二萬八千一百分，又以初末限乘之，得數用減定差一千一百一十一萬，所余再以初末限乘之，滿億為度，不滿退為分秒，即遲疾度。

假令入轉三日，係疾曆以十限乘之，得三十六限六十分，就為疾曆初限。

置立差三百二十五分，以初限三十六限六十分乘之，得一萬一千八百九十五分，加入平差共得

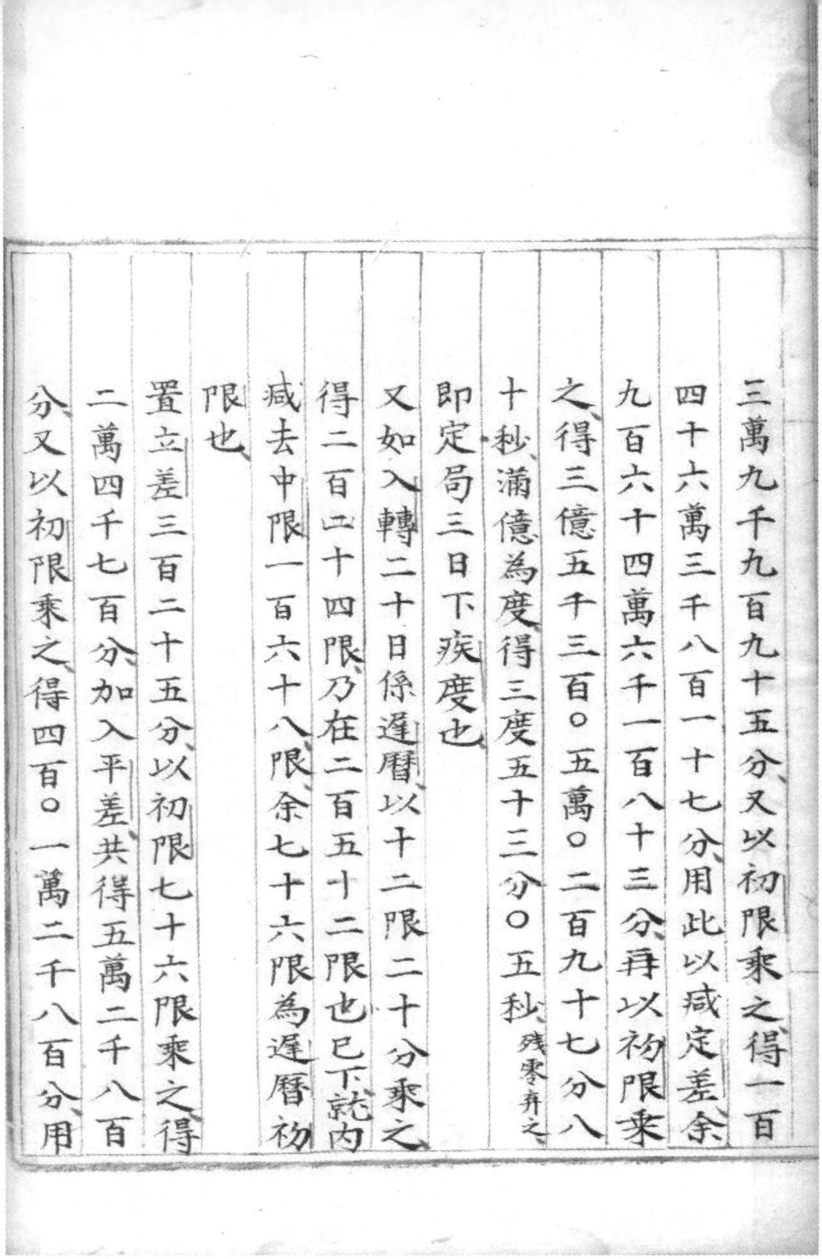

三萬九千九百九十五分，又以初限乘之，得一百四十六萬三千八百一十七分，用此以減定差，余九百六十四萬六千一百八十三分。以初限乘之，得三億五千三百〇五萬二百九十七分八十秒，滿億為度，得三度五十三分〇五秒，殘零弃之，即定局三日下疾度也。

又如入轉二十日，係遲曆以十二限二十分乘之，得二百二十四限，乃在二百五十二限也，已下就內減去中限一百六十八限，余七十六限為遲曆初限也。

置立差三百二十五分，以初限七十六限乘之，得二萬四千七百分，加入平差共得五萬二千八百分，又以初限乘之得四百〇一萬二千八百分，用

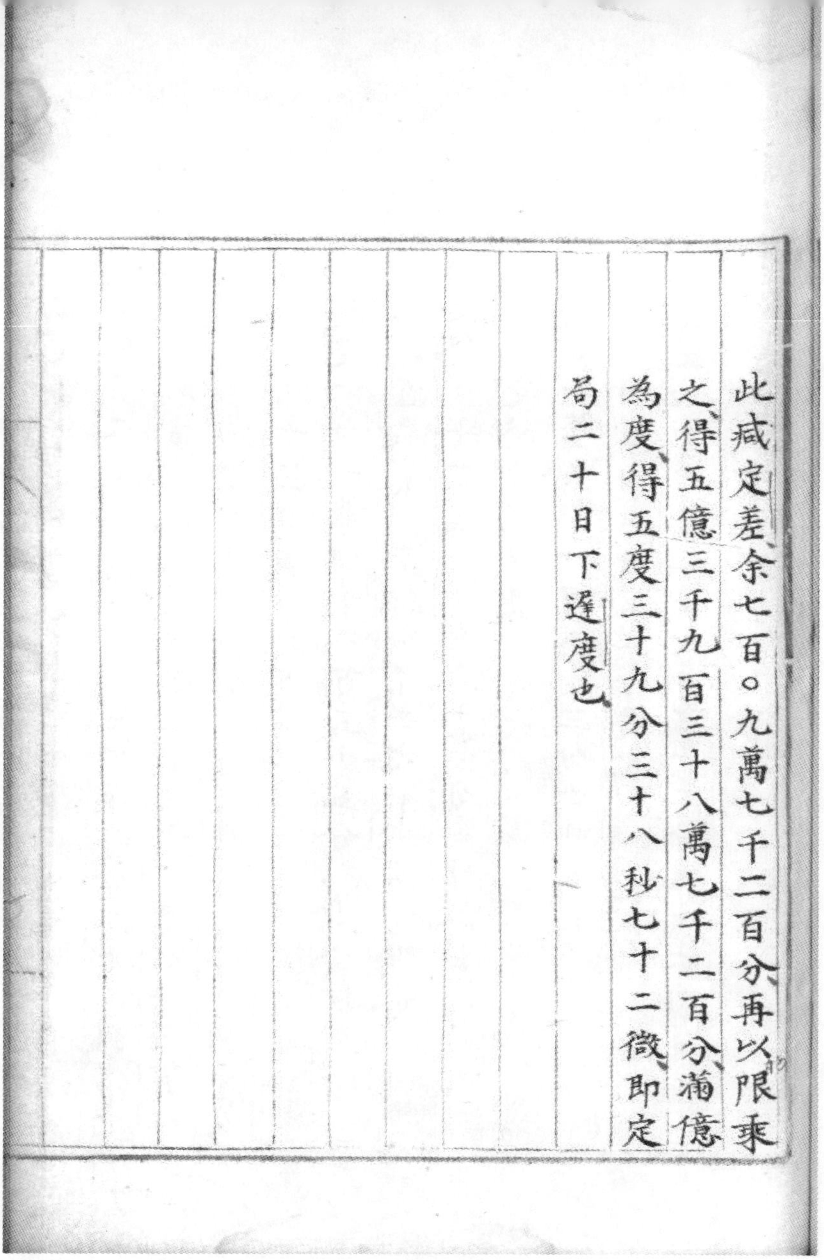
此減定差余七百〇九萬七千二百分再以限乘之得五億三千九百三十八萬七千二百分滿億為度得五度三十九分三十八秒七十二微即定局二十日下遲度也

此減定差余七百〇九萬七千二百分，再以初限乘之，得五億三千九百三十八萬七千二百分，滿億為度，得五度三十九分三十八秒七十二微，即定局二十日下遲度也。

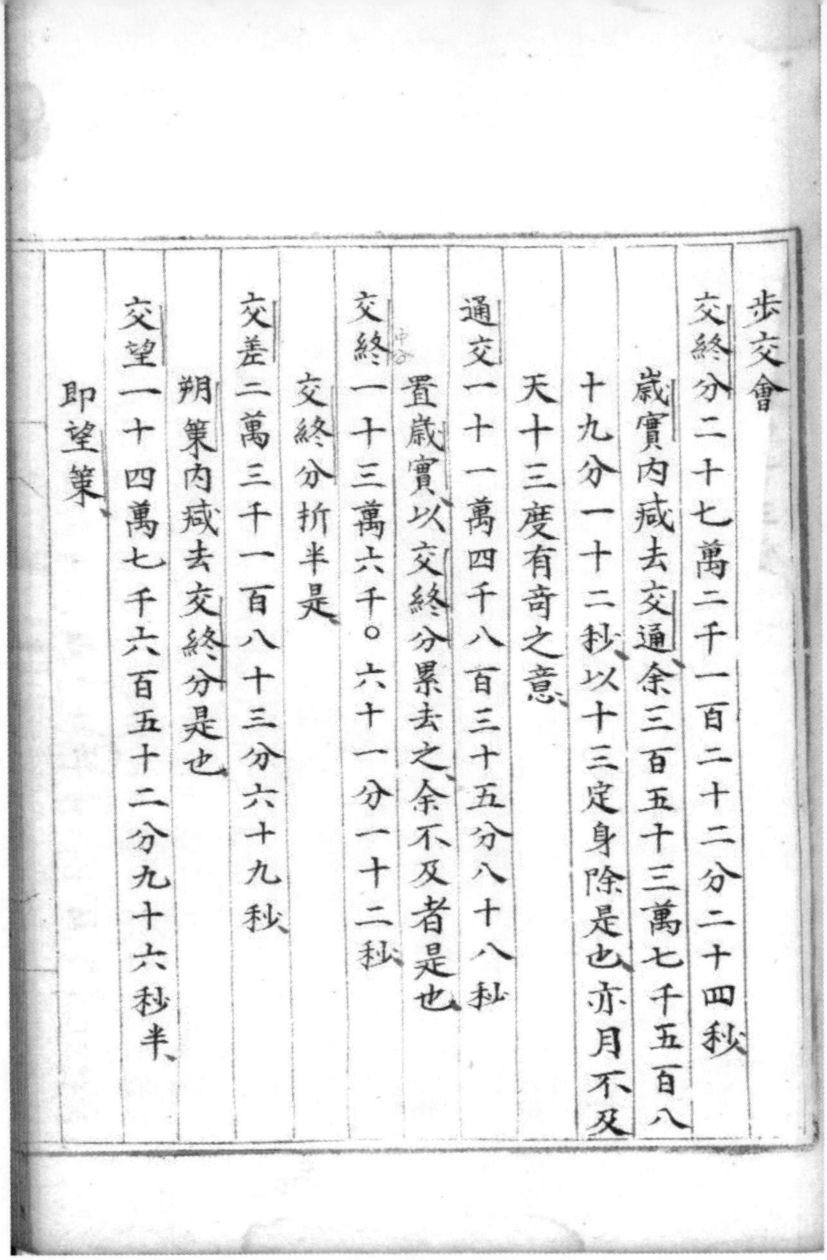
步交會
交終分二十七萬二千一百二十二分二十四秒
歲實內減去交通余三百五十三萬七千五百八十九分一十二秒以十三定身除是也亦月不及天十三度有奇之意
通交一十一萬四千八百三十五分八十八秒
置歲實以交終分累去之余不及者是也
交終一十三萬六千〇六十一分一十二秒
交終分折半是
交差二萬三千一百八十三分六十九秒
朔策內減去交終分是也
交望一十四萬七千六百五十二分九十六秒半
即望策

步交會

交終分，二十七萬二千一百二十二分二十四秒。

歲實内減去交通[1]，余三百五十三萬七千五百八十九分一十二秒，以十三定身除是也。亦月不及天十三度有奇之意。

通交，一十一萬四千八百三十五分八十八秒。

置歲實以交終分累去之，余不及者是也。

交終[2]，一十三萬六千〇六十一分一十二秒。

交終分折半是[3]。

交差，二萬三千一百八十三分六十九秒。

朔策内減去交終分是也。

交望，一十四萬七千六百五十二分九十六秒半。

即望策。

1“交通”當作“通交”。
2“交終”當作“交中”。
3“是”後疑脱“也”字。

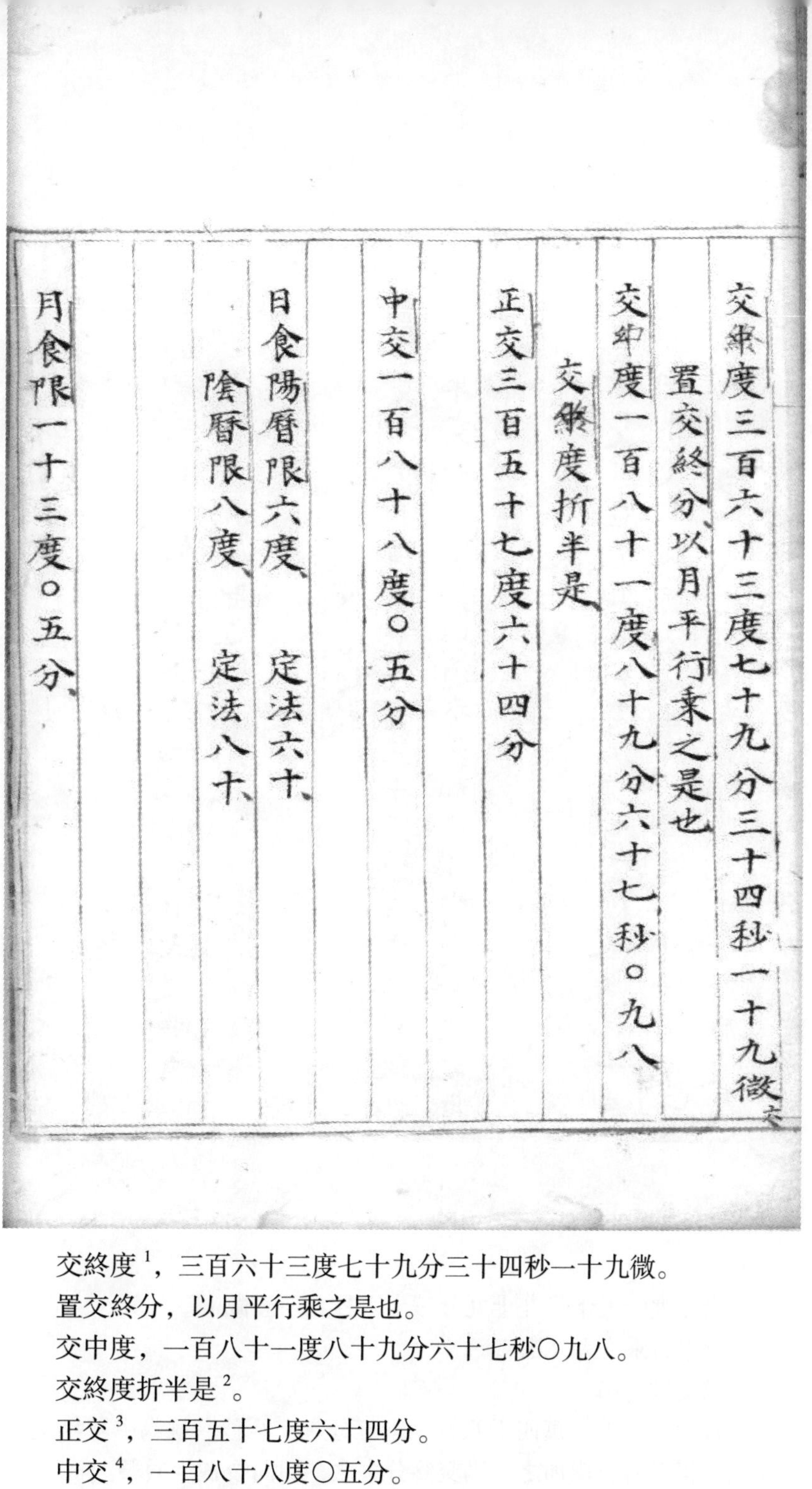
交終度三百六十三度七十九分三十四秒一十九微
置交終分以月平行乘之是也
交中度一百八十一度八十九分六十七秒○九八
交終度折半是
正交三百五十七度六十四分
中交一百八十八度○五分
日食陽曆限六度　定法六十
陰曆限八度　定法八十
月食限一十三度○五分

交終度[1]，三百六十三度七十九分三十四秒一十九微。
置交終分，以月平行乘之是也。
交中度，一百八十一度八十九分六十七秒〇九八。
交終度折半是[2]。
正交[3]，三百五十七度六十四分。
中交[4]，一百八十八度〇五分。
日食陽曆限六度，定法六十。
陰曆限八度，定法八十。
月食限，一十三度〇五分。

1 月亮在一交點月中沿白道所運動的距离，為 363.793419 度。
2“是”後疑脫“也”字。
3 正交度為交終度減去 6.15 度，為 357.643419 度，取值 357.64 度。
4 中交度為交中度加 6.15 度，為 188.0467 度，取值 188.05 度

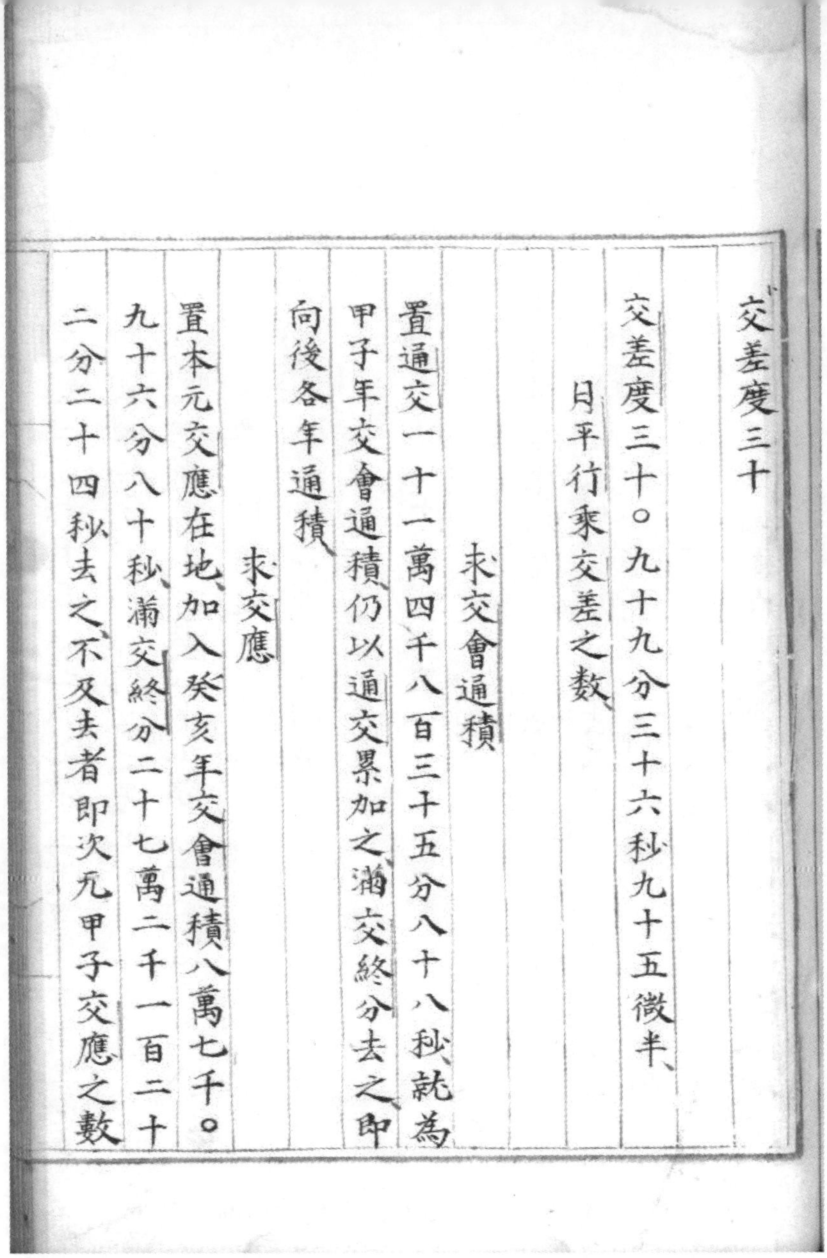

交差度三十
交差度三十〇九十九分三十六秒九十五微半、
月平行乘交差之數
求交會通積
置通交一十一萬四千八百三十五分八十八秒、就為
甲子年交會通積、仍以通交累加之、滿交終分去之、即
向後各年通積
求交應
置本元交應在地、加入癸亥年交會通積八萬七千〇
九十六分八十秒、滿交終分二十七萬二千一百二十
二分二十四秒去之、不及去者即次元甲子交應之數

交差度，三十。[1]

交差度，三十〇九十九分三十六秒九十五微半。

月平行乘交差之數

求交會通積

置通交一十一萬四千八百三十五分八十八秒，就為甲子年交會通積，仍以通交累加之，滿交終分去之，即向後各年通積。

求交應

置本元交應在地，加入癸亥年交會通積八萬七千〇九十六分八十秒，滿交終分二十七萬二千一百二十二分二十四秒去之，不及去者，即次元甲子交應之數

1“交差度，三十”為衍文。

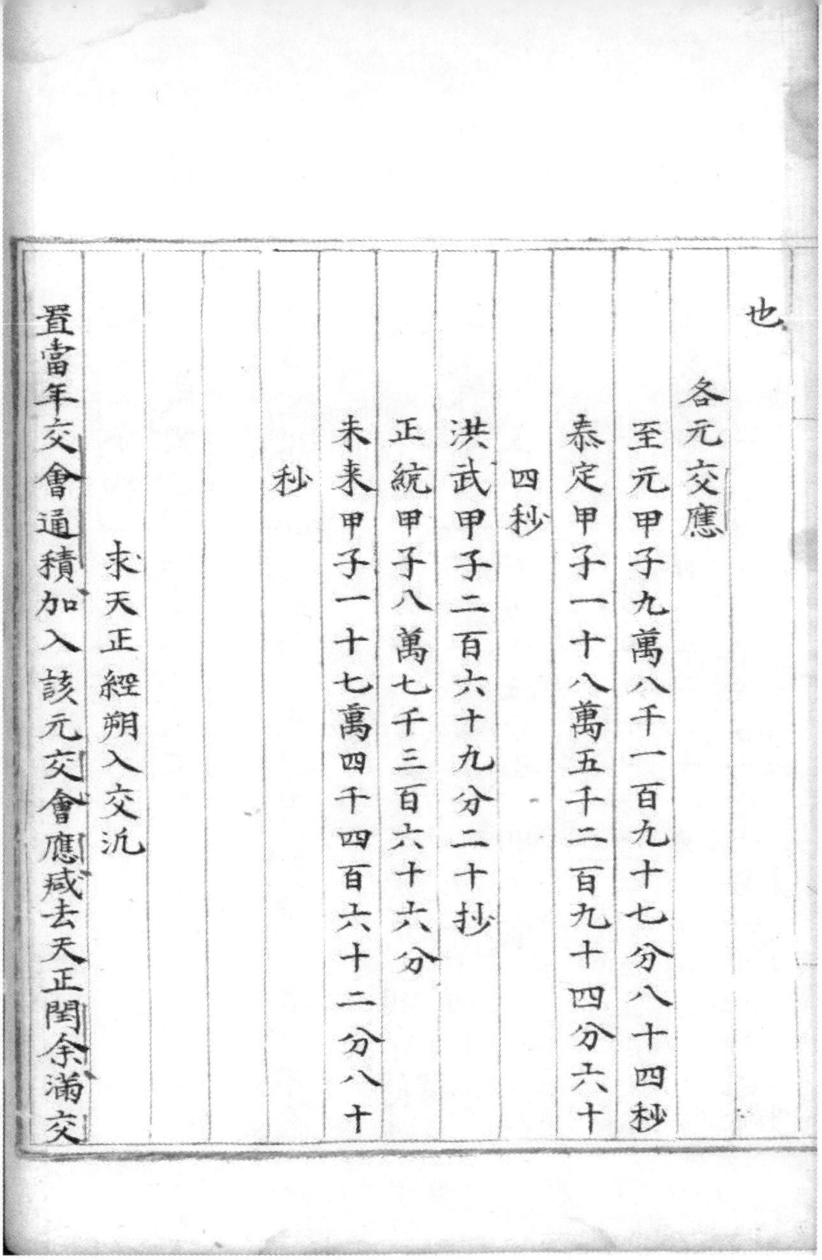

也。

各元交應

至元甲子，九萬八千一百九十七分八十四秒。

泰定甲子，一十八萬五千二百九十四分六十四秒，

洪武甲子，二百六十九分二十秒。

正統甲子，八萬七千三百六十六分。

未來甲子，一十七萬四千四百六十二分八十秒。

求天正經朔入交汎

置當年交會通積，加入該元交會應，減去天正閏余，滿交

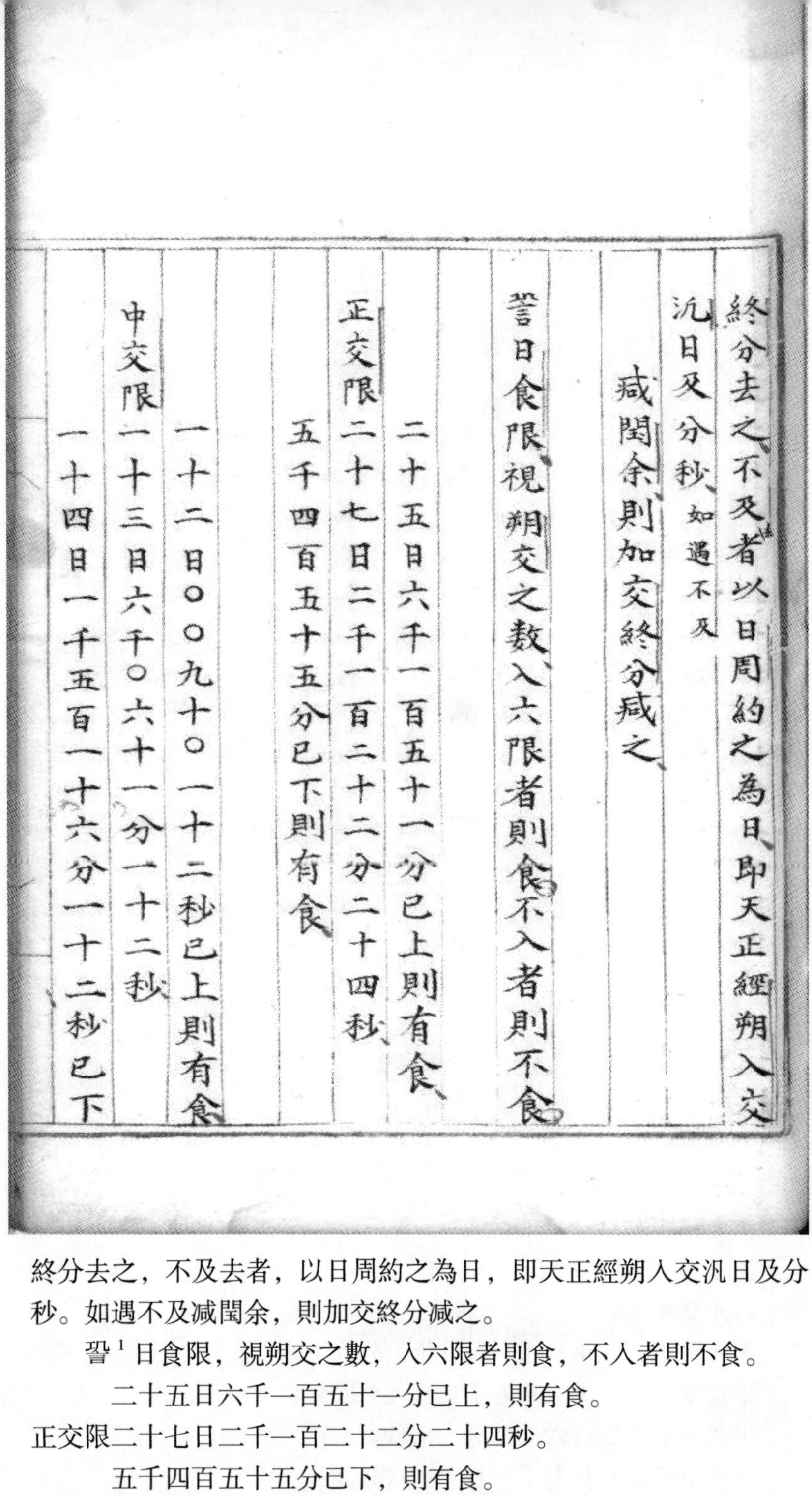
終分去之不及者去以日周約之為日即天正經朔入交
汎日及分秒如遇不及
减閏余則加交終分减之
辯日食限視朔交之數入六限者則食不入者則不食
二十五日六千一百五十一分已上則有食
正交限二十七日二千一百二十二分二十四秒
五千四百五十五分已下則有食
一十二日〇〇九十〇一十二秒已上則有食
中交限一十三日六千〇六十一分一十二秒
一十四日一千五百一十六分一十二秒已下

終分去之，不及去者，以日周約之為日，即天正經朔入交汎日及分秒。如遇不及減閏余，則加交終分減之。

辯[1]日食限，視朔交之數，入六限者則食，不入者則不食。

二十五日六千一百五十一分已上，則有食。

正交限二十七日二千一百二十二分二十四秒。

五千四百五十五分已下，則有食。

一十二日〇〇九十〇一十二秒已上，則有食。

中交限一十三日六千〇六十一分一十二秒。

一十四日一千五百一十六分一十二秒已下，

1“辨”异体字。

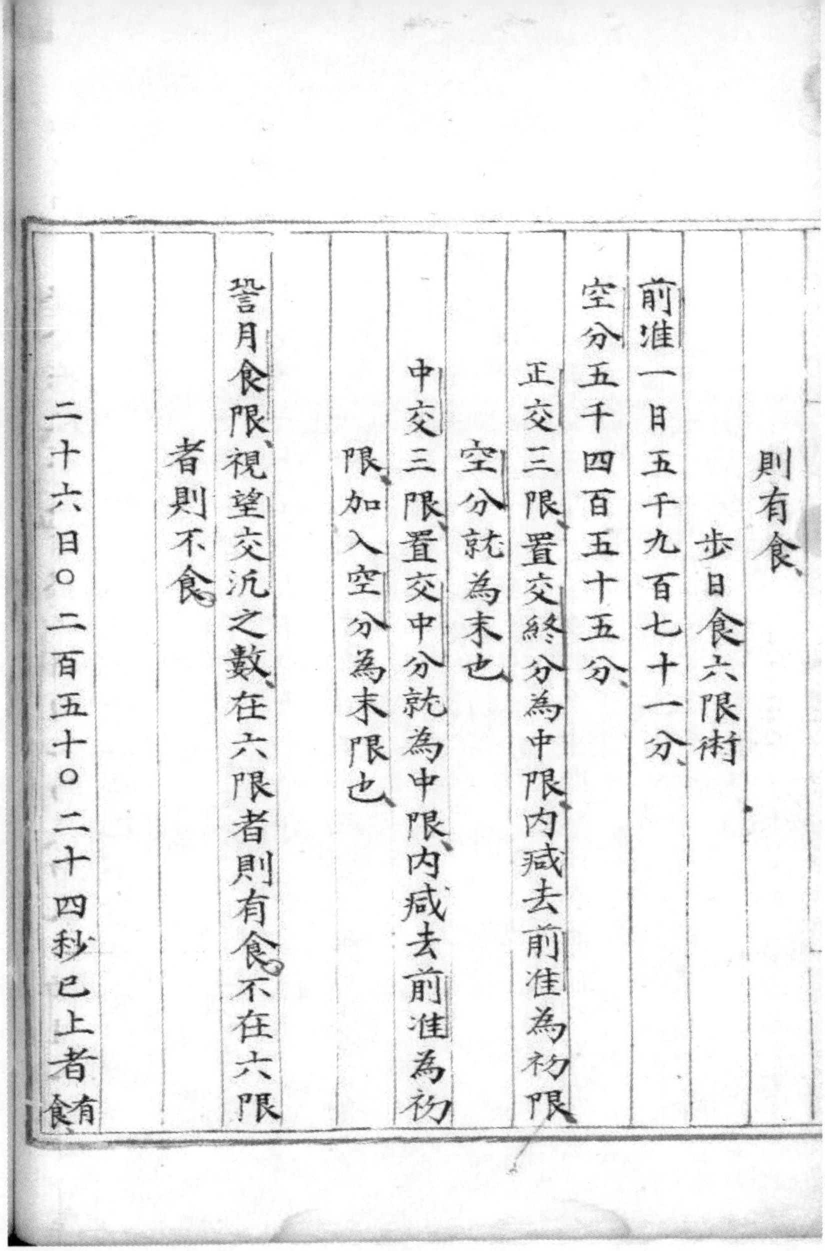
則有食
步日食六限術
前准一日五千九百七十一分
空分五千四百五十五分
正交三限置交終分為中限内減去前准為初限
空分就為末也
中交三限置交中分就為中限内減去前准為初
限加入空分為末限也
朢月食限視朢交汎之數在六限者則有食不在六限
者則不食
二十六日〇二百五十〇二十四秒已上者有食

則有食。

步日食六限術

前准[1]，一日五千九百七十一分。

空分，五千四百五十五分。

正交三限，置交終分為中限，內減去前准為初限，空分就為末也。

中交三限，置交中分就為中限，內減去前准為初限，加入空分為末限也。

朢月食限，視朢交汎之數在六限者，則有食；不在六限者，則不食。

二十六日〇二百五十〇二十四秒已上者，有食。

1 前准和後准用於判斷日食交前度和交後度的值，詳見後文算法。

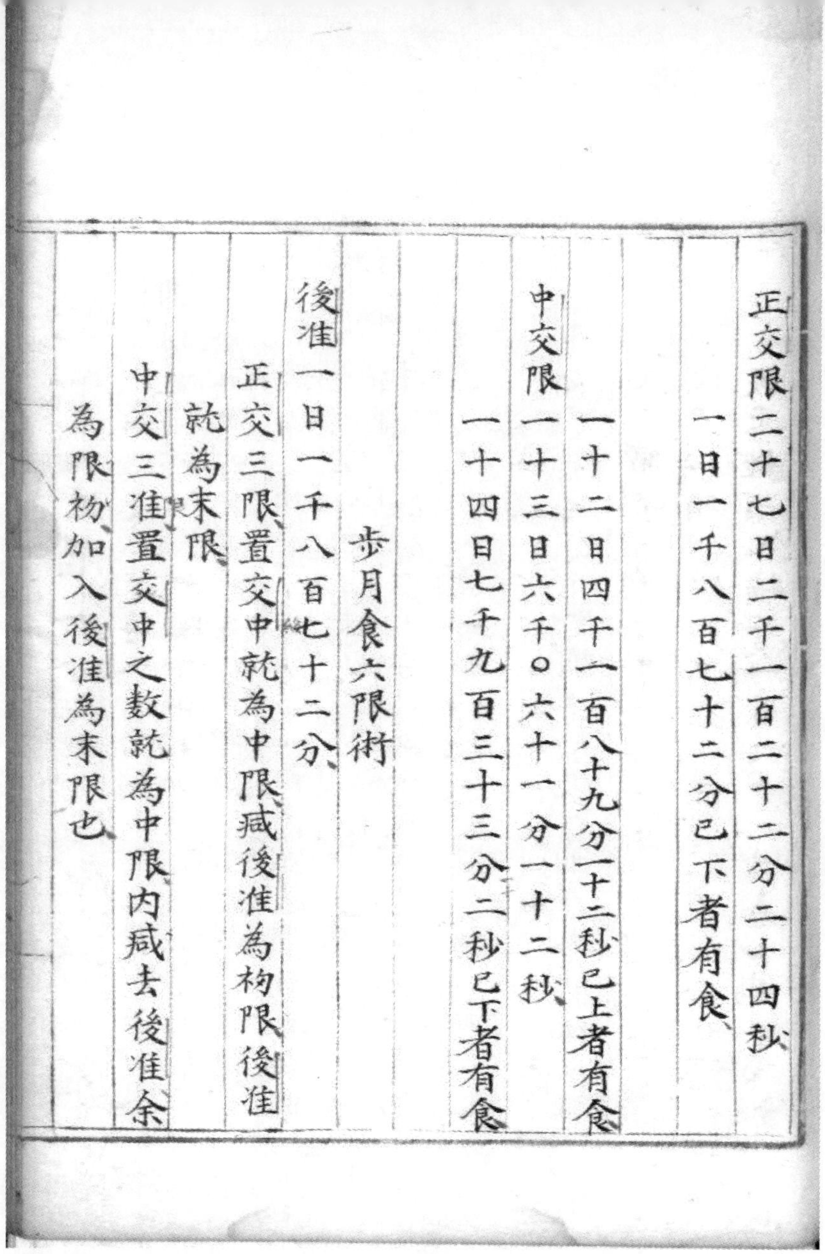

正交限二十七日二千一百二十二分二十四秒。

　　一日一千八百七十二分已下者，有食。

　　一十二日四千一百八十九分一十二秒已上者，有食。

中交限一十三日六千〇六十一分一十二秒。

　　一十四日七千九百三十三分二秒已下者，有食。

步月食六限術

後准，一日一千八百七十二分。

正交三限，置交中就為中限，減後准為初限，後准就為末限。

中交三限，置交中之數就為中限，內減去後准，余為限初[1]，加入後准為末限也。

1"限初"當作"初限"。

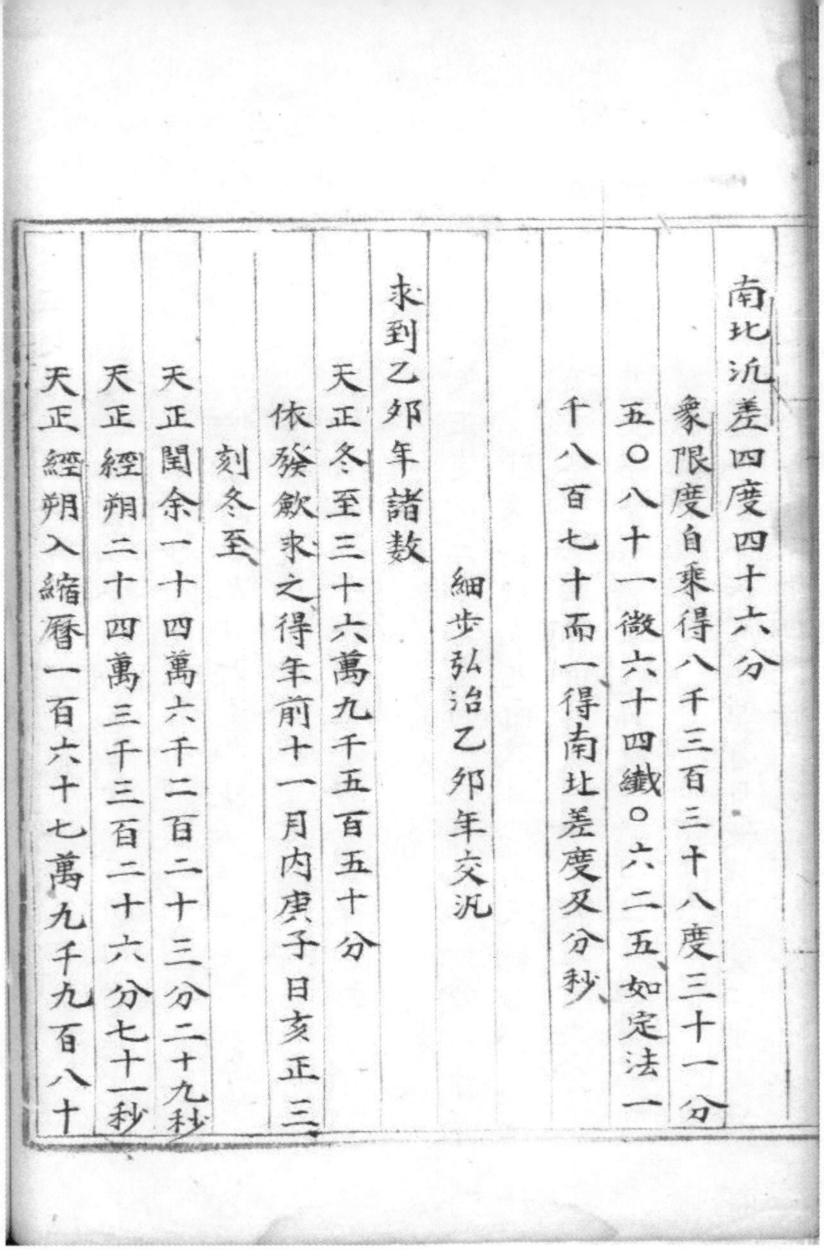
南北汎差四度四十六分
象限度自乘得八千三百三十八度三十一分
五〇八十一微六十四纖〇六二五如定法一
千八百七十而一得南北差度及分秒
細步弘治乙夘年交汎
求到乙夘年諸數
天正冬至三十六萬九千五百五十分
依發斂求之得年前十一月内庚子日亥正三
刻冬至
天正閏余一十四萬六千二百二十三分二十九秒
天正經朔二十四萬三千三百二十六分七十一秒
天正經朔入縮曆一百六十七萬九千九百八十

南北汎差，四度四十六分。

象限度自乘，得八千三百三十八度三十一分五〇八十一微六十四纖〇六二五，如定法一千八百七十而一，得南北差度及分秒。

細步弘治乙卯年交汎[1]

求到乙卯年諸數

天正冬至，三十六萬九千五百五十分。

依發斂求之，得年前十一月内庚子日亥正三刻冬至。

天正閏余，一十四萬六千二百二十三分二十九秒。

天正經朔，二十四萬三千三百二十六分七十一秒。

天正經朔入縮曆，一百六十七萬九千九百八十

1 以弘治乙卯（1495年）為例，介紹交食推算。

九分二十一秒。

天正經朔入轉，一十五萬四千四百七十五分七十一秒。

縮差，六十九分六十九秒六五三二。

遅差，二度一十一分八十七秒三一。

加減差，一千一百六十四分九十一秒，殘零弃之，當加。

天正定朔，二十二萬四千四百九十一分六十二秒，依發斂求之，丙戌日巳正三刻合朔。

天正冬至加時赤道日度，得箕六度七十九分。

天正冬至加時黄道日度，箕六度二十五分五十秒。

天正冬至晨前夜半黄道日度，箕五度二十五分

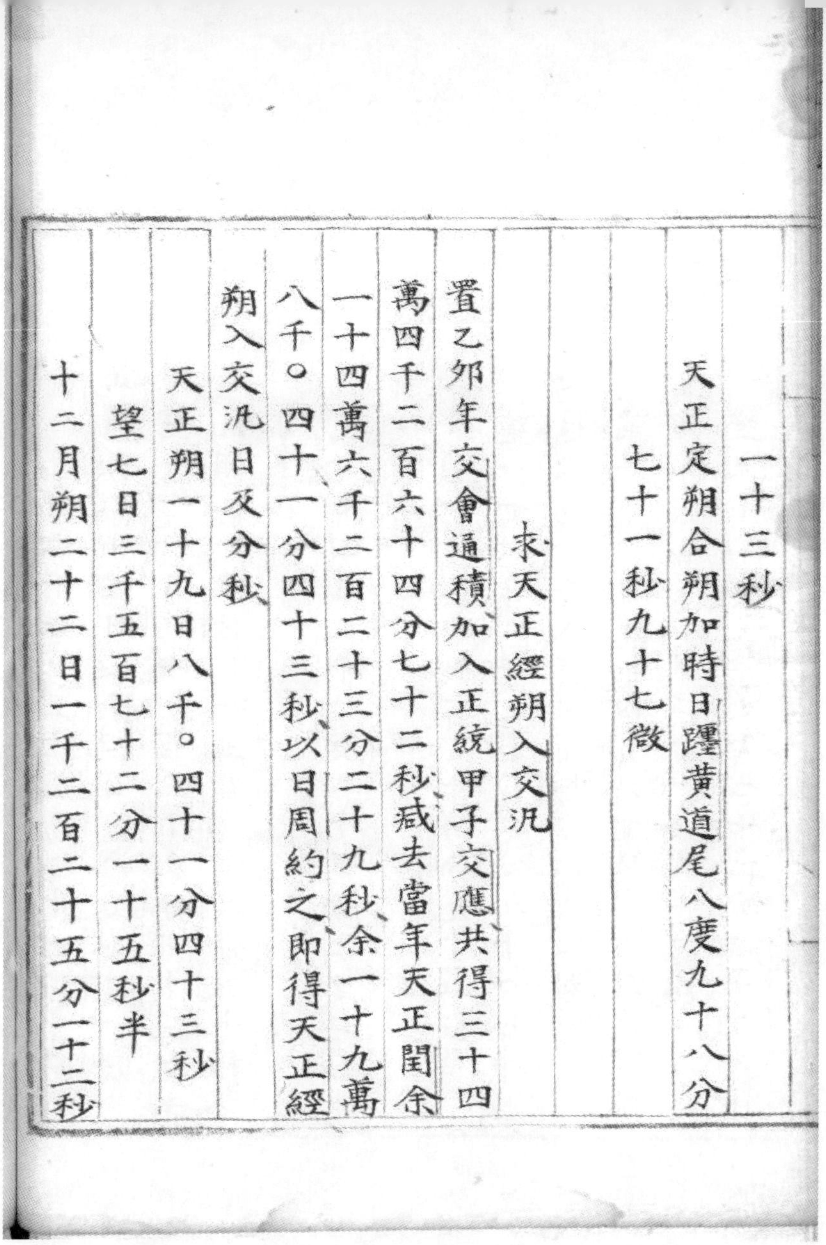
一十三秒
天正定朔合朔加時日躔黄道尾八度九十八分
七十一秒九十七微
求天正經朔入交汎
置乙卯年交會通積加入正統甲子交應共得三十四
萬四千二百六十四分七十二秒减去當年天正閏余
一十四萬六千二百二十三分二十九秒余一十九萬
八千〇四十一分四十三秒以日周約之即得天正經
朔入交汎日及分秒
天正朔一十九日八千〇四十一分四十三秒
望七日三千五百七十二分一十五秒半
十二月朔二十二日一千二百二十五分一十二秒

一十三秒。

天正定朔合朔加时，日躔黄道尾八度九十八分七十一秒九十七微。

求天正經朔入交汎

置乙卯年交會通積，加入正統甲子交應，共得三十四萬四千二百六十四分七十二秒，减去當年天正閏余一十四萬六千二百二十三分二十九秒，余一十九萬八千〇四十一分四十三秒，以日周約之，即得天正經朔入交汎日及分秒。

天正朔，一十九日八千〇四十一分四十三秒。

望，七日三千五百七十二分一十五秒半。

十二月朔，二十二日一千二百二十五分一十二秒。

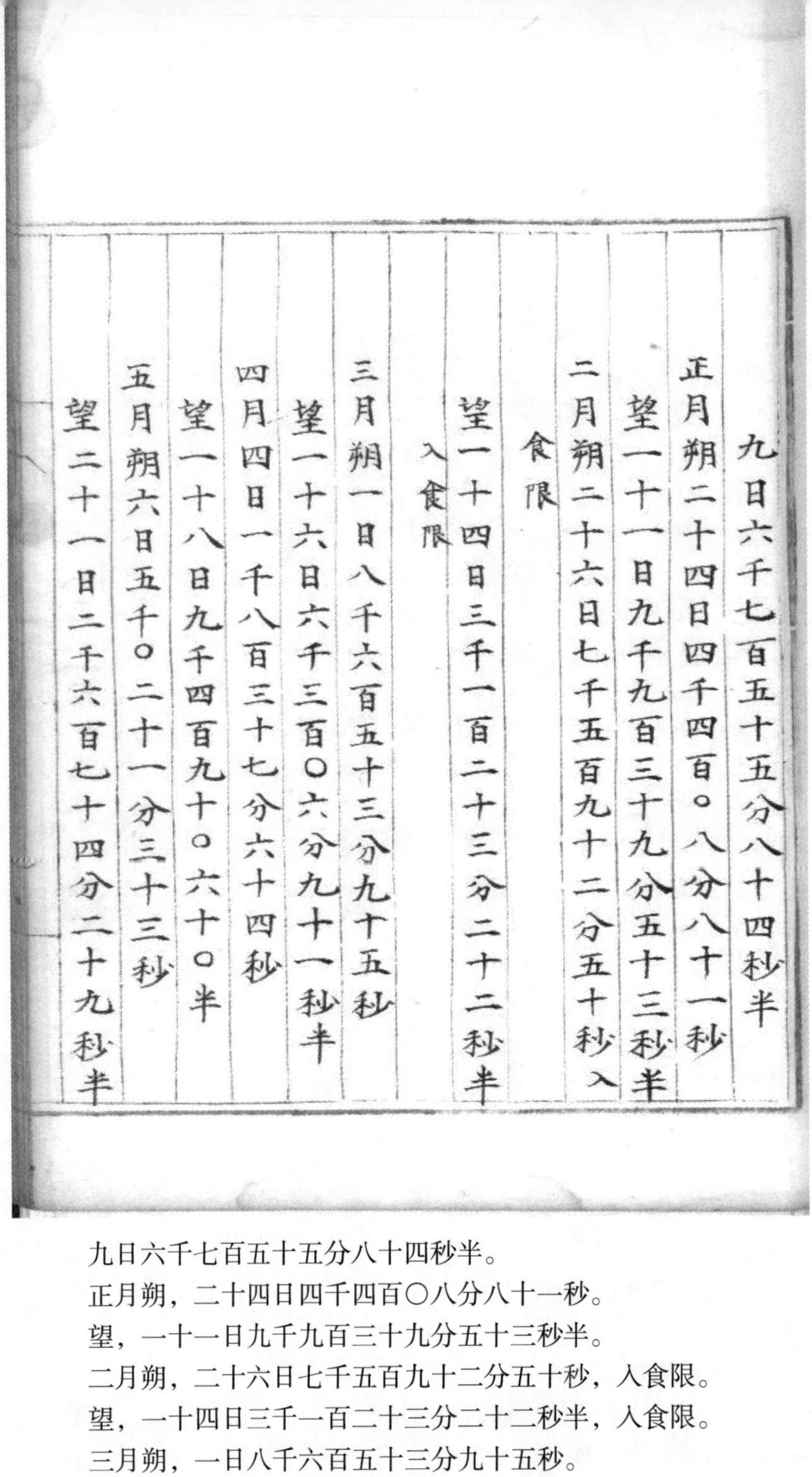
九日六千七百五十五分八十四秒半
正月朔二十四日四千四百〇八分八十一秒
望一十一日九千九百三十九分五十三秒半
二月朔二十六日七千五百九十二分五十秒入
食限
望一十四日三千一百二十三分二十二秒半
入食限
三月朔一日八千六百五十三分九十五秒
望一十六日六千三百〇六分九十一秒半
四月四日一千八百三十七分六十四秒
望一十八日九千四百九十〇六十〇半
五月朔六日五千〇二十一分三十三秒
望二十一日二千六百七十四分二十九秒半

九日六千七百五十五分八十四秒半。

正月朔，二十四日四千四百〇八分八十一秒。

望，一十一日九千九百三十九分五十三秒半。

二月朔，二十六日七千五百九十二分五十秒，入食限。

望，一十四日三千一百二十三分二十二秒半，入食限。

三月朔，一日八千六百五十三分九十五秒。

望，一十六日六千三百〇六分九十一秒半。

四月[1]，四日一千八百三十七分六十四秒。

望，一十八日九千四百九十〇六十〇半。

五月朔，六日五千〇二十一分三十三秒。

望，二十一日二千六百七十四分二十九秒半。

1 疑缺“朔”字。

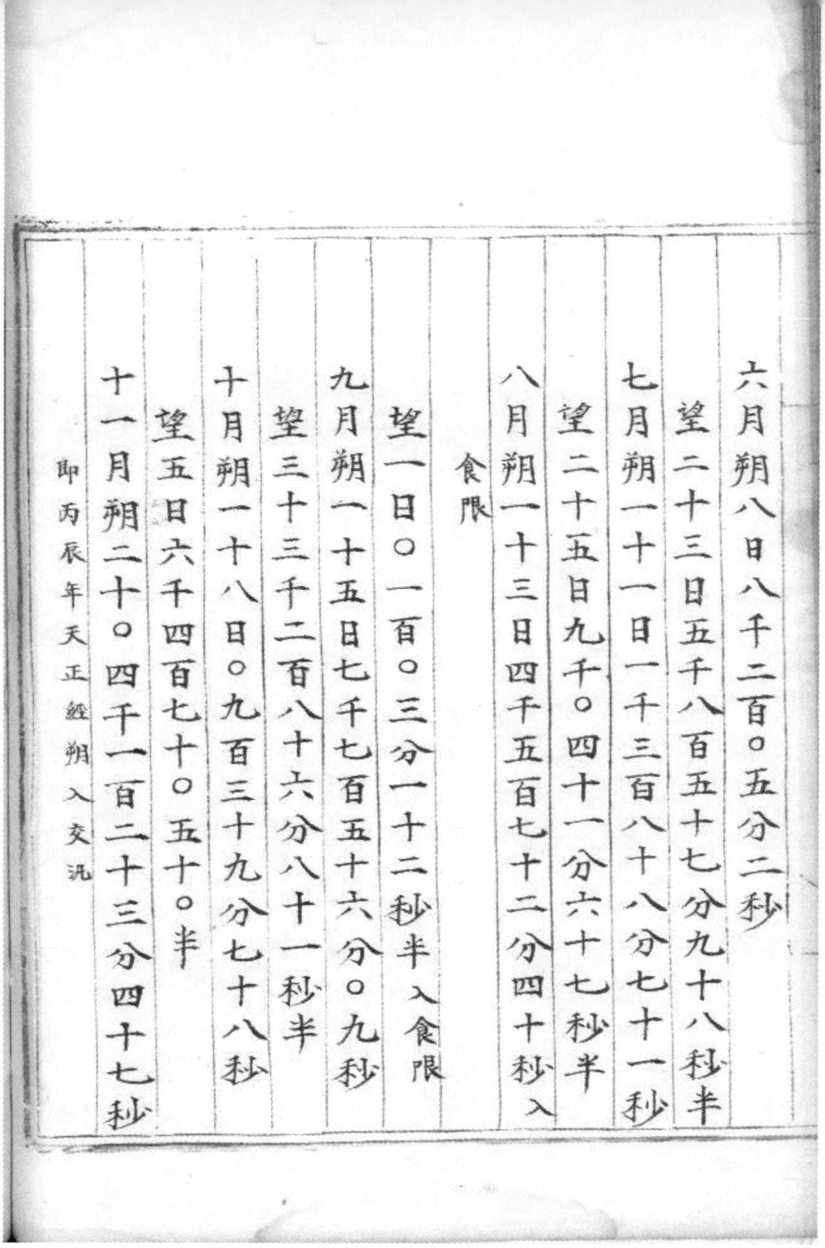
六月朔八日八千二百〇五分二秒
望二十三日五千八百五十七分九十八秒半
七月朔一十一日一千三百八十八分七十一秒
望二十五日九千〇四十一分六十七秒半
八月朔一十三日四千五百七十二分四十秒入
食限
望一日〇一百〇三分一十二秒半入食限
九月朔一十五日七千七百五十六分〇九秒
望三十三千二百八十六分八十一秒半
十月朔一十八日〇九百三十九分七十八秒
望五日六千四百七十〇五十〇半
十一月朔二十〇四千一百二十三分四十七秒
即丙辰年天正經朔入交汎

六月朔，八日八千二百〇五分二秒。

望，二十三日五千八百五十七分九十八秒半。

七月朔，一十一日一千三百八十八分七十一秒。

望，二十五日九千〇四十一分六十七秒半。

八月朔，一十三日四千五百七十二分四十秒，入食限。

望，一日〇一百〇三分一十二秒半，入食限。

九月朔，一十五日七千七百五十六分〇九秒。

望，三十三千二百八十六分八十一秒半。

十月朔，一十八日〇九百三十九分七十八秒。

望，五日六千四百七十〇五十〇半。

十一月朔，二十〇四千一百二十三分四十七秒，即丙辰年天正經朔入交汎。

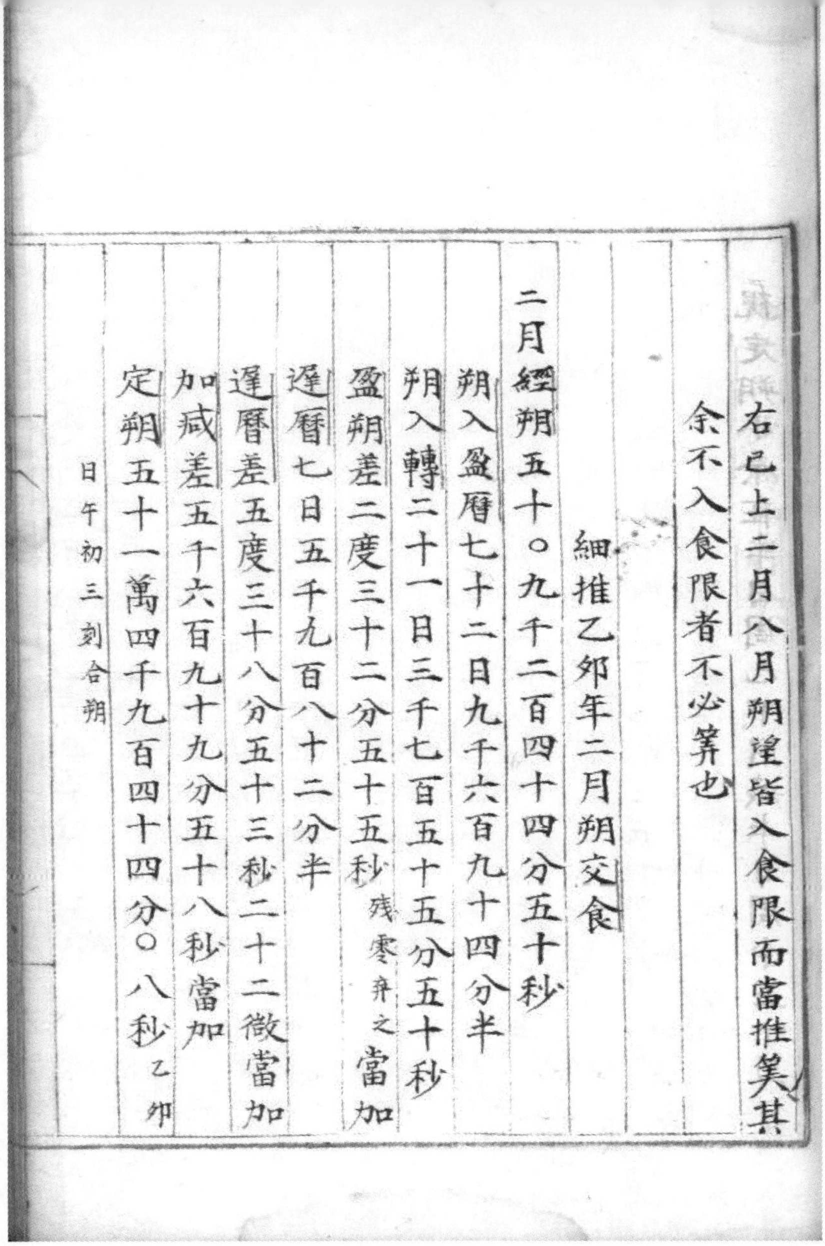
右已上二月八月朔望皆入食限而當推筭其
余不入食限者不必筭也
細推乙卯年二月朔交食
二月經朔五十〇九千二百四十四分五十秒
朔入盈曆七十二日九千六百九十四分半
朔入轉二十一日三千七百五十五分五十秒
盈朔差二度三十二分五十五秒残零弃之當加
遲曆七日五千九百八十二分半
遲曆差五度三十八分五十三秒二十二微當加
加減差五千六百九十九分五十八秒當加
定朔五十一萬四千九百四十四分〇八秒乙卯日午初三刻合朔

右已上二月八月朔望，皆入食限，而當推筭，其余不入食限者，不必筭也。

細推乙卯年二月朔交食[1]

二月經朔，五十〇九千二百四十四分五十秒。

朔入盈曆，七十二日九千六百九十四分半。

朔入轉，二十一日三千七百五十五分五十秒。

盈朔差，二度三十二分五十五秒，残零弃之，當加。

遲曆，七日五千九百八十二分半。

遲曆差，五度三十八分五十三秒二十二微，當加。

加減差，五千六百九十九分五十八秒，當加。

定朔，五十一萬四千九百四十四分〇八秒，乙卯日午初三刻合朔。

1 以弘治乙卯（1495 年）二月朔日食為例，介紹日食的具體推算。

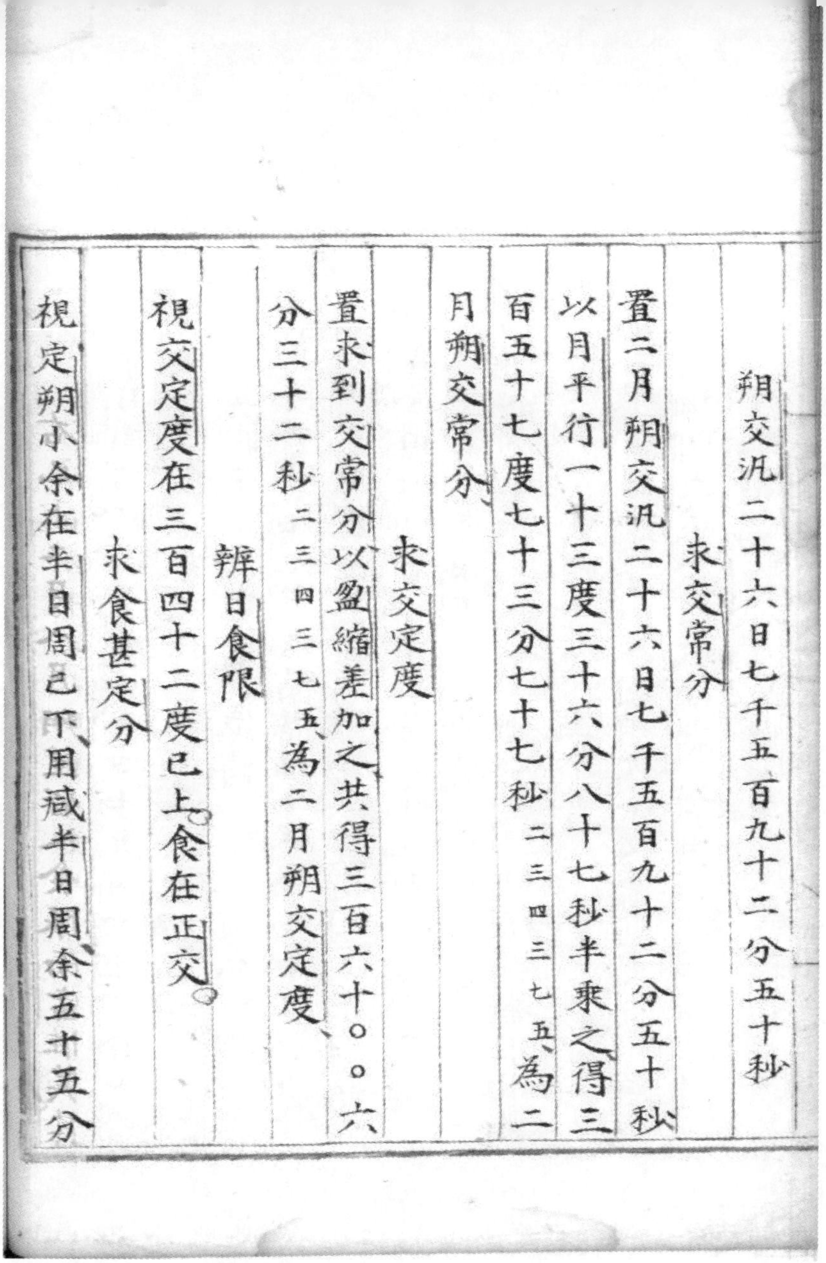

朔交汎，二十六日七千五百九十二分五十秒。

求交常分

置二月朔交汎二十六日七千五百九十二分五十秒，以月平行一十三度三十六分八十七秒半乘之，得三百五十七度七十三分七十七秒二三四三七五，為二月朔交常分。

求交定度

置求到交常分以盈縮差加之，共得三百六十〇〇六分三十二秒二三四三七五，為二月朔交定度。

辨日食限

視交定度在三百四十二度已上，食在正交。

求食甚定分

視交朔小余在半日周已下，用減半日周，余五十五分

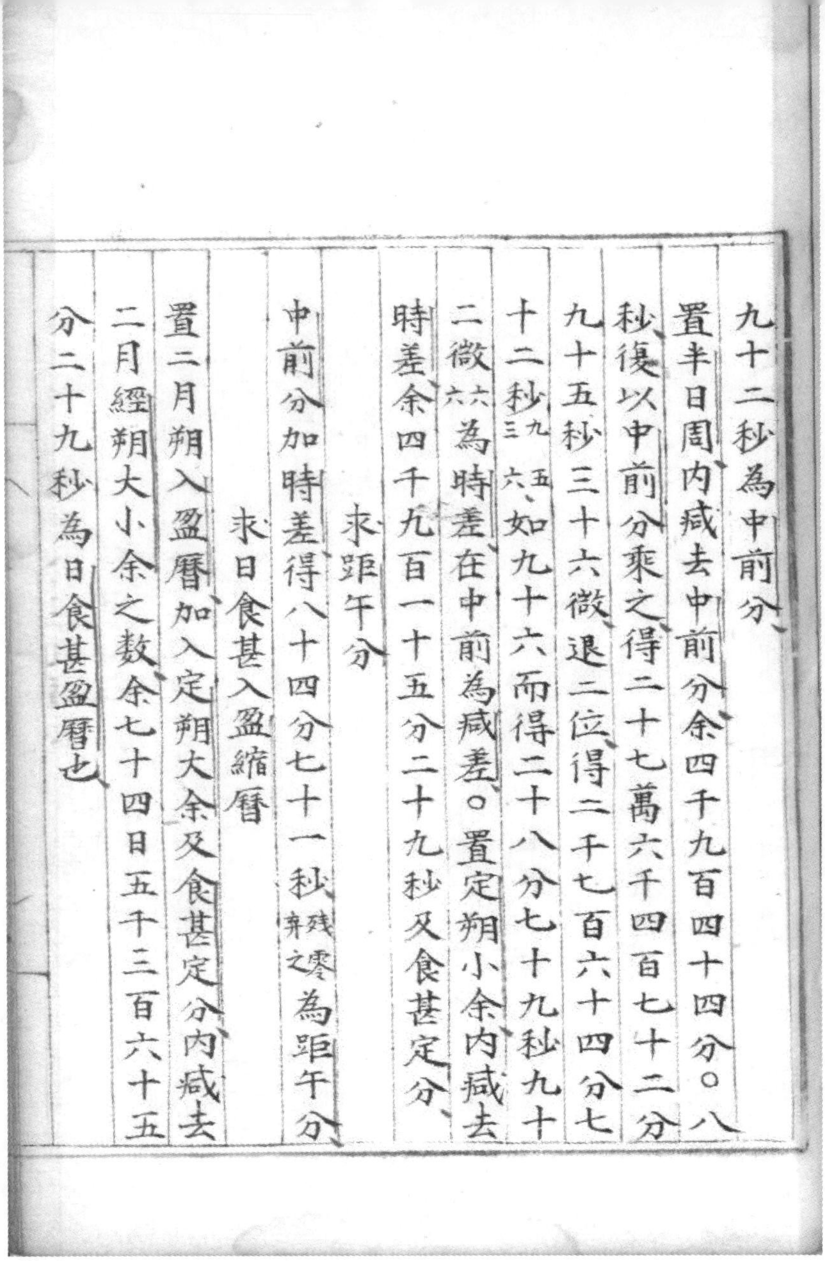

九十二秒為中前分
置半日周内減去中前分余四千九百四十四分○八
秒復以中前分乘之得二十七萬六千四百七十二分
九十五秒三十六微退二位得二千七百六十四分七
十二秒九五三六如九十六而得二十八分七十九秒九十
二微六六為時差在中前為減差○置定朔小余内減去
時差余四千九百一十五分二十九秒及食甚定分
求距午分
中前分加時差得八十四分七十一秒残零弃之為距午分
求日食甚入盈縮曆
置二月朔入盈曆加入定朔大余及食甚定分内減去
二月經朔大小余之数余七十四日五千三百六十五
分二十九秒為日食甚盈曆也

九十二秒，為中前分。

置半日周，内減去中前分，余四千九百四十四分〇八秒，復以中前分乘之，得二十七萬六千四百七十二分九十五秒三十六微，退二位，得二千七百六十四分七十二秒九五三六，如九十六而得二十八分七十九秒九十二微六六，為時差，在中前，為減差。置定朔小余，内減去時差，余四千九百一十五分二十九秒及食甚定分。

求距午分

中前分加時差得八十四分七十一秒，残零弃之，為距午分。

求日食甚入盈縮曆

置二月朔入盈曆，加入定朔大余及食甚定分，内減去二月經朔大小余之数，余七十四日五千三百六十五分二十九秒，為日食甚盈曆也。

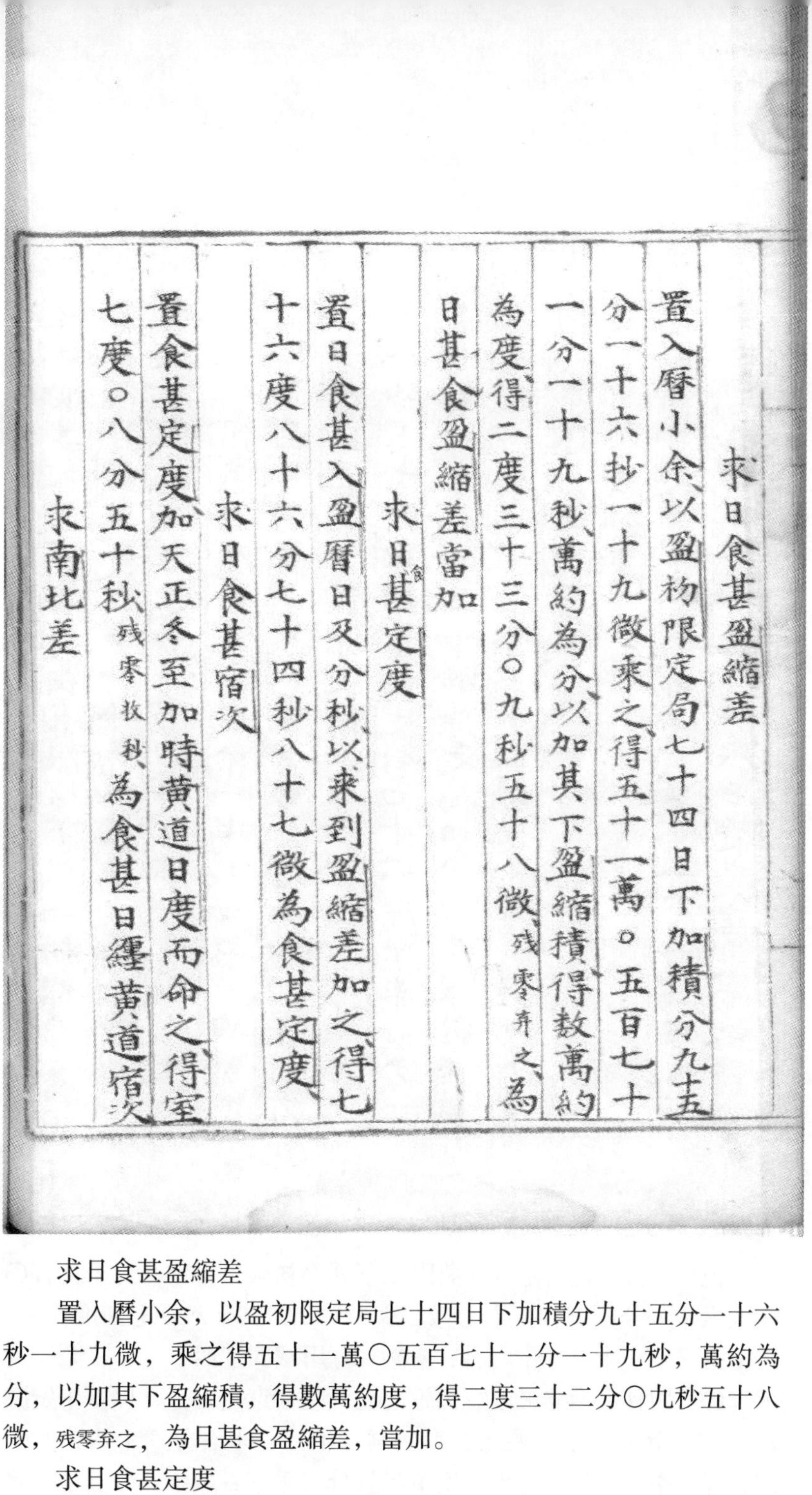
求日食甚盈縮差
置入曆小余以盈初限定局七十四日下加積分九十五分一十六抄一十九微乘之得五十一萬〇五百七十一分一十九秒萬約為分以加其下盈縮積得數萬約為度得二度三十三分〇九秒五十八微殘零弃之為日甚食盈縮差當加
求日食甚定度
置日食甚入盈曆日及分秒以來到盈縮差加之得七十六度八十六分七十四秒八十七微為食甚定度
求日食甚宿次
置食甚定度加天正冬至加時黃道日度而命之得室七度〇八分五十秒殘零弃之為食甚日躔黃道宿次
求南北差

求日食甚盈縮差

置入曆小余，以盈初限定局七十四日下加積分九十五分一十六秒一十九微，乘之得五十一萬〇五百七十一分一十九秒，萬約為分，以加其下盈縮積，得數萬約度，得二度三十二分〇九秒五十八微，殘零弃之，為日甚食盈縮差，當加。

求日食甚定度

置日食甚入盈曆日及分秒，以來到盈縮差加之，得七十六度八十六分七十四秒八十七微，為食甚定度。

求日食甚宿次

置食甚定度，加天正冬至加時黃道日度而命之，得室七度〇八分五十秒，殘零弃之，為食甚日躔黃道宿次。

求南北差[1]

1 南北差和東西差皆用於視差的修正。

視日食甚入盈曆定度在象限以下就為初限，自乘得五千九百〇八度六十一分〇五秒五十七微，殘零弃之，如一千八百七十度而一，為度得三度一十五九十六秒，殘零弃之，用減四度四十六分，余一度三十〇〇四秒為南北汎差。仍置南北汎差命度為百分，以距午定方八十四分七十一秒，乘之，得一萬一千〇一十五分六十八秒八十四，却以中星定局，七十六度下半昼分二千三百六十二分五十秒除之，得四分六十五秒，用減汎余差一度二十五分三十九秒為南北定差，原在盈初縮末限入正交當減。

求東西差

用日食甚入盈曆定度減半歲用，余一百〇五日七千五百三十七分六十三秒，仍以日食甚定度乘之，得八

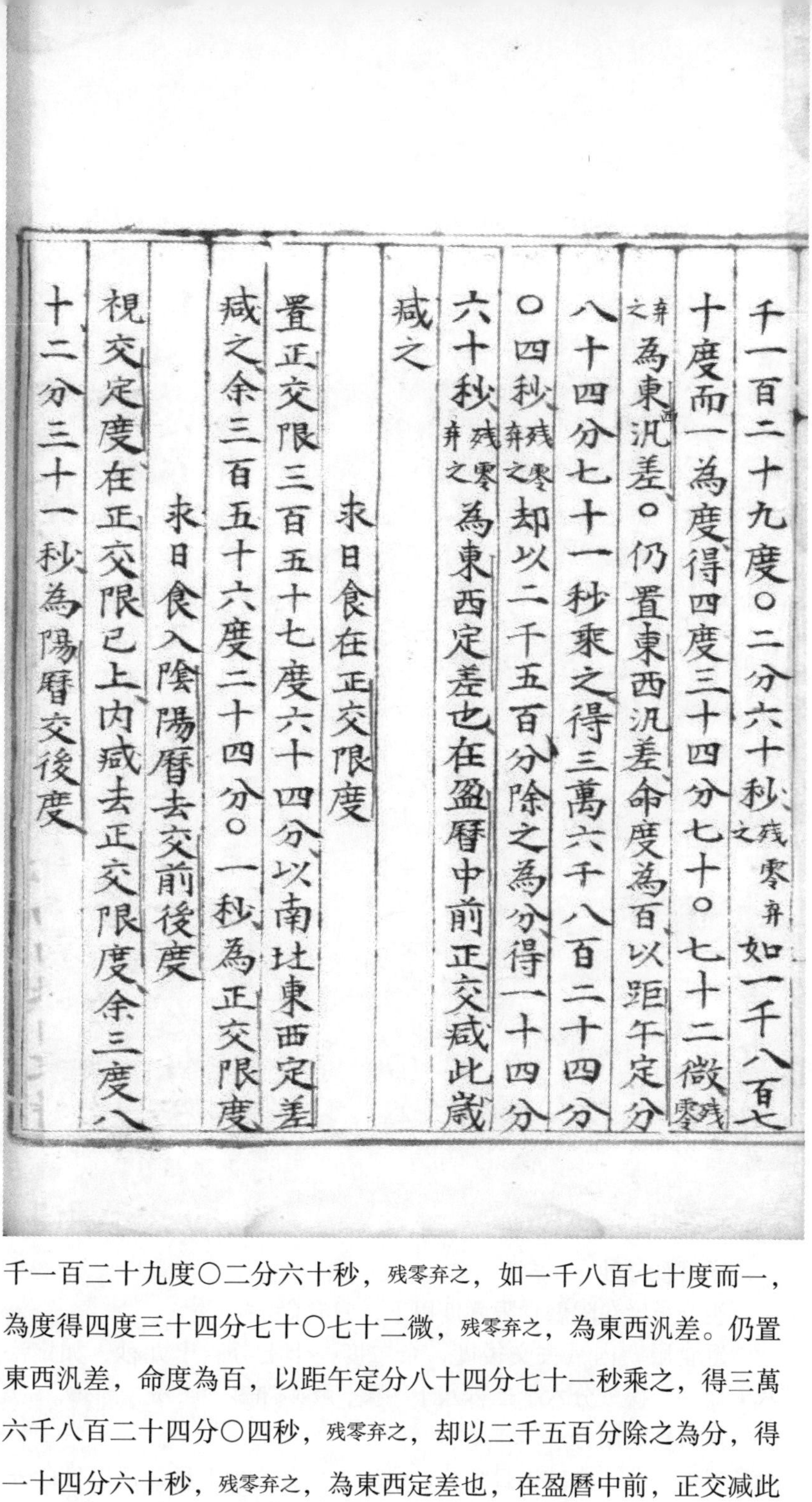

千一百二十九度〇二分六十秒，殘零弃之，如一千八百七十度而一，為度得四度三十四分七十〇七十二微，殘零弃之，為東西汎差。仍置東西汎差，命度為百，以距午定分八十四分七十一秒乘之，得三萬六千八百二十四分〇四秒，殘零弃之，却以二千五百分除之為分，得一十四分六十秒，殘零弃之，為東西定差也，在盈曆中前，正交減此歲減之。

求日食在正交限度

置正交限三百五十七度六十四分，以南比東西定差減之，余三百五十六度二十四分〇一秒為正交限度。

求日食入陰陽曆去交前後度

視交定度在正交限，已上内減去正交限度，余三度八十二分三十一秒，為陽曆交後度。

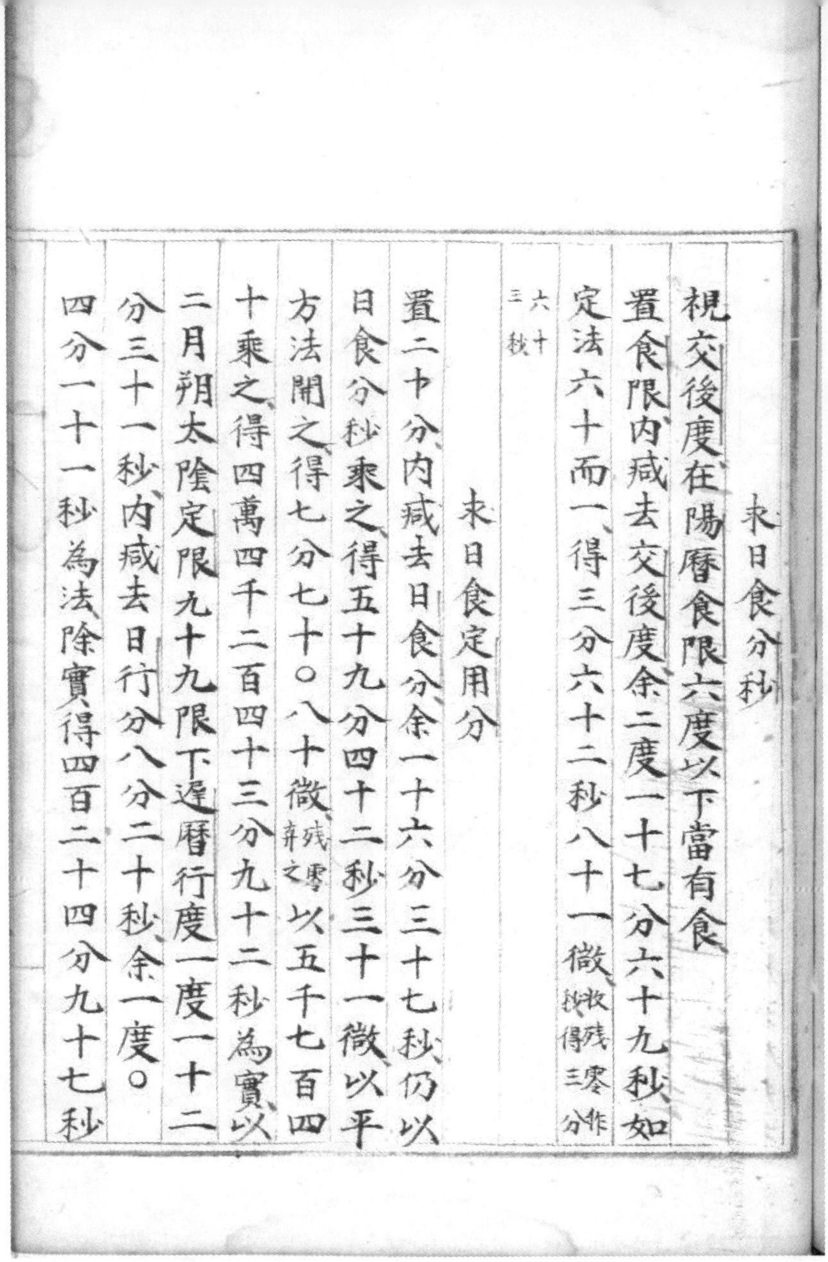
求日食分秒
視交後度在陽曆食限六度以下當有食
置食限内减去交後度余二度一十七分六十九秒如
定法六十而一得三分六十二秒八十一微收殘零作秒得三分
六十三秒
求日食定用分
置二十分内减去日食分余一十六分三十七秒仍以
日食分秒乘之得五十九分四十二秒三十一微以平
方法開之得七分七十〇八十微殘零弃之以五千七百四
十乘之得四萬四千二百四十三分九十二秒為實以
二月朔太陰定限九十九限下遲曆行度一度一十二
分三十一秒内减去日行分八分二十秒余一度〇
四分一十一秒為法除實得四百二十四分九十七秒

求日食分秒。

視交後度在陽曆食限六度以下，當有食。

置食限，内減去交後度，余二度一十七分六十九秒，如定法六十而一，得三分六十二秒八十一微，收殘零作秒，得三分六十三秒。

求日食定用分

置二十分，内減去日食分，余一十六分三十七秒，仍以日食分秒乘之，得五十九分四十二秒三十一微，以平方法開之，得七分七十〇八十微，殘零弃之。以五千七百四十乘之，得四萬四千二百四十三分九十二秒為實，以二月朔太陰定限九十九限下遲曆行度一度一十二分三十一秒，内減去日行分八分二十秒，余一度〇四分一十一秒為法，除實，得四百二十四分九十七秒，

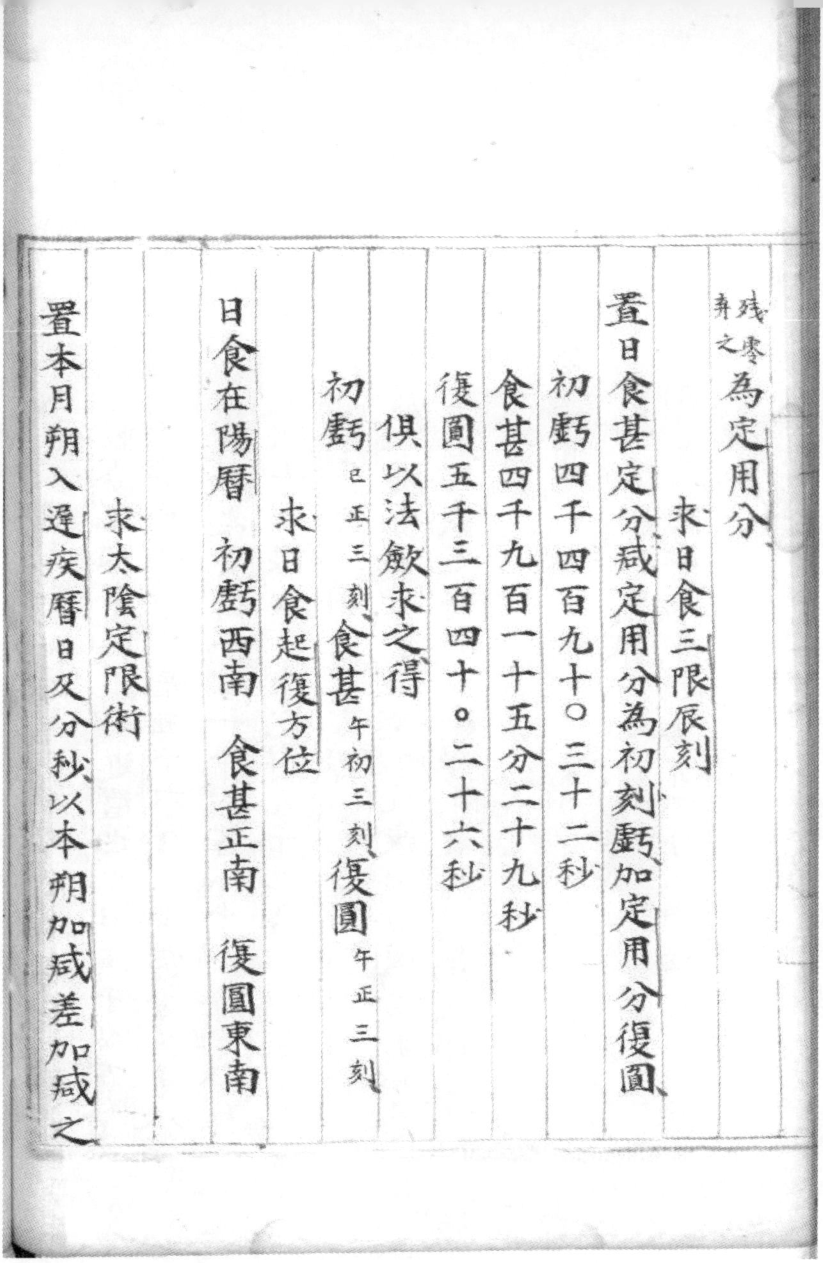

残零弃之，為定用分。

求日食三限辰刻

置日食甚定分，減定用分為初刻虧，加定用分復圓。

初虧，四千四百九十〇三十二秒。

食甚，四千九百一十五分二十九秒。

復圓，五千三百四十〇二十六秒。

俱以法[1]斂求之得

初虧巳正三刻，食甚午初三刻，復圓午正三刻。

求日食起復方位

日食在陽曆，初虧西南，食甚正南，復圓東南。

求太陰定限術

置本月朔入疾遲曆日及分秒，以本朔加減差加減之，

1"法"當作"發"。

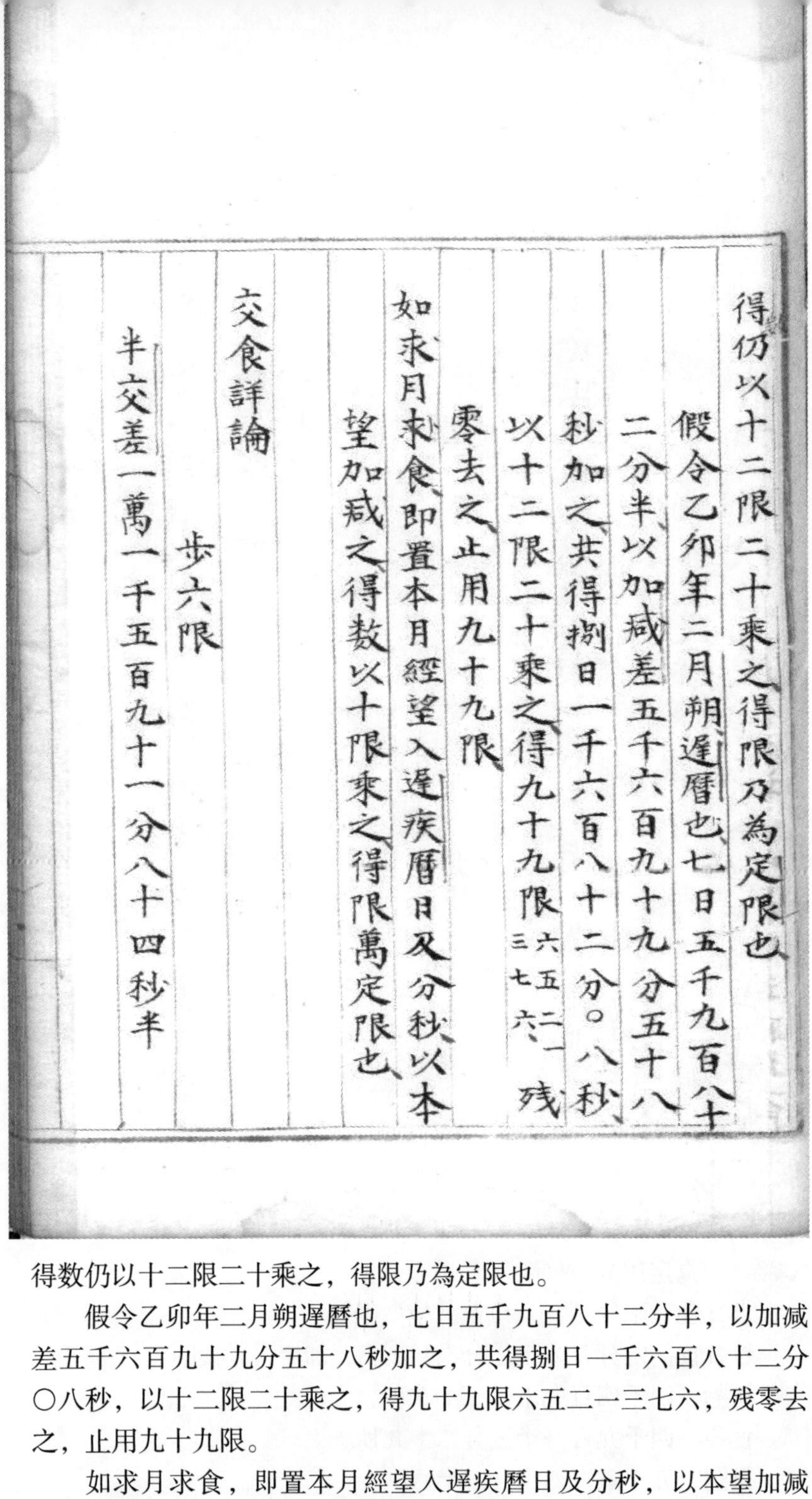
得仍以十二限二十乘之得限乃為定限也
假令乙夘年二月朔遲曆也七日五千九百八十
二分半以加减差五千六百九十九分五十八
秒加之共得捌日一千六百八十二分〇八秒
以十二限二十乘之得九十九限六五二一三七六残
零去之止用九十九限
如求月求食即置本月經望入遲疾曆日及分秒以本
望加减之得数以十限乘之得限萬定限也
交食詳論
步六限
半交差一萬一千五百九十一分八十四秒半

得数仍以十二限二十乘之，得限乃為定限也。

假令乙卯年二月朔遲曆也，七日五千九百八十二分半，以加減差五千六百九十九分五十八秒加之，共得捌日一千六百八十二分〇八秒，以十二限二十乘之，得九十九限六五二一三七六，残零去之，止用九十九限。

如求月求食，即置本月經望入遲疾曆日及分秒，以本望加減之，得數以十限乘之，得限萬定限也。

交食詳論

步六限

半交差，一萬一千五百九十一分八十四秒半。

交差折半

一十二日四千四百六十九分二十七秒半，已上有食。

前三限交中一十三日六千〇六十一分一十二秒。

一十四日，七千六百五十二分九十六秒半，已下有食。

二十六日，〇五百三十〇三十九秒半，已上有食。

後三限交終二十七日二千一百二十二分二十四秒。

一日，一千一百九十一分八十四秒半，已下有食。

右六限乃半交差加減交終中之數，日食驗朔，月食驗望，皆驗交汎之數，入其中者食，不在其中者則不食也。

蓋此六限乃日月當交之道，入此則當推前例六限，

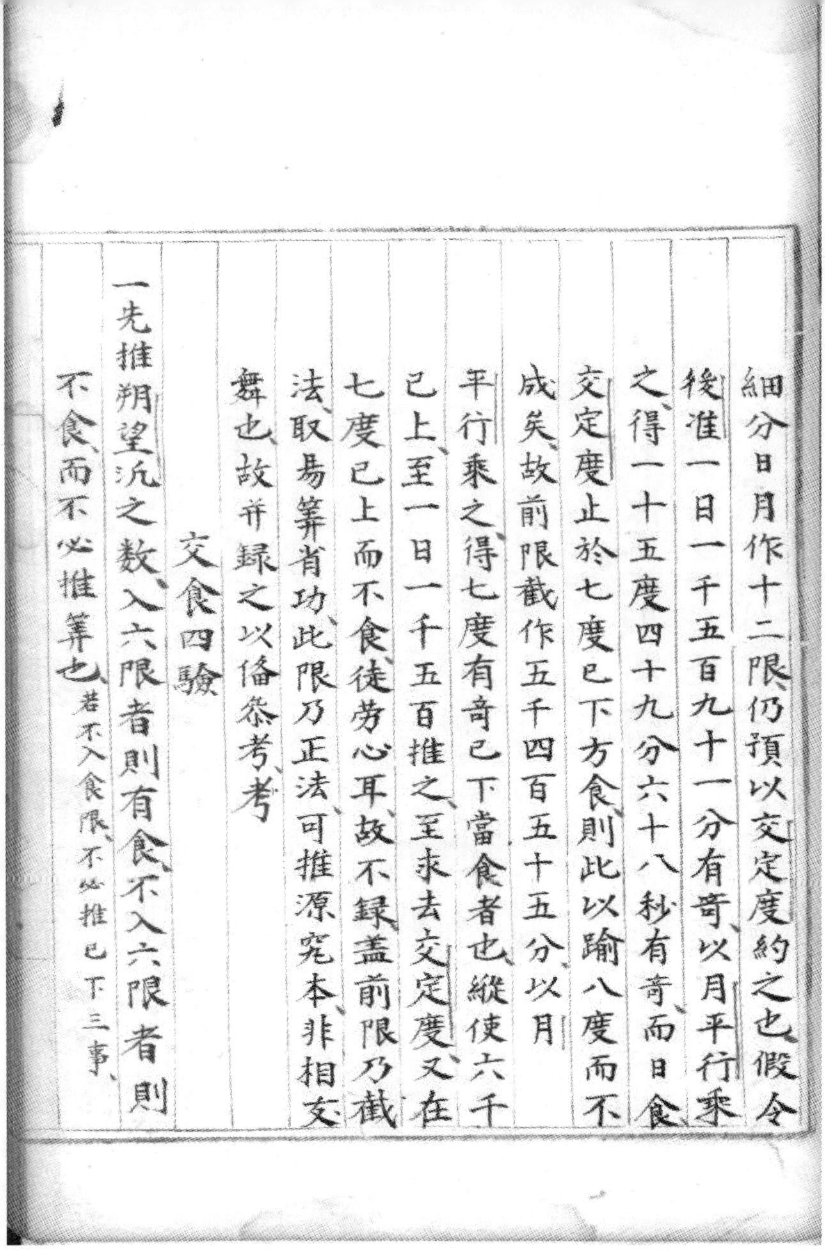
細分日月作十二限仍預以交定度約之也假令
後准一日一千五百九十一分有奇以月平行乘
之得一十五度四十九分六十八秒有奇而日食
交定度止於七度已下方食則此以踰八度而不
成矣故前限截作五千四百五十五分以月
平行乘之得七度有奇已下當食者也縱使六千
已上至一日一千五百推之至求去交定度又在
七度已上而不食徒勞心耳故不録蓋前限乃截
法取易筭省功此限乃正法可推源究本非相交
舞也故并録之以備叅考考
交食四驗
一先推朔望汎之數入六限者則有食不入六限者則
不食而不必推筭也若不入食限不必推已下三事

細分日月作十二限，仍預以交定度約之也。假令後准一日一千五百九十一分有奇，以月平行乘之，得一十五度四十九分六十八秒有奇，而日食交定度止於七度已下方食，則此以踰八度而不成矣。故前限截作五千四百五十五分以月平行乘之，得七度有奇，已下當食者也，縱使六千已上至一日一千五百推之，至求去交定度，又在七度已上而不食，徒勞心耳，故不録蓋前限，乃截法取易筭省功，此限乃正法，可推源究本，非相交舞也，故并録之，以備叅考考[1]。

交食四驗

一先推朔望汎之數，入六限者則有食，不入六限者則不食，而不必推筭也。若不入食限，不必推已下三事。

1“考”疑為衍文。

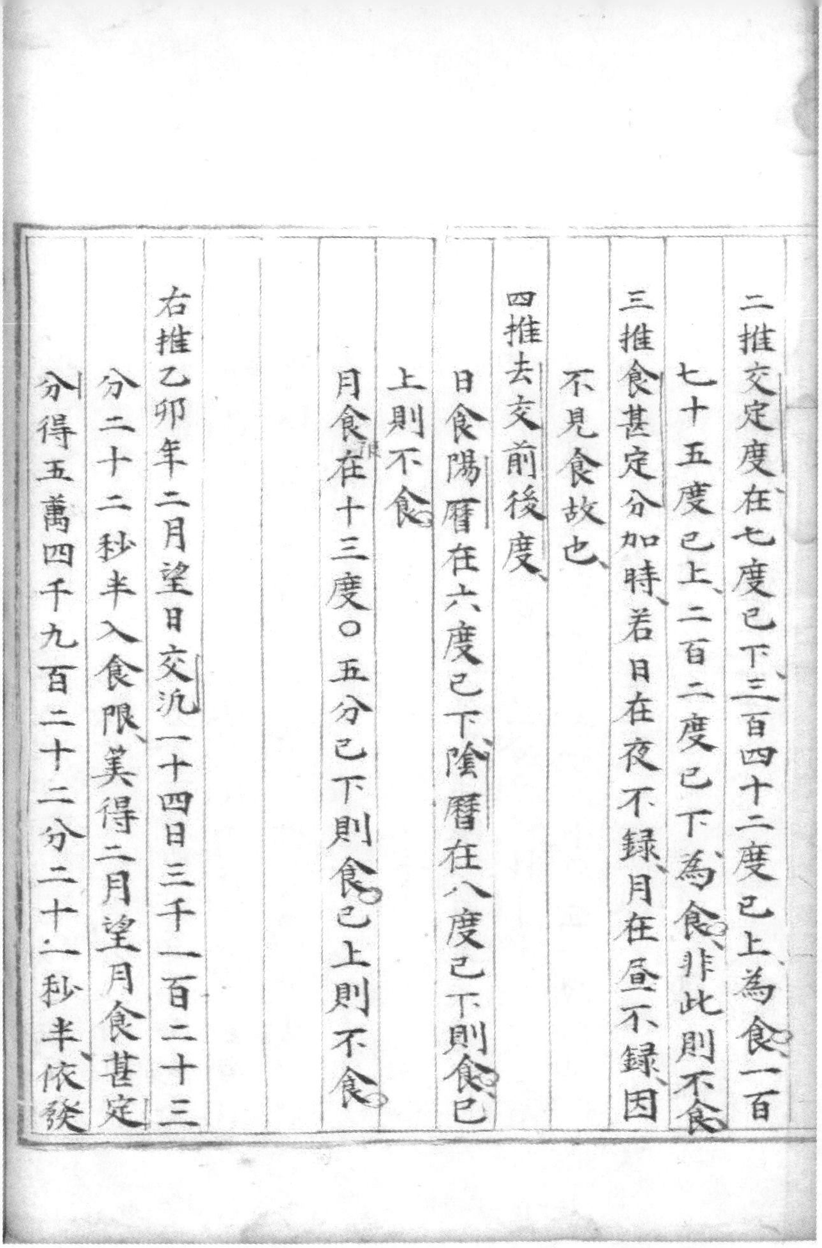
二推交定度在七度已下三百四十二度已上為食一百
七十五度已上二百二度已下為食非此則不食
三推食甚定分加時若日在夜不録月在晝不録因
不見食故也
四推去交前後度
日食陽曆在六度已下陰曆在八度已下則食已
上則不食
月食在十三度〇五分已下則食已上則不食
右推乙卯年二月望日交汎一十四日三千一百二十三
分二十二秒半入食限筭得二月望月食甚定
分得五萬四千九百二十二分二十一秒半依發

二推交定度在七度已下，三百四十二度已上為食，一百七十五度已上，二百二度已下為食，非此則不食。

三推食甚定分加時，若日在夜不録，月在晝不録，因不見食故也。

四推去交前後度

日食陽曆在六度已下，陰曆在八度已下則食，已上則不食。

月食限在十三度〇五分已下則食，已上則不食。

右推乙卯年二月望日，交汎一十四日三千一百二十三分而十二秒半，入食限。筭得二月望，月食甚定分得五萬四千九百二十二分二十一秒半，依發

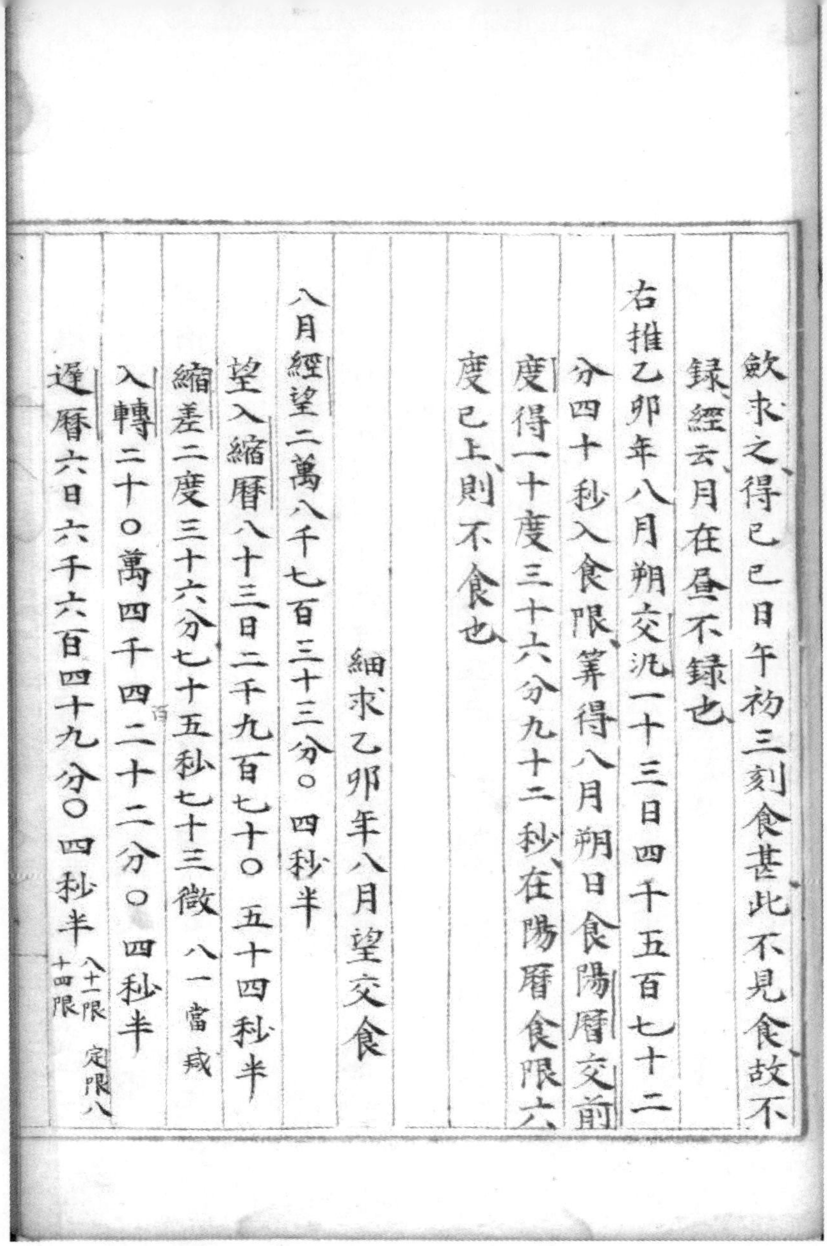
歛求之得已巳日午初三刻食甚此不見食故不
録經云月在昼不録也
右推乙卯年八月朔交汎一十三日四千五百七十二
分四十秒入食限筭得八月朔日食陽曆交前
度得一十度三十六分九十二秒在陽曆食限六
度已上則不食也
細求乙卯年八月望交食
八月經望二萬八千七百三十三分〇四秒半
望入縮曆八十三日二千九百七十〇五十四秒半
縮差二度三十六分七十五秒七十三微 八一當減
入轉二十〇萬四千四百二十二分〇四秒半
遅曆六日六千六百四十九分〇四秒半 八十一限 定限八十四限

歛求之，得已巳日午初三刻食甚，此不見食，故不録，經云月在昼不録也。

故推乙卯年八月朔，交汎一十三日四千五百七十二分四十秒，入食限。筭得八月朔日食，陽曆交前度得一十度三十六分九十二秒，在陽曆食限六度已上，則不食也。

細求乙卯年八月望交食[1]

八月經望，二萬八千七百三十三分〇四秒半。

望入縮曆，八十三日二千九百七十〇五十四秒半。

縮差，二度三十六分七十五秒七十三微八一，當減。

入轉，二十〇萬四千四百二十二分〇四秒半。

遲曆，六日六千六百四十九分〇四秒半，八十一限，定限八十四限。

1 以弘治乙卯（1495 年）八月望月食為例，介紹月食的具體推算。

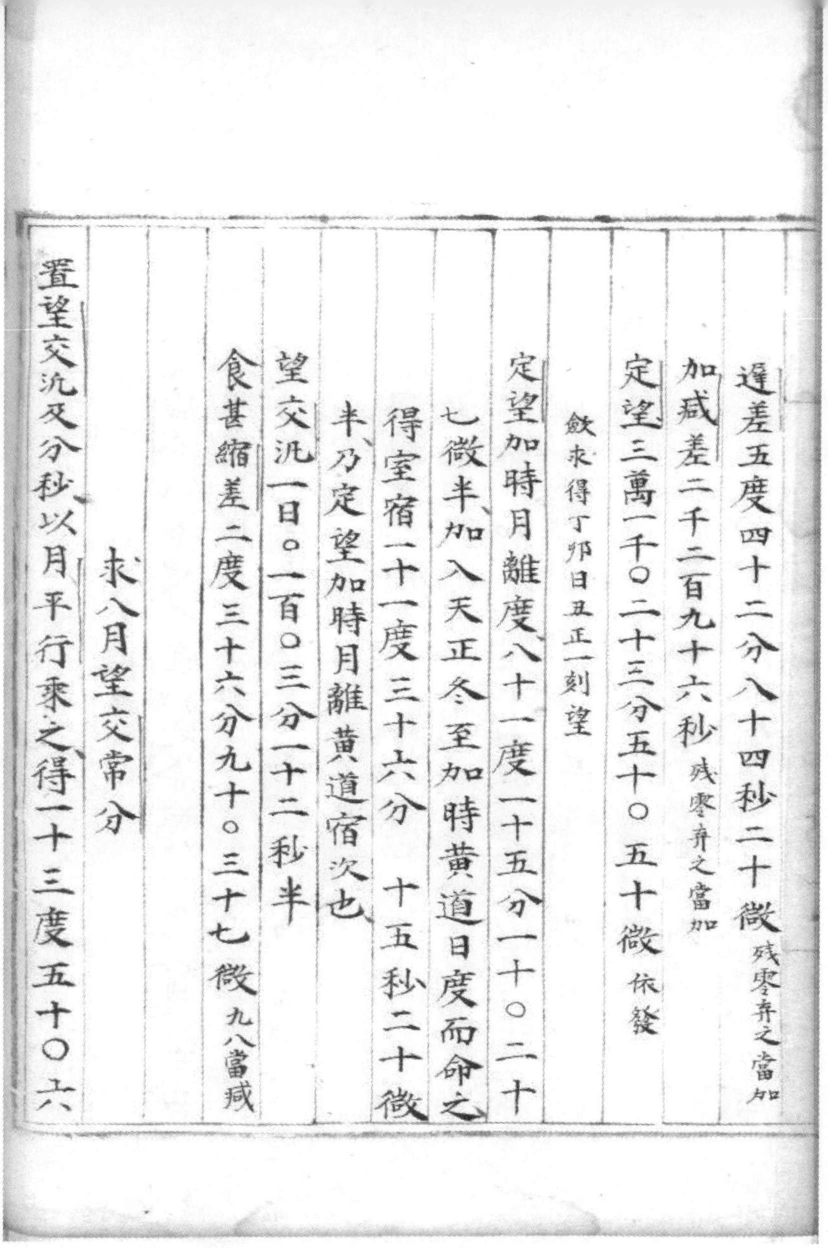

遲差，五度四十二分八十四秒二十微，殘零弃之，當加。

加減差，二千二百九十六秒，殘零弃之，當加。

定望，三萬一千〇二十三分五十〇五十微，依發斂求得丁卯日丑正一刻望。

定望加時月離度，八十一度一十五分一十〇二十七微半。加入天正冬至加時黄道日度而命之，得室宿一十一度三十六分十五秒二十微半，乃定望加時月離黄道宿次也。

望交汎，一日〇一百〇三分一十二秒半。

食甚縮差，二度三十六分九十〇三十七微九八，當減。

求八月望交常分

置望交汎及分秒，以月平行乘之，得一十三度五十〇六

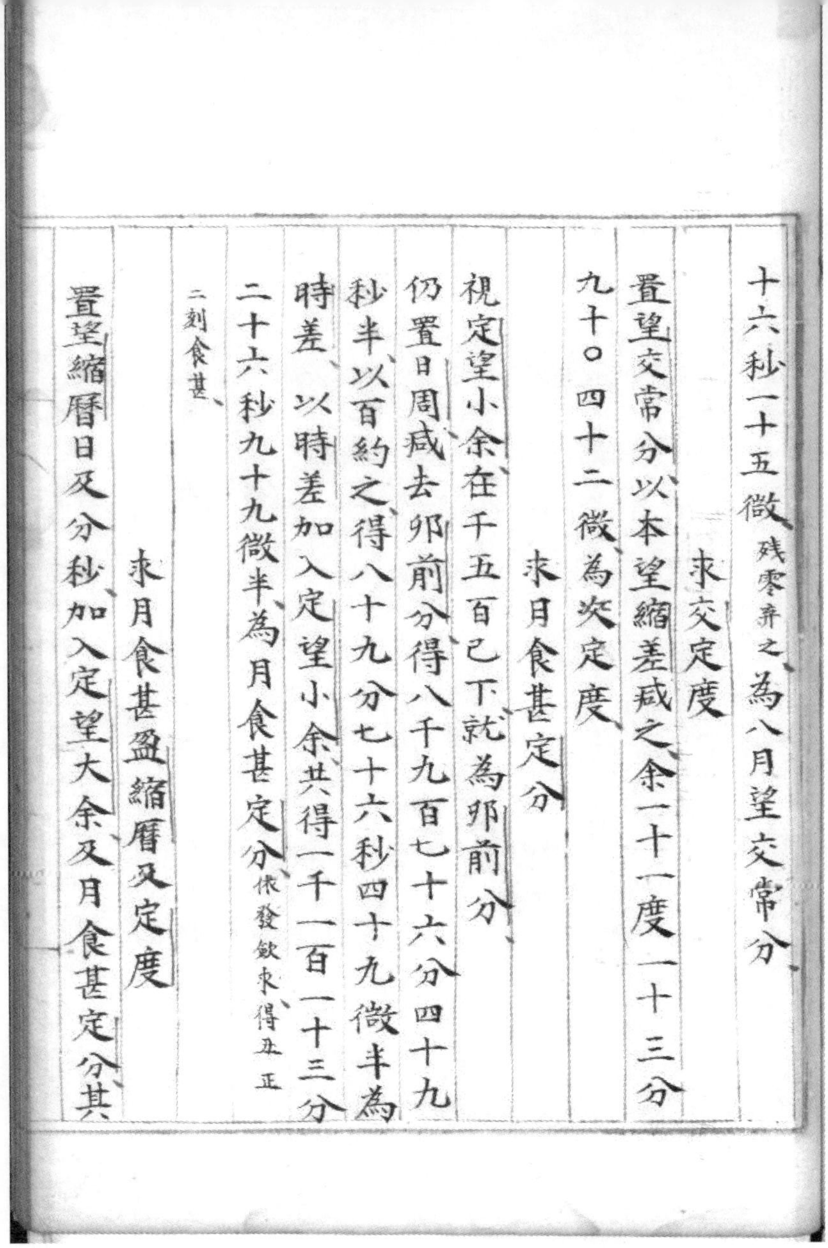

十六秒一十五微，殘零弃之，為八月望交常分。

求交定度

置望交常分，以本望縮差減之，余一十一度一十三分九十〇四十二微，為次[1]定度。

求日食甚定分

視定望小余在千五百已下，就為卯前分。

仍置日周減去卯前分，得八千九百七十六分四十九秒半，以百約之，得八十九分七十六秒四十九微半為時差，以時差加入定望小余，共得一千一百一十三分二十六秒九十九微半，為月食甚定分，依發斂求得丑正二刻食甚。

求月食甚盈縮曆及定度

置望縮曆日及分秒，加入定望大余及月食甚定分，其

1“次”當作“交”。

得數内减去經望大小余之數，余得八十三日五千三百五十〇七十六秒九十九微半，為食甚入縮曆。

仍置食甚入縮曆，以求到食甚縮差减之，余八十一日一千六百六〇三十九秒〇一微半為月食甚定度。

求月食入陰陽曆

視交定度在交中度已下，為陽曆，即交定度不動。

求去前前[1]後度

視陽曆在後準十五度已下，為交後度。

求日食[2]分秒

視交後度在月食限十三度〇五分已下，則有食。

置月食限，内减去交後度，残零弃之，余一度九十一分一十秒，如定法八十七而一，為分得二分一十九秒六十五微，乃食之分秒。

1"前前"當作"交前"。
2"日食"當作"月食"。

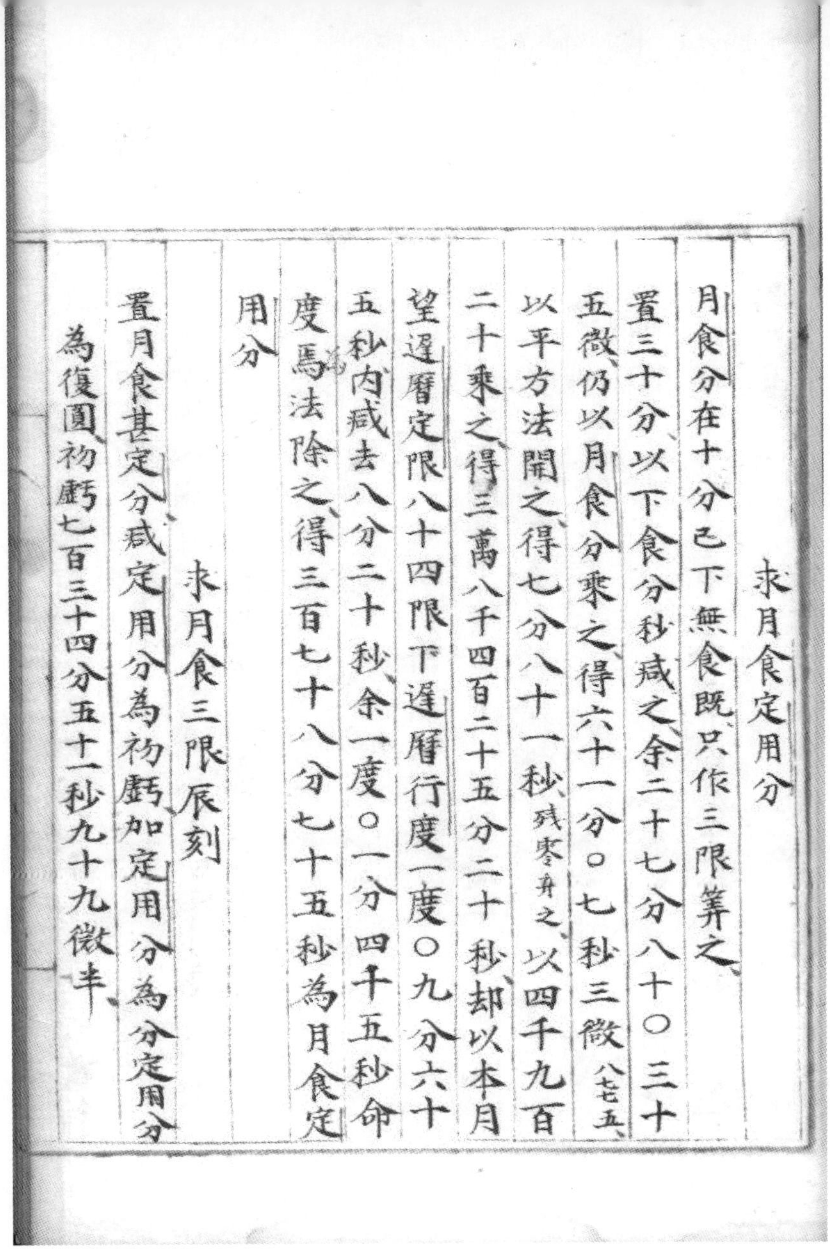

求月食定用分

月食分在十分已下無食既，只作三限筭之。

置三十分以下食分秒，減之余二十七分八十〇三十五微，仍以月食分乘之，得六十一分〇七秒三微八七七五，以平方法開之，得七分八十一秒，殘零弃之。以四千九百二十乘之，得三萬八千四百二十五分二十秒，却以本月望遲曆定限八十四限下遲曆行度一度〇九分六十五秒內減去八分二十秒，余一度〇一分四千五秒，命度馬[1]法除之，得三百七十八分七十五秒，為月食定用分。

求月食三限辰刻

置月食甚定分減定用分為初虧，加定用分為分定用分[2]為復圓，初虧七百三十四分五十一秒九十九微半。

1“馬”當作“為”。
2“分定用分”當刪去。

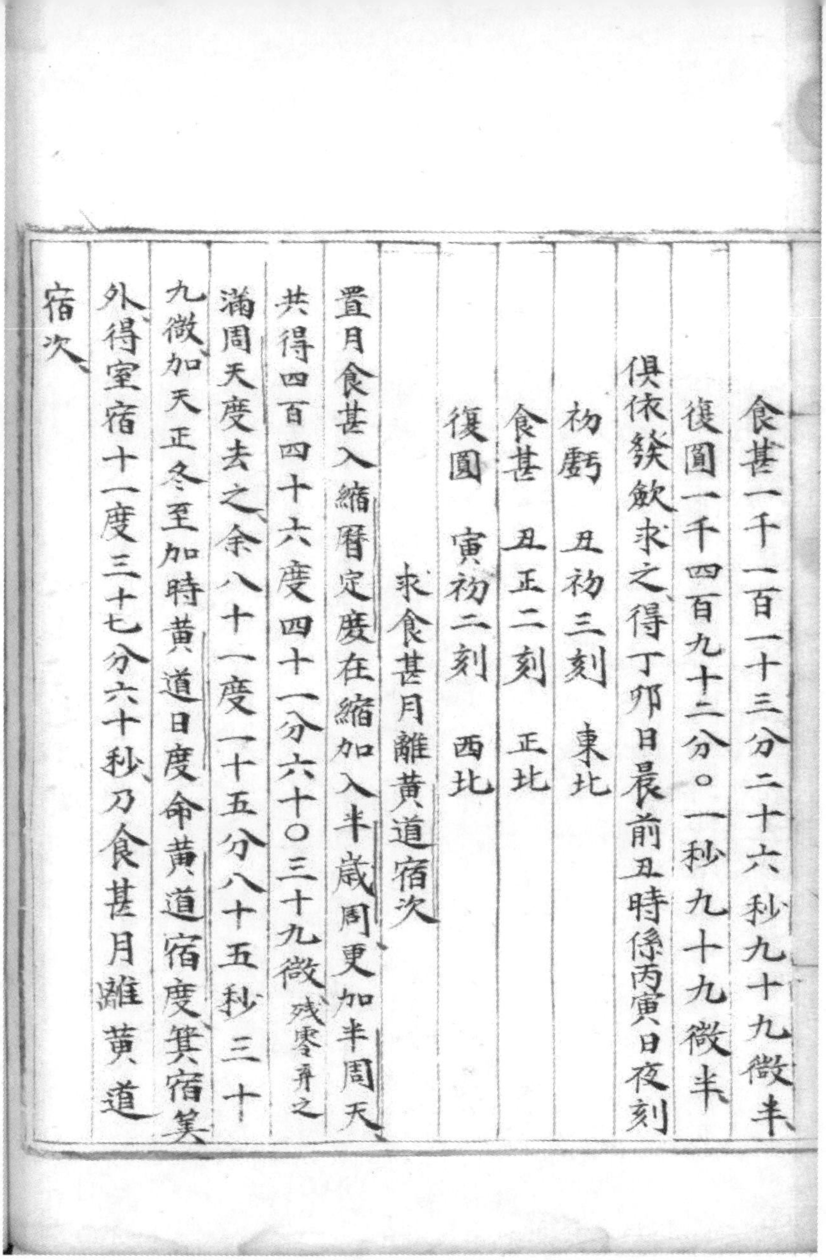
食甚一千一百一十三分二十六秒九十九微半
復圓一千四百九十二分〇一秒九十九微半
俱依發斂求之得丁卯日晨前丑時係丙寅日夜刻
初虧　丑初三刻　東北
食甚　丑正二刻　正北
復圓　寅初二刻　西北
求食甚月離黃道宿次
置月食甚入縮曆定度在縮加入半歲周更加半周天
共得四百四十六度四十一分六十〇三十九微殘零弃之
滿周天度去之余八十一度一十五分八十五秒三十
九微加天正冬至加時黃道日度命黃道宿度箕宿筭
外得室宿十一度三十七分六十秒乃食甚月離黃道
宿次

食甚，一千一百一十三分二十六秒九十九微半。

復圓，一千四百九十二分〇一秒九十九微半。

俱依發斂求之，得丁卯日晨前丑時，係丙寅日夜刻。

初虧，丑初三刻，東北。

食甚，丑正二刻，正北。

復圓，寅初二刻，西北。

求食甚月離黃道宿次

置月食甚入縮曆，定度在縮，加入半歲周，更加半周天，共得四百四十六度四十一分六十〇三十九微，殘零弃之。

滿周天度去之，余八十一度一十五分八十五秒三十九微，加天正冬至，加時黃道日度，命黃道宿度箕宿筭外，得室宿十一度三十七分六十秒，乃食甚月離黃道宿次。

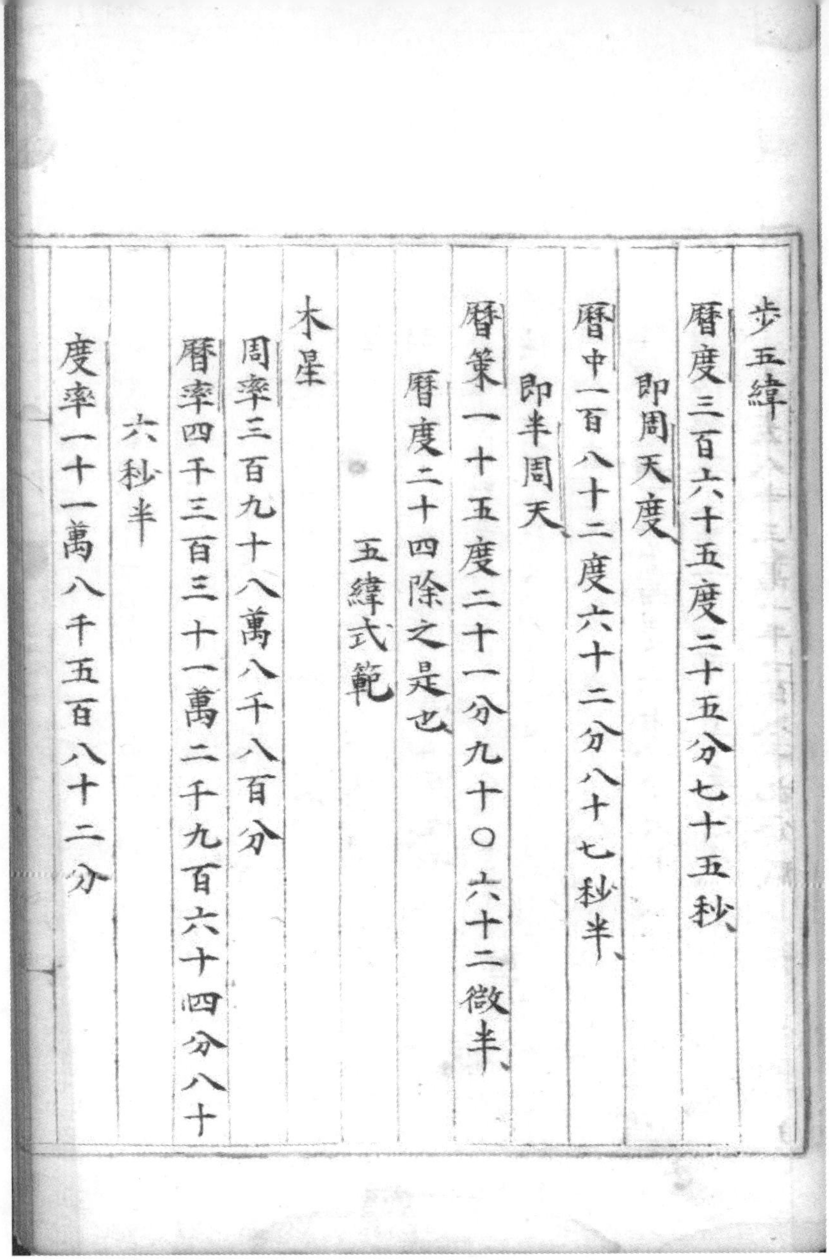

步五緯
曆度三百六十五度二十五分七十五秒
即周天度
曆中一百八十二度六十二分八十七秒半
即半周天
曆策一十五度二十一分九十〇六十二微半
曆度二十四除之是也
五緯式範
木星
周率三百九十八萬八千八百分
曆率四千三百三十一萬二千九百六十四分八十
六秒半
度率一十一萬八千五百八十二分

步五緯

曆度，三百六十五度二十五分七十五秒，

即周天度。

曆中，一百八十二度六十二分八十七秒半，

即半周天。

曆策，一十五度二十一分九十〇六十二微半。

曆度，二十四除之是也。

五緯式範[1]

木星

周率[2]，三百九十八萬八千八百分。

曆率[3]，四千三百三十一萬二千九百六十四分八十六秒半。

度率[4]，一十一萬八千五百八十二分。

1 介紹五星的基本參數。

2 周率相当于五星会合周期。

3 曆率相当于五星恒星週期。

4 度率为五星行天一度所需的日數，也可换算为五星恒星周期（恒星年）。度率 = 历率 /365.2575。

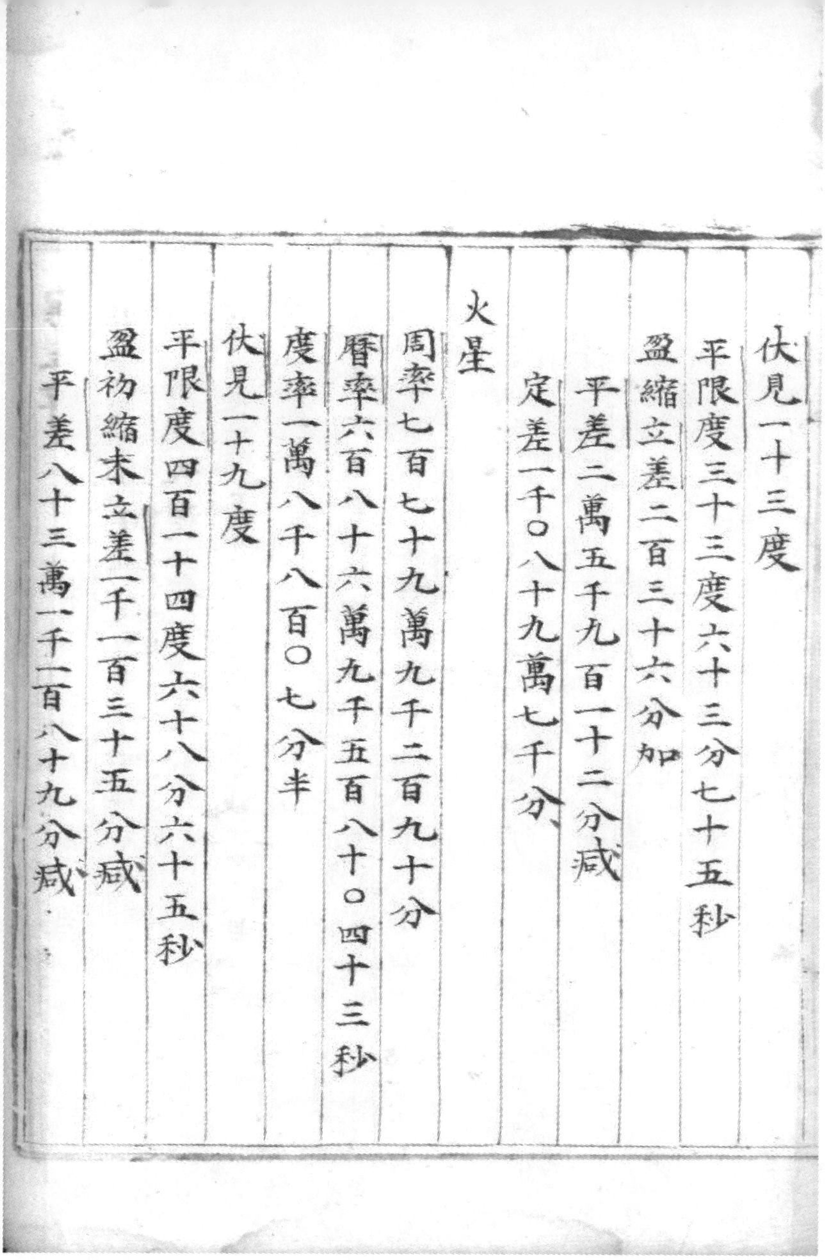
伏見一十三度
平限度三十三度六十三分七十五秒
盈縮立差二百三十六分加
平差二萬五千九百一十二分減
定差一千〇八十九萬七千分
火星
周率七百七十九萬九千二百九十分
曆率六百八十六萬九千五百八十〇四十三秒
度率一萬八千八百〇七分半
伏見一十九度
平限度四百一十四度六十八分六十五秒
盈初縮末立差一千一百三十五分減
平差八十三萬一千一百八十九分減

伏見[1]，一十三度。

平限度，三十三度六十三分七十五秒。

盈縮立差[2]，二百三十六分，加。

平差，二萬五千九百一十二分，減。

定差，一千〇八十九萬七千分。

火星

周率，七百七十九萬九千二百九十分。

曆率，六百八十六萬九千五百八十〇四十三秒。

度率，一萬八千八百〇七分半。

伏見，一十九度。

平限度，四百一十四度六十八分六十五秒。

盈初縮末立差，一千一百三十五分，減。

平差，八十三萬一千一百八十九分，減。

1 伏見为太阳与五星目视可见的相距最小角距。

2 五星盈缩平立定三差，用于求算五星运动的盈缩。

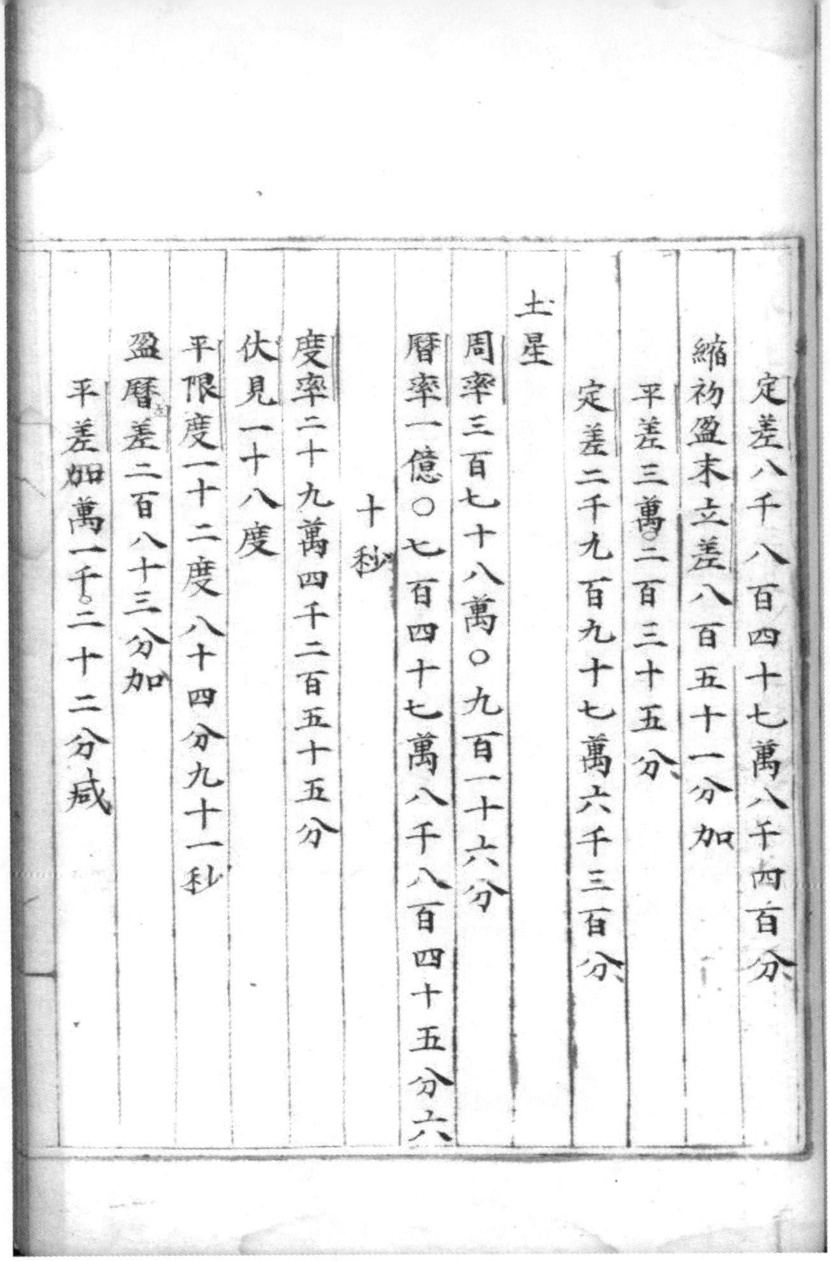
定差八千八百四十七萬八千四百分
縮初盈末立差八百五十一分加
平差三萬〇二百三十五分
定差二千九百九十七萬六千三百分
土星
周率三百七十八萬〇九百一十六分
曆率一億〇七百四十七萬八千八百四十五分六十秒
度率二十九萬四千二百五十五分
伏見一十八度
平限度一十二度八十四分九十一秒
盈曆差二百八十三分加
平差四萬一千〇二十二分減

定差，八千八百四十七萬八千四百分。
縮初盈末立差，八百五十一分，加。
平差，三萬二百三十五分。
定差，二千九百九十七萬六千三百分。
土星
周率，三百七十八萬〇九百一十六分。
曆率，一億〇七百四十七萬八千八百四十五分六十秒。
度率，二十九萬四千二百五十五分。
伏見，一十八度。
平限度，一十二度八十四分九十一秒。
盈曆差，二百八十三分，加。
平差，四萬一千〇二十二分，減。

定差一千五百一十四萬六千一百分
縮曆立差三百三十一分加
平差一萬五千一百二十六分減
定差一千一百○一萬七千五百分
金星
周率五百八十三萬九千○二十分
曆率三百六十五萬二千五百七十五分
度率一萬
伏見一十度半
平限度五百八十三度九十○二十六秒
盈縮立差一百四十一分加
平差三分減
定差三百五十一萬五千五百分

定差，一千五百一十四萬六千一百分。
縮曆立差，三百三十一分，加。
平差，一萬五千一百二十六分，減。
定差，一千一百〇一萬七千五百分。
金星
周率，五百八十三萬九千〇二十分。
曆率，三百六十五萬二千五百七十五分。
度率，一萬。
伏見，一十度半，
平限度，五百八十三度九十〇四二十六秒。
盈縮立差，一百四十一分，加。
平差，三分，減。
定差，三百五十一萬五千五百分。

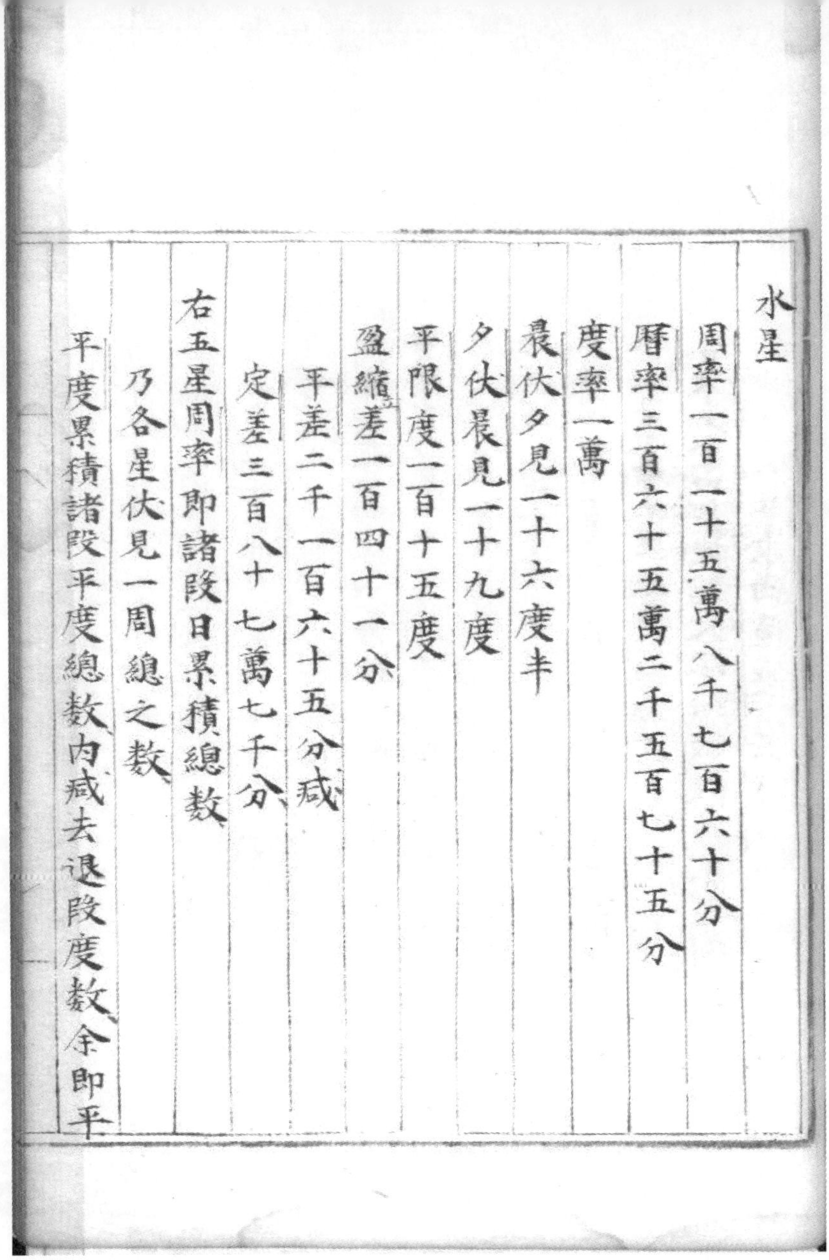
水星
周率一百一十五萬八千七百六十分
曆率三百六十五萬二千五百七十五分
度率一萬
晨伏夕見一十六度半
夕伏晨見一十九度
平限度一百十五度
盈縮立差一百四十一分
平差二千一百六十五分減
定差三百八十七萬七千分
右五星周率即諸段日累積總數
乃各星伏見一周總之數
平度累積諸段平度總數內減去退段度數余即平

水星

周率，一百一十五萬八千七百六十分。

曆率，三百六十五萬二千五百七十五分。

度率，一萬。

晨伏夕見，一十六度半。

夕伏晨見，一十九度。

平限度，一百十五度。

盈縮立差，一百四十一分。

平差，二千一百六十五分，減。

定差，三百八十七萬七千分。

右五星周率，即諸段日累積總數。

乃各星伏見一周總之數

平度累積諸段平度總數，內減去退段度數，余即平

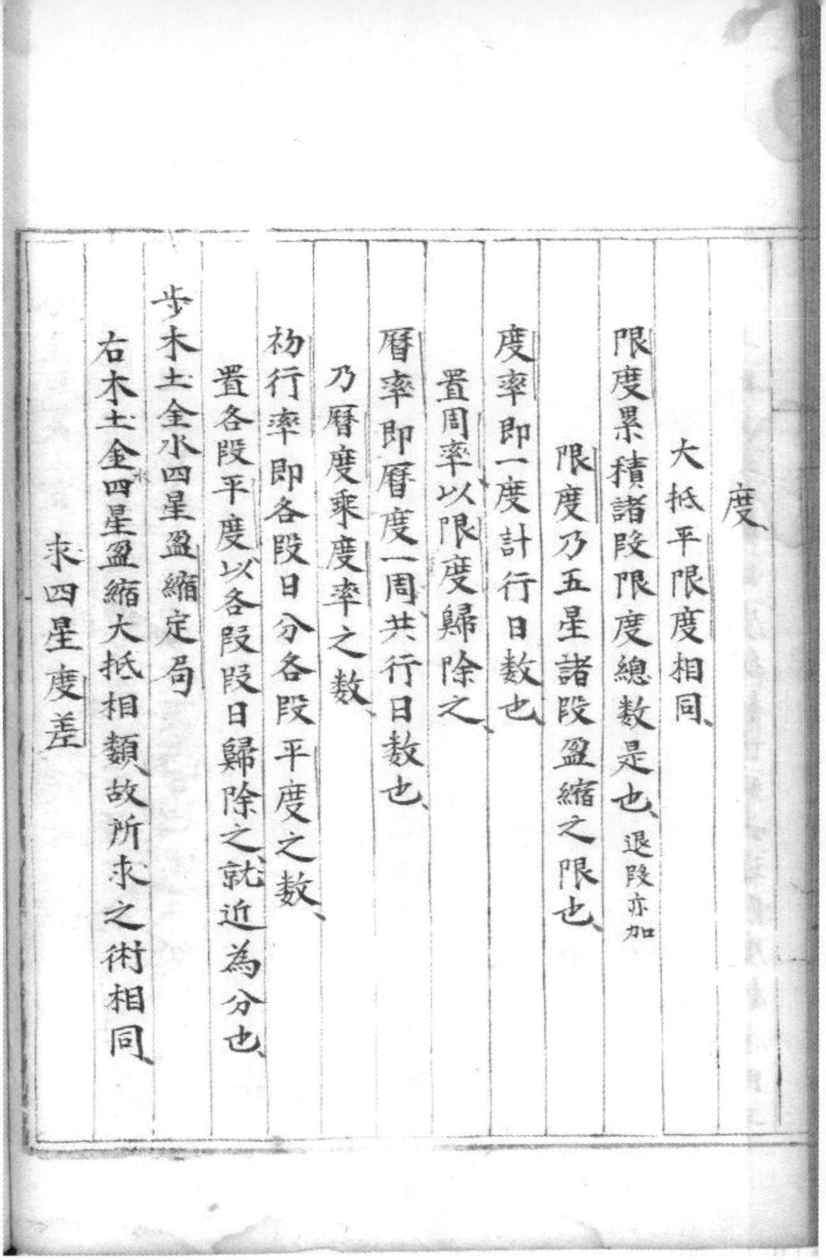

度。

大抵平限度相同。

限度累積諸段限度總數是也，退段亦加，

限度乃五星諸段盈縮之限也。

度率，即一度計行日數也，

置周率以限度歸除之。

曆率，即曆度一周共行日數也，

乃曆度乘度率之數。

初行率，即各段日分各段平度之數。

置各段平度，以各段段日歸除之，就近為分也。

步木、土、金、水四星盈縮定局

右木、土、金、水四星盈縮，大抵相類，故所求之術相同。

求四星度差

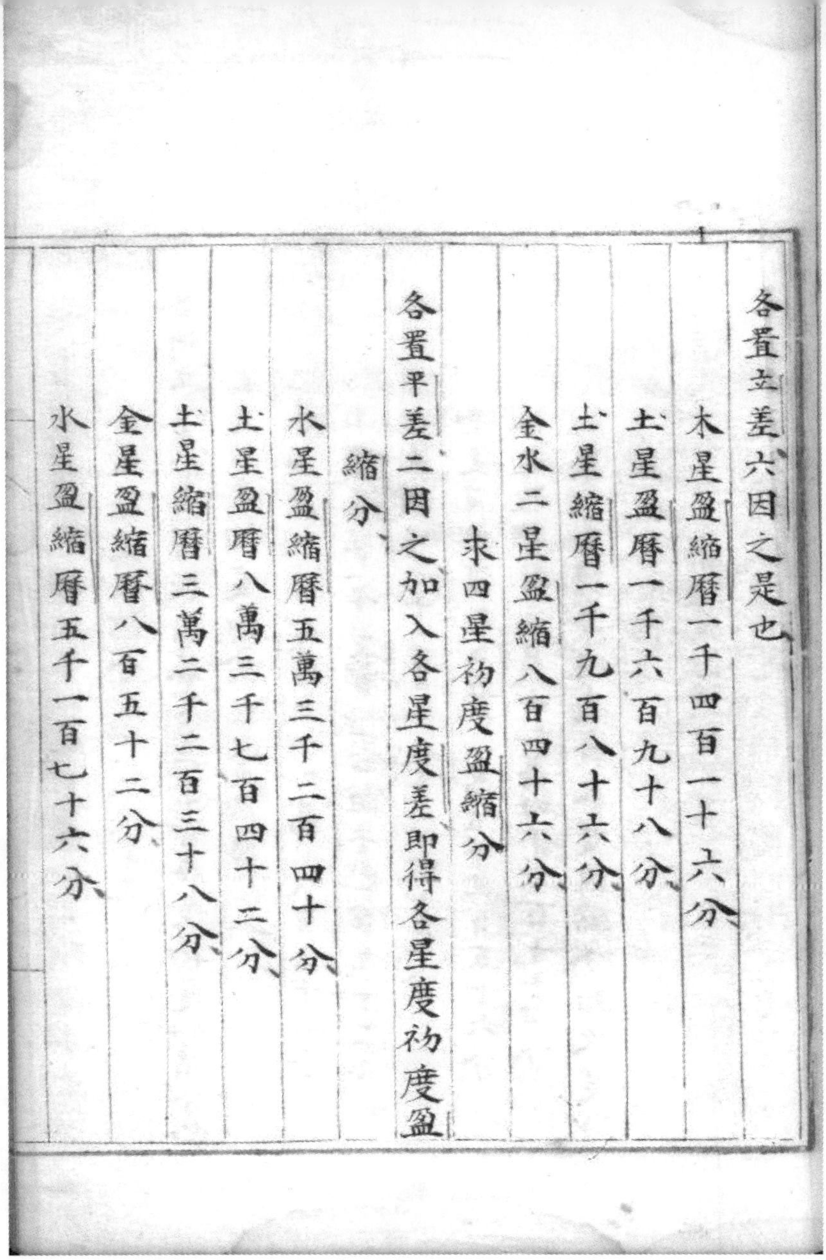

各置立差六因之是也
木星盈縮曆一千四百一十六分
土星盈曆一千六百九十八分
土星縮曆一千九百八十六分
金水二星盈縮八百四十六分
求四星初度盈縮分
各置平差二因之加入各星度差即得各星度初度盈縮分
水星盈縮曆五萬三千二百四十分
土星盈曆八萬三千七百四十二分
土星縮曆三萬二千二百三十八分
金星盈縮曆八百五十二分
水星盈縮曆五千一百七十六分

各置立差，六因之是也。
木星盈縮曆，一千四百一十六分。
土星盈曆，一千六百九十八分。
土星縮曆，一千九百八十六分。
金、水二星盈縮，八百四十六分。
求四星初度盈縮分
各置平差，二因之，加入各星度差，即得各星度初度盈縮分。
水星盈縮曆，五萬三千二百四十分。
土星盈曆，八萬三千七百四十二分。
土星縮曆，三萬二千二百三十八分。
金星盈縮曆，八百五十二分。
水星盈縮曆，五千一百七十六分。

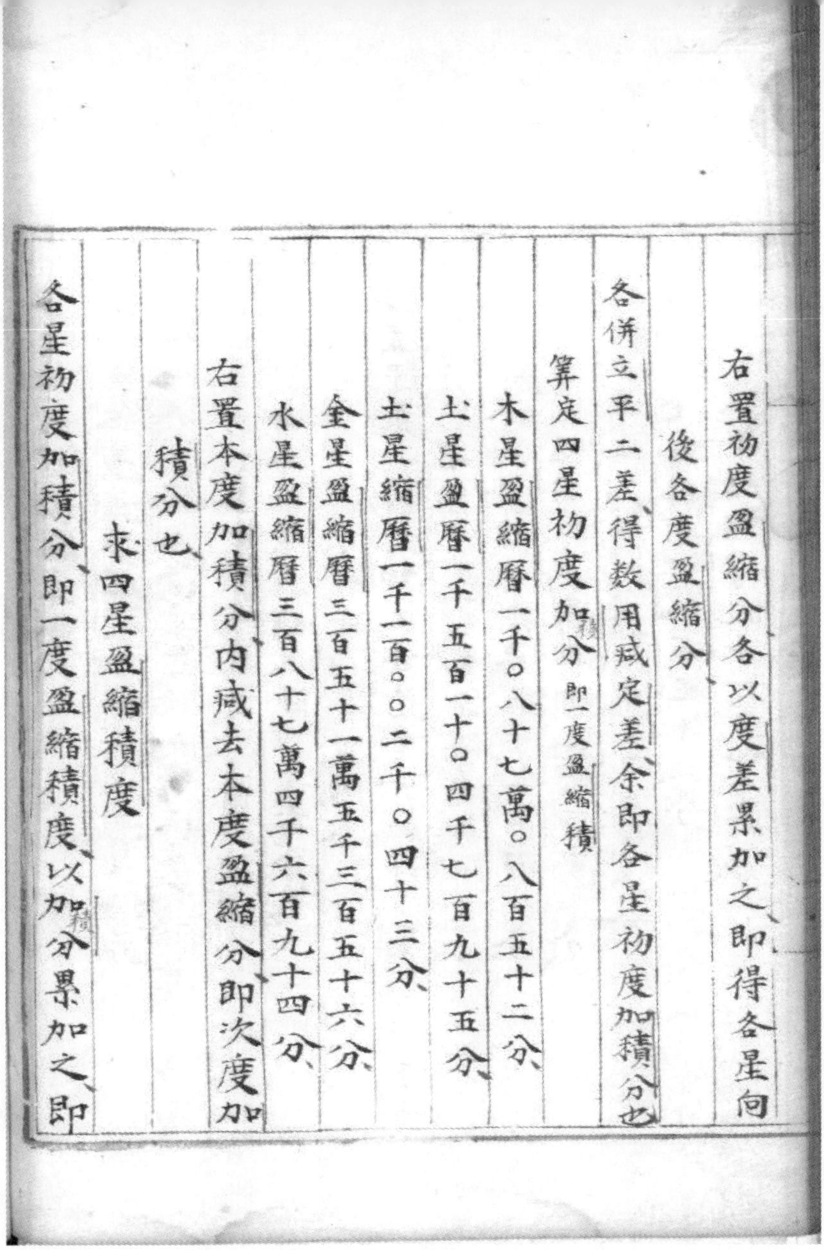

右置初度盈縮分，各以度差累加之，即得各星向後各度盈縮分。

各併立平二差，得數用減定差，余即各星初度加積分也。

筭定四星初度加積分，即一度盈縮積。

木星盈縮曆，一千〇八十七萬〇八百五十二分。

土星盈曆，一千五百一十〇四千七百九十五分。

土星縮曆，一千一百〇〇二千〇四十三分。

金星盈縮曆，三百五十一萬五千三百五十六分。

水星盈縮曆，三百八十七萬四千六百九十四分。

右置本度加積分，內減去本度盈縮分，即次度加積分也。

求四星盈縮積度

各星初度加積分，即一度盈縮積度，以加分累加之，即

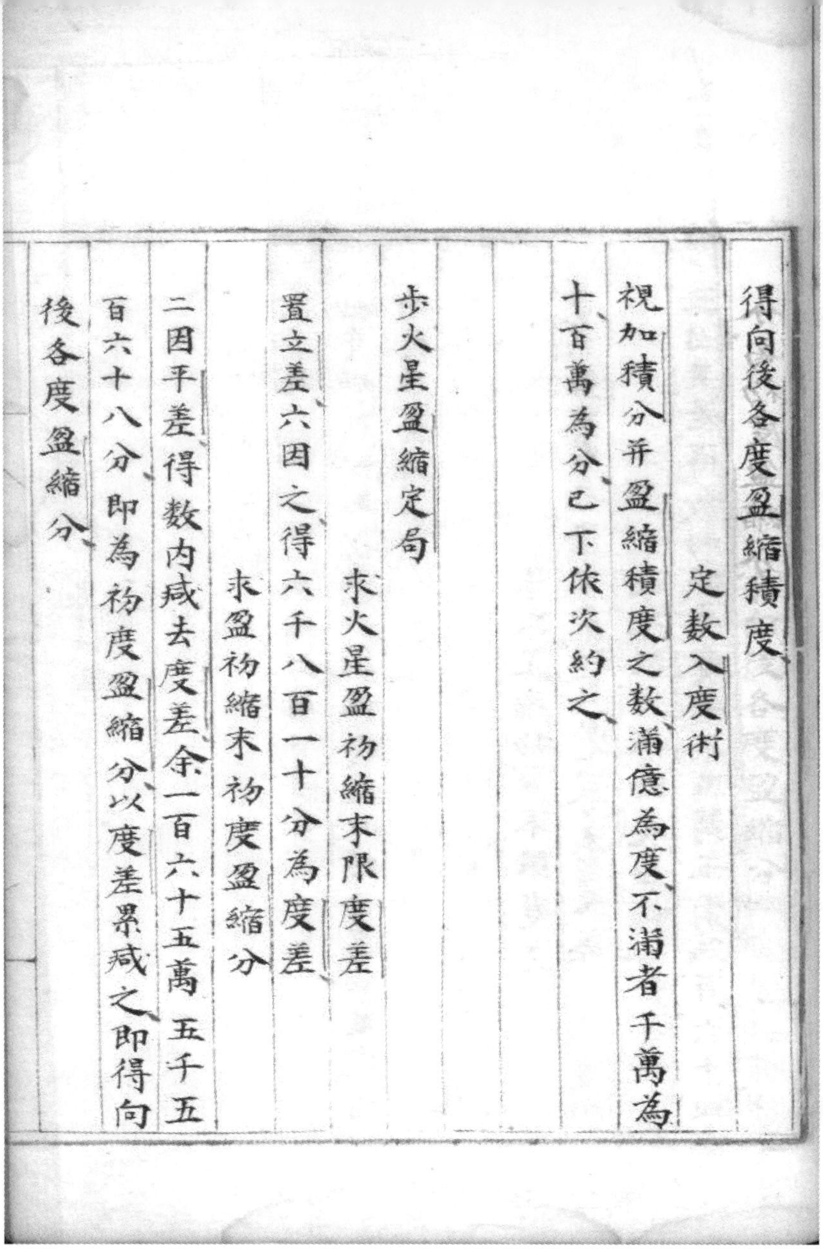
得向後各度盈縮積度
定数入度術
視加積分并盈縮積度之数滿億為度不滿者千萬為十百萬為分已下依次約之
步火星盈縮定局
求火星盈初縮末限度差
置立差六因之得六千八百一十分為度差
求盈初縮末初度盈縮分
二因平差得数内减去度差余一百六十五萬五千五百六十八分即為初度盈縮分以度差累减之即得向後各度盈縮分

得向後各度盈縮積度。

定數入度術

視加積分，并盈縮積度之數，滿億為度，不滿者，千萬為十，百萬為分，已下依此約之。

步火星盈縮定局

求火星盈初縮末限度差

置立差，六因之，得六千八百一十分為度差。

求盈初縮末初度盈縮分

二因平差，得數內減去度差，余一百六十五萬五千五百六十八分，即為初度盈縮分，以度差累減之，即得向後各度盈縮分。

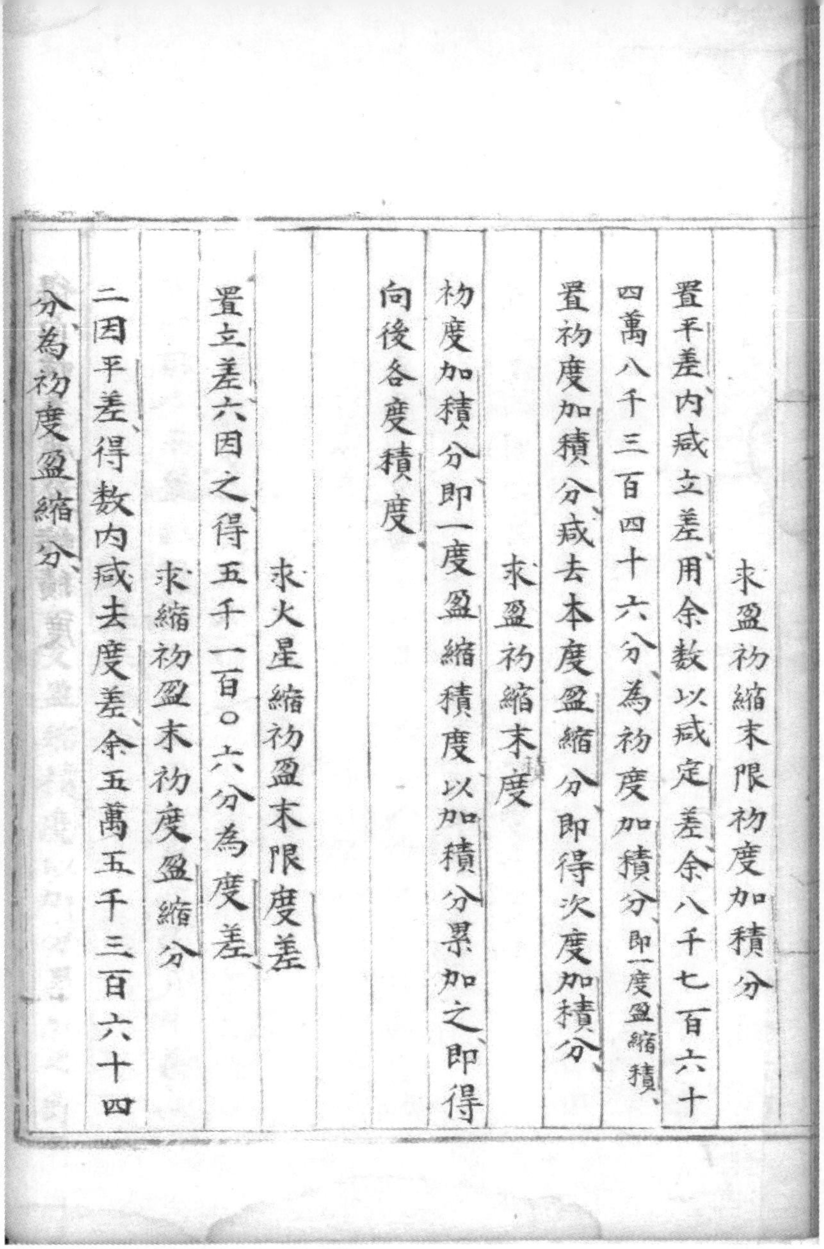

求盈初縮末限初度加積分
置平差内减立差用余数以减定差余八千七百六十
四萬八千三百四十六分為初度加積分即一度盈縮積
置初度加積分减去本度盈縮分即得次度加積分
求盈初縮末度
初度加積分即一度盈縮積度以加積分累加之即得
向後各度積度
求火星縮初盈末限度差
置立差六因之得五千一百〇六分為度差
求縮初盈末初度盈縮分
二因平差得数内减去度差余五萬五千三百六十四
分為初度盈縮分

求盈初縮末限初度加積分

置平差，内減立差，用余数以減定差，余八千七百六十四萬八千三百四十六分為初度，加積分，即一度盈縮積。

置初度加積分，減去本度盈縮分，即得次度加積分。

求盈初縮末積度

初度加積分，即一度盈縮積度，以加積分累加之，即得向後各度積度。

求火星縮初盈末限度差

置立差，六因之，得五千一百〇六分，為度差。

求縮初盈末初度盈縮分

二因平差，得數内減去度差，余五萬五千三百六十四分，為初度盈縮分。

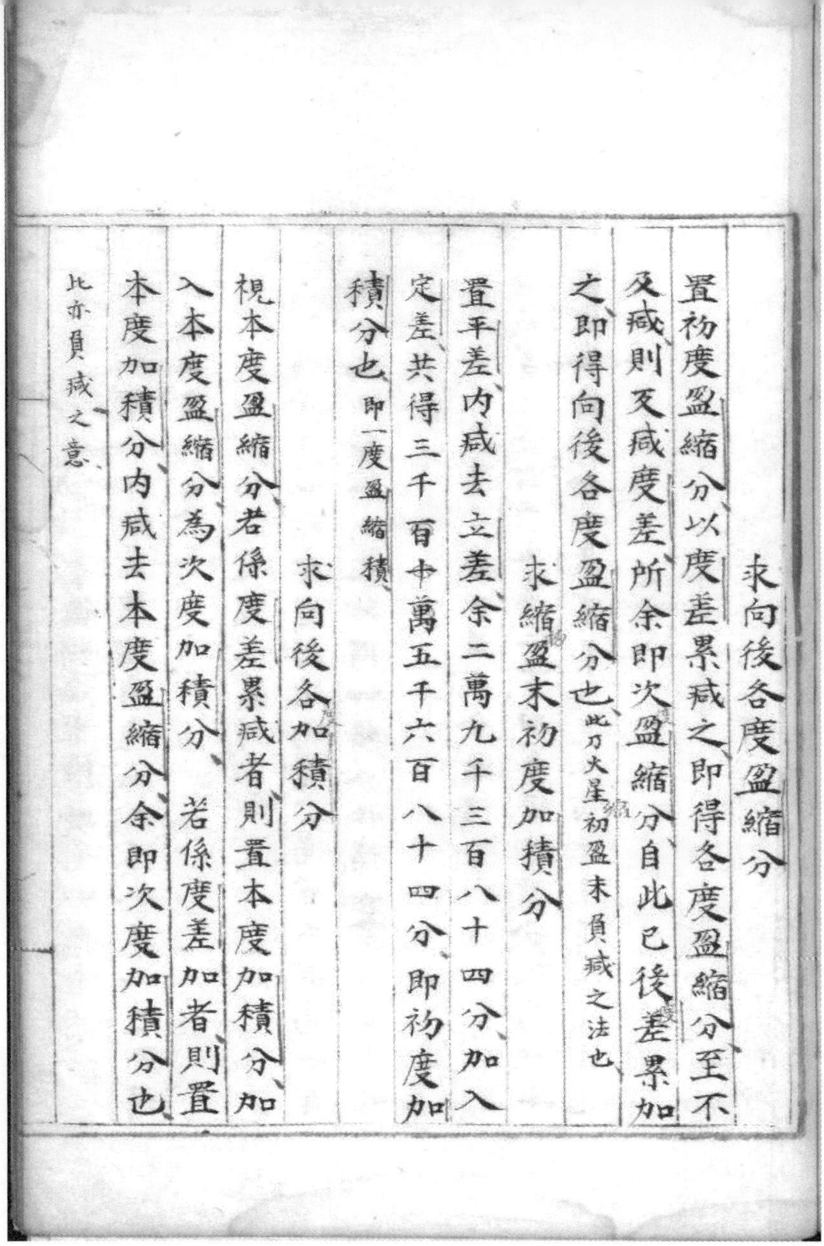
求向後各度盈縮分
置初度盈縮分以度差累減之即得各度盈縮分至不
及減則反減度差所余即次盈縮分自此已後差累加
之即得向後各度盈縮分也此乃火星初盈末負減之法也
求縮盈末初度加積分
置平差内減去立差余二萬九千三百八十四分加入
定差共得三千百十萬五千六百八十四分即初度加
積分也即一度盈縮積
求向後各加積分
視本度盈縮分若係度差累減者則置本度加積分加
入本度盈縮分為次度加積分若係度差加者則置
本度加積分内減去本度盈縮分余即次度加積分也
此亦負減之意

求向後各度盈縮分

置初度盈縮分，以度差累減之，即得各度盈縮分。至不及減，則反減度差，所余即次度盈縮分，自此已後，度差累加之，即得向後各度盈縮分也，此乃火星縮初盈末負減之法也。

求縮初盈末初度加積分

置平差內減去立差，余二萬九千三百八十四分，加入定差共得三千百十萬五千六百八十四分，即初度加積分也，即一度盈縮積。

求向後各度加積分

視本度盈縮分，若係度差累減者，則置本度加積分，加入本度盈縮分，為次度加積分。若係度差加者，則置本度加積分，內減去本度盈縮分，余即次度加積分也，此亦負減之意。

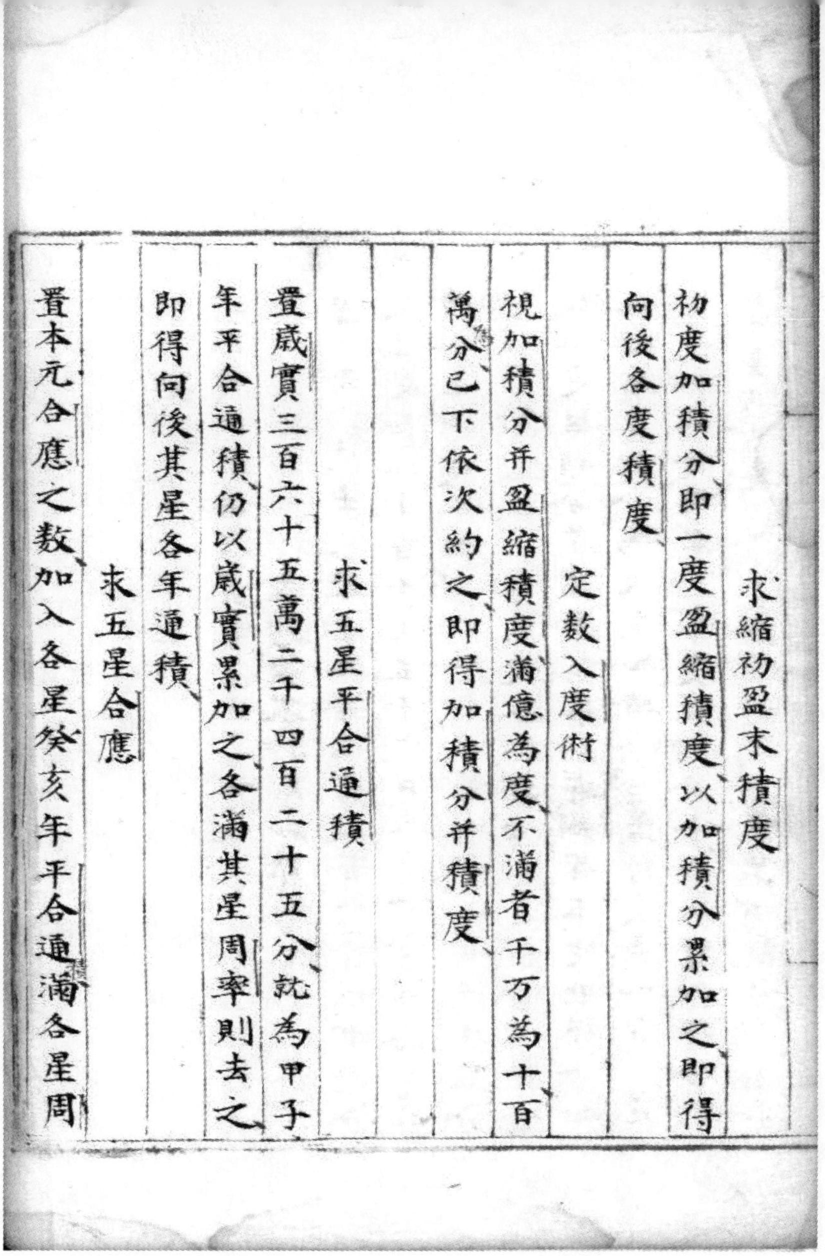
求縮初盈末積度
初度加積分即一度盈縮積度以加積分累加之即得
向後各度積度
定數入度術
視加積分并盈縮積度滿億為度不滿者千万為十百
萬分已下依次約之即得加積分并積度
求五星平合通積
置歲實三百六十五萬二千四百二十五分就為甲子
年平合通積仍以歲實累加之各滿其星周率則去之
即得向後其星各年通積
求五星合應
置本元合應之數加入各星癸亥年平合通滿各星周

求縮初盈末積度

初度加積分，即一度盈縮積定，以加積分累加之，即得向後各度積度。

定數入度術

視加積分并盈縮積度，滿億為度，不滿者，千萬為十,百萬為分，已下依此約之，即得加積分并積度。

求五星平合通積

置歲實三百六十五萬二千四百二十五分，就為甲子年平合通積，仍以歲實累加之，各滿其星周率則去之，即得向後其星各年通積。

求五星合應

置本元合應之數，加入各星癸亥年平合通積，滿各星周

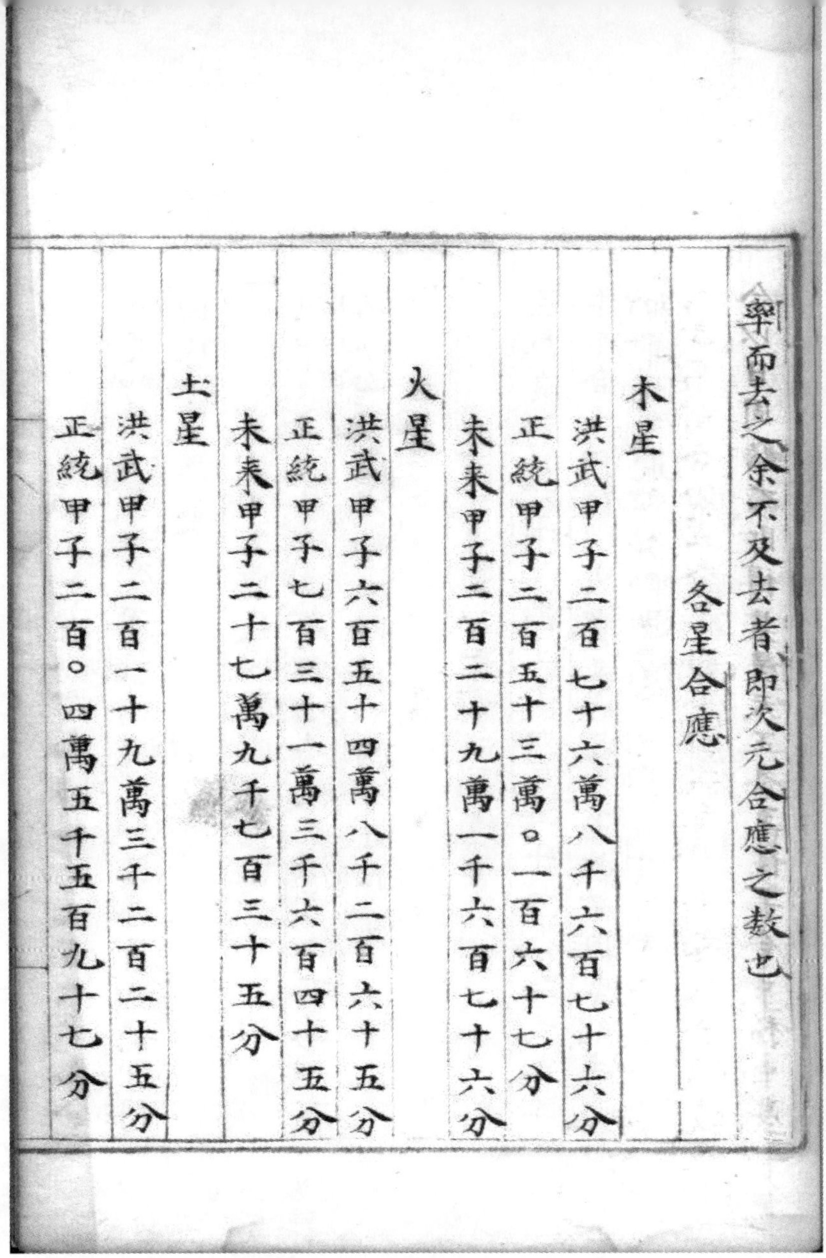
率而去之余不及去者即次元合應之数也
各星合應
木星
洪武甲子二百七十六萬八千六百七十六分
正統甲子二百五十三萬〇一百六十七分
未来甲子二百二十九萬一千六百七十六分
火星
洪武甲子六百五十四萬八千二百六十五分
正統甲子七百三十一萬三千六百四十五分
未来甲子二十七萬九千七百三十五分
土星
洪武甲子二百一十九萬三千二百二十五分
正統甲子二百〇四萬五千五百九十七分

率而去之，余不及去者，即次元合應之數也。

各星合應

木星

洪武甲子，二百七十六萬八千六百七十六分。

正統甲子，二百五十三萬〇一百六十七分。

未來甲子，二百二十九萬一千六百七十六分。

火星

洪武甲子，六百五十四萬八千二百六十五分。

正統甲子，七百三十一萬三千六百四十五分。

未來甲子，二十七萬九千七百三十五分。

土星

洪武甲子，二百一十九萬三千二百二十五分。

正統甲子，二百〇四萬五千五百九十七分。

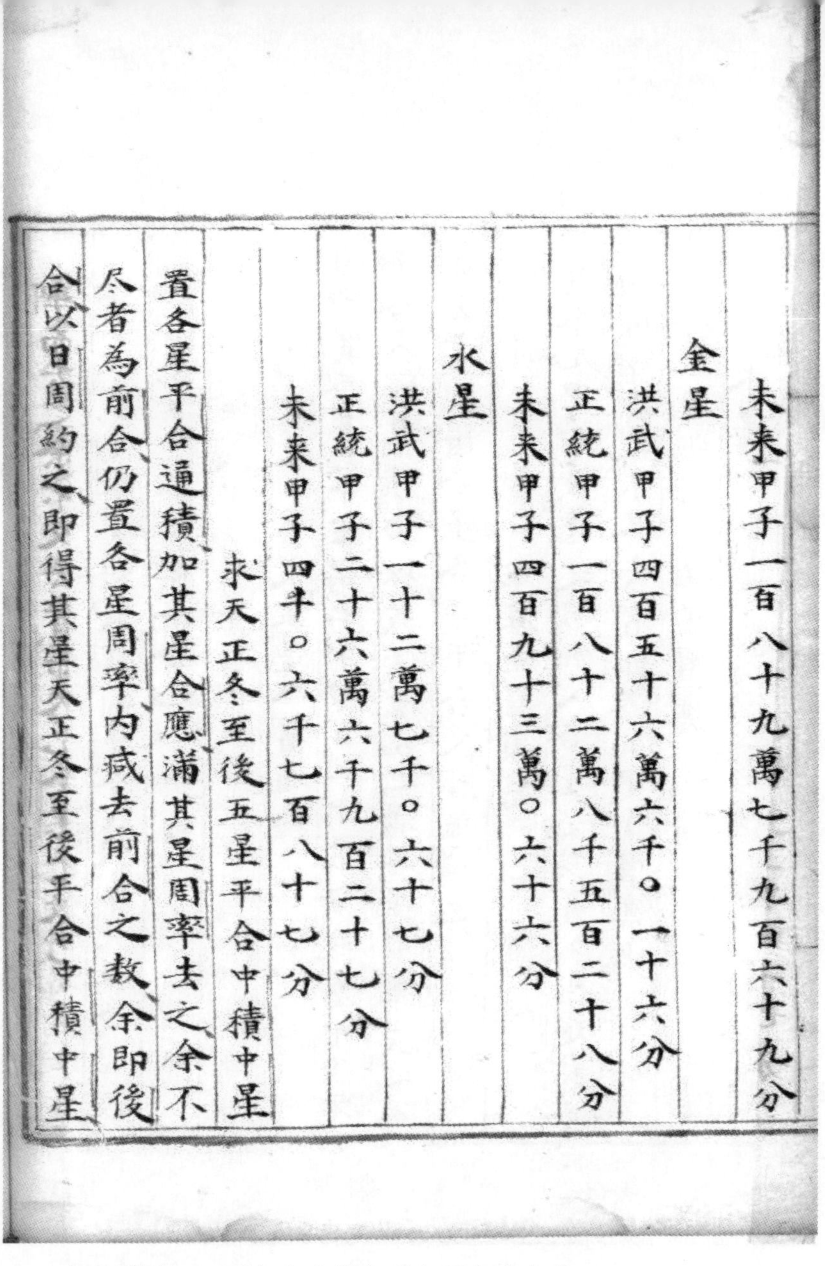
未来甲子一百八十九萬七千九百六十九分
金星
洪武甲子四百五十六萬六千〇一十六分
正統甲子一百八十二萬八千五百二十八分
未来甲子四百九十三萬〇六十六分
水星
洪武甲子一十二萬七千〇六十七分
正統甲子二十六萬六千九百二十七分
未来甲子四十〇六千七百八十七分
求天正冬至後五星平合中積中星
置各星平合通積加其星合應滿其星周率去之余不尽者為前合仍置各星周率内減去前合之数余即後合以日周約之即得其星天正冬至後平合中積中星

未來甲子，一百九十八萬七千九百六十九分。

金星

洪武甲子，四百五十六萬六千〇一十六分。

正統甲子，一百八十二萬八千五百二十八分。

未來甲子，四百九十三萬〇六十六分。

水星

洪武甲子，一十二萬七千〇六十七分。

正統甲子，二十六萬六千九百二十七分。

未來甲子，四十〇六千七百八十七分。

求天正冬至後五星平合中積中星

置各星平合通積，加其星合應，滿其星周率去之，余不尽者為前合，仍置各星周率內減去前合之數，余即後合，以日周約之，即得其星天正冬至後平合中積中星。

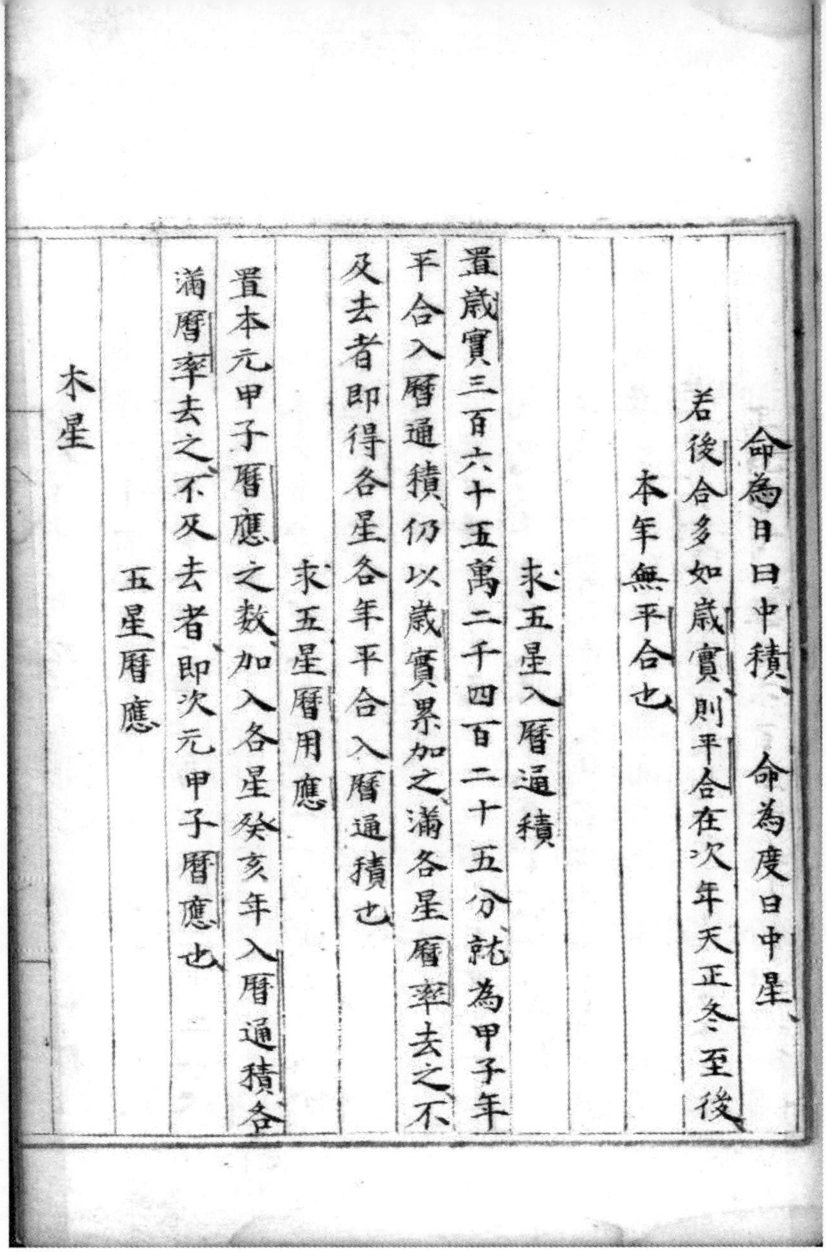

命為日曰中積、命為度曰中星、
若後合多如歲實則平合在次年天正冬至後
本年無平合也
求五星入曆通積
置歲實三百六十五萬二千四百二十五分就為甲子年
平合入曆通積仍以歲實累加之滿各星曆率去之不
及去者即得各星各年平合入曆通積也
求五星曆用應
置本元甲子曆應之数加入各星癸亥年入曆通積各
滿曆率去之不及去者即次元甲子曆應也
五星曆應
木星

命為日，曰中積，命為度，曰中星。若後合多如歲實，則平合在次年天正冬至後，本年無平合也。

求五星入曆通積

置歲實三百六十五萬二千四百二十五分，就為甲子年平合入曆通積，仍以歲實累加之，滿各星曆率去之，不及去者，即得各星各年平合入曆通積也。

求五星曆用應

置本元甲子曆應之数，加入各星癸亥年入曆通積，各滿曆率去之，不及去者，即次元甲子曆應也。

五星曆應

木星

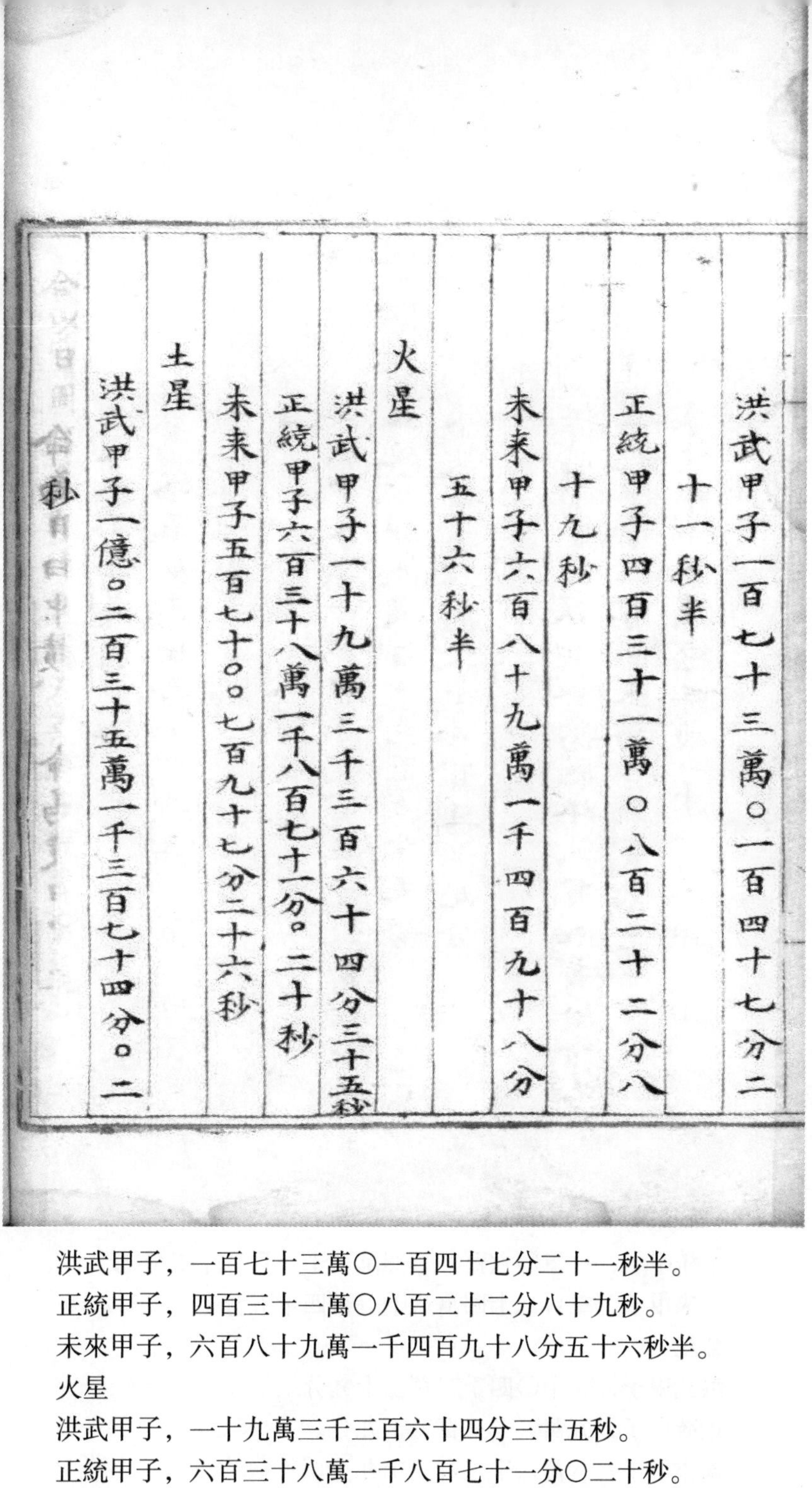
洪武甲子一百七十三萬〇一百四十七分二
十一秒半
正統甲子四百三十一萬〇八百二十二分八
十九秒
未来甲子六百八十九萬一千四百九十八分
五十六秒半
火星
洪武甲子一十九萬三千三百六十四分三十五秒
正統甲子六百三十八萬一千八百七十一分〇二十秒
未来甲子五百七十〇〇七百九十七分二十六秒
土星
洪武甲子一億〇二百三十五萬一千三百七十四分〇二

洪武甲子，一百七十三萬〇一百四十七分二十一秒半。

正統甲子，四百三十一萬〇八百二十二分八十九秒。

未來甲子，六百八十九萬一千四百九十八分五十六秒半。

火星

洪武甲子，一十九萬三千三百六十四分三十五秒。

正統甲子，六百三十八萬一千八百七十一分〇二十秒。

未來甲子，五百七十〇〇七百九十七分二十六秒。

土星

洪武甲子，一億〇二百三十五萬一千三百七十四分〇二秒。

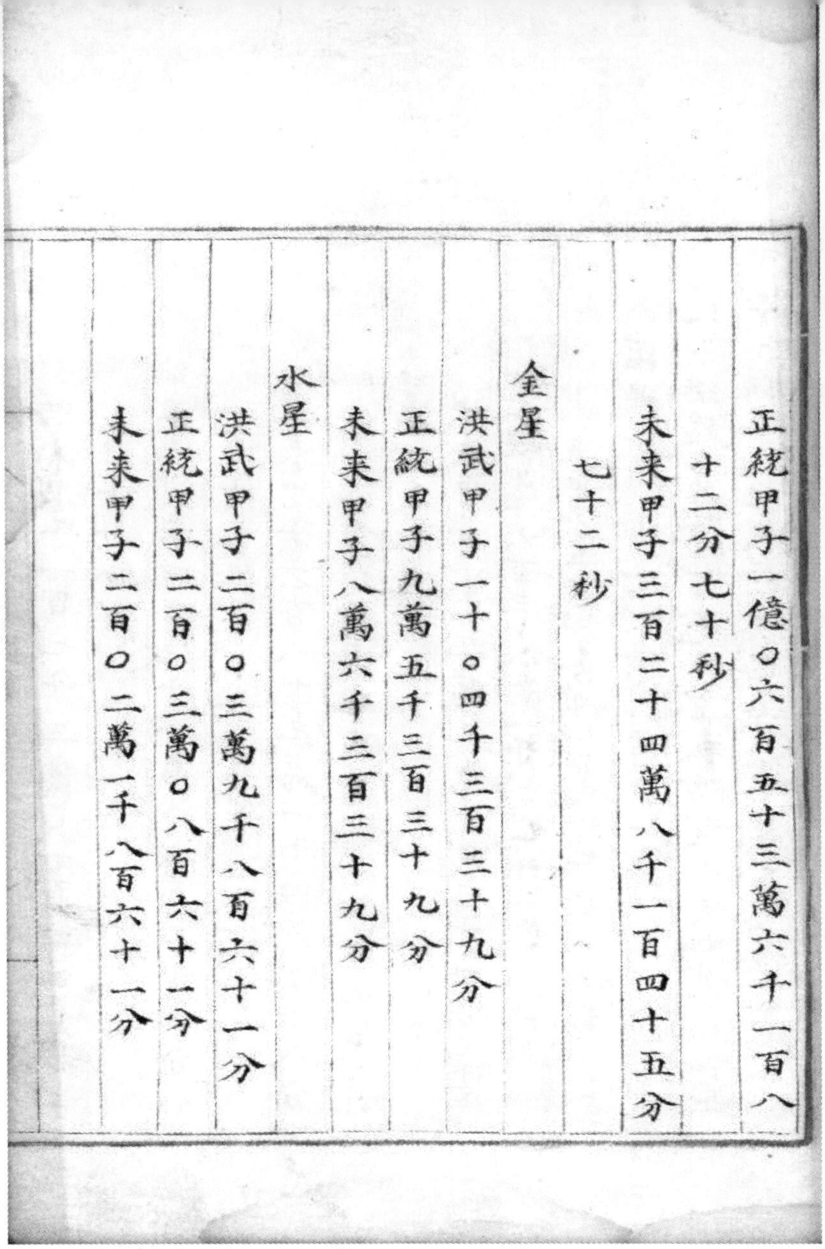

正統甲子一億○六百五十三萬六千一百八
十二分七十秒
未来甲子三百二十四萬八千一百四十五分
七十二秒
金星
洪武甲子一十○四千三百三十九分
正統甲子九萬五千三百三十九分
未来甲子八萬六千三百三十九分
水星
洪武甲子二百○三萬九千八百六十一分
正統甲子二百○三萬○八百六十一分
未来甲子二百○二萬一千八百六十一分

正統甲子，一億〇六百五十三萬六千一百八十二分七十秒。

未來甲子，三百二十四萬八千一百四十五分七十二秒。

金星

洪武甲子，一十〇四千三百三十九分。

正統甲子，九萬五千三百三十九分。

未來甲子，八萬六千三百三十九分。

水星

洪武甲子，二百〇三萬九千八百六十一分。

正統甲子，二百〇三萬〇八百六十一分。

未來甲子，二百〇二萬一千八百六十一分。

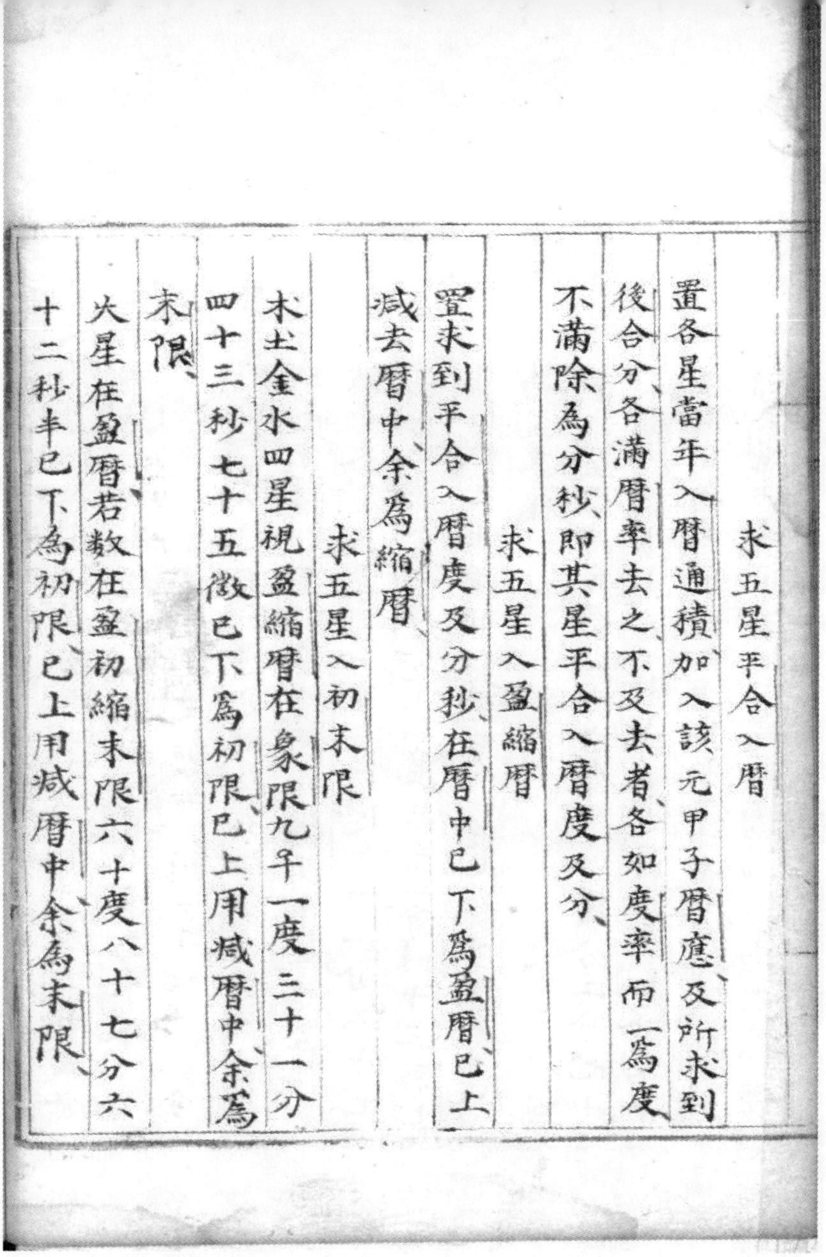

求五星平合入暦

置各星當年入暦通積加入該元甲子暦應及所求到後合分各滿暦率去之不及去者各如度率而一爲度不滿除為分秒即其星平合入暦度及分

求五星入盈縮暦

置求到平合入暦度及分秒在暦中已下爲盈暦已上減去暦中余爲縮暦

求五星入初末限

木土金水四星視盈縮暦在象限九十一度三十一分四十三秒七十五微已下爲初限已上用減暦中余爲末限

火星在盈暦若數在盈初縮末限六十度八十七分六十二秒半已下為初限已上用減暦中余為末限

求五星平合入曆

置各星當年入曆通積，加入該元甲子曆應及所求到後合分，各滿曆率去之，不及去者，各如度率而一為度，不滿除為分秒，即其星平合入曆度及分。

求五星入曆盈縮

置求到平合入曆度及分秒，在曆中已下為盈曆，已上減去曆中，余為縮曆。

求五星入初末限

木、土、金、水四星，視盈縮曆在象限九十一度三十一分四十三秒七十五微已下，為初限，已上用減曆中，余為末限。

火星在盈曆，若數在盈初縮末限六十度八十七分六十二秒半已下，為初限，已上用減曆中，余為末限。

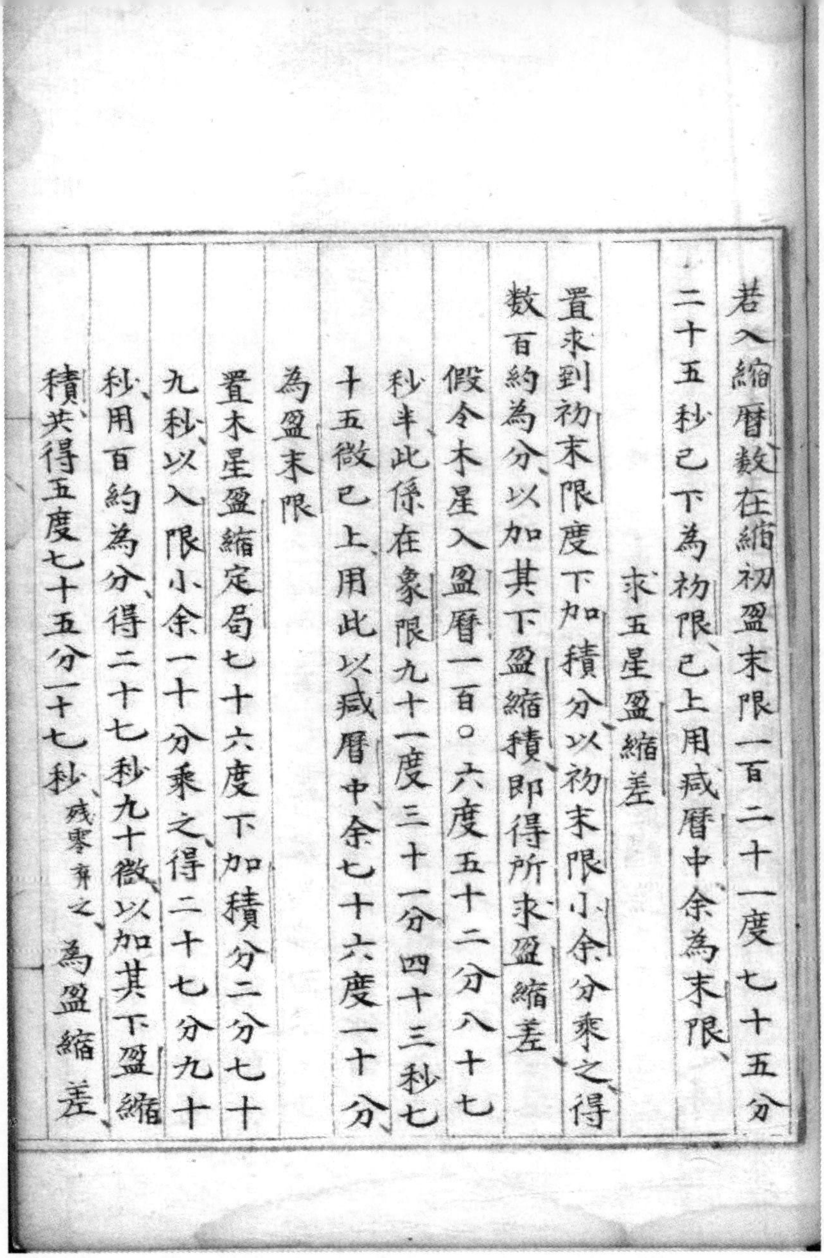
若入縮曆数在縮初盈末限一百二十一度七十五分
二十五秒已下為初限已上用減曆中余為末限
求五星盈縮差
置求到初末限度下加積分以初末限小余分乘之得
数百約為分以加其下盈縮積即得所求盈縮差
假令木星入盈曆一百〇六度五十二分八十七
秒半此係在象限九十一度三十一分四十三秒七
十五微已上用此以減曆中余七十六度一十分
為盈末限
置木星盈縮定局七十六度下加積分二分七十
九秒以入限小余一十分乘之得二十七分九十
秒用百約為分得二十七秒九十微以加其下盈縮
積共得五度七十五分一十七秒殘零弃之為盈縮差

若入縮曆數，在縮初盈末限一百二十一度七十五分二十五秒已下，為初限，已上用減曆中，余為末限。

求五星盈縮差[1]

置求到初末限度下加積分，以初末限小余分乘之，得數百約為分，以加其下盈縮積，即得所求盈縮差。

假令木星入盈曆一百〇六度五十二分八十七秒半，此係在象限九十一度三十一分四十三秒七十五微已上，用此以減曆中，余七十六度一十分，為盈末限。

置木星盈縮定局七十六度下加積分二分七十九秒，以入限小余一十分乘之，得二十七分九十秒，用百約為分，得二十七秒九十微，以加其下盈縮積，共得五度七十五分一十七秒，殘零弃之，為盈縮差。

1 通過五星盈縮立成推算五星運動的盈縮。

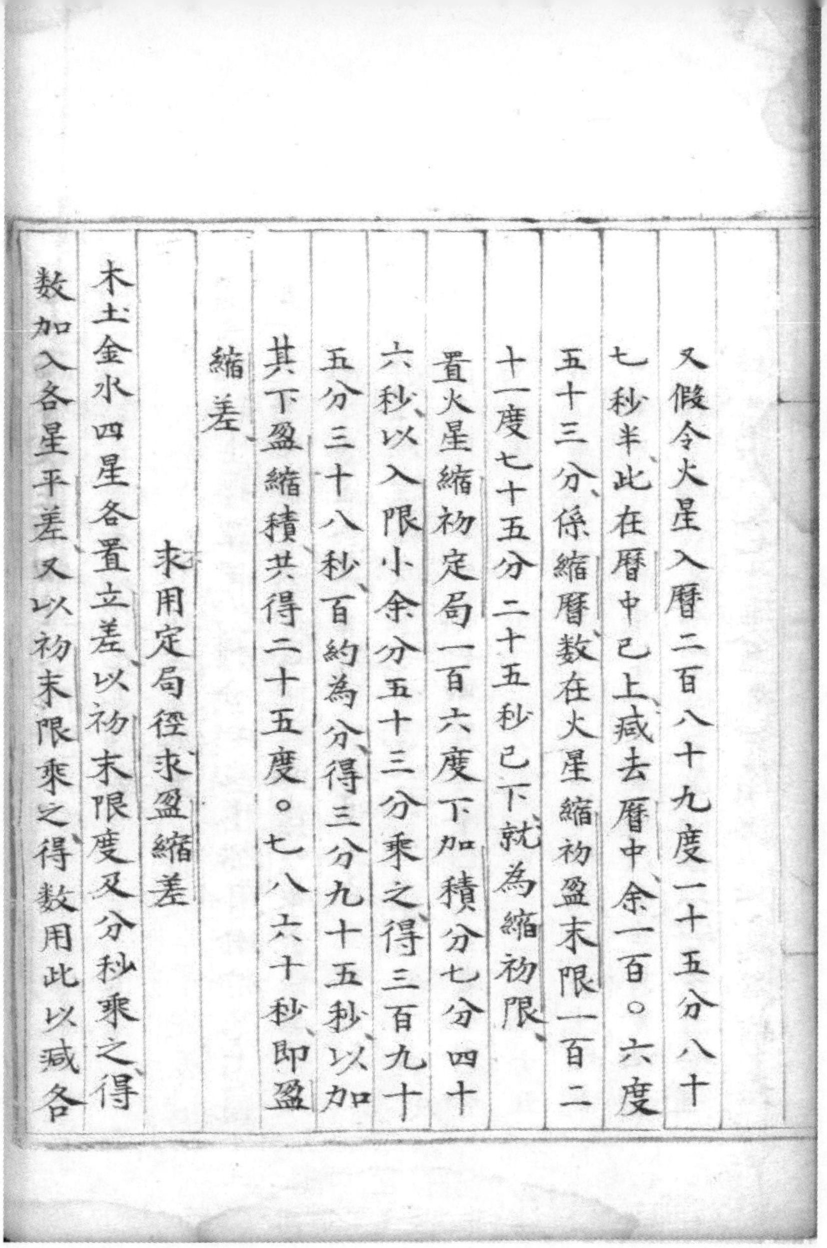
又假令火星入曆二百八十九度一十五分八十
七秒半此在曆中已上減去曆中余一百○六度
五十三分係縮曆數在火星縮初盈末限一百二
十一度七十五分二十五秒已下就為縮初限
置火星縮初定局一百六度下加積分七分四十
六秒以入限小余分五十三分乘之得三百九十
五分三十八秒百約為分得三分九十五秒以加
其下盈縮積共得二十五度○七八六十秒即盈
縮差
求不用定局徑求盈縮差
木土金水四星各置立差以初末限度及分秒乘之得
數加入各星平差又以初末限乘之得數用此以減各

又假令火星入曆二百八十九度一十五分八十七秒半，此在曆中已上，減去曆中，余一百〇六度五十三分，係縮曆數在火星縮初盈末限一百二十一度七十五分二十五秒，已下就為縮初限。

置火星縮初定局一百六度下，加積分七分四十六秒以入限，小余分五十三分乘之，得三百九十五分三十八秒，百約為分得三分九十五秒，以加其下盈縮積，共得二十五度〇七八六十秒，即盈縮差。

求不用定局徑求盈縮差[1]

木、土、金、水四星，各置立差以初末限度及分秒乘之，得數加入各星平差，又以初末限乘之，得數用此以減各

1 通过平立定三差法推算五星運動的盈縮。

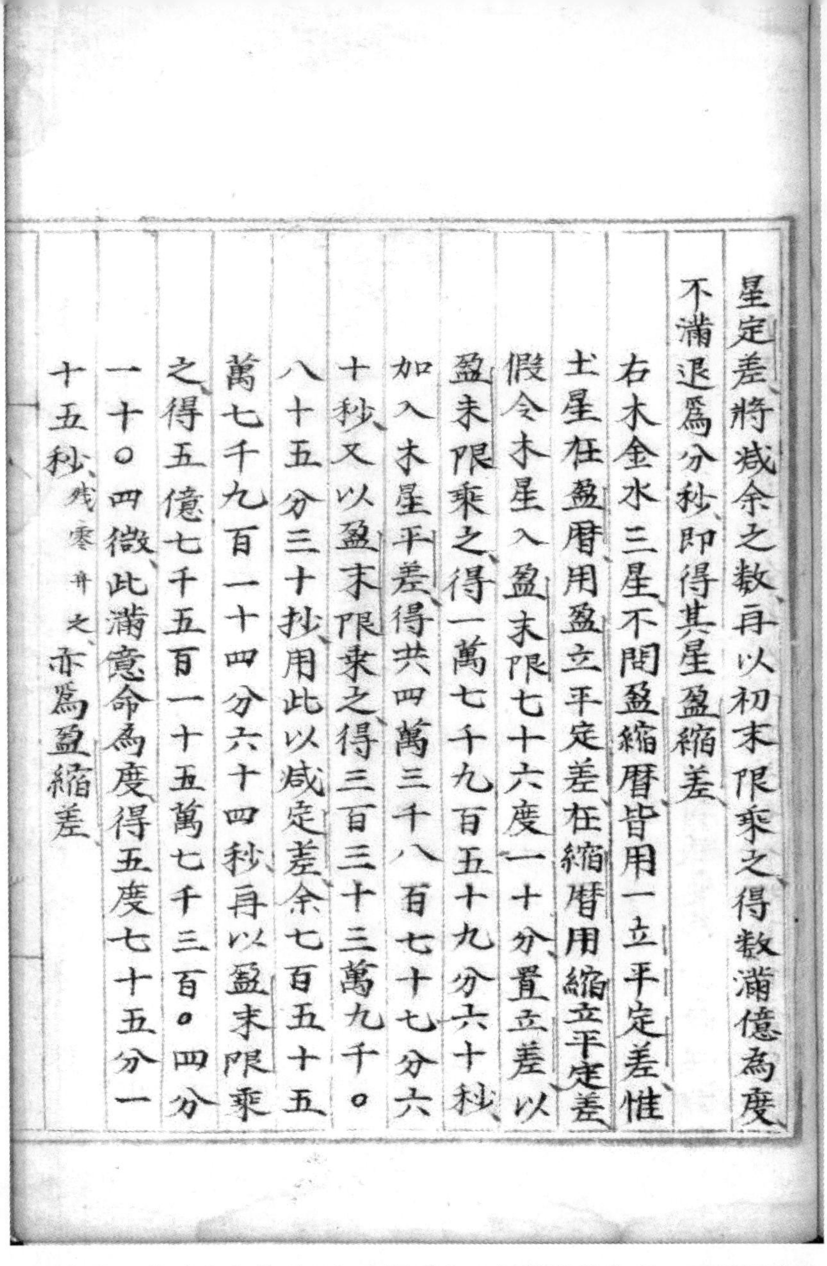

星定差將減余之數再以初末限乘之得數滿億為度不滿退爲分秒即得其星盈縮差

右木金水三星不問盈縮曆皆用一立平定差惟土星在盈曆用盈立平定差在縮曆用縮立平定差

假令木星入盈末限七十六度一十分置立差以盈末限乘之得一萬七千九百五十九分六十秒加入木星平差得共四萬三千八百七十七分六十秒又以盈末限乘之得三百三十三萬九千〇八十五分三十秒用此以減定差余七百五十五萬七千九百一十四分六十四秒再以盈末限乘之得五億七千五百一十五萬七千三百〇四分一十〇四微此滿億命為度得五度七十五分一十五秒殘零弃之亦爲盈縮差

星定差，將減余之数再以初末限乘之，得数滿億為度，不滿退為分秒，即得其星盈縮差。

右木、金、水三星不問盈縮曆，皆用一立平定差，惟土星在盈曆用盈立平定差，在縮曆用縮立平定差。

假令木星入盈末限七十六度一十分，置立差以盈末限乘之，得一萬七千九百五十九分六十秒，加入木星平差，得共四萬三千八百七十七分六十秒。又以盈末限乘之，得三百三十三萬九千〇八十五分三十秒，用此以減定差，余七百五十五萬七千九百一十四分六十四秒，再以盈末限乘之，得五億七千五百一十五萬七千三百〇四分一十〇四微，此滿億命為度，得五度七十五分一十五秒，残零弃之，亦為盈縮差。

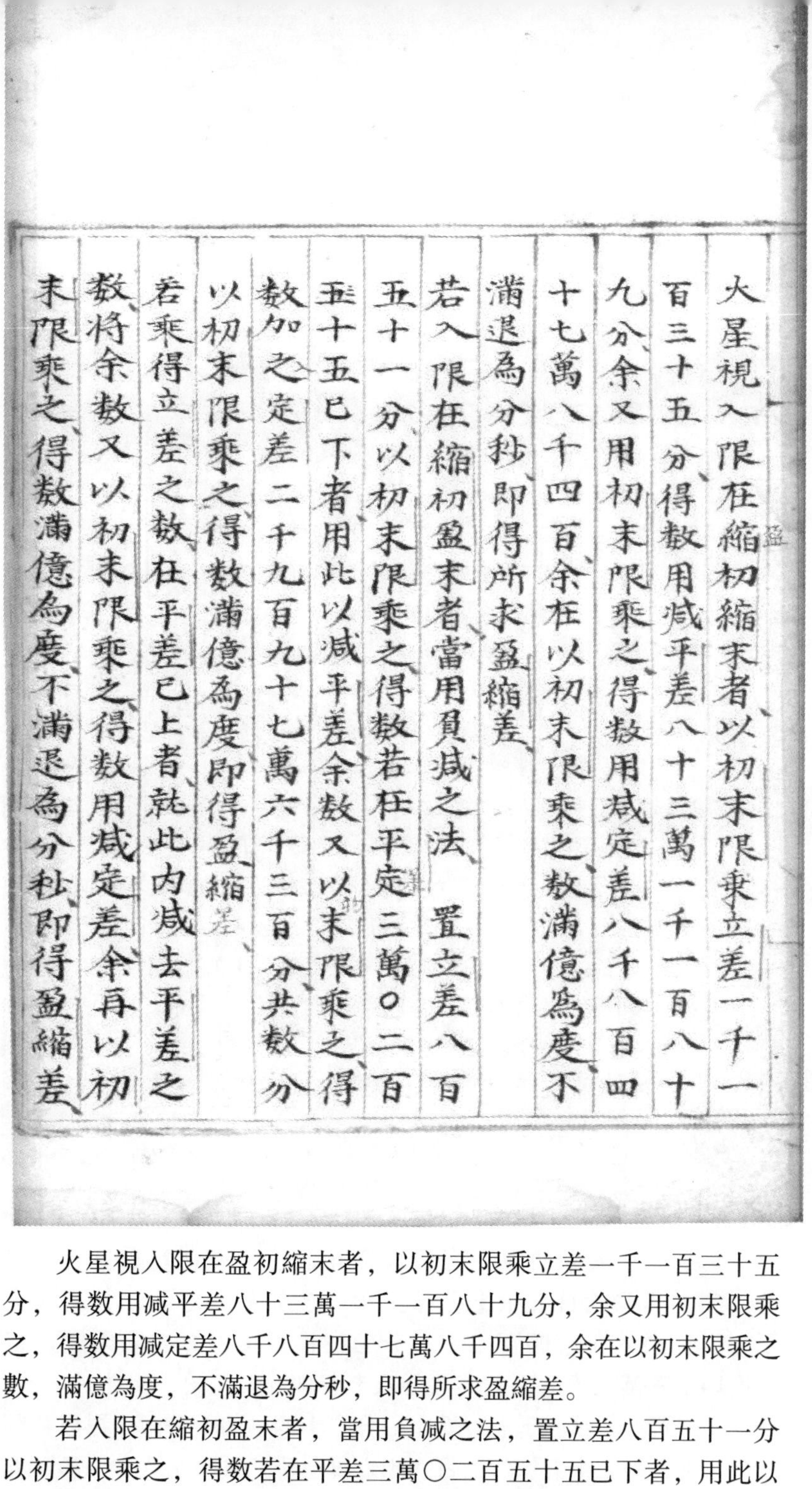
火星視入限在縮初縮末者以初末限乘立差一千一
百三十五分得數用減平差八十三萬一千一百八十
九分余又用初末限乘之得數用減定差八千八百四
十七萬八千四百余在以初末限乘之數滿億為度不
滿退為分秒即得所求盈縮差
若入限在縮初盈末者當用負減之法　置立差八百
五十一分以初末限乘之得數若在平定三萬〇二百
五十五已下者用此以減平差余數又以末限乘之得
數加之定差二千九百九十七萬六千三百分共數分
以初末限乘之得數滿億為度即得盈縮差
若乘得立差之數在平差已上者就此內減去平差之
數將余數又以初末限乘之得數用減定差余再以初
末限乘之得數滿億為度不滿退為分秒即得盈縮差

火星視入限在盈初縮末者，以初末限乘立差一千一百三十五分，得數用減平差八十三萬一千一百八十九分，余又用初末限乘之，得數用減定差八千八百四十七萬八千四百，余在以初末限乘之數，滿億為度，不滿退為分秒，即得所求盈縮差。

若入限在縮初盈末者，當用負減之法，置立差八百五十一分以初末限乘之，得數若在平差三萬〇二百五十五已下者，用此以減平差余數，又以初末限乘之得數加之，定差二千九百九十七萬六千三百分，共数分以初末限乘之，得數滿億為度，即得盈縮差。

若乘得立差之數在平差已上者，就此內減去平差之數，將余数又以初末限乘之，得数用減定差，余再以初末限乘之，得数滿億為度，不滿退為分秒，即得盈縮差。

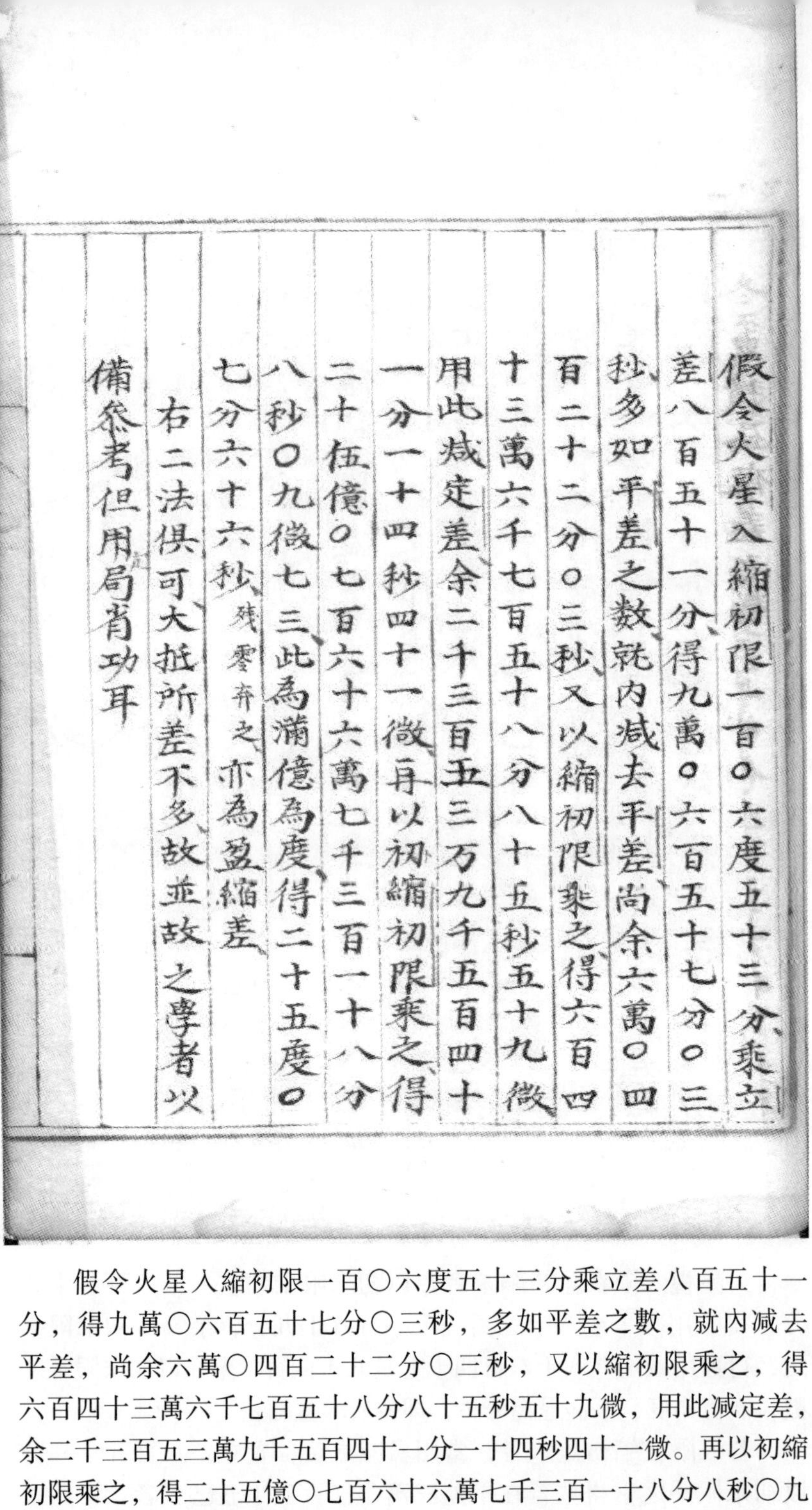

假令火星入縮初限一百〇六度五十三分乘立差八百五十一分得九萬〇六百五十七分〇三秒多如平差之数就内減去平差尚余六萬〇四百二十二分〇三秒又以縮初限乘之得六百四十三萬六千七百五十八分八十五秒五十九微用此減定差余二千三百五三万九千五百四十一分一十四秒四十一微再以初縮初限乘之得二十五億〇七百六十六萬七千三百一十八分八秒〇九微七三此為滿億為度得二十五度〇七分六十六秒殘零弃之亦為盈縮差

右二法俱可大抵所差不多故並故之學者以備衆考但用局省功耳

假令火星入縮初限一百〇六度五十三分乘立差八百五十一分，得九萬〇六百五十七分〇三秒，多如平差之數，就内減去平差，尚余六萬〇四百二十二分〇三秒，又以縮初限乘之，得六百四十三萬六千七百五十八分八十五秒五十九微，用此減定差，余二千三百五三萬九千五百四十一分一十四秒四十一微。再以初縮初限乘之，得二十五億〇七百六十六萬七千三百一十八分八秒〇九微七三，此為滿億為度，得二十五度〇七分六十六秒，殘零弃之，亦為盈縮差。

右二法俱可大抵所差不多，故並故之學者，以備條考，但用定局省功耳。[1]

1 比較兩種方法的特點，用局省功耳，即用立成表推算更為便捷。

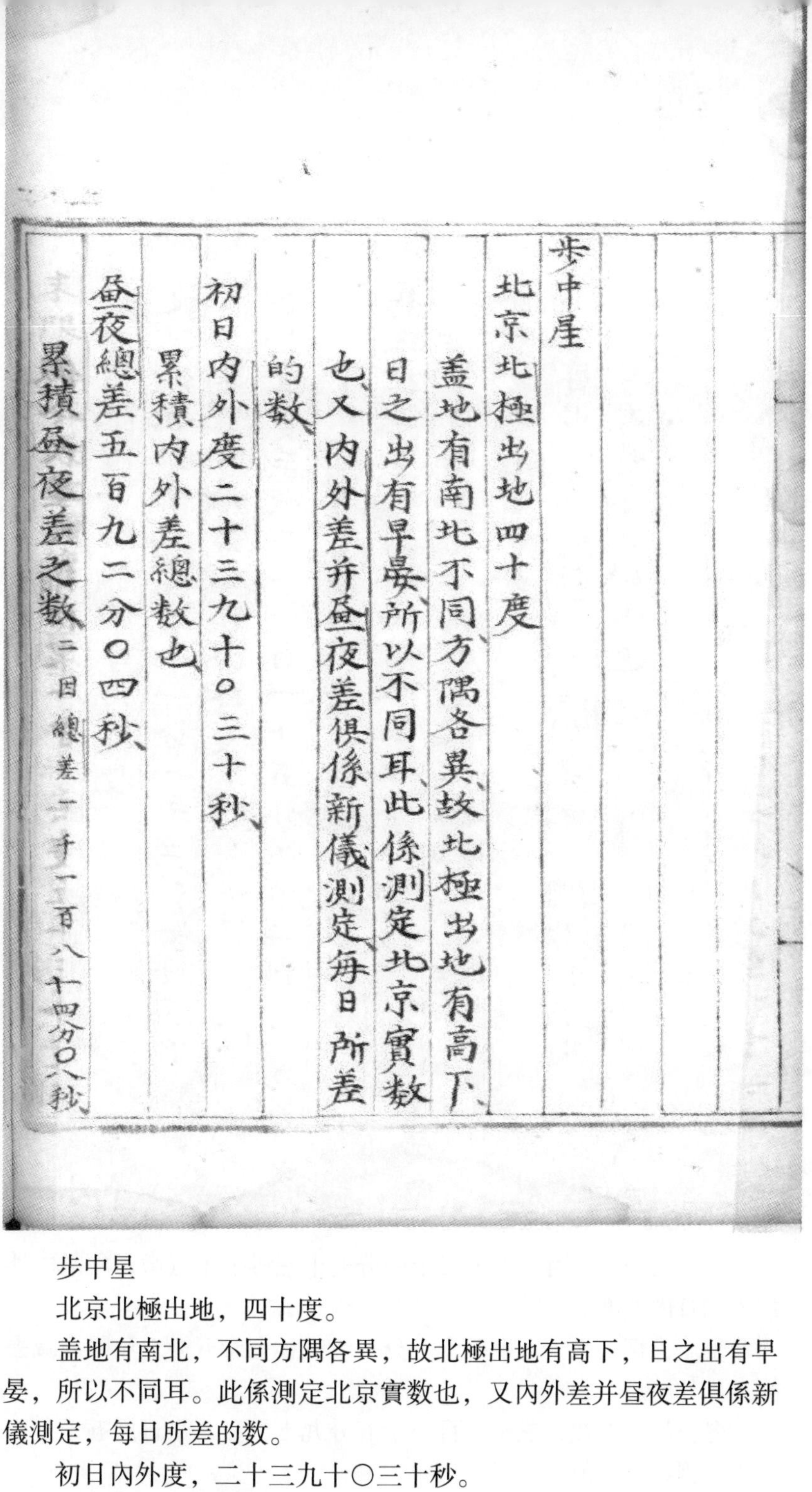
步中星
北京北極出地四十度
盖地有南北不同方隅各異故北極出地有高下
日之出有早晏所以不同耳此係測定北京實数
也又内外差并昼夜差俱係新儀測定每日所差
的数
初日内外度二十三九十〇三十秒
累積内外差總数也
昼夜總差五百九二分〇四秒
累積昼夜差之数 二因總差一千一百八十四分〇八秒

步中星

北京北極出地，四十度。

盖地有南北，不同方隅各異，故北極出地有高下，日之出有早晏，所以不同耳。此係測定北京實数也，又内外差并昼夜差俱係新儀測定，每日所差的数。

初日内外度，二十三九十〇三十秒。

累積内外差總數也。

昼夜總差，五百九二分〇四秒。

累積昼夜差之數，二因總差一千一百八十四分〇八秒。

冬至去極一百一五度二十一分七十三秒七十五微
象限内外加入初日内外度
夏至去極六十七度四十一分一十三秒七十五微
象限内減去初日内外度
冬至晝夏至夜三千八百一十五分九十二秒
半日周五千分内減去二因總差之數
夏至晝冬至夜六千一百八十四分〇八秒
半日周五千分内加之入二因總差之數
昏明分二百五十分
昏乃日入時至昏時二刻半也　明乃初晨時至
日出時亦二刻半也
步定局

冬至去極，一百一五度二十一分七十三秒七十五微，象限內外加入初日內外度。

夏至去極，六十七度四十一分一十三秒七十五微，象限內減去初日內外度。

冬至昼夏至夜，三千八百一十五分九十二秒，半日周五千分內減去二因總差之數。

昏明分二百五十分，昏乃日入時至昏時二刻半也，日出時亦二刻半也。

步定局

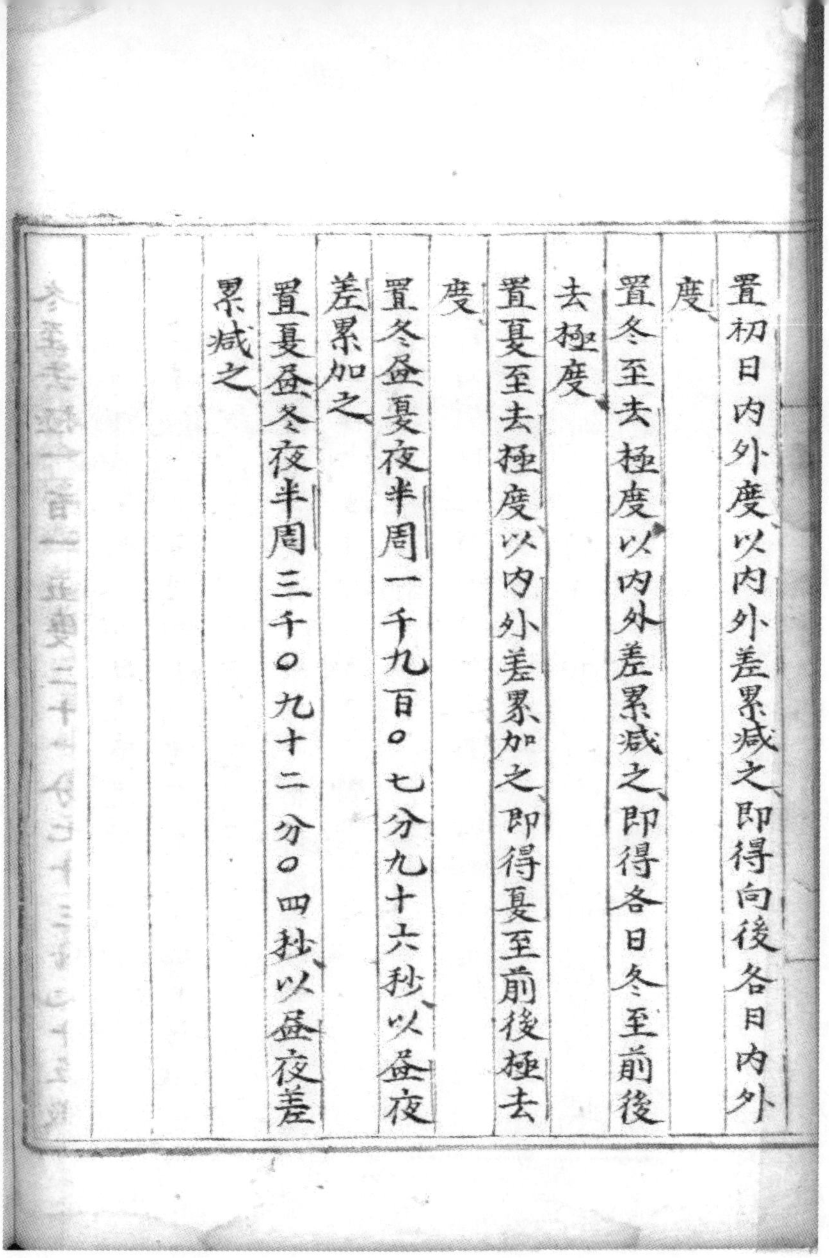
置初日内外度以内外差累减之即得向後各日内外
度
置冬至去極度以内外差累减之即得各日冬至前後
去極度
置夏至去極度以内外差累加之即得夏至前後極去
度
置冬昼夏夜半周一千九百○七分九十六秒以昼夜
差累加之
置夏昼冬夜半周三千○九十二分○四秒以昼夜差
累减之

置初日内外度，以内外差累减之，即得向後各日内外度。

置冬至去極度，以内外差累减之，即得各日冬至前後去極度。

置夏至去極度，以内外差累加之，即得夏至前後極去度。

置冬昼夏夜半周，一千九百〇七分九十六秒，以昼夜差累加之。

置夏昼冬夜半周，三千〇九十二分〇四秒，以昼夜差累减之。

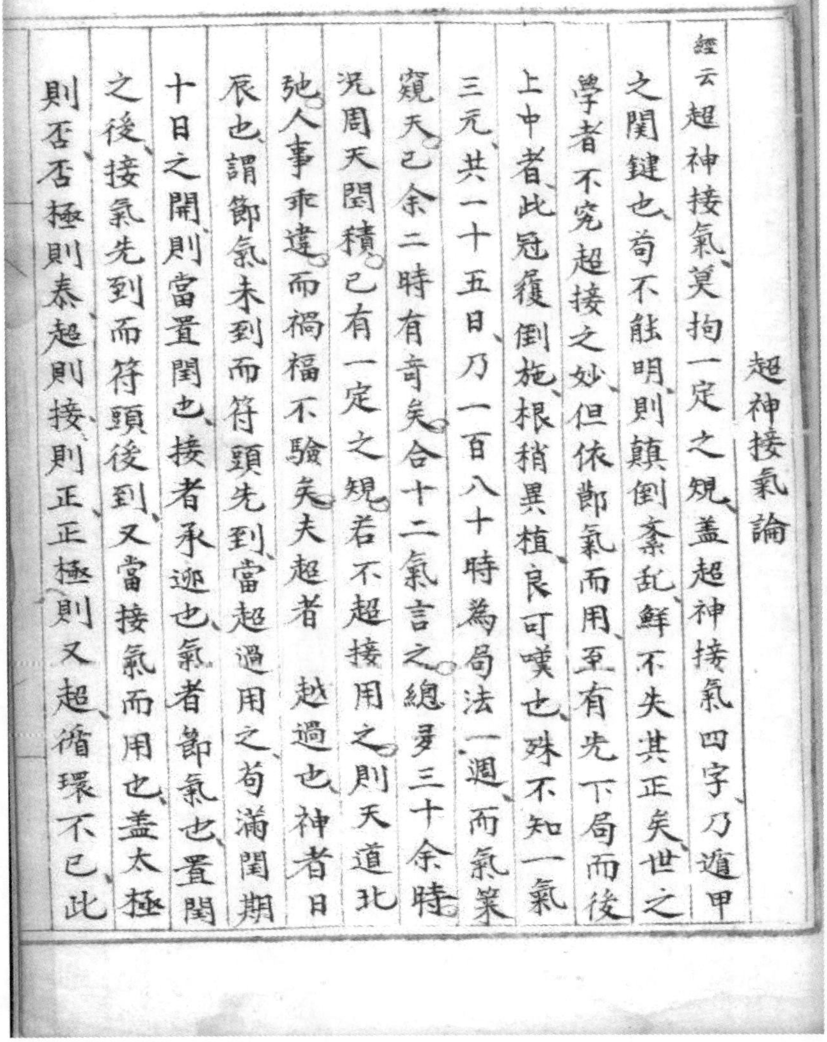

超神接氣[1]論

《經》云：超神接氣莫拘一定之規，蓋超神接氣四字乃遁甲之關鍵也。苟不能明，則顛[2]倒紊亂，鮮不失其正矣。世之學者不究超接之妙，但依節氣而用，至有先下局，而後上中者，此冠履倒施，根稍異植，良可嘆也！殊不知一氣三元，共一十五日，乃一百八十時為局法，一週而氣策，窺天已余二時有奇矣，合十二氣言之總夛[3]三十余時，况周天閏積已有一定之規，若不超接用之，則天道北弛，人事乖違，而禍福不驗矣！夫超者，越過也，神者日辰也，謂節氣未到，而符頭先到，當超過用之，苟滿閏期十日之開，則當置閏也。接者承迎也，氣者節氣也，置閏之後，接氣先到，而符頭後到，又當接氣而用也。蓋太極則否，否極則泰，超則接則正，正極則又超，循環不已，此

1 超神和接氣是奇門遁甲中的置閏方法，上元符頭在節氣的前邊叫“超神”，節氣在上元符頭的前邊叫“接氣”。這部分內容實則與大統曆並無關聯，為該書作者添加。

2 為“顛”俗字。

3 同“多”。

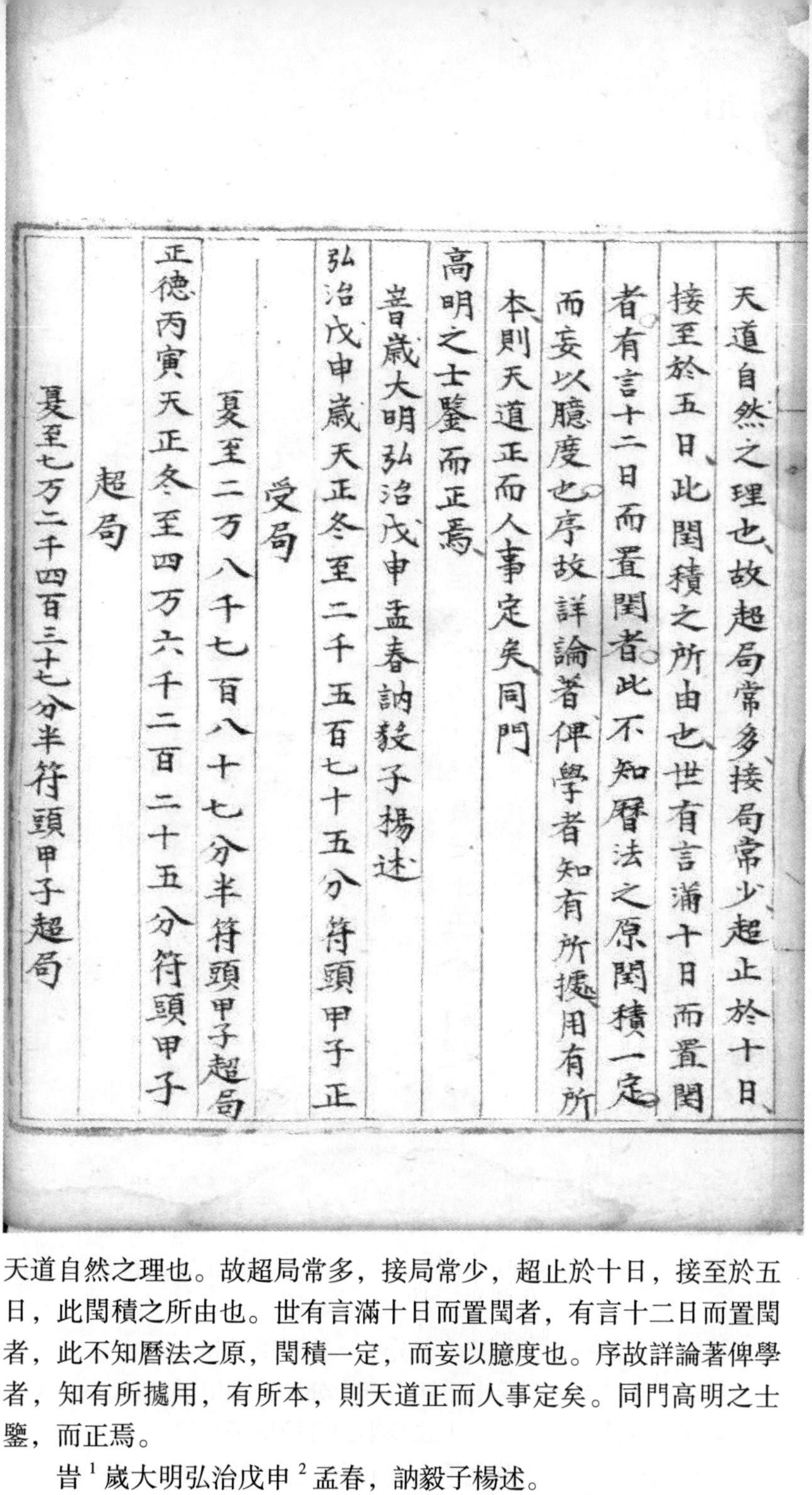
天道自然之理也故超局常多接局常少超止於十日
接至於五日此閏積之所由也世有言滿十日而置閏
者有言十二日而置閏者此不知曆法之原閏積一定
而妄以臆度也序故詳論著俾學者知有所攄用有所
本則天道正而人事定矣同門
高明之士鑒而正焉
旹歲大明弘治戊申孟春訥毅子楊述
弘治戊申歲天正冬至二千五百七十五分符頭甲子正
受局
夏至二万八千七百八十七分半符頭甲子超局
正德丙寅天正冬至四万六千二百二十五分符頭甲子
超局
夏至七万二千四百三十七分半符頭甲子超局

天道自然之理也。故超局常多，接局常少，超止於十日，接至於五日，此閏積之所由也。世有言滿十日而置閏者，有言十二日而置閏者，此不知曆法之原，閏積一定，而妄以臆度也。序故詳論著俾學者，知有所攄用，有所本，則天道正而人事定矣。同門高明之士鑒，而正焉。

旹[1]歲大明弘治戊申[2]孟春，訥毅子楊述。

弘治戊申歲天正冬至，二千五百七十五分，符頭甲子正受局。

夏至，二万八千七百八十七分半，符頭甲子超局。

正德丙寅天正冬至，四萬六千二百二十五分，符頭甲子超局。

夏至，七万二千四百三十七分半，符頭甲子超局。

1 同“时”。
2 弘治戊申即弘治元年（1488 年）。

嘉靖壬午天正冬至一十三萬五千〇二十五分符頭甲
子接局
夏至一萬一千二百三十七分半符頭甲子超局
癸未天正冬至三萬七千四百五十分符頭甲子超
局
夏至六萬三千六百六十二分半符頭甲子起
局
甲申天正冬至八万九千九百七十五分符頭甲
子超局
夏至一十一万六千〇八十七分半符頭已卯置
開用接局
乙酉天正冬至一十四萬二千三百分〇符頭已卯接局
夏至一萬八千五百一十二分半符頭已卯超局

嘉靖壬午天正冬至，一十三萬五千〇二十五分，符頭甲子接局。

夏至，一萬一千二百三十七分半，符頭甲子超局。

癸未天正冬至，三萬七千四百五十分，符頭甲子超局。

夏至，六萬三千六百六十二分半，符頭甲子起局。

甲申天正冬至，八萬九千九百七十五分，符頭甲子超局。

夏至，一十一萬六千〇八十七分半，符頭己卯置開用接局。

乙酉天正冬至，一十四萬二千三百分，符頭己卯接局。

夏至，一萬八千五百一十二分半，符頭己卯超局。

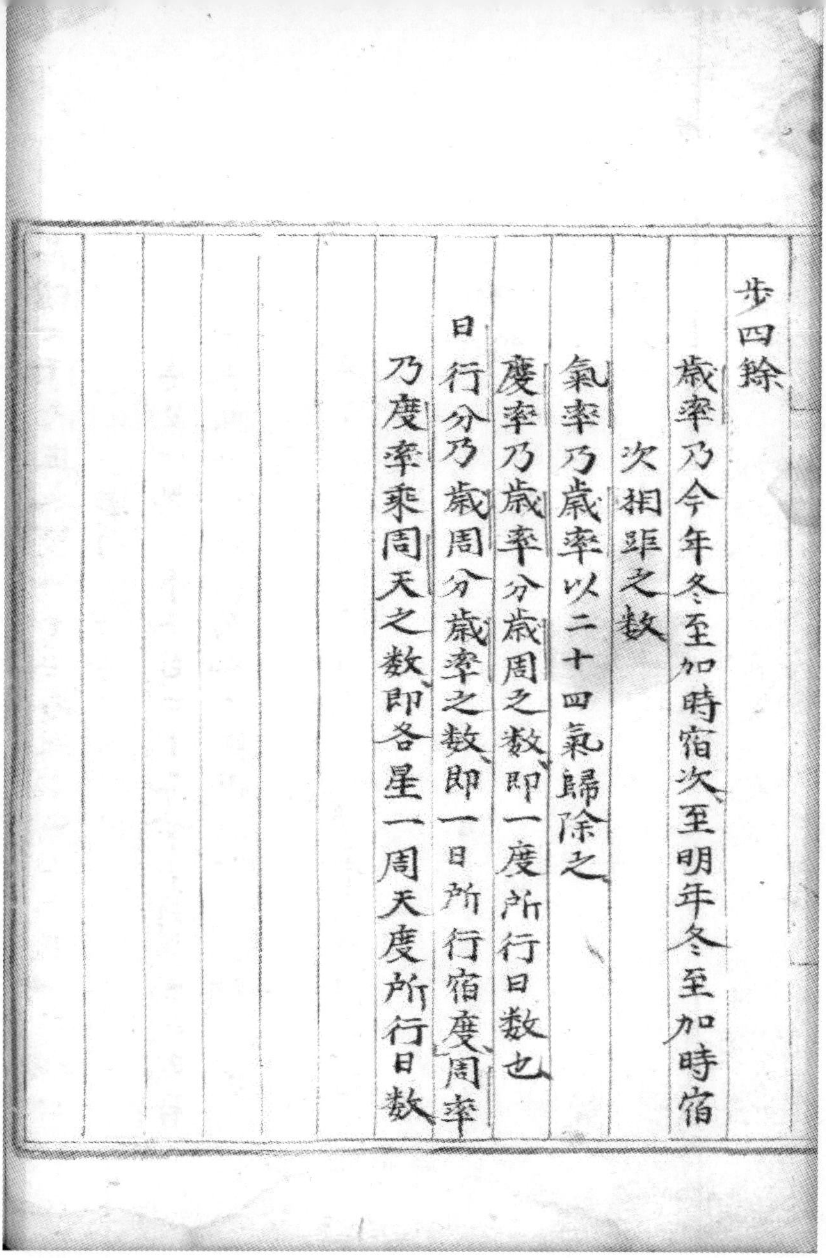

步四餘
歲率乃今年冬至加時宿次至明年冬至加時宿次相距之数
氣率乃歲率以二十四氣歸除之
度率乃歲率分歲周之数即一度所行日数也
日行分乃歲周分歲率之数即一日所行宿度周率乃度率乘周天之数即各星一周天度所行日数

步四餘

歲率乃今年冬至加時宿次至明年冬至加時宿次相距之數。

氣率乃歲率以二十四氣歸除之。

度率乃歲率分歲周之数，即一度所行日数也。

日行分乃歲周分歲率之数，即一日所行宿度，周率乃度率乘周天之数，即各星一周天度所行日数。[1]

1 該書後文似有缺失。

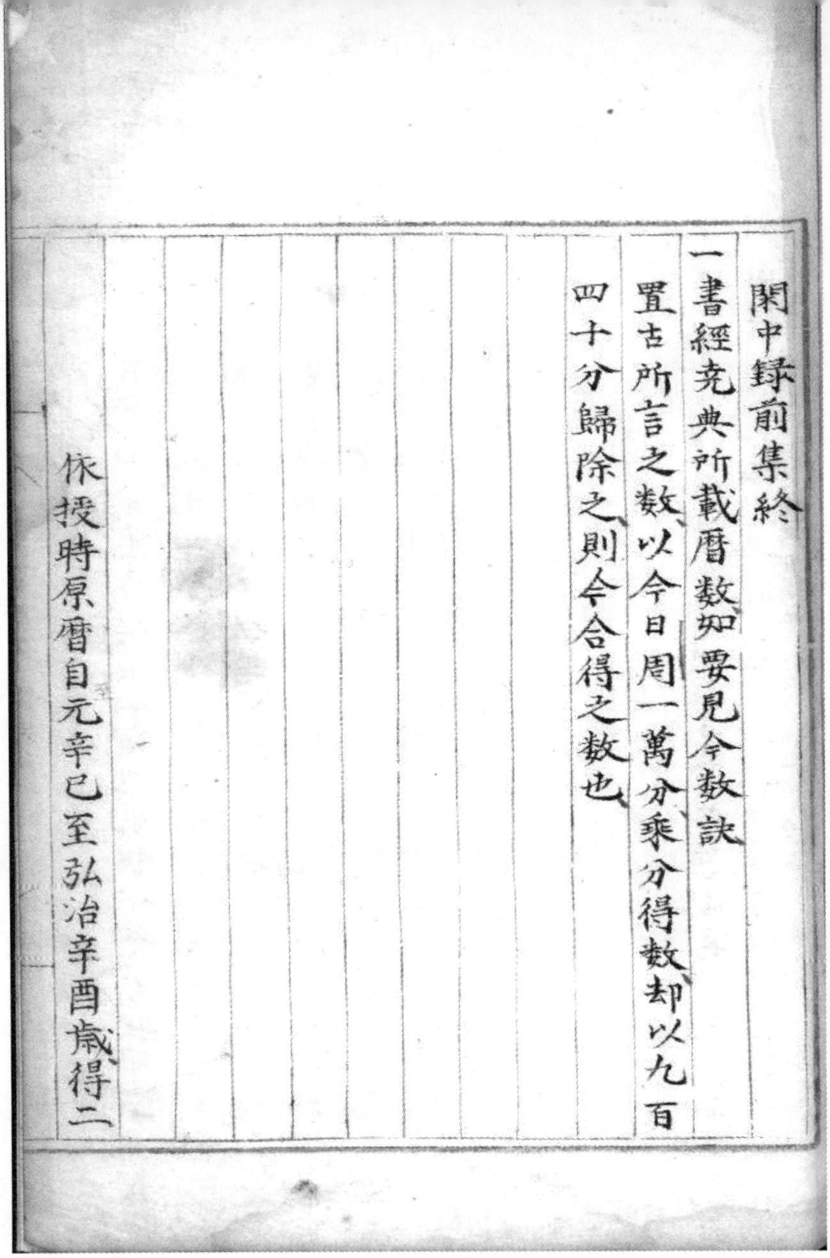

閑中録前集終

一書經堯典所載暦数如要見今数訣

置古所言之数以今日周一萬分乘分得數却以九百

四十分歸除之則今合得之数也

依授時原暦自元辛巳至弘治辛酉歳得二

《閑中録前集》終

一《書經》、《尧典》所載暦数，如要見今数訣，置古所言之数，以今日周一萬分乘分，得數却以九百四十分歸除之，則今合得之数也。

依授時原暦自元辛巳至弘治辛酉[1]歳，得二

1 弘治辛酉即弘治十四年（1501年）。

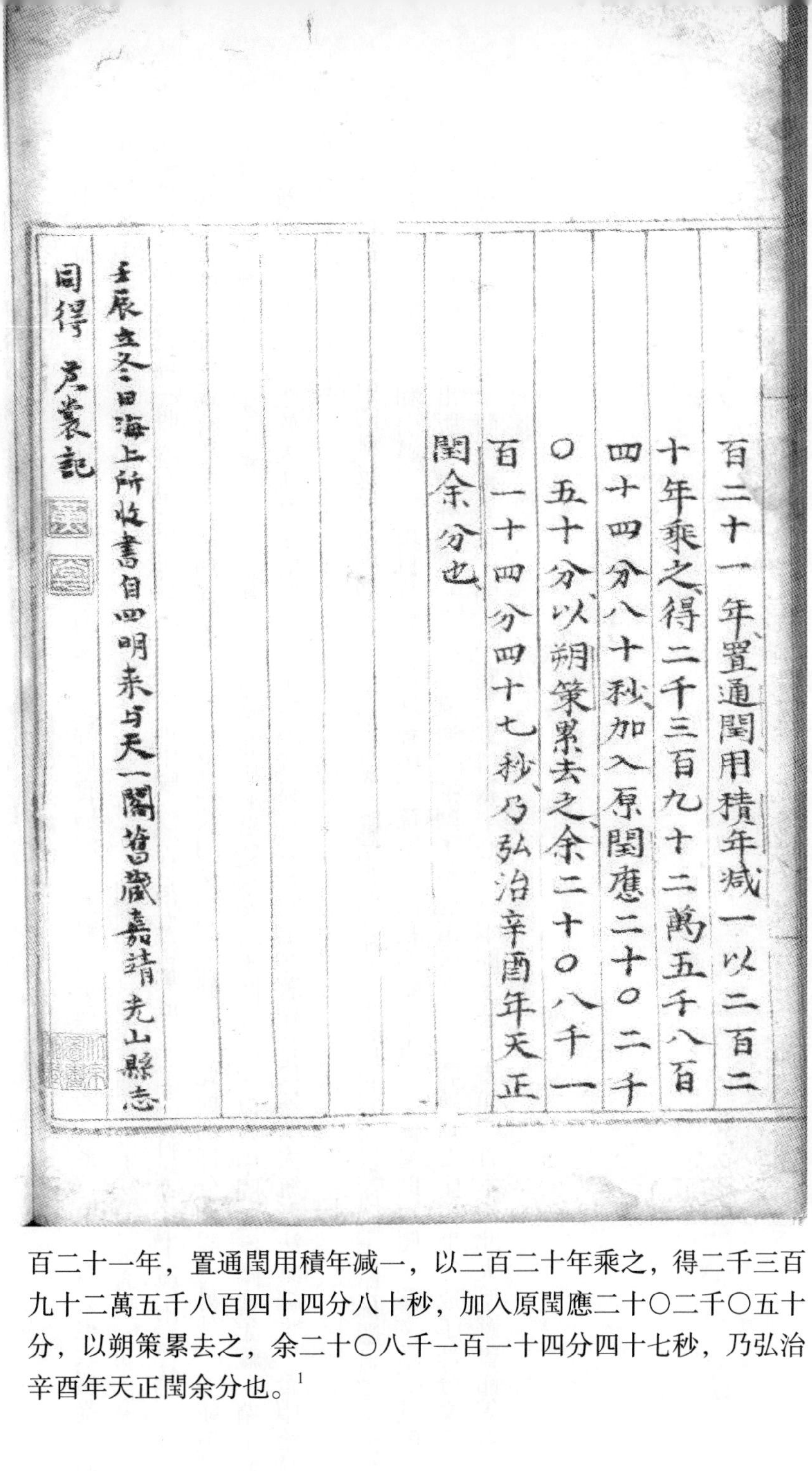

百二十一年置通閏用積年減一以二百二
十年乘之得二千三百九十二萬五千八百
四十四分八十秒加入原閏應二十〇二千
〇五十分以朔策累去之余二十〇八千一
百一十四分四十七秒乃弘治辛酉年天正
閏余分也

壬辰立冬日海上所收書自四明来与天一閣舊藏嘉靖光山縣志
同得 黃裳記

百二十一年，置通閏用積年減一，以二百二十年乘之，得二千三百九十二萬五千八百四十四分八十秒，加入原閏應二十〇二千〇五十分，以朔策累去之，余二十〇八千一百一十四分四十七秒，乃弘治辛酉年天正閏余分也。[1]

1 卷尾有黃裳手書“壬辰立冬日，海上所收書，自四明来与天一閣舊藏《嘉靖光山縣志》同得，黃裳記。”

後記

十年前，筆者從中國科學技術大學國家同步輻射實驗室轉入科技史與科技考古系，跟隨石雲里教授從事明代大統曆法研究，並在隨後三年中以此為研究課題完成了博士學位論文。博士研究生期間，曾對奎章閣本《大統曆法通軌》和日本國立公文書館《大明大統曆法》進行了初步整理（收入石雲里主編《海外珍稀中國科學技術典籍集成》，中國科學技術大學出版社，二〇一〇年出版）。本次整理在這些工作的基礎上進行了完善，加入了大量的注釋和說明文字，並修正了此前的部分錯誤。另外，本輯還補充了中國國家圖書館藏《大統曆法通軌》甲、乙兩種、中國科學院文獻情報中心藏劉信編《太陰通軌》以及中國國家圖書館藏《閑中録》，這些内容大多則是近年新開展的工作。鑒於大統曆法的明代版本較為稀見，於是將這些著作合成《明大統曆法彙編》，希望給讀者和學界提供較為完整的明代大統曆法彙編本。

本書得以入選《中國科技典籍選刊》第四輯，首先要感謝研究所張柏春所長和研究所圖書館孫顯斌館長的鼓勵和支持，以及導師石雲里教授的長期支持和引導。在項目具體工作進程中，孫顯斌館長不辭辛苦，不僅幫助複製所需文獻，且解決了所有文獻的圖像授權事宜。湖南科學技術出版社楊林先生一直積極溝通，推動了整理出版進程。郭瑩珂女士協助完成了部分文字録入工作。中國國家圖書館、韓國首爾大學奎章閣圖書館、中國科學院文獻情報中心、日本國立公文書館、日本東北大學圖書館等單位為本書提供了清晰的圖像和授權。在此一併表示衷心感謝！

李　亮

二〇一八年五月三十一日

於北京草房村

圖書在版編目（C I P）數據

明大統曆法彙編 / [明]元統、劉信、周相等撰，李亮整理. — 長沙 : 湖南科學技術出版社，2019.12
（中國科技典籍選刊. 第四輯）
ISBN 978-7-5710-0178-0

Ⅰ.①明… Ⅱ.①元… ②李… Ⅲ.①曆法—匯編—中國—明代 Ⅳ.①P194.3

中國版本圖書館 CIP 數據核字（2019）第 085173 號

中國科技典籍選刊（第四輯）

Ming Datong Lifa Huibian

明大統曆法彙編（上、下）

撰　　者：[明]元統、劉信、周相等
整　　理：李　亮
責任編輯：楊　林
出版發行：湖南科學技術出版社
社　　址：長沙市湘雅路 276 號
http://www.hnstp.com
郵購聯係：本社直銷科 0731-84375808
印　　刷：長沙鴻和印務有限公司
（印裝質量問題請直接與本廠聯係）
廠　　址：長沙市望城區金山橋街道
郵　　編：410200
版　　次：2019 年 12 月第 1 版第 1 次
印　　次：2019 年 12 月第 1 次印刷
開　　本：787mm×1096mm　1/16
印　　張：66.75
字　　數：1360000
書　　號：ISBN 978-7-5710-0178-0
定　　價：335.00 圓（上下 2 册）